“十三五”国家重点出版物出版规划项目

# 中国生物物种名录

## 第二卷 动物

### 脊椎动物(V)

鱼类（上册）

**Fishes（i）**

张春光 邵广昭 伍汉霖 赵亚辉 等 编著

科学出版社
北京

## 内 容 简 介

本书系统收集整理了1758年以来（海洋鱼类截至2014年，内陆鱼类截至 2018 年）中外鱼类学研究者对分布于我国境内海洋及内陆的鱼类分类、分布等的研究成果，包括与鱼类分类、区系、动物地理等研究相关的文献资料等。本书分绪论和名录两部分。绪论部分主要介绍了过去260余年间研究者对我国鱼类分类、区系研究等所做调查的过程及取得的重要成果。名录部分收录了已报道的产于我国的鱼类，包括4纲52目339科1576属5058种（包括亚种），其中，内陆鱼类超过1400种（包括亚种及引入种），海洋鱼类超过3600种（包括亚种）；种名之后还提供了尽可能详细的同物异名、引证文献、分布（海洋鱼类列到海区，内陆鱼类尽可能列到水系或小支流）等信息。书后附有收集引用的主要参考文献。

本书是迄今为止收录我国鱼类物种比较齐全、完整的专著，对从事水产科技、教育、渔业生产、渔政管理等的研究、教学或生产等人员来说，也是一本较为全面、系统认识我国鱼类资源的工具书，可为研究我国海洋和内陆鱼类提供重要参考。

**图书在版编目（CIP）数据**

中国生物物种名录. 第二卷，动物. 脊椎动物. V，鱼类/张春光等编著. —北京：科学出版社，2020.12

“十三五”国家重点出版物出版规划项目　国家出版基金项目

ISBN 978-7-03-067735-8

Ⅰ. ①中…　Ⅱ. ①张…　Ⅲ. ①生物–物种–中国–名录 ②鱼类–物种–中国–名录　Ⅳ. ①Q152.2-62 ②Q959.4-62

中国版本图书馆CIP数据核字（2020）第262533号

责任编辑：王 静 马 俊 付 聪 侯彩霞 / 责任校对：严 娜
责任印制：徐晓晨 / 封面设计：刘新新

科学出版社 出版
北京东黄城根北街16号
邮政编码：100717
http://www.sciencep.com

北京厚诚则铭印刷科技有限公司 印刷

科学出版社发行　各地新华书店经销

*

2020年12月第 一 版　开本：889 × 1194 1/16
2020年12月第一次印刷　印张：59
字数：2 037 000

**定价：520.00元（全两册）**

（如有印装质量问题，我社负责调换）

# Species Catalogue of China

## Volume 2 Animals

## VERTEBRATES (V)

Fishes (i)

Authors: Chunguang Zhang    Guangzhao Shao    Hanlin Wu    Yahui Zhao    *et al.*

**Science Press**

Beijing

# 《中国生物物种名录》编委会

**主　任**（主　编）　陈宜瑜

**副主任**（副主编）　洪德元　刘瑞玉　马克平　魏江春　郑光美

**委　员**（编　委）

卜文俊　南开大学
洪德元　中国科学院植物研究所
李　玉　吉林农业大学
李振宇　中国科学院植物研究所
马克平　中国科学院植物研究所
覃海宁　中国科学院植物研究所
王跃招　中国科学院成都生物研究所
夏念和　中国科学院华南植物园
杨奇森　中国科学院动物研究所
张宪春　中国科学院植物研究所
郑光美　北京师范大学
周红章　中国科学院动物研究所
庄文颖　中国科学院微生物研究所
陈宜瑜　国家自然科学基金委员会
纪力强　中国科学院动物研究所
李枢强　中国科学院动物研究所
刘瑞玉　中国科学院海洋研究所
彭　华　中国科学院昆明植物研究所
邵广昭　台湾“中研院”生物多样性研究中心
魏江春　中国科学院微生物研究所
杨　定　中国农业大学
姚一建　中国科学院微生物研究所
张志翔　北京林业大学
郑儒永　中国科学院微生物研究所
朱相云　中国科学院植物研究所

## 工 作 组

**组　长**　马克平

**副组长**　纪力强　覃海宁　姚一建

**成　员**　韩　艳　纪力强　林聪田　刘忆南　马克平　覃海宁　王利松　魏铁铮　薛纳新　杨　柳　姚一建

# 本书作者分工

**内陆鱼类**

张春光　赵亚辉　邢迎春　牛诚祎

**海洋鱼类**

邵广昭　伍汉霖　张春光

# 总　序

生物多样性保护研究、管理和监测等许多工作都需要翔实的物种名录作为基础。建立可靠的生物物种名录也是生物多样性信息学建设的首要工作。通过物种唯一的有效学名可查询关联到国内外相关数据库中该物种的所有资料，这一点在网络时代尤为重要，也是整合生物多样性信息最容易实现的一种方式。此外，“物种数目”也是一个国家生物多样性丰富程度的重要统计指标。然而，像中国这样生物种类非常丰富的国家，各生物类群研究基础不同，物种信息散见于不同的志书或不同时期的刊物中，加之分类系统及物种学名也在不断被修订。因此建立实时更新、资料翔实，且经过专家审订的全国性生物物种名录，对我国生物多样性保护具有重要的意义。

生物多样性信息学的发展推动了生物物种名录编研工作。比较有代表性的项目，如全球鱼类数据库（FishBase）、国际豆科数据库（ILDIS）、全球生物物种名录（CoL）、全球植物名录（TPL）和全球生物名称（GNA）等项目；最有影响的全球生物多样性信息网络（GBIF）也专门设立子项目处理生物物种名称（ECAT）。生物物种名录的核心是明确某个区域或某个类群的物种数量，处理分类学名称，厘清生物分类学上有效发表的拉丁学名的性质，即接受名还是异名及其演变过程；好的生物物种名录是生物分类学研究进展的重要标志，是各种志书编研必需的基础性工作。

自 2007 年以来，中国科学院生物多样性委员会组织国内外 100 多位分类学专家编辑中国生物物种名录；并于 2008 年 4 月正式发布《中国生物物种名录》光盘版和网络版（http://www.sp2000.org.cn/），此后，每年更新一次；2012 年版名录已于同年 9 月面世，包括 70 596 个物种（含种下等级）。该名录自发布受到广泛使用和好评，成为环境保护部物种普查和农业部作物野生近缘种普查的核心名录库，并为环境保护部中国年度环境公报物种数量的数据源，我国还是全球首个按年度连续发布全国生物物种名录的国家。

电子版名录发布以后，有大量的读者来信索取光盘或从网站上下载名录数据，取得了良好的社会效果。有很多读者和编者建议出版《中国生物物种名录》印刷版，以方便读者、扩大名录的影响。为此，在 2011 年 3 月 31 日中国科学院生物多样性委员会换届大会上正式征求委员的意见，与会者建议尽快编辑出版《中国生物物种名录》印刷版。该项工作得到原中国科学院生命科学与生物技术局的大力支持，设立专门项目，支持《中国生物物种名录》的编研，项目于 2013 年正式启动。

组织编研出版《中国生物物种名录》（印刷版）主要基于以下几点考虑。①及时反映和推动中国生物分类学工作。“三志”是本项工作的重要基础。从目前情况看，植物方面的基础相对较好，2004 年 10 月《中国植物志》80 卷 126 册全部正式出版，*Flora of China* 的编研也已完成；动物方面的基础相对薄弱，《中国动物志》虽已出版 130 余卷，但仍有很多类群没有出版；《中国孢子植物志》已出版 80 余卷，很多类群仍有待编研，且微生物名录数字化基础比较薄弱，在 2012 年版中国生物物种名录光盘版中仅收录 900 多种，而植物有 35 000 多种，动物有 24 000 多种。需要及时总结分类学研究成果，把新种和新的修订，包括分类系统修订的信息及时整合到生物物种名录中，以克服志书编写出版周期长的不足，让各个方面的读者和用户及时了解和使用新的分类学成果。②生物物种名称的审订和处理是志书编写的基础性工作，名录的编研出版可以推动生物志书的编研；相关学科如生物地理学、保护生物学、生态学等的研究工作需要及时更新的生物物种名录。③政府部门和社会团体等在生物多样性保护和可持续利用的实践中，希望及时得到中国物种多样性的统计信息。④全球生物物种名录等国际项目需要中国生物物种名录等区域性名录信息不断更新完善，因此，我们的工作也可以在一定程度上推动全球生物多样性编目与保护工作的进展。

编研出版《中国生物物种名录》（印刷版）是一项艰巨的任务，尽管不追求短期内涉及所有类群，也是难度很大的。衷心感谢各位参编人员的严谨奉献，感谢几位副主编和工作组的把关和协调，特别感谢不幸过世的副主编刘瑞玉院士的积极支持。感谢国家出版基金和科学出版社的资助和支持，保证了本系列丛书的顺利出版。在此，对所有为《中国生物物种名录》编研出版付出艰辛努力的同仁表示诚挚的谢意。

虽然我们在《中国生物物种名录》网络版和光盘版的基础上，组织有关专家重新审订和编写名录的印刷版。但限于资料和编研队伍等多方面因素，肯定会有诸多不尽如人意之处，恳请各位同行和专家批评指正，以便不断更新完善。

陈宜瑜

2013年1月30日于北京

# 动物卷前言

《中国生物物种名录》(印刷版)动物卷是在该名录电子版的基础上，经编委会讨论协商，选择出部分关注度高、分类数据较完整、近年名录内容更新较多的动物类群，组织分类学专家再次进行审核修订，形成的中国动物名录的系列专著。它涵盖了在中国分布的脊椎动物全部类群、无脊椎动物的部分类群。目前计划出版 14 册，包括兽类（1 册）、鸟类（1 册）、爬行类（1 册）、两栖类（1 册）、鱼类（1 册）、无脊椎动物蜘蛛纲蜘蛛目（1 册）和部分昆虫（7 册）名录，以及脊椎动物总名录（1 册）。

动物卷各类群均列出了中文名、学名、异名、原始文献和国内分布，部分类群列出了国外分布和模式信息，还有部分类群将重要参考文献以其他文献的方式列出。在国内分布中，省级行政区按以下顺序排序：黑龙江、吉林、辽宁、内蒙古、河北、天津、北京、山西、山东、河南、陕西、宁夏、甘肃、青海、新疆、安徽、江苏、上海、浙江、江西、湖南、湖北、四川、重庆、贵州、云南、西藏、福建、台湾、广东、广西、海南、香港、澳门。为了便于国外读者阅读，将省级行政区英文缩写括注在中文名之后，缩写说明见前言后附表格。为规范和统一出版物中对系列书各分册的引用，我们还给出了引用方式的建议，见缩写词表格后的图书引用建议。

为了帮助各分册作者编辑名录内容，动物卷工作组建立了一个网络化的物种信息采集系统，先期将电子版的各分册内容导入，并为各作者开设了工作账号和工作空间。作者可以随时在网络平台上补充、修改和审定名录数据。在完成一个分册的名录内容后，按照名录印刷版的格式要求导出名录，形成完整规范的书稿。此平台极大地方便了作者的编撰工作，提高了印刷版名录的编辑效率。

据初步统计，共有 62 名动物分类学家参与了动物卷各分册的编写工作。编写分类学名录是一项繁琐、细致的工作，需要对研究的类群有充分了解，掌握本学科国内外的研究历史和最新动态。核对一个名称，查找一篇文献，都可能花费很多的时间精力。正是他们一丝不苟、精益求精的工作态度，不求名利的奉献精神，才使这套基础性、公益性的高质量成果得以面世。我们借此机会感谢各位专家学者默默无闻的贡献，向他们表示诚挚的敬意。

我们还要感谢丛书主编陈宜瑜，副主编洪德元、刘瑞玉、马克平、魏江春、郑光美给予动物卷编写工作的指导和支持，特别感谢马克平副主编大量具体细致的指导和帮助；感谢科学出版社编辑认真细致的编辑和联络工作。

随着分类学研究的进展，物种名录的内容也在不断更新。电子版名录在每年更新，印刷版名录也将在未来适当的时候再版。最新版的名录内容可以从物种 2000 中国节点的网站（http://www.sp2000.org.cn/）上获得。

《中国生物物种名录》动物卷工作组

2016 年 6 月

## 中国各省（自治区、直辖市和特区）名称和英文缩写

## Abbreviations of provinces, autonomous regions and special administrative regions in China

| Abb. | Regions | Abb. | Regions | Abb. | Regions | Abb. | Regions | Abb. | Regions | Abb. | Regions |
|---|---|---|---|---|---|---|---|---|---|---|---|
| AH | Anhui | GX | Guangxi | HK | Hong Kong | LN | Liaoning | SD | Shandong | XJ | Xinjiang |
| BJ | Beijing | GZ | Guizhou | HL | Heilongjiang | MC | Macau | SH | Shanghai | XZ | Xizang |
| CQ | Chongqing | HB | Hubei | HN | Hunan | NM | Inner Mongolia | SN | Shaanxi | YN | Yunnan |
| FJ | Fujian | HEB | Hebei | JL | Jilin | NX | Ningxia | SX | Shanxi | ZJ | Zhejiang |
| GD | Guangdong | HEN | Henan | JS | Jiangsu | QH | Qinghai | TJ | Tianjin | | |
| GS | Gansu | HI | Hainan | JX | Jiangxi | SC | Sichuan | TW | Taiwan | | |

## 图书引用建议（以本书为例）

**中文出版物引用：**张春光，邵广昭，伍汉霖，赵亚辉，等. 2020. 中国生物物种名录·第二卷动物·脊椎动物（V）/鱼类. 北京：科学出版社：引用内容所在页码

**Suggested Citation:** Zhang C G, Shao G Z, Wu H L, Zhao Y H, *et al*. 2020. Species Catalogue of China. Vol. 2. Animals, Vertebrates (V), Fishes. Beijing: Science Press: Page number for cited contents

# 前　言

我国地处亚洲东部和太平洋西部，疆域辽阔，是世界上重要的海洋大国之一。我国陆域河网密布，湖泊众多；海域从北到南包括渤海、黄海、东海和南海，海岸地形复杂，有珊瑚礁区、岩礁区、滩涂区和石砾区，岛屿星罗棋布，有大小 7600 多个岛屿。辽阔的疆域和复杂的自然地理条件、水域生态环境等，孕育了丰富的土著鱼类。我国鱼类物种繁多，很多种类具有重要的经济价值和科研价值，是世界上鱼类资源最为丰富的国家和渔业大国。随着社会经济的迅猛发展，人们对鱼类资源的需求也与日俱增，对鱼类资源的调查研究不断深入，迄今，对内陆各大流域和各大海区的鱼类资源均开展过较为深入的调查，本书即是对这些工作的总结。

本书系统收集整理了 1758 年以来（海洋鱼类截至 2014 年，内陆鱼类截至 2018 年）中外从事鱼类学研究的专家学者对分布于我国海洋及内陆的鱼类的分类、分布等研究的成果，包括与鱼类分类、区系、动物地理等研究相关的文献资料等；在此基础上，也结合了作者及其所属研究团队在全国各海区和内陆水域所做的大量实地调查，对我国鱼类物种多样性及分布进行了系统整理和分析，并逐种核对，尽力去除误鉴等。

本书分绪论和名录两部分。绪论部分主要介绍了过去 260 余年间研究者对我国鱼类分类、区系研究等所做调查的过程及取得的重要成果。名录部分收录了已报道的产于我国的鱼类 4 纲 52 目 339 科 1578 属 5058 种（包括亚种）；其中，内陆鱼类超过 1400 种（包括亚种及引入种），海洋鱼类超过 3600 种（包括亚种和引入种）。除去引入类群（8 目 17 科 21 属 26 种），按纲级分类单元统计：原产于我国的盲鳗纲鱼类 13 种，七鳃鳗纲鱼类 3 种，软骨鱼纲鱼类 240 种，辐鳍鱼纲鱼类 4776 种，合计为 5032 种（包括亚种）；按属统计，原产于我国的鱼类有 1562 属。与国内一些已发表的权威性鱼类分类学研究文献相比，本书记载的鱼类种数较《中国鱼类系统检索》（上、下册）（成庆泰和郑葆珊，1987）2831 种和《拉汉世界鱼类系统名典》（伍汉霖等，2012）3926 种等多出不少。本书种名之后还提供了尽可能详细的同物异名、引证文献、分布（海洋鱼类列到海区，内陆鱼类尽可能列到水系或小支流）等信息。书后附有收集引用的主要参考文献约 3600 篇（部），其中中文文献超过 600 篇（部），外文文献近 3000 篇（部）。

尽管我国鱼类物种多样性水平较以往有较明显的提高，但相关研究开展的还不够。仅以对海洋鱼类物种多样性的认识为例，我国各海区地处北太平洋海区的边缘，范围大，但受我国基础调查条件、手段、投入等所限，海洋鱼类的调查、采集和分类研究开始较晚，资料积累不足，迄今我国海域已知鱼类总数还不及海域面积较小的邻国日本（359 科 4180 种）（Nakabo *et al.*，1993；Nakabo，2000a，2000b）。因此，今后待发现的种类应该还会有很多。由衷希望像鱼类分类学这样的基础性研究能够被重视，也真诚希望更多的同仁做出更深入的研究，并发表更好的研究成果。

本书涉及的内陆鱼类部分由中国科学院动物研究所张春光研究员及其研究团队负责，海洋鱼类部分主要由上海海洋大学伍汉霖教授和台湾“中研院”生物多样性研究中心邵广昭研究员完成。书稿完成后，主要由张春光研究员负责汇总、修改及定稿。在本书编撰过程中，我们得到我国相关研究领域一线的多位专家、学者的大力支持和帮助。首先，特别感谢陈宜瑜院士对本项工作的指导和督促；感谢中国科学院动物研究所纪力强研究员协助做了大量组织协调工作。就海洋鱼类部分，特别感谢台湾海洋大学陈义雄和陈鸿鸣两位教授对虾虎鱼和鳗鲡目鱼类的订正；感谢林永昌、林沛立和黄信凯等助理协助整理名录资料库。书稿完成后，内陆鱼类部分承蒙中国海洋大学武云飞教授、中国水产科学研究院黑龙江水产研究所姜作发研究员、中国科学院昆明动物研究所杨君兴研究员、中国科学院水生生物研究所张鹗研究员、台湾清华大学曾晴贤教授，海洋鱼类部分承蒙上海海洋大学唐文乔教授、中国科学院南海海洋研究所孔晓瑜研究员、厦门大学杨圣云教授、中国科学院海洋研究所刘静研究员和中国科学院动物研究所张洁博士等，对本书提出修改意见和建议。本书完成过程中，还得到中国科学院重点部署项目（KSZD-EW-TZ-007-2）、国家科技基础性工作专项（2012FY111200、2013FY110300）等的支持。在此一并致以衷心感谢。

本书为迄今我国收集鱼类名录较为齐全、完整的专著，也是近年来我国鱼类学研究的最新成果；对从事水产科技、教育、渔业生产、渔政管理等研究、教学或生产等人员来说，是一本较为全面、系统介绍我国鱼类资源的工具书，可为研究我国海洋和内陆鱼类提供重要参考资料，希望对我国相关科学研究、渔业生产、渔业资源开发和保育等有所裨益。

由于本书涉及的类群繁多，收集的文献年代久远，受作者的知识水平、研究能力等所限，书中难免存在不足之处，敬请读者不吝赐教。

张春光　伍汉霖　邵广昭　赵亚辉

2019 年 5 月

# Preface

China is located in east of Asia, on the western coastline of the Pacific Ocean. It is one of the important marine countries in the world. From north to south are four seas: the Bohai Sea, the Yellow Sea, the East China Sea, and the South China Sea; scattered over the seas are more than 7,600 islands.

We collected most of the ichthyological literature of the fish fauna in China, including books, journal articles, and checklists published from 1758 to 2014 (for marine fishes) or to 2018 (for inland fishes). The effort was supplemented by the data from several databases, the fish collections of principal museums in China, and the authors' own data from our field collections. Overall, we provide the most comprehensive account of the species diversity, synonyms, and distributions of fishes throughout China.

The book contains two sections. In the General discussion section, we introduced the research history on the fish fauna of China over the past 260 years. In the Catalog section, we listed 5,058 valid fish species (from 1,578 genera, 339 families, 52 orders, and 4 classes) distributed in China, including more than 1,400 inland fishes and 3,600 marine fishes. They are composed of 13 species of hagfishes (Myxini), 3 species of lampreys (Petromyzontida), 240 species of sharks, ray and chinmaeras (Chondrichthyes), and 4,776 species of ray-finned fishes (Actinopterygii). Although the number of fish species included in the book is substantially higher than the past reviews [2,831 in *Systematic Synopsis of Chinese Fishes* (Volume 1 and 2) and 3,926 in *Latin-Chinese Dictionary of Fishes Names*], related researches on them have not been enough. In terms of understanding the species diversity of marine fish, even though China has wide expanse of waters in the North Pacific, the efforts on the investigation, collection and classification of marine fishes began late which resulted in insufficient accumulation of relevant information. So far, the total number of marine fish species known in China's waters is less than that of neighboring Japan (4,180 species from 359 families) (Nakabo et al., 1993; Nakabo, 2000a, 2000b). Therefore, there should be many species to be found in the future. I sincerely hope that basic research such as fish taxonomy can be highly valued, and sincerely hope that more colleagues can make more in-depth research and publish better research results.

The inland fish in this book is compiled by Chunguang Zhang and his research team from the Institute of Zoology, Chinese Academy of Sciences. The part of the Marine fish in this book is compiled by Professor Hanlin Wu of the Shanghai Ocean University, and Guangzhao Shao from the Biodiversity Research Center, "Academia Sinica" in Taiwan. After the completion of the first draft, Professor Chunguang Zhang was responsible for the final compilation, revision, finalization, etc. During the completion of this book, we have received strong support and assistance from a number of experts and scholars in related research fields. First of all, we would like to thank Academician Yiyu Chen for his guidance and supervision of this work. Professor Liqiang Ji of the Institute of Zoology, Chinese Academy of Sciences, provided a great deal of organization and coordination in the preparation of this book. Special thanks should be given to Drs. I-Shiung Chen and Hong-Ming Chen of the Taiwan Ocean University for their dedication on suborder Gobioidei and order Anguilliformes, and to Yung-Chang Lin, Pai-Lei Lin and Hsin-Kai Huang for their assistance in the compilation of directory databases. For the section on inland fish, we appreciate the following colleagues for their comments and suggestions: Professor Yunfei Wu of the Ocean University of China; Professor Zuofa Jiang of the Heilongjiang River Fisheries Research Institute, Chinese Academy of Fishery Sciences; Professor Junxing Yang of the Kunming Institute of Zoology, Chinese Academy of Sciences; Professor E Zhang of the Institute of Hydrobiology, Chinese Academy of Sciences; and Chyng-Shyan Tseng of the Tsing Hua University in Taiwan. We would like to express our heartfelt thanks to the following colleagues for their comments and suggestions on the section of marine fish: Professor Wenqiao Tang of the Shanghai Ocean University; Professor Xiaoyu Kong of the South China Sea Institute of Oceanology, Chinese Academy of Sciences; Professor Shengyun Yang of the Xiamen University; Professor Jing Liu of the Institute of Oceanology, Chinese Academy of Sciences; and Dr. Jie Zhang of the Institute of Zoology, Chinese Academy of Sciences. We got yet the supports both from the Key Deployment Projects of the Chinese Academy of Sciences (KSZD-EW-TZ-007-2) and from the Foundation Work Special Project of the National Science and technology (2012FY111200, 2013FY110300) during the completion of the book. We would like to give our great thanks for their supports.

In addition to being the most complete and effective monograph to date on the collection of fish in China, this book documents the latest achievement of fish researches in China in recent years. For aquatic science and technology, education, and production workers, it can be used as a tool book for comprehensive and systematic introduction of China's fish resources, providing important reference materials for the study of China's marine and inland fish. We hope the book can be beneficial to China's scientific research, fishery production, sustainable utilization and conservation of fishery resources.

Chunguang Zhang, Hanlin Wu, Guangzhao Shao, Yahui Zhao

May, 2019

# 目　录

# 绪　论

我国地处亚洲东部，疆域辽阔，包括了热带、亚热带和温带3个气候带；西部有被称为“世界屋脊”“第三极”的青藏高原，向东逐渐过渡到濒海平原区，海拔垂直变化明显。同时，我国又位于太平洋西部，有着辽阔的海洋和内陆水域，是世界上重要的海洋大国之一。我国陆域有北冰洋、太平洋和印度洋三大水系，河网密布，湖泊众多；海域从北到南包括渤海、黄海、东海和南海，岸线地形复杂，有珊瑚礁区、岩礁区、滩涂区和石砾区，岛屿星罗棋布，有大小 7600 多个岛屿。辽阔的疆域及复杂的自然地理条件和水域生态环境等，孕育了丰富的鱼类资源。我国鱼类物种繁多，其中包括了很多具有重要科研价值和经济价值的种类，是世界上鱼类资源最为丰富的国家和渔业大国。从事与鱼类资源相关工作的科研工作者、生产者等历来对我国鱼类生物多样性及鱼类资源的调查、研究、开发利用等十分重视。

从渔业产量来看，我国水产品总量一直位居世界首位，2008年达到4895万吨，2009年5116万吨，2010年 5190万吨，2011年 5603万吨，2017年以来基本稳定在6450万吨左右，占世界渔业总产量的40%以上。而在这些水产品中，海洋鱼类占有很大比例，2008年我国海洋鱼类年产量达789.5万吨，2009年为804万吨，2011年为864万吨（中华人民共和国农业部渔业局，2012）。

随着我国社会经济的迅猛发展，人们对鱼类资源的需求也与日俱增，随之而来对鱼类资源的调查研究也不断深入。迄今，我国已对内陆各大流域和各大海区的鱼类资源开展了较系统深入的调查：内陆有涉及黑龙江、图们江、鸭绿江、辽河、黄河、长江、珠江、雅鲁藏布江、额尔齐斯河等流域鱼类资源调查的专著，还有《东北地区淡水鱼类》（解玉浩，2007）、《秦岭鱼类志》（陕西省动物研究所等，1987）、《青藏高原鱼类》（武云飞和吴翠珍，1992），以及大量涉及省（自治区、直辖市）的鱼类专志等；海洋方面，包括各海区鱼类资源调查、台湾海洋鱼类调查、大陆及台湾深海鱼类调查、南海诸岛海域鱼类资源调查及相关专志等。同时，我国还开展了全面、系统的《中国动物志》（鱼类）编研工作。物种多样性是生物多样性的基础，鱼类物种多样性的研究（编目）是鱼类多样性研究最基础的工作。上述相关工作为我们认识我国的鱼类资源状况和相关研究的深入开展积累了大量重要的基础资料。

## 一、我国内陆鱼类区系分类学研究的历史及评述

我国近、现代内陆鱼类的研究历史既反映了我国鱼类学研究的发展历程，也是我国近、现代自然科学发展史的一个缩影，整个过程无处不留下深刻的时代烙印。

我们基于查找到的1758—2018年发表的近1300篇（部）与我国内陆鱼类系统分类学研究相关的文献（主要检索自 *Zoological Record*、中国知网、维普科学、万方、*ISI*、*Wiley*、*Springer*、*Science Direct*、*Blackwell* 等文献数据库，以及作者收集的相关文献），以5年为一时间段，根据不同时间段文献数量的变化进行分析；划分的中国内陆鱼类系统分类学研究的各个时期，可显示出其特有的时代背景和对应时代的研究特点。

## （一）发展阶段的划分

1758 年至 20 世纪 20 年代中后期发表的涉及我国内陆鱼类分类学研究的文献数量较少，相关研究有限；20 年代中后期以后，文献数量增加较快，至 30 年代中期达到峰值；之后文献数量急剧减少，40 年代末至 50 年代初降至最低点；50 年代初至 80 年代初文献数量曲折回升，其间 60 年代中期略后出现过一个小高峰；80 年代初开始，发表文献数量急剧增加，至 90 年代初达到高峰，峰值超过 30 年代中期，复又急剧减少，至 90 年代中后期出现一个低谷；2000 年以后，文献数量又急剧上升，至 2011 年统计时达到历史最高水平；之后又呈明显下降的趋势（图 1）。

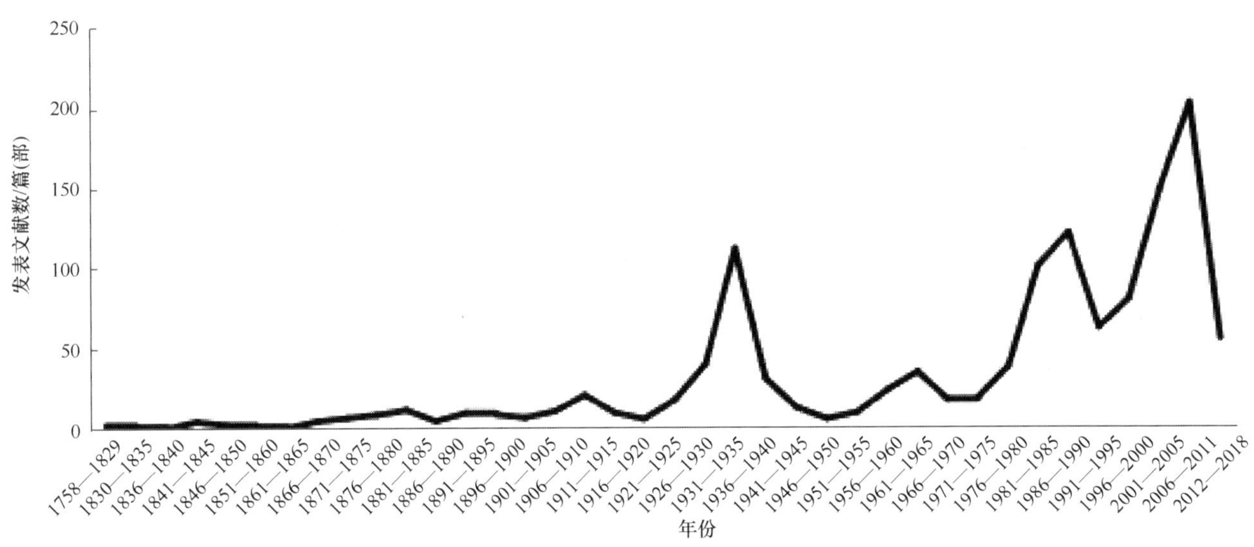


图 1　1758—2018 年发表文献数量变化趋势

基于文献数量随时间的变化趋势，结合特定的鱼类研究历史事件和时代特征，我们将中国近、现代内陆鱼类研究历程划分为 5 个时期：外国学者研究时期（1758—1927 年）、我国学者开始自主研究时期（1927—1937 年）、1937 年卢沟桥事变至 1949 年中华人民共和国成立时期（1937—1949 年）、恢复时期（1950—1980 年）和加速发展时期（1981 年至今）。

## （二）各历史时期研究特点

### 1. 外国学者研究时期（1758—1927 年）

1927 年以前，仅见外国学者对我国内陆水域新种或区域性鱼类区系的报道。根据我们收集到的该时期 133 篇（部）相关文献分析（表 1），有来自 12 个国家的学者对我国内陆鱼类进行过研究。其中，以英国、德国和美国学者的相关研究最多，其次为俄国和法国学者，此外，荷兰、日本、匈牙利、奥地利、比利时、瑞典和苏格兰学者也对我国内陆鱼类分类学研究做出过重要贡献。

在我们能够找到的相关文献资料中，对我国淡水鱼类的研究始见于瑞典著名生物学家林奈（Carolus Linnaeus）编著的《自然系统》（*Systema Naturae*）（第 10 版）（Linnaeus，1758）。17 世纪末，我国人工培育的观赏金鱼传入欧洲，林奈将其命名为 *Cyprinus auratus* Linnaeus [= *Carassius auratus* (Linnaeus)]（陈桢，1954）。在这部著作中，林奈还记录了产自我国的花鳅 *Cobitis taenia*、高体雅罗鱼 *Leuciscus idus*、真鲅*Phoxinus phoxinus* 等 26 种鱼。

表 1 外国学者研究时期（1758-1927 年）各国研究成果统计

| 国家 | 发表文献数/篇（部） | 比例/% |
|---|---|---|
| 英国 | 35 | 26.32 |
| 德国 | 34 | 25.56 |
| 美国 | 23 | 17.30 |
| 俄国 | 13 | 9.77 |
| 法国 | 10 | 7.52 |
| 荷兰 | 5 | 3.76 |
| 日本 | 3 | 2.26 |
| 匈牙利 | 3 | 2.26 |
| 奥地利 | 2 | 1.50 |
| 比利时 | 2 | 1.50 |
| 瑞典 | 2 | 1.50 |
| 苏格兰 | 1 | 0.75 |
| 合计 | 133 | 100 |

林奈《自然系统》的问世，引起许多西方人对我国生物的兴趣，他们通过经商、传教或借助其他名义来我国调查收集生物标本，发表区系研究报告或报道新发现的分类单元等。

19 世纪初，法国学者 Lacépède（1798—1803 年）描述了一些我国鱼类，尽管其依据的往往仅为某些鱼的图片，但经重新订正后，许多种类被认为是有效种。

最早对我国区域性淡水鱼类区系进行研究的学者应推 Cantor（1842），他对分布于我国舟山群岛的植物和动物区系进行了较为深入的研究，其中涉及不少对鱼类的记载。

McClelland（1838，1839）、Heckel（1838，1843）等分别在《印度鲤科鱼类》《克什米尔鱼类》《叙利亚鱼类》等著作中记录了产自我国的鱼类。

19 世纪 40 年代前后，对我国内陆鱼类分类和区系组成的研究开始增多，20 世纪初达到顶峰。19 世纪中后叶，主要为区域性鱼类区系的研究，此阶段最有代表性的成果有俄国著名鱼类学家 Basilewsky（1855）编著的 *Ichthyographia Chinae Borealis*（《中国北方鱼类》），书中记述了很多我国东北和华北地区的鱼类。荷兰著名鱼类学家 Bleeker 在 1870—1873 年对我国内陆鱼类区系进行的研究和整理（Bleeker，1870，1871，1873）。俄国学者 Dybowski（1872）发表的 *Zur Kenntniss der Fischfauna des Amurgebietes*（《黑龙江鱼类》），对黑龙江流域的鱼类区系进行了比较系统的研究。俄国学者 Kessler（1876）对从内蒙古、青海等地收集的鱼类标本进行了整理，并发表过一些关于中亚鱼类的论文。德裔英籍著名鱼类学家 Günther（1873，1889，1892，1896，1898）对保存在英国自然历史博物馆的采自我国东北、西北、长江流域及台湾等的鱼类进行了研究，发表了若干相关研究论著。比利时学者 Boulenger（鲍伦吉）（1899，1901）对采自海南岛的淡水鱼类进行了研究。

进入 20 世纪，有了更多关于我国内陆鱼类分类学研究的报道。英国著名鱼类学家 Regan（1904，1905a，1905b，1906，1907，1908a，1908b）对我国内陆鱼类的研究做出了重要贡献。1904—1908 年共发表了 7 篇有关我国内陆鱼类分类学的文章，发表新种超过 15 个，大都采自我国云南和西藏。俄国学者 Berg（1909）发表了 *Ichthyologia Amurensis*（《黑龙江流域的鱼类》），对黑龙江及其支流松花江、乌苏里江等水系的鱼类做了较详细的叙述。美国鱼类学家 Fowler（1910）报道了产自我国的鲤科 Cyprinidae 鳑鲏属 *Rhodeus* 的新种。

有关台湾淡水鱼类的研究可追溯至 1857 年。英国人 Swinhoe 来我国台湾进行采集旅行，获得了一些生物标本，之后分送给西方一些著名研究者。其中，淡水鱼类标本送给了大英博物馆鱼类学家 Günther，后者在其著名的《大英博物馆鱼类目录》（Günther，1850—1870）中散记有台湾鱼类 16 种，包括台湾石賓（= 台湾光唇鱼 *Acrossocheilus paradoxus*）、台湾石鲋［= 革条田中鳑鲏 *Tanakia himantegus*（Günther，1868）］、大眼华鳊 *Sinibrama macrops*（= *Chanodichthys macrops* Günther, 1868）、短吻镰柄鱼、粗首鱲［= 粗首马口鱼 *Opsariichthys pachycephalus* (Günther，1868)］等。之后，Boulenger（1894）发表了 1 新种——台湾间爬岩鳅（= 台湾间吸鳅 *Hemimyzon formosanus*）。Jordan 和 Evermann（1902）报道了兰屿石鲋、鲇等。1908 年，Regan 发表的《日月潭鱼类》，收录了台湾白鱼、尖头银鱼、石賓、鳘、台湾马口鱼等，Pellegrin 报道了台湾铲颌鱼（= 台湾白甲鱼 *Onychostoma barbatula*）、石賓等，Steindachner 发表了台湾缨口鳅（= 缨口台鳅 *Formosania lacustre*）。

此阶段，真正比较深入研究台湾鱼类的应为日本鱼类学家大岛正满（Oshima Masamitsu）。大岛正满于 1919 年发表了《台湾淡水鱼类之研究》，其中记述了台湾鱼类 76 种（包含 15 新种），如何氏棘鲃、史尼氏红目鲌、饭岛氏麻鱼、菊池氏细鲫（台湾细鲫 *Aphyocypris kikuchii*）等。同年，大岛正满和 Jordan 一起发表了台湾鳟（= 樱花沟吻鲑）（= 台湾马苏大麻哈鱼 *Oncorhynchus masou formosanus*）（Jordan and Oshima，1919）；翌年又发表了两篇相关论文，共记录台湾鱼类 60 种，包含 10 新种，如高身铲颌鱼（= 高体白甲鱼 *Onychostoma alticorpus*）、中台鲮等。其所做的工作奠定了台湾淡水鱼类研究的基础。与此同时，其助手青木赳雄除首先发现了台湾鳟之外，还发表了《日月潭鱼类及渔业》，以及数篇介绍台湾淡水鱼的短文。除在台湾淡水鱼类分类上有很大贡献之外，大岛正满还对台湾淡水鱼类分布、台湾鳟生态习性等研究有较大的贡献。此外，大岛正满对海南岛淡水鱼类也进行过研究（Oshima，1926a）。

美国学者 Nichols（1925a，1925b，1925c，1925d，1925e，1925f，1926a，1926b，1927a，1927b）整理了保存在美国自然历史博物馆的采自我国内陆的鱼类标本，同时对鳅科 Cobitidae 鱼类及海南岛鱼类区系进行了专项研究，先后报道了 35 新种。

这一时期，除商人、传教士等在经商、传教等时对我国生物资源进行调查采集外，还有以军官身份带领武装力量在我国新疆、甘肃、青海、四川、西藏等地的采集活动。外国学者主要借由商人、传教士等采集的鱼类标本进行整理鉴定。他们报道的种类错误较多，也造成了后来许多分类学上的混乱，直到中华人民共和国成立后很多问题才由我国相关研究人员逐步修订。

客观来说，上述工作对我国内陆鱼类研究具有开创性，也为认识我国内陆鱼类资源打下了基础。保留下来的很多文字、图片等信息资料弥足珍贵，为后来学者了解中国内陆鱼类的分类、分布及区系等提供了依据。外国人还为我国带来了现代生物科学技术和理论，如林奈的“物种命名法”，对我国生物科学的发展有重要的促进作用。

## 2. 我国学者开始自主研究时期（1927—1937 年）

1927 年，我国著名动物学家寿振黄和美国鱼类学家 Evermann 合作，对采自我国上海、南京、杭州、宁波、温州及梧州等地的 128 号鱼类标本进行了研究，整理出 55 种（包含 7 新种），发表了 *Fishes from Eastern China, with Descriptions of New Species*（《中国东部鱼类及新种描述》）（Evermann and Shaw，1927）。这是第一篇我国鱼类学家专门针对我国内陆及海洋鱼类开展研究的论文。寿振黄也是第一个以现代国际分类学通用准则研究我国鱼类的国人，尽管第一篇报道是与外国人合作完成的，而且是以英文发表的，但寿振黄的这项研究对我国海洋鱼类研究具有开创性，为认识我国海洋鱼类组成打下了基础。

较全面对我国内陆鱼类组成进行系统研究的学者应首推朱元鼎教授，朱元鼎在其 *Index Piscium Sinensium*（《中国鱼类索引》）（Chu，1931d）中，总结了 1930 年以前涉及我国鱼类的研究成果，整理出我国鱼类 40 目 213 科 584 属 1533 种，其中涉及内陆鱼类 12 目 27 科 151 属 525 种。此外，张春霖、伍献文、方炳文、林书颜等也分别对我国内陆鱼类进行了深入研究，发表了大量新种和区域性区系研究论著（Tchang，1928，1930a，1930b，1932a，1932b，1932c，1933a，1933b，1934，1935a，1935b，1936；Wu，1930a，1930b，1931，1934；Fang，1930a，1930b，1931，1933a，1933b，1933c，1934a，1934b，1935a，1935b，1936a，1936b，1936c；Lin，1931a，1931b，1932a，1932b，1932c，1933，1934，1935），为我国内陆鱼类的研究做出了巨大贡献。

值得提出的是《南中国之鲤鱼及似鲤鱼类之研究》（林书颜，1931）中有根据中山博物馆馆藏标本及从西江、广州采集的标本编制的广东及其邻省的鲤科及似鲤类鱼类分类检索表，并对每个种进行了形态描述，共记述鱼类 9 亚科 138 种；《中国鲤科志》（*The Study of Chinese Cyprinoid Fishes, Part 1*）（Tchang，1933b）记述了我国鲤科鱼类 50 属 99 种；*Comparative studies on the scales and on the pharyngeals and their teeth in Chinese cyprinids, with particular reference to taxonomy and evolution*（《中国鲤科鱼类鳞片、咽骨和牙齿的比较研究》）（Chu，1935a）对我国鲤科鱼类鳞片、咽骨和牙齿构造进行了介绍，并探讨了这些构造在系统分类中的意义，以及它们形态结构上的变化与鱼类系统演化之间的关系，并描述了 7 个新属，拓展了利用比较解剖学研究鱼类系统分类的新途径。

上述相关研究分别以各自实际掌握的材料，对整个鲤科乃至全中国内陆鱼类的研究都起到很大的推动作用，特别是林书颜先生的著作，更是第一部以中文形式报道中国内陆鱼类的著作。

这一时期，也见一些外国学者，尤其是日本学者的研究报道。代表性的有 Mori（1928，1929，1934，1936）对似鮈属 *Pseudogobio* 和小鳔鮈属 *Microphysogobio* 的研究，以及 Kimura（1934，1935）对 1927—1929 年采自长江的鱼类和上海崇明岛的淡水鱼类的描述等。

这一时期我国出现了自己的鱼类学家并对本土鱼类开展了研究工作。回顾这一时期，大批青年学子借助赴国外学习的机会，以西文形式、结合采自国内的鱼类标本发表了我国鱼类的研究论著。之后，学子们相继学成回国，投入到对我国本土鱼类的研究当中，他们中很多都成为我国近现代鱼类学研究的大家，为我国鱼类学研究和相关学科的人才培养做出了巨大的贡献。

与外国学者研究时期（1758—1927 年）相比，这一时期我国鱼类学家开始崭露头角。根据我们的统计，我国学者的研究成果约占该时期全部研究成果总数的 60%，明显多于外国学者。统计到的该时期发表的 209 个新种中，71 个为我国学者所报道，占该时期全部报道新种总数的 1/3 以上。反映了此时期我国学者在我国内陆鱼类研究上已逐渐开始发挥重要作用。该时期的工作除新种报道和区域性鱼类物种多样性调查外，还出现了已知内陆鱼类的分类检索系统，与第一时期仅编写物种名录相比是重要的进步。

### 3. 1937 年卢沟桥事变至 1949 年中华人民共和国成立时期（1937—1949 年）

受战争影响，这一时期有关我国内陆鱼类的研究很少。这一时期可查到的比较重要的研究成果应是美国学者 Nichols（1943）编著的 *The Fresh-Water Fishes of China*（《中国淡水鱼类》）。Nichols 根据美国自然历史博物馆保存的以往中亚考察队采自我国内陆水域的鱼类标本，整理出 25 科 143 属近 600 种的鱼类，并简要介绍了我国内陆鱼类的区系特点。

尽管当时的研究条件、研究环境等极为艰辛，我国鱼类学工作者仍努力开展了一些相关研究工作。代表性的研究包括方炳文对低线鱲属 *Barilius*、胡鮈属 *Huigobio* 和白甲鱼属 *Onychostoma* 的研究（Fang，1938，1940，1942）；林书颜对两个采自香港的鲤科鱼类新种的描述（Lin，1939）；张春霖整理发表的《湖南鱼类名录》（Tchang，1941）；Liang（1942）对采自福建的拟腹吸鳅类 *Pseudogastromyzon* 的研究报道；Chen 和 Liang（1949）描述的东坡拟腹吸鳅 *Pseudogastromyzon tungpeiensis* 新种等。

该时期受战争影响，我国内陆鱼类研究成果很少，且其中大部分是对战前相关工作的整理和总结。研究领域仍集中在鱼类的新种描述和区域性区系研究上，发表新种超过 40 个。

### 4. 恢复时期（1950—1980 年）

20 世纪 50 年代初开始，我国学者陆续对全国范围内陆鱼类开展了系统的自主性调查研究，研究成果明显增多。据统计，1950—1980 年发表的中文文献达 108 篇，较前三个时期（近 200 年）统计到的总共 6 篇中文文献增加了 17 倍。

外文文献中也有不少是由我国学者独立完成的。据统计，我国鱼类学家为主要完成人的文献数量达 80%，我国学者的贡献占绝对优势。该时期全球共发表新种 139 种，其中 126 种为我国学者发表，占该时期全球新种总数的 90%以上。

从上述分析可以看出，该时期大量工作属于自主性研究，真正进入我国自己的专家研究自己国家鱼类资源的时代。

这一时期仍以鱼类分类学和区系研究为主。在鱼类分类学研究方面，截至 1980 年，编纂出版了《中国系统鲤类志》（张春霖，1959）、《中国鲇类志》（张春霖，1960）、《湖南鱼类志》（湖南省水产科学研究所，1976）、《新疆鱼类志》（中国科学院动物研究所等，1979）等涉及我国内陆鱼类的区域性或地方性鱼类志；翻译出版了《黑龙江流域鱼类》（尼科尔斯基，1960）；还出版了《中国经济动物志（淡水鱼类）》（伍献文等，1979）、《中国鲤科鱼类志》（伍献文等，1964，1982）等专志。此外，还发表了大量相关研究论文，如陈湘粦（1977）对我国鲇形目 Siluriformes 鱼类、陈宜瑜（1978，1980）对我国平鳍鳅科 Homalopteridae（= 爬鳅科 Balitoridae）及陈景星（1980）对我国沙鳅亚科 Botiinae 等的研究。褚新洛和陈银瑞（1979）报道的个旧盲高原鳅 *Triplophysa gejiuensis* 是我国基于现代鱼类分类学手段描述的第一个典型洞穴鱼类新种。上述工作中最具代表性的当推《中国鲤科鱼类志》，该书系统整理了截至 20 世纪 70 年代我国鲤科鱼类的物种多样性，共记录了我国产鲤科鱼类 416 种（包括亚种），隶属于 10 亚科 113 属，其中描述新属 5 个，新种 43 种，并对物种的分类地位、形态特征、分布及生活习性等进行了详细描述，该研究成果得到国内外同行的广泛关注和认可。

鱼类区系研究方面，最具代表性的工作包括：张春霖（1954）提出将中国淡水鱼类分为黑龙江、西北高原、江河平原、东洋和怒澜五区，并对各区特有鱼类或优势种的特点进行了分析；褚新洛（1955）对长江宜昌段分布的鱼类进行了研究，共整理出鱼类 11 目 22 科 72 种，其中 44 种是以往未曾在该江段采集到的，褚新洛结合对这些鱼类在长江不同江段分布情况的分析，提出宜昌是长江上游和中游鱼类区系界限的观点；张春霖和刘成汉（1957）整理了采集自岷江水系的鱼类 8 目 18 科 92 种，并探讨了这些鱼类在流域内的分布特点；成庆泰（1958）对云南鱼类的研究历史、分类系统和分布特点等进行了整理研究；曹文宣和邓中粦（1962）、曹文宣和伍献文（1962）、张春霖和王文滨（1962）、曹文宣（1974）、朱松泉和武云飞（1975）及武云飞和朱松泉（1979）等分别对中亚高原特有的裂腹鱼类 Schizothoracinae 进行了深入研究，这些工作应该也是我国最早深入高原腹地对高原特有鱼类开展的研究。其间，朱元鼎和伍汉霖（1965）对中国虾虎鱼类 Gobioidei 动物地理学进行了研究；李思忠等（1966）通过对新疆北部鱼类资源的调查，整理出区域内鱼类 40 种和 1 亚种，包括 1 新种、1 新亚种、5 个我国新记录种（亚种）和 4 个新疆新记录种（亚种）；湖北省水生生物研究所（现中国科学院水生生物研究所）鱼类研究室（1976）编写了《长江鱼类》，记录长江鱼类 17 目 36 科 200 种。这一时期，我国鱼类的研究区域已呈现全国性或由中东部人口较密集的发达或比较发达地区向中西部青藏高原、西北干旱荒漠等地区扩展的趋势。

在台湾，陈兼善、梁润生、于名振、钟以衡、沈世杰等鱼类学家也对岛内淡水鱼类的物种多样性进行了研究，编撰了《台湾脊椎动物志》（陈兼善，1969）、《台湾鲇目鱼类报告》（钟以衡，1973）等。

这一时期，国家培养了大批从事鱼类学研究的专门人才，并在老一辈鱼类学家的带领下，积极投入到本土鱼类学研究中，组织开展了大量区域性或全国范围的资源调查工作，研究区域进一步扩展至青藏高原、西北干旱地区，甚至开始了特殊生境鱼类（如洞穴鱼类）的研究，取得了大量研究成果。相关研究工作不仅仅局限在分类、新种报道和区系特点研究等方面，还开始关注鱼类生物学、动物地理学及资源保护等更深入的研究领域。

## 5. 加速发展时期（1981 年至今）

这一时期的研究特点如图 1 和图 2 所示。1981 年至今，我国内陆鱼类系统分类学研究呈现出 4 个明显的发展阶段：第一阶段（1981—1990 年），随着改革开放政策的实施，经济快速增长，有更多的人力、物力资源投入到科学研究中，更新的研究理念、方法和技术被使用，使得我国大陆内陆鱼类研究有了进一步发展，发表相关文献的数量明显增加；第二阶段（1991 年至 2000 年前后），正值国家提出“以经济建设为中心”，科研投入更侧重于与经济建设直接相关的应用型研究，对于不能给国民经济提供直接支撑的基础性研究投入不足，导致这一阶段相关研究成果减少；第三阶段（2000 年至 2010 年前后），2000 年第二次全国基础研究工作会议召开后，用于基础性研究的投入大幅增长，基础性研究得到快速发展，我国大陆的鱼类分类学研究成果呈现出明显快速增长的趋势；第四阶段（2010 年前后迄今），受多重因素的影响，又呈现出持续明显下降的趋势。

这一时期的研究主要表现出以下几方面的特点。

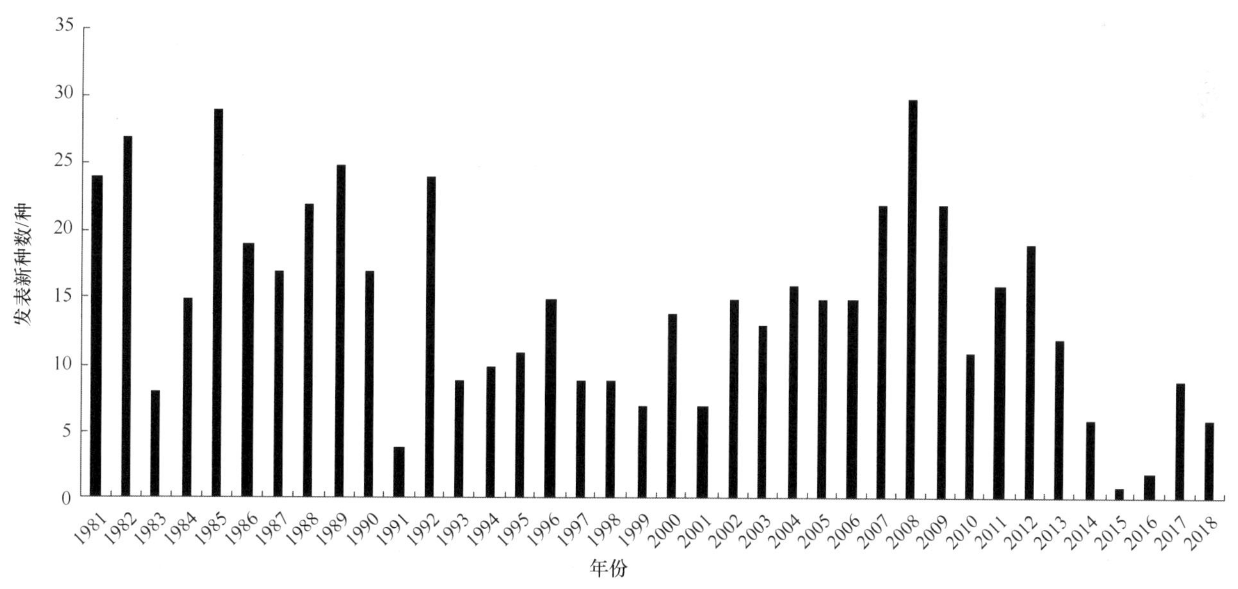


图 2 1981—2018 年每年发表新种数统计

1）多部涉及内陆鱼类分类学研究的著作出版，大量新种被描述

截至 2011 年，已有涉及内陆鱼类的 8 卷《中国动物志》出版（陈宜瑜等，1998；褚新洛等，1999；乐佩琦等，2000；张世义，2001；金鑫波，2006；伍汉霖和钟俊生，2008；张春光等，2010；李思忠和张春光，2011），超过 40 部地方性鱼类专志出版（福建鱼类志编写组，1984；任慕莲，1981；郑葆珊等，1980；广西壮族自治区水产研究所和中国科学院动物研究所，1981，2006；王鸿媛，1984；江

苏省淡水水产研究所和南京大学生物系，1987；中国水产科学研究院珠江水产研究所等，1986；曾晴贤，1986；刘蝉馨等，1987；陕西省动物研究所等，1987；杨干荣，1987；潘炯华，1987；新乡师范学院生物系鱼类志编写组，1984；伍律，1989；武云飞和吴翠珍，1989；郑慈英等，1989；褚新洛和陈银瑞，1989，1990；天津水产学会，1990；陈马康等，1990；毛节荣和徐寿山，1991；中国水产科学研究院东海水产研究所和上海市水产研究所，1990；中国水产科学研究院珠江水产研究所等，1991；武云飞和吴翠珍，1992；陕西省水产研究所和陕西师范大学生物系，1992；沈世杰，1993；汪静明，1993；丁瑞华，1994；张春光等，1995；杨君兴和陈银瑞，1995；张觉民，1995；方力行等，1996；成庆泰和周才武，1997；韩侨权和方力行，1997；陈宜瑜，1998；陈义雄和方力行，1999，2001；陈义雄等，2002；任慕莲等，2002；倪勇和朱成德，2005；倪勇和伍汉霖，2006；解玉浩，2007；张春光和赵亚辉，2013），超过450个新种被描述，发表的新种数占我国已知内陆鱼类总数的35%以上。

在这些地方性鱼类专志中，陕西省动物研究所等（1987）在对秦岭地区鱼类进行较全面科学考察的基础上，编写了《秦岭鱼类志》，书中记录鱼类161种（亚种），为后人研究我国动物地理分区提供了参考；褚新洛等（1989，1990）在他们多年对西南地区实地调查的基础上，结合大量标本实物和文献，编写了《云南鱼类志》（上册和下册），记录云南鱼类399种，其中包括3个国内新记录属、8新种、12个新记录种和17个引入种，统计云南的鱼类占当时我国已知内陆鱼类总数的50%；郑慈英等（1989）对珠江水系鱼类进行了整理，编写了《珠江鱼类志》，记录珠江水系淡水鱼类296种（亚种），为探讨珠江流域的地质历史变化提供了依据；丁瑞华（1994）编写的《四川鱼类志》，记录了四川产鱼类241种（亚种）；杨君兴和陈银瑞（1995）基于1988—1994年对云南抚仙湖鱼类分类学、生物学特性、物种起源和进化、渔业问题和发展对策的研究，整理编写了《抚仙湖鱼类生物学和资源利用》，对7目10科39种鱼类的分类和生物学特性进行了记述；解玉浩（2007）对东北地区淡水鱼类进行了整理，编写了《东北地区淡水鱼类》，记述了东北地区淡水鱼类202种，其中包含1新种。

在台湾地区，这一时期在淡水与河口鱼类分类学研究方面有很大进展。1980年以来，台湾鱼类学家陆续发表了一些淡水与河口鱼类新属、种，其中多为鲤科、爬鳅科和虾虎鱼科的种类。鲤科方面，2007年以来，陈义雄、吴瑞贤、廖德裕等先后发表了4新种；爬鳅科方面，1982年以来，曾晴贤、陈义雄等先后发表了3新种；虾虎鱼科方面，1996年以来，陈义雄、邵广昭、李信彻、黄世彬等先后发表了栖息于淡水与河口水域的9新种，黄世彬与陈义雄等2013年以我国鱼类学家伍汉霖先生为名，发表了采自河口水域的虾虎鱼类1新属——汉霖虾虎鱼属 *Wuhanlinigobius*。

对1981—2018年发表新种数量进行的统计显示（图2），近38年每年至少有5新种被描述，最高年份为2008年，描述新种30个，有9个年份发表新种在20个以上，25个年份发表新种10个以上。

这一时期，国内学者纷纷向国外刊物投稿，提高了国际同行对我国学者研究工作的了解和认识，这也成为该时期十分明显的特征之一。但在大量新种被发现或被描述的同时，也存在着某些类群分类过细的问题。物种以种群（population）的形式存在，同一种群不同个体间、不同地理种群间形态上往往会存在一定的甚至是比较明显的差异，这应是公认的概念和事实。但近年的分类学研究实践中，出现过分重视不同类群或种群甚至是同一种群不同个体间形态上微小差异的现象，而对一些类群/种群随连续地理分布变化存在的形态上的梯度变异重视不够，甚至在同一水系范围不大的区域内不同支流或不同河段描述多个亲缘关系很近的新种，或报道同一河段内多个亲缘关系很近的新种，或有不少仅凭单一标本描述和记录新种的例子。

多变量形态度量学（multivariate morphometrics）的兴起克服了传统形态度量的局限。它采用框架分析方法（truss network analysis），从多维度空间度量鱼体外部形态，包括纵向、横向和斜向的测量距离，通过选取一定数量的解剖学坐标点（anatomical landmarks），将鱼体分成若干功能单元区（function units）。该方法能较好地反映鱼体差异，可以在众多的形态变量中筛选出存在显著差异的形态变量，从而分辨出那些采用传统形态度量学方法难以辨别的物种。该方法已成功地应用于许多类群，如用来检验鲂属 *Megalobrama*、似𬶋属 *Pseudogobio*、蛇𬶋属 *Saurogobio* 等同一属内多个物种，以及中华纹胸𬶐 *Glyptosternum sinensis*、福建纹胸𬶐 *Glyptosternum fokiensis*、大眼华鳊 *Sinibrama macrops* 和伍氏华鳊 *Sinibrama wui* 等的形态差异，以厘定种的有效性，或者检验是否存在未知种（蔡鸣俊等，2001；谢仲桂等，2001；杨秀平等，2002，2003；张鹗等，2004）；对分布于不同水系原鉴定为黄斑褶𬶐 *Pseudecheneis sulcatus* 的标本分析后，确认系多个不同的物种混杂在一起（李旭等，2008）；对云南盘𬶋 *Discogobio yunnanensis*、无须墨头鱼 *Garra imberba* 和东方墨头鱼 *Garra orientalis* 等的分析证实它们均为有效种（杨琴等，2011；杨熙等，2013；何茜等，2013）；在研究了分布于滇池流域的滇池金线鲃 *Sinocyclocheilus grahami* 的不同居群后，认为不同居群未产生形态分化，仍应为同一物种（闵锐等，2009）。

近年来，一些学者对某些类群开展了进一步研究，使一些类群的分类地位发生了较大改变。例如，原隶属于四须鲃属 *Barbodes* 的种类被分别划归于吻孔鲃属 *Poropuntius*、高须鱼属 *Hypsibarbus*、小盘齿鲃属 *Discherodontus* 和新光唇鱼属 *Neolissochilus* 等，我国的华鲮属 *Sinilabeo* 和副鳅属 *Paracobities* 各自被分别厘定为孟加拉鲮属 *Bangana* 和副鳅属（= 荷马副鳅属）*Homatula* 等（Rainboth，1985，1996；Kottelat，2001，2012），一些对应类群的研究也相应发生变化（Chen and Yang，2003；Zhang and Chen，2006；Min *et al.*，2012）。除此之外，分子生物学研究结果造成鱼类原有分类系统的变化，如野鲮亚科、𬶋亚科、原平鳍鳅科 Homalopteridae、鳅类等的大量属、种分类系统的变更。在一些较高分类阶元的划分及分类体系调整方面，我国学者不占优势，甚至呈一种被动的跟随状态。这应该与历史原因有直接的关系。首先，现代分类学起源于西方；其次，我国早期的分类研究多为外国学者所做，模式标本多保存在国外一些较大型的博物馆或标本馆，国内学者不易接触到；再次，受经费等条件的限制，我国相关研究工作者还很难在世界范围核对标本和采集相关样品。

2）广泛开展与内陆鱼类分类、系统演化及动物地理学等相关的研究

李思忠（1981a）编写了《中国淡水鱼类的分布区划》，书中对我国内陆鱼类地理分布格局进行了比较深入和系统的研究。李思忠依据收集的产自我国 13 目 33 科 209 属 709 种及 58 亚种鱼类的分布信息，将我国内陆鱼类划分为北方区、华西区、宁蒙区、华东区和华南区 5 区和 21 亚区，并分析比较了各区和亚区鱼类组成与分布特点。此项工作是迄今最为详尽分析我国内陆鱼类区系组成及分布特点的成果。

鲤形目 Cypriniformes 是世界内陆鱼类中最重要的类群，东亚地区（主要是我国）是鲤形目鱼类分布最为丰富的区域。鲤形目也是我国内陆鱼类最主要的成分，有关该类群分类、分布及动物地理学等方面的研究一直受到国内外众多鱼类学家的重视。伍献文等（1981）引用国外 20 世纪 70 年代发展起来的分支系统学原理和方法，发表了《鲤亚目鱼类分科的系统和科间系统发育的相互关系》一文，就鲤亚目分科及科间系统发育关系进行了深入分析和探讨，提出了鲤亚目新的分类系统，引起了国际鱼类学界的关注。Nelson（2006）将此研究结果引入其所著 *Fishes of the World* (2nd Ed.) [《世界鱼类》（第二版）] 中。陈湘粦等（1984）以分支系统学理论和方法，对鲤科的科下阶元宗系发生进行了研究，相关研究结果受到国内外同行的重视。这是我国最早应用支序系统学的理论和方法开展鱼类系统演化研究的代表性成果。近年来，随着分子生物学研究理论和方法的发展，我国鱼类学家就鲤形目甚至骨鳔类的系统分类学相继开展了一系列的研究工作。何舜平等（2004）、He 等（2008）、Wang 等（2006）等用多个基因序列重建了鲤科鱼类的系统发育过程，提出了该类群系统发育的新模式。

裂腹鱼亚科 Schizothoracinae 鱼类是一类仅生活在青藏高原及其周边地区的高原性鱼类，依笔者的统计，我国已记录 88 种，对其起源、演化及与青藏高原隆起关系的研究是人们关注的重点。曹文宣等（1981）的研究显示，裂腹鱼类严格局限于亚洲中部的青藏高原及其周围地区，是典型的适应青藏高原自然条件的类群。从裂腹鱼类起源看，其祖先是由鲃亚科 Barbinae 的某一类群随古近纪和新近纪末青藏高原隆升、气候环境改变等逐渐演化而来的。裂腹鱼类的演化具有阶段性，其体鳞覆盖程度、下咽齿行数和触须数目等的变化可能与青藏高原隆升过程中环境条件的改变密切相关，依照某些性状的特化程度可将其分为原始等级、特化等级和高度特化等级。武云飞（1984）通过比较现生裂腹鱼类和化石种类大头近裂腹鱼 *Plesioschizothorax macrocephalus* 的外部形态，选择 45 种裂腹鱼和 5 种鲃亚科鱼类进行主要骨骼结构的比较，提出裂腹鱼类与鲃亚科鱼类具有 5 项共同特征，是来自共同祖先的一个单源群。何舜平等（2004）采用线粒体细胞色素 *b* 基因序列分析了特化等级裂腹鱼类 3 属 9 种（亚种）的分子系统发育关系，探讨了特化等级裂腹鱼类的主要分支及其与青藏高原阶段性隆起的关系，提出特化等级主要分支发生时间与青藏高原在晚新生代（距今 800 万年、360 万年、250 万年和 170 万年）发生的地质构造事件及气候重大转型时期基本吻合。He 和 Chen（2007）分析了分布于青藏高原及其邻近地区的 23 种（亚种）高度特化等级裂腹鱼 36 个群体线粒体 DNA 细胞色素 *b* 基因序列，重建了它们的系统发育关系，并估计了主要分支发生时间，结果显示高度特化等级不是单系群，其系统发育关系总体上反映了水系之间和地质历史的联系，其起源演化可能与晚新生代青藏高原阶段性抬升导致的环境变化有关。

野鲮亚科 Labeonine 是一类对流水环境具有特殊适应性的鲤科类群，截至 2011 年，我国已记录至少 88 种（邢迎春，2011）。Zhang（1994）基于外部形态和内部骨骼特点，采用外类群比较法对野鲮亚科泉水鱼属 *Pseudogyrinocheilus* 及其相关类群间的系统发育关系进行了分析，结果显示，泉水鱼属、唇鲮属 *Semilabeo* 和盘鲮属 *Discolabeo* 构成一个单系类群，其中唇鲮属和盘鲮属形成姊妹群，二者又共同组成泉水鱼属的姊妹群。由此推测，泉水鱼属仍是一个有效属，并认为野鲮亚科中某些类群颏部具有吸盘或下咽齿 2 行的特征，可能不具有系统发育学重要性的特征。Zhang（2005）利用 29 个性状，研究了野鲮亚科 23 种的系统发育关系，结果显示，带口吸盘的属聚为一个单系群，其中墨头鱼属 *Garra* 最原始，盆唇鱼属 *Placocheilus* 包括一个亚类群并与盘口鲮属 *Discocheilus* 和盘𬶋属 *Discogobio* 形成姐妹群。这样的系统发育关系显示盆唇鱼属、盘口鲮属和盘𬶋属均为有效属，而墨头鱼属的有效性仍需进一步研究。Yuan 等（2008）对野鲮亚科华缨鱼属 *Sinocrossocheilus* 进行了重新整理，认为可根据下唇形态将该属与同科的其他属明显区分，依据这一分类特征，得出该属仅包括华缨鱼 *Sinocrossocheilus guizhouensis* 和穗唇华缨鱼 *Sinocrossocheilus labiatus* 两个有效种。Zheng 等（2010）基于 2 个核基因和 3 个线粒体基因研究了中国野鲮亚科的系统发生关系，结果支持野鲮亚科是一个单系群。王伟营（2012）基于线粒体细胞色素 *b* 和 *CoI* 基因，以及核基因 *RAG1* 和 *IRBP*，并结合口部吸盘特征研究了墨头鱼属鱼类的系统发育关系，探讨了其演化历史，提出墨头鱼属可进一步被划分成 3 个分支，起源地可能在中新世早期的澜沧江下游，中新世中期可能扩散到非洲，目前非洲现生的种类则是在中新世晚期扩散进入的。

𩽾𩾌鱼类是一个主要生活在青藏高原水流急、水温低的生境中的类群，我国已记录有 64 种。我国学者对该类群系统分类学有过一系列研究。伍献文等（1981a）根据 1973—1976 年青藏高原综合考察队采集到的𫚭科鱼类标本，整理出西藏地区𫚭科鱼类 7 属 10 种，其中 1 新属 1 新种。褚新洛（1982）在之前对𩽾𩾌鱼类系统分类和演化谱系研究（褚新洛，1979）的基础上，进一步分析了褶𫚭属 *Pseudecheneis* 性状演化序列和演化趋势，探讨了该属及属内各种间的系统发育关系，并描述了 2 新种。周伟等（2005）综述了我国𫚭科𩽾𩾌群系统发育与地理分布格局的研究进展，基于形态学和分子生物学证据，回顾了该类群的系统分类历史，探讨了其系统演化历程，并分析了该类群演化与青藏高原抬升的关系。李旭（2006）通过分布特点和外形特征，分析了21种鳅鲱鱼类的系统发育关系，提出鳅鲱鱼类为一自然类群，其中原鲱属为最原始的类群。根据鲱化石纪录和鳅鲱鱼类分布类型，他还推测鳅鲱鱼类起源于上新世中期，其演化历程与喜马拉雅运动和青藏高原隆升有着密切关系。杨颖（2006）研究了我国鲱科鳅鲱群的系统分类，报道了我国鳅鲱鱼类8属30种，其中有6新种。Zhou等（2011）经对中国鲱属的系统分类研究，并依据下唇两侧与颌须基膜间有明沟隔开，形成半游离的唇片，上颌齿带分为左、右两块，以及部分肌肉的分化特点，将贡山鲱 *Pareuchiloglanis gongshanensis*、扁头鲱 *Pareuchiloglanis kamengensis* 和长脂鲱 *Pareuchiloglanis macropterus* 等3种移出鲱属，指定为1新属——异鲱属 *Creteuchiloglanis*，同时描述了2新种——小鳍异鲱 *Creteuchiloglanis brachypterus* 和长鳍异鲱 *Creteuchiloglanis longipectoralis*。在与模式标本比对的基础上，提出短鳍鲱 *Pareuchiloglanis feae* 仅分布于缅甸的萨尔温江，在我国没有分布，原先记录于我国怒江和缅甸伊洛瓦底江水系的短鳍鲱全部为异鲱属中其他种的误定，而记录于长江和珠江的短鳍鲱应是异鲱属中其他种的误定。

3）重点地区鱼类区系组成和系统演化方面的研究

我国专门针对湖泊鱼类开展过一些研究。陈宜瑜等（1982）和陈银瑞等（1983）分别对青藏高原东部泸沽湖和程海的鱼类区系形成历史进行了深入研究，提出了可用于解释云贵高原特定湖泊鱼类区系起源的同域成种进化模式及边域快速成种的实例，丰富了有关生物进化的理论。杨君兴等（1994）研究了滇中6个湖泊的鱼类多样性，并探讨了多样性与环境因子之间的关系，揭示滇中高原湖泊鱼类多样性的演化实质上是由湖泊发育阶段所控制的。袁刚等（2010）研究了2007—2008年云南高原湖泊鱼类的多样性与资源现状，共记录鱼类39种，隶属于7目13科33属，其中，鲤形目鱼类最多，土著鱼类14种，外来鱼类25种，在种数上外来种已经成为各高原湖泊的主要组分。

在恢复时期（1949—1980年），我国仅见有1种洞穴鱼类报道（褚新洛和陈银瑞，1979）。进入加速发展时期（1981年至今），随着我国社会经济迅速发展，针对我国洞穴鱼类的研究有了很大进展。到目前为止，我国已报道洞穴鱼类种数超过100种，成为世界上洞穴鱼类物种多样性最丰富的国家，且种数远超过其他国家和地区（Zhao *et al.*，2011）。金线鲃属 *Sinocyclocheilus* 是我国最具代表性的洞穴鱼类群。作为我国特有的营洞穴生活的鱼类，该类群的物种分化、适应性演化等受到国内外鱼类学家的广泛关注。武云飞和吕克强（1983）在《贵州省几种裂腹鱼的分类讨论》中，提出 Pellegrin（1931）报道的贵州裂腹鱼类新种 *Schizothorax multipunctatus* 实际上应为 *Sinocyclocheilus* 的鱼类，并将其订正为贵州波罗鱼（= 多斑金线鲃）*Sinocyclocheilus multipunctatus* (Pellegrin)。1985年以前，该属仅包括4个有效种，之后新种数急剧增加。李维贤（1985）在以往多年采集的基础上，发表了《云南金线鲃属 *Sinocyclocheilus* 鱼类四新种（鲤形目：鲤科）》。此后，褚新洛和崔桂华（1985）、陈景星等（1988）、陈银瑞等（1988，1994，1997）、陈景星和蓝家湖（1992）、李维贤（1992）、单乡红和乐佩琦（1994）、王大忠（1996）、李维贤等（1998）、王大忠和陈宜瑜（2000）、肖蘅和昝瑞光（2001）等均对该属新种或系统演化等进行了研究。赵亚辉和张春光（2009）在前人研究的基础上，发表了《中国特有金线鲃属鱼类——物种多样性、洞穴适应、系统演化和动物地理》，整理记录了49个有效种，至此该属种数较1985年以前增加了10倍以上，并系统描述了每个种的形态特征、地理分布及生活习性等，还对这一类群的适应性进化、系统发育关系和动物地理等进行了深入探讨，该书也是世界范围内对洞穴鱼类研究开展得比较深入、系统的研究专著。

4）新方法和新技术的引入

随着形态学、分支系统学和分子系统学等方面理论与方法的发展，不断有新的研究方法和技术被引入我国内陆鱼类系统分类学研究中。这一时期，使用电子显微镜观察动物亚显微结构、染色体组型和带型、蛋白质凝胶电泳等多种途径的科学探索层出不穷。在鱼类分类学研究方面，《石爬𬶐和青石爬𬶐细胞核型的研究》、《裂腹鱼亚科中的四倍体—六倍体相互关系》（昝瑞光等，1985）、《西藏鱼类染色体多样性的研究》（武云飞等，1999）、《鲿科八种鱼类同工酶和骨骼特征分析及系统演化的探讨》（戴凤天和苏锦祥，1998）、《中国鲴亚科鱼类同工酶和骨骼特征及系统演化的探讨（鲤形目：鲤科）》（曹丽琴和孟庆闻，1992）、《中国淡水鱼类染色体》（余先觉等，1989）的发表或出版等，说明不少鱼类分类学家已从传统的经典分类跨入到与生理、生化和细胞学相结合的研究领域，反映出宏观和微观的结合，交叉渗透是促进宏观动物学发展的重要途径。特别是余先觉等（1989）编著的《中国淡水鱼类染色体》，系统总结了我国鱼类（主要是内陆鱼类）在细胞水平（染色体核型）的研究进展，并尝试用细胞分类学（cytotaxonomy）或核型分类学（karyotaxonomy）方法研究鲤科的亚科划分和系统发育关系，是我国有关染色体组型在内陆鱼类研究方面最重要的代表性著作。Tzeng 等（1990）首先利用线粒体 DNA 限制性内切酶分析，对台湾缨口鳅同物异名进行了验证，并于 1992 年发表了台湾缨口鳅 *Crossostoma lacustre*（= 缨口台鳅 *Formosania lacustre*）线粒体基因组全序列报道。何舜平（1991）利用分支系统学原理对鳅鮀类 Gobiobotinae 鳔囊、鳔及相关结构进行了特征分析，提出鳅鮀类是一个单源群，作为一个独立的亚科可分为异鳔鳅鮀属 *Xenophysogobio* 和鳅鮀属 *Gobiobotia*，后者又分为原鳅鮀亚属和鳅鮀亚属。唐琼英等（2005）利用线粒体 DNA 控制区序列比较了沙鳅亚科 Botiinae 中 3 属 14 代表种的序列结构，识别出沙鳅亚科中一系列的保守序列，并构建了沙鳅亚科、花鳅亚科 Cobitinae 和爬鳅科 Balitoridae 间的系统发育树。Johansson（2006）对分布于中国珠江水系西江流域的宽鳍鱲 *Zacco platypus* 和马口鱼 *Opsariichthys bidens* 的形态特征进行了比较，这一结果与遗传学上将这两种分为不同种群的研究结果一致。Qi 等（2006）基于青藏高原黄河裸裂尻鱼 *Schizopygopsis pylzovi* 133 个标本的细胞色素 *b* 基因，分析了种群的核型并构建了系统发育树，表明黄河裸裂尻鱼的不同种群都应该分别被保护和管理，以避免种群间基因的混杂。Chen 等（2009）利用线粒体 D-loop 基因研究了马口鱼属 *Opsariichthys* 和鱲属 *Zacco* 间的系统发育关系，显示粗首鱲 *Zacco pachycephalus* 与马口鱼属的亲缘关系近于与鱲属的亲缘关系，因此将其更名为粗首马口鱼 *Opsariichthys pachycephalus*；粗首马口鱼和新种高平马口鱼 *Opsariichthys kaopingensis* 线粒体基因遗传差异达 3.3%，表明这两个种的分化要早于末次冰期。

虽然分子生物学研究为一些类群的划分、亲缘关系的明确提供了线索，但也造成了新的困惑。例如，中国科学院水生生物研究所何舜平团队长期研究𬶏科 Sisoridae 鱼类的系统演化，分支分类学的研究结果与分子生物学研究结果不一致（He，1996），且因不同作者使用的 DNA 序列不同，类群内各属在分子树中的相互关系并不完全一致（Guo *et al.*，2005，2007；Peng *et al.*，2004，2006；于美玲和何舜平，2012）。分支分类学和分子生物学研究结果均显示，拥有相似宏观形态结构的类群并未能聚合在一块，而是离得较远。这一结果明显表明，相似的宏观形态结构可能是平行进化的结果，而不是亲缘关系的标志。

对中国野鲮亚科 21 属 38 种 *RAG1*、*RH*、*Cyt b*、*COI*、*16Sr* 等基因序列构树，支持野鲮亚科构成一个单系，不支持将野鲮亚科划分为 2 个类群或 3 个类群的分类系统。我国的野鲮亚科可以划分为 6 个特点鲜明的类群；其中现在认为的墨头鱼属和孟加拉鲮属均不为单系类群，分别与其他一些类群合在一起才能构成单系群；而盘鲮属与盘𬶋属构成一单系群，前者不是一有效属，应并入盘𬶋属；野鲮亚科内部共发生 3 次吸盘形成事件；原华缨鱼属的种类只有一部分保留于该属，另一部分则需要分别划入拟缨鱼属和红水鱼属 *Hongshuia*（郑兰平，2010）。

相对于经典形态学研究，分子生物学研究结果得到的信息更为丰富，但由于使用的 DNA 序列不同，研究结果差异也很大。所以，现在的趋势是增加分子数量，采用联合数据集构树，甚至是全基因序列测序，以获取更为全面的遗传信息，提高构树结果的可信度和可靠性。但在同一研究中将分子生物学研究结果与经典形态分类相结合的范例却极少。凭借宏观形态特征识别和鉴定物种是最简便和最直接的方法，如果分类鉴定要依赖分子证据，无疑会很不方便，且很不实用，也不符合“基因型是表现型的基础”。将分子生物学与形态分类学相结合，优势互补，这应该是今后系统分类学应特别注意的，也应是系统分类学发展的方向。

## （三）新时期（2010 年至今）面临的挑战

2010 年以后，受多种因素影响，我国经典鱼类分类学研究进展开始变缓，反映在笔者对相关文献的统计上，相关研究报道急剧减少，以中文发表的相对高水平的文献更少。

分析这种变化，应该与目前国内一些相关高校、科研机构等对研究人员的考核机制有直接的关系。仅以中国科学院动物研究所为例，笔者在多年的野外调查过程中收集了相当多的能够反映我国鱼类资源现状的珍贵标本，需要保存以备后查。而鱼类标本馆多年缺少专职或专业对口的管理人员，大量野外调查采集的标本堆放在馆内待正式入馆。所在单位业绩考核评价机制鼓励的也是如分子生物学这样的微观方向的学科方面的工作，而基础性研究，如资源调查、编目、环境评价等主要采用宏观手段进行研究的经典分类这样的基础性工作，基本上少予绩效甚至没有绩效，经典分类学也面临着后继乏人、相关仪器设备老化甚至缺乏等局面。

纵观整个加速发展时期，该时期正是我国经济发展最快，同时也是自然环境受人为活动影响变化最为剧烈的时期。特别是在涉水环境方面，随着我国水利水电工程建设的迅猛发展，跨流域调水、“高峡出平湖”等“世纪工程”纷纷建设完成，在解决人们的能源需求、水资源利用等方面的成效突出，但同时也造成大量原生态水环境急剧改变，原生水生生物资源面临着空前的生存压力，大量原生物种濒危甚至消失。为了更好地认识我国鱼类资源现状，更合理地进行资源利用、资源保育等，定期进行鱼类资源调查、监测、评价等基础性的研究工作，仍有必要性和紧迫性。

就鱼类分类学研究而言，这一时期尽管新手段、新方法、新学科等蓬勃发展，有助于深入理解鱼类的分类、演化、分布规律、动物地理等科学问题，但在实际工作中，笔者深刻感受到，很多类群（如裂腹鱼类、金线鲃、高原鳅、南鳅、平鳅、花鳅等）的基础分类学研究仍存在十分突出的问题，不少物种甚至更高级的分类阶元鉴定起来十分困难。笔者由衷希望像鱼类分类学这样的基础性研究能够被高度重视，也真诚希望更多的同仁做出更深入的研究，并发表更好的研究成果。

## （四）内陆鱼类资源现状分析

前已述及，近几十年来由于受人为活动的影响，我国自然环境发生了急剧变化，大量物种濒危甚至绝迹。从生物多样性保护的角度来讲，我国目前内陆鱼类有效种数急需一个新的、尽可能准确的认识。为此，笔者开展了对我国内陆鱼类物种多样性的厘定编目工作。经对相关文献数据的整理和研究，并结合作者长期的实际研究积累，统计出我国现有内陆鱼类超过 1400 种（包括亚种），含引入种 24 种，隶属于 18 目 54 科 316 属。去除引入种，原产于我国的内陆鱼类共 1380 种（包括亚种），隶属于 17 目 47 科 303 属。特有种 830 种左右，隶属于 7 目 23 科 176 属；特有属 46 个（包括 22 个单型属）；按最新数据统计［（国家级保护鱼类名录修订版（讨论稿）］，濒危鱼类近 200 种，隶属于 10 目 28 科 108 属。

与一些同处北半球、纬度相近或略高、国土面积相似或大于我国的国家或地区比较，我国内陆鱼类无论在数量上还是特有种数上，均大大超出相比较的国家或地区，是世界上淡水鱼类物种多样性最为丰富的国家或地区之一（张春光等，2016）。

在现代鱼类系统分类学研究过程中，大量相关研究不仅仅关注单纯的物种鉴定这样的分类学本身的问题，还同时对鱼类物种间或更高级分类阶元间的系统发育关系、个体和种群生物学、物种多样性的时空变化、形态性状的统计学分析、生物地理学和资源保护等多领域开展研究。根据笔者对已有文献的统计，1980 年前仅以形态性状作为分类手段的传统分类学文献数量约占全部文献数量的 98%，结合生物学特性、种群生态学、动物地理学等其他研究领域的文献数量仅约占 2%；进入 20 世纪 80 年代，单纯传统分类学研究的文献数量下降至文献总数的 58%，结合系统发育、个体或种群生物学、物种多样性、形态测量学、动物地理学、保护生物学等开展研究的文献数量达到 42%，比 1980 年前约增加 40%。由此可见，现代系统分类学研究已不只局限于传统分类学，已经向更广泛、更深入的研究领域发展。

## 二、我国海洋鱼类研究概况及主要成果

由于海洋鱼类在渔业生产中的特殊地位，我国海洋鱼类分类区系研究开展得也比较早。与我国内陆鱼类的研究一样，最早的有关海洋鱼类分类学的研究也见于瑞典著名生物学家林奈 Carolus Linnaeus（1758）编著的《自然系统》（*Systema Naturae*）（第 10 版）中，林奈用双名法记载了产于我国的鲥 *Clupea sinensis*、塘鳢 *Gobius eleotris*、大弹涂鱼 *Gobius pectinirostris*、鳗虾虎鱼 *Gobius anguillaris* 等。我国海洋鱼类的研究可分为 3 个时期：外国学者研究时期（1758—1926 年）、我国学者逐渐参与研究我国海洋鱼类的时期（1927—1949 年）和我国鱼类学者全面调查研究我国海洋鱼类的时期（1950 年至今）。

### （一）外国学者研究时期（1758—1926 年）

1758 年，世界动植物分类学处于革新和开创的时代，全球动植物分类学家面临新的挑战。这一时期，国外学者工作重点在对全球广大地区的动植物分类区系的调查上，而我国，由于封建统治者采取了闭关锁国的政策，外人还很少涉足，包括鱼类资源调查在内的生物资源调查研究基本还处于空白。19 世纪初，西方生物分类学家开始较多关注对我国生物资源的研究，但对我国海洋鱼类的研究仍处于开始阶段，仅见初步小范围的采集、整理、鉴定等工作。相关研究有限，发表文献数量颇少，仅见一些零散报道。直到 40 年代，外国学者对我国沿海鱼类分类和区系组成的研究开始增多，主要为区域性鱼类区系研究。进入 20 世纪 20 年代，有了更多关于我国海洋鱼类分类学研究的报道。此阶段最有代表性的研究者有国外知名鱼类学家 Bleeker、Günther、Richardson、Jordan、Weber 等，他们对我国海洋鱼类进行了调查研究，并取得一定的成果，对我国海洋鱼类分类学研究做出了重要贡献，对我国鱼类以后的研究和发展起到积极作用，为认识我国海洋鱼类的种类、组成、分布等打下了基础。

荷兰人 Bleeker P.主要从事印度、日本、中国、东南亚等地海洋鱼类的研究，涉及的类群包括石首鱼类、蝴蝶鱼类、鲭类、鲽类、鳎类、梅鲷类、鲔类、鲉、鲉类、虾虎鱼类等。1865 年最先发表了采自我国广州和厦门的白腹小沙丁鱼、棘背小公鱼、江口小公鱼等。1871—1879 年发表了 5 篇有关我国海洋鱼类的研究报道，其中 1871 年记述了我国比目鱼 31 种，新增报道角木叶鲽、长鲽羊舌鲆、高眼舌鳎及短体无线鳎等。1872 年，在《中国鱼类区系研究》中记载了我国产鳕科鱼类拟欧洲鳕、梭鳕、太平洋岩鳕及麦氏犀鳕等，在《中国鱼类名录》中收录 11 种灯笼鱼目的鱼类（包括狗母鱼科 4 种、龙头鱼科 1 种、灯笼鱼科 6 种），在《鱼图》中记述了 18 种我国鲱科鱼类［其中增加了尖吻圆腹鲱、太平洋鲱、洁白鲱、平胸（圆腹）沙丁鱼、顶斑棱鳀、长颌棱鳀和中华小公鱼)］；整合这一年

的工作，共记载我国鱼类868种，其中涉及虾虎鱼类、颌针鱼目、鲉形目、鲽形目等的新种及新记录。1879年，增加记述我国产眼斑豹鳎。此后，零星的报道颇多。

德国人 Günther A.是早期研究我国产鱼类最多的专家之一。1861年研究了保存于大英自然历史博物馆中的虾虎鱼类，共记述世界虾虎鱼类2科19属270种，在当时堪称完整和系统，其中除虾虎鱼科外还首次创立了背眼虾虎鱼科 Oxudercidae，以产于我国澳门的背眼虾虎鱼属 *Oxuderces* 为该科的代表属，犬齿背眼虾虎鱼 *Oxuderces dentatus* 为该科的代表种。1862年，在《大英自然历史博物馆鱼类目录（第四卷）》（*Catalogue of the Fishes in the British Museum*，Vol. 4）中记载我国海区产比目鱼19种，增加了五眼斑鲆、凹吻鲆、繁星鲆、圆鳞鲆、大鳞短额鲆、褐斑三线舌鳎、黑点圆鳞鳎及峨眉条鳎等。1864年，在《大英自然历史博物馆鱼类目录（第五卷）》（*Catalogue of the Fishes in the British Museum*，Vol. 5）中记述我国灯笼鱼4种，其中新记录狗母鱼1种。此外，1866年，在《大英自然历史博物馆鱼类目录（第六卷）》（*Catalogue of the Fishes in the British Museum*，Vol. 6）中记载我国产竹刀鱼科（= 颌针鱼目）14种：圆鳍圆尾颌针鱼、尖嘴圆尾颌针鱼、间下鱵鱼、黑尾鱵鱼、中华鱵鱼、杰氏下鱵鱼、单须飞鱼、短鳍拟飞鱼、尖头燕鳐鱼、短头飞鱼等。1869年，在《大英自然历史博物馆鱼类目录（第七卷）》（*Catalogue of the Fishes in the British Museum*，Vol. 7）中新增记录了我国产的黄带圆腹鲱、斑点沙丁鱼、高体棱鳀。1870年，在《大英自然历史博物馆鱼类目录（第八卷）》（*Catalogue of the Fishes in the British Museum*，Vol. 8）中，记有产自我国的鲨2种，即尖头斜齿鲨和窄头双髻鲨；产自我国的鳐类7种：中国团扇鳐、许氏犁头鳐、舌形双鳍电鳐、日本燕魟、鹰状无刺鲼等。1873年，在 *Report on a collection of Fishes from China* 中记录了短鳍红娘鱼；在 *On a collection of Fishes from Chefoo, North China* 中记录了拇指杜父鱼 *Cottus pollus*，新增记录上海产宽体舌鳎及窄体舌鳎；后又新增记录山东烟台产半滑舌鳎、粒鲽及圆斑星鲽。1874年，记述了山东烟台产短头飞鱼、细鳞下鱵、尖嘴圆尾颌针鱼、赤鼻棱鳀及印度小公鱼。1880年，新增记录香港产桂皮斑鲆及纤羊舌鲆。1889年，记述了江西九江产刀鲚。其后，还发表了一些产自我国的鱼类报道。

英国人 Richardson R. E.是19世纪研究日本、中国及两国邻近海域鱼类的专家。1843年首先报道了我国海产犀鳕。1846年发表的《中国和日本海域鱼类记述》一书是19世纪中叶研究中国、日本及两国邻近海域鱼类最为重要的参考文献之一，该书记述“硫磺”号航海考察船1836—1842年在日本及中国广东沿海收集到的一些虾虎鱼科鱼类，共10属34种，其中27种产自中国。1845年记录有采自澳门的蜥形副平牙虾虎鱼，采自吴淞的斑尾刺虾虎鱼，采自广州的斑纹舌虾虎鱼和斑鳍刺虾虎鱼等新种。1846年报道过产于广州的青弹涂鱼，产于澳门的舌虾虎鱼和尖头塘鳢等。还记述了我国广州等沿海产尖嘴圆尾颌针鱼、圆鳍圆尾颌针鱼、翱翔飞鱼、短鳍拟飞鱼、单须飞鱼及间下鱵鱼；记述了我国产的21种海鲢目和鲱形目鱼类，包括海鲢、大海鲢、青鳞小沙丁鱼、中华小沙丁鱼、黄泽小沙丁鱼、弱姿小体鲱、鳓、斑鰶、七丝鲚、中颌棱鳀、短颌宝刀鱼及鳀；记述了我国产软骨鱼亚纲鲨类8种，即斑鲨、条纹斑竹鲨（采自广州，现保存于英国自然历史博物馆）、短鳍斜齿鲨、杜氏真鲨、乌翅真鲨、锤头双髻鲨、狭纹虎鲨和印度七鳃鲨；记述了我国产鳐目鱼类13种，即圆犁头鳐、斑纹犁头鳐、中国团扇鳐、丁氏双鳍电鳐、舌形双鳍电鳐、斑鳐、花点魟、尖嘴魟、黄魟、聂氏无刺鲼、花点无刺鲼、鹰状无刺鲼和无斑鹞鲼；记述了我国海域分布的灯笼鱼类5种，即大头狗母鱼、杂斑狗母鱼、多齿蛇鲻等；记载了我国比目鱼类19种及1亚种，新增报道大牙斑鲆、卵鳎、斑头舌鳎及黑尾舌鳎等。

美国人 Jordan D. S.从事印度太平洋（主要涉及日本海域）的海洋鱼类研究，也涉及中国沿海、菲律宾、东太平洋美国及墨西哥鱼类的研究。主要研究鲈形目、鳗鲡目、鲽形目、鲉形目、虾虎鱼类、鳕形目等类群。Jordan 和 Evermann（1902）记述了我国台湾虾虎鱼3种，以及台湾产少牙斑鲆、日本须鳎及双线舌鳎等 186 种。Jordan 和 Starks（1906）记述了采自我国大连的睛尾蝌蚪虾虎鱼和采自旅顺的拉氏狼牙虾虎鱼、黑平鲉、大泷六线鱼、细鳞针鲬；1907 年报道了我国产高眼鲽等 12 种；又报道了旅顺、大连产钝吻黄盖鲽等 6 种。Jordan 和 Snyder（1908）报道了我国台湾产鲹科 3 新种。Jordan 和 Richardson（1908）根据 Sauter H.的采集，整理出我国台湾产鱼类 286 种。Jordan 和 Richardson（1909）记述了采自我国台湾的裸项蜂巢虾虎鱼和小鳞沟虾虎鱼。Jordan 和 Seale（1905）记述了采自我国香港的尖头塘鳢及单棘鲉，1906 年增加记录我国香港产印度舌鳎，1907 年记录了采自我国的棘线鲉等。

德国人 Weber M.是 *The Fishes of Indo-Australian Archipelago*（《印澳群岛鱼类》）系列著作的作者，1913 年在 *The Fishes of Indo-Australian Archipelago, II*（《印澳群岛鱼类（第二卷）》）中记述了分布于西太平洋和我国海域的灯笼鱼科鱼类 4 属 7 种，其中芒光灯笼鱼是我国海域的新记录。1922 年，Weber 和 de Beaufort 在 *The Fishes of Indo-Australian Archipelago, IV*（《印澳群岛鱼类（第四卷）》）中记载了我国产圆身圆颌针鱼等。1929 年，Weber 和 de Beaufort 在 *The Fishes of Indo-Australian Archipelago, V*（《印澳群岛鱼类（第五卷）》）中记载了我国海区产绵头渊鼠鳕、黑腔鼠鳕、长头膜头鳕、黑背鳍凹腹鳕及岐刺凹腹鳕。之后，还增加记录了我国产三眼斑鲆、南海斑鲆、短钩须鳎及剑状舌鳎等 21 种。

## （二）我国学者逐渐参与研究我国海洋鱼类的时期（1927—1949 年）

20 世纪 20 年代中后期起，由我国鱼类学家对我国鱼类分类学的研究工作逐渐开展起来。到 30 年代中后期，关于我国海洋鱼类的研究处于上升阶段，文献数量增加较快，并取得了较大成绩。代表性的中外鱼类学者有 Fowler、Herre、大岛正满、朱元鼎、伍献文、王以康、汤笃信等，发表了若干较重要的成果。

美国人 Fowler H. W.（1918—1972 年）以研究印度-西太平洋、西非、大洋洲及中国海洋鱼类著称，在研究虾虎鱼类方面颇多建树，报道了 15 个新属。1920 年，记述了采自我国苏州的中华下鱵。Fowler 和 Bean（1922）记述了产自我国台湾的拟蓑鲉及分布于台湾高雄的花斑蛇鲻。1923 年，记述了产自我国台湾的青带小公鱼。1929 年，记述了采自我国上海的金带小沙丁鱼及香港的后鳍鱼。1930 年，在《日本和中国海鱼类的记录》中，记述了我国香港沿海分布的 4 种灯笼鱼。1931 年，记录了遮目鱼、短体小沙丁鱼、（圆腹）沙丁鱼。1932 年，在《中国鱼类的研究》中记述了分布于我国沿海的狗母鱼科鱼类 4 属 8 种。1933 年，在 *Contributions to the biology of the Philippine Archipelago and adjacent regions*（《菲律宾群岛和邻近海域的鱼类新种》）中记述了分布于我国南海的灯笼鱼科 8 新种，其中有效种有波腾眶灯鱼和长距眶灯鱼 2 种。1934 年，增加记录我国产大羊舌鲆和纵带箬鳎。1938 年，在 *Descriptions of new fishes obtained by United States Bureau of Fisheries steamer 'Albatross', chiefly in Philippine seas and adjacent waters* 中记录了产自我国的长赤鲉、长吻副角鲂鮄、厚鲂鮄、大眼红娘鱼、长臀红鲂鮄、短须红鲂鮄。1940 年在 *Fishes* 中记录了大鳞石鲉。1941 年记录了产自我国的大眼翠鳞鱼、黑尾小沙丁鱼、短颌（圆腹）沙丁鱼；同年，在《菲律宾群岛及邻区鱼类》（第 13 卷）中记录了鲨类 63 属 206 种，鳐类 32 属 158 种，银鲛类 3 科 4 属 7 种，其中亦产于我国的鲨类 35 种，即扁头哈那鲨、宽纹虎鲨、狭纹虎鲨、沙氏锯尾鲨、梅花鲨、斑鲨、原鲨（斑点丽鲨）、橙黄鲨、点纹斑竹鲨、条纹斑竹鲨、灰斑竹鲨、长鳍斑竹鲨、日本须鲨、豹纹鲨等，以及银鲛类（黑线银鲛和曾氏兔银鲛）。其系列著作 *A Synopsis of the Fishes of China*（Fowler，1972）至今仍为研究我国海洋鱼类的重要参考资料。

日本人大岛正满 1919 年曾发表在我国台湾所采集的淡水鱼类。随后在 1921—1927 年陆续对我国台湾鲻科（乌鱼科）、虾鱼科、鲹科、鲷科及鲽、鲆类有过研究报道。

1927 年是我国学者开始对我国海洋鱼类进行自主研究的转折点。美国鱼类学家 Evermann B. W. 和我国著名动物学家寿振黄（Shaw T. H.）合作，对采自我国上海、南京、杭州、宁波、温州及梧州等地的 128 种鱼类标本进行了研究，发表了 *Fishes from eastern China, with descriptions of new species*（《中国东部鱼类及新种描述》）（Evermann and Shaw，1927），整理出 55 种（含 7 新种），其中软骨鱼类 2 科 3 属 3 种（含 1 新种——皱唇鲨 *Triakis scyllium*），其余为淡水鱼类。

Herre A. W.以研究虾虎鱼类著称，1927—1940 年对西印度群岛、西非、印度、印度尼西亚、马来西亚、菲律宾、中国的虾虎鱼类进行了研究，且对中国虾虎鱼类的研究有颇多贡献，先后在中国的浙江、广东、广西、海南、香港、澳门等地进行调查研究和采集，发表了大量新种。1927 年记述了采自海南海口的阿部鲻虾虎鱼、采自厦门的拉氏狼牙虾虎鱼和犬齿背眼虾虎鱼 *Oxuderces dentatus*，此外还以厦门（Amoy）的地名作为缰虾虎鱼属 *Amoya* 这一新属的学名；1932 年记述了采自广州的长丝虾虎鱼、蜥形副平牙虾虎鱼和鞍带凡塘鳢；1933 年记述了采自海南的巴布亚丝虾虎鱼；1934 年记述了采自澳门的红丝虾虎鱼。1940 年记述了采自浙江定海的舟山缰虾虎鱼；1934 年在 *Hong Kong fishes collected in October-December, 1931*（《香港鱼类的采集》）中，记述了香港分布的 4 种狗母鱼。1927 年他的 *Gobies of the Philippines and the China Sea*（《菲律宾及中国沿海的虾虎鱼》），全面描述了菲律宾及中国虾虎鱼类 5 科 77 属 173 种，其中有 15 新属 64 新种，为西太平洋地区虾虎鱼类的研究打下了基础。

伍献文（Wu H. W.）1929 年发表了 *A study of the fishes of Amoy, part I*（《厦门鱼类调查·第一部分》），这是我国学者涉及海洋鱼类的最早期的研究成果，文中记述了 1922—1928 年在厦门本岛采得的海洋鱼类 70 种。1932 年发表《中国比目鱼类志》，比较系统和全面地记述了产自我国的鲽形目鱼类 80 种，为后人研究我国鲽形目鱼类提供了重要参考资料。

朱元鼎（Chu Y. T.）较全面地对我国海洋及内陆鱼类组成进行了系统研究，在 *Index Piscium Sinensium*（《中国鱼类索引》）（Chu，1931d）中，总结了 1930 年以前涉及我国的鱼类分类学研究的成果，整理出我国鱼类 40 目 213 科 584 属 1533 种，其中涉及海洋鱼类 28 目 186 科 433 属 1008 种。该书是关于我国鱼类记录的总汇，作为索引性著作，自是有名必录，在 213 科 1533 种中，20 世纪 20 年代以前的记录收集较全，并补录有 1930 年的部分记录，是一个较为完整和系统的研究总结。但受当时条件所限，仍有异名及非我国种类等混在其中。尽管如此，时至今日该资料仍是研究我国鱼类的基础资料，具有重要的参考价值。其后，在《西湖鱼类志》（Chu，1932）中记述了塘鳢科 2 属 2 种，虾虎鱼科 1 属 1 种。

王以康（Wang K. F.）1933 年和 1935 年发表了两篇与山东沿海硬骨鱼类调查有关的文献，其中于 1933 年记述了海洋鱼类 74 种，1935 年记述了 50 种。1935 年，王以康又同王希成报道了山东沿海硬骨鱼类 65 种，总共记述山东沿海硬骨鱼类 189 种，为渤海和黄海鱼类研究提供了重要参考资料。

汤笃信（Tang D. S.）1934 年发表了《厦门之板鳃鱼类》（Tang，1934b），记述了厦门鲨、鳐类 44 种。1937 年发表了 *A study of sciaenoid fishes of China*（《中国石首鱼科之研究》），首次记录了中国石首鱼类 5 属 25 种，对于石首鱼类的研究参考价值较高。

但 1937—1949 年，受特殊历史时期的影响，我国学者对我国海洋鱼类的研究时断时续，比较分散，发表论文急剧减少，并降至低点，甚至趋于停顿状态。只有少数外国鱼类学家如 Fowler（1938）（对中国香港鱼类的调查）、Herre（1935—1940）（对中国香港、舟山、广东虾虎鱼类的研究）发表过几篇论文。

## （三）我国鱼类学者全面调查研究我国海洋鱼类的时期（1950 年至今）

### 1. 全面开展我国沿海鱼类调查，编写鱼类志

我国海洋鱼类蕴藏丰富、种类繁多，1949 年以前有关我国沿海鱼类的调查只有零散记载，甚至到 20 世纪 50 年代初还没有开展过对某个海区鱼类比较全面深入和系统的调查研究，也没有出版过这方面的专著。之后，国家经济恢复并开始进入建设期，对海洋鱼类的调查研究也开始不断深入，取得了显著成果，文献数量逐年显著增加，各海区重要的鱼类学专著陆续出版。

20 世纪 50 年代，我国鱼类学家对各海区的鱼类进行了有步骤、有计划的调查研究。张春霖（Tchang T. L.）等 1952 年率先对渤海和黄海沿岸即由辽宁的丹东经河北至山东石臼所的鱼类开展调查。经 3 年多对所得标本和资料进行整理，于 1955 年编撰了《黄渤海鱼类调查报告》（张春霖等，1955），书中共收录鱼类 201 种，隶属于 23 目 87 科 155 属，其中，软骨鱼纲 24 种、硬骨鱼纲 177 种，硬骨鱼纲中以鲈形目种类最多，鲽形目其次，鲀形目第三。这也是我国首部对海洋鱼类开展调查研究并出版的专著，为今后海洋鱼类资源调查提供了重要参考资料，对以后各海区的调查有标杆性作用。

南海幅员广大，鱼类资源丰富，区系特点是绝大多数种类属于热带和亚热带的暖水性与暖温性成分，在种类组成上与印、澳海区有许多相似之处，这与主要海流和季风及鱼类生活习性有密切关系。南海缺少特别高产的经济鱼类，但由于主要经济种类繁多，渔期较长，因此总的鱼产量仍十分巨大，一直居全国各海区之冠。1954 年，中国科学院动物研究所、中国科学院海洋研究所、上海水产学院（现上海海洋大学）首次联合开展了对南海我国沿岸鱼类的调查，调查范围主要为广东、广西及海南岛，这也是我国首次对该海区的全面调查。调查共采获鱼类标本 3 万余号，经多年整理、研究、鉴定，于 1962 年编撰了《南海鱼类志》（中国科学院动物研究所等，1962），共记述南海鱼类 860 种，隶属于 26 目 164 科 434 属，其中软骨鱼纲 74 种，硬骨鱼纲 786 种（含 1 新种），有许多新记录种，硬骨鱼纲以鲈形目种类最多，鲀形目次之，鲽形目第三。这也是迄今大陆鱼类学家报道海洋鱼类种数最多的专著。

中华人民共和国成立初期，我国对各海区海洋生物、鱼类资源等的了解和认识还十分有限，因此 1958—1960 年在黄海、东海和南海开展中华人民共和国成立以来第一次具有重要意义的海洋普查和鱼类资源试捕研究，有著名海洋学、海洋生物学、鱼类学、水产资源学等方面的专家参与，并制订调查计划。

在黄海区，整个海洋生物调查由中国科学院学部委员童第周教授任总指挥，曾呈奎、张玺、朱树屏、邹源林、张孝威、成庆泰、詹之吉、刘孝顺、赵传因等专家参加。由于当时科研院所和大学科学工作者人手不够，曾组织山东大学水产系、生物系、海洋系等学生轮流分批参加试捕工作。

在东海区，海洋普查自 1958 年冬开始至 1960 年春结束，为时 1 年半，由海军东海舰队舟山基地领导负责制订全年调查方案、每月调查计划（包括站位设定、出海时间、调查船的海上护航、后勤保障）及协调各参加单位的协作等。调查队基地设在沈家门海军码头。调查项目中的海洋水文、理化、生物等由部队调查船执行，鱼类资源试捕研究由中国水产科学研究院东海水产研究所林新濯、王尧耕、伍汉霖及上海水产学院（现上海海洋大学）鱼类学专业和复旦大学生物系等的学生参加，每月由上海渔业公司、烟台渔业公司派船定时在东海十余个固定站点进行拖网捕捞，对当场采集到的鱼类在海上进行定性、定量分析和生物学测定。

在南海区，海洋普查由南海舰队负责实施。

这次全国性海洋普查对我国各海区的海洋环境、理化数据、海洋生物、经济鱼类等资源状况有了一定程度的了解，积累了第一手资料，对指导我国海洋事业的发展、渔业资源（包括鱼、虾、贝、藻

等）的研究、生产、开发利用、编写鱼类志等都有重要而深远的意义。

东海西接我国大陆，北与黄海相连，东北与日本海相通，东面以日本九州岛、琉球群岛、我国台湾等岛与太平洋相隔，南面经台湾海峡与南海连通，海域辽阔，总面积约为 77 万平方千米，鱼类资源丰富。通过 1958—1960 年的东海区海洋普查及鱼类试捕调查，采获大量鱼类标本。在此基础上，1960 年国家又组织人力在浙江及福建沿岸采集标本，经过 4 年的整理和撰写，1963 年由朱元鼎、张春霖、成庆泰组织编撰了《东海鱼类志》，共记述东海产海洋鱼类 441 种（含 7 新种），隶属于 29 目 152 科 300 属，其中盲鳗纲 1 种、软骨鱼纲 66 种、硬骨鱼纲 374 种，有较高的参考价值，硬骨鱼纲中以鲈形目为最多，鲽形目次之，鲱形目第三。

因受强烈暖流的影响，东海鱼类区系的特点是热带和亚热带种类占大多数；又因有沿岸寒流，区域内亦有少数寒带种类。占总数一半以上的种类与南海相同，而与其北部黄海相同的种类仅约为其总数的 1/6。

我国南海诸岛海域的鱼类属印度-西太平洋热带动物区系，是我国海洋鱼类区系的重要组成部分。这一海区受热带季风、暖流、海底山脉地形、珊瑚礁环境等影响，鱼类区系组成以珊瑚礁鱼类和热带大洋性鱼类占大多数。南海海域辽阔、海底地形复杂、生态环境多样、鱼类种类繁多、资源丰富，有必要深入调查。1977 年，由国家水产总局南海水产研究所（现中国水产科学研究院南海水产研究所）主持，厦门水产学院（现集美大学水产学院）、中国科学院海洋研究所、中国科学院动物研究所、国家水产总局东海水产研究所（现中国水产科学研究院东海水产研究所）等参与的调查队，对西沙群岛及其附近水域为主的南海诸岛海域进行鱼类区系调查，采集了大量标本，并在上述单位多年来对该海区鱼类区系所做的大量调查研究的基础上，于 1979 年编撰了《南海诸岛海域鱼类志》（国家水产总局南海水产研究所等，1979），该志共收录鱼类 18 目 89 科 235 属 521 种，其中软骨鱼纲 24 种，硬骨鱼纲 497 种，硬骨鱼纲以鲈形目种类最多，鲀形目次之，金眼鲷目第三。

至此，中国鱼类学家已基本完成对我国大陆沿岸鱼类资源的调查，填补了该海区鱼类区系研究的空白。

福建位于我国东南部，东隔台湾海峡与台湾相望，海域位于东海和南海交汇处，也是寒、暖流的交汇区，地理环境特殊；拥有闽东、闽中、闽南三大渔场，闽南渔场南部还有台湾浅滩渔场，海洋鱼类资源丰富，年产量高。对该海区鱼类区系的调查具有较高的实际和科学意义。1975—1978 年在闽南—台湾浅滩渔场进行鱼类资源进行的调查，采获大量鱼类标本；与此同时，1975—1979 年在福建沿海及内陆水域也进行了采集。经过近 9 年的调查整理，1984 年和 1985 年由朱元鼎教授主编的《福建鱼类志》（上、下卷）出版，该书共记录福建鱼类 815 种，隶属于 38 目 180 科 360 属，其中海洋鱼类 680 种，隶属于 35 目 276 属 165 科。该书的出版填补了台湾海峡—福建沿岸鱼类区系分布的空白。

由于《黄渤海鱼类调查报告》（张春霖等，1955）中的调查范围向南止于山东石臼所的黄海中部，长期以来对黄海南部鱼类区系调查一直没开展。由江苏省有关水产部门主持，水产研究所、高等院校等的支持与参与的调查队，搜集了 1950 年以来江苏省海洋、江河、湖泊等水域近 50 年多次综合性调查和鱼类资源专项调查资料，并于 2002 年 9 月至 2004 年 12 月以启东吕四、连云港等江苏黄海南部沿岸、太湖、洪泽湖、骆马湖和长江江苏段为重点，进行了海洋、淡水鱼类的补充调查。在上述工作的基础上，2006 年由倪勇和伍汉霖主编的《江苏鱼类志》出版。该书共收录在江苏海陆界内有分布的鱼类 476 种，隶属于 36 目 144 科 327 属，其中淡水鱼类 105 种，海洋鱼类 371 种。经调查发现，有些暖温性海洋鱼类其分布的北限已由南海扩至连云港水域。该书的出版填补了自 1955 年至今黄海南部鱼类区系分布的空白。

上述志书的出版较为系统地介绍了我国各海区鱼类的分类和形态特征，在我国鱼类学研究和发展海洋渔业生产等方面起到积极的作用。

20世纪50年代至2006年《江苏鱼类志》的出版，我国大陆鱼类学工作者花了半个多世纪的时间，基本完成了对我国沿海海洋鱼类资源的调查。50多年来，我国海洋渔业有了很大的发展，渔船作业范围已从原有的近海传统渔场，扩展到外海和深海。捕获的鱼种不断增多，生产和科研调查中发现的鱼类组成也越趋复杂，已有工作已难以适应当前生产和科研的需要，尤其是深海鱼类的资料更有待整理和补遗。

我国深海鱼类资源调查起步较晚，尤其针对专门深海鱼类的调查直到20世纪70年代末80年代初才陆续开展起来，相关研究报道逐年有所增加，调查范围主要在南沙群岛和东沙群岛邻近海域的深海区、南海深海海域、东海冲绳海域的深海区。

受国家水产总局的委托，1980—1981年东海水产研究所使用“东方号”渔业资源调查船在东海外海（北纬26°—33°、东经123°—129°15′）、水深120—1085米的水域，开展了东海大陆架外缘和大陆斜坡深海渔场的综合调查。调查期间共采集到鱼类标本3000余号，经鉴定研究，于1988年发表了《东海深海鱼类》（中国水产科学研究院东海水产研究所，1988），编入该书的鱼类共243种，其中盲鳗纲1种、软骨鱼纲39种、硬骨鱼纲203种，隶属于26目99科181属，有2新种和许多新记录种，硬骨鱼纲中以鲈形目种类最多，鲱形目次之，鳕形目第三。这也是我国第一部描述深海鱼类资源的专著，有较高的参考价值。

南海地处热带和亚热带，是西太平洋最大、最深的边缘海之一，总面积约350万平方千米，其中深海区包括深海盆和大陆坡两部分，共约195万平方千米，约占总面积的56%。南海中央海盆平均水深4100米，最深处达5559米，大陆坡水深150—3500米。南海深海区大部分处于热带，鱼类资源丰富，过去欧美及日本等国的学者对南海深海鱼类做过一些调查，分类记载散见于一些刊物和著作中。中国科学院南海海洋研究所“实验号”调查船在1977—1994年对南海东北部、中部和南部南沙群岛洋区进行了综合调查，采集了2000多号深海鱼类标本，发表了一批调查研究报道，1996年发表了《南沙群岛至南海东北部海域大洋性深海鱼类》（杨家驹等，1996），记录南沙群岛至南海东北部海域大洋性深海鱼类118种，隶属于6目22科55属，含59种我国新记录种，均为硬骨鱼纲种类，记录的深海鱼类以灯笼鱼目种类最多，鲱形目次之，金眼鲷目第三。

经过上述对渤海、黄海、东海、台湾海峡、南海各海区的海洋鱼类资源调查，以及对东海和南海深海鱼类的调查，基本上掌握了我国海洋鱼类的种类、区系分布及资源情况等相关资料。

关于我国台湾海域，20世纪70年代，沈世杰教授从鱼市场及水族店收集珊瑚礁鱼类做分科的整理研究，发表了不少台湾新记录种。1968—1971年，张昆雄和李信彻分别报道了在台湾南北部及澎湖潮间带所采的鱼类，发表了30余种新记录种。张昆雄等（1978）又以水肺潜水方法增加40种台湾新记录的珊瑚礁鱼类。1980—1990年，李信彻在台湾“中研院”动物研究所所刊分别发表了许多科的分类整理报道；陈哲聪、莫显荞、邵广昭等也分别就软骨鱼、盲鳗及硬骨鱼类的许多科发表了不少新种及新记录种。之后，陈哲聪的学生庄守正（软骨鱼类）、莫显荞的学生陈余鋆（鳗形目）、邵广昭的学生陈正平（珊瑚礁鱼类），以及陈义雄（虾虎鱼）、陈鸿鸣及其学生罗家豪（海鳗）、廖运至（巨口鱼）、邱美伦（鼠尾鳕）、何宣庆（鮟鱇）、李茂莹（鲽）等就一些目或科整理发表了更多的新种与台湾新记录种。陈义雄的学生黄世彬和陈鸿鸣的学生罗家豪还分别就虾虎鱼和海鳗发表了一些新种。

1993年，由沈世杰教授主编，邵广昭、李信彻、陈哲聪、莫显荞、曾晴贤等共同完成的《台湾鱼类志》出版，该书完整和系统地报道了台湾海洋和淡水鱼类2028种，去除75种淡水鱼，有海洋鱼类1953种，其中盲鳗纲8种，软骨鱼纲146种，硬骨鱼纲1799种。

近年来，台湾鱼类学家在台湾南部及南沙群岛珊瑚礁区及深水区的调查，发现了大量新种、新记录种及深海鱼。2008 年，邵广昭等根据采获的标本及鉴定，报道了台湾南部、南海北部及南海诸岛的新种、新记录种及深海鱼 2133 种，其中，盲鳗纲 10 种、软骨鱼纲 80 种、硬骨鱼纲 2043 种（Shao *et al.*，2008）。这是迄今台湾鱼类学家对南海北部发表的最为详尽的海洋鱼类名录。

2010 年，台湾“中研院”生物多样性研究中心发表了《2010 台湾物种名录》。该书共收录产于台湾的生物种类 51 218 种，动物界有 34 154 种，其中鱼类有 2897 种，去除 111 种淡水鱼，收录海洋鱼类 2786 种，包括盲鳗纲 11 种、软骨鱼纲 168 种、硬骨鱼纲 2607 种。同年，陈正平等（2010）报道了出现在垦丁海域的鱼类 1154 种。

陈义雄自 1995 年起共发表 67 新种，包括台湾的 20 种中，12 种为淡水鱼，8 种为海洋鱼类。何宣庆自 2004 年以来发表了 41 新种，其中 11 种为产于台湾的海水鱼类。

### 2. 开展海洋鱼类各分类阶元的专门研究，出版重要专著

朱元鼎教授于 1952 年即开展了对我国软骨鱼类的研究工作，1960 年发表了《中国软骨鱼类志》。该书是收录标本较多、收集文献较全的一本经典著作，记录了我国沿海产软骨鱼类 126 种，隶属于 2 亚纲 7 目 28 科 60 属，其中鲨类 73 种，含 3 新种；鳐类 51 种，含 3 新种；银鲛类 2 种。该书是当时国内外鱼类学界研究我国软骨鱼类资源、区系、分布等不可或缺的重要参考文献，也是我国软骨鱼类研究最为重要的基础资料。

继我国软骨鱼类研究之后，朱元鼎、罗云林、伍汉霖等对我国石首鱼类进行了研究，提出用鳔和耳石等内部形态变化同外部形态相结合作为分类的依据和方法，对石首鱼类的演化做了详细叙述和讨论，提出新的分类系统，使紊乱的分类系统更符合自然界的实际情况。于 1963 年发表《中国石首鱼类分类系统的研究和新属新种的叙述》（朱元鼎等，1963），共记录我国产石首鱼类 37 种，隶属于 7 亚科 13 属，同时还记述 2 新属、4 新种。该书至今仍是国内外研究我国石首鱼类的重要参考资料。

在我国软骨鱼类比较解剖学研究方面，朱元鼎教授与孟庆闻教授合作，于 1980 年撰写并发表了《中国软骨鱼类的侧线管系统及罗伦瓮和罗伦管系统的研究》。该书分总论、各论、结论三部分。总论部分介绍了研究简史、研究方法、侧线管、罗伦管系统的区分及命名，侧线管各管道、罗伦瓮群和管群在不同种类的变化和特征等。各论部分综述了 73 种我国软骨鱼类的两个系统。结论部分探讨了两个系统的变化性质和鱼类形态与生态之间的密切关系，并依其形态结构特征调整了一些科、属、种的分类地位，增设了若干分类阶元，介绍了软骨鱼类各分类阶元的主要形态特征，探索了我国软骨鱼类的系统演化，提出了一个新的我国软骨鱼类分类系统，侧孔总目新增设须鲨目、真鲨目、扁鲨目、锯鲨目，下孔总目新增设锯鳐目和鲼目。对软骨鱼类这些器官的研究在鱼类进化理论方面是一个超越前人的突破，在鱼类形态学、分类学，以及进化理论方面都有广泛的影响。该研究在国内属首创，在国际上也是先进的，获得了 1987 年国家自然科学奖三等奖。

## 三、《中国动物志》（鱼类）系列专著的编研

1964 年，朱元鼎教授发起组织全国鱼类学家编写“中国鱼类志”的倡议，得到同行们积极响应，并进行分工编写。该项工作后来纳入国家自然科学基金委员会 1963 年成立的《中国动物志》编委会的编写计划。

《中国动物志》（鱼类）是全国研究相关类群的专家，根据各自长期野外实地的调查和研究，在结合积累的大量标本和国内外文献资料的基础上，开展研究编撰的。书在结构上分总论和各论两部分。总论部分包括我国某一分类单元（目或亚目）鱼类的研究简史、形态特征、生态学特征、区系组成与

地理分布、分类系统与演化、经济利用等；各论部分则按系统进行分类，记述种级阶元，对它们的异名、形态特征、地理分布、生活习性和经济利用等进行叙述，并附插图；各科、亚科、属、种均有检索表；书后有参考文献、英文摘要、中名索引及学名索引等。

《中国动物志》（鱼类）是迄今研究我国鱼类分类内容最为丰富和完整的基础资料，也是鱼类分类学研究成果的现阶段总结。编撰该志的目的是认识和鉴别物种，可以反映我国生物学发展水平，也可以为我国的生产建设、科学研究、教学等提供基础科学资料，对促进、发展和合理利用我国鱼类资源有着重要的现实意义和长远意义。《中国动物志》（鱼类）共分 17 卷，其中涉及内陆鱼类的有 3 卷，海洋鱼类的 14 卷，到现在为止已出版 13 卷。

（1）李思忠和王惠民（1995）编著的《中国动物志·硬骨鱼纲·鲽形目》是我国出版的《中国动物志》涉及鱼类部分的第一卷，也是迄今涉及我国鲽形目鱼类分类学研究内容最丰富和完整的专著，共记录产于我国的鲽形目鱼类 134 种，隶属于 3 亚目 8 科 50 属。

（2）陈宜瑜等（1998）编著的《中国动物志·硬骨鱼纲·鲤形目（中卷）》记述了产于我国的鲤科鱼类 8 亚科 79 属 260 种。

（3）褚新洛、郑葆珊、戴定远等（1999）编著的《中国动物志·硬骨鱼纲·鲇形目》记述了产于我国的鲇形目鱼类 113 种，隶属于 11 科 29 属。我国鲇形目大部分为淡水鱼类，其中海鲇科和鳗鲇科鱼类生活于沿海。该卷记述了我国海鲇科鱼类 1 属 3 种、鳗鲇科鱼类 1 属 2 种。

（4）乐佩琦（2000）主编的《中国动物志·硬骨鱼纲·鲤形目（下卷）》记述了我国产鲤科（鲃亚科、野鲮亚科、裂腹鱼亚科和鲤亚科）、裸吻鱼科、平鳍鳅科鱼类，共计 70 属 340 种。与《中国动物志·硬骨鱼纲·鲤形目（中卷）》（陈宜瑜等，1998）一样，两卷记述的种类几乎全部为内陆生活的种类，是研究我国内陆鱼类最为重要的参考资料。

（5）张世义等（2001）编著的《中国动物志·硬骨鱼纲·鲟形目、海鲢目、鲱形目、鼠鱚目》记述中国鲟形目鱼类 9 种，隶属于 2 科 4 属；海鲢目鱼类 4 种，隶属于 4 科 4 属；鲱形目鱼类 65 种，隶属于 3 科 26 属；鼠鱚目 2 种，隶属于 2 属 2 科。

（6）朱元鼎和孟庆闻等（2001）编著的《中国动物志·圆口纲、软骨鱼纲》是迄今包括中国圆口纲和软骨鱼纲鱼类较为完整的资料，按分类系统记述了我国产圆口纲鱼类 12 种，隶属于 2 目 2 科 3 属；软骨鱼纲鱼类 217 种，隶属于 13 目 44 科 90 属。

（7）陈素芝等（2002）编著的《中国动物志·硬骨鱼纲·灯笼鱼目、鲸口鱼目、骨舌鱼目》是现阶段对我国灯笼鱼目、鲸口鱼目和骨舌鱼目鱼类分类工作的总结，也是这 3 目鱼类内容较完整的基础资料。记述灯笼鱼目鱼类 109 种，隶属于 13 科 35 属；鲸口鱼目鱼类 5 种，隶属于 4 科 5 属；骨舌鱼目鱼类 2 种，隶属于 1 科 1 属。

（8）苏锦祥和李春生（2002）编著的《中国动物志·硬骨鱼纲·鲀形目、海蛾鱼目、喉盘鱼目、鮟鱇目》是迄今记录我国鲀形目、海蛾鱼目、喉盘鱼目、鮟鱇目鱼类最完整的研究专著。记述鲀形目鱼类 131 种，隶属于 10 科 61 属；海蛾鱼目鱼类 3 种，隶属于 1 科 2 属；喉盘鱼目鱼类 6 种，隶属于 1 科 1 属；鮟鱇目鱼类 37 种，隶属于 3 亚目 11 科 21 属。

（9）金鑫波等（2006）编撰的《中国动物志·硬骨鱼纲·鲉形目》是迄今我国鲉形目鱼类中内容最为丰富和完整的资料。记述了我国产鲉形目鱼类 185 种，隶属于 20 科 96 属。

（10）伍汉霖和钟俊生（2008）编著的《中国动物志·硬骨鱼纲·鲈形目（五）·虾虎鱼亚目》是迄今记录有关我国鲈形目虾虎鱼亚目内容最丰富和较为完整的基础资料。记述了我国所产虾虎鱼类 307 种，隶属于 9 科 5 亚科 106 属。

（11）张春光等（2010）编著的《中国动物志·硬骨鱼纲·鳗鲡目、背棘鱼目》是迄今记录有关我国鳗鲡目和背棘鱼目鱼类内容最丰富和完整的研究专著。记述了我国产鳗鲡目鱼类 135 种，隶属于 12 科 55 属；背棘鱼目 3 种，隶属于 2 科 3 属。

（12）李思忠和张春光（2011）编著的《中国动物志·硬骨鱼纲·银汉鱼目、鳉形目、颌针鱼目、蛇鳚目、鳕形目》是迄今记录有关我国产银汉鱼目、鳉形目、颌针鱼目、蛇鳚目、鳕形目等 5 目鱼类内容最丰富和完整的研究专著。记述了银汉鱼目 8 种，隶属于 1 科 5 属；鳉形目 8 种，隶属于 3 科 5 属；颌针鱼目 46 种，隶属于 4 科 15 属；蛇鳚目 53 种，隶属于 5 科 30 属；鳕形目 89 种，隶属于 7 科 21 属。

（13）刘静等（2016）编著的《中国动物志·硬骨鱼纲·鲈形目（四）》是迄今记录有关我国绵鳚亚目、龙螣亚目、鳚亚目和䲗亚目鱼类内容较为完整的研究专著。该书共记录我国产绵鳚亚目、龙螣亚目、鳚亚目和䲗亚目鱼类 17 科 72 属 184 种，其中绵鳚亚目鱼类 3 科 7 属 9 种，龙螣亚目鱼类 9 科 21 属 58 种，鳚亚目鱼类 3 科 29 属 77 种，䲗亚目鱼类 2 科 15 属 40 种。

（14）李思忠和张春光（2020）编撰的《中国动物志·硬骨鱼纲·金眼鲷目、海鲂目、月鱼目、刺鱼目、鲻形目和合鳃鱼目》共记述我国产金眼鲷目、海鲂目、月鱼目、刺鱼目、鲻形目和合鳃鱼目。各目均有总论和各论两部分。总论部分包括各目的研究简史、外部和内部解剖的形态特征、生态学资料、地理分布、分类地位、系统演化探讨及经济意义等；各论部分记述了我国金眼鲷目鱼类 3 亚目 10 科 24 属 67 种，海鲂目鱼类 2 亚目 5 科 9 属 12 种，月鱼目鱼类 4 科 7 属 7 种，刺鱼目鱼类 3 亚目 7 科 28 属 64 种，鲻形目鱼类 3 亚目 3 科 14 属 41 种，合鳃鱼目鱼类 1 科 1 属 2 种，全书共计 6 目 30 科 83 属 193 种，包括 1 新属、1 新种。该书为迄今我国关于这 6 目鱼类记述最丰富及完整的基础资料（已交稿，待出版）。

## 四、鱼类数据库的建设及海峡两岸鱼类名录的编研

20 世纪 90 年代初期，我国台湾“中研院”鱼类生态及演化研究室开始建立台湾鱼类资料库（http://fishdb.sinica.edu.tw），其目的是提供台湾本土鱼类最新、最完整、最权威的分类信息，以协助推动鱼类多样性及鱼类资源研究、教育、保育、立法管理及永续利用等方面的需求。自 2002 年起，该资料库开始系统地收集台湾 3200 种鱼类的分类、分布、标本及文献等信息，内容包括物种解说描述、影像、骨骼、耳石、COI 序列、采集调查等资料，并随时更新。其中，近 3000 种为台湾海水鱼类。资料库除提供学术性服务，促进学术交流及提升研究水平外，亦提供鱼类科普子网页，期望在海洋资源研究、教育及保育等方面发挥作用。

我国大陆鱼类数据库则分别由中国科学院动物研究所、中国科学院水生生物研究所、中国水产科学研究院信息技术研究中心等单位在推动。代表我国加盟全球鱼库（FishBase）的单位是中国水产科学研究院信息技术研究中心。台湾鱼类资料库自 1994 年起即与 FishBase 合作，之后亦积极参与生物多样性数据库相关国际组织或合作计划，如 GBIF、Barcode of Life、Fish4Knowledge 等。2012 年由我国台湾“中研院”代表台湾鱼类资料库以 Regular Member 名义签约加入 ICSU-World Data System（WDS）的国际数据库组织。

至于两岸合作则通过中国科学院动物研究所纪力强研究员与张春光研究员及上海海洋大学伍汉霖教授与台湾“中研院”邵广昭研究员合作进行两岸鱼种名录的整合。伍汉霖、邵广昭、赖春福、庄棣华、林沛立等于 2012 年发表《拉汉世界鱼类系统名典》，共收录截至 2011 年的全球 515 科 4930 属 31 707 有效种。其中，标示产于我国大陆的鱼类 315 科 3926 种，标示产于台湾的鱼类 300 科 3094 种，两者合计 4981 种，其中 2039 种系两岸共有鱼类，其完整内容已可在数据库中公开查询。本书海洋鱼

类名录的编制即主要依据《拉汉世界鱼类系统名典》的档案编修的。

## 五、我国鱼类分类系统

关于我国鱼类分类学研究，20 世纪 30 年代一般采用 Jordan（1923）分类系统。1955 年苏联鱼类学家 Berg L. S.在其所著的《现代和化石鱼形动物及鱼类分类学》中，将有关现代和化石鱼形动物及鱼类的全部已知材料相结合，并引用到分类系统中，提出了一个完整的鱼类分类系统，史称 Berg 系统。我国鱼类学家王以康（1958）在其所著的《鱼类分类学》中首先采用 Berg 系统。之后，该系统逐渐广为国内同行应用。

1965 年，Greenwood、Rosen、Weitzman 和 Myers 在分支系统学派影响下，提出了硬骨鱼类的系统发育和现生鱼类的分类系统，对一些类群的分类系统提出许多修正意见，有的甚至是较大的更改。从而把人们的注意力从常规的分类鉴定（分类）引向更高的境界，即探索自然系统（系统演化）。这个分类系统在世界分类学界激起强烈反响，特别是在鱼类学界，由于得到一些世界名流的推崇，影响更为显著。直到现在，这个系统仍得到世界鱼类学家很大关注，被广为应用和传播。

1971 年，苏联鱼类学家 Rass T. S.和 Lindberg G. U.参考 1965 年 Greenwood 等的现生鱼类分类系统，并采取折中方法，对 Berg 系统进行了调整和修正，提出了现生鱼类的自然分类系统，但这个分类系统保留了许多旧时观点，因而不被欧美鱼类学家所接受。由于考虑到我国鱼类分类系统受 Berg 的影响较深，其分类系统亦已使用多年，为避免不必要的混乱，1978 年，《中国动物志》编委会指定《中国动物志》（鱼类）使用 Rass 和 Lindberg（1971）分类系统。受此影响，我国陆续出版的鱼类志书，如《中国动物志》（鱼类）、《黄渤海鱼类调查报告》、《南海鱼类志》、《东海鱼类志》、《南海诸岛海域鱼类志》等，以及内陆地方或流域区域志等（如云南、四川、辽宁、山东、河北、福建等省鱼类志，长江、珠江、秦岭等流域或区域鱼类志），亦均采用 Rass 和 Lindberg（1971）分类系统。

近年来，欧美鱼类学界普遍使用 Nelson J. S. 2006 年在 *Fishes of the World* 中的分类系统（源自 Greenwood *et al.*，1965）。为提高我国鱼类系统分类学的研究质量，与国际鱼类学研究接轨，笔者编著的《中国生物物种名录·第二卷动物·脊椎动物（V）·鱼类》亦主要依据《拉汉世界鱼类系统名典》所采用的 Nelson（2006）的分类系统。

## 六、本书的编撰

如前所述，朱元鼎教授在 *Index Piscium Sinensium*（《中国鱼类索引》）（Chu，1931）中，收录了 1758 年林奈的“双命名法”发表以来我国有记录的鱼类 40 目 213 科 584 属 1533 种，其中内陆鱼类 12 目 27 科 151 属 525 种，海洋鱼类 1008 种。1987 年，以成庆泰和郑葆珊为主编，组织全国鱼类学工作者把我国分散而繁多的鱼类分类学资料，用检索表的形式做了一个比较完整的系统总结，发表了《中国鱼类系统检索》（成庆泰和郑葆珊，1987）。该书是当时所能查到的最新并较全面记录我国内陆和海洋鱼类物种多样性的资料，共编列鱼类 2831 种，隶属于 43 目 282 科 1077 属，其中淡水鱼类 781 种、海洋鱼类 2050 种，较朱元鼎《中国鱼类索引》（Chu，1931）所含鱼类（1533 种）增加了 1298 种，但其中仍有不少异名或错鉴。

1995 年，朱松泉编著的《中国淡水鱼类检索》收录了我国内陆鱼类 1010 种，隶属于 19 目 52 科 268 属。该书是继《中国鱼类系统检索》之后，较全面记录我国内陆鱼类物种多样性的资料。

2012 年，黄宗国和伍汉霖编写的《中国海洋物种多样性（下册）鱼类》收录了我国海洋鱼类 3497

种，隶属于 46 目 290 科 1195 属，其中盲鳗纲鱼类 1 目 1 科 3 属 13 种，七鳃鳗纲鱼类 1 目 1 科 1 属 1 种，软骨鱼纲鱼类 14 目 45 科 96 属 216 种，辐鳍鱼纲鱼类 30 目 243 科 1095 属 3267 种。该书首次对近百年来中外学者在我国海域记载的海洋鱼类进行了全面、系统的整理和记述，反映了我国海洋生物的多样性，使我国海洋鱼类的总数由 1987 年的 1925 种增至 3497 种。

现编撰的《中国生物物种名录·第二卷动物·脊椎动物（V）·鱼类》对我国已知的内陆及海洋鱼类物种多样性进行了较系统的分析和整理，分绪论和名录两部分加以论述。绪论部分对我国鱼类物种多样性研究的历史和发展进程进行了分析；名录部分按分类阶元进行描述，具体到种，每物种包含学名、定名人、定名年份、学名原始出处、异名等信息。研究结果显示，到目前为止，产于我国海洋和内陆的鱼类包括 4 纲 52 目 339 科 1578 属 5058 种（包括亚种和引入种）；其中，内陆鱼类超过 1400 种，海洋鱼类超过 3600 种；除去引入类群（8 目 17 科 21 属 26 种），就种类来说，原产于我国的鱼类有 1561 属 5032 种（包括亚种）。分布在我国的鱼类，按类群计，包括盲鳗纲鱼类 13 种，七鳃鳗纲鱼类 3 种，软骨鱼纲鱼类 240 种，辐鳍鱼纲鱼类超过 4776 种。与国内一些已发表的比较权威的鱼类分类学研究著作比较，记录的鱼类较《中国鱼类系统检索》（成庆泰和郑葆珊，1987）2831 种和《拉汉世界鱼类系统名典》（伍汉霖等，2012）3926 种等多出不少（表 2）。

**表 2　本书与相关文献鱼类数量比较**

| 出版年份 | 文献名 | 目数 | 科数 | 属数 | 种数 |
|---|---|---|---|---|---|
| 1931 | 中国鱼类索引（*Index Piscium Sinensium*） | 40 | 213 | 584 | 1533 |
| 1987 | 中国鱼类系统检索 | 43 | 282 | 1077 | 2831 |
| 1995 | 中国淡水鱼类检索 | 19 | 52 | 268 | 1010 |
| 2012 | 中国海洋物种多样性（下册）鱼类 | 46 | 290 | 1195 | 3497 |
| 2012 | 拉汉世界鱼类系统名典 | — | 315 | — | 3926 |
| 2020 | 本书 | 51 | 340 | 1578 | 5058 |

内陆鱼类　目级水平上，鲤形目鱼类物种数最高，超过 1000 种，占我国内陆鱼类总种数的近 80%；其次是鲇形目（146 种）和鲈形目（109 种）。科级水平上，鲤科鱼类物种数最多，有接近 700 种；其次是条鳅科（超过 230 种）、爬鳅科（超过 90 种）、鲱科（70 种）、虾虎鱼科（超过 60 种）和花鳅科（超过 50 种）。属级水平上，高原鳅属物种数位居首位，超过 100 种；其次是金线鲃属（超过 60 种）、裂腹鱼属（超过 40 种）等。

海洋鱼类　目级水平上，鲈形目物种数最高，共 1850 种，占我国海洋鱼类总数的近 50%；其次是鲉形目（220 种）和鳗形目（193 种）。科级水平上，虾虎鱼科物种数最多，超过 300 种；其次是隆头鱼科（150 多种）和鲐科（130 多种）。属级水平上，石斑鱼属物种数位居第一，共 43 种；其次是裸胸鳝属（42 种）、蝴蝶鱼属（39 种）。

至此，经过我国鱼类学家数十年来在分类学和生物地理学方面广泛研究的基础上，我国鱼类物种多样性和区系特点已有大体的轮廓，我国现生鱼类的种数已基本上厘清。由于许多新发现的种、新记录种等分散发表于国内外多种学术刊物，查找不易，也有的鱼类在各专著文献中重复出现，至今我国尚无一全面系统记述我国鱼类有效种名录的专著，对鱼类进行比较全面、系统的研究和有效种的统计与整理的工作也乏人问津，对我国鱼类有效种数一直没有确切的研究统计数字，现有资料已不能反映我国鱼类物种多样性的真实情况，已不能满足社会需要。编著本书既是社会发展的需要，也是进一步深入开展相关科学研究的需要。

尽管经整理我国鱼类物种多样性水平有较明显的增加，但应该说相关研究开展得还很不够。仅以海洋鱼类而言，由于受自然环境条件的限制，加之海洋鱼类的调查、采集和分类研究开始较晚和不足，资料积累不够等因素，我国海域至今已知鱼类总数不及邻国日本 359 科 4180 种［Nakabo *et al.*，1993；Nakabo，2000a，2000b］，待发现的类群一定还有不少。

本书为我国迄今收集鱼类名录较为齐全、完整的专著，也是近年来我国鱼类研究的最新成果；对水产科技、教育、生产工作者来说，是一本较为全面系统的工具书，可为研究我国海洋和内陆鱼类提供重要参考。作者衷心希望本项工作能对科研、渔业生产、渔业资源合理开发和保育有所裨益。

# I. 盲鳗纲 MYXINI

## 一、盲鳗目 Myxiniformes

## （一）盲鳗科 Myxinidae

### 1. 黏盲鳗属 *Eptatretus* Cloquet, 1819

**（1）蒲氏黏盲鳗 *Eptatretus burgeri* (Girard, 1855)**

*Bdellostoma burgeri* Girard, 1855: 1.
*Heptatretus burgeri* (Girard, 1855).
*Homea burgeri* (Girard, 1855).

**文献（Reference）**: Girard, 1855; Strahan, 1962; Shen and Tao, 1975; 朱元鼎等, 1984; 朱元鼎等, 1985; 沈世杰, 1993; Kuo, Huang and Mok, 1994; Randall and Lim (eds.), 2000; Huang, 2001; Shao, Ho, Lin *et al.*, 2008; 伍汉霖, 邵广昭, 赖春福等, 2012.

**别名或俗名（Used or common name）**: 青眠鳗, 无目鳗, 鳗背, 龙筋.

**分布（Distribution）**: 黄海, 东海, 南海.

**（2）陈氏黏盲鳗 *Eptatretus cheni* (Shen *et* Tao, 1975)**

*Paramyxine cheni* Shen *et* Tao, 1975: 64-79.

**文献（Reference）**: 沈世杰, 1993; Lin, Huang and Mok, 1994; Randall and Lim (eds.), 2000; Huang, 2001; Shao, Ho, Lin *et al.*, 2008; 伍汉霖, 邵广昭, 赖春福等, 2012.

**别名或俗名（Used or common name）**: 青眠鳗, 无目鳗, 鳗背, 龙筋.

**分布（Distribution）**: 东海, 南海.

**（3）中华黏盲鳗 *Eptatretus chinensis* (Kuo *et* Mok, 1994)**

*Paramyxine chinensis* Kuo *et* Mok, 1994: 246-250.

**文献（Reference）**: Randall and Lim (eds.), 2000; Shao, Ho, Lin *et al.*, 2008; 伍汉霖, 邵广昭, 赖春福等, 2012; Mincarone and McCosker, 2014.

**别名或俗名（Used or common name）**: 青眠鳗, 无目鳗, 鳗背, 龙筋.

**分布（Distribution）**: 东海, 南海.

**（4）纽氏黏盲鳗 *Eptatretus nelsoni* (Kuo, Huang *et* Mok, 1994)**

*Paramyxine nelsoni* Kuo, Huang *et* Mok, 1994: 126-139.
*Quadratus nelsoni* (Kuo, Huang *et* Mok, 1994).

**文献（Reference）**: Kuo and Mok, 1999; Randall and Lim (eds.), 2000; Huang, 2001; Shao, Ho, Lin *et al.*, 2008; 伍汉霖, 邵广昭, 赖春福等, 2012.

**别名或俗名（Used or common name）**: 青眠鳗, 无目鳗, 鳗背, 龙筋.

**分布（Distribution）**: 东海, 南海.

**（5）紫黏盲鳗 *Eptatretus okinoseanus* (Dean, 1904)**

*Homea okinoseana* Dean, 1904: 1-24.

**文献（Reference）**: Dean, 1904: 1-24; 沈世杰, 1993; Kuo, Huang and Mok, 1994; Randall and Lim (eds.), 2000; Huang, 2001; Shao, Ho, Lin *et al.*, 2008; Mincarone and McCosker, 2014; 伍汉霖, 邵广昭, 赖春福等, 2012.

**别名或俗名（Used or common name）**: 青眠鳗, 无目鳗, 鳗背, 龙筋.

**分布（Distribution）**: 东海, 南海.

**（6）沈氏黏盲鳗 *Eptatretus sheni* (Kuo, Huang *et* Mok, 1994)**

*Paramyxine sheni* Kuo, Huang *et* Mok, 1994: 126-139.

**文献（Reference）**: Randall and Lim (eds.), 2000; Huang, 2001; Shao, Ho, Lin *et al.*, 2008; 伍汉霖, 邵广昭, 赖春福等, 2012.

**别名或俗名（Used or common name）**: 青眠鳗, 无目鳗, 鳗背, 龙筋.

**分布（Distribution）**: 东海, 南海.

**（7）台湾黏盲鳗 *Eptatretus taiwanae* (Shen *et* Tao, 1975)**

*Paramyxine taiwanae* Shen *et* Tao, 1975: 65-80.
*Quadratus taiwanae* (Shen *et* Tao, 1975).

**文献（Reference）**: 沈世杰, 1993; Kuo, Huang and Mok, 1994; Huang, 2001; 伍汉霖, 邵广昭, 赖春福等, 2012.

**别名或俗名（Used or common name）**: 青眠鳗, 无目鳗, 鳗背, 龙筋.

**分布（Distribution）**: 东海.

**（8）杨氏黏盲鳗 *Eptatretus yangi* (Teng, 1958)**

*Paramyxine yangi* Teng, 1958a: 3-6.
*Quadratus yangi* (Teng, 1958).

**文献（Reference）**: Shen and Tao, 1975; Shao, Chen, Kao *et al.*, 1993; 沈世杰, 1993; Kuo, Huang and Mok, 1994; Huang, 2001; Shao, Ho, Lin *et al.*, 2008; 伍汉霖, 邵广昭, 赖春福等, 2012.

**别名或俗名（Used or common name）：**青眠鳗，无目鳗，鳗背，龙筋.
**分布（Distribution）：**东海.

## 2. 盲鳗属 *Myxine* Linnaeus, 1758

### （9）台湾盲鳗 *Myxine formosana* Mok *et* Kuo, 2001

*Myxine formosana* Mok *et* Kuo, 2001: 295-297.
**文献（Reference）：**Mok and Kuo, 2001; Shao, Ho, Lin *et al.*, 2008; 伍汉霖，邵广昭，赖春福等，2012; Mincarone and McCosker, 2014; Iwamoto and McCosker, 2014.
**别名或俗名（Used or common name）：**青眠鳗，无目鳗，鳗背，龙筋.
**分布（Distribution）：**南海.

### （10）郭氏盲鳗 *Myxine kuoi* Mok, 2002

*Myxine kuoi* Mok, 2002: 59-62.
**文献（Reference）：**Shao, Ho, Lin *et al.*, 2008; 伍汉霖，邵广昭，赖春福等, 2012.
**别名或俗名（Used or common name）：**青眠鳗，无目鳗，鳗背，龙筋.
**分布（Distribution）：**南海.

## 3. 副盲鳗属 *Paramyxine* Dean, 1904

### （11）费氏副盲鳗 *Paramyxine fernholmi* Kuo, Huang *et* Mok, 1994

*Paramyxine fernholmi* Kuo, Huang *et* Mok, 1994: 126-139.
**文献（Reference）：**Kuo, Huang and Mok, 1994: 126-139; McMillan and Wisner, 2004; 伍汉霖，邵广昭，赖春福等, 2012.
**别名或俗名（Used or common name）：**青眠鳗，无目鳗，鳗背，龙筋.
**分布（Distribution）：**东海.

### （12）怀氏副盲鳗 *Paramyxine wisneri* Kuo, Huang *et* Mok, 1994

*Paramyxine wisneri* Kuo, Huang *et* Mok, 1994: 126-139.
**文献（Reference）：**Kuo, Huang and Mok, 1994: 126-139; 伍汉霖，邵广昭，赖春福等, 2012.
**别名或俗名（Used or common name）：**青眠鳗，无目鳗，鳗背，龙筋.
**分布（Distribution）：**东海，南海.

## 4. 红尾盲鳗属 *Rubicundus* Fernholm, Norén, Kullander, Quattrini, Zintzen, Roberts, Mok *et* Kuo, 2013

### （13）红尾盲鳗 *Rubicundus rubicundus* (Kuo, Lee *et* Mok, 2010)

*Eptatretus rubicundus* Kuo, Lee *et* Mok, 2010: 855-864.
**文献（Reference）：**伍汉霖，邵广昭，赖春福等，2012; Fernholm, Norén, Kullander *et al.*, 2013.
**分布（Distribution）：**东海.

# II．七鳃鳗纲 PETROMYZONTIDA

## 二、七鳃鳗目 Petromyzontiformes

## （二）七鳃鳗科 Petromyzontidae

### 5. 七鳃鳗属 *Lampetra* Gray, 1851

*Lampetra* Gray, 1851: 235.
*Lethenteron* Creaser *et* Hubbs, 1922.

**（14）日本七鳃鳗 *Lampetra japonica* (Martens, 1868)**

*Petromyzon japonicas* Martens, 1868: 3.

*Lampetra japonica*: Hatta, 1901: 25; 朱元鼎和王文滨, 1973: 1981; 任慕莲, 1981: 1; 朱元鼎和孟庆闻等, 2001: 22.

*Lethenteron japonica*: 伍汉霖, 邵广昭, 赖春福等, 2012: 2.

**分布（Distribution）：**洄游性鱼类, 我国黑龙江, 图们江等水系有分布. 国外分布于太平洋北部俄罗斯（阿纳德尔）和美国（阿拉斯加）, 向南至日本和朝鲜半岛沿岸及通海河流.

**保护等级（Protection class）：**省级（黑龙江).

**（15）东北七鳃鳗 *Lampetra morii* (Berg, 1931)**

*Lampetra morii* Berg, 1931: 97; 任慕莲, 1981: 3; 朱元鼎和孟庆闻等, 2001: 23; 伍汉霖, 邵广昭, 赖春福等, 2012: 2.

**分布（Distribution）：**鸭绿江. 国外分布于朝鲜等.

**（16）雷氏七鳃鳗 *Lampetra reissneri* (Dybowski, 1869)**

*Petromyzon reissneri* Dybowski, 1869: 958.

*Lampetra reissneri*: 任慕莲, 1981: 3; 朱元鼎和孟庆闻等, 2001: 25.

*Lethenteron reissneri*: Kottelat, 2012: 13; 伍汉霖, 邵广昭, 赖春福等, 2012: 2.

**分布（Distribution）：**陆封性种类, 主要分布于我国黑龙江水系干支流上游山区溪流, 辽宁太子河等. 国外分布于朝鲜, 日本九州, 俄罗斯阿纳德尔河等太平洋水系一些河流.

**保护等级（Protection class）：**省级（黑龙江).

# III．软骨鱼纲 CHONDRICHTHYES

## 三、银鲛目 Chimaeriformes

## （三）长吻银鲛科 Rhinochimaeridae

### 6. 尖（扁）吻银鲛属 *Harriotta* Goode *et* Bean, 1895

**（17）尖吻银鲛 *Harriotta raleighana* Goode *et* Bean, 1895**

*Hariotta raleighana* Goode *et* Bean, 1895: 471-473.
*Anteliochimaera chaetirhamphus* Tanaka, 1909.
*Harriotta curtissjamesi* Townsend *et* Nichols, 1925.
*Harriotta opisthoptera* Deng, Xiong *et* Zhan, 1983.
**文献（Reference）**：Deng, Xiong and Zhan, 1983a; Masuda, Amaoka, Araga *et al*., 1984; Nakaya and Shirai, 1992; Randall and Lim (eds.), 2000; Huang, 2001; 伍汉霖, 邵广昭, 赖春福等, 2012.
**别名或俗名（Used or common name）**：扁吻银鲛.
**分布（Distribution）**：黄海, 东海, 南海.

### 7. 长吻银鲛属 *Rhinochimaera* Garman, 1901

**（18）太平洋长吻银鲛 *Rhinochimaera pacifica* (Mitsukuri, 1895)**

*Harriotta pacifica* Mitsukuri, 1895: 97-98.
**文献（Reference）**：Kobayashi and Sakurai, 1967; Inada and Garrick, 1979; Nakaya and Shirai, 1992; Shao and Hwang, 1997; Randall and Lim (eds.), 2000; Huang, 2001; 伍汉霖, 邵广昭, 赖春福等, 2012.
**别名或俗名（Used or common name）**：黑翅鲨.
**分布（Distribution）**：东海, 南海.

## （四）银鲛科 Chimaeridae

### 8. 银鲛属 *Chimaera* Linnaeus, 1758

**（19）乔氏银鲛 *Chimaera jordani* Tanaka, 1905**

*Chimaera jordani* Tanaka, 1905: 1-14.
**文献（Reference）**：Masuda, Amaoka, Araga *et al*., 1984; Huang, 2001; Chinese Academy of Fishery Science (CAFS), 2007; 伍汉霖, 邵广昭, 赖春福等, 2012.
**别名或俗名（Used or common name）**：黑翅鲨, 鼠鱼.
**分布（Distribution）**：东海.

**（20）黑线银鲛 *Chimaera phantasma* Jordan *et* Snyder, 1900**

*Chimaera phantasma* Jordan *et* Snyder, 1900: 335-380.
*Chimaera pseudomonstrosa* Fang *et* Wang, 1932.
**文献（Reference）**：Richards, Chong, Mak *et al*., 1985; 朱元鼎等, 1985; Nakaya and Shirai, 1992; 沈世杰, 1993; Randall and Lim (eds.), 2000; Huang, 2001; 朱元鼎和孟庆闻等, 2001; Shao, Ho, Lin *et al*., 2008; 伍汉霖, 邵广昭, 赖春福等, 2012.
**别名或俗名（Used or common name）**：黑翅鲨, 鼠鱼, 银鲛, 鲨鲦.
**分布（Distribution）**：渤海, 黄海, 东海, 南海.

### 9. 兔银鲛属 *Hydrolagus* Gill, 1862

**（21）冬兔银鲛 *Hydrolagus mitsukurii* (Jordan *et* Snyder, 1904)**

*Chimaera mitsukurii* Jordan *et* Snyder, 1904: 223-226.
*Chimaera mitsukurii* Dean, 1904.
*Psychichthys mitsukurii* (Dean, 1904).
**文献（Reference）**：Masuda, Amaoka, Araga *et al*., 1984; Nakaya and Shirai, 1992; Huang, 2001; Compagno, Last, Stevens *et al*., 2005; 伍汉霖, 邵广昭, 赖春福等, 2012.
**别名或俗名（Used or common name）**：箕作氏兔银鲛, 黑翅鲨, 鼠鱼.
**分布（Distribution）**：东海, 南海.

**（22）奥氏兔银鲛 *Hydrolagus ogilbyi* (Waite, 1898)**

*Chimaera ogilbyi* Waite, 1898: 1-62.
*Chimaera tsengi* Fang *et* Wang, 1932.
*Hydrolagus tsengi* (Fang *et* Wang, 1932).
**文献（Reference）**：Huang, 2001; Chinese Academy of Fishery Science (CAFS), 2007.
**分布（Distribution）**：南海.

## 四、虎鲨目 Heterodontiformes

## （五）虎鲨科 Heterodontidae

### 10. 虎鲨属 *Heterodontus* Blainville, 1816

**（23）宽纹虎鲨 *Heterodontus japonicus* Maclay *et* Macleay, 1884**

*Heterodontus japonicus* Maclay *et* Macleay, 1884: 426-431.

*Cestracion japonicus* (Maclay *et* Macleay, 1884).
**文献（Reference）**：Clark and Kabasawa, 1976; Compagno, 1984; Ida, Asahida, Yano *et al.*, 1986; 沈世杰, 1993; Yamada, Shirai, Irie *et al.*, 1995; Chang and Kim, 1999; Randall and Lim (eds.), 2000; Huang, 2001; 朱元鼎和孟庆闻等, 2001; 伍汉霖, 邵广昭, 赖春福等, 2012.
**别名或俗名（Used or common name）**：角鲨, 虎鲨.
**分布（Distribution）**：渤海, 黄海, 东海.

#### （24）狭纹虎鲨 *Heterodontus zebra* (Gray, 1831)

*Centracion zebra* Gray, 1831: 4-5.
*Heterodontus phillipi* Duméril, 1865.
*Cestracion phillippi zebra* Martens, 1876.
*Cestracion amboinensis* Regan, 1906c.
**文献（Reference）**：沈世杰, 1993; Yamada, Shirai, Irie *et al.*, 1995; Randall and Lim (eds.), 2000; Huang, 2001; 朱元鼎和孟庆闻等, 2001; Compagno, Last, Stevens *et al.*, 2005; Shao, Ho, Lin *et al.*, 2008; 伍汉霖, 邵广昭, 赖春福等, 2012.
**别名或俗名（Used or common name）**：角鲨, 虎鲨, 虎皮鲨.
**分布（Distribution）**：东海, 南海.

## 五、须鲨目 Orectolobiformes

## （六）斑鳍鲨科 Parascylliidae

### 11. 橙黄鲨属 *Cirrhoscyllium* Smith *et* Radcliffe, 1913

#### （25）橙黄鲨 *Cirrhoscyllium expolitum* Smith *et* Radcliffe, 1913

*Cirrhoscyllium expolitum* Smith *et* Radcliffe, 1913: 567-569.
**文献（Reference）**：Herre and Umali, 1948; Herre, 1953b; Masuda, Amaoka, Araga *et al.*, 1984; Randall and Lim (eds.), 2000; Huang, 2001; Compagno, Last, Stevens *et al.*, 2005.
**分布（Distribution）**：东海, 南海.

#### （26）台湾橙黄鲨 *Cirrhoscyllium formosanum* Teng, 1959

*Cirrhoscyllium formosanum* Teng, 1959b: 1-6.
*Nebrius formosanum* (Teng, 1959).
**文献（Reference）**：Teng, 1959b: 1-6; Compagno, 1984; 沈世杰, 1993; Randall and Lim (eds.), 2000; Huang, 2001; 朱元鼎和孟庆闻等, 2001.
**别名或俗名（Used or common name）**：鲨条.
**分布（Distribution）**：南海.

#### （27）日本橙黄鲨 *Cirrhoscyllium japonicum* Kamohara, 1943

*Cirrhoscyllium japonicum* Kamohara, 1943: 125-137.
**文献（Reference）**：Kamohara, 1943: 125-137; Masuda, Amaoka, Araga *et al.*, 1984.
**分布（Distribution）**：南海.

## （七）须鲨科 Orectolobidae

### 12. 须鲨属 *Orectolobus* Bonaparte, 1834

#### （28）日本须鲨 *Orectolobus japonicus* Regan, 1906

*Orectolobus japonicus* Regan, 1906c: 435-440.
**文献（Reference）**：Regan, 1906c: 435-440; Martin, 1938; Compagno, 1984; 沈世杰, 1993; Yamada, Shirai, Irie *et al.*, 1995; Randall and Lim (eds.), 2000; Huang, 2001; 朱元鼎和孟庆闻等, 2001; Compagno, Last, Stevens *et al.*, 2005; 伍汉霖, 邵广昭, 赖春福等, 2012.
**别名或俗名（Used or common name）**：豆腐鲨, 虎鲨, 破布鲨, 狗㨃仔, 猫公㨃.
**分布（Distribution）**：东海, 南海.

#### （29）斑纹须鲨 *Orectolobus maculatus* (Bonnaterre, 1788)

*Squalus maculatus* Bonnaterre, 1788: 1-215.
*Squalus barbatus* Gmelin, 1789.
*Squalus lobatus* Bloch *et* Schneider, 1801.
*Squalus appendiculatus* Shaw, 1806.
**文献（Reference）**：Compagno, 1984; 沈世杰, 1993; Randall and Lim (eds.), 2000; Huang, 2001; 朱元鼎和孟庆闻等, 2001; Huang (ed.), 2008; 伍汉霖, 邵广昭, 赖春福等, 2012.
**别名或俗名（Used or common name）**：斑须鲨, 豆腐鲨, 虎鲨.
**分布（Distribution）**：东海, 南海.

## （八）长尾须鲨科 Hemiscylliidae

### 13. 斑竹鲨属 *Chiloscyllium* Müller *et* Henle, 1837

#### （30）灰斑竹鲨 *Chiloscyllium griseum* Müller *et* Henle, 1838

*Chiloscyllium grisium* Müller *et* Henle, 1838: 1-200.
*Scyliorhinus unicolor* (Blainville, 1816).
*Hemiscyllium griseum* (Müller *et* Henle, 1838).
*Hemiscyllium griseurm* (Müller *et* Henle, 1838).
**文献（Reference）**：Fowler, 1941; Randall and Lim (eds.), 2000; Compagno, Last, Stevens *et al.*, 2005; Chen, Chen, Liu *et al.*, 2007; 伍汉霖, 邵广昭, 赖春福等, 2012.
**别名或俗名（Used or common name）**：狗鲨, 鲨条.
**分布（Distribution）**：东海, 南海.

**（31）印度斑竹鲨 *Chiloscyllium indicum* (Gmelin, 1789)**

*Squalus indicus* Gmelin, 1789: 1033-1516.
*Squalus colax* Meuschen, 1781.
*Squalus tuberculatus* Bloch *et* Schneider, 1801.
*Squalus denticulatus* Shaw, 1804.

**文献（Reference）**：Roxas and Martin, 1937; Fowler, 1941a; Compagno, 1984; 沈世杰, 1993; Ni and Kwok, 1999; Randall and Lim (eds.), 2000; Huang, 2001; 朱元鼎和孟庆闻等, 2001; Compagno, Last, Stevens *et al*., 2005; Chen, Chen, Liu *et al*., 2007; 伍汉霖, 邵广昭, 赖春福等, 2012.

**别名或俗名（Used or common name）**：狗鲨, 鲨条.

**分布（Distribution）**：东海, 南海.

**（32）条纹斑竹鲨 *Chiloscyllium plagiosum* (Anonymous [Bennett], 1830)**

*Chiloscyllium indicum* var. *plagiosum* (Anonymous [Bennett], 1830): 686-694.
*Hemiscyllium plagiosum* (Anonymous [Bennett], 1830).
*Scyllium ornatum* Gray, 1830.
*Scyllium plagiosum* var. *interruptum* (Bleeker, 1852).

**文献（Reference）**：Fowler, 1941a; Shao, Chen, Kao *et al*., 1993; 沈世杰, 1993; Ni and Kwok, 1999; Randall and Lim (eds.), 2000; Huang, 2001; 朱元鼎和孟庆闻等, 2001; Compagno, Last, Stevens *et al*., 2005; Chen, Chen, Liu *et al*., 2007; 伍汉霖, 邵广昭, 赖春福等, 2012.

**别名或俗名（Used or common name）**：狗鲨, 鲨条, 斑竹狗鲛, 红狗鲨.

**分布（Distribution）**：渤海, 黄海, 东海, 南海.

**（33）点纹斑竹鲨 *Chiloscyllium punctatum* Müller *et* Henle, 1838**

*Chyloscyllium punctatum* Müller *et* Henle, 1838: 1-200.
*Hemiscyllium punctatum* (Müller *et* Henle, 1838).
*Hemiscyllium punctaturn* (Müller *et* Henle, 1838).
*Chiloscyllium margaritiferum* Bleeker, 1863.

**文献（Reference）**：Compagno, 1984; 沈世杰, 1993; Randall and Lim (eds.), 2000; Huang, 2001; 朱元鼎和孟庆闻等, 2001; Adrim, Chen, Chen *et al*., 2004; Compagno, Last, Stevens *et al*., 2005; Chen, Chen, Liu *et al*., 2007; 伍汉霖, 邵广昭, 赖春福等, 2012.

**别名或俗名（Used or common name）**：狗鲨, 鲨条, 狗鲛, 狗鲨, 白狗鲨.

**分布（Distribution）**：东海, 南海.

## （九）豹纹鲨科 Stegostomatidae

### 14. 豹纹鲨属 *Stegostoma* Müller *et* Henle, 1837

**（34）豹纹鲨 *Stegostoma fasciatum* (Hermann, 1783)**

*Squalus fasciatus* Hermann, 1783: 1-370.
*Stegastoma fasciatum* (Hermann, 1783).
*Squalus cirrosus* Gronow, 1854.
*Stegostoma varius* Garman, 1913.

**文献（Reference）**：Roxas and Martin, 1937; Nakaya, 1973; Compagno, 1984; 沈世杰, 1993; Randall and Lim (eds.), 2000; Huang, 2001; 朱元鼎和孟庆闻等, 2001; Compagno, Last, Stevens *et al*., 2005; 伍汉霖, 邵广昭, 赖春福等, 2012.

**别名或俗名（Used or common name）**：长尾虎鲨, 鲨条, 虎鲨, 厚皮鲨, 俺奥仔.

**分布（Distribution）**：东海, 南海.

## （十）铰口鲨科 Ginglymostomatidae

### 15. 光鳞鲨属 *Nebrius* Rüppell, 1837

**（35）长尾光鳞鲨 *Nebrius ferrugineus* (Lesson, 1831)**

*Scyllium ferrugineum* Lesson, 1831: 66-238.
*Ginglymostoma ferrugineum* (Lesson, 1831).
*Ginglymostoma muelleri* Günther, 1870.
*Nebrodes concolor ogilbyi* Whitley, 1934.

**文献（Reference）**：Fowler, 1941; Compagno, 1984; 沈世杰, 1993; Chen, Shao and Lin, 1995; Randall and Lim (eds.), 2000; Huang, 2001; 朱元鼎和孟庆闻等, 2001; Compagno, Last, Stevens *et al*., 2005; 伍汉霖, 邵广昭, 赖春福等, 2012.

**别名或俗名（Used or common name）**：翅鲨, 褐色护士鲨.

**分布（Distribution）**：东海, 南海.

## （十一）鲸鲨科 Rhincodontidae

### 16. 鲸鲨属 *Rhincodon* Smith, 1829

**（36）鲸鲨 *Rhincodon typus* Smith, 1828**

*Rhincodon typus* Smith, 1828: 2.
*Rhinodon pentalineatus* Kishinouye, 1901.

**文献（Reference）**：沈世杰, 1993; Ni and Kwok, 1999; Chen, Liu and Young, 1999; Randall and Lim (eds.), 2000; Huang, 2001; 朱元鼎和孟庆闻等, 2001; 伍汉霖, 邵广昭, 赖春福等, 2012.

**别名或俗名（Used or common name）**：豆腐鲨, 大憨鲨, 鲸鲛.

**分布（Distribution）**：黄海, 东海, 南海.

# 六、鼠鲨目 Lamniformes

## （十二）砂锥齿鲨科 Odontaspididae

### 17. 锥齿鲨属 *Carcharias* Rafinesque, 1810

**（37）锥齿鲨 *Carcharias taurus* Rafinesque, 1810**

*Charcharias taurus* Rafinesque, 1810: 1-105.

*Eugomphodus taurus* (Rafinesque, 1810).
*Odontaspis americanus* (Mitchill, 1815).
*Squalus littoralis* Lesueur, 1818.
**文献（Reference）**：Masuda, Amaoka, Araga *et al*., 1984; Compagno, 1984; 沈世杰, 1993; Randall and Lim (eds.), 2000; Huang, 2001; 朱元鼎和孟庆闻等, 2001; Compagno, 2001; 伍汉霖, 邵广昭, 赖春福等, 2012.
**别名或俗名（Used or common name）**：大鲨, 戟齿砂鲛.
**分布（Distribution）**：黄海, 东海, 南海.

## （十三）尖吻鲨科 Mitsukurinidae

### 18. 尖吻鲨属 *Mitsukurina* Jordan, 1898

#### （38）欧氏尖吻鲨 *Mitsukurina owstoni* Jordan, 1898

*Mitsukurina owstoni* Jordan, 1898, 1 (6): 199-204.
*Scapanorhynchus owstoni* (Jordan, 1898).
*Odontaspis nasutus* Bragança, 1904.
*Scapanorhynchus jordani* Hussakof, 1909.
*Scapanorhynchus dofleini* Engelhardt, 1912.
**文献（Reference）**：Jordan, 1898, 1 (6): 199-204; Uyeno, Nakamura and Mikami, 1976; Masuda, Amaoka, Araga *et al*., 1984; Yano, Miya, Aizawa *et al*., 2007; 伍汉霖, 邵广昭, 赖春福等, 2012.
**别名或俗名（Used or common name）**：欧氏尖吻鲛, 大鲨, 剑吻鲨.
**分布（Distribution）**：东海.

## （十四）拟锥齿鲨科 Pseudocarchariidae

### 19. 拟锥齿鲨属 *Pseudocarcharias* Cadenat, 1963

#### （39）蒲原氏拟锥齿鲨 *Pseudocarcharias kamoharai* (Matsubara, 1936)

*Carcharias kamoharai* Matsubara, 1936: 380-382.
*Odontaspis kamoharai* (Matsubara, 1936).
*Carcharias yangi* Teng, 1959a.
*Pseudocarcharias yangi* (Teng, 1959).
*Pseudocarcharias pelagicus* (Cadenat, 1963).
**文献（Reference）**：Abe, 1973; Compagno, 1984; 沈世杰, 1993; Randall and Lim (eds.), 2000; 朱元鼎和孟庆闻等, 2001; Stewart, 2001; Compagno, Last, Stevens *et al*., 2005; 伍汉霖, 邵广昭, 赖春福等, 2012.
**别名或俗名（Used or common name）**：黑棘鲛, 鳄鲛, 鲨鱼.
**分布（Distribution）**：南海.

## （十五）巨口鲨科 Megachasmidae

### 20. 巨口鲨属 *Megachasma* Taylor, Compagno *et* Struhsaker, 1983

#### （40）巨口鲨 *Megachasma pelagios* Taylor, Compagno *et* Struhsaker, 1983

*Megachasma pelagios* Taylor, Compagno *et* Struhsaker, 1983: 87-110.
**文献（Reference）**：Morrissey and Elizaga, 1999; Compagno, 2001; Compagno, Last, Stevens *et al*., 2005; 伍汉霖, 邵广昭, 赖春福等, 2012.
**别名或俗名（Used or common name）**：巨口鲛, 大鲨, 大口鲨.
**分布（Distribution）**：东海.

## （十六）长尾鲨科 Alopiidae

### 21. 长尾鲨属 *Alopias* Rafinesque, 1810

#### （41）浅海长尾鲨 *Alopias pelagicus* Nakamura, 1935

*Alopias pelagicus* Nakamura, 1935: 1-6.
**文献（Reference）**：Compagno, 1984; 沈世杰, 1993; Yamada, Shirai, Irie *et al*., 1995; Chen, Liu and Chang, 1997; Randall and Lim (eds.), 2000; Huang, 2001; 朱元鼎和孟庆闻等, 2001; Compagno, Last, Stevens *et al*., 2005; 伍汉霖, 邵广昭, 赖春福等, 2012.
**别名或俗名（Used or common name）**：长尾鲨, 浅海狐鲛, 鲨娘仔, 小目午仔.
**分布（Distribution）**：渤海, 黄海, 东海, 南海.

#### （42）大眼长尾鲨 *Alopias superciliosus* (Lowe, 1841)

*Alopecias superciliosus* Lowe, 1841: 36-39.
*Alopias superciliousus* Lowe, 1841.
*Alopias profundus* Nakamura, 1935.
**文献（Reference）**：Compagno, 1984; 沈世杰, 1993; Chen, Liu and Chang, 1997; Liu, Chiang and Chen, 1998; Randall and Lim (eds.), 2000; Huang, 2001; 朱元鼎和孟庆闻等, 2001; Compagno, Last, Stevens *et al*., 2005.
**别名或俗名（Used or common name）**：长尾鲨, 三娘鲨, 深海狐鲛, 鲨娘仔, 大目午仔.
**分布（Distribution）**：南海.

#### （43）弧形长尾鲨 *Alopias vulpinus* (Bonnaterre, 1788)

*Squalus vulpinus* Bonnaterre, 1788: 1-215.
*Squalus vulpes* Gmelin, 1789.

*Alopecias longimana* Philippi, 1902.
*Vulpecula marina* Garman, 1913.
*Alopias caudatus* Phillipps, 1932.
**文献（Reference）**：Compagno, 1984; 沈世杰, 1993; Chen, Liu and Chang, 1997; Randall and Lim (eds.), 2000; Luchavez-Maypa, Gaudiano, Ramas-Uyptiching *et al.*, 2001; Huang, 2001; 朱元鼎和孟庆闻等, 2001; Compagno, Last, Stevens *et al.*, 2005; 伍汉霖, 邵广昭, 赖春福等, 2012.
**别名或俗名（Used or common name）**：长尾鲨, 狐鲛.
**分布（Distribution）**：渤海, 黄海, 东海, 南海.

## （十七）姥鲨科 Cetorhinidae

### 22. 姥鲨属 *Cetorhinus* Blainville, 1816

#### （44）姥鲨 *Cetorhinus maximus* (Gunnerus, 1765)

*Squalus maximus* Gunnerus, 1765: 33-49.
*Halsydrus maximus* (Gunnerus, 1765).
*Squalus gunnerianus* Blainville, 1810.
*Squalus homianus* Blainville, 1810.
*Squalus pelegrinus* Blainville, 1810.
**文献（Reference）**：Compagno, 1984; 沈世杰, 1993; Randall and Lim (eds.), 2000; Huang, 2001; 朱元鼎和孟庆闻等, 2001; Froese and Garilao, 2002; Compagno, Last, Stevens *et al.*, 2005; 伍汉霖, 邵广昭, 赖春福等, 2012.
**别名或俗名（Used or common name）**：象鲨, 象鲛.
**分布（Distribution）**：黄海, 东海, 南海.

## （十八）鼠鲨科 Lamnidae

### 23. 噬人鲨属 *Carcharodon* Smith, 1838

#### （45）噬人鲨 *Carcharodon carcharias* (Linnaeus, 1758)

*Squalus carcharias* Linnaeus, 1758: 230-338.
*Squalus caninus* Osbeck, 1765.
*Carcharodon rondeletii* Müller *et* Henle, 1839.
*Carcharias atwoodi* Storer, 1848.
**文献（Reference）**：Compagno, 1984; Francis, 1993; Francis and Randall, 1993; 沈世杰, 1993; Randall and Lim (eds.), 2000; Huang, 2001; 朱元鼎和孟庆闻等, 2001; Compagno, Last, Stevens *et al.*, 2005; 伍汉霖, 邵广昭, 赖春福等, 2012.
**别名或俗名（Used or common name）**：大白鲨, 食人鲛.
**分布（Distribution）**：黄海, 东海, 南海.

### 24. 鲭鲨属 *Isurus* Rafinesque, 1810

#### （46）尖吻鲭鲨 *Isurus oxyrinchus* Rafinesque, 1810

*Isurus oxyrinchus* Rafinesque, 1810: 1-105.
*Isurus cepedii* (Lesson, 1831).
*Isuropsis glaucus* (Müller *et* Henle, 1839).
*Oxyrhina glauca* Müller *et* Henle, 1839.
**文献（Reference）**：Compagno, 1984; Francis and Randall, 1993; 沈世杰, 1993; Yamada, Shirai, Irie *et al.*, 1995; Caira, Benz, Borucinska *et al.*, 1997; Randall and Lim (eds.), 2000; Luchavez-Maypa, Gaudiano, Ramas-Uypticing *et al.*, 2001; 朱元鼎和孟庆闻等, 2001; Compagno, Last, Stevens *et al.*, 2005; 伍汉霖, 邵广昭, 赖春福等, 2012.
**别名或俗名（Used or common name）**：马加鲨, 烟仔鲨, 灰鲭鲛, 马加, 烟仔鲨.
**分布（Distribution）**：黄海, 东海, 南海.

#### （47）长臂鲭鲨 *Isurus paucus* Guitart Manday, 1966

*Isurus paucus* Guitart Manday, 1966: 1-9.
*Isurus alatus* Garrick, 1967.
**文献（Reference）**：Compagno, 1984; 沈世杰, 1993; Caira, Benz, Borucinska *et al.*, 1997; Randall and Lim (eds.), 2000; Huang, 2001; 朱元鼎和孟庆闻等, 2001; Compagno, 2002; Compagno, Last, Stevens *et al.*, 2005; 伍汉霖, 邵广昭, 赖春福等, 2012.
**别名或俗名（Used or common name）**：长臂灰鲭鲛, 马加鲨, 烟仔鲨.
**分布（Distribution）**：东海, 南海.

# 七、真鲨目 Carcharhiniformes

## （十九）猫鲨科 Scyliorhinidae

### 25. 光尾鲨属 *Apristurus* Garman, 1913

#### （48）灰光尾鲨 *Apristurus canutus* Springer *et* Heemstra, 1979

*Apristurus canutus* Springer *et* Heemstra, 1979: 1-152.
**文献（Reference）**：Huang, 2001; Chinese Academy of Fishery Science (CAFS), 2007; 伍汉霖, 邵广昭, 赖春福等, 2012.
**别名或俗名（Used or common name）**：高臀光尾鲨.
**分布（Distribution）**：东海, 南海.

#### （49）驼背光尾鲨 *Apristurus gibbosus* Meng, Chu *et* Li, 1985

*Apristurus gibbosus* Meng, Chu *et* Li, 1985, 16 (1): 43-50.
**文献（Reference）**：Meng, Chu and Li, 1985, 16 (1): 49-50; Randall and Lim (eds.), 2000; 伍汉霖, 邵广昭, 赖春福等, 2012; White and Last, 2013.
**别名或俗名（Used or common name）**：鲨鱼, 黑鲨.
**分布（Distribution）**：南海.

#### （50）霍氏光尾鲨 *Apristurus herklotsi* (Fowler, 1934)

*Pentachus herklotsi* Fowler, 1934: 233-367.

*Apristurus abbreviatus* Deng, Xiong *et* Zhan, 1985.
*Apristurus xenolepis* Meng, Chu *et* Li, 1985.
*Apristurus brevicaudatus* Chu, Meng *et* Li, 1986.
*Apristurus longianalis* Chu, Meng *et* Li, 1986.
*Apristurus longicaudatus* Li, Meng *et* Chu, 1986.
**文献（Reference）**：Fowler, 1941; Nakaya and Shirai, 1992; Randall and Lim (eds.), 2000; Huang, 2001; Compagno, Last, Stevens *et al.*, 2005; 伍汉霖，邵广昭，赖春福等，2012.; White and Last, 2013.
**别名或俗名（Used or common name）**：鲨鱼，黑鲨.
**分布（Distribution）**：东海，南海.

### （51）中间光尾鲨 *Apristurus internatus* Deng, Xiong *et* Zhan, 1988

*Apristurus internatus* Deng, Xiong *et* Zhan, 1988: 32-33.
**文献（Reference）**：Huang, 2001; Chinese Academy of Fishery Science (CAFS), 2007; 伍汉霖，邵广昭，赖春福等，2012.
**分布（Distribution）**：东海.

### （52）日本光尾鲨 *Apristurus japonicus* Nakaya, 1975

*Apristurus japonicus* Nakaya, 1975, 23 (1): 1-94.
**文献（Reference）**：Masuda, Amaoka, Araga *et al.*, 1984; Nakaya and Shirai, 1992; Huang, 2001; Chinese Academy of Fishery Science (CAFS), 2007; 伍汉霖，邵广昭，赖春福等，2012.
**分布（Distribution）**：东海，南海.

### （53）长头光尾鲨 *Apristurus longicephalus* Nakaya, 1975

*Apristurus longicephalus* Nakaya, 1975, 23 (1): 1-94.
**文献（Reference）**：Nakaya, 1975, 23 (1): 1-94; Compagno, 1984; Nakaya, 1988; Nakaya and Shirai, 1992; Huang, 2001; 吴宗翰，2002; 伍汉霖，邵广昭，赖春福等，2012.
**别名或俗名（Used or common name）**：鲨鱼，长头篦鲛.
**分布（Distribution）**：东海，南海.

### （54）小眼光尾鲨 *Apristurus microps* (Gilchrist, 1922)

*Scylliorhinus microps* Gilchrist, 1922: 41-79.
*Pentanchus microps* (Gilchrist, 1922).
**文献（Reference）**：Huang, 2001.
**分布（Distribution）**：南海.

### （55）小鳍光尾鲨 *Apristurus micropterygeus* Meng, Chu *et* Li, 1986

*Apristurus micropterygeus* Meng, Chu *et* Li, 1986: 269-275.
**文献（Reference）**：Randall and Lim (eds.), 2000; 伍汉霖，邵广昭，赖春福等，2012; White and Last, 2013.
**分布（Distribution）**：南海.

### （56）大吻光尾鲨 *Apristurus macrorhynchus* (Tanaka, 1909)

*Scyliorhinus macrorhynchus* Tanaka, 1909: 1-27.
**文献（Reference）**：Masuda, Amaoka, Araga *et al.*, 1984; Nakaya and Shirai, 1992; Randall and Lim (eds.), 2000; Huang, 2001; 伍汉霖，邵广昭，赖春福等，2012.
**分布（Distribution）**：东海，南海.

### （57）大口光尾鲨 *Apristurus macrostomus* Meng, Chu *et* Li, 1985

*Apristurus macrostomus* Meng, Chu *et* Li, 1985, 16 (1): 43-50.
**文献（Reference）**：Randall and Lim (eds.), 2000; 伍汉霖，邵广昭，赖春福等，2012; White and Last, 2013.
**别名或俗名（Used or common name）**：鲨鱼，广吻篦鲛.
**分布（Distribution）**：南海.

### （58）粗体光尾鲨 *Apristurus pinguis* Deng, Xiong *et* Zhan, 1983

*Apristurus pinguis* Deng, Xiong *et* Zhan, 1983a: 64-70.
**文献（Reference）**：Huang, 2001; Chinese Academy of Fishery Science (CAFS), 2007; 伍汉霖，邵广昭，赖春福等，2012.
**分布（Distribution）**：东海.

### （59）扁吻光尾鲨 *Apristurus platyrhynchus* (Tanaka, 1909)

*Scyliorhinus platyrhynchus* Tanaka, 1909: 1-27.
*Apristurus verweyi* (Fowler, 1934).
*Pentanchus verweyi* Fowler, 1934.
*Apristurus acanutus* Chu, Meng *et* Li, 1985.
**文献（Reference）**：Compagno, 1984; Meng, Chu and Li, 1985; Randall and Lim (eds.), 2000; Huang, 2001; 吴宗翰，2002; White and Last, 2013; Iwamoto and McCosker, 2014; 伍汉霖，邵广昭，赖春福等，2012.
**别名或俗名（Used or common name）**：鲨鱼，扁吻篦鲛.
**分布（Distribution）**：南海.

### （60）中华光尾鲨 *Apristurus sinensis* Chu *et* Hu, 1981

*Apristurus sinensis* Chu *et* Hu, 1981: 103-116.
**文献（Reference）**：Randall and Lim (eds.), 2000; Huang, 2001; 伍汉霖，邵广昭，赖春福等，2012.
**分布（Distribution）**：东海，南海.

## 26. 斑鲨属 *Atelomycterus* Garman, 1913

### （61）白斑斑鲨 *Atelomycterus marmoratus* (Anonymous [Bennett], 1830)

*Scyllium marmoratum* Anonymous [Bennett], 1830: 1-701.
*Ateleomycterus marmoratum* (Anonymous [Bennett], 1830).
*Scyllium maculatum* Gray, 1830.

*Scyllium pardus* Temminck, 1838.
文献（Reference）：Compagno, 1984; 沈世杰, 1993; Yamakawa, Machida and Gushima, 1995; Randall and Lim (eds.), 2000; Huang, 2001; Adrim, Chen, Chen *et al*., 2004; Compagno, Last, Stevens *et al*., 2005; 伍汉霖, 邵广昭, 赖春福等, 2012.
别名或俗名（Used or common name）：鲨条, 斑猫鲛, 鲨鲦.
分布（Distribution）：东海, 南海.

## 27. 深海沟鲨属 *Bythaelurus* Compagno, 1988

### （62）无斑深海沟鲨 *Bythaelurus immaculatus* (Chu *et* Meng, 1982)

*Halaelurus immaculatus* Chu *et* Meng, 1982: 301-311.
文献（Reference）：Randall and Lim (eds.), 2000; White and Last, 2013; 伍汉霖, 邵广昭, 赖春福等, 2012.
分布（Distribution）：南海.

## 28. 绒毛鲨属 *Cephaloscyllium* Gill, 1862

### （63）网纹绒毛鲨 *Cephaloscyllium fasciatum* Chan, 1966

*Cephaloscyllium fasciatum* Chan, 1966, 146 (2): 218-237.
文献（Reference）：Chan, 1966, 146 (2): 218-237; Randall and Lim (eds.), 2000; Huang, 2001; 朱元鼎和孟庆闻等, 2001; Silva and Ebert, 2008; Nakaya, Inque and Ho, 2013; 伍汉霖, 邵广昭, 赖春福等, 2012.
别名或俗名（Used or common name）：鲨条, 条纹头鲛.
分布（Distribution）：南海.

### （64）花斑绒毛鲨 *Cephaloscyllium maculatum* Silva *et* Ebert, 2008

*Cephaloscyllium maculatum* Silva *et* Ebert, 2008, 1872: 1-28.
syn. of *C. fasciatum* Chan, 1966.
文献（Reference）：Silva and Ebert, 2008, 1872: 1-28.
别名或俗名（Used or common name）：鲨条, 花斑头鲛.
分布（Distribution）：南海, 东海.

### （65）豹斑绒毛鲨 *Cephaloscyllium pardelotum* Silva *et* Ebert, 2008

*Cephaloscyllium pardelotum* Silva *et* Ebert, 2008, 1872: 1-8.
文献（Reference）：Silva and Ebert, 2008, 1872: 1-28.
别名或俗名（Used or common name）：鲨条, 豹纹头鲛.
分布（Distribution）：南海.

### （66）鲨捞越绒毛鲨 *Cephaloscyllium sarawakensis* Yano *et* Gambang, 2005

*Cephaloscyllium circulopullum* Yano, Ahmad *et* Gambang, 2005: 1-557.
*Cephaloscyllium parvum* Inoue *et* Nakaya, 2006.
文献（Reference）：Inoue and Nakaya, 2006; Nakaya, Inque and Ho, 2013; 伍汉霖, 邵广昭, 赖春福等, 2012.
分布（Distribution）：黄海, 东海, 南海.

### （67）阴影绒毛鲨 *Cephaloscyllium umbratile* Jordan *et* Fowler, 1903

*Cephaloscyllium umbratile* Jordan *et* Fowler, 1903: 593-674.
*Cephaloscyllium formosanum* Teng, 1962.
文献（Reference）：Compagno, 1984; Nakaya and Shirai, 1992; 沈世杰, 1993; Yamada, Shirai, Irie *et al*., 1995; Randall and Lim (eds.), 2000; Huang, 2001; 朱元鼎和孟庆闻等, 2001; Silva and Ebert, 2008; Nakaya, Inque and Ho, 2013; 伍汉霖, 邵广昭, 赖春福等, 2012.
别名或俗名（Used or common name）：鲨条, 污斑头鲛, 鲨鲦.
分布（Distribution）：黄海, 东海, 南海.

## 29. 锯尾鲨属 *Galeus* Valmont de Bomare, 1768

### （68）伊氏锯尾鲨 *Galeus eastmani* (Jordan *et* Snyder, 1904)

*Pristiurus eastmani* Jordan *et* Snyder, 1904: 230-240.
文献（Reference）：Compagno, 1984; Shao, Shen, Chiu *et al*., 1992; Nakaya and Shirai, 1992; 沈世杰, 1993; Randall and Lim (eds.), 2000; Horie and Tanaka, 2000; Huang, 2001; 朱元鼎和孟庆闻等, 2001; 伍汉霖, 邵广昭, 赖春福等, 2012.
别名或俗名（Used or common name）：鲨条, 依氏蛳鲛.
分布（Distribution）：东海, 南海.

### （69）日本锯尾鲨 *Galeus nipponensis* Nakaya, 1975

*Galeus nipponensis* Nakaya, 1975, 23 (1): 1-94.
文献（Reference）：Masuda, Amaoka, Araga *et al*., 1984; Nakaya and Shirai, 1992; Horie and Tanaka, 2000; Huang, 2001; Zhu and Meng, 2001; 伍汉霖, 邵广昭, 赖春福等, 2012.
分布（Distribution）：南海.

### （70）鲨氏锯尾鲨 *Galeus sauteri* (Jordan *et* Richardson, 1909)

*Pristiurus sauteri* Jordan *et* Richardson, 1909: 159-204.
文献（Reference）：Fowler, 1941; Compagno, 1984; Shao, Chen, Kao *et al*., 1993; 沈世杰, 1993; Chen, Liao and Joung, 1996; Randall and Lim (eds.), 2000; Huang, 2001; 朱元鼎和孟庆闻等, 2001; Compagno, Last, Stevens *et al*., 2005; 伍汉霖, 邵广昭, 赖春福等, 2012.
别名或俗名（Used or common name）：水颈仔, 鲨鱼, 鲨条, 梭氏蛳.
分布（Distribution）：东海, 南海.

### 30. 梅花鲨属 *Halaelurus* Gill, 1862

**（71）梅花鲨 *Halaelurus buergeri* (Müller *et* Henle, 1838)**

*Scyllium buergeri* Müller *et* Henle, 1838: 1-200.
*Halaelurus burgeri* (Müller *et* Henle, 1838).

**文献（Reference）**：Fowler, 1941; Nakaya, 1975; Compagno, 1984; Shao, Chen, Kao *et al.*, 1993; 沈世杰, 1993; Yamada, Shirai, Irie *et al.*, 1995; Randall and Lim (eds.), 2000; Huang, 2001; 朱元鼎和孟庆闻等, 2001; 伍汉霖, 邵广昭, 赖春福等, 2012.

**别名或俗名（Used or common name）**：鲨条, 豹鲛, 红狗鲨, 软狗鲨.

**分布（Distribution）**：黄海, 东海, 南海.

### 31. 双锯（盾尾）鲨属 *Parmaturus* Garman, 1906

**（72）黑鳃双锯鲨 *Parmaturus melanobranchus* (Chan, 1966)**

*Dichichthys melanobranchus* Chan, 1966, 146 (2): 218-237.
*Figaro melanobranchus* (Chan, 1966).
*Parmaturus melanobranchius* (Chan, 1966).
*Figaro piceus* Chu, Meng *et* Liu, 1983.

**文献（Reference）**：Compagno, 1984; Randall and Lim (eds.), 2000; Huang, 2001; White and Last, 2013; 伍汉霖, 邵广昭, 赖春福等, 2012.

**别名或俗名（Used or common name）**：黑鳃盾尾鲨, 鲨鱼, 黑鳃猫鲛.

**分布（Distribution）**：东海, 南海.

### 32. 猫鲨属 *Scyliorhinus* Blainville, 1816

**（73）虎纹猫鲨 *Scyliorhinus torazame* (Tanaka, 1908)**

*Catulus torazame* Tanaka, 1908b: 1-54.
*Scyliorhinus rudis* Pietschmann, 1908.
*Scylliorhinus torazame* (Tanaka, 1908).

**文献（Reference）**：Nakaya, 1975; Nakaya and Shirai, 1992; Yamada, Shirai, Irie *et al.*, 1995; Shao, 1997; Randall and Lim (eds.), 2000; Huang, 2001; Compagno, Last, Stevens *et al.*, 2005.

**分布（Distribution）**：黄海, 东海, 南海.

## （二十）原鲨科 Proscylliidae

### 33. 光唇鲨属 *Eridacnis* Smith, 1913

**（74）雷氏光唇鲨 *Eridacnis radcliffei* Smith, 1913**

*Eridacnis radcliffi* Smith, 1913, 45: 599-601.
*Proscyllium alcocki* Misra, 1950.

**文献（Reference）**：Smith, 1913, 45: 599-601; Roxas and Martin, 1937; Fowler, 1941; Compagno, 1984; 沈世杰, 1993; Randall and Lim (eds.), 2000; Huang, 2001; 朱元鼎和孟庆闻等, 2001; Compagno, Last, Stevens *et al.*, 2005; 伍汉霖, 邵广昭, 赖春福等, 2012.

**别名或俗名（Used or common name）**：鲨条, 花尾猫鲛.

**分布（Distribution）**：东海, 南海.

### 34. 原鲨属 *Proscyllium* Hilgendorf, 1904

**（75）哈氏原鲨 *Proscyllium habereri* Hilgendorf, 1904**

*Proscyllium habereri* Hilgendorf, 1904: 39-41.

**文献（Reference）**：Nakaya, 1983; Compagno, 1984; Nakaya and Shirai, 1992; 沈世杰, 1993; Yamada, Shirai, Irie *et al.*, 1995; Randall and Lim (eds.), 2000; Huang, 2001; 朱元鼎和孟庆闻等, 2001; 伍汉霖, 邵广昭, 赖春福等, 2012.

**别名或俗名（Used or common name）**：哈氏台湾鲨, 哈氏原鲛, 狗鲨, 原鲛.

**分布（Distribution）**：东海, 南海.

**（76）维纳斯原鲨 *Proscyllium venustum* (Tanaka, 1912)**

*Calliscyllium venustum* Tanaka, 1912: 165-186.
*Triakis venustum* (Tanaka, 1912).

**文献（Reference）**：Masuda, Amaoka, Araga *et al.*, 1984; Huang, 2001; Chinese Academy of Fishery Science (CAFS), 2007; 伍汉霖, 邵广昭, 赖春福等, 2012.

**别名或俗名（Used or common name）**：斑点丽鲨, 雅原鲨, 雅原鲛, 狗鲨.

**分布（Distribution）**：东海, 南海.

## （二十一）拟皱唇鲨科 Pseudotriakidae

### 35. 拟皱唇鲨属 *Pseudotriakis* de Brito Capello, 1868

**（77）小齿拟皱唇鲨 *Pseudotriakis microdon* de Brito Capello, 1868**

*Pseudotriakis microdon* de Brito Capello, 1868: 314-317.
*Pseudotriakis acrages* Jordan *et* Snyder, 1904.

**文献（Reference）**：Masuda, Amaoka, Araga *et al.*, 1984; Compagno, 1984; 沈世杰, 1993; Randall and Lim (eds.), 2000; Huang, 2001; 朱元鼎和孟庆闻等, 2001; 伍汉霖, 邵广昭, 赖春福等, 2012.

**别名或俗名（Used or common name）**：黑鲨, 哑巴鲛, 拟

猫鲛.
分布（Distribution）：南海.

## （二十二）皱唇鲨科 Triakidae

### 36. 半皱唇鲨属 *Hemitriakis* Herre, 1923

**（78）杂纹半皱唇鲨 *Hemitriakis complicofasciata* Takahashi *et* Nakaya, 2004**

*Hemitriakis complicofasciata* Takahashi *et* Nakaya, 2004, 51 (3): 248-255.
**文献（Reference）**：Takahashi and Nakaya, 2004, 51 (3): 248-255; 伍汉霖, 邵广昭, 赖春福等, 2012.
**别名或俗名（Used or common name）**：杂纹灰鲛.
**分布（Distribution）**：南海.

**（79）日本半皱唇鲨 *Hemitriakis japanica* (Müller *et* Henle, 1839)**

*Galeus japanicus* Müller *et* Henle, 1839: 1-200.
*Hemitriakis japonica* (Müller *et* Henle, 1839).
**文献（Reference）**：Compagno, 1984; Shao, Chen, Kao *et al.*, 1993; 沈世杰, 1993; Yamada, Shirai, Irie *et al.*, 1995; Randall and Lim (eds.), 2000; Huang, 2001; 朱元鼎和孟庆闻等, 2001; Kamura and Hashimoto, 2004; 伍汉霖, 邵广昭, 赖春福等, 2012.
**别名或俗名（Used or common name）**：日本翅鲨, 鲨条, 胎鲨, 日本灰鲛, 白鲨仔, 赤匏仔.
**分布（Distribution）**：东海, 南海.

### 37. 下灰鲨属 *Hypogaleus* Smith, 1957

**（80）下盔鲨 *Hypogaleus hyugaensis* (Miyosi, 1939)**

*Eugaleus hyugaensis* Miyosi, 1939: 91-97.
*Galeorhinus hyugaensis* (Miyosi, 1939).
*Hypogaleus zanzibarensis* (Smith, 1957).
**文献（Reference）**：Masuda, Amaoka, Araga *et al.*, 1984; Compagno, 1984; 沈世杰, 1993; Randall and Lim (eds.), 2000; Huang, 2001; 朱元鼎和孟庆闻等, 2001; 伍汉霖, 邵广昭, 赖春福等, 2012.
**别名或俗名（Used or common name）**：翅鲨, 黑缘灰鲛, 黑鳍翅鲨.
**分布（Distribution）**：东海, 南海.

### 38. 星鲨属 *Mustelus* Valmont de Bomare, 1764

**（81）灰星鲨 *Mustelus griseus* Pietschmann, 1908**

*Mustelus griseus* Pietschmann, 1908, 45 (10): 132-135.
*Cynias kanekonis* Tanaka, 1916.
*Mustelus kanekonis* (Tanaka, 1916).
**文献（Reference）**：Pietschmann, 1908, 45 (10): 132-135; Wang and Chen, 1981; Compagno, 1984; 沈世杰, 1993; Yamada, Shirai, Irie *et al.*, 1995; Ni and Kwok, 1999; Randall and Lim (eds.), 2000; Huang, 2001; 朱元鼎和孟庆闻等, 2001; Kamura and Hashimoto, 2004; 伍汉霖, 邵广昭, 赖春福等, 2012.
**别名或俗名（Used or common name）**：鲨条, 平滑鲛, 灰貂鲛, 白鲨条, 启目布仔.
**分布（Distribution）**：渤海, 黄海, 东海, 南海.

**（82）白斑星鲨 *Mustelus manazo* Bleeker, 1854**

*Mustelus monazo* Bleeker, 1854: 1-132.
**文献（Reference）**：Cailliet, Yudin, Tanaka *et al.*, 1990; Shao, Chen, Kao *et al.*, 1993; 沈世杰, 1993; Randall and Lim (eds.), 2000; Yamaguchi and Taniuchi, 2000; Huang, 2001; 朱元鼎和孟庆闻等, 2001; Kamura and Hashimoto, 2004; Compagno, Last, Stevens *et al.*, 2005; 伍汉霖, 邵广昭, 赖春福等, 2012.
**别名或俗名（Used or common name）**：花点母, 鲨条, 平滑鲛.
**分布（Distribution）**：渤海, 黄海, 东海, 南海.

### 39. 皱唇鲨属 *Triakis* Müller *et* Henle, 1838

**（83）皱唇鲨 *Triakis scyllium* Müller *et* Henle, 1839**

*Triakis scyllium* Müller *et* Henle, 1839: 1-200.
*Hemigaleus pingi* Evermann *et* Shaw, 1927.
**文献（Reference）**：Clark and Kabasawa, 1976; Compagno, 1984; Randall and Lim (eds.), 2000; Huang, 2001; 朱元鼎和孟庆闻等, 2001; Kamura and Hashimoto, 2004; Compagno, Last, Stevens *et al.*, 2005; 伍汉霖, 邵广昭, 赖春福等, 2012.
**别名或俗名（Used or common name）**：鲨条, 九道三峰齿鲛.
**分布（Distribution）**：渤海, 黄海, 东海, 南海.

## （二十三）半鲨条鲨科 Hemigaleidae

### 40. 尖齿鲨属 *Chaenogaleus* Gill, 1862

**（84）大口尖齿鲨 *Chaenogaleus macrostoma* (Bleeker, 1852)**

*Hemigaleus macrostoma* Bleeker, 1852: 1-92.
*Negogaleus macrostoma* (Bleeker, 1852).
*Hemigaleus balfouri* Day, 1878.
*Negogaleus balfouri* (Day, 1878).
**文献（Reference）**：Baranes and Ben-Tuvia, 1979; Compagno, 1984; 沈世杰, 1993; Randall and Lim (eds.), 2000; Huang, 2001; 朱元鼎和孟庆闻等, 2001; 伍汉霖, 邵广昭, 赖春福等, 2012.
**别名或俗名（Used or common name）**：鲨条, 大孔尖齿鲨.
**分布（Distribution）**：南海.

### 41. 半鲨条鲨属 *Hemigaleus* Bleeker, 1852

#### （85）小口半鲨条鲨 ***Hemigaleus microstoma* Bleeker, 1852**

*Hemigaleus microstoma* Bleeker, 1852: 1-92.

**文献（Reference）**：Fowler, 1941; Baranes and Ben-Tuvia, 1979; Compagno, 1984; 沈世杰, 1993; Randall and Lim (eds.), 2000; Luchavez-Maypa, Gaudiano, Ramas-Uypticing *et al.*, 2001; Huang, 2001; Compagno, Last, Stevens *et al.*, 2005; 伍汉霖, 邵广昭, 赖春福等, 2012.

**别名或俗名（Used or common name）**：鲨条, 小口鲨条鲛.

**分布（Distribution）**：东海, 南海.

### 42. 半锯（钝吻）鲨属 *Hemipristis* Agassiz, 1843

#### （86）半锯鲨 ***Hemipristis elongata* (Klunzinger, 1871)**

*Dirrhizodon elongatus* Klunzinger, 1871: 441-688.

*Hemipristis elongatus* (Klunzinger, 1871).

*Carcharias ellioti* Day, 1878.

*Hemipristis pingali* Setna *et* Sarangdhar, 1946.

*Paragaleus acutiventralis* Chu, 1960.

**文献（Reference）**：Fowler, 1941; Baranes and Ben-Tuvia, 1979; Randall and Lim (eds.), 2000; Huang, 2001; Compagno, Last, Stevens *et al.*, 2005; 伍汉霖, 邵广昭, 赖春福等, 2012.

**别名或俗名（Used or common name）**：钝吻鲨, 尖鳍副鲨条鲛, 鲨条, 大鲨条, 鲨条.

**分布（Distribution）**：南海.

### 43. 副鲨条鲨属 *Paragaleus* Budker, 1935

#### （87）邓氏副鲨条鲨 ***Paragaleus tengi* (Chen, 1963)**

*Negogaleus tengi* Chen, 1963, (1): 1-102.

*Negogaleus longicaudatus* Bessednov, 1966.

**文献（Reference）**：Compagno, 1984; 沈世杰, 1993; Randall and Lim (eds.), 2000; Huang, 2001; 朱元鼎和孟庆闻等, 2001; 伍汉霖, 邵广昭, 赖春福等, 2012.

**别名或俗名（Used or common name）**：鲨条, 台湾副鲨条鲨, 邓氏鲨条鲛.

**分布（Distribution）**：东海, 南海.

## （二十四）真鲨科 Carcharhinidae

### 44. 真鲨属 *Carcharhinus* Blainville, 1816

#### （88）白边真鲨 ***Carcharhinus albimarginatus* (Rüppell, 1837)**

*Carcharias albimarginatus* Rüppell, 1837: 1-148.

*Eulamia albimarginata* (Rüppell, 1837).

*Carcharhinus platyrhynchus* (Gilbert, 1892).

**文献（Reference）**：Hubbs, 1951; Taniuchi, 1975; Randall, 1977; Kyushin, Amaoka, Nakaya *et al.*, 1982; Taniuchi, Tachikawa, Kurata *et al.*, 1985; 沈世杰, 1993; Randall and Lim (eds.), 2000; Huang, 2001; 朱元鼎和孟庆闻等, 2001; Compagno, Last, Stevens *et al.*, 2005; 伍汉霖, 邵广昭, 赖春福等, 2012.

**别名或俗名（Used or common name）**：大鲨, 白边鳍白眼鲛, 尖头鲨.

**分布（Distribution）**：东海, 南海.

#### （89）大鼻真鲨 ***Carcharhinus altimus* (Springer, 1950)**

*Eulamia altima* Springer, 1950, 1451: 1-13.

*Carcharinus altimus* (Springer, 1950).

*Carcharhinus radamae* Fourmanoir, 1961.

**文献（Reference）**：Springer, 1950, 1451: 1-13; Schwartz, 1983; Compagno, 1984; 沈世杰, 1993; Anderson and Stevens, 1996; Randall and Lim (eds.), 2000; Huang, 2001; 朱元鼎和孟庆闻等, 2001; Compagno, Last, Stevens *et al.*, 2005; 伍汉霖, 邵广昭, 赖春福等, 2012.

**别名或俗名（Used or common name）**：大鲨, 大鼻白眼鲛, 高翅真鲨.

**分布（Distribution）**：东海, 南海.

#### （90）钝吻真鲨 ***Carcharhinus amblyrhynchos* (Bleeker, 1856)**

*Carcharias amblyrhynchos* Bleeker, 1856: 467-468.

*Carcharias nesiotes* Snyder, 1904.

*Galeolamna fowleri* Whitley, 1944.

*Galeolamna tufiensis* Whitley, 1949.

*Galeolamna coongoola* Whitley, 1964.

**文献（Reference）**：Fowler, 1941; Francis, 1993; Francis and Randall, 1993; 沈世杰, 1993; Ni and Kwok, 1999; Randall and Lim (eds.), 2000; 朱元鼎和孟庆闻等, 2001; Compagno, Last, Stevens *et al.*, 2005; 伍汉霖, 邵广昭, 赖春福等, 2012.

**别名或俗名（Used or common name）**：黑印真鲨, 大鲨, 黑印白眼鲛, 黑尾真鲨, 灰礁鲨.

**分布（Distribution）**：东海, 南海.

#### （91）短尾真鲨 ***Carcharhinus brachyurus* (Günther, 1870)**

*Carcharias brachyurus* Günther, 1870: 1-549.

*Carcharias remotus* Duméril, 1865.

*Carcharias lamiella* Jordan *et* Gilbert, 1882.

*Carcharhinus improvisus* Smith, 1952.

*Carcharhinus remotoides* Deng, Xiong *et* Zhan, 1981.

**文献（Reference）**：Compagno, 1984; Taniuchi, Tachikawa, Kurata *et al.*, 1985; 沈世杰, 1993; Randall and Lim (eds.),

2000; Huang, 2001; 朱元鼎和孟庆闻等, 2001; 伍汉霖, 邵广昭, 赖春福等, 2012.

**别名或俗名（Used or common name）**：大鲨, 短尾白眼鲛, 黑鲨.

**分布（Distribution）**：东海, 南海.

### （92）直齿真鲨 *Carcharhinus brevipinna* (Müller *et* Henle, 1839)

*Carcharias brevipinna* Müller *et* Henle, 1839: 1-200.
*Aprion brevipinna* (Müller *et* Henle, 1839).
*Squalus brevipinna* (Müller *et* Henle, 1839).
*Uranga nasuta* Whitley, 1943.
*Longmania calamaria* Whitley, 1944.

**文献（Reference）**：Compagno, 1984; Taniuchi, Tachikawa, Kurata *et al.*, 1985; 沈世杰, 1993; Randall and Lim (eds.), 2000; Luchavez-Maypa, Gaudiano, Ramas-Uypticing *et al.*, 2001; Huang, 2001; 朱元鼎和孟庆闻等, 2001; Compagno, Last, Stevens *et al.*, 2005; 伍汉霖, 邵广昭, 赖春福等, 2012.

**别名或俗名（Used or common name）**：大鲨, 蔷薇白眼鲛, 短鳍真鲨.

**分布（Distribution）**：东海, 南海.

### （93）杜氏真鲨 *Carcharhinus dussumieri* (Müller *et* Henle, 1839)

*Carcharias dussumieri* Müller *et* Henle, 1839: 1-200.
*Carcharias malabaricus* Day, 1873.

**文献（Reference）**：Roxas and Martin, 1937; Compagno, 1984; Shao, Chen, Kao *et al.*, 1993; 沈世杰, 1993; Ni and Kwok, 1999; Randall and Lim (eds.), 2000; Huang, 2001; 朱元鼎和孟庆闻等, 2001; Compagno, Last, Stevens *et al.*, 2005; Huang (ed.), 2008; 伍汉霖, 邵广昭, 赖春福等, 2012.

**别名或俗名（Used or common name）**：鲨条, 杜氏白眼鲛.

**分布（Distribution）**：东海, 南海.

### （94）镰状真鲨 *Carcharhinus falciformis* (Müller *et* Henle, 1839)

*Carcharias falciformis* Müller *et* Henle, 1839: 1-200.
*Carcharius menisorrah* Müller *et* Henle, 1839.
*Gymnorhinus pharaonis* Hemprich *et* Ehrenberg, 1899.
*Carcharhinus floridanus* Bigelow, Schroeder *et* Springer, 1943.
*Carcharhinus atrodorsus* Deng, Xiong *et* Zhan, 1981.

**文献（Reference）**：Roxas and Martin, 1937; Compagno, 1984; Taniuchi, Tachikawa, Kurata *et al.*, 1985; 沈世杰, 1993; Ni and Kwok, 1999; Randall and Lim (eds.), 2000; Luchavez-Maypa, Gaudiano, Ramas-Uypticing *et al.*, 2001; Huang, 2001; 朱元鼎和孟庆闻等, 2001; Compagno, Last, Stevens *et al.*, 2005; 伍汉霖, 邵广昭, 赖春福等, 2012.

**别名或俗名（Used or common name）**：大鲨, 黑鲨, 平滑白眼鲛, 鲨条, 圆头鲨.

**分布（Distribution）**：渤海, 黄海, 东海, 南海.

### （95）半齿真鲨 *Carcharhinus hemiodon* (Müller *et* Henle, 1839)

*Carcharias hemiodon* Müller *et* Henle, 1839: 1-200.
*Hypoprion hemiodon* (Müller *et* Henle, 1839).
*Hypoprion atripinnis* Chu, 1960.

**文献（Reference）**：Fowler, 1941; Herre, 1953; Randall and Lim (eds.), 2000; Huang, 2001; Compagno, Last, Stevens *et al.*, 2005; 伍汉霖, 邵广昭, 赖春福等, 2012.

**分布（Distribution）**：东海, 南海.

### （96）公牛真鲨 *Carcharhinus leucas* (Müller *et* Henle, 1839)

*Carcharias leucas* Müller *et* Henle, 1839: 1-200.
*Carcharhinus zambezensis* (Peters, 1852).
*Prionodon platyodon* Poey, 1860.
*Eulamia nicaraguensis* Gill, 1877.
*Carcharhinus azureus* (Gilbert *et* Starks, 1904).
*Carcharias spenceri* Ogilby, 1910.

**文献（Reference）**：Compagno, 1984; 沈世杰, 1993; Randall and Lim (eds.), 2000; Huang, 2001; 朱元鼎和孟庆闻等, 2001; Compagno, Last, Stevens *et al.*, 2005; Neer, Thompson and Carlson, 2005; Matsumoto, Uchida, Toda *et al.*, 2006; 伍汉霖, 邵广昭, 赖春福等, 2012.

**别名或俗名（Used or common name）**：低鳍真鲨, 大鲨, 公牛白眼鲛.

**分布（Distribution）**：东海, 南海.

### （97）侧条真鲨 *Carcharhinus limbatus* (Müller *et* Henle, 1839)

*Carcharias limbatus* Müller *et* Henle, 1839: 1-200.
*Carcharias microps* Lowe, 1841.
*Carcharias ehrenbergi* Klunzinger, 1871.
*Gymnorhinus abbreviatus* (Klunzinger, 1871).
*Carcharias aethalorus* Jordan *et* Gilbert, 1882.

**文献（Reference）**：Fowler, 1941; Compagno, 1984; Taniuchi, Tachikawa, Kurata *et al.*, 1985; 沈世杰, 1993; Chen, Shao and Lin, 1995; Randall and Lim (eds.), 2000; Huang, 2001; 朱元鼎和孟庆闻等, 2001; Compagno, Last, Stevens *et al.*, 2005; 伍汉霖, 邵广昭, 赖春福等, 2012.

**别名或俗名（Used or common name）**：黑边鳍白眼鲛, 黑边鳍真鲨, 黑斑鲨, 黑鲨, 鲨条, 鲨仔.

**分布（Distribution）**：黄海, 东海, 南海.

### （98）长鳍真鲨 *Carcharhinus longimanus* (Poey, 1861)

*Squalus longimanus* Poey, 1861: 1-442.
*Pterolamiops longimanus* (Poey, 1861).
*Carcharias obtusus* Garman, 1881.

*Carcharias insularum* Snyder, 1904.
*Pterolamiops magnipinnis* Smith, 1958.
**文献（Reference）**：Springer, 1950; Hubbs, 1951; Compagno, 1984; Taniuchi, Tachikawa, Kurata *et al.*, 1985; 沈世杰, 1993; Chen, Shao and Lin, 1995; Randall and Lim (eds.), 2000; Huang, 2001; 朱元鼎和孟庆闻等, 2001; Compagno, Last, Stevens *et al.*, 2005; 伍汉霖, 邵广昭, 赖春福等, 2012.
**别名或俗名（Used or common name）**：大鲨, 污斑白眼鲛, 花鲨.
**分布（Distribution）**：南海.

### （99）麦氏真鲨 *Carcharhinus macloti* (Müller *et* Henle, 1839)

*Carcharias macloti* Müller *et* Henle, 183: 1-200.
*Hypoprion macloti* (Müller *et* Henle, 1839).
**文献（Reference）**：Fowler, 1941; Compagno, 1984; Shao, Chen, Kao *et al.*, 1993; 沈世杰, 1993; Ni and Kwok, 1999; Randall and Lim (eds.), 2000; Huang, 2001; 朱元鼎和孟庆闻等, 2001; 伍汉霖, 邵广昭, 赖春福等, 2012.
**别名或俗名（Used or common name）**：大鲨, 枪头白眼鲛, 黑鲨.
**分布（Distribution）**：东海, 南海.

### （100）大眼真鲨 *Carcharhinus macrops* Liu, 1983

*Carcharhinus macrops* Liu, 1983: 101-103.
**文献（Reference）**：White and Last, 2013.
**分布（Distribution）**：南海.

### （101）乌翅真鲨 *Carcharhinus melanopterus* (Quoy *et* Gaimard, 1824)

*Carcharias melanopterus* Quoy *et* Gaimard, 1824: 192-400.
*Squalus carcharias minor* Forsskål, 1775.
*Carcharhinus melanoptures* (Quoy *et* Gaimard, 1824).
*Carcharias playfairii* Günther, 1870.
**文献（Reference）**：Randall and Helfman, 1973; Taniuchi, Tachikawa, Kurata *et al.*, 1985; Shao, Chen, Kao *et al.*, 1993; 沈世杰, 1993; Randall and Lim (eds.), 2000; Huang, 2001; 朱元鼎和孟庆闻等, 2001; Compagno, Last, Stevens *et al.*, 2005; 伍汉霖, 邵广昭, 赖春福等, 2012.
**别名或俗名（Used or common name）**：污翅白眼鲛, 污翅真鲨, 大鲨.
**分布（Distribution）**：东海, 南海.

### （102）暗体真鲨 *Carcharhinus obscurus* (Lesueur, 1818)

*Squalus obscurus* Lesueur, 1818: 222-235.
*Carcharinus obscurus* (Lesueur, 1818).
*Prionodon obvelatus* Valenciennes, 1844.
*Galeolamna macrurus* (Ramsay *et* Ogilby, 1887).
*Carcharhinus obscurella* Deng, Xiong *et* Zhan, 1981.
**文献（Reference）**：Schwartz, 1983; Compagno, 1984; Taniuchi, Tachikawa, Kurata *et al.*, 1985; 沈世杰, 1993; Randall and Lim (eds.), 2000; Huang, 2001; 朱元鼎和孟庆闻等, 2001; 伍汉霖, 邵广昭, 赖春福等, 2012.
**别名或俗名（Used or common name）**：灰真鲨, 灰色白眼鲛, 大鲨.
**分布（Distribution）**：东海, 南海.

### （103）阔口真鲨 *Carcharhinus plumbeus* (Nardo, 1827)

*Squalus plumbeus* Nardo, 1827: 22-40.
*Carcharinus plumbeus* (Nardo, 1827).
*Carcharias milberti* Müller *et* Henle, 1839.
*Carcharhinus japonicus* (Temminck *et* Schlegel, 1850).
*Carcharias obtusirostris* Moreau, 1881.
*Carcharinus latistomus* Fang *et* Wang, 1932.
**文献（Reference）**：Taniuchi, 1971; Shao, Chen, Kao *et al.*, 1993; 沈世杰, 1993; Jensen and Schwartz, 1994; Joung and Chen, 1995; Randall and Lim (eds.), 2000; Huang, 2001; 朱元鼎和孟庆闻等, 2001; 伍汉霖, 邵广昭, 赖春福等, 2012.
**别名或俗名（Used or common name）**：铅灰真鲨, 高鳍白眼鲛, 黑鲨, 大鲨.
**分布（Distribution）**：渤海, 黄海, 东海, 南海.

### （104）沙拉真鲨 *Carcharhinus sorrah* (Müller *et* Henle, 1839)

*Carcharias sorrah* Müller *et* Henle, 1839: 1-200.
*Carcharhinus spallanzani* (Péron *et* Lesueur, 1822).
*Carcharinus sorrah* (Müller *et* Henle, 1839).
*Carcharhinus bleekeri* (Duméril, 1865).
*Carcharias taeniatus* Hemprich *et* Ehrenberg, 1899.
**文献（Reference）**：Fowler, 1941; Taniuchi, Tachikawa, Kurata *et al.*, 1985; Shao, Kao and Lee, 1990; Shao, Chen, Kao *et al.*, 1993; 沈世杰, 1993; Ni and Kwok, 1999; Randall and Lim (eds.), 2000; Huang, 2001; 朱元鼎和孟庆闻等, 2001; Compagno, Last, Stevens *et al.*, 2005; 伍汉霖, 邵广昭, 赖春福等, 2012.
**别名或俗名（Used or common name）**：色拉白眼鲛, 色拉真鲨, 鲨条, 鲨鱼, 黑轩, 乌翅尾.
**分布（Distribution）**：渤海, 黄海, 东海, 南海.

## 45. 鼬鲨属 *Galeocerdo* Müller *et* Henle, 1837

### （105）鼬鲨 *Galeocerdo cuvier* (Péron *et* Lesueur, 1822)

*Squalus cuvier* Péron *et* Lesueur, 1822: 343-352.
*Galeocerda cuvier* (Péron *et* Lesueur, 1822).
*Squalus arcticus* Faber, 1829.
*Galeus cepedianus* Agassiz, 1838.

*Galeocerdo tigrinus* Müller *et* Henle, 1839.
**文献（Reference）**：Kauffman, 1950; Ebbesson and Ramsey, 1967; Compagno, 1984; 沈世杰, 1993; Schwartz, 1994; Ni and Kwok, 1999; Randall and Lim (eds.), 2000; Huang, 2001; 朱元鼎和孟庆闻等, 2001; Compagno, Last, Stevens *et al.*, 2005; 伍汉霖, 邵广昭, 赖春福等, 2012.
**别名或俗名（Used or common name）**：虎鲨，鼬鲛，烂鲨，乌鲨.
**分布（Distribution）**：黄海，东海，南海.

## 46. 露齿鲨属 *Glyphis* Agassiz, 1843

### （106）恒河露齿鲨 *Glyphis gangeticus* (Müller *et* Henle, 1839)

*Carcharias gangeticus* Müller *et* Henle, 1839: 1-200.
*Carcharhinus gangeticus* (Müller *et* Henle, 1839).
*Eulamia gangetica* (Müller *et* Henle, 1839).
*Platypodon gangeticus* (Müller *et* Henle, 1839).
**文献（Reference）**：Roxas and Martin, 1937; Fowler, 1941; Herre, 1959; Compagno, 1984; 沈世杰, 1993; Huang, 2001; 朱元鼎和孟庆闻等, 2001; Compagno, Last, Stevens *et al.*, 2005; 伍汉霖, 邵广昭, 赖春福等, 2012.
**别名或俗名（Used or common name）**：大鲨，恒河白眼鲛，恒河鲨.
**分布（Distribution）**：东海，南海.

## 47. 宽鳍鲨属 *Lamiopsis* Gill, 1862

### （107）特氏宽鳍鲨 *Lamiopsis temminckii* (Müller *et* Henle, 1839)

*Carcharias gangeticus* Müller *et* Henle, 1839: 1-200.
*Carcharhinus temmincki* (Müller *et* Henle, 1839).
*Eulamia temmincki* (Müller *et* Henle, 1839).
*Carcharhinus microphthalmus* Chu, 1960.
**文献（Reference）**：Randall and Lim (eds.), 2000; Huang, 2001; 伍汉霖, 邵广昭, 赖春福等, 2012.
**分布（Distribution）**：南海.

## 48. 隙眼鲨属 *Loxodon* Müller *et* Henle, 1838

### （108）大鼻隙眼鲨 *Loxodon macrorhinus* Müller *et* Henle, 1839

*Loxodon macrorhinus* Müller *et* Henle, 1839: 1-200.
*Carcharias dumerilii* Bleeker, 1856.
*Scoliodon jordani* Ogilby, 1908.
*Scoliodon affinis* Ogilby, 1912.
*Scoliodon ceylonensis* Setna *et* Sarangdhar, 1946.
**文献（Reference）**：Roxas and Martin, 1937; Fowler, 1941; Nair, 1976; Compagno, 1984; 沈世杰, 1993; Randall and Lim (eds.), 2000; Huang, 2001; 朱元鼎和孟庆闻等, 2001; Compagno, Last, Stevens *et al.*, 2005; 伍汉霖, 邵广昭, 赖春福等, 2012.
**别名或俗名（Used or common name）**：广鼻弯齿鲨，广鼻弯齿鲛，广鼻曲齿鲛，鲨条，尖头鲨，鲨条，赤鲍仔.
**分布（Distribution）**：东海，南海.

## 49. 柠檬鲨属 *Negaprion* Whitley, 1940

### （109）尖齿柠檬鲨 *Negaprion acutidens* (Rüppell, 1837)

*Carcharias acutidens* Rüppell, 1837: 1-148.
*Apeionodon acutidens* (Rüppell, 1837).
*Carcharias munzingeri* Kossmann *et* Räuber, 1877.
*Eulamia odontaspis* Fowler, 1908.
**文献（Reference）**：Fowler, 1941; Compagno, 1984; Shao, Shen, Chiu *et al.*, 1992; 沈世杰, 1993; Chen, Shao and Lin, 1995; Randall and Lim (eds.), 2000; Huang, 2001; 朱元鼎和孟庆闻等, 2001; 伍汉霖, 邵广昭, 赖春福等, 2012.
**别名或俗名（Used or common name）**：犁鳍柠檬鲛，尖鳍柠檬鲨，柠檬鲨.
**分布（Distribution）**：南海.

## 50. 大青鲨属 *Prionace* Cantor, 1849

### （110）大青鲨 *Prionace glauca* (Linnaeus, 1758)

*Squalus glaucus* Linnaeus, 1758: 230-338.
*Carcharias glaucus* (Linnaeus, 1758).
*Carcharias rondeletii* (Risso, 1810).
*Carcharias hirundinaceus* Valenciennes, 1839.
*Carcharias pugae* Pérez Canto, 1886.
**文献（Reference）**：Fowler, 1941; Branstetter and McEachran, 1983; Compagno, 1984; 沈世杰, 1993; Randall and Lim (eds.), 2000; Huang, 2001; 朱元鼎和孟庆闻等, 2001; Compagno, Last, Stevens *et al.*, 2005; 伍汉霖, 邵广昭, 赖春福等, 2012.
**别名或俗名（Used or common name）**：水鲨，大翅鲨，锯峰齿鲛，烂鲨.
**分布（Distribution）**：黄海，东海，南海.

## 51. 尖吻鲨属 *Rhizoprionodon* Whitley, 1929

### （111）尖吻鲨 *Rhizoprionodon acutus* (Rüppell, 1837)

*Carcharias acutus* Rüppell, 1837: 1-148.
*Scoliodon acutus* (Rüppell, 1837).
*Carcharias sorrahkowa* Bleeker, 1853.
*Scoliodon walbeehmi* (Bleeker, 1856).
*Carcharias crenidens* Klunzinger, 1880.
**文献（Reference）**：Seale, 1908; Roxas and Martin, 1937; Nair, 1976; Compagno, 1984; Shao, Chen, Kao *et al.*, 1993; 沈世杰, 1993; Ni and Kwok, 1999; Randall and Lim (eds.), 2000; Huang, 2001; 朱元鼎和孟庆闻等, 2001; Compagno, Last, Stevens *et al.*, 2005.

**别名或俗名（Used or common name）**：尖头曲齿鲛，尖吻斜锯牙鲨，鲨条，尖头鲨.

**分布（Distribution）**：渤海，黄海，东海，南海.

### （112）短鳍尖吻鲨 *Rhizoprionodon oligolinx* Springer, 1964

*Rizoprionodon oligolinx* Springer, 1964: 559-632.

**文献（Reference）**：Masuda, Amaoka, Araga *et al.*, 1984; Randall and Lim (eds.), 2000; Kim, Choi, Lee *et al.*, 2005.

**别名或俗名（Used or common name）**：短鳍斜锯牙鲨.

**分布（Distribution）**：南海.

## 52. 斜齿鲨属 *Scoliodon* Müller *et* Henle, 1837

### （113）宽尾斜齿鲨 *Scoliodon laticaudus* Müller *et* Henle, 1838

*Scoliodon laticaudata* Müller *et* Henle, 1838: 1-200.

*Physodon mulleri* (Müller *et* Henle, 1839).

**文献（Reference）**：Nair, 1976; Teshima, Ahmad and Mizue, 1978; Compagno, 1984; 沈世杰, 1993; Ni and Kwok, 1999; Randall and Lim (eds.), 2000; Huang, 2001; 朱元鼎和孟庆闻等, 2001; Compagno, Last, Stevens *et al.*, 2005; 伍汉霖，邵广昭，赖春福等, 2012.

**别名或俗名（Used or common name）**：宽尾曲齿鲛，宽尾斜齿鲛，鲨仔，尖头鲨.

**分布（Distribution）**：渤海，黄海，东海，南海.

## 53. 三齿鲨属 *Triaenodon* Philippi, 1876

### （114）灰三齿鲨 *Triaenodon obesus* (Rüppell, 1837)

*Carcharias obesus* Rüppell, 1837: 1-148.

*Trianodon obesus* (Rüppell, 1837).

*Triaenodon apicalis* Whitley, 1939.

**文献（Reference）**：Fowler, 1941; Taniuchi, 1975; Randall, 1977; Compagno, 1984; 沈世杰, 1993; Randall and Lim (eds.), 2000; Huang, 2001; 朱元鼎和孟庆闻等, 2001; Compagno, Last, Stevens *et al.*, 2005; 伍汉霖，邵广昭，赖春福等, 2012.

**别名或俗名（Used or common name）**：鲨鱼，鲎鲛.

**分布（Distribution）**：南海.

# （二十五）双髻鲨科 Sphyrnidae

## 54. 丁字双髻鲨属 *Eusphyra* Gill, 1862

### （115）布氏丁字双髻鲨 *Eusphyra blochii* (Cuvier, 1816)

*Zygaena blochii* Cuvier, 1816: 1-532.

*Eusphyrna blochii* (Cuvier, 1816).

*Zygaena latycephala* van Hasselt, 1823.

*Zygaena laticeps* Cantor, 1837.

**文献（Reference）**：Herre, 1930; Roxas and Martin, 1937; Fowler, 1941; Herre, 1953; Randall and Lim (eds.), 2000; Huang, 2001; Compagno, Last, Stevens *et al.*, 2005; 伍汉霖，邵广昭，赖春福等, 2012.

**别名或俗名（Used or common name）**：布氏真双髻鲨.

**分布（Distribution）**：南海.

## 55. 双髻鲨属 *Sphyrna* Rafinesque, 1810

### （116）路氏双髻鲨 *Sphyrna lewini* (Griffith *et* Smith, 1834)

*Zygaena lewini* Griffith *et* Smith, 1834: 1-680.

*Sphyrna leweni* (Griffith *et* Smith, 1834).

*Cestracion leeuwenii* Day, 1865.

*Zygaena erythraea* Klunzinger, 1871.

*Cestracion oceanica* Garman, 1913.

**文献（Reference）**：Chen, Leu and Joung, 1988; Chen, Leu, Joung *et al.*, 1990; Shao, Kao and Lee, 1990; Shao, Chen, Kao *et al.*, 1993; 沈世杰, 1993; Ni and Kwok, 1999; Randall and Lim (eds.), 2000; Huang, 2001; 朱元鼎和孟庆闻等, 2001; Compagno, Last, Stevens *et al.*, 2005; 伍汉霖，邵广昭，赖春福等, 2012.

**别名或俗名（Used or common name）**：路易氏丫髻鲨，路易氏双髻鲨，红肉丫髻鲛，双髻鲨，红肉双髻，牦头鲨，双过仔.

**分布（Distribution）**：渤海，黄海，东海，南海.

### （117）无沟双髻鲨 *Sphyrna mokarran* (Rüppell, 1837)

*Zygaena mokarran* Rüppell, 1837: 1-148.

*Sphyrna mokorran* Rüppell, 1837.

*Zygaena dissimilis* Murray, 1887.

*Sphyrna ligo* Fraser-Brunner, 1950.

**文献（Reference）**：Compagno, 1984; 沈世杰, 1993; Ni and Kwok, 1999; Randall and Lim (eds.), 2000; Huang, 2001; 朱元鼎和孟庆闻等, 2001; Compagno, Last, Stevens *et al.*, 2005; 伍汉霖，邵广昭，赖春福等, 2012.

**别名或俗名（Used or common name）**：无沟丫髻鲨，牦头鲨，双髻鲨，双过仔，八鳍丫髻鲛.

**分布（Distribution）**：东海，南海.

### （118）锤头双髻鲨 *Sphyrna zygaena* (Linnaeus, 1758)

*Squalus zygaena* Linnaeus, 1758: 230-338.

*Sphyrna zigaena* (Linnaeus, 1758).

*Zygaena malleus* Valenciennes, 1822.

*Zygaena vulgaris* Cloquet, 1830.

*Zygaena subarcuata* Storer, 1848.

**文献（Reference）**: Schwartz, 1983; Shao, Kao and Lee, 1990; Francis, 1993; Francis and Randall, 1993; Shao, Chen, Kao *et al.*, 1993; Ni and Kwok, 1999; Randall and Lim (eds.), 2000; Huang, 2001; Compagno, Last, Stevens *et al.*, 2005; 伍汉霖, 邵广昭, 赖春福等, 2012.

**别名或俗名（Used or common name）**: 锤头丫髻鲨, 牦头鲨, 双髻鲨, 双过仔, 丫髻鲛, 白肉双髻.

**分布（Distribution）**: 东海, 南海.

# 八、六鳃鲨目 Hexanchiformes

## （二十六）皱鳃鲨科 Chlamydoselachidae

### 56. 皱鳃鲨属 *Chlamydoselachus* Garman, 1884

**（119）皱鳃鲨 *Chlamydoselachus anguineus* Garman, 1884**

*Chlamydoselachus anguineus* Garman, 1884: 47-55.
*Didymodus anguineus* (Garman, 1884).

**文献（Reference）**: Smith, 1967; Compagno, 1984; Kubota, Shiobara and Kubodera, 1991; Nakaya and Shirai, 1992; 沈世杰, 1993; Randall and Lim (eds.), 2000; Huang, 2001; 朱元鼎和孟庆闻等, 2001; 伍汉霖, 邵广昭, 赖春福等, 2012.

**别名或俗名（Used or common name）**: 拟鳗鲛, 棘鲨.

**分布（Distribution）**: 南海.

## （二十七）六鳃鲨科 Hexanchidae

### 57. 七鳃鲨属 *Heptranchias* Rafinesque, 1810

**（120）尖吻七鳃鲨 *Heptranchias perlo* (Bonnaterre, 1788)**

*Squalus perlo* Bonnaterre, 1788: 1-215.
*Heptranchias cinereus* (Gmelin, 1789).
*Heptranchias angio* Costa, 1857.
*Heptranchias deani* Jordan *et* Starks, 1901.
*Heptranchias dakini* Whitley, 1931.

**文献（Reference）**: Garrick and Paul, 1971; Compagno, 1984; Nakaya and Shirai, 1992; 沈世杰, 1993; Yamada, Shirai, Irie *et al.*, 1995; Randall and Lim (eds.), 2000; Huang, 2001; 朱元鼎和孟庆闻等, 2001; Compagno, Last, Stevens *et al.*, 2005; 伍汉霖, 邵广昭, 赖春福等, 2012.

**别名或俗名（Used or common name）**: 尖头七鳃鲛, 尖头七鳃, 七鳃鲨, 油棘.

**分布（Distribution）**: 东海, 南海.

### 58. 六鳃鲨属 *Hexanchus* Rafinesque, 1810

**（121）灰六鳃鲨 *Hexanchus griseus* (Bonnaterre, 1788)**

*Squalus griseus* Bonnaterre, 1788: 1-215.
*Notidanus griseus* (Bonnaterre, 1788).
*Squalus vacca* Bloch *et* Schneider, 1801.
*Notidanus monge* Risso, 1827.
*Hexanchus corinum* Jordan *et* Gilbert, 1880.

**文献（Reference）**: Compagno, 1984; 沈世杰, 1993; Randall and Lim (eds.), 2000; Huang, 2001; 朱元鼎和孟庆闻等, 2001; Compagno, Last, Stevens *et al.*, 2005; 伍汉霖, 邵广昭, 赖春福等, 2012.

**别名或俗名（Used or common name）**: 灰六鳃鲛, 六鳃鲨.

**分布（Distribution）**: 东海, 南海.

**（122）中村氏六鳃鲨 *Hexanchus nakamurai* Teng, 1962**

*Hexanchus griseus nakamurai* Teng, 1962: 1-304.
*Hexanchus vitulus* Springer *et* Waller, 1969.

**文献（Reference）**: Springer and Waller, 1969; Compagno, 1984; 沈世杰, 1993; Randall and Lim (eds.), 2000; Huang, 2001; 朱元鼎和孟庆闻等, 2001; Compagno, Last, Stevens *et al.*, 2005; 伍汉霖, 邵广昭, 赖春福等, 2012.

**别名或俗名（Used or common name）**: 大眼六鳃鲛, 六鳃鲨.

**分布（Distribution）**: 东海, 南海.

### 59. 哈那鲨属 *Notorynchus* Ayres, 1855

**（123）扁头哈那鲨 *Notorynchus cepedianus* (Péron, 1807)**

*Squalus cepedianus* Péron, 1807: 1-496.
*Notorhynchus cepedianus* (Péron, 1807).
*Notorhynchus platycephalus* (Tenore, 1809).
*Notidanus indicus* Agassiz, 1838.
*Notorhynchus maculatus* Ayres, 1855.
*Notorynchus pectorosus* (Garman, 1884).

**文献（Reference）**: Masuda, Amaoka, Araga *et al.*, 1984; Compagno, 1984; 沈世杰, 1993; Randall and Lim (eds.), 2000; Huang, 2001; 朱元鼎和孟庆闻等, 2001; 伍汉霖, 邵广昭, 赖春福等, 2012.

**别名或俗名（Used or common name）**: 油夷鲛, 七鳃鲨.

**分布（Distribution）**: 渤海, 黄海, 东海, 南海.

# 九、棘鲨目 Echinorhiniformes

## （二十八）棘鲨科 Echinorhinidae

### 60. 棘鲨属 *Echinorhinus* Blainville, 1816

**（124）笠鳞棘鲨 *Echinorhinus cookei* Pietschmann, 1928**

*Echinorhinus cookei* Pietschmann, 1928, 65 (27): 297-298.

**文献（Reference）**：Pietschmann, 1928, 65 (27): 297-298; Garrick, 1968; Taniuchi and Yanagisawa, 1983; Compagno, 1984; 沈世杰, 1993; Randall and Lim (eds.), 2000; Huang, 2001; 朱元鼎和孟庆闻等, 2001; 李柏锋, 2003; Compagno, Last, Stevens *et al.*, 2005; 伍汉霖, 邵广昭, 赖春福等, 2012.
**别名或俗名（Used or common name）**：刺鲨，笠鳞鲛.
**分布（Distribution）**：南海.

# 十、角鲨目 Squaliformes

## （二十九）角鲨科 Squalidae

### 61. 须角鲨属 *Cirrhigaleus* Tanaka, 1912

#### （125）须角鲨 *Cirrhigaleus barbifer* Tanaka, 1912

*Cirrhigaleus barbifer* Tanaka, 1912: 145-164.
*Phaenopogon barbulifer* Herre, 1935.
**文献（Reference）**：Garrick and Paul, 1971; Masuda, Amaoka, Araga *et al.*, 1984; Compagno, 1984; 沈世杰, 1993; Randall and Lim (eds.), 2000; Huang, 2001; 朱元鼎和孟庆闻等, 2001; 李柏锋, 2003; 伍汉霖, 邵广昭, 赖春福等, 2012.
**别名或俗名（Used or common name）**：长须卷盔鲛，长须卷盔鲨，长须棘鲛，棘鲨，刺鲨，鲨鱼.
**分布（Distribution）**：南海.

### 62. 角鲨属 *Squalus* Linnaeus, 1758

#### （126）白斑角鲨 *Squalus acanthias* Linnaeus, 1758

*Squalus acanthis* Linnaeus, 1758: 1-824.
*Squalus fernandinus* Molina, 1782.
*Squalus acanthias chilensis* Suckow, 1799.
*Squalus antiquorum* Leach, 1818.
*Squalus wakiyae* Tanaka, 1918.
**文献（Reference）**：Yamada, Shirai, Irie *et al.*, 1995; Fujita, Kitagawa, Okuyama *et al.*, 1995; Huang, 2001; White, Yearsley and Last, 2007; 伍汉霖, 邵广昭, 赖春福等, 2012.
**分布（Distribution）**：渤海，黄海，东海.

#### （127）高鳍角鲨 *Squalus blainville* (Risso, 1827)

*Acanthias blainville* Risso, 1827: 1-480.
*Squalus blainvillei* (Risso, 1827).
**文献（Reference）**：Chen, 1977; Compagno, 1984; Neal, 1987; 沈世杰, 1993; Randall and Lim (eds.), 2000; Huang, 2001; 朱元鼎和孟庆闻等, 2001; 李柏锋, 2003; 伍汉霖, 邵广昭, 赖春福等, 2012.
**别名或俗名（Used or common name）**：高鳍棘鲛，棘鲨，刺鲨，鲨鱼.
**分布（Distribution）**：南海.

#### （128）短吻角鲨 *Squalus brevirostris* Tanaka, 1917

*Squalus brevirostris* Tanaka, 1917: 455-474.
**文献（Reference）**：Chen, 1977; Masuda, Amaoka, Araga *et al.*, 1984; Neal, 1987; Yamada, Shirai, Irie *et al.*, 1995; Randall and Lim (eds.), 2000; Huang, 2001; 伍汉霖, 邵广昭, 赖春福等, 2012.
**别名或俗名（Used or common name）**：短吻棘鲛，棘鲨，刺鲨，鲨鱼.
**分布（Distribution）**：渤海，黄海，东海，南海.

#### （129）日本角鲨 *Squalus japonicus* Ishikawa, 1908

*Squalus japonicus* Ishikawa, 1908: 71-73.
**文献（Reference）**：Chen, 1977; Compagno, 1984; Neal, 1987; Nakaya and Shirai, 1992; 沈世杰, 1993; Wilson and Seki, 1994; Yamada, Shirai, Irie *et al.*, 1995; Randall and Lim (eds.), 2000; Huang, 2001; 朱元鼎和孟庆闻等, 2001; 李柏锋, 2003; 伍汉霖, 邵广昭, 赖春福等, 2012.
**别名或俗名（Used or common name）**：日本棘鲛，棘鲨，刺鲨，鲨鱼.
**分布（Distribution）**：东海，南海.

#### （130）大眼角鲨 *Squalus megalops* (Macleay, 1881)

*Acanthias megalops* Macleay, 1881: 202-387.
*Squalis megalops* (Macleay, 1881).
*Squalus acutipinnis* Regan, 1908.
**文献（Reference）**：Sayles and Hershkowitz, 1937; Schwartz, 1973; Chen, 1977; Compagno, 1984; Neal, 1986; Neal, 1987; 沈世杰, 1993; Randall and Lim (eds.), 2000; 朱元鼎和孟庆闻等, 2001; 李柏锋, 2003; Compagno, Last, Stevens *et al.*, 2005; 伍汉霖, 邵广昭, 赖春福等, 2012.
**别名或俗名（Used or common name）**：大眼棘鲛，棘鲨，刺鲨，鲨鱼.
**分布（Distribution）**：渤海，黄海，东海，南海.

#### （131）长吻角鲨 *Squalus mitsukurii* Jordan *et* Snyder, 1903

*Squalus mitsukuri* Jordan *et* Snyder, 1903: 593-674.
*Squalus acutirostris* Chu, Meng *et* Li, 1984.
**文献（Reference）**：Chen, 1977; Compagno, 1984; Neal, 1987; Nakaya and Shirai, 1992; 沈世杰, 1993; Wilson and Seki, 1994; Randall and Lim (eds.), 2000; Huang, 2001; 朱元鼎和孟庆闻等, 2001; 李柏锋, 2003; White and Last, 2013; 伍汉霖, 邵广昭, 赖春福等, 2012.
**别名或俗名（Used or common name）**：丰胴棘鲛，棘鲨，刺鲨，鲨鱼.
**分布（Distribution）**：南海.

## （三十）刺鲨科 Centrophoridae

### 63. 刺鲨属 *Centrophorus* Müller *et* Henle, 1837

**（132）针刺鲨 *Centrophorus acus* Garman, 1906**

*Centrophorus acus* Garman, 1906: 203-208.

**文献（Reference）**：Compagno, 1984; 沈世杰, 1993; 朱元鼎和孟庆闻等, 2001; 李柏锋, 2003; 伍汉霖, 邵广昭, 赖春福等, 2012.

**别名或俗名（Used or common name）**：黑尖鳍鲛, 尖鳍刺鲨, 棘鲨, 刺鲨, 鲨鱼.

**分布（Distribution）**：东海, 南海.

**（133）黑缘刺鲨 *Centrophorus atromarginatus* Garman, 1913**

*Centrophorus atromarginatus* Garman, 1913: 1-515.

**文献（Reference）**：Masuda, Amaoka, Araga *et al*., 1984; Randall and Lim (eds.), 2000; 伍汉霖, 邵广昭, 赖春福等, 2012.

**别名或俗名（Used or common name）**：尖鳍鲛, 棘鲨, 刺鲨, 鲨鱼.

**分布（Distribution）**：南海.

**（134）颗粒刺鲨 *Centrophorus granulosus* (Bloch *et* Schneider, 1801)**

*Squalus granulosus* Bloch *et* Schneider, 1801: 1-584.
*Centrophorus steindachneri* Pietschmann, 1907.
*Centrophorus niaukang* Teng, 1959d.
*Centrophorus robustus* Deng, Xiong *et* Zhan, 1985.

**文献（Reference）**：Masuda, Amaoka, Araga *et al*., 1984; Nakaya and Shirai, 1992; Randall and Lim (eds.), 2000; Huang, 2001; Compagno, Last, Stevens *et al*., 2005; 伍汉霖, 邵广昭, 赖春福等, 2012.

**别名或俗名（Used or common name）**：大西洋刺鲨.

**分布（Distribution）**：南海.

**（135）尖鳍刺鲨 *Centrophorus lusitanicus* Bocage *et* Capello, 1864**

*Centrophorus lusitanicus* Bocage *et* Capello, 1864, 1864 (pt 2): 260-263.

**文献（Reference）**：Bocage and Capello, 1864, 1864 (pt 2): 260-263; Compagno, 1984; 沈世杰, 1993; Randall and Lim (eds.), 2000; Huang, 2001; 李柏锋, 2003; Compagno, Last, Stevens *et al*., 2005; 伍汉霖, 邵广昭, 赖春福等, 2012.

**别名或俗名（Used or common name）**：低鳍尖鳍鲛, 低鳍刺鲨, 棘鲨, 刺鲨, 鲨鱼, 尖鳍鲛.

**分布（Distribution）**：南海.

**（136）皱皮刺鲨 *Centrophorus moluccensis* Bleeker, 1860**

*Centrophorus moluccensis* Bleeker, 1860: 1-14.
*Centrophorus scalpratus* McCulloch, 1915.
*Atractophorus armatus* Gilchrist, 1922.

**文献（Reference）**：Bleeker, 1860: 1-104; Compagno, 1984; Nakaya and Shirai, 1992; 沈世杰, 1993; Randall and Lim (eds.), 2000; Huang, 2001; 朱元鼎和孟庆闻等, 2001; 李柏锋, 2003; Compagno, Last, Stevens *et al*., 2005; 伍汉霖, 邵广昭, 赖春福等, 2012.

**别名或俗名（Used or common name）**：皱皮尖鳍鲛, 棘鲨, 刺鲨, 鲨鱼.

**分布（Distribution）**：南海.

**（137）台湾刺鲨 *Centrophorus niaukang* Teng, 1959**

*Centrophorus niaukang* Teng, 1959d: 1-6.

**文献（Reference）**：Teng, 1959d: 1-6; Compagno, 1984; 沈世杰, 1993; 朱元鼎和孟庆闻等, 2001; 李柏锋, 2003; 伍汉霖, 邵广昭, 赖春福等, 2012.

**别名或俗名（Used or common name）**：棘鲨, 刺鲨, 鲨鱼, 猫公鲛.

**分布（Distribution）**：东海.

**（138）叶鳞刺鲨 *Centrophorus squamosus* (Bonnaterre, 1788)**

*Squalus squamosus* Bonnaterre, 1788: 1-215.
*Lepidorhinus squamosus* (Bonnaterre, 1788).
*Machephilus dumerili* Johnson, 1868.
*Centrophorus ferrugineus* Meng, Hu *et* Li, 1982.

**文献（Reference）**：Fowler, 1941; Compagno, 1984; Nakaya and Shirai, 1992; Randall and Lim (eds.), 2000; Huang, 2001; 朱元鼎和孟庆闻等, 2001; 李柏锋, 2003; Hsu and Joung, 2004; Compagno, Last, Stevens *et al*., 2005; White and Last, 2013; 伍汉霖, 邵广昭, 赖春福等, 2012.

**别名或俗名（Used or common name）**：叶鳞尖鳍鲛, 棘鲨, 刺鲨, 鲨鱼.

**分布（Distribution）**：东海, 南海.

**（139）锯齿刺鲨 *Centrophorus tessellatus* Garman, 1906**

*Centrophorus tasselatus* Garman, 1906: 203-208.

**文献（Reference）**：Masuda, Amaoka, Araga *et al*., 1984; Huang, 2001; 伍汉霖, 邵广昭, 赖春福等, 2012.

**分布（Distribution）**：南海.

**（140）同齿刺鲨 *Centrophorus uyato* (Rafinesque, 1810)**

*Squalus uyato* Rafinesque, 1810: 1-105.
*Acanthias uyatus* (Rafinesque, 1810).

**文献（Reference）**：Compagno, 1984; 沈世杰, 1993; Huang, 2001; 朱元鼎和孟庆闻等, 2001; 李柏锋, 2003; 伍汉霖, 邵广昭, 赖春福等, 2012.

**别名或俗名（Used or common name）**：箭头尖鳍鲛，棘鲨，刺鲨，鲨鱼.

**分布（Distribution）**：南海.

### 64. 田氏鲨属 *Deania* Jordan *et* Snyder, 1902

#### （141）喙吻田氏鲨 *Deania calcea* (Lowe, 1839)

*Acanthidium calceus* Lowe, 1839: 76-92.
*Deania calceus* (Lowe, 1839).
*Deania aciculata* (Garman, 1906).
*Deania rostrata* (Garman, 1906).
*Centrophorus kaikourae* Whitley, 1934.

**文献（Reference）**：Masuda, Amaoka, Araga *et al.*, 1984; Compagno, 1984; Nakaya and Shirai, 1992; 沈世杰, 1993; Huang, 2001; 朱元鼎和孟庆闻等, 2001; 李柏锋, 2003; Compagno, Last, Stevens *et al.*, 2005; 伍汉霖, 邵广昭, 赖春福等, 2012.

**别名或俗名（Used or common name）**：篦吻田氏鲨，地风鬼，刺鲨，鲨鱼，篦吻棘鲛.

**分布（Distribution）**：东海.

## （三十一）乌鲨科 Etmopteridae

### 65. 霞鲨属 *Centroscyllium* Müller *et* Henle, 1841

#### （142）黑霞鲨 *Centroscyllium fabricii* (Reinhardt, 1825)

*Spinax fabricii* Reinhardt, 1825: 3.
*Centroscyllium farbicii* (Reinhardt, 1825).

**文献（Reference）**：Huang, 2001; Chinese Academy of Fishery Science (CAFS), 2007; 伍汉霖, 邵广昭, 赖春福等, 2012.

**分布（Distribution）**：南海.

#### （143）蒲原氏霞鲨 *Centroscyllium kamoharai* Abe, 1966

*Centroscyllium kamoharai* Abe, 1966, 13 (4/6): 190-198.

**文献（Reference）**：Abe, 1966, 13 (4/6): 190-198; Compagno, 1984; Nakaya and Shirai, 1992; Huang, 2001; 朱元鼎和孟庆闻等, 2001; 李柏锋, 2003; Hsu and Joung, 2004; Compagno, Last, Stevens *et al.*, 2005; 伍汉霖, 邵广昭, 赖春福等, 2012.

**别名或俗名（Used or common name）**：蒲原氏刺狗鲛，狗鲛.

**分布（Distribution）**：东海，南海.

### 66. 乌鲨属 *Etmopterus* Rafinesque, 1810

#### （144）比氏乌鲨 *Etmopterus bigelowi* Shirai *et* Tachikawa, 1993

*Etmopterus bigelowi* Shirai *et* Tachikawa, 1993, 2: 483-495.

**文献（Reference）**：Shirai and Tachikawa, 1993, 2: 483-495; Knuckey, Ebert and Burgess, 2011; 伍汉霖, 邵广昭, 赖春福等, 2012.

**分布（Distribution）**：东海，南海.

#### （145）短尾乌鲨 *Etmopterus brachyurus* Smith *et* Radcliffe, 1912

*Etmopterus brachyurus* Smith *et* Radcliffe, 1912: 677-685.

**文献（Reference）**：Smith and Radcliffe, 1912, 42 (1917): 579-581; Smith, 1912; Roxas and Martin, 1937; Yamakawa, Taniuchi and Nose, 1986; Randall and Lim (eds.), 2000; Compagno, Last, Stevens *et al.*, 2005; Iwamoto and McCosker, 2014; 伍汉霖, 邵广昭, 赖春福等, 2012.

**别名或俗名（Used or common name）**：短尾乌鲛，黑鲨.

**分布（Distribution）**：东海，南海.

#### （146）伯氏乌鲨 *Etmopterus burgessi* Silva *et* Ebert, 2006

*Etmopterus burgessi* Silva *et* Ebert, 2006, 1373: 53-64.

**文献（Reference）**：Silva and Ebert, 2006, 1373: 53-64; 伍汉霖, 邵广昭, 赖春福等, 2012.

**别名或俗名（Used or common name）**：柏氏灯笼棘鲛，黑鲨.

**分布（Distribution）**：东海，南海.

#### （147）南海乌鲨 *Etmopterus decacuspidatus* Chan, 1966

*Etmopterus decacuspidatus* Chan, 1966, 146 (2): 218-237.

**文献（Reference）**：Randall and Lim (eds.), 2000.

**分布（Distribution）**：南海.

#### （148）庄氏乌鲨 *Etmopterus joungi* Knuckey, Ebert *et* Burgess, 2011

**文献（Reference）**：Knuckey, Ebert and Burgess, 2011, 17 (no. 2): 61-72.

**别名或俗名（Used or common name）**：黑鲨，庄氏灯笼棘鲛，庄氏乌鲛.

**分布（Distribution）**：?

#### （149）亮乌鲨 *Etmopterus lucifer* Jordan *et* Snyder, 1902

*Etmopterus lucifer* Jordan *et* Snyder, 1902d, 25 (1279): 79-81.
*Spinax lucifer* (Jordan *et* Snyder, 1902e).
*Etmopterus abernethyi* Garrick, 1957.

**文献（Reference）**：Jordan and Snyder, 1902d, 25 (1279): 79-81; Jordan and Snyder, 1902e; Smith, 1912; Compagno, 1984; Nakaya and Shirai, 1992; 沈世杰, 1993; Randall and Lim (eds.), 2000; Huang, 2001; 朱元鼎和孟庆闻等, 2001; 李柏锋, 2003; Compagno, Last, Stevens *et al.*, 2005; 伍汉霖, 邵广昭, 赖春福等, 2012.

别名或俗名（**Used or common name**）：灯笼棘鲛，黑鲨.
分布（**Distribution**）：东海，南海.

### （150）莫氏乌鲨 *Etmopterus molleri* (Whitley, 1939)

*Acanthidium molleri* Whitley, 1939: 264-277.
文献（**Reference**）：Compagno, 1984; 沈世杰, 1993; Shao, 1997; Randall and Lim (eds.), 2000; Huang, 2001; 朱元鼎和孟庆闻等, 2001; 李柏锋, 2003; 伍汉霖，邵广昭，赖春福等, 2012.
别名或俗名（**Used or common name**）：模拉里灯笼棘鲛，黑鲨.
分布（**Distribution**）：东海，南海.

### （151）小乌鲨 *Etmopterus pusillus* (Lowe, 1839)

*Acanthidium pusillum* Lowe, 1839: 405-424.
*Centrina nigra* Lowe, 1834.
*Etmopterus pusilus* (Lowe, 1839).
*Etmopterus frontimaculatus* Pietschmann, 1907.
文献（**Reference**）：Compagno, 1984; Nakaya and Shirai, 1992; 沈世杰, 1993; Shirai and Tachikawa, 1993; Randall and Lim (eds.), 2000; Huang, 2001; 朱元鼎和孟庆闻等, 2001; 李柏锋, 2003; 伍汉霖，邵广昭，赖春福等, 2012.
别名或俗名（**Used or common name**）：布什勒灯笼棘鲛，黑鲨.
分布（**Distribution**）：东海，南海.

### （152）黑腹亮乌鲨 *Etmopterus spinax* (Linnaeus, 1758)

*Squalus spinax* Linnaeus, 1758: 230-338.
*Etmopterus spinax* (Linnaeus, 1758).
文献（**Reference**）：唐文乔，伍汉霖和杨德康, 2009, 34 (3): 696-698; 伍汉霖，邵广昭，赖春福等, 2012.
分布（**Distribution**）：?

### （153）斯普兰汀乌鲨 *Etmopterus splendidus* Yano, 1988

*Etmopterus splendidus* Yano, 1988, 34 (4): 421-425.
文献（**Reference**）：Compagno, 1984; Yano, 1988, 34 (4): 421-425; Joung and Chen, 1992; 沈世杰, 1993; Randall and Lim (eds.), 2000; Huang, 2001; 朱元鼎和孟庆闻等, 2001; 李柏锋, 2003; 伍汉霖，邵广昭，赖春福等, 2012.
别名或俗名（**Used or common name**）：斯普兰汀灯笼棘鲛，黑鲨.
分布（**Distribution**）：南海.

### （154）褐乌鲨 *Etmopterus unicolor* (Engelhardt, 1912)

*Spinax unicolor* Engelhardt, 1912: 643-648.
文献（**Reference**）：Masuda, Amaoka, Araga *et al.*, 1984; Nakaya and Shirai, 1992; 伍汉霖，邵广昭，赖春福等, 2012.
分布（**Distribution**）：南海.

## （三十二）睡鲨科 Somniosidae

### 67. 荆鲨属 *Centroscymnus* Bocage *et* Capello, 1864

### （155）大眼荆鲨 *Centroscymnus coelolepis* Bocage *et* Capello, 1864

*Centoscymnus coelolepis* Bocage *et* Capello, 1864, 1864 (pt 2): 260-263.
*Scymnodon melas* Bigelow, Schroeder *et* Springer, 1953.
*Centroscymnus macrops* Hu *et* Li, 1982.
文献（**Reference**）：Masuda, Amaoka, Araga *et al.*, 1984; Yano and Tanaka, 1984; Randall and Lim (eds.), 2000; White and Last, 2013; 伍汉霖，邵广昭，赖春福等, 2012.
别名或俗名（**Used or common name**）：腔鳞荆鲨.
分布（**Distribution**）：南海.

### （156）欧氏荆鲨 *Centroscymnus owstonii* Garman, 1906

*Centroscymnus owstoni* Garman, 1906: 641-653.
*Centroscymnus cryptacanthus* Regan, 1906c.
文献（**Reference**）：Masuda, Amaoka, Araga *et al.*, 1984; Yano and Tanaka, 1984; Huang, 2001; Chinese Academy of Fishery Science (CAFS), 2007; 伍汉霖，邵广昭，赖春福等, 2012.
分布（**Distribution**）：东海.

### 68. 睡鲨属 *Somniosus* Lesueur, 1818

### （157）太平洋睡鲨 *Somniosus pacificus* Bigelow *et* Schroeder, 1944

*Somniosus pacificus* Bigelow *et* Schroeder, 1944: 21-36.
文献（**Reference**）：Masuda, Amaoka, Araga *et al.*, 1984; 伍汉霖，邵广昭，赖春福等, 2012.
别名或俗名（**Used or common name**）：睡鲨.
分布（**Distribution**）：南海.

### 69. 鳞睡鲨属 *Zameus* Jordan *et* Fowler, 1903

### （158）鳞睡鲨 *Zameus squamulosus* (Günther, 1877)

*Centrophorus squamulosus* Günther, 1877: 433-446.
*Centroscymnus obscurus* Vaillant, 1888.
*Scymnodon obscurus* (Vaillant, 1888).
*Scymnodon niger* Chu *et* Meng, 1982.
文献（**Reference**）：Compagno, 1984; Nakaya and Shirai, 1992; Randall and Lim (eds.), 2000; Huang, 2001; 李柏锋, 2003; Hsu and Joung, 2004; White and Last, 2013; 伍汉霖，邵广昭，

赖春福等, 2012.

**别名或俗名（Used or common name）**：异鳞鲛, 睡鲨, 狗鲛.

**分布（Distribution）**：南海.

## （三十三）铠鲨科 Dalatiidae

### 70. 铠鲨属 *Dalatias* Rafinesque, 1810

#### （159）铠鲨 *Dalatias licha* (Bonnaterre, 1788)

*Squalus licha* Bonnaterre, 1788: 1-215.

*Scymnorhinus licha* (Bonnaterre, 1788).

*Pseudoscymnus boshuensis* Herre, 1935.

*Scymnorhinus brevipinnis* Smith, 1936.

*Dalatias tachiensis* Shen *et* Ting, 1972.

**文献（Reference）**：Masuda, Amaoka, Araga *et al*., 1984; Compagno, 1984; 沈世杰, 1993; Randall and Lim (eds.), 2000; Huang, 2001; 朱元鼎和孟庆闻等, 2001; 李柏锋, 2003; 伍汉霖, 邵广昭, 赖春福等, 2012.

**别名或俗名（Used or common name）**：黑鲛, 黑鲨, 鲨鱼.

**分布（Distribution）**：东海, 南海.

### 71. 达摩鲨属 *Isistius* Gill, 1865

#### （160）巴西达摩鲨 *Isistius brasiliensis* (Quoy *et* Gaimard, 1824)

*Scymnus brasiliensis* Quoy *et* Gaimard, 1824: 192-401.

*Tristius brasiliensis* (Quoy *et* Gaimard, 1824).

*Scymnus brasiliensis* var. *torquatus* Müller *et* Henle, 1839.

*Scymnus torquatus* Müller *et* Henle, 1839.

*Isistius labialis* Meng, Zhu *et* Li, 1985.

**文献（Reference）**：沈世杰, 1993; Randall and Lim (eds.), 2000; Huang, 2001; 朱元鼎和孟庆闻等, 2001; 李柏锋, 2003; Compagno, Last, Stevens *et al*., 2005; White and Last, 2013; 伍汉霖, 邵广昭, 赖春福等, 2012.

**别名或俗名（Used or common name）**：鲨鱼, 雪茄鲛.

**分布（Distribution）**：南海.

### 72. 拟角鲨属 *Squaliolus* Smith *et* Radcliffe, 1912

#### （161）阿里拟角鲨 *Squaliolus aliae* Teng, 1959

*Squaliolus alii* Teng, 1959c: 1-6.

**文献（Reference）**：Teng, 1959c: 1-6; Compagno, 1984; Sasaki and Uyeno, 1987; 沈世杰, 1993; Randall and Lim (eds.), 2000; 朱元鼎和孟庆闻等, 2001; 李柏锋, 2003; Compagno, Last, Stevens *et al*., 2005; 伍汉霖, 邵广昭, 赖春福等, 2012.

**别名或俗名（Used or common name）**：阿里拟角鲛, 鲨鱼.

**分布（Distribution）**：南海.

# 十一、扁鲨目 Squatiniformes

## （三十四）扁鲨科 Squatinidae

### 73. 扁鲨属 *Squatina* Risso, 1810

#### （162）台湾扁鲨 *Squatina formosa* Shen *et* Ting, 1972

*Squatina formosa* Shen *et* Ting, 1972, 11 (1): 13-31.

**文献（Reference）**：Shen and Ting, 1972, 11 (1): 13-31; 沈世杰, 1993; Randall and Lim (eds.), 2000; Huang, 2001; Compagno, Last, Stevens *et al*., 2005; Walsh and Ebert, 2007; Kriwet, Endo and Stelbrink, 2010; Walsh, Ebert and Compagno, 2011; 伍汉霖, 邵广昭, 赖春福等, 2012.

**别名或俗名（Used or common name）**：台湾琵琶鲛, 扁鲨.

**分布（Distribution）**：南海.

#### （163）日本扁鲨 *Squatina japonica* Bleeker, 1858

*Squatina japonica* Bleeker, 1858: 1-46.

**文献（Reference）**：Bleeker, 1858: 1-3; Fowler, 1941; 朱元鼎等, 1985; 沈世杰, 1993; Randall and Lim (eds.), 2000; Huang, 2001; Compagno, Last, Stevens *et al*., 2005; Walsh and Ebert, 2007; 伍汉霖, 邵广昭, 赖春福等, 2012.

**别名或俗名（Used or common name）**：日本琵琶鲛, 扁鲨.

**分布（Distribution）**：渤海, 黄海, 东海, 南海.

#### （164）星云扁鲨 *Squatina nebulosa* Regan, 1906

*Squatina nebulosa* Regan, 1906c: 435-440.

**文献（Reference）**：Regan, 1906c: 435-440; Chen, 1963; Richards, Chong, Mak *et al*., 1985; 朱元鼎等, 1985; Nakaya and Shirai, 1992; 沈世杰, 1993; Randall and Lim (eds.), 2000; Huang, 2001; Walsh and Ebert, 2007; 伍汉霖, 邵广昭, 赖春福等, 2012.

**别名或俗名（Used or common name）**：云纹琵琶鲛, 扁鲨, 艺旦鲨.

**分布（Distribution）**：东海, 南海.

#### （165）拟背斑扁鲨 *Squatina tergocellatoides* Chen, 1963

*Squatina tergocellatoides* Chen, 1963, (1): 1-102.

**文献（Reference）**：Chen, 1963, (1): 1-102; Shao, Chen, Kao *et al*., 1993; 沈世杰, 1993; Randall and Lim (eds.), 2000; Huang, 2001; Walsh and Ebert, 2007; 伍汉霖, 邵广昭, 赖春福等, 2012.

**别名或俗名（Used or common name）**：拟背斑琵琶鲛, 扁鲨.

**分布（Distribution）**：南海.

# 十二、锯鲨目 Pristiophoriformes

## （三十五）锯鲨科 Pristiophoridae

### 74. 锯鲨属 *Pristiophorus* Müller *et* Henle, 1837

**（166）日本锯鲨 *Pristiophorus japonicus* Günther, 1870**

*Pristiophorus japonicus* Günther, 1870: 1-549.

**文献（Reference）**：Masuda, Amaoka, Araga *et al*., 1984; Randall and Lim (eds.), 2000; Huang, 2001; Compagno, Last, Stevens *et al*., 2005; Kim, Choi, Lee *et al*., 2005; 伍汉霖, 邵广昭, 赖春福等, 2012.

**别名或俗名（Used or common name）**：日本锯鲛, 剑鲨.

**分布（Distribution）**：黄海, 东海, 南海.

# 十三、电鳐目 Torpediniformes

## （三十六）电鳐科 Torpedinidae

### 75. 电鳐属 *Torpedo* Rafinesque, 1810

**（167）台湾电鳐 *Torpedo formosa* Haas *et* Ebert, 2006**

*Torpedo formosa* Haas *et* Ebert, 2006, 1320: 1-14.

**文献（Reference）**：Haas and Ebert, 2006, 1320: 1-14; 沈世杰, 1993; 伍汉霖, 邵广昭, 赖春福等, 2012.

**别名或俗名（Used or common name）**：电鲂, 雷鱼.

**分布（Distribution）**：东海, 南海.

**（168）麦氏电鳐 *Torpedo macneilli* (Whitley, 1932)**

*Notastrape macneilli* Whitley, 1932: 321-348.

**文献（Reference）**：Huang, 2001; 朱元鼎和孟庆闻等, 2001; 伍汉霖, 邵广昭, 赖春福等, 2012.

**分布（Distribution）**：南海.

**（169）珍电鳐 *Torpedo nobiliana* Bonaparte, 1835**

*Torpedo nobililana* Bonaparte, 1835: 12-14.
*Narcacion nobilianus* (Bonaparte, 1835).
*Torpedo occidentalis* Storer, 1843.
*Torpedo walshii* Thompson, 1856.

**文献（Reference）**：Shao, 1997; Huang, 2001; 朱元鼎和孟庆闻等, 2001; 伍汉霖, 邵广昭, 赖春福等, 2012.

**分布（Distribution）**：东海, 南海.

**（170）东京电鳐 *Torpedo tokionis* (Tanaka, 1908)**

*Tetronarcine tokionis* Tanaka, 1908b: 1-54.

**文献（Reference）**：Nakaya and Shirai, 1992; 沈世杰, 1993; Shao, 1997; Randall and Lim (eds.), 2000; Huang, 2001; 朱元鼎和孟庆闻等, 2001; Carvalho, Compagno and Ebert, 2003; 伍汉霖, 邵广昭, 赖春福等, 2012.

**别名或俗名（Used or common name）**：圆电鳐, 电鲂, 雷鱼.

**分布（Distribution）**：东海, 南海.

## （三十七）双鳍电鳐科 Narcinidae

### 76. 深海电鳐属 *Benthobatis* Alcock, 1898

**（171）莫氏深海电鳐 *Benthobatis moresbyi* Alcock, 1898**

*Benthobatis moresbyi* Alcock, 1898: 136-156.

**文献（Reference）**：Huang, 2001; Chinese Academy of Fishery Science (CAFS), 2007; 朱元鼎和孟庆闻等, 2001; 伍汉霖, 邵广昭, 赖春福等, 2012.

**分布（Distribution）**：南海.

**（172）杨氏深海电鳐 *Benthobatis yangi* Carvalho, Compagno *et* Ebert, 2003**

*Benthobatis yangi* Carvalho, Compagno *et* Ebert, 2003, 72 (3): 923-939.

**文献（Reference）**：Carvalho, Compagno and Ebert, 2003, 72 (3): 923-939; 沈世杰, 1993; 伍汉霖, 邵广昭, 赖春福等, 2012.

**别名或俗名（Used or common name）**：电鲂, 雷鱼.

**分布（Distribution）**：南海.

### 77. 坚皮单鳍电鳐属 *Crassinarke* Takagi, 1951

**（173）坚皮单鳍电鳐 *Crassinarke dormitor* Takagi, 1951**

*Crassinarke domitor* Takagi, 1951, 38 (1): 27-34.

**文献（Reference）**：Takagi, 1951, 38 (1): 27-34; Masuda, Amaoka, Araga *et al*., 1984; 沈世杰, 1993; Shao, 1997; Randall and Lim (eds.), 2000; Huang, 2001; Carvalho, Compagno and Ebert, 2003; 伍汉霖, 邵广昭, 赖春福等, 2012.

**别名或俗名（Used or common name）**：睡电鲼, 电鲂, 雷鱼, 花痹, 电鲀.

**分布（Distribution）**：渤海, 黄海, 东海, 南海.

### 78. 双鳍电鳐属 *Narcine* Henle, 1834

**（174）短唇双鳍电鳐 *Narcine brevilabiata* Bessednov, 1966**

*Narcine brevilabiata* Bessednov, 1966, 45: 77-82.

文献(Reference): Bessednov, 1966, 45: 77-82; 沈世杰, 1993; Randall and Lim (eds.), 2000; 伍汉霖, 邵广昭, 赖春福等, 2012.
别名或俗名(Used or common name): 电魴, 雷鱼.
分布(Distribution): 东海, 南海.

#### (175) 舌形双鳍电鳐 *Narcine lingula* Richardson, 1846

*Narcine lingula* Richardson, 1846: 187-320.
文献(Reference): Richardson, 1846: 187-320; Randall and Lim (eds.), 2000; Huang, 2001; Compagno, Last, Stevens *et al.*, 2005; 伍汉霖, 邵广昭, 赖春福等, 2012.
别名或俗名(Used or common name): 舌形木铲电鲼, 电魴, 雷鱼, 鲨帽仔, 电鯆.
分布(Distribution): 东海, 南海.

#### (176) 黑斑双鳍电鳐 *Narcine maculata* (Shaw, 1804)

*Raja maculata* Shaw, 1804: 1-463.
*Narcine firma* Garman, 1913.
文献(Reference): Randall and Lim (eds.), 2000; Huang, 2001; Chinese Academy of Fishery Science (CAFS), 2007; 伍汉霖, 邵广昭, 赖春福等, 2012.
分布(Distribution): 南海.

#### (177) 前背双鳍电鳐 *Narcine prodorsalis* Bessednov, 1966

*Narcine prodorsalis* Bessednov, 1966, 45: 77-82.
文献(Reference): Randall and Lim (eds.), 2000; 伍汉霖, 邵广昭, 赖春福等, 2012.
别名或俗名(Used or common name): 前背木铲电鲼, 电魴, 雷鱼, 花痹, 电鯆.
分布(Distribution): 东海, 南海.

#### (178) 丁氏双鳍电鳐 *Narcine timlei* (Bloch *et* Schneider, 1801)

*Raja timlei* Bloch *et* Schneider, 1801: 1-584.
*Narcine indica* Henle, 1834.
*Narcine macrura* Valenciennes, 1852.
*Narcine maculata* Duméril, 1852.
*Narcine microphthalma* Duméril, 1852.
文献(Reference): Herre, 1953b; Kyushin, Amaoka, Nakaya *et al.*, 1982; Masuda, Amaoka, Araga *et al.*, 1984; Shao, Lin, Ho *et al.*, 1990; Shao, 1997; Ni and Kwok, 1999; Randall and Lim (eds.), 2000; Huang, 2001.
分布(Distribution): 东海, 南海.

### 79. 单鳍电鳐属 *Narke* Kaup, 1826

#### (179) 日本单鳍电鳐 *Narke japonica* (Temminck *et* Schlegel, 1850)

*Torpedo japonica* Temminck *et* Schlegel, 1850: 270-324.
文献(Reference): Masuda, Amaoka, Araga *et al.*, 1984; 朱元鼎等, 1984; 朱元鼎等, 1985; Shao, Chen, Kao *et al.*, 1993; 沈世杰, 1993; Yamada, Shirai, Irie *et al.*, 1995; Ni and Kwok, 1999; Randall and Lim (eds.), 2000; Huang, 2001; 伍汉霖, 邵广昭, 赖春福等, 2012.
别名或俗名(Used or common name): 日本电鲼, 电魴, 雷鱼.
分布(Distribution): 渤海, 黄海, 东海, 南海.

# 十四、锯鳐目 Pristiformes

## (三十八) 锯鳐科 Pristidae

### 80. 钝锯鳐属 *Anoxypristis* White *et* Moy-Thomas, 1941

#### (180) 钝锯鳐 *Anoxypristis cuspidata* (Latham, 1794)

*Pristis cuspidatus* Latham, 1794: 273-282.
*Anoxypristis cuspidate* (Latham, 1794).
*Squalus semisagittatus* Shaw, 1804.
文献(Reference): Herre, 1953b; Herre, 1959; Masuda, Amaoka, Araga *et al.*, 1984; Randall and Lim (eds.), 2000; Huang, 2001; Compagno, Last, Stevens *et al.*, 2005; 伍汉霖, 邵广昭, 赖春福等, 2012.
别名或俗名(Used or common name): 尖齿锯鳐, 钝锯鲛, 剑鲨.
分布(Distribution): 东海, 南海.

### 81. 锯鳐属 *Pristis* Linck, 1790

#### (181) 小齿锯鳐 *Pristis microdon* Latham, 1794

*Pristis microdon* Latham, 1794: 273-282.
文献(Reference): Herre, 1935; Herre, 1959; Randall and Lim (eds.), 2000; Huang, 2001; Compagno, Last, Stevens *et al.*, 2005; 伍汉霖, 邵广昭, 赖春福等, 2012.
分布(Distribution): 南海.

# 十五、鳐目 Rajiformes

## (三十九) 圆犁头鳐科 Rhinidae

### 82. 圆犁头鳐属 *Rhina* Schaeffer, 1760

#### (182) 圆犁头鳐 *Rhina ancylostoma* Bloch *et* Schneider, 1801

*Rhina anclyostoma* Bloch *et* Schneider, 1801: 1-584.

*Squatina ancyclostoma* (Bloch *et* Schneider, 1801).
*Rhina cyclostomus* Swainson, 1839.
**文献（Reference）**：朱元鼎等, 1985; Shao, Chen, Kao *et al.*, 1993; 沈世杰, 1993; Randall and Lim (eds.), 2000; Huang, 2001; Compagno, Last, Stevens *et al.*, 2005; 伍汉霖, 邵广昭, 赖春福等, 2012.
**别名或俗名（Used or common name）**：饭匙鲨, 魴仔, 鲎壳鲨, 圆头龙文, 鲎壳魶.
**分布（Distribution）**：东海, 南海.

# （四十）尖犁头鳐科 Rhynchobatidae

## 83. 尖犁头鳐属 *Rhynchobatus* Müller *et* Henle, 1837

### （183）及达尖犁头鳐 *Rhynchobatus djiddensis* (Forsskål, 1775)

*Raja djiddensis* Forsskål, 1775: 1-164.
*Rhynchobatus djeddensis* (Forsskål, 1775).
*Rhinobatus maculata* Ehrenberg, 1829.
**文献（Reference）**：朱元鼎等, 1985; 沈世杰, 1993; Huang, 2001; Broad, 2003; Chinese Academy of Fishery Science (CAFS), 2007; 伍汉霖, 邵广昭, 赖春福等, 2012.
**别名或俗名（Used or common name）**：饭匙鲨, 魴仔, 鲨条, 龙文鲨, 魶仔.
**分布（Distribution）**：黄海, 东海, 南海.

### （184）无斑犁头鳐 *Rhynchobatus immaculatus* Last, Ho and Chen, 2013.

*Rhynchobatus immaculatus* Last, Ho and Chen, 2013. *Zootaxa* 3752 (1): 185-198.
**分布（Distribution）**：我国台湾海域.

# （四十一）犁头鳐科 Rhinobatidae

## 84. 蓝吻犁头鳐属 *Glaucostegus* Bonaparte, 1846

### （185）颗粒蓝吻犁头鳐 *Glaucostegus granulatus* (Cuvier, 1829)

*Rhinobatos granulatus* Cuvier, 1829: 1-406.
*Scobatus granulatus* (Cuvier, 1829).
*Rhinobatus acutus* Garman, 1908.
**文献（Reference）**：Fowler, 1941; Herre, 1953b; 沈世杰, 1993; Randall and Lim (eds.), 2000; Huang, 2001; Compagno, Last, Stevens *et al.*, 2005; Ebert, White, Ho *et al.*, 2013; Last, Corrigan and Naylor, 2014; 伍汉霖, 邵广昭, 赖春福等, 2012.
**别名或俗名（Used or common name）**：颗粒琵琶鲼, 饭匙鲨, 魴仔.
**分布（Distribution）**：黄海, 东海, 南海.

## 85. 犁头鳐属 *Rhinobatos* Linck, 1790

### （186）台湾犁头鳐 *Rhinobatos formosensis* Norman, 1926

*Rhinobatus formosensis* Norman, 1926: 941-982.
**文献（Reference）**：Herre, 1953b; 沈世杰, 1993; Randall and Lim (eds.), 2000; Huang, 2001; Compagno, Last, Stevens *et al.*, 2005; 伍汉霖, 邵广昭, 赖春福等, 2012.
**别名或俗名（Used or common name）**：饭匙鲨, 魴仔, 汤匙, 魶仔.
**分布（Distribution）**：东海, 南海.

### （187）斑纹犁头鳐 *Rhinobatos hynnicephalus* Richardson, 1846

*Rhinobatus hynnicephalus* Richardson, 1846: 187-320.
*Rhynchobatis hynnicephalus* (Richardson, 1846).
**文献（Reference）**：Masuda, Amaoka, Araga *et al.*, 1984; 朱元鼎等, 1985; Wenbin and Shuyuan, 1993; 沈世杰, 1993; Yamada, Shirai, Irie *et al.*, 1995; Randall and Lim (eds.), 2000; Huang, 2001; 伍汉霖, 邵广昭, 赖春福等, 2012.
**别名或俗名（Used or common name）**：犁头琵琶鲼, 饭匙鲨, 魴仔, 香匙, 汤匙.
**分布（Distribution）**：黄海, 东海, 南海.

### （188）小眼犁头鳐 *Rhinobatos microphthalmus* Teng, 1959

*Rhinobatos microphthalmus* Teng, 1959e: 1-15.
**文献（Reference）**：Teng, 1959e: 1-15; Randall and Lim (eds.), 2000; 伍汉霖, 邵广昭, 赖春福等, 2012.
**别名或俗名（Used or common name）**：饭匙鲨, 魴仔.
**分布（Distribution）**：东海, 南海.

### （189）许氏犁头鳐 *Rhinobatos schlegelii* Müller *et* Henle, 1841

*Rhinobatus schlegelii* Müller *et* Henle, 1841: 1-200.
*Rhinobatus natalensis* Fowler, 1925.
**文献（Reference）**：朱元鼎等, 1984; 朱元鼎等, 1985; Nakaya and Shirai, 1992; 沈世杰, 1993; Yamada, Shirai, Irie *et al.*, 1995; Randall and Lim (eds.), 2000; Huang, 2001; Compagno, Last, Stevens *et al.*, 2005; 伍汉霖, 邵广昭, 赖春福等, 2012.
**别名或俗名（Used or common name）**：饭匙鲨, 魴仔, 饭匙, 汤匙, 魶仔.
**分布（Distribution）**：渤海, 黄海, 东海, 南海.

## （四十二）鳐科 Rajidae

### 86. 无刺鳐属 *Anacanthobatis* von Bonde *et* Swart, 1923

**（190）东海无刺鳐 *Anacanthobatis donghaiensis* (Deng, Xiong *et* Zhan, 1983)**

*Springeria donghaiensis* Deng, Xiong *et* Zhan, 1983a: 64-70.

**文献（Reference）**：Huang, 2001; 朱元鼎和孟庆闻, 2001; 伍汉霖, 邵广昭, 赖春福等, 2012.

**别名或俗名（Used or common name）**：东海无鳍鳐.

**分布（Distribution）**：东海.

**（191）南海无刺鳐 *Anacanthobatis nanhaiensis* (Meng *et* Li, 1981)**

*Springeria nanhaiensis* Meng *et* Li, 1981: 103-116.

**文献（Reference）**：Randall and Lim (eds.), 2000; Huang, 2001; Chinese Academy of Fishery Science (CAFS), 2007; 伍汉霖, 邵广昭, 赖春福等, 2012.

**别名或俗名（Used or common name）**：南海无鳍鳐.

**分布（Distribution）**：南海.

### 87. 深海鳐属 *Bathyraja* Ishiyama, 1958

**（192）贝氏深海鳐 *Bathyraja bergi* Dolganov, 1983**

*Bathyraja bergi* Dolganov, 1983: 1-92.

**文献（Reference）**：Kim, Choi, Lee *et al.*, 2005; 伍汉霖, 邵广昭, 赖春福等, 2012.

**分布（Distribution）**：南海.

**（193）黑肛深海鳐 *Bathyraja diplotaenia* (Ishiyama, 1952)**

*Breviraja diplotaenia* Ishiyama, 1952: 1-34.

*Bathyraja diplotaena* (Ishiyama, 1952).

**文献（Reference）**：Masuda, Amaoka, Araga *et al.*, 1984; Nakaya and Shirai, 1992; 伍汉霖, 邵广昭, 赖春福等, 2012.

**分布（Distribution）**：南海.

**（194）匀棘深海鳐 *Bathyraja isotrachys* (Günther, 1877)**

*Raja isotrachys* Günther, 1877: 433-446.

**文献（Reference）**：Ishiyama, 1950; Masuda, Amaoka, Araga *et al.*, 1984; Nakaya and Shirai, 1992; Huang, 2001; 朱元鼎和孟庆闻等, 2001; 伍汉霖, 邵广昭, 赖春福等, 2012.

**别名或俗名（Used or common name）**：匀棘深海鲂魮, 魴仔.

**分布（Distribution）**：东海.

**（195）林氏深海鳐 *Bathyraja lindbergi* Ishiyama *et* Ishihara, 1977**

*Bathyraja lindbergi* Ishiyama *et* Ishihara, 1977: 71-90.

**文献（Reference）**：Masuda, Amaoka, Araga *et al.*, 1984; Nakaya and Shirai, 1992; Shao, 1997; 伍汉霖, 邵广昭, 赖春福等, 2012.

**分布（Distribution）**：我国台湾海域.

**（196）松原深海鳐 *Bathyraja matsubarai* (Ishiyama, 1952)**

*Breviraja matsubarai* Ishiyama, 1952: 1-34.

**文献（Reference）**：Masuda, Amaoka, Araga *et al.*, 1984; Nakaya and Shirai, 1992; 伍汉霖, 邵广昭, 赖春福等, 2012.

**别名或俗名（Used or common name）**：松原深海鲂魮, 魴仔.

**分布（Distribution）**：东海.

**（197）糙体深海鳐 *Bathyraja trachouros* (Ishiyama, 1958)**

*Breviraja trachouros* Ishiyama, 1958: 191-394.

**文献（Reference）**：Masuda, Amaoka, Araga *et al.*, 1984; Hsu and Joung, 2004; 伍汉霖, 邵广昭, 赖春福等, 2012.

**别名或俗名（Used or common name）**：糙体深海鲂魮, 魴仔.

**分布（Distribution）**：东海.

### 88. 长吻鳐属 *Dipturus* Rafinesque, 1810

**（198）巨长吻鳐 *Dipturus gigas* (Ishiyama, 1958)**

*Raja gigas* Ishiyama, 1958: 191-394.

**文献（Reference）**：Masuda, Amaoka, Araga *et al.*, 1984; Nakaya and Shirai, 1992; Randall and Lim (eds.), 2000; Huang, 2001; Compagno, Last, Stevens *et al.*, 2005; 伍汉霖, 邵广昭, 赖春福等, 2012.

**分布（Distribution）**：渤海, 黄海, 南海.

**（199）广东长吻鳐 *Dipturus kwangtungensis* (Chu, 1960)**

*Raja kwangtungensis* Chu, 1960: 1-225.

**文献（Reference）**：Nakaya and Shirai, 1992; 沈世杰, 1993; Yamada, Shirai, Irie *et al.*, 1995; Ni and Kwok, 1999; Randall and Lim (eds.), 2000; Huang, 2001; 朱元鼎和孟庆闻等, 2001; 伍汉霖, 邵广昭, 赖春福等, 2012.

**别名或俗名（Used or common name）**：广东老板鲂, 魴仔.

**分布（Distribution）**：南海.

**（200）尖嘴长吻鳐 *Dipturus lanceorostratus* (Wallace, 1967)**

*Raja lanceorostrata* Wallace, 1967b, 17: 1-62.

**文献（Reference）**：Wallace, 1967b, 17: 1-62; 伍汉霖, 邵广昭, 赖春福等, 2012.

**别名或俗名（Used or common name）**：尖嘴老板鲂, 魴仔.

**分布（Distribution）**：东海.

**（201）大尾长吻鳐 *Dipturus macrocauda* (Ishiyama, 1955)**

*Raja macrocauda* Ishiyama, 1955: 43-51.

*Dipturus macrocaudus* (Ishiyama, 1955).

**文献（Reference）**：Nakaya and Shirai, 1992; 沈世杰, 1993; Shao, 1997; Randall and Lim (eds.), 2000; Huang, 2001; 朱元鼎和孟庆闻等, 2001; 伍汉霖, 邵广昭, 赖春福等, 2012.

**别名或俗名（Used or common name）**：大尾老板鲼, 魴仔.

**分布（Distribution）**：东海, 南海.

**（202）天狗长吻鳐 *Dipturus tengu* (Jordan *et* Fowler, 1903)**

*Raja tengu* Jordan *et* Fowler, 1903: 593-674.

**文献（Reference）**：Masuda, Amaoka, Araga *et al.*, 1984; 沈世杰, 1993; Randall and Lim (eds.), 2000; Huang, 2001; Compagno, Last, Stevens *et al.*, 2005; 伍汉霖, 邵广昭, 赖春福等, 2012.

**别名或俗名（Used or common name）**：天狗老板鲼, 魴仔, 乌魴.

**分布（Distribution）**：东海, 南海.

**（203）汉霖长吻鳐 *Dipturus wuhanlingi* Jeong *et* Nakabo, 2008**

*Dipturus wuhanlingi* Jeong *et* Nakabo, 2008, 55: 183-190.

**文献（Reference）**：Jeong and Nakabo, 2008, 55: 183-190; 伍汉霖, 邵广昭, 赖春福等, 2012.

**分布（Distribution）**：南海.

## 89. 隆背鳐属 *Notoraja* Ishiyama, 1958

**（204）日本隆背鳐 *Notoraja tobitukai* (Hiyama, 1940)**

*Raja tobitukai* Hiyama, 1940: 169-173.

*Bathyraja tobitukai* (Hiyama, 1940).

*Breviraja tobitukai* (Hiyama, 1940).

**文献（Reference）**：Masuda, Amaoka, Araga *et al.*, 1984; Nakaya and Shirai, 1992; Huang, 2001; Chinese Academy of Fishery Science (CAFS), 2007; 伍汉霖, 邵广昭, 赖春福等, 2012.

**别名或俗名（Used or common name）**：隆背鯆魮, 短鳐, 魴仔.

**分布（Distribution）**：南海.

## 90. 短吻鳐属 *Okamejei* Ishiyama, 1958

**（205）尖棘短吻鳐 *Okamejei acutispina* (Ishiyama, 1958)**

*Raja acutispina* Ishiyama, 1958: 191-394.

**文献（Reference）**：Masuda, Amaoka, Araga *et al.*, 1984; 沈世杰, 1993; Yamada, Shirai, Irie *et al.*, 1995; Randall and Lim (eds.), 2000; Huang, 2001; 伍汉霖, 邵广昭, 赖春福等, 2012.

**别名或俗名（Used or common name）**：耳棘鯆魮, 尖棘甕鳐, 尖棘冈村鳐, 魴仔.

**分布（Distribution）**：渤海, 黄海, 东海, 南海.

**（206）鲍氏短吻鳐 *Okamejei boesemani* (Ishihara, 1987)**

*Raja boesemani* Ishihara, 1987: 241-285.

**文献（Reference）**：沈世杰, 1993; Yamada, Shirai, Irie *et al.*, 1995; Randall and Lim (eds.), 2000; Huang, 2001; Compagno, Last, Stevens *et al.*, 2005; 伍汉霖, 邵广昭, 赖春福等, 2012.

**别名或俗名（Used or common name）**：鲍氏鯆魮, 鲍氏甕鳐, 鲍氏冈村鳐, 魴仔, 尿骚魴.

**分布（Distribution）**：南海.

**（207）何氏短吻鳐 *Okamejei hollandi* (Jordan *et* Richardson, 1909)**

*Raja hollandi* Jordan *et* Richardson, 1909: 159-204.

**文献（Reference）**：Ishiyama, 1950; Ishiyama, 1951; Richards, Chong, Mak *et al.*, 1985; 沈世杰, 1993; Ni and Kwok, 1999; Randall and Lim (eds.), 2000; Huang, 2001; Compagno, Last, Stevens *et al.*, 2005; 伍汉霖, 邵广昭, 赖春福等, 2012.

**别名或俗名（Used or common name）**：何氏鯆魮, 何氏甕鳐, 何氏冈村鳐, 魴仔, 尿骚魴.

**分布（Distribution）**：黄海, 东海, 南海.

**（208）斑短吻鳐 *Okamejei kenojei* (Müller *et* Henle, 1841)**

*Raja kenojei* Müller *et* Henle, 1841: 1-200.

*Dipturus kenojei* (Müller *et* Henle, 1841).

*Raja porosa* Günther, 1874.

*Raja fusca* Garman, 1885.

**文献（Reference）**：Nyström, 1887; Ishiyama, 1950; 沈世杰, 1993; Ni and Kwok, 1999; Chang and Kim, 1999; Randall and Lim (eds.), 2000; Hong, Yeon, Im *et al.*, 2000; Huang, 2001; Compagno, Last, Stevens *et al.*, 2005; 伍汉霖, 邵广昭, 赖春福等, 2012.

**别名或俗名（Used or common name）**：平背鯆魮, 斑冈村鳐, 魴仔, 魟仔, 斑甕鳐.

**分布（Distribution）**：渤海, 黄海, 东海, 南海.

**（209）麦氏短吻鳐 *Okamejei meerdervoortii* (Bleeker, 1860)**

*Raja meerdervoorti* Bleeker, 1860: 1-104.

*Okamejei meerdervoorti* (Bleeker, 1860).

*Raja meerdervcortii* (Bleeker, 1860).

*Raja macrophthalma* Ishiyama, 1950.

**文献（Reference）**：Ishiyama, 1950; Masuda, Amaoka, Araga *et al.*, 1984; 沈世杰, 1993; Shao, 1997; Randall and Lim (eds.), 2000; Huang, 2001.

别名或俗名（**Used or common name**）：麦氏鯆魮，麦氏瓮鳐，麦氏冈村鳐，魴仔.

分布（**Distribution**）：南海.

**（210）孟氏短吻鳐 *Okamejei mengae* Jeong, Nakabo *et* Wu, 2007**

*Okamejei mengae* Jeong, Nakabo *et* Wu, 2007, 19 (1): 57-65.

文献（**Reference**）：Jeong, Nakabo and Wu, 2007, 19 (1): 57-65; Last, [no initial] Fahmi and Ishihara, 2010; 伍汉霖，邵广昭，赖春福等, 2012.

别名或俗名（**Used or common name**）：孟氏瓮鳐.

分布（**Distribution**）：南海.

### 91. 鳐属 *Raja* Linnaeus, 1758

**（211）华鳐 *Raja chinensis* Basilewsky, 1855**

*Raia chinensis* Basilewsky, 1855: 215-263.

文献(**Reference**)：Huang, 2001; Zhang, Tang, Jin *et al.*, 2005; Chinese Academy of Fishery Science (CAFS), 2007.

分布（**Distribution**）：黄海，东海.

**（212）美鳐 *Raja pulchra* Liu, 1932**

*Raja pulchra* Liu, 1932: 133-177.

文献（**Reference**）：Ishiyama, 1950; Masuda, Amaoka, Araga *et al.*, 1984; Huang, 2001; Kim, Choi, Lee *et al.*, 2005; Chinese Academy of Fishery Science (CAFS), 2007.

分布（**Distribution**）：渤海，黄海，东海.

### 92. 吻鳐属 *Rhinoraja* Ishiyama, 1952

**（213）久慈吻鳐 *Rhinoraja kujiensis* (Tanaka, 1916)**

*Raja kujiensis* Tanaka, 1916: 173-174.

文献（**Reference**）：Masuda, Amaoka, Araga *et al.*, 1984; 伍汉霖，邵广昭，赖春福等, 2012.

分布（**Distribution**）：南海.

### 93. 海湾无鳍鳐属 *Sinobatis* Hulley, 1973

**（214）婆罗洲海湾无鳍鳐 *Sinobatis borneensis* (Chan, 1965)**

*Anacanthobatis borneensis* Chan, 1965: 46-51.

文献（**Reference**）：Ishihara, 1984; Shen, 1986; Nakaya and Shirai, 1992; 沈世杰, 1993; Randall and Lim (eds.), 2000; Huang, 2001; Compagno, Last, Stevens *et al.*, 2005; Last and Séret, 2008; 朱元鼎和孟庆闻等, 2001; 伍汉霖，邵广昭，赖春福等, 2012.

别名或俗名(**Used or common name**)：加里曼丹无棘鳐，婆罗洲无鳍鳐，婆罗洲裸鯆，魴仔.

分布（**Distribution**）：东海，南海.

**（215）黑体海湾无鳍鳐 *Sinobatis melanosoma* (Chan, 1965)**

*Springeria melanosoma* Chan, 1965: 40-45.

*Anacanthobatis melanosoma* (Chan, 1965).

文献（**Reference**）：沈世杰, 1993; Ni and Kwok, 1999; Randall and Lim (eds.), 2000; Huang, 2001; Last and Séret, 2008; 伍汉霖，邵广昭，赖春福等, 2012.

别名或俗名（**Used or common name**）：黑体施氏鳐，黑身司氏裸鯆，魴仔.

分布（**Distribution**）：东海，南海.

**（216）狭体海湾无鳍鳐 *Sinobatis stenosoma* (Li *et* Hu, 1982)**

*Springeria stenosoma* Li *et* Hu, 1982: 301-311.

*Anacanthobatis stenosoma* (Li *et* Hu, 1982).

文献（**Reference**）：White and Last, 2013; 伍汉霖，邵广昭，赖春福等, 2012.

分布（**Distribution**）：南海.

# 十六、鲼目 Myliobatiformes

## （四十三）团扇鳐科 Platyrhinidae

### 94. 团扇鳐属 *Platyrhina* Müller *et* Henle, 1838

**（217）中国团扇鳐 *Platyrhina sinensis* (Bloch *et* Schneider, 1801)**

*Rhina sinensis* Bloch *et* Schneider, 1801: 1-200.

*Platyrhina limboonkengi* Tang, 1933.

文献(**Reference**)：Shao, Kao and Lee, 1990; Shao, Chen, Kao *et al.*, 1993; Yamada, Shirai, Irie *et al.*, 1995; Ni and Kwok, 1999; Chang and Kim, 1999; Randall and Lim (eds.), 2000; Huang, 2001; Compagno, Last, Stevens *et al.*, 2005; 伍汉霖，邵广昭，赖春福等, 2012.

分布（**Distribution**）：渤海，黄海.

**（218）汤氏团扇鳐 *Platyrhina tangi* Iwatsuki, Zhang *et* Nakaya, 2011**

*Platyrhina tangi* Iwatsuki, Zhang *et* Nakaya, 2011: 26-40.

文献(**Reference**)：朱元鼎等, 1985; 沈世杰, 1993; Iwatsuki, Miyamoto, Nakaya *et al.*, 2011; 伍汉霖，邵广昭，赖春福等, 2012.

别名或俗名（**Used or common name**）：魴鱼，鲨帽仔，饭匙，拍仔.

分布（**Distribution**）：渤海，黄海，东海，南海.

## （四十四）六鳃魟科 Hexatrygonidae

### 95. 六鳃魟属 *Hexatrygon* Heemstra *et* Smith, 1980

**（219）比氏六鳃魟 *Hexatrygon bickelli* Heemstra *et* Smith, 1980**

*Hexatrygon bickelli* Heemstra *et* Smith, 1980, 43: 1-17.
*Hexatrematobatis longirostrum* Chu *et* Meng, 1981.
*Hexatrygon longirostrum* (Chu *et* Meng, 1981).
*Hexatrygon yangi* Shen *et* Liu, 1984.
*Hexatrygon brevirostra* Shen, 1986.
*Hexatrygon taiwanensis* Shen, 1986.

**文献（Reference）**：Heemstra and Smith, 1980, 43: 1-17; Shen and Liu, 1984; Ishihara and Kishida, 1984; Shen, 1986; 沈世杰，1993; Randall and Lim (eds.), 2000; Huang, 2001; Compagno, Last, Stevens *et al*., 2005; Endo and Machida, 2005; White and Last, 2013; 伍汉霖，邵广昭，赖春福等，2012.

**别名或俗名（Used or common name）**：魟仔.

**分布（Distribution）**：东海，南海.

## （四十五）深水尾魟科 Plesiobatidae

### 96. 深水尾魟属 *Plesiobatis* Nishida, 1990

**（220）达氏深水尾魟 *Plesiobatis daviesi* (Wallace, 1967)**

*Urotrygon daviesis* Wallace, 1967a, 16: 1-56.
*Urolophus marmoratus* Chu, Hu *et* Li, 1981.

**文献（Reference）**：Nakaya and Shirai, 1992; Shao, 1997; Randall and Lim (eds.), 2000; Huang, 2001; Compagno, Last, Stevens *et al*., 2005; White and Last, 2013; 伍汉霖，邵广昭，赖春福等, 2012.

**别名或俗名（Used or common name）**：达氏近魟，魟仔.

**分布（Distribution）**：东海，南海.

## （四十六）扁魟科 Urolophidae

### 97. 扁魟属 *Urolophus* Müller *et* Henle, 1837

**（221）褐黄扁魟 *Urolophus aurantiacus* Müller *et* Henle, 1841**

*Urolophus aurantiacus* Müller *et* Henle, 1841: 1-200.

**文献（Reference）**：Nakaya and Shirai, 1992; 沈世杰, 1993; Yamada, Shirai, Irie *et al*., 1995; Shao, 1997; Randall and Lim (eds.), 2000; Huang, 2001; 伍汉霖，邵广昭，赖春福等，2012.

**别名或俗名（Used or common name）**：黄平魟，金魟仔.

**分布（Distribution）**：东海，南海.

## （四十七）魟科 Dasyatidae

### 98. 魟属 *Dasyatis* Rafinesque, 1810

**（222）尖吻魟 *Dasyatis acutirostra* Nishida *et* Nakaya, 1988**

*Dasyatis acutirostra* Nishida *et* Nakaya, 1988, 35 (2): 115-123.

**文献（Reference）**：Nishida and Nakaya, 1988, 35 (2): 115-123; Kim, Choi, Lee *et al*., 2005; 伍汉霖，邵广昭，赖春福等，2012.

**别名或俗名（Used or common name）**：尖吻土魟，魟仔.

**分布（Distribution）**：？

**（223）赤魟 *Dasyatis akajei* (Müller *et* Henle, 1841)**

*Trygon akajei* Müller *et* Henle, 1841: 1-200.
*Dasyatis akajel* (Müller *et* Henle, 1841).

**文献（Reference）**：Masuda, Amaoka, Araga *et al*., 1984; 朱元鼎等, 1985; Hwang, Chen and Yueh, 1988; Shao, Kao and Lee, 1990; 沈世杰, 1993; Yamada, Shirai, Irie *et al*., 1995; Ni and Kwok, 1999; Kuo and Shao, 1999; Randall and Lim (eds.), 2000; Huang, 2001; Compagno, Last, Stevens *et al*., 2005; 伍汉霖，邵广昭，赖春福等, 2012.

**别名或俗名（Used or common name）**：赤土魟，红魟，牛尾魟.

**分布（Distribution）**：渤海，黄海，东海，南海.

**（224）黄魟 *Dasyatis bennettii* (Müller *et* Henle, 1841)**

*Trygon bennettii* Müller *et* Henle, 1841: 160.
*Dasyatis akajei*: 朱元鼎, 1960 (non Müller *et* Henle), 174; 郑葆珊, 1981: 10; 陈素芝 (见郑慈英等), 1989: 16; 周解 (见周解和张春光), 2006: 56.
*Dasyatis bennetti*: 成庆泰和郑葆珊, 1987: 40; 刘明玉，解玉浩和季达明, 2000: 29; 朱元鼎等, 2001: 416.
*Dasyatis bennettii*: Zhang *et al*., 2010: 939; 伍汉霖，邵广昭，赖春福等, 2012: 15.

**别名或俗名（Used or common name）**：赤魟.

**分布（Distribution）**：珠江流域西江下游 (陆封性种群)，以及南海和东海. 国外分布于印度洋，太平洋.

**（225）光魟 *Dasyatis laevigata* Chu, 1960**

*Dasyatis laevigatus* Chu, 1960: 1-225.

**文献（Reference）**：朱元鼎等, 1985; 沈世杰, 1993; Randall and Lim (eds.), 2000; Huang, 2001; 伍汉霖，邵广昭，赖春福等, 2012.

**别名或俗名（Used or common name）**：光土魟，魴仔.
**分布（Distribution）**：渤海，黄海，东海.

### （226）老挝魟 *Dasyatis laosensis* Roberts *et* Karnasuta, 1987

*Dasyatis laosensis* Roberts *et* Karnasuta, 1987: 161.
**文献（Reference）**：陈小勇, 2013, 34 (4): 290.
**分布（Distribution）**：西双版纳澜沧江下游. 国外分布于湄南河和湄公河.

### （227）鬼魟 *Dasyatis lata* (Garman, 1880)

*Trygon lata* Garman, 1880: 167-172.
*Dasyatis latus* (Garman, 1880).
*Dasyatis sciera* Jenkins, 1903.
**文献（Reference）**：Teng, 1962; 沈世杰, 1993; Randall and Lim (eds.), 2000; Huang, 2001; 伍汉霖, 邵广昭, 赖春福等, 2012.
**别名或俗名（Used or common name）**：鬼土魟，魴仔.
**分布（Distribution）**：东海，南海.

### （228）奈氏魟 *Dasyatis navarrae* (Steindachner, 1892)

*Trygon navarrae* Steindachner, 1892: 130-134.
**文献（Reference）**：朱元鼎等, 1985; 沈世杰, 1993; Randall and Lim (eds.), 2000; Huang, 2001; 伍汉霖, 邵广昭, 赖春福等, 2012.
**别名或俗名（Used or common name）**：黑土魟，魴仔.
**分布（Distribution）**：渤海，黄海，东海，南海.

### （229）中国魟 *Dasyatis sinensis* (Steindachner, 1892)

*Trygon sinensis* Steindachner, 1892: 130-134.
*Dasybatus sinensis* (Steindachner, 1892).
**文献（Reference）**：Huang, 2001; Kim, Choi, Lee *et al*., 2005; 伍汉霖, 邵广昭, 赖春福等, 2012.
**分布（Distribution）**：渤海，黄海，东海.

### （230）尤氏魟 *Dasyatis ushiei* (Jordan *et* Hubbs, 1925)

*Dasybatis ushiei* Jordan *et* Hubbs, 1925: 93-346.
*Dasyatis ushieri* (Jordan *et* Hubbs, 1925).
**文献（Reference）**：Teng, 1962; Masuda, Amaoka, Araga *et al*., 1984; Shao, Chen, Kao *et al*., 1993; 沈世杰, 1993; Shao, 1997; Randall and Lim (eds.), 2000; Huang, 2001; 伍汉霖, 邵广昭, 赖春福等, 2012.
**别名或俗名（Used or common name）**：牛土魟，魴仔.
**分布（Distribution）**：东海，南海.

### （231）尖嘴魟 *Dasyatis zugei* (Müller *et* Henle, 1841)

*Trygon zugei* Müller *et* Henle, 1841: 1-200.
*Amphotistius zugei* (Müller *et* Henle, 1841).
*Trygon crozieri* Blyth, 1860.
*Dasyatis cheni* Teng, 1962.
**文献（Reference）**：朱元鼎等, 1985; Nishida and Nakaya, 1988; Shao, Chen, Kao *et al*., 1993; 沈世杰, 1993; Ni and Kwok, 1999; Randall and Lim (eds.), 2000; Huang, 2001; Compagno, Last, Stevens *et al*., 2005; 伍汉霖, 邵广昭, 赖春福等, 2012.
**别名或俗名（Used or common name）**：尖嘴土魟，魴仔.
**分布（Distribution）**：渤海，黄海，东海，南海.

## 99. 窄尾魟属 *Himantura* Müller *et* Henle, 1837

### （232）齐氏窄尾魟 *Himantura gerrardi* (Gray, 1851)

*Trygon gerrardi* Gray, 1851: 1-160.
*Dasyatis gerrardi* (Gray, 1851).
*Himantura gerrardii* (Gray, 1851).
*Trygon liocephalus* Klunzinger, 1871.
**文献（Reference）**：Masuda, Amaoka, Araga *et al*., 1984; Shao, Chen, Kao *et al*., 1993; 沈世杰, 1993; Ni and Kwok, 1999; Randall and Lim (eds.), 2000; Huang, 2001; Compagno, Last, Stevens *et al*., 2005; 伍汉霖, 邵广昭, 赖春福等, 2012.
**别名或俗名（Used or common name）**：魴仔，花魴.
**分布（Distribution）**：东海，南海.

### （233）小眼窄尾魟 *Himantura microphthalma* (Chen, 1948)

*Dasyatis microphthalmus* Chen, 1948, 1 (3): 1-14.
**文献（Reference）**：Chen, 1948, 1 (3): 1-14; 朱元鼎等, 1985; 沈世杰, 1993; Randall and Lim (eds.), 2000; Huang, 2001; 伍汉霖, 邵广昭, 赖春福等, 2012.
**别名或俗名（Used or common name）**：魴仔，小眼魟.
**分布（Distribution）**：东海，南海.

### （234）花点窄尾魟 *Himantura uarnak* (Gmelin, 1789)

*Raja uarnak* Gmelin, 1789: 1033-1516.
*Dasyatis uarnak* (Gmelin, 1789).
*Raja uarnak* Gmelin, 1789.
*Trygon uarnak* (Gmelin, 1789).
*Himantura punctata* (Günther, 1870).
*Trygon punctata* Günther, 1870.
**文献（Reference）**：沈世杰, 1993; Cinco, Confiado, Trono *et al*., 1995; Randall and Lim (eds.), 2000; Huang, 2001; 伍汉霖, 邵广昭, 赖春福等, 2012.
**别名或俗名（Used or common name）**：豹纹窄尾魟，魴仔，豹纹魟，花点魟，魟仔，花魴.
**分布（Distribution）**：东海，南海.

**(235) 波缘窄尾魟 *Himantura undulata* (Bleeker, 1852)**

*Trygon undulata* Bleeker, 1852: 1-92.

**文献（Reference）：** Randall and Lim (eds.), 2000.

**别名或俗名（Used or common name）：** 魴仔，豹纹魟.

**分布（Distribution）：** 南海.

### 100. 新魟属 *Neotrygon* Castelnau, 1873

**(236) 古氏新魟 *Neotrygon kuhlii* (Müller *et* Henle, 1841)**

*Trygon kuhlii* Müller *et* Henle, 1841: 1-200.

*Amphotistius kuhlii* (Müller *et* Henle, 1841).

*Dasyatis kuhlii* (Müller *et* Henle, 1841).

*Dasybatus kuhli* (Müller *et* Henle, 1841).

*Dicerobatis kuhlii* (Müller *et* Henle, 1841).

**文献（Reference）：** Kyushin, Amaoka, Nakaya *et al.*, 1982; 朱元鼎等, 1985; Mohsin, Ambak, Said *et al.*, 1986; Shao, 1991; 沈世杰, 1993; Leung, 1994; Chen, Jan and Shao, 1997; Ni and Kwok, 1999; Randall and Lim (eds.), 2000; 伍汉霖, 邵广昭, 赖春福等, 2012.

**别名或俗名（Used or common name）：** 魴仔，肉丝魟，古氏土魟，鲨帽子，蝙仔，查某仔团.

**分布（Distribution）：** 渤海，黄海，东海，南海.

### 101. 翼魟属 *Pteroplatytrygon* Fowler, 1910

**(237) 紫色翼魟 *Pteroplatytrygon violacea* (Bonaparte, 1832)**

*Trygon violacea* Bonaparte, 1832: 1-556.

*Dasyatis violacea* (Bonaparte, 1832).

*Trygon purpurea* Müller *et* Henle, 1841.

*Dasyatis atratus* Ishiyama *et* Okada, 1955.

**文献（Reference）：** Masuda, Amaoka, Araga *et al.*, 1984; Nakaya and Shirai, 1992; Randall and Lim (eds.), 2000; Huang, 2001; 伍汉霖, 邵广昭, 赖春福等, 2012.

**别名或俗名（Used or common name）：** 紫魟，土魟.

**分布（Distribution）：** 东海，南海.

### 102. 条尾魟属 *Taeniura* Müller *et* Henle, 1837

**(238) 迈氏条尾魟 *Taeniura meyeni* Müller *et* Henle, 1841**

*Taeniura meyeni* Müller *et* Henle, 1841: 1-200.

**文献（Reference）：** 沈世杰, 1993; 伍汉霖, 邵广昭, 赖春福等, 2012.

**别名或俗名（Used or common name）：** 魴仔，乌魴，牛屎魴.

**分布（Distribution）：** 南海.

### 103. 鲨粒魟属 *Urogymnus* Müller *et* Henle, 1837

**(239) 糙鲨粒魟 *Urogymnus asperrimus* (Bloch *et* Schneider, 1801)**

*Raja asperrima* Bloch *et* Schneider, 1801: 1-584.

*Anacanthus africanus* (Bloch *et* Schneider, 1801).

*Raja africana* Bloch *et* Schneider, 1801.

*Urogymnus aperrimus* (Bloch *et* Schneider, 1801).

**文献（Reference）：** Herre, 1953; Randall and Lim (eds.), 2000; Huang, 2001; Compagno, Last, Stevens *et al.*, 2005; Chinese Academy of Fishery Science (CAFS), 2007; 伍汉霖, 邵广昭, 赖春福等, 2012.

**别名或俗名（Used or common name）：** 魴仔.

**分布（Distribution）：** 南海.

## （四十八）燕魟科 Gymnuridae

### 104. 燕魟属 *Gymnura* van Hasselt, 1823

**(240) 双斑燕魟 *Gymnura bimaculata* (Norman, 1925)**

*Pteroplatea bimaculata* Norman, 1925b: 270.

*Pteroplatea jordani* Chu, 1930.

**文献（Reference）：** 沈世杰, 1993; Ni and Kwok, 1999; Randall and Lim (eds.), 2000; Huang, 2001; 伍汉霖, 邵广昭, 赖春福等, 2012.

**别名或俗名（Used or common name）：** 戴星鸢魟，魴仔.

**分布（Distribution）：** 渤海，黄海，东海，南海.

**(241) 日本燕魟 *Gymnura japonica* (Temminck *et* Schlegel, 1850)**

*Pteroplatea japonica* Temminck *et* Schlegel, 1850: 270-324.

*Gymmura japonica* (Temminck *et* Schlegel, 1850).

**文献（Reference）：** Masuda, Amaoka, Araga *et al.*, 1984; 沈世杰, 1993; Yamada, Shirai, Irie *et al.*, 1995; Ni and Kwok, 1999; Randall and Lim (eds.), 2000; Huang, 2001; 伍汉霖, 邵广昭, 赖春福等, 2012.

**别名或俗名（Used or common name）：** 日本鸢魟，魴仔，臭尿破魴.

**分布（Distribution）：** 渤海，黄海，东海，南海.

**(242) 花尾燕魟 *Gymnura poecilura* (Shaw, 1804)**

*Raja poecilura* Shaw, 1804: 1-463.

*Pteroplatea poecilura* (Shaw, 1804).

*Urogymnus poecilura* (Shaw, 1804).

*Trygon kunsa* (Cuvier, 1829).

*Pteroplatea annulata* Swainson, 1839.

**文献（Reference）：** Herre, 1953b; Masuda, Amaoka, Araga *et al.*, 1984; Ni and Kwok, 1999; Randall and Lim (eds.), 2000; Huang, 2001; Compagno, Last, Stevens *et al.*, 2005; 伍汉霖,

邵广昭, 赖春福等, 2012.
**分布（Distribution）**：东海, 南海.

### （243）条尾燕魟 *Gymnura zonura* (Bleeker, 1852)

*Aetoplatea zonurus* Bleeker, 1852: 1-92.
*Gymnura zonurus* (Bleeker, 1852).
*Pteroplatea zonura* (Bleeker, 1852).
**文献（Reference）**：Shao, Chen, Kao *et al.*, 1993; Randall and Lim (eds.), 2000; Huang, 2001; Compagno, Last, Stevens *et al.*, 2005; Jacobsen and Bennett, 2009; 伍汉霖, 邵广昭, 赖春福等, 2012.
**别名或俗名（Used or common name）**：鲂仔.
**分布（Distribution）**：东海, 南海.

## （四十九）鲼科 Myliobatidae

### 105. 鹞鲼属 *Aetobatus* Blainville, 1816

### （244）无斑鹞鲼 *Aetobatus flagellum* (Bloch *et* Schneider, 1801)

*Raja flagellum* Bloch *et* Schneider, 1801: 1-584.
*Aetobates flagellum* (Bloch *et* Schneider, 1801).
**文献（Reference）**：Morton, 1979; Ni and Kwok, 1999; Randall and Lim (eds.), 2000; Huang, 2001; 伍汉霖, 邵广昭, 赖春福等, 2012.
**分布（Distribution）**：黄海, 东海, 南海.

### （245）纳氏鹞鲼 *Aetobatus narinari* (Euphrasen, 1790)

*Raja narinari* Euphrasen, 1790: 217-219.
*Aetobates narinari* (Euphrasen, 1790).
*Stoasodon narinari* (Euphrasen, 1790).
**文献（Reference）**：Shao, Chen, Kao *et al.*, 1993; 沈世杰, 1993; Chen, Shao and Lin, 1995; Randall and Lim (eds.), 2000; Huang, 2001; Compagno, Last, Stevens *et al.*, 2005; 伍汉霖, 邵广昭, 赖春福等, 2012.
**别名或俗名（Used or common name）**：雪花鸭嘴燕魟, 鲂仔, 燕仔魟, 花燕子, 乌燕仔鲂.
**分布（Distribution）**：东海, 南海.

### 106. 无刺鲼属 *Aetomylaeus* Garman, 1908

### （246）花点无刺鲼 *Aetomylaeus maculatus* (Gray, 1834)

*Myliobatis maculatus* Gray, 1834: no page number, pl. 101.
*Myliobatus cyclurus* van Hasselt, 1823.
*Aetomylus maculatus* (Gray, 1834).
**文献（Reference）**：沈世杰, 1993; Randall and Lim (eds.), 2000; Huang, 2001; 伍汉霖, 邵广昭, 赖春福等, 2012.
**别名或俗名（Used or common name）**：星点圆吻燕魟, 鲂仔.
**分布（Distribution）**：东海, 南海.

### （247）鹰状无刺鲼 *Aetomylaeus milvus* (Müller *et* Henle, 1841)

*Myliobatis milvus* Müller *et* Henle, 1841: 1-200.
*Aetomylus milvus* (Müller *et* Henle, 1841).
*Myliobatis vultur* Müller *et* Henle, 1841.
*Myliobates oculeus* Richardson, 1846.
**文献（Reference）**：沈世杰, 1993; Ni and Kwok, 1999; Randall and Lim (eds.), 2000; Huang, 2001; Compagno, Last, Stevens *et al.*, 2005; 伍汉霖, 邵广昭, 赖春福等, 2012.
**别名或俗名（Used or common name）**：鹰形圆吻燕魟, 鲂仔.
**分布（Distribution）**：东海, 南海.

### （248）聂氏无刺鲼 *Aetomylaeus nichofii* (Bloch *et* Schneider, 1801)

*Raja niehofii* Bloch *et* Schneider, 1801: 1-584.
*Aetomylaeus niehofii* (Bloch *et* Schneider, 1801).
*Myliobatis nieuhofii* (Bloch *et* Schneider, 1801).
**文献（Reference）**：Kyushin, Amaoka, Nakaya *et al.*, 1982; Masuda, Amaoka, Araga *et al.*, 1984; Shao, Chen, Kao *et al.*, 1993; 沈世杰, 1993; Ni and Kwok, 1999; Randall and Lim (eds.), 2000; Huang, 2001; Compagno, Last, Stevens *et al.*, 2005; 伍汉霖, 邵广昭, 赖春福等, 2012.
**别名或俗名（Used or common name）**：青带圆吻燕魟, 鲂仔, 燕仔鲂, 飞鲂仔, 佛祖燕.
**分布（Distribution）**：东海, 南海.

### （249）蝠状无刺鲼 *Aetomylaeus vespertilio* (Bleeker, 1852)

*Myliobatis vespertilio* Bleeker, 1852: 1-92.
*Aetomylus vespertilio* (Bleeker, 1852).
*Aetobatus reticulatus*
**文献（Reference）**：沈世杰, 1993; Randall and Lim (eds.), 2000; Huang, 2001; Compagno, Last, Stevens *et al.*, 2005; 伍汉霖, 邵广昭, 赖春福等, 2012.
**别名或俗名（Used or common name）**：网纹圆吻燕魟, 鲂仔.
**分布（Distribution）**：东海, 南海.

### 107. 前口蝠鲼属 *Manta* Bancroft, 1829

### （250）双吻前口蝠鲼 *Manta birostris* (Walbaum, 1792)

*Raja birostris* Walbaum, 1792: 1-723.
*Cephalopterus vampyrus* Mitchill, 1824.
*Cephalopterus manta* Bancroft, 1829.
*Manta americana* Bancroft, 1829.
*Ceratoptera johnii* Müller *et* Henle, 1841.
**文献（Reference）**：Coles, 1916; 沈世杰, 1993; Ni and Kwok,

1999; Yano, Sato and Takahashi, 1999; Homma, Maruyama, Itoh *et al.*, 1999; Randall and Lim (eds.), 2000; Huang, 2001; Compagno, Last, Stevens *et al.*, 2005; Ito and Kashiwagi, 2010; Kashiwagi and Ito, 2010; 伍汉霖, 邵广昭, 赖春福等, 2012.

**别名或俗名（Used or common name）**：鬼蝠魟, 飞鲂仔, 鹰鲂.

**分布（Distribution）**：渤海, 黄海, 东海, 南海.

## 108. 蝠鲼属 *Mobula* Rafinesque, 1810

### （251）无刺蝠鲼 *Mobula diabolus* (Shaw, 1804)

*Raja diabolus* Shaw, 1804: 1-463.

*Mobula diabolus* (Shaw, 1804): 29.

**文献（Reference）**：Shaw, 1804: i-vi + 251-463, pls. 132-182, 158; 沈世杰, 1993.

**别名或俗名（Used or common name）**：飞鲂仔, 鹰鲂.

**分布（Distribution）**：?

### （252）日本蝠鲼 *Mobula japanica* (Müller *et* Henle, 1841)

*Cephaloptera japanica* Müller *et* Henle, 1841: 1-200.

*Mobula japonica* (Müller *et* Henle, 1841).

*Mobula rancureli* Cadenat, 1959.

**文献（Reference）**：Masuda, Amaoka, Araga *et al.*, 1984; 沈世杰, 1993; Randall and Lim (eds.), 2000; Huang, 2001; 伍汉霖, 邵广昭, 赖春福等, 2012.

**别名或俗名（Used or common name）**：日本蝠魟, 飞鲂仔, 鹰鲂, 燕仔魟, 角鲂, 牛港燕, 挂角燕.

**分布（Distribution）**：渤海, 黄海, 东海, 南海.

### （253）褐背蝠鲼 *Mobula tarapacana* (Philippi, 1892)

*Cephaloptera tarapacana* Philippi, 1892: 8, pl. 3.

*Mobula tarapanaca* (Philippi, 1892).

*Mobula coilloti* Cadenat *et* Rancurel, 1960.

*Mobula formosana* Teng, 1962.

**文献（Reference）**：Shao, Chen, Kao *et al.*, 1993; 沈世杰, 1993; Randall and Lim (eds.), 2000; Huang, 2001; 伍汉霖, 邵广昭, 赖春福等, 2012.

**别名或俗名（Used or common name）**：智利蝠魟, 飞鲂仔, 鹰鲂.

**分布（Distribution）**：南海.

## 109. 鲼属 *Myliobatis* Geoffroy Saint-Hilaire, 1817

### （254）鸢鲼 *Myliobatis tobijei* Bleeker, 1854

*Myliobatis tobijei* Bleeker, 1854: 395-426.

*Mobula tobijei* (Bleeker, 1854).

**文献（Reference）**：Nakaya and Shirai, 1992; Shao, Chen, Kao *et al.*, 1993; 沈世杰, 1993; Yamada, Shirai, Irie *et al.*, 1995; Randall and Lim (eds.), 2000; Huang, 2001; Ohshimo, 2004; Compagno, Last, Stevens *et al.*, 2005; 伍汉霖, 邵广昭, 赖春福等, 2012.

**别名或俗名（Used or common name）**：燕魟, 飞鲂仔, 鹰鲂, 土地公燕, 飞鲂仔.

**分布（Distribution）**：渤海, 黄海, 东海, 南海.

## 110. 牛鼻鲼属 *Rhinoptera* van Hasselt, 1824

### （255）海南牛鼻鲼 *Rhinoptera hainanica* Chu, 1960

*Rhinoptera hainanica* Chu, 1960: 1-225.

**文献（Reference）**：Chu, 1960: i-x + 1-225; Compagno, 1999; 伍汉霖, 邵广昭, 赖春福等, 2012.

**分布（Distribution）**：南海.

### （256）爪哇牛鼻鲼 *Rhinoptera javanica* Müller *et* Henle, 1841

*Rhinoptera javanica* Müller *et* Henle, 1841: 27-102.

**文献（Reference）**：沈世杰, 1993; Ni and Kwok, 1999; Randall and Lim (eds.), 2000; Huang, 2001; Compagno, Last, Stevens *et al.*, 2005; 伍汉霖, 邵广昭, 赖春福等, 2012.

**别名或俗名（Used or common name）**：叉头燕魟, 飞鲂仔, 鹰鲂, 乌鲂, 燕仔鲂.

**分布（Distribution）**：东海, 南海.

# IV. 辐鳍鱼纲 ACTINOPTERYGII

## 十七、鲟形目 Acipenseriformes

## （五十）鲟科 Acipenseridae

### 111. 鲟属 *Acipenser* Linnaeus, 1758

*Acipenser* Linnaeus, 1758: 237.

**（257）西伯利亚鲟 *Acipenser baeri* Brandt, 1869**

*Acipenser baeri* Brandt, 1869: 115; 中国科学院动物研究所等, 1979: 7; 张世义, 2001: 36; 伍汉霖, 邵广昭, 赖春福等, 2012: 17.

**别名或俗名（Used or common name）**：贝氏鲟, 尖吻鲟.

**分布（Distribution）**：我国仅自然分布于新疆额尔齐斯河流域, 目前在云南南盘江野外有发现, 应为人工养殖逃逸. 国外分布于俄罗斯鄂毕河至科累马河.

**保护等级（Protection class）**：省 I 级 (新疆).

**（258）长江鲟 *Acipenser dabryanus* Duméril, 1868**

*Acipenser dabryanus* Duméril, 1869: 98; 伍献文, 杨干荣, 乐佩琦等, 1963; 湖北省水生生物研究所鱼类研究室, 1976: 16; 贾敬德和王志玲, 1981: 12; 成庆泰和郑葆珊, 1987: 51; 四川省长江水产资源调查组, 1987: 176; 杨干荣, 1987: 26; 周伟 (见褚新洛和陈银瑞等), 1990: 2; 丁瑞华, 1994: 29; 朱松泉, 1995: 6; 张世义, 2001: 30.

**别名或俗名（Used or common name）**：达氏鲟, 鲟鱼.

**分布（Distribution）**：长江中游和上游干流, 以及如乌江, 嘉陵江, 渠江, 沱江, 岷江等支流的下游.

**保护等级（Protection class）**：国家 I 级, CITES II 级.

**（259）小体鲟 *Acipenser ruthenus* Linnaeus, 1758**

*Acipenser ruthenus* Linnaeus, 1758: 237; Берг, 1916: 13; 李思忠, 戴定远, 张世义等, 1966: 52; Усыним, 1978: 624; Закора, 1978: 1065; Сайфулии, 1980: 842; 成庆泰和郑葆珊, 1987: 52; 朱松泉, 1995: 6; 张世义, 2001: 29; 任慕莲, 郭焱, 张人铭等, 2002: 55.

**别名或俗名（Used or common name）**：小种鲟.

**分布（Distribution）**：新疆额尔齐斯河水系 (如哈巴河, 布尔津, 阿勒泰盐池渔场等). 国外分布于里海, 波罗的海, 黑海等周边河流及鄂毕河, 叶尼塞河等.

**保护等级（Protection class）**：CITES I 级, 省 I 级 (新疆).

**（260）史氏鲟 *Acipenser schrenckii* Brandt, 1869**

*Acipenser schrenckii* Brandt, 1869: 115; Fowler, 1941, 13 (100): 513; 尼科尔斯基 (高岫译), 1960: 30; 伍献文, 杨干荣, 乐佩琦等, 1963: 14; 任慕莲, 1981: 7; 贾敬德, 1984: 32; 成庆泰和郑葆珊, 1987: 51; 朱松泉, 1995: 5; 罗相忠, 1996: 25; 张世义, 2001: 32; 解玉浩, 2007: 8.

**别名或俗名（Used or common name）**：鲟鱼, 施氏鲟, 黑龙江鲟.

**分布（Distribution）**：黑龙江中游干流, 松花江, 乌苏里江等. 国外分布于俄罗斯阿穆尔河流域.

**保护等级（Protection class）**：《中国濒危动物红皮书·鱼类》(易危), CITES II 级, 省级 (黑龙江).

**（261）中华鲟 *Acipenser sinensis* Gray, 1834**

*Acipenser sinensis* Gray, 1834: 122; Evermann *et* Shaw, 1927: 97; Tchang, 1928: 2; Wu, 1929: 15; Kimura, 1934: 14; 伍献文, 杨干荣, 乐佩琦等, 1963: 13; 袁大林, 1975: 9; 湖北省水生生物研究所鱼类研究室, 1976: 18; 贾敬德和王志玲, 1981: 12; 余志堂, 许蕴玕, 周春生等, 1981: 18; 郑葆珊, 1981: 12; 傅朝君, 刘宪亭, 鲁大椿等, 1985: 1; 柯福恩, 胡德高, 张国良, 1985: 38; 成庆泰和郑葆珊, 1987: 51; 江苏省淡水水产研究所和南京大学生物系, 1987: 48; 李思忠, 1987: 35; 杨干荣, 1987: 28; 张世义, 1987: 50; 四川省长江水产资源调查组, 1988: 32; 张玉玲 (见郑慈英等), 1989: 19; 倪勇, 1990: 86; 徐寿山, 1991: 22; 丁瑞华, 1994: 30; 赵云芳, 杜军, 张一果等, 1997: 41; 张世义, 2001: 34.

*Acipenser dabryanus*: Nichols, 1943, 9: 16.

**别名或俗名（Used or common name）**：鲟鱼, 黄鲟, 腊子.

**分布（Distribution）**：洄游性鱼类, 北起黄海北部, 南至珠江, 海南省万宁等地的近海; 历史上, 沿长江上溯可到金沙江下游, 闽江, 沿珠江达广西浔江等都有分布, 现因长江流域葛洲坝水电工程建设, 已不能洄游到葛洲坝以上, 在葛洲坝下形成了新的产卵场. 国外分布于朝鲜半岛和日本.

**保护等级（Protection class）**：国家 I 级, CITES II 级.

### 112. 鳇属 *Huso* Brandt *et* Ratzeburg, 1833

*Huso* Brandt *et* Ratzeburg, 1833: 3.

**（262）鳇 *Huso dauricus* (Georgi, 1775)**

*Acipenser dauricus* Georgi, 1775: 352.

*Huso dauricus*: Shaw, 1934: 108; 尼科尔斯基 (高岫译),

1960: 21; 伍献文, 杨干荣, 乐佩琦等, 1963: 12; 任慕莲, 1981: 5; 成庆泰和郑葆珊, 1987: 52; 李思忠, 1987: 36; 朱松泉, 1995: 6; 罗相中, 1996: 25; 张世义, 2001: 38.
**别名或俗名（Used or common name）**: 黑龙江鳇.
**分布（Distribution）**: 黑龙江水系. 国外分布于日本, 俄罗斯 (远东地区) 等.
**保护等级（Protection class）**:《中国濒危动物红皮书·鱼类》(易危), CITES II 级.

## （五十一）长(匙)吻鲟科 Polyodontidae

### 113. 白鲟属 *Psephurus* Günther, 1873

*Psephurus* Günther, 1873a: 250.

**（263）白鲟 *Psephurus gladius* (Martens, 1862)**
*Polyodon gladius* Martens, 1862: 476; Duméril, 1870: 187; Martens, 1875: 159.
*Psephurus gladius*: Günther, 1873a: 250; Tchang, 1928: 1; Kimura, 1934: 17; Nichols, 1943, 9: 17; 伍献文, 杨干荣, 乐佩琦等, 1963: 16; 湖北省水生生物研究所鱼类研究室, 1976: 20; 刘成汉, 1979: 13; 湖南省水产科学研究所, 1980: 14; 成庆泰和郑葆珊, 1987: 52; 李思忠, 1987: 35; 杨干荣, 1987: 29; 朱成德和余宁, 1987: 289; 四川省长江水产资源调查组, 1988: 249; 倪勇, 1990: 89; 毛节荣和徐寿山, 1991: 24; Mims, Georgi *et* Liu, 1993: 46; 丁瑞华, 1994: 34; 马骏, 邓中粦, 邓昕等, 1996: 150; 乐佩琦和陈宜瑜, 1998: 21; 张世义, 2001: 40.
**别名或俗名（Used or common name）**: 象鱼, 剑鱼.
**分布（Distribution）**: 洄游性鱼类, 黄渤海和东海及其所属的黄河, 长江, 钱塘江等内陆河流, 沿长江上溯可达乌江, 嘉陵江, 渠江, 沱江, 岷江, 金沙江等.
**保护等级（Protection class）**: 国家 I 级, CITES II 级.

# 十八、海鲢目 Elopiformes

## （五十二）海鲢科 Elopidae

### 114. 海鲢属 *Elops* Linnaeus, 1766

**（264）大眼海鲢 *Elops machnata* (Forsskål, 1775)**
*Argentina machnata* Forsskål, 1775: 1-164.
*Elops capensis* Smith, 1838-47.
*Elops indicus* Swainson, 1839.
*Elops purpurascens* Richardson, 1846.
**文献（Reference）**: Fraser, 1973; Tzeng and Wang, 1986; 沈世杰, 1993; Ni and Kwok, 1999; Kuo and Shao, 1999; Kuo, Lin and Shao, 1999; Carpenter and Niem, 1999; Randall and Lim (eds.), 2000; 伍汉霖, 邵广昭, 赖春福等, 2012.
**别名或俗名（Used or common name）**: 澜槽, 海鲢, 烂土梭.
**分布（Distribution）**: 东海, 南海.

**（265）蜥海鲢 *Elops saurus* Linnaeus, 1766**
*Elopidae saurus* Linnaeus, 1766: 394-532.
**文献（Reference）**: Ganaden and Lavapie-Gonzales, 1999; Huang, 2001; 伍汉霖, 邵广昭, 赖春福等, 2012.
**分布（Distribution）**: 东海, 南海.

## （五十三）大海鲢科 Megalopidae

### 115. 大海鲢属 *Megalops* Lacépède, 1803

**（266）大海鲢 *Megalops cyprinoides* (Broussonet, 1782)**
*Clupea cyprinoides* Broussonet, 1782: [39], pl. 9.
*Clupea thrissoides* Bloch *et* Schneider, 1801.
*Megalops filamentosus* Lacépède, 1803.
*Clupea gigantea* Shaw, 1804.
*Elops cundinga* (Hamilton, 1822).
**文献（Reference）**: Nichols, 1943; Kyushin, Amaoka, Nakaya *et al.*, 1982; Shao, Chen, Kao *et al.*, 1993; 沈世杰, 1993; Kuo and Shao, 1999; Kuo, Lin and Shao, 1999; Carpenter and Niem, 1999; Randall and Lim (eds.), 2000; Huang, 2001; 伍汉霖, 邵广昭, 赖春福等, 2012.
**别名或俗名（Used or common name）**: 大眼海鲢, 海庵, 海鲢, 草鲢, 溪鳓, 粗鳞鲢.
**分布（Distribution）**: 东海, 南海.

# 十九、北梭鱼目 Albuliformes

## （五十四）北梭鱼科 Albulidae

### 116. 北梭鱼属 *Albula* Scopoli, 1777

**（267）圆颌北梭鱼 *Albula glossodonta* (Forsskål, 1775)**
*Argentina glossodonta* Forsskål, 1775: 1-164.
*Argentina bonuk* Lacépède, 1803.
*Albula erythrocheilos* Valenciennes, 1847.
**文献（Reference）**: Shen, 1964; Shao, Chen, Kao *et al.*, 1993; 沈世杰, 1993; Ni and Kwok, 1999; Kuo and Shao, 1999; Randall and Bauchot, 1999; Randall and Lim (eds.), 2000; Hidaka, Kishimoto and Iwatsuki, 2004; 伍汉霖, 邵广昭, 赖春福等, 2012.
**别名或俗名（Used or common name）**: 狐鲣, 北梭鱼, 竹

篙头, 鲈鱼, 竹篙鲢, 林投梭.
分布（Distribution）：东海, 南海.

**（268）东海北梭鱼 *Albula koreana* Kwun *et* Kim, 2011**

*Albula koreana* Kwun *et* Kim, 2011: 57-63.
文献（Reference）：Kwun and Kim, 2011: 57-63.
别名或俗名（Used or common name）：北梭鱼, 竹篙头.
分布（Distribution）：东海.

### 117. 长背鱼属 *Pterothrissus* Hilgendorf, 1877

**（269）长背鱼 *Pterothrissus gissu* Hilgendorf, 1877**

*Pterothrissus gissu* Hilgendorf, 1877: 127-128.
文献（Reference）：Masuda, Amaoka, Araga *et al.*, 1984; Okiyama, 1993; Fujita, Kitagawa, Okuyama *et al.*, 1995; Shinohara, Endo and Matsuura, 1996; Huang, 2001; 伍汉霖, 邵广昭, 赖春福等, 2012.
别名或俗名（Used or common name）：深海狐鲳, 竹篙头.
分布（Distribution）：东海.

## （五十五）海蜥鱼科 Halosauridae

### 118. 海蜴鱼属 *Aldrovandia* Goode *et* Bean, 1896

**（270）异鳞海蜴鱼 *Aldrovandia affinis* (Günther, 1877)**

*Halosaurus affinis* Günther, 1877: 433-446.
*Halosauropsis affinis* (Günther, 1877).
*Halosaurus anguilliformis* Alcock, 1889.
*Halosaurus hoskynii* Alcock, 1890.
文献（Reference）：Masuda, Amaoka, Araga *et al.*, 1984; Shinohara, Endo and Matsuura, 1996; Huang, 2001; 伍汉霖, 邵广昭, 赖春福等, 2012.
别名或俗名（Used or common name）：海蜥鱼.
分布（Distribution）：东海, 南海.

**（271）裸头海蜴鱼 *Aldrovandia phalacra* (Vaillant, 1888)**

*Halosaurus phalacrus* Vaillant, 1888: 1-406.
*Halosaurichthys nigerrimus* Alcock, 1898.
*Aldrovandia kauaiensis* (Gilbert, 1905).
*Halosauropsis verticalis* Gilbert, 1905.
文献（Reference）：Vaillant, 1888: 1-4; Iwamoto and McCosker, 2014; 伍汉霖, 邵广昭, 赖春福等, 2012.
别名或俗名（Used or common name）：海蜥鱼.
分布（Distribution）：东海, 南海.

### 119. 拟海蜥鱼属 *Halosauropsis* Collett, 1896

**（272）短吻拟海蜥鱼 *Halosauropsis macrochir* (Günther, 1878)**

*Halosaurus macrochir* Günther, 1878b: 17-251.
*Aldrovandia macrochir* (Günther, 1878).
*Halosaurus goodei* Gill, 1883.
*Halosaurus niger* Gilchrist, 1906.
文献（Reference）：Machida, Okamura and Ohta, 1988; Shinohara, Endo and Matsuura, 1996; 伍汉霖, 邵广昭, 赖春福等, 2012.
别名或俗名（Used or common name）：海蜥鱼.
分布（Distribution）：南海.

### 120. 海蜥鱼属 *Halosaurus* Johnson, 1864

**（273）中华海蜥鱼 *Halosaurus sinensis* Abe, 1974**

*Halosaurus sinensis* Abe, 1974: 1-6.
文献（Reference）：Randall and Lim (eds.), 2000; Huang, 2001; 伍汉霖, 邵广昭, 赖春福等, 2012.
分布（Distribution）：南海.

## （五十六）背棘鱼科 Notacanthidae

### 121. 背棘鱼属 *Notacanthus* Bloch, 1788

**（274）长吻背棘鱼 *Notacanthus abbotti* Fowler, 1934**

*Notacanthus abbotti* Fowler, 1934: 233-367.
文献（Reference）：Herre, 1953b; Masuda, Amaoka, Araga *et al.*, 1984; Carpenter and Niem, 1999; Huang, 2001; 吴宗翰, 2002; 伍汉霖, 邵广昭, 赖春福等, 2012.
别名或俗名（Used or common name）：背棘鱼.
分布（Distribution）：东海.

### 122. 多刺背棘鱼属 *Polyacanthonotus* Bleeker, 1874

**（275）白令海多刺背棘鱼 *Polyacanthonotus challengeri* (Vaillant, 1888)**

*Notacanthus challengeri* Vaillant, 1888: 1-406.
*Macdonaldia challengeri* (Vaillant, 1888).
*Macdonaldia alta* Gill *et* Townsend, 1897.
*Macdonaldia longa* Gill *et* Townsend, 1897.
*Polyacanthonotus longus* (Gill *et* Townsend, 1897).
文献（Reference）：Masuda, Amaoka, Araga *et al.*, 1984; 伍汉霖, 邵广昭, 赖春福等, 2012.
别名或俗名（Used or common name）：多刺背棘鱼, 背

棘鱼.
**分布（Distribution）**：东海.

## 二十、鳗鲡目 Anguilliformes

### （五十七）鳗鲡科 Anguillidae

#### 123. 鳗鲡属 *Anguilla* Schrank, 1798

*Anguilla* Schrank, 1798: 304, 307.

**（276）双色鳗鲡 *Anguilla bicolor* McClelland, 1844**

*Anguilla bicolor* McClelland, 1844: 178; 朱松泉, 1995: 18; Teng, Lin *et* Tzeng, 2009: 817; 张春光等, 2010: 180.
*Anguilla foochowensis* Chu *et* Jin, 1984: 187.
*Anguilla bicolor pacifica*: 伍汉霖, 邵广昭, 赖春福等, 2012: 20.
**别名或俗名（Used or common name）**：福州鳗.
**分布（Distribution）**：洄游性鱼类，见于福州（闽江口），澜沧江，瑞丽江等. 国外分布于印度洋和西太平洋地区，澳大利亚和非洲等地热带地区.

**（277）鳗鲡 *Anguilla japonica* Temminck *et* Schlegel, 1846**

*Anguilla japonica* Temminck *et* Schlegel, 1846: 258; Wang, 1984: 10; Kuang *et al.*, 1986: 27; 成庆泰和郑葆珊, 1987: 100; 张世义（见郑慈英等）, 1989: 34; Pan, Zhong, Zheng *et al.*, 1991: 53; 丁瑞华, 1994: 41; 朱松泉, 1995: 18; 成庆泰和周才武, 1997: 96; 刘明玉, 解玉浩和季达明, 2000: 82; Huang *et al.*, 2001: 42; Wang, Wang, Li *et al.*, 2001: 187; Teng, Lin *et* Tzeng, 2009: 817; 张春光等, 2010: 178; Ho *et* Shao, 2011: 21; 伍汉霖, 邵广昭, 赖春福等, 2012: 21.
*Anguilla breviceps* Chu *et* Jin, 1984: 183.
*Anguilla nigricans* Chu *et* Wu, 1984: 185.
**别名或俗名（Used or common name）**：日本鳗鲡.
**分布（Distribution）**：洄游性鱼类，我国沿海地区都有分布，从黑龙江到珠江的各大通海河流及其支流均有捕获记录. 国外分布于朝鲜，日本等地.
**保护等级（Protection class）**：省（直辖市）级（天津，江西）.

**（278）吕宋鳗鲡 *Anguilla luzonensis* Watanabe, Aoyama *et* Tsukamoto, 2009**

*Anguilla luzonensis* Watanabe, Aoyama *et* Tsukamoto, 2009: 387.
*Anguilla huangi* Teng, Li *et* Tzeng, 2009: 48.
**分布（Distribution）**：洄游性鱼类，分布于台湾. 国外分布于日本.
**保护等级（Protection class）**：《台湾淡水鱼类红皮书》（近危）.

**（279）花鳗鲡 *Anguilla marmorata* Quoy *et* Gaimard, 1824**

*Anguilla marmorata* Quoy *et* Gaimard, 1824: 241; Kuang *et al.*, 1986: 28; 成庆泰和郑葆珊, 1987: 100; 张世义（见郑慈英等）, 1989: 33; Pan, Zhong, Zheng *et al.*, 1991: 55; 朱松泉, 1995: 18; Yue *et al.*, 1998: 51; 刘明玉, 解玉浩和季达明, 2000: 83; Huang *et al.*, 2001: 42; Teng, Lin *et* Tzeng, 2009: 817; 张春光等, 2010: 181; 伍汉霖, 邵广昭, 赖春福等, 2012: 21.
**分布（Distribution）**：洄游性鱼类，分布于浙江以南包括台湾沿海及通海江河的干支流. 国外分布于东非到波利尼西亚，向北可分布到日本南部.
**保护等级（Protection class）**：国家 II 级.

**（280）云纹鳗鲡 *Anguilla nebulosa* McClelland, 1844**

*Anguilla nebulosa* McClelland, 1844: 179; 周伟（见褚新洛和陈银瑞等）, 1990: 7; 朱松泉, 1995: 18; Huang *et al.*, 2001: 42; 张春光等, 2010: 182; 伍汉霖, 邵广昭, 赖春福等, 2012: 21.
**分布（Distribution）**：洄游性鱼类，分布于云南怒江，南汀河和伊洛瓦底江等. 国外印度洋的东非部分至印度尼西亚的苏门答腊岛之间有分布.

### （五十八）蚓鳗科 Moringuidae

#### 124. 蚓鳗属 *Moringua* Gray, 1831

**（281）短线蚓鳗 *Moringua abbreviata* (Bleeker, 1863)**

*Aphthalmichthys abbreviatus* Bleeker, 1863: 163-166.
**文献（Reference）**：Herre, 1953b; Masuda, Amaoka, Araga *et al.*, 1984; 沈世杰, 1993; Shao, 1997; Huang, 2001; 伍汉霖, 邵广昭, 赖春福等, 2012.
**别名或俗名（Used or common name）**：蚓鳗.
**分布（Distribution）**：东海，南海.

**（282）大头蚓鳗 *Moringua macrocephalus* (Bleeker, 1863)**

*Aphthalmichthys macrocephalus* Bleeker, 1863: 163-166.
**文献（Reference）**：Chen and Weng（陈兼善和翁廷辰）, 1967; 沈世杰, 1993; Huang, 2001; 伍汉霖, 邵广昭, 赖春福等, 2012.
**别名或俗名（Used or common name）**：蚓鳗.
**分布（Distribution）**：东海，南海.

**（283）大鳍蚓鳗 *Moringua macrochir* Bleeker, 1853**

*Moringua macrochir* Bleeker, 1853: 91-130.

文献（**Reference**）：Chinese Academy of Fishery Science (CAFS), 2007; 伍汉霖, 邵广昭, 赖春福等, 2012.
分布（**Distribution**）：南海.

**（284）小鳍蚓鳗 *Moringua microchir* Bleeker, 1853**
*Moringua microchir* Bleeker, 1853: 91-130.
*Aphthalmichthys affinis* Ogilby, 1907.
文献（**Reference**）：Herre, 1953b; Okiyama, 1993; Werner and Allen, 2000; 伍汉霖, 邵广昭, 赖春福等, 2012.
分布（**Distribution**）：东海.

## （五十九）草鳗科 Chlopsidae

### 125. 唇鼻鳗属 *Chilorhinus* Lütken, 1852

**（285）扁吻唇鼻鳗 *Chilorhinus platyrhynchus* (Norman, 1922)**
*Brachyconger platyrhynchus* Norman, 1922: 217-218.
文献（**Reference**）：Okiyama, 1993; Randall and Lim (eds.), 2000; 陈余鋆, 2002; Shao, Ho, Lin *et al.*, 2008; 伍汉霖, 邵广昭, 赖春福等, 2012.
别名或俗名（**Used or common name**）：扁吻拟鳄, 扁吻草鳗, 草鳗.
分布（**Distribution**）：东海, 南海.

### 126. 眶鼻鳗属 *Kaupichthys* Schultz, 1943

**（286）黑吻眶鼻鳗 *Kaupichthys atronasus* Schultz, 1953**
*Kaupichthys atronasus* Schultz, 1953: 1-685.
文献（**Reference**）：Masuda, Amaoka, Araga *et al.*, 1984; Randall and Lim (eds.), 2000; 伍汉霖, 邵广昭, 赖春福等, 2012.
分布（**Distribution**）：南海.

**（287）双齿眶鼻鳗 *Kaupichthys diodontus* Schultz, 1943**
*Kaupichthys diodontus* Schultz, 1943, 180: 1-316.
文献（**Reference**）：Schultz, 1943, (148): 177-188; Smith, 1965; Chang, Lee and Shao, 1978; 伍汉霖, 邵广昭, 赖春福等, 2012.
别名或俗名（**Used or common name**）：草鳗.
分布（**Distribution**）：东海.

## （六十）海鳝科 Muraenidae

### 127. 高眉鳝属 *Anarchias* Jordan *et* Starks, 1906

**（288）褐高眉鳝 *Anarchias allardicei* Jordan *et* Starks, 1906**
*Anarchias allardicei* Jordan *et* Starks, 1906: 173-488.
*Anarchias fuscus* Smith, 1962.
*Anarchias maldiviensis* Klausewitz, 1964.
文献（**Reference**）：Jordan and Starks, 1906: 173-455; 沈世杰, 1993; Chen, Shao and Chen (陈鸿鸣, 邵广昭和陈哲聪), 1994; Randall and Lim (eds.), 2000; Huang, 2001; Loh, Chen, Randall *et al.*, 2008; 伍汉霖, 邵广昭, 赖春福等, 2012.
别名或俗名（**Used or common name**）：钱鳗, 薯鳗, 虎鳗.
分布（**Distribution**）：东海, 南海.

**（289）坎顿高眉鳝 *Anarchias cantonensis* (Schultz, 1943)**
*Uropterygius cantonensis* Schultz, 1943, 180: 1-316.
*Anarchias cantanensis* (Schultz, 1943).
文献（**Reference**）：Zhang, Tang, Liu *et al.*, 2010; Reece, Smith and Holm, 2010; Smith, 2012; 伍汉霖, 邵广昭, 赖春福等, 2012.
分布（**Distribution**）：南海.

### 128. 鳢鳝属 *Channomuraena* Richardson, 1848

**（290）宽带鳢鳝 *Channomuraena vittata* (Richardson, 1845)**
*Ichthyophis vittatus* Richardson, 1845: no page number, pl. 53.
*Channomuraena vittatus* (Richardson, 1845).
*Gymnomuraena vittata* (Richardson, 1845).
*Channomuraena cubensis* Poey, 1868.
*Channomuraena bennettii* (Günther, 1870).
文献（**Reference**）：Shao, 1997; Loh, Chen, Randall *et al.*, 2008; 伍汉霖, 邵广昭, 赖春福等, 2012.
别名或俗名（**Used or common name**）：环带裂口鳄, 钱鳗, 薯鳗, 虎鳗, 鳗.
分布（**Distribution**）：东海, 南海.

### 129. 颌须鳝属 *Cirrimaxilla* Chen *et* Shao, 1995

**（291）台湾颌须鳝（须裸海鳝）*Cirrimaxilla formosa* Chen *et* Shao, 1995**
*Cirrimaxilla formosa* Chen *et* Shao, 1995a, 57 (2): 328-332.
文献（**Reference**）：Chen and Shao (陈鸿鸣和邵广昭), 1995a, 57 (2): 328-332; Chen and Shao, 1995b; Randall and Lim (eds.), 2000; Loh, Chen, Randall *et al.*, 2008; 伍汉霖, 邵广昭, 赖春福等, 2012.
别名或俗名（**Used or common name**）：钱鳗, 薯鳗, 虎鳗.
分布（**Distribution**）：东海, 南海.

### 130. 蛇鳝属 *Echidna* Forster, 1788

**（292）棕斑蛇鳝 *Echidna delicatula* (Kaup, 1856)**
*Poecilophis delicatulus* Kaup, 1856: 41-77.

*Siderea delicatula* (Kaup, 1856).

**文献（Reference）**：Herre, 1953b; Masuda, Amaoka, Araga *et al*., 1984; Randall and Lim (eds.), 2000; Huang, 2001; 伍汉霖, 邵广昭, 赖春福等, 2012.

**分布（Distribution）**：南海.

**（293）云纹蛇鳝（云纹海鳝）*Echidna nebulosa* (Ahl, 1789)**

*Muraena nebulosa* Ahl, 1789: 1-14.

*Poecilophis nebulosa* (Ahl, 1789).

*Gymnothorax boschi* (Bleeker, 1853).

*Muraena boschii* Bleeker, 1853.

**文献（Reference）**：Chen and Weng (陈兼善和翁廷辰), 1967; Chang, Jan and Shao, 1983; 沈世杰, 1993; Chen, Shao and Chen (陈鸿鸣, 邵广昭和陈哲聪), 1994; Chen, Shao and Lin, 1995; Chen, Jan and Shao, 1997; Ni and Kwok, 1999; Randall and Lim (eds.), 2000; Huang, 2001; 伍汉霖, 邵广昭, 赖春福等, 2012.

**别名或俗名（Used or common name）**：钱鳗, 薯鳗, 虎鳗, 糬鳗, 节仔鳗, 蠘仔鳗.

**分布（Distribution）**：东海, 南海.

**（294）多带蛇鳝（多带海鳝）*Echidna polyzona* (Richardson, 1845)**

*Muraena polyzona* Richardson, 1845: 99-150.

*Echidna fascigula* (Peters, 1855).

*Poecilophis pikei* Bliss, 1883.

*Echidna leihala* Jenkins, 1903.

**文献（Reference）**：Smith, 1967; Chang, Jan and Shao, 1983; Shao, 1991; 沈世杰, 1993; Chen, Shao and Chen (陈鸿鸣, 邵广昭和陈哲聪), 1994; Chen, Shao and Lin, 1995; Chen, Jan and Shao, 1997; Randall and Lim (eds.), 2000; Huang, 2001; 伍汉霖, 邵广昭, 赖春福等, 2012.

**别名或俗名（Used or common name）**：节仔鳗, 钱鳗, 薯鳗, 虎鳗.

**分布（Distribution）**：东海, 南海.

**（295）黄点蛇鳝 *Echidna xanthospilos* (Bleeker, 1859)**

*Muraena xanthospilos* Bleeker, 1859: 330-352.

*Echidna xanthospilus* (Bleeker, 1859).

**文献（Reference）**：沈世杰, 1993; Chen, Shao and Chen (陈鸿鸣, 邵广昭和陈哲聪), 1994; Chen and Böhlke, 1996; Randall and Lim (eds.), 2000; 伍汉霖, 邵广昭, 赖春福等, 2012.

**别名或俗名（Used or common name）**：钱鳗, 薯鳗, 虎鳗.

**分布（Distribution）**：东海, 南海.

## 131. 勾吻鳝属 *Enchelycore* Kaup, 1856

**（296）贝氏勾吻鳝 *Enchelycore bayeri* (Schultz, 1953)**

*Gymnothorax bayeri* Schultz, 1953: 1-685.

**文献（Reference）**：Chen, Shao and Chen (陈鸿鸣, 邵广昭和陈哲聪), 1994; Shao, 1997; 伍汉霖, 邵广昭, 赖春福等, 2012.

**分布（Distribution）**：南海.

**（297）比基尼勾吻鳝 *Enchelycore bikiniensis* (Schultz, 1953)**

*Gymnothorax bikiniensis* Schultz, 1953: 1-685.

**文献（Reference）**：沈世杰, 1993; Chen, Shao and Chen (陈鸿鸣, 邵广昭和陈哲聪), 1994; Randall and Lim (eds.), 2000; Huang, 2001; 伍汉霖, 邵广昭, 赖春福等, 2012.

**别名或俗名（Used or common name）**：比吉尼勾吻鲆, 钱鳗, 薯鳗, 虎鳗.

**分布（Distribution）**：东海, 南海.

**（298）苔斑勾吻鳝 *Enchelycore lichenosa* (Jordan *et* Snyder, 1901)**

*Aemasia lichenosa* Jordan *et* Snyder, 1901: 837-890.

**文献（Reference）**：Masuda, Amaoka, Araga *et al*., 1984; 沈世杰, 1993; Chen, Shao and Chen (陈鸿鸣, 邵广昭和陈哲聪), 1994; Randall and Lim (eds.), 2000; Huang, 2001; 伍汉霖, 邵广昭, 赖春福等, 2012.

**别名或俗名（Used or common name）**：钱鳗, 薯鳗, 虎鳗.

**分布（Distribution）**：东海, 南海.

**（299）褐勾吻鳝 *Enchelycore nigricans* (Bonnaterre, 1788)**

*Muraena nigricans* Bonnaterre, 1788: 1-215.

*Muraena anguina* Gronow, 1854.

*Enchelycore euryrhina* Kaup, 1856.

**文献（Reference）**：Huang, 2001; 伍汉霖, 邵广昭, 赖春福等, 2012.

**分布（Distribution）**：南海.

**（300）豹纹勾吻鳝 *Enchelycore pardalis* (Temminck *et* Schlegel, 1846)**

*Muraena pardalis* Temminck *et* Schlegel, 1846: 173-269.

*Gymnothorax pardalis* (Temminck *et* Schlegel, 1846).

*Muraena kailuae* Jordan *et* Evermann, 1903.

*Muraena lampra* Jenkins, 1903.

**文献（Reference）**：Shao, Chen, Kao *et al*., 1993; 沈世杰, 1993; Chen, Shao and Chen (陈鸿鸣, 邵广昭和陈哲聪), 1994; Randall and Lim (eds.), 2000; Huang, 2001; 伍汉霖, 邵广昭, 赖春福等, 2012.

别名或俗名（Used or common name）：钱鳗，薯鳗，虎鳗，鸡角仔鳗.

分布（Distribution）：南海.

### （301）裂纹勾吻鳝 *Enchelycore schismatorhynchus* (Bleeker, 1853)

*Muraena schismatorhynchus* Bleeker, 1853: 243-302.

*Gymnothorax schismatorhynchus* (Bleeker, 1853).

文献（Reference）：沈世杰, 1993; Leung, 1994; Chen, Shao and Chen (陈鸿鸣, 邵广昭和陈哲聪), 1994; Ni and Kwok, 1999; Randall and Lim (eds.), 2000; Huang, 2001; 伍汉霖, 邵广昭, 赖春福等, 2012.

别名或俗名（Used or common name）：鸡角仔鳗，龙鳗，钱鳗，薯鳗，虎鳗，糬鳗，纺车索，咖啡色鳗.

分布（Distribution）：东海，南海.

## 132. 锐齿鳝属 *Enchelynassa* Kaup, 1855

### （302）锐齿鳝 *Enchelynassa canina* (Quoy *et* Gaimard, 1824)

*Muraena canina* Quoy *et* Gaimard, 1824: 1-328.

*Enchelynassa conina* (Quoy *et* Gaimard, 1824).

文献（Reference）：Smith, 1994; Smith and Böhlke, 2006; 伍汉霖, 邵广昭, 赖春福等, 2012.

分布（Distribution）：南海.

## 133. 裸海鳝属 *Gymnomuraena* Lacépède, 1803

### （303）条纹裸海鳝 *Gymnomuraena zebra* (Shaw, 1797)

*Gymnothorax zebra* Shaw, 1797: no p., pl. 322.

*Echidna zebra* (Shaw, 1797).

*Muraena molendinaris* Bennett, 1833.

*Gymnomuraena fasciata* Kaup, 1856.

文献（Reference）：沈世杰, 1993; Chen, Shao and Chen (陈鸿鸣, 邵广昭和陈哲聪), 1994; Randall and Lim (eds.), 2000; Huang, 2001; Adrim, Chen, Chen *et al.*, 2004; 伍汉霖, 邵广昭, 赖春福等, 2012.

别名或俗名（Used or common name）：斑马裸海鯙，钱鳗，薯鳗，虎鳗.

分布（Distribution）：东海，南海.

## 134. 裸胸鳝属 *Gymnothorax* Bloch, 1795

### （304）白缘裸胸鳝 *Gymnothorax albimarginatus* (Temminck *et* Schlegel, 1846)

*Muraena albimarginata* Temminck *et* Schlegel, 1846: 173-269.

文献（Reference）：Masuda, Amaoka, Araga *et al.*, 1984; Hatooka, 1984; Randall and Lim (eds.), 2000; Kim, Choi, Lee *et al.*, 2005; 伍汉霖, 邵广昭, 赖春福等, 2012.

别名或俗名（Used or common name）：钱鳗，薯鳗，虎鳗.

分布（Distribution）：东海，南海.

### （305）班第氏裸胸鳝 *Gymnothorax berndti* Snyder, 1904

*Gymnothorax berndti* Snyder, 1904: 513-538.

*Lycodontis bernati* (Snyder, 1904).

文献（Reference）：Masuda, Amaoka, Araga *et al.*, 1984; 沈世杰, 1993; Chen, Shao and Chen (陈鸿鸣, 邵广昭和陈哲聪), 1994; Chen, Shao and Lin, 1995; Huang, 2001; 伍汉霖, 邵广昭, 赖春福等, 2012.

别名或俗名（Used or common name）：钱鳗，薯鳗，虎鳗，糬鳗，硓砧鳗.

分布（Distribution）：东海，南海.

### （306）伯恩斯裸胸鳝 *Gymnothorax buroensis* (Bleeker, 1857)

*Muraena buroensis* Bleeker, 1857: 55-82.

*Lycodontis buroensis* (Bleeker, 1857).

*Gymnothorax corallinus* (Klunzinger, 1871).

文献（Reference）：Masuda, Amaoka, Araga *et al.*, 1984; 沈世杰, 1993; Chen, Shao and Chen (陈鸿鸣, 邵广昭和陈哲聪), 1994; Randall and Lim (eds.), 2000; Huang, 2001; 伍汉霖, 邵广昭, 赖春福等, 2012.

别名或俗名（Used or common name）：钱鳗，薯鳗，虎鳗.

分布（Distribution）：东海，南海.

### （307）云纹裸胸鳝 *Gymnothorax chilospilus* Bleeker, 1864

*Gymnothorax chilospilus* Bleeker, 1864: 38-54.

*Lycodontis chilospilus* (Bleeker, 1864).

文献（Reference）：Bleeker, 1864: 39-54; Francis, 1993; Francis and Randall, 1993; 沈世杰, 1993; Chen, Shao and Chen (陈鸿鸣, 邵广昭和陈哲聪), 1994; Randall and Lim (eds.), 2000; Huang, 2001; 伍汉霖, 邵广昭, 赖春福等, 2012.

别名或俗名（Used or common name）：唇斑裸胸鯙，钱鳗，薯鳗，虎鳗，糬鳗，粉鳗.

分布（Distribution）：东海，南海.

### （308）黑环裸胸鳝 *Gymnothorax chlamydatus* Snyder, 1908

*Gymnothorax chlamydatus* Snyder, 1908, 35: 93-111.

文献（Reference）：Snyder, 1908, 35: 93-111; Lee and Tzeng, 1985; Shao, Chen, Kao *et al.*, 1993; 沈世杰, 1993; Chen, Shao and Chen (陈鸿鸣, 邵广昭和陈哲聪), 1994; Randall and Lim (eds.), 2000; Huang, 2001; 伍汉霖, 邵广昭, 赖春福等, 2012.

别名或俗名（**Used or common name**）：钱鳗，薯鳗，虎鳗.
分布（**Distribution**）：东海，南海.

### （309）长背裸胸鳝 *Gymnothorax dorsalis* Seale, 1917

*Gymnothorax dorsalis* Seale, 1917, 61 (4): 79-94.
文献（**Reference**）：Seale, 1917, 61 (4): 79-94; Randall and Lim (eds.), 2000; 伍汉霖，邵广昭，赖春福等, 2012.
别名或俗名（**Used or common name**）：钱鳗，薯鳗，虎鳗.
分布（**Distribution**）：东海，南海.

### （310）霉身裸胸鳝 *Gymnothorax eurostus* (Abbott, 1860)

*Thyrsoidea eurosta* Abbott, 1860: 475-479.
*Lycodontis eurostus* (Abbott, 1860).
*Gymnothorax laysanus* (Steindachner, 1900).
*Muraena laysana* Steindachner, 1900.
文献（**Reference**）：Francis, 1993; 沈世杰, 1993; Chen, Shao and Chen (陈鸿鸣，邵广昭和陈哲聪), 1994; Chen, Jan and Shao, 1997; Huang, 2001; 伍汉霖，邵广昭，赖春福等, 2012.
别名或俗名（**Used or common name**）：花鳗，钱鳗，薯鳗，虎鳗，糬鳗，米鳗，呆仔鳗.
分布（**Distribution**）：东海，南海.

### （311）豆点裸胸鳝 *Gymnothorax favagineus* Bloch *et* Schneider, 1801

*Gymnothorax favagineus* Bloch *et* Schneider, 1801: 1-584.
*Enchelycore favagineus* (Bloch *et* Schneider, 1801).
*Gymnothorax tesselatus* (Richardson, 1845).
*Muraena tessellata* Richardson, 1845.
*Gymnothorax permistus* (Smith, 1962).
文献（**Reference**）：Chen and Yu, 1967; Shao, 1991; 沈世杰, 1993; Chen, Shao and Chen (陈鸿鸣，邵广昭和陈哲聪), 1994; Kuo and Shao, 1999; Randall and Lim (eds.), 2000; Huang, 2001; 伍汉霖，邵广昭，赖春福等, 2012.
别名或俗名（**Used or common name**）：黑斑裸胸鯙，钱鳗，薯鳗，虎鳗，糬鳗，大点花，花点仔，花鳗.
分布（**Distribution**）：东海，南海.

### （312）细斑裸胸鳝 *Gymnothorax fimbriatus* (Bennett, 1832)

*Muraena fimbriata* Bennett, 1832: 165-169.
*Gymnothorax fimbriata* (Bennett, 1832).
*Muraena bullata* Richardson, 1848.
*Muraena isingleenoïdes* Bleeker, 1852.
*Enchelycore tamarae* Prokofiev, 2005.
文献（**Reference**）：Bennett, 1832: 165-169; Shao, 1991; 沈世杰, 1993; Chen, Shao and Chen (陈鸿鸣，邵广昭和陈哲聪), 1994; Chen, Shao and Lin, 1995; Chen, Jan and Shao, 1997; Kuo and Shao, 1999; Randall and Lim (eds.), 2000; Huang, 2001; 伍汉霖，邵广昭，赖春福等, 2012.
别名或俗名（**Used or common name**）：缀斑裸胸鯙，钱鳗，薯鳗，虎鳗，糬鳗，花鳗，青头子.
分布（**Distribution**）：东海，南海.

### （313）黄边裸胸鳝 *Gymnothorax flavimarginatus* (Rüppell, 1830)

*Muraena flavimarginata* Rüppell, 1830: 95-141.
*Gymnothorax flavomarginatus* (Rüppell, 1830).
*Lycodontis flavomarginatus* (Rüppell, 1830).
*Muraena mauritiana* Kaup, 1856.
*Gymnothorax viridipinnis* Bliss, 1883.
*Lycodontis lemayi* Smith, 1949.
文献（**Reference**）：Chang, Jan and Shao, 1983; Shao, 1991; 沈世杰, 1993; Chen, Shao and Chen (陈鸿鸣，邵广昭和陈哲聪), 1994; Chen, Shao and Lin, 1995; Ni and Kwok, 1999; Randall and Lim (eds.), 2000; Huang, 2001; Adrim, Chen, Chen *et al.*, 2004; 伍汉霖，邵广昭，赖春福等, 2012.
别名或俗名（**Used or common name**）：钱鳗，薯鳗，虎鳗，鳗，糬鳗，青痣，蠘仔鳗，硓𥑮鳗.
分布（**Distribution**）：东海，南海.

### （314）美丽裸胸鳝 *Gymnothorax formosus* Bleeker, 1864

*Gymnothorax formosus* Bleeker, 1864: 38-54.
文献（**Reference**）：Bleeker, 1864: 39-54; 伍汉霖，邵广昭，赖春福等, 2012.
别名或俗名（**Used or common name**）：钱鳗，薯鳗，虎鳗.
分布（**Distribution**）：东海.

### （315）白边裸胸鳝 *Gymnothorax hepaticus* (Rüppell, 1830)

*Muraena hepatica* Rüppell, 1830: 95-141.
*Lycodontis hepaticus* (Rüppell, 1830).
*Muraena cinerascens* Rüppell, 1830.
文献（**Reference**）：Chang, Lee and Shao, 1978; Masuda, Amaoka, Araga *et al.*, 1984; 沈世杰, 1993; Chen, Shao and Chen (陈鸿鸣，邵广昭和陈哲聪), 1994; Kuo and Shao, 1999; Huang, 2001; 伍汉霖，邵广昭，赖春福等, 2012.
别名或俗名（**Used or common name**）：钱鳗，薯鳗，虎鳗，糬鳗，纺车索.
分布（**Distribution**）：东海，南海.

### （316）海氏裸胸鳝 *Gymnothorax herrei* Beebe *et* Tee-Van, 1933

*Gymnothorax herrei* Beebe *et* Tee-Van, 1933, 13 (7): 133-158.
文献（**Reference**）：Beebe and Tee-Van, 1933, 13 (7): 133-158; Herre, 1923; 沈世杰, 1993; Chen, Shao and Chen (陈鸿鸣，邵广昭和陈哲聪), 1994; Randall and Lim (eds.), 2000; 伍汉霖，邵广昭，赖春福等, 2012.

**别名或俗名（Used or common name）**：海瑞氏裸胸鯙，钱鳗，薯鳗，虎鳗.

**分布（Distribution）**：东海，南海.

## （317）魔斑裸胸鳝 *Gymnothorax isingteena* (Richardson, 1845)

*Muraena isingteena* Richardson, 1845: [108], pl. 48.

*Gymnothorax favagineus isingteenus* (Richardson, 1845).

*Muraena melanospilos* Bleeker, 1855.

**文献（Reference）**：Masuda, Amaoka, Araga *et al.*, 1984; Randall and Lim (eds.), 2000; Kim, Choi, Lee *et al.*, 2005; 伍汉霖，邵广昭，赖春福等, 2012.

**分布（Distribution）**：南海.

## （318）爪哇裸胸鳝 *Gymnothorax javanicus* (Bleeker, 1859)

*Muraena javanica* Bleeker, 1859: 329-352.

*Gymnothorax javonica* (Bleeker, 1859).

*Lycodontis javanicus* (Bleeker, 1859).

**文献（Reference）**：Bleeker, 1859: 330-352; 沈世杰, 1993; Chen, Shao and Chen (陈鸿鸣，邵广昭和陈哲聪), 1994; Chen, Shao and Lin, 1995; Chen, Jan and Shao, 1997; Randall and Lim (eds.), 2000; Huang, 2001; Adrim, Chen, Chen *et al.*, 2004; 伍汉霖，邵广昭，赖春福等, 2012.

**别名或俗名（Used or common name）**：钱鳗，薯鳗，虎鳗，糬鳗.

**分布（Distribution）**：东海，南海.

## （319）蠕纹裸胸鳝 *Gymnothorax kidako* (Temminck *et* Schlegel, 1846)

*Muraena kidako* Temminck *et* Schlegel, 1846: 173-269.

*Gymnothorax mucifer* Snyder, 1904.

**文献（Reference）**：Shao, Chen, Kao *et al.*, 1993; 沈世杰, 1993; Chen, Shao and Chen (陈鸿鸣，邵广昭和陈哲聪), 1994; Huang, 2001; 伍汉霖，邵广昭，赖春福等, 2012.

**别名或俗名（Used or common name）**：钱鳗，薯鳗，虎鳗.

**分布（Distribution）**：东海，南海.

## （320）斑项裸胸鳝 *Gymnothorax margaritophorus* Bleeker, 1864

*Gymnothorax margaritophorus* Bleeker, 1864: 38-54.

*Lycodontis margaritophorus* (Bleeker, 1864).

**文献（Reference）**：Bleeker, 1864: 39-54; 沈世杰, 1993; Chen, Shao and Chen (陈鸿鸣，邵广昭和陈哲聪), 1994; Randall and Lim (eds.), 2000; Huang, 2001; 伍汉霖，邵广昭，赖春福等, 2012.

**别名或俗名（Used or common name）**：钱鳗，薯鳗，虎鳗，鳗，糬鳗，硓砧鳗.

**分布（Distribution）**：东海，南海.

## （321）黑身裸胸鳝 *Gymnothorax melanosomatus* Loh, Shao *et* Chen, 2011

*Gymnothorax melanosomatus* Loh, Shao *et* Chen, 2011, 3134: 43-52.

**文献（Reference）**：Loh, Shao and Chen, 2011, 3134: 43-52.

**别名或俗名（Used or common name）**：钱鳗，薯鳗，虎鳗，鳗，糬鳗，硓砧鳗.

**分布（Distribution）**：东海，南海.

## （322）黄体裸胸鳝 *Gymnothorax melatremus* Schultz, 1953

*Gymnothorax melatremus* Schultz, 1953: 1-685.

*Lycodontis melatremus* (Schultz, 1953).

**文献（Reference）**：Schultz, 1953, 202 (1): 504-520; Winterbottom, 1993; 沈世杰, 1993; Chen, Shao and Chen (陈鸿鸣，邵广昭和陈哲聪), 1994; Hatooka, Senou and Kato, 1998; Randall and Lim (eds.), 2000; Huang, 2001; 伍汉霖，邵广昭，赖春福等, 2012.

**别名或俗名（Used or common name）**：钱鳗，薯鳗，虎鳗.

**分布（Distribution）**：东海，南海.

## （323）斑点裸胸鳝 *Gymnothorax meleagris* (Shaw, 1795)

*Muraena meleagris* Shaw, 1795: no p., pl. 220.

*Lycodontis meleagris* (Shaw, 1795).

*Gymnothorax chlorostigma* (Kaup, 1856).

*Muraena chlorostigma* (Kaup, 1856).

*Gymnothorax leucostictus* Jenkins, 1903.

**文献（Reference）**：Herre, 1959; Chang, Jan and Shao, 1983; 沈世杰, 1993; Chen, Shao and Chen (陈鸿鸣，邵广昭和陈哲聪), 1994; Chen, Shao and Lin, 1995; Chen, Jan and Shao, 1997; Randall and Lim (eds.), 2000; Huang, 2001; 伍汉霖，邵广昭，赖春福等, 2012.

**别名或俗名（Used or common name）**：钱鳗，薯鳗，虎鳗，糬鳗，米鳗，硓砧鳗.

**分布（Distribution）**：东海，南海.

## （324）小裸胸鳝 *Gymnothorax minor* (Temminck *et* Schlegel, 1846)

*Muraena minor* Temminck *et* Schlegel, 1846: 173-269.

**文献（Reference）**：Smith and Böhlke, 1997; Randall and Lim (eds.), 2000; 伍汉霖，邵广昭，赖春福等, 2012.

**别名或俗名（Used or common name）**：钱鳗，薯鳗，虎鳗，花糬鳗，花丑仔，滚倒龙.

**分布（Distribution）**：东海，南海.

## （325）眼斑裸胸鳝 *Gymnothorax monostigma* (Regan, 1909)

*Muraena monostigma* Regan, 1909: 438-440.

*Gymnothorax monostigmus* (Regan, 1909).
*Lycodontis monostigmus* (Regan, 1909).
文献（Reference）：沈世杰, 1993; Huang, 2001; 伍汉霖, 邵广昭, 赖春福等, 2012.
别名或俗名（Used or common name）：钱鳗, 薯鳗, 虎鳗.
分布（Distribution）：东海.

### （326）细花斑裸胸鳝 *Gymnothorax neglectus* Tanaka, 1911

*Gymnothorax neglectus* Tanaka, 1911: 19-34.
文献（Reference）：Masuda, Amaoka, Araga *et al.*, 1984; 沈世杰, 1993; Chen, Shao and Chen (陈鸿鸣, 邵广昭和陈哲聪), 1994; Chen, Shao and Chen (陈鸿鸣, 邵广昭和陈哲聪), 1996; Huang, 2001; 伍汉霖, 邵广昭, 赖春福等, 2012.
别名或俗名（Used or common name）：花斑裸胸鯙, 钱鳗, 薯鳗, 虎鳗.
分布（Distribution）：南海.

### （327）雪花斑裸胸鳝 *Gymnothorax niphostigmus* Chen, Shao *et* Chen, 1996

*Gymnothorax niphostigmus* Chen, Shao *et* Chen, 1996, 35 (1): 20-24.
文献（Reference）：Chen, Shao and Chen, 1996, 35 (1): 20-24; 伍汉霖, 邵广昭, 赖春福等, 2012.
别名或俗名（Used or common name）：钱鳗, 薯鳗, 虎鳗, 糬鳗, 硓砧鳗.
分布（Distribution）：东海.

### （328）裸犁裸胸鳝 *Gymnothorax nudivomer* (Günther, 1867)

*Muraena nudivomer* Günther, 1866: 1-153.
*Lycodontis nudivomer* (Günther, 1867).
*Muraena nudivomer* Günther, 1867.
*Gymnothorax xanthostomus* Snyder, 1904.
*Gymnothorax insignis* Seale, 1917.
文献（Reference）：Masuda, Amaoka, Araga *et al.*, 1984; 沈世杰, 1993; Chen, Shao and Chen (陈鸿鸣, 邵广昭和陈哲聪), 1994; Huang, 2001; 伍汉霖, 邵广昭, 赖春福等, 2012.
别名或俗名（Used or common name）：钱鳗, 薯鳗, 虎鳗, 糬鳗, 秤仔花.
分布（Distribution）：南海.

### （329）花斑裸胸鳝 *Gymnothorax pictus* (Ahl, 1789)

*Muraena picta* Ahl, 1789: 1-14.
*Gymnothorax picta* (Ahl, 1789).
*Siderea pictus* (Ahl, 1789).
*Sideria picta* (Ahl, 1789).
文献（Reference）：Chave and Randall, 1971; Francis, 1993; 沈世杰, 1993; Chen, Shao and Chen (陈鸿鸣, 邵广昭和陈哲聪), 1994; Shao, 1997; Randall and Lim (eds.), 2000; Huang, 2001; 伍汉霖, 邵广昭, 赖春福等, 2012.
别名或俗名（Used or common name）：钱鳗, 薯鳗, 虎鳗.
分布（Distribution）：东海, 南海.

### （330）平氏裸胸鳝 *Gymnothorax pindae* Smith, 1962

*Gymnothorax pindae* Smith, 1962, 23: 421-444.
文献（Reference）：Smith, 1962, 23: 421-444; Hatooka, 1988; 沈世杰, 1993; Chen, Shao and Chen (陈鸿鸣, 邵广昭和陈哲聪), 1994; Randall and Lim (eds.), 2000; Huang, 2001; 伍汉霖, 邵广昭, 赖春福等, 2012.
别名或俗名（Used or common name）：钱鳗, 薯鳗, 虎鳗.
分布（Distribution）：南海.

### （331）豹纹裸胸鳝 *Gymnothorax polyuranodon* (Bleeker, 1853)

*Muraena polyuranodon* Bleeker, 1853h: 233-248.
*Lycodontis polyuranodon* (Bleeker, 1854).
*Polyuranodon kuhli* Kaup, 1856.
*Uropterygius fijiensis* Fowler *et* Bean, 1923.
*Muraena blematigrina* Roberts, 1993.
文献（Reference）：Bleeker, 1853: 233-248; Herre, 1923; Herre, 1953b; Huang, 2001; 伍汉霖, 邵广昭, 赖春福等, 2012.
别名或俗名（Used or common name）：钱鳗, 薯鳗, 虎鳗.
分布（Distribution）：东海, 南海.

### （332）锯齿裸胸鳝 *Gymnothorax prionodon* Ogilby, 1895

*Gymnothorax prionodon* Ogilby, 1895: 720-721.
*Gymnothorax leucostigma* Jordan *et* Richardson, 1909.
*Gymnothorax wooliensis* (Whitley, 1968).
*Lycodontis wooliensis* Whitley, 1968.
文献（Reference）：沈世杰, 1993; Chen, Shao and Chen (陈鸿鸣, 邵广昭和陈哲聪), 1994; Chen, Shao and Chen (陈鸿鸣, 邵广昭和陈哲聪), 1996; Randall and Lim (eds.), 2000; 伍汉霖, 邵广昭, 赖春福等, 2012.
别名或俗名（Used or common name）：钱鳗, 薯鳗, 虎鳗, 糬鳗, 丝仔鳗.
分布（Distribution）：东海, 南海.

### （333）长身裸胸鳝 *Gymnothorax prolatus* Sasaki *et* Amaoka, 1991

*Gymnothorax prolatus* Sasaki *et* Amaoka, 1991, 38 (1): 7-10.
文献（Reference）：Sasaki and Amaoka, 1991, 38 (1): 7-10; 伍汉霖, 邵广昭, 赖春福等, 2012.
别名或俗名（Used or common name）：钱鳗, 薯鳗, 虎鳗.
分布（Distribution）：南海.

### (334)密网裸胸鳝 *Gymnothorax pseudothyrsoideus* (Bleeker, 1852)

*Muraena pseudothyrsoidea* Bleeker, 1852h: 740-782.
*Lycodontis pseudothyrsoidea* (Bleeker, 1853).
**文献（Reference）**：Bleeker, 1852: 740-782; 沈世杰, 1993; Chen, Shao and Chen (陈鸿鸣, 邵广昭和陈哲聪), 1994; Chen, Jan and Shao, 1997; Kuo and Shao, 1999; Randall and Lim (eds.), 2000; Huang, 2001; 伍汉霖, 邵广昭, 赖春福等, 2012.
**别名或俗名（Used or common name）**：钱鳗, 薯鳗, 虎鳗, 糬鳗, 粉鳗, 硓砧鳗.
**分布（Distribution）**：南海.

### (335)斑条裸胸鳝 *Gymnothorax punctatofasciatus* Bleeker, 1863

*Gymnothorax punctatofasciatus* Bleeker, 1863: 167-171.
**文献(Reference)**：Jordan and Seale, 1905; Herre, 1934; Herre, 1953b; Ni and Kwok, 1999; Randall and Lim (eds.), 2000; Huang, 2001; 伍汉霖, 邵广昭, 赖春福等, 2012.
**分布（Distribution）**：南海.

### (336)匀斑裸胸鳝 *Gymnothorax reevesii* (Richardson, 1845)

*Muraena reevesii* Richardson, 1845: no p., pl. 49.
*Gymnothorax reevesi* (Richardson, 1845).
*Gymnothorax microspila* (Günther, 1870).
*Muraena microspila* Günther, 1870.
**文献(Reference)**：Masuda, Amaoka, Araga *et al.*, 1984; Shao, Chen, Kao *et al.*, 1993; 沈世杰, 1993; Chen, Shao and Chen (陈鸿鸣, 邵广昭和陈哲聪), 1994; Ni and Kwok, 1999; Randall and Lim (eds.), 2000; Huang, 2001; 伍汉霖, 邵广昭, 赖春福等, 2012.
**别名或俗名（Used or common name）**：钱鳗, 薯鳗, 虎鳗, 糬鳗.
**分布（Distribution）**：东海, 南海.

### (337) 网纹裸胸鳝 *Gymnothorax reticularis* Bloch, 1795

*Gymnothorax reticularis* Bloch, 1795: 1-192.
*Muraena reticularis* (Bloch, 1795).
**文献(Reference)**：Shao, Kao and Lee, 1990; Shao, Chen, Kao *et al.*, 1993; 沈世杰, 1993; Leung, 1994; Chen, Shao and Chen (陈鸿鸣, 邵广昭和陈哲聪), 1994; Yamada, Shirai, Irie *et al.*, 1995; Smith and Böhlke, 1997; Ni and Kwok, 1999; Huang, 2001; 伍汉霖, 邵广昭, 赖春福等, 2012.
**别名或俗名（Used or common name）**：钱鳗, 薯鳗, 虎鳗.
**分布（Distribution）**：东海, 南海.

### (338) 异纹裸胸鳝 *Gymnothorax richardsonii* (Bleeker, 1852)

*Muraena richardsonii* Bleeker, 1852: 229-309.
*Gymnothorax richardsoni* (Bleeker, 1852).
*Lycodontis richardsoni* (Bleeker, 1852).
**文献（Reference）**：沈世杰, 1993; Leung, 1994; Chen, Shao and Chen (陈鸿鸣, 邵广昭和陈哲聪), 1994; Ni and Kwok, 1999; Randall and Lim (eds.), 2000; Huang, 2001; 伍汉霖, 邵广昭, 赖春福等, 2012.
**别名或俗名（Used or common name）**：李查森氏裸胸鯙, 钱鳗, 薯鳗, 虎鳗.
**分布（Distribution）**：东海, 南海.

### (339) 鞍斑裸胸鳝 *Gymnothorax rueppellii* (McClelland, 1844)

*Dolphis rueppelliae* McClelland, 1845: 213.
*Gymnothorax petelli* Schultz, 1953.
*Gymnothorax rueppelliae* McCosker *et* Randall, 1982.
**文献（Reference）**：沈世杰, 1993; Chen, Shao and Chen (陈鸿鸣, 邵广昭和陈哲聪), 1994; 伍汉霖, 邵广昭, 赖春福等, 2012.
**别名或俗名（Used or common name）**：宽带裸胸鯙, 钱鳗, 薯鳗, 虎鳗, 糬鳗.
**分布（Distribution）**：南海.

### (340)邵氏裸胸鯙 *Gymnothorax shaoi* Chen *et* Loh, 2007

*Gymnothorax shaoi* Chen *et* Loh, 2007, 15 (2): 76-81.
**文献（Reference）**：Chen and Loh, 2007, 15 (2): 76-81; 伍汉霖, 邵广昭, 赖春福等, 2012.
**别名或俗名（Used or common name）**：钱鳗, 薯鳗, 虎鳗.
**分布（Distribution）**：?

### (341)台湾裸胸鳝 *Gymnothorax taiwanensis* Chen, Loh *et* Shao, 2008

*Gymnothorax taiwanensis* Chen, Loh *et* Shao, 2008, 19: 131-134.
**文献（Reference）**：Chen, Loh and Shao, 2008, 19: 131-134; 伍汉霖, 邵广昭, 赖春福等, 2012.
**别名或俗名（Used or common name）**：钱鳗, 薯鳗, 虎鳗.
**分布（Distribution）**：?

### (342) 密点裸胸鳝 *Gymnothorax thyrsoideus* (Richardson, 1845)

*Muraena thrysoidea* Richardson, 1845: 99-150.
*Gymnothorax thrysoideus* (Richardson, 1845).
*Siderea thrysoidea* (Richardson, 1845).
*Muraena prosopeion* Bleeker, 1853.
*Siderea prosopeion* (Bleeker, 1853).
**文献（Reference）**：Chang, Jan and Shao, 1983; Shao, 1991; 沈世杰, 1993; Chen, Shao and Chen (陈鸿鸣, 邵广昭和陈哲聪), 1994; Randall and Lim (eds.), 2000; Huang, 2001; 伍汉霖, 邵广昭, 赖春福等, 2012.

别名或俗名（Used or common name）：钱鳗，薯鳗，虎鳗，糬鳗，纺车索.

分布（Distribution）：东海，南海.

### （343）波纹裸胸鳝 *Gymnothorax undulatus* (Lacépède, 1803)

*Muraenophis undulata* Lacépède, 1803: 629-644.

*Gymnothorax undulates* (Lacépède, 1803).

*Lycodontis undulatus* (Lacépède, 1803).

*Muraena cancellata* Richardson, 1848.

文献（Reference）：沈世杰，1993; Chen, Shao and Chen (陈鸿鸣，邵广昭和陈哲聪), 1994; Chen, Shao and Lin, 1995; Ni and Kwok, 1999; Randall and Lim (eds.), 2000; Huang, 2001; 伍汉霖，邵广昭，赖春福等, 2012.

别名或俗名（Used or common name）：波纹裸胸鯙，钱鳗，薯鳗，虎鳗，糬鳗，青痣，青头仔.

分布（Distribution）：东海，南海.

### （344）褐首裸胸鳝 *Gymnothorax ypsilon* Hatooka *et* Randall, 1992

*Gymnothorax ypsilon* Hatooka *et* Randall, 1992: 183-190.

文献（Reference）：Hatooka and Randall, 1992: 183-190; Masuda, Amaoka, Araga *et al.*, 1984; 伍汉霖，邵广昭，赖春福等, 2012.

别名或俗名（Used or common name）：钱鳗，薯鳗，虎鳗，糬鳗.

分布（Distribution）：南海.

### （345）带尾裸胸鳝 *Gymnothorax zonipectis* Seale, 1906

*Gymnothorax zonipectus* Seale, 1906: 7.

*Lycodontis zonipectis* (Seale, 1906).

文献（Reference）：Hatooka and Iwata, 1993; 沈世杰，1993; Chen, Shao and Chen (陈鸿鸣，邵广昭和陈哲聪), 1994; Chen, Jan and Shao, 1997; Randall and Lim (eds.), 2000; Huang, 2001; 伍汉霖，邵广昭，赖春福等, 2012.

别名或俗名（Used or common name）：钱鳗，薯鳗，虎鳗.

分布（Distribution）：东海，南海.

## 135. 拟蛇鳝属 *Pseudechidna* Bleeker, 1863

### （346）拟蛇鳝 *Pseudechidna brummeri* (Bleeker, 1859)

*Muraena brummeri* Bleeker, 1858: 129-140.

*Pseudechilna brummeri* (Bleeker, 1858).

*Strophidon brummeri* (Bleeker, 1858).

文献（Reference）：Herre, 1953b; Masuda, Amaoka, Araga *et al.*, 1984; 沈世杰，1993; Chen, Shao and Chen (陈鸿鸣，邵广昭和陈哲聪), 1994; Randall and Lim (eds.), 2000; Huang, 2001; 伍汉霖，邵广昭，赖春福等, 2012.

别名或俗名（Used or common name）：钱鳗，薯鳗，虎鳗，布氏长鯙.

分布（Distribution）：东海，南海.

## 136. 管鼻鳝属 *Rhinomuraena* Garman, 1888

### （347）大口管鼻鳝 *Rhinomuraena quaesita* Garman, 1888

*Rhinomuraena quaesita* Garman, 1888: 114-116.

*Rhinomuraena ambonensis* Barbour, 1908.

文献（Reference）：Shao, 1991; 沈世杰，1993; Chen, Shao and Chen (陈鸿鸣，邵广昭和陈哲聪), 1994; Randall and Lim (eds.), 2000; Huang, 2001; 伍汉霖，邵广昭，赖春福等, 2012.

别名或俗名（Used or common name）：黑身管鼻鯙，海龙，五彩鳗.

分布（Distribution）：东海，南海.

## 137. 鞭尾鳝属 *Scuticaria* Jordan *et* Snyder, 1901

### （348）虎斑鞭尾鳝 *Scuticaria tigrina* (Lesson, 1828)

*Ichthyophis tigrinus* Lesson, 1829: 397-412.

*Gymnomuraena tigrina* (Lesson, 1828).

*Scuticaria tigrinus* (Lesson, 1828).

*Uropteryginus tigrinus* (Lesson, 1828).

*Uropterygius tigrinus* (Lesson, 1828).

文献（Reference）：Herre, 1953b; 沈世杰，1993; Chen, Shao and Chen (陈鸿鸣，邵广昭和陈哲聪), 1994; Randall and Lim (eds.), 2000; Huang, 2001; Loh, Chen, Randall *et al.*, 2008; 伍汉霖，邵广昭，赖春福等, 2012.

别名或俗名（Used or common name）：虎斑长圆鯙，钱鳗，薯鳗，虎鳗，糬鳗.

分布（Distribution）：东海，南海.

## 138. 弯牙海鳝属 *Strophidon* McClelland, 1844

### （349）长尾弯牙海鳝（长海鳝）*Strophidon sathete* (Hamilton, 1822)

*Muraenophis sathete* Hamilton, 1822: 1-405.

*Gymnothorax sathete* (Hamilton, 1822).

*Lycodontis sathete* (Hamilton, 1822).

*Lycodontis longicaudata* McClelland, 1844.

*Thyrsoidea macrura* (Bleeker, 1854).

文献（Reference）：Herre, 1959; Sasaki and Amaoka, 1991; Winterbottom, 1993; Shao, Chen, Kao *et al.*, 1993; 沈世杰，1993; Chen, Shao and Chen (陈鸿鸣，邵广昭和陈哲聪), 1994; Ni and Kwok, 1999; Kuo and Shao, 1999; Randall and Lim (eds.), 2000; Huang, 2001; 伍汉霖，邵广昭，赖春福等,

2012.
别名或俗名（Used or common name）：钱鳗，薯鳗，虎鳗，竹竿鳗.
分布（Distribution）：东海，南海.

### 139. 尾鳝属 *Uropterygius* Rüppell, 1838

**（350）单色尾鳝 *Uropterygius concolor* Rüppell, 1838**

*Uropterygius concolor* Rüppell, 1838: 81-148.
*Gymnomuraena concolor* (Rüppell, 1838).
*Muraena unicolor* (Kaup, 1856).
*Anarchias vermiformis* Smith, 1962.
文献（Reference）：Herre, 1953b; Masuda, Amaoka, Araga *et al.*, 1984; Winterbottom, 1993; Shao, 1997; Randall and Lim (eds.), 2000; Huang, 2001; 伍汉霖，邵广昭，赖春福等，2012.
分布（Distribution）：南海.

**（351）大头尾鳝 *Uropterygius macrocephalus* (Bleeker, 1864)**

*Gymnomuraena macrocephalus* Bleeker, 1864: 39-54.
*Uropterygus macrocephalus* (Bleeker, 1864).
*Gymnomuraena nectura* Jordan *et* Gilbert, 1882.
*Uropterygius knighti* (Jordan *et* Starks, 1906).
*Uropterygius reidi* Schultz, 1943.
文献（Reference）：沈世杰，1993; Chen, Shao and Chen (陈鸿鸣，邵广昭和陈哲聪)，1994; Chen, Jan and Shao, 1997; Randall and Lim (eds.), 2000; Huang, 2001; 田诗萦，2004; Loh, Chen, Randall *et al.*, 2008; 伍汉霖，邵广昭，赖春福等，2012.
别名或俗名（Used or common name）：巨头鳍尾䲟，巨鳍尾䲟，钱鳗，薯鳗，虎鳗.
分布（Distribution）：东海，南海.

**（352）花斑尾鳝 *Uropterygius marmoratus* (Lacépède, 1803)**

*Gymnomuraena marmorata* Lacépède, 1803: 1-803.
*Scuticaria marmorata* (Lacépède, 1803).
*Uropterygius marmaratus* (Lacépède, 1803).
文献（Reference）：Shao, Shen, Chiu *et al.*, 1992; Randall and Lim (eds.), 2000; Huang, 2001; Loh, Chen, Randall *et al.*, 2008.
别名或俗名（Used or common name）：石点长圆䲟，石纹鞭尾䲟，钱鳗，薯鳗，虎鳗.
分布（Distribution）：南海.

**（353）小鳍尾鳝 *Uropterygius micropterus* (Bleeker, 1852)**

*Muraena micropterus* Bleeker, 1852: 229-309.
文献（Reference）：沈世杰，1993; Chen, Shao and Chen (陈鸿鸣，邵广昭和陈哲聪)，1994; Randall and Lim (eds.), 2000; Huang, 2001; Loh, Chen, Randall *et al.*, 2008; 伍汉霖，邵广昭，赖春福等，2012.
别名或俗名（Used or common name）：小鳍尾䲟，钱鳗，薯鳗，虎鳗.
分布（Distribution）：东海，南海.

**（354）网纹尾鳝 *Uropterygius nagoensis* Hatooka, 1984**

*Uropterygius nagoensis* Hatooka, 1984, 31 (1): 20-22.
文献（Reference）：Hatooka, 1984, 31 (1): 20-22; Masuda, Amaoka, Araga *et al.*, 1984; Shao, 1997; 伍汉霖，邵广昭，赖春福等，2012.
分布（Distribution）：南海.

**（355）少椎尾鳝 *Uropterygius oligospondylus* Chen, Randall *et* Loh, 2008**

*Uropterygius oligospondylus* Chen, Randall *et* Loh, 2008: 135-150.
文献（Reference）：Chen, Randall *et* Loh, 2008: 135-150; 伍汉霖，邵广昭，赖春福等，2012.
别名或俗名（Used or common name）：寡椎鳍尾䲟，短椎尾䲟，钱鳗，薯鳗，虎鳗.
分布（Distribution）：东海，南海.

## （六十一）合鳃鳗科 Synaphobranchidae

### 140. 前肛鳗属 *Dysomma* Alcock, 1889

**（356）前肛鳗 *Dysomma anguillare* Barnard, 1923**

*Dysomma anguillaris* Barnard, 1923: 439-445.
*Dysomma zanzibarensis* Norman, 1939.
文献（Reference）：Böhlke, 1949; Shao, Chen, Kao *et al.*, 1993; 沈世杰，1993; Yamada, Shirai, Irie *et al.*, 1995; Chen and Mok, 1995; Ni and Kwok, 1999; Randall and Lim (eds.), 2000; Chen and Mok, 2001; Huang, 2001; 陈余鋆，2002; 伍汉霖，邵广昭，赖春福等，2012.
别名或俗名（Used or common name）：合鳃鳗.
分布（Distribution）：东海，南海.

**（357）长身前肛鳗 *Dysomma dolichosomatum* Karrer, 1982**

*Dysomma dolichosomatum* Karrer, 1982: 1-116.
文献（Reference）：Karrer, 1982: 1-116; Böhlke, 1949; Chen and Weng (陈兼善和翁廷辰)，1967; 沈世杰，1993; Chen and Mok, 1995; Randall and Lim (eds.), 2000; Chen and Mok, 2001; Huang, 2001; 伍汉霖，邵广昭，赖春福等，2012.
别名或俗名（Used or common name）：异齿前肛鳗，合鳃鳗.

分布（**Distribution**）：南海.

### （358）高氏前肛鳗 ***Dysomma goslinei* Robins *et* Robins, 1976**

*Dysomma goslinei* Robins *et* Robins, 1976: 249-280.

文献（**Reference**）：Robins and Robins, 1976: 249-280; Böhlke, 1949; 沈世杰, 1993; Chen and Mok, 1995; Randall and Lim (eds.), 2000; Chen and Mok, 2001; Huang, 2001; 陈余鋆, 2002; 伍汉霖, 邵广昭, 赖春福等, 2012.

别名或俗名（**Used or common name**）：合鳃鳗.

分布（**Distribution**）：南海.

### （359）长吻前肛鳗 ***Dysomma longirostrum* Chen *et* Mok, 2001**

*Dysomma longirostrum* Chen *et* Mok, 2001: 79-83.

文献（**Reference**）：Chen and Mok, 2001: 79-83; Böhlke, 1949; 伍汉霖, 邵广昭, 赖春福等, 2012.

别名或俗名（**Used or common name**）：合鳃鳗.

分布（**Distribution**）：东海.

### （360）黑尾前肛鳗 ***Dysomma melanurum* Chen *et* Weng, 1967**

*Dysomma melanurum* Chen *et* Weng, 1967: 1-86.

文献（**Reference**）：Chen and Weng, 1967: 1-86; Böhlke, 1949; 沈世杰, 1993; Chen and Mok, 1995; Randall and Lim (eds.), 2000; Chen and Mok, 2001; Huang, 2001; 伍汉霖, 邵广昭, 赖春福等, 2012.

别名或俗名（**Used or common name**）：合鳃鳗.

分布（**Distribution**）：东海, 南海.

### （361）后臀前肛鳗 ***Dysomma opisthoproctus* Chen *et* Mok, 1995**

*Dysomma opisthoproctus* Chen *et* Mok, 1995: 927-931.

文献（**Reference**）：Chen and Mok, 1995: 927-931; Böhlke, 1949; Chen and Weng (陈兼善和翁廷辰), 1967; Chen and Mok, 2001; 伍汉霖, 邵广昭, 赖春福等, 2012.

别名或俗名（**Used or common name**）：合鳃鳗.

分布（**Distribution**）：东海.

### （362）多齿前肛鳗 ***Dysomma polycatodon* Karrer, 1982**

*Dysomma polycatodon* Karrer, 1982: 1-116.

文献（**Reference**）：Karrer, 1982: 1-116; Böhlke, 1949; 沈世杰, 1993; Chen and Mok, 1995; Chen and Mok, 2001; 伍汉霖, 邵广昭, 赖春福等, 2012.

别名或俗名（**Used or common name**）：合鳃鳗.

分布（**Distribution**）：东海.

## 141. 后肛鳗属 *Dysommina* Ginsburg, 1951

### （363）后肛鳗 ***Dysommina rugosa* Ginsburg, 1951**

*Dysommina rugosa* Ginsburg, 1951: 431-485.

文献（**Reference**）：Ginsburg, 1951: 185-201; Bhlke and Hubbs, 1951; Hatooka, 1997; 伍汉霖, 邵广昭, 赖春福等, 2012.

别名或俗名（**Used or common name**）：多皱短身拟前肛鳗, 合鳃鳗.

分布（**Distribution**）：黄海, 南海.

## 142. 旗鳃鳗属 *Histiobranchus* Gill, 1883

### （364）深海旗鳃鳗 ***Histiobranchus bathybius* (Günther, 1877)**

*Synaphobranchus bathybius* Günther, 1877: 433-446.

*Histiobranchus infernalis* Gill, 1883.

*Synaphobranchus infernalis* (Gill, 1883).

文献（**Reference**）：Masuda, Amaoka, Araga *et al*., 1984; 伍汉霖, 邵广昭, 赖春福等, 2012.

别名或俗名（**Used or common name**）：旗鳃鳗, 合鳃鳗.

分布（**Distribution**）：东海, 南海.

## 143. 软泥鳗属 *Ilyophis* Gilbert, 1891

### （365）软泥鳗 ***Ilyophis brunneus* Gilbert, 1891**

*Ilyophis brunneus* Gilbert, 1891: 347-352.

文献（**Reference**）：Masuda, Amaoka, Araga *et al*., 1984; 伍汉霖, 邵广昭, 赖春福等, 2012.

别名或俗名（**Used or common name**）：合鳃鳗.

分布（**Distribution**）：南海.

## 144. 箭齿前肛鳗属 *Meadia* Böhlke, 1951

### （366）箭齿前肛鳗 ***Meadia abyssalis* (Kamohara, 1938)**

*Dysomma abyssale* Kamohara, 1938: 1-86.

*Meadia abyssale* (Kamohara, 1938).

文献（**Reference**）：Böhlke, 1956; Masuda, Amaoka, Araga *et al*., 1984; 伍汉霖, 邵广昭, 赖春福等, 2012.

别名或俗名（**Used or common name**）：深海昏糯鳗, 合鳃鳗.

分布（**Distribution**）：东海, 南海.

### （367）罗氏箭齿前肛鳗 ***Meadia roseni* Mok, Lee *et* Chan, 1991**

*Meadia roseni* Mok, Lee *et* Chan, 1991: 39-45.

文献（**Reference**）：Mok, Lee and Chan, 1991: 39-45; Böhlke, 1956; 沈世杰, 1993; Chen and Mok, 1995; Randall and Lim (eds.), 2000; Huang, 2001; 伍汉霖, 邵广昭, 赖春福等, 2012.

别名或俗名（**Used or common name**）：罗氏昏糯鳗, 合鳃鳗.

分布（**Distribution**）：南海.

### 145. 寄生鳗属 *Simenchelys* Gill, 1879

**(368) 寄生鳗 *Simenchelys parasitica* Gill, 1879**

*Simenchelys parasiticus* Gill, 1879: 1-38.
*Conchognathus grimaldii* Collett, 1889.
*Gymnosimenchelys leptosomus* Tanaka, 1908.
*Simenchelys dofleini* Franz, 1910.
**文献(Reference)**: 沈世杰, 1993; Chen and Mok, 1995; Caira, Benz, Borucinska *et al.*, 1997; Randall and Lim (eds.), 2000; Huang, 2001; Iwamoto and McCosker, 2014; 伍汉霖, 邵广昭, 赖春福等, 2012.
**别名或俗名(Used or common name)**: 合鳃鳗.
**分布(Distribution)**: 东海, 南海.

### 146. 合鳃鳗属 *Synaphobranchus* Johnson, 1862

**(369) 长鳍合鳃鳗(连鳃鳗) *Synaphobranchus affinis* Günther, 1877**

*Synapobranchus affinis* Günther, 1877: 433-446.
*Synaphobranchus brachysomus* Gilbert, 1905.
*Synaphobranchus taketae* Tanaka, 1916.
**文献(Reference)**: 沈世杰, 1993; Chen and Mok, 1995; Randall and Lim (eds.), 2000; Huang, 2001; Chen and Mok, 2001; 伍汉霖, 邵广昭, 赖春福等, 2012.
**别名或俗名(Used or common name)**: 合鳃鳗.
**分布(Distribution)**: 东海, 南海.

**(370) 短背鳍合鳃鳗 *Synaphobranchus brevidorsalis* Günther, 1887**

*Synaphobranchus brevidorsalis* Günther, 1887: 1-268.
*Synaphobranchus pinnatus* var. *brevidorsalis* Lloyd, 1909.
**文献(Reference)**: Günther, 1877; Masuda, Amaoka, Araga *et al.*, 1984; Huang, 2001; Chinese Academy of Fishery Science (CAFS), 2007; 伍汉霖, 邵广昭, 赖春福等, 2012.
**别名或俗名(Used or common name)**: 合鳃鳗.
**分布(Distribution)**: 东海, 南海.

**(371) 高氏合鳃鳗 *Synaphobranchus kaupii* Johnson, 1862**

*Synaphobranchus kaupi* Johnson, 1862: 167-180.
*Nettophichthys retropinnatus* Holt, 1891.
**文献(Reference)**: Johnson, 1862: 167-180; Huang, 2001; Chen and Mok, 2001; Heger, King, Wigham *et al.*, 2007; Iwamoto and McCosker, 2014; 伍汉霖, 邵广昭, 赖春福等, 2012.
**别名或俗名(Used or common name)**: 合鳃鳗.
**分布(Distribution)**: 东海, 南海.

## (六十二) 蛇鳗科 Ophichthidae

### 147. 无鳍蛇鳗属 *Apterichtus* Duméril, 1805

**(372) 骏河湾无鳍蛇鳗 *Apterichtus moseri* (Jordan *et* Snyder, 1901)**

*Sphagebranchus moseri* Jordan *et* Snyder, 1901: 837-890.
**文献(Reference)**: Machida and Ohta, 1994; 伍汉霖, 邵广昭, 赖春福等, 2012.
**别名或俗名(Used or common name)**: 鳗仔, 硬骨篡, 篡仔, 硬骨仔, 骏河无鳍鳗.
**分布(Distribution)**: 东海.

### 148. 褐蛇鳗属 *Bascanichthys* Jordan *et* Davis, 1891

**(373) 克氏褐蛇鳗 *Bascanichthys kirkii* (Günther, 1870)**

*Ophichthys kirkii* Günther, 1870: 1-549.
*Caecula kirki* (Günther, 1870).
**文献(Reference)**: 沈世杰, 1993; Randall and Lim (eds.), 2000; Huang, 2001; 伍汉霖, 邵广昭, 赖春福等, 2012.
**别名或俗名(Used or common name)**: 鳗仔, 硬骨篡, 篡仔, 硬骨仔, 盲蛇鳗.
**分布(Distribution)**: 南海.

**(374) 长鳍褐蛇鳗 *Bascanichthys longipinnis* (Kner *et* Steindachner, 1867)**

*Sphagebranchus longipinnis* Kner *et* Steindachner, 1867: 356-395.
*Leptenchelys tenuis* Tortonese, 1964.
**文献(Reference)**: Chinese Academy of Fishery Science (CAFS), 2007; 伍汉霖, 邵广昭, 赖春福等, 2012.
**分布(Distribution)**: 南海.

### 149. 短体蛇鳗属 *Brachysomophis* Kaup, 1856

**(375) 须唇短体蛇鳗 *Brachysomophis cirrocheilos* (Bleeker, 1857)**

*Ophisurus cirrocheilos* Bleeker, 1857: 1-102.
*Brachysomorphis cirrhocheilos* (Bleeker, 1857).
*Ophichthys cirrochilus* Günther, 1870.
**文献(Reference)**: Masuda, Amaoka, Araga *et al.*, 1984; 沈世杰, 1993; Ni and Kwok, 1999; Randall and Lim (eds.), 2000; McCosker and Randall, 2001; 伍汉霖, 邵广昭, 赖春福等, 2012.
**别名或俗名(Used or common name)**: 大口短体蛇鳗, 鳗仔, 硬骨篡, 篡仔, 硬骨仔, 龙鳗, 大口蛇鳗.

分布（Distribution）：东海，南海.

**（376）鳄形短体蛇鳗 *Brachysomophis crocodilinus* (Bennett, 1833)**

*Ophisurus crocodilinus* Bennett, 1833a: 32.
*Brachysonophis crocodilinus* (Bennett, 1833).
*Ophichthys crocodilinus* (Bennett, 1833).
*Brachysomophis horridus* Kaup, 1856.
*Achirophichthys typus* Bleeker, 1864.
**文献（Reference）**：Masuda, Amaoka, Araga *et al.*, 1984; 沈世杰, 1993; Shao, 1997; Ni and Kwok, 1999; Huang, 2001; McCosker and Randall, 2001; 伍汉霖, 邵广昭, 赖春福等, 2012.
**别名或俗名（Used or common name）**：鳗仔，硬骨篡，篡仔，硬骨仔.
**分布（Distribution）**：渤海，黄海，东海，南海.

**（377）亨氏短体蛇鳗 *Brachysomophis henshawi* Jordan *et* Snyder, 1904**

*Brachysomophis henshawi* Jordan *et* Snyder, 1904: 939-948.
**文献（Reference）**：McCosker and Randall, 2001; 伍汉霖, 邵广昭, 赖春福等, 2012.
**别名或俗名（Used or common name）**：鳗仔，硬骨篡，篡仔，硬骨仔，土龙.
**分布（Distribution）**：东海.

**（378）长鳍短体蛇鳗 *Brachysomophis longipinnis* McCosker *et* Randall, 2001**

*Brachysomophis longipinnis* McCosker *et* Randall, 2001: 1-32.
**文献（Reference）**：McCosker and Randall, 2001: 1-32; 伍汉霖, 邵广昭, 赖春福等, 2012.
**别名或俗名（Used or common name）**：鳗仔，硬骨篡，篡仔，硬骨仔.
**分布（Distribution）**：东海，南海.

**（379）紫身短体蛇鳗 *Brachysomophis porphyreus* (Temminck *et* Schlegel, 1846)**

*Ophisurus porphyreus* Temminck *et* Schlegel, 1846: 173-269.
*Mystriophis porphyreus* (Temminck *et* Schlegel, 1846).
*Ophichthys adspersus* Günther, 1870.
**文献（Reference）**：Masuda, Amaoka, Araga *et al.*, 1984; Huang, 2001; McCosker and Randall, 2001; Kim, Choi, Lee *et al.*, 2005; 伍汉霖, 邵广昭, 赖春福等, 2012.
**别名或俗名（Used or common name）**：鳗仔，硬骨篡，篡仔，硬骨仔.
**分布（Distribution）**：黄海，东海.

## 150. 盲蛇鳗属 *Caecula* Vahl, 1794

**（380）小鳍盲蛇鳗 *Caecula pterygera* Vahl, 1794**

*Caecula pterygera* Vahl, 1794: 149-156.
**文献（Reference）**：Vahl, 1794: 716-717; Zhang, Tang, Liu *et al.*, 2010; 伍汉霖, 邵广昭, 赖春福等, 2012.
**分布（Distribution）**：南海.

## 151. 丽蛇鳗属 *Callechelys* Kaup, 1856

**（381）下口丽蛇鳗 *Callechelys catostoma* (Schneider *et* Forster, 1801)**

*Sphagebranchus catostomus* Schneider, 1801: 1-584.
*Callechelys catostomus* (Schneider, 1801).
*Callechelys melanotaenia* Bleeker, 1864.
*Callechelys melanotaenius* Bleeker, 1864.
*Leptenchelys pinnaceps* Schultz, 1953.
*Callechelys striata* Smith, 1958.
*Callechelys striatus* Smith, 1958.
**文献（Reference）**：Masuda, Amaoka, Araga *et al.*, 1984; Francis, 1993; 伍汉霖, 邵广昭, 赖春福等, 2012.
**分布（Distribution）**：南海.

**（382）黑丽蛇鳗 *Callechelys kuro* (Kuroda, 1947)**

*Aphthalmichthys kuro* Kuroda, 1947: 25-31.
*Sphagebranchus kuro* (Kuroda, 1947).
*Yirrkala kuro* (Kuroda, 1947).
**文献（Reference）**：Nakabo, 2002; McCosker *et al.*, 2011.
**别名或俗名（Used or common name）**：黑浪鳗，硬骨篡，喉鳃鳗.
**分布（Distribution）**：东海.

**（383）斑纹丽蛇鳗 *Callechelys maculatus* Chu, Wu *et* Jin, 1981**

*Callechelys maculatus* Chu, Wu *et* Jin, 1981: 21-27.
**文献（Reference）**：Huang, 2001; 伍汉霖, 邵广昭, 赖春福等, 2012.
**分布（Distribution）**：南海.

**（384）云纹丽蛇鳗 *Callechelys marmorata* (Bleeker, 1854)**

*Dalophis marmorata* Bleeker, 1854: 233-248.
*Callechelys marmoratus* (Bleeker, 1854).
*Ophichthys marmoratus* (Bleeker, 1854).
*Callechelys guichenoti* Kaup, 1856.
**文献（Reference）**：Bleeker, 1854: 233-248; Francis, 1993; Shao, 1997; Kishimoto, 1997; Chen, Chen and Shao, 1999; Randall and Lim (eds.), 2000; 伍汉霖, 邵广昭, 赖春福等, 2012.
**别名或俗名（Used or common name）**：鳗仔，硬骨篡，篡仔，硬骨仔，云纹丽鳗.
**分布（Distribution）**：东海，南海.

## 152. 须鳗属 *Cirrhimuraena* Kaup, 1856

**（385）中华须鳗 *Cirrhimuraena chinensis* Kaup, 1856**

*Cirrhimuraena chinensis* Kaup, 1856: 41-77.

*Ophisurus polyodon* Bleeker, 1860.

**文献（Reference）**：Herre, 1953b; Böhlke, 1956; Shao, Lin, Ho *et al.*, 1990; 沈世杰, 1993; Ni and Kwok, 1999; Randall and Lim (eds.), 2000; Huang, 2001; 伍汉霖, 邵广昭, 赖春福等, 2012.

**别名或俗名（Used or common name）**：中国须蛇鳗, 鳗仔, 硬骨篡, 篡仔, 硬骨仔.

**分布（Distribution）**：渤海, 黄海, 东海, 南海.

### （386）元鼎须鳗 *Cirrhimuraena yuanding* Tang *et* Zhang, 2003

*Cirrhimuraena yuanding* Tang *et* Zhang (唐文乔和张春光), 2003: 551-553.

**文献（Reference）**：Tang *et* Zhang (唐文乔和张春光), 2003: 551-553; 伍汉霖, 邵广昭, 赖春福等, 2012.

**分布（Distribution）**：南海.

## 153. 无鳍须蛇鳗属 *Cirricaecula* Schultz, 1953

### （387）麦氏无鳍须蛇鳗 *Cirricaecula macdowelli* McCosker *et* Randall, 1993

*Cirricaecula macdowelli* McCosker *et* Randall, 1993: 189-192.

**文献（Reference）**：McCosker and Randall, 1993: 189-192; 伍汉霖, 邵广昭, 赖春福等, 2012.

**别名或俗名（Used or common name）**：麦氏须盲蛇鳗, 鳗仔, 硬骨篡, 篡仔, 硬骨仔.

**分布（Distribution）**：?

## 154. 蠕鳗属 *Echelus* Rafinesque, 1810

### （388）小尾鳍蠕鳗 *Echelus uropterus* (Temminck *et* Schlegel, 1846)

*Conger uropterus* Temminck *et* Schlegel, 1846: 173-269.

*Myrophis uropterus* (Temminck *et* Schlegel, 1846).

**文献（Reference）**：Masuda, Amaoka, Araga *et al.*, 1984; Kim, Choi, Lee *et al.*, 2005; 伍汉霖, 邵广昭, 赖春福等, 2012.

**别名或俗名（Used or common name）**：鳗仔, 硬骨篡, 篡仔, 硬骨仔, 蠕鳗.

**分布（Distribution）**：南海.

## 155. 粗犁鳗属 *Lamnostoma* Kaup, 1856

### （389）明多粗犁鳗 *Lamnostoma mindora* (Jordan *et* Richardson, 1908)

*Caecula mindora* Jordan *et* Richardson, 1908: 233-287.

*Sphagebranchus mindora* (Jordan *et* Richardson, 1908).

**文献（Reference）**：Herre, 1953b; McCosker, 2014; 伍汉霖, 邵广昭, 赖春福等, 2012.

**别名或俗名（Used or common name）**：鳗仔, 硬骨篡, 篡仔, 硬骨仔.

**分布（Distribution）**：南海.

## 156. 盖蛇鳗属 *Leiuranus* Bleeker, 1853

### （390）半环盖蛇鳗 *Leiuranus semicinctus* (Lay *et* Bennett, 1839)

*Ophisurus semicinctus* Lay *et* Bennett, 1839: 41-75.

*Liuranus semicinctus* (Lay *et* Bennett, 1839).

*Caecula cincta* (Tanaka, 1908).

*Sphagebranchus cinctus* Tanaka, 1908.

*Machaerenchelys vanderbilti* Fowler, 1938.

*Leiuranus phoenixensis* (Schultz, 1943).

**文献（Reference）**：Herre, 1953b; Böhlke, 1956; Masuda, Amaoka, Araga *et al.*, 1984; Francis, 1991; Francis, 1993; 沈世杰, 1993; Randall and Lim (eds.), 2000; Huang, 2001; 伍汉霖, 邵广昭, 赖春福等, 2012.

**别名或俗名（Used or common name）**：半环平盖蛇鳗, 鳗仔, 硬骨篡, 篡仔, 硬骨仔.

**分布（Distribution）**：东海, 南海.

## 157. 虫鳗属 *Muraenichthys* Bleeker, 1853

### （391）裸鳍虫鳗 *Muraenichthys gymnopterus* (Bleeker, 1852)

*Muraena gymnopterus* Bleeker, 1852: 63-76.

*Muraenichthys microstomus* Bleeker, 1864.

*Muraenichthys hattae* Jordan *et* Snyder, 1901.

**文献（Reference）**：Herre, 1953b; Masuda, Amaoka, Araga *et al.*, 1984; Huang, 2001; 伍汉霖, 邵广昭, 赖春福等, 2012.

**分布（Distribution）**：渤海, 黄海, 东海, 南海.

### （392）汤氏虫鳗 *Muraenichthys thompsoni* Jordan *et* Richardson, 1908

*Muraenichthys thompsoni* Jordan *et* Richardson, 1908: 233-287.

**文献（Reference）**：Herre, 1953b; Huang, 2001; 伍汉霖, 邵广昭, 赖春福等, 2012.

**分布（Distribution）**：南海.

## 158. 花蛇鳗属 *Myrichthys* Girard, 1859

### （393）斑竹花蛇鳗 *Myrichthys colubrinus* (Boddaert, 1781)

*Muraena colubrina* Boddaert, 1781: 55-57.

*Gymnothorax colubrinus* (Boddaert, 1781).

*Muraena colubrina* Boddaert, 1781.

*Muraena annulata* Ahl, 1789.

*Muraena fasciata* Ahl, 1789.

*Ophisurus alternans* Quoy *et* Gaimard, 1824.

文献（Reference）：Boddaert, 1781: 55-57, pls. 2, 4; Böhlke, 1956; Chang, Lee and Shao, 1978; Shao, 1991; 沈世杰, 1993; Randall and Lim (eds.), 2000; Huang, 2001; 伍汉霖, 邵广昭, 赖春福等, 2012.
别名或俗名（Used or common name）：竹节花蛇鳗, 鳗仔, 硬骨篡, 篡仔, 硬骨仔.
分布（Distribution）：东海, 南海.

### （394）斑纹花蛇鳗 *Myrichthys maculosus* (Cuvier, 1816)

*Muraena maculosa* Cuvier, 1816: 1-532.
*Myrichtys maculosus* (Cuvier, 1816).
*Muraena tigrina* Rüppell, 1830.
*Ophichthys dromicus* Günther, 1870.
*Myrichthys rupestris* Snyder, 1912.
*Ophichthus miyamotonis* Tanaka, 1913.
文献（Reference）：Cuvier, 1816: 232; Chang, Jan and Shao, 1983; Francis, 1993; 沈世杰, 1993; Randall and Lim (eds.), 2000; Huang, 2001; 伍汉霖, 邵广昭, 赖春福等, 2012.
别名或俗名（Used or common name）：巨斑花蛇鳗, 鳗仔, 硬骨篡, 篡仔, 硬骨仔.
分布（Distribution）：东海, 南海.

## 159. 油蛇鳗属 *Myrophis* Lütken, 1852

### （395）小尾油蛇鳗 *Myrophis microchir* (Bleeker, 1864)

*Echelus microchir* Bleeker, 1864: 39-54.
文献（Reference）：Herre, 1953b; Masuda, Amaoka, Araga *et al.*, 1984; McCosker, 2014; 伍汉霖, 邵广昭, 赖春福等, 2012.
别名或俗名（Used or common name）：小尾油鳗, 硬骨篡.
分布（Distribution）：东海.

## 160. 新蛇鳗属 *Neenchelys* Bamber, 1915

### （396）陈氏新蛇鳗 *Neenchelys cheni* (Chen *et* Weng, 1967)

*Myrophis cheni* Chen *et* Weng, 1967: 1-86.
*Neenchelys retropinna* Smith *et* Böhlke, 1983.
文献（Reference）：Chen and Weng, 1967: 1-86; 沈世杰, 1993; 伍汉霖, 邵广昭, 赖春福等, 2012; 黄宗国, 伍汉霖, 邵广昭等, 2014.
别名或俗名（Used or common name）：陈氏油鳗, 鳗仔, 硬骨篡, 篡仔, 硬骨仔.
分布（Distribution）：南海.

### （397）新几内亚新蛇鳗 *Neenchelys daedalus* McCosker, 1982

*Neenchelys daedalus* McCosker, 1982: 59-66.
文献（Reference）：McCosker, 1982: 59-66; Machida and Ohta, 1993; Nakabo, 2000; Hibino, Ho and Kimura, 2012; 伍汉霖, 邵广昭, 赖春福等, 2012.; Ho, McCosker and Smith, 2013.
别名或俗名（Used or common name）：新鳗, 鳗仔, 硬骨篡, 篡仔, 硬骨仔.
分布（Distribution）：东海.

### （398）麦氏新蛇鳗 *Neenchelys mccoskeri* Hibino, Ho *et* Kimura, 2012

*Neenchelys mccoskeri* Hibino, Ho *et* Kimura, 2012: 342-346.
文献（Reference）：Hibino, Ho and Kimura, 2012.
别名或俗名（Used or common name）：新鳗, 鳗仔, 硬骨篡, 篡仔, 硬骨仔.

### （399）微鳍新蛇鳗 *Neenchelys parvipectoralis* Chu, Wu *et* Jin, 1981

*Neenchelys parvipectoralis* Chu, Wu *et* Jin, 1981: 21-27.
文献（Reference）：Hibino, Ho and Kimura, 2012; 伍汉霖, 邵广昭, 赖春福等, 2012.
别名或俗名（Used or common name）：微鳍新鳗, 鳗仔, 硬骨篡, 篡仔, 硬骨仔.
分布（Distribution）：东海, 南海.

## 161. 蛇鳗属 *Ophichthus* Ahl, 1789

### （400）高鳍蛇鳗 *Ophichthus altipennis* (Kaup, 1856)

*Microdonophis altipennis* Kaup, 1856: 41-77.
*Ophichthus altipinnis* (Kaup, 1856).
*Ophichthys melanochir* Bleeker, 1864.
*Pisoodonophis zophistius* Jordan *et* Snyder, 1901.
文献（Reference）：Herre, 1953b; Okamura and Amaoka, 1997; Ganaden and Lavapie-Gonzales, 1999; Kim, Choi, Lee *et al.*, 2005; Ji and Kim, 2011; 伍汉霖, 邵广昭, 赖春福等, 2012.
别名或俗名（Used or common name）：硬骨篡.
分布（Distribution）：东海.

### （401）暗鳍蛇鳗 *Ophichthus aphotistos* McCosker *et* Chen, 2000

*Ophichthus aphotistos* McCosker *et* Chen, 2000: 353-357.
文献（Reference）：McCosker and Chen, 2000: 353-357; 伍汉霖, 邵广昭, 赖春福等, 2012.
别名或俗名（Used or common name）：深海黑体蛇鳗, 鳗仔, 硬骨篡, 篡仔, 硬骨仔.
分布（Distribution）：黄海, 南海.

### （402）尖吻蛇鳗 *Ophichthus apicalis* (Anonymous [Bennett], 1830)

*Ophichthys apicalis* (Anonymous [Bennett], 1830: 686-694.).
*Ophisurus spadiceus* Richardson, 1846.

*Ophisurus compar* Richardson, 1848.
*Ophichthus bangko* (Bleeker, 1852).
*Ophisurus diepenhorsti* Bleeker, 1860.
**文献(Reference)**: Herre, 1953b; 沈世杰, 1993; Ni and Kwok, 1999; Kuo and Shao, 1999; Randall and Lim (eds.), 2000; Huang, 2001; 伍汉霖, 邵广昭, 赖春福等, 2012.
**别名或俗名(Used or common name)**: 鳗仔, 硬骨篡, 篡仔, 硬骨仔, 土龙, 顶蛇鳗.
**分布(Distribution)**: 渤海, 黄海, 东海, 南海.

### (403) 浅草蛇鳗 *Ophichthus asakusae* Jordan *et* Snyder, 1901

*Ophichthus asakusae* Jordan *et* Snyder, 1901: 837-890.
**文献(Reference)**: Masuda, Amaoka, Araga *et al.*, 1984; Lee and Asano, 1997; Huang, 2001; 伍汉霖, 邵广昭, 赖春福等, 2012.
**别名或俗名(Used or common name)**: 硬骨篡.
**分布(Distribution)**: 东海, 南海.

### (404) 鲍氏蛇鳗 *Ophichthus bonaparti* (Kaup, 1856)

*Poecilocephalus bonaparti* Kaup, 1856: 41-77.
*Ophichthys bonaparti* (Kaup, 1856).
*Ophichthus episcopus* Castelnau, 1878.
*Ophichthys garretti* Günther, 1910.
**文献(Reference)**: Masuda, Amaoka, Araga *et al.*, 1984; McCosker, 2002; 伍汉霖, 邵广昭, 赖春福等, 2012.
**别名或俗名(Used or common name)**: 鳗仔, 硬骨篡, 篡仔, 硬骨仔, 硬骨鱁.
**分布(Distribution)**: 东海, 南海.

### (405) 短尾蛇鳗 *Ophichthus brevicaudatus* Chu, Wu *et* Jin, 1981

*Ophichthys brevicaudatus* Chu, Wu *et* Jin, 1981: 21-27.
**文献(Reference)**: Tang and Zhang, 2002; Tang and Zhang, 2004; Zhang, Tang, Liu *et al.*, 2010; 伍汉霖, 邵广昭, 赖春福等, 2012.
**分布(Distribution)**: 东海, 南海.

### (406)西里伯斯蛇鳗 *Ophichthus celebicus* (Bleeker, 1856)

*Ophisurus celebicus* Bleeker, 1856: 1-80.
*Ophichthys celebicus* (Bleeker, 1856).
*Ophisurus broekmeyeri* Bleeker, 1856.
*Ophichthys amboinensis* Bleeker, 1864.
**文献(Reference)**: Ni and Kwok, 1999; Huang, 2001; 伍汉霖, 邵广昭, 赖春福等, 2012.
**分布(Distribution)**: 南海.

### (407) 项斑蛇鳗 *Ophichthus cephalozona* Bleeker, 1864

*Ophichthys cephalozona* Bleeker, 1864: 1-132.
**文献(Reference)**: Herre, 1953b; Winterbottom, 1993; Ni and Kwok, 1999; Randall and Lim (eds.), 2000; Huang, 2001; 伍汉霖, 邵广昭, 赖春福等, 2012.
**别名或俗名(Used or common name)**: 鳗仔, 硬骨篡, 篡仔, 硬骨仔, 颈带蛇鳗.
**分布(Distribution)**: 东海, 南海.

### (408) 斑纹蛇鳗 *Ophichthus erabo* (Jordan *et* Snyder, 1901)

*Microdonophis erabo* Jordan *et* Snyder, 1901: 837-890.
*Ophichthus retifer* Fowler, 1935.
**文献(Reference)**: Masuda, Amaoka, Araga *et al.*, 1984; Randall and Lim (eds.), 2000; Huang, 2001; 伍汉霖, 邵广昭, 赖春福等, 2012.
**别名或俗名(Used or common name)**: 纹蛇鳗, 鳗仔, 硬骨篡, 篡仔, 硬骨仔.
**分布(Distribution)**: 南海.

### (409) 横带蛇鳗 *Ophichthus fasciatus* (Chu, Wu *et* Jin, 1981)

*Microdonophis fasciatus* Chu, Wu *et* Jin, 1981: 21-27.
**文献(Reference)**: Tang and Zhang, 2004; Zhang, Tang, Liu *et al.*, 2010; 伍汉霖, 邵广昭, 赖春福等, 2012.
**别名或俗名(Used or common name)**: 鳗仔, 硬骨篡, 篡仔, 硬骨仔, 硬骨鱁, 乌鳗.
**分布(Distribution)**: 东海.

### (410) 石蛇鳗 *Ophichthus lithinus* (Jordan *et* Richardson, 1908)

*Leiuranus lithinus* Jordan *et* Richardson, 1908: 233-287.
*Ophichthus evermanni* Jordan *et* Richardson, 1909.
**文献(Reference)**: Jordan and Richardson, 1909; 朱元鼎等, 1985; 沈世杰, 1993; Shao, 1997; Lee and Asano, 1997; Ni and Kwok, 1999; Randall and Lim (eds.), 2000; Huang, 2001; Ohshimo, 2004; 伍汉霖, 邵广昭, 赖春福等, 2012.
**别名或俗名(Used or common name)**: 艾氏蛇鳗, 鳗仔, 硬骨篡, 篡仔, 硬骨仔, 鳗.
**分布(Distribution)**: 东海, 南海.

### (411) 大鳍蛇鳗 *Ophichthus macrochir* (Bleeker, 1853)

*Ophisurus macrochir* Bleeker, 1853: 63-76.
*Centrurophis macrochir* (Bleeker, 1853).
**文献(Reference)**: Bleeker, 1853; Kaup, 1856; Herre, 1953b; 沈世杰, 1993; Shao, 1997; Randall and Lim (eds.), 2000; Huang, 2001; McCosker, 2014; 伍汉霖, 邵广昭, 赖春福等, 2012.
**别名或俗名(Used or common name)**: 鳗仔, 硬骨篡, 篡仔, 硬骨仔, 长身蛇鳗.
**分布(Distribution)**: 东海, 南海.

**（412）多斑蛇鳗 *Ophichthus polyophthalmus* Bleeker, 1864**

*Ophichthus polyophthalmus* Bleeker, 1864: 39-54.
*Ophichthys bleekeri* Volz, 1903.

**文献（Reference）**: Masuda, Amaoka, Araga *et al.*, 1984; 沈世杰, 1993; Randall and Lim (eds.), 2000; Huang, 2001; 伍汉霖, 邵广昭, 赖春福等, 2012.

**别名或俗名（Used or common name）**: 眼斑细齿蛇鳗, 眼斑蛇鳗, 鳗仔, 硬骨篡, 篡仔, 硬骨仔, 鲢仔.

**分布（Distribution）**: 东海, 南海.

**（413）窄鳍蛇鳗 *Ophichthus stenopterus* Cope, 1871**

*Ophichthus stenopterus* Cope, 1871: 445-483.

**文献（Reference）**: Lee and Asano, 1997; 伍汉霖, 邵广昭, 赖春福等, 2012.

**别名或俗名（Used or common name）**: 鳗仔, 硬骨篡, 篡仔, 硬骨仔.

**分布（Distribution）**: 东海, 南海.

**（414）张氏蛇鳗 *Ophichthus tchangi* Tang *et* Zhang, 2002**

*Ophichthus tchangi* Tang *et* Zhang, 2002: 854-856.

**文献（Reference）**: Tang and Zhang, 2002: 854-856; Tang and Zhang, 2004; Zhang, Tang, Liu *et al.*, 2010; 伍汉霖, 邵广昭, 赖春福等, 2012; 黄宗国, 伍汉霖, 邵广昭等, 2014.

**分布（Distribution）**: 南海.

**（415）柴田氏蛇鳗 *Ophichthus tsuchidae* Jordan *et* Snyder, 1901**

*Ophichthus tsuchidae* Jordan *et* Snyder, 1901: 837-890.

**文献（Reference）**: Jordan and Snyder, 1901: 837-890; Masuda, Amaoka, Araga *et al.*, 1984; 沈世杰, 1993; Shao, 1997; Lee and Asano, 1997; Randall and Lim (eds.), 2000; 伍汉霖, 邵广昭, 赖春福等, 2012.

**别名或俗名（Used or common name）**: 锦蛇鳗, 鳗仔, 硬骨篡, 篡仔, 硬骨仔.

**分布（Distribution）**: 东海, 南海.

**（416）裙鳍蛇鳗 *Ophichthus urolophus* (Temminck *et* Schlegel, 1846)**

*Conger urolophus* Temminck *et* Schlegel, 1846: 173-269.

**文献（Reference）**: Böhlke, 1956; 沈世杰, 1993; Lee and Asano, 1997; Ni and Kwok, 1999; Randall and Lim (eds.), 2000; Huang, 2001; Iwamoto and McCosker, 2014; 伍汉霖, 邵广昭, 赖春福等, 2012.

**别名或俗名（Used or common name）**: 裾鳍蛇鳗, 硬骨篡.

**分布（Distribution）**: 东海, 南海.

## 162. 鲨蛇鳗属 *Ophisurus* Lacépède, 1800

**（417）大吻鲨蛇鳗 *Ophisurus macrorhynchos* Bleeker, 1852**

*Ophisurus macrorhynchus* Bleeker, 1852: 63-76.

**文献（Reference）**: Nishikawa and Sakamoto, 1977; Masuda, Amaoka, Araga *et al.*, 1984; Huang, 2001; 陈余鋆, 2002; 伍汉霖, 邵广昭, 赖春福等, 2012.

**别名或俗名（Used or common name）**: 巨吻蛇鳗, 鳗仔, 硬骨篡, 篡仔, 硬骨仔.

**分布（Distribution）**: 黄海, 东海.

## 163. 豆齿鳗属 *Pisodonophis* Kaup, 1856

**（418）杂食豆齿鳗 *Pisodonophis boro* (Hamilton, 1822)**

*Ophisurus boro* Hamilton, 1822: 1-405.
*Pisodontophis bora* (Hamilton, 1822).
*Anguilla acuminata* Swainson, 1839.
*Anguilla immaculata* Swainson, 1839.
*Pisodonophis assamensis* Sen, 1986.

**文献（Reference）**: Nishikawa and Sakamoto, 1977; Leung, 1994; Ni and Kwok, 1999; Kuo, Lin and Shao, 1999; Randall and Lim (eds.), 2000; Huang, 2001; Ji and Kim, 2011; 伍汉霖, 邵广昭, 赖春福等, 2012.

**别名或俗名（Used or common name）**: 鳗仔, 硬骨篡, 篡仔, 硬骨仔, 土龙.

**分布（Distribution）**: 东海, 南海.

**（419）食蟹豆齿鳗 *Pisodonophis cancrivorus* (Richardson, 1848)**

*Ophisurus cancrivorus* Richardson, 1848: 75-139.
*Ophisurus nigrepinnis* Liénard, 1842.
*Ophichthys cancrivorus* (Richardson, 1848).
*Ophisurus sinensis* Richardson, 1848.
*Ophisurus baccidens* Cantor, 1849.
*Ophisurus schaapi* Bleeker, 1852.

**文献（Reference）**: Herre, 1953b; Masuda, Amaoka, Araga *et al.*, 1984; Shao, Kao and Lee, 1990; Shao, Chen, Kao *et al.*, 1993; Ni and Kwok, 1999; Kuo and Shao, 1999; Randall and Lim (eds.), 2000; Huang, 2001; Ji and Kim, 2011; 伍汉霖, 邵广昭, 赖春福等, 2012.

**别名或俗名（Used or common name）**: 鳗仔, 硬骨篡, 篡仔, 硬骨仔, 鳗, 硬骨鲢.

**分布（Distribution）**: 东海, 南海.

## 164. 守鳃蛇鳗属 *Pylorobranchus* McCosker *et* Chen, 2012

**（420）何氏守鳃蛇鳗 *Pylorobranchus hoi* McCosker, Loh, Lin *et* Chen, 2012**

*Pylorobranchus hoi* McCosker, Loh, Lin *et* Chen, 2012:

1188-1194.
文献（Reference）：McCosker, Loh, Lin *et al.*, 2012: 1188-1194; McCosker, 2014.
别名或俗名（Used or common name）：鳗仔，硬骨篡，篡仔，硬骨仔，何氏双鳍鳗.
分布（Distribution）：东海，南海.

### 165. 蠕蛇鳗属 *Scolecenchelys* Ogilby, 1897

**（421）裸身蠕蛇鳗 *Scolecenchelys gymnota* (Bleeker, 1857)**

*Muraenichthys gymnotus* Bleeker, 1857: 1-102.
*Scolecenchelys gymnotus* (Bleeker, 1857).
*Sphagebranchus huysmani* Weber, 1913.
*Muraenichthys fowleri* Schultz, 1943.
文献（Reference）：Chang, Lee and Shao, 1978; Masuda, Amaoka, Araga *et al.*, 1984; Winterbottom, 1993; 沈世杰, 1993; Randall and Lim (eds.), 2000; Werner and Allen, 2000; 伍汉霖，邵广昭，赖春福等, 2012.
别名或俗名（Used or common name）：裸虫鳗，鳗仔，硬骨篡，篡仔，硬骨仔.
分布（Distribution）：东海，南海.

**（422）大鳍蠕蛇鳗 *Scolecenchelys macroptera* (Bleeker, 1857)**

*Muraenichthys macropterus* Bleeker, 1857: 1-102.
*Echidna uniformis* Seale, 1901.
*Muraenichthys owstoni* Jordan *et* Snyder, 1901.
文献（Reference）：Herre, 1953; Masuda, Amaoka, Araga *et al.*, 1984; Winterbottom, 1993; Ni and Kwok, 1999; Randall and Lim (eds.), 2000; Huang, 2001.
别名或俗名（Used or common name）：鳗仔，硬骨篡，篡仔，硬骨仔.
分布（Distribution）：东海，南海.

### 166. 列齿蛇鳗属 *Xyrias* Jordan *et* Snyder, 1901

**（423）邱氏列齿蛇鳗 *Xyrias chioui* McCosker, Chen *et* Chen, 2009**

*Xyrias chioui* McCosker, Chen *et* Chen, 2009: 61-67.
文献（Reference）：McCosker, Chen and Chen, 2009: 61-67.
别名或俗名（Used or common name）：邱氏无须蛇鳗，鳗仔，硬骨篡，篡仔，硬骨仔.
分布（Distribution）：东海，南海.

**（424）列齿蛇鳗 *Xyrias revulsus* Jordan *et* Snyder, 1901**

*Xyrias revulsus* Jordan *et* Snyder, 1901: 837-890.
文献（Reference）：Jordan and Snyder, 1901: 837-890; Masuda, Amaoka, Araga *et al.*, 1984; Randall and Lim (eds.), 2000; Huang, 2001; 伍汉霖，邵广昭，赖春福等, 2012.
别名或俗名（Used or common name）：列齿无须蛇鳗，鳗仔，硬骨篡，篡仔，硬骨仔，光唇蛇鳗.
分布（Distribution）：南海.

## （六十三）短尾康吉鳗科 Colocongridae

### 167. 短尾康吉鳗属 *Coloconger* Alcock, 1889

**（425）日本短尾康吉鳗 *Coloconger japonicus* Machida, 1984**

*Coloconger japonicus* Machida, 1984: 1-414.
文献（Reference）：Machida, 1984: 87; 伍汉霖，邵广昭，赖春福等, 2012.
别名或俗名（Used or common name）：日本倭糯鳗.
分布（Distribution）：东海，南海.

**（426）蛙头短尾康吉鳗 *Coloconger raniceps* Alcock, 1889**

*Coloconger raniceps* Alcock, 1889: 450-461.
文献（Reference）：Alcock, 1889: 450-461; Masuda, Amaoka, Araga *et al.*, 1984; 伍汉霖，邵广昭，赖春福等, 2012.
别名或俗名（Used or common name）：蛙头倭糯鳗.
分布（Distribution）：东海.

**（427）施氏短尾康吉鳗 *Coloconger scholesi* Chan, 1967**

*Coloconger scholesi* Chan, 1967: 97-112.
文献（Reference）：Randall and Lim (eds.), 2000; Huang, 2001; Iwamoto and McCosker, 2014; 伍汉霖，邵广昭，赖春福等, 2012.
分布（Distribution）：南海.

## （六十四）项鳗科 Derichthyidae

### 168. 项鳗属 *Derichthys* Gill, 1884

**（428）短吻项鳗 *Derichthys serpentinus* Gill, 1884**

*Derichthys serpentinus* Gill, 1884: 433.
*Leptocephalus anguilloides* Schmidt, 1916.
*Derichthys iselini* Borodin, 1929.
*Derichthys kempi* (Norman, 1930).
*Grammatocephalus kempi* Norman, 1930.
文献（Reference）：Okiyama, 1993; 伍汉霖，邵广昭，赖春福等, 2012.
分布（Distribution）：南海.

## （六十五）海鳗科 Muraenesocidae

### 169. 原鹤海鳗属 *Congresox* Gill, 1890

**（429）原鹤海鳗 *Congresox talabon* (Cuvier, 1829)**

*Conger talabon* Cuvier, 1829: 1-406.
*Congresox telabon* (Cuvier, 1829).
*Muraenesox telabon* (Cuvier, 1829).

**文献（Reference）**：Herre, 1953b; Ni and Kwok, 1999; Ganaden and Lavapie-Gonzales, 1999; Randall and Lim (eds.), 2000; Huang, 2001; 伍汉霖, 邵广昭, 赖春福等, 2012.

**分布（Distribution）**：南海.

**（430）似原鹤海鳗 *Congresox talabonoides* (Bleeker, 1853)**

*Conger talabonoides* Bleeker, 1853: 1-76.
*Congresox talabanoides* (Bleeker, 1853).
*Muraenesox talabonoides* (Bleeker, 1853).

**文献（Reference）**：Ni and Kwok, 1999; Randall and Lim (eds.), 2000; Huang, 2001; 伍汉霖, 邵广昭, 赖春福等, 2012.

**分布（Distribution）**：南海.

### 170. 鳄头鳗属 *Gavialiceps* Alcock, 1889

**（431）鳄头鳗 *Gavialiceps taeniola* Alcock, 1889**

*Gavialiceps taeniola* Alcock, 1889: 450-461.
*Nettastoma taeniola* (Alcock, 1889).
*Saurenchelys taeniola* (Alcock, 1889).

**文献（Reference）**：de la Paz and Interior, 1979; Masuda, Amaoka, Araga *et al.*, 1984; Karmovskaya, 1994; 伍汉霖, 邵广昭, 赖春福等, 2012.

**分布（Distribution）**：南海.

**（432）台湾鳄头鳗 *Gavialiceps taiwanensis* (Chen *et* Weng, 1967)**

*Chlopsis taiwanensis* Chen *et* Weng, 1967: 135-220.

**文献（Reference）**：沈世杰, 1993; Karmovskaya, 1994; Randall and Lim (eds.), 2000; Huang, 2001; 伍汉霖, 邵广昭, 赖春福等, 2012.

**别名或俗名（Used or common name）**：海鳗.

**分布（Distribution）**：南海.

### 171. 海鳗属 *Muraenesox* McClelland, 1843

**（433）褐海鳗 *Muraenesox bagio* (Hamilton, 1822)**

*Muraena bagio* Hamilton, 1822: 1-405.
*Muraenosox bagio* (Hamilton, 1822).

**文献（Reference）**：Castle, 1967; Chen and Weng (陈兼善和翁廷辰), 1967; Shao, Chen, Kao *et al.*, 1993; 沈世杰, 1993; Yamada, Shirai, Irie *et al.*, 1995; Ni and Kwok, 1999; Kuo and Shao, 1999; Randall and Lim (eds.), 2000; Huang, 2001; 伍汉霖, 邵广昭, 赖春福等, 2012.

**别名或俗名（Used or common name）**：虎鳗, 海鳗.

**分布（Distribution）**：渤海, 黄海, 东海, 南海.

**（434）海鳗 *Muraenesox cinereus* (Forsskål, 1775)**

*Muraena cinerea* Forsskål, 1775: 1-164.
*Muraenosox cinereus* (Forsskål, 1775).
*Muraena arabicus* Bloch *et* Schneider, 1801.
*Muraenesox arabicus* (Bloch *et* Schneider, 1801).

**文献（Reference）**：Forsskål, 1775: 1-20 + i-xxxiv + 1-164; Chen and Weng (陈兼善和翁廷辰), 1967; Lee, 1975; Shao, Chen, Kao *et al.*, 1993; 沈世杰, 1993; Leung, 1994; Ni and Kwok, 1999; Kuo and Shao, 1999; Randall and Lim (eds.), 2000; Chiu and Hsieh, 2001; 伍汉霖, 邵广昭, 赖春福等, 2012.

**别名或俗名（Used or common name）**：虎鳗, 钱鳗.

**分布（Distribution）**：渤海, 黄海, 东海, 南海.

### 172. 细颌鳗属 *Oxyconger* Bleeker, 1864

**（435）细颌鳗 *Oxyconger leptognathus* (Bleeker, 1858)**

*Conger leptognathus* Bleeker, 1858: 1-46.

**文献（Reference）**：Chen and Weng (陈兼善和翁廷辰), 1967; Masuda, Amaoka, Araga *et al.*, 1984; 沈世杰, 1993; Randall and Lim (eds.), 2000; Huang, 2001.

**别名或俗名（Used or common name）**：丁香鳗, 尖嘴鳗, 尖嘴海鳗.

**分布（Distribution）**：东海, 南海.

## （六十六）线鳗科 Nemichthyidae

### 173. 喙吻鳗属 *Avocettina* Jordan *et* Davis, 1891

**（436）喙吻鳗 *Avocettina infans* (Günther, 1878)**

*Nemichthys infans* Günther, 1878b: 17-28.
*Borodinula infans* (Günther, 1878).
*Avocettina elongata* (Gill *et* Ryder, 1883).
*Avocettina gilli* (Bean, 1890).
*Leptocephalus oxycephalus* Pappenheim, 1914.
*Avocettinops schmidti* Roule *et* Bertin, 1924.
*Avocettinops normani* Bertin, 1947.

**文献（Reference）**：Böhlke, 1956; Masuda, Amaoka, Araga *et al.*, 1984; Randall and Lim (eds.), 2000; Huang, 2001; 陈余鋆, 2002; 伍汉霖, 邵广昭, 赖春福等, 2012.

**别名或俗名（Used or common name）**：尖嘴鳗.

**分布（Distribution）**：南海.

### 174. 线鳗属 *Nemichthys* Richardson, 1848

**（437）线鳗 *Nemichthys scolopaceus* Richardson, 1848**

*Nemichthys scalopaceus* Richardson, 1848: 1-28.
*Belonopsis leuchtenbergi* (Lowe, 1852).
*Nemichthys avocetta* Jordan *et* Gilbert, 1881.
*Investigator acanthonotus* (Alcock, 1894).
*Nemichthys fronto* Garman, 1899.
*Nemichthys mediterraneus* Ariola, 1904.
**文献（Reference）**：Böhlke, 1956; Masuda, Amaoka, Araga *et al.*, 1984; 沈世杰, 1993; Randall and Lim (eds.), 2000; Huang, 2001; 伍汉霖, 邵广昭, 赖春福等, 2012.
**别名或俗名（Used or common name）**：线口鳗.
**分布（Distribution）**：东海，南海.

## （六十七）康吉鳗科 Congridae

### 175. 前唇鳗属 *Acromycter* Smith *et* Kanazawa, 1977

**（438）顶鼻前唇鳗 *Acromycter nezumi* (Asano, 1958)**

*Promyllantor nezumi* Asano, 1958: 197-201.
**文献（Reference）**：Masuda, Amaoka, Araga *et al.*, 1984; 伍汉霖, 邵广昭, 赖春福等, 2012.
**分布（Distribution）**：南海.

### 176. 美体鳗属 *Ariosoma* Swainson, 1838

**（439）穴美体鳗 *Ariosoma anago* (Temminck *et* Schlegel, 1846)**

*Conger anago* Temminck *et* Schlegel, 1846: 173-269.
*Anago anago* (Temminck *et* Schlegel, 1846).
*Ariosome anago* (Temminck *et* Schlegel, 1846).
**文献（Reference）**：Böhlke, 1956; 朱元鼎等, 1985; Shao, Chen, Kao *et al.*, 1993; Yamada, Shirai, Irie *et al.*, 1995; Castle, 1995; Ni and Kwok, 1999; Huang, 2001; Iwamoto and McCosker, 2014; 伍汉霖, 邵广昭, 赖春福等, 2012.
**别名或俗名（Used or common name）**：糯米鳗，穴子鳗，臭腥鳗，海鳗，鲨鳗，白鳗，齐头鳗.
**分布（Distribution）**：东海，南海.

**（440）拟穴美体鳗 *Ariosoma anagoides* (Bleeker, 1853)**

*Conger anagoides* Bleeker, 1853: 1-76.
*Alloconger anagoides* (Bleeker, 1853).
**文献（Reference）**：Herre, 1953b; Masuda, Amaoka, Araga *et al.*, 1984; Randall and Lim (eds.), 2000; Huang, 2001; Chinese Academy of Fishery Science (CAFS), 2007; 伍汉霖, 邵广昭, 赖春福等, 2012.
**别名或俗名（Used or common name）**：奇鳗.
**分布（Distribution）**：南海.

**（441）条纹美体鳗 *Ariosoma fasciatum* (Günther, 1872)**

*Poeciloconger fasciatus* Günther, 1872: 652-675.
*Ariosoma fasciatus* (Günther, 1872).
*Ariosoma nancyae* Shen, 1998.
**文献（Reference）**：Günther, 1872: 652-675; Shen, 1998; 伍汉霖, 邵广昭, 赖春福等, 2012.
**别名或俗名（Used or common name）**：糯米鳗，穴子鳗，臭腥鳗，海鳗，鲨鳗.
**分布（Distribution）**：东海，南海.

**（442）大美体鳗 *Ariosoma major* (Asano, 1958)**

*Alloconger shiroanago major* Asano, 1958: 191-196.
*Ariosoma shiroanago major* (Asano, 1958).
**文献（Reference）**：Masuda, Amaoka, Araga *et al.*, 1984; Randall and Lim (eds.), 2000; Chinese Academy of Fishery Science (CAFS), 2007; 伍汉霖, 邵广昭, 赖春福等, 2012.
**别名或俗名（Used or common name）**：糯米鳗，穴子鳗，臭腥鳗，海鳗，鲨鳗，大奇鳗.
**分布（Distribution）**：东海，南海.

**（443）米克氏美体鳗 *Ariosoma meeki* (Jordan *et* Snyder, 1900)**

*Congrellus meeki* Jordan *et* Snyder, 1900: 335-380.
*Ariosome meeki* (Jordan *et* Snyder, 1900).
**文献（Reference）**：伍汉霖, 邵广昭, 赖春福等, 2012.
**别名或俗名（Used or common name）**：米克氏糯鳗，糯米鳗，穴子鳗，臭腥鳗，海鳗，鲨鳗，白鳗，银箸.
**分布（Distribution）**：东海，南海.

### 177. 深海康吉鳗属 *Bathycongrus* Ogilby, 1898

**（444）小斑深海康吉鳗 *Bathycongrus guttulatus* (Günther, 1887)**

*Congromuraena guttulata* Günther, 1887: 1-268.
*Ariosoma guttulata* (Günther, 1887).
*Rhechias guttulatus* (Günther, 1887).
*Bathycongrus roosendaali* (Weber *et* de Beaufort, 1916).
*Bathycongrus stimpsoni* Fowler, 1934.
**文献（Reference）**：Ben-Tuvia, 1993; Castle and Smith, 1999; Iwamoto and McCosker, 2014; 伍汉霖, 邵广昭, 赖春福等, 2012.
**别名或俗名（Used or common name）**：糯米鳗，穴子鳗，臭腥鳗，海鳗，鲨鳗.
**分布（Distribution）**：东海，南海.

**（445）大尾深海康吉鳗 *Bathycongrus macrurus* (Gilbert, 1891)**

*Ophisoma macrurum* Gilbert, 1891: 347-352.

**文献（Reference）**：Gilbert, 1891: 347-352; Garman, 1899; Smith, 1994; 伍汉霖, 邵广昭, 赖春福等, 2012.

**分布（Distribution）**：南海.

**（446）网格深海康吉鳗 *Bathycongrus retrotinctus* (Jordan *et* Snyder, 1901)**

*Leptocephalus retrotinctus* Jordan *et* Snyder, 1901: 837-890.

*Rhechias retrotincta* (Jordan *et* Snyder, 1901).

*Bathycongrus randalli* Ben-Tuvia, 1993.

**文献（Reference）**：Masuda, Amaoka, Araga *et al.*, 1984; Ben-Tuvia, 1993; Machida, Asano and Ohta, 1994; Shao, 1997; Castle and Smith, 1999; Iwamoto and McCosker, 2014; 伍汉霖, 邵广昭, 赖春福等, 2012.

**别名或俗名（Used or common name）**：糯米鳗, 穴子鳗, 臭腥鳗, 海鳗, 鲨鳗, 黑边深海糯鳗.

**分布（Distribution）**：南海.

**（447）瓦氏深海康吉鳗 *Bathycongrus wallacei* (Castle, 1968)**

*Congrina wallacei* Castle, 1968: 685-726.

*Rhechias wallacei* (Castle, 1968).

*Bathycongrus baranesi* Ben-Tuvia, 1993.

**文献（Reference）**：Ben-Tuvia, 1993; Castle and Smith, 1999; 伍汉霖, 邵广昭, 赖春福等, 2012.

**别名或俗名（Used or common name）**：糯米鳗, 穴子鳗, 臭腥鳗, 海鳗, 鲨鳗.

**分布（Distribution）**：南海.

## 178. 渊油鳗属 *Bathymyrus* Alcock, 1889

**（448）锉吻渊油鳗（锉吻海康吉鳗）*Bathymyrus simus* Smith, 1965**

*Bathymyrus simus* Smith, 1965, 2: 1-11.

**文献（Reference）**：Smith, 1965, 2: 1-11; 沈世杰, 1993; Randall and Lim (eds.), 2000; Huang, 2001; 伍汉霖, 邵广昭, 赖春福等, 2012.

**别名或俗名（Used or common name）**：深海糯鳗, 糯米鳗, 穴子鳗, 臭腥鳗, 海鳗, 鲨鳗.

**分布（Distribution）**：黄海, 东海, 南海.

## 179. 深海尾鳗属 *Bathyuroconger* Fowler, 1934

**（449）少耙深海尾鳗 *Bathyuroconger parvibranchialis* (Fowler, 1934)**

*Silvesterina parvibranchialis* Fowler, 1934: 233-367.

**别名或俗名（Used or common name）**：糯米鳗, 穴子鳗, 臭腥鳗, 海鳗, 鲨鳗, 菲律宾深海尾糯鳗.

**分布（Distribution）**：南海.

**（450）深海尾鳗 *Bathyuroconger vicinus* (Vaillant, 1888)**

*Uroconger vicinus* Vaillant, 1888: 1-406.

*Bathyuroconger braueri* (Weber *et* de Beaufort, 1916).

*Uroconger braueri* Weber *et* de Beaufort, 1916.

**文献（Reference）**：Böhlke, 1956; Masuda, Amaoka, Araga *et al.*, 1984; 吴宗翰, 2002; Chinese Academy of Fishery Science (CAFS), 2007; 伍汉霖, 邵广昭, 赖春福等, 2012.

**别名或俗名（Used or common name）**：糯米鳗, 穴子鳗, 臭腥鳗, 海鳗, 鲨鳗.

**分布（Distribution）**：东海, 南海.

## 180. 懒康吉鳗属 *Blachea* Karrer *et* Smith, 1980

**（451）外鳃懒康吉鳗 *Blachea xenobranchialis* Karrer *et* Smith, 1980**

*Blachea xenobranchialis* Karrer *et* Smith, 1980: 642-648.

**文献（Reference）**：Karrer and Smith, 1980: 642-648.

**别名或俗名（Used or common name）**：糯米鳗, 穴子鳗, 臭腥鳗, 海鳗, 鲨鳗, 奇鳃糯鳗.

**分布（Distribution）**：东海, 南海.

## 181. 康吉鳗属 *Conger* Bosc, 1817

**（452）灰康吉鳗 *Conger cinereus* Rüppell, 1871**

*Conger cinereus* Rüppell, 1871: 441-688.

*Conger flavipinnatus* Bennett, 1832.

*Conger altipinnis* Kaup, 1856.

**文献（Reference）**：Kanazawa, 1961; Chang, Jan and Shao, 1983; Shao, Kao and Lee, 1990; Francis, 1993; Shao, Chen, Kao *et al.*, 1993; 沈世杰, 1993; Chen, Shao and Lin, 1995; Chen, Jan and Shao, 1997; Randall and Lim (eds.), 2000; Huang, 2001; 伍汉霖, 邵广昭, 赖春福等, 2012.

**别名或俗名（Used or common name）**：白鳗, 糯米鳗, 穴子鳗, 臭腥鳗, 海鳗, 鲨鳗.

**分布（Distribution）**：黄海, 东海, 南海.

**（453）日本康吉鳗 *Conger japonicus* Bleeker, 1879**

*Conger japonicus* Bleeker, 1879: 1-33.

**文献（Reference）**：Bleeker, 1879: 1-33; Ochiai, Ikegami and Nozawa, 1978; 沈世杰, 1993; Shao, 1997; Kuo and Shao, 1999; Randall and Lim (eds.), 2000; Huang, 2001; 伍汉霖, 邵广昭, 赖春福等, 2012.

**别名或俗名（Used or common name）**：糯米鳗, 穴子鳗, 臭腥鳗, 海鳗, 鲨鳗, 黑鳗, 乌鳗.

**分布（Distribution）**：渤海, 黄海, 东海, 南海.

**（454）星康吉鳗 *Conger myriaster* (Brevoort, 1856)**

*Anguilla myriaster* Brevoort, 1856: 253-288.

*Astroconger myriaster* (Brevoort, 1856).

**文献（Reference）：** 沈世杰, 1993; Yamada, Shirai, Irie *et al.*, 1995; Randall and Lim (eds.), 2000; Huang, 2001; An and Huh, 2002; Baeck and Huh, 2003; Kamura and Hashimoto, 2004; Tao, Miller, Aoyama *et al.*, 2007; 伍汉霖, 邵广昭, 赖春福等, 2012.

**别名或俗名（Used or common name）：** 糯米鳗, 穴子鳗, 臭腥鳗, 海鳗, 鲨鳗.

**分布（Distribution）：** 渤海, 黄海, 东海, 南海.

## 182. 大口康吉鳗属 *Congriscus* Jordan *et* Hubbs, 1925

**（455）大口康吉鳗 *Congriscus megastomus* (Günther, 1877)**

*Congromuraena megastoma* Günther, 1877: 433-446.

**文献（Reference）：** Günther, 1877: 433-446; Masuda, Amaoka, Araga *et al.*, 1984; Honda, Sakaji and Nashida, 2001.

**别名或俗名（Used or common name）：** 糯米鳗, 穴子鳗, 臭腥鳗, 海鳗, 鲨鳗.

**分布（Distribution）：** 东海.

## 183. 颌吻鳗属 *Gnathophis* Kaup, 1859

**（456）异颌颌吻鳗 *Gnathophis heterognathos* (Bleeker, 1858)**

*Myrophis heterognathos* Bleeker, 1858: 1-12.

**文献（Reference）：** Asano, 1958.

**别名或俗名（Used or common name）：** 糯米鳗, 穴子鳗, 臭腥鳗, 海鳗, 鲨鳗.

**分布（Distribution）：** 东海, 南海.

**（457）尖尾颌吻鳗 *Gnathophis xenica* (Matsubara *et* Ochiai, 1951)**

*Arisoma nystromi xenica* Matsubara *et* Ochiai, 1951: 1-18.

**文献（Reference）：** Masuda, Amaoka, Araga *et al.*, 1984; 伍汉霖, 邵广昭, 赖春福等, 2012.

**别名或俗名（Used or common name）：** 糯米鳗, 穴子鳗, 臭腥鳗, 海鳗, 鲨鳗, 外来颌吻糯鳗.

**分布（Distribution）：** 东海.

## 184. 园鳗属 *Gorgasia* Meek *et* Hildebrand, 1923

**（458）日本园鳗 *Gorgasia japonica* Abe, Miki *et* Asai, 1977**

*Gorgasia japonica* Abe, Miki *et* Asai, 1977: 1-8.

**文献（Reference）：** Abe, Miki and Asai, 1977: 1-8; Masuda, Amaoka, Araga *et al.*, 1984; Shao, 1990; 沈世杰, 1993; Shao, 1997; Chen, Chen and Shao, 1999; Randall and Lim (eds.), 2000; Huang, 2001; 伍汉霖, 邵广昭, 赖春福等, 2012.

**别名或俗名（Used or common name）：** 糯米鳗, 穴子鳗, 臭腥鳗, 海鳗, 鲨鳗.

**分布（Distribution）：** 南海.

**（459）台湾园鳗 *Gorgasia taiwanensis* Shao, 1990**

*Gorgasia taiwanensis* Shao, 1990: 1-16.

**文献（Reference）：** Shao, 1990: 1-16; 沈世杰, 1993; Chen, Chen and Shao, 1999; Randall and Lim (eds.), 2000; Huang, 2001; 伍汉霖, 邵广昭, 赖春福等, 2012.

**别名或俗名（Used or common name）：** 糯米鳗, 穴子鳗, 臭腥鳗, 海鳗, 鲨鳗.

**分布（Distribution）：** 南海.

## 185. 异康吉鳗属 *Heteroconger* Bleeker, 1868

**（460）哈氏异康吉鳗 *Heteroconger hassi* (Klausewitz *et* Eibl-Eibesfeldt, 1959)**

*Xarifania hassi* Klausewitz *et* Eibl-Eibesfeldt, 1959: 135-153.

*Taenioconger hassi* (Klausewitz *et* Eibl-Eibesfeldt, 1959).

*Leptocephalus maculatus* Della Croce *et* Castle, 1966.

**文献（Reference）：** Böhlke, 1956; Masuda, Amaoka, Araga *et al.*, 1984; Chen, Jan and Shao, 1997; Chen, Chen and Shao, 1999; Randall and Lim (eds.), 2000; 伍汉霖, 邵广昭, 赖春福等, 2012.

**别名或俗名（Used or common name）：** 园鳗, 糯米鳗, 穴子鳗, 臭腥鳗, 海鳗, 鲨鳗.

**分布（Distribution）：** 东海, 南海.

## 186. 日本康吉鳗属 *Japonoconger* Asano, 1958

**（461）小头日本康吉鳗 *Japonoconger sivicolus* (Matsubara *et* Ochiai, 1951)**

*Arisoma sivicola* Matsubara *et* Ochiai, 1951: 1-18.

**文献（Reference）：** Matsubara and Ochiai, 1951: 1-18; Böhlke, 1956; Masuda, Amaoka, Araga *et al.*, 1984.

**别名或俗名（Used or common name）：** 糯米鳗, 穴子鳗, 臭腥鳗, 海鳗, 鲨鳗, 秃吻日本糯鳗, 南鳗.

**分布（Distribution）：** 东海.

## 187. 大头糯鳗属 *Macrocephenchelys* Fowler, 1934

**（462）臂斑大头糯鳗 *Macrocephenchelys brachialis* Fowler, 1934**

*Macrocephenchelys brachialis* Fowler, 1934: 233-367.

文献（Reference）：Fowler, 1934: 233-367; Böhlke, 1956; 陈余鋆, 2002; Chinese Academy of Fishery Science (CAFS), 2007.
别名或俗名（Used or common name）：糯米鳗，穴子鳗，臭腥鳗，海鳗，鲨鳗.
分布（Distribution）：东海，南海.

**（463）短吻大头糯鳗 *Macrocephenchelys brevirostris* (Chen *et* Weng, 1967)**
*Rhynchoconger brevirostris* Chen et Weng, 1967: 135-220.
文献（Reference）：沈世杰, 1993; Randall and Lim (eds.), 2000; Huang, 2001; 陈余鋆, 2002; 伍汉霖，邵广昭，赖春福等, 2012.
别名或俗名（Used or common name）：糯米鳗，穴子鳗，臭腥鳗，海鳗，鲨鳗.
分布（Distribution）：南海.

### 188. 拟海蠕鳗属 *Parabathymyrus* Kamohara, 1938

**（464）短吻拟海蠕鳗 *Parabathymyrus brachyrhynchus* (Fowler, 1934)**
*Arisoma brachyrhynchus* Fowler, 1934: 233-367.
文献（Reference）：Iwamoto and McCosker, 2014; 伍汉霖，邵广昭，赖春福等, 2012.
别名或俗名（Used or common name）：糯鳗，糯米鳗，穴子鳗，臭腥鳗，海鳗，鲨鳗.
分布（Distribution）：东海，南海.

**（465）大眼拟海蠕鳗 *Parabathymyrus macrophthalmus* Kamohara, 1938**
*Parabathymyrus macrophthalmus* Kamohara, 1938: 1-86.
文献（Reference）：Masuda, Amaoka, Araga *et al.*, 1984; 益田一，尼冈邦夫，荒贺忠一等, 1984; Randall and Lim (eds.), 2000; Huang, 2001; 伍汉霖，邵广昭，赖春福等, 2012.
别名或俗名（Used or common name）：糯鳗，糯米鳗，穴子鳗，臭腥鳗，海鳗，鲨鳗.
分布（Distribution）：黄海，东海，南海.

### 189. 吻鳗属 *Rhynchoconger* Jordan *et* Hubbs, 1925

**（466）黑尾吻鳗 *Rhynchoconger ectenurus* (Jordan *et* Richardson, 1909)**
*Leptocephalus ectenurus* Jordan *et* Richardson, 1909: 159-204.
*Rhynchocymba ectenura* (Jordan *et* Richardson, 1909).
文献（Reference）：Masuda, Amaoka, Araga *et al.*, 1984; Shao, Chen, Kao *et al.*, 1993; 沈世杰, 1993; Shao, 1997; Ni and Kwok, 1999; Randall and Lim (eds.), 2000; Huang, 2001; 伍汉霖，邵广昭，赖春福等, 2012.
别名或俗名（Used or common name）：糯米鳗，穴子鳗，臭腥鳗，海鳗，鲨鳗，突吻糯鳗.
分布（Distribution）：东海，南海.

### 190. 尾鳗属 *Uroconger* Kaup, 1856

**（467）尖尾鳗 *Uroconger lepturus* (Richardson, 1845)**
*Congrus lepturus* Richardson, 1845: 99-150.
*Conger lepturus* (Richardson, 1845).
文献（Reference）：Schmidt, 1929; de la Paz and Interior, 1979; Shao, Chen, Kao *et al.*, 1993; 沈世杰, 1993; Ni and Kwok, 1999; Randall and Lim (eds.), 2000; Huang, 2001; 伍汉霖，邵广昭，赖春福等, 2012.
别名或俗名（Used or common name）：糯米鳗，穴子鳗，臭腥鳗，海鳗，鲨鳗.
分布（Distribution）：黄海，东海，南海.

## （六十八）鸭嘴鳗科 Nettastomatidae

### 191. 丝鳗属（鸭嘴鳗属）*Nettastoma* Rafinesque, 1810

**（468）小头丝鳗 *Nettastoma parviceps* Günther, 1877**
*Nettastoma parviceps* Günther, 1877: 433-446.
*Metopomycter parviceps* (Günther, 1877).
*Metopomycter denticulatus* Gilbert, 1905.
*Nettastoma denticulatus* (Gilbert, 1905).
文献（Reference）：Günther, 1877: 433-446; Masuda, Amaoka, Araga *et al.*, 1984; Huang, 2001; Chinese Academy of Fishery Science (CAFS), 2007; 伍汉霖，邵广昭，赖春福等, 2012.
别名或俗名（Used or common name）：丝仔鳗，小头鸭嘴鳗.
分布（Distribution）：东海.

**（469）前鼻丝鳗 *Nettastoma solitarium* Castle *et* Smith, 1981**
*Nettastoma solitarium* Castle *et* Smith, 1981: 535-560.
文献（Reference）：Masuda, Amaoka, Araga *et al.*, 1984; 伍汉霖，邵广昭，赖春福等, 2012.
别名或俗名（Used or common name）：丝仔鳗，前鼻鸭嘴鳗.
分布（Distribution）：南海.

### 192. 蜥鳗属 *Saurenchelys* Peters, 1864

**（470）线尾蜥鳗 *Saurenchelys fierasfer* (Jordan *et* Snyder, 1901)**
*Chlopsis fierasfer* Jordan *et* Snyder, 1901: 837-890.

**文献（Reference）**：Herre, 1953b; Masuda, Amaoka, Araga *et al*., 1984; 沈世杰, 1993; Randall and Lim (eds.), 2000; Huang, 2001; 伍汉霖, 邵广昭, 赖春福等, 2012.

**别名或俗名（Used or common name）**：丝仔鳗.

**分布（Distribution）**：东海, 南海.

**（471）台湾蜥鳗 *Saurenchelys taiwanensis* Karmovskaya, 2004**

*Saurenchelys taiwanensis* Karmovskaya, 2004: S1-S32.

**文献（Reference）**：Karmovskaya, 2004: S1-S32; 伍汉霖, 邵广昭, 赖春福等, 2012.

**别名或俗名（Used or common name）**：丝仔鳗.

**分布（Distribution）**：南海.

## （六十九）锯犁鳗科 Serrivomeridae

### 193. 锯犁鳗属 *Serrivomer* Gill *et* Ryder, 1883

**（472）比氏锯犁鳗 *Serrivomer beanii* Gill *et* Ryder, 1883**

*Serrivomer beani* Gill *et* Ryder, 1883: 260-262.

*Leptocephalus lanceolatus* Strömman, 1896.

*Serrivomer parabeani* Bertin, 1940.

**文献（Reference）**：Chinese Academy of Fishery Science (CAFS), 2007; 伍汉霖, 邵广昭, 赖春福等, 2012.

**分布（Distribution）**：东海.

**（473）长齿锯犁鳗 *Serrivomer sector* Garman, 1899**

*Serrivomer sector* Garman, 1899: 1-431.

**文献（Reference）**：Masuda, Amaoka, Araga *et al*., 1984; 伍汉霖, 邵广昭, 赖春福等, 2012.

**别名或俗名（Used or common name）**：长齿锯齿鳗, 锯齿鳗.

**分布（Distribution）**：东海, 南海.

# 二十一、囊鳃鳗目 Saccopharyngiformes

## （七十）宽咽鱼科 Eurypharyngidae

### 194. 宽咽鱼属 *Eurypharynx* Vaillant, 1882

**（474）宽咽鱼 *Eurypharynx pelecanoides* Vaillant, 1882**

*Eurypharynx pelecanoides* Vaillant, 1882: 1226-1228.

*Gastrostomus bairdii* Gill *et* Ryder, 1883.

*Macropharynx longicaudatus* Brauer, 1902.

*Gastrostomus pacificus* Bean, 1904.

*Eurypharynx richardi* Roule, 1914.

**文献（Reference）**：Masuda, Amaoka, Araga *et al*., 1984; Nielsen, Bertelsen and Jespersen, 1989; 伍汉霖, 邵广昭, 赖春福等, 2012.

**别名或俗名（Used or common name）**：巨口鳗, 吞噬鳗, 咽囊鳗, 吞鳗, 鹈鹕鳗, 伞口吞噬鳗.

**分布（Distribution）**：南海.

# 二十二、鲱形目 Clupeiformes

## （七十一）锯腹鳓科 Pristigasteridae

### 195. 鳓属 *Ilisha* Richardson, 1846

**（475）鳓 *Ilisha elongata* (Anonymous [Bennett], 1830)**

*Alosa elongata* Anonymous [Bennett], 1830: 686-694.

*Clupea affinis* Gray, 1830.

*Pristigaster chinensis* Basilewsky, 1855.

*Pristigaster sinensis* Sauvage, 1881.

**文献（Reference）**：Herklots and Lin, 1940; Shao, Chen, Kao *et al*., 1993; 沈世杰, 1993; Leung, 1994; Yamada, Shirai, Irie *et al*., 1995; Tang and Jin, 1999; Chen and Shen, 1999; Randall and Lim (eds.), 2000; Huang, 2001; Islam, Hibino and Tanaka, 2006; 伍汉霖, 邵广昭, 赖春福等, 2012.

**别名或俗名（Used or common name）**：白力, 力鱼, 曹白鱼, 吐目, 鳓鱼.

**分布（Distribution）**：渤海, 黄海, 东海, 南海.

**（476）大鳍鳓 *Ilisha megaloptera* (Swainson, 1839)**

*Clupea megalopterus* Swainson, 1839: 1-148.

*Ilisha motius* (Hamilton, 1822).

*Platygaster macropthalma* Swainson, 1838.

*Pellona megaloptera* (Swainson, 1839).

*Ilisha dussumieri* (Valenciennes, 1847).

**文献（Reference）**：Kyushin, Amaoka, Nakaya *et al*., 1982; Randall and Lim (eds.), 2000; 伍汉霖, 邵广昭, 赖春福等, 2012.

**分布（Distribution）**：南海.

**（477）黑口鳓 *Ilisha melastoma* (Bloch *et* Schneider, 1801)**

*Clupea melastoma* Bloch *et* Schneider, 1801: 1-584.

*Platygaster verticalis* Swainson, 1838.

*Clupea indicus* Swainson, 1839.

*Ilisha micropus* (Valenciennes, 1847).

*Pellona brachysoma* Bleeker, 1852.

**文献（Reference）**：Whitehead, 1985; Shao, Kao and Lee, 1990; Shao, Chen, Kao *et al*., 1993; 沈世杰, 1993; Ni and Kwok, 1999; Randall and Lim (eds.), 2000; Huang, 2001; Adrim,

Chen, Chen *et al.*, 2004; 伍汉霖, 邵广昭, 赖春福等, 2012.
**别名或俗名（Used or common name）**：短鳓, 印度鳓, 圆眼仔.
**分布（Distribution）**：黄海, 东海, 南海.

### 196. 后鳍鱼属 *Opisthopterus* Gill, 1861

**（478）后鳍鱼 *Opisthopterus tardoore* (Cuvier, 1829)**

*Pristigaster tardoore* Cuvier, 1829: 1-406.
*Pristigaster elongata* Swainson, 1838.
*Clupea indicus* Swainson, 1839.
*Pristigaster indicus* (Swainson, 1839).
*Opisthopterus tartoor* (Valenciennes, 1847).
**文献（Reference）**：沈世杰, 1993; Ni and Kwok, 1999; Randall and Lim (eds.), 2000; Huang, 2001; Chinese Academy of Fishery Science (CAFS), 2007; 伍汉霖, 邵广昭, 赖春福等, 2012.
**别名或俗名（Used or common name）**：翘鼻鱼, 薄刀, 眶仔.
**分布（Distribution）**：黄海, 东海, 南海.

**（479）伐氏后鳍鱼 *Opisthopterus valenciennesi* Bleeker, 1872**

*Opisthopterus valenciennesi* Bleeker, 1872: 232-278.
**文献（Reference）**：Randall and Lim (eds.), 2000; 伍汉霖, 邵广昭, 赖春福等, 2012.
**分布（Distribution）**：黄海, 东海, 南海.

### 197. 多齿鳓属 *Pellona* Valenciennes, 1847

**（480）庇隆多齿鳓 *Pellona ditchela* Valenciennes, 1847**

*Pellona dithchela* Valenciennes, 1847: 1-472.
*Ilisha hoevenii* (Bleeker, 1852).
*Pellona natalensis* Gilchrist *et* Thompson, 1908.
**文献（Reference）**：Whitehead, 1985; 沈世杰, 1993; Randall and Lim (eds.), 2000; Huang, 2001; 伍汉霖, 邵广昭, 赖春福等, 2012.
**别名或俗名（Used or common name）**：庇隆鳓, 齿鳓.
**分布（Distribution）**：南海.

## （七十二）鳀科 Engraulidae

### 198. 鲚属 *Coilia* Gray, 1830

**（481）刀鲚 *Coilia nasus* Temminck *et* Schlegel, 1846**

*Coilia nasus* Temminck *et* Schlegel, 1846: 243; Tchang, 1928: 3; Tchang, 1938: 325; Wang, 1933: 10; 唐文乔等, 2007: 224-231; 伍汉霖, 邵广昭, 赖春福等, 2012: 32.
*Coilia ectenes* Jordan *et* Seale, 1905b: 517; Wang, 1933: 10; 王以康, 1958: 89; 王文滨, 1963: 116; 伍献文, 杨干荣, 乐佩琦等, 1963: 18; 袁传宓, 1976: 8; 袁传宓, 林金榜, 刘仁华等, 1978: 285; 湖南省水产科学研究所, 1980: 18; 成庆泰和郑葆珊, 1987: 61; 江苏省淡水水产研究所和南京大学生物系, 1987: 61; 秦玉江, 1987: 74; 杨干荣, 1987: 32; 张国祥和倪勇, 1990: 111; 成庆泰和周才武, 1997: 82; 刘明玉, 解玉浩和季达明, 2000: 46; Wang, Wang, Li *et al.*, 2001: 61; 张世义, 2001: 154.
*Coilia brachygnathus* Kreyenberg *et* Pappenheim, 1908: 96; 伍献文, 杨干荣, 乐佩琦等, 1963: 19; 袁传宓, 1976: 2: 湖南省水产科学研究所, 1980: 17-18; 翟文元, 1984: 13-14; 江苏省淡水水产研究所和南京大学生物系, 1987: 71; 杨干荣, 1987: 33; 张国祥和倪勇, 1990: 114; 颊国生, 1991: 28.
*Coilia ectenes taihuensis* Yuan, Lin, Liu *et* Qin, 1977: 135.
**别名或俗名（Used or common name）**：鲚, 短颌鲚, 长颌鲚, 湖鲚.
**分布（Distribution）**：北起辽河, 南至广东沿海及通海河流, 湖泊都有其分布. 国外分布于朝鲜半岛和日本.
**保护等级（Protection class）**：省级 (湖南).

**（482）七丝鲚 *Coilia grayii* Richardson, 1845**

*Coilia grayi* Richardson, 1845: 71-98.
**文献（Reference）**：Hwang, Chen and Yueh, 1988; Ni and Kwok, 1999; Randall and Lim (eds.), 2000; Huang, 2001; 伍汉霖, 邵广昭, 赖春福等, 2012.
**别名或俗名（Used or common name）**：凤尾鱼, 马鲚, 白鼻, 马刀, 长尾刺, 黄鲚.
**分布（Distribution）**：东海, 南海.

**（483）凤鲚 *Coilia mystus* (Linnaeus, 1758)**

*Clupea mystus* Linnaeus, 1758: 230-338.
*Colia mystus* (Linnaeus, 1758).
*Coilia clupeoides* (Lacépède, 1803).
*Chaetomus playfairii* McClelland, 1844.
*Osteoglossum prionostoma* Basilewsky, 1855.
**文献（Reference）**：Chyung, 1977; Man and Hodgkiss, 1981; Dou, 1992; Yamada, Shirai, Irie *et al.*, 1995; Ni and Kwok, 1999; Tang and Jin, 1999; Randall and Lim (eds.), 2000; Huang, 2001; Jang, Kim, Park *et al.*, 2002; He, Li, Liu *et al.*, 2008; 伍汉霖, 邵广昭, 赖春福等, 2012.
**别名或俗名（Used or common name）**：凤尾鱼, 烤籽鱼, 籽鲚, 子鲚, 马齐鱼.
**分布（Distribution）**：渤海, 黄海, 东海, 南海.

### 199. 半棱鳀属 *Encrasicholina* Fowler, 1938

**（484）戴氏半棱鳀 *Encrasicholina devisi* (Whitley, 1940)**

*Amentum devisi* Whitley, 1940: 397-428.

*Stolephorus devisi* (Whitley, 1940).
**文献（Reference）**：Tiews, Ronquillo and Santos, 1970; Ganaden and Lavapie-Gonzales, 1999; Randall and Lim (eds.), 2000.
**分布（Distribution）**：南海.

### （485）尖吻半棱鳀 *Encrasicholina heteroloba* (Rüppell, 1837)

*Engraulis heteroloba* Rüppell, 1837: 53-80.
*Anchoviella heteroloba* (Rüppell, 1837).
*Stolephorus heterolobus* (Rüppell, 1837).
*Stolephorus pseudoheterolobus* Hardenberg, 1933.
**文献（Reference）**：高翠萍, 1992; 沈世杰, 1993; Wang and Tzeng, 1997; Ni and Kwok, 1999; Randall and Lim (eds.), 2000; Aripin and Showers, 2000; Chiu and Hsieh, 2001; Huang, 2001; Hsieh and Chiu, 2002; 伍汉霖, 邵广昭, 赖春福等, 2012.
**别名或俗名（Used or common name）**：异叶公鳀, 鰯仔, 白鱙.
**分布（Distribution）**：东海, 南海.

### （486）寡鳃半棱鳀 *Encrasicholina oligobranchus* (Wongratana, 1983)

*Stolephorus oligobranchus* Wongratana, 1983: 385-407.
**文献（Reference）**：Ganaden and Lavapie-Gonzales, 1999; Randall and Lim (eds.), 2000; 伍汉霖, 邵广昭, 赖春福等, 2012.
**别名或俗名（Used or common name）**：寡鳃公鳀, 鰯仔, 白鱙, 白面鱙.
**分布（Distribution）**：南海.

### （487）银灰半棱鳀 *Encrasicholina punctifer* Fowler, 1938

*Encrasicholina punctifer* Fowler, 1938: 1-349.
*Engraulis heteroloba* Rüppell, 1837.
*Stolephorus punctifer* (Fowler, 1938).
*Stolephorus buccaneeri* Strasburg, 1960.
**文献（Reference）**：Fowler, 1938: 1-349; Westenberg, 1981; Whitehead, Nelson and Wongratana, 1988; 高翠萍, 1992; 沈世杰, 1993; Wang and Tzeng, 1997; Ni and Kwok, 1999; Randall and Lim (eds.), 2000; Huang, 2001; 伍汉霖, 邵广昭, 赖春福等, 2012.
**别名或俗名（Used or common name）**：刺公鳀, 鰯仔, 白鱙.
**分布（Distribution）**：南海.

## 200. 鳀属 *Engraulis* Cuvier, 1816

### （488）日本鳀 *Engraulis japonicus* Temminck *et* Schlegel, 1846

*Engraulis japonica* Temminck *et* Schlegel, 1846: 173-269.
*Stolephorus zollingeri* (Bleeker, 1849).
*Stolephorus celebicus* Hardenberg, 1933.
**文献（Reference）**：Yokota and Furukawa, 1952; 高翠萍, 1992; Shao, Chen, Kao *et al.*, 1993; Iversen, Zhu, Johannessen *et al.*, 1993; 沈世杰, 1993; Kuo, Lin and Shao, 1999; Tang and Jin, 1999; Ohshimo, 2004; Zhang, Tang, Jin *et al.*, 2005; 伍汉霖, 邵广昭, 赖春福等, 2012.
**别名或俗名（Used or common name）**：苦蚵仔, 鰯仔, 片口, 鱙仔, 姑仔, 黑鱙, 苦蚝仔, 厚壳鱙.
**分布（Distribution）**：渤海, 黄海, 东海, 南海.

## 201. 拟黄鲫属 *Pseudosetipinna* Peng *et* Zhao, 1988

### （489）海州拟黄鲫 *Pseudosetipinna haizhouensis* Peng *et* Zhao, 1988

*Pseudosetipinna haizhouensis* Peng *et* Zhao, 1988: 355-358.
**文献（Reference）**：Peng and Zhao, 1988: 355-358; Zhang, 2001; 伍汉霖, 邵广昭, 赖春福等, 2012.
**分布（Distribution）**：黄海.

## 202. 黄鲫属 *Setipinna* Swainson, 1839

### （490）小头黄鲫 *Setipinna breviceps* (Cantor, 1849)

*Engraulis breviceps* Cantor, 1849.
*Heterothrissa breviceps* (Cantor, 1849).
*Engraulis pfeifferi* Bleeker, 1852.
**文献（Reference）**：Kyushin, Amaoka, Nakaya *et al.*, 1982; Randall and Lim (eds.), 2000; 伍汉霖, 邵广昭, 赖春福等, 2012.
**分布（Distribution）**：南海.

### （491）黑鳍黄鲫 *Setipinna melanochir* (Bleeker, 1849)

*Engraulis melanochir* Bleeker, 1849: 983-1443.
*Coilia melanochir* (Bleeker, 1849).
*Stolephorus melanochir* (Bleeker, 1849).
**文献（Reference）**：Randall and Lim (eds.), 2000; 伍汉霖, 邵广昭, 赖春福等, 2012.
**分布（Distribution）**：南海.

### （492）太的黄鲫 *Setipinna taty* (Valenciennes, 1848)

*Engraulis taty* Valenciennes, 1848: 1-536.
*Stolephorus taty* (Valenciennes, 1848).
*Engraulis telaroides* Bleeker, 1849.
*Setipinna lighti* Wu, 1929.
**文献（Reference）**：Kyushin, Amaoka, Nakaya *et al.*, 1982; Dou, 1992; Shao, Chen, Kao *et al.*, 1993; Shao, 1997; Ni and Kwok, 1999; Tang and Jin, 1999; Randall and Lim (eds.), 2000; Hong, Yeon, Im *et al.*, 2000; Huang, 2001; Zhang, Tang, Jin *et al.*, 2005; 伍汉霖, 邵广昭, 赖春福等, 2012.
**分布（Distribution）**：渤海, 黄海, 东海, 南海.

**(493) 黄鲫 *Setipinna tenuifilis* (Valenciennes, 1848)**

*Engraulis tenuifilis* Valenciennes, 1848: 1-536.
*Setipinna gilberti* Jordan *et* Starks, 1905.
*Setipinna godavari* Babu Rao, 1962.
*Setipinna godavariensis* Babu Rao, 1962.
*Setipinna papuensis* Munro, 1964.
*Pseudosetipinna haizhouensis* Peng *et* Zhao, 1988.

**文献(Reference):** Peng and Zhao, 1988: 355-358; Whitehead, Nelson and Wongratana, 1988; 沈世杰, 1993; Yamada, Shirai, Irie *et al.*, 1995; Randall and Lim (eds.), 2000; Zhang, 2001; Hsieh and Chiu, 2002; 伍汉霖, 邵广昭, 赖春福等, 2012.

**别名或俗名(Used or common name):** 丝翅鰶, 毛口, 突臭仔, 油扣, 刺仔.

**分布(Distribution):** 渤海, 黄海, 东海, 南海.

## 203. 侧带小公鱼属 *Stolephorus* Lacépède, 1803

**(494) 中华侧带小公鱼 *Stolephorus chinensis* (Günther, 1880)**

*Anchoviella chinensis* (Günther, 1880): 1-82.
*Engraulis chinensis* Günther, 1880.

**文献(Reference):** Ni and Kwok, 1999; Randall and Lim (eds.), 2000; Huang, 2001; 伍汉霖, 邵广昭, 赖春福等, 2012.

**分布(Distribution):** 渤海, 黄海, 东海, 南海.

**(495) 康氏侧带小公鱼 *Stolephorus commersonnii* Lacépède, 1803**

*Stolephorus commersonii* Lacépède, 1803: 1-803.
*Anchovia commersoniana* (Lacépède, 1803).
*Clupea tuberculosa* Lacépède, 1803.
*Stolephorus rex* Jordan *et* Seale, 1926.

**文献(Reference):** Seale, 1908; Herre, 1959; 沈世杰, 1993; Cinco, Confiado, Trono *et al.*, 1995; Ni and Kwok, 1999; Kimura, Sado, Iwatsuki *et al.*, 1999; Randall and Lim (eds.), 2000; Huang, 2001.

**别名或俗名(Used or common name):** 孔氏银带鰶, 孔氏小公鱼, 鰯仔.

**分布(Distribution):** 渤海, 黄海, 东海, 南海.

**(496) 印度侧带小公鱼 *Stolephorus indicus* (van Hasselt, 1823)**

*Engraulis indicus* van Hasselt, 1823: 329-331.
*Engraulis russellii* Bleeker, 1821.
*Anchoviella indica* (van Hasselt, 1823).
*Engraulis albus* Swainson, 1839.
*Engraulis balinensis* Bleeker, 1849.

**文献(Reference):** Westenberg, 1981; Shao, Chen, Kao *et al.*, 1993; 沈世杰, 1993; Calumpong, Raymundo, Solis-Duran *et al.* (eds.), 1994; Ni and Kwok, 1999; Kuo and Shao, 1999; Randall and Lim (eds.), 2000; Huang, 2001; 伍汉霖, 邵广昭, 赖春福等, 2012.

**别名或俗名(Used or common name):** 印度银带鰶, 印度小公鱼, 鰯仔, 白骨鱙, 丁香鱙, 苦鱙, 恶鱙.

**分布(Distribution):** 渤海, 黄海, 东海, 南海.

**(497) 岛屿侧带小公鱼 *Stolephorus insularis* Hardenberg, 1933**

*Stolephorus insularis* Hardenberg, 1933: 230-257.
*Stolephorus baweanensis* Hardenberg, 1933.
*Stolephorus insularis baweanensis* Hardenberg, 1933.

**文献(Reference):** Whitehead, Nelson and Wongratana, 1988; 沈世杰, 1993; Wang and Tzeng, 1997; Ni and Kwok, 1999; Kuo and Shao, 1999; Randall and Lim (eds.), 2000; Huang, 2001; 伍汉霖, 邵广昭, 赖春福等, 2012.

**别名或俗名(Used or common name):** 岛屿小公鱼, 鰯仔.

**分布(Distribution):** 东海, 南海.

**(498) 山东侧带小公鱼 *Stolephorus shantungensis* (Li, 1978)**

*Anchoviella shantungensis* Li, 1978: 193-195.

**文献(Reference):** Huang, 2001; 伍汉霖, 邵广昭, 赖春福等, 2012.

**分布(Distribution):** 黄海.

**(499) 印度尼西亚侧带小公鱼 *Stolephorus tri* (Bleeker, 1852)**

*Engraulis tri* Bleeker, 1852: 49-52.
*Anchoviella tri* (Bleeker, 1852).

**文献(Reference):** Herre, 1953b; Westenberg, 1981; Federizon, 1993; Randall and Lim (eds.), 2000; Huang, 2001; 伍汉霖, 邵广昭, 赖春福等, 2012.

**分布(Distribution):** 东海, 南海.

**(500) 韦氏侧带小公鱼 *Stolephorus waitei* Jordan *et* Seale, 1926**

*Stolephorus waitei* Jordan *et* Seale, 1926: 355-418.
*Anchoviella waitei* (Jordan *et* Seale, 1926).
*Anchoviella bataviensis* (Hardenberg, 1933).
*Stolephorus insularis bataviensis* Hardenberg, 1933.

**文献(Reference):** Jordan *et* Seale, 1926: 355-418; Rau and Rau, 1980; Randall and Lim (eds.), 2000; 伍汉霖, 邵广昭, 赖春福等, 2012.

**别名或俗名(Used or common name):** 魏氏小公鱼, 鰯仔.

**分布(Distribution):** 东海, 南海.

## 204. 棱鳀属 *Thryssa* Cuvier, 1829

### (501) 汕头棱鳀 *Thryssa adelae* (Rutter, 1897)

*Trichosoma adelae* Rutter, 1897: 56-90.
*Setipinna adelae* (Rutter, 1897).
**文献（Reference）**: Randall and Lim (eds.), 2000; Kim, Choi, Lee *et al.*, 2005; 伍汉霖, 邵广昭, 赖春福等, 2012.
**分布（Distribution）**: 南海.

### (502) 芝罘棱鳀 *Thryssa chefuensis* (Günther, 1874)

*Engraulis chefuensis* Günther, 1874a: 154-159.
**文献（Reference）**: 沈世杰, 1993; Ni and Kwok, 1999; Kuo and Shao, 1999; Kuo, Lin and Shao, 1999; Randall and Lim (eds.), 2000; 伍汉霖, 邵广昭, 赖春福等, 2012.
**别名或俗名（Used or common name）**: 突鼻仔, 含西, 烟台棱鳀.
**分布（Distribution）**: 渤海, 黄海, 东海, 南海.

### (503) 杜氏棱鳀 *Thryssa dussumieri* (Valenciennes, 1848)

*Engraulis dussumieri* Valenciennes, 1848: 1-536.
*Scutengraulis dussumieri* (Valenciennes, 1848).
*Thrissocles dussumieri* (Valenciennes, 1848).
*Engraulis auratus* Day, 1865.
**文献（Reference）**: Whitehead, Nelson and Wongratana, 1988; Shao, Chen, Kao *et al.*, 1993; 沈世杰, 1993; Wang and Tzeng, 1997; Ni and Kwok, 1999; Randall and Lim (eds.), 2000; Huang, 2001; Chiou, Cheng and Cheng, 2004; 伍汉霖, 邵广昭, 赖春福等, 2012.
**别名或俗名（Used or common name）**: 杜氏剑鲦, 突鼻仔, 含西.
**分布（Distribution）**: 东海, 南海.

### (504) 汉氏棱鳀 *Thryssa hamiltonii* Gray, 1835

*Thrissa hamiltonii* Gray, 1835: no page number, pl. 92.
*Scutengraulis hamiltoni* (Gray, 1835).
*Engraulis grayi* Bleeker, 1851.
*Thrissocles grayi* (Bleeker, 1851).
*Engraulis nasutus* Castelnau, 1878.
**文献（Reference）**: Shao, Chen, Kao *et al.*, 1993; 沈世杰, 1993; Cinco, Confiado, Trono *et al.*, 1995; Ni and Kwok, 1999; Kuo and Shao, 1999; Kuo, Lin and Shao, 1999; Randall and Lim (eds.), 2000; Huang, 2001; Chu, Hou, Ueng *et al.*, 2012; 伍汉霖, 邵广昭, 赖春福等, 2012.
**别名或俗名（Used or common name）**: 哈氏剑鲦, 突鼻仔, 含西.
**分布（Distribution）**: 东海, 南海.

### (505) 赤鼻棱鳀 *Thryssa kammalensis* (Bleeker, 1849)

*Engraulis kammalensis* Bleeker, 1849c: 1-16.
*Scutengraulis kammalensis* (Bleeker, 1849).
*Thryssa kammanensis* (Bleeker, 1849).
*Engraulis rhinorhynchos* Bleeker, 1852.
**文献（Reference）**: Shao and Lim, 1991; Dou, 1992; Shao, Chen, Kao *et al.*, 1993; 沈世杰, 1993; Ni and Kwok, 1999; Tang and Jin, 1999; Randall and Lim (eds.), 2000; Huang, 2001; Xue, Jin, Zhang *et al.*, 2004; Zhang, Tang, Jin *et al.*, 2005; 伍汉霖, 邵广昭, 赖春福等, 2012.
**别名或俗名（Used or common name）**: 干麦尔剑鲦, 突鼻仔, 含西.
**分布（Distribution）**: 渤海, 黄海, 东海, 南海.

### (506) 中颌棱鳀 *Thryssa mystax* (Bloch *et* Schneider, 1801)

*Clupea mystax* Bloch *et* Schneider, 1801: 1-584.
*Engraulis mystax* (Bloch *et* Schneider, 1801).
*Thrissa mystax* (Bloch *et* Schneider, 1801).
*Engraulis mystacoides* Bleeker, 1852.
*Scutengraulis valenciennesi* (Bleeker, 1866).
*Engraulis hornelli* Fowler, 1924.
**文献（Reference）**: Herre, 1953; Ni and Kwok, 1999; Randall and Lim (eds.), 2000; Huang, 2001; 伍汉霖, 邵广昭, 赖春福等, 2012.
**分布（Distribution）**: 渤海, 黄海, 东海, 南海.

### (507) 长颌棱鳀 *Thryssa setirostris* (Broussonet, 1782)

*Clupea setirostris* Broussonet, 1782: no page number, pl. 1-11.
*Engraulis setirostris* (Broussonet, 1782).
*Thrissa setirostris* (Broussonet, 1782).
*Clupea mystacina* Forster, 1801.
*Thryssa macrognathos* Bleeker, 1849.
**文献（Reference）**: Whitehead, Nelson and Wongratana, 1988; Shao and Lim, 1991; 沈世杰, 1993; Ni and Kwok, 1999; Tang and Jin, 1999; Randall and Lim (eds.), 2000; Huang, 2001; 伍汉霖, 邵广昭, 赖春福等, 2012.
**别名或俗名（Used or common name）**: 长吻剑鲦, 突鼻仔, 含西, 臭肉仔.
**分布（Distribution）**: 东海, 南海.

### (508) 黄吻棱鳀 *Thryssa vitrirostris* (Gilchrist *et* Thompson, 1908)

*Engraulis vitrirostris* Gilchrist *et* Thompson, 1908: 145-206.
*Thrissa vitirostris* (Gilchrist *et* Thompson, 1908).
*Thrissocles vitirostris* (Gilchrist *et* Thompson, 1908).
*Thryssa vitirostris* (Gilchrist *et* Thompson, 1908).
**文献（Reference）**: Ni and Kwok, 1999; Ganaden and Lavapie-Gonzales, 1999; Huang, 2001; Chinese Academy of Fishery Science (CAFS), 2007; 伍汉霖, 邵广昭, 赖春福等, 2012.
**分布（Distribution）**: 东海, 南海.

## （七十三）宝刀鱼科 Chirocentridae

### 205. 宝刀鱼属 *Chirocentrus* Cuvier, 1816

**（509）宝刀鱼 *Chirocentrus dorab* (Forsskål, 1775)**

*Clupea dorab* Forsskål, 1775: 1-20.
*Chirocentris dorab* (Forsskål, 1775).
*Clupea dentex* Bloch *et* Schneider, 1801.
*Esox chirocentrus* Lacépède, 1803.
*Chirocentrus hypselosoma* Bleeker, 1852.
**文献（Reference）**：Kyushin, Amaoka, Nakaya *et al.*, 1982; Calud, Cinco and Silvestre, 1991; Shao, Chen, Kao *et al.*, 1993; 沈世杰, 1993; Ni and Kwok, 1999; Randall and Lim (eds.), 2000; Huang, 2001; 伍汉霖, 邵广昭, 赖春福等, 2012.
**别名或俗名（Used or common name）**：西刀, 布刀, 狮刀鳓.
**分布（Distribution）**：黄海, 东海, 南海.

**（510）长颌宝刀鱼 *Chirocentrus nudus* Swainson, 1839**

*Chirocentreus nudus* Swainson, 1839: 1-448.
**文献（Reference）**：Whitehead, 1985; 沈世杰, 1993; Ni and Kwok, 1999; Randall and Lim (eds.), 2000; Huang, 2001; 伍汉霖, 邵广昭, 赖春福等, 2012.
**别名或俗名（Used or common name）**：西刀, 布刀.
**分布（Distribution）**：东海, 南海.

## （七十四）鲱科 Clupeidae

### 206. 钝腹鲱属 *Amblygaster* Bleeker, 1849

**（511）短颌钝腹鲱 *Amblygaster clupeoides* Bleeker, 1849**

*Amblygaster clupeoides* Bleeker, 1849a: 65-74.
*Clupea clupeoides* (Bleeker, 1849).
*Sardinella clupeoides* (Bleeker, 1849).
**文献（Reference）**：Seale, 1908; Herre, 1953; Silvestre, Garces and Luna, 1995; Ni and Kwok, 1999; Huang, 2001; 伍汉霖, 邵广昭, 赖春福等, 2012.
**分布（Distribution）**：黄海, 东海, 南海.

**（512）平胸钝腹鲱 *Amblygaster leiogaster* (Valenciennes, 1847)**

*Sardinella leiogaster* Valenciennes, 1847: 1-472.
*Amblyogaster leiogaster* (Valenciennes, 1847).
*Clupea leiogaster* (Valenciennes, 1847).
*Clupea okinawensis* Kishinouye, 1908.
**文献（Reference）**：Herre, 1953; Masuda, Amaoka, Araga *et al.*, 1984; Whitehead, 1985; 陈兼善（于名振增订）, 1986; Randall and Lim (eds.), 2000; 伍汉霖, 邵广昭, 赖春福等, 2012.
**别名或俗名（Used or common name）**：平胸圆腹鲨丁, 鳁仔, 鲨丁鱼, 黑目鳁.
**分布（Distribution）**：东海, 南海.

**（513）斑点钝腹鲱 *Amblygaster sirm* (Walbaum, 1792)**

*Clupea harengus sirm* Walbaum, 1792: 1-723.
*Ambligaster sirm* (Walbaum, 1792).
*Sardinella leiogastroides* Bleeker, 1854.
*Clupea pinguis* Günther, 1872.
**文献（Reference）**：Whitehead, 1985; Dalzell, 1988; 沈世杰, 1993; Ni and Kwok, 1999; Randall and Lim (eds.), 2000; Huang, 2001; 伍汉霖, 邵广昭, 赖春福等, 2012.
**别名或俗名（Used or common name）**：西姆圆腹鲨丁, 鳁仔, 鲨丁鱼, 苦暸.
**分布（Distribution）**：东海, 南海.

### 207. 无齿鲦属 *Anodontostoma* Bleeker, 1849

**（514）无齿鲦 *Anodontostoma chacunda* (Hamilton, 1822)**

*Clupanodon chacunda* Hamilton, 1822: 1-405.
*Anodontostoma chacundo* (Hamilton, 1822).
*Dorosoma chacunda* (Hamilton, 1822).
*Nematalosa chanpole* (Hamilton, 1822).
*Gonostoma javanicum* Hyrtl, 1855.
**文献（Reference）**：Seale, 1908; Herre, 1959; Calud, Cinco and Silvestre, 1991; Randall and Lim (eds.), 2000; Huang, 2001; 伍汉霖, 邵广昭, 赖春福等, 2012.
**分布（Distribution）**：东海, 南海.

### 208. 鲦属 *Clupanodon* Lacépède, 1803

**（515）花鲦 *Clupanodon thrissa* (Linnaeus, 1758)**

*Clupea thrissa* Linnaeus, 1758: 230-338.
*Chatoessus maculatus* Richardson, 1846.
*Chatoessus osbeckii* Valenciennes, 1848.
*Clupanodon haihoensis* Oshima, 1926.
**文献（Reference）**：Nelson, 1970; Whitehead, 1985; Hwang, Chen and Yueh, 1988; Shao, Chen, Kao *et al.*, 1993; 沈世杰, 1993; Ni and Kwok, 1999; Kuo and Shao, 1999; Randall and Lim (eds.), 2000; Huang, 2001; 伍汉霖, 邵广昭, 赖春福等, 2012.
**别名或俗名（Used or common name）**：银耀鳞, 银鳞水滑, 多斑鲦, 海鲫仔.
**分布（Distribution）**：东海, 南海.

### 209. 鲱属 *Clupea* Linnaeus, 1758

**（516）太平洋鲱 *Clupea pallasii pallasii* Valenciennes, 1847**

*Clupea pallasi* Valenciennes, 1847: 1-472.

*Clupea mirabilis* Girard, 1854.
*Clupea inermis* Basilewsky, 1855.
*Spratelloides bryoporus* Cope, 1873.
**文献（Reference）**：Kobayashi, Iwata and Numachi, 1990; Yamada, Shirai, Irie *et al.*, 1995; Tang and Jin, 1999; Huang, 2001; 伍汉霖, 邵广昭, 赖春福等, 2012.
**分布（Distribution）**：渤海, 黄海, 南海.

## 210. 圆腹鲱属 *Dussumieria* Valenciennes, 1847

### （517）尖吻圆腹鲱 *Dussumieria acuta* Valenciennes, 1847

*Dussumiera acuta* Valenciennes, 1847: 1-472.
*Elops javanicus* Valenciennes, 1847.
*Etrumeus albulina* Fowler, 1934.
**文献（Reference）**：Whitehead, 1985; Ochavillo and Silvestre, 1991; Federizon, 1992; Federizon, 1993; Shao, Chen, Kao *et al.*, 1993; 沈世杰, 1993; Ni and Kwok, 1999; Randall and Lim (eds.), 2000; Huang, 2001; 伍汉霖, 邵广昭, 赖春福等, 2012.
**别名或俗名（Used or common name）**：臭肉鰛, 鰛仔.
**分布（Distribution）**：东海, 南海.

### （518）黄带圆腹鲱 *Dussumieria elopsoides* Bleeker, 1849

*Dussumieria elopsoides* Bleeker, 1849c: 1-16.
*Dussumieria hasseltii* Bleeker, 1851.
*Dussumieria productissima* Chabanaud, 1933.
**文献（Reference）**：Lee, 1975; Whitehead, 1985; 陈兼善 (于名振增订), 1986; Wang and Tzeng, 1997; Ni and Kwok, 1999; Randall and Lim (eds.), 2000; Huang, 2001; 伍汉霖, 邵广昭, 赖春福等, 2012.
**别名或俗名（Used or common name）**：臭肉鰛, 鰛仔, 银圆腹鰛, 尖嘴鰛, 尖头鰛, 砂虷.
**分布（Distribution）**：黄海, 东海, 南海.

## 211. 叶鲱属 *Escualosa* Whitley, 1940

### （519）叶鲱 *Escualosa thoracata* (Valenciennes, 1847)

*Kowala thoracata* Valenciennes, 1847: 1-472.
*Kowala coval* (Cuvier, 1829).
*Clupeoides lile* (Valenciennes, 1847).
*Esculaosa thoracata* (Valenciennes, 1847).
*Clupea argyrotaenia* (Bleeker, 1852).
**文献（Reference）**：Silvestre, Garces and Luna, 1995; Randall and Lim (eds.), 2000; Huang, 2001; 伍汉霖, 邵广昭, 赖春福等, 2012.
**分布（Distribution）**：南海.

## 212. 似青鳞鱼属 *Herklotsichthys* Whitley, 1951

### （520）大眼似青鳞鱼 *Herklotsichthys ovalis* (Anonymous [Bennett], 1830)

*Clupea ovalis* Anonymous [Bennett], 1830: 686-694.
*Harengula ovalis* (Anonymous [Bennett], 1830).
**文献（Reference）**：Zhang, 2001.
**分布（Distribution）**：黄海, 东海, 南海.

### （521）斑点似青鳞鱼 *Herklotsichthys punctatus* (Rüppell, 1837)

*Clupea punctata* Rüppell, 1837: 53-80.
*Herclotsichthys punctatus* (Rüppell, 1837).
*Harengula arabica* Valenciennes, 1847.
**文献（Reference）**：Herre, 1953; Ungson and Hermes, 1985; Whitehead, 1985; 沈世杰, 1993; Shao, 1997; Huang, 2001.
**别名或俗名（Used or common name）**：斑点青鳞, 青鳞仔, 鰛仔.
**分布（Distribution）**：南海.

### （522）四点似青鳞鱼 *Herklotsichthys quadrimaculatus* (Rüppell, 1837)

*Clupea quadrimaculata* Rüppell, 1837: 53-80.
*Herklostichthys quadrimaculatus* (Rüppell, 1837).
*Clupeonia fasciata* Valenciennes, 1847.
*Harengula bipunctata* Valenciennes, 1847.
*Meletta obtusirostris* Valenciennes, 1847.
**文献（Reference）**：Seale, 1908; Herre, 1959; Shao, Lin, Ho *et al.*, 1990; 沈世杰, 1993; Randall and Lim (eds.), 2000; Huang, 2001.
**别名或俗名（Used or common name）**：四点青鳞, 青鳞仔, 鰛仔, 扁仔.
**分布（Distribution）**：南海.

## 213. 花点鲥属 *Hilsa* Regan, 1917

### （523）花点鲥 *Hilsa kelee* (Cuvier, 1829)

*Clupea kelee* Cuvier, 1829: 1-406.
*Tenualosa kelee* (Cuvier, 1829).
*Clupeonia blochii* Valenciennes, 1847.
*Alosa brevis* Bleeker, 1848.
*Alausa kanagurta* Bleeker, 1852.
**文献（Reference）**：Whitehead, 1985; 沈世杰, 1993; Randall and Lim (eds.), 2000; Huang, 2001; 伍汉霖, 邵广昭, 赖春福等, 2012.
**别名或俗名（Used or common name）**：中国鲥.
**分布（Distribution）**：东海, 南海.

## 214. 斑鰶属 *Konosirus* Jordan *et* Snyder, 1900

### （524）斑鰶 *Konosirus punctatus* (Temminck *et* Schlegel, 1846)

*Chatoessus punctatus* Temminck *et* Schlegel, 1846: 173-269.
*Chatoessus aquosus* Richardson, 1846.
*Clupanodon punctatus* (Temminck *et* Schlegel, 1846).
*Nealosa punctata* (Temminck *et* Schlegel, 1846).
**文献（Reference）：** Matsushita and Nose, 1974; Shao, Chen, Kao *et al.*, 1993; 沈世杰, 1993; Leung, 1994; Ni and Kwok, 1999; Kuo and Shao, 1999; Randall and Lim (eds.), 2000; Huang, 2001; Jang, Kim, Park *et al.*, 2002; 伍汉霖, 邵广昭, 赖春福等, 2012.
**别名或俗名（Used or common name）：** 扁屏仔, 油鱼, 海鲫仔.
**分布（Distribution）：** 渤海, 黄海, 东海, 南海.

## 215. 海鰶属 *Nematalosa* Regan, 1917

### （525）环球海鰶 *Nematalosa come* (Richardson, 1846)

*Chatoesus come* Richardson, 1846: 53-74.
**文献（Reference）：** Whitehead, 1985; 沈世杰, 1993; Chen and Hsiao, 1996; Ni and Kwok, 1999; Kuo and Shao, 1999; Kuo, Lin and Shao, 1999; Randall and Lim (eds.), 2000; Huang, 2001; Chu, Hou, Ueng *et al.*, 2012; 伍汉霖, 邵广昭, 赖春福等, 2012.
**别名或俗名（Used or common name）：** 扁屏仔, 油鱼, 海鲫仔, 土黄鱼.
**分布（Distribution）：** 南海.

### （526）日本海鰶 *Nematalosa japonica* Regan, 1917

*Nematalosa japonica* Regan, 1917: 297-316.
*Spratelloides japonicus* (Regan, 1917).
**文献（Reference）：** Regan, 1917: 297-316; Uchida, Imai, Mito *et al.*, 1958; Whitehead, 1985; Shao, Chen, Kao *et al.*, 1993; 沈世杰, 1993; Ni and Kwok, 1999; Kuo and Shao, 1999; Kuo, Lin and Shao, 1999; Randall and Lim (eds.), 2000; Huang, 2001; 伍汉霖, 邵广昭, 赖春福等, 2012.
**别名或俗名（Used or common name）：** 扁屏仔, 油鱼, 海鲫仔, 日本水滑, 土黄.
**分布（Distribution）：** 东海, 南海.

### （527）圆吻海鰶 *Nematalosa nasus* (Bloch, 1795)

*Clupea nasus* Bloch, 1795: 1-192.
*Chatoessus nasus* (Bloch, 1795).
*Dorosoma nasus* (Bloch, 1795).
*Nematalosus nasus* (Bloch, 1795).
*Clupanodon nasica* Lacépède, 1803.
**文献（Reference）：** Herklots and Lin, 1940; Herre, 1959; Whitehead, 1985; Shao and Lim, 1991; 沈世杰, 1993; Ni and Kwok, 1999; Randall and Lim (eds.), 2000; Huang, 2001; Chu, Hou, Ueng *et al.*, 2012; 伍汉霖, 邵广昭, 赖春福等, 2012.
**别名或俗名（Used or common name）：** 扁屏仔, 油鱼, 黄肠鱼, 海鲫仔.
**分布（Distribution）：** 东海, 南海.

## 216. 小鲨丁鱼属 *Sardinella* Valenciennes, 1847

### （528）白腹小鲨丁鱼 *Sardinella albella* (Valenciennes, 1847)

*Kowala albella* Valenciennes, 1847: 1-472.
*Clupalosa bulan* Bleeker, 1849.
*Clupea perforata* (Cantor, 1849).
*Kowala lauta* Cantor, 1849.
*Spratella kowala* Bleeker, 1851.
**文献（Reference）：** Whitehead, 1985; 王文滨, 1962: 113; Chan, 1965, 12: 115; 丘书院, 1982; 沈世杰, 1993; Cinco, Confiado, Trono *et al.*, 1995; Ni and Kwok, 1999; Randall and Lim (eds.), 2000; Aripin and Showers, 2000; Huang, 2001; Motomura, Kimura and Iwatsuki, 2001; 伍汉霖, 邵广昭, 赖春福等, 2012.
**别名或俗名（Used or common name）：** 白腹小鲨丁, 青鳞仔, 鳁仔, 鲨丁鱼, 扁仔, 扁鳁.
**分布（Distribution）：** 东海, 南海.

### （529）金色小鲨丁鱼 *Sardinella aurita* Regan, 1917.

*Sardinella aurita* Regan, 1917, 19 (112): 378.
*Sardinella allccia*: Fowler, 1941, 13 (100): 602.
**文献（Reference）：** Chan, 1965, 13: 1; 王文滨, 1962: 111; 丘书院, 1982.
**别名或俗名（Used or common name）：** 鳀鳁, 鲨丁鱼, 鳁.
**分布（Distribution）：** 东海, 南海.

### （530）高体小鲨丁鱼 *Sardinella brachysoma* Bleeker, 1852

*Sardinella brachysoma* Bleeker, 1852: 1-52.
*Clupea brachysoma* (Bleeker, 1852).
*Harengula brachysoma* (Bleeker, 1852).
*Harengula hypselosoma* Bleeker, 1855.
*Meletta schlegelii* Castelnau, 1873.
*Sardinella brachysoma* Regan, 1917, 19 (112): 381; Chan, 1965, 13: 19; Whitehead, 1972, 14: 182.
**文献（Reference）：** Herre, 1953; Chan, 1965, 13: 19; Whitehead, 1972, 14: 182; 丘书院, 1982; Ni and Kwok, 1999; Randall and Lim (eds.), 2000; Huang, 2001; 伍汉霖, 邵广昭, 赖春福等, 2012.

别名或俗名（**Used or common name**）：高体小鲨丁，青鳞仔，鳁仔，鲨丁鱼，扁仔，扁鳁，鳁.
分布（**Distribution**）：东海，南海.

### （531）缘鳞小鲨丁鱼 *Sardinella fimbriata* (Valenciennes, 1847)

*Spratella fimbriata* Valenciennes, 1847: 1-472.
*Harengula fimbriata* (Valenciennes, 1847).
*Sardinelis fimbriata* (Valenciennes, 1847).
*Sardinella fimbriata* Regan, 1917, 19 (112): 382; Fowler, 1941, 13 (100): 609; Chan, 1965, 13: 14; Whitehead, 1965, 12: 254.
文献（**Reference**）：Fowler, 1941, 13 (100): 609; Chan, 1965, 13: 14; Whitehead, 1965, 12: 254; 丘书院, 1982; Calud, Cinco and Silvestre, 1991; 沈世杰, 1993; Cinco, Confiado, Trono *et al*., 1995; Ni and Kwok, 1999; Kuo and Shao, 1999; Randall and Lim (eds.), 2000; Aripin and Showers, 2000; Huang, 2001; Adrim, Chen, Chen *et al*., 2004; 伍汉霖, 邵广昭, 赖春福等, 2012.
别名或俗名（**Used or common name**）：黑小鲨丁，青鳞仔，鳁仔，鲨丁鱼，扁仔，扁鳁.
分布（**Distribution**）：东海，南海.

### （532）隆背小鲨丁鱼 *Sardinella gibbosa* (Bleeker, 1849)

*Clupea gibbosa* Bleeker, 1849a: 65-74.
*Harengula gibbosa* (Bleeker, 1849).
*Spratella tembang* Bleeker, 1851.
*Clupea immaculata* Kishinouye, 1908.
*Sardinella dactylolepis* (Whitley, 1940).
*Sardinella taiwanensis* Raja *et* Hiyama, 1969.
文献（**Reference**）：Seale, 1908; Schroeder, 1982; Whitehead, 1985; Shao, Chen, Kao *et al*., 1993; 沈世杰, 1993; Randall and Lim (eds.), 2000; 伍汉霖, 邵广昭, 赖春福等, 2012.
别名或俗名（**Used or common name**）：隆背小鲨丁，青鳞仔，鳁仔，鲨丁鱼，扁仔，扁鳁.
分布（**Distribution**）：南海.

### （533）花莲小鲨丁鱼 *Sardinella hualiensis* (Chu *et* Tsai, 1958)

*Harengula hualiensis* Chu *et* Tsai, 1958: 103-125.
文献（**Reference**）：丘书院, 1982; Whitehead, 1985; Shen and Wang, 1991; 沈世杰, 1993; Kuo and Shao, 1999; Randall and Lim (eds.), 2000; Huang, 2001; Willette, Santos and Aragon, 2011; 伍汉霖, 邵广昭, 赖春福等, 2012.
别名或俗名（**Used or common name**）：花莲小鲨丁，青鳞仔，鳁仔，鲨丁鱼，扁仔，扁鳁，臭肉鳁.
分布（**Distribution**）：东海，南海.

### （534）裘氏小鲨丁鱼 *Sardinella jussieu* (Lacépède, 1803)

*Clupanodon jussieu* Lacépède, 1803: 1-803.
*Harengula jussieu* (Lacépède, 1803).
*Sardinella jussieui* (Valenciennes, 1847).
*Sardinella dayi* Regan, 1917.
*Sardinella jussieu*, Fowler, 1941, 13 (100): 611.
文献（**Reference**）：王文滨, 1962: 111; Chan, 1965, 13: 9; 丘书院, 1982; Whitehead, 1985; Shao, Kao and Lee, 1990; 沈世杰, 1993; Shao, 1997; Ni and Kwok, 1999; Huang, 2001; 伍汉霖, 邵广昭, 赖春福等, 2012.
别名或俗名（**Used or common name**）：逑氏小鲨丁，青鳞仔，鳁仔，鲨丁鱼，扁仔，扁鳁.
分布（**Distribution**）：东海，南海.

### （535）黄泽小鲨丁鱼 *Sardinella lemuru* Bleeker, 1853

*Sardinella lemuru* Bleeker, 1853: 451-516.
*Clupea nymphaea* Richardson, 1846.
*Amblygaster posterus* Whitley, 1931.
*Sardinella samarensis* Roxas, 1934.
文献（**Reference**）：Herklots and Lin, 1940; Ronquillo, 1960; Federizon, 1993; Shao, Chen, Kao *et al*., 1993; 沈世杰, 1993; Ni and Kwok, 1999; Kuo and Shao, 1999; Randall and Lim (eds.), 2000; Huang, 2001; 伍汉霖, 邵广昭, 赖春福等, 2012.
别名或俗名（**Used or common name**）：黄小鲨丁，青鳞仔，鳁仔，鲨丁鱼，扁仔，扁鳁，臭肉，鳁，竹叶鳁.
分布（**Distribution**）：东海，南海.

### （536）黑尾小鲨丁鱼 *Sardinella melanura* (Cuvier, 1829)

*Clupea melanura* Cuvier, 1829: 1-406.
*Harengula melanura* (Cuvier, 1829).
*Clupea commersonii* (Valenciennes, 1847).
*Clupea otaitensis* Valenciennes, 1847.
*Harengula vittata* (Valenciennes, 1847).
*Sardinella melanura* Regan, 1917, 19: 384
*Sardinella melanura* Fowler, 1941, 13: 614.
*Sardinella nigricaudata* Chan, 1965.
*Sardinella melanura* Chan, 1965, 13: 5.
文献（**Reference**）：Fowler, 1941, 13 (100): 614; Chan, 1965, 13: 5; 丘书院, 1982; Schroeder, 1982; Whitehead, 1985; Shao, Kao and Lee, 1990; Shao, Chen, Kao *et al*., 1993; 沈世杰, 1993; Shao, 1997; Kuo and Shao, 1999; Huang, 2001; Motomura, Kimura and Iwatsuki, 2001; Chu, Hou, Ueng *et al*., 2012; 伍汉霖, 邵广昭, 赖春福等, 2012.
别名或俗名（**Used or common name**）：黑尾小鲨丁，青鳞仔，鳁仔，鲨丁鱼，扁仔，扁鳁，黑尾鳁.
分布（**Distribution**）：东海，南海.

### （537）中华小鲨丁鱼 *Sardinella nymphaea* (Richardson, 1846)

*Clupea nymphaea* Richardson, 1846: 304 (中国).

*Harengula nymphaea* (Richardson) 王文滨, 1962: 103.
*Sardinella nymphaea* Chan, 1965, 13: 22.
文献 (reference): Regan, 1917, 19 (112): 392; Fowler, 1941, 13 (100): 599; 王文滨, 1962; 丘书院, 1982.
别名或俗名（Used or common name）：青鳞, 鳀鳁, 小鲨丁鱼, 鳁, 扁仔, 扁鳁.
分布（Distribution）：东海, 南海.

### （538）孔鳞小鲨丁鱼 *Sardinella perforata* Regan, 1917

*Sardinella perforata* Regan, 1917, 19 (112): 382; Fowler, 1941, 13 (100): 607; Chan, 1965, 13: 16.
*Sardinella bulan* Whitehead, 1965, 12: 250.
*Sardinella albella* Whitehead, 1972, 14: 183.
文献（Reference）：Chan, 1965; Whitehead, 1965; Whitehead, 1972; 丘书院, 1982.
别名或俗名（Used or common name）：青鳞, 鳀鳁, 小鲨丁鱼, 鳁, 扁仔, 扁鳁.
分布（Distribution）：东海, 南海.

### （539）里氏小鲨丁鱼 *Sardinella richardsoni* Wongratana, 1983

*Sardinella richardsoni* Wongratana, 1983: 385-407.
*Clupea isingleena* Richardson, 1846.
文献（Reference）：Randall and Lim (eds.), 2000; Huang, 2001; 伍汉霖, 邵广昭, 赖春福等, 2012.
分布（Distribution）：南海.

### （540）信德小鲨丁鱼 *Sardinella sindensis* (Day, 1878)

*Clupea sindensis* Day, 1878: 553-779.
*Sardinella sidensis* (Day, 1878).
*Sardinella singdensis* (Day, 1878).
文献（Reference）：Whitehead, 1985; Shao, Kao and Lee, 1990; 沈世杰, 1993; Shao, 1997; Ni and Kwok, 1999; Kuo and Shao, 1999; Huang, 2001; 伍汉霖, 邵广昭, 赖春福等, 2012.
别名或俗名（Used or common name）：中国小鲨丁, 青鳞仔, 鳁仔, 鲨丁鱼, 扁仔, 扁鳁.
分布（Distribution）：东海, 南海.

### （541）锤氏小鲨丁鱼 *Sardinella zunasi* (Bleeker, 1854)

*Harengula zunasi* Bleeker, 1854: 395-426.
*Clupea zunasi* (Bleeker, 1854).
*Harengula zunasi* Regan, 1917, 19 (112): 392; Fowler, 1941, 13 (100): 597; 王文滨, 1953: 47.
*Sardinella zunasi* Chan, 1965, 13: 21; Whitehead, 1967, 9: 231.
文献（Reference）：Regan, 1917, 19 (112): 392; Fowler, 1941, 13 (100): 597; 王文滨, 1953: 47; Whitehead, 1967; 丘书院, 1982; Gil and Lee, 1986; 沈世杰, 1993; Yamada, Shirai, Irie *et al*., 1995; Ni and Kwok, 1999; Kuo and Shao, 1999; Tang and Jin, 1999; Randall and Lim (eds.), 2000; Huang, 2001; Kanou, Sano and Kohno, 2004; 伍汉霖, 邵广昭, 赖春福等, 2012.
别名或俗名（Used or common name）：锤氏小鲨丁, 青鳞仔, 鳁仔, 鲨丁鱼, 扁仔, 扁鳁.
分布（Distribution）：黄海, 东海, 南海.

## 217. 拟鲨丁鱼属（盖纹鲨丁鱼属）*Sardinops* Hubbs, 1929

### （542）拟鲨丁鱼 *Sardinops sagax* (Jenyns, 1842)

*Clupea sagax* Jenyns, 1842: 97-172.
*Sardinops sagax* (Jenyns, 1842).
*Clupea melanosticta* Temminck *et* Schlegel, 1846.
*Sardinops melanosticta* (Temminck *et* Schlegel, 1846).
*Sardinops ocellatus* (Pappe, 1853).
*Sardinops caeruleus* (Girard, 1854).
文献（Reference）：沈世杰, 1993; Huang, 2001; Ohshimo, 2004; Kamura and Hashimoto, 2004; Oshimo, Tanaka and Hiyama, 2009; 张世义, 2001; 伍汉霖, 邵广昭, 赖春福等, 2012.
别名或俗名（Used or common name）：斑点盖纹鲨丁鱼, 鳁仔, 鲨丁鱼, 臭肉鳁, 无鳞鳁仔.
分布（Distribution）：黄海, 东海, 南海.

## 218. 小体鲱属 *Spratelloides* Bleeker, 1851

### （543）锈眼小体鲱 *Spratelloides delicatulus* (Bennett, 1832)

*Clupea delicatula* Bennett, 1832: 165-169.
*Spratelloides decicatulus* (Bennett, 1832).
*Stolephorus delicatulus* (Bennett, 1832).
*Clupea macassariensis* Bleeker, 1849.
*Alosa alburnus* Kner *et* Steindachner, 1867.
文献（Reference）：Francis, 1993; Ni and Kwok, 1999; Randall and Lim (eds.), 2000; Nakamura, Horinouchi, Nakai *et al*., 2003; Adrim, Chen, Chen *et al*., 2004; 伍汉霖, 邵广昭, 赖春福等, 2012.
别名或俗名（Used or common name）：喜乐鳁, 魩仔, 鱙仔, 无带丁香.
分布（Distribution）：东海, 南海.

### （544）银带小体鲱 *Spratelloides gracilis* (Temminck *et* Schlegel, 1846)

*Clupea gracilis* Temminck *et* Schlegel, 1846: 173-269.
*Clupea argyrotaeniata* Bleeker, 1849.
*Spratelloides atrofasciatus* Schultz, 1943.
文献（Reference）：Whitehead, 1985; Leis, 1986; Shao, Kao and Lee, 1990; Francis, 1993; Shao, Chen, Kao *et al*., 1993;

沈世杰, 1993; Yamada, Shirai, Irie *et al*., 1995; Ni and Kwok, 1999; Randall and Lim (eds.), 2000; 伍汉霖, 邵广昭, 赖春福等, 2012.
**别名或俗名（Used or common name）:** 针嘴鳀, 丁香鱼, 魩仔, 丁香, 鱙仔, 灰海荷鳀, 日本银带鲱.
**分布（Distribution）:** 东海, 南海.

### 219. 鲥属 *Tenualosa* Fowler, 1934

**（545）云鲥 *Tenualosa ilisha* (Hamilton, 1822)**
*Clupanodon ilisha* Hamilton, 1822: 1-405.
*Clupea ilisha* (Hamilton, 1822).
*Hilsa ilisha* (Hamilton, 1822).
*Macrura ilisha* (Hamilton, 1822).
**文献（Reference）:** Chinese Academy of Fishery Science (CAFS), 2007; 伍汉霖, 邵广昭, 赖春福等, 2012.
**分布（Distribution）:** 东海.

**（546）鲥 *Tenualosa reevesii* (Richardson, 1846)**
*Alosa reevesii* Richardson, 1846: 187-320.
*Hilsa reevesii* (Richardson, 1846).
*Macrura reevesi*: 成庆泰和郑葆珊, 1987: 58; 陈素芝 (见郑慈英等), 1989: 22; Pan, Zhong, Zheng *et al*., 1991: 36; 朱松泉, 1995: 7; 刘明玉, 解玉浩和季达明, 2000: 41.
*Macrura reevesii*: 成庆泰和周才武, 1997: 70.
*Tenualosa reevesii*: 张世义, 2001: 93; 伍汉霖, 邵广昭, 赖春福等, 2012: 35.
**别名或俗名（Used or common name）:** 李氏鲥鱼, 中华鲥鱼, 黎氏鲥, 生鳓, 三来, 锡箔鱼.
**分布（Distribution）:** 洄游性鱼类, 黄渤海到南海及其所属通江河流的中下游. 国外分布西起印度-西太平洋的安达曼群岛, 东至菲律宾, 北至日本南部等海域.
**保护等级（Protection class）:**《中国濒危动物红皮书·鱼类》(濒危); 省 (直辖市) 级 (天津, 广东, 湖南等, 安徽 I 级).

**（547）托氏鲥 *Tenualosa toli* (Valenciennes, 1847)**
*Alausa toli* Valenciennes, 1847: 1-472.
*Clupea toli* (Valenciennes, 1847).
*Hilsa toli* (Valenciennes, 1847).
*Tenulalosa toil* (Valenciennes, 1847).
*Alausa ctenolepis* Bleeker, 1852.
**文献（Reference）:** Randall and Lim (eds.), 2000.
**分布（Distribution）:** 南海.

# 二十三、鼠鱚目 Gonorhynchiformes

## （七十五）遮目鱼科 Chanidae

### 220. 遮目鱼属 *Chanos* Lacépède, 1803

**（548）遮目鱼 *Chanos chanos* (Forsskål, 1775)**
*Mugil chanos* Forsskål, 1775: 1-164.
*Lutodeira chanos* (Forsskål, 1775).
*Mugil salmoneus* Forster, 1801.
*Chanos arabicus* Lacépède, 1803.
*Chanos indicus* (van Hasselt, 1823).
**文献（Reference）:** Taki, Kohno and Hara, 1986; Shao and Lim, 1991; Shao, Chen, Kao *et al*., 1993; 沈世杰, 1993; Chen, Shao and Lin, 1995; Kuo and Shao, 1999; Randall and Lim (eds.), 2000; Liao, Su and Chang, 2001.
**别名或俗名（Used or common name）:** 海草鱼, 安平鱼, 国姓鱼, 杀目鱼, 塞目鱼, 麻虱目仔, 麻萨末.
**分布（Distribution）:** 东海, 南海.

## （七十六）鼠鱚科 Gonorynchidae

### 221. 鼠鱚属 *Gonorynchus* Scopoli, 1777

**（549）鼠鱚 *Gonorynchus abbreviatus* Temminck *et* Schlegel, 1846**
*Gonorynchus abbreviatus* Temminck *et* Schlegel, 1846: 173-269.
**文献（Reference）:** Masuda, Amaoka, Araga *et al*., 1984; Hermes, 1987; 沈世杰, 1993; Yamada, Shirai, Irie *et al*., 1995; Shao, 1997; Randall and Lim (eds.), 2000; Huang, 2001.
**别名或俗名（Used or common name）:** 老鼠梭, 土鳅.
**分布（Distribution）:** 黄海, 东海, 南海.

# 二十四、鲤形目 Cypriniformes

## （七十七）鲤科 Cyprinidae

### 一）鿕亚科 Danioninae

### 222. 细鲫属 *Aphyocypris* Günther, 1868

*Aphyocypris* Günther, 1868: 201.
*Aphyocyprioides* Tang, 1942: 162.
*Yaoshanicus* Lin, 1931: 50.
*Nicholsicypris* Chu, 1935a: 10.

**（550）瑶山细鲫 *Aphyocypris arcus* (Lin, 1931)**
*Yaoshanicus arcus* Lin, 1931: 50; Lin, 1934b: 454; Wu, 1939: 120; 杨干荣和黄宏金 (见伍献文等), 1964: 43; 龚光启, 1981: 32; 朱松泉, 1995: 26; 陈宜瑜 (见郑慈英等), 1989: 70; 陈宜瑜和褚新洛 (见陈宜瑜等), 1998: 54; 温以才 (见周解和张春光), 2006: 130.
*Aphyocypris arcus*: Liao, Kullander *et* Lin, 2011: 657-664.
**别名或俗名（Used or common name）:** 瑶山鲤.
**分布（Distribution）:** 广西大瑶山山区珠江水系各支流.

**（551）中华细鲫 *Aphyocypris chinensis* Günther, 1868**

*Aphyocypris chinensis* Günther, 1868: 201; Tchang, 1933b: 187; 杨干荣和黄宏金 (见伍献文等), 1964: 15; 匡溥人 (见褚新洛和陈银瑞等), 1989: 35; 丁瑞华, 1994: 131; 朱松泉, 1995: 27; 成庆泰和周才武, 1997: 105; 陈宜瑜和褚新洛 (见陈宜瑜等), 1998: 59.

*Aphyocyprioides typus* Tang, 1942: 152.

**别名或俗名（Used or common name）**：似细鲫.

**分布（Distribution）**：我国东部黑龙江至珠江间各水系. 国外分布于日本, 朝鲜半岛和俄罗斯.

**保护等级（Protection class）**：省 (直辖市) 级 (北京).

**（552）台湾细鲫 *Aphyocypris kikuchii* (Oshima, 1919)**

*Phoxiscus kikuchii* Oshima, 1919, 12 (2-4): 226.

*Aphyocypris kikuchii*: Nichols, 1943, 9: 129; 杨干荣和黄宏金 (见伍献文等), 1964: 16.

**别名或俗名（Used or common name）**：菊池氏细鲫.

**分布（Distribution）**：台湾.

**保护等级（Protection class）**：《台湾淡水鱼类红皮书》(易危).

**（553）林氏细鲫 *Aphyocypris lini* (Weitzman *et* Chan, 1966)**

*Hemigrammocypris lini* Weitzman *et* Chan, 1966: 290.

*Aphyocypris pooni* Lin, 1939: 129; 杨干荣和黄宏金 (见伍献文等), 1964: 17; 陈宜瑜和褚新洛 (见陈宜瑜等), 1998: 57-58.

**别名或俗名（Used or common name）**：林氏锦波鱼.

**分布（Distribution）**：我国南部.

**保护等级（Protection class）**：《中国濒危动物红皮书·鱼类》(野外灭绝).

**（554）拟细鲫 *Aphyocypris normalis* Nichols *et* Pope, 1927**

*Aphyocypris normalis* Nichols *et* Pope, 1927: 376.

*Nicholsicypris normalis*: Chu, 1935: 118; 杨干荣和黄宏金 (见伍献文等), 1964: 19; 中国水产科学研究院珠江水产研究所等, 1986: 49-50; 陈宜瑜 (见郑慈英等), 1989: 72-73; 温以才 (见周解和张春光), 2006: 132; Liao, Kullander *et* Lin, 2011: 657-664.

**分布（Distribution）**：海南岛南渡河和万泉河, 广东南部的珠江支流, 广西南流江和钦江等水系. 国外分布于越南.

**（555）丽纹细鲫 *Aphyocypris pulchrilineata* Zhu, Zhao *et* Huang, 2013**

*Aphyocypris pulchrilineata* Zhu, Zhao *et* Huang, 2013: 233.

**分布（Distribution）**：广西都安县澄江, 属珠江流域西江水系红水河支流.

## 223. 异鲴属 *Aspidoparia* Heckel, 1843

*Aspidoparia* Heckel, 1843: 288.

**（556）异鲴 *Aspidoparia morar* (Hamilton, 1822)**

*Cyprinus morar* Hamilton, 1822: 264.

*Aspidoparia sardine* Heckel, 1843: 288.

*Aspidoparia morar*: 匡溥人 (见褚新洛和陈银瑞等), 1989: 33; 朱松泉, 1995: 26; 陈宜瑜和褚新洛 (见陈宜瑜等), 1998: 52-53.

**分布（Distribution）**：怒江支流南定河, 枯柯河, 南滚河等. 国外分布于孟加拉国, 印度, 伊朗, 缅甸, 尼泊尔, 巴基斯坦和泰国.

## 224. 低线鱲属 *Barilius* Hamilton, 1822

*Barilius* Hamilton, 1822: 266, 384.

**（557）滇西低线鱲 *Barilius barila* (Hamilton, 1822)**

*Cyprinus barila* Hamilton, 1822: 267, 384.

*Barilius barila*: Günther, 1868: 291; 褚新洛, 1984: 96; 匡溥人 (见褚新洛和陈银瑞等), 1989: 21; 陈宜瑜和褚新洛 (见陈宜瑜等), 1998: 29.

*Danio monshiensis* Yang *et* Huang (杨干荣和黄宏金, 见伍献文等), 1964: 56.

**分布（Distribution）**：云南龙川江和大盈江. 国外分布于孟加拉国, 印度, 缅甸和尼泊尔.

**（558）斑尾低线鱲 *Barilius caudiocellatus* Chu, 1984**

*Barilius caudiocellatus* Chu (褚新洛), 1984: 98; 匡溥人 (见褚新洛和陈银瑞等), 1989: 22; 朱松泉, 1995: 24; 陈宜瑜和褚新洛 (见陈宜瑜等), 1998: 30.

**别名或俗名（Used or common name）**：尾点低线鱲.

**分布（Distribution）**：云南怒江和澜沧江水系.

**（559）丽色低线鱲 *Barilius pulchellus* Smith, 1931**

*Barilius pulchellus* Smith, 1931a: 17; 李思忠, 1976: 118; 匡溥人 (见褚新洛和陈银瑞等), 1989: 19; 陈宜瑜和褚新洛 (见陈宜瑜等), 1998: 28; 陈小勇, 2013, 34 (4): 299.

*Barilius pellegrini*: Fang, 1938: 587-589.

*Barilius barna*: 张春霖, 1962: 97.

*Opsarius pulchellus*: 伍汉霖, 邵广昭, 赖春福等, 2012: 54; Kottelat, 2013: 132.

**别名或俗名（Used or common name）**：美丽真马口波鱼.

**分布（Distribution）**：云南澜沧江和元江水系. 国外分布于柬埔寨, 老挝, 泰国和越南.

## 225. 须鱲属 *Candidia* Jordan *et* Richardson, 1909

*Candidia* Jordan *et* Richardson, 1909: 169.

**（560）须鱲 *Candidia barbata* (Regan, 1908)**

*Opsariichthys barbatus* Regan, 1908c: 359.

*Candidia barbatus*: Jordan *et* Richardson, 1909: 169; 陈宜瑜, 1982b: 293; 陈宜瑜和褚新洛 (见陈宜瑜等), 1998: 36; 陈义雄和方力行, 1999: 64.

**别名或俗名（Used or common name）**：台湾须鱲，台湾马口鱼.

**分布（Distribution）**：我国台湾西部各河川中上游及恒春半岛西侧小溪流中.

**保护等级（Protection class）**：《中国濒危动物红皮书·鱼类》(易危)，《台湾淡水鱼类红皮书》(近危).

**（561）屏东须鱲 *Candidia pingtungensis* Chen, Wu *et* Hsu, 2008**

*Candidia pingtungensis* Chen, Wu *et* Hsu, 2008: 203.

**分布（Distribution）**：台湾.

**保护等级（Protection class）**：《台湾淡水鱼类红皮书》(近危).

## 226. 鿕属 *Danio* Hamilton, 1822

*Danio* Hamilton, 1822: 390.

**（562）珍珠鿕 *Danio albolineatus* (Blyth, 1860)**

*Nuria albolineata* Blyth, 1860: 163; Fang *et* Kottelat, 1999: 292; Fang, 2000a: 25; Fang, 2003: 717.

*Danio albolineatus*: Fang, 2000b: 219.

**别名或俗名（Used or common name）**：长须鿕，闪电斑马鱼.

**分布（Distribution）**：伊洛瓦底江水系. 国外分布于缅甸，老挝，柬埔寨，马来西亚，泰国，越南和印度尼西亚 (苏门答腊岛).

**（563）布朗鿕 *Danio browni* Regan, 1907**

*Danio browni* Regan, 1907b: 149.

*Danio aequipinnatus*: 褚新洛, 1981b: 148; 匡溥人 (见褚新洛和陈银瑞等), 1989: 12 (部分); 陈宜瑜和褚新洛 (见陈宜瑜等), 1998: 21.

*Devario browni*: Kottelat, 2013: 98.

**别名或俗名（Used or common name）**：波条鿕.

**分布（Distribution）**：怒江，南汀河，南滚河，清水河. 国外分布于缅甸 (萨尔温江).

## 227. 神鿕属 *Devario* Heckel, 1843

*Devario* Heckel, 1843: 990.

*Danioides* Chu, 1935: 10.

*Daniops* Smith, 1945: 91.

**（564）缺须神鿕 *Devario apogon* (Chu, 1981)**

*Danio apogon* Chu (褚新洛), 1981b: 150; 匡溥人 (见褚新洛和陈银瑞等), 1989: 16; 朱松泉, 1995: 24; Fang, 1997a: 42; 陈宜瑜和褚新洛 (见陈宜瑜等), 1998: 25; Fang *et* Kottelat, 1999: 294.

*Devario apogon*: Kottelat, 2013: 98; 伍汉霖，邵广昭，赖春福等, 2012: 44.

**别名或俗名（Used or common name）**：缺须鿕.

**分布（Distribution）**：云南大盈江.

**（565）金线神鿕 *Devario chrysotaeniatus* (Chu, 1981)**

*Danio chrysotaeniatus* Chu (褚新洛), 1981b: 151; 朱松泉, 1995: 24; 匡溥人 (见褚新洛和陈银瑞等), 1989: 17; 陈宜瑜和褚新洛 (见陈宜瑜等), 1998: 26; Fang *et* Kottelat, 1999: 292; Fang, 2000b: 224.

*Devario chrysotaeniatus*: Kottelat, 2013: 98; 伍汉霖，邵广昭，赖春福等, 2012: 44.

**别名或俗名（Used or common name）**：金线鿕.

**分布（Distribution）**：云南澜沧江. 国外分布于老挝.

**（566）半线神鿕 *Devario interruptus* (Day, 1870)**

*Barilius interrupta* Day, 1870: 511.

*Danio shanensis* Hora, 1928: 38; 杨干荣和黄宏金 (见伍献文等), 1964: 55; 褚新洛, 1981b: 149; 匡溥人 (见褚新洛和陈银瑞等), 1989: 15.

*Brachydanio interrupta*: Chu, 1935: 123.

*Danio interrupta*: 褚新洛, 1981b: 149; 匡溥人 (见褚新洛和陈银瑞等), 1989: 15; 陈宜瑜和褚新洛 (见陈宜瑜等), 1998: 23; 陈小勇, 2013, 34 (4): 298.

*Devario interruptus*: 伍汉霖，邵广昭，赖春福等, 2012: 44.

**分布（Distribution）**：云南大盈江，龙川江 (均属伊洛瓦底江水系) 和怒江.

**（567）红蚌神鿕 *Devario kakhienensis* (Anderson, 1879)**

*Danio kakhienensis* Anderson, 1879: 868; 褚新洛, 1981b: 148; 匡溥人 (见褚新洛和陈银瑞等), 1989: 14; 朱松泉, 1995: 23; Fang, 1997b: 289; 陈宜瑜和褚新洛 (见陈宜瑜等), 1998: 22; Fang, 2000b: 221; 陈小勇, 2013, 34 (4): 298.

*Devario kakhienensis*: 伍汉霖，邵广昭，赖春福等, 2012: 44.

**分布（Distribution）**：伊洛瓦底江水系. 国外分布于缅甸.

**（568）老挝神鿕 *Devario laoensis* (Pellegrin *et* Fang, 1940)**

*Parabarilius laoensis* Pellegrin *et* Fang, 1940: 118-119.

*Daniops myersi*: Smith, 1945: 92-95.

*Danio myersi*: 褚新洛, 1981b: 145; 匡溥人 (见褚新洛和陈银瑞等), 1989: 14; 陈宜瑜和褚新洛 (见陈宜瑜等), 1998: 22.

*Devario laoensis*: 伍汉霖，邵广昭，赖春福等, 2012: 44.

别名或俗名（**Used or common name**）：老挝鲥.
**分布（Distribution）**：澜沧江下游. 国外分布于老挝，泰国和柬埔寨.

## 228. 鮈鲫属 *Gobiocypris* Ye *et* Fu, 1983

*Gobiocypris* Ye *et* Fu (叶妙荣和傅天佑), 1983: 434.

### （569）稀有鮈鲫 *Gobiocypris rarus* Ye *et* Fu, 1983

*Gobiocypris rarus* Ye *et* Fu (叶妙荣和傅天佑), 1983: 434; 丁瑞华, 1994: 133; 陈宜瑜和褚新洛 (见陈宜瑜等), 1998: 51-52.
**分布（Distribution）**：四川西部大渡河支流流沙河和成都附近岷江柏条河.

## 229. 裸鲃属 *Gymnodanio* Chen *et* He, 1992

*Gymnodanio* Chen *et* He (陈毅峰和何舜平), 1992: 238.

### （570）条纹裸鲃 *Gymnodanio strigatus* Chen *et* He, 1992

*Gymnodanio strigatus* Chen *et* He (陈毅峰和何舜平), 1992: 238.
**分布（Distribution）**：云南澜沧江水系景谷河.

## 230. 小波鱼属 *Microrasbora* Annandale, 1918

*Microrasbora* Annandale, 1918: 50.

### （571）小眼小波鱼 *Microrasbora microphthalmus* Jiang, Chen *et* Yang, 2008

*Microrasbora microphthalmus* Jiang, Chen *et* Yang (江艳娥, 陈小勇和杨君兴), 2008: 299.
**分布（Distribution）**：瑞丽江.

## 231. 马口鱼属 *Opsariichthys* Bleeker, 1863

*Opsariichthys* Bleeker, 1863a: 203.

### （572）马口鱼 *Opsariichthys bidens* Günther, 1873

*Opsariichthys bidens* Günther, 1873a: 249; Tchang, 1930c: 91; 林书颜, 1931: 139; Wu, 1931c: 7; 陈宜瑜, 1982b: 298; 匡溥人 (见褚新洛和陈银瑞等), 1989: 31; 陈宜瑜和褚新洛 (见陈宜瑜等), 1998: 47-48.
*Opsariichthys morrisonii*: Günther, 1898: 262; Tchang, 1930c: 91.
*Opsariichthys uncirostris*: Temminck *et* Schlegel, 1846; Fowler, 1924: 390; Tchang, 1933b: 126.
*Opsariichthys hainanensis* Nichols *et* Pope, 1927: 367.
*Opsariichthys chekianensis* Shaw, 1930b: 113.
*Opsariichthys uncirostris amurensis*: 杨干荣和黄宏金 (见伍献文等), 1964: 42.
*Opsariichthys uncirostris bidens*: 杨干荣和黄宏金 (见伍献文等), 1964: 40.
**别名或俗名（Used or common name）**：南方马口鱼，海南马口鱼，海南马口鱲.
**分布（Distribution）**：我国中东部，西南部很多江河，特别是山区河流广泛分布. 国外分布于朝鲜，老挝，俄罗斯，越南等.
**保护等级（Protection class）**：省（直辖市）级（北京，黑龙江）.

### （573）长鳍马口鱼 *Opsariichthys evolans* (Jordan *et* Evermann, 1902)

*Zacco evolans* Jordan *et* Evermann, 1902: 322.
**分布（Distribution）**：台湾淡水河流域.

### （574）高平马口鱼 *Opsariichthys kaopingensis* Chen, Wu *et* Huang, 2009

*Opsariichthys kaopingensis* Chen, Wu *et* Huang, 2009: 165.
**分布（Distribution）**：台湾南部.

### （575）粗首马口鱼 *Opsariichthys pachycephalus* Günther, 1868

*Opsariichthys pachycephalus* Günther, 1868: 296; 陈义雄和张咏青, 2005: 26.
*Zacco taiwanensis* Chen (陈宜瑜), 1982: 296.
**别名或俗名（Used or common name）**：台湾鲻，粗首鲻.
**分布（Distribution）**：台湾浊水溪等溪流.

## 232. 真马口鱼属 *Opsarius* McClelland, 1838

*Opsarius* McClelland, 1838: 944.

### （576）泰国真马口鱼 *Opsarius koratensis* (Smith, 1931)

*Barilius koratensis* Smith, 1931a: 16.
*Danio menglaensis*: He *et* Chen (何舜平和陈毅峰), 1994: 375.
*Opsarius koratensis*: Kottelat, 2001: 1-198; Kottelat, 2013: 131.
**别名或俗名（Used or common name）**：勐腊鲥.
**分布（Distribution）**：云南澜沧江水系.

## 233. 副细鲫属 *Pararasbora* Regan, 1908

*Pararasbora* Regan, 1908c: 360.

### （577）台湾副细鲫 *Pararasbora moltrechti* Regan, 1908

*Pararasbora moltrechti* Regan, 1908c: 360; 沈世杰, 1993: 140; 陈义雄和方力行, 1999: 82.
*Aphyocyprius amnis*: Liao, Kullander *et* Lin, 2011: 658.

**别名或俗名（Used or common name）**：台湾白鱼.

**分布（Distribution）**：台湾中部大甲溪，大肚溪和浊水溪中游的一些支流.

**保护等级（Protection class）**：台湾 II 级保护，《台湾淡水鱼类红皮书》（濒危）.

## 234. 异鱲属 *Parazacco* Chen, 1982

*Parazacco* Chen (陈宜瑜), 1982b: 293.

*Carinozacco* Zhu, Wang *et* Ni (朱元鼎，王幼槐和倪勇), 1982: 267.

### （578）海南异鱲 *Parazacco spilurus fasciatus* (Koller, 1927)

*Aspius spilurus fasciatus* Koller, 1927: 46.

*Zacco asperus*: Nichols *et* Pope, 1927: 366; 杨干荣和黄宏金（见伍献文等), 1964: 47.

*Parazacco spilurus fasciatus*: 陈宜瑜, 1982b: 294; 陈宜瑜和褚新洛（见陈宜瑜等), 1998: 39-40.

*Carinozacco spilurus*: 朱元鼎，王幼槐和倪勇, 1982: 268.

**分布（Distribution）**：海南岛.

### （579）异鱲 *Parazacco spilurus spilurus* (Günther, 1868)

*Aspius spilurus* Günther, 1868: 311; Lin, 1935: 310; 杨干荣和黄宏金（见伍献文等), 1964: 19.

*Parazacco spilurus spilurus*: 陈宜瑜, 1982b: 294; 匡溥人（见褚新洛和陈银瑞等), 1989: 28; 陈宜瑜和褚新洛（见陈宜瑜等), 1998: 38-39.

*Carinozacco spilurus*: 朱元鼎，王幼槐和倪勇, 1982: 268.

**分布（Distribution）**：珠江水系，福建南部和广东东部的小溪流. 国外分布于越南.

**保护等级（Protection class）**：《中国濒危动物红皮书·鱼类》（易危）.

## 235. 长嘴鱲属 *Raiamas* Jordan, 1919

*Bola* Günther, 1868: 293.

*Raiamas* Jordan, 1919: 344.

### （580）长嘴鱲 *Raiamas guttatus* (Day, 1870)

*Opsarius guttatus* Day, 1870: 620.

*Luciosoma fasciata*: 杨干荣和黄宏金（见伍献文等), 1964: 53; 匡溥人（见褚新洛和陈银瑞等), 1989: 23.

*Raiamas guttatus*: Howes, 1980: 194.

**分布（Distribution）**：云南南定河（怒江）及澜沧江水系. 国外分布于印度，缅甸（伊洛瓦底江)，湄公河，泰国（湄南河)，萨尔温江，马来西亚半岛北部等.

## 236. 波鱼属 *Rasbora* Bleeker, 1859

*Rasbora* Bleeker, 1859d: 361, 371.

### （581）黑背波鱼 *Rasbora atridorsalis* Kottelat *et* Chu, 1987

*Rasbora atridorsalis* Kottelat *et* Chu, 1987b: 313; 朱松泉, 1995: 25.

*Rasbora* sp. 匡溥人（见褚新洛和陈银瑞等), 1989: 27.

**分布（Distribution）**：澜沧江水系. 国外分布于老挝.

### （582）黄尾波鱼 *Rasbora dusonensis* (Bleeker, 1850)

*Leuciscus dusonensis* Bleeker, 1850: 14.

*Rasbora dusonensis*: Kottelat, 2013: 152; 陈小勇, 2013, 34 (4): 298.

**分布（Distribution）**：澜沧江下游. 国外分布于湄公河，湄南河，马来半岛，加里曼丹岛，印度尼西亚（苏门答腊岛）等.

### （583）麦氏波鱼 *Rasbora myersi* Brittan, 1954

*Rasbora myersi* Brittan, 1954: 117; 匡溥人（见褚新洛和陈银瑞等), 1989: 25; 朱松泉, 1995: 25; 陈宜瑜和褚新洛（见陈宜瑜等), 1998: 35.

*Rashora vaillanti*: 杨干荣和黄宏金（见伍献文等), 1964: 38.

**别名或俗名（Used or common name）**：黄尾波鱼.

**分布（Distribution）**：澜沧江水系. 国外分布于印度尼西亚，加里曼丹岛等.

### （584）北方波鱼 *Rasbora septentrionalis* Kottelat, 2000

*Rasbora septentrionalis* Kottelat, 2000: 51; 陈小勇, 2013, 34 (4): 298.

**分布（Distribution）**：澜沧江水系. 国外分布于老挝北部湄公河.

### （585）南方波鱼 *Rasbora steineri* Nichols *et* Pope, 1927

*Rasbora cephalotaenia steineri* Nichols *et* Pope, 1927: 364; 杨干荣和黄宏金（见伍献文等), 1964: 36; 朱松泉, 1995: 25.

*Rasbora lateristriata allos*: 林书颜, 1931: 67; 杨干荣和黄宏金（见伍献文等), 1964: 37.

*Rasbora volzi pallopinna*: Lin, 1932a: 382; 杨干荣和黄宏金（见伍献文等), 1964: 36.

*Rasbora lateristriata*: 龚启光, 1981: 30.

**别名或俗名（Used or common name）**：斯氏波鱼，异侧条波鱼.

**分布（Distribution）**：广西明江，龙江；广东连江，滃江；海南南渡江，万泉河. 国外分布于老挝和越南.

## 237. 唐鱼属 *Tanichthys* Lin, 1932

*Tanichthys* Lin, 1932a: 379.

### （586）唐鱼 *Tanichthys albonubes* Lin, 1932

*Tanichthys albonubes* Lin, 1932a: 379; 陈宜瑜（见郑慈英等),

1989: 69; 朱松泉, 1995: 26; 陈宜瑜和褚新洛 (见陈宜瑜等), 1998: 49; Chan *et* Chen, 1989: 209.
*Aphyocypris poosi*: Herre, 1939a: 176.
**别名或俗名（Used or common name）**：广东细鲫，潘氏细鲫.
**分布（Distribution）**：我国珠江三角洲，广西，海南等一些山涧溪流中. 国外分布于越南. 原认为已野外灭绝，近年在产地偶可见到.
**保护等级（Protection class）**：国家 II 级.

## 238. 鱲属 *Zacco* Jordan *et* Evermann, 1902

*Zacco* Jordan *et* Evermann, 1902: 322.

### （587）成都鱲 *Zacco chengtui* Kimura, 1934

*Zacco chengtui* Kimura, 1934: 44; 杨干荣和黄宏金 (见伍献文等), 1964: 46; 丁瑞华, 1994: 127; 朱松泉, 1995: 26; 陈宜瑜和褚新洛 (见陈宜瑜等), 1998: 43-44.
**分布（Distribution）**：长江上游沱江支流湔江.
**保护等级（Protection class）**：《中国濒危动物红皮书·鱼类》(易危).

### （588）宽鳍鱲 *Zacco platypus* (Temminck *et* Schlegel, 1846)

*Leuciscus platypus* Temminck *et* Schlegel, 1846: 207.
*Opsariichthys platypus*: Günther, 1868: 296.
*Zacco platypus*: Jordan *et* Fowler, 1903: 851; 杨干荣和黄宏金 (见伍献文等), 1964: 49; 陈宜瑜, 1982b: 295; 武云飞和吴翠珍, 1990: 63; 匡溥人 (见褚新洛和陈银瑞等), 1989: 30; 陈宜瑜和褚新洛 (见陈宜瑜等), 1998: 41.
*Squaliobarbus panwingi*: Lin, 1932a: 381.
*Zacco temminckii*: Tchang, 1933b: 133; 杨干荣和黄宏金 (见伍献文等), 1964: 48.
*Zacco macrophthalmus*: Kimura, 1934: 46; 杨干荣和黄宏金 (见伍献文等), 1964: 49.
*Zacco macrolepis*: 杨干荣和黄宏金 (见伍献文等), 1964: 46.
**分布（Distribution）**：我国东部，南部包括台湾山区河流广泛分布. 国外分布于日本，朝鲜和越南.
**保护等级（Protection class）**：省 (直辖市) 级 (北京).

# 二）雅罗鱼亚科 Leuciscinae

## 239. 赤梢鱼属 *Aspius* Agassiz, 1835

*Aspius* Agassiz, 1835: 38.

### （589）赤梢鱼 *Aspius aspius* (Linnaeus, 1758)

*Cyprinus aspius* Linnaeus, 1758: 325.
*Aspius aspius*: 罗云林 (见陈宜瑜等), 1998: 90-91.
*Leuciscus aspius*: Kottelat *et* Freyhof, 2007: 646.
**分布（Distribution）**：新疆伊犁河. 国外分布于欧洲到哈萨克斯坦.

## 240. 黑线鳘属 *Atrilinea* Chu, 1935

*Atrilinea* Chu (朱元鼎), 1935: 10.

### （590）大鳞黑线鳘 *Atrilinea macrolepis* Song *et* Fang, 1987

*Atrilinea macrolepis* Song *et* Fang, 1987: 59; 罗云林 (见陈宜瑜等), 1998: 99-100.
**分布（Distribution）**：长江流域中游支流汉水的堵河上游.
**保护等级（Protection class）**：省级 (陕西).

### （591）大眼黑线鳘 *Atrilinea macrops* (Lin, 1931)

*Barilius macrops* Lin (林书颜), 1931: 144.
*Atrilinea macrops*: 罗云林 (见陈宜瑜等), 1998: 98-99.
**分布（Distribution）**：广西大瑶山.

### （592）黑线鳘 *Atrilinea roulei* (Wu, 1931)

*Barilius roulei* Wu, 1931: 433; Wang, 1935: 22.
*Barilius chenchiwei* Chu, 1931: 33.
*Atrilinea chenchiwei* Chu, 1935: 122.
*Atrilinea roulei*: 杨干荣和黄宏金 (见伍献文等), 1964: 51; 罗云林 (见陈宜瑜等), 1998: 97-98.
**别名或俗名（Used or common name）**：罗氏黑线鳘.
**分布（Distribution）**：钱塘江及长江水系的秋浦河.
**保护等级（Protection class）**：《中国濒危动物红皮书·鱼类》(极危).

## 241. 草鱼属 *Ctenopharyngodon* Steindachner, 1866

*Ctenopharyngodon* Steindachner, 1866b: 782.

### （593）草鱼 *Ctenopharyngodon idella* (Valenciennes, 1844)

*Leuciscus idella* Valenciennes, 1844: 270.
*Leuciscus tschiliensis*: Basilewsky, 1855: 233.
*Ctenopharyngodon laticeps*: Steindachner, 1866b: 782.
*Ctenopharyngodon idellus*: Günther, 1868: 261; Chu, 1930b: 142; 林书颜, 1931: 135; Tchang, 1933b: 141; Wu, 1939: 120; 杨干荣和黄宏金 (见伍献文等), 1964: 13; 罗云林 (见陈宜瑜等), 1998: 102-104.
*Ctenopharyngodon idella*: Berg, 1912: 288; 宫地传三郎, 1940: 44.
**别名或俗名（Used or common name）**：鲩.
**分布（Distribution）**：我国东部黑龙江至珠江各大江河广泛分布. 国外分布于俄罗斯阿穆尔河流域，已被广泛引入世界很多地区.
**保护等级（Protection class）**：省级 (黑龙江).

## 242. 鳡属 *Elopichthys* Bleeker, 1860

*Elopichthys* Bleeker, 1860: 436.
*Scombrocypris* Günther, 1889: 226.

### （594）鳡 *Elopichthys bambusa* (Richardson, 1845)

*Leuciscus bambusa* Richardson, 1845: 141.
*Nasus dahuricus*: Basilewsky, 1855: 234.
*Elopichthys bambusa*: Bleeker, 1865: 19; Evermann *et* Shaw, 1927: 109; Chu, 1930b: 145; 林书颜, 1931: 143; Tchang *et* Shaw, 1931a: 289; Tchang, 1933b: 135; Wang, 1935: 21; 杨干荣和黄宏金 (见伍献文等), 1964: 39; 罗云林 (见陈宜瑜等), 1998: 111-112.
**分布（Distribution）**：我国东部黑龙江至珠江沿海各水系. 国外分布于俄罗斯和越南.
**保护等级（Protection class）**：省级 (黑龙江, 陕西).

## 243. 雅罗鱼属 *Leuciscus* Cuvier, 1816

*Leuciscus* Cuvier, 1816: 194.

### （595）贝加尔雅罗鱼 *Leuciscus baicalensis* (Dybowski, 1874)

*Squalidus baicalensis* Dybowski, 1874: 388.
*Leuciscus leuciscus baicalensis*: Berg, 1949b: 546; 杨干荣和黄宏金 (见伍献文等), 1964: 31; 李思忠, 戴定远, 张世义等, 1966: 44; 戴定远, 1979: 25; 罗云林 (见陈宜瑜等), 1998: 69-71.
**分布（Distribution）**：新疆额尔齐斯河水系. 国外分布于俄罗斯, 哈萨克斯坦和蒙古国.

### （596）黄河雅罗鱼 *Leuciscus chuanchicus* (Kessler, 1876)

*Squalius chuanchicus* Kessler, 1876: 23.
*Leuciscus chuanchicus*: 武云飞和吴翠珍, 1992: 270; 罗云林 (见陈宜瑜等), 1998: 68.
*Genhis mongolicus*: Howes, 1984: 290; 赵铁桥和张春光, 1993: 139.
**别名或俗名（Used or common name）**：黄河成吉思鱼.
**分布（Distribution）**：黄河上游.
**保护等级（Protection class）**：省级 (甘肃, 青海).

### （597）高体雅罗鱼 *Leuciscus idus* (Linnaeus, 1758)

*Cyprinus idus* Linnaeus, 1758: 324.
*Leuciscus idus*: Berg, 1949b: 564; 杨干荣和黄宏金 (见伍献文等), 1964: 32; 李思忠, 戴定远, 张世义等, 1966: 45; 戴定远, 1979: 26; 朱松泉, 1995: 30; 罗云林 (见陈宜瑜等), 1998: 64.
**别名或俗名（Used or common name）**：圆腹雅罗鱼, 红鳍雅罗鱼.
**分布（Distribution）**：新疆额尔齐斯河水系. 国外分布于北欧, 哈萨克斯坦, 蒙古国, 俄罗斯的西伯利亚地区等.
**保护等级（Protection class）**：省 II 级 (新疆).

### （598）新疆雅罗鱼 *Leuciscus merzbacheri* (Zugmayer, 1912)

*Aspiopsis merzbacheri* Zugmayer, 1912: 682; Tchang, 1933a: 431; 张春霖, 1959: 3.
*Leuciscus merzbacheri*: 杨干荣和黄宏金 (见伍献文等), 1964: 30; 李思忠, 戴定远, 张世义等, 1966: 44; 中国科学院动物研究所等, 1979: 26; 罗云林 (见陈宜瑜等), 1998: 71-72.
**分布（Distribution）**：主要分布于新疆博尔塔拉河, 玛纳斯河, 乌鲁木齐河等.
**保护等级（Protection class）**：《中国濒危动物红皮书·鱼类》(易危), 省 II 级 (新疆).

### （599）图们雅罗鱼 *Leuciscus waleckii tumensis* Mori, 1930

*Leuciscus waleckii tumensis* Mori, 1930: 6; 罗云林 (见陈宜瑜等), 1998: 67-68.
*Leuciscus waleckii*: 郑葆珊等, 1980: 57; 刘蝉馨, 秦克静等, 1987: 113.
**分布（Distribution）**：图们江水系. 国外分布于俄罗斯和朝鲜.

### （600）瓦氏雅罗鱼 *Leuciscus waleckii waleckii* (Dybowski, 1869)

*Idus waleckii* Dybowski, 1869: 953.
*Leuciscus waleckii*: Mori, 1934: 23; 宫地传三郎, 1940: 40; 杨干荣和黄宏金 (见伍献文等), 1964: 33.
*Leuciscus waleckii waleckii*: Nichols, 1943, 9: 85; 罗云林 (见陈宜瑜等), 1998: 65.
**别名或俗名（Used or common name）**：雅罗鱼, 华子鱼.
**分布（Distribution）**：黑龙江, 绥芬河, 达里诺尔湖, 岱海, 滦河, 海河和黄河下游. 国外分布于俄罗斯, 蒙古国和朝鲜.
**保护等级（Protection class）**：省 (直辖市) 级 (北京, 黑龙江).

## 244. 鯮属 *Luciobrama* Bleeker, 1870

*Luciobrama* Bleeker, 1870b: 253.

### （601）鯮 *Luciobrama macrocephalus* (Lacépède, 1803)

*Synodus macrocephalus* Lacépède, 1803: 322.
*Luciobrama typus*: Bleeker, 1870b: 251; Nichols, 1928: 20.
*Luciobrama macrocephalus*: Bleeker, 1873: 89; Chu, 1932:

131; Tchang, 1933b: 120; 杨干荣和黄宏金 (见伍献文等), 1964: 21; 罗云林 (见陈宜瑜等), 1998: 109-110.
**分布（Distribution）**：长江，闽江和珠江. 国外分布于越南.
**保护等级（Protection class）**：《中国濒危动物红皮书·鱼类》(易危)，省 (直辖市) 级 (湖南，陕西，重庆).

## 245. 青鱼属 *Mylopharyngodon* Peters, 1881

*Mylopharyngodon* Peters, 1881: 925.
*Myloleuciscus* Garman, 1912: 116.

### （602）青鱼 *Mylopharyngodon piceus* (Richardson, 1846)

*Leuciscus piceus* Richardson, 1846: 298.
*Leuciscus aethiops*: Basilewsky, 1855: 233.
*Leuciscus dubius*: Bleeker, 1865: 19.
*Myloleucus aethiops*: Günther, 1873a: 247; Tchang, 1930a: 107.
*Mylopharyngodon aethiops*: Peters, 1881: 926; Rendahl, 1928: 54; Wu, 1930b: 46; Chu, 1930b: 141; 林书颜, 1931: 134; 朱元鼎, 1932: 8; Tchang, 1933b: 140; 宫地传三郎, 1940: 39.
*Myloleuciscus atripinnis*: Garman, 1912: 116; Fowler *et* Bean, 1920: 313.
*Myloleuciscus aetriops*: Evermann *et* Shaw, 1927: 104; Shaw, 1930a: 173.
*Mylopharyngodon piceus*: 杨干荣和黄宏金 (见伍献文等), 1964: 9; 龚启光, 1981: 23; 任慕莲, 1981: 57; 罗云林 (见陈宜瑜等), 1998: 100-102.
**分布（Distribution）**：我国东部黑龙江至珠江各大水系均有分布. 国外自然分布于俄罗斯阿穆尔河流域等，已被引入欧洲等地.
**保护等级（Protection class）**：省级 (黑龙江).

## 246. 鳤属 *Ochetobius* Günther, 1868

*Ochetobius* Günther, 1868: 297.
*Agenigobio* Sauvage, 1878a: 87.

### （603）鳤 *Ochetobius elongatus* (Kner, 1867)

*Opsarius elongatus* Kner, 1867: 358.
*Ochetobius elongatus*: Günther, 1868: 297; Tchang, 1930a: 123; 林书颜, 1931: 149; Tchang, 1933b: 143; Miao, 1934: 134; Wu, 1939: 119; 杨干荣和黄宏金 (见伍献文等), 1964: 44; 罗云林 (见陈宜瑜等), 1998: 107-108.
*Barilius* (*Ochetobius*) *elongates*: Rendahl, 1928: 63; Wu, 1930b: 47.
**分布（Distribution）**：长江及以南各大水系. 国外分布于越南.
**保护等级（Protection class）**：省级 (湖南，陕西，重庆).

## 247. 鲅属 *Phoxinus* Agassiz, 1835

*Phoxinus* Agassiz, 1835: 37.

### （604）短尾鲅 *Phoxinus brachyurus* Berg, 1912

*Phoxinus brachyurus* Berg, 1912: 241; 杨干荣和黄宏金 (见伍献文等), 1964: 24; 李思忠，戴定远，张世义等, 1966: 45; 李思忠等 (见中国科学院动物研究所等), 1979: 28; 罗云林 (见陈宜瑜等), 1998: 81-82.
**分布（Distribution）**：新疆伊犁河，乌鲁木齐河. 国外分布于哈萨克斯坦.

### （605）吐鲁番鲅 *Phoxinus grumi* Berg, 1907

*Phoxinus grumi* Berg, 1907b: 211; 李思忠，戴定远，张世义等，1966: 45; 李思忠等 (见中国科学院动物研究所等), 1979: 28; 罗云林 (见陈宜瑜等), 1998: 82-83.
**分布（Distribution）**：新疆吐鲁番盆地.
**保护等级（Protection class）**：省 (自治区) II 级 (新疆).

### （606）斑鳍鲅 *Phoxinus kumkang* (Chyung, 1977)

*Moroco keumkang* Chyung, 1977: 184.
*Phoxinus kumkang*: 罗云林 (见陈宜瑜等), 1998: 83-84.
**分布（Distribution）**：鸭绿江. 国外分布于朝鲜.

### （607）真鲅 *Phoxinus phoxinus phoxinus* (Linnaeus, 1758)

*Cyprinus phoxinus* Linnaeus, 1758: 322.
*Phoxinus phoxinus*: 杨干荣和黄宏金 (见伍献文等), 1964: 23; 任慕莲, 1981: 47; 罗云林 (见陈宜瑜等), 1998: 77-78.
**分布（Distribution）**：黑龙江和鸭绿江. 国外分布于欧洲和朝鲜.
**保护等级（Protection class）**：省级 (黑龙江).

### （608）图们鲅 *Phoxinus phoxinus tumensis* Luo, 1996

*Phoxinus phoxinus tumensis* Luo (罗云林), 1996: 291; 罗云林 (见陈宜瑜等), 1998: 79-80.
*Phoxinus phoxinus*: 郑葆珊等, 1980: 50.
**分布（Distribution）**：图们江. 国外分布于朝鲜.

### （609）阿勒泰鲅 *Phoxinus phoxinus ujmonensis* Kaschenko, 1899

*Phoxinus phoxinus ujmonensis* Kaschenko, 1899: 144; 李思忠，戴定远，张世义等，1966: 45; 中国科学院动物研究所等, 1979: 27; 罗云林 (见陈宜瑜等), 1998: 78-79.
**分布（Distribution）**：新疆额尔齐斯河. 国外分布于哈萨克斯坦，蒙古国和俄罗斯.

## 248. 拟赤梢鱼属 *Pseudaspius* Dybowski, 1869

*Pseudaspius* Dybowski, 1869: 953.

### （610）拟赤梢鱼 *Pseudaspius leptocephalus* (Pallas, 1776)

*Cyprinus leptocephalus* Pallas, 1776: 207, 703.

*Leuciscus leptocephalus*: Günther, 1868: 242.
*Pseudaspius leptocephalus*: 杨干荣和黄宏金 (见伍献文等), 1964: 34; 任慕莲, 1981: 58; 罗云林 (见陈宜瑜等), 1998: 92-93.
**分布 (Distribution)**: 黑龙江水系. 国外分布于蒙古国和俄罗斯萨哈林岛 (库页岛).
**保护等级 (Protection class)**: 省级 (黑龙江).

## 249. 大吻鳄属 *Rhynchocypris* Günther, 1889

*Rhynchocypris* Günther, 1889: 225.
*Lagowskiella* Dybowski, 1916: 101, 106.
*Czekanowskiella* Dybowski, 1916: 102, 109.
*Moroco* Jordan *et* Hubbs, 1925: 180.

### (611) 花江大吻鳄 *Rhynchocypris czekanowskii* Dybowski, 1869

*Phoxinus czekanowskii* Dybowski, 1869: 953; Berg, 1949: 579; 杨干荣和黄宏金 (见伍献文等), 1964: 25; 解玉浩, 1987: 112; 罗云林 (见陈宜瑜等), 1998: 87.
*Rhynchocypris czekanowskii*: Kottelat, 2006: 47-48.
**别名或俗名 (Used or common name)**: 花江鳄.
**分布 (Distribution)**: 黑龙江水系, 鸭绿江和小凌河等. 国外分布于哈萨克斯坦, 蒙古国和俄罗斯.
**保护等级 (Protection class)**: 省级 (黑龙江).

### (612) 拉氏大吻鳄 *Rhynchocypris lagowskii* (Dybowski, 1869)

*Phoxinus lagowskii* Dybowski, 1869: 952; 宫地传三郎, 1940: 42; 杨干荣和黄宏金 (见伍献文等), 1964: 26; 郑葆珊等, 1980: 53; 任慕莲, 1981: 50; 丁瑞华, 1994: 142; 罗云林 (见陈宜瑜等), 1998: 85.
*Phoxinus lagowskii chorensis*: Rendahl, 1928: 58; 杨干荣和黄宏金 (见伍献文等), 1964: 27; 瞿薇芬, 1984: 26.
*Phoxinus lagowskii lagowskii*: 杨干荣和黄宏金 (见伍献文等), 1964: 26.
*Rhynchocypris czekanowskii*: Kottelat, 2006: 48-49.
**别名或俗名 (Used or common name)**: 长尾鳄, 拉氏鳄.
**分布 (Distribution)**: 黑龙江, 图们江, 辽河, 海河和黄河. 国外分布于俄罗斯和蒙古国.
**保护等级 (Protection class)**: 省 (直辖市) 级 (北京, 黑龙江).

### (613) 尖头大吻鳄 *Rhynchocypris oxycephalus* (Sauvage *et* Dabry, 1874)

*Pseudophoxius oxycephalus* Sauvage *et* Dabry, 1874: 11.
*Rhynchocypris variegatta*: Günther, 1889: 225.
*Leuciscus brandti*: Fowler, 1924: 388.
*Phoxinus lagowskii variegatus*: Rendahl, 1928: 58; 朱元鼎, 1932: 13.
*Phoxinus variegatus*: 刘基, 1984: 234.
*Phoxinus oxycephalus*: 罗云林 (见陈宜瑜等), 1998: 86-87.
**别名或俗名 (Used or common name)**: 尖头鳄.
**分布 (Distribution)**: 辽宁大凌河和赤子河, 海河, 黄河, 长江, 闽江, 钱塘江等均有分布, 珠江流域西江水系个别支流可能也有分布 (如广西猫儿山个别溪流).
**保护等级 (Protection class)**: 省 (直辖市) 级 (北京).

### (614) 湖大吻鳄 *Rhynchocypris percnurus* (Pallas, 1814)

*Cyprinus percnurus* Pallas, 1814: 299.
*Phoxinus mantschuricus percnurus*: Berg, 1907b: 204; 宫地传三郎, 1940: 43; 杨干荣和黄宏金 (见伍献文等), 1964: 24; 任慕莲, 1981: 49.
*Phoxinus percnurus*: Berg, 1949a: 574; 郑葆珊等, 1980: 52; 罗云林 (见陈宜瑜等), 1998: 80.
*Rhynchocypris percnurus*: Kottelat *et* Freyhof, 2007: 646.
**别名或俗名 (Used or common name)**: 湖鳄.
**分布 (Distribution)**: 图们江, 黑龙江水系. 国外分布于俄罗斯, 朝鲜半岛, 日本等.
**保护等级 (Protection class)**: 省级 (黑龙江).

## 250. 拟鲤属 *Rutilus* Rafinesque, 1820

*Rutilus* Rafinesque, 1820: 50.

### (615) 湖拟鲤 *Rutilus rutilus lacustris* (Pallas, 1814)

*Cyprinus lacustris* Pallas, 1814: 314.
*Rutilus rutilus lacustris*: Berg, 1949a: 499; 李思忠, 戴定远, 张世义等, 1966: 45; 李思忠等 (见中国科学院动物研究所等), 1979: 23; 罗云林 (见陈宜瑜等), 1998: 88-89.
*Rutilus rutilus aralensis*: 杨干荣和黄宏金 (见伍献文等), 1964: 12.
**分布 (Distribution)**: 新疆额尔齐斯河及博斯腾湖. 国外分布于蒙古国, 俄罗斯等.

## 251. 赤眼鳟属 *Squaliobarbus* Günther, 1868

*Squaliobarbus* Günther, 1868: 297.

### (616) 赤眼鳟 *Squaliobarbus curriculus* (Richardson, 1846)

*Leuciscus curriculus* Richardson, 1846: 299.
*Leuciscus teretiusculus*: Basilewsky, 1855: 232.
*Squaliobarbus curriculus*: Günther, 1868: 297; Tchang, 1928: 7; Chu, 1930b: 144; 林书颜, 1931: 146; Wu, 1931c: 7; Tchang, 1933b: 137; 宫地传三郎, 1940: 46; 杨干荣和黄宏金 (见伍献文等), 1964: 52; 匡溥人 (见褚新洛和陈银瑞等), 1989: 42; 罗云林 (见郑慈英等), 1989: 79; 丁瑞华, 1994: 145; 朱松泉, 1995: 31; 罗云林 (见陈宜瑜等), 1998:

105-106.
*Squaliobarbus jordani*: Evermann *et* Shaw, 1927: 107.
*Squaliobarbus caudalis*: 刘基, 1984: 241.
**分布（Distribution）**：我国东中部黑龙江至珠江各大水系均有分布. 国外分布于俄罗斯, 朝鲜半岛, 越南等.
**保护等级（Protection class）**：省（直辖市）级（北京, 甘肃, 黑龙江).

## 252. 丁鲅属 *Tinca* Cuvier, 1816

*Tinca* Cuvier, 1816: 193.

### （617）丁鲅 *Tinca tinca* (Linnaeus, 1758)

*Cyprinus tinca* Linnaeus, 1758: 321.
*Tinca tinca*: Berg, 1949a: 614; 杨干荣和黄宏金（见伍献文等), 1964: 11; 马桂珍（中国科学院动物研究所等), 1979: 22; 罗云林（见陈宜瑜等), 1998: 93-95.
**分布（Distribution）**：新疆额尔齐斯河及乌伦古河; 国内多地（长江上游, 珠江流域西江支流上游等）已有养殖, 金沙江下游天然水体中可采集到标本. 国外分布于欧洲.

## 253. 三块鱼属 *Tribolodon* Sauvage, 1883

*Tribolodon* Sauvage, 1883: 149.

### （618）三块鱼 *Tribolodon brandti* (Dybowski, 1872)

*Telestes brandti* Dybowski, 1872: 215.
*Leuciscus brandti*: 宫地传三郎, 1940: 41; 杨干荣和黄宏金（见伍献文等), 1964: 29; 郑葆珊等, 1980: 60.
*Tribolodon brandti*: Chu, 1935a: 120; 罗云林（见陈宜瑜等), 1998: 74-75.
**别名或俗名（Used or common name）**：滩头雅罗鱼, 滩头鱼.
**分布（Distribution）**：鲤形目中极少的洄游性种类, 生活于河口咸淡水区, 进入河流繁殖; 图们江和黑龙江水系. 国外分布于俄罗斯阿穆尔河及豆满江等流域, 日本和朝鲜.

### （619）珠星三块鱼 *Tribolodon hakonensis* (Günther, 1877)

*Leuciscus hakonensis* Günther, 1877: 442.
*Tribolodon hakonensis*: Okada, 1961: 482; 郑葆珊等, 1980: 63; 罗云林（见陈宜瑜等), 1998: 73-74; 董崇智, 李怀明, 牟振波等, 2001: 98.
**别名或俗名（Used or common name）**：珠星雅罗鱼.
**分布（Distribution）**：洄游性种类, 由河口咸淡水区进入河流繁殖; 图们江和绥芬河. 国外分布于日本, 朝鲜和俄罗斯.

## 三）鲌亚科 Cultrinae

## 254. 白鱼属 *Anabarilius* Cockerell, 1923

*Anabarilius* Cockerell, 1923: 531.
*Nicholsiculter* Rendahl, 1928: 118.
*Rohanus* Chu, 1935: 40.

### （620）银白鱼 *Anabarilius alburnops* (Regan, 1914)

*Barilius alburnops* Regan, 1914: 260.
*Ischikauia grahami*: Nichols, 1943, 9: 140.
*Anabarilius alburnops*: Chu, 1935a: 4; 易伯鲁和吴清江（见伍献文等), 1964: 73; 陈银瑞, 1986: 434; 陈银瑞（见褚新洛和陈银瑞等), 1989: 74; 罗云林和陈银瑞（见陈宜瑜等), 1998: 140-141.
**分布（Distribution）**：云南滇池.
**保护等级（Protection class）**：《中国濒危动物红皮书·鱼类》(濒危).

### （621）星云白鱼 *Anabarilius andersoni* (Regan, 1904)

*Barilius andersoni* Regan, 1904b: 416.
*Ischikauia andersoni*: 张春霖, 1959: 101.
*Anabarilius andersoni*: Chu, 1935a: 4; 易伯鲁和吴清江（见伍献文等), 1964: 74; 陈银瑞, 1986: 433; 陈银瑞（见褚新洛和陈银瑞等), 1989: 69; 罗云林和陈银瑞（见陈宜瑜等), 1998: 135-136.
*Anabarilius andersoni andersoni*: 陈银瑞和褚新洛, 1980: 418.
**分布（Distribution）**：云南星云湖.

### （622）短臀白鱼 *Anabarilius brevianalis* Zhou *et* Cui, 1992

*Anabarilius brevianalis* Zhou *et* Cui（周伟和崔桂华), 1992: 49.
**分布（Distribution）**：四川会东县金沙江支流鲹鱼河.

### （623）多衣河白鱼 *Anabarilius duoyiheensis* Li, Mao *et* Lu, 2002

*Anabarilius duoyiheensis* Li, Mao *et* Lu（李维贤, 卯卫宁和卢宗民), 2002: 1.
**分布（Distribution）**：南盘江支流.

### （624）路南金线白鱼 *Anabarilius goldenlineus* Li *et* Chen, 1995

*Anabarilius goldenlineus* Li *et* Chen（李维贤和陈爱玲, 见李维贤, 武德方, 陈爱玲等), 1995: 80.
**分布（Distribution）**：云南南盘江支流的巴江, 黑龙潭水库.

### （625）鱇鲼白鱼 *Anabarilius grahami* (Regan, 1908)

*Barilius grahami* Regan, 1908e: 357.
*Ischikauia grahami*: Nichols, 1943, 9: 140.
*Anabarilius grahami*: Chu, 1935a: 4; 易伯鲁和吴清江（见伍献文等), 1964: 74; 陈银瑞, 1986: 433; 陈银瑞（见褚新洛和陈银瑞等), 1989: 67; 罗云林和陈银瑞（见陈宜瑜等), 1998:

134-135.

分布（Distribution）：云南抚仙湖.

### （626）程海白鱼 *Anabarilius liui chenghaiensis* He, 1984

*Anabarilius liui chenghaiensis* He (何纪昌，见何纪昌和王重光), 1984: 105.

*Anabarilius liui*: 陈银瑞和褚新洛, 1980: 418; 陈银瑞（见褚新洛和陈银瑞等), 1989: 62.

分布（Distribution）：云南程海.

### （627）西昌白鱼 *Anabarilius liui liui* (Chang, 1944)

*Hemiculter liui* Chang, 1944: 39.

*Pseudohemiculter liui*: 易伯鲁和吴清江（见伍献文等), 1964: 80.

*Anabarilius liui*: 陈银瑞和褚新洛, 1980: 418; 陈银瑞, 1986: 432; 陈银瑞（见褚新洛和陈银瑞等), 1989: 59; 罗云林和陈银瑞（见陈宜瑜等), 1998: 125-126.

*Anabarilius liui luquanensis* 刘振华和何纪昌, 1983: 102.

*Anabarilius liui liui*: 何纪昌和王重光, 1984: 101.

别名或俗名（Used or common name）：西昌拟䱗.

分布（Distribution）：金沙江下游支流.

### （628）雅砻江白鱼 *Anabarilius liui yalongensis* Li *et* Chen, 2003

*Anabarilius liui yalongensis* Li *et* Chen (李操和陈自明), 2003: 362.

分布（Distribution）：长江上游的雅砻江下游.

### （629）宜良白鱼 *Anabarilius liui yiliangensis* He *et* Liu, 1983

*Anabarilius liui yiliangensis* He *et* Liu (何纪昌和刘振华，见刘振华和何纪昌), 1983: 102; 陈银瑞, 1986: 432; 陈银瑞 (见褚新洛和陈银瑞等), 1989: 60.

*Anabarilius liui*: 陈银瑞和褚新洛, 1980: 418.

*Anabarilius qujingensis* He (何纪昌，见何纪昌和王重光), 1984: 105.

分布（Distribution）：南盘江及其附属水体.

### （630）长尾白鱼 *Anabarilius longicaudatus* Chen, 1986

*Anabarilius longicaudatus* Chen (陈银瑞), 1986: 435; 陈银瑞 (见褚新洛和陈银瑞等), 1989: 59.

分布（Distribution）：南盘江支流.

### （631）大鳞白鱼 *Anabarilius macrolepis* Yih *et* Woo, 1964

*Anabarilius macrolepis* Yih *et* Woo (易伯鲁和吴清江，见伍献文等), 1964: 75; 陈银瑞, 1986: 433; 陈银瑞（见褚新洛和陈银瑞等), 1989: 65.

分布（Distribution）：云南的异龙湖及南盘江其他附属水体.

### （632）斑白鱼 *Anabarilius maculatus* Chen *et* Chu, 1980

*Anabarilius maculatus* Chen *et* Chu (陈银瑞和褚新洛), 1980: 418; 陈银瑞（见褚新洛和陈银瑞等), 1989: 64.

分布（Distribution）：南盘江支流及其附属水体.

### （633）少耙白鱼 *Anabarilius paucirastellus* Yue *et* He, 1988

*Anabarilius paucirastellus* Yue *et* He (乐佩琦和何纪昌), 1988: 233.

分布（Distribution）：元江水系.

### （634）多鳞白鱼 *Anabarilius polylepis* (Regan, 1904)

*Barilius polylepis* Regan, 1904c: 191.

*Anabarilius polylepis*: Chu, 1935a: 4; 易伯鲁和吴清江（见伍献文等), 1964: 73; 陈银瑞, 1986: 434; 陈银瑞（见褚新洛和陈银瑞等), 1989: 73; 罗云林和陈银瑞（见陈宜瑜等), 1998: 139-140.

分布（Distribution）：云南滇池.

### （635）杞麓白鱼 *Anabarilius qiluensis* Chen *et* Chu, 1980

*Anabarilius andersoni qiluensis* Chen *et* Chu (陈银瑞和褚新洛), 1980, 420.

*Anabarilius qiluensis*: 何纪昌和王重光, 1984: 104; 陈银瑞, 1986: 434; 陈银瑞（见褚新洛和陈银瑞等), 1989: 70; 杨君兴和陈银瑞, 1995: 42; 朱松泉, 1995: 37; 罗云林和陈银瑞 (见陈宜瑜等), 1998: 137-138.

分布（Distribution）：云南杞麓湖.

### （636）邛海白鱼 *Anabarilius qionghaiensis* Chen, 1986

*Anabarilius qionghaiensis* Chen (陈银瑞), 1986: 436; 丁瑞华, 1994: 209; 杨君兴和陈银瑞, 1995: 147; 朱松泉, 1995: 37; 罗云林和陈银瑞（见陈宜瑜等), 1998: 133.

分布（Distribution）：四川邛海.

### （637）嵩明白鱼 *Anabarilius songmingensis* Chen *et* Chu, 1980

*Anabarilius songmingensis* Chen *et* Chu (陈银瑞和褚新洛), 1980: 419; 陈银瑞, 1986: 433; 陈银瑞（见褚新洛和陈银瑞等), 1989: 66; 杨君兴和陈银瑞, 1995: 147; 朱松泉, 1995: 37; 罗云林和陈银瑞（见陈宜瑜等), 1998: 132-133.

分布（Distribution）：云南牛栏江上游，为金沙江水系下游支流.

### （638）山白鱼 *Anabarilius transmontanus* (Nichols, 1925)

*Ischikauia transmontana* Nichols, 1925g: 7.

*Rohanus transmontana*: Chu, 1935a: 40; 易伯鲁和吴清江 (见伍献文等), 1964: 71.

*Anabarilius transmontanus*: 陈银瑞和褚新洛, 1980: 418; 陈银瑞, 1986: 431; 陈银瑞 (见褚新洛和陈银瑞等), 1989: 57; 陈银瑞 (见郑慈英等), 1989: 91; 朱松泉, 1995: 36; 罗云林和陈银瑞 (见陈宜瑜等), 1998: 122-124.

**分布（Distribution）**：云南大屯湖及注入元江的文山市盘龙河局部河段.

### （639）寻甸白鱼 *Anabarilius xundianensis* He, 1984

*Anabarilius xundianensis* He (何纪昌, 见何纪昌和王重光), 1984: 106; 陈银瑞, 1986: 434; 陈银瑞 (见褚新洛和陈银瑞等), 1989: 71; 杨君兴和陈银瑞, 1995: 147; 朱松泉, 1995: 37; 罗云林和陈银瑞 (见陈宜瑜等), 1998: 138.

**分布（Distribution）**：云南寻甸县清水海, 属金沙江水系.

### （640）阳宗白鱼 *Anabarilius yangzonensis* Chen *et* Chu, 1980

*Anabarilius yangzonensis* Chen *et* Chu (陈银瑞和褚新洛), 1980: 418; 陈银瑞 (见褚新洛和陈银瑞等), 1989: 63.

**分布（Distribution）**：云南阳宗海.

## 255. 近红鲌属 *Ancherythroculter* Yih *et* Woo, 1964

*Ancherythroculter* Yih *et* Woo (易伯鲁和吴清江, 见伍献文等), 1964: 106.

### （641）高体近红鲌 *Ancherythroculter kurematsui* (Kimura, 1934)

*Chanodichthys kurematsui* Kimura, 1934: 88.

*Sinibrama wui*: Chang, 1944: 38.

*Sinibrama kurematsui*: 张春霖和刘成汉, 1957: 229.

*Ancherythroculter kurematsui*: 易伯鲁和吴清江 (见伍献文等), 1964: 109.

**分布（Distribution）**：长江上游四川境内.

### （642）大眼近红鲌 *Ancherythroculter lini* Luo, 1994

*Ancherythroculter lini* Luo (罗云林), 1994: 45.

*Culter hypselonotus*: Lin, 1934c: 621.

*Erythroculter hypselonotus*: 易伯鲁和吴清江 (见伍献文等), 1964: 105; 庄桂香, 1981: 35.

*Ancherythroculter lini*: 罗云林和陈银瑞 (见陈宜瑜等), 1998: 153.

**别名或俗名（Used or common name）**：林氏近红鲌.

**分布（Distribution）**：珠江水系.

### （643）黑尾近红鲌 *Ancherythroculter nigrocauda* Yih *et* Woo, 1964

*Ancherythroculter nigrocauda* Yih *et* Woo (易伯鲁和吴清江, 见伍献文等), 1964: 107.

**分布（Distribution）**：长江宜昌以上至四川境内.

### （644）汪氏近红鲌 *Ancherythroculter wangi* (Tchang, 1932)

*Erythroculter wangi* Tchang (张春霖), 1932b: 122.

*Ancherythroculter wangi*: 易伯鲁和吴清江 (见伍献文等), 1964: 107; 罗云林和陈银瑞 (见陈宜瑜等), 1998: 151.

**分布（Distribution）**：长江上游四川境内.

## 256. 红鳍鲌属 *Chanodichthys* Bleeker, 1860

*Chanodichthys* Bleeker, 1860: 432.

*Pseudoculter* Bleeker, 1860: 432.

*Erythroculter* Berg, 1909: 138.

### （645）达氏红鳍鲌 *Chanodichthys dabryi dabryi* (Bleeker, 1871)

*Culter dabryi* Bleeker, 1871a: 70; Wu, 1930c: 73; Miao, 1934: 163; Wang, 1935: 44.

*Erythroculter dabryi*: Nichols, 1943, 9: 144; 易伯鲁和吴清江 (见伍献文等), 1964: 101; 吴秀鸿, 1984: 291.

*Culter dabryi dabryi*: 罗云林, 1994: 47; 罗云林和陈银瑞 (见陈宜瑜等), 1998: 194.

*Chanodichthys dabryi dabryi*: 伍汉霖, 邵广昭, 赖春福等, 2012: 42.

**别名或俗名（Used or common name）**：大眼红鲌, 青梢红鲌.

**分布（Distribution）**：黑龙江到珠江的各水系均有分布. 国外分布于俄罗斯.

### （646）兴凯红鳍鲌 *Chanodichthys dabryi shinkainensis* (Yih *et* Chu, 1959)

*Erythroculter dabryi shinkainensis* Yih *et* Chu (易伯鲁和朱志荣), 1959: 179; 易伯鲁和吴清江 (见伍献文等), 1964: 102.

*Culter dabryi shinkainensis*: 罗云林, 1994: 47; 罗云林和陈银瑞 (见陈宜瑜等), 1998: 195.

*Chanodichthys dabryi shinkainensis*: 伍汉霖, 邵广昭, 赖春福等, 2012: 42.

**分布（Distribution）**：黑龙江兴凯湖.

### （647）程海红鳍鲌 *Chanodichthys mongolicus elongates* (He *et* Liu, 1980)

*Erythroculter mongolicus elongates* He *et* Liu (何纪昌和刘振华), 1980: 483; 陈银瑞 (见褚新洛和陈银瑞等), 1989: 89.

*Culter mongolicus elongates*: 罗云林, 1994: 47; 罗云林和陈银瑞 (见陈宜瑜等), 1998: 191-192.
*Chanodichthys mongolicus*: Kottelat, 2006: 29.
**分布 (Distribution)**: 云南程海.

### (648) 蒙古红鳍鲌 *Chanodichthys mongolicus mongolicus* (Basilewsky, 1855)

*Leptocephalus mongolicus* Basilewsky, 1855: 234.
*Culter rutilus*: Wu, 1930c: 72; 林书颜, 1931: 58.
*Culter mongolicus*: Chu, 1931a: 88; Tchang, 1933b: 171; Wang, 1935: 44.
*Erythroculter mongolicus*: 易伯鲁和朱志荣, 1959: 184; 易伯鲁和吴清江 (见伍献文等), 1964: 100; 庄桂香, 1981: 36.
*Culter mongolicus mongolicus*: 罗云林, 1994: 47; 罗云林和陈银瑞 (见陈宜瑜等), 1998: 189-191.
**别名或俗名 (Used or common name)**: 蒙古红鲌.
**分布 (Distribution)**: 黑龙江到珠江间各大水系均有分布. 国外分布于蒙古国, 俄罗斯和越南.
**保护等级 (Protection class)**: 省 (直辖市) 级 (黑龙江, 天津).

### (649) 邛海红鳍鲌 *Chanodichthys mongolicus qionghaiensis* (Ding, 1990)

*Erythroculter mongolicus qionghaiensis* Ding (丁瑞华), 1990: 246.
*Culter mongolicus qionghaiensis*: 罗云林, 1994: 47; 罗云林和陈银瑞 (见陈宜瑜等), 1998: 192.
**分布 (Distribution)**: 四川邛海.

### (650) 尖头红鳍鲌 *Chanodichthys oxycephalus* (Bleeker, 1871)

*Culter oxycephalus* Bleeker, 1871a: 74; 罗云林和陈银瑞 (见陈宜瑜等), 1998: 192-194.
*Erythroculter oxycephalus*: 易伯鲁和朱志荣, 1959: 187; 易伯鲁和吴清江 (见伍献文等), 1964: 103.
**别名或俗名 (Used or common name)**: 尖头红鲌.
**分布 (Distribution)**: 黑龙江及长江.
**保护等级 (Protection class)**: 省级 (陕西).

## 257. 鲌属 *Culter* Basilewsky, 1855

*Culter* Basilewsky, 1855: 236.
*Erythroculter* Berg, 1909: 236.

### (651) 翘嘴鲌 *Culter alburnus* Basilewsky, 1855

*Culter alburnus* Basilewsky, 1855: 236; 罗云林, 1994: 46; 罗云林和陈银瑞 (见陈宜瑜等), 1998: 186.
*Culter erythropterus*: Tchang, 1933b: 169.
*Culter tientsinensis*: Abbott, 1901: 489.
*Erythroculter ilishaeformis*: 易伯鲁和朱志荣, 1959: 187; 易伯鲁和吴清江 (见伍献文等), 1964: 98; 陈银瑞 (见褚新洛和陈银瑞等), 1989: 92.
*Erythroculter ilishaeformis sungariensis*: Yih *et* Chu (易伯鲁和朱志荣), 1959: 189.
**别名或俗名 (Used or common name)**: 翘嘴红鲌.
**分布 (Distribution)**: 黑龙江至珠江各大水系及台湾均有分布. 国外分布于蒙古国和俄罗斯.
**保护等级 (Protection class)**: 省 (直辖市) 级 (黑龙江, 陕西, 天津), 《台湾淡水鱼类红皮书》 (近危).

### (652) 拟尖头鲌 *Culter oxycephaloides* Kreyenberg *et* Pappenheim, 1908

*Culter oxycephaloides* Kreyenberg *et* Pappenheim, 1908: 104; 罗云林, 1994: 47; 罗云林和陈银瑞 (见陈宜瑜等), 1998: 196-197.
*Erythroculter oxycephaloides*: 易伯鲁和朱志荣, 1959: 187; 易伯鲁和吴清江 (见伍献文等), 1964: 103; 丁瑞华, 1994: 234; 朱松泉, 1995: 41.
**别名或俗名 (Used or common name)**: 拟尖头红鲌.
**分布 (Distribution)**: 长江中上游及其附属水体.

### (653) 海南鲌 *Culter recurviceps* (Richardson, 1846)

*Leuciscus recurviceps* Richardson, 1846: 295.
*Erythroculter pseudobrevicauda*: 易伯鲁和吴清江 (见伍献文等), 1964: 104; 陈银瑞 (见郑慈英等), 1989: 108; 朱松泉, 1995: 40.
*Culter recurviceps*: Wu, 1939: 116; 罗云林, 1994: 47; 罗云林和陈银瑞 (见陈宜瑜等), 1998: 188-189.
**分布 (Distribution)**: 珠江及海南岛.

## 258. 原鲌属 *Cultrichthys* Smith, 1938

*Cultrichthys* Smith, 1938: 410.

### (654) 扁体原鲌 *Cultrichthys compressocorpus* (Yih *et* Chu, 1959)

*Culter compressocorpus* 易伯鲁和朱志荣, 1959: 182; 易伯鲁和吴清江 (见伍献文等), 1964: 114.
*Cultrichthys compressocorpus*: 罗云林, 1994: 47; 罗云林和陈银瑞 (见陈宜瑜等), 1998: 183-184.
**别名或俗名 (Used or common name)**: 扁体鲌.
**分布 (Distribution)**: 黑龙江兴凯湖和镜泊湖.

### (655) 红鳍原鲌 *Cultrichthys erythropterus* (Basilewsky, 1855)

*Culter erythropterus* Basilewsky, 1855: 236; 易伯鲁和朱志荣, 1959: 180; 易伯鲁和吴清江 (见伍献文等), 1964: 113; 吴秀鸿, 1984: 280.
*Culter alburnus*: Lin, 1934c: 616.
*Cultrichthys erythropterus*: 罗云林, 1994: 47; 罗云林和陈银瑞 (见陈宜瑜等), 1998: 182-183.

**别名或俗名（Used or common name）**：红鳍鲌，翘嘴鲌，翘嘴红鲌.

**分布（Distribution）**：我国东部黑龙江至海南岛间各水系及台湾和香港等均有分布. 国外分布于俄罗斯，朝鲜半岛，越南等.

## 259. 海南䱗属 *Hainania* Koller, 1927

*Hainania* Koller, 1927: 45.

### （656）锯齿海南䱗 *Hainania serrata* Koller, 1927

*Hainania serrata* Koller, 1927: 45; 罗云林和陈银瑞（见陈宜瑜等), 1998: 180.

*Hemiculter serracanthus*: Nichols *et* Pope, 1927: 373; Tchang, 1937: 104.

**分布（Distribution）**：海南岛.

**保护等级（Protection class）**：《中国濒危动物红皮书·鱼类》(极危).

## 260. 䱗属 *Hemiculter* Bleeker, 1860

*Hemiculter* Bleeker, 1860: 432.

*Cultriculus* Oshima, 1919, 12 (2-4): 252.

*Kendallia* Evermann *et* Shaw (寿振黄), 1927: 108.

*Siniichthys* Bănărescu, 1970: 161.

### （657）贝氏䱗 *Hemiculter bleekeri* Warpachowsky, 1887

*Hemiculter bleekeri* Warpachowsky, 1887: 20; Wu, 1930b: 47; Miao, 1934: 174; 吴清江和易伯鲁, 1959: 163; 罗云林和陈银瑞（见陈宜瑜等), 1998: 167-168.

*Toxabrami argentifer*: Abbott, 1901: 484.

*Hemiculter leucisculus*: Tchang, 1928: 11; Tchang *et* Shaw, 1931a: 294.

*Hemiculter bleekeri bleekeri*: 易伯鲁和吴清江（见伍献文等), 1964: 87.

**别名或俗名（Used or common name）**：油䱗，华鱼.

**分布（Distribution）**：我国东部黑龙江，辽河，黄河，长江，闽江等均有分布.

**保护等级（Protection class）**：省级（黑龙江).

### （658）䱗 *Hemiculter leucisculus* (Basilewsky, 1855)

*Culter leucisculus* Basilewsky, 1855: 238.

*Hemiculter leucisculus*: Shaw, 1930b: 115; Wu, 1931c: 14; 林书颜, 1931: 62; 易伯鲁和吴清江（见伍献文等), 1964: 90; 庄桂香, 1981: 52; 陈银瑞（见褚新洛和陈银瑞等), 1989: 80; 罗云林（见郑慈英等), 1989: 103; 丁瑞华, 1994: 215; 朱松泉, 1995: 39; 罗云林和陈银瑞（见陈宜瑜等), 1998: 164-166.

*Cultriculus kneri*: Chu, 1930c: 331.

*Kendallia goldsboroughi*: Evermann *et* Shaw, 1927: 108.

*Hemiculter clupeoides*: Tchang, 1930a: 133.

*Hemiculter serracanthus*: Tchang, 1931: 239.

*Hemiculter varpachovskii*: Tchang, 1931: 289.

**别名或俗名（Used or common name）**：白鲦，朝鲜䱗.

**分布（Distribution）**：我国除青藏高原，西北地区无自然分布外，中东部，东南部，西南部等广泛分布. 国外分布于越南，朝鲜半岛，日本，蒙古国和俄罗斯.

### （659）兴凯䱗 *Hemiculter lucidus lucidus* (Dybowski, 1872)

*Culter lucidus* Dybowski, 1872: 214.

*Hemiculter bleekeri lucidus*: 易伯鲁和吴清江（见伍献文等), 1964: 88.

*Hemiculter lucidus lucidus*: Bănărescu, 1968a: 526; 罗云林和陈银瑞（见陈宜瑜等), 1998: 169.

**分布（Distribution）**：黑龙江兴凯湖.

### （660）张氏䱗 *Hemiculter tchangi* Fang, 1942

*Hemiculter tchangi* Fang, 1942b: 110; 罗云林和陈银瑞（见陈宜瑜等), 1998: 166-167.

*Hemiculter leuciscu1us*: Wu, 1930c: 75.

*Hemiculter nigromarginis*: 易伯鲁和吴清江（见伍献文等), 1964: 91.

**别名或俗名（Used or common name）**：黑尾䱗.

**分布（Distribution）**：长江上游.

### （661）蒙古䱗 *Hemiculter warpachovskii* Nikolsky, 1903

*Hemiculter warpachovskii* Nikolsky, 1903: 359.

*Hemiculter bleeker warpachovskii*: 易伯鲁和吴清江（见伍献文等), 1964: 89.

*Hemiculter lucidus warpachovskii*: 罗云林和陈银瑞（见陈宜瑜等), 1998: 170.

**分布（Distribution）**：呼伦湖. 国外分布于蒙古国的贝尔湖.

## 261. 半䱗属 *Hemiculterella* Warpachowsky, 1887

*Hemiculterella* Warpachowsky, 1887: 23.

*Semiculter* Chu, 1935a: 4.

### （662）大鳞半䱗 *Hemiculterella macrolepis* Chen, 1989

*Hemiculterella macrolepis* Chen (陈银瑞)（见褚新洛和陈银瑞等), 1989: 75; 罗云林和陈银瑞（见陈宜瑜等), 1998: 174-175.

**分布（Distribution）**：澜沧江支流南腊河. 国外分布于老挝.

### （663）半䱗 *Hemiculterella sauvagei* Warpachowsky, 1887

*Hemiculterella sauvagei* Warpachowsky, 1887: 23; 易伯鲁和吴清江（见伍献文等), 1964: 77; 罗云林和陈银瑞（见陈宜

瑜等), 1998: 172-173.
*Nicholsiculter rendahli*: Wu, 1930c: 74.
**别名或俗名（Used or common name）**：四川半䱗.
**分布（Distribution）**：长江上游.

### （664）伍氏半䱗 *Hemiculterella wui* (Wang, 1935)

*Nicholsiculter wui* Wang (王以康), 1935: 46.
*Anabarilius rendahli*: Wu, 1939: 116.
*Anabarilius wui*: 易伯鲁和吴清江 (见伍献文等), 1964: 72.
*Pseudohemiculter kinghwaensis*: 易伯鲁和吴清江 (见伍献文等), 1964: 81.
*Hemiculterella sauvagei*: 庄桂香, 1981: 47; 罗云林和陈银瑞 (见陈宜瑜等), 1998: 173-174.
**分布（Distribution）**：钱塘江和珠江等水系.

## 262. 大鳍鱼属 *Macrochirichthy* Bleeker, 1860

*Macrochirichthy* Bleeker, 1860: 475.

### （665）大鳍鱼 *Macrochirichthys macrochirus* (Valenciennes, 1844)

*Leuciscus macrochirus* Valenciennes, 1844: 348.
*Leuciscus uranoscopus*: Bleeker, 1851a: 14.
*Macrochirichthys macrochirus*: Weber *et* Beaufort, 1916: 54; 易伯鲁和吴清江 (见伍献文等), 1964: 92; 陈银瑞 (见褚新洛和陈银瑞等), 1989: 82; 罗云林和陈银瑞 (见陈宜瑜等), 1998: 115-116.
**分布（Distribution）**：云南澜沧江水系. 国外分布于柬埔寨, 印度尼西亚, 老挝, 马来西亚, 泰国和越南.
**保护等级（Protection class）**：《中国濒危动物红皮书·鱼类》(濒危).

## 263. 鲂属 *Megalobrama* Dybowski, 1872

*Megalobrama* Dybowski, 1872: 212.
*Parosteobrama* Tchang, 1930d: 50.

### （666）团头鲂 *Megalobrama amblycephala* Yih, 1955

*Megalobrama amblycephala* Yih (易伯鲁), 1955: 115; 易伯鲁和吴清江 (见伍献文等), 1964: 96; 罗云林和陈银瑞 (见陈宜瑜等), 1998: 205-206.
**分布（Distribution）**：长江中下游湖泊, 现区域外广泛移植.

### （667）长体鲂 *Megalobrama elongata* Huang *et* Zhang, 1986

*Megalobrama elongata* Huang *et* Zhang (黄宏金和张卫), 1986: 99.
**分布（Distribution）**：长江上游四川境内.
**保护等级（Protection class）**：省 (直辖市) 级 (重庆).

### （668）厚颌鲂 *Megalobrama pellegrini* (Tchang, 1930)

*Parosteobrama pellegrini* Tchang, 1930d: 50.
*Megalobrama terminalis*: 易伯鲁和吴清江 (见伍献文等), 1964: 94.
*Megalobrama pellegrini*: 罗云林, 1990: 164; 罗云林和陈银瑞 (见陈宜瑜等), 1998: 204.
**分布（Distribution）**：长江上游.

### （669）鲂 *Megalobrama skolkovii* Dybowski, 1872

*Megalobrama skolkovii* Dybowski, 1872: 231; 罗云林, 1990: 163; 罗云林和陈银瑞 (见陈宜瑜等), 1998: 202-204.
*Megalobrama terminalis*: Chu, 1930c: 330; 易伯鲁和吴清江 (见伍献文等), 1964: 93.
*Parosteobrama pellegrini*: Wu, 1931c: 12.
*Parabramis terminalis*: 朱元鼎, 1932: 23; Lin, 1934b: 452; Miao, 1934: 161.
**分布（Distribution）**：黑龙江至闽江间各水系. 国外分布于俄罗斯.
**保护等级（Protection class）**：省级 (黑龙江).

### （670）三角鲂 *Megalobrama terminalis* (Richardson, 1846)

*Abramis terminalis* Richardson, 1846: 294.
*Megalobrama hoffmanni*: 易伯鲁和吴清江 (见伍献文等), 1964: 95.
*Parabramis bramula*: Lin, 1934b: 451.
*Megalobrama terminalis*: 易伯鲁和吴清江 (见伍献文等), 1964: 93; 庄桂香, 1981: 41; 罗云林, 1990: 162; 罗云林和陈银瑞 (见陈宜瑜等), 1998: 200.
**别名或俗名（Used or common name）**：广东鲂.
**分布（Distribution）**：珠江及海南岛. 国外分布于越南.

## 264. 梅氏鳊属 *Metzia* Jordan *et* Thompson, 1914

*Metzia* Jordan *et* Thompson, 1914: 227.
*Rasborinus* Oshima, 1920a: 130.
**别名或俗名（Used or common name）**：细鳊属.

### （671）台湾梅氏鳊 *Metzia formosae* (Oshima, 1920)

*Rasborinus formosae* Oshima, 1920a: 131; 庄桂香, 1981: 45; 罗云林 (见郑慈英等), 1989: 87; 朱松泉, 1995: 35; 罗云林和陈银瑞 (见陈宜瑜等), 1998: 120.
*Ischikauia hainanensis*: Nichols *et* Pope, 1927: 374.
*Metzia formosae*: Gan, Lan *et* Zhang, 2009: 55; Ho *et* Shao, 2011: 30.
**别名或俗名（Used or common name）**：小细鳊, 台湾细鳊, 台湾黄鲴鱼, 海南石川鱼.
**分布（Distribution）**：钦江, 西江, 海南岛及台湾. 国外分布于越南.
**保护等级（Protection class）**：《中国濒危动物红皮书·鱼类》(易危)，台湾 III 级保护，《台湾淡水鱼类红皮书》(易危).

### （672）线纹梅氏鳊 *Metzia lineata* (Pellegrin, 1907)

*Ischikauia lineata* Pellegrin, 1907: 502.
*Rasborinus lineatus*: 易伯鲁和吴清江 (见伍献文等), 1964: 69; 陈银瑞 (见褚新洛和陈银瑞等), 1989: 54; 罗云林 (见郑慈英等), 1989: 86; 庄桂香, 1981: 46; 吴秀鸿, 1984: 294; 罗云林和陈银瑞 (见陈宜瑜等), 1998: 118-119.
*Metzia lineatus*: Chen *et* Fang, 2002: 74; Gan, Lan *et* Zhang, 2009: 55; Ho *et* Shao, 2011: 30.
**别名或俗名（Used or common name）**：线细鳊.
**分布（Distribution）**：闽江，珠江，海南岛和台湾. 国外分布于老挝和越南.

### （673）长鼻梅氏鳊 *Metzia longinasus* Gan, Lan *et* Zhang, 2009

*Metzia longinasus* Gan, Lab *et* Zhang (甘西，蓝家湖和张鹗), 2009: 56.
**别名或俗名（Used or common name）**：长鼻细鳊.
**分布（Distribution）**：广西珠江流域西江水系红水河支流.

### （674）大鳞梅氏鳊 *Metzia mesembrinum* (Jordan *et* Evermann, 1902)

*Acheilognathus mesembrinum* Jordan *et* Evermann, 1902: 323.
*Metzia mesembrinum*: Gan, Lan *et* Zhang, 2009: 55.
**别名或俗名（Used or common name）**：大鳞细鳊.
**分布（Distribution）**：台湾.
**保护等级（Protection class）**：《台湾淡水鱼类红皮书》(易危).

## 265. 鳊属 *Parabramis* Bleeker, 1864

*Parabramis* Bleeker, 1864: 21.

### （675）鳊 *Parabramis pekinensis* (Basilewsky, 1855)

*Leuciscus bramula* Valenciennes, 1844: 357.
*Abramis pekinensis* Basilewsky, 1855: 239.
*Parabramis pekinensis*: Bleeker, 1865: 22; Evermann *et* Shaw, 1927: 103; 林书颜, 1931: 47; Tchang *et* Shaw, 1931a: 293; Lin, 1934b: 449; 易伯鲁和吴清江 (见伍献文等), 1964: 116; 庄桂香, 1981: 50; 罗云林和陈银瑞 (见陈宜瑜等), 1998: 198-200.
*Parabramis bramula*: Chu, 1931a: 84; Miao, 1934: 158; Wang, 1935: 41.
*Parabramis pekinensis strenosomus*: Yiu, She *et* Yih (余志堂, 谢洪高和易伯鲁), 1959: 224.
*Parabramis liaohonensis*: Yih *et* Wu (易伯鲁和吴清江，见伍献文等), 1964: 117.
**别名或俗名（Used or common name）**：辽河鳊.
**分布（Distribution）**：黑龙江至珠江间各水系均有分布. 国外分布于俄罗斯和越南.
**保护等级（Protection class）**：省 (直辖市) 级 (北京，黑龙江).

## 266. 罗碧鱼属 *Paralaubuca* Bleeker, 1864

*Paralaubuca* Bleeker, 1864: 15.
*Cultrops* Smith, 1938: 410.

### （676）罗碧鱼 *Paralaubuca barroni* (Fowler, 1934)

*Chela barroni* Fowler, 1934c: 109.
*Paralaubuca barroni*: 易伯鲁和吴清江 (见伍献文等), 1964: 76; 陈银瑞 (见褚新洛和陈银瑞等), 1989: 51; 朱松泉, 1995: 34; 罗云林和陈银瑞 (见陈宜瑜等), 1998: 116-117.
**别名或俗名（Used or common name）**：巴氏罗碧鱼.
**分布（Distribution）**：云南澜沧江水系. 国外分布于柬埔寨，老挝和泰国.

## 267. 须鳊属 *Pogobrama* Luo, 1995

*Pogobrama* Luo (罗云林), 1995: 封 3.

### （677）须鳊 *Pogobrama barbatula* (Luo *et* Huang, 1985)

*Sinibrama barbatula* Luo *et* Hang (罗云林和黄宏金，见罗云林，陈宜瑜和黄宏金), 1985: 280.
*Pogobrama barbatula*: 罗云林和陈银瑞 (见陈宜瑜等), 1998: 148.
**别名或俗名（Used or common name）**：须华鳊.
**分布（Distribution）**：广西钦江.
**保护等级（Protection class）**：《中国濒危动物红皮书·鱼类》(极危).

## 268. 拟鳘属 *Pseudohemiculter* Nichols *et* Pope, 1927

*Pseudohemiculter* Nichols *et* Pope, 1927: 372.

### （678）南方拟鳘 *Pseudohemiculter dispar* (Peters, 1880)

*Hemiculter dispar* Peters, 1880: 1035; Wu, 1939: 116.
*Pseudohemiculter dispar*: 易伯鲁和吴清江 (见伍献文等), 1964: 79; 庄桂香, 1981: 39; 陈银瑞 (见褚新洛和陈银瑞等), 1989: 77; 陈银瑞 (见郑慈英等), 1989: 99; 朱松泉, 1995: 38; 罗云林和陈银瑞 (见陈宜瑜等), 1998: 176.
**分布（Distribution）**：珠江水系. 国外分布于老挝和越南.

### （679）海南拟鳘 *Pseudohemiculter hainanensis* (Boulenger, 1899)

*Barilius hainanensis* Boulenger, 1899: 961.

*Hemiculter* (*Pseudohemiculter*) *hainanensis*: Nichols *et* Pope, 1927: 372.
*Hemiculter hunanensis*: Tchang, 1930a: 134.
*Hemiculter kinghwaensis*: Wang, 1935: 48.
*Pseudohemiculter kinghwaensis*: 庄桂香, 1981: 40; 罗云林和陈银瑞 (见陈宜瑜等), 1998: 177-178.
**分布 (Distribution)**: 长江中游及长江以南至元江各水系. 国外分布于越南.

### (680) 贵州拟鳌 *Pseudohemiculter kweichowensis* (Tang, 1942)

*Hemiculter kweichowensis* Tang, 1942: 161.
*Pseudohemiculter kweichowensis*: 罗云林和陈银瑞 (见陈宜瑜等), 1998: 179.
**分布 (Distribution)**: 仅记录于贵阳.

## 269. 飘鱼属 *Pseudolaubuca* Bleeker, 1865

*Pseudolaubuca* Bleeker, 1865: 28.

### (681) 寡鳞飘鱼 *Pseudolaubuca engraulis* (Nichols, 1925)

*Hemiculterella engraulis* Nichols, 1925f: 7.
*Pseudolaubuca shawi* Tchang, 1930a: 147.
*Pseudolaubuca setchuanensis*: Tchang, 1930a: 147; 陈银瑞 (见褚新洛和陈银瑞等), 1989: 50.
*Parapelecus oligolepis*: Wu *et* Wang, 1931a: 222.
*Pseudolaubuca engraulis*: 庄桂香, 1981: 50; 吴秀鸿, 1984: 283.
*Hemiculterella kaifenensis* Tchang, 1932: 212.
*Parapelecus engraulis*: Chang, 1944: 40; 易伯鲁和吴清江 (见伍献文等), 1964: 83; 罗云林和陈银瑞 (见陈宜瑜等), 1998: 157-158.
**别名或俗名 (Used or common name)**: 开封半鳌.
**分布 (Distribution)**: 黄河, 长江, 九龙江和珠江.

### (682) 飘鱼 *Pseudolaubuca sinensis* Bleeker, 1864

*Pseudolaubuca sinensis* Bleeker, 1864: 29; 庄桂香, 1981: 49; 吴秀鸿, 1984: 282; 陈银瑞 (见褚新洛和陈银瑞等), 1989: 48; 罗云林和陈银瑞 (见陈宜瑜等), 1998: 156.
*Parapelecus argenteus*: Günther, 1889: 227; Chu, 1930c: 333; Tchang, 1930a: 144; Lin, 1934c: 630; 易伯鲁和吴清江 (见伍献文等), 1964: 82.
*Parapelecus machaerius*: Abbott, 1901: 488; Tchang, 1930a: 144; Miao, 1934: 168.
*Parapelecus fukiensis*: Tchang, 1930a: 148; Wu, 1931: 436; Wang, 1935: 45.
*Parapelecus nicholsi*: Tchang, 1930a: 145.
*Parapelecus tungchowensis* Tchang, 1932a: 121.
**别名或俗名 (Used or common name)**: 银飘鱼.
**分布 (Distribution)**: 辽河, 海河, 长江, 钱塘江, 韩江, 珠江, 闽江和元江等水系. 国外分布于越南.

## 270. 华鳊属 *Sinibrama* Wu, 1939

*Sinibrama* Wu (伍献文), 1939: 115.

### (683) 长臀华鳊 *Sinibrama longianalis* Xie, Xie *et* Zhang, 2003

*Sinibrama longianalis* Xie, Xie *et* Zhang, 2003: 403.
**别名或俗名 (Used or common name)**: 长鳍华鳊.
**分布 (Distribution)**: 长江上游贵州境内.

### (684) 大眼华鳊 *Sinibrama macrops* (Günther, 1868)

*Chanodichthys macrops* Günther, 1868: 326.
*Chanodichthys wui*: Lin, 1932c: 516.
*Sinibrama wui*: Wu, 1939: 114.
*Sinibrama wui typus*: 易伯鲁和吴清江 (见伍献文等), 1964: 109.
*Sinibrama wui polylepis*: 易伯鲁和吴清江 (见伍献文等), 1964: 110.
*Sinibrama macrops*: 庄桂香, 1981: 44; 罗云林和陈银瑞 (见陈宜瑜等), 1998: 144.
**别名或俗名 (Used or common name)**: 大眼鲂.
**分布 (Distribution)**: 珠江流域西江水系及台湾.
**保护等级 (Protection class)**: 《台湾淡水鱼类红皮书》(近危).

### (685) 海南华鳊 *Sinibrama melrosei* (Nichols *et* Pope, 1927)

*Megalobrama melrosei* Nichols *et* Pope, 1927: 369.
*Sinibrama melrosei*: 易伯鲁和吴清江 (见伍献文等), 1964: 111; 陈银瑞 (见褚新洛和陈银瑞等), 1989: 53; 罗云林 (见郑慈英等), 1989: 88; 朱松泉, 1995: 35; 罗云林和陈银瑞 (见陈宜瑜等), 1998: 145.
**分布 (Distribution)**: 珠江, 韩江及海南岛各水系. 国外分布于老挝和越南.

### (686) 四川华鳊 *Sinibrama taeniatus* (Nichols, 1941)

*Rasborinus taeniatus* Nichols, 1941: 2.
*Sinibrama changi*: Chang (张孝威), 1944: 39; 易伯鲁和吴清江 (见伍献文等), 1964: 110; 丁瑞华, 1994: 199; 朱松泉, 1995: 35; 罗云林和陈银瑞 (见陈宜瑜等), 1998: 146-148.
**分布 (Distribution)**: 长江上游四川境内.

### (687) 伍氏华鳊 *Sinibrama wui* (Rendahl, 1932)

*Chanodichthys wui* Rendahl, 1932: 105.
*Megalobrama macrops*: Wu, 1931c: 13.
*Parabramis macrops*: Wang, 1935: 42.

*Sinibrama macrops*: 易伯鲁和吴清江 (见伍献文等), 1964: 111.
*Sinibrama wui*: 罗云林和陈银瑞 (见陈宜瑜等), 1998: 142.
**分布（Distribution）**：长江, 钱塘江, 灵江, 瓯江和闽江.

## 271. 似鲚属 *Toxabramis* Günther, 1873

*Toxabramis* Günther, 1873a: 249.

### （688）小似鲚 *Toxabramis hoffmanni* Lin, 1934

*Toxabramis hoffmanni* Lin, 1934b: 440; 罗云林和陈银瑞 (见陈宜瑜等), 1998: 162-163.
**分布（Distribution）**：广西梧州.

### （689）海南似鲚 *Toxabramis houdemeri* Pellegrin, 1932

*Toxabramis houdemeri* Pellegrin, 1932: 156; 易伯鲁和吴清江 (见伍献文等), 1964: 85; 庄桂香, 1981: 54; 陈银瑞 (见褚新洛和陈银瑞等), 1989: 85; 罗云林 (见郑慈英等), 1989: 101; 朱松泉, 1995: 39; 罗云林和陈银瑞 (见陈宜瑜等), 1998: 161.
**分布（Distribution）**：珠江水系及海南岛. 国外分布于越南.

### （690）似鲚 *Toxabramis swinhonis* Günther, 1873

*Toxabramis swinhonis* Günther, 1873a: 250; Chu, 1930c: 334; Wang, 1935: 49; 易伯鲁和吴清江 (见伍献文等), 1964: 84; 吴秀鸿, 1984: 276; 王鸿媛, 1984: 47; 陈银瑞 (见褚新洛和陈银瑞等), 1989: 84; 朱松泉, 1995: 39; 罗云林和陈银瑞 (见陈宜瑜等), 1998: 159.
*Toxabramis paiyangtieni*: Mori, 1941: 182.
**分布（Distribution）**：黄河, 长江, 钱塘江及东南沿海水系等.

# 四）鲴亚科 Xenocyprinae

## 272. 圆吻鲴属 *Distoechodon* Peters, 1880

*Distoechodon* Peters, 1880: 921.

### （691）扁圆吻鲴 *Distoechodon compressus* (Nichols, 1925)

*Xenocypris compressus* Nichols, 1925: 6.
*Xenocypris* (*Distoechodon*) *compressus*: Nichols, 1928: 24; Nichols, 1943, 9: 124.
*Distoechodon compressus*: 杨干荣 (见伍献文等), 1964: 131; 连珍水, 1984: 254; Zhao, Kullander, Kullander *et al.* (赵亚辉, 方芳, Kullander 等), 2009a: 31.
*Xenocypris* (*Distoechodon*) *tumirostris compressus*: Bănărescu, 1970: 400.
*Distoechodon tumirostris*: 连珍水, 1984: 253; Shen *et* Tzeng, 1993: 141.
**分布（Distribution）**：浙江, 福建, 江苏, 台湾等.
**保护等级（Protection class）**：《台湾淡水鱼类红皮书》(近危).

### （692）大眼圆吻鲴 *Distoechodon macrophthalmus* Zhao, Kullander, Kullander *et* Zhang, 2009

*Distoechodon macrophthalmus* Zhao, Kullander, Kullander *et* Zhang (赵亚辉, 方芳, Kullander 和张春光), 2009: 31.
**分布（Distribution）**：云南程海.

### （693）圆吻鲴 *Distoechodon tumirostris* Peters, 1880

*Distoechodon tumirostris* Peters, 1880: 926; Wu *et* Wang, 1931a: 225; Tchang, 1933b: 109; Liang, 1946: 10; 杨干荣 (见伍献文等), 1964: 13; 湖北省水生生物研究所鱼类研究室, 1976: 128; 黄桂轩 (见郑葆珊), 1981: 56; 陈银瑞 (见褚新洛和陈银瑞等), 1989: 96; 许涛清 (见陕西省动物研究所等), 1987: 65; 丁瑞华, 1994: 163; 刘焕章和何名巨 (见陈宜瑜等), 1998: 221: 陈义雄和方力行, 1999: 72.
*Xenocypris tumirostris*: Nichols, 1928: 24; Wang, 1935: 24.
*Distoechodon compressus*: 杨干荣 (见伍献文等), 1964: 13; 连珍水, 1984: 254.
*Xenocypris* (*Distoechodon*) *tumirostris multispinnis*: Bănărescu, 1970: 401.
**分布（Distribution）**：我国中东部黄河至珠江间及东南沿海各溪流, 包括云南程海, 台湾.

## 273. 似鳊属 *Pseudobrama* Bleeker, 1871

*Pseudobrama* Bleeker, 1871a: 60.

### （694）似鳊 *Pseudobrama simoni* (Bleeker, 1864)

*Acanthobrama simoni* Bleeker, 1864: 25; Tchang, 1933b: 106; Nichols, 1943, 9: 125; 杨干荣 (见伍献文等), 1964: 123; 湖北省水生生物研究所鱼类研究室, 1976: 129.
*Culticula emmelas*: Abbott, 1901: 485; Evermann *et* Shaw, 1927: 107; Shaw, 1930a: 176; Tchang, 1930a: 106; Tchang *et* Shaw, 1931a: 293.
*Pseudobrama simoni*: 许涛清 (见陕西省动物研究所等), 1987: 66; 刘焕章和何名巨 (见陈宜瑜等), 1998: 223.
**别名或俗名（Used or common name）**：刺鳊.
**分布（Distribution）**：海河, 黄河, 长江等.

## 274. 似鲴属 *Xenocyprioides* Chen, 1982

*Xenocyprioides* Chen (陈宜瑜), 1982a: 425.

### （695）棱似鲴 *Xenocyprioides carinatus* Chen *et* Huang, 1985

*Xenocyprioides carinatus* Chen *et* Huang (陈宜瑜和黄宏金), 1985: 281; 朱松泉, 1995: 43; 刘焕章和何名巨 (见陈宜瑜

等), 1998: 210.

**分布（Distribution）**：广西龙州县附近的小水体，属珠江水系.

### （696）小似鲴 *Xenocyprioides parvulus* Chen, 1982

*Xenocyprioides parvulus* Chen (陈宜瑜), 1982a: 425; 朱松泉, 1995: 43; 刘焕章和何名巨 (见陈宜瑜等), 1998: 209.

**分布（Distribution）**：广西钦州附近的小水体.

**保护等级（Protection class）**：《中国濒危动物红皮书·鱼类》(极危).

## 275. 鲴属 *Xenocypris* Günther, 1868

*Xenocypris* Günther, 1868: 205.

### （697）银鲴 *Xenocypris argentea* Günther, 1868

*Xenocypris argentea* Günther, 1868: 205; Tchang, 1930a: 101; Wu, 1931c: 23; Wu *et* Wang, 1931a: 224; 林书颜, 1931: 9; Wu, 1939: 114; 杨干荣 (见伍献文等), 1964: 122; 湖北省水生生物研究所鱼类研究室, 1976: 133; 黄桂轩, 1981: 58; 任慕莲, 1981: 60; 王鸿媛, 1984: 58; 陈敬平, 1986: 54; 许涛清 (见陕西省动物研究所等), 1987: 61; 解玉浩, 1987: 133; 陈银瑞和李再云 (见褚新洛和陈银瑞等), 1989: 93; 何名巨 (见郑慈英等), 1989: 112; 丁瑞华, 1994: 153; 刘焕章和何名巨 (见陈宜瑜等), 1998: 211; Zhao, Kullander, Kullander *et al.* (赵亚辉, 方芳, Kullander 等), 2009a: 32.

*Leuciscus argenteus* Basilewsky, 1855: 232.

*Xenocypris macrolepis*: Bleeker, 1871a: 53; Tchang, 1928: 15; Tchang *et* Shaw, 1931a: 292.

*Xenocypris sungariensis*: Berg, 1907: 418; Tchang, 1930a: 103.

*Xenocypris nitidus*: Garman, 1912: 117; Tchang *et* Shaw, 1931a: 294; Fu, 1934: 68.

*Xenocypris nankinensis*: Tchang, 1930a: 102.

*Xenocypris katinensis*: Tchang, 1930a: 104.

*Xenocypris argentea fani*: Tchang *et* Shaw, 1931a: 291.

**别名或俗名（Used or common name）**：大鳞鲴.

**分布（Distribution）**：黑龙江至珠江间及海南岛均有分布. 国外分布于俄罗斯和越南.

**保护等级（Protection class）**：省级 (黑龙江).

### （698）黄尾鲴 *Xenocypris davidi* Bleeker, 1871

*Xenocypris davidi* Bleeker, 1871a: 56; 杨干荣 (见伍献文等), 1964: 124; 湖北省水生生物研究所鱼类研究室, 1976: 131; 黄桂轩, 1981: 59; 王鸿媛 (见罗云林, 陈宜瑜和黄宏金), 1984: 280; 陈敬平, 1986: 53; 何名巨 (见郑慈英等), 1989: 113; 丁瑞华, 1994: 155; Zhao, Kullander, Kullander *et al.* (赵亚辉, 方芳, Kullander 等), 2009a: 43.

*Xenocypris insularis* Nichols *et* Pope, 1927: 363.

**分布（Distribution）**：长江，珠江，海南岛及东南沿海各支流. 国外分布于越南等.

### （699）方氏鲴 *Xenocypris fangi* Tchang, 1930

*Xenocypris fangi* Tchang (张春霖), 1930c: 92; 杨干荣 (见伍献文等), 1964: 126; 湖北省水生生物研究所鱼类研究室, 1976: 131; 许涛清 (见陕西省动物研究所等), 1987: 63; 刘焕章和何名巨 (见陈宜瑜等), 1998: 216.

*Xenocypris setchuanensis*: Tchang, 1930a: 105; 杨干荣 (见伍献文等), 1964: 125; 丁瑞华, 1994: 159-161.

**别名或俗名（Used or common name）**：四川鲴, 宜宾鲴.

**分布（Distribution）**：长江上游.

### （700）湖北鲴 *Xenocypris hupeinensis* (Yih, 1964)

*Distoechodon hupeinensis* Yih (易伯鲁) (见伍献文等), 1964: 129; 湖北省水生生物研究所鱼类研究室, 1976: 128; 杨干荣, 1987: 70; 丁瑞华, 1994: 163-165; 成庆泰和周才武, 1997: 136; 刘焕章和何名巨 (见陈宜瑜等), 1998: 220.

*Xenocypris hupeinensis*: Zhao, Kullander, Kullander *et al.* (赵亚辉, 方芳, Kullander 等), 2009: 31; 伍汉霖, 邵广昭, 赖春福等, 2012: 64.

**分布（Distribution）**：长江中游湖泊.

### （701）细鳞鲴 *Xenocypris microlepis* Bleeker, 1871

*Xenocypris microlepis* Bleeker, 1871a: 58; Wang, 1935: 25; 许涛清 (见陕西省动物研究所等), 1987: 64; 何名巨 (见郑慈英等), 1989: 114; 丁瑞华, 1994: 161-163; 成庆泰和周才武, 1997: 134; 刘焕章和何名巨 (见陈宜瑜等), 1998: 218.

*Plagiognathops microlepis*: Berg, 1914: 416; 杨干荣 (见伍献文等), 1964: 127; 湖北省水生生物研究所鱼类研究室, 1976: 130; 黄桂轩, 1981: 57; 任慕莲, 1981: 62; 杨干荣, 1987: 69.

**别名或俗名（Used or common name）**：细鳞斜颌鲴.

**分布（Distribution）**：我国黑龙江至珠江间各水系. 国外分布于俄罗斯.

**保护等级（Protection class）**：省级 (黑龙江).

### （702）云南鲴 *Xenocypris yunnanensis* Nichols, 1925

*Xenocypris yunnanensis* Nichols, 1925g: 6; 成庆泰, 1958: 158; 杨干荣 (见伍献文等), 1964: 126; 陈银瑞和李再云 (见褚新洛和陈银瑞等), 1989: 95; 丁瑞华, 1994: 158; 刘焕章和何名巨 (见陈宜瑜等), 1998: 217.

**分布（Distribution）**：长江上游及云南滇池.

**保护等级（Protection class）**：《中国濒危动物红皮书·鱼类》(濒危).

# 五）鲢亚科 Hypophthalmichthyinae

## 276. 鳙属 *Aristichthys* Oshima, 1919

*Aristichthys* Oshima, 1919, 12 (2-4): 246.

**（703）鳙 *Aristichthys nobilis* (Richardson, 1845)**

*Leuciscus nobilis* Richardson, 1845: 140.

*Hypophthalmichthys nobilis*: Tchang, 1928: 12; 张春霖, 1959: 111.

*Aristichthys nobilis*: Oshima, 1919, 12 (2-4): 246; Lin, 1931: 65; Lin, 1934: 232; 张春霖, 1959: 110; 杨干荣 (见伍献文等), 1964: 223; 龚启光, 1981: 148; 任慕莲, 1981: 137; 方树森 (见陕西省动物研究所等), 1987: 68; 曹文宣 (见郑慈英等), 1989: 116; 陈银瑞和李再云 (见褚新洛和陈银瑞等), 1989: 98; 陈宜瑜等, 1998: 226-228.

**别名或俗名（Used or common name）**：花鲢，胖头.

**分布（Distribution）**：我国中东部海河至珠江间及海南岛江河，湖泊中广泛分布，黄河以北数量较少，东北和西北地区为人工养殖迁入的种群.

**保护等级（Protection class）**：省级 (黑龙江).

## 277. 鲢属 *Hypophthalmichthys* Bleeker, 1860

*Hypophthalmichthys* Bleeker, 1860: 405.

**（704）大鳞鲢 *Hypophthalmichthys harmandi* Sauvage, 1884**

*Hypophthalmichthys harmandi* Sauvage, 1884: 212; 杨干荣 (见伍献文等), 1964: 226; 陈敬平, 1986: 59; 朱松泉, 1995: 101; 陈炜 (见陈宜瑜等), 1998: 231.

**分布（Distribution）**：海南岛南渡江. 国外分布于越南.

**（705）鲢 *Hypophthalmichthys molitrix* (Valenciennes, 1844)**

*Leuciscus molitrix* Valenciennes, 1844: 360.

*Leuciscus hypophthalmus*: Richardson, 1845: 139.

*Cephalus mantschuricus*: Basilewsky, 1855: 235.

*Hypophthalmichthys molitrix*: Bleeker, 1860: 283; Wu, 1929: 46; Tchang *et* Shaw, 1931a: 291; Lin, 1932b: 65; Lin, 1934: 231; Tchang, 1941: 82; Nichols, 1943, 9: 130; 张春霖, 1959: 109; 杨干荣 (见伍献文等), 1964: 225; 龚启光, 1981: 149; 任慕莲, 1981: 134; 王鸿媛, 1984: 72; 连珍水, 1984: 258; 杨干荣, 1987: 132; 方树森 (见陕西省动物研究所等), 1987: 69; 颜春娟, 1987: 185; 曹文宣 (见郑慈英等), 1989: 117; 赵执桴 (见伍律), 1989: 80; 陈敬平, 1991: 58; 毛节荣和徐寿山, 1991: 85; 丁瑞华, 1994: 170; 朱松泉, 1995: 101; 陈炜 (见陈宜瑜等), 1998: 228-231.

**别名或俗名（Used or common name）**：白鲢.

**分布（Distribution）**：我国东部黑龙江至珠江间及海南岛江河，湖泊均有分布. 国外自然分布于东亚东部，现广泛移植到世界其他地区.

**保护等级（Protection class）**：省级 (黑龙江).

# 六）鱊亚科 Acheilognathinae

## 278. 鱊属 *Acheilognathus* Bleeker, 1860

*Acheilognathus* Bleeker, 1860: 251.

**（706）短须鱊*Acheilognathus barbatulus* Günther, 1873**

*Acheilognathus barbatulus* Günther, 1873a: 248; 林书颜, 1931: 158; Wu, 1930c: 78; 陈银瑞和李再云 (见褚新洛和陈银瑞等), 1989: 131; 林人端 (见陈宜瑜等), 1998: 425.

*Acheilognathus argenteus*: Wu, 1939: 118.

*Acanthorhodeus barbatulus*: 吴清江 (见伍献文等), 1964: 214.

*Acheilognathus peihoensis*: 吴清江 (见伍献文等), 1964: 215.

**分布（Distribution）**：黄河，长江，珠江和澜沧江等水系. 国外分布于老挝和越南.

**（707）须鱊 *Acheilognathus barbatus* Nichols, 1926**

*Acheilognathus barbatus* Nichols, 1926a: 5; Tchang, 1930a: 116; Nichols, 1943, 9: 157; 吴清江 (见伍献文等), 1964: 208; 林人端 (见陈宜瑜等), 1998: 423.

*Acanthorhodeus barbatus*: 林书颜, 1931: 164.

**分布（Distribution）**：长江和闽江等水系.

**（708）长汀鱊 *Acheilognathus changtingensis* Yang, Zhu, Xiong *et* Liu, 2011**

*Acheilognathus changtingensis* Yang, Zhu, Xiong *et al.*, 2011: 158.

**分布（Distribution）**：福建长汀县的韩江.

**（709）兴凯鱊 *Acheilognathus chankaensis* (Dybowski, 1872)**

*Devario chankaensis* Dybowski, 1872: 212.

*Acanthorhodeus atranalis*: Günther, 1873a: 248; Rendahl, 1928: 147; Mori, 1928: 67; Nichols, 1928: 32; Tchang, 1930a: 114; 朱元鼎, 1932: 30; Tchang, 1933b: 150; Miao, 1934: 185; Herre *et* Lin, 1936: 17; Nichols, 1943, 9: 160; 张春霖, 1959: 24.

*Acanthorhodeus wangi*: Tchang, 1930a: 115.

*Acanthorhodeus chankaensis*: 吴清江 (见伍献文等), 1964: 215.

*Acheilognathus chankaensis*: 林人端 (见陈宜瑜等), 1998: 434.

**分布（Distribution）**：黑龙江至珠江间广泛分布. 国外分布于朝鲜半岛和俄罗斯.

**保护等级（Protection class）**：省级 (黑龙江).

**（710）长身鱊 *Acheilognathus elongatus* (Regan, 1908)**

*Acanthorhodeus elongatus* Regan, 1908c: 356; 吴清江 (见伍献文等), 1964: 217.

*Acheilognathus elongatus brevicaudatus*: 陈银瑞和李再云, 1987: 62.

*Acheilognathus elongatus*: 陈银瑞和李再云 (见褚新洛和陈银瑞等), 1989: 134.

*Acheilognathus elongatus elongatus*: 林人端 (见陈宜瑜等), 1998: 435.

**分布 (Distribution)**: 长江上游金沙江 (包括滇池).

### (711) 无须鱊 *Acheilognathus gracilis* Nichols, 1926

*Acheilognathus gracilis* Nichols, 1926a: 5; Nichols, 1928: 31; 吴清江 (见伍献文等), 1964: 207; 杨干荣, 1987: 76; 丁瑞华, 1994: 185; 林人端 (见陈宜瑜等), 1998: 417.

*Acheilognathus gracilis luchowensis*: Wu, 1930c: 79.

**分布 (Distribution)**: 长江水系.

### (712) 寡鳞鱊 *Acheilognathus hypselonotus* (Bleeker, 1871)

*Acanthorhodeus hypselonotus* Bleeker, 1871a: 43; Berg, 1907a: 163; Rendahl, 1928: 148; 吴清江 (见伍献文等), 1964: 218.

*Acheilognathus hypselonotus*: 丁瑞华, 1994: 184; 林人端 (见陈宜瑜等), 1998: 432-433.

**分布 (Distribution)**: 长江中下游.

### (713) 缺须鱊 *Acheilognathus imberbis* Günther, 1868

*Acheilognathus imberbis* Günther, 1868: 278; 倪勇和伍汉霖, 2006: 360; 伍汉霖, 邵广昭, 赖春福等, 2012: 36.

*Paracheilognathus imberbis*: Berg, 1907: 163; Nichols, 1928: 31; Shaw, 1930a: 165; Tchang, 1930a: 111; 林书颜, 1931: 159; Nichols, 1943, 9: 154; 吴清江 (见伍献文等), 1964: 209; 杨干荣, 1987: 76; 成庆泰和周才武, 1997: 150; 林人端 (见陈宜瑜等), 1998: 442-444.

**别名或俗名 (Used or common name)**: 采副鱊.

**分布 (Distribution)**: 黄河和长江各水系.

### (714) 大鳍鱊 *Acheilognathus macropterus* (Bleeker, 1871)

*Acanthorhodeus macropterus* Bleeker, 1871: 39; Tchang, 1932a: 109; Tchang, 1933b: 149; 张春霖, 1959: 25; 吴清江 (见伍献文等), 1964: 212; 湖北省水生生物研究所鱼类研究室, 1976: 136; 黄桂轩, 1981: 61; 伍汉霖和沈根媛 (见朱元鼎), 1984: 269; 杨干荣, 1987: 77; 潘炯华等, 1991: 133.

*Acanthorhodeus taenianalis*: Günther, 1873a: 247; Berg, 1907: 163; Rendahl, 1928: 147; Nichols, 1928: 32; Tchang, 1928: 21; Shaw, 1930a: 165; 林书颜, 1931: 165; Tchang, 1933b: 152; Nichols, 1943, 9: 160; 张春霖, 1959: 25; 吴清江 (见伍献文等), 1964: 217; 湖北省水生生物研究所鱼类研究室, 1976: 138; 黄桂轩, 1981: 62; 伍汉霖和沈根媛 (见朱元鼎), 1984: 272; 杨干荣, 1987: 79; 陕西省动物研究所等, 1987: 79; 成庆泰和周才武, 1997: 147.

*Acanthorhodeus ngowyangi*: Tchang, 1930a: 115.

*Acanthorhodeus tonkiennsis*: Fang, 1942a: 167.

*Acheilognathus macropterus*: 林人端 (见郑慈英等), 1989: 159-160; 林人端 (见陈宜瑜等), 1998: 420; 朱瑜 (见周解和张春光), 2006: 243.

**分布 (Distribution)**: 黑龙江至珠江间及海南岛各水系广泛分布. 国外分布于朝鲜, 俄罗斯, 越南等.

**保护等级 (Protection class)**: 省级 (黑龙江).

### (715) 广西鱊 *Acheilognathus meridianus* (Wu, 1939)

*Paracheilognathus meridianus* Wu, 1939: 177; 吴清江 (见伍献文等), 1964: 210; 黄桂轩, 1981: 64; 赵执桴 (见伍律), 1989: 125; 林人端 (见郑慈英等), 1989: 164; 朱瑜 (见周解和张春光), 2006: 248.

**别名或俗名 (Used or common name)**: 广西副鱊.

**分布 (Distribution)**: 珠江水系.

### (716) 南充鱊 *Acheilognathus nanchongensis* (Deng, 1996)

*Paracheilognathus nanchongensis* Deng (邓其祥), 1996: 19.

**别名或俗名 (Used or common name)**: 南充副鱊.

**分布 (Distribution)**: 四川合川区南充河.

### (717) 峨眉鱊 *Acheilognathus omeiensis* (Shih *et* Tchang, 1934)

*Acanthorhodeus omeiensis* Shih *et* Tchang [施怀仁 (施白南) 和张春霖], 1934: 8; 吴清江 (见伍献文等), 1964: 216.

*Acheilognathus omeiensis*: 丁瑞华, 1994: 181; 林人端 (见陈宜瑜等), 1998: 422.

**分布 (Distribution)**: 长江上游.

### (718) 多鳞鱊 *Acheilognathus polylepis* (Woo, 1964)

*Acanthorhodeus polylepis* Woo (吴清江, 见伍献文等), 1964: 219.

*Acheilognathus polylepis*: 林人端 (见陈宜瑜等), 1998: 427.

**分布 (Distribution)**: 长江中下游及韩江.

### (719) 条纹鱊 *Acheilognathus striatus* Yang, Xiong, Tang *et* Liu, 2010

*Acheilognathus striatus* Yang, Xiong, Tang *et* Liu, 2010, *In*: Yang, Xiong *et* Tang, 2010: 333.

**分布 (Distribution)**: 江西婺源县长江下游.

### (720) 巨口鱊 *Acheilognathus tabira* Jordan *et* Thompson, 1914

*Acheilognathus tabira* Jordan *et* Thompson, 1914: 220; 林人端 (见陈宜瑜等), 1998: 430.

*Acanthorhodeus tabiro*: 吴清江 (见伍献文等), 1964: 218.

**分布 (Distribution)**: 长江水系.

### （721）越南鱊 *Acheilognathus tonkinensis* (Vaillant, 1892)

*Acanthorhodeus tonkinensis* Vaillant, 1892: 127; Berg, 1907a: 163; Nichols *et* Pope, 1927: 378; Nichols, 1928: 32; Tchang, 1930a: 113; Wu, 1939: 118; 吴清江（见伍献文等）, 1964: 213; 陈银瑞和李再云（见褚新洛和陈银瑞等）, 1989: 130.

*Acanthorhodeus robustus*: Holcik, 1972: 181.

*Acheilognathus tonkinensis*: 林人端（见陈宜瑜等）, 1998: 428.

*Acanthorhodeus tonkinensislamensis*: Nguyen, *In*: Nguyen *et* Ngo, 2001: 249.

**分布（Distribution）：**黄河, 淮河, 长江, 瓯江, 闽江, 珠江, 元江及海南岛等. 国外分布于老挝和越南.

## 279. 鳑鲏属 *Rhodeus* Agassiz, 1835

*Rhodeus* Agassiz, 1835: 37.

### （722）白边鳑鲏 *Rhodeus albomarginatus* Li *et* Arai, 2014

*Rhodeus albomarginatus* Li *et* Arai, 2014: 165.

**分布（Distribution）：**安徽阊江, 流入鄱阳湖的一条支流, 属长江水系.

### （723）暗色鳑鲏 *Rhodeus atremius* (Jordan *et* Thompson, 1914)

*Acanthorhodeus atremius* Jordan *et* Thompson, 1914: 227.

**分布（Distribution）：**浙江奉化区附近河川.

### （724）方氏鳑鲏 *Rhodeus fangi* (Miao, 1934)

*Pararhodeus fangi* Miao, 1934: 180; 吴清江（见伍献文等）, 1964: 205.

*Rhodeus fangi*: 林人端（见陈宜瑜等）, 1998: 451; 朱瑜（见周解和张春光）, 2006: 253; 倪勇和伍汉霖, 2006: 367.

**分布（Distribution）：**黑龙江, 黄河, 长江和珠江等水系. 国外分布于俄罗斯, 越南等.

### （725）原田鳑鲏 *Rhodeus haradai* Arai, Suzuki *et* Shen, 1990

*Rhodeus haradai* Arai, Suzuki *et* Shen, 1990: 141.

**分布（Distribution）：**海南.

### （726）高体鳑鲏 *Rhodeus ocellatus* (Kner, 1866)

*Pseudoperilampus ocellatus* Kner, 1866: 548; Rendahl, 1928: 146; Nichols, 1928: 31; Tchang, 1930a: 108; 林书颜, 1931: 157; Nichols, 1943, 9: 153; 张春霖, 1959: 22; 黄桂轩, 1981: 66; 伍汉霖和沈根媛（见朱元鼎）, 1984: 262.

*Rhodeus ocellatus*: Günther, 1868: 280; Bleeker, 1871: 34; Oshima, 1919, 12 (2-4): 233; 吴清江（见伍献文等）, 1964: 203; 曾晴贤, 1986: 51; 刘蝉馨, 秦克静等, 1987: 138; 陕西省动物研究所等, 1987: 74; 谢家骅（见伍律）, 1989: 121; 倪勇, 1990: 187; 成庆泰和周才武, 1997: 140; 林人端（见陈宜瑜等）, 1998: 445-448.

*Rhodeus sericues sinensis*: Rendahl, 1928: 145; 林书颜, 1931: 153.

*Rhodeus kurumeus*: Tchang, 1930a: 110.

*Rhodeus wankinfui*: Wu, 1930c: 77; Wu, 1931c: 24; Miao, 1934: 178.

*Rhodeus pingi*: Miao, 1934: 176.

**分布（Distribution）：**黄河, 长江, 韩江, 珠江, 澜沧江及海南岛等水系.

### （727）黑龙江鳑鲏 *Rhodeus sericeus* (Pallas, 1776)

*Cyprinus sericeus* Pallas, 1776: 208.

*Rhodeus sericeus*: Berg, 1907: 163; 吴清江（见伍献文等）, 1964: 201; 林人端（见陈宜瑜等）, 1998: 453.

**分布（Distribution）：**黑龙江, 图们江和额尔齐斯河等水系. 国外分布于朝鲜半岛, 蒙古国和俄罗斯.

**保护等级（Protection class）：**省级（黑龙江）.

### （728）石台鳑鲏 *Rhodeus shitaiensis* Li *et* Arai, 2010

*Rhodeus shitaiensis* Li *et* Arai, 2010: 303.

**分布（Distribution）：**安徽石台县秋浦河, 属长江水系.

### （729）中华鳑鲏 *Rhodeus sinensis* Günther, 1868

*Rhodeus sinensis* Günther, 1868: 280.

*Pseudoperilampus lighti*: Wu（伍献文）, 1931c: 25; 吴清江（见伍献文等）, 1964: 205; 伍汉霖和沈根媛（见朱元鼎）, 1984: 263; 杨干荣, 1987: 75; 陕西省动物研究所等, 1987: 75.

*Rhodeus lighti*: 林人端（见郑慈英等）, 1989: 263; 倪勇, 1990: 187; 丁瑞华, 1994: 176; 成庆泰和周才武, 1997: 143; 林人端（见陈宜瑜等）, 1998: 449.

**别名或俗名（Used or common name）：**彩石鳑鲏.

**分布（Distribution）：**黄河, 长江, 闽江和珠江等水系.

### （730）刺鳍鳑鲏 *Rhodeus spinalis* Oshima, 1926

*Rhodeus spinalis* Oshima, 1926a: 16; Nichols *et* Pope, 1927: 379; Nichols, 1943, 9: 152; 金鑫波（见中国水产科学研究院珠江水产研究所等）, 1986: 64; 林人端（见郑慈英等）, 1989: 158; 陈银瑞和李再云（见褚新洛和陈银瑞等）, 1989: 127; 林人端（见陈宜瑜等）, 1998: 448; 朱瑜（见周解和张春光）, 2006: 251.

*Pseudoperilampus hainanensis*: Nichols *et* Pope, 1927: 379; 吴清江（见伍献文等）, 1964: 206.

**分布（Distribution）：**珠江, 海南岛, 元江等水系. 国外分布于越南.

## 280. 中华鳑鲏属 *Sinorhodeus* Li, Liao *et* Arai, 2017

**（731）细鳞中华鳑鲏 *Sinorhodeus microlepis* Li, Liao *et* Arai, 2017**

*Sinorhodeus microlepis* Li, Liao *et* Arai, 2017, *In*: Li, Liao, Arai *et al.*, 2017: 4353 (1): 069-088.

**分布（Distribution）**：重庆巴南区，属长江水系.

## 281. 田中鳑鲏属 *Tanakia* Jordan *et* Thompson, 1914

*Tanakia* Jordan *et* Thompson, 1914: 231.

**（732）齐氏田中鳑鲏 *Tanakia chii* (Miao, 1934)**

*Acheilognathus chii* Miao, 1934: 182.

*Tanakia chii*: 陈义雄和张咏青, 2005: 156.

**别名或俗名（Used or common name）**：齐氏石鲋.

**分布（Distribution）**：浙江金华兰溪钱塘江水系，台湾北部低海拔之河川湖沼.

**（733）革条田中鳑鲏 *Tanakia himantegus* (Günther, 1868)**

*Acheilognathus himantegus* Günther, 1868: 277; Oshima, 1919, 12 (2-4): 231; Nichols, 1928: 32; Nichols, 1943, 9: 157; 吴清江 (见伍献文等), 1964: 210.

*Paracheilognathus himantegus*: 曾晴贤, 1986: 52; 林人端 (见陈宜瑜等), 1998: 439.

*Tanakia himantegus*: 陈义雄和方力行, 1999: 93; 陈义雄和张咏青, 2005: 150.

**别名或俗名（Used or common name）**：台湾石鲋.

**分布（Distribution）**：长江，九龙江及台湾浊水溪.

**保护等级（Protection class）**：《台湾淡水鱼类红皮书》(近危).

# 七）鮈亚科 Gobioninae

## 282. 棒花鱼属 *Abbottina* Jordan *et* Fowler, 1903

*Abbottina* Jordan *et* Fowler, 1903b: 835.

**（734）拉林棒花鱼 *Abbottina lalinensis* (Huang, 1987)**

*Abbottina lalinensis* Huang (黄智弘), 1987: 7-10; 何欢，李玉火，曹凯，李明月和傅萃长, 2017: 843-852.

*Abbottina liaoningensis* Qin (秦克静), 1987: 169; 乐佩琦 (见陈宜瑜等), 1998: 351.

**别名或俗名（Used or common name）**：辽宁棒花鱼.

**分布（Distribution）**：松花江支流拉林河、鸭绿江和辽河水系.

**（735）钝吻棒花鱼 *Abbottina obtusirostris* (Wu *et* Wang, 1931)**

*Pseudogobio obtusirostris* Wu *et* Wang, 1931a: 230; Chang, 1944: 34.

*Abbottina obtusirostris*: 罗云林等 (见伍献文等), 1982: 519; 丁瑞华, 1994: 291; 朱松泉, 1995: 82; 乐佩琦 (见陈宜瑜等), 1998: 352.

**分布（Distribution）**：长江上游.

**（736）棒花鱼 *Abbottina rivularis* (Basilewsky, 1855)**

*Gobio rivularis* Basilewsky, 1855: 231.

*Pseudogobio rivularis*: Bleeker, 1871: 23; Tchang, 1928: 18; Shaw, 1930b: 119; Wu, 1931c: 9; Wu, 1931: 436; Tchang *et* Shaw, 1931a: 284; Fu *et* Tchang, 1933: 12; Shih *et* Tchang, 1934: 7.

*Abbotina sigma*: Jordan *et* Fowler, 1903b: 835.

*Abbottina rivularis*: Mori, 1934: 18; Herre *et* Lin, 1936: 9; 褚新洛, 1955: 83; 唐家汉等, 1976: 130; 罗云林等 (见伍献文等), 1982: 518; 郑葆珊等, 1980: 42; 林再昆 (见郑葆珊), 1981: 127; 王鸿媛, 1984: 29; 陈银瑞和李再云 (见褚新洛和陈银瑞等), 1989: 111; 乐佩琦 (见郑慈英等), 1989: 141; 丁瑞华, 1994: 290; 朱松泉, 1995: 82; 成庆泰和周才武, 1997: 174; 乐佩琦 (见陈宜瑜等), 1998: 348.

**分布（Distribution）**：分布极广，我国除西部高原和西北部地区外广泛分布于其他水系. 国外分布于俄罗斯，日本，朝鲜半岛等.

**保护等级（Protection class）**：省级 (黑龙江).

## 283. 刺鮈属 *Acanthogobio* Herzenstein, 1892

*Acanthogobio* Herzenstein, 1892: 228.

**（737）刺鮈 *Acanthogobio guentheri* Herzenstein, 1892**

*Acanthogobio guentheri* Herzenstein, 1892: 228; 张春霖, 1959: 57; 罗云林等 (见伍献文等), 1982: 454; 许涛清 (见陕西省动物研究所等), 1987: 105; 武云飞和吴翠珍, 1992: 273; 朱松泉, 1995: 74; 乐佩琦 (见陈宜瑜等), 1998: 254.

**分布（Distribution）**：黄河水系上游.

## 284. 似鳍属 *Belligobio* Jordan *et* Hubbs, 1925

*Belligobio* Jordan *et* Hubbs, 1925: 172.

*Hemibarboides* Wang (王以康), 1935: 59.

### （738）似鲋 *Belligobio nummifer* (Boulenger, 1901)

*Gobio nummifer* Boulenger, 1901a: 269; Tchang, 1930a: 81; Chang, 1944: 34.
*Hemibarboides tientaiensis*: Wang, 1935: 60.
*Belligobio nummifer*: 罗云林等（见伍献文等）, 1982: 459; 朱元鼎, 伍汉霖和金鑫波（见朱元鼎）, 1984: 300; 许涛清（见陕西省动物研究所等）, 1987: 106; 乐佩琦（见陈宜瑜等）, 1998: 259.
**分布（Distribution）**：淮河，长江，灵江，甬江，晋江等水系.

### （739）彭县似鲋 *Belligobio pengxianensis* Lo, Yao *et* Chen, 1982

*Belligobio pengxianensis* Lo, Yao *et* Chen (罗云林, 乐佩琦和陈宜瑜, 见伍献文等), 1982: 460; 乐佩琦（见陈宜瑜等）, 1998: 261.
**分布（Distribution）**：四川沱江.

## 285. 铜鱼属 *Coreius* Jordan *et* Starks, 1905

*Coreius* Jordan *et* Starks, 1905: 197.

### （740）圆口铜鱼 *Coreius guichenoti* (Sauvage *et* Dabry, 1874)

*Saurogobio guichenoti* Sauvage *et* Dabry, 1874: 10; Rendahl, 1928: 96.
*Coreius zeni*: Tchang, 1930d: 49; Rendahl, 1932: 30; Chang, 1944: 35; 褚新洛, 1955: 83.
*Coreius guichenoti*: Fang, 1943: 402; 罗云林等（见伍献文等）, 1982: 505; 陈银瑞和李再云（见褚新洛和陈银瑞等）, 1989: 109; 丁瑞华, 1994: 276; 乐佩琦（见陈宜瑜等）, 1998: 329.
**分布（Distribution）**：长江中上游，向上可达金沙江干流中下游及雅砻江干流下游.

### （741）铜鱼 *Coreius heterodon* (Bleeker, 1865)

*Gobio heterodon* Bleeker, 1865.
*Coreius styani*: Tchang, 1930c: 88.
*Coreius rathbuni*: Chu, 1931c: 39.
*Coreius cetopsis*: Fu *et* Tchang, 1933: 10.
*Coreius heterodon*: Fang, 1943: 402; 罗云林等（见伍献文等）, 1982: 503; 许涛清（见陕西省动物研究所等）, 1987: 120; 丁瑞华, 1994: 274; 朱松泉, 1995: 80; 成庆泰和周才武, 1997: 169; 乐佩琦（见陈宜瑜等）, 1998: 326.
**别名或俗名（Used or common name）**：短须铜鱼.
**分布（Distribution）**：黄河和长江水系.

### （742）北方铜鱼 *Coreius septentrionalis* (Nichols, 1925)

*Coripareius septentrionalis* Nichols, 1925: 2.
*Coreius septentrionalis*: Nichols, 1943, 9: 176; 张春霖, 1959: 64; 罗云林等（见伍献文等）, 1982: 504; 朱松泉, 1995: 80; 成庆泰和周才武, 1997: 170; 乐佩琦（见陈宜瑜等）, 1998: 328.
*Coreius longibarbus*: Mori, 1928: 65; Fu *et* Tchang, 1933: 11; Tchang, 1933b: 73; 张春霖, 1959: 62.
**别名或俗名（Used or common name）**：长须铜鱼.
**分布（Distribution）**：黄河水系青海贵德县至山东河段.
**保护等级（Protection class）**：《中国濒危动物红皮书·鱼类》(濒危)，省级（甘肃，陕西）.

## 286. 颌须鮈属 *Gnathopogon* Bleeker, 1860

*Gnathopogon* Bleeker, 1860: 435.

### （743）嘉陵颌须鮈 *Gnathopogon herzensteini* (Günther, 1896)

*Leucogobio herzensteini* Günther, 1896: 213; Tchang *et* Shaw, 1931a: 287.
*Gnathopogon herzensteini*: 罗云林等（见伍献文等）, 1982: 480; 丁瑞华, 1994: 263; 朱松泉, 1995: 78; 乐佩琦（见陈宜瑜等）, 1998: 303.
**分布（Distribution）**：嘉陵江，汉水等.

### （744）短须颌须鮈 *Gnathopogon imberbis* (Sauvage *et* Dabry, 1874)

*Gobio imberbis* Sauvage *et* Dabry, 1874: 8; Fang, 1943: 402.
*Gobio* (*Leucogobio*) *taeniatus*: Wu, 1930c: 69.
*Gnathopogon imberbis*: 罗云林等（见伍献文等）, 1982: 482; 许涛清（见陕西省动物研究所等）, 1987: 112; 丁瑞华, 1994: 265; 朱松泉, 1995: 79; 乐佩琦（见陈宜瑜等）, 1998: 305.
**分布（Distribution）**：长江中上游.

### （745）东北颌须鮈 *Gnathopogon mantschuricus* (Berg, 1914)

*Gobio taeniatus mantschuricus* Berg, 1914: 481.
*Leucogobio tsinanensis*: Tchang, 1932a: 113.
*Gnathopogon mantschuricus*: 罗云林等（见伍献文等）, 1982: 484; 乐佩琦（见陈宜瑜等）, 1998: 308.
**分布（Distribution）**：黑龙江水系. 国外分布于蒙古国和俄罗斯.
**保护等级（Protection class）**：省级（黑龙江）.

### （746）隐须颌须鮈 *Gnathopogon nicholsi* (Fang, 1943)

*Gobio nicholsi*: Fang, 1943: 403.
*Gobio* (*Leucogobio*) *imberbis*: Miao, 1934: 145.
*Gnathopogon nicholsi*: 罗云林等（见伍献文等）, 1982: 485; 乐佩琦（见陈宜瑜等）, 1998: 311.
**分布（Distribution）**：长江下游.

### (747) 多纹颌须鮈 *Gnathopogon polytaenia* (Nichols, 1925)

*Leucogobio polytaenia* Nichols, 1925e: 6.
*Gnathopogon polytaenia*: 乐佩琦 (见陈宜瑜等), 1998: 304.
**分布 (Distribution)**: 海河流域的滹沱河.

### (748) 细纹颌须鮈 *Gnathopogon taeniellus* (Nichols, 1925)

*Leucogobio taeniellus* Nichols, 1925e: 7.
*Leucogobio tienmusanensis* Chu, 1931c: 37.
*Gobio taeniatus*: Herre *et* Lin, 1936: 8.
*Gobio* (*Leucogobio*) *taeniatus*: Wang, 1935: 29.
*Gnathopogon taeniellus*: 罗云林等 (见伍献文等), 1982: 483; 朱松泉, 1995: 79; 乐佩琦 (见陈宜瑜等), 1998: 307.
**分布 (Distribution)**: 福建闽江及浙江的一些河流.

### (749) 济南颌须鮈 *Gnathopogon tsinanensis* (Mori, 1928)

*Leucogobio tsinanensis* Mori, 1928a: 63.
*Leucogobio polytaenia*: 张春霖, 1959: 61.
*Gnathopogon tsinanensis*: 罗云林等 (见伍献文等), 1982: 484; 朱松泉, 1995: 79; 成庆泰和周才武, 1997: 164; 乐佩琦 (见陈宜瑜等), 1998: 309.
**分布 (Distribution)**: 黄河水系.

## 287. 鮈属 *Gobio* Cuvier, 1817

*Gobio* Cuvier, 1817: 193.

### (750) 尖鳍鮈 *Gobio acutipinnatus* Men'shikov, 1939

*Gobio acutipinnatus* Men'shikov, 1939: 121; 乐佩琦 (见陈宜瑜等), 1998: 294.
*Gobio gobio acutipinnatus*: Berg, 1949a: 645; 罗云林等 (见伍献文等), 1982: 499.
*Gobio gobio cynocephalus*: 李思忠, 戴定远, 张世义等, 1966: 44; 张世义 (见中国科学院动物研究所等), 1979: 20.
**分布 (Distribution)**: 额尔齐斯河水系. 国外分布于哈萨克斯坦和蒙古国.

### (751) 似铜鮈 *Gobio coriparoides* Nichols, 1925

*Gobio coriparoides* Nichols, 1925e: 4; 罗云林等 (见伍献文等), 1982: 496; 许涛清 (见陕西省动物研究所等), 1987: 116; 朱松泉, 1995: 77; 乐佩琦 (见陈宜瑜等), 1998: 287.
**分布 (Distribution)**: 黄河水系.

### (752) 犬首鮈 *Gobio cynocephalus* Dybowski, 1869

*Gobio fluviatilis* var. *cynocephalus* Dybowski, 1869: 951.
*Gobio liaohensis* Mori, 1927a: 2.
*Gobio gobio cynocephalus*: 罗云林等 (见伍献文等), 1982: 497; 任慕莲, 1981: 80; 刘蝉馨, 秦克静等, 1987: 164.
*Gobio cynocephalus*: 乐佩琦 (见陈宜瑜等), 1998: 295.
**分布 (Distribution)**: 黑龙江, 辽河水系. 国外分布于蒙古国和俄罗斯.
**保护等级 (Protection class)**: 省级 (黑龙江).

### (753) 黄河鮈 *Gobio huanghensis* Lo, Yao *et* Chen, 1982

*Gobio huanghensis* Lo, Yao *et* Chen (罗云林, 乐佩琦和陈宜瑜, 见伍献文等), 1982: 496; 武云飞和吴翠珍, 1992: 280; 乐佩琦 (见陈宜瑜等), 1998: 299.
**分布 (Distribution)**: 黄河中上游.

### (754) 凌源鮈 *Gobio lingyuanensis* Mori, 1934

*Gobio lingyuanensis* Mori, 1934: 14; 罗云林等 (见伍献文等), 1982: 495; 乐佩琦 (见陈宜瑜等), 1998: 290.
*Gobio soldatovi minulus* Nichols, 1925: 3.
**分布 (Distribution)**: 黑龙江支流松花江及大凌河, 滦河和海河.
**保护等级 (Protection class)**: 省级 (黑龙江).

### (755) 大头鮈 *Gobio macrocephalus* Mori, 1930

*Gobio gobio macrocephalus* Mori, 1930: 8; 罗云林等 (见伍献文等), 1982: 498; 郑葆珊等, 1980: 47; 乐佩琦 (见陈宜瑜等), 1998: 293.
**分布 (Distribution)**: 图们江水系. 国外分布于朝鲜.

### (756) 南方鮈 *Gobio meridionalis* Xu, 1987

*Gobio meridionalis* Xu (许涛清, 见陕西省动物研究所等), 1987: 119; 朱松泉, 1995: 78; 乐佩琦 (见陈宜瑜等), 1998: 291.
**分布 (Distribution)**: 黄河中游.

### (757) 棒花鮈 *Gobio rivuloides* Nichols, 1925

*Gobio rivuloides* Nichols, 1925e: 5; Nichols, 1943, 9: 173; 王鸿媛, 1984: 27; 许涛清 (见陕西省动物研究所等), 1987: 118; 乐佩琦 (见陈宜瑜等), 1998: 297; 张春光和赵亚辉, 2013: 152.
*Saurogobio drakei brevicaudus* Tchang *et* Shaw, 1931a: 286.
*Gobio gobio*: Mori, 1934: 13.
*Gobio gobio rivuloides*: 罗云林等 (见伍献文等), 1982: 500.
**别名或俗名 (Used or common name)**: 拟棒花鮈.
**分布 (Distribution)**: 大凌河, 滦河, 海河, 黄河等水系.

### (758) 高体鮈 *Gobio soldatovi* Berg, 1914

*Gobio gobio* var. *soldatovi* Berg, 1914: 461.
*Gobio soldatovi*: 宫地传三郎, 1940: 51; 罗云林等 (见伍献文等), 1982: 494; 任慕莲, 1981: 85; 乐佩琦 (见陈宜瑜等),

1998: 288.
**分布（Distribution）**：黑龙江，辽河水系. 国外分布于蒙古国和俄罗斯.
**保护等级（Protection class）**：省级（黑龙江）.

### （759）细体鮈 *Gobio tenuicorpus* Mori, 1934

*Gobio gobio tenuicorpus* Mori, 1934: 13.
*Gobio tenuicorpus*: 罗云林等（见伍献文等）, 1977: 501; 任慕莲, 1981: 84; 王鸿媛, 1984: 28; 朱松泉, 1995: 78; 乐佩琦（见陈宜瑜等）, 1998: 300.
**分布（Distribution）**：黑龙江，滦河水系. 国外分布于蒙古国和俄罗斯.
**保护等级（Protection class）**：省级（黑龙江）.

## 288. 䱻属 *Hemibarbus* Bleeker, 1860

*Hemibarbus* Bleeker, 1860: 431.
*Gobiobarbus* Dybowski, 1869: 951.

### （760）短鳍䱻 *Hemibarbus brevipennus* Yue, 1995

*Hemibarbus brevipennus* Yue（乐佩琦）, 1995: 118; 乐佩琦（见陈宜瑜等）, 1998: 241.
**分布（Distribution）**：浙江瓯江和灵江等水系.

### （761）唇䱻 *Hemibarbus labeo* (Pallas, 1776)

*Cyprinus labeo* Pallas, 1776: 207, 703.
*Hemibarbus labeo*: Berg, 1909: 105; Wu, 1930c: 76; Fu, 1934: 59; Wang, 1935: 53; 陈兼善, 1969: 173; 罗云林等（见伍献文等）, 1982: 444; 王鸿媛, 1984: 19; 朱元鼎，伍汉霖和金鑫波（见朱元鼎）, 1984: 296; 许涛清（见陕西省动物研究所等）, 1987: 103; 秦克静（见刘蝉馨，秦克静等）, 1987: 144; 乐佩琦（见郑慈英等）, 1989: 120; 丁瑞华, 1994: 243; 乐佩琦, 1995: 117; 朱松泉, 1995: 73; 成庆泰和周才武, 1997: 153; 乐佩琦（见陈宜瑜等）, 1998: 237.
*Pseudogobio chaoi*: Evermann *et* Shaw, 1927: 106.
**分布（Distribution）**：黑龙江，黄河，长江，钱塘江，闽江及台湾各水系. 国外分布于日本，朝鲜半岛，蒙古国，俄罗斯，越南，老挝等.
**保护等级（Protection class）**：省级（黑龙江），《台湾淡水鱼类红皮书》（近危）.

### （762）长吻䱻 *Hemibarbus longirostris* (Regan, 1908)

*Acanthogobio longirostris* Regan, 1908f: 60.
*Hemibarbus longirostris*: Tchang, 1933b: 52; Wang, 1935: 52; Herre *et* Lin, 1936: 15; 罗云林等（见伍献文等）, 1982: 449; 葛荫榕, 1984: 95; 乐佩琦（见陈宜瑜等）, 1998: 246.
*Hemibarbus shingtsonensis*: Shaw, 1930b: 113.
*Paraleucogobio cheni*: Wu, 1931: 435; Herre *et* Lin, 1936: 9.
**分布（Distribution）**：鸭绿江，辽河，钱塘江，瓯江，灵江，珠江等. 国外分布于日本，朝鲜半岛等.

### （763）大刺䱻 *Hemibarbus macracanthus* Lo, Yao *et* Chen, 1982

*Hemibarbus macracanthus* Lo, Yao *et* Chen（罗云林，乐佩琦和陈宜瑜，见伍献文等）, 1982: 448; 乐佩琦（见郑慈英等）, 1989: 122; 朱松泉, 1995: 74; 乐佩琦（见陈宜瑜等）, 1998: 245.
**分布（Distribution）**：珠江流域西江水系. 国外分布于越南.

### （764）花䱻 *Hemibarbus maculatus* Bleeker, 1871

*Hemibarbus maculatus* Bleeker, 1871: 19; Shaw, 1930a: 185; Chu, 1931d: 192; Tchang *et* Shaw, 1931a: 284; Tchang, 1932a: 111; Fu *et* Tchang, 1933: 9; Shih *et* Tchang, 1934: 6; Herre *et* Lin, 1936: 16; 罗云林等（见伍献文等）, 1982: 446; 王鸿媛, 1984: 20; 朱元鼎，伍汉霖和金鑫波（见朱元鼎）, 1984: 298; 许涛清（见陕西省动物研究所等）, 1987: 104; 陈银瑞和李再云（见褚新洛和陈银瑞等）, 1989: 102; 乐佩琦（见郑慈英等）, 1989: 121; 丁瑞华, 1994: 245; 乐佩琦, 1995: 120; 乐佩琦（见陈宜瑜等）, 1998: 242.
*Hemibarbus barbus*: Abbott, 1901: 487; Evermann *et* Shaw, 1927: 105; Tchang, 1930a: 72.
*Barbus schlegeli*: Fowler, 1924b: 510; Shaw, 1930a: 173.
*Hemibarbus labeo maculatus*: Chang, 1944: 37.
**分布（Distribution）**：黑龙江至澜沧江间各水系广泛分布. 国外分布于日本，朝鲜半岛，蒙古国，俄罗斯，越南等.
**保护等级（Protection class）**：省级（黑龙江）.

### （765）间䱻 *Hemibarbus medius* Yue, 1995

*Hemibarbus medius* Yue（乐佩琦）, 1995: 117; 乐佩琦（见陈宜瑜等）, 1998: 239.
*Hemibarbus labeo*: Wu, 1939: 97; 罗云林等（见伍献文等）, 1982: 444; 俞泰济（见中国水产科学研究院珠江水产研究所等）, 1986: 93.
*Hemibarbus labeo maculatus*: Lin, 1933b: 198.
**分布（Distribution）**：华东和华南地区，如珠江，乌江，海南岛等均有分布的报道. 国外分布于越南.

### （766）钱江䱻 *Hemibarbus qianjiangensis* Yu, 1990

*Hemibarbus qianjiangensis* Yu（俞泰济，见陈马康，童合一，俞泰济等）, 1990: 123; 乐佩琦（见陈宜瑜等）, 1998: 244.
**分布（Distribution）**：钱塘江下游.

### （767）花棘䱻 *Hemibarbus umbrifer* (Lin, 1931)

*Paraleucogobio umbrifer* Lin（林书颜）, 1931: 86.
*Paracanthobrama umbrifer*: 罗云林等（见伍献文等）, 1982: 452.
*Hemibarbus umbrifer*: 乐佩琦（见陈宜瑜等）, 1998: 248.
**别名或俗名（Used or common name）**：花棘似刺鳊鮈.

分布（Distribution）：珠江水系. 国外分布于老挝.

## 289. 胡鮈属 *Huigobio* Fang, 1938

*Huigobio* Fang (方炳文), 1938a: 239.

**（768）胡鮈 *Huigobio chenhsienensis* (Fang, 1938)**

*Huigobio chenhsienensis* Fang, 1938a: 239; 罗云林等（见伍献文等), 1982: 531; 乐佩琦（见陈宜瑜等), 1998: 344.

*Microphysogobio chenhsienensis*: Bănărescu *et* Nalbant, 1966a: 206; Bănărescu *et* Nalbant, 1973: 276; 乐佩琦（见郑慈英等), 1989: 139; 朱松泉, 1995: 83.

**分布（Distribution）**：浙江曹娥江，甬江等水系及珠江水系部分支流.

**（769）细尾胡鮈 *Huigobio exilicauda* Jiang *et* Zhang, 2013**

*Huigobio exilicauda* Jiang *et* Zhang, 2013: 171-182.

**分布（Distribution）**：珠江中下游北侧支流(如东江、北江、桂江等).

## 290. 平口鮈属 *Ladislavia* Dybowsky, 1869

*Ladislavia* Dybowsky, 1869: 954.

**（770）平口鮈 *Ladislavia taczanowskii* Dybowsky, 1869**

*Ladislavia taczanowskii* Dybowsky, 1869: 954; 罗云林等（见伍献文等), 1982: 466; 任慕莲, 1981: 94; 秦克静（见刘蝉馨，秦克静等), 1987: 153; 朱松泉, 1995: 75; 乐佩琦（见陈宜瑜等), 1998: 266.

**分布（Distribution）**：黑龙江中上游和鸭绿江水系. 国外分布于朝鲜半岛，蒙古国和俄罗斯.

**保护等级（Protection class）**：省级（黑龙江).

## 291. 中鮈属 *Mesogobio* Bănărescu *et* Nalbant, 1973

*Mesogobio* Bănărescu *et* Nalbant, 1973: 198.

**（771）中鮈 *Mesogobio lachneri* Bănărescu *et* Nalbant, 1973**

*Mesogobio lachneri* Bănărescu *et* Nalbant, 1973: 199; 朱松泉, 1995: 77; 乐佩琦（见陈宜瑜等), 1998: 283.

**别名或俗名（Used or common name）**：鸭绿江中鮈.

**分布（Distribution）**：鸭绿江水系.

**（772）图们江中鮈 *Mesogobio tumenensis* Chang, 1980**

*Mesogobio tumenensis* Chang (张玉玲，见郑葆珊，黄浩明，张玉玲等), 1980: 43; 乐佩琦（见陈宜瑜等), 1998: 284.

**分布（Distribution）**：图们江水系.

## 292. 小鳔鮈属 *Microphysogobio* Mori, 1933

*Microphysogobio* Mori, 1933b: 114.

**（773）高身小鳔鮈 *Microphysogobio alticorpus* Bănărescu *et* Nalbant, 1968**

*Microphysogobio brevirostris alticorpus* Bănărescu *et* Nalbant, 1968: 341.

*Microphysogobio alticorpus*: Ho *et* Shao, 2011: 5.

**分布（Distribution）**：台湾.

**（774）短吻小鳔鮈 *Microphysogobio brevirostris* (Günther, 1868)**

*Pseudogobio brevirostris* Günther, 1868: 174; 陈兼善, 1969: 174.

*Abbottina brevirostris*: 罗云林等（见伍献文等), 1982: 528.

*Microphysogobio brevirostris*: 乐佩琦（见陈宜瑜等), 1998: 368.

*Microphysogobio xianyouensis* Huang, Chen *et* Shao, 2016: 195-211.

**别名或俗名（Used or common name）**：短吻棒花鱼，仙游小鳔鮈.

**分布（Distribution）**：福建西部和台湾北部.

**（775）长体小鳔鮈 *Microphysogobio elongates* (Yao *et* Yang, 1982)**

*Abbottina elongata* Yao *et* Yang (乐佩琦和杨干荣，见伍献文等), 1982: 524; 林再昆（见郑葆珊), 1981: 129; 朱元鼎，伍汉霖和金鑫波（见朱元鼎), 1984: 319.

*Microphysogobio elongates*: 乐佩琦（见陈宜瑜等), 1998: 362.

**别名或俗名（Used or common name）**：长体棒花鱼.

**分布（Distribution）**：珠江水系.

**（776）福建小鳔鮈 *Microphysogobio fukiensis* (Nichols, 1926)**

*Pseudogobio fukiensis* Nichols, 1926b: 5; Wang, 1935: 31; Herre *et* Lin, 1936: 13; Nichols, 1943, 9: 181.

*Abbottina fukiensis*: Wu, 1939: 112; 唐家汉等, 1976: 131; 罗云林等（见伍献文等), 1982: 521; 林再昆（见郑葆珊), 1981: 128; 朱元鼎，伍汉霖和金鑫波（见朱元鼎), 1984: 318.

*Microphysogobio fukiensis*: 乐佩琦（见郑慈英等), 1989: 144; 朱松泉, 1995: 83; 乐佩琦（见陈宜瑜等), 1998: 359.

**别名或俗名（Used or common name）**：福建棒花鱼.

**分布(Distribution)**：长江，曹娥江，钱塘江，闽江，珠江等.

**（777）兴隆山小鳔鮈 *Microphysogobio hsinglungshanensis* Mori, 1934**

*Microphysogobio hsinglungshanensis* Mori, 1934: 40; 宫地传三郎, 1940: 67; 王所安, 王志敏, 李国良等, 2001: 137; 张春光和赵亚辉, 2013: 156.

**分布（Distribution）**：北京北部和河北兴隆县雾灵山周边水系 (属滦河和海河水系).

**（778）嘉积小鳔鮈 *Microphysogobio kachekensis* (Oshima, 1926)**

*Pseudogobio kachekensis* Oshima, 1926a: 13; Nichols *et* Pope, 1927: 356; Nichols, 1943, 9: 181.

*Pseudogobio labeoides* Nichols *et* Pope, 1927: 357; Lin, 1934: 10; Nichols, 1943, 9: 184.

*Abbottina kachekensis*: 罗云林等 (见伍献文等), 1982: 524.

*Abbottina labeoides*: 罗云林等 (见伍献文等), 1982: 527; 林再昆 (见郑葆珊), 1981: 131.

*Microphysogobio kachekensis*: 朱松泉, 1995: 83; 乐佩琦 (见陈宜瑜等), 1998: 361.

*Microphysogobio labeoides*: 乐佩琦 (见郑慈英等), 1989: 143; 朱松泉, 1995: 83; 乐佩琦 (见陈宜瑜等), 1998: 363.

*Microphysogobio luhensis* Huang, Chen, Zhao *et* Shao, 2018: 57: 58.

**别名或俗名（Used or common name）**：嘉积棒花鱼, 似鲮小鳔鮈, 陆河小鳔鮈.

**分布（Distribution）**：福建南部和广东沿海河流, 珠江水系及海南岛. 国外分布于老挝和越南.

**（779）乐山小鳔鮈 *Microphysogobio kiatingensis* (Wu, 1930)**

*Pseudogobio kiatingensis* Wu, 1930c: 70; Wang, 1935: 32.

*Pseudogobio suifuensis*: Wu, 1930c: 71.

*Abbottina kiatingensis*: 罗云林等 (见伍献文等), 1982: 525; 林再昆 (见郑葆珊), 1981: 130.

*Microphysogobio kiatingensis*: 乐佩琦 (见郑慈英等), 1989: 145; 丁瑞华, 1994: 294; 朱松泉, 1995: 83; 乐佩琦 (见陈宜瑜等), 1998: 358.

*Microphysogobio nudiventris* Jiang, Gao *et* Zhang, 2012: 211-221.

**别名或俗名（Used or common name）**：乐山棒花鱼, 裸腹小鳔鮈.

**分布（Distribution）**：长江中上游, 灵江, 钱塘江, 珠江等.

**（780）清徐小鳔鮈 *Microphysogobio chingssuensis* (Nichols, 1926)**

*Pseudogobio chinssuensis* Nichols, 1926a: 3.

*Huigobio chinssuensis*: 罗云林等 (见伍献文等), 1982: 533; 许涛清(见陕西省动物研究所等), 1987: 130; 乐佩琦 (见陈宜瑜等), 1998: 346.

**别名或俗名（Used or common name）**：清徐胡鮈.

**分布（Distribution）**：黄河水系中下游.

**（781）凌河小鳔鮈 *Microphysogobio linghensis* Xie, 1986**

*Microphysogobio linghensis* Xie (解玉浩), 1986b: 220; 朱松泉, 1995: 84; 乐佩琦 (见陈宜瑜等), 1998: 355.

**分布（Distribution）**：辽河水系.

**（782）小口小鳔鮈 *Microphysogobio microstomus* Yue, 1995**

*Microphysogobio microstomus* Yue (乐佩琦), 1995: 495; 乐佩琦 (见陈宜瑜等), 1998: 356.

*Abbottina guentheri*: 黄宏金等 (见伍献文等), 1982: 59.

**分布（Distribution）**：长江下游.

**（783）似长体小鳔鮈 *Microphysogobio pseudoelongatus* Zhao *et* Zhang, 2001**

*Microphysogobio pseudoelongatus* Zhao *et* Zhang (赵亚辉和张春光), 2001: 589.

**分布（Distribution）**：广西防城港市.

**（784）建德小鳔鮈 *Microphysogobio tafangensis* (Wang, 1935)**

*Pseudogobio tafangensis* Wang, 1935: 33.

*Abbottina tafangensis*: Nichols, 1943, 9: 269; 罗云林等 (见伍献文等), 1982: 523; 林再昆 (见郑葆珊), 1981: 129.

*Microphysogobio tafangensis*: 乐佩琦 (见郑慈英等), 1989: 147; 朱松泉, 1995: 83; 乐佩琦 (见陈宜瑜等), 1998: 369.

**别名或俗名（Used or common name）**：建德棒花鱼.

**分布（Distribution）**：钱塘江及珠江水系.

**（785）洞庭小鳔鮈 *Microphysogobio tungtingensis* (Nichols, 1926)**

*Pseudogobio tungtingensis* Nichols, 1926a: 4; Nichols, 1943, 9: 173.

*Abbottina tungtingensis*: 唐家汉等, 1976: 132; 罗云林等 (见伍献文等), 1982: 522.

*Microphysogobio tungtingensis*: 乐佩琦 (见陈宜瑜等), 1998: 366.

**别名或俗名（Used or common name）**：洞庭棒花鱼.

**分布（Distribution）**：洞庭湖和沅江水系.

**保护等级（Protection class）**：省级 (湖南).

**（786）五龙河小鳔鮈 *Microphysogobio wulonghensis* Xing, Zhao, Tang *et* Zhang, 2011**

*Microphysogobio wulonghensis* Xing, Zhao, Tang *et* Zhang (邢迎春, 赵亚辉, 唐文乔和张春光), 2011: 60.

**分布（Distribution）**：山东莱阳市五龙河.

**（787）鸭绿小鳔鮈 *Microphysogobio yaluensis* (Mori, 1928)**

*Pseudogobio yaluensis* Mori, 1928b: 59.

*Microphysogobio yaluensis*: 朱松泉, 1995: 83; 解玉浩, 2007: 199.

**分布（Distribution）**：海河和辽河水系支流.

### （788）云南小鳔鮈 *Microphysogobio yunnanensis* (Yao *et* Yang, 1982)

*Abbottina yunnanensis* Yao *et* Yang (乐佩琦和杨干荣, 见伍献文等), 1982: 527; 陈银瑞和李再云 (见褚新洛和陈银瑞等), 1989: 113; 朱松泉, 1995: 83.

*Microphysogobio yunnanensis*: 乐佩琦 (见陈宜瑜等), 1998: 365.

**分布（Distribution）**：云南元江水系. 国外分布于越南.

### （789）张氏小鳔鮈 *Microphysogobio zhangi* Huang, Zhao, Chen *et* Shao, 2017

*Microphysogobio zhangi* Huang, Zhao, Chen *et* Shao, 2017, 56: 8.

**分布（Distribution）**：广西泉州市, 属长江水系; 桂林市和恭城县.

## 293. 似刺鳊鮈属 *Paracanthobrama* Bleeker, 1865

*Paracanthobrama* Bleeker, 1865: 23.

### （790）似刺鳊鮈 *Paracanthobrama guichenoti* Bleeker, 1865

*Paracanthobrama guichenoti* Bleeker, 1865: 24; Nichols, 1943, 9: 161; 罗云林等 (见伍献文等), 1982: 451; 乐佩琦 (见陈宜瑜等), 1998: 250-252.

*Hemibarbus dissimilis*: Bleeker, 1871: 21; Tchang, 1930a: 72; Tchang, 1933b: 79; Nichols, 1943, 9: 162.

*Hemibarbus soochowensis*: Shaw, 1930a: 183.

*Paracanthobrama pingi*: Wu, 1930b: 48; Wu *et* Wang, 1931a: 232.

*Hemibarbus* (*Paracanthobrama*) *guichenoti*: Bănărescu *et* Nalbant, 1973: 197.

**分布（Distribution）**：长江中下游及其附属水体.

## 294. 似白鮈属 *Paraleucogobio* Berg, 1907

*Paraleucogobio* Berg, 1907a: 163.

### （791）似白鮈 *Paraleucogobio notacanthus* Berg, 1907

*Paraleucogobio notacanthus* Berg, 1907a: 163; Lin, 1934: 6; 罗云林等 (见伍献文等), 1982: 455; 朱松泉, 1995: 74; 成庆泰和周才武, 1997: 157; 乐佩琦 (见陈宜瑜等), 1998: 256.

**别名或俗名（Used or common name）**：背刺颌须鮈.

**分布（Distribution）**：海河和黄河水系.

### （792）条纹似白鮈 *Paraleucogobio strigatus* (Regan, 1908)

*Leucogobio strigatus* Regan, 1908f: 59.

*Paraleucogobio strigatus*: 罗云林等 (见伍献文等), 1982: 456; 任慕莲, 1981: 76; 朱松泉, 1995: 75; 成庆泰和周才武, 1997: 158; 乐佩琦 (见陈宜瑜等), 1998: 257.

*Gnathopogon strigatus* Kottelat, 2006: 31.

**别名或俗名（Used or common name）**：东北颌须鮈, 条纹颌须鮈.

**分布（Distribution）**：黑龙江水系. 国外分布于俄罗斯, 蒙古国等.

**保护等级（Protection class）**：省级 (黑龙江).

## 295. 片唇鮈属 *Platysmacheilus* Lo, Yao *et* Chen, 1977

*Platysmacheilus* Lo, Yao *et* Chen (罗云林, 乐佩琦和陈宜瑜, 见伍献文等), 1977: 533.

### （793）片唇鮈 *Platysmacheilus exiguous* (Lin, 1932)

*Saurogobio exiguus* Lin, 1932c: 516; Lin, 1934: 12.

*Abbottina fukiensis*: Wu, 1939: 112.

*Platysmacheilus exiguous*: 罗云林等 (见伍献文等), 1982: 534; 许涛清 (见陕西省动物研究所等), 1987: 131; 杨干荣, 1987: 116; 乐佩琦 (见郑慈英等), 1989: 148; 丁瑞华, 1994: 286; 朱松泉, 1995: 81; 乐佩琦 (见陈宜瑜等), 1998: 339.

**分布（Distribution）**：长江中游的清江, 汉水及珠江等.

### （794）长须片唇鮈 *Platysmacheilus longibarbatus* Lo, Yao *et* Chen, 1982

*Platysmacheilus longibarbatus* Lo, Yao *et* Chen (罗云林, 乐佩琦和陈宜瑜, 见伍献文等), 1982: 535; 朱松泉, 1995: 81; 乐佩琦 (见陈宜瑜等), 1998: 341.

**分布（Distribution）**：长江中游支流.

**保护等级（Protection class）**：《中国濒危动物红皮书·鱼类》(极危).

### （795）裸腹片唇鮈 *Platysmacheilus nudiventris* Lo, Yao *et* Chen, 1982

*Platysmacheilus nudiventris* Lo, Yao *et* Chen (罗云林, 乐佩琦和陈宜瑜, 见伍献文等), 1982: 536; 许涛清 (见陕西省动物研究所等), 1987: 132; 陈银瑞和李再云 (见褚新洛和陈银瑞等), 1989: 114; 丁瑞华, 1994: 288; 朱松泉, 1995: 82; 乐佩琦 (见陈宜瑜等), 1998: 342.

**分布（Distribution）**：长江上游干支流.

### （796）镇江片唇鮈 *Platysmacheilus zhenjiangensis* Ni, Chen *et* Zhou, 2005

*Platysmacheilus zhenjiangensis* Ni, Chen *et* Zhou (倪勇, 陈校辉和周刚), 2005: 122; 倪勇和伍汉霖, 2006: 333.

**分布（Distribution）**：江苏镇江市高桥镇长江沿岸.

## 296. 似鮈属 *Pseudogobio* Bleeker, 1860

*Pseudogobio* Bleeker, 1860: 425.

### （797）桂林似鮈 *Pseudogobio guilinensis* Yao *et* Yang, 1982

*Pseudogobio vaillanti guilinensis* Yao *et* Yang (乐佩琦和杨干荣, 见伍献文等), 1982: 514.

*Pseudogobio vaillanti*: 林再昆 (见郑葆珊), 1981: 125.

*Pseudogobio guilinensis*: 乐佩琦 (见郑慈英等), 1989: 137; 陈宜瑜等, 1998: 377.

**分布（Distribution）**：珠江流域西江水系.

### （798）似鮈 *Pseudogobio vaillanti* (Sauvage, 1878)

*Rhinogobio vaillanti* Sauvage, 1878a: 87.

*Pseudogobio anderssoni*: Rendahl, 1928: 89; Wang, 1935: 30; Herre *et* Lin, 1936: 9.

*Pseudogobio vaillanti*: Fang, 1943: 402; 林再昆 (见郑葆珊), 1981: 124; 俞泰济 (见中国水产科学研究院珠江水产研究所等), 1986: 100; 许涛清 (见陕西省动物研究所等), 1987: 125; 秦克静 (见刘蝉馨, 秦克静等), 1987: 166; 乐佩琦 (见陈宜瑜等), 1998: 375.

*Pseudogobio vaillanti vaillanti*: 罗云林等 (见伍献文等), 1982: 513; 葛荫榕, 1984: 120.

**分布（Distribution）**：除西部高原和西北地区外, 我国其他各主要水系均有分布记录.

## 297. 麦穗鱼属 *Pseudorasbora* Bleeker, 1860

*Pseudorasbora* Bleeker, 1860: 435.

### （799）长麦穗鱼 *Pseudorasbora elongate* Wu, 1939

*Pseudorasbora elongate* Wu, 1939: 109; 罗云林等 (见伍献文等), 1982: 464; 乐佩琦 (见陈宜瑜等), 1998: 265.

**分布（Distribution）**：长江中下游和珠江流域西江水系散布.

**保护等级（Protection class）**：《中国濒危动物红皮书·鱼类》(易危).

### （800）断线麦穗鱼 *Pseudorasbora interrupta* Xiao, Lan *et* Chen, 2007

*Pseudorasbora interrupta* Xiao, Lan *et* Chen (肖智, 蓝宗辉和陈湘粦), 2007: 977-980.

**分布（Distribution）**：韩江水系.

### （801）麦穗鱼 *Pseudorasbora parva* (Temminck *et* Schlegel, 1846)

*Leuciscus parvus* Temminck *et* Schlegel, 1846: 215.

*Pseudorasbora parva*: Bleeker, 1860: 435; Tchang, 1928: 18; Wu, 1931c: 10; Lin, 1933: 197; Fu *et* Tchang, 1933: 14; Wu, 1939: 109; 陈兼善, 1969: 174; 郑葆珊等, 1980: 49; 许涛清 (见陕西省动物研究所等), 1987: 108; 罗云林等 (见伍献文等), 1982: 462; 王鸿媛, 1984: 21; 陈银瑞和李再云 (见褚新洛和陈银瑞等), 1989: 104; 乐佩琦 (见郑慈英等), 1989: 125; 武云飞和吴翠珍, 1992: 275; 丁瑞华, 1994: 251; 杨君兴和陈银瑞, 1995: 47; 朱松泉, 1995: 75; 成庆泰和周才武, 1997: 159; 乐佩琦 (见陈宜瑜等), 1998: 263.

*Pseudorasbora altipinna*: Nichols, 1925: 5; Tchang, 1930a: 86; Tchang, 1932a: 113.

*Pseudorasbora depressirostris*: Nichols, 1925: 5; Tchang, 1930c: 91; Tchang, 1930a: 86.

**分布（Distribution）**：我国中东部广泛分布. 国外分布于俄罗斯, 蒙古国, 日本, 朝鲜半岛等. 原为东亚土著种, 现在被广泛引入很多国家和地区.

**保护等级（Protection class）**：省级 (黑龙江).

## 298. 扁吻鮈属 *Pungtungia* Herzenstein, 1892

*Pungtungia* Herzenstein, 1892: 230.

### （802）扁吻鮈 *Pungtungia herzi* Herzenstein, 1892

*Pungtungia herzi* Herzenstein, 1892: 231; 罗云林等 (见伍献文等), 1982: 457; 秦克静 (见刘蝉馨, 秦克静等), 1987: 150; 朱松泉, 1995: 74; 乐佩琦 (见陈宜瑜等), 1998: 252.

**分布（Distribution）**：鸭绿江水系. 国外分布于朝鲜半岛.

## 299. 吻鮈属 *Rhinogobio* Bleeker, 1871

*Rhinogobio* Bleeker, 1871: 29.

### （803）圆筒吻鮈 *Rhinogobio cylindricus* Günther, 1888

*Rhinogobio cylindricus* Günther, 1888: 432; 罗云林等 (见伍献文等), 1982: 509; 葛荫榕, 1984: 118; 朱松泉, 1995: 81; 陈宜瑜, 1998: 139; 乐佩琦 (见陈宜瑜等), 1998: 334.

**分布（Distribution）**：长江中上游及其支流.

**保护等级（Protection class）**：省级 (甘肃).

### （804）湖南吻鮈 *Rhinogobio hunanensis* Tang, 1980

*Rhinogobio hunanensis* Tang (唐家汉), 1980: 436; 杨干荣, 1987: 110; 丁瑞华, 1994: 281; 朱松泉, 1995: 81; 乐佩琦 (见陈宜瑜等), 1998: 333.

**分布（Distribution）**：长江中游.

**保护等级（Protection class）**：省级 (湖南).

### （805）大鼻吻鮈 *Rhinogobio nasutus* (Kessler, 1876)

*Megagobio nasutus* Kessler, 1876: 16; 张春霖, 1959: 66.

*Rhinogobio nasutus*: Rendahl, 1932: 51; 罗云林等 (见伍献文等), 1982: 510; 朱松泉, 1995: 81; 成庆泰和周才武, 1997: 172; 乐佩琦 (见陈宜瑜等), 1998: 336.

**分布（Distribution）**：黄河中上游.
**保护等级（Protection class）**：省级（甘肃，陕西）.

### （806）吻鮈 *Rhinogobio typus* Bleeker, 1871

*Rhinogobio typus* Bleeker, 1871: 29; Tchang, 1930: 89; Wu *et* Wang, 1931a: 228; Shih *et* Tchang, 1934: 7; Fang, 1943: 402; 罗云林等（见伍献文等）, 1982: 507; 朱元鼎，伍汉霖和金鑫波（见朱元鼎）, 1984: 313; 葛荫榕, 1984: 117; 许涛清（见陕西省动物研究所等）, 1987: 122; 丁瑞华, 1994: 279; 朱松泉, 1995: 81; 乐佩琦（见陈宜瑜等）, 1998: 332.
*Rhinogobio dereimsi*: Tchang, 1930: 90; 张春霖, 1959: 65.
**分布（Distribution）**：长江中上游，闽江水系.

### （807）长鳍吻鮈 *Rhinogobio ventralis* Sauvage *et* Dabry, 1874

*Rhinogobio ventralis* Sauvage *et* Dabry, 1874: 11; Fang, 1943: 402; 罗云林等（见伍献文等）, 1982: 511; 陈银瑞和李再云（见褚新洛和陈银瑞等）, 1989: 108; 丁瑞华, 1994: 284; 朱松泉, 1995: 81; 乐佩琦（见陈宜瑜等）, 1998: 337.
*Megagobio roulei*: Tchang, 1930d: 48; Tchang, 1933b: 89; 张春霖, 1959: 67.
**分布（Distribution）**：长江中上游.

## 300. 突吻鮈属 *Rostrogobio* Taranetz, 1937

*Rostrogobio* Taranetz, 1937: 114.

### （808）突吻鮈 *Rostrogobio amurensis* Taranetz, 1937

*Rostrogobio amurensis* Taranetz, 1937: 114; 罗云林等（见伍献文等）, 1982: 529; 任慕莲, 1981: 91; 乐佩琦（见陈宜瑜等）, 1998: 372.
*Microphysogobio amurensis*: 朱松泉, 1995: 82; Kottelat, 2006: 40.
**别名或俗名（Used or common name）**：突吻小鳔鮈.
**分布（Distribution）**：黑龙江水系. 国外分布于俄罗斯和蒙古国.
**保护等级（Protection class）**：省级（黑龙江）.

### （809）辽河突吻鮈 *Rostrogobio liaohensis* Qin, 1987

*Rostrogobio liaohensis* Qin（秦克静，见刘蝉馨，秦克静等）, 1987: 171; 乐佩琦（见陈宜瑜等）, 1998: 373.
**分布（Distribution）**：辽河中下游.

## 301. 鳈属 *Sarcocheilichthys* Bleeker, 1860

*Sarcocheilichthys* Bleeker, 1860: 435.

### （810）克氏鳈 *Sarcocheilichthys czerskii* (Berg, 1914)

*Chilogobio czerskii* Berg, 1914: 490.
*Sarcocheilichthys nigripinnis czerskii*: 罗云林等（见伍献文等）, 1982: 476; 任慕莲, 1981: 88.
*Sarcocheilichthys czerskii*: 乐佩琦（见陈宜瑜等）, 1998: 279.
**别名或俗名（Used or common name）**：切氏鳈.
**分布（Distribution）**：黑龙江，鸭绿江等水系. 国外分布于朝鲜半岛和俄罗斯.

### （811）川西鳈 *Sarcocheilichthys davidi* (Sauvage, 1878)

*Tylognathus davidi* Sauvage, 1878a: 86; Nichols, 1943, 9: 109.
*Chilogobio nigripinnis*: Wu, 1930c: 72.
*Sarcocheilichthys nigripinnis davidi*: 罗云林等（见伍献文等）, 1982: 477.
*Sarcocheilichthys davidi*: 丁瑞华, 1994: 261; 乐佩琦（见陈宜瑜等）, 1998: 281.
**分布（Distribution）**：长江上游支流.

### （812）江西鳈 *Sarcocheilichthys kiangsiensis* Nichols, 1930

*Sarcocheilichthys kiangsiensis* Nichols, 1930a: 6; Wang, 1935: 38; Nichols, 1943, 9: 191; 罗云林等（见伍献文等）, 1982: 473; 朱元鼎，伍汉霖和金鑫波（见朱元鼎）, 1984: 305; 乐佩琦（见郑慈英等）, 1989: 130; 丁瑞华, 1994: 258; 朱松泉, 1995: 76; 乐佩琦（见陈宜瑜等）, 1998: 275.
**分布（Distribution）**：长江至珠江间各水系.

### （813）东北鳈 *Sarcocheilichthys lacustris* (Dybowski, 1872)

*Barbodon lacustris* Dybowski, 1872: 216.
*Sarcocheilichthys lacustris*: Mori, 1927d: 104; 罗云林等（见伍献文等）, 1982: 469; 朱松泉, 1995: 76; 乐佩琦（见陈宜瑜等）, 1998: 269.
**分布（Distribution）**：黑龙江水系.
**保护等级（Protection class）**：省级（黑龙江）.

### （814）黑鳍鳈 *Sarcocheilichthys nigripinnis* (Günther, 1873)

*Gobio nigripinnis* Günther, 1873a: 246; Tchang, 1928: 16.
*Chilogobio nigripinnis*: Rendahl, 1928: 110; Wu, 1930c: 72; Chu, 1931c: 38; Wu, 1931c: 9; Wang, 1935: 36; 陈兼善, 1969: 175.
*Sarcocheilichthys geei*: Rendahl, 1928: 102; Wu, 1939: 11.
*Sarcocheilichthys nigripinnis*: Shaw, 1930b: 119; Tchang, 1933b: 83; Fu, 1934: 65; 许涛清（见陕西省动物研究所等）, 1987: 110; 朱松泉, 1995: 76; 乐佩琦（见陈宜瑜等）, 1998: 277-279; 张春光和赵亚辉, 2013: 146.
*Sarcocheilichthys sciistius*: Tchang *et* Shaw, 1931a: 285.
*Sarcocheilichthys nigripinnis nigripinnis*: Nichols, 1943, 9: 190; 罗云林等（见伍献文等）, 1982: 474; 秦克静（见刘蝉

馨, 秦克静等), 1987: 154.

*Sarcocheilichthys nigripinnis hainanensis*: 俞泰济 (见中国水产科学研究院珠江水产研究所等), 1986: 96.

**分布（Distribution）**：我国黑龙江至珠江间及海南岛和台湾诸水系均有分布. 国外分布于俄罗斯.

**保护等级（Protection class）**：省 (直辖市) 级 (北京, 黑龙江).

### （815）小鳈 *Sarcocheilichthys parvus* Nichols, 1930

*Sarcocheilichthys* (*Barbodon*) *parvus* Nichols, 1930a: 5.

*Sarcocheilichthys parvus*: Chu, 1932: 134; Wang, 1935: 38; Nichols, 1943, 9: 193; 罗云林等 (见伍献文等), 1982: 472; 林再昆 (见郑葆珊), 1981: 120; 朱元鼎, 伍汉霖和金鑫波 (见朱元鼎), 1984: 304; 乐佩琦 (见郑慈英等), 1989: 129; 丁瑞华, 1994: 257; 乐佩琦 (见陈宜瑜等), 1998: 274.

**分布（Distribution）**：我国东部长江至珠江间各水系.

### （816）福建华鳈 *Sarcocheilichthys sinensis fukiensis* Nichols, 1925

*Sarcocheilichthys sinensis fukiensis* Nichols, 1925g: 3; 罗云林等 (见伍献文等), 1982: 471; 朱元鼎, 伍汉霖和金鑫波 (见朱元鼎), 1984: 303; 朱松泉, 1995: 76; 乐佩琦 (见陈宜瑜等), 1998: 273.

**分布（Distribution）**：闽江水系.

### （817）华鳈 *Sarcocheilichthys sinensis sinensis* Bleeker, 1871

*Sarcocheilichthys sinensis* Bleeker, 1871: 31; Tchang, 1930: 89; Tchang, 1930: 84; Lin, 1933: 199; Wang, 1935: 37; Wu, 1939: 110; Chang, 1944: 36.

*Exoglossops geei*: Fowler *et* Bean, 1920: 311; Lin, 1933: 500.

*Sarcocheilichthys nigripinnis*: Shaw, 1930a: 186.

*Sarcocheilichthys sinensis lacustris*: Tchang, 1932a: 111; Fu, 1934: 66; Herre *et* Lin, 1936: 11.

*Sarcocheilichthys sinensis sinensis*: Nichols, 1943, 9: 192; 罗云林等 (见伍献文等), 1982: 470; 乐佩琦 (见陈宜瑜等), 1998: 271.

**分布（Distribution）**：我国东部海河水系以南各水系.

**保护等级（Protection class）**：省 (直辖市) 级 (北京).

## 302. 蛇鮈属 *Saurogobio* Bleeker, 1870

*Saurogobio* Bleeker, 1870b: 253.

*Gobiosoma* Dybowski, 1872: 211.

*Longurio* Jordan *et* Starks, 1905: 196.

*Armatogobio* Taranetz, 1937: 113, 115.

### （818）程海蛇鮈 *Saurogobio dabryi chenghaiensis* Dai *et* Yang, 1989

*Saurogobio dabryi chenghaiensis* Dai *et* Yang (代应贵和杨君兴), 1989: 306; 陈小勇, 2013, 34 (4): 303.

**分布（Distribution）**：云南程海.

### （819）蛇鮈 *Saurogobio dabryi dabryi* Bleeker, 1871

*Saurogobio dabryi* Bleeker, 1871: 27; Tchang, 1928: 17; Tchang, 1930: 89; Wu, 1930b: 49; Wu, 1931: 436; Tchang, 1932a: 112; Wang, 1933b: 23; Lin, 1934: 12; Wang, 1935: 35; Wu, 1939: 113; 罗云林等 (见伍献文等), 1982: 539; 朱元鼎, 伍汉霖和金鑫波 (见朱元鼎), 1984: 322; 葛荫榕, 1984: 126; 王鸿媛, 1984: 30; 许涛清 (见陕西省动物研究所等), 1987: 134; 秦克静 (见刘蝉馨, 秦克静等), 1987: 175; 陈银瑞和李再云 (见褚新洛和陈银瑞等), 1989: 116; 武云飞和吴翠珍, 1990a: 103; 丁瑞华, 1994: 301; 朱松泉, 1995: 84; 成庆泰和周才武, 1997: 178; 乐佩琦 (见陈宜瑜等), 1998: 381.

*Saurogobio longirostris*: Wu *et* Wang, 1931a: 229; Wang, 1935: 36.

*Saurogobio drakei*: Tchang, 1931: 235; Miao, 1934: 151; Nichols, 1943, 9: 186.

*Saurogobio dabryi dabryi*: Tchang, 1933b: 78; Fu, 1934: 62; 陈小勇, 2013, 34 (4): 303.

*Saurogobio productus*: Nichols, 1943, 9: 186.

*Saurogobio punctatus* Tang, Li, Yu, Zhu, Ding, Liu, Danley, 2018: 347-364.

**别名或俗名（Used or common name）**：斑点蛇鮈.

**分布（Distribution）**：除西部高原和西北少数地区外, 我国其他地区均有分布记录. 国外分布于俄罗斯, 朝鲜半岛, 蒙古国, 越南 (北部) 等.

**保护等级（Protection class）**：省级 (黑龙江).

### （820）长蛇鮈 *Saurogobio dumerili* Bleeker, 1871

*Saurogobio dumerili* Bleeker, 1871: 25; Evermann *et* Shaw, 1927: 106; Tchang, 1930: 89; Wu *et* Wang, 1931a: 228; Fu *et* Tchang, 1933: 13; Miao, 1934: 152; Nichols, 1943, 9: 187; 罗云林等 (见伍献文等), 1982: 537; 丁瑞华, 1994: 300; 朱松泉, 1995: 84; 成庆泰和周才武, 1997: 179; 乐佩琦 (见陈宜瑜等), 1998: 378.

*Saurogobio dorsalis*: Chu, 1932: 133.

**分布（Distribution）**：辽河, 黄河, 长江, 钱塘江等水系.

### （821）细尾蛇鮈 *Saurogobio gracilicaudatus* Yao *et* Yang, 1982

*Saurogobio gracilicaudatus* Yao *et* Yang (乐佩琦和杨干荣, 见伍献文等), 1982: 542; 乐佩琦 (见陈宜瑜等), 1998: 385.

**分布（Distribution）**：长江中游干支流.

### （822）光唇蛇鮈 *Saurogobio gymnocheilus* Lo, Yao *et* Chen, 1982

*Saurogobio gymnocheilus* Lo, Yao *et* Chen (罗云林, 乐佩琦和陈宜瑜, 见伍献文等), 1982: 542; 丁瑞华, 1994: 303; 朱松泉, 1995: 85; 成庆泰和周才武, 1997: 180; 乐佩琦 (见陈宜瑜等), 1998: 387.

*Saurogobio drakei*: 褚新洛, 1955: 83.

分布（Distribution）：长江中上游.

**（823）无斑蛇鮈 *Saurogobio immaculatus* Koller, 1927**

*Saurogobio dabryi immaculatus* Koller, 1927: 44.

*Saurogobio immaculatus*: 罗云林等（见伍献文等）, 1982: 541; 俞泰济（见中国水产科学研究院珠江水产研究所等）, 1986: 104; 陈银瑞和李再云（见褚新洛和陈银瑞等）, 1989: 118; 朱松泉, 1995: 84; 乐佩琦（见陈宜瑜等）, 1998: 383.

*Saurogobio dabryi vietnamensis*: Mai, 1978: 202.

分布（Distribution）：海南岛. 国外分布于越南.

**（824）洞庭蛇鮈 *Saurogobio lissilabris* Bănărescu *et* Nalbant, 1973**

*Saurogobio lissilabris* Bănărescu *et* Nalbant, 1973, 93: i-vii + 1-304.

*Saurogobio gymnocheilus* Lo, Yao *et* Chen（罗云林, 乐佩琦和陈宜瑜, 见伍献文等）, 1977: 387-389.

分布（Distribution）：湖南洞庭湖.

**（825）斑点蛇鮈 *Saurogobio punctatus* Tang, Li, Yu, Zhu, Ding, Liu *et* Danley, 2018**

*Saurogobio punctatus* Tang, Li, Yu, Zhu, Ding, Liu *et* Danley, 2018: 347-364.

分布（Distribution）：四川宜宾市和合江市（赤水支流）; 湖南洞庭湖水系和江西鄱阳湖水系.

**（826）湘江蛇鮈 *Saurogobio xiangjiangensis* Tang, 1980**

*Saurogobio xiangjiangensis* Tang（唐家汉）, 1980: 437; 朱元鼎, 伍汉霖和金鑫波（见朱元鼎）, 1984: 323; 朱松泉, 1995: 85; 乐佩琦（见陈宜瑜等）, 1998: 386.

分布（Distribution）：长江中游支流湘江, 沅江, 闽江中上游等.

保护等级（Protection class）：省级（湖南）.

## 303. 银鮈属 *Squalidus* Dybowski, 1872

*Squalidus* Dybowski, 1872: 216.

*Sinigobio* Chu（朱元鼎）, 1935: 11.

**（827）银鮈 *Squalidus argentatus* (Sauvage *et* Dabry, 1874)**

*Gobio argentatus* Sauvage *et* Dabry, 1874: 9; Wu, 1931: 435; Wu *et* Wang, 1931a: 226; Lin, 1933: 504; Miao, 1934: 144.

*Gnathopogon argentatus*: Nichols, 1928: 34; 罗云林等（见伍献文等）, 1982: 487; 任慕莲, 1981: 79; 林再昆（见郑葆珊）, 1981: 122; 朱元鼎, 伍汉霖和金鑫波（见朱元鼎）, 1984: 310; 许涛清（见陕西省动物研究所等）, 1987: 113; 秦克静（见刘蝉馨, 秦克静等）, 1987: 159.

*Gobio* (*Leucogobio*) *hsui*: Wu *et* Wang, 1931a: 227.

*Gobio* (*Gnathopogon*) *argentatus*: Wang, 1935: 28.

*Squalidus argentatus*: 陈银瑞和李再云（见褚新洛和陈银瑞等）, 1989: 106; 乐佩琦（见郑慈英等）, 1989: 133; 丁瑞华, 1994: 268; 朱松泉, 1995: 79; 成庆泰和周才武, 1997: 165; 乐佩琦（见陈宜瑜等）, 1998: 314.

分布（Distribution）：分布极广, 我国除西部, 西北部地区外其他区域均有分布. 国外分布于俄罗斯和越南.

保护等级（Protection class）：省级（黑龙江）,《台湾淡水鱼类红皮书》（易危）.

**（828）暗斑银鮈 *Squalidus atromaculatus* (Nichols *et* Pope, 1927)**

*Gnathopogon atromaculatus* Nichols *et* Pope, 1927: 351; Nichols, 1943, 9: 170; 罗云林等（见伍献文等）, 1982: 492.

*Gnathopogon wolterstorffi*: 俞泰济（见中国水产科学研究院珠江水产研究所等）, 1986: 98.

*Squalidus atromaculatus*: 乐佩琦（见陈宜瑜等）, 1998: 318.

分布（Distribution）：珠江及海南岛水系. 国外分布于越南.

**（829）巴氏银鮈 *Squalidus bănărescui* Chen *et* Chang, 2007**

*Squalidus bănărescui* Chen *et* Chang, 2007: 69.

分布（Distribution）：台湾台中.

保护等级（Protection class）：《台湾淡水鱼类红皮书》（极危）.

**（830）兴凯银鮈 *Squalidus chankaensis* Dybowski, 1872**

*Squalidus chankaensis* Dybowski, 1872: 215; 刘蝉馨, 秦克静等, 1987: 158; 朱松泉, 1995: 79; 乐佩琦（见陈宜瑜等）, 1998: 313.

*Gnathopogon chankaensis*: 罗云林等（见伍献文等）, 1982: 486.

别名或俗名（Used or common name）：乌苏里鮈.

分布（Distribution）：黑龙江水系. 国外分布于俄罗斯和蒙古国.

保护等级（Protection class）：省级（黑龙江）.

**（831）台银鮈 *Squalidus iijimae* (Oshima, 1919)**

*Gnathopogon iijimae* Oshima, 1919, 12 (2-4): 219; 陈兼善, 1969: 175; 罗云林等（见伍献文等）, 1982: 490.

*Squalidus iijimae*: Bănărescu, 1969a: 100; Bănărescu *et* Nalbant, 1973: 97; 乐佩琦（见陈宜瑜等）, 1998: 322.

分布（Distribution）：台湾的淡水河水系.

保护等级（Protection class）：《台湾淡水鱼类红皮书》（极危）.

**（832）中间银鮈 *Squalidus intermedius* (Nichols, 1929)**

*Gnathopogon intermedius* Nichols, 1929: 3; Nichols, 1943, 9:

169; 罗云林等 (见伍献文等), 1982: 489; 葛荫榕, 1984: 106.
*Squalidus intermedius*: 成庆泰和周才武, 1997: 167; 乐佩琦 (见陈宜瑜等), 1998: 321.
**分布（Distribution）**：黄河水系.

### （833）小银鮈 *Squalidus minor* (Harada, 1943)

*Leucogobio minor* Harada, 1943: 42.
*Gnathopogon minor*: 俞泰济 (见中国水产科学研究院珠江水产研究所等), 1986: 99.
*Squalidus minor*: 朱松泉, 1995: 79; 乐佩琦 (见陈宜瑜等), 1998: 324.
**别名或俗名（Used or common name）**：海南银鮈.
**分布（Distribution）**：海南岛南渡河和万泉河.
**保护等级（Protection class）**：《中国濒危动物红皮书·鱼类》(濒危).

### （834）亮银鮈 *Squalidus nitens* (Günther, 1873)

*Gobio nitens* Günther, 1873a: 246; Nichols, 1943, 9: 172.
*Gobio sihuensis*: Chu (朱元鼎), 1932: 22.
*Sinigobio sihuensis*: Chu, 1935a: 11; 丁瑞华, 1994: 270; 朱松泉, 1995: 80; 成庆泰和周才武, 1997: 167.
*Gnathopogon sihuensis*: Nichols, 1943, 9: 170; 罗云林等 (见伍献文等), 1982: 489.
*Squalidus nitens*: 乐佩琦 (见陈宜瑜等), 1998: 319.
**分布（Distribution）**：长江中下游.

### （835）点纹银鮈 *Squalidus wolterstorffi* (Regan, 1908)

*Gobio wolterstorffi* Regan, 1908a: 110; Wu, 1930c: 69; Lin, 1933: 505; Herre *et* Lin, 1936: 7; Wu, 1939: 107.
*Gnathopogon wolterstorffi*: Tchang, 1930a: 94; 罗云林等 (见伍献文等), 1982: 491; 林再昆 (见郑葆珊), 1981: 123; 葛荫榕, 1984: 108; 秦克静 (见刘蝉馨, 秦克静等), 1987: 161; 武云飞和吴翠珍, 1992: 278.
*Gobio* (*Gnathopogon*) *wolterstorffi*: Wang, 1935: 28.
*Squalidus wolterstorffi*: 乐佩琦 (见郑慈英等), 1989: 135; 丁瑞华, 1994: 272; 朱松泉, 1995: 80; 成庆泰和周才武, 1997: 168; 乐佩琦 (见陈宜瑜等), 1998: 316.
*Gnathopogon wolterstorffi huapingensis*: Wu *et* Wu (见武云飞和吴翠珍), 1990a: 101-113.
**分布（Distribution）**：黄河至珠江间各水系.

## 八）鳅鮀亚科 Gobiobotinae

## 304. 鳅鮀属 *Gobiobotia* Kreyenberg, 1911

*Gobiobotia* Kreyenberg, 1911: 417.

### 鳅鮀亚属 *Gobiobotia* Kreyenberg, 1911

*Gobiobotia* Kreyenberg, 1911: 417.

### （836）短吻鳅鮀 *Gobiobotia* (*Gobiobotia*) *brevirostris* Chen *et* Tsao, 1982

*Gobiobotia brevirostris* Chen *et* Tsao (陈宜瑜和曹文宣, 见伍献文等), 1982: 556; 成庆泰和周才武, 1997: 190.
*Gobiobotia* (*Gobiobotia*) *brevirostris*: 陈景星 (见陕西省动物研究所等), 1987: 138; 何舜平和陈宜瑜 (见陈宜瑜等), 1998: 410.
**分布（Distribution）**：汉水水系的唐白河和河南淅川县.

### （837）台湾鳅鮀 *Gobiobotia* (*Gobiobotia*) *cheni* Bănărescu *et* Nalbant, 1966

*Gobiobotia cheni* Bănărescu *et* Nalbant, 1966b: 13; 陈宜瑜和曹文宣 (见伍献文等), 1982: 562; 陈义雄和方力行, 1999: 73.
*Gobiobotia* (*Gobiobotia*) *cheni*: 何舜平和陈宜瑜 (见陈宜瑜等), 1998: 399.
**分布（Distribution）**：台湾大肚溪和浊水溪.
**保护等级（Protection class）**：《台湾淡水鱼类红皮书》(易危).

### （838）宜昌鳅鮀 *Gobiobotia* (*Gobiobotia*) *filifer* (Garman, 1912)

*Pseudogobio filifer* Garman, 1912: 111.
*Gobiobotia ichangensis*: Fang, 1930b: 58; Fang *et* Wang, 1931: 297; Tchang, 1933b: 94; Nichols, 1943, 9: 195; 张春霖, 1959: 76; 湖北省水生生物研究所鱼类研究室, 1976: 82; 陈宜瑜和曹文宣 (见伍献文等), 1982: 565; 陈景星 (见陕西省动物研究所等), 1987: 137; 倪勇, 1990: 198; 赵执桴 (见伍律), 1989: 118; 成庆泰和周才武, 1997: 191.
*Gobiobotia kiatingensis*: Fang, 1930b: 60; Fang *et* Wang, 1931: 298; Tchang, 1933b: 100; Nichols, 1943, 9: 196; Chang, 1944: 27; 张春霖, 1959: 76.
*Gobiobotia* (*Gobiobotia*) *filifer*: 何舜平和陈宜瑜 (见陈宜瑜等), 1998: 407.
**分布（Distribution）**：长江水系.

### （839）平鳍鳅鮀 *Gobiobotia* (*Gobiobotia*) *homalopteroidea* Rendahl, 1932

*Gobiobotia homalopteroidea* Rendahl, 1932: 54; Nichols, 1943, 9: 197; Bănărescu *et* Nalbant, 1966b: 5; 陈宜瑜和曹文宣 (见伍献文等), 1982: 554.
*Gobiobotia* (*Gobiobotia*) *homalopteroidea*: 陈景星 (见陕西省动物研究所等), 1987: 140; 何舜平和陈宜瑜 (见陈宜瑜等), 1998: 412.
**分布（Distribution）**：黄河中上游.
**保护等级（Protection class）**：《中国濒危动物红皮书·鱼类》(濒危), 省级 (甘肃).

### （840）江西鳅鮀 *Gobiobotia* (*Gobiobotia*) *jiangxiensis* Zhang *et* Liu, 1995

*Gobiobotia* (*Gobiobotia*) *jiangxiensis* Zhang *et* Liu (张鹗和刘

焕章), 1995: 249.

**分布（Distribution）**：江西信江水系.

### （841）海南鳅鮀 *Gobiobotia* (*Gobiobotia*) *kolleri* Bănărescu *et* Nalbant, 1966

*Gobiobotia kolleri* Bănărescu *et* Nalbant, 1966b: 9; 陈宜瑜和曹文宣 (见伍献文等), 1982: 563; 金鑫波 (见朱元鼎), 1984: 327; 陈敬平, 1986: 106; 潘炯华, 1987: 14; 潘炯华等, 1991: 234.

*Gobiobotia intermedia intermedia*: Bănărescu *et* Nalbant, 1968: 336; 陈宜瑜和曹文宣 (见伍献文等), 1982: 562; 金鑫波 (见朱元鼎), 1984: 327; 陈义雄和方力行, 1999: 74.

*Gobiobotia intermedia fukiensis*: Bănărescu *et* Nalbant, 1968: 339.

*Gobiobotia* (*Gobiobotia*) *kolleri*: 何舜平和陈宜瑜 (见陈宜瑜等), 1998: 405.

**分布（Distribution）**：广东, 广西, 福建, 海南, 台湾等. 国外分布于越南.

**保护等级（Protection class）**：《台湾淡水鱼类红皮书》(易危).

### （842）长须鳅鮀 *Gobiobotia* (*Gobiobotia*) *longibarba* Fang *et* Wang, 1931

*Gobiobotia longibarba* Fang *et* Wang (方炳文和王以康), 1931: 296; Tchang, 1933b: 96; Wang, 1935: 39; Nichols, 1943, 9: 196; 张春霖, 1959: 76; 金鑫波 (见朱元鼎), 1984: 325.

*Gobiobotia* (*Gobiobotia*) *longibarba longibarba*: 陈宜瑜和曹文宣 (见伍献文等), 1982: 558.

*Gobiobotia longibarba meridionalis*: 陈景星 (见陕西省动物研究所等), 1987: 136; 陈银瑞和李再云 (见褚新洛和陈银瑞等), 1989: 119; 赵执桴 (见伍律), 1989: 116.

*Gobiobotia* (*Gobiobotia*) *longibarba*: 毛节荣和徐寿山, 1991: 142; 何舜平和陈宜瑜 (见陈宜瑜等), 1998: 402.

**分布（Distribution）**：曹娥江, 钱塘江和闽江.

### （843）南方鳅鮀 *Gobiobotia* (*Gobiobotia*) *meridionalis* Chen *et* Tsao, 1982

*Gobiobotia longibarba meridionalis* Chen *et* Tsao (陈宜瑜和曹文宣, 见伍献文等), 1982: 599; 陈宜瑜 (见郑慈英等), 1989: 153; 潘炯华等, 1991: 223.

*Gobiobotia pappenheimi*: Lin, 1933: 492.

*Gobiobotia longibarba yuanjiangensis*: Chen *et* Tsao (陈宜瑜和曹文宣, 见伍献文等), 1982: 561.

*Gobiobotia longibarba*: 彭昌迪, 1981: 146.

*Gobiobotia* (*Gobiobotia*) *meridionalis*: 何舜平和陈宜瑜 (见陈宜瑜等), 1998: 404.

**分布（Distribution）**：长江中游各支流, 珠江, 元江及澜沧江下游.

### （844）潘氏鳅鮀 *Gobiobotia* (*Gobiobotia*) *pappenheimi* Kreyenberg, 1911

*Gobiobotia pappenheimi* Kreyenberg, 1911: 417; Berg, 1914: 518; Fang *et* Wang, 1931: 300; Shaw *et* Tchang, 1931: 66; Rendahl, 1932: 54; Tchang, 1933b: 100; Mori, 1934: 36; Berg, 1949: 672; 张春霖, 1959: 77; Bănărescu *et* Nalbant, 1966b: 2; 陈宜瑜和曹文宣 (见伍献文等), 1982: 554; 任慕莲, 1981: 94; 王鸿媛, 1984: 31; 朱松泉, 1995: 101.

*Gobiobotia* (*Gobiobotia*) *pappenheimi*: 何舜平和陈宜瑜 (见陈宜瑜等), 1998: 409.

**分布（Distribution）**：黑龙江, 辽河, 大凌河, 海河和黄河下游.

**保护等级（Protection class）**：省 (直辖市) 级 (北京, 黑龙江).

### （845）少耙鳅鮀 *Gobiobotia* (*Gobiobotia*) *paucirastella* Zheng *et* Yan, 1986

*Gobiobotia paucirastella* Zheng *et* Yan (郑米良和严纪平), 1986: 58; 毛节荣和徐寿山, 1991: 140.

*Gobiobotia* (*Gobiobotia*) *paucirastella*: 何舜平和陈宜瑜 (见陈宜瑜等), 1998: 401.

**分布（Distribution）**：钱塘江上游衢江和瓯江水系.

### （846）董氏鳅鮀 *Gobiobotia* (*Gobiobotia*) *tungi* Fang, 1933

*Gobiobotia tungi* Fang, 1933b: 265; Nichols, 1943, 9: 197; 陈宜瑜和曹文宣 (见伍献文等), 1982: 557; 毛节荣和徐寿山, 1991: 139.

*Gobiobotia* (*Gobiobotia*) *tungi*: 何舜平和陈宜瑜 (见陈宜瑜等), 1998: 398.

**分布（Distribution）**：长江支流水阳江和钱塘江.

## 原鳅鮀亚属 *Progobiobotia* Chen *et* Tsao, 1982

*Progobiobotia* Chen *et* Tsao (陈宜瑜和曹文宣, 见伍献文等), 1982: 551.

### （847）短身鳅鮀 *Gobiobotia* (*Progobiobotia*) *abbreviate* Fang *et* Wang, 1931

*Gobiobotia abbreviate* Fang *et* Wang (方炳文和王以康), 1931: 291; Nichols, 1943, 9: 197; 张春霖, 1959: 74; 陈宜瑜和曹文宣 (见伍献文等), 1982: 551; 丁瑞华, 1994: 306.

*Gobiobotia* (*Progobiobotia*) *abbreviate*: 何舜平和陈宜瑜 (见陈宜瑜等), 1998: 394.

**分布（Distribution）**：长江上游的四川盆地.

### （848）桂林鳅鮀 *Gobiobotia* (*Progobiobotia*) *guilinensis* Chen, 1989

*Gobiobotia guilinensis* Chen (陈宜瑜, 见郑慈英等), 1989: 152.

*Gobiobotia* (*Progobiobotia*) *guilinensis*: 何舜平和陈宜瑜(见陈宜瑜等), 1998: 395.
**分布（Distribution）**：珠江流域的西江和北江上游，贵州榕江县，都柳江等.

## 305. 异鳔鳅鮀属 *Xenophysogobio* Chen *et* Tsao, 1982

*Xenophysogobio* Chen *et* Tsao (陈宜瑜和曹文宣，见伍献文等), 1982: 567.

### （849）异鳔鳅鮀 *Xenophysogobio boulengeri* (Tchang, 1929)

*Gobiobotia boulengeri* Tchang (张春霖), 1929b: 307; Tchang, 1930a: 158; Fang *et* Wang, 1931: 289; Tchang, 1933b: 94; 陈宜瑜和曹文宣（见伍献文等), 1982: 567; 陈银瑞和李再云(见褚新洛和陈银瑞等), 1989: 122; 丁瑞华, 1994: 311; 朱松泉, 1995: 101; 何舜平和陈宜瑜（见陈宜瑜等), 1998: 144.
*Gobiobotia* (*Xenophyeogobio*) *boulengeri*: 杨干荣, 1987: 129.
*Xenophysogobio boulengeri*: 陈宜瑜等, 1998: 390.
**分布（Distribution）**：长江中上游，包括金沙江下游.

### （850）裸体异鳔鳅鮀 *Xenophysogobio nudicorpa* (Huang *et* Zhang, 1986)

*Gobiobotia nudicorpa* Huang *et* Zhang (黄宏金和张卫), 1986: 99; 丁瑞华, 1994: 312.
*Neogobiotia nudicorpa*: 武云飞和吴翠珍, 1988a: 15.
*Xenophysogobio nudicorpa*: 何舜平和陈宜瑜（见陈宜瑜等), 1998: 392.
**别名或俗名（Used or common name）**：裸体鳅鮀.
**分布（Distribution）**：长江上游的岷江，金沙江下游等水系.

## 九）鲤亚科 Cyprininae

## 306. 须鲫属 *Carassioides* Oshima, 1926

*Carassioides* Oshima, 1926a: 6.

### （851）须鲫 *Carassioides cantonensis* (Heincke, 1892)

*Carpio cantonensis* Heincke, 1892: 70.
*Carassioides rhombeus*: Oshima, 1926a: 7.
*Carassioides cantonensis*: Chu, 1935: 9; 陈湘粦和黄宏金(见伍献文等), 1982: 429; 王幼槐, 1979: 430; 彭昌迪, 1981: 143; 黄宏金（见郑慈英等), 1989: 238; 匡庸德（见中国水产科学研究院珠江水产研究所等), 1986: 141; 罗云林和乐佩琦（见乐佩琦等), 2000: 425; 朱瑜（见周解和张春光), 2006: 354.
**分布（Distribution）**：珠江及海南岛. 国外分布于越南.

## 307. 鲫属 *Carassius* Jarocki, 1822

*Carassius* Jarocki, 1822: 54.

### （852）鲫 *Carassius auratus auratus* (Linnaeus, 1758)

*Cyprinus auratus* Linnaeus, 1758: 322.
*Cyprinus gibelipides*: Cantor, 1842: 485.
*Cyprinus pekinensis*: Basilewsky, 1855: 229.
*Carassius auratus*: Günther, 1868: 32; Evermann *et* Shaw, 1927: 104; Wu, 1929: 45; Shaw, 1930a: 172; Wu, 1930b: 50; Chu (朱元鼎), 1932: 34; Lin, 1932b: 64; Wu, 1939: 97; 张春霖, 1959: 90; 李思忠，戴定远，张世义等, 1966: 43; 张世义(见中国科学院动物研究所等), 1979: 18; 王幼槐, 1979: 431; 彭昌迪, 1981: 144; 匡庸德（见中国水产科学研究院珠江水产研究所等), 1986: 143; 许涛清（见陕西省动物研究所等), 1987: 165; 黄宏金（见郑慈英等), 1989: 239; 吕克强（见伍律), 1989: 200; 徐寿山（见毛节荣和徐寿山), 1991: 110; 郭田漪（见高玺章), 1992: 70; 武云飞和吴翠珍, 1992: 517; 沈世杰, 1993: 137; 丁瑞华, 1994: 419.
*Carassius carassius*: Tchang, 1932: 211; Miao, 1934: 198; 陈兼善, 1969: 172.
*Carassius auratus* var. *wui*: Tchang, 1930a: 65; Tchang, 1933b: 26; 张春霖, 1959: 92.
*Carassius auratus auratus*: 陈湘粦和黄宏金（见伍献文等), 1982: 431; 周伟（见褚新洛和陈银瑞等), 1989: 350; 罗云林和乐佩琦（见乐佩琦等), 2000: 429.
**分布（Distribution）**：除青藏高原外，我国各主要水系. 国外分布于中亚和日本.

### （853）银鲫 *Carassius auratus gibelio* (Bloch, 1782)

*Cyprinus gibelio* Bloch, 1782: 71.
*Carassius auratus vulgaris*: Tchang, 1933b: 28; 张春霖, 1959: 91.
*Carassius auratus gibelio*: 李思忠，戴定远，张世义等, 1966: 43; 陈湘粦和黄宏金（见伍献文等), 1982: 343; 张世义（见中国科学院动物研究所等), 1979: 19; 罗云林和乐佩琦（见乐佩琦等), 2000: 432.
*Carassius gibelio*: 王幼槐, 1979: 431.
**分布（Distribution）**：黑龙江和额尔齐斯河水系. 国外分布于欧洲.
**保护等级（Protection class）**：省级（黑龙江).

### （854）黑鲫 *Carassius carassius* (Linnaeus, 1758)

*Cyprinus carassius* Linnaeus, 1758: 321.
*Carassius carassius*: 李思忠，戴定远，张世义等, 1966: 43; 陈湘粦和黄宏金（见伍献文等), 1982: 431; 张世义（见中国科学院动物研究所等), 1979: 18; 罗云林和乐佩琦（见乐

佩琦等), 2000: 428.

**分布（Distribution）**：新疆额尔齐斯河水系. 国外分布于欧洲.

## 308. 鲤属 *Cyprinus* Linnaeus, 1758

*Cyprinus* Linnaeus, 1758: 320.

### （855）尖鳍鲤 *Cyprinus acutidorsalis* Wang, 1979

*Cyprinus acutidorsalis* Wang (王幼槐), 1979: 424; 彭昌迪, 1981: 141; 匡庸德（见中国水产科学研究院珠江水产研究所等), 1986: 138.

*Cyprinus* (*Cyprinus*) *acutidorsalis*: 陈湘粦和黄宏金（见伍献文等), 1982: 410; 罗云林和乐佩琦（见乐佩琦等), 2000: 409; 朱瑜（见周解和张春光), 2006: 351.

**分布（Distribution）**：广西钦江水系, 海南岛.

### （856）洱海鲤 *Cyprinus barbatus* Chen *et* Hwang, 1982

*Cyprinus* (*Cyprinus*) *pellegrini barbatus* Chen *et* Hwang (陈湘粦和黄宏金, 见伍献文等), 1982: 423.

*Cyprinus barbatus*: 王幼槐, 1979: 429.

*Cyprinus* (*Cyprinus*) *barbatus*: 周伟（见褚新洛和陈银瑞等), 1989: 335; 陈银瑞, 1998: 256; 罗云林和乐佩琦（见乐佩琦等), 2000: 419.

**分布（Distribution）**：云南洱海.

### （857）鲤 *Cyprinus carpio* Linnaeus, 1758

*Cyprinus carpio* Linnaeus, 1758: 320; Tchang, 1928: 5; Wu, 1929: 42; Shaw, 1930b: 112; Tchang, 1930a: 63; Wu, 1931c: 26; Tchang *et* Shaw, 1931a: 283; Lin, 1933: 347; Tchang, 1933b: 14; Fu, 1934: 54; Fang, 1936d: 694; Wu, 1939: 94; 李思忠, 戴定远, 张世义等, 1966: 43; 陈兼善, 1969: 172; 张世义（见中国科学院动物研究所等), 1979: 16; 彭昌迪, 1981: 142; 连珍水, 1984: 356; 许涛清（见陕西省动物研究所等), 1987: 164; 黄宏金（见郑慈英等), 1989: 231; 徐寿山（见毛节荣和徐寿山), 1991: 69; 丁瑞华, 1994: 414.

*Cyprinus carpio* var. *hungaricus*: Tchang, 1930a: 62.

*Cyprinus carpio yuankiang*: Wu *et al.* (伍献文等), 1963: 43.

*Cyprinus* (*Cyprinus*) *carpio carpio*: 陈湘粦和黄宏金（见伍献文等), 1982: 411.

*Cyprinus* (*Cyprinus*) *carpio haematopterus*: 陈湘粦和黄宏金（见伍献文等), 1979: 412; 吕克强（见伍律), 1989: 197.

*Cyprinus* (*Cyprinus*) *carpio rubrofuscus*: 陈湘粦和黄宏金（见伍献文等), 1979: 413; 周伟（见褚新洛和陈银瑞等), 1989: 337; 吕克强（见伍律), 1989: 198.

*Cyprinus* (*Cyprinus*) *mahuensis*: Liu *et* Ding (刘成汉和丁瑞华), 1982: 71.

*Cyprinus* (*Cyprinus*) *carpio*: 连珍水, 1984: 357; 罗云林和乐佩琦（见乐佩琦等), 2000: 142.

**别名或俗名（Used or common name）**：马湖鲤.

**分布（Distribution）**：除我国青藏高原, 西北地区大部分内流区外, 我国其他各主要水系. 国外分布于亚洲和欧洲的一些国家.

**保护等级（Protection class）**：省级（黑龙江).

### （858）杞麓鲤 *Cyprinus chilia* Wu, 1963

*Cyprinus carpio chilia* Wu (伍献文, 见伍献文等), 1963: 43.

*Cyprinus* (*Cyprinus*) *carpio chilia*: 陈湘粦和黄宏金（见伍献文等), 1982: 416; 周伟（见褚新洛和陈银瑞等), 1989: 338; 黄宏金（见郑慈英等), 1989: 233; 杨君兴和陈银瑞, 1995: 97.

*Cyprinus* (*Cyprinus*) *crassilabris*: Chen *et* Hwang (陈湘粦和黄宏金, 见伍献文等), 1982: 419.

*Cyprinus chilia*: 王幼槐, 1979: 428.

*Cyprinus* (*Cyprinus*) *chilia*: 罗云林和乐佩琦（见乐佩琦等), 2000: 413.

**分布（Distribution）**：云南杞麓湖, 抚仙湖, 星云湖, 异龙湖, 滇池, 洱海和茈碧湖等.

### （859）大理鲤 *Cyprinus daliensis* Chen *et* Hwang, 1982

*Cyprinus* (*Cyprinus*) *yunnanensis daliensis* Chen *et* Hwang (陈湘粦和黄宏金, 见伍献文等), 1982: 426.

*Cyprinus daliensis*: 王幼槐, 1979: 430.

*Cyprinus* (*Cyprinus*) *daliensis*: 周伟（见褚新洛和陈银瑞等), 1989: 347; 罗云林和乐佩琦（见乐佩琦等), 2000: 423.

**分布（Distribution）**：云南洱海.

### （860）抚仙鲤 *Cyprinus fuxianensis* Yang *et al.*, 1982

*Cyprinus* (*Mesocyprinus*) *micristius fuxianensis* Yang *et al.* (杨干荣等, 见伍献文等), 1982: 404; 周伟（见褚新洛和陈银瑞等), 1989: 332.

*Cyprinus fuxianensis*: 王幼槐, 1979: 427.

*Cyprinus* (*Mesocyprinus*) *fuxianensis*: 罗云林和乐佩琦（见乐佩琦等), 2000: 402.

**分布（Distribution）**：云南抚仙湖和星云湖.

### （861）翘嘴鲤 *Cyprinus ilishanestomus* Chen *et* Hwang, 1982

*Cyprinus* (*Cyprinus*) *ilishanestomus* Chen *et* Hwang (陈湘粦和黄宏金, 见伍献文等), 1982: 427; 周伟（见褚新洛和陈银瑞等), 1989: 348; 罗云林和乐佩琦（见乐佩琦等), 2000: 424.

*Cyprinus ilishanestomus*: 王幼槐, 1979: 430.

**分布（Distribution）**：云南杞麓湖.

**保护等级（Protection class）**：《中国濒危动物红皮书·鱼类》(濒危).

### （862）春鲤 *Cyprinus longipectoralis* Chen *et* Hwang, 1982

*Cyprinus* (*Cyprinus*) *longipectoralis* Chen *et* Hwang (陈湘粦和黄宏金, 见伍献文等), 1982: 421; 周伟 (见褚新洛和陈银瑞等), 1989: 342; 罗云林和乐佩琦 (见乐佩琦等), 2000: 416.

*Cyprinus longipectoralis*: 王幼槐, 1979: 429.

**分布（Distribution）**：云南洱海.

**保护等级（Protection class）**：《中国濒危动物红皮书·鱼类》(易危).

### （863）龙州鲤 *Cyprinus longzhouensis* Yang *et* Hwang, 1982

*Cyprinus* (*Mesocyprinus*) *longzhouensis* Yang *et* Hwang (杨干荣和黄宏金, 见伍献文等), 1982: 407; 罗云林和乐佩琦 (见乐佩琦等), 2000: 406; 朱瑜 (见周解和张春光), 2006: 350.

*Cyprinus longzhouensis*: 王幼槐, 1979: 427; 彭昌迪, 1981: 140.

**分布（Distribution）**：珠江流域西江上游.

### （864）大眼鲤 *Cyprinus megalophthalmus* Wu *et al.*, 1963

*Cyprinus carpio megalophthalmus* Wu *et al.* (伍献文等), 1963: 43.

*Cyprinus* (*Cyprinus*) *megalophthalmus*: 陈湘粦和黄宏金 (见伍献文等), 1982: 420; 周伟 (见褚新洛和陈银瑞等), 1989: 341; 陈宜瑜, 1998: 254; 罗云林和乐佩琦 (见乐佩琦等), 2000: 415.

*Cyprinus megalophthalmus*: 王幼槐, 1979: 428.

**分布（Distribution）**：云南洱海.

**保护等级（Protection class）**：《中国濒危动物红皮书·鱼类》(濒危).

### （865）小鲤 *Cyprinus micristius* Regan, 1906

*Cyprinus micristius* Regan, 1906: 332; 王幼槐, 1979: 427.

*Mesocyprinus micristius*: Fang, 1936d: 701.

*Cyprinus* (*Mesocyprinus*) *micristius*: 陈湘粦和黄宏金 (见伍献文等), 1982: 403; 周伟 (见褚新洛和陈银瑞等), 1989: 330; 罗云林和乐佩琦 (见乐佩琦等), 2000: 401.

**分布（Distribution）**：云南滇池.

**保护等级（Protection class）**：《中国濒危动物红皮书·鱼类》(濒危).

### （866）三角鲤 *Cyprinus multitaeniata* Pellegrin *et* Chevey, 1936

*Cyprinus carpio* var. *multitaeniata* Pellegrin *et* Chevey, 1936: 220.

*Cyprinus carpio* var. *triangularis*: Wu, 1939: 95.

*Cyprinus* (*Mesocyprinus*) *multitaeniata*: 陈湘粦和黄宏金 (见伍献文等), 1982: 406; 黄宏金 (见郑慈英等), 1989: 229; 罗云林和乐佩琦 (见乐佩琦等), 2000: 405; 朱瑜 (见周解和张春光), 2006: 349.

*Cyprinus multitaeniata*: 王幼槐, 1979: 427; 彭昌迪, 1981: 139.

**分布（Distribution）**：珠江流域西江水系. 国外分布于越南.

### （867）大头鲤 *Cyprinus pellegrini* Tchang, 1933

*Cyprinus pellegrini* Tchang (张春霖), 1933b: 20; Fang, 1936d: 697; 伍献文, 杨干荣, 乐佩琦等, 1963: 39; 王幼槐, 1979: 429.

*Cyprinus* (*Cyprinus*) *pellegrini pellegrini*: 陈湘粦和黄宏金 (见伍献文等), 1982: 422.

*Cyprinus* (*Cyprinus*) *pellegrini*: 周伟 (见褚新洛和陈银瑞等), 1989: 344; 罗云林和乐佩琦 (见乐佩琦等), 2000: 417.

**分布（Distribution）**：云南杞麓湖和星云湖.

**保护等级（Protection class）**：国家 II 级.

### （868）邛海鲤 *Cyprinus qionghaiensis* Liu, 1981

*Cyprinus* (*Cyprinus*) *pellegrini qionghaiensis* Liu (刘成汉), 1981: 145; 陈银瑞, 1998: 257.

*Cyprinus* (*Cyprinus*) *qionghaiensis*: 丁瑞华, 1994: 416; 罗云林和乐佩琦 (见乐佩琦等), 2000: 420.

**分布（Distribution）**：四川邛海.

### （869）异龙鲤 *Cyprinus yilongensis* Yang *et al.*, 1977

*Cyprinus* (*Mesocyprinus*) *yilongensis* Yang *et al.* (杨干荣等, 见伍献文等), 1977: 405; 周伟 (见褚新洛和陈银瑞等), 1989: 333; 罗云林和乐佩琦 (见乐佩琦等), 2000: 403.

*Cyprinus yilongensis*: 王幼槐, 1979: 428.

**分布（Distribution）**：云南异龙湖.

**保护等级（Protection class）**：《中国濒危动物红皮书·鱼类》(野外灭绝).

### （870）云南鲤 *Cyprinus yunnanensis* Tchang, 1933

*Cyprinus yunnanensis* Tchang (张春霖), 1933b: 21; Fang, 1936d: 698; 伍献文, 杨干荣, 乐佩琦等, 1963: 40; 王幼槐, 1979: 429.

*Cyprinus* (*Cyprinus*) *yunnanensis yunnanensis*: 陈湘粦和黄宏金 (见伍献文等), 1982: 424; 伍献文等, 1979: 111.

*Cyprinus* (*Cyprinus*) *yunnanensis*: 周伟 (见褚新洛和陈银瑞等), 1989: 345; 罗云林和乐佩琦 (见乐佩琦等), 2000: 421.

**分布（Distribution）**：云南杞麓湖.

**保护等级（Protection class）**：《中国濒危动物红皮书·鱼类》(濒危).

## 309. 原鲤属 *Procypris* Lin, 1933

*Procypris* Lin (林书颜), 1933: 193.
*Paraprocypris* Fang (方炳文), 1936d: 707.

### （871）乌原鲤 *Procypris merus* Lin, 1933

*Procypris merus* Lin, 1933: 194; Lin, 1933: 348; 陈湘粦和黄宏金 (见伍献文等), 1982: 399; 王幼槐, 1979: 423; 彭昌迪, 1981: 138; 黄宏金 (见郑慈英等), 1989: 225; 吕克强 (见伍律), 1989: 194; 周伟 (见褚新洛和陈银瑞等), 1989: 326; 罗云林和乐佩琦 (见乐佩琦等), 2000: 396.
*Procypris niger*: Herre *et* Lin, 1934: 311; Wu, 1939: 96.
**分布（Distribution）**：珠江流域西江水系. 国外分布于越南.
**保护等级（Protection class）**：《中国濒危动物红皮书·鱼类》(易危).

### （872）岩原鲤 *Procypris rabaudi* (Tchang, 1930)

*Cyprinus rabaudi* Tchang, 1930: 47; Tchang, 1931: 226; Tchang, 1933b: 18; Limura, 1934: 143.
*Procypris rabaudi*: Chu, 1935: 157; Fang, 1936d: 704; 陈湘粦和黄宏金 (见伍献文等), 1982: 499; 王幼槐, 1979: 423; 周伟 (见褚新洛和陈银瑞等), 1989: 328; 吕克强 (见伍律), 1989: 195; 丁瑞华, 1994: 411; 陈银瑞, 1998: 247; 罗云林和乐佩琦 (见乐佩琦等), 2000: 397.
*Paraprocypris papillosolabiatus*: Fang, 1936d: 708.
**分布（Distribution）**：长江中上游及其支流.
**保护等级（Protection class）**：《中国濒危动物红皮书·鱼类》(易危), 省 (直辖市) 级 (湖南, 重庆).

## 十）鲃亚科 Barbinae

## 310. 光唇鱼属 *Acrossocheilus* Oshima, 1919

*Lissochilus* Weber *et* de Beaufort, 1916: 176.
*Acrossocheilus* Oshima, 1919, 12 (2-4): 206.
*Lissochilichthys* Oshima, 1920a: 124.
*Crassilabiatus* Chu *et* Wang (朱元鼎和王幼槐), 1963: 2.

### （873）北江光唇鱼 *Acrossocheilus beijiangensis* Wu *et* Lin, 1977

*Acrossocheilus wenchowensis beijiangensis* Wu *et* Lin (伍献文和林人端, 见伍献文等), 1977: 280.
*Acrossocheilus beijiangensis*: 方世勋 (见郑葆珊), 1981: 280; 李德俊 (见伍律), 1989: 143; 陈湘粦等, 1991: 148; 单乡红等 (见乐佩琦等), 2000: 106.
**分布（Distribution）**：广东珠江流域西江水系和北江水系.

### （874）多耙光唇鱼 *Acrossocheilus clivosius* (Lin, 1935)

*Lissochilus clivosius* Lin, 1935b: 307.
*Acrossocheilus* (*Acrossocheilus*) *clivosius*: 伍献文等, 1982: 291.
*Acrossocheilus clivosius*: 方世勋 (见郑葆珊), 1981: 80; 褚新洛和崔桂华 (见褚新洛和陈银瑞等), 1989: 206; 陈湘粦等, 1991: 154; 单乡红等 (见乐佩琦等), 2000: 120.
**分布（Distribution）**：珠江流域的西江水系和北江水系. 国外分布于越南.

### （875）光唇鱼 *Acrossocheilus fasciatus* (Steindachner, 1892)

*Crossochilus fasciatus* Steindachner, 1892: 372.
*Acrossochilus rabaudi*: Tchang, 1930a: 76.
*Lissochilus fasciatus*: Lin, 1933b: 212.
*Acrossocheilus styani*: Chu, 1931b: 189; Wang, 1935: 57; 张春霖, 1959: 41.
*Acrossocheilus fasciatus*: Chu, 1931b: 188; Wang, 1935: 57; 单乡红等 (见乐佩琦等), 2000: 117.
*Lissochilus styani*: Lin, 1933b: 212.
*Acrossocheilus* (*Acrossocheilus*) *fasciatus*: 伍献文等, 1982: 296; 黄少涛 (见朱元鼎), 1984: 342; 毛节荣和徐寿山, 1991: 106.
**分布（Distribution）**：浙江, 江苏, 安徽, 福建等.

### （876）带半刺光唇鱼 *Acrossocheilus hemispinus cinctus* (Lin, 1931)

*Barbus hemispinus* Lin (林书颜), 1931: 124.
*Lissochilus hemispinus*: Lin, 1933b: 213; Wu, 1939: 101.
*Acrossocheilus* (*Lissochilichthys*) *hemispinus cinctus*: 伍献文等, 1982: 278.
*Acrossocheilus hemispinus*: 方世勋 (见郑葆珊), 1981: 75; 林人端 (见郑慈英等), 1989: 180; 陈湘粦等, 1991: 146.
*Acrossocheilus hemispinus cinctus*: 单乡红等 (见乐佩琦等), 2000: 101.
*Acrossocheilus kreyenbergii*: Yuan *et* Zhang, 2010: 36.
**分布（Distribution）**：珠江流域西江支流.

### （877）半刺光唇鱼 *Acrossocheilus hemispinus hemispinus* (Nichols, 1931)

*Barbus* (*Lissochilichthys*) *hemispinus* Nichols, 1925: 2.
*Barbus hemispinus*: Wu, 1931c: 18.
*Lissochilus hemispinus*: Lin, 1933b: 213.
*Acrossocheilus* (*Lissochilichthys*) *hemispinus hemispinus*: 伍献文等, 1982: 277; 毛节荣和徐寿山, 1991: 101.
*Acrossocheilus* (*Lissochilichthys*) *hemispinus*: 黄少涛 (见朱元鼎), 1984: 337.
*Acrossocheilus hemispinus hemispinus*: 张春霖, 1959: 56; 单乡红等 (见乐佩琦等), 2000: 100.
**分布（Distribution）**：闽江水系.

### （878）大鳞光唇鱼 *Acrossocheilus ikedai* (Harada, 1943)

*Lissochilus ikedai* Harada, 1943: 23.

*Acrossocheilus* (*Acrossocheilus*) *ikedai*: 伍献文等, 1982: 292; 金鑫波 (见中国水产科学研究院珠江水产研究所等), 1986: 119.

*Acrossocheilus ikedai*: 陈湘粦等, 1991: 155; 单乡红等 (见乐佩琦等), 2000: 107.

**分布（Distribution）**：海南昌化江水系.

### （879）虹彩光唇鱼 *Acrossocheilus iridescens iridescens* (Nichols *et* Pope, 1927)

*Cyclocheilichthys iridescens* Nichols *et* Pope, 1927: 347.

*Acrossocheilus* (*Acrossocheilus*) *iridescens iridescens*: 伍献文等, 1982: 289; 金鑫波 (见中国水产科学研究院珠江水产研究所等), 1986: 118.

*Acrossocheilus* (*Acrossocheilus*) *iridescens*: 李德俊 (见伍律), 1989: 138.

*Acrossocheilus iridescens iridescens*: 方世勋 (见郑葆珊), 1981: 78; 陈湘粦等, 1991: 152; 单乡红等 (见乐佩琦等), 2000: 123.

**分布（Distribution）**：海南岛各水系.

### （880）长鳍虹彩光唇鱼 *Acrossocheilus iridescens longipinnis* (Wu, 1939)

*Lissochilus longipinnis* Wu (伍献文), 1939: 101.

*Masticbarbus pentafasciatus*: Tang, 1942: 158.

*Acrossocheilus* (*Acrossocheilus*) *longipinnis*: 伍献文等, 1982: 286.

*Acrossocheilus* (*Acrossocheilus*) *iridescens zhujiangensis*: Wu *et* Lin (伍献文和林人端, 见伍献文等), 1982: 291.

*Acrossocheilus iridescens*: 方世勋 (见郑葆珊), 1981: 78; 李德俊 (见伍律), 1989: 139.

*Acrossocheilus longipinnis*: 林人端 (见郑慈英等), 1989: 184.

*Acrossocheilus iridescens longipinnis*: 陈湘粦等, 1991: 153; 单乡红等 (见乐佩琦等), 2000: 121.

**分布（Distribution）**：珠江水系.

### （881）元江虹彩光唇鱼 *Acrossocheilus iridescens yuanjiangensis* Wu *et* Lin, 1977

*Acrossocheilus* (*Acrossocheilus*) *iridescens yuanjiangensis* Wu *et* Lin (伍献文和林人端, 见伍献文等), 1977: 290.

*Cyclocheilichthys iridescens*: Chevery *et* Lemasson, 1937: 53.

*Acrossocheilus iridescens yuanjiangensis*: 褚新洛和崔桂华 (见褚新洛和陈银瑞等), 1989: 208; 单乡红等 (见乐佩琦等), 2000: 124.

**分布（Distribution）**：云南元江水系.

### （882）吉首光唇鱼 *Acrossocheilus jishouensis* Zhao, Chen *et* Li, 1997

*Acrossocheilus jishouensis* Zhao, Chen *et* Li (赵俊, 陈湘粦和李文卫), 1997: 243.

**分布（Distribution）**：湖南吉首市峒河.

**保护等级（Protection class）**：省级 (湖南).

### （883）薄颌光唇鱼 *Acrossocheilus kreyenbergii* (Regan, 1908)

*Gymnostomus kreyenbergii* Regan, 1908a: 109.

*Acrossocheilus kreyenbergii*: Wang, 1935: 56; 单乡红等 (见乐佩琦等), 2000: 118.

*Acrossocheilus* (*Acrossocheilus*) *kreyenbergii*: 伍献文等, 1982: 296; 黄少涛 (见朱元鼎), 1984: 340; 毛节荣和徐寿山, 1991: 104.

**分布（Distribution）**：江西长江水系的赣江; 浙江灵江, 钱塘江, 甬江; 福建各水系等.

*经查原始文献, 原《中国鲤科鱼类志》等记载的“河北定县附近南谷庄”的分布地, 实应为江西萍乡市附近南坑河.

### （884）厚唇光唇鱼 *Acrossocheilus labiatus* (Regan, 1908)

*Gymnostomus labiatus* Regan, 1908c: 358.

*Lissochilichthys paradoxus*: 陈兼善, 1969: 173.

*Acrossocheilus* (*Lissochilichthys*) *labiatus*: 伍献文等, 1982: 275; 黄少涛 (见朱元鼎), 1984: 334; 李德俊 (见伍律), 1989: 141; 金鑫波 (见中国水产科学研究院珠江水产研究所等), 1986: 116.

*Acrossocheilus* (*Lissochilichthys*) *wuyiensis*: 吴秀鸿和李树青 (见吴秀鸿, 陈焕新, 曹兴源等), 1981: 126.

*Acrossocheilus labiatus*: 陈湘粦等, 1991: 144; 丁瑞华, 1994: 322; 单乡红等 (见乐佩琦等), 2000: 97.

**分布（Distribution）**：长江, 钱塘江, 福建汀江及海南岛.

### （885）软鳍光唇鱼 *Acrossocheilus malacopterus* Zhang, 2005

*Acrossocheilus malacopterus* Zhang, 2005a: 253.

**分布（Distribution）**：广东连县, 阳山县 (属珠江流域北江水系), 广西融安县溶江 (属珠江流域西江水系), 云南河口县 (属元江水系).

### （886）宽口光唇鱼 *Acrossocheilus monticola* (Günther, 1888)

*Crossochilus monticola* Günther, 1888: 431; Nichols, 1928: 14.

*Acrossocheilus* (*Acrossocheilus*) *elongatus*: 伍献文等, 1982: 282; 李德俊 (见伍律), 1989: 135.

*Acrossocheilus monticola*: 许涛清 (见陕西省动物研究所等), 1987: 145; 杨干荣, 1987: 87; 高玺章等 (见陕西省水产研究所等), 1992: 48; 丁瑞华, 1994: 324; 单乡红等 (见乐佩琦等), 2000: 115.

**分布（Distribution）**：长江中上游.

### （887）台湾光唇鱼 *Acrossocheilus paradoxus* (Regan, 1908)

*Gymnostomus formosanus* Regan, 1908b: 149.

*Acrossocheilus formosanus*: 陈兼善, 1969: 173; 赵俊, 1988: 40; 单乡红等 (见乐佩琦等), 2000: 113.

*Acrossocheilus* (*Acrossocheilus*) *formosanus*: 伍献文等, 1982: 284.

*Acrossocheilus paradoxus*: 陈义雄和方力行, 1999: 60; Yuan, Wu *et* Zhang, 2006: 170.

**别名或俗名（Used or common name）**：台湾石𩼧.

**分布（Distribution）**：台湾.

### （888）侧条光唇鱼 *Acrossocheilus parallens* (Nichols, 1931)

*Barbus* (*Lissochilichthys*) *parallens* Nichols, 1931b: 455.

*Acrossocheilus* (*Lissochilichthys*) *parallens*: 伍献文等, 1982: 276; 黄少涛 (见朱元鼎), 1984: 336; 杨干荣, 1987: 86; 李德俊 (见伍律), 1989: 141; 毛节荣和徐寿山, 1991: 101.

*Acrossocheilus parallens*: 陈湘粦等, 1991: 145; 朱瑜 (见周解和张春光), 2006: 286; 单乡红等 (见乐佩琦等), 2000: 98.

**分布（Distribution）**：珠江水系.

### （889）棘光唇鱼 *Acrossocheilus spinifer* Yuan, Wu *et* Zhang, 2006

*Acrossocheilus spinifer* Yuan, Wu *et* Zhang (袁乐洋, 吴志强和张鹗), 2006: 163.

*Acrossocheilus wenchowensis*: 黄少涛 (见朱元鼎), 1984: 339.

**分布（Distribution）**：福建各水系, 广东韩江.

### （890）窄条光唇鱼 *Acrossocheilus stenotaeniatus* Chu *et* Cui, 1989

*Acrossocheilus stenotaeniatus* Chu *et* Cui (褚新洛和崔桂华, 见褚新洛和陈银瑞等), 1989: 205; 单乡红等 (见乐佩琦等), 2000: 105.

**分布（Distribution）**：珠江水系和海南岛.

### （891）温州光唇鱼 *Acrossocheilus wenchowensis* Wang, 1935

*Acrossocheilus wenchowensis* Wang (王以康), 1935: 55; 陈湘粦等, 1991: 147; 单乡红等 (见乐佩琦等), 2000: 103.

*Acrossocheilus* (*Lissochilichthys*) *wenchowensis wenchowensis*: 伍献文等, 1982: 279; 毛节荣和徐寿山, 1991: 102.

*Acrossocheilus* (*Lissochilichthys*) *wenchowensis*: 黄少涛 (见朱元鼎), 1984: 339.

**分布（Distribution）**：浙江瓯江水系, 广东韩江水系, 福建闽江, 九龙江等水系.

### （892）云南光唇鱼 *Acrossocheilus yunnanensis* (Regan, 1904)

*Barbus yunnanensis* Regan, 1904c: 191; Nichols, 1943, 9: 70.

*Lissochilus yunnanensis*: Chang, 1944: 44.

*Acrossocheilus yunnanensis*: 张春霖, 1959: 55; 乐佩琦, 杨干荣和杨青, 1964: 16; 方世勋 (见郑葆珊), 1981: 79; 林人端 (见郑慈英等), 1989: 183; 褚新洛和崔桂华 (见褚新洛和陈银瑞等), 1989: 209; 丁瑞华, 1994: 325; 单乡红等 (见乐佩琦等), 2000: 112.

*Acrossocheilus* (*Acrossocheilus*) *yunnanensis*: 伍献文等, 1982: 287; 李德俊 (见伍律), 1989: 139.

**分布（Distribution）**：长江上游及其支流, 珠江水系.

## 311. 四须鲃属 *Barbodes* Bleeker, 1859

*Barbodes* Bleeker, 1859e: 431.

### （893）多鳞四须鲃 *Barbodes polylepis* Chen *et* Li, 1988

*Barbodes polylepis* Chen *et* Li (陈景星和李德俊), 1988: 1.

**分布（Distribution）**：贵州毕节市, 属长江水系.

## 312. 高体鲃属 *Barbonymus* Kottelat, 1999

*Barbonymus* Kottelat, 1999: 595.

### （894）爪哇高体鲃 *Barbonymus gonionotus* (Bleeker, 1849)

*Barbus gonionotus* Bleeker, 1849c: 15.

*Barbodes gonionotus*: 陈自明, 黄德昌, 徐世英等, 2003: 148.

*Barbonymus gonionotus*: Kottelat, 1999: 595; 伍汉霖, 邵广昭, 赖春福等, 2012: 38; Kottelat, 2013: 81; 陈小勇, 2013, 34 (4): 309.

**别名或俗名（Used or common name）**：爪哇无名鲃, 爪哇四须鲃.

**分布（Distribution）**：澜沧江下游. 国外分布于湄公河, 湄南河, 马来半岛, 苏门答腊岛, 爪哇岛.

## 313. 方口鲃属 *Cosmochilus* Sauvage, 1878

*Cosmochilus* Sauvage, 1878b: 240.

### （895）红鳍方口鲃 *Cosmochilus cardinalis* Chu *et* Roberts, 1985

*Cosmochilus cardinalis* Chu (褚新洛) *et* Roberts, 1985: 1; 褚新洛和崔桂华 (见褚新洛和陈银瑞等), 1989: 162; 单乡红等 (见乐佩琦等), 2000: 90.

**分布（Distribution）**：澜沧江下游干流.

**保护等级（Protection class）**：《中国濒危动物红皮书·鱼类》(极危).

**（896）南腊方口鲃 *Cosmochilus nanlaensis* Chen, He *et* He, 1992**

*Cosmochilus nanlaensis* Chen, He *et* He (陈毅峰, 何才长和何舜平), 1992: 100; 单乡红等 (见乐佩琦等), 2000: 89.

**分布（Distribution）**：澜沧江下游支流.

## 314. 圆唇鱼属 *Cyclocheilichthys* Bleeker, 1859

*Cyclocheilichthys* Bleeker, 1859d: 371.

**（897）短须圆唇鱼 *Cyclocheilichthys repasson* (Bleeker, 1853)**

*Barbus repasson* Bleeker, 1853 (苏门答腊 Pangabuang).

*Cyclocheilichthys* (*Cyclocheilichthys*) *repasson*: Bleeker, 1859.

*Cyclocheilichthys repasson*: 周伟, 1987: 13 (云南西双版纳勐腊县).

**分布（Distribution）**：澜沧江下游. 国外分布于湄公河, 湄南河, 马来半岛, 苏门答腊岛, 爪哇岛, 加里曼丹岛.

**（898）圆唇鱼 *Cyclocheilichthys sinensis* Bleeker, 1879**

*Cyclocheilichthys* (*Cyclocheilichthys*) *sinensis* Bleeker, 1879: 10.

*Barbus poehli*: Rendahl, 1928: 129.

*Cyclocheilichthys sinensis*: 单乡红等 (见乐佩琦等), 2000: 151.

**分布（Distribution）**：原始文献未说明确切产地.

## 315. 盘齿鲃属 *Discherodontus* Rainboth, 1989

*Discherodontus* Rainboth, 1989: 4.

**（899）小盘齿鲃 *Discherodontus parvus* (Wu *et* Lin, 1982)**

*Barbodes* (*Barbodes*) *parva* Wu *et* Lin (伍献文和林人端, 见伍献文等), 1982: 243.

*Barbodes parva*: 褚新洛和崔桂华 (见褚新洛和陈银瑞等), 1989: 191; 单乡红等 (见乐佩琦等), 2000: 26.

*Discherodontus parvus*: Kottelat, 2001: 109; Chen *et* Yang, 2003: 377; 陈小勇, 2013, 34 (4): 308.

**别名或俗名（Used or common name）**：小四须鲃.

**分布（Distribution）**：云南景洪市. 国外分布于老挝, 柬埔寨 (湄公河).

## 316. 瓣结鱼属 *Folifer* Wu, 1977

*Folifer* Wu (伍献文), 1977: 327.

*Tor* Gray, 1834: 96.

**（900）瓣结鱼 *Foliter brevifilis brevifilis* (Peters, 1881)**

*Barbus* (*Labeobarbus*) *brevifilis* Peters, 1881: 1033; Wu, 1930b: 48.

*Barbus szechwanensis*: Tchang, 1931: 230; 张春霖, 1962: 97.

*Labeobarbus brevifilis*: Lin, 1933a: 89; Wu, 1939: 100; 张春霖和刘成汉, 1957: 228.

*Tor brevifilis*: 刘成汉, 1964: 104; 方世勋 (见郑葆珊), 1981: 92; 黄少涛 (见《福建鱼类志》编写组), 1984: 348.

*Tor* (*Foliter*) *brevifilis brevifilis*: 伍献文等, 1982: 327; 林人端 (见郑慈英等), 1989: 195; 吕克强 (见伍律), 1989: 161; 褚新洛和崔桂华 (见褚新洛和陈银瑞等), 1989: 145; 陈湘粦等, 1991: 166; 单乡红等 (见乐佩琦等), 2000: 155.

*Foliter brevifilis*: 伍汉霖, 邵广昭, 赖春福等, 2012: 45; Kottelat, 2013: 102.

**分布（Distribution）**：闽江, 长江, 珠江, 元江和澜沧江等水系. 国外分布于老挝, 缅甸, 泰国和越南.

**（901）海南瓣结鱼 *Foliter brevifilis hainanensis* Wu, 1982**

*Tor* (*Foliter*) *brevifilis hainanensis* 伍献文等, 1982: 329; 金鑫波 (见中国水产科学研究院珠江水产研究所等), 1986: 126; 陈湘粦等, 1991: 166; 单乡红等 (见乐佩琦等), 2000: 158.

*Labeobarbus brevifilis* Herre, 1936: 628.

*Foliter brevifilis hainanensis*: 伍汉霖, 邵广昭, 赖春福等, 2012: 45.

**分布（Distribution）**：海南岛诸水系.

**（902）云南瓣结鱼 *Foliter yunnanensis* (Wang, Zhuang *et* Gao, 1982)**

*Folifer yunnanensis* Wang, Zhuang *et* Gao (王幼槐, 庄大栋和高礼存), 1982: 219.

*Tor* (*Foliter*) *yunnanensis*: 陈银瑞和褚新洛, 1985: 81; 褚新洛和崔桂华 (见褚新洛和陈银瑞等), 1989: 143; 杨君兴和陈银瑞, 1995: 61; 单乡红等 (见乐佩琦等), 2000: 157.

*Foliter brevifilis yunnanensis*: 伍汉霖, 邵广昭, 赖春福等, 2012: 45.

**分布（Distribution）**：云南抚仙湖.

## 317. 裂峡鲃属 *Hampala* Hasselt, 1823

*Hampala* Hasselt, 1823: 132.

**（903）裂峡鲃 *Hampala macrolepidota* Hasselt, 1823**

*Hampala macrolepidota* Hasselt, 1823: 132; 褚新洛和崔桂华 (见褚新洛和陈银瑞等), 1989: 157; 单乡红等 (见乐佩琦等), 2000: 87.

*Hampala bimaculata*: 李树深, 1973: 305.
**别名或俗名（Used or common name）**：大鳞裂峡鲃.
**分布(Distribution)**：云南澜沧江下游. 国外分布于老挝，马来西亚和印度尼西亚.
**保护等级（Protection class）**：《中国濒危动物红皮书·鱼类》(易危).

## 318. 高须鱼属 *Hypsibarbus* Rainboth, 1996

*Hypsibarbus* Rainboth, 1996: 20.

### （904）大鳞高须鱼 *Hypsibarbus vernayi* (Norman, 1925)

*Barbus vernayi* Norman, 1925.
*Puntius pierrei*: Sauvage, 1880b: 232.
*Barbodes* (*Barbodes*) *daruphani luosuoensis*: Wu *et* Lin (伍献文和林人端，见伍献文等), 1982: 238.
*Barbodes pierrei*: 褚新洛和崔桂华 (见褚新洛和陈银瑞等), 1989: 194; 单乡红等 (见乐佩琦等), 2000: 29.
*Hypsibarbus vernayi*: Rainboth, 1996; Kottelat, 2001: 107; Chen *et* Yang, 2003: 377; 陈小勇, 2013, 34 (4): 309.
*Barbodes vernayi*: 褚新洛和崔桂华 (见褚新洛和陈银瑞等), 1989: 192.
*Barbodes pierrei*: 褚新洛和崔桂华 (见褚新洛和陈银瑞等), 1989: 194.
**别名或俗名（Used or common name）**：高体四须鲃，大鳞四须鲃.
**分布（Distribution）**：澜沧江下游. 国外分布于湄公河，湄南河，夜功河.

## 319. 林氏鲃属 *Linichthys* Zhang *et* Fang, 2005

*Linichthys* Zhang *et* Fang, 2005: 61.

### （905）宽头林氏鲃 *Linichthys laticeps* (Lin *et* Zhang, 1986)

*Barbodes laticeps* Lin *et* Zhang (林人端和张春光), 1986: 108; 单乡红等 (见乐佩琦等), 2000: 17.
*Barbodes* (*Barbodes*) *laticeps*: 吕克强 (见伍律), 1989: 130.
*Linichthys laticeps*: Zhang *et* Fang, 2005: 61.
**别名或俗名（Used or common name）**：宽头四须鲃.
**分布（Distribution）**：贵州南明河 (属长江水系) 和马林河 (属珠江水系).

## 320. 似鱤属 *Luciocyprinus* Vaillant, 1904

*Luciocyprinus* Vaillant, 1904: 297.
*Fustis* Lin, 1932c: 517.

### （906）单纹似鱤 *Luciocyprinus langsoni* Vaillant, 1904

*Luciocyprinus langsoni* Vaillant, 1904: 297; 崔桂华和褚新洛, 1986b: 79; 林人端, 1986: 177; 褚新洛和崔桂华 (见褚新洛和陈银瑞等), 1989: 159; 单乡红等 (见乐佩琦等), 2000: 84.
*Fustis vivus*: Lin, 1932c: 517; Lin, 1933: 491; Wu, 1939: 108; Cheng, 1949: 529; 成庆泰, 1958: 158; 伍献文等, 1982: 269; 方世勋 (见郑葆珊), 1981: 90.
*Barbus normani*: Tchang, 1935b: 60.
**别名或俗名（Used or common name）**：单纹拟鱤.
**分布（Distribution）**：珠江流域西江水系.

### （907）细纹似鱤 *Luciocyprinus striolatus* Cui *et* Chu, 1986

*Luciocyprinus striolatus* Cui *et* Chu (崔桂华和褚新洛), 1986b: 81; 褚新洛和崔桂华 (见褚新洛和陈银瑞等), 1989: 161; 单乡红等 (见乐佩琦等), 2000: 86.
*Fustis vivus*: 张春霖, 1962: 97.
**别名或俗名（Used or common name）**：细纹拟鱤.
**分布（Distribution）**：云南澜沧江及其支流. 国外分布于老挝.
**保护等级（Protection class）**：《中国濒危动物红皮书·鱼类》(易危).

## 321. 长臀鲃属 *Mystacoleucus* Günther, 1868

*Mystacoleucus* Günther, 1868: 206.

### （908）细尾长臀鲃 *Mystacoleucus lepturus* Huang, 1979

*Mystacoleucus lepturus* Huang (黄顺友), 1979: 419; 褚新洛和崔桂华 (见褚新洛和陈银瑞等), 1989: 228; 单乡红等 (见乐佩琦等), 2000: 169.
**分布（Distribution）**：澜沧江下游及其支流. 国外分布于老挝和泰国.

### （909）长臀鲃 *Mystacoleucus marginatus* (Valenciennes, 1842)

*Barbus marginatus* Valenciennes, 1842: 164.
*Mystacoleucus marginatus*: 伍献文等, 1977: 272; 褚新洛和崔桂华 (见褚新洛和陈银瑞等), 1989: 227; 单乡红等 (见乐佩琦等), 2000: 167.
*Mystacoleucus chilopterus*: 褚新洛和崔桂华 (见褚新洛和陈银瑞等), 1989: 225; 李思忠, 1976: 117.
**分布（Distribution）**：澜沧江下游及其支流水系. 国外分布于柬埔寨，印度尼西亚，老挝，马来西亚，缅甸，泰国和越南.
**保护等级（Protection class）**：《中国濒危动物红皮书·鱼类》(易危).

## 322. 新光唇鱼属 *Neolissochilus* Rainboth, 1985

*Neolissochilus* Rainboth, 1985: 26.

### （910）保山新光唇鱼 *Neolissochilus baoshanensis* (Chen *et* Yang, 1999)

*Barbodes baoshanensis* Chen *et* Yang (陈小勇和杨君兴), *In*: Chen, Yang *et* Chen, 1999: 82.
*Barbodes* (*Barbodes*) *wynaadensis*: 伍献文等, 1977: 238.
*Barbodes wynaadensis*: 褚新洛和崔桂华 (见褚新洛和陈银瑞等), 1989: 183; 单乡红等 (见乐佩琦等), 2000: 16.
*Neolissochilus baoshanensis*: Chen *et* Yang (陈小勇和杨君兴), 2003: 377.
**别名或俗名（Used or common name）**：保山四须鲃.
**分布（Distribution）**：云南怒江，南汀河，南滚河，龙川江.

### （911）软鳍新光唇鱼 *Neolissochilus benasi* (Pellegrin *et* Chevey, 1936)

*Crossochilus benasi* Pellegrin *et* Chevey, 1936: 226.
*Barbodes benasi*: 褚新洛和崔桂华 (见褚新洛和陈银瑞等), 1989: 181; 朱松泉, 1995: 55; 单乡红等 (见乐佩琦等), 2000: 15.
*Neolissochilus benasi*: Rainboth, 1985: 26; 陈小勇, 2013, 34 (4): 305.
**别名或俗名（Used or common name）**：软鳍四须鲃.
**分布（Distribution）**：云南元江，李仙江等水系. 国外分布于越南（红河).

### （912）异口新光唇鱼 *Neolissochilus heterostomus* (Chen *et* Yang, 1999)

*Barbodes heterostomus*: Chen *et* Yang (陈小勇和杨君兴), *In*: Chen, Yang *et* Chen, 1999: 82.
*Barbodes hexagonolepisnon* McClelland, 1839: 336.
*Neolissochilus heterostomus*: Chen *et* Yang (陈小勇和杨君兴), 2003: 377.
**别名或俗名（Used or common name）**：墨脱四须鲃，异口四须鲃.
**分布（Distribution）**：云南龙川江，大盈江，勐典河等.

## 323. 白甲鱼属 *Onychostoma* Günther, 1896

*Onychostoma* Günther, 1896: 211.
*Scaphesthes* Oshima, 1919, 12 (2-4): 208.
*Barbus* Rendahl, 1928: 126.

### （913）高体白甲鱼 *Onychostoma alticorpus* (Oshima, 1920)

*Scaphiodontella alticorpus* Oshima, 1920a: 126.
*Varicorhinus alticorpus*: 陈兼善, 1969: 173.
*Varicorhinus* (*Scaphesthes*) *alticorpus*: 伍献文等, 1977: 304.
*Onychostoma alticorpus*: 单乡红等 (见乐佩琦等), 2000: 131.
**别名或俗名（Used or common name）**：高体铲颌鱼.
**分布（Distribution）**：台湾.
**保护等级（Protection class）**：《台湾淡水鱼类红皮书》(近危).

### （914）四川白甲鱼 *Onychostoma angustistomata* (Fang, 1940)

*Varicorhinus angustistomatus* Fang, 1940: 139.
*Varicorhinus szechwanensis* Chang, 1944: 44; 张春霖和刘成汉, 1957: 228.
*Onychostoma angustistomata*: 丁瑞华, 1994: 334; 单乡红等 (见乐佩琦等), 2000: 139.
*Varicorhinus* (*Onychostoma*) *angustistomatus*: 伍献文等, 1982: 313.
**分布（Distribution）**：长江上游.

### （915）粗须白甲鱼 *Onychostoma barbata* (Lin, 1931)

*Gymnostomus barbatus* Lin (林书颜), 1931: 113.
*Varicorhinus barbatus*: Lin, 1933b: 201; Nichols, 1943, 9: 116.
*Varicorhinus* (*Scaphesthes*) *barbatus*: 伍献文等, 1977: 302; 湖南省水产科学研究所, 1980: 96; 李德俊 (见伍律), 1989: 145; 林人端, 1989: 187.
*Onychostoma barbata*: 郑葆珊, 1981: 81; 单乡红等 (见乐佩琦等), 2000: 129; 朱瑜 (见周解和张春光), 2006: 297.
**别名或俗名（Used or common name）**：粗须铲颌鱼.
**分布（Distribution）**：长江水系的乌江和沅江，珠江流域的东江水系，西江水系和红水河支流等.

### （916）台湾白甲鱼 *Onychostoma barbatula* (Pellegrin, 1908)

*Gymnostomus barbatulus* Pellegrin, 1908: 263.
*Varicorhinus tamusuiensis*: Nichols, 1925f: 1; Lin, 1933b: 200; Nichols, 1943, 9: 116.
*Barbus tamusuiensis*: Wu, 1931c: 19.
*Varicorhinus* (*Scaphesthes*) *barbatulus*: 伍献文等, 1977: 302; 黄少涛 (见《福建鱼类志》编写组), 1984: 344; 林人端 (见郑慈英等), 1989: 188; 李德俊 (见伍律), 1989: 345; 毛节荣和徐寿山, 1991: 107.
*Onychostoma barbatula*: 单乡红等 (见乐佩琦等), 2000: 130.
**别名或俗名（Used or common name）**：台湾铲颌鱼.
**分布（Distribution）**：长江下游支流，灵江，闽江，珠江和台湾.

### （917）短须白甲鱼 *Onychostoma brevibarba* Song, Cao *et* Zhang, 2018

*Onychostoma brevibarba* Song, Cao *et* Zhang, 2018, 4410 (1):

147-163.

**分布（Distribution）**：湖南潇水，洣水，属湘江水系.

### （918）短身白甲鱼 *Onychostoma brevis* (Wu *et* Chen, 1982)

*Varicorhinus* (*Onychostoma*) *brevis* Wu *et* Chen (伍献文和陈湘粦，见伍献文等), 1982: 318.

*Onychostoma brevis*: 丁瑞华, 1994: 341; 单乡红等（见乐佩琦等), 2000: 146.

**分布（Distribution）**：长江上游.

### （919）大渡白甲鱼 *Onychostoma daduensis* Ding, 1994

*Onychostoma daduensis* Ding (丁瑞华), 1994: 336.

**分布（Distribution）**：大渡河下游和邻近的长江干流.

### （920）细身白甲鱼 *Onychostoma elongatus* (Pellegrin *et* Chevey, 1934)

*Crossochilus elongatus* Pellegrin *et* Chevey, 1934: 340; Chevey *et* Lemasson, 1937: 48.

*Acrossocheilus* (*Acrossocheilus*) *elongatus*: 伍献文等, 1982: 285; 李德俊（见伍律), 1989: 137.

*Acrossocheilus elongatus*: 方世勋（见郑葆珊), 1981: 77; 林人端（见郑慈英等), 1989: 182; 褚新洛和崔桂华（见褚新洛和陈银瑞等), 1989: 204; 陈湘粦等, 1991: 149; 单乡红等(见乐佩琦等), 2000: 110.

**别名或俗名（Used or common name）**：细身光唇鱼.

**分布（Distribution）**：云南西洋江，元江. 国外分布于越南(红河)，老挝（南马河)等.

### （921）南方白甲鱼 *Onychostoma gerlachi* (Peters, 1881)

*Barbus gerlachi* Peters, 1881: 1034.

*Onychostoma gerlachi*: 方世勋（见郑葆珊), 1981: 84; 单乡红等（见乐佩琦等), 2000: 136.

*Variicorhinus* (*Onychostoma*) *gerlachi*: 伍献文等, 1982: 310; 林人端（见郑慈英等), 1989: 191; 李德俊（见伍律), 1989: 148; 褚新洛和崔桂华 (见褚新洛和陈银瑞等), 1989: 216.

*Onychostoma elongata* Fang, 1940: 138.

*Variicorhinus* (*Onychostomus*) *elongatus*: 伍献文等, 1982: 312; 潘炯华等, 1991: 163.

**分布（Distribution）**：澜沧江，元江，珠江等及海南岛.

### （922）细尾白甲鱼 *Onychostoma lepturum* (Boulenger, 1900)

*Gymnostomus lepturus* Boulenger, 1900a: 961.

*Barbus roulei*: Wu, 1931c: 15.

*Varicorhinus lepturus*: Lin, 1933b: 202.

*Barbus lepturus*: Wu, 1934: 94.

*Onychostoma leptura*: 方世勋（见郑葆珊), 1981: 82; 单乡红等（见乐佩琦等), 2000: 133; 朱瑜（见周解和张春光), 2006: 299.

*Varicorhinus* (*Scaphesthes*) *lepturus*: 伍献文等, 1982: 305; 黄少涛（见《福建鱼类志》编写组), 1984: 344; 潘炯华等, 1991: 160.

**别名或俗名（Used or common name）**：细尾铲颌鱼.

**分布（Distribution）**：广西，广东，海南，福建.

### （923）小口白甲鱼 *Onychostoma lini* (Wu, 1939)

*Varicorhinus lini* Wu (伍献文), 1939: 103.

*Varicorhinus* (*Onychostomus*) *lini*: 伍献文等, 1977: 314; 林人端（见郑慈英等), 1989: 192; 李德俊（见伍律), 1989: 150.

*Onychostoma lini*: 方世勋（见郑葆珊), 1981: 85; 丁瑞华, 1994: 338; 单乡红等（见乐佩琦等), 2000: 138; 朱瑜（见周解和张春光), 2006: 303.

**分布（Distribution）**：珠江下游各水系，汀江，九龙江及沅江水系.

### （924）多鳞白甲鱼 *Onychostoma macrolepis* (Bleeker, 1871)

*Gymnostomus* (*Gymnostomus*) *macrolepis* Bleeker, 1871: 32.

*Varicorhinus macrolepis*: Nichols, 1928: 22; Nichols, 1943, 9: 116; 高玺章等（见陕西省水产研究所等), 1992: 47.

*Varicorhinus* (*Scaphesthes*) *macrolepis*: 湖北省水生生物研究所鱼类研究室, 1976: 41; 伍献文等, 1982: 300; 新乡师范学院生物系鱼类志编写组, 1984: 83; 杨干荣, 1987: 89.

*Scaphesthes macrolepis*: 许涛清（见陕西省动物研究所等), 1987: 146.

*Onychostoma macrolepis*: 单乡红等（见乐佩琦等), 2000: 127; 张春光和赵亚辉, 2013: 162.

**别名或俗名（Used or common name）**：多鳞铲颌鱼.

**分布（Distribution）**：海河上游的滹沱河，拒马河等水系；黄河下游的大汶河上游，中游的沁河，渭河等水系；长江支流汉江，嘉陵江等的上游.

**保护等级（Protection class）**：省（直辖市）级（北京，甘肃，山东).

### （925）闽南白甲鱼 *Onychostoma minnanensis* Jang-Liaw *et* Chen, 2013

*Onychostoma minnanensis* Jang-Liaw *et* Chen, 2013: 62.

**分布（Distribution）**：福建九龙河.

### （926）卵形白甲鱼 *Onychostoma ovalis ovalis* Pellegrin *et* Chevey, 1936

*Onychostoma ovalis* Pellegrin *et* Chevey, 1936: 22.

*Varicorhinus* (*Onychostoma*) *ovalis ovalis*: 伍献文等, 1977: 315; 褚新洛和崔桂华（见褚新洛和陈银瑞等), 1989: 218.

*Onychostoma ovalis ovalis*: 单乡红等（见乐佩琦等), 2000: 141.

**分布（Distribution）**：云南元江水系. 国外分布于越南等.

### （927）珠江卵形白甲鱼 *Onychostoma ovalis rhomboides* (Tang, 1942)

*Varicorhinus rhomboides* Tang, 1942: 156.

*Onychostoma rhomboides*: 方世勋（见郑葆珊）, 1981: 86.

*Varicorhinus* (*Onychostoma*) *ovalis rhomboides*: 伍献文等, 1982: 316; 林人端（见郑慈英等）, 1989: 193; 李德俊（见伍律）, 1989: 151; 褚新洛和崔桂华（见褚新洛和陈银瑞等）, 1989: 219.

*Onychostoma ovalis rhomboides*: 单乡红等（见乐佩琦等）, 2000: 143.

**分布（Distribution）**：珠江水系和长江水系的乌江水系.

### （928）稀有白甲鱼 *Onychostoma rara* (Lin, 1933)

*Varicorhinus rarus* Lin, 1933b: 204.

*Onychostoma rara*: 方世勋（见郑葆珊）, 1981: 87; 丁瑞华, 1994: 340; 单乡红等（见乐佩琦等）, 2000: 145.

*Varicorhinus* (*Onychostoma*) *rarus*: 伍献文等, 1977: 317; 林人端（见郑慈英等）, 1989: 194; 李德俊（见伍律）, 1989: 152; 褚新洛和崔桂华（见褚新洛和陈银瑞等）, 1989: 222.

**分布（Distribution）**：湖南沅江水系至贵州东部及珠江流域的西江水系.

**保护等级（Protection class）**：省级（湖南）.

### （929）白甲鱼 *Onychostoma sima* (Sauvage *et* Dabry, 1874)

*Barbus* (*Systomus*) *simus* Sauvage *et* Dabry, 1874: 8.

*Onychostoma laticeps* var. *fontouensis*: Tchang, 1930: 85.

*Capoeta fundula*: Tchang, 1930a: 69.

*Onychostoma sima*: 方世勋（见郑葆珊）, 1981: 83; 许涛清（见陕西省动物研究所等）, 1987: 148; 丁瑞华, 1994: 332; 单乡红等（见乐佩琦等）, 2000: 135; 朱瑜（见周解和张春光）, 2006: 300.

*Varicorhinus* (*Onychostoma*) *simus*: 伍献文等, 1982: 308; 林人端（见郑慈英等）, 1989: 190; 李德俊（见伍律）, 1989: 147; 褚新洛和崔桂华（见褚新洛和陈银瑞等）, 1989: 215.

*Varicorhinus simus*: 高玺章等（见陕西省水产研究所等）, 1992: 148.

**分布（Distribution）**：长江中上游和珠江水系.

**保护等级（Protection class）**：省级（湖南）.

### （930）侧纹白甲鱼 *Onychostoma virgulatum* Xin, Zhang *et* Cao, 2009

*Onychostoma virgulatum* Xin, Zhang *et* Cao, 2009: 255.

**分布（Distribution）**：安徽石台县秋浦河, 属长江水系.

## 324. 副袋唇鱼属 *Paraspinibarbus* Chu *et* Kottelat, 1989

*Paraspinibarbus* Chu *et* Kottelat, 1989: 2.

### （931）大刺副袋唇鱼 *Paraspinibarbus macracanthus* (Pellegrin *et* Chevey, 1936)

*Spinibarbus macracanthus* Pellegrin *et* Chevey, 1936: 376.

*Balantiocheilus hekouensis*: 伍献文等, 1982: 332; 褚新洛和崔桂华（见褚新洛和陈银瑞等）, 1989: 148.

*Paraspinibarbus hekouensis*: Chu *et* Kottelat, 1989: 2; 单乡红等（见乐佩琦等）, 2000: 152.

*Paraspinibarbus macracanthus*: Kottelat, 2013: 139.

**别名或俗名（Used or common name）**：袋唇鱼, 异倒刺鲃.

**分布（Distribution）**：元江水系. 国外分布于越南（红河）.

**保护等级（Protection class）**：《中国濒危动物红皮书·鱼类》（极危）.

## 325. 副结鱼属 *Parator* Wu, Yang, Yue *et* Huang, 1963

*Parator* Wu, Yang, Yue *et* Huang (伍献文, 杨干荣, 乐佩琦和黄宏金), 1963: 91.

**别名或俗名（Used or common name）**：叶结鱼属.

### （932）副结鱼 *Parator zonatus* (Lin, 1935)

*Tor zonatus* Lin, 1935b: 308.

*Barbus zonatus*: Nichols, 1943, 9: 70.

*Tor* (*Parator*) *zonatus*: 伍献文等, 1982: 330; 林人端（见郑慈英等）, 1989: 197; 吕克强（见伍律）, 1989: 162; 褚新洛和崔桂华（见褚新洛和陈银瑞等）, 1989: 146; 单乡红等（见乐佩琦等）, 2000: 165.

*Parator zonatus*: 伍汉霖, 邵广昭, 赖春福等, 2012: 55; Kottelat, 2013: 139.

**别名或俗名（Used or common name）**：叶结鱼.

**分布（Distribution）**：珠江水系. 国外分布于越南北部.

**保护等级（Protection class）**：《中国濒危动物红皮书·鱼类》（易危）.

## 326. 鲈鲤属 *Percocypris* Chu, 1935

*Percocypris* Chu, 1935: 12.

### （933）金沙鲈鲤 *Percocypris pingi* (Tchang, 1930)

*Leptobarbus pingi* Tchang (张春霖), 1930b: 84.

*Percocypris pingi*: Chu (朱元鼎), 1935: 12; Chang, 1944: 42; 陈小勇, 2013, 34 (4): 309.

*Barbus pingi*: Nichols, 1943, 9: 69; 成庆泰, 1958: 156.

*Percocypris pingi pingi*: 伍献文等, 1982: 266; 吕克强（见伍律）, 1989: 157; 褚新洛和崔桂华（见褚新洛和陈银瑞等）, 1989: 177; 武云飞和吴翠珍, 1990a: 63; 丁瑞华, 1994: 319; 单乡红等（见乐佩琦等）, 2000: 47.

**别名或俗名（Used or common name）**：秉氏鲈鲤, 鲈鲤.

**分布（Distribution）**：长江上游包括金沙江中下游, 螳螂川等.

**保护等级（Protection class）：**省（直辖市）级（重庆）.

### （934）花鲈鲤 *Percocypris regaini* (Tchang, 1935)

*Barbus regaini* Tchang, 1935b: 61.

*Percocypris pingi regaini*: 伍献文等, 1982: 267; 林人端, 1989: 176; 褚新洛和崔桂华 (见褚新洛和陈银瑞等), 1989: 179; 单乡红等 (见乐佩琦等), 2000: 49.

*Percocypris pingi*: 陈小勇, 2013, 34 (4): 309.

**分布（Distribution）：**抚仙湖及南盘江水系.

### （935）后背鲈鲤 *Percocypris retrodorslis* Cui *et* Chu, 1990

*Percocypris pingi retrodorsalis* 崔桂华和褚新洛 (见褚新洛和陈银瑞等), 1990: 118; 单乡红等 (见乐佩琦等), 2000: 50.

*Percocypris retrodorsalis*: 陈小勇, 2013, 34 (4): 309.

**分布（Distribution）：**云南澜沧江, 怒江, 剑湖等.

### （936）张氏鲈鲤 *Percocypris tchangi* (Pellegrin *et* Chevey, 1936)

*Leptobarbus tchangi* Pellegrin *et* Chevey, 1936: 377.

*Percocypris tchangi*: Kottelat, 2013: 140; 陈小勇, 2013, 34 (4): 309.

**分布（Distribution）：**澜沧江水系中下游. 国外分布于越南红河.

## 327. 吻孔鲃属 *Poropuntius* Smith, 1931

*Poropuntius* Smith, 1931a: 14.

### （937）棱吻孔鲃 *Poropuntius carinatus* (Wu *et* Lin, 1977)

*Barbodes* (*Barbodes*) *shanensis carinatus* Wu *et* Lin (伍献文和林人端, 见伍献文等), 1977: 240; 褚新洛和崔桂华 (见褚新洛和陈银瑞等), 1989: 185.

*Barbodes carinatus*: 单乡红等 (见乐佩琦等), 2000: 20.

*Poropuntius carinatus*: Roberts, 1998a: 105; Kottelat, 2001; Chen *et* Yang, 2003: 377.

**别名或俗名（Used or common name）：**棱四须鲃.

**分布（Distribution）：**澜沧江下游. 国外分布于老挝湄公河.

### （938）常氏吻孔鲃 *Poropuntius chonglingchungi* (Tchang, 1936)

*Barbus chonglingchungi* Tchang (张春霖), 1936: 63.

*Barbodes* (*Barbodes*) *lacustris*: Wu (伍献文, 见伍献文等), 1977: 245.

*Puntius pachygnathus*: Wang, Zhuang *et* Gao (王幼槐, 庄大栋和高礼存), 1982: 216.

*Barbodes chonglingchungi*: 褚新洛和崔桂华 (见褚新洛和陈银瑞等), 1989: 186; 杨君兴和陈银瑞, 1995: 80; 单乡红等 (见乐佩琦等), 2000: 22.

*Poropuntius chonglingchungi*: Chen *et* Yang, 2003: 377; 陈小勇, 2013, 34 (4): 308.

**别名或俗名（Used or common name）：**常氏四须鲃, 湖四须鲃, 厚颌刺鲃.

**分布（Distribution）：**云南抚仙湖.

### （939）颌突吻孔鲃 *Poropuntius daliensis* (Wu *et* Lin, 1977)

*Barbodes* (*Barbodes*) *daliensis* Wu *et* Lin (伍献文和林人端, 见伍献文等), 1977: 251.

*Barbus cogginii* Chauduri, 1911: 13; Rendahl, 1928: 132; Cheng, 1949: 528; 成庆泰, 1958: 157.

*Barbodes daliensis*: 褚新洛和崔桂华 (见褚新洛和陈银瑞等), 1989: 200; 陈宜瑜, 1998: 151; 单乡红等 (见乐佩琦等), 2000: 35.

*Poropuntius cogginii*: Roberts, 1998a: 105; Chen *et* Yang, 2003: 377; 陈小勇, 2013, 34 (4): 308.

**别名或俗名（Used or common name）：**洱海四须鲃.

**分布（Distribution）：**云南洱海.

### （940）油吻孔鲃 *Poropuntius exigua* (Wu *et* Lin, 1977)

*Barbodes* (*Barbodes*) *exigua* Wu *et* Lin (伍献文和林人端, 见伍献文等), 1977: 249; 褚新洛和崔桂华 (见褚新洛和陈银瑞等), 1989: 198; 单乡红等 (见乐佩琦等), 2000: 33.

*Poropuntius exigua*: Roberts, 1998a: 105; 陈小勇, 2013, 34 (4): 308.

*Poropuntius exiguus*: Chen *et* Yang, 2003: 377.

**别名或俗名（Used or common name）：**油四须鲃.

**分布（Distribution）：**云南洱海.

### （941）抚仙吻孔鲃 *Poropuntius fuxianhuensis* (Wang, Zhuang *et* Gao, 1982)

*Puntius fuxianhuensis* Wang, Zhuang *et* Gao (王幼槐, 庄大栋和高礼存), 1982: 217.

*Barbodes fuxianhuensis*: 褚新洛和崔桂华 (见褚新洛和陈银瑞等), 1989; 杨君兴和陈银瑞, 1995: 77; 单乡红等 (见乐佩琦等), 2000: 23.

*Poropuntius fuxianhuensis*: Chen *et* Yang, 2003: 377; 陈小勇, 2013, 34 (4): 308.

**别名或俗名（Used or common name）：**抚仙刺鲃, 抚仙四须鲃.

**分布（Distribution）：**云南抚仙湖.

### （942）云南吻孔鲃 *Poropuntius huangchuchieni* (Tchang, 1962)

*Barbus huangchuchieni* Tchang (张春霖), 1962: 96.

*Barbodes* (*Barbodes*) *huangchuchieni*: 伍献文等, 1982: 250; 褚新洛和崔桂华 (见褚新洛和陈银瑞等), 1989: 201.
*Barbodes huangchuchieni*: 褚新洛和崔桂华 (见褚新洛和陈银瑞等), 1989: 201; 陈宜瑜, 1998: 153; 单乡红等 (见乐佩琦等), 2000: 36.
*Acrossocheilus krempfi*: 褚新洛和崔桂华 (见褚新洛和陈银瑞等), 1989: 211.
*Poropuntius huangchuchieni*: Chen *et* Yang, 2003: 377; 陈小勇, 2013, 34 (4): 308.
**别名或俗名（Used or common name）**: 云南四须鲃, 河口光唇鱼.
**分布（Distribution）**: 澜沧江中下游, 元江, 藤条江, 李仙江.

### （943）河口吻孔鲃 *Poropuntius krempfi* (Pellegrin *et* Chevey, 1934)

*Barbus* (*Lissochilichthys*) *krempfi* Pellegrin *et* Chevey, 1934: 339.
*Lissochilichthys krempfi*: Chevey *et* Lemasson, 1937: 59.
*Acrossocheilus* (*Acrossocheilus*) *krempfi*: 伍献文等, 1982: 293; 褚新洛和崔桂华 (见褚新洛和陈银瑞等), 1989: 211.
*Acrossocheilus krempfi*: 单乡红等 (见乐佩琦等), 2000: 109.
*Poropuntius krempfi*: 陈小勇, 2013, 34 (4): 308.
**别名或俗名（Used or common name）**: 河口光唇鱼.
**分布（Distribution）**: 元江, 李仙江, 澜沧江. 国外分布于老挝 (南马河), 越南 (北部红河).

### （944）太平吻孔鲃 *Poropuntius margarianus* (Anderson, 1879)

*Barbus margarianus* Anderson, 1879: 867.
*Barbodes margarianus*: 褚新洛和崔桂华 (见褚新洛和陈银瑞等), 1989: 196; 陈宜瑜, 1998: 149; 单乡红等 (见乐佩琦等), 2000: 32.
*Poropuntius margarianus*: Roberts, 1998a: 105; Chen *et* Yang, 2003: 377; 陈小勇, 2013, 34 (4): 308.
**别名或俗名（Used or common name）**: 太平四须鲃.
**分布（Distribution）**: 云南龙川江, 大盈江. 国外分布于缅甸 (伊洛瓦底江).

### （945）后鳍吻孔鲃 *Poropuntius opisthoptera* (Wu, 1977)

*Barbodes* (*Barbodes*) *opisthoptera* Wu (伍献文, 见伍献文等), 1977: 246.
*Barbodes opisthoptera*: 褚新洛和崔桂华 (见褚新洛和陈银瑞等), 1989: 189; 朱松泉, 1995: 55; 陈宜瑜, 1998: 148; 单乡红等 (见乐佩琦等), 2000: 25.
*Poropuntius opisthopterus*: Roberts, 1998a: 107; Chen *et* Yang, 2003: 377; 陈小勇, 2013, 34 (4): 309.
**别名或俗名（Used or common name）**: 后鳍四须鲃.
**分布（Distribution）**: 云南保山市道街, 属怒江水系.

### （946）鲂形吻孔鲃 *Poropuntius rhomboides* (Wu *et* Lin, 1977)

*Barbodes* (*Barbodes*) *rhomboides huangchuchieni* Wu *et* Lin (伍献文和林人端, 见伍献文等), 1977: 248.
*Barbodes rhomboides*: 褚新洛和崔桂华 (见褚新洛和陈银瑞等), 1989: 195; 单乡红等 (见乐佩琦等), 2000: 30.
*Poropuntius rhomboides*: Chen *et* Yang, 2003: 377; 陈小勇, 2013, 34 (4): 309.
**别名或俗名（Used or common name）**: 鲂形四须鲃.
**分布（Distribution）**: 云南元江水系. 国外分布于越南北部.

## 328. 拟金线鲃属 *Pseudosinocyclocheilus* Zhang *et* Zhao, 2016

*Pseudosinocyclocheilus* Zhang *et* Zhao (张春光和赵亚辉), 2016: 96.

### （947）靖西拟金线鲃 *Pseudosinocyclocheilus jinxiensis* (Zheng, Xiu *et* Yang, 2013)

*Sinocyclocheilus jinxiensis* Zheng, Xiu *et* Yang, 2013: 747; 蓝家湖, 甘西, 吴铁军等, 2013: 231.
**分布（Distribution）**: 广西靖西市新靖镇, 属左江水系.

## 329. 鲃鲤属 *Puntioplites* Smith, 1929

*Puntioplites* Smith, 1929: 11.
*Adamacypris* Fowler, 1934a: 125.

### （948）镰鲃鲤 *Puntioplites falcifer* Smith, 1929

*Puntioplites falcifer* Smith, 1929: 12; Rainboth, 1996; Kottelat, 2013: 145; 陈小勇, 2013, 34 (4): 308.
*Puntius* (*Puntius*) *proctozysron*: Bleeker, 1865: 197.
*Puntioplites proctozysron*: 陈湘粦和黄宏金 (见伍献文等), 1982: 397; 王幼槐, 1979: 422; 周伟 (见褚新洛和陈银瑞等), 1989: 323; 单乡红等 (见乐佩琦等), 2000: 392.
**别名或俗名（Used or common name）**: 鲃鲤.
**分布（Distribution）**: 澜沧江下游. 国外分布于泰国, 老挝, 柬埔寨等的湄公河流域.
**保护等级（Protection class）**: 《中国濒危动物红皮书·鱼类》(极危).

### （949）爪哇鲃鲤 *Puntioplites waandersi* (Bleeker, 1859)

*Systomus waandersi* Bleeker, 1859: 358.
*Puntius waandersi*: 李树深, 1973: 305.
*Puntioplites waandersi*: 陈湘粦和黄宏金 (见伍献文等), 1982: 397; 周伟 (见褚新洛和陈银瑞等), 1989: 325; 单乡红等 (见乐佩琦等), 2000: 394.
**分布（Distribution）**: 云南西双版纳澜沧江水系. 国外分布

于加里曼丹岛，印度尼西亚，马来西亚，柬埔寨，老挝，泰国和越南等.

## 330. 小鲃属 *Puntius* Hamilton, 1822

*Puntius* Hamilton, 1822: 310.

### （950）类小鲃 *Puntius orphoides* (Valenciennes, 1842)

*Puntius orphoides*: 崔桂华和莫明忠, 2000: 28.
*Barbus gardonides* Valenciennes, 1842: 156.
**别名或俗名（Used or common name）**：小口小鲃，小口猪嘴鲃.
**分布（Distribution）**：云南金平县金水河，属元江水系. 国外分布于泰国，缅甸，老挝，柬埔寨，越南，马来西亚，印度尼西亚等地.

### （951）疏斑小鲃 *Puntius paucimaculatus* Wang *et* Ni, 1982

*Puntius paucimaculatus* Wang *et* Ni (王幼槐和倪勇), 1982: 329; 金鑫波 (见中国水产科学研究院珠江水产研究所等), 1986: 112; 陈湘粦等, 1991: 137; 单乡红等 (见乐佩琦等), 2000: 10.
*Puntius snyderi*: Oshima, 1919, 12 (2-4): 216; Wu, 1929: 43; Lin, 1933a: 90.
**分布（Distribution）**：海南岛陵水河，藤桥河和昌化江水系.

### （952）条纹小鲃 *Puntius semifasciolatus* (Günther, 1868)

*Barbus semifasciolatus* Günther, 1868: 484; Nichols *et* Pope, 1927: 344; 林书颜, 1931: 125; Wu, 1934: 95; Nichols, 1943, 9: 74.
*Barbus fasciolatus* Günther, 1868: 140.
*Capoeta semifasciolata*: Oshima, 1919, 12 (2-4): 214; Oshima, 1926a: 9; 伍献文等, 1982: 261; 郑葆珊, 1981: 68; 黄少涛 (见《福建鱼类志》编写组), 1984: 332; 金鑫波 (见中国水产科学研究院珠江水产研究所等), 1986: 115; 褚新洛和崔桂华 (见褚新洛和陈银瑞等), 1989: 164; 吕克强 (见伍律), 1989: 127; 郑慈英等, 1989: 171.
*Puntius semifasciolatus*: Herre *et* Myers, 1931: 242; Lin, 1933a: 89; Wu, 1939: 100; 金鑫波 (见中国水产科学研究院珠江水产研究所等), 1986: 113; 陈湘粦等, 1991: 138; 单乡红等 (见乐佩琦等), 2000: 11.
**分布（Distribution）**：珠江，澜沧江，元江，海南及台湾. 国外分布于老挝和越南.
**保护等级（Protection class）**：《台湾淡水鱼类红皮书》(近危).

### （953）斯奈德小鲃 *Puntius snyderi* Oshima, 1919

*Puntius snyderi* Oshima, 1919, 12 (2-4): 216; Wu, 1929: 43; Lin, 1933a: 90; 陈义雄和张咏青, 2005: 168; 伍汉霖等, 2012: 58.
**别名或俗名（Used or common name）**：史尼氏小鲃.
**分布（Distribution）**：台湾中北部河溪中.
**保护等级（Protection class）**：《台湾淡水鱼类红皮书》(近危).

### （954）斑尾小鲃 *Puntius sophore* (Hamilton, 1822)

*Cyprinus sophore* Hamilton, 1822: 310.
*Puntius sophore*: 陈银瑞等, 1988: 439; 单乡红等 (见乐佩琦等), 2000: 7.
**别名或俗名（Used or common name）**：斑尾刺鲃.
**分布（Distribution）**：云南瑞丽河. 国外分布于印度，巴基斯坦，尼泊尔，斯里兰卡，孟加拉国和缅甸.

### （955）异斑小鲃 *Puntius ticto* (Hamilton, 1822)

*Cyprinus ticto* Hamilton, 1822: 314.
*Puntius punctatus*: 陈银瑞等, 1988: 440.
*Puntius ticto*: 单乡红等 (见乐佩琦等), 2000: 8.
**别名或俗名（Used or common name）**：异斑刺鲃.
**分布（Distribution）**：云南瑞丽河. 国外分布于印度，巴基斯坦，尼泊尔，斯里兰卡，孟加拉国，缅甸和泰国.

## 331. 舟齿鱼属 *Scaphiodonichthys* Vinciguerra, 1890

*Scaphiodonichthys* Vinciguerra, 1890: 285.

### （956）少鳞舟齿鱼 *Scaphiodonichthys acanthopterus* (Fowler, 1934a)

*Scaphiodontopsis acanthopterus* Fowler, 1934a: 119.
*Scaphiodonichthys acanthopterus*: 单乡红, 1997: 13; 单乡红等 (见乐佩琦等), 2000: 149.
*Varicorhinus* (*Onychostomus*) *acanthopterus*: 伍献文等, 1982: 320; 褚新洛和崔桂华 (见褚新洛和陈银瑞等), 1989: 222; 陈宜瑜, 1998: 162.
**分布（Distribution）**：云南澜沧江，元江水系. 国外分布于缅甸，泰国，越南等.

### （957）长鳍舟齿鱼 *Scaphiodonichthys macracanthus* (Pellegrin *et* Chevey, 1936)

*Onychostoma macracanthus* Pellegrin *et* Chevey, 1936: 24.
*Varicorhinus* (*Onychostomus*) *macracanthus*: 伍献文等, 1977: 319; 褚新洛和崔桂华 (见褚新洛和陈银瑞等), 1989: 221.
*Scaphiodonichthys macracanthus*: 单乡红, 1997: 8; 伍献文等, 1982: 319; 单乡红等 (见乐佩琦等), 2000: 148.
**分布（Distribution）**：元江水系. 国外分布于越南 (红河).

## 332. 短吻鱼属 *Sikukia* Smith, 1931

*Sikukia* Smith, 1931b: 138.

### （958）黄尾短吻鱼 *Sikukia flavicaudata* Chu *et* Chen, 1986

*Sikukia flavicaudata* Chu *et* Chen (褚新洛和陈银瑞), 1986: 380; 褚新洛和崔桂华 (见褚新洛和陈银瑞等), 1989: 168; 单乡红等 (见乐佩琦等), 2000: 94.

**分布（Distribution）**：澜沧江下游及其支流.

### （959）长须短吻鱼 *Sikukia longibarbata* Li, Chen, Yang *et* Chen, 1998

*Sikukia longibarbata* Li, Chen, Yang *et* Chen (李再云, 陈银瑞, 杨君兴和陈小勇), 1998: 453.

**分布（Distribution）**：云南西双版纳勐腊县, 属澜沧江下游.

### （960）短吻鱼 *Sikukia stejnegeri* Smith, 1931

*Sikukia stejnegeri* Smith, 1931b: 138; 单乡红等 (见乐佩琦等), 2000: 92.

*Albulichthys stejnegeri*: 伍献文等, 1977: 271.

*Sikukia gudgeri*: 褚新洛和崔桂华 (见褚新洛和陈银瑞等), 1989: 167.

**分布（Distribution）**：云南西双版纳澜沧江干流. 国外分布于柬埔寨, 泰国等.

## 333. 金线鲃属 *Sinocyclocheilus* Fang, 1936

*Sinocyclocheilus* Fang, 1936c: 588.

### （961）高肩金线鲃 *Sinocyclocheilus altishoulderus* (Li *et* Lan, 1992)

*Anchicyclocheilus altishoulderus* Li *et* Lan (李维贤和蓝家湖), 1992: 47; 李维贤, 陈爱玲, 武德方等, 1996: 61.

*Sinocyclocheilus altishoulderus*: 赵亚辉等 (见周解和张春光), 2006: 266; 赵亚辉和张春光, 2009: 238; 蓝家湖, 甘西, 吴铁军等, 2013: 203.

*Sinocyclocheilus* (*Gibibarbus*) *altishoulderus*: 单乡红等 (见乐佩琦等), 2000: 76.

**分布（Distribution）**：广西东兰县太平乡的地下河中, 属红水河水系.

### （962）阿庐金线鲃 *Sinocyclocheilus aluensis* Li, Xiao, Feng *et* Zhao, 2005

*Sinocyclocheilus aluensis* Li, Xiao, Feng *et* Zhao (李维贤, 肖蘅, 冯海学和赵海林), 2005: 2; 赵亚辉和张春光, 2013: 374.

*Sinocyclocheilus angustiporus*: 赵亚辉和张春光, 2009: 156.

**分布（Distribution）**：云南泸西县, 属南盘江水系.

### （963）鸭嘴金线鲃 *Sinocyclocheilus anatirostris* Lin *et* Luo, 1986

*Sinocyclocheilus anatirostris* Lin *et* Luo (林人端和罗志发), 1986: 380; 李维贤, 陈爱玲, 武德方等, 1996: 59; 赵亚辉等 (见周解和张春光), 2006: 279; 赵亚辉和张春光, 2009: 242; 蓝家湖, 甘西, 吴铁军等, 2013: 223.

*Sinocyclocheilus* (*Gibibarbus*) *anatirostris*: 单乡红等 (见乐佩琦等), 2000: 80.

**分布（Distribution）**：广西乐业县和凌云县地下河中, 属红水河水系.

### （964）角金线鲃 *Sinocyclocheilus angularis* Zheng *et* Wang, 1990

*Sinocyclocheilus angularis* Zheng *et* Wang (郑建州和汪健), 1990: 251; 李维贤, 陈爱玲, 武德方等, 1996: 59; 赵亚辉和张春光, 2009: 211.

*Sinocyclocheilus* (*Gibibarbus*) *angularis*: 单乡红等 (见乐佩琦等), 2000: 81.

**分布（Distribution）**：贵州盘州, 属南盘江水系.

### （965）狭孔金线鲃 *Sinocyclocheilus angustiporus* Zheng *et* Xie, 1985

*Sinocyclocheilus angustiporus* Zheng *et* Xie (郑慈英和谢家骅), 1985: 123; 谢家骅 (见伍律), 1989: 107; 褚新洛和崔桂华 (见褚新洛和陈银瑞等), 1989: 171; 李维贤, 武德方和陈爱玲, 1994: 8; 李维贤, 陈爱玲, 武德方等, 1996: 60; 赵亚辉和张春光, 2009: 155.

*Sinocyclocheilus* (*Sinocyclocheilus*) *angustiporus*: 单乡红等 (见乐佩琦等), 2000: 73.

**分布（Distribution）**：云南东部和贵州西部的南盘江上游支流黄泥河流域.

### （966）无眼金线鲃 *Sinocyclocheilus anophthalmus* Chen *et* Chu, 1988

*Sinocyclocheilus anophthalmus* Chen *et* Chu (陈银瑞和褚新洛, 见陈银瑞, 褚新洛, 罗泽雍等), 1988: 64; 李维贤, 武德方和陈爱玲, 1994: 7; 李维贤, 陈爱玲, 武德方等, 1996: 60; 赵亚辉和张春光, 2009: 207.

*Sinocyclocheilus* (*Sinocyclocheilus*) *anophthalmus*: 单乡红等 (见乐佩琦等), 2000: 75.

**分布（Distribution）**：云南宜良县九乡个别洞穴地下河中, 属南盘江水系.

**保护等级（Protection class）**：《中国濒危动物红皮书·鱼类》(极危).

### （967）安水金线鲃 *Sinocyclocheilus anshuiensis* Gan, Wu, Wei *et* Yang, 2013

*Sinocyclocheilus anshuiensis* Gan, Wu, Wei *et* Yang (甘西, 吴铁军, 韦慕兰和杨剑), 2013: 459.

**分布（Distribution）**：广西凌云县逻楼镇附近一洞穴.

### （968）鹰喙角金线鲃 *Sinocyclocheilus aquihornes* Li *et* Yang, 2007

*Sinocyclocheilus aquihornes* Li *et* Yang (李维贤和杨洪福, 见

李维贤, 杨洪福, 韩非等), 2007: 1; 赵亚辉和张春光, 2009: 230.

**分布（Distribution）**：云南丘北县一洞穴的地下河中，属南盘江水系.

**（969）双角金线鲃 *Sinocyclocheilus bicornutus* Wang *et* Liao, 1997**

*Sinocyclocheilus bicornutus* Wang *et* Liao (王大忠和廖吉文), 1997: 1; 赵亚辉和张春光, 2009: 214.

**分布（Distribution）**：贵州兴仁市，属北盘江水系.

**（970）短须金线鲃 *Sinocyclocheilus brevibarbatus* Zhao, Lan *et* Zhang, 2009**

*Sinocyclocheilus brevibarbatus* Zhao, Lan *et* Zhang (赵亚辉, 蓝家湖和张春光), 2009: 203; 赵亚辉和张春光, 2009: 180; 蓝家湖, 甘西, 吴铁军等, 2013: 181.

**分布（Distribution）**：广西都安县高岭镇个别洞穴地下水中，属红水河水系.

**（971）短鳍金线鲃 *Sinocyclocheilus brevifinus* Li, Li *et* Mayden, 2014**

*Sinocyclocheilus brevifinus* Li, Li *et* Mayden, 2014, *Zootaxa* 3873 (1): 037-048.

**分布（Distribution）**：广西贺州，属珠江流域西江水系.

**（972）短身金线鲃 *Sinocyclocheilus brevis* Chen *et* Lan, 1992**

*Sinocyclocheilus brevis* Chen *et* Lan (陈景星和蓝家湖), 1992: 106; 李维贤, 陈爱玲, 武德方等, 1996: 59; 赵亚辉等 (见周解和张春光), 2006: 268; 赵亚辉和张春光, 2009: 177; 蓝家湖, 甘西, 吴铁军等, 2013: 178.

*Sinocyclocheilus* (*Sinocyclocheilus*) *brevis*: 单乡红等 (见乐佩琦等), 2000: 69.

**分布（Distribution）**：广西罗城县，属珠江流域西江支流柳江水系龙江支流.

**（973）宽角金线鲃 *Sinocyclocheilus broadihornes* Li *et* Mao, 2007**

*Sinocyclocheilus broadihornes* Li *et* Mao (李维贤和卯卫宁), 2007: 226; 赵亚辉和张春光, 2009: 223.

**分布（Distribution）**：云南石林县石林镇落水洞 (蝙蝠洞) 地下伏流中，属南盘江水系.

**（974）额凸盲金线鲃 *Sinocyclocheilus convexiforeheadu* Yang, Li *et* Li, 2017**

*Sinocyclocheilus convexiforeheadu* Yang, Li *et* Li, 2017: 58-60.

**分布（Distribution）**：云南丘北县，属清水江水系.

**（975）驼背金线鲃 *Sinocyclocheilus cyphotergous* (Dai, 1988)**

*Gibbibarbus cyphotergous* Dai (戴定远), 1988: 87.

*Sinocyclocheilus cyphotergous*: 王大忠, 黄跃, 廖吉文等, 1995: 166; 赵亚辉和张春光, 2009: 235.

*Sinocyclocheilus* (*Gibibarbus*) *cyphotergous*: 单乡红等 (见乐佩琦等), 2000: 79.

**分布（Distribution）**：贵州罗甸县边阳镇大井村，属红水河水系.

**（976）东兰金线鲃 *Sinocyclocheilus donglanensis* Zhao, Watanabe *et* Zhang, 2006**

*Sinocyclocheilus donglanensis* Zhao, Watanabe *et* Zhang (赵亚辉, 渡边胜敏和张春光), 2006: 121; 赵亚辉和张春光, 2009: 172; 蓝家湖, 甘西, 吴铁军等, 2013: 189.

**分布（Distribution）**：广西东兰县太平乡太平村附近地下河，属红水河水系.

**（977）曲背金线鲃 *Sinocyclocheilus flexuosdorsalis* Zhu *et* Zhu, 2012**

*Sinocyclocheilus flexuosdorsalis* Zhu *et* Zhu (朱定贵和朱瑜), 2012b: 222; 蓝家湖, 甘西, 吴铁军等, 2013: 216.

**分布（Distribution）**：广西隆林县天生桥镇一地下溶洞地下水，属红水河水系.

**（978）叉背金线鲃 *Sinocyclocheilus furcodorsalis* Chen, Yang *et* Lan, 1997**

*Sinocyclocheilus furcodorsalis* Chen, Yang *et* Lan (陈银瑞, 杨君兴和蓝家湖), 1997: 219; 赵亚辉等 (见周解和张春光), 2006: 280; 赵亚辉和张春光, 2009: 217; 蓝家湖, 甘西, 吴铁军等, 2013: 226.

**分布（Distribution）**：广西天峨县境内的地下河，属红水河水系.

**（979）细尾金线鲃 *Sinocyclocheilus gracilicaudatus* Zhao *et* Zhang, 2014**

*Sinocyclocheilus gracilicaudatus* Zhao *et* Zhang (赵亚辉和张春光, 见 Wang, Zhao, Yang *et al.*), 2014, *Zootaxa* 3768 (5): 583-590.

**分布（Distribution）**：广西环江县，属珠江流域西江支流柳江水系.

**（980）细身金线鲃 *Sinocyclocheilus gracilis* Li *et* Li, 2014**

*Sinocyclocheilus gracilis* Li et Li, 2014: 250.

**分布（Distribution）**：广西贺州一洞穴地下水，属珠江流域西江支流贺江.

**（981）滇池金线鲃 *Sinocyclocheilus grahami* (Regan, 1904)**

*Barbus grahami* Regan, 1904c: 190; 张春霖, 1959: 54.

*Percocypris grahami*: 伍献文等, 1961: 89.

*Sinocyclocheilus grahami grahami*: 伍献文等, 1982: 263; 伍献文等, 1979: 73; 褚新洛和崔桂华 (见褚新洛和陈银瑞等), 1989: 175.

*Sinocyclocheilus* (*Sinocyclocheilus*) *grahami*: 单乡红等 (见乐佩琦等), 2000: 66.

*Sinocyclocheilus guanduensis*: Xiao, Xiao *et* Zan (肖蘅, 李维贤和昝瑞光), 2004: 522.

*Sinocyclocheilus huanglongdongensis*: Xiao, Xiao *et* Zan (肖蘅, 李维贤和昝瑞光), 2004: 523.

*Sinocyclocheilus hei*: Xiao, Xiao *et* Zan (肖蘅, 李维贤和昝瑞光), 2004: 523.

*Sinocyclocheilus grahami*: 赵亚辉和张春光, 2009: 162.

*Sinocyclocheilus wui* Li *et* An (李维贤和安莉), 2013: 82-84.

**分布（Distribution）**：云南滇池及其附近水体, 属金沙江南侧支流普渡河上游.

**保护等级（Protection class）**：国家 II 级.

**（982）灌阳金线鲃 *Sinocyclocheilus guanyangensis* Chen, Peng *et* Zhang, 2016**

*Sinocyclocheilus guanyangensis* Chen, Peng *et* Zhang, 2016, 27 (1): 1-8.

**分布（Distribution）**：广西灌阳县, 属珠江流域西江支流桂江上游.

**（983）桂林金线鲃 *Sinocyclocheilus guilinensis* Ji, 1982**

*Sinocyclocheilus guilinensis* Ji (季纯善, 见周解), 1982: 153; 赵亚辉和张春光, 2009: 105; 蓝家湖, 甘西, 吴铁军等, 2013: 163.

*Sinocyclocheilus* (*Sinocyclocheilus*) *jii*: 单乡红等 (见乐佩琦等), 2000: 59.

**别名或俗名（Used or common name）**：菠萝鱼.

**分布（Distribution）**：广西桂林市附近溶洞内地下河中.

**（984）圭山金线鲃 *Sinocyclocheilus guishanensis* Li, 2003**

*Sinocyclocheilus guishanensis* Li (李维贤, 见李维贤, 卯卫宁, 卢宗民等), 2003: 64; 赵亚辉和张春光, 2009: 152.

**分布（Distribution）**：云南石林县圭山镇左溪村地下河和地下河口附近, 属南盘江水系.

**（985）黄田金线鲃 *Sinocyclocheilus huangtianensis* Zhu, Zhu *et* Lan, 2011**

*Sinocyclocheilus huangtianensis* Zhu, Zhu *et* Lan (朱定贵, 朱瑜和蓝家湖), 2011: 204.

**分布（Distribution）**：广西贺州黄田镇油麻岩, 属珠江水系贺江的支流.

**（986）华宁金线鲃 *Sinocyclocheilus huaningensis* Li, 1998**

*Sinocyclocheilus huaningensis* Li (李维贤, 见李维贤, 武德方和陈爱玲), 1998: 2; 赵亚辉和张春光, 2009: 203.

**分布（Distribution）**：云南华宁县盘溪镇大龙潭.

**（987）环江金线鲃 *Sinocyclocheilus huanjiangensis* Wu, Gan *et* Li, 2010**

*Sinocyclocheilus huanjiangensis* Wu, Gan *et* Li (吴铁军, 甘西和李维贤, 见吴铁军, 廖振平, 甘西等), 2010: 116; 蓝家湖, 甘西, 吴铁军等, 2013: 171.

**分布（Distribution）**：广西环江县关兴乡洞穴地下河.

**（988）巨须金线鲃 *Sinocyclocheilus hugeibarbus* Li *et* Ran, 2003**

*Sinocyclocheilus hugeibarbus* Li *et* Ran (李维贤和冉景丞), 2003: 61; 赵亚辉和张春光, 2009: 195.

*Sinocyclocheilus dongtangensis*: Zhou, Liu *et* Wang (周江, 刘倩和王海霞, 见周江, 刘倩, 王海霞等), 2011: 387.

*Sinocyclocheilus liboensis*: Li, Chen *et* Ran, 2004.

**分布（Distribution）**：贵州荔波县板潭坝和洞塘乡的地下河, 属珠江流域西江支流柳江水系.

**（989）会泽金线鲃 *Sinocyclocheilus huizeensis* Cheng, Pan, Chen, Li, Ma *et* Yang, 2015**

*Sinocyclocheilus huizeensis* Cheng, Pan, Chen, Li, Ma *et* Yang, 2015, *Cave Research* 2: 4.

**分布（Distribution）**：云南曲靖市会泽县大龙潭, 属长江上游金沙江水系支流牛栏江.

**（990）透明金线鲃 *Sinocyclocheilus hyalinus* Chen *et* Yang, 1994**

*Sinocyclocheilus hyalinus* Chen *et* Yang (陈银瑞和杨君兴), 1994: 246; 李维贤, 陈爱玲, 武德方等, 1996: 59; 赵亚辉和张春光, 2009: 228.

*Sinocyclocheilus* (*Gibibarbus*) *hyalinus*: 单乡红等 (见乐佩琦等), 2000: 82.

**分布（Distribution）**：云南泸西县阿庐古洞及其邻近洞穴的地下河, 属南盘江水系.

**（991）季氏金线鲃 *Sinocyclocheilus jii* Zhang *et* Dai, 1992**

*Sinocyclocheilus jii* Zhang *et* Dai (张春光和戴定远), 1992: 377; 李维贤, 陈爱玲, 武德方等, 1996: 60; 赵亚辉等 (见周解和张春光), 2006: 262; 赵亚辉和张春光, 2009: 102; 蓝家湖, 甘西, 吴铁军等, 2013: 167.

*Sinocyclocheilus* (*Sinocyclocheilus*) *jii*: 单乡红等 (见乐佩琦等), 2000: 59.

**分布（Distribution）**：广西富川县和恭城县的观音乡.

### （992）九圩金线鲃 *Sinocyclocheilus jiuxuensis* Li *et* Lan, 2003

*Sinocyclocheilus jiuxuensis* Li *et* Lan (李维贤和蓝家湖, 见李维贤, 蓝家湖和陈善元), 2003: 83; 赵亚辉等 (见周解和张春光), 2006: 267; 赵亚辉和张春光, 2009: 186; 蓝家湖, 甘西, 吴铁军等, 2013: 196.

**分布（Distribution）**：广西河池市金城江区九圩镇附近的地下河, 属红水河水系.

### （993）侧条金线鲃 *Sinocyclocheilus lateristritus* Li, 1992

*Sinocyclocheilus lateristritus* Li (李维贤), 1992: 58; 李维贤, 武德方和陈爱玲, 1994: 7; 李维贤, 陈爱玲, 武德方等, 1996: 60; 孙荣富, 卯卫宁, 卢宗民等, 1997: 43; 赵亚辉和张春光, 2009: 159.

*Sinocyclocheilus* (*Sinocyclocheilus*) *lateristritus*: 单乡红等 (见乐佩琦等), 2000: 64.

**分布（Distribution）**：云南陆良县原云南机器三厂宿舍区内的龙潭, 属南盘江水系.

### （994）凌云金线鲃 *Sinocyclocheilus lingyunensis* Li, Xiao *et* Luo, 2000

*Sinocyclocheilus lingyunensis* Li, Xiao *et* Luo (李维贤, 肖蘅和罗志发, 见李维贤, 肖蘅, 昝瑞光等), 2000: 155; 赵亚辉等 (见周解和张春光), 2006: 270; 赵亚辉和张春光, 2009: 192; 蓝家湖, 甘西, 吴铁军等, 2013: 193.

**分布（Distribution）**：广西凌云县泗城镇沙洞地下河.

### （995）长须金线鲃 *Sinocyclocheilus longibarbartus* Wang *et* Chen, 1989

*Sinocyclocheilus longibarbartus* Wang *et* Chen (王大忠和陈宜瑜), 1989: 30; 李维贤, 陈爱玲, 武德方等, 1996: 60; 赵亚辉等 (见周解和张春光), 2006: 274; 赵亚辉和张春光, 2009: 198.

*Sinocyclocheilus* (*Sinocyclocheilus*) *longibarbartus*: 单乡红等 (见乐佩琦等), 2000: 68.

*Sinocyclocheilus yaolanensis*: Zhou, Li *et* Hou (周江, 李显周和侯秀发, 见周江, 李显周, 侯秀发等), 2009: 321.

**分布（Distribution）**：贵州荔波县和广西南丹县, 属珠江流域西江支流柳江上游打狗河.

### （996）长鳍金线鲃 *Sinocyclocheilus longifinus* Li *et* Chen, 1994

*Sinocyclocheilus longifinus* Li *et* Chen (李维贤和陈爱玲, 见李维贤, 武德方和陈爱玲), 1994: 7; 李维贤, 陈爱玲, 武德方等, 1996: 59; 李维贤, 武德方和陈爱玲, 1998: 1; 赵亚辉和张春光, 2009: 201.

**分布（Distribution）**：云南华宁县盘溪镇大龙潭.

### （997）龙山金线鲃 *Sinocyclocheilus longshanensis* Li *et* Wu, 2018

*Sinocyclocheilus longshanensis* Li *et* Wu (李光华和吴俊颉), 2018: 153-158.

**分布（Distribution）**：云南丘北县树皮乡境内 (北纬23°50′1.45″, 东经104°5′31.95″, 海拔1653.7m), 属珠江水系.

### （998）逻楼金线鲃 *Sinocyclocheilus luolouensis* Lan, 2013

*Sinocyclocheilus luolouensis* Lan (蓝家湖, 见蓝家湖, 甘西, 吴铁军等), 2013: 236.

**分布（Distribution）**：广西凌云县, 属珠江水系右江支流.

### （999）罗平金线鲃 *Sinocyclocheilus luopingensis* Li *et* Tao, 1997

*Sinocyclocheilus luopingensis* Li *et* Tao (李维贤和陶进能, 见孙荣富, 卯卫宁, 卢宗民等), 1997: 44; 李维贤等, 2003: 385; 赵亚辉和张春光, 2009: 188.

**分布（Distribution）**：云南罗平县干龙潭.

### （1000）大头金线鲃 *Sinocyclocheilus macrocephalus* Li, 1985

*Sinocyclocheilus macrocephalus* Li (李维贤), 1985: 423; 李维贤, 武德方和陈爱玲, 1994: 7; 李维贤, 陈爱玲, 武德方等, 1996: 60; 赵亚辉和张春光, 2009: 144.

*Sinocyclocheilus* (*Sinocyclocheilus*) *macrocephalus*: 单乡红等 (见乐佩琦等), 2000: 57.

**分布（Distribution）**：云南石林县黑龙潭水库, 属南盘江水系.

### （1001）大鳞金线鲃 *Sinocyclocheilus macrolepis* Wang *et* Chen, 1989

*Sinocyclocheilus macrolepis* Wang *et* Chen (王大忠和陈宜瑜), 1989: 29; 赵亚辉等 (见周解和张春光), 2006: 261; 赵亚辉和张春光, 2009: 111.

*Sinocyclocheilus* (*Sinocyclocheilus*) *macrolepis*: 单乡红等 (见乐佩琦等), 2000: 55.

**分布（Distribution）**：红水河支流.

### （1002）大眼金线鲃 *Sinocyclocheilus macrophthalmus* Zhang *et* Zhao, 2001

*Sinocyclocheilus macrophthalmus* Zhang *et* Zhao (张春光和

赵亚辉), 2001b: 102; 赵亚辉等 (见周解和张春光), 2006: 271; 赵亚辉和张春光, 2009: 149; 蓝家湖, 甘西, 吴铁军等, 2013: 206.

**分布（Distribution）**：广西都安县下坳乡一溶洞和东兰县, 属红水河水系.

### （1003）陆良金线鲃 *Sinocyclocheilus macroscalus* Li, 1996

*Anchicyclocheilus macroscalus* Li (李维贤), 1996: 95; 孙荣富, 卯卫宁, 卢宗民等, 1997: 43.

*Sinocyclocheilus macrolepis* Li (李维贤), 1992: 57; 赵亚辉和张春光, 2009: 138.

*Anchicyclocheilus macrolepis*: 李维贤, 武德方和陈爱玲, 1994: 7; 李维贤, 陈爱玲, 武德方等, 1996: 61.

*Sinocyclocheilus* (*Sinocyclocheilus*) *macroscalus*: 单乡红等 (见乐佩琦等), 2000: 56.

**分布（Distribution）**：云南陆良县原云南机器三厂宿舍区内的龙潭及附近的石祥寺水库, 属南盘江水系.

### （1004）麻花金线鲃 *Sinocyclocheilus maculatus* Li, 2000

*Sinocyclocheilus maculatus* Li (李维贤, 见李维贤, 宗祖国, 侬瑞斌等), 2000: 79; 赵亚辉和张春光, 2009: 122.

**分布（Distribution）**：现知仅分布于云南砚山县子马村和丘北县炭房村, 属南盘江水系.

### （1005）麦田河金线鲃 *Sinocyclocheilus maitianheensis* Li, 1992

*Sinocyclocheilus maitianheensis* Li (李维贤), 1992: 59; 李维贤, 武德方和陈爱玲, 1994: 8; 李维贤, 陈爱玲, 武德方等, 1996: 60; 赵亚辉和张春光, 2009: 141.

*Sinocyclocheilus* (*Sinocyclocheilus*) *maitianheensis*: 单乡红等 (见乐佩琦等), 2000: 58.

**分布（Distribution）**：南盘江水系.

### （1006）软鳍金线鲃 *Sinocyclocheilus malacopterus* Chu *et* Cui, 1985

*Sinocyclocheilus malacopterus* Chu *et* Cui (褚新洛和崔桂华), 1985: 437; 褚新洛和崔桂华 (见褚新洛和陈银瑞等), 1989: 176; 李维贤, 武德方和陈爱玲, 1994: 7; 李维贤, 陈爱玲, 武德方等, 1996: 59; 赵亚辉和张春光, 2009: 116.

*Sinocyclocheilus* (*Sinocyclocheilus*) *malacopterus*: 单乡红等 (见乐佩琦等), 2000: 62.

**分布（Distribution）**：云南罗平县大水井乡大塘子村溶洞, 羊者窝水库, 新寨办事处小明寨村, 沾益区海家哨村, 均属红水河上游.

### （1007）马山金线鲃 *Sinocyclocheilus mashanensis* Wu, Liao *et* Li, 2010

*Sinocyclocheilus mashanensis* Wu, Liao *et* Li (吴铁军, 廖振平和李维贤, 见吴铁军, 廖振平和甘西等), 2010: 116; 蓝家湖, 甘西, 吴铁军等, 2013: 200.

**分布（Distribution）**：广西马山县古寨乡溶洞地下河.

### （1008）小眼金线鲃 *Sinocyclocheilus microphthalmus* Li, 1989

*Sinocyclocheilus microphthalmus* Li (李国良), 1989: 123; 李维贤, 陈爱玲, 武德方等, 1996: 59; 赵亚辉等 (见周解和张春光), 2006: 265; 赵亚辉和张春光, 2009: 240; 蓝家湖, 甘西, 吴铁军等, 2013: 209.

*Anchicyclocheilus halfibindus*: Li *et* Lan (李维贤和蓝家湖), 1992: 46; 李维贤, 陈爱玲, 武德方等, 1996: 61.

*Sinocyclocheilus* (*Sinocyclocheilus*) *microphthalmus*: 单乡红等 (见乐佩琦等), 2000: 76.

**分布（Distribution）**：广西凌云县, 凤城县一带的地下河中, 属红水河流域.

### （1009）多斑金线鲃 *Sinocyclocheilus multipunctatus* (Pellegrin, 1931)

*Schizothorax multipunctatus* Pellegrin, 1931: 148; 伍献文等, 1964: 158.

*Sinocyclocheilus multipunctatus*: 武云飞和吕克强, 1983: 336; 褚新洛和崔桂华 (见褚新洛和陈银瑞等), 1989: 170; 褚新洛 (见郑慈英等), 1989: 174; 谢家骅 (见伍律), 1989: 154; 赵亚辉等 (见周解和张春光), 2006: 272; 赵亚辉和张春光, 2009: 231.

*Sinocyclocheilus multipunctatus*: 李维贤, 陈爱玲, 武德方等, 1996: 60.

*Sinocyclocheilus* (*Sinocyclocheilus*) *multipunctatus*: 单乡红等 (见乐佩琦等), 2000: 70.

**别名或俗名（Used or common name）**：贵州菠萝鱼, 贵州金线鲃.

**分布（Distribution）**：云南的牛栏江和金沙江与贵州的乌江, 均属长江水系; 贵州花溪区, 惠水县, 荔波县等, 属珠江流域西江支流的柳江和红水河上游.

### （1010）尖头金线鲃 *Sinocyclocheilus oxycephalus* Li, 1985

*Sinocyclocheilus oxycephalus* Li (李维贤), 1985: 424; 李维贤, 武德方和陈爱玲, 1994: 8; 李维贤, 陈爱玲, 武德方等, 1996: 61; 赵亚辉和张春光, 2009: 125.

*Sinocyclocheilus lunanensis*: Li (李维贤), 1985: 425; 李维贤, 武德方和陈爱玲, 1994: 8.

*Sinocyclocheilus* (*Sinocyclocheilus*) *oxycephalus*: 单乡红等 (见乐佩琦等), 2000: 72.

**分布（Distribution）**：云南石林县黑龙潭水库, 属南盘江水系.

### （1011）平山金线鲃 *Sinocyclocheilus pingshanensis* Li, Li, Lan *et* Wu, 2018

*Sinocyclocheilus pingshanensis* Li, Li, Lan *et* Wu (李维贤, 李

春青，蓝春和吴知銮), 2018: 55-59.

**分布（Distribution）**：云南鹿寨县平山镇一洞穴，属珠江流域西江支流柳江水系.

### （1012）斑点金线鲃 *Sinocyclocheilus punctatus* Lan *et* Yang, 2017

*Sinocyclocheilus punctatus* Lan *et* Yang, 2017 (蓝永保和杨剑，见蓝永保，覃旭传，蓝家湖等): 99-101.

**分布（Distribution）**：广西南丹县和环江县；贵州荔波县.

### （1013）紫色金线鲃 *Sinocyclocheilus purpureus* Li, 1985

*Sinocyclocheilus purpureus* Li (李维贤), 1985: 426；李维贤，武德方和陈爱玲，1994: 8；李维贤，陈爱玲，武德方等，1996: 60；赵亚辉和张春光, 2009: 129.

*Sinocyclocheilus* (*Sinocyclocheilus*) *purpureus*: 单乡红等 (见乐佩琦等), 2000: 71.

**分布（Distribution）**：云南砚山县平远街镇，开远市中和营镇大龙潭，属南盘江水系.

### （1014）丘北金线鲃 *Sinocyclocheilus qiubeiensis* Li, 2002

*Sinocyclocheilus qiubeiensis* Li (李维贤，见李维贤，廖永平和杨洪福), 2002: 161；赵亚辉和张春光, 2009: 135.

*Sinocyclocheilus jiuchengensis*: Li (李维贤，见李维贤，廖永平和杨洪福), 2002: 162.

**分布（Distribution）**：云南丘北县，属南盘江水系.

### （1015）曲靖金线鲃 *Sinocyclocheilus qujingensis* Li, Mao *et* Lu, 2002

*Sinocyclocheilus qujingensis* Li, Mao *et* Lu (李维贤，卯卫宁和卢宗民), 2002: 1；赵亚辉和张春光, 2009: 169.

**分布（Distribution）**：云南曲靖市麒麟区茨营乡吴家坟水库，属南盘江水系.

### （1016）犀角金线鲃 *Sinocyclocheilus rhinocerous* Li *et* Tao, 1994

*Sinocyclocheilus rhinocerous* Li *et* Tao (李维贤和陶进能), 1994: 1；李维贤，武德方和陈爱玲，1994: 7；李维贤，陈爱玲，武德方等，1996: 59；孙荣富，卯卫宁，卢宗民等，1997: 43；赵亚辉和张春光, 2009: 220.

*Sinocyclocheilus* (*Gibibarbus*) *rhinocerous*: 单乡红等 (见乐佩琦等), 2000: 83.

**分布（Distribution）**：云南罗平县环城乡新寨办事处小明寨组和学田高家洞的地下河，属南盘江水系.

### （1017）粗壮金线鲃 *Sinocyclocheilus robustus* Chen *et* Zhao, 1988

*Sinocyclocheilus robustus* Chen *et* Zhao (陈景星和赵执桴，见陈景星，赵执桴，郑建州等), 1988: 1；谢家骅 (见伍律), 1989: 156；赵亚辉和张春光, 2009: 131.

*Sinocyclocheilus robstus*: 李维贤，陈爱玲，武德方等，1996: 61.

*Sinocyclocheilus* (*Sinocyclocheilus*) *robustus*: 单乡红等 (见乐佩琦等), 2000: 74.

**分布（Distribution）**：贵州兴义市黄泥河，属南盘江水系.

### （1018）融安金线鲃 *Sinocyclocheilus ronganensis* Luo, Huang *et* Wen, 2016

*Sinocyclocheilus ronganensis* Luo, Huang *et* Wen (罗福广，黄杰和文衍红，见罗福广，黄杰，刘霞等), 2016: 650-655.

**分布（Distribution）**：广西柳州市融安县沙子乡麻山村附近地下溶洞 (北纬24°59′59″，东经109°28′2″).

### （1019）泗孟金线鲃 *Sinocyclocheilus simengensis* Li, Wu, Li *et* Lan, 2018

*Sinocyclocheilus simengensis* Li, Wu, Li *et* Lan (李春青，吴知銮，李维贤，蓝春), 2018: 55-59.

**分布（Distribution）**：广西东兰县泗孟乡一洞穴.

### （1020）天峨金线鲃 *Sinocyclocheilus tianeensis* Li, Xiao *et* Luo, 2003

*Sinocyclocheilus tianeensis* Li, Xiao *et* Luo (李维贤，肖蘅和罗忠义，见李维贤，肖蘅，昝瑞光等), 2003: 80.

**分布（Distribution）**：广西天峨县，属红水河水系.

### （1021）田林金线鲃 *Sinocyclocheilus tianlinensis* Zhou, Zhang *et* He, 2004

*Sinocyclocheilus tianlinensis* Zhou, Zhang *et* He (周解，张春光和何安尤), 2004: 16；周解，张春光和何安尤, 2004: 591；赵亚辉等 (见周解和张春光), 2006: 278；赵亚辉和张春光, 2009: 114.

**分布（Distribution）**：广西田林县平山乡溶洞地下水，属红水河水系.

### （1022）瓦状角金线鲃 *Sinocyclocheilus tileihornes* Mao, Lu *et* Li, 2003

*Sinocyclocheilus tileihornes* Mao, Lu *et* Li (卯卫宁，卢宗民和李维贤，见卯卫宁，卢宗民，李维贤等), 2003: 2；赵亚辉和张春光, 2009: 225.

**分布（Distribution）**：现知仅分布于云南罗平县阿岗乡老鸦洞地下河，属南盘江水系.

### （1023）抚仙金线鲃 *Sinocyclocheilus tingi* Fang, 1936

*Sinocyclocheilus tingi* Fang, 1936c: 590；李维贤，武德方和陈爱玲，1994: 7；李维贤，陈爱玲，武德方等，1996: 60；赵亚辉和张春光, 2009: 147.

*Sinocyclocheilus grahami tingi*: 伍献文等, 1982: 264; 褚新洛和崔桂华 (见褚新洛和陈银瑞等), 1989: 173; 杨君兴和陈银瑞, 1995: 70.

*Sinocyclocheilus* (*Sinocyclocheilus*) *tingi*: 单乡红等 (见乐佩琦等), 2000: 63.

**分布（Distribution）**：云南抚仙湖, 属南盘江水系.

### （1024）文山金线鲃 *Sinocyclocheilus wenshanensis* Li, Yang, Li *et* Chen, 2017

*Sinocyclocheilus wenshanensis* Li, Yang, Li *et* Chen (李春青, 杨洪福, 李维贤和陈艳艳, 见杨洪福, 李春青, 陈艳艳等), 2017: 507-512.

*Sinocyclocheilus multipunctatus*: 杨宇明, 田昆和和世钧, 2008, 中国文山国家级自然保护区科学考察研究: 369-375.

**分布（Distribution）**：云南文山市喜古乡五家寨村, 德厚镇铁则村洞穴及河流, 北纬23°23′, 东经104°05′, 海拔1325m, 确切的分布水系有待深入研究. 推测分布地应属于珠江水系, 或为紧邻珠江水系的某地下河.

### （1025）乌蒙山金线鲃 *Sinocyclocheilus wumengshanensis* Li, Mao *et* Lu, 2003

*Sinocyclocheilus wumengshanensis* Li, Mao *et* Lu (李维贤, 卯卫宁和卢宗民, 见李维贤, 卯卫宁, 卢宗民等), 2003: 63; 赵亚辉和张春光, 2009: 174.

*Sinocyclocheilus multipunctatus*: 褚新洛和崔桂华 (见褚新洛和陈银瑞等), 1989: 170; 李维贤, 武德方和陈爱玲, 1994: 8.

*Sinocyclocheilus maltipunctatus*: 李维贤, 陈爱玲, 武德方等, 1996: 60.

**分布（Distribution）**：云南寻甸县三起三落龙潭, 沾益区德泽乡, 宣威市西泽乡, 属金沙江水系牛栏江上游.

### （1026）西畴金线鲃 *Sinocyclocheilus xichouensis* Pan, Li, Yang *et* Chen, 2013

*Sinocyclocheilus xichouensis* Pan, Li, Yang *et* Chen (潘晓赋, 李列, 杨君兴和陈小勇), 2013: 368.

**分布（Distribution）**：云南西畴县兴街镇干海子, 属元江水系 (?).

### （1027）驯乐金线鲃 *Sinocyclocheilus xunlensis* Lan, Zhao *et* Zhang, 2004

*Sinocyclocheilus xunlensis* Lan, Zhao *et* Zhang (蓝家湖, 赵亚辉和张春光), 2004: 377; 赵亚辉和张春光, 2009: 205; 蓝家湖, 甘西, 吴铁军等, 2013: 229.

*Sinocyclocheilus xunleensis*: 赵亚辉等 (见周解和张春光), 2006: 281.

**分布（Distribution）**：珠江流域西江支流柳江上游支流打狗河上游洞穴地下水.

### （1028）阳宗金线鲃 *Sinocyclocheilus yangzongensis* Tsü *et* Chen, 1982

*Sinocyclocheilus grahami yangzongensis* Tsü *et* Chen (褚新洛和陈银瑞, 见伍献文等), 1982: 265; 褚新洛和陈银瑞, 1978: 255; 褚新洛和崔桂华 (见褚新洛和陈银瑞等), 1989: 172.

*Sinocyclocheilus yangzongensis*: 李维贤, 武德方和陈爱玲, 1994: 7; 李维贤, 陈爱玲, 武德方等, 1996: 60; 赵亚辉和张春光, 2009: 119.

*Sinocyclocheilus* (*Sinocyclocheilus*) *yangzongensis*: 单乡红等 (见乐佩琦等), 2000: 65.

**分布（Distribution）**：云南阳宗海, 属南盘江水系.

### （1029）易门金线鲃 *Sinocyclocheilus yimenensis* Li *et* Xiao, 2005

*Sinocyclocheilus yimenensis* Li *et* Xiao (李维贤和肖蘅, 见李维贤, 肖蘅, 金学礼等), 2005: 90; 赵亚辉和张春光, 2009: 166.

**分布（Distribution）**：云南易门县大龙口.

### （1030）宜山金线鲃 *Sinocyclocheilus yishanensis* Li *et* Lan, 1992

*Sinocyclocheilus yishanensis* Li *et* Lan (李维贤和蓝家湖), 1992: 49; 李维贤, 陈爱玲, 武德方等, 1996: 60; 赵亚辉等 (见周解和张春光), 2006: 263; 赵亚辉和张春光, 2009: 108; 蓝家湖, 甘西, 吴铁军等, 2013: 175.

*Sinocyclocheilus* (*S.*) *yishanensis*: 单乡红等 (见乐佩琦等), 2000: 61.

**分布（Distribution）**：广西河池市宜州区屏南乡里洞水库和同德乡楞村, 属珠江流域西江支流柳江水系.

### （1031）贞丰金线鲃 *Sinocyclocheilus zhenfengensis* Liu, Deng, Ma, Xiao *et* Zhou, 2018

*Sinocyclocheilus zhenfengensis* Liu, Deng, Ma, Xiao *et* Zhou, 2018: 945-953.

**分布（Distribution）**：贵州贞丰县, 属珠江水系上游北盘江.

## 334. 倒刺鲃属 *Spinibarbus* Oshima, 1919

*Spinibarbus* Oshima, 1919, 12 (2-4): 217.

*Barbodes* 伍献文等, 1982: 236.

### （1032）倒刺鲃 *Spinibarbus denticulatus denticulatus* (Oshima, 1926)

*Spinibarbichthys denticulatus* Oshima, 1926a: 11.

*Barbus denticulatus*: Nichols *et* Pope, 1927: 343.

*Spinibarbus denticulatus*: Myers, 1931: 259; Tchang, 1933b: 45; Lin, 1933b: 206; Chu, 1933: 150; Herre, 1936: 628; Tchang, 1937: 101; 方世勋 (见郑葆珊), 1981: 71; 金鑫波 (见中国水产科学研究院珠江水产研究所等), 1986: 110.

*Barbodes* (*Spinibarbus*) *denticulatus denticulatus*: 伍献文等, 1982: 255; 吕克强 (见伍律), 1989: 132.

*Spinibarbus denticulatus denticulatus*: 褚新洛 (见郑慈英等), 1989: 167; 褚新洛和崔桂华 (见褚新洛和陈银瑞等), 1989: 153; 陈湘粦等, 1991: 141; 单乡红等 (见乐佩琦等), 2000:

43.

**分布（Distribution）**：长江，钱塘江，闽江，九龙江，珠江，元江及海南岛和台湾. 国外分布于老挝和越南.

### （1033）多鳞倒刺鲃 *Spinibarbus denticulatus polylepis* Chu, 1989

*Spinibarbus denticulatus polylepis* Chu (褚新洛，见郑慈英等), 1989: 169; 褚新洛和崔桂华 (见褚新洛和陈银瑞等), 1989: 156; 单乡红等 (见乐佩琦等), 2000: 45.

**分布（Distribution）**：南盘江水系.

### （1034）云南倒刺鲃 *Spinibarbus denticulatus yunnanensis* (Tsü, 1977)

*Barbodes* (*Spinibarbus*) *denticulatus yunnanensis* Tsü (褚新洛，见伍献文等), 1977: 256.

*Spinibarbus yunnanensis*: 杨君兴和陈银瑞, 1995: 64.

*Spinibarbus denticulatus yunnanensis*: 褚新洛 (见郑慈英等), 1989: 168; 褚新洛和崔桂华 (见褚新洛和陈银瑞等), 1989: 154; 单乡红等 (见乐佩琦等), 2000: 44.

**分布（Distribution）**：云南抚仙湖，阳宗海和星云湖，均属南盘江水系.

### （1035）光倒刺鲃 *Spinibarbus hollandi* Oshima, 1919

*Spinibarbus hollandi* Oshima, 1919, 12 (2-4): 218; Koller, 1927: 34; 方世勋 (见郑葆珊), 1981: 69; 褚新洛和崔桂华 (见褚新洛和陈银瑞等), 1989: 150; 单乡红等 (见乐佩琦等), 2000: 38.

*Spinibarbus elongatus*: Oshima, 1920a: 127; 朱松泉, 1995: 51.

*Spinibarbus nigrodosalis*: Oshima, 1926a: 10; Lin, 1933b: 208; Tchang, 1933b: 247; Tchang, 1937: 101.

*Mystacoleucus* (*Spinibarbus*) *nigrodosalis*: Rendahl, 1928: 137; Wu, 1931: 437.

*Mystacoleucus* (*Spinibarbus*) *caldwelli*: Wu, 1931c: 19.

*Lissocheilus caldwelli*: Lin, 1933b: 214.

*Spinibarbus nigripinnis*: Tchang *et* Shih, 1934: 432; Wang, 1935: 51.

*Matsya nigrodosalis*: Wu, 1939: 98.

*Barbodes* (*Spinibarbus*) *caldwelli*: 伍献文等, 1982: 252; 吕克强 (见伍律), 1989: 131; 毛节荣和徐寿山, 1991: 97.

*Barbodes* (*Spinibarbus*) *elongatus*: 伍献文等, 1982: 252.

*Spinibarbus caldwelli*: 黄少涛 (见《福建鱼类志》编写组), 1984: 330; 金鑫波 (见中国水产科学研究院珠江水产研究所等), 1986: 108; 许涛清 (见陕西省动物研究所等), 1987: 142; 褚新洛 (见郑慈英等), 1989: 166; 陈湘粦等, 1991: 140.

*Spinibarbus hollandi*: 单乡红等 (见乐佩琦等), 2000: 43; Ho *et* Shao, 2011: 30.

**分布（Distribution）**：长江，钱塘江，闽江，九龙江，珠江，元江，海南岛及台湾. 国外分布于老挝和越南.

**保护等级（Protection class）**：《台湾淡水鱼类红皮书》(近危).

### （1036）中华倒刺鲃 *Spinibarbus sinensis* (Bleeker, 1871)

*Puntius* (*Barbodes*) *sinensis* Bleeker, 1871: 17; Sauvage *et* Dabry, 1874: 8.

*Barbus* (*Spinibarbichthys*) *pingi*: Tchang, 1931: 229.

*Mystacoleucus* (*Spinibarbus*) *sinensis*: Wu *et* Wang, 1931a: 233.

*Spinibarbus sinensis*: Lin, 1933b: 208; 许涛清 (见陕西省动物研究所等), 1987: 143; 褚新洛和崔桂华 (见褚新洛和陈银瑞等), 1989: 152; 单乡红等 (见乐佩琦等), 2000: 41.

*Spinibarbus pingi*: Tchang, 1933b: 47.

*Matsya sinensis*: Chang, 1944: 43; 褚新洛, 1955: 84.

*Barbodes* (*Spinibarbus*) *sinensis*: 伍献文等, 1982: 257; 吕克强 (见伍律), 1989: 133.

**分布（Distribution）**：长江水系.

**保护等级（Protection class）**：省级 (湖南).

## 335. 结鱼属 *Tor* Gray, 1834

*Tor* Gray, 1834: 96.

### （1037）半刺结鱼 *Tor hemispinus* Chen *et* Chu, 1985

*Tor* (*Tor*) *hemispinus* Chen *et* Chu (陈银瑞和褚新洛), 1985: 80; 褚新洛和崔桂华 (见褚新洛和陈银瑞等), 1989: 137; 单乡红等 (见乐佩琦等), 2000: 164.

*Tor hemispinus*: 伍汉霖，邵广昭，赖春福等, 2012: 63; Kottelat, 2013: 168.

**分布（Distribution）**：怒江水系.

### （1038）多鳞结鱼 *Tor polylepis* Zhou *et* Cui, 1996

*Tor* (*Tor*) *polylepis* Zhou *et* Cui (周伟和崔桂华), 1996: 131.

*Tor polylepis*: 伍汉霖，邵广昭，赖春福等, 2012: 63; Kottelat, 2013: 168.

**分布（Distribution）**：云南西双版纳勐腊县南腊河，属澜沧江水系支流.

### （1039）黄鳍结鱼 *Tor putitora* (Hamilton, 1822)

*Cyprinus putitora* Hamilton, 1822: 303.

*Tor* (*Tor*) *putitora*: 褚新洛和崔桂华 (见褚新洛和陈银瑞等), 1989: 140; 单乡红等 (见乐佩琦等), 2000: 159.

*Tor putitora*: 伍汉霖，邵广昭，赖春福等, 2012: 63; Kottelat, 2013: 168.

**分布（Distribution）**：云南龙川江，属伊洛瓦底江. 国外分布于缅甸，印度，阿富汗，不丹，孟加拉国，尼泊尔和巴基斯坦.

### （1040）桥街结鱼 *Tor qiaojiensis* Wu, 1982

*Tor* (*Tor*) *qiaojiensis* Wu (伍献文, 见伍献文等), 1982: 326; 陈银瑞和褚新洛, 1985: 79; 褚新洛和崔桂华 (见褚新洛和陈银瑞等), 1989: 139; 单乡红等 (见乐佩琦等), 2000: 162.

*Tor qiaojiensis*: 伍汉霖, 邵广昭, 赖春福等, 2012: 63.

**分布（Distribution）**：云南龙川江和大盈江, 属伊洛瓦底江水系.

### （1041）中国结鱼 *Tor sinensis* Wu, 1982

*Tor* (*Tor*) *tor sinensis* Wu (伍献文, 见伍献文等), 1982: 325; 褚新洛和崔桂华 (见褚新洛和陈银瑞等), 1989: 142.

*Tor* (*Tor*) *sinensis*: Zhou *et* Cui (周伟和崔桂华), 1996: 131; 陈宜瑜, 1998: 166; 单乡红等 (见乐佩琦等), 2000: 160.

*Tor sinensis*: 伍汉霖, 邵广昭, 赖春福等, 2012: 63; Kottelat, 2013: 168.

**分布（Distribution）**：澜沧江水系. 国外分布于老挝和泰国.

### （1042）野结鱼 *Tor tambra* (Valenciennes, 1842)

*Barbus tambra* Valenciennes, 1842: 185.

*Barbus douronensis*: Valenciennes, 1842: 187.

*Tor douronensis*: 伍献文等, 1982: 324; 伍汉霖, 邵广昭, 赖春福等, 2012: 63.

*Tor tambra*: 陈小勇, 2013, 34 (4): 304.

*Tor* (*Tor*) *douronensis*: 伍献文等, 1982; 单乡红等 (见乐佩琦等), 2000: 163.

**别名或俗名（Used or common name）**：爪哇结鱼, 大鳞结鱼.

**分布（Distribution）**：澜沧江, 云南耿马县孟定镇南汀河, 南滚河. 国外分布于湄公河流域, 印度尼西亚 (爪哇岛), 加里曼丹岛, 马来半岛.

### （1043）似野结鱼 *Tor tambroides* (Bleeker, 1854)

*Labeobarbus tambroides* Bleeker, 1854.

*Tor tambroides*: Zhou *et* Cui (周伟和崔桂华), 1996; Rainboth, 1996; Kottelat, 2013: 169; 陈小勇, 2013, 34 (4): 304.

**分布（Distribution）**：澜沧江下游. 国外分布于湄公河, 马来半岛, 印度尼西亚 (苏门答腊岛, 爪哇岛), 加里曼丹岛等.

### （1044）盈江结鱼 *Tor yingjiangensis* Chen *et* Yang, 2004

*Tor* (*Tor*) *yingjiangensis* Chen *et* Yang, 2004: 185.

*Tor yingjiangensis*: 伍汉霖, 邵广昭, 赖春福等, 2012: 45; Kottelat, 2013: 168; 陈小勇, 2013, 34 (4): 304.

**分布（Distribution）**：云南大盈江, 瑞丽江.

## 336. 盲鲃属 *Typhlobarbus* Chu *et* Chen, 1982

*Typhlobarbus* Chu *et* Chen (褚新洛和陈银瑞), 1982: 383.

### （1045）裸腹盲鲃 *Typhlobarbus nudiventris* Chu *et* Chen, 1982

*Typhlobarbus nudiventris* Chu *et* Chen (褚新洛和陈银瑞), 1982: 383; 褚新洛和崔桂华 (见褚新洛和陈银瑞等), 1989: 223; 单乡红等 (见乐佩琦等), 2000: 51.

**分布（Distribution）**：云南建水县.

**保护等级（Protection class）**：《中国濒危动物红皮书·鱼类》(极危).

## 十一）野鲮亚科 Labeoninae

## 337. 角鱼属 *Akrokolioplax* Zhang *et* Kottelat, 2006

*Akrokolioplax* Zhang (张鹗) *et* Kottelat, 2006: 21.

**别名或俗名（Used or common name）**：阿克角鱼属.

### （1046）角鱼 *Akrokolioplax bicornis* (Wu, 1977)

*Epalzeorhynchos bicornis* Wu (伍献文, 见伍献文等), 1977: 357; 褚新洛和崔桂华 (见褚新洛和陈银瑞等), 1989: 232; 陈银瑞, 1998: 169; 张鹗等 (见乐佩琦等), 2000: 211.

*Akrokolioplax bicornis*: Zhang (张鹗) *et* Kottelat, 2006: 21; 伍汉霖, 邵广昭, 赖春福等, 2012: 37.

**别名或俗名（Used or common name）**：双角阿克角鱼.

**分布（Distribution）**：云南怒江水系. 国外分布于缅甸和泰国.

**保护等级（Protection class）**：《中国濒危动物红皮书·鱼类》(濒危).

## 338. 孟加拉鲮属 *Bangana* Hamilton, 1822

*Bangana* Hamilton, 1822: 277.

**别名或俗名（Used or common name）**：华鲮属.

### （1047）短吻孟加拉鲮 *Bangana brevirostris* Liu *et* Zhou, 2009

*Bangana brevirostris* Liu *et* Zhou (刘恺和周伟), 2009: 61.

**分布（Distribution）**：云南西双版纳罗索江, 属澜沧江水系.

### （1048）桂孟加拉鲮 *Bangana decora* (Peters, 1881)

*Labeo decorus* Peters, 1881: 1031.

*Varicorhinus brevis*: Lin (林书颜), 1931: 108.

*Osteochilus brevis*: Lin, 1933: 342.

*Sinilabeo decorus decorus*: 伍献文, 1977: 337; 陈景星和郑慈英 (见郑慈英等), 1989: 199; 吕克强 (见伍律), 1989: 165; 褚新洛和崔桂华 (见褚新洛和陈银瑞等), 1989: 255; 陈湘粦等, 1991: 169.

*Sinilabeo decorus*: 方世勋 (见郑葆珊), 1981: 88; 张鹗等 (见乐佩琦等), 2000: 180; 朱瑜 (见周解和张春光), 2006: 312.

*Bangana decora*: Zhang *et* Chen, 2006: 41; 伍汉霖, 邵广昭,

赖春福等, 2012: 38.

**别名或俗名（Used or common name）**: 桂华鲮.

**分布（Distribution）**: 珠江流域的西江水系和北江水系.

### （1049）墨脱孟加拉鲮 *Bangana dero* (Hamilton, 1822)

*Cyprinus dero* Hamilton, 1822: 277.

*Labeo diplostomus*: Day (*In*: Day *et al.*), 1878: 540.

*Sinilabeo dero*: 伍献文等, 1977: 345; 褚新洛和崔桂华 (见褚新洛和陈银瑞等), 1989: 257; 武云飞和吴翠珍, 1992: 290; 张春光, 蔡斌和许涛清, 1995: 72; 张鹗等 (见乐佩琦等), 2000: 185.

*Bangana dero*: Zhang *et* Chen, 2006: 41; 伍汉霖, 邵广昭, 赖春福等, 2012: 38.

**别名或俗名（Used or common name）**: 墨脱华鲮.

**分布（Distribution）**: 雅鲁藏布江下游. 国外分布于亚洲中南部.

### （1050）戴氏孟加拉鲮 *Bangana devdevi* (Hora, 1936)

*Labeo devdevi* Hora, 1936: 317; Talwar *et* Jhingran, 1991.

*Sinilabeo cirrhinoides*: Wu *et* Lin (伍献文和林人端, 见伍献文等), 1982: 344.

*Bangana cirrhinoides*: Zhang *et* Chen, 2006: 96.

*Bangana devdevi*: Kottelat, 2013: 75; 陈小勇, 2013, 34 (4): 310.

**别名或俗名（Used or common name）**: 似鲮华鲮.

**分布（Distribution）**: 云南龙川江, 大盈江, 元江. 国外分布于缅甸, 泰国等.

### （1051）盆唇孟加拉鲮 *Bangana discognathoides* (Nichols *et* Pope, 1927)

*Varicorhinus discognathoides* Nichols *et* Pope, 1927: 360; 林书颜, 1931: 107; Nichols, 1943, 9: 115.

*Varicorhinus pogonifer*: 林书颜, 1931: 109.

*Osteochilus discognathoides*: Lin, 1933: 342.

*Osteochilus* (*Altigena*) *pogonifer*: Lin, 1933: 344.

*Varicorhinus* (*Altigena*) *discognathoides*: Nichols, 1943, 9: 115.

*Sinilabeo discognathoides discognathoides*: 陈湘粦等, 1991: 170.

*Sinilabeo discognathoides*: 郑葆珊, 1981: 89; 金鑫波 (见中国水产科学研究院珠江水产研究所等), 1986: 124; 张鹗等 (见乐佩琦等), 2000: 190.

*Bangana discognathoides*: Zhang *et* Chen, 2006: 41; 伍汉霖, 邵广昭, 赖春福等, 2012: 38.

**别名或俗名（Used or common name）**: 盆唇华鲮.

**分布（Distribution）**: 海南岛.

### （1052）滇孟加拉鲮 *Bangana lemassoni* (Pellegrin *et* Chevey, 1936)

*Varicorhinus lemassoni* Pellegrin *et* Chevey, 1936: 19.

*Sinilabeo rendahli lemassoni*: 伍献文等, 1977: 336; 褚新洛和崔桂华 (见褚新洛和陈银瑞等), 1989: 253.

*Sinilabeo lemassoni*: 张鹗等 (见乐佩琦等), 2000: 179.

*Bangana lemassoni*: Zhang *et* Chen, 2006: 41; 伍汉霖, 邵广昭, 赖春福等, 2012: 38.

**别名或俗名（Used or common name）**: 滇华鲮.

**分布（Distribution）**: 云南元江水系. 国外分布于越南 (红河) 和老挝.

### （1053）宽头孟加拉鲮 *Bangana lippa* (Fowler, 1936)

*Labeo lippus* Fowler, 1936b: 512.

*Sinilabeo tonkinensis laticeps*: Wu *et* Lin (伍献文和林人端, 见伍献文等), 1982: 343.

*Sinilabeo laticeps*: 褚新洛和崔桂华 (见褚新洛和陈银瑞等), 1989: 260; 张鹗等 (见乐佩琦等), 2000: 187.

*Bangana lippa*: Zhang *et* Chen, 2006: 41; 伍汉霖, 邵广昭, 赖春福等, 2012: 38.

**别名或俗名（Used or common name）**: 宽头华鲮, 湄公河孟加拉鲮, 脂孟加拉鲮.

**分布（Distribution）**: 澜沧江水系. 国外分布于老挝, 缅甸和泰国.

### （1054）长江孟加拉鲮 *Bangana rendahli* (Kimura, 1934)

*Labeo* (*Varicorhynus*) *rendahli* Kimura, 1934: 125.

*Barbus tungting*: Wu, 1930c: 76.

*Labeo diplostomus*: Tchang, 1931: 227.

*Sinilabeo rendahli rendahli*: 伍献文等, 1977: 335; 陈景星 (见陕西省动物研究所等), 1987: 151; 吕克强 (见伍律), 1989: 164; 高玺章等 (见陕西省水产研究所等), 1992: 49; 丁瑞华, 1994: 347.

*Sinilabeo rendahli*: 张鹗等 (见乐佩琦等), 2000: 177.

*Bangana rendahli*: Zhang *et* Chen, 2006: 41; 伍汉霖, 邵广昭, 赖春福等, 2012: 38.

**别名或俗名（Used or common name）**: 华鲮, 孟加拉鲮.

**分布（Distribution）**: 长江上游干支流.

### （1055）河口孟加拉鲮 *Bangana tonkinensis* (Pellegrin *et* Chevey, 1934)

*Varicorhinus tonkinensis* Pellegrin *et* Chevey, 1934: 338.

*Sinilabeo tonkinensis tonkinensis*: 伍献文等, 1977: 342.

*Sinilabeo tonkinensis*: 郑慈英和陈景星, 1983: 73; 褚新洛和崔桂华 (见褚新洛和陈银瑞等), 1989: 259; 张鹗等 (见乐佩琦等), 2000: 186.

*Bangana tonkinensis*: Zhang *et* Chen, 2006: 41; 伍汉霖, 邵广昭, 赖春福等, 2012: 38.
**别名或俗名（Used or common name）**: 河口华鲮.
**分布（Distribution）**: 云南元江水系. 国外分布于越南 (红河).

### （1056）洞庭孟加拉鲮 *Bangana tungting* (Nichols, 1925)

*Varicorhinus tungting* Nichols, 1925f: 3.
*Labeo diplostomus*: 梁启杰和刘素丽, 1966: 88.
*Sinilabeo tungting*: 刘成汉, 1964: 104; 丁瑞华, 1994: 348; 张鹗等 (见乐佩琦等), 2000: 183.
*Sinilabeo decorus tungting*: 伍献文等, 1982: 338; 湖南省水产科学研究所, 1980: 103; 吕克强 (见伍律), 1989: 166.
*Bangana tungting*: Zhang *et* Chen, 2006: 41; 伍汉霖, 邵广昭, 赖春福等, 2012: 38.
**别名或俗名（Used or common name）**: 洞庭华鲮.
**分布（Distribution）**: 洞庭湖及其上游的河流至湖北洪湖市等地区.
**保护等级（Protection class）**: 省级 (湖南).

### （1057）伍氏孟加拉鲮 *Bangana wui* (Zheng *et* Chen, 1983)

*Sinilabeo discognathoides wui* Zheng *et* Chen (郑慈英和陈景星), 1983: 71; 吕克强 (见伍律), 1989: 167; 郑慈英等, 1989: 201; 陈湘粦等, 1991: 172.
*Sinilabeo discognathoides*: 伍献文等, 1977: 340; 方世勋 (见郑葆珊), 1981: 89.
*Sinilabeo wui*: 张鹗等 (见乐佩琦等), 2000: 192; 朱瑜 (见周解和张春光), 2006: 313.
*Bangana wui*: Zhang *et* Chen, 2006: 41; 伍汉霖, 邵广昭, 赖春福等, 2012: 38.
**别名或俗名（Used or common name）**: 伍氏华鲮.
**分布（Distribution）**: 珠江流域的西江水系和北江水系.

### （1058）元江孟加拉鲮 *Bangana xanthogenys* (Pellegrin *et* Chevey, 1936)

*Labeo xanthogenys* Pellegrin *et* Chevey, 1936: 221.
*Sinilabeo decorus xanthogenys*: 伍献文等, 1977: 338; 褚新洛和崔桂华 (见褚新洛和陈银瑞等), 1989: 256.
*Sinilabeo xanthogenys*: 张鹗等 (见乐佩琦等), 2000: 182.
*Bangana xanthogenys*: Zhang *et* Chen, 2006: 41; 伍汉霖, 邵广昭, 赖春福等, 2012: 38.
**别名或俗名（Used or common name）**: 元江华鲮.
**分布（Distribution）**: 云南元江水系. 国外分布于越南 (红河).

### （1059）云南孟加拉鲮 *Bangana yunnanensis* (Chu *et* Wang, 1963)

*Mirolabeo yunnanensis* Chu *et* Wang (朱元鼎和王幼槐), 1963: 4.
*Sinilabeo yunnanensis*: 伍献文等, 1977: 341; 褚新洛和崔桂华 (见褚新洛和陈银瑞等), 1989: 264.
*Bangana yunnanensis*: Zhang *et* Chen, 2006; 陈小勇, 2013, 34 (4): 310.
**别名或俗名（Used or common name）**: 云南华鲮.
**分布（Distribution）**: 澜沧江.

### （1060）朱氏孟加拉鲮 *Bangana zhui* (Zheng *et* Chen, 1989)

*Sinilabeo zhui* Zheng *et* Chen (郑慈英和陈景星, 见郑慈英等), 1989: 200; 张鹗等 (见乐佩琦等), 2000: 193.
*Mirolabeo yunnanensis* Chu *et* Wang (朱元鼎和王幼槐), 1963: 2.
*Sinilabeo yunnanensis*: 伍献文等, 1977: 341; 吕克强 (见伍律), 1989: 168; 褚新洛和崔桂华 (见褚新洛和陈银瑞等), 1989: 264.
*Bangana zhui*: Zhang *et* Chen, 2006: 41; 伍汉霖, 邵广昭, 赖春福等, 2012: 38.
**别名或俗名（Used or common name）**: 朱氏华鲮.
**分布（Distribution）**: 珠江水系上游南盘江和澜沧江水系等.

## 339. 鲮属 *Cirrhinus* Oken, 1817

*Cirrhinus* Oken, 1817: 1782.

### （1061）鲮 *Cirrhinus molitorella* (Valenciennes, 1844)

*Leuciscus molitorella* Valenciennes, 1844: 359.
*Labeo molitorella*: 林书颜, 1931: 102.
*Labeo collaris*: Lin, 1933: 337; 张春霖, 1959: 43.
*Labeo pingi*: Wu, 1931c: 20.
*Cirrhina molitorella*: Lin, 1933: 338; Wu, 1939: 94.
*Cirrhinus molitorella*: 伍献文等, 1982: 353; 方世勋 (见郑葆珊), 1981: 96; 黄少涛 (见《福建鱼类志》编写组), 1984: 351; 金鑫波 (见中国水产科学研究院珠江水产研究所等), 1986: 127; 陈景星和郑慈英 (见郑慈英等), 1989: 203; 褚新洛和崔桂华 (见褚新洛和陈银瑞等), 1989: 265; 陈湘粦等, 1991: 175; 张鹗等 (见乐佩琦等), 2000: 201.
**分布（Distribution）**: 闽江, 珠江, 元江, 澜沧江等水系及台湾和海南岛. 国外分布于越南.

## 340. 褶吻鲮属 *Cophecheilus* Zhu, Zhang, Zhang *et* Han, 2011

*Cophecheilus* Zhu, Zhang, Zhang *et* Han, 2011: 39.

### （1062）巴门褶吻鲮 *Cophecheilus bamen* Zhu, Zhang, Zhang *et* Han, 2011

*Cophecheilus bamen* Zhu, Zhang, Zhang *et* Han, 2011: 39.
**分布（Distribution）**: 广西靖西市, 属珠江水系左江支流.

## 341. 穗唇鲃属（缨鱼属）*Crossocheilus* Hasselt, 1823

*Crossocheilus* Hasselt, 1823: 132.

**（1063）缅甸穗唇鲃 *Crossocheilus burmanicus* Hora, 1936**

*Crossocheilus burmanicus* Hora, 1936: 319, 324; 陈小勇, 2013, 34 (4): 310.

*Crossocheilus multirastellus*: Su, Cui *et* Yang (苏瑞凤, 崔桂华和杨君兴), 2000: 217; 伍汉霖, 邵广昭, 赖春福等, 2012: 43; Kottelat, 2013: 89.

*Cyprinus latius*: Hamilton, 1822: 345.

*Crossocheilus latius*: 褚新洛和崔桂华 (见褚新洛和陈银瑞等), 1989: 243; 陈银瑞, 1998: 172; 张鹗等 (见乐佩琦等), 2000: 208; 伍汉霖, 邵广昭, 赖春福等, 2012: 43.

**别名或俗名（Used or common name）**：印度穗唇鲃, 多耙穗唇鲃, 彩花穗唇鲃, 侧穗唇鲃, 彩花缨鱼.

**分布（Distribution）**：云南龙川江, 大盈江, 怒江, 南汀河等. 国外分布于缅甸.

**（1064）网纹穗唇鲃 *Crossocheilus reticulatus* (Fowler, 1934)**

*Holotylognathus reticulatus* Fowler, 1934a: 135.

*Crossocheilus tchangi*: Fowler, 1935a: 126; 李思忠, 1976: 117.

*Crossocheilus reticulatus*: 褚新洛和崔桂华 (见褚新洛和陈银瑞等), 1989: 245; Su, Yang *et* Chen (苏瑞凤, 杨君兴和陈银瑞), 2001: 215; 张鹗等 (见乐佩琦等), 2000: 209; 陈小勇, 2013, 34 (4): 310.

**别名或俗名（Used or common name）**：网纹缨鱼.

**分布（Distribution）**：澜沧江水系. 国外分布于柬埔寨, 老挝, 越南和泰国.

## 342. 盘口鲮属 *Discocheilus* Zhang, 1997

*Discocheilus* Zhang (张鹗), 1997: 224.

**（1065）多鳞盘口鲮 *Discocheilus multilepis* (Wang *et* Li, 1994)**

*Discolabeo multilepis* Wang *et* Li (王大忠和李德俊), 1994: 273; 张鹗等 (见乐佩琦等), 2000: 270.

**分布（Distribution）**：珠江流域西江支流都柳江.

**（1066）伍氏盘口鲮 *Discocheilus wui* (Chen *et* Lan, 1992)**

*Discolabeo wui* Chen *et* Lan (陈景星和蓝家湖), 1992: 104; 张鹗等 (见乐佩琦等), 2000: 269; 朱瑜 (见周解和张春光), 2006: 345.

**分布（Distribution）**：珠江流域西江水系红水河支流.

## 343. 盘鮈属 *Discogobio* Lin, 1931

*Discogobio* Lin (林书颜), 1931: 72.

**（1067）前胸盘鮈 *Discogobio antethoracalis* Zheng *et* Zhou, 2008**

*Discogobio antethoracalis* Zheng *et* Zhou (郑兰平和周伟), 2008: 257.

**分布（Distribution）**：云南嘎机盘龙河, 属元江水系.

**（1068）双珠盘鮈 *Discogobio bismargaritus* Chu, Cui *et* Zhou, 1993**

*Discogobio bismargaritus* Chu, Cui *et* Zhou (褚新洛, 崔桂华和周伟), 1993: 240; 张鹗等 (见乐佩琦等), 2000: 260.

**分布（Distribution）**：珠江水系西江支流上游.

**（1069）短鳔盘鮈 *Discogobio brachyphysallidos* Huang, 1989**

*Discogobio brachyphysallidos* Huang (黄顺友), 1989: 358; 褚新洛, 崔桂华和周伟, 1993: 243; 张鹗等 (见乐佩琦等), 2000: 259.

**分布（Distribution）**：南盘江, 元江和金沙江水系.

**（1070）长体盘鮈 *Discogobio elongatus* Huang, 1989**

*Discogobio elongates* Huang (黄顺友), 1989: 357; 张鹗等 (见乐佩琦等), 2000: 256.

**分布（Distribution）**：云南宣威市, 属北盘江水系.

**（1071）宽头盘鮈 *Discogobio laticeps* Chu, Cui *et* Zhou, 1993**

*Discogobio laticeps* Chu, Cui *et* Zhou (褚新洛, 崔桂华和周伟), 1993: 241; 张鹗等 (见乐佩琦等), 2000: 261; 朱瑜 (见周解和张春光), 2006: 341.

**分布（Distribution）**：北盘江水系.

**（1072）长须盘鮈 *Discogobio longibarbatus* Wu, 1977**

*Discogobio longibarbatus* Wu (伍献文, 见伍献文等), 1977: 387; 黄顺友 (见郑慈英等), 1989: 219; 褚新洛和崔桂华 (见褚新洛和陈银瑞等), 1989: 282; 杨君兴和陈银瑞, 1995: 86; 张鹗等 (见乐佩琦等), 2000: 253.

**分布（Distribution）**：云南抚仙湖.

**（1073）长鳔盘鮈 *Discogobio macrophysallidos* Huang, 1989**

*Discogobio macrophysallidos* Huang (黄顺友), 1989: 356; 褚新洛, 崔桂华和周伟, 1993: 242; 张鹗等 (见乐佩琦等), 2000: 255.

*Discogobio polylepis* Huang (黄顺友), 1989: 355.

**分布（Distribution）**：云南抚仙湖及南盘江水系.

**（1074）多线盘鮈 *Discogobio multilineatus* Cui, Zhou *et* Lan, 1993**

*Discogobio multilineatus* Cui, Zhou *et* Lan (崔桂华, 周伟和蓝家湖), 1993: 155; 张鹗等 (见乐佩琦等), 2000: 262; 朱瑜 (见周解和张春光), 2006: 342.

**分布（Distribution）**：珠江流域西江水系红水河支流.

**（1075）多鳞盘鮈 *Discogobio polylepis* Huang, 1989**

*Discogobio polylepis* Huang (黄顺友), 1989: 355; Yang (杨君兴), 1991: 196; 郑兰平, 2007: 22; 陈小勇, 2013, 34 (4): 312.
*Discogobio macrophysallidos*: 褚新洛, 崔桂华和周伟, 1993: 240; 杨君兴和陈银瑞, 1995: 87; 张鹗等 (见乐佩琦等), 2000: 255 (部分, 抚仙湖).
**分布（Distribution）**：云南抚仙湖, 澄江市西龙潭.

**（1076）后腹盘鮈 *Discogobio poneventralis* Zheng *et* Zhou, 2008**

*Discogobio poneventralis* Zheng *et* Zhou (郑兰平和周伟), 2008: 262.
**分布（Distribution）**：云南嘎机盘龙河, 属元江水系.

**（1077）近臀盘鮈 *Discogobio propeanalis* Zheng *et* Zhou, 2008**

*Discogobio propeanalis* Zheng *et* Zhou (郑兰平和周伟), 2008: 260.
**分布（Distribution）**：云南文山市盘龙河支流, 属元江水系.

**（1078）四须盘鮈 *Discogobio tetrabarbatus* Lin, 1931**

*Discogobio tetrabarbatus* Lin (林书颜), 1931: 72; Lin, 1933: 494; Wu, 1939: 112; Nichols, 1943, 9: 113; 伍献文等, 1977: 385; 方世勋 (见郑葆珊), 1981: 110; 谢家骅 (见伍律), 1989: 187; 黄顺友 (见郑慈英等), 1989: 220; 褚新洛和崔桂华 (见褚新洛和陈银瑞等), 1989: 283; 陈湘粦等, 1991: 183; 张鹗等 (见乐佩琦等), 2000: 264; 朱瑜 (见周解和张春光), 2006: 343.
**分布（Distribution）**：珠江流域的西江和北江上游.

**（1079）云南盘鮈 *Discogobio yunnanensis* (Regan, 1907)**

*Discognathus yunnanensis* Regan, 1907a: 63.
*Garra yunnanensis*: Nichols, 1943, 9: 111; 成庆泰, 1958: 154.
*Discogobio yunnanensis*: 伍献文等, 1977: 386; 杨干荣, 1987: 95; 黄顺友 (见郑慈英等), 1989: 218; 谢家骅 (见伍律), 1989: 185; 褚新洛和崔桂华 (见褚新洛和陈银瑞等), 1989: 284; 武云飞和吴翠珍, 1990a: 63; 丁瑞华, 1994: 360; 张鹗等 (见乐佩琦等), 2000: 257; 朱瑜 (见周解和张春光), 2006: 340.
*Discogobio brachyphysallidos*: Huang (黄顺友), 1989: 358 (部分).
**分布（Distribution）**：长江中上游, 南盘江及元江等水系.

## 344. 盘鲮属 *Discolabeo* Fowler, 1937

*Discolabeo* Fowler, 1937.

**（1080）五洛河盘鲮 *Discolabeo wuluoheensis* Li, Lu *et* Mao, 1996**

*Discolabeo wuluoheensis* Li, Lu *et* Mao (李维贤, 卢宗民和卯卫宁, 见李维贤, 卢宗民, 卯卫宁等), 1996: 20.
**分布（Distribution）**：云南师宗县五洛河, 属南盘江水系.

## 345. 五珠鲮属 *Fivepearlus* Li, Yang, Li *et* Chen, 2017

*Fivepearlus* Li, Yang, Li *et* Chen (李维贤, 杨洪福, 李青春和陈泓宇, 见杨洪福, 李春青, 陈泓宇等), 2017: 60-62.

**（1081）云南五珠鲮 *Fivepearlus yunnanensis* Li, Yang, Li *et* Chen, 2017**

*Fivepearlus yunnanensis* Li, Yang, Li *et* Chen (李维贤, 杨洪福, 李青春和陈泓宇, 见杨洪福, 李春青, 陈泓宇等), 2017, 38 (6): 60-62.
**分布（Distribution）**：云南丘北县, 属清水江水系.

## 346. 墨头鱼属 *Garra* Hamilton, 1822

*Garra* Hamilton, 1822: 343.

**（1082）双刺墨头鱼 *Garra bispinosa* Zhang, 2005**

*Garra bispinosa* Zhang, 2005b: 9.
**分布（Distribution）**：云南大盈江, 龙川江.

**（1083）柬埔寨墨头鱼 *Garra cambodgiensis* (Tirant, 1884)**

*Cirrhina cambodgiensis* Tirant, 1884: 170.
*Garra taeniata*: Smith, 1931a: 19; 伍献文等, 1982: 377: 褚新洛和崔桂华 (见褚新洛和陈银瑞等), 1989: 273; 张鹗等 (见乐佩琦等), 2000: 245; 伍汉霖, 邵广昭, 赖春福等, 2012: 46; Kottelat, 2013: 103.
**别名或俗名（Used or common name）**：条纹墨头鱼.
**分布（Distribution）**：澜沧江水系. 国外分布于泰国.

**（1084）僜巴墨头鱼 *Garra dengba* Deng, Cao *et* Zhang, 2018**

*Garra dengba* Deng, Cao *et* Zhang, 2018: 94-108.
**分布（Distribution）**：西藏察隅县, 属雅鲁藏布江水系.

**（1085）斑尾墨头鱼 *Garra fascicauda* Fowler, 1937**

*Garra fascicauda* Fowler, 1937: 212: 陈小勇, 2013, 34 (4): 311.
*Garra bisangularis*: Chen, Wu *et* Xiao (陈自明, 吴晓云和肖蘅), 2010: 381.
**别名或俗名（Used or common name）**：双角墨头鱼.
**分布（Distribution）**：澜沧江下游.

**（1086）裂唇墨头鱼 *Garra findolabium* Li, Zhou *et* Fu, 2008**

*Garra findolabium* Li, Zhou *et* Fu (李凤莲, 周伟和付蕾), 2008: 62.

分布（Distribution）：云南江城县牛洛河，属元江水系.

### （1087）沟额墨头鱼 *Garra gravelyi* (Annandale, 1919)

*Discognathus gravelyi* Annandale, 1919: 133.

*Garra gravelyi*: 褚新洛和崔桂华, 1987: 96; 张鹗等 (见乐佩琦等), 2000: 243.

分布（Distribution）：云南大盈江. 国外分布于缅甸.

### （1088）无须墨头鱼 *Garra imberba* Garman, 1912

*Garra* (*Ageneiogarra*) *imberba* Garman, 1912: 114; 成庆泰, 1958: 155.

*Discognathus pingi*: Tchang, 1929a: 241.

*Garra pingi*: Tchang, 1933b: 35.

*Garra poilanei*: Petit *et* Tchang, 1933: 189.

*Discognathus imberbis*: Chang, 1944: 40.

*Garra pingi pingi*: 伍献文等, 1982: 373; 褚新洛和崔桂华 (见褚新洛和陈银瑞等), 1989: 270; 谢家骅 (见伍律), 1989: 182; 丁瑞华, 1994: 357; 张鹗等 (见乐佩琦等), 2000: 247.

*Garra alticorpora*: Chu *et* Cui (褚新洛和崔桂华), 1987: 96; 张鹗等 (见乐佩琦等), 2000: 251.

别名或俗名（Used or common name）：东坡鱼，墨头鱼，高体墨头鱼，缺须墨头鱼等.

分布（Distribution）：长江上游包括金沙江，南盘江，澜沧江，元江，藤条江，李仙江等水系. 国外分布于越南.

### （1089）西藏墨头鱼 *Garra kempi* Hora, 1921

*Garra kempi* Hora, 1921: 665; 伍献文等, 1982: 378; 褚新洛和崔桂华 (见褚新洛和陈银瑞等), 1989: 277; 武云飞和吴翠珍, 1992: 293; 张春光，蔡斌和许涛清, 1995: 97; 张鹗等 (见乐佩琦等), 2000: 244; 伍汉霖，邵广昭，赖春福等, 2012: 46.

别名或俗名（Used or common name）：肯普氏墨头鱼.

分布（Distribution）：西藏雅鲁藏布江下游及其支流. 国外分布于印度.

### （1090）小垫墨头鱼 *Garra micropulvinus* Zhou, Pan *et* Kottelat, 2005

*Garra micropulvinus* Zhou, Pan *et* Kottelat (周伟，潘晓赋和 Kottelat), 2005: 445.

分布（Distribution）：云南西畴县嘎机盘龙河，属元江水系.

### （1091）奇额墨头鱼 *Garra mirofrontis* Chu *et* Cui, 1987

*Garra mirofrontis* Chu *et* Cui (褚新洛和崔桂华), 1987: 97; 乐佩琦等, 2000: 241.

分布（Distribution）：云南澜沧江水系.

### （1092）怒江墨头鱼 *Garra nujiangensis* Chen *et* Yang, 2009

*Garra nujiangensis* Chen *et* Yang (陈自明和杨君兴，见陈自明，赵晟和杨君兴), 2009: 438.

*Garra imberba imberba* (*non Garman*): Chen, *In*: Yang, Xiong *et* Tang, 2010 (部分，怒江).

分布（Distribution）：云南镇康县大叉河，属怒江水系.

### （1093）东方墨头鱼 *Garra orientalis* Nichols, 1925

*Garra orientalis* Nichols, 1925: 4; 伍献文等, 1982: 379; 方世勋 (见郑葆珊), 1981: 108; 黄少涛 (见《福建鱼类志》编写组), 1984: 354; 金鑫波 (见中国水产科学研究院珠江水产研究所等), 1986: 136; 黄顺友 (见郑慈英等), 1989: 215; 褚新洛和崔桂华 (见褚新洛和陈银瑞等), 1989: 275; 谢家骅 (见伍律), 1989: 183; 陈湘粦等, 1991: 181; 张鹗等 (见乐佩琦等), 2000: 239.

*Garra schismatorhyncha*: Nichols *et* Pope, 1927: 358; Tchang, 1937: 101.

*Discognathus* (*Garra*) *orientalis*: 林书颜, 1931: 5.

*Discognathus orientalis*: Lin, 1933a: 80.

分布（Distribution）：闽江，九龙江，韩江，珠江，元江，澜沧江，伊洛瓦底江及海南岛各水系. 国外分布于越南.

### （1094）海南墨头鱼 *Garra pingi hainanensis* Chen *et* Zheng, 1983

*Garra pingi hainanensis* Chen *et* Zheng (陈景星和郑慈英), 1983: 74; 陈湘粦等, 1991: 180; 张鹗等 (见乐佩琦等), 2000: 250.

*Garra pingi*: 金鑫波 (见中国水产科学研究院珠江水产研究所等), 1986: 134.

分布（Distribution）：海南昌江县，万泉河等水系.

### （1095）宜良墨头鱼 *Garra pingi yiliangensis* Wu *et* Chen, 1982

*Garra pingi yiliangensis* Wu *et* Chen (伍献文和陈景星，见伍献文等), 1982: 375; 黄顺友 (见郑慈英等), 1989: 214; 褚新洛和崔桂华 (见褚新洛和陈银瑞等), 1989: 272; 张鹗等 (见乐佩琦等), 2000: 248.

分布（Distribution）：云南南盘江水系.

### （1096）桥街墨头鱼 *Garra qiaojiensis* Wu *et* Yao, 1982

*Garra qiaojiensis* Wu *et* Yao (伍献文和乐佩琦，见伍献文等), 1982: 381; 陈银瑞, 1988: 179; 褚新洛和崔桂华 (见褚新洛和陈银瑞等), 1989: 274; 张鹗等 (见乐佩琦等), 2000: 238.

*Garra longchuanensis* Yu, Wang, Xiong, He, 2016: 295-300.

别名或俗名（Used or common name）：龙川江墨头鱼.

分布（Distribution）：云南龙川江，属伊洛瓦底江水系.

### （1097）圆鼻墨头鱼 *Garra rotundinasus* Zhang, 2006

*Garra rotundinasus* Zhang (张鹗), 2006: 447.

分布（Distribution）：云南伊洛瓦底江.

### （1098）萨尔温墨头鱼 *Garra salweenica* Hora *et* Mukerji, 1934

*Garra salweenica* Hora *et* Mukerji, 1934; 陈小勇, 2013,

34 (4): 311.
*Garra orientalis* (non Nichols): 褚新洛和崔桂华 (见褚新洛和陈银瑞等), 1989: 275 (部分, 怒江).
**分布（Distribution）**：怒江，南汀河，龙川江等. 国外分布于缅甸 (萨尔温江).

### （1099）隆额墨头鱼 *Garra surgifrons* Zhou *et* Sun, 2018

*Garra surgifrons* Zhou *et* Sun, 2018: 49-70.
**分布（Distribution）**：云南西部龙川江，属于伊洛瓦底江水系.

### （1100）腾冲墨头鱼 *Garra tengchongensis* Zhang *et* Chen, 2002

*Garra tengchongensis* Zhang *et* Chen (张鹗和陈宜瑜), 2002: 459.
*Garra kempi*: 褚新洛和崔桂华 (见褚新洛和陈银瑞等), 1989: 277.
**分布（Distribution）**：云南伊洛瓦底江.

## 347. 单吻鱼属 *Henicorhynchus* Smith, 1945

*Henicorhynchus* Smith, 1945: 256.

### （1101）单吻鱼 *Henicorhynchus lineatus* (Smith, 1945)

*Cirrhinus lineatus* Smith, 1945: 163.
*Henicorhynchus lineatus*: 褚新洛和崔桂华 (见褚新洛和陈银瑞等), 1989: 251; 乐佩琦等, 2000: 195.
**分布（Distribution）**：云南澜沧江下游. 国外分布于湄公河流域和湄南河流域.

## 348. 红水河鲮属 *Hongshuia* Zhang, Qiang *et* Lan, 2008

*Hongshuia* Zhang, Qiang *et* Lan (张鹗, 强信和蓝家湖), 2008: 34.
**别名或俗名（Used or common name）**：红水鱼属.

### （1102）板么红水河鲮 *Hongshuia banmo* Zhang, Qiang *et* Lan, 2008

*Hongshuia banmo* Zhang, Qiang *et* Lan (张鹗, 强信和蓝家湖), 2008: 40; 伍汉霖, 邵广昭, 赖春福等, 2012: 48.
**别名或俗名（Used or common name）**：板么红水野鲮.
**分布（Distribution）**：广西珠江流域西江水系红水河支流.

### （1103）大眼红水河鲮 *Hongshuia megalophthalmus* (Chen, Yang *et* Cui, 2006)

*Sinocrossocheilus megalophthalmus* Chen, Yang *et* Cui (陈小勇, 杨君兴和崔桂华), 2006: 81; Romero, Zhao *et* Chen, 2009: 211.
*Hongshuia megalophthalmus*: Zhang, Qiang *et* Lan, 2008: 40.
**别名或俗名（Used or common name）**：大眼华缨鱼.
**分布（Distribution）**：珠江流域西江水系红水河支流.

### （1104）小口红水河鲮 *Hongshuia microstomatus* (Wang *et* Chen, 1989)

*Sinocrossocheilus microstomatus* Wang *et* Chen (王大忠和陈宜瑜), 1989: 29; 张鹗等 (见乐佩琦等), 2000: 235; 朱瑜 (见周解和张春光), 2006: 335.
*Hongshuia microstomatus*: Zhang, Qiang *et* Lan, 2008: 40; 伍汉霖, 邵广昭, 赖春福等, 2012: 48.
**别名或俗名（Used or common name）**：小口红水野鲮，小口华缨鱼.
**分布（Distribution）**：珠江流域西江水系红水河支流.

### （1105）袍里红水河鲮 *Hongshuia paoli* Zhang, Qiang *et* Lan, 2008

*Hongshuia paoli* Zhang, Qiang *et* Lan (张鹗, 强信和蓝家湖), 2008: 35; 伍汉霖, 邵广昭, 赖春福等, 2012: 48.
**分布（Distribution）**：珠江流域西江水系红水河支流.

## 349. 野鲮属 *Labeo* Cuvier, 1816

*Labeo* Cuvier, 1816: 173.

### （1106）皮氏野鲮 *Labeo pierrei* (Sauvage, 1880)

*Lobochilus pierrei* Sauvage, 1880b: 233.
*Labeo yunnanensis*: Chaudhuri, 1911: 14; 伍献文等, 1982: 351; 褚新洛和崔桂华 (见褚新洛和陈银瑞等), 1989: 249; 张鹗等 (见乐佩琦等), 2000: 199.
*Labeo dyocheilus*: Chu *et* Chen, 1987.
*Labeo pierrei*: Kottelat, 2013: 116; 陈小勇, 2013, 34 (4): 310.
**别名或俗名（Used or common name）**：云南野鲮，花颊野鲮.
**分布（Distribution）**：澜沧江，元江，龙川江. 国外分布于湄公河，同奈河，湄南河等.

## 350. 长背鲮属 *Labiobarbus* Hasselt, 1823

*Labiobarbus* Hasselt, 1823: 132.
*Dangila* Valenciennes, 1842: 229.
**别名或俗名（Used or common name）**：长背鲃属.

### （1107）长背鲮 *Labiobarbus lineatus* (Sauvage, 1878)

*Dangila lineata* Sauvage, 1878b: 237.
*Labiobarbus lineatus*: 伍献文等, 1982: 356; 褚新洛和崔桂华 (见褚新洛和陈银瑞等), 1989: 230; 张鹗等 (见乐佩琦等), 2000: 203; 陈小勇, 2013, 34 (4): 311.
*Labiobarbus leptocheila*: Roberts, 1993a: 315; Kottelat, 2013: 117; 陈小勇, 2013, 34 (4): 311.
**别名或俗名（Used or common name）**：长背鲃.
**分布（Distribution）**：云南澜沧江水系. 国外分布于老挝和泰国.

## 351. 蓝鲮属 *Lanlabeo* Yao, He *et* Peng, 2018

*Lanlabeo* Yao, He *et* Peng, 2018, 4471 (3): 556-568.

### （1108）都安蓝鲮 ***Lanlabeo duanensis*** **Yao, He *et* Peng, 2018**

*Lanlabeo duanensis* Yao, He *et* Peng, 2018, 4471 (3): 556-568.

**分布（Distribution）**：广西都安县，属珠江流域西江支流.

## 352. 舌唇鱼属 *Lobocheilus* Hasselt, 1823

*Lobocheilus* Hasselt, 1823: 133.
*Tylognathus* Heckel, 1843: 1027.

### （1109）舌唇鱼 ***Lobocheilus melanotaenia*** **(Fowler, 1935)**

*Tylognathus melanotaenia* Fowler, 1935a: 122.

*Lobocheilus melanotaenia*: Smith, 1945: 239; 伍献文等, 1982: 347; 褚新洛和崔桂华（见褚新洛和陈银瑞等), 1989: 236; 张鹗等（见乐佩琦等), 2000: 197.

*Lobocheilos melanotaenia*: 伍汉霖，邵广昭，赖春福等, 2012: 50; Kottelat, 2013: 120.

**别名或俗名（Used or common name）**：黑纹舌唇鱼.

**分布（Distribution）**：云南澜沧江下游. 国外分布于柬埔寨，老挝和泰国.

## 353. 长臀鲮属 *Longanalus* Li, 2006

*Longanalus* Li (李维贤，见李维贤，冉景丞和陈会明), 2006: 1.

### （1110）大鳍长臀鲮 ***Longanalus macrochirous*** **Li, Ran *et* Chen, 2006**

*Longanalus macrochirous* Li, Ran *et* Chen (李维贤，冉景丞和陈会明), 2006: 1.

**分布（Distribution）**：贵州荔波县茂兰镇.

## 354. 湄公鱼属 *Mekongina* Fowler, 1937

*Mekongina* Fowler, 1937: 200.

### （1111）澜沧湄公鱼 ***Mekongina lancangensis*** **Yang, Chen *et* Yang, 2008**

*Mekongina lancangensis* Yang, Chen *et* Yang (杨剑，陈小勇和杨君兴), 2008: 2006.

**分布（Distribution）**：云南西双版纳勐腊县南腊河，属澜沧江上游.

## 355. 纹唇鱼属 *Osteochilus* Günther, 1868

*Osteochilus* Günther, 1868: 40.

### （1112）纹唇鱼 ***Osteochilus salsburyi*** **Nichols *et* Pope, 1927**

*Osteochilus salsburyi* Nichols *et* Pope, 1927: 348; 林书颜, 1931: 105; Wu, 1931c: 21; Tchang, 1933b: 30; Lin, 1933: 341; 陈景星和郑慈英（见郑慈英等), 1989: 204; 褚新洛和崔桂华（见褚新洛和陈银瑞等), 1989: 267; 陈湘粦等, 1991: 172; 张鹗等（见乐佩琦等), 2000: 205.

*Osteochilus vittatus*: 伍献文等, 1977: 348; 方世勋（见郑葆珊), 1981: 94; 黄少涛（见《福建鱼类志》编写组), 1984: 350; 金鑫波（见中国水产科学研究院珠江水产研究所等), 1986: 131.

**分布（Distribution）**：闽江，九龙江，珠江，海南岛和元江. 国外分布于越南.

## 356. 异华鲮属 *Parasinilabeo* Wu, 1939

*Parasinilabeo* Wu (伍献文), 1939: 106.

### （1113）异华鲮 ***Parasinilabeo assimilis*** **Wu *et* Yao, 1977**

*Parasinilabeo assimilis* Wu *et* Yao (伍献文和乐佩琦，见伍献文等), 1977: 336; 方世勋（见郑葆珊), 1981: 103; 陈景星和郑慈英（见郑慈英等), 1989: 206; 陈湘粦等, 1991: 179; 张鹗等（见乐佩琦等), 2000: 221; 朱瑜（见周解和张春光), 2006: 324.

*Parasinilabeo mutabilis*: Wu, 1939: 92.

**分布（Distribution）**：珠江水系.

### （1114）长须异华鲮 ***Parasinilabeo longibarbus*** **Zhu, Lan *et* Zhang, 2006**

*Parasinilabeo longibarbus* Zhu, Lan *et* Zhang (朱瑜，蓝春和张鹗), 2006: 503.

**分布（Distribution）**：广西珠江水系贺江支流.

### （1115）长体异华鲮 ***Parasinilabeo longicorpus*** **Zhang, 2000**

*Parasinilabeo longicorpus* Zhang (张鹗), 2000: 269.

**分布（Distribution）**：广西珠江流域西江水系和红水河支流.

### （1116）长鳍异华鲮 ***Parasinilabeo longiventralis*** **Huang, Chen *et* Yang, 2007**

*Parasinilabeo longiventralis* Huang, Chen *et* Yang (黄艳飞，陈小勇和杨君兴), 2007: 531; 伍汉霖，邵广昭，赖春福等, 2012: 55.

**别名或俗名（Used or common name）**：长腹异华鲮.

**分布（Distribution）**：广西富川县，属珠江水系.

### （1117）斑异华鲮 ***Parasinilabeo maculatus*** **Zhang, 2000**

*Parasinilabeo maculatus* Zhang (张鹗), 2000: 268.

**分布（Distribution）**：安徽石台县秋浦河，属长江水系.

### （1118）小眼异华鲮 ***Parasinilabeo microps*** **Su, Yang *et* Cui, 2001**

*Parasinilabeo microps* Su, Yang *et* Cui (苏瑞凤，杨君兴和崔

桂华), 2001: 136.

**分布（Distribution）**：贵州江口县龙家寨.

## 357. 盆唇鱼属 *Placocheilus* Wu, 1977

*Placocheilus* Wu (伍献文, 见伍献文等), 1977: 382.

### （1119）纹尾盆唇鱼 *Placocheilus caudofasciatus* (Pellegrin *et* Chevey, 1936)

*Discognathus caudofasciatus* Pellegrin *et* Chevey, 1936: 223.

*Garra caudofasciatus*: Zhou , Pan *et* Kottelat, 2005: 445.

*Placocheilus caudofasciatus*: 伍献文等, 1982: 382; 褚新洛和崔桂华 (见褚新洛和陈银瑞等), 1989: 278; 张鹗等 (见乐佩琦等), 2000: 266.

*Placocheilus robustus*: Zhang, He *et* Chen (张鹗, 何舜平和陈宜瑜), 2002: 207.

**别名或俗名（Used or common name）**：壮尾盆唇鱼, 壮尾墨头鱼.

**分布（Distribution）**：云南元江, 李仙江, 藤条江等水系. 国外分布于老挝 (南马河), 越南 (红河).

### （1120）缺须盆唇鱼 *Placocheilus cryptonemus* Cui *et* Li, 1984

*Placocheilus cryptonemus* Cui *et* Li (崔桂华和李再云), 1984: 110; 褚新洛和崔桂华 (见褚新洛和陈银瑞等), 1989: 280; 陈银瑞, 1998: 180; 张鹗等 (见乐佩琦等), 2000: 267.

*Placocheilus robustus*: Zhang, He *et* Chen (张鹗, 何舜平和陈宜瑜), 2002: 214.

*Garra cryptonemus*: 伍汉霖, 邵广昭, 赖春福等, 2012: 46.

**分布（Distribution）**：怒江水系.

**保护等级（Protection class）**：《中国濒危动物红皮书·鱼类》(极危).

### （1121）独龙盆唇鱼 *Placocheilus dulongensis* Chen, Pan, Xiao *et* Yang, 2012

*Placocheilus dulongensis* Chen, Pan, Xiao *et* Yang (陈自明, 潘晓赋, 肖蘅和杨君兴), 2012: 216.

**分布（Distribution）**：云南独龙江, 属伊洛瓦底江水系.

## 358. 原鲮属 *Protolabeo* Zhang, Zhao *et* An, 2010

*Protolabeo* Zhang, Zhao *et* An (张春光, 赵亚辉和安莉, 见安莉, 刘柏松, 赵亚辉等), 2010: 661.

### （1122）原鲮 *Protolabeo protolabeo* Zhang, Zhao *et* Liu, 2010

*Protolabeo protolabeo* Zhang, Zhao *et* Liu (张春光, 赵亚辉和刘柏松, 见安莉, 刘柏松, 赵亚辉等), 2010: 661.

**分布（Distribution）**：云南曲靖市会泽县以礼河, 属长江上游金沙江支流.

## 359. 拟缨鱼属 *Pseudocrossocheilus* Zhang *et* Chen, 1997

*Pseudocrossocheilus* Zhang *et* Chen (张鹗和陈景星), 1997: 321.

### （1123）巴马拟缨鱼 *Pseudocrossocheilus bamaensis* (Fang, 1981)

*Crossocheilus bamaensis* Fang (方世勋, 见郑葆珊), 1981: 101; 李德俊 (见伍律), 1989: 177; 陈景星和郑慈英 (见郑慈英等), 1989: 207.

*Pseudocrossocheilus bamaensis*: 张鹗和陈景星, 1997: 324; 张鹗等 (见乐佩琦等), 2000: 218; 朱瑜 (见周解和张春光), 2006: 321.

*Sinocrossocheilus bamaensis*: Romero, Zhao *et* Chen, 2009: 211.

**别名或俗名（Used or common name）**：巴马华缨鱼.

**分布（Distribution）**：珠江流域西江水系红水河支流.

### （1124）柳城拟缨鱼 *Pseudocrossocheilus liuchengensis* (Liang, 1987)

*Crossocheilus liuchengensis* Liang (梁亮, 见梁亮, 刘传玺和吴启林), 1987: 77.

*Pseudocrossocheilus liuchengensis*: 张鹗和陈景星, 1997: 324; 张鹗等 (见乐佩琦等), 2000: 220; 朱瑜 (见周解和张春光), 2006: 322.

**别名或俗名（Used or common name）**：柳城华缨鱼.

**分布（Distribution）**：珠江流域西江支流上游柳江水系.

### （1125）长鳔拟缨鱼 *Pseudocrossocheilus longibullus* (Su, Yang *et* Cui, 2003)

*Sinocrossocheilus longibullus* Su, Yang *et* Cui (苏瑞凤, 杨君兴和崔桂华), 2003: 428.

*Pseudocrossocheilus longibullus*: Yuan, Zhang *et* Huang, 2008: 36.

**别名或俗名（Used or common name）**：长鳔华缨鱼.

**分布（Distribution）**：贵州荔波县, 属珠江流域中游西江支流.

### （1126）黑纵纹拟缨鱼 *Pseudocrossocheilus nigrovittatus* (Su, Yang *et* Cui, 2003)

*Sinocrossocheilus nigrovittata* Su, Yang *et* Cui (苏瑞凤, 杨君兴和崔桂华), 2003: 420.

*Pseudocrossocheilus nigrovittatus*: Yuan, Zhang *et* Huang, 2008: 36; 伍汉霖, 邵广昭, 赖春福等, 2012: 56.

**别名或俗名（Used or common name）**：黑带华缨鱼.

**分布（Distribution）**：贵州荔波县, 属珠江流域西江支流.

**（1127）乳唇拟缨鱼 *Pseudocrossocheilus papillolabrus* (Su, Yang *et* Cui, 2003)**

*Sinocrossocheilus papillolabra* Su, Yang *et* Cui (苏瑞凤, 杨君兴和崔桂华), 2003: 425.

*Pseudocrossocheilus papillolabrus*: Yuan, Zhang *et* Huang, 2008: 36; 伍汉霖, 邵广昭, 赖春福等, 2012: 56.

**别名或俗名（Used or common name）**：瘤唇华缨鱼.

**分布（Distribution）**：贵州贞丰县, 属珠江水系上游北盘河.

**（1128）三齿拟缨鱼 *Pseudocrossocheilus tridentis* (Cui *et* Chu, 1986)**

*Sinocrossocheilus tridentis* Cui *et* Chu (崔桂华和褚新洛), 1986a: 425; Su, Yang *et* Cui (苏瑞凤, 杨君兴和崔桂华), 2003: 424.

*Pseudocrossocheilus tridentis*: Yuan, Zhang *et* Huang, 2008: 36; 伍汉霖, 邵广昭, 赖春福等, 2012: 56.

**别名或俗名（Used or common name）**：三齿华缨鱼.

**分布（Distribution）**：珠江流域西江上游南盘江及其支流.

## 360. 泉水鱼属 *Pseudogyrinocheilus* Fang, 1933

*Pseudogyrinocheilus* Fang (方炳文), 1933a: 255.

**（1129）长沟泉水鱼 *Pseudogyrinocheilus longisulcus* Zheng, Chen *et* Yang, 2010**

*Pseudogyrinocheilus longisulcus* Zheng, Chen *et* Yang (郑兰平, 陈小勇和杨君兴), 2010: 93.

**分布（Distribution）**：广西靖西市.

**（1130）泉水鱼 *Pseudogyrinocheilus procheilus* (Sauvage *et* Dabry, 1874)**

*Discognathus prochilus* Sauvage *et* Dabry, 1874: 8.

*Gyrinocheilus roulei*: Tchang, 1929a: 239.

*Gyrinocheilus pellegrini*: Tchang, 1929a: 240; 张春霖, 1959: 36.

*Pseudogyrinocheilus procheilus*: Fang, 1933a: 260; 张鹗等 (见乐佩琦等), 2000: 227.

*Semilabeo prochilus*: 伍献文等, 1977: 370; 李德俊 (见伍律), 1989: 180; 丁瑞华, 1994: 354.

**分布（Distribution）**：长江上游及其支流.

## 361. 卷口鱼属 *Ptychidio* Myers, 1930

*Ptychidio* Myers, 1930: 110.

**（1131）卷口鱼 *Ptychidio jordani* Myers, 1930**

*Ptychidio jordani* Myers, 1930: 112; Lin, 1933: 495; Tchang, 1933b: 93; 陈兼善, 1969: 173; 伍献文等, 1982: 360; 方世勋 (见郑葆珊), 1981: 97; 李德俊 (见伍律), 1989: 172; 褚新洛和崔桂华 (见褚新洛和陈银瑞等), 1989: 234; 陈景星和郑慈英 (见郑慈英等), 1989: 217; 陈湘粦等, 1991: 177; 张鹗等 (见乐佩琦等), 2000: 229; 朱瑜 (见周解和张春光), 2006: 331.

*Varicogobio kaa*: Lin (林书颜), 1931: 74.

**分布（Distribution）**：珠江水系及台湾.

**（1132）长须卷口鱼 *Ptychidio longibarbus* Chen *et* Chen, 1989**

*Ptychidio longibarbus* Chen *et* Chen (陈毅峰和陈宜瑜), 1989: 276; 张鹗等 (见乐佩琦等), 2000: 232.

**分布（Distribution）**：珠江流域西江支流.

**（1133）大眼卷口鱼 *Ptychidio macrops* Fang, 1981**

*Ptychidio macrops* Fang (方世勋, 见郑葆珊), 1981: 98; 张鹗等 (见乐佩琦等), 2000: 231; 朱瑜 (见周解和张春光), 2006: 332.

**分布（Distribution）**：珠江流域西江支流.

**保护等级（Protection class）**：《中国濒危动物红皮书·鱼类》(濒危).

## 362. 黔鲮属 *Qianlabeo* Zhang *et* Chen, 2004

*Qianlabeo* Zhang *et* Chen, 2004: 27.

**（1134）条纹黔鲮 *Qianlabeo striatus* Zhang *et* Chen, 2004**

*Qianlabeo striatus* Zhang *et* Chen, 2004: 27.

**分布（Distribution）**：贵州安顺市, 属珠江水系北盘江支流.

## 363. 直口鲮属 *Rectoris* Lin, 1935

*Rectoris* Lin (林书颜), 1935b: 303.

**（1135）长须直口鲮 *Rectoris longibarbus* Zhu, Zhang *et* Lan, 2012**

*Rectoris longibarbus* Zhu, Zhang *et* Lan (朱定贵, 张鹗和蓝家湖), 2012: 55.

**分布（Distribution）**：广西靖西市, 属珠江流域西江支流左江.

**（1136）长鳍直口鲮 *Rectoris longifinus* Li, Mao *et* Lu, 2002**

*Rectoris longifinus* Li, Mao *et* Lu (李维贤, 卯卫宁和卢宗民), 2002: 386; 陈小勇, 2013, 34 (4): 312.

**分布（Distribution）**：云南东部, 产地不详 (估计为南盘江水系).

**（1137）泸溪直口鲮 *Rectoris luxiensis* Wu *et* Yao, 1977**

*Rectoris luxiensis* Wu *et* Yao (伍献文和乐佩琦, 见伍献文等), 1977: 363; 湖南省水产科学研究所, 1980: 104; 李德俊 (见

伍律), 1989: 175; 丁瑞华, 1994: 350; 张鹗等 (见乐佩琦等), 2000: 215.
**分布（Distribution）**：湖南沅江和湘江，四川大宁河等水系.
**保护等级（Protection class）**：省级 (湖南).

**（1138）变形直口鲮 *Rectoris mutabilis* (Lin, 1933)**
*Epalzeorhynchus mutabilis* Lin, 1933a: 84.
*Rectoris mutabilis*: 伍献文等, 1977: 365; 张鹗等 (见乐佩琦等), 2000: 216.
**分布（Distribution）**：乌江和元江水系. 国外分布于越南.

**（1139）直口鲮 *Rectoris posehensis* Lin, 1935**
*Rectoris posehensis* Lin, 1935b: 304; 伍献文等, 1982: 362; 方世勋 (见郑葆珊), 1981: 100; 陈景星和郑慈英 (见郑慈英等), 1989: 209; 李德俊 (见伍律), 1989: 174; 张鹗等 (见乐佩琦等), 2000: 213.
**分布（Distribution）**：珠江流域西江支流. 国外分布于越南.

## 364. 唇鲮属 *Semilabeo* Peters, 1881

*Semilabeo* Peters, 1881: 1032.
*Amplolabrius* Lin (林书颜), 1933: 81.
**别名或俗名（Used or common name）**：唇鱼属.

**（1140）唇鲮 *Semilabeo notabilis* Peters, 1881**
*Semilabeo notabilis* Peters, 1881: 1032; 林书颜, 1931: 101; Lin, 1933a: 86; 伍献文等, 1977: 369; 方世勋 (见郑葆珊), 1981: 105; 褚新洛和崔桂华 (见褚新洛和陈银瑞等), 1989: 239; 黄顺友 (见郑慈英等), 1989: 210; 李德俊 (见伍律), 1989: 179; 陈湘粦等, 1991: 184; 丁瑞华, 1994: 353; 张鹗等 (见乐佩琦等), 2000: 223; 朱瑜 (见周解和张春光), 2006: 326; 陈小勇, 2013, 34 (4): 312.
*Amplolabrius mirus*: Lin, 1933a: 82.
**别名或俗名（Used or common name）**：唇鱼.
**分布（Distribution）**：珠江水系和元江水系. 国外分布于越南.
**保护等级（Protection class）**：《中国濒危动物红皮书·鱼类》(极危).

**（1141）暗色唇鲮 *Semilabeo obscurus* Lin, 1981**
*Semilabeo obscurus* Lin (林再昆, 见郑葆珊), 1981: 106; 黄顺友 (见郑慈英等), 1989: 211; 褚新洛和崔桂华 (见褚新洛和陈银瑞等), 1989: 241; 张鹗等 (见乐佩琦等), 2000: 225; 朱瑜 (见周解和张春光), 2006: 328; 陈小勇, 2013, 34 (4): 312.
**别名或俗名（Used or common name）**：暗色唇鱼.
**分布（Distribution）**：珠江流域的南盘江和元江水系. 国外分布于越南.

## 365. 华鲮属 *Sinilabeo* Rendahl, 1932

*Sinilabeo* Rendahl, 1932: 81.
*Altigena* Lin (林书颜), 1933: 342.

**（1142）胡氏华鲮 *Sinilabeo hummeli* Zhang, Kullander *et* Chen, 2006**
*Sinilabeo hummeli* Zhang, Kullander *et* Chen (张鹗, Kullander 和陈宜瑜), 2006: 96.
**别名或俗名（Used or common name）**：胡梅尔氏华鲮.
**分布（Distribution）**：长江上游.

**（1143）长须华鲮 *Sinilabeo longibarbatus* Chen *et* Zheng, 1988**
*Sinilabeo longibarbatus* Chen *et* Zheng (陈景星和郑建州, 见陈景星, 赵执桴, 郑建州等), 1988: 1.
**分布（Distribution）**：贵州清镇市五里区猫跳河.

## 366. 华缨鱼属 *Sinocrossocheilus* Wu, 1982

*Sinocrossocheilus* Wu (伍献文, 见伍献文等), 1982: 358.

**（1144）华缨鱼 *Sinocrossocheilus guizhouensis* Wu, 1977**
*Sinocrossocheilus guizhouensis* Wu (伍献文, 见伍献文等), 1977: 359; 李德俊 (见伍律), 1989: 171; 张鹗等 (见乐佩琦等), 2000: 234.
**分布（Distribution）**：长江水系乌江支流.
**保护等级（Protection class）**：《中国濒危动物红皮书·鱼类》(极危).

**（1145）穗唇华缨鱼 *Sinocrossocheilus labiatus* Su, Yang *et* Cui, 2003**
*Sinocrossocheilus labiatus* Su, Yang *et* Cui (苏瑞凤, 杨君兴和崔桂华), 2003: 420.
**分布（Distribution）**：珠江流域西江支流打狗河.

## 367. 狭吻鱼属 *Stenorynchoacrum* Huang, Yang *et* Chen, 2014

*Stenorynchoacrum* Huang, Yang *et* Chen (黄艳飞, 杨君兴和陈小勇), 2014: 381.

**（1146）西江狭吻鱼 *Stenorynchoacrum xijiangensis* Huang, Yang *et* Chen, 2014**
*Stenorynchoacrum xijiangensis* Huang, Yang *et* Chen (黄艳飞, 杨君兴和陈小勇), 2014: 379.
**分布（Distribution）**：广西桂林市大埔, 属珠江水系漓江支流相思河.

# 十二）裂腹鱼亚科 Schizothoracinae

## 368. 扁吻鱼属 *Aspiorhynchus* Kessler, 1879

*Aspiorhynchus* Kessler, 1879: 242.

**（1147）扁吻鱼 *Aspiorhynchus laticeps* (Day, 1877)**

*Ptychobarbus laticeps* Day, 1877: 790.

*Aspiorhynchus laticeps*: 曹文宣 (见伍献文等), 1964: 167; 岳佐和 (见中国科学院动物研究所等), 1979: 36; 武云飞和吴翠珍, 1992: 409; 陈毅峰和曹文宣 (见乐佩琦等), 2000: 336.

**别名或俗名（Used or common name）**：新疆大头鱼.

**分布（Distribution）**：新疆塔里木河水系.

**保护等级（Protection class）**：国家 I 级.

## 369. 黄河鱼属 *Chuanchia* Herzenstein, 1891

*Chuanchia* Herzenstein, 1891: 223.

**（1148）骨唇黄河鱼 *Chuanchia labiosa* Herzenstein, 1891**

*Chuanchia labiosa* Herzenstein, 1891: 224; 曹文宣和邓中粦, 1962: 48; 曹文宣 (见伍献文等), 1964: 191; 武云飞和吴翠珍, 1992: 512; 陈宜瑜, 1998: 242; 陈毅峰和曹文宣 (见乐佩琦等), 2000: 385; 董崇智, 李怀明, 牟振波等, 2001: 169.

**分布（Distribution）**：黄河上游.

**保护等级（Protection class）**：《中国濒危动物红皮书·鱼类》(易危), 省级 (青海).

## 370. 重唇鱼属 *Diptychus* Steindachner, 1866

*Diptychus* Steindachner, 1866b: 787.

**（1149）斑重唇鱼 *Diptychus maculatus* Steindachner, 1866**

*Diptychus maculatus* Steindachner, 1866b: 788; 李思忠, 戴定远, 张世义等, 1966: 44; 岳佐和 (见中国科学院动物研究所等), 1979: 37; 武云飞和吴翠珍, 1992: 422; 陈毅峰和曹文宣 (见乐佩琦等), 2000: 338.

*Diptychus* (*Diptychus*) *maculatus*: 曹文宣 (见伍献文等), 1964: 170.

**分布（Distribution）**：新疆和西藏. 国外分布于哈萨克斯坦, 吉尔吉斯斯坦, 塔吉克斯坦, 巴基斯坦, 印度和尼泊尔.

**保护等级（Protection class）**：省 II 级 (新疆).

## 371. 裸鲤属 *Gymnocypris* Günther, 1868

*Gymnocypris* Günther, 1868: 169.

**（1150）兰格湖裸鲤 *Gymnocypris chui* Tchang, Yueh *et* Hwang, 1964**

*Gymnocypris chui* Tchang, Yueh *et* Hwang (张春霖, 岳佐和和黄宏金), 1964b: 146; 武云飞和吴翠珍, 1992: 461; 张春光, 蔡斌和许涛清, 1995: 111; 陈毅峰和曹文宣 (见乐佩琦等), 2000: 359.

**别名或俗名（Used or common name）**：朱氏裸鲤.

**分布（Distribution）**：西藏兰格湖.

**（1151）软刺裸鲤 *Gymnocypris dobula* Günther, 1868**

*Gymnocypris dobula* Günther, 1868: 170; 陈毅峰和曹文宣 (见乐佩琦等), 2000: 354.

*Gymnocypris* (*Gymnocypris*) *dobula*: 曹文宣 (见伍献文等), 1964: 179; 武云飞和吴翠珍, 1992: 458; 张春光, 蔡斌和许涛清, 1995: 114.

**分布（Distribution）**：西藏佩枯错和错戳龙.

**（1152）祁连裸鲤 *Gymnocypris eckloni chilienensis* Li *et* Chang, 1974**

*Gymnocypris chilianensis* Li *et* Chang (李思忠和张世义), 1974: 414; 武云飞和吴翠珍, 1992: 446.

*Gymnocypris eckloni*: 曹文宣 (见伍献文等), 1964: 183.

*Gymnocypris eckloni chilienensis*: 陈毅峰和曹文宣 (见乐佩琦等), 2000: 362.

**分布（Distribution）**：甘肃石羊河, 弱水和疏勒河等.

**保护等级（Protection class）**：省级 (甘肃).

**（1153）花斑裸鲤 *Gymnocypris eckloni eckloni* Herzenstein, 1891**

*Gymnocypris eckloni* Herzenstein, 1891: 243; 曹文宣和邓中粦, 1962: 42; 武云飞和吴翠珍, 1992: 437.

*Gymnocypris* (*Gymnocypris*) *eckloni*: 曹文宣 (见伍献文等), 1964: 182.

*Gymnocypris eckloni eckloni*: 叶妙荣和傅天佑 (见丁瑞华), 1994: 395; 陈宜瑜, 1998: 235; 陈毅峰和曹文宣 (见乐佩琦等), 2000: 361.

**分布（Distribution）**：黄河水系.

**保护等级（Protection class）**：省级 (甘肃).

**（1154）斜口裸鲤 *Gymnocypris eckloni scolistomus* Wu *et* Chen, 1979**

*Gymnocypris scolistomus* Wu *et* Chen (武云飞和陈瑗), 1979: 289; 武云飞和吴翠珍, 1992: 445.

*Gymnocypris eckloni scolistomus*: 陈毅峰和曹文宣 (见乐佩琦等), 2000: 360.

**分布（Distribution）**：青海久治县逊木错.

**保护等级（Protection class）**：省级 (青海).

**（1155）纳木湖裸鲤 *Gymnocypris namensis* (Wu *et* Ren, 1982)**

*Schizopygopsis microcephalus namensis* Wu *et* Ren (武云飞和任慕莲), 1982: 80.

*Gymnocypris namensis*: 陈毅峰和曹文宣 (见乐佩琦等), 2000: 366.

**分布（Distribution）**：西藏纳木错.

### （1156）硬刺松潘裸鲤 *Gymnocypris potanini firmispinatus* Wu *et* Wu, 1988

*Gymnocypris potanini firmispinatus* Wu *et* Wu (武云飞和吴翠珍), 1988a: 17; 陈宜瑜, 1998: 237; 陈毅峰和曹文宣 (见乐佩琦等), 2000: 358.

*Gymnocypris firmispinatus*: 武云飞和吴翠珍, 1992: 449.

**分布（Distribution）**：金沙江上游和澜沧江支流永春河.

### （1157）松潘裸鲤 *Gymnocypris potanini potanini* Herzenstein, 1891

*Gymnocypris potanini* Herzenstein, 1891: 258; 曹文宣和邓中粦, 1962: 41; 武云飞和吴翠珍, 1992: 449; 叶妙荣和傅天佑 (见丁瑞华), 1994: 394.

*Schizopygopsis lifanensis* Chang, 1944: 46; 张春霖和刘成汉, 1957: 230.

*Gymnocypris* (*Gymnocypris*) *potanini*: 曹文宣 (见伍献文等), 1964: 180.

*Gymnocypris potanini potanini*: 陈宜瑜, 1998: 233; 陈毅峰和曹文宣 (见乐佩琦等), 2000: 356.

**分布（Distribution）**：岷江上游和澜沧江水系.

### （1158）甘子河裸鲤 *Gymnocypris przewalskii ganzihonensis* Zhu *et* Wu, 1975

*Gymnocypris przewalskii ganzihonensis* Zhu *et* Wu (朱松泉和武云飞), 1975: 14; 陈毅峰和曹文宣 (见乐佩琦等), 2000: 365.

**分布（Distribution）**：青海湖入湖支流甘子河.

**保护等级（Protection class）**：省级 (青海).

### （1159）青海湖裸鲤 *Gymnocypris przewalskii przewalskii* (Kessler, 1876)

*Schizopygopsis przewalskii* Kessler, 1876: 11.

*Gymnocypris chengi*: Tchang *et* Chang (张春霖和张玉玲), 1963a: 291.

*Gymnocypris depressus*: Tchang *et* Chang (张春霖和张玉玲), 1963a: 292.

*Gymnocypris chinghainensis*: Tchang *et* Chang (张春霖和张玉玲), 1963b: 635.

*Gymnocypris convezaventris*: Tchang *et* Chang (张春霖和张玉玲), 1963b: 636.

*Gymnocypris* (*Gymnocypris*) *przewalskii*: 曹文宣 (见伍献文等), 1964: 181.

*Gymnocypris przewalskii przewalskii*: 朱松泉和武云飞, 1975: 19; 陈毅峰和曹文宣 (见乐佩琦等), 2000: 363.

**分布（Distribution）**：青海湖及其湖周支流.

**保护等级（Protection class）**：省级 (青海).

### （1160）拉孜裸鲤 *Gymnocypris scleracanthus* Tsao, Wu, Chen *et* Zhu, 1992

*Gymnocypris scleracanthus* Tsao, Wu, Chen *et* Zhu (曹文宣, 武云飞, 陈宜瑜和朱松泉, 见武云飞和吴翠珍), 1992: 451.

*Gymnocypris przewalskii*: 张春霖和岳佐和 (张春霖, 岳佐和和黄宏金), 1964b: 142.

**分布（Distribution）**：西藏拉孜县兰格湖.

### （1161）高原裸鲤 *Gymnocypris waddelli* Regan, 1905

*Gymnocypris waddelli* Regan, 1905b: 300; 张春霖和王文滨, 1962: 534; 张春霖和岳佐和 (张春霖, 岳佐和和黄宏金), 1964b: 150; 张春光, 蔡斌和许涛清, 1995: 107; 陈毅峰和曹文宣 (见乐佩琦等), 2000: 355.

*Gymnocypris* (*Gymnocypris*) *waddelli*: 伍献文等, 1979: 102; 曹文宣 (见伍献文等), 1964: 179.

*Gymnocypris hobsonii*: 张春霖和岳佐和 (张春霖, 岳佐和和黄宏金), 1964b: 148.

*Gymnocypris molicorporus*: Tchang, Yueh *et* Huang (张春霖, 岳佐和和黄宏金), 1964b: 140.

*Gymnocypris pingi*: Tchang, Yueh *et* Huang (张春霖, 岳佐和和黄宏金), 1964b: 142.

*Gymnocypris pingi orisolatus*: Tchang, Yueh *et* Huang (张春霖, 岳佐和和黄宏金), 1964b: 144.

*Gymnocypris gibberis*: Tchang, Yueh *et* Huang (张春霖, 岳佐和和黄宏金), 1964b: 148.

**分布（Distribution）**：西藏南部的羊卓雍错, 哲古错, 珀莫错, 莫特里湖, 嘎罗维金马湖等.

## 372. 裸重唇鱼属 *Gymnodiptychus* Herzenstein, 1892

*Gymnodiptychus* Herzenstein, 1892: 225.

### （1162）新疆裸重唇鱼 *Gymnodiptychus dybowskii* (Kessler, 1874)

*Diptychus dybowskii* Kessler, 1874: 55; 张春霖, 1959: 84.

*Diptychus* (*Gymnodiptychus*) *dybowskii*: 曹文宣 (见伍献文等), 1964: 165.

*Gymnodiptychus dybowskii*: 李思忠, 戴定远, 张世义等, 1966: 44; 岳佐和 (见中国科学院动物研究所等), 1979: 38; 武云飞和吴翠珍, 1992: 432; 陈毅峰和曹文宣 (见乐佩琦等), 2000: 350; 董崇智, 李怀明, 牟振波等, 2001: 148.

**分布（Distribution）**：新疆伊犁河, 塔里木河等. 国外分布于中亚部分水系.

**保护等级（Protection class）**：省 (自治区) I 级 (新疆).

### （1163）全裸裸重唇鱼 *Gymnodiptychus integrigymnatus* Huang, 1998

*Gymnodiptychus integrigymnatus* Huang (黄顺友, 见陈宜瑜), 1998: 231; 曹文宣, 陈宜瑜, 武云飞等, 1981: 125; 莫天培 (见褚新洛和陈银瑞等), 1989: 319; 武云飞和吴翠珍, 1992:

434; 陈宜瑜, 1998: 231; 陈毅峰和曹文宣 (见乐佩琦等), 2000: 348.

**分布 (Distribution)**：高黎贡山龙川江上游支流，怒江支流.

### (1164) 厚唇裸重唇鱼 *Gymnodiptychus pachycheilus* Herzenstein, 1892

*Gymnodiptychus pachycheilus* Herzenstein, 1892: 226; 陈毅峰和曹文宣 (见乐佩琦等), 2000: 351.

*Diptychus pachycheilus*: 曹文宣和邓中粦, 1962: 39; 武云飞和陈瑗, 1979: 287.

*Diptychus dybowskii*: 张春霖, 1959: 83.

*Gymnodiptychus dybowskii*: Fang, 1936b: 451.

*Diptychus* (*Gymnodiptychus*) *pachycheilus*: 曹文宣 (见伍献文等), 1964: 176; 湖北省水生生物研究所鱼类研究室, 1976: 60.

**分布 (Distribution)**：黄河水系上游，长江上游金沙江的上游及雅砻江中下游.

**保护等级 (Protection class)**：省级 (甘肃，陕西).

## 373. 高原鱼属 *Herzensteinia* Chu, 1935

*Herzensteinia* Chu (朱元鼎), 1935: 13.

### (1165) 小头高原鱼 *Herzensteinia microcephalus* (Herzenstein, 1891)

*Schizopygopsis microcephalus* Herzenstein, 1891: 219.

*Herzensteinia microcephalus*: Chu (朱元鼎), 1935: 13; 曹文宣 (见伍献文等), 1964: 193; 陈宜瑜, 1998: 246; 陈毅峰和曹文宣 (见乐佩琦等), 2000: 389.

**分布 (Distribution)**：长江上游源头区.

## 374. 尖裸鲤属 *Oxygymnocypris* Tsao, 1964

*Oxygymnocypris* Tsao (曹文宣, 见伍献文等), 1964: 183.

### (1166) 尖裸鲤 *Oxygymnocypris stewartii* (Lloyd, 1908)

*Schizopygopsis stewartii* Lloyd, 1908: 342.

*Gymnocypris* (*Oxygymnocypris*) *stewartii*: 曹文宣 (见伍献文等), 1964: 183.

*Oxygymnocypris stewartii*: 武云飞和吴翠珍, 1992: 464; 张春光, 蔡斌和许涛清, 1995: 114; 陈毅峰和曹文宣 (见乐佩琦等), 2000: 367.

**分布 (Distribution)**：雅鲁藏布江中上游干流及其主要支流.

**保护等级 (Protection class)**：《中国濒危动物红皮书·鱼类》(濒危).

## 375. 扁咽齿鱼属 *Platypharodon* Herzenstein, 1891

*Platypharodon* Herzenstein, 1891: 226.

### (1167) 极边扁咽齿鱼 *Platypharodon extremus* Herzenstein, 1891

*Platypharodon extremus* Herzenstein, 1891: 229; Chu, 1935: 66; 曹文宣和邓中粦, 1962: 29; 曹文宣 (见伍献文等), 1964: 192; 武云飞和吴翠珍, 1992: 515; 叶妙荣和傅天佑 (见丁瑞华), 1994: 408; 陈宜瑜, 1998: 244; 陈毅峰和曹文宣 (见乐佩琦等), 2000: 387; 董崇智, 李怀明, 牟振波等, 2001: 172.

**分布 (Distribution)**：黄河上游.

**保护等级 (Protection class)**：《中国濒危动物红皮书·鱼类》(易危), 省级 (甘肃，青海).

## 376. 叶须鱼属 *Ptychobarbus* Steindachner, 1866

*Ptychobarbus* Steindachner, 1866b: 789.

### (1168) 中甸叶须鱼 *Ptychobarbus chungtienensis chungtienensis* (Tsao, 1964)

*Diptychus* (*Ptychobarbus*) *chungtienensis* Tsao (曹文宣, 见伍献文等), 1964: 174; 陈宜瑜, 1998: 227; 董崇智, 李怀明, 牟振波等, 2001: 145.

*Ptychobarbus chungtienensis*: 莫天培 (见褚新洛和陈银瑞等), 1989: 317; 武云飞和吴翠珍, 1992: 420.

*Ptychobarbus chungtienensis chungtienensis*: 陈毅峰和曹文宣 (见乐佩琦等), 2000: 345.

**分布 (Distribution)**：云南香格里拉东南向流的小中甸河及附属的那亚河，碧塔海，属都海等，属金沙江中上游过渡段.

### (1169) 格咱叶须鱼 *Ptychobarbus chungtienensis gezaensis* (Huang *et* Chen, 1986)

*Diptychus* (*Ptychobarbus*) *chungtienensis gezaensis* Huang *et* Chen (黄顺友和陈宜瑜), 1986: 103; 陈宜瑜, 1998: 229.

*Ptychobarbus chungtienensis gezaensis*: 陈毅峰和曹文宣 (见乐佩琦等), 2000: 346.

**分布 (Distribution)**：云南香格里拉西南向流的格咱河，属金沙江上游支流.

### (1170) 锥吻叶须鱼 *Ptychobarbus conirostris* Steindachner, 1866

*Ptychobarbus conirostris* Steindachner, 1866b: 789; 武云飞和朱松泉, 1979: 20; 武云飞和吴翠珍, 1992: 414; 张春光, 蔡斌和许涛清, 1995: 102; 陈毅峰和曹文宣 (见乐佩琦等), 2000: 341; 董崇智, 李怀明, 牟振波等, 2001: 145.

*Diptychus* (*Ptychobarbus*) *conirostris*: 曹文宣 (见伍献文等), 1964: 172.

**别名或俗名 (Used or common name)**：锥吻重唇鱼.

**分布 (Distribution)**：西藏狮泉河，噶尔河. 国外分布于印度和克什米尔地区.

### （1171）双须叶须鱼 *Ptychobarbus dipogon* (Regan, 1905)

*Schizothorax dipogon* Regan, 1905c: 186.

*Diptychus* (*Ptychobarbus*) *dipogon*: 曹文宣（见伍献文等）, 1964: 173; 董崇智, 李怀明, 牟振波等, 2001: 141.

*Ptychobarbus dipogon*: 武云飞和吴翠珍, 1992: 412; 张春光, 蔡斌和许涛清, 1995: 101; 陈毅峰和曹文宣（见乐佩琦等）, 2000: 342.

**分布（Distribution）**：雅鲁藏布江水系.

### （1172）裸腹叶须鱼 *Ptychobarbus kaznakovi* Nikolsky, 1903

*Ptychobarbus kaznakovi* Nikolsky, 1903: 91; 武云飞和吴翠珍, 1992: 416; 陈毅峰和曹文宣（见乐佩琦等）, 2000: 344.

*Diptychus* (*Ptychobarbus*) *kaznakovi*: 曹文宣（见伍献文等）, 1964: 173; 陈宜瑜, 1998: 226; 董崇智, 李怀明, 牟振波等, 2001: 143.

*Diptychus kaznakovi*: 曹文宣和邓中粦, 1962: 38.

**分布（Distribution）**：怒江, 澜沧江和金沙江上游.

**保护等级（Protection class）**：《中国濒危动物红皮书·鱼类》（易危）.

## 377. 裸裂尻鱼属 *Schizopygopsis* Steindachner, 1866

*Schizopygopsis* Steindachner, 1866b: 785.

### （1173）前腹裸裂尻鱼 *Schizopygopsis anteroventris* Wu, Tsao, Zhu *et* Chen, 1989

*Schizopygopsis anteroventris* Wu, Tsao, Zhu *et* Chen（武云飞, 曹文宣, 朱松泉和陈宜瑜）, 1992: 480.

**分布（Distribution）**：澜沧江上游干支流.

### （1174）柴达木裸裂尻鱼 *Schizopygopsis kessleri* Herzenstein, 1891

*Schizopygopsis kessleri* Herzenstein, 1891: 217; 曹文宣（见伍献文等）, 1964: 186; 陈毅峰和曹文宣（见乐佩琦等）, 2000: 376.

**分布（Distribution）**：诺木洪河, 属柴达木河水系.

### （1175）嘉陵裸裂尻鱼 *Schizopygopsis kialingensis* Tsao *et* Tun, 1962

*Schizopygopsis kialingensis* Tsao *et* Tun（曹文宣和邓中粦）, 1962: 43; 曹文宣（见伍献文等）, 1964: 190; 陕西省动物研究所等, 1987: 161; 湖北省水生生物研究所鱼类研究室, 1976: 161; 武云飞和吴翠珍, 1992: 469; 叶妙荣和傅天佑（见丁瑞华）, 1994: 404; 陈宜瑜, 1998: 237; 陈毅峰和曹文宣（见乐佩琦等）, 2000: 383; 董崇智, 李怀明, 牟振波等, 2001: 163.

**分布（Distribution）**：嘉陵江水系.

**保护等级（Protection class）**：省级（甘肃）.

### （1176）宝兴软鳍裸裂尻鱼 *Schizopygopsis malacanthus baoxingensi* Fu, Ding *et* Ye, 1994

*Schizopygopsis malacanthus baoxingensi* Fu, Ding *et* Ye（傅天佑, 丁瑞华和叶妙荣, 见丁瑞华）, 1994: 399.

**分布（Distribution）**：四川青衣江上游.

### （1177）大渡软刺裸裂尻鱼 *Schizopygopsis malacanthus chengi* (Fang, 1936)

*Chuanchia chengi* Fang, 1936a: 45; 武云飞和吴翠珍, 1992: 474.

*Schizopygopsis malacanthus chengi*: 曹文宣和邓中粦, 1962: 45; 曹文宣（见伍献文等）, 1964: 189; 湖北省水生生物研究所鱼类研究室, 1976: 63; 武云飞和陈瑗, 1979: 287; 叶妙荣和傅天佑（见丁瑞华）, 1994: 402; 陈宜瑜, 1998: 240; 陈毅峰和曹文宣（见乐佩琦等）, 2000: 375; 董崇智, 李怀明, 牟振波等, 2001: 160.

**分布（Distribution）**：大渡河上游.

### （1178）软刺裸裂尻鱼 *Schizopygopsis malacanthus malacanthus* Herzenstein, 1891

*Schizopygopsis malacanthus* Herzenstein, 1891: 201; 曹文宣和邓中粦, 1962: 44; 曹文宣（见伍献文等）, 1964: 188; 湖北省水生生物研究所鱼类研究室, 1976: 61; 武云飞和吴翠珍, 1992: 477.

*Schizopygopsis malacanthus malacanthus*: 武云飞和陈瑗, 1979: 287; 伍献文等, 1979: 103; 叶妙荣和傅天佑（见丁瑞华）, 1994: 398; 陈宜瑜, 1998: 238; 陈毅峰和曹文宣（见乐佩琦等）, 2000: 373.

**分布（Distribution）**：金沙江和雅砻江上游.

### （1179）黄河裸裂尻鱼 *Schizopygopsis pylzovi* Kessler, 1876

*Schizopygopsis pylzovi* Kessler, 1876: 13; 陕西省动物研究所等, 1987: 160; 武云飞和吴翠珍, 1992: 471; 陈宜瑜, 1998: 241; 陈毅峰和曹文宣（见乐佩琦等）, 2000: 377.

*Chuanchia chengi*: 张春霖, 1959: 84.

**分布（Distribution）**：黄河上游干流及支流.

**保护等级（Protection class）**：省级（甘肃）.

### （1180）班公湖裸裂尻鱼 *Schizopygopsis stoliczkai bangongensis* Wu *et* Zhu, 1979

*Schizopygopsis stoliczkai bangongensis* Wu *et* Zhu（武云飞和朱松泉）, 1979: 23; 陈毅峰和曹文宣（见乐佩琦等）, 2000: 373.

**分布（Distribution）**：西藏西部班公湖水系, 属印度河上游.

**（1181）玛旁雍裸裂尻鱼 *Schizopygopsis stoliczkai maphamyumensis* Wu *et* Zhu, 1979**

*Schizopygopsis stoliczkae maphamyumensis* Wu *et* Zhu (武云飞和朱松泉), 1979: 24; 陈毅峰和曹文宣 (见乐佩琦等), 2000: 372.

**分布（Distribution）**：西藏西部玛旁雍错 (玛法木错).

**（1182）高原裸裂尻鱼 *Schizopygopsis stoliczkai stoliczkai* Steindachner, 1866**

*Schizopygopsis stoliczkae* Steindachner, 1866b: 786; 曹文宣 (见伍献文等), 1964: 185; 武云飞和吴翠珍, 1992: 497.

*Schizopygopsis stoliczkai stoliczkai*: 陈毅峰和曹文宣 (见乐佩琦等), 2000: 370; 董崇智, 李怀明, 牟振波等, 2001: 162.

**分布（Distribution）**：广泛分布于青藏高原西部, 包括我国狮泉河, 象泉河, 喀拉喀什河等. 国外分布于中亚和西亚广大地区.

**（1183）温泉裸裂尻鱼 *Schizopygopsis thermalis* Herzenstein, 1891**

*Schizopygopsis thermalis* Herzenstein, 1891: 204; 曹文宣 (见伍献文等), 1964: 189; 张春光, 蔡斌和许涛清, 1995: 120; 武云飞和吴翠珍, 1992: 493; 陈毅峰和曹文宣 (见乐佩琦等), 2000: 379.

**分布（Distribution）**：唐古拉山温泉中.

**（1184）喜马拉雅裸裂尻鱼 *Schizopygopsis younghusbandi himalayensis* Tsao, 1975**

*Schizopygopsis younghusbandi himalayensis* Tsao (曹文宣), 1975: 76; 武云飞和吴翠珍, 1992: 485; 陈毅峰和曹文宣 (见乐佩琦等), 2000: 382.

**分布（Distribution）**：西藏南部波曲河, 属恒河水系.

**（1185）昂仁裸裂尻鱼 *Schizopygopsis younghusbandi wui* Tchang, Yueh *et* Hwang, 1964**

*Schizopygopsis wui* Tchang, Yueh *et* Hwang (张春霖, 岳佐和和黄宏金), 1964c: 669.

*Schizopygopsis younghusbandi wui*: 曹文宣, 1974: 79; 武云飞和吴翠珍, 1992: 484; 陈毅峰和曹文宣 (见乐佩琦等), 2000: 383.

**分布（Distribution）**：西藏昂仁县金湖 (昂仁湖).

**（1186）拉萨裸裂尻鱼 *Schizopygopsis younghusbandi younghusbandi* Regan, 1905**

*Schizopygopsis younghusbandi* Regan, 1905: 185; 张春霖, 岳佐和和黄宏金, 1964c: 668.

*Schizopygopsis stoliczkai*: 曹文宣 (见伍献文等), 1964: 185; 张春霖, 岳佐和和黄宏金, 1964c: 662.

*Schizopygopsis thermalis*: 张春霖和王文滨, 1962: 553; 张春霖, 岳佐和和黄宏金, 1964c: 663.

*Schizopygopsis kessleri makianensis*: Tchang, Yueh *et* Hwang (张春霖, 岳佐和和黄宏金), 1964c: 664.

*Schizopygopsis younghusbandi younghusbandi*: 曹文宣, 1974: 76; 武云飞和吴翠珍, 1992: 488; 张春光, 蔡斌和许涛清, 1995: 121; 陈毅峰和曹文宣 (见乐佩琦等), 2000: 380.

**分布（Distribution）**：雅鲁藏布江中上游和朋曲河.

## 378. 裂腹鱼属 *Schizothorax* Heckel, 1838

*Schizothorax* Heckel, 1838: 11.

*Racoma* McClelland *et* Griffith, 1842: 576.

*Paraschizothorax* Tsao (曹文宣), 1964: 168.

*Tetrostichodon* Tchang *et al.* (张春霖等), 1964a: 273.

**（1187）银色裂腹鱼 *Schizothorax argentatus* Kessler, 1874**

*Schizothorax argentatus* Kessler, 1874: 55.

*Schizothorax orientalis*: Kessler, 1874: 54; 岳佐和 (见中国科学院动物研究所等), 1978: 32.

*Schizothorax* (*Racoma*) *argentatus*: 曹文宣 (见伍献文等), 1964: 156; 李思忠, 戴定远, 张世义等, 1966: 44; 陈毅峰和曹文宣 (见乐佩琦等), 2000: 307.

*Racoma* (*Racoma*) *argentata*: 武云飞和吴翠珍, 1992: 344.

**分布（Distribution）**：新疆伊犁河. 国外分布于哈萨克斯坦.

**保护等级（Protection class）**：省 (自治区) I 级 (新疆).

**（1188）北盘江裂腹鱼 *Schizothorax beipanensis* Yang, Chen *et* Yang, 2009**

*Schizothorax beipanensis* Yang, Chen *et* Yang (杨剑, 陈小勇和杨君兴), 2009: 23.

**分布（Distribution）**：北盘江.

**（1189）塔里木裂腹鱼 *Schizothorax biddulphi* Günther, 1876**

*Schizothorax biddulphi* Günther, 1876: 400; 岳佐和 (见中国科学院动物研究所等), 1978: 34.

*Schizothorax* (*Schizopyge*) *biddulphi*: 曹文宣 (见伍献文等), 1964: 160.

*Racoma* (*Racoma*) *biddulphi*: 武云飞和吴翠珍, 1992: 342.

*Schizothorax* (*Racoma*) *biddulphi*: 陈毅峰和曹文宣 (见乐佩琦等), 2000: 315.

**分布（Distribution）**：新疆塔里木河水系.

**保护等级（Protection class）**：《中国濒危动物红皮书·鱼类》(濒危), 省 (自治区) II 级 (新疆).

**（1190）细鳞裂腹鱼 *Schizothorax chongi* (Fang, 1936)**

*Oreinus chongi* Fang, 1936b: 448.

*Oreinus molesworthi*: Tchang, 1931: 233.

*Schizothorax sinensis*: Tchang, 1933b: 40; 张春霖, 1959: 82.

*Schizothorax* (*Schizothorax*) *chongi*: 曹文宣（见伍献文等）, 1964: 145; 湖北省水生生物研究所鱼类研究室, 1976: 57; 叶妙荣和傅天佑（见丁瑞华）, 1994: 372; 陈宜瑜, 1998: 200; 陈毅峰和曹文宣（见乐佩琦等）, 2000: 297.

*Racoma* (*Schizopyge*) *chongi*: 武云飞和吴翠珍, 1992: 376.

**分布（Distribution）**：金沙江中下游，岷江下游和长江干流上游.

**保护等级（Protection class）**：省（直辖市）级（重庆）.

### （1191）隐鳞裂腹鱼 *Schizothorax crytolepis* Fu *et* Ye, 1984

*Schizothorax crytolepis* Fu *et* Ye (傅天佑和叶妙荣), 1984: 165.

*Schizothorax* (*Schizothorax*) *crytolepis*: 叶妙荣和傅天佑（见丁瑞华）, 1994: 374; 陈宜瑜, 1998: 204; 陈毅峰和曹文宣（见乐佩琦等）, 2000: 299.

**分布（Distribution）**：四川雅安青衣江，属长江水系.

### （1192）弧唇裂腹鱼 *Schizothorax curvilabiatus* (Wu *et* Tsao, 1992)

*Racoma* (*Schizopyge*) *curvilabiata* Wu *et* Tsao (武云飞和曹文宣), 1992: 384; 伍汉霖, 邵广昭, 赖春福等, 2012: 61.

**别名或俗名（Used or common name）**：弧唇弓鱼.

**分布（Distribution）**：雅鲁藏布江下游.

### （1193）重口裂腹鱼 *Schizothorax davidi* (Sauvage, 1880)

*Paratylognathus davidi* Sauvage, 1880a: 227; Chu, 1935: 7.

*Schizothorax potanini*: Chang, 1944: 45; 张春霖和刘成汉, 1957: 229; 张春霖, 1959: 80.

*Schizothorax davidi*: 曹文宣和邓中粦, 1962: 29.

*Schizothorax* (*Schizopyge*) *davidi*: 曹文宣（见伍献文等）, 1964: 152.

*Schizothorax* (*Racoma*) *davidi*: 陕西省动物研究所等, 1987: 155; 陈宜瑜, 1998: 221; 陈毅峰和曹文宣（见乐佩琦等）, 2000: 329.

*Racoma* (*Racoma*) *davidi*: 武云飞和吴翠珍, 1992: 319.

**分布（Distribution）**：嘉陵江，沱江和岷江.

**保护等级（Protection class）**：省级（甘肃）.

### （1194）长丝裂腹鱼 *Schizothorax dolichonema* Herzenstein, 1889

*Schizothorax dolichonema* Herzenstein, 1889: 178; 曹文宣和邓中粦, 1962: 37.

*Schizothorax* (*Schizothorax*) *dolichonema*: 曹文宣（见伍献文等）, 1964: 141; 湖北省水生生物研究所鱼类研究室, 1976: 52; 叶妙荣和傅天佑（见丁瑞华）, 1994: 366; 张春光, 蔡斌和许涛清, 1995: 83; 陈宜瑜, 1998: 198; 陈毅峰和曹文宣（见乐佩琦等）, 2000: 294.

*Racoma* (*Schizopyge*) *dolichonema*: 武云飞和吴翠珍, 1992: 373.

**分布（Distribution）**：澜沧江，金沙江和雅砻江等上游.

**保护等级（Protection class）**：省级（青海）.

### （1195）独龙裂腹鱼 *Schizothorax dulongensis* Huang, 1985

*Schizothorax dulongensis* Huang (黄顺友), 1985a: 211.

*Schizothorax* (*Schizothorax*) *dulongensis*: 莫天培（见褚新洛和陈银瑞等）, 1989: 295; 武云飞和吴翠珍, 1992: 397; 陈宜瑜, 1998: 191; 陈毅峰和曹文宣（见乐佩琦等）, 2000: 284.

**分布（Distribution）**：独龙江，属伊洛瓦底江上游支流.

### （1196）长身裂腹鱼 *Schizothorax elongatus* Huang, 1985

*Schizothorax elongatus* Huang (黄顺友), 1985a: 212.

*Schizothorax* (*Schizothorax*) *elongatus*: 莫天培（见褚新洛和陈银瑞等）, 1989: 294; 陈宜瑜, 1998: 192; 武云飞和吴翠珍, 1992: 394; 陈毅峰和曹文宣（见乐佩琦等）, 2000: 286.

**别名或俗名（Used or common name）**：细身裂腹鱼.

**分布（Distribution）**：大盈江，属伊洛瓦底江水系.

### （1197）鸭嘴裂腹鱼 *Schizothorax esocina* Heckel, 1838

*Schizothorax esocinus* Heckel, 1838: 48.

*Schizothorax* (*Racoma*) *esocina* 中国科学院动物研究所等, 1979: 34; 武云飞和吴翠珍, 1992: 347; 伍汉霖, 邵广昭, 赖春福等, 2012: 61.

**别名或俗名（Used or common name）**：扁嘴弓鱼，狗裂腹鱼.

**分布（Distribution）**：新疆塔里木河水系. 国外分布于阿富汗，巴基斯坦和印度.

### （1198）宽口裂腹鱼 *Schizothorax eurystoma* Kessler, 1872

*Schizothorax* (*Oreinus*) *eurystomus* Kessler, 1872: 53.

*Schizothorax* (*Racoma*) *eurystoma*: 李思忠, 戴定远, 张世义等, 1966: 44.

*Racoma* (*Racoma*) *eurystoma*: 武云飞和吴翠珍, 1992: 350.

**别名或俗名（Used or common name）**：宽口弓鱼.

**分布（Distribution）**：新疆塔里木河水系.

### （1199）贡山裂腹鱼 *Schizothorax gongshanensis* Tsao, 1964

*Schizothorax* (*Schizopyge*) *gongshanensis* Tsao (曹文宣, 见伍献文等), 1964: 166.

*Schizothorax* (*Racoma*) *gongshanensis*: 莫天培（见褚新洛和

陈银瑞等), 1989: 310; 陈宜瑜, 1998: 216; 陈毅峰和曹文宣 (见乐佩琦等), 2000: 321.

**分布 (Distribution)**: 怒江上游.

### (1200) 昆明裂腹鱼 *Schizothorax grahami* (Regan, 1904)

*Oreinus grahami* Regan, 1904b: 416.

*Schizothorax grahami*: Chu, 1935: 64; 成庆泰, 1958: 155.

*Schizothorax* (*Schizothorax*) *grahami*: 曹文宣 (见伍献文等), 1964: 146; 吕克强 (见伍律), 1989: 189; 莫天培 (见褚新洛和陈银瑞等), 1989: 290; 陈毅峰和曹文宣 (见乐佩琦等), 2000: 298.

*Racoma* (*Schizopyge*) *grahami*: 武云飞和吴翠珍, 1992: 366.

**分布 (Distribution)**: 金沙江中下游干支流.

### (1201) 灰裂腹鱼 *Schizothorax griseus* Pellegrin, 1931

*Schizothorax griseus* Pellegrin, 1931: 146; Fang, 1936b: 421.

*Schizothorax progastus*: 成庆泰, 1958: 155.

*Schizothorax yunnanensis*: Tchang, 1933b: 37; 张春霖, 1959: 81.

*Schizothorax* (*Schizopyge*) *griseus*: 曹文宣 (见伍献文等), 1964: 161; 吕克强 (见伍律), 1989: 192.

*Racoma* (*Racoma*) *griseus*: 武云飞和吴翠珍, 1992: 323.

*Schizothorax* (*Racoma*) *griseus*: 黄顺友 (见郑慈英等), 1989: 222; 莫天培 (见褚新洛和陈银瑞等), 1989: 312. 陈宜瑜, 1998: 222; 陈毅峰和曹文宣 (见乐佩琦等), 2000: 333.

**分布 (Distribution)**: 澜沧江及南盘江, 北盘江和乌江.

### (1202) 异唇裂腹鱼 *Schizothorax heterochilus* Ye *et* Fu, 1986

*Schizothorax heterochilus* Ye *et* Fu (叶妙荣和傅天佑), 1986: 65.

*Schizothorax* (*Schizothorax*) *heterochilus*: 叶妙荣和傅天佑 (见丁瑞华), 1994: 377; 陈宜瑜, 1998: 206; 陈毅峰和曹文宣 (见乐佩琦等), 2000: 304.

**分布 (Distribution)**: 四川青衣江, 属长江水系.

### (1203) 异鳔裂腹鱼 *Schizothorax heterophysallidos* Yang, Chen *et* Yang, 2009

*Schizothorax heterophysallidos* Yang, Chen *et* Yang (杨剑, 陈小勇和杨君兴), 2009: 23.

**分布 (Distribution)**: 云南南盘江上游.

### (1204) 全唇裂腹鱼 *Schizothorax integrilabiata* (Wu *et* Cao, 1992)

*Racoma* (*Schizothorax*) *integrilabiata* Wu *et* Cao, 1992: 382.

*Schizothorax integrilabiata*: 张春光, 蔡斌和许涛清, 1995: 96.

**别名或俗名 (Used or common name)**: 全唇弓鱼 (武云飞等, 1992).

**分布 (Distribution)**: 西藏墨脱县西公湖及其周边山溪中.

### (1205) 中唇裂腹鱼 *Schizothorax intermedia* McClelland, 1842

*Schizothorax intermedius* McClelland, 1842: 579.

*Racoma* (*Racoma*) *intermedia*: 武云飞和吴翠珍, 1992: 330.

**别名或俗名 (Used or common name)**: 中唇弓鱼.

**分布 (Distribution)**: 新疆.

### (1206) 四川裂腹鱼 *Schizothorax kozlovi* Nikolsky, 1903

*Schizothorax kozlovi* Nikolsky, 1903: 90; 曹文宣和邓中粦, 1962: 32.

*Oreinus tungchuanensis*: Fang, 1936b: 442.

*Schizothorax* (*Schizopyge*) *kozlovi*: 曹文宣 (见伍献文等), 1964: 154; 吕克强 (见伍律), 1989: 191; 武云飞和吕克强, 1983: 335.

*Schizothorax davidifumingensis*: Huang (黄顺友), 1985a: 209.

*Schizothorax* (*Racoma*) *kozlovi*: 湖北省水生生物研究所鱼类研究室, 1976: 59; 莫天培 (见褚新洛和陈银瑞等), 1989: 302; 陈宜瑜, 1998: 220; 陈毅峰和曹文宣 (见乐佩琦等), 2000: 327.

**分布 (Distribution)**: 长江中上游包括金沙江流域.

### (1207) 西藏裂腹鱼 *Schizothorax labiata* (McClelland, 1842)

*Racoma labiatus* McClelland, 1842: 578.

*Racoma* (*Racoma*) *labiata*: 武云飞和吴翠珍, 1992: 336.

*Schizothorax* (*Racoma*) *labiata*: 张春光, 蔡斌和许涛清, 1995: 97; 陈毅峰和曹文宣 (见乐佩琦等), 2000: 331.

*Schizothorax tibetanus* Zugmayer, 1909: 433; 曹文宣 (见伍献文等), 1964: 161.

*Racoma tibetanus*: 武云飞和朱松泉, 1979: 16.

**别名或俗名 (Used or common name)**: 西藏公鱼 (武云飞和吴翠珍, 1992), 全唇裂腹鱼 (陈毅峰和曹文宣, 2000).

**分布 (Distribution)**: 西藏狮泉河和班公湖. 国外分布于印度, 巴基斯坦, 阿富汗和塔吉克斯坦, 以及克什米尔地区的印度河上游.

### (1208) 厚唇裂腹鱼 *Schizothorax labrosus* Wang, Zhuang *et* Gao, 1981

*Schizothorax labrosus* Wang, Zhuang *et* Gao (王幼槐, 庄大栋和高礼存, 见王幼槐, 庄大栋, 张开翔等), 1981: 328; 陈宜瑜, 张卫和黄顺友, 1982: 217.

*Schizothorax luguhuensis*: Wang, Gao *et* Zhang (王幼槐, 高礼存和张开翔, 见王幼槐, 庄大栋, 张开翔等), 1981: 330.

*Schizothorax* (*Racoma*) *labrosus*: 莫天培 (见褚新洛和陈银瑞等), 1989: 305; 叶妙荣和傅天佑 (见丁瑞华), 1994: 385; 陈宜瑜, 1998: 217; 陈毅峰和曹文宣 (见乐佩琦等), 2000:

324.

*Racoma* (*Racoma*) *labrosa*: 武云飞和吴翠珍, 1992: 315.

**分布（Distribution）**：云南和四川交界处的泸沽湖.

### （1209）澜沧裂腹鱼 *Schizothorax lantsangensis* Tsao, 1964

*Schizothorax* (*Schizopyge*) *lantsangensis* Tsao (曹文宣, 见伍献文等), 1964: 162; 武云飞和陈瑗, 1979: 287.

*Racoma* (*Racoma*) *lantsangensis*: 武云飞和吴翠珍, 1992: 325.

*Schizothorax* (*Racoma*) *lantsangensis*: 莫天培 (见褚新洛和陈银瑞等), 1989: 309; 张春光, 蔡斌和许涛清, 1995: 99; 陈宜瑜, 1998: 224; 陈毅峰和曹文宣 (见乐佩琦等), 2000: 335.

**分布（Distribution）**：澜沧江中上游.

**保护等级（Protection class）**：省级 (青海).

### （1210）光唇裂腹鱼 *Schizothorax lissolabiatus* Tsao, 1964

*Schizothorax* (*Schizothorax*) *lissolabiatus* Tsao (曹文宣, 见伍献文等), 1964: 149; 黄顺友 (见郑慈英等), 1989: 224; 吕克强 (见伍律), 1989: 190; 莫天培 (见褚新洛和陈银瑞等), 1989: 29, 296; 张春光, 蔡斌和许涛清, 1995: 88; 陈宜瑜, 1998: 205; 陈毅峰和曹文宣 (见乐佩琦等), 2000: 302.

*Racoma* (*Schizopyge*) *lissolabiata*: 武云飞和吴翠珍, 1992: 355.

**分布（Distribution）**：怒江, 澜沧江中上游, 元江上游和南盘江上游.

### （1211）长须裂腹鱼 *Schizothorax longibarbus* (Fang, 1936)

*Oreinus longibarbus* Fang, 1936b: 427.

*Schizothorax longibarbus*: 曹文宣和邓中粦, 1962: 31.

*Schizothorax* (*Schizopyge*) *longibarbus*: 曹文宣 (见伍献文等), 1964: 153.

*Racoma* (*Racoma*) *longibarba*: 武云飞和吴翠珍, 1992: 316.

*Schizothorax* (*Racoma*) *longibarbus*: 湖北省水生生物研究所鱼类研究室, 1976: 58; 叶妙荣和傅天佑 (见丁瑞华), 1994: 383; 陈宜瑜, 1998: 218; 陈毅峰和曹文宣 (见乐佩琦等), 2000: 325.

**分布（Distribution）**：大渡河干流中游.

### （1212）巨须裂腹鱼 *Schizothorax macropogon* Regan, 1905

*Schizothorax macropogon* Regan, 1905c: 187.

*Schizothorax* (*Schizopyge*) *macropogon*: 伍献文等, 1964: 166.

*Schizothorax* (*Racoma*) *macropogon*: 张春光, 蔡斌和许涛清, 1995: 94; 陈毅峰和曹文宣 (见乐佩琦等), 2000: 323.

**分布（Distribution）**：雅鲁藏布江中游.

### （1213）软刺裂腹鱼 *Schizothorax malacathus* Huang, 1985

*Schizothorax oligolepis malacathus* Huang (黄顺友), 1985a: 210.

*Schizothorax* (*Schizothorax*) *malacathus*: 莫天培 (见褚新洛和陈银瑞等), 1989: 298; 武云飞和吴翠珍, 1992: 393; 陈宜瑜, 1998: 194; 陈毅峰和曹文宣 (见乐佩琦等), 2000: 288.

**分布（Distribution）**：大盈江, 属伊洛瓦底江水系.

### （1214）南方裂腹鱼 *Schizothorax meridionalis* Tsao, 1964

*Schizothorax* (*Schizothorax*) *molesworthi meridionalis* Tsao (曹文宣, 见伍献文等), 1964: 147.

*Schizothorax* (*Schizothorax*) *meridionalis*: 莫天培 (见褚新洛和陈银瑞等), 1989: 288; 陈宜瑜, 1998: 189; 陈毅峰和曹文宣 (见乐佩琦等), 2000: 283.

**分布（Distribution）**：云南大盈河和龙川江, 属伊洛瓦底江水系.

### （1215）小口裂腹鱼 *Schizothorax microstomus* Huang, 1982

*Schizothorax microstomus* Huang (黄顺友, 见陈宜瑜, 张卫和黄顺友), 1982: 219.

*Schizothorax luguhuensis* Wang, Gao *et* Zhang (王幼槐, 高礼存和张开翔, 见王幼槐, 庄大栋, 张开翔等), 1981: 330.

*Schizothorax* (*Racoma*) *microstomus*: 莫天培 (见褚新洛和陈银瑞等), 1989: 308; 叶妙荣和傅天佑 (见丁瑞华), 1994: 387; 陈宜瑜, 1998: 210; 陈毅峰和曹文宣 (见乐佩琦等), 2000: 303.

*Racoma* (*Racoma*) *microstoma*: 武云飞和吴翠珍, 1992: 311.

**别名或俗名（Used or common name）**：泸沽裂腹鱼 (王幼槐, 庄大栋, 张开翔等, 1981).

**分布（Distribution）**：云南和四川交界处的泸沽湖.

### （1216）墨脱裂腹鱼 *Schizothorax molesworthi* (Chaudhuri, 1913)

*Oreinus molesworthi* Chaudhuri, 1913: 247.

*Schizothorax* (*Schizothorax*) *molesworthi*: 武云飞和吴翠珍, 1992: 404; 张春光, 蔡斌和许涛清, 1995: 79; 陈宜瑜, 1998: 187; 陈毅峰和曹文宣 (见乐佩琦等), 2000: 280.

**分布（Distribution）**：雅鲁藏布江下游及其支流. 国外分布于印度, 不丹, 尼泊尔和缅甸.

### （1217）吸口裂腹鱼 *Schizothorax myzostomus* Tsao, 1964

*Schizothorax* (*Schizothorax*) *myzostomus* Tsao (曹文宣, 见伍献文等), 1964: 148; 莫天培 (见褚新洛和陈银瑞等), 1989: 292; 武云飞和吴翠珍, 1992: 402; 陈宜瑜, 1998: 193; 陈毅峰和曹文宣 (见乐佩琦等), 2000: 287.

**分布（Distribution）**：云南独龙江, 属伊洛瓦底江上游支流.

**（1218）宁蒗裂腹鱼 *Schizothorax ninglangensis* Wang, Zhang *et* Zhuang, 1981**

*Schizothorax ninglangensis* Wang, Zhang *et* Zhuang (王幼槐, 张开翔和庄大栋, 见王幼槐, 庄大栋, 张开翔等), 1981: 329; 陈宜瑜, 张卫和黄顺友, 1982: 219.

*Schizothorax* (*Racoma*) *ninglangensis*: 曹文宣 (见伍献文等), 1964: 158; 莫天培 (见褚新洛和陈银瑞等), 1989: 306; 陈宜瑜, 1998: 209; 叶妙荣和傅天佑 (见丁瑞华), 1994: 386; 陈毅峰和曹文宣 (见乐佩琦等), 2000: 310.

*Racoma* (*Racoma*) *ninglangensis*: 武云飞和吴翠珍, 1992: 310.

**分布（Distribution）：**云南和四川交界处的泸沽湖.

**（1219）裸腹裂腹鱼 *Schizothorax nudiventris* Yang, Chen *et* Yang, 2009**

*Schizothorax nudiventris* Yang, Chen *et* Yang (杨剑, 陈小勇和杨君兴), 2009: 23.

**分布（Distribution）：**云南澜沧江干流及支流.

**（1220）怒江裂腹鱼 *Schizothorax nukiangensis* Tsao, 1964**

*Schizothorax* (*Schizothorax*) *nukiangensis* Tsao (曹文宣, 见伍献文等), 1964: 149; 莫天培 (见褚新洛和陈银瑞等), 1989: 291; 陈宜瑜, 1998: 204; 陈毅峰和曹文宣 (见乐佩琦等), 2000: 301.

*Racoma* (*Schizopyge*) *nukaingensis*: 武云飞和吴翠珍, 1992: 385.

**分布（Distribution）：**怒江水系.

**（1221）异齿裂腹鱼 *Schizothorax o'connori* Lloyd, 1908**

*Schizothorax o'connori* Lloyd, 1908: 343.

*Paraschizothorax o'connori*: 曹文宣 (见伍献文等), 1964: 169.

*Tetrostichodon o'connori*: 张春霖, 岳佐和和黄宏金, 1964a: 273.

*Schizothorax* (*Schizothorax*) *o'connori*: 张春光, 蔡斌和许涛清, 1995: 82; 陈毅峰和曹文宣 (见乐佩琦等), 2000: 289.

*Racoma* (*Schizopyge*) *o'connori*: 武云飞和吴翠珍, 1992: 377.

**分布（Distribution）：**雅鲁藏布江中上游.

**（1222）少鳞裂腹鱼 *Schizothorax oligolepis* Huang, 1985**

*Schizothorax oligolepis* Huang (黄顺友), 1985a: 209.

*Schizothorax* (*Schizothorax*) *oligolepis*: 陈宜瑜, 1998: 188; 莫天培 (见褚新洛和陈银瑞等), 1989: 297; 武云飞和吴翠珍, 1992: 396; 陈毅峰和曹文宣 (见乐佩琦等), 2000: 282.

**分布（Distribution）：**云南大盈江, 属伊洛瓦底江水系.

**（1223）小裂腹鱼 *Schizothorax parvus* Tsao, 1964**

*Schizothorax* (*Schizopyge*) *parvus* Tsao (曹文宣, 见伍献文等), 1964: 158.

*Schizothorax* (*Racoma*) *parvus*: 莫天培 (见褚新洛和陈银瑞等), 1989: 304; 陈毅峰和曹文宣 (见乐佩琦等), 2000: 310.

**分布（Distribution）：**云南丽江县漾弓江 (中江), 属金沙江中游支流.

**（1224）横口裂腹鱼 *Schizothorax plagiostomus* Heckel, 1838**

*Schizothorax plagiostomus* Heckel, 1838: 16; 伍献文等, 1964: 141; 武云飞和朱松泉, 1979: 14.

*Schizothorax* (*Schizothorax*) *plagiostomus*: 武云飞和吴翠珍, 1992: 407; 张春光, 蔡斌和许涛清, 1995: 78; 陈毅峰和曹文宣 (见乐佩琦等), 2000: 279.

**分布（Distribution）：**西藏狮泉河和班公湖. 国外分布于印度, 缅甸, 巴基斯坦, 尼泊尔和阿富汗.

**（1225）齐口裂腹鱼 *Schizothorax prenanti* (Tchang, 1930)**

*Oreinus prenanti* Tchang, 1930: 88; Tchang, 1931: 232; Fang, 1936b: 434; Chang, 1944: 45.

*Schizothorax* (*Oreinus*) *prenanti*: Tchang, 1933b: 38.

*Schizothorax prenanti*: 张春霖和刘成汉, 1957: 229; 张春霖, 1959: 81; 曹文宣和邓中粦, 1962: 34.

*Schizothorax* (*Schizothorax*) *prenanti*: 曹文宣和邓中粦, 1962: 27; 曹文宣 (见伍献文等), 1964: 143; 陕西省动物研究所等, 1987: 156; 叶妙荣和傅天佑 (见丁瑞华), 1994: 370; 陈宜瑜, 1998: 197; 陈毅峰和曹文宣 (见乐佩琦等), 2000: 293.

*Schizothorax* (*Racoma*) *prenatnti scleracanthus*: Wu *et* Chen (武云飞和陈瑗), 1979: 287.

*Racoma* (*Schizothorax*) *scleracanthus*: Wu *et* Chen, 1992: 373.

*Racoma* (*Schizopyge*) *prenanti*: 武云飞和吴翠珍, 1992: 361.

**分布（Distribution）：**大渡河和岷江水系.

**保护等级（Protection class）：**省级 (甘肃, 青海).

**（1226）伊犁裂腹鱼 *Schizothorax pseudaksaiensis* Herzenstein, 1889**

*Schizothorax argentatus pseudoaksaiensis* Herzenstein, 1889: 143.

*Schizothorax pseudaksaiensis*: 岳佐和 (见中国科学院动物研究所等), 1978: 32.

*Schizothorax* (*Racoma*) *pseudaksaiensis*: 曹文宣 (见伍献文等), 1964: 157; 李思忠, 戴定远, 张世义等, 1966: 44; 陈毅峰和曹文宣 (见乐佩琦等), 2000: 309.

*Racoma* (*Racoma*) *pseudaksaiensis*: 武云飞和吴翠珍, 1992: 346.

**分布（Distribution）：**伊犁河水系和属于塔里木河水系的喀拉沙尔河. 国外分布于哈萨克斯坦.

**（1227）圆颌裂腹鱼 *Schizothorax rotundimaxillaris* Wu *et* Wu, 1992**

*Schizothorax rotundimaxillaris* Wu *et* Wu (武云飞和吴翠珍), 1992: 391; 伍汉霖, 邵广昭, 赖春福等, 2012: 61.

**分布（Distribution）**：云南大盈江和龙川江上游，属伊洛瓦底江水系.

**（1228）中华裂腹鱼 *Schizothorax sinensis* Herzenstein, 1889**

*Schizothorax sinensis* Herzenstein, 1889: 175.

*Schizothorax* (*Schizothorax*) *sinensis*: 曹文宣和邓中粦, 1962: 27; 曹文宣（见伍献文等), 1964: 142; 陕西省动物研究所等, 1987: 157; 陈宜瑜, 1998: 199; 陈毅峰和曹文宣（见乐佩琦等), 2000: 295.

*Racoma* (*Schizopyge*) *sinensis*: 武云飞和吴翠珍, 1992: 360.

**分布（Distribution）**：嘉陵江上游及其支流.

**（1229）大理裂腹鱼 *Schizothorax taliensis* Regan, 1907**

*Schizothorax taliensis* Regan, 1907a: 63; Fang, 1936b: 425; 成庆泰, 1958: 155.

*Schizopyge taliensis*: Chu, 1935: 64.

*Schizothorax* (*Schizopyge*) *taliensis*: 曹文宣（见伍献文等), 1964: 165.

*Schizothorax* (*Racoma*) *taliensis*: 莫天培（见褚新洛和陈银瑞等), 1989: 316; 陈宜瑜, 1998: 215; 陈毅峰和曹文宣（见乐佩琦等), 2000: 320.

*Racoma* (*Racoma*) *taliensis*: 武云飞和吴翠珍, 1992: 313.

**分布（Distribution）**：云南洱海.

**保护等级（Protection class）**：国家 II 级.

**（1230）拉萨裂腹鱼 *Schizothorax waltoni* Regan, 1905**

*Schizothorax waltoni* Regan, 1905c: 186.

*Schizothorax baileyi*: 张春霖, 1959: 83.

*Schizothorax* (*Schizopyge*) *waltoni*: 曹文宣（见伍献文等), 1964: 155.

*Racoma* (*Racoma*) *waltoni*: 武云飞和吴翠珍, 1992: 327.

*Schizothorax* (*Racoma*) *waltoni*: 张春光, 蔡斌和许涛清, 1995: 93; 陈毅峰和曹文宣（见乐佩琦等), 2000: 330.

**分布（Distribution）**：雅鲁藏布江中上游.

**（1231）短须裂腹鱼 *Schizothorax wangchiachii* (Fang, 1936)**

*Oreinus wangchiachii* Fang, 1936b: 444.

*Schizothorax molesworthi*: Tchang, 1933b: 39; 张春霖, 1959: 82.

*Schizothorax wangchiachii*: 曹文宣和邓中粦, 1962: 35.

*Schizothorax* (*Schizothorax*) *wangchiachii*: 曹文宣（见伍献文等), 1964: 144; 湖北省水生生物研究所鱼类研究室, 1976: 54; 伍献文等, 1979: 94; 莫天培（见褚新洛和陈银瑞等), 1989: 300; 叶妙荣和傅天佑（见丁瑞华), 1994: 365; 张春光, 蔡斌和许涛清, 1995: 80; 陈宜瑜, 1998: 195; 陈毅峰和曹文宣（见乐佩琦等), 2000: 291.

*Schizothorax prenanti scleracanthus*: Wu *et* Chen (武云飞和陈瑗), 1979: 288.

**分布（Distribution）**：乌江, 金沙江和雅砻江.

**（1232）保山裂腹鱼 *Schizothorax yunnanensis paoshanensis* Tsao, 1964**

*Schizothorax* (*Schizopyge*) *yunnanensis paoshanensis* Tsao (曹文宣, 见伍献文等), 1964: 164.

*Schizothorax* (*Racoma*) *yunnanensis paoshanensis*: 莫天培（见褚新洛和陈银瑞等), 1989: 313; 陈宜瑜, 1998: 212; 陈毅峰和曹文宣（见乐佩琦等), 2000: 318.

**分布（Distribution）**：云南保山市东河, 属怒江水系.

**（1233）威宁裂腹鱼 *Schizothorax yunnanensis weiningensis* Chen, 1998**

*Schizothorax yunnanensis weiningensis* Chen (陈毅锋, 见陈宜瑜), 1998: 213.

*Schizothorax* (*Racoma*) *yunnanensis weiningensis*: 陈毅峰（见乐佩琦等), 2000: 319.

**分布（Distribution）**：贵州威宁县草海, 属长江水系.

**（1234）云南裂腹鱼 *Schizothorax yunnanensis yunnanensis* Norman, 1923**

*Schizothorax yunnanensis* Norman, 1923: 561.

*Schizothorax* (*Schizopyge*) *yunnanensis yunnanensis*: 曹文宣（见伍献文等), 1964: 163.

*Schizothorax* (*Racoma*) *yunnanensis yunnanensis*: 莫天培（见褚新洛和陈银瑞等), 1989: 314; 陈宜瑜, 1998: 211; 陈毅峰和曹文宣（见乐佩琦等), 2000: 317.

*Racoma* (*Racoma*) *yunnanensis*: 武云飞和吴翠珍, 1992: 305.

**分布（Distribution）**：澜沧江中游.

## （七十八）裸吻鱼科 Psilorhynchidae

### 379. 裸吻鱼属 *Psilorhynchus* McClelland, 1838

*Psilorhynchus* McClelland, 1838: 944.

**（1235）平鳍裸吻鱼 *Psilorhynchus homaloptera* Hora *et* Mukerji, 1935**

*Psilorhynchus homaloptera* Hora *et* Mukerji, 1935: 391; 陈宜瑜, 1981: 371; 武云飞和吴翠珍, 1992: 295; 张春光, 蔡斌和许涛清, 1995: 125; 乐佩琦（见乐佩琦等), 2000: 435.

**分布(Distribution)**：雅鲁藏布江下游. 国外分布于印度，缅甸和尼泊尔.

**保护等级（Protection class）**：《中国濒危动物红皮书·鱼类》(濒危).

## （七十九）双孔鱼科 Gyrinocheilidae

### 380. 双孔鱼属 *Gyrinocheilus* Vaillant, 1902

*Gyrinocheilus* Vaillant, 1902: 107.
*Gyrinocheilops* Fowler, 1937: 160.

#### （1236）双孔鱼 *Gyrinocheilus aymonieri* (Tirant, 1884)

*Psilorhynchus aymonieri* Tirant, 1884: 165.
*Gyrinocheilus aymonieri*: 李树深, 1973: 305; 周伟 (见褚新洛和陈银瑞等), 1990: 10; 朱松泉, 1995: 19.
*Gyrinocheilus monchadskii* Krasyukova *et* Gusev, 1987: 67.

**分布（Distribution）**：云南西双版纳勐腊县，勐海县，属澜沧江水系. 国外分布于柬埔寨，老挝，泰国和越南.

**保护等级（Protection class）**：《中国濒危动物红皮书·鱼类》(濒危).

## （八十）胭脂鱼科 Catostomidae

### 381. 胭脂鱼属 *Myxocyprinus* Gill, 1878

*Myxocyprinus* Gill, 1878: 1574.

#### （1237）胭脂鱼 *Myxocyprinus asiaticus* (Bleeker, 1864)

*Carpiodes asiaticus* Bleeker, 1864: 19.
*Myxocyprinus asiaticus nankinensis*: Tchang, 1929a: 242.
*Myxocyprinus asiaticus*: 成庆泰和郑葆珊, 1987: 118; 丁瑞华, 1994: 45; 朱松泉, 1995: 20, 43; 刘明玉, 解玉浩和季达明, 2000: 99; 12; 伍汉霖, 邵广昭, 赖春福等, 2012: 65.

**分布（Distribution）**：长江和闽江水系.

**保护等级（Protection class）**：国家 II 级.

## （八十一）条鳅科 Nemacheilidae

### 382. 阿波鳅属 *Aborichthys* Chaudhuri, 1913

*Aborichthys* Chaudhuri, 1913: 244.

#### （1238）墨脱阿波鳅 *Aborichthys kempi* Chaudhuri, 1913

*Aborichthys kempi* Chaudhuri, 1913: 245; 成庆泰和郑葆珊, 1987: 186; 朱松泉, 1989: 59; 张春光, 蔡斌和许涛清, 1995: 46; 朱松泉, 1995: 111; 刘明玉, 解玉浩和季达明, 2000: 156; Kottelat, 2012: 74; 伍汉霖, 邵广昭, 赖春福等, 2012: 68.

**分布（Distribution）**：西藏雅鲁藏布江下游. 国外分布于印度和缅甸.

### 383. 沙棘鳅属 *Acanthocobitis* Peters, 1861

*Acanthocobitis* Peters, 1861: 712.

#### （1239）沙棘鳅 *Acanthocobitis botia* (Hamilton, 1822)

*Cobitis botia* Hamilton, 1822: 350.
*Acanthocobitis botia*: Kottelat, 2013: 198; 陈小勇, 2013, 34 (4): 293.

**分布(Distribution)**：大盈江. 国外分布于印度河，恒河，布拉马普特拉河，钦墩江，伊洛瓦底江，锡当河，萨尔温江，夜功河流域.

### 384. 须鳅属 *Barbatula* Linck, 1790

*Barbatula* Linck, 1790: 38.
*Orthrias* Jordan *et* Fowler, 1903: 769.

#### （1240）阿勒泰须鳅 *Barbatula altayensis* Zhu, 1992

*Barbatula altayensis* Zhu (朱松泉), 1992: 241; 朱松泉, 1995: 108; 刘明玉, 解玉浩和季达明, 2000: 154; Cao, Causse *et* Zhang, 2012: 236; Kottelat, 2012: 77.

**分布（Distribution）**：新疆额尔齐斯河流域.

#### （1241）弓背须鳅 *Barbatula gibba* Cao, Causse *et* Zhang, 2012

*Barbatula gibba* Cao, Causse *et* Zhang, 2012: 237.

**分布（Distribution）**：内蒙古达里诺尔湖流域.

#### （1242）吉林须鳅 *Barbatula kirinensis* Tchang, 1932

*Barbatula kirinensis* Tchang (张春霖), 1932a, 3 (8): 109-119.

**分布（Distribution）**：东北镜泊湖.

#### （1243）北方须鳅 *Barbatula nuda* (Bleeker, 1864)

*Nemacheilus nudus* Bleeker, 1864: 12.
*Barbatula pechiliensis* Fowler, 1899, 51: 179-182.
*Barbatula barbatula nuda*: 朱松泉, 1989: 26; 朱松泉, 1995: 108.
*Barbatula nuda*: 刘明玉, 解玉浩和季达明, 2000: 154; Wang, Wang, Li *et al.* (王所安, 王志敏, 李国良等), 2001: 168; Cao, Causse *et* Zhang, 2012: 237; Kottelat, 2012: 78; 伍汉霖, 邵广昭, 赖春福等, 2012: 68.
*Barbatula toni*: Tchang, 1933b: 207; Tchang (张春霖), 1959: 121.

**分布（Distribution）**：河北北部，内蒙古东部，辽宁，吉林，黑龙江及新疆的额尔齐斯河和乌伦古湖. 国外分布于俄罗斯，朝鲜和日本.

**保护等级（Protection class）**：省级 (黑龙江).

**（1244）波氏须鳅 *Barbatula potaninorum* Prokofiev, 2007**

*Orthrias potaninorum* Prokofiev, 2007b: 100.

*Barbatula potaninorum*: Prokofiev, 2007a: 47 (1): 5-25; Kottelat, 2012: 1-199.

**分布（Distribution）**：内蒙古.

## 385. 间条鳅属 *Heminoemacheilus* Zhu *et* Cao, 1987

*Heminoemacheilus* Zhu *et* Cao (朱松泉和曹文宣), 1987: 324.

**（1245）透明间条鳅 *Heminoemacheilus hyalinus* Lan, Yang *et* Chen, 1996**

*Heminoemacheilus hyalinus* Lan, Yang *et* Chen (蓝家湖, 杨君兴和陈银瑞), 1996: 111; Zhao, Gozlan *et* Zhang, 2011: 1552; Kottelat, 2012: 83; 伍汉霖, 邵广昭, 赖春福等, 2012: 69; 蓝家湖, 甘西, 吴铁军等, 2013: 33.

**分布（Distribution）**：广西都安县地下河, 属红水河水系.

**（1246）小间条鳅 *Heminoemacheilus parva* Zhu *et* Zhu, 2014**

*Heminoemacheilus parva* Zhu *et* Zhu (朱瑜和朱定贵), 2014: 18-21.

**分布（Distribution）**：广西靖西市安德乡一喀斯特溶洞 (北纬23°16′16″, 东经106°0′11″), 属珠江流域左江水系.

**（1247）郑氏间条鳅 *Heminoemacheilus zhengbaoshani* Zhu *et* Cao, 1987**

*Heminoemacheilus zhengbaoshani* Zhu *et* Cao (朱松泉和曹文宣), 1987: 324; 朱松泉, 1989: 13; 朱松泉, 1995: 105; 蓝家湖, 杨君兴和陈银瑞, 1996: 110; 刘明玉, 解玉浩和季达明, 2000: 152; Zhao, Gozlan *et* Zhang, 2011: 1552; Kottelat, 2012: 83; 伍汉霖, 邵广昭, 赖春福等, 2012: 69; 蓝家湖, 甘西, 吴铁军等, 2013: 38.

**分布（Distribution）**：广西都安县和大化县地下河, 属红水河水系.

## 386. 副鳅属 *Homatula* Nichols, 1925

*Paracobitis* Bleeker, 1863b: 37.

*Homatula* Nichols, 1925: 2.

**别名或俗名（Used or common name）**：密鳞副鳅属, 荷马条鳅属.

**（1248）尖头副鳅 *Homatula acuticephala* (Zhou *et* He, 1993)**

*Paracobitis acuticephala* Zhou *et* He (周伟和何纪昌), 1993: 5; 伍汉霖, 邵广昭, 赖春福等, 2012: 71.

*Homatula acuticephala*: Kottelat, 2012: 83.

**分布（Distribution）**：云南洱源县海西海, 属澜沧江水系.

**（1249）拟鳗副鳅 *Homatula anguillioides* (Zhu *et* Wang, 1985)**

*Paracobitis anguillioides* Zhu *et* Wang (朱松泉和王似华), 1985: 210; 朱松泉, 1989: 34; 周伟和何纪昌, 1993: 5; 朱松泉, 1995: 109; Chen, 1998: 50; 刘明玉, 解玉浩和季达明, 2000: 154; Min, Chen *et* Yang, 2010: 202; 伍汉霖, 邵广昭, 赖春福等, 2012: 71.

*Homatula anguilloides*: Kottelat, 2012: 83; Min, Yang *et* Chen, 2012a: 313; Min, Chen, Yang *et al.*, 2012b: 81.

**分布（Distribution）**：云南洱源县左所村龙潭, 属澜沧江水系.

**（1250）洱海副鳅 *Homatula erhaiensis* (Zhu *et* Cao, 1988)**

*Paracobitis erhaiensis* Zhu *et* Cao (朱松泉和曹文宣), 1988: 95; 朱松泉, 1989: 36; 周伟和何纪昌, 1993: 5; 朱松泉, 1995: 109; Chen, 1998: 51; 刘明玉, 解玉浩和季达明, 2000: 154; Min, Chen *et* Yang, 2010: 202; 伍汉霖, 邵广昭, 赖春福等, 2012: 71.

*Homatula erhaiensis*: Kottelat, 2012: 83; Min, Yang *et* Chen, 2012a: 313.

**分布（Distribution）**：云南洱海.

**（1251）宽带副鳅 *Homatula laxiclathra* Gu *et* Zhang, 2012**

*Homatula laxiclathra* Gu *et* Zhang (谷金辉和张鹗), 2012: 591; Min, Yang *et* Chen, 2012a: 313; Kottelat, 2012: 83.

**分布（Distribution）**：陕西渭河.

**（1252）茂兰盲副鳅 *Homatula maolanensis* (Li, Ran *et* Chen, 2006)**

*Paracobitis maolanensis* Li, Ran *et* Chen (李维贤, 冉景丞和陈会明), 2006: 2; 伍汉霖, 邵广昭, 赖春福等, 2012: 71; Gan (甘西, 见蓝家湖, 甘西, 吴铁军等), 2013: 252.

**分布（Distribution）**：贵州荔波县茂兰地下溶洞.

**（1253）南盘江副鳅 *Homatula nanpanjiangensis* (Min, Chen *et* Yang, 2010)**

*Paracobitis nanpanjiangensis* Min, Chen *et* Yang (闵瑞, 陈小勇和杨君兴), 2010: 200; Gu *et* Zhang, 2012.

*Homatula nanpanjiangensis*: Kottelat, 2012: 83; Min, Yang *et* Chen, 2012a: 313; Min, Yang *et* Chen, 2013: 354.

**分布（Distribution）**：云南罗平县, 属南盘江水系.

**（1254）寡鳞副鳅 *Homatula oligolepis* (Cao *et* Zhu, 1989)**

*Paracobitis variegatus oligolepis* Cao *et* Zhu (曹文宣和朱松泉, 见郑慈英等), 1989: 48.

*Paracobitis oligolepis*: 朱松泉, 1989: 35; 朱松泉, 1995: 109; 刘明玉, 解玉浩和季达明, 2000: 154; Min, Chen *et* Yang, 2010: 202; 伍汉霖, 邵广昭, 赖春福等, 2012: 71.

*Homatula oligolepis*: Hu *et* Zhang, 2010: 52; Gu *et* Zhang, 2012; Kottelat, 2012: 84; Min, Yang *et* Chen, 2012a: 313; Min, Yang *et* Chen, 2013: 354.

**分布（Distribution）**: 云南阳宗海.

### （1255）后鳍盲副鳅 *Homatula posterodarsalus* (Li, Ran *et* Chen, 2006)

*Paracobitis posterodorsalus* Li, Ran *et* Chen (李维贤, 冉景丞和陈会明), 2006: 81; Li *et al.*, 2006: 1; Zhao, Gozlan *et* Zhang, 2011: 1552; 伍汉霖, 邵广昭, 赖春福等, 2012: 71; 蓝家湖, 甘西, 吴铁军等, 2013: 101.

*Triplophysa longibarbata*: Kottelat, 2012: 128.

**分布（Distribution）**: 广西南丹县, 属珠江流域西江支流柳江水系.

### （1256）短体副鳅 *Homatula potanini* (Günther, 1896)

*Nemachilus potanini* Günther, 1896: 218.

*Paracobitis potanini*: 成庆泰和郑葆珊, 1987: 186; 朱松泉, 1989: 37; 武云飞和吴翠珍, 1992: 142; 丁瑞华, 1994: 54; 朱松泉, 1995: 109; Chen, 1998: 51; 刘明玉, 解玉浩和季达明, 2000: 155; 伍汉霖, 邵广昭, 赖春福等, 2012: 71.

*Homatula potanini*: Kottelat, 2012: 84; Min, Yang *et* Chen, 2012a: 313; Min, Chen, Yang *et al.*, 2012b: 82.

**分布（Distribution）**: 长江中上游及其附属水体.

### （1257）副鳅 *Homatula pycnolepis* Hu *et* Zhang, 2010

*Homatula pycnolepis* Hu *et* Zhang (胡玉婷和张鹗), 2010: 52; Gu *et* Zhang, 2012: 591; Min, Yang *et* Chen, 2012a: 313; Min, Chen, Yang *et al.*, 2012b: 81; Kottelat, 2012: 84; 伍汉霖, 邵广昭, 赖春福等, 2012: 70.

**分布（Distribution）**: 澜沧江支流漾濞江.

### （1258）红尾副鳅 *Homatula variegatus* (Sauvage *et* Dabry de Thiersant, 1874)

*Nemachilus variegatus* Sauvage *et* Dabry de Thiersant, 1874: 14.

*Paracobitis variegates*: 成庆泰和郑葆珊, 1987: 186; 朱松泉, 1989: 32; 武云飞和吴翠珍, 1992: 140; 丁瑞华, 1994: 51; 朱松泉, 1995: 108; Chen, 1998: 49; 刘明玉, 解玉浩和季达明, 2000: 154; 伍汉霖, 邵广昭, 赖春福等, 2012: 71.

*Paracobitis variegates variegates*: 曹文宣 (见郑慈英等), 1989: 48.

*Homatula variegata*: Kottelat, 2012: 84; Min, Yang *et* Chen, 2012a: 313.

**分布（Distribution）**: 黄河支流渭河, 长江中上游等.

### （1259）乌江副鳅 *Homatula wujiangensis* (Ding *et* Deng, 1990)

*Paracobitis wujiangensis* Ding *et* Deng (丁瑞华和邓其祥), 1990: 287; 丁瑞华, 1994: 55; 朱松泉, 1995: 109; 刘明玉, 解玉浩和季达明, 2000: 155; Min, Chen *et* Yang, 2010: 202; 伍汉霖, 邵广昭, 赖春福等, 2012: 71.

*Homatula wujiangensis*: Kottelat, 2012: 85; Min, Yang *et* Chen, 2012a: 313; Min, Yang *et* Chen, 2013: 354.

**分布（Distribution）**: 乌江水系.

### （1260）无量山副鳅 *Homatula wuliangensis* Min, Yang *et* Chen, 2012

*Homatula wuliangensis* Min, Yang *et* Chen (闵瑞, 杨君兴和陈小勇), 2012a: 315.

**分布（Distribution）**: 云南景东县无量山, 属澜沧江水系.

## 387. 北鳅属 *Lefua* Herzenstein, 1888

*Octonema* Herzenstein, 1888: 47.

*Lefua* Herzenstein, 1888: 3.

*Elxis* Jordan *et* Fowler, 1903: 768.

### （1261）北鳅 *Lefua costata* (Kessler, 1876)

*Diplophysa costata* Kessler, 1876: 29.

*Lefua costata*: 王鸿媛, 1984: 81; 成庆泰和郑葆珊, 1987: 185; 朱松泉, 1989: 20; 朱松泉, 1995: 107; 成庆泰和周才武, 1997: 195; 刘明玉, 解玉浩和季达明, 2000: 153; Wang, Wang, Li *et al.* (王所安, 王志敏, 李国良等), 2001: 167; Kottelat, 2012: 87; 伍汉霖, 邵广昭, 赖春福等, 2012: 70.

**分布（Distribution）**: 黑龙江, 吉林, 辽宁, 内蒙古东部, 山西, 河北北部, 山东沂水等地山区或近山湖泊或河流静水和缓流河段. 国外分布于俄罗斯 (远东地区), 蒙古国和朝鲜半岛.

## 388. 小条鳅属 *Micronemacheilus* Rendahl, 1944

*Micronemacheilus* Rendahl, 1944: 45.

### （1262）美丽小条鳅 *Micronemacheilus pulcher* (Nichols *et* Pope, 1927)

*Nemacheilus pulcher* Nichols *et* Pope, 1927: 338; Mai, 1978: 229; Kuang *et al.*, 1986: 149.

*Micronemacheilus pulcher*: 成庆泰和郑葆珊, 1987: 185; 朱松泉, 1989: 11; 朱松泉, 1995: 105; 刘明玉, 解玉浩和季达明, 2000: 152; 蓝家湖和张春光 (见周解和张春光), 2006: 82; 伍汉霖, 邵广昭, 赖春福等, 2012: 70.

*Traccatichthys taeniatus*: Kottelat, 2012: 121.

**分布（Distribution）**: 福建, 贵州, 广西, 广东的韩江水系和珠江水系，海南岛. 国外分布于越南.

**（1263）海南小条鳅 *Micronemacheilus zispi* Prokofiev, 2004**

*Micronemacheilus zispi* Prokofiev, 2004: 158; Du, Zhang *et* Chan, 2012: 304; Kottelat, 2012: 121; 伍汉霖, 邵广昭, 赖春福等, 2012: 70.

**别名或俗名（Used or common name）**：齐氏小条鳅（伍汉霖, 邵广昭, 赖春福等, 2012).

**分布（Distribution）**：海南岛.

## 389. 条鳅属 *Nemacheilus* Bleeker, 1863

*Nemacheilus* Bleeker, 1863b: 34.
*Pogonomacheilus* Fowler, 1937: 158.

**（1264）浅棕条鳅 *Nemacheilus subfuscus* (McClelland, 1839)**

*Schistura subfusca* McClelland, 1839: 308.
*Noemacheilus subfuscus*: 成庆泰和郑葆珊, 1987: 187.
*Nemacheilus subfuscus*: 朱松泉, 1989: 63; 武云飞和吴翠珍, 1992: 144; 张春光, 蔡斌和许涛清, 1995: 47; 朱松泉, 1995: 112; 刘明玉, 解玉浩和季达明, 2000: 157; 伍汉霖, 邵广昭, 赖春福等, 2012: 71.
*Schistura subfasciata*: Kottelat, 2012: 117.

**分布（Distribution）**：西藏墨脱县和察隅县的雅鲁藏布江下游. 国外分布于印度.

## 390. 新条鳅属 *Neonoemacheilus* Zhu *et* Guo, 1985

*Neonoemacheilus* Zhu *et* Guo (朱松泉和郭启治), 1985: 321.

**（1265）孟定新条鳅 *Neonoemacheilus mengdingensis* Zhu *et* Guo, 1989**

*Neonoemacheilus mengdingensis* Zhu *et* Guo (朱松泉和郭启治), 1989: 67; 朱松泉, 1995: 112; 刘明玉, 解玉浩和季达明, 2000: 157; Kottelat, 2012: 93; 伍汉霖, 邵广昭, 赖春福等, 2012: 71.
*Neonemacheilus labeosus* (non Kottelat): Zhu *et* Guo (朱松泉和郭启治), 1985: 323 (云南耿马县孟定镇南定河).

**分布（Distribution）**：云南耿马县孟定镇南定河, 属怒江流域.

## 391. 岭鳅属 *Oreonectes* Günther, 1868

*Oreonectes* Günther, 1868: 369.

**别名或俗名（Used or common name）**：平鳅属（朱松泉, 1989; 刘明玉, 解玉浩和季达明, 2000).

**（1266）无眼岭鳅 *Oreonectes anophthalmus* Zheng, 1981**

*Oreonectes anophthalmus* Zheng (郑葆珊), 1981: 162; Zhu *et* Cao (朱松泉和曹文宣), 1987: 327; 成庆泰和郑葆珊, 1987: 186; 曹文宣（见郑慈英等), 1989: 47; 朱松泉, 1989: 25; Lan, Yang *et* Chen (蓝家湖, 杨君兴和陈银瑞), 1995: 367; 朱松泉, 1995: 107; 乐佩琦和陈宜瑜, 1998: 196; 刘明玉, 解玉浩和季达明, 2000: 154; Zhang, Zhao *et* Zhang (张振玲, 赵亚辉和张春光), 2006: 614; Du, Chen *et* Yang (杜丽娜, 陈小勇和杨君兴), 2008: 27; Huang, Du, Chen *et al.* (黄爱民, 杜丽娜, 陈小勇等), 2009: 445; Yang *et al.*, 2011: 211; Zhao, Gozlan *et* Zhang, 2011: 1552; Kottelat, 2012: 94; Tang, Zhao *et* Zhang (唐莉, 赵亚辉和张春光), 2012: 483; 伍汉霖, 邵广昭, 赖春福等, 2012: 71; 蓝家湖, 甘西, 吴铁军等, 2013: 87.

**别名或俗名（Used or common name）**：无眼平鳅（朱松泉, 1989; 刘明玉, 解玉浩和季达明, 2000).

**分布（Distribution）**：广西南宁市武鸣区太极洞, 属珠江流域西江支流右江.

**保护等级（Protection class）**：《中国濒危动物红皮书·鱼类》(极危).

**（1267）东兰岭鳅 *Oreonectes donglanensis* Wu, 2013**

*Oreonectes donglanensis* Wu (吴铁军, 见蓝家湖, 甘西, 吴铁军等), 2013: 83.

**分布（Distribution）**：广西东兰县, 属红水河水系.

**（1268）都安岭鳅 *Oreonectes duanensis* Lan, 2013**

*Oreonectes duanensis* Lan (蓝家湖, 见蓝家湖, 甘西, 吴铁军等), 2013: 76.

**分布（Distribution）**：广西都安县, 属红水河水系.

**（1269）关安岭鳅 *Oreonectes guananensis* Yang, Wei, Lan *et* Yang, 2011**

*Oreonectes guananensis* Yang, Wei, Lan *et* Yang (杨琼, 韦慕兰, 蓝家湖和杨琴), 2011: 272; Kottelat, 2012: 94; Tang, Zhao *et* Zhang (唐莉, 赵亚辉和张春光), 2012: 484; 蓝家湖, 甘西, 吴铁军等, 2013: 97.

**分布（Distribution）**：广西环江县境内的地下河, 属珠江流域西江支流柳江水系.

**（1270）罗城岭鳅 *Oreonectes luochengensis* Yang, Wu, Wei *et* Yang, 2011**

*Oreonectes luochengensis* Yang, Wu, Wei *et* Yang (杨剑, 吴铁军, 韦日锋和杨君兴), 2011: 209; Zhao, Gozlan *et* Zhang, 2011: 1552; Tang, Zhao *et* Zhang (唐莉, 赵亚辉和张春光), 2012: 484; 蓝家湖, 甘西, 吴铁军等, 2013: 94.

**分布（Distribution）**：广西罗城县, 属珠江流域西江支流柳江水系.

**（1271）平头岭鳅 *Oreonectes platycephalus* Günther, 1868**

*Oreonectes platycephalus* Günther, 1868: 369; Zhu *et* Cao (朱

松泉和曹文宣), 1987: 326; 成庆泰和郑葆珊, 1987: 186; 曹文宣 (见郑慈英等), 1989: 46; 朱松泉, 1989: 23; Pan, Zhong, Zheng *et al.*, 1991: 245; Lan, Yang *et* Chen (蓝家湖, 杨君兴和陈银瑞), 1995: 367; 朱松泉, 1995: 107; 刘明玉, 解玉浩和季达明, 2000: 153; Zhang, Zhao *et* Zhang (张振玲, 赵亚辉和张春光), 2006: 614; Du, Chen *et* Yang (杜丽娜, 陈小勇和杨君兴), 2008: 29; Huang, Du, Chen *et al.* (黄爱民, 杜丽娜, 陈小勇等), 2009: 445; Yang *et al.*, 2011: 208; Kottelat, 2012: 94; Tang, Zhao *et* Zhang (唐莉, 赵亚辉和张春光), 2012: 483; 伍汉霖, 邵广昭, 赖春福等, 2012: 71.

*Oreonectes yenlingi*: Lin, 1932a: 380.

**别名或俗名 (Used or common name)**: 平头平鳅 (朱松泉, 1989; 刘明玉, 解玉浩和季达明, 2000).

**分布 (Distribution)**: 广东的罗浮山和白云山, 广西金秀县, 融安县和昭平县等地 (均属珠江水系), 香港. 国外分布于越南.

#### (1272) 多斑岭鳅 *Oreonectes polystigmus* Du, Chen *et* Yang, 2008

*Oreonectes polystigmus* Du, Chen *et* Yang (杜丽娜, 陈小勇和杨君兴), 2008: 30; Huang, Du, Chen *et al.* (黄爱民, 杜丽娜, 陈小勇等), 2009: 445; Yang *et al.*, 2011: 211; Kottelat, 2012: 94; Tang, Zhao *et* Zhang (唐莉, 赵亚辉和张春光), 2012: 484; 伍汉霖, 邵广昭, 赖春福等, 2012: 71; 蓝家湖, 甘西, 吴铁军等, 2013: 90.

**分布 (Distribution)**: 广西桂林市大埠乡等地溶洞地下河, 属桂江水系.

#### (1273) 水龙岭鳅 *Oreonectes shuilongensis* Deng, Xiao, Hou *et* Zhou, 2016

*Oreonectes shuilongensis* Deng, Xiao, Hou *et* Zhou, 2016.

**分布 (Distribution)**: 贵州三都县水龙村, 属珠江流域西江支流柳江水系.

### 392. 异条鳅属 *Paranemachilus* Zhu, 1983

*Paranemachilus* Zhu (朱松泉), 1983: 311.

#### (1274) 颊鳞异条鳅 *Paranemachilus genilepis* Zhu, 1983

*Paranemachilus genilepis* Zhu (朱松泉), 1983: 311; 曹文宣 (见郑慈英等), 1989: 39; 朱松泉, 1989: 10; 朱松泉, 1995: 105; 刘明玉, 解玉浩和季达明, 2000: 152; Kottelat, 2012: 100; 伍汉霖, 邵广昭, 赖春福等, 2012: 71; 蓝家湖, 甘西, 吴铁军等, 2013: 24.

**分布 (Distribution)**: 广西扶绥县地下河.

#### (1275) 平果异条鳅 *Paranemachilus pingguoensis* Gan, 2013

*Paranemachilus pingguoensis* Gan (甘西, 见蓝家湖, 甘西, 吴铁军等), 2013: 28.

**分布 (Distribution)**: 广西平果市, 属珠江流域西江支流右江水系.

### 393. 游鳔条鳅属 *Physoschistura* Bănărescu *et* Nalbamt, 1982

*Physoschistura* Bănărescu *et* Nalbamt, in Singh, Sen, Bănărescu *et al.*, 1982: 208.

#### (1276) 拉奥游鳔条鳅 *Physoschistura raoi* (Hora, 1929)

*Nemachilus raoe* Hora, 1929: 311 (缅甸北部 Mongyai).

*Physoschistura raoi*: Kottelat, 1989; 陈小勇, 2013, 34 (4): 295.

**分布 (Distribution)**: 澜沧江下游. 国外分布于缅甸掸邦.

#### (1277) 双江游鳔鳅 *Physoschistura shuangjiangensis* (Zhu *et* Wang, 1985)

*Noemacheilus shuangjiangensis* Zhu *et* Wang (朱松泉和王似华), 1985: 215.

*Nemacheilus shuangjiangensis*: 朱松泉, 1989: 65; 朱松泉, 1995: 112; 刘明玉, 解玉浩和季达明, 2000: 157; 伍汉霖, 邵广昭, 赖春福等, 2012: 71.

*Schistura shuangjiangensis*: Kottelat, 2012: 118.

*Physoschistura shuangjiangensis*: 陈小勇, 2013, 34 (4): 295.

**别名或俗名 (Used or common name)**: 双江条鳅.

**分布 (Distribution)**: 云南双江县小黑江, 南滚河.

### 394. 原条鳅属 *Protonemacheilus* Yang *et* Chu, 1990

*Protonemacheilus* Yang *et* Chu (杨君兴和褚新洛), 1990b: 109.

#### (1278) 长鳍原条鳅 *Protonemacheilus longipectoralis* Yang *et* Chu, 1990

*Protonemacheilus longipectoralis* Yang *et* Chu (杨君兴和褚新洛), 1990b: 110; 朱松泉, 1995: 105; 刘明玉, 解玉浩和季达明, 2000: 152; Kottelat, 2012: 103; 伍汉霖, 邵广昭, 赖春福等, 2012: 72.

**分布 (Distribution)**: 云南潞西 (芒市), 属伊洛瓦底江水系.

### 395. 南鳅属 *Schistura* McClelland, 1838

*Schistura* McClelland, 1838: 944.

*Acoura* Swainson, 1839: 310.

#### (1279) 白鼻南鳅 *Schistura albirostris* Chen *et* Neely, 2012

*Schistura albirostris* Chen *et* Neely, 2012: 222.

**分布（Distribution）**：云南龙川江，属伊洛瓦底江水系.

### （1280）白斑南鳅 *Schistura alboguttata* Cao *et* Zhang, 2018

*Schistura alboguttata* Cao *et* Zhang (曹亮，张鹗), 2018: 125-136.

**分布（Distribution）**：广西田林县 (珠江上游水系).

### （1281）宽斑南鳅 *Schistura amplizona* Kottelat, 2000

*Schistura amplizona* Kottelat, 2000: 54; Endruweit, 2013: 52.

**分布（Distribution）**：云南西双版纳，属澜沧江水系罗梭江支流. 国外分布于老挝北部.

### （1282）版纳南鳅 *Schistura bannaensis* Chen, Yang *et* Qi, 2005

*Schistura bannaensis* Chen, Yang *et* Qi (陈自明，杨君兴和祁文龙), 2005: 147; Chen *et* Neely, 2012: 226; Kottelat, 2012: 106; Zheng, Yang *et* Chen, 2012b: 66; 伍汉霖，邵广昭，赖春福等, 2012: 72.

**分布（Distribution）**：云南西双版纳勐腊县南腊河，属澜沧江水系.

### （1283）短头南鳅 *Schistura breviceps* (Smith, 1945)

*Noemacheilus breviceps* Smith, 1945.

*Schistura breviceps*: Kottelat, 2013: 205; 陈小勇，2013, 34 (4): 295.

**分布（Distribution）**：澜沧江下游. 国外分布于泰国湄公河流域.

### （1284）鼓颊南鳅 *Schistura bucculenta* (Smith, 1945)

*Noemacheilus bucculentus* Smith, 1945: 326.

*Schistura bucculenta*: 朱松泉, 1989: 43; 朱松泉, 1995: 110; Chen (陈毅峰), 1999: 304; 刘明玉，解玉浩和季达明, 2000: 155; Kottelat, 2012: 106; 伍汉霖，邵广昭，赖春福等, 2012: 72.

**分布（Distribution）**：西双版纳澜沧江水系. 国外分布于泰国湄公河水系.

### （1285）美斑南鳅 *Schistura callichroma* (Zhu *et* Wang, 1985)

*Noemacheilus callichromus* Zhu *et* Wang (朱松泉和王似华), 1985: 214.

*Schistura callichromus*: 朱松泉, 1989: 53; 朱松泉, 1995: 111; 刘明玉，解玉浩和季达明, 2000: 156; Kottelat, 2012: 106; 伍汉霖，邵广昭，赖春福等, 2012: 72.

**别名或俗名（Used or common name）**：丽南鳅 (伍汉霖，邵广昭，赖春福等, 2012).

**分布（Distribution）**：云南景东县把边江，属元江水系.

### （1286）叉尾南鳅 *Schistura caudofurca* (Mai, 1978)

*Barbatula caudofurca* Mai, 1978: 233.

*Noemacheilus laterivittatus*: Zhu *et* Wang (朱松泉和王似华), 1985: 213.

*Schistura caudofurca*: Kottelat, 2012: 107; 伍汉霖，邵广昭，赖春福等, 2012: 72.

**别名或俗名（Used or common name）**：叉尾南鳅 (伍汉霖，邵广昭，赖春福等, 2012).

**分布（Distribution）**：云南景东县把边江，属元江水系. 国外分布于老挝和越南.

### （1287）锥吻南鳅 *Schistura conirostris* (Zhu, 1982)

*Nemachilus conirostris* Zhu (朱松泉), 1982b: 104.

*Schistura conirostris*: 朱松泉, 1989: 40; Zhu (朱松泉), 1995: 109; 刘明玉，解玉浩和季达明, 2000: 155; Kottelat, 2012: 107; 伍汉霖，邵广昭，赖春福等, 2012: 72.

**分布（Distribution）**：云南景洪市流沙河口，属澜沧江流域.

### （1288）隐斑南鳅 *Schistura cryptofasciata* Chen, Kong *et* Yang, 2005

*Schistura cryptofasciata* Chen, Kong *et* Yang (陈小勇，孔德平和杨君兴), 2005: 28; Kottelat, 2012: 107; Zheng, Yang *et* Chen, 2012b: 63; 伍汉霖，邵广昭，赖春福等, 2012: 72.

**分布（Distribution）**：云南永德县南定河，属怒江水系.

### （1289）戴氏南鳅 *Schistura dabryi dabryi* (Sauvage, 1874)

*Oreias dabryi* Sauvage, 1874: 334; 武云飞和吴翠珍, 1990a: 63; 武云飞和吴翠珍, 1992: 147; 丁瑞华, 1994: 60; Chen, Lu *et* Mao (陈量，卢宗民和卯卫宁), 2006: 54.

*Schistura dabryi dabryi*: 朱松泉, 1989: 55; 朱松泉, 1995: 111; 刘明玉，解玉浩和季达明, 2000: 156.

*Schistura dabryi nanpanjiangensis*: Zhu *et* Cao (朱松泉和曹文宣), 1989: 56.

*Schistura dabryi*: Zhou *et* Cui (周伟和崔桂华), 1993: 82; Liao *et al.*, 1997: 4.

*Oreias dabryi dabryi*: Chen, 1998: 57.

*Claea dabryi*: Kottelat, 2012: 81; 伍汉霖，邵广昭，赖春福等, 2012: 68.

**别名或俗名（Used or common name）**：戴氏山鳅 (武云飞和吴翠珍, 1992; 陈宜瑜等, 1998)，山鳅 (丁瑞华, 1994)，达氏克拉爬鳅 (伍汉霖，邵广昭，赖春福等, 2012).

**分布（Distribution）**：长江中上游及其附属水体.

### （1290）小眼戴氏南鳅 *Schistura dabryi microphthalmus* Liao *et* Wang, 1997

*Schistura dabryi microphthalmus* Liao *et* Wang (廖吉文和王大忠), 1997: 4; Zhao, Gozlan *et* Zhang, 2011: 1552.

*Triplophysa microphthalma*: Kottelat, 2012: 128.
**分布（Distribution）**：贵州瓮安县，属长江水系.

## （1291）异斑南鳅 *Schistura disparizona* Zhou *et* Kottelat, 2005

*Schistura disparizona* Zhou *et* Kottelat (周伟和 Kottelat), 2005: 17; Kottelat, 2012: 108; Zheng, Yang *et* Chen, 2012b: 63; 伍汉霖, 邵广昭, 赖春福等, 2012: 72.
**分布（Distribution）**：云南沧源县南滚河，怒江下游等.

## （1292）横纹南鳅 *Schistura fasciolata* (Nichols *et* Pope, 1927)

*Homaloptera fasciolata* Nichols *et* Pope, 1927: 339.
*Nemacheilus fasciolatus*: Kuang *et al.*, 1986: 150; Zhu *et* Cao (朱松泉和曹文宣), 1987: 327; 曹文宣 (见郑慈英等), 1989: 50; Pan, Zhong, Zheng *et al.*, 1991: 242.
*Schistura fasciolata*: 朱松泉, 1989: 47; 丁瑞华, 1994: 57; 朱松泉, 1995: 110; Chen, 1998: 54; Chen (陈毅峰), 1999: 304; 刘明玉, 解玉浩和季达明, 2000: 156; Kottelat, 2012: 109; 伍汉霖, 邵广昭, 赖春福等, 2012: 72.
**分布（Distribution）**：珠江，南流江，韩江，九龙江，长江中上游等水系，海南岛，香港. 国外分布于越南.

## （1293）异颌南鳅 *Schistura heterognathos* Chen, 1999

*Schistura heterognathos* Chen (陈毅峰), 1999: 301.
*Sectoria heterognathos*: Kottelat, 2012: 120; 伍汉霖, 邵广昭, 赖春福等, 2012: 73.
**别名或俗名（Used or common name）**：异颌棱唇条鳅 (伍汉霖, 邵广昭, 赖春福等, 2012).
**分布（Distribution）**：云南西双版纳勐腊县南腊河，属澜沧江水系. 国外分布于老挝.

## （1294）华坪南鳅 *Schistura huapingensis* (Wu *et* Wu, 1992)

*Nemacheilus obscurus huapingensis* Wu *et* Wu (武云飞和吴翠珍), 1992: 145; 伍汉霖, 邵广昭, 赖春福等, 2012: 71.
*Noemacheilus obscurus* Smith, 1945: 316.
*Schistura huapingensis*: Kottelat, 2012.
**别名或俗名（Used or common name）**：暗纹南鳅，华坪暗纹条鳅.
**分布（Distribution）**：金沙江中游及其支流四川德昌县安宁河.

## （1295）无斑南鳅 *Schistura incerta* (Nichols, 1931)

*Barbatula* (*Homatula*) *incerta* Nichols, 1931b: 458.
*Barbatula uniformis*: Mai, 1978: 235.
*Noemacheilus incertus*: 朱松泉和曹文宣, 1987: 327.
*Schistura incerta*: 朱松泉, 1989: 42; 朱松泉, 1995: 109; Liao *et al.*, 1997: 4; 刘明玉, 解玉浩和季达明, 2000: 155; Kottelat, 2012: 110; 伍汉霖, 邵广昭, 赖春福等, 2012: 72.
*Nemacheilus incertus*: Pan, Zhong, Zheng *et al.*, 1991: 244.
**分布（Distribution）**：珠江，韩江，湘江等水系，海南岛. 国外分布于越南.

## （1296）湄南南鳅 *Schistura kengtungensis* (Fowler, 1936)

*Nemacheilus kengtungensis* Fowler, 1936b: 509.
*Schistura kengtungensis*: Chen, Kong *et* Yang, 2005: 27; Kottelat, 2012: 110; Zheng, Yang *et* Chen, 2012b: 63; 伍汉霖, 邵广昭, 赖春福等, 2012: 72.
*Schistura nicholsi*: 刘明玉, 解玉浩和季达明, 2000: 155; Chen, Kong *et* Yang, 2005: 30; Kottelat, 2012: 128; 伍汉霖, 邵广昭, 赖春福等, 2012: 73.
**别名或俗名（Used or common name）**：尼氏南鳅 (刘明玉, 解玉浩和季达明, 2000; 伍汉霖, 邵广昭, 赖春福等, 2012).
**分布（Distribution）**：云南澜沧江水系. 国外分布于缅甸和泰国.

## （1297）克氏南鳅 *Schistura kloetzliae* Kottelat, 2000

*Schistura kloetzliae* Kottelat, 2000; 陈小勇, 2013, 34 (4): 296.
**分布（Distribution）**：澜沧江下游. 国外分布于老挝 Nam Youan 河.

## （1298）宽纹南鳅 *Schistura latifasciata* (Zhu *et* Wang, 1985)

*Noemacheilus latifasciatus* Zhu *et* Wang (朱松泉和王似华), 1985: 211.
*Schistura latifasciata*: 朱松泉, 1989: 50; 朱松泉, 1995: 110; Chen, 1998: 55; 刘明玉, 解玉浩和季达明, 2000: 156; Kottelat, 2012: 111; Zheng, Yang *et* Chen, 2012b: 63; 伍汉霖, 邵广昭, 赖春福等, 2012: 72.
**分布（Distribution）**：云南澜沧江水系.

## （1299）凌云南鳅 *Schistura lingyunensis* Liao, Wang *et* Luo, 1997

*Schistura lingyunensis* Liao, Wang *et* Luo (廖吉文, 王大忠和罗志发), 1997: 4; Zhao, Gozlan *et* Zhang, 2011: 1552.
*Triplophysa lingyunensis*: Kottelat, 2012: 127; 蓝家湖, 甘西, 吴铁军等, 2013: 104.
**别名或俗名（Used or common name）**：凌云高原鳅 (蓝家湖, 甘西, 吴铁军等, 2013).
**分布（Distribution）**：广西凌云县，属珠江流域西江支流右江水系.

## （1300）长南鳅 *Schistura longa* (Zhu, 1982)

*Nemachilus longus* Zhu (朱松泉), 1982b: 105.

*Schistura longa*: 朱松泉, 1989: 51; 朱松泉, 1995: 111; Chen, 1998: 56; 刘明玉, 解玉浩和季达明, 2000: 156; Kottelat, 2012: 111; Zheng, Yang *et* Chen, 2012b: 63; 伍汉霖, 邵广昭, 赖春福等, 2012: 73.

**分布（Distribution）**：怒江.

## （1301）大头南鳅 *Schistura macrocephalus* Kottelat, 2000

*Schistura macrocephalus* Kottelat, 2000; 陈小勇, 2013, 34 (4): 296.

**分布（Distribution）**：云南西双版纳勐腊县南腊河, 属澜沧江水系. 国外分布于老挝 Nam Youan 河.

## （1302）大斑南鳅 *Schistura macrotaenia* (Yang, 1990)

*Nemacheilus macrotaenia* Yang (杨君兴, 见褚新洛和陈银瑞等), 1990: 36.

*Schistura macrotaenia*: 朱松泉, 1995: 110; 刘明玉, 解玉浩和季达明, 2000: 155; Kottelat, 2012: 112; 伍汉霖, 邵广昭, 赖春福等, 2012: 73.

**分布（Distribution）**：云南屏边县南溪河, 属元江水系.

## （1303）云纹南鳅 *Schistura malaise* Kottelat, 1990

*Schistura malaise* Kottelat, 1990; 陈小勇, 2013, 34 (4): 296.

**分布（Distribution）**：云南大盈江, 属伊洛瓦底江水系. 国外分布于缅甸北部.

## （1304）大齿南鳅 *Schistura megalodon* Endruweit, 2014

*Schistura megalodon* Endruweit, 2014b: 353-361.

**分布（Distribution）**：云南盈江县, 属伊洛瓦底江水系.

## （1305）南方南鳅 *Schistura meridionalis* (Zhu, 1982)

*Nemachilus meridionalis* Zhu (朱松泉), 1982b: 108.

*Schistura meridionalis*: 朱松泉, 1989: 41; 朱松泉, 1995: 109; 刘明玉, 解玉浩和季达明, 2000: 155.

*Pteronemacheilus meridionalis*: Zheng, Yang *et* Chen, 2012b: 63; Kottelat, 2012: 103.

**分布（Distribution）**：云南西双版纳罗梭江, 云县南定河. 国外分布于老挝.

## （1306）南定南鳅 *Schistura nandingensis* (Zhu *et* Wang, 1985)

*Noemacheilus nandingensis*: Zhu *et* Wang (朱松泉和王似华), 1985: 212.

*Schistura nandingensis* 朱松泉, 1989: 54; 朱松泉, 1995: 111; 刘明玉, 解玉浩和季达明, 2000: 156; Kottelat, 2012: 113; 伍汉霖, 邵广昭, 赖春福等, 2012: 73.

**分布（Distribution）**：云南云县南定河, 属怒江水系.

## （1307）牛栏江南鳅 *Schistura niulanjiangensis* Chen, Lu *et* Mao, 2006

*Schistura niulanjiangensis* Chen, Lu *et* Mao (陈量, 卢宗民和卯卫宁), 2006: 54; 伍汉霖, 邵广昭, 赖春福等, 2012: 73.

*Claea niulanjiangensis*: Kottelat, 2012: 81.

**分布（Distribution）**：云南牛栏江, 属金沙江水系下游支流.

## （1308）奇异南鳅 *Schistura paraxena* Endruweit, 2017

*Schistura paraxena* Endruweit, 2017: 144-150.

**分布（Distribution）**：广西来宾市金秀县（珠江水系）.

## （1309）棒状南鳅 *Schistura pertica* Kottelat, 2000

*Schistura pertica* Kottelat, 2000; 陈小勇, 2013, 34 (4): 296.

**分布（Distribution）**：澜沧江下游. 国外分布于老挝 Nam Ou 河.

## （1310）密带南鳅 *Schistura poculi* (Smith, 1945)

*Noemacheilus poculi* Smith, 1945.

*Nemacheilus poculi*: 李思忠, 1976.

*Schistura poculi*: 陈小勇, 2013, 34 (4): 296.

**别名或俗名（Used or common name）**：双纹条鳅.

**分布（Distribution）**：怒江, 南汀河, 澜沧江. 国外分布于缅甸, 泰国, 老挝 (湄公河), 萨尔温江.

## （1311）多纹南鳅 *Schistura polytaenia* (Zhu, 1982)

*Nemachilus polytaenia* Zhu (朱松泉), 1982b: 106.

*Nemacheilus polytaenia*: Zhu (朱松泉), 1989: 61; 杨君兴 (见褚新洛和陈银瑞等), 1990: 46.

*Schistura polytaenia*: Kottelat, 2013; 陈小勇, 2013, 34 (4): 296.

**别名或俗名（Used or common name）**：多纹条鳅.

**分布（Distribution）**：云南龙川江, 属伊洛瓦底江水系.

## （1312）似横纹南鳅 *Schistura pseudofasciolata* Zhou *et* Cui, 1993

*Schistura pseudofasciolata* Zhou *et* Cui (周伟和崔桂华), 1993: 89; 伍汉霖, 邵广昭, 赖春福等, 2012: 73.

**分布（Distribution）**：四川会东县鲹鱼河, 属金沙江水系下游支流.

## （1313）稀有南鳅 *Schistura rara* (Zhu *et* Cao, 1987)

*Noemacheilus rarus* Zhu *et* Cao (朱松泉和曹文宣), 1987: 328.

*Schistura rara*: 朱松泉, 1989: 49; 朱松泉, 1995: 110; 刘明玉, 解玉浩和季达明, 2000: 155; Kottelat, 2012: 116; 伍汉霖, 邵广昭, 赖春福等, 2012: 73.

*Nemacheilus rarus*: Pan, Zhong, Zheng *et al.*, 1991: 243.

**分布（Distribution）**：广东北江上游支流.

### （1314）多鳞南鳅 *Schistura schultzi* (Smith, 1945)

*Noemacheilus schultzi* Smith, 1945: 317.

*Nemacheilus schultzi*: 杨君兴 (见褚新洛和陈银瑞等), 1990: 38.

*Schistura schultzi*: Chen (陈毅峰), 1999: 304; Kottelat, 2012: 117; 伍汉霖, 邵广昭, 赖春福等, 2012: 73.

**别名或俗名（Used or common name）**：多鳞条鳅 (褚新洛和陈银瑞等, 1990).

**分布（Distribution）**：云南澜沧江中下游支流. 国外分布于泰国和老挝.

### （1315）六斑南鳅 *Schistura sexnubes* Endruweit, 2014

*Schistura sexnubes* Endruweit, 2014a: 60.

**分布（Distribution）**：云南双江县, 属澜沧江流域.

### （1316）锡克曼南鳅 *Schistura sikmaiensis* Hora, 1921

*Nemachilus sikmaiensis* Hora, 1921: 201.

*Nemacheilus sikmaiensis*: 朱松泉, 1995: 112.

*Schistura sikmaiensis*: Kottelat, 2012: 118; 伍汉霖, 邵广昭, 赖春福等, 2012: 73.

**别名或俗名（Used or common name）**：锡克曼南鳅 (伍汉霖, 邵广昭, 赖春福等, 2012).

**分布（Distribution）**：云南大盈江, 属伊洛瓦底江水系. 国外分布于印度, 缅甸和孟加拉国等地.

### （1317）密纹南鳅 *Schistura vinciguerrae* (Hora, 1935)

*Nemachilus vinciguerrae* Hora, 1935: 62.

*Nemachilus putaoensis*: Rendahl, 1947: 27.

*Schistura vinciguerrae*: 朱松泉, 1989: 52; 朱松泉, 1995: 111; 刘明玉, 解玉浩和季达明, 2000: 156; Chen *et* Neely, 2012: 227; Kottelat, 2012: 120; 伍汉霖, 邵广昭, 赖春福等, 2012: 73.

**分布（Distribution）**：云南大盈江, 怒江等水系. 国外分布于缅甸.

### （1318）瓦氏南鳅 *Schistura waltoni* (Fowler, 1937)

*Nemacheilus waltoni* Fowler, 1937.

*Nemacheilus obscurus obscurus*: Smith, 1945; Wu *et* Wu (武云飞和吴翠珍), 1992; 陈小勇, 2013, 34 (4): 297.

*Nemachilus obscurus*: Li (李思忠), 1976: 117.

*Schistura waltoni*: Kottelat, 2012: 157.

**别名或俗名（Used or common name）**：暗纹条鳅.

**分布（Distribution）**：澜沧江. 国外分布于泰国 (湄南河).

### （1319）盈江南鳅 *Schistura yingjiangensis* (Zhu, 1982)

*Nemachilus yingjiangensis* Zhu (朱松泉), 1982b: 107.

*Noemacheilus yingjiangensis*: 成庆泰和郑葆珊, 1987: 188.

*Nemacheilus yingjiangensis*: 朱松泉, 1989: 64; 朱松泉, 1995: 112; 刘明玉, 解玉浩和季达明, 2000: 157; 伍汉霖, 邵广昭, 赖春福等, 2012: 71.

*Schistura yingjiangensis*: Chen *et* Neely, 2012: 227; Kottelat, 2012: 120; 陈小勇, 2013, 34 (4): 297.

**分布（Distribution）**：云南盈江县的大盈江和腾冲市的龙川江, 属伊洛瓦底江水系.

## 396. 球鳔鳅属 *Sphaerophysa* Cao *et* Zhu, 1988

*Sphaerophysa* Cao *et* Zhu (曹文宣和朱松泉), 1988b: 405.

### （1320）滇池球鳔鳅 *Sphaerophysa dianchiensis* Cao *et* Zhu, 1988

*Sphaerophysa dianchiensis* Cao *et* Zhu (曹文宣和朱松泉), 1988b: 405; 朱松泉, 1989: 134; 朱松泉, 1995: 120; Chen, 1998: 46; 刘明玉, 解玉浩和季达明, 2000: 164; Kottelat, 2012: 121; 伍汉霖, 邵广昭, 赖春福等, 2012: 74.

**分布（Distribution）**：云南滇池.

## 397. 沙猫鳅属 *Traccatichthys* Freyhof *et* Serov, 2001

*Traccatichthys* Freyhof *et* Serov, 2001: 188.

### （1321）突结沙猫鳅 *Traccatichthys tuberculum* Du, Zhang *et* Chan, 2012

*Traccatichthys tuberculum* Du, Zhang *et* Chan, 2012: 305.

**分布（Distribution）**：广东鉴江.

## 398. 高原鳅属 *Triplophysa* Rendahl, 1933

*Diplophysa* Kessler, 1874: 57.

*Triplophysa* Rendahl, 1933: 21.

*Tauphysa* Rendahl, 1933: 22.

*Deuterophysa* Rendahl, 1933: 23.

*Hedinichthys* Rendahl, 1933: 26.

*Didymophysa* Whitley, 1950: 44.

*Diplophysoides* Fowler, 1958: 13.

*Qinghaichthys* Zhu (朱松泉), 1981: 1063.

### （1322）阿里高原鳅 *Triplophysa aliensis* (Wu *et* Zhu, 1979)

*Nemachilus aliensis* Wu *et* Zhu (武云飞和朱松泉), 1979: 29.

*Triplophysa* (*Triplophysa*) *aliensis*: 成庆泰和郑葆珊, 1987: 190; 朱松泉, 1989: 116; 武云飞和吴翠珍, 1992: 236; 朱松泉, 1995: 118.

*Triplophysa aliensis*: 张春光, 蔡斌和许涛清, 1995: 61; 刘明玉, 解玉浩和季达明, 2000: 162; He, Song *et* Zhang, 2008:

47; Kottelat, 2012: 123; 伍汉霖, 邵广昭, 赖春福等, 2012: 74.

**分布（Distribution）**：西藏阿里地区象泉河，狮泉河.

### （1323）隆头高原鳅 *Triplophysa alticeps* (Herzenstein, 1888)

*Nemachilus alticeps* Herzenstein, 1888: 28.

*Triplophysa* (*Quinghaichthys*) *alticeps*: 成庆泰和郑葆珊, 1987: 193.

*Triplophysa* (*Triplophysa*) *alticeps*: 朱松泉, 1989: 124; 朱松泉, 1995: 119.

*Triplophysa* (*Hedinichthys*) *alticeps*: 武云飞和吴翠珍, 1992: 261.

*Triplophysa alticeps*: 刘明玉, 解玉浩和季达明, 2000: 162; 伍汉霖, 邵广昭, 赖春福等, 2012: 74.

*Quinghaichthys alticeps*: Kottelat, 2012: 103.

**分布（Distribution）**：青海湖及其附属水体.

### （1324）阿庐高原鳅 *Triplophysa aluensis* Li *et* Zhu, 2000

*Triplophysa aluensis* Li *et* Zhu (李维贤和祝志刚), 2000: 396; Chen *et* Yang (陈小勇和杨君兴), 2005: 604; Li *et al.*, 2008: 676; Chen, Li *et* Yang, 2009: 90; Zheng, Du, Chen *et al.*, 2009: 225; Zhao, Gozlan *et* Zhang, 2011: 1553; Kottelat, 2012: 123; Lin, Li *et* Song (林昱, 李超和宋佳坤), 2012: 645; Yang, Wu *et* Yang, 2012: 170; Zheng, Yang *et* Chen, 2012a: 835; 伍汉霖, 邵广昭, 赖春福等, 2012: 74.

**分布（Distribution）**：云南泸西县阿庐古洞地下河.

### （1325）安氏高原鳅 *Triplophysa angeli* (Fang, 1941)

*Nemacheilus angeli* Fang, 1941: 256.

*Triplophysa* (*Triplophysa*) *angeli*: 成庆泰和郑葆珊, 1987: 192; 朱松泉, 1989: 105; 武云飞和吴翠珍, 1990a: 63; 武云飞和吴翠珍, 1992: 192; 朱松泉, 1995: 117.

*Triplophysa angeli*: 丁瑞华, 1994: 78; Chen, 1998: 75; 刘明玉, 解玉浩和季达明, 2000: 161; Wu *et* Wang, 2009: 382; Zheng *et al.*, 2010: 8; Guo, Sun, Fu *et al.* (郭延蜀, 孙治宇, 符建荣等), 2012: 912; Kottelat, 2012: 123; 伍汉霖, 邵广昭, 赖春福等, 2012: 74.

**分布（Distribution）**：四川西部.

### （1326）前鳍高原鳅 *Triplophysa anterodorsalis* Zhu *et* Cao, 1989

*Triplophysa* (*Triplophysa*) *anterodorsalis* Zhu *et* Cao (朱松泉和曹文宣, 见朱松泉), 1989: 106; 朱松泉, 1995: 117.

*Triplophysa anterodorsalis*: 丁瑞华, 1994: 79; Chen, 1998: 76; 刘明玉, 解玉浩和季达明, 2000: 161; Li *et al.*, 2008: 677; Kottelat, 2012: 123; 伍汉霖, 邵广昭, 赖春福等, 2012: 74.

**分布（Distribution）**：金沙江水系.

### （1327）巴山高原鳅 *Triplophysa bashanensis* Xu *et* Wang, 2009

*Triplophysa bashanensis* Xu *et* Wang (许涛清和王开峰), 2009: 381; Kottelat, 2012: 123; 伍汉霖, 邵广昭, 赖春福等, 2012: 74.

*Triplophysa longchiensis*: Xu *et* Wang (许涛清和王开峰), 2009.

**分布（Distribution）**：陕西西乡县通江上游巴水河，属嘉陵江水系.

### （1328）勃氏高原鳅 *Triplophysa bleekeri* (Sauvage *et* Dabry, 1874)

*Nemachilus bleekeri* Sauvage *et* Dabry de Thiersant, 1874: 15.

*Triplophysa* (*Triplophysa*) *bleekeri*: 朱松泉, 1989: 108; 武云飞和吴翠珍, 1992: 189; 朱松泉, 1995: 117.

*Triplophysa bleekeri*: 丁瑞华, 1994: 81; Chen, 1998: 78; 刘明玉, 解玉浩和季达明, 2000: 161; 14; Chen *et* Yang (陈小勇和杨君兴), 2005: 606; Wu *et* Wang, 2009: 382; Zheng *et al.*, 2010: 3; He, Zhang *et* Song (何春林, 张鹗和宋昭彬), 2012: 279; Kottelat, 2012: 124; 伍汉霖, 邵广昭, 赖春福等, 2012: 74.

**别名或俗名（Used or common name）**：贝氏高原鳅（武云飞和吴翠珍, 1992; 丁瑞华, 1994）.

**分布（Distribution）**：长江中上游水系.

### （1329）隆额高原鳅 *Triplophysa bombifrons* (Herzenstein, 1888)

*Nemachilus bombifrons* Herzenstein, 1888: 67.

*Triplophysa* (*Triplophysa*) *bombifrons*: 成庆泰和郑葆珊, 1987: 192; 朱松泉, 1989: 96; 武云飞和吴翠珍, 1992: 183; 朱松泉, 1995: 116.

*Triplophysa bombifrons*: 刘明玉, 解玉浩和季达明, 2000: 160; Li, Liu *et* Yang, 2007: 47; 伍汉霖, 邵广昭, 赖春福等, 2012: 74.

*Tarimichthys bombifrons*: Kottelat, 2012: 121.

**分布（Distribution）**：新疆塔里木河水系.

### （1330）短须高原鳅 *Triplophysa brevibarba* Ding, 1993

*Triplophysa brevibarba* Ding (丁瑞华), 1993: 249; 刘明玉, 解玉浩和季达明, 2000: 161; He, Zhang *et* Song (何春林, 张鹗和宋昭彬), 2012: 278; Kottelat, 2012: 124.

**分布（Distribution）**：四川安宁河（金沙江流域雅砻江支流）.

### （1331）短尾高原鳅 *Triplophysa brevicauda* (Herzenstein, 1888)

*Nemachilus stoliczkae brevicauda* Herzenstein, 1888: 23.

*Triplophysa* (*Triplophysa*) *brevicauda*: 成庆泰和郑葆珊,

1987: 189; 朱松泉, 1989: 107; 朱松泉, 1995: 117.

*Triplophysa brevicauda*: 丁瑞华, 1994: 80; 张春光, 蔡斌和许涛清, 1995: 55; Chen, 1998: 77; 刘明玉, 解玉浩和季达明, 2000: 161; Zheng *et al.*, 2010: 3; Kottelat, 2012: 124; 伍汉霖, 邵广昭, 赖春福等, 2012: 74.

**分布（Distribution）**：青藏高原，新疆，甘肃和四川西部等地.

### （1332）茶卡高原鳅 *Triplophysa cakaensis* Cao *et* Zhu, 1988

*Triplophysa cakaensis* Cao *et* Zhu (曹文宣和朱松泉), 1988a: 201; Kottelat, 2012: 124; 伍汉霖, 邵广昭, 赖春福等, 2012: 74.

*Triplophysa* (*Triplophysa*) *cakaensis*: 朱松泉, 1989: 120; 武云飞和吴翠珍, 1992: 227; 朱松泉, 1995: 118.

**分布（Distribution）**：青海茶卡盐湖入湖小河.

**保护等级（Protection class）**：省级 (青海).

### （1333）铲颌高原鳅 *Triplophysa chondrostoma* (Herzenstein, 1888)

*Nemachilus chondrostoma* Herzenstein, 1888: 36.

*Triplophysa* (*Qinghaichthys*) *chondrostoma*: 成庆泰和郑葆珊, 1987: 193.

*Triplophysa* (*Triplophysa*) *chondrostoma*: 朱松泉, 1989: 126; 朱松泉, 1995: 119.

*Triplophysa* (*Hedinichthys*) *chondrostoma*: 武云飞和吴翠珍, 1992: 262.

*Triplophysa chondrostom*: 刘明玉, 解玉浩和季达明, 2000: 162; Kottelat, 2012: 124; 伍汉霖, 邵广昭, 赖春福等, 2012: 74.

**别名或俗名（Used or common name）**：软口高原鳅 (武云飞和吴翠珍, 1992).

**分布（Distribution）**：新疆柴达木河水系.

### （1334）粗唇高原鳅 *Triplophysa crassilabris* Ding, 1994

*Triplophysa crassilabris* Ding (丁瑞华), 1994: 92; Kottelat, 2012: 124; 伍汉霖, 邵广昭, 赖春福等, 2012: 74.

*Triplophysa* (*Triplophysa*) *crassilabris*: Chen, Cui *et* Yang (陈小勇, 崔桂华和杨君兴), 2004: 507.

**分布（Distribution）**：四川若尔盖辖曼湖和茂县岷江水系.

### （1335）尖头高原鳅 *Triplophysa cuneicephala* (Shaw *et* Tchang, 1931)

*Barbatula cuneicephalus* Shaw *et* Tchang (寿振黄和张春霖), 1931: 81.

*Triplophysa* (*Triplophysa*) *cuneicephala*: 成庆泰和郑葆珊, 1987: 189; 朱松泉, 1989: 77; 朱松泉, 1995: 113.

*Triplophysa cuneicephala*: 刘明玉, 解玉浩和季达明, 2000: 158; Wang, Wang, Li *et al.* (王所安, 王志敏, 李国良等), 2001: 171; Kottelat, 2012: 124; 伍汉霖, 邵广昭, 赖春福等, 2012: 74.

**别名或俗名（Used or common name）**：楔头高原鳅 (伍汉霖, 邵广昭, 赖春福等, 2012).

**分布（Distribution）**：北京永定河，属海河水系.

**保护等级（Protection class）**：省 (直辖市) 级 (北京).

### （1336）达里湖高原鳅 *Triplophysa dalaica* (Kessler, 1876)

*Diplophysa dalaica* Kessler, 1876: 24.

*Triplophysa* (*Triplophysa*) *dalaica*: 成庆泰和郑葆珊, 1987: 191; 朱松泉, 1989: 82; 朱松泉, 1995: 114.

*Triplophysa dalaica*: Chen, 1998: 67; 刘明玉, 解玉浩和季达明, 2000: 158; Wang, Wang, Li *et al.* (王所安, 王志敏, 李国良等), 2001: 169; Li, Liu *et* Yang, 2007: 51; Kottelat, 2012: 124; 伍汉霖, 邵广昭, 赖春福等, 2012: 74.

**分布（Distribution）**：黄河中上游北侧支流及其附属湖泊 (如内蒙古的黄旗海, 岱海, 达里湖等), 海河流域北部山区河流等.

### （1337）大桥高原鳅 *Triplophysa daqiaoensis* Ding, 1993

*Triplophysa daqiaoensis* Ding (丁瑞华), 1993: 247; 刘明玉, 解玉浩和季达明, 2000: 161; He, Zhang *et* Song (何春林, 张鹗和宋昭彬), 2012: 279; Kottelat, 2012: 125; 伍汉霖, 邵广昭, 赖春福等, 2012: 74.

**分布（Distribution）**：四川安宁河，属金沙江水系雅砻江支流.

### （1338）峒敢高原鳅 *Triplophysa dongganensis* Yang, 2013

*Triplophysa dongganensis* Yang (杨剑, 见蓝家湖, 甘西, 吴铁军等), 2013: 139.

**分布（Distribution）**：广西环江县川山镇峒敢村，属珠江流域西江支流柳江水系.

### （1339）黑背高原鳅 *Triplophysa dorsalis* (Kessler, 1872)

*Cobitis dorsalis* Kessler, 1872: 67.

*Triplophysa* (*Triplophysa*) *dorsalis*: 成庆泰和郑葆珊, 1987: 191; 朱松泉, 1989: 85; 武云飞和吴翠珍, 1992: 155; Zhu (朱松泉), 1995: 115.

*Triplophysa dorsalis*: 刘明玉, 解玉浩和季达明, 2000: 159; Li, Liu *et* Yang, 2007: 51; Kottelat, 2012: 125; 伍汉霖, 邵广昭, 赖春福等, 2012: 74.

别名或俗名（Used or common name）：黑斑高原鳅 (成庆泰和郑葆珊, 1987).

分布（Distribution）：新疆伊犁河水系. 国外分布于乌兹别克斯坦, 哈萨克斯坦和吉尔吉斯斯坦.

### （1340）背斑高原鳅 *Triplophysa dorsonotata* (Kessler, 1879)

*Nemachilus dorsonotatus* Kessler, 1879, 42: 236 (伊犁河上游巩乃斯河); 李思忠等 (见中国科学院动物研究所等), 1979: 47.

*Triplophysa stoliczkae dorsonotata*: 陈景星 (见陕西省动物研究所等), 1987: 25; 朱松泉, 1989: 114.

*Triplophysa* (*Triplophysa*) *dorsonotata*: 武云飞, 1989: 116.

*Nemachilus dorsonotatus plagiognathus*: 赵铁桥, 1982.

*Triplophysa dorsonotata*: 李思忠, 2015: 114.

别名或俗名（Used or common name）：背斑条鳅 [李思忠等 (见中国科学院动物研究所等), 1979].

分布（Distribution）：新疆伊犁河水系, 准噶尔盆地, 塔里木盆地; 青海柴达木盆地, 青海湖; 内蒙古艾不盖河; 黄河上游; 嘉陵江上游等.

### （1341）凤山高原鳅 *Triplophysa fengshanensis* Lan, 2013

*Triplophysa fengshanensis* Lan (蓝家湖, 见蓝家湖, 甘西, 吴铁军等), 2013: 135.

分布（Distribution）：广西凤山县林桐乡一洞穴地下河, 属红水河水系.

### （1342）黄体高原鳅 *Triplophysa flavicorpus* Yang, Chen *et* Lan, 2004

*Triplophysa flavicorpus* Yang, Chen *et* Lan (杨君兴, 陈小勇和蓝家湖), 2004: 113; Kottelat, 2012: 125; Lin, Li *et* Song (林昱, 李超和宋佳坤), 2012: 646; Ren, Yang *et* Chen (任秋, 杨君兴和陈小勇), 2012: 191; 伍汉霖, 邵广昭, 赖春福等, 2012: 74.

*Triplophysa flacicorpus*: Chen *et* Chen, 2007: 111.

分布（Distribution）：广西都安县, 属红水河水系.

### （1343）暗色高原鳅 *Triplophysa furva* Zhu, 1992

*Triplophysa furva* Zhu (朱松泉), 1992: 242; 刘明玉, 解玉浩和季达明, 2000: 159; Li, Liu *et* Yang, 2007: 51; Kottelat, 2012: 125; 伍汉霖, 邵广昭, 赖春福等, 2012: 74.

*Triplophysa* (*Triplophysa*) *furva*: 朱松泉, 1995: 114.

分布（Distribution）：新疆乌鲁木齐河水系.

### （1344）抚仙高原鳅 *Triplophysa fuxianensis* Yang *et* Chu, 1990

*Triplophysa fuxianensis* Yang *et* Chu (杨君兴和褚新洛), 1990a: 377; Yang (杨君兴), 1991: 200; Lan, Yang *et* Chen (见蓝家湖, 杨君兴和陈银瑞), 1995; 369; 杨君兴和陈银瑞, 1995: 26; 刘明玉, 解玉浩和季达明, 2000: 163; Chen, Li *et* Yang, 2009: 90; Kottelat, 2012: 125; Lin, Li *et* Song (林昱, 李超和宋佳坤), 2012: 646; 伍汉霖, 邵广昭, 赖春福等, 2012: 74.

*Triplophysa* (*Triplophysa*) *fuxianensis*: 朱松泉, 1995: 119.

分布（Distribution）：云南抚仙湖.

### （1345）个旧盲高原鳅 *Triplophysa gejiuensis* (Chu *et* Chen, 1979)

*Noemacheilus gejiuensis* Chu *et* Chen (褚新洛和陈银瑞), 1979: 285.

*Schistura gejiuensis*: 朱松泉, 1989: 57.

*Triplophysa gejiuensis*: Chen, Yang *et* Xu (陈银瑞, 杨君兴和徐国才), 1992: 19; Zhou *et* Cui (周伟和崔桂华), 1993: 83; Zhou *et* Cui (周伟和崔桂华), 1997: 178; 刘明玉, 解玉浩和季达明, 2000: 163; Chen *et* Yang (陈小勇和杨君兴), 2005: 604; Li *et al.*, 2008: 676; Chen, Li *et* Yang, 2009: 90; Zheng, Du, Chen *et al.*, 2009: 225; Yang, Wu *et* Lan (杨剑, 吴铁军和蓝家湖), 2011: 569; Zhao, Gozlan *et* Zhang, 2011: 1553; Kottelat, 2012: 125; Lin, Li *et* Song (林昱, 李超和宋佳坤), 2012: 645; Wu, Yang *et* Lan, 2012: 878; Yang, Wu *et* Yang, 2012: 170; Zheng, Yang *et* Chen, 2012a: 835; 伍汉霖, 邵广昭, 赖春福等, 2012: 74.

*Triplophysa* (*Triplophysa*) *gejiuensis*: 朱松泉, 1995: 120.

*Nemacheilus gejiuensis*: Yue *et* Chen, 1998: 198.

分布（Distribution）：云南个旧市卡房镇地下河.

保护等级（Protection class）：《中国濒危动物红皮书·鱼类》(极危).

### （1346）改则高原鳅 *Triplophysa gerzeensis* Cao *et* Zhu, 1988

*Triplophysa gerzeensis* Cao *et* Zhu (曹文宣和朱松泉), 1988a: 202; 张春光, 蔡斌和许涛清, 1995: 67; 刘明玉, 解玉浩和季达明, 2000: 162; Kottelat, 2012: 125; 伍汉霖, 邵广昭, 赖春福等, 2012: 74.

*Triplophysa* (*Triplophysa*) *gerzeensis*: 朱松泉, 1989: 123; 朱松泉, 1995: 119.

分布（Distribution）：西藏改则县的茶错支流, 措勤县的苏里藏布和夏康坚雪山北坡的小湖.

### （1347）昆明高原鳅 *Triplophysa grahami* (Regan, 1906)

*Nemachilus grahami* Regan, 1906: 333.

*Triplophysa* (*Triplophysa*) *grahami*: 成庆泰和郑葆珊, 1987: 190; 朱松泉, 1989: 127; 武云飞和吴翠珍, 1992: 194; 朱松泉, 1995: 119.

*Triplophysa grahami*: Yang *et* Chen (杨君兴和陈银瑞), 1995:

28; Zhou *et* Cui (周伟和崔桂华), 1997: 178; Chen, 1998: 82; 刘明玉, 解玉浩和季达明, 2000: 163; 伍汉霖, 邵广昭, 赖春福等, 2012: 74.

**分布（Distribution）**：云南金沙江水系的螳螂川和元江水系的礼社江.

### （1348）郃阳高原鳅 *Triplophysa heyangensis* Zhu, 1992

*Triplophysa heyangensis* Zhu (朱松泉), 1992: 244; 刘明玉, 解玉浩和季达明, 2000: 158; Kottelat, 2012: 126; 伍汉霖, 邵广昭, 赖春福等, 2012: 74.

*Triplophysa* (*Triplophysa*) *heyangensis*: 朱松泉, 1995: 119.

**分布（Distribution）**：陕西合阳县黄河支流.

**保护等级（Protection class）**：省级（陕西).

### （1349）酒泉高原鳅 *Triplophysa hsutschouensis* (Rendahl, 1933)

*Nemacheilus hsutschouensis* Rendahl, 1933: 41.

*Triplophysa* (*Triplophysa*) *hsutschouensis*: 成庆泰和郑葆珊, 1987: 189; 朱松泉, 1989: 104; 朱松泉, 1995: 117; Chen, Cui *et* Yang (陈小勇, 崔桂华和杨君兴), 2004: 507.

*Triplophysa hsutschouensis*: 刘明玉, 解玉浩和季达明, 2000: 161; Kottelat, 2012: 126; 伍汉霖, 邵广昭, 赖春福等, 2012: 74.

**分布（Distribution）**：甘肃河西走廊的自流水体.

### （1350）环江高原鳅 *Triplophysa huanjiangensis* Yang, Wu *et* Lan, 2011

*Triplophysa huanjiangensis* Yang, Wu *et* Lan (杨剑, 吴铁军和蓝家湖), 2011: 567; Kottelat, 2012: 126; Wu, Yang *et* Lan, 2012: 879; Zheng, Yang *et* Chen, 2012a: 835; 蓝家湖, 甘西, 吴铁军等, 2013: 128.

**分布（Distribution）**：广西环江县川山镇的洞穴地下河, 属珠江流域西江支流柳江水系.

### （1351）花坪高原鳅 *Triplophysa huapingensis* Zheng, Yang *et* Chen, 2012

*Triplophysa huapingensis* Zheng, Yang *et* Chen, 2012a: 832; Kottelat, 2012: 127; 蓝家湖, 甘西, 吴铁军等, 2013: 117.

**分布（Distribution）**：广西乐业县花坪镇和同乐镇及田林县浪平乡, 均属红水河水系.

### （1352）忽吉图高原鳅 *Triplophysa hutjertjuensis* (Rendahl, 1933)

*Nemacheilus* (*Triplophysa*) *hutjertjuensis* Rendahl, 1933: 28.

*Triplophysa* (*Triplophysa*) *hutjertjuensis*: 成庆泰和郑葆珊, 1987: 191; 朱松泉, 1989: 81; 武云飞和吴翠珍, 1992: 171; 朱松泉, 1995: 114.

*Triplophysa hutjertjuensis*: 刘明玉, 解玉浩和季达明, 2000: 158; Kottelat, 2012: 127; 伍汉霖, 邵广昭, 赖春福等, 2012: 74.

**分布（Distribution）**：甘肃河西走廊的石羊河水系和内蒙古达尔罕茂明安联合旗的艾不盖河水系.

### （1353）剑川高原鳅 *Triplophysa jianchuanensis* Zheng, Du, Chen *et* Yang, 2010

*Triplophysa jianchuanensis* Zheng, Du, Chen *et* Yang (郑兰平, 杜丽娜, 陈小勇和杨君兴), 2010: 29; Kottelat, 2012: 127.

**分布（Distribution）**：云南剑川县, 属澜沧江水系.

### （1354）佳荣盲高原鳅 *Triplophysa jiarongensis* Lin, Li *et* Song, 2012

*Triplophysa jiarongensis* Lin, Li *et* Song (林昱, 李超和宋佳坤), 2012: 641; Kottelat, 2012: 127.

**分布（Distribution）**：贵州荔波县佳荣镇, 属珠江流域西江支流柳江水系.

### （1355）穗唇高原鳅 *Triplophysa labiata* (Kessler, 1874)

*Diplophysa labiata* Kessler, 1874: 59.

*Barbatula labiata*: 朱松泉, 1989: 28; 武云飞和吴翠珍, 1992: 138; 朱松泉, 1995: 108; 刘明玉, 解玉浩和季达明, 2000: 154.

*Triplophysa labiata*: Cao *et* Zhang (曹亮和张鹗), 2008: 40; 伍汉霖, 邵广昭, 赖春福等, 2012: 74.

**别名或俗名（Used or common name）**：穗唇须鳅（朱松泉, 1989; 武云飞和吴翠珍, 1992; 刘明玉, 解玉浩和季达明, 2000).

**分布（Distribution）**：新疆伊犁河, 额敏河和玛纳斯河等水系. 国外分布于哈萨克斯坦的阿拉湖和巴尔喀什湖等地.

### （1356）湖高原鳅 *Triplophysa lacustris* Yang *et* Chu, 1990

*Triplophysa lacustris* Yang *et* Chu (杨君兴和褚新洛), 1990a: 380; Lan, Yang *et* Chen (蓝家湖, 杨君兴和陈银瑞), 1995: 370; Yang *et* Chen (杨君兴和陈银瑞), 1995: 29; 刘明玉, 解玉浩和季达明, 2000: 163; Chen, Li *et* Yang, 2009: 90; Zheng, Du, Chen *et al.*, 2009: 225; Kottelat, 2012: 127; Lin, Li *et* Song (林昱, 李超和宋佳坤), 2012: 646; Zheng, Yang *et* Chen, 2012a: 835; 伍汉霖, 邵广昭, 赖春福等, 2012: 74.

*Triplophysa* (*Triplophysa*) *lacustris*: 朱松泉, 1995: 119.

**分布（Distribution）**：云南星云湖.

### （1357）浪平高原鳅 *Triplophysa langpingensis* Yang, 2013

*Triplophysa langpingensis* Yang (杨剑, 见蓝家湖, 甘西, 吴铁军等), 2013: 131.

**分布（Distribution）**：广西田林县浪平乡一洞穴地下河, 属红水河水系.

### （1358）侧斑高原鳅 *Triplophysa laterimaculata* Li, Liu *et* Yang, 2007

*Triplophysa laterimaculata* Li, Liu *et* Yang, 2007: 48; Kottelat, 2012: 127; 伍汉霖, 邵广昭, 赖春福等, 2012: 74.

**分布（Distribution）**：新疆喀什克孜河, 属塔里木河水系.

### （1359）宽头高原鳅 *Triplophysa laticeps* Zhou *et* Cui, 1997

*Triplophysa laticeps* Zhou *et* Cui (周伟和崔桂华), 1997: 179; Kottelat, 2012: 127; 伍汉霖, 邵广昭, 赖春福等, 2012: 74.

**分布（Distribution）**：云南禄丰县绿汁江, 属元江支流.

### （1360）棱形高原鳅 *Triplophysa leptosoma* (Herzenstein, 1888)

*Nemachilus stoliczkae leptosoma* Herzenstein, 1888: 23.

*Triplophysa* (*Triplophysa*) *leptosoma*: 成庆泰和郑葆珊, 1987: 189; 朱松泉, 1989: 110; 朱松泉, 1995: 117.

*Triplophysa leptosoma*: 丁瑞华, 1994: 84; 张春光, 蔡斌和许涛清, 1995: 60; Chen, 1998: 79; 刘明玉, 解玉浩和季达明, 2000: 161; Zheng *et al.*, 2010: 8; He, Zhang *et* Song (何春林, 张鹗和宋昭彬), 2012: 278; 伍汉霖, 邵广昭, 赖春福等, 2012: 74.

*Indotriplophysa leptosoma*: Kottelat, 2012: 86.

**别名或俗名（Used or common name）**：修长高原鳅 (朱松泉, 1989; 刘明玉, 解玉浩和季达明, 2000).

**分布（Distribution）**：长江, 黄河上游, 西藏北部, 柴达木盆地, 青海湖及河西走廊等地.

### （1361）里湖高原鳅 *Triplophysa lihuensis* Wu, Yang *et* Lan, 2012

*Triplophysa lihuensis* Wu, Yang *et* Lan (吴铁军, 杨剑和蓝家湖), 2012: 875; 蓝家湖, 甘西, 吴铁军等, 2013: 124.

**分布（Distribution）**：广西南丹县里湖镇洞穴地下河, 属珠江流域西江支流柳江水系.

### （1362）理县高原鳅 *Triplophysa lixianensis* He, Song *et* Zhang, 2008

*Triplophysa lixianensis* He, Song *et* Zhang (何春林, 宋昭彬和张鹗), 2008: 42; Kottelat, 2012: 127; 伍汉霖, 邵广昭, 赖春福等, 2012: 74.

**分布（Distribution）**：四川理县岷江支流杂谷脑河.

### （1363）蛇形高原鳅 *Triplophysa longianguis* Wu *et* Wu, 1984

*Triplophysa longianguis* Wu *et* Wu (武云飞和吴翠珍), 1984: 327; 刘明玉, 解玉浩和季达明, 2000: 161; Kottelat, 2012: 127; 伍汉霖, 邵广昭, 赖春福等, 2012: 74.

*Triplophysa* (*Triplophysa*) *longianguis*: 朱松泉, 1989: 111; 武云飞和吴翠珍, 1992: 228; 朱松泉, 1995: 118.

**别名或俗名（Used or common name）**：长蛇高原鳅 (武云飞和吴翠珍, 1992).

**分布（Distribution）**：青海久治县逊木错, 属黄河水系.

### （1364）长须盲高原鳅 *Triplophysa longibarbata* (Chen, Yang, Sket *et* Aljancic, 1998)

*Paracobitis longibarbatus* Chen, Yang, Sket *et* Aljancic (陈银瑞, 杨君兴, 斯盖特和阿兰西科), 1998: 59; Li *et al.*, 2006: 1; Ran, Li *et* Chen (冉景丞, 李维贤和陈会明), 2006: 82.

*Triplophysa longibarbata*: Du, Chen *et* Yang (杜丽娜, 陈小勇和杨君兴), 2008: 33; Zheng, Du, Chen *et al.*, 2009: 5; Kottelat, 2012: 127; Lin, Li *et* Song (林昱, 李超和宋佳坤), 2012: 645; Zheng, Yang *et* Chen, 2012a: 835; 伍汉霖, 邵广昭, 赖春福等, 2012: 74.

*Triplophysa longibarbatus*: Yang, Wu *et* Lan (杨剑, 吴铁军和蓝家湖), 2011: 569; Zhao, Gozlan *et* Zhang, 2011: 1552; Wu, Yang *et* Lan, 2012: 879; Yang, Wu *et* Yang, 2012: 170.

**分布（Distribution）**：贵州荔波县, 属珠江流域西江支流柳江水系.

### （1365）长鳍高原鳅 *Triplophysa longipectoralis* Zheng, Du, Chen *et* Yang, 2009

*Triplophysa longipectoralis* Zheng, Du, Chen *et* Yang (郑兰平, 杜丽娜, 陈小勇和杨君兴), 2009: 221; Kottelat, 2012: 128; Lin, Li *et* Song (林昱, 李超和宋佳坤), 2012: 646; Ren, Yang *et* Chen (任秋, 杨君兴和陈小勇), 2012: 191; Yang, Wu *et* Yang, 2012: 170; Zheng, Yang *et* Chen, 2012a: 835; 伍汉霖, 邵广昭, 赖春福等, 2012: 74; 蓝家湖, 甘西, 吴铁军等, 2013: 111.

**分布（Distribution）**：广西环江县驯乐乡, 属珠江流域西江支流柳江水系.

### （1366）龙里高原鳅 *Triplophysa longliensis* Ren, Yang *et* Chen, 2012

*Triplophysa longliensis* Ren, Yang *et* Chen (任秋, 杨君兴和陈小勇), 2012: 188.

**分布（Distribution）**：贵州龙里县, 属珠江流域西江支流红水河水系.

### （1367）大头高原鳅 *Triplophysa macrocephala* Yang, Wu *et* Yang, 2012

*Triplophysa macrocephala* Yang, Wu *et* Yang (杨剑, 吴铁军和杨君兴), 2012: 170; Kottelat, 2012: 128; Lin, Li *et* Song (林昱, 李超和宋佳坤), 2012: 646; Zheng, Yang *et* Chen, 2012a: 835; 蓝家湖, 甘西, 吴铁军等, 2013: 121.

**分布（Distribution）**：广西南丹县八圩乡附近一洞穴中, 属珠江流域西江支流柳江水系.

### （1368）大斑高原鳅 *Triplophysa macromaculata* Yang, 1990

*Triplophysa macromaculata* Yang (杨君兴, 见褚新洛和陈银瑞等), 1990: 58; Lan, Yang *et* Chen (蓝家湖, 杨君兴和陈银瑞), 1995: 369; 刘明玉, 解玉浩和季达明, 2000: 161; Li *et al.*, 2008: 677; Chen, Li *et* Yang, 2009: 86; Kottelat, 2012: 128; Lin, Li *et* Song (林昱, 李超和宋佳坤), 2012: 646; 伍汉霖, 邵广昭, 赖春福等, 2012: 74.

*Triplophysa* (*Triplophysa*) *macromaculata*: 朱松泉, 1995: 117.

*Triplophysa macromaculatus*: Zheng, Du, Chen *et al.*, 2009: 5.

**分布（Distribution）**：云南南盘江上游, 属珠江水系.

### （1369）大眼高原鳅 *Triplophysa macrophthalma* Zhu *et* Guo, 1985

*Triplophysa macrophthalma* Zhu *et* Guo (朱松泉和郭启治), 1985: 323; Lan, Yang *et* Chen (蓝家湖, 杨君兴和陈银瑞), 1995: 369; Yang *et* Chen (杨君兴和陈银瑞), 1995: 27; 刘明玉, 解玉浩和季达明, 2000: 163; He, Song *et* Zhang, 2008: 47; Chen, Li *et* Yang, 2009: 90; Zheng, Du, Chen *et al.*, 2009: 5; Kottelat, 2012: 128; 伍汉霖, 邵广昭, 赖春福等, 2012: 74.

*Triplophysa* (*Triplophysa*) *macrophthalma*: 朱松泉, 1989: 128; 朱松泉, 1995: 119.

**分布（Distribution）**：云南宜良县, 属南盘江水系.

### （1370）麻尔柯河高原鳅 *Triplophysa markehenensis* (Zhu *et* Wu, 1981)

*Nemachilus pseudoscleropterus markehenensis* Zhu *et* Wu (朱松泉和武云飞), 1981: 223.

*Triplophysa* (*Triplophysa*) *markehenensis*: 成庆泰和郑葆珊, 1987: 192; 朱松泉, 1989: 91; 武云飞和吴翠珍, 1992: 166; 朱松泉, 1995: 115.

*Triplophysa markehenensis*: 丁瑞华, 1994: 76; Chen, 1998: 72; 刘明玉, 解玉浩和季达明, 2000: 163; Kottelat, 2012: 128; 伍汉霖, 邵广昭, 赖春福等, 2012: 74.

**分布（Distribution）**：金沙江上游包括雅砻江和大渡河中上游水系.

### （1371）细眼高原鳅 *Triplophysa microphthalma* (Kessler, 1879)

*Diplophysa microphthalma* Kessler, 1879: 308.

*Triplophysa* (*Triplophysa*) *microphthalma*: 成庆泰和郑葆珊, 1987: 193.

*Barbatula microphthalma*: 朱松泉, 1989: 27; 武云飞和吴翠珍, 1992: 137; 朱松泉, 1995: 108.

*Triplophysa microphthalma*: Cao *et* Zhang (曹亮和张鹗), 2008: 40; 伍汉霖, 邵广昭, 赖春福等, 2012: 74.

*Labiatophysa microphthalma*: Kottelat, 2012: 87.

**别名或俗名（Used or common name）**：小眼须鳅 (朱松泉, 1989; 武云飞和吴翠珍, 1992).

**分布（Distribution）**：新疆哈密市, 吐鲁番市和托克逊县等地.

### （1372）小鳔高原鳅 *Triplophysa microphysa* (Fang, 1935)

*Nemacheilus* (*Deterophysa*) *microphysus* Fang, 1935c: 753.

*Triplophysa* (*Triplophysa*) *microphysa*: 成庆泰和郑葆珊, 1987: 192; 朱松泉, 1989: 92; 朱松泉, 1995: 115.

*Triplophysa microphysa*: 刘明玉, 解玉浩和季达明, 2000: 160; Li, Liu *et* Yang, 2007: 47; Kottelat, 2012: 128; 伍汉霖, 邵广昭, 赖春福等, 2012: 74.

**分布（Distribution）**：新疆阿克苏河.

### （1373）小眼高原鳅 *Triplophysa microps* (Steindachner, 1866)

*Cobitis microps* Steindachner, 1866b: 794.

*Triplophysa* (*Triplophysa*) *microps*: 成庆泰和郑葆珊, 1987: 189; 朱松泉, 1989: 121; 武云飞和吴翠珍, 1992: 196; 朱松泉, 1995: 118.

*Triplophysa microps*: 张春光, 蔡斌和许涛清, 1995: 65; 刘明玉, 解玉浩和季达明, 2000: 162; Li, Liu *et* Yang, 2007: 47; Zheng *et al.*, 2010: 4; Kottelat, 2012: 128; 伍汉霖, 邵广昭, 赖春福等, 2012: 74.

**分布（Distribution）**：西藏象泉河, 狮泉河, 羌臣摩河, 昂拉仁错, 吉隆河和波曲河等地. 国外分布于巴基斯坦和印度.

### （1374）小体高原鳅 *Triplophysa minuta* (Li, 1966)

*Nemachilus minutus* Li (李思忠), 1966: 46.

*Triplophysa* (*Hedinichthys*) *minuta*: 朱松泉, 1989: 132; 武云飞和吴翠珍, 1992: 259; 朱松泉, 1995: 120.

*Triplophysa minuta*: 刘明玉, 解玉浩和季达明, 2000: 163; 伍汉霖, 邵广昭, 赖春福等, 2012: 74.

*Hedinichthys minutus*: Kottelat, 2012: 82.

**分布（Distribution）**：新疆北部的托克逊县, 乌鲁木齐市, 精河县, 博乐市, 温泉县和乌尔禾等地.

### （1375）岷县高原鳅 *Triplophysa minxianensis* (Wang *et* Zhu, 1979)

*Nemachilus minxianensis* Wang *et* Zhu (王香亭和朱松泉), 1979: 129.

*Triplophysa* (*Hedinichthys*) *minxianensis*: 成庆泰和郑葆珊, 1987: 188; 朱松泉, 1989: 73; 武云飞和吴翠珍, 1992: 152; 朱松泉, 1995: 113.

*Triplophysa minxianensis*: 63; 刘明玉, 解玉浩和季达明, 2000: 157; 伍汉霖, 邵广昭, 赖春福等, 2012: 74.

分布（Distribution）：甘肃洮河和渭河水系.

**（1376）墨曲高原鳅 *Triplophysa moquensis* Ding, 1994**

*Triplophysa moquensis* Ding (丁瑞华), 1994: 69; Li, Liu *et* Yang, 2007: 51; Kottelat, 2012: 128; 伍汉霖, 邵广昭, 赖春福等, 2012: 74.

分布（Distribution）：四川若尔盖辖曼湖.

**（1377）南丹高原鳅 *Triplophysa nandanensis* Lan, Yang *et* Chen, 1995**

*Triplophysa nandanensis* Lan, Yang *et* Chen (蓝家湖, 杨君兴和陈银瑞), 1995: 368; Kottelat, 2012: 128; 伍汉霖, 邵广昭, 赖春福等, 2012: 74; 蓝家湖, 甘西, 吴铁军等, 2013: 108.

分布（Distribution）：广西南丹县六寨镇溶洞地下河，属红水河水系.

**（1378）南盘江高原鳅 *Triplophysa nanpanjiangensis* (Zhu *et* Cao, 1988)**

*Oreias dabryi nanpanjiangensis* Zhu *et* Cao (朱松泉和曹文宣), 1988: 98.

*Schistura dabryi nanpanjiangensis*: 朱松泉, 1989: 56; Zhu (朱松泉), 1995: 111; 刘明玉, 解玉浩和季达明, 2000: 156.

*Triplophysa nanpanjiangensis*: Chen, Yang *et* Xu (陈银瑞, 杨君兴和徐国才), 1992: 19; Zhou *et* Cui (周伟和崔桂华), 1993: 86; Kottelat, 2012: 128; 伍汉霖, 邵广昭, 赖春福等, 2012: 74.

别名或俗名（Used or common name）：南盘江戴氏南鳅（朱松泉, 1989; 刘明玉, 解玉浩和季达明, 2000).

分布（Distribution）：云南沾益区海家哨村和老母格地下河出口处，属南盘江水系.

**（1379）鼻须高原鳅 *Triplophysa nasobarbatula* Wang *et* Li, 2001**

*Triplophysa nasobarbatula* Wang *et* Li (王大忠和李德俊), 2001: 101; Kottelat, 2012: 129; 伍汉霖, 邵广昭, 赖春福等, 2012: 74.

分布（Distribution）：贵州荔波县，属珠江流域西江支流柳江水系.

**（1380）宁蒗高原鳅 *Triplophysa ninglangensis* Wu *et* Wu, 1988**

*Triplophysa ninglangensis* Wu *et* Wu (武云飞和吴翠珍), 1988a: 19; Kottelat, 2012: 129; 武云飞和吴翠珍, 1990a: 63; 伍汉霖, 邵广昭, 赖春福等, 2012: 74.

*Triplophysa* (*Hedinichthys*) *ninglangensis*: 武云飞和吴翠珍, 1992: 230.

分布（Distribution）：云南宁蒗县宁蒗河，属金沙江水系.

**（1381）怒江高原鳅 *Triplophysa nujiangensa* Chen, Cui *et* Yang, 2004**

*Triplophysa* (*Triplophysa*) *nujiangensa* Chen, Cui *et* Yang (陈小勇, 崔桂华和杨君兴), 2004b: 505.

*Triplophysa nujiangensa*: Kottelat, 2012: 129; 伍汉霖, 邵广昭, 赖春福等, 2012: 74.

分布（Distribution）：云南怒江和保山市怒江干流.

**（1382）黑体高原鳅 *Triplophysa obscura* Wang, 1987**

*Triplophysa obscura* Wang (王香亭, 见陕西省动物研究所等), 1987: 28; 丁瑞华, 1994: 71, 69; 刘明玉, 解玉浩和季达明, 2000: 159; Kottelat, 2012: 129; 伍汉霖, 邵广昭, 赖春福等, 2012: 74.

*Triplophysa* (*Triplophysa*) *obscura*: 朱松泉, 1989: 86; 朱松泉, 1995: 115.

分布（Distribution）：黄河上游和嘉陵江支流白龙江上游.

**（1383）短吻高原鳅 *Triplophysa obtusirostra* Wu *et* Wu, 1988**

*Triplophysa obtusirostra* Wu *et* Wu (武云飞和吴翠珍), 1988b: 197; 刘明玉, 解玉浩和季达明, 2000: 161; Kottelat, 2012: 129; 伍汉霖, 邵广昭, 赖春福等, 2012: 74.

*Triplophysa* (*Triplophysa*) *obtusirostra*: 朱松泉, 1995: 117.

分布（Distribution）：黄河源头卡日曲小湖.

**（1384）东方高原鳅 *Triplophysa orientalis* (Herzenstein, 1888)**

*Nemachilus kungessanus orientalis* Herzenstein, 1888: 44.

*Triplophysa* (*Triplophysa*) *kungessanus orientalis*: 成庆泰和郑葆珊, 1987: 191.

*Triplophysa* (*Triplophysa*) *orientalis*: 朱松泉, 1989: 84; 武云飞和吴翠珍, 1992: 172; 朱松泉, 1995: 114.

*Triplophysa orientalis*: 丁瑞华, 1994: 67; 张春光, 蔡斌和许涛清, 1995: 50, 68; 刘明玉, 解玉浩和季达明, 2000: 158; Li, Liu *et* Yang, 2007: 47; Zheng *et al.*, 2010: 4; He, Zhang *et* Song (何春林, 张鹗和宋昭彬), 2012: 278; Kottelat, 2012: 129; 伍汉霖, 邵广昭, 赖春福等, 2012: 74.

别名或俗名（Used or common name）：东方巩乃斯高原鳅（成庆泰和郑葆珊, 1987).

分布（Distribution）：甘肃，青海，四川西部的长江水系，黄河上游干流及其附属水体，怒江上游，甘肃河西走廊和青海柴达木盆地的自流水体，西藏的拉萨河.

**（1385）重穗唇高原鳅 *Triplophysa papillosolabiata* (Kessler, 1879)**

*Diplophysa papillosolabiata* Kessler, 1879: 299.

*Nemachilus* (*Deuterophysa*) *papillosolabiatus*: Rendahl, 1933: 35.

*Nemachilus strauchii papillosolabiatus*: 中国科学院动物研究所等, 1979: 43.

*Triplophysa papillosolabiata*: 赵铁桥, 1991: 154.

**别名或俗名（Used or common name）**: 粒唇黑斑条鳅 (中国科学院动物研究所等, 1979).

**分布（Distribution）**: 新疆塔里木河水系及甘肃黑河和疏勒河.

### （1386）黄河高原鳅 *Triplophysa pappenheimi* (Fang, 1935)

*Nemacheilus pappenheimi* Fang, 1935c: 761.

*Triplophysa* (*Triplophysa*) *pappenheimi*: 成庆泰和郑葆珊, 1987: 189; 朱松泉, 1989: 101; 武云飞和吴翠珍, 1992: 231; 朱松泉, 1995: 116.

*Triplophysa pappenheimi*: 丁瑞华, 1994: 85; 刘明玉, 解玉浩和季达明, 2000: 160; Kottelat, 2012: 129; 伍汉霖, 邵广昭, 赖春福等, 2012: 74.

**分布（Distribution）**: 黄河水系上游.

**保护等级（Protection class）**: 省级 (甘肃).

### （1387）小高原鳅 *Triplophysa parvus* Chen, Li *et* Yang, 2009

*Triplophysa parvus* Chen, Li *et* Yang (陈自明, 李维贤和杨君兴), 2009: 86; Kottelat, 2012: 129; 伍汉霖, 邵广昭, 赖春福等, 2012: 74.

**分布（Distribution）**: 云南宜良县贾龙河, 属南盘江水系.

### （1388）多带高原鳅 *Triplophysa polyfasciata* Ding, 1996

*Triplophysa polyfasciata* Ding (丁瑞华), 1996: 11; Kottelat, 2012: 130; 伍汉霖, 邵广昭, 赖春福等, 2012: 74.

**分布（Distribution）**: 四川汶川县岷江水系上游.

### （1389）拟硬刺高原鳅 *Triplophysa pseudoscleroptera* (Zhu *et* Wu, 1981)

*Nemachilus pseudoscleropterus* Zhu *et* Wu (朱松泉和武云飞), 1981: 221.

*Triplophysa* (*Triplophysa*) *pseudoscleroptera*: 成庆泰和郑葆珊, 1987: 191; 朱松泉, 1989: 89; 武云飞和吴翠珍, 1992: 158; 朱松泉, 1995: 115.

*Triplophysa pseudoscleroptera*: 丁瑞华, 1994: 75; 张春光, 蔡斌和许涛清, 1995: 51, 71; 刘明玉, 解玉浩和季达明, 2000: 159; Kottelat, 2012: 130; 伍汉霖, 邵广昭, 赖春福等, 2012: 74.

**别名或俗名（Used or common name）**: 拟硬鳍高原鳅 (朱松泉, 1989; 刘明玉, 解玉浩和季达明, 2000; 伍汉霖, 邵广昭, 赖春福等, 2012).

**分布（Distribution）**: 青海, 云南, 四川西部和甘肃境内的长江, 黄河干流及其附属水体, 柴达木盆地的柴达木河和格尔木河.

### （1390）拟细尾高原鳅 *Triplophysa pseudostenura* He, Zhang *et* Song, 2012

*Triplophysa pseudostenura* He, Zhang *et* Song (何春林, 张鹗和宋昭彬), 2012: 273.

**分布（Distribution）**: 四川雅砻江.

### （1391）丘北盲高原鳅 *Triplophysa qiubeiensis* Li *et* Yang, 2008

*Triplophysa qiubeiensis* Li *et* Yang (李维贤和杨洪福, 见李维贤, 杨洪福, 陈宏等), 2008: 674; Zhao, Gozlan *et* Zhang, 2011: 1553; Kottelat, 2012: 130; Lin, Li *et* Song (林昱, 李超和宋佳坤), 2012: 646; Zheng, Yang *et* Chen, 2012a: 835; 伍汉霖, 邵广昭, 赖春福等, 2012: 74.

**别名或俗名（Used or common name）**: 丘北高原鳅 (伍汉霖, 邵广昭, 赖春福等, 2012).

**分布（Distribution）**: 云南丘北县喀斯特洞穴地下河.

### （1392）粗壮高原鳅 *Triplophysa robusta* (Kessler, 1876)

*Nemachilus robustus* Kessler, 1876: 32.

*Triplophysa* (*Triplophysa*) *robusta*: 成庆泰和郑葆珊, 1987: 189; 朱松泉, 1989: 76; 武云飞和吴翠珍, 1992: 190; 朱松泉, 1995: 113.

*Triplophysa robusta*: 陕西省动物研究所等, 1987: 76; 丁瑞华, 1994: 65, 64; 刘明玉, 解玉浩和季达明, 2000: 158; Kottelat, 2012: 130; 伍汉霖, 邵广昭, 赖春福等, 2012: 75.

**别名或俗名（Used or common name）**: 甘肃高原鳅 (武云飞和吴翠珍, 1992).

**分布（Distribution）**: 黄河和长江支流嘉陵江等的上游.

### （1393）玫瑰高原鳅 *Triplophysa rosa* Chen *et* Yang, 2005

*Triplophysa rosa* Chen *et* Yang (陈小勇和杨君兴), 2005: 599; Li *et al.*, 2008: 676; Zhao, Gozlan *et* Zhang, 2011: 1553; Kottelat, 2012: 130; Yang, Wu *et* Yang, 2012: 170; 伍汉霖, 邵广昭, 赖春福等, 2012: 75.

*Heminoemacheilus wulongensis*: Wu, He, Zhen *et* Li, 2007: 90.

**分布（Distribution）**: 重庆武隆区, 属乌江水系.

### （1394）圆腹高原鳅 *Triplophysa rotundiventris* (Wu *et* Chen, 1979)

*Nemachilus rotundiventris* Wu *et* Chen (武云飞和陈瑗), 1979: 292.

*Triplophysa* (*Triplophysa*) *rotundiventris*: 成庆泰和郑葆珊, 1987: 190; 朱松泉, 1989: 125; 武云飞和吴翠珍, 1992: 226; 朱松泉, 1995: 119.

*Triplophysa rotundiventris*: 张春光, 蔡斌和许涛清, 1995: 68;

刘明玉，解玉浩和季达明, 2000: 162; 伍汉霖，邵广昭，赖春福等, 2012: 75.

*Quighaichthys rotundiventris*: Kottelat, 2012: 103.

**分布（Distribution）**：青海通天河支流结古河，西藏怒江上游那曲，安多和二道河等地.

## （1395）硬刺高原鳅 *Triplophysa scleroptera* (Herzenstein, 1888)

*Nemachilus scleropterus* Herzenstein, 1888: 54.

*Triplophysa* (*Triplophysa*) *scleroptera*: 成庆泰和郑葆珊, 1987: 191; 朱松泉, 1989: 87; 武云飞和吴翠珍, 1992: 176; 朱松泉, 1995: 115.

*Triplophysa scleroptera*: 丁瑞华, 1994: 73; 刘明玉，解玉浩和季达明, 2000: 159; Kottelat, 2012: 130; 伍汉霖，邵广昭，赖春福等, 2012: 75.

**别名或俗名（Used or common name）**：硬鳍高原鳅（朱松泉, 1989; 刘明玉，解玉浩和季达明, 2000; 伍汉霖，邵广昭，赖春福等, 2012).

**分布（Distribution）**：青海湖和黄河上游水系.

## （1396）赛丽高原鳅 *Triplophysa sellaefer* (Nichols, 1925)

*Barbatula yarkandensis sellaefer* Nichols, 1925: 4.

*Triplophysa sellaefer*: 陈景星（见陕西省动物研究所等), 1987: 20; 刘明玉，解玉浩和季达明, 2000: 157; Wang, Wang, Li *et al.* (王所安，王志敏，李国良等), 2001: 170; Kottelat, 2012: 130; 伍汉霖，邵广昭，赖春福等, 2012: 75.

*Triplophysa* (*Triplophysa*) *sellaefer*: 朱松泉, 1989: 74; 朱松泉, 1995: 113.

**分布（Distribution）**：黄河水系中下游.

## （1397）陕西高原鳅 *Triplophysa shaanxiensis* Chen, 1987

*Triplophysa shaanxiensis* Chen (陈景星，见陕西省动物研究所等), 1987: 21; 刘明玉，解玉浩和季达明, 2000: 158; Kottelat, 2012: 131; 伍汉霖，邵广昭，赖春福等, 2012: 75.

*Triplophysa* (*Triplophysa*) *shaanxiensis*: 朱松泉, 1989: 75; 朱松泉, 1995: 113.

**分布（Distribution）**：渭河下游北岸各支流.

**保护等级（Protection class）**：省级（陕西).

## （1398）石林盲高原鳅 *Triplophysa shilinensis* Chen *et* Yang, 1992

*Triplophysa shilinensis* Chen *et* Yang (陈银瑞和杨君兴，见陈银瑞，杨君兴和徐国才), 1992: 17; 刘明玉，解玉浩和季达明, 2000: 163; Kottelat, 2012: 131; 伍汉霖，邵广昭，赖春福等, 2012: 75.

*Triplophysa* (*Triplophysa*) *shilinensis*: 朱松泉, 1995: 119.

**分布（Distribution）**：云南石林县石林镇地下河.

## （1399）似鲇高原鳅 *Triplophysa siluroides* (Herzenstein, 1888)

*Nemachilus siluroides* Herzenstein, 1888: 62.

*Triplophysa* (*Triplophysa*) *siluroides*: 成庆泰和郑葆珊, 1987: 189; 朱松泉, 1989: 103; 武云飞和吴翠珍, 1992: 233; 朱松泉, 1995: 116.

*Triplophysa siluroides*: 丁瑞华, 1994: 86; 刘明玉，解玉浩和季达明, 2000: 160; Kottelat, 2012: 131; 伍汉霖，邵广昭，赖春福等, 2012: 75.

**别名或俗名（Used or common name）**：拟鲇高原鳅（朱松泉, 1989; 武云飞和吴翠珍, 1992; 陈宜瑜等, 1988; 刘明玉，解玉浩和季达明, 2000).

**分布（Distribution）**：黄河上游.

**保护等级（Protection class）**：《中国濒危动物红皮书·鱼类》（易危），省级（甘肃，青海).

## （1400）细尾高原鳅 *Triplophysa stenura* (Herzenstein, 1888)

*Nemachilus stenurus* Herzenstein, 1888: 64.

*Triplophysa* (*Triplophysa*) *stenura*: 成庆泰和郑葆珊, 1987: 190; 朱松泉, 1989: 117; 武云飞和吴翠珍, 1990a: 63; 武云飞和吴翠珍, 1992: 238; 朱松泉, 1995: 118.

*Triplophysa stenura*: 丁瑞华, 1994: 93; 张春光，蔡斌和许涛清, 1995: 63, 81; 刘明玉，解玉浩和季达明, 2000: 162; Li, Liu *et* Yang, 2007: 47; He, Song *et* Zhang, 2008: 47; Zheng *et al.*, 2010: 4; 伍汉霖，邵广昭，赖春福等, 2012: 75.

**分布（Distribution）**：青藏高原和四川西部的长江，澜沧江，怒江，雅鲁藏布江等水系.

## （1401）异尾高原鳅 *Triplophysa stewarti* (Hora, 1922)

*Diplophysa stewarti* Hora, 1922: 70.

*Nemachilus longianalis*: Ren *et* Wu (任慕莲和武云飞), 1982: 82.

*Triplophysa* (*Triplophysa*) *stewarti*: 成庆泰和郑葆珊, 1987: 192; 朱松泉, 1989: 97; 武云飞和吴翠珍, 1992: 168; 朱松泉, 1995: 116.

*Nemachilus longianalis tangtianhensis*: Wu *et* Wu (武云飞和吴翠珍), 1988a: 21.

*Triplophysa stewarti*: 张春光，蔡斌和许涛清, 1995: 54; 刘明玉，解玉浩和季达明, 2000: 160; Kottelat, 2012: 131; 伍汉霖，邵广昭，赖春福等, 2012: 75.

**别名或俗名（Used or common name）**：刺突高原鳅（武云飞和吴翠珍, 1992).

**分布（Distribution）**：青藏高原长江，怒江源头，狮泉河，雅鲁藏布江中上游干支流及纳木错，奇林湖，羊卓雍错，多钦错，昂拉仁错，斯潘古尔湖等水域.

### （1402）斯氏高原鳅 *Triplophysa stoliczkai* (Steindachner, 1866)

*Cobitis stolickai* Steindachner, 1866b: 793.

*Triplophysa* (*Triplophysa*) *stoliczkae*: 成庆泰和郑葆珊, 1987: 190; 朱松泉, 1989: 97; 武云飞和吴翠珍, 1992: 212; 朱松泉, 1995: 118; Chen, Cui *et* Yang (陈小勇, 崔桂华和杨君兴), 2004: 507.

*Triplophysa stoliczkae*: 丁瑞华, 1994: 89; 刘明玉, 解玉浩和季达明, 2000: 162; Li, Liu *et* Yang, 2007: 47; He, Song *et* Zhang, 2008: 49; Zheng *et al.*, 2010: 4; He, Zhang *et* Song (何春林, 张鹗和宋昭彬), 2012: 279.

*Triplophysa stoliczkai*: Kottelat, 2012: 131; 伍汉霖, 邵广昭, 赖春福等, 2012: 75.

**分布（Distribution）**: 青海, 西藏, 新疆, 四川西部, 甘肃, 宁夏和内蒙古等地. 国外分布于印度, 阿富汗, 伊朗, 巴基斯坦和乌兹别克斯坦.

### （1403）新疆高原鳅 *Triplophysa strauchii* (Kessler, 1874)

*Diplophysa strauchii* Kessler, 1874: 58.

*Triplophysa* (*Triplophysa*) *strauchii*: 成庆泰和郑葆珊, 1987: 192.

*Triplophysa* (*Triplophysa*) *strauchii*: 朱松泉, 1989: 93; 武云飞和吴翠珍, 1992: 186; 朱松泉, 1995: 115.

*Triplophysa strauchii*: 刘明玉, 解玉浩和季达明, 2000: 160; Kottelat, 2012: 131; 伍汉霖, 邵广昭, 赖春福等, 2012: 75.

**别名或俗名（Used or common name）**: 黑斑高原鳅 (武云飞和吴翠珍, 1992).

**分布（Distribution）**: 新疆伊犁河, 额敏河, 博乐市塔拉河, 玛纳斯河和乌鲁木齐河. 国外分布于哈萨克斯坦的斋桑湖, 巴尔喀什湖和阿拉湖, 吉尔吉斯斯坦的伊塞克湖等.

### （1404）唐古拉高原鳅 *Triplophysa tanggulaensis* (Zhu, 1982)

*Nemachilus tanggulaensis* Zhu (朱松泉), 1982a: 223.

*Triplophysa* (*Triplophysa*) *tanggulaensis*: 成庆泰和郑葆珊, 1987: 190; 朱松泉, 1989: 112; 朱松泉, 1995: 118; Chen, Cui *et* Yang (陈小勇, 崔桂华和杨君兴), 2004: 507.

*Triplophysa tanggulaensis*: 刘明玉, 解玉浩和季达明, 2000: 162; Kottelat, 2012: 132; 伍汉霖, 邵广昭, 赖春福等, 2012: 75.

**分布（Distribution）**: 青海唐古拉山口北坡温泉附近的温泉溪流中.

### （1405）窄尾高原鳅 *Triplophysa tenuicauda* (Steindachner, 1866)

*Cobitis tenuicauda* Steindachner, 1866b: 792.

*Triplophysa* (*Triplophysa*) *tenuicauda*: 成庆泰和郑葆珊, 1987: 190; 朱松泉, 1989: 119; 武云飞和吴翠珍, 1992: 235; 朱松泉, 1995: 118.

*Triplophysa tenuicauda*: 张春光, 蔡斌和许涛清, 1995: 64; 刘明玉, 解玉浩和季达明, 2000: 162; He, Song *et* Zhang, 2008: 47; 伍汉霖, 邵广昭, 赖春福等, 2012: 75.

**分布（Distribution）**: 西藏阿里地区狮泉河. 国外分布于巴基斯坦和印度.

### （1406）长身高原鳅 *Triplophysa tenuis* (Day, 1877)

*Nemacheilus tenuis* Day, 1877: 796.

*Triplophysa* (*Triplophysa*) *tenuis*: 朱松泉, 1989: 95; 武云飞和吴翠珍, 1992: 184; 朱松泉, 1995: 116.

*Triplophysa tenuis*: 刘明玉, 解玉浩和季达明, 2000: 160; Li, Liu *et* Yang, 2007: 47; 伍汉霖, 邵广昭, 赖春福等, 2012: 75.

*Indotriplophysa tenuis*: Kottelat, 2012: 86.

**分布（Distribution）**: 新疆的博斯腾湖和塔里木河水系, 甘肃河西走廊的疏勒河和弱水. 国外分布于阿富汗和伊朗.

### （1407）天峨高原鳅 *Triplophysa tianeensis* Chen, Cui *et* Yang, 2004

*Triplophysa tianeensis* Chen, Cui *et* Yang (陈小勇, 崔桂华和杨君兴), 2004a: 228; Li *et al.*, 2008: 676; Chen, Li *et* Yang, 2009: 90; Zheng, Du, Chen *et al.*, 2009: 5; Zhao, Gozlan *et* Zhang, 2011: 1552; Kottelat, 2012: 132; Lin, Li *et* Song (林昱, 李超和宋佳坤), 2012: 646; Yang, Wu *et* Yang, 2012: 170; Zheng, Yang *et* Chen, 2012a: 835; 伍汉霖, 邵广昭, 赖春福等, 2012: 75; 蓝家湖, 甘西, 吴铁军等, 2013: 114.

**分布（Distribution）**: 广西天峨县八腊乡和岜暮乡洞穴, 属红水河水系.

### （1408）西藏高原鳅 *Triplophysa tibetana* (Regan, 1905)

*Nemachilus tibetanus* Regan, 1905c: 187.

*Triplophysa* (*Triplophysa*) *tibetana*: 成庆泰和郑葆珊, 1987: 192; 朱松泉, 1989: 100; 武云飞和吴翠珍, 1992: 153; 朱松泉, 1995: 116.

*Triplophysa tibetana*: 张春光, 蔡斌和许涛清, 1995: 52; 刘明玉, 解玉浩和季达明, 2000: 160; Kottelat, 2012: 132; 伍汉霖, 邵广昭, 赖春福等, 2012: 75.

**分布（Distribution）**: 雅鲁藏布江水系, 狮泉河, 玛旁雍错, 莫特里湖, 朋曲河等水系.

### （1409）吐鲁番高原鳅 *Triplophysa turpanensis* Wu *et* Wu, 1992

*Triplophysa* (*Triplophysa*) *turpanensis* Wu *et* Wu (武云飞和吴翠珍), 1992: 175.

*Triplophysa turpanensis*: Kottelat, 2012: 132; 伍汉霖, 邵广昭, 赖春福等, 2012: 75.

**分布（Distribution）**: 新疆吐鲁番市, 鄯善和乌鲁木齐市等地.

**（1410）秀丽高原鳅 *Triplophysa venusta* Zhu *et* Cao, 1988**

*Triplophysa venusta* Zhu *et* Cao (朱松泉和曹文宣), 1988: 96; Zhou *et* Cui (周伟和崔桂华), 1997: 180; 刘明玉, 解玉浩和季达明, 2000: 158; Kottelat, 2012: 132; 伍汉霖, 邵广昭, 赖春福等, 2012: 75.

*Triplophysa* (*Triplophysa*) *venusta*: 朱松泉, 1989: 78; 朱松泉, 1995: 114.

**分布（Distribution）**：云南丽江县的黑龙潭和漾弓江.

**（1411）歪思汗高原鳅 *Triplophysa waisihani* Cao *et* Zhang, 2008**

*Triplophysa waisihani* Cao *et* Zhang (曹亮和张鹗), 2008: 35; Kottelat, 2012: 132; 伍汉霖, 邵广昭, 赖春福等, 2012: 75.

**分布（Distribution）**：新疆伊宁市伊犁河支流喀什河.

**（1412）武威高原鳅 *Triplophysa wuweiensis* (Li *et* Chang, 1974)**

*Nemachilus wuweiensis* Li *et* Chang (李思忠和张世义), 1974: 415.

*Triplophysa* (*Triplophysa*) *wuweiensis*: 成庆泰和郑葆珊, 1987: 192; 朱松泉, 1989: 90; 武云飞和吴翠珍, 1992: 181; 朱松泉, 1995: 115.

*Triplophysa wuweiensis*: 刘明玉, 解玉浩和季达明, 2000: 159; Kottelat, 2012: 132; 伍汉霖, 邵广昭, 赖春福等, 2012: 75.

**分布（Distribution）**：甘肃河西走廊的石羊河水系.

**（1413）响水箐高原鳅 *Triplophysa xiangshuingensis* Li, 2004**

*Triplophysa xiangshuingensis* Li (李维贤), 2004: 93; Li *et al.*, 2008: 676; Zheng, Du, Chen *et al.*, 2009: 5; Zhao, Gozlan *et* Zhang, 2011: 1553; Kottelat, 2012: 133; Lin, Li *et* Song (林昱, 李超和宋佳坤), 2012: 646; Yang, Wu *et* Yang, 2012: 170; Zheng, Yang *et* Chen, 2012: 835a; 伍汉霖, 邵广昭, 赖春福等, 2012: 75.

**分布（Distribution）**：云南石林县, 属南盘江水系.

**（1414）湘西盲高原鳅 *Triplophysa xiangxiensis* (Yang, Yuan *et* Liao, 1986)**

*Noemacheilus xiangxiensis* Yang, Yuan *et* Liao (杨干荣, 袁凤霞和廖荣谋), 1986: 219.

*Schistura xiangxiensis*: 朱松泉, 1989: 58.

*Triplophysa xiangxiensis*: Chen, Yang *et* Xu (陈银瑞, 杨君兴和徐国才), 1992: 19; Zhou *et* Cui (周伟和崔桂华), 1993: 87; 刘明玉, 解玉浩和季达明, 2000: 163; Chen *et* Yang (陈小勇和杨君兴), 2005: 607; Li *et al.*, 2008: 676; Yang, Wu *et* Lan (杨剑, 吴铁军和蓝家湖), 2011: 569; Zhao, Gozlan *et* Zhang, 2011: 1553; Kottelat, 2012: 133; Lin, Li *et* Song (林昱, 李超和宋佳坤), 2012: 646; Wu, Yang *et* Lan, 2012: 879; Yang, Wu *et* Yang, 2012: 170; 伍汉霖, 邵广昭, 赖春福等, 2012: 75.

*Triplophysa* (*Triplophysa*) *xiangxiensis*: 朱松泉, 1995: 120.

**别名或俗名（Used or common name）**：湘西高原鳅 (伍汉霖, 邵广昭, 赖春福等, 2012).

**分布（Distribution）**：湖南龙山县火岩乡地下河中.

**（1415）西昌高原鳅 *Triplophysa xichangensis* Zhu *et* Cao, 1989**

*Triplophysa* (*Triplophysa*) *xichangensis* Zhu *et* Cao (朱松泉和曹文宣), 1989: 79; 朱松泉, 1995: 114.

*Triplophysa xichangensis*: 丁瑞华, 1994: 71; Ding *et* Lai (丁瑞华和赖琪), 1996: 375; Zhou *et* Cui (周伟和崔桂华), 1997: 180; 刘明玉, 解玉浩和季达明, 2000: 158; He, Zhang *et* Song (何春林, 张鹗和宋昭彬), 2012: 278; Kottelat, 2012: 133; 伍汉霖, 邵广昭, 赖春福等, 2012: 75.

**分布（Distribution）**：四川西昌市安宁河 (雅砻江支流).

**（1416）西溪高原鳅 *Triplophysa xiqiensis* Ding *et* Lai, 1996**

*Triplophysa xiqiensis* Ding *et* Lai (丁瑞华和赖琪), 1996: 374; Kottelat, 2012: 133; 伍汉霖, 邵广昭, 赖春福等, 2012: 75.

**分布（Distribution）**：四川昭觉县西溪河.

**（1417）姚氏高原鳅 *Triplophysa yaopeizhii* Xu *et* Zhang, 1995**

*Triplophysa yaopeizhii* Xu *et* Zhang (许涛清和张春光, 见张春光, 蔡斌和许涛清), 1995: 57; 许涛清和张春光, 1996: 377; Kottelat, 2012: 133; 伍汉霖, 邵广昭, 赖春福等, 2012: 75.

**分布（Distribution）**：现知仅分布于西藏江达县, 芒康县, 贡觉县等地, 均属金沙江上游右侧支流.

**（1418）河西叶尔羌高原鳅 *Triplophysa yarkandensis macroptera* (Herzenstein, 1888)**

*Nemachilus yarkandensis macropterus* Herzenstein, 1888: 79.

*Triplophysa* (*Hedinichthys*) *yarkandensis macropterus*: 朱松泉, 1989: 131; 朱松泉, 1995: 120.

*Triplophysa yarkandensis macropterus*: 刘明玉, 解玉浩和季达明, 2000: 163.

*Hedinichthys macropterus*: Kottelat, 2012: 82; 伍汉霖, 邵广昭, 赖春福等, 2012: 69.

**别名或俗名（Used or common name）**：大鳍赫氏爬鳅 (伍汉霖, 邵广昭, 赖春福等, 2012).

**分布（Distribution）**：甘肃河西走廊的疏勒河, 月牙泉和弱水.

**（1419）叶尔羌高原鳅 *Triplophysa yarkandensis yarkandensis* (Day, 1877)**

*Nemacheilus yarkandensis* Day, 1877: 796; 中国科学院动物

研究所等, 1979: 49.

*Nemachilus yarkandensis nordkansuensis*: Li *et* Chang (李思忠和张世义), 1974: 416.

*Triplophysa* (*Hedinichthys*) *yarkandensis yarkandensis*: 朱松泉, 1989: 129; 朱松泉, 1995: 120.

*Triplophysa* (*Hedinichthys*) *yarkandensis*: 武云飞和吴翠珍, 1992: 256.

*Triplophysa yarkandensis yarkandensis*: 刘明玉, 解玉浩和季达明, 2000: 163; Li, Liu *et* Yang, 2007: 47.

*Hedinichthys yarkandensis*: Kottelat, 2012: 82; 伍汉霖, 邵广昭, 赖春福等, 2012: 69.

**别名或俗名（Used or common name）**: 叶尔羌赫氏爬鳅 (伍汉霖, 邵广昭, 赖春福等, 2012).

**分布（Distribution）**: 新疆塔里木河水系.

### （1420）云南高原鳅 *Triplophysa yunnanensis* Yang, 1990

*Triplophysa yunnanensis* Yang (杨君兴, 见褚新洛和陈银瑞等), 1990: 56; Chen, Yang *et* Xu (陈银瑞, 杨君兴和徐国才), 1992: 19; Lan, Yang *et* Chen (见蓝家湖, 杨君兴和陈银瑞), 1995: 369; Li *et* Zhu (李维贤和祝志刚), 2000: 397; 刘明玉, 解玉浩和季达明, 2000: 157; Chen *et* Yang (陈小勇和杨君兴), 2005: 604; Chen, Li *et* Yang, 2009: 90; Zheng, Du, Chen *et al*., 2009: 5; Zhao, Gozlan *et* Zhang, 2011: 1553; Kottelat, 2012: 133; Lin, Li *et* Song (林昱, 李超和宋佳坤), 2012: 646; Ren, Yang *et* Chen (任秋, 杨君兴和陈小勇), 2012: 191; Yang, Wu *et* Yang, 2012: 170; Zheng, Yang *et* Chen, 2012a: 835; 伍汉霖, 邵广昭, 赖春福等, 2012: 75.

*Triplophysa* (*Triplophysa*) *yunnanensis*: 朱松泉, 1995: 113.

**分布（Distribution）**: 云南南盘江上游.

### （1421）巨头高原鳅 *Triplophysa zamegacephala* (Zhao, 1985)

*Nemachilus zamegacephalus* Zhao (赵铁桥), 1985: 53.

*Triplophysa* (*Triplophysa*) *zamegacephala*: 武云飞和吴翠珍, 1992: 157.

*Triplophysa zamegacephala*: 刘明玉, 解玉浩和季达明, 2000: 159; Li, Liu *et* Yang, 2007: 47; 伍汉霖, 邵广昭, 赖春福等, 2012: 75.

*Qinghaichthys zamegacephalus*: Kottelat, 2012: 103.

**分布（Distribution）**: 新疆阿克陶县苏巴什湖, 琼块勒巴什湖和布伦口湖, 均属盖孜河水系; 巴楚县楚巴什海子.

### （1422）赵氏高原鳅 *Triplophysa zhaoi* Prokofiev, 2006

*Triplophysa zhaoi* Prokofiev, 2006: 244; Kottelat, 2012: 133; 伍汉霖, 邵广昭, 赖春福等, 2012: 74.

*Nemachilus turfanensis* Herzenstein, 1899: 414.

**别名或俗名（Used or common name）**: 曹氏高原鳅 (伍汉霖, 邵广昭, 赖春福等, 2012).

**分布（Distribution）**: 新疆吐鲁番盆地.

### （1423）贞丰高原鳅 *Triplophysa zhenfengensis* Wang *et* Li, 2001

*Triplophysa zhenfengensis* Wang *et* Li (王大忠和李德俊), 2001: 101; Li *et al*., 2008: 677; Chen, Li *et* Yang, 2009: 90; Zheng, Du, Chen *et al*., 2009: 5; Zhao, Gozlan *et* Zhang, 2011: 1553; Kottelat, 2012: 133; Lin, Li *et* Song (林昱, 李超和宋佳坤), 2012: 646; Ren, Yang *et* Chen (任秋, 杨君兴和陈小勇), 2012: 191; Yang, Wu *et* Yang, 2012: 170; Zheng, Yang *et* Chen, 2012a: 835; 伍汉霖, 邵广昭, 赖春福等, 2012: 75.

**分布（Distribution）**: 贵州贞丰县, 属珠江水系上游北盘江水系.

## 399. 洞鳅属 *Troglonectes* Zhang, Zhao *et* Tang, 2016

*Troglonectes* Zhang, Zhao *et* Tang (张春光, 赵亚辉和唐莉), 2016: 146.

### （1424）弓背洞鳅 *Troglonectes acridorsalis* (Lan, 2013)

*Oreonectes acridorsalis* Lan (蓝家湖, 见蓝家湖, 甘西, 吴铁军等), 2013: 68.

**分布（Distribution）**: 广西天峨县, 属红水河水系.

### （1425）弱须洞鳅 *Troglonectes barbatus* (Gan, 2013)

*Oreonectes barbatus* Gan (甘西, 见蓝家湖, 甘西, 吴铁军等), 2013: 72.

**分布（Distribution）**: 广西南丹县, 属珠江流域西江支流柳江水系.

### （1426）长体洞鳅 *Troglonectes elongatus* (Tang, Zhao *et* Zhang, 2012)

*Oreonectes elongatus* Tang, Zhao *et* Zhang (唐莉, 赵亚辉和张春光), 2012: 483; Kottelat, 2012: 94.

*Troglonectes elongatus*: 唐莉, 2012: 53.

**分布（Distribution）**: 广西环江县溶洞河, 属珠江流域西江支流柳江水系.

### （1427）叉尾洞鳅 *Troglonectes furcocaudalis* (Zhu *et* Cao, 1987)

*Oreonectes furcocaudalis* Zhu *et* Cao (朱松泉和曹文宣), 1987: 326; 朱松泉, 1989: 24; Lan, Yang *et* Chen (蓝家湖, 杨君兴和陈银瑞), 1995: 367; 朱松泉, 1995: 107; 刘明玉, 解玉浩和季达明, 2000: 154; Zhang, Zhao *et* Zhang (张振玲, 赵亚辉和张春光), 2006: 614; Du, Chen *et* Yang (杜丽娜, 陈小勇和杨君兴), 2008: 28; Huang, Du, Chen *et al*. (黄爱民,

杜丽娜，陈小勇等), 2009: 445; Yang *et al.*, 2011: 210; Zhao, Gozlan *et* Zhang, 2011: 1552; Kottelat, 2012: 94; Tang, Zhao *et* Zhang (唐莉，赵亚辉和张春光), 2012: 484; 伍汉霖，邵广昭，赖春福等，2012: 71; 蓝家湖，甘西，吴铁军等，2013: 56.

*Troglonectes furcocaudalis*: 唐莉, 2012: 35.

**别名或俗名（Used or common name）**：叉尾平鳅 (朱松泉, 1989; 刘明玉，解玉浩和季达明, 2000).

**分布（Distribution）**：广西融水县城郊地下河，属珠江流域西江支流柳江水系.

### （1428）大鳞洞鳅 *Troglonectes macrolepis* (Huang, Du, Chen *et* Yang, 2009)

*Oreonectes macrolepis* Huang, Du, Chen *et* Yang (黄爱民，杜丽娜，陈小勇和杨君兴), 2009: 446; Yang *et al.*, 2011: 210; Zhao, Gozlan *et* Zhang, 2011: 1552; Kottelat, 2012: 94; Tang, Zhao *et* Zhang (唐莉，赵亚辉和张春光), 2012: 483; 伍汉霖，邵广昭，赖春福等，2012: 71; 蓝家湖，甘西，吴铁军等，2013: 64.

*Troglonectes macrolepis*: 唐莉, 2012: 39.

**分布（Distribution）**：广西环江县，属珠江流域西江支流柳江水系.

### （1429）小眼洞鳅 *Troglonectes microphthalmus* (Du, Chen *et* Yang, 2008)

*Oreonectes microphthalmus* Du, Chen *et* Yang (杜丽娜，陈小勇和杨君兴), 2008: 28; Huang, Du, Chen *et al.* (黄爱民，杜丽娜，陈小勇等), 2009: 445; Yang *et al.*, 2011: 210; Zhao, Gozlan *et* Zhang, 2011: 1552; Kottelat, 2012: 94; Tang, Zhao *et* Zhang (唐莉，赵亚辉和张春光), 2012: 484; 伍汉霖，邵广昭，赖春福等，2012: 71; 蓝家湖，甘西，吴铁军等, 2013: 61.

*Troglonectes microphthalmus*: 唐莉, 2012: 43.

**分布（Distribution）**：广西罗城县，属珠江流域西江支流柳江水系.

### （1430）透明洞鳅 *Troglonectes translucens* (Zhang, Zhao *et* Zhang, 2006)

*Oreonectes translucens* Zhang, Zhao *et* Zhang (张振玲，赵亚辉和张春光), 2006: 612; Yang *et al.*, 2011: 210; Zhao, Gozlan *et* Zhang, 2011: 1552; Kottelat, 2012: 94; Tang, Zhao *et* Zhang (唐莉，赵亚辉和张春光), 2012: 483; 伍汉霖，邵广昭，赖春福等, 2012: 71; 蓝家湖，甘西，吴铁军等, 2013: 59.

*Triplophysa longibarbatus*: Du, Chen *et* Yang (杜丽娜，陈小勇和杨君兴), 2008: 33.

*Troglonectes translucens*: 唐莉, 2012: 47.

**分布（Distribution）**：广西都安县下坳溶洞地下河，属珠江流域西江水系红水河支流.

## 400. 云南鳅属 *Yunnanilus* Nichols, 1925

*Yunnanilus* Nichols, 1925: 1.

### （1431）高体云南鳅 *Yunnanilus altus* Kottelat *et* Chu, 1988

*Yunnanilus altus* Kottelat *et* Chu (Kottelat 和褚新洛), 1988b: 72; 杨君兴 (见褚新洛和陈银瑞等), 1990: 17; 杨君兴和陈银瑞, 1995: 23; 朱松泉, 1995: 107; 刘明玉，解玉浩和季达明, 2000: 153; Chen, Yang *et* Yang (陈自明，杨剑和杨君兴), 2012: 62; Kottelat, 2012: 134; 伍汉霖，邵广昭，赖春福等, 2012: 75.

**分布（Distribution）**：云南南盘江水系.

### （1432）长臀云南鳅 *Yunnanilus analis* Yang, 1990

*Yunnanilus analis* Yang (杨君兴，见褚新洛和陈银瑞等), 1990: 19; Yang (杨君兴), 1991: 199; 朱松泉, 1995: 106; 刘明玉，解玉浩和季达明, 2000: 152; Kottelat, 2012: 134; 伍汉霖，邵广昭，赖春福等, 2012: 75.

**分布（Distribution）**：云南星云湖.

### （1433）白莲云南鳅 *Yunnanilus bailianensis* Yang, 2013

*Yunnanilus bailianensis* Yang (杨剑，见蓝家湖，甘西，吴铁军等), 2013: 51.

**分布（Distribution）**：广西柳州市白莲洞，属珠江流域西江支流柳江水系.

### （1434）巴江云南鳅 *Yunnanilus bajiangensis* Li, 2004

*Yunnanilus bajiangensis* Li (李维贤), 2004: 94; Zhao, Gozlan *et* Zhang, 2011: 1553; Chen, Yang *et* Yang (陈自明，杨剑和杨君兴), 2012: 62; Kottelat, 2012: 134; 伍汉霖，邵广昭，赖春福等, 2012: 75.

**分布（Distribution）**：云南石林县黑龙潭水库.

### （1435）北盘江云南鳅 *Yunnanilus beipanjiangensis* Li, Mao *et* Sun, 1994

*Yunnanilus beipanjiangensis* Li, Mao *et* Sun (李维贤，卯卫宁和孙荣富，见李维贤，卯卫宁，孙荣富等), 1994: 370; Li, Wu, Xu *et al.* (李维贤，武德方，许坤等), 1999: 4; An, Liu *et* Li (安莉，刘柏松和李维贤), 2009: 633; Zhao, Gozlan *et* Zhang, 2011: 1553; Kottelat, 2012: 134; 伍汉霖，邵广昭，赖春福等, 2012: 75.

**分布（Distribution）**：云南北盘江水系.

### （1436）草海云南鳅 *Yunnanilus caohaiensis* Ding, 1992

*Yunnanilus caohaiensis* Ding (丁瑞华), 1992: 489; 朱松泉, 1995: 548; Li, Tao, Mao *et al.* (李维贤，陶进能，卯卫宁等),

2000: 351; Chen, Yang *et* Yang (陈自明, 杨剑和杨君兴), 2012: 62; Kottelat, 2012: 134; 伍汉霖, 邵广昭, 赖春福等, 2012: 75.

**分布（Distribution）**：贵州草海.

### （1437）褚氏云南鳅 *Yunnanilus chui* Yang, 1991

*Yunnanilus chui* Yang (杨君兴), 1991: 199; 杨君兴和陈银瑞, 1995: 11; An, Liu *et* Li (安莉, 刘柏松和李维贤), 2009: 635; Kottelat, 2012: 134; 伍汉霖, 邵广昭, 赖春福等, 2012: 75.

**分布（Distribution）**：云南抚仙湖.

### （1438）异色云南鳅 *Yunnanilus discoloris* Zhou *et* He, 1989

*Yunnanilus discoloris* Zhou *et* He (周伟和何纪昌), 1989: 381; 朱松泉, 1995: 106; 刘明玉, 解玉浩和季达明, 2000: 152; An, Liu *et* Li (安莉, 刘柏松和李维贤), 2009: 633; Zhao, Gozlan *et* Zhang, 2011: 1553; Kottelat, 2012: 135; 伍汉霖, 邵广昭, 赖春福等, 2012: 75.

**分布（Distribution）**：云南呈贡区白龙潭.

### （1439）纺锤云南鳅 *Yunnanilus elakatis* Cao *et* Zhu, 1989

*Yunnanilus pleurotaenia elakatis* Cao *et* Zhu (曹文宣和朱松泉, 见郑慈英等), 1989: 43.

*Yunnanilus elakatis*: 朱松泉, 1989: 17; Yang (杨君兴), 1991: 199; 朱松泉, 1995: 106; 刘明玉, 解玉浩和季达明, 2000: 152; Zhu, Du, Chen *et al.* (朱瑜, 杜丽娜, 陈小勇等), 2009: 197; Kottelat, 2012: 135; 伍汉霖, 邵广昭, 赖春福等, 2012: 75.

**分布（Distribution）**：云南阳宗海.

### （1440）叉尾云南鳅 *Yunnanilus forkicaudalis* Li, 1999

*Yunnanilus forkicaudalis* Li (李维贤), 1999: 4; 伍汉霖, 邵广昭, 赖春福等, 2012: 75.

**分布（Distribution）**：云南石林县黑龙潭水库泉眼外小溪流, 罗平县牛街乡小溪流.

### （1441）干河云南鳅 *Yunnanilus ganheensis* An, Liu *et* Li, 2009

*Yunnanilus ganheensis* An, Liu *et* Li (安莉, 刘柏松和李维贤), 2009: 635; Kottelat, 2012: 135; 伍汉霖, 邵广昭, 赖春福等, 2012: 75.

**分布（Distribution）**：云南寻甸县大河乡干河, 属金沙江水系支流牛栏江.

### （1442）靖西云南鳅 *Yunnanilus jinxiensis* Zhu, Du, Chen *et* Yang, 2009

*Yunnanilus jinxiensis* Zhu, Du, Chen *et* Yang (朱瑜, 杜丽娜, 陈小勇和杨君兴), 2009: 196; Kottelat, 2012: 135; 伍汉霖, 邵广昭, 赖春福等, 2012: 75; 蓝家湖, 甘西, 吴铁军等, 2013: 47.

*Yunnanilus jingxiensis*: Zhao, Gozlan *et* Zhang, 2011: 1553.

**分布（Distribution）**：广西靖西市禄峒镇, 那坡县坡荷乡等地的洞穴地下河, 均属左江水系.

### （1443）长须云南鳅 *Yunnanilus longibarbatus* Gan, Chen *et* Yang, 2007

*Yunnanilus longibarbatus* Gan, Chen *et* Yang (甘西, 陈小勇和杨君兴), 2007: 322; Zhao, Gozlan *et* Zhang, 2011: 1553; Chen, Yang *et* Yang (陈自明, 杨剑和杨君兴), 2012: 62; Kottelat, 2012: 135; 伍汉霖, 邵广昭, 赖春福等, 2012: 75; 蓝家湖, 甘西, 吴铁军等, 2013: 44.

**分布（Distribution）**：广西都安县高岭镇澄江上游一支流的源头地下河, 地苏镇地下河上游东庙乡等地, 均属红水河水系.

### （1444）长鳔云南鳅 *Yunnanilus longibulla* Yang, 1990

*Yunnanilus longibulla* Yang (杨君兴, 见褚新洛和陈银瑞等), 1990: 21; 朱松泉, 1995: 106; 刘明玉, 解玉浩和季达明, 2000: 153; Zhu, Du, Chen *et al.* (朱瑜, 杜丽娜, 陈小勇等), 2009: 197; Kottelat, 2012: 135; 伍汉霖, 邵广昭, 赖春福等, 2012: 75.

**分布（Distribution）**：云南程海.

### （1445）长背云南鳅 *Yunnanilus longidorsalis* Li, Tao *et* Lu, 2000

*Yunnanilus longidorsalis* Li, Tao *et* Lu (李维贤, 陶进能和卢宗民, 见李维贤, 陶进能, 卯卫宁等), 2000: 350; Zhao, Gozlan *et* Zhang, 2011: 1553; Chen, Yang *et* Yang (陈自明, 杨剑和杨君兴), 2012: 61; 伍汉霖, 邵广昭, 赖春福等, 2012: 75.

*Eonemachilus longidorsalis*: Kottelat, 2012: 82.

**分布（Distribution）**：云南罗平县阿岗乡龙潭, 属南盘江水系.

### （1446）膨腹云南鳅 *Yunnanilus macrogaster* Kottelat *et* Chu, 1988

*Yunnanilus macrogaster* Kottelat *et* Chu (Kottelat 和褚新洛), 1988b: 81; 朱松泉, 1995: 106; Zhu, Du, Chen *et al.* (朱瑜, 杜丽娜, 陈小勇等), 2009: 197; Zhao, Gozlan *et* Zhang, 2011: 1553; Kottelat, 2012: 135; 伍汉霖, 邵广昭, 赖春福等, 2012: 75.

**别名或俗名（Used or common name）**：膨腹云南鳅 (伍汉霖, 邵广昭, 赖春福等, 2012).

**分布（Distribution）**：云南罗平县大水井乡大塘子村.

### （1447）大斑云南鳅 *Yunnanilus macroistanus* Li, 1999

*Yunnanilus macrositanus* Li (李维贤), 1999: 4; An, Liu *et* Li

(安莉, 刘柏松和李维贤), 2009: 636; Zhu, Du, Chen *et al.* (朱瑜, 杜丽娜, 陈小勇等), 2009: 197; Kottelat, 2012: 135; 伍汉霖, 邵广昭, 赖春福等, 2012: 75.

**分布（Distribution）**：云南石林县黑龙潭水库泉眼外小溪流.

### （1448）大鳞云南鳅 *Yunnanilus macrolepis* Li, Tao *et* Mao, 2000

*Yunnanilus macrolepis* Li, Tao *et* Mao (李维贤, 陶进能和卯卫宁, 见李维贤, 陶进能, 卯卫宁等), 2000: 349; Zhu, Du, Chen *et al.* (朱瑜, 杜丽娜, 陈小勇等), 2009: 197; Zhao, Gozlan *et* Zhang, 2011: 1553; 伍汉霖, 邵广昭, 赖春福等, 2012: 75.

*Yunnanilus paludosus*: Kottelat, 2012: 135.

**分布（Distribution）**：云南罗平县学田龙潭, 属南盘江水系.

### （1449）南盘江云南鳅 *Yunnanilus nanpanjiangensis* Li, Mao *et* Lu, 1994

*Yunnanilus nanpanjiangensis* Li, Mao *et* Lu (李维贤, 卯卫宁和卢宗民, 见李维贤, 卯卫宁, 孙荣富等), 1994: 371; Zhu, Du, Chen *et al.* (朱瑜, 杜丽娜, 陈小勇等), 2009: 197; Zhao, Gozlan *et* Zhang, 2011: 1553; Kottelat, 2012: 135; 伍汉霖, 邵广昭, 赖春福等, 2012: 75.

**分布（Distribution）**：云南南盘江水系.

### （1450）黑体云南鳅 *Yunnanilus niger* Kottelat *et* Chu, 1988

*Yunnanilus niger* Kottelat *et* Chu (Kottelat 和褚新洛), 1988b: 73; 杨君兴和陈银瑞, 1995: 23; 朱松泉, 1995: 107; 刘明玉, 解玉浩和季达明, 2000: 153; Zhao, Gozlan *et* Zhang, 2011: 1553; Chen, Yang *et* Yang (陈自明, 杨剑和杨君兴), 2012: 61; Kottelat, 2012: 135; 伍汉霖, 邵广昭, 赖春福等, 2012: 75.

**分布（Distribution）**：云南罗平县大水井乡大塘子村.

### （1451）黑斑云南鳅 *Yunnanilus nigromaculatus* (Regan, 1904)

*Nemachilus nigromaculatus* Regan, 1904c: 192.

*Yunnanilus nigromaculatus*: 成庆泰和郑葆珊, 1987: 185; 朱松泉, 1989: 18; Yang (杨君兴), 1991: 199; 丁瑞华, 1992: 490; 杨君兴和陈银瑞, 1995: 23; 朱松泉, 1995: 106; Li, Tao, Mao *et al.* (李维贤, 陶进能, 卯卫宁等), 2000: 351; 刘明玉, 解玉浩和季达明, 2000: 153; 伍汉霖, 邵广昭, 赖春福等, 2012: 75.

*Yunnanilus nigromaculatus nigromaculatus*: 曹文宣 (见郑慈英等), 1989: 44; Chen, Yang *et* Yang (陈自明, 杨剑和杨君兴), 2012: 61.

*Eonemachilus nigromaculatus*: Kottelat, 2012: 82.

**分布（Distribution）**：云南抚仙湖, 滇池和贵州草海.

### （1452）牛栏云南鳅 *Yunnanilus niulanensis* Chen, Yang *et* Yang, 2012

*Yunnanilus niulanensis* Chen, Yang *et* Yang (陈自明, 杨剑和杨君兴), 2012: 58.

**分布（Distribution）**：云南嵩明县牛栏江支流杨林河.

### （1453）钝吻云南鳅 *Yunnanilus obtusirostris* Yang, 1995

*Yunnanilus obtusirostris* Yang (杨君兴), 1995: 21; Li, Tao, Mao *et al.* (李维贤, 陶进能, 卯卫宁等), 2000: 351; Zhao, Gozlan *et* Zhang, 2011: 1553; Chen, Yang *et* Yang (陈自明, 杨剑和杨君兴), 2012: 62; Kottelat, 2012: 135; 伍汉霖, 邵广昭, 赖春福等, 2012: 75.

**分布（Distribution）**：云南澄江市西龙潭.

### （1454）宽头云南鳅 *Yunnanilus pachycephalus* Kottelat *et* Chu, 1988

*Yunnanilus pachycephalus* Kottelat *et* Chu (Kottelat 和褚新洛), 1988b: 74; 杨君兴和陈银瑞, 1995: 23; 朱松泉, 1995: 107; 刘明玉, 解玉浩和季达明, 2000: 153; Chen, Yang *et* Yang (陈自明, 杨剑和杨君兴), 2012: 62; Kottelat, 2012: 135; 伍汉霖, 邵广昭, 赖春福等, 2012: 75.

**分布（Distribution）**：云南宣威市北盘江支流.

### （1455）沼泽云南鳅 *Yunnanilus paludosus* Kottelat *et* Chu, 1988

*Yunnanilus paludosus* Kottelat *et* Chu (Kottelat 和褚新洛), 1988b: 76; Yang (杨君兴), 1991: 199; 朱松泉, 1995: 106; 刘明玉, 解玉浩和季达明, 2000: 153; Zhao, Gozlan *et* Zhang, 2011: 1553; Kottelat, 2012: 135; 伍汉霖, 邵广昭, 赖春福等, 2012: 75.

**分布（Distribution）**：云南罗平县大水井乡大塘子村.

### （1456）小云南鳅 *Yunnanilus parvus* Kottelat *et* Chu, 1988

*Yunnanilus parvus* Kottelat *et* Chu (Kottelat 和褚新洛), 1988b: 77; 朱松泉, 1995: 106; 刘明玉, 解玉浩和季达明, 2000: 153; Zhu, Du, Chen *et al.* (朱瑜, 杜丽娜, 陈小勇等), 2009: 197; Zhao, Gozlan *et* Zhang, 2011: 1553; Kottelat, 2012: 136; 伍汉霖, 邵广昭, 赖春福等, 2012: 75.

**分布（Distribution）**：云南南盘江水系.

### （1457）侧纹云南鳅 *Yunnanilus pleurotaenia* (Regan, 1904)

*Nemacheilus pleurotaenia* Regan, 1904c: 192.

*Yunnanilus pleurotaenia*: 成庆泰和郑葆珊, 1987: 185; 朱松泉, 1989: 15; Yang (杨君兴), 1991: 198; 武云飞和吴翠珍, 1992: 135; 杨君兴和陈银瑞, 1995: 14; 朱松泉, 1995: 106; 刘明玉, 解玉浩和季达明, 2000: 153; An, Liu *et* Li (安莉,

刘柏松和李维贤), 2009: 632; Chen, Yang *et* Yang (陈自明, 杨剑和杨君兴), 2012: 61; Kottelat, 2012: 136; 伍汉霖, 邵广昭, 赖春福等, 2012: 75.

*Yunnanilus pleurotaenis*: Zhu, Du, Chen *et al.* (朱瑜, 杜丽娜, 陈小勇等), 2009: 197.

*Yunnanilus tigerivinus*: Li *et* Duan (李维贤和段森), 1999: 254; An, Liu *et* Li (安莉, 刘柏松和李维贤), 2009: 634; Zhu, Du, Chen *et al.* (朱瑜, 杜丽娜, 陈小勇等), 2009: 197; 伍汉霖, 邵广昭, 赖春福等, 2012: 75.

**别名或俗名（Used or common name）**: 虎纹云南鳅.

**分布（Distribution）**: 云南滇池, 抚仙湖, 洱海, 杨林湖, 金沙江等地.

### （1458）丽纹云南鳅 *Yunnanilus pulcherrimus* Yang, Chen *et* Lan, 2004

*Yunnanilus pulcherrimus* Yang, Chen *et* Lan (杨君兴, 陈小勇和蓝家湖), 2004: 112; An, Liu *et* Li (安莉, 刘柏松和李维贤), 2009: 635; Zhu, Du, Chen *et al.* (朱瑜, 杜丽娜, 陈小勇等), 2009: 197; Zhao, Gozlan *et* Zhang, 2011: 1553; Kottelat, 2012: 136; 伍汉霖, 邵广昭, 赖春福等, 2012: 75.

*Yunnanlilus pulcherrimus*: Chen *et* Chen, 2007: 111.

**分布（Distribution）**: 广西都安县地下河, 属红水河水系.

### （1459）后鳍云南鳅 *Yunnanilus retrodorsalis* (Lan, Yang *et* Chen, 1995)

*Oreonectes retrodorsalis* Lan, Yang *et* Chen (蓝家湖, 杨君兴和陈银瑞), 1995: 370; Zhang, Zhao *et* Zhang (张振玲, 赵亚辉和张春光), 2006: 614; Du, Chen *et* Yang (杜丽娜, 陈小勇和杨君兴), 2008: 32; Huang, Du, Chen *et al.* (黄爱民, 杜丽娜, 陈小勇等), 2009: 445; Yang, Wu, Wei *et al.* (杨剑, 吴铁军, 韦日锋等), 2011: 211; Zhao, Gozlan *et* Zhang, 2011: 1552; Kottelat, 2012: 95; Tang, Zhao *et* Zhang (唐莉, 赵亚辉和张春光), 2012: 484; 伍汉霖, 邵广昭, 赖春福等, 2012: 71.

*Yunnanilus retrodorsalis*: 唐莉, 2012; 蓝家湖, 甘西, 吴铁军等, 2013: 40.

**别名或俗名（Used or common name）**: 后鳍岭鳅 (伍汉霖, 邵广昭, 赖春福等, 2012).

**分布（Distribution）**: 广西南丹县六寨, 月里两镇喀斯特地貌的洞穴, 属红水河水系.

### （1460）四川云南鳅 *Yunnanilus sichuanensis* Ding, 1995

*Yunnanilus sichuanensis* Ding (丁瑞华), 1995: 253; An, Liu *et* Li (安莉, 刘柏松和李维贤), 2009: 634; Zhu, Du, Chen *et al.* (朱瑜, 杜丽娜, 陈小勇等), 2009: 197; Kottelat, 2012: 136; 伍汉霖, 邵广昭, 赖春福等, 2012: 75.

**分布（Distribution）**: 四川冕宁县安宁河, 属雅砻江水系.

### （1461）横斑云南鳅 *Yunnanilus spanisbripes* An, Liu *et* Li, 2009

*Yunnanilus spanisbripes* An, Liu *et* Li (安莉, 刘柏松和李维贤), 2009: 631; Kottelat, 2012: 136; 伍汉霖, 邵广昭, 赖春福等, 2012: 75.

**分布（Distribution）**: 云南沾益区牛栏江, 属金沙江水系.

### （1462）阳宗海云南鳅 *Yunnanilus yangzonghaiensis* Cao *et* Zhu, 1989

*Yunnanilus nigromaculatus yangzonghaiensis* Cao et Zhu (曹文宣和朱松泉, 见郑慈英等), 1989: 45.

*Yunnanilus yangzonghaiensis*: 朱松泉, 1989: 19; 杨君兴和陈银瑞, 1995: 23; 朱松泉, 1995: 107; Li, Tao, Mao *et al.* (李维贤, 陶进能, 卯卫宁等), 2000: 351; 刘明玉, 解玉浩和季达明, 2000: 153; Chen, Yang *et* Yang (陈自明, 杨剑和杨君兴), 2012: 62; 伍汉霖, 邵广昭, 赖春福等, 2012: 75.

*Eonemachilus yangzonghaises*: Kottelat, 2012: 82.

**分布（Distribution）**: 云南阳宗海.

## （八十二）花鳅科 Cobitidae

## 一）花鳅亚科 Cobininae

## 401. 拟长鳅属 *Acanthopsoides* Fowler, 1934

*Acanthopsoides* Fowler, 1934a: 103.

### （1463）拟长鳅 *Acanthopsoides gracilis* Fowler, 1934

*Acanthopsoides gracilis* Fowler, 1934a: 103; 朱松泉, 1995: 127; 刘明玉, 解玉浩和季达明, 2000: 167; Kottelat, 2012: 22; 伍汉霖, 邵广昭, 赖春福等, 2012: 65.

**别名或俗名（Used or common name）**: 湄公河拟长鳅 (伍汉霖, 邵广昭, 赖春福等, 2012).

**分布（Distribution）**: 云南澜沧江下游水系. 国外分布于泰国和印度尼西亚.

## 402. 马头鳅属 *Acantopsis* van Hasselt, 1823

*Acantopsis* van Hasselt, 1823: 133.

### （1464）马头鳅 *Acantopsis choirorhynchos* (Bleeker, 1854)

*Cobitis choirorhynchos* Bleeker, 1854: 95.

*Acanthopsis choirorhyrchos*: 成庆泰和郑葆珊, 1987: 198; 朱松泉, 1995: 126; 刘明玉, 解玉浩和季达明, 2000: 166.

*Acanthopsis choirorhynchos*: Pan (潘炯华), 1991: 252.

*Acanthopsis dialuzona* Kottelat, 2012: 22.

*Acantopsis choirorhynchos*: 伍汉霖, 邵广昭, 赖春福等, 2012: 66.

**别名或俗名（Used or common name）**: 马头小刺眼鳅.

**分布（Distribution）**: 澜沧江水系. 国外分布于印度, 缅甸, 泰国, 马来西亚, 印度尼西亚和越南.

## 403. 双须鳅属 *Bibarba* Chen *et* Chen, 2007

*Bibarba* Chen *et* Chen, 2007: 103.

### （1465）双须鳅 *Bibarba bibarba* Chen *et* Chen, 2007

*Bibarba bibarba* Chen *et* Chen, 2007: 105; Kottelat, 2012: 22; 伍汉霖, 邵广昭, 赖春福等, 2012: 66.

**分布（Distribution）**：广西都安县澄江，属珠江流域西江水系红水河支流.

### （1466）小眼双须鳅 *Bibarba parvoculus* Wu, Yang *et* Xiu, 2015

*Bibarba parvoculus* Wu, Yang *et* Xiu, 2015, 3905 (1): 138-144.

**分布（Distribution）**：广西罗城县 (Jicheng Village, Tianhe Town), 属红水河水系.

## 404. 花鳅属 *Cobitis* Linnaeus, 1758

*Cobitis* Linnaeus, 1758: 303.

**别名或俗名（Used or common name）**：鳅属.

### （1467）沙花鳅 *Cobitis arenae* (Lin, 1934)

*Misgurnus arenae* Lin, 1934a: 227.

*Cobitis arenae*: 陈景星, 1981: 25; 成庆泰和郑葆珊, 1987: 199; 陈景星 (见郑慈英等), 1989: 61; Pan (潘炯华), 1991: 254; 朱松泉, 1995: 127; 刘明玉, 解玉浩和季达明, 2000: 167; Son *et* He, 2005: 238; Chen *et* Chen, 2011: 149; Chen *et* Chen, 2013: 94; Chen, Chen *et* He, 2013: 380.

*Acantopsis arenae*: 伍汉霖, 邵广昭, 赖春福等, 2012: 66.

**别名或俗名（Used or common name）**：沙小刺眼鳅 (伍汉霖, 邵广昭, 赖春福等, 2012).

**分布（Distribution）**：珠江水系. 国外分布于越南.

### （1468）南方花鳅 *Cobitis australis* Chen, Chen *et* He, 2013

*Cobitis australis* Chen, Chen *et* He, 2013: 382.

**分布（Distribution）**：广西邕江和郁江.

### （1469）北方花鳅 *Cobitis granoei* Rendahl, 1935

*Cobitis taenia granoei* Rendahl, 1935: 332.

*Cobitis granoei*: 陈景星, 1981: 25; 武云飞和吴翠珍, 1992: 265; Son *et* He, 2005: 238; Chen *et* Chen, 2011: 150; 伍汉霖, 邵广昭, 赖春福等, 2012: 66; Chen *et* Chen, 2013: 94; Chen, Chen *et* He, 2013: 380.

*Cobitis granoci*: 成庆泰和郑葆珊, 1987: 199; 朱松泉, 1995: 127; 刘明玉, 解玉浩和季达明, 2000: 166; Wang, Wang, Li *et al.* (王所安, 王志敏, 李国良等), 2001: 176.

*Cobitis sibirica*: Kottelat, 2012: 28.

**别名或俗名（Used or common name）**：北方鳅 (伍汉霖, 邵广昭, 赖春福等, 2012).

**分布（Distribution）**：黑龙江水系, 滦河上游, 湟水等.

**保护等级（Protection class）**：省级 (黑龙江).

### （1470）斑条花鳅 *Cobitis laterimaculata* Yan *et* Zheng, 1984

*Cobitis laterimaculata* Yan *et* Zheng (严纪平和郑米良), 1984: 82; 朱松泉, 1995: 126; 刘明玉, 解玉浩和季达明, 2000: 166.

*Niwaella laterimaculata*: Son *et* He, 2001: 4; Chen *et* Chen, 2005: 1645; Son *et* He, 2005: 239; Kottelat, 2012: 37; 伍汉霖, 邵广昭, 赖春福等, 2012: 67.

**别名或俗名（Used or common name）**：侧斑后鳍花鳅 (伍汉霖, 邵广昭, 赖春福等, 2012).

**分布（Distribution）**：浙江的金华江, 剡溪和龙泉溪.

### （1471）黑龙江花鳅 *Cobitis lutheri* Rendahl, 1935

*Cobitis taenia lutheri* Rendahl, 1935: 330.

*Cobitis lutheri*: 陈景星, 1981: 25; 成庆泰和郑葆珊, 1987: 198; 朱松泉, 1995: 127; 刘明玉, 解玉浩和季达明, 2000: 166; Son *et* He, 2005: 238; Chen *et* Chen, 2007: 104; Chen *et* Chen, 2011: 150; Kottelat, 2012: 26; 伍汉霖, 邵广昭, 赖春福等, 2012: 66; Chen, Chen *et* He, 2013: 382.

**别名或俗名（Used or common name）**：黑龙江鳅 (伍汉霖, 邵广昭, 赖春福等, 2012).

**分布（Distribution）**：黑龙江及其附属水体. 国外分布于俄罗斯和朝鲜半岛.

**保护等级（Protection class）**：省级 (黑龙江).

### （1472）大斑花鳅 *Cobitis macrostigma* Dabry de Thiersant, 1872

*Cobitis macrostigma* Dabry de Thiersant, 1872: 191; Chen, 1981: 25; 成庆泰和郑葆珊, 1987: 198; 朱松泉, 1995: 127; 刘明玉, 解玉浩和季达明, 2000: 166; Son *et* He, 2005: 238; Chen *et* Chen, 2007: 104; Kottelat, 2012: 26; 伍汉霖, 邵广昭, 赖春福等, 2012: 66; Chen *et* Chen, 2013: 94; Chen, Chen *et* He, 2013: 382.

**别名或俗名（Used or common name）**：大斑鳅 (伍汉霖, 邵广昭, 赖春福等, 2012).

**分布（Distribution）**：长江中下游及其附属水体.

### （1473）小头花鳅 *Cobitis microcephala* Chen *et* Chen, 2011

*Cobitis microcephala* Chen *et* Chen, 2011: 147; Kottelat, 2012: 26; Chen *et* Chen, 2013: 94; Chen, Chen *et* He, 2013: 382.

**分布（Distribution）**：广西博白县南流江.

### （1474）多斑花鳅 *Cobitis multimaculata* Chen *et* Chen, 2011

*Cobitis multimaculata* Chen *et* Chen, 2011: 145; Kottelat,

2012: 27; Chen *et* Chen, 2013: 94; Chen, Chen *et* He, 2013: 380.

**分布（Distribution）**：广西博白县南流江.

### （1475）稀有花鳅 *Cobitis rara* Chen, 1981

*Cobitis multimaculata* Chen (陈景星), 1981: 24; Kottelat, 2012: 27.

**分布（Distribution）**：汉江上游 (陕西略阳县, 凤县等).

### （1476）中华花鳅 *Cobitis sinensis* Sauvage *et* Dabry de Thiersant, 1874

*Cobitis sinensis* Sauvage *et* Dabry de Thiersant, 1874: 16; 陈景星, 1981: 24; Kuang *et al.*, 1986: 145; 成庆泰和郑葆珊, 1987: 198; 陈景星 (见郑慈英等), 1989: 60; Pan, Zhong, Zheng *et al.*, 1991: 253; 丁瑞华, 1994: 115; 朱松泉, 1995: 127; 成庆泰和周才武, 1997: 199; 刘明玉, 解玉浩和季达明, 2000: 166; 14; Son *et* He, 2005: 238; Chen *et* Chen, 2007: 103; Chen *et* Chen, 2011: 150; Kottelat, 2012: 28; 伍汉霖, 邵广昭, 赖春福等, 2012: 66; Chen *et* Chen, 2013: 94; Chen, Chen *et* He, 2013: 382.

**别名或俗名（Used or common name）**：中华鳅 (伍汉霖, 邵广昭, 赖春福等, 2012).

**分布（Distribution）**：除云贵高原, 青藏高原外, 全国其他地区广泛分布. 国外分布于朝鲜半岛.

### （1477）花鳅 *Cobitis taenia* Linnaeus, 1758

*Cobitis taenia* Linnaeus, 1758: 303; Mai, 1978: 225; 王鸿媛, 1984: 75; Wang, Wang, Li *et al.* (王所安, 王志敏, 李国良等), 2001: 176; Kottelat, 2012: 29; 伍汉霖, 邵广昭, 赖春福等, 2012: 66.

**分布（Distribution）**：新疆额尔齐斯河水系. 国外广泛分布于欧亚大陆.

### （1478）浙江花鳅 *Cobitis zhejiangensis* Son *et* He, 2005

*Cobitis zhejiangensis* Son *et* He, 2005: 237; Kottelat, 2012: 30; 伍汉霖, 邵广昭, 赖春福等, 2012: 66.

**别名或俗名（Used or common name）**：浙江鳅 (伍汉霖, 邵广昭, 赖春福等, 2012).

**分布（Distribution）**：浙江台州市灵江.

## 405. 似鳞头鳅属 *Lepidocephalichthys* Bleeker, 1863

*Lepidocephalichthys* Bleeker, 1863b: 38.

### （1479）伯氏似鳞头鳅 *Lepidocephalichthys berdmorei* (Blyth, 1860)

*Acanthopsis berdmorei* Blyth, 1860.

*Lepidocephalichthys berdmorei*: Kottelat, 2012: 33; 陈小勇, 2013, 34 (4): 291.

*Leptocephalus octocirrhus*: 成庆泰和郑葆珊, 1987: 198; 朱松泉, 1995: 126; 刘明玉, 解玉浩和季达明, 2000: 166.

*Lepidocephalus birmanicus*: 杨君兴 (见褚新洛和陈银瑞等), 1990: 78.

**别名或俗名（Used or common name）**：鳞头鳅.

**分布（Distribution）**：云南龙川江, 大盈江, 瑞丽江, 南垒河, 南汀河, 南腊河. 国外分布于从缅甸至马来西亚的伊洛瓦底江, 萨尔温江, 湄公河等流域.

### （1480）赫氏似鳞头鳅 *Lepidocephalichthys hasselti* (Valenciennes, 1846)

*Cobitis hasselti* Valenciennes, 1846: 74.

*Cobitis octocirrhus*: Kuhl *et* van Hasselt, 1823: 133.

*Lepidocephalichthys hasselti*: Kottelat, 2012: 33; 陈小勇, 2013, 34 (4): 291.

**分布（Distribution）**：云南龙川江, 怒江, 澜沧江. 国外分布于湄公河, 泰国 (湄南河), 萨尔温江, 大巽他群岛 (包括苏门答腊岛, 爪哇岛, 加里曼丹岛, 马都拉岛, 苏拉威西岛等岛及附近小岛).

## 406. 泥鳅属 *Misgurnus* Lacépède, 1803

*Misgurnus* Lacépède, 1803: 16.

*Mesomisgurnus* Fang, 1935b: 129.

### （1481）泥鳅 *Misgurnus anguillicaudatus* (Cantor, 1842)

*Cobitis anguillicaudata* Cantor, 1842: 485.

*Misgurnus mizolepis heungchow*: Lin, 1932b: 66.

*Misgurnus mizolepis unicolor*: Lin, 1932b: 66.

*Misgurnus anguillicaudatus*: Mai, 1978: 226; 陈景星, 1981: 28; 王鸿媛, 1984: 80; Kuang *et al.*, 1986: 147; 成庆泰和郑葆珊, 1987: 199; 陈景星 (见郑慈英等), 1989: 63; Pan, Zhong, Zheng *et al.*, 1991: 255; Yang (杨君兴), 1991: 198; 武云飞和吴翠珍, 1992: 267; 丁瑞华, 1994: 118; 杨君兴和陈银瑞, 1995: 30; 朱松泉, 1995: 128; 成庆泰和周才武, 1997: 200; 刘明玉, 解玉浩和季达明, 2000: 167; 14; Wang, Wang, Li *et al.* (王所安, 王志敏, 李国良等), 2001: 178; Ho *et* Shao, 2011: 31; Kottelat, 2012: 35; 伍汉霖, 邵广昭, 赖春福等, 2012: 67.

**分布（Distribution）**：辽河以南至澜沧江以北, 台湾, 海南岛. 国外分布于俄罗斯, 朝鲜半岛, 日本, 越南, 欧洲, 北美和澳大利亚等地.

### （1482）北方泥鳅 *Misgurnus bipartitus* (Sauvage *et* Dabry, 1874)

*Nemachilus bipartitus* Sauvage *et* Dabry, 1874: 15-16 (中国北方).

*Misgurnus bipartitus*: 张觉民, 1995: 193; 解玉浩, 2007:

248.
**分布（Distribution）**：内蒙古，黑龙江，辽河上游，滦河上游等.

**（1483）黑龙江泥鳅 *Misgurnus mohoity* (Dybowski, 1869)**

*Cobitis fossilis mohoity* Dybowski, 1869: 957.
*Misgurnus mohoity*: Chen, 1981: 28; 成庆泰和郑葆珊, 1987: 199; 朱松泉, 1995: 128; 刘明玉，解玉浩和季达明, 2000: 167; Kottelat, 2012: 36; 伍汉霖，邵广昭，赖春福等, 2012: 67.
**分布（Distribution）**：黑龙江水系. 国外分布于俄罗斯和蒙古国.
**保护等级（Protection class）**：省级（黑龙江）.

## 407. 后鳍花鳅属 *Niwaella* Nalbant, 1963

**（1484）短鳍后鳍花鳅 *Niwaella brevipinna* Chen *et* Chen, 2016**

*Niwaella brevipinna* Chen *et* Chen, 2016: 498-500.
*Cobitis laterimaculata* Nakajima *et al.*, 2013: 331 (from the East Tiaoxi River, Fig. 7h).
**分布（Distribution）**：浙江临安区 (Dong Shao, Xi River, a tributary of the Shao).

**（1485）穗纹后鳍花鳅 *Niwaella fimbriata* Chen *et* Chen, 2016**

*Niwaella fimbriata* Chen *et* Chen, 2016: 496-497.
**分布（Distribution）**：浙江临安区 (Dong Shao, Xi River, a tributary of the Shao).

**（1486）黑线后鳍花鳅 *Niwaella nigrolinea* Chen *et* Chen, 2017**

*Niwaella nigrolinea* Chen *et* Chen, 2017: 94-96.
**分布（Distribution）**：安徽休宁县，属钱塘江水系新安江支流.

**（1487）衢江后鳍花鳅 *Niwaella qujiangensis* Chen *et* Chen, 2016**

*Niwaella qujiangensis* Chen *et* Chen, 2016: 497-498.
**分布（Distribution）**：浙江江山市 (Jiangshangang River, 钱塘江上游衢江支流).

## 408. 细头鳅属 *Paralepidocephalus* Tchang, 1935

*Paralepidocephalus* Tchang (张春霖), 1935a: 17.

**（1488）圭山细头鳅 *Paralepidocephalus guishanensis* Li, 2004**

*Paralepidocephalus guishanensis* Li (李维贤), 2004: 94; 伍汉霖，邵广昭，赖春福等, 2012: 67.
**分布（Distribution）**：云南石林县圭山镇.

**（1489）细头鳅 *Paralepidocephalus yui* Tchang, 1935**

*Paralepidocephalus yui* Tchang (张春霖), 1935a: 17; 成庆泰和郑葆珊, 1987: 199; 陈景星（见郑慈英等）, 1989: 62; 朱松泉, 1995: 127; 刘明玉，解玉浩和季达明, 2000: 167; Li (李维贤), 2004: 95; Kottelat, 2012: 40; 伍汉霖，邵广昭，赖春福等, 2012: 67.
*Paralepidocephalus jui*: Chen, 1981: 25.
**分布（Distribution）**：云南异龙湖，阳宗海及南盘江支流.

## 409. 副泥鳅属 *Paramisgurnus* Dabry de Thiersant, 1872

*Paramisgurnus* Dabry de Thiersant, 1872: 191.

**（1490）大鳞副泥鳅 *Paramisgurnus dabryanus* Dabry de Thiersant, 1872**

*Paramisgurnus dabryanus* Dabry de Thiersant, 1872: 191; Chen, 1981: 29; 成庆泰和郑葆珊, 1987: 199; 丁瑞华, 1994: 120; 朱松泉, 1995: 128; 刘明玉，解玉浩和季达明, 2000: 167; Kottelat, 2012: 40; 伍汉霖，邵广昭，赖春福等, 2012: 67.
*Misgurnus mizolepis*: Günther, 1888: 434
**分布（Distribution）**：原产长江水系，浙江，福建，台湾等中东部地区，西北，华北和东北地区应为引入种.

## 410. 原花鳅属 *Protocobitis* Yang *et* Chen, 1993

*Protocobitis* Yang *et* Chen (杨君兴和陈银瑞), 1993: 125.

**（1491）前腹原花鳅 *Protocobitis anteroventris* Lan, 2013**

*Protocobitis anteroventris* Lan (蓝家湖，见蓝家湖，甘西，吴铁军等), 2013: 148.
**分布（Distribution）**：广西田林县浪平乡一洞穴，属红水河水系.

**（1492）多鳞原花鳅 *Protocobitis polylepis* Zhu, Lü, Yang *et* Zhang, 2008**

*Protocobitis polylepis* Zhu, Lü, Yang *et* Zhang (朱瑜，吕业坚，杨君兴和张盛), 2008: 453; Zhao, Gozlan *et* Zhang, 2011: 1552; Kottelat, 2012: 41; 蓝家湖，甘西，吴铁军等, 2013: 152.
**分布（Distribution）**：广西南宁市武鸣区，属右江水系.

**（1493）无眼原花鳅 *Protocobitis typhlops* Yang *et* Chen, 1993**

*Protocobitis typhlops* Yang *et* Chen (杨君兴和陈银瑞), 1993:

125; Zhu, Lü, Yang *et al.* (朱瑜, 吕业坚, 杨君兴等), 2008: 452; Zhao, Gozlan *et* Zhang, 2011: 1552; Kottelat, 2012: 41; 蓝家湖, 甘西, 吴铁军等, 2013: 145.

**分布（Distribution）**：广西都安县下坳乡的溶洞河, 属红水河水系.

## 二）沙鳅亚科 Botiinae

### 411. 沙鳅属 *Botia* Gray, 1831

*Botia* Gray, 1831b: 8.

*Sinibotia* (subgenus of *Botia*) Fang, 1936a: 6.

#### （1494）斑鳍沙鳅 *Botia beauforti* Smith, 1931

*Botia beauforti* Smith, 1931a: 2; 刘明玉, 解玉浩和季达明, 2000: 164.

*Botia* (*Hymenophysa*) *beauforti*: 朱松泉, 1995: 121.

*Syncrossus beauforti*: Kottelat, 2012: 19; 伍汉霖, 邵广昭, 赖春福等, 2012: 68.

**别名或俗名（Used or common name）**：斑鳍缨须鳅 (伍汉霖, 邵广昭, 赖春福等, 2012).

**分布（Distribution）**：云南澜沧江水系. 国外分布于湄公河, 泰国 (湄南河水系), 马来半岛北部.

#### （1495）缅甸沙鳅 *Botia berdmorei* (Blyth, 1860)

*Syncrossus berdmorei* Blyth, 1860: 166; Kottelat, 2012: 19; 伍汉霖, 邵广昭, 赖春福等, 2012: 68.

*Botia berdmorei*: 成庆泰和郑葆珊, 1987: 194; 刘明玉, 解玉浩和季达明, 2000: 164.

*Botia* (*Hymenophysa*) *berdmorei*: 朱松泉, 1995: 121.

**别名或俗名（Used or common name）**：缅甸缨须鳅 (伍汉霖, 邵广昭, 赖春福等, 2012).

**分布（Distribution）**：伊洛瓦底江水系. 国外分布于印度, 缅甸和泰国.

#### （1496）伊洛瓦底沙鳅 *Botia histrionica* Blyth, 1860

*Botia histrionica* Blyth, 1860: 166; 成庆泰和郑葆珊, 1987: 195; 刘明玉, 解玉浩和季达明, 2000: 164; Kottelat, 2012: 16; 伍汉霖, 邵广昭, 赖春福等, 2012: 66.

*Botia* (*Botia*) *histrionica*: 朱松泉, 1995: 122.

*Botia rostrata*: Günther, 1868: 367; 刘明玉, 解玉浩和季达明, 2000: 164; Kottelat, 2012: 16; 伍汉霖, 邵广昭, 赖春福等, 2012: 66.

*Botia* (*Botia*) *rostrata*: 朱松泉, 1995: 122.

**别名或俗名（Used or common name）**：突吻沙鳅.

**分布（Distribution）**：伊洛瓦底江和怒江水系. 国外分布于印度和孟加拉国.

#### （1497）长腹沙鳅 *Botia longiventralis* Yang *et* Chen, 1992

*Botia* (*Sinibotia*) *superciliaris* (non Günther): 杨君兴 (见褚新洛和陈银瑞等), 1990: 69.

*Botia longiventralis* Yang *et* Chen (杨君兴和陈银瑞), 1992: 344; Kottelat, 2001.

*Sinibotia longiventralis*: Nalbant, 2002; Kottelat, 2012: 19; 陈小勇, 2013, 34 (4): 290.

**别名或俗名（Used or common name）**：中华沙鳅.

**分布（Distribution）**：澜沧江. 国外分布于老挝, 泰国 (北部湄公河).

#### （1498）黑线沙鳅 *Botia nigrolineata* Kottelat *et* Chu, 1987

*Botia* (*Hymenophysa*) *nigrolineata* Kottelat *et* Chu (Kottelat 和褚新洛), 1987a: 395; 朱松泉, 1995: 121.

*Botia nigrolineata*: 刘明玉, 解玉浩和季达明, 2000: 164.

*Ambastaia nigrolineata*: Kottelat, 2012: 14.

**分布（Distribution）**：云南澜沧江水系. 国外分布于湄公河水系.

#### （1499）美丽沙鳅 *Botia pulchra* Wu, 1939

*Botia pulchra* Wu, 1939: 124; 成庆泰和郑葆珊, 1987: 195; 陈景星 (见郑慈英等), 1989: 52; Pan, Zhong, Zheng *et al.*, 1991: 248; Yang *et* Chen (杨君兴和陈银瑞), 1992: 346; 刘明玉, 解玉浩和季达明, 2000: 164.

*Botia gigantea*: Mai, 1978: 239.

*Botia* (*Sinibotia*) *pulchra*: 朱松泉, 1995: 122.

*Sinibotia pulchra*: Tang, Yu *et* Liu (唐琼英, 俞丹和刘焕章), 2008: 1; Kottelat, 2012: 19; 伍汉霖, 邵广昭, 赖春福等, 2012: 68.

**别名或俗名（Used or common name）**：美丽华鳅 (伍汉霖, 邵广昭, 赖春福等, 2012).

**分布（Distribution）**：珠江, 九龙江等水系. 国外分布于越南.

#### （1500）宽体沙鳅 *Botia reevesae* Chang, 1944

*Botia reevesae* Chang, 1944: 49; 成庆泰和郑葆珊, 1987: 194; Yang *et* Chen (杨君兴和陈银瑞), 1992: 348; 丁瑞华, 1994: 98; 刘明玉, 解玉浩和季达明, 2000: 164; 14.

*Botia* (*Sinibotia*) *reevesae*: 朱松泉, 1995: 122.

*Sinibotia reevesae*: Kottelat, 2012: 19; 伍汉霖, 邵广昭, 赖春福等, 2012: 68.

**别名或俗名（Used or common name）**：宽体华鳅 (伍汉霖, 邵广昭, 赖春福等, 2012).

**分布（Distribution）**：长江水系上游.

#### （1501）壮体沙鳅 *Botia robusta* Wu, 1939

*Botia robusta* Wu, 1939: 122; 成庆泰和郑葆珊, 1987: 194; 陈景星 (见郑慈英等), 1989: 51; Pan, Zhong, Zheng *et al.*, 1991: 247; 刘明玉, 解玉浩和季达明, 2000: 164.

*Botia hexafurca*: Mai, 1978: 238.

*Botia* (*Hymenophysa*) *robusta*: 朱松泉, 1995: 122.
*Sinibotia robusta*: Kottelat, 2012: 19; 伍汉霖, 邵广昭, 赖春福等, 2012: 68.
**别名或俗名（Used or common name）**：壮体华鳅 (伍汉霖, 邵广昭, 赖春福等, 2012).
**分布（Distribution）**：珠江，九龙江等水系．国外分布于越南．

### （1502）中华沙鳅 *Botia superciliaris* Günther, 1892

*Botia superciliaris* Günther, 1892b: 250; 成庆泰和郑葆珊, 1987: 194; Yang *et* Chen (杨君兴和陈银瑞), 1992: 342; 丁瑞华, 1994: 96; 刘明玉, 解玉浩和季达明, 2000: 164; 14.
*Botia* (*Sinibotia*) *superciliaris*: 朱松泉, 1995: 122.
*Sinibotia superciliaris*: Kottelat, 2012: 19; 伍汉霖, 邵广昭, 赖春福等, 2012: 68.
**别名或俗名（Used or common name）**：华鳅 (伍汉霖, 邵广昭, 赖春福等, 2012).
**分布（Distribution）**：长江中上游，云南澜沧江水系.

### （1503）云南沙鳅 *Botia yunnanensis* Chen, 1980

*Botia yunnanensis* Chen (陈景星), 1980: 6; 成庆泰和郑葆珊, 1987: 194; 刘明玉, 解玉浩和季达明, 2000: 164.
*Botia* (*Hymenophysa*) *yunnanensis*: 朱松泉, 1995: 121.
*Syncrossus lucasbahi*: Kottelat, 2012: 19.
**分布（Distribution）**：云南澜沧江水系.

## 412. 薄鳅属 *Leptobotia* Bleeker, 1870

*Leptobotia* Bleeker, 1870c: 256.

### （1504）丽尾薄鳅 *Leptobotia bellacauda* Bohlen *et* Šlechtova, 2017

*Leptobotia bellacauda* Bohlen *et* Šlechtova, 2017a: 65-72.
**分布（Distribution）**：安徽石台县和宁国市，属长江水系(下游).

### （1505）长薄鳅 *Leptobotia elongata* (Bleeker, 1870)

*Botia elongata* Bleeker, 1870c: 254.
*Leptobotia elongata*: 成庆泰和郑葆珊, 1987: 196; 丁瑞华, 1994: 104; 朱松泉, 1995: 124; 刘明玉, 解玉浩和季达明, 2000: 165; 14; 李捷, 李新辉和陈湘粦, 2008: 631; Kottelat, 2012: 16; 伍汉霖, 邵广昭, 赖春福等, 2012: 67.
**分布（Distribution）**：长江中上游，珠江流域的漓江可能也有分布.
**保护等级（Protection class）**：《中国濒危动物红皮书·鱼类》(易危), 省 (直辖市) 级 (湖南, 重庆).

### （1506）黄线薄鳅 *Leptobotia flavolineata* Wang, 1981

*Leptobotia flavolineata* Wang (王鸿媛), 1981: 1; 成庆泰和郑葆珊, 1987: 197; 朱松泉, 1995: 125; 刘明玉, 解玉浩和季达明, 2000: 166; 李捷, 李新辉和陈湘粦, 2008: 632; Kottelat, 2012: 16; 伍汉霖, 邵广昭, 赖春福等, 2012: 67.
**别名或俗名（Used or common name）**：横线薄鳅 (刘明玉, 解玉浩和季达明, 2000).
**分布（Distribution）**：北京房山区十渡拒马河.
**保护等级（Protection class）**：省 (直辖市) 级 (北京).

### （1507）桂林薄鳅 *Leptobotia guilinensis* Chen, 1980

*Leptobotia guilinensis* Chen (陈景星), 1980: 15; 成庆泰和郑葆珊, 1987: 196.
**文献（Reference）**：成庆泰和郑葆珊, 1987: 196; 陈景星 (见郑慈英等), 1989: 57; 丁瑞华, 1994: 108; 朱松泉, 1995: 124; 刘明玉, 解玉浩和季达明, 2000: 165; 14; 李捷, 李新辉和陈湘粦, 2008: 631; Kottelat, 2012: 16; 伍汉霖, 邵广昭, 赖春福等, 2012: 67.
**分布（Distribution）**：广西漓江.

### （1508）汉水扁尾薄鳅 *Leptobotia hansuiensis* Fang *et* Hsu, 1980

*Leptobotia tientainensis hansuiensis* Fang *et* Hsu (方树淼和许涛清), 1980: 265; 成庆泰和郑葆珊, 1987: 197; 丁瑞华, 1994: 110; 朱松泉, 1995: 125; 李捷, 李新辉和陈湘粦, 2008: 632; Kottelat, 2012: 18.
*Leptobotia hansuiensis*: 刘明玉, 解玉浩和季达明, 2000: 166; 14.
**别名或俗名（Used or common name）**：汉水薄鳅 (刘明玉, 解玉浩和季达明, 2000).
**分布（Distribution）**：长江流域的汉江, 清江等.
**保护等级（Protection class）**：省 (直辖市) 级 (陕西, 重庆).

### （1509）小薄鳅 *Leptobotia micra* Bohlen *et* Šlechtova, 2017

*Leptobotia micra* Bohlen *et* Šlechtova, 2017b: 90-100.
**分布（Distribution）**：广西桂林市，属漓江上游.

### （1510）小眼薄鳅 *Leptobotia microphthalma* Fu *et* Ye, 1983

*Leptobotia microphthalma* Fu *et* Ye (傅天佑和叶妙荣), 1983: 121; 丁瑞华, 1994: 111; 李捷, 李新辉和陈湘粦, 2008: 632; Kottelat, 2012: 17; 伍汉霖, 邵广昭, 赖春福等, 2012: 67.
**分布（Distribution）**：四川岷江水系.
**保护等级（Protection class）**：省 (直辖市) 级 (重庆).

### （1511）东方薄鳅 *Leptobotia orientalis* Xu, Fang *et* Wang, 1981

*Leptobotia orientalis* Xu, Fang *et* Wang (许涛清, 方树淼和王鸿媛), 1981: 379; 成庆泰和郑葆珊, 1987: 196; 朱松泉,

1995: 124; 成庆泰和周才武, 1997: 196; 刘明玉, 解玉浩和季达明, 2000: 165; Wang, Wang, Li *et al.* (王所安, 王志敏, 李国良等), 2001: 173; 李捷, 李新辉和陈湘粦, 2008: 631; Kottelat, 2012: 17; 伍汉霖, 邵广昭, 赖春福等, 2012: 67.

**分布（Distribution）**：长江水系的汉江和海河水系.

**保护等级（Protection class）**：省（直辖市）级（北京, 陕西）.

### （1512）薄鳅 *Leptobotia pellegrini* Fang, 1936

*Leptobotia pellegrini* Fang, 1936a: 29; 成庆泰和郑葆珊, 1987: 196; 陈景星（见郑慈英等）, 1989: 57; Pan, Zhong, Zheng *et al.*, 1991: 250; 丁瑞华, 1994: 107; 朱松泉, 1995: 124; 刘明玉, 解玉浩和季达明, 2000: 165; 李捷, 李新辉和陈湘粦, 2008: 631; Kottelat, 2012: 17; 伍汉霖, 邵广昭, 赖春福等, 2012: 67.

*Leptobotia elongata*: 戴定远（见郑葆珊）, 1981: 157.

**别名或俗名（Used or common name）**：大斑薄鳅（刘明玉, 解玉浩和季达明, 2000）, 佩氏薄鳅（伍汉霖, 邵广昭, 赖春福等, 2012）.

**分布（Distribution）**：珠江, 九龙江, 闽江, 瓯江, 沅江等水系.

### （1513）后鳍薄鳅 *Leptobotia posterodorsalis* Lan *et* Chen, 1992

*Leptobotia posterodorsalis* Lan *et* Chen（蓝家湖和陈景星, 见陈景星和蓝家湖）, 1992: 106; 朱松泉, 1995: 548; 李捷, 李新辉和陈湘粦, 2008: 632; Kottelat, 2012: 17; 伍汉霖, 邵广昭, 赖春福等, 2012: 67.

**分布（Distribution）**：广西环江县小环江, 属珠江流域西江支流柳江水系.

### （1514）斑点薄鳅 *Leptobotia punctatus* Li, Li *et* Chen, 2008

*Leptobotia punctatus* Li, Li *et* Chen（李捷, 李新辉和陈湘粦）, 2008: 630; Kottelat, 2012: 17; 伍汉霖, 邵广昭, 赖春福等, 2012: 67.

**分布（Distribution）**：广西桂平市黔江, 属珠江流域西江水系.

### （1515）红唇薄鳅 *Leptobotia rubrilabris* (Dabry de Thiersant, 1872)

*Parabotia rubrilabris* Dabry de Thiersant, 1872: 191.

*Botia fangi*: Tchang, 1930d: 51.

*Leptobotia rubrilabris*: Wang（王鸿媛）, 1981: 1; 成庆泰和郑葆珊, 1987: 197; 丁瑞华, 1994: 113; 朱松泉, 1995: 125; 刘明玉, 解玉浩和季达明, 2000: 166; 李捷, 李新辉和陈湘粦, 2008: 632; Kottelat, 2012: 17; 伍汉霖, 邵广昭, 赖春福等, 2012: 67.

**分布（Distribution）**：长江水系上游.

**保护等级（Protection class）**：省（直辖市）级（重庆）.

### （1516）紫薄鳅 *Leptobotia taeniops* (Sauvage, 1878)

*Parabotia taeniops* Sauvage, 1878a: 90.

*Leptobotia taeniops*: 成庆泰和郑葆珊, 1987: 196; 丁瑞华, 1994: 106; 朱松泉, 1995: 124; 刘明玉, 解玉浩和季达明, 2000: 165; 李捷, 李新辉和陈湘粦, 2008: 631; Kottelat, 2012: 17; 伍汉霖, 邵广昭, 赖春福等, 2012: 67.

**分布（Distribution）**：长江中下游及其附属水体.

### （1517）张氏薄鳅 *Leptobotia tchangi* Fang, 1936

*Leptobotia tchangi* Fang, 1936a: 40; 成庆泰和郑葆珊, 1987: 196; 朱松泉, 1995: 124; 刘明玉, 解玉浩和季达明, 2000: 165; 李捷, 李新辉和陈湘粦, 2008: 631; Kottelat, 2012: 17; 伍汉霖, 邵广昭, 赖春福等, 2012: 67.

**别名或俗名（Used or common name）**：宽斑薄鳅（伍汉霖, 邵广昭, 赖春福等, 2012）.

**分布（Distribution）**：沅江.

### （1518）扁尾薄鳅 *Leptobotia tientainensis* (Wu, 1930)

*Botia tientainensis* Wu, 1930a: 258.

*Leptobotia tientainensis tientainensis*: 成庆泰和郑葆珊, 1987: 197; 朱松泉, 1995: 124; 刘明玉, 解玉浩和季达明, 2000: 165; 李捷, 李新辉和陈湘粦, 2008: 632.

*Leptobotia tientainensis*: Kottelat, 2012: 17; 伍汉霖, 邵广昭, 赖春福等, 2012: 67.

**别名或俗名（Used or common name）**：天台扁尾薄鳅（成庆泰和郑葆珊, 1987; 朱松泉, 1995）, 天台薄鳅指名亚种（刘明玉, 解玉浩和季达明, 2000）, 天台薄鳅（伍汉霖, 邵广昭, 赖春福等, 2012）.

**分布（Distribution）**：浙江灵江.

### （1519）斑纹薄鳅 *Leptobotia zebra* (Wu, 1939)

*Botia zebra* Wu, 1939: 126.

*Leptobotia zebra*: Wang（王鸿媛）, 1981: 1; 成庆泰和郑葆珊, 1987: 197; 陈景星（见郑慈英等）, 1989: 58; 朱松泉, 1995: 125; 刘明玉, 解玉浩和季达明, 2000: 166; 李捷, 李新辉和陈湘粦, 2008: 632; 伍汉霖, 邵广昭, 赖春福等, 2012: 67.

*Sinibotia zebra*: Tang, Yu *et* Liu（唐琼英, 俞丹和刘焕章）, 2008: 1; Kottelat, 2012: 19.

**分布（Distribution）**：珠江流域西江水系.

## 413. 副沙鳅属 *Parabotia* Dabry de Thiersant, 1872

*Parabotia* Dabry de Thiersant, 1872: 191.

### （1520）武昌副沙鳅 *Parabotia bănărescui* (Nalbant, 1965)

*Leptobotia bănărescui* Nalbant, 1965: 2.

*Parabotia bănărescui*: 成庆泰和郑葆珊, 1987: 195; 朱松泉, 1995: 123; 刘明玉, 解玉浩和季达明, 2000: 165; Yang *et* Chen (杨军山和陈毅峰), 2004b: 173; Kottelat, 2012: 18; Zhu *et* Zhu (朱定贵和朱瑜), 2012a: 449; 伍汉霖, 邵广昭, 赖春福等, 2012: 67.

**分布（Distribution）**：长江中游及其附属水体.

### （1521）双斑副沙鳅 *Parabotia bimaculata* Chen, 1980

*Parabotia bimaculata* Chen (陈景星), 1980: 11; 成庆泰和郑葆珊, 1987: 195; 丁瑞华, 1994: 102; 朱松泉, 1995: 123; Yang *et* Chen (杨军山和陈毅峰), 2004b: 173; 伍汉霖, 邵广昭, 赖春福等, 2012: 67.

*Parabotia bimaculatus*: 刘明玉, 解玉浩和季达明, 2000: 165; Kottelat, 2012: 18.

**分布（Distribution）**：长江水系上游.

### （1522）短吻副沙鳅 *Parabotia brevirostris* Zhu *et* Zhu, 2012

*Parabotia brevirostris* Zhu *et* Zhu (朱定贵和朱瑜), 2012a: 448; Kottelat, 2012: 18.

**分布（Distribution）**：广西都安县红水河水系.

### （1523）花斑副沙鳅 *Parabotia fasciata* Dabry de Thiersant, 1872

*Parabotia fasciatus* Dabry de Thiersant, 1872: 191; 成庆泰和郑葆珊, 1987: 195; 陈景星 (见郑慈英等), 1989: 53; Pan, Zhong, Zheng *et al.*, 1991: 249; 丁瑞华, 1994: 100; 朱松泉, 1995: 123; 成庆泰和周才武, 1997: 197; 刘明玉, 解玉浩和季达明, 2000: 164; Wang, Wang, Li *et al.* (王所安, 王志敏, 李国良等), 2001: 172; Yang *et* Chen (杨军山和陈毅峰), 2004b: 173; Zhu *et* Zhu (朱定贵和朱瑜), 2012a: 449; Kottelat, 2012: 18; 伍汉霖, 邵广昭, 赖春福等, 2012: 67.

*Leptobotia hopeiensis*: Shaw *et* Tchang, 1931: 70.

*Botia* (*Hymenophysa*) *kwangsiensis*: Fang, 1936a: 13.

*Botia wui*: Chang, 1944: 48.

**分布（Distribution）**：黑龙江至珠江各水系.

### （1524）漓江副沙鳅 *Parabotia lijiangensis* Chen, 1980

*Parabotia lijiangensis* Chen (陈景星), 1980: 11; 成庆泰和郑葆珊, 1987: 195; 陈景星 (见郑慈英等), 1989: 55; 朱松泉, 1995: 123; 刘明玉, 解玉浩和季达明, 2000: 165; Yang *et* Chen (杨军山和陈毅峰), 2004b: 173; Kottelat, 2012: 18; 伍汉霖, 邵广昭, 赖春福等, 2012: 67.

**分布（Distribution）**：广西漓江.

### （1525）点面副沙鳅 *Parabotia maculosa* (Wu, 1939)

*Botia maculosa* Wu, 1939: 121.

*Parabotia maculosa*: 成庆泰和郑葆珊, 1987: 195; 陈景星 (见郑慈英等), 1989: 54; 朱松泉, 1995: 123; 刘明玉, 解玉浩和季达明, 2000: 165; Yang *et* Chen (杨军山和陈毅峰), 2004b: 173; 伍汉霖, 邵广昭, 赖春福等, 2012: 67.

*Parabotia maculosus*: Kottelat, 2012: 19.

**分布（Distribution）**：珠江, 闽江, 沅江, 汉江等水系.

### （1526）小副沙鳅 *Parabotia parva* Chen, 1980

*Parabotia parva* Chen (陈景星), 1980: 12; 成庆泰和郑葆珊, 1987: 195; 朱松泉, 1995: 123; 刘明玉, 解玉浩和季达明, 2000: 165; Yang *et* Chen (杨军山和陈毅峰), 2004b: 173; 伍汉霖, 邵广昭, 赖春福等, 2012: 67.

*Parabotia parvus*: Kottelat, 2012: 19.

**分布（Distribution）**：广西南流江.

# （八十三）爬鳅科 Balitoridae

## 一）腹吸鳅亚科 Gastromyzonninae

## 414. 爬岩鳅属 *Beaufortia* Hora, 1932

*Beaufortia* Hora, 1932: 318.

### （1527）圆体爬岩鳅 *Beaufortia cyclica* Chen, 1980

*Beaufortia cyclica* Chen (陈宜瑜), 1980: 115; 成庆泰和郑葆珊, 1987: 205; 陈宜瑜和郑慈英 (见郑慈英等), 1989: 263; 朱松泉, 1995: 136; Tang *et* Chen (唐文乔和陈宜瑜), 2000: 7; 乐佩琦等, 2000: 516; 刘明玉, 解玉浩和季达明, 2000: 171; Du *et al.*, 2008: 70; Kottelat, 2012: 57; 伍汉霖, 邵广昭, 赖春福等, 2012: 68.

*Beaufortia polliciformis* Dai, 1981: 172.

**分布（Distribution）**：珠江流域西江水系.

### （1528）黄果树爬岩鳅 *Beaufortia huangguoshuensis* Zheng *et* Zhang, 1987

*Beaufortia huangguoshuensis* Zheng *et* Zhang (郑慈英和张卫), 1987: 80; 朱松泉, 1995: 135; Tang *et* Chen (唐文乔和陈宜瑜), 2000: 7; 乐佩琦等, 2000: 510; 刘明玉, 解玉浩和季达明, 2000: 171; Kottelat, 2012: 58; 伍汉霖, 邵广昭, 赖春福等, 2012: 68.

**分布（Distribution）**：贵州北盘江.

### （1529）中间爬岩鳅 *Beaufortia intermedia* Tang *et* Wang, 1997

*Beaufortia intermedia* Tang *et* Wang (唐文乔和王大忠, 见唐文乔, 王大忠和余涛), 1997: 19; Chen, Huang *et* Yang (陈自明, 黄艳飞和杨君兴), 2009: 641; Kottelat, 2012: 58; 伍汉霖, 邵广昭, 赖春福等, 2012: 68.

**分布（Distribution）**：贵州三都县.

### （1530）细尾贵州爬岩鳅 *Beaufortia kweichowensis gracilicauda* Chen *et* Zheng, 1980

*Beaufortia kweichowensis gracilicauda* Chen *et* Zheng (陈宜瑜和郑慈英), 1980: 97; 郑慈英, 1981: 57; 成庆泰和郑葆珊, 1987: 205; 陈宜瑜和郑慈英 (见郑慈英等), 1989: 262; Pan, Zhong, Zheng *et al.*, 1991: 285; 朱松泉, 1995: 135; Tang *et* Chen (唐文乔和陈宜瑜), 2000: 7; 乐佩琦等, 2000: 509; 刘明玉, 解玉浩和季达明, 2000: 171; Kottelat, 2012: 58; 伍汉霖, 邵广昭, 赖春福等, 2012: 68.

**分布（Distribution）**：东江和北江水系.

### （1531）贵州爬岩鳅 *Beaufortia kweichowensis kweichowensis* (Fang, 1931)

*Gastromyzon leveretti kweichowensis* Fang (方炳文), 1931a: 41.

*Beaufortia kweichowensis gracilicauda*: 陈宜瑜和郑慈英 (见郑慈英和陈宜瑜), 1980: 97.

*Beaufortia kweichowensis kweichowensis*: 成庆泰和郑葆珊, 1987: 205; 陈宜瑜和郑慈英 (见郑慈英等), 1989: 261; 朱松泉, 1995: 135; 乐佩琦等, 2000: 507; 刘明玉, 解玉浩和季达明, 2000: 171; Kottelat, 2012: 58; 伍汉霖, 邵广昭, 赖春福等, 2012: 68.

**分布（Distribution）**：珠江流域西江水系.

### （1532）爬岩鳅 *Beaufortia leveretti* (Nichols *et* Pope, 1927)

*Gastromyzon leveretti* Nichols *et* Pope, 1927: 340.

*Beaufortia leveretti*: 郑慈英, 1981: 56; Kuang *et al.*, 1986: 160; 成庆泰和郑葆珊, 1987: 205; Pan, Zhong, Zheng *et al.*, 1991: 284; 朱松泉, 1995: 135; Tang *et* Chen (唐文乔和陈宜瑜), 2000: 7; 乐佩琦等, 2000: 514; 刘明玉, 解玉浩和季达明, 2000: 171; Kottelat, 2012: 58; 伍汉霖, 邵广昭, 赖春福等, 2012: 68.

**分布（Distribution）**：海南岛各水系及云南元江水系. 国外分布于越南.

### （1533）侧沟爬岩鳅 *Beaufortia liui* Chang, 1944

*Beaufortia liui* Chang (张孝威), 1944: 55; 成庆泰和郑葆珊, 1987: 205; 李贵禄 (见丁瑞华), 1994: 426; 朱松泉, 1995: 134; Chen, 1998: 262; Tang *et* Chen (唐文乔和陈宜瑜), 2000: 7; 乐佩琦等, 2000: 518; 刘明玉, 解玉浩和季达明, 2000: 170; Kottelat, 2012: 58; 伍汉霖, 邵广昭, 赖春福等, 2012: 68.

**分布（Distribution）**：长江上游.

### （1534）牛栏爬岩鳅 *Beaufortia niulanensis* Chen, Huang *et* Yang, 2009

*Beaufortia niulanensis* Chen, Huang *et* Yang (陈自明, 黄艳飞和杨君兴), 2009a: 639; Kottelat, 2012: 58; 伍汉霖, 邵广昭, 赖春福等, 2012: 68.

**分布（Distribution）**：金沙江水系支流牛栏江.

### （1535）秉氏爬岩鳅 *Beaufortia pingi* (Fang, 1930)

*Gastromyzon pingi* Fang (方炳文), 1930: 31.

*Beaufortia pingi*: 成庆泰和郑葆珊, 1987: 205; 陈宜瑜和郑慈英 (见郑慈英等), 1989: 257; 朱松泉, 1995: 135; 乐佩琦等, 2000: 505; 刘明玉, 解玉浩和季达明, 2000: 171; Kottelat, 2012: 59; 伍汉霖, 邵广昭, 赖春福等, 2012: 68.

**分布（Distribution）**：珠江流域西江水系. 国外分布于越南.

### （1536）多鳞爬岩鳅 *Beaufortia polylepis* Chen, 1982

*Beaufortia polylepis* Chen (陈银瑞, 见郑慈英, 陈银瑞和黄顺友), 1982: 397; 陈宜瑜和郑慈英 (见郑慈英等), 1989: 258; 朱松泉, 1995: 135; Tang *et* Chen (唐文乔和陈宜瑜), 2000: 7; 乐佩琦等, 2000: 513; 刘明玉, 解玉浩和季达明, 2000: 171; Kottelat, 2012: 59; 伍汉霖, 邵广昭, 赖春福等, 2012: 68.

**分布（Distribution）**：云南南盘江水系.

### （1537）四川爬岩鳅 *Beaufortia szechuanensis* (Fang, 1930)

*Gastromyzon szechuanensis* Fang (方炳文), 1930: 36.

*Beaufortia szechuanensis*: Chang, 1944: 55; 成庆泰和郑葆珊, 1987: 205; 李贵禄 (见丁瑞华), 1994: 427; 朱松泉, 1995: 134; Tang, Wang *et* Yu (唐文乔, 王大忠和余涛), 1997: 21; Tang *et* Chen (唐文乔和陈宜瑜), 2000: 7; 乐佩琦等, 2000: 512; 刘明玉, 解玉浩和季达明, 2000: 171; 14; Chen, Huang *et* Yang (陈自明, 黄艳飞和杨君兴), 2009: 641; Kottelat, 2012: 59; 伍汉霖, 邵广昭, 赖春福等, 2012: 68.

**分布（Distribution）**：长江上游.

### （1538）条斑爬岩鳅 *Beaufortia zebroidus* (Fang, 1930)

*Gastromyzon pingi zebroidus* Fang (方炳文), 1930: 35.

*Beaufortia zebroidus*: 陈宜瑜和郑慈英 (见郑慈英等), 1989: 257; Tang *et* Chen (唐文乔和陈宜瑜), 2000: 7; 乐佩琦等, 2000: 504; 刘明玉, 解玉浩和季达明, 2000: 170; 伍汉霖, 邵广昭, 赖春福等, 2012: 68.

**分布（Distribution）**：珠江流域西江水系.

## 415. 近原吸鳅属 *Erromyzon* Kottelat, 2004

*Erromyzon* Kottelat, 2004: 306.

### （1539）美斑近原吸鳅 *Erromyzon kalotaenia* Yang, Kottelat, Yang *et* Chen, 2012

*Erromyzon kalotaenia* Yang, Kottelat, Yang *et* Chen, 2012,

*Zootaxa* 3586: 173-186.
**分布（Distribution）**：广西金秀县，珠江水系支流桂江上游源头.

### （1540）中华近原吸鳅 *Erromyzon sinensis* (Chen, 1980)

*Protomyzon sinensis* Chen (陈宜瑜), 1980: 106; 郑葆珊, 1981: 168; 成庆泰和郑葆珊, 1987: 203; 陈宜瑜和郑慈英 (见郑慈英等), 1989: 250; 朱松泉, 1995: 132; Tang *et* Chen (唐文乔和陈宜瑜), 2000: 6; 乐佩琦等, 2000: 479; 刘明玉, 解玉浩和季达明, 2000: 169.
*Erromyzon sinensis*: Kottelat, 2012: 60; 伍汉霖, 邵广昭, 赖春福等, 2012: 69.
**别名或俗名（Used or common name）**：中华原吸鳅.
**分布（Distribution）**：珠江流域西江中上游.

### （1541）杨氏近原吸鳅 *Erromyzon yangi* Neely, Conway *et* Mayden, 2007

*Erromyzon yangi* Neely, Conway *et* Mayden, 2007: 98; Kottelat, 2012: 60; 伍汉霖, 邵广昭, 赖春福等, 2012: 69.
**分布（Distribution）**：珠江流域西江水系.

## 416. 台鳅属 *Formosania* Oshima, 1919

*Crossostoma* Sauvage, 1878a: 88.
*Formosania* Oshima, 1919, 12 (2-4): 194.
**别名或俗名（Used or common name）**：缨口鳅属.

### （1542）陈氏台鳅 *Formosania chenyiyui* (Zheng, 1991)

*Crossostoma chenyiyui* Zheng (郑慈英), 1991: 79; 朱松泉, 1995: 132; Tang *et* Chen (唐文乔和陈宜瑜), 2000: 6; 乐佩琦等, 2000: 472; 刘明玉, 解玉浩和季达明, 2000: 169; Zhang *et* Wang (张晓锋和王火根), 2011: 87.
*Formosania chenyiyui*: Kottelat, 2012: 60; 伍汉霖, 邵广昭, 赖春福等, 2012: 69.
**别名或俗名（Used or common name）**：陈氏缨口鳅.
**分布（Distribution）**：福建九龙江和韩江水系.

### （1543）达氏台鳅 *Formosania davidi* (Sauvage, 1878)

*Crossostoma davidi* Sauvage, 1878a: 89; 成庆泰和郑葆珊, 1987: 203; 朱松泉, 1995: 132; Li (李树青), 1998: 262; Tang *et* Chen (唐文乔和陈宜瑜), 2000: 6; 乐佩琦等, 2000: 475; 刘明玉, 解玉浩和季达明, 2000: 169; Zhang *et* Wang (张晓锋和王火根), 2011: 87.
*Formosania davidi*: Kottelat, 2012: 60; 伍汉霖, 邵广昭, 赖春福等, 2012: 69.
**别名或俗名（Used or common name）**：缨口鳅，达氏缨口鳅.
**分布（Distribution）**：福建闽江水系.

### （1544）花尾台鳅 *Formosania fascicauda* (Nichols, 1926)

*Crossostoma fascicauda* Nichols, 1926: 2; 成庆泰和郑葆珊, 1987: 203; 朱松泉, 1995: 132; Li (李树青), 1998: 262; Tang *et* Chen (唐文乔和陈宜瑜), 2000: 6; 乐佩琦等, 2000: 471; 刘明玉, 解玉浩和季达明, 2000: 169; Zhang *et* Wang (张晓锋和王火根), 2011: 87.
*Crossostoma fascicauda foochowensis*: Tchang, 1932b: 123.
*Formosania fascicauda*: Kottelat, 2012: 60; 伍汉霖, 邵广昭, 赖春福等, 2012: 69.
**别名或俗名（Used or common name）**：花尾缨口鳅.
**分布（Distribution）**：福建沿海各水系.

### （1545）横纹台鳅 *Formosania fasciolata* (Wang, Fan *et* Chen, 2006)

*Crossostoma fasciolatus* Wang, Fan *et* Chen (王火根, 范忠勇和陈莹), 2006: 902; Zhang *et* Wang (张晓锋和王火根), 2011: 87.
*Formosania fasciolata*: Kottelat, 2012: 60; 伍汉霖, 邵广昭, 赖春福等, 2012: 69.
**别名或俗名（Used or common name）**：横纹缨口鳅.
**分布（Distribution）**：浙江飞云江水系.

### （1546）亮斑台鳅 *Formosania galericula* (Zhang, 2011)

*Crossostoma galericula* Zhang (张晓锋, 见张晓锋和王火根), 2011: 85.
**分布（Distribution）**：浙江庆元县合湖乡山溪，属瓯江水系.

### （1547）缨口台鳅 *Formosania lacustre* (Steindachner, 1908)

*Crossostoma lacustre* Steindachner, 1908a: 110; Tzeng *et* Shen, 1982: 164; 成庆泰和郑葆珊, 1987: 202; Tzeng, Hsu, Shen *et al.*, 1990: 11; 朱松泉, 1995: 132; Tang *et* Chen (唐文乔和陈宜瑜), 2000: 5; 乐佩琦等, 2000: 466; 刘明玉, 解玉浩和季达明, 2000: 169; Chen, Han *et* Fang, 2002: 239; Zhang *et* Wang (张晓锋和王火根), 2011: 87.
*Crossostoma tengi*: Watanabe, 1983: 105.
*Formosania lacustre*: Chen *et* Fang (陈义雄和方力行), 2009: 185; Ho *et* Shao, 2011: 31; Kottelat, 2012: 61; 伍汉霖, 邵广昭, 赖春福等, 2012: 69.
**别名或俗名（Used or common name）**：台湾缨口鳅.
**分布（Distribution）**：台湾西部淡水河至浊水溪各水系.

### （1548）少鳞台鳅 *Formosania paucisquama* (Zheng, 1981)

*Crossostoma paucisquama* Zheng (郑慈英), 1981: 57; 成庆

泰和郑葆珊, 1987: 202; Pan, Zhong, Zheng *et al.*, 1991: 273; 朱松泉, 1995: 132; 刘明玉, 解玉浩和季达明, 2000: 169.

*Crossostoma paucisquama*: Tang *et* Chen (唐文乔和陈宜瑜), 2000: 5; 乐佩琦等, 2000: 467; Zhang *et* Wang (张晓锋和王火根), 2011: 87.

*Formosania paucisquama*: Kottelat, 2012: 61; 伍汉霖, 邵广昭, 赖春福等, 2012: 69.

**别名或俗名（Used or common name）**: 少鳞缨口鳅.

**分布（Distribution）**: 广东练江, 溶江及韩江等水系.

### （1549）斑纹台鳅 *Formosania stigmata* (Nichols, 1926)

*Crossostoma stigmata* Nichols, 1926: 4; 成庆泰和郑葆珊, 1987: 203; Pan, Zhong, Zheng *et al.*, 1991: 274; 朱松泉, 1995: 132; Li (李树青), 1998: 262; Tang *et* Chen (唐文乔和陈宜瑜), 2000: 5; 乐佩琦等, 2000: 469; 刘明玉, 解玉浩和季达明, 2000: 169; Zhang *et* Wang (张晓锋和王火根), 2011: 87.

*Formosania stigmata*: Kottelat, 2012: 61; 伍汉霖, 邵广昭, 赖春福等, 2012: 69.

**别名或俗名（Used or common name）**: 斑纹缨口鳅.

**分布（Distribution）**: 闽江至韩江的闽粤沿海各水系.

### （1550）廷氏台鳅 *Formosania tinkhami* (Herre, 1934)

*Crossostoma tinkhami* Herre, 1934a, 13 (2): 286; 郑慈英, 1981: 56; 成庆泰和郑葆珊, 1987: 203; 陈宜瑜和郑慈英 (见郑慈英等), 1989: 248; Pan, Zhong, Zheng *et al.*, 1991: 275; 朱松泉, 1995: 132; Li (李树青), 1998: 262; Tang *et* Chen (唐文乔和陈宜瑜), 2000: 6; 乐佩琦等, 2000: 474; 刘明玉, 解玉浩和季达明, 2000: 169; Zhang *et* Wang (张晓锋和王火根), 2011: 87.

*Formosania stigmata*: Kottelat, 2012: 61; 伍汉霖, 邵广昭, 赖春福等, 2012: 69.

**别名或俗名（Used or common name）**: 广东缨口鳅, 丁氏缨口鳅, 廷氏缨口鳅.

**分布（Distribution）**: 东江水系.

## 417. 拟平鳅属 *Liniparhomaloptera* Fang, 1935

*Liniparhomaloptera* Fang (方炳文), 1935a: 93.

### （1551）拟平鳅 *Liniparhomaloptera disparis disparis* (Lin, 1934)

*Parhomaloptera disparis* Lin (林书颜), 1934a: 225.

*Liniparhomaloptera disparis*: Fang, 1935a: 94; Chen *et* Liang (陈兼善和梁润生), 1949: 164; 岳佐和 (见郑葆珊), 1981: 173.

*Liniparhomaloptera disparis disparis*: 郑慈英和陈宜瑜, 1980: 89; 陈宜瑜, 1980: 97; 郑慈英, 1981: 55; 成庆泰和郑葆珊, 1987: 201; 陈宜瑜和郑慈英 (见郑慈英等), 1989: 242; Pan, Zhong, Zheng *et al.*, 1991: 263; 朱松泉, 1995: 130; Tang *et* Chen (唐文乔和陈宜瑜), 2000: 5; 乐佩琦等, 2000: 446; 刘明玉, 解玉浩和季达明, 2000: 168; Kottelat, 2012: 65; 伍汉霖, 邵广昭, 赖春福等, 2012: 70.

**分布（Distribution）**: 珠江水系的东江和西江下游及广东湛江市和香港. 国外分布于越南.

### （1552）琼中拟平鳅 *Liniparhomaloptera disparis qiongzhongensis* Zheng *et* Chen, 1980

*Liniparhomaloptera disparis qiongzhongensis* Zheng *et* Chen (郑慈英和陈宜瑜), 1980: 91; 郑慈英, 1981: 55; Kuang *et al.*, 1986: 157; 成庆泰和郑葆珊, 1987: 201; Pan, Zhong, Zheng *et al.*, 1991: 264; 朱松泉, 1995: 130; Tang *et* Chen (唐文乔和陈宜瑜), 2000: 5; 乐佩琦等, 2000: 448; 刘明玉, 解玉浩和季达明, 2000: 168; 伍汉霖, 邵广昭, 赖春福等, 2012: 70.

*Liniparhomlotera quingzhongensis*: Kottelat, 2012: 65.

**分布（Distribution）**: 海南岛各水系.

### （1553）钝吻拟平鳅 *Liniparhomaloptera obtusirostris* Zheng *et* Chen, 1980

*Liniparhomaloptera obtusirostris* Zheng *et* Chen (郑慈英和陈宜瑜), 1980: 92; 陈宜瑜, 1980: 97; 郑慈英, 1981: 55; 成庆泰和郑葆珊, 1987: 201; 陈宜瑜和郑慈英 (见郑慈英等), 1989: 243; Pan, Zhong, Zheng *et al.*, 1991: 265; 朱松泉, 1995: 130; Tang *et* Chen (唐文乔和陈宜瑜), 2000: 5; 乐佩琦等, 2000: 450; 刘明玉, 解玉浩和季达明, 2000: 168; Kottelat, 2012: 65; 伍汉霖, 邵广昭, 赖春福等, 2012: 70.

**分布（Distribution）**: 珠江支流北流江.

## 418. 似原吸鳅属 *Paraprotomyzon* Pellegrin *et* Fang, 1935

*Paraprotomyzon* Pellegrin *et* Fang, 1935: 99.

**别名或俗名（Used or common name）**: 副原腹吸鳅属 (伍汉霖, 邵广昭, 赖春福等, 2012).

### （1554）巴马似原吸鳅 *Paraprotomyzon bamaensis* Tang, 1997

*Paraprotomyzon bamaensis* Tang (唐文乔), 1997: 108; Tang *et* Chen (唐文乔和陈宜瑜), 2000: 7; 乐佩琦等, 2000: 501; Lu, Lu *et* Mao (卢玉发, 卢宗民和卯卫宁), 2005: 203; Kottelat, 2012: 66; 伍汉霖, 邵广昭, 赖春福等, 2012: 71.

*Paraprotomyzon multifasciatus*: 岳佐和 (见郑葆珊), 1981: 166.

**别名或俗名（Used or common name）**: 巴马副原腹吸鳅 (伍汉霖, 邵广昭, 赖春福等, 2012).

**分布（Distribution）**: 广西巴马县盘阳河, 属珠江流域西江水系红水河支流.

### （1555）龙口似原吸鳅 *Paraprotomyzon lungkowensis* Xie, Yang *et* Gong, 1984

*Paraprotomyzon lungkowensis* Xie, Yang *et* Gong (谢从新, 杨干荣和龚立新), 1984: 62; 杨干荣, 1987: 143; 朱松泉, 1995: 134; Tang (唐文乔), 1997: 110; Tang *et* Chen (唐文乔和陈宜瑜), 2000: 7; 乐佩琦等, 2000: 500; 刘明玉, 解玉浩和季达明, 2000: 170; Kottelat, 2012: 67; 伍汉霖, 邵广昭, 赖春福等, 2012: 71.

**别名或俗名（Used or common name）**：龙口副原腹吸鳅 (伍汉霖, 邵广昭, 赖春福等, 2012).

**分布（Distribution）**：长江上游支流香溪河.

### （1556）似原吸鳅 *Paraprotomyzon multifasciatus* Pellegrin *et* Fang, 1935

*Paraprotomyzon multifasciatus* Pellegrin *et* Fang, 1935: 103; Chen *et* Liang (陈兼善和梁润生), 1949: 165; 陈宜瑜, 1980: 111; 岳佐和 (见郑葆珊), 1981: 166; 成庆泰和郑葆珊, 1987: 204; 郑慈英和张卫, 1987: 79; 陈宜瑜和郑慈英 (见郑慈英等), 1989: 256; 李贵禄 (见丁瑞华), 1994: 425; 朱松泉, 1995: 134; Tang (唐文乔), 1997: 110; Tang *et* Chen (唐文乔和陈宜瑜), 2000: 7; 乐佩琦等, 2000: 498; 刘明玉, 解玉浩和季达明, 2000: 170; Kottelat, 2012: 67; 伍汉霖, 邵广昭, 赖春福等, 2012: 71.

**别名或俗名（Used or common name）**：副原腹吸鳅 (伍汉霖, 邵广昭, 赖春福等, 2012).

**分布（Distribution）**：长江上游, 珠江流域西江水系红水河支流.

### （1557）牛栏江似原吸鳅 *Paraprotomyzon niulanjiangensis* Lu, Lu *et* Mao, 2005

*Paraprotomyzon niulanjiangensis* Lu, Lu *et* Mao (卢玉发, 卢宗民和卯卫宁), 2005: 202; Kottelat, 2012: 67; 伍汉霖, 邵广昭, 赖春福等, 2012: 71.

**别名或俗名（Used or common name）**：牛栏江副原腹吸鳅 (伍汉霖, 邵广昭, 赖春福等, 2012).

**分布（Distribution）**：金沙江下游右侧支流牛栏江.

## 419. 近腹吸鳅属 *Plesiomyzon* Zheng *et* Chen, 1980

*Plesiomyzon* Zheng *et* Chen (郑慈英和陈宜瑜), 1980: 90.

### （1558）保亭近腹吸鳅 *Plesiomyzon baotingensis* Zheng *et* Chen, 1980

*Plesiomyzon baotingensis* Zheng *et* Chen (郑慈英和陈宜瑜), 1980: 90; 郑慈英, 1981: 55; Kuang *et al.*, 1986: 156; 成庆泰和郑葆珊, 1987: 201; Pan, Zhong, Zheng *et al.*, 1991: 262; 朱松泉, 1995: 130; 乐佩琦和陈宜瑜, 1998: 205; Tang *et* Chen (唐文乔和陈宜瑜), 2000: 4; 乐佩琦等, 2000: 444; 刘明玉, 解玉浩和季达明, 2000: 168; Kottelat, 2012: 67; 伍汉霖, 邵广昭, 赖春福等, 2012: 72.

**分布（Distribution）**：海南陵水河的山溪支流.

**保护等级（Protection class）**：《中国濒危动物红皮书·鱼类》(极危).

## 420. 拟腹吸鳅属 *Pseudogastromyzon* Nichols, 1925

*Pseudogastromyzon* (subgenus of *Hemimyzon*) Nichols, 1925: 1.

*Labigastromyzon* (subgenus of *Pseudogastromyzon*) Tang *et* Chen (唐文乔和陈宜瑜), 1996: 234.

### （1559）长汀拟腹吸鳅 *Pseudogastromyzon changtingensis changtingensis* Liang, 1942

*Pseudogastromyzon fasciatus changtingensis* Liang (梁润生), 1942: 1; Chen *et* Liang (陈兼善和梁润生), 1949: 165.

*Pseudogastromyzon changtingensis changtingensis*: 陈宜瑜, 1980: 108; 伍汉霖 (见朱元鼎), 1984: 362; 郑慈英和李金平, 1986: 76; 成庆泰和郑葆珊, 1987: 203; 朱松泉, 1995: 133; 伍汉霖, 邵广昭, 赖春福等, 2012: 72.

*Pseudogastromyzon* (*Labigastromyzon*) *changtingensis changtingensis*: 乐佩琦等, 2000: 493.

*Pseudogastromyzon changtingensis*: 刘明玉, 解玉浩和季达明, 2000: 169; Kottelat, 2012: 68.

**别名或俗名（Used or common name）**：长汀品唇鳅.

**分布（Distribution）**：韩江水系.

### （1560）东坡拟腹吸鳅 *Pseudogastromyzon changtingensis tungpeiensis* Chen *et* Liang, 1949

*Pseudogastromyzon tungpeiensis* Chen *et* Liang (陈兼善和梁润生), 1949: 158; 刘明玉, 解玉浩和季达明, 2000: 169.

*Pseudogastromyzon changtingensis tungpeiensis*: 陈宜瑜, 1980: 109; 郑慈英和陈宜瑜, 1980: 90; 郑慈英, 1981: 56; 郑慈英和李金平, 1986: 77; 成庆泰和郑葆珊, 1987: 203; Pan, Zhong, Zheng *et al.*, 1991: 276; 朱松泉, 1995: 133; 伍汉霖, 邵广昭, 赖春福等, 2012: 72.

*Pseudogastromyzon* (*Labigastromyzon*) *changtingensis tungpeiensis*: 乐佩琦等, 2000: 494.

**别名或俗名（Used or common name）**：东陂长汀品唇鳅.

**分布（Distribution）**：珠江流域北江水系和西江水系.

### （1561）圆斑拟腹吸鳅 *Pseudogastromyzon cheni* Liang, 1942

*Pseudogastromyzon cheni* Liang (梁润生), 1942: 4; 陈宜瑜, 1980: 109; 伍汉霖 (见朱元鼎), 1984: 364; 郑慈英和李金平,

1986: 78; 成庆泰和郑葆珊, 1987: 204; 朱松泉, 1995: 133; Li (李树青), 1998: 262; Tang *et* Chen (唐文乔和陈宜瑜), 2000: 6; 刘明玉, 解玉浩和季达明, 2000: 170; Kottelat, 2012: 68; 伍汉霖, 邵广昭, 赖春福等, 2012: 72.

*Pseudogastromyzon* (*Pseudogastromyzon*) *cheni*: 乐佩琦等, 2000: 488.

**别名或俗名（Used or common name）**：陈氏拟腹吸鳅 (朱松泉, 1995).

**分布（Distribution）**：韩江水系.

### （1562）越南拟腹吸鳅 *Pseudogastromyzon daon* (Mai, 1978)

*Gastromyzon daon* Mai, 1978: 216; Endruweit, 2013: 54.

*Beaufortia daon*: Kottelat, 2012: 191.

*Pseudogastromyzon daon*: 伍汉霖等, 2013: 72.

**分布（Distribution）**：云南普洱市勐野江, 属元江水系. 国外分布于越南.

### （1563）珠江拟腹吸鳅 *Pseudogastromyzon fangi* (Nichols, 1931)

*Crossostoma fangi* Nichols, 1931a: 263.

*Pseudogastromyzon fangi*: Fang, 1933c: 46; Chen *et* Liang (陈兼善和梁润生), 1949: 167; 湖南省水产科学研究所, 1977: 173; 陈宜瑜, 1980: 109; 郑慈英和陈宜瑜, 1980: 90; 郑慈英, 1981: 56; 岳佐和 (见郑葆珊), 1981: 167; 郑慈英和李金平, 1986: 77; 成庆泰和郑葆珊, 1987: 203; 陈宜瑜和郑慈英 (见郑慈英等), 1989: 253; Pan, Zhong, Zheng *et al.*, 1991: 278; 朱松泉, 1995: 133; Li (李树青), 1998: 262; 刘明玉, 解玉浩和季达明, 2000: 170; Kottelat, 2012: 69; 伍汉霖, 邵广昭, 赖春福等, 2012: 72.

*Pseudogastromyzon* (*Labigastromyzon*) *fangi*: 乐佩琦等, 2000: 496.

**别名或俗名（Used or common name）**：方氏品唇鳅.

**分布（Distribution）**：珠江流域的北江和西江及长江支流的湘江.

### （1564）拟腹吸鳅 *Pseudogastromyzon fasciatus fasciatus* (Sauvage, 1878)

*Psilorhynchus fasciatus* Sauvage, 1878a: 88.

*Pseudogastromyzon zebroidus*: Fang, 1930: 34; 张春霖, 1959: 127.

*Pseudogastromyzon fasciatus*: Fang, 1933c: 41; Chen *et* Liang (陈兼善和梁润生), 1949: 165; 伍汉霖 (见朱元鼎), 1984: 364; 毛节荣和徐寿山, 1991: 153; 刘明玉, 解玉浩和季达明, 2000: 170; Kottelat, 2012: 69.

*Pseudogastromyzon fasciatus fasciatus*: 陈宜瑜, 1980: 110; 郑慈英和李金平, 1986: 79; 成庆泰和郑葆珊, 1987: 204; 朱松泉, 1995: 134; 伍汉霖, 邵广昭, 赖春福等, 2012: 72.

*Pseudogastromyzon* (*Pseudogastromyzon*) *fasciatus fasciatus*: 乐佩琦等, 2000: 482.

**别名或俗名（Used or common name）**：条纹拟腹吸鳅 (伍汉霖等, 2000).

**分布（Distribution）**：自瓯江至木兰溪的闽浙沿海各水系.

### （1565）九龙江拟腹吸鳅 *Pseudogastromyzon fasciatus jiulongjiangensis* Chen, 1980

*Pseudogastromyzon fasciatus jiulongjiangensis* Chen (陈宜瑜), 1980: 110; 郑慈英和李金平, 1986: 79; 成庆泰和郑葆珊, 1987: 204; 朱松泉, 1995: 134; 伍汉霖, 邵广昭, 赖春福等, 2012: 72.

*Pseudogastromyzon jiulongjiangensis*: 伍汉霖 (见朱元鼎), 1984: 366; 刘明玉, 解玉浩和季达明, 2000: 170.

*Pseudogastromyzon* (*Pseudogastromyzon*) *fasciatus jiulongjiangensis*: 乐佩琦等, 2000: 483.

**分布（Distribution）**：福建九龙江水系.

### （1566）宽头拟腹吸鳅 *Pseudogastromyzon laticeps* Chen *et* Zheng, 1980

*Pseudogastromyzon laticeps* Chen *et* Zheng (陈宜瑜和郑慈英), 1980: 96; 陈宜瑜, 1980: 111; 郑慈英, 1981: 56; 郑慈英和李金平, 1986: 80; 成庆泰和郑葆珊, 1987: 204; Pan, Zhong, Zheng *et al.*, 1991: 282; 朱松泉, 1995: 134; 刘明玉, 解玉浩和季达明, 2000: 170; Kottelat, 2012: 69; 伍汉霖, 邵广昭, 赖春福等, 2012: 72.

*Pseudogastromyzon* (*Pseudogastromyzon*) *laticeps*: Tang *et* Chen (唐文乔和陈宜瑜), 2000: 6; 乐佩琦等, 2000: 491.

**分布（Distribution）**：广东莲花山区各山溪.

### （1567）练江拟腹吸鳅 *Pseudogastromyzon lianjiangensis* Zheng, 1981

*Pseudogastromyzon lianjiangensis* Zheng (郑慈英), 1981: 59; 郑慈英和李金平, 1986: 79; 成庆泰和郑葆珊, 1987: 204; Pan, Zhong, Zheng *et al.*, 1991: 281; 朱松泉, 1995: 133; 刘明玉, 解玉浩和季达明, 2000: 170; Kottelat, 2012: 69; 伍汉霖, 邵广昭, 赖春福等, 2012: 72.

*Pseudogastromyzon* (*Pseudogastromyzon*) *lianjiangensis*: Tang *et* Chen (唐文乔和陈宜瑜), 2000: 6; 乐佩琦等, 2000: 486.

**分布（Distribution）**：广东练江和溶江水系.

### （1568）花斑拟腹吸鳅 *Pseudogastromyzon myersi* Herre, 1932

*Pseudogastromyzon myersi* Herre, 1932a: 430; Kottelat, 2012: 69; 伍汉霖, 邵广昭, 赖春福等, 2012: 72.

*Pseudogastromyzon maculatum*: Chen *et* Zheng (陈宜瑜和郑慈英), 1980: 95.

*Pseudogastromyzon myseri*: 朱松泉, 1995: 133; 刘明玉, 解

玉浩和季达明, 2000: 170.
*Pseudogastromyzon* (*Pseudogastromyzon*) *myseri*: Tang *et* Chen (唐文乔和陈宜瑜), 2000: 6; 乐佩琦等, 2000: 489.
**别名或俗名（Used or common name）**：麦氏拟腹吸鳅 (朱松泉, 1995; 刘明玉, 解玉浩和季达明, 2000), 迈氏拟腹吸鳅 (伍汉霖, 邵广昭, 赖春福等, 2012).
**分布（Distribution）**：广东东江, 溶江及香港等地.

### （1569）密斑拟腹吸鳅 *Pseudogastromyzon peristictus* Zheng *et* Li, 1986

*Pseudogastromyzon peristictus* Zheng *et* Li (郑慈英和李金平), 1986: 77; Pan, Zhong, Zheng *et al.*, 1991: 279; 朱松泉, 1995: 133; 刘明玉, 解玉浩和季达明, 2000: 170; Kottelat, 2012: 69; 伍汉霖, 邵广昭, 赖春福等, 2012: 72.
*Pseudogastromyzon* (*Pseudogastromyzon*) *peristictus*: Tang *et* Chen (唐文乔和陈宜瑜), 2000: 6; 乐佩琦等, 2000: 485.
**分布（Distribution）**：广东东部溶江和梅江水系.

## 421. 原缨口鳅属 *Vanmanenia* Hora, 1932

*Vanmanenia* Hora, 1932: 309.
*Praeformosania* Fang (方炳文), 1935a: 71.

### （1570）纵纹原缨口鳅 *Vanmanenia caldwelli* (Nichols, 1925)

*Homaloptera caldwelli* Nichols, 1925: 1.
*Homaloptera* (*Homalosoma*) *caldwelli chekianensis*: Tchang, 1932a: 83.
*Vanmanenia caldwelli*: Fang, 1935a: 68; Chen *et* Liang (陈兼善和梁润生), 1949: 163; 陈宜瑜, 1980: 99; 伍汉霖 (见朱元鼎), 1984: 367; 成庆泰和郑葆珊, 1987: 201; 朱松泉, 1995: 131; Li (李树青), 1998: 262; 乐佩琦等, 2000: 454; 刘明玉, 解玉浩和季达明, 2000: 168; Kottelat, 2012: 71; 伍汉霖, 邵广昭, 赖春福等, 2012: 75.
*Vanmanenia oaldwelli*: Tang *et* Chen (唐文乔和陈宜瑜), 2000: 5.
**分布（Distribution）**：闽江水系.

### （1571）裸腹原缨口鳅 *Vanmanenia gymnetrus* Chen, 1980

*Vanmanenia gymnetrus* Chen (陈宜瑜), 1980: 100; 伍汉霖 (见朱元鼎), 1984: 368; 成庆泰和郑葆珊, 1987: 202; Pan, Zhong, Zheng *et al.*, 1991: 267; 朱松泉, 1995: 131; Li (李树青), 1998: 262; Tang *et* Chen (唐文乔和陈宜瑜), 2000: 5; 乐佩琦等, 2000: 460; 刘明玉, 解玉浩和季达明, 2000: 168; Kottelat, 2012: 72; 伍汉霖, 邵广昭, 赖春福等, 2012: 75.
**分布（Distribution）**：闽粤沿海的九龙江和韩江等水系.

### （1572）海南原缨口鳅 *Vanmanenia hainanensis* Chen *et* Zheng, 1980

*Vanmanenia hainanensis* Chen *et* Zheng (陈宜瑜和郑慈英), 1980: 93; 陈宜瑜, 1980: 100; 郑慈英, 1981: 56; Kuang *et al.*, 1986: 158; 成庆泰和郑葆珊, 1987: 202; Pan, Zhong, Zheng *et al.*, 1991: 269; 朱松泉, 1995: 131; Tang *et* Chen (唐文乔和陈宜瑜), 2000: 5; 乐佩琦等, 2000: 457; 刘明玉, 解玉浩和季达明, 2000: 168; Kottelat, 2012: 72; 伍汉霖, 邵广昭, 赖春福等, 2012: 75.
**分布（Distribution）**：海南昌化江, 万泉河水系.

### （1573）平头原缨口鳅 *Vanmanenia homalocephala* Zhang *et* Zhao, 2000

*Vanmanenia homalocephala* Zhang *et* Zhao (张春光和赵亚辉), 2000: 460; Kottelat, 2012: 72; 伍汉霖, 邵广昭, 赖春福等, 2012: 75.
**分布（Distribution）**：广西珠江流域西江支流柳江水系.

### （1574）线纹原缨口鳅 *Vanmanenia lineata* (Fang, 1935)

*Praeformosania lineata* Fang (方炳文), 1935a: 78; Chen *et* Liang (陈兼善和梁润生), 1949: 164.
*Formosania yaoshanensis*: Wu (伍献文), 1939: 128.
*Vanmanenia lineata*: 陈宜瑜, 1980: 106; 成庆泰和郑葆珊, 1987: 202; 陈宜瑜和郑慈英 (见郑慈英等), 1989: 244; 朱松泉, 1995: 131; 乐佩琦等, 2000: 459; 刘明玉, 解玉浩和季达明, 2000: 168; Kottelat, 2012: 72; 伍汉霖, 邵广昭, 赖春福等, 2012: 75.
**分布（Distribution）**：珠江流域西江水系.

### （1575）花斑原缨口鳅 *Vanmanenia maculata* Yi, Zhang *et* Shen, 2014

*Vanmanenia maculata* Yi, Zhang *et* Shen, 2014: 085-097.
**分布（Distribution）**：湖北建始县, 宜都市和长阳县等, 属清江流域 (长江中游右侧一级支流).

### （1576）平舟原缨口鳅 *Vanmanenia pingchowensis* (Fang, 1935)

*Praeformosania pingchowensis* Fang (方炳文), 1935a: 72; Chen *et* Liang (陈兼善和梁润生), 1949: 164.
*Vanmanenia stenosoma*: Wu, 1939: 127.
*Vanmanenia pingchowensis*: 陈宜瑜, 1980: 99; 郑慈英和陈宜瑜, 1980: 89; 郑慈英, 1981: 56; 岳佐和 (见郑葆珊), 1981: 174; 谢从新, 杨干荣和龚立新, 1984: 62; 成庆泰和郑葆珊, 1987: 202; 杨干荣, 1987: 142; 郑慈英和张卫, 1987: 79; 陈宜瑜和郑慈英 (见郑慈英等), 1989: 245; 谢家骅 (见伍律), 1989: 218; Pan, Zhong, Zheng *et al.*, 1991: 267; 李贵禄 (见丁瑞华), 1994: 424; 朱松泉, 1995: 131; Tang *et* Chen (唐文乔和陈宜瑜), 2000: 5; 刘明玉, 解玉浩和季达明, 2000: 168; 乐佩琦等, 2000: 455; 14; Kottelat, 2012: 72; 伍汉霖, 邵广昭, 赖春福等, 2012: 75.
*Vanmanenia polylepis*: Pan, Liu *et* Zheng (潘炯华, 刘成汉和

郑文彪), 1983: 107.

**分布（Distribution）**：珠江，长江的清江，以及湖南洞庭湖和江西鄱阳湖水系.

### （1577）湄公河原缨口鳅 *Vanmanenia serrilineata* Kottelat, 2000

*Vanmanenia serrilineata* Kottelat, 2000; Endruweit, 2013; 陈小勇, 2013, 34 (4): 291.

**分布（Distribution）**：云南西双版纳勐腊县南腊河，属澜沧江水系. 国外分布于老挝湄公河水系.

### （1578）原缨口鳅 *Vanmanenia stenosoma* (Boulenger, 1901)

*Homalosoma stenosoma* Boulenger, 1901: 270.

*Crossostoma stenosoma*: Tchang, 1930a: 151.

*Homaloptera* (*Homalosoma*) *caldwelli chekianensis*: Tchang (张春霖), 1932a: 83; 陈宜瑜, 1980: 99.

*Vanmanenia stenosoma*: Fang, 1935a: 58; Wu, 1939: 127; Chen *et* Liang (陈兼善和梁润生), 1949: 163; 陈宜瑜, 1980: 98; 陈马康，童合一，俞泰济等, 1990: 153; 毛节荣和徐寿山, 1991: 152; Li (李树青), 1998: 262; Tang *et* Chen (唐文乔和陈宜瑜), 2000: 5; 乐佩琦等, 2000: 452; 刘明玉，解玉浩和季达明, 2000: 168; Kottelat, 2012: 73; 伍汉霖，邵广昭，赖春福等, 2012: 75.

*Vanmanenia stenosoma stenosoma*: 成庆泰和郑葆珊, 1987: 201; 朱松泉, 1995: 130.

**分布（Distribution）**：长江中游的鄱阳湖水系和钱塘江，瓯江等浙江沿海各水系.

### （1579）横斑原缨口鳅 *Vanmanenia striata* Chen, 1980

*Vanmanenia striata* Chen (陈宜瑜), 1980: 101; 郑慈英，陈银瑞和黄顺友, 1982: 393; 匡溥人 (见褚新洛和陈银瑞等), 1990: 83 (部分); 周伟，李旭和李燕男, 2010: 99 (元江).

**分布（Distribution）**：元江干支流.

### （1580）四叶原缨口鳅 *Vanmanenia tetraloba* (Mai, 1978)

*Homaloptera tetraloba* Mai, 1978: 210.

*Vanmanenia striata*: Chen (陈宜瑜), 1980: 101; 郑慈英，陈银瑞和黄顺友, 1982: 393.

*Vanmanenia tetraloba*: 陈银瑞 (见褚新洛和陈银瑞等), 1990: 83; 朱松泉, 1995: 131; 乐佩琦等, 2000: 463; 刘明玉，解玉浩和季达明, 2000: 169; 周伟，李旭和李燕男, 2010: 99 (李仙江); Kottelat, 2012: 71; 伍汉霖，邵广昭，赖春福等, 2012: 75.

**分布（Distribution）**：云南李仙江水系. 国外分布于越南的黑水河水系，属红河流域的一级支流.

### （1581）信宜原缨口鳅 *Vanmanenia xinyiensis* Zheng *et* Chen, 1980

*Vanmanenia xinyiensis* Zheng *et* Chen (郑慈英和陈宜瑜), 1980: 94; Chen (陈宜瑜), 1980: 101; 郑慈英, 1981: 56; 成庆泰和郑葆珊, 1987: 202; 陈宜瑜和郑慈英 (见郑慈英等), 1989: 247; Pan, Zhong, Zheng *et al.*, 1991: 270; 朱松泉, 1995: 131; Tang *et* Chen (唐文乔和陈宜瑜), 2000: 5; 乐佩琦等, 2000: 462; 刘明玉，解玉浩和季达明, 2000: 168; Kottelat, 2012: 73; 伍汉霖，邵广昭，赖春福等, 2012: 75.

**分布（Distribution）**：珠江下游支流.

## 422. 瑶山腹吸鳅属 *Yaoshania* Yang, Kottelat, Yang *et* Chen, 2012

*Yaoshania* Yang, Kottelat, Yang *et* Chen, 2012, *Zootaxa* 3586: 173-186. **Type species:** *Protomyzon pachychilus* Chen (陈景星), 1980.

### （1582）厚唇瑶山腹吸鳅 *Yaoshania pachychilus* (Chen, 1980)

*Protomyzon pachychilus* Chen (陈宜瑜), 1980: 106; 岳佐和 (见郑葆珊), 1981: 169; 成庆泰和郑葆珊, 1987: 203; 郑慈英和张卫, 1987: 79; 陈宜瑜和郑慈英 (见郑慈英等), 1989: 249; 朱松泉, 1995: 132; 乐佩琦和陈宜瑜, 1998: 208; Tang *et* Chen (唐文乔和陈宜瑜), 2000: 6; 乐佩琦等, 2000: 477; 刘明玉，解玉浩和季达明, 2000: 169; 伍汉霖，邵广昭，赖春福等, 2012: 72.

*Yaoshania pachychilus*: Yang, Kottelat, Yang *et* Chen, 2012, *Zootaxa* 3586: 173-186.

**别名或俗名（Used or common name）**：厚唇原吸鳅.

**分布（Distribution）**：珠江水系的广西大瑶山山溪.

**保护等级（Protection class）**：《中国濒危动物红皮书·鱼类》(稀有).

## 二）爬鳅亚科 Balitorinae

## 423. 爬鳅属 *Balitora* Gray, 1830

*Balitora* Gray, 1830: 88.

*Sinohomaloptera* Fang, 1930a: 26.

### （1583）长体爬鳅 *Balitora elongata* Chen *et* Li, 1985

*Balitora elongata* Chen *et* Li (陈银瑞和李再云，见李再云和陈银瑞), 1985: 169; 朱松泉, 1995: 137; Chen, 1998: 265; Tang *et* Chen (唐文乔和陈宜瑜), 2000: 8; 乐佩琦等, 2000: 525; 伍汉霖，邵广昭，赖春福等, 2012: 68.

*Hemimyzon elongatus*: Kottelat *et* Chu (Kottelat 和褚新洛), 1988c: 193; Kottelat, 2012: 48.

分布（Distribution）：澜沧江水系.

### （1584）广西爬鳅 *Balitora kwangsiensis* (Fang, 1930)

*Homaloptera kwangsiensis* Fang (方炳文), 1930a: 27.
*Sinohomaloptera kwangsiensis*: Fang, 1930a: 26; Chen *et* Liang (陈兼善和梁润生), 1949: 161; 陈宜瑜, 1978: 336; 郑慈英和陈宜瑜, 1980: 89; 郑慈英, 1981: 55; 岳佐和（见郑葆珊), 1981: 164; 郑慈英, 陈银瑞和黄顺友, 1982: 394; Kuang *et al.*, 1986: 152; 成庆泰和郑葆珊, 1987: 207; 陈宜瑜和郑慈英（见郑慈英等), 1989: 265; 谢家骅（见伍律), 1989: 202; Pan, Zhong, Zheng *et al.*, 1991: 257; 朱松泉, 1995: 137; Li (李树青), 1998: 261; Tang *et* Chen (唐文乔和陈宜瑜), 2000: 8; 乐佩琦等, 2000: 531; 刘明玉, 解玉浩和季达明, 2000: 171.
*Balitora heteroura*: Pan, Liu *et* Zheng (潘炯华, 刘成汉和郑文彪), 1983: 105.
*Balitora kwangsiensis*: Kottelat *et* Chu (Kottelat 和褚新洛), 1988c: 189; 陈银瑞（见褚新洛和陈银瑞等), 1990: 91; Kottelat, 2012: 45; Liu, Zhu, Wei *et al.*, 2012: 374; 伍汉霖, 邵广昭, 赖春福等, 2012: 68.
别名或俗名（Used or common name）：广西华平鳅, 异尾爬鳅.
分布（Distribution）：珠江, 海南昌江县, 云南元江水系. 国外分布于老挝和越南.

### （1585）澜沧江爬鳅 *Balitora lancangjiangensis* (Zheng, 1980)

*Sinohomaloptera lancangjiangensis* Zheng (郑慈英), 1980: 110.
*Balitora lancangjiangensis* Kottelat *et* Chu (Kottelat 和褚新洛), 1988c: 189; 陈银瑞（见褚新洛和陈银瑞等), 1990: 93; Tang *et* Chen (唐文乔和陈宜瑜), 2000: 8; 乐佩琦等, 2000: 523; 刘明玉, 解玉浩和季达明, 2000: 171; Chen, Cui *et* Yang, 2005: 25; Kottelat, 2012: 45; Liu, Zhu, Wei *et al.*, 2012: 374; 伍汉霖, 邵广昭, 赖春福等, 2012: 68.
分布（Distribution）：澜沧江和元江水系. 国外分布于老挝.

### （1586）长须爬鳅 *Balitora longibarbata* (Chen, 1982)

*Sinohomaloptera longibarbatus* Chen (陈银瑞, 见郑慈英, 陈银瑞和黄顺友), 1982: 394; 陈宜瑜和郑慈英（见郑慈英等), 1989: 266; 朱松泉, 1995: 137; Tang *et* Chen (唐文乔和陈宜瑜), 2000: 8; 乐佩琦等, 2000: 533; 刘明玉, 解玉浩和季达明, 2000: 171.
*Balitora longibarbata*: Kottelat *et* Chu (Kottelat 和褚新洛), 1988c: 190; 陈银瑞（见褚新洛和陈银瑞等), 1990: 94; Chen, Cui *et* Yang, 2005: 25; Liu, Zhu, Wei *et al.*, 2012: 374; 伍汉霖, 邵广昭, 赖春福等, 2012: 68.
别名或俗名（Used or common name）：长须华平鳅.
分布（Distribution）：云南南盘江水系.

### （1587）禄洞爬鳅 *Balitora ludongensis* Liu *et* Chen, 2012

*Balitora ludongensis* Liu *et* Chen (刘淑伟和陈小勇), 2012, *In*: Liu, Zhu, Wei *et al.*, 2012: 370.
分布（Distribution）：广西靖西市齐龙河, 属左江水系.

### （1588）南汀爬鳅 *Balitora nantingensis* Chen, Cui *et* Yang, 2005

*Balitora nantingensis* Chen, Cui *et* Yang (陈小勇, 崔桂华和杨君兴), 2005: 22; Kottelat, 2012: 45; Liu, Zhu, Wei *et al.*, 2012: 374; 伍汉霖, 邵广昭, 赖春福等, 2012: 68.
分布（Distribution）：云南南汀河, 属怒江水系.

### （1589）怒江爬鳅 *Balitora nujiangensis* Zhang *et* Zheng, 1983

*Balitora nujiangensis* Zhang *et* Zheng (张卫和郑慈英, 见郑慈英和张卫), 1983: 66; 朱松泉, 1995: 137; Chen, 1998: 264; Tang *et* Chen (唐文乔和陈宜瑜), 2000: 8; 乐佩琦等, 2000: 526; Chen, Cui *et* Yang, 2005: 25.
*Hemimyzon nujiangensis*: Kottelat *et* Chu (Kottelat 和褚新洛), 1988c: 194; 陈银瑞（见褚新洛和陈银瑞等), 1990: 109; Kottelat, 2012: 48.
分布（Distribution）：怒江水系.

### （1590）张氏爬鳅 *Balitora tchangi* Zheng, 1982

*Balitora tchangi* Zheng (郑慈英, 见郑慈英, 陈银瑞和黄顺友), 1982: 396; Zheng *et* Zhang (郑慈英和张卫), 1983: 66; 朱松泉, 1995: 137; Chen, 1998: 267; Tang *et* Chen (唐文乔和陈宜瑜), 2000: 8; 乐佩琦等, 2000: 528; 伍汉霖, 邵广昭, 赖春福等, 2012: 68.
*Hemimyzon tchangi*: Kottelat *et* Chu (Kottelat 和褚新洛), 1988c: 194; 陈银瑞（见褚新洛和陈银瑞等), 1990: 107; Kottelat, 2012: 48.
分布（Distribution）：澜沧江水系.

## 424. 原爬鳅属 *Balitoropsis* Smith, 1945

*Balitoropsis* Smith, 1945: 278.
*Pseudohomaloptera* Silas, 1953: 204.

### （1591）原爬鳅 *Balitoropsis vulgaris* (Kottelat *et* Chu, 1988)

*Homaloptera vulgaris* Kottelat *et* Chu (Kottelat 和褚新洛), 1988c: 186.
*Balitoropsis vulgaris*: Kottelat, 2013; 陈小勇, 2013, 34 (4): 292.

**别名或俗名（Used or common name）**：普通平鳅.

**分布（Distribution）**：澜沧江.

### （1592）云南原爬鳅 *Balitoropsis yunnanensis* Chen, 1978

*Balitoropsis yunnanensis* Chen (陈宜瑜), 1978: 334; 成庆泰和郑葆珊, 1987: 206; 朱松泉, 1995: 136; Chen, 1998: 264; Tang *et* Chen (唐文乔和陈宜瑜), 2000: 8; 乐佩琦等, 2000: 521; Kottelat, 2012: 47.

*Homaloptera yunnanensis*: Kottelat *et* Chu (Kottelat 和褚新洛), 1988a: 105; 陈银瑞 (见褚新洛和陈银瑞等), 1990: 99.

**分布（Distribution）**：澜沧江中下游. 国外分布于老挝.

## 425. 间吸鳅属 *Hemimyzon* Regan, 1911

*Hemimyzon* Regan, 1911: 32.

### （1593）台湾间吸鳅 *Hemimyzon formosanus* (Boulenger, 1894)

*Homaloptera formosana* Boulenger, 1894: 463.

*Hemimyzon formosanum*: 成庆泰和郑葆珊, 1987: 207; 朱松泉, 1995: 138; Tang *et* Chen (唐文乔和陈宜瑜), 2000: 6; 乐佩琦等, 2000: 542; 刘明玉, 解玉浩和季达明, 2000: 172.

*Hemimyzon formosanus*: Chen *et* Fang (陈义雄和方力行), 2009: 189; Kottelat, 2012: 48; 伍汉霖, 邵广昭, 赖春福等, 2012: 69.

**别名或俗名（Used or common name）**：台湾间爬岩鳅.

**分布（Distribution）**：台湾中央山脉以西各水系.

### （1594）大鳍间吸鳅 *Hemimyzon macroptera* Zheng, 1982

*Hemimyzon macroptera* Zheng (郑慈英, 见郑慈英, 陈银瑞和黄顺友), 1982: 398; 成庆泰和郑葆珊, 1987: 207; Kottelat *et* Chu (Kottelat 和褚新洛), 1988c: 193; 陈宜瑜和郑慈英 (见郑慈英等), 1989: 267; 陈银瑞 (见褚新洛和陈银瑞等), 1990: 110; 朱松泉, 1995: 138; Tang *et* Chen (唐文乔和陈宜瑜), 2000: 8; 乐佩琦等, 2000: 543; 刘明玉, 解玉浩和季达明, 2000: 172; Chen *et* Fang (陈义雄和方力行), 2009: 189; Kottelat, 2012: 48; 伍汉霖, 邵广昭, 赖春福等, 2012: 69.

**别名或俗名（Used or common name）**：大鳍间爬岩鳅.

**分布（Distribution）**：南盘江和北盘江水系.

### （1595）大眼间吸鳅 *Hemimyzon megalopseos* Li *et* Chen, 1985

*Hemimyzon megalopseos* Li *et* Chen (李再云和陈银瑞), 1985: 170; Kottelat *et* Chu (Kottelat 和褚新洛), 1988c: 194; 陈银瑞 (见褚新洛和陈银瑞等), 1990: 108; 朱松泉, 1995: 138; Tang *et* Chen (唐文乔和陈宜瑜), 2000: 8; 乐佩琦等, 2000: 540; 刘明玉, 解玉浩和季达明, 2000: 172; Chen *et* Fang (陈义雄和方力行), 2009: 189; Kottelat, 2012: 48; 伍汉霖, 邵广昭, 赖春福等, 2012: 69.

**别名或俗名（Used or common name）**：大眼间爬岩鳅.

**分布（Distribution）**：南盘江水系.

### （1596）彭氏间吸鳅 *Hemimyzon pengi* (Huang, 1982)

*Balitora pengi* Huang (黄顺友, 见郑慈英, 陈银瑞和黄顺友), 1982: 395; Zheng *et* Zhang (郑慈英和张卫), 1983: 66; 陈银瑞 (见褚新洛和陈银瑞等), 1990: 106; 朱松泉, 1995: 137; Tang *et* Chen (唐文乔和陈宜瑜), 2000: 8; 乐佩琦等, 2000: 529; Wang, Li, Yue *et al.* (王泹, 李斌, 岳兴建等), 2010: 26.

*Hemimyzon pengi*: Kottelat *et* Chu (Kottelat 和褚新洛), 1988c: 194; Kottelat, 2012: 48.

*Dienbienia namnuaensis*: Nguyen, 2002: 10.

**别名或俗名（Used or common name）**：彭氏爬鳅.

**分布（Distribution）**：澜沧江下游. 国外分布于老挝.

### （1597）矮身间吸鳅 *Hemimyzon pumilicorpora* Zheng *et* Zhang, 1987

*Hemimyzon pumilicorpora* Zheng *et* Zhang (郑慈英和张卫), 1987: 81; 朱松泉, 1995: 138; Tang *et* Chen (唐文乔和陈宜瑜), 2000: 8; 乐佩琦等, 2000: 545; 刘明玉, 解玉浩和季达明, 2000: 172; Chen *et* Fang (陈义雄和方力行), 2009; Kottelat, 2012: 48; 伍汉霖, 邵广昭, 赖春福等, 2012: 69.

**别名或俗名（Used or common name）**：短体间吸鳅, 短体间爬岩鳅.

**分布（Distribution）**：南盘江水系.

### （1598）沈氏间吸鳅 *Hemimyzon sheni* Chen *et* Fang, 2009

*Hemimyzon sheni* Chen *et* Fang (陈义雄和方力行), 2009: 186; Ho *et* Shao, 2011: 32; Kottelat, 2012: 48; 伍汉霖, 邵广昭, 赖春福等, 2012: 69.

**别名或俗名（Used or common name）**：沈氏间爬岩鳅.

**分布（Distribution）**：台湾台东县大竹溪.

**保护等级（Protection class）**：《台湾淡水鱼类红皮书》(近危).

### （1599）台东间吸鳅 *Hemimyzon taitungensis* Tzeng *et* Shen, 1982

*Hemimyzon taitungensis* Tzeng *et* Shen (曾晴贤和沈世杰), 1982: 166; Kottelat *et* Chu (Kottelat 和褚新洛), 1988c: 194; 朱松泉, 1995: 139; Tang *et* Chen (唐文乔和陈宜瑜), 2000: 8; 乐佩琦等, 2000: 546; Chen, Han *et* Fang, 2002: 239; Chen *et* Fang (陈义雄和方力行), 2009; Ho *et* Shao, 2011: 32; Kottelat, 2012: 48; 伍汉霖, 邵广昭, 赖春福等, 2012: 69.

**别名或俗名（Used or common name）**：台东间爬岩鳅.

**分布（Distribution）**：台湾中央山脉以东各水系.

**保护等级（Protection class）**：台湾 II 级保护, 《台湾淡水

鱼类红皮书》(濒危).

### （1600）窑滩间吸鳅 *Hemimyzon yaotanensis* (Fang, 1931)

*Sinohomaloptera yaotanensis* Fang (方炳文), 1931b: 137.
*Hemimyzon yaotanensis*: 成庆泰和郑葆珊, 1987: 207; Kottelat *et* Chu (Kottelat 和褚新洛), 1988c: 194; 李贵禄 (见丁瑞华), 1994: 432; 朱松泉, 1995: 138; Tang *et* Chen (唐文乔和陈宜瑜), 2000: 8; 乐佩琦等, 2000: 539; 刘明玉, 解玉浩和季达明, 2000: 172; Chen *et* Fang (陈义雄和方力行), 2009; Kottelat, 2012: 48-49; 伍汉霖, 邵广昭, 赖春福等, 2012: 69.
*Sinohomaloptera* (*Sinohomaloptera*) *yaotanensis cuticauda*: Nichols, 1943, 9: 222.
**别名或俗名（Used or common name）**: 窑滩间爬岩鳅.
**分布（Distribution）**: 长江上游.
**保护等级（Protection class）**: 省 (直辖市) 级 (重庆).

## 426. 金沙鳅属 *Jinshaia* Kottelat *et* Chu, 1988

*Jinshaia* Kottelat *et* Chu (Kottelat 和褚新洛), 1988c: 191.

### （1601）短身金沙鳅 *Jinshaia abbreviata* (Günther, 1892)

*Homaloptera abbreviata* Günther, 1892b: 248.
*Hemimyzon abbreviata*: 成庆泰和郑葆珊, 1987: 207; 李贵禄 (见丁瑞华), 1994: 433; 朱松泉, 1995: 139; Chen, 1998: 269.
*Jinshaia abbreviata*: Kottelat *et* Chu (Kottelat 和褚新洛), 1988c: 192; 陈银瑞 (见褚新洛和陈银瑞等), 1990: 103; Tang *et* Chen (唐文乔和陈宜瑜), 2000: 8; 乐佩琦等, 2000: 548; 刘明玉, 解玉浩和季达明, 2000: 172; Kottelat, 2012: 53; 伍汉霖, 邵广昭, 赖春福等, 2012: 70.
**别名或俗名（Used or common name）**: 短身间吸鳅.
**分布（Distribution）**: 长江上游, 包括金沙江干流下游及其部分支流.

### （1602）中华金沙鳅 *Jinshaia sinensis* (Sauvage *et* Dabry, 1874)

*Psilorhynchus sinensis* Sauvage *et* Dabry, 1874: 14.
*Hemimyzon sinensis*: 成庆泰和郑葆珊, 1987: 207; 武云飞和吴翠珍, 1990a: 63; 李贵禄 (见丁瑞华), 1994: 435; 朱松泉, 1995: 139; Chen, 1998: 270; 14.
*Jinshaia sinensis*: Kottelat *et* Chu (Kottelat 和褚新洛), 1988c: 191; 陈银瑞 (见褚新洛和陈银瑞等), 1990: 102; Tang *et* Chen (唐文乔和陈宜瑜), 2000: 8; 乐佩琦等, 2000: 549; 刘明玉, 解玉浩和季达明, 2000: 172; Kottelat, 2012: 53; 伍汉霖, 邵广昭, 赖春福等, 2012: 70.
*Jinshaia niulanjiangensis*: Li, Mao *et* Lu (李维贤, 卯卫宁和卢宗民, 见李维贤, 卯卫宁, 卢宗民等), 1998.
**别名或俗名（Used or common name）**: 中华间吸鳅, 牛栏江金沙鳅.
**分布（Distribution）**: 长江上游, 向上可越过虎跳峡.
**保护等级（Protection class）**: 省 (直辖市) 级 (重庆).

## 427. 犁头鳅属 *Lepturichthys* Regan, 1911

*Lepturichthys* Regan, 1911: 31.

### （1603）长鳍犁头鳅 *Lepturichthys dolichopterus* Dai, 1985

*Lepturichthys dolichopterus* Dai (戴定远), 1985: 221; Kottelat *et* Chu (Kottelat 和褚新洛), 1988c: 191; 朱松泉, 1995: 138; Li (李树青), 1998: 261; 乐佩琦等, 2000: 537; Tang *et* Chen (唐文乔和陈宜瑜), 2000: 8; 伍汉霖, 邵广昭, 赖春福等, 2012: 70.
*Lepturichthys fimbriata*: 伍汉霖 (见朱元鼎), 1984: 360.
**分布（Distribution）**: 闽江水系.

### （1604）犁头鳅 *Lepturichthys fimbriata* (Günther, 1888)

*Homaloptera fimbriata* Günther, 1888: 433.
*Lepturichthys fimbriata*: Fang (方炳文), 1933c: 49; Chen *et* Liang (陈兼善和梁润生), 1949: 162; 湖南省水产科学研究所, 1977: 169; 陈宜瑜, 1978: 337; 郑慈英, 陈银瑞和黄顺友, 1982: 394; 谢从新, 杨干荣和龚立新, 1984: 62; 戴定远, 1985: 222; 成庆泰和郑葆珊, 1987: 207; 陕西省动物研究所等, 1987: 167; 杨干荣等, 1987: 138; 郑建州 (见伍律), 1989: 204; 武云飞和吴翠珍, 1990a: 63; Kottelat *et* Chu (Kottelat 和褚新洛), 1988c: 190; 陈银瑞 (见褚新洛和陈银瑞等), 1990: 95; 陕西省水产研究所等, 1992: 88; 李贵禄 (见丁瑞华), 1994: 430; 朱松泉, 1995: 138; Chen, 1998: 268; Li (李树青), 1998: 262; Tang *et* Chen (唐文乔和陈宜瑜), 2000: 8; 乐佩琦等, 2000: 534; 刘明玉, 解玉浩和季达明, 2000: 172; 14; 伍汉霖, 邵广昭, 赖春福等, 2012: 70; Kottelat, 2012: 53.
*Lepturichthys güntheri*: Fang (方炳文), 1933c: 49; Chang, 1944: 52; Chen *et* Liang (陈兼善和梁润生), 1949: 162.
*Lepturichthys nicholsi*: Fang (方炳文), 1933c: 50; Chen *et* Liang (陈兼善和梁润生), 1949: 162.
**分布（Distribution）**: 长江水系, 向上可越过虎跳峡.

## 428. 后平鳅属 *Metahomaloptera* Chang, 1944

*Metahomaloptera* Chang (张孝威), 1944: 54.

### （1605）长尾后平鳅 *Metahomaloptera longicauda* Yang, Chen *et* Yang, 2007

*Metahomaloptera longicauda* Yang, Chen *et* Yang (杨剑, 陈

小勇和杨君兴), 2007: 64; Kottelat, 2012: 54; 伍汉霖, 邵广昭, 赖春福等, 2012: 70.

**分布（Distribution）**：金沙江水系.

### （1606）汉水后平鳅 *Metahomaloptera omeiensis hangshuiensis* Xie, Yan *et* Gong, 1984

*Metahomaloptera omeiensis hangshuiensis* Xie, Yang *et* Gong (谢从新, 杨干荣和龚立新), 1984: 63; 杨干荣等, 1987: 141; 朱松泉, 1995: 140; 乐佩琦等, 2000: 565; 刘明玉, 解玉浩和季达明, 2000: 173; 杨君兴等, 2007: 68; 伍汉霖, 邵广昭, 赖春福等, 2012: 70.

*Metahomaloptera omeiensis*: 陕西省动物研究所等, 1987: 171; 陕西省水产研究所等, 1992: 89.

**别名或俗名（Used or common name）**：峨眉后平鳅汉水亚种 (刘明玉, 解玉浩和季达明, 2000).

**分布（Distribution）**：长江支流汉水.

### （1607）峨眉后平鳅 *Metahomaloptera omeiensis omeiensis* Chang, 1944

*Metahomaloptera omeiensis* Chang (张孝威), 1944: 54; 陈宜瑜, 1978: 345; 成庆泰和郑葆珊, 1987: 208; 郑建州 (见伍律), 1989: 216; 陈银瑞 (见褚新洛和陈银瑞等), 1990: 111; 李贵禄 (见丁瑞华), 1994: 442; Kottelat, 2012: 54.

*Metahomaloptera omeiensis omeiensis*: 谢从新, 杨干荣和龚立新, 1984: 62; 杨干荣等, 1987: 140; 朱松泉, 1995: 140; 乐佩琦等, 2000: 564; 刘明玉, 解玉浩和季达明, 2000: 173; 杨君兴等, 2007: 68; 伍汉霖, 邵广昭, 赖春福等, 2012: 70.

**别名或俗名（Used or common name）**：峨眉后平鳅指名亚种 (刘明玉, 解玉浩和季达明, 2000).

**分布（Distribution）**：长江上游干支流.

**保护等级（Protection class）**：省 (直辖市) 级 (重庆).

## 429. 华吸鳅属 *Sinogastromyzon* Fang, 1930

*Sinogastromyzon* Fang, 1930: 35.

### （1608）红河华吸鳅 *Sinogastromyzon chapaensis* Mai, 1978

*Sinogastromyzon chapaensis* Mai, 1978: 220; Kottelat *et* Chu (Kottelat 和褚新洛), 1988c: 196; Kottelat, 2012: 54; 伍汉霖, 邵广昭, 赖春福等, 2012: 74.

**分布（Distribution）**：元江水系. 国外分布于越南.

### （1609）德泽华吸鳅 *Sinogastromyzon dezeensis* Li, Mao *et* Lu, 1999

*Sinogastromyzon dezeensis* Li, Mao *et* Lu (李维贤, 卯卫宁和卢宗民, 见李维贤, 孙荣富, 卢宗民等), 1999: 45; Kottelat, 2012: 55.

**分布（Distribution）**：云南.

### （1610）下司华吸鳅 *Sinogastromyzon hsiashiensis* Fang, 1931

*Sinogastromyzon hsiashiensis* Fang (方炳文), 1931a: 48; 湖南省水产科学研究所, 1977: 170; Kottelat *et* Chu (Kottelat 和褚新洛), 1988c: 196; Tang *et* Chen (唐文乔和陈宜瑜), 2000: 9; 乐佩琦等, 2000: 554; 14; Kottelat, 2012: 55; 伍汉霖, 邵广昭, 赖春福等, 2012: 74.

*Sinogastromyzon szechuanensis hsiashiensis*: 陈宜瑜, 1978: 342; 成庆泰和郑葆珊, 1987: 208; 郑慈英和张卫, 1987: 80; 郑建州 (见伍律), 1989: 211; 李贵禄 (见丁瑞华), 1994: 439; 朱松泉, 1995: 139; 刘明玉, 解玉浩和季达明, 2000: 173.

**分布（Distribution）**：长江中游洞庭湖.

### （1611）李仙江华吸鳅 *Sinogastromyzon lixianjiangensis* Liu, Chen *et* Yang, 2010

*Sinogastromyzon lixianjiangensis* Liu, Chen *et* Yang (刘淑伟, 陈小勇和杨君兴), 2010: 2; Kottelat, 2012: 55; 伍汉霖, 邵广昭, 赖春福等, 2012: 74.

**分布（Distribution）**：红河水系支流李仙江.

### （1612）大口华吸鳅 *Sinogastromyzon macrostoma* Liu, Chen *et* Yang, 2010

*Sinogastromyzon macrostoma* Liu, Chen *et* Yang (刘淑伟, 陈小勇和杨君兴), 2010: 7; Kottelat, 2012: 55; 伍汉霖, 邵广昭, 赖春福等, 2012: 74.

**分布（Distribution）**：红河水系支流李仙江.

### （1613）多斑华吸鳅 *Sinogastromyzon multiocellum* Nguyen, 2005

*Sinogastromyzon multiocellum* Nguyen, 2005; 陈小勇, 2013, 34 (4): 293.

**分布（Distribution）**：红河水系支流李仙江. 国外分布于越南 (红河).

### （1614）南盘江华吸鳅 *Sinogastromyzon nanpanjiangensis* Li, 1987

*Sinogastromyzon nanpanjiangensis* Li (李维贤), 1987: 101; 陈银瑞 (见褚新洛和陈银瑞等), 1990: 98; 朱松泉, 1995: 139; Tang *et* Chen (唐文乔和陈宜瑜), 2000: 9; 乐佩琦等, 2000: 560; 刘明玉, 解玉浩和季达明, 2000: 173; Kottelat, 2012: 56; 伍汉霖, 邵广昭, 赖春福等, 2012: 74.

**分布（Distribution）**：云南南盘江水系.

### （1615）南台华吸鳅 *Sinogastromyzon nantaiensis* Chen, Han *et* Fang, 2002

*Sinogastromyzon nantaiensis* Chen, Han *et* Fang, 2002: 240; Chen *et* Fang (陈义雄和方力行), 2009: 185; Ho *et* Shao, 2011: 33; Kottelat, 2012: 56; 伍汉霖, 邵广昭, 赖春福等, 2012: 74.

**分布（Distribution）**：台湾南部高屏溪和曾文溪.

**保护等级（Protection class）**：《台湾淡水鱼类红皮书》(易危).

### （1616）埔里华吸鳅 *Sinogastromyzon puliensis* Liang, 1974

*Sinogastromyzon puliensis* Liang (梁润生), 1974: 153; 陈宜瑜, 1978: 343; Tzeng *et* Shen, 1982: 164; 沈世杰, 1984: 132; 曾晴贤, 1986: 78; 成庆泰和郑葆珊, 1987: 208; Kottelat *et* Chu (Kottelat 和褚新洛), 1988c: 197; 沈世杰, 1993: 143; 朱松泉, 1995: 139; Tang *et* Chen (唐文乔和陈宜瑜), 2000: 9; 乐佩琦等, 2000: 555; 刘明玉, 解玉浩和季达明, 2000: 173; Chen, Han *et* Fang, 2002: 239; Chen *et* Fang (陈义雄和方力行), 2009: 185; Ho *et* Shao, 2011: 33; Kottelat, 2012: 56; 伍汉霖, 邵广昭, 赖春福等, 2012: 74.

**分布（Distribution）**：台湾特有种; 台湾中西部自大甲溪, 大肚溪至浊水溪.

**保护等级（Protection class）**：《台湾淡水鱼类红皮书》(易危).

### （1617）西昌华吸鳅 *Sinogastromyzon sichangensis* Chang, 1944

*Sinogastromyzon sichanensis* Chang (张孝威), 1944: 53; 成庆泰和郑葆珊, 1987: 208; 陈银瑞 (见褚新洛和陈银瑞等), 1990: 100; 武云飞和吴翠珍, 1990a: 103; 李贵禄 (见丁瑞华等), 1994: 440; 朱松泉, 1995: 139; Chen, 1998: 272; 刘明玉, 解玉浩和季达明, 2000: 173; Kottelat, 2012: 56; 伍汉霖, 邵广昭, 赖春福等, 2012: 74; Yang *et* Guo (杨骏和郭延蜀), 2013: 899.

*Sinogastromyzon sichuangensis*: 乐佩琦等, 2000: 558.

**分布（Distribution）**：长江上游及其支流清江.

### （1618）四川华吸鳅 *Sinogastromyzon szechuanensis* Fang, 1930

*Sinogastromyzon szechuanensis* Fang (方炳文), 1930d: 99; Chang, 1944: 53; Chen *et* Liang (陈兼善和梁润生), 1949: 3; 湖北省水生生物研究所鱼类研究室, 1976: 152; 陈景星 (见陕西省动物研究所等), 1987: 170; 杨干荣等, 1987: 139; 乐佩琦等, 2000: 552; Kottelat, 2012: 56; 伍汉霖, 邵广昭, 赖春福等, 2012: 74; Yang *et* Guo (杨骏和郭延蜀), 2013: 899.

*Sinogastromyzon szechuanensis szechuanensis*: 陈宜瑜, 1978: 342; 谢从新, 杨干荣和龚立新, 1984: 62; 成庆泰和郑葆珊, 1987: 208; 郑建州 (见伍律), 1989: 210; 李贵禄 (见丁瑞华), 1994: 437; 朱松泉, 1995: 139; 陈宜瑜等, 1998: 271; 刘明玉, 解玉浩和季达明, 2000: 173.

**分布（Distribution）**：长江上游.

**保护等级（Protection class）**：省 (直辖市) 级 (重庆).

### （1619）越南华吸鳅 *Sinogastromyzon tonkinensis* Pellegrin *et* Chevey, 1935

*Sinogastromyzon tonkinensis* Pellegrin *et* Chevey, 1935: 232; 陈宜瑜, 1978: 344; Mai, 1978: 219; 郑慈英, 陈银瑞和黄顺友, 1982: 394; 成庆泰和郑葆珊, 1987: 208; Kottelat *et* Chu (Kottelat 和褚新洛), 1988c: 197; 陈银瑞 (见褚新洛和陈银瑞等), 1990: 99; 朱松泉, 1995: 139; Tang *et* Chen (唐文乔和陈宜瑜), 2000: 9; 乐佩琦等, 2000: 557; 刘明玉, 解玉浩和季达明, 2000: 173; Kottelat, 2012: 56; 伍汉霖, 邵广昭, 赖春福等, 2012: 74.

**分布（Distribution）**：云南元江水系. 国外分布于越南.

### （1620）伍氏华吸鳅 *Sinogastromyzon wui* Fang, 1930

*Sinogastromyzon wui* Fang (方炳文), 1930: 36; Fang (方炳文), 1931a: 53; 陈宜瑜, 1978: 344; 郑慈英和陈宜瑜, 1980: 89; 郑慈英, 1981: 57; 岳佐和 (见郑葆珊), 1981: 165; 郑慈英, 陈银瑞和黄顺友, 1982: 394; Kuang *et al.*, 1986: 154; 成庆泰和郑葆珊, 1987: 208; 郑慈英和张卫, 1987: 80; Kottelat *et* Chu (Kottelat 和褚新洛), 1988c: 197; 陈宜瑜和郑慈英 (见郑慈英等), 1989: 269; 郑建州 (见伍律), 1989: 214; 陈银瑞 (见褚新洛和陈银瑞等), 1990: 97; Pan, Zhong, Zheng *et al.*, 1991: 259; 朱松泉, 1995: 139; 乐佩琦等, 2000: 561; 刘明玉, 解玉浩和季达明, 2000: 173; Kottelat, 2012: 56; 伍汉霖, 邵广昭, 赖春福等, 2012: 74.

*Sinogastromyzon intermedius*: Fang (方炳文), 1931a: 54.

*Sinogastromyzon sanhoensis*: Fang (方炳文), 1931a: 56.

**别名或俗名（Used or common name）**：刺臀华吸鳅 (成庆泰和郑葆珊, 1987; 朱松泉, 1995; 刘明玉, 解玉浩和季达明, 2000; 伍汉霖, 邵广昭, 赖春福等, 2012).

**分布（Distribution）**：珠江水系.

# 二十五、鲇形目 Siluriformes

## （八十四）钝头鮠科 Amblycipitidae

### 430. 鉠属 *Liobagrus* Hilgendorf, 1878

*Liobagrus* Hilgendorf, 1878: 155.

### （1621）等唇鉠 *Liobagrus aequilabris* Wright *et* Ng, 2008

*Liobagrus aequilabris* Wright *et* Ng (黄旭晞), 2008: 38; 伍汉霖, 邵广昭, 赖春福等, 2012: 110; Sun, Ren *et* Zhang, 2013: 380.

**别名或俗名（Used or common name）**：大唇鉠 (伍汉霖, 邵广昭, 赖春福等, 2012).

**分布（Distribution）**：湘江上游.

**（1622）鳗尾鉠 *Liobagrus anguillicauda* Nichols, 1926**

*Liobagrus anguillicauda* Nichols, 1926: 1; 成庆泰和郑葆珊, 1987: 217; Chen *et* Lundberg, 1995: 794; 朱松泉, 1995: 149; 何名巨 (见褚新洛, 郑葆珊, 戴定远等), 1999: 109; 刘明玉, 解玉浩和季达明, 2000: 181; 伍汉霖, 邵广昭, 赖春福等, 2012: 110; Sun, Ren *et* Zhang, 2013: 380.

**分布（Distribution）：**东南沿海河流.

**（1623）程海鉠 *Liobagrus chenghaiensis* Sun, Ren *et* Zhang, 2013**

*Liobagrus chenghaiensis* Sun, Ren *et* Zhang (孙智薇, 任圣杰和张鹗), 2013; 陈小勇, 2013, 34 (4): 322.

*Liobagrus marginatus*: Chen, Li *et* Chen (陈银瑞, 李再云和陈宜瑜), 1983; 褚新洛和匡溥人 (见褚新洛和陈银瑞等), 1990; Ding, 1994.

**分布（Distribution）：**云南程海.

**（1624）台湾鉠 *Liobagrus formosanus* Regan, 1908**

*Liobagrus formosanus* Regan, 1908c: 360; 成庆泰和郑葆珊, 1987: 217; Chen *et* Lundberg, 1995: 794; 朱松泉, 1995: 149; 何名巨 (见褚新洛, 郑葆珊, 戴定远等), 1999: 108; 刘明玉, 解玉浩和季达明, 2000: 181; Ho *et* Shao, 2011: 33; 伍汉霖, 邵广昭, 赖春福等, 2012: 110; Sun, Ren *et* Zhang, 2013: 380.

*Liobagrus nantoensis*: 钟以衡, 1973: 12.

**分布（Distribution）：**台湾大甲溪至浊水溪流域中上游.

**保护等级（Protection class）：**台湾 III 级保护, 《台湾淡水鱼类红皮书》 (易危).

**（1625）金氏鉠 *Liobagrus kingi* Tchang, 1935**

*Liobagrus kingi* Tchang, 1935c: 95; 成庆泰和郑葆珊, 1987: 217; 褚新洛和匡溥人 (见褚新洛和陈银瑞等), 1990: 169; 丁瑞华, 1994: 472; 朱松泉, 1995: 149; 291; 何名巨 (见褚新洛, 郑葆珊, 戴定远等), 1999: 105; 刘明玉, 解玉浩和季达明, 2000: 180; 伍汉霖, 邵广昭, 赖春福等, 2012: 110; Sun, Ren *et* Zhang, 2013: 380.

**分布（Distribution）：**长江水系上游.

**保护等级（Protection class）：**《中国濒危动物红皮书·鱼类》(濒危).

**（1626）拟缘鉠 *Liobagrus marginatoides* (Wu, 1930)**

*Amblyceps marginatoides* Wu, 1930a: 256.

*Liobagrus marginatoides*: 成庆泰和郑葆珊, 1987: 217; 丁瑞华, 1994: 476; Chen *et* Lundberg, 1995: 794; 朱松泉, 1995: 149; 何名巨 (见褚新洛, 郑葆珊, 戴定远等), 1999: 107; 刘明玉, 解玉浩和季达明, 2000: 181; 伍汉霖, 邵广昭, 赖春福等, 2012: 110; Sun, Ren *et* Zhang, 2013: 376.

**别名或俗名（Used or common name）：**拟白缘鉠 (刘明玉, 解玉浩和季达明, 2000).

**分布（Distribution）：**长江水系上游.

**（1627）白缘鉠 *Liobagrus marginatus* (Günther, 1892)**

*Amblyceps marginatus* Günther, 1892b: 245.

*Liobagrus marginatus*: Chang, 1944: 58; 成庆泰和郑葆珊, 1987: 217; 褚新洛和匡溥人 (见褚新洛和陈银瑞等), 1990: 167; 武云飞和吴翠珍, 1990a: 101; 丁瑞华, 1994: 471; Chen *et* Lundberg, 1995: 794; 朱松泉, 1995: 148; 何名巨 (见褚新洛, 郑葆珊, 戴定远等), 1999: 104; 刘明玉, 解玉浩和季达明, 2000: 180; 15; 伍汉霖, 邵广昭, 赖春福等, 2012: 110; Sun, Ren *et* Zhang, 2013: 380.

**分布（Distribution）：**长江水系中上游.

**（1628）南投鉠 *Liobagrus nantoensis* Oshima, 1919**

*Liobagrus nantoensis* Oshima, 1919, 12 (2-4): 183; 成庆泰和郑葆珊, 1987: 217; 朱松泉, 1995: 149; 何名巨 (见褚新洛, 郑葆珊, 戴定远等), 1999: 109; 刘明玉, 解玉浩和季达明, 2000: 181; 伍汉霖, 邵广昭, 赖春福等, 2012: 110.

*Liobagrus reini*: 钟以衡, 1973: 13.

**分布（Distribution）：**台湾南投县.

**（1629）黑尾鉠 *Liobagrus nigricauda* Regan, 1904**

*Liobagrus nigricauda* Regan, 1904c: 193; 成庆泰和郑葆珊, 1987: 217; 丁瑞华, 1994: 474; Chen *et* Lundberg, 1995: 794; 朱松泉, 1995: 149; 何名巨 (见褚新洛, 郑葆珊, 戴定远等), 1999: 106; 刘明玉, 解玉浩和季达明, 2000: 181; 15; 伍汉霖, 邵广昭, 赖春福等, 2012: 110; Sun, Ren *et* Zhang, 2013: 376.

**分布（Distribution）：**长江及其附属水体.

**（1630）司氏鉠 *Liobagrus styani* Regan, 1908**

*Liobagrus styani* Regan, 1908b: 152; 成庆泰和郑葆珊, 1987: 217; Chen *et* Lundberg, 1995: 794; 朱松泉, 1995: 149; 何名巨 (见褚新洛, 郑葆珊, 戴定远等), 1999: 107; 刘明玉, 解玉浩和季达明, 2000: 181; 伍汉霖, 邵广昭, 赖春福等, 2012: 110; Sun, Ren *et* Zhang, 2013: 380.

**分布（Distribution）：**长江中下游.

## 431. 修仁鉠属 *Xiurenbagrus* Chen *et* Lundberg, 1995

*Xiurenbagrus* Chen (陈小平) *et* Lundberg, 1995: 781.

**（1631）后背修仁鉠 *Xiurenbagrus dorsalis* Xiu, Yang *et* Zheng, 2014**

*Xiurenbagrus dorsalis* Xiu, Yang *et* Zheng, 2014: 376.

**分布（Distribution）：**广西富川县, 属珠江流域西江支流贺江.

**（1632）巨修仁鲀 *Xiurenbagrus gigas* Zhao, Lan *et* Zhang, 2004**

*Xiurenbagrus gigas* Zhao, Lan *et* Zhang (赵亚辉, 蓝家湖和张春光), 2004: 228; 伍汉霖, 邵广昭, 赖春福等, 2012: 110.

**分布（Distribution）**：广西都安县, 属红水河水系.

**（1633）修仁鲀 *Xiurenbagrus xiurenensis* (Yue, 1981)**

*Liobagrus xiurenensis* Yue (岳佐和, 见郑葆珊), 1981: 185; 成庆泰和郑葆珊, 1987: 217; 何名巨 (见郑慈英等), 1989: 287; Pan, Zhong, Zheng *et al.*, 1991: 318; 朱松泉, 1995: 149; 何名巨 (见褚新洛, 郑葆珊, 戴定远等), 1999: 110; 刘明玉, 解玉浩和季达明, 2000: 181.

*Xiurenbagrus xiurenensis*: Zhao, Lan *et* Zhang (赵亚辉, 蓝家湖和张春光), 2004: 229; 伍汉霖, 邵广昭, 赖春福等, 2012: 110.

**分布（Distribution）**：广西漓江, 桂江, 修仁河等, 均属珠江水系.

## （八十五）粒鲇科 Akysidae

### 432. 粒鲇属 *Akysis* Bleeker, 1858

*Akysis* Bleeker, 1858: 204.

**（1634）短须粒鲇 *Akysis brachybarbatus* Chen, 1981**

*Akysis brachybarbatus* Chen (陈银瑞, 见何名巨和陈银瑞), 1981: 210; 成庆泰和郑葆珊, 1987: 213; 陈银瑞 (见褚新洛和陈银瑞等), 1990: 143; 朱松泉, 1995: 158; 何名巨 (见褚新洛, 郑葆珊, 戴定远等), 1999: 112; Ng (黄旭晞) *et* Tan, 1999: 362; 刘明玉, 解玉浩和季达明, 2000: 182; 伍汉霖, 邵广昭, 赖春福等, 2012: 110.

**分布（Distribution）**：澜沧江支流.

**保护等级（Protection class）**：《中国濒危动物红皮书·鱼类》(极危).

**（1635）中华粒鲇 *Akysis sinensis* He, 1981**

*Akysis sinensis* He (何名巨, 见何名巨和陈银瑞), 1981: 209; 成庆泰和郑葆珊, 1987: 213; 陈银瑞 (见褚新洛和陈银瑞等), 1990: 144; 朱松泉, 1995: 158; 何名巨 (见褚新洛, 郑葆珊, 戴定远等), 1999: 113; 刘明玉, 解玉浩和季达明, 2000: 182.

*Pseudobagarius sinensis*: 伍汉霖, 邵广昭, 赖春福等, 2012: 110.

**分布（Distribution）**：澜沧江干流及其支流的河口.

## （八十六）鮡科 Sisoridae

### 433. 𫚉属 *Bagarius* Bleeker, 1853

*Bagarius* Bleeker, 1853: 121.

**（1636）𫚉 *Bagarius bagarius* (Hamilton, 1822)**

*Pimelodus bagarius* Hamilton, 1822: 186.

*Bagarius bagarius*: 成庆泰和郑葆珊, 1987: 219; 褚新洛, 莫天培和匡溥人 (见褚新洛和陈银瑞等), 1990: 193; 朱松泉, 1995: 151; Yue *et* 231; 褚新洛和莫天培 (见褚新洛, 郑葆珊, 戴定远等), 1999: 116; 刘明玉, 解玉浩和季达明, 2000: 182; 伍汉霖, 邵广昭, 赖春福等, 2012: 110.

**分布（Distribution）**：澜沧江. 国外分布于恒河, 湄公河与泰国 (湄南河) 水系.

**保护等级（Protection class）**：《中国濒危动物红皮书·鱼类》(极危).

**（1637）红𫚉 *Bagarius rutilus* Ng *et* Kottelat, 2000**

*Bagarius rutilus* Ng (黄旭晞) *et* Kottelat, 2000: 10; Kottelat, 2013: 221; 陈小勇, 2013.

*Bagarius yarrelli*: 褚新洛, 莫天培和匡溥人 (见褚新洛和陈银瑞等), 1990: 194 (部分).

**分布（Distribution）**：元江, 李仙江. 国外分布于老挝 (Nam Xam, 南马河), 越南 (红河)等.

**（1638）巨𫚉 *Bagarius yarrelli* (Sykes, 1839)**

*Bagrus yarrelli* Sykes, 1839: 163.

*Bagarius yarrelli*: 褚新洛, 莫天培和匡溥人 (见褚新洛和陈银瑞等), 1990: 194 (部分); 朱松泉, 1995: 151, 293; 褚新洛和莫天培 (见褚新洛, 郑葆珊, 戴定远等), 1999: 117; 刘明玉, 解玉浩和季达明, 2000: 182; 伍汉霖, 邵广昭, 赖春福等, 2012: 110.

**分布（Distribution）**：怒江, 澜沧江诸水系. 国外分布于印度河与恒河水系, 西高止山脉以东的印度南部地区, 湄公河水系, 老挝的 Xe Bangfai 水系至印度尼西亚.

### 434. 异鮡属 *Creteuchiloglanis* Zhou, Li *et* Thomson, 2011

*Creteuchiloglanis* Zhou, Li *et* Thomson (周伟, 李旭和 Thomson), 2011a: 227.

**（1639）短鳍异鮡 *Creteuchiloglanis brachypterus* Zhou, Li *et* Thomson, 2011**

*Creteuchiloglanis brachypterus* Zhou, Li *et* Thomson (周伟, 李旭和 Thomson), 2011a: 227; 陈小勇, 2013, 34 (4): 321.

*Euchiloglanis feae feae* (non Vinciguerra): Chu (褚新洛), 1979.

*Pareuchiloglanis feae* (non Vinciguerra): 褚新洛, 莫天培和匡溥人 (见褚新洛和陈银瑞等), 1990: 204.

**别名或俗名（Used or common name）**：短鳍鮡.

**分布（Distribution）**：云南大盈江和龙川江, 属伊洛瓦底江水系.

### （1640）贡山异鮡 *Creteuchiloglanis gongshanensis* (Chu, 1981)

*Pareuchiloglanis gongshanensis* Chu (褚新洛), 1981a: 28; Fang, Xu *et* Cui (方树淼, 许涛清和崔桂华), 1984a: 210; 成庆泰和郑葆珊, 1987: 221; 褚新洛, 莫天培和匡溥人 (见褚新洛和陈银瑞等), 1990: 207; 武云飞和吴翠珍, 1992: 549; 张春光, 蔡斌和许涛清, 1995: 136; 朱松泉, 1995: 156; He, 1996: 130; 褚新洛和莫天培 (见褚新洛, 郑葆珊, 戴定远等), 1999: 168; 刘明玉, 解玉浩和季达明, 2000: 187; Li, Zhou, Thomson *et al.*, 2007: 2; 伍汉霖, 邵广昭, 赖春福等, 2012: 112.

*Creteuchiloglanis gongshanensis*: Zhou, Li *et* Thomson (周伟, 李旭和 Thomson), 2011: 232.

**分布（Distribution）**：怒江水系上游.

### （1641）长胸异鮡 *Creteuchiloglanis longipectoralis* Zhou, Li *et* Thomson, 2011

*Creteuchiloglanis longipectoralis* Zhou, Li *et* Thomson (周伟, 李旭和 Thomson), 2011a: 236; 陈小勇, 2013, 34 (4): 321.

*Euchiloglanis kamengensis*: Chu (褚新洛), 1979: 77.

*Pareuchiloglanis kamengensis*: 褚新洛, 莫天培和匡溥人 (见褚新洛和陈银瑞等), 1990: 205 (部分).

**别名或俗名（Used or common name）**：扁头鮡.

**分布（Distribution）**：云南澜沧江水系.

### （1642）大鳍异鮡 *Creteuchiloglanis macropterus* (Ng, 2004)

*Pareuchiloglanis macropterus* Ng (黄旭晞), 2004: 3; Li, Zhou, Thomson *et al.*, 2007: 2; 伍汉霖, 邵广昭, 赖春福等, 2012: 112.

*Creteuchiloglanis macropterus*: Zhou, Li *et* Thomson (周伟, 李旭和 Thomson), 2011: 237.

**别名或俗名（Used or common name）**：大鳍 (伍汉霖, 邵广昭, 赖春福等, 2012).

**分布（Distribution）**：怒江, 伊洛瓦底江水系.

## 435. 石爬鮡属 *Euchiloglanis* Regan, 1907

*Euchiloglanis* Regan, 1907b: 158.

### （1643）青石爬鮡 *Euchiloglanis davidi* (Sauvage, 1874)

*Chimarrichthys davidi* Sauvage, 1874: 333.

*Euchiloglanis davidi*: 褚新洛, 1979: 77; 褚新洛, 1981a: 26; 成庆泰和郑葆珊, 1987: 220; 武云飞和吴翠珍, 1992: 543; 丁瑞华, 1994: 484; 朱松泉, 1995: 155; He, 1996: 130; 褚新洛和莫天培 (见褚新洛, 郑葆珊, 戴定远等), 1999: 160; 刘明玉, 解玉浩和季达明, 2000: 186; 15; Guo, Zhang *et* He (郭宪光, 张耀光和何舜平), 2004: 260; Peng, He *et* Zhang, 2004: 984; Zhou, Li *et* Thomson, 2011b: 2; 伍汉霖, 邵广昭, 赖春福等, 2012: 110.

**别名或俗名（Used or common name）**：达氏石爬鮡 (刘明玉, 解玉浩和季达明, 2000).

**分布（Distribution）**：四川宝兴县青衣江, 属长江水系.

### （1644）黄石爬鮡 *Euchiloglanis kishinouyei* Kimura, 1934

*Euchiloglanis kishinouyei* Kimura, 1934: 178; 褚新洛, 1981a: 27; 成庆泰和郑葆珊, 1987: 220; 褚新洛, 莫天培和匡溥人 (见褚新洛和陈银瑞等), 1990: 223; 武云飞和吴翠珍, 1992: 544; 丁瑞华, 1994: 487; 朱松泉, 1995: 155; He, 1996: 129; 褚新洛和莫天培 (见褚新洛, 郑葆珊, 戴定远等), 1999: 162; 刘明玉, 解玉浩和季达明, 2000: 186, 15; Zhou, Li *et* Thomson, 2011b: 6.

*Glyptosternon kishinouyei*: 张春霖, 1960: 50.

*Coraglanis kishinouyei*: 褚新洛, 1979: 77; 武云飞和陈瑗, 1979: 293.

*Euchiloglanis davidi*: Guo, Zhang *et* He (郭宪光, 张耀光和何舜平), 2004: 260.

**分布（Distribution）**：金沙江水系.

**保护等级（Protection class）**：省级 (青海).

### （1645）长须石爬鮡 *Euchiloglanis longibarbatus* Zhou, Li *et* Thomson, 2011

*Euchiloglanis longibarbatus* Zhou, Li *et* Thomson (周伟, 李旭和 Thomson), 2011b: 9.

**分布（Distribution）**：金沙江上游和雅砻江.

### （1646）长石爬鮡 *Euchiloglanis longus* Zhou, Li *et* Thomson, 2011

*Euchiloglanis longus* Zhou, Li *et* Thomson (周伟, 李旭和 Thomson), 2011b: 13.

**分布（Distribution）**：李仙江, 属红河水系.

## 436. 鮡属 *Exostoma* Blyth, 1860

*Exostoma* Blyth, 1860: 154.

### （1647）高黎贡鮡 *Exostoma gaoligongense* Chen, Poly, Catania *et* Jiang, 2017

*Exostoma gaoligongense* Chen, Poly, Catania *et* Jiang, 2017, 38 (5): 291-299.

**分布(Distribution)**：云南芒岗河和烫习河, 属怒江支流; 云南新芽河和南栅河，属南滚河支流.

### （1648）藏鲱 *Exostoma labiatum* (McClelland, 1842)

*Glyptosternon labiatus* McClelland, 1842: 588.
*Exostoma vinciguerrae*: 褚新洛, 1979: 78.
*Exostoma labiatum*: 伍献文, 何名巨和褚新洛, 1981: 77; 褚新洛, 莫天培和匡溥人 (见褚新洛和陈银瑞等), 1990: 218; 武云飞和吴翠珍, 1992: 562; 张春光, 蔡斌和许涛清, 1995: 141; He, 1996: 129; 褚新洛和莫天培 (见褚新洛, 郑葆珊, 戴定远等), 1999: 180; 刘明玉, 解玉浩和季达明, 2000: 189; Peng, He *et* Zhang, 2004: 984; Chen, Pan, Kong *et al.* (陈自明, 潘晓赋, 孔德平等), 2006: 308; 伍汉霖, 邵广昭, 赖春福等, 2012: 110.
**别名或俗名（Used or common name）**：翻唇鲱 (刘明玉, 解玉浩和季达明, 2000).
**分布（Distribution）**：雅鲁藏布江, 独龙江, 大盈江水系. 国外分布于缅甸.

## 437. 黑鮡属 *Gagata* Bleeker, 1858

*Gagata* Bleeker, 1858: 204.

### （1649）长丝黑鮡 *Gagata dolichonema* He, 1996

*Gagata dolichonema* He (何舜平), 1996: 380; Roberts *et* Ferraris, 1998: 315; 伍汉霖, 邵广昭, 赖春福等, 2012: 110.
*Pimelodus cenia* Hamilton, 1822: 174.
*Gagata cenia*: 褚新洛, 莫天培和匡溥人 (见褚新洛和陈银瑞等), 1990: 220; 褚新洛和莫天培 (见褚新洛, 郑葆珊, 戴定远等), 1999: 118; 伍汉霖, 邵广昭, 赖春福等, 2012: 110.
*Gagata gagata*: 刘明玉, 解玉浩和季达明, 2000: 182.
**别名或俗名（Used or common name）**：模黑鮡 (刘明玉, 解玉浩和季达明, 2000), 尾斑黑鮡 (伍汉霖, 邵广昭, 赖春福等, 2012), 黑鮡.
**分布（Distribution）**：云南怒江水系. 国外分布于印度, 缅甸和泰国.
**保护等级（Protection class）**：《中国濒危动物红皮书·鱼类》(极危).

## 438. 凿齿鮡属 *Glaridoglanis* Norman, 1925

*Glaridoglanis* Norman, 1925a: 574.

### （1650）凿齿鮡 *Glaridoglanis andersonii* (Day, 1869)

*Exostoma andersonii* Day, 1869: 524.
*Glaridoglanis andersonii*: 褚新洛, 1979: 77; 伍献文, 何名巨和褚新洛, 1981: 76; 成庆泰和郑葆珊, 1987: 221; 褚新洛, 莫天培和匡溥人 (见褚新洛和陈银瑞等), 1990: 222; 武云飞和吴翠珍, 1992: 555; 张春光, 蔡斌和许涛清, 1995: 140; 朱松泉, 1995: 156, 312; 褚新洛和莫天培 (见褚新洛, 郑葆珊, 戴定远等), 1999: 173; 刘明玉, 解玉浩和季达明, 2000: 188; 伍汉霖, 邵广昭, 赖春福等, 2012: 110.
*Glyptosternum andersonii*: He, 1996: 129.
**别名或俗名（Used or common name）**：安氏凿齿鮡 (刘明玉, 解玉浩和季达明, 2000; 伍汉霖, 邵广昭, 赖春福等, 2012).
**分布（Distribution）**：雅鲁藏布江下游, 伊洛瓦底江水系.

## 439. 原鮡属 *Glyptosternon* McClelland, 1842

*Glyptosternon* McClelland, 1842: 584.
*Pseudexostoma* Chu (褚新洛), 1979: 78.
*Parachiloglanis* Wu, He *et* Chu (伍献文, 何名巨和褚新洛), 1981: 76.
*Glyptosternum* 武云飞和吴翠珍, 1992: 539.

### （1651）黑斑原鮡 *Glyptosternon maculatum* (Regan, 1905)

*Parexostoma maculatum* Regan, 1905e: 183.
*Glyptosternon maculatum* 张春霖, 岳佐和和黄宏金, 1964a: 278; 伍汉霖, 邵广昭, 赖春福等, 2012: 111.
*Glyptosternum maculatum* 伍献文, 何名巨和褚新洛, 1981: 76; 成庆泰和郑葆珊, 1987: 220; 武云飞和吴翠珍, 1992: 540; 朱松泉, 1995: 154; 张春光, 蔡斌和许涛清, 1995: 134; 褚新洛和莫天培 (见褚新洛, 郑葆珊, 戴定远等), 1999: 159; 刘明玉, 解玉浩和季达明, 2000: 186.
**分布（Distribution）**：雅鲁藏布江中上游.

## 440. 纹胸鮡属 *Glyptothorax* Blyth, 1860

*Glyptothorax* Blyth, 1860: 154.

### （1652）墨脱纹胸鮡 *Glyptothorax annandalei* Hora, 1923

*Glyptothorax annandalei* Hora, 1923: 14; 伍献文, 何名巨和褚新洛, 1981: 75; 莫天培和褚新洛, 1986: 340; 武云飞和吴翠珍, 1992: 527; 张春光, 蔡斌和许涛清, 1995: 127; 褚新洛和莫天培 (见褚新洛, 郑葆珊, 戴定远等), 1999: 126; 刘明玉, 解玉浩和季达明, 2000: 184; 伍汉霖, 邵广昭, 赖春福等, 2012: 111.
**分布（Distribution）**：雅鲁藏布江下游. 国外分布于印度, 尼泊尔.

### （1653）缅甸纹胸鮡 *Glyptothorax burmanicus* Prashad *et* Mukerji, 1929

*Glyptothorax burmanicus* Prashad *et* Mukerji, 1929; Ng (黄旭晞) *et* Kottelat, 2008.
*Pimelodus cavia*: Hamilton, 1822: 188.

*Glyptothorax cavia*: 李树深, 1984b: 76; 莫天培和褚新洛, 1986: 340; 朱松泉, 1995: 151; 褚新洛, 莫天培和匡溥人 (见褚新洛和陈银瑞等), 1990: 172; 褚新洛和莫天培 (见褚新洛, 郑葆珊, 戴定远等), 1999: 125; 刘明玉, 解玉浩和季达明, 2000: 182; 伍汉霖, 邵广昭, 赖春福等, 2012: 111.

**别名或俗名（Used or common name）**：穴形纹胸𬶏.

**分布（Distribution）**：龙川江, 大盈江, 南汀河, 怒江. 国外分布于缅甸, 泰国等.

### （1654）德钦纹胸𬶏 *Glyptothorax deqinensis* Mo *et* Chu, 1986

*Glyptothorax deqinensis* Mo *et* Chu (莫天培和褚新洛), 1986: 345; 褚新洛, 莫天培和匡溥人 (见褚新洛和陈银瑞等), 1990: 188; 武云飞和吴翠珍, 1992: 531; 朱松泉, 1995: 153, 299; 褚新洛和莫天培 (见褚新洛, 郑葆珊, 戴定远等), 1999: 148; 刘明玉, 解玉浩和季达明, 2000: 185; Jiang, Ng, Yang *et al.*, 2012: 385; 伍汉霖, 邵广昭, 赖春福等, 2012: 111.

**分布（Distribution）**：澜沧江上游.

### （1655）似亮背纹胸𬶏 *Glyptothorax dorsalis* Vinciguerra, 1890

*Glyptothorax dorsalis* Vinciguerra, 1890: 246; 莫天培和褚新洛, 1986: 341; 朱松泉, 1995: 153; 褚新洛和莫天培 (见褚新洛, 郑葆珊, 戴定远等), 1999: 149; 刘明玉, 解玉浩和季达明, 2000: 185; Jiang, Ng, Yang *et al.*, 2012: 385; 伍汉霖, 邵广昭, 赖春福等, 2012: 111.

*Glyptothorax ngapang*: Vishwanath *et* Linthoingambi, 2007; 陈小勇, 2013, 34 (4): 321.

**别名或俗名（Used or common name）**：亮背纹胸𬶏.

**分布（Distribution）**：怒江, 南汀河. 国外分布于印度, 缅甸钦敦江, 伊洛瓦底江.

### （1656）异色纹胸𬶏 *Glyptothorax fucatus* Jiang, Ng, Yang *et* Chen, 2012

*Glyptothorax fucatus* Jiang, Ng, Yang *et* Chen (蒋万胜, 黄旭晞, 杨君兴和陈小勇), 2012: 380.

**分布（Distribution）**：南汀河, 小黑河, 南滚河支流, 属怒江水系.

### （1657）福建纹胸𬶏 *Glyptothorax fukiensis* (Rendahl, 1925)

*Glyptosternum fukiensis* Rendahl, 1925: 307.

*Glyptothorax platypogon* Shih *et* Tchang, 1934: 7.

*Glyptothorax fukiensis*: Shih, 1935: 430; 张春霖, 1960: 45; 湖南省水产科学研究所, 1977: 193; 郑葆珊, 1981: 182; 李树深, 1984b: 77; 丁瑞华, 1994: 479; Xie, Zhang *et* He (谢仲桂, 张鹗和何舜平), 2001: 169.

*Glyptosternon fukiensis*: Wu, 1939: 132.

*Glyptothorax conirostre*: 张春霖, 1960: 46.

*Glyptothorax sinensis*: 刘成汉, 1964: 116; 施白南和邓其祥, 1980: 34.

*Glyptothorax fukiensis fukiensis*: 李树深, 1984a: 66; 成庆泰和郑葆珊, 1987: 219; 朱松泉, 1995: 152; 褚新洛和莫天培 (见褚新洛, 郑葆珊, 戴定远等), 1999: 136; 刘明玉, 解玉浩和季达明, 2000: 183.

*Glyptothorax fukiensis punctatum*: 李树深, 1984a: 66.

*Glyptothorax fokiensis fokiensis*: 伍汉霖, 邵广昭, 赖春福等, 2012: 111.

**别名或俗名（Used or common name）**：高臀纹胸𬶏 (李树深, 1984a), 宽鳍纹胸𬶏指名亚种 (成庆泰和郑葆珊, 1987).

**分布（Distribution）**：长江及其以南诸水系.

### （1658）粒线纹胸𬶏 *Glyptothorax granosus* Jiang, Ng, Yang *et* Chen, 2012

*Glyptothorax granosus* Jiang, Ng, Yang *et* Chen (蒋万胜, 黄旭晞, 杨君兴和陈小勇), 2012: 377.

**分布（Distribution）**：云南泸水市怒江支流.

### （1659）海南纹胸𬶏 *Glyptothorax hainanensis* (Nichols *et* Pope, 1927)

*Glyptosternon hainanensis* Nichols *et* Pope, 1927: 333.

*Glyptothorax fukiensis*: 李树深, 1984b: 77.

*Glyptothorax fukiensis hainanensis*: 李树深, 1984a: 64; 成庆泰和郑葆珊, 1987: 219; 朱松泉, 1995: 152; 褚新洛和莫天培 (见褚新洛, 郑葆珊, 戴定远等), 1999: 135; 刘明玉, 解玉浩和季达明, 2000: 183.

*Glyptothorax fokiensis hainanensis*: 伍汉霖, 邵广昭, 赖春福等, 2012: 111.

**别名或俗名（Used or common name）**：宽鳍纹胸𬶏海南亚种 (成庆泰和郑葆珊, 1987).

**分布（Distribution）**：海南岛南渡河, 万泉河. 国外分布于越南.

### （1660）红河纹胸𬶏 *Glyptothorax honghensis* Li, 1984

*Glyptothorax fukiensis honghensis* Li (李树深), 1984a: 66; 朱松泉, 1995: 152; 褚新洛, 莫天培和匡溥人 (见褚新洛和陈银瑞等), 1990: 180; 褚新洛和莫天培 (见褚新洛, 郑葆珊, 戴定远等), 1999: 138; 刘明玉, 解玉浩和季达明, 2000: 184.

*Glyptothorax honghensis*: 伍汉霖, 邵广昭, 赖春福等, 2012: 111.

**分布（Distribution）**：元江水系. 国外分布于老挝和越南.

### （1661）间棘纹胸𬶏 *Glyptothorax interspinalum* (Mai, 1978)

*Glyptosternon interspinalum* Mai, 1978: 271.

*Glyptothorax merus*: Li (李树深), 1984b: 79.

*Glyptothorax interspinalum*: 褚新洛, 莫天培和匡溥人 (见褚新洛和陈银瑞等), 1990: 191; 朱松泉, 1995: 154; 褚新洛和莫天培 (见褚新洛, 郑葆珊, 戴定远等), 1999: 151; 刘明玉, 解玉浩和季达明, 2000: 185.

*Glyptothorax interspinalus*: 伍汉霖, 邵广昭, 赖春福等, 2012: 111.

**分布（Distribution）**：元江水系. 国外分布于老挝和越南.

### （1662）丽纹胸鮡 *Glyptothorax lampris* Fowler, 1934

*Glyptothorax lampris* Fowler, 1934c: 91; 莫天培和褚新洛, 1986: 340; 褚新洛, 莫天培和匡溥人 (见褚新洛和陈银瑞等), 1990: 178; 朱松泉, 1995: 152; 褚新洛和莫天培 (见褚新洛, 郑葆珊, 戴定远等), 1999: 132; 刘明玉, 解玉浩和季达明, 2000: 183; Jiang, Ng, Yang *et al.*, 2012: 386; 伍汉霖, 邵广昭, 赖春福等, 2012: 111.

*Glyptothorax sinense*: 张春霖, 1960: 44.

**分布（Distribution）**：澜沧江水系下游. 国外分布于湄公河与泰国 (湄南河) 水系.

### （1663）矛形纹胸鮡 *Glyptothorax lanceatus* Ng, Jiang *et* Chen, 2012

*Glyptothorax lanceatus* Ng, Jiang *et* Chen (黄旭晞, 蒋万胜和陈小勇), 2012: 54.

**分布（Distribution）**：云南保山市怒江水系.

### （1664）老挝纹胸鮡 *Glyptothorax laosensis* Fowler, 1934

*Glyptothorax laosensis* Fowler, 1934c: 88; 莫天培和褚新洛, 1986: 341; 褚新洛, 莫天培和匡溥人 (见褚新洛和陈银瑞等), 1990: 183; 朱松泉, 1995: 153, 296; 褚新洛和莫天培 (见褚新洛, 郑葆珊, 戴定远等), 1999: 142; 刘明玉, 解玉浩和季达明, 2000: 184; Jiang, Ng, Yang *et al.*, 2012: 386; 伍汉霖, 邵广昭, 赖春福等, 2012: 111.

*Glyptothorax trilineatus*: 张春霖, 1960: 45; 李树深, 1984b: 78.

**分布（Distribution）**：云南澜沧江水系. 国外分布于湄公河与泰国 (湄南河) 水系.

### （1665）长尾纹胸鮡 *Glyptothorax longicauda* Li, 1984

*Glyptothorax longicauda* Li (李树深), 1984b: 87; 莫天培和褚新洛, 1986: 341; 褚新洛, 莫天培和匡溥人 (见褚新洛和陈银瑞等), 1990: 186; 朱松泉, 1995: 153, 297; 褚新洛和莫天培 (见褚新洛, 郑葆珊, 戴定远等), 1999: 145; 刘明玉, 解玉浩和季达明, 2000: 184; Jiang, Ng, Yang *et al.*, 2012: 386; 伍汉霖, 邵广昭, 赖春福等, 2012: 111.

**分布（Distribution）**：云南大盈江水系.

### （1666）长须纹胸鮡 *Glyptothorax longinema* Li, 1984

*Glyptothorax longinema* Li (李树深), 1984b: 81.

*Glyptothorax rubermentus*: Li (李树深), 1984b: 83.

**别名或俗名（Used or common name）**：红颏纹胸鮡.

**分布（Distribution）**：怒江, 南汀河和澜沧江.

### （1667）龙江纹胸鮡 *Glyptothorax longjiangensis* Mo *et* Chu, 1986

*Glyptothorax longjiangensis* Mo *et* Chu (莫天培和褚新洛), 1986: 344; 褚新洛, 莫天培和匡溥人 (见褚新洛和陈银瑞等), 1990: 175; 朱松泉, 1995: 152; 褚新洛和莫天培 (见褚新洛, 郑葆珊, 戴定远等), 1999: 129; 刘明玉, 解玉浩和季达明, 2000: 183; Jiang, Ng, Yang *et al.*, 2012: 386; 伍汉霖, 邵广昭, 赖春福等, 2012: 111.

**分布（Distribution）**：云南龙川江, 属伊洛瓦底江水系.

### （1668）大斑纹胸鮡 *Glyptothorax macromaculatus* Li, 1984

*Glyptothorax macromaculatus* Li (李树深), 1984b: 82; 莫天培和褚新洛, 1986: 340; 褚新洛, 莫天培和匡溥人 (见褚新洛和陈银瑞等), 1990: 176; 朱松泉, 1995: 152, 294; 褚新洛和莫天培 (见褚新洛, 郑葆珊, 戴定远等), 1999: 131; 刘明玉, 解玉浩和季达明, 2000: 183; Jiang, Ng, Yang *et al.*, 2012: 386; 伍汉霖, 邵广昭, 赖春福等, 2012: 111.

**分布（Distribution）**：澜沧江水系下游. 国外分布于老挝.

### （1669）细斑纹胸鮡 *Glyptothorax minimaculatus* Li, 1984

*Glyptothorax minimaculatus* Li (李树深), 1984b: 87; 莫天培和褚新洛, 1986: 340; 褚新洛, 莫天培和匡溥人 (见褚新洛和陈银瑞等), 1990: 174; 朱松泉, 1995: 152; 褚新洛和莫天培 (见褚新洛, 郑葆珊, 戴定远等), 1999: 128; 刘明玉, 解玉浩和季达明, 2000: 183; Jiang, Ng, Yang *et al.*, 2012: 387; 伍汉霖, 邵广昭, 赖春福等, 2012: 111.

**分布（Distribution）**：云南大盈江和龙川江, 属伊洛瓦底江水系.

### （1670）斜纹纹胸鮡 *Glyptothorax obliquimaculatus* Jiang, Chen *et* Yang, 2010

*Glyptothorax obliquimaculatus* Jiang, Chen *et* Yang (蒋万胜, 陈小勇和杨君兴), 2010: 126; Jiang, Ng, Yang *et al.*, 2012: 385; 伍汉霖, 邵广昭, 赖春福等, 2012: 111.

**分布（Distribution）**：云南耿马县小黑河, 属怒江水系.

### （1671）白线纹胸鮡 *Glyptothorax pallozonus* (Lin, 1934)

*Glyptosternum pallozonum* Lin, 1934a: 228.

*Glyptothorax pallozonum*: 张春霖, 1960: 43; 莫天培和褚新

洛, 1986: 341; 成庆泰和郑葆珊, 1987: 219; 褚新洛 (见郑慈英等), 1989: 289; Pan, Zhong, Zheng *et al.*, 1991: 320; 朱松泉, 1995: 153; 褚新洛和莫天培 (见褚新洛, 郑葆珊, 戴定远等), 1999: 139; 刘明玉, 解玉浩和季达明, 2000: 184.

*Glyptothorax pallozonus*: 伍汉霖, 邵广昭, 赖春福等, 2012: 111.

**别名或俗名（Used or common name）**: 白纹纹胸鮡 (刘明玉, 解玉浩和季达明, 2000).

**分布（Distribution）**: 广东东江水系.

### （1672）四斑纹胸鮡 *Glyptothorax quadriocellatus* (Mai, 1978)

*Glyptosternon quadriocellatum* Mai, 1978: 272.

*Glyptothorax obscura* Li (李树深), 1984b: 78.

*Glyptothorax quadriocellatus*: 褚新洛, 莫天培和匡溥人 (见褚新洛和陈银瑞等), 1990: 184; 朱松泉, 1995: 153; 褚新洛和莫天培 (见褚新洛, 郑葆珊, 戴定远等), 1999: 143; 刘明玉, 解玉浩和季达明, 2000: 184; Lin (林义浩), 2003: 160; 伍汉霖, 邵广昭, 赖春福等, 2012: 111.

**分布（Distribution）**: 云南景东县把边江, 属元江水系.

### （1673）中华纹胸鮡 *Glyptothorax sinensis* (Regan, 1908)

*Glyptosternum sinense* Regan, 1908a: 110; Chu, 1931d: 82.

*Glyptothorax sinense*: 张春霖, 1960: 44; 湖南省水产科学研究所, 1977: 193; 李树深, 1984b: 77; 莫天培和褚新洛, 1986: 341; 成庆泰和郑葆珊, 1987: 219; 武云飞和吴翠珍, 1992: 528; 丁瑞华, 1994: 481; 朱松泉, 1995: 152, 295; Xie, Zhang *et* He (谢仲桂, 张鹗和何舜平), 2001: 169.

*Glyptosternum sinense sinense*: 褚新洛和莫天培 (见褚新洛, 郑葆珊, 戴定远等), 1999: 133.

*Glyptothorax sinensis*: 刘明玉, 解玉浩和季达明, 2000: 183; 15; 伍汉霖, 邵广昭, 赖春福等, 2012: 111.

**分布（Distribution）**: 长江中下游及附属水体.

### （1674）三线纹胸鮡 *Glyptothorax trilineatus* Blyth, 1860

*Glyptothorax trilineatus* Blyth, 1860: 154; 莫天培和褚新洛, 1986: 341; 成庆泰和郑葆珊, 1987: 219; 褚新洛, 莫天培和匡溥人 (见褚新洛和陈银瑞等), 1990: 182; 朱松泉, 1995: 153; 褚新洛和莫天培 (见褚新洛, 郑葆珊, 戴定远等), 1999: 140; 刘明玉, 解玉浩和季达明, 2000: 184; Jiang, Ng, Yang *et al.*, 2012: 385; 伍汉霖, 邵广昭, 赖春福等, 2012: 111.

*Glyptothorax trilineatoides*: Li (李树深), 1984b: 80.

**分布（Distribution）**: 大盈江和龙川江 (均属伊洛瓦底江水系), 怒江. 国外分布于印度, 缅甸, 尼泊尔, 泰国和老挝.

### （1675）扎那纹胸鮡 *Glyptothorax zanaensis* Wu, He *et* Chu, 1981

*Glyptothorax zanaensis* Wu, He *et* Chu (伍献文, 何名巨和褚新洛), 1981: 74; 武云飞和吴翠珍, 1992: 532; 张春光, 蔡斌和许涛清, 1995: 130; Jiang, Ng, Yang *et al.*, 2012: 368; 伍汉霖, 邵广昭, 赖春福等, 2012: 111.

*Glyptothorax zainaensis*: 莫天培和褚新洛, 1986: 341; 朱松泉, 1995: 153, 298; 褚新洛和莫天培 (见褚新洛, 郑葆珊, 戴定远等), 1999: 146; 刘明玉, 解玉浩和季达明, 2000: 184.

**分布（Distribution）**: 怒江及澜沧江水系.

### （1676）珠江纹胸鮡 *Glyptothorax zhujiangensis* Lin, 2003

*Glyptothorax zhujiangensis* Lin (林义浩), 2003: 159; 伍汉霖, 邵广昭, 赖春福等, 2012: 111.

**分布（Distribution）**: 广东江门市白水县溪流中.

## 441. 异齿鰋属 *Oreoglanis* Smith, 1933

*Oreoglanis* Smith, 1933: 70.

### （1677）无斑异齿鰋 *Oreoglanis immaculatus* Kong, Chen *et* Yang, 2007

*Oreoglanis immaculatus* Kong, Chen *et* Yang (孔德平, 陈小勇和杨君兴), 2007: 225; 伍汉霖, 邵广昭, 赖春福等, 2012: 111.

**分布（Distribution）**: 云南沧源县的南滚河与永德县的南汀河, 均属怒江水系.

### （1678）显斑异齿鰋 *Oreoglanis insignis* Ng *et* Rainboth, 2001

*Oreoglanis insignis* Ng (黄旭晞) *et* Rainboth, 2001: 15; Kong, Chen *et* Yang (孔德平, 陈小勇和杨君兴), 2007: 224; 伍汉霖, 邵广昭, 赖春福等, 2012: 111.

**别名或俗名（Used or common name）**: 伊洛瓦底江异鰋 (伍汉霖, 邵广昭, 赖春福等, 2012).

**分布（Distribution）**: 伊洛瓦底江, 怒江水系. 国外分布于缅甸.

### （1679）景东异齿鰋 *Oreoglanis jingdongensis* Kong, Chen *et* Yang, 2007

*Oreoglanis jingdongensis* Kong, Chen *et* Yang (孔德平, 陈小勇和杨君兴), 2007: 224; 伍汉霖, 邵广昭, 赖春福等, 2012: 111.

**分布（Distribution）**: 云南景东县勐片河, 属红河水系.

### （1680）大鳍异齿鰋 *Oreoglanis macropterus* (Vinciguerra, 1890)

*Exostoma macropterum* Vinciguerra, 1890: 253.

*Oreoglanis macropterus*: 褚新洛, 1979: 77; 成庆泰和郑葆

珊, 1987: 221; 褚新洛, 莫天培和匡溥人 (见褚新洛和陈银瑞等), 1990: 215; 武云飞和吴翠珍, 1992: 557; 朱松泉, 1995: 157, 313; 褚新洛和莫天培 (见褚新洛, 郑葆珊, 戴定远等), 1999: 175; 刘明玉, 解玉浩和季达明, 2000: 188; Chen, Pan, Kong *et al.* (陈自明, 潘晓赋, 孔德平等), 2006: 308; Kong, Chen *et* Yang (孔德平, 陈小勇和杨君兴), 2007: 224; 伍汉霖, 邵广昭, 赖春福等, 2012: 112.

**分布（Distribution）**：伊洛瓦底江水系. 国外分布于缅甸.

### （1681）穗缘异齿鰋 *Oreoglanis setiger* Ng *et* Rainboth, 2001

*Oreoglanis setiger* Ng (黄旭晞) *et* Rainboth, 2001: 23; Kong, Chen *et* Yang (孔德平, 陈小勇和杨君兴), 2007: 224; 伍汉霖, 邵广昭, 赖春福等, 2012: 112.

**别名或俗名（Used or common name）**：老挝异齿 (伍汉霖, 邵广昭, 赖春福等, 2012).

**分布（Distribution）**：澜沧江水系. 国外分布于老挝.

## 442. 平唇鮡属 *Parachiloglanis* Wu, He *et* Chu, 1981

*Parachiloglanis* Wu, He *et* Chu (伍献文, 何名巨和褚新洛), 1981: 76.

### （1682）平唇鮡 *Parachiloglanis hodgarti* (Hora, 1923)

*Glyptosternum hodgarti* Hora, 1923: 38.

*Euchiloglanis hodgarti*: 褚新洛, 1979: 77.

*Parachiloglanis hodgarti*: 伍献文, 何名巨和褚新洛, 1981: 77; 成庆泰和郑葆珊, 1987: 219; 武云飞和吴翠珍, 1992: 537; 张春光, 蔡斌和许涛清, 1995: 133; 朱松泉, 1995: 154; He, 1996: 130; 褚新洛和莫天培 (见褚新洛, 郑葆珊, 戴定远等), 1999: 157; 刘明玉, 解玉浩和季达明, 2000: 186; 伍汉霖, 邵广昭, 赖春福等, 2012: 112.

**别名或俗名（Used or common name）**：短尾平唇 (刘明玉, 解玉浩和季达明, 2000), 霍氏平唇鮡 (伍汉霖, 邵广昭, 赖春福等, 2012).

**分布（Distribution）**：雅鲁藏布江下游. 国外分布于印度, 孟加拉国和尼泊尔.

## 443. 鮡属 *Pareuchiloglanis* Pellegrin, 1936

*Pareuchiloglanis* Pellegrin, 1936: 245.

### （1683）短腹鮡 *Pareuchiloglanis abbreviatus* Li, Zhou, Thomson, Zhang *et* Yang, 2007

*Pareuchiloglanis abbreviatus* Li, Zhou, Thomson, Zhang *et* Yang (李旭, 周伟, Thomson, 张庆和杨颖), 2007: 2; Zhou, Li *et* Thomson, 2011a: 239; 伍汉霖, 邵广昭, 赖春福等, 2012: 112.

**别名或俗名（Used or common name）**：短体 (伍汉霖, 邵广昭, 赖春福等, 2012).

**分布（Distribution）**：澜沧江, 李仙江.

### （1684）前臀鮡 *Pareuchiloglanis anteanalis* Fang, Xu *et* Cui, 1984

*Pareuchiloglanis anteanalis* Fang, Xu *et* Cui (方树淼, 许涛清和崔桂华), 1984: 209; 褚新洛, 莫天培和匡溥人 (见褚新洛和陈银瑞等), 1990: 207; 丁瑞华, 1994: 490; 朱松泉, 1995: 156; He, 1996: 130; 褚新洛和莫天培 (见褚新洛, 郑葆珊, 戴定远等), 1999: 169; 刘明玉, 解玉浩和季达明, 2000: 187; Peng, He *et* Zhang, 2004: 986; Yao *et al.*, 2006: 11; Li, Zhou, Thomson *et al.*, 2007: 2; Zhou, Li *et* Thomson, 2011a: 239; 伍汉霖, 邵广昭, 赖春福等, 2012: 112.

**分布（Distribution）**：金沙江, 青衣江, 大渡河, 白龙江.

**保护等级（Protection class）**：省级 (甘肃).

### （1685）细尾鮡 *Pareuchiloglanis gracilicaudata* (Wu *et* Chen, 1979)

*Euchiloglanis gracilicaudata* Wu *et* Chen (武云飞和陈瑗), 1979: 294.

*Pareuchiloglanis gracilicaudata*: Fang, Xu *et* Cui (方树淼, 许涛清和崔桂华), 1984a: 210; 成庆泰和郑葆珊, 1987: 220; 褚新洛, 莫天培和匡溥人 (见褚新洛和陈银瑞等), 1990: 208; 武云飞和吴翠珍, 1992: 551; 张春光, 蔡斌和许涛清, 1995: 137; 朱松泉, 1995: 156; He, 1996: 130; 褚新洛和莫天培 (见褚新洛, 郑葆珊, 戴定远等), 1999: 169; 刘明玉, 解玉浩和季达明, 2000: 187; Li, Zhou, Thomson *et al.*, 2007: 8; Zhou, Li *et* Thomson, 2011a: 239; 伍汉霖, 邵广昭, 赖春福等, 2012: 112.

**分布（Distribution）**：澜沧江上游.

### （1686）扁头鮡 *Pareuchiloglanis kamengensis* (Jayaram, 1966)

*Euchiloglanis kamengensis* Jayaram, 1966: 85; 褚新洛, 1979: 77; 伍献文, 何名巨和褚新洛, 1981: 77.

*Pareuchiloglanis kamengensis*: 成庆泰和郑葆珊, 1987: 221; 褚新洛, 莫天培和匡溥人 (见褚新洛和陈银瑞等), 1990: 205; 武云飞和吴翠珍, 1992: 552; 张春光, 蔡斌和许涛清, 1995: 139; 朱松泉, 1995: 155; He, 1996: 130; 褚新洛和莫天培 (见褚新洛, 郑葆珊, 戴定远等), 1999: 167; 刘明玉, 解玉浩和季达明, 2000: 187; Chen, Pan, Kong *et al.* (陈自明, 潘晓赋, 孔德平等), 2006: 308; Li, Zhou, Thomson *et al.*, 2007: 12; 伍汉霖, 邵广昭, 赖春福等, 2012: 112.

*Creteuchiloglanis kamengensis*: Zhou, Li *et* Thomson, 2011a: 234.

**别名或俗名（Used or common name）**：卡门 (刘明玉, 解玉浩和季达明, 2000).

**分布（Distribution）**：雅鲁藏布江下游.

**（1687）长尾鮡 *Pareuchiloglanis longicauda* (Yue, 1981)**

*Euchiloglanis longicauda* Yue (岳佐和, 见郑葆珊), 1981: 183.

*Pareuchiloglanis longicauda*: Fang, Xu *et* Cui (方树淼, 许涛清和崔桂华), 1984a: 210; 成庆泰和郑葆珊, 1987: 220; 褚新洛 (见郑慈英等), 1989: 291; 褚新洛, 莫天培和匡溥人 (见褚新洛和陈银瑞等), 1990: 203; 朱松泉, 1995: 155; He, 1996: 130; 褚新洛和莫天培 (见褚新洛, 郑葆珊, 戴定远等), 1999: 165; 刘明玉, 解玉浩和季达明, 2000: 187; Li, Zhou, Thomson *et al.*, 2007: 2; Zhou, Li *et* Thomson, 2011a: 239; 伍汉霖, 邵广昭, 赖春福等, 2012: 112.

**分布（Distribution）**：南盘江, 北盘江, 红水河等水系.

**（1688）大孔鮡 *Pareuchiloglanis macrotrema* (Norman, 1925)**

*Euchiloglanis macrotrema* Norman, 1925a: 570.

*Pareuchiloglanis macrotrema*: 成庆泰和郑葆珊, 1987: 220; 褚新洛, 莫天培和匡溥人 (见褚新洛和陈银瑞等), 1990: 202; 朱松泉, 1995: 155, 305; 褚新洛和莫天培 (见褚新洛, 郑葆珊, 戴定远等), 1999: 164; Li, Zhou, Thomson *et al.*, 2007: 2; 伍汉霖, 邵广昭, 赖春福等, 2012: 112.

*Pareuchiloglanis macrostoma*: He, 1996: 130.

*Pareuchiloglanis macrotremus*: 刘明玉, 解玉浩和季达明, 2000: 187.

**分布（Distribution）**：云南元江上游. 国外分布于印度和越南.

**（1689）兰坪鮡 *Pareuchiloglanis myzostoma* (Norman, 1923)**

*Euchiloglanis myzostoma* Norman, 1923: 562.

*Pareuchiloglanis feae myzostoma*: 褚新洛, 1979: 77; 成庆泰和郑葆珊, 1987: 221.

*Pareuchiloglanis myzostoma*: 褚新洛, 莫天培和匡溥人 (见褚新洛和陈银瑞等), 1990: 210; 朱松泉, 1995: 156; He, 1996: 130; 褚新洛和莫天培 (见褚新洛, 郑葆珊, 戴定远等), 1999: 170; 刘明玉, 解玉浩和季达明, 2000: 188; Li, Zhou, Thomson *et al.*, 2007: 13; Zhou, Li *et* Thomson, 2011a: 240; 伍汉霖, 邵广昭, 赖春福等, 2012: 112.

**别名或俗名（Used or common name）**：短鳍鮡兰坪亚种 (成庆泰和郑葆珊, 1987).

**分布（Distribution）**：澜沧江上游.

**（1690）长背鮡 *Pareuchiloglanis prolixdorsalis* Li, Zhou, Thomson, Zhang *et* Yang, 2007**

*Pareuchiloglanis prolixdorsalis* Li, Zhou, Thomson, Zhang *et* Yang (李旭, 周伟, Thomson, 张庆和杨颖), 2007: 15; 伍汉霖, 邵广昭, 赖春福等, 2012: 112.

**分布（Distribution）**：澜沧江下游.

**（1691）壮体鮡 *Pareuchiloglanis robustus* Ding, Fu *et* Ye, 1991**

*Pareuchiloglanis robusta* Ding, Fu *et* Ye (丁瑞华, 傅天佑和叶妙荣), 1991: 369; 朱松泉, 1995: 156; He, 1996: 130; Li, Zhou, Thomson *et al.*, 2007: 2; Zhou, Li *et* Thomson, 2011a: 240; 伍汉霖, 邵广昭, 赖春福等, 2012: 112.

**分布（Distribution）**：四川青衣江.

**（1692）四川鮡 *Pareuchiloglanis sichuanensis* Ding, Fu *et* Ye, 1991**

*Pareuchiloglanis sichuanensis* Ding, Fu *et* Ye (丁瑞华, 傅天佑和叶妙荣), 1991: 371; 朱松泉, 1995: 156; He, 1996: 130; Li, Zhou, Thomson *et al.*, 2007: 2; Zhou, Li *et* Thomson, 2011a: 240; 伍汉霖, 邵广昭, 赖春福等, 2012: 112.

**分布（Distribution）**：四川青衣江.

**（1693）中华鮡 *Pareuchiloglanis sinensis* (Hora *et* Silas, 1952)**

*Euchiloglanis sinensis* Hora *et* Silas, 1952: 17; 褚新洛, 1979: 77.

*Pareuchiloglanis sinensis*: 成庆泰和郑葆珊, 1987: 220; 褚新洛, 莫天培和匡溥人 (见褚新洛和陈银瑞等), 1990: 210; 武云飞和吴翠珍, 1992: 547; 朱松泉, 1995: 156; He, 1996: 130; 褚新洛和莫天培 (见褚新洛, 郑葆珊, 戴定远等), 1999: 172; 刘明玉, 解玉浩和季达明, 2000: 188; Yao *et al.*, 2006: 11; Li, Zhou, Thomson *et al.*, 2007: 2; Zhou, Li *et* Thomson, 2011a: 240; 伍汉霖, 邵广昭, 赖春福等, 2012: 112.

*Garra longchuanensis* Yu, Wang, Xiong, He, 2016: 295-300.

*Pareuchiloglanis hupingshanensis* Kang, Chen *et* He, 2016: 109-125.

**别名或俗名（Used or common name）**：壶瓶山鮡.

**分布（Distribution）**：长江上游, 包括金沙江, 大渡河, 白龙江等水系.

**（1694）天全鮡 *Pareuchiloglanis tianquanensis* Ding *et* Fang, 1997**

*Pareuchiloglanis tianquanensis* Ding *et* Fang, 1997: 17; Li, Zhou, Thomson *et al.*, 2007: 2; Zhou, Li *et* Thomson, 2011a: 240; 伍汉霖, 邵广昭, 赖春福等, 2012: 112.

**别名或俗名（Used or common name）**：蒂氏鮡 (伍汉霖, 邵广昭, 赖春福等, 2012).

**分布（Distribution）**：四川青衣江.

## 444. 褶鮡属 *Pseudecheneis* Blyth, 1860

*Pseudecheneis* Blyth, 1860: 154.

**（1695）短尾褶鮡 *Pseudecheneis brachyurus* Zhou, Li *et* Yang, 2008**

*Pseudecheneis brachyurus* Zhou, Li *et* Yang (周伟, 李旭和杨颖), 2008: 108; 伍汉霖, 邵广昭, 赖春福等, 2012: 112.

别名或俗名（Used or common name）：粗尾褶鮡 (伍汉霖, 邵广昭, 赖春福等, 2012).
分布（Distribution）：大盈江和龙川江, 属伊洛瓦底江水系.

### (1696) 纤体褶鮡 *Pseudecheneis gracilis* Zhou, Li *et* Yang, 2008

*Pseudecheneis gracilis* Zhou, Li *et* Yang (周伟, 李旭和杨颖), 2008: 111; 伍汉霖, 邵广昭, 赖春福等, 2012: 112.
别名或俗名（Used or common name）：拟褶鮡.
分布（Distribution）：龙川江, 属伊洛瓦底江水系.

### (1697) 无斑褶鮡 *Pseudecheneis immaculatus* Chu, 1982

*Pseudecheneis immaculatus* Chu (褚新洛), 1982: 428; 褚新洛, 莫天培和匡溥人 (见褚新洛和陈银瑞等), 1990: 198; 武云飞和吴翠珍, 1992: 536; 朱松泉, 1995: 154, 300; 褚新洛和莫天培 (见褚新洛, 郑葆珊, 戴定远等), 1999: 154; 刘明玉, 解玉浩和季达明, 2000: 185; Zhou *et* Zhou, 2005: 418; Zhou, Li *et* Yang (周伟, 李旭和杨颖), 2008: 113.
分布（Distribution）：云南白济汛乡和溜洞江村, 属澜沧江上游江段.

### (1698) 少斑褶鮡 *Pseudecheneis paucipunctatus* Zhou, Li *et* Yang, 2008

*Pseudecheneis paucipunctatus* Zhou, Li *et* Yang (周伟, 李旭和杨颖), 2008: 116; 伍汉霖, 邵广昭, 赖春福等, 2012: 112.
分布（Distribution）：云南沧源县南滚河.

### (1699) 平吻褶鮡 *Pseudecheneis paviei* Vaillant, 1892

*Pseudecheneis paviei* Vaillant, 1892: 126; 褚新洛, 莫天培和匡溥人 (见褚新洛和陈银瑞等), 1990: 199; 朱松泉, 1995: 154; 刘明玉, 解玉浩和季达明, 2000: 185; Zhou *et* Zhou, 2005: 418; Zhou, Li *et* Yang (周伟, 李旭和杨颖), 2008: 117; 伍汉霖, 邵广昭, 赖春福等, 2012: 112; 陈小勇, 2013, 34 (4): 320.
*Pseudecheneis intermedius*: Chu (褚新洛), 1982: 430; 褚新洛, 莫天培和匡溥人 (见褚新洛和陈银瑞等), 1990: 200; 朱松泉, 1995: 154; 褚新洛和莫天培 (见褚新洛, 郑葆珊, 戴定远等), 1999: 156; 刘明玉, 解玉浩和季达明, 2000: 186; Zhou *et* Zhou, 2005: 418.
别名或俗名（Used or common name）：间褶鮡.
分布（Distribution）：元江, 把边江, 李仙江等. 国外分布于越南.

### (1700) 细尾褶鮡 *Pseudecheneis stenura* Ng, 2006

*Pseudecheneis stenura* Ng (黄旭晞), 2006: 57; Zhou, Li *et* Yang (周伟, 李旭和杨颖), 2008: 120; 伍汉霖, 邵广昭, 赖春福等, 2012: 112.
别名或俗名（Used or common name）：窄尾褶鮡 (伍汉霖, 邵广昭, 赖春福等, 2012).
分布（Distribution）：龙川江, 属伊洛瓦底江水系.

### (1701) 似黄斑褶鮡 *Pseudecheneis sulcatoides* Zhou *et* Chu, 1992

*Pseudecheneis sulcatoides* Zhou *et* Chu (周伟和褚新洛), 1992: 111; 刘明玉, 解玉浩和季达明, 2000: 185; Zhou *et* Zhou, 2005: 418; Zhou, Li *et* Yang (周伟, 李旭和杨颖), 2008: 120; 伍汉霖, 邵广昭, 赖春福等, 2012: 112.
分布（Distribution）：澜沧江水系.

### (1702) 黄斑褶鮡 *Pseudecheneis sulcatus* (McClelland, 1842)

*Glyptosternon sulcatus* McClelland, 1842: 587.
*Pseudecheneis sulcatus*: 褚新洛, 1982: 431; 成庆泰和郑葆珊, 1987: 219; 褚新洛, 莫天培和匡溥人 (见褚新洛和陈银瑞等), 1990: 196; 武云飞和吴翠珍, 1992: 534; 张春光, 蔡斌和许涛清, 1995: 131; 朱松泉, 1995: 154, 301; 褚新洛和莫天培 (见褚新洛, 郑葆珊, 戴定远等), 1999: 153; 刘明玉, 解玉浩和季达明, 2000: 185.
*Pseudecheneis sulcata*: Zhou *et* Zhou, 2005: 418; Chen, Pan, Kong *et al.* (陈自明, 潘晓赋, 孔德平等), 2006: 308; Zhou, Li *et* Yang (周伟, 李旭和杨颖), 2008: 120; 伍汉霖, 邵广昭, 赖春福等, 2012: 112.
分布（Distribution）：雅鲁藏布江下游, 伊洛瓦底江, 怒江, 澜沧江等水系. 国外分布于缅甸和印度.

### (1703) 扁体褶鮡 *Pseudecheneis tchangi* (Hora, 1937)

*Propseudecheneis tchangi* Hora, 1937; Thomson *et* Page, 2006.
*Pseudecheneis tchangi*: Chu (褚新洛), 1982; Ng (黄旭晞), 2006; Zhou, Li *et* Yang (周伟, 李旭和杨颖), 2008; 陈小勇, 2013, 34 (4): 320.
分布（Distribution）：云南 (产地不详).

## 445. 拟鰋属 *Pseudexostoma* Chu, 1979

*Pseudexostoma* Chu (褚新洛), 1979: 78.

### (1704) 短体拟鰋 *Pseudexostoma brachysoma* Chu, 1979

*Pseudexostoma yunnanensis brachysoma* Chu (褚新洛), 1979: 78; 成庆泰和郑葆珊, 1987: 222; 褚新洛, 莫天培和匡溥人 (见褚新洛和陈银瑞等), 1990: 214; 武云飞和吴翠珍, 1992: 561; 朱松泉, 1995: 157, 316; 褚新洛和莫天培 (见褚新洛, 郑葆珊, 戴定远等), 1999: 179; 刘明玉, 解玉浩和季达明, 2000: 188; Zhou, Yang, Li *et al.*, 2007: 148.
*Pseudexostoma brachysoma*: 伍汉霖, 邵广昭, 赖春福等, 2012: 112.
别名或俗名（Used or common name）：拟鰋怒江亚种 (成

庆泰和郑葆珊, 1987), 云南拟鰋短体亚种 (刘明玉, 解玉浩和季达明, 2000), 短身拟鰋 (伍汉霖, 邵广昭, 赖春福等, 2012).

**分布 (Distribution)**: 怒江水系.

**(1705) 长鳍拟鰋 *Pseudexostoma longipterus* Zhou, Yang, Li *et* Li, 2007**

*Pseudexostoma longipterus* Zhou, Yang, Li *et* Li (周伟, 杨颖, 李旭和李明会), 2007: 150; 伍汉霖, 邵广昭, 赖春福等, 2012: 112.

**分布 (Distribution)**: 怒江中游.

**(1706) 拟鰋 *Pseudexostoma yunnanense* (Tchang, 1935)**

*Glyptosternum yunnanensis* Tchang, 1935d: 174.

*Pseudexostoma yunnanensis yunnanensis*: 褚新洛, 1979: 78; 成庆泰和郑葆珊, 1987: 222; 褚新洛, 莫天培和匡溥人 (见褚新洛和陈银瑞等), 1990: 212; 武云飞和吴翠珍, 1992: 561; 朱松泉, 1995: 157, 315; 褚新洛和莫天培 (见褚新洛, 郑葆珊, 戴定远等), 1999: 178; 刘明玉, 解玉浩和季达明, 2000: 188; Zhou, Yang, Li *et al.*, 2007: 152.

*Pseudexostoma yunnanense*: 伍汉霖, 邵广昭, 赖春福等, 2012: 112.

**别名或俗名 (Used or common name)**: 拟鰋指名亚种 (成庆泰和郑葆珊, 1987), 云南拟鰋指名亚种 (刘明玉, 解玉浩和季达明, 2000), 云南拟鰋 (伍汉霖, 邵广昭, 赖春福等, 2012).

**分布 (Distribution)**: 云南大盈江水系.

## (八十七) 长臀鮠科 Cranoglanididae

### 446. 长臀鮠属 *Cranoglanis* Peters, 1881

*Cranoglanis* Peters, 1881: 1030.

**(1707) 长臀鮠 *Cranoglanis bouderius* (Richardson, 1846)**

*Bagrus bouderius* Richardson, 1846: 283.

*Cranoglanis sinensis*: 岳佐和 (见郑葆珊), 1981: 180.

*Cranoglanis bouderius bouderius*: 成庆泰和郑葆珊, 1987: 212; Pan, Zhong, Zheng *et al.*, 1991: 295; 朱松泉, 1995: 159; 褚新洛和莫天培 (见褚新洛, 郑葆珊, 戴定远等), 1999: 75; 刘明玉, 解玉浩和季达明, 2000: 177.

*Cranoglanis bouderius*: 伍汉霖, 邵广昭, 赖春福等, 2012: 115.

**别名或俗名 (Used or common name)**: 中国长臀鮠 (伍汉霖, 邵广昭, 赖春福等, 2012).

**分布 (Distribution)**: 珠江流域西江水系.

**保护等级 (Protection class)**:《中国濒危动物红皮书·鱼类》(易危).

**(1708) 亨氏长臀鮠 *Cranoglanis henrici* (Vaillant, 1893)**

*Anopleutropius henrici* Vaillant, 1893.

*Cranoglanis bouderius multiradiatus*: 褚新洛和匡溥人 (见褚新洛和陈银瑞等), 1990: 141.

*Cranoglanis henrici*: Ng (黄旭晞) *et* Kottelat, 2000; 陈小勇, 2013, 34 (4): 318.

**分布 (Distribution)**: 云南元江水系. 国外分布于越南.

**(1709) 海南长臀鮠 *Cranoglanis multiradiatus* (Koller, 1926)**

*Pseudeutropichthys multiradiatus* Koller, 1926: 74.

*Cranoglanis sinensis*: Kuang *et al.*, 1986: 180.

*Cranoglanis bouderius multiradiatus*: 成庆泰和郑葆珊, 1987: 212; Pan, Zhong, Zheng *et al.*, 1991: 296; 朱松泉, 1995: 159; 褚新洛和莫天培 (见褚新洛, 郑葆珊, 戴定远等), 1999: 76; 刘明玉, 解玉浩和季达明, 2000: 177.

*Cranoglanis multiradiatus*: 伍汉霖, 邵广昭, 赖春福等, 2012: 115.

**分布 (Distribution)**: 海南岛的南渡河和南泉河水系.

## (八十八) 鲇科 Siluridae

### 447. 半鲇属 *Hemisilurus* Bleeker, 1857

*Hemisilurus* Bleeker, 1857c: 472.

**(1710) 半鲇 *Hemisilurus heterorhynchu* (Bleeker, 1854)**

*Wallago heterorhynchus* Bleeker, 1854b: 514.

*Hemisilurus mekongensis* Bornbusch *et* Lundberg, 1989; 陈小勇, 2013, 34 (4): 318.

*Hemisilurus heterorhynchus*: 褚新洛和崔桂华 (见褚新洛和陈银瑞等), 1990: 125; 朱松泉, 1995: 143; 戴定远 (见褚新洛, 郑葆珊, 戴定远等), 1999: 92; 伍汉霖, 邵广昭, 赖春福等, 2012: 120.

**别名或俗名 (Used or common name)**: 异吻半鲇, 湄公半鲇.

**分布 (Distribution)**: 澜沧江下游. 国外分布于湄公河水系, 印度尼西亚 (苏门答腊岛) 和加里曼丹岛.

### 448. 细丝鲇属 *Micronema* Bleeker, 1858

*Micronema* Bleeker, 1858: 255.

**(1711) 湄南细丝鲇 *Micronema moorei* (Smith, 1945)**

*Kryptopterus moorei* Smith, 1945: 342; 陈湘粦, 1977: 211; 褚新洛和崔桂华 (见褚新洛和陈银瑞等), 1990: 123; 戴定

远(见褚新洛, 郑葆珊和戴定远等), 1999: 89.
*Micronema moorei*: Ferraris, 2007: 371.
**别名或俗名（Used or common name）**：湄南缺鳍鲇.
**分布（Distribution）**：澜沧江下游. 国外分布于湄南河, 湄公河.

## 449. 亮背鲇属 *Phalacronotus* Bleeker, 1857

*Phalacronotus* Bleeker, 1857c: 472.

### （1712）缺须亮背鲇 *Phalacronotus apogon* (Bleeker, 1851)

*Silurus apogon* Bleeker, 1851: 67.
*Micronema apogon*: Rainboth, 1996: 148; Kottelat, 2001: 127; 陈小勇 (见杨岚, 李恒和杨晓君), 2010: 85.
*Phalacronotus apogon*: Ferraris, 2007.
**别名或俗名（Used or common name）**：缺须细丝鲇.
**分布（Distribution）**：澜沧江下游. 国外分布于老挝, 泰国湄公河, 湄南河, 马来半岛, 印度尼西亚 (苏门达腊岛), 加里曼丹岛.

### （1713）滨河亮背鲇 *Phalacronotus bleekeri* (Günther, 1864)

*Cryptopterus bleekeri* Günther, 1864: 44.
*Kryptopterus bleekeri*: 陈湘粦, 1977: 212; 褚新洛和崔桂华 (见褚新洛和陈银瑞等), 1990: 124.
*Micronema bleekeri*: Kottelat, 2001: 128; 陈小勇 (见杨岚, 李恒和杨晓君), 2010: 508.
*Phalacronotus bleekeri*: Ferraris, 2007 [湄公河, 泰国 (湄南河), 大巽他群岛].
**别名或俗名（Used or common name）**：滨河缺鳍鲇, 滨河细丝鲇.
**分布（Distribution）**：澜沧江下游. 国外分布于湄公河, 泰国 (湄南河), 大巽他群岛.

## 450. 隐鳍鲇属 *Pterocryptis* Peters, 1861

*Pterocryptis* Peters, 1861: 712.

### （1714）越南隐鳍鲇 *Pterocryptis cochinchinensis* (Valenciennes, 1840)

*Silurus cochinchinensis* Valenciennes, 1840: 352; 陈湘粦, 1977: 202; Kuang *et al.*, 1986: 162; 成庆泰和郑葆珊, 1987: 210; 戴定远 (见郑慈英等), 1989: 272; Pan, Zhong, Zheng *et al.*, 1991: 288; 朱松泉, 1995: 142, 277; 戴定远 (见褚新洛, 郑葆珊, 戴定远等), 1999: 81; 刘明玉, 解玉浩和季达明, 2000: 178; 胡学友, 蓝家湖和张春光, 2004: 588.
*Parasilurus cochinchinensis*: 张春霖, 1960: 7; 岳佐和 (见郑葆珊), 1981: 178.
*Pterocryptis cochinchinensis*: Kottelat, 2013: 237; 伍汉霖, 邵广昭, 赖春福等, 2012: 120; 陈小勇, 2013, 34 (4): 317.
**别名或俗名（Used or common name）**：越南鲇.
**分布（Distribution）**：海南岛, 珠江水系. 国外分布于老挝, 越南和泰国.

### （1715）糙隐鳍鲇 *Pterocryptis gilberti* (Hora, 1938)

*Silurus gilberti* Hora, 1938: 243; 陈湘粦, 1977: 201; 岳佐和 (见郑葆珊), 1981: 177; 成庆泰和郑葆珊, 1987: 210; 戴定远 (见郑慈英等), 1989: 271; 朱松泉, 1995: 142; 戴定远 (见褚新洛, 郑葆珊, 戴定远等), 1999: 79; 刘明玉, 解玉浩和季达明, 2000: 177; 胡学友, 蓝家湖和张春光, 2004: 588.
*Herklotsella anomala* Herre, 1934: 179.
*Silurus wynaddensis*: Tchang, 1936b: 35.
*Pterocryptis anomala*: 伍汉霖, 邵广昭, 赖春福等, 2012: 120.
*Pterocryptis gilberti*: 张春光和赵亚辉等, 2016: 180.
**别名或俗名（Used or common name）**：西江鲇.
**分布（Distribution）**：珠江流域西江水系.

## 451. 鲇属 *Silurus* Linnaeus, 1758

*Silurus* Linnaeus, 1758: 304.

### （1716）鲇 *Silurus asotus* Linnaeus, 1758

*Silurus asotus* Linnaeus, 1758: 304; 陈湘粦, 1977: 205; Kuang *et al.*, 1986: 165; 成庆泰和郑葆珊, 1987: 210; 戴定远 (见郑慈英等), 1989: 272; 褚新洛和崔桂华 (见褚新洛和陈银瑞等), 1990: 115; Pan, Zhong, Zheng *et al.*, 1991: 289; 丁瑞华, 1994: 445; 朱松泉, 1995: 142, 276; 戴定远 (见褚新洛, 郑葆珊, 戴定远等), 1999: 83; 刘明玉, 解玉浩和季达明, 2000: 178; 胡学友, 蓝家湖和张春光, 2004: 589; 伍汉霖, 邵广昭, 赖春福等, 2012: 121.
*Parasilurus asotus*: Wu, 1929; 张春霖, 1960: 8; 岳佐和 (见郑葆珊), 1981: 179.
**分布（Distribution）**：除青藏高原及新疆外, 遍布全国其他水系. 国外分布于日本, 朝鲜半岛和俄罗斯.
**保护等级（Protection class）**：省级 (黑龙江).

### （1717）都安鲇 *Silurus duanensis* Hu, Lan *et* Zhang, 2004

*Silurus duanensis* Hu, Lan *et* Zhang (胡学友, 蓝家湖和张春光), 2004: 586.
**分布（Distribution）**：广西都安县, 属红水河水系.

### （1718）抚仙鲇 *Silurus grahami* Regan, 1907

*Silurus grahami* Regan, 1907a: 64; 成庆泰和郑葆珊, 1987: 210; 褚新洛和崔桂华 (见褚新洛和陈银瑞等), 1990: 118; Yang (杨君兴), 1991: 200; 杨君兴和陈银瑞, 1995: 101; 朱松泉, 1995: 142; 戴定远 (见褚新洛, 郑葆珊, 戴定远等), 1999: 85; 刘明玉, 解玉浩和季达明, 2000: 178; 胡学友, 蓝

家湖和张春光, 2004: 588; 伍汉霖, 邵广昭, 赖春福等, 2012: 121.

*Parasilurus grahami*: 成庆泰, 1958: 161.

*Silurus mento grahami*: 陈湘粦, 1977: 205.

**分布（Distribution）**：云南抚仙湖, 星云湖和阳宗湖.

### (1719) 兰州鲇 *Silurus lanzhouensis* Chen, 1977

*Silurus lanzhouensis* Chen (陈湘粦), 1977, 6 (2): 210; 武云飞和吴翠珍, 1992: 523; 戴定远 (见褚新洛, 郑葆珊, 戴定远等), 1999: 87; 刘明玉, 解玉浩和季达明, 2000: 179; 胡学友, 蓝家湖和张春光, 2004: 588; 伍汉霖, 邵广昭, 赖春福等, 2012: 121.

**分布（Distribution）**：黄河水系上游.

**保护等级（Protection class）**：省级 (甘肃, 青海).

### (1720) 昆明鲇 *Silurus mento* Regan, 1904

*Silurus mento* Regan, 1904c: 192; 成庆泰和郑葆珊, 1987: 210; 褚新洛和崔桂华 (见褚新洛和陈银瑞等), 1990: 116; 朱松泉, 1995: 142; 戴定远 (见褚新洛, 郑葆珊, 戴定远等), 1999: 84; 刘明玉, 解玉浩和季达明, 2000: 178; 胡学友, 蓝家湖和张春光, 2004: 588; 伍汉霖, 邵广昭, 赖春福等, 2012: 121.

*Silurus mento mento*: 陈湘粦, 1977: 203.

**分布（Distribution）**：云南滇池.

**保护等级（Protection class）**：《中国濒危动物红皮书·鱼类》(濒危).

### (1721) 大口鲇 *Silurus meridionalis* Chen, 1977

*Silurus soldatovi meridionalis* 陈湘粦, 1977, 6 (2): 209; 湖南省水产科学研究所, 1977: 174; 陈焕新 (见《福建鱼类志》编写组), 1984: 391; 褚新洛和崔桂华 (见褚新洛和陈银瑞等), 1990: 119; 朱松泉, 1995: 143, 277.

*Parasilurus asotus*: 刘成汉, 1965: 99.

*Silurus meridionalis*: 戴定远(见成庆泰和郑葆珊), 1987: 210; 丁瑞华, 1994: 446; 戴定远 (见褚新洛, 郑葆珊, 戴定远等), 1999: 86; 刘明玉, 解玉浩和季达明, 2000: 178; 伍汉霖, 邵广昭, 赖春福等, 2012: 121.

**别名或俗名（Used or common name）**：南方大口鲇, 南方鲇.

**分布（Distribution）**：珠江, 闽江, 湘江, 长江等水系.

### (1722) 小背鳍鲇 *Silurus microdorsalis* (Mori, 1936)

*Parasilurus microdorsalis* Mori, 1936b: 671.

*Silurus microdorsalis*: 陈湘粦, 1977: 203; 成庆泰和郑葆珊, 1987: 210; 朱松泉, 1995: 142; 戴定远 (见褚新洛, 郑葆珊, 戴定远等), 1999: 82; 刘明玉, 解玉浩和季达明, 2000: 178; 胡学友, 蓝家湖和张春光, 2004: 588; 伍汉霖, 邵广昭, 赖春福等, 2012: 121.

**别名或俗名（Used or common name）**：小鳍鲇 (成庆泰和郑葆珊, 1987).

**分布（Distribution）**：鸭绿江, 辽河水系. 国外分布于朝鲜半岛.

### (1723) 怀头鲇 *Silurus soldatovi* Nikolsky *et* Soin, 1948

*Silurus soldatovi* Nikolsky *et* Soin, 1948: 1359; 郭兰香和高玮, 1965: 124; 成庆泰和郑葆珊, 1987: 210; 戴定远 (见褚新洛, 郑葆珊, 戴定远等), 1999: 80; 刘明玉, 解玉浩和季达明, 2000: 178; 伍汉霖, 邵广昭, 赖春福等, 2012: 121.

*Silurus soldatovi soldatovi*: 陈湘粦, 1977: 209; 朱松泉, 1995: 142.

**分布（Distribution）**：辽河, 黑龙江水系. 国外分布于俄罗斯.

**保护等级（Protection class）**：《中国濒危动物红皮书·鱼类》(易危), 省级 (黑龙江).

## 452. 叉尾鲇属 *Wallago* Bleeker, 1851

*Wallago* Bleeker, 1851b: 265.

### (1724) 叉尾鲇 *Wallago attu* (Bloch *et* Schneider, 1801)

*Silurus attu* Bloch *et* Schneider, 1801: 378.

*Wallago attu*: 张春霖, 1960: 10; 陈湘粦, 1977: 212; 成庆泰和郑葆珊, 1987: 211; 褚新洛和崔桂华 (见褚新洛和陈银瑞等), 1990: 121; 朱松泉, 1995: 143; 戴定远 (见褚新洛, 郑葆珊, 戴定远等), 1999: 91; 刘明玉, 解玉浩和季达明, 2000: 179; 伍汉霖, 邵广昭, 赖春福等, 2012: 121.

**分布（Distribution）**：云南澜沧江下游. 国外分布于巴基斯坦至越南和印度尼西亚等地.

# (八十九) 鳗鲇科 Plotosidae

## 453. 副鳗鲇属 *Paraplotosus* Bleeker, 1862

### (1725) 白唇副鳗鲇 *Paraplotosus albilabris* (Valenciennes, 1840)

*Plotosus albilabris* Valenciennes, 1840: 1-540.

*Paraplotosus albilabrus* (Valenciennes, 1840).

*Plotosus macrophthalmus* Bleeker, 1846.

*Copidoglanis longifilis* Macleay, 1881.

**文献（Reference）**：Herre and Umali, 1948; Herre, 1953; Ganaden and Lavapie-Gonzales, 1999; Randall and Lim (eds.), 2000; 伍汉霖, 邵广昭, 赖春福等, 2012.

**分布（Distribution）**：南海.

## 454. 鳗鲇属 *Plotosus* Lacépède, 1803

*Plotosus* Lacépède, 1803: 128.

**（1726）印度洋鳗鲇 *Plotosus canius* Hamilton, 1822**

*Plotossus canius* Hamilton, 1822: 1-405.
*Plutosus canius* Hamilton, 1822.
*Plotosus unicolor* Valenciennes, 1840.
**文献（Reference）**：Herre, 1953; Ganaden and Lavapie-Gonzales, 1999; Randall and Lim (eds.), 2000; 伍汉霖，邵广昭，赖春福等, 2012.
**分布（Distribution）**：南海.

**（1727）线纹鳗鲇 *Plotosus lineatus* (Thunberg, 1787)**

*Silurus lineatus* Thunberg, 1787: 31.
*Plotosus vittatus* Swainson, 1839.
*Plotosus castaneus* Valenciennes, 1840.
*Plotosus castaneoides* Bleeker, 1851.
**文献（Reference）**：Chang, Jan and Shao, 1983; Shao and Lim, 1991; Shao, 1991; Shao, Chen, Kao *et al.*, 1993; Chen, Shao and Lin, 1995; Endo and Iwatsuki, 1998; Ni and Kwok, 1999; Kuo and Shao, 1999; Horinouchi and Sano, 2000; Randall and Lim (eds.), 2000; 伍汉霖，邵广昭，赖春福等, 2012.
**别名或俗名（Used or common name）**：鳗鲇，沙毛，海土虱，斜门.
**分布（Distribution）**：东海，南海.

## （九十）胡子鲇科 Clariidae

### 455. 胡子鲇属 *Clarias* Scopoli, 1777

*Clarias* Scopoli, 1777: 455.

**（1728）胡子鲇 *Clarias fuscus* (Lacépède, 1803)**

*Macropteronotus fuscus* Lacépède, 1803: 84.
*Clarias fuscus*: Wu, 1929: 55; Chu, 1931d: 84; 张春霖, 1960: 4; 湖北省水生生物研究所鱼类研究室, 1976: 185; Kuang *et al.*, 1986: 167; 褚新洛和崔桂华（见褚新洛和陈银瑞等), 1990: 127; Pan, Zhong, Zheng *et al.*, 1991: 291; 岳佐和（见褚新洛，郑葆珊，戴定远等), 1999: 182; 刘明玉，解玉浩和季达明, 2000: 189; Ho *et* Shao, 2011: 33; 伍汉霖，邵广昭，赖春福等, 2012: 122.
*Clarias batrachus*: 张春霖, 1960: 4; 岳佐和（见郑葆珊), 1981: 176; 戴定远（见郑慈英等), 1989: 274.
**别名或俗名（Used or common name）**：胡鲇（伍汉霖，邵广昭，赖春福等, 2012).
**分布（Distribution）**：南自海南岛，北至长江中下游，西自云南，东至台湾. 国外分布于菲律宾，越南和夏威夷群岛.
**保护等级（Protection class）**：省级（湖南).

## （九十一）海鲇科 Ariidae

### 456. 海鲇属 *Arius* Valenciennes, 1840

*Arius* Valenciennes, 1840: 40.

**（1729）丝鳍海鲇 *Arius arius* (Hamilton, 1822)**

*Pimelodus arius* Hamilton, 1822: 1-405.
*Tachysurus arius* (Hamilton, 1822).
*Arius falcarius* Richardson, 1845.
*Bagrus crinalis* Richardson, 1846.
**文献（Reference）**：Ganaden and Lavapie-Gonzales, 1999; Randall and Lim (eds.), 2000; 伍汉霖，邵广昭，赖春福等, 2012.
**别名或俗名（Used or common name）**：镰海鲇，成仔鱼，成仔丁，银成，白肉成，臭臊成.
**分布（Distribution）**：东海，南海.

**（1730）斑海鲇 *Arius maculatus* (Thunberg, 1792)**

*Silurus maculatus* Thunberg, 1792: 29-32.
*Tachysurus maculatus* (Thunberg, 1792).
*Arius thunbergi* (Lacépède, 1803).
*Hemipimelodus atripinnis* Fowler, 1937.
**文献（Reference）**：Shao, Chen, Kao *et al.*, 1993; 沈世杰等, 1993; Ni and Kwok, 1999; Kuo and Shao, 1999; Kuo, Lin and Shao, 1999; 陈义雄和方力行, 1999; Randall and Lim (eds.), 2000; Huang, 2001; Chu, Hou, Ueng *et al.*, 2012; 伍汉霖，邵广昭，赖春福等, 2012.
**别名或俗名（Used or common name）**：成仔鱼，成仔丁，银成，白肉成，臭臊成，生仔鱼，鳗鲇.
**分布（Distribution）**：东海，南海.

**（1731）小头海鲇 *Arius microcephalus* Bleeker, 1855**

*Arius microcephalus* Bleeker, 1855c: 415-430.
*Pseudarius microcephalus* (Bleeker, 1855).
*Arius sciurus* Smith, 1931.
*Tachysurus sciurus* (Smith, 1931).
**文献（Reference）**：Randall and Lim (eds.), 2000; 伍汉霖，邵广昭，赖春福等, 2012.
**分布（Distribution）**：南海.

**（1732）脉海鲇 *Arius venosus* Valenciennes, 1840**

*Arius venosus* Valenciennes, 1840: 1-540.
*Tachysurus venosus* (Valenciennes, 1840).
**文献（Reference）**：Herre and Umali, 1948; Herre, 1953; Ganaden and Lavapie-Gonzales, 1999; Randall and Lim (eds.), 2000; 伍汉霖，邵广昭，赖春福等, 2012.
**分布（Distribution）**：南海.

### 457. 蛙头鲇属 *Batrachocephalus* Bleeker, 1846

**(1733) 蛙头鲇 *Batrachocephalus mino* (Hamilton, 1822)**

*Ageneiosus mino* Hamilton, 1822: 1-405.
*Batrachocephalus ageneiosus* Bleeker, 1846.
*Batrachocephalus micropogon* Bleeker, 1858.
**文献(Reference):** Randall and Lim (eds.), 2000; 伍汉霖, 邵广昭, 赖春福等, 2012.
**分布 (Distribution):** 南海.

### 458. 多齿海鲇属 *Netuma* Bleeker, 1858

**(1734) 双线多齿海鲇 *Netuma bilineata* (Valenciennes, 1840)**

*Bagrus bilineatus* Valenciennes, 1840: 1-464.
*Arius bilineatus* (Valenciennes, 1840).
*Netuma bilineatus* (Valenciennes, 1840).
*Netuna bilineata* (Valenciennes, 1840).
**文献(Reference):** Randall and Lim (eds.), 2000; 伍汉霖, 邵广昭, 赖春福等, 2012.
**分布 (Distribution):** 南海.

**(1735) 大头多齿海鲇 *Netuma thalassina* (Rüppell, 1837)**

*Bagrus thalassinus* Rüppell, 1837: 1-148.
*Arius thalassinus* (Rüppell, 1837).
*Netuma thalassinus* (Rüppell, 1837).
*Tachysurus thalassinus* (Rüppell, 1837).
**文献 (Reference):** Herre, 1959; Kyushin, Amaoka, Nakaya *et al.*, 1982; Shao and Lim, 1991; 沈世杰等, 1993; Cinco, Confiado, Trono *et al.*, 1995; Ni and Kwok, 1999; Randall and Lim (eds.), 2000; Huang, 2001; 伍汉霖, 邵广昭, 赖春福等, 2012.
**别名或俗名 (Used or common name):** 成仔鱼, 成仔丁, 银成, 白肉成, 臭臊成.
**分布 (Distribution):** 黄海, 东海, 南海.

### 459. 褶囊海鲇属 *Plicofollis* Kailola, 2004

**(1736) 内尔褶囊海鲇 *Plicofollis nella* (Valenciennes, 1840)**

*Pimelodus nella* Valenciennes, 1840, 162: 1-540.
*Arius nella* (Valenciennes, 1840).
*Arius leiotetocephalus* Bleeker, 1846.
*Tachysurus leiotetocephalus* (Bleeker, 1846).
**文献 (Reference):** 沈世杰等, 1993; Ni and Kwok, 1999; Randall and Lim (eds.), 2000; Huang, 2001; 伍汉霖, 邵广昭, 赖春福等, 2012.
**别名或俗名 (Used or common name):** 内尔海鲇, 成仔鱼, 成仔丁, 银成, 白肉成, 臭臊成.
**分布 (Distribution):** 东海, 南海.

**(1737) 葡齿褶囊海鲇 *Plicofollis polystaphylodon* (Bleeker, 1846)**

*Arius polystaphylodon* Bleeker, 1846: 1-60.
*Tachysurus polystaphylodon* (Bleeker, 1846).
**文献 (Reference):** Randall and Lim (eds.), 2000.
**别名或俗名 (Used or common name):** 莫桑比克海鲇, 成仔鱼, 成仔丁, 银成, 白肉成, 臭臊成.
**分布 (Distribution):** 南海.

## (九十二) 囊鳃鲇科 Heteropneustidae

### 460. 囊鳃鲇属 *Heteropneustes* Müller, 1841

*Heteropneustes* Müller, 1841: 184-186.

**(1738) 印度囊鳃鲇 *Heteropneustes fossilis* (Bloch, 1794)**

*Silurus fossilis* Bloch, 1794.
*Heteropneustes fossilis*: Shrestha, 1978; Talwar *et* Jhingran, 1991; Yang *et al.*, 2002; 张春光和赵亚辉等, 2016: 181.
**分布 (Distribution):** 云南盈江县拉沙河. 国外分布于巴基斯坦, 印度, 斯里兰卡, 尼泊尔, 孟加拉国, 缅甸, 泰国, 老挝等.

## (九十三) 锡伯鲇科 Schilbeidae

### 461. 鲱鲇属 *Clupisoma* Swainson, 1838

*Clupisoma* Swainson, 1838: 347.
*Platytropius*: 黄顺有 (见褚新洛, 郑葆珊, 戴定远等), 1999: 93.

**(1739) 长臀鲱鲇 *Clupisoma longianalis* (Huang, 1981)**

*Platytropius longianalis* Huang (黄顺友), 1981: 438; 褚新洛和匡溥人 (见褚新洛和陈银瑞等), 1990: 131; 黄顺友 (见褚新洛, 郑葆珊, 戴定远等), 1999: 95; 刘明玉, 解玉浩和季达明, 2000: 179.
*Clupisoma longianalis*: Chen *et al.*, 2005; 陈小勇, 2013, 34 (4): 318.
**别名或俗名 (Used or common name):** 长臀刀鲇.
**分布 (Distribution):** 澜沧江中下游. 国外分布到湄公河水系.

**(1740) 中华鲱鲇 *Clupisoma sinense* (Huang, 1981)**

*Platytropius sinensis* Huang (黄顺友), 1981: 437; 褚新洛和

匡溥人 (见褚新洛和陈银瑞等), 1990: 129; 黄顺友 (见褚新洛, 郑葆珊, 戴定远等), 1999: 94; 刘明玉, 解玉浩和季达明, 2000: 179; Chen, Ferraris *et* Yang, 2005: 570.

*Clupisoma sinensis*: Ng (黄旭晞), 1999; 陈小勇, 2013, 34 (4): 318.

**别名或俗名（Used or common name）**：中华刀鲇.

**分布（Distribution）**：澜沧江下游. 国外分布到湄公河水系和马来西亚.

### （1741）云南鲱鲇 *Clupisoma yunnanensis* (He, Huang *et* Li, 1995)

*Platytropius yunnanensis* He, Huang *et* Li (何纪昌, 黄克武和李华恩), 1995.

*Clupisoma nujiangense*: Chen, Ferraris *et* Yang, 2005: 566; 伍汉霖, 邵广昭, 赖春福等, 2012: 125.

**别名或俗名（Used or common name）**：怒江鲱鲇.

**分布（Distribution）**：怒江中下游.

## （九十四）𩷶科 Pangasiidae

### 462. 𩷶属 *Pangasius* Valenciennes, 1840

*Pangasius* Valenciennes, 1840: 45.

*Sinopangasius* Chang *et* Wu, 1965: 11.

### （1742）贾巴𩷶 *Pangasius djambal* Bleeker, 1846

*Pangasius djambal* Bleeker, 1846; 陈小勇, 2013, 34 (4): 318.

*Pangasius nasutus* (non Bleeker): Huang (黄顺友), 1985b: 78; 褚新洛 (见褚新洛和陈银瑞等), 1990: 135.

*Pangasius beani* (non Smith): Huang (黄顺友), 1985b: 78; 褚新洛 (见褚新洛和陈银瑞等), 1990: 135.

**别名或俗名（Used or common name）**：细尾𩷶, 粗尾𩷶.

**分布（Distribution）**：罗梭江. 国外分布于湄公河, 马来西亚, 印度尼西亚.

### （1743）克氏𩷶 *Pangasius krempfi* Fang *et* Chaux, 1949

*Pangasius krempfi* Fang *et* Chaux (*in* Chaux and Fang), 1949: 342-346.

*Sinopangasius semicultratus* Chang *et* Wu, 1965: 11-14.

**文献（Reference）**：Fang and Chaux, 1949: 343; Chang and Wu, 1965: 11-14; 褚新洛, 郑葆珊, 戴定远等, 1999: 97.

**别名或俗名（Used or common name）**：半棱华𩷶.

**分布（Distribution）**：南海.

### （1744）短须𩷶 *Pangasius micronemus* Bleeker, 1846

*Pangasius micronemus* Bleeker, 1846: 8; 黄顺友, 1985b: 78; 成庆泰和郑葆珊, 1987: 212; 褚新洛 (见褚新洛和陈银瑞等), 1990: 137; 朱松泉, 1995: 158; 黄顺友 (见褚新洛, 郑葆珊, 戴定远等), 1999: 101; 刘明玉, 解玉浩和季达明, 2000: 180.

*Pseudolais micronemus*: 伍汉霖, 邵广昭, 赖春福等, 2012: 126.

*Pseudolais micronemus*: Ferraris, 2007.

**别名或俗名（Used or common name）**：短须拟𩷶 (伍汉霖, 邵广昭, 赖春福等, 2012).

**分布（Distribution）**：罗梭江. 国外分布于湄公河流域, 马来半岛和印度尼西亚.

### （1745）长丝𩷶 *Pangasius sanitwongsei* Smith, 1931

*Pangasius sanitwongsei* Smith, 1931a: 29; 伍汉霖, 邵广昭, 赖春福等, 2012: 126.

*Pangasius sanitwangsei*: 黄顺友, 1985b: 78; 成庆泰和郑葆珊, 1987: 212; 褚新洛 (见褚新洛和陈银瑞等), 1990: 133; 朱松泉, 1995: 158; 黄顺友 (见褚新洛, 郑葆珊, 戴定远等), 1999: 102; 刘明玉, 解玉浩和季达明, 2000: 180.

**分布（Distribution）**：澜沧江下游. 国外分布于泰国 (湄南河) 和湄公河水系.

**保护等级（Protection class）**：《中国濒危动物红皮书·鱼类》(极危).

## （九十五）鲿科 Bagridae

### 463. 鳠属 *Hemibagrus* Bleeker, 1862

*Mystus* Scopoli, 1777: 451.

*Hemibagrus* Bleeker, 1862: 392.

*Aorichthys* Wu, 1939: 131.

### （1746）斑鳠 *Hemibagrus guttatus* (Lacépède, 1803)

*Pimelodus guttatus* Lacépède, 1803: 96.

*Macrones chinensis*: Steindachner, 1884: 88.

*Mystus guttatus*: 岳佐和 (见郑葆珊), 1981: 188; Kuang *et al.*, 1986: 173; 成庆泰和郑葆珊, 1987: 216; 郑葆珊 (见郑慈英等), 1989: 285; 崔桂华 (见褚新洛和陈银瑞等), 1990: 164; Pan, Zhong, Zheng *et al.*, 1991: 314; 朱松泉, 1995: 148; 郑葆珊和戴定远 (见褚新洛, 郑葆珊, 戴定远等), 1999: 72; 刘明玉, 解玉浩和季达明, 2000: 177.

*Hemibagrus guttatus*: 陈焕新 (见朱元鼎), 1984: 412; Liu, Zhang *et* Tang, 2012: 648; 伍汉霖, 邵广昭, 赖春福等, 2012: 127.

**别名或俗名（Used or common name）**：斑点半鲿 (伍汉霖, 邵广昭, 赖春福等, 2012).

**分布（Distribution）**：珠江, 元江, 九龙江, 韩江, 钱塘江, 云南的元江等水系. 国外分布于老挝和越南.

### （1747）大鳍鳠 *Hemibagrus macropterus* (Bleeker, 1870)

*Hemibagrus macropterus* Bleeker, 1870d: 257; 张春霖, 1960:

33; 湖北省水生生物研究所鱼类研究室, 1976: 169; 陈焕新(见朱元鼎), 1984: 411; Liu, Zhang *et* Tang, 2012: 648; 伍汉霖, 邵广昭, 赖春福等, 2012: 127.

*Mystus macropterus*: 成庆泰和郑葆珊, 1987: 216; 郑葆珊(见郑慈英等), 1989: 286; Pan, Zhong, Zheng *et al.*, 1991: 313; 李贵禄 (见丁瑞华), 1994: 468; 朱松泉, 1995: 148, 289; 郑葆珊和戴定远 (见褚新洛, 郑葆珊, 戴定远等), 1999: 71; 刘明玉, 解玉浩和季达明, 2000: 177.

**别名或俗名（Used or common name）**：大鳍半鲿 (伍汉霖, 邵广昭, 赖春福等, 2012).

**分布（Distribution）**：珠江和长江水系.

### （1748）越鳠 *Hemibagrus pluriradiatus* (Vaillant, 1892)

*Macrones pluriradiatus* Vaillant, 1892: 126.

*Leiocassis hainanensis*: Tchang, 1935d: 175.

*Mystus pluriradiatus*: 成庆泰和郑葆珊, 1987: 217; Pan, Zhong, Zheng *et al.*, 1991: 316; 崔桂华 (见褚新洛和陈银瑞等), 1990: 165; 朱松泉, 1995: 148; 郑葆珊和戴定远 (见褚新洛, 郑葆珊, 戴定远等), 1999: 70; 刘明玉, 解玉浩和季达明, 2000: 177.

*Hemibagrus pluriradiatus*: Liu, Zhang *et* Tang, 2012: 648; 伍汉霖, 邵广昭, 赖春福等, 2012: 127.

**别名或俗名（Used or common name）**：多辐半鲿 (伍汉霖, 邵广昭, 赖春福等, 2012).

**分布（Distribution）**：云南的元江, 海南岛. 国外分布于湄公河流域的老挝, 越南等地.

### （1749）丝尾鳠 *Hemibagrus wyckioides* (Chaux *et* Fang, 1949)

*Macrones* (*Hemibagrus*) *wyckioides* Chaux *et* Fang, 1949: 200; 陈小勇, 2013, 34 (4): 317.

*Mystus nemurus*: 成庆泰和郑葆珊, 1987: 216; 崔桂华 (见褚新洛和陈银瑞等), 1990: 163; 郑葆珊和戴定远 (见褚新洛, 郑葆珊, 戴定远等), 1999: 69.

*Hemibagrus nemurus*: Liu, Zhang *et* Tang, 2012: 648; 伍汉霖, 邵广昭, 赖春福等, 2012: 127.

**别名或俗名（Used or common name）**：线尾半鲿 (伍汉霖, 邵广昭, 赖春福等, 2012).

**分布（Distribution）**：澜沧江下游. 国外分布于湄公河流域, 湄南河流域, 马来半岛, 苏门答腊岛, 爪哇岛, 加里曼丹岛.

## 464. 鮠属 *Leiocassis* Bleeker, 1857

*Leiocassis* Bleeker, 1857c: 473.

### （1750）纵带鮠 *Leiocassis argentivittatus* (Regan, 1905)

*Macrones argentivittatus* Regan, 1905a: 390.

*Pseudobagrus argentivittatus*: 岳佐和 (见郑葆珊), 1981: 191; 杨家坚和张春光 (见周解和张春光), 2006: 408.

*Leiocassis argentivittatus*: 成庆泰和郑葆珊, 1987: 214; 郑葆珊 (见郑慈英等), 1989: 282; Pan, Zhong, Zheng *et al.*, 1991: 307; 成庆泰和周才武, 1997: 211; 郑葆珊和戴定远(见褚新洛, 郑葆珊, 戴定远等), 1999: 49; 刘明玉, 解玉浩和季达明, 2000: 174.

*Tachysurus argentivittatus*: Ng (黄旭晞), 2009: 16; 伍汉霖, 邵广昭, 赖春福等, 2012: 128.

**别名或俗名（Used or common name）**：纵带疯鲿.

**分布（Distribution）**：珠江流域.

**保护等级（Protection class）**：省级 (黑龙江).

### （1751）粗唇鮠 *Leiocassis crassilabris* Günther, 1864

*Liocassis crassilabris* Günther, 1864: 88; 湖北省水生生物研究所鱼类研究室, 1976: 175; 岳佐和 (见郑葆珊), 1981: 195; 成庆泰和郑葆珊, 1987: 214; 郑葆珊 (见郑慈英等), 1989: 280; 崔桂华 (见褚新洛和陈银瑞等), 1990: 150; Pan, Zhong, Zheng *et al.*, 1991: 304; 李贵禄 (见丁瑞华), 1994: 457; 朱松泉, 1995: 145; 成庆泰和周才武, 1997: 210, 283; 郑葆珊和戴定远 (见褚新洛, 郑葆珊, 戴定远等), 1999: 45; 刘明玉, 解玉浩和季达明, 2000: 174; 伍汉霖, 邵广昭, 赖春福等, 2012: 127.

*Pseudobagrus crassilabris*: Cheng, López *et* Zhang, 2009: 67.

**分布（Distribution）**：长江, 珠江, 闽江水系及云南程海.

### （1752）长须鮠 *Leiocassis longibarbus* Cui, 1990

*Leiocassis longibarbus* Cui (崔桂华, 见褚新洛和陈银瑞等), 1990: 153; 李贵禄 (见丁瑞华), 1994: 457; 郑葆珊和戴定远(见褚新洛, 郑葆珊, 戴定远等), 1999: 51; 刘明玉, 解玉浩和季达明, 2000: 174; 14; 伍汉霖, 邵广昭, 赖春福等, 2012: 127.

**分布（Distribution）**：金沙江中下游.

### （1753）长吻鮠 *Leiocassis longirostris* Günther, 1864

*Liocassis longirostris* Günther, 1864: 87; 张春霖, 1960: 23; 湖北省水生生物研究所鱼类研究室, 1976: 144; 陈焕新 (见朱元鼎), 1984: 405; 成庆泰和郑葆珊, 1987: 214; 李贵禄(见丁瑞华), 1994: 455; 朱松泉, 1995: 145; 成庆泰和周才武, 1997: 209, 282; 郑葆珊和戴定远 (见褚新洛, 郑葆珊, 戴定远等), 1999: 44; 刘明玉, 解玉浩和季达明, 2000: 174; Wang, Wang, Li *et al.* (王所安, 王志敏, 李国良等), 2001: 184; 伍汉霖, 邵广昭, 赖春福等, 2012: 127.

*Pseudobagrus longirostris*: Cheng, López *et* Zhang, 2009: 67.

**分布（Distribution）**：辽河至闽江水系.

**保护等级（Protection class）**：省级 (江苏, 江西).

**（1754）叉尾鮠 *Leiocassis tenuifurcatus* Nichols, 1931**

*Leiocassis tenuifurcatus* Nichols, 1931c: 1; 陈焕新 (见朱元鼎), 1984: 404; 成庆泰和郑葆珊, 1987: 214; 崔桂华 (见褚新洛和陈银瑞等), 1990: 152; 朱松泉, 1995: 145; 郑葆珊和戴定远 (见褚新洛, 郑葆珊, 戴定远等), 1999: 47; 刘明玉, 解玉浩和季达明, 2000: 174; 伍汉霖, 邵广昭, 赖春福等, 2012: 127.

*Pseudobagrus tenuifurcatus*: Cheng, López *et* Zhang, 2009: 67.

**分布（Distribution）**：长江及珠江水系, 闽江上游的支流.

**（1755）条纹鮠 *Leiocassis virgatus* (Oshima, 1926)**

*Aoria virgatus* Oshima, 1926a: 4.

*Pseudobagrus virgatus*: 张春霖, 1960: 15; 陈焕新 (见朱元鼎), 1984: 402; Kuang *et al.*, 1986: 176.

*Pseudobagrus argentivittatus*: 岳佐和 (见郑葆珊), 1981: 191.

*Leiocassis virgatus*: 成庆泰和郑葆珊, 1987: 214; 郑葆珊 (见郑慈英等), 1989: 281; 郑葆珊和戴定远 (见褚新洛, 郑葆珊, 戴定远等), 1999: 48; 刘明玉, 解玉浩和季达明, 2000: 174.

*Pelteobagrus virgatus*: Pan, Zhong, Zheng *et al.*, 1991: 305.

*Tachysurus virgatus*: Kottelat, 2013: 268; 伍汉霖, 邵广昭, 赖春福等, 2012: 128.

**别名或俗名（Used or common name）**：纵纹疯鲿.

**分布（Distribution）**：珠江, 海南岛, 福建云霄县. 国外分布于越南.

## 465. 黄颡鱼属 *Pelteobagrus* Bleeker, 1864

*Pelteobagrus* Bleeker, 1864: 9.

**（1756）长须黄颡鱼 *Pelteobagrus eupogon* (Boulenger, 1892)**

*Pseudobagrus eupogon* Boulenger, 1892: 247; 湖南省水产科学研究所, 1977: 182.

*Pelteobagrus eupogon*: 成庆泰和郑葆珊, 1987: 214; 李贵禄 (见丁瑞华), 1994: 450; 朱松泉, 1995: 144; 郑葆珊和戴定远 (见褚新洛, 郑葆珊, 戴定远等), 1999: 39; 刘明玉, 解玉浩和季达明, 2000: 173; 伍汉霖, 邵广昭, 赖春福等, 2012: 128.

**分布（Distribution）**：长江水系.

**（1757）黄颡鱼 *Pelteobagrus fulvidraco* (Richardson, 1846)**

*Pimelodus fulvidraco* Richardson, 1846: 286.

*Pelteobagrus fulvidraco*: Wu, 1939: 131; 伍汉霖, 金鑫波和倪勇, 1978: 144; 王鸿媛, 1984: 84; 成庆泰和郑葆珊, 1987: 213; 郑葆珊 (见郑慈英等), 1989: 277; 崔桂华 (见褚新洛和陈银瑞等), 1990: 146; Pan, Zhong, Zheng *et al.*, 1991: 298; 李贵禄 (见丁瑞华), 1994: 450; 朱松泉, 1995: 144; 郑葆珊和戴定远 (见褚新洛, 郑葆珊, 戴定远等), 1999: 36; 刘明玉, 解玉浩和季达明, 2000: 173; Wang, Wang, Li *et al.* (王所安, 王志敏, 李国良等), 2001: 183; 伍汉霖, 邵广昭, 赖春福等, 2012: 128.

*Pseudobagrus fulvidraco*: 张春霖, 1960: 15; 湖北省水生生物研究所鱼类研究室, 1976: 170; 岳佐和 (见郑葆珊), 1981: 192; 陈焕新 (见朱元鼎), 1984: 398.

**分布（Distribution）**：珠江, 闽江, 湘江, 长江, 黄河, 海河, 松花江及黑龙江等水系. 国外分布于老挝, 越南至俄罗斯西伯利亚.

**保护等级（Protection class）**：省级 (黑龙江).

**（1758）中间黄颡鱼 *Pelteobagrus intermedius* (Nichols *et* Pope, 1927)**

*Pseudobagrus intermedius* Nichols *et* Pope, 1927: 331; 岳佐和 (见郑葆珊), 1981: 193; Kuang *et al.*, 1986: 178.

*Pelteobagrus intermedius*: 成庆泰和郑葆珊, 1987: 214; 郑葆珊 (见郑慈英等), 1989: 278; Pan, Zhong, Zheng *et al.*, 1991: 300; 朱松泉, 1995: 144; 郑葆珊和戴定远 (见褚新洛, 郑葆珊, 戴定远等), 1999: 38; 刘明玉, 解玉浩和季达明, 2000: 173; 伍汉霖, 邵广昭, 赖春福等, 2012: 128.

**分布（Distribution）**：珠江水系, 海南岛. 国外分布于越南.

**（1759）光泽黄颡鱼 *Pelteobagrus nitidus* (Sauvage *et* Dabry, 1874)**

*Pseudobagrus nitidus* Sauvage *et* Dabry, 1874: 5; 湖北省水生生物研究所鱼类研究室, 1976: 173; 湖南省水产科学研究所, 1977: 180; 陈焕新 (见朱元鼎), 1984: 400; Cheng, López *et* Zhang, 2009: 56.

*Pelteobagrus nitidus*: 成庆泰和郑葆珊, 1987: 214; 李贵禄 (见丁瑞华), 1994: 453; 成庆泰和周才武, 1997: 206, 281; 郑葆珊和戴定远 (见褚新洛, 郑葆珊, 戴定远等), 1999: 42; 刘明玉, 解玉浩和季达明, 2000: 174.

*Tachysurus nitidus*: 伍汉霖, 邵广昭, 赖春福等, 2012: 128.

**别名或俗名（Used or common name）**：光泽疯鲿 (伍汉霖, 邵广昭, 赖春福等, 2012).

**分布（Distribution）**：黑龙江, 辽河, 海河, 长江, 闽江等水系.

**保护等级（Protection class）**：省级 (黑龙江).

**（1760）瓦氏黄颡鱼 *Pelteobagrus vachellii* (Richardson, 1846)**

*Bagrus vachellii* Richardson, 1846: 284.

*Pseudobagrus vachelli*: 张春霖, 1960: 18; 湖北省水生生物研究所鱼类研究室, 1976: 172; 岳佐和 (见郑葆珊), 1981: 194; 陈焕新 (见朱元鼎), 1984: 401; Kuang *et al.*, 1986: 177; Cheng, López *et* Zhang, 2009: 67.

*Pelteobagrus vachelli*: 成庆泰和郑葆珊, 1987: 214; 郑葆珊 (见郑慈英等), 1989: 279; 崔桂华 (见褚新洛和陈银瑞等), 1990: 147; Pan, Zhong, Zheng *et al.*, 1991: 302; 李贵禄 (见丁瑞华), 1994: 451; 朱松泉, 1995: 145; 成庆泰和周才武, 1997: 208, 280; 郑葆珊和戴定远 (见褚新洛, 郑葆珊, 戴定远等), 1999: 40; 刘明玉, 解玉浩和季达明, 2000: 174; Wang, Wang, Li *et al.* (王所安, 王志敏, 李国良等), 2001: 184.

*Pelteobagrus vachellii*: 伍汉霖, 邵广昭, 赖春福等, 2012: 128.

**分布 (Distribution)**: 珠江, 闽江, 湘江, 长江, 淮河, 辽河等水系. 国外分布于越南.

## 466. 拟鲿属 *Pseudobagrus* Bleeker, 1858

*Pseudobagrus* Bleeker, 1858: 60.

### (1761) 长脂拟鲿 *Pseudobagrus adiposalis* Oshima, 1919

*Pseudobagrus adiposalis* Oshima, 1919, 12 (2-4): 181; 成庆泰和郑葆珊, 1987: 216; 郑葆珊 (见郑慈英等), 1989: 283; Pan, Zhong, Zheng *et al.*, 1991: 311; 朱松泉, 1995: 147; 郑葆珊和戴定远 (见褚新洛, 郑葆珊, 戴定远等), 1999: 66; 刘明玉, 解玉浩和季达明, 2000: 176; Li, Chen *et* Chan, 2005: 52; Cheng, Ishihara *et* Zhang, 2008: 118; Ho *et* Shao, 2011: 34; 伍汉霖, 邵广昭, 赖春福等, 2012: 128.

*Leiocassis adiposalis*: 张春霖, 1960: 28.

*Leiocassis pratti*: 岳佐和 (见郑葆珊), 1981: 190.

**分布 (Distribution)**: 珠江, 台湾淡水河等水系.

**保护等级 (Protection class)**: 《台湾淡水鱼类红皮书》(近危).

### (1762) 白边拟鲿 *Pseudobagrus albomarginatus* (Rendahl, 1928)

*Leiocassis albomarginatus* Rendahl, 1928: 170.

*Pseudobagrus albomarginatus*: Pan, Zhong, Zheng *et al.*, 1991: 310; 朱松泉, 1995: 146; 成庆泰和周才武, 1997: 214; Cheng, Ishihara *et* Zhang, 2008: 118; 伍汉霖, 邵广昭, 赖春福等, 2012: 128.

**分布 (Distribution)**: 安徽.

### (1763) 长臀拟鲿 *Pseudobagrus analis* (Nichols, 1930)

*Leiocassis* (*Dermocassis*) *analis* Nichols, 1930: 4.

*Leiocassis analis*: 张春霖, 1960: 27.

*Pseudobagrus analis*: 成庆泰和郑葆珊, 1987: 215; 朱松泉, 1995: 146; 郑葆珊和戴定远 (见褚新洛, 郑葆珊, 戴定远等), 1999: 57; 刘明玉, 解玉浩和季达明, 2000: 175; 伍汉霖, 邵广昭, 赖春福等, 2012: 128.

**分布 (Distribution)**: 江西湖口县.

### (1764) 短臀拟鲿 *Pseudobagrus brevianalis* Regan, 1908

*Pseudobagrus brevianalis* Regan, 1908b: 151; 成庆泰和郑葆珊, 1987: 216; 朱松泉, 1995: 147; 郑葆珊和戴定远 (见褚新洛, 郑葆珊, 戴定远等), 1999: 63; 刘明玉, 解玉浩和季达明, 2000: 176; Cheng, Ishihara *et* Zhang, 2008: 118; 伍汉霖, 邵广昭, 赖春福等, 2012: 128.

*Leiocassis brevianalis*: 张春霖, 1960: 30.

*Pseudobagrus brevianalis brevianalis*: Ho *et* Shao, 2011: 34.

**分布 (Distribution)**: 台湾, 福建福州.

### (1765) 短尾拟鲿 *Pseudobagrus brevicaudatus* (Wu, 1930)

*Leiocassis brevicaudatus* Wu, 1930c: 81.

*Leiocassis lui* Tchang *et* Shih, 1934: 434.

*Pseudobagrus brevicaudatus*: 张春霖, 1960: 22; 成庆泰和郑葆珊, 1987: 216; 崔桂华 (见褚新洛和陈银瑞等), 1990: 158; 李贵禄 (见丁瑞华), 1994: 462; 朱松泉, 1995: 147, 285; 郑葆珊和戴定远 (见褚新洛, 郑葆珊, 戴定远等), 1999: 67; 刘明玉, 解玉浩和季达明, 2000: 176; 伍汉霖, 邵广昭, 赖春福等, 2012: 128.

**分布 (Distribution)**: 长江水系.

### (1766) 凹尾拟鲿 *Pseudobagrus emarginatus* (Regan, 1913)

*Liocassis emarginatus* Regan, 1913: 553; 张春霖, 1960: 29.

*Pseudobagrus emarginatus*: 成庆泰和郑葆珊, 1987: 216; 崔桂华 (见褚新洛和陈银瑞等), 1990: 161; 李贵禄 (见丁瑞华), 1994: 467; 朱松泉, 1995: 147, 288; 郑葆珊和戴定远 (见褚新洛, 郑葆珊, 戴定远等), 1999: 63; 刘明玉, 解玉浩和季达明, 2000: 176; 伍汉霖, 邵广昭, 赖春福等, 2012: 128.

**分布 (Distribution)**: 长江, 闽江水系.

### (1767) 富氏拟鲿 *Pseudobagrus fui* Miao, 1934

*Pseudobagrus fui* Miao, 1934: 217; Ng (黄旭晞) *et* Freyhof, 2007: 9; Cheng, López *et* Zhang, 2009: 56.

**分布 (Distribution)**: 长江水系.

### (1768) 细长拟鲿 *Pseudobagrus gracilis* Li, Chen *et* Chan, 2005

*Pseudobagrus gracilis* Li, Chen *et* Chan, 2005: 50; Cheng, Ishihara *et* Zhang, 2008: 118; 伍汉霖, 邵广昭, 赖春福等, 2012: 128.

**别名或俗名 (Used or common name)**: 细身拟鲿 (伍汉霖, 邵广昭, 赖春福等, 2012).

**分布 (Distribution)**: 漓江.

### (1769) 开封拟鲿 *Pseudobagrus kaifenensis* (Tchang, 1934)

*Leiocassis kaifenensis* Tchang, 1934: 41.

*Pseudobagrus kaifenensis*: 伍汉霖, 邵广昭, 赖春福等, 2012: 128.
**分布（Distribution）**：河南开封.

### （1770）侧斑拟鲿 *Pseudobagrus kyphus* Mai, 1978

*Pseudobagrus kyphus* Mai, 1978: 261; Watanabe, Zhang *et* Zhao, 2002: 384; Yang, Chen *et* Yang (杨剑, 陈小勇和杨君兴), 2008: 328; 伍汉霖, 邵广昭, 赖春福等, 2012: 128.
**分布（Distribution）**：云南, 广西. 国外分布于越南.

### （1771）中臀拟鲿 *Pseudobagrus medianalis* (Regan, 1904)

*Macrones medianalis* Regan, 1904c: 194.
*Pseudobagrus medianalis*: 张春霖, 1960: 21; 成庆泰和郑葆珊, 1987: 215; 崔桂华 (见褚新洛和陈银瑞等), 1990: 157; 朱松泉, 1995: 146, 284; 郑葆珊和戴定远 (见褚新洛, 郑葆珊, 戴定远等), 1999: 54; 刘明玉, 解玉浩和季达明, 2000: 175; 伍汉霖, 邵广昭, 赖春福等, 2012: 128.
**分布（Distribution）**：云南滇池.
**保护等级（Protection class）**：《中国濒危动物红皮书·鱼类》(濒危).

### （1772）峨眉拟鲿 *Pseudobagrus omeihensis* (Nichols, 1941)

*Leiocassis omeihensis* Nichols, 1941: 1.
*Pseudobagrus omeihensis*: 成庆泰和郑葆珊, 1987: 216; 朱松泉, 1995: 147; 郑葆珊和戴定远 (见褚新洛, 郑葆珊, 戴定远等), 1999: 68; 刘明玉, 解玉浩和季达明, 2000: 177; 伍汉霖, 邵广昭, 赖春福等, 2012: 128.
**分布（Distribution）**：四川峨眉.

### （1773）盎堂拟鲿 *Pseudobagrus ondon* Shaw, 1930

*Pseudobagrus ondon* Shaw, 1930b: 111; 方树淼, 许涛清, 宋世良等, 1984: 97; 成庆泰和郑葆珊, 1987: 215; 朱松泉, 1995: 146; 郑葆珊和戴定远 (见褚新洛, 郑葆珊, 戴定远等), 1999: 53; 刘明玉, 解玉浩和季达明, 2000: 175; Li, Chen *et* Chan, 2005: 52; Cheng, Ishihara *et* Zhang, 2008: 118; 伍汉霖, 邵广昭, 赖春福等, 2012: 128.
*Leiocassis ondon*: 张春霖, 1960: 30; 李仲辉 (见新乡师范学院生物系鱼类志编写组), 1984: 159.
**分布（Distribution）**：黄河, 淮河, 汉水, 曹娥江, 灵江, 瓯江等水系.

### （1774）细体拟鲿 *Pseudobagrus pratti* (Günther, 1892)

*Macrones pratti* Günther, 1892b: 245.
*Pseudobagrus pratti*: 张春霖, 1960: 20; 成庆泰和郑葆珊, 1987: 216; 郑葆珊 (见郑慈英等), 1989: 283; 李贵禄 (见丁瑞华), 1994: 465; 朱松泉, 1995: 147; 郑葆珊和戴定远 (见褚新洛, 郑葆珊, 戴定远等), 1999: 64; 刘明玉, 解玉浩和季达明, 2000: 176; Li, Chen *et* Chan, 2005: 52; 伍汉霖, 邵广昭, 赖春福等, 2012: 128.
*Leiocassis pratti*: 岳佐和 (见郑葆珊), 1981: 190.
**分布（Distribution）**：长江水系.
**保护等级（Protection class）**：省级 (陕西).

### （1775）条纹拟鲿 *Pseudobagrus taeniatus* (Günther, 1873)

*Macrones* (*Liocassis*) *taeniatus* Günther, 1873a: 245.
*Pseudobagrus taeniatus*: 成庆泰和郑葆珊, 1987: 215; 朱松泉, 1995: 146; 郑葆珊和戴定远 (见褚新洛, 郑葆珊, 戴定远等), 1999: 56; Cheng, Ishihara *et* Zhang, 2008: 118; 伍汉霖, 邵广昭, 赖春福等, 2012: 128.
**分布（Distribution）**：闽江至长江水系.

### （1776）台湾拟鲿 *Pseudobagrus taiwanensis* Oshima, 1919

*Pseudobagrus taiwanensis* Oshima, 1919, 12 (2-4): 180; 成庆泰和郑葆珊, 1987: 215; 朱松泉, 1995: 146; 郑葆珊和戴定远 (见褚新洛, 郑葆珊, 戴定远等), 1999: 55; 刘明玉, 解玉浩和季达明, 2000: 175; 伍汉霖, 邵广昭, 赖春福等, 2012: 128.
*Pseudobagrus brevianalis taiwanensis*: Ho *et* Shao, 2011: 34.
**分布（Distribution）**：台湾日月潭.

### （1777）圆尾拟鲿 *Pseudobagrus tenuis* (Günther, 1873)

*Macrones* (*Pseudobagrus*) *tenuis* Günther, 1873a: 244.
*Leiocassis tenuis*: 张春霖, 1960: 29; 陈焕新 (见朱元鼎), 1984: 408.
*Pseudobagrus tenuis*: 成庆泰和郑葆珊, 1987: 215; 李贵禄 (见丁瑞华), 1994: 462; 朱松泉, 1995: 146; 成庆泰和周才武, 1997: 213; 郑葆珊和戴定远 (见褚新洛, 郑葆珊, 戴定远等), 1999: 58; 刘明玉, 解玉浩和季达明, 2000: 175; Li, Chen *et* Chan, 2005: 52; 伍汉霖, 邵广昭, 赖春福等, 2012: 128.
**分布（Distribution）**：长江水系.

### （1778）三线拟鲿 *Pseudobagrus trilineatus* (Zheng, 1979)

*Leiocassis trilineatus* Zheng (郑慈英), 1979: 182.
*Pseudobagrus trilineatus*: 成庆泰和郑葆珊, 1987: 215; 郑葆珊 (见郑慈英等), 1989: 284; Pan, Zhong, Zheng *et al.*, 1991: 309; 朱松泉, 1995: 146; 郑葆珊和戴定远 (见褚新洛, 郑葆珊, 戴定远等), 1999: 59; 刘明玉, 解玉浩和季达明, 2000: 175; 伍汉霖, 邵广昭, 赖春福等, 2012: 128.
**分布（Distribution）**：东江水系山区溪流中.

**（1779）切尾拟鲿 *Pseudobagrus truncatus* (Regan, 1913)**

*Liocassis truncatus* Regan, 1913: 553; 张春霖, 1960: 32; 陈焕新 (见朱元鼎), 1984: 409.

*Pseudobagrus truncates*: 成庆泰和郑葆珊, 1987: 216; 李贵禄 (见丁瑞华), 1994: 460; 朱松泉, 1995: 147; 成庆泰和周才武, 1997: 216, 287; 郑葆珊和戴定远 (见褚新洛, 郑葆珊, 戴定远等), 1999: 61; 刘明玉, 解玉浩和季达明, 2000: 176; Li, Chen *et* Chan, 2005: 52; Cheng, Ishihara *et* Zhang, 2008: 118; 伍汉霖, 邵广昭, 赖春福等, 2012: 128.

**分布（Distribution）**：闽江, 长江, 黄河水系.

**（1780）乌苏拟鲿 *Pseudobagrus ussuriensis* (Dybowski, 1872)**

*Bagrus ussuriensis* Dybowski, 1872: 210.

*Leiocassis ussuriensis*: 张春霖, 1960: 31; 成庆泰和周才武, 1997: 215.

*Pseudobagrus ussuriensis*: 成庆泰和郑葆珊, 1987: 215; 朱松泉, 1995: 147; 郑葆珊和戴定远 (见褚新洛, 郑葆珊, 戴定远等), 1999: 60; 刘明玉, 解玉浩和季达明, 2000: 176; Wang, Wang, Li *et al.* (王所安, 王志敏, 李国良等), 2001: 185; Li, Chen *et* Chan, 2005: 52; Cheng, Ishihara *et* Zhang, 2008: 118.

*Pelteobagrus ussuriensis*: 伍汉霖, 邵广昭, 赖春福等, 2012: 128.

**别名或俗名（Used or common name）**：乌苏里黄颡鱼 (伍汉霖, 邵广昭, 赖春福等, 2012).

**分布（Distribution）**：珠江至黑龙江水系. 国外分布于俄罗斯.

**保护等级（Protection class）**：省级 (黑龙江).

# 二十六、水珍鱼目 Argentiniformes

## （九十六）水珍鱼科 Argentinidae

### 467. 水珍鱼属 *Argentina* Linnaeus, 1758

**（1781）鹿儿岛水珍鱼 *Argentina kagoshimae* Jordan *et* Snyder, 1902**

*Argentina kagoshimae* Jordan *et* Snyder, 1902: 567-593.

**文献（Reference）**：Jordan and Snyder, 1902: 567-593; 沈世杰等, 1993; Yamada, Shirai, Irie *et al.*, 1995; Shao, 1997; Randall and Lim (eds.), 2000; Huang, 2001; 伍汉霖, 邵广昭, 赖春福等, 2012.

**别名或俗名（Used or common name）**：水珍鱼.

**分布（Distribution）**：东海, 南海.

### 468. 舌珍鱼属 *Glossanodon* Guichenot, 1867

**（1782）半带舌珍鱼 *Glossanodon semifasciatus* (Kishinouye, 1904)**

*Argentina semifasciata* Kishinouye, 1904: 110.

*Glossanodon semifasciata* (Kishinouye, 1904).

**文献（Reference）**：Ogata and Ito, 1979; 沈世杰等, 1993; Yamada, Shirai, Irie *et al.*, 1995; Horie and Tanaka, 2000; Huang, 2001; Honda, Sakaji and Nashida, 2001; Endo and Nashida, 2010; 伍汉霖, 邵广昭, 赖春福等, 2012.

**别名或俗名（Used or common name）**：水珍鱼.

**分布（Distribution）**：东海.

## （九十七）后肛鱼科 Opisthoproctidae

### 469. 胸翼鱼属 *Dolichopteryx* Brauer, 1901

**（1783）长头胸翼鱼 *Dolichopteryx longipes* (Vaillant, 1888)**

*Aulostoma longipes* Vaillant, 1888: 1-406.

**文献（Reference）**：Yang, Huang, Chen *et al.*, 1996; Randall and Lim (eds.), 2000; Huang, 2001; Fukui and Kitagawa, 2006; 伍汉霖, 邵广昭, 赖春福等, 2012.

**分布（Distribution）**：南海.

### 470. 后肛鱼属 *Opisthoproctus* Vaillant, 1888

**（1784）后肛鱼 *Opisthoproctus soleatus* Vaillant, 1888**

*Opisthoproctus soleatus* Vaillant, 1888: 1-406.

**文献（Reference）**：Yang, Huang, Chen *et al.*, 1996; Randall and Lim (eds.), 2000; Huang, 2001; Chinese Academy of Fishery Science (CAFS), 2007; 伍汉霖, 邵广昭, 赖春福等, 2012.

**分布（Distribution）**：南海.

## （九十八）小口兔鲑科 Microstomatidae

### 471. 似深海鲑属 *Bathylagoides* Whitley, 1951

**（1785）银腹似深海鲑 *Bathylagoides argyrogaster* (Norman, 1930)**

*Bathylagus argyrogaster* Norman, 1930: 261-369.

**文献（Reference）**：Huang, 2001; 伍汉霖, 邵广昭, 赖春福等, 2012.

**分布（Distribution）**：南海.

### 472. 深海脂鲑属 *Lipolagus* Kobyliansky, 1986

**（1786）鄂霍茨克深海脂鲑 *Lipolagus ochotensis* (Schmidt, 1938)**

*Bathylagus ochotensis* Schmidt, 1938: 653-656.

*Leuroglossus ochotensis* (Schmidt, 1938).
*Bathylagus nakazawai* Matsubara, 1940.
**文献（Reference）**：Masuda, Amaoka, Araga *et al*., 1984; Okiyama, 1993; Huang, 2001; Chinese Academy of Fishery Science (CAFS), 2007; 伍汉霖，邵广昭，赖春福等, 2012.
**分布（Distribution）**：东海.

### 473. 黑渊鲑属 *Melanolagus* Kobyliansky, 1986

**（1787）黑渊鲑 *Melanolagus bericoides* (Borodin, 1929)**
*Scopelus bericoides* Borodin, 1929: 109-111.
*Bathylagus bericoides* (Borodin, 1929).
*Melamphaes bericoides* (Borodin, 1929).
*Bathylagus microcephalus* Norman, 1930.
**文献（Reference）**：Masuda, Amaoka, Araga *et al*., 1984; Okiyama, 1993; 伍汉霖，邵广昭，赖春福等, 2012.
**别名或俗名（Used or common name）**：兔鲑.
**分布（Distribution）**：南海.

### 474. 南氏鱼属 *Nansenia* Jordan *et* Evermann, 1896

**（1788）南氏鱼 *Nansenia ardesiaca* Jordan *et* Thompson, 1914**
*Nansenia ardesiaca* Jordan *et* Thompson, 1914: 205-313.
*Nansenia tanakai* Schmidt, 1918.
*Microstoma schmitti* Fowler, 1934.
*Nansenia robusta* Abe, 1976.
**文献（Reference）**：Jordan and Thompson, 1914: 205-313; Herre, 1953; Masuda, Amaoka, Araga *et al*., 1984; Randall and Lim (eds.), 2000; Huang, 2001; Iwamoto and McCosker, 2014; 伍汉霖，邵广昭，赖春福等, 2012.
**别名或俗名（Used or common name）**：兔鲑.
**分布（Distribution）**：东海，南海.

## （九十九）平头鱼科 Alepocephalidae

### 475. 平头鱼属 *Alepocephalus* Risso, 1820

**（1789）双色平头鱼 *Alepocephalus bicolor* Alcock, 1891**
*Alepocephalus bicolor* Alcock, 1891: 119-138.
**文献（Reference）**：Alcock, 1891: 16-138; de la Paz and Interior, 1979; Masuda, Amaoka, Araga *et al*., 1984; 沈世杰等, 1993; Randall and Lim (eds.), 2000; Huang, 2001; 陈君睿, 2009; 伍汉霖，邵广昭，赖春福等, 2012.
**别名或俗名（Used or common name）**：黑头鱼.
**分布（Distribution）**：东海，南海.

**（1790）长鳍平头鱼 *Alepocephalus longiceps* Lloyd, 1909**
*Alpocephalus longiceps* Lloyd, 1909: 139-180.
**文献（Reference）**：Masuda, Amaoka, Araga *et al*., 1984; Huang, 2001; 伍汉霖，邵广昭，赖春福等, 2012.
**别名或俗名（Used or common name）**：黑头鱼.
**分布（Distribution）**：东海.

**（1791）长吻平头鱼 *Alepocephalus longirostris* Okamura *et* Kawanishi, 1984**
*Alepocephalus longirostris* Okamura *et* Kawanishi, 1984: 1-414.
**文献（Reference）**：Masuda, Amaoka, Araga *et al*., 1984; Huang, 2001; Chinese Academy of Fishery Science (CAFS), 2007; 伍汉霖，邵广昭，赖春福等, 2012.
**分布（Distribution）**：东海.

**（1792）欧氏平头鱼 *Alepocephalus owstoni* Tanaka, 1908**
*Alepocephalus owstoni* Tanaka, 1908b: 1-54.
**文献（Reference）**：Masuda, Amaoka, Araga *et al*., 1984; Huang, 2001; Chinese Academy of Fishery Science (CAFS), 2007; 伍汉霖，邵广昭，赖春福等, 2012.
**分布（Distribution）**：东海.

**（1793）尖吻平头鱼 *Alepocephalus triangularis* Okamura *et* Kawanishi, 1984**
*Alepocephalus triangularis* Okamura *et* Kawanishi, 1984: 1-414.
**文献（Reference）**：Masuda, Amaoka, Araga *et al*., 1984; Okamura, 1984; Huang, 2001; Chinese Academy of Fishery Science (CAFS), 2007; 伍汉霖，邵广昭，赖春福等, 2012.
**别名或俗名（Used or common name）**：黑头鱼.
**分布（Distribution）**：东海，南海.

**（1794）暗首平头鱼 *Alepocephalus umbriceps* Jordan *et* Thompson, 1914**
*Alepocephalus umbriceps* Jordan *et* Thompson, 1914: 205-313.
**文献（Reference）**：Amaoka and Abe, 1977; Masuda, Amaoka, Araga *et al*., 1984; Huang, 2001; Chinese Academy of Fishery Science (CAFS), 2007; 伍汉霖，邵广昭，赖春福等, 2012.
**分布（Distribution）**：东海.

### 476. 巴杰平头鱼属 *Bajacalifornia* Townsend *et* Nichols, 1925

**（1795）伯氏巴杰平头鱼 *Bajacalifornia burragei* Townsend *et* Nichols, 1925**
*Bajacalifornia burragei* Townsend *et* Nichols, 1925: 1-20.

文献(Reference): Townsend and Nichols, 1925: pls. 1-4, map; 伍汉霖, 邵广昭, 赖春福等, 2012.
别名或俗名(Used or common name): 黑头鱼.
分布(Distribution): 南海.

## 477. 渊眼鱼属 *Bathytroctes* Günther, 1878

**(1796) 小鳞渊眼鱼 *Bathytroctes microlepis* Günther, 1878**

*Bathytroctes microlepis* Günther, 1878b: 248-251.
*Grimatroctes microlepis* (Günther, 1878).
*Bathytroctes grimaldii* Zugmayer, 1911.
*Grimatroctes bullisi* Grey, 1958.
文献(Reference): Günther, 1878b: 17-28, 179-187, 248-251; 伍汉霖, 邵广昭, 赖春福等, 2012.
别名或俗名(Used or common name): 黑头鱼.
分布(Distribution): 东海.

## 478. 锥首鱼属 *Conocara* Goode *et* Bean, 1896

**(1797) 克氏锥首鱼 *Conocara kreffti* Sazonov, 1997**

*Conocara kreffti* Sazonov, 1997: 749-753.
文献(Reference): Sazonov, 1997: 749-753; 伍汉霖, 邵广昭, 赖春福等, 2012.
别名或俗名(Used or common name): 黑头鱼.
分布(Distribution): 东海.

## 479. 细皮平头鱼属 *Leptoderma* Vaillant, 1886

**(1798) 连尾细皮平头鱼 *Leptoderma retropinna* Fowler, 1943**

*Leptoderma retropinnum* Fowler, 1943: 53-91.
文献(Reference): Fowler, 1943: 53-91; Herre, 1953; Masuda, Amaoka, Araga *et al.*, 1984; Huang, 2001; 伍汉霖, 邵广昭, 赖春福等, 2012.
别名或俗名(Used or common name): 黑头鱼.
分布(Distribution): 东海.

## 480. 黑口鱼属 *Narcetes* Alcock, 1890

**(1799) 蒲原黑口鱼 *Narcetes kamoharai* Okamura, 1984**

*Narcetes kamoharai* Okamura, 1984: 1-414.
文献(Reference): Masuda, Amaoka, Araga *et al.*, 1984; Iwamoto and McCosker, 2014; 伍汉霖, 邵广昭, 赖春福等, 2012.
分布(Distribution): 南海.

**(1800) 鲁氏黑口鱼 *Narcetes lloydi* Fowler, 1934**

*Narcetes lloydi* Fowler, 1934: 233-367.
文献(Reference): Fowler, 1934: 233-367; Herre, 1953; Huang, 2001; Chinese Academy of Fishery Science (CAFS), 2007; 伍汉霖, 邵广昭, 赖春福等, 2012.
别名或俗名(Used or common name): 黑头鱼.
分布(Distribution): 东海, 南海.

## 481. 鲁氏鱼属 *Rouleina* Jordan, 1923

**(1801) 根氏鲁氏鱼 *Rouleina guentheri* (Alcock, 1892)**

*Xenodermichthys guentheri* Alcock, 1892: 345-365.
文献(Reference): Masuda, Amaoka, Araga *et al.*, 1984; Huang, 2001; Chinese Academy of Fishery Science (CAFS), 2007; 伍汉霖, 邵广昭, 赖春福等, 2012.
别名或俗名(Used or common name): 贡氏鲁氏鱼, 黑头鱼.
分布(Distribution): 东海, 南海.

**(1802) 渡濑鲁氏鱼 *Rouleina watasei* (Tanaka, 1909)**

*Aleposomus watasei* Tanaka, 1909: 1-21.
*Xenodermichthys funebris* Fowler, 1943.
文献(Reference): Matsubara, 1950; Herre, 1953; Masuda, Amaoka, Araga *et al.*, 1984; Huang, 2001; 伍汉霖, 邵广昭, 赖春福等, 2012.
别名或俗名(Used or common name): 黑头鱼.
分布(Distribution): 东海, 南海.

## 482. 塔氏鱼属 *Talismania* Goode *et* Bean, 1896

**(1803) 安的列斯塔氏鱼 *Talismania antillarum* (Goode *et* Bean, 1896)**

*Bathytroctes antillarum* Goode *et* Bean, 1896: 1-553.
*Binghamichthys antillarum* (Goode *et* Bean, 1896).
*Talismania antillurum* (Goode *et* Bean, 1896).
文献(Reference): Masuda, Amaoka, Araga *et al.*, 1984; Huang, 2001; Chinese Academy of Fishery Science (CAFS), 2007; 伍汉霖, 邵广昭, 赖春福等, 2012.
别名或俗名(Used or common name): 黑头鱼.
分布(Distribution): 东海.

**(1804) 短头塔氏鱼 *Talismania brachycephala* Sazonov, 1981**

*Talismania brachycephala* Sazonov, 1981: 1120-1122.
文献(Reference): Huang, 2001; Chinese Academy of Fishery Science (CAFS), 2007; 伍汉霖, 邵广昭, 赖春福等, 2012.
分布(Distribution): 东海.

**（1805）丝鳍塔氏鱼 *Talismania filamentosa* Okamura *et* Kawanishi, 1984**

*Talismania filamentosa* Okamura *et* Kawanishi, 1984: 1-414.

**文献（Reference）：**Masuda, Amaoka, Araga *et al.*, 1984; 伍汉霖, 邵广昭, 赖春福等, 2012.

**分布（Distribution）：**南海.

**（1806）丝尾塔氏鱼 *Talismania longifilis* (Brauer, 1902)**

*Bathytroctes longifilis* Brauer, 1902: 277-298.

*Nemabathytroctes longifilis* (Brauer, 1902).

**文献（Reference）：**伍汉霖, 邵广昭, 赖春福等, 2012.

**别名或俗名（Used or common name）：**黑头鱼.

**分布（Distribution）：**南海.

### 483. 裸平头鱼属 *Xenodermichthys* Günther, 1878

**（1807）日本裸平头鱼 *Xenodermichthys nodulosus* Günther, 1878**

*Xenodermichthys nodulosus* Günther, 1878b: 248-251.

**文献（Reference）：**Günther, 1878b: 17-28, 179-187, 248-251; Masuda, Amaoka, Araga *et al.*, 1984; 沈世杰等, 1993; Shao, 1997; 伍汉霖, 邵广昭, 赖春福等, 2012.

**别名或俗名（Used or common name）：**平头鱼.

**分布（Distribution）：**东海, 南海.

# 二十七、胡瓜鱼目 Osmeriformes

## （一〇〇）胡瓜鱼科 Osmeridae

### 一）公鱼亚科 Hypomesinae

### 484. 公鱼属 *Hypomesus* Gill, 1862

*Hypomesus* Gill, 1862: 169.

**（1808）池沼公鱼 *Hypomesus olidus* (Pallas, 1811)**

*Salmo* (*Osmerus*) *olidus* Pallas, 1811: 391.

*Hypomesus olidus*: 成庆泰和郑葆珊, 1987: 66; 张觉民, 1995: 64; 董崇智, 李怀明, 牟振波等, 2001: 68; 解玉浩, 2007: 277.

**别名或俗名（Used or common name）：**公鱼.

**分布（Distribution）：**仅见于黑龙江中游. 国外分布于俄罗斯 (远东地区), 日本, 朝鲜半岛, 北美阿拉斯加和加拿大.

**（1809）日本公鱼 *Hypomesus transpacificus nipponensis* McAllister, 1963**

*Hypomesus transpacificus nipponensis* McAllister, 1963: 1-53; 解玉浩, 2007: 274.

*Hypomesus olidus*: 成庆泰和郑葆珊, 1987: 66; 张觉民, 1995: 64; 朱松泉, 1995: 13; 董崇智, 李怀明, 牟振波等, 2001: 68.

**别名或俗名（Used or common name）：**公鱼, 西太公鱼等.

**分布（Distribution）：**黑龙江中游, 图们江, 目前已在国内东北, 西北, 华北等地广泛移植. 国外分布于俄罗斯 (远东地区), 日本, 朝鲜半岛等.

**保护等级（Protection class）：**省级 (黑龙江).

### 二）胡瓜鱼亚科 Osmerinae

### 485. 胡瓜鱼属 *Osmerus* Linnaeus, 1758

*Osmerus* Linnaeus, 1758: 310.

**（1810）胡瓜鱼 *Osmerus mordax* (Mitchill, 1814)**

*Atheina mordax* Mitchill, 1814: 15.

*Osmerus mordax*: 解玉浩, 2007: 279.

**别名或俗名（Used or common name）：**亚洲胡瓜鱼, 黄瓜鱼.

**分布（Distribution）：**分洄游性和陆封性, 我国仅见于图们江. 国外分布于俄罗斯远东太平洋沿岸, 阿穆尔河等, 日本北海道, 朝鲜日本海沿岸, 环加拿大北部太平洋, 北冰洋和大西洋, 美国阿拉斯加沿岸等.

### 三）香鱼亚科 Plecoglossinae

### 486. 香鱼属 *Plecoglossus* Temminck *et* Schlegel, 1846

*Plecoglossus* Temminck *et* Schlegel, 1846: 229.

**（1811）香鱼 *Plecoglossus altivelis altivelis* (Temminck *et* Schlegel, 1846)**

*Salmo* (*Plecoglossus*) *altivelis* Temminck *et* Schlegel, 1846: 229.

*Plecoglossus altivelis*: 成庆泰和郑葆珊, 1987: 66; 朱松泉, 1995: 13; 成庆泰和周才武, 1997: 86; Wang, Wang, Li *et al.* (王所安, 王志敏, 李国良等), 2001: 65; Shan, Wu *et* Kang, 2005: 61.

*Plecoglossus altivelis altivelis*: 刘明玉, 解玉浩和季达明, 2000: 50; 伍汉霖, 邵广昭, 赖春福等, 2012: 135.

**分布（Distribution）：**洄游型分布于鸭绿江向南的东北沿海及通海河流, 以及广西北仑河等, 台湾见于浊水溪及花莲三栈溪以北各溪流 (现在台湾可能自然分布已绝迹). 国外分布于日本, 朝鲜半岛, 越南. 陆封型见于辽宁转角楼水库, 碧流河水库等. 国外分布于日本的琵琶湖, 池田湖, 芹川水坝等; 朝鲜云岩水库, 延丰水库等.

**保护等级（Protection class）：**《中国濒危动物红皮书·鱼类》

(易危), 省 (直辖市) 级 (福建, 天津).

**(1812) 中国香鱼 *Plecoglossus altivelis chinensis* Wu *et* Shan, 2005**

*Plecoglossus altivelis chinensis* Wu *et* Shan (*in* Shan, Wu *et* Kang), 2005: 63; Kottelat, 2013: 268; 伍汉霖, 邵广昭, 赖春福等, 2012: 135.

**分布 (Distribution)**: 山东青岛.

## (一〇一) 银鱼科 Salangidae

### 487. 间银鱼属 *Hemisalanx* Regan, 1908

*Hemisalanx* Regan, 1908d: 445.

**(1813) 短吻间银鱼 *Hemisalanx brachyrostralis* (Fang, 1934)**

*Salanx brachyrostralis* Fang, 1934a: 257.

*Hemisalanx brachyrostralis*: 成庆泰和郑葆珊, 1987: 69; Zhang *et* Qiao, 1994: 101; 朱松泉, 1995: 16; 倪勇, 朱成德, 2005: 221; 倪勇和伍汉霖, 2006: 220.

**别名或俗名 (Used or common name)**: 银鱼.

**分布 (Distribution)**: 长江中下游及附属湖泊, 浙江等地.

**(1814) 前颌间银鱼 *Hemisalanx prognathous* Regon, 1908**

*Hemisalanx prognathous*: Regon, 1908: 445 (上海); Fang, 1934a: 251; 倪勇和伍汉霖, 2006: 221.

**分布 (Distribution)**: 鸭绿江口, 山东沿海河口, 长江江阴以下至长江口水域, 瓯江口等.

### 488. 白肌银鱼属 *Leucosoma* Gray, 1831

*Leucosoma* Gray, 1831a: 4.

**(1815) 白肌银鱼 *Leucosoma chinensis* (Osbeck, 1765)**

*Albula chinensis* Osbeck, 1765: 309.

*Leucosoma reevesii* Gray, 1831.

*Leucosoma chinensis*: Mai, 1978: 20; 成庆泰和郑葆珊, 1987: 70; 张玉玲 (见郑慈英等), 1989: 29; Pan, Zhong, Zheng *et al.*, 1991: 49; Zhang *et* Qiao, 1994: 101; 朱松泉, 1995: 16; Chen, Chang *et* Shen, 1997: 16.

**分布 (Distribution)**: 东海南部及以南沿岸河流, 如瓯江下游, 闽江, 九龙江, 珠江流域的北江和西江, 以及广西的通海河流等.

### 489. 新银鱼属 *Neosalanx* Wakiya *et* Takahashi, 1937

*Neosalanx* Wakiya *et* Takahashi, 1937: 282.

*Microsalanx* Zhang, Li, Xu, Takita *et* Wei, 2007: 337.

**(1816) 安氏新银鱼 *Neosalanx anderssoni* Rendahl, 1923**

*Neosalanx anderssoni* Rendahl, 1923, 56 (nos 3/4): 92-93; 倪勇和伍汉霖, 2006: 215.

**分布 (Distribution)**: 鸭绿江河口经黄海, 渤海至东海北部的杭州湾沿岸, 除繁殖季节外一般不进入淡水区域.

**(1817) 银色新银鱼 *Neosalanx argentea* (Lin, 1932)**

*Salanx argentia* Lin, 1932: 8 (香港).

**分布 (Distribution)**: 天津, 广东珠江, 韩江近海.

**(1818) 短吻新银鱼 *Neosalanx brevirostris* (Pellegrin, 1923)**

*Protosalanx brevirostris* Pellegrin, 1923: 351-352.

*Neosalanx brevirostris*: 张玉玲 (见郑慈英等), 1989: 27.

**分布 (Distribution)**: 广东, 广西沿岸.

**(1819) 乔氏新银鱼 *Neosalanx jordani* Wakiya *et* Takahashi, 1937**

*Neosalanx jordani* Wakiya *et* Takahashi, 1937.

**分布 (Distribution)**: 黄海北部鸭绿江及辽河口, 长江中下游湖泊及长江口.

**(1820) 寡齿新银鱼 *Neosalanx oligodontis* Chen, 1956**

*Neosalanx oligodontis* Chen, 1956: 326; 成庆泰和郑葆珊, 1987: 68; Zhang *et* Qiao, 1994: 101; 成庆泰和周才武, 1997: 90; Zhang, Li, Xu *et al.*, 2007: 336.

**分布 (Distribution)**: 长江及淮河中下游河道及湖泊, 偶见于河口.

**(1821) 陈氏新银鱼 *Neosalanx tangkahkeii* (Wu, 1931)**

*Protosalanx tangkahkeii* Wu, 1931b: 219.

*Neosalanx tangkahkeii taihuensis*: Chen, 1956: 326; Zhang *et* Qiao, 1994: 101; 杨君兴和陈银瑞, 1995: 11; 成庆泰和周才武, 1997: 91.

*Neosalanx pseudotaihuensis*: Zhang, 1987: 281; Zhang *et* Qiao, 1994: 101.

*Neosalanx tangkahkeii*: 成庆泰和郑葆珊, 1987: 69; 张玉玲 (见郑慈英等), 1989: 28; Zhang *et* Qiao, 1994: 101; 倪勇和伍汉霖, 2006: 217; Zhang, Li, Xu *et al.*, 2007: 336.

**别名或俗名 (Used or common name)**: 银鱼, 拟太湖新银鱼等.

**分布 (Distribution)**: 长江, 淮河, 瓯江中下游河道及湖泊; 长江以南近海.

**保护等级 (Protection class)**: 省级 (湖南).

### 490. 大银鱼属 *Protosalanx* Regan, 1908

*Protosalanx* Regan, 1908: 455.

**（1822）大银鱼 *Protosalanx chinensis* (Basilewsky, 1855)**

*Eperlanus chinensis* Basilewsky, 1855: 242.

*Protosalanx hyalocranius*: 成庆泰和郑葆珊, 1987: 68; 朱松泉, 1995: 15; 董崇智, 李怀明, 牟振波等, 2001: 72; 倪勇, 朱成德, 2005: 211; 解玉浩, 2007: 287.

*Protosalanx chinensis*: Zhang *et* Qiao, 1994: 101; 倪勇和伍汉霖, 2006: 213; Fu, Li, Xia *et al.*, 2012: 845.

**分布（Distribution）**：黄渤海和东海沿岸及通海江河及其附属湖泊, 并在内陆水域被广泛移植, 如在西北, 云贵高原一些湖泊等. 国外分布于朝鲜和日本.

### 491. 银鱼属 *Salanx* Cuvier, 1849

**（1823）有名银鱼 *Salanx ariakensis* Kishinouye, 1902**

*Salanx ariakensis* Kishinouye, 1902.

**分布（Distribution）**：渤海, 黄海, 东海沿岸, 台湾北部海域或河川?

**（1824）居氏银鱼 *Salanx cuvieri ariakensis* Valenciennes, 1850**

*Salanx cuvieri ariakensis* Valenciennes, 1850.

**分布（Distribution）**：东海和南海沿岸.

# 二十八、鲑形目 Salmoniformes

## （一〇二）鲑科 Salmonidae

### 492. 细鳞鲑属 *Brachymystax* Günther, 1866

*Brachymystax* Günther, 1866: 162.

**（1825）细鳞鲑 *Brachymystax lenok* (Pallas, 1773)**

*Salmo lenok* Pallas, 1773: 716.

*Brachymystax lenok*: 成庆泰和郑葆珊, 1987: 65; 张觉民, 1995: 52; 朱松泉, 1995: 11; Wang, Wang, Li *et al.* (王所安, 王志敏, 李国良等), 2001: 62; 董崇智, 李怀明, 牟振波等, 2001: 51; 马波, 尹家胜和李景鹏, 2005: 257; 解玉浩, 2007: 317.

**别名或俗名（Used or common name）**：尖吻细鳞鲑, 细鳞鱼.

**分布（Distribution）**：黑龙江流域及额尔齐斯河. 国外分布于俄罗斯, 蒙古国, 朝鲜等.

**保护等级（Protection class）**：《中国濒危动物红皮书·鱼类》(易危), 省 (直辖市) 级 (北京, 黑龙江).

**（1826）秦岭细鳞鲑 *Brachymystax tsinlingensis* Li, 1966**

*Brachymystax lenok tsinlingensis* Li (李思忠), 1966a: 92.

**别名或俗名（Used or common name）**：花鱼 (陕西), 细鳞鱼.

**分布（Distribution）**：滦河上游, 海河水系白河和潮河部分支流的上游, 渭河及其支流的上游, 汉水上游支流湑水河和子午河等上游.

**保护等级（Protection class）**：国家 II 级.

**（1827）图们细鳞鲑 *Brachymystax tumensis* Mori, 1930**

*Brachymystax tumensis* Mori, 1930: 42; 马波, 尹家胜和李景鹏, 2005: 257.

**分布（Distribution）**：图们江, 鸭绿江, 浑河, 太子河等. 国外分布于俄罗斯包括萨哈林岛 (库页岛) 和朝鲜半岛.

### 493. 白鲑属 *Coregonus* Linnaeus, 1758

*Coregonus* Linnaeus, 1758: 310.

**（1828）卡达白鲑 *Coregonus chadary* Dybowski, 1869**

*Coregonus chadary* Dybowski, 1869: 954; 董崇智, 李怀明, 牟振波等, 2001: 58; 解玉浩, 2007: 325.

**分布（Distribution）**：黑龙江中上游支流, 记载乌苏里江和额尔古纳河有分布. 国外分布于俄罗斯的阿穆尔河水系.

**保护等级（Protection class）**：省级 (黑龙江).

**（1829）乌苏里白鲑 *Coregonus ussuriensis* Berg, 1906**

*Coregonus ussuriensis* Berg, 1906: 396; 任慕莲, 1981: 23; 董崇智, 李怀明, 牟振波等, 2001: 56; 解玉浩, 2007: 322.

**分布（Distribution）**：黑龙江中下游, 乌苏里江中下游, 图们江, 兴凯湖等. 国外分布于俄罗斯 (远东地区).

**保护等级（Protection class）**：《中国濒危动物红皮书·鱼类》(易危), 省级 (黑龙江).

### 494. 哲罗鲑属 *Huso* Günther, 1866

*Huso* Günther, 1866: 125.

**（1830）川陕哲罗鲑 *Hucho bleekeri* Kimura, 1934**

*Hucho bleekeri* Kimura, 1934: 23; 武云飞和吴翠珍, 1990b: 363; 陕西省动物研究所等, 1987: 13; 武云飞和吴翠珍, 1992: 130; 丁瑞华, 1994: 38.

**别名或俗名（Used or common name）**：贝氏哲罗鲑, 虎嘉鱼, 虎嘉哲罗鲑.

**分布（Distribution）**：长江上游大渡河, 岷江上游和汉江北侧一些支流的上游.

**保护等级（Protection class）**：国家 II 级.

### （1831）石川哲罗鲑 *Hucho ishikawae* Mori, 1928

*Hucho ishikawae* Mori, 1928b: 55; 解玉浩, 2007: 315.

**分布（Distribution）**：鸭绿江上游. 国外分布于朝鲜鸭绿江流域.

### （1832）哲罗鲑 *Hucho taimen* (Pallas, 1773)

*Salmo taimen* Pallas, 1773: 716.

*Hucho taimen*: 李思忠, 戴定远, 张世义等, 1966: 42; 任慕莲, 郭焱, 张人铭等, 2002: 57; 解玉浩, 2007: 312.

**分布（Distribution）**：黑龙江, 乌苏里江, 额尔齐斯河等水系. 国外分布于蒙古国, 俄罗斯等.

**保护等级（Protection class）**：《中国濒危动物红皮书·鱼类》(易危), 省级 (黑龙江).

## 495. 大麻哈鱼属 *Oncorhynchus* Suckley, 1861

*Oncorhynchus* Suckley, 1861: 313.

**别名或俗名（Used or common name）**：钩吻鲑属.

### （1833）驼背大麻哈鱼 *Oncorhynchus gorbuscha* (Walbaum, 1792)

*Salmo gorbuscha* Walbaum, 1792: 69.

*Oncorhynchus gorbuscha*: 成庆泰和郑葆珊, 1987: 64; 朱松泉, 1995: 10; 刘明玉, 解玉浩和季达明, 2000: 47; 伍汉霖, 邵广昭, 赖春福等, 2012: 136.

**别名或俗名（Used or common name）**：细鳞大麻哈鱼, 细鳞钩吻鲑.

**分布（Distribution）**：黑龙江, 图们江, 绥芬河. 国外分布于日本, 朝鲜, 俄罗斯, 美国, 加拿大等.

### （1834）大麻哈鱼 *Oncorhynchus keta* (Walbaum, 1792)

*Salmo keta* Walbaum, 1792: 72.

*Oncorhynchus keta*: 成庆泰和郑葆珊, 1987: 64; 朱松泉, 1995: 9; 刘明玉, 解玉浩和季达明, 2000: 47; 伍汉霖, 邵广昭, 赖春福等, 2012: 136.

**别名或俗名（Used or common name）**：钩吻鲑.

**分布（Distribution）**：黑龙江, 乌苏里江, 松花江, 牡丹江, 嫩江, 绥芬河, 图们江等. 国外分布于日本, 朝鲜半岛, 俄罗斯, 加拿大, 美国等.

**保护等级（Protection class）**：省级 (黑龙江).

### （1835）台湾马苏大麻哈鱼 *Oncorhynchus masou formosanus* (Jordan *et* Oshima, 1919)

*Salmo formosanus* Jordan *et* Oshima, 1919: 122; Ho *et* Gwo, 2010: 300.

*Oncorhynchus masou formosanum*: 沈世杰, 1993: 150; 郭金泉, 沈曼雯和郑先佑, 2010.

*Oncorhynchus formosanus*: 伍汉霖, 邵广昭, 赖春福等, 2012: 136.

**别名或俗名（Used or common name）**：台湾钩吻鲑, 台湾樱花钩吻鲑.

**分布（Distribution）**：台湾大甲溪上游.

**保护等级（Protection class）**：《台湾淡水鱼类红皮书》(极危).

### （1836）马苏大麻哈鱼 *Oncorhynchus masou masou* (Brevoort, 1856)

*Salmo masou* Brevoort, 1856: 275.

*Oncorhynchus masou*: 任慕莲, 1981: 15; 成庆泰和郑葆珊, 1987: 64.

*Oncorhynchus masou masou*: 解玉浩, 2007: 299; 伍汉霖, 邵广昭, 赖春福等, 2012: 136.

**分布（Distribution）**：陆封性, 我国分布于绥芬河, 图们江中上游, 多在海拔 600m 以上山溪中生活. 国外分布于朝鲜, 日本, 俄罗斯.

## 496. 红点鲑属 *Salvelinus* Richardson, 1836

*Salvelini* Nilsson, 1832: 7.

*Salvelinus* Richardson, 1836: 169.

### （1837）白斑红点鲑 *Salvelinus leucomaenis* (Pallas, 1814)

*Salmo leucomaenis* Pallas, 1814: 356.

*Salvelinus leucomaenis*: Oshima, 1961: 21; 解玉浩, 2007: 310.

**别名或俗名（Used or common name）**：白点鲑, 远东红点鲑.

**分布（Distribution）**：牡丹江和图们江上游. 国外分布于俄罗斯 (远东地区), 日本和朝鲜北部等.

### （1838）花羔红点鲑 *Salvelinus malma* (Walbaum, 1792)

*Salmo malma* Walbaum, 1792: 66.

*Salvelinus malma*: 郑葆珊, 黄浩明, 张玉玲等, 1980: 28; 解玉浩, 2007: 307.

**别名或俗名（Used or common name）**：红点鲑, 玛红点鲑.

**分布（Distribution）**：绥芬河, 图们江和鸭绿江上游. 国外分布于北欧, 俄罗斯 (远东地区), 日本和朝鲜等.

## 497. 北鲑属 *Stenodus* Richardson, 1836

*Stenodus* Richardson, 1836: 521.

**别名或俗名（Used or common name）**：长颌白鲑属 [李思忠等（见中国科学院动物研究所等）, 1979].

### （1839）北鲑 *Stenodus leucichthys* (Güldenstädt, 1772)

*Salmo leucichthys* Güldenstädt, 1772: 533.

*Stenodus leucichthys nelma*: 任慕莲, 郭焱, 张人铭等, 2002: 67.
*Stenodus leucichthys*: 李思忠, 戴定远, 张世义等, 1966: 42; 中国科学院动物研究所等, 1979: 11.
**别名或俗名（Used or common name）**：长颌白鲑.
**分布（Distribution）**：为溯河洄游性种类, 我国只分布于新疆额尔齐斯河布尔津以下河段. 国外分布于西北欧向东至北美马更些河等邻北冰洋水系.
**保护等级（Protection class）**：《中国濒危动物红皮书·鱼类》(绝迹).

### 498. 茴鱼属 *Thymallus* Linck, 1790

*Thymallus* Cuvier, 1829: 306.
*Phylogephyra* Boulenger, 1898: 330.

**（1840）北极茴鱼 *Thymallus arcticus arcticus* (Pallas, 1776)**
*Salmo arcticus* Pallas, 1776: 706.
*Thymallus arcticus arcticus*: 李思忠, 戴定远, 张世义等, 1966: 42; 中国科学院动物研究所等, 1979: 13; 任慕莲, 郭焱, 张人铭等, 2002: 69.
**分布（Distribution）**：额尔齐斯河流域. 国外分布于俄罗斯鄂毕河和叶尼塞河流域.
**保护等级（Protection class）**：省 II 级 (黑龙江), 省 (自治区) I 级 (新疆).

**（1841）黑龙江茴鱼 *Thymallus arcticus grubei* Dybowski, 1869**
*Thymallus grubii* Dybowski, 1869: 955.
*Thymallus arcticus grubei*: 董崇智, 李怀明, 牟振波等, 2001: 63; 解玉浩, 2007: 328.
**分布（Distribution）**：黑龙江流域, 绥芬河水系. 国外分布于俄罗斯 (远东地区) 和蒙古国.
**保护等级（Protection class）**：《中国濒危动物红皮书·鱼类》(易危).

**（1842）下游黑龙江茴鱼 *Thymallus tugarinae* Knizhin, Antonov, Safronov *et* Weiss, 2007**
*Thymallus tugarinae* Knizhin, Antonov, Safronov *et* Weiss, 2007: 124; 马波, 霍堂斌和姜作发, 2007: 986.
**分布（Distribution）**：黑龙江下游. 国外分布于俄罗斯阿穆尔河下游.

**（1843）鸭绿江茴鱼 *Thymallus yaluensis* Mori, 1928**
*Thymallus articus yaluensis* Mori, 1928b: 57.
*Thymallus yaluensis*: 解玉浩, 2007: 327; 马波和范兆廷, 2013: 7.
**分布（Distribution）**：鸭绿江上游. 国外分布于朝鲜鸭绿江上游.

# 二十九、狗鱼目 Esociformes

## （一〇三）狗鱼科 Esocidae

### 499. 狗鱼属 *Esox* Linnaeus, 1758

*Esox* Linnaeus, 1758: 314.

**（1844）白斑狗鱼 *Esox lucius* Linnaeus, 1758**
*Esox lucius* Linnaeus, 1758: 314; 成庆泰和郑葆珊, 1987: 71; 朱松泉, 1995: 16; 董崇智, 李怀明, 牟振波等, 2001: 77.
**别名或俗名（Used or common name）**：狗鱼.
**分布（Distribution）**：新疆额尔齐斯河流域. 国外环北极分布, 欧亚大陆和北美北部淡水河流湖泊广泛分布.

**（1845）黑斑狗鱼 *Esox reicherti* Dybowski, 1869**
*Esox reicherti* Dybowski, 1869: 956; 成庆泰和郑葆珊, 1987: 71; 张觉民, 1995: 66; 朱松泉, 1995: 16; 董崇智, 李怀明, 牟振波等, 2001: 75; 解玉浩, 2007: 331.
**别名或俗名（Used or common name）**：狗鱼, 黑龙江狗鱼.
**分布（Distribution）**：黑龙江水系. 国外分布于俄罗斯东部和蒙古国.
**保护等级（Protection class）**：省级 (黑龙江).

# 三十、巨口鱼目 Stomiiformes

## （一〇四）双光鱼科 Diplphidae

### 500. 双光鱼属 *Diplophos* Günther, 1873

**（1846）东方双光鱼 *Diplophos orientalis* Matsubara, 1940**
*Diplophos taenia orientalis* Matsubara, 1940: 314-319.
**文献（Reference）**：Masuda, Amaoka, Araga *et al.*, 1984; Okiyama, 1993; 伍汉霖, 邵广昭, 赖春福等, 2012.
**别名或俗名（Used or common name）**：光鱼.
**分布（Distribution）**：南海.

**（1847）太平洋双光鱼 *Diplophos pacificus* Günther, 1889**
*Diplophos pacifica* Günther, 1889: 1-47.
**文献（Reference）**：Huang, 2001; 伍汉霖, 邵广昭, 赖春福等, 2012.
**分布（Distribution）**：东海.

**（1848）带纹双光鱼 *Diplophos taenia* Günther, 1873**

*Diplophos taenia* Günther, 1873: 97-103.

*Diplophos proximus* Parr, 1931.

**文献（Reference）**：Günther, 1873: 239-250; Herre, 1953b; Johnson and Barnett, 1972; Masuda, Amaoka, Araga *et al.*, 1984; 沈世杰, 1993; Yang, Huang, Chen *et al.*, 1996; Randall and Lim (eds.), 2000; Huang, 2001; 伍汉霖, 邵广昭, 赖春福等, 2012.

**别名或俗名（Used or common name）**：光鱼, 细双光鱼.

**分布（Distribution）**：南海.

### 501. 三钻光鱼属 *Triplophos* Brauer, 1902

**（1849）三钻光鱼 *Triplophos hemingi* (McArdle, 1901)**

*Photichthys hemingi* McArdle, 1901: 517-526.

**文献（Reference）**：沈世杰, 1993; Shao, 1997; Randall and Lim (eds.), 2000; Huang, 2001; 伍汉霖, 邵广昭, 赖春福等, 2012.

**别名或俗名（Used or common name）**：叁光鱼, 光鱼.

**分布（Distribution）**：南海.

## （一〇五）钻光鱼科 Gonostomatidae

### 502. 圆罩鱼属 *Cyclothone* Goode *et* Bean, 1883

**（1850）斜齿圆罩鱼 *Cyclothone acclinidens* Garman, 1899**

*Cyclothone acclinideus* Garman, 1899: 1-431.

*Cyclothone pseudoacclinidens* Quéro, 1974.

**文献（Reference）**：Masuda, Amaoka, Araga *et al.*, 1984; Okiyama, 1993; Yang, Huang, Chen *et al.*, 1996; Randall and Lim (eds.), 2000; Huang, 2001; 伍汉霖, 邵广昭, 赖春福等, 2012.

**分布（Distribution）**：南海.

**（1851）白圆罩鱼 *Cyclothone alba* Brauer, 1906**

*Cyclothone signata alba* Brauer, 1906: 1-432.

**文献（Reference）**：Masuda, Amaoka, Araga *et al.*, 1984; Okiyama, 1993; Yang, Huang, Chen *et al.*, 1996; Randall and Lim (eds.), 2000; Huang, 2001; 伍汉霖, 邵广昭, 赖春福等, 2012.

**别名或俗名（Used or common name）**：光鱼.

**分布（Distribution）**：东海, 南海.

**（1852）黑圆罩鱼 *Cyclothone atraria* Gilbert, 1905**

*Cyalothone atraria* Gilbert, 1905: 577-713.

*Cyclothone microdon* (non Günther, 1878) (misapplied name).

*Cyclothone pacifica* Mukhacheva, 1964.

**文献（Reference）**：Okamura and Machida, 1986; Yang, Huang, Chen *et al.*, 1996; Randall and Lim (eds.), 2000; Huang, 2001; Hsieh and Chiu, 2002; 伍汉霖, 邵广昭, 赖春福等, 2012.

**别名或俗名（Used or common name）**：光鱼.

**分布（Distribution）**：南海.

**（1853）暗圆罩鱼 *Cyclothone obscura* Brauer, 1902**

*Cyclothone obscura* Brauer, 1902: 277-298.

**文献（Reference）**：Miya and Nemoto, 1987; Yang, Huang, Chen *et al.*, 1996; Randall and Lim (eds.), 2000; Huang, 2001; 伍汉霖, 邵广昭, 赖春福等, 2012.

**分布（Distribution）**：南海.

**（1854）苍圆罩鱼 *Cyclothone pallida* Brauer, 1902**

*Cyclothone microdon pallidon* Brauer, 1902: 277-298.

*Cyclothone canina* Gilbert, 1905.

**文献（Reference）**：Brauer, 1902: 277-298; Masuda, Amaoka, Araga *et al.*, 1984; Miya and Nemoto, 1987; Yang, Huang, Chen *et al.*, 1996; Randall and Lim (eds.), 2000; Huang, 2001; 伍汉霖, 邵广昭, 赖春福等, 2012.

**别名或俗名（Used or common name）**：光鱼.

**分布（Distribution）**：南海.

**（1855）近苍圆罩鱼 *Cyclothone pseudopallida* Mukhacheva, 1964**

*Cyclothone pseudopallida* Mukhacheva, 1964: 93-138.

**文献（Reference）**：Masuda, Amaoka, Araga *et al.*, 1984; Okiyama, 1993; Yang, Huang, Chen *et al.*, 1996; Randall and Lim (eds.), 2000; Huang, 2001; 伍汉霖, 邵广昭, 赖春福等, 2012.

**分布（Distribution）**：南海.

### 503. 钻光鱼属 *Gonostoma* van Hasselt, 1823

**（1856）大西洋钻光鱼 *Gonostoma atlanticum* Norman, 1930**

*Gonostoma denudatum atlanticum* Norman, 1930: 261-369.

**文献（Reference）**：Masuda, Amaoka, Araga *et al.*, 1984; Okiyama, 1993; Yang, Huang, Chen *et al.*, 1996; Randall and Lim (eds.), 2000; Huang, 2001; Hsieh and Chiu, 2002; 伍汉霖, 邵广昭, 赖春福等, 2012.

**别名或俗名（Used or common name）**：西钻光鱼, 光鱼.

**分布（Distribution）**：南海.

### 504. 纤钻光鱼属 *Sigmops* Gill, 1883

**（1857）柔身纤钻光鱼 *Sigmops gracilis* (Günther, 1878)**

*Gonostoma gracile* Günther, 1878b: 179-187.

*Sigmops gracile* (Günther, 1878).

**文献（Reference）**：Günther, 1878b: 17-28, 179-187, 248-251; 沈世杰, 1993; Yang, Huang, Chen *et al.*, 1996; Shao, 1997;

Randall and Lim (eds.), 2000; Huang, 2001; 伍汉霖, 邵广昭, 赖春福等, 2012.
**别名或俗名（Used or common name）**：光鱼.
**分布（Distribution）**：东海，南海.

# （一〇六）褶胸鱼科 Sternoptychidae

## 505. 银斧鱼属 *Argyropelecus* Cocco, 1829

### （1858）棘银斧鱼 *Argyropelecus aculeatus* Valenciennes, 1850

*Argyropelachus aculeatus* Valenciennes, 1850: 1-532.
*Argyropelachus amabilis* (Ogilby, 1888).
*Argyropelecus caninus* Garman, 1899.
**文献（Reference）**：Herre, 1953b; Masuda, Amaoka, Araga *et al.*, 1984; 沈世杰, 1993; Randall and Lim (eds.), 2000; Huang, 2001; 伍汉霖, 邵广昭, 赖春福等, 2012.
**别名或俗名（Used or common name）**：斧鱼，海洋斧鱼，银斧.
**分布（Distribution）**：东海，南海.

### （1859）长银斧鱼 *Argyropelecus affinis* Garman, 1899

*Argyropelachus affinis* Garman, 1899: 1-431.
*Argyropelecus pacificus* Schultz, 1961.
**文献（Reference）**：Masuda, Amaoka, Araga *et al.*, 1984; Yang, Huang, Chen *et al.*, 1996; Randall and Lim (eds.), 2000; Huang, 2001; 伍汉霖, 邵广昭, 赖春福等, 2012.
**别名或俗名（Used or common name）**：斧鱼，海洋斧鱼，银斧.
**分布（Distribution）**：东海，南海.

### （1860）巨银斧鱼 *Argyropelecus gigas* Norman, 1930

*Argyropelecus gigas* Norman, 1930: 261-369.
**文献（Reference）**：Norman, 1930: 261-369; 伍汉霖, 邵广昭, 赖春福等, 2012.
**别名或俗名（Used or common name）**：斧鱼，海洋斧鱼，银斧.
**分布（Distribution）**：东海.

### （1861）半裸银斧鱼 *Argyropelecus hemigymnus* Cocco, 1829

*Argyropelachus hemigymnus* Cocco, 1829: 138-147.
*Argyripnus hemigymnus* (Cocco, 1829).
*Argyropelecus intermedius* Clarke, 1878.
*Argyropelecus heathi* Gilbert, 1905.
**文献（Reference）**：Herre, 1953b; Masuda, Amaoka, Araga *et al.*, 1984; Jumper and Baird, 1991; Yang, Huang, Chen *et al.*, 1996; Randall and Lim (eds.), 2000; Huang, 2001; 伍汉霖, 邵广昭, 赖春福等, 2012.
**别名或俗名（Used or common name）**：斧鱼，海洋斧鱼，银斧.
**分布（Distribution）**：东海，南海.

### （1862）斯氏银斧鱼 *Argyropelecus sladeni* Regan, 1908

*Argyropelecus sladeni* Regan, 1908g: 217-255.
*Argyripnus sladeni* (Regan, 1908).
*Argyropelecus hawaiensis* Schultz, 1961.
*Argyropelecus lynchus hawaiensis* Schultz, 1961.
**文献（Reference）**：Regan, 1908g: 217-255; Herre, 1953b; Masuda, Amaoka, Araga *et al.*, 1984; Yang, Huang, Chen *et al.*, 1996; Randall and Lim (eds.), 2000; Huang, 2001; 伍汉霖, 邵广昭, 赖春福等, 2012.
**别名或俗名（Used or common name）**：高银斧鱼，斧鱼，海洋斧鱼，银斧.
**分布（Distribution）**：东海，南海.

## 506. 穆氏暗光鱼属 *Maurolicus* Cocco, 1838

### （1863）穆氏暗光鱼 *Maurolicus muelleri* (Gmelin, 1789)

*Salmo muelleri* Gmelin, 1789: 1033-1516.
*Maurolicus müller*i (Gmelin, 1789).
*Maurolicus pennanti* (Walbaum, 1792).
*Scopelus borealis* Nilsson, 1832.
**文献（Reference）**：Mito, 1961; Okiyama, 1971; Boehlert, Wilson and Mizuno, 1994; Huang, 2001; Hsieh and Chiu, 2002; 伍汉霖, 邵广昭, 赖春福等, 2012.
**别名或俗名（Used or common name）**：斧鱼，海洋斧鱼，银斧.
**分布（Distribution）**：东海，南海.

## 507. 烛光鱼属 *Polyipnus* Günther, 1887

### （1864）光带烛光鱼 *Polyipnus aquavitus* Baird, 1971

*Polyipnus aquavitus* Baird, 1971: 1-128.
**文献（Reference）**：Yang, Huang, Chen *et al.*, 1996; Randall and Lim (eds.), 2000; Huang, 2001; 伍汉霖, 邵广昭, 赖春福等, 2012.
**分布（Distribution）**：南海.

### （1865）达纳氏烛光鱼 *Polyipnus danae* Harold, 1990

*Polyipnus danae* Harold, 1990: 1112-1114.
**文献（Reference）**：Harold, 1990: 1112-1114; 伍汉霖, 邵广昭, 赖春福等, 2012.

别名或俗名（Used or common name）：斧鱼，海洋斧鱼，银斧.
分布（Distribution）：东海.

### （1866）短棘烛光鱼 *Polyipnus nuttingi* Gilbert, 1905

*Polyipnus nuttingi* Gilbert, 1905: 577-713.
文献（Reference）：Huang, 2001; Chinese Academy of Fishery Science (CAFS), 2007; 伍汉霖，邵广昭，赖春福等, 2012.
分布（Distribution）：南海.

### （1867）头棘烛光鱼 *Polyipnus spinifer* Borodulina, 1979

*Polyipnus spinifer* Borodulina, 1979: 198-208.
文献（Reference）：Okada and Suzuki, 1956; Borodulina, 1980; Masuda, Amaoka, Araga *et al.*, 1984; Iwamoto and McCosker, 2014; 伍汉霖，邵广昭，赖春福等, 2012.
别名或俗名（Used or common name）：斧鱼，海洋斧鱼.
分布（Distribution）：东海，南海.

### （1868）大棘烛光鱼 *Polyipnus spinosus* Günther, 1887

*Polyipnus spinosis* Günther, 1887: 1-268.
*Polyipnus spinosus spinosus* Günther, 1887.
*Polypnus spinosus* Günther, 1887.
文献（Reference）：Herre, 1953b; de la Paz and Interior, 1979; Yang, Huang, Chen *et al.*, 1996; Randall and Lim (eds.), 2000; Huang, 2001; 伍汉霖，邵广昭，赖春福等, 2012.
分布（Distribution）：东海，南海.

### （1869）闪电烛光鱼 *Polyipnus stereope* Jordan *et* Starks, 1904

*Polyipnus sterope* Jordan *et* Starks, 1904: 577-713.
*Polyipnus spinosus stereope* Jordan *et* Starks, 1904: pls. 1-8.
文献（Reference）：Jordan and Starks, 1904; Okada and Suzuki, 1956; Borodulina, 1980; 沈世杰, 1993; Shao, 1997; Horie and Tanaka, 2000; Huang, 2001; 伍汉霖，邵广昭，赖春福等, 2012.
别名或俗名（Used or common name）：斧鱼，海洋斧鱼，银斧.
分布（Distribution）：东海.

### （1870）三齿烛光鱼 *Polyipnus tridentifer* McCulloch, 1914

*Polyipnus trigentifer* McCulloch, 1914b: 77-165.
文献（Reference）：McCulloch, 1914b: 77-165; Yang, Huang, Chen *et al.*, 1996; Randall and Lim (eds.), 2000; Huang, 2001; 伍汉霖，邵广昭，赖春福等, 2012.
别名或俗名（Used or common name）：斧鱼，海洋斧鱼，银斧.
分布（Distribution）：东海，南海.

### （1871）三烛光鱼 *Polyipnus triphanos* Schultz, 1938

*Polyipnus triphanos* Schultz, 1938: 135-155.
文献（Reference）：Herre, 1953b; Masuda, Amaoka, Araga *et al.*, 1984; 沈世杰, 1993; Huang, 2001; Iwamoto and McCosker, 2014; 伍汉霖，邵广昭，赖春福等, 2012.
别名或俗名（Used or common name）：斧鱼，海洋斧鱼，银斧.
分布（Distribution）：东海，南海.

## 508. 褶胸鱼属 *Sternoptyx* Hermann, 1781

### （1872）褶胸鱼 *Sternoptyx diaphana* Hermann, 1781

*Sternopteryx diaphana* Hermann, 1781: 8-36.
文献（Reference）：Roxas, 1934; Yang, Huang, Chen *et al.*, 1996; Randall and Lim (eds.), 2000; Huang, 2001; Iwamoto and McCosker, 2014; 伍汉霖，邵广昭，赖春福等, 2012.
别名或俗名（Used or common name）：斧鱼，海洋斧鱼，银斧.
分布（Distribution）：东海，南海.

### （1873）暗色褶胸鱼 *Sternoptyx obscura* Garman, 1899

*Sternopteryx obscura* Garman, 1899: 1-431.
文献（Reference）：Masuda, Amaoka, Araga *et al.*, 1984; Yang, Huang, Chen *et al.*, 1996; Randall and Lim (eds.), 2000; Huang, 2001; 伍汉霖，邵广昭，赖春福等, 2012.
别名或俗名（Used or common name）：低褶胸鱼，斧鱼，海洋斧鱼，银斧.
分布（Distribution）：东海，南海.

### （1874）拟暗色褶胸鱼 *Sternoptyx pseudobscura* Baird, 1971

*Sternopteryx pseudobscura* Baird, 1971: 1-128.
文献（Reference）：Masuda, Amaoka, Araga *et al.*, 1984; Yang, Huang, Chen *et al.*, 1996; Randall and Lim (eds.), 2000; Huang, 2001; 伍汉霖，邵广昭，赖春福等, 2012.
别名或俗名（Used or common name）：似低褶胸鱼，斧鱼，海洋斧鱼，银斧.
分布（Distribution）：东海，南海.

## 509. 丛光鱼属 *Valenciennellus* Jordan *et* Evermann, 1896

### （1875）卡氏丛光鱼 *Valenciennellus carlsbergi* Bruun, 1931

*Valenciennellus carlsbergi* Bruun, 1931: 285-291.

文献（Reference）：Randall and Lim (eds.), 2000; 伍汉霖, 邵广昭, 赖春福等, 2012.
分布（Distribution）：南海.

### （1876）三斑丛光鱼 *Valenciennellus tripunctulatus* (Esmark, 1871)

*Maurolicus tripunctulatus* Esmark, 1871: 488-490.
*Valencienellus tripunctulatus* (Esmark, 1871).
*Valenciennellus stellatus* Garman, 1899.
文献（Reference）：Herre, 1953b; Masuda, Amaoka, Araga *et al.*, 1984; Okiyama, 1993; Yang, Huang, Chen *et al.*, 1996; Randall and Lim (eds.), 2000; Huang, 2001; 伍汉霖, 邵广昭, 赖春福等, 2012.
别名或俗名（Used or common name）：丛光鱼, 斧鱼, 海洋斧鱼, 银斧.
分布（Distribution）：东海, 南海.

# （一〇七）巨口光灯鱼科 Phosichthyidae

## 510. 颌光鱼属 *Ichthyococcus* Bonaparte, 1840

### （1877）长体颌光鱼 *Ichthyococcus elongatus* Imai, 1941

*Ichthyococcus elongatus* Imai, 1941: 233-250.
文献（Reference）：Masuda, Amaoka, Araga *et al.*, 1984; 伍汉霖, 邵广昭, 赖春福等, 2012.
别名或俗名（Used or common name）：光鱼.
分布（Distribution）：南海.

### （1878）异颌光鱼 *Ichthyococcus irregularis* Rechnitzer *et* Böhlke, 1958

*Ichthyococcus irregularis* Rechnitzer *et* Böhlke, 1958: 10-15.
文献（Reference）：Rechnitzer and Böhlke, 1958: pls. 1-2; Castellanos-Galindo, Rubio Rincon, Beltrán-Léon *et al.*, 2006; 伍汉霖, 邵广昭, 赖春福等, 2012.
分布（Distribution）：南海.

### （1879）卵圆颌光鱼 *Ichthyococcus ovatus* (Cocco, 1838)

*Gonostomus ovatus* Cocco, 1838: 161-194.
*Coccia ovata* (Cocco, 1838).
*Scopelus ovatus* (Cocco, 1838).
文献（Reference）：Yang, Huang, Chen *et al.*, 1996; Randall and Lim (eds.), 2000; Huang, 2001; 伍汉霖, 邵广昭, 赖春福等, 2012.
分布（Distribution）：南海.

## 511. 轴光鱼属 *Pollichthys* Grey, 1959

### （1880）莫氏轴光鱼 *Pollichthys mauli* (Poll, 1953)

*Yarrella mauli* Poll, 1953: 1-258.
文献（Reference）：Ozawa, 1975; Ozawa, 1976; Masuda, Amaoka, Araga *et al.*, 1984; Iwamoto and McCosker, 2014; 伍汉霖, 邵广昭, 赖春福等, 2012.
别名或俗名（Used or common name）：光鱼.
分布（Distribution）：东海, 南海.

## 512. 刀光鱼属 *Polymetme* McCulloch, 1926

### （1881）长刀光鱼 *Polymetme elongata* (Matsubara, 1938)

*Yarrella blackfordi elongata* Matsubara, 1938: 37-52.
文献（Reference）：Masuda, Amaoka, Araga *et al.*, 1984; Huang, 2001; Chinese Academy of Fishery Science (CAFS), 2007; 伍汉霖, 邵广昭, 赖春福等, 2012.
别名或俗名（Used or common name）：光鱼.
分布（Distribution）：东海, 南海.

### （1882）骏河湾刀光鱼 *Polymetme surugaensis* (Matsubara, 1943)

*Yarrella surugaensis* Matsubara, 1943a: 37-82.
文献（Reference）：Masuda, Amaoka, Araga *et al.*, 1984; 伍汉霖, 邵广昭, 赖春福等, 2012.
分布（Distribution）：南海.

## 513. 串光鱼属 *Vinciguerria* Jordan *et* Evermann, 1896

### （1883）狭串光鱼 *Vinciguerria attenuata* (Cocco, 1838)

*Maurolicus attenuatus* Cocco, 1838: 161-194.
*Vinciguerria atrenuata* (Cocco, 1838).
文献（Reference）：Cocco, 1838: 161-194; Masuda, Amaoka, Araga *et al.*, 1984; Okiyama, 1993; Yang, Huang, Chen *et al.*, 1996; Randall and Lim (eds.), 2000; Huang, 2001; 伍汉霖, 邵广昭, 赖春福等, 2012.
别名或俗名（Used or common name）：光鱼.
分布（Distribution）：东海, 南海.

### （1884）荧串光鱼 *Vinciguerria lucetia* (Garman, 1899)

*Maurolicus lucetius* Garman, 1899: 1-431.
*Vinciguerria lucetius* (Garman, 1899).
*Vinciguerria lutecia* (Garman, 1899).
文献（Reference）：Garman, 1899: 1-85 + A-M; Castellanos-Galindo, Rubio Rincon, Beltrán-Léon *et al.*, 2006; Harold, 1999; 伍汉霖, 邵广昭, 赖春福等, 2012.

分布（**Distribution**）：南海.

**（1885）智利串光鱼 *Vinciguerria nimbaria* (Jordan *et* Williams, 1895)**

*Zalarges nimbarius* Jordan *et* Williams, 1895: 785-855.
*Vinciguerria nimbara* (Jordan *et* Williams, 1895).
*Gonostoma raoulensis* Waite, 1910.
*Vinciguerria sanzoi* Jespersen *et* Tåning, 1919.
文献（**Reference**）：Ozawa, 1973; Ozawa, Fujii and Kawaguchi, 1977; Yang, Huang, Chen *et al.*, 1996; Randall and Lim (eds.), 2000; Huang, 2001; 伍汉霖, 邵广昭, 赖春福等, 2012.
别名或俗名（**Used or common name**）：串光鱼, 光鱼.
分布（**Distribution**）：东海, 南海.

**（1886）强串光鱼 *Vinciguerria poweriae* (Cocco, 1838)**

*Gonostomus poweriae* Cocco, 1838: 161-194.
*Ichthyococcus poweriae* (Cocco, 1838).
*Scopelus poweriae* (Cocco, 1838).
*Vinceguerria poweriae* (Cocco, 1838).
文献（**Reference**）：Masuda, Amaoka, Araga *et al.*, 1984; Okiyama, 1993; Yang, Huang, Chen *et al.*, 1996; Randall and Lim (eds.), 2000; Huang, 2001; 伍汉霖, 邵广昭, 赖春福等, 2012.
分布（**Distribution**）：南海.

### 514. 离光鱼属 *Woodsia* Grey, 1959

**（1887）澳洲离光鱼 *Woodsia nonsuchae* (Beebe, 1932)**

*Photichthys nonsuchae* Beebe, 1932: 47-107.
文献（**Reference**）：Masuda, Amaoka, Araga *et al.*, 1984; Okiyama, 1993; 伍汉霖, 邵广昭, 赖春福等, 2012.
别名或俗名（**Used or common name**）：农苏离光鱼, 光鱼.
分布（**Distribution**）：东海, 南海.

## （一〇八）巨口鱼科 Stomiidae

### 515. 奇巨口鱼属 *Aristostomias* Zugmayer, 1913

**（1888）闪亮奇巨口鱼 *Aristostomias scintillans* (Gilbert, 1915)**

*Zastomias scintillans* Gilbert, 1915: pls. 14-22.
文献（**Reference**）：Parin, Evseenko and Vasil-eva, 2014; 伍汉霖, 邵广昭, 赖春福等, 2012.
分布（**Distribution**）：南海.

### 516. 星衫鱼属 *Astronesthes* Richardson, 1845

**（1889）金星衫鱼 *Astronesthes chrysophekadion* (Bleeker, 1849)**

*Stomianodon chrysophekadion* Bleeker, 1849d: 4-11.
文献（**Reference**）：Sokolovskiy and Sokolovskaya, 1981; Masuda, Amaoka, Araga *et al.*, 1984; 沈世杰, 1993; Huang, 2001; Liao, Chen and Shao, 2006; Iwamoto and McCosker, 2014; 伍汉霖, 邵广昭, 赖春福等, 2012.
别名或俗名（**Used or common name**）：巨口鱼.
分布（**Distribution**）：东海, 南海.

**（1890）台湾星衫鱼 *Astronesthes formosana* Liao, Chen *et* Shao, 2006**

*Astronesthes formosana* Liao, Chen *et* Shao, 2006: 517-528.
文献（**Reference**）：Liao, Chen and Shao, 2006: 517-528; 伍汉霖, 邵广昭, 赖春福等, 2012.
别名或俗名（**Used or common name**）：巨口鱼.
分布（**Distribution**）：东海, 南海.

**（1891）印度星衫鱼 *Astronesthes indicus* Brauer, 1902**

*Astronesthes indica* Brauer, 1902: 277-298.
文献（**Reference**）：Brauer, 1902: 277-298; Sokolovskiy and Sokolovskaya, 1981; Yang, Huang, Chen *et al.*, 1996; Randall and Lim (eds.), 2000; Huang, 2001; Liao, Chen and Shao, 2006; 伍汉霖, 邵广昭, 赖春福等, 2012.
别名或俗名（**Used or common name**）：巨口鱼.
分布（**Distribution**）：东海, 南海.

**（1892）印太星衫鱼 *Astronesthes indopacificus* Parin *et* Borodulina, 1997**

*Astronesthes indopacifica* Parin *et* Borodulina, 1997: 772-784.
文献（**Reference**）：Liao, Chen and Shao, 2006; 伍汉霖, 邵广昭, 赖春福等, 2012.
别名或俗名（**Used or common name**）：印度太平洋星衫鱼, 巨口鱼.
分布（**Distribution**）：东海.

**（1893）荧光星衫鱼 *Astronesthes lucifer* Gilbert, 1905**

*Astronesthes lucifer* Gilbert, 1905: 577-713.
文献（**Reference**）：Gilbert, 1905: 577-713; Sokolovskiy and Sokolovskaya, 1981; 沈世杰, 1993; Huang, 2001; Liao, Chen and Shao, 2006; Iwamoto and McCosker, 2014; 伍汉霖, 邵广昭, 赖春福等, 2012.
别名或俗名（**Used or common name**）：巨口鱼.
分布（**Distribution**）：东海, 南海.

**（1894）丝球星衫鱼 *Astronesthes splendidus* Brauer, 1902**

*Astronesthes splendida* Brauer, 1902: 277-298.
文献（**Reference**）：Brauer, 1902: 277-298; Sokolovskiy and Sokolovskaya, 1981; Masuda, Amaoka, Araga *et al.*, 1984;

Parin and Borodulina, 2000; Liao, Chen and Shao, 2006; 伍汉霖, 邵广昭, 赖春福等, 2012.
别名或俗名（Used or common name）：巨口鱼.
分布（Distribution）：南海.

**（1895）三丝星衫鱼 *Astronesthes trifibulatus* Gibbs, Amaoka *et* Haruta, 1984**

*Astronesthes trifibulata* Gibbs, Amaoka *et* Haruta, 1984: 5-14.
文献（Reference）：Gibbs, Amaoka and Haruta, 1984: 5-14; Liao, Chen and Shao, 2006; 伍汉霖, 邵广昭, 赖春福等, 2012.
别名或俗名（Used or common name）：巨口鱼.
分布（Distribution）：东海, 南海.

## 517. 深巨口鱼属 *Bathophilus* Miles, 1942

**（1896）四丝深巨口鱼 *Bathophilus kingi* Barnett *et* Gibbs, 1968**

*Bathophilus kingi* Barnett *et* Gibbs, 1968: 826-832.
文献（Reference）：Barnett and Gibbs, 1968: 826-832; 伍汉霖, 邵广昭, 赖春福等, 2012.
别名或俗名（Used or common name）：巨口鱼.
分布（Distribution）：东海, 南海.

**（1897）长羽深巨口鱼 *Bathophilus longipinnis* (Pappenheim, 1912)**

*Gnathostomias longifilis* Pappenheim, 1912: 161-200.
*Melanostomias longipinnis* Pappenheim, 1912.
文献（Reference）：Yang, Huang, Chen *et al.*, 1996; Randall and Lim (eds.), 2000; Huang, 2001; Chinese Academy of Fishery Science (CAFS), 2007.
分布（Distribution）：南海.

**（1898）丝须深巨口鱼 *Bathophilus nigerrimus* Giglioli, 1882**

*Bathophilus nigerrimus* Giglioli, 1882: 198-199.
*Parabathophilus gloriae* Matallanas, 1984.
文献（Reference）：Giglioli, 1882: 198-199; Masuda, Amaoka, Araga *et al.*, 1984; 伍汉霖, 邵广昭, 赖春福等, 2012.
别名或俗名（Used or common name）：巨口鱼.
分布（Distribution）：南海.

## 518. 掠食巨口鱼属 *Borostomias* Regan, 1908

**（1899）掠食巨口鱼 *Borostomias elucens* (Brauer, 1906)**

*Astronesthes elucens* Brauer, 1906: 1-432.
*Borostomias elusens* (Brauer, 1906).
*Borostomias schmidti* Regan *et* Trewavas, 1929.
*Elapterostomias philippinus* Fowler, 1934.
文献（Reference）：Herre, 1953b; Masuda, Amaoka, Araga *et al.*, 1984; Huang, 2001; Liao, Chen and Shao, 2006; 伍汉霖, 邵广昭, 赖春福等, 2012.
别名或俗名（Used or common name）：巨口鱼.
分布（Distribution）：南海.

## 519. 蝰鱼属 *Chauliodus* Bloch *et* Schneider, 1801

**（1900）马康氏蝰鱼 *Chauliodus macouni* Bean, 1890**

*Chauliodus macouni* Bean, 1890: 37-45.
文献（Reference）：Barraclough, 1950; Masuda, Amaoka, Araga *et al.*, 1984; 伍汉霖, 邵广昭, 赖春福等, 2012.
别名或俗名（Used or common name）：巨口鱼.
分布（Distribution）：东海, 南海.

**（1901）斯氏蝰鱼 *Chauliodus sloani* Bloch *et* Schneider, 1801**

*Chauliodus sloani* Bloch *et* Schneider, 1801: 1-584.
*Chauliodus sloanei sloanei* Bloch *et* Schneider, 1801.
*Chauliodus sloanii* Bloch *et* Schneider, 1801.
*Chauliodus slouni* Bloch *et* Schneider, 1801.
文献（Reference）：Ochiai and Asano, 1963; de la Paz and Interior, 1979; 沈世杰, 1993; Yang, Huang, Chen *et al.*, 1996; Randall and Lim (eds.), 2000; Huang, 2001; 伍汉霖, 邵广昭, 赖春福等, 2012.
别名或俗名（Used or common name）：蝰鱼, 巨口鱼.
分布（Distribution）：东海, 南海.

## 520. 刺巨口鱼属 *Echiostoma* Lowe, 1843

**（1902）单须刺巨口鱼 *Echiostoma barbatum* Lowe, 1843**

*Echiostomias barbatum* Lowe, 1843: 81-95.
*Echiostoma tanneri* (Gill, 1883).
*Hyperchoristus tanneri* Gill, 1883.
*Echiostoma calliobarba* Parr, 1934.
文献（Reference）：Krueger and Gibbs, 1966; Somiya, 1979; Masuda, Amaoka, Araga *et al.*, 1984; Okiyama, 1993.
别名或俗名（Used or common name）：巨口鱼.
分布（Distribution）：东海, 南海.

## 521. 真芒巨口鱼属 *Eupogonesthes* Parin *et* Borodulina, 1993

**（1903）真芒巨口鱼 *Eupogonesthes xenicus* Parin *et* Borodulina, 1993**

*Eupogonesthes xenicus* Parin *et* Borodulina, 1993: 442-445.

文献（Reference）：Parin and Borodulina, 1993: 442-445; Liao, Chen and Shao, 2006; 伍汉霖, 邵广昭, 赖春福等, 2012.
别名或俗名（Used or common name）：巨口鱼.
分布（Distribution）：东海.

## 522. 真巨口鱼属 *Eustomias* Vaillant, 1888

### （1904）歧须真巨口鱼 *Eustomias bifilis* Gibbs, 1960

*Eustomias bifilis* Gibbs, 1960: 200-203.
文献（Reference）：Gibbs, 1960: 1-14; Masuda, Amaoka, Araga *et al.*, 1984; Okiyama, 1993; 伍汉霖, 邵广昭, 赖春福等, 2012.
别名或俗名（Used or common name）：巨口鱼.
分布（Distribution）：南海.

### （1905）长须真巨口鱼 *Eustomias longibarba* Parr, 1927

*Eustomias longibarbus* Parr, 1927: 1-123.
文献（Reference）：Huang, 2001; Chinese Academy of Fishery Science (CAFS), 2007; 伍汉霖, 邵广昭, 赖春福等, 2012.
分布（Distribution）：东海.

## 523. 异星杉鱼属 *Heterophotus* Regan *et* Trewavas, 1929

### （1906）蛇口异星杉鱼 *Heterophotus ophistoma* Regan *et* Trewavas, 1929

*Heterophotus ophiostoma* Regan *et* Trewavas, 1929: 1-39.
文献（Reference）：Regan and Trewavas, 1929: 1-39; Sokolovskiy and Sokolovskaya, 1981; Masuda, Amaoka, Araga *et al.*, 1984; Okiyama, 1993; Liao, Chen and Shao, 2006; 伍汉霖, 邵广昭, 赖春福等, 2012.
别名或俗名（Used or common name）：巨口鱼.
分布（Distribution）：东海, 南海.

## 524. 奇棘鱼属 *Idiacanthus* Peters, 1877

### （1907）奇棘鱼 *Idiacanthus fasciola* Peters, 1877

*Idiacanthus fasciola* Peters, 1877: 831-854.
*Bathyophis ferox* Günther, 1878.
*Idiacanthus ferox* (Günther, 1878).
*Stylophthalmus paradoxus* Brauer, 1902.
文献（Reference）：Masuda, Amaoka, Araga *et al.*, 1984; 沈世杰, 1993; Yang, Huang, Chen *et al.*, 1996; Randall and Lim (eds.), 2000; Huang, 2001; 伍汉霖, 邵广昭, 赖春福等, 2012.
别名或俗名（Used or common name）：巨口鱼.
分布（Distribution）：东海, 南海.

## 525. 纤巨口鱼属 *Leptostomias* Gilbert, 1905

### （1908）多纹纤巨口鱼 *Leptostomias multifilis* Imai, 1941

*Leptostomias multifilis* Imai, 1941: 233-250.
文献（Reference）：Masuda, Amaoka, Araga *et al.*, 1984; 伍汉霖, 邵广昭, 赖春福等, 2012.
别名或俗名（Used or common name）：巨口鱼.
分布（Distribution）：东海, 南海.

### （1909）强壮纤巨口鱼 *Leptostomias robustus* Imai, 1941

*Leptostomias robustus* Imai, 1941: 233-250.
文献（Reference）：Masuda, Amaoka, Araga *et al.*, 1984; Huang, 2001; Chinese Academy of Fishery Science (CAFS), 2007; 伍汉霖, 邵广昭, 赖春福等, 2012.
别名或俗名（Used or common name）：巨口鱼.
分布（Distribution）：南海.

## 526. 柔骨鱼属 *Malacosteus* Ayres, 1848

### （1910）黑柔骨鱼 *Malacosteus niger* Ayres, 1848

*Malacosteus niger* Ayres, 1848: 69-70.
*Malacosteus indicus* Günther, 1878.
*Malacosteus choristodactylus* Vaillant, 1888.
*Malacosteus danae* Regan *et* Trewavas, 1930.
文献（Reference）：Herre, 1953b; Masuda, Amaoka, Araga *et al.*, 1984; Yang, Huang, Chen *et al.*, 1996; Randall and Lim (eds.), 2000; Huang, 2001; 伍汉霖, 邵广昭, 赖春福等, 2012.
别名或俗名（Used or common name）：巨口鱼.
分布（Distribution）：东海, 南海.

## 527. 黑巨口鱼属 *Melanostomias* Brauer, 1902

### （1911）乌须黑巨口鱼 *Melanostomias melanopogon* Regan *et* Trewavas, 1930

*Melanostomias melanopogon* Regan *et* Trewavas, 1930: 1-143.
文献（Reference）：Huang, 2001; Chinese Academy of Fishery Science (CAFS), 2007; 伍汉霖, 邵广昭, 赖春福等, 2012.
分布（Distribution）：南海.

### （1912）大眼黑巨口鱼 *Melanostomias melanops* Brauer, 1902

*Melanostomias melanops* Brauer, 1902: 277-298.
*Melanostomias albibarba* Regan *et* Trewavas, 1930.
文献（Reference）：Brauer, 1902: 277-298; Masuda, Amaoka, Araga *et al.*, 1984; 伍汉霖, 邵广昭, 赖春福等, 2012.
别名或俗名（Used or common name）：巨口鱼.

分布（Distribution）：南海.

**（1913）瓦氏黑巨口鱼 *Melanostomias valdiviae* Brauer, 1902**

*Melanostomias valdiviae* Brauer, 1902: 277-298.
*Melanostomias melanocaulus* Regan *et* Trewavas, 1930.
文献（Reference）：Brauer, 1902: 277-298; Masuda, Amaoka, Araga *et al.*, 1984; Huang, 2001; 伍汉霖, 邵广昭, 赖春福等, 2012.
别名或俗名（Used or common name）：巨口鱼.
分布（Distribution）：南海.

## 528. 脂巨口鱼属 *Opostomias* Günther, 1887

**（1914）脂巨口鱼 *Opostomias mitsuii* Imai, 1941**

*Opostomias mitsuii* Imai, 1941: 233-250.
文献（Reference）：Masuda, Amaoka, Araga *et al.*, 1984; Okiyama, 1993; Huang, 2001; Chinese Academy of Fishery Science (CAFS), 2007; 伍汉霖, 邵广昭, 赖春福等, 2012.
分布（Distribution）：南海.

## 529. 厚巨口鱼属 *Pachystomias* Günther, 1887

**（1915）小牙厚巨口鱼 *Pachystomias microdon* (Günther, 1878)**

*Echiostoma microdon* Günther, 1878b: 179-187.
*Pachistomias microdon* (Günther, 1878).
*Pachystomias atlanticus* Regan *et* Trewavas, 1930.
*Aristostomias brattstroemii* Koefoed, 1956.
文献（Reference）：Masuda, Amaoka, Araga *et al.*, 1984; Yang, Huang, Chen *et al.*, 1996; Randall and Lim (eds.), 2000; Huang, 2001; 伍汉霖, 邵广昭, 赖春福等, 2012.
别名或俗名（Used or common name）：厚巨口鱼, 巨口鱼.
分布（Distribution）：东海, 南海.

## 530. 袋巨口鱼属 *Photonectes* Günther, 1887

**（1916）白鳍袋巨口鱼 *Photonectes albipennis* (Döderlein, 1882)**

*Lucifer albipennis* Döderlein, 1882: 26-31.
*Photonectes albipinnis* Döderlein, 1882.
文献（Reference）：沈世杰, 1993; Yang, Huang, Chen *et al.*, 1996; Randall and Lim (eds.), 2000; Huang, 2001; Iwamoto and McCosker, 2014; 伍汉霖, 邵广昭, 赖春福等, 2012.
别名或俗名（Used or common name）：巨口鱼.
分布（Distribution）：东海, 南海.

## 531. 光巨口鱼属 *Photostomias* Collett, 1889

**（1917）格氏光巨口鱼 *Photostomias guernei* Collett, 1889**

*Phostostomias guernei* Collett, 1889: 291-293.
*Photostomias mirabilis* (Beebe, 1933).
*Ultimostomias mirabilis* Beebe, 1933.
文献（Reference）：Masuda, Amaoka, Araga *et al.*, 1984; Okiyama, 1993; 伍汉霖, 邵广昭, 赖春福等, 2012.
别名或俗名（Used or common name）：巨口鱼.
分布（Distribution）：东海, 南海.

## 532. 细杉鱼属 *Rhadinesthes* Regan *et* Trewavas, 1929

**（1918）细杉鱼 *Rhadinesthes decimus* (Zugmayer, 1911)**

*Astronesthes decimus* Zugmayer, 1911: 1-14.
*Rhadinesthes jacobssoni* Nybelin, 1947.
*Rhadinesthes lucberti* Blanc *et* Blache, 1963.
文献（Reference）：Regan and Trewavas, 1929; Sokolovskiy and Sokolovskaya, 1981; Masuda, Amaoka, Araga *et al.*, 1984; Liao, Chen and Shao, 2006; 伍汉霖, 邵广昭, 赖春福等, 2012.
别名或俗名（Used or common name）：巨口鱼.
分布（Distribution）：东海.

## 533. 巨口鱼属 *Stomias* Cuvier, 1816

**（1919）巨口鱼 *Stomias affinis* Günther, 1887**

*Stomias affin* Günther, 1887: 1-268.
*Stomias elongatus* Alcock, 1891.
*Stomias valdiviae* Brauer, 1906.
*Pseudostomias myersi* Fowler, 1934.
文献（Reference）：Herre, 1953b; Masuda, Amaoka, Araga *et al.*, 1984; 沈世杰, 1993; Yang, Huang, Chen *et al.*, 1996; Shao, 1997; Randall and Lim (eds.), 2000; Huang, 2001; 伍汉霖, 邵广昭, 赖春福等, 2012.
别名或俗名（Used or common name）：贡氏巨口鱼.
分布（Distribution）：东海, 南海.

**（1920）星云巨口鱼 *Stomias nebulosus* Alcock, 1889**

*Stomias nebulosus* Alcock, 1889: 450-461.
文献（Reference）：Alcock, 1889: 376-399; Yang, Huang, Chen *et al.*, 1996; Randall and Lim (eds.), 2000; Huang, 2001; Iwamoto and McCosker, 2014; 伍汉霖, 邵广昭, 赖春福等, 2012.
别名或俗名（Used or common name）：巨口鱼.
分布（Distribution）：南海.

## 534. 缨光鱼属 *Thysanactis* Regan *et* Trewavas, 1930

**（1921）缨光鱼 *Thysanactis dentex* Regan *et* Trewavas, 1930**

*Thysanactis dentex* Regan *et* Trewavas, 1930: 1-143.

文献（Reference）：Regan and Trewavas, 1930: 1-143; Masuda, Amaoka, Araga *et al.*, 1984; Huang, 2001; Chinese Academy of Fishery Science (CAFS), 2007; 伍汉霖, 邵广昭, 赖春福等, 2012.
别名或俗名（Used or common name）：巨口鱼.
分布（Distribution）：南海.

## 三十一、辫鱼目 Ateleopodiformes

## （一〇九）辫鱼科 Ateleopodidae

### 535. 辫鱼属 *Ateleopus* Temminck *et* Schlegel, 1846

**（1922）日本辫鱼 *Ateleopus japonicus* Bleeker, 1853**
*Atelopus japonicus* Bleeker, 1853: 1-56.
文献 (reference) Masuda, Amaoka, Araga *et al.*, 1984; 沈世杰, 1993; Randall and Lim (eds.), 2000; Huang, 2001; 陈素芝, 2002; Kim, Choi, Lee *et al.*, 2005; 伍汉霖, 邵广昭, 赖春福等, 2012.
别名或俗名（Used or common name）：软腕鱼.
分布（Distribution）：东海, 南海.

**（1923）紫辫鱼 *Ateleopus purpureus* Tanaka, 1915**
*Ateleopus purpureus* Tanaka, 1915: 565-568.
文献（Reference）：沈世杰, 1993; Randall and Lim (eds.), 2000; Huang, 2001; Chinese Academy of Fishery Science (CAFS), 2007; 伍汉霖, 邵广昭, 赖春福等, 2012.
别名或俗名（Used or common name）：软腕鱼.
分布（Distribution）：东海, 南海.

**（1924）田边辫鱼 *Ateleopus tanabensis* Tanaka, 1918**
*Ateleopus tanabensis* Tanaka, 1918: 223-227.
文献（Reference）：Tanaka, 1918: 223-227; Senou, Yanagita and Kobayashi, 1993; Shinohara, Endo and Matsuura, 1996; Shinohara, Endo, Matsuura *et al.*, 2001; Nakabo (ed.), 2002; 伍汉霖, 邵广昭, 赖春福等, 2012.
别名或俗名（Used or common name）：软腕鱼.
分布（Distribution）：东海.

### 536. 大辫鱼属 *Ijimaia* Sauter, 1905

**（1925）大眼大辫鱼 *Ijimaia dofleini* Sauter, 1905**
*Ijimaia dofleini* Sauter, 1905: 233-238.
文献（Reference）：Masuda, Amaoka, Araga *et al.*, 1984; Huang, 2001; 伍汉霖, 邵广昭, 赖春福等, 2012.
别名或俗名（Used or common name）：软腕鱼.
分布（Distribution）：东海, 南海.

## 三十二、仙女鱼目 Aulopiformes

## （一一〇）副仙女鱼科 Paraulopidae

### 537. 副仙女鱼属 *Paraulopus* Sato *et* Nakabo, 2002

**（1926）日本副仙女鱼 *Paraulopus japonicus* (Kamohara, 1956)**
*Chlorophthalmus japonicus* Kamohara, 1956: 1-4.
文献（Reference）：Masuda, Amaoka, Araga *et al.*, 1984; 伍汉霖, 邵广昭, 赖春福等, 2012.
分布（Distribution）：东海, 南海.

**（1927）大鳞副仙女鱼 *Paraulopus oblongus* (Kamohara, 1953)**
*Chlorophthalmus oblongus* Kamohara, 1953: 1-6.
文献（Reference）：Masuda, Amaoka, Araga *et al.*, 1984; Randall and Lim (eds.), 2000; Huang, 2001; 伍汉霖, 邵广昭, 赖春福等, 2012.
分布（Distribution）：东海, 南海.

## （一一一）仙女鱼科 Aulopidae

### 538. 姬鱼属 *Hime* Starks, 1924

**（1928）达氏姬鱼 *Hime damasi* (Tanaka, 1915)**
*Aulopus damasi* Tanaka, 1915: 319-342.
文献（Reference）：Masuda, Amaoka, Araga *et al.*, 1984; Lee and Chao, 1994; 伍汉霖, 邵广昭, 赖春福等, 2012.
别名或俗名（Used or common name）：仙女鱼, 狗母, 汕狗母.
分布（Distribution）：东海.

**（1929）台湾姬鱼 *Hime formosanus* (Lee *et* Chao, 1994)**
*Aulopus formosanus* Lee *et* Chao, 1994: 211-216.
文献（Reference）：Lee *et* Chao, 1994: 211-216; Thompson, 1998; 伍汉霖, 邵广昭, 赖春福等, 2012.
别名或俗名（Used or common name）：仙女鱼, 狗母, 汕狗母.
分布（Distribution）：东海, 南海.

**（1930）日本姬鱼 *Hime japonica* (Günther, 1877)**
*Aulopus japonicus* Günther, 1877: 433-446.
*Hime japonicus* (Günther, 1877).
文献（Reference）：Günther, 1877: 433-446; Shao, Chen, Kao *et al.*, 1993; 沈世杰, 1993; Lee and Chao, 1994; Yamada,

Shirai, Irie *et al.*, 1995; Randall and Lim (eds.), 2000; Huang, 2001; 陈素芝, 2002; 伍汉霖, 邵广昭, 赖春福等, 2012.
**别名或俗名（Used or common name）**：仙女鱼, 狗母, 汕狗母.
**分布（Distribution）**：黄海, 东海, 南海.

## （一一二）狗母鱼科 Synodontidae

### 539. 龙头鱼属 *Harpadon* Lesueur, 1825

**（1931）短臂龙头鱼 *Harpadon microchir* Günther, 1878**
*Harpodon microchir* Günther, 1878a: 485-487.
**文献（Reference）**：Masuda, Amaoka, Araga *et al.*, 1984; 沈世杰, 1993; Ni and Kwok, 1999; Randall and Lim (eds.), 2000; Huang, 2001; 陈素芝, 2002; 伍汉霖, 邵广昭, 赖春福等, 2012.
**别名或俗名（Used or common name）**：水狗母, 粉粘, 那哥.
**分布（Distribution）**：东海, 南海.

**（1932）龙头鱼 *Harpadon nehereus* (Hamilton, 1822)**
*Osmerus nehereus* Hamilton, 1822: 1-405.
*Harpadon nahereus* (Hamilton, 1822).
*Harpodon nehereus* (Hamilton, 1822).
*Osmerus nehereus* Hamilton, 1822: 1-405.
**文献（Reference）**：朱元鼎等, 1985; 沈世杰, 1993; Yamada, Shirai, Irie *et al.*, 1995; Ni and Kwok, 1999; Randall and Lim (eds.), 2000; Huang, 2001; 陈素芝, 2002; Zhang, Tang, Jin *et al.*, 2005; 伍汉霖, 邵广昭, 赖春福等, 2012.
**别名或俗名（Used or common name）**：水狗母, 粉粘, 那哥.
**分布（Distribution）**：黄海, 东海, 南海.

### 540. 蛇鲻属 *Saurida* Valenciennes, 1850

**（1933）长体蛇鲻 *Saurida elongata* (Temminck *et* Schlegel, 1846)**
*Aulopus elongatus* Temminck *et* Schlegel, 1846: 173-269.
*Saurida elongatus* (Temminck *et* Schlegel, 1846).
**文献（Reference）**：朱元鼎等, 1985; Shao, Chen, Kao *et al.*, 1993; 沈世杰, 1993; Leung, 1994; Yamada, Shirai, Irie *et al.*, 1995; Kuo and Shao, 1999; Randall and Lim (eds.), 2000; Chiu and Hsieh, 2001; Huang, 2001; 陈素芝, 2002; Du, Lu, Yang *et al.*, 2011; 伍汉霖, 邵广昭, 赖春福等, 2012.
**别名或俗名（Used or common name）**：狗母梭, 长蜥鱼, 狗母, 细鳞狗母.
**分布（Distribution）**：渤海, 黄海, 东海, 南海.

**（1934）长条蛇鲻 *Saurida filamentosa* Ogilby, 1910**
*Saurida filamentosa* Ogilby, 1910: 85-139.
**文献（Reference）**：Ogilby, 1910: 85-139; 朱元鼎等, 1985; Shao, Chen, Kao *et al.*, 1993; 沈世杰, 1993; Shao, 1997; Randall and Lim (eds.), 2000; Huang, 2001; 陈素芝, 2002; 伍汉霖, 邵广昭, 赖春福等, 2012.
**别名或俗名（Used or common name）**：狗母梭, 丝鳍蜥鱼, 狗母, 汕狗母, 粗鳞狗母.
**分布（Distribution）**：渤海, 黄海, 东海, 南海.

**（1935）细蛇鲻 *Saurida gracilis* (Quoy *et* Gaimard, 1824)**
*Saurus gracilis* Quoy *et* Gaimard, 1824: 192-401.
*Saurida gracillis* (Quoy *et* Gaimard, 1824).
*Saurus minutus* Lesueur, 1825.
**文献（Reference）**：Tung (童逸修), 1959; Shindo, 1972; Shao, Chen, Kao *et al.*, 1993; 沈世杰, 1993; Chen, Shao and Lin, 1995; Chen, Jan and Shao, 1997; Kuo and Shao, 1999; Randall and Lim (eds.), 2000; Huang, 2001; 陈素芝, 2002; Adrim, Chen, Chen *et al.*, 2004; 伍汉霖, 邵广昭, 赖春福等, 2012.
**别名或俗名（Used or common name）**：狗母梭, 小蜥鱼, 海狗母梭, 狗母, 番狗母, 汕狗母.
**分布（Distribution）**：东海, 南海.

**（1936）云纹蛇鲻 *Saurida nebulosa* Valenciennes, 1850**
*Saurida nebulosa* Valenciennes, 1850: 1-532.
**文献（Reference）**：沈世杰, 1993; Ganaden and Lavapie-Gonzales, 1999; Kuo and Shao, 1999; 伍汉霖, 邵广昭, 赖春福等, 2012.
**别名或俗名（Used or common name）**：狗母梭, 狗母.
**分布（Distribution）**：东海.

**（1937）多齿蛇鲻 *Saurida tumbil* (Bloch, 1795)**
*Salmo tumbil* Bloch, 1795: 1-192.
*Saurida argyrophanes* (Richardson, 1846).
*Saurus argyrophanes* Richardson, 1846.
*Saurida australis* Castelnau, 1879.
**文献（Reference）**：Liu and Tung, 1959; Saishu and Ikemoto, 1970; Shindo, 1972; Yeh, Lai and Liu, 1977; Kyushin, Amaoka, Nakaya *et al.*, 1982; Xu and Zhang, 1988; 沈世杰, 1993; Randall and Lim (eds.), 2000; 陈素芝, 2002; Adrim, Chen, Chen *et al.*, 2004; Du, Lu, Yang *et al.*, 2011; 伍汉霖, 邵广昭, 赖春福等, 2012.
**别名或俗名（Used or common name）**：狗母梭, 狗母.
**分布（Distribution）**：渤海, 黄海, 东海, 南海.

**（1938）梅吉氏蛇鲻 *Saurida umeyoshii* Inoue *et* Nakabo, 2006**
*Saurida umeyoshii* Inoue *et* Nakabo, 2006: 379-397.
**文献（Reference）**：Inoue and Nakabo, 2006: 379-397; Yamada,

Shirai, Irie *et al.*, 1995.
**别名或俗名（Used or common name）**：松元氏蛇鲻, 狗母梭, 狗母.
**分布（Distribution）**：东海, 南海.

### （1939）花斑蛇鲻 *Saurida undosquamis* (Richardson, 1848)

*Saurus undosquamis* Richardson, 1848: 1-139.
*Saurida undosquammis* (Richardson, 1848).
*Saurida grandisquamis* Günther, 1864.
**文献（Reference）**：Nishikawa and Sakamoto, 1978; Kyushin, Amaoka, Nakaya *et al.*, 1982; Lee, Yeh and Liu, 1986; Shao, Chen, Kao *et al.*, 1993; 沈世杰, 1993; Randall and Lim (eds.), 2000; Huang, 2001; 陈素芝, 2002; Adrim, Chen, Chen *et al.*, 2004; Inoue and Nakabo, 2006; Du, Lu, Yang *et al.*, 2011; 伍汉霖, 邵广昭, 赖春福等, 2012.
**别名或俗名（Used or common name）**：狗母梭, 狗母, 黑狗母.
**分布（Distribution）**：渤海, 黄海, 东海, 南海.

### （1940）鳄蛇鲻 *Saurida wanieso* Shindo *et* Yamada, 1972

*Saurida wanieso* Shindo *et* Yamada, 1972: 1-13.
**文献（Reference）**：Masuda, Amaoka, Araga *et al.*, 1984; Yamaoka, Nishiyama and Taniguchi, 1989; Yamada, Shirai, Irie *et al.*, 1995; Ni and Kwok, 1999; Huang, 2001; 伍汉霖, 邵广昭, 赖春福等, 2012.
**分布（Distribution）**：东海.

## 541. 狗母鱼属 *Synodus* Scopoli, 1777

### （1941）双斑狗母鱼 *Synodus binotatus* Schultz, 1953

*Synodus binotatus* Schultz, 1953: 1-685.
**文献（Reference）**：Schultz, 1953: 103; Winterbottom, 1993; 沈世杰, 1993; Randall and Lim (eds.), 2000; 陈素芝, 2002; 伍汉霖, 邵广昭, 赖春福等, 2012.
**别名或俗名（Used or common name）**：双斑狗母, 狗母梭, 狗母.
**分布（Distribution）**：南海.

### （1942）羊角狗母鱼 *Synodus capricornis* Cressey *et* Randall, 1978

*Synodus capricornis* Cressey *et* Randall, 1978: 767-774.
**文献（Reference）**：Cressey and Randall, 1978: 767-774; Chen, Ho and Shao, 2007; 伍汉霖, 邵广昭, 赖春福等, 2012.
**别名或俗名（Used or common name）**：羊角狗母, 狗母梭, 狗母.
**分布（Distribution）**：东海, 南海.

### （1943）革狗母鱼 *Synodus dermatogenys* Fowler, 1912

*Synodus dermatogennis* Fowler, 1912: 551-571.
*Synodus amaranthus* Waples *et* Randall, 1989.
**文献（Reference）**：Fowler, 1912: 551-571; Donaldson, 1990; Francis, 1993; Francis and Randall, 1993; Randall and Lim (eds.), 2000; 伍汉霖, 邵广昭, 赖春福等, 2012.
**别名或俗名（Used or common name）**：革狗母, 狗母梭, 狗母, 番狗母.
**分布（Distribution）**：渤海, 黄海, 东海, 南海.

### （1944）道氏狗母鱼 *Synodus doaki* Russell *et* Cressey, 1979

*Synodus doaki* Russell *et* Cressey, 1979: 166-175.
**文献（Reference）**：Russell and Cressey, 1979: 166-175; Francis, 1993; Shao, 1997; Randall and Lim (eds.), 2000; Broad, 2003; 伍汉霖, 邵广昭, 赖春福等, 2012.
**别名或俗名（Used or common name）**：道氏狗母, 狗母梭, 狗母.
**分布（Distribution）**：南海.

### （1945）褐狗母鱼（背斑狗母鱼）*Synodus fuscus* Tanaka, 1917

*Synodus fuscus* Tanaka, 1917d: 37-40.
**文献（Reference）**：Tanaka, 1917d: 37-40; Masuda, Amaoka, Araga *et al.*, 1984; Okiyama, 1993; Shao, 1997; Randall and Lim (eds.), 2000; Huang, 2001; 伍汉霖, 邵广昭, 赖春福等, 2012.
**别名或俗名（Used or common name）**：褐狗母, 狗母梭, 狗母.
**分布（Distribution）**：东海, 南海.

### （1946）肩斑狗母鱼 *Synodus hoshinonis* Tanaka, 1917

*Synodus hoshinonis* Tanaka, 1917d: 37-40.
**文献（Reference）**：Masuda, Amaoka, Araga *et al.*, 1984; Okiyama, 1993; Huang, 2001; Kim, Choi, Lee *et al.*, 2005; 伍汉霖, 邵广昭, 赖春福等, 2012.
**分布（Distribution）**：南海.

### （1947）印度狗母鱼 *Synodus indicus* (Day, 1873)

*Saurus indicus* Day, 1873: 524-530.
*Synodus dietrichi* Kotthaus, 1967.
**文献（Reference）**：Huang, 2001; 伍汉霖, 邵广昭, 赖春福等, 2012.
**分布（Distribution）**：南海.

### （1948）射狗母鱼 *Synodus jaculum* Russell *et* Cressey, 1979

*Synodus jaculum* Russell *et* Cressey, 1979: 166-175.

文献（Reference）：Russell and Cressey, 1979: 166-175; Moyer and Sano, 1985; Yamakawa and Manabe, 1987; Ni and Kwok, 1999; Randall and Lim (eds.), 2000; Huang, 2001; 伍汉霖, 邵广昭, 赖春福等, 2012.
别名或俗名（Used or common name）：射狗母, 狗母梭, 狗母, 番狗母, 汕狗母.
分布（Distribution）：南海.

**（1949）方斑狗母鱼（灰狗母鱼）*Synodus kaianus* (Günther, 1880)**
*Saurus kaianus* Günther, 1880: 1-82.
文献（Reference）：Masuda, Amaoka, Araga *et al.*, 1984; Ganaden and Lavapie-Gonzales, 1999; Randall and Lim (eds.), 2000; Huang, 2001; 伍汉霖, 邵广昭, 赖春福等, 2012.
分布（Distribution）：东海, 南海.

**（1950）叉斑狗母鱼 *Synodus macrops* Tanaka, 1917**
*Synodus macrops* Tanaka, 1917d: 37-40.
文献（Reference）：Tanaka, 1917d: 37-40; Yamada, Shirai, Irie *et al.*, 1995; Randall and Lim (eds.), 2000; Huang, 2001; Ohshimo, 2004; Iwamoto and McCosker, 2014; 伍汉霖, 邵广昭, 赖春福等, 2012.
别名或俗名（Used or common name）：大目狗母, 狗母梭, 狗母.
分布（Distribution）：黄海, 东海, 南海.

**（1951）东方狗母鱼 *Synodus orientalis* Randall *et* Pyle, 2008**
*Synodus orientalis* Randall *et* Pyle, 2008: 657-662.
文献（Reference）：Randall and Pyle, 2008: 657-662; 伍汉霖, 邵广昭, 赖春福等, 2012.
别名或俗名（Used or common name）：东方狗母, 狗母梭, 狗母.
分布（Distribution）：东海.

**（1952）红花斑狗母鱼 *Synodus rubromarmoratus* Russell *et* Cressey, 1979**
*Synodus rubromarmoratus* Russell *et* Cressey, 1979: 166-175.
文献（Reference）：Russell and Cressey, 1979: 166-175; Randall, 1998; Huang, 2001; 伍汉霖, 邵广昭, 赖春福等, 2012.
别名或俗名（Used or common name）：红花斑狗母, 狗母梭, 狗母, 番狗母.
分布（Distribution）：东海, 南海.

**（1953）台湾狗母鱼 *Synodus taiwanensis* Chen, Ho *et* Shao, 2007**
*Synodus taiwanensis* Chen, Ho *et* Shao, 2007: 148-154.
文献（Reference）：Chen, Ho and Shao, 2007: 148-154; 伍汉霖, 邵广昭, 赖春福等, 2012.
别名或俗名（Used or common name）：台湾狗母, 狗母梭, 狗母.
分布（Distribution）：东海, 南海.

**（1954）肩盖狗母鱼 *Synodus tectus* Cressey, 1981**
*Synodus tectus* Cressey, 1981: 1-53.
文献（Reference）：Randall and Lim (eds.), 2000; Adrim, Chen, Chen *et al.*, 2004; Chen, Ho and Shao, 2007; 伍汉霖, 邵广昭, 赖春福等, 2012.
别名或俗名（Used or common name）：肩盖狗母, 狗母梭, 狗母.
分布（Distribution）：南海.

**（1955）红斑狗母鱼 *Synodus ulae* Schultz, 1953**
*Synodus ulae* Schultz, 1953: 1-685.
文献（Reference）：Zaiser and Moyer, 1981; Masuda, Amaoka, Araga *et al.*, 1984; Ni and Kwok, 1999; Randall and Lim (eds.), 2000; Huang, 2001; 伍汉霖, 邵广昭, 赖春福等, 2012.
别名或俗名（Used or common name）：红斑狗母, 狗母梭, 狗母.
分布（Distribution）：东海, 南海.

**（1956）杂斑狗母鱼 *Synodus variegatus* (Lacépède, 1803)**
*Salmo variegatus* Lacépède, 1803: 1-803.
*Saurida rubrotaeniata* Liénard, 1891.
*Synodus houlti* McCulloch, 1921.
*Saurus englemani* (Schultz, 1953).
文献（Reference）：Chang, Jan and Shao, 1983; Shao, 1991; Shao, Shen, Chiu *et al.*, 1992; Leung, 1994; Chen, Shao and Lin, 1995; Chen, Jan and Shao, 1997; Ni and Kwok, 1999; Sadovy and Cornish, 2000; Randall and Lim (eds.), 2000; Adrim, Chen, Chen *et al.*, 2004; 伍汉霖, 邵广昭, 赖春福等, 2012.
别名或俗名（Used or common name）：狗母梭, 狗母, 花狗母.
分布（Distribution）：东海, 南海.

## 542. 大头狗母鱼属 *Trachinocephalus* Gill, 1861

**（1957）大头狗母鱼 *Trachinocephalus myops* (Forster, 1801)**
*Salmo myops* Forster, 1801: 1-584.
文献（Reference）：Bloch and Schneider, 1801; Adrim, Chen, Chen *et al.*, 2004; Chen, Cai and Ma, 1997; 伍汉霖, 邵广昭, 赖春福等, 2012.

别名或俗名（Used or common name）：大头花杆狗母，狗母梭，狗母，短吻花狗母.

分布（Distribution）：黄海，东海，南海.

## （一一三）青眼鱼科 Chlorophthalmidae

### 543. 青眼鱼属 *Chlorophthalmus* Bonaparte, 1840

**（1958）尖额青眼鱼 *Chlorophthalmus acutifrons* Hiyama, 1940**

*Chlorophthalmus actifrons* Hiyama, 1940: 169-173.

文献（Reference）：Masuda, Amaoka, Araga *et al.*, 1984; 沈世杰, 1993; Randall and Lim (eds.), 2000; Huang, 2001; 陈素芝, 2002; Iwamoto and McCosker, 2014; 伍汉霖，邵广昭，赖春福等, 2012.

别名或俗名（Used or common name）：隆背青眼鱼，奇士鱼.

分布（Distribution）：东海，南海.

**（1959）尖吻青眼鱼 *Chlorophthalmus agassizi* Bonaparte, 1840**

*Chlorophtalmus agassizi* Bonaparte, 1840: Fasc. 27-29, punt. 136-154.

*Chlorophthalmus agassizii* Bonaparte, 1840.

*Pelopsia candida* Facciolà, 1883.

*Chlorophthalmus productus* Günther, 1887.

文献（Reference）：Huang, 2001; 伍汉霖，邵广昭，赖春福等, 2012.

分布（Distribution）：东海，南海.

**（1960）大眼青眼鱼 *Chlorophthalmus albatrossis* Jordan *et* Starks, 1904**

*Chlorophthalmus albatrosi* Jordan *et* Starks, 1904b: 577-630.

文献（Reference）：Jordan and Starks, 1904b: 577-630; Richards, Chong, Mak *et al.*, 1985; Randall and Lim (eds.), 2000; Horie and Tanaka, 2000; Huang, 2001; Honda, Sakaji and Nashida, 2001; 陈素芝, 2002; Iwamoto and McCosker, 2014; 伍汉霖，邵广昭，赖春福等, 2012.

别名或俗名（Used or common name）：奇士鱼.

分布（Distribution）：东海，南海.

**（1961）北域青眼鱼 *Chlorophthalmus borealis* Kuronuma *et* Yamaguchi, 1941**

*Chlorophthalmus borealis* Kuronuma *et* Yamaguchi, 1941: 272-274.

文献（Reference）：Masuda, Amaoka, Araga *et al.*, 1984; 沈世杰, 1993; Randall and Lim (eds.), 2000; Huang, 2001; 陈素芝, 2002; 伍汉霖，邵广昭，赖春福等, 2012.

别名或俗名（Used or common name）：北青眼鱼，奇士鱼.

分布（Distribution）：南海.

**（1962）黑缘青眼鱼 *Chlorophthalmus nigromarginatus* Kamohara, 1953**

*Chloropthalmus nigromarginatus* Kamohara, 1953: 1-6.

文献（Reference）：Masuda, Amaoka, Araga *et al.*, 1984; Shao, Chen, Kao *et al.*, 1993; 沈世杰, 1993; Randall and Lim (eds.), 2000; Huang, 2001; 陈素芝, 2002; 伍汉霖，邵广昭，赖春福等, 2012.

别名或俗名（Used or common name）：奇士鱼.

分布（Distribution）：东海，南海.

## （一一四）崖蜥鱼科 Notosudidae

### 544. 弱蜥鱼属 *Scopelosaurus* Bleeker, 1860

**（1963）霍氏弱蜥鱼 *Scopelosaurus hoedti* Bleeker, 1860**

*Scopelosaurus hoedti* Bleeker, 1860: 1-14.

文献（Reference）：Masuda, Amaoka, Araga *et al.*, 1984; Okiyama, 1993; Randall and Lim (eds.), 2000; 伍汉霖，邵广昭，赖春福等, 2012.

分布（Distribution）：南海.

## （一一五）炉眼鱼科 Ipnopidae

### 545. 深海狗母鱼属 *Bathypterois* Günther, 1878

**（1964）小眼深海狗母鱼 *Bathypterois atricolor* Alcock, 1896**

*Bathypterois atricolor* Alcock, 1896: 301-338.

*Bathypterois pectoralis* Garman, 1899.

*Bathypterois antennatus* Gilbert, 1905.

*Bathypterois atricolor indicus* Brauer, 1906.

文献（Reference）：Matsubara, 1954; Masuda, Amaoka, Araga *et al.*, 1984; Randall and Lim (eds.), 2000; Huang, 2001; Iwamoto and McCosker, 2014; 伍汉霖，邵广昭，赖春福等, 2012.

别名或俗名（Used or common name）：小眼深海青眼鱼.

分布（Distribution）：南海.

**（1965）贡氏深海狗母鱼 *Bathypterois guentheri* Alcock, 1889**

*Bathypterois guntheri* Alcock, 1889: 450-461.

文献（Reference）：Masuda, Amaoka, Araga *et al.*, 1984;

Randall and Lim (eds.), 2000; Huang, 2001; Iwamoto and McCosker, 2014; 伍汉霖, 邵广昭, 赖春福等, 2012.
别名或俗名（**Used or common name**）：贡氏深海青眼鱼.
分布（**Distribution**）：南海.

### 546. 深海青眼鱼属 *Bathytyphlops* Nybelin, 1957

**（1966）盲深海青眼鱼 *Bathytyphlops marionae* Mead, 1958**
*Bathytyphlops marionae* Mead, 1958: 362-372.
*Bathypoterois marionae* (Mead, 1958).
*Bathypterois marionae* (Mead, 1958).
*Macristiella perlucens* Berry *et* Robins, 1967.
文献（**Reference**）：Mead, 1958: 362-372; Franco, Braga, Nunan *et al.*, 2009; 伍汉霖, 邵广昭, 赖春福等, 2012.
别名或俗名（**Used or common name**）：青眼鱼.
分布（**Distribution**）：东海, 南海.

### 547. 炉眼鱼属 *Ipnops* Günther, 1878

**（1967）阿氏炉眼鱼 *Ipnops agassizii* Garman, 1899**
*Ipnops agassizi* Garman, 1899: 1-431.
*Ipnops pristibrachium* (Fowler, 1943).
文献（**Reference**）：Huang, 2001; 伍汉霖, 邵广昭, 赖春福等, 2012.
分布（**Distribution**）：南海.

## （一一六）珠目鱼科 Scopelarchidae

### 548. 深海珠目鱼属 *Benthalbella* Zugmayer, 1911

**（1968）舌齿深海珠目鱼 *Benthalbella linguidens* (Mead *et* Böhlke, 1953)**
*Scopelarchus linguidens* Mead *et* Böhlke, 1953: 241-245.
文献（**Reference**）：Masuda, Amaoka, Araga *et al.*, 1984; Okiyama, 1993; Yang, Huang, Chen *et al.*, 1996; Huang, 2001.
分布（**Distribution**）：南海.

### 549. 拟珠目鱼属 *Scopelarchoides* Parr, 1929

**（1969）丹娜拟珠目鱼 *Scopelarchoides danae* Johnson, 1974**
*Scopelarchoides danae* Johnson, 1974: 449-457.
文献（**Reference**）：Okiyama, 1993; Yang, Huang, Chen *et al.*, 1996; Randall and Lim (eds.), 2000; Huang, 2001.
分布（**Distribution**）：南海.

### 550. 珠目鱼属 *Scopelarchus* Alcock, 1896

**（1970）柔珠目鱼 *Scopelarchus analis* (Brauer, 1902)**
*Dissomma anale* Brauer, 1902: 277-298.
*Odontostomus perarmatus* Roule, 1916.
*Scopelarchus anale* (Brauer, 1916).
*Scopelarchus beebei* Rofen, 1963.
文献（**Reference**）：Masuda, Amaoka, Araga *et al.*, 1984; Okiyama, 1993; Randall and Lim (eds.), 2000; Huang, 2001.
分布（**Distribution**）：南海.

**（1971）根室珠目鱼 *Scopelarchus guentheri* Alcock, 1896**
*Scopelarchus guentheri* Alcock, 1896: 301-338.
文献（**Reference**）：Okiyama, 1993; Yang, Huang, Chen *et al.*, 1996; Randall and Lim (eds.), 2000; Huang, 2001.
分布（**Distribution**）：南海.

## （一一七）齿口鱼科 Evermannellidae

### 551. 谷口鱼属 *Coccorella* Roule, 1929

**（1972）大西洋谷口鱼 *Coccorella atlantica* (Parr, 1928)**
*Evermannella atrata atlantica* Parr, 1928: 1-193.
文献（**Reference**）：Masuda, Amaoka, Araga *et al.*, 1984; Okiyama, 1993; Padilla and Trinidad, 1995; 伍汉霖, 邵广昭, 赖春福等, 2012.
分布（**Distribution**）：南海.

**（1973）阿氏谷口鱼 *Coccorella atrata* (Alcock, 1894)**
*Odontostomus atratus* Alcock, 1894: 169-184.
文献（**Reference**）：Kimura and Suzuki, 1990; Yang, Huang, Chen *et al.*, 1996; Randall and Lim (eds.), 2000; Huang, 2001; 伍汉霖, 邵广昭, 赖春福等, 2012.
分布（**Distribution**）：南海.

### 552. 齿口鱼属 *Evermannella* Fowler, 1901

**（1974）印度齿口鱼 *Evermannella indica* Brauer, 1906**
*Evermannella indica* Brauer, 1906: 1-432.
*Odontostomus balbo atlanticus* Borodin, 1931.
文献（**Reference**）：Masuda, Amaoka, Araga *et al.*, 1984; Okiyama, 1993; Yang, Huang, Chen *et al.*, 1996; Randall and Lim (eds.), 2000; Huang, 2001; 伍汉霖, 邵广昭, 赖春福等, 2012.
别名或俗名（**Used or common name**）：剑齿鱼.
分布（**Distribution**）：东海, 南海.

### 553. 拟强牙巨口鱼属 *Odontostomops* Fowler, 1934

**(1975) 细眼拟强牙巨口鱼 *Odontostomops normalops* (Parr, 1928)**

*Evermannella normalops* Parr, 1928: 1-193.
*Odontostomos normalops* (Parr, 1928).
**文献(Reference)**: Masuda, Amaoka, Araga *et al.*, 1984; Okiyama, 1993; Yang, Huang, Chen *et al.*, 1996; Randall and Lim (eds.), 2000; 伍汉霖, 邵广昭, 赖春福等, 2012.
**分布(Distribution)**: 南海.

## (一一八) 帆蜥鱼科 Alepisauridae

### 554. 帆蜥鱼属 *Alepisaurus* Lowe, 1833

**(1976) 帆蜥鱼 *Alepisaurus ferox* Lowe, 1833**

*Alepisaurus ferox* Lowe, 1833: 104.
*Alepisaurus richardsonii* Bleeker, 1855.
*Alepisaurus altivelis* Poey, 1860.
*Plagyodus borealis* (Gill, 1862).
**文献(Reference)**: Kubota and Uyeno, 1970; Fujita and Hattori, 1976; Masuda, Amaoka, Araga *et al.*, 1984; Yang, Huang, Chen *et al.*, 1996; Randall and Lim (eds.), 2000; Huang, 2001; 伍汉霖, 邵广昭, 赖春福等, 2012.
**别名或俗名(Used or common name)**: 长吻帆蜥鱼.
**分布(Distribution)**: 东海, 南海.

### 555. 锤颌鱼属 *Omosudis* Günther, 1887

**(1977) 锤颌鱼 *Omosudis lowii* Günther, 1887**

*Omosudis lowei* Günther, 1887: 1-268.
*Omosudis lowei indicus* Brauer, 1906.
*Omosudis lowii* var. *indicus* Brauer, 1906.
*Omosudis lowei funchali* Roule, 1929.
**文献(Reference)**: Masuda, Amaoka, Araga *et al.*, 1984; Okiyama, 1993; Yang, Huang, Chen *et al.*, 1996; Randall and Lim (eds.), 2000; Huang, 2001; 陈素芝, 2002; Chinese Academy of Fishery Science (CAFS), 2007.
**分布(Distribution)**: 东海, 南海.

## (一一九) 魣蜥鱼科 Paralepididae

### 556. 法老鱼属 *Anotopterus* Zugmayer, 1911

**(1978) 尼氏法老鱼 *Anotopterus nikparini* Kukuev, 1998**

*Anotopterus nikparini* Kukuev, 1998: 745-759.
**文献(Reference)**: Kukuev, 1998: 753; 唐文乔, 伍汉霖和刘东, 2015: 460-463; 伍汉霖, 邵广昭, 赖春福等, 2012.
**分布(Distribution)**: 东海, 南海.

### 557. 盗目鱼属(海盗鱼属) *Lestidiops* Hubbs, 1916

**(1979) 黑盗目鱼 *Lestidiops mirabilis* (Ege, 1933)**

*Paralepis mirabilis* Ege, 1933: 223-236.
*Macroparalepis mirabilis* (Ege, 1933).
**文献(Reference)**: Okiyama, 1993; Randall and Lim (eds.), 2000; Huang, 2001.
**分布(Distribution)**: 南海.

**(1980) 细盗目鱼 *Lestidiops ringens* (Jordan *et* Gilbert, 1880)**

*Lestidium ringens* (Jordan *et* Gilbert, 1880): 273-276.
*Sudis ringens* Jordan *et* Gilbert, 1880: 273-276.
**文献(Reference)**: Fukui and Ozawa, 2004.
**分布(Distribution)**: 南海.

### 558. 裸蜥鱼属 *Lestidium* Gilbert, 1905

**(1981) 长裸蜥鱼 *Lestidium prolixum* Harry, 1953**

*Lestidium* (*Lestidium*) *prolixum* Harry, 1953: 160-230.
*Lestidium prolixum* Harry, 1953.
**文献(Reference)**: Harry, 1953: 169-230; Masuda, Amaoka, Araga *et al.*, 1984; Okiyama, 1993; Huang, 2001; Kim, Park, Choi *et al.*, 2007; 伍汉霖, 邵广昭, 赖春福等, 2012.
**别名或俗名(Used or common name)**: 裸狗母鱼.
**分布(Distribution)**: 东海, 南海.

### 559. 光鳞鱼属 *Lestrolepis* Harry, 1953

**(1982) 中间光鳞鱼 *Lestrolepis intermedia* (Poey, 1868)**

*Paralepis intermedius* Poey, 1868: 279-484.
*Lastrolepis intermedia* (Poey, 1868).
*Lestidium intermedium* (Poey, 1868).
*Lestiolepis intermedia* (Poey, 1868).
**文献(Reference)**: Masuda, Amaoka, Araga *et al.*, 1984; Okiyama, 1993; Randall and Lim (eds.), 2000; Kim, Park, Choi *et al.*, 2007; 伍汉霖, 邵广昭, 赖春福等, 2012.
别名 ( common name): 光鳞鱼, 裸狗母鱼.
**分布(Distribution)**: 东海, 南海.

**(1983) 日本光鳞鱼 *Lestrolepis japonica* (Tanaka, 1908)**

*Lestidium japonicum* Tanaka, 1908a: 27-47.
**文献(Reference)**: Tanaka, 1908a: 27-47; Yang, Huang, Chen *et al.*, 1996; Randall and Lim (eds.), 2000; 陈素芝, 2002; Harada and Ozawa, 2003; Harada, Ozawa and Masuda, 2003; Kim, Park, Choi *et al.*, 2007; 伍汉霖, 邵广昭, 赖春福等, 2012.
**别名或俗名(Used or common name)**: 裸狗母鱼.
**分布(Distribution)**: 东海, 南海.

### 560. 大梭蜥鱼属 *Magnisudis* Harry, 1953

**（1984）大西洋大梭蜥鱼 *Magnisudis atlantica* (Krøyer, 1868)**

*Paralepis atlantica* Krøyer, 1868: 70-71.
*Paralepis atlantica atlantica* Krøyer, 1868.
*Paralepis atlanticus* Krøyer, 1868.
*Paralepis brevis* Zugmayer, 1911.
**文献（Reference）**：Masuda, Amaoka, Araga *et al.*, 1984; Okiyama, 1993; Ilinskiy, Balanov and Ivanov, 1995; 伍汉霖, 邵广昭, 赖春福等, 2012.
**分布（Distribution）**：南海.

## （一二〇）深海蜥鱼科 Bathysauridae

### 561. 深海蜥鱼属 *Bathysaurus* Günther, 1878

**（1985）尖吻深海蜥鱼 *Bathysaurus mollis* Günther, 1878**

*Bathysaurus morris* Günther, 1878b: 179-187.
*Bathysaurus obtusirostris* Vaillant, 1888.
**文献（Reference）**：Günther, 1878b: 17-28, 179-187, 248-251; Masuda, Amaoka, Araga *et al.*, 1984; Okiyama, 1993; 伍汉霖, 邵广昭, 赖春福等, 2012.
**别名或俗名（Used or common name）**：狗母.
**分布（Distribution）**：东海.

## （一二一）巨尾鱼科 Giganturidae

### 562. 巨尾鱼属 *Gigantura* Brauer, 1901

**（1986）印度巨尾鱼 *Gigantura indica* Brauer, 1901**

*Gigantura chuni indica* Brauer, 1901: 115-130.
*Gigantura chuni indica* Brauer, 1901.
*Rosaura indica* (Brauer, 1901).
*Bathyleptus gracilis* (Regan, 1925).
**文献（Reference）**：Randall and Lim (eds.), 2000; Tomiyama, Fukui, Kitagawa *et al.*, 2008; 伍汉霖, 邵广昭, 赖春福等, 2012.
**别名或俗名（Used or common name）**：巨尾鱼.
**分布（Distribution）**：南海.

# 三十三、灯笼鱼目 Myctophiformes

## （一二二）新灯笼鱼科 Neoscopelidae

### 563. 新灯鱼属 *Neoscopelus* Johnson, 1863

**（1987）大鳞新灯鱼 *Neoscopelus macrolepidotus* Johnson, 1863**

*Neoscopelus macrolepidotus* Johnson, 1863: 36-46.
*Scopelus macrolepidotus* (Johnson, 1863).
*Neoscopelus alcocki* Jordan *et* Starks, 1904.
*Neoscopelus bruuni* Whitley, 1931.
**文献（Reference）**：Johnson, 1863: 36-46; de la Paz and Interior, 1979; Yang, Huang, Chen *et al.*, 1996; Randall and Lim (eds.), 2000; Huang, 2001; 吴宗翰, 2002; 陈素芝, 2002; 伍汉霖, 邵广昭, 赖春福等, 2012.
**别名或俗名（Used or common name）**：大鳞新灯笼鱼, 灯笼鱼, 七星鱼, 光鱼.
**分布（Distribution）**：东海, 南海.

**（1988）小鳍新灯鱼 *Neoscopelus microchir* Matsubara, 1943**

*Neoscopelus microchir* Matsubara, 1943a: 37-82.
**文献（Reference）**：Matsubara, 1943a: 37-82; 沈世杰, 1993; Yang, Huang, Chen *et al.*, 1996; Randall and Lim (eds.), 2000; Huang, 2001; Wang and Chen, 2001; 陈素芝, 2002; Iwamoto and McCosker, 2014; 伍汉霖, 邵广昭, 赖春福等, 2012.
**别名或俗名（Used or common name）**：短鳍新灯笼鱼, 灯笼鱼, 七星鱼, 光鱼.
**分布（Distribution）**：东海, 南海.

**（1989）多孔新灯鱼 *Neoscopelus porosus* Arai, 1969**

*Neoscopelus porosus* Arai, 1969: 465-471.
**文献（Reference）**：Arai, 1969: 465-471; Masuda, Amaoka, Araga *et al.*, 1984; Yang, Huang, Chen *et al.*, 1996; Randall and Lim (eds.), 2000; Huang, 2001; Wang and Shao (王明智和邵广昭), 2006; Iwamoto and McCosker, 2014; 伍汉霖, 邵广昭, 赖春福等, 2012.
**别名或俗名（Used or common name）**：多孔新灯笼鱼, 灯笼鱼, 七星鱼, 光鱼.
**分布（Distribution）**：南海.

### 564. 拟灯笼鱼属 *Scopelengys* Alcock, 1890

**（1990）拟灯笼鱼 *Scopelengys tristis* Alcock, 1890**

*Scopelengys tristis* Alcock, 1890: 295-311.
*Scopelengys dispar* Garman, 1899.
*Scopelengy whoi* Mead, 1963.
*Scopelengys whoi* Mead, 1963.
**文献（Reference）**：Masuda, Amaoka, Araga *et al.*, 1984; Okiyama, 1993; Yang, Huang, Chen *et al.*, 1996; Randall and Lim (eds.), 2000; Huang, 2001; 伍汉霖, 邵广昭, 赖春福等, 2012.
**分布（Distribution）**：东海, 南海.

## （一二三）灯笼鱼科 Myctophidae

### 565. 底灯鱼属 *Benthosema* Goode *et* Bean, 1896

**（1991）带底灯鱼 *Benthosema fibulatum* (Gilbert *et* Cramer, 1897)**

*Myctophum fibulatum* Gilbert *et* Cramer, 1897: 403-435.

*Myctophum hollandi* Jordan *et* Jordan, 1922.
*Myctophum renschi* Ahl, 1929.
*Benthosema pinchoti* Fowler, 1932.
**文献（Reference）**：Gilbert, 1905; Randall and Lim (eds.), 2000; Huang, 2001; Wang and Chen, 2001; 陈素芝, 2002; Yano, Mochizuki, Tsukada *et al.*, 2003; Iwamoto and McCosker, 2014; 伍汉霖, 邵广昭, 赖春福等, 2012.
**别名或俗名（Used or common name）**：灯笼鱼，七星鱼，光鱼.
**分布（Distribution）**：东海，南海.

### （1992）七星底灯鱼 *Benthosema pterotum* (Alcock, 1890)

*Scopelus pterotum* Alcock, 1890a: 197-222.
*Benthosema ptertum* (Alcock, 1890).
*Myctophum pterotum* (Alcock, 1890).
*Myctophum gilberti* Evermann *et* Seale, 1907.
**文献（Reference）**：Shao, Chen, Kao *et al.*, 1993; 沈世杰, 1993; Ni and Kwok, 1999; Randall and Lim (eds.), 2000; Horie and Tanaka, 2000; Huang, 2001; Wang and Chen, 2001; 陈素芝, 2002; Chiou, Cheng and Chen, 2004; Zhang, Tang, Jin *et al.*, 2005; 伍汉霖, 邵广昭, 赖春福等, 2012.
**别名或俗名（Used or common name）**：灯笼鱼，七星鱼，光鱼.
**分布（Distribution）**：黄海，东海，南海.

### （1993）耀眼底灯鱼 *Benthosema suborbitale* (Gilbert, 1913)

*Myctophum suborbitale* Gilbert, 1913: 67-107.
*Benthosema imitator* (Parr, 1928).
*Bentosema suborbitale* (Gilbert, 1913).
*Benthosema simile* (Tåning, 1928).
**文献（Reference）**：Yang, Huang, Chen *et al.*, 1996; Randall and Lim (eds.), 2000; Huang, 2001; Wang and Chen, 2001; 陈素芝, 2002; 伍汉霖, 邵广昭, 赖春福等, 2012.
**别名或俗名（Used or common name）**：灯笼鱼，七星鱼，光鱼.
**分布（Distribution）**：东海，南海.

## 566. 叶灯鱼属 *Lobianchia* Gatti, 1904

### （1994）吉氏叶灯鱼 *Lobianchia gemellarii* (Cocco, 1838)

*Nyctophus gemellarii* Cocco, 1838: 161-194.
*Diaphus gemellari* (Cocco, 1838).
*Myctophum gemellarii* (Cocco, 1838).
*Scopelus gemellari* (Cocco, 1838).
*Diaphus nipponensis* Gilbert, 1913.
**文献（Reference）**：Masuda, Amaoka, Araga *et al.*, 1984; Okiyama, 1993; Wang and Chen, 2001; 伍汉霖, 邵广昭, 赖春福等, 2012.
**别名或俗名（Used or common name）**：日本叶灯鱼，灯笼鱼，七星鱼，光鱼.
**分布（Distribution）**：东海，南海.

## 567. 灯笼鱼属 *Myctophum* Rafinesque, 1810

### （1995）粗鳞灯笼鱼 *Myctophum asperum* Richardson, 1845

*Myctophum asperum* Richardson, 1845: 17-52.
*Dasyscopelus asper* (Richardson, 1845).
*Scopelus asper* (Richardson, 1845).
*Dasyscopelus naufragus* Waite, 1904.
**文献（Reference）**：Palomares, 1987; Tsarin, 1993; Yang, Huang, Chen *et al.*, 1996; Wang (ed.), 1998; Randall and Lim (eds.), 2000; Chiu and Hsieh, 2001; Huang, 2001; Wang and Chen, 2001; 陈素芝, 2002; 伍汉霖, 邵广昭, 赖春福等, 2012.
**别名或俗名（Used or common name）**：暗色灯笼鱼，灯笼鱼，七星鱼，光鱼.
**分布（Distribution）**：渤海，黄海，东海，南海.

### （1996）金焰灯笼鱼 *Myctophum aurolaternatum* Garman, 1899

*Myctophum aurolaternatum* Garman, 1899: 1-431.
*Myctophum aurolaternatum gracilior* Fowler, 1944.
**文献（Reference）**：Palomares, 1987; Yang, Huang, Chen *et al.*, 1996; Wang (ed.), 1998; Randall and Lim (eds.), 2000; Huang, 2001; Wang and Chen, 2001; 陈素芝, 2002; 伍汉霖, 邵广昭, 赖春福等, 2012.
**别名或俗名（Used or common name）**：灯笼鱼，七星鱼，光鱼.
**分布（Distribution）**：东海，南海.

### （1997）短颌灯笼鱼 *Myctophum brachygnathum* (Bleeker, 1856)

*Scopelus brachygnathos* Bleeker, 1856: 1-80.
*Myctoophum brachygnathum* (Bleeker, 1856).
*Myctophum brachignathum* (Bleeker, 1856).
*Myctophum brachygnathos* (Bleeker, 1856).
**文献（Reference）**：Yang, Huang, Chen *et al.*, 1996; Wang (ed.), 1998; Randall and Lim (eds.), 2000; Huang, 2001; 伍汉霖, 邵广昭, 赖春福等, 2012.
**分布（Distribution）**：南海.

### （1998）双灯灯笼鱼 *Myctophum lychnobium* Bolin, 1946

*Myctophum lychnobium* Bolin, 1946: 137-152.
**文献（Reference）**：Yang, Huang, Chen *et al.*, 1996; Randall and Lim (eds.), 2000; Huang, 2001; 伍汉霖, 邵广昭, 赖春

福等, 2012.
分布（**Distribution**）：南海.

### （1999）闪光灯笼鱼 *Myctophum nitidulum* Garman, 1899

*Myctophum nitidulum* Garman, 1899: 1-431.
*Myctophum margaritatum* Gilbert, 1905.
文献（**Reference**）：Odate, 1966; Palomares, 1987; Yang, Huang, Chen *et al.*, 1996; Randall and Lim (eds.), 2000; Chiu and Hsieh, 2001; Huang, 2001; Wang and Chen, 2001; 陈素芝, 2002; 伍汉霖, 邵广昭, 赖春福等, 2012.
别名或俗名（**Used or common name**）：灯笼鱼，七星鱼，光鱼.
分布（**Distribution**）：东海，南海.

### （2000）钝吻灯笼鱼 *Myctophum obtusirostre* Tåning, 1928

*Myctophum pristilepis obtusirostre* Tåning, 1928: 49-69.
文献（**Reference**）：沈世杰, 1993; Yang, Huang, Chen *et al.*, 1996; Randall and Lim (eds.), 2000; Wang and Chen, 2001; 陈素芝, 2002; Iwamoto and McCosker, 2014.
别名或俗名（**Used or common name**）：灯笼鱼，七星鱼，光鱼.
分布（**Distribution**）：东海，南海.

### （2001）月眼灯笼鱼 *Myctophum selenops* Tåning, 1928

*Myctophum selenops* Tåning, 1928: 49-69.
*Myctophum selenoides* Wisner, 1971.
文献（**Reference**）：Masuda, Amaoka, Araga *et al.*, 1984; Huang, 2001; 伍汉霖, 邵广昭, 赖春福等, 2012.
分布（**Distribution**）：南海.

### （2002）栉棘灯笼鱼 *Myctophum spinosum* (Steindachner, 1867)

*Scopelus spinosus* Steindachner, 1867: 119-120.
*Myctophum spinosus* (Steindachner, 1867).
*Scopelus cuvieri* Castelnau, 1873 (ambiguous synonym).
文献（**Reference**）：Masuda, Amaoka, Araga *et al.*, 1984; Palomares, 1987; Randall and Lim (eds.), 2000; Huang, 2001; Wang and Chen, 2001; 陈素芝, 2002; 伍汉霖, 邵广昭, 赖春福等, 2012.
别名或俗名（**Used or common name**）：灯笼鱼，七星鱼，光鱼.
分布（**Distribution**）：东海，南海.

## 568. 短鳃灯鱼属 *Nannobrachium* Günther, 1887

### （2003）黑体短鳃灯鱼 *Nannobrachium nigrum* Günther, 1887

*Nannobrachium nigrum* Günther, 1887: 1-268.
*Lampanctus niger* (Günther, 1887).
*Lampanyctus niger* (Günther, 1887).
*Myctophum nigrum* (Günther, 1887).
文献（**Reference**）：Yang, Huang, Chen *et al.*, 1996; Randall and Lim (eds.), 2000; Huang, 2001; Wang and Chen, 2001; 陈素芝, 2002; 伍汉霖, 邵广昭, 赖春福等, 2012.
别名或俗名（**Used or common name**）：黑体小鲭灯鱼，灯笼鱼，七星鱼，光鱼.
分布（**Distribution**）：东海，南海.

## 569. 尖吻背灯鱼属 *Notolychnus* Fraser-Brunner, 1949

### （2004）瓦氏尖吻背灯鱼 *Notolychnus valdiviae* (Brauer, 1904)

*Myctophum valdiviae* Brauer, 1904: 377-404.
*Vestula valdiviae* (Brauer, 1904).
文献（**Reference**）：Masuda, Amaoka, Araga *et al.*, 1984; Okiyama, 1993; Wang and Chen, 2001; 伍汉霖, 邵广昭, 赖春福等, 2012.
别名或俗名（**Used or common name**）：尖吻背灯鱼，灯笼鱼，七星鱼，光鱼.
分布（**Distribution**）：东海.

## 570. 背灯鱼属 *Notoscopelus* Günther, 1864

### （2005）尾棘背灯鱼 *Notoscopelus caudispinosus* (Johnson, 1863)

*Scopelus caudispinosus* Johnson, 1863: 36-46.
*Lampanyctus caudospinosus* (Johnson, 1863).
*Macrostoma caudospinosum* (Johnson, 1863).
文献（**Reference**）：Masuda, Amaoka, Araga *et al.*, 1984; Okiyama, 1993; Wang and Chen, 2001; 伍汉霖, 邵广昭, 赖春福等, 2012.
别名或俗名（**Used or common name**）：灯笼鱼，七星鱼，光鱼.
分布（**Distribution**）：东海，南海.

### （2006）闪光背灯鱼 *Notoscopelus resplendens* (Richardson, 1845)

*Lampanyctus resplendens* Richardson, 1845: 1-139.
*Scopelus resplendens* (Richardson, 1845).
*Notoscopelus brachychier* Eigenmann *et* Eigenmann, 1889.
*Notoscopelus ejectus* Waite, 1904.
文献（**Reference**）：Masuda, Amaoka, Araga *et al.*, 1984; Yang, Huang, Chen *et al.*, 1996; Randall and Lim (eds.), 2000; Huang, 2001; Wang and Chen, 2001; 陈素芝, 2002; 伍汉霖, 邵广昭, 赖春福等, 2012.
别名或俗名（**Used or common name**）：灯笼鱼，七星鱼，光鱼.
分布（**Distribution**）：东海，南海.

## 571. 标灯鱼属 *Symbolophorus* Bolin *et* Wisner, 1959

**(2007) 大眼标灯鱼 *Symbolophorus boops* (Richardson, 1845)**

*Myctophum boops* Richardson, 1845: 17-52.

**文献（Reference）**：Richardson, 1844; 伍汉霖, 邵广昭, 赖春福等, 2012.

**分布（Distribution）**：南海.

**(2008) 埃氏标灯鱼 *Symbolophorus evermanni* (Gilbert, 1905)**

*Myctophum evermanni* Gilbert, 1905: 577-713.

**文献（Reference）**：Palomares, 1987; Yang, Huang, Chen *et al.*, 1996; Randall and Lim (eds.), 2000; Horie and Tanaka, 2000; Huang, 2001; Wang and Chen, 2001; 陈素芝, 2002; 伍汉霖, 邵广昭, 赖春福等, 2012.

**别名或俗名（Used or common name）**：灯笼鱼, 七星鱼, 光鱼.

**分布（Distribution）**：东海, 南海.

**(2009) 红标灯鱼 *Symbolophorus rufinus* (Tåning, 1928)**

*Myctophum rufinum* Tåning, 1928: 49-69.

**文献（Reference）**：Tåning, 1928: 49-69; 伍汉霖, 邵广昭, 赖春福等, 2012.

**分布（Distribution）**：南海.

## 572. 月灯鱼属 *Taaningichthys* Bolin, 1959

**(2010) 前臀月灯鱼 *Taaningichthys bathyphilus* (Tåning, 1928)**

*Lampadena bathyphila* Tåning, 1928: 49-69.

**文献（Reference）**：Masuda, Amaoka, Araga *et al.*, 1984; Yang, Huang, Chen *et al.*, 1996; Randall and Lim (eds.), 2000; Huang, 2001.

**分布（Distribution）**：南海.

**(2011) 新西兰月灯鱼 *Taaningichthys minimus* (Tåning, 1928)**

*Lampadena minima* Tåning, 1928: 49-69.

**文献（Reference）**：Masuda, Amaoka, Araga *et al.*, 1984; Okiyama, 1993.

**分布（Distribution）**：南海.

**(2012) 小月灯鱼 *Taaningichthys paurolychnus* Davy, 1972**

*Taaningichthys paurolychnus* Davy, 1972: 67-78.

**文献（Reference）**：Davy, 1972: 67-78; Masuda, Amaoka, Araga *et al.*, 1984; Randall and Lim (eds.), 2000.

**别名或俗名（Used or common name）**：少灯太宁灯鱼, 灯笼鱼, 七星鱼, 光鱼.

**分布（Distribution）**：东海, 南海.

## 573. 虹灯鱼属 *Bolinichthys* Paxton, 1972

**(2013) 长鳍虹灯鱼 *Bolinichthys longipes* (Brauer, 1906)**

*Myctophum* (*Lampanyctus*) *longipes* Brauer, 1906: 1-432.

*Myctophum longipes* Brauer, 1906.

*Lampanyctus fraserbrunneri* Bolin, 1946.

**文献（Reference）**：Masuda, Amaoka, Araga *et al.*, 1984; Yang, Huang, Chen *et al.*, 1996; Randall and Lim (eds.), 2000; Huang, 2001; Wang and Chen, 2001; 陈素芝, 2002; 伍汉霖, 邵广昭, 赖春福等, 2012.

**别名或俗名（Used or common name）**：灯笼鱼, 七星鱼, 光鱼.

**分布（Distribution）**：东海, 南海.

**(2014) 眶暗虹灯鱼 *Bolinichthys pyrsobolus* (Alcock, 1890)**

*Scopelus pyrsobolus* Alcock, 1890a: 197-222.

*Lampanyctus blacki* (Fowler, 1934).

*Serpa blacki* Fowler, 1934.

*Bolinichthys nanshanensis* Yang *et* Huang (杨家驹和黄增岳), 1992.

**文献（Reference）**：Fowler, 1934; Herre, 1953b; Yang, Huang, Chen *et al.*, 1996; Wang (ed.), 1998; Randall and Lim (eds.), 2000; Huang, 2001; 伍汉霖, 邵广昭, 赖春福等, 2012.

**分布（Distribution）**：南海.

**(2015) 侧上虹灯鱼 *Bolinichthys supralateralis* (Parr, 1928)**

*Lampanyctus supralateralis* Parr, 1928: 1-193.

*Lepidophanes supralateralis* (Parr, 1928).

**文献（Reference）**：Wang and Chen, 2001; 伍汉霖, 邵广昭, 赖春福等, 2012.

**别名或俗名（Used or common name）**：灯笼鱼, 七星鱼, 光鱼.

**分布（Distribution）**：南海.

## 574. 锦灯鱼属 *Centrobranchus* Fowler, 1904

**(2016) 牡锦灯鱼 *Centrobranchus andreae* (Lütken, 1892)**

*Scopelus* (*Rhinoscopelus*) *andreae* Lütken, 1892: 203-233.

*Scopelus andreae* Lütken, 1892.

*Centrobranchus andrea* (Lütken, 1892).

*Myctophum andreae* (Lütken, 1892).

*Centrobranchus gracilicaudus* Gilbert, 1905.

**文献（Reference）**：Masuda, Amaoka, Araga *et al.*, 1984; Okiyama, 1993; Yang, Huang, Chen *et al.*, 1996; Randall and

Lim (eds.), 2000; Huang, 2001; 伍汉霖, 邵广昭, 赖春福等, 2012.

**分布（Distribution）**：南海.

### （2017）椭锦灯鱼 *Centrobranchus choerocephalus* Fowler, 1904

*Centrobranchus chaerocephalus* Fowler, 1904: 754-755.

**文献（Reference）**：Masuda, Amaoka, Araga *et al.*, 1984; Okiyama, 1993; Yang, Huang, Chen *et al.*, 1996; Huang, 2001; 伍汉霖, 邵广昭, 赖春福等, 2012.

**分布（Distribution）**：南海.

### （2018）黑鳃锦灯鱼 *Centrobranchus nigroocellatus* (Günther, 1873)

*Scopelus nigroocellatus* Günther, 1873: 89-92.

*Myctophum nigro-ocellatum* (Günther, 1873).

*Myctophum coccoi regularis* Brauer, 1904.

**文献（Reference）**：Randall and Lim (eds.), 2000; Huang, 2001; 伍汉霖, 邵广昭, 赖春福等, 2012.

**分布（Distribution）**：南海.

## 575. 角灯鱼属 *Ceratoscopelus* Günther, 1864

### （2019）汤氏角灯鱼 *Ceratoscopelus townsendi* (Eigenmann *et* Eigenmann, 1889)

*Myctophum townsendi* Eigenmann *et* Eigenmann, 1889: 123-132.

**文献（Reference）**：Mead and Taylor, 1953; Huang, 2001; 伍汉霖, 邵广昭, 赖春福等, 2012.

**分布（Distribution）**：南海.

### （2020）瓦明氏角灯鱼 *Ceratoscopelus warmingii* (Lütken, 1892)

*Scopelus (Nyctophus) warmingii* Lütken, 1892: 221-297.

*Ceratoscopelus warmingi* (Lütken, 1892).

*Lampanyctus warmingii* (Lütken, 1892).

*Myctophum warmingii* (Lütken, 1892).

**文献（Reference）**：沈世杰, 1993; Yang, Huang, Chen *et al.*, 1996; Wang (ed.), 1998; Randall and Lim (eds.), 2000; Huang, 2001; Wang and Chen, 2001; 陈素芝, 2002; 伍汉霖, 邵广昭, 赖春福等, 2012.

**别名或俗名（Used or common name）**：瓦氏角灯鱼, 灯笼鱼, 七星鱼, 光鱼.

**分布（Distribution）**：东海, 南海.

## 576. 眶灯鱼属 *Diaphus* Eigenmann *et* Eigenmann, 1890

### （2021）长距眶灯鱼 *Diaphus aliciae* Fowler, 1934

*Diaphus aliciae* Fowler, 1934: 233-367.

*Diaphus layi* Fowler, 1934.

**文献（Reference）**：Fowler, 1934: 233-367; 沈世杰, 1993; Yang, Huang, Chen *et al.*, 1996; Randall and Lim (eds.), 2000; Huang, 2001; Wang and Chen, 2001; 陈素芝, 2002; 伍汉霖, 邵广昭, 赖春福等, 2012.

**别名或俗名（Used or common name）**：灯笼鱼, 七星鱼, 光鱼.

**分布（Distribution）**：东海, 南海.

### （2022）短头眶灯鱼 *Diaphus brachycephalus* Tåning, 1928

*Diaphus brachycephalus* Tåning, 1928: 49-69.

**文献（Reference）**：Tåning, 1928: 49-69; Masuda, Amaoka, Araga *et al.*, 1984; Yang, Huang, Chen *et al.*, 1996; Randall and Lim (eds.), 2000; Huang, 2001; 伍汉霖, 邵广昭, 赖春福等, 2012.

**别名或俗名（Used or common name）**：灯笼鱼, 七星鱼, 光鱼.

**分布（Distribution）**：南海.

### （2023）波腾眶灯鱼 *Diaphus burtoni* Fowler, 1934

*Diaphus burtoni* Fowler, 1934: 233-367.

*Diaphus bryani* Fowler, 1934.

**文献（Reference）**：Fowler, 1934: 233-367; Herre, 1953b; Randall and Lim (eds.), 2000; Huang, 2001; 伍汉霖, 邵广昭, 赖春福等, 2012.

**分布（Distribution）**：南海.

### （2024）金鼻眶灯鱼 *Diaphus chrysorhynchus* Gilbert *et* Cramer, 1897

*Diaphus chrysorhynchus* Gilbert *et* Cramer, 1897: 403-435.

**文献（Reference）**：Gilbert and Cramer, 1897: 403-435; de la Paz and Interior, 1979; 沈世杰, 1993; Shao, 1997; Huang, 2001; Wang and Chen, 2001; 陈素芝, 2002; 伍汉霖, 邵广昭, 赖春福等, 2012.

**别名或俗名（Used or common name）**：灯笼鱼, 七星鱼, 光.

**分布（Distribution）**：东海, 南海.

### （2025）蓝光眶灯鱼 *Diaphus coeruleus* (Klunzinger, 1871)

*Scopelus coeruleus* Klunzinger, 1871: 441-688.

*Diaphus caeruleus* (Klunzinger, 1871).

*Myctophum caeruleum* (Klunzinger, 1871).

*Myctophum caerulum* (Klunzinger, 1871).

**文献（Reference）**：Herre, 1953b; Kao and Shao, 1996; Yang, Huang, Chen *et al.*, 1996; Randall and Lim (eds.), 2000; Huang, 2001; Wang and Chen, 2001; 陈素芝, 2002; 伍汉霖, 邵广昭, 赖春福等, 2012.

**别名或俗名（Used or common name）**：灯笼鱼, 七星鱼, 光鱼.

分布（Distribution）：东海，南海.

### （2026）冠眶灯鱼 *Diaphus diadematus* Tåning, 1932

*Diaphus diademetus* Tåning, 1932: 125-146.
*Diaphus diademeus* Tåning, 1932.
**文献（Reference）**：Randall and Lim (eds.), 2000; Huang, 2001; 伍汉霖，邵广昭，赖春福等, 2012.
**分布（Distribution）**：南海.

### （2027）冠冕眶灯鱼 *Diaphus diademophilus* Nafpaktitis, 1978

*Diaphus diademophilus* Nafpaktitis, 1978: 1-92.
**文献（Reference）**：Nafpaktitis, 1978: 1-92; Yang, Huang, Chen *et al.*, 1996; Randall and Lim (eds.), 2000; Huang, 2001; 伍汉霖，邵广昭，赖春福等, 2012.
**别名或俗名（Used or common name）**：灯笼鱼，七星鱼，光鱼.
**分布（Distribution）**：东海，南海.

### （2028）符氏眶灯鱼 *Diaphus fragilis* Tåning, 1928

*Diaphus fragilis* Tåning, 1928: 49-69.
**文献（Reference）**：Tåning, 1928: 49-69; Yang, Huang, Chen *et al.*, 1996; Wang (ed.), 1998; Randall and Lim (eds.), 2000; Huang, 2001; Iwamoto and McCosker, 2014; 伍汉霖，邵广昭，赖春福等, 2012.
**别名或俗名（Used or common name）**：灯笼鱼，七星鱼，光鱼.
**分布（Distribution）**：东海，南海.

### （2029）灿烂眶灯鱼 *Diaphus fulgens* (Brauer, 1904)

*Myctophum fulgens* Brauer, 1904: 377-404.
*Diaphus nanus* Gilbert, 1908.
**文献（Reference）**：Masuda, Amaoka, Araga *et al.*, 1984; Yang, Huang, Chen *et al.*, 1996; Randall and Lim (eds.), 2000; Huang, 2001; 伍汉霖，邵广昭，赖春福等, 2012.
**别名或俗名（Used or common name）**：灯笼鱼，七星鱼，光鱼.
**分布（Distribution）**：东海，南海.

### （2030）喀氏眶灯鱼 *Diaphus garmani* Gilbert, 1906

*Diaphus garmani* Gilbert, 1906: 253-263.
*Diaphus latus* Gilbert, 1913.
*Diaphus ashmeadi* Fowler, 1934.
**文献（Reference）**：Gilbert, 1906: 253-263; Yang, Huang, Chen *et al.*, 1996; Wang (ed.), 1998; Randall and Lim (eds.), 2000; Horie and Tanaka, 2000; Huang, 2001; Wang and Chen, 2001; 陈素芝, 2002; Iwamoto and McCosker, 2014; 伍汉霖，邵广昭，赖春福等, 2012.
**别名或俗名（Used or common name）**：亮胸眶灯鱼，灯笼鱼，七星鱼，光鱼.
**分布（Distribution）**：东海，南海.

### （2031）大眼眶灯鱼 *Diaphus holti* Tåning, 1918

*Diaphus holti* Tåning, 1918: 1-154.
*Scopelus holti* (Tåning, 1918).
**文献（Reference）**：Huang, 2001; 伍汉霖，邵广昭，赖春福等, 2012.
**分布（Distribution）**：南海.

### （2032）奈氏眼眶鱼 *Diaphus knappi* Nafpaktitis, 1978

*Diaphus knappi* Nafpaktitis, 1978: 1-92.
**文献（Reference）**：Nafpaktitis, 1978: 1-92; Masuda, Amaoka, Araga *et al.*, 1984; Kao and Shao, 1996; Randall and Lim (eds.), 2000; Wang and Chen, 2001; 伍汉霖，邵广昭，赖春福等, 2012.
**别名或俗名（Used or common name）**：灯笼鱼，七星鱼，光鱼.
**分布（Distribution）**：南海.

### （2033）耀眼眶灯鱼 *Diaphus lucidus* (Goode *et* Bean, 1896)

*Aethoprora lucida* Goode *et* Bean, 1896: 1-553.
*Diaphus lucida* (Goode *et* Bean, 1896).
*Diaphus monodi* Fowler, 1934.
*Diaphus reidi* Fowler, 1934.
**文献（Reference）**：Herre, 1953b; Yang, Huang, Chen *et al.*, 1996; Randall and Lim (eds.), 2000; Huang, 2001; 伍汉霖，邵广昭，赖春福等, 2012.
**别名或俗名（Used or common name）**：灯笼鱼，七星鱼，光鱼.
**分布（Distribution）**：东海，南海.

### （2034）吕氏眶灯鱼 *Diaphus luetkeni* (Brauer, 1904)

*Myctophum luetkeni* Brauer, 1904: 377-404.
*Diaphus leutkeni* (Brauer, 1904).
*Diaphus lutkani* (Brauer, 1904).
*Diaphus lutkeni* (Brauer, 1904).
**文献（Reference）**：Masuda, Amaoka, Araga *et al.*, 1984; 沈世杰, 1993; Yang, Huang, Chen *et al.*, 1996; Wang (ed.), 1998; Randall and Lim (eds.), 2000; Huang, 2001; Wang and Chen, 2001; 伍汉霖，邵广昭，赖春福等, 2012.
**别名或俗名（Used or common name）**：灯笼鱼，七星鱼，光鱼.
**分布（Distribution）**：东海，南海.

### （2035）马来亚眶灯鱼 *Diaphus malayanus* Weber, 1913

*Diaphus malayanus* Weber, 1913: 1-710.

*Diaphus tanakae* Gilbert, 1913.
*Diaphus meyeri* Fowler, 1934.
**文献（Reference）**：Herre, 1953b; Masuda, Amaoka, Araga *et al.*, 1984; Yang, Huang, Chen *et al.*, 1996; Randall and Lim (eds.), 2000; Huang, 2001; 伍汉霖, 邵广昭, 赖春福等, 2012.
**分布（Distribution）**：南海.

### （2036）大鳞眶灯鱼 *Diaphus megalops* Nafpaktitis, 1978

*Diaphus megalops* Nafpaktitis, 1978: 1-92.
**文献（Reference）**：Randall and Lim (eds.), 2000; Huang, 2001; 伍汉霖, 邵广昭, 赖春福等, 2012.
**分布（Distribution）**：南海.

### （2037）短距眶灯鱼 *Diaphus mollis* Tåning, 1928

*Diaphus mellis* Tåning, 1928: 49-69.
*Diaphus molli* Tåning, 1928.
**文献（Reference）**：Tåning, 1928: 49-69; Masuda, Amaoka, Araga *et al.*, 1984; Yang, Huang, Chen *et al.*, 1996; Randall and Lim (eds.), 2000; Huang, 2001; 伍汉霖, 邵广昭, 赖春福等, 2012.
**别名或俗名（Used or common name）**：灯笼鱼, 七星鱼, 光鱼.
**分布（Distribution）**：东海, 南海.

### （2038）帕尔眶灯鱼 *Diaphus parri* Tåning, 1932

*Diaphus parri* Tåning, 1932: 125-146.
*Diaphus kendalli* Fowler, 1934.
*Diaphus longleyi* Fowler, 1934.
*Diaphus rassi* Kulikova, 1961.
**文献（Reference）**：Tåning, 1932: 125-146; Herre, 1953b; Masuda, Amaoka, Araga *et al.*, 1984; Yang, Huang, Chen *et al.*, 1996; Wang (ed.), 1998; Randall and Lim (eds.), 2000; Huang, 2001; 伍汉霖, 邵广昭, 赖春福等, 2012.
**别名或俗名（Used or common name）**：巴氏眶灯鱼, 灯笼鱼, 七星鱼, 光鱼.
**分布（Distribution）**：东海, 南海.

### （2039）华丽眶灯鱼 *Diaphus perspicillatus* (Ogilby, 1898)

*Aethoprora perspicillata* Ogilby, 1898: 32-41.
*Collettia perspicillata* (Ogilby, 1898).
*Diaphus perspicullata* (Ogilby, 1898).
*Diaphus elucens* (Brauer, 1904).
**文献（Reference）**：Masuda, Amaoka, Araga *et al.*, 1984; Yang, Huang, Chen *et al.*, 1996; Randall and Lim (eds.), 2000; Huang, 2001; 伍汉霖, 邵广昭, 赖春福等, 2012.
**分布（Distribution）**：南海.

### （2040）菲氏眶灯鱼 *Diaphus phillipsi* Fowler, 1934

*Diaphus phillipsi* Fowler, 1934: 233-367.
*Diaphus rolfbolini* Wisner, 1971.
**文献（Reference）**：Herre, 1953b; Masuda, Amaoka, Araga *et al.*, 1984; Yang, Huang, Chen *et al.*, 1996; Randall and Lim (eds.), 2000; 伍汉霖, 邵广昭, 赖春福等, 2012.
**分布（Distribution）**：南海.

### （2041）翘光眶灯鱼 *Diaphus regani* Tåning, 1932

*Diaphus regain* Tåning, 1932: 125-146.
**文献（Reference）**：Tåning, 1932: 125-146; Masuda, Amaoka, Araga *et al.*, 1984; Yang, Huang, Chen *et al.*, 1996; Randall and Lim (eds.), 2000; Huang, 2001; 伍汉霖, 邵广昭, 赖春福等, 2012.
**别名或俗名（Used or common name）**：灯笼鱼, 七星鱼, 光鱼.
**分布（Distribution）**：东海, 南海.

### （2042）李氏眶灯鱼 *Diaphus richardsoni* Tåning, 1932

*Diaphus richardsoni* Tåning, 1932: 125-146.
*Diaphus harveyi* Fowler, 1934.
**文献（Reference）**：Herre, 1953b; Masuda, Amaoka, Araga *et al.*, 1984; Yang, Huang, Chen *et al.*, 1996; Randall and Lim (eds.), 2000; Huang, 2001; 伍汉霖, 邵广昭, 赖春福等, 2012.
**分布（Distribution）**：南海.

### （2043）相模湾眶灯鱼 *Diaphus sagamiensis* Gilbert, 1913

*Diaphus sagamiensis* Gilbert, 1913: 67-107.
**文献（Reference）**：Masuda, Amaoka, Araga *et al.*, 1984; Wang (ed.), 1998; Randall and Lim (eds.), 2000; Wang and Chen, 2001; Huang, 2001; 伍汉霖, 邵广昭, 赖春福等, 2012.
**别名或俗名（Used or common name）**：相模眶灯鱼, 灯笼鱼, 七星鱼, 光鱼.
**分布（Distribution）**：南海.

### （2044）史氏眶灯鱼 *Diaphus schmidti* Tåning, 1932

*Diaphus schmidti* Tåning, 1932: 125-146.
*Diaphus crameri* Fowler, 1934.
**文献（Reference）**：Tåning, 1932: 125-146; Masuda, Amaoka, Araga *et al.*, 1984; Kao and Shao, 1996; Randall and Lim (eds.), 2000; Wang and Chen, 2001; 伍汉霖, 邵广昭, 赖春福等, 2012.
**别名或俗名（Used or common name）**：灯笼鱼, 七星鱼, 光鱼.
**分布（Distribution）**：南海.

### （2045）后光眶灯鱼 *Diaphus signatus* Gilbert, 1908

*Diaphus signatus* Gilbert, 1908: 217-237.
**文献（Reference）**：Masuda, Amaoka, Araga *et al.*, 1984; 沈

世杰, 1993; Yang, Huang, Chen *et al.*, 1996; Randall and Lim (eds.), 2000; Huang, 2001; Wang and Chen, 2001; 陈素芝, 2002; 伍汉霖, 邵广昭, 赖春福等, 2012.

**别名或俗名（Used or common name）**：灯笼鱼, 七星鱼, 光鱼.

**分布（Distribution）**：东海, 南海.

### （2046）高位眶灯鱼 *Diaphus similis* Wisner, 1974

*Diaphus similis* Wisner, 1974: 1-37.

**文献（Reference）**：Huang, 2001; 伍汉霖, 邵广昭, 赖春福等, 2012.

**分布（Distribution）**：南海.

### （2047）亮眶灯鱼 *Diaphus splendidus* (Brauer, 1904)

*Myctophum splendidum* Brauer, 1904: 377-404.
*Diaphus splendidum* (Brauer, 1904).
*Myctophum splendidum* Brauer, 1904.
*Diaphus scapulofulgens* Fowler, 1934.

**文献（Reference）**：Brauer, 1904: 377-404; Fowler, 1934; Masuda, Amaoka, Araga *et al.*, 1984; 沈世杰, 1993; Randall and Lim (eds.), 2000; Huang, 2001; Wang and Chen, 2001; 伍汉霖, 邵广昭, 赖春福等, 2012.

**别名或俗名（Used or common name）**：灯笼鱼, 七星鱼, 光鱼.

**分布（Distribution）**：南海.

### （2048）光腺眶灯鱼 *Diaphus suborbitalis* Weber, 1913

*Diaphus suborbitalisn* Weber, 1913: 1-710.
*Diaphus glandulifer* Gilbert, 1913.
*Diaphus streetsi* Fowler, 1934.

**文献（Reference）**：Go, Kawaguchi and Kusaka, 1977; Kao and Shao, 1996; Yang, Huang, Chen *et al.*, 1996; Shao, 1997; Wang (ed.), 1998; Randall and Lim (eds.), 2000; Huang, 2001; Wang and Chen, 2001; 陈素芝, 2002; Iwamoto and McCosker, 2014; 伍汉霖, 邵广昭, 赖春福等, 2012.

**别名或俗名（Used or common name）**：灯笼鱼, 七星鱼, 光鱼.

**分布（Distribution）**：东海, 南海.

### （2049）多耙眶灯鱼 *Diaphus termophilus* Tåning, 1928

*Diaphus thermophilus* Tåning, 1928: 49-69.
*Diaphus hypolucens* Parr, 1928.

**文献（Reference）**：Huang, 2001; 伍汉霖, 邵广昭, 赖春福等, 2012.

**分布（Distribution）**：南海.

### （2050）纤眶灯鱼 *Diaphus umbroculus* Fowler, 1934

*Diaphus umbroculus* Fowler, 1934: 233-367.

**文献（Reference）**：Herre, 1953b; Randall and Lim (eds.), 2000; Huang, 2001; 伍汉霖, 邵广昭, 赖春福等, 2012.

**分布（Distribution）**：南海.

### （2051）渡濑眶灯鱼 *Diaphus watasei* Jordan *et* Starks, 1904

*Diaphus watasei* Jordan *et* Starks, 1904b: 577-630.

**文献（Reference）**：Jordan and Starks, 1904c: 91-175; Kao and Shao, 1996; Yang, Huang, Chen *et al.*, 1996; Shao, 1997; Randall and Lim (eds.), 2000; Huang, 2001; Wang and Chen, 2001; 陈素芝, 2002; Iwamoto and McCosker, 2014; 伍汉霖, 邵广昭, 赖春福等, 2012.

**别名或俗名（Used or common name）**：灯笼鱼, 七星鱼, 光鱼.

**分布（Distribution）**：东海, 南海.

## 577. 明灯鱼属 *Diogenichthys* Bolin, 1939

### （2052）大西洋明灯鱼 *Diogenichthys atlanticus* (Tåning, 1928)

*Diogenichthye atlanticus* Tåning, 1928: 49-69.
*Diogenichthys atlanticum* (Tåning, 1928).
*Myctophum laternatum atlanticum* Tåning, 1928.
*Diogenichthys scofieldi* Bolin, 1939.

**文献（Reference）**：Yang, Huang, Chen *et al.*, 1996; Wang (ed.), 1998; Randall and Lim (eds.), 2000; Huang, 2001; Wang and Chen, 2001; 陈素芝, 2002; 伍汉霖, 邵广昭, 赖春福等, 2012.

**别名或俗名（Used or common name）**：西明灯鱼, 灯笼鱼, 七星鱼, 光鱼.

**分布（Distribution）**：东海, 南海.

### （2053）朗明灯鱼 *Diogenichthys laternatus* (Garman, 1899)

*Myctophum laternatum* Garman, 1899: 1-431.
*Diogenys laternatus* (Garman, 1899).

**文献（Reference）**：Okiyama, 1993; Yang, Huang, Chen *et al.*, 1996; Randall and Lim (eds.), 2000; Huang, 2001; 伍汉霖, 邵广昭, 赖春福等, 2012.

**分布（Distribution）**：南海.

### （2054）印度洋明灯鱼 *Diogenichthys panurgus* Bolin, 1946

*Diogenichthys panurgus* Bolin, 1946: 137-152.

**文献（Reference）**：Bolin, 1946: 137-152; Yang, Huang, Chen *et al.*, 1996; Randall and Lim (eds.), 2000; Huang, 2001; 伍汉霖, 邵广昭, 赖春福等, 2012.

**别名或俗名（Used or common name）**：印明灯鱼, 灯笼鱼, 七星鱼, 光鱼.

分布（Distribution）：南海.

## 578. 电灯鱼属 *Electrona* Goode *et* Bean, 1896

**（2055）高体电灯鱼 *Electrona risso* (Cocco, 1829)**

*Scopelus risso* Cocco, 1829: 138-147.
*Electrona rissoi* (Cocco, 1829).
*Myctophum risso* (Cocco, 1829).
*Scopelus rissoi* (Cocco, 1829).
**文献（Reference）**：Kubota and Uyeno, 1972; Wang (ed.), 1998; Wang and Chen, 2001; 伍汉霖, 邵广昭, 赖春福等, 2012.
**别名或俗名（Used or common name）**：灯笼鱼，七星鱼，光鱼.
**分布（Distribution）**：东海，南海.

## 579. 亨灯鱼属 *Hintonia* Fraser-Brunner, 1949

**（2056）犬牙亨灯鱼 *Hintonia candens* Fraser-Brunner, 1949**

*Hintonia candens* Fraser-Brunner, 1949: 1019-1106.
**文献（Reference）**：Fraser-Brunner, 1949: 1019-1106, pl. 1; Hulley, 1986; 伍汉霖, 邵广昭, 赖春福等, 2012.
**别名或俗名（Used or common name）**：灯笼鱼，七星鱼，光鱼.
**分布（Distribution）**：东海.

## 580. 壮灯鱼属 *Hygophum* Bolin, 1939

**（2057）黑壮灯鱼 *Hygophum atratum* (Garman, 1899)**

*Myctophum atratum* Garman, 1899: 1-431.
**文献（Reference）**：Yang, Huang, Chen *et al.*, 1996; Randall and Lim (eds.), 2000; 伍汉霖, 邵广昭, 赖春福等, 2012.
**分布（Distribution）**：南海.

**（2058）长鳍壮灯鱼 *Hygophum macrochir* (Günther, 1864)**

*Scopelus macrochir* Günther, 1864: 1-455.
**文献（Reference）**：Huang, 2001; 伍汉霖, 邵广昭, 赖春福等, 2012.
**分布（Distribution）**：南海.

**（2059）近壮灯鱼 *Hygophum proximum* Becker, 1965**

*Hygophum proximum* Becker, 1965: 62-103.
**文献（Reference）**：Becker, 1965: 62-103; Yang, Huang, Chen *et al.*, 1996; Wang (ed.), 1998; Randall and Lim (eds.), 2000; Chiu and Hsieh, 2001; Huang, 2001; Wang and Chen, 2001; 陈素芝, 2002; Iwamoto and McCosker, 2014; 伍汉霖, 邵广昭, 赖春福等, 2012.
**别名或俗名（Used or common name）**：灯笼鱼，七星鱼，光鱼.
**分布（Distribution）**：东海，南海.

**（2060）莱氏壮灯鱼 *Hygophum reinhardtii* (Lütken, 1892)**

*Scopelus reinhardtii* Lütken, 1892: 221-297.
*Hygophum reinhardti* (Lütken, 1892).
*Myctophum reinhardti* (Lütken, 1892).
*Myctophum reinhardtii* (Lütken, 1892).
**文献（Reference）**：Yang, Huang, Chen *et al.*, 1996; Randall and Lim (eds.), 2000; Wang and Chen, 2001; 陈素芝, 2002; 伍汉霖, 邵广昭, 赖春福等, 2012.
**别名或俗名（Used or common name）**：灯笼鱼，七星鱼，光鱼.
**分布（Distribution）**：东海，南海.

## 581. 炬灯鱼属 *Lampadena* Goode *et* Bean, 1893

**（2061）糙炬灯鱼 *Lampadena anomala* Parr, 1928**

*Lampadena anomala* Parr, 1928: 1-193.
**文献（Reference）**：Parr, 1928: 1-193; Wang and Chen, 2001; 伍汉霖, 邵广昭, 赖春福等, 2012.
**别名或俗名（Used or common name）**：灯笼鱼，七星鱼，光鱼.
**分布（Distribution）**：南海.

**（2062）发光炬灯鱼 *Lampadena luminosa* (Garman, 1899)**

*Myctophum luminosum* Garman, 1899: 1-431.
*Lampadena luminosa nitida* Tåning, 1928.
*Lampadena nitida* Tåning, 1928.
**文献（Reference）**：Yang, Huang, Chen *et al.*, 1996; Wang (ed.), 1998; Randall and Lim (eds.), 2000; Huang, 2001; Wang and Chen, 2001; 陈素芝, 2002; 伍汉霖, 邵广昭, 赖春福等, 2012.
**别名或俗名（Used or common name）**：灯笼鱼，七星鱼，光鱼.
**分布（Distribution）**：南海.

**（2063）暗柄炬灯鱼 *Lampadena speculigera* Goode *et* Bean, 1896**

*Lampadena speculigera* Goode *et* Bean, 1896: 1-553.
*Myctophum speculiger* (Goode *et* Bean, 1896).
*Scopelus speculigera* (Goode *et* Bean, 1896).
*Lampadena braueri* Zugmayer, 1914.
**文献（Reference）**：Yang, Huang, Chen *et al.*, 1996; Randall and Lim (eds.), 2000.

**分布（Distribution）**：南海.

## 582. 珍灯鱼属 *Lampanyctus* Bonaparte, 1840

### （2064）翼珍灯鱼 *Lampanyctus alatus* Goode *et* Bean, 1896

*Lampanyctus alatus alatus* Goode *et* Bean, 1896: 1-553.
*Macrostoma alatum* (Goode *et* Bean, 1896).
*Lampanyctus alatus punctatissimus* (Gilbert, 1913).
*Myctophum pseudoalatus* (Tåning, 1918).
**文献（Reference）**：Palomares, 1987; 沈世杰, 1993; Yang, Huang, Chen *et al.*, 1996; Wang (ed.), 1998; Randall and Lim (eds.), 2000; Huang, 2001; Wang and Chen, 2001; 陈素芝, 2002; 伍汉霖, 邵广昭, 赖春福等, 2012.
**别名或俗名（Used or common name）**：细斑珍灯鱼, 灯笼鱼, 七星鱼, 光鱼.
**分布（Distribution）**：东海, 南海.

### （2065）杂色珍灯鱼 *Lampanyctus festivus* Tåning, 1928

*Lampanyctus festivus* Tåning, 1928: 49-69.
*Macrostoma festivum* (Tåning, 1928).
*Lampanyctus septilucis* Beebe, 1932.
**文献（Reference）**：Masuda, Amaoka, Araga *et al.*, 1984; Huang, 2001; 伍汉霖, 邵广昭, 赖春福等, 2012.
**分布（Distribution）**：东海.

### （2066）大鳍珍灯鱼 *Lampanyctus macropterus* (Brauer, 1904)

*Myctophum* (*Lampanyctus*) *macropterum* Brauer, 1904: 377-404.
*Lampanyctus macropterus taningi* Angel *et* Verrier, 1931.
*Serpa freta* Whitley, 1936.
*Lampanyctus macropterus novaeguineae* Fowler, 1958.
**文献（Reference）**：Yang, Huang, Chen *et al.*, 1996; Randall and Lim (eds.), 2000; 伍汉霖, 邵广昭, 赖春福等, 2012.
**分布（Distribution）**：东海, 南海.

### （2067）诺贝珍灯鱼 *Lampanyctus nobilis* Tåning, 1928

*Lampanyctus nobilis* Tåning, 1928: 49-69.
**文献（Reference）**：Tåning, 1928: 49-69; 沈世杰, 1993; Yang, Huang, Chen *et al.*, 1996; Wang (ed.), 1998; Randall and Lim (eds.), 2000; Huang, 2001; Wang and Chen, 2001; 陈素芝, 2002; 伍汉霖, 邵广昭, 赖春福等, 2012.
**别名或俗名（Used or common name）**：名珍灯鱼, 灯笼鱼, 七星鱼, 光鱼.
**分布（Distribution）**：东海, 南海.

### （2068）同点珍灯鱼 *Lampanyctus omostigma* Gilbert, 1908

*Lampanyctus omostigma* Gilbert, 1908: 217-237.
**文献（Reference）**：Yang, Huang, Chen *et al.*, 1996; Randall and Lim (eds.), 2000; 伍汉霖, 邵广昭, 赖春福等, 2012.
**分布（Distribution）**：南海.

### （2069）天纽珍灯鱼 *Lampanyctus tenuiformis* (Brauer, 1906)

*Myctophum* (*Lampanyctus*) *tenuiforme* Brauer, 1906: 1-432.
*Lampanyctus tenuiformes* (Brauer, 1906).
**文献（Reference）**：Masuda, Amaoka, Araga *et al.*, 1984; Yang, Huang, Chen *et al.*, 1996; Randall and Lim (eds.), 2000; Huang, 2001; Wang and Chen, 2001; 陈素芝, 2002; 伍汉霖, 邵广昭, 赖春福等, 2012.
**别名或俗名（Used or common name）**：灯笼鱼, 七星鱼, 光鱼.
**分布（Distribution）**：东海, 南海.

### （2070）图氏珍灯鱼 *Lampanyctus turneri* (Fowler, 1934)

*Serpa turneri* Fowler, 1934: 233-367.
**文献（Reference）**：Herre, 1953b; Masuda, Amaoka, Araga *et al.*, 1984; Randall and Lim (eds.), 2000; Wang and Chen, 2001; 伍汉霖, 邵广昭, 赖春福等, 2012.
**别名或俗名（Used or common name）**：灯笼鱼, 七星鱼, 光鱼.
**分布（Distribution）**：南海.

## 583. 尾灯鱼属 *Triphoturus* Fraser-Brunner, 1949

### （2071）浅黑尾灯鱼 *Triphoturus nigrescens* (Brauer, 1904)

*Myctophum nigrescens* Brauer, 1904: 377-404.
*Triphotorus nigrescens* (Brauer, 1904).
*Triphoturus micropterus* (Brauer, 1906).
**文献（Reference）**：Masuda, Amaoka, Araga *et al.*, 1984; Yang, Huang, Chen *et al.*, 1996; Randall and Lim (eds.), 2000; Huang, 2001; Wang and Chen, 2001; 陈素芝, 2002; 伍汉霖, 邵广昭, 赖春福等, 2012.
**别名或俗名（Used or common name）**：黑尾灯鱼, 灯笼鱼, 七星鱼, 光鱼.
**分布（Distribution）**：东海, 南海.

# 三十四、月鱼目 Lampridiformes

# （一二四）旗月鱼科 Veliferidae

## 584. 旗月鱼属 *Velifer* Temminck *et* Schlegel, 1850

### （2072）旗月鱼 *Velifer hypselopterus* Bleeker, 1879

*Velifer hypselopterus* Bleeker, 1879: 1-33.

文献（Reference）：Bleeker, 1879: 1-33; 朱元鼎等, 1985; Shao, Kao and Lee, 1990; Shao, Chen, Kao *et al.*, 1993; 沈世杰, 1993; Shao, 1997; Randall and Lim (eds.), 2000; Huang, 2001; 伍汉霖, 邵广昭, 赖春福等, 2012.
别名或俗名（Used or common name）：草鲹，草甘.
分布（Distribution）：东海，南海.

## （一二五）月鱼科 Lampridae

### 585. 月鱼属 *Lampris* Retzius, 1799

**（2073）斑点月鱼 *Lampris guttatus* (Brünnich, 1788)**
*Zeus guttatus* Brünnich, 1788: 398-407.
*Lampris regius* (Bonnaterre, 1788).
*Lampris luna* (Gmelin, 1789).
*Zeus stroemii* Walbaum, 1792.
文献（Reference）：Oelschlager, 1974; 沈世杰, 1993; Randall and Lim (eds.), 2000; Huang, 2001; Castro-Aguirre, Cruz-Aguero and Gonzalez-Acosta, 2001; Orlov, 2002; 伍汉霖, 邵广昭, 赖春福等, 2012.
别名或俗名（Used or common name）：月鱼，花点三角仔，红皮刀.
分布（Distribution）：东海，南海.

## （一二六）冠带鱼科 Lophotidae

### 586. 真冠带鱼属 *Eumecichthys* Regan, 1907

**（2074）菲氏真冠带鱼 *Eumecichthys fiski* (Günther, 1890)**
*Lophotes fiskii* Günther, 1890: 244-247.
文献（Reference）：Masuda, Amaoka, Araga *et al.*, 1984; Randall and Lim (eds.), 2000; Chinese Academy of Fishery Science (CAFS), 2007; 伍汉霖, 邵广昭, 赖春福等, 2012.
别名或俗名（Used or common name）：真冠带鱼.
分布（Distribution）：南海.

### 587. 冠带鱼属 *Lophotus* Giorna, 1809

**（2075）凹鳍冠带鱼 *Lophotus capellei* Temminck *et* Schlegel, 1845**
*Lophotes capellei* Temminck *et* Schlegel, 1845: 113-172.
文献（Reference）：Masuda, Amaoka, Araga *et al.*, 1984.
别名或俗名（Used or common name）：冠带鱼.
分布（Distribution）：东海，南海.

## （一二七）粗鳍鱼科 Trachipteridae

### 588. 扇尾鱼属 *Desmodema* Walters *et* Fitch, 1960

**（2076）多斑扇尾鱼 *Desmodema polystictum* (Ogilby, 1898)**
*Trachypterus jacksoniensis polystictus* Ogilby, 1898: 646-659.
*Trachipterus polystictus* (Ogilby, 1898).
*Trachipterus woodi* Smith, 1953.
文献（Reference）：Masuda, Amaoka, Araga *et al.*, 1984; Okiyama, 1993; 沈世杰, 1993; Randall and Lim (eds.), 2000; Huang, 2001; 伍汉霖, 邵广昭, 赖春福等, 2012.
别名或俗名（Used or common name）：粗鳍鱼.
分布（Distribution）：南海.

### 589. 粗鳍鱼属 *Trachipterus* Goüan, 1770

**（2077）石川粗鳍鱼 *Trachipterus ishikawae* Jordan *et* Snyder, 1901**
*Trachypterus ishikawae* Jordan *et* Snyder, 1901i: 301-311.
文献（Reference）：沈世杰, 1993; Shao, 1997; Randall and Lim (eds.), 2000; Huang, 2001; 武云飞, 曾晓起和孔晓瑜, 2002; 伍汉霖, 邵广昭, 赖春福等, 2012.
别名或俗名（Used or common name）：石川氏粗鳍鱼，粗鳍鱼，龙宫使者，白龙王，龙王鱼.
分布（Distribution）：南海.

**（2078）粗鳍鱼 *Trachipterus trachypterus* (Gmelin, 1789)**
*Cepola trachyptera* Gmelin, 1789: 1033-1516.
*Trachypterus trachypterus* (Gmelin, 1789).
*Trachypterus rueppellii* Günther, 1861.
*Trachypterus trachyurus* Poey, 1861.
文献（Reference）：Masuda, Amaoka, Araga *et al.*, 1984; Okiyama, 1993; Randall and Lim (eds.), 2000; Kim, Choi, Lee *et al.*, 2005; Chinese Academy of Fishery Science (CAFS), 2007; 伍汉霖, 邵广昭, 赖春福等, 2012.
别名或俗名（Used or common name）：白龙鱼.
分布（Distribution）：黄海，东海，南海.

### 590. 丝鳍鱼属（横带粗鳍鱼属）*Zu* Walters *et* Fitch, 1960

**（2079）冠丝鳍鱼 *Zu cristatus* (Bonelli, 1819)**
*Trachipterus cristatus* Bonelli, 1819: 485-494.
*Trachypterus semiophorus* Bleeker, 1868.
*Trachipterus gavardi* Bounhiol, 1923.
*Trachypterus gavardi* Bounhiol, 1923.

文献（**Reference**）：Masuda, Amaoka, Araga *et al.*, 1984; Okiyama, 1993; Randall and Lim (eds.), 2000; Huang, 2001; Chinese Academy of Fishery Science (CAFS), 2007; 伍汉霖, 邵广昭, 赖春福等, 2012.
别名或俗名（**Used or common name**）：横带粗鳍鱼.
分布（**Distribution**）：东海, 南海.

## （一二八）皇带鱼科 Regalecidae

### 591. 皇带鱼属 *Regalecus* Ascanius, 1772

**（2080）皇带鱼 *Regalecus glesne* Ascanius, 1772**
*Regalecius glesne* Ascanius, 1772: 5.
*Gymnetrus ascanii* Shaw, 1803.
*Gymnetrus longiradiatus* Risso, 1820.
*Regalecus masterii* De Vis, 1892.
文献（**Reference**）：Randall and Lim (eds.), 2000; Chinese Academy of Fishery Science (CAFS), 2007; 伍汉霖, 邵广昭, 赖春福等, 2012.
分布（**Distribution**）：东海, 南海.

**（2081）勒氏皇带鱼 *Regalecus russelii* (Cuvier, 1816)**
*Gymnetrus russelii* Cuvier, 1816: 1-532.
*Regalecus russellii* (Cuvier, 1816).
*Regalecus caudatus* Zugmayer, 1914.
*Regalecus glesne pacificus* Wood-Jones, 1929.
文献（**Reference**）：Nishimura, 1960; Hutton, 1961; Masuda, Amaoka, Araga *et al.*, 1984; Huang, 2001; 伍汉霖, 邵广昭, 赖春福等, 2012.
别名或俗名（**Used or common name**）：皇带鱼, 龙宫使者, 白龙王, 龙王鱼, 鲱鱼王, 地震鱼.
分布（**Distribution**）：黄海, 东海, 南海.

# 三十五、须鳂目 Polymixiiformes

## （一二九）须鳂科 Polymixiidae

### 592. 须鳂属 *Polymixia* Lowe, 1838

**（2082）短须须鳂 *Polymixia berndti* Gilbert, 1905**
*Polymixia berndti* Gilbert, 1905: 577-713.
文献（**Reference**）：Gilbert, 1905: 577-713; Masuda, Amaoka, Araga *et al.*, 1984; 沈世杰, 1993; Randall and Lim (eds.), 2000; Huang, 2001; Iwamoto and McCosker, 2014; 伍汉霖, 邵广昭, 赖春福等, 2012.
别名或俗名（**Used or common name**）：银眼鲷.
分布（**Distribution**）：东海, 南海.

**（2083）日本须鳂 *Polymixia japonica* Günther, 1877**
*Polymixia japonicus* Günther, 1877: 433-446.
文献（**Reference**）：Günther, 1877: 433-446; Masuda, Amaoka, Araga *et al.*, 1984; 沈世杰, 1993; Yamada, Shirai, Irie *et al.*, 1995; Randall and Lim (eds.), 2000; 伍汉霖, 邵广昭, 赖春福等, 2012.
别名或俗名（**Used or common name**）：银眼鲷, 银目鲷.
分布（**Distribution**）：东海, 南海.

**（2084）长棘须鳂 *Polymixia longispina* Deng, Xiong *et* Zhan, 1983**
*Polymixia longispina* Deng, Xiong *et* Zhan, 1983b: 317-322.
*Polymixia kawadae* Okamura *et* Ema, 1985.
文献（**Reference**）：Deng, Xiong and Zhan, 1983b: 317-322; Huang, 2001; Chinese Academy of Fishery Science (CAFS), 2007; 伍汉霖, 邵广昭, 赖春福等, 2012.
别名或俗名（**Used or common name**）：银眼鲷.
分布（**Distribution**）：东海.

# 三十六、鳕形目 Gadiformes

## （一三〇）犀鳕科 Bregmacerotidae

### 593. 犀鳕属 *Bregmaceros* Thompson, 1840

**（2085）阿拉伯犀鳕 *Bregmaceros arabicus* D'Ancona *et* Cavinato, 1965**
*Bregmaceros arabicus* D'Ancona *et* Cavinato, 1965: 1-91.
文献（**Reference**）：Masuda, Amaoka, Araga *et al.*, 1984; Okiyama, 1993; Chiu and Hsieh, 2001; Huang, 2001; Hsieh and Chiu, 2002; 伍汉霖, 邵广昭, 赖春福等, 2012.
分布（**Distribution**）：南海.

**（2086）大西洋犀鳕 *Bregmaceros atlanticus* Goode *et* Bean, 1886**
*Bregmaceros atlanticus* Goode *et* Bean, 1886: 153-170.
文献（**Reference**）：Masuda, Amaoka, Araga *et al.*, 1984; Okiyama, 1993; Huang, 2001; 伍汉霖, 邵广昭, 赖春福等, 2012.
分布（**Distribution**）：南海.

**（2087）深游犀鳕 *Bregmaceros bathymaster* Jordan *et* Bollman, 1890**
*Bregmaceros bathymaster* Jordan *et* Bollman, 1890: 149-183.
*Bregmaceros longipes* Garman, 1899.
文献（**Reference**）：Shen, 1960; 伍汉霖, 邵广昭, 赖春福等, 2012.

分布（Distribution）：南海.

**（2088）日本犀鳕 *Bregmaceros japonicus* Tanaka, 1908**

*Bregmaceros atlanticus japonicus* Tanaka, 1908a: 27-47.

**文献（Reference）**：Shen, 1960; Masuda and Ozawa, 1979; Shao, Chen, Kao *et al.*, 1993; 沈世杰, 1993; Shao, 1997; Randall and Lim (eds.), 2000; Huang, 2001; Iwamoto and McCosker, 2014; 伍汉霖, 邵广昭, 赖春福等, 2012.

**别名或俗名（Used or common name）**：海鲥鳅, 海土鳅.

**分布（Distribution）**：东海, 南海.

**（2089）尖鳍犀鳕 *Bregmaceros lanceolatus* Shen, 1960**

*Bregmaceros lanceolatus* Shen, 1960: 67-74.

**文献（Reference）**：Shen, 1960: 67-74; Shao, Chen, Kao *et al.*, 1993; 沈世杰, 1993; Ni and Kwok, 1999; Randall and Lim (eds.), 2000; Huang, 2001; Chiou, Cheng and Chen, 2004; 伍汉霖, 邵广昭, 赖春福等, 2012.

**别名或俗名（Used or common name）**：海鲥鳅.

**分布（Distribution）**：东海, 南海.

**（2090）麦氏犀鳕 *Bregmaceros mcclellandi* Thompson, 1840**

*Bregmaceros macclellandi* Thompson, 1840: 184-187.

*Bregmaceros mcclellandii* Thompson, 1840.

*Calloptilum mirum* Richardson, 1845.

**文献（Reference）**：Shen, 1960; Masuda, Amaoka, Araga *et al.*, 1984; Okiyama, 1993; Ni and Kwok, 1999; Randall and Lim (eds.), 2000; Huang, 2001; 伍汉霖, 邵广昭, 赖春福等, 2012.

**分布（Distribution）**：东海, 南海.

**（2091）银腰犀鳕 *Bregmaceros nectabanus* Whitley, 1941**

*Bregmaceros nectabanus* Whitley, 1941: 1-50.

**文献（Reference）**：Masuda, Amaoka, Araga *et al.*, 1984; Okiyama, 1993; Chiu and Hsieh, 2001; Huang, 2001; Hsieh and Chiu, 2002; Ohshimo, 2004; 伍汉霖, 邵广昭, 赖春福等, 2012.

**别名或俗名（Used or common name）**：澎湖犀鳕, 海鲥鳅, 海土鳅.

**分布（Distribution）**：黄海, 东海, 南海.

**（2092）澎湖犀鳕 *Bregmaceros pescadorus* Shen, 1960**

*Bregmaceros pescadorus* Shen, 1960: 67-74.

**文献（Reference）**：Shen, 1960: 67-74; 沈世杰, 1993; Randall and Lim (eds.), 2000; Huang, 2001; 伍汉霖, 邵广昭, 赖春福等, 2012.

**别名或俗名（Used or common name）**：海鲥鳅, 海土鳅.

分布（Distribution）：南海.

**（2093）拟尖鳍犀鳕 *Bregmaceros pseudolanceolatus* Torii, Javonillo *et* Ozawa, 2004**

*Bregmaceros pseudolanceolatus* Torii, Javonillo *et* Ozawa, 2004: 106-112.

**文献（Reference）**：Torii, Javonillo and Ozawa, 2004: 106-112; Ho, Choo and Teng, 2011; Ho and Shao, 2011; 伍汉霖, 邵广昭, 赖春福等, 2012.

**别名或俗名（Used or common name）**：拟尖尾犀鳕, 海鲥鳅.

**分布（Distribution）**：南海.

## （一三一）长尾鳕科 Macrouridae

### 594. 底尾鳕属 *Bathygadus* Günther, 1878

**（2094）孔头底尾鳕 *Bathygadus antrodes* (Jordan *et* Starks, 1904)**

*Melanobranchus antrodes* Jordan *et* Starks, 1904c: 91-175.

**文献（Reference）**：Masuda, Amaoka, Araga *et al.*, 1984; Sazonov, 1994; Huang, 2001; Chiou, Shao and Iwamoto, 2004; 伍汉霖, 邵广昭, 赖春福等, 2012.

**别名或俗名（Used or common name）**：鳕鱼.

**分布（Distribution）**：东海.

**（2095）暗色底尾鳕 *Bathygadus furvescens* Alcock, 1894**

*Bathygadus furvescens* Alcock, 1894: 115-137.

**文献（Reference）**：Alcock, 1894: 115-137; Herre, 1953b; 伍汉霖, 邵广昭, 赖春福等, 2012.

**别名或俗名（Used or common name）**：鳕鱼.

**分布（Distribution）**：东海, 南海.

**（2096）加氏底尾鳕 *Bathygadus garretti* Gilbert *et* Hubbs, 1916**

*Bathygadus garretti* Gilbert *et* Hubbs, 1916: 135-214.

**文献（Reference）**：Gilbert and Hubbs, 1916: 135-214; Okamura, 1970; Masuda, Amaoka, Araga *et al.*, 1984; Huang, 2001; Chiou, Shao and Iwamoto, 2004; 伍汉霖, 邵广昭, 赖春福等, 2012.

**别名或俗名（Used or common name）**：鳕鱼.

**分布（Distribution）**：东海.

**（2097）日本底尾鳕 *Bathygadus nipponicus* (Jordan *et* Gilbert, 1904)**

*Regania nipponica* Jordan *et* Gilbert, 1904: 577-630.

**文献（Reference）**：Okamura, 1970; Masuda, Amaoka, Araga *et al.*, 1984; Chiou, Shao and Iwamoto, 2004; 伍汉霖, 邵广昭, 赖春福等, 2012.

**别名或俗名（Used or common name）**：鳕鱼.

分布（Distribution）：东海.

**（2098）绵头底尾鳕 *Bathygadus spongiceps* Gilbert *et* Hubbs, 1920**

*Bathygadus spongiceps* Gilbert *et* Hubbs, 1920: 369-588.

文献（Reference）：Gilbert and Hubbs, 1920: 369-588; Herre, 1953b; Randall and Lim (eds.), 2000; Iwamoto and McCosker, 2014; 伍汉霖, 邵广昭, 赖春福等, 2012.

别名或俗名（Used or common name）：鳕鱼.

分布（Distribution）：南海.

## 595. 鲸尾鳕属 *Cetonurus* Günther, 1887

**（2099）球首鲸尾鳕 *Cetonurus globiceps* (Vaillant, 1884)**

*Macrurus globiceps* Vaillant, 1884: 182-186.

*Cetonurus robustus* Gilbert *et* Hubbs, 1916.

文献（Reference）：Masuda, Amaoka, Araga *et al.*, 1984; 伍汉霖, 邵广昭, 赖春福等, 2012.

别名或俗名（Used or common name）：鳕鱼.

分布（Distribution）：南海.

## 596. 腔吻鳕属 *Coelorinchus* Giorna, 1809

**（2100）鸭嘴腔吻鳕 *Coelorinchus anatirostris* Jordan *et* Gilbert, 1904**

*Caelorinchus anatirostris* Jordan *et* Gilbert, 1904: 577-630.

文献（Reference）：Okamura, 1970; Masuda, Amaoka, Araga *et al.*, 1984; 沈世杰, 1993; Huang, 2001; Chiou, Shao and Iwamoto, 2004; 伍汉霖, 邵广昭, 赖春福等, 2012.

别名或俗名（Used or common name）：鼠腔吻鳕, 鳕鱼.

分布（Distribution）：东海.

**（2101）银腔吻鳕 *Coelorinchus argentatus* Smith *et* Radcliffe, 1912**

*Caelorinchus argentatus* Smith *et* Radcliffe, 1912: 105-140.

文献（Reference）：Herre, 1953b; Iwamoto and Merrett, 1997; 伍汉霖, 邵广昭, 赖春福等, 2012.

分布（Distribution）：南海.

**（2102）眼斑腔吻鳕 *Coelorinchus argus* Weber, 1913**

*Caelorinchus argus* Weber, 1913: 1-710.

文献（Reference）：Herre, 1953b; Randall and Lim (eds.), 2000; 伍汉霖, 邵广昭, 赖春福等, 2012.

分布（Distribution）：南海.

**（2103）拟星腔吻鳕 *Coelorinchus asteroides* Okamura, 1963**

*Caelorinchus asteroides* Okamura, 1963: 21-35.

文献（Reference）：Masuda, Amaoka, Araga *et al.*, 1984; Huang, 2001; Chiou, Shao and Iwamoto, 2004; 伍汉霖, 邵广昭, 赖春福等, 2012.

别名或俗名（Used or common name）：鳕鱼.

分布（Distribution）：东海.

**（2104）短吻腔吻鳕 *Coelorinchus brevirostris* Okamura, 1984**

*Caelorinchus brevirostris* Okamura, 1984: 1-414.

文献（Reference）：Chiou, Shao and Iwamoto, 2004; 伍汉霖, 邵广昭, 赖春福等, 2012.

别名或俗名（Used or common name）：鳕鱼.

分布（Distribution）：东海.

**（2105）龙首腔吻鳕 *Coelorinchus carinifer* Gilbert *et* Hubbs, 1920**

*Caelorinchus carinifer* Gilbert *et* Hubbs, 1920: 369-588.

文献（Reference）：Herre, 1953b; Randall and Lim (eds.), 2000; Iwamoto and McCosker, 2014; 伍汉霖, 邵广昭, 赖春福等, 2012.

分布（Distribution）：南海.

**（2106）带斑腔吻鳕 *Coelorinchus cingulatus* Gilbert *et* Hubbs, 1920**

*Caelorinchus cingulatus* Gilbert *et* Hubbs, 1920: 369-588.

文献（Reference）：Herre, 1953b; 沈世杰, 1993; Randall and Lim (eds.), 2000; Huang, 2001; Chiou, Shao and Iwamoto, 2004a, 2004b; 伍汉霖, 邵广昭, 赖春福等, 2012.

别名或俗名（Used or common name）：横带腔吻鳕, 鳕鱼.

分布（Distribution）：东海, 南海.

**（2107）变异腔吻鳕 *Coelorinchus commutabilis* Smith *et* Radcliffe, 1912**

*Caelorinchus commutabilis* Smith *et* Radcliffe, 1912: 105-140.

文献（Reference）：Herre, 1953b; Randall and Lim (eds.), 2000; Huang, 2001; Chinese Academy of Fishery Science (CAFS), 2007; 伍汉霖, 邵广昭, 赖春福等, 2012.

别名或俗名（Used or common name）：鳕鱼.

分布（Distribution）：东海, 南海.

**（2108）广布腔吻鳕 *Coelorinchus divergens* Okamura *et* Yatou, 1984**

*Caelorinchus divergens* Okamura *et* Yatou, 1984: 1-414.

文献（Reference）：Cohen, Inada, Iwamoto *et al.*, 1990; Nakabo (ed.), 2002; Shinohara, Sato, Aonuma *et al.*, 2005; 伍汉霖, 邵广昭, 赖春福等, 2012.

别名或俗名（Used or common name）：鳕鱼.

分布（Distribution）：东海, 南海.

**（2109）台湾腔吻鳕 *Coelorinchus formosanus* Okamura, 1963**

*Caelorinchus formosanus* Okamura, 1963: 21-35.
*Coelorhynchus abbreviatus* Chu *et* Lo (*in* Chu, Lo *et* Wu), 1963.
*Coelorhynchus intermedius* Chu *et* Lo (*in* Chu, Lo *et* Wu), 1963.
**文献（Reference）**：Okamura, 1970; 沈世杰, 1993; Randall and Lim (eds.), 2000; Huang, 2001; Chiou, Shao and Iwamoto, 2004; Kim, Iwamoto and Yabe, 2009; 伍汉霖, 邵广昭, 赖春福等, 2012.
**别名或俗名（Used or common name）**：鳕鱼.
**分布（Distribution）**：东海, 南海.

**（2110）黑喉腔吻鳕 *Coelorinchus fuscigulus* Iwamoto, Ho *et* Shao, 2009**

*Coelorinchus fuscigulus* Iwamoto, Ho *et* Shao, 2009: 39-50.
**文献（Reference）**：Iwamoto, Ho and Shao, 2009: 39-50; 伍汉霖, 邵广昭, 赖春福等, 2012.
**别名或俗名（Used or common name）**：鳕鱼.
**分布（Distribution）**：东海.

**（2111）哈氏腔吻鳕 *Coelorinchus hubbsi* Matsubara, 1936**

*Coelorhynchus hubbsi* Matsubara, 1936a: 355-360.
**文献（Reference）**：Okamura, 1970; 沈世杰, 1993; Shao, 1997; Randall and Lim (eds.), 2000; Huang, 2001; Chiou, Shao and Iwamoto, 2004; 伍汉霖, 邵广昭, 赖春福等, 2012.
**别名或俗名（Used or common name）**：哈卜氏腔吻鳕, 鳕鱼.
**分布（Distribution）**：东海, 南海.

**（2112）日本腔吻鳕 *Coelorinchus japonicus* (Temminck *et* Schlegel, 1846)**

*Macrourus japonicus* Temminck *et* Schlegel, 1846: 173-269.
*Caelorinchus japonicus* (Temminck *et* Schlegel, 1846).
*Coelorhynchus japonicus* (Temminck *et* Schlegel, 1846).
**文献（Reference）**：Masuda, Amaoka, Araga *et al.*, 1984; 沈世杰, 1993; Randall and Lim (eds.), 2000; Huang, 2001; Chiou, Shao and Iwamoto, 2004; 伍汉霖, 邵广昭, 赖春福等, 2012.
**别名或俗名（Used or common name）**：鳕鱼.
**分布（Distribution）**：东海, 南海.

**（2113）乔丹氏腔吻鳕 *Coelorinchus jordani* Smith *et* Pope, 1906**

*Caelorinchus jordani* Smith *et* Pope, 1906: 459-499.
**文献（Reference）**：Masuda, Amaoka, Araga *et al.*, 1984; Huang, 2001; Chinese Academy of Fishery Science (CAFS), 2007; 伍汉霖, 邵广昭, 赖春福等, 2012.
**分布（Distribution）**：东海.

**（2114）蒲原氏腔吻鳕 *Coelorinchus kamoharai* Matsubara, 1943**

*Caelorinchus kamoharai* Matsubara, 1943b: 131-152.
**文献（Reference）**：Okamura, 1970; Shao, Chen, Kao *et al.*, 1993; 沈世杰, 1993; Randall and Lim (eds.), 2000; Huang, 2001; Chiou, Shao and Iwamoto, 2004; 伍汉霖, 邵广昭, 赖春福等, 2012.
**别名或俗名（Used or common name）**：鳕鱼.
**分布（Distribution）**：东海, 南海.

**（2115）岸上氏腔吻鳕 *Coelorinchus kishinouyei* Jordan *et* Snyder, 1900**

*Caelorinchus kishinouyei* Jordan *et* Snyder, 1900: 335-380.
**文献（Reference）**：Masuda, Amaoka, Araga *et al.*, 1984; 沈世杰, 1993; Randall and Lim (eds.), 2000; Huang, 2001; Chiou, Shao and Iwamoto, 2004; Iwamoto and McCosker, 2014; 伍汉霖, 邵广昭, 赖春福等, 2012.
**别名或俗名（Used or common name）**：鳕鱼.
**分布（Distribution）**：东海, 南海.

**（2116）窄吻腔吻鳕 *Coelorinchus leptorhinus* Chiou, Shao *et* Iwamoto, 2004**

*Caelorinchus leptorhinus* Chiou, Shao *et* Iwamoto, 2004b: 35-50.
**文献（Reference）**：伍汉霖, 邵广昭, 赖春福等, 2012.
**分布（Distribution）**：东海, 南海.

**（2117）长头腔吻鳕 *Coelorinchus longicephalus* Okamura, 1982**

*Coelorhynchus longicephalus* Okamura, 1982: 1-435.
**文献（Reference）**：Masuda, Amaoka, Araga *et al.*, 1984; 伍汉霖, 邵广昭, 赖春福等, 2012.
**分布（Distribution）**：南海.

**（2118）长管腔吻鳕 *Coelorinchus longissimus* Matsubara, 1943**

*Caelorinchus longissimus* Matsubara, 1943b: 131-152.
**文献（Reference）**：Okamura, 1970; Masuda, Amaoka, Araga *et al.*, 1984; Huang, 2001; Chiou, Shao and Iwamoto, 2004; 伍汉霖, 邵广昭, 赖春福等, 2012.
**别名或俗名（Used or common name）**：鳕鱼.
**分布（Distribution）**：东海.

**（2119）大臂腔吻鳕 *Coelorinchus macrochir* (Günther, 1877)**

*Macrurus macrochir* Günther, 1877: 433-446.
*Abyssicola macrochir* (Günther, 1877).
*Caelorinchus macrochir* (Günther, 1877).

*Coelorhynchus macrochir* (Günther, 1877).
文献（**Reference**）：Masuda, Amaoka, Araga *et al.*, 1984; Kim, Iwamoto and Yabe, 2009; 伍汉霖, 邵广昭, 赖春福等, 2012.
别名或俗名（**Used or common name**）：长臂腔吻鳕, 鳕鱼.
分布（**Distribution**）：东海.

### （2120）大鳞腔吻鳕 *Coelorinchus macrolepis* Gilbert *et* Hubbs, 1920

*Caelorinchus macrolepis* Gilbert *et* Hubbs, 1920: 369-588.
*Coelorhynchus macrolepis* Gilbert *et* Hubbs, 1920.
文献（**Reference**）：Herre, 1953b; Randall and Lim (eds.), 2000; 伍汉霖, 邵广昭, 赖春福等, 2012.
分布（**Distribution**）：南海.

### （2121）大吻腔吻鳕 *Coelorinchus macrorhynchus* Smith *et* Radcliffe, 1912

*Caelorinchus macrorhynchus* Smith *et* Radcliffe, 1912: 105-140.
*Coelorhynchus macrorhynchus* Smith *et* Radcliffe, 1912.
文献（**Reference**）：Herre, 1953b; 伍汉霖, 邵广昭, 赖春福等, 2012.
分布（**Distribution**）：南海.

### （2122）斑腔吻鳕 *Coelorinchus maculatus* Gilbert *et* Hubbs, 1920

*Caelorinchus maculatus* Gilbert *et* Hubbs, 1920: 369-588.
*Coelorhynchus maculatus* Gilbert *et* Hubbs, 1920.
文献（**Reference**）：Herre, 1953b; 伍汉霖, 邵广昭, 赖春福等, 2012.
分布（**Distribution**）：南海.

### （2123）松原腔吻鳕 *Coelorinchus matsubarai* Okamura, 1982

*Caelorinchus matsubarai* Okamura, 1982: 1-435.
*Coelorhynchus matsubarai* Okamura, 1982.
文献（**Reference**）：Masuda, Amaoka, Araga *et al.*, 1984; Sazonov, 1994; Shao, 1997; Randall and Lim (eds.), 2000; Huang, 2001; 伍汉霖, 邵广昭, 赖春福等, 2012.
分布（**Distribution**）：东海, 南海.

### （2124）多棘腔吻鳕 *Coelorinchus multispinulosus* Katayama, 1942

*Caelorinchus multispinulosus* Katayama, 1942: 332-334.
*Coelorhynchus vermicularis* Matsubara, 1943.
文献（**Reference**）：Okamura, 1970; 沈世杰, 1993; Yamada, Shirai, Irie *et al.*, 1995; Randall and Lim (eds.), 2000; Huang, 2001; Chiou, Shao and Iwamoto, 2004; 伍汉霖, 邵广昭, 赖春福等, 2012.
别名或俗名（**Used or common name**）：鳕鱼.
分布（**Distribution**）：黄海, 东海, 南海.

### （2125）平棘腔吻鳕 *Coelorinchus parallelus* (Günther, 1877)

*Macrurus parallelus* Günther, 1877: 433-446.
*Caelorichus parallelus* (Günther, 1877).
文献（**Reference**）：Herre, 1953b; Okamura, 1970; Masuda, Amaoka, Araga *et al.*, 1984; 沈世杰, 1993; Randall and Lim (eds.), 2000; Huang, 2001; Chiou, Shao and Iwamoto, 2004; 伍汉霖, 邵广昭, 赖春福等, 2012.
别名或俗名（**Used or common name**）：鳕鱼.
分布（**Distribution**）：东海, 南海.

### （2126）东海腔吻鳕 *Coelorinchus productus* Gilbert *et* Hubbs, 1916

*Caelorinchus productus* Gilbert *et* Hubbs, 1916: 135-214.
*Coelorhynchus productus* Gilbert *et* Hubbs, 1916: 135-214.
文献（**Reference**）：Okamura, 1970; Chiou, Shao and Iwamoto, 2004; 伍汉霖, 邵广昭, 赖春福等, 2012.
别名或俗名（**Used or common name**）：鳕鱼.
分布（**Distribution**）：东海.

### （2127）沈氏腔吻鳕 *Coelorinchus sheni* Chiou, Shao *et* Iwamoto, 2004

*Caelorinchus sheni* Chiou, Shao *et* Iwamoto, 2004b: 35-50.
文献（**Reference**）：伍汉霖, 邵广昭, 赖春福等, 2012.
别名或俗名（**Used or common name**）：鳕鱼.
分布（**Distribution**）：东海, 南海.

### （2128）史氏腔吻鳕 *Coelorinchus smithi* Gilbert *et* Hubbs, 1920

*Caelorinchus smithi* Gilbert *et* Hubbs, 1920: 369-588.
*Coelorhynchus smithi* Gilbert *et* Hubbs, 1920: 369-588.
文献（**Reference**）：Okamura, 1970; Huang, 2001; Chiou, Shao and Iwamoto, 2004; Iwamoto and McCosker, 2014; 伍汉霖, 邵广昭, 赖春福等, 2012.
别名或俗名（**Used or common name**）：斯氏腔吻鳕, 鳕鱼.
分布（**Distribution**）：东海.

### （2129）散鳞腔吻鳕 *Coelorinchus sparsilepis* Okamura, 1984

*Caelorinchus sparsilepis* Okamura, 1984: 1-205.
文献（**Reference**）：Cohen, Inada, Iwamoto *et al.*, 1990; Nakabo (ed.), 2002; Shinohara, Sato, Aonuma *et al.*, 2005; 伍汉霖, 邵广昭, 赖春福等, 2012.
分布（**Distribution**）：东海.

### （2130）大棘腔吻鳕 *Coelorinchus spinifer* Gilbert *et* Hubbs, 1920

*Caelorinchus spinifer* Gilbert *et* Hubbs, 1920: 369-588.
文献（**Reference**）：伍汉霖, 邵广昭, 赖春福等, 2012.

别名或俗名（**Used or common name**）：鳕鱼.

分布（**Distribution**）：南海.

**（2131）汤氏腔吻鳕 *Coelorinchus thompsoni* Gilbert *et* Hubbs, 1920**

*Caelorinchus thompsoni* Gilbert *et* Hubbs, 1920: 369-588.

文献（**Reference**）：Herre, 1953b; Randall and Lim (eds.), 2000; 伍汉霖, 邵广昭, 赖春福等, 2012.

分布（**Distribution**）：南海.

**（2132）东京腔吻鳕 *Coelorinchus tokiensis* (Steindachner *et* Döderlein, 1887)**

*Macrurus tokiensis* Steindachner *et* Döderlein, 1887: 257-296.

*Caelorinchus tokiensis* (Steindachner *et* Döderlein, 1887).

文献（**Reference**）：Masuda, Amaoka, Araga *et al.*, 1984; Shao, 1997; Randall and Lim (eds.), 2000; Huang, 2001; 伍汉霖, 邵广昭, 赖春福等, 2012.

分布（**Distribution**）：东海，南海.

## 597. 突吻鳕属 *Coryphaenoides* Lacépède, 1801

**（2133）粗体突吻鳕 *Coryphaenoides asper* Günther, 1877**

*Coryphaenoides asper* Günther, 1877: 433-446.

文献（**Reference**）：Günther, 1877: 433-446; Masuda, Amaoka, Araga *et al.*, 1984; 伍汉霖, 邵广昭, 赖春福等, 2012.

别名或俗名（**Used or common name**）：鳕鱼.

分布（**Distribution**）：南海.

**（2134）暗边突吻鳕 *Coryphaenoides marginatus* Steindachner *et* Döderlein, 1887**

*Coryphaenoides marginatus* Steindachner *et* Döderlein, 1887: 257-296.

*Coryphaenoides awae* Jordan *et* Gilbert, 1904.

文献（**Reference**）：Steindachner and Döderlein, 1887: 257-296; Masuda, Amaoka, Araga *et al.*, 1984; 沈世杰, 1993; Randall and Lim (eds.), 2000; Huang, 2001; Kim, Iwamoto and Yabe, 2009; 伍汉霖, 邵广昭, 赖春福等, 2012.

别名或俗名（**Used or common name**）：鳕鱼.

分布（**Distribution**）：东海，南海.

**（2135）细眼突吻鳕 *Coryphaenoides microps* (Smith *et* Radcliffe, 1912)**

*Macrourus microps* Smith *et* Radcliffe, 1912: 579-581.

文献（**Reference**）：de la Paz and Interior, 1979; Cohen, Inada, Iwamoto *et al.*, 1990; Randall and Lim (eds.), 2000; Chiou, Shao and Iwamoto, 2004; Kim, Iwamoto and Yabe, 2009; Iwamoto and McCosker, 2014; 伍汉霖, 邵广昭, 赖春福等, 2012.

别名或俗名（**Used or common name**）：大眼突吻鳕，鳕鱼.

分布（**Distribution**）：东海，南海.

**（2136）锥鼻突吻鳕 *Coryphaenoides nasutus* Günther, 1877**

*Coryphaenoides nasutus* Günther, 1877: 433-446.

*Macrourus nasutus* (Günther, 1877).

文献（**Reference**）：Günther, 1877: 433-446; Masuda, Amaoka, Araga *et al.*, 1984; Huang, 2001; Chinese Academy of Fishery Science (CAFS), 2007; 伍汉霖, 邵广昭, 赖春福等, 2012.

别名或俗名（**Used or common name**）：鳕鱼.

分布（**Distribution**）：东海.

**（2137）野突吻鳕 *Coryphaenoides rudis* Günther, 1878**

*Coryphaenoides rudis* Günther, 1878b: 17-28.

*Coryphaenoides paradoxus* (Smith *et* Radcliffe, 1912).

*Macrourus paradoxus* Smith *et* Radcliffe, 1912.

文献（**Reference**）：Günther, 1878b: 17-28, 179-187, 248-251; Herre, 1953b; 伍汉霖, 邵广昭, 赖春福等, 2012.

别名或俗名（**Used or common name**）：鳕鱼.

分布（**Distribution**）：南海.

## 598. 鼠鳕属 *Gadomus* Regan, 1903

**（2138）柯氏鼠鳕 *Gadomus colletti* Jordan *et* Gilbert, 1904**

*Gadomus colletti* Jordan *et* Gilbert, 1904: 577-630.

*Bathygadus colletti* (Jordan *et* Gilbert, 1904).

文献（**Reference**）：Jordan and Gilbert, 1904: 1-8; Okamura, 1970; Masuda, Amaoka, Araga *et al.*, 1984; Huang, 2001; Chiou, Shao and Iwamoto, 2004; 伍汉霖, 邵广昭, 赖春福等, 2012.

别名或俗名（**Used or common name**）：鳕鱼.

分布（**Distribution**）：东海.

**（2139）黑口鼠鳕 *Gadomus introniger* Gilbert *et* Hubbs, 1920**

*Gadomus introniger* Gilbert *et* Hubbs, 1920: 369-588.

文献（**Reference**）：Herre, 1953b; de la Paz and Interior, 1979; Randall and Lim (eds.), 2000.

分布（**Distribution**）：南海.

**（2140）大丝鼠鳕 *Gadomus magnifilis* Gilbert *et* Hubbs, 1920**

*Gadomus magnifilis* Gilbert *et* Hubbs, 1920: 369-588.

文献（**Reference**）：Gilbert and Hubbs, 1920: 369-588; Herre, 1953b; 伍汉霖, 邵广昭, 赖春福等, 2012.

别名或俗名（**Used or common name**）：鳕鱼.

分布（**Distribution**）：南海.

**（2141）黑鳍鼠鳕 *Gadomus melanopterus* Gilbert, 1905**

*Gadomus melanopterus* Gilbert, 1905: 577-713.

**文献（Reference）**：Chinese Academy of Fishery Science (CAFS), 2007.

**分布（Distribution）**：南海.

**（2142）多丝鼠鳕 *Gadomus multifilis* (Günther, 1887)**

*Bathygadus multifilis* Günther, 1887: 1-268.

**文献（Reference）**：Herre, 1953b; Masuda, Amaoka, Araga *et al.*, 1984; Randall and Lim (eds.), 2000; Huang, 2001; Iwamoto and McCosker, 2014; 伍汉霖, 邵广昭, 赖春福等, 2012.

**别名或俗名（Used or common name）**：鳕鱼.

**分布（Distribution）**：东海, 南海.

## 599. 膜首鳕属 *Hymenocephalus* Giglioli, 1884

**（2143）细身膜首鳕 *Hymenocephalus gracilis* Gilbert *et* Hubbs, 1920**

*Hymenocephalus gracilis* Gilbert *et* Hubbs, 1920: 369-588.

**文献（Reference）**：Gilbert and Hubbs, 1920: 369-588; 伍汉霖, 邵广昭, 赖春福等, 2012.

**别名或俗名（Used or common name）**：鳕鱼.

**分布（Distribution）**：东海, 南海.

**（2144）刺吻膜首鳕 *Hymenocephalus lethonemus* Jordan *et* Gilbert, 1904**

*Hymenocephalus lethonenmus* Jordan *et* Gilbert, 1904: 577-630.

**文献（Reference）**：Jordan and Gilbert, 1904: 1-8; Huang, 2001; Chiou, Shao and Iwamoto, 2004; Iwamoto and McCosker, 2014; 伍汉霖, 邵广昭, 赖春福等, 2012.

**别名或俗名（Used or common name）**：鳕鱼.

**分布（Distribution）**：东海.

**（2145）长须膜首鳕 *Hymenocephalus longibarbis* (Günther, 1887)**

*Macrurus longibarbis* Günther, 1887: 1-66.

**文献（Reference）**：Schwarzhans, 2014; Iwamoto, Shao and Ho, 2011; 伍汉霖, 邵广昭, 赖春福等, 2012.

**分布（Distribution）**：南海.

**（2146）长头膜首鳕 *Hymenocephalus longiceps* Smith *et* Radcliffe, 1912**

*Hymenocephalus longiceps* Smith *et* Radcliffe, 1912: 105-140.

**文献（Reference）**：Smith and Radcliffe, 1912: 579-581; Herre, 1953b; Okamura, 1970; Masuda, Amaoka, Araga *et al.*, 1984; Shao, 1997; Randall and Lim (eds.), 2000; Huang, 2001; Chiou, Shao and Iwamoto, 2004; 伍汉霖, 邵广昭, 赖春福等, 2012.

**别名或俗名（Used or common name）**：鳕鱼.

**分布（Distribution）**：东海, 南海.

**（2147）大头膜首鳕 *Hymenocephalus longipes* Smith *et* Radcliffe, 1912**

*Hymenocephalus longipes* Smith *et* Radcliffe, 1912: 105-140.

**文献（Reference）**：Herre, 1953b.

**分布（Distribution）**：南海.

**（2148）无须膜首鳕 *Hymenocephalus nascens* Gilbert *et* Hubbs, 1920**

*Hymenocephalus nascens* Gilbert *et* Hubbs, 1920: 369-588.

**文献（Reference）**：Iwamoto and Merrett, 1997; Randall and Lim (eds.), 2000; Iwamoto and McCosker, 2014; 伍汉霖, 邵广昭, 赖春福等, 2012.

**分布（Distribution）**：南海.

**（2149）纹喉膜首鳕 *Hymenocephalus striatissimus striatissimus* Jordan *et* Gilbert, 1904**

*Hymenocephalus striatissimus* Jordan *et* Gilbert, 1904: 577-630.

*Hymenocephalus striatissimus striatissimus* Jordan *et* Gilbert, 1904.

**文献（Reference）**：Okamura, 1970; 沈世杰, 1993.

**别名或俗名（Used or common name）**：鳕鱼.

**分布（Distribution）**：东海.

**（2150）薄身膜首鳕 *Hymenocephalus tenuis* Gilbert *et* Hubbs, 1917**

*Hymenocephalus tenuis* Gilbert *et* Hubbs, 1917: 173-175.

**文献（Reference）**：Gilbert and Hubbs, 1917: 173-175; Schwarzhans, 2014; Cohen, Inada, Iwamoto *et al.*, 1990; 伍汉霖, 邵广昭, 赖春福等, 2012.

**分布（Distribution）**：南海.

## 600. 舟尾鳕属 *Kumba* Marshall, 1973

**（2151）裸吻舟尾鳕 *Kumba gymnorhynchus* Iwamoto *et* Sazonov, 1994**

*Kumba gymnorhynchus* Iwamoto *et* Sazonov, 1994: 221-237.

**文献（Reference）**：Iwamoto and Sazonov, 1994: 221-237; 伍汉霖, 邵广昭, 赖春福等, 2012.

**别名或俗名（Used or common name）**：鳕鱼.

**分布（Distribution）**：南海.

**（2152）日本舟尾鳕 *Kumba japonica* (Matsubara, 1943)**

*Lionurus japonicus* Matsubara, 1943b: 131-152.

*Nezumia japonicus* (Matsubara, 1943).
*Ventrifossa japonica* (Matsubara, 1943).
**文献（Reference）**：Matsubara, 1943c: 1-486; Masuda, Amaoka, Araga *et al.*, 1984; Iwamoto and Sazonov, 1994; Chiou, Shao and Iwamoto, 2004; 伍汉霖, 邵广昭, 赖春福等, 2012.
**别名或俗名（Used or common name）**：鳕鱼.
**分布（Distribution）**：东海, 南海.

### （2153）点斑舟尾鳕 *Kumba punctulata* Iwamoto *et* Sazonov, 1994

*Kumba punctulata* Iwamoto *et* Sazonov, 1994: 221-237.
**文献（Reference）**：Iwamoto and Sazonov, 1994: 221-237; 伍汉霖, 邵广昭, 赖春福等, 2012.
**别名或俗名（Used or common name）**：鳕鱼.
**分布（Distribution）**：南海.

## 601. 库隆长尾鳕属 *Kuronezumia* Iwamoto, 1974

### （2154）达氏库隆长尾鳕 *Kuronezumia darus* (Gilbert *et* Hubbs, 1916)

*Kuronezumia darus* Gilbert and Hubbs, 1916: 135-214.
**文献（Reference）**：Gilbert and Hubbs, 1916: 135-214.
**别名或俗名（Used or common name）**：鳕鱼.
**分布（Distribution）**：?

## 602. 梭鳕属 *Lucigadus* Gilbert *et* Hubbs, 1920

### （2155）黑缘梭鳕 *Lucigadus nigromarginatus* (Smith *et* Radcliffe, 1912)

*Macrourus nigromarginatus* Smith *et* Radcliffe, 1912: 579-581.
*Ventrifossa nigromarginata* (Smith *et* Radcliffe, 1912).
**文献（Reference）**：Herre, 1953b; Randall and Lim (eds.), 2000; Chiou, Shao and Iwamoto, 2004; 伍汉霖, 邵广昭, 赖春福等, 2012.
**别名或俗名（Used or common name）**：黑斑梭鳕, 鳕鱼.
**分布（Distribution）**：东海, 南海.

## 603. 大尾鳕属 *Macrosmia* Merrett, Sazonov *et* Shcherbachev, 1983

### （2156）裸头大尾鳕 *Macrosmia phalacra* Merrett, Sazonov *et* Shcherbachev, 1983

*Macrosmia phalacra* Merrett, Sazonov *et* Shcherbachev, 1983: 549-561.
**文献（Reference）**：Merrett, Sazonov and Shcherbachev, 1983: 549-561; Melo, Braga, Nunan *et al.*, 2010; 伍汉霖, 邵广昭, 赖春福等, 2012.
**别名或俗名（Used or common name）**：裸头软首鳕, 鳕鱼.
**分布（Distribution）**：东海, 南海.

## 604. 卵头鳕属 *Macrouroides* Smith *et* Radcliffe, 1912

### （2157）卵头鳕 *Macrouroides inflaticeps* Smith *et* Radcliffe, 1912

*Macrouroides inflaticeps* Smith *et* Radcliffe, 1912: 105-140.
**文献（Reference）**：Herre, 1953b; 伍汉霖, 邵广昭, 赖春福等, 2012.
**分布（Distribution）**：南海.

## 605. 软首鳕属 *Malacocephalus* Günther, 1862

### （2158）滑软首鳕 *Malacocephalus laevis* (Lowe, 1843)

*Macrourus laevis* Lowe, 1843: 390-403.
**文献（Reference）**：Okamura, 1970; 沈世杰, 1993; Randall and Lim (eds.), 2000; Huang, 2001; Chiou, Shao and Iwamoto, 2004; 伍汉霖, 邵广昭, 赖春福等, 2012.
**别名或俗名（Used or common name）**：软头条鳕, 鳕鱼.
**分布（Distribution）**：东海, 南海.

### （2159）吕宋软首鳕 *Malacocephalus luzonensis* Gilbert *et* Hubbs, 1920

*Malacocephalus luzonensis* Gilbert *et* Hubbs, 1920: 369-588.
**文献（Reference）**：Herre, 1953b; de la Paz and Interior, 1979; Randall and Lim (eds.), 2000; 伍汉霖, 邵广昭, 赖春福等, 2012.
**分布（Distribution）**：南海.

### （2160）日本软首鳕 *Malacocephalus nipponensis* Gilbert *et* Hubbs, 1916

*Malacocephalus nipponensis* Gilbert *et* Hubbs, 1916: 135-214.
**文献（Reference）**：Gilbert and Hubbs, 1916: 135-214; Masuda, Amaoka, Araga *et al.*, 1984; 伍汉霖, 邵广昭, 赖春福等, 2012.
**别名或俗名（Used or common name）**：鳕鱼.
**分布（Distribution）**：南海.

## 606. 愚首鳕属 *Mataeocephalus* Berg, 1898

### （2161）脊愚首鳕 *Mataeocephalus cristatus* Sazonov, Shcherbachev *et* Iwamoto, 2003

*Mataeocephalus cristatus* Sazonov, Shcherbachev *et* Iwamoto, 2003: 279-301.
**文献（Reference）**：Sazonov, Shcherbachev and Iwamoto, 2003:

279-301; Iwamoto and McCosker, 2014; 伍汉霖, 邵广昭, 赖春福等, 2012.
**别名或俗名（Used or common name）**：冠软首鳕, 鳕鱼.
**分布（Distribution）**：南海.

**（2162）下口愚首鳕 *Mataeocephalus hyostomus* (Smith *et* Radcliffe, 1912)**

*Macrourus hyostomus* Smith *et* Radcliffe, 1912: 579-581.
*Coryphaenoides hyostomus* (Smith *et* Radcliffe, 1912).
**文献（Reference）**：Herre, 1953b; 伍汉霖, 邵广昭, 赖春福等, 2012.
**别名或俗名（Used or common name）**：下口软首鳕, 鳕鱼.
**分布（Distribution）**：南海.

## 607. 奈氏鳕属 *Nezumia* Jordan, 1904

**（2163）科氏奈氏鳕 *Nezumia coheni* Iwamoto *et* Merrett, 1997**

*Nezumia coheni* Iwamoto *et* Merrett, 1997: 473-570.
**文献（Reference）**：Iwamoto and Merrett, 1997: 473-570.
**别名或俗名（Used or common name）**：鳕鱼.
**分布（Distribution）**：?

**（2164）狮鼻奈氏鳕 *Nezumia condylura* Jordan *et* Gilbert, 1904**

*Nezumia condylura* Jordan *et* Gilbert, 1904: 577-630.
*Lionurus condylura* (Jordan *et* Gilbert, 1904).
**文献（Reference）**：Okamura, 1970; Masuda, Amaoka, Araga *et al.*, 1984; Randall and Lim (eds.), 2000; Chiou, Shao and Iwamoto, 2004.
**别名或俗名（Used or common name）**：鳕鱼.
**分布（Distribution）**：南海.

**（2165）俊奈氏鳕 *Nezumia evides* (Gilbert *et* Hubbs, 1920)**

*Lionurus evides* Gilbert *et* Hubbs, 1920: 369-588.
**别名或俗名（Used or common name）**：鳕鱼.
**分布（Distribution）**：南海.

**（2166）铠鳞奈氏鳕 *Nezumia loricata* (Garman, 1899)**

*Macrurus loricatus* Garman, 1899: 1-431.
*Lionurus loricatus* (Garman, 1899).
*Nezumia loricata loricata* (Garman, 1899).
**文献（Reference）**：Garman, 1899: 1-85 + A-M; Iwamoto, 1979; McCosker and Rosenblatt, 2010.
**别名或俗名（Used or common name）**：鳕鱼.
**分布（Distribution）**：南海.

**（2167）原始奈氏鳕 *Nezumia proxima* (Smith *et* Radcliffe, 1912)**

*Macrourus proximus* Smith *et* Radcliffe, 1912: 105-140.
*Lionurus proximus* (Smith *et* Radcliffe, 1912).
*Nezumia proximus* (Smith *et* Radcliffe, 1912).
*Lionurus abei* Matsubara, 1943.
**文献（Reference）**：Smith and Radcliffe, 1912: 579-581; Masuda, Amaoka, Araga *et al.*, 1984; Randall and Lim (eds.), 2000; Huang, 2001; Chinese Academy of Fishery Science (CAFS), 2007.
**别名或俗名（Used or common name）**：鳕鱼.
**分布（Distribution）**：东海, 南海.

**（2168）长棘奈氏鳕 *Nezumia spinosa* (Gilbert *et* Hubbs, 1916)**

*Lionurus spinosus* Gilbert *et* Hubbs, 1916: 135-214.
**文献（Reference）**：Gilbert and Hubbs, 1916: 135-214; Herre, 1953b; Masuda, Amaoka, Araga *et al.*, 1984; Randall and Lim (eds.), 2000; Nakayama and Endo, 2012; Iwamoto and McCosker, 2014.
**别名或俗名（Used or common name）**：鳕鱼.
**分布（Distribution）**：东海, 南海.

## 608. 拟栉尾鳕属 *Pseudocetonurus* Sazonov *et* Shcherbachev, 1982

**（2169）拟栉尾鳕 *Pseudocetonurus septifer* Sazonov *et* Shcherbachev, 1982**

*Pseudoctenurous septifer* Sazonov *et* Shcherbachev, 1982: 707-721.
**文献（Reference）**：Chiou, Shao and Iwamoto, 2004; 伍汉霖, 邵广昭, 赖春福等, 2012.
**别名或俗名（Used or common name）**：鳕鱼.
**分布（Distribution）**：东海.

## 609. 拟奈氏鳕属 *Pseudonezumia* Okamura, 1970

**（2170）大头拟奈氏鳕 *Pseudonezumia cetonuropsis* (Gilbert *et* Hubbs, 1916)**

*Lionurus cetonuropsis* Gilbert *et* Hubbs, 1916: 135-214.
**文献（Reference）**：Masuda, Amaoka, Araga *et al.*, 1984; Iwamoto and Merrett, 1997; 伍汉霖, 邵广昭, 赖春福等, 2012.
**别名或俗名（Used or common name）**：鳕鱼.
**分布（Distribution）**：东海, 南海.

## 610. 短吻长尾鳕属 *Sphagemacrurus* Fowler, 1925

**（2171）菲律宾短吻长尾鳕 *Sphagemacrurus decimalis* (Gilbert *et* Hubbs, 1920)**

*Lionurus decimalis* Gilbert *et* Hubbs, 1920: 369-588.

**文献（Reference）**：Randall and Lim (eds.), 2000; 伍汉霖，邵广昭，赖春福等, 2012.

**别名或俗名（Used or common name）**：鳕鱼.

**分布（Distribution）**：南海.

**（2172）矮头短吻长尾鳕 *Sphagemacrurus pumiliceps* (Alcock, 1894)**

*Macrourus pumiliceps* Alcock, 1894: 115-137.

*Lionurus pumiliceps* (Alcock, 1894).

*Macruroplus pumiliceps* (Alcock, 1894).

**文献（Reference）**：Herre, 1953b; Randall and Lim (eds.), 2000; Iwamoto and McCosker, 2014; 伍汉霖，邵广昭，赖春福等, 2012.

**别名或俗名（Used or common name）**：鳕鱼.

**分布（Distribution）**：南海.

**（2173）里氏短吻长尾鳕 *Sphagemacrurus richardi* (Weber, 1913)**

*Macrurus richardi* Weber, 1913: 1-12.

**文献（Reference）**：Bray, Hoese, Paxton *et al.*, 2006; 伍汉霖，邵广昭，赖春福等, 2012.

**别名或俗名（Used or common name）**：鳕鱼.

**分布（Distribution）**：南海.

## 611. 镖吻鳕属 *Spicomacrurus*

**（2174）网喉箭鳕 *Spicomacrurus dictyogadus* Iwamoto, Shao *et* Ho, 2011**

*Spicomacrurus dictyogadus* Iwamoto, Shao *et* Ho, 2011: 513-530.

**文献（Reference）**：Iwamoto, Shao and Ho, 2011: 513-530.

**分布（Distribution）**：南海.

**（2175）黑沼氏箭鳕 *Spicomacrurus kuronumai* (Kamohara, 1938)**

*Hymenocephalus kuronumai* Kamohara, 1938: 1-86.

*Hymenogadus kuronumai* (Kamohara, 1938).

**文献（Reference）**：Masuda, Amaoka, Araga *et al.*, 1984; Huang, 2001; Chinese Academy of Fishery Science (CAFS), 2007.

**别名或俗名（Used or common name）**：库氏膜首鳕，鳕鱼.

**分布（Distribution）**：东海.

## 612. 卵首鳕属 *Squalogadus* Gilbert *et* Hubbs, 1916

**（2176）卵首鳕 *Squalogadus modificatus* Gilbert *et* Hubbs, 1916**

*Squalogadus modificatus* Gilbert *et* Hubbs, 1916: 135-214.

*Squalogadus intermedius* Grey, 1959.

**文献（Reference）**：Gilbert and Hubbs, 1916: 135-214; Masuda, Amaoka, Araga *et al.*, 1984; Endo, Tsutsui and Amaoka, 1994; Huang, 2001; 伍汉霖，邵广昭，赖春福等, 2012.

**别名或俗名（Used or common name）**：鳕鱼.

**分布（Distribution）**：东海，南海.

## 613. 粗尾鳕属 *Trachonurus* Günther, 1887

**（2177）糙皮粗尾鳕 *Trachonurus sentipellis* Gilbert *et* Cramer, 1897**

*Trachonurus sentipellis* Gilbert *et* Cramer, 1897: 403-435.

**文献（Reference）**：Gilbert and Cramer, 1897: 403-435; Iwamoto, 1997; 伍汉霖，邵广昭，赖春福等, 2012.

**别名或俗名（Used or common name）**：鳕鱼.

**分布（Distribution）**：东海，南海.

**（2178）粗尾鳕 *Trachonurus villosus* (Günther, 1877)**

*Coryphaenoides villosus* Günther, 1877: 433-446.

*Macrurus villosus* (Günther, 1877).

**文献（Reference）**：Iwamoto, 1997; Randall and Lim (eds.), 2000; Huang, 2001; Iwamoto and McCosker, 2014; 伍汉霖，邵广昭，赖春福等, 2012.

**别名或俗名（Used or common name）**：鳕鱼.

**分布（Distribution）**：东海，南海.

## 614. 凹腹鳕属 *Ventrifossa* Gilbert *et* Hubbs, 1920

**（2179）歧异凹腹鳕 *Ventrifossa divergens* Gilbert *et* Hubbs, 1920**

*Ventrifossa divergens* Gilbert *et* Hubbs, 1920: 369-588.

**文献（Reference）**：Gilbert and Hubbs, 1920: 369-588; Herre, 1953b; Okamura, 1970; Randall and Lim (eds.), 2000; Huang, 2001; Chiou, Shao and Iwamoto, 2004; 伍汉霖，邵广昭，赖春福等, 2012.

**别名或俗名（Used or common name）**：鳕鱼.

**分布（Distribution）**：东海，南海.

**（2180）暗色凹腹鳕 *Ventrifossa fusca* Okamura, 1982**

*Ventrifossa fusca* Okamura, 1982: 1-435.

文献（**Reference**）：Masuda, Amaoka, Araga *et al.*, 1984; 伍汉霖, 邵广昭, 赖春福等, 2012.
别名或俗名（**Used or common name**）：鳕鱼.
分布（**Distribution**）：东海, 南海.

**（2181）加曼氏凹腹鳕 *Ventrifossa garmani* (Jordan *et* Gilbert, 1904)**

*Coryphaenoides garmani* Jordan *et* Gilbert, 1904: 577-630.
*Lionurus garmani* (Jordan *et* Gilbert, 1904).
文献（**Reference**）：Okamura, 1970; Masuda, Amaoka, Araga *et al.*, 1984; 沈世杰, 1993; Randall and Lim (eds.), 2000; Huang, 2001; Chiou, Shao and Iwamoto, 2004; 伍汉霖, 邵广昭, 赖春福等, 2012.
别名或俗名（**Used or common name**）：鳕鱼.
分布（**Distribution**）：东海, 南海.

**（2182）长须凹腹鳕 *Ventrifossa longibarbata* Okamura, 1982**

*Ventrifossa longebarbata* Okamura, 1982: 1-435.
文献（**Reference**）：Okamura, 1970; Masuda, Amaoka, Araga *et al.*, 1984; Chiou, Shao and Iwamoto, 2004; Iwamoto and McCosker, 2014; 伍汉霖, 邵广昭, 赖春福等, 2012.
别名或俗名（**Used or common name**）：鳕鱼.
分布（**Distribution**）：东海.

**（2183）大鳍凹腹鳕 *Ventrifossa macroptera* Okamura, 1982**

*Ventrifossa macroptera* Okamura, 1982: 1-435.
文献（**Reference**）：Masuda, Amaoka, Araga *et al.*, 1984; Cohen, Inada, Iwamoto *et al.*, 1990; Chiou, Shao and Iwamoto, 2004; Iwamoto and McCosker, 2014; 伍汉霖, 邵广昭, 赖春福等, 2012.
别名或俗名（**Used or common name**）：鳕鱼.
分布（**Distribution**）：东海, 南海.

**（2184）三崎凹腹鳕 *Ventrifossa misakia* (Jordan *et* Gilbert, 1904)**

*Coryphaenoides misakius* Jordan *et* Gilbert, 1904: 577-630.
*Lionurus misakius* (Jordan *et* Gilbert, 1904).
文献（**Reference**）：Herre, 1953b; Masuda, Amaoka, Araga *et al.*, 1984; Randall and Lim (eds.), 2000; 伍汉霖, 邵广昭, 赖春福等, 2012.
分布（**Distribution**）：东海, 南海.

**（2185）黑背鳍凹腹鳕 *Ventrifossa nigrodorsalis* Gilbert *et* Hubbs, 1920**

*Ventrifossa nigrodorsalis* Gilbert *et* Hubbs, 1920: 369-588.
文献（**Reference**）：Gilbert and Hubbs, 1920: 369-588; Herre, 1953b; 沈世杰, 1993; Randall and Lim (eds.), 2000; Huang, 2001; Chiou, Shao and Iwamoto, 2004; 伍汉霖, 邵广昭, 赖春福等, 2012.
别名或俗名（**Used or common name**）：鳕鱼.
分布（**Distribution**）：东海, 南海.

**（2186）彼氏凹腹鳕 *Ventrifossa petersonii* (Alcock, 1891)**

*Macrurus petersonii* Alcock, 1891: 119-138.
*Ventrifossa petersoni* (Alcock, 1891).
文献（**Reference**）：Chinese Academy of Fishery Science (CAFS), 2007; 伍汉霖, 邵广昭, 赖春福等, 2012.
分布（**Distribution**）：南海.

**（2187）扇鳍凹腹鳕 *Ventrifossa rhipidodorsalis* Okamura, 1984**

*Ventrifossa rhipidodorsalis* Okamura, 1984: 1-414.
文献（**Reference**）：Okamura and Kitajima, 1984: 1-414; Okamura, 1970; Masuda, Amaoka, Araga *et al.*, 1984; Huang, 2001; Chiou, Shao and Iwamoto, 2004; 伍汉霖, 邵广昭, 赖春福等, 2012.
别名或俗名（**Used or common name**）：鳕鱼.
分布（**Distribution**）：东海.

**（2188）西海凹腹鳕 *Ventrifossa saikaiensis* Okamura, 1984**

*Ventrifossa saikaiensis* Okamura (*in* Okamura *et* Kitajima), 1984: 1-414.
文献（**Reference**）：Okamura and Kitajima, 1984: 1-414; Chiou, Shao and Iwamoto, 2004; 伍汉霖, 邵广昭, 赖春福等, 2012.
别名或俗名（**Used or common name**）：鳕鱼.
分布（**Distribution**）：东海, 南海.

## （一三二）深海鳕科 Moridae

### 615. 拟深海鳕属 *Antimora* Günther, 1878

**（2189）细鳞拟深海鳕 *Antimora microlepis* Bean, 1890**

*Antimora microlepis* Bean, 1890: 37-45.
文献（**Reference**）：Masuda, Amaoka, Araga *et al.*, 1984; 伍汉霖, 邵广昭, 赖春福等, 2012.
别名或俗名（**Used or common name**）：鳕鱼.
分布（**Distribution**）：南海.

### 616. 短稚鳕属 *Gadella* Lowe, 1843

**（2190）乔丹氏短稚鳕 *Gadella jordani* (Böhlke *et* Mead, 1951)**

*Physiculus jordani* Böhlke *et* Mead, 1951: 27-29.
*Gadella inbarbatus* (Kamohara, 1952).
*Physiculus inbarbatus* Kamohara, 1952.
文献（**Reference**）：沈世杰, 1993; Shao, 1997; Randall and

Lim (eds.), 2000; Huang, 2001; Okamoto, Matsuda and Matsuda, 2010; 伍汉霖, 邵广昭, 赖春福等, 2012.
**别名或俗名（Used or common name）**：无须稚鳕, 鳕鱼.
**分布（Distribution）**：东海, 南海.

## 617. 瘤鳕属 *Guttigadus* Taki, 1953

### （2191）小瘤鳕 *Guttigadus nana* (Taki, 1953)

*Laemonema* (*Guttigadus*) *nana* Taki, 1953: 201-212.
**文献（Reference）**：Taki, 1953: 201-212.
**别名或俗名（Used or common name）**：鳕鱼.
**分布（Distribution）**：东海.

## 618. 丝鳍鳕属 *Laemonema* Günther, 1862

### （2192）玫红丝鳍鳕 *Laemonema rhodochir* Gilbert, 1905

*Laemonema rhodochir* Gilbert, 1905: 577-713.
*Laemonema palauense* Okamura, 1982.
**文献（Reference）**：Masuda, Amaoka, Araga *et al.*, 1984; Paulin and Roberts, 1997; 伍汉霖, 邵广昭, 赖春福等, 2012.
**别名或俗名（Used or common name）**：鳕鱼.
**分布（Distribution）**：东海, 南海.

## 619. 浔鳕属 *Lotella* Kaup, 1858

### （2193）褐浔鳕 *Lotella phycis* (Temminck *et* Schlegel, 1846)

*Lota phycis* Temminck *et* Schlegel, 1846: 173-269.
*Physiculus phycis* (Temminck *et* Schlegel, 1846).
*Lotella schuetta* Steindachner, 1866.
**文献（Reference）**：Masuda, Amaoka, Araga *et al.*, 1984; Francis, 1993; Huang, 2001; Kim, Choi, Lee *et al.*, 2005; Chinese Academy of Fishery Science (CAFS), 2007; 伍汉霖, 邵广昭, 赖春福等, 2012.
**别名或俗名（Used or common name）**：藻矶须稚鳕, 鳕鱼, 深海鳕.
**分布（Distribution）**：东海.

### （2194）土佐浔鳕 *Lotella tosaensis* (Kamohara, 1936)

*Physiculus tosaensis* Kamohara, 1936d: 446-448.
**文献（Reference）**：Masuda, Amaoka, Araga *et al.*, 1984.
**别名或俗名（Used or common name）**：鳕鱼, 深海鳕.
**分布（Distribution）**：东海, 南海.

## 620. 小褐鳕属 *Physiculus* Kaup, 1858

### （2195）丝背小褐鳕 *Physiculus chigodarana* Paulin, 1989

*Physiculus chigodarana* Paulin, 1989: 93-133.
**文献（Reference）**：Nakabo, 2002.
**别名或俗名（Used or common name）**：鳕鱼.
**分布（Distribution）**：东海, 南海.

### （2196）日本小褐鳕 *Physiculus japonicus* Hilgendorf, 1879

*Physiculus japonica* Hilgendorf, 1879: 78-81.
*Lotella maximowiczi* Herzenstein, 1896.
*Physiculus maximowiczi* (Herzenstein, 1896).
**文献（Reference）**：Shao, Chen, Kao *et al.*, 1993; 沈世杰, 1993; Fujita, Kitagawa, Okuyama *et al.*, 1995; Shao, 1997; Randall and Lim (eds.), 2000; Huang, 2001; Koh and Moon, 2003.
**别名或俗名（Used or common name）**：日本须稚鳕, 鳕鱼.
**分布（Distribution）**：东海, 南海.

### （2197）长丝小褐鳕 *Physiculus longifilis* Weber, 1913

*Physiculus longifilis* Weber, 1913: 1-710.
**文献（Reference）**：Paulin and Roberts, 1997; Iwamoto and McCosker, 2014.
**别名或俗名（Used or common name）**：鳕鱼.
**分布（Distribution）**：东海, 南海.

### （2198）黑翼小褐鳕 *Physiculus nigripinnis* Okamura, 1982

*Physiculus nigripinnis* Okamura, 1982: 1-435.
**文献（Reference）**：Masuda, Amaoka, Araga *et al.*, 1984; 吴宗翰, 2002; 伍汉霖, 邵广昭, 赖春福等, 2012.
**别名或俗名（Used or common name）**：黑翼须稚鳕, 鳕鱼.
**分布（Distribution）**：南海.

### （2199）红鳍小褐鳕 *Physiculus rhodopinnis* Okamura, 1982

*Physiculus rhodopinnis* Okamura, 1982: 1-435.
**文献（Reference）**：Masuda, Amaoka, Araga *et al.*, 1984; Iwamoto and McCosker, 2014.
**别名或俗名（Used or common name）**：鳕鱼.
**分布（Distribution）**：东海, 南海.

### （2200）黑唇小褐鳕 *Physiculus yoshidae* Okamura, 1982

*Physiculus yoshidae* Okamura, 1982: 1-435.
**文献（Reference）**：Masuda, Amaoka, Araga *et al.*, 1984; 伍汉霖, 邵广昭, 赖春福等, 2012.
**别名或俗名（Used or common name）**：黑唇须稚鳕, 鳕鱼.
**分布（Distribution）**：东海, 南海.

# （一三三）褐鳕科 Phycidae

## 621. 五须岩鳕属 *Ciliata* Couch, 1832

### （2201）张氏五须岩鳕 *Ciliata tchangi* Li, 1994

*Ciliata tchangi* Li, 1994: 1-5.

文献（Reference）：Li, 1994: 1-5; Zhang, 1996; 伍汉霖, 邵广昭, 赖春福等, 2012.
分布（Distribution）：黄海.

## （一三四）鳕科 Gadidae

### 622. 宽突鳕属 *Eleginus* Fischer, 1813

**（2202）远东宽突鳕（细身宽突鳕）*Eleginus gracilis* (Tilesius, 1810)**

*Gadus gracilis* Tilesius, 1810: 335-375.
*Eleginus navaga gracilis* (Tilesius, 1810).
*Gadus wachna* Pallas, 1814.
文献（Reference）：Masuda, Amaoka, Araga *et al.*, 1984; Okiyama, 1993; Kim, Choi, Lee *et al.*, 2005; 伍汉霖, 邵广昭, 赖春福等, 2012.
分布（Distribution）：黄海.

### 623. 鳕属 *Gadus* Linnaeus, 1758

**（2203）大头鳕 *Gadus macrocephalus* Tilesius, 1810**

*Gadus macrocephalus* Tilesius, 1810: 335-375.
*Gadus pygmaeus* Pallas, 1814.
*Gadus auratus* Cope, 1873.
*Gadus brandtii* Hilgendorf, 1875.
文献（Reference）：Okada, 1955; Yamada, Shirai, Irie *et al.*, 1995; Fujita, Kitagawa, Okuyama *et al.*, 1995; Huang, 2001; Zhang, Tang, Jin *et al.*, 2005; 伍汉霖, 邵广昭, 赖春福等, 2012.
分布（Distribution）：黄海.

### 624. 江鳕属 *Lota* Oken, 1817

*Les* Lottes Cuvier, 1871: 215.
*Lota* Oken, 1817: 1182.

**（2204）江鳕 *Lota lota* (Linnaeus, 1758)**

*Gadus lota* Linnaeus, 1758: 1-824.
*Enchelyopus lota*: Bloch *et* Schneider, 1801: 52.
*Gadus maculosus*: Lesueur, 1817: 83.
*Lota maculosa*: Jardon *et* Evermann, 1898: 2550.
*Lota lota*: Berg, 1909: 201; Berg, 1916: 476; Mori, 1927; Sowerby, 1930: 115; 宫地传三郎, 1940: 87; Svetovidov, 1948: 118; Berg, 1949b: 943; 施白南和高岫, 1958: 7; 尼科尔斯基, 1960: 391; 伍献文, 杨干荣, 乐佩琦等, 1963: 135; 李思忠, 戴定远, 张世义等, 1966: 48; 中国科学院动物研究所等, 1979: 51; 成庆泰和郑葆珊, 1987: 236; 李思忠, 1987: 236; Paterson *et* Rosen, 1989: 14; Cohen, Inada, Iwamoto *et al.*, 1990: 5; 解玉浩, 2007: 335; 李思忠和张春光, 2011: 616.
*Lota lota lota*: Svetovidov, 1948: 118.
*Lota lota leptura*: Svetovidov, 1948: 119.
*Lota lota maculosa*: Svetovidov, 1948: 120.
分布（Distribution）：黑龙江水系, 鸭绿江上游及额尔齐斯河水系. 国外分布北达俄罗斯泰梅尔半岛, 西达英格兰东部, 东达美国缅因州, 南达美国北卡罗来纳州以北.
保护等级（Protection class）：省级（黑龙江).

### 625. 狭鳕属 *Theragra* Lucas, 1898

**（2205）黄线狭鳕 *Theragra chalcogramma* (Pallas, 1814)**

*Gadus chalcogrammus* Pallas, 1814: 1-428.
*Theracra chalcogramma* (Pallas, 1814).
*Theragra chalcogrammus* (Pallas, 1814).
*Gadus minor* Döderlein, 1887.
文献（Reference）：Masuda, Amaoka, Araga *et al.*, 1984; Okiyama, 1993; Fujita, Kitagawa, Okuyama *et al.*, 1995; Chinese Academy of Fishery Science (CAFS), 2007; 伍汉霖, 邵广昭, 赖春福等, 2012.
分布（Distribution）：黄海.

# 三十七、鼬鳚目 Ophidiiformes

## （一三五）潜鱼科 Carapidae

### 626. 潜鱼属 *Carapus* Rafinesque, 1810

**（2206）蒙氏潜鱼 *Carapus mourlani* (Petit, 1934)**

*Fierasfer mourlani* Petit, 1934: 393-397.
*Encheliophis mourlani* (Petit, 1934).
*Carapus mayottae* Smith, 1955.
文献（Reference）：Trott and Trott, 1972; Randall and Lim (eds.), 2000; 伍汉霖, 邵广昭, 赖春福等, 2012.
分布（Distribution）：南海.

### 627. 底潜鱼属 *Echiodon* Thompson, 1837

**（2207）科氏底潜鱼 *Echiodon coheni* Williams, 1984**

*Echiodon coheni* Williams, 1984: 410-422.
文献（Reference）：Williams, 1984: 410-422; Randall and Lim (eds.), 2000.
别名或俗名（Used or common name）：隐鱼.
分布（Distribution）：南海.

### 628. 细潜鱼属 *Encheliophis* Müller, 1842

**（2208）博拉细潜鱼 *Encheliophis boraborensis* (Kaup, 1856)**

*Fierasfer boraborensis* Kaup, 1856: 93-100.
*Carapus boraborensis* (Kaup, 1856).
*Encheliophis boraboraensis* (Kaup, 1856).

*Rhizoiketicus carolinensis* Vaillant, 1893.
文献（Reference）：Herre, 1953b; Masuda, Amaoka, Araga *et al.*, 1984; 沈世杰, 1993; Nielsen, Cohen, Markle *et al.*, 1999; Randall and Lim (eds.), 2000; Huang, 2001; 伍汉霖, 邵广昭, 赖春福等, 2012.
别名或俗名（Used or common name）：博拉隐鱼, 隐鱼.
分布（Distribution）：南海.

### （2209）鳗形细潜鱼 *Encheliophis gracilis* (Bleeker, 1856)

*Oxybeles gracilis* Bleeker, 1856e: 93-110.
*Fierasfer boraborensis* Kaup, 1856.
*Carapus gracilis* (Bleeker, 1856).
*Jordanicus gracilis* (Bleeker, 1856).
文献（Reference）：Trott and Trott, 1972; Chang, Lee and Shao, 1978; 沈世杰, 1993; Nielsen, Cohen, Markle *et al.*, 1999; Randall and Lim (eds.), 2000; Huang, 2001; 伍汉霖, 邵广昭, 赖春福等, 2012.
别名或俗名（Used or common name）：纤细隐鱼, 隐鱼, 海参鳗.
分布（Distribution）：南海.

### （2210）长胸细潜鱼 *Encheliophis homei* (Richardson, 1846)

*Oxybeles homei* Richardson, 1846: 187-320.
*Carapus homei* (Richardson, 1846).
*Echeliophis homei* (Richardson, 1846).
*Fierasfer brandesu* (Bleeker, 1851).
文献（Reference）：Trott and Trott, 1972; Trott and Chan, 1972; 沈世杰, 1993; Nielsen, Cohen, Markle *et al.*, 1999; Randall and Lim (eds.), 2000; Huang, 2001; 伍汉霖, 邵广昭, 赖春福等, 2012.
别名或俗名（Used or common name）：荷姆氏隐鱼, 隐鱼.
分布（Distribution）：东海, 南海.

### （2211）佐上细潜鱼 *Encheliophis sagamianus* (Tanaka, 1908)

*Carapus sagamianus* Tanaka, 1908a: 27-47.
文献（Reference）：Masuda, Amaoka, Araga *et al.*, 1984; 沈世杰, 1993; Shao, 1997; Randall and Lim (eds.), 2000; Huang, 2001; 伍汉霖, 邵广昭, 赖春福等, 2012.
别名或俗名（Used or common name）：密星隐鱼, 隐鱼.
分布（Distribution）：南海.

## 629. 突吻潜鱼属 *Eurypleuron* Markle *et* Olney, 1990

### （2212）日本突吻潜鱼 *Eurypleuron owasianum* (Matsubara, 1953)

*Carapus owasianus* Matsubara, 1953b: 29-32.
*Echiodon owasianus* (Matsubara, 1953).
文献（Reference）：Matsubara, 1953b: 29-32; Masuda, Amaoka, Araga *et al.*, 1984; 沈世杰, 1993; Randall and Lim (eds.), 2000; Huang, 2001; 伍汉霖, 邵广昭, 赖春福等, 2012.
别名或俗名（Used or common name）：底隐鱼, 隐鱼.
分布（Distribution）：南海.

## 630. 钩潜鱼属 *Onuxodon* Smith, 1955

### （2213）珠贝钩潜鱼 *Onuxodon margaritiferae* (Rendahl, 1921)

*Fierasfer margaritiferae* Rendahl, 1921: 1-24.
*Onuxodon margaritifer* (Rendahl, 1921).
文献（Reference）：Trott and Trott, 1972; 沈世杰, 1993; Nielsen, Cohen, Markle *et al.*, 1999; Huang, 2001; 伍汉霖, 邵广昭, 赖春福等, 2012.
别名或俗名（Used or common name）：珍珠贝隐鱼, 隐鱼.
分布（Distribution）：东海, 南海.

### （2214）短臂钩潜鱼 *Onuxodon parvibrachium* (Fowler, 1927)

*Carapus parvibrachium* Fowler, 1927a: 1-32.
*Onuxodon parvibranchium* (Fowler, 1927).
*Carapus reedi* Smith, 1955 (ambiguous synonym).
文献（Reference）：Tyler, 1970; Trott and Trott, 1972; 沈世杰, 1993; Nielsen, Cohen, Markle *et al.*, 1999; Randall and Lim (eds.), 2000; Huang, 2001; 伍汉霖, 邵广昭, 赖春福等, 2012.
别名或俗名（Used or common name）：牡蛎隐鱼, 隐鱼.
分布（Distribution）：南海.

## 631. 锥齿潜鱼属 *Pyramodon* Smith *et* Radcliffe, 1913

### （2215）琳达锥齿潜鱼 *Pyramodon lindas* Markle *et* Olney, 1990

*Pyramodon lindas* Markle *et* Olney, 1990: 269-410.
文献（Reference）：Markle and Olney, 1990: 269-410; 沈世杰, 1993; Nielsen, Cohen, Markle *et al.*, 1999; Randall and Lim (eds.), 2000; 伍汉霖, 邵广昭, 赖春福等, 2012.
别名或俗名（Used or common name）：线纹锥齿潜鱼, 隐鱼.
分布（Distribution）：南海.

### （2216）纤尾锥齿潜鱼 *Pyramodon ventralis* Smith *et* Radcliffe, 1913

*Pyramodon ventralis* Smith *et* Radcliffe, 1913: 135-176.
文献（Reference）：Markle and Olney, 1980; Shao, Chen and Chen, 1992; Machida and Okamura, 1993; 沈世杰, 1993;

Shao, 1997; Nielsen, Cohen, Markle *et al.*, 1999; Randall and Lim (eds.), 2000; Huang, 2001; 伍汉霖, 邵广昭, 赖春福等, 2012.
**别名或俗名（Used or common name）**：隐鱼.
**分布（Distribution）**：南海.

## （一三六）鼬鳚科 Ophidiidae

### 632. 大棘鼬鳚属 *Acanthonus* Günther, 1878

#### （2217）大棘鼬鳚 *Acanthonus armatus* Günther, 1878

*Acanthonus armatus* Günther, 1878b: 17-28.
*Acanthonus spinifer* Garman, 1899.
**文献（Reference）**：Günther, 1878b: 17-28, 179-187, 248-251; Herre, 1953b; Masuda, Amaoka, Araga *et al.*, 1984; Nielsen, Cohen, Markle *et al.*, 1999; 叶信明, 李茂荧和邵广昭, 2005; 伍汉霖, 邵广昭, 赖春福等, 2012.
**别名或俗名（Used or common name）**：鼬鱼.
**分布（Distribution）**：东海, 南海.

### 633. 索深鼬鳚属 *Bassozetus* Gill, 1883

#### （2218）扁索深鼬鳚 *Bassozetus compressus* (Günther, 1878)

*Bathynectes compressus* Günther, 1878b: 17-28.
*Bathyonus compressus* (Günther, 1878).
**文献（Reference）**：Herre, 1953b; Nielsen, Cohen, Markle *et al.*, 1999; 叶信明, 李茂荧和邵广昭, 2005; 伍汉霖, 邵广昭, 赖春福等, 2012.
**别名或俗名（Used or common name）**：鼬鱼.
**分布（Distribution）**：东海, 南海.

#### （2219）黏身索深鼬鳚 *Bassozetus glutinosus* (Alcock, 1890)

*Bathyonus glutinosus* Alcock, 1890a: 197-222.
**文献（Reference）**：Nielsen, Cohen, Markle *et al.*, 1999; 叶信明, 李茂荧和邵广昭, 2005; 伍汉霖, 邵广昭, 赖春福等, 2012.
**别名或俗名（Used or common name）**：鼬鱼.
**分布（Distribution）**：东海, 南海.

#### （2220）光口索深鼬鳚 *Bassozetus levistomatus* Machida, 1989

*Bassozetus levistomatus* Machida, 1989b: 187-189.
**文献（Reference）**：Machida, 1989b: 187-189; 伍汉霖, 邵广昭, 赖春福等, 2012.
**分布（Distribution）**：南海.

#### （2221）多棘索深鼬鳚 *Bassozetus multispinis* Shcherbachev, 1980

*Bassozetus multispinis* Shcherbachev, 1980: 105-176.
**文献（Reference）**：Nielsen, Cohen, Markle *et al.*, 1999; Lee, Lee and Chen, 2005; Yeh, Lee and Shao (叶信明, 李茂荧和邵广昭), 2006; 伍汉霖, 邵广昭, 赖春福等, 2012.
**别名或俗名（Used or common name）**：鼬鱼.
**分布（Distribution）**：东海.

#### （2222）壮体索深鼬鳚 *Bassozetus robustus* Smith *et* Radcliffe, 1913

*Bassozetus robustus* Smith *et* Radcliffe, 1913: 135-176.
**文献（Reference）**：Herre, 1953b; Nielsen, Cohen, Markle *et al.*, 1999; Randall and Lim (eds.), 2000; Huang, 2001; Yeh, Lee and Shao (叶信明, 李茂荧和邵广昭), 2005; 伍汉霖, 邵广昭, 赖春福等, 2012.
**别名或俗名（Used or common name）**：鼬鱼.
**分布（Distribution）**：东海, 南海.

### 634. 深水鼬鳚属 *Bathyonus* Goode *et* Bean, 1885

#### （2223）大尾深水鼬鳚 *Bathyonus caudalis* (Garman, 1899)

*Mixonus caudalis* Garman, 1899: 1-431.
**文献（Reference）**：Nielsen, Cohen, Markle *et al.*, 1999; Endo, Machida and Ono, 2000; 叶信明, 李茂荧和邵广昭, 2005; 伍汉霖, 邵广昭, 赖春福等, 2012.
**别名或俗名（Used or common name）**：鼬鱼.
**分布（Distribution）**：东海, 南海.

### 635. 须鼬鳚属 *Brotula* Cuvier, 1829

#### （2224）多须鼬鳚 *Brotula multibarbata* Temminck *et* Schlegel, 1846

*Brotula multibarbata* Temminck *et* Schlegel, 1846: 173-269.
*Brotula borbonica* Kaup, 1858.
*Brotula multicirrata* Vaillant *et* Sauvage, 1875.
*Brotula formosae* Jordan *et* Evermann, 1902.
**文献（Reference）**：Chen and Shao, 1991a; Chen and Shao (陈丽贞和邵广昭), 1991b; Winterbottom, 1993; Francis, 1993; Shao, Chen, Kao *et al.*, 1993; 沈世杰, 1993; Chen, Shao and Lin, 1995; Carpenter and Niem, 1999; Randall and Lim (eds.), 2000; Huang, 2001; 伍汉霖, 邵广昭, 赖春福等, 2012.
**别名或俗名（Used or common name）**：鼬鱼, 海鲶, 多须鲶.
**分布（Distribution）**：东海, 南海.

### 636. 花须鼬鳚属 *Brotulotaenia* Parr, 1933

#### （2225）尼氏花须鼬鳚 *Brotulotaenia nielseni* Cohen, 1974

*Brotulataenia nielseni* Cohen, 1974: 119-149.

文献（**Reference**）：Randall and Lim (eds.), 2000; 伍汉霖, 邵广昭, 赖春福等, 2012.

分布（**Distribution**）：南海.

## 637. 丝指鼬鳚属 *Dicrolene* Goode *et* Bean, 1883

**（2226）多丝丝指鼬鳚 *Dicrolene multifilis* (Alcock, 1889)**

*Paradicrolene multifilis* Alcock, 1889: 376-399.

文献（**Reference**）：Nielsen and Cohen, 1986.

分布（**Distribution**）：南海.

**（2227）五指丝指鼬鳚 *Dicrolene quinquarius* (Günther, 1887)**

*Pteroidonus quinquarius* Günther, 1887: 1-268.

*Dicrolene quinquaris* (Günther, 1887).

文献（**Reference**）：Machida and Okamura, 1983; Nielsen, Cohen, Markle *et al.*, 1999; Randall and Lim (eds.), 2000; Huang, 2001; Yeh, Lee *et* Shao (叶信明, 李茂荧和邵广昭), 2005; 伍汉霖, 邵广昭, 赖春福等, 2012.

别名或俗名（**Used or common name**）：鼬鱼.

分布（**Distribution**）：东海, 南海.

**（2228）短丝指鼬鳚 *Dicrolene tristis* Smith *et* Radcliffe, 1913**

*Dicrolene tristis* Smith *et* Radcliffe, 1913: 135-176.

文献（**Reference**）：Herre, 1953b; Masuda, Amaoka, Araga *et al.*, 1984; Randall and Lim (eds.), 2000; Huang, 2001; Yeh, Lee and Shao (叶信明, 李茂荧和邵广昭), 2005; Lee, Lee and Chen, 2005; 伍汉霖, 邵广昭, 赖春福等, 2012.

别名或俗名（**Used or common name**）：鼬鱼.

分布（**Distribution**）：东海, 南海.

## 638. 曲鼬鳚属 *Glyptophidium* Alcock, 1889

**（2229）日本曲鼬鳚 *Glyptophidium japonicum* Kamohara, 1936**

*Glyptophidium japonicum* Kamohara, 1936b: 306-311.

文献（**Reference**）：Nielsen and Machida, 1988; 伍汉霖, 邵广昭, 赖春福等, 2012.

分布（**Distribution**）：东海.

**（2230）光曲鼬鳚 *Glyptophidium lucidum* Smith *et* Radcliffe, 1913**

*Glyptophidium lucidum* Smith *et* Radcliffe, 1913: 135-176.

文献（**Reference**）：Herre, 1953b; Nielsen and Machida, 1988; Yeh, Lee and Shao (叶信明, 李茂荧和邵广昭), 2005; 伍汉霖, 邵广昭, 赖春福等, 2012.

别名或俗名（**Used or common name**）：鼬鱼.

分布（**Distribution**）：东海.

## 639. 钝吻鼬鳚属 *Holcomycteronus* Garman, 1899

**（2231）深海钝吻鼬鳚 *Holcomycteronus aequatoris* (Smith *et* Radcliffe, 1913)**

*Bassogigas aequatoris* Smith *et* Radcliffe, 1913: 135-176.

文献（**Reference**）：Yeh, Lee and Shao (叶信明, 李茂荧和邵广昭), 2005; 伍汉霖, 邵广昭, 赖春福等, 2012.

别名或俗名（**Used or common name**）：鼬鱼.

分布（**Distribution**）：东海.

## 640. 长趾鼬鳚属 *Homostolus* Smith *et* Radcliffe, 1913

**（2232）长趾鼬鳚 *Homostolus acer* Smith *et* Radcliffe, 1913**

*Homostolus acer* Smith *et* Radcliffe, 1913: 135-176.

*Homostolus japonicus* Matsubara, 1943.

文献（**Reference**）：Herre, 1953b; Masuda, Amaoka, Araga *et al.*, 1984; Randall and Lim (eds.), 2000; Huang, 2001; Yeh, Lee and Shao (叶信明, 李茂荧和邵广昭), 2005; 伍汉霖, 邵广昭, 赖春福等, 2012.

别名或俗名（**Used or common name**）：鼬鱼.

分布（**Distribution**）：东海, 南海.

## 641. 棘鼬鳚属 *Hoplobrotula* Gill, 1863

**（2233）棘鼬鳚 *Hoplobrotula armata* (Temminck *et* Schlegel, 1846)**

*Brotula armata* Temminck *et* Schlegel, 1846: 173-269.

*Hoprobrotula armata* (Temminck *et* Schlegel, 1846).

文献（**Reference**）：朱元鼎等, 1985; Chen and Shao, 1991a; Chen and Shao (陈丽贞和邵广昭), 1991b; Shao, Chen, Kao *et al.*, 1993; 沈世杰, 1993; Yamada, Shirai, Irie *et al.*, 1995; Randall and Lim (eds.), 2000; Huang, 2001; 伍汉霖, 邵广昭, 赖春福等, 2012.

别名或俗名（**Used or common name**）：鼬鱼, 海鲶.

分布（**Distribution**）：黄海, 东海, 南海.

## 642. 软鼬鳚属 *Lamprogrammus* Alcock, 1891

**（2234）布氏软鼬鳚 *Lamprogrammus brunswigi* (Brauer, 1906)**

*Bassobythites brunswigi* Brauer, 1906: 1-432.

*Bassobythites macropterus* (Smith *et* Radcliffe, 1913).

*Lamprogrammus macropterus* Smith *et* Radcliffe, 1913.
**文献(Reference)**: Randall and Lim (eds.), 2000; Huang, 2001; Yeh, Lee and Shao (叶信明, 李茂荧和邵广昭), 2005; Chinese Academy of Fishery Science (CAFS), 2007; 伍汉霖, 邵广昭, 赖春福等, 2012.
**别名或俗名(Used or common name)**: 鼬鱼.
**分布(Distribution)**: 东海, 南海.

## 643. 鳞鼬鳚属 *Lepophidium* Gill, 1895

### (2235) 斑纹鳞鼬鳚 *Lepophidium marmoratum* (Goode *et* Bean, 1885)

*Leptophidium marmoratum* Goode *et* Bean, 1885: 422-424.
*Lopophidium marmoratum* (Goode *et* Bean, 1885).
*Sirembo marmoratum* (Goode *et* Bean, 1885).
**文献(Reference)**: Randall and Lim (eds.), 2000; Chinese Academy of Fishery Science (CAFS), 2007; 伍汉霖, 邵广昭, 赖春福等, 2012.
**分布(Distribution)**: 南海.

## 644. 矛鼬鳚属 *Luciobrotula* Smith *et* Radcliffe, 1913

### (2236) 巴奇氏矛鼬鳚 *Luciobrotula bartschi* Smith *et* Radcliffe, 1913

*Luciobrotula bartschi* Smith *et* Radcliffe, 1913: 135-176.
**文献(Reference)**: Herre, 1953b; Masuda, Amaoka, Araga *et al.*, 1984; Randall and Lim (eds.), 2000; Huang, 2001; Yeh, Lee and Shao (叶信明, 李茂荧和邵广昭), 2005; 伍汉霖, 邵广昭, 赖春福等, 2012.
**别名或俗名(Used or common name)**: 矛鼬鱼, 鼬鱼.
**分布(Distribution)**: 东海, 南海.

## 645. 单趾鼬鳚属 *Monomitopus* Alcock, 1890

### (2237) 熊吉单趾鼬鳚 *Monomitopus kumae* Jordan *et* Hubbs, 1925

*Monomitopus kumae* Jordan *et* Hubbs, 1925: 93-346.
**文献(Reference)**: Jordan and Hubbs, 1925: 93-346; Masuda, Amaoka, Araga *et al.*, 1984; Randall and Lim (eds.), 2000; Huang, 2001; 吴宗翰, 2002; Yeh, Lee and Shao (叶信明, 李茂荧和邵广昭), 2005; 伍汉霖, 邵广昭, 赖春福等, 2012.
**别名或俗名(Used or common name)**: 鼬鱼.
**分布(Distribution)**: 东海, 南海.

### (2238) 长头单趾鼬鳚 *Monomitopus longiceps* Smith *et* Radcliffe, 1913

*Monomitopus longiceps* Smith *et* Radcliffe, 1913: 135-176.
**文献(Reference)**: Randall and Lim (eds.), 2000; Huang, 2001; 伍汉霖, 邵广昭, 赖春福等, 2012.
**分布(Distribution)**: 南海.

### (2239) 重齿单趾鼬鳚 *Monomitopus pallidus* Smith *et* Radcliffe, 1913

*Monomitopus pallidus* Smith *et* Radcliffe, 1913: 135-176.
**文献(Reference)**: Jordan and Hubbs, 1925; Herre, 1953b; Masuda, Amaoka, Araga *et al.*, 1984; 吴宗翰, 2002; Yeh, Lee and Shao (叶信明, 李茂荧和邵广昭), 2005; 伍汉霖, 邵广昭, 赖春福等, 2012.
**别名或俗名(Used or common name)**: 鼬鱼.
**分布(Distribution)**: 东海.

## 646. 新鼬鳚属 *Neobythites* Goode *et* Bean, 1885

### (2240) 双斑新鼬鳚 *Neobythites bimaculatus* Nielsen, 1997

*Neobythites bimaculatus* Nielsen, 1997: 51-82.
**文献(Reference)**: Nielsen, 1997: 51-82; 伍汉霖, 邵广昭, 赖春福等, 2012.
**别名或俗名(Used or common name)**: 双斑新鼬鳚, 鼬鱼.
**分布(Distribution)**: 东海.

### (2241) 横带新鼬鳚 *Neobythites fasciatus* Smith *et* Radcliffe, 1913

*Neobythites fasciatus* Smith *et* Radcliffe, 1913: 135-176.
*Watasea fasciatus* (Smith *et* Radcliffe, 1913).
**文献(Reference)**: de la Paz and Interior, 1979; Randall and Lim (eds.), 2000; Huang, 2001; Yeh, Lee and Shao (叶信明, 李茂荧和邵广昭), 2005; 伍汉霖, 邵广昭, 赖春福等, 2012.
**别名或俗名(Used or common name)**: 鼬鱼.
**分布(Distribution)**: 东海, 南海.

### (2242) 长新鼬鳚 *Neobythites longipes* Smith *et* Radcliffe, 1913

*Neobythites longipes* Smith *et* Radcliffe, 1913: 135-176.
**文献(Reference)**: Herre, 1953b; Yeh, Lee and Shao (叶信明, 李茂荧和邵广昭), 2006; 伍汉霖, 邵广昭, 赖春福等, 2012.
**别名或俗名(Used or common name)**: 鼬鱼.
**分布(Distribution)**: 东海, 南海.

### (2243) 中华新鼬鳚 *Neobythites sinensis* Nielsen, 2002

*Neobythites sinensis* Nielsen, 2002: 5-104.
**文献(Reference)**: Nielsen, 2002: 5-104; 伍汉霖, 邵广昭, 赖春福等, 2012.
**分布(Distribution)**: 南海.

### (2244) 黑潮新鼬鳚 *Neobythites sivicola* (Jordan *et* Snyder, 1901)

*Watasea sivicola* Jordan *et* Snyder, 1901c: 739-769.

*Neobythites sivicolus* (Jordan *et* Snyder, 1901).
文献（Reference）：Machida, 1988; Chen and Shao, 1991a; 沈世杰, 1993; Ni and Kwok, 1999; Randall and Lim (eds.), 2000; Huang, 2001; Ohashi, Nielsen and Yabe, 2012; 伍汉霖, 邵广昭, 赖春福等, 2012.
别名或俗名（Used or common name）：新鼬鱼, 鼬鱼.
分布（Distribution）：黄海, 东海, 南海.

**（2245）多斑新鼬鳚 *Neobythites stigmosus* Machida, 1984**
*Neobythites stigmosus* Machida, 1984: 1-414.
文献（Reference）：Machida, 1984: 437; Chen and Shao, 1991a; 沈世杰, 1993; Shao, 1997; Randall and Lim (eds.), 2000; Huang, 2001; Ohashi, Nielsen and Yabe, 2012; 伍汉霖, 邵广昭, 赖春福等, 2012.
别名或俗名（Used or common name）：斑新鼬鱼, 鼬鱼.
分布（Distribution）：东海, 南海.

**（2246）单斑新鼬鳚 *Neobythites unimaculatus* Smith *et* Radcliffe, 1913**
*Neobythites unimaculatus* Smith *et* Radcliffe, 1913: 135-176.
*Neobythites nigromaculatus* Kamohara, 1938.
文献（Reference）：Chen and Shao, 1991a; 沈世杰, 1993; Ni and Kwok, 1999; Randall and Lim (eds.), 2000; Huang, 2001; Ohashi, Nielsen and Yabe, 2012; 伍汉霖, 邵广昭, 赖春福等, 2012.
别名或俗名（Used or common name）：鼬鱼.
分布（Distribution）：东海, 南海.

## 647. 鼬鳚属 *Ophidion* Linnaeus, 1758

**（2247）席鳞鼬鳚 *Ophidion asiro* (Jordan *et* Fowler, 1902)**
*Otophidium asiro* Jordan *et* Fowler, 1902c: 743-766.
文献（Reference）：Chen and Shao, 1991a; Shao, Chen, Kao *et al.*, 1993; Shao, 1997; Randall and Lim (eds.), 2000; Huang, 2001; 伍汉霖, 邵广昭, 赖春福等, 2012.
分布（Distribution）：东海, 南海.

**（2248）黑边鼬鳚 *Ophidion muraenolepis* Günther, 1880**
*Ophiodion muraenolepis* Günther, 1880: 1-82.
文献（Reference）：Chen and Shao, 1991a; 沈世杰, 1993; Randall and Lim (eds.), 2000; Huang, 2001; 伍汉霖, 邵广昭, 赖春福等, 2012.
别名或俗名（Used or common name）：鼬鱼.
分布（Distribution）：东海, 南海.

## 648. 孔鼬鳚属 *Porogadus* Goode *et* Bean, 1885

**（2249）鞭尾孔鼬鳚 *Porogadus gracilis* (Günther, 1878)**
*Bathynectes gracilis* Günther, 1878b: 17-28.
文献（Reference）：Nielsen, Cohen, Markle *et al.*, 1999.
分布（Distribution）：东海.

**（2250）贡氏孔鼬鳚 *Porogadus guentheri* Jordan *et* Fowler, 1902**
*Porogadus guentheri* Jordan *et* Fowler, 1902c: 743-766.
文献（Reference）：Jordan and Fowler, 1902c: 743-766; Machida, 1982; Masuda, Amaoka, Araga *et al.*, 1984; Yeh, Lee and Shao (叶信明, 李茂荧和邵广昭), 2005; 伍汉霖, 邵广昭, 赖春福等, 2012.
别名或俗名（Used or common name）：鼬鱼.
分布（Distribution）：东海, 南海.

**（2251）头棘孔鼬鳚 *Porogadus miles* Goode *et* Bean, 1885**
*Porogadus miles* Goode *et* Bean, 1885: 589-605.
文献（Reference）：Goode and Bean, 1885: 589-605; Machida and Amaoka, 1990; Yeh, Lee and Shao (叶信明, 李茂荧和邵广昭), 2005; 伍汉霖, 邵广昭, 赖春福等, 2012.
别名或俗名（Used or common name）：鼬鱼.
分布（Distribution）：东海.

## 649. 姬鼬鳚属 *Pycnocraspedum* Alcock, 1889

**（2252）棕黄姬鼬鳚 *Pycnocraspedum fulvum* Machida, 1984**
*Pycnocraspedum fulvum* Machida, 1984: 1-414.
文献（Reference）：Machida, 1984: 437.
分布（Distribution）：东海.

**（2253）细鳞姬鼬鳚 *Pycnocraspedum microlepis* (Matsubara, 1943)**
*Itatius microlepis* Matsubara, 1943c: 1-486.
文献（Reference）：Masuda, Amaoka, Araga *et al.*, 1984; Randall and Lim (eds.), 2000; Huang, 2001; Chinese Academy of Fishery Science (CAFS), 2007; 伍汉霖, 邵广昭, 赖春福等, 2012.
分布（Distribution）：东海, 南海.

## 650. 仙鼬鳚属 *Sirembo* Bleeker, 1857

**（2254）仙鼬鳚 *Sirembo imberbis* (Temminck *et* Schlegel, 1846)**
*Brotula imberbis* Temminck *et* Schlegel, 1846: 173-269.

*Brotella maculata* Kaup, 1858.
*Sirembo maculata* (Kaup, 1858).
*Sirembo everriculi* Whitley, 1936.
**文献（Reference）**：朱元鼎等, 1985; Chen and Shao, 1991a; Shao, Chen, Kao *et al.*, 1993; 沈世杰, 1993; Ni and Kwok, 1999; Randall and Lim (eds.), 2000; Huang, 2001; 伍汉霖, 邵广昭, 赖春福等, 2012.
**别名或俗名（Used or common name）**：鼬鱼, 须鱼.
**分布（Distribution）**：黄海, 东海, 南海.

### 651. 棘鳃鼬鳚属 *Xyelacyba* Cohen, 1961

#### （2255）梅氏棘鳃鼬鳚 *Xyelacyba myersi* Cohen, 1961

*Xyelacyba myersi* Cohen, 1961: 288-292.
**文献（Reference）**：Cohen, 1961: 288-292; Machida, 1989; 吴宗翰, 2002; Yeh, Lee and Shao (叶信明, 李茂荧和邵广昭), 2005; 伍汉霖, 邵广昭, 赖春福等, 2012.
**别名或俗名（Used or common name）**：鼬鱼.
**分布（Distribution）**：东海.

## （一三七）深蛇鳚科 Bythitidae

### 652. 海鼬鱼属 *Alionematichthys* Møller *et* Schwarzhans, 2008

#### （2256）小眼海鼬鱼 *Alionematichthys minyomma* (Sedor *et* Cohen, 1987)

*Dinematichthys minyomma* Sedor *et* Cohen, 1987: 5-10.
**文献（Reference）**：Chen and Shao, 1991a; 沈世杰, 1993; Randall and Lim (eds.), 2000; Huang, 2001; Møller and Schwarzhans, 2008; 伍汉霖, 邵广昭, 赖春福等, 2012.
**别名或俗名（Used or common name）**：深海鼬鱼, 细眼双须深海鼬鱼.
**分布（Distribution）**：南海.

#### （2257）琉球海鼬鱼 *Alionematichthys riukiuensis* (Aoyagi, 1954)

*Dinematichthys riukiuensis* Aoyagi, 1954: 235-238.
*Dinematichthys megasoma* Machida, 1994.
**文献（Reference）**：Møller and Schwarzhans, 2008; 伍汉霖, 邵广昭, 赖春福等, 2012.
**别名或俗名（Used or common name）**：深海鼬鱼, 琉球双线鼬鳚.
**分布（Distribution）**：东海, 南海.

### 653. 似鳕鳚属 *Brosmophyciops* Schultz, 1960

#### （2258）潘氏似鳕鳚 *Brosmophyciops pautzkei* Schultz, 1960

*Brosmophysiops pautzkei* Schultz, 1960: 1-438.
**文献（Reference）**：Machida and Yoshino, 1983; Masuda, Amaoka, Araga *et al.*, 1984; Machida and Yoshino, 1984; Winterbottom, 1993; 吴宗翰, 2002; 伍汉霖, 邵广昭, 赖春福等, 2012.
**别名或俗名（Used or common name）**：深海鼬鱼, 隐领似鳕鼬鱼.
**分布（Distribution）**：东海, 南海.

### 654. 小线深鳚属 *Brotulinella* Schwarzhans, Møller *et* Nielsen, 2005

#### （2259）台湾小线深鳚 *Brotulinella taiwanensis* Schwarzhans, Møller *et* Nielsen, 2005

*Brotulinella taiwanensis* Schwarzhans, Møller *et* Nielsen, 2005: 73-163.
**文献（Reference）**：Schwarzhans, Møller and Nielsen, 2005: 73-163; 伍汉霖, 邵广昭, 赖春福等, 2012.
**别名或俗名（Used or common name）**：深海鼬鱼, 台湾深海鼬鳚.
**分布（Distribution）**：东海, 南海.

### 655. 猎神深鳚属 *Diancistrus* Ogilby, 1899

#### （2260）暗色猎神深鳚 *Diancistrus fuscus* (Fowler, 1946)

*Brotulina fusca* Fowler, 1946: 123-218.
*Brotunila fusca* Fowler, 1946.
**文献（Reference）**：Fowler, 1946: 123-218; Chen and Shao, 1991a; 沈世杰, 1993; Shao, 1997; Randall and Lim (eds.), 2000; Huang, 2001; 伍汉霖, 邵广昭, 赖春福等, 2012.
**别名或俗名（Used or common name）**：深海鼬鱼.
**分布（Distribution）**：东海, 南海.

### 656. 双线鼬鳚属 *Dinematichthys* Bleeker, 1855

#### （2261）双线鼬鳚 *Dinematichthys iluocoeteoides* Bleeker, 1855

*Dinematichthys illuocoeteoides* Bleeker, 1855f: 305-328.
*Dinematichthys indicus* Machida, 1994.
*Dinematichthys randalli* Machida, 1994.
**文献（Reference）**：Herre, 1953b; Chang, Jan and Shao, 1983; Winterbottom, 1993; Randall and Lim (eds.), 2000; Huang, 2001; Møller and Schwarzhans, 2008; 伍汉霖, 邵广昭, 赖春福等, 2012.
**别名或俗名（Used or common name）**：深海鼬鱼.
**分布（Distribution）**：东海, 南海.

### 657. 双棘鼬鳚属 *Diplacanthopoma* Günther, 1887

**（2262）褐双棘鼬鳚 *Diplacanthopoma brunnea* Smith *et* Radcliffe, 1913**

*Diplacanthopoma* (*Sarcocara*) *brunnea* Smith *et* Radcliffe, 1913: 135-176.

**文献（Reference）**：Randall and Lim (eds.), 2000; Huang, 2001; Chinese Academy of Fishery Science (CAFS), 2007; 伍汉霖, 邵广昭, 赖春福等, 2012.

**分布（Distribution）**：南海.

**（2263）日本双棘鼬鳚 *Diplacanthopoma japonicus* (Steindachner *et* Döderlein, 1887)**

*Myxocephalus japonicus* Steindachner *et* Döderlein, 1887: 257-296.

*Diplacanthopoma japonicum* (Steindachner *et* Döderlein, 1887).

**文献（Reference）**：Masuda, Amaoka, Araga *et al.*, 1984; 伍汉霖, 邵广昭, 赖春福等, 2012.

**分布（Distribution）**：东海.

### 658. 寡须鳚属 *Grammonus* Gill, 1896

**（2264）粗寡须鳚 *Grammonus robustus* Smith *et* Radcliffe, 1913**

*Grammonus robustus* Smith *et* Radcliffe, 1913: 135-176.

*Oligopus robustus* (Smith *et* Radcliffe, 1913).

**文献（Reference）**：Herre, 1953b; Masuda, Amaoka, Araga *et al.*, 1984; Yamada, Shirai, Irie *et al.*, 1995; Huang, 2001; 伍汉霖, 邵广昭, 赖春福等, 2012.

**分布（Distribution）**：南海.

### 659. 孔头鼬鱼属 *Porocephalichthys* Møller *et* Schwarzhans, 2008

**（2265）毛吻孔头鼬鱼 *Porocephalichthys dasyrhynchus* (Cohen *et* Hutchins, 1982)**

*Dinematichthys dasyrhynchus* Cohen *et* Hutchins, 1982: 341-347.

**文献（Reference）**：Chen and Shao, 1991a; 沈世杰, 1993; Shao, 1997; Chen, Jan and Shao, 1997; Randall and Lim (eds.), 2000; Huang, 2001; Møller and Schwarzhans, 2008; 伍汉霖, 邵广昭, 赖春福等, 2012.

**别名或俗名（Used or common name）**：粗吻双须深海鼬鱼, 深海鼬鱼.

**分布（Distribution）**：南海.

### 660. 拟鼠鳚属 *Pseudonus* Garman, 1899

**（2266）鳞头拟鼠鳚 *Pseudonus squamiceps* (Lloyd, 1907)**

*Diplacanthopoma squamiceps* Lloyd, 1907: 1-12.

*Cataetyx platycephalus* Smith *et* Radcliffe, 1913.

**文献（Reference）**：Nielsen, Cohen, Markle *et al.*, 1999; Nielsen, 2011; 伍汉霖, 邵广昭, 赖春福等, 2012.

**别名或俗名（Used or common name）**：深海鼬鱼.

**分布（Distribution）**：南海.

### 661. 囊胃鼬鳚属 *Saccogaster* Alcock, 1889

**（2267）毛突囊胃鼬鳚 *Saccogaster tuberculata* (Chan, 1966)**

*Barbuliceps tuberculatus* Chan, 1966: 4-8.

*Saccogaster tuberculatus* (Chan, 1966).

**文献（Reference）**：Randall and Lim (eds.), 2000; Chinese Academy of Fishery Science (CAFS), 2007.

**分布（Distribution）**：南海.

## （一三八）胶胎鳚科 Aphyonidae

### 662. 胶胎鳚属 *Aphyonus* Günther, 1878

**（2268）博林胶胎鳚 *Aphyonus bolini* Nielsen, 1974**

*Aphyonus bolini* Nielsen, 1974: 179-182.

**文献（Reference）**：Nielsen, 1974: 179-182; Huang, 2001; Chinese Academy of Fishery Science (CAFS), 2007.

**分布（Distribution）**：南海.

**（2269）澳洲胶胎鳚 *Aphyonus gelatinosus* Günther, 1878**

*Aphyonus gelatinosus* Günther, 1878b: 17-28.

*Aphyonus mollis* Goode *et* Bean, 1886.

**文献（Reference）**：Günther, 1878b: 17-28, 179-187, 248-251; 伍汉霖, 邵广昭, 赖春福等, 2012.

**别名或俗名（Used or common name）**：胶胎鳚, 裸鼬鱼.

**分布（Distribution）**：?

### 663. 盲鼬鳚属 *Barathronus* Goode *et* Bean, 1886

**（2270）盲鼬鳚 *Barathronus diaphanus* Brauer, 1906**

*Barathronus diaphanous* Brauer, 1906: 1-432.

**文献（Reference）**：Huang, 2001; Chinese Academy of Fishery Science (CAFS), 2007; 伍汉霖, 邵广昭, 赖春福等, 2012.

**分布（Distribution）**：南海.

**（2271）棕斑盲鼬鳚 *Barathronus maculatus* Shcherbachev, 1976**

*Barathronus maculatus* Shcherbachev, 1976: 146-149.

**文献（Reference）：**Nielsen and Machida, 1985; 伍汉霖, 邵广昭, 赖春福等, 2012.

**别名或俗名（Used or common name）：**裸鼬鱼.

**分布（Distribution）：**南海.

# 三十八、鮟鱇目 Lophiiformes

## （一三九）鮟鱇科 Lophiidae

### 664. 拟鮟鱇属 *Lophiodes* Goode *et* Bean, 1896

**（2272）远藤拟鮟鱇 *Lophiodes endoi* Ho *et* Shao, 2008**

*Lophiodes endoi* Ho *et* Shao, 2008: 367-373.

**文献（Reference）：**Ho and Shao, 2008: 289-313; 伍汉霖, 邵广昭, 赖春福等, 2012.

**别名或俗名（Used or common name）：**远藤氏拟鮟鱇, 鮟鱇.

**分布（Distribution）：**东海, 南海.

**（2273）褐拟鮟鱇 *Lophiodes infrabrunneus* Smith *et* Radcliffe, 1912**

*Lophiodes infrabrunneus* Smith *et* Radcliffe, 1912: 199-214.

*Lophiodes abdituspinus* Ni, Wu *et* Li (倪勇, 伍汉霖和李生), 1990.

**文献（Reference）：**Herre, 1953b; Huang, 2001; 苏锦祥和李春生, 2002: 343-344; Chinese Academy of Fishery Science (CAFS), 2007; 伍汉霖, 邵广昭, 赖春福等, 2012.

**分布（Distribution）：**南海.

**（2274）南非拟鮟鱇 *Lophiodes insidiator* (Regan, 1921)**

*Chirolophius insidiator* Regan, 1921: 412-420.

*Chirolophius crosnieri* Le Danois, 1975.

*Chirolophius phycoides* Le Danois, 1975.

**文献（Reference）：**Caruso, 1981; Kim, Choi, Lee *et al.*, 2005; 伍汉霖, 邵广昭, 赖春福等, 2012.

**别名或俗名（Used or common name）：**鮟鱇.

**分布（Distribution）：**东海, 南海.

**（2275）少棘拟鮟鱇 *Lophiodes miacanthus* (Gilbert, 1905)**

*Lophiomus miacanthus* Gilbert, 1905: 577-713.

**文献（Reference）：**Caruso, 1981; Masuda, Amaoka, Araga *et al.*, 1984; 伍汉霖, 邵广昭, 赖春福等, 2012.

**别名或俗名（Used or common name）：**鮟鱇.

**分布（Distribution）：**东海.

**（2276）大眼拟鮟鱇 *Lophiodes mutilus* (Alcock, 1894)**

*Lophius mutilus* Alcock, 1894: 115-137.

*Laphiodes mutilus* (Alcock, 1894).

*Lophius lugubris* Alcock, 1894.

**文献（Reference）：**Herre, 1953b; Caruso, 1981; Masuda, Amaoka, Araga *et al.*, 1984; Caruso, 1985; Randall and Lim (eds.), 2000; 伍汉霖, 邵广昭, 赖春福等, 2012.

**别名或俗名（Used or common name）：**光拟鮟鱇, 鮟鱇.

**分布（Distribution）：**南海.

**（2277）奈氏拟鮟鱇 *Lophiodes naresi* (Günther, 1880)**

*Lophius naresi* Günther, 1880: 1-82.

*Chirolophius moseleyi* Regan, 1903.

*Chirolophius murrayi* Regan, 1903.

**文献（Reference）：**Herre, 1953b; Caruso, 1981; Masuda, Amaoka, Araga *et al.*, 1984; Huang, 2001; 苏锦祥和李春生, 2002: 344-345; Chinese Academy of Fishery Science (CAFS), 2007; 伍汉霖, 邵广昭, 赖春福等, 2012.

**别名或俗名（Used or common name）：**鮟鱇.

**分布（Distribution）：**东海, 南海.

### 665. 黑鮟鱇属 *Lophiomus* Gill, 1883

**（2278）黑鮟鱇 *Lophiomus setigerus* (Vahl, 1797)**

*Lophius setigerus* Vahl, 1797: 212-216.

*Laphiomus setigerus* (Vahl, 1797).

*Lophius viviparus* Bloch *et* Schneider, 1801.

*Lophiomus longicephalus* Tanaka, 1918.

**文献（Reference）：**Caruso, 1981; Richards, Chong, Mak *et al.*, 1985; Caruso, 1985; Lee, 1988; Shao, Chen, Kao *et al.*, 1993; Yamada, Shirai, Irie *et al.*, 1995; Chang and Kim, 1999; Ni and Kwok, 1999; Randall and Lim (eds.), 2000; Huang, 2001; 苏锦祥和李春生, 2002: 347-349; 伍汉霖, 邵广昭, 赖春福等, 2012.

**别名或俗名（Used or common name）：**鮟鱇, 九牙, 死囝仔鱼, 合笑.

**分布（Distribution）：**黄海, 东海, 南海.

### 666. 鮟鱇属 *Lophius* Linnaeus, 1758

**（2279）黄鮟鱇 *Lophius litulon* (Jordan, 1902)**

*Lophiomus litulon* Jordan, 1902: 361-381.

**文献（Reference）：**Caruso, 1983; Yamada, Shirai, Irie *et al.*, 1995; Shao, 1997; Randall and Lim (eds.), 2000; Yoneda, Tokimura, Fujita *et al.*, 2001; 苏锦祥和李春生, 2002: 349-350; Baeck and Huh, 2003; Zhang, Tang, Jin *et al.*, 2005;

伍汉霖, 邵广昭, 赖春福等, 2012.
别名或俗名（Used or common name）：鮟鱇.
分布（Distribution）：渤海，黄海，东海，南海.

### 667. 高体鮟鱇属 *Sladenia* Regan, 1908

**（2280）褐色高体鮟鱇 *Sladenia remiger* Smith *et* Radcliffe, 1912**

*Sladenia remiger* Smith *et* Radcliffe, 1912: 199-214.
文献（Reference）：Randall and Lim (eds.), 2000; 苏锦祥和李春生, 2002: 351-352; Ni, Wu and Li (倪勇, 伍汉霖和李生), 2012.
别名或俗名（Used or common name）：褐色宽鳃鮟鱇.
分布（Distribution）：东海，南海.

## （一四〇）躄鱼科 Antennariidae

### 668. 躄鱼属 *Antennarius* Daudin, 1816

**（2281）双斑躄鱼 *Antennarius biocellatus* (Cuvier, 1817)**

*Chironectes biocellatus* Cuvier, 1817: 418-435.
*Antennarius notophthalmus* Bleeker, 1854.
文献（Reference）：Herre, 1953b; Pietsch and Grobecker, 1987; 沈世杰, 1993; Ni and Kwok, 1999; Randall and Lim (eds.), 2000; Huang, 2001; 苏锦祥和李春生, 2002: 354-356; 伍汉霖, 邵广昭, 赖春福等, 2012.
别名或俗名（Used or common name）：五脚虎.
分布（Distribution）：南海.

**（2282）毛躄鱼 *Antennarius hispidus* (Bloch *et* Schneider, 1801)**

*Lophius hispidus* Bloch *et* Schneider, 1801: 1-584.
*Chironectes hispidus* (Bloch *et* Schneider, 1801).
文献（Reference）：Herre, 1953b; Kyushin, Amaoka, Nakaya *et al.*, 1982; Masuda, Amaoka, Araga *et al.*, 1984; Pietsch and Grobecker, 1987; Randall and Lim (eds.), 2000; Huang, 2001; 苏锦祥和李春生, 2002: 359-360; 伍汉霖, 邵广昭, 赖春福等, 2012.
别名或俗名（Used or common name）：五脚虎.
分布（Distribution）：东海，南海.

**（2283）大斑躄鱼 *Antennarius maculatus* (Desjardins, 1840)**

*Chironectes maculatus* Desjardins, 1840: 1-4.
*Phymatophryne maculata* (Desjardins, 1840).
*Antennarius guntheri* Bleeker, 1864.
*Antennarius oligospilus* Bleeker, 1865.
文献（Reference）：Masuda, Amaoka, Araga *et al.*, 1984; Pietsch and Grobecker, 1987; Shao, 1997; Randall and Lim (eds.), 2000; 伍汉霖, 邵广昭, 赖春福等, 2012.
别名或俗名（Used or common name）：五脚虎.
分布（Distribution）：东海，南海.

**（2284）白斑躄鱼 *Antennarius pictus* (Shaw, 1794)**

*Lophius pictus* Shaw, 1794: 23 vols. unnumbered pages.
*Antennarius chironectes* (Latreille, 1804).
*Lophius chironectes* Latreille, 1804.
*Chironectes leprosus* Eydoux *et* Souleyet, 1850.
文献（Reference）：Herre, 1953b; Masuda, Amaoka, Araga *et al.*, 1984; Pietsch and Grobecker, 1987; Francis, 1991; Francis, 1993; Chen, Shao and Lin, 1995; Randall and Lim (eds.), 2000; 伍汉霖, 邵广昭, 赖春福等, 2012.
别名或俗名（Used or common name）：五脚虎.
分布（Distribution）：东海，南海.

**（2285）蓝道氏躄鱼 *Antennarius randalli* Allen, 1970**

*Antennarius randalli* Allen, 1970: 517-522.
文献（Reference）：Allen, 1970: 517-522; Pietsch and Grobecker, 1987; 沈世杰, 1993; Randall and Lim (eds.), 2000; Huang, 2001; 苏锦祥和李春生, 2002: 362-363; 伍汉霖, 邵广昭, 赖春福等, 2012.
别名或俗名（Used or common name）：五脚虎.
分布（Distribution）：南海.

**（2286）带纹躄鱼 *Antennarius striatus* (Shaw, 1794)**

*Lophius striatus* Shaw, 1794: 23 vols. unnumbered pages.
*Antennarius straitus* (Shaw, 1794).
*Phrynelox striatus* (Shaw, 1794).
*Lophius tricornis* (Cloquet, 1817).
*Antennarius pinniceps bleekeri* Günther, 1861.
文献（Reference）：Pietsch and Grobecker, 1987; Francis, 1993; Shao, Chen, Kao *et al.*, 1993; 沈世杰, 1993; Yamada, Shirai, Irie *et al.*, 1995; Kuo and Shao, 1999; Randall and Lim (eds.), 2000; Huang, 2001; 苏锦祥和李春生, 2002: 363-365; 伍汉霖, 邵广昭, 赖春福等, 2012.
别名或俗名（Used or common name）：五脚虎，死团仔鱼.
分布（Distribution）：黄海，东海，南海.

### 669. 手躄鱼属 *Antennatus* Schultz, 1957

**（2287）细斑手躄鱼 *Antennatus coccineus* (Lesson, 1831)**

*Chironectes coccineus* Lesson, 1831: 66-238.
*Antennarius coccineus* (Lesson, 1831).
*Antennarius drombus* Jordan *et* Evermann, 1903.
*Antennarius nexilis* Snyder, 1904.

**文献(Reference)**: Herre, 1953b; Murdy, Ferraris, Hoese *et al.*, 1981; Chang, Jan and Shao, 1983; Masuda, Amaoka, Araga *et al.*, 1984; Francis, 1993; Randall and Lim (eds.), 2000; 伍汉霖, 邵广昭, 赖春福等, 2012.
**别名或俗名(Used or common name)**: 细斑躄鱼, 五脚虎.
**分布(Distribution)**: 南海.

#### (2288) 驼背手躄鱼 *Antennatus dorehensis* (Bleeker, 1859)

*Antenarius dnorehensis* Bleeker, 1859: 1-24.
*Antennarius dorehensis* Bleeker, 1859.
*Antennarius altipinnis* Smith *et* Radcliffe, 1912.
*Antennarius albomaculatus* Fowler, 1945.
**文献(Reference)**: Herre, 1953b; Masuda, Amaoka, Araga *et al.*, 1984; Pietsch and Grobecker, 1987; Winterbottom, 1993; 沈世杰, 1993; Randall and Lim (eds.), 2000; Huang, 2001; 伍汉霖, 邵广昭, 赖春福等, 2012.
**别名或俗名(Used or common name)**: 新几内亚躄鱼, 五脚虎.
**分布(Distribution)**: 东海, 南海.

#### (2289) 康氏手躄鱼 *Antennatus nummifer* (Cuvier, 1817)

*Chironectes nummifer* Cuvier, 1817: 418-435.
*Antennarius mummifer* (Cuvier, 1817).
*Antennarius sanguifluus* Jordan, 1902.
*Antennarius japonicus* Schultz, 1964.
**文献(Reference)**: Herre, 1953b; Arai and Kawai, 1977; Masuda, Amaoka, Araga *et al.*, 1984; Pietsch and Grobecker, 1987; Francis, 1993; 沈世杰, 1993; Ni and Kwok, 1999; Randall and Lim (eds.), 2000; Huang, 2001.
**别名或俗名(Used or common name)**: 钱斑躄鱼, 眼斑躄鱼, 五脚虎.
**分布(Distribution)**: 东海, 南海.

#### (2290) 网纹手躄鱼 *Antennatus tuberosus* (Cuvier, 1817)

*Chironectes tuberosus* Cuvier, 1817: 418-435.
*Antennarius tuberosus* (Cuvier, 1817).
*Antennarius unicornis* Bennett, 1827.
*Chironectes reticulatus* Eydoux *et* Souleyet, 1850.
**文献(Reference)**: Pietsch and Grobecker, 1987; Shao, 1997; Randall and Lim (eds.), 2000; 伍汉霖, 邵广昭, 赖春福等, 2012.
**别名或俗名(Used or common name)**: 五脚虎.
**分布(Distribution)**: 东海, 南海.

### 670. 福氏躄鱼属 *Fowlerichthys*

#### (2291) 歧胸福氏躄鱼 *Fowlerichthys scriptissimus* (Jordan, 1902)

*Antennarius scriptissimus* Jordan, 1902: 361-381.
*Antennarius sarasa* Tanaka, 1916.
*Fowlerichthys sarasa* (Tanaka, 1916).
**文献(Reference)**: Masuda, Amaoka, Araga *et al.*, 1984; Pietsch and Grobecker, 1987; Randall and Lim (eds.), 2000; 伍汉霖, 邵广昭, 赖春福等, 2012.
**别名或俗名(Used or common name)**: 五脚虎.
**分布(Distribution)**: 东海, 南海.

### 671. 薄躄鱼属 *Histiophryne* Gill, 1863

#### (2292) 隐刺薄躄鱼 *Histiophryne cryptacanthus* (Weber, 1913)

*Antennarius cryptacanthus* Weber, 1913: 1-710.
*Histiophryne cryptacantha* (Weber, 1913).
**文献(Reference)**: Pietsch and Grobecker, 1987; 沈世杰, 1993; Randall and Lim (eds.), 2000; Werner and Allen, 2000; 苏锦祥和李春生, 2002: 366-367; 伍汉霖, 邵广昭, 赖春福等, 2012.
**别名或俗名(Used or common name)**: 隐棘躄鱼, 五脚虎.
**分布(Distribution)**: 东海, 南海.

### 672. 裸躄鱼属 *Histrio* Fischer, 1813

#### (2293) 裸躄鱼 *Histrio histrio* (Linnaeus, 1758)

*Lophius histrio* Linnaeus, 1758: 1-824.
*Antennarius histrio* (Linnaeus, 1758).
*Antennarius gibbus* (Mitchill, 1815).
*Chironectes laevigatus* Cuvier, 1817.
*Lophius geographicus* Quoy *et* Gaimard, 1825.
*Chironectes sonntagii* Müller, 1864.
**文献(Reference)**: Arai and Kawai, 1977; Pietsch and Grobecker, 1987; Safran and Omori, 1990; 沈世杰, 1993; Ni and Kwok, 1999; Kuo and Shao, 1999; Randall and Lim (eds.), 2000; Huang, 2001; 苏锦祥和李春生, 2002: 367-369; 伍汉霖, 邵广昭, 赖春福等, 2012.
**别名或俗名(Used or common name)**: 斑纹光躄鱼, 五脚虎.
**分布(Distribution)**: 黄海, 东海, 南海.

## (一四一) 单棘躄鱼科 Chaunacidae

### 673. 单棘躄鱼属 *Chaunax* Lowe, 1846

#### (2294) 阿部单棘躄鱼 *Chaunax abei* Le Danois, 1978

*Chaunax abei* Le Danois, 1978: 87-93.
**文献(Reference)**: Le Danois, 1978: 87-93; Masuda, Amaoka, Araga *et al.*, 1984; Lee, 1988; Yamada, Shirai, Irie *et al.*, 1995; Randall and Lim (eds.), 2000; Horie and Tanaka, 2000; Huang, 2001; 苏锦祥和李春生, 2002: 370-371; 伍汉霖, 邵广昭, 赖春福等, 2012.

别名或俗名（Used or common name）：单棘躄鱼.
分布（Distribution）：南海.

**（2295）单棘躄鱼 *Chaunax fimbriatus* Hilgendorf, 1879**

*Chaunax fimbriatus* Hilgendorf, 1879: 78-81.
文献（Reference）：Le Danois, 1978; Kyushin, Amaoka, Nakaya *et al.*, 1982; Masuda, Amaoka, Araga *et al.*, 1984; Randall and Lim (eds.), 2000; Huang, 2001; 苏锦祥和李春生, 2002: 371-372; 伍汉霖, 邵广昭, 赖春福等, 2012.
别名或俗名（Used or common name）：五脚虎.
分布（Distribution）：黄海，东海，南海.

**（2296）云纹单棘躄鱼 *Chaunax penicillatus* McCulloch, 1915**

*Chaunax pencillatus* McCulloch, 1915: 97-170.
*Chaunax tosaensis* Okamura *et* Oryuu, 1984.
文献（Reference）：McCulloch, 1915: pls. 13-37; Le Danois, 1978; Masuda, Amaoka, Araga *et al.*, 1984; Randall and Lim (eds.), 2000; 伍汉霖, 邵广昭, 赖春福等, 2012.
别名或俗名（Used or common name）：单棘躄鱼，五脚虎.
分布（Distribution）：东海，南海.

## （一四二）蝙蝠鱼科 Ogcocephalidae

### 674. 腔蝠鱼属 *Coelophrys* Brauer, 1902

**（2297）短尾腔蝠鱼 *Coelophrys brevicaudata* Brauer, 1902**

*Coelophrys brevicaudata* Brauer, 1902: 277-298.
文献（Reference）：Brauer, 1902: 277-298; Endo and Shinohara, 1999; Ho and Shao, 2007; Ho and Shao, 2008; 伍汉霖, 邵广昭, 赖春福等, 2012.
别名或俗名（Used or common name）：棘茄鱼.
分布（Distribution）：东海，南海.

**（2298）小足腔蝠鱼 *Coelophrys micropa* (Alcock, 1891)**

*Dibranchus micropus* Alcock, 1891: 16-34.
*Coelophrys micropus* (Alcock, 1891).
*Halieutopsis micropa* (Alcock, 1891).
*Halieutopsis micropus* (Alcock, 1891).
文献（Reference）：Alcock, 1891: 16-138; Ho and Shao, 2008; 伍汉霖, 邵广昭, 赖春福等, 2012.
别名或俗名（Used or common name）：扁头棘茄鱼.
分布（Distribution）：？

### 675. 牙棘茄鱼属 *Halicmetus* Alcock, 1891

**（2299）黑牙棘茄鱼 *Halicmetus niger* Ho, Endo *et* Sakamaki, 2008**

*Halicmetus nigra* Ho, Endo *et* Sakamaki, 2008: 767-773.
文献（Reference）：Ho, Endo and Sakamaki, 2008: 767-773; Ho and Shao, 2011; 伍汉霖, 邵广昭, 赖春福等, 2012.
别名或俗名（Used or common name）：黑棘茄鱼，棘茄鱼，黑牙棘茄鱼.
分布（Distribution）：？

**（2300）网纹牙棘茄鱼 *Halicmetus reticulatus* Smith *et* Radcliffe, 1912**

*Halicmetus reticulatus* Smith *et* Radcliffe, 1912: 199-214.
文献（Reference）：Herre, 1953b; Masuda, Amaoka, Araga *et al.*, 1984; Lee, 1988; 沈世杰, 1993; Randall and Lim (eds.), 2000; Huang, 2001; Ho and Shao, 2008; 伍汉霖, 邵广昭, 赖春福等, 2012.
别名或俗名（Used or common name）：棘茄鱼.
分布（Distribution）：东海，南海.

**（2301）红牙棘茄鱼 *Halicmetus ruber* Alcock, 1891**

*Halicmetes ruber* Alcock, 1891: 16-138.
文献（Reference）：Herre, 1953b; Masuda, Amaoka, Araga *et al.*, 1984; Randall and Lim (eds.), 2000; Ho and Shao, 2008; 伍汉霖, 邵广昭, 赖春福等, 2012.
别名或俗名（Used or common name）：棘茄鱼.
分布（Distribution）：东海，南海.

### 676. 棘茄鱼属 *Halieutaea* Valenciennes, 1837

**（2302）费氏棘茄鱼 *Halieutaea fitzsimonsi* (Gilchrist *et* Thompson, 1916)**

*Halieutichthys fitzsimonsi* Gilchrist *et* Thompson, 1916: 56-61.
*Halieutaea liogaster* Regan, 1921.
文献（Reference）：Lee, 1988; Huang, 2001; 苏锦祥和李春生, 2002: 377-378; Ho and Shao, 2008.
别名或俗名（Used or common name）：棘茄鱼.
分布（Distribution）：东海，南海.

**（2303）云纹棘茄鱼 *Halieutaea fumosa* Alcock, 1894**

*Haliutea fumosa* Alcock, 1894: 115-137.
*Halieutaea stellata vittata* Weber, 1913.
文献（Reference）：Lee, 1988; 沈世杰, 1993; Randall and Lim (eds.), 2000; Huang, 2001; 苏锦祥和李春生, 2002: 378-379; Ho and Shao, 2008; 伍汉霖, 邵广昭, 赖春福等, 2012.
别名或俗名（Used or common name）：棘茄鱼.
分布（Distribution）：东海，南海.

**（2304）印度棘茄鱼 *Halieutaea indica* Annandale *et* Jenkins, 1910**

*Halieutaea indica* Annandale *et* Jenkins, 1910.

*Halieutaea sinica* Tchang *et* Chang, 1964: 7-21.
*Halieutaea spicata* Smith, 1965.
**文献（Reference）**：Annandale and Jenkins, 1910: 7-21, pl. 1; Lee, 1988; Huang, 2001; 苏锦祥和李春生, 2002: 379-381; Ho and Shao, 2008; 伍汉霖, 邵广昭, 赖春福等, 2012.
**别名或俗名（Used or common name）**：突额棘茄鱼，棘茄鱼.
**分布（Distribution）**：东海，南海.

### （2305）黑棘茄鱼 *Halieutaea nigra* Alcock, 1891

*Halieutaea nigra* Alcock, 1891: 16-34.
**文献（Reference）**：Randall and Lim (eds.), 2000; Huang, 2001; 伍汉霖, 邵广昭, 赖春福等, 2012.
**分布（Distribution）**：南海.

### （2306）棘茄鱼 *Halieutaea stellata* (Vahl, 1797)

*Lophius stellatus* Vahl, 1797: 212-216.
*Halieutaea stallata* (Vahl, 1797).
*Halieutaea maoria* Powell, 1937.
**文献（Reference）**：Vahl, 1797: 212-216; Kyushin, Amaoka, Nakaya *et al.*, 1982; Lee, 1988; Shao, Chen, Kao *et al.*, 1993; 沈世杰, 1993; Yamada, Shirai, Irie *et al.*, 1995; Ni and Kwok, 1999; Randall and Lim (eds.), 2000; Huang, 2001; 苏锦祥和李春生, 2002: 382-384; Ho and Shao, 2008; 伍汉霖, 邵广昭, 赖春福等, 2012.
**别名或俗名（Used or common name）**：棘茄鱼，死团仔鱼.
**分布（Distribution）**：渤海，黄海，东海，南海.

## 677. 拟棘茄鱼属 *Halieutopsis* Garman, 1899

### （2307）英格拟棘茄鱼 *Halieutopsis ingerorum* Bradbury, 1988

*Halieutopsis ingerorum* Bradbury, 1988: 1-22.
**文献（Reference）**：Bradbury, 1988: 1-22; Ho and Shao, 2008; 伍汉霖, 邵广昭, 赖春福等, 2012.
**别名或俗名（Used or common name）**：棘茄鱼.
**分布（Distribution）**：东海.

### （2308）马格瑞拟棘茄鱼 *Halieutopsis margaretae* Ho *et* Shao, 2007

*Halieutopsis margaretae* Ho *et* Shao, 2007: 87-92.
**文献（Reference）**：Ho and Shao, 2007: 87-92; Ho and Shao, 2008; 伍汉霖, 邵广昭, 赖春福等, 2012.
**别名或俗名（Used or common name）**：棘茄鱼.
**分布（Distribution）**：东海.

### （2309）裸腹拟棘茄鱼 *Halieutopsis nudiventer* (Lloyd, 1909)

**文献（Reference）**：Lloyd, 1909: pls. 44-50; Bradbury, 2003; 伍汉霖, 邵广昭, 赖春福等, 2012.
**别名或俗名（Used or common name）**：裸拟棘茄鱼，棘茄鱼.
**分布（Distribution）**：东海，南海.

### （2310）准拟棘茄鱼 *Halieutopsis simula* (Smith *et* Radcliffe, 1912)

*Dibranchus simulus* Smith *et* Radcliffe, 1912: 199-214.
*Dibranchus infranudus* de Beaufort, 1962.
**文献（Reference）**：Randall and Lim (eds.), 2000; Ho and Shao, 2008; 伍汉霖, 邵广昭, 赖春福等, 2012.
**别名或俗名（Used or common name）**：棘茄鱼.
**分布（Distribution）**：南海.

## 678. 海蝠鱼属 *Malthopsis* Alcock, 1891

### （2311）环纹海蝠鱼 *Malthopsis annulifera* Tanaka, 1908

*Malthopsis annulifera* Tanaka, 1908a: 27-47.
*Malthopsis ocellata* Smith *et* Radcliffe, 1912.
**文献（Reference）**：Tanaka, 1908a: 27-47; Masuda, Amaoka, Araga *et al.*, 1984; 沈世杰, 1993; Randall and Lim (eds.), 2000; Huang, 2001; 苏锦祥和李春生, 2002: 385-386; Ho and Shao, 2008; 伍汉霖, 邵广昭, 赖春福等, 2012.
**别名或俗名（Used or common name）**：棘茄鱼，牛尾头章.
**分布（Distribution）**：东海，南海.

### （2312）巨海蝠鱼 *Malthopsis gigas* Ho *et* Shao, 2010

*Malthopsis gigas* Ho *et* Shao, 2010c: 9-19.
**文献（Reference）**：Ho and Shao, 2010c: 9-19; Okamura and Amaoka, 1997; Shinohara, Endo, Matsuura *et al.*, 2001; Shinohara, Sato, Aonuma *et al.*, 2005; Ho and Shao, 2008; 伍汉霖, 邵广昭, 赖春福等, 2012.
**别名或俗名（Used or common name）**：棘茄鱼.
**分布（Distribution）**：南海.

### （2313）密星海蝠鱼 *Malthopsis lutea* Alcock, 1891

*Malthopsis luteus* Alcock, 1891: 16-34.
**文献（Reference）**：Alcock, 1891: 16-138; Ochiai and Mitani, 1956; 沈世杰, 1993; 苏锦祥和李春生, 2002: 387-389; Ho and Shao, 2008; Ho, Prokofiev and Shao, 2009; Ho and Shao, 2010.
**别名或俗名（Used or common name）**：棘茄鱼.
**分布（Distribution）**：东海，南海.

### （2314）钩棘海蝠鱼 *Malthopsis mitrigera* Gilbert *et* Cramer, 1897

*Malthopsis mitriger* Gilbert *et* Cramer, 1897: 403-435.

*Malthopsis triangularis* Lloyd, 1909.
文献（Reference）：Gilbert and Cramer, 1897: 403-435; Herre, 1953b; Masuda, Amaoka, Araga *et al.*, 1984; Randall and Lim (eds.), 2000; Ho and Shao, 2008; Ho and Shao, 2010; 伍汉霖, 邵广昭, 赖春福等, 2012.
别名或俗名（Used or common name）：棘茄鱼.
分布（Distribution）：南海.

**（2315）斑点海蝠鱼 *Malthopsis tiarella* Jordan, 1902**

*Malthopsis tiarella* Jordan, 1902: 361-381.
文献（Reference）：Jordan, 1902: 361-381; Masuda, Amaoka, Araga *et al.*, 1984; Randall and Lim (eds.), 2000; Ho and Shao, 2008; Ho and Shao, 2010; 伍汉霖, 邵广昭, 赖春福等, 2012.
别名或俗名（Used or common name）：棘茄鱼.
分布（Distribution）：南海.

### 679. 梭罗蝠鱼属 *Solocisquama* Bradbury, 1999

**（2316）星点梭罗蝠鱼 *Solocisquama stellulata* (Gilbert, 1905)**

*Dibranchus stellulatus* Gilbert, 1905: 577-713.
文献（Reference）：Gilbert, 1905: 577-713; Masuda, Amaoka, Araga *et al.*, 1984; 沈世杰, 1993; Shao, 1997; Bradbury, 1999; Randall and Lim (eds.), 2000; Ho and Shao, 2008; 伍汉霖, 邵广昭, 赖春福等, 2012.
别名或俗名（Used or common name）：棘茄鱼, 星点长鳍蝠鱼.
分布（Distribution）：南海.

## （一四三）茎角鮟鱇科 Caulophrynidae

### 680. 茎角鮟鱇属 *Caulophryne* Goode *et* Bean, 1896

**（2317）大洋茎角鮟鱇 *Caulophryne pelagica* (Brauer, 1902)**

*Melanocetus pelagicus* Brauer, 1902: 277-298.
*Caulophryne pietschi* Balushkin *et* Fedorov, 1985.
文献（Reference）：Brauer, 1902: 277-298; 伍汉霖, 邵广昭, 赖春福等, 2012.
别名或俗名（Used or common name）：大洋长鳍角鮟鱇, 深海鮟鱇, 柄鮟鱇.
分布（Distribution）：南海.

## （一四四）新角鮟鱇科 Neoceratiidae

### 681. 新角鮟鱇属 *Neoceratias* Pappenheim, 1914

**（2318）新角鮟鱇 *Neoceratias spinifer* Pappenheim, 1914**

*Neoceratias spinifer* Pappenheim, 1914: 161-200.
文献（Reference）：Munk, 2000; 伍汉霖, 邵广昭, 赖春福等, 2012.
别名或俗名（Used or common name）：深海鮟鱇.
分布（Distribution）：?

## （一四五）黑犀鱼科 Melanocetidae

### 682. 黑犀鱼属 *Melanocetus* Günther, 1864

**（2319）约氏黑犀鱼 *Melanocetus johnsonii* Günther, 1864**

*Melanocetus johnsonii* Günther, 1864: 301-303.
*Melanocetus johnsoni* Günther, 1864.
*Melanocetus krechi* Brauer, 1902.
*Melanocetus rotundatus* Gilchrist, 1903.
文献（Reference）：Pietsch and Nafpaktitis, 1971; Pietsch and van Duzer, 1980; Masuda, Amaoka, Araga *et al.*, 1984; Yang, Huang, Chen *et al.*, 1996; Randall and Lim (eds.), 2000; Huang, 2001; 苏锦祥和李春生, 2002: 391-392; 何宣庆, 2002.
别名或俗名（Used or common name）：深海鮟鱇.
分布（Distribution）：东海, 南海.

**（2320）短柄黑犀鱼 *Melanocetus murrayi* Günther, 1887**

*Melanocetus murrayi* Günther, 1887: 1-268.
*Melanocetus vorax* Brauer, 1902.
*Rhynchoceratias longipinnis* Parr, 1930.
*Xenoceratias longipinnis* (Parr, 1930).
文献（Reference）：Pietsch and Nafpaktitis, 1971; Randall and Lim (eds.), 2000; 何宣庆, 2002; 伍汉霖, 邵广昭, 赖春福等, 2012.
别名或俗名（Used or common name）：短炳黑角鮟鱇, 深海鮟鱇.
分布（Distribution）：东海, 南海.

## （一四六）鞭冠鮟鱇科 Himantolophidae

### 683. 鞭冠鮟鱇属 *Himantolophus* Reinhardt, 1837

**（2321）黑鞭冠鮟鱇 *Himantolophus melanolophus* Bertelsen *et* Krefft, 1988**

*Himantolophus melanolophus* Bertelsen *et* Krefft, 1988: 9-89.
文献（Reference）：Bertelsen and Krefft, 1988: 9-89; Pietsch,

2009; Shao, Ho, Lin *et al.*, 2008; 伍汉霖, 邵广昭, 赖春福等, 2012.
**别名或俗名(Used or common name)**：黑冠疏刺角鮟鱇, 深海鮟鱇.
**分布(Distribution)**：南海.

## (一四七) 双角鮟鱇科 Diceratiidae

### 684. 蟾鮟鱇属 *Bufoceratias* Whitley, 1931

**(2322) 邵氏蟾鮟鱇 *Bufoceratias shaoi* Pietsch, Ho *et* Chen, 2004**
*Bufoceratias shaoi* Pietsch, Ho *et* Chen, 2004: 98-107.
**文献(Reference)**：Pietsch, Ho and Chen, 2004: 98-107; 伍汉霖, 邵广昭, 赖春福等, 2012.
**别名或俗名(Used or common name)**：深海鮟鱇.
**分布(Distribution)**：东海.

**(2323) 后棘蟾鮟鱇 *Bufoceratias thele* (Uwate, 1979)**
*Phrynichthys thele* Uwate, 1979: 129-144.
**文献(Reference)**：Machida and Yamakawa, 1990; Huang, 2001; Pietsch, Ho and Chen, 2004; 伍汉霖, 邵广昭, 赖春福等, 2012.
**别名或俗名(Used or common name)**：蟾蜍角鮟鱇, 乳突蟾鮟鱇, 深海鮟鱇.
**分布(Distribution)**：东海, 南海.

### 685. 双角鮟鱇属 *Diceratias* Günther, 1887

**(2324) 细瓣双角鮟鱇 *Diceratias bispinosus* (Günther, 1887)**
*Ceratias bispinosus* Günther, 1887: 1-268.
*Diceratias glomerosus* (Alcock, 1890).
*Paroneirodes glomerosus* Alcock, 1890.
**文献(Reference)**：Lavenberg, 1973; Uwate, 1979; Huang, 2001; 苏锦祥和李春生, 2002: 398-399; 何宣庆, 2002; 伍汉霖, 邵广昭, 赖春福等, 2012.
**别名或俗名(Used or common name)**：深海鮟鱇.
**分布(Distribution)**：东海, 南海.

## (一四八) 梦鮟鱇科 Oneirodidae

### 686. 狡鮟鱇属 *Dolopichthys* Garman, 1899

**(2325) 黑狡鮟鱇 *Dolopichthys pullatus* Regan *et* Trewavas, 1932**
*Dolopichthys pullatus* Regan *et* Trewavas, 1932: 1-113.
**文献(Reference)**：Regan and Trewavas, 1932: 1-113; Pietsch, 1972; 何宣庆, 2002; 伍汉霖, 邵广昭, 赖春福等, 2012.
**别名或俗名(Used or common name)**：深海鮟鱇.
**分布(Distribution)**：东海.

### 687. 冠鮟鱇属 *Lophodolos* Lloyd, 1909

**(2326) 印度冠鮟鱇 *Lophodolos indicus* Lloyd, 1909**
*Lophodolos indicus* Lloyd, 1909: 139-180.
*Lophodolus dinema* Regan *et* Trewavas, 1932.
**文献(Reference)**：Pietsch, 1974; 何宣庆, 2002; 伍汉霖, 邵广昭, 赖春福等, 2012.
**别名或俗名(Used or common name)**：深海鮟鱇.
**分布(Distribution)**：东海.

### 688. 梦鮟鱇属 *Oneirodes* Lütken, 1871

**(2327) 卡氏梦鮟鱇 *Oneirodes carlsbergi* (Regan *et* Trewavas, 1932)**
*Dolopichthys carlsbergi* Regan *et* Trewavas, 1932: 1-113.
*Dolopichthys inimicus* Fraser-Brunner, 1935.
**文献(Reference)**：伍汉霖, 邵广昭, 赖春福等, 2012.
**别名或俗名(Used or common name)**：卡氏梦角鮟鱇, 深海鮟鱇.
**分布(Distribution)**：东海.

**(2328) 皮氏梦鮟鱇 *Oneirodes pietschi* Ho *et* Shao, 2004**
*Oneirodes pietschi* Ho *et* Shao, 2004: 74-77.
**文献(Reference)**：Ho and Shao, 2004: 74-77; 伍汉霖, 邵广昭, 赖春福等, 2012.
**别名或俗名(Used or common name)**：皮氏梦角鮟鱇, 深海鮟鱇.
**分布(Distribution)**：东海, 南海.

**(2329) 砂梦鮟鱇 *Oneirodes sabex* Pietsch *et* Seigel, 1980**
*Oneirodes sebax* Pietsch *et* Seigel, 1980: 379-398.
*Oneirodes appendixus* Ni *et* Xu, 1988.
**文献(Reference)**：Pietsch and Seigel, 1980: 379-398; Huang, 2001; 何宣庆, 2002; 伍汉霖, 邵广昭, 赖春福等, 2012.
**别名或俗名(Used or common name)**：扁瓣梦鮟鱇, 扁瓣梦角鮟鱇, 深海鮟鱇.
**分布(Distribution)**：东海.

### 689. 棘蟾鮟鱇属 *Spiniphryne* Bertelsen, 1951

**(2330) 剑状棘蟾鮟鱇 *Spiniphryne gladisfenae* (Beebe, 1932)**
*Dolopichthys gladisfenae* Beebe, 1932: 47-107.

*Centrophryne gladisfenae* (Beebe, 1932).
**文献（Reference）**：伍汉霖，邵广昭，赖春福等，2012.
**别名或俗名（Used or common name）**：深海鮟鱇.
**分布（Distribution）**：东海.

### 690. 蜍鮟鱇属 *Tyrannophryne* Regan *et* Trewavas, 1932

**（2331）暴龙蜍鮟鱇 *Tyrannophryne pugnax* Regan *et* Trewavas, 1932**
*Tyrannophryne pugnax* Regan *et* Trewavas, 1932: 1-113.
**文献（Reference）**：Regan and Trewavas, 1932: 1-113; 伍汉霖，邵广昭，赖春福等，2012.
**别名或俗名（Used or common name）**：暴龙蟾鮟鱇，深海鮟鱇.
**分布（Distribution）**：东海.

## （一四九）奇鮟鱇科 Thaumatichthyidae

### 691. 奇鮟鱇属 *Thaumatichthys* Smith *et* Radcliffe, 1912

**（2332）印度洋奇鮟鱇 *Thaumatichthys pagidostomus* Smith *et* Radcliffe, 1912**
*Thaumatichthys pagidostomus* Smith *et* Radcliffe, 1912: 579-581.
**文献（Reference）**：Smith and Radcliffe, 1912: 579-581; 伍汉霖，邵广昭，赖春福等，2012.
**别名或俗名（Used or common name）**：突吻角鮟鱇，深海鮟鱇.
**分布（Distribution）**：东海.

## （一五〇）刺鮟鱇科 Centrophrynidae

### 692. 刺鮟鱇属 *Centrophryne* Regan *et* Trewavas, 1932

**（2333）刺鮟鱇 *Centrophryne spinulosa* Regan *et* Trewavas, 1932**
*Centrophryne spinulosa* Regan *et* Trewavas, 1932: 1-113.
**文献（Reference）**：Regan and Trewavas, 1932: 1-113; Bertelsen, 1951; Pietsch and Nafpaktitis, 1971; Pietsch, 1972; 何宣庆，2002; 伍汉霖，邵广昭，赖春福等，2012.
**别名或俗名（Used or common name）**：中角鮟鱇，深海鮟鱇.
**分布（Distribution）**：东海.

## （一五一）角鮟鱇科 Ceratiidae

### 693. 角鮟鱇属 *Ceratias* Krøyer, 1845

**（2334）霍氏角鮟鱇 *Ceratias holboelli* Krøyer, 1845**
*Ceratias holboelli* Krøyer, 1845: 639-649.
*Reganula giganteus* (Bigelow *et* Barbour, 1944).
**文献（Reference）**：Abe, 1967; Pietsch, 1986; Yang, Huang, Chen *et al.*, 1996; Randall and Lim (eds.), 2000; Huang, 2001; 何宣庆，2002; 伍汉霖，邵广昭，赖春福等，2012.
**别名或俗名（Used or common name）**：深海鮟鱇.
**分布（Distribution）**：东海，南海.

### 694. 密棘角鮟鱇属 *Cryptopsaras* Gill, 1883

**（2335）密棘角鮟鱇 *Cryptopsaras couesii* Gill, 1883**
*Cryptopsaras couesi* Gill, 1883: 284.
*Ceratias couesii* (Gill, 1883).
*Ceratias mitsukurii* Tanaka, 1908.
*Cryptopsaras normani* Regan *et* Trewavas, 1932.
*Cryptosparas atlantidis* Barbour, 1941.
**文献（Reference）**：Gill, 1883: 284; Pietsch, 1986; Yang, Huang, Chen *et al.*, 1996; Randall and Lim (eds.), 2000; Huang, 2001; 何宣庆，2002; Mitsuomi and Nakaya, 2003; 伍汉霖，邵广昭，赖春福等，2012.
**别名或俗名（Used or common name）**：深海鮟鱇.
**分布（Distribution）**：东海，南海.

## （一五二）大角鮟鱇科 Gigantactinidae

### 695. 大角鮟鱇属 *Gigantactis* Brauer, 1902

**（2336）艾氏大角鮟鱇 *Gigantactis elsmani* Bertelsen, Pietsch *et* Lavenberg, 1981**
*Gigantactis elsmani* Bertelsen, Pietsch *et* Lavenberg, 1981: 1-74.
**文献（Reference）**：Bertelsen, Pietsch and Lavenberg, 1981: 1-74; Masuda, Amaoka, Araga *et al.*, 1984; 何宣庆，2002; 伍汉霖，邵广昭，赖春福等，2012.
**别名或俗名（Used or common name）**：艾氏巨棘角鮟鱇，深海鮟鱇.
**分布（Distribution）**：东海.

**（2337）深口大角鮟鱇 *Gigantactis gargantua* Bertelsen, Pietsch *et* Lavenberg, 1981**
*Gigantactis gargantua* Bertelsen, Pietsch *et* Lavenberg, 1981: 1-74.
**文献（Reference）**：Masuda, Amaoka, Araga *et al.*, 1984;

Huang, 2001; 苏锦祥和李春生, 2002: 402-403.
**分布（Distribution）**：东海，南海.

**（2338）梵氏巨棘鮟鱇 *Gigantactis vanhoeffeni* Brauer, 1902**

*Gigantactis vanhoeffeni* Brauer, 1902: 277-298.
*Gigantactis exodon* Regan *et* Trewavas, 1932.
**文献（Reference）**：Brauer, 1902: 277-298; Bertelsen, Pietsch and Lavenberg, 1981; Masuda, Amaoka, Araga *et al.*, 1984; Huang, 2001; 苏锦祥和李春生, 2002: 403-404; 何宣庆, 2002; 伍汉霖, 邵广昭, 赖春福等, 2012.
**别名或俗名（Used or common name）**：深海鮟鱇.
**分布（Distribution）**：东海.

### 696. 吻长角鮟鱇属 *Rhynchactis* Regan, 1925

**（2339）细丝吻长角鮟鱇 *Rhynchactis leptonema* Regan, 1925**

*Rhynchactis leptonema* Regan, 1925: 561-567.
**文献（Reference）**：Regan, 1925: 561-567; Bertelsen, Pietsch and Lavenberg, 1981; Bertelsen and Pietsch, 1998; 何宣庆, 2002; 伍汉霖, 邵广昭, 赖春福等, 2012.
**别名或俗名（Used or common name）**：吻巨棘角鮟鱇，深海鮟鱇.
**分布（Distribution）**：东海.

**（2340）长丝吻长角鮟鱇 *Rhynchactis macrothrix* Bertelsen *et* Pietsch, 1998**

*Rhynchactis macrothrix* Bertelsen *et* Pietsch, 1998: 583-590.
**文献（Reference）**：Bertelsen and Pietsch, 1998: 583-590; 何宣庆, 2002; 伍汉霖, 邵广昭, 赖春福等, 2012.
**别名或俗名（Used or common name）**：巨丝吻巨棘角鮟鱇，深海鮟鱇.
**分布（Distribution）**：东海.

## （一五三）树须鱼科 Linophrynidae

### 697. 树须鱼属 *Linophryne* Collett, 1886

**（2341）印度树须鱼 *Linophryne indica* (Brauer, 1902)**

*Aceratias macrorhinus indicus* Brauer, 1902: 277-298.
*Linophryne corymbifera* Regan *et* Trewavas, 1932.
**文献（Reference）**：Brauer, 1902: 277-298; Bertelsen, 1951; Bertelsen, 1981; 何宣庆, 2002; 伍汉霖, 邵广昭, 赖春福等, 2012.
**别名或俗名（Used or common name）**：印度须角鮟鱇，深海鮟鱇.
**分布（Distribution）**：东海，南海.

**（2342）多须树须鱼 *Linophryne polypogon* Regan, 1925**

*Linophryne polypogon* Regan, 1925: 561-567.
**文献（Reference）**：Chinese Academy of Fishery Science (CAFS), 2007; 伍汉霖, 邵广昭, 赖春福等, 2012.
**分布（Distribution）**：南海.

# 三十九、鲻形目 Mugiliformes

## （一五四）鲻科 Mugilidae

### 698. 龟鲮属 *Chelon* Artedi, 1793

**（2343）前鳞龟鲮 *Chelon affinis* (Günther, 1861)**

*Mugil affinis* Günther, 1861a: 1-586.
**文献（Reference）**：Günther, 1861b: 189; 褚耀钰, 1991; 沈世杰, 1993; Carpenter and Niem, 1999; 伍汉霖, 邵广昭, 赖春福等, 2012.
**别名或俗名（Used or common name）**：豆仔鱼，乌仔，乌仔鱼，乌鱼，前鳞鲮.
**分布（Distribution）**：黄海，东海，南海.

**（2344）宝石龟鲮 *Chelon alatus* (Steindachner, 1892)**

*Mugil alatus* Steindachner, 1892: 357-384.
**文献（Reference）**：沈世杰, 1993; Carpenter and Niem, 1999; 伍汉霖, 邵广昭, 赖春福等, 2012.
**别名或俗名（Used or common name）**：豆仔鱼，乌仔，乌仔鱼，乌鱼，竹筒鲮.
**分布（Distribution）**：东海.

**（2345）龟鲮（梭鱼）*Chelon haematocheilus* (Temminck *et* Schlegel, 1845)**

*Mugil haematocheilus* Temminck *et* Schlegel, 1845: 1-242.
**文献（Reference）**：Chang, Huang and Tzeng, 1999; 伍汉霖, 邵广昭, 赖春福等, 2012.
**别名或俗名（Used or common name）**：豆仔鱼，乌仔，乌仔鱼，乌鱼.
**分布（Distribution）**：渤海，黄海，东海.

**（2346）大鳞龟鲮 *Chelon macrolepis* (Smith, 1846)**

*Mugil macrolepis* Smith, 1846: v. 4: 77 unnumbered pages.
*Liza macrolepis* (Smith, 1846).
*Mugil macrolepis* Smith, 1846.
*Mugil borneensis* Bleeker, 1851.
**文献（Reference）**：Smith, 1946; 褚耀钰, 1991; Shao, Chen, Kao *et al.*, 1993; 沈世杰, 1993; Lee, Chang and Tsu, 1995; Lin, Shao, Kuo *et al.*, 1999; Ni and Kwok, 1999; Kuo and

Shao, 1999; Kuo, Lin and Shao, 1999; Randall and Lim (eds.), 2000; Huang, 2001; 伍汉霖, 邵广昭, 赖春福等, 2012.
**别名或俗名（Used or common name）**：豆仔鱼, 乌仔, 乌仔鱼, 乌鱼, 大鳞鲮, 粗鳞乌.
**分布（Distribution）**：东海, 南海.

### （2347）灰鳍龟鲅 *Chelon melinopterus* (Valenciennes, 1836)

*Mugil melinopterus* Valenciennes, 1836: 1-506.
*Ellochelon melinoptera* (Valenciennes, 1836).
*Liza melanoptera* (Valenciennes, 1836).
*Liza melinoptera* (Valenciennes, 1836).
*Liza melinopterus* (Valenciennes, 1836).
**文献（Reference）**：Herre, 1959; Cinco, Confiado, Trono *et al.*, 1995; Ni and Kwok, 1999; Randall and Lim (eds.), 2000; Huang, 2001; 伍汉霖, 邵广昭, 赖春福等, 2012.
**分布（Distribution）**：南海.

### （2348）绿背龟鲅 *Chelon subviridis* (Valenciennes, 1836)

*Mugil subviridis* Valenciennes, 1836: 1-506.
*Liza dussumieri* (Valenciennes, 1836).
*Liza subvirdis* (Valenciennes, 1836).
*Mugil javanicus* Bleeker, 1853.
**文献（Reference）**：Liu and Shen, 1991; 褚耀钰, 1991; 沈世杰, 1993; Chen, Chang and Shen, 1997; Kuo and Shao, 1999; Kuo, Lin and Shao, 1999; Carpenter and Niem, 1999; Randall and Lim (eds.), 2000; Chang and Tzeng, 2000; Liao, Su and Chang, 2001; Huang, 2001; 伍汉霖, 邵广昭, 赖春福等, 2012.
**别名或俗名（Used or common name）**：豆仔鱼, 乌仔, 乌仔鱼, 乌鱼, 白鲅.
**分布（Distribution）**：南海.

## 699. 粒唇鲻属 *Crenimugil* Schultz, 1946

### （2349）粒唇鲻 *Crenimugil crenilabis* (Forsskål, 1775)

*Mugil crenilabris* Forsskål, 1775: 1-164.
*Crenimugil crenilabris* (Forsskål, 1775).
*Liza crenilabis* (Forsskål, 1775).
*Liza lauvergnii* (Eydoux *et* Souleyet, 1850).
**文献（Reference）**：Chang, Jan and Shao, 1983; Liu and Shen, 1991; Francis, 1993; 沈世杰, 1993; Ni and Kwok, 1999; Carpenter and Niem, 1999; Randall and Lim (eds.), 2000; Huang, 2001; 伍汉霖, 邵广昭, 赖春福等, 2012.
**别名或俗名（Used or common name）**：乌鱼, 乌仔, 乌仔鱼.
**分布（Distribution）**：东海, 南海.

## 700. 黄鲻属 *Ellochelon* Whitley, 1930

### （2350）黄鲻 *Ellochelon vaigiensis* (Quoy *et* Gaimard, 1825)

*Mugil vaigiensis* Quoy *et* Gaimard, 1825: 192-401.
*Chelon vaigiensis* (Quoy *et* Gaimard, 1825).
*Liza vaigensis* (Quoy *et* Gaimard, 1825).
*Mugil rossii* Bleeker, 1854.
**文献（Reference）**：Cinco, Confiado, Trono *et al.*, 1995; Chen, Chang and Shen, 1997; Carpenter and Niem, 1999; Randall and Lim (eds.), 2000; Huang, 2001; 伍汉霖, 邵广昭, 赖春福等, 2012.
**别名或俗名（Used or common name）**：豆仔鱼, 乌仔, 乌仔鱼, 乌鱼, 截尾鲅.
**分布（Distribution）**：东海, 南海.

## 701. 莫鲻属 *Moolgarda* Whitley, 1945

### （2351）长鳍莫鲻 *Moolgarda cunnesius* (Valenciennes, 1836)

*Mugil cunnesius* Valenciennes, 1836: 1-506.
*Mugil amarulus* Valenciennes, 1836.
*Myxus cunnesius* (Valenciennes, 1836).
*Mugil strongylocephalus* Richardson, 1846.
**文献（Reference）**：沈世杰, 1993; Ni and Kwok, 1999; Kuo and Shao, 1999; Kuo, Lin and Shao, 1999; Carpenter and Niem, 1999; Randall and Lim (eds.), 2000; Chang and Tzeng, 2000; Huang, 2001; 伍汉霖, 邵广昭, 赖春福等, 2012.
**别名或俗名（Used or common name）**：豆仔鱼, 乌仔, 乌仔鱼, 乌鱼, 长鳍凡鲻.
**分布（Distribution）**：南海.

### （2352）佩氏莫鲻 *Moolgarda perusii* (Valenciennes, 1836)

*Mugil perusii* Valenciennes, 1836: 1-506.
*Valamugil perusii* (Valenciennes, 1836).
**文献（Reference）**：Carpenter and Niem, 1999; Randall and Lim (eds.), 2000; 伍汉霖, 邵广昭, 赖春福等, 2012.
**别名或俗名（Used or common name）**：帕氏凡鲻, 豆仔鱼, 乌仔, 乌仔鱼, 乌鱼, 豆仔, 志仔.
**分布（Distribution）**：东海, 南海.

### （2353）薛氏莫鲻 *Moolgarda seheli* (Forsskål, 1775)

*Mugil crenilabis seheli* Forsskål, 1775: 1-164.
*Liza seheli* (Forsskål, 1775).
*Mullus malabaricus* Shaw, 1804.
*Mugil cylindricus* Valenciennes, 1836.
**文献（Reference）**：Francis, 1993; Shao, Chen, Kao *et al.*, 1993; 沈世杰, 1993; Ni and Kwok, 1999; Carpenter and Niem, 1999; Randall and Lim (eds.), 2000; Huang, 2001; 伍汉霖, 邵广昭, 赖春福等, 2012.
**别名或俗名（Used or common name）**：豆仔鱼, 乌仔, 乌仔鱼, 乌鱼, 薛氏凡鲻, 豆仔, 志仔, 黄耳乌, 青尾乌.
**分布（Distribution）**：东海, 南海.

### 702. 鲻属 *Mugil* Linnaeus, 1758

**（2354）鲻 *Mugil cephalus* Linnaeus, 1758**

*Mugil cephalas* Linnaeus, 1758: 1-824.
*Mugil cephalus cephalus* Linnaeus, 1758.
*Myxus caecutiens* Günther, 1876.
*Mugil grandis* Castelnau, 1879.

**文献（Reference）**：Liao, 1975; Man and Hodgkiss, 1981; Tung, 1981; Chen, Su, Shao *et al.* (陈文义, 苏伟成, 邵广昭等), 1989; 褚耀钰, 1991; 沈世杰, 1993; Randall and Lim (eds.), 2000; Chang and Tzeng, 2000; Liao, Su and Chang, 2001; Lin and Ho, 2002; Hsu, Han and Tzeng, 2007; 伍汉霖, 邵广昭, 赖春福等, 2012.

**别名或俗名（Used or common name）**：青头仔 (幼鱼), 奇目仔 (成鱼), 信鱼, 正乌, 乌鱼, 正头乌, 回头乌, 大乌.

**分布（Distribution）**：渤海, 黄海, 东海, 南海.

### 703. 瘤唇鲻属 *Oedalechilus* Fowler, 1903

**（2355）角瘤唇鲻 *Oedalechilus labiosus* (Valenciennes, 1836)**

*Mugil labiosus* Valenciennes, 1836: 1-506.
*Crenimugil labiosus* (Valenciennes, 1836).
*Plicomugil labiosus* (Valenciennes, 1836).
*Plicomungil labiosus* (Valenciennes, 1836).

**文献（Reference）**：Liu and Shen, 1991; 沈世杰, 1993; Carpenter and Niem, 1999; Randall and Lim (eds.), 2000; Huang, 2001; 伍汉霖, 邵广昭, 赖春福等, 2012.

**别名或俗名（Used or common name）**：瘤唇鲻, 豆仔鱼, 乌仔, 乌仔鱼, 乌鱼, 厚唇仔, 土乌, 腩肚乌, 虱目乌.

**分布（Distribution）**：东海, 南海.

# 四十、银汉鱼目 Atheriniformes

## （一五五）背手银汉鱼科 Notocheiridae

### 704. 浪花银汉鱼属 *Iso* Jordan *et* Starks, 1901

**（2356）浪花银汉鱼 *Iso flosmaris* Jordan *et* Starks, 1901**

*Iso flosmaris* Jordan *et* Starks, 1901b: 199-206.

**文献（Reference）**：Jordan and Starks, 1901b: 199-206; 沈世杰, 1993; Shao, 1997; Kim and Kim, 1997; Ni and Kwok, 1999; Randall and Lim (eds.), 2000; Huang, 2001; 伍汉霖, 邵广昭, 赖春福等, 2012.

**别名或俗名（Used or common name）**：沙丁鱼.

**分布（Distribution）**：南海.

**（2357）澳洲浪花银汉鱼 *Iso rhothophilus* (Ogilby, 1895)**

*Tropidostethus rhothophilus* Ogilby, 1895: 320-324.
*Tropidostethops rhothophilus* (Ogilby, 1895).

**文献（Reference）**：Francis, 1993; 沈世杰, 1993; Kim and Kim, 1997; Carpenter and Niem, 1999; Randall and Lim (eds.), 2000; Huang, 2001; 伍汉霖, 邵广昭, 赖春福等, 2012.

**别名或俗名（Used or common name）**：沙丁鱼.

**分布（Distribution）**：东海, 南海.

## （一五六）细银汉鱼科 Atherionidae

### 705. 细银汉鱼属 *Atherion* Jordan *et* Starks, 1901

**（2358）糙头细银汉鱼 *Atherion elymus* Jordan *et* Starks, 1901**

*Atherion elymus* Jordan *et* Starks, 1901b: 199-206.
*Atherion elymus aphrozoicus* Schultz, 1953.
*Atherion elymus asper* Schultz, 1953.
*Atherion elymus freyi* Schultz, 1953.

**文献（Reference）**：Jordan and Starks, 1901b: 199-206; Chang, Jan and Shao, 1983; Shao and Lim, 1991; Francis, 1993; 沈世杰, 1993; Carpenter and Niem, 1999; Randall and Lim (eds.), 2000; Huang, 2001; 伍汉霖, 邵广昭, 赖春福等, 2012.

**别名或俗名（Used or common name）**：糙头小银汉鱼, 鳚仔, 麦银汉鱼.

**分布（Distribution）**：东海, 南海.

## （一五七）银汉鱼科 Atherinidae

### 706. 美银汉鱼属 *Atherinomorus* Fowler, 1903

**（2359）岛屿美银汉鱼 *Atherinomorus insularum* (Jordan *et* Evermann, 1903)**

*Atherina insularum* Jordan *et* Evermann, 1903: 209-210.
*Pranesus insularum* (Jordan *et* Evermann, 1903).
*Pranesus insularum insularum* (Jordan *et* Evermann, 1903).

**文献（Reference）**：Chang, Jan and Shao, 1983; Ni and Kwok, 1999; Ganaden and Lavapie-Gonzales, 1999; 伍汉霖, 邵广昭, 赖春福等, 2012.

**别名或俗名（Used or common name）**：岛屿银汉鱼, 鳚仔.

**分布（Distribution）**：?

**（2360）南洋美银汉鱼 *Atherinomorus lacunosus* (Forster, 1801)**

*Atherina lacunosa* Forster, 1801: 1-584.

*Atherinomorous lacunosus* (Forster, 1801).
*Pranesus pinguis mineri* Nichols *et* Roemhild, 1951.
*Pranesus pinguis rüppelli* Smith, 1965.
**文献（Reference）**：沈世杰, 1993; Cinco, Confiado, Trono *et al.*, 1995; Ni and Kwok, 1999; Kuo and Shao, 1999; Carpenter and Niem, 1999; Randall and Lim (eds.), 2000; Huang, 2001; Mutia, Magistrado and Muyot, 2004; 伍汉霖, 邵广昭, 赖春福等, 2012.
**别名或俗名（Used or common name）**：南洋银汉鱼, 鲮仔, 硬鳞, 豆壳仔.
**分布（Distribution）**：南海.

**（2361）壮体美银汉鱼 *Atherinomorus pinguis* (Lacépède, 1803)**
*Atherina pinguis* Lacépède, 1803: 1-21.
*Atherina pectoralis* Valenciennes, 1835.
*Atherinomorus sp.* Not applicable.
**文献（Reference）**：Ivantsoff and Crowley, 1999; Kimura, Golani, Iwatsuki *et al.*, 2007; 伍汉霖, 邵广昭, 赖春福等, 2012; 黄宗国, 伍汉霖, 邵广昭等, 2014; Sasaki and Kimura, 2014.
**别名或俗名（Used or common name）**：粗体银汉鱼, 鲮仔.
**分布（Distribution）**：南海.

### 707. 下银汉鱼属 *Hypoatherina* Schultz, 1948

**（2362）后肛下银汉鱼 *Hypoatherina tsurugae* (Jordan *et* Starks, 1901)**
*Atherina tsurugae* Jordan *et* Starks, 1901b: 199-206.
**文献（Reference）**：沈世杰, 1993; Tsukamoto and Kimura, 1993; Shao, 1997; Huang, 2001; 伍汉霖, 邵广昭, 赖春福等, 2012.
**别名或俗名（Used or common name）**：鲮仔.
**分布（Distribution）**：东海.

**（2363）凡氏下银汉鱼 *Hypoatherina valenciennei* (Bleeker, 1854)**
*Atherina valenciennei* Bleeker, 1854: 495-534.
*Allanetta valenciennei* (Bleeker, 1854).
*Allanetta bleekeri* (Günther, 1861).
*Haplocheilus argyrotaenia* Tirant, 1883.
**文献（Reference）**：Ivantsoff and Kottelat, 1988; 沈世杰, 1993; Yamada, Shirai, Irie *et al.*, 1995; Ni and Kwok, 1999; Kuo and Shao, 1999; Carpenter and Niem, 1999; Randall and Lim (eds.), 2000; Huang, 2001; Inoue, Suda and Sano, 2005; 伍汉霖, 邵广昭, 赖春福等, 2012.
**别名或俗名（Used or common name）**：鲮仔, 硬鳞, 豆壳仔.
**分布（Distribution）**：黄海, 东海, 南海.

**（2364）吴氏下银汉鱼 *Hypoatherina woodwardi* (Jordan *et* Starks, 1901)**
*Atherina woodwardi* Jordan *et* Starks, 1901b: 199-206.
*Allanetta woodwardi* (Jordan *et* Starks, 1901).
**文献（Reference）**：Masuda, Amaoka, Araga *et al.*, 1984; 沈世杰, 1993; Shao, 1997; Kuo and Shao, 1999; 伍汉霖, 邵广昭, 赖春福等, 2012.
**别名或俗名（Used or common name）**：伍氏下银汉鱼, 鲮仔.
**分布（Distribution）**：东海.

# 四十一、鳉形目 Cyprinodontiformes

## （一五八）怪颌鳉科（大颌鳉科） Adrianichthyidae

### 708. 青鳉属 *Oryzias* Jordan *et* Snyder, 1906

**（2365）曲背青鳉 *Oryzias curvinotus* (Nichols *et* Pope, 1927)**
*Aplocheilus curvinotus* Nichols *et* Pope, 1927: 321-394; Nichols, 1943, 9: 234; 李思忠, 1981a: 228; Pan, Zhong, Zheng *et al.*, 1991: 325.
*Oryzias curvinotus*: Chu, 1931a: 85; 王以康, 1958: 247; 成庆泰和郑葆珊, 1987: 223; 李思忠和张春光, 2011: 156.
**别名（Common name）**：曲背鳉, 弓背青鳉.
**分布（Distribution）**：海南岛.

**（2366）中华青鳉 *Oryzias latipes sinensis* Chen, Uwa *et* Chu, 1989**
*Oryzias latipes sinensis* Chen, Uwa *et* Chu (陈银瑞, 宇和纮和褚新洛), 1989: 240; 陈银瑞 (见褚新洛和陈银瑞等), 1990: 227; 李思忠和张春光, 2011: 153.
*Oryzias latipes* Temminck *et* Schlegel, 1847: 224 (日本长崎); Oshima, 1926a: 19; Wu, 1929: 60; Chu, 1931a: 85; 王以康, 1958: 247; Innes, 1966: 298; 解玉浩, 1981: 117; 郑葆珊, 1981: 197; 王香亭 (见陕西省动物研究所等), 1987: 199; 黄玉瑶, 1988: 28; 张世义 (见郑慈英等), 1989: 295; 郭田漪 (见陕西省水产研究所和陕西师范大学生物系), 1992: 103; 沈世杰和曾晴贤, 1993: 203.
*Haplochilus javanicus* Karoli, 1882: 147-187.
*Haplochilus latipes* Kreyenberg *et* Pappenheim, 1908: 22.
*Aplocheilus latipes*: Mori, 1927; Mori, 1928a: 71; Fowler, 1930-1931: 27; Reeves, 1933: 198; Chang, 1944: 30; 刘建康等, 1956: 241; 李思忠, 1965: 220; 李思忠, 1981a: 228.
*Aplocheilus* (*Oryzias*) *latipes*: Nichols, 1943, 9: 234.
**别名或俗名（Used or common name）**：阔尾青鳉, 中华

青鳉.

**分布（Distribution）**：原自然分布于我国东部自辽河下游到海南岛，向西南至云南金沙江下游，南盘江水系，元江水系和澜沧江水系等. 1958 年后随着养殖鱼苗，已被引进宁蒙河套地区，甘肃河西走廊的张掖城内和新疆塔里木盆地等. 国外分布于朝鲜半岛，湄公河，伊洛瓦底江，萨尔温江，红河等，已引入哈萨克斯坦，乌克兰等.

**保护等级（Protection class）**：《台湾淡水鱼类红皮书》(近危).

### （2367）小青鳉 *Oryzias minutillus* Smith, 1945

*Oryzias minutillus* Smith, 1945: 1-622; 陈银瑞，宇和纮和褚新洛, 1989: 243; 朱松泉, 1995: 160.

*Oryzias minutilus*: 李思忠和张春光, 2011: 152.

**别名或俗名（Used or common name）**：小体青鳉.

**分布（Distribution）**：云南西双版纳澜沧江下游湖塘，河滩等小水体. 国外分布于泰国，柬埔寨，老挝，越南，缅甸等.

# 四十二、颌针鱼目 Beloniformes

## （一五九）飞鱼科 Exocoetidae

### 709. 须唇飞鱼属 *Cheilopogon* Lowe, 1841

#### （2368）阿氏须唇飞鱼 *Cheilopogon abei* Parin, 1996

*Cheilopogon abei* Parin, 1996: 300-307.

*Cypselurus abei* (Parin, 1996).

**文献（Reference）**：沈世杰, 1993; Carpenter and Niem, 1999; Randall and Lim (eds.), 2000; 伍汉霖，邵广昭，赖春福等, 2012.

**别名或俗名（Used or common name）**：阿氏飞鱼，飞乌，黄翅仔.

**分布（Distribution）**：南海.

#### （2369）燕鳐须唇飞鱼 *Cheilopogon agoo* (Temminck *et* Schlegel, 1846)

*Exocoetus agoo* Temminck *et* Schlegel, 1846: 173-269.

*Cypselurus agoo* (Temminck *et* Schlegel, 1846).

**文献（Reference）**：沈世杰, 1993; Yamada, Shirai, Irie *et al.*, 1995; Shao, 1997; Randall and Lim (eds.), 2000; Huang, 2001; 伍汉霖，邵广昭，赖春福等, 2012.

**别名或俗名（Used or common name）**：阿戈飞鱼，飞乌，大乌，白翅仔，燕鳐鱼.

**分布（Distribution）**：渤海，黄海，东海，南海.

#### （2370）弓头须唇飞鱼 *Cheilopogon arcticeps* (Günther, 1866)

*Exocoetus arcticeps* Günther, 1866: 1-368.

*Cypselurus arcticeps* (Günther, 1866).

*Exocoetus arcticeps* Günther, 1866.

**文献（Reference）**：沈世杰, 1993; Carpenter and Niem, 1999; Randall and Lim (eds.), 2000; Huang, 2001; 伍汉霖，邵广昭，赖春福等, 2012.

**别名或俗名（Used or common name）**：弓头飞鱼，飞乌.

**分布（Distribution）**：东海，南海.

#### （2371）红斑须唇飞鱼 *Cheilopogon atrisignis* (Jenkins, 1903)

*Cypsilurus atrisignis* Jenkins, 1903: 417-511.

*Cypselurus gregoryi* Pietschmann, 1928.

*Cypsilurus atrisignis galapagensis* Fowler, 1944.

**文献（Reference）**：沈世杰, 1993; Carpenter and Niem, 1999; Randall and Lim (eds.), 2000; Huang, 2001; 伍汉霖，邵广昭，赖春福等, 2012.

**别名或俗名（Used or common name）**：红斑鳍飞鱼，飞乌.

**分布（Distribution）**：东海，南海.

#### （2372）青翼须唇飞鱼 *Cheilopogon cyanopterus* (Valenciennes, 1847)

*Exocoetus cyanopterus* Valenciennes, 1847: 1-544.

*Cypselurus bahiensis* (Ranzani, 1842).

*Cypsilurus cyanopterus* (Valenciennes, 1847).

*Exocoetus dussumieri* Valenciennes, 1847.

**文献（Reference）**：沈世杰, 1993; Kuo and Shao, 1999; Carpenter and Niem, 1999; Randall and Lim (eds.), 2000; Huang, 2001; 伍汉霖，邵广昭，赖春福等, 2012.

**别名或俗名（Used or common name）**：黑鳍飞鱼，飞乌.

**分布（Distribution）**：东海，南海.

#### （2373）黄鳍须唇飞鱼 *Cheilopogon katoptron* (Bleeker, 1865)

*Exocoetus katoptron* Bleeker, 1865: 105-129.

*Cypselurus katoptron* (Bleeker, 1865).

**文献（Reference）**：Shao, Chen, Kao *et al.*, 1993; Randall and Lim (eds.), 2000; Huang, 2001; Chinese Academy of Fishery Science (CAFS), 2007; 伍汉霖，邵广昭，赖春福等, 2012.

**别名或俗名（Used or common name）**：黄斑鳍飞鱼，飞乌.

**分布（Distribution）**：东海，南海.

#### （2374）翼髭须唇飞鱼 *Cheilopogon pinnatibarbatus pinnatibarbatus* (Bennett, 1831)

*Exocoetus pinnatibarbatus* Bennett, 1831: 145-148.

*Cypselurus pinnatibarbatus* (Bennett, 1831).

*Cypselurus pulchellus* Lowe, 1841.

*Cypselurus lineatus* (Valenciennes, 1847).

**文献（Reference）**：伍汉霖，邵广昭，赖春福等, 2012.

别名或俗名（**Used or common name**）：羽须鳍飞鱼，飞乌.
分布（**Distribution**）：南海.

### （2375）点背须唇飞鱼 *Cheilopogon spilonotopterus* (Bleeker, 1865)

*Exocoetus spilonotopterus* Bleeker, 1865: 105-129.
*Cheilopogon spilonopterus* (Bleeker, 1865).
*Cypselurus spilonotopterus* (Bleeker, 1865).
*Cypselurus quindecimradiatus* Fowler, 1900.
文献（**Reference**）：Masuda, Amaoka, Araga *et al.*, 1984; Okiyama, 1993; 沈世杰, 1993; Carpenter and Niem, 1999; Randall and Lim (eds.), 2000; 伍汉霖，邵广昭，赖春福等, 2012.
别名或俗名（**Used or common name**）：紫斑鳍飞鱼，飞乌.
分布（**Distribution**）：南海.

### （2376）点鳍须唇飞鱼 *Cheilopogon spilopterus* (Valenciennes, 1847)

*Exocoetus spilopterus* Valenciennes, 1847: 1-544.
*Cypselurus spilopterus* (Valenciennes, 1847).
*Cypselurus spiloptetrus* (Valenciennes, 1847).
*Cypselurus spiloterus* (Valenciennes, 1847).
文献（**Reference**）：Masuda, Amaoka, Araga *et al.*, 1984; 沈世杰, 1993; Carpenter and Niem, 1999; Randall and Lim (eds.), 2000; Huang, 2001; 伍汉霖，邵广昭，赖春福等, 2012.
别名或俗名（**Used or common name**）：点斑鳍飞鱼，飞乌.
分布（**Distribution**）：东海，南海.

### （2377）苏氏须唇飞鱼 *Cheilopogon suttoni* (Whitley *et* Colefax, 1938)

*Maculocoetus suttoni* Whitley *et* Colefax, 1938: 282-304.
*Cypselurus suttoni* (Whitley *et* Colefax, 1938).
文献（**Reference**）：Masuda, Amaoka, Araga *et al.*, 1984; 沈世杰, 1993; Carpenter and Niem, 1999; Randall and Lim (eds.), 2000; Huang, 2001; 伍汉霖，邵广昭，赖春福等, 2012.
别名或俗名（**Used or common name**）：苏氏飞鱼，飞乌.
分布（**Distribution**）：东海，南海.

### （2378）白鳍须唇飞鱼 *Cheilopogon unicolor* (Valenciennes, 1847)

*Exocoetus unicolor* Valenciennes, 1847: 1-544.
*Cypselurus unicolor* (Valenciennes, 1847).
文献（**Reference**）：Masuda, Amaoka, Araga *et al.*, 1984; Okiyama, 1993; 沈世杰, 1993; Shao, 1997; Carpenter and Niem, 1999; Randall and Lim (eds.), 2000; Huang, 2001; 伍汉霖，邵广昭，赖春福等, 2012.
别名或俗名（**Used or common name**）：白鳍飞鱼，飞乌，白翅仔.
分布（**Distribution**）：南海.

## 710. 燕鳐鱼属 *Cypselurus* Swainson, 1838

### （2379）细头燕鳐鱼 *Cypselurus angusticeps* Nichols *et* Breder, 1935

*Cypselurus augusticeps* Nichols *et* Breder, 1935: 1-4.
文献（**Reference**）：Nichols and Breder, 1935: 1-4; 沈世杰, 1993; Shao, 1997; Carpenter and Niem, 1999; Randall and Lim (eds.), 2000; Huang, 2001; Fricke, Kulbicki and Wantiez, 2011; 伍汉霖，邵广昭，赖春福等, 2012.
别名或俗名（**Used or common name**）：细头飞鱼，飞乌.
分布（**Distribution**）：南海.

### （2380）六带燕鳐鱼 *Cypselurus hexazona* (Bleeker, 1853)

*Exocoetus hexazona* Bleeker, 1853: 206-207.
*Zonocypselurus hexazona* (Bleeker, 1853).
*Cypselurus bruuni* Kotthaus, 1969.
*Cypselurus formosus* Kotthaus, 1969.
文献（**Reference**）：Herre and Umali, 1948; Randall and Lim (eds.), 2000; Huang, 2001; 伍汉霖，邵广昭，赖春福等, 2012.
分布（**Distribution**）：南海.

### （2381）纳氏燕鳐鱼 *Cypselurus naresii* (Günther, 1889)

*Exocoetus naresii* Günther, 1889: 1-47.
*Cypselurus narassi* (Günther, 1889).
文献（**Reference**）：Masuda, Amaoka, Araga *et al.*, 1984; Okiyama, 1993; 沈世杰, 1993; Carpenter and Niem, 1999; Randall and Lim (eds.), 2000; Huang, 2001.
别名或俗名（**Used or common name**）：垂须飞鱼，飞乌.
分布（**Distribution**）：南海.

### （2382）少鳞燕鳐鱼 *Cypselurus oligolepis* (Bleeker, 1865)

*Exocoetus oligolepis* Bleeker, 1865: 105-129.
*Exocoetus apus* Valenciennes, 1847.
*Cyselorus oligolepis* (Bleeker, 1865).
*Cyselurus oligolepis* (Bleeker, 1865).
文献（**Reference**）：沈世杰, 1993; Carpenter and Niem, 1999; Randall and Lim (eds.), 2000; Huang, 2001; 伍汉霖，邵广昭，赖春福等, 2012.
别名或俗名（**Used or common name**）：寡鳞飞鱼，飞乌.
分布（**Distribution**）：东海，南海.

### （2383）黑鳍燕鳐鱼 *Cypselurus opisthopus* (Bleeker, 1865)

*Exocoetus opisthopus* Bleeker, 1865: 105-129.
*Cypselurus spilurus* (Günther, 1866).

*Cypselurus caudimaculatus* Fowler, 1934.
**文献（Reference）**：Herre, 1953b; Dalzell, 1993; Randall and Lim (eds.), 2000; Huang, 2001; 伍汉霖, 邵广昭, 赖春福等, 2012.
**分布（Distribution）**：南海.

**（2384）花鳍燕鳐鱼 *Cypselurus poecilopterus* (Valenciennes, 1847)**
*Exocoetus poecilopterus* Valenciennes, 1847: 1-544.
*Cypselurus poeciploterus* (Valenciennes, 1847).
**文献（Reference）**：Shao, Chen, Kao *et al.*, 1993; 沈世杰, 1993; Endo and Iwatsuki, 1998; Carpenter and Niem, 1999; Randall and Lim (eds.), 2000; Huang, 2001; 伍汉霖, 邵广昭, 赖春福等, 2012.
**别名或俗名（Used or common name）**：小乌, 飞乌, 花乌.
**分布（Distribution）**：东海, 南海.

**（2385）斯氏燕鳐鱼 *Cypselurus starksi* Abe, 1953**
*Cypselurus starksi* Abe, 1953: 961-982.
**文献（Reference）**：上野雅正和中原官太郎, 1953; Masuda, Amaoka, Araga *et al.*, 1984; Okiyama, 1993; 伍汉霖, 邵广昭, 赖春福等, 2012.
**别名或俗名（Used or common name）**：斯氏飞鱼, 飞乌.
**分布（Distribution）**：渤海, 黄海.

## 711. 飞鱼属 *Exocoetus* Linnaeus, 1758

**（2386）单须飞鱼 *Exocoetus monocirrhus* Richardson, 1846**
*Exocaetus monocirrhus* Richardson, 1846: 187-320.
*Exocoetus melanopus* Günther, 1868.
*Halacypselurus borodini* Nichols *et* Breder, 1932.
**文献（Reference）**：Masuda, Amaoka, Araga *et al.*, 1984; Shao, Chen, Kao *et al.*, 1993; 沈世杰, 1993; Carpenter and Niem, 1999; Randall and Lim (eds.), 2000; Huang, 2001; 伍汉霖, 邵广昭, 赖春福等, 2012.
**别名或俗名（Used or common name）**：飞乌.
**分布（Distribution）**：东海, 南海.

**（2387）大头飞鱼 *Exocoetus volitans* Linnaeus, 1758**
*Exocaetus volitans* Linnaeus, 1758: 1-824.
*Exocoetus evolans* Linnaeus, 1766.
*Halocypselus evolans* (Linnaeus, 1766).
*Exocoetus volitans vagabundus* Whitley, 1937.
**文献（Reference）**：Ivankov and Samylov, 1979; 沈世杰, 1993; Carpenter and Niem, 1999; Randall and Lim (eds.), 2000; Huang, 2001; 伍汉霖, 邵广昭, 赖春福等, 2012.
**别名或俗名（Used or common name）**：飞乌.
**分布（Distribution）**：黄海, 东海, 南海.

## 712. 文鳐鱼属 *Hirundichthys* Breder, 1928

**（2388）尖头文鳐鱼 *Hirundichthys oxycephalus* (Bleeker, 1853)**
*Exocoetus oxycephalus* Bleeker, 1853: 739-782.
*Cypselurus oxycephalus* (Bleeker, 1853).
**文献（Reference）**：Bleeker, 1852: 740-782; Chen, 1978; Shao, Chen, Kao *et al.*, 1993; 沈世杰, 1993; Carpenter and Niem, 1999; Randall and Lim (eds.), 2000; Huang, 2001; 伍汉霖, 邵广昭, 赖春福等, 2012.
**别名或俗名（Used or common name）**：飞乌, 青头仔.
**分布（Distribution）**：南海.

**（2389）黑翼文鳐鱼 *Hirundichthys rondeletii* (Valenciennes, 1847)**
*Exocoetus rondeletii* Valenciennes, 1847: 1-544.
*Exocoetus rubescens* Rafinesque, 1818.
*Cypsilurus rondeletii* (Valenciennes, 1847).
*Exocoetus rufipinnis* Valenciennes, 1847.
**文献（Reference）**：Masuda, Amaoka, Araga *et al.*, 1984; Okiyama, 1993; 沈世杰, 1993; Huang, 2001; 伍汉霖, 邵广昭, 赖春福等, 2012.
**别名或俗名（Used or common name）**：隆氏巨飞鱼, 飞乌.
**分布（Distribution）**：东海.

**（2390）尖鳍文鳐鱼 *Hirundichthys speculiger* (Valenciennes, 1847)**
*Exocoetus speculiger* Valenciennes, 1847: 1-544.
*Cypselurus speculiger* (Valenciennes, 1847).
*Exocoetus nigripennis* Valenciennes, 1847.
*Exocoetus nigripinnis* Valenciennes, 1847.
**文献（Reference）**：Masuda, Amaoka, Araga *et al.*, 1984; Okiyama, 1993; 沈世杰, 1993; Carpenter and Niem, 1999; Randall and Lim (eds.), 2000; Huang, 2001; 伍汉霖, 邵广昭, 赖春福等, 2012.
**别名或俗名（Used or common name）**：细身飞鱼, 飞乌.
**分布（Distribution）**：东海, 南海.

## 713. 飞鱵属 *Oxyporhamphus* Gill, 1864

**（2391）白鳍飞鱵 *Oxyporhamphus micropterus micropterus* (Valenciennes, 1847)**
*Exocoetus micropterus* Valenciennes, 1847: 1-544.
**文献（Reference）**：沈世杰, 1993; Carpenter and Niem, 1999
**别名或俗名（Used or common name）**：短嘴水针.
**分布（Distribution）**：东海.

## 714. 拟飞鱼属 *Parexocoetus* Bleeker, 1865

**（2392）短鳍拟飞鱼 *Parexocoetus brachypterus* (Richardson, 1846)**
*Exocoetus brachypterus* Richardson, 1846: 187-320.

*Paraexocoetus brachypterus* (Richardson, 1846).
*Parexocoetus brachypterus brachypterus* (Richardson, 1846).
*Exocoetus atrodorsalis* Günther, 1867.
**文献（Reference）**：沈世杰, 1993; Carpenter and Niem, 1999; Randall and Lim (eds.), 2000; Huang, 2001; 伍汉霖, 邵广昭, 赖春福等, 2012.
**别名或俗名（Used or common name）**：白短鳍拟飞鱼, 飞乌, 小乌, 草螟仔.
**分布（Distribution）**：东海, 南海.

**（2393）长颌拟飞鱼 *Parexocoetus mento* (Valenciennes, 1847)**
*Exocoetus mento* Valenciennes, 1847: 1-544.
*Parexocoetus mento mento* (Valenciennes, 1847).
*Exocoetus gryllus* Klunzinger, 1871.
*Paraxocoetus mento atlanticus* Bruun, 1933.
**文献（Reference）**：Seale, 1908; 冢原博和盐川司, 1955; 沈世杰, 1993; Carpenter and Niem, 1999; Randall and Lim (eds.), 2000; Huang, 2001; 伍汉霖, 邵广昭, 赖春福等, 2012.
**别名或俗名（Used or common name）**：黑短鳍拟飞鱼, 飞乌, 小乌, 草螟仔.
**分布（Distribution）**：东海, 南海.

### 715. 真燕鳐属（燕飞鱼属）*Prognichthys* Breder, 1928

**（2394）短鳍真燕鳐（短鳍燕飞鱼）*Prognichthys brevipinnis* (Valenciennes, 1847)**
*Exocoetus brevipinnis* Valenciennes, 1847: 1-544.
*Cypselurus brevipinnis* (Valenciennes, 1847).
*Exocoetus brevipinnis* Valenciennes, 1847.
*Exocoetus chloropterus* Valenciennes, 1847.
*Cypselurus zaca* Seale, 1935.
**文献（Reference）**：Masuda, Amaoka, Araga *et al.*, 1984; 沈世杰, 1993; Carpenter and Niem, 1999; Randall and Lim (eds.), 2000; Huang, 2001; 伍汉霖, 邵广昭, 赖春福等, 2012.
**别名或俗名（Used or common name）**：飞乌.
**分布（Distribution）**：东海, 南海.

**（2395）塞氏真燕鳐（塞氏燕飞鱼）*Prognichthys sealei* Abe, 1955**
*Prognichthys sealei* Abe, 1955: 185-192.
**文献（Reference）**：Masuda, Amaoka, Araga *et al.*, 1984; Huang, 2001; 伍汉霖, 邵广昭, 赖春福等, 2012.
**分布（Distribution）**：南海.

## （一六〇）鱵科 Hemiramphidae

### 716. 长吻鱵属 *Euleptorhamphus* Gill, 1859

**（2396）长吻鱵 *Euleptorhamphus viridis* (van Hasselt, 1823)**
*Hemiramphus viridis* van Hasselt, 1823: 130-133.
*Euleptorhamphus longirostris* (Cuvier, 1829).
*Hemiramphus longirostris* Cuvier, 1829.
*Hemirhamphus longirostris* Cuvier, 1829.
**文献（Reference）**：Parin, 1964; Shao and Lim, 1991; Francis, 1991; Francis, 1993; 沈世杰, 1993; Carpenter and Niem, 1999; Randall and Lim (eds.), 2000; Huang, 2001; 伍汉霖, 邵广昭, 赖春福等, 2012.
**别名或俗名（Used or common name）**：长鱵, 补网师, 水针, 学仔, 飞乌蛇仔.
**分布（Distribution）**：东海, 南海.

### 717. 鱵属 *Hemiramphus* Cuvier, 1816

**（2397）岛鱵 *Hemiramphus archipelagicus* Collette *et* Parin, 1978**
*Hemiramphus archipelagicus* Collette *et* Parin, 1978: 731-747.
**文献（Reference）**：Herre and Umali, 1948; Randall and Lim (eds.), 2000; 伍汉霖, 邵广昭, 赖春福等, 2012.
**分布（Distribution）**：东海, 南海.

**（2398）黑鳍鱵 *Hemiramphus convexus* Weber *et* de Beaufort, 1922**
*Hemirhamphus convexus* Weber *et* de Beaufort, 1922: 1-410.
*Oxyporhamphus convexus* (Weber *et* de Beaufort, 1922).
*Oxyporhamphus convexus convexus* (Weber *et* de Beaufort, 1922).
*Oxyporhamphus meristocystis* Parin, 1961.
**文献（Reference）**：沈世杰, 1993; Carpenter and Niem, 1999; Randall and Lim (eds.), 2000; Huang, 2001; Tibbetts, Collette, Isaac *et al.*, 2007; 伍汉霖, 邵广昭, 赖春福等, 2012.
**别名或俗名（Used or common name）**：黑鳍飞鱵, 短嘴水针, 小乌, 草螟仔.
**分布（Distribution）**：东海, 南海.

**（2399）斑鱵 *Hemiramphus far* (Forsskål, 1775)**
*Esox far* Forsskål, 1775: 1-164.
*Esox marginatus far* Forsskål, 1775: 1-20 + i-xxxiv + 1-164.
*Hemirhamphus far* (Forsskål, 1775).
*Hemiramphus commersonii* Cuvier, 1829.
**文献（Reference）**：Shao, Chen, Kao *et al.*, 1993; 沈世杰, 1993; Ni and Kwok, 1999; Carpenter and Niem, 1999; Randall and Lim (eds.), 2000; Huang, 2001; 伍汉霖, 邵广昭, 赖春福等, 2012.

别名或俗名（**Used or common name**）：补网师，水针，簪针，莎优莉.

分布（**Distribution**）：东海，南海.

**（2400）无斑鱵 *Hemiramphus lutkei* Valenciennes, 1847**

*Hemiramphus lukei* Valenciennes, 1847: 1-544.

*Hemiramphus fasciatus* Bleeker, 1853.

文献（**Reference**）：Shao, Lin, Ho *et al.*, 1990; Shao, Chen, Kao *et al.*, 1993; 沈世杰, 1993; Carpenter and Niem, 1999; Randall and Lim (eds.), 2000; Huang, 2001; 伍汉霖，邵广昭，赖春福等, 2012.

别名或俗名（**Used or common name**）：补网师，水针，长尾针.

分布（**Distribution**）：南海.

**（2401）水鱵 *Hemiramphus marginatus* (Forsskål, 1775)**

*Esox marginatus* Forsskål, 1775: 1-164.

*Hemirhamphus marginatus* (Forsskål, 1775).

文献（**Reference**）：Herre, 1953b; Huang, 2001; 伍汉霖，邵广昭，赖春福等, 2012.

分布（**Distribution**）：东海，南海.

## 718. 下鱵属 *Hyporhamphus* Gill, 1859

**（2402）蓝背下鱵 *Hyporhamphus affinis* (Günther, 1866)**

*Hemiramphus affinis* Günther, 1866: 1-368.

*Hemiramphus australensis* Seale, 1906.

*Hemirhamphus delagoae* Barnard, 1925.

*Hyporhamphus delagoae* (Barnard, 1925).

文献（**Reference**）：Herre and Umali, 1948; Ganaden and Lavapie-Gonzales, 1999; Randall and Lim (eds.), 2000; Broad, 2003.

分布（**Distribution**）：南海.

**（2403）杜氏下鱵 *Hyporhamphus dussumieri* (Valenciennes, 1847)**

*Hemiramphus dussumieri* Valenciennes, 1847: 1-544.

*Hyporhamphus dussumierii* (Valenciennes, 1847).

*Hemiramphus laticeps* Günther, 1866.

*Hyporhamphus samoensis* Steindachner, 1906.

文献（**Reference**）：Shao and Lim, 1991; Shao, Chen, Kao *et al.*, 1993; 沈世杰, 1993; Ni and Kwok, 1999; Kuo and Shao, 1999; Carpenter and Niem, 1999; Randall and Lim (eds.), 2000; Huang, 2001; 伍汉霖，邵广昭，赖春福等, 2012.

别名或俗名（**Used or common name**）：补网师，水针，针，刺针.

分布（**Distribution**）：东海，南海.

**（2404）简氏下鱵 *Hyporhamphus gernaerti* (Valenciennes, 1847)**

*Hemiramphus gernaerti* Valenciennes, 1847: 1-544.

*Hemirhamphus peitaihoensis* van Dam, 1926.

文献（**Reference**）：沈世杰, 1993; Ni and Kwok, 1999; Kuo and Shao, 1999; Huang, 2001; 伍汉霖，邵广昭，赖春福等, 2012.

别名或俗名（**Used or common name**）：补网师，水针.

分布（**Distribution**）：黄海，东海.

**（2405）间下鱵 *Hyporhamphus intermedius* (Cantor, 1842)**

*Hemirhamphus intermedius* Cantor, 1842: 481-493.

*Hyporhamphus intermedius*: Reeves, 1927: 7; 周伟 (见褚新洛和陈银瑞等), 1990; Chen (in Yang, Xiong *et* Tang), 2010; Wang *et al.*, 2011; 李思忠和张春光, 2011: 273; 陈小勇, 2013, 34 (4): 323.

文献（**Reference**）：Tchang, 1938b: 340; 陈兼善, 1969: 185; 郑葆珊, 1981: 199.

分布（**Distribution**）：黄渤海，东海，南海北部珠江口附近沿海，以及沿海的江河湖泊中，包括白洋淀，黄河下游，长江中下游及附属湖泊 (如洞庭湖) 等，珠江梧州以下等；在云南，引入至滇池，星云湖，抚仙湖等高原湖泊，南盘江也有分布报道. 国外分布于日本到西北太平洋地区.

**（2406）缘下鱵 *Hyporhamphus limbatus* (Valenciennes, 1847)**

*Hemirhamphus limbatus* Valenciennes, 1847: 1-544.

*Hemiramphus tridentifer* Cantor, 1849.

*Hemirhamphus sinensis* Günther, 1866.

文献（**Reference**）：Okiyama, 1993; 沈世杰, 1993; Ni and Kwok, 1999; Carpenter and Niem, 1999; Randall and Lim (eds.), 2000; Huang, 2001; 伍汉霖，邵广昭，赖春福等, 2012.

别名或俗名（**Used or common name**）：补网师，水针.

分布（**Distribution**）：东海，南海.

**（2407）少耙下鱵 *Hyporhamphus paucirastris* Collette *et* Parin, 1978**

*Hyporhamphus* (*Hyporhamphus*) *paucirastris* Collette *et* Parin, 1978: 731-747.

文献（**Reference**）：Ni and Kwok, 1999; 伍汉霖，邵广昭，赖春福等, 2012.

分布（**Distribution**）：东海，南海.

**（2408）瓜氏下鱵 *Hyporhamphus quoyi* (Valenciennes, 1847)**

*Hemiramphus quoyi* Valenciennes, 1847: 1-544.

*Hemiramphus micropterus* Jordan *et* Dickerson, 1908.

*Hemiramphus mioprorus* Jordan *et* Dickerson, 1908.

*Reporhamphus caudalis* Whitley, 1951.

**文献（Reference）：**Ni and Kwok, 1999; Randall and Lim (eds.), 2000; Huang, 2001; Nakamura, Horinouchi, Nakai *et al.*, 2003; 伍汉霖, 邵广昭, 赖春福等, 2012.

**分布（Distribution）：**东海, 南海.

### （2409）日本下鱵 *Hyporhamphus sajori* (Temminck *et* Schlegel, 1846)

*Hemiramphus sajori* Temminck *et* Schlegel, 1846: 173-269.

**文献（Reference）：**Masuda, Amaoka, Araga *et al.*, 1984; Yamada, Shirai, Irie *et al.*, 1995; Kim, 1997; Huang, 2001; 伍汉霖, 邵广昭, 赖春福等, 2012.

**分布（Distribution）：**渤海, 黄海, 东海.

### （2410）台湾下鱵 *Hyporhamphus taiwanensis* Collette *et* Su, 1986

*Hyporhamphus* (*Hyporhamphus*) *taiwanensis* Collette *et* Su, 1986: 250-302.

**文献（Reference）：**Collette and Su, 1986: 250-301; 沈世杰, 1993; Huang, 2001; 伍汉霖, 邵广昭, 赖春福等, 2012.

**别名或俗名（Used or common name）：**补网师, 水针.

**分布（Distribution）：**东海.

### （2411）尤氏下鱵 *Hyporhamphus yuri* Collette *et* Parin, 1978

*Hyporhamphus* (*Reporhamphus*) *yuri* Collette *et* Parin, 1978: 731-747.

**文献（Reference）：**Collette and Parin, 1978: 731-747; Masuda, Amaoka, Araga *et al.*, 1984; 沈世杰, 1993; Huang, 2001; 伍汉霖, 邵广昭, 赖春福等, 2012.

**别名或俗名（Used or common name）：**补网师, 水针.

**分布（Distribution）：**东海.

## 719. 吻鱵属 *Rhynchorhamphus* Fowler, 1928

### （2412）乔氏吻鱵 *Rhynchorhamphus georgii* (Valenciennes, 1847)

*Hemiramphus georgii* Valenciennes, 1847: 1-544.

*Hyporhamphus georgi* (Valenciennes, 1847).

*Hyporhampus georgii* (Valenciennes, 1847).

**文献（Reference）：**Ziegler, 1979; 沈世杰, 1993; Cinco, Confiado, Trono *et al.*, 1995; Ni and Kwok, 1999; Carpenter and Niem, 1999; Randall and Lim (eds.), 2000; Huang, 2001; 伍汉霖, 邵广昭, 赖春福等, 2012.

**别名或俗名（Used or common name）：**补网师, 水针.

**分布（Distribution）：**东海, 南海.

## 720. 异鳞鱵属 *Zenarchopterus* Gill, 1864

### （2413）蟾异鳞鱵 *Zenarchopterus buffonis* (Valenciennes, 1847)

*Hemiramphus buffonis* Valenciennes, 1847: 1-544.

*Zenarchopterus buffoni* (Valenciennes, 1847).

**文献（Reference）：**Herre, 1953b; 沈世杰, 1993; Kottelat and Lim, 1999; Randall and Lim (eds.), 2000; Huang, 2001; 伍汉霖, 邵广昭, 赖春福等, 2012.

**别名或俗名（Used or common name）：**异鳍鱵, 补网师, 水针.

**分布（Distribution）：**东海, 南海.

### （2414）董氏异鳞鱵 *Zenarchopterus dunckeri* Mohr, 1926

*Zenarchopterus dunckeri* Mohr, 1926: 231-266.

**文献（Reference）：**Herre, 1953b; Masuda, Amaoka, Araga *et al.*, 1984; Okiyama, 1993; 陈义雄和方力行, 1999; Kuo and Shao, 1999; Randall and Lim (eds.), 2000; 伍汉霖, 邵广昭, 赖春福等, 2012.

**别名或俗名（Used or common name）：**董氏异鳍鱵, 补网师, 水针.

**分布（Distribution）：**南海.

# （一六一）颌针鱼科 Belonidae

## 721. 扁颌针鱼属 *Ablennes* Jordan *et* Fordice, 1887

### （2415）横带扁颌针鱼 *Ablennes hians* (Valenciennes, 1846)

*Belone hians* Valenciennes, 1846: 1-505.

*Ablenes hians* (Valenciennes, 1846).

*Athlennes hians* (Valenciennes, 1846).

*Tylosurus hians* (Valenciennes, 1846).

**文献（Reference）：**Shao, Kao and Lee, 1990; Francis, 1991; Francis, 1993; Shao, Chen, Kao *et al.*, 1993; 沈世杰, 1993; Carpenter and Niem, 1999; Randall and Lim (eds.), 2000; Huang, 2001; 伍汉霖, 邵广昭, 赖春福等, 2012.

**别名或俗名（Used or common name）：**青旗, 学仔, 白天青旗, 青痣, 倒吊学.

**分布（Distribution）：**渤海, 黄海, 东海, 南海.

## 722. 宽尾颌针鱼属 *Platybelone* Fowler, 1919

### （2416）东非宽尾颌针鱼 *Platybelone argalus platyura* (Bennett, 1832)

*Belone platyura* Bennett, 1832: 165-169.

*Platybelone aegulus platyura* (Bennett, 1832).

*Platybelone platyura* (Bennett, 1832).

*Belone carinata* Valenciennes, 1846.

**文献（Reference）：**Francis, 1993; 沈世杰, 1993; Kuo and Shao, 1999; Carpenter and Niem, 1999; Randall and Lim

(eds.), 2000; Huang, 2001; 伍汉霖, 邵广昭, 赖春福等, 2012.
别名或俗名（Used or common name）：青旗, 学仔, 白天青旗.
分布（Distribution）：东海, 南海.

### 723. 柱颌针鱼属 *Strongylura* van Hasselt, 1824

**（2417）尖嘴柱颌针鱼 *Strongylura anastomella* (Valenciennes, 1846)**
*Belone anastomella* Valenciennes, 1846: 1-505.
*Ablennes anastomella* (Valenciennes, 1846).
*Belone esocina* Basilewsky, 1855.
文献（Reference）：Masuda, Amaoka, Araga *et al.*, 1984; Shao, Chen, Kao *et al.*, 1993; 沈世杰, 1993; Shao, 1997; Ni and Kwok, 1999; 伍汉霖, 邵广昭, 赖春福等, 2012.
别名或俗名（Used or common name）：鹤鱵, 青旗, 学仔, 白天青旗.
分布（Distribution）：黄海, 东海, 南海.

**（2418）无斑柱颌针鱼 *Strongylura leiura* (Bleeker, 1850)**
*Belone leiurus* Bleeker, 1850: 93-95.
*Strongylura leiura leiura* (Bleeker, 1850).
*Strongylurus leiura* (Bleeker, 1850).
*Tylosurus leiurus* (Bleeker, 1850).
文献（Reference）：Shao, Chen, Kao *et al.*, 1993; 沈世杰, 1993; Shao, 1997; Ni and Kwok, 1999; Carpenter and Niem, 1999; Randall and Lim (eds.), 2000; Huang, 2001; 伍汉霖, 邵广昭, 赖春福等, 2012.
别名或俗名（Used or common name）：台湾圆尾鹤鱵, 青旗, 学仔, 白天青旗.
分布（Distribution）：东海, 南海.

**（2419）尾斑柱颌针鱼 *Strongylura strongylura* (van Hasselt, 1823)**
*Belone strongylura* van Hasselt, 1823: 130-133.
*Strongylurus strongylura* (van Hasselt, 1823).
*Xenentodon canciloides*: 陈小勇, 2013, 34 (4): 322.
文献（Reference）：周伟 (见褚新洛和陈银瑞等), 1990: 231; Silvestre, Garces and Luna, 1995; Ni and Kwok, 1999; Randall and Lim (eds.), 2000; Huang, 2001; 伍汉霖, 邵广昭, 赖春福等, 2012.
别名或俗名（Used or common name）：圆尾鹤鱵, 圆颌针鱼, 青旗, 学仔, 白天青旗, 后鳍圆颌针鱼.
分布（Distribution）：主要分布于我国台湾海峡以南沿海及各河口；亦见于云南元江下游，疑为陆封种. 国外分布于湄公河，越南北部，马来半岛，苏门答腊岛，加里曼丹岛等.

### 724. 圆颌针鱼属 *Tylosurus* Cocco, 1833

**（2420）黑背圆颌针鱼 *Tylosurus acus melanotus* (Bleeker, 1850)**
*Belone melanotus* Bleeker, 1850: 93-95.
*Strongylura mėlanota* (Bleeker, 1850).
*Tylosurus melanota* (Bleeker, 1850).
*Tylosurus melanotus* (Bleeker, 1850).
文献（Reference）：Shao, Chen, Kao *et al.*, 1993; 沈世杰, 1993; Ni and Kwok, 1999; Carpenter and Niem, 1999; Randall and Lim (eds.), 2000; Huang, 2001; 伍汉霖, 邵广昭, 赖春福等, 2012.
别名或俗名（Used or common name）：叉尾鹤鱵, 青旗, 学仔, 白天青旗, 水针, 圆学, 四角学.
分布（Distribution）：东海, 南海.

**（2421）鳄形圆颌针鱼 *Tylosurus crocodilus crocodilus* (Péron *et* Lesueur, 1821)**
*Belona crocodila* Péron *et* Lesueur, 1821: 124-138.
文献（Reference）：沈世杰, 1993; Al-Hassan and Shwafi, 1997; Carpenter and Niem, 1999
别名或俗名（Used or common name）：青旗, 学仔, 白天青旗, 圆学.
分布（Distribution）：东海, 南海.

## （一六二）竹刀鱼科 Scomberesocidae

### 725. 秋刀鱼属 *Cololabis* Gill, 1896

**（2422）秋刀鱼 *Cololabis saira* (Brevoort, 1856)**
*Scomberesox saira* Brevoort, 1856: 1-414.
*Scombresox brevirostris* Peters, 1866.
文献（Reference）：Tanaka, 1935; Sablin, 1980; Safran and Omori, 1990; Huang, 2001; Chinese Academy of Fishery Science (CAFS), 2007; 伍汉霖, 邵广昭, 赖春福等, 2012.
分布（Distribution）：渤海, 黄海.

# 四十三、奇金眼鲷目 Stephanoberyciformes

## （一六三）孔头鲷科 Melamphaidae

### 726. 孔头鲷属 *Melamphaes* Günther, 1864

**（2423）多耙孔头鲷 *Melamphaes leprus* Ebeling, 1962**
*Melamphaes leprus* Ebeling, 1962: 1-164.

文献（**Reference**）：Yang, Huang, Chen *et al.*, 1996; Huang, 2001; 伍汉霖, 邵广昭, 赖春福等, 2012.
分布（**Distribution**）：南海.

**（2424）多鳞孔头鲷 *Melamphaes polylepis* Ebeling, 1962**
*Melamphaes polylepis* Ebeling, 1962: 1-164.
文献（**Reference**）：Masuda, Amaoka, Araga *et al.*, 1984; Okiyama, 1993; Randall and Lim (eds.), 2000; 伍汉霖, 邵广昭, 赖春福等, 2012.
分布（**Distribution**）：南海.

**（2425）洞孔头鲷 *Melamphaes simus* Ebeling, 1962**
*Melamphaes simus* Ebeling, 1962: 1-164.
文献（**Reference**）：Yang, Huang, Chen *et al.*, 1996; Randall and Lim (eds.), 2000; Huang, 2001; 伍汉霖, 邵广昭, 赖春福等, 2012.
分布（**Distribution**）：南海.

### 727. 犀孔鲷属 *Poromitra* Goode *et* Bean, 1883

**（2426）厚头犀孔鲷 *Poromitra crassiceps* (Günther, 1878)**
*Scopelus crassiceps* Günther, 1878b: 179-187.
*Melamphaes crassiceps* (Günther, 1878).
文献（**Reference**）：Yang, Huang, Chen *et al.*, 1996; Carpenter and Niem, 1999; Randall and Lim (eds.), 2000; 伍汉霖, 邵广昭, 赖春福等, 2012.
别名或俗名（**Used or common name**）：孔头鲷.
分布（**Distribution**）：东海, 南海.

**（2427）大鳞犀孔鲷 *Poromitra megalops* (Lütken, 1878)**
*Melamphaes megalops* Lütken, 1878: 175-187.
文献（**Reference**）：Masuda, Amaoka, Araga *et al.*, 1984; Okiyama, 1993; Huang, 2001; 伍汉霖, 邵广昭, 赖春福等, 2012.
分布（**Distribution**）：南海.

**（2428）小眼犀孔鲷 *Poromitra oscitans* Ebeling, 1975**
*Poromitra oscitans* Ebeling, 1975: 306-315.
文献（**Reference**）：Ebeling, 1975: 306-315; Masuda, Amaoka, Araga *et al.*, 1984; Carpenter and Niem, 1999; Randall and Lim (eds.), 2000; Huang, 2001; 伍汉霖, 邵广昭, 赖春福等, 2012.
别名或俗名（**Used or common name**）：孔头鲷.
分布（**Distribution**）：东海, 南海.

### 728. 灯孔鲷属 *Scopeloberyx* Zugmayer, 1911

**（2429）后鳍灯孔鲷 *Scopeloberyx opisthopterus* (Parr, 1933)**
*Melamphaes opisthopterus* Parr, 1933: 1-51.
文献（**Reference**）：Masuda, Amaoka, Araga *et al.*, 1984; Okiyama, 1993; Yang, Huang, Chen *et al.*, 1996; Randall and Lim (eds.), 2000; Huang, 2001; 伍汉霖, 邵广昭, 赖春福等, 2012.
分布（**Distribution**）：南海.

**（2430）壮体灯孔鲷 *Scopeloberyx robustus* (Günther, 1887)**
*Melamphaes robustus* Günther, 1887: 1-268.
*Scopeloberyx opercularis* Zugmayer, 1911.
*Melamphaes nycterinus* Gilbert, 1915.
文献（**Reference**）：Masuda, Amaoka, Araga *et al.*, 1984; Okiyama, 1993; Yang, Huang, Chen *et al.*, 1996; Randall and Lim (eds.), 2000; Huang, 2001; 伍汉霖, 邵广昭, 赖春福等, 2012.
分布（**Distribution**）：南海.

### 729. 鳞孔鲷属 *Scopelogadus* Vaillant, 1888

**（2431）大鳞鳞孔鲷 *Scopelogadus mizolepis mizolepis* (Günther, 1878)**
*Scopelus mizolepis* Günther, 1878b: 179-187.
文献（**Reference**）：Günther, 1878b: 17-28, 179-187, 248-251.
别名或俗名（**Used or common name**）：鳞孔鲷.
分布（**Distribution**）：东海, 南海.

## （一六四）刺金眼鲷科 Hispidoberycidae

### 730. 刺金眼鲷属 *Hispidoberyx* Kotlyar, 1981

**（2432）太平洋刺金眼鲷 *Hispidoberyx ambagiosus* Kotlyar, 1981**
*Hispidoberyx ambagiosus* Kotlyar, 1981: 411-416.
文献（**Reference**）：Yang, Zeng and Paxton, 1988; Randall and Lim (eds.), 2000; Huang, 2001; 伍汉霖, 邵广昭, 赖春福等, 2012.
分布（**Distribution**）：南海.

## （一六五）龙氏鲸头鱼科 Rondeletiidae

### 731. 龙氏鲸头鱼属 *Rondeletia* Goode *et* Bean, 1895

**（2433）网肩龙氏鲸头鱼 *Rondeletia loricata* Abe *et* Hotta, 1963**
*Rondeletia loricata* Abe *et* Hotta, 1963: 43-48.

文献（Reference）：Abe and Hotta, 1963: 43-48; Tominaga and Kubota, 1972; 沈世杰, 1993; Yang, Huang, Chen *et al.*, 1996; Carpenter and Niem, 1999; Randall and Lim (eds.), 2000; Huang, 2001; 伍汉霖, 邵广昭, 赖春福等, 2012.

别名或俗名（Used or common name）：红口仿鲸, 鲸头鱼.

分布（Distribution）：东海, 南海.

## （一六六）须皮鱼科 Barbourisiidae

### 732. 刺鲸口鱼属 *Barbourisia* Parr, 1945

**（2434）红刺鲸口鱼 *Barbourisia rufa* Parr, 1945**

*Barbourisia rufa* Parr, 1945: 127-129.

文献（Reference）：Parr, 1945: 127-129; Abe and Maruyama, 1963; Masuda, Amaoka, Araga *et al.*, 1984; Carpenter and Niem, 1999; Randall and Lim (eds.), 2000; Huang, 2001; 伍汉霖, 邵广昭, 赖春福等, 2012.

别名或俗名（Used or common name）：红刺须仿鲸, 鲸口鱼.

分布（Distribution）：东海, 南海.

## （一六七）仿鲸鱼科 Cetomimidae

### 733. 拟鲸口鱼属 *Cetostoma* Zugmayer, 1914

**（2435）里根氏拟鲸口鱼 *Cetostoma regani* Zugmayer, 1914**

*Cetostoma regani* Zugmayer, 1914: 1-4.

*Cetomimus regani* (Zugmayer, 1914).

文献（Reference）：Masuda, Amaoka, Araga *et al.*, 1984; Carpenter and Niem, 1999; Randall and Lim (eds.), 2000; 伍汉霖, 邵广昭, 赖春福等, 2012.

别名或俗名（Used or common name）：仿鲸, 拟鲸口鱼.

分布（Distribution）：南海.

## （一六八）大吻鱼科 Megalomycteridae

### 734. 狮鼻鱼属 *Vitiaziella* Rass, 1955

**（2436）方头狮鼻鱼 *Vitiaziella cubiceps* Rass, 1955**

*Vitiaziella cubiceps* Rass, 1955: 328-339.

文献（Reference）：Yang, Huang, Chen *et al.*, 1996; Chinese Academy of Fishery Science (CAFS), 2007; 伍汉霖, 邵广昭, 赖春福等, 2012.

分布（Distribution）：南海.

# 四十四、金眼鲷目 Beryciformes

## （一六九）高体金眼鲷科 Anoplogastridae

### 735. 高体金眼鲷属 *Anoplogaster* Günther, 1859

**（2437）角高体金眼鲷 *Anoplogaster cornuta* (Valenciennes, 1833)**

*Hoplostethus cornutus* Valenciennes, 1833: 1-512.

*Anoplogaster cornutus* (Valenciennes, 1833).

*Caulolepis longidens* Gill, 1883.

*Caulolepis subulidens* Garman, 1899.

文献（Reference）：Masuda, Amaoka, Araga *et al.*, 1984; Okiyama, 1993; Chinese Academy of Fishery Science (CAFS), 2007; 伍汉霖, 邵广昭, 赖春福等, 2012.

分布（Distribution）：东海.

## （一七〇）银眼鲷科 Diretmidae

### 736. 怖银眼鱼属 *Diretmichthys* Kotlyar, 1990

**（2438）帕氏怖银眼鱼 *Diretmichthys parini* (Post *et* Quéro, 1981)**

*Diretmoides parini* Post *et* Quéro, 1981: 33-60.

文献（Reference）：Matsubara, 1954; Grinols and Hoover, 1966; Munk, 1966; Masuda, Amaoka, Araga *et al.*, 1984; Okiyama, 1993; Wang (ed.), 1998; 伍汉霖, 邵广昭, 赖春福等, 2012.

别名或俗名（Used or common name）：蓝皮刀, 洞鰭鲷.

分布（Distribution）：东海.

### 737. 拟银眼鲷属 *Diretmoides* Post *et* Quéro, 1981

**（2439）短鳍拟银眼鲷 *Diretmoides pauciradiatus* (Woods, 1973)**

*Diretmus pauciradiatus* Woods, 1973: 263-396.

文献（Reference）：Matsubara, 1954; Grinols and Hoover, 1966; Munk, 1966; Quéro, Hureau, Karrer *et al.*, 1990; Carpenter and Niem, 1999; Randall and Lim (eds.), 2000; 伍汉霖, 邵广昭, 赖春福等, 2012.

别名或俗名（Used or common name）：蓝皮刀, 洞鰭鲷.

分布（Distribution）：南海.

**（2440）维里拟银眼鲷 *Diretmoides veriginae* Kotlyar, 1987**

*Diretmoides veriginae* Kotlyar, 1987: 628-630.

**文献（Reference）**：Matsubara, 1954; Grinols and Hoover, 1966; Munk, 1966; Randall and Lim (eds.), 2000; 伍汉霖，邵广昭，赖春福等, 2012.

**别名或俗名（Used or common name）**：蓝皮刀，洞鰭鲷.

**分布（Distribution）**：南海.

### 738. 银眼鲷属 *Diretmus* Johnson, 1864

**（2441）银眼鲷 *Diretmus argenteus* Johnson, 1864**

*Diretmus argenteus* Johnson, 1864: 403-410.

*Diretmus aureus* (Campbell, 1879).

*Discus aureus* Campbell, 1879.

**文献（Reference）**：Johnson, 1864: 403-410; Matsubara, 1954; Grinols and Hoover, 1966; Munk, 1966; 沈世杰, 1993; Carpenter and Niem, 1999; Randall and Lim (eds.), 2000; Huang, 2001; 伍汉霖，邵广昭，赖春福等, 2012.

**别名或俗名（Used or common name）**：黑银眼鲷，蓝皮刀，洞鰭鲷.

**分布（Distribution）**：东海，南海.

## （一七一）灯颊鲷科 Anomalopidae

### 739. 灯颊鲷属 *Anomalops* Kner, 1868

**（2442）菲律宾灯颊鲷 *Anomalops katoptron* (Bleeker, 1856)**

*Heterophthalmus katoptron* Bleeker, 1856: 1-80.

*Anamalops katoptron* (Bleeker, 1856).

*Anomalops graeffei* Kner, 1868.

**文献（Reference）**：Abe, 1951; Herman, McCosker and Herman, 1982; 沈世杰, 1993; Carpenter and Niem, 1999; Huang, 2001; 伍汉霖，邵广昭，赖春福等, 2012.

**别名或俗名（Used or common name）**：灯眼鱼，闪光鱼.

**分布（Distribution）**：东海.

### 740. 原灯颊鲷属 *Protoblepharon* Baldwin, Johnson *et* Paxton, 1997

**（2443）麦氏原灯颊鲷 *Protoblepharon mccoskeri* Ho *et* Johnson, 2012**

*Protoblepharon mccoskeri* Ho *et* Johnson, 2012: 77-87.

**文献（Reference）**：Ho and Johnson, 2012: 77-87.

**别名或俗名（Used or common name）**：灯眼鱼，闪光鱼，台湾原灯眼鱼.

**分布（Distribution）**：东海.

## （一七二）松球鱼科 Monocentridae

### 741. 松球鱼属 *Monocentris* Bloch *et* Schneider, 1801

**（2444）日本松球鱼 *Monocentris japonica* (Houttuyn, 1782)**

*Gasterosteus japonicus* Houttuyn, 1782: 311-350.

*Monocentris japonicus* (Houttuyn, 1782).

*Monocentrus japonicus* (Houttuyn, 1782).

*Monocentris cataphracta* (Thunberg, 1790).

**文献（Reference）**：Arai and Nagaiwa, 1976; Francis, 1993; Shao, Chen, Kao *et al.*, 1993; 沈世杰, 1993; Yamada, Shirai, Irie *et al.*, 1995; Carpenter and Niem, 1999; Randall and Lim (eds.), 2000; Huang, 2001; 伍汉霖，邵广昭，赖春福等, 2012.

**别名或俗名（Used or common name）**：松球鱼，菠萝鱼，刺球.

**分布（Distribution）**：渤海，黄海，东海，南海.

## （一七三）燧鲷科 Trachichthyidae

### 742. 管燧鲷属 *Aulotrachichthys* Fowler, 1938

**（2445）前肛管燧鲷 *Aulotrachichthys prosthemius* (Jordan *et* Fowler, 1902)**

*Paratrachichthys prosthemius* Jordan *et* Fowler, 1902d: 1-21.

**文献（Reference）**：Masuda, Amaoka, Araga *et al.*, 1984; 沈世杰, 1993; Shao, 1997; Carpenter and Niem, 1999; Randall and Lim (eds.), 2000; Huang, 2001; 伍汉霖，邵广昭，赖春福等, 2012.

**别名或俗名（Used or common name）**：燧鲷.

**分布（Distribution）**：东海，南海.

### 743. 桥棘鲷属 *Gephyroberyx* Boulenger, 1902

**（2446）达氏桥棘鲷 *Gephyroberyx darwinii* (Johnson, 1866)**

*Trachichthys darwini* Johnson, 1866: 311-315.

*Gephyroberys darwinii* (Johnson, 1866).

*Gephyroberyx orbicularis* Smith, 1947.

*Gephyroberyx robustus* Danil'chenko, 1960.

**文献（Reference）**：沈世杰, 1993; Carpenter and Niem, 1999; Randall and Lim (eds.), 2000; Huang, 2001; Kim, Go and Imamura, 2004; 伍汉霖，邵广昭，赖春福等, 2012.

别名或俗名（Used or common name）：燧鲷，焰孔，厚壳，大目孔.
分布（Distribution）：东海，南海.

**（2447）日本桥棘鲷 *Gephyroberyx japonicus* (Döderlein, 1883)**

*Trachichthys japonicus* Döderlein, 1883: 49-50.
文献（Reference）：Masuda, Amaoka, Araga *et al.*, 1984; Huang, 2001; Chinese Academy of Fishery Science (CAFS), 2007; 伍汉霖，邵广昭，赖春福等, 2012.
别名或俗名（Used or common name）：燧鲷.
分布（Distribution）：东海.

### 744. 胸棘鲷属 *Hoplostethus* Cuvier, 1829

**（2448）重胸棘鲷 *Hoplostethus crassispinus* Kotlyar, 1980**

*Hoplostethus crassispinus* Kotlyar, 1980: 1054-1059.
文献（Reference）：Masuda, Amaoka, Araga *et al.*, 1984; 沈世杰, 1993; Carpenter and Niem, 1999; Randall and Lim (eds.), 2000; Huang, 2001; 欧武雄, 2006; 朱永淳, 2009; 伍汉霖，邵广昭，赖春福等, 2012.
别名或俗名（Used or common name）：燧鲷.
分布（Distribution）：东海，南海.

**（2449）日本胸棘鲷 *Hoplostethus japonicus* Hilgendorf, 1879**

*Hoplostethus japonicus* Hilgendorf, 1879: 78-81.
文献（Reference）：Masuda, Amaoka, Araga *et al.*, 1984; Carpenter and Niem, 1999; Randall and Lim (eds.), 2000; 伍汉霖，邵广昭，赖春福等, 2012.
别名或俗名（Used or common name）：燧鲷，日本燧鲷.
分布（Distribution）：东海，南海.

**（2450）地中海胸棘鲷 *Hoplostethus mediterraneus* Cuvier, 1829**

*Hoplostetus mediterraneus* Cuvier, 1829: 1-518.
*Hoplostethus mediterraneus trunovi* Kotlyar, 1986.
文献（Reference）：de la Paz and Interior, 1979; Randall and Lim (eds.), 2000; Huang, 2001; Chinese Academy of Fishery Science (CAFS), 2007; 伍汉霖，邵广昭，赖春福等, 2012.
别名或俗名（Used or common name）：红胸燧鲷.
分布（Distribution）：南海.

**（2451）黑首胸棘鲷 *Hoplostethus melanopus* (Weber, 1913)**

*Leiogaster melanopus* Weber, 1913: 1-710.
*Hoplostethus natalensis* Kotlyar, 1978.
文献（Reference）：Carpenter and Niem, 1999; Randall and Lim (eds.), 2000; 伍汉霖，邵广昭，赖春福等, 2012.
别名或俗名（Used or common name）：黑首燧鲷，燧鲷.
分布（Distribution）：东海，南海.

### 745. 臀棘鲷属 *Paratrachichthys* Waite, 1899

**（2452）南方臀棘鲷 *Paratrachichthys sajademalensis* Kotlyar, 1979**

*Paratrachichthys* (*Aulotrachichthys*) *sajademalensis* Kotlyar, 1979: 730-732.
文献（Reference）：Carpenter and Niem, 1999.
别名或俗名（Used or common name）：南方准燧鲷，燧鲷.
分布（Distribution）：东海.

## （一七四）金眼鲷科 Berycidae

### 746. 金眼鲷属 *Beryx* Cuvier, 1829

**（2453）大目金眼鲷 *Beryx decadactylus* Cuvier, 1829**

*Beryx dodecadactylus* Cuvier, 1829: 1-500.
*Beryx delphini* Valenciennes, 1833.
*Beryx longipinnis* Barnard, 1925.
*Actinoberyx pozzi* Nani, 1958.
文献（Reference）：Masuda, Amaoka, Araga *et al.*, 1984; Yamada, Shirai, Irie *et al.*, 1995; Kim, Choi, Lee *et al.*, 2005.
分布（Distribution）：东海，南海.

**（2454）软件金眼鲷 *Beryx mollis* Abe, 1959**

*Beryx mollis* Abe, 1959: 157-163.
文献（Reference）：Abe, 1959: 157-163; Carpenter and Niem, 1999; Randall and Lim (eds.), 2000.
别名或俗名（Used or common name）：红鱼，红大目仔.
分布（Distribution）：东海，南海.

**（2455）红金眼鲷 *Beryx splendens* Lowe, 1834**

*Bryx splendens* Lowe, 1834: 142-144.
文献(Reference)：Ikenouye and Masuzawa, 1968; Masuzawa, Kurata and Onishi, 1975; Mundy, 1990; Carpenter and Niem, 1999; Huang, 2001; Taniuchi, Kanaya, Uwabe *et al.*, 2004.
别名或俗名(Used or common name)：红鱼，红大目仔，红三角仔，红皮刀.
分布（Distribution）：东海.

### 747. 拟棘鲷属 *Centroberyx* Gill, 1862

**（2456）掘氏拟棘鲷 *Centroberyx druzhinini* (Busakhin, 1981)**

*Trachichthodes druzhinini* Busakhin, 1981: 1728-1731.
文献（Reference）：Masuda, Amaoka, Araga *et al.*, 1984; Carpenter and Niem, 1999; Randall and Lim (eds.), 2000; 伍

汉霖, 邵广昭, 赖春福等, 2012.

**别名或俗名（Used or common name）**：红鱼, 红大目仔.

**分布（Distribution）**：南海.

### （2457）线纹拟棘鲷 *Centroberyx lineatus* (Cuvier, 1829)

*Beryx lineatus* Cuvier, 1829: 1-500.

*Trachichthodes lineatus* (Cuvier, 1829).

**文献（Reference）**：Ni and Kwok, 1999; Huang, 2001; Chinese Academy of Fishery Science (CAFS), 2007; 伍汉霖, 邵广昭, 赖春福等, 2012.

**分布（Distribution）**：南海.

### （2458）金眼拟棘鲷 *Centroberyx rubricaudus* Liu *et* Shen, 1985

*Centroberyx rubricaudus* Liu *et* Shen, 1985: 1-7.

**文献（Reference）**：Liu and Shen, 1985: 1-7; Shao, Chen, Kao *et al.*, 1993; 沈世杰, 1993; Randall and Lim (eds.), 2000; Huang, 2001; 伍汉霖, 邵广昭, 赖春福等, 2012.

**别名或俗名（Used or common name）**：红鱼, 红大目仔, 红三角仔, 红皮刀, 厚壳, 金皮刀.

**分布（Distribution）**：东海, 南海.

## （一七五）鳂科 Holocentridae

### 748. 锯鳞鱼属 *Myripristis* Cuvier, 1829

### （2459）焦黑锯鳞鱼 *Myripristis adusta* Bleeker, 1853

*Myripristis adusta* Bleeker, 1853: 91-130.

*Myripristis adustus* Bleeker, 1853.

*Ostichthys adustus* (Bleeker, 1853).

**文献（Reference）**：Bleeker, 1853: 91-130; Shao, Chen, Kao *et al.*, 1993; 沈世杰, 1993; Chen, Shao and Lin, 1995; Randall and Greenfield, 1996; Randall and Lim (eds.), 2000; Huang, 2001; 伍汉霖, 邵广昭, 赖春福等, 2012.

**别名或俗名（Used or common name）**：焦松球, 厚壳仔金鳞甲, 铁甲, 铁甲兵, 澜公妾, 铁线婆, 大目仔.

**分布（Distribution）**：东海, 南海.

### （2460）凸颌锯鳞鱼 *Myripristis berndti* Jordan *et* Evermann, 1903

*Myripristis berndti* Jordan *et* Evermann, 1903: 161-208.

**文献（Reference）**：Jordan and Evermann, 1903: 209-210; Francis, 1993; Francis and Randall, 1993; 沈世杰, 1993; Chen, Shao and Lin, 1995; Randall and Greenfield, 1996; Chen, Jan and Shao, 1997; Randall and Lim (eds.), 2000; Huang, 2001; Randall and Stender, 2001; 伍汉霖, 邵广昭, 赖春福等, 2012.

**别名或俗名（Used or common name）**：凸颌松球, 球厚壳仔, 金鳞甲, 铁甲, 铁甲兵, 澜公妾, 铁线婆, 大目仔.

**分布（Distribution）**：南海.

### （2461）柏氏锯鳞鱼 *Myripristis botche* Cuvier, 1829

*Myripristis botsche* Cuvier, 1829: 1-406.

*Myripristis melanosticta* Bleeker, 1863.

*Myripristis melanostictis* Bleeker, 1863.

**文献（Reference）**：Shao and Chen, 1988; 沈世杰, 1993; Chen, Shao and Lin, 1995; Randall and Greenfield, 1996; Randall and Lim (eds.), 2000; Randall and Stender, 2001; 伍汉霖, 邵广昭, 赖春福等, 2012.

**别名或俗名（Used or common name）**：柏氏松球, 厚壳仔, 金鳞甲, 铁甲, 铁甲兵, 澜公妾, 铁线婆, 大目仔.

**分布（Distribution）**：南海.

### （2462）黄鳍锯鳞鱼 *Myripristis chryseres* Jordan *et* Evermann, 1903

*Myripristis chryseres* Jordan *et* Evermann, 1903: 161-208.

**文献（Reference）**：Jordan and Evermann, 1903: 209-210; Kyushin, Amaoka, Nakaya *et al.*, 1982; Masuda, Amaoka, Araga *et al.*, 1984; 沈世杰, 1993; Randall and Greenfield, 1996; Randall and Lim (eds.), 2000; Huang, 2001; 伍汉霖, 邵广昭, 赖春福等, 2012.

**别名或俗名（Used or common name）**：黄鳍松球, 厚壳仔, 金鳞甲, 铁甲, 铁甲兵, 澜公妾, 铁线婆, 大目仔.

**分布（Distribution）**：南海.

### （2463）台湾锯鳞鱼 *Myripristis formosa* Randall *et* Greenfield, 1996

*Myripristis formosa* Randall *et* Greenfield, 1996: 1-61.

**文献（Reference）**：Randall and Greenfield, 1996: 1-61; Chen, Shao and Mok (陈正平, 邵广昭和莫显荞), 1990; Randall and Lim (eds.), 2000; 伍汉霖, 邵广昭, 赖春福等, 2012.

**别名或俗名（Used or common name）**：台湾松球, 厚壳仔, 金鳞甲, 铁甲, 铁甲兵, 澜公妾, 铁线婆, 大目仔.

**分布（Distribution）**：南海.

### （2464）格氏锯鳞鱼 *Myripristis greenfieldi* Randall *et* Yamakawa, 1996

*Myripristis greenfieldi* Randall *et* Yamakawa, 1996: 211-222.

**文献（Reference）**：Randall and Yamakawa, 1996: 211-222; Masuda, Amaoka, Araga *et al.*, 1984; 伍汉霖, 邵广昭, 赖春福等, 2012.

**别名或俗名（Used or common name）**：格氏松球, 厚壳仔, 金鳞甲, 铁甲, 铁甲兵, 澜公妾, 铁线婆, 大目仔.

**分布（Distribution）**：南海.

**（2465）六角锯鳞鱼 *Myripristis hexagona* (Lacépède, 1802)**

*Lutjanus hexagonus* Lacépède, 1802: 1-728.

*Myripristes hexagonus* (Lacépède, 1802).

*Myripristis macrolepis* Bleeker, 1872.

*Ostichthys spiniceps* Ogilby, 1908.

**文献（Reference）**：Winterbottom, 1993; Randall and Lim (eds.), 2000; Werner and Allen, 2000; Huang, 2001; Broad, 2003; 伍汉霖, 邵广昭, 赖春福等, 2012.

**别名或俗名（Used or common name）**：六角松球, 厚壳仔, 金鳞甲, 铁甲, 铁甲兵, 澜公妾, 铁线婆, 大目仔.

**分布（Distribution）**：东海, 南海.

**（2466）康德锯鳞鱼 *Myripristis kuntee* Valenciennes, 1831**

*Myripristis kantee* Valenciennes (*in* Cuvier *et* Valenciennes), 1831: 1-531.

*Adioryx borbonicus* [Valenciennes (*in* Cuvier *et* Valenciennes), 1831].

*Myripristis borbonius* Valenciennes (*in* Cuvier *et* Valenciennes), 1831.

*Myripristis multiradiatus* Günther, 1874.

**文献（Reference）**：Winterbottom, 1993; Francis, 1993; Shao, Chen, Kao *et al.*, 1993; 沈世杰, 1993; Chen, Shao and Lin, 1995; Randall and Greenfield, 1996; Chen, Jan and Shao, 1997; Randall and Lim (eds.), 2000; Huang, 2001; Adrim, Chen, Chen *et al.*, 2004; 伍汉霖, 邵广昭, 赖春福等, 2012.

**别名或俗名（Used or common name）**：康德松球, 厚壳仔, 金鳞甲, 铁甲, 铁甲兵, 澜公妾, 铁线婆, 大目仔, 金鳞鱼.

**分布（Distribution）**：东海, 南海.

**（2467）白边锯鳞鱼 *Myripristis murdjan* (Forsskål, 1775)**

*Sciaena murdjan* Forsskål, 1775: 1-164.

*Ostichthys murdjan* (Forsskål, 1775).

*Perca murdjan* (Forsskål, 1775).

*Myripristis parvidens* Cuvier, 1829.

*Holocentrum melanophrys* Swainson, 1839.

**文献（Reference）**：Chang, Jan and Shao, 1983; Shao, Chen, Kao *et al.*, 1993; 沈世杰, 1993; Chen, Shao and Lin, 1995; Randall and Greenfield, 1996; Chen, Jan and Shao, 1997; Ni and Kwok, 1999; Randall and Lim (eds.), 2000; Huang, 2001; 伍汉霖, 邵广昭, 赖春福等, 2012.

**别名或俗名（Used or common name）**：赤松球, 厚壳仔, 金鳞甲, 铁甲, 铁甲兵, 澜公妾, 铁线婆, 大目仔.

**分布（Distribution）**：东海, 南海.

**（2468）红锯鳞鱼 *Myripristis pralinia* Cuvier, 1829**

*Myripristis pralinius* Cuvier, 1829: 1-500.

*Holocentrus pralinius* (Cuvier, 1829).

*Ostichthys pralinius* (Cuvier, 1829).

*Myripristis bleekeri* Günther, 1859.

**文献（Reference）**：Chang, Jan and Shao, 1983; Winterbottom, 1993; 沈世杰, 1993; Randall and Greenfield, 1996; Randall and Lim (eds.), 2000; Huang, 2001; 伍汉霖, 邵广昭, 赖春福等, 2012.

**别名或俗名（Used or common name）**：坚松球, 厚壳仔, 金鳞甲, 铁甲, 铁甲兵, 澜公妾, 铁线婆, 大目仔.

**分布（Distribution）**：东海, 南海.

**（2469）紫红锯鳞鱼 *Myripristis violacea* Bleeker, 1851**

*Myripristis violacea* Bleeker, 1851: 225-261.

*Myripristis microphthalmus* Bleeker, 1852.

*Ostichthys microphthalmus* (Bleeker, 1852).

*Myripristes australis* Castelnau, 1875.

*Myripristis australis* Castelnau, 1875.

**文献（Reference）**：Winterbottom, 1993; 沈世杰, 1993; Chen, Shao and Lin, 1995; Randall and Greenfield, 1996; Randall and Lim (eds.), 2000; Huang, 2001; 伍汉霖, 邵广昭, 赖春福等, 2012.

**别名或俗名（Used or common name）**：紫松球, 厚壳仔, 金鳞甲, 铁甲, 铁甲兵, 澜公妾, 铁线婆, 大目仔.

**分布（Distribution）**：东海, 南海.

**（2470）无斑锯鳞鱼 *Myripristis vittata* Valenciennes, 1831**

*Myripristis vittatus* Valenciennes (*in* Cuvier *et* Valenciennes), 1831: 1-531.

*Myripristis pahudi* Bleeker, 1863.

**文献（Reference）**：Shao, Shen, Chiu *et al.*, 1992; 沈世杰, 1993; Randall and Greenfield, 1996; Chen, Jan and Shao, 1997; Randall and Lim (eds.), 2000; Huang, 2001; 伍汉霖, 邵广昭, 赖春福等, 2012.

**别名或俗名（Used or common name）**：赤鳃松球, 厚壳仔, 金鳞甲, 铁甲, 铁甲兵, 澜公妾, 铁线婆, 大目仔.

**分布（Distribution）**：东海, 南海.

## 749. 新东洋鳂属 *Neoniphon* Castelnau, 1875

**（2471）银色新东洋鳂 *Neoniphon argenteus* (Valenciennes, 1831)**

*Holocentrum argenteum* Valenciennes (*in* Cuvier *et* Valenciennes), 1831: 1-531.

*Flammeo argenteus* [Valenciennes (*in* Cuvier *et* Valenciennes), 1831].

*Holocentrum stercusmuscarum* Valenciennes (*in* Cuvier *et* Valenciennes), 1831.

*Holocentrum laeve* Günther, 1859.

**文献（Reference）**：Herre and Umali, 1948; Masuda, Amaoka,

Araga *et al.*, 1984; Winterbottom, 1993; Huang, 2001; 伍汉霖, 邵广昭, 赖春福等, 2012.

**分布（Distribution）**：南海.

### （2472）黄带新东洋鳂 *Neoniphon aurolineatus* (Liénard, 1839)

*Holocentre aurolineatum* Liénard, 1839: 31-47.

*Flammeo aurolineatus* (Liénard, 1839).

*Holocentrum aurolineatum* Liénard, 1839.

*Neonipon aurolineatus* (Liénard, 1839).

*Flammeo scythrops* Jordan *et* Evermann, 1903.

**文献（Reference）**：Masuda, Amaoka, Araga *et al.*, 1984; Randall and Heemstra, 1985; Huang, 2001; 陈正平, 邵广昭, 詹荣桂等, 2010; 伍汉霖, 邵广昭, 赖春福等, 2012.

**别名或俗名（Used or common name）**：黄带金鳞鱼, 铁甲, 金鳞甲, 铁甲兵, 澜公妾, 铁线婆.

**分布（Distribution）**：东海.

### （2473）黑鳍新东洋鳂 *Neoniphon opercularis* (Valenciennes, 1831)

*Holocentrum operculare* Valenciennes (*in* Cuvier *et* Valenciennes), 1831: 1-531.

*Flammeo opercularis* [Valenciennes (*in* Cuvier *et* Valenciennes), 1831].

*Holocentrus opercularis* [Valenciennes (*in* Cuvier *et* Valenciennes), 1831].

*Kutaflammeo opercularis* [Valenciennes (*in* Cuvier *et* Valenciennes), 1831].

**文献（Reference）**：沈世杰, 1993; Randall and Lim (eds.), 2000; Werner and Allen, 2000; Huang, 2001; Broad, 2003; 伍汉霖, 邵广昭, 赖春福等, 2012.

**别名或俗名（Used or common name）**：黑鳍金鳞鱼, 铁甲, 金鳞甲, 铁甲兵, 澜公妾, 铁线婆.

**分布（Distribution）**：东海, 南海.

### （2474）莎姆新东洋鳂 *Neoniphon sammara* (Forsskål, 1775)

*Sciaena sammara* Forsskål, 1775: 1-164.

*Flammeo sammara* (Forsskål, 1775).

*Holocentrum sammana* (Forsskål, 1775).

*Holocentrum sammara* (Forsskål, 1775).

**文献（Reference）**：Chang, Jan and Shao, 1983; Francis, 1993; 沈世杰, 1993; Chen, Shao and Lin, 1995; Chen, Jan and Shao, 1997; Randall and Lim (eds.), 2000; Huang, 2001; Adrim, Chen, Chen *et al.*, 2004; 伍汉霖, 邵广昭, 赖春福等, 2012.

**别名或俗名（Used or common name）**：莎姆金鳞鱼, 铁甲, 金鳞甲, 铁甲兵, 澜公妾, 铁线婆.

**分布（Distribution）**：东海, 南海.

## 750. 骨鳂属 *Ostichthys* Jordan *et* Evermann, 1896

### （2475）长吻骨鳂 *Ostichthys archiepiscopus* (Valenciennes, 1862)

*Myripristis archiepiscopus* Valenciennes, 1862: 1165-1170.

*Holotrachys archiepiscopus* (Valenciennes, 1862).

*Myripristis pillwaxii* Steindachner, 1893.

*Ostichthys pillwaxii* (Steindachner, 1893).

**文献（Reference）**：Masuda, Amaoka, Araga *et al.*, 1984; 伍汉霖, 邵广昭, 赖春福等, 2012.

**分布（Distribution）**：南海.

### （2476）留尼汪岛骨鳂 *Ostichthys delta* Randall, Shimizu *et* Yamakawa, 1982

*Ostichthys delta* Randall, Shimizu *et* Yamakawa, 1982: 1-26.

**文献（Reference）**：Randall, Shimizu and Yamakawa, 1982: 1-26; Smith and Heemstra, 1986.

**别名或俗名（Used or common name）**：铁甲, 金鳞甲, 铁甲兵, 澜公妾, 铁线婆.

**分布（Distribution）**：南海.

### （2477）日本骨鳂 *Ostichthys japonicus* (Cuvier, 1829)

*Myripristis japonicus* Cuvier, 1829: 1-500.

*Ostichthys japonicas* (Cuvier, 1829).

*Ostichtys japonicus* (Cuvier, 1829).

**文献（Reference）**：Kyushin, Amaoka, Nakaya *et al.*, 1982; Masuda, Amaoka, Araga *et al.*, 1984; 沈世杰, 1993; Yamada, Shirai, Irie *et al.*, 1995; Ni and Kwok, 1999; Randall and Lim (eds.), 2000; Huang, 2001; 伍汉霖, 邵广昭, 赖春福等, 2012.

**别名或俗名（Used or common name）**：金鳞甲, 铁甲兵, 澜公妾, 铁线婆.

**分布（Distribution）**：东海, 南海.

### （2478）深海骨鳂 *Ostichthys kaianus* (Günther, 1880)

*Myripristis kaianus* Günther, 1880: 1-82.

*Myripristis guezei* Postel, 1962.

**文献（Reference）**：Kyushin, Amaoka, Nakaya *et al.*, 1982; Masuda, Amaoka, Araga *et al.*, 1984; Smith and Heemstra, 1986; 沈世杰, 1993; Randall and Lim (eds.), 2000; Huang, 2001; 伍汉霖, 邵广昭, 赖春福等, 2012.

**别名或俗名（Used or common name）**：金鳞甲, 铁甲兵, 澜公妾, 铁线婆.

**分布（Distribution）**：南海.

**（2479）沈氏骨鳂 *Ostichthys sheni* Chen, Shao *et* Mok, 1990**

*Ostichthys sheni* Chen, Shao *et* Mok, 1990: 249-264.

**文献（Reference）**：Chen, Shao and Mok (陈正平, 邵广昭和莫显荞), 1990: 249-264; 沈世杰, 1993; Randall and Lim (eds.), 2000; Huang, 2001; 伍汉霖, 邵广昭, 赖春福等, 2012.

**别名或俗名（Used or common name）**：金鳞甲, 铁甲兵, 澜公妾, 铁线婆.

**分布（Distribution）**：东海, 南海.

## 751. 琉球鳂属 *Plectrypops* Gill, 1862

**（2480）滩涂琉球鳂 *Plectrypops lima* (Valenciennes, 1831)**

*Myripristis lima* Valenciennes (*in* Cuvier *et* Valenciennes), 1831: 1-531.

*Holotrachys lima* [Valenciennes (*in* Cuvier *et* Valenciennes), 1831].

*Plectotrypops lima* [Valenciennes (*in* Cuvier *et* Valenciennes), 1831].

*Plectripops lima* [Valenciennes (*in* Cuvier *et* Valenciennes), 1831].

**文献（Reference）**：Masuda, Amaoka, Araga *et al.*, 1984; Shao and Chen, 1988; Francis, 1993; 沈世杰, 1993; Randall and Lim (eds.), 2000; Huang, 2001; 伍汉霖, 邵广昭, 赖春福等, 2012.

**别名或俗名（Used or common name）**：多鳞松球, 金鳞甲, 铁甲兵, 澜公妾, 铁线婆.

**分布（Distribution）**：南海.

## 752. 棘鳞鱼属 *Sargocentron* Fowler, 1904

**（2481）尾斑棘鳞鱼 *Sargocentron caudimaculatum* (Rüppell, 1838)**

*Holocentrus caudimaculatus* Rüppell, 1838: 1-148.

*Adioryx caudimaculatus* (Rüppell, 1838).

*Sargocentron caudimaculatus* (Rüppell, 1838).

*Holocentrum leonoides* Bleeker, 1849.

*Holocentrus andamanensis* (Day, 1871).

**文献（Reference）**：Shimizu and Yamakawa, 1979; Chang, Jan and Shao, 1983; Shao and Chen, 1992; 沈世杰, 1993; Chen, Shao and Lin, 1995; Chen, Jan and Shao, 1997; Randall, 1998; Randall and Lim (eds.), 2000; Huang, 2001; Adrim, Chen, Chen *et al.*, 2004.

**别名或俗名（Used or common name）**：金鳞甲, 铁甲兵, 澜公妾, 铁线婆.

**分布（Distribution）**：东海, 南海.

**（2482）角棘鳞鱼 *Sargocentron cornutum* (Bleeker, 1853)**

*Holocentrum cornutum* Bleeker, 1853: 233-248.

*Sargocentrum cornutum* (Bleeker, 1854).

**文献（Reference）**：Bleeker, 1853: 233-248; Evermann and Seale, 1907; Seale and Bean, 1908; Schroeder, 1980; 沈世杰, 1993; Shao, 1997; Randall, 1998; Randall and Lim (eds.), 2000; 伍汉霖, 邵广昭, 赖春福等, 2012.

**别名或俗名（Used or common name）**：金鳞甲, 铁甲兵, 澜公妾, 铁线婆.

**分布（Distribution）**：南海.

**（2483）黑鳍棘鳞鱼 *Sargocentron diadema* (Lacépède, 1802)**

*Holocentre diadème* Commerson *et* Lacépède, 1801: 1-728.

*Adioryx diadema* (Lacépède, 1802).

*Holocentrum diadema* Lacépède, 1802.

*Holocentrus diadema* Lacépède, 1802.

**文献（Reference）**：Shimizu and Yamakawa, 1979; Shao, Chen, Kao *et al.*, 1993; 沈世杰, 1993; Chen, Shao and Lin, 1995; Chen, Jan and Shao, 1997; Randall, 1998; Randall and Lim (eds.), 2000; Huang, 2001; 伍汉霖, 邵广昭, 赖春福等, 2012.

**别名或俗名（Used or common name）**：金鳞甲, 铁甲兵, 澜公妾, 铁线婆.

**分布（Distribution）**：东海, 南海.

**（2484）剑棘鳞鱼 *Sargocentron ensifer* (Jordan *et* Evermann, 1903)**

*Holocentrus ensifer* Jordan *et* Evermann, 1903: 209-210.

*Adioryx ensifer* (Jordan *et* Evermann, 1903).

*Sargocentron ensiferum* (Jordan *et* Evermann, 1903).

**文献（Reference）**：Shimizu and Yamakawa, 1979; Masuda, Amaoka, Araga *et al.*, 1984; Shao, 1997; Randall, 1998; Randall and Lim (eds.), 2000; Huang, 2001; 伍汉霖, 邵广昭, 赖春福等, 2012.

**别名或俗名（Used or common name）**：铁甲, 金鳞甲, 铁甲兵, 澜公妾, 铁线婆.

**分布（Distribution）**：南海.

**（2485）格纹棘鳞鱼 *Sargocentron inaequalis* Randall *et* Heemstra, 1985**

*Sargocentron inaequalis* Randall *et* Heemstra, 1985: 1-27.

**文献（Reference）**：Randall and Heemstra, 1985: 1-2; Randall, 1998; 伍汉霖, 邵广昭, 赖春福等, 2012.

**分布（Distribution）**：南海.

**（2486）银带棘鳞鱼 *Sargocentron ittodai* (Jordan *et* Fowler, 1902)**

*Holocentrus ittodai* Jordan *et* Fowler, 1902d: 1-21.

*Adioryx ittodai* (Jordan *et* Fowler, 1902).
*Sargocentron ittadai* (Jordan *et* Fowler, 1902).
**文献（Reference）**：Shimizu and Yamakawa, 1979; 沈世杰, 1993; Chen, Shao and Lin, 1995; Randall, 1998; Randall and Lim (eds.), 2000; Huang, 2001; 伍汉霖, 邵广昭, 赖春福等, 2012.
**别名或俗名（Used or common name）**：金鳞甲, 铁甲兵, 澜公妾, 铁线婆.
**分布（Distribution）**：东海, 南海.

### （2487）黑点棘鳞鱼 *Sargocentron melanospilos* (Bleeker, 1858)

*Holocentrum melanospilos* Bleeker, 1858: 1-3.
*Sargocentron melanospilus* (Bleeker, 1858).
**文献（Reference）**：Shimizu and Yamakawa, 1979; Shen, 1984; 沈世杰, 1993; Chen, Shao and Lin, 1995; Randall, 1998; Randall and Lim (eds.), 2000; Huang, 2001; 伍汉霖, 邵广昭, 赖春福等, 2012.
**别名或俗名（Used or common name）**：金鳞甲, 铁甲兵, 澜公妾, 铁线婆.
**分布（Distribution）**：东海, 南海.

### （2488）小口棘鳞鱼 *Sargocentron microstoma* (Günther, 1859)

*Holocentrus microstoma* Günther, 1859: 1-524.
*Sargocentron microstomum* (Günther, 1859).
*Sargocentron microstomus* (Günther, 1859).
*Sargocentron mitrostomus* (Günther, 1859).
**文献（Reference）**：Masuda, Amaoka, Araga *et al.*, 1984; Huang, 2001; 伍汉霖, 邵广昭, 赖春福等, 2012.
**分布（Distribution）**：南海.

### （2489）普拉斯林棘鳞鱼 *Sargocentron praslin* (Lacépède, 1802)

*Perca praslin* Lacépède, 1802: 1-728.
*Sargocentron paraslin* (Lacépède, 1802).
*Holocentrum marginatum* Cuvier, 1829.
**文献（Reference）**：Shimizu and Yamakawa, 1979; Shao and Chen, 1988; Shao, Chen, Kao *et al.*, 1993; 沈世杰, 1993; Randall, 1998; Kuo and Shao, 1999; Iwatsuki, Yoshino and Kimura, 1999; Randall and Lim (eds.), 2000; Huang, 2001; Adrim, Chen, Chen *et al.*, 2004; 伍汉霖, 邵广昭, 赖春福等, 2012.
**别名或俗名（Used or common name）**：金鳞甲, 铁甲兵, 澜公妾, 铁线婆.
**分布（Distribution）**：南海.

### （2490）斑纹棘鳞鱼 *Sargocentron punctatissimum* (Cuvier, 1829)

*Holocentrum punctatissimum* Cuvier, 1829: 1-500.
*Adioryx lacteoguttatus* (Cuvier, 1829).
*Holocentrum lacteoguttatum* Cuvier, 1829.
*Holocentrum diploxiphus* Günther, 1872.
*Holocenthrus gladispinis* Fowler, 1904.
**文献（Reference）**：Chang, Lee and Shao, 1978; Shimizu and Yamakawa, 1979; 沈世杰, 1993; Shao, 1997; Chen, Jan and Shao, 1997; Randall, 1998; Randall and Lim (eds.), 2000; Huang, 2001; Adrim, Chen, Chen *et al.*, 2004; 伍汉霖, 邵广昭, 赖春福等, 2012.
**别名或俗名（Used or common name）**：乳斑棘鳞鱼, 金鳞甲, 铁甲兵, 澜公妾, 铁线婆.
**分布（Distribution）**：东海, 南海.

### （2491）点带棘鳞鱼 *Sargocentron rubrum* (Forsskål, 1775)

*Sciaena rubra* Forsskål, 1775: 1-164.
*Adioryx ruber* (Forsskål, 1775).
*Holocentrus rubrum* (Forsskål, 1775).
*Perca rubra* (Forsskål, 1775).
*Holocentrus alboruber* Lacépède, 1802.
**文献（Reference）**：Forsskål, 1775: 1-20 + i-xxxiv + 1-164; Arai and Nagaiwa, 1976; 沈世杰, 1993; Leung, 1994; Chen, Shao and Lin, 1995; Randall, 1998; Ni and Kwok, 1999; Randall and Lim (eds.), 2000; Adrim, Chen, Chen *et al.*, 2004; 伍汉霖, 邵广昭, 赖春福等, 2012.
**别名或俗名（Used or common name）**：金鳞甲, 铁甲兵, 澜公妾, 铁线婆, 黑带棘鳞鱼.
**分布（Distribution）**：东海, 南海.

### （2492）尖吻棘鳞鱼 *Sargocentron spiniferum* (Forsskål, 1775)

*Sciaena spinifera* Forsskål, 1775: 1-164.
*Adioryx spinifer* (Forsskål, 1775).
*Holocentrum spiniferum* (Forsskål, 1775).
*Holocentrus spiniferus* (Forsskål, 1775).
*Sargocentron spinifer* (Forsskål, 1775).
**文献（Reference）**：Forsskål, 1775: 1-20 + i-xxxiv + 1-164; 沈世杰, 1993; Chen, Shao and Lin, 1995; Chen, Jan and Shao, 1997; Randall, 1998; Randall and Lim (eds.), 2000; Huang, 2001; Adrim, Chen, Chen *et al.*, 2004; 伍汉霖, 邵广昭, 赖春福等, 2012.
**别名或俗名（Used or common name）**：金鳞甲, 铁甲兵, 澜公妾, 铁线婆.
**分布（Distribution）**：东海, 南海.

### （2493）大刺棘鳞鱼 *Sargocentron spinosissimum* (Temminck *et* Schlegel, 1843)

*Holocentrum spinosissimum* Temminck *et* Schlegel, 1843: 21-72.
*Adioryx spinosissimus* (Temminck *et* Schlegel, 1843).

*Holocentrus spinosissimus* (Temminck *et* Schlegel, 1843).
*Sargocentron spinossisimum* (Temminck *et* Schlegel, 1843).
**文献(Reference)**: Shimizu and Yamakawa, 1979; Chen, Shao and Lin, 1995; Chen, Jan and Shao, 1997; Randall, 1998; Randall and Lim (eds.), 2000; Huang, 2001; 伍汉霖, 邵广昭, 赖春福等, 2012.
**别名或俗名(Used or common name)**: 金鳞甲, 铁甲兵, 澜公妾, 铁线婆, 尖嘴仔.
**分布(Distribution)**: 东海, 南海.

### (2494) 赤鳍棘鳞鱼 *Sargocentron tiere* (Cuvier, 1829)

*Holocentrus tiere* Cuvier, 1829: 1-500.
*Adioryx tiere* (Cuvier, 1829).
*Perca holocentrus* Forster, 1844.
*Holocentrum poecilopterus* Bleeker, 1855.
*Holocentrum erythraeum* Günther, 1859.
**文献(Reference)**: Shimizu and Yamakawa, 1979; Masuda, Amaoka, Araga *et al.*, 1984; 沈世杰, 1993; Randall, 1998; Randall and Lim (eds.), 2000; Huang, 2001; 伍汉霖, 邵广昭, 赖春福等, 2012.
**别名或俗名(Used or common name)**: 金鳞甲, 铁甲兵, 澜公妾, 铁线婆.
**分布(Distribution)**: 东海, 南海.

# 四十五、海鲂目 Zeiformes

## (一七六)副海鲂科 Parazenidae

### 753. 腹棘海鲂属 *Cyttopsis* Gill, 1862

### (2495) 驼背腹棘海鲂 *Cyttopsis cypho* (Fowler, 1934)

*Zen cypho* Fowler, 1934: 233-367.
**文献(Reference)**: Herre, 1953b; de la Paz and Interior, 1979; Randall and Lim (eds.), 2000; Huang, 2001; Chinese Academy of Fishery Science (CAFS), 2007; 伍汉霖, 邵广昭, 赖春福等, 2012.
**分布(Distribution)**: 南海.

### (2496) 红腹棘海鲂 *Cyttopsis rosea* (Lowe, 1843)

*Zeus roseus* Lowe, 1843: 81-95.
*Cyttopsis roseus* (Lowe, 1843).
*Cyttus roseus* (Lowe, 1843).
*Cyttopsis itea* Jordan *et* Fowler, 1902.
**文献(Reference)**: Lowe, 1843: 390-403; Masuda, Amaoka, Araga *et al.*, 1984; 沈世杰, 1993; Carpenter and Niem, 1999; Randall and Lim (eds.), 2000; Huang, 2001; 伍汉霖, 邵广昭, 赖春福等, 2012.
**别名或俗名(Used or common name)**: 玫瑰的鲷, 红的鲷.
**分布(Distribution)**: 东海, 南海.

### 754. 副海鲂属 *Parazen* Kamohara, 1935

### (2497) 太平洋副海鲂 *Parazen pacificus* Kamohara, 1935

*Parazen pacificus* Kamohara, 1935a: 245-247.
**文献(Reference)**: Kamohara, 1935a: 245-247; Masuda, Amaoka, Araga *et al.*, 1984; 沈世杰, 1993; Carpenter and Niem, 1999; Randall and Lim (eds.), 2000; Huang, 2001; 伍汉霖, 邵广昭, 赖春福等, 2012.
**别名或俗名(Used or common name)**: 准海鲂.
**分布(Distribution)**: 东海, 南海.

## (一七七)大海鲂科 Zeniontidae

### 755. 菱海鲂属 *Cyttomimus* Gilbert, 1905

### (2498) 青菱海鲂 *Cyttomimus affinis* Weber, 1913

*Cyttomimus affinis* Weber, 1913: 1-710.
**文献(Reference)**: Masuda, Amaoka, Araga *et al.*, 1984; Carpenter and Niem, 1999; Huang, 2001; Chinese Academy of Fishery Science (CAFS), 2007; 伍汉霖, 邵广昭, 赖春福等, 2012.
**别名或俗名(Used or common name)**: 青甲眼的鲷, 幼鲂, 青的鲷.
**分布(Distribution)**: 东海.

### 756. 小海鲂属 *Zenion* Jordan *et* Evermann, 1896

### (2499) 小海鲂 *Zenion hololepis* (Goode *et* Bean, 1896)

*Cyttus hololepis* Goode *et* Bean, 1896: 1-553.
*Cyttula macropus* Weber, 1913.
**文献(Reference)**: Yang, Huang, Chen *et al.*, 1996; Randall and Lim (eds.), 2000; Huang, 2001; 伍汉霖, 邵广昭, 赖春福等, 2012.
**分布(Distribution)**: 东海, 南海.

### (2500) 日本小海鲂 *Zenion japonicum* Kamohara, 1934

*Zenion japonicus* Kamohara, 1934: 597-599.
**文献(Reference)**: Masuda, Amaoka, Araga *et al.*, 1984; Richards, Chong, Mak *et al.*, 1985; Carpenter and Niem, 1999; Horie and Tanaka, 2000; Huang, 2001; 伍汉霖, 邵广昭, 赖春福等, 2012.
**别名或俗名(Used or common name)**: 巨眼海鲂, 日本拟

裸海鲂.
分布（**Distribution**）：东海.

## （一七八）线菱鲷科 Grammicolepididae

### 757. 线菱鲷属 *Grammicolepis* Poey, 1873

**（2501）斑线菱鲷 *Grammicolepis brachiusculus* Poey, 1873**

*Grammocolepis brachiosculus* Poey, 1873: 403-406.
*Vesposus egregius* Jordan, 1921.
*Daramattus americanus* (Nichols *et* Firth, 1939).
*Xenolepidichthys americanus* Nichols *et* Firth, 1939.
文献（**Reference**）：Masuda, Amaoka, Araga *et al.*, 1984; Carpenter and Niem, 1999; 伍汉霖, 邵广昭, 赖春福等, 2012.
别名或俗名（**Used or common name**）：斑菱的鲷, 线鳞鲷.
分布（**Distribution**）：东海.

### 758. 异菱的鲷属 *Xenolepidichthys* Gilchrist, 1922

**（2502）几内亚湾异菱的鲷 *Xenolepidichthys dalgleishi* Gilchrist, 1922**

*Xenolepidichthys dagleishi* Gilchrist, 1922: 41-79.
*Xenodermichthys dalgleishi* (Gilchrist, 1922).
*Grammicolepis squamilineatus* Mowbray, 1927.
文献（**Reference**）：Herre, 1953b; Masuda, Amaoka, Araga *et al.*, 1984; 沈世杰, 1993; Carpenter and Niem, 1999; Randall and Lim (eds.), 2000; Huang, 2001; 伍汉霖, 邵广昭, 赖春福等, 2012.
别名或俗名（**Used or common name**）：菱的鲷.
分布（**Distribution**）：东海, 南海.

## （一七九）海鲂科 Zeidae

### 759. 亚海鲂属 *Zenopsis* Gill, 1862

**（2503）云纹亚海鲂 *Zenopsis nebulosa* (Temminck *et* Schlegel, 1845)**

*Zeus nebulosus* Temminck *et* Schlegel, 1845: 113-172.
*Zenopsis nebulosus* (Temminck *et* Schlegel, 1845).
文献（**Reference**）：沈世杰, 1993; Yamada, Shirai, Irie *et al.*, 1995; Carpenter and Niem, 1999; Randall and Lim (eds.), 2000; Huang, 2001; 伍汉霖, 邵广昭, 赖春福等, 2012.
别名或俗名（**Used or common name**）：雨印鲷, 雨的鲷.
分布（**Distribution**）：黄海, 东海, 南海.

**（2504）多棘亚海鲂 *Zenopsis stabilispinosa* Nakabo, Bray *et* Yamada, 2006**

*Zenopsis stabilispinosa* Nakabo, Bray *et* Yamada, 2006: 91-96.
文献（**Reference**）：Nakabo, Bray and Yamada, 2006: 91-96; 伍汉霖, 邵广昭, 赖春福等, 2012.
别名或俗名（**Used or common name**）：立鳍印鲷, 雨的鲷.
分布（**Distribution**）：东海, 南海.

### 760. 海鲂属 *Zeus* Linnaeus, 1758

**（2505）远东海鲂 *Zeus faber* Linnaeus, 1758**

*Zeus faber* Linnaeus, 1758: 1-824.
*Zeus pungio* Cuvier, 1829.
*Zeus japonicus* Valenciennes, 1835.
*Zeus australis* Richardson, 1845.
文献（**Reference**）：Shao, Shen, Chiu *et al.*, 1992; Shao, Chen, Kao *et al.*, 1993; 沈世杰, 1993; Yamada, Shirai, Irie *et al.*, 1995; Ni and Kwok, 1999; Chang and Kim, 1999; Carpenter and Niem, 1999; Randall and Lim (eds.), 2000; Huang, 2001; 伍汉霖, 邵广昭, 赖春福等, 2012.
别名或俗名（**Used or common name**）：豆的鲷, 马头鲷, 海鲂, 镜鲳.
分布（**Distribution**）：黄海, 东海, 南海.

# 四十六、刺鱼目 Gasterosteiformes

## （一八〇）刺鱼科 Gasterosteidae

### 761. 刺鱼属 *Gasterosteus* Linnaeus, 1758

*Gasterosteus* Linnaeus, 1758: 295.
别名或俗名（**Used or common name**）：三刺鱼属.

**（2506）三刺鱼 *Gasterosteus aculeatus* Linnaeus, 1758**

*Gasterosteus aculeatus* Linnaeus, 1758: 1-824; 成庆泰和郑葆珊, 1987: 261; 朱松泉, 1995: 165; 董崇智, 李怀明, 牟振波等, 2001: 201; 解玉浩, 2007: 346.
别名或俗名（**Used or common name**）：刺鱼.
分布（**Distribution**）：黑龙江, 乌苏里江, 兴凯湖, 绥芬河, 图们江等水系. 国外分布于环北极寒带和温带地区；南可到黑海, 意大利南部, 伊比利亚半岛, 北非等, 东到日本北部, 北美 30°N~32°N 以北, 格陵兰岛等.

### 762. 多刺鱼属 *Pungitius* Coste, 1846

*Pungitius* Coste, 1846: 588.

**（2507）布氏多刺鱼 *Pungitius bussei* (Warpachowski, 1888)**

*Gasterosteus bussei* Warpachowski, 1888: 13.

*Pungitius sinensis*: 尼科尔斯基 (高岫译), 1960: 400; 郑葆珊等, 1980: 74; 成庆泰和郑葆珊, 1987: 261; 朱松泉, 1995: 165; 张觉民, 1995: 212; 董崇智, 李怀明, 牟振波等, 2001: 203; 解玉浩, 2007: 348.
**别名或俗名（Used or common name）**: 九刺鱼, 多刺鱼.
**分布（Distribution）**: 黑龙江, 乌苏里江, 兴凯湖, 绥芬河, 图们江. 国外分布于日本, 俄罗斯萨哈林岛 (库页岛) 和堪察加半岛等.
**保护等级（Protection class）**: 省级 (黑龙江).

### （2508）中华多刺鱼 *Pungitius sinensis* (Guichenot, 1869)

*Gasterosteus sinensis* Guichenot, 1869: 193-206.
*Pungitius sinensis*: 成庆泰和郑葆珊, 1987: 261; 朱松泉, 1995: 165; 张春光和赵亚辉, 2013: 196.
**别名或俗名（Used or common name）**: 九刺鱼.
**分布（Distribution）**: 辽河及内蒙古东部, 河北北部, 北京西北部. 国外分布于朝鲜半岛.
**保护等级（Protection class）**: 省 (直辖市) 级 (北京).

## （一八一）海蛾鱼科 Pegasidae

### 763. 宽海蛾鱼属 *Eurypegasus* Bleeker, 1863

### （2509）宽海蛾鱼（龙海蛾鱼）*Eurypegasus draconis* (Linnaeus, 1766)

*Pegasus draconis* Linnaeus, 1766: 1-532.
*Europegasus draconis* (Linnaeus, 1766).
*Surypegasus draconis* (Linnaeus, 1766).
*Zalises draconis* (Linnaeus, 1766).
**文献（Reference）**: Richardson, 1846; Jordan and Snyder, 1901; Seale and Bean, 1908; Jordan, Tanaka and Snyder, 1913; Francis, 1993; 沈世杰, 1993; Shao, 1997; Carpenter and Niem, 1999; Randall and Lim (eds.), 2000; 伍汉霖, 邵广昭, 赖春福等, 2012.
**别名或俗名（Used or common name）**: 海蛾鱼.
**分布（Distribution）**: 东海, 南海.

### 764. 海蛾鱼属 *Pegasus* Linnaeus, 1758

### （2510）海蛾鱼 *Pegasus laternarius* Cuvier, 1816

*Pegasus laternarius* Cuvier, 1816: 1-532.
**文献（Reference）**: Cuvier, 1816: 96-106; Fowler, 1935; Kamohara, 1943; 沈世杰, 1993; Carpenter and Niem, 1999; Randall and Lim (eds.), 2000; Huang, 2001; Adrim, Chen, Chen *et al.*, 2004; 伍汉霖, 邵广昭, 赖春福等, 2012.
**别名或俗名（Used or common name）**: 短海蛾鱼.
**分布（Distribution）**: 东海, 南海.

### （2511）飞海蛾鱼 *Pegasus volitans* Linnaeus, 1758

*Pegasis volitans* Linnaeus, 1758: 1-824.
*Parapegasus volitans* (Linnaeus, 1758).
*Pegasus natans* Linnaeus, 1766.
*Pegasus volans* Linnaeus, 1766.
**文献（Reference）**: Herre, 1953b; Masuda, Amaoka, Araga *et al.*, 1984; Shao, Chen, Kao *et al.*, 1993; 沈世杰, 1993; Carpenter and Niem, 1999; Randall and Lim (eds.), 2000; Huang, 2001; 伍汉霖, 邵广昭, 赖春福等, 2012.
**别名或俗名（Used or common name）**: 海蛾鱼.
**分布（Distribution）**: 东海, 南海.

## （一八二）剃刀鱼科 Solenostomidae

### 765. 剃刀鱼属 *Solenostomus* Lacépède, 1803

### （2512）锯齿剃刀鱼 *Solenostomus armatus* Weber, 1913

*Solenostomus armatus* Weber, 1913: 1-710.
*Solenichthys armatus* (Weber, 1913).
**文献（Reference）**: Murdy, Ferraris, Hoese *et al.*, 1981; Huang, 2001; Chinese Academy of Fishery Science (CAFS), 2007; 伍汉霖, 邵广昭, 赖春福等, 2012.
**分布（Distribution）**: 南海.

### （2513）蓝鳍剃刀鱼 *Solenostomus cyanopterus* Bleeker, 1854

*Solenostoma cyanopterus* Bleeker, 1854: 455-508.
*Solenostomatichthys bleekeri* (Duméril, 1870).
*Solenichthys raceki* Whitley, 1955.
**文献（Reference）**: Masuda, Amaoka, Araga *et al.*, 1984; 沈世杰, 1993; Shao, 1997; Carpenter and Niem, 1999; Randall and Lim (eds.), 2000; Huang, 2001; 伍汉霖, 邵广昭, 赖春福等, 2012.
**别名或俗名（Used or common name）**: 锯吻剃刀鱼, 剃刀鱼.
**分布（Distribution）**: 东海, 南海.

### （2514）细吻剃刀鱼 *Solenostomus paradoxus* (Pallas, 1770)

*Fistularia paradoxa* Pallas, 1770: 1-56.
*Solenostomatichthys paradoxus* (Pallas, 1770).
**文献（Reference）**: Masuda, Amaoka, Araga *et al.*, 1984; Winterbottom, 1993; 沈世杰, 1993; Carpenter and Niem, 1999; Randall and Lim (eds.), 2000; Huang, 2001; 伍汉霖, 邵广昭, 赖春福等, 2012.
**别名或俗名（Used or common name）**: 剃刀鱼.
**分布（Distribution）**: 南海.

## （一八三）海龙科 Syngnathidae

### 766. 细尾海龙属 *Acentronura* Kaup, 1853

**（2515）短身细尾海龙 *Acentronura breviperula* Fraser-Brunner *et* Whitley, 1949**

*Acentronura breviperula* Fraser-Brunner *et* Whitley, 1949: 148-150.

**文献（Reference）**：Fraser-Brunner and Whitley, 1949: 148-150; Allen and Erdmann, 2012; 伍汉霖, 邵广昭, 赖春福等, 2012.

**分布（Distribution）**：东海.

### 767. 鳗海龙属 *Bulbonaricus* Herald, 1953

**（2516）布氏鳗海龙 *Bulbonaricus brucei* Dawson, 1984**

*Bulbonaricus brucei* Dawson, 1984: 565-571.

**文献（Reference）**：Dawson, 1984: 565-571; Suzuki, Yano, Senou *et al.*, 2003; 伍汉霖, 邵广昭, 赖春福等, 2012.

**分布（Distribution）**：东海.

### 768. 曲海龙属 *Campichthys* Whitley, 1931

**（2517）小曲海龙 *Campichthys nanus* Dawson, 1977**

*Campichthys nanus* Dawson, 1977: 595-650.

**文献（Reference）**：Dawson, 1977: 595-650; Randall and Lim (eds.), 2000; 伍汉霖, 邵广昭, 赖春福等, 2012.

**别名或俗名（Used or common name）**：海龙.

**分布（Distribution）**：东海, 南海.

### 769. 猪海龙属 *Choeroichthys* Kaup, 1856

**（2518）雕纹猪海龙 *Choeroichthys sculptus* (Günther, 1870)**

*Doryichthys sculptus* Günther, 1870: 1-549.

*Doryrhamphus macgregori* Jordan *et* Richardson, 1908.

**文献（Reference）**：Herre, 1953b; Masuda, Amaoka, Araga *et al.*, 1984; 沈世杰, 1993; Randall and Lim (eds.), 2000; Huang, 2001; 伍汉霖, 邵广昭, 赖春福等, 2012.

**别名或俗名（Used or common name）**：雕纹海龙, 海龙.

**分布（Distribution）**：东海, 南海.

### 770. 冠海龙属 *Corythoichthys* Kaup, 1853

**（2519）黄带冠海龙 *Corythoichthys flavofasciatus* (Rüppell, 1838)**

*Syngnathus flavofasciatus* Rüppell, 1838: 1-148.

*Corythoichthys fasciatus* (Gray, 1830).

*Corithoichthys flavofasciatus* (Rüppell, 1838).

*Corythoichthys sealei* Jordan *et* Starks, 1906.

**文献（Reference）**：Chang, Jan and Shao, 1983; 沈世杰, 1993; Chen, Shao and Lin, 1995; Chen, Jan and Shao, 1997; Ni and Kwok, 1999; Carpenter and Niem, 1999; Randall and Lim (eds.), 2000; Huang, 2001; 伍汉霖, 邵广昭, 赖春福等, 2012.

**别名或俗名（Used or common name）**：黄带海龙, 海龙.

**分布（Distribution）**：东海, 南海.

**（2520）红鳍冠海龙 *Corythoichthys haematopterus* (Bleeker, 1851)**

*Syngnathus haematopterus* Bleeker, 1851: 225-261.

*Corythoichthys hematopterus* (Bleeker, 1851).

*Ichthyocampus papuensis* Sauvage, 1880.

*Corythroichthys isigakius* Jordan *et* Snyder, 1901.

**文献（Reference）**：Evermann and Seale, 1907; Shao, 1997; Randall and Lim (eds.), 2000; Huang, 2001; 伍汉霖, 邵广昭, 赖春福等, 2012.

**别名或俗名（Used or common name）**：红鳍海龙, 海龙.

**分布（Distribution）**：东海, 南海.

**（2521）史氏冠海龙 *Corythoichthys schultzi* Herald, 1953**

*Corythoichthys schultzi* Herald, 1953: 1-685.

**文献（Reference）**：Herre and Umali, 1948; Murdy, Ferraris, Hoese *et al.*, 1981; Masuda, Amaoka, Araga *et al.*, 1984; Randall and Lim (eds.), 2000; 伍汉霖, 邵广昭, 赖春福等, 2012.

**别名或俗名（Used or common name）**：史氏海龙, 海龙.

**分布（Distribution）**：南海.

### 771. 环宇海龙属（齐海龙属）*Cosmocampus* Dawson, 1979

**（2522）斑氏环宇海龙 *Cosmocampus banneri* (Herald *et* Randall, 1972)**

*Syngnathus banneri* Herald *et* Randall, 1972: 121-140.

**文献（Reference）**：Ho, Shao, Chen *et al.*, 1993; 沈世杰, 1993; Carpenter and Niem, 1999; Randall and Lim (eds.), 2000; 伍汉霖, 邵广昭, 赖春福等, 2012.

**别名或俗名（Used or common name）**：海龙.

**分布（Distribution）**：南海.

### 772. 枪吻海龙属 *Doryichthys* Kaup, 1853

**（2523）宝珈枪吻海龙 *Doryichthys boaja* (Bleeker, 1850)**

*Syngnathus boaja* Bleeker, 1850: 1-16.

*Microphis boaja* (Bleeker, 1850).
*Doryichthys spinosus* Kaup, 1856.
**文献（Reference）：** Bleeker, 1851a: 1-16; 沈世杰, 1993; Carpenter and Niem, 1999; 伍汉霖, 邵广昭, 赖春福等, 2012.
**别名或俗名（Used or common name）：** 宝珈海龙, 海龙.
**分布（Distribution）：** 东海.

## 773. 矛吻海龙属 *Doryrhamphus* Kaup, 1856

### （2524）蓝带矛吻海龙 *Doryrhamphus excisus* Kaup, 1856

*Doryrhamphus excisus* Kaup, 1856: 1-76.
**文献（Reference）：** 沈世杰, 1993; Carpenter and Niem, 1999; 伍汉霖, 邵广昭, 赖春福等, 2012.
**别名或俗名（Used or common name）：** 黑腹海龙, 海龙.
**分布（Distribution）：** 东海, 南海.

### （2525）强氏矛吻海龙 *Doryrhamphus janssi* (Herald *et* Randall, 1972)

*Dentirostrum janssi* Herald *et* Randall, 1972: 121-140.
*Doryramphus janssi* (Herald *et* Randall, 1972).
*Dunckerocampus janssi* (Herald *et* Randall, 1972).
**文献（Reference）：** Herre and Umali, 1948; Murdy, Ferraris, Hoese *et al.*, 1981; Randall and Lim (eds.), 2000; 伍汉霖, 邵广昭, 赖春福等, 2012.
**别名或俗名（Used or common name）：** 海龙.
**分布（Distribution）：** 南海.

### （2526）日本矛吻海龙 *Doryrhamphus japonicus* Araga *et* Yoshino, 1975

*Doryrhamphus melanopleura japonica* Araga *et* Yoshino, 1975: 1-379.
**文献（Reference）：** Masuda, Amaoka, Araga *et al.*, 1984; Shao and Chen, 1988; 沈世杰, 1993; Shao, 1997; Carpenter and Niem, 1999; Randall and Lim (eds.), 2000; Huang, 2001; 伍汉霖, 邵广昭, 赖春福等, 2012.
**别名或俗名（Used or common name）：** 日本海龙, 海龙.
**分布（Distribution）：** 南海.

## 774. 斑节海龙属 *Dunckerocampus* Whitley, 1933

### （2527）带纹斑节海龙 *Dunckerocampus dactyliophorus* (Bleeker, 1853)

*Syngnathus dactyliophorus* Bleeker, 1853: 451-516.
*Doryhamphus dactyliophorus* (Bleeker, 1853).
*Doryrhamphus dactyliophorus* (Bleeker, 1853).
*Dunckerocampus dactyliophorus dactyliophorus* (Bleeker, 1853).
**文献（Reference）：** 沈世杰, 1993; Carpenter and Niem, 1999; Randall and Lim (eds.), 2000; Huang, 2001; Motomura, Kuriiwa, Katayama *et al.*, 2010; Fricke, Kulbicki and Wantiez, 2011; 伍汉霖, 邵广昭, 赖春福等, 2012.
**别名或俗名（Used or common name）：** 带纹矛吻海龙, 黑环海龙, 海龙.
**分布（Distribution）：** 南海.

## 775. 光尾海龙属 *Festucalex* Whitley, 1931

### （2528）红光尾海龙 *Festucalex erythraeus* (Gilbert, 1905)

*Ichthyocampus erythraeus* Gilbert, 1905: 577-713.
*Ichthyocampus townsendi* Duncker, 1915.
*Ichthyocampus philippinus* Fowler, 1938.
*Hippichthys amakusensis* Tomiyama, 1972.
**文献（Reference）：** Herre and Umali, 1948; Herre, 1953b; Masuda, Amaoka, Araga *et al.*, 1984; Randall and Lim (eds.), 2000; 伍汉霖, 邵广昭, 赖春福等, 2012.
**别名或俗名（Used or common name）：** 海龙.
**分布（Distribution）：** 南海.

## 776. 海蠋鱼属 *Halicampus* Kaup, 1856

### （2529）邓氏海蠋鱼 *Halicampus dunckeri* (Chabanaud, 1929)

*Micrognathus dunckeri* Chabanaud, 1929: 165-172.
**文献（Reference）：** Herre and Umali, 1948; Herre, 1953b; Masuda, Amaoka, Araga *et al.*, 1984; 伍汉霖, 邵广昭, 赖春福等, 2012.
**别名或俗名（Used or common name）：** 邓氏海龙, 海龙.
**分布（Distribution）：** ?

### （2530）葛氏海蠋鱼 *Halicampus grayi* Kaup, 1856

*Halicampus gray* Kaup, 1856: 1-76.
*Halicampus conspicillatus* Kaup, 1856.
*Halicampus koilomatodon* (Bleeker, 1858).
*Syngnathus trachypoma* Günther, 1884.
**文献（Reference）：** Shao, Chen, Kao *et al.*, 1993; 沈世杰, 1993; Carpenter and Niem, 1999; Randall and Lim (eds.), 2000; Huang, 2001; 伍汉霖, 邵广昭, 赖春福等, 2012.
**别名或俗名（Used or common name）：** 葛氏海龙, 海龙.
**分布（Distribution）：** 东海, 南海.

### （2531）大吻海蠋鱼 *Halicampus macrorhynchus* Bamber, 1915

*Halicampus macrorhynchus* Bamber, 1915: 477-485.
*Phanerotokeus gohari* Duncker, 1940.
**文献（Reference）：** Bamber, 1915: 477-485; 沈世杰, 1993; Carpenter and Niem, 1999; Randall and Lim (eds.), 2000; Huang, 2001; 伍汉霖, 邵广昭, 赖春福等, 2012.
**别名或俗名（Used or common name）：** 巨吻海龙, 海龙.

分布（**Distribution**）：南海.

### （2532）马塔法海蠋鱼 *Halicampus mataafae* (Jordan *et* Seale, 1906)

*Corythoichthys mataafae* Jordan *et* Seale, 1906b: 173-455.
*Halicampus mataafe* (Jordan *et* Seale, 1906).
*Micrognathus mataafae* (Jordan *et* Seale, 1906).
文献（**Reference**）：沈世杰, 1993; Carpenter and Niem, 1999; Randall and Lim (eds.), 2000; Huang, 2001; 伍汉霖, 邵广昭, 赖春福等, 2012.
别名或俗名（**Used or common name**）：马塔法海龙, 海龙.
分布（**Distribution**）：南海.

### （2533）短吻海蠋鱼 *Halicampus spinirostris* (Dawson *et* Allen, 1981)

*Micrognathus spinirostris* Dawson *et* Allen, 1981: 65-68.
*Halicampus spilirostris* (Dawson *et* Allen, 1981).
文献（**Reference**）：沈世杰, 1993; Chen, Jan and Shao, 1997; Carpenter and Niem, 1999; Randall and Lim (eds.), 2000; 伍汉霖, 邵广昭, 赖春福等, 2012.
别名或俗名（**Used or common name**）：短吻海龙, 海龙.
分布（**Distribution**）：南海.

## 777. 带状多环海龙属 *Haliichthys* Gray, 1859

### （2534）带状多环海龙 *Haliichthys taeniophorus* Gray, 1859

*Haliichthys taeniophora* Gray, 1859: 38-39.
文献（**Reference**）：Gray, 1859: 38-39; 伍汉霖, 邵广昭, 赖春福等, 2012.
别名或俗名（**Used or common name**）：海龙.
分布（**Distribution**）：南海.

## 778. 多环海龙属 *Hippichthys* Bleeker, 1849

### （2535）蓝点多环海龙 *Hippichthys cyanospilos* (Bleeker, 1854)

*Syngnathus cyanospilos* Bleeker, 1854: 89-114.
*Hippichthys cyanospilus* (Bleeker, 1854).
*Doryichthys spaniaspis* Jordan *et* Seale, 1907.
*Parasyngnathus wardi* Whitley, 1948.
文献（**Reference**）：沈世杰, 1993; Kuo and Shao, 1999; Carpenter and Niem, 1999; Randall and Lim (eds.), 2000; Huang, 2001.
别名或俗名（**Used or common name**）：海龙.
分布（**Distribution**）：南海.

### （2536）前鳍多环海龙 *Hippichthys heptagonus* Bleeker, 1849

*Hippichthys heptagoneus* Bleeker, 1849c: 1-16.
*Syngnathus djarong* Bleeker, 1853.
*Syngnathus spicifer djarong* Bleeker, 1853.
*Syngnathus helfrichii* Bleeker, 1855.
文献（**Reference**）：沈世杰, 1993; Aquarium Science Association of the Philippines (ASAP), 1996; Carpenter and Niem, 1999; Randall and Lim (eds.), 2000; Huang, 2001; Chinese Academy of Fishery Science (CAFS), 2007.
别名或俗名（**Used or common name**）：海龙.
分布（**Distribution**）：东海, 南海.

### （2537）笔状多环海龙 *Hippichthys penicillus* (Cantor, 1849)

*Syngnathus penicillus* Cantor, 1849: 1257-1443.
*Hippicthys penicillus* (Cantor, 1849).
*Syngnathus argyrostictus* Kaup, 1856.
*Syngnathus biserialis* Kaup, 1856.
文献（**Reference**）：Masuda, Amaoka, Araga *et al.*, 1984; Okiyama, 1993; Randall and Lim (eds.), 2000; Huang, 2001.
别名或俗名（**Used or common name**）：雨的鲷.
分布（**Distribution**）：东海, 南海.

### （2538）带纹多环海龙 *Hippichthys spicifer* (Rüppell, 1838)

*Syngnathus spicifer* Rüppell, 1838: 81-148.
*Bombonia spicifer* (Rüppell, 1838).
*Corythroichthys spicifer* (Rüppell, 1838).
*Hippichthys specifer* (Rüppell, 1838).
文献（**Reference**）：Winterbottom, 1993; 沈世杰, 1993; Kuo and Shao, 1999; Carpenter and Niem, 1999; Randall and Lim (eds.), 2000; Huang, 2001.
别名或俗名（**Used or common name**）：海龙.
分布（**Distribution**）：东海, 南海.

## 779. 海马属 *Hippocampus* Rafinesque, 1810

### （2539）巴氏海马 *Hippocampus bargibanti* Whitley, 1970

*Hippocampus bargibanti* Whitley, 1970: 294.
文献（**Reference**）：陈正平, 邵广昭, 詹荣桂等, 2010; 伍汉霖, 邵广昭, 赖春福等, 2012.
别名或俗名（**Used or common name**）：巴氏豆丁海马.
分布（**Distribution**）：东海.

### （2540）克里蒙氏海马 *Hippocampus colemani* Kuiter, 2003

*Hippocampus colemani* Kuiter, 2003: 113-116.
文献（**Reference**）：Kuiter, 2003: 113-116; Gomon and Kuiter, 2009; 伍汉霖, 邵广昭, 赖春福等, 2012; Allen and Erdmann, 2012
别名或俗名（**Used or common name**）：克里蒙氏豆丁海马, 小倩豆丁.

分布（Distribution）：东海，南海.

**（2541）冠海马 *Hippocampus coronatus* Temminck *et* Schlegel, 1850**

*Hippocampus coronatus* Temminck *et* Schlegel, 1850: 270-324.

文献（Reference）：Masuda, Amaoka, Araga *et al.*, 1984; Okiyama, 1993; Horinouchi and Sano, 2000; Huang, 2001; Kim, Choi, Lee *et al.*, 2005; 伍汉霖，邵广昭，赖春福等, 2012.

分布（Distribution）：渤海，黄海，东海.

**（2542）刺海马 *Hippocampus histrix* Kaup, 1856**

*Hippocampus hystrix* Kaup, 1856: 1-76.

文献（Reference）：Herre and Umali, 1948; Kyushin, Amaoka, Nakaya *et al.*, 1982; Masuda, Amaoka, Araga *et al.*, 1984; Randall and Lim (eds.), 2000; Kim, Choi, Lee *et al.*, 2005; 伍汉霖，邵广昭，赖春福等, 2012.

分布（Distribution）：东海，南海.

**（2543）大海马（克氏海马）*Hippocampus kelloggi* Jordan *et* Snyder, 1901**

*Hippocampus kelloggi* Jordan *et* Snyder, 1901f: 1-20.

文献（Reference）：Jordan and Snyder, 1901f: 1-20; Randall and Lim (eds.), 2000; Huang, 2001; 伍汉霖，邵广昭，赖春福等, 2012.

分布（Distribution）：东海，南海.

**（2544）库达海马 *Hippocampus kuda* Bleeker, 1852**

*Hippocamphus kuda* Bleeker, 1852: 51-86.
*Hippocampus melanospilos* Bleeker, 1854.
*Hippocampus polytaenia* Bleeker, 1854.
*Hippocampus chinensis* Basilewsky, 1855.

文献（Reference）：Morton, 1979; Xu, 1985; Shao, Chen, Kao *et al.*, 1993; 沈世杰, 1993; Ni and Kwok, 1999; Carpenter and Niem, 1999; Randall and Lim (eds.), 2000; Huang, 2001; 伍汉霖，邵广昭，赖春福等, 2012.

分布（Distribution）：东海，南海.

**（2545）莫氏海马（日本海马）*Hippocampus mohnikei* Bleeker, 1853**

*Hippocampus mohnikei* Bleeker, 1853: 1-16.
*Hippocampus monickei* Bleeker, 1853.
*Hippocampus japonicus* Kaup, 1856.

文献（Reference）：Masuda, Amaoka, Araga *et al.*, 1984; Chen, 1990; Randall and Lim (eds.), 2000; Huang, 2001; 伍汉霖，邵广昭，赖春福等, 2012.

分布（Distribution）：渤海，黄海，东海.

**（2546）彭氏海马 *Hippocampus pontohi* Lourie *et* Kuiter, 2008**

*Hippocampus severnsi* Lourie *et* Kuiter, 2008: 54-68.

文献（Reference）：Lourie and Kuiter, 2008: 54-68; Gomon and Kuiter, 2009; Reijnen, van der Meij and van Ofwegen, 2011; 伍汉霖，邵广昭，赖春福等, 2012; Allen and Erdmann, 2012; 黄宗国，伍汉霖，邵广昭等, 2014.

别名或俗名（Used or common name）：彭氏豆丁海马.

分布（Distribution）：东海，南海.

**（2547）花海马 *Hippocampus sindonis* Jordan *et* Snyder, 1901**

*Hippocampus sindonis* Jordan *et* Snyder, 1901f: 1-20.

文献（Reference）：Jordan and Snyder, 1901f: 1-20; Masuda, Amaoka, Araga *et al.*, 1984; 伍汉霖，邵广昭，赖春福等, 2012.

分布（Distribution）：东海，南海.

**（2548）棘海马 *Hippocampus spinosissimus* Weber, 1913**

*Hippocampus spinosissimus* Weber, 1913: 1-710.

文献（Reference）：Herre, 1953b; 沈世杰, 1993; Lourie, Vincent and Hall, 1999; Randall and Lim (eds.), 2000; Adrim, Chen, Chen *et al.*, 2004; 伍汉霖，邵广昭，赖春福等, 2012.

别名或俗名（Used or common name）：海马.

分布（Distribution）：东海，南海.

**（2549）三斑海马 *Hippocampus trimaculatus* Leach, 1814**

*Hippocampus trimaculatus* Leach, 1814: 1-144.
*Hippocampus mannulus* Cantor, 1849.
*Hippocampus kampylotrachelos* Bleeker, 1854.
*Hippocampus manadensis* Bleeker, 1856.

文献（Reference）：Fowler and Bean, 1928; Xu, 1985; Shao, Chen, Kao *et al.*, 1993; 沈世杰, 1993; Kim and Lee, 1995; Shao, 1997; Ni and Kwok, 1999; Carpenter and Niem, 1999; Randall and Lim (eds.), 2000; Huang, 2001; 伍汉霖，邵广昭，赖春福等, 2012.

别名或俗名（Used or common name）：海马.

分布（Distribution）：黄海，东海，南海.

## 780. 鱼海龙属 *Ichthyocampus* Kaup, 1853

**（2550）恒河鱼海龙 *Ichthyocampus carce* (Hamilton, 1822)**

*Syngnathus carce* Hamilton, 1822: 1-405.
*Ichthyocampus ponticerianus* Kaup, 1856.

文献（Reference）：Randall and Lim (eds.), 2000; 伍汉霖，邵广昭，赖春福等, 2012.

分布（Distribution）：南海.

## 781. 小颌海龙属 *Micrognathus* Duncker, 1912

**（2551）短吻小颌海龙 *Micrognathus brevirostris brevirostris* (Rüppell, 1838)**

*Syngnathus brevirostris* Rüppell, 1838: 1-148.

文献（Reference）：Herre, 1953b; Huang, 2001.
分布（Distribution）：南海.

## 782. 腹囊海龙属 *Microphis* Kaup, 1853

### （2552）短尾腹囊海龙 *Microphis brachyurus brachyurus* (Bleeker, 1854)

*Syngnathus brachyurus* Bleeker, 1854: 1-30.
文献（Reference）：沈世杰, 1993; Carpenter and Niem, 1999.
别名或俗名（Used or common name）：短尾海龙，海龙.
分布（Distribution）：东海，南海.

### （2553）无棘腹囊海龙 *Microphis leiaspis* (Bleeker, 1854)

*Syngnathus leiaspis* Bleeker, 1854: 1-30.
*Coelonotus leiaspis* (Bleeker, 1854).
*Hemithylacus leiaspis* (Bleeker, 1854).
*Syngnathus budi* Bleeker, 1856.
文献（Reference）：沈世杰，1993; Ni and Kwok, 1999; Carpenter and Niem, 1999; Randall and Lim (eds.), 2000; Huang, 2001; 伍汉霖，邵广昭，赖春福等, 2012.
别名或俗名（Used or common name）：无棘海龙，海龙.
分布（Distribution）：南海.

### （2554）印度尼西亚腹囊海龙 *Microphis manadensis* (Bleeker, 1856)

*Syngnathus manadensis* Bleeker, 1856: 1-80.
*Doryichthys bernsteini* Bleeker, 1867.
*Doryichthys stictorhynchus* Ogilby, 1912.
文献（Reference）：沈世杰，1993; Kuo and Shao, 1999; Carpenter and Niem, 1999; Randall and Lim (eds.), 2000; Huang, 2001; 伍汉霖，邵广昭，赖春福等, 2012.
别名或俗名（Used or common name）：印度尼西亚海龙，海龙.
分布（Distribution）：南海.

## 783. 锥海龙属 *Phoxocampus* Dawson, 1977

### （2555）黑锥海龙 *Phoxocampus belcheri* (Kaup, 1856)

*Ichthyocampus belcheri* Kaup, 1856: 1-76.
*Ichthyocampus nox* Snyder, 1909.
文献（Reference）：Herre, 1953b; Masuda, Amaoka, Araga *et al.*, 1984; 沈世杰, 1993; Carpenter and Niem, 1999; Randall and Lim (eds.), 2000; Huang, 2001; 伍汉霖，邵广昭，赖春福等, 2012.
别名或俗名（Used or common name）：黑海龙，海龙.
分布（Distribution）：南海.

### （2556）双棘锥海龙 *Phoxocampus diacanthus* (Schultz, 1943)

*Ichthyocampus diacanthus* Schultz, 1943, 180: 1-316.
文献（Reference）：Murdy, Ferraris, Hoese *et al.*, 1981; 沈世杰, 1993; Carpenter and Niem, 1999; Randall and Lim (eds.), 2000; 伍汉霖，邵广昭，赖春福等, 2012.
别名或俗名（Used or common name）：横带海龙，海龙.
分布（Distribution）：南海.

## 784. 刀海龙属 *Solegnathus* Swainson, 1839

别名或俗名（Used or common name）：刁海龙属.

### （2557）哈氏刀海龙 *Solegnathus hardwickii* (Gray, 1830)

*Syngnathus hardwickii* Gray, 1830: 1-202.
*Solegnathus hardwicki* (Gray, 1830).
*Solenognathus hardwickii* (Gray, 1830).
*Solegnathus polyprion* Bleeker, 1853.
文献（Reference）：Masuda, Amaoka, Araga *et al.*, 1984; 沈世杰, 1993; Shao, 1997; Carpenter and Niem, 1999; Randall and Lim (eds.), 2000; Huang, 2001; 伍汉霖，邵广昭，赖春福等, 2012.
别名或俗名（Used or common name）：哈氏柄颌海龙，海龙.
分布（Distribution）：黄海，东海，南海.

### （2558）黑斑刀海龙 *Solegnathus lettiensis* Bleeker, 1860

*Solengnathus lettiensis* Bleeker, 1860: 1-4.
*Solegnathus guentheri* Duncker, 1915.
*Solegnathus guntheri* Duncker, 1915.
*Solenognathus guentheri* Duncker, 1915.
文献（Reference）：Dawson, 1982; Okamura, Machida, Yamakawa *et al.*, 1985; 伍汉霖，邵广昭，赖春福等, 2012.
别名或俗名（Used or common name）：黑斑柄颌海龙，海龙.
分布（Distribution）：东海.

## 785. 拟海龙属 *Syngnathoides* Bleeker, 1851

### （2559）双棘拟海龙 *Syngnathoides biaculeatus* (Bloch, 1785)

*Syngnathus biaculeatus* Bloch, 1785: 1-136.
*Syngnathus tetragonus* Thunberg, 1776.
*Syngnathoides bicauleatus* (Bloch, 1785).
*Stigmatophora unicolor* Castelnau, 1875.
文献（Reference）：Shao, Lin, Ho *et al.*, 1990; 沈世杰, 1993; Carpenter and Niem, 1999; Randall and Lim (eds.), 2000; Huang, 2001; Nakamura, Horinouchi, Nakai *et al.*, 2003; 伍汉霖，邵广昭，赖春福等, 2012.
别名或俗名（Used or common name）：棘海龙，海龙.
分布（Distribution）：东海，南海.

### 786. 海龙属 *Syngnathus* Linnaeus, 1758

**（2560）尖海龙 *Syngnathus acus* Linnaeus, 1758**

*Syngnathus acus* Linnaeus, 1758: 1-824.
*Syngnathus rubescens* Risso, 1810.
*Typhle heptagonus* Rafinesque, 1810.
*Syngnathus brachyrhynchus* Kaup, 1856.
**文献（Reference）**：Ni and Kwok, 1999; Huang, 2001; 伍汉霖，邵广昭，赖春福等, 2012.
**分布（Distribution）**：渤海，黄海，东海.

**（2561）漂海龙 *Syngnathus pelagicus* Linnaeus, 1758**

*Syngnathus pelagicus* Linnaeus, 1758: 1-824.
*Syngnathus rousseau* Kaup, 1856.
**文献（Reference）**：Ni and Kwok, 1999; Huang, 2001; 伍汉霖，邵广昭，赖春福等, 2012.
**分布（Distribution）**：南海.

**（2562）薛氏海龙 *Syngnathus schlegeli* Kaup, 1853**

*Syngnathus schlegeli* Kaup, 1853: 226-234.
*Sygnathoides schlegeli* (Kaup, 1856).
*Syngnathus acusimilis* Günther, 1873.
**文献（Reference）**：Safran and Omori, 1990; 沈世杰, 1993; Ni and Kwok, 1999; Carpenter and Niem, 1999; Horinouchi and Sano, 2000; Randall and Lim (eds.), 2000; 伍汉霖，邵广昭，赖春福等, 2012.
**别名或俗名（Used or common name）**：海龙.
**分布（Distribution）**：黄海，东海，南海.

### 787. 粗吻海龙属 *Trachyrhamphus* Kaup, 1853

**（2563）短尾粗吻海龙 *Trachyrhamphus bicoarctatus* (Bleeker, 1857)**

*Syngnathus bicoarctatus* Bleeker, 1857: 1-102.
*Trachyramphus bicoarctata* (Bleeker, 1857).
*Trachyramphus bicoarctatus* (Bleeker, 1857).
*Ypzia bicoarctata* (Bleeker, 1857).
**文献（Reference）**：Herre, 1953b; Masuda, Amaoka, Araga *et al.*, 1984; Shao, Chen, Kao *et al.*, 1993; Shao, 1997; Werner and Allen, 2000; 伍汉霖，邵广昭，赖春福等, 2012.
**别名或俗名（Used or common name）**：海龙.
**分布（Distribution）**：东海.

**（2564）长鼻粗吻海龙 *Trachyrhamphus longirostris* Kaup, 1856**

*Trachyrhamphus longirostris* Kaup, 1856: 1-76.
**文献（Reference）**：Masuda, Amaoka, Araga *et al.*, 1984; Okiyama, 1993; Randall and Lim (eds.), 2000; 伍汉霖，邵广昭，赖春福等, 2012.
**别名或俗名（Used or common name）**：长粗吻海龙，海龙.
**分布（Distribution）**：南海.

**（2565）锯粗吻海龙 *Trachyrhamphus serratus* (Temminck *et* Schlegel, 1850)**

*Syngnathus serratus* Temminck *et* Schlegel, 1850: 270-324.
**文献（Reference）**：Shao, Chen, Kao *et al.*, 1993; 沈世杰, 1993; Shao, 1997; Ni and Kwok, 1999; Carpenter and Niem, 1999; Randall and Lim (eds.), 2000; Huang, 2001; 伍汉霖，邵广昭，赖春福等, 2012.
**别名或俗名（Used or common name）**：海龙.
**分布（Distribution）**：黄海，东海，南海.

### 788. 须海龙属 *Urocampus* Günther, 1870

**（2566）带纹须海龙 *Urocampus nanus* Günther, 1870**

*Urocampus nanus* Günther, 1870: 1-549.
**文献（Reference）**：Masuda, Amaoka, Araga *et al.*, 1984; Okiyama, 1993; Horinouchi and Sano, 2000; Huang, 2001; 伍汉霖，邵广昭，赖春福等, 2012.
**分布（Distribution）**：东海，南海.

## （一八四）管口鱼科 Aulostomidae

### 789. 管口鱼属 *Aulostomus* Lacépède, 1803

**（2567）中华管口鱼 *Aulostomus chinensis* (Linnaeus, 1766)**

*Fistularia chinensis* Linnaeus, 1766: 1-532.
*Aulostamus chinensis* (Linnaeus, 1766).
*Aulostoma chinensis* (Linnaeus, 1766).
*Aulostomus valentini* (Bleeker, 1853).
**文献（Reference）**：Chang, Jan and Shao, 1983; Shao and Chen, 1992; Shao, Chen, Kao *et al.*, 1993; 沈世杰, 1993; Chen, Shao and Lin, 1995; Randall and Lim (eds.), 2000; Werner and Allen, 2000; 伍汉霖，邵广昭，赖春福等, 2012.
**别名或俗名（Used or common name）**：海龙须，牛鞭，篦箭柄，土管.
**分布（Distribution）**：东海，南海.

## （一八五）烟管鱼科 Fistulariidae

### 790. 烟管鱼属 *Fistularia* Linnaeus, 1758

**（2568）无鳞烟管鱼 *Fistularia commersonii* Rüppell, 1838**

*Fistularia commersonii* Rüppell, 1838: 1-148.

*Fistularia depressa* Günther, 1880.
**文献（Reference）**: Francis, 1993; Shao, Chen, Kao *et al.*, 1993; 沈世杰, 1993; Ni and Kwok, 1999; Randall and Lim (eds.), 2000; Huang, 2001; Bilecenoglu, Taskavak and Bogaç, 2002; Nakamura, Horinouchi, Nakai *et al.*, 2003; Adrim, Chen, Chen *et al.*, 2004; 伍汉霖，邵广昭，赖春福等, 2012.
**别名或俗名（Used or common name）**: 马戍，枪管，火管，剃仔，土管.
**分布（Distribution）**: 东海，南海.

**（2569）鳞烟管鱼 *Fistularia petimba* Lacépède, 1803**
*Fistularia patimba* Lacépède, 1803: 1-803.
*Fistularia immaculata* Cuvier, 1816.
*Fistularia serrata* Cuvier, 1816.
*Fistularia starksi* Jordan *et* Seale, 1905.
**文献（Reference）**: Shao, Chen, Kao *et al.*, 1993; 沈世杰, 1993; Leung, 1994; Chen, Shao and Lin, 1995; Ni and Kwok, 1999; Randall and Lim (eds.), 2000; Huang, 2001; Adrim, Chen, Chen *et al.*, 2004; 伍汉霖，邵广昭，赖春福等, 2012.
**别名或俗名（Used or common name）**: 马鞭鱼，马戍，枪管，火管，剃仔，土管.
**分布（Distribution）**: 黄海，东海，南海.

## （一八六）长吻鱼科 Macroramphosidae

### 791. 长吻鱼属 *Macroramphosus* Lacépède, 1803

**（2570）长吻鱼（鹭管鱼）*Macroramphosus scolopax* (Linnaeus, 1758)**
*Balistes scolopax* Linnaeus, 1758: 1-824.
*Centriscus scolopax* (Linnaeus, 1758).
*Silurus cornutus* Forsskål, 1775.
**文献（Reference）**: 沈世杰, 1993; Yamada, Shirai, Irie *et al.*, 1995; Randall and Lim (eds.), 2000; Horie and Tanaka, 2000; Huang, 2001; 伍汉霖，邵广昭，赖春福等, 2012.
**别名或俗名（Used or common name）**: 长嘴仔.
**分布（Distribution）**: 东海，南海.

## （一八七）玻甲鱼科 Centriscidae

### 792. 鰕鱼属 *Aeoliscus* Jordan *et* Starks, 1902

**（2571）条纹鰕鱼 *Aeoliscus strigatus* (Günther, 1861)**
*Amphisile strigata* Günther, 1861a: 1-586.
**文献（Reference）**: 沈世杰, 1993; Randall and Lim (eds.), 2000; Huang, 2001; Nakamura, Horinouchi, Nakai *et al.*, 2003; Adrim, Chen, Chen *et al.*, 2004; 伍汉霖，邵广昭，赖春福等, 2012.
**别名或俗名（Used or common name）**: 玻璃鱼，甲香鱼，刀片鱼.
**分布（Distribution）**: 东海，南海.

### 793. 玻甲鱼属 *Centriscus* Linnaeus, 1758

**（2572）玻甲鱼 *Centriscus scutatus* Linnaeus, 1758**
*Centricus scutatus* Linnaeus, 1758: 1-824.
*Centriscus capito* Oshima, 1922.
**文献（Reference）**: Shao, Lin, Ho *et al.*, 1990; 沈世杰, 1993; Randall and Lim (eds.), 2000; Werner and Allen, 2000; 伍汉霖，邵广昭，赖春福等, 2012.
**别名或俗名（Used or common name）**: 虾鱼，玻璃鱼，甲香鱼，刀片鱼.
**分布（Distribution）**: 东海，南海.

# 四十七、合鳃鱼目 Synbranchiformes

## （一八八）合鳃鱼科 Synbranchidae

### 794. 黄鳝属 *Monopterus* Lacépède, 1800

*Monopterus* Lacépède, 1800: 138.

**（2573）黄鳝 *Monopterus albus* (Zuiew, 1793)**
*Muraena alba* Zuiew, 1793: 296-301.
*Monopterus albus*: 王鸿媛, 1984: 89; Kuang *et al.*, 1986: 213; 成庆泰和郑葆珊, 1987: 273; 张世义（见郑慈英等）, 1989: 302; Pan, Zhong, Zheng *et al.*, 1991: 357; Yang (杨君兴), 1991: 200; 周道琼（见丁瑞华）, 1994: 500; 杨君兴和陈银瑞, 1995: 109; 朱松泉, 1995: 168; 成庆泰和周才武, 1997: 246, 320.
**分布（Distribution）**: 除青藏高原，西北等地区外全国其他水系的平原或浅山区均有自然分布. 国外分布于日本，缅甸，马来西亚等.

**（2574）山黄鳝 *Monopterus cuchia* (Hamilton, 1822)**
*Unibranchapertura cuchia* Hamilton, 1822: 1-405.
*Monopterus cuchia*: 周伟（见褚新洛和陈银瑞等）, 1990: 237.
**分布（Distribution）**: 云南陇川县共瓦村（伊洛瓦底江）. 国外分布于巴基斯坦，印度，尼泊尔，孟加拉国，缅甸等.

## （一八九）刺鳅科 Mastacembelidae

### 795. 刺鳅属 *Mastacembelus* Scopoli, 1777

*Mastacembelus* Scopoli, 1777: 458.

别名或俗名（Used or common name）：大刺鳅属.

**（2575）大刺鳅 *Mastacembelus armatus* (Lacépède, 1800)**

*Macrognathus armatus* Lacépède, 1800: 1-632.

*Mastacembelus armatus*: Kuang *et al.*, 1986: 326; 成庆泰和郑葆珊, 1987: 459; 郑慈英等, 1989: 371; 周伟 (见褚新洛和陈银瑞等), 1990: 272; Pan, Zhong, Zheng *et al.*, 1991: 519; 朱松泉, 1995: 187; 刘明玉, 解玉浩和季达明, 2000: 392; Yang *et* Zhou, 2011: 325; 伍汉霖, 邵广昭, 赖春福等, 2012: 194.

**分布（Distribution）**：长江流域以南及海南岛. 国外从巴基斯坦至越南和印度尼西亚均有分布.

**保护等级（Protection class）**：省级 (福建).

**（2576）云斑刺鳅 *Mastacembelus oatesii* Boulenger, 1893**

*Mastacembelus oatesii* Boulenger, 1893: 198-203; Zhou *et* Yang, 2011: 326; 陈小勇, 2013, 34 (4): 323.

**分布（Distribution）**：云南芒市河. 国外分布于缅甸.

**（2577）腹纹刺鳅 *Mastacembelus strigiventus* Zhou *et* Yang, 2011**

*Mastacembelus strigiventus* Zhou *et* Yang (周伟和杨丽萍, *In*: Yang *et* Zhou), 2011: 325-331.

**分布（Distribution）**：云南盈江县那邦河.

**（2578）三叶刺鳅 *Mastacembelus triolobus* Zhou *et* Yang, 2011**

*Mastacembelus triolobus* Zhou *et* Yang (周伟和杨丽萍, *In*: Yang *et* Zhou), 2011: 325-331.

**分布（Distribution）**：云南腾冲市龙江.

### 796. 中华刺鳅属 *Sinobdella* Kottelat *et* Lim, 1994

*Sinobdella* Kottelat *et* Lim, 1994: 189.

**（2579）中华刺鳅 *Sinobdella sinensis* (Bleeker, 1870)**

*Rhynchobdella sinensis* Bleeker, 1870a: 249-250.

*Mastacembelus sinensis*: Wang, 1984: 97; Wang, Wang, Li *et al.* (王所安, 王志敏, 李国良等), 2001: 329.

*Mastacembalus aculeatus*: 郑慈英等, 1989: 371.

*Pararhynchobdella sinensis*: 朱松泉, 1995: 187.

*Sinobdella sinensis*: Kottelat *et* Lim, 1994: 181; Ho *et* Shao, 2011: 40; 伍汉霖, 邵广昭, 赖春福等, 2012: 194.

**别名或俗名（Used or common name）**：中华光盖刺鳅.

**分布（Distribution）**：辽河至珠江各水系. 国外分布于越南.

# 四十八、鲉形目 Scorpaeniformes

## （一九〇）豹鲂鮄科 Dactylopteridae

### 797. 豹鲂鮄属 *Dactyloptena* Jordan *et* Richardson, 1908

**（2580）吉氏豹鲂鮄 *Dactyloptena gilberti* Snyder, 1909**

*Dactyloptena gilberti* Snyder, 1909: 597-610.

*Dactyloptena jordani* Franz, 1910.

**文献（Reference）**：Snyder, 1909: 597-610; 沈世杰, 1993; Leung, 1994; Shao, 1997; Eschmeyer, 1997; Ni and Kwok, 1999; Randall and Lim (eds.), 2000; Huang, 2001; Adrim, Chen, Chen *et al.*, 2004; 伍汉霖, 邵广昭, 赖春福等, 2012.

**别名或俗名（Used or common name）**：飞角鱼, 红飞鱼, 鸡角, 海胡蝇, 番鸡公.

**分布（Distribution）**：东海, 南海.

**（2581）东方豹鲂鮄 *Dactyloptena orientalis* (Cuvier, 1829)**

*Dactylopterus orientalis* Cuvier, 1829: 1-406.

*Corystion orientale* (Cuvier, 1829).

*Dactylopterus japonicus* Bleeker, 1854.

**文献（Reference）**：Francis, 1993; 沈世杰, 1993; Eschmeyer, 1997; Ni and Kwok, 1999; Kuo and Shao, 1999; Randall and Lim (eds.), 2000; Huang, 2001; 伍汉霖, 邵广昭, 赖春福等, 2012.

**别名或俗名（Used or common name）**：飞角鱼, 红飞鱼, 鸡角, 海胡蝇, 番鸡公, 飞角.

**分布（Distribution）**：黄海, 东海, 南海.

**（2582）单棘豹鲂鮄 *Dactyloptena peterseni* (Nyström, 1887)**

*Dactylopterus peterseni* Nyström, 1887: 1-54.

*Dactyloptena petersoni* (Nyström, 1887).

*Daicocus peterseni* (Nyström, 1887).

**文献（Reference）**：Kyushin, Amaoka, Nakaya *et al.*, 1982; 沈世杰, 1993; Leung, 1994; Yamada, Shirai, Irie *et al.*, 1995; Eschmeyer, 1997; Ni and Kwok, 1999; Randall and Lim (eds.), 2000; Huang, 2001; 伍汉霖, 邵广昭, 赖春福等, 2012.

**别名或俗名（Used or common name）**：皮氏豹鲂鮄, 飞角鱼, 红飞鱼, 鸡角, 海胡蝇, 番鸡公, 飞角.

**分布（Distribution）**：黄海, 东海, 南海.

## （一九一）鲉科 Scorpaenidae

### 798. 帆鳍鲉属 *Ablabys* Kaup, 1873

**（2583）大棘帆鳍鲉 *Ablabys macracanthus* (Bleeker, 1852)**

*Apistus macracanthus* Bleeker, 1852: 229-309.
*Amblyapistus macracanthus* (Bleeker, 1852).
**文献（Reference）：**沈世杰, 1993; Shao, 1997; Randall and Lim (eds.), 2000; 伍汉霖, 邵广昭, 赖春福等, 2012.
**别名或俗名（Used or common name）：**长棘长绒鲉, 狮子鱼, 黑虎.
**分布（Distribution）：**南海.

**（2584）背带帆鳍鲉 *Ablabys taenianotus* (Cuvier, 1829)**

*Apistus taenianotus* Cuvier, 1829: 1-406.
*Amblyapistus taenionotus* (Cuvier, 1829).
*Apistus taenianotus* Cuvier, 1829.
**文献（Reference）：**Francis, 1991; Francis, 1993; 沈世杰, 1993; Shao, 1997; Randall and Lim (eds.), 2000; Huang, 2001; 伍汉霖, 邵广昭, 赖春福等, 2012.
**别名或俗名（Used or common name）：**背带长绒鲉, 狮子鱼, 黑虎.
**分布（Distribution）：**南海.

### 799. 须蓑鲉属 *Apistus* Cuvier, 1829

**（2585）棱须蓑鲉 *Apistus carinatus* (Bloch *et* Schneider, 1801)**

*Scorpaena carinata* Bloch *et* Schneider, 1801: 1-584.
*Apistus carenatus* (Bloch *et* Schneider, 1801).
*Apistus israelitarum* Cuvier, 1829.
**文献（Reference）：**Masuda, Amaoka, Araga *et al.*, 1984; Shao, Chen, Kao *et al.*, 1993; 沈世杰, 1993; Ni and Kwok, 1999; Randall and Lim (eds.), 2000; Huang, 2001; Adrim, Chen, Chen *et al.*, 2004; 伍汉霖, 邵广昭, 赖春福等, 2012.
**别名或俗名（Used or common name）：**狮子鱼, 国公, 白虎, 须蓑鲉.
**分布（Distribution）：**东海, 南海.

### 800. 短棘蓑鲉属 *Brachypterois* Fowler, 1938

**（2586）锯棱短棘蓑鲉 *Brachypterois serrulata* (Richardson, 1846)**

*Sebastes serrulatus* Richardson, 1846: 187-320.
*Brachypterois serrulatus* (Richardson, 1846).
**文献（Reference）：**Richardson, 1846: 187-320; Masuda, Amaoka, Araga *et al.*, 1984; 沈世杰, 1993; Randall and Lim (eds.), 2000; Huang, 2001; Adrim, Chen, Chen *et al.*, 2004; 伍汉霖, 邵广昭, 赖春福等, 2012.
**别名或俗名（Used or common name）：**狮子鱼.
**分布（Distribution）：**东海, 南海.

### 801. 多指鲉属 *Choridactylus* Richardson, 1848

**（2587）多须多指鲉 *Choridactylus multibarbus* Richardson, 1848**

*Choridactylus multibarbis* Richardson, 1848: 1-28.
**文献（Reference）：**Herre, 1953b; Kyushin, Amaoka, Nakaya *et al.*, 1982; Randall and Lim (eds.), 2000; Huang, 2001; 伍汉霖, 邵广昭, 赖春福等, 2012.
**别名或俗名（Used or common name）：**狮子鱼, 石头鱼, 三丝鲉.
**分布（Distribution）：**东海, 南海.

### 802. 短鳍蓑鲉属 *Dendrochirus* Swainson, 1839

**（2588）美丽短鳍蓑鲉 *Dendrochirus bellus* (Jordan *et* Hubbs, 1925)**

*Brachirus bellus* Jordan *et* Hubbs, 1925: 93-346.
**文献（Reference）：**Masuda, Amaoka, Araga *et al.*, 1984; Shao and Chen, 1992; 沈世杰, 1993; Yamada, Shirai, Irie *et al.*, 1995; Randall and Lim (eds.), 2000; Huang, 2001; 伍汉霖, 邵广昭, 赖春福等, 2012.
**别名或俗名（Used or common name）：**赤斑多臂蓑鲉, 狮子鱼.
**分布（Distribution）：**东海, 南海.

**（2589）双眼斑短鳍蓑鲉 *Dendrochirus biocellatus* (Fowler, 1938)**

*Nemapterois biocellatus* Fowler, 1938: 31-135.
**文献（Reference）：**Herre, 1953b; Masuda, Amaoka, Araga *et al.*, 1984; 沈世杰, 1993; Chen, Jan and Shao, 1997; Randall and Lim (eds.), 2000; Huang, 2001; 伍汉霖, 邵广昭, 赖春福等, 2012.
**别名或俗名（Used or common name）：**双眼斑多臂蓑鲉, 狮子鱼, 海象鱼.
**分布（Distribution）：**东海, 南海.

**（2590）短鳍蓑鲉 *Dendrochirus brachypterus* (Cuvier, 1829)**

*Pterois brachyptera* Cuvier, 1829: 1-518.
**文献（Reference）：**Herre, 1953b; Masuda, Amaoka, Araga *et al.*, 1984; Francis, 1993.
**别名或俗名（Used or common name）：**短鳍多臂蓑鲉, 狮子鱼.

分布（Distribution）：东海，南海.

**（2591）花斑短鳍蓑鲉 *Dendrochirus zebra* (Cuvier, 1829)**

*Pterois zebra* Cuvier, 1829: 1-518.
*Pseudomonopterus zebra* (Cuvier, 1829).

文献（Reference）：Shao and Chen, 1992; Shao, Chen, Kao *et al.*, 1993; 沈世杰, 1993; Chen, Jan and Shao, 1997; Kuo and Shao, 1999; Randall and Lim (eds.), 2000; Huang, 2001; Adrim, Chen, Chen *et al.*, 2004; 伍汉霖，邵广昭，赖春福等, 2012.

别名或俗名（Used or common name）：斑马纹多臂蓑鲉，狮子鱼，短狮，红虎，鸡公.

分布（Distribution）：东海，南海.

## 803. 盔蓑鲉属 *Ebosia* Jordan *et* Starks, 1904

**（2592）布氏盔蓑鲉 *Ebosia bleekeri* (Döderlein, 1884)**

*Pterois bleekeri* Döderlein, 1884: 171-212.
*Ebosia kagoshimae* Oshima, 1956.

文献（Reference）：Masuda, Amaoka, Araga *et al.*, 1984; 沈世杰, 1993; Yamada, Shirai, Irie *et al.*, 1995; Randall and Lim (eds.), 2000; Huang, 2001; 伍汉霖，邵广昭，赖春福等, 2012.

别名或俗名（Used or common name）：布氏子蓑鲉，狮子鱼.

分布（Distribution）：东海，南海.

## 804. 黑鲉属 *Ectreposebastes* Garman, 1899

**（2593）无鳔黑鲉 *Ectreposebastes imus* Garman, 1899**

*Ectreposebastes imus* Garman, 1899: 1-431.

文献（Reference）：Eschmeyer and Collette, 1966; Collette and Uyeno, 1972; Masuda, Amaoka, Araga *et al.*, 1984; 沈世杰, 1993; Randall and Lim (eds.), 2000; 伍汉霖，邵广昭，赖春福等, 2012.

别名或俗名（Used or common name）：深海鲉，石狗公，高体囊头鲉.

分布（Distribution）：南海.

## 805. 狮头毒鲉属 *Erosa* Swainson, 1839

**（2594）狮头毒鲉 *Erosa erosa* (Cuvier, 1829)**

*Synanceia erosa* Cuvier, 1829: 1-518.

文献（Reference）：Masuda, Amaoka, Araga *et al.*, 1984; Shao, Chen, Kao *et al.*, 1993; 沈世杰, 1993; Ni and Kwok, 1999; Randall and Lim (eds.), 2000; Huang, 2001; 伍汉霖，邵广昭，赖春福等, 2012.

别名或俗名（Used or common name）：虎鱼，石虎，沙姜虎，狮头鲉，石头鱼.

分布（Distribution）：东海，南海.

## 806. 无鳔鲉属 *Helicolenus* Goode *et* Bean, 1896

**（2595）赫氏无鳔鲉 *Helicolenus hilgendorfii* (Döderlein, 1884)**

*Sebastes hilgendorfii* Döderlein, 1884: 171-212.
*Helicolenus hilgendorfi* (Döderlein, 1884).

文献（Reference）：Masuda, Amaoka, Araga *et al.*, 1984; 沈世杰, 1993; Yamada, Shirai, Irie *et al.*, 1995; Chang and Kim, 1999; Randall and Lim (eds.), 2000; Huang, 2001; 伍汉霖，邵广昭，赖春福等, 2012.

别名或俗名（Used or common name）：无鳔鲉，虎格，红黑喉，红虎鱼，深海石狗公，黑肚，石头鱼.

分布（Distribution）：黄海，东海，南海.

## 807. 棘鲉属 *Hoplosebastes* Schmidt, 1929

**（2596）棘鲉 *Hoplosebastes armatus* Schmidt, 1929**

*Hoplosebastes armatus* Schmidt, 1929: 194-196.
*Hoplosebastes pristigenys* Fowler, 1938.

文献（Reference）：Masuda, Amaoka, Araga *et al.*, 1984; 沈世杰, 1993; Yamada, Shirai, Irie *et al.*, 1995; Shao, 1997; Randall and Lim (eds.), 2000; 伍汉霖，邵广昭，赖春福等, 2012.

别名或俗名（Used or common name）：石狗公，石头鱼.

分布（Distribution）：黄海，东海，南海.

## 808. 眶棘鲉属 *Hozukius* Matsubara, 1934

**（2597）眶棘鲉 *Hozukius emblemarius* (Jordan *et* Starks, 1904)**

*Helicolenus emblemarius* Jordan *et* Starks, 1904c: 91-175.
*Hozukius embremarius* (Jordan *et* Starks, 1904).
*Sebastiscus triacanthus* Fowler, 1938.

文献（Reference）：Masuda, Amaoka, Araga *et al.*, 1984; Huang, 2001; Chinese Academy of Fishery Science (CAFS), 2007; 伍汉霖，邵广昭，赖春福等, 2012.

分布（Distribution）：东海，南海.

## 809. 小隐棘鲉属 *Idiastion* Eschmeyer, 1965

**（2598）太平洋小隐棘鲉 *Idiastion pacificum* Ishida *et* Amaoka, 1992**

*Idiastion pacificum* Ishida *et* Amaoka, 1992: 357-360.

文献（Reference）：Ishida and Amaoka, 1992: 357-360; 伍汉霖，邵广昭，赖春福等, 2012.

别名或俗名（Used or common name）：石狗公，石头鱼.
分布（Distribution）：东海.

## 810. 鬼鲉属 *Inimicus* Jordan *et* Starks, 1904

### （2599）居氏鬼鲉 *Inimicus cuvieri* (Gray, 1835)

*Pelors cuvieri* Gray, 1835: no page number.
*Inimicus cuvier* (Gray, 1835).
文献（Reference）：Herre, 1953b; Kyushin, Amaoka, Nakaya *et al.*, 1982; Ni and Kwok, 1999; Randall and Lim (eds.), 2000; Huang, 2001; 伍汉霖，邵广昭，赖春福等, 2012.
分布（Distribution）：东海，南海.

### （2600）双指鬼鲉 *Inimicus didactylus* (Pallas, 1769)

*Scorpaena didactyla* Pallas, 1769: 1-42.
文献（Reference）：Pallas, 1769: 1-42; Masuda, Amaoka, Araga *et al.*, 1984; 沈世杰, 1993; Randall and Lim (eds.), 2000; Huang, 2001; Adrim, Chen, Chen *et al.*, 2004; 伍汉霖，邵广昭，赖春福等, 2012.
别名或俗名（Used or common name）：鬼虎鱼，猫鱼，鱼虎，虎鱼，石狗公，石头鱼.
分布（Distribution）：东海，南海.

### （2601）日本鬼鲉 *Inimicus japonicus* (Cuvier, 1829)

*Pelor japonicum* Cuvier, 1829: 1-518.
*Inimicus japonica* (Cuvier, 1829).
文献（Reference）：Nishikawa, Honda and Wakatsuki, 1977; Masuda, Amaoka, Araga *et al.*, 1984; Shao, Chen, Kao *et al.*, 1993; 沈世杰, 1993; Ni and Kwok, 1999; Randall and Lim (eds.), 2000; Huang, 2001; 伍汉霖，邵广昭，赖春福等, 2012.
别名或俗名（Used or common name）：鬼虎鱼，猫鱼，鱼虎，虎鱼，石狗公，石头鱼.
分布（Distribution）：渤海，黄海，东海，南海.

### （2602）中华鬼鲉 *Inimicus sinensis* (Valenciennes, 1833)

*Pelor sinensis* Valenciennes, 1833: 1-512.
文献（Reference）：Masuda, Amaoka, Araga *et al.*, 1984; 沈世杰, 1993; Randall and Lim (eds.), 2000; Huang, 2001; 伍汉霖，邵广昭，赖春福等, 2012.
别名或俗名（Used or common name）：鬼虎鱼，猫鱼，鱼虎，虎鱼，石狗公，石头鱼.
分布（Distribution）：东海，南海.

## 811. 纪鲉属 *Iracundus* Jordan *et* Evermann, 1903

### （2603）南非纪鲉 *Iracundus signifer* Jordan *et* Evermann, 1903

*Iracundus sinifer* Jordan *et* Evermann, 1903: 209-210.
文献（Reference）：Jordan and Evermann, 1903: 209-210; Masuda, Amaoka, Araga *et al.*, 1984; 沈世杰, 1993; Huang, 2001; 伍汉霖，邵广昭，赖春福等, 2012.
别名或俗名（Used or common name）：石狗公，石头鱼.
分布（Distribution）：东海.

## 812. 虎鲉属 *Minous* Cuvier, 1829

### （2604）独指虎鲉 *Minous coccineus* Alcock, 1890

*Minous coccineus* Alcock, 1890b: 425-443.
*Minous superciliosus* Gilchrist *et* Thompson, 1908.
文献（Reference）：Alcock, 1890b: 425-443; Smith and Heemstra, 1986; 沈世杰, 1993; Randall and Lim (eds.), 2000; Huang, 2001; 伍汉霖，邵广昭，赖春福等, 2012.
别名或俗名（Used or common name）：鬼虎鱼，猫鱼，鱼虎，虎鱼，石狗公，石头鱼.
分布（Distribution）：东海，南海.

### （2605）无备虎鲉 *Minous inermis* Alcock, 1889

*Minous inermis* Alcock, 1889: 296-305.
*Minous longipinnis* Lloyd, 1909.
文献（Reference）：Herre, 1953b; Huang, 2001; 伍汉霖，邵广昭，赖春福等, 2012.
分布（Distribution）：东海，南海.

### （2606）单指虎鲉 *Minous monodactylus* (Bloch *et* Schneider, 1801)

*Scorpaena monodactyla* Bloch *et* Schneider, 1801: 1-584.
*Minous woora* Cuvier, 1829.
*Scorpaena biaculeata* Kuhl *et* van Hasselt, 1829.
*Minous adamsii* Richardson, 1848.
文献(Reference)：Masuda, Amaoka, Araga *et al.*, 1984; Shao, Chen, Kao *et al.*, 1993; 沈世杰, 1993; Yamada, Shirai, Irie *et al.*, 1995; Ni and Kwok, 1999; Randall and Lim (eds.), 2000; Huang, 2001; 伍汉霖，邵广昭，赖春福等, 2012.
别名或俗名（Used or common name）：鬼虎鱼，猫鱼，鱼虎，虎鱼，石狗公，石头鱼.
分布（Distribution）：黄海，东海，南海.

### （2607）斑翅虎鲉 *Minous pictus* Günther, 1880

*Minous pictus* Günther, 1880: 1-82.
文献（Reference）：沈世杰, 1993; Randall and Lim (eds.), 2000; Huang, 2001; 伍汉霖，邵广昭，赖春福等, 2012.
别名或俗名（Used or common name）：鬼虎鱼，猫鱼，鱼虎，虎鱼，石狗公，石头鱼.
分布（Distribution）：南海.

### （2608）丝棘虎鲉 *Minous pusillus* Temminck *et* Schlegel, 1843

*Minous pusillus* Temminck *et* Schlegel, 1843: 21-72.

**文献（Reference）：** Masuda, Amaoka, Araga *et al.*, 1984; 沈世杰, 1993; Shao, 1997; Ni and Kwok, 1999; Randall and Lim (eds.), 2000; Huang, 2001; 伍汉霖，邵广昭，赖春福等, 2012.

**别名或俗名（Used or common name）：** 鬼虎鱼，猫鱼，鱼虎，虎鱼，石狗公，石头鱼.

**分布（Distribution）：** 黄海，东海，南海.

### （2609）五脊虎鲉 *Minous quincarinatus* (Fowler, 1943)

*Paraminous quincarinatus* Fowler, 1943: 53-91.

**文献（Reference）：** Masuda, Amaoka, Araga *et al.*, 1984; Shao, Chen, Kao *et al.*, 1993; 沈世杰, 1993; Yamada, Shirai, Irie *et al.*, 1995; Ni and Kwok, 1999; Randall and Lim (eds.), 2000; Huang, 2001; 伍汉霖，邵广昭，赖春福等, 2012.

**别名或俗名（Used or common name）：** 白尾鬼鱼，猫鱼，鱼虎，虎鱼，石狗公，鸡毛，石头鱼.

**分布（Distribution）：** 黄海，南海.

### （2610）粗首虎鲉 *Minous trachycephalus* (Bleeker, 1854)

*Aploactis trachycephalus* Bleeker, 1854: 449-452.

**文献（Reference）：** Bleeker, 1854: 449-452; Herre, 1951; Herre, 1953b; Sainsbury, Kailola and Leyland, 1985; 沈世杰, 1993; Randall and Lim (eds.), 2000; Huang, 2001; Adrim, Chen, Chen *et al.*, 2004; 伍汉霖，邵广昭，赖春福等, 2012.

**别名或俗名（Used or common name）：** 鬼虎鱼，猫鱼，鱼虎，虎鱼，石狗公，石头鱼.

**分布（Distribution）：** 南海.

## 813. 新鳞鲉属 *Neocentropogon* Matsubara, 1943

### （2611）日本新鳞鲉 *Neocentropogon japonicus* Matsubara, 1943

*Neocentropogon aeglefinus japonicus* Matsubara, 1943c: 1-486.

**文献（Reference）：** Masuda, Amaoka, Araga *et al.*, 1984; Randall and Lim (eds.), 2000; Huang, 2001; 伍汉霖，邵广昭，赖春福等, 2012.

**别名或俗名（Used or common name）：** 石狗公，石头鱼.

**分布（Distribution）：** 东海，南海.

## 814. 新棘鲉属 *Neomerinthe* Fowler, 1935

### （2612）宽鳞头新棘鲉 *Neomerinthe amplisquamiceps* (Fowler, 1938)

*Scorpaena amplisquamiceps* Fowler, 1938: 31-135.

*Sebastapistes amplisquamiceps* (Fowler, 1938).

**文献（Reference）：** Herre, 1951; Herre, 1953b; Randall and Lim (eds.), 2000; 伍汉霖，邵广昭，赖春福等, 2012.

**别名或俗名（Used or common name）：** 石狗公，石头鱼.

**分布（Distribution）：** 东海，南海.

### （2613）大鳞新棘鲉 *Neomerinthe megalepis* (Fowler, 1938)

*Scorpaena megalepis* Fowler, 1938: 31-135.

**文献（Reference）：** Herre, 1953b; Chen, 1981; 沈世杰, 1993; Carpenter and Niem, 1999; Randall and Lim (eds.), 2000; Huang, 2001; 伍汉霖，邵广昭，赖春福等, 2012.

**别名或俗名（Used or common name）：** 石狗公，石头鱼.

**分布（Distribution）：** 南海.

### （2614）曲背新棘鲉 *Neomerinthe procurva* Chen, 1981

*Neomerinthe procurva* Chen, 1981: 1-60.

**文献（Reference）：** Chen, 1981: 1-60; 沈世杰, 1993; Carpenter and Niem, 1999; Randall and Lim (eds.), 2000; Huang, 2001; 伍汉霖，邵广昭，赖春福等, 2012.

**别名或俗名（Used or common name）：** 石狗公，石头鱼.

**分布（Distribution）：** 南海.

### （2615）钝吻新棘鲉 *Neomerinthe rotunda* Chen, 1981

*Neomerinthe rotunda* Chen, 1981: 1-60.

**文献（Reference）：** Chen, 1981: 1-60; Shao, Chen, Kao *et al.*, 1993; 沈世杰, 1993; Ni and Kwok, 1999; Carpenter and Niem, 1999; Randall and Lim (eds.), 2000; Huang, 2001; 伍汉霖，邵广昭，赖春福等, 2012.

**别名或俗名（Used or common name）：** 石狗公，石头鱼.

**分布（Distribution）：** 南海.

## 815. 新平鲉属 *Neosebastes* Guichenot, 1867

### （2616）长鳍新平鲉 *Neosebastes entaxis* Jordan *et* Starks, 1904

*Neosebastes entaxis* Jordan *et* Starks, 1904c: 91-175.

*Neomerinthe entaxis* (Jordan *et* Starks, 1904).

*Sebastosemus entaxis* (Jordan *et* Starks, 1904).

**文献（Reference）：** Jordan and Starks, 1904c: 91-175; Sainsbury, Kailola and Leyland, 1985; Shao, Chen, Kao *et al.*, 1993; 沈世杰, 1993; Carpenter and Niem, 1999; Randall and Lim (eds.), 2000; Huang, 2001; 伍汉霖，邵广昭，赖春福等, 2012.

**别名或俗名（Used or common name）：** 新石狗公，石狗公，石头鱼，鸡公，狮瓮.

**分布（Distribution）：** 南海.

## 816. 线鲉属 *Ocosia* Jordan *et* Starks, 1904

**（2617）条纹线鲉 *Ocosia fasciata* Matsubara, 1943**

*Ocosia fasciata* Matsubara, 1943c: 171-486.

*Ocosia gracile* Fowler, 1943.

**文献（Reference）**：Matsubara, 1943c: 1-486; Poss and Eschmeyer, 1975; Chen, 1981; Masuda, Amaoka, Araga *et al.*, 1984; 沈世杰, 1993; Shao, 1997; Randall and Lim (eds.), 2000; 伍汉霖, 邵广昭, 赖春福等, 2012.

**别名或俗名（Used or common name）**：条纹裸绒鲉, 石狗公, 石头鱼.

**分布（Distribution）**：东海, 南海.

**（2618）棘线鲉 *Ocosia spinosa* Chen, 1981**

*Ocosia spinosa* Chen, 1981: 1-60.

**文献（Reference）**：Chen, 1981: 1-60; 沈世杰, 1993; Carpenter and Niem, 1999; Randall and Lim (eds.), 2000; Huang, 2001; 伍汉霖, 邵广昭, 赖春福等, 2012.

**别名或俗名（Used or common name）**：棘裸绒鲉, 石狗公, 石头鱼.

**分布（Distribution）**：南海.

**（2619）裸线鲉 *Ocosia vespa* Jordan *et* Starks, 1904**

*Ocosia vespa* Jordan *et* Starks, 1904c: 91-175.

**文献（Reference）**：Jordan and Starks, 1904c: 91-175; Poss and Eschmeyer, 1975; Masuda, Amaoka, Araga *et al.*, 1984; Huang, 2001; 伍汉霖, 邵广昭, 赖春福等, 2012.

**别名或俗名（Used or common name）**：石狗公, 石头鱼.

**分布（Distribution）**：东海.

## 817. 拟鳞鲉属 *Paracentropogon* Bleeker, 1876

**（2620）长棘拟鳞鲉 *Paracentropogon longispinis* (Cuvier, 1829)**

*Apistus longispinis* Cuvier, 1829: 1-518.

*Paracentropogon longispinnis* (Cuvier, 1829).

*Centropogon indicus* Day, 1875.

**文献（Reference）**：Herre, 1953b; Ni and Kwok, 1999; Randall and Lim (eds.), 2000; 伍汉霖, 邵广昭, 赖春福等, 2012.

**别名或俗名（Used or common name）**：石狗公, 石头鱼.

**分布（Distribution）**：东海, 南海.

**（2621）红鳍拟鳞鲉 *Paracentropogon rubripinnis* (Temminck *et* Schlegel, 1843)**

*Apistus rubripinnis* Temminck *et* Schlegel, 1843: 21-72.

*Hypodytes rubripinnis* (Temminck *et* Schlegel, 1843).

**文献（Reference）**：Horinouchi and Sano, 2000; An and Huh, 2002; 伍汉霖, 邵广昭, 赖春福等, 2012.

**分布（Distribution）**：东海, 南海.

## 818. 拟蓑鲉属 *Parapterois* Bleeker, 1876

**（2622）异尾拟蓑鲉 *Parapterois heterura* (Bleeker, 1856)**

*Pterois heterurus* Bleeker, 1856: 1-72.

*Parapterois heterurus* (Bleeker, 1856).

*Pterois nigripinnis* Gilchrist, 1904.

**文献（Reference）**：Masuda, Amaoka, Araga *et al.*, 1984; 沈世杰, 1993; Yamada, Shirai, Irie *et al.*, 1995; Randall and Lim (eds.), 2000; Huang, 2001; 伍汉霖, 邵广昭, 赖春福等, 2012.

**别名或俗名（Used or common name）**：石狗公, 石头鱼, 虎鱼, 红虎.

**分布（Distribution）**：东海, 南海.

## 819. 圆鳞鲉属 *Parascorpaena* Bleeker, 1876

**（2623）背斑圆鳞鲉 *Parascorpaena maculipinnis* Smith, 1957**

*Parascorpaena maculipinnis* Smith, 1957e: 49-72.

*Scorpaena maculipinnis* (Smith, 1957).

**文献（Reference）**：Smith, 1957e: 49-72; 伍汉霖, 邵广昭, 赖春福等, 2012.

**别名或俗名（Used or common name）**：石狗公, 石头鱼.

**分布（Distribution）**：东海.

**（2624）斑鳍圆鳞鲉 *Parascorpaena mcadamsi* (Fowler, 1938)**

*Scorpaena mcadamsi* Fowler, 1938: 31-135.

*Parascorpaena macadamsi* (Fowler, 1938).

*Parascorpaena mcdamsi* (Fowler, 1938).

*Scorpaena moultoni* Whitley, 1961.

**文献（Reference）**：Shao, Chen, Kao *et al.*, 1993; 沈世杰, 1993; Chen, Shao and Lin, 1995; Chen, Jan and Shao, 1997; Randall and Lim (eds.), 2000; Huang, 2001; 伍汉霖, 邵广昭, 赖春福等, 2012.

**别名或俗名（Used or common name）**：石狗公, 红鸡仔, 狮瓮.

**分布（Distribution）**：东海, 南海.

**（2625）莫桑比克圆鳞鲉 *Parascorpaena mossambica* (Peters, 1855)**

*Scorpaena mossambica* Peters, 1855: 428-466.

**文献（Reference）**：Shao, Chen, Kao *et al.*, 1993; 沈世杰, 1993; Chen, Shao and Lin, 1995; Randall and Lim (eds.), 2000; Huang, 2001; 伍汉霖, 邵广昭, 赖春福等, 2012.

**别名或俗名（Used or common name）**：莫三鼻克圆鳞鲉, 石狗公, 红鸡仔, 狮瓮.

**分布（Distribution）**：东海, 南海.

**（2626）花彩圆鳞鲉 *Parascorpaena picta* (Cuvier, 1829)**

*Scorpaena picta* Cuvier, 1829: 1-518.

*Prascorpaena picta* (Cuvier, 1829).

**文献（Reference）：**沈世杰, 1993; Ni and Kwok, 1999; Kuo and Shao, 1999; Randall and Lim (eds.), 2000; Huang, 2001; Adrim, Chen, Chen *et al.*, 2004; Motomura, Sakurai, Senou *et al.*, 2009; 伍汉霖, 邵广昭, 赖春福等, 2012.

**别名或俗名（Used or common name）：**圆鳞鲉, 石狗公, 红鸡仔, 狮甆.

**分布（Distribution）：**南海.

## 820. 伪大眼鲉属 *Phenacoscorpius* Fowler, 1938

**（2627）菲律宾伪大眼鲉 *Phenacoscorpius megalops* Fowler, 1938**

*Phenacoscorpius megalops* Fowler, 1938: 31-135.

*Scorpaenopsis stigma* Fowler, 1938.

**文献（Reference）：**Fowler, 1938: 31-135; Herre, 1953b; Paulin, Stewart, Roberts *et al.*, 1989; 沈世杰, 1993; Randall and Lim (eds.), 2000; 伍汉霖, 邵广昭, 赖春福等, 2012.

**别名或俗名（Used or common name）：**大眼鲉, 石狗公, 石头鱼.

**分布（Distribution）：**东海, 南海.

## 821. 平头鲉属 *Plectrogenium* Gilbert, 1905

**（2628）太平洋平头鲉 *Plectrogenium nanum* Gilbert, 1905**

*Plectrogenium nanum* Gilbert, 1905: 577-713.

**文献（Reference）：**Gilbert, 1905: 577-713; Masuda, Amaoka, Araga *et al.*, 1984; 沈世杰, 1993; Shao, 1997; Randall and Lim (eds.), 2000; Huang, 2001; 伍汉霖, 邵广昭, 赖春福等, 2012.

**别名或俗名（Used or common name）：**平额鲉, 石狗公, 石头鱼.

**分布（Distribution）：**东海, 南海.

## 822. 海鲉属 *Pontinus* Poey, 1860

**（2629）大头海鲉 *Pontinus macrocephalus* (Sauvage, 1882)**

*Sebastes macrocephalus* Sauvage, 1882: 168-176.

**文献（Reference）：**Masuda, Amaoka, Araga *et al.*, 1984; 伍汉霖, 邵广昭, 赖春福等, 2012.

**别名或俗名（Used or common name）：**巨首触角鲉, 石狗公, 石头鱼.

**分布（Distribution）：**东海, 南海.

**（2630）触手冠海鲉 *Pontinus tentacularis* (Fowler, 1938)**

*Nemapontinus tentacularis* Fowler, 1938: 31-135.

*Pontius tentacularis* (Fowler, 1938).

**文献（Reference）：**Shao, Chen, Kao *et al.*, 1993; 沈世杰, 1993; Huang, 2001; 伍汉霖, 邵广昭, 赖春福等, 2012.

**别名或俗名（Used or common name）：**触手鲉, 石狗公, 石头鱼.

**分布（Distribution）：**东海.

## 823. 狭蓑鲉属 *Pteroidichthys* Bleeker, 1856

**（2631）安汶狭蓑鲉 *Pteroidichthys amboinensis* Bleeker, 1856**

*Pteroidichthys amboinensis* Bleeker, 1856: 1-72.

**文献（Reference）：**Chen and Liu, 1984; Masuda, Amaoka, Araga *et al.*, 1984; 沈世杰, 1993; Shao, 1997; Randall and Lim (eds.), 2000; Huang, 2001; 伍汉霖, 邵广昭, 赖春福等, 2012.

**别名或俗名（Used or common name）：**安朋狭蓑鲉, 石狗公, 石头鱼.

**分布（Distribution）：**南海.

**（2632）诺氏狭蓑鲉 *Pteroidichthys noronhai* Fowler, 1938**

*Pteroidichthys noronhai* Fowler, 1938: 31-135.

**文献（Reference）：**Motomura, Béarez and Causse, 2011; Chen and Liu, 1984; 伍汉霖, 邵广昭, 赖春福等, 2012.

**分布（Distribution）：**南海.

## 824. 蓑鲉属 *Pterois* Oken, 1817

**（2633）触角蓑鲉 *Pterois antennata* (Bloch, 1787)**

*Scorpaena antennata* Bloch, 1787: 1-146.

*Pseudomonopterus antennatus* (Bloch, 1787).

*Pteropterus antennata* (Bloch, 1787).

**文献（Reference）：**Smith and Heemstra, 1986; Francis, 1993; 沈世杰, 1993; Chen, Shao and Lin, 1995; Chen, Jan and Shao, 1997; Ni and Kwok, 1999; Kuo and Shao, 1999; Randall and Lim (eds.), 2000; Huang, 2001; 伍汉霖, 邵广昭, 赖春福等, 2012.

**别名或俗名（Used or common name）：**狮子鱼, 长狮, 魔鬼, 国公, 石狗敢, 虎鱼, 鸡公, 红虎, 火烘, 石头鱼.

**分布（Distribution）：**东海, 南海.

**（2634）环纹蓑鲉 *Pterois lunulata* Temminck *et* Schlegel, 1843**

*Pterois lunulata* Temminck *et* Schlegel, 1843: 21-72.

文献（Reference）：Nishikawa, Honda and Wakatsuki, 1977; Shao, Chen, Kao *et al.*, 1993; 沈世杰, 1993; Chen, Jan and Shao, 1997; Ni and Kwok, 1999; Randall and Lim (eds.), 2000; Huang, 2001; 伍汉霖，邵广昭，赖春福等, 2012.

别名或俗名（Used or common name）：龙须蓑鲉，狮子鱼，长狮，魔鬼，国公，石狗敢，虎鱼，鸡公，红虎，火烘，石头鱼.

分布（Distribution）：东海，南海.

### （2635）黑颊蓑鲉 *Pterois mombasae* (Smith, 1957)

*Pteropterus mombasae* Smith, 1957d: pls. 5-6.

*Pterois mambassae* (Smith, 1957).

文献（Reference）：Matsunuma and Motomura, 2014; Matsunuma, Aizawa, Sakurai *et al.*, 2011; Allen and Erdmann, 2012

别名或俗名（Used or common name）：狮子鱼，长狮，魔鬼，国公，石狗敢，虎鱼，鸡公，红虎，火烘，石头鱼.

分布（Distribution）：?

### （2636）辐纹蓑鲉 *Pterois radiata* Cuvier, 1829

*Pterois radiata* Cuvier, 1829: 1-518.

*Pteropterus radiata* (Cuvier, 1829).

*Pteropterus radiatus* (Cuvier, 1829).

文献（Reference）：Smith and Heemstra, 1986; Shao, Lin, Ho *et al.*, 1990; Shao, Chen, Kao *et al.*, 1993; 沈世杰, 1993; Randall and Lim (eds.), 2000; Huang, 2001; 伍汉霖，邵广昭，赖春福等, 2012.

别名或俗名（Used or common name）：轴纹蓑鲉，狮子鱼，长狮，魔鬼，国公，石狗敢，虎鱼，鸡公，红虎，火烘，石头鱼.

分布（Distribution）：东海，南海.

### （2637）勒氏蓑鲉 *Pterois russelii* Bennett, 1831

*Pterois russeli i* Bennett, 1831: 128.

*Pterois geniserra* Cuvier, 1829.

*Pseudomonopterus kodipungi* (Bleeker, 1852).

*Pterois kodipungi* Bleeker, 1852.

文献（Reference）：Herre, 1953b; Smith and Heemstra, 1986; 沈世杰, 1993; Ni and Kwok, 1999; Randall and Lim (eds.), 2000; Huang, 2001; Adrim, Chen, Chen *et al.*, 2004; 伍汉霖，邵广昭，赖春福等, 2012.

别名或俗名（Used or common name）：罗素氏蓑鲉，狮子鱼，长狮，魔鬼，国公，石狗敢，虎鱼，鸡公，红虎，火烘，石头鱼.

分布（Distribution）：东海，南海.

### （2638）魔鬼蓑鲉 *Pterois volitans* (Linnaeus, 1758)

*Gasterosteus volitans* Linnaeus, 1758: 1-824.

文献（Reference）：Saunders and Taylor, 1959; Mohsin, Ambak, Said *et al.*, 1986; Smith and Heemstra, 1986; Francis, 1993; Shao, Chen, Kao *et al.*, 1993; 沈世杰, 1993; Chen, Shao and Lin, 1995; Chen, Jan and Shao, 1997; Ni and Kwok, 1999; Randall and Lim (eds.), 2000; Huang, 2001; 伍汉霖，邵广昭，赖春福等, 2012.

别名或俗名（Used or common name）：狮子鱼，长狮，魔鬼，国公，石狗敢，虎鱼，鸡公，红虎，火烘，石头鱼.

分布（Distribution）：东海，南海.

## 825. 吻鲉属 *Rhinopias* Gill, 1905

### （2639）隐居吻鲉 *Rhinopias aphanes* Eschmeyer, 1973

*Rhinopias aphanes* Eschmeyer, 1973: 285-310.

文献（Reference）：Dinesen and Nash, 1982; 伍汉霖，邵广昭，赖春福等, 2012.

别名或俗名（Used or common name）：缀瓣吻鲉，石狗公，石头鱼，石虎.

分布（Distribution）：东海.

### （2640）前鳍吻鲉 *Rhinopias frondosa* (Günther, 1892)

*Scorpaena frondosa* Günther, 1892a: 482-483.

*Peoropsis frondosus* (Günther, 1892).

文献（Reference）：Masuda, Amaoka, Araga *et al.*, 1984; 沈世杰, 1993; Shao, 1997; Huang, 2001; 伍汉霖，邵广昭，赖春福等, 2012.

别名或俗名（Used or common name）：石狗公，石虎，石头鱼，虎鱼.

分布（Distribution）：东海，南海.

### （2641）异眼吻鲉 *Rhinopias xenops* (Gilbert, 1905)

*Peloropsis xenops* Gilbert, 1905: 577-713.

文献（Reference）：Masuda, Amaoka, Araga *et al.*, 1984; 伍汉霖，邵广昭，赖春福等, 2012.

别名或俗名（Used or common name）：石狗公，石头鱼.

分布（Distribution）：东海，南海.

## 826. 鲉属 *Scorpaena* Linnaeus, 1758

### （2642）冠棘鲉 *Scorpaena hatizyoensis* Matsubara, 1943

*Scorpaena hatizyoensis* Matsubara, 1943c: 171-486.

文献（Reference）：Matsubara, 1943c: 1-486; Masuda, Amaoka, Araga *et al.*, 1984; Randall and Lim (eds.), 2000; Huang, 2001; 伍汉霖，邵广昭，赖春福等, 2012.

别名或俗名（Used or common name）：石狗公，石头鱼.

分布（Distribution）：东海，南海.

**(2643) 伊豆鲉 *Scorpaena izensis* Jordan *et* Starks, 1904**

*Scorpaena izensis* Jordan *et* Starks, 1904c: 91-175.

**文献 (Reference):** Jordan and Starks, 1904c: 91-175; Paxton, Hoese, Allen *et al.*, 1989; 沈世杰, 1993; Yamada, Shirai, Irie *et al.*, 1995; Shao, 1997; Randall and Lim (eds.), 2000; Huang, 2001; 伍汉霖, 邵广昭, 赖春福等, 2012.

**别名或俗名 (Used or common name):** 红色石狗公, 石头鱼.

**分布 (Distribution):** 东海, 南海.

**(2644) 小口鲉 *Scorpaena miostoma* Günther, 1877**

*Scorpaena neglecta miostoma* Günther, 1877: 433-446.

**文献 (Reference):** Masuda, Amaoka, Araga *et al.*, 1984; Shao and Chen, 1988; 沈世杰, 1993; 伍汉霖, 邵广昭, 赖春福等, 2012.

**别名或俗名 (Used or common name):** 石狗公, 石头鱼.

**分布 (Distribution):** 东海, 南海.

**(2645) 斑鳍鲉 *Scorpaena neglecta* Temminck *et* Schlegel, 1843**

*Scorpaena neglecta neglecta* Temminck *et* Schlegel, 1843: 21-72.

**文献 (Reference):** Nishikawa, Honda and Wakatsuki, 1977; Shao, Kao and Lee, 1990; Shao, Chen, Kao *et al.*, 1993; 沈世杰, 1993; Leung, 1994; Chen, Shao and Lin, 1995; Shao, 1997; Ni and Kwok, 1999; Randall and Lim (eds.), 2000; Huang, 2001; 伍汉霖, 邵广昭, 赖春福等, 2012.

**别名或俗名 (Used or common name):** 石狗公, 石头鱼.

**分布 (Distribution):** 东海, 南海.

**(2646) 后颌鲉 *Scorpaena onaria* Jordan *et* Snyder, 1900**

*Scorpaena onaria* Jordan *et* Snyder, 1900: 335-380.

**文献 (Reference):** Jordan and Snyder, 1900: 335-380; Masuda, Amaoka, Araga *et al.*, 1984; Shao and Chen, 1988; 沈世杰, 1993; Shao, 1997; Ni and Kwok, 1999; Randall and Lim (eds.), 2000; Motomura, Paulin and Sewart, 2005; 伍汉霖, 邵广昭, 赖春福等, 2012.

**别名或俗名 (Used or common name):** 斑点鲉, 石狗公, 石头鱼, 沙姜虎, 臭头格子.

**分布 (Distribution):** 南海.

**(2647) 南瓜鲉 *Scorpaena pepo* Motomura, Poss *et* Shao, 2007**

*Scorpaena pepo* Motomura, Poss *et* Shao, 2007: 35-45.

**文献 (Reference):** Motomura, Poss and Shao, 2007: 35-45; 伍汉霖, 邵广昭, 赖春福等, 2012.

**别名或俗名 (Used or common name):** 石狗公, 石头鱼.

**分布 (Distribution):** 东海, 南海.

## 827. 小鲉属 *Scorpaenodes* Bleeker, 1857

**(2648) 长鳍小鲉 *Scorpaenodes albaiensis* (Evermann *et* Seale, 1907)**

*Hypomacrus albaiensis* Evermann *et* Seale, 1907a: 49-110.

*Scorpaenodes albainensis* (Evermann *et* Seale, 1907).

*Hypomacrus africanus* Smith, 1958.

**文献 (Reference):** Herre, 1953b.

**别名或俗名 (Used or common name):** 石狗公, 石头鱼.

**分布 (Distribution):** 东海, 南海.

**(2649) 皮须小鲉 *Scorpaenodes crossotus* (Jordan *et* Starks, 1904)**

*Thysanichthys crossotus* Jordan *et* Starks, 1904c: 91-175.

**文献 (Reference):** Jordan and Starks, 1904c: 91-175; Masuda, Amaoka, Araga *et al.*, 1984; 沈世杰, 1993; 伍汉霖, 邵广昭, 赖春福等, 2012.

**别名或俗名 (Used or common name):** 皮须鲉, 石狗公, 石头鱼.

**分布 (Distribution):** 南海.

**(2650) 日本小鲉 *Scorpaenodes evides* (Jordan *et* Thompson, 1914)**

*Thysanichthys evides* Jordan *et* Thompson, 1914: 205-313.

*Scorpaenodes littoralis* (Tanaka, 1917).

*Scorpaenoides littoralis* (Tanaka, 1917).

*Sebastella littoralis* Tanaka, 1917.

**文献 (Reference):** Tanaka, 1917; Masuda, Amaoka, Araga *et al.*, 1984; 沈世杰, 1993; Shao, 1997; Randall and Lim (eds.), 2000; Shao, Hsieh, Wu *et al.*, 2001; Huang, 2001; 伍汉霖, 邵广昭, 赖春福等, 2012.

**别名或俗名 (Used or common name):** 浅海小鲉, 石狗公, 石头鱼.

**分布 (Distribution):** 南海.

**(2651) 关岛小鲉 *Scorpaenodes guamensis* (Quoy *et* Gaimard, 1824)**

*Scorpaena guamensis* Quoy *et* Gaimard, 1824: 192-401.

*Scorpaenodes guamnsis* (Quoy *et* Gaimard, 1824).

*Scorpaena polylepis* Bleeker, 1851.

**文献 (Reference):** Goren and Karplus, 1983; Shao, Shen, Chiu *et al.*, 1992; Francis, 1993; 沈世杰, 1993; Chen, Jan and Shao, 1997; Ni and Kwok, 1999; Randall and Lim (eds.), 2000; Huang, 2001; 伍汉霖, 邵广昭, 赖春福等, 2012.

**别名或俗名 (Used or common name):** 石狗公, 石头鱼, 虎鱼.

分布（Distribution）：东海，南海.

### （2652）少鳞小鲉 *Scorpaenodes hirsutus* (Smith, 1957)

*Parascorpaenodes hirsutus* Smith, 1957e: 49-72.
*Parascorpaenoides hirsutus* Smith, 1957e: 49-72.
**文献（Reference）**：沈世杰, 1993; Randall and Lim (eds.), 2000; Huang, 2001; 伍汉霖，邵广昭，赖春福等, 2012.
**别名或俗名（Used or common name）**：须小鲉，石狗公，石头鱼.
**分布（Distribution）**：南海.

### （2653）克氏小鲉 *Scorpaenodes kelloggi* (Jenkins, 1903)

*Sebastopsis kelloggi* Jenkins, 1903: 417-511.
**文献（Reference）**：Masuda, Amaoka, Araga *et al.*, 1984; 沈世杰, 1993; Chen, Shao and Lin, 1995; Randall and Lim (eds.), 2000; 伍汉霖，邵广昭，赖春福等, 2012.
**别名或俗名（Used or common name）**：石狗公，石头鱼.
**分布（Distribution）**：东海，南海.

### （2654）正小鲉 *Scorpaenodes minor* (Smith, 1958)

*Hypomacrus minor* Smith, 1958a: 167-181.
*Hypomacrus brocki* Schultz, 1966.
*Scorpaenodes brocki* (Schultz, 1966).
**文献（Reference）**：Masuda, Amaoka, Araga *et al.*, 1984; Shao, Shen, Chiu *et al.*, 1992; 沈世杰, 1993; Randall and Lim (eds.), 2000; Huang, 2001; 伍汉霖，邵广昭，赖春福等, 2012.
**别名或俗名（Used or common name）**：石狗公，石头鱼.
**分布（Distribution）**：东海，南海.

### （2655）短翅小鲉 *Scorpaenodes parvipinnis* (Garrett, 1864)

*Scorpaena parvipinnis* Garrett, 1864: 103-107.
*Scorpaenodes paruipinis* (Garrett, 1864).
*Scorpaenoides parvipinnis* (Garrett, 1864).
**文献（Reference）**：Masuda, Amaoka, Araga *et al.*, 1984; Francis, 1993; 沈世杰, 1993; Chen, Jan and Shao, 1997; Shinohara, 1998; Randall and Lim (eds.), 2000; Huang, 2001; 伍汉霖，邵广昭，赖春福等, 2012.
**别名或俗名（Used or common name）**：石狗公，石头鱼.
**分布（Distribution）**：东海，南海.

### （2656）长棘小鲉 *Scorpaenodes scaber* (Ramsay *et* Ogilby, 1886)

*Sebastes scaber* Ramsay *et* Ogilby, 1886: 575-579.
*Scorpaenodes scabra* (Ramsay *et* Ogilby, 1886).
**文献（Reference）**：Herre, 1953b; Masuda, Amaoka, Araga *et al.*, 1984; Winterbottom, 1993; Francis, 1993; Shao, 1997; Randall and Lim (eds.), 2000; Huang, 2001; 伍汉霖，邵广昭，赖春福等, 2012.
**别名或俗名（Used or common name）**：石狗公，石头鱼.
**分布（Distribution）**：东海，南海.

### （2657）花翅小鲉 *Scorpaenodes varipinnis* Smith, 1957

*Scorpaenodes varipinis* Smith, 1957e: 49-72.
**文献（Reference）**：Smith, 1957e: 49-72; Masuda, Amaoka, Araga *et al.*, 1984; 沈世杰, 1993; Shinohara, 1998; Randall and Lim (eds.), 2000; Huang, 2001; 伍汉霖，邵广昭，赖春福等, 2012.
**别名或俗名（Used or common name）**：石狗公，石头鱼.
**分布（Distribution）**：东海，南海.

## 828. 拟鲉属 *Scorpaenopsis* Heckel, 1840

### （2658）须拟鲉 *Scorpaenopsis cirrosa* (Thunberg, 1793)

*Perca cirrosa* Thunberg, 1793: 198-200.
*Dendroscorpaena cirrhosa* (Thunberg, 1793).
*Scorpaena cirrhosa* (Thunberg, 1793).
*Scorpaenopsis cirrhosa* (Thunberg, 1793).
**文献（Reference）**：Richardson, 1846; Kyushin, Amaoka, Nakaya *et al.*, 1982; Shao, Chen, Kao *et al.*, 1993; 沈世杰, 1993; Leung, 1994; Chen, Shao and Lin, 1995; Shao, 1997; Ni and Kwok, 1999; Sadovy and Cornish, 2000; Randall and Lim (eds.), 2000; Huang, 2001; Randall and Eschmeyer, 2001; 伍汉霖，邵广昭，赖春福等, 2012.
**别名或俗名（Used or common name）**：鬼石狗公，石狮子，虎鱼，石崇，石狗公，沙姜虎，石降，过沟仔，臭头格仔.
**分布（Distribution）**：东海，南海.

### （2659）杜父拟鲉 *Scorpaenopsis cotticeps* Fowler, 1938

*Scorpaenopsis cotticeps* Fowler, 1938: 31-135.
*Scorpaenopsis simulata* de Beaufort, 1962.
*Scorpaenopsis iop* Nakabo, Senou *et* Masuda, 1993.
**文献（Reference）**：Fowler, 1938: 31-135; Masuda, Amaoka, Araga *et al.*, 1984; Nakabo, Senou and Masuda, 1993; 伍汉霖，邵广昭，赖春福等, 2012.
**别名或俗名（Used or common name）**：石狮子，虎鱼，石崇，石狗公，沙姜虎，石降，过沟仔，臭头格仔，石头鱼.
**分布（Distribution）**：东海，南海.

### （2660）毒拟鲉 *Scorpaenopsis diabolus* (Cuvier, 1829)

*Scorpaena diabolus* Cuvier, 1829: 1-406.
*Scorpaenopsis diabola* (Cuvier, 1829).
*Scorpaenopsis diabolis* (Cuvier, 1829).
*Scorpaenopsis catocala* Jordan *et* Evermann, 1903.

文献（Reference）：Shao, Chen, Kao *et al.*, 1993; 沈世杰, 1993; Chen, Shao and Lin, 1995; Chen, Jan and Shao, 1997; Kuo and Shao, 1999; Randall and Lim (eds.), 2000; Huang, 2001; 伍汉霖，邵广昭，赖春福等, 2012.

别名或俗名（Used or common name）：驼背石狗公, 石狮子, 虎鱼, 石崇, 石狗公, 沙姜虎, 石降, 过沟仔, 臭头格仔, 石头鱼, 砝砧鱼, 沙姜鲶仔.

分布（Distribution）：南海.

## （2661）驼背拟鲉 *Scorpaenopsis gibbosa* (Bloch *et* Schneider, 1801)

*Scorpaena gibbosa* Bloch *et* Schneider, 1801: 1-584.
*Scorpaeopsis gibbosa* (Bloch *et* Schneider, 1801).
*Scorpaena mesogallica* Cuvier, 1829.
*Scorpaena nesogallica* Cuvier, 1829.

文献（Reference）：Herre, 1953b; Leung, 1994; Shao, 1997; Ni and Kwok, 1999; Randall and Lim (eds.), 2000; Huang, 2001; 伍汉霖，邵广昭，赖春福等, 2012.

分布（Distribution）：东海，南海.

## （2662）魔拟鲉 *Scorpaenopsis neglecta* Heckel, 1837

*Scorpaenopsis neglecta* Heckel, 1837: 143-164.

文献（Reference）：Kyushin, Amaoka, Nakaya *et al.*, 1982; Masuda, Amaoka, Araga *et al.*, 1984; 沈世杰, 1993; Shao, 1997; Ni and Kwok, 1999; Kuo and Shao, 1999; Randall and Lim (eds.), 2000; Huang, 2001; 伍汉霖，邵广昭，赖春福等, 2012.

别名或俗名（Used or common name）：斑鳍石狗公, 石狮子, 虎鱼, 石崇, 石狗公, 沙姜虎, 石降, 过沟仔, 臭头格仔, 石头鱼, 砝砧鱼.

分布（Distribution）：东海，南海.

## （2663）钝吻拟鲉 *Scorpaenopsis obtusa* Randall *et* Eschmeyer, 2001

*Scorpaenopsis obtusa* Randall *et* Eschmeyer, 2001: 1-79.

文献（Reference）：Randall and Eschmeyer, 2001: 1-79, I-XII; Motomura and Shinohara, 2005; Motomura, Matsunuma and Ho, 2011.

别名或俗名（Used or common name）：石狮子, 虎鱼, 石崇, 石狗公, 沙姜虎, 石降, 过沟仔, 臭头格仔, 石头鱼, 砝砧鱼.

分布（Distribution）：东海，南海.

## （2664）尖头拟鲉 *Scorpaenopsis oxycephala* (Bleeker, 1849)

*Scorpaena oxycephalus* Bleeker, 1849b: 1-10.
*Scorpaenopsis oxycephalus* (Bleeker, 1849).
*Scorpaeopsis oxycephalus* (Bleeker, 1849).

文献（Reference）：Bleeker, 1849b: 1-10; Ming and Aliño, 1992; Werner and Allen, 2000; 伍汉霖，邵广昭，赖春福等, 2012.

别名或俗名（Used or common name）：尖头石狗公, 石狮子, 虎鱼, 石崇, 石狗公, 沙姜虎, 石降, 过沟仔, 臭头格仔, 石头鱼.

分布（Distribution）：东海，南海.

## （2665）红拟鲉 *Scorpaenopsis papuensis* (Cuvier, 1829)

*Scorpaena papuensis* Cuvier, 1829: 1-518.

文献（Reference）：Randall and Eschmeyer, 2001; Motomura, Yoshino and Takamura, 2004; Motomura, Béarez and Causse, 2011; Allen and Erdmann, 2012

别名或俗名（Used or common name）：红石狗公, 石狮子, 虎鱼, 石崇, 石狗公, 沙姜虎, 石降, 过沟仔, 臭头格仔, 石头鱼.

分布（Distribution）：东海，南海.

## （2666）波氏拟鲉 *Scorpaenopsis possi* Randall *et* Eschmeyer, 2001

*Scorpaenopsis possi* Randall *et* Eschmeyer, 2001: 1-79.

文献（Reference）：Adrim, Chen, Chen *et al.*, 2004; 伍汉霖，邵广昭，赖春福等, 2012.

别名或俗名（Used or common name）：博氏石狗公, 石狮子, 虎鱼, 石崇, 石狗公, 沙姜虎, 石降, 过沟仔, 臭头格仔, 石头鱼.

分布（Distribution）：东海，南海.

## （2667）拉氏拟鲉 *Scorpaenopsis ramaraoi* Randall *et* Eschmeyer, 2001

*Scorpaenopsis ramaraoi* Randall *et* Eschmeyer, 2001: 1-79.

文献（Reference）：Randall and Eschmeyer, 2001: 1-79; Motomura, Iwatsuki, Kimura *et al.*, 2002; 伍汉霖，邵广昭，赖春福等, 2012.

别名或俗名（Used or common name）：石狮子, 虎鱼, 石崇, 石狗公, 沙姜虎, 石降, 过沟仔, 臭头格仔, 石头鱼.

分布（Distribution）：东海，南海.

## （2668）枕脊拟鲉 *Scorpaenopsis venosa* (Cuvier, 1829)

*Scorpaena venosa* Cuvier, 1829: 1-406.
*Scorpaena novaeguinae* Cuvier, 1829.
*Scorpaeopsis venosa* (Cuvier, 1829).
*Scorpaenopsis rosea* (Day, 1868).

文献（Reference）：Broad, 2003; Motomura, Yoshino *et* Takamura, 2004; 伍汉霖，邵广昭，赖春福等, 2012.

别名或俗名（Used or common name）：枕嵴石狗公, 石狗公, 石头鱼.

分布（Distribution）：东海，南海.

**(2669)纹鳍拟鲉 *Scorpaenopsis vittapinna* Randall *et* Eschmeyer, 2001**

*Scorpaenopsis vittapinna* Randall *et* Eschmeyer, 2001: 1-79.

文献（Reference）：Randall and Eschmeyer, 2001: 1-79, I-XII; Motomura, Yoshino and Takamura, 2004; Motomura, Béarez and Causse, 2011; Motomura, Matsunuma and Ho, 2011; Allen and Erdmann, 2012; 伍汉霖，邵广昭，赖春福等, 2012.

别名或俗名（Used or common name）：石狮子，虎鱼，石祟，石狗公，沙姜虎，石降，过沟仔，臭头格仔，石头鱼，砛砧鱼.

分布（Distribution）：东海，南海.

## 829. 鳞头鲉属 *Sebastapistes* Gill, 1877

**(2670)黄斑鳞头鲉 *Sebastapistes cyanostigma* (Bleeker, 1856)**

*Scorpaena cyanostigma* Bleeker, 1856: 383-414.

*Scorpaena albobrunnea* Günther, 1874.

*Sebastapistes albobrunnea* (Günther, 1874).

*Scorpaena kowiensis* Smith, 1935.

文献（Reference）：Masuda, Amaoka, Araga *et al.*, 1984; 沈世杰, 1993; Chen, Shao and Lin, 1995; Shao, 1997; Chen, Jan and Shao, 1997; Randall and Lim (eds.), 2000; Huang, 2001; 伍汉霖，邵广昭，赖春福等, 2012.

别名或俗名（Used or common name）：两色鳞头鲉，石狗公，石头鱼.

分布（Distribution）：东海，南海.

**(2671)福氏鳞头鲉 *Sebastapistes fowleri* (Pietschmann, 1934)**

*Scorpaena fowleri* Pietschmann, 1934: 99-100.

*Scorpaenodes fowleri* (Pietschmann, 1934).

*Sebastapistes badiorufus* Herre, 1935.

*Sebastapistes hassi* Klausewitz, 1970.

文献（Reference）：Randall and Poss, 2002; Motomura and Senou, 2009; Motomura, Kuriiwa, Katayama *et al.*, 2010; Motomura, Béarez and Causse, 2011.

别名或俗名（Used or common name）：石狗公，石头鱼.

分布（Distribution）：东海，南海.

**(2672)斑鳍鳞头鲉 *Sebastapistes mauritiana* (Cuvier, 1829)**

*Scorpaena mauritiana* Cuvier, 1829: 1-518.

*Parascorpaena mauritiana* (Cuvier, 1829).

*Scorpaena megastoma* Sauvage, 1878.

*Scorpaena axillaris* Bliss, 1883.

文献（Reference）：Herre, 1953b; 伍汉霖，邵广昭，赖春福等, 2012.

分布（Distribution）：南海.

**(2673)花腋鳞头鲉 *Sebastapistes nuchalis* (Günther, 1874)**

*Scorpaena nuchalis* Günther, 1874: 58-96.

文献（Reference）：Huang, 2001; Chinese Academy of Fishery Science (CAFS), 2007; 伍汉霖，邵广昭，赖春福等, 2012.

分布（Distribution）：南海.

**(2674)眉须鳞头鲉 *Sebastapistes strongia* (Cuvier, 1829)**

*Scorpaena strongia* Cuvier, 1829: 1-518.

*Sebastapistes tristis* (Klunzinger, 1870).

*Sebastapistes oglinus* (Smith, 1947).

*Phenacoscorpius nebulosus* Smith, 1958.

文献（Reference）：Herre, 1953b; Randall and Lim (eds.), 2000; 伍汉霖，邵广昭，赖春福等, 2012.

别名或俗名（Used or common name）：石狗公，石头鱼.

分布（Distribution）：东海，南海.

**(2675)廷氏鳞头鲉 *Sebastapistes tinkhami* (Fowler, 1946)**

*Scorpaena tinkhami* Fowler, 1946: 123-218.

*Sebastapistes tinckhami* (Fowler, 1946).

文献（Reference）：伍汉霖，邵广昭，赖春福等, 2012.

别名或俗名（Used or common name）：石狗公，石头鱼.

分布（Distribution）：东海，南海.

## 830. 平鲉属 *Sebastes* Cuvier, 1829

**(2676)铠平鲉 *Sebastes hubbsi* (Matsubara, 1937)**

*Sebastichthys hubbsi* Matsubara, 1937: 57.

文献（Reference）：Ida, Iwasawa and Kamitori, 1982; Masuda, Amaoka, Araga *et al.*, 1984; Horinouchi and Sano, 2000; Huang, 2001; An and Huh, 2002; 伍汉霖，邵广昭，赖春福等, 2012.

分布（Distribution）：渤海，黄海.

**(2677)无备平鲉 *Sebastes inermis* Cuvier, 1829**

*Sebastes inermis* Cuvier, 1829: 1-518.

文献（Reference）：Hatanaka and Sekino, 1962; Nishikawa, Honda and Wakatsuki, 1977; Safran and Omori, 1990; Yamada, Shirai, Irie *et al.*, 1995; Chang and Kim, 1999; Horinouchi and Sano, 2000; Huang, 2001; An and Huh, 2002; Islam, Hibino and Tanaka, 2006; 伍汉霖，邵广昭，赖春福等, 2012.

分布（Distribution）：渤海，黄海.

**(2678)柳平鲉 *Sebastes itinus* (Jordan *et* Starks, 1904)**

*Sebastodes itinus* Jordan *et* Starks, 1904c: 91-175.

文献（**Reference**）：Masuda, Amaoka, Araga *et al.*, 1984; Huang, 2001; 伍汉霖，邵广昭，赖春福等, 2012.
分布（**Distribution**）：黄海.

### （2679）焦氏平鲉 *Sebastes joyneri* Günther, 1878

*Sebastes joyneri* Günther, 1878a: 485-487.
文献（**Reference**）：Ida, Iwasawa and Kamitori, 1982; Masuda, Amaoka, Araga *et al.*, 1984; Huang, 2001; Kim, Choi, Lee *et al.*, 2005; 伍汉霖，邵广昭，赖春福等, 2012.
分布（**Distribution**）：东海，南海.

### （2680）雪斑平鲉 *Sebastes nivosus* Hilgendorf, 1880

*Sebastes nivosus* Hilgendorf, 1880: 166-172.
文献（**Reference**）：Masuda, Amaoka, Araga *et al.*, 1984; Huang, 2001; 伍汉霖，邵广昭，赖春福等, 2012.
分布（**Distribution**）：渤海，黄海.

### （2681）厚头平鲉 *Sebastes pachycephalus* Temminck *et* Schlegel, 1843

*Sebastes pachycephalus* Temminck *et* Schlegel, 1843: 21-72.
*Sebastichthys pachycephalus* (Temminck *et* Schlegel, 1843).
*Sebastes pachycephalus nigricans* (Schmidt, 1930).
*Sebastichthys latus* Matsubara, 1934.
文献（**Reference**）：Matsubara, 1943; Ida, Iwasawa and Kamitori, 1982; Masuda, Amaoka, Araga *et al.*, 1984; Masuda and Kobayashi, 1994; Huang, 2001; 伍汉霖，邵广昭，赖春福等, 2012.
分布（**Distribution**）：黄海.

### （2682）许氏平鲉 *Sebastes schlegelii* Hilgendorf, 1880

*Sebastes schlegeli* Hilgendorf, 1880: 166-172.
文献（**Reference**）：Nishikawa, Honda and Wakatsuki, 1977; Ida, Iwasawa and Kamitori, 1982; Safran and Omori, 1990; Yamada, Shirai, Irie *et al.*, 1995; Huang, 2001; An and Huh, 2002; 伍汉霖，邵广昭，赖春福等, 2012.
分布（**Distribution**）：渤海，黄海，东海，南海.

### （2683）汤氏平鲉 *Sebastes thompsoni* (Jordan *et* Hubbs, 1925)

*Sebastodes* (*Sebastosomus*) *thompsoni* Jordan *et* Hubbs, 1925: 93-436.
文献（**Reference**）：Ida, Iwasawa and Kamitori, 1982; Masuda, Amaoka, Araga *et al.*, 1984; Safran and Omori, 1990; Yamada, Shirai, Irie *et al.*, 1995; Huang, 2001.
分布（**Distribution**）：渤海，黄海.

### （2684）条平鲉 *Sebastes trivittatus* Hilgendorf, 1880

*Sebastes trivittatus* Hilgendorf, 1880: 166-172.
文献（**Reference**）：Ida, Iwasawa and Kamitori, 1982; Masuda, Amaoka, Araga *et al.*, 1984; Huang, 2001; Kim, Choi, Lee *et al.*, 2005; 伍汉霖，邵广昭，赖春福等, 2012.
分布（**Distribution**）：黄海.

## 831. 菖鲉属 *Sebastiscus* Jordan *et* Starks, 1904

### （2685）白斑菖鲉 *Sebastiscus albofasciatus* (Lacépède, 1802)

*Holocentrus albofasciatus* Lacépède, 1802: 1-728.
文献（**Reference**）：Masuda, Amaoka, Araga *et al.*, 1984; 沈世杰, 1993; Yamada, Shirai, Irie *et al.*, 1995; Shao, 1997; Ni and Kwok, 1999; Randall and Lim (eds.), 2000; Huang, 2001; 伍汉霖，邵广昭，赖春福等, 2012.
别名或俗名（**Used or common name**）：石狗公，石头鱼.
分布（**Distribution**）：东海，南海.

### （2686）褐菖鲉 *Sebastiscus marmoratus* (Cuvier, 1829)

*Sebastes marmoratus* Cuvier, 1829: 1-518.
*Sebasticus marmoratus* (Cuvier, 1829).
文献（**Reference**）：Morton, 1979; Shao, Kao and Lee, 1990; 沈世杰, 1993; Leung, 1994; Sadovy, 1998; Endo and Iwatsuki, 1998; Ni and Kwok, 1999; Randall and Lim (eds.), 2000; Chiu and Hsieh, 2001; Huang, 2001; 伍汉霖，邵广昭，赖春福等, 2012.
别名或俗名（**Used or common name**）：石狗公，石头鱼，狮瓮，红鲙仔.
分布（**Distribution**）：渤海，黄海，东海，南海.

### （2687）三色菖鲉 *Sebastiscus tertius* (Barsukov *et* Chen, 1978)

*Sebastes tertius* Barsukov *et* Chen, 1978: 179-193.
文献（**Reference**）：Masuda, Amaoka, Araga *et al.*, 1984; 沈世杰, 1993; Yamada, Shirai, Irie *et al.*, 1995; Shao, 1997; Ni and Kwok, 1999; Randall and Lim (eds.), 2000; Huang, 2001; 伍汉霖，邵广昭，赖春福等, 2012.
别名或俗名（**Used or common name**）：石狗公，石头鱼.
分布（**Distribution**）：南海.

## 832. 囊头鲉属 *Setarches* Johnson, 1862

### （2688）根室氏囊头鲉 *Setarches guentheri* Johnson, 1862

*Starches guentheri* Johnson, 1862: 167-180.
*Setarches fidjiensis* Günther, 1878.
*Bathysebastes albescens* Döderlein, 1884.
*Sebastes albescens* (Döderlein, 1884).
文献（**Reference**）：Herre, 1953b; Eschmeyer and Collette, 1966; Masuda, Amaoka, Araga *et al.*, 1984; Huang, 2001; Chinese Academy of Fishery Science (CAFS), 2007; 伍汉霖，邵广昭，赖春福等, 2012.

别名或俗名（**Used or common name**）：囊头鲉，赤鲉，石狗公，石头鱼.

分布（**Distribution**）：东海.

### （2689）长臂囊头鲉 *Setarches longimanus* (Alcock, 1894)

*Lioscorpius longiceps longimanus* Alcock, 1894: no page number.

*Starches longimanus* (Alcock, 1894).

*Lythrichthys eulabes* Jordan *et* Starks, 1904.

*Scorpaenella cypho* Fowler, 1938.

文献（**Reference**）：Matsubara, 1943; Eschmeyer and Collette, 1966; Masuda, Amaoka, Araga *et al.*, 1984; 沈世杰, 1993; Shao, 1997; Randall and Lim (eds.), 2000; Huang, 2001; 伍汉霖，邵广昭，赖春福等, 2012.

别名或俗名（**Used or common name**）：囊头鲉，赤鲉，石狗公，石头鱼.

分布（**Distribution**）：东海，南海.

## 833. 斯氏前鳍鲉属 *Snyderina* Jordan *et* Starks, 1901

### （2690）大眼斯氏前鳍鲉 *Snyderina yamanokami* Jordan *et* Starks, 1901

*Snyderina yamanokami* Jordan *et* Starks, 1901a: 381-386.

文献（**Reference**）：Jordan and Starks, 1901a: 381-386; Yamakawa, 1976; Masuda, Amaoka, Araga *et al.*, 1984; 沈世杰, 1993; Shao, 1997; Randall and Lim (eds.), 2000; Huang, 2001; 伍汉霖，邵广昭，赖春福等, 2012.

别名或俗名（**Used or common name**）：史氏鲉，石狗公，虎鱼.

分布（**Distribution**）：东海，南海.

## 834. 毒鲉属 *Synanceia* Bloch *et* Schneider, 1801

### （2691）毒鲉 *Synanceia horrida* (Linnaeus, 1766)

*Scorpaena horrida* Linnaeus, 1766: 1-532.

*Synanceia horrid* (Linnaeus, 1766).

*Synanceja horrida* (Linnaeus, 1766).

*Synanceia trachynis* Richardson, 1842.

文献（**Reference**）：Herre, 1935; Herre, 1953b; Conlu, 1982; Ni and Kwok, 1999; Randall and Lim (eds.), 2000; Huang, 2001; 伍汉霖，邵广昭，赖春福等, 2012.

分布（**Distribution**）：南海.

### （2692）玫瑰毒鲉 *Synanceia verrucosa* Bloch *et* Schneider, 1801

*Synanceia verrucosa* Bloch *et* Schneider, 1801: 1-584.

*Synanceichthys verrucosa* (Bloch *et* Schneider, 1801).

*Synanceichthys verrucosus* (Bloch *et* Schneider, 1801).

*Synanceja verrucosa* Bloch *et* Schneider, 1801.

文献（**Reference**）：Masuda, Amaoka, Araga *et al.*, 1984; 沈世杰, 1993; Chen, Shao and Lin, 1995; Lee and Sadovy, 1998; Randall and Lim (eds.), 2000; Huang, 2001; Adrim, Chen, Chen *et al.*, 2004; 伍汉霖，邵广昭，赖春福等, 2012.

别名或俗名（**Used or common name**）：肿瘤毒鲉，虎鱼，拗猪头，合笑，沙姜鲶仔，石头鱼.

分布（**Distribution**）：东海，南海.

## 835. 带鲉属 *Taenianotus* Lacépède, 1802

### （2693）三棘带鲉 *Taenianotus triacanthus* Lacépède, 1802

*Taenianothus triacanthus* Lacépède, 1802: 1-728.

*Taenianotus citrinellus* Gilbert, 1905.

文献（**Reference**）：Schultz, 1938; Masuda, Amaoka, Araga *et al.*, 1984; Shao, Shen, Chiu *et al.*, 1992; 沈世杰, 1993; Randall and Lim (eds.), 2000; Huang, 2001; Randall and Eschmeyer, 2001; 伍汉霖，邵广昭，赖春福等, 2012.

别名或俗名（**Used or common name**）：三棘高身鲉，石狗公，玫瑰绒鲉，石头鱼.

分布（**Distribution**）：南海.

## 836. 真裸皮鲉属 *Tetraroge* Günther, 1860

### （2694）无须真裸皮鲉 *Tetraroge nigra* (Cuvier, 1829)

*Apistus niger* Cuvier, 1829: 1-518.

*Gymnapistus niger* (Cuvier, 1829).

文献（**Reference**）：Masuda, Amaoka, Araga *et al.*, 1984; Randall and Lim (eds.), 2000.

别名或俗名（**Used or common name**）：淡水石狗公.

分布（**Distribution**）：南海.

## 837. 粗头鲉属 *Trachicephalus* Swainson, 1839

### （2695）瞻星粗头鲉 *Trachicephalus uranoscopus* (Bloch *et* Schneider, 1801)

*Synanceia uranoscopa* Bloch *et* Schneider, 1801: 1-584.

*Polycaulus uranoscopus* (Bloch *et* Schneider, 1801).

文献（**Reference**）：沈世杰, 1993; Randall and Lim (eds.), 2000; 伍汉霖，邵广昭，赖春福等, 2012.

别名或俗名（**Used or common name**）：騰头鲉，石狗公，石

头鱼.
分布 (**Distribution**)：东海，南海.

### 838. 高鳍鲉属 *Vespicula* Jordan *et* Richardson, 1910

**(2696) 粗高鳍鲉 *Vespicula trachinoides* (Cuvier, 1829)**
*Apistus trachinoides* Cuvier, 1829: 1-518.
*Prosopodasys bottae* Sauvage, 1878.
*Vespicula bottae* (Sauvage, 1878).
*Vespicula gogorzae* (Jordan *et* Seale, 1905).
**文献(Reference)**：Randall and Lim (eds.), 2000; Huang, 2001; 伍汉霖，邵广昭，赖春福等, 2012.
**分布 (Distribution)**：南海.

## (一九二) 头棘鲉科 Caracanthidae

### 839. 头棘鲉属 *Caracanthus* Krøyer, 1845

**(2697) 斑点头棘鲉 *Caracanthus maculatus* (Gray, 1831)**
*Micropus maculatus* Gray, 1831c: 20.
**文献 (Reference)**：Chang, Lee and Shao, 1978; Mizuno and Tominaga, 1980; Masuda, Amaoka, Araga *et al.*, 1984; 沈世杰, 1993; Chen, Shao and Lin, 1995; Randall and Lim (eds.), 2000; 伍汉霖，邵广昭，赖春福等, 2012.
**别名或俗名 (Used or common name)**：虎鱼.
**分布 (Distribution)**：东海，南海.

**(2698) 椭圆头棘鲉 *Caracanthus unipinna* (Gray, 1831)**
*Micropus unipinna* Gray, 1831c: 20.
*Caracanthus unipinnis* (Gray, 1831).
*Centropus staurophorus* Kner, 1860.
*Micropus longipinnis* Jatzow *et* Lenz, 1898.
**文献(Reference)**：Herre, 1953b; Mizuno and Tominaga, 1980; Masuda, Amaoka, Araga *et al.*, 1984; 沈世杰, 1993; Randall and Lim (eds.), 2000; 伍汉霖，邵广昭，赖春福等, 2012.
**别名或俗名 (Used or common name)**：虎鱼.
**分布 (Distribution)**：东海，南海.

## (一九三) 绒皮鲉科 Aploactinidae

### 840. 单棘鲉属 *Acanthosphex* Fowler, 1938

**(2699) 印度单棘鲉 *Acanthosphex leurynnis* (Jordan *et* Seale, 1905)**
*Prosopodasys leurynnis* Jordan *et* Seale, 1905b, 29 (1433): 517-529.
*Cocotropus dezwaani* Weber *et* de Beaufort, 1915.
**文献(Reference)**：Huang, 2001; Chinese Academy of Fishery Science (CAFS), 2007; 伍汉霖，邵广昭，赖春福等, 2012.
**分布 (Distribution)**：南海.

### 841. 疣鲉属(绒皮鲉属) *Aploactis* Temminck *et* Schlegel, 1843

**(2700) 相模湾疣鲉 *Aploactis aspera* (Richardson, 1845)**
*Synanceia aspera* Richardson, 1845: 71-98.
**文献(Reference)**：Masuda, Amaoka, Araga *et al.*, 1984; Shao, Chen, Kao *et al.*, 1993; 沈世杰, 1993; Randall and Lim (eds.), 2000; Huang, 2001; 伍汉霖，邵广昭，赖春福等, 2012.
**别名或俗名 (Used or common name)**：虎鱼.
**分布 (Distribution)**：东海，南海.

### 842. 虻鲉属 *Erisphex* Jordan *et* Starks, 1904

**(2701) 虻鲉 (蜂鲉) *Erisphex pottii* (Steindachner, 1896)**
*Cocotropus pottii* Steindachner, 1896: 197-230.
*Erisphex potti* (Steindachner, 1896).
*Eisphex achrurus* Regan, 1905.
**文献(Reference)**：Masuda, Amaoka, Araga *et al.*, 1984; Shao, Kao and Lee, 1990; Shao, Chen, Kao *et al.*, 1993; 沈世杰, 1993; Yamada, Shirai, Irie *et al.*, 1995; Ni and Kwok, 1999; Randall and Lim (eds.), 2000; Huang, 2001; Ohshimo, 2004; Zhang, Tang, Jin *et al.*, 2005; 伍汉霖，邵广昭，赖春福等, 2012.
**别名或俗名 (Used or common name)**：虎鱼.
**分布 (Distribution)**：渤海，黄海，东海，南海.

**(2702) 平滑虻鲉 *Erisphex simplex* Chen, 1981**
*Erisphex simplex* Chen, 1981: 1-60.
**文献 (Reference)**：Chen, 1981: 1-60; 沈世杰, 1993; Randall and Lim (eds.), 2000; Huang, 2001; 伍汉霖，邵广昭，赖春福等, 2012.
**别名或俗名 (Used or common name)**：虎鱼.
**分布 (Distribution)**：南海.

### 843. 绒棘鲉属 *Paraploactis* Bleeker, 1864

**(2703) 香港绒棘鲉 *Paraploactis hongkongiensis* (Chan, 1966)**
*Cocotropus hongkongiensis* Chan, 1966: 12-16.
**文献(Reference)**：Randall and Lim (eds.), 2000; 伍汉霖，邵广昭，赖春福等, 2012.

分布（Distribution）：南海.

**（2704）鹿儿岛绒棘鲉 *Paraploactis kagoshimensis* (Ishikawa, 1904)**

*Tetraroge kagoshimensis* Ishikawa, 1904: 1-17.

**文献（Reference）：**Masuda, Amaoka, Araga *et al.*, 1984; 沈世杰, 1993; Shao, 1997; Randall and Lim (eds.), 2000; Huang, 2001; 伍汉霖，邵广昭，赖春福等, 2012.

**别名或俗名（Used or common name）：**虎鱼.

**分布（Distribution）：**南海.

### 844. 发鲉属 *Sthenopus* Richardson, 1848

**（2705）发鲉 *Sthenopus mollis* Richardson, 1848**

*Stenopus mollis* Richardson, 1848: 1-28.

**文献（Reference）：**Randall and Lim (eds.), 2000; Huang, 2001; Chinese Academy of Fishery Science (CAFS), 2007; 伍汉霖，邵广昭，赖春福等, 2012.

**分布（Distribution）：**南海.

## （一九四）鲂鮄科 Triglidae

### 845. 绿鳍鱼属 *Chelidonichthys* Kaup, 1873

**（2706）大头绿鳍鱼 *Chelidonichthys ischyrus* Jordan *et* Thompson, 1914**

*Chelidonichthys ischyrus* Jordan *et* Thompson, 1914: 205-313.

**文献（Reference）：**Jordan *et* Thompson, 1914: 205-313; Masuda, Amaoka, Araga *et al.*, 1984.

**别名或俗名（Used or common name）：**鸡角，角仔鱼.

**分布（Distribution）：**东海，南海.

**（2707）绿鳍鱼 *Chelidonichthys kumu* (Cuvier, 1829)**

*Trigla kumu* Cuvier, 1829: 1-518.

*Trigla peronii* Cuvier, 1829.

**文献（Reference）：**Cheng, 1959; Morton, 1979; Francis, 1993; 沈世杰, 1993; Ni and Kwok, 1999; Huang, 2001; 伍汉霖，邵广昭，赖春福等, 2012.

**别名或俗名（Used or common name）：**鸡角，角仔鱼.

**分布（Distribution）：**东海.

**（2708）棘绿鳍鱼 *Chelidonichthys spinosus* (McClelland, 1844)**

*Trigla spinosa* McClelland, 1844: 390-413.

**文献（Reference）：**Masuda, Amaoka, Araga *et al.*, 1984; Yamada, Shirai, Irie *et al.*, 1995; Randall and Lim (eds.), 2000; Huang, 2001; 伍汉霖，邵广昭，赖春福等, 2012.

**别名或俗名（Used or common name）：**鸡角，角仔鱼.

**分布（Distribution）：**渤海，黄海，东海，南海.

### 846. 红娘鱼属 *Lepidotrigla* Günther, 1860

**（2709）深海红娘鱼 *Lepidotrigla abyssalis* Jordan *et* Starks, 1904**

*Lepidotrigla abyssalis* Jordan *et* Starks, 1904b: 577-630.

**文献（Reference）：**Nyström, 1887; Jordan and Starks, 1904b: pls. 1-8; 沈世杰, 1993; Yamada, Shirai, Irie *et al.*, 1995; Shao, 1997; Randall and Lim (eds.), 2000; Huang, 2001; 伍汉霖，邵广昭，赖春福等, 2012.

**别名或俗名（Used or common name）：**深海角鱼，鸡角，角仔鱼.

**分布（Distribution）：**东海，南海.

**（2710）翼红娘鱼 *Lepidotrigla alata* (Houttuyn, 1782)**

*Trigla alata* Houttuyn, 1782: 311-350.

**文献（Reference）：**Masuda, Amaoka, Araga *et al.*, 1984; Shao, Chen, Kao *et al.*, 1993; 沈世杰, 1993; Yamada, Shirai, Irie *et al.*, 1995; Shao, 1997; Ni and Kwok, 1999; Randall and Lim (eds.), 2000; Huang, 2001; 伍汉霖，邵广昭，赖春福等, 2012.

**别名或俗名（Used or common name）：**红双角鱼，鸡角，角仔鱼.

**分布（Distribution）：**黄海，东海，南海.

**（2711）贡氏红娘鱼 *Lepidotrigla guentheri* Hilgendorf, 1879**

*Lepidotrigla guentheri* Hilgendorf, 1879: 105-111.

**文献（Reference）：**Masuda, Amaoka, Araga *et al.*, 1984; 沈世杰, 1993; Yamada, Shirai, Irie *et al.*, 1995; Ni and Kwok, 1999; Huang, 2001; 伍汉霖，邵广昭，赖春福等, 2012.

**别名或俗名（Used or common name）：**贡氏角鱼，鸡角，角仔鱼.

**分布（Distribution）：**黄海，东海.

**（2712）姬红娘鱼 *Lepidotrigla hime* Matsubara *et* Hiyama, 1932**

*Lepidotrigla hime* Matsubara *et* Hiyama, 1932: 3-67.

**文献（Reference）：**Matsubara and Hiyama, 1932: 3-67; Masuda, Amaoka, Araga *et al.*, 1984; Huang, 2001; 伍汉霖，邵广昭，赖春福等, 2012.

**别名或俗名（Used or common name）：**姬角鱼，鸡角，角仔鱼.

**分布（Distribution）：**东海.

**（2713）日本红娘鱼 *Lepidotrigla japonica* (Bleeker, 1854)**

*Prionotus japonicus* Bleeker, 1854: 395-426.

**文献（Reference）：**Matsubara and Hiyama, 1932; Masuda,

Amaoka, Araga *et al.*, 1984; Richards, 1992; 沈世杰, 1993; Yamada, Shirai, Irie *et al.*, 1995; Ni and Kwok, 1999; Randall and Lim (eds.), 2000; Huang, 2001; 伍汉霖, 邵广昭, 赖春福等, 2012.

**别名或俗名（Used or common name）**：日本角鱼，鸡角，角仔鱼.

**分布（Distribution）**：东海，南海.

### （2714）尖鳍红娘鱼 *Lepidotrigla kanagashira* Kamohara, 1936

*Lepidotrigla kanagashira* Kamohara, 1936c: 1006-1008.

**文献（Reference）**：Kamohara, 1936c: 1006-1008; Masuda, Amaoka, Araga *et al.*, 1984; Ni and Kwok, 1999; Randall and Lim (eds.), 2000; Kim, Choi, Lee *et al.*, 2005; 伍汉霖，邵广昭，赖春福等, 2012.

**别名或俗名（Used or common name）**：尖鳍角鱼，鸡角，角仔鱼.

**分布（Distribution）**：东海，南海.

### （2715）岸上红娘鱼（尖棘红娘鱼）*Lepidotrigla kishinouyi* Snyder, 1911

*Lepidotrigla kishinouyei* Snyder, 1911: 525-549.

**文献（Reference）**：Snyder, 1911: 525-549; Masuda, Amaoka, Araga *et al.*, 1984; Shao, Chen, Kao *et al.*, 1993; 沈世杰, 1993; Yamada, Shirai, Irie *et al.*, 1995; Huang, 2001; 伍汉霖，邵广昭，赖春福等, 2012.

**别名或俗名（Used or common name）**：岸上氏角鱼，鸡角，角仔鱼.

**分布（Distribution）**：东海.

### （2716）鳞胸红娘鱼 *Lepidotrigla lepidojugulata* Li, 1981

*Lepidotrigla lepidojugulata* Li (李思忠), 1981: 295-300.

**文献（Reference）**：Randall and Lim (eds.), 2000; Huang, 2001; 伍汉霖，邵广昭，赖春福等, 2012.

**分布（Distribution）**：南海.

### （2717）长头红娘鱼 *Lepidotrigla longifaciata* Yatou, 1981

*Lepidotrigla longifaciata* Yatou, 1981: 263-266.

**文献（Reference）**：Masuda, Amaoka, Araga *et al.*, 1984; Huang, 2001; Chinese Academy of Fishery Science (CAFS), 2007; 伍汉霖，邵广昭，赖春福等, 2012.

**分布（Distribution）**：南海.

### （2718）长指红娘鱼 *Lepidotrigla longimana* Li, 1981

*Lepidotrigla longimana* Li (李思忠), 1981: 295-300.

**文献（Reference）**：Randall and Lim (eds.), 2000; Huang, 2001; 伍汉霖，邵广昭，赖春福等, 2012.

**分布（Distribution）**：南海.

### （2719）南海红娘鱼 *Lepidotrigla marisinensis* (Fowler, 1938)

*Pachytrigla marisinensis* Fowler, 1938: 31-135.

**文献（Reference）**：Randall and Lim (eds.), 2000; Huang, 2001; 伍汉霖，邵广昭，赖春福等, 2012.

**分布（Distribution）**：南海.

### （2720）小鳍红娘鱼 *Lepidotrigla microptera* Günther, 1873

*Lepidotrigla microptera* Günther, 1873: 239-250.

**文献（Reference）**：Masuda, Amaoka, Araga *et al.*, 1984; Yamada, Shirai, Irie *et al.*, 1995; Ni and Kwok, 1999; Chang and Kim, 1999; 伍汉霖，邵广昭，赖春福等, 2012.

**分布（Distribution）**：渤海，黄海，东海.

### （2721）大眼红娘鱼 *Lepidotrigla oglina* Fowler, 1938

*Lepidotrigla oglina* Fowler, 1938: 31-135.

**文献（Reference）**：Fowler, 1938: 31-135; Randall and Lim (eds.), 2000; Huang, 2001; 伍汉霖，邵广昭，赖春福等, 2012.

**别名或俗名（Used or common name）**：大眼红娘鱼，鸡角，角仔鱼.

**分布（Distribution）**：东海，南海.

### （2722）斑鳍红娘鱼 *Lepidotrigla punctipectoralis* Fowler, 1938

*Lepidotrigla punctipectoralis* Fowler, 1938: 31-135.

**文献（Reference）**：Fowler, 1938: 31-135; Herre, 1953b; Masuda, Amaoka, Araga *et al.*, 1984; Shao, Chen, Kao *et al.*, 1993; Ni and Kwok, 1999; Randall and Lim (eds.), 2000; Huang, 2001; 伍汉霖，邵广昭，赖春福等, 2012.

**别名或俗名（Used or common name）**：鸡角，角仔鱼.

**分布（Distribution）**：东海，南海.

### （2723）圆吻红娘鱼 *Lepidotrigla spiloptera* Günther, 1880

*Lepidotrigla spiloptera* Günther, 1880: 1-82.

**文献（Reference）**：Randall and Lim (eds.), 2000; 伍汉霖，邵广昭，赖春福等, 2012.

**分布（Distribution）**：东海，南海.

## 847. 角鲂鮄属 *Pterygotrigla* Waite, 1899

### （2724）尖棘角鲂鮄 *Pterygotrigla hemisticta* (Temminck *et* Schlegel, 1843)

*Trigla hemisticta* Temminck *et* Schlegel, 1843: 21-72.

*Otohime hemisticta* (Temminck *et* Schlegel, 1843).
*Pterigotrigla hemisticta* (Temminck *et* Schlegel, 1843).
*Prionotus alepis* Alcock, 1889.
**文献（Reference）**：Temminck and Schlegel, 1842; Masuda, Amaoka, Araga *et al.*, 1984; Shao, Chen, Kao *et al.*, 1993; 沈世杰, 1993; Ni and Kwok, 1999; Randall and Lim (eds.), 2000; Huang, 2001; 伍汉霖，邵广昭，赖春福等, 2012.
**别名或俗名（Used or common name）**：鸡角，角仔鱼.
**分布（Distribution）**：东海，南海.

#### （2725）长吻角鲂鮄 *Pterygotrigla macrorhynchus* Kamohara, 1936

*Pterygotrigla macrorhynchus* Kamohara, 1936a: 481-483.
*Parapterygotrigla macrorhynchus* (Kamohara, 1936).
*Dixiphistes macrorhynchus* Fowler, 1938.
*Dixiphichthys ferculum* Whitley, 1952.
**文献（Reference）**：Kamohara, 1936a: 481-483; Herre, 1953b; Masuda, Amaoka, Araga *et al.*, 1984; 沈世杰, 1993; Randall and Lim (eds.), 2000; Huang, 2001; 伍汉霖，邵广昭，赖春福等, 2012.
**别名或俗名（Used or common name）**：鸡角，角仔鱼.
**分布（Distribution）**：南海.

#### （2726）多斑角鲂鮄 *Pterygotrigla multiocellata* (Matsubara, 1937)

*Parapterygotrigla multiocellata* Matsubara, 1937b: 266-267.
**文献（Reference）**：Masuda, Amaoka, Araga *et al.*, 1984; 沈世杰, 1993; Randall and Lim (eds.), 2000; Huang, 2001; 伍汉霖，邵广昭，赖春福等, 2012.
**别名或俗名（Used or common name）**：鸡角，角仔鱼.
**分布（Distribution）**：东海，南海.

#### （2727）琉球角鲂鮄 *Pterygotrigla ryukyuensis* Matsubara *et* Hiyama, 1932

*Pterygotrigla ryukyuensis* Matsubara *et* Hiyama, 1932: 3-67.
**文献（Reference）**：Matsubara and Hiyama, 1932: 3-67; Masuda, Amaoka, Araga *et al.*, 1984; 沈世杰, 1993; Randall and Lim (eds.), 2000; Huang, 2001; 伍汉霖，邵广昭，赖春福等, 2012.
**别名或俗名（Used or common name）**：鸡角，角仔鱼.
**分布（Distribution）**：东海，南海.

## （一九五）黄鲂鮄科 Peristediidae

### 848. 轮头鲂鮄属 *Gargariscus* Smith, 1917

#### （2728）轮头鲂鮄 *Gargariscus prionocephalus* (Duméril, 1869)

*Peristethidion prionocephalum* Duméril, 1869: 93-116.
*Gargariscus undulatus* (Weber, 1913).
*Peristedion undulatum* Weber, 1913.
*Gargariscus semidentatus* Smith, 1917.
**文献（Reference）**：Duméril, 1869: 93-116; Talwar and Mukerjee, 1978; de la Paz and Interior, 1979; Masuda, Amaoka, Araga *et al.*, 1984; 沈世杰, 1993; Randall and Lim (eds.), 2000; Huang, 2001; 伍汉霖，邵广昭，赖春福等, 2012.
**别名或俗名（Used or common name）**：鸡角，角仔鱼.
**分布（Distribution）**：东海，南海.

### 849. 副半节鲂鮄属 *Paraheminodus* Kamohara, 1957

#### （2729）默氏副半节鲂鮄 *Paraheminodus murrayi* (Günther, 1880)

*Peristethus murrayi* Günther, 1880: 1-82.
*Satyrichthys murrayi* (Günther, 1880).
*Peristedium indicum* Brauer, 1906.
*Paraheminodus kochiensis* Kamohara, 1957.
**文献（Reference）**：Talwar and Mukerjee, 1978; Masuda, Amaoka, Araga *et al.*, 1984; 伍汉霖，邵广昭，赖春福等, 2012.
**别名或俗名（Used or common name）**：默氏拟角鱼，鸡角，角仔鱼.
**分布（Distribution）**：东海.

### 850. 黄鲂鮄属 *Peristedion* Lacépède, 1801

#### （2730）光吻黄鲂鮄 *Peristedion liorhynchus* (Günther, 1872)

*Peristethus liorhynchus* Günther, 1872: 652-675.
*Peristedion picturatum* McCulloch, 1926.
**文献（Reference）**：Talwar and Mukerjee, 1978; Masuda, Amaoka, Araga *et al.*, 1984; 沈世杰, 1993; Randall and Lim (eds.), 2000; 伍汉霖，邵广昭，赖春福等, 2012.
**别名或俗名（Used or common name）**：鸡角，角仔鱼.
**分布（Distribution）**：东海，南海.

#### （2731）黑带黄鲂鮄 *Peristedion nierstraszi* Weber, 1913

*Peristedion nierstraszi* Weber, 1913: 1-710.
**文献（Reference）**：Herre, 1953b; Masuda, Amaoka, Araga *et al.*, 1984; 沈世杰, 1993; Shao, 1997; Ni and Kwok, 1999; Randall and Lim (eds.), 2000; Huang, 2001; 伍汉霖，邵广昭，赖春福等, 2012.
**别名或俗名（Used or common name）**：鸡角，角仔鱼.
**分布（Distribution）**：南海.

#### （2732）东方黄鲂鮄 *Peristedion orientale* Temminck *et* Schlegel, 1843

*Peristedion orientale* Temminck *et* Schlegel, 1843: 21-72.

**文献（Reference）：**沈世杰, 1993; Yamada, Shirai, Irie *et al.*, 1995; Shao, 1997; Randall and Lim (eds.), 2000; Horie and Tanaka, 2000; Huang, 2001; 伍汉霖，邵广昭，赖春福等, 2012.
**别名或俗名（Used or common name）：**鸡角，角仔鱼，飞角.
**分布（Distribution）：**黄海，东海，南海.

## 851. 红魴鮄属 *Satyrichthys* Kaup, 1873

### （2733）菲律宾红魴鮄 *Satyrichthys clavilapis* Fowler, 1938

*Satyrichthys clavilapis* Fowler, 1938: 31-135.
*Aanthostedion rugosum* Fowler, 1943.
*Satyrichthys rugosus* (Fowler, 1943).
**文献（Reference）：**Randall and Lim (eds.), 2000.
**分布（Distribution）：**南海.

### （2734）阔头红魴鮄 *Satyrichthys laticeps* (Schlegel, 1852)

*Peristedion laticeps* Schlegel, 1848: 43-44.
*Peristethus halei* Day, 1888.
*Peristedion adeni* (Lloyd, 1907).
*Peristedion posthumaluva* Deraniyagala, 1936.
*Satyrichthys piercei* Fowler, 1938.
**文献（Reference）：**Randall and Lim (eds.), 2000; Huang, 2001; 伍汉霖，邵广昭，赖春福等, 2012.
**别名或俗名（Used or common name）：**大头红魴鮄，鸡角，角仔鱼.
**分布（Distribution）：**东海，南海.

### （2735）米勒氏魴鮄 *Satyrichthys milleri* Kawai, 2013

*Satyrichthys milleri* Kawai, 2013: 419-438.
**文献（Reference）：**Kawai, 2013: 419-438.
**别名或俗名（Used or common name）：**鸡角，角仔鱼.
**分布（Distribution）：**南海.

### （2736）摩鹿加红魴鮄 *Satyrichthys moluccense* (Bleeker, 1851)

*Peristedion moluccense* Bleeker, 1851: 17-27.
**文献（Reference）：**Okamura, Machida, Yamakawa *et al.*, 1985.
**别名或俗名（Used or common name）：**三须红魴鮄，三须平面黄魴鮄，鸡角，角仔鱼.
**分布（Distribution）：**东海.

### （2737）瑞氏红魴鮄 *Satyrichthys rieffeli* (Kaup, 1859)

*Peristethus rieffeli* Kaup, 1859: 103-107.
**文献（Reference）：**Talwar and Mukerjee, 1978; Yamada and Nakabo, 1983; Masuda, Amaoka, Araga *et al.*, 1984; Richards, Chong, Mak *et al.*, 1985; Shao, Chen, Kao *et al.*, 1993; 沈世杰, 1993; Yamada, Shirai, Irie *et al.*, 1995; Randall and Lim (eds.), 2000; Huang, 2001; 伍汉霖，邵广昭，赖春福等, 2012.
**别名或俗名（Used or common name）：**平面黄魴鮄，鸡角，角仔鱼.
**分布（Distribution）：**黄海，东海，南海.

### （2738）魏氏红魴鮄 *Satyrichthys welchi* (Herre, 1925)

*Peristedion welchi* Herre, 1925b: 291-295.
*Peristedion picturatum lingi* Whitley, 1933.
*Satyrichthys lingi* (Whitley, 1933).
**文献（Reference）：**Kyushin, Amaoka, Nakaya *et al.*, 1982; Masuda, Amaoka, Araga *et al.*, 1984; 沈世杰, 1993; Randall and Lim (eds.), 2000; Huang, 2001; 伍汉霖，邵广昭，赖春福等, 2012.
**别名或俗名（Used or common name）：**魏氏平面黄魴鮄，鸡角，角仔鱼，飞角.
**分布（Distribution）：**东海，南海.

## 852. 叉吻魴鮄属 *Scalicus*

### （2739）须叉吻魴鮄 *Scalicus amiscus* (Jordan *et* Starks, 1904)

*Peristedion amiscus* Jordan *et* Starks, 1904b: pls. 1-8.
*Satyrichthys amiscus* (Jordan *et* Starks, 1904).
**文献（Reference）：**Jordan and Starks, 1904; Masuda, Amaoka, Araga *et al.*, 1984; 沈世杰, 1993; Shao, 1997; Randall and Lim (eds.), 2000; Huang, 2001; 伍汉霖，邵广昭，赖春福等, 2012.
**别名或俗名（Used or common name）：**须红魴鮄，须平面黄魴鮄，鸡角，角仔鱼.
**分布（Distribution）：**东海，南海.

### （2740）褐缘叉吻魴鮄 *Scalicus hians* (Gilbert *et* Cramer, 1897)

*Peristedion hians* Gilbert *et* Cramer, 1897: 403-435.
*Satyrichthys hians* (Gilbert *et* Cramer, 1897).
**文献（Reference）：**Masuda, Amaoka, Araga *et al.*, 1984; Randall and Lim (eds.), 2000.
**别名或俗名（Used or common name）：**鸡角，角仔鱼.
**分布（Distribution）：**南海.

### （2741）锯棘叉吻魴鮄 *Scalicus serrulatus* (Alcock, 1898)

*Peristethus serrulatum* Alcock, 1898: 136-156.
*Satyrichthys serrulatus* (Alcock, 1898).

文献（Reference）：Masuda, Amaoka, Araga *et al.*, 1984; Randall and Lim (eds.), 2000.
别名或俗名（Used or common name）：鸡角，角仔鱼.
分布（Distribution）：南海.

## （一九六）红鲬科 Bembridae

### 853. 玫瑰鲬属 *Bembradium* Gilbert, 1905

**（2742）印度尼西亚玫瑰鲬 *Bembradium roseum* Gilbert, 1905**
*Bembradium roseum* Gilbert, 1905: 577-713.
文献（Reference）：Masuda, Amaoka, Araga *et al.*, 1984; 伍汉霖，邵广昭，赖春福等, 2012.
别名或俗名（Used or common name）：红牛尾.
分布（Distribution）：南海.

### 854. 红鲬属 *Bembras* Cuvier, 1829

**（2743）日本红鲬 *Bembras japonica* Cuvier, 1829**
*Bembras japonicus* Cuvier, 1829: 1-518.
文献（Reference）：Chen, 1969; Shao and Chen, 1987; Shao, Chen, Kao *et al.*, 1993; 沈世杰, 1993; Yamada, Shirai, Irie *et al.*, 1995; Imamura and Knapp, 1998; Randall and Lim (eds.), 2000; Huang, 2001.
别名或俗名（Used or common name）：红牛尾，赤鲬.
分布（Distribution）：东海，南海.

### 855. 短鲬属 *Parabembras* Bleeker, 1874

**（2744）短鲬 *Parabembras curtus* (Temminck *et* Schlegel, 1843)**
*Bembras curtus* Temminck *et* Schlegel, 1843: 21-72.
文献（Reference）：Jordan and Richardson, 1908; Masuda, Amaoka, Araga *et al.*, 1984; Shao and Chen (邵广昭和陈正平), 1987; 沈世杰, 1993; Randall and Lim (eds.), 2000; Huang, 2001; 伍汉霖，邵广昭，赖春福等, 2012.
别名或俗名（Used or common name）：红牛尾.
分布（Distribution）：渤海，黄海，东海，南海.

## （一九七）鲬科 Platycephalidae

### 856. 鳄鲬属 *Cociella* Whitley, 1940

**（2745）鳄鲬 *Cociella crocodila* (Cuvier, 1829)**
*Platycephalus crocodilus* Cuvier, 1829: 1-518.
文献（Reference）：Masuda, Amaoka, Araga *et al.*, 1984; 沈世杰, 1993; Carpenter and Niem, 1999; 伍汉霖，邵广昭，赖春福等, 2012.
别名或俗名（Used or common name）：正鳄牛尾鱼，正鳄鲬，竹甲，狗祈仔，牛尾.
分布（Distribution）：渤海，黄海，东海，南海.

### 857. 孔鲬属 *Cymbacephalus* Fowler, 1938

**（2746）博氏孔鲬 *Cymbacephalus beauforti* (Knapp, 1973)**
*Platycephalus beauforti* Knapp, 1973: 669-670.
文献（Reference）：Shao, 1997; Werner and Allen, 2000; 伍汉霖，邵广昭，赖春福等, 2012.
别名或俗名（Used or common name）：竹甲，狗祈仔，牛尾.
分布（Distribution）：东海，南海.

**（2747）孔鲬 *Cymbacephalus nematophthalmus* (Günther, 1860)**
*Platycephalus nematophthalmus* Günther, 1860: 1-548.
*Cymbacephalus nematopthalamus* (Günther, 1860).
*Papilloculiceps nematophthalmus* (Günther, 1860).
*Platycephalus nemathophthalmus* Günther, 1860.
文献（Reference）：Randall and Lim (eds.), 2000; Huang, 2001; 伍汉霖，邵广昭，赖春福等, 2012.
分布（Distribution）：南海.

### 858. 棘线鲬属 *Grammoplites* Fowler, 1904

**（2748）克氏棘线鲬 *Grammoplites knappi* Imamura *et* Amaoka, 1994**
*Grammoplites knappi* Imamura *et* Amaoka, 1994: 173-179.
文献（Reference）：Randall and Lim (eds.), 2000; 伍汉霖，邵广昭，赖春福等, 2012.
分布（Distribution）：南海.

**（2749）横带棘线鲬 *Grammoplites scaber* (Linnaeus, 1758)**
*Cottus scaber* Linnaeus, 1758: 1-824.
*Platycephalus scaber* (Linnaeus, 1758).
*Thysanophrys scaber* (Linnaeus, 1758).
*Platycephalus neglectus* Troschel, 1840.
文献（Reference）：Chen, 1969; Shao and Chen, 1987; Shao, Kao and Lee, 1990; Shao, Chen, Kao *et al.*, 1993; 沈世杰, 1993; Ni and Kwok, 1999; Kuo and Shao, 1999; Randall and Lim (eds.), 2000; Huang, 2001; 伍汉霖，邵广昭，赖春福等, 2012.
别名或俗名（Used or common name）：竹甲，狗祈仔，牛尾.
分布（Distribution）：东海，南海.

### 859. 瞳鲬属 *Inegocia* Jordan *et* Thompson, 1913

**（2750）日本瞳鲬 *Inegocia japonica* (Cuvier, 1829)**
*Platycephalus japonicus* Cuvier, 1829: 1-518.

*Silurus imberbis* Gmelin, 1789.
*Inegocia isacanthus* (Cuvier, 1829).
*Platycephalus borbonensis* Cuvier, 1829.
**文献（Reference）**：Jordan and Richardson, 1908; Shao and Chen, 1987; Shao, Chen, Kao *et al.*, 1993; 沈世杰, 1993; Leung, 1994; Ni and Kwok, 1999; Kuo and Shao, 1999; Randall and Lim (eds.), 2000; Huang, 2001; Adrim, Chen, Chen *et al.*, 2004; 伍汉霖，邵广昭，赖春福等, 2012.
**别名或俗名（Used or common name）**：竹甲，狗祈仔，牛尾.
**分布（Distribution）**：东海，南海.

**（2751）落合氏瞳鲬 *Inegocia ochiaii* Imamura, 2010**

*Inegocia ochiaii* Imamura, 2010: 21-29.
**文献（Reference）**：Imamura, 2010: 21-29; Matsubara and Ochiai, 1955; Chen, 1969; Shao and Chen, 1987; Nakabo, 1993; Shao, Chen, Kao *et al.*, 1993; Masuda and Kobayashi, 1994; Yamada, Shirai, Irie *et al.*, 1995; Lee and Joo, 1995; Lee and Joo, 1998; 伍汉霖，邵广昭，赖春福等, 2012.
**别名或俗名（Used or common name）**：竹甲，狗祈仔，牛尾.
**分布（Distribution）**：东海，南海.

## 860. 凹鳍鲬属 *Kumococius* Matsubara *et* Ochiai, 1955

**（2752）凹鳍鲬 *Kumococius rodericensis* (Cuvier, 1829)**

*Platycephalus rodericensis* Cuvier, 1829: 1-518.
*Kumococius rodericiensis* (Cuvier, 1829).
*Platycephalus timoriensis* Cuvier, 1829.
*Insidiator detrusus* Jordan *et* Seale, 1905.
**文献（Reference）**：Fowler and Bean, 1922; Masuda, Amaoka, Araga *et al.*, 1984; Chen and Yu, 1986; Shao and Chen, 1987; 沈世杰, 1993; Randall and Lim (eds.), 2000; Huang, 2001; 伍汉霖，邵广昭，赖春福等, 2012.
**别名或俗名（Used or common name）**：竹甲，狗祈仔，牛尾.
**分布（Distribution）**：东海，南海.

## 861. 鳞鲬属 *Onigocia* Jordan *et* Thompson, 1913

**（2753）大鳞鳞鲬 *Onigocia macrolepis* (Bleeker, 1854)**

*Platycephalus macrolepis* Bleeker, 1854: 395-426.
*Thysanophrys macrolepis* (Bleeker, 1854).
**文献（Reference）**：Matsubara and Ochiai, 1955; Masuda, Amaoka, Araga *et al.*, 1984; Sainsbury, Kailola and Leyland, 1985; Shao and Chen, 1987; 沈世杰, 1993; Ni and Kwok, 1999; Randall and Lim (eds.), 2000; Huang, 2001; Adrim, Chen, Chen *et al.*, 2004; 伍汉霖，邵广昭，赖春福等, 2012.
**别名或俗名（Used or common name）**：竹甲，狗祈仔，牛尾.
**分布（Distribution）**：东海，南海.

**（2754）锯齿鳞鲬 *Onigocia spinosa* (Temminck *et* Schlegel, 1843)**

*Platycephalus spinosus* Temminck *et* Schlegel, 1843: 21-72.
*Insidiator spinosus* (Temminck *et* Schlegel, 1843).
*Thysanophrys spinosus* (Temminck *et* Schlegel, 1843).
**文献（Reference）**：Jordan and Richardson, 1908; Matsubara and Ochiai, 1955; Chen, 1969; Masuda, Amaoka, Araga *et al.*, 1984; Sainsbury, Kailola and Leyland, 1985; Shao and Chen, 1987; Shao, Chen, Kao *et al.*, 1993; 沈世杰, 1993; Yamada, Shirai, Irie *et al.*, 1995; Randall and Lim (eds.), 2000; 伍汉霖，邵广昭，赖春福等, 2012.
**别名或俗名（Used or common name）**：竹甲，狗祈仔，牛尾.
**分布（Distribution）**：东海，南海.

## 862. 鲬属 *Platycephalus* Miranda Ribeiro, 1902

**（2755）鲬（印度鲬）*Platycephalus indicus* (Linnaeus, 1758)**

*Callionymus indicus* Linnaeus, 1758: 1-824.
*Cottus insidiator* Forsskål, 1775.
*Platycephalus insidiator* (Forsskål, 1775).
*Cottus madagascariensis* Lacépède, 1801.
**文献（Reference）**：Shao and Lim, 1991; Shao, Chen, Kao *et al.*, 1993; 沈世杰, 1993; Leung, 1994; Ni and Kwok, 1999; Kuo, Lin and Shao, 1999; Randall and Lim (eds.), 2000; Chiu and Hsieh, 2001; Huang, 2001; Xue, Jin, Zhang *et al.*, 2004; 伍汉霖，邵广昭，赖春福等, 2012.
**别名或俗名（Used or common name）**：竹甲，狗祈仔，牛尾.
**分布（Distribution）**：渤海，黄海，东海，南海.

## 863. 犬牙鲬属 *Ratabulus* Jordan *et* Hubbs, 1925

**（2756）犬牙鲬 *Ratabulus megacephalus* (Tanaka, 1917)**

*Thysanophrys megacephalus* Tanaka, 1917a: 7-12.
*Ratabulus megacephalua* (Tanaka, 1917).
**文献（Reference）**：Shao and Chen, 1987; Shao and Chen (邵

广昭和陈正平), 1987; 沈世杰, 1993; Yamada, Shirai, Irie *et al.*, 1995; Ni and Kwok, 1999; Randall and Lim (eds.), 2000; Huang, 2001; Shinohara, Endo, Matsuura *et al.*, 2001; 伍汉霖, 邵广昭, 赖春福等, 2012.

**别名或俗名（Used or common name）**：竹甲，狗祈仔，牛尾.

**分布（Distribution）**：东海，南海.

## 864. 倒棘鲬属 *Rogadius* Jordan *et* Richardson, 1908

**（2757）倒棘鲬 *Rogadius asper* (Cuvier, 1829)**

*Platycephalus asper* Cuvier, 1829: 1-518.

**文献（Reference）**：Jordan and Richardson, 1908; Matsubara and Ochiai, 1955; Masuda, Amaoka, Araga *et al.*, 1984; Shao and Chen, 1987; Shao, Chen, Kao *et al.*, 1993; 沈世杰, 1993; Yamada, Shirai, Irie *et al.*, 1995; Ni and Kwok, 1999; Randall and Lim (eds.), 2000; Huang, 2001; 伍汉霖, 邵广昭, 赖春福等, 2012.

**别名或俗名（Used or common name）**：竹甲，狗祈仔，牛尾.

**分布（Distribution）**：黄海，东海，南海.

**（2758）派氏倒棘鲬 *Rogadius patriciae* Knapp, 1987**

*Rogadius patriciae* Knapp, 1987: 53-55.

**文献（Reference）**：Chen and Shao (陈正平和邵广昭), 1993a; 沈世杰, 1993; Randall and Lim (eds.), 2000; Huang, 2001; Adrim, Chen, Chen *et al.*, 2004; 伍汉霖, 邵广昭, 赖春福等, 2012.

**别名或俗名（Used or common name）**：竹甲，狗祈仔，牛尾.

**分布（Distribution）**：东海，南海.

**（2759）锯铿倒棘鲬 *Rogadius pristiger* (Cuvier, 1829)**

*Platycephalus pristiger* Cuvier, 1829: 1-518.

**文献（Reference）**：Herre, 1953b; Randall and Lim (eds.), 2000; 伍汉霖, 邵广昭, 赖春福等, 2012.

**别名或俗名（Used or common name）**：竹甲，狗祈仔，牛尾.

**分布（Distribution）**：黄海，东海，南海.

## 865. 眶棘鲬属 *Sorsogona* Herre, 1934

**（2760）瘤眶棘鲬 *Sorsogona tuberculata* (Cuvier, 1829)**

*Platycephalus tuberculatus* Cuvier, 1829: 1-518.

*Onigocia tuberculatus* (Cuvier, 1829).

*Rogadius tuberculatus* (Cuvier, 1829).

*Thysanophrys tuberculatus* (Cuvier, 1829).

**文献（Reference）**：Fowler and Bean, 1922; Chen and Yu, 1986; Shao and Chen, 1987; 沈世杰, 1993; Ni and Kwok, 1999; Randall and Lim (eds.), 2000; Huang, 2001; 伍汉霖, 邵广昭, 赖春福等, 2012.

**别名或俗名（Used or common name）**：竹甲，狗祈仔，牛尾.

**分布（Distribution）**：东海，南海.

## 866. 大眼鲬属 *Suggrundus* Whitley, 1930

**（2761）大棘大眼鲬 *Suggrundus macracanthus* (Bleeker, 1869)**

*Platycephalus macracanthus* Bleeker, 1869b: 253-254.

*Platycephalus sundaicus* Bleeker, 1878.

*Suggrundus sundaicus* (Bleeker, 1878).

**文献（Reference）**：沈世杰, 1993; Randall and Lim (eds.), 2000; Huang, 2001; 伍汉霖, 邵广昭, 赖春福等, 2012.

**别名或俗名（Used or common name）**：竹甲，狗祈仔，牛尾.

**分布（Distribution）**：东海，南海.

**（2762）大眼鲬 *Suggrundus meerdervoortii* (Bleeker, 1860)**

*Platycephalus meerdervoorti* Bleeker, 1860: 1-104.

*Platycephalus meerdervoortii* Bleeker, 1860: 2-102.

*Suggrundus meerdervoorti* (Bleeker, 1860).

*Platycephalus rudis* Günther, 1877.

**文献（Reference）**：Jordan and Snyder, 1900; Shao and Chen (邵广昭和陈正平), 1987; 沈世杰, 1993; Kuo and Shao, 1999; Randall and Lim (eds.), 2000; Huang, 2001; 伍汉霖, 邵广昭, 赖春福等, 2012.

**别名或俗名（Used or common name）**：竹甲，狗祈仔，牛尾.

**分布（Distribution）**：黄海，东海，南海.

## 867. 苏纳鲬属 *Sunagocia* Imamura, 2003

**（2763）沙栖苏纳鲬 *Sunagocia arenicola* (Schultz, 1966)**

*Thysanophrys arenicola* Schultz, 1966: 1-176.

*Eurycephalus arenicola* (Schultz, 1966).

*Platycephalus arenicola* (Schultz, 1966).

**文献（Reference）**：Masuda, Amaoka, Araga *et al.*, 1984; Shao and Chen, 1987; 沈世杰, 1993; Randall and Lim (eds.), 2000; 伍汉霖, 邵广昭, 赖春福等, 2012.

**别名或俗名（Used or common name）**：沙地缝牛尾鱼，竹甲，狗祈仔，牛尾.

分布（Distribution）：东海，南海.

**（2764）粒唇苏纳鲬 *Sunagocia otaitensis* (Cuvier, 1829)**

*Cottus otaitensis* Cuvier, 1829: 1-518.
*Eurycephalus otaitensis* (Cuvier, 1829).
*Thysanophrys malayanus* (Bleeker, 1854).
*Platycephalus variolosus* Günther, 1876.

**文献（Reference）**：Herre, 1953b; Shao and Chen, 1987; 沈世杰, 1993; Randall and Lim (eds.), 2000; 伍汉霖，邵广昭，赖春福等, 2012.

**别名或俗名（Used or common name）**：乳瓣缕牛尾鱼，竹甲，狗祈仔，牛尾.

**分布（Distribution）**：南海.

## 868. 缕鲬属 *Thysanophrys* Ogilby, 1898

**（2765）西里伯斯缕鲬 *Thysanophrys celebica* (Bleeker, 1854)**

*Platycephalus celebicus* Bleeker, 1854i: 449-452.
*Thysanophrys celebicus* (Bleeker, 1855).
*Thysanophrys arenicola* Schultz, 1966: 1.
*Platycephalus pristis* Peters, 1855.
*Platycephalus horai* de Beaufort, 1956.

**文献（Reference）**：Bleeker, 1854: 449-452; Herre, 1953b; Shao and Chen, 1987; Shao, Chen, Kao *et al.*, 1993; 沈世杰, 1993; Randall and Lim (eds.), 2000; Huang, 2001; 伍汉霖，邵广昭，赖春福等, 2012.

**别名或俗名（Used or common name）**：竹甲，狗祈仔，牛尾.

**分布（Distribution）**：南海.

**（2766）窄眶缕鲬 *Thysanophrys chiltonae* Schultz, 1966**

*Thysanophrys chiltonae* Schultz, 1966: 1-176.
*Cociella chiltonae* (Schultz, 1966).
*Inegocia chiltonae* (Schultz, 1966).
*Thysanophrys chiltoni* Schultz, 1966.

**文献（Reference）**：Schultz, 1966: 1; Masuda, Amaoka, Araga *et al.*, 1984; Shao and Chen, 1987; 沈世杰, 1993; Randall and Lim (eds.), 2000; Huang, 2001; 伍汉霖，邵广昭，赖春福等, 2012.

**别名或俗名（Used or common name）**：竹甲，狗祈仔，牛尾.

**分布（Distribution）**：东海，南海.

**（2767）长吻缕鲬 *Thysanophrys longirostris* (Shao *et* Chen, 1987)**

*Suggrundus longirostris* Shao *et* Chen, 1987a: 77-94.

**文献（Reference）**：Shao and Chen, 1987; 沈世杰, 1993; Ni and Kwok, 1999; Randall and Lim (eds.), 2000; Huang, 2001; 伍汉霖，邵广昭，赖春福等, 2012.

**别名或俗名（Used or common name）**：竹甲，狗祈仔，牛尾.

**分布（Distribution）**：南海.

# （一九八）棘鲬科 Hoplichthyidae

## 869. 棘鲬属 *Hoplichthys* Cuvier, 1829

**（2768）黄带棘鲬 *Hoplichthys fasciatus* Matsubara, 1937**

*Hoplichthys fasciatus* Matsubara, 1937a: 264-265.

**文献（Reference）**：Matsubara, 1937a: 264-265; Masuda, Amaoka, Araga *et al.*, 1984; 沈世杰, 1993; Shao, 1997; Randall and Lim (eds.), 2000; Huang, 2001; 伍汉霖，邵广昭，赖春福等, 2012.

**别名或俗名（Used or common name）**：针牛尾.

**分布（Distribution）**：南海.

**（2769）吉氏棘鲬 *Hoplichthys gilberti* Jordan *et* Richardson, 1908**

*Hoplichthys gilberti* Jordan *et* Richardson, 1908: 629-670.

**文献（Reference）**：Jordan *et* Richardson, 1908: 629-670; Akira, 1955; Masuda, Amaoka, Araga *et al.*, 1984; 沈世杰, 1993; Yamada, Shirai, Irie *et al.*, 1995; Randall and Lim (eds.), 2000; Huang, 2001; 伍汉霖，邵广昭，赖春福等, 2012.

**别名或俗名（Used or common name）**：针牛尾.

**分布（Distribution）**：东海，南海.

**（2770）蓝氏棘鲬 *Hoplichthys langsdorfii* Cuvier, 1829**

*Hoplichthys langsdorfii* Cuvier, 1829: 1-518.
*Oplichthys langsdorfii* Cuvier, 1829.

**文献（Reference）**：Masuda, Amaoka, Araga *et al.*, 1984; 沈世杰, 1993; Shao, 1997; Randall and Lim (eds.), 2000; Huang, 2001; 伍汉霖，邵广昭，赖春福等, 2012.

**别名或俗名（Used or common name）**：针牛尾.

**分布（Distribution）**：东海，南海.

**（2771）长指棘鲬（雷氏棘鲬）*Hoplichthys regani* Jordan, 1908**

*Hoplichthys regani* Jordan, 1908: 800-811.

**文献（Reference）**：Jordan *et* Richardson, 1908a: 629-670; Masuda, Amaoka, Araga *et al.*, 1984; 沈世杰, 1993; Randall and Lim (eds.), 2000; Huang, 2001; 伍汉霖，邵广昭，赖春福等, 2012.

**别名或俗名（Used or common name）**：针牛尾.

**分布（Distribution）**：东海，南海.

## （一九九）六线鱼科 Hexagrammidae

### 870. 六线鱼属 *Hexagrammos* Tilesius, 1810

**（2772）斑头六线鱼 *Hexagrammos agrammus* (Temminck *et* Schlegel, 1843)**

*Labrax agrammus* Temminck *et* Schlegel, 1843: 21-72.
*Agrammus agrammus* (Temminck *et* Schlegel, 1843).
*Hexamogrammos agrammus* (Temminck *et* Schlegel, 1843).
*Agrammus schlegelii* Günther, 1860.

**文献（Reference）**：Safran and Omori, 1990; Kurita, Sano and Shimizu, 1991; Horinouchi and Sano, 2000; Huang, 2001; An and Huh, 2002; 伍汉霖，邵广昭，赖春福等, 2012.

**分布（Distribution）**：渤海，黄海，东海.

**（2773）兔头六线鱼 *Hexagrammos lagocephalus* (Pallas, 1810)**

*Labrax lagocephalus* Pallas, 1810: 382-398.
*Labrax lagocephalus* Pallas, 1810.
*Labrax superciliosus* Pallas, 1810.
*Chirus pictus* Girard, 1854.

**文献（Reference）**：Masuda, Amaoka, Araga *et al.*, 1984; Huang, 2001; 伍汉霖，邵广昭，赖春福等, 2012.

**分布（Distribution）**：渤海，黄海，东海.

**（2774）叉线六线鱼 *Hexagrammos octogrammus* (Pallas, 1814)**

*Labrax octogrammus* Pallas, 1814: 1-428.
*Chirus ordinatus* Cope, 1873.
*Octogrammus pallasi* Bleeker, 1874.

**文献（Reference）**：Masuda, Amaoka, Araga *et al.*, 1984; Pushchina and Antonenko, 2000; Huang, 2001; Kim, Choi, Lee *et al.*, 2005; 伍汉霖，邵广昭，赖春福等, 2012.

**分布（Distribution）**：渤海，黄海.

**（2775）大泷六线鱼 *Hexagrammos otakii* Jordan *et* Starks, 1895**

*Hexagrammos otakii* Jordan *et* Starks, 1895: 785-855.
*Hexagrammos aburaco* Jordan *et* Starks, 1903.
*Hexagrammos pingi* Wu *et* Wang, 1931.

**文献（Reference）**：Yamada, Shirai, Irie *et al.*, 1995; Fujita, Kitagawa, Okuyama *et al.*, 1995; Huang, 2001; An and Huh, 2002; 伍汉霖，邵广昭，赖春福等, 2012.

**分布（Distribution）**：渤海，黄海，东海.

## （二〇〇）旋杜父鱼科 Ereuniidae

### 871. 旋杜父鱼属 *Ereunias* Jordan *et* Snyder, 1901

**（2776）神奈川旋杜父鱼 *Ereunias grallator* Jordan *et* Snyder, 1901**

*Ereunias grallator* Jordan *et* Snyder, 1901a: 377-380.

**文献（Reference）**：Jordan and Snyder, 1901a: 377-380; Schmidt, 1928; Masuda, Amaoka, Araga *et al.*, 1984; Huang, 2001; 伍汉霖，邵广昭，赖春福等, 2012.

**别名或俗名（Used or common name）**：冰鱼，杜父鱼.

**分布（Distribution）**：东海，南海.

### 872. 丸川杜父鱼属 *Marukawichthys* Sakamoto, 1931

**（2777）游走丸川杜父鱼 *Marukawichthys ambulator* Sakamoto, 1931**

*Marukawichthys ambulator* Sakamoto, 1931: 53-56.

**文献（Reference）**：Masuda, Amaoka, Araga *et al.*, 1984; 伍汉霖，邵广昭，赖春福等, 2012.

**别名或俗名（Used or common name）**：游走丸川冰鱼，杜父鱼.

**分布（Distribution）**：南海.

## （二〇一）杜父鱼科 Cottidae

### 873. 细杜父鱼属 *Cottiusculus* Jordan *et* Starks, 1904

**（2778）日本细杜父鱼 *Cottiusculus gonez* Jordan, 1904**

*Cottiusculus gonez* Jordan, 1904: 231-335.

**文献（Reference）**：Masuda, Amaoka, Araga *et al.*, 1984; Fujita, Kitagawa, Okuyama *et al.*, 1995; Huang, 2001; Kai and Nakabo, 2009; 伍汉霖，邵广昭，赖春福等, 2012.

**分布（Distribution）**：黄海，东海.

### 874. 杜父鱼属 *Cottus* Linnaeus, 1758

*Cottus* Linnaeus, 1758: 264.

**（2779）克氏杜父鱼 *Cottus czerskii* Berg, 1913**

*Cottus czerskii* Berg, 1913: 11-21; Mori, 1927; 任慕莲, 1981: 172; 成庆泰和郑葆珊, 1987: 485; 张觉民, 1995: 238; 董崇智，李怀明，牟振波等, 2001: 214; 金鑫波, 2006: 577; 解玉浩, 2007: 359.

**别名或俗名（Used or common name）**：燕杜父鱼，谢氏杜父鱼.

**分布（Distribution）**：图们江和黑龙江. 国外分布于俄罗斯和朝鲜.

**（2780）图们江杜父鱼 *Cottus hangiongensis* Mori, 1930**

*Cottus hangiongensis* Mori, 1930: 39-49; Watanabe, 1960; 成庆泰和郑葆珊, 1987: 485; 朱松泉, 1995: 189; 董崇智，李

怀明, 牟振波等, 2001: 215; 金鑫波, 2006: 575.
**分布（Distribution）**：图们江. 国外分布于日本, 朝鲜等.

**（2781）杂色杜父鱼 *Cottus poecilopus* Heckel, 1839**
*Cottus poecilopus* Heckel, 1839: 143-164; Mori, 1927: 8; Mori, 1952: 161; 任慕莲, 1981: 171; Mou, 1987: 402; 成庆泰和郑葆珊, 1987: 485; 张觉民, 1995: 237; 朱松泉, 1995: 189; 董崇智, 李怀明, 牟振波等, 2001: 213; 金鑫波, 2006: 579; 解玉浩, 2007: 358.
**别名或俗名（Used or common name）**：花杜父鱼.
**分布（Distribution）**：鸭绿江, 图们江, 松花江, 黑龙江, 辽河, 碧流河等. 国外分布于朝鲜, 俄罗斯 (远东地区) 和北欧各国.

**（2782）拇指杜父鱼 *Cottus pollux* Günther, 1873**
*Cottus pollux* Günther, 1873: 239-250; Jordan *et* Starks, 1904a: 267; 王以康, 1958: 511; Watanabe, 1960: 119; 成庆泰和郑葆珊, 1987: 485; 金鑫波, 2006: 572.
*Cottus hilgendorfi*: Steindachner *et* Doderlein, 1884: 40.
*Cottus nozawae* Snyder, 1911: 537.
**别名或俗名（Used or common name）**：孪杜父鱼.
**分布（Distribution）**：依 Günther (1873) 曾见于上海 (淡水). 国外分布于日本.

**（2783）阿尔泰杜父鱼 *Cottus sibiricus altaicus* Li *et* Ho, 1966**
*Cottus sibiricus altaieus* Li *et* Ho (李思忠和何振威, 见李思忠, 戴定远, 张世义等), 1966: 41-56; Li *et* Ho, 1979: 57; 成庆泰和郑葆珊, 1987: 485; 朱松泉, 1995: 189; 金鑫波, 2006: 574.
**分布（Distribution）**：额尔齐斯河流域.
**保护等级（Protection class）**：省 (自治区) II 级 (新疆).

## 875. 叉杜父鱼属 *Furcina* Jordan *et* Starks, 1904

**（2784）日本宽叉杜父鱼 *Furcina osimae* Jordan *et* Starks, 1904**
*Furcina osimae* Jordan *et* Starks, 1904a: 231-335.
**文献（Reference）**：Masuda, Amaoka, Araga *et al.*, 1984; Kim, Choi, Lee *et al.*, 2005; 伍汉霖, 邵广昭, 赖春福等, 2012.
**分布（Distribution）**：黄海.

## 876. 鳞舌杜父鱼属 *Lepidobero* Qin *et* Jin, 1992

**（2785）中华鳞舌杜父鱼 *Lepidobero sinensis* Qin *et* Jin, 1992**
*Lepidobero sinensis* Qin *et* Jin, 1992: 1-5.
**文献（Reference）**：Qin and Jin, 1992: 1-5; 伍汉霖, 邵广昭, 赖春福等, 2012.
**分布（Distribution）**：黄海.

## 877. 中杜父鱼属 *Mesocottus* Gratzianov, 1907

*Mesocottus* Gratzianov, 1907: 660.

**（2786）中杜父鱼 *Mesocottus haitej* (Dybowski, 1869)**
*Cottus haitej* Dybowski, 1869: 945-958.
*Mesocottus haitej*: 任慕莲, 1981: 171; 成庆泰和郑葆珊, 1987: 484; 张觉民, 1995: 236; 董崇智, 李怀明, 牟振波等, 2001: 209; 金鑫波, 2006: 567; 解玉浩, 2007: 355.
**别名或俗名（Used or common name）**：黑龙江中杜父鱼.
**分布（Distribution）**：黑龙江和乌苏里江. 国外分布于俄罗斯阿穆尔河水系, 萨哈林岛 (库页岛) 等.
**保护等级（Protection class）**：省级 (黑龙江).

## 878. 钩棘杜父鱼属 *Porocottus* Gill, 1859

**（2787）艾氏钩棘杜父鱼 *Porocottus allisi* (Jordan *et* Starks, 1904)**
*Crossias allisi* Jordan *et* Starks, 1904a: 231-335.
**文献（Reference）**：Masuda, Amaoka, Araga *et al.*, 1984; Chinese Academy of Fishery Science (CAFS), 2007; 伍汉霖, 邵广昭, 赖春福等, 2012.
**分布（Distribution）**：黄海.

## 879. 鳚杜父鱼属 *Pseudoblennius* Temminck *et* Schlegel, 1850

**（2788）银带鳚杜父鱼 *Pseudoblennius cottoides* (Richardson, 1848)**
*Podabrus cottoides* Richardson, 1848: 1-28.
**文献（Reference）**：Arai and Fujiki, 1978; Horinouchi and Sano, 2000; Huang, 2001; An and Huh, 2002; Chinese Academy of Fishery Science (CAFS), 2007; 伍汉霖, 邵广昭, 赖春福等, 2012.
**分布（Distribution）**：黄海.

## 880. 粗鳞鲬属 *Stlengis* Jordan *et* Starks, 1904

**（2789）三崎粗鳞鲬 *Stlengis misakia* (Jordan *et* Starks, 1904)**
*Schmidtia misakia* Jordan *et* Starks, 1904a: 231-335.
**文献（Reference）**：Masuda, Amaoka, Araga *et al.*, 1984; Nelson, 1985; 伍汉霖, 邵广昭, 赖春福等, 2012.

**别名或俗名（Used or common name）**：单侧粗鳞鲬，杜父鱼.
**分布（Distribution）**：东海，南海.

### 881. 淞江鲈属 *Trachidermus* Heckel, 1839

*Trachidermus* Heckel, 1839: 159.

**(2790)淞江鲈 *Trachidermus fasciatus* Heckel, 1839**

*Trachidermus fasciatus* Heckel, 1839: 143-164; 成庆泰和郑葆珊, 1987: 484; 朱松泉, 1995: 188; 成庆泰和周才武, 1997: 437; 刘明玉，解玉浩和季达明, 2000: 410; Wang, Wang, Li *et al.* (王所安，王志敏，李国良等), 2001: 300; 金鑫波, 2006: 569; 伍汉霖，邵广昭，赖春福等, 2012: 205.
**别名或俗名（Used or common name）**：四鳃鲈，松江鲈鱼.
**分布（Distribution）**：洄游性鱼类，黄渤海和东海及其一些通江河流（如吉林，山东，上海，浙江等一些沿海河流的下游）. 国外分布于朝鲜半岛和日本.
**保护等级（Protection class）**：国家 II 级.

### 882. 尖头杜父鱼属 *Vellitor* Jordan *et* Starks, 1904

**(2791)尖头杜父鱼 *Vellitor centropomus* (Richardson, 1848)**

*Podabrus centropomus* Richardson, 1848: 1-28.
**文献（Reference）**：Masuda, Amaoka, Araga *et al.*, 1984; Horinouchi and Sano, 2000; Huang, 2001; Chinese Academy of Fishery Science (CAFS), 2007; 伍汉霖，邵广昭，赖春福等, 2012.
**分布（Distribution）**：黄海.

## （二〇二）绒杜父鱼科 Hemitripteridae

### 883. 绒杜父鱼属 *Hemitripterus* Cuvier, 1829

**(2792)绒杜父鱼 *Hemitripterus villosus* (Pallas, 1814)**

*Cottus villosus* Pallas, 1814: 1-428.
*Hemitripterus sinensis* Sauvage, 1873.
*Hemitripterus cavifrons* Lockington, 1880.
**文献（Reference）**：Yamada, Shirai, Irie *et al.*, 1995; Fujita, Kitagawa, Okuyama *et al.*, 1995; Huang, 2001; Chinese Academy of Fishery Science (CAFS), 2007; 伍汉霖，邵广昭，赖春福等, 2012.
**分布（Distribution）**：黄海.

## （二〇三）八角鱼科 Agonidae

### 884. 隆背八角鱼属 *Percis* Walbaum, 1792

**(2793)松原隆背八角鱼 *Percis matsuii* Matsubara, 1936**

*Percis matsuii* Matsubara, 1936a: 355-360.
**文献(Reference)**：Matsubara, 1936a: 355-360; Masuda, Amaoka, Araga *et al.*, 1984; 伍汉霖，邵广昭，赖春福等, 2012.
**别名或俗名（Used or common name）**：八角鱼.
**分布（Distribution）**：南海.

### 885. 足沟鱼属 *Podothecus* Gill, 1861

**(2794)似鲟足沟鱼 *Podothecus sturioides* (Guichenot, 1869)**

*Paragonus sturioides* Guichenot, 1869: 193-206.
*Agonus sturioides* (Guichenot, 1869).
*Agonus gilberti* Collett, 1895.
*Podothecus accipiter* Jordan *et* Starks, 1895.
**文献（Reference）**：Masuda, Amaoka, Araga *et al.*, 1984; Huang, 2001; Kim, Choi, Lee *et al.*, 2005; 伍汉霖，邵广昭，赖春福等, 2012.
**分布（Distribution）**：黄海.

### 886. 柄八角鱼属 *Sarritor* Cramer, 1896

**(2795)锯鼻柄八角鱼 *Sarritor frenatus* (Gilbert, 1896)**

*Odontopyxis frenatus* Gilbert, 1896: 393-476.
*Leptagonus frenatus* (Gilbert, 1896).
*Sarritor frenatus frenatus* (Gilbert, 1896).
*Sarritor frenatus occidentalis* Lindberg *et* Andriashev, 1937.
**文献（Reference）**：Masuda, Amaoka, Araga *et al.*, 1984; 伍汉霖，邵广昭，赖春福等, 2012.
**分布（Distribution）**：黄海.

## （二〇四）隐棘杜父鱼科 Psychrolutidae

### 887. 隐棘杜父鱼属 *Psychrolutes* Günther, 1861

**(2796)光滑隐棘杜父鱼 *Psychrolutes inermis* (Vaillant, 1888)**

*Cottunculus inermis* Vaillant, 1888: 1-406.
**文献（Reference）**：Suzuki and Kimura, 1980; Masuda, Amaoka, Araga *et al.*, 1984; Nelson, Chirichigus and Balbontin, 1985; Huang, 2001; 伍汉霖，邵广昭，赖春福等, 2012.
**别名或俗名（Used or common name）**：杜父鱼.
**分布（Distribution）**：东海.

**(2797)寒隐棘杜父鱼 *Psychrolutes paradoxus* Günther, 1861**

*Psychrolutes paradoxus* Günther, 1861a: 1-586.
*Psychrolutes zebra* Bean, 1890.

**文献（Reference）**：Masuda, Amaoka, Araga *et al.*, 1984; Kim, Choi, Lee *et al.*, 2005; Choi, 2010; 伍汉霖, 邵广昭, 赖春福等, 2012.
**分布（Distribution）**：黄海, 南海.

**（2798）变色隐棘杜父鱼 *Psychrolutes phrictus* Stein *et* Bond, 1978**
*Psychrolutes phrictus* Stein *et* Bond, 1978: 1-9.
**文献（Reference）**：Stein and Bond, 1978: 1-9; Masuda, Amaoka, Araga *et al.*, 1984; 伍汉霖, 邵广昭, 赖春福等, 2012.
**别名或俗名（Used or common name）**：杜父鱼.
**分布（Distribution）**：东海.

## （二〇五）圆鳍鱼科 Cyclopteridae

### 888. 雀鱼属 *Lethotremus* Gilbert, 1896

**（2799）雀鱼 *Lethotremus awae* Jordan *et* Snyder, 1902**
*Lethotremus awae* Jordan *et* Snyder, 1902: 343-351.
**文献（Reference）**：Masuda, Amaoka, Araga *et al.*, 1984; Huang, 2001; 伍汉霖, 邵广昭, 赖春福等, 2012.
**分布（Distribution）**：渤海, 黄海.

## （二〇六）狮子鱼科 Liparidae

### 889. 短吻狮子鱼属 *Careproctus* Krøyer, 1862

**（2800）中华短吻狮子鱼 *Careproctus sinensis* Gilbert *et* Burke, 1912**
*Careproctus sinensis* Gilbert *et* Burke, 1912: 351-380.
**文献（Reference）**：Masuda, Amaoka, Araga *et al.*, 1984.
**分布（Distribution）**：东海.

### 890. 狮子鱼属 *Liparis* Scopoli, 1777

**（2801）网纹狮子鱼（烟台狮子鱼） *Liparis chefuensis* Wu *et* Wang, 1933**
*Liparis chefuensis* Wu *et* Wang, 1933: 77-86.
**文献（Reference）**：Huang, 2001; Kim, Choi, Lee *et al.*, 2005; Chinese Academy of Fishery Science (CAFS), 2007; 伍汉霖, 邵广昭, 赖春福等, 2012.
**分布（Distribution）**：渤海, 黄海.

**（2802）斑纹狮子鱼 *Liparis maculatus* Krasyukova, 1984**
*Liparis maculatus* Krasyukova, 1984: 5-16.
**文献（Reference）**：Krasyukova, 1984: 5-16; Lindberg and Krasyukova, 1987; Chernova, 2008; 伍汉霖, 邵广昭, 赖春福等, 2012.
**分布（Distribution）**：黄海.

**（2803）黄海狮子鱼（点纹狮子鱼）*Liparis newmani* Cohen, 1960**
*Liparis newmani* Cohen, 1960: 15-20.
**文献（Reference）**：Cohen, 1960: 15-20; Lindberg and Krasyukova, 1987; Chernova, Stein and Andriashev, 2004; Chernova, 2008; 伍汉霖, 邵广昭, 赖春福等, 2012.
**分布（Distribution）**：黄海.

**（2804）河北狮子鱼 *Liparis petschiliensis* (Rendahl, 1926)**
*Cyclogaster petschiliensis* Rendahl, 1926: 184-186.
**文献（Reference）**：Huang, 2001; 伍汉霖, 邵广昭, 赖春福等, 2012.
**分布（Distribution）**：黄海.

**（2805）田中狮子鱼 *Liparis tanakae* (Gilbert *et* Burke, 1912)**
*Cyclogaster tanakae* Gilbert *et* Burke, 1912: 351-380.
*Liparis tanakai* (Gilbert *et* Burke, 1912).
*Loparis tanakae* (Gilbert *et* Burke, 1912).
**文献（Reference）**：Wang, 1993; Rhodes, 1998; Chang and Kim, 1999; Huang, 2001; An and Huh, 2002; Sokolovskii and Sokolovskaya, 2003; Zhang, Tang, Jin *et al.*, 2005; Tomiyama, Yamada and Yoshida, 2013; 伍汉霖, 邵广昭, 赖春福等, 2012.
**分布（Distribution）**：黄海, 东海.

### 891. 副狮子鱼属 *Paraliparis* Collett, 1879

**（2806）南方副狮子鱼 *Paraliparis meridionalis* Kido, 1985**
*Paraliparis meridionalis* Kido, 1985: 362-368.
**文献（Reference）**：Kido, 1985: 362-368; Huang, 2001; 伍汉霖, 邵广昭, 赖春福等, 2012.
**分布（Distribution）**：黄海, 东海.

# 四十九、鲈形目 Perciformes

## （二〇七）双边鱼科 Ambassidae

### 892. 双边鱼属 *Ambassis* Cuvier, 1828

**（2807）安巴双边鱼 *Ambassis ambassis* (Lacépède, 1802)**
*Centropomus ambassis* Lacépède, 1802: 1-728.

*Aspro ambassis* (Lacépède, 1802).
*Chanda commersonii* (Cuvier, 1828).
*Ambassis productus* Guichenot, 1866.
**文献（Reference）**：Anderson and Heemstra, 2003; 伍汉霖, 邵广昭, 赖春福等, 2012; Kottelat, 2013.
**分布（Distribution）**：东海.

### （2808）布鲁双边鱼 *Ambassis buruensis* Bleeker, 1856

*Ambassis buroensis* Bleeker, 1856: 383-414.
*Chanda buruensis* (Bleeker, 1856).
**文献（Reference）**：Allen and Burgess, 1990; Randall and Lim (eds.), 2000; 伍汉霖, 邵广昭, 赖春福等, 2012.
**别名或俗名（Used or common name）**：弯线双边鱼, 玻璃鱼, 大面侧仔.
**分布（Distribution）**：东海, 南海.

### （2809）裸头双边鱼 *Ambassis gymnocephalus* (Lacépède, 1802)

*Lutjanus gymnocephalus* Lacépède, 1802: 1-728.
*Chanda gymnocephalus* (Lacépède, 1802).
*Ambassis denticulata* Klunzinger, 1870.
*Apogon roseus* Fischer, 1885.
**文献（Reference）**：Nichols, 1943; Ziegler, 1979; Ni and Kwok, 1999; Kuo and Shao, 1999; Kuo, Lin and Shao, 1999; Randall and Lim (eds.), 2000; Huang, 2001; 伍汉霖, 邵广昭, 赖春福等, 2012.
**分布（Distribution）**：东海, 南海.

### （2810）断线双边鱼 *Ambassis interrupta* Bleeker, 1853

*Ambassis interruptus* Bleeker, 1853, 3 (5): 689-714.
*Chanda interrupta* (Bleeker, 1853).
*Ambassis elevatus* Macleay, 1881.
*Ambassis dalyensis* Rendahl, 1922.
**文献（Reference）**：Bleeker, 1852: 689-714; Allen and Burgess, 1990; Kuo and Shao, 1999; Randall and Lim (eds.), 2000; 伍汉霖, 邵广昭, 赖春福等, 2012.
**别名或俗名（Used or common name）**：玻璃鱼, 大面侧仔.
**分布（Distribution）**：南海.

### （2811）古氏双边鱼 *Ambassis kopsii* Bleeker, 1858

*Ambassis kopsii* Bleeker, 1858: 241-254.
*Chanda kopsii* (Bleeker, 1858).
**文献（Reference）**：Herre and Umali, 1948; Herre, 1953b; Randall and Lim (eds.), 2000; Huang, 2001; 伍汉霖, 邵广昭, 赖春福等, 2012.
**分布（Distribution）**：南海.

### （2812）大棘双边鱼 *Ambassis macracanthus* Bleeker, 1849

*Ambassis macracanthus* Bleeker, 1849: 1-64.
**文献（Reference）**：Allen and Burgess, 1990; 伍汉霖, 邵广昭, 赖春福等, 2012.
**别名或俗名（Used or common name）**：玻璃鱼, 大面侧仔.
**分布（Distribution）**：东海, 南海.

### （2813）小眼双边鱼 *Ambassis miops* Günther, 1872

*Ambassis miops* Günther, 1872: 652-675.
*Ambassis lafa* Jordan *et* Seale, 1906.
**文献（Reference）**：Günther, 1872: 652-675; Allen and Burgess, 1990; Shao and Lim, 1991; Ni and Kwok, 1999; Kuo, Lin and Shao, 1999; Kuo and Shao, 1999; Huang, 2001; 伍汉霖, 邵广昭, 赖春福等, 2012.
**别名或俗名（Used or common name）**：少棘双边鱼, 玻璃鱼, 大面侧仔.
**分布（Distribution）**：东海.

### （2814）尾纹双边鱼 *Ambassis urotaenia* Bleeker, 1852

*Ambassis urotaenia* Bleeker, 1852: 229-309.
*Ambassis papuensis* Alleyne *et* Macleay, 1877.
*Ambassis lungi* (Jordan *et* Seale, 1907).
*Priopis lungi* Jordan *et* Seale, 1907.
**文献（Reference）**：Bleeker, 1852: 229-309; Shao, Kao and Lee, 1990; 沈世杰, 1993; Ni and Kwok, 1999; Kuo and Shao, 1999; Kuo, Lin and Shao, 1999; Randall and Lim (eds.), 2000; Huang, 2001; Adrim, Chen, Chen *et al.*, 2004; Chu, Hou, Ueng *et al.*, 2012; 伍汉霖, 邵广昭, 赖春福等, 2012.
**别名或俗名（Used or common name）**：细尾双边鱼, 玻璃鱼, 大面侧仔.
**分布（Distribution）**：东海, 南海.

### （2815）维氏双边鱼 *Ambassis vachellii* Richardson, 1846

*Ambassis vachellii* Richardson, 1846: 187-320.
*Ambassis telkara* Whitley, 1935.
**文献（Reference）**：Richardson, 1846: 187-320; Allen and Burgess, 1990; Randall and Lim (eds.), 2000.
**别名或俗名（Used or common name）**：玻璃鱼, 大面侧仔.
**分布（Distribution）**：南海.

## 893. 副双边鱼属 *Parambassis* Bleeker, 1874

### （2816）蛙副双边鱼 *Parambassis ranga* (Hamilton, 1822)

*Chanda ranga* Hamilton, 1822: 1-405.
*Pseudambassis ranga* (Hamilton, 1822).
*Ambassis alta* Cuvier, 1828.
*Ambassis barlovi* Sykes, 1839.
**文献（Reference）**：Aquarium Science Association of the Philippines (ASAP), 1996; Japan Ministry of Environment, 2005.

别名或俗名（Used or common name）：蛙副拟双边鱼，玻璃鱼，大面侧仔.
分布（Distribution）：东海，南海.

## （二〇八）尖吻鲈科 Latidae

### 894. 尖吻鲈属 *Lates* Cuvier, 1828

**（2817）尖吻鲈 *Lates calcarifer* (Bloch, 1790)**
*Holocentrus calcarifer* Bloch, 1790: 1-128.
*Pseudolates cavifrons* Alleyne *et* Macleay, 1877.
*Lates darwiniensis* Macleay, 1878.
文献（Reference）：Nichols, 1943; Shao, Chen, Kao *et al.*, 1993; 沈世杰, 1993; Lee and Sadovy, 1998; Ni and Kwok, 1999; Kuo and Shao, 1999; Randall and Lim (eds.), 2000; Liao, Su and Chang, 2001; Huang, 2001; Chi, Shieh and Lin, 2003; 伍汉霖, 邵广昭, 赖春福等, 2012.
别名或俗名（Used or common name）：金目鲈，盲槽，扁红目鲈.
分布（Distribution）：东海，南海.

**（2818）日本尖吻鲈 *Lates japonicus* Katayama *et* Taki, 1984**
*Lates japonicus* Katayama *et* Taki, 1984: 361-367.
文献（Reference）：Katayama and Taki, 1984: 437; Okiyama, 1993; Iwatsuki, Tashiro and Hamasaki, 1993.
分布（Distribution）：东海.

### 895. 沙鲈属 *Psammoperca* Richardson, 1848

**（2819）红眼沙鲈 *Psammoperca waigiensis* (Cuvier, 1828)**
*Labrax waigiensis* Cuvier, 1828: 1-490.
*Psammoperca waigensis* (Cuvier, 1828).
*Psammoperca datnioides* Richardson, 1848.
*Cnidon chinensis* Müller *et* Troschel, 1849.
文献（Reference）：沈世杰, 1993; Ni and Kwok, 1999; Carpenter and Niem, 1999; Randall and Lim (eds.), 2000; Huang, 2001; 伍汉霖, 邵广昭, 赖春福等, 2012.
别名或俗名（Used or common name）：红眼鲈，红目鲈，红目，沙鲈.
分布（Distribution）：东海，南海.

## （二〇九）狼鲈科 Moronidae

### 896. 花鲈属 *Lateolabrax* Bleeker, 1855

**（2820）宽花鲈 *Lateolabrax latus* Katayama, 1957**
*Lateolabrax latus* Katayama, 1957: 153-159.
文献（Reference）：Masuda, Amaoka, Araga *et al.*, 1984; Okiyama, 1993; Inoue, Suda and Sano, 2005; Kim, Choi, Lee *et al.*, 2005; 伍汉霖, 邵广昭, 赖春福等, 2012.
分布（Distribution）：南海.

**（2821）中国花鲈 *Lateolabrax maculatus* (McClelland, 1843)**
*Labrax japonicus* Cuvier, 1828: 1-490.
*Lateolabrax japonicum* (Cuvier, 1828).
*Holocentrum maculatus* McClelland, 1843: 390-413.
文献（Reference）：McClelland, 1843; Xiao and Liu, 1989; 成庆泰和郑葆珊, 1987; Shao, Chen, Kao *et al.*, 1993; 沈世杰, 1993; Yokogawa and Seki, 1995; Kuo, Lin and Shao, 1999; Sadovy and Cornish, 2000; Randall and Lim (eds.), 2000; Xian and Zhu, 2000; Chen, Lee, Lai *et al.*, 2000; Liao, Su and Chang, 2001; 庄平, 王幼槐, 李圣法等, 2006; 伍汉霖, 邵广昭, 赖春福等, 2012.
别名或俗名（Used or common name）：七星鲈，花鲈，青鲈，鲈鱼，日本真鲈.
分布（Distribution）：渤海，黄海，东海，南海.

### 897. 狼鲈属 *Morone* Mitchill, 1814

**（2822）条纹狼鲈 *Morone saxatilis* (Walbaum, 1792)**
*Perca saxatilis* Walbaum, 1792: 1-723.
*Morone lineatus* (Bloch, 1792).
*Morone saxitilis* (Walbaum, 1792).
*Perca mitchilli alternata* Mitchill, 1815.
文献（Reference）：Chiba, Taki, Sakai *et al.*, 1989; Xie, Lin, Gregg *et al.*, 2001; Chinese Academy of Fishery Science (CAFS), 2007; 伍汉霖, 邵广昭, 赖春福等, 2012.
分布（Distribution）：南海.

## （二一〇）鮨（暖）鲈科 Percichthyidae

### 898. 少鳞鳜属 *Coreoperca* Herzenstein, 1896

*Coreoperca* Herzenstein, 1896: 11.

**（2823）朝鲜少鳞鳜 *Coreoperca herzi* Herzenstein, 1896**
*Coreoperca herzi* Herzenstein, 1896: 1-14; 成庆泰和郑葆珊, 1987: 285; 周才武, 杨青和蔡德霖, 1988: 119; 刘焕章, 1993: 59; Liu *et* Chen, 1994b: 208; 刘明玉, 解玉浩和季达明, 2000: 245; Cao *et* Liang (曹亮和梁旭方), 2013: 891.
分布（Distribution）：鸭绿江水系 (?). 国外分布于朝鲜半岛中南部.

**（2824）刘氏少鳞鳜 *Coreoperca liui* Cao *et* Liang, 2013**
*Coreoperca liui* Cao *et* Liang (曹亮和梁旭方), 2013, 动物分类

学报, 38 (4): 891-894 (浙江淳安); 梁旭方, 何珊等, 2018: 4.
**分布（Distribution）**：浙江钱塘江，福建木兰溪等水系.

### （2825）中国少鳞鳜 *Coreoperca whiteheadi* Boulenger, 1900

*Coreoperca whiteheadi* Boulenger, 1900a: 956-962; 成庆泰和郑葆珊, 1987: 285; 周才武, 杨青和蔡德霖, 1988: 119; 刘焕章, 1993: 60; Liu *et* Chen, 1994b: 208; Liu *et* Chen, 1994a: 7; 朱松泉, 1995: 171; 刘明玉, 解玉浩和季达明, 2000: 245; 15; 伍汉霖, 邵广昭, 赖春福等, 2012: 212; Cao *et* Liang (曹亮和梁旭方), 2013: 891.

*Siniperca whiteheadi*: Kuang *et al.*, 1986: 218; 高国范 (见郑慈英等), 1989: 308; Pan, Zhong, Zheng *et al.*, 1991: 365.

**别名或俗名（Used or common name）**：白头氏少鳞鳜，石鳜.

**分布（Distribution）**：长江流域 (湖南沅江)，珠江流域，海南岛等水系. 国外分布于越南北部 (红河流域).

**附**：本属现知已报道 4 种：日本少鳞鳜 *Coreoperca kavamebari* (Temminck *et* Schlegel, 1842)，朝鲜少鳞鳜，刘氏少鳞鳜和中国少鳞鳜. 日本少鳞鳜见于日本南部及朝鲜半岛南部，朝鲜少鳞鳜见于朝鲜半岛南部 (刘焕章，1993；梁旭方等，2018)，我国应该没有它们的分布. 朝鲜少鳞鳜在鸭绿江的分布可见于周才武 (见成庆泰和郑葆珊，1987) 和刘焕章 (1993，图 73)，但相关报道似缺少可信的研究文献或 (和) 标本采集记录的支持；依据解玉浩等 (1986, 2007)，鸭绿江应没有其分布记录.

此外，就现生少鳞鳜属鱼类的分布来看，它们主要分布于东亚临海区域通海河流 (包括海南岛) 的上游山区溪流中，而台湾岛则没有其分布 (周才武，1987；刘焕章，1993；梁旭方等，2018). 结合朝鲜半岛北部通海河流 (如鸭绿江，豆满江等) 也无分布记录的情况，推测日本和朝鲜半岛北部及中国台湾岛等区域内通海河流均有鲑鳟鱼类分布 (*Oncorhynchus*, *Hucho*, *Branchymystax* 等)，这些鱼类也多喜在河流上游山溪活动，且均属于凶猛肉食性鱼类，喜捕食小型活鱼，上述区域内不见少鳞鳜类的分布也许与这些鱼类的捕食有一定关系.

## 899. 鳜属 *Siniperca* Gill, 1862

*Siniperca* Gill, 1862a: 16.
*Coreosiniperca* Fang *et* Chong, 1932: 137.

### （2826）鳜 *Siniperca chuatsi* (Basilewsky, 1855)

*Perca chuatsi* Basilewsky, 1855: 215-263.

*Siniperca chuatsi*: Wang, 1984: 91; 成庆泰和郑葆珊, 1987: 286; 周才武, 杨青和蔡德霖, 1988: 116; 周伟 (见褚新洛和陈银瑞等), 1990: 240; 邓其祥 (见丁瑞华), 1994: 510; Liu *et* Chen, 1994b: 208; Liu *et* Chen, 1994a: 1; 朱松泉, 1995: 170; 成庆泰和周才武, 1997: 253, 323; 刘明玉, 解玉浩和季达明, 2000: 244; Wang, Wang, Li *et al.*, 2001: 215; 伍汉霖, 邵广昭, 赖春福等, 2012: 212.

**分布（Distribution）**：长江及其以北，闽江可能有分布. 国外分布于俄罗斯阿穆尔河 (黑龙江) 流域.

**保护等级（Protection class）**：省 (直辖市) 级 (北京，黑龙江).

### （2827）麻鳜 *Siniperca fortis* (Lin, 1932)

*Coreoperca fortis* Lin, 1932c: 515-519.

*Siniperca fortis*: 高国范 (见郑慈英等), 1989: 315; 刘焕章, 1993: 64.

**分布（Distribution）**：珠江流域西江水系.

### （2828）大眼鳜 *Siniperca knerii* Garman, 1912

*Siniperca knerii* Garman, 1912: 111-123; 伍汉霖, 邵广昭, 赖春福等, 2012: 212.

*Siniperca kneri*: 成庆泰和郑葆珊, 1987: 286; 周才武, 杨青和蔡德霖, 1988: 116; 高国范 (见郑慈英等), 1989: 310; 周伟 (见褚新洛和陈银瑞等), 1990: 241; Pan, Zhong, Zheng *et al.*, 1991: 367; 邓其祥 (见丁瑞华), 1994: 511; Liu *et* Chen, 1994b: 208; Liu *et* Chen, 1994a: 1; 朱松泉, 1995: 170; 刘明玉, 解玉浩和季达明, 2000: 245.

**分布（Distribution）**：长江及其以南. 国外分布于越南.

**保护等级（Protection class）**：省级 (陕西).

### （2829）柳州鳜 *Siniperca liuzhouensis* Zhou, Kong *et* Zhu, 1987

*Siniperca liuzhouensis* Zhou, Kong *et* Zhu (周才武, 孔晓瑜和朱思荣), 1987: 348-351; 周才武, 杨青和蔡德霖, 1988: 118; 刘明玉, 解玉浩和季达明, 2000: 245; 伍汉霖, 邵广昭, 赖春福等, 2012: 212.

*Siniperca fortis*: 刘焕章, 1993: 64.

**分布（Distribution）**：广西柳州市柳江.

### （2830）暗鳜 *Siniperca obscura* Nichols, 1930

*Siniperca obscura* Nichols, 1930a: 1-6; 成庆泰和郑葆珊, 1987: 286; 周才武, 杨青和蔡德霖, 1988: 118; 高国范 (见郑慈英等), 1989: 312; 刘焕章, 1993: 63; Liu *et* Chen, 1994b: 208; 朱松泉, 1995: 171; 刘明玉, 解玉浩和季达明, 2000: 245; 15; 伍汉霖, 邵广昭, 赖春福等, 2012: 212.

*Siniperca loona* Wu, 1939: 92-142; Liu *et* Chen, 1994a: 1.

*Coreoperca loona*: 成庆泰和郑葆珊, 1987: 285; 伍汉霖, 邵广昭, 赖春福等, 2012: 212.

*Siniperca cyclia* Liu (刘焕章), 1993: 61.

*Coreoperca obscura*: 邓其祥 (见丁瑞华), 1994: 507.

**别名或俗名（Used or common name）**：漓江少鳞鳜.

**分布（Distribution）**：长江，钱塘江，闽江及珠江 (广西漓江).

**保护等级（Protection class）**：省级 (湖南).

**(2831) 高体鳜 *Siniperca robusta* Yu, Kwang *et* Ni, 1986**

*Siniperca robusta* Yu, Kwang *et* Ni (俞泰济, 匡庸德和倪勇, 见中国水产科学院珠江水产研究所), 1986: 215-257; 刘焕章, 1993: 64.

**分布 (Distribution)**: 海南岛南渡江. 国外分布于越南北部.

**(2832) 长身鳜 *Siniperca roulei* Wu, 1930**

*Siniperca roulei* Wu, 1930b: 45-57; 高国范 (见郑慈英等), 1989: 309; 刘焕章, 1993: 63; Liu *et* Chen, 1994b: 208; Liu *et* Chen, 1994a: 1; 伍汉霖, 邵广昭, 赖春福等, 2012: 212.

*Coreosiniperca roulei*: 成庆泰和郑葆珊, 1987: 285; 周才武, 杨青和蔡德霖, 1988: 118; 邓其祥 (见丁瑞华), 1994: 505; 朱松泉, 1995: 170; 刘明玉, 解玉浩和季达明, 2000: 245; 15.

**别名或俗名 (Used or common name)**: 长体鳜.

**分布 (Distribution)**: 长江, 钱塘江, 闽江, 珠江水系似仅见于漓江.

**保护等级 (Protection class)**: 《中国濒危动物红皮书·鱼类》(易危), 省级 (湖南).

**(2833) 斑鳜 *Siniperca scherzeri* Steindachner, 1892**

*Siniperca scherzeri* Steindachner, 1892: 357-384; 成庆泰和郑葆珊, 1987: 286; 周才武, 杨青和蔡德霖, 1988: 117; 高国范 (见郑慈英等), 1989: 311; 周伟 (见褚新洛和陈银瑞等), 1990: 243; Pan, Zhong, Zheng *et al.*, 1991: 368; 刘焕章, 1993: 65; 邓其祥 (见丁瑞华), 1994: 513; Liu *et* Chen, 1994b: 208; 朱松泉, 1995: 171; 成庆泰和周才武, 1997: 255, 322; 刘明玉, 解玉浩和季达明, 2000: 245; Wang, Wang, Li *et al.*, 2001: 216; 伍汉霖, 邵广昭, 赖春福等, 2012: 212.

*Siniperca chieni*: Fang *et* Chong, 1932: 181.

*Siniperca chui*: Fang *et* Chong, 1932: 174.

*Siniperca kwangsiensis*: Fang *et* Chong, 1932: 177.

*Siniperca paichuanensis*: Fu, 1934: 93.

**分布 (Distribution)**: 鸭绿江至珠江间各水系. 国外分布于朝鲜半岛和越南.

**(2834) 波纹鳜 *Siniperca undulata* Fang *et* Chong, 1932**

*Siniperca undulata* Fang *et* Chong, 1932: 137-200; 成庆泰和郑葆珊, 1987: 286; 周才武, 杨青和蔡德霖, 1988: 117; 高国范 (见郑慈英等), 1989: 316; Pan, Zhong, Zheng *et al.*, 1991: 370; 刘焕章, 1993: 65; Liu *et* Chen, 1994b: 208; 朱松泉, 1995: 171; 刘明玉, 解玉浩和季达明, 2000: 245; 伍汉霖, 邵广昭, 赖春福等, 2012: 212.

**分布 (Distribution)**: 长江至珠江间各水系.

**保护等级 (Protection class)**: 省级 (湖南).

## (二一一) 发光鲷科 Acropomatidae

### 900. 发光鲷属 *Acropoma* Temminck *et* Schlegel, 1843

**(2835) 圆鳞发光鲷 *Acropoma hanedai* Matsubara, 1953**

*Acropoma hanedai* Matsubara, 1953a: 21-29.

**文献 (Reference)**: Matsubara, 1953a: 21-29; Masuda, Amaoka, Araga *et al.*, 1984; Shao, Chen, Kao *et al.*, 1993; 沈世杰, 1993; Randall and Lim (eds.), 2000; Huang, 2001; Yamanoue and Matsuura, 2002; 伍汉霖, 邵广昭, 赖春福等, 2012.

**别名或俗名 (Used or common name)**: 大面侧仔, 目本仔, 深水恶.

**分布 (Distribution)**: 东海, 南海.

**(2836) 日本发光鲷 *Acropoma japonicum* Günther, 1859**

*Acropoma japonica* Günther, 1859: 1-524.

*Acropoma japononicum* Günther, 1859.

*Synagrops splendens* Lloyd, 1909.

**文献 (Reference)**: Katayama, 1952; Bruss and Ben-Tuvia, 1983; 朱元鼎等, 1985; Shao, Chen, Kao *et al.*, 1993; 沈世杰, 1993; Yamada, Shirai, Irie *et al.*, 1995; Randall and Lim (eds.), 2000; Huang, 2001; Yamanoue and Matsuura, 2002; Ohshimo, 2004; Zhang, Tang, Jin *et al.*, 2005; 伍汉霖, 邵广昭, 赖春福等, 2012.

**别名或俗名 (Used or common name)**: 大面侧仔, 目本仔, 深水恶, 目斗仔.

**分布 (Distribution)**: 东海, 南海.

### 901. 赤鯥属 *Doederleinia* Steindachner, 1883

**(2837) 赤鯥 *Doederleinia berycoides* (Hilgendorf, 1879)**

*Anthias berycoides* Hilgendorf, 1879: 78-81.

*Doderleinia berycoides* (Hilgendorf, 1879).

*Doderleinia orientalis* Steindachner *et* Döderlein, 1883.

*Doederleinia gracilispinis* (Fowler, 1943).

**文献 (Reference)**: Kibesaki, 1949; Katayama, 1952; 沈世杰, 1993; Yamada, Shirai, Irie *et al.*, 1995; Chang and Kim, 1999; Randall and Lim (eds.), 2000; Huang, 2001; 伍汉霖, 邵广昭, 赖春福等, 2012.

**别名或俗名 (Used or common name)**: 红臭鱼, 红鲈, 红喉.

**分布 (Distribution)**: 黄海, 东海, 南海.

### 902. 软鱼属 *Malakichthys* Döderlein, 1883

**(2838) 须软鱼 *Malakichthys barbatus* Yamanoue *et* Yoseda, 2001**

*Malakichthys barbatus* Yamanoue *et* Yoseda, 2001: 257-261.

文献（Reference）：Yamanoue and Yoseda, 2001: 257-261; 伍汉霖, 邵广昭, 赖春福等, 2012.
别名或俗名（Used or common name）：大面侧仔.
分布（Distribution）：南海.

### （2839）美软鱼 *Malakichthys elegans* Matsubara *et* Yamaguti, 1943

*Malakichthys elegans* Matsubara *et* Yamaguti, 1943: 83-96.
文献（Reference）：Matsubara and Yamaguti, 1943: 83-96; Masuda, Amaoka, Araga *et al.*, 1984; Yamanoue and Yoseda, 2001; Huang, 2001; 伍汉霖, 邵广昭, 赖春福等, 2012.
别名或俗名（Used or common name）：大面侧仔.
分布（Distribution）：东海.

### （2840）灰软鱼 *Malakichthys griseus* Döderlein, 1883

*Malakichthys griseus* Döderlein, 1883: 211-242.
文献（Reference）：Döderlein, 1883: 211-242; Herre, 1953b; Masuda, Amaoka, Araga *et al.*, 1984; Richards, Chong, Mak *et al.*, 1985; Ni and Kwok, 1999; Huang, 2001; 伍汉霖, 邵广昭, 赖春福等, 2012.
别名或俗名（Used or common name）：大面侧仔.
分布（Distribution）：东海, 南海.

### （2841）胁谷软鱼 *Malakichthys wakiyae* Jordan *et* Hubbs, 1925

*Malakichthys wakiyae* Jordan *et* Hubbs, 1925: 93-346.
文献（Reference）：Jordan and Hubbs, 1925: 93-346; Masuda, Amaoka, Araga *et al.*, 1984; Okiyama, 1993; Yamada, Shirai, Irie *et al.*, 1995; Iwakawa and Ozawa, 1997; 伍汉霖, 邵广昭, 赖春福等, 2012.
别名或俗名（Used or common name）：大面侧仔.
分布（Distribution）：东海, 南海.

## 903. 新鲑属 *Neoscombrops* Gilchrist, 1922

### （2842）太平洋新鲑 *Neoscombrops pacificus* Mochizuki, 1979

*Neoscombrops pacificus* Mochizuki, 1979: 247-252.
文献（Reference）：Mochizuki, 1979: 247-252; Starnes and Mochizuki, 1982; Masuda, Amaoka, Araga *et al.*, 1984; Ganaden and Lavapie-Gonzales, 1999; 伍汉霖, 邵广昭, 赖春福等, 2012.
别名或俗名（Used or common name）：大面侧仔.
分布（Distribution）：东海, 南海.

## 904. 尖牙鲈属 *Synagrops* Günther, 1887

### （2843）多棘尖牙鲈 *Synagrops analis* (Katayama, 1957)

*Neoscombrops analis* Katayama, 1957: 153-159.
文献（Reference）：Masuda, Amaoka, Araga *et al.*, 1984; 伍汉霖, 邵广昭, 赖春福等, 2012.
别名或俗名（Used or common name）：深水天竺鲷, 深水大面侧仔.
分布（Distribution）：东海, 南海.

### （2844）日本尖牙鲈（光棘尖牙鲈）*Synagrops japonicus* (Döderlein, 1883)

*Melanostoma japonicum* Döderlein, 1883: 123-125.
*Synagrops natalensis* Gilchrist, 1922.
文献（Reference）：Döderlein, 1883: 1-40; Katayama, 1952; Shao, Chen, Kao *et al.*, 1993; Yamada, Shirai, Irie *et al.*, 1995; Shao, 1997; Huang, 2001; Ohshimo, 2004; 伍汉霖, 邵广昭, 赖春福等, 2012.
别名或俗名（Used or common name）：深水天竺鲷, 深水大面侧仔.
分布（Distribution）：东海, 南海.

### （2845）菲律宾尖牙鲈 *Synagrops philippinensis* (Günther, 1880)

*Acropoma philippinense* Günther, 1880: 1-82.
文献（Reference）：Yamada, Shirai, Irie *et al.*, 1995; Huang, 2001; Ohshimo, 2004; Ocean Biogeographic Information System, 2006; 伍汉霖, 邵广昭, 赖春福等, 2012.
别名或俗名（Used or common name）：深水天竺鲷, 深水大面侧仔.
分布（Distribution）：东海, 南海.

### （2846）锯棘尖牙鲈 *Synagrops serratospinosus* Smith *et* Radcliffe, 1912

*Synagrops serratospinosa* Smith *et* Radcliffe, 1912: 431-446.
文献（Reference）：Smith *et* Radcliffe, 1912: 579-581; Radcliffe, 1912; Herre, 1953b; Masuda, Amaoka, Araga *et al.*, 1984; Huang, 2001; 伍汉霖, 邵广昭, 赖春福等, 2012.
别名或俗名（Used or common name）：深水天竺鲷, 深水大面侧仔.
分布（Distribution）：东海, 南海.

### （2847）棘尖牙鲈 *Synagrops spinosus* Schultz, 1940

*Synagrops spinosa* Schultz, 1940: 403-423.
文献（Reference）：Mochizuki and Gultneh, 1989; 伍汉霖, 邵广昭, 赖春福等, 2012.
别名或俗名（Used or common name）：深水天竺鲷, 深水大面侧仔.
分布（Distribution）：南海.

## （二一二）愈牙鮨科 Symphysanodontidae

### 905. 愈牙鮨属 *Symphysanodon* Bleeker, 1878

**（2848）片山愈牙鮨 *Symphysanodon katayamai* Anderson, 1970**

*Symphysanodon katayamai* Anderson, 1970: 325-346.

**文献（Reference）**：Anderson, 1970: 325-346; Chang, Shao and Lee, 1979; Masuda, Amaoka, Araga *et al.*, 1984; 沈世杰, 1993; Shao, 1997; Huang, 2001; 伍汉霖, 邵广昭, 赖春福等, 2012.

**别名或俗名（Used or common name）**：花鲈，红鱼.

**分布（Distribution）**：东海，南海.

**（2849）愈牙鮨 *Symphysanodon typus* Bleeker, 1878**

*Symphysanodon typus* Bleeker, 1878: 2-3.

*Propoma roseum* Günther, 1880.

*Rhyacanthias carlsmithi* Jordan, 1921.

**文献（Reference）**：Bleeker, 1878a: 35-66; Randall and Lim (eds.), 2000; 伍汉霖, 邵广昭, 赖春福等, 2012.

**别名或俗名（Used or common name）**：花鲈，红鱼.

**分布（Distribution）**：南海.

## （二一三）鮨科 Serranidae

### 906. 烟鲈属 *Aethaloperca* Fowler, 1904

**（2850）红嘴烟鲈 *Aethaloperca rogaa* (Forsskål, 1775)**

*Perca rogaa* Forsskål, 1775: 1-164.

*Aethaloperca rogan* (Forsskål, 1775).

*Aetheloperca rogaa* (Forsskål, 1775).

*Aetholoperca rogaa* (Forsskål, 1775).

**文献（Reference）**：Shao, Shen, Chiu *et al.*, 1992; 沈世杰, 1993; Chen, Shao and Lin, 1995; Chen, Jan and Shao, 1997; Lee and Sadovy, 1998; Carpenter and Niem, 1999; Randall and Lim (eds.), 2000; Werner and Allen, 2000; 伍汉霖, 邵广昭, 赖春福等, 2012.

**别名或俗名（Used or common name）**：红嘴石斑，过鱼，珞珈鲙，黑鲙仔.

**分布（Distribution）**：东海，南海.

### 907. 光腭鲈属 *Anyperodon* Günther, 1859

**（2851）白线光腭鲈 *Anyperodon leucogrammicus* (Valenciennes, 1828)**

*Serranus leucogrammicus* Valenciennes (*in* Cuvier *et* Valenciennes), 1828: 1-490.

*Anyperodon leucogammicus* [Valenciennes (*in* Cuvier *et* Valenciennes), 1828].

*Serranus urophthalmus* Bleeker, 1855.

**文献（Reference）**：Shao, Chen and Lee, 1987; Randall and Kuiter, 1989; Shao, Shen, Chiu *et al.*, 1992; 沈世杰, 1993; Ni and Kwok, 1999; Carpenter and Niem, 1999; Randall and Lim (eds.), 2000; Huang, 2001; Adrim, Chen, Chen *et al.*, 2004; 伍汉霖, 邵广昭, 赖春福等, 2012.

**别名或俗名（Used or common name）**：白线鮨，过鱼，石斑.

**分布（Distribution）**：东海，南海.

### 908. 少孔纹鲷属 *Aporops* Schultz, 1943

**（2852）双线少孔纹鲷 *Aporops bilinearis* Schultz, 1943**

*Aporops bilinearis* Schultz, 1943, 180: 1-316.

*Pseudogramma bilinearis* (Schultz, 1943).

*Aporops allfreei* Smith, 1953.

*Aporops japonicus* Kamohara, 1957.

**文献（Reference）**：Schultz, 1943, 180: i-x + 1-316; Chang, Lee and Shao, 1978; Masuda, Amaoka, Araga *et al.*, 1984; 沈世杰, 1984; Shao, 1997; Randall and Lim (eds.), 2000; Huang, 2001; 伍汉霖, 邵广昭, 赖春福等, 2012.

**别名或俗名（Used or common name）**：肥皂鱼，拟鲦.

**分布（Distribution）**：东海，南海.

### 909. 紫鲈属 *Aulacocephalus* Temminck *et* Schlegel, 1843

**（2853）特氏紫鲈 *Aulacocephalus temminckii* Bleeker, 1855**

*Aulacocephalus temmincki* Bleeker, 1855: 1-132.

*Aulacocephalus schlegeli* Günther, 1859.

*Aulacocephalus schlegelii* Günther, 1859.

*Aulacocephalus saponaceus* [Valenciennes (*in* Cuvier *et* Valenciennes), 1862].

**文献（Reference）**：Masuda, Amaoka, Araga *et al.*, 1984; Francis, 1993; 沈世杰, 1993; Randall and Lim (eds.), 2000; Huang, 2001; Bos and Gumanao, 2013; 伍汉霖, 邵广昭, 赖春福等, 2012.

**别名或俗名（Used or common name）**：黄带肥皂鱼，紫斑.

**分布（Distribution）**：南海.

### 910. 鱵鲈属 *Belonoperca* Fowler *et* Bean, 1930

**（2854）查氏鱵鲈 *Belonoperca chabanaudi* Fowler *et* Bean, 1930**

*Belonoperca chabanaudi* Fowler *et* Bean, 1930: 1-334.

文献（Reference）：Chang, Lee and Shao, 1978; Randall, Smith and Aida, 1980; 沈世杰, 1993; Randall and Lim (eds.), 2000; 伍汉霖, 邵广昭, 赖春福等, 2012.

别名或俗名（Used or common name）：箭头肥皂鱼.

分布（Distribution）：南海.

## 911. 菱牙鮨属 *Caprodon* Temminck *et* Schlegel, 1843

### （2855）许氏菱牙鮨 *Caprodon schlegelii* (Günther, 1859)

*Anthias schlegelii* Günther, 1859: 1-524.
*Caprodon schlegeli* (Günther, 1859).
*Caprodon affinis* Tanaka, 1924.

文献（Reference）：Masuda, Amaoka, Araga *et al.*, 1984; 沈世杰, 1993; Yamada, Shirai, Irie *et al.*, 1995; Carpenter and Niem, 1999; Randall and Lim (eds.), 2000; Huang, 2001; 伍汉霖, 邵广昭, 赖春福等, 2012.

别名或俗名（Used or common name）：花鲈, 红鱼.

分布（Distribution）：东海, 南海.

## 912. 九棘鲈属 *Cephalopholis* Bloch *et* Schneider, 1801

### （2856）斑点九棘鲈 *Cephalopholis argus* Bloch *et* Schneider, 1801

*Cephalopolis argus* Bloch *et* Schneider, 1801: 1-584.
*Epinephelus argus* (Schneider, 1801).
*Bodianus jacobevertsen* Lacépède, 1802.
*Serranus myriaster* Valenciennes (*in* Cuvier *et* Valenciennes), 1828.

文献（Reference）：Chang, Jan and Shao, 1983; Shao and Chen, 1992; 沈世杰, 1993; Chen, Jan and Shao, 1997; Lee and Sadovy, 1998; Carpenter and Niem, 1999; Randall and Lim (eds.), 2000; Huang, 2001; Adrim, Chen, Chen *et al.*, 2004; 伍汉霖, 邵广昭, 赖春福等, 2012.

别名或俗名（Used or common name）：眼斑鲙, 过鱼, 石斑, 油鲙, 青猫, 黑鲙仔.

分布（Distribution）：东海, 南海.

### （2857）橙点九棘鲈 *Cephalopholis aurantia* (Valenciennes, 1828)

*Serranus aurantius* Valenciennes (*in* Cuvier *et* Valenciennes), 1828: 1-490.
*Cephalopholis aurantius* [Valenciennes (*in* Cuvier *et* Valenciennes), 1828].
*Epinephelus miltostigma* Bleeker, 1873.
*Bodianus indelebilis* Fowler, 1904.

文献（Reference）：Shao, Chen and Lee, 1987; Shao, Shen, Chiu *et al.*, 1992; Shao, Chen, Kao *et al.*, 1993; 沈世杰, 1993; Heemstra and Randall, 1993; Randall and Lim (eds.), 2000; Huang, 2001; Randall and Justine, 2008; 伍汉霖, 邵广昭, 赖春福等, 2012.

别名或俗名（Used or common name）：花鲙, 过鱼, 石斑, 红鲙仔.

分布（Distribution）：东海, 南海.

### （2858）横纹九棘鲈 *Cephalopholis boenak* (Bloch, 1790)

*Bodianus boenak* Bloch, 1790: 1-128.
*Cephalopholis boenack* (Bloch, 1790).
*Cephalopholis pachycentrum* [Valenciennes (*in* Cuvier *et* Valenciennes), 1828].
*Epinephelus boelang* [Valenciennes (*in* Cuvier *et* Valenciennes), 1828].

文献（Reference）：Richardson, 1846; Shao, Chen, Kao *et al.*, 1993; 沈世杰, 1993; Leung, 1994; Sadovy, 1998; Ni and Kwok, 1999; Randall and Lim (eds.), 2000; Huang, 2001; Chan and Sadovy, 2002; 伍汉霖, 邵广昭, 赖春福等, 2012.

别名或俗名（Used or common name）：横带鲙, 过鱼, 石斑, 黑猫仔, 黑丝猫, 竹鲙仔.

分布（Distribution）：东海, 南海.

### （2859）蓝线九棘鲈 *Cephalopholis formosa* (Shaw, 1812)

*Sciaena formosa* Shaw, 1812: 23 vols. unnumbered pages.

文献（Reference）：沈世杰, 1993; Heemstra and Randall, 1993; Carpenter and Niem, 1999; Randall and Lim (eds.), 2000; Huang, 2001; Broad, 2003; 伍汉霖, 邵广昭, 赖春福等, 2012.

别名或俗名（Used or common name）：蓝纹鲙, 过鱼, 石斑.

分布（Distribution）：东海, 南海.

### （2860）七带九棘鲈 *Cephalopholis igarashiensis* Katayama, 1957

*Cephalopholis igarasiensis* Katayama, 1957: 153-159.
*Cephalopholis swanius* Tsai, 1960.

文献（Reference）：Yasuda, Katsumata and Imai, 1977; Schroeder, 1980; Kyushin, Amaoka, Nakaya *et al.*, 1982; 沈世杰, 1993; Heemstra and Randall, 1993; Carpenter and Niem, 1999; Randall and Lim (eds.), 2000; Huang, 2001; 伍汉霖, 邵广昭, 赖春福等, 2012.

别名或俗名（Used or common name）：七带鲙, 七带格仔, 过鱼, 石斑, 黄条, 红朱格.

分布（Distribution）：东海, 南海.

### （2861）豹纹九棘鲈 *Cephalopholis leopardus* (Lacépède, 1801)

*Labrus leopardus* Lacépède, 1801: 1-558.
*Cephalopholis leoparda* (Lacépède, 1801).

*Serranus spilurus* Valenciennes, 1833.
*Serranus homfrayi* Day, 1871.
**文献（Reference）**: Heemstra and Randall, 1993; Chen, Jan and Shao, 1997; Randall and Lim (eds.), 2000; Huang, 2001; 伍汉霖, 邵广昭, 赖春福等, 2012.
**别名或俗名（Used or common name）**: 豹纹鲙, 过鱼, 石斑.
**分布（Distribution）**: 东海, 南海.

### （2862）青星九棘鲈 *Cephalopholis miniata* (Forsskål, 1775)

*Perca miniata* Forsskål, 1775: 1-164.
*Serranus miniatus* (Forsskål, 1775).
*Pomacentrus burdi* Lacépède, 1802.
*Cephalopholis formosanus* Tanaka, 1911.
**文献（Reference）**: Kyushin, Amaoka, Nakaya *et al.*, 1982; Francis, 1993; Shao, Chen, Kao *et al.*, 1993; 沈世杰, 1993; Heemstra and Randall, 1993; Randall and Lim (eds.), 2000; Huang, 2001; 伍汉霖, 邵广昭, 赖春福等, 2012.
**别名或俗名（Used or common name）**: 红鲙, 红格仔, 过鱼, 石斑, 条舅, 红条.
**分布（Distribution）**: 东海, 南海.

### （2863）波伦氏九棘鲈 *Cephalopholis polleni* (Bleeker, 1868)

*Epinephelus polleni* Bleeker, 1868c: 336-341.
*Aethaloperca polleni* (Bleeker, 1868).
*Gracila polleni* (Bleeker, 1868).
*Gracila okinawae* Katayama, 1974.
**文献（Reference）**: Rau and Rau, 1980; Masuda, Amaoka, Araga *et al.*, 1984; Randall and Lim (eds.), 2000; 伍汉霖, 邵广昭, 赖春福等, 2012.
**分布（Distribution）**: 南海.

### （2864）六斑九棘鲈 *Cephalopholis sexmaculata* (Rüppell, 1830)

*Serranus sexmaculatus* Rüppell, 1830: 1-141.
*Cephalopholis sexmaculatus* (Rüppell, 1830).
*Cephalopholis coatesi* Whitley, 1937.
*Cephalopholis gibbus* Fourmanoir, 1955.
**文献（Reference）**: Randall, Bauchot, Ben-Tuvia *et al.*, 1985; Shao, Chen and Lee, 1987; Francis, 1993; 沈世杰, 1993; Heemstra and Randall, 1993; Randall and Lim (eds.), 2000; Huang, 2001; 伍汉霖, 邵广昭, 赖春福等, 2012.
**别名或俗名（Used or common name）**: 六斑鲙, 过鱼, 石斑.
**分布（Distribution）**: 东海, 南海.

### （2865）索氏九棘鲈 *Cephalopholis sonnerati* (Valenciennes, 1828)

*Serranus sonnerati* Valenciennes (*in* Cuvier *et* Valenciennes), 1828: 1-490.
*Epinephelus sonnerati* [Valenciennes (*in* Cuvier *et* Valenciennes), 1828].
*Serranus zananella* Valenciennes (*in* Cuvier *et* Valenciennes), 1828.
*Epinephelus janthinopterus* Bleeker, 1873.
**文献（Reference）**: Tan, Lim, Tetsushi *et al.* (comps.), 1982; Kyushin, Amaoka, Nakaya *et al.*, 1982; 沈世杰, 1993; Heemstra and Randall, 1993; Chen, Shao and Lin, 1995; Lee and Sadovy, 1998; Ni and Kwok, 1999; Randall and Lim (eds.), 2000; Huang, 2001; Adrim, Chen, Chen *et al.*, 2004; 伍汉霖, 邵广昭, 赖春福等, 2012.
**别名或俗名（Used or common name）**: 网纹鲙, 过鱼, 石斑, 红舵.
**分布（Distribution）**: 东海, 南海.

### （2866）黑缘尾九棘鲈 *Cephalopholis spiloparaea* (Valenciennes, 1828)

*Serranus spiloparaeus* Valenciennes (*in* Cuvier *et* Valenciennes), 1828: 1-490.
*Cephalopholis spiloparae* [Valenciennes (*in* Cuvier *et* Valenciennes), 1828].
**文献（Reference）**: 沈世杰, 1993; Heemstra and Randall, 1993; Chen, Shao and Lin, 1995; Donaldson, 1995; Randall and Lim (eds.), 2000; Randall and Justine, 2008; 伍汉霖, 邵广昭, 赖春福等, 2012.
**别名或俗名（Used or common name）**: 黑边鲙, 过鱼, 石斑.
**分布（Distribution）**: 东海, 南海.

### （2867）尾纹九棘鲈 *Cephalopholis urodeta* (Forster, 1801)

*Perca urodeta* Forster, 1801: 1-584.
*Cephalopholis urodelus* (Forster, 1801).
*Epinephelus erythraeus* (Valenciennes, 1830).
*Serranus erythraeus* Valenciennes, 1830.
**文献（Reference）**: Shao, Chen, Kao *et al.*, 1993; 沈世杰, 1993; Chen, Shao and Lin, 1995; Chen, Jan and Shao, 1997; Ni and Kwok, 1999; Randall and Lim (eds.), 2000; 伍汉霖, 邵广昭, 赖春福等, 2012.
**别名或俗名（Used or common name）**: 霓鲙, 过鱼, 石斑, 珠鲙.
**分布（Distribution）**: 东海, 南海.

## 913. 赤鲐属 *Chelidoperca* Boulenger, 1895

### （2868）燕赤鲐 *Chelidoperca hirundinacea* (Valenciennes, 1831)

*Centropristis hirundinaceus* Valenciennes (*in* Cuvier *et* Valenciennes), 1831: 1-531.
*Chelidoperca hirundacea* [Valenciennes (*in* Cuvier *et*

Valenciennes), 1831].

**文献（Reference）**：Shao, Chen, Kao *et al.*, 1993; 沈世杰, 1993; Yamada, Shirai, Irie *et al.*, 1995; Randall and Lim (eds.), 2000; Huang, 2001; 伍汉霖, 邵广昭, 赖春福等, 2012.

**别名或俗名（Used or common name）**：小花鲈.

**分布（Distribution）**：东海, 南海.

### （2869）珠赤鮨 *Chelidoperca margaritifera* Weber, 1913

*Chelidoperca margaritifer* Weber, 1913: 1-710.

**文献（Reference）**：Masuda, Amaoka, Araga *et al.*, 1984; Huang, 2001; Chinese Academy of Fishery Science (CAFS), 2007; 伍汉霖, 邵广昭, 赖春福等, 2012.

**分布（Distribution）**：南海.

### （2870）侧斑赤鮨 *Chelidoperca pleurospilus* (Günther, 1880)

*Centropristis pleurospilus* Günther, 1880: 1-82.

**文献（Reference）**：Masuda, Amaoka, Araga *et al.*, 1984; Shao, Chen, Kao *et al.*, 1993; 沈世杰, 1993; Shao, 1997; Randall and Lim (eds.), 2000; Huang, 2001; 伍汉霖, 邵广昭, 赖春福等, 2012.

**别名或俗名（Used or common name）**：小花鲈, 红鱼.

**分布（Distribution）**：东海, 南海.

## 914. 驼背鲈属 *Cromileptes* Not applicable

### （2871）驼背鲈 *Cromileptes altivelis* (Valenciennes, 1828)

*Serranus altivelis* Valenciennes (*in* Cuvier *et* Valenciennes), 1828: 1-490.

*Cromileptis altivelis* [Valenciennes (*in* Cuvier *et* Valenciennes), 1828].

*Epinephelus altivelis* [Valenciennes (*in* Cuvier *et* Valenciennes), 1828].

**文献（Reference）**：Shao, Chen, Kao *et al.*, 1993; 沈世杰, 1993; Chen, Shao and Lin, 1995; Ni and Kwok, 1999; Randall and Lim (eds.), 2000; Shao, Hsieh, Wu *et al.*, 2001; Liao, Su and Chang, 2001; Huang, 2001; Adrim, Chen, Chen *et al.*, 2004; 伍汉霖, 邵广昭, 赖春福等, 2012; 刘静, 吴仁协, 康斌等, 2016.

**别名或俗名（Used or common name）**：老鼠斑, 鳘鱼, 乌丸悦, 尖嘴鲙仔, 观音鲙.

**分布（Distribution）**：东海, 南海.

## 915. 黄鲈属 *Diploprion* Cuvier, 1828

### （2872）双带黄鲈 *Diploprion bifasciatum* Cuvier, 1828

*Diploprion bifasciatus* Cuvier (*in* Cuvier *et* Valenciennes), 1828: 1-490.

**文献（Reference）**：Baldwin, Johnson and Colin, 1991; Shao and Chen, 1992; Shao, Chen, Kao *et al.*, 1993; 沈世杰, 1993; Leung, 1994; Ni and Kwok, 1999; Randall and Lim (eds.), 2000; Huang, 2001; Adrim, Chen, Chen *et al.*, 2004; 伍汉霖, 邵广昭, 赖春福等, 2012; 刘静, 吴仁协, 康斌等, 2016.

**别名或俗名（Used or common name）**：皇帝鱼, 火烧腰, 拆西仔, 酸监仔, 虱梅鱼, 涎鱼.

**分布（Distribution）**：东海, 南海.

## 916. 石斑鱼属 *Epinephelus* Bloch, 1793

### （2873）赤点石斑鱼 *Epinephelus akaara* (Temminck *et* Schlegel, 1843)

*Serranus akaara* Temminck *et* Schlegel, 1843: 1-20.

*Serranus shihpan* Richardson, 1846.

*Serranus variegatus* Richardson, 1846.

*Epinephelus ionthas* Jordan *et* Metz, 1913.

**文献（Reference）**：伍汉霖, 邵广昭, 赖春福等, 2012.

**别名或俗名（Used or common name）**：红斑, 石斑, 过鱼, 珠鲙.

**分布（Distribution）**：东海, 南海.

### （2874）镶点石斑鱼 *Epinephelus amblycephalus* (Bleeker, 1857)

*Serranus amblycephalus* Bleeker, 1857: 1-102.

**文献（Reference）**：Tan, Lim, Tetsushi *et al.* (comps.), 1982; Kyushin, Amaoka, Nakaya *et al.*, 1982; Shao, Chen, Kao *et al.*, 1993; 沈世杰, 1993; Heemstra and Randall, 1993; Carpenter and Niem, 1999; Randall and Lim (eds.), 2000; Huang, 2001; Motomura, Ito, Ikeda *et al.*, 2007; 伍汉霖, 邵广昭, 赖春福等, 2012.

**别名或俗名（Used or common name）**：黑点格仔, 石斑, 过鱼, 中沟.

**分布（Distribution）**：东海, 南海.

### （2875）宝石石斑鱼 *Epinephelus areolatus* (Forsskål, 1775)

*Perca areolata* Forsskål, 1775: 1-164.

*Ephinephelus areolatus* (Forsskål, 1775).

*Epinephelus waandersii* (Bleeker, 1858).

*Serranus glaucus* Day, 1871.

**文献（Reference）**：Forsskål, 1775: 1-20 + i-xxxiv + 1-164; Kyushin, Amaoka, Nakaya *et al.*, 1982; Shao, Chen, Kao *et al.*, 1993; 沈世杰, 1993; Lee and Sadovy, 1998; Ni and Kwok, 1999; Carpenter and Niem, 1999; Randall and Lim (eds.), 2000; Huang, 2001; Adrim, Chen, Chen *et al.*, 2004; 伍汉霖, 邵广昭, 赖春福等, 2012.

**别名或俗名（Used or common name）**：流氓格仔, 糯米格仔, 石斑, 过鱼, 白尾鲙, 芝麻斑.

**分布（Distribution）**：东海, 南海.

### (2876) 青石斑鱼 *Epinephelus awoara* (Temminck *et* Schlegel, 1843)

*Serranus awoara* Temminck *et* Schlegel, 1843: 1-20.
*Epinelhelus awoara* (Temminck *et* Schlegel, 1842).

**文献（Reference）**: Shao, Chen, Kao *et al*., 1993; 沈世杰, 1993; Leung, 1994; Lee and Sadovy, 1998; Ni and Kwok, 1999; Carpenter and Niem, 1999; Randall and Lim (eds.), 2000; Qin, Wu and Pan, 2000; Huang, 2001; 伍汉霖, 邵广昭, 赖春福等, 2012; 刘静, 吴仁协, 康斌等, 2016.

**别名或俗名（Used or common name）**: 黄丁斑, 石斑, 过鱼, 中沟, 白马冈仔.

**分布（Distribution）**: 黄海, 东海, 南海.

### (2877) 布氏石斑鱼 *Epinephelus bleekeri* (Vaillant, 1878)

*Serranus bleekeri* Vaillant, 1878: 1-265.
*Acanthistius bleekeri* (Vaillant, 1878).
*Serranus coromandelicus* Day, 1878.
*Epinephelus albimaculatus* Seale, 1910.

**文献（Reference）**: Chan, 1968; 沈世杰, 1993; Heemstra and Randall, 1993; Leung, 1994; Lee and Sadovy, 1998; Ni and Kwok, 1999; Carpenter and Niem, 1999; Randall and Lim (eds.), 2000; Huang, 2001; 伍汉霖, 邵广昭, 赖春福等, 2012; 刘静, 吴仁协, 康斌等, 2016.

**别名或俗名（Used or common name）**: 石斑, 过鱼, 红斑, 红点鲙, 芝麻斑.

**分布（Distribution）**: 东海, 南海.

### (2878) 点列石斑鱼 *Epinephelus bontoides* (Bleeker, 1855)

*Serranus bontoides* Bleeker, 1855g: 392-434.

**文献(Reference)**: 沈世杰, 1993; Heemstra and Randall, 1993; Carpenter and Niem, 1999; Randall and Lim (eds.), 2000; Huang, 2001; Kuriiwa, Harazaki and Senou, 2008; 伍汉霖, 邵广昭, 赖春福等, 2012.

**别名或俗名（Used or common name）**: 石斑, 过鱼.

**分布（Distribution）**: 南海.

### (2879) 褐带石斑鱼 *Epinephelus bruneus* Bloch, 1793

*Epinephelus brunneus* Bloch, 1793: 1-144.
*Cephalopholis moara* (Temminck *et* Schlegel, 1842).
*Serranus moara* Temminck *et* Schlegel, 1842.

**文献(Reference)**: Wong, 1982; 沈世杰, 1993; Heemstra and Randall, 1993; Yamada, Shirai, Irie *et al*., 1995; Ni and Kwok, 1999; Carpenter and Niem, 1999; Randall and Lim (eds.), 2000; Huang, 2001; An and Huh, 2002; 伍汉霖, 邵广昭, 赖春福等, 2012.

**别名或俗名（Used or common name）**: 石斑, 过鱼, 土鲙, 土沟龙, 油斑.

**分布（Distribution）**: 东海, 南海.

### (2880) 密点石斑鱼 *Epinephelus chlorostigma* (Valenciennes, 1828)

*Serranus chlorostigma* Valenciennes (*in* Cuvier *et* Valenciennes), 1828: 1-490.
*Serranus areolatus japonicus* Temminck *et* Schlegel, 1842.
*Serranus reevesii* Richardson, 1846.
*Serranus geoffroyi* Klunzinger, 1870.

**文献（Reference）**: Kyushin, Amaoka, Nakaya *et al*., 1982; Shao, Chen, Kao *et al*., 1993; 沈世杰, 1993; Leung, 1994; Ni and Kwok, 1999; Carpenter and Niem, 1999; Randall and Lim (eds.), 2000; Huang, 2001; 伍汉霖, 邵广昭, 赖春福等, 2012.

**别名或俗名（Used or common name）**: 石斑, 过鱼, 白麻, 碎米鲙, 珠鲙.

**分布（Distribution）**: 东海, 南海.

### (2881) 蓝点石斑鱼 *Epinephelus coeruleopunctatus* (Bloch, 1790)

*Holocentrus coeruleopunctatus* Bloch, 1790: 1-128.
*Epinephelus caeruleeopunctatus* (Bloch, 1790).
*Serranus alboguttatus* Valenciennes (*in* Cuvier *et* Valenciennes), 1828.
*Serranus dermochirus* Valenciennes, 1830.

**文献(Reference)**: Chang, Jan and Shao, 1983; Kohno, 1987; 沈世杰, 1993; Heemstra and Randall, 1993; Chen, Shao and Lin, 1995; Lee and Sadovy, 1998; Carpenter and Niem, 1999; Randall and Lim (eds.), 2000; Huang, 2001; 伍汉霖, 邵广昭, 赖春福等, 2012.

**别名或俗名(Used or common name)**: 白点石斑, 石斑, 过鱼, 白目仔, 观音鲙.

**分布（Distribution）**: 东海, 南海.

### (2882) 点带石斑鱼 *Epinephelus coioides* (Hamilton, 1822)

*Bola coioides* Hamilton, 1822: 1-405.
*Epinephelus coiodes* (Hamilton, 1822).
*Epinephelus nebulosus* [Valenciennes (*in* Cuvier *et* Valenciennes), 1828].
*Epinephelus suillus* [Valenciennes (*in* Cuvier *et* Valenciennes), 1828].

**文献（Reference）**: Chan, 1968; Tan, Lim, Tetsushi *et al*. (comps.), 1982; 沈世杰, 1993; Heemstra and Randall, 1993; Lee and Sadovy, 1998; Kuo and Shao, 1999; Carpenter and Niem, 1999; Randall and Lim (eds.), 2000; Liao, Su and Chang, 2001; Huang, 2001; 伍汉霖, 邵广昭, 赖春福等, 2012; 刘静, 吴仁协, 康斌等, 2016.

**别名或俗名（Used or common name）**: 石斑, 过鱼, 红花,

红点虎麻，红斑，青斑.
**分布（Distribution）**：南海.

### （2883）珊瑚石斑鱼 *Epinephelus corallicola* (Valenciennes, 1828)

*Serranus corallicola* Valenciennes (*in* Cuvier *et* Valenciennes), 1828: 1-490.
*Epinephelus coralicola* [Valenciennes (*in* Cuvier *et* Valenciennes), 1828].
*Serranus altivelioides* Bleeker, 1849.
**文献（Reference）**：沈世杰, 1993; Heemstra and Randall, 1993; Randall and Lim (eds.), 2000; Huang, 2001; Adrim, Chen, Chen *et al.*, 2004; 伍汉霖, 邵广昭, 赖春福等, 2012.
**别名或俗名（Used or common name）**：石斑，过鱼，白目仔，黑虎麻，白马鲙仔.
**分布（Distribution）**：东海，南海.

### （2884）蓝鳍石斑鱼 *Epinephelus cyanopodus* (Richardson, 1846)

*Serranus cyanopodus* Richardson, 1846: 187-320.
*Epinephelus hoedtii* (Bleeker, 1855).
*Serranus hoedtii* Bleeker, 1855.
*Serranus punctatissimus* Günther, 1859.
**文献（Reference）**：Kyushin, Amaoka, Nakaya *et al.*, 1982; Francis, 1991; Francis, 1993; 沈世杰, 1993; Heemstra and Randall, 1993; Chen, Shao and Lin, 1995; Ni and Kwok, 1999; Carpenter and Niem, 1999; Randall and Lim (eds.), 2000; Huang, 2001; 伍汉霖, 邵广昭, 赖春福等, 2012.
**别名或俗名（Used or common name）**：石斑，过鱼，钱鳗鳗，手皮鲙，蓝瓜石斑.
**分布（Distribution）**：东海，南海.

### （2885）小纹石斑鱼 *Epinephelus epistictus* (Temminck *et* Schlegel, 1843)

*Serranus epistictus* Temminck *et* Schlegel, 1843: 1-20.
*Epinephelus praeopercularis* (Boulenger, 1888).
*Serranus praeopercularis* Boulenger, 1888.
**文献（Reference）**：沈世杰, 1993; Heemstra and Randall, 1993; Ni and Kwok, 1999; Carpenter and Niem, 1999; Randall and Lim (eds.), 2000; Huang, 2001; 伍汉霖, 邵广昭, 赖春福等, 2012.
**别名或俗名（Used or common name）**：石斑，过鱼，甘梯.
**分布（Distribution）**：东海，南海.

### （2886）带点石斑鱼 *Epinephelus fasciatomaculosus* (Peters, 1865)

*Serranus fasciatomaculosus* Peters, 1865: 97-111.
*Epinephelus fasciatomaculatus* (Peters, 1865).
**文献（Reference）**：沈世杰, 1993; Heemstra and Randall, 1993; Leung, 1994; Ni and Kwok, 1999; Carpenter and Niem, 1999; Randall and Lim (eds.), 2000; Huang, 2001; 伍汉霖, 邵广昭, 赖春福等, 2012.
**别名或俗名（Used or common name）**：石斑，过鱼，冈仔，竹节鲙.
**分布（Distribution）**：东海，南海.

### （2887）横条石斑鱼 *Epinephelus fasciatus* (Forsskål, 1775)

*Perca fasciata* Forsskål, 1775: 1-164.
*Epinephalus fasciatus* (Forsskål, 1775).
*Plectropoma fasciata* (Forsskål, 1775).
*Holocentrus rosmarus* Lacépède, 1802.
**文献（Reference）**：Forsskål, 1775: 1-20 + i-xxxiv + 1-164; Chang, Jan and Shao, 1983; Kohno, 1987; Francis, 1993; 沈世杰, 1993; Chen, Jan and Shao, 1997; Ni and Kwok, 1999; Randall and Lim (eds.), 2000; Huang, 2001; Adrim, Chen, Chen *et al.*, 2004; 伍汉霖, 邵广昭, 赖春福等, 2012.
**别名或俗名（Used or common name）**：石斑，过鱼，红斑，红鹭鸶，关公鲙.
**分布（Distribution）**：东海，南海.

### （2888）黄鳍石斑鱼 *Epinephelus flavocaeruleus* (Lacépède, 1802)

*Holocentrus flavocaeruleus* Lacépède, 1802: 1-728.
*Epinephelus flavocoeruleus* (Lacépède, 1802).
*Serranus flavocaeruleus* (Lacépède, 1802).
**文献（Reference）**：Forsskål, 1775; Herre, 1953b; Abe, 1983; Masuda, Amaoka, Araga *et al.*, 1984; 伍汉霖, 邵广昭, 赖春福等, 2012.
**别名或俗名（Used or common name）**：石斑，过鱼，黄瓜石斑.
**分布（Distribution）**：东海，南海.

### （2889）棕点石斑鱼 *Epinephelus fuscoguttatus* (Forsskål, 1775)

*Perca summana fuscoguttata* Forsskål, 1775: 1-164.
*Ephinephelus fuscoguttatus* (Forsskål, 1775).
*Serranus fuscoguttatus* (Forsskål, 1775).
*Serranus horridus* Valenciennes (*in* Cuvier *et* Valenciennes), 1828.
**文献（Reference）**：Forsskål, 1775: 1-20 + i-xxxiv + 1-164; Heemstra and Randall, 1993; Lee and Sadovy, 1998; Ni and Kwok, 1999; Carpenter and Niem, 1999; Randall and Lim (eds.), 2000; Liao, Su and Chang, 2001; Huang, 2001; Chi, Shieh and Lin, 2003; Adrim, Chen, Chen *et al.*, 2004; 伍汉霖, 邵广昭, 赖春福等, 2012; 刘静, 吴仁协, 康斌等, 2016.
**别名或俗名（Used or common name）**：老虎斑，过鱼.
**分布（Distribution）**：东海，南海.

### （2890）颊条石斑鱼 *Epinephelus heniochus* Fowler, 1904

*Epinephelus heniochus* Fowler, 1904: 495-560.

*Epinephelus hata* Katayama, 1953.

**文献（Reference）**：Kyushin, Amaoka, Nakaya *et al.*, 1982; Masuda, Amaoka, Araga *et al.*, 1984; Randall and Lim (eds.), 2000; 伍汉霖, 邵广昭, 赖春福等, 2012.

**分布（Distribution）**：南海.

### （2891）六角石斑鱼 *Epinephelus hexagonatus* (Forster, 1801)

*Holocentrus hexagonatus* Forster, 1801: 1-584.

*Ephinephelus hexagonatus* (Forster, 1801).

*Epinephalus hexagonatus* (Forster, 1801).

*Epinephelus hexagonathus* (Forster, 1801).

**文献（Reference）**：Chang, Jan and Shao, 1983; 沈世杰, 1993; Heemstra and Randall, 1993; Chen, Shao and Lin, 1995; Chen, Jan and Shao, 1997; Carpenter and Niem, 1999; Randall and Lim (eds.), 2000; Huang, 2001; 伍汉霖, 邵广昭, 赖春福等, 2012.

**别名或俗名（Used or common name）**：六角格仔, 石斑, 花点格, 鲈狸, 蜂巢石斑鱼.

**分布（Distribution）**：东海, 南海.

### （2892）鞍带石斑鱼 *Epinephelus lanceolatus* (Bloch, 1790)

*Holocentrus lanceolatus* Bloch, 1790: 1-128.

*Promicrops lanceolatus* (Bloch, 1790).

*Serranus lanceolatus* (Bloch, 1790).

**文献（Reference）**：Heemstra and Randall, 1993; Lee and Sadovy, 1998; Ni and Kwok, 1999; Kuo and Shao, 1999; Randall and Lim (eds.), 2000; Liao, Su and Chang, 2001; Huang, 2001; Chi, Shieh and Lin, 2003; Adrim, Chen, Chen *et al.*, 2004; 伍汉霖, 邵广昭, 赖春福等, 2012.

**别名或俗名（Used or common name）**：龙胆石斑, 过鱼, 枪头石斑鱼, 倒吞鲎, 鸳鸯鲙.

**分布（Distribution）**：东海, 南海.

### （2893）宽带石斑鱼 *Epinephelus latifasciatus* (Temminck *et* Schlegel, 1843)

*Serranus latifasciatus* Temminck *et* Schlegel, 1843: 1-20.

*Epinephelus grammicus* (Day, 1868).

*Priacanthichthys maderaspatensis* Day, 1868.

**文献（Reference）**：沈世杰, 1993; Heemstra and Randall, 1993; Ni and Kwok, 1999; Carpenter and Niem, 1999; Randall and Lim (eds.), 2000; Huang, 2001; Adrim, Chen, Chen *et al.*, 2004; 伍汉霖, 邵广昭, 赖春福等, 2012.

**别名或俗名（Used or common name）**：宽斑鮨, 石斑, 过鱼, 花猫鲙.

**分布（Distribution）**：黄海, 南海.

### （2894）长棘石斑鱼 *Epinephelus longispinis* (Kner, 1864)

*Serranus longispinis* Kner, 1864: 481-486.

*Epinephelus longispinnis* (Kner, 1864).

**文献（Reference）**：Masuda, Amaoka, Araga *et al.*, 1984; Huang, 2001; Kim, Choi, Lee *et al.*, 2005; 伍汉霖, 邵广昭, 赖春福等, 2012.

**分布（Distribution）**：东海, 南海.

### （2895）大斑石斑鱼 *Epinephelus macrospilos* (Bleeker, 1855)

*Serranus macrospilos* Bleeker, 1855: 491-504.

*Epinephelus macrospilus* (Bleeker, 1855).

*Epinephelus microspilus* (Bleeker, 1855).

*Serranus cylindricus* Günther, 1859.

**文献（Reference）**：Randall and Lim (eds.), 2000; Huang, 2001; 伍汉霖, 邵广昭, 赖春福等, 2012.

**分布（Distribution）**：东海, 南海.

### （2896）花点石斑鱼 *Epinephelus maculatus* (Bloch, 1790)

*Holocentrus maculatus* Bloch, 1790: 1-128.

*Epinephelus maculates* (Bloch, 1790).

*Holocentrus albofuscus* Lacépède, 1802.

*Holocentrus albo-fuscus* Lacépède, 1802.

**文献（Reference）**：Kyushin, Amaoka, Nakaya *et al.*, 1982; Shao, Shen, Chiu *et al.*, 1992; Francis, 1993; Shao, Chen, Kao *et al.*, 1993; 沈世杰, 1993; Chen, Shao and Lin, 1995; Ni and Kwok, 1999; Carpenter and Niem, 1999; Randall and Lim (eds.), 2000; Huang, 2001; 伍汉霖, 邵广昭, 赖春福等, 2012.

**别名或俗名（Used or common name）**：石斑, 过鱼, 花鲙, 鲙仔.

**分布（Distribution）**：东海, 南海.

### （2897）玛拉巴石斑鱼 *Epinephelus malabaricus* (Bloch *et* Schneider, 1801)

*Holocentrus malabaricus* Bloch *et* Schneider, 1801: 1-584.

*Cephalopholis malabaricus* (Bloch *et* Schneider, 1801).

*Epinephelus malabrica* (Bloch *et* Schneider, 1801).

*Epinephelus salmoides* (Lacépède, 1802).

**文献（Reference）**：Shao, Shen, Chiu *et al.*, 1992; 沈世杰, 1993; Chen, Shao and Lin, 1995; Lee and Sadovy, 1998; Ni and Kwok, 1999; Carpenter and Niem, 1999; Randall and Lim (eds.), 2000; Liao, Su and Chang, 2001; Huang, 2001; Chi, Shieh and Lin, 2003; 伍汉霖, 邵广昭, 赖春福等, 2012.

**别名或俗名（Used or common name）**：马拉巴, 石斑, 过鱼, 来猫, 厉麻, 虎麻.

**分布（Distribution）**：东海, 南海.

### （2898）黑斑石斑鱼 *Epinephelus melanostigma* Schultz, 1953

*Epinephelus melanostigma* Schultz, 1953: 1-685.

**文献（Reference）**：Schultz, 1953: 103; Chang, Jan and Shao,

1983; Shao, Chen, Kao *et al.*, 1993; 沈世杰, 1993; Heemstra and Randall, 1993; Randall and Lim (eds.), 2000; Huang, 2001; 伍汉霖, 邵广昭, 赖春福等, 2012.

**别名或俗名（Used or common name）**：石斑，过鱼.

**分布（Distribution）**：东海，南海.

**（2899）蜂巢石斑鱼 *Epinephelus merra* Bloch, 1793**

*Epinephalus merra* Bloch, 1793: 1-144.

*Cephalopholis merra* (Bloch, 1793).

*Ephinephelus merra* Bloch, 1793.

*Serranus merra* (Bloch, 1793).

**文献（Reference）**：Francis, 1993; 沈世杰, 1993; Heemstra and Randall, 1993; Chen, Jan and Shao, 1997; Lee and Sadovy, 1998; Ni and Kwok, 1999; Carpenter and Niem, 1999; Randall and Lim (eds.), 2000; Huang, 2001; Adrim, Chen, Chen *et al.*, 2004; 伍汉霖, 邵广昭, 赖春福等, 2012.

**别名或俗名（Used or common name）**：蜂巢格仔，六角格仔，蝴蝶斑，牛屎斑.

**分布（Distribution）**：东海，南海.

**（2900）弧纹石斑鱼 *Epinephelus morrhua* (Valenciennes, 1833)**

*Serranus morrhua* Valenciennes, 1833: 1-512.

*Cephalopholis morrhua* (Valenciennes, 1833).

*Epinephelus cometae* Tanaka, 1927.

**文献（Reference）**：Kyushin, Amaoka, Nakaya *et al.*, 1982; Kohno, 1987; Shao, Shen, Chiu *et al.*, 1992; 沈世杰, 1993; Heemstra and Randall, 1993; Chen, Jan and Shao, 1997; Ni and Kwok, 1999; Carpenter and Niem, 1999; Randall and Lim (eds.), 2000; Huang, 2001; 伍汉霖, 邵广昭, 赖春福等, 2012.

**别名或俗名（Used or common name）**：石斑，过鱼.

**分布（Distribution）**：东海，南海.

**（2901）纹波石斑鱼 *Epinephelus ongus* (Bloch, 1790)**

*Holocentrus ongus* Bloch, 1790: 1-128.

*Serranus dichropterus* Valenciennes (*in* Cuvier *et* Valenciennes), 1828.

*Serranus reticulatus* Valenciennes (*in* Cuvier *et* Valenciennes), 1828.

*Serranus tumilebris* Valenciennes (*in* Cuvier *et* Valenciennes), 1828.

**文献（Reference）**：Heemstra and Randall, 1993; Carpenter and Niem, 1999; Randall and Lim (eds.), 2000; Broad, 2003; Adrim, Chen, Chen *et al.*, 2004; 伍汉霖, 邵广昭, 赖春福等, 2012.

**别名或俗名（Used or common name）**：石斑，过鱼.

**分布（Distribution）**：南海.

**（2902）琉璃石斑鱼 *Epinephelus poecilonotus* (Temminck *et* Schlegel, 1842)**

*Serranus poecilonotus* Temminck *et* Schlegel, 1842: 1-20.

*Epinephelus poecilonatus* (Temminck *et* Schlegel, 1842).

**文献（Reference）**：Kyushin, Amaoka, Nakaya *et al.*, 1982; 沈世杰, 1993; Heemstra and Randall, 1993; Carpenter and Niem, 1999; Randall and Lim (eds.), 2000; Huang, 2001; 伍汉霖, 邵广昭, 赖春福等, 2012.

**别名或俗名（Used or common name）**：石斑，过鱼.

**分布（Distribution）**：南海.

**（2903）清水石斑鱼 *Epinephelus polyphekadion* (Bleeker, 1849)**

*Serranus polyphekadion* Bleeker, 1849: 1-64.

*Epinephelus polyhekadion* (Bleeker, 1849).

*Epinephelus goldmani* (Bleeker, 1855).

*Epinephelus microdon* (Bleeker, 1856).

**文献（Reference）**：Kohno, 1987; Francis, 1993; Heemstra and Randall, 1993; Shao, 1997; Chen, Jan and Shao, 1997; Carpenter and Niem, 1999; Randall and Lim (eds.), 2000; Huang, 2001; Adrim, Chen, Chen *et al.*, 2004; 伍汉霖, 邵广昭, 赖春福等, 2012.

**别名或俗名（Used or common name）**：石斑，过鱼，罔仔.

**分布（Distribution）**：东海，南海.

**（2904）玳瑁石斑鱼 *Epinephelus quoyanus* (Valenciennes, 1830)**

*Serranus quoyanus* Valenciennes (*in* Cuvier *et* Valenciennes), 1830: 1-559.

*Epinephelus quoyans* (Valenciennes, 1830).

*Epinephelus gilberti* (Richardson, 1842).

*Serranus megachir* Richardson, 1846.

*Serranus pardalis* Bleeker, 1848.

**文献（Reference）**：Shen, 1984; Shao, Chen, Kao *et al.*, 1993; 沈世杰, 1993; Chen, Shao and Lin, 1995; Chen, Jan and Shao, 1997; Sadovy, 1998; Ni and Kwok, 1999; Carpenter and Niem, 1999; Randall and Lim (eds.), 2000; Huang, 2001; Adrim, Chen, Chen *et al.*, 2004; 伍汉霖, 邵广昭, 赖春福等, 2012; 刘静, 吴仁协, 康斌等, 2016.

**别名或俗名（Used or common name）**：石斑，过鱼，黑猫鲙，花鲙，深水鲙仔.

**分布（Distribution）**：东海，南海.

**（2905）云纹石斑鱼 *Epinephelus radiatus* (Day, 1868)**

*Serranus radiatus* Day, 1868: 699-707.

*Epinephelus radiates* (Day, 1868).

*Epinephelus döderleinii* Franz, 1910.

**文献（Reference）**：Randall and Klausewitz, 1986; 沈世杰, 1993; Heemstra and Randall, 1993; Carpenter and Niem, 1999;

Randall and Lim (eds.), 2000; Huang, 2001; 伍汉霖, 邵广昭, 赖春福等, 2012.
**别名或俗名（Used or common name）**：石斑，过鱼，鲙仔.
**分布（Distribution）**：东海，南海.

### （2906）雷拖氏石斑鱼 *Epinephelus retouti* Bleeker, 1868

*Epinephelus retouti* Bleeker, 1868c: 336-341.
*Serranus retouti* (Bleeker, 1868).
*Epinephelus truncatus* Katayama, 1957.
*Epinephelus mauritianus* Baissac, 1962.
**文献（Reference）**：Bleeker, 1868c: 336-341; Kyushin, Amaoka, Nakaya *et al.*, 1982; Randall and Heemstra, 1986; Shao, Chen and Lee, 1987; 沈世杰, 1993; Carpenter and Niem, 1999; Randall and Lim (eds.), 2000; Huang, 2001; 伍汉霖, 邵广昭, 赖春福等, 2012.
**别名或俗名（Used or common name）**：石斑，过鱼，鲙仔.
**分布（Distribution）**：东海，南海.

### （2907）霜点石斑鱼 *Epinephelus rivulatus* (Valenciennes, 1830)

*Serranus rivulatus* Valenciennes, 1830: 1-559.
*Serranus viridipinnis* de Vis, 1884.
*Epinephelus grammatophorus* Boulenger, 1903.
*Epinephelus raymondi* Ogilby, 1908.
**文献（Reference）**：Francis, 1993; Shao, Chen, Kao *et al.*, 1993; 沈世杰, 1993; Heemstra and Randall, 1993; Ni and Kwok, 1999; Carpenter and Niem, 1999; Randall and Lim (eds.), 2000; Huang, 2001; Chan and Sadovy, 2002; 伍汉霖, 邵广昭, 赖春福等, 2012.
**别名或俗名（Used or common name）**：石斑，过鱼，鲙仔.
**分布（Distribution）**：东海，南海.

### （2908）六带石斑鱼 *Epinephelus sexfasciatus* (Valenciennes, 1828)

*Serranus sexfasciatus* Valenciennes (*in* Cuvier *et* Valenciennes), 1828: 1-490.
*Cephalopholis sexfasciatus* [Valenciennes (*in* Cuvier *et* Valenciennes), 1828].
*Ephinephelus sexfasciatus* [Valenciennes (*in* Cuvier *et* Valenciennes), 1828].
**文献（Reference）**：Kyushin, Amaoka, Nakaya *et al.*, 1982; Kohno, 1987; Ochavillo and Silvestre, 1991; Randall and Lim (eds.), 2000; Huang, 2001; 伍汉霖, 邵广昭, 赖春福等, 2012.
**分布（Distribution）**：南海.

### （2909）吻斑石斑鱼 *Epinephelus spilotoceps* Schultz, 1953

*Epinephelus spiloteceps* Schultz, 1953: 1-685.
*Epinephelus salonotus* Smith *et* Smith, 1963.
**文献（Reference）**：Schultz, 1953b: 504-520; Heemstra and Randall, 1993; Shao, 1997; Chen, Jan and Shao, 1997; Carpenter and Niem, 1999; Randall and Lim (eds.), 2000; Huang, 2001; 伍汉霖, 邵广昭, 赖春福等, 2012.
**别名或俗名（Used or common name）**：石斑，过鱼，鲙仔.
**分布（Distribution）**：东海，南海.

### （2910）南海石斑鱼 *Epinephelus stictus* Randall *et* Allen, 1987

*Epinephelus stictus* Randall *et* Allen, 1987: 387-411.
**文献（Reference）**：Randall and Allen, 1987: 387-411; Heemstra and Randall, 1993; Shao, 1997; Carpenter and Niem, 1999; Randall and Lim (eds.), 2000; 伍汉霖, 邵广昭, 赖春福等, 2012.
**别名或俗名（Used or common name）**：石斑，过鱼.
**分布（Distribution）**：东海，南海.

### （2911）白星石斑鱼 *Epinephelus summana* (Forsskål, 1775)

*Perca summana* Forsskål, 1775: 1-164.
*Epinephalus summana* (Forsskål, 1775).
*Serranus leucostigma* Valenciennes (*in* Cuvier *et* Valenciennes), 1828.
*Sebastes meleagris* Peters, 1864.
**文献（Reference）**：Murdy, Ferraris, Hoese *et al.*, 1981; Silvestre, Garces and Luna, 1995; Ni and Kwok, 1999; Huang, 2001; 伍汉霖, 邵广昭, 赖春福等, 2012.
**分布（Distribution）**：南海.

### （2912）巨石斑鱼 *Epinephelus tauvina* (Forsskål, 1775)

*Perca tauvina* Forsskål, 1775: 1-164.
*Cephalopholis tauvina* (Forsskål, 1775).
*Epinephalus tauvina* (Forsskål, 1775).
*Epinephelus elongatus* Schultz, 1953.
**文献（Reference）**：Shao, Shen, Chiu *et al.*, 1992; Shao, Chen, Kao *et al.*, 1993; 沈世杰, 1993; Ni and Kwok, 1999; Kuo and Shao, 1999; Carpenter and Niem, 1999; Randall and Lim (eds.), 2000; Huang, 2001; 伍汉霖, 邵广昭, 赖春福等, 2012.
**别名或俗名（Used or common name）**：石斑，过鱼，虎麻.
**分布（Distribution）**：东海，南海.

### （2913）三斑石斑鱼 *Epinephelus trimaculatus* (Valenciennes, 1828)

*Serranus trimaculatus* Valenciennes (*in* Cuvier *et* Valenciennes), 1828: 1-490.
*Serranus ura* Valenciennes (*in* Cuvier *et* Valenciennes), 1828.
*Serranus ara* Temminck *et* Schlegel, 1842.
**文献（Reference）**：沈世杰, 1993; Heemstra and Randall, 1993;

Ni and Kwok, 1999; Randall and Lim (eds.), 2000; Huang, 2001; 伍汉霖, 邵广昭, 赖春福等, 2012; 刘静, 吴仁协, 康斌等, 2016.
**别名或俗名（Used or common name）**：石斑，过鱼，红皮鲙.
**分布（Distribution）**：东海，南海.

**（2914）蓝身大石斑鱼 *Epinephelus tukula* Morgans, 1959**

*Epinephelus tukula* Morgans, 1959: 642-656.
**文献（Reference）**：Morgans, 1959: 642-656; Shao, Shen, Chiu *et al.*, 1992; 沈世杰, 1993; Heemstra and Randall, 1993; Lee and Sadovy, 1998; Carpenter and Niem, 1999; Randall and Lim (eds.), 2000; Huang, 2001; 伍汉霖, 邵广昭, 赖春福等, 2012.
**别名或俗名（Used or common name）**：金钱斑，过鱼.
**分布（Distribution）**：东海，南海.

**（2915）波纹石斑鱼 *Epinephelus undulosus* (Quoy *et* Gaimard, 1824)**

*Bodianus undulosus* Quoy *et* Gaimard, 1824: 192-401.
*Cephalopholis undulosus* (Quoy *et* Gaimard, 1824).
*Serranus lineatus* Valenciennes (*in* Cuvier *et* Valenciennes), 1828.
**文献（Reference）**：Shao, Shen, Chiu *et al.*, 1992; 沈世杰, 1993; Heemstra and Randall, 1993; Carpenter and Niem, 1999; Randall and Lim (eds.), 2000; Huang, 2001; 伍汉霖, 邵广昭, 赖春福等, 2012.
**别名或俗名（Used or common name）**：石斑，过鱼.
**分布（Distribution）**：东海，南海.

## 917. 巨花鮨属 *Giganthias* Katayama, 1954

**（2916）桃红巨花鮨 *Giganthias immaculatus* Katayama, 1954**

*Giganthias immaculatus* Katayama, 1954: 56-61.
**文献（Reference）**：Katayama, 1954: 56-61; Masuda, Amaoka, Araga *et al.*, 1984; 沈世杰, 1993; Randall and Lim (eds.), 2000; Huang, 2001; 伍汉霖, 邵广昭, 赖春福等, 2012.
**别名或俗名（Used or common name）**：石斑，过鱼.
**分布（Distribution）**：东海，南海.

## 918. 纤齿鲈属 *Gracila* Randall, 1964

**（2917）白边纤齿鲈 *Gracila albomarginata* (Fowler *et* Bean, 1930)**

*Cephalopholis albomarginatus* Fowler *et* Bean, 1930: 1-334.
*Aethaloperca albomarginata* (Fowler *et* Bean, 1930).
*Gracilia albomarginata* (Fowler *et* Bean, 1930).
**文献（Reference）**：Smith-Vaniz, Johnson and Randall, 1988; 沈世杰, 1993; Carpenter and Niem, 1999; Randall and Lim (eds.), 2000; 伍汉霖, 邵广昭, 赖春福等, 2012.
**别名或俗名（Used or common name）**：黑皮过鱼，石斑.
**分布（Distribution）**：东海，南海.

## 919. 线纹鱼属 *Grammistes* Bloch *et* Schneider, 1801

**（2918）六带线纹鱼 *Grammistes sexlineatus* (Thunberg, 1792)**

*Perca sexlineata* Thunberg, 1792: 141-143.
*Grammistes orientalis* Bloch *et* Schneider, 1801.
*Sciaena vittata* Lacépède, 1802.
**文献（Reference）**：Chang, Jan and Shao, 1983; Francis, 1993; Shao, Chen, Kao *et al.*, 1993; 沈世杰, 1993; Chen, Shao and Lin, 1995; Chen, Jan and Shao, 1997; Kuo and Shao, 1999; Randall and Lim (eds.), 2000; Huang, 2001; 伍汉霖, 邵广昭, 赖春福等, 2012.
**别名或俗名（Used or common name）**：包公.
**分布（Distribution）**：东海，南海.

## 920. 下美鮨属 *Hyporthodus* Gill, 1861

**（2919）八带下美鮨 *Hyporthodus octofasciatus* (Griffin, 1926)**

*Epinephelus octofasciatus* Griffin, 1926: 538-546.
*Epinephelus compressus* Postel, Fourmanoir *et* Guézé, 1963.
**文献（Reference）**：Francis, 1993; 沈世杰, 1993; Heemstra and Randall, 1993; Randall and Lim (eds.), 2000; Huang, 2001; 伍汉霖, 邵广昭, 赖春福等, 2012.
**别名或俗名（Used or common name）**：石斑，过鱼，大黑猫.
**分布（Distribution）**：南海.

**（2920）七带下美鮨 *Hyporthodus septemfasciatus* (Thunberg, 1793)**

*Perca septemfasciatus* Thunberg, 1793: 55-56.
*Epinephelus septemfasciatus* (Thunberg, 1793).
*Plectropoma susuki* Cuvier (*in* Cuvier *et* Valencinnes), 1828.
*Serranus octocinctus* Temminck *et* Schlegel, 1842.
**文献（Reference）**：Heemstra and Randall, 1993; Yamada, Shirai, Irie *et al.*, 1995; Shao, 1997; Ni and Kwok, 1999; Randall and Lim (eds.), 2000; Huang, 2001; An and Huh, 2002; 伍汉霖, 邵广昭, 赖春福等, 2012.
**别名或俗名（Used or common name）**：石斑，过鱼，鲙仔，假油斑.
**分布（Distribution）**：南海.

## 921. 长鲈属 *Liopropoma* Gill, 1861

**（2921）荒贺氏长鲈 *Liopropoma aragai* Randall *et* Taylor, 1988**

*Liopropoma aragai* Randall *et* Taylor, 1988: 1-47.

文献（Reference）：Randall and Taylor, 1988: 1-47; Masuda, Amaoka, Araga *et al.*, 1984; 沈世杰, 1993; Randall and Lim (eds.), 2000; Huang, 2001; 伍汉霖, 邵广昭, 赖春福等, 2012.
别名或俗名（Used or common name）：鲶仔.
分布（Distribution）：南海.

**（2922）黄背长鲈 *Liopropoma dorsoluteum* Kon, Yoshino *et* Sakurai, 1999**

*Liopropoma dorsoluteum* Kon, Yoshino *et* Sakurai, 1999: 67-71.
文献（Reference）：Kon, Yoshino and Sakurai, 1999: 67-71; 伍汉霖, 邵广昭, 赖春福等, 2012.
别名或俗名（Used or common name）：鲶仔.
分布（Distribution）：?

**（2923）黑缘长鲈 *Liopropoma erythraeum* Randall *et* Taylor, 1988**

*Liopropoma erythraeum* Randall *et* Taylor, 1988: 1-47.
文献（Reference）：Randall and Taylor, 1988: 1-47; Masuda, Amaoka, Araga *et al.*, 1984; 伍汉霖, 邵广昭, 赖春福等, 2012.
别名或俗名（Used or common name）：鲶仔.
分布（Distribution）：东海.

**（2924）日本长鲈 *Liopropoma japonicum* (Döderlein, 1883)**

*Labracopsis japonicus* Döderlein, 1883: 49-50.
文献（Reference）：Masuda, Amaoka, Araga *et al.*, 1984; Randall and Taylor, 1988; Shao, Chen, Kao *et al.*, 1993; 沈世杰, 1993; Yamada, Shirai, Irie *et al.*, 1995; Randall and Lim (eds.), 2000; 伍汉霖, 邵广昭, 赖春福等, 2012.
别名或俗名（Used or common name）：鲶仔.
分布（Distribution）：南海.

**（2925）宽带长鲈 *Liopropoma latifasciatum* (Tanaka, 1922)**

*Pikea latifasciata* Tanaka, 1922: 583-606.
文献（Reference）：Masuda, Amaoka, Araga *et al.*, 1984; Randall and Taylor, 1988; 沈世杰, 1993; Randall and Lim (eds.), 2000; Kim, Choi, Lee *et al.*, 2005; 伍汉霖, 邵广昭, 赖春福等, 2012.
别名或俗名（Used or common name）：鲶仔.
分布（Distribution）：东海, 南海.

**（2926）新月长鲈 *Liopropoma lunulatum* (Guichenot, 1863)**

*Grystes lunulatus* Guichenot, 1863: C1-C32.
*Liopropoma lunulata* (Guichenot, 1863).
*Liopropoma lunulatus* (Guichenot, 1863).
*Pikea lunulata* (Guichenot, 1863).
文献（Reference）：Shao, Chen and Lee, 1987; 伍汉霖, 邵广昭, 赖春福等, 2012.
分布（Distribution）：南海.

**（2927）斑长鲈 *Liopropoma maculatum* (Döderlein, 1883)**

*Pikea maculata* Döderlein, 1883: 49-50.
文献（Reference）：Masuda, Amaoka, Araga *et al.*, 1984.
别名或俗名（Used or common name）：鲶仔.
分布（Distribution）：东海, 南海.

**（2928）苍白长鲈 *Liopropoma pallidum* (Fowler, 1938)**

*Chorististium pallidum* Fowler, 1938: 1-349.
文献（Reference）：Winterbottom, 1993; 伍汉霖, 邵广昭, 赖春福等, 2012.
别名或俗名（Used or common name）：鲶仔.
分布（Distribution）：南海.

**（2929）孙氏长鲈 *Liopropoma susumi* (Jordan *et* Seale, 1906)**

*Chorististium susumi* Jordan *et* Seale, 1906b: 173-455.
*Liopoproma susumi* (Jordan *et* Seale, 1906).
*Ypsigramma brocki* Schultz, 1953.
*Ypsigramma lineata* Schultz, 1953.
文献（Reference）：Herre, 1953b; Masuda, Amaoka, Araga *et al.*, 1984; Randall and Taylor, 1988; Winterbottom, 1993; 沈世杰, 1993; Randall and Lim (eds.), 2000; Huang, 2001; 伍汉霖, 邵广昭, 赖春福等, 2012.
别名或俗名（Used or common name）：鲶仔.
分布（Distribution）：南海.

## 922. 大花鮨属 *Meganthias* Randall *et* Heemstra, 2006

**（2930）琉球大花鮨 *Meganthias kingyo* (Kon, Yoshino *et* Sakurai, 2000)**

*Holanthias kingyo* Kon, Yoshino *et* Sakurai, 2000: 75-79.
文献（Reference）：Randall and Heemstra, 2006.
别名或俗名（Used or common name）：鲶仔.
分布（Distribution）：东海, 南海.

## 923. 东洋鲈属 *Niphon* Cuvier, 1828

**（2931）东洋鲈 *Niphon spinosus* Cuvier, 1828**

*Niphon spinosus* Cuvier (*in* Cuvier *et* Valencinnes), 1828: 1-490.
文献（Reference）：杨鸿嘉, 1980; Johnson, 1983; Johnson, 1987; 沈世杰, 1993; Yamada, Shirai, Irie *et al.*, 1995; Randall

and Lim (eds.), 2000; Huang, 2001; 伍汉霖, 邵广昭, 赖春福等, 2012.
**别名或俗名（Used or common name）**：鲙仔.
**分布（Distribution）**：东海, 南海.

## 924. 牙花鮨属 *Odontanthias* Bleeker, 1873

### （2932）黄斑牙花鮨 *Odontanthias borbonius* (Valenciennes, 1828)

*Serranus borbonius* Valenciennes (*in* Cuvier *et* Valenciennes), 1828: 1-490.
*Anthias borbonicus* [Valenciennes (*in* Cuvier *et* Valenciennes), 1828].
*Holanthias borbonicus* [Valenciennes (*in* Cuvier *et* Valenciennes), 1828].
*Serranus delissii* Bennett, 1831.
**文献（Reference）**：Masuda, Amaoka, Araga *et al.*, 1984; Smith and Heemstra, 1986; 沈世杰, 1993; Shao, 1997; Randall and Lim (eds.), 2000; 伍汉霖, 邵广昭, 赖春福等, 2012.
**别名或俗名（Used or common name）**：花鲈, 海金鱼.
**分布（Distribution）**：南海.

### （2933）金点牙花鮨 *Odontanthias chrysostictus* (Günther, 1872)

*Anthias chrysostictus* Günther, 1872: 652-675.
*Holanthias chrysostictus* (Günther, 1872).
**文献（Reference）**：沈世杰, 1993; 伍汉霖, 邵广昭, 赖春福等, 2012.
**别名或俗名（Used or common name）**：花鲈, 海金鱼.
**分布（Distribution）**：东海, 南海.

### （2934）红衣牙花鮨 *Odontanthias rhodopeplus* (Günther, 1872)

*Anthias rhodopeplus* Günther, 1872: 652-675.
*Holanthias rhodopeplus* (Günther, 1872).
**文献（Reference）**：Masuda, Amaoka, Araga *et al.*, 1984; 沈世杰, 1993; Randall and Lim (eds.), 2000; Huang, 2001; 伍汉霖, 邵广昭, 赖春福等, 2012.
**别名或俗名（Used or common name）**：花鲈, 海金鱼.
**分布（Distribution）**：南海.

### （2935）单斑牙花鮨 *Odontanthias unimaculatus* (Tanaka, 1917)

*Anthias unimaculatus* Tanaka, 1917b: 198-201.
*Holanthias unimaculatus* (Tanaka, 1917).
**文献（Reference）**：Masuda, Amaoka, Araga *et al.*, 1984; Shao, Chen, Kao *et al.*, 1993; 沈世杰, 1993; Randall and Lim (eds.), 2000; Huang, 2001; 伍汉霖, 邵广昭, 赖春福等, 2012.
**别名或俗名（Used or common name）**：花鲈, 海金鱼.
**分布（Distribution）**：南海.

## 925. 棘花鮨属 *Plectranthias* Bleeker, 1873

### （2936）拟棘花鮨 *Plectranthias anthioides* (Günther, 1872)

*Plectropoma anthioides* Günther, 1872: 652-675.
**文献（Reference）**：Shao, Chen, Kao *et al.*, 1993; Huang, 2001; Chen and Shao, 2002; 伍汉霖, 邵广昭, 赖春福等, 2012.
**分布（Distribution）**：南海.

### （2937）长身棘花鲈 *Plectranthias elongatus* Wu, Randall *et* Chen, 2011

*Plectranthias elongatus* Wu, Randall *et* Chen, 2011: 247-253.
**文献（Reference）**：Wu, Randall and Chen, 2011: 247-253; 伍汉霖, 邵广昭, 赖春福等, 2012.
**别名或俗名（Used or common name）**：花鲈.
**分布（Distribution）**：南海.

### （2938）海氏棘花鮨 *Plectranthias helenae* Randall, 1980

*Plectranthias helenae* Randall, 1980a: 101-187.
**文献（Reference）**：Randall, 1980a: 101-187; Yoshino, 1972; Shao, Chen, Kao *et al.*, 1993; 沈世杰, 1993; Shao, 1997; Randall and Lim (eds.), 2000; Huang, 2001; Chen and Shao, 2002; 伍汉霖, 邵广昭, 赖春福等, 2012.
**别名或俗名（Used or common name）**：花鲈.
**分布（Distribution）**：南海.

### （2939）日本棘花鮨 *Plectranthias japonicus* (Steindachner, 1883)

*Paracirrhites japonicus* Steindachner (*in* Steindachner *et* Döderlein), 1883: 49-50.
*Isobuna japonica* [Steindachner (*in* Steindachner *et* Döderlein), 1883].
*Sayonara mitsukurii* Smith *et* Pope, 1906.
*Sayonara satsumae* Jordan *et* Seale, 1906.
**文献（Reference）**：Yoshino, 1972; Randall and Heemstra, 1978; Shao, Chen, Kao *et al.*, 1993; 沈世杰, 1993; Yamada, Shirai, Irie *et al.*, 1995; Randall and Lim (eds.), 2000; Huang, 2001; Chen and Shao, 2002; 伍汉霖, 邵广昭, 赖春福等, 2012.
**别名或俗名（Used or common name）**：花鲈.
**分布（Distribution）**：东海, 南海.

### （2940）焦氏棘花鮨 *Plectranthias jothyi* Randall, 1996

*Plectranthias jothyi* Randall, 1996b: 113-131.
**文献（Reference）**：Randall, 1996b: 113-131; Yoshino, 1972;

Randall and Lim (eds.), 2000; 伍汉霖, 邵广昭, 赖春福等, 2012.
**别名或俗名（Used or common name）**：花鲈.
**分布（Distribution）**：东海, 南海.

### （2941）黄吻棘花鮨 *Plectranthias kamii* Randall, 1980

*Plectranthias kamii* Randall, 1980a: 101-187.
**文献（Reference）**：Randall, 1980a: 101-187; Yoshino, 1972; Masuda, Amaoka, Araga *et al.*, 1984; Shao, Chen, Kao *et al.*, 1993; Randall and Lim (eds.), 2000; Chen and Shao, 2002; 伍汉霖, 邵广昭, 赖春福等, 2012.
**别名或俗名（Used or common name）**：花鲈.
**分布（Distribution）**：东海, 南海.

### （2942）凯氏棘花鮨 *Plectranthias kelloggi* (Jordan *et* Evermann, 1903)

*Anthias kelloggi* Jordan *et* Evermann, 1903: 161-208.
**文献（Reference）**：Jordan and Evermann, 1903: 209-210; Yoshino, 1972; 沈世杰, 1993; Chen and Shao, 2002; 伍汉霖, 邵广昭, 赖春福等, 2012.
**别名或俗名（Used or common name）**：凯氏棘花鲈, 花鲈.
**分布（Distribution）**：东海, 南海.

### （2943）银点棘花鮨 *Plectranthias longimanus* (Weber, 1913)

*Pteranthias longimanus* Weber, 1913: 1-710.
**文献（Reference）**：Yoshino, 1972; Chang, Lee and Shao, 1978; Masuda, Amaoka, Araga *et al.*, 1984; 沈世杰, 1993; Randall and Lim (eds.), 2000; Huang, 2001; Chen and Shao, 2002; 伍汉霖, 邵广昭, 赖春福等, 2012.
**别名或俗名（Used or common name）**：花鲈.
**分布（Distribution）**：南海.

### （2944）短棘花鮨 *Plectranthias nanus* Randall, 1980

*Plectranthias nanus* Randall, 1980a: 101-187.
**文献（Reference）**：Randall, 1980a: 101-187; Yoshino, 1972; 沈世杰, 1993; Randall and Lim (eds.), 2000; Huang, 2001; Chen and Shao, 2002; 伍汉霖, 邵广昭, 赖春福等, 2012.
**别名或俗名（Used or common name）**：花鲈.
**分布（Distribution）**：南海.

### （2945）伦氏棘花鮨 *Plectranthias randalli* Fourmanoir *et* Rivaton, 1980

*Plectranthias randalli* Fourmanoir *et* Rivaton, 1980: 27-28.
**文献（Reference）**：Yoshino, 1972; Lin, Shao and Chen (林沛立, 邵广昭和陈正平), 1994; Chen and Shao, 2002; 伍汉霖, 邵广昭, 赖春福等, 2012.
**别名或俗名（Used or common name）**：花鲈.
**分布（Distribution）**：东海, 南海.

### （2946）沈氏棘花鮨 *Plectranthias sheni* Chen *et* Shao, 2002

*Plectranthias sheni* Chen *et* Shao, 2002: 63-68.
**文献（Reference）**：Chen and Shao, 2002: 63-68; Yoshino, 1972; 伍汉霖, 邵广昭, 赖春福等, 2012.
**别名或俗名（Used or common name）**：花鲈.
**分布（Distribution）**：东海, 南海.

### （2947）威氏棘花鮨 *Plectranthias wheeleri* Randall, 1980

*Plectranthias wheeleri* Randall, 1980a: 101-187.
**文献（Reference）**：Randall, 1980a: 101-187; Yoshino, 1972; Shao, Chen, Kao *et al.*, 1993; 沈世杰, 1993; Randall and Lim (eds.), 2000; Huang, 2001; Chen and Shao, 2002; 伍汉霖, 邵广昭, 赖春福等, 2012.
**别名或俗名（Used or common name）**：花鲈.
**分布（Distribution）**：南海.

### （2948）怀特棘花鮨 *Plectranthias whiteheadi* Randall, 1980

*Plectranthias whiteheadi* Randall, 1980a: 101-187.
*Plectranthias chungchowensis* Shen *et* Lin, 1984.
**文献（Reference）**：Randall, 1980a: 101-187; Yoshino, 1972; Shao, Chen, Kao *et al.*, 1993; 沈世杰, 1993; Randall and Lim (eds.), 2000; Huang, 2001; Chen and Shao, 2002; 伍汉霖, 邵广昭, 赖春福等, 2012.
**别名或俗名（Used or common name）**：花鲈.
**分布（Distribution）**：南海.

### （2949）红斑棘花鮨 *Plectranthias winniensis* (Tyler, 1966)

*Pteranthias winniensis* Tyler, 1966b: 1-6.
**文献（Reference）**：Yoshino, 1972; 伍汉霖, 邵广昭, 赖春福等, 2012.
**别名或俗名（Used or common name）**：花鲈.
**分布（Distribution）**：南海.

### （2950）黄斑棘花鮨 *Plectranthias xanthomaculatus* Wu, Randall *et* Chen, 2011

*Plectranthias xanthomaculatus* Wu, Randall *et* Chen, 2011: 247-253.
**文献（Reference）**：Wu, Randall and Chen, 2011: 247-253; 伍汉霖, 邵广昭, 赖春福等, 2012.
**别名或俗名（Used or common name）**：花鲈.
**分布（Distribution）**：南海.

**（2951）山川氏棘花鮨 *Plectranthias yamakawai* Yoshino, 1972**

*Plectranthias yamakawai* Yoshino, 1972: 49-56.

**文献（Reference）**：Yoshino, 1972: 49-56; Shao, Chen and Lee, 1987; Shao, Chen, Kao *et al.*, 1993; 沈世杰, 1993; Shao, 1997; Randall and Lim (eds.), 2000; Huang, 2001; Chen and Shao, 2002; 伍汉霖, 邵广昭, 赖春福等, 2012.

**别名或俗名（Used or common name）**：花鲈.

**分布（Distribution）**：南海.

## 926. 鳃棘鲈属 *Plectropomus* Oken, 1817

**（2952）蓝点鳃棘鲈 *Plectropomus areolatus* (Rüppell, 1830)**

*Plectropoma areolatum* Rüppell, 1830: 1-141.

*Plectropomus areolatum* (Rüppell, 1830).

*Plectropomus trancatus* Fowler *et* Bean, 1930.

**文献（Reference）**：Fowler and Bean, 1930; Myers, 1994; Lee and Sadovy, 1998; Ni and Kwok, 1999; Randall and Lim (eds.), 2000; Huang, 2001; Adrim, Chen, Chen *et al.*, 2004; 伍汉霖, 邵广昭, 赖春福等, 2012; 刘静, 吴仁协, 康斌等, 2016.

**别名或俗名（Used or common name）**：西星斑.

**分布（Distribution）**：东海, 南海.

**（2953）黑鞍鳃棘鲈 *Plectropomus laevis* (Lacépède, 1801)**

*Labrus laevis* Lacépède, 1801: 1-558.

*Paracanthistius melanoleucus* (Lacépède, 1802).

*Plectropoma melanoleucum* (Lacépède, 1802).

**文献（Reference）**：沈世杰, 1993; Heemstra and Randall, 1993; Lee and Sadovy, 1998; Leis and Carson-Ewart, 1999; Randall and Lim (eds.), 2000; Huang, 2001; 伍汉霖, 邵广昭, 赖春福等, 2012.

**别名或俗名（Used or common name）**：鲙, 过鱼, 石斑, 黑条.

**分布（Distribution）**：南海.

**（2954）豹纹鳃棘鲈 *Plectropomus leopardus* (Lacépède, 1802)**

*Holocentrus leopardus* Lacépède, 1802: 1-728.

*Acanthistius leopardinus* [Cuvier (*in* Cuvier *et* Valencinnes), 1828].

*Plectropoma leopardinus* Cuvier (*in* Cuvier *et* Valencinnes), 1828.

**文献（Reference）**：Chan, 1968; Kyushin, Amaoka, Nakaya *et al.*, 1982; Shao, Chen, Kao *et al.*, 1993; 沈世杰, 1993; Heemstra and Randall, 1993; Chen, Jan and Shao, 1997; Lee and Sadovy, 1998; Ni and Kwok, 1999; Randall and Lim (eds.), 2000; Huang, 2001; 伍汉霖, 邵广昭, 赖春福等, 2012.

**别名或俗名（Used or common name）**：鲙, 过鱼, 石斑, 七星斑, 青条, 东星斑, 红条, 黑条.

**分布（Distribution）**：东海, 南海.

**（2955）斑鳃棘鲈 *Plectropomus maculatus* (Bloch, 1790)**

*Bodianus maculatus* Bloch, 1790: 1-128.

*Plectropomus maculates* (Bloch, 1790).

**文献（Reference）**：Kyushin, Amaoka, Nakaya *et al.*, 1982; Lee and Sadovy, 1998; Randall and Lim (eds.), 2000; Chan and Sadovy, 2002; Adrim, Chen, Chen *et al.*, 2004; 伍汉霖, 邵广昭, 赖春福等, 2012; 刘静, 吴仁协, 康斌等, 2016.

**分布（Distribution）**：南海.

**（2956）点线鳃棘鲈 *Plectropomus oligacanthus* (Bleeker, 1855)**

*Plectropoma oligacanthus* Bleeker, 1855: 415-448.

*Plectropoma variegatum* Castelnau, 1875.

**文献（Reference）**：Fowler and Bean, 1930; Lee and Sadovy, 1998; Randall and Lim (eds.), 2000; Huang, 2001; 伍汉霖, 邵广昭, 赖春福等, 2012.

**分布（Distribution）**：南海.

## 927. 须鮨属 *Pogonoperca* Günther, 1859

**（2957）斑点须鮨 *Pogonoperca punctata* (Valenciennes, 1830)**

*Grammistes punctatus* Valenciennes, 1830: 1-559.

*Pogonaperca punctata* (Valenciennes, 1830).

*Pogonoperca reticulata* Bliss, 1883.

**文献（Reference）**：Aida, Hibiya, Oshima *et al.*, 1973; Masuda, Amaoka, Araga *et al.*, 1984; 沈世杰, 1993; Randall and Lim (eds.), 2000; 伍汉霖, 邵广昭, 赖春福等, 2012.

**别名或俗名（Used or common name）**：老公仔, 胡须斑.

**分布（Distribution）**：南海.

## 928. 拟花鮨属 *Pseudanthias* Bleeker, 1871

**（2958）双色拟花鮨 *Pseudanthias bicolor* (Randall, 1979)**

*Anthias bicolor* Randall, 1979: 1-13.

*Mirolabrichthys bicolor* (Randall, 1979).

**文献（Reference）**：Masuda, Amaoka, Araga *et al.*, 1984; Ho, Shao, Chen *et al.* (何林泰, 邵广昭, 陈正平等), 1993; Randall and Lim (eds.), 2000; 陈正平, 邵广昭, 詹荣桂等, 2010; 伍汉霖, 邵广昭, 赖春福等, 2012.

**别名或俗名（Used or common name）**：花鲈, 海金鱼, 红鱼.

**分布（Distribution）**：南海.

**（2959）丽拟花鮨 *Pseudanthias cichlops* (Bleeker, 1853)**

*Serranus cichlops* Bleeker, 1853: 243-302.
*Anthias cichlops* (Bleeker, 1853).
**文献（Reference）**：Herre, 1953b; Masuda, Amaoka, Araga *et al.*, 1984; Huang, 2001; Chinese Academy of Fishery Science (CAFS), 2007; 伍汉霖, 邵广昭, 赖春福等, 2012.
**分布（Distribution）**：南海.

**（2960）锯鳃拟花鮨 *Pseudanthias cooperi* (Regan, 1902)**

*Anthias cooperi* Regan, 1902: 272-281.
*Anthias kashiwae* (Tanaka, 1918).
*Leptanthias kashiwae* Tanaka, 1918.
**文献（Reference）**：Masuda, Amaoka, Araga *et al.*, 1984; Ho, Shao, Chen *et al.* (何林泰, 邵广昭, 陈正平等), 1993; Randall and Lim (eds.), 2000; 陈正平, 邵广昭, 詹荣桂等, 2010; 伍汉霖, 邵广昭, 赖春福等, 2012.
**别名或俗名（Used or common name）**：花鲈, 海金鱼, 红鱼.
**分布（Distribution）**：南海.

**（2961）刺盖拟花鮨 *Pseudanthias dispar* (Herre, 1955)**

*Mirolabrichthys dispar* Herre, 1955: 223-225.
*Anthias dispar* (Herre, 1955).
**文献（Reference）**：Katayama, 1979; Masuda, Amaoka, Araga *et al.*, 1984; Randall and Lim (eds.), 2000; Huang, 2001; 伍汉霖, 邵广昭, 赖春福等, 2012.
**别名或俗名（Used or common name）**：花鲈, 海金鱼, 红鱼.
**分布（Distribution）**：南海.

**（2962）长拟花鮨 *Pseudanthias elongatus* (Franz, 1910)**

*Anthias elongatus* Franz, 1910: 1-135.
**文献（Reference）**：Masuda, Amaoka, Araga *et al.*, 1984; 沈世杰, 1993; Shao, 1997; Randall and Lim (eds.), 2000; Huang, 2001; 伍汉霖, 邵广昭, 赖春福等, 2012.
**别名或俗名（Used or common name）**：花鲈, 海金鱼, 红鱼.
**分布（Distribution）**：东海, 南海.

**（2963）恩氏拟花鮨 *Pseudanthias engelhardi* (Allen *et* Starck, 1982)**

*Anthias engelhardi* Allen *et* Starck, 1982: 47-56.
**文献（Reference）**：伍汉霖, 邵广昭, 赖春福等, 2012.
**别名或俗名（Used or common name）**：花鲈, 海金鱼, 红鱼.
**分布（Distribution）**：东海, 南海.

**（2964）条纹拟花鮨 *Pseudanthias fasciatus* (Kamohara, 1955)**

*Franzia fasciata* Kamohara, 1955: 1-6.
*Anthias fasciatus* (Kamohara, 1955).
*Pseudanthias fasciata* (Kamohara, 1955).
**文献（Reference）**：Masuda, Amaoka, Araga *et al.*, 1984; Randall and Lim (eds.), 2000; Huang, 2001; Bos and Gumanao, 2013; 伍汉霖, 邵广昭, 赖春福等, 2012.
**别名或俗名（Used or common name）**：花鲈, 海金鱼, 红鱼.
**分布（Distribution）**：南海.

**（2965）高体拟花鮨 *Pseudanthias hypselosoma* Bleeker, 1877**

*Pseudanthias hypeelosoma* Bleeker, 1877b: 2-3.
*Anthias hypselosoma* (Bleeker, 1878).
*Anthias truncatus* Katayama *et* Masuda, 1983.
*Pseudanthias truncatus* (Katayama *et* Masuda, 1983).
**文献（Reference）**：Bleeker, 1878a: 35-66; Masuda, Amaoka, Araga *et al.*, 1984; 沈世杰, 1993; Randall and Lim (eds.), 2000; Huang, 2001; 伍汉霖, 邵广昭, 赖春福等, 2012.
**别名或俗名（Used or common name）**：花鲈, 海金鱼, 红鱼.
**分布（Distribution）**：南海.

**（2966）吕宋拟花鮨 *Pseudanthias luzonensis* (Katayama *et* Masuda, 1983)**

*Anthias luzonensis* Katayama *et* Masuda, 1983: 340-342.
**文献（Reference）**：沈世杰, 1993; Randall and Lim (eds.), 2000; Huang, 2001; 伍汉霖, 邵广昭, 赖春福等, 2012.
**别名或俗名（Used or common name）**：花鲈, 海金鱼, 红鱼.
**分布（Distribution）**：南海.

**（2967）紫红拟花鮨 *Pseudanthias pascalus* (Jordan *et* Tanaka, 1927)**

*Entonanthias pascalus* Jordan *et* Tanaka, 1927: 385-392.
*Anthias pascalus* (Jordan *et* Tanaka, 1927).
*Mikrolabrichthys pascalus* (Jordan *et* Tanaka, 1927).
*Mirolabrichthys pascalus* (Jordan *et* Tanaka, 1927).
**文献（Reference）**：Masuda, Amaoka, Araga *et al.*, 1984; 沈世杰, 1993; Chen, Jan and Shao, 1997; Randall and Lim (eds.), 2000; Huang, 2001; 伍汉霖, 邵广昭, 赖春福等, 2012.
**别名或俗名（Used or common name）**：花鲈, 海金鱼, 红鱼.
**分布（Distribution）**：东海, 南海.

**（2968）侧带拟花鮨 *Pseudanthias pleurotaenia* (Bleeker, 1857)**

*Anthias pleurotaenia* Bleeker, 1857: 1-102.

文献（Reference）：沈世杰, 1993; Chen, Jan and Shao, 1997; Randall and Lim (eds.), 2000; Huang, 2001; Broad, 2003; 伍汉霖, 邵广昭, 赖春福等, 2012.
别名或俗名（Used or common name）：花鲈, 海金鱼, 红鱼.
分布（Distribution）：东海, 南海.

**（2969）红带拟花鮨 *Pseudanthias rubrizonatus* (Randall, 1983)**
*Anthias rubrizonatus* Randall, 1983: 27-37.
文献（Reference）：Ho, Shao, Chen *et al.* (何林泰, 邵广昭, 陈正平等), 1993; 沈世杰, 1993; Randall and Lim (eds.), 2000; 伍汉霖, 邵广昭, 赖春福等, 2012.
别名或俗名（Used or common name）：花鲈, 海金鱼, 红鱼.
分布（Distribution）：东海, 南海.

**（2970）丝鳍拟花鮨 *Pseudanthias squamipinnis* (Peters, 1855)**
*Serranus squamipinnis* Peters, 1855: 428-466.
*Anthias squamipinnis* (Peters, 1855).
*Franzia squamipinnis* (Peters, 1855).
*Pseudanthias squammipinnis* (Peters, 1855).
文献（Reference）：Chang, Jan and Shao, 1983; Francis, 1991; Francis, 1993; 沈世杰, 1993; Randall and Lim (eds.), 2000; Huang, 2001; 伍汉霖, 邵广昭, 赖春福等, 2012.
别名或俗名（Used or common name）：花鲈, 海金鱼, 红鱼, 金花鲈, 金拟花鲈.
分布（Distribution）：东海, 南海.

**（2971）汤氏拟花鮨 *Pseudanthias thompsoni* (Fowler, 1923)**
*Caesioperca thompsoni* Fowler, 1923: 373-392.
*Anthias thompsoni* (Fowler, 1923).
文献（Reference）：伍汉霖, 邵广昭, 赖春福等, 2012.
别名或俗名（Used or common name）：花鲈, 海金鱼, 红鱼.
分布（Distribution）：东海.

**（2972）静拟花鮨 *Pseudanthias tuka* (Herre *et* Montalban, 1927)**
*Mirolabrichthys tuka* Herre *et* Montalban, 1927: 1-352.
*Anthias tuka* (Herre *et* Montalban, 1927).
文献（Reference）：Herre, 1927; Shao, 1997; Randall and Lim (eds.), 2000; Huang, 2001; 伍汉霖, 邵广昭, 赖春福等, 2012.
别名或俗名（Used or common name）：花鲈, 海金鱼, 红鱼.
分布（Distribution）：南海.

## 929. 拟线鲈属 *Pseudogramma* Bleeker, 1875

**（2973）多棘拟线鲈 *Pseudogramma polyacantha* (Bleeker, 1856)**
*Pseudochromis polyacanthus* Bleeker, 1856b: 357-386.
*Pseudogramma polyacanthum* (Bleeker, 1856).
*Gnathypops samoensis* Fowler *et* Silvester, 1922.
*Rhegma brederi* Hildebrand, 1940.
文献（Reference）：Bleeker, 1856b: 357-386; Francis, 1993; Chen, Shao and Lin, 1995; Chen, Jan and Shao, 1997; Randall and Lim (eds.), 2000; 伍汉霖, 邵广昭, 赖春福等, 2012.
别名或俗名（Used or common name）：拟鲶.
分布（Distribution）：东海, 南海.

## 930. 樱鮨属 *Sacura* Jordan *et* Richardson, 1910

**（2974）珠樱鮨 *Sacura margaritacea* (Hilgendorf, 1879)**
*Anthias margaritaceus* Hilgendorf, 1879: 78-81.
*Sacura margaritaceus* (Hilgendorf, 1879).
文献（Reference）：Okada, 1965; Shao, Chen, Kao *et al.*, 1993; 沈世杰, 1993; Shao, 1997; Randall and Lim (eds.), 2000; Huang, 2001; 伍汉霖, 邵广昭, 赖春福等, 2012.
别名或俗名（Used or common name）：花鲈, 红鱼.
分布（Distribution）：东海, 南海.

## 931. 泽鮨属 *Saloptia* Smith, 1964

**（2975）鲍氏泽鮨 *Saloptia powelli* Smith, 1964**
*Saloptia powelli* Smith, 1964: 719-720.
文献（Reference）：Smith, 1964: 719-720; Kyushin, Amaoka, Nakaya *et al.*, 1982; Shao, Chen and Lee, 1987; 沈世杰, 1993; Randall and Lim (eds.), 2000; Huang, 2001; Bos and Gumanao, 2013; 伍汉霖, 邵广昭, 赖春福等, 2012.
别名或俗名（Used or common name）：鲙, 过鱼, 石斑.
分布（Distribution）：东海, 南海.

## 932. 月花鮨属 *Selenanthias* Tanaka, 1918

**（2976）臀斑月花鮨 *Selenanthias analis* Tanaka, 1918**
*Selenanthias analis* Tanaka, 1918: 515-538.
*Plectranthias maculatus* Fourmanoir, 1982.
文献（Reference）：Fourmanoir, 1982; Masuda, Amaoka, Araga *et al.*, 1984; Shao, Chen, Kao *et al.*, 1993; 沈世杰, 1993; Randall and Lim (eds.), 2000; Huang, 2001; 伍汉霖, 邵广昭, 赖春福等, 2012.
别名或俗名（Used or common name）：花鲈.
分布（Distribution）：东海, 南海.

### 933. 翁鮨属 *Serranocirrhitus* Watanabe, 1949

**（2977）伊豆翁鮨 *Serranocirrhitus latus* Watanabe, 1949**

*Serranocirrhitus latus* Watanabe, 1949: 17-20.
*Dactylanthias mcmichaeli* Whitley, 1962.
**文献（Reference）**：Randall and Heemstra, 1978; Masuda, Amaoka, Araga *et al.*, 1984; 沈世杰, 1993; Randall and Lim (eds.), 2000; Huang, 2001.
**别名或俗名（Used or common name）**：花鲈.
**分布（Distribution）**：南海.

### 934. 姬鮨属 *Tosana* Smith *et* Pope, 1906

**（2978）姬鮨 *Tosana niwae* Smith *et* Pope, 1906**

*Tosana niwae* Smith *et* Pope, 1906: 459-499.
**文献（Reference）**：Smith and Pope, 1906: 459-499; Masuda, Amaoka, Araga *et al.*, 1984; 沈世杰, 1993; Shao, 1997; Randall and Lim (eds.), 2000; Huang, 2001; 伍汉霖, 邵广昭, 赖春福等, 2012.
**别名或俗名（Used or common name）**：花鲈.
**分布（Distribution）**：东海, 南海.

### 935. 鸢鮨属 *Triso* Randall, Johnson *et* Lowe, 1989

**（2979）鸢鮨（细鳞三棱鲈）*Triso dermopterus* (Temminck *et* Schlegel, 1843)**

*Serranus dermopterus* Temminck *et* Schlegel, 1843: 1-20.
*Trisotropis dermopterus* (Temminck *et* Schlegel, 1842).
*Altiserranus woorei* Whitley, 1951.
**文献（Reference）**：Masuda, Amaoka, Araga *et al.*, 1984; 沈世杰, 1993; Ni and Kwok, 1999; Randall and Lim (eds.), 2000; Huang, 2001; Kim, Choi, Lee *et al.*, 2005; 伍汉霖, 邵广昭, 赖春福等, 2012.
**别名或俗名（Used or common name）**：鲙, 过鱼, 石斑.
**分布（Distribution）**：东海, 南海.

### 936. 侧牙鲈属 *Variola* Swainson, 1839

**（2980）白边侧牙鲈 *Variola albimarginata* Baissac, 1953**

*Variola albimarginata* Baissac, 1953: 185-240.
**文献（Reference）**：Baissac, 1953: 185-240; Shao, Chen and Lee, 1987; Shao, Chen, Kao *et al.*, 1993; 沈世杰, 1993; Chen, Jan and Shao, 1997; Randall and Lim (eds.), 2000; Huang, 2001; 伍汉霖, 邵广昭, 赖春福等, 2012.
**别名或俗名（Used or common name）**：阔嘴格仔, 鲙, 过鱼, 石斑, 红条.
**分布（Distribution）**：东海, 南海.

**（2981）侧牙鲈 *Variola louti* (Forsskål, 1775)**

*Perca louti* Forsskål, 1775: 1-164.
*Epinephelus louti* (Forsskål, 1775).
*Labrus punctulatus* Lacépède, 1801.
*Serranus roseus* Valenciennes (*in* Cuvier *et* Valenciennes), 1828.
**文献（Reference）**：Chang, Jan and Shao, 1983; Shao, Shen, Chiu *et al.*, 1992; 沈世杰, 1993; Chen, Jan and Shao, 1997; Lee and Sadovy, 1998; Ni and Kwok, 1999; Randall and Lim (eds.), 2000; Huang, 2001; Adrim, Chen, Chen *et al.*, 2004; 伍汉霖, 邵广昭, 赖春福等, 2012.
**别名或俗名（Used or common name）**：朱鲙, 过鱼, 石斑.
**分布（Distribution）**：东海, 南海.

## （二一四）鲉鲈科 Ostracoberycidae

### 937. 鲉鲈属 *Ostracoberyx* Fowler, 1934

**（2982）矛状鲉鲈 *Ostracoberyx dorygenys* Fowler, 1934**

*Ostracoberx dorygenys* Fowler, 1934: 233-367.
*Ostracoberyx tricornis* Matsubara, 1939.
**文献（Reference）**：Herre, 1953b; Masuda, Amaoka, Araga *et al.*, 1984; 伍汉霖, 邵广昭, 赖春福等, 2012.
**别名或俗名（Used or common name）**：鲙, 过鱼.
**分布（Distribution）**：东海, 南海.

## （二一五）丽花鮨科 Callanthiidae

### 938. 丽花鮨属 *Callanthias* Lowe, 1839

**（2983）日本丽花鮨 *Callanthias japonicus* Franz, 1910**

*Callanthias japonicus* Franz, 1910: 1-135.
**文献(Reference)**：Franz, 1910: 1-135; Shao, Chen, Kao *et al.*, 1993; 沈世杰, 1993; Yamada, Shirai, Irie *et al.*, 1995; Huang, 2001; 伍汉霖, 邵广昭, 赖春福等, 2012.
**别名或俗名（Used or common name）**：花鲈.
**分布（Distribution）**：东海, 南海.

## （二一六）拟雀鲷科 Pseudochromidae

### 939. 鱼雀鲷属 *Amsichthys* Gill *et* Edwards, 1999

**（2984）奈氏鱼雀鲷 *Amsichthys knighti* (Allen, 1987)**

*Pseudoplesiops knighti* Allen, 1987: 249-261.

文献（Reference）：沈世杰, 1993; Randall and Lim (eds.), 2000; Werner and Allen, 2000; 伍汉霖, 邵广昭, 赖春福等, 2012.
别名或俗名（Used or common name）：拟鲦.
分布（Distribution）：南海.

## 940. 鳗鲷属 *Congrogadus* Günther, 1862

### （2985）鳗鲷 *Congrogadus subducens* (Richardson, 1843)

*Machaerium subducens* Richardson, 1843: 175-178.
*Congradus subducens* (Richardson, 1843).
*Machaerium nebulatum* Bleeker, 1852.
*Congrogadus reticulatus* (Bleeker, 1853).
文献（Reference）：Jordan and Fowler, 1902; Jordan, Tanaka and Snyder, 1913; Herre, 1953b; Masuda, Amaoka, Araga *et al.*, 1984; Winterbottom, Reist and Goodchild, 1984; Randall and Lim (eds.), 2000; Huang, 2001; 伍汉霖, 邵广昭, 赖春福等, 2012.
分布（Distribution）：东海, 南海.

## 941. 戴氏鱼属 *Labracinus* Schlegel, 1858

### （2986）圆眼戴氏鱼 *Labracinus cyclophthalmus* (Müller *et* Troschel, 1849)

*Cichlops cyclophthalmus* Müller *et* Troschel, 1849: 1-27.
*Dampieria cyclophthalma* (Müller *et* Troschel, 1849).
*Labracinus cyclophthalma* (Müller *et* Troschel, 1849).
*Cichlops melanotaenia* Bleeker, 1853.
*Dampieria ocellifera* Fowler, 1946.
文献（Reference）：Chang, Jan and Shao, 1983; 沈世杰, 1993; Randall and Lim (eds.), 2000; Huang, 2001; Adrim, Chen, Chen *et al.*, 2004; 伍汉霖, 邵广昭, 赖春福等, 2012.
别名或俗名（Used or common name）：红娘仔, 红身公仔, 红鱼仔.
分布（Distribution）：南海.

### （2987）条纹戴氏鱼 *Labracinus lineatus* (Castelnau, 1875)

*Dampieria lineata* Castelnau, 1875: 1-52.
*Labricinus lineatus* (Castelnau, 1875).
*Dampieria ignita* Scott, 1959.
文献（Reference）：Castelnau, 1875: 1-52; 沈世杰, 1993; Huang, 2001; 伍汉霖, 邵广昭, 赖春福等, 2012.
别名或俗名（Used or common name）：准雀鲷, 红狮公, 红猫仔.
分布（Distribution）：东海, 南海.

## 942. 绣雀鲷属 *Pictichromis* Gill, 2004

### （2988）紫红背绣雀鲷 *Pictichromis diadema* (Lubbock *et* Randall, 1978)

*Pseudochromis diadema* Lubbock *et* Randall, 1978: 37-40.
文献（Reference）：Chen, Jan and Shao, 1997; Randall and Lim (eds.), 2000; Werner and Allen, 2000; Adrim, Chen, Chen *et al.*, 2004; 伍汉霖, 邵广昭, 赖春福等, 2012.
别名或俗名（Used or common name）：准雀鲷, 红狮公, 红猫仔.
分布（Distribution）：南海.

### （2989）紫绣雀鲷 *Pictichromis porphyrea* (Lubbock *et* Goldman, 1974)

*Pseudochromis porphyreus* Lubbock *et* Goldman, 1974: 107-110.
文献（Reference）：Lubbock and Goldman, 1974: 107-110; Masuda, Amaoka, Araga *et al.*, 1984; 沈世杰, 1993; Silvestre, Garces and Luna, 1995; Huang, 2001.
别名或俗名（Used or common name）：草莓, 准雀鲷, 红狮公, 红猫仔.
分布（Distribution）：东海.

## 943. 拟雀鲷属 *Pseudochromis* Rüppell, 1835

### （2990）蓝带拟雀鲷 *Pseudochromis cyanotaenia* Bleeker, 1857

*Pseudochromis cyanotaenia* Bleeker, 1857a: 55-82.
*Pseudochromis kikaii* Aoyagi, 1941.
文献（Reference）：Bleeker, 1857a: 55-82; Chang, Jan and Shao, 1983; Masuda, Amaoka, Araga *et al.*, 1984; 沈世杰, 1993; Randall and Lim (eds.), 2000; Werner and Allen, 2000; 伍汉霖, 邵广昭, 赖春福等, 2012.
别名或俗名（Used or common name）：准雀鲷, 红狮公, 红猫仔.
分布（Distribution）：东海, 南海.

### （2991）褐拟雀鲷 *Pseudochromis fuscus* Müller *et* Troschel, 1849

*Pseudochromis fusca* Müller *et* Troschel, 1849: 1-27.
*Pseudochromis adustus* Müller *et* Troschel, 1849.
*Pseudochromis xanthochir* Bleeker, 1855.
*Onar nebulosum* de Vis, 1885.
文献（Reference）：Chang, Jan and Shao, 1983; 沈世杰, 1993; Chen, Shao and Lin, 1995; Chen, Jan and Shao, 1997; Randall and Lim (eds.), 2000; Huang, 2001; Adrim, Chen, Chen *et al.*, 2004; 伍汉霖, 邵广昭, 赖春福等, 2012.
别名或俗名（Used or common name）：准雀鲷, 红狮公, 红猫仔.
分布（Distribution）：南海.

### （2992）灰黄拟雀鲷 *Pseudochromis luteus* Aoyagi, 1943

*Pseudochromis luteus* Aoyagi, 1943: 1-224.
文献（Reference）：Randall and Lim (eds.), 2000; Huang, 2001;

伍汉霖, 邵广昭, 赖春福等, 2012.
**别名或俗名（Used or common name）**：准雀鲷, 红狮公, 红猫仔.
**分布（Distribution）**：东海, 南海.

### （2993）马歇尔岛拟雀鲷 *Pseudochromis marshallensis* Schultz, 1953

*Pseudochromis aurea marshallensis* Schultz, 1953b: 504-520.
*Pseudochromis marchallensis* Schultz, 1953.
**文献（Reference）**：Chen, Jan and Shao, 1997; Randall and Lim (eds.), 2000; 伍汉霖, 邵广昭, 赖春福等, 2012.
**别名或俗名（Used or common name）**：准雀鲷, 红狮公, 红猫仔.
**分布（Distribution）**：东海, 南海.

### （2994）条纹拟雀鲷 *Pseudochromis striatus* Gill, Shao *et* Chen, 1995

*Pseudochromis striatus* Gill, Shao *et* Chen, 1995: 79-82.
**文献（Reference）**：Gill, Shao and Chen, 1995: 79-82; Shibukawa and Iwata, 1997; Randall and Lim (eds.), 2000; 伍汉霖, 邵广昭, 赖春福等, 2012.
**别名或俗名（Used or common name）**：准雀鲷, 红狮公, 红猫仔.
**分布（Distribution）**：东海, 南海.

### （2995）紫青拟雀鲷 *Pseudochromis tapeinosoma* Bleeker, 1853

*Pseudochromis tapienosoma* Bleeker, 1853: 91-130.
*Pseudochromis melanotaenia* Bleeker, 1863.
**文献（Reference）**：Bleeker, 1853: 91-130; 沈世杰, 1993; Shao, 1997; Randall and Lim (eds.), 2000; Werner and Allen, 2000; Huang, 2001; 伍汉霖, 邵广昭, 赖春福等, 2012.
**别名或俗名（Used or common name）**：准雀鲷, 红狮公, 红猫仔.
**分布（Distribution）**：南海.

## 944. 拟鮗属 *Pseudoplesiops* Boulenger, 1899

### （2996）无斑拟鮗 *Pseudoplesiops immaculatus* Gill *et* Edwards, 2002

*Pseudoplesiops immaculatus* Gill *et* Edwards, 2002: 19-26.
**文献（Reference）**：Gill and Edwards, 2002: 19-26; Allen and Erdmann, 2012; Ho and Shao, 2011; Gill and Edwards, 2003; 伍汉霖, 邵广昭, 赖春福等, 2012.
**分布（Distribution）**：南海.

# （二一七）鮗科 Plesiopidae

## 945. 若棘鮗属 *Acanthoplesiops* Regan, 1912

### （2997）海氏若棘鮗 *Acanthoplesiops hiatti* Schultz, 1953

*Acanthoplesiops hiatti* Schultz, 1953: 1-685.
**文献（Reference）**：Schultz, 1953b: 504-520; Masuda, Amaoka, Araga *et al.*, 1984; Shao, 1997; Randall and Lim (eds.), 2000; Chinese Academy of Fishery Science (CAFS), 2007; 伍汉霖, 邵广昭, 赖春福等, 2012.
**别名或俗名（Used or common name）**：棘银宝鱼, 黑七夕鱼.
**分布（Distribution）**：南海.

### （2998）滑腹若棘鮗 *Acanthoplesiops psilogaster* Hardy, 1985

*Acanthoplesiops psilogaster* Hardy, 1985: 357-393.
**文献（Reference）**：Hardy, 1985: 357-393; Masuda, Amaoka, Araga *et al.*, 1984; 沈世杰, 1993; Randall and Lim (eds.), 2000; Huang, 2001; 伍汉霖, 邵广昭, 赖春福等, 2012.
**别名或俗名（Used or common name）**：棘银宝鱼, 黑七夕鱼.
**分布（Distribution）**：南海.

## 946. 燕尾鮗属 *Assessor* Whitley, 1935

### （2999）蓝氏燕尾鮗 *Assessor randalli* Allen *et* Kuiter, 1976

*Assessor randalli* Allen *et* Kuiter, 1976: 201-215.
**文献（Reference）**：Allen and Kuiter, 1976: 201-215; Masuda, Amaoka, Araga *et al.*, 1984; 沈世杰, 1993; Shao, 1997; Randall and Lim (eds.), 2000; Huang, 2001; 伍汉霖, 邵广昭, 赖春福等, 2012.
**别名或俗名（Used or common name）**：七夕鱼.
**分布（Distribution）**：南海.

## 947. 针鳍鮗属 *Beliops* Hardy, 1985

### （3000）菲律宾针鳍鮗 *Beliops batanensis* Smith-Vaniz *et* Johnson, 1990

*Beliops batanensis* Smith-Vaniz *et* Johnson, 1990: 211-260.
**文献（Reference）**：Smith-Vaniz and Johnson, 1990: 211-260; 沈世杰, 1993; Randall and Lim (eds.), 2000; Huang, 2001; 伍汉霖, 邵广昭, 赖春福等, 2012.
**别名或俗名（Used or common name）**：银宝鱼, 黑七夕鱼.
**分布（Distribution）**：南海.

## 948. 针翅鮗属 *Belonepterygion* McCulloch, 1915

### （3001）横带针翅鮗 *Belonepterygion fasciolatum* (Ogilby, 1889)

*Acanthoclinus fasciolatus* Ogilby, 1889: 49-74.
*Belonepterygion fasciatus* (Chen *et* Liang, 1948).
*Ernogrammoides fasciatus* Chen *et* Liang, 1948.
**文献（Reference）**：Ogilby, 1889: 49-74; Masuda, Amaoka, Araga *et al.*, 1984; Francis, 1993; 沈世杰, 1993; Randall and Lim (eds.), 2000; Huang, 2001; 伍汉霖, 邵广昭, 赖春福等, 2012.
**别名或俗名（Used or common name）**：针鳍鮗, 黑七夕鱼.
**分布（Distribution）**：南海.

### 949. 丽鮗属 *Calloplesiops* Fowler *et* Bean, 1930

**（3002）珍珠丽鮗 *Calloplesiops altivelis* (Steindachner, 1903)**

*Plesiops altivelis* Steindachner, 1903: 17-18.
*Callopresiops altivelis* (Steindachner, 1903).
*Barrosia barrosi* Smith, 1952.

**文献（Reference）**：McCosker, 1977; 沈世杰, 1993; Randall and Lim (eds.), 2000; Huang, 2001; 伍汉霖, 邵广昭, 赖春福等, 2012.

**别名或俗名（Used or common name）**：孔雀七夕鱼, 海水斗鱼, 瑰丽七夕鱼.

**分布（Distribution）**：南海.

### 950. 鮗属 *Plesiops* Oken, 1817

**（3003）蓝线鮗 *Plesiops coeruleolineatus* Rüppell, 1835**

*Plesiops caeruleolineatus* Rüppell, 1835: 1-148.
*Pharopteryx melas* (Bleeker, 1849).
*Plesiops nigricans apoda* Kner, 1868.
*Pseudochromichthys riukianus* Schmidt, 1931.

**文献（Reference）**：Shen, 1984; 沈世杰, 1993; Chen, Shao and Lin, 1995; Chen, Jan and Shao, 1997; Randall and Lim (eds.), 2000; Huang, 2001; Adrim, Chen, Chen *et al.*, 2004; 伍汉霖, 邵广昭, 赖春福等, 2012.

**别名或俗名（Used or common name）**：七夕鱼.

**分布（Distribution）**：东海, 南海.

**（3004）珊瑚鮗 *Plesiops corallicola* Bleeker, 1853**

*Plesiops corallicola* Bleeker, 1853: 243-302.

**文献（Reference）**：Bleeker, 1853: 243-302; Masuda, Amaoka, Araga *et al.*, 1984; Shen, 1984; 沈世杰, 1993; Randall and Lim (eds.), 2000; Huang, 2001; 伍汉霖, 邵广昭, 赖春福等, 2012.

**别名或俗名（Used or common name）**：七夕鱼.

**分布（Distribution）**：南海.

**（3005）仲原氏鮗 *Plesiops nakaharae* Tanaka, 1917**

*Plesiops nakaharai* Tanaka, 1917b: 198-201.
*Pharopteryx nakaharae* (Tanaka, 1917).
*Plesiops nakaharoe* Tanaka, 1917.

**文献（Reference）**：Tanaka, 1917: 37-40; Masuda, Amaoka, Araga *et al.*, 1984; Sano, Hayashi, Kishimoto *et al.*, 1984; 沈世杰, 1993; Shao, 1997; Huang, 2001; 伍汉霖, 邵广昭, 赖春福等, 2012.

**别名或俗名（Used or common name）**：七夕鱼.

**分布（Distribution）**：东海, 南海.

**（3006）尖头鮗 *Plesiops oxycephalus* Bleeker, 1855**

*Plesiops oxycephalus* Bleeker, 1855f: 305-328.
*Plesiops oxycephalus okinawaensis* Aoyagi, 1941.

**文献（Reference）**：Masuda, Amaoka, Araga *et al.*, 1984; Randall and Lim (eds.), 2000; 伍汉霖, 邵广昭, 赖春福等, 2012.

**别名或俗名（Used or common name）**：七夕鱼.

**分布（Distribution）**：东海, 南海.

**（3007）羞鮗 *Plesiops verecundus* Mooi, 1995**

*Plesiops verecundus* Mooi, 1995: 1-107.

**文献（Reference）**：Randall and Lim (eds.), 2000; 伍汉霖, 邵广昭, 赖春福等, 2012.

**别名或俗名（Used or common name）**：七夕鱼.

**分布（Distribution）**：东海, 南海.

## （二一八）后颌䲢科 Opistognathidae

### 951. 后颌䲢属 *Opistognathus* Cuvier, 1816

**（3008）卡氏后颌䲢 *Opistognathus castelnaui* Bleeker, 1859**

*Opistognathus castelnaui* Bleeker, 1859: 236-239.
*Opisthognathus suluensis* Herre, 1933.

**文献（Reference）**：Herre, 1953b; Masuda, Amaoka, Araga *et al.*, 1984; Smith-Vaniz and Yoshino, 1985; 沈世杰, 1993; Huang, 2001; 伍汉霖, 邵广昭, 赖春福等, 2012.

**别名或俗名（Used or common name）**：后颌鳚, 狗旗仔.

**分布（Distribution）**：南海.

**（3009）艾氏后颌䲢 *Opistognathus evermanni* (Jordan *et* Snyder, 1902)**

*Gnathypops evermanni* Jordan *et* Snyder, 1902: 461-497.

**文献（Reference）**：Masuda, Amaoka, Araga *et al.*, 1984; Smith-Vaniz and Yoshino, 1985; 沈世杰, 1993; Shao, 1997; Ni and Kwok, 1999; Randall and Lim (eds.), 2000; Huang, 2001; 伍汉霖, 邵广昭, 赖春福等, 2012.

**别名或俗名（Used or common name）**：后颌鳚, 狗旗仔.

**分布（Distribution）**：东海, 南海.

**（3010）香港后颌䲢 *Opistognathus hongkongiensis* Chan, 1968**

*Opisthognathus hongkongiensis* Chan, 1968: 198.

**文献（Reference）**：沈世杰, 1993; Randall and Lim (eds.), 2000; Huang, 2001; 伍汉霖, 邵广昭, 赖春福等, 2012.

**别名或俗名（Used or common name）**：后颌鳚, 狗旗仔.

**分布（Distribution）**：东海, 南海.

**（3011）霍氏后颌䲢 *Opistognathus hopkinsi* (Jordan *et* Snyder, 1902)**

*Gnathypops hopkinsi* Jordan *et* Snyder, 1902: 461-497.

**文献（Reference）**: Ochiai and Asano, 1963; Masuda, Amaoka, Araga *et al.*, 1984; Smith-Vaniz and Yoshino, 1985; 伍汉霖, 邵广昭, 赖春福等, 2012.

**别名或俗名（Used or common name）**: 后颌䲢, 狗旗仔.

**分布（Distribution）**: 东海.

**（3012）苏禄后颌䲢 *Opistognathus solorensis* Bleeker, 1853**

*Opistognathus solorensis* Bleeker, 1853: 67-96.

**文献（Reference）**: Bleeker, 1853: 67-96; Randall and Lim (eds.), 2000; 伍汉霖, 邵广昭, 赖春福等, 2012.

**别名或俗名（Used or common name）**: 后颌䲢, 狗旗仔.

**分布（Distribution）**: 南海.

**（3013）多彩后颌䲢 *Opistognathus variabilis* Smith-Vaniz, 2009**

*Opistognathus variabilis* Smith-Vaniz, 2009: 69-108.

**文献（Reference）**: Smith-Vaniz, 2009: 69-108; 沈世杰, 1993; 陈正平, 邵广昭, 詹荣桂等, 2010; 伍汉霖, 邵广昭, 赖春福等, 2012.

**别名或俗名（Used or common name）**: 后颌䲢, 狗旗仔.

**分布（Distribution）**: 东海, 南海.

### 952. 叉棘䲢属 *Stalix* Jordan *et* Snyder, 1902

**（3014）无斑叉棘䲢 *Stalix immaculata* Xu *et* Zhan, 1980**

*Stalix immaculaatus* Xu *et* Zhan, 1980: 179-184.

**文献（Reference）**: Huang, 2001.

**分布（Distribution）**: 南海.

**（3015）沈氏叉棘䲢 *Stalix sheni* Smith-Vaniz, 1989**

*Stalix sheni* Smith-Vaniz, 1989: 375-407.

**文献（Reference）**: Smith-Vaniz, 1989: 375-407; 沈世杰, 1993; Randall and Lim (eds.), 2000; Huang, 2001; 伍汉霖, 邵广昭, 赖春福等, 2012.

**别名或俗名（Used or common name）**: 叉棘䲢, 狗旗仔.

**分布（Distribution）**: 南海.

## （二一九）寿鱼科 Banjosidae

### 953. 寿鱼属 *Banjos* Bleeker, 1876

**（3016）寿鱼 *Banjos banjos* (Richardson, 1846)**

*Anoplus banjos* Richardson, 1846: 187-320.

*Banjos typus* Bleeker, 1876.

**文献（Reference）**: Masuda, Amaoka, Araga *et al.*, 1984; 沈世杰, 1993; Yamada, Shirai, Irie *et al.*, 1995; Randall and Lim (eds.), 2000; Huang, 2001; 伍汉霖, 邵广昭, 赖春福等, 2012.

**别名或俗名（Used or common name）**: 扁棘鲷, 打铁婆.

**分布（Distribution）**: 东海, 南海.

## （二二〇）鲈科 Percidae

### 954. 粘鲈属（梅花鲈属）*Acerina* Cuvier, 1817

*Acerina* Cuvier, 1817: 287.

*Gymnocephalus* Cocco, 1829.

**（3017）粘鲈 *Acerina cernua* (Linnaeus, 1758)**

*Perca cernua* Linnaeus, 1758: 1-824.

*Acerina cernua*: 中国科学院动物研究所等, 1979: 56; 任慕莲, 郭焱, 张人铭等, 2002: 194.

*Gymnocephalus cernua*: Kottelat, 2007: 526; 伍汉霖, 邵广昭, 赖春福等, 2012: 224.

**别名或俗名（Used or common name）**: 密歇根梅花鲈, 梅花鲈.

**分布（Distribution）**: 新疆额尔齐斯河水系 (包括乌伦古湖水系). 国外分布于北欧, 东欧至西伯利亚科累马河.

### 955. 鲈属 *Perca* Linnaeus, 1758

*Perca* Linnaeus, 1758: 289.

**（3018）河鲈 *Perca fluviatilis* Linnaeus, 1758**

*Perca fluviatilis* Linnaeus, 1758: 1-824; 中国科学院动物研究所等, 1979: 54; 成庆泰和郑葆珊, 1987: 299; 刘明玉, 解玉浩和季达明, 2000: 255; 伍汉霖, 邵广昭, 赖春福等, 2012: 224; 任慕莲, 郭焱, 张人铭等, 2002: 183; 解玉浩, 2007: 372.

**别名或俗名（Used or common name）**: 五道黑.

**分布（Distribution）**: 新疆额尔齐斯河, 乌伦古河流域, 以及黑龙江中游和乌苏里江 (系由苏联渔业工作者移入到黑龙江下游的). 国外分布于欧洲和俄罗斯（亚洲部分）, 哈萨克斯坦, 蒙古国等.

**保护等级（Protection class）**: 省级 (黑龙江).

**（3019）伊犁鲈 *Perca schrenkii* Kessler, 1874**

*Perca schrenkii* Kessler, 1874: 1-63; 伍汉霖, 邵广昭, 赖春福等, 2012: 224.

*Perca schrenki*: 中国科学院动物研究所等, 1979: 55; 成庆泰和郑葆珊, 1987: 299; 刘明玉, 解玉浩和季达明, 2000: 255.

**分布（Distribution）**: 新疆伊犁河, 额敏河流域. 国外分布于哈萨克斯坦的巴尔喀什湖和阿拉湖.

## （二二一）大眼鲷科 Priacanthidae

### 956. 牛目鲷属 *Cookeolus* Fowler, 1928

**（3020）日本牛目鲷 *Cookeolus japonicus* (Cuvier, 1829)**

*Priacanthus japonicus* Cuvier (*in* Cuvier *et* Valencinnes), 1829: 1-500.
*Priacanthus macropterus* Valenciennes (*in* Cuvier *et* Valenciennes), 1831.
*Priacanthus alticlarens* Valenciennes, 1862.
*Priacanthus supraarmatus* Hilgendorf, 1879.
**文献（Reference）：**沈世杰, 1993; Yamada, Shirai, Irie *et al.*, 1995; Randall and Lim (eds.), 2000; Huang, 2001; Ohshimo, 2004.
**别名或俗名（Used or common name）：**红目鲢，严公仔.
**分布（Distribution）：**东海，南海.

### 957. 异大眼鲷属 *Heteropriacanthus* Fitch *et* Crooke, 1984

**（3021）灰鳍异大眼鲷 *Heteropriacanthus cruentatus* (Lacépède, 1801)**

*Labrus cruentatus* Lacépède, 1801: 1-558.
*Priacanthus boops* (Forster, 1801).
*Priacanthus cruentatus* (Lacépède, 1801).
*Serranus rufus* Bowdich, 1825.
**文献（Reference）：**Francis, 1993; Shao, Chen, Kao *et al.*, 1993; 沈世杰, 1993; Lopes and Valente, 1997; Ni and Kwok, 1999; Randall and Lim (eds.), 2000; Huang, 2001; 伍汉霖，邵广昭，赖春福等, 2012.
**别名或俗名（Used or common name）：**红目鲢，严公仔.
**分布（Distribution）：**东海，南海.

### 958. 大眼鲷属 *Priacanthus* Oken, 1817

**（3022）布氏大眼鲷 *Priacanthus blochii* Bleeker, 1853**

*Priacanthus blochii* Bleeker, 1853: 452-516.
**文献（Reference）：**Kyushin, Amaoka, Nakaya *et al.*, 1982; Randall and Lim (eds.), 2000; Huang, 2001; 伍汉霖，邵广昭，赖春福等, 2012.
**分布（Distribution）：**南海.

**（3023）深水大眼鲷 *Priacanthus fitchi* Starnes, 1988**

*Priacanthus fitchi* Starnes, 1988: 117-203.
**文献（Reference）：**Starnes, 1988: 117-203; 沈世杰, 1993; Randall and Lim (eds.), 2000.
**别名或俗名（Used or common name）：**红目鲢，严公仔.
**分布（Distribution）：**南海.

**（3024）金目大眼鲷 *Priacanthus hamrur* (Forsskål, 1775)**

*Sciaena hamrur* Forsskål, 1775: 1-164.
*Priacanthus hamrua* (Forsskål, 1775).
*Priacanthus dubius* Temminck *et* Schlegel, 1842.
*Boops asper* Gronow, 1854.
**文献（Reference）：**Chang, Jan and Shao, 1983; Francis, 1993; 沈世杰, 1993; Chen, Shao and Lin, 1995; Ni and Kwok, 1999; Randall and Lim (eds.), 2000; Huang, 2001.
**别名或俗名（Used or common name）：**红目鲢，严公仔.
**分布（Distribution）：**南海.

**（3025）短尾大眼鲷 *Priacanthus macracanthus* Cuvier, 1829**

*Priacanthus marcracanthus* Cuvier (*in* Cuvier *et* Valencinnes), 1829: 1-500.
*Priacanthus benmebari* Temminck *et* Schlegel, 1842.
*Priacanthus junonis* de Vis, 1884.
**文献（Reference）：**Cuvier (*in* Cuvier *et* Valencinnes), 1829: 1-500; Joung and Chen, 1992; Shao, Chen, Kao *et al.*, 1993; 沈世杰, 1993; Yamada, Shirai, Irie *et al.*, 1995; Ni and Kwok, 1999; Liu and Cheng, 1999; Oki and Tabeta, 1999; Randall and Lim (eds.), 2000; Huang, 2001; 伍汉霖，邵广昭，赖春福等, 2012.
**别名或俗名（Used or common name）：**红目鲢，严公仔.
**分布（Distribution）：**渤海，黄海，东海，南海.

**（3026）高背大眼鲷 *Priacanthus sagittarius* Starnes, 1988**

*Priacanthus sagittarius* Starnes, 1988: 117-203.
**文献（Reference）：**Starnes, 1988: 117-203; Masuda, Amaoka, Araga *et al.*, 1984; 沈世杰, 1993; Randall and Lim (eds.), 2000; 伍汉霖，邵广昭，赖春福等, 2012.
**别名或俗名（Used or common name）：**红目鲢，严公仔.
**分布（Distribution）：**南海.

**（3027）长尾大眼鲷 *Priacanthus tayenus* Richardson, 1846**

*Priacanthus tayanus* Richardson, 1846: 187-320.
*Priacanthus tayeus* Richardson, 1846.
*Priacanthus holocentrum* Bleeker, 1849.
*Priacanthus schmittii* Bleeker, 1852.
**文献（Reference）：**Richardson, 1846: 187-320; Lee, 1975; Kyushin, Amaoka, Nakaya *et al.*, 1982; Lester and Watson, 1985; Richards, Chong, Mak *et al.*, 1985; 沈世杰, 1993; Ni and Kwok, 1999; Randall and Lim (eds.), 2000; Huang, 2001; Adrim, Chen, Chen *et al.*, 2004; 伍汉霖，邵广昭，赖春福等, 2012.
**别名或俗名（Used or common name）：**红目鲢，严公仔.

**分布（Distribution）**：东海，南海.

**（3028）黄鳍大眼鲷 *Priacanthus zaiserae* Starnes *et* Moyer, 1988**

*Priacanthus zaizerae* Starnes *et* Moyer, 1988: 117-203.

**文献（Reference）**：Starnes and Moyer, 1988: 117-203; Masuda, Amaoka, Araga *et al.*, 1984; Randall and Lim (eds.), 2000; 伍汉霖，邵广昭，赖春福等, 2012.

**别名或俗名（Used or common name）**：红目鲢，严公仔.

**分布（Distribution）**：东海，南海.

## 959. 锯大眼鲷属 *Pristigenys* Agassiz, 1835

**（3029）麦氏锯大眼鲷 *Pristigenys meyeri* (Günther, 1872)**

*Priacanthus meyeri* Günther, 1872: 652-675.

*Pristigenys multifasciata* Yoshino *et* Iwai, 1973.

**文献（Reference）**：Kyushin, Amaoka, Nakaya *et al.*, 1982; Masuda, Amaoka, Araga *et al.*, 1984; 沈世杰, 1993; Randall and Lim (eds.), 2000; Huang, 2001; 伍汉霖，邵广昭，赖春福等, 2012.

**别名或俗名（Used or common name）**：红目鲢，严公仔.

**分布（Distribution）**：南海.

**（3030）日本锯大眼鲷 *Pristigenys niphonia* (Cuvier, 1829)**

*Priacanthus niphonius* Cuvier (*in* Cuvier *et* Valencinnes), 1829: 1-500.

*Pristigenys niphonius* [Cuvier (*in* Cuvier *et* Valencinnes), 1829].

*Pseudopriacanthus niphonia* [Cuvier (*in* Cuvier *et* Valencinnes), 1829].

*Pseudopriacanthus niphonius* [Cuvier (*in* Cuvier *et* Valencinnes), 1829].

**文献（Reference）**：Cuvier (*in* Cuvier and Valencinnes), 1829: 1-500; Shao, Chen, Kao *et al.*, 1993; 沈世杰, 1993; Yamada, Shirai, Irie *et al.*, 1995; Okamura and Amaoka, 1997; Ni and Kwok, 1999; Huang, 2001; Youn, 2002; Iwatsuki, Matsuda, Starnes *et al.*, 2012.

**别名或俗名（Used or common name）**：红目鲢，严公仔.

**分布（Distribution）**：东海，南海.

# （二二二）天竺鲷科 Apogonidae

## 960. 多刺天竺鲷属 *Amioides*

**（3031）多刺天竺鲷 *Amioides polyacanthus* (Vaillant, 1877)**

*Cheilodipterus polyacanthus* Vaillant, 1877: 27-30.

*Coranthus polyacanthus* (Vaillant, 1877).

*Amia grossidens* Smith *et* Radcliffe, 1912.

*Synagrops grossidens* (Smith *et* Radcliffe, 1912).

**文献（Reference）**：Masuda, Amaoka, Araga *et al.*, 1984

**别名或俗名（Used or common name）**：大面侧仔，大目侧仔.

**分布（Distribution）**：东海，南海.

## 961. 天竺鲷属 *Apogon* Lacépède, 1801

**（3032）白边天竺鲷 *Apogon albomarginatus* (Smith *et* Radcliffe, 1912)**

*Amia albomarginata* Smith *et* Radcliffe, 1912: 431-446.

*Apogon albomarginata* (Smith *et* Radcliffe, 1912).

*Apogonichthys albomarginatus* (Smith *et* Radcliffe, 1912).

**文献（Reference）**：Smith and Radcliffe, 1912: 431-445; Herre, 1953b; Huang, 2001; 伍汉霖，邵广昭，赖春福等, 2012.

**别名或俗名（Used or common name）**：大面侧仔，大目侧仔，条纹天竺鲷.

**分布（Distribution）**：东海，南海.

**（3033）弓线天竺鲷 *Apogon amboinensis* Bleeker, 1853**

*Apogon amboinensis* Bleeker, 1853: 317-352.

**文献（Reference）**：Bleeker, 1853: 91-130; Randall and Lim (eds.), 2000; Motomura and Matsuura, 2010; Yoshida, Harazaki and Motomura, 2010; 伍汉霖，邵广昭，赖春福等, 2012.

**别名或俗名（Used or common name）**：大面侧仔，大目侧仔.

**分布（Distribution）**：东海，南海.

**（3034）斑鳍天竺鲷 *Apogon carinatus* Cuvier, 1828**

*Apogon carinatus* Cuvier (*in* Cuvier *et* Valencinnes), 1828: 1-490.

*Apogonichthys carinatus* [Cuvier (*in* Cuvier *et* Valencinnes), 1828].

**文献（Reference）**：Cuvier (*in* Cuvier and Valencinnes), 1828: 1-490; Shao and Chen, 1986; Shao, Chen, Kao *et al.*, 1993; 沈世杰, 1993; Yamada, Shirai, Irie *et al.*, 1995; Ni and Kwok, 1999; Randall and Lim (eds.), 2000; Huang, 2001; 伍汉霖，邵广昭，赖春福等, 2012.

**别名或俗名（Used or common name）**：大面侧仔，大目侧仔.

**分布（Distribution）**：东海，南海.

**（3035）垂带天竺鲷 *Apogon cathetogramma* (Tanaka, 1917)**

*Amia cathetogramma* Tanaka, 1917c: 225-226.

*Apogon cathetogrammus* (Tanaka, 1917).

**文献（Reference）**：Shao and Chen, 1986; 沈世杰, 1993; Randall and Lim (eds.), 2000; 伍汉霖，邵广昭，赖春福等,

2012.
别名或俗名（Used or common name）：大面侧仔，大目侧仔.
分布（Distribution）：东海，南海.

## （3036）陈氏天竺鲷 *Apogon cheni* Hayashi, 1990

*Apogon cheni* Hayashi, 1990: 7-18.
文献（Reference）：Hayashi, 1990: 7-18; Shao and Chen, 1986; 沈世杰, 1993; Randall and Lim (eds.), 2000; Huang, 2001; 伍汉霖, 邵广昭, 赖春福等, 2012.
别名或俗名（Used or common name）：大面侧仔，大目侧仔.
分布（Distribution）：南海.

## （3037）透明红天竺鲷 *Apogon coccineus* Rüppell, 1838

*Apogon coccineus* Rüppell, 1838: 1-148.
*Apogon kominatoensis* Ebina, 1935.
文献（Reference）：Chang, Jan and Shao, 1983; Shao and Chen, 1986; Shao, Kao and Lee, 1990; Shao, Chen, Kao *et al.*, 1993; Chen, Shao and Lin, 1995; Randall and Lim (eds.), 2000; Motomura and Matsuura, 2010; 伍汉霖, 邵广昭, 赖春福等, 2012.
别名或俗名（Used or common name）：大面侧仔，大目侧仔.
分布（Distribution）：南海.

## （3038）坚头天竺鲷 *Apogon crassiceps* Garman, 1903

*Apogon crassiceps* Garman, 1903: 229-241.
文献（Reference）：Garman, 1903: 231-239; Shao and Chen, 1986; Francis, 1993; Francis and Randall, 1993; 沈世杰, 1993; Randall and Lim (eds.), 2000; Huang, 2001; Motomura and Matsuura, 2010; Yoshida, Harazaki and Motomura, 2010; 伍汉霖, 邵广昭, 赖春福等, 2012.
别名或俗名（Used or common name）：大面侧仔，大目侧仔.
分布（Distribution）：南海.

## （3039）稻氏天竺鲷 *Apogon doederleini* Jordan *et* Snyder, 1901

*Apogon doderleini* Jordan *et* Snyder, 1901e: 891-913.
*Ostorhinchus doederleini* (Jordan *et* Snyder, 1901).
文献（Reference）：Shao and Chen, 1986; Hayashi, 1990; Shao, Kao and Lee, 1990; Francis, 1993; Shao, Chen, Kao *et al.*, 1993; Ni and Kwok, 1999; Kuo and Shao, 1999; Randall and Lim (eds.), 2000; Huang, 2001; Motomura and Matsuura, 2010; Yoshida, Harazaki and Motomura, 2010; 伍汉霖, 邵广昭, 赖春福等, 2012.
分布（Distribution）：东海，南海.

## （3040）长棘天竺鲷 *Apogon doryssa* (Jordan *et* Seale, 1906)

*Amia doryssa* Jordan *et* Seale, 1906b: 173-455.
*Apogon doryssus* (Jordan *et* Seale, 1906).
文献（Reference）：Shao and Chen, 1986; Shao, Chen, Kao *et al.*, 1993; 沈世杰, 1993; Chen, Jan and Shao, 1997; Randall and Lim (eds.), 2000; Huang, 2001; 伍汉霖, 邵广昭, 赖春福等, 2012.
别名或俗名（Used or common name）：大面侧仔，大目侧仔.
分布（Distribution）：南海.

## （3041）黑边天竺鲷 *Apogon ellioti* Day, 1875

*Apogon ellioti* Day, 1875: 1-168.
*Apogonichthys ellioti* (Day, 1875).
文献（Reference）：Iwai and Asano, 1958; Shao and Chen, 1986; Shao, Kao and Lee, 1990; Shao, Chen, Kao *et al.*, 1993; 沈世杰, 1993; Ni and Kwok, 1999; Kuo and Shao, 1999; Huang, 2001; 伍汉霖, 邵广昭, 赖春福等, 2012.
别名或俗名（Used or common name）：大面侧仔，大目侧仔.
分布（Distribution）：东海，南海.

## （3042）粉红天竺鲷 *Apogon erythrinus* Snyder, 1904

*Apogon erythrinus* Snyder, 1904: 513-538.
文献（Reference）：Masuda, Amaoka, Araga *et al.*, 1984; Shao and Chen, 1986; 沈世杰, 1993; Chen, Jan and Shao, 1997; Ni and Kwok, 1999; Randall and Lim (eds.), 2000; Huang, 2001; 伍汉霖, 邵广昭, 赖春福等, 2012.
别名或俗名（Used or common name）：大面侧仔，大目侧仔.
分布（Distribution）：东海，南海.

## （3043）扁头天竺鲷 *Apogon hyalosoma* Bleeker, 1852

*Apogon hyalosoma* Bleeker, 1852: 51-86.
*Mionurus bombonensis* Herre, 1925.
文献（Reference）：Herre, 1925; Shao and Chen, 1986; 沈世杰, 1993; Kuo and Shao, 1999; Randall and Lim (eds.), 2000; Huang, 2001; 伍汉霖, 邵广昭, 赖春福等, 2012.
别名或俗名（Used or common name）：大面侧仔，大目侧仔.
分布（Distribution）：南海.

## （3044）细条天竺鲷 *Apogon lineatus* Temminck *et* Schlegel, 1843

*Apogon lineatus* Temminck *et* Schlegel, 1843: 1-20.
*Apogonichthys lineatus* (Temminck *et* Schlegel, 1842).
*Cheliodipterus lineatus* (Temminck *et* Schlegel, 1842).
文献（Reference）：Shao and Chen, 1986; 沈世杰, 1993; Ni

and Kwok, 1999; Kuo and Shao, 1999; Randall and Lim (eds.), 2000; Huang, 2001; Hsieh and Chiu, 2002; Zhang, Tang, Jin *et al.*, 2005; 伍汉霖, 邵广昭, 赖春福等, 2012.
**别名或俗名（Used or common name）：**大面侧仔, 大目侧仔.
**分布（Distribution）：**渤海, 黄海, 东海, 南海.

### （3045）褐条天竺鲷 *Apogon nitidus* (Smith, 1961)

*Ostorhinchus nitidus* Smith, 1961: 373-418.
**文献（Reference）：**Shao, Lin, Ho *et al.*, 1990; Shao and Chen, 1992; Shao, Chen, Kao *et al.*, 1993; Shao, 1997; Randall and Lim (eds.), 2000; Huang, 2001; 伍汉霖, 邵广昭, 赖春福等, 2012.
**分布（Distribution）：**南海.

### （3046）黑点天竺鲷 *Apogon notatus* (Houttuyn, 1782)

*Sparus notatus* Houttuyn, 1782: 311-350.
**文献（Reference）：**Chang, Lee and Shao, 1978; Shao and Chen, 1986; Shao, Kao and Lee, 1990; Shao, Chen, Kao *et al.*, 1993; 沈世杰, 1993; Chen, Shao and Lin, 1995; Randall and Lim (eds.), 2000; Huang, 2001; 伍汉霖, 邵广昭, 赖春福等, 2012.
**别名或俗名（Used or common name）：**大面侧仔, 大目侧仔.
**分布（Distribution）：**东海, 南海.

### （3047）新几内亚天竺鲷 *Apogon novaeguineae* Valenciennes, 1832

*Apogon novaeguineae* Valenciennes, 1832: 51-60.
**文献（Reference）：**Herre, 1953b; Randall and Lim (eds.), 2000; 伍汉霖, 邵广昭, 赖春福等, 2012.
**分布（Distribution）：**东海, 南海.

### （3048）半线天竺鲷 *Apogon semilineatus* Temminck *et* Schlegel, 1843

*Apogon semilineatus* Temminck *et* Schlegel, 1843: 1-20.
**文献（Reference）：**Shao and Chen, 1986; Shao, Chen, Kao *et al.*, 1993; 沈世杰, 1993; Leung, 1994; Yamada, Shirai, Irie *et al.*, 1995; Ni and Kwok, 1999; Ohshimo, 2004; 伍汉霖, 邵广昭, 赖春福等, 2012.
**别名或俗名（Used or common name）：**大面侧仔, 大目侧仔.
**分布（Distribution）：**东海, 南海.

### （3049）半饰天竺鲷 *Apogon semiornatus* Peters, 1876

*Apogon semiornatus* Peters, 1876: 435-447.
*Amia semiornata* (Peters, 1876).
*Apogon warreni* Regan, 1908.
*Amia diencaea* Smith *et* Radcliffe, 1912.
**文献（Reference）：**Radcliffe, 1912; Shao and Chen, 1986; 沈世杰, 1993; Randall and Lim (eds.), 2000; Huang, 2001; Motomura and Matsuura, 2010; Yoshida, Harazaki and Motomura, 2010; 伍汉霖, 邵广昭, 赖春福等, 2012.
**别名或俗名（Used or common name）：**大面侧仔, 大目侧仔.
**分布（Distribution）：**南海.

### （3050）条纹天竺鲷 *Apogon striatus* (Smith *et* Radcliffe, 1912)

*Amia striata* Smith *et* Radcliffe, 1912: 431-446.
*Apogon striata* (Smith *et* Radcliffe, 1912).
*Apogonichthys striatus* (Smith *et* Radcliffe, 1912).
**文献（Reference）：**Smith and Radcliffe, 1912: 431-445; Herre, 1953b; Shao, Chen, Kao *et al.*, 1993; 沈世杰, 1993; Randall and Lim (eds.), 2000; Huang, 2001; 伍汉霖, 邵广昭, 赖春福等, 2012.
**别名或俗名（Used or common name）：**大面侧仔, 大目侧仔.
**分布（Distribution）：**南海.

### （3051）截尾天竺鲷 *Apogon truncatus* Bleeker, 1855

*Apogon truncata* Bleeker, 1855: 415-448.
*Jaydia truncata* (Bleeker, 1855).
*Apogonichthys taeniopterus* Bleeker, 1860.
*Apogon arafurae* Günther, 1880.
**文献（Reference）：**Bleeker, 1854; Randall and Lim (eds.), 2000; 伍汉霖, 邵广昭, 赖春福等, 2012.
**分布（Distribution）：**南海.

### （3052）单色天竺鲷 *Apogon unicolor* Steindachner *et* Döderlein, 1883

*Apogon unicolor* Steindachner *et* Döderlein, 1883: 1-40.
**文献（Reference）：**Shao and Chen, 1986; Shao, Kao and Lee, 1990; Shao, Chen, Kao *et al.*, 1993; 沈世杰, 1993; Randall and Lim (eds.), 2000; Huang, 2001; 伍汉霖, 邵广昭, 赖春福等, 2012.
**别名或俗名（Used or common name）：**大面侧仔, 大目侧仔.
**分布（Distribution）：**东海, 南海.

## 962. 似天竺鱼属 *Apogonichthyoides* Smith, 1949

### （3053）黑身似天竺鱼 *Apogonichthyoides melas* (Bleeker, 1848)

*Apogon melas* Bleeker, 1848: 633-639.
**文献（Reference）：**Shao and Chen, 1986; 沈世杰, 1993; Chen, Shao and Lin, 1995; Randall and Lim (eds.), 2000; Huang, 2001; 伍汉霖, 邵广昭, 赖春福等, 2012.

别名或俗名（Used or common name）：大面侧仔，大目侧仔.
分布（Distribution）：南海.

**（3054）黑似天竺鱼 *Apogonichthyoides niger* (Döderlein, 1883)**

*Apogon niger* Döderlein, 1883: 1-40.
文献（Reference）：峰谦二和道津喜卫, 1973; Chang, Lee and Shao, 1978; Shao and Chen, 1986; 沈世杰, 1993; Ni and Kwok, 1999; Randall and Lim (eds.), 2000; Gon, 2000; 伍汉霖, 邵广昭, 赖春福等, 2012.
别名或俗名（Used or common name）：大面侧仔，大目侧仔，黑天竺鲷.
分布（Distribution）：东海，南海.

**（3055）黑鳍似天竺鱼 *Apogonichthyoides nigripinnis* (Cuvier, 1828)**

*Apogon nigripinnis* Cuvier, 1828: 1-490.
*Apogon nigripinsis* (Cuvier, 1828).
*Apogonichthys nigripinnis* (Cuvier, 1828).
*Apogon thurstoni* Day, 1888.
文献（Reference）：Shao and Chen, 1986; 沈世杰, 1993; Ni and Kwok, 1999; Randall and Lim (eds.), 2000; Huang, 2001; 伍汉霖, 邵广昭, 赖春福等, 2012.
别名或俗名（Used or common name）：大面侧仔，大目侧仔，黑鳍天竺鲷.
分布（Distribution）：东海，南海.

**（3056）拟双带似天竺鱼 *Apogonichthyoides pseudotaeniatus* (Gon, 1986)**

*Apogon psendotaeniatus* Gon, 1986: 5-17.
文献（Reference）：Shao, Kao and Lee, 1990; Shao, 1997; Ni and Kwok, 1999; Kuo and Shao, 1999; Hsieh and Chiu, 2002; 伍汉霖, 邵广昭, 赖春福等, 2012.
分布（Distribution）：南海.

**（3057）双带似天竺鱼 *Apogonichthyoides taeniatus* (Cuvier, 1828)**

*Apogon taeniatus* Cuvier, 1828: 1-490.
*Apogon bifasciatus* Rüppell, 1838.
文献（Reference）：Shao and Chen, 1986; Ni and Kwok, 1999; Randall and Lim (eds.), 2000; Huang, 2001; Chinese Academy of Fishery Science (CAFS), 2007; 伍汉霖, 邵广昭, 赖春福等, 2012.
分布（Distribution）：南海.

**（3058）帝汶似天竺鱼 *Apogonichthyoides timorensis* (Bleeker, 1854)**

*Apogon timorensis* Bleeker, 1854: 203-214.
*Apogon darnleyensis* (Alleyne *et* Macleay, 1877).
*Apogonichthys darnleyensis* Alleyne *et* Macleay, 1877.
*Apogon fraxineus* (Smith, 1961).
文献（Reference）：Shao and Chen, 1986; 沈世杰, 1993; Ni and Kwok, 1999; Randall and Lim (eds.), 2000; Huang, 2001; Motomura and Matsuura, 2010; Yoshida, Harazaki and Motomura, 2010; 伍汉霖, 邵广昭, 赖春福等, 2012.
别名或俗名（Used or common name）：大面侧仔，大目侧仔，绿身天竺鲷.
分布（Distribution）：东海，南海.

## 963. 天竺鱼属 *Apogonichthys* Bleeker, 1854

**（3059）眼斑天竺鱼 *Apogonichthys ocellatus* (Weber, 1913)**

*Apogon ocellatus* Weber, 1913: 1-710.
文献（Reference）：Chang, Jan and Shao, 1983; Shao and Chen, 1986; 沈世杰, 1993; Randall and Lim (eds.), 2000; 伍汉霖, 邵广昭, 赖春福等, 2012.
别名或俗名（Used or common name）：大面侧仔，大目侧仔.
分布（Distribution）：东海，南海.

**（3060）鸠斑天竺鱼 *Apogonichthys perdix* Bleeker, 1854**

*Apogonichthys perdix* Bleeker, 1854: 311-338.
*Apogon perdix* (Bleeker, 1854).
*Apogonichthys waikiki* Jordan *et* Evermann, 1903.
*Mionurus waikiki* (Jordan *et* Evermann, 1903).
文献（Reference）：Bleeker, 1854: 312-338; Shao and Chen, 1986; 沈世杰, 1993; Shao, 1997; Randall and Lim (eds.), 2000; Huang, 2001; 伍汉霖, 邵广昭, 赖春福等, 2012.
别名或俗名（Used or common name）：大面侧仔，大目侧仔.
分布（Distribution）：东海，南海.

## 964. 长鳍天竺鲷属 *Archamia* Gill, 1863

**（3061）双斑长鳍天竺鲷 *Archamia biguttata* Lachner, 1951**

*Archamia biguttata* Lachner, 1951: 581-610.
文献（Reference）：Lachner, 1951: 581-610; Shao and Chen, 1986; 沈世杰, 1993; 伍汉霖, 邵广昭, 赖春福等, 2012.
别名或俗名（Used or common name）：大面侧仔，大目侧仔.
分布（Distribution）：东海，南海.

**（3062）布氏长鳍天竺鲷 *Archamia bleekeri* (Günther, 1859)**

*Apogon bleekeri* Günther, 1859: 1-524.
*Apogon notata* Day, 1868.

*Archamia goni* Chen *et* Shao, 1993.
*Kurtamia bykhovskyi* Prokofiev, 2006.
**文献（Reference）**：Shao and Chen, 1986; Chen and Shao, 1993; Shao, Chen, Kao *et al.*, 1993; 沈世杰, 1993; Randall and Lim (eds.), 2000; Shao, Hsieh, Wu *et al.*, 2001; Huang, 2001; 伍汉霖, 邵广昭, 赖春福等, 2012.
**别名或俗名（Used or common name）**：大面侧仔, 大目侧仔.
**分布（Distribution）**：南海.

### （3063）横带长鳍天竺鲷 *Archamia buruensis* (Bleeker, 1856)

*Apogon buruensis* Bleeker, 1856: 383-414.
**文献（Reference）**：Shao and Chen, 1986; Randall, Allen and Steene, 1990; 沈世杰, 1993; 伍汉霖, 邵广昭, 赖春福等, 2012.
**别名或俗名（Used or common name）**：大面侧仔, 大目侧仔.
**分布（Distribution）**：东海, 南海.

### （3064）褐斑长鳍天竺鲷 *Archamia fucata* (Cantor, 1849)

*Apogon fucatus* Cantor, 1849: 983-1443.
**文献（Reference）**：Shao and Chen, 1986; Randall, Allen and Steene, 1990; 沈世杰, 1993; 伍汉霖, 邵广昭, 赖春福等, 2012.
**别名或俗名（Used or common name）**：大面侧仔, 大目侧仔.
**分布（Distribution）**：南海.

### （3065）真长鳍天竺鲷 *Archamia macroptera* (Cuvier, 1828)

*Apogon macropterus* Cuvier, 1828: 1-490.
**文献（Reference）**：Cuvier, 1828: 1-490; Shao and Chen, 1986; 沈世杰, 1993; 伍汉霖, 邵广昭, 赖春福等, 2012.
**别名或俗名（Used or common name）**：大面侧仔, 大目侧仔.
**分布（Distribution）**：东海, 南海.

## 965. 巨牙天竺鲷属 *Cheilodipterus* Lacépède, 1801

### （3066）纵带巨牙天竺鲷 *Cheilodipterus artus* Smith, 1961

*Cheilodipterus artus* Smith, 1961: 373-418.
*Cheilodipterus lachneri australis* Smith, 1961.
**文献（Reference）**：Smith, 1961: 373-418; Schroeder, 1980; Shao and Chen, 1986; 沈世杰, 1993; Randall and Lim (eds.), 2000; Motomura and Matsuura, 2010; Yoshida, Harazaki and Motomura, 2010; 伍汉霖, 邵广昭, 赖春福等, 2012.
**别名或俗名（Used or common name）**：大面侧仔, 大目侧仔.
**分布（Distribution）**：东海, 南海.

### （3067）中间巨牙天竺鲷 *Cheilodipterus intermedius* Gon, 1993

*Cheilodipterus intermedius* Gon, 1993: 1-59.
**文献（Reference）**：Gon, 1993: 1-59; Shao and Chen, 1986; 沈世杰, 1993; Randall and Lim (eds.), 2000; Motomura and Matsuura, 2010; Yoshida, Harazaki and Motomura, 2010; 伍汉霖, 邵广昭, 赖春福等, 2012.
**别名或俗名（Used or common name）**：大面侧仔, 大目侧仔.
**分布（Distribution）**：东海, 南海.

### （3068）巨牙天竺鲷 *Cheilodipterus macrodon* (Lacépède, 1802)

*Centropomus macrodon* Lacépède, 1802: 1-728.
*Apogon macrodon* (Lacépède, 1802).
*Chelidopterus macrodon* (Lacépède, 1802).
*Paramia octolineata* Bleeker, 1872.
**文献（Reference）**：Shao and Chen, 1986; Shao, Chen, Kao *et al.*, 1993; 沈世杰, 1993; Chen, Shao and Lin, 1995; Chen, Jan and Shao, 1997; Randall and Lim (eds.), 2000; Huang, 2001; Yoshida, Harazaki and Motomura, 2010; 伍汉霖, 邵广昭, 赖春福等, 2012.
**别名或俗名（Used or common name）**：大面侧仔, 大目侧仔.
**分布（Distribution）**：南海.

### （3069）五带巨牙天竺鲷 *Cheilodipterus quinquelineatus* Cuvier, 1828

*Cheliodipterus quinquelineatus* Cuvier, 1828: 1-490.
*Paramia quinquelineata* (Cuvier, 1828).
*Cheilodipterus popur* Montrouzier, 1857.
**文献（Reference）**：Chang, Lee and Shao, 1978; Shao and Chen, 1986; 沈世杰, 1993; Chen, Shao and Lin, 1995; Chen, Jan and Shao, 1997; Randall and Lim (eds.), 2000; Huang, 2001; Yoshida, Harazaki and Motomura, 2010; 伍汉霖, 邵广昭, 赖春福等, 2012.
**别名或俗名（Used or common name）**：大面侧仔, 大目侧仔.
**分布（Distribution）**：东海, 南海.

### （3070）新加坡巨牙天竺鲷 *Cheilodipterus singapurensis* Bleeker, 1859-60

*Cheilodipterus singapurensis* Bleeker, 1859-60.
*Cheilodipterus truncatus* Günther, 1873.
*Cheilodipterus subulatus* Weber, 1909.
*Cheilodipterus pseudosubulatus* Hardenberg, 1948.

文献（Reference）：Herre, 1953b; Masuda, Amaoka, Araga *et al.*, 1984; Randall and Lim (eds.), 2000; Werner and Allen, 2000; Huang, 2001; 伍汉霖, 邵广昭, 赖春福等, 2012.
分布（Distribution）：南海.

## 966. 腭竺鱼属 *Foa* Jordan *et* Evermann, 1905

### （3071）短线腭竺鱼 *Foa brachygramma* (Jenkins, 1903)

*Fowleria brachygrammus* Jenkins, 1903: 417-511.
*Apogon brachygrammus* (Jenkins, 1903).
*Apogonichthys brachygrammus* (Jenkins, 1903).
*Apogonichthys zuluensis* Fowler, 1934.
文献（Reference）：Fowler and Bean, 1930; Huang, 2001; Motomura and Matsuura, 2010; Yoshida, Harazaki and Motomura, 2010; 伍汉霖, 邵广昭, 赖春福等, 2012.
别名或俗名（Used or common name）：大面侧仔, 大目侧仔.
分布（Distribution）：东海.

### （3072）菲律宾腭竺鱼 *Foa fo* Jordan *et* Seale, 1905

*Foa fo* Jordan *et* Seale, 1905a, 28 (1407): 769-803.
*Apogonichthys fo* (Jordan *et* Seale, 1905).
文献（Reference）：Jordan and Seale, 1905a, 28 (1407): 769-803; Fraser and Randall, 2011; 伍汉霖, 邵广昭, 赖春福等, 2012.
别名或俗名（Used or common name）：大面侧仔, 大目侧仔.
分布（Distribution）：南海.

## 967. 乳突天竺鲷属 *Fowleria* Jordan *et* Evermann, 1903

### （3073）金色乳突天竺鲷 *Fowleria aurita* (Valenciennes, 1831)

*Apogon auritus* Valenciennes (*in* Cuvier *et* Valenciennes), 1831: 1-531.
*Amia aurita* [Valenciennes (*in* Cuvier *et* Valenciennes), 1831].
*Apogonichthys auritus* [Valenciennes (*in* Cuvier *et* Valenciennes), 1831].
*Papillapogon aurita* [Valenciennes (*in* Cuvier *et* Valenciennes), 1831].
文献（Reference）：Herre, 1953b; Shao and Chen, 1986; Randall and Lim (eds.), 2000; Werner and Allen, 2000; Huang, 2001; 伍汉霖, 邵广昭, 赖春福等, 2012.
分布（Distribution）：南海.

### （3074）犬形乳突天竺鲷 *Fowleria isostigma* (Jordan *et* Seale, 1906)

*Apogonichthys isostigma* Jordan *et* Seale, 1906b: 173-455.
文献（Reference）：Shao and Chen, 1986; Randall and Lim (eds.), 2000; Huang, 2001; Motomura and Matsuura, 2010; Yoshida, Harazaki and Motomura, 2010; 伍汉霖, 邵广昭, 赖春福等, 2012.
分布（Distribution）：南海.

### （3075）显斑乳突天竺鲷 *Fowleria marmorata* (Alleyne *et* MacLeay, 1877)

*Apogonichthys marmoratus* Alleyne *et* Macleay, 1877: 261-281.
*Apogon marmoratus* (Alleyne *et* MacLeay, 1877).
文献（Reference）：Alleyne and MacLeay, 1877: 321-359; Shao and Chen, 1986; Francis, 1993; Ho, Shao, Chen *et al.* (何林泰, 邵广昭, 陈正平等), 1993; 沈世杰, 1993; Randall and Lim (eds.), 2000; Huang, 2001; Yoshida, Harazaki and Motomura, 2010; 伍汉霖, 邵广昭, 赖春福等, 2012.
别名或俗名（Used or common name）：大面侧仔, 大目侧仔.
分布（Distribution）：南海.

### （3076）等斑乳突天竺鲷 *Fowleria punctulata* (Rüppell, 1838)

*Apogon punctulatus* Rüppell, 1838: 1-148.
文献（Reference）：Shao and Chen, 1986; 沈世杰, 1993; Randall and Lim (eds.), 2000; 伍汉霖, 邵广昭, 赖春福等, 2012.
别名或俗名（Used or common name）：大面侧仔, 大目侧仔.
分布（Distribution）：东海, 南海.

### （3077）维拉乳突天竺鲷 *Fowleria vaiulae* (Jordan *et* Seale, 1906)

*Foa vaiulae* Jordan *et* Seale, 1906b: 173-455.
*Fowleria vaiuli* (Jordan *et* Seale, 1906).
*Foa abocellata* (Goren *et* Karplus, 1980).
*Fowleria abocellata* Goren *et* Karplus, 1980.
文献（Reference）：Goren and Karplus, 1983; Shao and Chen, 1986; Ho, Shao, Chen *et al.* (何林泰, 邵广昭, 陈正平等), 1993; 沈世杰, 1993; Chen, Jan and Shao, 1997; Randall and Lim (eds.), 2000; Huang, 2001; 伍汉霖, 邵广昭, 赖春福等, 2012.
别名或俗名（Used or common name）：大面侧仔, 大目侧仔.
分布（Distribution）：东海, 南海.

### （3078）杂斑乳突天竺鲷 *Fowleria variegata* (Valenciennes, 1832)

*Apogon variegatus* Valenciennes, 1832: 51-60.
*Amia variegata* (Valenciennes, 1832).
*Apogonichthys variegatus* (Valenciennes, 1832).

*Apogonichthys polystigma* Bleeker, 1854.
**文献（Reference）：**Shao and Chen, 1986; 沈世杰, 1993; Chen, Shao and Lin, 1995; Kuo and Shao, 1999; Randall and Lim (eds.), 2000; Huang, 2001; Motomura and Matsuura, 2010; Yoshida, Harazaki and Motomura, 2010; 伍汉霖, 邵广昭, 赖春福等, 2012.
**别名或俗名（Used or common name）：**大面侧仔, 大目侧仔.
**分布（Distribution）：**东海, 南海.

## 968. 裸天竺鲷属 *Gymnapogon* Regan, 1905

### （3079）无斑裸天竺鲷 *Gymnapogon annona* (Whitley, 1936)

*Australaphia annona* Whitley, 1936: 23-51.
**文献（Reference）：**Shao and Chen, 1986; 沈世杰, 1993; Huang, 2001; 伍汉霖, 邵广昭, 赖春福等, 2012.
**别名或俗名（Used or common name）：**大面侧仔, 大目侧仔.
**分布（Distribution）：**南海.

### （3080）日本裸天竺鲷 *Gymnapogon japonicus* Regan, 1905

*Gymnapogon japonicus* Regan, 1905d: 17-26.
**文献（Reference）：**Regan, 1905d: 17-26; Shao and Chen, 1986; Ho, Shao, Chen *et al.* (何林泰, 邵广昭, 陈正平等), 1993; 沈世杰, 1993; Randall and Lim (eds.), 2000; Huang, 2001; 伍汉霖, 邵广昭, 赖春福等, 2012.
**别名或俗名（Used or common name）：**大面侧仔, 大目侧仔.
**分布（Distribution）：**南海.

### （3081）菲律宾裸天竺鲷 *Gymnapogon philippinus* (Herre, 1939)

*Henicichthys philippinus* Herre, 1939b: 199-200.
**文献（Reference）：**Shao and Chen, 1986; 沈世杰, 1993; Randall and Lim (eds.), 2000; Huang, 2001; 伍汉霖, 邵广昭, 赖春福等, 2012.
**别名或俗名（Used or common name）：**大面侧仔, 大目侧仔.
**分布（Distribution）：**南海.

### （3082）尾斑裸天竺鲷 *Gymnapogon urospilotus* Lachner, 1953

*Gymnopogon urospilotus* Lachner, 1953: 412-498.
**文献（Reference）：**Masuda, Amaoka, Araga *et al.*, 1984; Shao and Chen, 1986; 沈世杰, 1993; Randall and Lim (eds.), 2000; Huang, 2001; 伍汉霖, 邵广昭, 赖春福等, 2012.
**别名或俗名（Used or common name）：**大面侧仔, 大目侧仔.
**分布（Distribution）：**南海.

## 969. 丽竺鲷属 *Lepidamia*

### （3083）美身丽竺鲷 *Lepidamia kalosoma* (Bleeker, 1852)

*Apogon kalosoma* Bleeker, 1852: 443-460.
**文献（Reference）：**伍汉霖, 邵广昭, 赖春福等, 2012.
**别名或俗名（Used or common name）：**大面侧仔, 大目侧仔.
**分布（Distribution）：**东海, 南海.

## 970. 扁天竺鲷属 *Neamia* Smith *et* Radcliffe, 1912

### （3084）八棘扁天竺鲷 *Neamia octospina* Smith *et* Radcliffe, 1912

*Neamia octospina* Smith *et* Radcliffe, 1912: 431-446.
*Neamia sphenurus* (Klunzinger, 1884).
*Apogonichthys coggeri* Whitley, 1964.
**文献（Reference）：**Smith and Radcliffe, 1912: 431-445; Gon, 1985; Shao and Chen, 1986; Gon, 1987; Shao, Chen, Kao *et al.*, 1993; 沈世杰, 1993; Randall and Lim (eds.), 2000; Huang, 2001; Motomura and Matsuura, 2010; Yoshida, Harazaki and Motomura, 2010
**别名或俗名（Used or common name）：**大面侧仔, 大目侧仔.
**分布（Distribution）：**南海.

## 971. 圣天竺鲷属 *Nectamia* Jordan, 1917

### （3085）颊纹圣天竺鲷 *Nectamia bandanensis* (Bleeker, 1854)

*Apogon bandanensis* Bleeker, 1854: 89-114.
*Apogon batjanensis* Bleeker, 1854.
*Ostorhinchus bandanensis* (Bleeker, 1854).
**文献（Reference）：**Chang, Jan and Shao, 1983; Chen, Shao and Lin, 1995; Chen, Jan and Shao, 1997; Ni and Kwok, 1999; Randall and Lim (eds.), 2000; Huang, 2001; Adrim, Chen, Chen *et al.*, 2004; Yoshida, Harazaki and Motomura, 2010; 伍汉霖, 邵广昭, 赖春福等, 2012.
**别名或俗名（Used or common name）：**大面侧仔, 大目侧仔.
**分布（Distribution）：**东海, 南海.

### （3086）褐色圣天竺鲷 *Nectamia fusca* (Quoy *et* Gaimard, 1825)

*Apogon fuscus* Quoy *et* Gaimard, 1825: 329-616.
*Apogon guamensis* Valenciennes, 1832.
*Apogon nubilus* Garman, 1903.
*Apogon ocellatus* Fourmanoir *et* Crosnier, 1964.

文献(Reference)：Shao and Chen, 1986; 沈世杰, 1993; Chen, Shao and Lin, 1995; Chen, Jan and Shao, 1997; Randall and Lim (eds.), 2000; Shao, Hsieh, Wu *et al.*, 2001; Huang, 2001; 伍汉霖, 邵广昭, 赖春福等, 2012.

别名或俗名（Used or common name）：大面侧仔，大目侧仔.

分布（Distribution）：南海.

### （3087）灿烂圣天竺鲷 *Nectamia luxuria* Fraser, 2008

*Nectamia luxuria* Fraser, 2008: 1-52.

文献（Reference）：Fraser, 2008: 1-52; 伍汉霖, 邵广昭, 赖春福等, 2012; Mabuchi, Fraser, Song *et al.*, 2014.

别名或俗名（Used or common name）：大面侧仔，大目侧仔.

分布（Distribution）：南海.

### （3088）萨摩亚圣天竺鲷 *Nectamia savayensis* (Günther, 1872)

*Apogon savayensis* Günther, 1872: 652-675.

*Ostorhinchus savayensis* (Günther, 1872).

文献(Reference)：Masuda, Amaoka, Araga *et al.*, 1984; Shao and Chen, 1986; Shao, Lin, Ho *et al.*, 1990; Huang, 2001; 伍汉霖, 邵广昭, 赖春福等, 2012.

别名或俗名（Used or common name）：大面侧仔，大目侧仔.

分布（Distribution）：东海，南海.

### （3089）印度尼西亚圣天竺鲷 *Nectamia viria* Fraser, 2008

*Nectamia viria* Fraser, 2008: 1-52.

文献（Reference）：Fraser, 2008: 1-52; 伍汉霖, 邵广昭, 赖春福等, 2012; Mabuchi, Fraser, Song *et al.*, 2014.

别名或俗名（Used or common name）：大面侧仔，大目侧仔.

分布（Distribution）：东海，南海.

## 972. 鹦天竺鲷属 *Ostorhinchus* Lacépède, 1802

### （3090）纵带鹦天竺鲷 *Ostorhinchus angustatus* (Smith *et* Radcliffe, 1911)

*Amia angustata* Smith *et* Radcliffe, 1911: 245-261.

*Apogon angustatus* (Smith *et* Radcliffe, 1911).

*Ostorhynchus angustatus* (Smith *et* Radcliffe, 1911).

文献(Reference)：Chang, Jan and Shao, 1983; Shao and Chen, 1986; 沈世杰, 1993; Chen, Jan and Shao, 1997; Randall and Lim (eds.), 2000; Huang, 2001; Yoshida, Harazaki and Motomura, 2010; 伍汉霖, 邵广昭, 赖春福等, 2012.

别名或俗名（Used or common name）：大面侧仔，大目侧仔.

分布（Distribution）：东海，南海.

### （3091）短齿鹦天竺鲷 *Ostorhinchus apogonoides* (Bleeker, 1856)

*Cheilodipterus apogonoides* Bleeker, 1856: 1-80.

*Apogon apogonoides* (Bleeker, 1856).

*Ostorhinchus apogonides* (Bleeker, 1856).

*Apogon enigmaticus* (Smith, 1961).

文献（Reference）：Shao and Chen, 1986; 沈世杰, 1993; Randall and Lim (eds.), 2000; Huang, 2001; Motomura and Matsuura, 2010; Yoshida, Harazaki and Motomura, 2010; 伍汉霖, 邵广昭, 赖春福等, 2012.

别名或俗名（Used or common name）：大面侧仔，大目侧仔，短齿天竺鲷.

分布（Distribution）：南海.

### （3092）环尾鹦天竺鲷 *Ostorhinchus aureus* (Lacépède, 1802)

*Centropomus aureus* Lacépède, 1802: 1-728.

*Amia aurea* (Lacépède, 1802).

*Gronovichthys aureus* (Lacépède, 1802).

*Apogon roseipinnis* Cuvier (*in* Cuvier *et* Valenciennes), 1829.

文献(Reference)：Shao and Chen, 1986; Randall, Fraser and Lachner, 1990; Shao, Chen, Kao *et al.*, 1993; 沈世杰, 1993; Ni and Kwok, 1999; Randall and Lim (eds.), 2000; Huang, 2001; Yoshida, Harazaki and Motomura, 2010

别名或俗名（Used or common name）：大面侧仔，大目侧仔.

分布（Distribution）：南海.

### （3093）黄体鹦天竺鲷 *Ostorhinchus chrysotaenia* (Bleeker, 1851)

*Apogon chrysotaenia* Bleeker, 1851d: 163-179.

文献(Reference)：Shao and Chen, 1986; 沈世杰, 1993; Shao, 1997; Randall and Lim (eds.), 2000; Huang, 2001; Adrim, Chen, Chen *et al.*, 2004; Motomura and Matsuura, 2010; Yoshida, Harazaki and Motomura, 2010; 伍汉霖, 邵广昭, 赖春福等, 2012.

别名或俗名（Used or common name）：大面侧仔，大目侧仔.

分布（Distribution）：南海.

### （3094）裂带鹦天竺鲷 *Ostorhinchus compressus* (Smith *et* Radcliffe, 1911)

*Amia compressa* Smith *et* Radcliffe, 1911: 245-261.

*Apogonichthys macrophthalmus* Bleeker, 1860.

*Apogon compressus* (Smith *et* Radcliffe, 1911).

文献（Reference）：Smith and Radcliffe, 1911: 245-261; Shao and Chen, 1986; Hayashi, 1990; 沈世杰, 1993; Randall and Lim (eds.), 2000; Huang, 2001; Adrim, Chen, Chen *et al.*, 2004; 伍汉霖, 邵广昭, 赖春福等, 2012.

**别名或俗名（Used or common name）**：大面侧仔，大目侧仔，裂带天竺鲷.

**分布（Distribution）**：东海，南海.

### （3095）库氏鹦天竺鲷 *Ostorhinchus cookii* (Macleay, 1881)

*Apogon cookii* Macleay, 1881: 302-444.

*Apogon melanotaenia* Regan, 1905.

*Amia robusta* Smith *et* Radcliffe, 1911.

*Apogon robusta* (Smith *et* Radcliffe, 1911).

**文献（Reference）**：Chang, Jan and Shao, 1983; Shao and Chen, 1986; Hayashi, 1990; 陈正平, 1990; Shao, Chen, Kao *et al.*, 1993; 沈世杰, 1993; Leung, 1994; Chen, Jan and Shao, 1997; Randall and Lim (eds.), 2000; Huang, 2001; 伍汉霖，邵广昭，赖春福等, 2012.

**别名或俗名（Used or common name）**：大面侧仔，大目侧仔.

**分布（Distribution）**：东海，南海.

### （3096）金带鹦天竺鲷 *Ostorhinchus cyanosoma* (Bleeker, 1853)

*Apogon cyanosoma* Bleeker, 1853: 67-96.

*Ostorhynchus cyanosoma* (Bleeker, 1853).

**文献（Reference）**：Shao and Chen, 1986; Shao and Chen, 1992; 沈世杰, 1993; Chen, Shao and Lin, 1995; Chen, Jan and Shao, 1997; Randall and Kulbicki, 1998; Randall and Lim (eds.), 2000; Huang, 2001; Adrim, Chen, Chen *et al.*, 2004

**别名或俗名（Used or common name）**：大面侧仔，大目侧仔.

**分布（Distribution）**：南海.

### （3097）箭矢鹦天竺鲷 *Ostorhinchus dispar* (Fraser *et* Randall, 1976)

*Apogon dispar* Fraser *et* Randall, 1976: 503-508.

**文献（Reference）**：Randall and Lim (eds.), 2000; Fraser, 2012; 伍汉霖，邵广昭，赖春福等, 2012.

**别名或俗名（Used or common name）**：大面侧仔，大目侧仔.

**分布（Distribution）**：南海.

### （3098）斗氏鹦天竺鲷 *Ostorhinchus doederleini* (Jordan *et* Snyder, 1901)

*Apogon doederleini* Jordan *et* Snyder, 1901e: 891-913.

**文献（Reference）**：Jordan and Snyder, 1901e: 891-913; Shao and Chen, 1986; Randall, Allen and Steene, 1990; 沈世杰, 1993.

**别名或俗名（Used or common name）**：大面侧仔，大目侧仔，稻氏鹦天竺鲷.

**分布（Distribution）**：东海，南海.

### （3099）细线鹦天竺鲷 *Ostorhinchus endekataenia* (Bleeker, 1852)

*Apogon edekataenia* Bleeker, 1852: 443-460.

*Apogon endekataenia* Bleeker, 1852.

*Ostorhinchus edekataenia* (Bleeker, 1852).

**文献（Reference）**：Evermann and Seale, 1907; Shao and Chen, 1986; Hayashi, 1990; Ho, Shao, Chen *et al.* (何林泰，邵广昭，陈正平等), 1993; 沈世杰, 1993; Ni and Kwok, 1999; Randall and Lim (eds.), 2000; Huang, 2001; Hsieh and Chiu, 2002; Motomura and Matsuura, 2010.

**别名或俗名（Used or common name）**：大面侧仔，大目侧仔.

**分布（Distribution）**：南海.

### （3100）宽条鹦天竺鲷 *Ostorhinchus fasciatus* (White, 1790)

*Mullus fasciatus* White, 1790: 1-299.

*Apogon fasciatus* (White, 1790).

*Amia quadrifasciata* (Cuvier, 1828).

*Apogon monogramma* Günther, 1880.

**文献（Reference）**：Shao and Chen, 1986; Hayashi, 1990; Shao, Kao and Lee, 1990; Shao, Chen, Kao *et al.*, 1993; 沈世杰, 1993; Leung, 1994; Ni and Kwok, 1999; Randall and Lim (eds.), 2000; Huang, 2001; Yoshida, Harazaki and Motomura, 2010; 伍汉霖，邵广昭，赖春福等, 2012.

**别名或俗名（Used or common name）**：大面侧仔，大目侧仔.

**分布（Distribution）**：南海.

### （3101）斑柄鹦天竺鲷 *Ostorhinchus fleurieu* Lacépède, 1802

*Ostorhynchus fleurieu* Lacépède, 1802: 1-728.

*Apogon fleurieu* (Lacépède, 1802).

*Apogon* sp. Not applicable.

**文献（Reference）**：Shao and Chen, 1986; Randall, Fraser and Lachner, 1990; 沈世杰, 1993; Leung, 1994; Ni and Kwok, 1999; Randall and Lim (eds.), 2000; Huang, 2001; 伍汉霖，邵广昭，赖春福等, 2012.

**别名或俗名（Used or common name）**：大面侧仔，大目侧仔.

**分布（Distribution）**：东海，南海.

### （3102）全纹鹦天竺鲷 *Ostorhinchus holotaenia* (Regan, 1905)

*Apogon holotaenia* Regan, 1905: 318-333.

**文献（Reference）**：Regan, 1906a; Randall, 1995; Randall and Lim (eds.), 2000; 伍汉霖，邵广昭，赖春福等, 2012.

**别名或俗名（Used or common name）**：大面侧仔，大目侧仔.

分布（Distribution）：南海.

### （3103）中线鹦天竺鲷 *Ostorhinchus kiensis* (Jordan *et* Snyder, 1901)

*Apogon kiensis* Jordan *et* Snyder, 1901e: 891-913.

文献（Reference）：Shao and Chen, 1986; Hayashi, 1990; Shao, Kao and Lee, 1990; Shao, Chen, Kao *et al.*, 1993; 沈世杰, 1993; Zaki, Rahardjo and Kamal, 1997; Ni and Kwok, 1999; Kuo and Shao, 1999; Randall and Lim (eds.), 2000; Huang, 2001; 伍汉霖, 邵广昭, 赖春福等, 2012.

别名或俗名（Used or common name）：大面侧仔，大目侧仔.

分布（Distribution）：东海，南海.

### （3104）驼背鹦天竺鲷 *Ostorhinchus lateralis* (Valenciennes, 1832)

*Apogon lateralis* Valenciennes, 1832: 51-60.

*Apogon ceramensis* Bleeker, 1852.

文献（Reference）：Shao and Chen, 1986; 沈世杰, 1993; Randall and Lim (eds.), 2000; Werner and Allen, 2000; Huang, 2001; 伍汉霖, 邵广昭, 赖春福等, 2012.

别名或俗名（Used or common name）：大面侧仔，大目侧仔.

分布（Distribution）：南海.

### （3105）摩鹿加鹦天竺鲷 *Ostorhinchus moluccensis* (Valenciennes, 1832)

*Apogon moluccensis* Valenciennes, 1832: 51-60.

*Apogon chrysosoma* Bleeker, 1852.

*Apogon monochrous* Bleeker, 1856.

*Apogon ventrifasciatus* Allen, Kuiter *et* Randall, 1994.

文献（Reference）：Shao and Chen, 1986; 沈世杰, 1993; Randall and Lim (eds.), 2000; Huang, 2001; Motomura and Matsuura, 2010; Yoshida, Harazaki and Motomura, 2010

别名或俗名（Used or common name）：大目侧仔.

分布（Distribution）：南海.

### （3106）多带鹦天竺鲷 *Ostorhinchus multilineatus* (Bleeker, 1874)

*Amia multilineata* Bleeker, 1874: 1-82.

*Apogon multilineatus* (Bleeker, 1874).

文献（Reference）：Shao and Chen, 1986; Werner and Allen, 2000.

别名或俗名（Used or common name）：大面侧仔，大目侧仔.

分布（Distribution）：?

### （3107）黑带鹦天竺鲷 *Ostorhinchus nigrofasciatus* (Lachner, 1953)

*Apogon nigrofasciatus* Lachner, 1953: 412-498.

文献（Reference）：Randall and Lachner, 1986; Shao and Chen, 1986; Hayashi, 1990; 沈世杰, 1993; Chen, Jan and Shao, 1997; Randall and Lim (eds.), 2000; Huang, 2001; Motomura and Matsuura, 2010; Yoshida, Harazaki and Motomura, 2010; 伍汉霖, 邵广昭, 赖春福等, 2012.

别名或俗名（Used or common name）：大面侧仔，大目侧仔.

分布（Distribution）：东海，南海.

### （3108）九线鹦天竺鲷 *Ostorhinchus novemfasciatus* (Cuvier, 1828)

*Apogon novemfasciatus* Cuvier, 1828: 1-490.

*Lovamia novemfasciata* (Cuvier, 1828).

文献（Reference）：Shao and Chen, 1986; Hayashi, 1990; 沈世杰, 1993; Chen, Shao and Lin, 1995; Ni and Kwok, 1999; Randall and Lim (eds.), 2000; Huang, 2001; Motomura and Matsuura, 2010; Yoshida, Harazaki and Motomura, 2010.

别名或俗名（Used or common name）：大面侧仔，大目侧仔.

分布（Distribution）：南海.

### （3109）侧带鹦天竺鲷 *Ostorhinchus pleuron* (Fraser, 2005)

*Apogon pleuron* Fraser, 2005: 1-30.

文献（Reference）：沈世杰, 1993; 伍汉霖, 邵广昭, 赖春福等, 2012.

别名或俗名（Used or common name）：大面侧仔，大目侧仔.

分布（Distribution）：南海.

### （3110）黄带鹦天竺鲷 *Ostorhinchus properuptus* (Whitley, 1964)

*Lovamia properupta* Whitley, 1964: 145-195.

*Apogon properupta* (Whitley, 1964).

*Apogon properuptus* (Whitley, 1964).

文献（Reference）：Whitley, 1964: 145-195; Shao and Chen, 1986; 沈世杰, 1993; Randall and Lim (eds.), 2000; Motomura and Matsuura, 2010; 伍汉霖, 邵广昭, 赖春福等, 2012.

别名或俗名（Used or common name）：大面侧仔，大目侧仔.

分布（Distribution）：南海.

### （3111）褐带鹦天竺鲷 *Ostorhinchus taeniophorus* (Regan, 1908)

*Apogon taeniophorus* Regan, 1908g: 217-255.

*Amia fasciata stevensi* McCulloch, 1915.

*Apogon saipanensis* (Fowler, 1945).

*Lovamia saipanensis* Fowler, 1945.

文献（Reference）：Shao and Chen, 1986; 沈世杰, 1993; Chen, Shao and Lin, 1995; Ni and Kwok, 1999; Randall and Lim (eds.), 2000; Huang, 2001; Motomura and Matsuura, 2010;

Yoshida, Harazaki and Motomura, 2010; 伍汉霖, 邵广昭, 赖春福等, 2012.
别名或俗名（**Used or common name**）：大面側仔, 大目側仔.
分布（**Distribution**）：南海.

### （3112）条腹鹦天竺鲷 *Ostorhinchus thermalis* (Cuvier, 1829)

*Apogon thermalis* Cuvier (*in* Cuvier *et* Valencinnes), 1829: 1-500.
*Apogon sangiensis* Bleeker, 1857.
文献（**Reference**）：Shao and Chen, 1986; Randall and Lim (eds.), 2000; Huang, 2001; 伍汉霖, 邵广昭, 赖春福等, 2012.
别名或俗名（**Used or common name**）：大面側仔, 大目側仔.
分布（**Distribution**）：南海.

### （3113）沃氏鹦天竺鲷 *Ostorhinchus wassinki* (Bleeker, 1861)

*Apogon wassinki* Bleeker, 1861.
文献（**Reference**）：Randall and Lim (eds.), 2000; Werner and Allen, 2000; 伍汉霖, 邵广昭, 赖春福等, 2012.
分布（**Distribution**）：东海, 南海.

## 973. 棘眼天竺鲷属 *Pristiapogon* Klunzinger, 1870

### （3114）单线棘眼天竺鲷 *Pristiapogon exostigma* (Jordan *et* Starks, 1906)

*Amia exostigma* Jordan *et* Starks, 1906: 173-455.
*Apogon exostigma* (Jordan *et* Starks, 1906).
文献（**Reference**）：Chang, Lee and Shao, 1978; Kyushin, Amaoka, Nakaya *et al.*, 1982; Shao and Chen, 1986; 沈世杰, 1993; Chen, Shao and Lin, 1995; Chen, Jan and Shao, 1997; Randall and Lim (eds.), 2000; Huang, 2001; 伍汉霖, 邵广昭, 赖春福等, 2012.
别名或俗名（**Used or common name**）：大面側仔, 大目側仔.
分布（**Distribution**）：东海, 南海.

### （3115）棘眼天竺鲷 *Pristiapogon fraenatus* Valenciennes, 1832

*Apogon fraenatus* Valenciennes, 1832: 51-60.
*Amia frenata* (Valenciennes, 1832).
*Apogon frenatus* Valenciennes, 1832.
*Pristiapogon frenatus* (Valenciennes, 1832).
文献（**Reference**）：Shao and Chen, 1986; 沈世杰, 1993; Chen, Jan and Shao, 1997; Ni and Kwok, 1999; Kuo and Shao, 1999; Randall and Lim (eds.), 2000; Huang, 2001; Motomura and Matsuura, 2010; Yoshida, Harazaki and Motomura, 2010; 伍汉霖, 邵广昭, 赖春福等, 2012.
别名或俗名（**Used or common name**）：大面側仔, 大目側仔.
分布（**Distribution**）：南海.

### （3116）丽鳍棘眼天竺鲷 *Pristiapogon kallopterus* (Bleeker, 1856)

*Apogon kallopterus* Bleeker, 1856: 1-80.
*Apogon snyderi* Jordan *et* Evermann, 1903.
*Pristiapogon snyderi* (Jordan *et* Evermann, 1903).
*Apogon fraenatus yaeyamaensis* Aoyagi, 1943.
文献（**Reference**）：Chang, Lee and Shao, 1978; Shao and Chen, 1986; Francis, 1991; Shao, Chen, Kao *et al.*, 1993; 沈世杰, 1993; Chen, Jan and Shao, 1997; Randall and Lim (eds.), 2000; Huang, 2001; 伍汉霖, 邵广昭, 赖春福等, 2012.
别名或俗名（**Used or common name**）：大面側仔, 大目側仔.
分布（**Distribution**）：南海.

## 974. 锯竺鲷属 *Pristicon*

### （3117）三斑锯竺鲷 *Pristicon trimaculatus* (Cuvier, 1828)

*Apogon trimaculatus* Cuvier, 1828: 1-490.
*Amia koilomatodon* (Bleeker, 1853).
*Apogon koilomatodon* Bleeker, 1853.
文献（**Reference**）：Shao and Chen, 1986; 沈世杰, 1993; Chen, Jan and Shao, 1997; Kuo and Shao, 1999; Randall and Lim (eds.), 2000; Huang, 2001; 伍汉霖, 邵广昭, 赖春福等, 2012.
别名或俗名（**Used or common name**）：大面側仔, 大目側仔.
分布（**Distribution**）：东海, 南海.

## 975. 拟天竺鲷属 *Pseudamia* Bleeker, 1865

### （3118）犬牙拟天竺鲷 *Pseudamia gelatinosa* Smith, 1955

*Pseudamia gelantinosa* Smith, 1955b: 689-697.
文献（**Reference**）：Smith, 1955; Ida and Moyer, 1974; Shao and Chen, 1986; 沈世杰, 1993; Chen, Shao and Lin, 1995; Randall and Lim (eds.), 2000; Motomura and Matsuura, 2010; Yoshida, Harazaki and Motomura, 2010; 伍汉霖, 邵广昭, 赖春福等, 2012.
别名或俗名（**Used or common name**）：大面側仔, 大目側仔.
分布（**Distribution**）：东海, 南海.

### （3119）林氏拟天竺鲷 *Pseudamia hayashii* Randall, Lachner *et* Fraser, 1985

*Pseudamia hayashi* Randall, Lachner *et* Fraser, 1985: 1-23.

文献（Reference）：Randall, Lachner and Fraser, 1985: 1-23; Herre and Umali, 1948; Masuda, Amaoka, Araga *et al.*, 1984; Werner and Allen, 2000; 伍汉霖, 邵广昭, 赖春福等, 2012.
别名或俗名（Used or common name）：大面侧仔, 大目侧仔.
分布（Distribution）：东海, 南海.

## 976. 准天竺鲷属 *Pseudamiops* Smith, 1954

### （3120）准天竺鲷 *Pseudamiops gracilicauda* (Lachner, 1953)

*Gymnapogon gracilicauda* Lachner, 1953: 1-112.
*Pseudamiops gracillicauda* (Lachner, 1953).
文献（Reference）：Shao and Chen, 1986; 沈世杰, 1993; Chen, Shao and Lin, 1995; Chen, Jan and Shao, 1997; Randall and Lim (eds.), 2000; Huang, 2001; 伍汉霖, 邵广昭, 赖春福等, 2012.
别名或俗名（Used or common name）：大面侧仔, 大目侧仔.
分布（Distribution）：东海, 南海.

## 977. 箭天竺鲷属 *Rhabdamia* Weber, 1909

### （3121）燕尾箭天竺鲷 *Rhabdamia cypselurus* Weber, 1909

*Rhabdamia cypselura* Weber, 1909: 143-169.
文献（Reference）：Shao and Chen, 1986; 沈世杰, 1993; Randall and Lim (eds.), 2000; Huang, 2001; 伍汉霖, 邵广昭, 赖春福等, 2012.
别名或俗名（Used or common name）：大面侧仔, 大目侧仔.
分布（Distribution）：东海, 南海.

### （3122）箭天竺鲷 *Rhabdamia gracilis* (Bleeker, 1856)

*Apogonichthys gracilis* Bleeker, 1856b: 357-386.
*Apogon gracilis* (Bleeker, 1856).
*Rhabadamia gracilis* (Bleeker, 1856).
文献（Reference）：Shao and Chen, 1986; 沈世杰, 1993; Kuo and Shao, 1999; Randall and Lim (eds.), 2000; Huang, 2001; Motomura and Matsuura, 2010; Yoshida, Harazaki and Motomura, 2010; 伍汉霖, 邵广昭, 赖春福等, 2012.
别名或俗名（Used or common name）：大面侧仔, 大目侧仔.
分布（Distribution）：南海.

## 978. 管天竺鲷属 *Siphamia* Weber, 1909

### （3123）棕线管天竺鲷 *Siphamia fuscolineata* Lachner, 1953

*Siphamia fuscolineata* Lachner, 1953: 412-498.
文献（Reference）：Haneda, 1965; Allen, 1972; Shao and Chen, 1986; 沈世杰, 1993; Randall and Lim (eds.), 2000; Huang, 2001; 伍汉霖, 邵广昭, 赖春福等, 2012.
别名或俗名（Used or common name）：大面侧仔, 大目侧仔.
分布（Distribution）：南海.

### （3124）马岛氏管天竺鲷 *Siphamia majimai* Matsubara *et* Iwai, 1958

*Siphamia majimae* Matsubara *et* Iwai, 1958: 603-608.
*Siphamia zaribae* Whitley, 1959.
文献（Reference）：Matsubara and Iwai, 1958: 603-608; Iwai, 1959; Haneda, 1965; Shao and Chen, 1986; 沈世杰, 1993; Randall and Lim (eds.), 2000; Huang, 2001; Motomura and Matsuura, 2010; Yoshida, Harazaki and Motomura, 2010; 伍汉霖, 邵广昭, 赖春福等, 2012.
别名或俗名（Used or common name）：大面侧仔, 大目侧仔.
分布（Distribution）：南海.

### （3125）汤加管天竺鲷 *Siphamia tubifer* Weber, 1909

*Siphamia tubifer* Weber, 1909: 143-169.
*Beanea trivittata* Steindachner, 1902.
*Siphamia versicolor* (Smith *et* Radcliffe, 1911).
*Siphamia cuprea* Lachner, 1953.
文献（Reference）：Radcliffe, 1911; Haneda, 1965; Iwai, 1971; Shao and Chen, 1986; 沈世杰, 1993; Randall and Lim (eds.), 2000; Shao, Hsieh, Wu *et al.*, 2001; Huang, 2001; Motomura and Matsuura, 2010; 伍汉霖, 邵广昭, 赖春福等, 2012.
别名或俗名（Used or common name）：变色管天竺鲷, 大面侧仔, 大目侧仔.
分布（Distribution）：南海.

## 979. 圆天竺鲷属 *Sphaeramia* Fowler *et* Bean, 1930

### （3126）丝鳍圆天竺鲷 *Sphaeramia nematoptera* (Bleeker, 1856)

*Apogon nematopterus* Bleeker, 1856: 1-80.
文献（Reference）：Shao and Chen, 1986; 沈世杰, 1993; Chen, Shao and Lin, 1995; Randall and Lim (eds.), 2000; Huang, 2001; Nakamura, Horinouchi, Nakai *et al.*, 2003; 伍汉霖, 邵广昭, 赖春福等, 2012.
别名或俗名（Used or common name）：大面侧仔, 大目侧仔.
分布（Distribution）：东海, 南海.

**（3127）环纹圆天竺鲷 *Sphaeramia orbicularis* (Cuvier, 1828)**

*Apogon orbicularis* Cuvier, 1828: 1-490.

**文献（Reference）**：Shao and Chen, 1986; 沈世杰, 1993; Ni and Kwok, 1999; Randall and Lim (eds.), 2000; Huang, 2001; 伍汉霖, 邵广昭, 赖春福等, 2012.

**别名或俗名（Used or common name）**：大面侧仔, 大目侧仔.

**分布（Distribution）**：南海.

## 980. 狸天竺鲷属 *Zoramia* Jordan, 1917

**（3128）齐氏狸天竺鲷 *Zoramia gilberti* (Jordan *et* Seale, 1905)**

*Amia gilberti* Jordan *et* Seale, 1905a, 28 (1407): 769-803.

*Apogon gilberti* (Jordan *et* Seale, 1905).

**文献（Reference）**：Masuda, Amaoka, Araga *et al.*, 1984; Randall and Lim (eds.), 2000; 伍汉霖, 邵广昭, 赖春福等, 2012.

**别名或俗名（Used or common name）**：大面侧仔, 大目侧仔.

**分布（Distribution）**：南海.

# （二二三）后竺鲷科 Epigonidae

## 981. 后竺鲷属 *Epigonus* Rafinesque, 1810

**（3129）细身后竺鲷 *Epigonus denticulatus* Dieuzeide, 1950**

*Epigonus denticulatus* Dieuzeide, 1950: 87-105.

**文献（Reference）**：Dieuzeide, 1950: 87-105; Masuda, Amaoka, Araga *et al.*, 1984; 陈正平, 邵广昭, 詹荣桂等, 2010; 伍汉霖, 邵广昭, 赖春福等, 2012.

**别名或俗名（Used or common name）**：大面侧仔, 大目侧仔.

**分布（Distribution）**：东海.

# （二二四）鱚科 Sillaginidae

## 982. 鱚属 *Sillago* Cuvier, 1816

**（3130）杂色鱚 *Sillago aeolus* Jordan *et* Evermann, 1902**

*Sillago aeolus* Jordan *et* Evermann, 1902: 315-368.

**文献（Reference）**：Jordan and Evermann, 1902: 315-368; Shao, Shen and Chen (邵广昭, 沈世杰和陈立文), 1986; 沈世杰, 1993; Kato, Kohono and Taki, 1996; Randall and Lim (eds.), 2000; Rahman and Tachichara, 2005; Gao, Ji, Xiao *et al.*, 2011; 伍汉霖, 邵广昭, 赖春福等, 2012.

**别名或俗名（Used or common name）**：沙肠仔, kiss 鱼 (接吻鱼).

**分布（Distribution）**：东海, 南海.

**（3131）亚洲鱚 *Sillago asiatica* McKay, 1982**

*Sillago asiatica* McKay, 1982: 611-614.

**文献（Reference）**：Dutt and Sujatha, 1982; Shao, Shen and Chen (邵广昭, 沈世杰和陈立文), 1986; Shao, Chen, Kao *et al.*, 1993; 沈世杰, 1993; Kuo and Shao, 1999; Randall and Lim (eds.), 2000; Huang, 2001; Gao, Ji, Xiao *et al.*, 2011; 伍汉霖, 邵广昭, 赖春福等, 2012.

**别名或俗名（Used or common name）**：沙肠仔, kiss 鱼 (接吻鱼).

**分布（Distribution）**：南海.

**（3132）北部湾鱚 *Sillago boutani* Pellegrin, 1905**

*Sillago boutani* Pellegrin, 1905: 82-88.

**文献（Reference）**：Randall and Lim (eds.), 2000; 伍汉霖, 邵广昭, 赖春福等, 2012.

**分布（Distribution）**：南海.

**（3133）砂鱚 *Sillago chondropus* Bleeker, 1849**

*Sillago chondropus* Bleeker, 1849: 1-64.

**文献（Reference）**：Shao, Shen and Chen (邵广昭, 沈世杰和陈立文), 1986; 沈世杰, 1993; 伍汉霖, 邵广昭, 赖春福等, 2012.

**别名或俗名（Used or common name）**：大指沙鲮, 沙肠仔, kiss 鱼 (接吻鱼).

**分布（Distribution）**：?

**（3134）海湾鱚 *Sillago ingenuua* McKay, 1985**

*Sillago ingenuua* McKay, 1985: 1-73.

**文献（Reference）**：McKay, 1985: 1-73; Shao, Shen and Chen (邵广昭, 沈世杰和陈立文), 1986; 沈世杰, 1993; Randall and Lim (eds.), 2000; Huang, 2001; Gao, Ji, Xiao *et al.*, 2011; 伍汉霖, 邵广昭, 赖春福等, 2012.

**别名或俗名（Used or common name）**：沙肠仔, kiss 鱼 (接吻鱼).

**分布（Distribution）**：南海.

**（3135）少鳞鱚 *Sillago japonica* Temminck *et* Schlegel, 1843**

*Sillago japonica* Temminck *et* Schlegel, 1843: 21-72.

**文献（Reference）**：Ueno and Fujita, 1954; Lee (李信彻), 1976; 朱元鼎等, 1984; Yu and Tung, 1985; 朱元鼎等, 1985; Shao, Shen and Chen (邵广昭, 沈世杰和陈立文), 1986; 沈世杰, 1993; Ni and Kwok, 1999; Horinouchi and Sano, 2000; Randall and Lim (eds.), 2000; Huang, 2001; Gao, Ji, Xiao *et al.*, 2011; 伍汉霖, 邵广昭, 赖春福等, 2012.

别名或俗名（Used or common name）：沙肠仔, kiss 鱼 (接吻鱼).

分布（Distribution）：东海, 南海.

### （3136）斑鱚 *Sillago maculata* Quoy *et* Gaimard, 1824

*Sillago maculata* Quoy *et* Gaimard, 1824: 192-401.

*Sillago gracilis* Alleyne *et* Macleay, 1877.

文献（Reference）：Yamada, Shirai, Irie *et al.*, 1995; Ni and Kwok, 1999; Huang, 2001; Chinese Academy of Fishery Science (CAFS), 2007; 伍汉霖, 邵广昭, 赖春福等, 2012.

分布（Distribution）：黄海, 东海, 南海.

### （3137）小眼鱚 *Sillago microps* McKay, 1985

*Sillago microps* McKay, 1985: 1-73.

文献（Reference）：McKay, 1985: 1-73; Shao, Shen and Chen (邵广昭, 沈世杰和陈立文), 1986; 沈世杰, 1993; Randall and Lim (eds.), 2000; Huang, 2001; Gao, Ji, Xiao *et al.*, 2011; 伍汉霖, 邵广昭, 赖春福等, 2012.

别名或俗名（Used or common name）：沙肠仔, kiss 鱼 (接吻鱼).

分布（Distribution）：南海.

### （3138）细鳞鱚 *Sillago parvisquamis* Gill, 1861

*Sillago parvisquamis* Gill, 1861: 505-507.

文献（Reference）：Gill, 1861: 505-507; Lee (李信彻), 1976; Gunn and Milward, 1985; Shao, Shen and Chen (邵广昭, 沈世杰和陈立文), 1986; 沈世杰, 1993; Randall and Lim (eds.), 2000; Huang, 2001; Rahman and Tachichara, 2005; Gao, Ji, Xiao *et al.*, 2011; 伍汉霖, 邵广昭, 赖春福等, 2012.

别名或俗名（Used or common name）：沙肠仔, kiss 鱼 (接吻鱼).

分布（Distribution）：南海.

### （3139）多鳞鱚 *Sillago sihama* (Forsskål, 1775)

*Atherina sihama* Forsskål, 1775: 1-164.

*Platycephalus sihamus* (Forsskål, 1775).

*Sillago malabarica* (Bloch *et* Schneider, 1801).

*Sillago acuta* Cuvier, 1816.

文献（Reference）：Lee (李信彻), 1976; Shao, Shen and Chen (邵广昭, 沈世杰和陈立文), 1986; 沈世杰, 1993; Leung, 1994; Ni and Kwok, 1999; Kuo and Shao, 1999; Kuo, Lin and Shao, 1999; Randall and Lim (eds.), 2000; Liao, Su and Chang, 2001; Huang, 2001; 伍汉霖, 邵广昭, 赖春福等, 2012.

别名或俗名（Used or common name）：沙肠仔, kiss 鱼 (接吻鱼).

分布（Distribution）：渤海, 黄海, 东海, 南海.

# （二二五）弱棘鱼科 Malacanthidae

## 983. 方头鱼属 *Branchiostegus* Rafinesque, 1815

### （3140）白方头鱼 *Branchiostegus albus* Dooley, 1978

*Branchiostegus albus* Dooley, 1978: 1-78.

文献（Reference）：Dooley, 1978: 1-78; Yoshino, Hiramatsu, Tabata *et al.*, 1984; Shao, Chen, Kao *et al.*, 1993; 沈世杰, 1993; Yamada, Shirai, Irie *et al.*, 1995; Randall and Lim (eds.), 2000; Huang, 2001; 伍汉霖, 邵广昭, 赖春福等, 2012.

别名或俗名（Used or common name）：马头, 方头鱼, 白马头, 拉仑, 白甘鲷.

分布（Distribution）：东海, 南海.

### （3141）银方头鱼 *Branchiostegus argentatus* (Cuvier, 1830)

*Latilus argentatus* Cuvier (*in* Cuvier *et* Valenciennes), 1830: 1-499.

*Branchiostegus tollarai* (Chabanaud, 1924).

*Branchiostegus tollardi* (Chabanaud, 1924).

*Branchiostegus sericus* Herre, 1935.

文献（Reference）：Yasuda and Kosaka, 1951; Yoshino, Hiramatsu, Tabata *et al.*, 1984; 沈世杰, 1993; Yamada, Shirai, Irie *et al.*, 1995; Ni and Kwok, 1999; Randall and Lim (eds.), 2000; Huang, 2001; 伍汉霖, 邵广昭, 赖春福等, 2012.

别名或俗名（Used or common name）：马头, 方头鱼.

分布（Distribution）：东海, 南海.

### （3142）斑鳍方头鱼 *Branchiostegus auratus* (Kishinouye, 1907)

*Latilus auratus* Kishinouye, 1907: 56-60.

文献（Reference）：Yasuda and Kosaka, 1951; Yoshino, Hiramatsu, Tabata *et al.*, 1984; 沈世杰, 1993; Yamada, Shirai, Irie *et al.*, 1995; Ni and Kwok, 1999; Randall and Lim (eds.), 2000; Huang, 2001; 伍汉霖, 邵广昭, 赖春福等, 2012.

别名或俗名（Used or common name）：马头, 方头鱼, 黄面马, 黄甘鲷.

分布（Distribution）：东海, 南海.

### （3143）日本方头鱼 *Branchiostegus japonicus* (Houttuyn, 1782)

*Coryphaena japonica* Houttuyn, 1782: 311-350.

*Brachiostegus japonicus* (Houttuyn, 1782).

*Latilus japonicus* (Houttuyn, 1782).

*Latilus ruber* Kishinouye, 1907.

文献（Reference）：Hayashi, 1976; Shao, Chen, Kao *et al.*, 1993; 沈世杰, 1993; Yamada, Shirai, Irie *et al.*, 1995; Ni and Kwok, 1999; Chang and Kim, 1999; Randall and Lim (eds.),

2000; Huang, 2001; 伍汉霖, 邵广昭, 赖春福等, 2012.
**别名或俗名（Used or common name）**：马头, 方头鱼, 吧呗, 红尾, 吧口弄, 红马头, 红甘鲷.
**分布（Distribution）**：渤海, 黄海, 东海, 南海.

### 984. 似弱棘鱼属 *Hoplolatilus* Günther, 1887

**(3144)似弱棘鱼 *Hoplolatilus cuniculus* Randall *et* Dooley, 1974**
*Hoplolatilus cuniculus* Randall *et* Dooley, 1974: 457-471.
**文献（Reference）**：Randall and Dooley, 1974: 457-471; Randall, 1981; Masuda, Amaoka, Araga *et al.*, 1984; Randall and Lim (eds.), 2000; 伍汉霖, 邵广昭, 赖春福等, 2012.
**别名或俗名（Used or common name）**：弱棘鱼.
**分布（Distribution）**：南海.

**(3145) 叉尾似弱棘鱼 *Hoplolatilus fronticinctus* (Günther, 1887)**
*Latilus fronticinctus* Günther, 1887: 550-551.
**文献(Reference)**：Randall and Lim (eds.), 2000; 伍汉霖, 邵广昭, 赖春福等, 2012.
**别名或俗名（Used or common name）**：弱棘鱼.
**分布（Distribution）**：南海.

**(3146) 马氏似弱棘鱼 *Hoplolatilus marcosi* Burgess, 1978**
*Hoplolatilus marcosi* Burgess, 1978: 43-47.
**文献(Reference)**：Burgess, 1978: 43-47; Randall and Dooley, 1974; Randall, 1981; Yoshino and Kon, 1998; Randall and Lim (eds.), 2000; 陈正平, 邵广昭, 詹荣桂等, 2010; 伍汉霖, 邵广昭, 赖春福等, 2012.
**别名或俗名（Used or common name）**：弱棘鱼.
**分布（Distribution）**：东海, 南海.

**(3147) 紫似弱棘鱼 *Hoplolatilus purpureus* Burgess, 1978**
*Hoplolatilus purpureus* Burgess, 1978: 43-47.
**文献（Reference）**：Burgess, 1978: 43-47; Randall and Lim (eds.), 2000; 伍汉霖, 邵广昭, 赖春福等, 2012.
**别名或俗名（Used or common name）**：弱棘鱼.
**分布（Distribution）**：东海, 南海.

**(3148)斯氏似弱棘鱼 *Hoplolatilus starcki* Randall *et* Dooley, 1974**
*Hoplolatilus starcki* Randall *et* Dooley, 1974: 457-471.
**文献(Reference)**：Randall and Dooley, 1974: 457-471; Fricke, 1981; Randall, Allen and Steene, 1990; Chen, Jan and Shao, 1997; 伍汉霖, 邵广昭, 赖春福等, 2012.
**别名或俗名（Used or common name）**：弱棘鱼.
**分布（Distribution）**：南海.

### 985. 弱棘鱼属 *Malacanthus* Cuvier, 1829

**(3149) 短吻弱棘鱼 *Malacanthus brevirostris* Guichenot, 1848**
*Malacanthus brevirostris* Guichenot, 1848: 14-15.
*Malacanthus hoedtii* Bleeker, 1859.
*Malacanthus parvipinnis* Vaillant *et* Sauvage, 1875.
*Dikellorhynchus incredibilis* Smith, 1956.
**文献（Reference）**：Francis, 1993; 沈世杰, 1993; Chen, Shao and Lin, 1995; Chen, Jan and Shao, 1997; Randall and Lim (eds.), 2000; Huang, 2001; Broad, 2003; 伍汉霖, 邵广昭, 赖春福等, 2012.
**别名或俗名（Used or common name）**：软棘鱼, 黄鸳鸯.
**分布（Distribution）**：东海, 南海.

**(3150) 侧条弱棘鱼 *Malacanthus latovittatus* (Lacépède, 1801)**
*Labrus latovittatus* Lacépède, 1801: 1-558.
*Oceanops latovittatus* (Lacépède, 1801).
*Malacanthus taeniatus* Valenciennes, 1839.
*Malacanthus urichthys* Fowler, 1904.
**文献（Reference）**：沈世杰, 1993; Chen, Shao and Lin, 1995; Chen, Jan and Shao, 1997; Randall and Lim (eds.), 2000; Huang, 2001; 伍汉霖, 邵广昭, 赖春福等, 2012.
**别名或俗名（Used or common name）**：软棘鱼.
**分布（Distribution）**：东海, 南海.

## (二二六) 乳香鱼科 Lactariidae

### 986. 乳香鱼属 *Lactarius* Valenciennes, 1833

**(3151) 乳香鱼 *Lactarius lactarius* (Bloch *et* Schneider, 1801)**
*Scomber lactarius* Bloch *et* Schneider, 1801: 1-584.
*Lactarius lacta* (Bloch *et* Schneider, 1801).
*Lactarius delicatulus* Valenciennes, 1833.
*Lactarius burmanicus* Lloyd, 1907.
**文献(Reference)**：Kyushin, Amaoka, Nakaya *et al.*, 1982; 沈世杰, 1993; Leung, 1994; Ni and Kwok, 1999; Randall and Lim (eds.), 2000; Huang, 2001; 伍汉霖, 邵广昭, 赖春福等, 2012.
**别名或俗名（Used or common name）**：拟鲹.
**分布（Distribution）**：东海, 南海.

## （二二七）青鲑科 Scombropidae

### 987. 青鲑属 *Scombrops* Temminck *et* Schlegel, 1845

**（3152）牛眼青鲑 *Scombrops boops* (Houttuyn, 1782)**

*Labrus boops* Houttuyn, 1782: 311-350.
*Scombrops cheilodipteroides* Bleeker, 1853.
*Scombrops dubius* Gilchrist, 1922.

**文献（Reference）**：Yasuda, Mochizuki, Kawajiri *et al.*, 1971; Mochizuki, 1979; Shao and Chen, 1987; 沈世杰, 1993; Yamada, Shirai, Irie *et al.*, 1995; Shao, 1997; Horinouchi and Sano, 2000; Randall and Lim (eds.), 2000; Huang, 2001; 伍汉霖, 邵广昭, 赖春福等, 2012.

**别名或俗名（Used or common name）**：牛眼鲑.

**分布（Distribution）**：黄海，东海，南海.

## （二二八）鯥科 Pomatomidae

### 988. 鯥属 *Pomatomus* Risso, 1810

**（3153）鯥 *Pomatomus saltatrix* (Linnaeus, 1766)**

*Gasterosteus saltatrix* Linnaeus, 1766: 1-532.
*Cheilodipterus saltatrix* (Linnaeus, 1766).
*Scomber sypterus* Pallas, 1814.
*Sypterus pallasii* Eichwald, 1831.

**文献（Reference）**：Norcross, Richardson, Massmann *et al.*, 1974; Barger, Collins and Finucane, 1978; 沈世杰, 1993; Randall and Lim (eds.), 2000; Lin and Ho, 2002; 伍汉霖, 邵广昭, 赖春福等, 2012.

**别名或俗名（Used or common name）**：扁鯵.

**分布（Distribution）**：东海，南海.

## （二二九）鲯鳅科 Coryphaenidae

### 989. 鲯鳅属 *Coryphaena* Linnaeus, 1758

**（3154）棘鲯鳅 *Coryphaena equiselis* Linnaeus, 1758**

*Coryphaena equisetis* Linnaeus, 1758: 1-824.
*Coryphaena azorica* Valenciennes, 1833.
*Coryphaena lessonii* Valenciennes, 1833.
*Lampugus neapolitanus* Valenciennes, 1833.

**文献（Reference）**：Potthoff, 1980; Palko, Beardsley and Rechards, 1982; Randall and Lim (eds.), 2000; 伍汉霖, 邵广昭, 赖春福等, 2012.

**分布（Distribution）**：东海，南海.

**（3155）鲯鳅 *Coryphaena hippurus* Linnaeus, 1758**

*Coryphaena hyppurus* Linnaeus, 1758: 1-824.
*Coryphaena chrysurus* Lacépède, 1801.
*Coryphaena imperialis* Rafinesque, 1810.
*Coryphaena immaculata* Agassiz, 1831.

**文献（Reference）**：朱元鼎等, 1984; 朱元鼎等, 1985; Shao, Chen, Kao *et al.*, 1993; 沈世杰, 1993; Chen, Shao and Lin, 1995; Ni and Kwok, 1999; Sakamoto and Kojima, 1999; Randall and Lim (eds.), 2000; Huang, 2001; Hsieh and Chiu, 2002; Lin and Ho, 2002; 伍汉霖, 邵广昭, 赖春福等, 2012.

**别名或俗名（Used or common name）**：鳛鱼，万鱼，飞乌虎.

**分布（Distribution）**：渤海，黄海，东海，南海.

## （二三〇）军曹鱼科 Rachycentridae

### 990. 军曹鱼属 *Rachycentron* Kaup, 1826

**（3156）军曹鱼 *Rachycentron canadum* (Linnaeus, 1766)**

*Gasterosteus canadus* Linnaeus, 1766: 1-532.
*Rachicentron canadum* (Linnaeus, 1766).
*Apolectus niger* (Bloch, 1793).
*Centronotus gardenii* Lacépède, 1801.
*Centronotus spinosus* Mitchill, 1815.

**文献（Reference）**：朱元鼎等, 1984; 朱元鼎等, 1985; Shao, Kao and Lee, 1990; Shao, Chen, Kao *et al.*, 1993; 沈世杰, 1993; Yamada, Shirai, Irie *et al.*, 1995; Ni and Kwok, 1999; Kuo and Shao, 1999; Randall and Lim (eds.), 2000; Liao, Su and Chang, 2001; Huang, 2001; 伍汉霖, 邵广昭, 赖春福等, 2012.

**别名或俗名（Used or common name）**：海丽仔，海龙鱼，黑鲋.

**分布（Distribution）**：渤海，黄海，东海，南海.

## （二三一）鮣科 Echeneidae

### 991. 鮣属 *Echeneis* Linnaeus, 1758

**（3157）鮣 *Echeneis naucrates* Linnaeus, 1758**

*Echensis naucrates* Linnaeus, 1758: 1-824.
*Leptecheneis naucrates* (Linnaeus, 1758).
*Echeneis lunata* Bancroft, 1831.
*Echeneis vittata* Rüppell, 1838.
*Leptecheneis flaviventris* Seale, 1906.

**文献（Reference）**：Francis, 1991; 沈世杰, 1993; Leung, 1994; Yamada, Shirai, Irie *et al.*, 1995; Chen, Shao and Lin, 1995; Ni and Kwok, 1999; Kuo and Shao, 1999; Randall and Lim (eds.), 2000; Huang, 2001; 伍汉霖, 邵广昭, 赖春福等, 2012.

**别名或俗名（Used or common name）**：长印仔鱼.
**分布（Distribution）**：渤海，黄海，东海，南海.

### 992. 短䲟属 *Remora* Gill, 1862

**（3158）白短䲟 *Remora albescens* (Temminck *et* Schlegel, 1850)**

*Echeneis albescens* Temminck *et* Schlegel, 1850: 270-324.
*Remorina albescens* (Temminck *et* Schlegel, 1850).
*Echeneis lophioides* Duméril, 1858.
*Echeneis lophioides* Guichenot, 1863.
**文献（Reference）**：Herre, 1953b; Masuda, Amaoka, Araga *et al.*, 1984; 沈世杰, 1993; Randall and Lim (eds.), 2000; Huang, 2001; Kim, Choi, Lee *et al.*, 2005; 伍汉霖，邵广昭，赖春福等, 2012.
**别名或俗名（Used or common name）**：白印仔鱼.
**分布（Distribution）**：渤海，黄海，东海，南海.

**（3159）澳洲短䲟 *Remora australis* (Bennett, 1840)**

*Echeneis australis* Bennett, 1840: 255-289.
*Remora australia* (Bennett, 1840).
*Echeneis scutata* Günther, 1860.
*Remora scutata* (Günther, 1860).
**文献（Reference）**：Muir and Buckley, 1967; Dotsu and Kishida, 1980; Masuda, Amaoka, Araga *et al.*, 1984; 沈世杰, 1993; Randall and Lim (eds.), 2000; Huang, 2001; 伍汉霖，邵广昭，赖春福等, 2012.
**别名或俗名（Used or common name）**：短印仔鱼.
**分布（Distribution）**：渤海，黄海，东海，南海.

**（3160）短臂短䲟 *Remora brachyptera* (Lowe, 1839)**

*Echeneis brachyptera* Lowe, 1839: 76-92.
*Echeneis sexdecimlamellata* Eydoux *et* Gervais, 1837.
*Echeneis quatuordecimlaminatus* Storer, 1839.
*Echeneis nieuhofii* Bleeker, 1853.
**文献（Reference）**：Gudger, 1928; Masuda, Amaoka, Araga *et al.*, 1984; 沈世杰, 1993; Randall and Lim (eds.), 2000; Huang, 2001; 伍汉霖，邵广昭，赖春福等, 2012.
**别名或俗名（Used or common name）**：印仔鱼.
**分布（Distribution）**：东海，南海.

**（3161）大盘短䲟 *Remora osteochir* (Cuvier, 1829)**

*Echeneis osteochir* Cuvier (*in* Cuvier *et* Valenciennes), 1829: 1-406.
*Rhombochirus osteochir* [Cuvier (*in* Cuvier *et* Valenciennes), 1829].
*Echeneis jacobaea* Lowe, 1839.
*Echeneis tetrapturorum* Poey, 1860.
**文献（Reference）**：Gudger, 1928; Masuda, Amaoka, Araga *et al.*, 1984; Shao, Chen, Kao *et al.*, 1993; 沈世杰, 1993; Randall and Lim (eds.), 2000; Huang, 2001; 伍汉霖，邵广昭，赖春福等, 2012.
**别名或俗名（Used or common name）**：菱小判，印仔鱼.
**分布（Distribution）**：东海，南海.

**（3162）短䲟 *Remora remora* (Linnaeus, 1758)**

*Echeneis remora* Linnaeus, 1758: 1-824.
*Echeneis squalipeta* Daldorff, 1793.
*Echeneis parva* Gronow, 1854.
*Echeneis remoroides* Bleeker, 1855.
**文献（Reference）**：Muir and Buckley, 1967; Dotsu and Kishida, 1980; Francis, 1993; Francis and Randall, 1993; Shao, Chen, Kao *et al.*, 1993; 沈世杰, 1993; Randall and Lim (eds.), 2000; Huang, 2001; 伍汉霖，邵广昭，赖春福等, 2012.
**别名或俗名（Used or common name）**：短印仔鱼.
**分布（Distribution）**：渤海，黄海，东海，南海.

## （二三二）鲹科 Carangidae

### 993. 丝鲹属 *Alectis* Rafinesque, 1815

**（3163）丝鲹 *Alectis ciliaris* (Bloch, 1787)**

*Zeus ciliaris* Bloch, 1787: 1-146.
*Alectes ciliaris* (Bloch, 1787).
*Blepharis ciliaris* (Bloch, 1787).
*Gallus virescens* Lacépède, 1802.
*Alectis temmincki* Wakiya, 1924.
**文献（Reference）**：Kyushin, Amaoka, Nakaya *et al.*, 1982; Shao, Chen, Kao *et al.*, 1993; 沈世杰, 1993; Ni and Kwok, 1999; Kuo and Shao, 1999; Lin and Shao, 1999; Randall and Lim (eds.), 2000; Huang, 2001; 伍汉霖，邵广昭，赖春福等, 2012.
**别名或俗名（Used or common name）**：花串，白须公.
**分布（Distribution）**：渤海，黄海，东海，南海.

**（3164）印度丝鲹 *Alectis indica* (Rüppell, 1830)**

*Scyris indicus* Rüppell, 1830: 95-141.
*Alectes indicus* (Rüppell, 1830).
*Alectis indicus* (Rüppell, 1830).
*Seriolichthys indicus* (Rüppell, 1830).
**文献（Reference）**：Shao, Chen, Kao *et al.*, 1993; 沈世杰, 1993; Ni and Kwok, 1999; Kuo and Shao, 1999; Lin and Shao, 1999; Randall and Lim (eds.), 2000; Huang, 2001; 伍汉霖，邵广昭，赖春福等, 2012.
**别名或俗名（Used or common name）**：铜镜鲳仔，大花串，须甘，东京瓜仔，白须公.
**分布（Distribution）**：渤海，黄海，东海，南海.

## 994. 副叶鲹属 *Alepes* Swainson, 1839

### （3165）吉打副叶鲹 *Alepes djedaba* (Forsskål, 1775)

*Scomber djedaba* Forsskål, 1775: 1-164.
*Caranx djedaba* (Forsskål, 1775).
*Selar djedaba* (Forsskål, 1775).
*Atule kalla* (Cuvier, 1833).
**文献（Reference）：**Shao, Chen, Kao *et al.*, 1993; Ni and Kwok, 1999; Kuo and Shao, 1999; Lin and Shao, 1999; Randall and Lim (eds.), 2000; Ho and Lin, 2001; Recto and Lopez, 2002; 伍汉霖, 邵广昭, 赖春福等, 2012.
**别名或俗名（Used or common name）：**甘仔鱼.
**分布（Distribution）：**黄海, 东海, 南海.

### （3166）克氏副叶鲹 *Alepes kleinii* (Bloch, 1793)

*Scomber kleinii* Bloch, 1793: 1-144.
*Alepes kleinni* (Bloch, 1793).
*Caranx para* Cuvier, 1833.
*Alepes megalaspis* (Bleeker, 1854).
**文献（Reference）：**沈世杰, 1993; Shao, 1997; Ni and Kwok, 1999; Kuo and Shao, 1999; Lin and Shao, 1999; Randall and Lim (eds.), 2000; 伍汉霖, 邵广昭, 赖春福等, 2012.
**别名或俗名（Used or common name）：**甘仔鱼.
**分布（Distribution）：**东海, 南海.

### （3167）黑鳍副叶鲹 *Alepes melanoptera* (Swainson, 1839)

*Trachinus melanoptera* Swainson, 1839: 1-448.
*Alepes melanopterus* (Swainson, 1839).
*Alepes malam* (Bleeker, 1851).
*Atule malam* (Bleeker, 1851).
*Caranx pectoralis* Chu *et* Cheng, 1958.
**文献（Reference）：**Kyushin, Amaoka, Nakaya *et al.*, 1982; Ni and Kwok, 1999; Randall and Lim (eds.), 2000; 伍汉霖, 邵广昭, 赖春福等, 2012.
**分布（Distribution）：**南海.

### （3168）范氏副叶鲹 *Alepes vari* (Cuvier, 1833)

*Caranx vari* Cuvier, 1833: 1-512.
*Alepes macrurus* (Bleeker, 1851).
*Caranx macrurus* (Bleeker, 1851).
*Alepes glabra* Fowler, 1904.
**文献（Reference）：**沈世杰, 1993; Kuo and Shao, 1999; Lin and Shao, 1999; Randall and Lim (eds.), 2000; 伍汉霖, 邵广昭, 赖春福等, 2012.
**别名或俗名（Used or common name）：**甘仔鱼.
**分布（Distribution）：**东海, 南海.

## 995. 沟鲹属 *Atropus* Oken, 1817

### （3169）沟鲹 *Atropus atropos* (Bloch *et* Schneider, 1801)

*Brama atropos* Bloch *et* Schneider, 1801: 1-584.
*Atropus atropus* (Bloch *et* Schneider, 1801).
*Caranx atropus* (Bloch *et* Schneider, 1801).
**文献（Reference）：**Kyushin, Amaoka, Nakaya *et al.*, 1982; Shao, Chen, Kao *et al.*, 1993; 沈世杰, 1993; Yamada, Shirai, Irie *et al.*, 1995; Ni and Kwok, 1999; Tang and Jin, 1999; Lin and Shao, 1999; Randall and Lim (eds.), 2000; Huang, 2001; 伍汉霖, 邵广昭, 赖春福等, 2012.
**别名或俗名（Used or common name）：**铜镜.
**分布（Distribution）：**渤海, 黄海, 东海, 南海.

## 996. 叶鲹属 *Atule* Jordan *et* Jordan, 1922

### （3170）游鳍叶鲹 *Atule mate* (Cuvier, 1833)

*Caranx mate* Cuvier, 1833: 1-512.
*Alepes mate* (Cuvier, 1833).
*Caranx affinis* Rüppell, 1836.
*Selar affinis* (Rüppell, 1836).
**文献（Reference）：**Shao, Chen, Kao *et al.*, 1993; 沈世杰, 1993; Ni and Kwok, 1999; Lin and Shao, 1999; Randall and Lim (eds.), 2000; 伍汉霖, 邵广昭, 赖春福等, 2012.
**别名或俗名（Used or common name）：**四破鲹仔, 黄尾瓜仔, 平瓜仔.
**分布（Distribution）：**黄海, 东海, 南海.

## 997. 若鲹属 *Carangoides* Bleeker, 1851

### （3171）甲若鲹 *Carangoides armatus* (Rüppell, 1830)

*Citula armata* Rüppell, 1830: 1-141.
*Caranx armatus* (Rüppell, 1830).
*Caranx schlegeli* Wakiya, 1924.
*Citula pescadorensis* Oshima, 1924.
**文献（Reference）：**Shao, Chen, Kao *et al.*, 1993; 沈世杰, 1993; Ni and Kwok, 1999; Kuo and Shao, 1999; Lin and Shao, 1999; Randall and Lim (eds.), 2000; Ho and Lin, 2001; Huang, 2001; 伍汉霖, 邵广昭, 赖春福等, 2012.
**别名或俗名（Used or common name）：**甘仔鱼, 铠鲹.
**分布（Distribution）：**东海, 南海.

### （3172）橘点若鲹 *Carangoides bajad* (Forsskål, 1775)

*Scomber ferdau bajad* Forsskål, 1775: 1-164.
*Caranx bajad* (Forsskål, 1775).
*Carangoides auroguttataus* (Cuvier, 1833).
**文献（Reference）：**Williams and Venkataraman, 1978;

Williams, Heemstra and Shameem, 1980; Randall and Lim (eds.), 2000; Werner and Allen, 2000; 伍汉霖, 邵广昭, 赖春福等, 2012.

**别名或俗名（Used or common name）**：甘仔鱼.

**分布（Distribution）**：南海.

### (3173)长吻若鲹 *Carangoides chrysophrys* (Cuvier, 1833)

*Caranx chrysophrys* Cuvier, 1833: 1-512.

*Carangoides chrysoptera* [Cuvier (*in* Cuvier *et* Valenciennes), 1830].

*Carangoides chrysophryoides* Bleeker, 1851.

*Caranx typus* Gilchrist *et* Thompson, 1917.

**文献（Reference）**：Williams and Venkataraman, 1978; Williams, Heemstra and Shameem, 1980; Kyushin, Amaoka, Nakaya *et al.*, 1982; 沈世杰, 1993; Ni and Kwok, 1999; Lin and Shao, 1999; Randall and Lim (eds.), 2000; Huang, 2001; 伍汉霖, 邵广昭, 赖春福等, 2012.

**别名或俗名（Used or common name）**：清水鲳仔, 冬花鲹.

**分布（Distribution）**：东海, 南海.

### (3174）青羽若鲹 *Carangoides coeruleopinnatus* (Rüppell, 1830)

*Caranx coeruleopinnatus* Rüppell, 1830: 1-141.

*Carangoides caeruleopinnatus* (Rüppell, 1830).

*Citula coeruleopinnata* (Rüppell, 1830).

*Carangoides altissimus* (Jordan *et* Seale, 1905).

**文献（Reference）**：Williams and Venkataraman, 1978; Williams, Heemstra and Shameem, 1980; 沈世杰, 1993; Yamada, Shirai, Irie *et al.*, 1995; Ni and Kwok, 1999; Lin and Shao, 1999; Randall and Lim (eds.), 2000; Huang, 2001; 伍汉霖, 邵广昭, 赖春福等, 2012.

**别名或俗名（Used or common name）**：甘仔鱼, 青羽鲹.

**分布（Distribution）**：东海, 南海.

### (3175）背点若鲹 *Carangoides dinema* Bleeker, 1851

*Carangoides denima* Bleeker, 1851: 341-372.

*Carangichthys dinema* (Bleeker, 1851).

*Caranx dinema* (Bleeker, 1851).

*Caranx deani* Jordan *et* Seale, 1905.

**文献（Reference）**：Bleeker, 1852; Herre, 1959; Williams and Venkataraman, 1978; Williams, Heemstra and Shameem, 1980; 沈世杰, 1993; Kuo and Shao, 1999; Lin and Shao, 1999; Randall and Lim (eds.), 2000; Huang, 2001; 伍汉霖, 邵广昭, 赖春福等, 2012.

**别名或俗名（Used or common name）**：甘仔鱼, 曳丝平鲹.

**分布（Distribution）**：东海, 南海.

### (3176）高体若鲹 *Carangoides equula* (Temminck *et* Schlegel, 1844)

*Caranx equula* Temminck *et* Schlegel, 1844: 73-112.

*Kaiwarinus equula* (Temminck *et* Schlegel, 1844).

*Caranx dasson* Jordan *et* Snyder, 1907.

**文献（Reference）**：Williams and Venkataraman, 1978; Richards, Chong, Mak *et al.*, 1985; Shao, Chen, Kao *et al.*, 1993; 沈世杰, 1993; Chen, Shao and Lin, 1995; Ni and Kwok, 1999; Kuo and Shao, 1999; Lin and Shao, 1999; Randall and Lim (eds.), 2000; Huang, 2001; 伍汉霖, 邵广昭, 赖春福等, 2012.

**别名或俗名（Used or common name）**：甘仔鱼, 平鲹.

**分布（Distribution）**：渤海, 黄海, 东海, 南海.

### (3177）平线若鲹 *Carangoides ferdau* (Forsskål, 1775)

*Scomber ferdau* Forsskål, 1775: 1-164.

*Carangoides ferdan* (Forsskål, 1775).

*Caranx ferdau* (Forsskål, 1775).

*Carangoides hemigymnostethus* Bleeker, 1851.

**文献（Reference）**：Williams and Venkataraman, 1978; Williams, Heemstra and Shameem, 1980; Schroeder, 1982; Kyushin, Amaoka, Nakaya *et al.*, 1982; 沈世杰, 1993; Ni and Kwok, 1999; Lin and Shao, 1999; Randall and Lim (eds.), 2000; Huang, 2001; 伍汉霖, 邵广昭, 赖春福等, 2012.

**别名或俗名（Used or common name）**：甘仔鱼, 印度平鲹.

**分布（Distribution）**：东海, 南海.

### (3178）黄点若鲹 *Carangoides fulvoguttatus* (Forsskål, 1775)

*Scomber fulvoguttatus* Forsskål, 1775: 1-164.

*Caranx fulvoguttatus* (Forsskål, 1775).

*Carangoides emburyi* (Whitley, 1932).

*Caranx emburyi* (Whitley, 1932).

**文献（Reference）**：Williams and Venkataraman, 1978; Williams, Heemstra and Shameem, 1980; Kyushin, Amaoka, Nakaya *et al.*, 1982; Federizon, 1992; Chen, Shao and Lin, 1995; Lin and Shao, 1999; Randall and Lim (eds.), 2000; Ogata, Emata, Garibay *et al.*, 2004; 伍汉霖, 邵广昭, 赖春福等, 2012.

**别名或俗名（Used or common name）**：甘仔鱼.

**分布（Distribution）**：南海.

### (3179）裸胸若鲹 *Carangoides gymnostethus* (Cuvier, 1833)

*Caranx gymnostethus* Cuvier, 1833: i-xxix + 3 pp. + 1-512.

*Carangoides gymnostethoides* Bleeker, 1851: 341-372.

*Caranx gymnostethoides* (Bleeker, 1851).

**文献（Reference）**：Williams and Venkataraman, 1978; Williams, Heemstra and Shameem, 1980; Schroeder, 1982; Kyushin, Amaoka, Nakaya *et al.*, 1982; Lin and Shao, 1999; Randall and Lim (eds.), 2000; 伍汉霖, 邵广昭, 赖春福等,

2012.
别名或俗名（**Used or common name**）：甘仔鱼.
分布（**Distribution**）：南海.

### （3180）海兰德若鲹 *Carangoides hedlandensis* (Whitley, 1934)

*Olistus hedlandensis* Whitley, 1934: 153-163.
*Carangoides hedlandensiis* (Whitley, 1934).
*Caranx hedlandensis* (Whitley, 1934).
文献（**Reference**）：Shao, Kao and Lee, 1990; Shao, Chen, Kao *et al.*, 1993; 沈世杰, 1993; Chen, Shao and Lin, 1995; Lin and Shao, 1999; Randall and Lim (eds.), 2000; Huang, 2001; 伍汉霖, 邵广昭, 赖春福等, 2012.
别名或俗名（**Used or common name**）：甘仔鱼.
分布（**Distribution**）：东海，南海.

### （3181）大眼若鲹 *Carangoides humerosus* (McCulloch, 1915)

*Caranx humerosus* McCulloch, 1915: 97-170.
文献（**Reference**）：Randall and Lim (eds.), 2000; 伍汉霖, 邵广昭, 赖春福等, 2012.
分布（**Distribution**）：南海.

### （3182）马拉巴若鲹 *Carangoides malabaricus* (Bloch *et* Schneider, 1801)

*Scomber malabaricus* Bloch *et* Schneider, 1801: 1-584.
*Caranx malabaricus* (Bloch *et* Schneider, 1801).
*Carangoides rectipinnus* Williams, 1958.
*Carangoides rhomboides* Kotthaus, 1974.
文献（**Reference**）：Williams and Venkataraman, 1978; Shao, Chen, Kao *et al.*, 1993; 沈世杰, 1993; Leung, 1994; Ni and Kwok, 1999; Lin and Shao, 1999; Randall and Lim (eds.), 2000; Huang, 2001; 伍汉霖, 邵广昭, 赖春福等, 2012.
别名或俗名（**Used or common name**）：甘仔鱼，瓜仔鲹.
分布（**Distribution**）：渤海，黄海，东海，南海.

### （3183）卵圆若鲹 *Carangoides oblongus* (Cuvier, 1833)

*Caranx oblongus* Cuvier, 1833: 1-512.
*Carangichthys oblongus* (Cuvier, 1833).
*Caranx auriga* de Vis, 1884.
*Caranx gracilis* (Ogilby, 1915).
文献（**Reference**）：Williams and Venkataraman, 1978; Williams, Heemstra and Shameem, 1980; 沈世杰, 1993; Lin and Shao, 1999; Randall and Lim (eds.), 2000; Huang, 2001; 伍汉霖, 邵广昭, 赖春福等, 2012.
别名或俗名（**Used or common name**）：甘仔鱼，长鲳鲹.
分布（**Distribution**）：东海，南海.

### （3184）直线若鲹 *Carangoides orthogrammus* (Jordan *et* Gilbert, 1882)

*Caranx orthogrammus* Jordan *et* Gilbert, 1882: 225-233.
*Carangoides orthogrammuus* (Jordan *et* Gilbert, 1882).
*Carangoides gymnosthethoides evermanni* Nichols, 1921.
*Carangoides ferdau jordani* Nichols, 1922.
文献（**Reference**）：Williams and Venkataraman, 1978; Williams, Heemstra and Shameem, 1980; Francis, 1993; 沈世杰, 1993; Chen, Shao and Lin, 1995; Kuo, Lin and Shao, 1999; Lin and Shao, 1999; Randall and Lim (eds.), 2000; Huang, 2001; 伍汉霖, 邵广昭, 赖春福等, 2012.
别名或俗名（**Used or common name**）：甘仔鱼，瓜仔，直线平鲹.
分布（**Distribution**）：黄海，南海.

### （3185）横带若鲹 *Carangoides plagiotaenia* Bleeker, 1857

*Carangoides plagiotaenia* Bleeker, 1857: 1-102.
*Caranx plagiotaenia* (Bleeker, 1857).
*Caranx vomerinus* Playfair, 1867.
*Caranx brevicarinatus* Klunzinger, 1871.
文献（**Reference**）：Williams and Venkataraman, 1978; Williams, Heemstra and Shameem, 1980; Shao, Chen, Kao *et al.*, 1993; Randall and Lim (eds.), 2000; Huang, 2001; 伍汉霖, 邵广昭, 赖春福等, 2012.
别名或俗名（**Used or common name**）：甘仔鱼.
分布（**Distribution**）：东海，南海.

### （3186）褐背若鲹 *Carangoides praeustus* (Anonymous [Bennett], 1830)

*Caranx praeustus* Anonymous [Bennett], 1830: 686-694.
*Caranx ire* Cuvier, 1833.
*Caranx melanostethos* Day, 1865.
文献（**Reference**）：Herre, 1953b; Ni and Kwok, 1999; Randall and Lim (eds.), 2000; Huang, 2001; Chinese Academy of Fishery Science (CAFS), 2007; 伍汉霖, 邵广昭, 赖春福等, 2012.
分布（**Distribution**）：南海.

### （3187）白舌若鲹 *Carangoides talamparoides* Bleeker, 1852

*Carangoides talamparoides* Bleeker, 1852: 1-93.
*Caranx talamparoides* (Bleeker, 1852).
文献（**Reference**）：Williams and Venkataraman, 1978; Williams, Heemstra and Shameem, 1980; Kyushin, Amaoka, Nakaya *et al.*, 1982; Lin and Shao, 1999; Randall and Lim (eds.), 2000; Huang, 2001; 伍汉霖, 邵广昭, 赖春福等, 2012.
别名或俗名（**Used or common name**）：甘仔鱼.
分布（**Distribution**）：东海，南海.

## 998. 鲹属 *Caranx* Lacépède, 1801

### （3188）大口鲹 *Caranx bucculentus* Alleyne *et* Macleay, 1877

*Caranx bucculentus* Alleyne *et* Macleay, 1877: 321-359.

文献（Reference）：Alleyne and Macleay, 1877: 321-359; Lin and Shao, 1999; Randall and Lim (eds.), 2000; Kim, Choi, Lee *et al.*, 2005; 伍汉霖, 邵广昭, 赖春福等, 2012.

别名或俗名（Used or common name）：甘仔鱼, 瓜仔.

分布（Distribution）：东海, 南海.

### （3189）马鲹 *Caranx hippos* (Linnaeus, 1766)

*Scomber hippos* Linnaeus, 1766: 1-532.

*Carangus hippos* (Linnaeus, 1766).

*Caranx carangus* (Bloch, 1793).

*Caranx erythrurus* Lacépède, 1801.

文献（Reference）：Kyushin, Amaoka, Nakaya *et al.*, 1982; 沈世杰, 1993; Smith-Vaniz and Randall, 1994; Lin and Shao, 1999; Randall and Lim (eds.), 2000; Liao, Su and Chang, 2001; 伍汉霖, 邵广昭, 赖春福等, 2012.

别名或俗名（Used or common name）：甘仔鱼, 阔步鲹.

分布（Distribution）：南海.

### （3190）黑尻鲹 *Caranx melampygus* Cuvier, 1833

*Caranx melampyges* Cuvier, 1833: 1-512.

*Carangichthys melampygus* (Cuvier, 1833).

*Caranx stellatus* Eydoux *et* Souleyet, 1850.

*Caranx valenciennei* Castelnau, 1873.

文献（Reference）：Cuvier, 1833: i-xxix + 3 pp. + 1-512; 沈世杰, 1993; Chen, Jan and Shao, 1997; Kuo and Shao, 1999; Lin and Shao, 1999; Randall and Lim (eds.), 2000; Liao, Su and Chang, 2001; Ho and Lin, 2001; 伍汉霖, 邵广昭, 赖春福等, 2012.

别名或俗名（Used or common name）：甘仔鱼.

分布（Distribution）：东海, 南海.

### （3191）巴布亚鲹 *Caranx papuensis* Alleyne *et* MacLeay, 1877

*Caranx papuensis* Alleyne *et* MacLeay, 1877: 321-359.

*Caranx regularis* Garman, 1903.

*Caranx celetus* Smith, 1968.

文献（Reference）：Alleyne and MacLeay, 1877: 321-359; 沈世杰, 1993; Kuo and Shao, 1999; Kuo, Lin and Shao, 1999; Lin and Shao, 1999; Randall and Lim (eds.), 2000; Liao, Su and Chang, 2001; 伍汉霖, 邵广昭, 赖春福等, 2012.

别名或俗名（Used or common name）：甘仔鱼, 瓜仔.

分布（Distribution）：南海.

### （3192）六带鲹 *Caranx sexfasciatus* Quoy *et* Gaimard, 1825

*Caranx sexfasciatus* Quoy *et* Gaimard, 1825: 192-401.

*Caranx belengerii* Cuvier, 1833.

*Caranx forsteri* Cuvier, 1833.

*Caranx fosteri* Cuvier, 1833.

文献（Reference）：Shao, Chen, Kao *et al.*, 1993; 沈世杰, 1993; Yamada, Shirai, Irie *et al.*, 1995; Chen, Shao and Lin, 1995; Ni and Kwok, 1999; Kuo and Shao, 1999; Lin and Shao, 1999; Randall and Lim (eds.), 2000; Ho and Lin, 2001; Huang, 2001; Hsieh and Chiu, 2002; 伍汉霖, 邵广昭, 赖春福等, 2012.

别名或俗名（Used or common name）：甘仔鱼, 红目瓜仔.

分布（Distribution）：黄海, 东海, 南海.

### （3193）泰勒鲹 *Caranx tille* Cuvier, 1833

*Caranx tille* Cuvier, 1833: 1-512.

*Caranx cynodon* Bleeker, 1851.

文献（Reference）：Cuvier, 1833: i-xxix + 3 pp. + 1-512; 沈世杰, 1993; Kuo and Shao, 1999; Lin and Shao, 1999; Randall and Lim (eds.), 2000; 伍汉霖, 邵广昭, 赖春福等, 2012.

别名或俗名（Used or common name）：甘仔鱼.

分布（Distribution）：东海, 南海.

## 999. 圆鲹属 *Decapterus* Bleeker, 1851

### （3194）红尾圆鲹 *Decapterus akaadsi* Abe, 1958

*Decapterus akaadsi* Abe, 1958: 175-180.

*Decapterus kurroides akaadsi* Abe, 1958.

文献（Reference）：Masuda, Amaoka, Araga *et al.*, 1984; Yamada, Shirai, Irie *et al.*, 1995; Kim, Choi, Lee *et al.*, 2005; 伍汉霖, 邵广昭, 赖春福等, 2012.

分布（Distribution）：南海.

### （3195）无斑圆鲹 *Decapterus kurroides* Bleeker, 1855

*Decapterus kurroides* Bleeker, 1855g: 391-434.

文献（Reference）：Bleeker, 1855g: 392-434; Chang, Wu and Lin (张昆雄, 巫文隆和林忠), 1972; Chang, Chen and Ni (张昆雄, 陈章波和倪怡训), 1976; Kyushin, Amaoka, Nakaya *et al.*, 1982; 沈世杰, 1993; Ni and Kwok, 1999; Lin and Shao, 1999; Randall and Lim (eds.), 2000; Ho and Lin, 2001; Huang, 2001; 伍汉霖, 邵广昭, 赖春福等, 2012.

别名或俗名（Used or common name）：红瓜鱼, 巴拢, 红扁鲹.

分布（Distribution）：东海, 南海.

### （3196）颌圆鲹 *Decapterus macarellus* (Cuvier, 1833)

*Caranx macarellus* Cuvier, 1833: 1-512.

*Caranx jacobeus* Cuvier, 1833.

*Decapterus macarallus* (Cuvier, 1833).

*Decapterus canonoides* Jenkins, 1903.

文献（Reference）：Chang, Wu and Lin (张昆雄, 巫文隆和林忠), 1972; 沈世杰, 1993; Lin and Shao, 1999; Randall and Lim (eds.), 2000; Huang, 2001; Ohshimo, 2004; 伍汉霖, 邵广昭, 赖春福等, 2012.

别名或俗名（Used or common name）：红赤尾, 拉洋圆鲹.

分布（**Distribution**）：黄海，东海，南海.

**（3197）长身圆鲹 *Decapterus macrosoma* Bleeker, 1851**

*Decapterus macrosorna* Bleeker, 1851: 341-372.

*Decapterus afuerae* Hildebrand, 1946.

文献（**Reference**）：Bleeker, 1852; Murdoch, 1976; Kyushin, Amaoka, Nakaya *et al.*, 1982; Shao, Chen, Kao *et al.*, 1993; 沈世杰, 1993; Ni and Kwok, 1999; Lin and Shao, 1999; Randall and Lim (eds.), 2000; Aripin and Showers, 2000; Huang, 2001; Hsieh and Chiu, 2002; 伍汉霖，邵广昭，赖春福等, 2012.

别名或俗名（**Used or common name**）：长鲹，四破，肉温仔.

分布（**Distribution**）：东海，南海.

**（3198）红背圆鲹（蓝圆鲹）*Decapterus maruadsi* (Temminck *et* Schlegel, 1843)**

*Caranx maruadsi* Temminck *et* Schlegel, 1843: 21-72.

*Decapterus maraudsi* (Temminck *et* Schlegel, 1843).

文献（**Reference**）：Lee, 1975; Shao, Chen, Kao *et al.*, 1993; 沈世杰, 1993; Yamada, Shirai, Irie *et al.*, 1995; Kuo and Shao, 1999; Chen and Shen, 1999; Lin and Shao, 1999; Chiu and Hsieh, 2001; Huang, 2001; 伍汉霖，邵广昭，赖春福等, 2012.

别名或俗名（**Used or common name**）：硬尾，广仔，甘广，四破，巴拢.

分布（**Distribution**）：渤海，黄海，东海，南海.

**（3199）穆氏圆鲹 *Decapterus muroadsi* (Temminck *et* Schlegel, 1844)**

*Caranx muroadsi* Temminck *et* Schlegel, 1844: 73-112.

*Decapterus muruadsi* (Temminck *et* Schlegel, 1844).

*Caranx scombrinus* Valenciennes, 1846.

*Decapterus scombrinus* (Valenciennes, 1846).

文献（**Reference**）：Shao, Kao and Lee, 1990; Francis, 1993; Shao, 1997; Ni and Kwok, 1999; Randall and Lim (eds.), 2000; Huang, 2001; 伍汉霖，邵广昭，赖春福等, 2012.

分布（**Distribution**）：南海.

**（3200）罗氏圆鲹 *Decapterus russelli* (Rüppell, 1830)**

*Caranx russelli* Rüppell, 1830: 1-141.

*Decapterus ruselli* (Rüppell, 1830).

*Decapterus kiliche* (Cuvier, 1833).

*Decapterus lajang* Bleeker, 1855.

文献（**Reference**）：Chang, Wu and Lin (张昆雄，巫文隆和林忠), 1972; Shao, Kao and Lee, 1990; Shao, Chen, Kao *et al.*, 1993; 沈世杰, 1993; Yamada, Shirai, Irie *et al.*, 1995; Zaki, Rahardjo and Kamal, 1997; Ni and Kwok, 1999; Lin and Shao, 1999; Randall and Lim (eds.), 2000; Huang, 2001; 伍汉霖，邵广昭，赖春福等, 2012.

别名或俗名（**Used or common name**）：红赤尾，硬尾，红瓜鲹.

分布（**Distribution**）：黄海，东海，南海.

**（3201）泰勃圆鲹 *Decapterus tabl* Berry, 1968**

*Decapterus tabl* Berry, 1968: 145-167.

文献（**Reference**）：Berry, 1968: 145-167; 沈世杰, 1993; Yamada, Shirai, Irie *et al.*, 1995; Lin and Shao, 1999; Randall and Lim (eds.), 2000; Horie and Tanaka, 2000; Huang, 2001; Iwasaki and Aoki, 2001; 伍汉霖，邵广昭，赖春福等, 2012.

别名或俗名（**Used or common name**）：硬尾.

分布（**Distribution**）：南海.

## 1000. 纺锤鰤属 *Elagatis* Bennett, 1840

**（3202）纺锤鰤 *Elagatis bipinnulata* (Quoy *et* Gaimard, 1825)**

*Seriola bipinnulata* Quoy *et* Gaimard, 1825: 192-401.

*Elegatis bipunnulata* (Quoy *et* Gaimard, 1825).

*Micropteryx bipinnulatus* (Quoy *et* Gaimard, 1825).

*Seriolichthys bipinnulatus* (Quoy *et* Gaimard, 1825).

文献（**Reference**）：Chang, Jan and Shao, 1983; 沈世杰, 1993; Yamada, Shirai, Irie *et al.*, 1995; Chen, Jan and Shao, 1997; Lin and Shao, 1999; Randall and Lim (eds.), 2000; Ho and Lin, 2001; Huang, 2001; 伍汉霖，邵广昭，赖春福等, 2012.

别名或俗名（**Used or common name**）：海草，拉仑.

分布（**Distribution**）：东海，南海.

## 1001. 无齿鲹属 *Gnathanodon* Bleeker, 1850

**（3203）无齿鲹 *Gnathanodon speciosus* (Forsskål, 1775)**

*Scomber speciosus* Forsskål, 1775: 1-164.

*Caranx speciosus* (Forsskål, 1775).

*Gnathandon speciosus* (Forsskål, 1775).

*Gnathonodon speciosus* (Forsskål, 1775).

文献（**Reference**）：Kyushin, Amaoka, Nakaya *et al.*, 1982; Schroeder, 1982; Federizon, 1992; Shao, Chen, Kao *et al.*, 1993; 沈世杰, 1993; Ni and Kwok, 1999; Lin and Shao, 1999; Randall and Lim (eds.), 2000; Liao, Su and Chang, 2001; Huang, 2001; 伍汉霖，邵广昭，赖春福等, 2012.

别名或俗名（**Used or common name**）：虎斑瓜.

分布（**Distribution**）：东海，南海.

## 1002. 大甲鲹属 *Megalaspis* Bleeker, 1851

**（3204）大甲鲹 *Megalaspis cordyla* (Linnaeus, 1758)**

*Scomber cordyla* Linnaeus, 1758: 1-824.

*Magalaspis cordyla* (Linnaeus, 1758).

*Caranx rottleri* (Bloch, 1793).

*Citula plumbea* Quoy *et* Gaimard, 1825.

**文献（Reference）：** Kyushin, Amaoka, Nakaya *et al.*, 1982; Shao, Kao and Lee, 1990; 沈世杰, 1993; Yamada, Shirai, Irie *et al.*, 1995; Ni and Kwok, 1999; Kuo and Shao, 1999; Lin and Shao, 1999; Randall and Lim (eds.), 2000; Ho and Lin, 2001; Huang, 2001; 伍汉霖, 邵广昭, 赖春福等, 2012.

**别名或俗名（Used or common name）：** 铁甲, 扁甲.

**分布（Distribution）：** 黄海, 东海, 南海.

## 1003. 舟鰤属 *Naucrates* Rafinesque, 1810

### （3205）舟鰤 *Naucrates ductor* (Linnaeus, 1758)

*Gasterosteus ductor* Linnaeus, 1758: 1-824.

*Hemitripteronotus quinquemaculatus* Lacépède, 1801.

*Naucrates indicus* Lesson, 1831.

*Naucrates noveboracensis* Cuvier, 1832.

**文献（Reference）：** Penden and Nugtegaal, 1980; Shao, Kao and Lee, 1990; Francis, 1991; Shao, Chen, Kao *et al.*, 1993; 沈世杰, 1993; Ni and Kwok, 1999; Lin and Shao, 1999; Randall and Lim (eds.), 2000; Huang, 2001; 伍汉霖, 邵广昭, 赖春福等, 2012.

**别名或俗名（Used or common name）：** 乌甘.

**分布（Distribution）：** 东海, 南海.

## 1004. 乌鲹属 *Parastromateus* Bleeker, 1864

### （3206）乌鲹 *Parastromateus niger* (Bloch, 1795)

*Stromateus niger* Bloch, 1795: 1-192.

*Formio niger* (Bloch, 1795).

*Parastromaeus niger* Bloch, 1795.

*Temnodon inornatus* Kuhl *et* van Hasselt, 1851.

*Citula halli* Evermann *et* Seale, 1907.

**文献（Reference）：** Yamada and Nakabo, 1986; Shao, Kao and Lee, 1990; Shao, Chen, Kao *et al.*, 1993; 沈世杰, 1993; Yamada, Shirai, Irie *et al.*, 1995; Ni and Kwok, 1999; Tang and Jin, 1999; Lin and Shao, 1999; Randall and Lim (eds.), 2000; Huang, 2001; 伍汉霖, 邵广昭, 赖春福等, 2012.

**别名或俗名（Used or common name）：** 乌昌, 三角昌, 昌鼠鱼.

**分布（Distribution）：** 渤海, 黄海, 东海, 南海.

## 1005. 拟鲹属 *Pseudocaranx* Bleeker, 1863

### （3207）黄带拟鲹 *Pseudocaranx dentex* (Bloch *et* Schneider, 1801)

*Scomber dentex* Bloch *et* Schneider, 1801: 1-584.

*Caranx dentex* (Bloch *et* Schneider, 1801).

*Trachurus imperialis* Rafinesque, 1810.

*Caranx luna* Geoffroy Saint-Hilaire, 1817.

**文献（Reference）：** Yamaoka, Han and Taniguchi, 1992; Francis, 1993; 沈世杰, 1993; Smith-Vaniz and Randall, 1994; Ni and Kwok, 1999; Lin and Shao, 1999; Randall and Lim (eds.), 2000; 伍汉霖, 邵广昭, 赖春福等, 2012.

**别名或俗名（Used or common name）：** 甘仔, 瓜仔, 纵带鲹.

**分布（Distribution）：** 东海, 南海.

## 1006. 似鲹属 *Scomberoides* Lacépède, 1801

### （3208）康氏似鲹 *Scomberoides commersonnianus* Lacépède, 1801

*Scomberoides commersonnianus* Lacépède, 1801: 1-558.

*Chorinemus commersonnianus* (Lacépède, 1801).

*Scomberoides commercianus* Lacépède, 1801.

*Chorinemus leucophthalmus* Richardson, 1846.

**文献（Reference）：** Lacépède, 1801: i-lxvi + 1-558; Schroeder, 1982; Kyushin, Amaoka, Nakaya *et al.*, 1982; 沈世杰, 1993; Kimura, Iwatsuki and Kojima, 1998; Motomura, Iwatsuki, Yoshino *et al.*, 1998; Ni and Kwok, 1999; Kuo and Shao, 1999; Lin and Shao, 1999; Randall and Lim (eds.), 2000; Huang, 2001; 伍汉霖, 邵广昭, 赖春福等, 2012.

**别名或俗名（Used or common name）：** 七星仔, 棘葱仔, 鬼平, 龟滨, 龟柄.

**分布（Distribution）：** 南海.

### （3209）长颌似鲹 *Scomberoides lysan* (Forsskål, 1775)

*Scomber lysan* Forsskål, 1775: 1-164.

*Chorinemus lysan* (Forsskål, 1775).

*Scomber forsteri* Schneider *et* Forster, 1801.

*Scomberoides tolooparah* (Rüppell, 1829).

*Chorinemus mauritianus* Cuvier, 1832.

**文献（Reference）：** Shao, Kao and Lee, 1990; Shao, Chen, Kao *et al.*, 1993; 沈世杰, 1993; Leung, 1994; Ni and Kwok, 1999; Kuo and Shao, 1999; Lin and Shao, 1999; Randall and Lim (eds.), 2000; Huang, 2001; Hsieh and Chiu, 2002; 伍汉霖, 邵广昭, 赖春福等, 2012.

**别名或俗名（Used or common name）：** 七星仔, 棘葱仔, 鬼平.

**分布（Distribution）：** 东海, 南海.

### （3210）横斑似鲹 *Scomberoides tala* (Cuvier, 1832)

*Chorinemus tala* Cuvier, 1832: 1-509.

*Chorinemus hainanensis* Chu *et* Cheng, 1958.

*Scomberoides hainanensis* (Chu *et* Cheng, 1958).

**文献（Reference）：** Herre, 1953b; Ganaden and Lavapie-Gonzales, 1999; Randall and Lim (eds.), 2000; Huang, 2001; 伍汉霖, 邵广昭, 赖春福等, 2012.

**分布（Distribution）：** 南海.

### （3211）革似鲹 *Scomberoides tol* (Cuvier, 1832)

*Chorinemus tol* Cuvier, 1832: 1-509.

*Scomeroides tol* (Cuvier, 1832).
*Scomberoides formosanus* Wakyia, 1924.
**文献（Reference）**：Cuvier and Valenciennes, 1831; Shao, Kao and Lee, 1990; Shao, Chen, Kao *et al.*, 1993; 沈世杰, 1993; Kimura, Iwatsuki and Kojima, 1998; Kuo and Shao, 1999; Kuo, Lin and Shao, 1999; Lin and Shao, 1999; Randall and Lim (eds.), 2000; Huang, 2001; 伍汉霖, 邵广昭, 赖春福等, 2012.
**别名或俗名（Used or common name）**：七星仔，棘葱仔，鬼平.
**分布（Distribution）**：黄海，东海，南海.

## 1007. 凹肩鲹属 *Selar* Bleeker, 1851

### （3212）牛目凹肩鲹 *Selar boops* (Cuvier, 1833)

*Caranx boops* Cuvier, 1833: 1-512.
*Caranx gervaisi* Castelnau, 1875.
*Caranx freeri* Evermann *et* Seale, 1907.
**文献（Reference）**：Evermann and Seale, 1907; Dy-Ali, 1988; Calud, Cinco and Silvestre, 1991; Ni and Kwok, 1999; Randall and Lim (eds.), 2000; Huang, 2001; Broad, 2003.
**分布（Distribution）**：南海.

### （3213）脂眼凹肩鲹 *Selar crumenophthalmus* (Bloch, 1793)

*Scomber crumenophthalmus* Bloch, 1793: 1-144.
*Caranx crumenophtalmus* (Bloch, 1793).
*Caranx daubentonii* Lacépède, 1801.
*Scomber balantiophthalmus* Bloch *et* Schneider, 1801.
**文献（Reference）**：Kyushin, Amaoka, Nakaya *et al.*, 1982; Shao, Chen, Kao *et al.*, 1993; 沈世杰, 1993; Yamada, Shirai, Irie *et al.*, 1995; Ni and Kwok, 1999; Lin and Shao, 1999; Randall and Lim (eds.), 2000; Huang, 2001; Hsieh and Chiu, 2002.
**别名或俗名（Used or common name）**：大目瓜仔，大目巴拢，大目孔.
**分布（Distribution）**：东海，南海.

## 1008. 细鲹属 *Selaroides* Bleeker, 1851

### （3214）金带细鲹 *Selaroides leptolepis* (Cuvier, 1833)

*Caranx leptolepis* Cuvier, 1833: 1-512.
*Caranx mertensii* Cuvier, 1833.
*Selar leptolepis* (Cuvier, 1833).
*Caranx procaranx* de Vis, 1884.
**文献（Reference）**：Kyushin, Amaoka, Nakaya *et al.*, 1982; Shao, Kao and Lee, 1990; Shao, Chen, Kao *et al.*, 1993; 沈世杰, 1993; Zaki, Rahardjo and Kamal, 1997; Ni and Kwok, 1999; Lin and Shao, 1999; Randall and Lim (eds.), 2000; Huang, 2001; 伍汉霖, 邵广昭, 赖春福等, 2012.
**别名或俗名（Used or common name）**：目孔，细鲹，木叶鲹.
**分布（Distribution）**：东海，南海.

## 1009. 鰤属 *Seriola* Cuvier, 1816

### （3215）杜氏鰤（高体鰤）*Seriola dumerili* (Risso, 1810)

*Caranx dumerili* Risso, 1810: 1-388.
*Seriola dumerilii* (Risso, 1810).
*Seriola simplex* Ramsay *et* Ogilby, 1886.
*Regificola parilis* Whitley, 1948.
**文献（Reference）**：Hansen, Lovseth and Simpson, 1977; Shao, Chen, Kao *et al.*, 1993; 沈世杰, 1993; Yamada, Shirai, Irie *et al.*, 1995; Ni and Kwok, 1999; Lin and Shao, 1999; Randall and Lim (eds.), 2000; Liao, Su and Chang, 2001; Huang, 2001; Chen, 2001; 伍汉霖, 邵广昭, 赖春福等, 2012.
**别名或俗名（Used or common name）**：红甘，红甘鲹.
**分布（Distribution）**：渤海，黄海，东海，南海.

### （3216）五条鰤 *Seriola quinqueradiata* Temminck *et* Schlegel, 1845

*Seriola sparna* Jenkins, 1903: 113-172.
**文献（Reference）**：Mitani and Sato, 1959; Kuronuma and Fukusho, 1984; Safran and Omori, 1990; Doumenge, 1990; Shao, Chen, Kao *et al.*, 1993; Yamada, Shirai, Irie *et al.*, 1995; Endo and Iwatsuki, 1998; Randall and Lim (eds.), 2000; Huang, 2001; 伍汉霖, 邵广昭, 赖春福等, 2012.
**分布（Distribution）**：渤海，黄海，东海，南海.

### （3217）长鳍鰤 *Seriola rivoliana* Valenciennes, 1833

*Seriola rivoliana* Valenciennes, 1833: 1-512.
*Seriola dubia* Lowe, 1839.
*Seriola coronata* Poey, 1860.
*Seriola declivis* Poey, 1860.
**文献（Reference）**：Valenciennes, 1833: i-xxix + 3 pp. + 1-512; Kyushin, Amaoka, Nakaya *et al.*, 1982; Francis, 1991; Francis, 1993; Shao, Chen, Kao *et al.*, 1993; Lin and Shao, 1999; Randall and Lim (eds.), 2000; 伍汉霖, 邵广昭, 赖春福等, 2012.
**别名或俗名（Used or common name）**：油甘，黄尾鲹.
**分布（Distribution）**：东海，南海.

## 1010. 小条鰤属 *Seriolina* Wakiya, 1924

### （3218）黑纹小条鰤 *Seriolina nigrofasciata* (Rüppell, 1829)

*Nomeus nigrofasciatus* Rüppell, 1829: 1-141.
*Seriola nigrofasciata* (Rüppell, 1829).
*Zonichthys nigrofasciata* (Rüppell, 1829).
*Seriola intermedia* Temminck *et* Schlegel, 1845.

**文献（Reference）**：Kyushin, Amaoka, Nakaya *et al.*, 1982; Shao, Kao and Lee, 1990; Shao, Chen, Kao *et al.*, 1993; 沈世杰, 1993; Yamada, Shirai, Irie *et al.*, 1995; Ni and Kwok, 1999; Kuo and Shao, 1999; Lin and Shao, 1999; Randall and Lim (eds.), 2000; Huang, 2001; 伍汉霖, 邵广昭, 赖春福等, 2012.

**别名或俗名（Used or common name）**：黑甘, 油甘, 软骨甘.

**分布（Distribution）**：黄海, 东海, 南海.

## 1011. 鲳鲹属 *Trachinotus* Lacépède, 1801

### （3219）阿纳鲳鲹 *Trachinotus anak* Ogilby, 1909

*Trachinotus anak* Ogilby, 1909: 19-21.

**文献（Reference）**：Ogilby, 1909: 19-21; Lin and Shao, 1999; 伍汉霖, 邵广昭, 赖春福等, 2012.

**别名或俗名（Used or common name）**：红杉.

**分布（Distribution）**：东海, 南海.

### （3220）斐氏鲳鲹 *Trachinotus baillonii* (Lacépède, 1801)

*Caesiomorus baillonii* Lacépède, 1801: 1-558.
*Trachinotus bailloni* (Lacépède, 1801).
*Trachinotus quadripunctatus* (Rüppell, 1829).
*Trachinotus oblongus* Cuvier, 1832.

**文献（Reference）**：Francis, 1991; Francis, 1993; 沈世杰, 1993; Chen, Jan and Shao, 1997; Kuo and Shao, 1999; Lin and Shao, 1999; Randall and Lim (eds.), 2000; Huang, 2001; 伍汉霖, 邵广昭, 赖春福等, 2012.

**别名或俗名（Used or common name）**：卵鲹, 红鲹, 油面仔, 幽面仔, 斐氏黄腊鲹, 南风穴仔.

**分布（Distribution）**：东海, 南海.

### （3221）布氏鲳鲹 *Trachinotus blochii* (Lacépède, 1801)

*Caesiomorus blochii* Lacépède, 1801: 1-558.
*Trachinotus blochi* (Lacépède, 1801).
*Trachynotus blochi* (Lacépède, 1801).
*Trachinotus fuscus* Cuvier, 1832.

**文献（Reference）**：Francis, 1991; Shao, Chen, Kao *et al.*, 1993; 沈世杰, 1993; Ni and Kwok, 1999; Lin and Shao, 1999; Randall and Lim (eds.), 2000; 张其永和洪万树, 2000; Liao, Su and Chang, 2001; Ho and Lin, 2001; Abuyan, 2007; 伍汉霖, 邵广昭, 赖春福等, 2012.

**别名或俗名（Used or common name）**：金枪, 金鲳, 红杉, 红沙瓜仔, 黄腊鲹.

**分布（Distribution）**：东海, 南海.

### （3222）大斑鲳鲹 *Trachinotus botla* (Shaw, 1803)

*Scomber botla* Shaw, 1803: 1-186.
*Trachinotus russellii* Cuvier, 1832.
*Trachynotus russelii* (Cuvier, 1832).
*Palinurichthys umhlangae* Smith, 1949.

**文献（Reference）**：Shao, 1997; 伍汉霖, 邵广昭, 赖春福等, 2012.

**分布（Distribution）**：南海.

### （3223）卵形鲳鲹 *Trachinotus ovatus* (Linnaeus, 1758)

*Gasterosteus ovatus* Linnaeus, 1758: 1-824.
*Caesiomorus glauca* (Linnaeus, 1758).
*Trachynotus ovatus* (Linnaeus, 1758).
*Trachinotus madeirensis* Borodin, 1934.

**文献（Reference）**：Ni and Kwok, 1999; Liao, Su and Chang, 2001; Huang, 2001; 伍汉霖, 邵广昭, 赖春福等, 2012.

**分布（Distribution）**：黄海, 南海.

## 1012. 竹筴鱼属 *Trachurus* Rafinesque, 1810

### （3224）日本竹筴鱼 *Trachurus japonicus* (Temminck *et* Schlegel, 1844)

*Caranx trachurus japonicus* Temminck *et* Schlegel, 1844: 73-112.
*Trachurops japonicus* (Temminck *et* Schlegel, 1844).
*Trachurus argenteus* Wakiya, 1924.

**文献（Reference）**：Mitani and Ida, 1964; Lee, 1975; Shao, Chen, Kao *et al.*, 1993; 沈世杰, 1993; Leung, 1994; Yamada, Shirai, Irie *et al.*, 1995; Kuo and Shao, 1999; Tang and Jin, 1999; Randall and Lim (eds.), 2000; 伍汉霖, 邵广昭, 赖春福等, 2012.

**别名或俗名（Used or common name）**：巴拢, 竹荚鱼, 瓜仔鱼, 真鲹.

**分布（Distribution）**：渤海, 黄海, 东海, 南海.

## 1013. 羽鳃鲹属 *Ulua* Jordan *et* Snyder, 1908

### （3225）丝背羽鳃鲹 *Ulua aurochs* (Ogilby, 1915)

*Citula aurochs* Ogilby, 1915: 57-98.
*Carangoides aurochs* (Ogilby, 1915).
*Caranx aurochs* (Ogilby, 1915).

**文献（Reference）**：Shao, 1997; Randall and Lim (eds.), 2000; Broad, 2003; 伍汉霖, 邵广昭, 赖春福等, 2012.

**分布（Distribution）**：东海, 南海.

### （3226）短丝羽鳃鲹 *Ulua mentalis* (Cuvier, 1833)

*Caranx mentalis* Cuvier, 1833: 1-512.
*Ulna mentalis* (Cuvier, 1833).
*Caranx mandibularis* Macleay, 1882.

**文献（Reference）**：Schroeder, 1982; 沈世杰, 1993; Ni and Kwok, 1999; Lin and Shao, 1999; Randall and Lim (eds.), 2000; Huang, 2001; Motomura, Kimura and Haraguchi, 2007; 伍汉霖, 邵广昭, 赖春福等, 2012.

**别名或俗名（Used or common name）**：瓜仔, 丝口鲹.

分布（**Distribution**）：东海，南海.

### 1014. 尾甲鲹属 *Uraspis* Bleeker, 1855

**（3227）白舌尾甲鲹 *Uraspis helvola* (Forster, 1801)**

*Scomber helvolus* Forster, 1801: 1-584.
*Caranx helvolus* (Forster, 1801).
*Uraspis helvolus* (Forster, 1801).
*Caranx micropterus* Rüppell, 1836.
**文献**（**Reference**）：Kyushin, Amaoka, Nakaya *et al.*, 1982; 沈世杰, 1993; Yamada, Shirai, Irie *et al.*, 1995; Ni and Kwok, 1999; Lin and Shao, 1999; Randall and Lim (eds.), 2000; Huang, 2001; 伍汉霖，邵广昭，赖春福等, 2012.
**别名或俗名**（**Used or common name**）：瓜仔，冲鲹，黑面甘，黑甘.
**分布**（**Distribution**）：黄海，东海，南海.

**（3228）白口尾甲鲹 *Uraspis uraspis* (Günther, 1860)**

*Caranx uraspis* Günther, 1860: 1-548.
*Leucoglossa herklotsi* Herre, 1932.
*Uraspis pectoralis* Fowler, 1938.
**文献**（**Reference**）：Smith, 1962; 沈世杰, 1993; Ni and Kwok, 1999; Randall and Lim (eds.), 2000; Huang, 2001; 伍汉霖，邵广昭，赖春福等, 2012.
**别名或俗名**（**Used or common name**）：瓜仔，正冲鲹.
**分布**（**Distribution**）：南海.

## （二三三）眼镜鱼科 Menidae

### 1015. 眼镜鱼属 *Mene* Lacépède, 1803

**（3229）眼镜鱼 *Mene maculata* (Bloch *et* Schneider, 1801)**

*Zeus maculatus* Bloch *et* Schneider, 1801: 1-584.
*Mene maculate* (Bloch *et* Schneider, 1801).
**文献**（**Reference**）：Hwang, 1984; Shao, Shen, Chiu *et al.*, 1992; Shao, Chen, Kao *et al.*, 1993; 沈世杰, 1993; Ni and Kwok, 1999; Kuo and Shao, 1999; Randall and Lim (eds.), 2000; Huang, 2001; 伍汉霖，邵广昭，赖春福等, 2012.
**别名或俗名**（**Used or common name**）：皮刀.
**分布**（**Distribution**）：东海，南海.

## （二三四）鲾科 Leiognathidae

### 1016. 金鲾属 *Aurigequula* Fowler, 1918

**（3230）条纹金鲾 *Aurigequula fasciata* (Lacépède, 1803)**

*Clupea fasciata* Lacépède, 1803: 1-803.
*Aurigequula fasciatus* (Lacépède, 1803).
*Equula fasciata* (Lacépède, 1803).
*Leiognathus fasciatus* (Lacépède, 1803).
**文献**（**Reference**）：Schroeder, 1982; Kyushin, Amaoka, Nakaya *et al.*, 1982; Federizon, 1992; Yamada, Shirai, Irie *et al.*, 1995; Cinco, Confiado, Trono *et al.*, 1995; Randall and Lim (eds.), 2000; Huang, 2001; 伍汉霖，邵广昭，赖春福等, 2012.
**分布**（**Distribution**）：东海，南海.

**（3231）长棘鲾 *Aurigequula fasciatus* (Lacépède, 1803)**

*Clupea fasciata* Lacépède, 1803: 1-803.
**文献**（**Reference**）：Lacépède, 1803: i-lxviii+1-803 index.
**别名或俗名**（**Used or common name**）：金钱仔.
**分布**（**Distribution**）：东海，南海.

### 1017. 马鲾属 *Equulites* Fowler, 1904

**（3232）秘马鲾 *Equulites absconditus* Chakrabarty *et* Sparks, 2010**

*Equulites absconditus* Chakrabarty *et* Sparks (*in* Chakrabarty, Chu, Nahar *et al.*), 2010: 15-24.
**文献**（**Reference**）：Chakrabarty and Sparks (*in* Chakrabarty, Chu, Nahar *et al.*), 2010: 15-24.
**别名或俗名**（**Used or common name**）：金钱仔.
**分布**（**Distribution**）：东海，南海.

**（3233）长身马鲾 *Equulites elongatus* (Günther, 1874)**

*Equula elongata* Günther, 1874b: 368-371.
*Leiognathus elongatus* (Günther, 1874).
*Photoplagios elongatus* (Günther, 1874).
*Leiognathus popei* (Whitley, 1932).
**文献**（**Reference**）：Günther, 1874b: 368-371; Schroeder, 1982; Kyushin, Amaoka, Nakaya *et al.*, 1982; 朱元鼎等, 1984; Ungson and Hermes, 1985; 朱元鼎等, 1985; Shao, Kao and Lee, 1990; 沈世杰, 1993; Ni and Kwok, 1999; Randall and Lim (eds.), 2000; Huang, 2001; Sparks and Chakrabarty, 2007; 伍汉霖，邵广昭，赖春福等, 2012.
**别名或俗名**（**Used or common name**）：金钱仔.
**分布**（**Distribution**）：东海，南海.

**（3234）曳丝马鲾 *Equulites leuciscus* (Günther, 1860)**

*Equula leuciscus* Günther, 1860: 1-548.
*Leiognathus leuciscus* (Günther, 1860).
*Photoplagios leuciscus* (Günther, 1860).
**文献**（**Reference**）：Evermann and Seale, 1907; Chen, 1956; Calud, Cinco and Silvestre, 1991; Federizon, 1992; Federizon, 1993; 沈世杰, 1993; Ni and Kwok, 1999; Randall and Lim

(eds.), 2000; Huang, 2001; Sparks and Chakrabarty, 2007; 伍汉霖, 邵广昭, 赖春福等, 2012.
**别名或俗名（Used or common name）**：金钱仔.
**分布（Distribution）**：南海.

### （3235）粗纹马鲾 *Equulites lineolatus* (Valenciennes, 1835)

*Equula lineolata* Valenciennes, 1835: 1-482.
*Leiognathus lineolatus* (Valenciennes, 1835).
*Photoplagios lineolatus* (Valenciennes, 1835).
**文献（Reference）**：Valenciennes, 1835: i-xxiv + 1-482 + 2 p; 朱元鼎等, 1984; 朱元鼎等, 1985; 沈世杰, 1993; Ni and Kwok, 1999; Kuo and Shao, 1999; Huang, 2001; Chiou, Cheng and Chen, 2004.
**别名或俗名（Used or common name）**：花令仔, 金钱仔.
**分布（Distribution）**：东海, 南海.

### （3236）条马鲾 *Equulites rivulatus* (Temminck *et* Schlegel, 1845)

*Equula rivulata* Temminck *et* Schlegel, 1845: 113-172.
*Leiognathus rivulatus* (Temminck *et* Schlegel, 1845).
*Photoplagios rivulatus* (Temminck *et* Schlegel, 1845).
**文献（Reference）**：Shao, Chen, Kao *et al.*, 1993; Yamada, Shirai, Irie *et al.*, 1995; Ni and Kwok, 1999; Randall and Lim (eds.), 2000; Huang, 2001; Sparks and Chakrabarty, 2007; 伍汉霖, 邵广昭, 赖春福等, 2012.
**别名或俗名（Used or common name）**：金钱仔.
**分布（Distribution）**：黄海, 南海.

## 1018. 布氏鲾属 *Eubleekeria* Fowler, 1904

### （3237）黑边布氏鲾 *Eubleekeria splendens* (Cuvier, 1829)

*Equula splendens* Cuvier (*in* Cuvier *et* Valenciennes), 1829: 1-406.
*Leiognathus splendens* [Cuvier (*in* Cuvier *et* Valenciennes), 1829].
*Equula gomorah* Valenciennes, 1835.
*Equula ovalis* de Vis, 1884.
**文献（Reference）**：Fowler, 1936; Chen, 1956; Shao, Kao and Lee, 1990; Shao, Chen, Kao *et al.*, 1993; 沈世杰, 1993; Lin, Shao, Kuo *et al.*, 1999; Ni and Kwok, 1999; Kuo and Shao, 1999; Kuo, Lin and Shao, 1999; Randall and Lim (eds.), 2000; Huang, 2001; 伍汉霖, 邵广昭, 赖春福等, 2012.
**别名或俗名（Used or common name）**：碗米仔, 金钱仔, 黑边鲾.
**分布（Distribution）**：东海, 南海.

## 1019. 牙鲾属 *Gazza* Rüppell, 1835

### （3238）宽身牙鲾 *Gazza achlamys* Jordan *et* Starks, 1917

*Gazza achlamys* Jordan *et* Starks, 1917: 430-460.
**文献（Reference）**：Jordan and Starks, 1917: 430-460; Shao, Kao and Lee, 1990; Shao, Chen, Kao *et al.*, 1993; 沈世杰, 1993; Kimura, Yamashita and Iwatsuki, 2000; Randall and Lim (eds.), 2000; Huang, 2001; Kimura, Kimura, Yoshigo *et al.*, 2006; 伍汉霖, 邵广昭, 赖春福等, 2012.
**别名或俗名（Used or common name）**：金钱仔.
**分布（Distribution）**：南海.

### （3239）小牙鲾 *Gazza minuta* (Bloch, 1795)

*Scomber minutus* Bloch, 1795: 1-192.
*Equula minuta* (Bloch, 1795).
*Gaza minuta* (Bloch, 1795).
*Zeus argentarius* Forster, 1801.
**文献（Reference）**：Chen, 1956; Kyushin, Amaoka, Nakaya *et al.*, 1982; Shao, Kao and Lee, 1990; Shao and Lim, 1991; Shao, Chen, Kao *et al.*, 1993; 沈世杰, 1993; Leung, 1994; Ni and Kwok, 1999; Kuo and Shao, 1999; Randall and Lim (eds.), 2000; Huang, 2001.
**别名或俗名（Used or common name）**：花令仔, 金钱仔.
**分布（Distribution）**：东海, 南海.

## 1020. 卡拉鲾属 *Karalla*

### （3240）黑斑卡拉鲾 *Karalla daura* (Cuvier, 1829)

*Equula daura* Cuvier (*in* Cuvier *et* Valenciennes), 1829: 1-406.
*Leiognathus daura* [Cuvier (*in* Cuvier *et* Valenciennes), 1829].
*Equula dacer* Valenciennes, 1835.
**文献（Reference）**：Schroeder, 1982; Ungson and Hermes, 1985; Shao, Kao and Lee, 1990; Ni and Kwok, 1999; Randall and Lim (eds.), 2000; Huang, 2001; 伍汉霖, 邵广昭, 赖春福等, 2012.
**分布（Distribution）**：南海.

### （3241）杜氏卡拉鲾 *Karalla dussumieri* (Valenciennes, 1835)

*Equula dussumieri* Valenciennes, 1835: 1-482.
*Leiognathus dussumieri* (Valenciennes, 1835).
**文献（Reference）**：Herre, 1953b; Herre, 1959; Ni and Kwok, 1999; Randall and Lim (eds.), 2000; Huang, 2001; 伍汉霖, 邵广昭, 赖春福等, 2012.
**分布（Distribution）**：南海.

## 1021. 鲾属 *Leiognathus* Lacépède, 1802

### （3242）细纹鲾 *Leiognathus berbis* (Valenciennes, 1835)

*Equula berbis* Valenciennes, 1835: 1-482.
**文献（Reference）**：朱元鼎等, 1984; 朱元鼎等, 1985; Shao, Kao and Lee, 1990; Shao, Chen, Kao *et al.*, 1993; 沈世杰, 1993; Leung, 1994; Ni and Kwok, 1999; Kuo and Shao, 1999;

Randall and Lim (eds.), 2000; Huang, 2001; 伍汉霖, 邵广昭, 赖春福等, 2012.
**别名或俗名（Used or common name）**：金钱仔.
**分布（Distribution）**：东海, 南海.

### （3243）短吻鲾 *Leiognathus brevirostris* (Valenciennes, 1835)

*Equula brevirostris* Valenciennes, 1835: 1-482.
**文献（Reference）**：Shao, Chen, Kao *et al.*, 1993; Leung, 1994; Sadovy, 1998; Lin, Shao, Kuo *et al.*, 1999; Ni and Kwok, 1999; Kuo and Shao, 1999; Kuo, Lin and Shao, 1999; Huang, 2001; Chiou, Cheng and Chen, 2004; 伍汉霖, 邵广昭, 赖春福等, 2012.
**分布（Distribution）**：南海.

### （3244）短棘鲾 *Leiognathus equulus* (Forsskål, 1775)

*Scomber equula* Forsskål, 1775: 1-164.
*Leiognathus equula* (Forsskål, 1775).
*Equula edentula* (Bloch, 1795).
*Leiognathus argenteus* Lacépède, 1802.
**文献（Reference）**：Forsskål, 1775: 1-20 + i-xxxiv + 1-164; Chen, 1956; Shao, Chen, Kao *et al.*, 1993; 沈世杰, 1993; Ni and Kwok, 1999; Kuo and Shao, 1999; Kuo, Lin and Shao, 1999; Randall and Lim (eds.), 2000; Liao, Su and Chang, 2001; Huang, 2001; 伍汉霖, 邵广昭, 赖春福等, 2012.
**别名或俗名（Used or common name）**：狗腰, 金钱仔.
**分布（Distribution）**：东海, 南海.

## 1022. 项鲾属 *Nuchequula* Whitley, 1932

### （3245）若盾项鲾 *Nuchequula gerreoides* (Bleeker, 1851)

*Equula gerreoides* Bleeker, 1851: 341-372.
*Equula decora* de Vis, 1884.
*Leiognathus decorus* (de Vis, 1884).
*Nuchequula decora* (de Vis, 1884).
**文献（Reference）**：Randall and Lim (eds.), 2000; 伍汉霖, 邵广昭, 赖春福等, 2012.
**分布（Distribution）**：东海, 南海.

### （3246）圈项鲾 *Nuchequula mannusella* Chakrabarty *et* Sparks, 2007

*Nuchequula mannusella* Chakrabarty *et* Sparks, 2007: 1-25.
**文献（Reference）**：朱元鼎等, 1984; 朱元鼎等, 1985; 沈世杰, 1993; 伍汉霖, 邵广昭, 赖春福等, 2012.
**别名或俗名（Used or common name）**：九更仔, 金钱仔.
**分布（Distribution）**：南海.

### （3247）项斑项鲾 *Nuchequula nuchalis* (Temminck *et* Schlegel, 1845)

*Equula nuchalis* Temminck *et* Schlegel, 1845: 113-172.
*Leiognathus nuchalis* (Temminck *et* Schlegel, 1845).
**文献（Reference）**：Shao and Lim, 1991; Shao, Chen, Kao *et al.*, 1993; 沈世杰, 1993; Kim, 1997; Ni and Kwok, 1999; Kuo, Lin and Shao, 1999; Randall and Lim (eds.), 2000; Huang, 2001; Kanou, Sano and Kohno, 2004; Chiou, Cheng and Chen, 2004; Islam, Hibino and Tanaka, 2006; 伍汉霖, 邵广昭, 赖春福等, 2012.
**别名或俗名（Used or common name）**：金钱仔.
**分布（Distribution）**：东海, 南海.

## 1023. 光胸鲾属 *Photopectoralis* Sparks, Dunlap *et* Smith, 2005

### （3248）金黄光胸鲾 *Photopectoralis aureus* (Abe *et* Haneda, 1972)

*Leiognathus aureus* Abe *et* Haneda, 1972: 1-7.
**文献（Reference）**：Ganaden and Lavapie-Gonzales, 1999; Kimura, Dunlap, Peristiwady *et al.*, 2003; Kimura, Kimura, Yoshigo *et al.*, 2006; 伍汉霖, 邵广昭, 赖春福等, 2012.
**别名或俗名（Used or common name）**：金钱仔, 金黄鲾.
**分布（Distribution）**：南海.

### （3249）黄斑光胸鲾 *Photopectoralis bindus* (Valenciennes, 1835)

*Equula bindus* Valenciennes, 1835: 1-482.
*Leiognathus bindus* (Valenciennes, 1835).
*Leiognathus virgatus* Fowler, 1904.
**文献（Reference）**：Chen, 1956; Kyushin, Amaoka, Nakaya *et al.*, 1982; 朱元鼎等, 1984; 朱元鼎等, 1985; Shao, Chen, Kao *et al.*, 1993; 沈世杰, 1993; Leung, 1994; Ni and Kwok, 1999; Kuo, Lin and Shao, 1999; Randall and Lim (eds.), 2000; Huang, 2001; 伍汉霖, 邵广昭, 赖春福等, 2012.
**别名或俗名（Used or common name）**：碗米仔, 金钱仔.
**分布（Distribution）**：黄海, 东海, 南海.

## 1024. 仰口鲾属 *Secutor* Gistel, 1848

### （3250）印度仰口鲾 *Secutor indicius* Monkolprasit, 1973

*Secutor indicus* Monkolprasit, 1973: 10-17.
**文献（Reference）**：伍汉霖, 邵广昭, 赖春福等, 2012.
**别名或俗名（Used or common name）**：碗米仔, 金钱仔.
**分布（Distribution）**：渤海, 黄海, 东海, 南海.

### （3251）静仰口鲾（静鲾）*Secutor insidiator* (Bloch, 1787)

*Zeus insidiator* Bloch, 1787: 1-146.
*Equula insidiator* (Bloch, 1787).
*Secutor insiadiator* (Bloch, 1787).

*Secutor insidator* (Bloch, 1787).

**文献（Reference）**: Schroeder, 1982; 朱元鼎等, 1984; 朱元鼎等, 1985; Shao, Chen, Kao *et al.*, 1993; 沈世杰, 1993; Ni and Kwok, 1999; Kuo and Shao, 1999; Kuo, Lin and Shao, 1999; Randall and Lim (eds.), 2000; Chiu and Hsieh, 2001; Huang, 2001; Chiou, Cheng and Chen, 2004; 伍汉霖, 邵广昭, 赖春福等, 2012.

**别名或俗名（Used or common name）**: 碗米仔, 金钱仔.

**分布（Distribution）**: 东海, 南海.

**（3252）间断仰口鲾 *Secutor interruptus* (Valenciennes, 1835)**

*Equula interrupta* Valenciennes, 1835: 1-482.

*Equula profunda* de Vis, 1884.

**文献（Reference）**: Valenciennes, 1835: i-xxiv + 1-482 + 2 p; 伍汉霖, 邵广昭, 赖春福等, 2012.

**分布（Distribution）**: 东海, 南海.

**（3253）鹿斑仰口鲾（鹿斑鲾）*Secutor ruconius* (Hamilton, 1822)**

*Chanda ruconius* Hamilton, 1822: 1-405.

*Equula ruconia* (Hamilton, 1822).

*Leiognathus ruconius* (Hamilton, 1822).

*Secutor ruconeus* (Hamilton, 1822).

**文献（Reference）**: Chen, 1956; 朱元鼎等, 1984; 朱元鼎等, 1985; Shao, Kao and Lee, 1990; Shao, Chen, Kao *et al.*, 1993; 沈世杰, 1993; Ni and Kwok, 1999; Kuo and Shao, 1999; Randall and Lim (eds.), 2000; Huang, 2001; Chiou, Cheng and Chen, 2004; 伍汉霖, 邵广昭, 赖春福等, 2012.

**别名或俗名（Used or common name）**: 金钱仔.

**分布（Distribution）**: 渤海, 黄海, 东海, 南海.

## （二三五）乌鲂科 Bramidae

### 1025. 乌鲂属 *Brama* Klein, 1775

**（3254）杜氏乌鲂 *Brama dussumieri* Cuvier, 1831**

*Brama dussumieri* Cuvier (*in* Cuvier *et* Valenciennes), 1831: 1-531.

*Tylometopon dussumieri* [Cuvier (*in* Cuvier *et* Valenciennes), 1831].

*Brama leucotaenia* Fowler, 1938.

**文献（Reference）**: Masuda, Amaoka, Araga *et al.*, 1984; Okiyama, 1993; Omori, Takechi and Nakabo, 1997; Ganaden and Lavapie-Gonzales, 1999; 伍汉霖, 邵广昭, 赖春福等, 2012.

**分布（Distribution）**: 南海.

**（3255）日本乌鲂 *Brama japonica* Hilgendorf, 1878**

*Brama japonica* Hilgendorf, 1878: 1-2.

**文献（Reference）**: Seki and Mundy, 1991; Shao, Chen, Kao *et al.*, 1993; Seki and Bigelow, 1993; 沈世杰, 1993; Randall and Lim (eds.), 2000; Huang, 2001; Ohshimo, 2004; 伍汉霖, 邵广昭, 赖春福等, 2012.

**别名或俗名（Used or common name）**: 深海三角仔, 黑飞刀, 黑皮刀.

**分布（Distribution）**: 东海, 南海.

**（3256）梅氏乌鲂 *Brama myersi* Mead, 1972**

*Brama myersi* Mead, 1972: 1-166.

**文献（Reference）**: Mead, 1972: 1-166; Masuda, Amaoka, Araga *et al.*, 1984; Okiyama, 1993; Randall and Lim (eds.), 2000; 伍汉霖, 邵广昭, 赖春福等, 2012.

**别名或俗名（Used or common name）**: 深海三角仔, 黑飞刀, 黑皮刀.

**分布（Distribution）**: 东海, 南海.

**（3257）小鳞乌鲂 *Brama orcini* Cuvier, 1831**

*Brama orcini* Cuvier, 1831: 1-531.

*Brama drachme* (Snyder, 1904).

*Collybus drachme* Snyder, 1904.

**文献（Reference）**: Cuvier, 1831: i-xxix + 1-531; Masuda, Amaoka, Araga *et al.*, 1984; Randall and Lim (eds.), 2000; Huang, 2001; Bos and Gumanao, 2013; 伍汉霖, 邵广昭, 赖春福等, 2012.

**别名或俗名（Used or common name）**: 深海三角仔, 黑飞刀, 黑皮刀.

**分布（Distribution）**: 南海.

### 1026. 真乌鲂属 *Eumegistus* Jordan *et* Jordan, 1922

**（3258）真乌鲂 *Eumegistus illustris* Jordan *et* Jordan, 1922**

*Eumegistus illustris* Jordan *et* Jordan, 1922: 1-92.

**文献（Reference）**: Jordan and Jordan, 1922: pls. 1-4; Masuda, Amaoka, Araga *et al.*, 1984; Huang, 2001; Bos and Gumanao, 2013; 伍汉霖, 邵广昭, 赖春福等, 2012.

**别名或俗名（Used or common name）**: 深海三角仔, 黑飞刀, 黑皮刀.

**分布（Distribution）**: 东海.

### 1027. 帆鳍鲂属 *Pteraclis* Gronow, 1772

**（3259）帆鳍鲂 *Pteraclis aesticola* (Jordan *et* Snyder, 1901)**

*Bentenia aesticola* Jordan *et* Snyder, 1901i: 301-311.

文献（Reference）：Masuda, Amaoka, Araga *et al.*, 1984; Kim, Choi, Lee *et al.*, 2005; 伍汉霖, 邵广昭, 赖春福等, 2012.
别名或俗名（Used or common name）：深海三角仔, 黑飞刀, 黑皮刀.
分布（Distribution）：东海.

### 1028. 高鳍鲂属 *Pterycombus* Fries, 1837

**（3260）彼氏高鳍鲂 *Pterycombus petersii* (Hilgendorf, 1878)**

*Centropholis petersii* Hilgendorf, 1878: 1-2.
*Pteraclis petersii* (Hilgendorf, 1878).
*Centropholoides falcatus* (Barnard, 1927).
*Pterycombus falcatus* Barnard, 1927.
文献（Reference）：Masuda, Amaoka, Araga *et al.*, 1984; Okiyama, 1993; 沈世杰, 1993; Randall and Lim (eds.), 2000; Chiu and Hsieh, 2001; Huang, 2001; 伍汉霖, 邵广昭, 赖春福等, 2012.
别名或俗名（Used or common name）：深海三角仔, 黑飞刀, 黑皮刀.
分布（Distribution）：东海, 南海.

### 1029. 棱鲂属（小乌鲂属）*Taractes* Lowe, 1843

**（3261）红棱鲂 *Taractes rubescens* (Jordan *et* Evermann, 1887)**

*Steinegeria rubescens* Jordan *et* Evermann, 1887: 466-476.
*Tractes rubescenes* (Jordan *et* Evermann, 1887).
文献（Reference）：Masuda, Amaoka, Araga *et al.*, 1984; Okiyama, 1993; 沈世杰, 1993; Shao, 1997; Randall and Lim (eds.), 2000; Huang, 2001; 伍汉霖, 邵广昭, 赖春福等, 2012.
别名或俗名（Used or common name）：深海三角仔, 黑飞刀, 黑皮刀.
分布（Distribution）：东海, 南海.

### 1030. 长鳍乌鲂属 *Taractichthys* Mead *et* Maul, 1958

**（3262）斯氏长鳍乌鲂 *Taractichthys steindachneri* (Döderlein, 1883)**

*Argo steindachneri* Döderlein, 1883: 211-242.
*Taractes steindachneri* (Döderlein, 1883).
*Teractichthys steindachneri* (Döderlein, 1883).
*Taractes miltonis* Whitley, 1938.
文献（Reference）：Masuda, Amaoka, Araga *et al.*, 1984; Garayzar and Chavez, 1986; 沈世杰, 1993; Yamada, Shirai, Irie *et al.*, 1995; Randall and Lim (eds.), 2000; Huang, 2001; 伍汉霖, 邵广昭, 赖春福等, 2012.
别名或俗名（Used or common name）：深海三角仔, 黑飞刀, 黑皮刀.
分布（Distribution）：南海.

## （二三六）谐鱼科 Emmelichthyidae

### 1031. 谐鱼属 *Emmelichthys* Richardson, 1845

**（3263）史氏谐鱼 *Emmelichthys struhsakeri* Heemstra *et* Randall, 1977**

*Emmelichthys struhsakeri* Heemstra *et* Randall, 1977: 361-396.
文献（Reference）：Heemstra and Randall, 1977: 361-396; Masuda, Amaoka, Araga *et al.*, 1984; 沈世杰, 1993; Randall and Lim (eds.), 2000; Kim, Ryu and Kim, 2000; Huang, 2001; 伍汉霖, 邵广昭, 赖春福等, 2012.
别名或俗名（Used or common name）：红鲢鱼, 红肉欉仔.
分布（Distribution）：东海, 南海.

### 1032. 红谐鱼属 *Erythrocles* Jordan, 1919

**（3264）史氏红谐鱼 *Erythrocles schlegelii* (Richardson, 1846)**

*Emmelichthys schlegelii* Richardson, 1846: 187-320.
*Erythrocles schlegeli* (Richardson, 1846).
*Erythrichthys schlegelii* Günther, 1859.
文献（Reference）：Nor, Kykharev and Zaytiev, 1985; 沈世杰, 1993; Randall and Lim (eds.), 2000; Huang, 2001; Hsieh and Chiu, 2002; Ohshimo, 2004; 伍汉霖, 邵广昭, 赖春福等, 2012.
别名或俗名（Used or common name）：红鲢鱼, 红肉欉仔, 红嘴唇仔, 红唇仔, 红鱼仔.
分布（Distribution）：东海, 南海.

**（3265）火花红谐鱼 *Erythrocles scintillans* (Jordan *et* Thompson, 1912)**

*Erythrichthys scintillans* Jordan *et* Thompson, 1912: 521-601.
文献（Reference）：Masuda, Amaoka, Araga *et al.*, 1984; Randall and Lim (eds.), 2000; 伍汉霖, 邵广昭, 赖春福等, 2012.
别名或俗名（Used or common name）：红鲢鱼, 红肉欉仔.
分布（Distribution）：东海, 南海.

## （二三七）笛鲷科 Lutjanidae

### 1033. 叉尾鲷属 *Aphareus* Cuvier, 1830

**（3266）叉尾鲷 *Aphareus furca* (Lacépède, 1801)**

*Labrus furca* Lacépède, 1801: 1-558.

*Aphareus furcatus* (Lacépède, 1801).
*Caranxomorus sacrestinus* Lacépède, 1803.
*Aphareus caerulescens* Cuvier (*in* Cuvier *et* Valenciennes), 1830.
**文献（Reference）：**沈世杰, 1993; Chen, Jan and Shao, 1997; Randall and Lim (eds.), 2000; 伍汉霖, 邵广昭, 赖春福等, 2012.
**别名或俗名（Used or common name）：**小齿蓝鲷.
**分布（Distribution）：**东海, 南海.

### （3267）红叉尾鲷 *Aphareus rutilans* Cuvier, 1830

*Aphareus rutlans* Cuvier (*in* Cuvier *et* Valenciennes), 1830: 1-559.
*Aphareus thompsoni* Fowler, 1923.
**文献（Reference）：**Cuvier (*in* Cuvier and Valenciennes), 1830: 1-596; Kyushin, Amaoka, Nakaya *et al.*, 1982; 沈世杰, 1993; Chen, Shao and Lin, 1995; Chen, Jan and Shao, 1997; Randall and Lim (eds.), 2000; Huang, 2001; 伍汉霖, 邵广昭, 赖春福等, 2012.
**别名或俗名（Used or common name）：**小齿红鲷.
**分布（Distribution）：**东海, 南海.

## 1034. 短鳍笛鲷属 *Aprion* Valenciennes, 1830

### （3268）蓝短鳍笛鲷 *Aprion virescens* Valenciennes, 1830

*Aprion viresceus* Valenciennes, 1830: 1-559.
*Aphareus virescens* (Valenciennes, 1830).
*Mesoprion microchir* Bleeker, 1853.
*Sparopsis elongatus* Kner, 1868.
**文献（Reference）：**Valenciennes, 1830: 596; 朱元鼎等, 1984; 朱元鼎等, 1985; Shao, Shen, Chiu *et al.*, 1992; Francis, 1993; 沈世杰, 1993; Chen, Shao and Lin, 1995; Chen, Jan and Shao, 1997; Ni and Kwok, 1999; Randall and Lim (eds.), 2000; Huang, 2001; 伍汉霖, 邵广昭, 赖春福等, 2012.
**别名或俗名（Used or common name）：**青吾鱼, 蓝鲷, 蓝笛鲷.
**分布（Distribution）：**东海, 南海.

## 1035. 红钻鱼属 *Etelis* Cuvier, 1828

### （3269）红钻鱼 *Etelis carbunculus* Cuvier, 1828

*Etelis carbonculus* Cuvier, 1828: 1-490.
*Etelis marshi* (Jenkins, 1903).
*Eteliscus marshi* Jenkins, 1903.
**文献（Reference）：**Cuvier, 1828: 1-490; Kyushin, Amaoka, Nakaya *et al.*, 1982; Shao, Chen, Kao *et al.*, 1993; 沈世杰, 1993; Ni and Kwok, 1999; Randall and Lim (eds.), 2000; Huang, 2001; 伍汉霖, 邵广昭, 赖春福等, 2012.
**别名或俗名（Used or common name）：**红鸡仔.
**分布（Distribution）：**东海, 南海.

### （3270）丝尾红钻鱼 *Etelis coruscans* Valenciennes, 1862

*Etelis coruscans* Valenciennes, 1862: 1165-1170.
*Etelis evurus* Jordan *et* Evermann, 1903.
**文献（Reference）：**Masuda, Amaoka, Araga *et al.*, 1984; 沈世杰, 1993; Ganaden and Lavapie-Gonzales, 1999; Randall and Lim (eds.), 2000; Huang, 2001; 伍汉霖, 邵广昭, 赖春福等, 2012.
**别名或俗名（Used or common name）：**长尾鸟, 红鱼.
**分布（Distribution）：**南海.

### （3271）多耙红钻鱼 *Etelis radiosus* Anderson, 1981

*Etelis radiosus* Anderson, 1981: 820-825.
**文献（Reference）：**Anderson, 1981: 820-825; Masuda, Amaoka, Araga *et al.*, 1984; 沈世杰, 1993; Randall and Lim (eds.), 2000; Huang, 2001; 伍汉霖, 邵广昭, 赖春福等, 2012.
**别名或俗名（Used or common name）：**红鱼, 大口滨鲷.
**分布（Distribution）：**南海.

## 1036. 叶唇笛鲷属 *Lipocheilus* Anderson, Talwar *et* Johnson, 1977

### （3272）叶唇笛鲷 *Lipocheilus carnolabrum* (Chan, 1970)

*Tangia carnolabrum* Chan, 1970: 19-38.
**文献（Reference）：**Yoshino and Tadao, 1981; Kyushin, Amaoka, Nakaya *et al.*, 1982; Masuda, Amaoka, Araga *et al.*, 1984; Ni and Kwok, 1999; Randall and Lim (eds.), 2000; Huang, 2001; 伍汉霖, 邵广昭, 赖春福等, 2012.
**别名或俗名（Used or common name）：**厚唇仔.
**分布（Distribution）：**东海, 南海.

## 1037. 笛鲷属 *Lutjanus* Bloch, 1790

### （3273）紫红笛鲷 *Lutjanus argentimaculatus* (Forsskål, 1775)

*Sciaena argentimaculata* Forsskål, 1775: 1-164.
*Lutianus argentimaculatus* (Forsskål, 1775).
*Sciaena argentata* Gmelin, 1789.
*Alphestes gembra* Bloch *et* Schneider, 1801.
**文献（Reference）：**Forsskål, 1775: 1-20 + i-xxxiv + 1-164; 朱元鼎等, 1984; 朱元鼎等, 1985; Shao, Chen, Kao *et al.*, 1993; 沈世杰, 1993; Lee and Sadovy, 1998; Ni and Kwok, 1999; Kuo and Shao, 1999; Kuo, Lin and Shao, 1999; Randall and Lim (eds.), 2000; Liao, Su and Chang, 2001; Huang, 2001; Ma, Xie, Wang *et al.*, 2003; 伍汉霖, 邵广昭, 赖春福等, 2012.

别名或俗名（Used or common name）：红槽.
分布（Distribution）：东海，南海.

**（3274）孟加拉国湾笛鲷 *Lutjanus bengalensis* (Bloch, 1790)**

*Holocentrus bengalensis* Bloch, 1790: 1-128.
*Labrus octovittatus* Lacépède, 1801.
*Diacope octovittata* Valenciennes, 1830.
文献（Reference）：沈世杰, 1993; Iwatsuki, Yoshino and Shimada, 1999; Randall and Lim (eds.), 2000; Huang, 2001; 伍汉霖, 邵广昭, 赖春福等, 2012.
别名或俗名（Used or common name）：赤笔仔.
分布（Distribution）：东海，南海.

**（3275）白斑笛鲷 *Lutjanus bohar* (Forsskål, 1775)**

*Sciaena bohar* Forsskål, 1775: 1-164.
*Lutianus bobar* (Forsskål, 1775).
*Mesoprion rangus* Cuvier, 1828.
*Diacope labuan* Montrouzier, 1857.
文献（Reference）：Moyer, 1977; Kyushin, Amaoka, Nakaya *et al.*, 1982; Federizon, 1992; Francis, 1993; 沈世杰, 1993; Chen, Jan and Shao, 1997; Ni and Kwok, 1999; Randall and Lim (eds.), 2000; Huang, 2001; 伍汉霖, 邵广昭, 赖春福等, 2012.
别名或俗名（Used or common name）：海豚哥，红鱼曹，花脸.
分布（Distribution）：东海，南海.

**（3276）蓝带笛鲷 *Lutjanus boutton* (Lacépède, 1802)**

*Holocentrus boutton* Lacépède, 1802: 1-728.
*Diacope bottonensis* Cuvier, 1828.
*Mesoprion melanospilos* Bleeker, 1853.
*Lutianus luzonius* Evermann *et* Seale, 1907.
文献（Reference）：Evermann and Seale, 1907; Herre, 1953b; 沈世杰, 1993; Ni and Kwok, 1999; Randall and Lim (eds.), 2000; Huang, 2001; 伍汉霖, 邵广昭, 赖春福等, 2012.
别名或俗名（Used or common name）：赤笔仔.
分布（Distribution）：南海.

**（3277）胸斑笛鲷 *Lutjanus carponotatus* (Richardson, 1842)**

*Mesoprion carponotatus* Richardson, 1842: 15-31.
*Lutjanus carponatus* (Richardson, 1842).
*Lutianus chrysotaenia* (Bleeker, 1851).
文献（Reference）：沈世杰, 1993; Randall and Lim (eds.), 2000; Huang, 2001; Broad, 2003; 伍汉霖, 邵广昭, 赖春福等, 2012.
别名或俗名（Used or common name）：赤笔仔.
分布（Distribution）：东海，南海.

**（3278）斜带笛鲷 *Lutjanus decussatus* (Cuvier, 1828)**

*Mesoprion decussatus* Cuvier, 1828: 1-490.
*Lutianus decussatus* (Cuvier, 1828).
*Mesoprion therapon* Day, 1870.
文献（Reference）：Chang, Jan and Shao, 1983; Shao, Chen, Kao *et al.*, 1993; 沈世杰, 1993; Chen, Jan and Shao, 1997; Randall and Lim (eds.), 2000; Huang, 2001; 伍汉霖, 邵广昭, 赖春福等, 2012.
别名或俗名（Used or common name）：赤笔仔.
分布（Distribution）：东海，南海.

**（3279）似十二棘笛鲷 *Lutjanus dodecacanthoides* (Bleeker, 1854)**

*Mesoprion dodecacanthoides* Bleeker, 1854: 456-508.
文献（Reference）：Shimada and Yoshino, 1987; 沈世杰, 1993; Randall and Lim (eds.), 2000; Huang, 2001; 伍汉霖, 邵广昭, 赖春福等, 2012.
别名或俗名（Used or common name）：赤笔仔，似十二棘笛鲷.
分布（Distribution）：南海.

**（3280）埃氏笛鲷 *Lutjanus ehrenbergii* (Peters, 1869)**

*Mesoprion ehrenbergii* Peters, 1869: 703-711.
*Lutianus ehrenbergi* (Peters, 1869).
*Lutjanus oligolepis* Bleeker, 1873.
文献（Reference）：Iwatasuki, Hiroshi and Toshiy, 1989; Randall and Lim (eds.), 2000; Broad, 2003; Roldan and Muñoz, 2004; 伍汉霖, 邵广昭, 赖春福等, 2012.
别名或俗名（Used or common name）：赤笔仔.
分布（Distribution）：南海.

**（3281）红鳍笛鲷 *Lutjanus erythropterus* Bloch, 1790**

*Lutianus erythropterus* Bloch, 1790: 1-128.
*Lutjanus annularis* (Cuvier, 1828).
*Lutjanus longmani* Whitley, 1937.
*Lutjanus altifrontalis* Chan, 1970.
文献（Reference）：Kyushin, Amaoka, Nakaya *et al.*, 1982; 朱元鼎等, 1984; 朱元鼎等, 1985; Palomares, 1987; Shao, Chen, Kao *et al.*, 1993; 沈世杰, 1993; Ni and Kwok, 1999; Randall and Lim (eds.), 2000; Liao, Su and Chang, 2001; Huang, 2001; Chi, Shieh and Lin, 2003; 伍汉霖, 邵广昭, 赖春福等, 2012.
别名或俗名（Used or common name）：红鸡仔，赤海鸡，赤笔仔，赤笔，赤海，红鱼，红鳍赤海，铁汕婆.
分布（Distribution）：东海，南海.

**（3282）金焰笛鲷 *Lutjanus fulviflamma* (Forsskål, 1775)**

*Sciaena fulviflamma* Forsskål, 1775: 1-164.

*Lutianus fulviflamma* (Forsskål, 1775).
*Mesoprion terubuan* Montrouzier, 1857.
*Mesoprion aureovittatus* Macleay, 1879.
**文献（Reference）**：朱元鼎等, 1984; 朱元鼎等, 1985; Shao, Chen, Kao *et al.*, 1993; 沈世杰, 1993; Chen, Shao and Lin, 1995; Kuo and Shao, 1999; Kuo, Lin and Shao, 1999; Ni and Kwok, 1999; Randall and Lim (eds.), 2000; Huang, 2001; 伍汉霖, 邵广昭, 赖春福等, 2012.
**别名或俗名（Used or common name）**：红鸡仔, 赤笔仔.
**分布（Distribution）**：东海, 南海.

### （3283）焦黄笛鲷 *Lutjanus fulvus* (Forster, 1801)

*Holocentrus fulvus* Forster, 1801: 1-584.
*Lutianus fulvus* (Forster, 1801).
*Diacope vaigiensis* Quoy *et* Gaimard, 1824.
*Diacope immaculata* Cuvier, 1828.
**文献（Reference）**：Chang, Jan and Shao, 1983; Francis, 1993; Shao, Chen, Kao *et al.*, 1993; 沈世杰, 1993; Chen, Shao and Lin, 1995; Ni and Kwok, 1999; Kuo and Shao, 1999; Randall and Lim (eds.), 2000; Huang, 2001; 伍汉霖, 邵广昭, 赖春福等, 2012.
**别名或俗名（Used or common name）**：石机仔, 红公眉, 赤笔仔.
**分布（Distribution）**：东海, 南海.

### （3284）隆背笛鲷 *Lutjanus gibbus* (Forsskål, 1775)

*Sciaena gibba* Forsskål, 1775: 1-164.
*Lutianus gibbus* (Forsskål, 1775).
*Lutjanus coccineus* (Cuvier, 1828).
*Lutjanus comoriensis* Fourmanoir, 1957.
**文献（Reference）**：Forsskål, 1775: 1-20 + i-xxxiv + 1-164; Heemstra, 1972; Kyushin, Amaoka, Nakaya *et al.*, 1982; Shao, Chen, Kao *et al.*, 1993; 沈世杰, 1993; Chen, Shao and Lin, 1995; Chen, Jan and Shao, 1997; Ni and Kwok, 1999; Randall and Lim (eds.), 2000; Huang, 2001; 伍汉霖, 邵广昭, 赖春福等, 2012.
**别名或俗名（Used or common name）**：红鸡仔, 海豚哥, 红鱼仔, 红鸡鱼.
**分布（Distribution）**：东海, 南海.

### （3285）约氏笛鲷 *Lutjanus johnii* (Bloch, 1792)

*Anthias johnii* Bloch, 1792: 1-126.
*Lutianus johni* (Bloch, 1792).
*Mesoprion yapilli* Cuvier, 1828.
*Serranus pavoninus* Valenciennes (*in* Cuvier *et* Valenciennes), 1831.
**文献（Reference）**：朱元鼎等, 1984; 朱元鼎等, 1985; Shao, Chen, Kao *et al.*, 1993; 沈世杰, 1993; Leung, 1994; Chen, Shao and Lin, 1995; Lee and Sadovy, 1998; Ni and Kwok, 1999; Randall and Lim (eds.), 2000; Liao, Su and Chang, 2001; Huang, 2001; 伍汉霖, 邵广昭, 赖春福等, 2012.
**别名或俗名（Used or common name）**：赤笔仔.
**分布（Distribution）**：东海, 南海.

### （3286）四线笛鲷 *Lutjanus kasmira* (Forsskål, 1775)

*Sciaena kasmira* Forsskål, 1775: 1-164.
*Lutianus kasmira* (Forsskål, 1775).
*Mesoprion etaape* Lesson, 1831.
**文献（Reference）**：Kyushin, Amaoka, Nakaya *et al.*, 1982; 朱元鼎等, 1984; 朱元鼎等, 1985; Shao, Chen, Kao *et al.*, 1993; 沈世杰, 1993; Chen, Shao and Lin, 1995; Chen, Jan and Shao, 1997; Ni and Kwok, 1999; Randall and Lim (eds.), 2000; Huang, 2001; 伍汉霖, 邵广昭, 赖春福等, 2012.
**别名或俗名（Used or common name）**：四线赤笔, 条鱼, 四线, 赤笔仔.
**分布（Distribution）**：东海, 南海.

### （3287）月尾笛鲷 *Lutjanus lunulatus* (Park, 1797)

*Perca lunulata* Park, 1797: 33-38.
*Mesoprion caudalis* Valenciennes, 1830.
**文献（Reference）**：Herre and Umali, 1948; Moyer, 1977; Ganaden and Lavapie-Gonzales, 1999; Randall and Lim (eds.), 2000; 伍汉霖, 邵广昭, 赖春福等, 2012.
**别名或俗名（Used or common name）**：赤笔仔.
**分布（Distribution）**：东海, 南海.

### （3288）正笛鲷 *Lutjanus lutjanus* Bloch, 1790

*Lutjanus lutjanus* Bloch, 1790: 1-128.
*Lutjanus blochii* Lacépède, 1802.
*Mesoprion caroui* Cuvier, 1828.
*Lutianus lineolatus* (Rüppell, 1829).
**文献（Reference）**：Kyushin, Amaoka, Nakaya *et al.*, 1982; 朱元鼎等, 1984; 朱元鼎等, 1985; Shao and Chen, 1992; Shao, Chen, Kao *et al.*, 1993; 沈世杰, 1993; Ni and Kwok, 1999; Randall and Lim (eds.), 2000; Huang, 2001; 伍汉霖, 邵广昭, 赖春福等, 2012.
**别名或俗名（Used or common name）**：赤笔仔.
**分布（Distribution）**：东海, 南海.

### （3289）前鳞笛鲷 *Lutjanus madras* (Valenciennes, 1831)

*Mesoprion madras* Valenciennes (*in* Cuvier *et* Valenciennes), 1831: 1-531.
**文献（Reference）**：Shao, 1997; Randall and Lim (eds.), 2000; 伍汉霖, 邵广昭, 赖春福等, 2012.
**别名或俗名（Used or common name）**：赤笔仔.
**分布（Distribution）**：东海, 南海.

### （3290）马拉巴笛鲷 *Lutjanus malabaricus* (Bloch *et* Schneider, 1801)

*Sparus malabaricus* Bloch *et* Schneider, 1801: 1-584.

*Lutianus malabaricus* (Bloch *et* Schneider, 1801).
*Lutjanus malabarius* (Bloch *et* Schneider, 1801).
*Lutjanus dodecacanthus* (Bleeker, 1853).
**文献（Reference）**：Lai and Liu, 1974; Kyushin, Amaoka, Nakaya *et al.*, 1982; Shao, Chen, Kao *et al.*, 1993; 沈世杰, 1993; Ni and Kwok, 1999; Randall and Lim (eds.), 2000; Huang, 2001; 伍汉霖, 邵广昭, 赖春福等, 2012.
**别名或俗名（Used or common name）**：赤海，赤笔仔.
**分布（Distribution）**：东海，南海.

### （3291）单斑笛鲷 *Lutjanus monostigma* (Cuvier, 1828)

*Mesoprion monostigma* Cuvier, 1828: 1-490.
*Lutjanus monostigmus* (Cuvier, 1828).
*Lutjanus lioglossus* Bleeker, 1873.
**文献（Reference）**：Chang, Jan and Shao, 1983; Shao, Chen, Kao *et al.*, 1993; 沈世杰, 1993; Chen, Shao and Lin, 1995; Chen, Jan and Shao, 1997; Ni and Kwok, 1999; Kuo and Shao, 1999; Randall and Lim (eds.), 2000; Liao, Su and Chang, 2001; Huang, 2001; 伍汉霖, 邵广昭, 赖春福等, 2012.
**别名或俗名（Used or common name）**：点记，黑点仔，黄翅，赤笔仔，点志仔.
**分布（Distribution）**：东海，南海.

### （3292）奥氏笛鲷 *Lutjanus ophuysenii* (Bleeker, 1860)

*Mesoprion ophuysenii* Bleeker, 1860: 1-88.
**文献（Reference）**：Bleeker, 1859; Iwatsuki, Akazaki and Yoshino, 1993; 伍汉霖, 邵广昭, 赖春福等, 2012.
**别名或俗名（Used or common name）**：赤笔仔.
**分布（Distribution）**：东海，南海.

### （3293）五线笛鲷 *Lutjanus quinquelineatus* (Bloch, 1790)

*Holocentrus quinquelineatus* Bloch, 1790: 1-128.
*Lutianus quinquelineatus* (Bloch, 1790).
*Grammistes quinquevittatus* Bloch *et* Schneider, 1801.
*Diacope decemlineata* Valenciennes, 1830.
*Diacope spilura* Bennett, 1833.
**文献（Reference）**：Kyushin, Amaoka, Nakaya *et al.*, 1982; Shen, 1984; 朱元鼎等, 1984; 朱元鼎等, 1985; Francis, 1993; 沈世杰, 1993; Ni and Kwok, 1999; Randall and Lim (eds.), 2000; Huang, 2001; 伍汉霖, 邵广昭, 赖春福等, 2012.
**别名或俗名（Used or common name）**：赤笔仔.
**分布（Distribution）**：东海，南海.

### （3294）蓝点笛鲷 *Lutjanus rivulatus* (Cuvier, 1828)

*Diacope rivulata* Cuvier, 1828: 1-490.
*Diacope caeruleopunctata* Cuvier, 1828.
*Lutjanus rivalatus* (Cuvier, 1828).
*Diacope alboguttata* Valenciennes (*in* Cuvier *et* Valenciennes), 1831.
*Mesoprion myriaster* Liénard, 1839.
**文献（Reference）**：Cuvier, 1828: 1-490; Chang, Jan and Shao, 1983; Shao, Chen, Kao *et al.*, 1993; 沈世杰, 1993; Chen, Shao and Lin, 1995; Ni and Kwok, 1999; Kuo and Shao, 1999; Randall and Lim (eds.), 2000; Liao, Su and Chang, 2001; Huang, 2001; 伍汉霖, 邵广昭, 赖春福等, 2012.
**别名或俗名（Used or common name）**：海鸡母，大花脸，泗链.
**分布（Distribution）**：东海，南海.

### （3295）红纹笛鲷 *Lutjanus rufolineatus* (Valenciennes, 1830)

*Diacope rufolineata* Valenciennes, 1830: 1-559.
*Lutianus rufolineatus* (Valenciennes, 1830).
*Mesoprion amboinensis* Bleeker, 1852.
*Diacope vitianus* Hombron *et* Jacquinot, 1853.
*Mesoprion flavirosea* de Vis, 1884.
**文献（Reference）**：Valenciennes, 1830: 596; Moyer, 1977; Masuda, Amaoka, Araga *et al.*, 1984; Randall and Lim (eds.), 2000; Werner and Allen, 2000; Broad, 2003; 伍汉霖, 邵广昭, 赖春福等, 2012.
**分布（Distribution）**：南海.

### （3296）勒氏笛鲷 *Lutjanus russellii* (Bleeker, 1849)

*Mesoprion russellii* Bleeker, 1849: 1-64.
*Lutjanus russelli* (Bleeker, 1849).
*Lutianus nishikawae* Smith *et* Pope, 1906.
*Lutianus orientalis* Seale, 1910.
**文献（Reference）**：朱元鼎等, 1984; 朱元鼎等, 1985; Shao, Chen, Kao *et al.*, 1993; 沈世杰, 1993; Leung, 1994; Chen, Shao and Lin, 1995; Chen, Jan and Shao, 1997; Lee and Sadovy, 1998; Kuo and Shao, 1999; Randall and Lim (eds.), 2000; Huang, 2001; Allen, White and Erdmann, 2013; 伍汉霖, 邵广昭, 赖春福等, 2012.
**别名或俗名（Used or common name）**：加规，火点，黑星笛鲷.
**分布（Distribution）**：东海，南海.

### （3297）千年笛鲷 *Lutjanus sebae* (Cuvier, 1816)

*Diacope sebae* Cuvier, 1816: 96-106.
*Lutianus sebae* (Cuvier, 1816).
*Diacope siamensis* Valenciennes, 1830.
*Diacope civis* Valenciennes (*in* Cuvier *et* Valenciennes), 1831.
**文献（Reference）**：Kyushin, Amaoka, Nakaya *et al.*, 1982; 朱元鼎等, 1984; 朱元鼎等, 1985; 沈世杰, 1993; Lee and Sadovy, 1998; Ni and Kwok, 1999; Randall and Lim (eds.), 2000; Liao, Su and Chang, 2001; Huang, 2001; 伍汉霖, 邵广昭, 赖春福等, 2012.
**别名或俗名（Used or common name）**：嗑头，白点赤海，厚

唇仔，番仔加志，打铁婆.

**分布（Distribution）**：东海，南海.

### （3298）星点笛鲷 *Lutjanus stellatus* Akazaki, 1983

*Lutjanus stellatus* Akazaki, 1983: 365-373.

**文献（Reference）**：Akazaki, 1983: 365-373; Masuda, Amaoka, Araga *et al.*, 1984; 沈世杰, 1993; Ni and Kwok, 1999; Randall and Lim (eds.), 2000; Liao, Su and Chang, 2001; Huang, 2001; 伍汉霖，邵广昭，赖春福等, 2012.

**别名或俗名（Used or common name）**：花脸，红鱼，白点仔，黄翅仔，白星笛鲷.

**分布（Distribution）**：南海.

### （3299）纵带笛鲷 *Lutjanus vitta* (Quoy *et* Gaimard, 1824)

*Serranus vitta* Quoy *et* Gaimard, 1824: 192-401.

*Lutjanus vittus* (Quoy *et* Gaimard, 1824).

*Mesoprion enneacanthus* Bleeker, 1849.

*Mesoprion phaiotaeniatus* Bleeker, 1849.

**文献（Reference）**：Kyushin, Amaoka, Nakaya *et al.*, 1982; 朱元鼎等, 1984; 朱元鼎等, 1985; Shao, Chen, Kao *et al.*, 1993; 沈世杰, 1993; Leung, 1994; Chen, Shao and Lin, 1995; Ni and Kwok, 1999; Randall and Lim (eds.), 2000; Huang, 2001; 伍汉霖，邵广昭，赖春福等, 2012.

**别名或俗名（Used or common name）**：赤海，赤笔仔，金鸡鱼.

**分布（Distribution）**：东海，南海.

## 1038. 羽鳃笛鲷属 *Macolor* Bleeker, 1860

### （3300）斑点羽鳃笛鲷 *Macolor macularis* Fowler, 1931

*Macolor macularis* Fowler, 1931b: 1-388.

**文献（Reference）**：Fowler, 1931b: 1-388; Chen, Jan and Shao, 1997; Randall and Lim (eds.), 2000; 伍汉霖，邵广昭，赖春福等, 2012.

**别名或俗名（Used or common name）**：琉球黑毛.

**分布（Distribution）**：东海，南海.

### （3301）黑背羽鳃笛鲷 *Macolor niger* (Forsskål, 1775)

*Sciaena nigra* Forsskål, 1775: 1-164.

*Diacope macolor* Lesson, 1827.

*Macolor macolor* (Lesson, 1827).

*Macolor typus* Bleeker, 1860.

**文献（Reference）**：Forsskål, 1775: 1-20 + i-xxxiv + 1-164; 沈世杰, 1993; Chen, Shao and Lin, 1995; Chen, Jan and Shao, 1997; Ni and Kwok, 1999; Randall and Lim (eds.), 2000; Huang, 2001; 伍汉霖，邵广昭，赖春福等, 2012.

**别名或俗名（Used or common name）**：琉球黑毛，黑鸡仔，黑加脊，黑加志.

**分布（Distribution）**：东海，南海.

## 1039. 若梅鲷属 *Paracaesio* Bleeker, 1875

### （3302）青若梅鲷 *Paracaesio caerulea* (Katayama, 1934)

*Vegetichthys caeruleus* Katayama, 1934: 435-438.

*Paracaesio caeruleus* (Katayama, 1934).

**文献（Reference）**：Katayama, 1934: 435-438; Masuda, Amaoka, Araga *et al.*, 1984; Shao, Chen, Kao *et al.*, 1993; 沈世杰, 1993; Randall and Lim (eds.), 2000; Huang, 2001; 伍汉霖，邵广昭，赖春福等, 2012.

**别名或俗名（Used or common name）**：青鸡仔，大贡仔.

**分布（Distribution）**：南海.

### （3303）条纹若梅鲷 *Paracaesio kusakarii* Abe, 1960

*Paracaesio kusakarii* Abe, 1960: 56-62.

**文献（Reference）**：Abe, 1960: 56-62; Masuda, Amaoka, Araga *et al.*, 1984; 沈世杰, 1993; Randall and Lim (eds.), 2000; Huang, 2001; Bos and Gumanao, 2013; 伍汉霖，邵广昭，赖春福等, 2012.

**别名或俗名（Used or common name）**：鸡仔鱼.

**分布（Distribution）**：南海.

### （3304）冲绳若梅鲷 *Paracaesio sordida* Abe *et* Shinohara, 1962

*Paracaesio sordidus* Abe *et* Shinohara, 1962: 163-171.

**文献（Reference）**：Abe and Shinohara, 1962: 163-170; Rau and Rau, 1980; Kyushin, Amaoka, Nakaya *et al.*, 1982; Masuda, Amaoka, Araga *et al.*, 1984; Randall and Lim (eds.), 2000; 伍汉霖，邵广昭，赖春福等, 2012.

**别名或俗名（Used or common name）**：鸡仔鱼.

**分布（Distribution）**：南海.

### （3305）横带若梅鲷 *Paracaesio stonei* Raj *et* Seeto, 1983

*Paracaesio stonei* Raj *et* Seeto, 1983: 450-453.

**文献（Reference）**：Raj and Seeto, 1983: 450-453; Masuda, Amaoka, Araga *et al.*, 1984; Shao, 1997; Randall and Lim (eds.), 2000; 伍汉霖，邵广昭，赖春福等, 2012.

**别名或俗名（Used or common name）**：鸡仔鱼.

**分布（Distribution）**：南海.

### （3306）黄背若梅鲷 *Paracaesio xanthura* (Bleeker, 1869)

*Caesio xanthurus* Bleeker, 1869a: 78-79.

*Apsilus xanthurus* (Bleeker, 1869).

*Paracaesio xanthurus* (Bleeker, 1869).
*Vegetichthys tumidus* Tanaka, 1917.
**文献（Reference）**：Bleeker, 1869a: 78-79; Francis, 1991; Francis, 1993; 沈世杰, 1993; Ni and Kwok, 1999; Randall and Lim (eds.), 2000; Huang, 2001; 伍汉霖, 邵广昭, 赖春福等, 2012.
**别名或俗名（Used or common name）**：黄鸡仔, 包公鸡, 贡仔, 黄脚佳仔.
**分布（Distribution）**：东海, 南海.

## 1040. 斜鳞笛鲷属 *Pinjalo* Bleeker, 1873

### （3307）利瓦伊氏斜鳞笛鲷 *Pinjalo lewisi* Randall, Allen *et* Anderson, 1987

*Pinjalo lewisi* Randall, Allen *et* Anderson, 1987: 1-17.
**文献（Reference）**：Randall, Allen and Anderson, 1987: 1-17; Fowler, 1931; Schroeder, 1980; Randall and Lim (eds.), 2000; Iwatsuki, Kambayashi, Mikuni *et al.*, 2004; 伍汉霖, 邵广昭, 赖春福等, 2012.
**分布（Distribution）**：南海.

### （3308）斜鳞笛鲷 *Pinjalo pinjalo* (Bleeker, 1850)

*Caesio pinjalo* Bleeker, 1850: 1-13.
*Odontonectes pinjalo* (Bleeker, 1850).
*Mesoprion mitchelli* Günther, 1867.
**文献（Reference）**：Evermann and Seale, 1907; Fowler, 1918; Fowler, 1927; Kyushin, Amaoka, Nakaya *et al.*, 1982; Shen, 1984; Shao, Kao and Lee, 1990; Shao, Chen, Kao *et al.*, 1993; Ni and Kwok, 1999; Randall and Lim (eds.), 2000; Huang, 2001; Iwatsuki, Kambayashi, Mikuni *et al.*, 2004; 伍汉霖, 邵广昭, 赖春福等, 2012.
**别名或俗名（Used or common name）**：赤笔仔.
**分布（Distribution）**：南海.

## 1041. 紫鱼属 *Pristipomoides* Bleeker, 1852

### （3309）蓝纹紫鱼 *Pristipomoides argyrogrammicus* (Valenciennes, 1832)

*Serranus argyrogrammicus* Valenciennes, 1832: 1-509.
*Tropidinius argyrogrammicus* (Valenciennes, 1832).
*Dentex pristipoma* Bleeker, 1854.
*Platyinius amoenus* Snyder, 1911.
**文献（Reference）**：Cuvier and Valenciennes, 1831; Nguyen, 1972; Kyushin, Amaoka, Nakaya *et al.*, 1982; 沈世杰, 1993; Randall and Lim (eds.), 2000; Huang, 2001; 伍汉霖, 邵广昭, 赖春福等, 2012.
**别名或俗名（Used or common name）**：花笛鲷.
**分布（Distribution）**：南海.

### （3310）日本紫鱼 *Pristipomoides auricilla* (Jordan, Evermann *et* Tanaka, 1927)

*Arnillo auricilla* Jordan, Evermann *et* Tanaka, 1927: 649-680.
**文献（Reference）**：Kyushin, Amaoka, Nakaya *et al.*, 1982; Masuda, Amaoka, Araga *et al.*, 1984; 沈世杰, 1993; Randall and Lim (eds.), 2000; Huang, 2001; 伍汉霖, 邵广昭, 赖春福等, 2012.
**别名或俗名（Used or common name）**：散午.
**分布（Distribution）**：南海.

### （3311）丝鳍紫鱼 *Pristipomoides filamentosus* (Valenciennes, 1830)

*Serranus filamentosus* Valenciennes, 1830: 1-559.
*Chaetopterus microlepis* Bleeker, 1869.
*Pristipomoides microlepis* (Bleeker, 1869).
*Aprion brevirostris* Vaillant, 1873.
**文献（Reference）**：Kyushin, Amaoka, Nakaya *et al.*, 1982; 朱元鼎等, 1984; 朱元鼎等, 1985; Francis, 1991; Ni and Kwok, 1999; Randall and Lim (eds.), 2000; Huang, 2001; 伍汉霖, 邵广昭, 赖春福等, 2012.
**别名或俗名（Used or common name）**：金兰.
**分布（Distribution）**：东海, 南海.

### （3312）黄鳍紫鱼 *Pristipomoides flavipinnis* Shinohara, 1963

*Pristipomoides flavipinnis* Shinohara, 1963: 49-53.
*Mesoprion multidens* Day, 1871: 677-705.
**文献（Reference）**：Shinohara, 1963: 49-53; Nguyen, 1972; Kyushin, Amaoka, Nakaya *et al.*, 1982; 沈世杰, 1993; Randall and Lim (eds.), 2000; Huang, 2001; 伍汉霖, 邵广昭, 赖春福等, 2012.
**别名或俗名（Used or common name）**：散午.
**分布（Distribution）**：南海.

### （3313）多牙紫鱼 *Pristipomoides multidens* (Day, 1871)

*Mesoprion multidens* Day, 1871: 677-705.
*Diacope sparus* Temminck *et* Schlegel, 1842.
*Pristipomoides sparus* (Temminck *et* Schlegel, 1842).
**文献（Reference）**：Senta and Tan, 1975; Min, Senta and Supongpan, 1977; Kyushin, Amaoka, Nakaya *et al.*, 1982; Shao, Chen, Kao *et al.*, 1993; 沈世杰, 1993; Al-Hassan and Shwafi, 1997; Randall and Lim (eds.), 2000; Huang, 2001; 伍汉霖, 邵广昭, 赖春福等, 2012.
**别名或俗名（Used or common name）**：散午.
**分布（Distribution）**：东海, 南海.

### （3314）西氏紫鱼 *Pristipomoides sieboldii* (Bleeker, 1855)

*Chaetopterus sieboldii* Bleeker, 1855: 1-132.

*Pristipomoides seiboldi* (Bleeker, 1855).
*Chaetopterus dubius* Günther, 1859.
*Bowersia ulaula* Jordan *et* Evermann, 1903.
**文献（Reference）**：Herre, 1953b; Kyushin, Amaoka, Nakaya *et al.*, 1982; Masuda, Amaoka, Araga *et al.*, 1984; 沈世杰, 1993; Randall and Lim (eds.), 2000; Huang, 2001; 伍汉霖, 邵广昭, 赖春福等, 2012.
**别名或俗名（Used or common name）**：锁吾, 散午, 红鱼仔, 红臭鱼仔.
**分布（Distribution）**：南海.

#### （3315）尖齿紫鱼 *Pristipomoides typus* Bleeker, 1852

*Pristispomoides typus* Bleeker, 1852: 570-608.
**文献（Reference）**：Min, Senta and Supongpan, 1977; Kyushin, Amaoka, Nakaya *et al.*, 1982; Ni and Kwok, 1999; Randall and Lim (eds.), 2000; Huang, 2001; 伍汉霖, 邵广昭, 赖春福等, 2012.
**别名或俗名（Used or common name）**：金兰.
**分布（Distribution）**：东海, 南海.

#### （3316）斜带紫鱼 *Pristipomoides zonatus* (Valenciennes, 1830)

*Serranus zonatus* Valenciennes, 1830: 1-559.
*Tropidinius zonatus* (Valenciennes, 1830).
*Serranus telfairii* Bennett, 1831.
*Rooseveltia brighami* (Seale, 1901).
**文献（Reference）**：Masuda, Amaoka, Araga *et al.*, 1984; Seki and Callahan, 1988; 沈世杰, 1993; Randall and Lim (eds.), 2000; Huang, 2001; 伍汉霖, 邵广昭, 赖春福等, 2012.
**别名或俗名（Used or common name）**：横带花笛鲷, 散午.
**分布（Distribution）**：南海.

### 1042. 帆鳍笛鲷属 *Symphorichthys* Munro, 1967

#### （3317）帆鳍笛鲷 *Symphorichthys spilurus* (Günther, 1874)

*Symphorus spilurus* Günther, 1874: 58-96.
**文献（Reference）**：Ni and Kwok, 1999; Randall and Lim (eds.), 2000; Huang, 2001; Broad, 2003; 伍汉霖, 邵广昭, 赖春福等, 2012.
**分布（Distribution）**：南海.

### 1043. 长鳍笛鲷属 *Symphorus* Günther, 1872

#### （3318）丝条长鳍笛鲷 *Symphorus nematophorus* (Bleeker, 1860)

*Mesoprion nematophorus* Bleeker, 1860: 2-60.
*Lutjanus nematophorus* (Bleeker, 1860).
*Symporichthys nematophorus* (Bleeker, 1860).
*Symphorus taeniolatus* Günther, 1872.
**文献（Reference）**：沈世杰, 1993; Ni and Kwok, 1999; Randall and Lim (eds.), 2000; Werner and Allen, 2000; Huang, 2001; Broad, 2003; 伍汉霖, 邵广昭, 赖春福等, 2012.
**别名或俗名（Used or common name）**：赤笔仔.
**分布（Distribution）**：东海, 南海.

## （二三八）梅鲷科 Caesionidae

### 1044. 梅鲷属 *Caesio* Lacépède, 1801

#### （3319）褐梅鲷 *Caesio caerulaurea* Lacépède, 1801

*Caesio cearulaurea* Lacépède, 1801: 1-558.
*Smaris mauritianus* Quoy *et* Gaimard, 1824.
*Caesio azuraureus* Rüppell, 1830.
*Caesio maculatus* Cuvier (*in* Cuvier *et* Valenciennes), 1830.
**文献（Reference）**：Lacépède, 1801: i-lxvi + 1-558; Shao, Chen, Kao *et al.*, 1993; 沈世杰, 1993; Chen, Jan and Shao, 1997; Ni and Kwok, 1999; Randall and Lim (eds.), 2000; Huang, 2001; 伍汉霖, 邵广昭, 赖春福等, 2012.
**别名或俗名（Used or common name）**：乌尾冬仔.
**分布（Distribution）**：东海, 南海.

#### （3320）黄尾梅鲷 *Caesio cuning* (Bloch, 1791)

*Sparus cuning* Bloch, 1791: 1-152.
*Caesio cunning* (Bloch, 1791).
*Caesio erythrogaster* Cuvier (*in* Cuvier *et* Valenciennes), 1830.
*Caesio erythrochilurus* Fowler, 1904.
**文献（Reference）**：Shao, Chen, Kao *et al.*, 1993; 沈世杰, 1993; Ni and Kwok, 1999; Randall and Lim (eds.), 2000; Huang, 2001; 伍汉霖, 邵广昭, 赖春福等, 2012.
**别名或俗名（Used or common name）**：乌尾冬仔, 赤腹乌尾鮗.
**分布（Distribution）**：东海, 南海.

#### （3321）新月梅鲷 *Caesio lunaris* Cuvier, 1830

*Caesio lunares* Cuvier (*in* Cuvier *et* Valenciennes), 1830: 1-559.
*Pterocaesio lunaris* [Cuvier (*in* Cuvier *et* Valenciennes), 1830].
**文献（Reference）**：Cuvier (*in* Cuvier and Valenciennes), 1830: 1-596; 沈世杰, 1993; Chen, Jan and Shao, 1997; Ni and Kwok, 1999; Randall and Lim (eds.), 2000; Huang, 2001; 伍汉霖, 邵广昭, 赖春福等, 2012.
**别名或俗名（Used or common name）**：乌尾冬仔.
**分布（Distribution）**：东海, 南海.

#### （3322）黄蓝背梅鲷 *Caesio teres* Seale, 1906

*Caesio terus* Seale, 1906: 1-89.

*Caesio pulcherrima* Smith *et* Smith, 1963.
*Caesio pulcherrimus* Smith *et* Smith, 1963.
**文献（Reference）**：Shao, Chen, Kao *et al.*, 1993; Chen, Shao and Lin, 1995; Chen, Jan and Shao, 1997; Randall and Lim (eds.), 2000; Werner and Allen, 2000; 伍汉霖, 邵广昭, 赖春福等, 2012.
**别名或俗名（Used or common name）**：乌尾冬仔, 黄乌尾鮗.
**分布（Distribution）**：东海, 南海.

### （3323）黄背梅鲷 *Caesio xanthonota* Bleeker, 1853

*Caesio xanthonata* Bleeker, 1853: 451-516.
**文献（Reference）**：Herre, 1953b; Chang, Lee and Shao, 1978; Chang, Jan and Shao, 1983; Masuda, Amaoka, Araga *et al.*, 1984; Huang, 2001; 伍汉霖, 邵广昭, 赖春福等, 2012.
**分布（Distribution）**：南海.

## 1045. 双鳍梅鲷属 *Dipterygonotus* Bleeker, 1849

### （3324）双鳍梅鲷 *Dipterygonotus balteatus* (Valenciennes, 1830)

*Smaris balteatus* Valenciennes, 1830: 1-559.
*Dipterygonatus balteatus* (Valenciennes, 1830).
*Dipterogonotus leucogramicus* Bleeker, 1849.
*Dipterygonotus gruveli* Chabanaud, 1924.
**文献（Reference）**：朱元鼎等, 1984; 朱元鼎等, 1985; Randall and Lim (eds.), 2000; Aripin and Showers, 2000; 伍汉霖, 邵广昭, 赖春福等, 2012.
**别名或俗名（Used or common name）**：乌尾冬仔.
**分布（Distribution）**：东海, 南海.

## 1046. 鳞鳍梅鲷属 *Pterocaesio* Bleeker, 1876

### （3325）金带鳞鳍梅鲷（金带梅鲷）*Pterocaesio chrysozona* (Cuvier, 1830)

*Caesio chrysozona* Cuvier (*in* Cuvier *et* Valenciennes), 1830: 1-559.
*Caesio chrysozonus* Cuvier (*in* Cuvier *et* Valenciennes), 1830.
*Pristipomoides aurolineatus* Day, 1868.
**文献（Reference）**：Shao, Chen, Kao *et al.*, 1993; 沈世杰, 1993; Randall and Lim (eds.), 2000; Huang, 2001; 伍汉霖, 邵广昭, 赖春福等, 2012.
**别名或俗名（Used or common name）**：乌尾冬仔.
**分布（Distribution）**：东海, 南海.

### （3326）双带鳞鳍梅鲷 *Pterocaesio digramma* (Bleeker, 1864)

*Caesio diagramma* Bleeker, 1864: 177-181.
*Pterocaesio diagramma* (Bleeker, 1864).
**文献（Reference）**：Chang, Jan and Shao, 1983; Shao and Chen, 1992; Shao, Chen, Kao *et al.*, 1993; 沈世杰, 1993; Chen, Shao and Lin, 1995; Chen, Jan and Shao, 1997; Randall and Lim (eds.), 2000; Huang, 2001; 伍汉霖, 邵广昭, 赖春福等, 2012.
**别名或俗名（Used or common name）**：乌尾冬仔.
**分布（Distribution）**：东海, 南海.

### （3327）马氏鳞鳍梅鲷 *Pterocaesio marri* Schultz, 1953

*Pterocaesio marri* Schultz, 1953: 1-685.
*Pterocaesio kohleri* Schultz, 1953.
**文献（Reference）**：Schultz, 1953b: 504-520; Randall and Lim (eds.), 2000; Werner and Allen, 2000; Broad, 2003; 伍汉霖, 邵广昭, 赖春福等, 2012.
**别名或俗名（Used or common name）**：乌尾冬仔.
**分布（Distribution）**：南海.

### （3328）斑尾鳞鳍梅鲷 *Pterocaesio pisang* (Bleeker, 1853)

*Caesio pisang* Bleeker, 1853: 91-130.
**文献（Reference）**：Chen, Jan and Shao, 1997; Randall and Lim (eds.), 2000; Licuanan, Hilomen, Aliño *et al.*, 2002; 伍汉霖, 邵广昭, 赖春福等, 2012.
**别名或俗名（Used or common name）**：乌尾冬仔.
**分布（Distribution）**：东海, 南海.

### （3329）伦氏鳞鳍梅鲷 *Pterocaesio randalli* Carpenter, 1987

*Pterocaesio randalli* Carpenter, 1987: 1-56.
**文献（Reference）**：Carpenter, 1987: 1-56; Fowler, 1931; Chen, Jan and Shao, 1997; Randall and Lim (eds.), 2000; Werner and Allen, 2000; 伍汉霖, 邵广昭, 赖春福等, 2012.
**别名或俗名（Used or common name）**：乌尾冬仔.
**分布（Distribution）**：东海, 南海.

### （3330）黑带鳞鳍梅鲷 *Pterocaesio tile* (Cuvier, 1830)

*Caesio tile* Cuvier (*in* Cuvier *et* Valenciennes), 1830: 1-559.
*Caesio tricolor* Cuvier (*in* Cuvier *et* Valenciennes), 1830.
*Caesio cylindricus* Günther, 1859.
*Caesio multiradiatus* Steindachner, 1861.
**文献（Reference）**：Shao, Chen, Kao *et al.*, 1993; 沈世杰, 1993; Chen, Shao and Lin, 1995; Chen, Jan and Shao, 1997; Ni and Kwok, 1999; Randall and Lim (eds.), 2000; Huang, 2001; 伍汉霖, 邵广昭, 赖春福等, 2012.
**别名或俗名（Used or common name）**：乌尾冬仔.
**分布（Distribution）**：东海, 南海.

## （二三九）松鲷科 Lobotidae

### 1047. 松鲷属 *Lobotes* Cuvier, 1830

**（3331）松鲷 *Lobotes surinamensis* (Bloch, 1790)**

*Holocentrus surinamensis* Bloch, 1790: 1-128.
*Bodianus triourus* Mitchill, 1815.
*Lobotes erate* Cuvier (*in* Cuvier *et* Valenciennes), 1830.
*Lobotes farkharii* Cuvier (*in* Cuvier *et* Valenciennes), 1830.
**文献（Reference）：**Gudger, 1931; Gilhen and McAllister, 1985; 朱元鼎等, 1985; Ivankov and Samuylov, 1987; Shao, Chen, Kao *et al.*, 1993; Ditty and Shaw, 1994; Schmid and Randall, 1997; Ni and Kwok, 1999; Kuo and Shao, 1999; Randall and Lim (eds.), 2000; Huang, 2001; 伍汉霖, 邵广昭, 赖春福等, 2012.
**别名或俗名（Used or common name）：**打铁婆, 枯叶, 石鲫, 睡鱼, 库罗黛, 困鱼, 海南洋仔, 南洋鲈鱼, 海吴郭.
**分布（Distribution）：**渤海, 黄海, 东海, 南海.

## （二四〇）银鲈科 Gerreidae

### 1048. 银鲈属 *Gerres* Quoy *et* Gaimard, 1824

**（3332）十刺银鲈 *Gerres decacanthus* (Bleeker, 1865)**

*Diapterus decacanthus* Bleeker, 1863-64: 55-62.
*Gerreomorpha decacantha* (Bleeker, 1864).
**文献（Reference）：**Randall and Lim (eds.), 2000; Huang, 2001; 伍汉霖, 邵广昭, 赖春福等, 2012; 刘静, 吴仁协, 康斌等, 2016.
**别名或俗名（Used or common name）：**碗米仔.
**分布（Distribution）：**东海, 南海.

**（3333）红尾银鲈 *Gerres erythrourus* (Bloch, 1791)**

*Sparus erythrourus* Bloch, 1791: 1-152.
*Diapterus abbreviatus* (Bleeker, 1850).
*Gerres abbreviatus* Bleeker, 1850.
*Gerres abreviatus* Bleeker, 1850.
**文献（Reference）：**Shao, Shen, Chiu *et al.*, 1992; 沈世杰, 1993; Iwatsuki, Kimura, Kishimoto *et al.*, 1998; Ni and Kwok, 1999; Kuo and Shao, 1999; Kuo, Lin and Shao, 1999; Randall and Lim (eds.), 2000; Huang, 2001; Chakraborty, Venugopal, Hidaka *et al.*, 2006; 伍汉霖, 邵广昭, 赖春福等, 2012.
**别名或俗名（Used or common name）：**碗米仔.
**分布（Distribution）：**东海, 南海.

**（3334）长棘银鲈 *Gerres filamentosus* Cuvier, 1829**

*Gerres filamentosus* Cuvier (*in* Cuvier *et* Valenciennes), 1829: 1-406.
*Pertica filamentosa* [Cuvier (*in* Cuvier *et* Valenciennes), 1829].
*Gerres punctatus* Cuvier (*in* Cuvier *et* Valenciennes), 1830.
*Gerres philippinus* Günther, 1862.
**文献（Reference）：**朱元鼎等, 1985; Hwang, Chen and Yueh, 1988; Shao, Kao and Lee, 1990; Shao, Chen, Kao *et al.*, 1993; 沈世杰, 1993; Kuo and Shao, 1999; Sadovy and Cornish, 2000; Randall and Lim (eds.), 2000; Huang, 2001; 伍汉霖, 邵广昭, 赖春福等, 2012; 刘静, 吴仁协, 康斌等, 2016.
**别名或俗名（Used or common name）：**碗米仔.
**分布（Distribution）：**东海, 南海.

**（3335）日本银鲈 *Gerres japonicus* Bleeker, 1854**

*Gerres japonica* Bleeker, 1854: 395-426.
*Gerreomorpha japonica* (Bleeker, 1854).
**文献（Reference）：**Bleeker, 1854: 395-426; 朱元鼎等, 1985; Shao, Kao and Lee, 1990; Shao, Chen, Kao *et al.*, 1993; 沈世杰, 1993; Ni and Kwok, 1999; Kuo and Shao, 1999; Kuo, Lin and Shao, 1999; Randall and Lim (eds.), 2000; Iwatsuki, Kimura and Yoshino, 2007; 伍汉霖, 邵广昭, 赖春福等, 2012.
**别名或俗名（Used or common name）：**碗米仔.
**分布（Distribution）：**东海, 南海.

**（3336）缘边银鲈 *Gerres limbatus* Cuvier, 1830**

*Gerres limbatus* Cuvier (*in* Cuvier *et* Valenciennes), 1830: 1-559.
*Catochaenum limbatum* [Cuvier (*in* Cuvier *et* Valenciennes), 1830].
*Gerres lucidus* Cuvier (*in* Cuvier *et* Valenciennes), 1830.
*Xystaema limbatum* [Cuvier (*in* Cuvier *et* Valenciennes), 1830].
**文献（Reference）：**Cuvier (*in* Cuvier and Valenciennes), 1830: 1-596; 朱元鼎等, 1985; Ni and Kwok, 1999; Huang, 2001; Iwatsuki, Kimura and Yoshino, 2001; 伍汉霖, 邵广昭, 赖春福等, 2012.
**别名或俗名（Used or common name）：**碗米仔.
**分布（Distribution）：**东海, 南海.

**（3337）长吻银鲈 *Gerres longirostris* (Lacépède, 1801)**

*Labrus longirostris* Lacépède, 1801: 1-558.
*Sparus britannus* Lacépède, 1802.
*Gerres poieti* Cuvier (*in* Cuvier *et* Valenciennes), 1829.
*Gerres acinaces* Bleeker, 1854.
*Gerres lineolatus* Günther, 1867.
**文献（Reference）：**Cinco, Confiado, Trono *et al.*, 1995; Shao, 1997; Ni and Kwok, 1999; Miyanohara, Iwatsuki and Sakai, 1999; Randall and Lim (eds.), 2000; Huang, 2001; Iwatsuki, Kimura and Yoshino, 2001; 伍汉霖, 邵广昭, 赖春福等, 2012.
**别名或俗名（Used or common name）：**碗米仔.

分布（**Distribution**）：东海，南海.

### （3338）大棘银鲈 *Gerres macracanthus* Bleeker, 1854

*Gerres macracanthus* Bleeker, 1854: 191-202.
*Diapterus macracanthus* (Bleeker, 1854).
*Xystaema macracantha* (Bleeker, 1854).
文献（**Reference**）：Fowler, 1918; Fowler, 1933; Montilla, 1935; Iwatsuki, Kimura, Kishimoto *et al.*, 1996; Randall and Lim (eds.), 2000; 伍汉霖，邵广昭，赖春福等, 2012; 刘静，吴仁协，康斌等, 2016.
别名或俗名（**Used or common name**）：碗米仔.
分布（**Distribution**）：南海.

### （3339）长圆银鲈 *Gerres oblongus* Cuvier, 1830

*Gerres oblongus* Cuvier (*in* Cuvier *et* Valenciennes), 1830: 1-559.
*Equla oblongus* [Cuvier (*in* Cuvier *et* Valenciennes), 1830].
*Gerres macrosoma* Bleeker, 1854.
*Gerres gigas* Günther, 1862.
文献（**Reference**）：Cuvier (*in* Cuvier and Valenciennes), 1830: 1-596; Shao, Shen, Chiu *et al.*, 1992; 沈世杰, 1993; Leung, 1994; Ni and Kwok, 1999; Kuo, Lin and Shao, 1999; Randall and Lim (eds.), 2000; Huang, 2001; Iwatsuki, Kimura and Yoshino, 2001; 伍汉霖，邵广昭，赖春福等, 2012; 刘静，吴仁协，康斌等, 2016.
别名或俗名（**Used or common name**）：碗米仔.
分布（**Distribution**）：东海，南海.

### （3340）奥奈银鲈 *Gerres oyena* (Forsskål, 1775)

*Labrus oyena* Forsskål, 1775: 1-164.
*Diapterus oyena* (Forsskål, 1775).
*Gerres oynea* (Forsskål, 1775).
*Cichla argyrea* Forster, 1801.
*Gerres vaigiensis* Quoy *et* Gaimard, 1824.
文献（**Reference**）：Shao, Shen, Chiu *et al.*, 1992; 沈世杰, 1993; Chen, Shao and Lin, 1995; Ni and Kwok, 1999; Kuo and Shao, 1999; Kuo, Lin and Shao, 1999; Randall and Lim (eds.), 2000; Huang, 2001; Hsieh and Chiu, 2002; 伍汉霖，邵广昭，赖春福等, 2012; 刘静，吴仁协，康斌等, 2016.
别名或俗名（**Used or common name**）：碗米仔.
分布（**Distribution**）：东海，南海.

### （3341）七带银鲈 *Gerres septemfasciatus* Iiu *et* Yan, 2009

*Gerres septemfasciatus* Iiu *et* Yan, 2009: 555-557.
文献（**Reference**）：Iiu *et* Yan, 2009: 555-557; 刘静，吴仁协，康斌等, 2016.
分布（**Distribution**）：南海.

### （3342）志摩银鲈 *Gerres shima* Iwatsuki, Kimura *et* Yoshino, 2007

*Gerres shima* Iwatsuki, Kimura *et* Yoshino, 2007: 168-185.
文献（**Reference**）：Iwatsuki, Kimura and Yoshino, 2007: 168-185; 伍汉霖，邵广昭，赖春福等, 2012.
分布（**Distribution**）：南海.

## 1049. 五棘银鲈属 *Pentaprion* Bleeker, 1850

### （3343）五棘银鲈 *Pentaprion longimanus* (Cantor, 1849)

*Equula longimanus* Cantor, 1849: 983-1443.
*Pentaprion longimana* (Cantor, 1849).
文献（**Reference**）：Conlu, 1978; Kyushin, Amaoka, Nakaya *et al.*, 1982; Tandog-Edralin, Ganaden and Fox, 1988; Sambilay, 1991; Federizon, 1993; Shao, Chen, Kao *et al.*, 1993; 沈世杰, 1993; Randall and Lim (eds.), 2000; Huang, 2001; 伍汉霖，邵广昭，赖春福等, 2012.
别名或俗名（**Used or common name**）：碗米仔.
分布（**Distribution**）：南海.

# （二四一）仿石鲈科 Haemulidae

## 1050. 少棘胡椒鲷属 *Diagramma* Oken, 1817

### （3344）黑鳍少棘胡椒鲷 *Diagramma melanacrum* Johnson *et* Randall, 2001

*Diagramma melanacrum* Johnson *et* Randall (*in* Johnson, Randall *et* Chenoweth), 2001: 657-676.
*Diagramma melanacra* Johnson *et* Randall (*in* Johnson, Randall *et* Chenoweth), 2001.
文献（**Reference**）：Johnson and Randall (*in* Johnson, Randall and Chenoweth), 2001: 657-676; 伍汉霖，邵广昭，赖春福等, 2012.
别名或俗名（**Used or common name**）：鸡仔鱼，加志.
分布（**Distribution**）：南海.

### （3345）密点少棘胡椒鲷（胡椒鲷）*Diagramma pictum* (Thunberg, 1792)

*Perca picta* Thunberg, 1792: 141-143.
*Diagramma picta* (Thunberg, 1792).
*Spilotichthys pictus* (Thunberg, 1792).
文献（**Reference**）：Kyushin, Amaoka, Nakaya *et al.*, 1982; 朱元鼎等, 1985; 沈世杰, 1993; Yamada, Shirai, Irie *et al.*, 1995; Endo and Iwatsuki, 1998; Randall and Lim (eds.), 2000; 伍汉霖，邵广昭，赖春福等, 2012.
别名或俗名（**Used or common name**）：鸡仔鱼，加志，少棘石鲈.

分布（**Distribution**）：东海，南海.

## 1051. 髭鲷属 *Hapalogenys* Richardson, 1844

### （3346）华髭鲷 *Hapalogenys analis* Richardson, 1845

*Hapalogenys analis* Richardson, 1845: 71-98.
*Hapalogenys mucronatus* (Eydoux *et* Souleyet, 1850).
*Pristipoma mucronata* Eydoux *et* Souleyet, 1850.
**文献（Reference）**：朱元鼎等, 1985; Shao, Chen, Kao *et al.*, 1993; 沈世杰, 1993; Yamada, Shirai, Irie *et al.*, 1995; Ni and Kwok, 1999; Randall and Lim (eds.), 2000; Shao, Hsieh, Wu *et al.*, 2001; Huang, 2001; Kamura and Hashimoto, 2004; Iwatsuki and Russell, 2006; 伍汉霖, 邵广昭, 赖春福等, 2012.
**别名或俗名（Used or common name）**：铜盆鱼，石飞鱼，打铁婆，黑文丞.
**分布（Distribution）**：东海，南海.

### （3347）岸上氏髭鲷 *Hapalogenys kishinouyei* Smith *et* Pope, 1906

*Hepalogenys kishinouyei* Smith *et* Pope, 1906: 459-499.
**文献（Reference）**：Kyushin, Amaoka, Nakaya *et al.*, 1982; 沈世杰, 1993; Yamada, Shirai, Irie *et al.*, 1995; Randall and Lim (eds.), 2000; Huang, 2001; Iwatsuki and Russell, 2006; 伍汉霖, 邵广昭, 赖春福等, 2012.
**别名或俗名（Used or common name）**：打铁婆，四带石鲈，纵带髭鲷.
**分布（Distribution）**：东海，南海.

### （3348）黑鳍髭鲷 *Hapalogenys nigripinnis* (Temminck *et* Schlegel, 1843)

*Pogonias nigripinnis* Temminck *et* Schlegel, 1843: 21-72.
*Hepalogenys nigripinnis* (Temminck *et* Schlegel, 1843).
*Hapalogenys nitens* Richardson, 1844.
*Hapalogenys aculeatus* Nyström, 1887.
**文献（Reference）**：Nyström, 1887; 朱元鼎等, 1985; Shao, Chen, Kao *et al.*, 1993; 沈世杰, 1993; Yamada, Shirai, Irie *et al.*, 1995; Ni and Kwok, 1999; Randall and Lim (eds.), 2000; Liao, Su and Chang, 2001; Huang, 2001; Iwatsuki and Russell, 2006; 伍汉霖, 邵广昭, 赖春福等, 2012.
**别名或俗名（Used or common name）**：铜盆鱼.
**分布（Distribution）**：黄海，东海，南海.

## 1052. 矶鲈属 *Parapristipoma* Bleeker, 1873

### （3349）三线矶鲈 *Parapristipoma trilineatum* (Thunberg, 1793)

*Perca trilineata* Thunberg, 1793: 55-56.
*Parapristipoma trilineatus* (Thunberg, 1793).
*Hapalogenys meyenii* Peters, 1866.
**文献（Reference）**：Suzuki and Kimura, 1980; 朱元鼎等, 1985; Shao, Kao and Lee, 1990; Shao, Chen, Kao *et al.*, 1993; 沈世杰, 1993; Leung, 1994; Yamada, Shirai, Irie *et al.*, 1995; Ni and Kwok, 1999; Randall and Lim (eds.), 2000; Iwatsuki, Paepke, Kimura *et al.*, 2000; Ohshimo, 2004; 伍汉霖, 邵广昭, 赖春福等, 2012.
**别名或俗名（Used or common name）**：三线鸡鱼，黄鸡仔，鸡仔鱼，番仔加志，黄公仔鱼，黄鸡鱼，三爪仔.
**分布（Distribution）**：黄海，东海，南海.

## 1053. 胡椒鲷属 *Plectorhinchus* Lacépède, 1801

### （3350）白带胡椒鲷 *Plectorhinchus albovittatus* (Rüppell, 1838)

*Diagramma albovittatum* Rüppell, 1838: 1-148.
*Gaterin albovittatus* (Rüppell, 1838).
*Gaterin harrawayi* Smith, 1952.
*Plectorhinchus harrawayi* (Smith, 1952).
**文献（Reference）**：Herre and Umali, 1948; 沈世杰, 1993; Ganaden and Lavapie-Gonzales, 1999; Randall and Lim (eds.), 2000; 伍汉霖, 邵广昭, 赖春福等, 2012.
**别名或俗名（Used or common name）**：厚嘴仔，打铁婆，白带石鲈.
**分布（Distribution）**：南海.

### （3351）斑胡椒鲷 *Plectorhinchus chaetodonoides* Lacépède, 1801

*Plectorhinchus chaetodonoides* Lacépède, 1801: 1-558.
*Gaterin chaetodonoides* (Lacépède, 1801).
*Plectorhynchus chaetodonoides* (Lacépède, 1801).
*Plectorynchus chaetodonoides* (Lacépède, 1801).
**文献（Reference）**：Randall and Emery, 1971; 沈世杰, 1993; Chen, Shao and Lin, 1995; Chen, Jan and Shao, 1997; Ni and Kwok, 1999; Randall and Lim (eds.), 2000; 伍汉霖, 邵广昭, 赖春福等, 2012.
**别名或俗名（Used or common name）**：小丑石鲈，燕子花旦，打铁婆，花脸，厚唇石鲈.
**分布（Distribution）**：东海，南海.

### （3352）黄纹胡椒鲷 *Plectorhinchus chrysotaenia* (Bleeker, 1855)

*Diagramma chrysotaenia* Bleeker, 1855b: 281-314.
*Plectorhynchus chrysotaenia* (Bleeker, 1855).
*Plectorhinchus celebecus* Bleeker, 1873.
*Plectorhynchus celebicus* Bleeker, 1873.
**文献（Reference）**：Herre, 1953b; Masuda, Amaoka, Araga *et al.*, 1984; 沈世杰, 1993; Randall and Lim (eds.), 2000; 伍汉霖, 邵广昭, 赖春福等, 2012.

别名或俗名（**Used or common name**）：黄纹石鲈，打铁婆.
分布（**Distribution**）：南海.

### （3353）花尾胡椒鲷 *Plectorhinchus cinctus* (Temminck *et* Schlegel, 1843)

*Diagramma cinctum* Temminck *et* Schlegel, 1843: 21-72.
*Plectorhynchus cinctus* (Temminck *et* Schlegel, 1843).
文献（**Reference**）：朱元鼎等, 1985; Shao, Chen, Kao *et al.*, 1993; 沈世杰, 1993; Yamada, Shirai, Irie *et al.*, 1995; Chen, Shao and Lin, 1995; Ni and Kwok, 1999; Kuo and Shao, 1999; Randall and Lim (eds.), 2000; Liao, Su and Chang, 2001; Inoue, Suda and Sano, 2005; Iwatsuki and Russell, 2006; 伍汉霖, 邵广昭, 赖春福等, 2012.
别名或俗名（**Used or common name**）：加志，黄斑石鲷，花软唇.
分布（**Distribution**）：黄海，东海，南海.

### （3354）双带胡椒鲷 *Plectorhinchus diagrammus* (Linnaeus, 1758)

*Perca diagramma* Linnaeus, 1758: 1-824.
*Gaterin diagrammus* (Linnaeus, 1758).
*Plectorhynchus diagrammus* (Linnaeus, 1758).
文献（**Reference**）：Chen, Shao and Lin, 1995; Ni and Kwok, 1999; Kuo and Shao, 1999; Randall and Lim (eds.), 2000; Liao, Su and Chang, 2001; 伍汉霖, 邵广昭, 赖春福等, 2012.
分布（**Distribution**）：南海.

### （3355）黄点胡椒鲷 *Plectorhinchus flavomaculatus* (Cuvier, 1830)

*Diagramma flavomaculatum* Cuvier (*in* Cuvier *et* Valenciennes), 1830: 1-499.
*Gaterin flavomaculatus* [Cuvier (*in* Cuvier *et* Valenciennes), 1830].
*Plectorhynchus flavomaculatus* [Cuvier (*in* Cuvier *et* Valenciennes), 1830].
*Gaterin citronellus* Smith, 1956.
文献（**Reference**）：Cuvier (*in* Cuvier and Valenciennes), 1830: i-xxviii + 1-499 + 4 pp; Masuda, Amaoka, Araga *et al.*, 1984; 沈世杰, 1993; Randall and Lim (eds.), 2000; Broad, 2003; 伍汉霖, 邵广昭, 赖春福等, 2012.
别名或俗名（**Used or common name**）：打铁婆，黄点石鲈.
分布（**Distribution**）：南海.

### （3356）驼背胡椒鲷 *Plectorhinchus gibbosus* (Lacépède, 1802)

*Holocentrus gibbosus* Lacépède, 1802: 1-728.
*Plectorhynchus gibbosus* (Lacépède, 1802).
*Gaterin niger* [Cuvier (*in* Cuvier *et* Valenciennes), 1830].
*Pristipoma nigrum* Cuvier (*in* Cuvier *et* Valenciennes), 1830.
文献（**Reference**）：Francis, 1993; 沈世杰, 1993; Shao, 1997; Kuo and Shao, 1999; Randall and Lim (eds.), 2000; Shao, Hsieh, Wu *et al.*, 2001; 伍汉霖, 邵广昭, 赖春福等, 2012.
别名或俗名（**Used or common name**）：打铁婆，驼背石鲈.
分布（**Distribution**）：东海，南海.

### （3357）雷氏胡椒鲷 *Plectorhinchus lessonii* (Cuvier, 1830)

*Diagramma lessonii* Cuvier (*in* Cuvier *et* Valenciennes), 1830: 1-499.
*Plectorhinchus lessoni* [Cuvier (*in* Cuvier *et* Valenciennes), 1830].
文献（**Reference**）：沈世杰, 1993; Randall and Lim (eds.), 2000; Werner and Allen, 2000; 伍汉霖, 邵广昭, 赖春福等, 2012.
别名或俗名（**Used or common name**）：花脸仔，打铁婆，六线妞妞，雷氏石鲈.
分布（**Distribution**）：东海，南海.

### （3358）条纹胡椒鲷 *Plectorhinchus lineatus* (Linnaeus, 1758)

*Perca lineata* Linnaeus, 1758: 1-824.
*Plectorhynchus lineatus* (Linnaeus, 1758).
*Lutjanus pentagramma* Lacépède, 1802.
*Diagramma radja* Bleeker, 1853.
文献（**Reference**）：Shao, Shen, Chiu *et al.*, 1992; 沈世杰, 1993; Chen, Shao and Lin, 1995; Ni and Kwok, 1999; Kuo and Shao, 1999; Randall and Lim (eds.), 2000; 伍汉霖, 邵广昭, 赖春福等, 2012.
别名或俗名（**Used or common name**）：花脸仔，打铁婆，条纹石鲈.
分布（**Distribution**）：东海，南海.

### （3359）胡椒鲷 *Plectorhinchus pictus* (Tortonese, 1936)

*Hapalogenys pictus* Tortonese, 1936: 281-284.
*Gaterin pictus* (Tortonese, 1936).
*Plectorhynchus pictus* (Tortonese, 1936).
*Plectorhinchus fangi* Whitley, 1951.
文献（**Reference**）：Federizon, 1992; Shao and Chen, 1992; Shao, Chen, Kao *et al.*, 1993; 沈世杰, 1993; Leung, 1994; Cinco, Confiado, Trono *et al.*, 1995; Chen, Shao and Lin, 1995; Ni and Kwok, 1999; Kuo and Shao, 1999; 伍汉霖, 邵广昭, 赖春福等, 2012.
别名或俗名（**Used or common name**）：加志，花石鲈.
分布（**Distribution**）：东海，南海.

### （3360）暗点胡椒鲷 *Plectorhinchus picus* (Cuvier, 1830)

*Diagramma pica* Cuvier (*in* Cuvier *et* Valenciennes), 1830: 1-499.

*Diagramma punctatissimum* Playfair, 1868.
*Gaterin punctatissimus* (Playfair, 1868).
*Plectorhinchus punctatissimus* (Playfair, 1868).
**文献(Reference)**: Francis, 1993; Shao, Chen, Kao *et al.*, 1993; Ni and Kwok, 1999; Randall and Lim (eds.), 2000; Broad, 2003; 伍汉霖, 邵广昭, 赖春福等, 2012.
**别名或俗名(Used or common name)**: 加志, 花旦石鲈, 暗点石鲈.
**分布(Distribution)**: 南海.

### (3361) 邵氏胡椒鲷 *Plectorhinchus schotaf* (Forsskål, 1775)

*Sciaena schotaf* Forsskål, 1775: 1-164.
*Plectorhynchus schotaf* (Forsskål, 1775).
*Diagramma griseum* Cuvier (*in* Cuvier *et* Valenciennes), 1830.
*Plectorhinchus unicolor* (Macleay, 1883).
**文献(Reference)**: Herre, 1953b; Masuda, Amaoka, Araga *et al.*, 1984; 沈世杰, 1993; Randall and Lim (eds.), 2000; 伍汉霖, 邵广昭, 赖春福等, 2012.
**别名或俗名(Used or common name)**: 打铁婆, 灰石鲈.
**分布(Distribution)**: 东海, 南海.

### (3362) 条斑胡椒鲷 *Plectorhinchus vittatus* (Linnaeus, 1758)

*Perca vittata* Linnaeus, 1758: 1-824.
*Plectorhynchus vittatus* (Linnaeus, 1758).
*Anthias orientalis* Bloch, 1793.
*Gaterin orientalis* (Bloch, 1793).
**文献(Reference)**: Chang, Jan and Shao, 1983; Shao, Chen, Kao *et al.*, 1993; 沈世杰, 1993; Chen, Jan and Shao, 1997; Ni and Kwok, 1999; Randall and Lim (eds.), 2000; Hajisamae and Yeesin, 2010; 伍汉霖, 邵广昭, 赖春福等, 2012.
**别名或俗名(Used or common name)**: 打铁婆, 花身舅仔, 六线妞妞, 多带石鲈.
**分布(Distribution)**: 东海, 南海.

## 1054. 石鲈属 *Pomadasys* Lacépède, 1802

### (3363) 银石鲈 *Pomadasys argenteus* (Forsskål, 1775)

*Sciaena argentea* Forsskål, 1775: 1-164.
*Pomodasys argenteus* (Forsskål, 1775).
*Lutjanus hasta* Bloch, 1790.
*Lutjanus microstomus* Lacépède, 1802.
**文献(Reference)**: Forsskål, 1775: 1-20 + i-xxxiv + 1-164; Seale, 1908; Lee, 1975; Federizon, 1992; Shao, Chen, Kao *et al.*, 1993; 沈世杰, 1993; Ni and Kwok, 1999; Kuo and Shao, 1999; Randall and Lim (eds.), 2000; Huang, 2001; 伍汉霖, 邵广昭, 赖春福等, 2012.
**别名或俗名(Used or common name)**: 鸡仔鱼, 石鲈, 厚鲈.
**分布(Distribution)**: 东海, 南海.

### (3364) 赤笔石鲈 *Pomadasys furcatus* (Bloch *et* Schneider, 1801)

*Grammistes furcatus* Bloch *et* Schneider, 1801: 1-584.
*Pomadacys furcatus* (Bloch *et* Schneider, 1801).
*Pomadasys anas* (Valenciennes, 1862).
*Pomadasys taeniophorus* Regan, 1908.
**文献(Reference)**: Huang, 2001; 伍汉霖, 邵广昭, 赖春福等, 2012.
**分布(Distribution)**: 东海, 南海.

### (3365) 点石鲈 *Pomadasys kaakan* (Cuvier, 1830)

*Pristipoma kaakan* Cuvier (*in* Cuvier *et* Valenciennes), 1830: 1-499.
*Pomodasys kaakan* [Cuvier (*in* Cuvier *et* Valenciennes), 1830].
**文献(Reference)**: 朱元鼎等, 1984; 朱元鼎等, 1985; Shao, Chen, Kao *et al.*, 1993; 沈世杰, 1993; Lin, Shao, Kuo *et al.*, 1999; Ni and Kwok, 1999; Kuo and Shao, 1999; Kuo, Lin and Shao, 1999; Randall and Lim (eds.), 2000; Liao, Su and Chang, 2001; Huang, 2001; 伍汉霖, 邵广昭, 赖春福等, 2012.
**别名或俗名(Used or common name)**: 鸡仔鱼, 石鲈, 厚鲈.
**分布(Distribution)**: 东海, 南海.

### (3366) 大斑石鲈 *Pomadasys maculatus* (Bloch, 1793)

*Anthias maculatus* Bloch, 1793: 1-144.
*Lutjanus maculatus* (Bloch, 1793).
*Pomadasys maculatum* (Bloch, 1793).
**文献(Reference)**: Shao, Kao and Lee, 1990; Federizon, 1992; Shao, Chen, Kao *et al.*, 1993; 沈世杰, 1993; Leung, 1994; Ni and Kwok, 1999; Kuo and Shao, 1999; Randall and Lim (eds.), 2000; Huang, 2001; 伍汉霖, 邵广昭, 赖春福等, 2012.
**别名或俗名(Used or common name)**: 鸡仔鱼, 石鲈, 厚鲈, 石鲫仔.
**分布(Distribution)**: 东海, 南海.

### (3367) 四带石鲈 *Pomadasys quadrilineatus* Shen *et* Lin, 1984

*Pomadasys quadrilineatus* Shen *et* Lin, 1984: 1-25.
**文献(Reference)**: Shen *et* Lin, 1984: 1-26; Masuda, Amaoka, Araga *et al.*, 1984; Chen and Yu, 1986; Shao, Chen, Kao *et al.*, 1993; 沈世杰, 1993; Iwatsuki, Yoshino, Golani *et al.*, 1995; Randall and Lim (eds.), 2000; Huang, 2001; 伍汉霖, 邵广昭, 赖春福等, 2012.
**别名或俗名(Used or common name)**: 鸡仔鱼, 石鲈, 厚鲈, 三抓仔.
**分布(Distribution)**: 东海, 南海.

**（3368）红海石鲈 *Pomadasys stridens* (Forsskål, 1775)**

*Sciaena stridens* Forsskål, 1775: 1-164.
*Rhonciscus stridens* (Forsskål, 1775).
**文献（Reference）：**伍汉霖，邵广昭，赖春福等, 2012.
**分布（Distribution）：**东海，南海.

**（3369）单斑石鲈 *Pomadasys unimaculatus* Tian, 1982**

*Pomadasys unimaculatus* Tian, 1982: 324-328.
**文献（Reference）：**Randall and Lim (eds.), 2000; Huang, 2001.
**分布（Distribution）：**东海，南海.

## （二四二）金线鱼科 Nemipteridae

### 1055. 金线鱼属 *Nemipterus* Swainson, 1839

**（3370）赤黄金线鱼 *Nemipterus aurora* Russell, 1993**

*Nemipterus aurorus* Russell, 1993: 295-310.
**文献（Reference）：**Russell, 1993: 295-310; Russell, 1990; 沈世杰, 1993; Randall and Lim (eds.), 2000; Huang, 2001; Ho and Shao, 2011; 伍汉霖，邵广昭，赖春福等, 2012.
**别名或俗名（Used or common name）：**金线鲢.
**分布（Distribution）：**南海.

**（3371）深水金线鱼（黄肚金线鱼）*Nemipterus bathybius* Snyder, 1911**

*Nemipterus bathybus* Snyder, 1911: 525-549.
*Synagris bathybius* (Snyder, 1911).
**文献（Reference）：**Snyder, 1911: 525-549; Gaiger, 1974; Lee, 1975; Richards, Chong, Mak *et al.*, 1985; Shao, Chen, Kao *et al.*, 1993; 沈世杰, 1993; 吴春基, 1993; Ni and Kwok, 1999; Randall and Lim (eds.), 2000; Huang, 2001; Granada, Masuda and Matsuoka, 2004; 伍汉霖，邵广昭，赖春福等, 2012.
**别名或俗名（Used or common name）：**红海鲫，金线鲢.
**分布（Distribution）：**东海，南海.

**（3372）横斑金线鱼 *Nemipterus furcosus* (Valenciennes, 1830)**

*Dentex furcosus* Valenciennes, 1830: 1-559.
*Dentex upeneoides* Bleeker, 1853.
*Dentex ovenii* Bleeker, 1854.
*Dentex hypselognathus* Bleeker, 1873.
**文献（Reference）：**沈世杰, 1993; Randall and Lim (eds.), 2000; Huang, 2001; 伍汉霖，邵广昭，赖春福等, 2012.
**别名或俗名（Used or common name）：**金线鲢.
**分布（Distribution）：**东海，南海.

**（3373）六齿金线鱼 *Nemipterus hexodon* (Quoy *et* Gaimard, 1824)**

*Dentex hexodon* Quoy *et* Gaimard, 1824: 1-328.
*Nemipterus hexadon* (Quoy *et* Gaimard, 1824).
*Dentex ruber* Valenciennes, 1830.
*Dentex taeniopterus* Valenciennes, 1830.
**文献（Reference）：**Schroeder, 1982; Kyushin, Amaoka, Nakaya *et al.*, 1982; Tandog-Edralin, Ganaden and Fox, 1988; Russell, 1990; Russell, 1993; 沈世杰, 1993; Randall and Lim (eds.), 2000; Huang, 2001; 伍汉霖，邵广昭，赖春福等, 2012.
**别名或俗名（Used or common name）：**金线鲢，虹色金线鱼.
**分布（Distribution）：**东海，南海.

**（3374）日本金线鱼 *Nemipterus japonicus* (Bloch, 1791)**

*Sparus japonicus* Bloch, 1791: 1-152.
*Nemipterus japonicas* (Bloch, 1791).
*Cantharus filamentosus* Rüppell, 1829.
*Synagris flavolinea* Fowler, 1931.
**文献（Reference）：**Lee, 1975; Jones, 1976; Shao, Chen, Kao *et al.*, 1993; 沈世杰, 1993; Sadovy, 1998; Ni and Kwok, 1999; Randall and Lim (eds.), 2000; Huang, 2001; Golani and Sonin, 2006; 伍汉霖，邵广昭，赖春福等, 2012.
**别名或俗名（Used or common name）：**金线鲢.
**分布（Distribution）：**东海，南海.

**（3375）长丝金线鱼 *Nemipterus nematophorus* (Bleeker, 1854)**

*Dentex nematophorus* Bleeker, 1854: 495-534.
*Dentex filamentosus* Valenciennes, 1830.
*Nemipterus nematophorous* (Bleeker, 1854).
*Synagris nematophorus* (Bleeker, 1854).
**文献（Reference）：**Kyushin, Amaoka, Nakaya *et al.*, 1982; Randall and Lim (eds.), 2000; Broad, 2003; 伍汉霖，邵广昭，赖春福等, 2012.
**分布（Distribution）：**东海，南海.

**（3376）裴氏金线鱼 *Nemipterus peronii* (Valenciennes, 1830)**

*Dentex peronii* Valenciennes, 1830: 1-559.
*Cantharus guliminda* Valenciennes, 1830.
*Dentex tolu* Valenciennes, 1830.
*Nemipterus peroni* (Valenciennes, 1830).
**文献（Reference）：**Russell, 1990; Russell, 1993; Shao, Chen, Kao *et al.*, 1993; 沈世杰, 1993; Ni and Kwok, 1999; Kuo and Shao, 1999; Randall and Lim (eds.), 2000; Huang, 2001; 伍汉霖，邵广昭，赖春福等, 2012.

别名或俗名（Used or common name）：金线鱼.
分布（Distribution）：东海，南海.

**（3377）黄缘金线鱼 *Nemipterus thosaporni* Russell, 1991**

*Nemipterus thosaporni* Russell, 1991: 1379-1389.
文献（Reference）：Russell, 1991: 1379-1389; Pauly and Martosubroto, 1980; Russell, 1990; Russell, 1993; 沈世杰, 1993; Randall and Lim (eds.), 2000; Huang, 2001; 伍汉霖, 邵广昭, 赖春福等, 2012.
别名或俗名（Used or common name）：金线鲢.
分布（Distribution）：南海.

**（3378）金线鱼 *Nemipterus virgatus* (Houttuyn, 1782)**

*Sparus virgatus* Houttuyn, 1782: 311-350.
*Synagris virgatus* (Houttuyn, 1782).
*Sparus sinensis* Lacépède, 1802.
*Dentex setigerus* Valenciennes, 1830.
*Cheimarius matsubarae* (Jordan *et* Evermann, 1902).
文献（Reference）：Eggleston, 1970; Gaiger, 1974; Kao and Liu, 1979; Shao, Chen, Kao *et al.*, 1993; 沈世杰, 1993; Yamada, Shirai, Irie *et al.*, 1995; Sadovy, 1998; Ni and Kwok, 1999; Randall and Lim (eds.), 2000; Huang, 2001; 伍汉霖, 邵广昭, 赖春福等, 2012.
别名或俗名（Used or common name）：金线鲢，黄线，红杉.
分布（Distribution）：黄海，东海，南海.

**（3379）长体金线鱼 *Nemipterus zysron* (Bleeker, 1856)**

*Dentex zysron* Bleeker, 1856g: 211-228.
*Nemipterus metopias* (Bleeker, 1857).
*Heterognathodon petersii* Steindachner, 1864.
*Nemipterus petersi* (Steindachner, 1864).
文献（Reference）：Bleeker, 1856; Shen, 1984; Russell, 1990; Russell, 1993; 沈世杰, 1993; Randall and Lim (eds.), 2000; Huang, 2001; 伍汉霖, 邵广昭, 赖春福等, 2012.
别名或俗名（Used or common name）：金线鲢.
分布（Distribution）：南海.

## 1056. 副眶棘鲈属 *Parascolopsis* Boulenger, 1901

**（3380）宽带副眶棘鲈 *Parascolopsis eriomma* (Jordan *et* Richardson, 1909)**

*Scolopsis eriomma* Jordan *et* Richardson, 1909: 159-204.
*Parascolopsis arioma* (Jordan *et* Richardson, 1909).
文献(Reference)：Russell, 1990; Shao, Chen, Kao *et al.*, 1993; 沈世杰, 1993; Randall and Lim (eds.), 2000; Huang, 2001; 伍汉霖, 邵广昭, 赖春福等, 2012.
别名或俗名（Used or common name）：红副赤尾冬，红尾冬仔，红奇黑仔，红哥里，海鲫仔，海鮘仔，赤海鮘.
分布（Distribution）：东海，南海.

**（3381）横带副眶棘鲈 *Parascolopsis inermis* (Temminck *et* Schlegel, 1843)**

*Scolopsides inermis* Temminck *et* Schlegel, 1843: 21-72.
*Scolopsis inermis* (Temminck *et* Schlegel, 1843).
*Heterognathodon doederleini* Ishikawa, 1904.
文献(Reference)：Russell, 1990; Federizon, 1992; Federizon, 1993; Shao, Chen, Kao *et al.*, 1993; 沈世杰, 1993; Yamada, Shirai, Irie *et al.*, 1995; Ni and Kwok, 1999; Randall and Lim (eds.), 2000; Huang, 2001; 伍汉霖, 邵广昭, 赖春福等, 2012.
别名或俗名（Used or common name）：横带副赤尾冬，红尾冬仔，横带海鮘.
分布（Distribution）：东海，南海.

**（3382）土佐副眶棘鲈 *Parascolopsis tosensis* (Kamohara, 1938)**

*Scolopsis tosensis* Kamohara, 1938: 1-86.
文献(Reference)：Masuda, Amaoka, Araga *et al.*, 1984; Shao and Chen, 1988; Russell, 1990; 沈世杰, 1993; Yamada, Shirai, Irie *et al.*, 1995; Randall and Lim (eds.), 2000; Huang, 2001; 伍汉霖, 邵广昭, 赖春福等, 2012.
别名或俗名（Used or common name）：土佐副赤尾冬，石兵，鸡仔，红尾冬仔.
分布（Distribution）：南海.

## 1057. 锥齿鲷属 *Pentapodus* Quoy *et* Gaimard, 1824

**（3383）黄带锥齿鲷 *Pentapodus aureofasciatus* Russell, 2001**

*Pentapodus aureofasciatus* Russell, 2001: 53-56.
文献（Reference）：Motomura and Harazaki, 2007; 伍汉霖, 邵广昭, 赖春福等, 2012.
别名或俗名（Used or common name）：红尾冬仔.
分布（Distribution）：东海.

**（3384）犬牙锥齿鲷 *Pentapodus caninus* (Cuvier, 1830)**

*Scolopsides caninus* Cuvier (*in* Cuvier *et* Valenciennes), 1830: 1-499.
*Heterognathodon macrurus* Bleeker, 1849.
*Heterognathodon hellmuthii* Bleeker, 1853.
*Heterognathodon microdon* Bleeker, 1853.
文献（Reference）：Carcasson, 1977; Russell, 1990; 沈世杰, 1993; Chen, Shao and Lin, 1995; Chen, Jan and Shao, 1997;

Randall and Lim (eds.), 2000; 伍汉霖, 邵广昭, 赖春福等, 2012.
别名或俗名（**Used or common name**）：红尾冬仔.
分布（**Distribution**）：东海, 南海.

### （3385）艾氏锥齿鲷 *Pentapodus emeryii* (Richardson, 1843)

*Mesoprion emeryii* Richardson, 1843: 1-8.
*Heterognathodon nemurus* Bleeker, 1853.
*Pentapus nemurus* (Bleeker, 1853).
文献（**Reference**）：Russell, 1990; Ganaden and Lavapie-Gonzales, 1999; Randall and Lim (eds.), 2000; Broad, 2003; 伍汉霖, 邵广昭, 赖春福等, 2012.
别名或俗名（**Used or common name**）：红尾冬仔.
分布（**Distribution**）：南海.

### （3386）长崎锥齿鲷 *Pentapodus nagasakiensis* (Tanaka, 1915)

*Leptoscolopsis nagasakiensis* Tanaka, 1915: 343-370.
文献（**Reference**）：Russell, 1990; 沈世杰, 1993; Randall and Lim (eds.), 2000; 伍汉霖, 邵广昭, 赖春福等, 2012.
别名或俗名（**Used or common name**）：日本红姑鱼.
分布（**Distribution**）：南海.

### （3387）线尾锥齿鲷 *Pentapodus setosus* (Valenciennes, 1830)

*Pentapus setosus* Valenciennes, 1830: 1-559.
*Dentex filiformis* Seale, 1910.
文献（**Reference**）：Randall and Lim (eds.), 2000; Werner and Allen, 2000; Chinese Academy of Fishery Science (CAFS), 2007; 伍汉霖, 邵广昭, 赖春福等, 2012.
分布（**Distribution**）：南海.

## 1058. 眶棘鲈属 *Scolopsis* Cuvier, 1814

### （3388）乌面眶棘鲈 *Scolopsis affinis* Peters, 1877

*Scolopsis affinis* Peters, 1877: 831-854.
文献（**Reference**）：Russell, 1990; 沈世杰, 1993; Shen, 1997; Randall and Lim (eds.), 2000; Huang, 2001; Broad, 2003; 伍汉霖, 邵广昭, 赖春福等, 2012.
别名或俗名（**Used or common name**）：红尾冬仔, 乌面赤尾冬.
分布（**Distribution**）：南海.

### （3389）双带眶棘鲈 *Scolopsis bilineata* (Bloch, 1793)

*Anthias bilineatus* Bloch, 1793: 1-144.
*Scalopsis bilineatus* (Bloch, 1793).
*Lutjanus ellipticus* Lacépède, 1802.
*Perca frenata* Günther, 1859.
文献（**Reference**）：Chang, Jan and Shao, 1983; Shao, Chen, Kao *et al.*, 1993; 沈世杰, 1993; Chen, Shao and Lin, 1995; Shen, 1997; Chen, Jan and Shao, 1997; Randall and Lim (eds.), 2000; Huang, 2001; 伍汉霖, 邵广昭, 赖春福等, 2012.
别名或俗名（**Used or common name**）：双带赤尾冬, 石兵, 鸡仔, 红尾冬仔.
分布（**Distribution**）：东海, 南海.

### （3390）齿颌眶棘鲈 *Scolopsis ciliata* (Lacépède, 1802)

*Holocentrus ciliatus* Lacépède, 1802: 1-728.
*Scolopsis ciliates* (Lacépède, 1802).
*Scolopsides lycogenis* Cuvier (*in* Cuvier *et* Valenciennes), 1829.
*Lycogenis argyrosoma* Kuhl *et* van Hasselt, 1830.
文献（**Reference**）：Lacépède, 1802: i-xliv + 1-728; Russell, 1990; Shao, Chen, Kao *et al.*, 1993; Shen, 1997; Randall and Lim (eds.), 2000; Huang, 2001; 伍汉霖, 邵广昭, 赖春福等, 2012.
别名或俗名（**Used or common name**）：红尾冬仔, 黄点赤尾冬.
分布（**Distribution**）：东海, 南海.

### （3391）线纹眶棘鲈 *Scolopsis lineata* Quoy *et* Gaimard, 1824

*Scolopsis lineatus* Quoy *et* Gaimard, 1824: 1-328.
*Scolopsides cancellatus* Cuvier (*in* Cuvier *et* Valenciennes), 1830.
*Scolopsis cancellatus* [Cuvier (*in* Cuvier *et* Valenciennes), 1830].
文献（**Reference**）：Chang, Jan and Shao, 1983; Russell, 1990; Shao, Chen, Kao *et al.*, 1993; 沈世杰, 1993; Chen, Shao and Lin, 1995; Shen, 1997; Chen, Jan and Shao, 1997; Randall and Lim (eds.), 2000; Huang, 2001; 伍汉霖, 邵广昭, 赖春福等, 2012.
别名或俗名（**Used or common name**）：黄带赤尾冬, 红海鲫, 赤尾冬仔.
分布（**Distribution**）：东海, 南海.

### （3392）珠斑眶棘鲈 *Scolopsis margaritifera* (Cuvier, 1830)

*Scolopsides margaritifer* Cuvier (*in* Cuvier *et* Valenciennes), 1830: 1-499.
*Scolopsides pectinatus* Cuvier (*in* Cuvier *et* Valenciennes), 1830.
*Scolopsis margaritifer* [Cuvier (*in* Cuvier *et* Valenciennes), 1830].
*Scolopsides leucotaenia* Bleeker, 1852.
文献（**Reference**）：Cuvier (*in* Cuvier and Valenciennes), 1830: i-xxviii + 1-499 + 4 pp; Russell, 1990; 沈世杰, 1993; Chen,

Jan and Shao, 1997; Shen, 1997; Randall and Lim (eds.), 2000; Huang, 2001; 伍汉霖, 邵广昭, 赖春福等, 2012.
**别名或俗名（Used or common name）**：珠斑赤尾冬, 红尾冬仔.
**分布（Distribution）**：东海, 南海.

### （3393）单带眶棘鲈 *Scolopsis monogramma* (Cuvier, 1830)

*Scolopsides monogramma* Cuvier (*in* Cuvier *et* Valenciennes), 1830: 1-499.
*Scolopsis regina* Whitley, 1937.
**文献(Reference)**：Russell, 1990; Shao, Chen, Kao *et al.*, 1993; 沈世杰, 1993; Chen, Shao and Lin, 1995; Shen, 1997; Randall and Lim (eds.), 2000; Huang, 2001; 伍汉霖, 邵广昭, 赖春福等, 2012.
**别名或俗名（Used or common name）**：黑带赤尾冬, 赤尾冬仔.
**分布（Distribution）**：东海, 南海.

### （3394）条纹眶棘鲈 *Scolopsis taenioptera* (Cuvier, 1830)

*Scolopsides taeniopterus* Cuvier (*in* Cuvier *et* Valenciennes), 1830: 1-499.
*Scolopsis taeniopterus* [Cuvier (*in* Cuvier *et* Valenciennes), 1830].
*Scolopsis dubiosus* Weber, 1913.
*Scolopsis siamensis* Akazaki, 1962.
**文献(Reference)**：Cuvier (*in* Cuvier and Valenciennes), 1830: i-xxviii + 1-499 + 4 pp; Russell, 1990; Shen, 1997; Randall and Lim (eds.), 2000; Huang, 2001; Broad, 2003.
**别名或俗名（Used or common name）**：条纹赤尾冬, 红尾冬仔.
**分布（Distribution）**：东海, 南海.

### （3395）花吻眶棘鲈 *Scolopsis temporalis* (Cuvier, 1830)

*Scolopsides temporalis* Cuvier (*in* Cuvier *et* Valenciennes), 1830: 1-499.
**文献（Reference）**：Herre, 1953b; Ganaden and Lavapie-Gonzales, 1999; Huang, 2001; Broad, 2003; 伍汉霖, 邵广昭, 赖春福等, 2012.
**分布（Distribution）**：南海.

### （3396）三带眶棘鲈 *Scolopsis trilineata* Kner, 1868

*Scolopsis trilineatus* Kner, 1868: 26-31.
**文献（Reference）**：Russell, 1990; Chen, Shao and Lin, 1995; Shao, 1997; Shen, 1997; Randall and Lim (eds.), 2000; 伍汉霖, 邵广昭, 赖春福等, 2012.
**别名或俗名（Used or common name）**：三带赤尾冬, 红尾冬仔.
**分布（Distribution）**：东海, 南海.

### （3397）伏氏眶棘鲈 *Scolopsis vosmeri* (Bloch, 1792)

*Anthias vosmeri* Bloch, 1792: 1-126.
*Scolopsis vosmaeri* (Bloch, 1792).
*Anthias japonicus* Bloch, 1793.
*Pomacentrus enneodactylus* Lacépède, 1802.
**文献（Reference）**：Shao, Chen, Kao *et al.*, 1993; 沈世杰, 1993; Leung, 1994; Shen, 1997; Ni and Kwok, 1999; Kuo and Shao, 1999; Randall and Lim (eds.), 2000; Huang, 2001; 伍汉霖, 邵广昭, 赖春福等, 2012.
**别名或俗名（Used or common name）**：白颈赤尾冬, 红海鲫, 海鲋, 赤尾冬仔.
**分布（Distribution）**：东海, 南海.

### （3398）蓝带眶棘鲈 *Scolopsis xenochrous* Günther, 1872

*Scolopsis xenochrous* Günther, 1872: 418-426.
**文献（Reference）**：Günther, 1872: 418-426; 沈世杰, 1993; Shen, 1997; 伍汉霖, 邵广昭, 赖春福等, 2012.
**别名或俗名（Used or common name）**：榄斑赤尾冬, 红尾冬仔.
**分布（Distribution）**：东海, 南海.

## （二四三）裸颊鲷科 Lethrinidae

### 1059. 齿颌鲷属 *Gnathodentex* Bleeker, 1873

### （3399）金带齿颌鲷 *Gnathodentex aureolineatus* (Lacépède, 1802)

*Sparus aureolineatus* Lacépède, 1802: 1-728.
*Gnathodentex aurolinaetus* (Lacépède, 1802).
*Dentex lycogenis* Bennett, 1831.
*Gnathodentex oculomaculatus* Herre, 1935.
**文献(Reference)**：Chang, Jan and Shao, 1983; Francis, 1993; Francis and Randall, 1993; 沈世杰, 1993; Chen, Shao and Lin, 1995; Chen, Jan and Shao, 1997; Randall and Lim (eds.), 2000; Huang, 2001; 伍汉霖, 邵广昭, 赖春福等, 2012.
**别名或俗名（Used or common name）**：黄点鲷.
**分布（Distribution）**：东海, 南海.

### 1060. 裸顶鲷属 *Gymnocranius* Klunzinger, 1870

### （3400）长裸顶鲷 *Gymnocranius elongatus* Senta, 1973

*Gymnocranius elongates* Senta, 1973: 135-144.
**文献（Reference）**：Masuda, Amaoka, Araga *et al.*, 1984; 沈世杰, 1993; Ganaden and Lavapie-Gonzales, 1999; Randall

and Lim (eds.), 2000; 伍汉霖, 邵广昭, 赖春福等, 2012.
别名或俗名（Used or common name）：龙尖.
分布（Distribution）：南海.

### （3401）真裸顶鲷 *Gymnocranius euanus* (Günther, 1879)

*Sphaerodon euanus* Günther, 1879: 136-137.
*Monotaxis affinis* Whitley, 1943.
*Gymnocranius japonicus* Akazaki, 1961.
文献（Reference）：Francis, 1991; Francis, 1993; 沈世杰, 1993; Chen, Jan and Shao, 1997; Ni and Kwok, 1999; Randall and Lim (eds.), 2000; Huang, 2001; 伍汉霖, 邵广昭, 赖春福等, 2012.
别名或俗名（Used or common name）：龙尖.
分布（Distribution）：东海, 南海.

### （3402）蓝线裸顶鲷 *Gymnocranius grandoculis* (Valenciennes, 1830)

*Cantharus grandoculis* Valenciennes, 1830: 1-559.
*Gymnocranium grandoculis* (Valenciennes, 1830).
*Dentex rivulatus* Rüppell, 1838.
文献（Reference）：伍汉霖, 邵广昭, 赖春福等, 2012.
别名或俗名（Used or common name）：龙尖.
分布（Distribution）：东海, 南海.

### （3403）灰裸顶鲷 *Gymnocranius griseus* (Temminck *et* Schlegel, 1843)

*Dentex griseus* Temminck *et* Schlegel, 1843: 21-72.
*Gymnocranius griserus* (Temminck *et* Schlegel, 1843).
*Lobotes microprion* Bleeker, 1851.
*Gymnocranius orbis* Fowler, 1938.
文献（Reference）：伍汉霖, 邵广昭, 赖春福等, 2012.
别名或俗名（Used or common name）：龙尖.
分布（Distribution）：东海, 南海.

### （3404）小齿裸顶鲷 *Gymnocranius microdon* (Bleeker, 1851)

*Dentex microdon* Bleeker, 1851: 209-224.
*Gymnocranium microdon* (Bleeker, 1851).
文献（Reference）：Herre and Umali, 1948; Masuda, Amaoka, Araga *et al.*, 1984; Ganaden and Lavapie-Gonzales, 1999; Randall and Lim (eds.), 2000; 伍汉霖, 邵广昭, 赖春福等, 2012.
别名或俗名（Used or common name）：龙尖.
分布（Distribution）：南海.

## 1061. 裸颊鲷属 *Lethrinus* Cuvier, 1829

### （3405）阿氏裸颊鲷 *Lethrinus atkinsoni* Seale, 1910

*Lethrinus atkinson* Seale, 1910b: 491-543.
文献（Reference）：Francis, 1993; 沈世杰, 1993; Chen, Jan and Shao, 1997; Randall and Lim (eds.), 2000; Werner and Allen, 2000; Nakamura, Horinouchi, Nakai *et al.*, 2003; 伍汉霖, 邵广昭, 赖春福等, 2012.
别名或俗名（Used or common name）：龙尖.
分布（Distribution）：南海.

### （3406）红棘裸颊鲷 *Lethrinus erythracanthus* Valenciennes, 1830

*Lethrinus erythracanthus* Valenciennes, 1830: 1-559.
*Lethrinus cinnabarinus* Richardson, 1843.
*Lethrinus kallopterus* Bleeker, 1856.
文献（Reference）：Valenciennes, 1830: 596; Kyushin, Amaoka, Nakaya *et al.*, 1982; Chen, Shao and Lin, 1995; Chen, Jan and Shao, 1997; Ni and Kwok, 1999; Randall and Lim (eds.), 2000; 伍汉霖, 邵广昭, 赖春福等, 2012.
别名或俗名（Used or common name）：龙尖.
分布（Distribution）：南海.

### （3407）赤鳍裸颊鲷 *Lethrinus erythropterus* Valenciennes, 1830

*Lethrinus erythropterus* Valenciennes, 1830: 1-559.
*Lethrinus striatus* Steindachner, 1866.
*Lethrinus hypselopterus* Bleeker, 1873.
文献（Reference）：Valenciennes, 1830: 596; Randall and Lim (eds.), 2000; Werner and Allen, 2000; Broad, 2003; 伍汉霖, 邵广昭, 赖春福等, 2012.
别名或俗名（Used or common name）：龙尖.
分布（Distribution）：南海.

### （3408）长棘裸颊鲷 *Lethrinus genivittatus* Valenciennes, 1830

*Lethrinus genivittatus* Valenciennes, 1830: 1-559.
*Lethrinus nematacanthus* Bleeker, 1854.
文献（Reference）：Shao, Shen, Chiu *et al.*, 1992; Yamada, Shirai, Irie *et al.*, 1995; Randall and Lim (eds.), 2000; Huang, 2001; Broad, 2003.
别名或俗名（Used or common name）：龙尖.
分布（Distribution）：东海, 南海.

### （3409）红鳍裸颊鲷 *Lethrinus haematopterus* Temminck *et* Schlegel, 1844

*Lethrinus haematopterus* Temminck *et* Schlegel, 1844: 73-112.
*Lethrinus richardsoni* Günther, 1859.
文献（Reference）：Kyushin, Amaoka, Nakaya *et al.*, 1982; Shao, Chen, Kao *et al.*, 1993; Leung, 1994; Ni and Kwok, 1999; Randall and Lim (eds.), 2000; Liao, Su and Chang, 2001; Huang, 2001; 伍汉霖, 邵广昭, 赖春福等, 2012.
别名或俗名（Used or common name）：白龙占，龙尖，

连占.
分布（Distribution）：东海，南海.

**（3410）黑点裸颊鲷 *Lethrinus harak* (Forsskål, 1775)**

*Sciaena harak* Forsskål, 1775: 1-164.
*Lethrinus azureus* Valenciennes, 1830.
*Lethrinus rhodopterus* Bleeker, 1852.
*Lethrinus johnii* Castelnau, 1873.
文献（Reference）：Shao, Chen, Kao *et al.*, 1993; 沈世杰, 1993; Chen, Shao and Lin, 1995; Chen, Jan and Shao, 1997; Randall and Lim (eds.), 2000; Huang, 2001; Nakamura, Horinouchi, Nakai *et al.*, 2003; 伍汉霖, 邵广昭, 赖春福等, 2012.
别名或俗名（Used or common name）：龙尖，龙占.
分布（Distribution）：东海，南海.

**（3411）扁裸颊鲷 *Lethrinus lentjan* (Lacépède, 1802)**

*Bodianus lentjan* Lacépède, 1802: 1-728.
*Letherinus lentjanus* (Lacépède, 1802).
*Lethrinus argenteus* Valenciennes, 1830.
*Lethrinus cinereus* Valenciennes, 1830.
文献（Reference）：Herre and Umali, 1948; Kyushin, Amaoka, Nakaya *et al.*, 1982; Federizon, 1992; 沈世杰, 1993; Chen, Jan and Shao, 1997; Ni and Kwok, 1999; Randall and Lim (eds.), 2000; Huang, 2001; 伍汉霖, 邵广昭, 赖春福等, 2012.
别名或俗名（Used or common name）：龙尖.
分布（Distribution）：东海，南海.

**（3412）黄尾裸颊鲷 *Lethrinus mahsena* (Forsskål, 1775)**

*Sciaena mahsena* Forsskål, 1775: 1-164.
*Lethrinus abbreviatus* Valenciennes, 1830.
*Lethrinus caeruleus* Valenciennes, 1830.
*Lethrinus sanguineus* Smith, 1955.
文献（Reference）：Herre, 1953b; Masuda, Amaoka, Araga *et al.*, 1984; Huang, 2001; 伍汉霖, 邵广昭, 赖春福等, 2012.
分布（Distribution）：南海.

**（3413）长吻裸颊鲷 *Lethrinus miniatus* (Forster, 1801)**

*Sparus miniatus* Forster, 1801: 1-584.
*Lethrinella miniata* (Forster, 1801).
*Lethrinus chrysostomus* Richardson, 1848.
*Lethrinus imperialis* de Vis, 1884.
文献（Reference）：Kyushin, Amaoka, Nakaya *et al.*, 1982; Shao, Shen, Chiu *et al.*, 1992; Francis, 1993; Ni and Kwok, 1999; Huang, 2001; 伍汉霖, 邵广昭, 赖春福等, 2012.
分布（Distribution）：南海.

**（3414）星斑裸颊鲷 *Lethrinus nebulosus* (Forsskål, 1775)**

*Sciaena nebulosa* Forsskål, 1775: 1-164.
*Lethrinus choerorynchus* (Bloch *et* Schneider, 1801).
*Lethrinus centurio* Valenciennes, 1830.
*Lethrinus erythrurus* Valenciennes, 1830.
文献（Reference）：Forsskål, 1775: 1-20 + i-xxxiv + 1-164; Francis, 1993; Shao, Chen, Kao *et al.*, 1993; 沈世杰, 1993; Leung, 1994; Ni and Kwok, 1999; Kuo and Shao, 1999; Randall and Lim (eds.), 2000; Liao, Su and Chang, 2001; Huang, 2001; 伍汉霖, 邵广昭, 赖春福等, 2012.
别名或俗名（Used or common name）：龙尖，龙占，青嘴仔.
分布（Distribution）：东海，南海.

**（3415）桔带裸颊鲷 *Lethrinus obsoletus* (Forsskål, 1775)**

*Sciaena ramak* Forsskål, 1775: 1-164.
*Lethrinus ramak* (Forsskål, 1775).
*Sciaena obsoleta* Forsskål, 1775.
*Lethrinus cutambi* Seale, 1910.
文献（Reference）：Forsskål, 1775: 1-20 + i-xxxiv + 1-164; Randall and Lim (eds.), 2000; Werner and Allen, 2000; Nakamura, Horinouchi, Nakai *et al.*, 2003; 伍汉霖, 邵广昭, 赖春福等, 2012.
别名或俗名（Used or common name）：龙尖.
分布（Distribution）：南海.

**（3416）尖吻裸颊鲷 *Lethrinus olivaceus* Valenciennes, 1830**

*Lethrinus olivaceus* Valenciennes, 1830: 1-559.
*Lethrinus rostratus* Valenciennes, 1830.
*Lethrinus waigiensis* Valenciennes, 1830.
*Lethrinus longirostris* Playfair, 1867.
文献（Reference）：Valenciennes, 1830: 596; 沈世杰, 1993; Randall and Lim (eds.), 2000; Broad, 2003; 伍汉霖, 邵广昭, 赖春福等, 2012.
别名或俗名（Used or common name）：猪哥仔，龙尖.
分布（Distribution）：南海.

**（3417）短吻裸颊鲷 *Lethrinus ornatus* Valenciennes, 1830**

*Lethrinus ornatus* Valenciennes, 1830: 1-559.
*Lethrinus xanthotaenia* Bleeker, 1851.
*Lethrinus insulindicus* Bleeker, 1873.
文献（Reference）：Valenciennes, 1830: 596; Shao, Chen, Kao *et al.*, 1993; 沈世杰, 1993; Chen, Shao and Lin, 1995; Ni and Kwok, 1999; Randall and Lim (eds.), 2000; Huang, 2001; Nakamura, Horinouchi, Nakai *et al.*, 2003; 伍汉霖, 邵广昭, 赖春福等, 2012.

别名或俗名（Used or common name）：龙尖.
分布（Distribution）：东海，南海.

**（3418）网纹裸颊鲷 *Lethrinus reticulatus* Valenciennes, 1830**

*Lethrinus reticularis* Valenciennes, 1830: 1-559.
文献（Reference）：Valenciennes, 1830: 596; 沈世杰, 1993; Chen, Shao and Lin, 1995; Chen, Jan and Shao, 1997; Ni and Kwok, 1999; Randall and Lim (eds.), 2000; Huang, 2001; 伍汉霖，邵广昭，赖春福等, 2012.
别名或俗名（Used or common name）：龙尖.
分布（Distribution）：东海，南海.

**（3419）红裸颊鲷 *Lethrinus rubrioperculatus* Sato, 1978**

*Lethrinus rubrioperculatus* Sato, 1978: 1-70.
文献（Reference）：Kyushin, Amaoka, Nakaya *et al.*, 1982; 沈世杰, 1993; Randall and Lim (eds.), 2000; Huang, 2001; 伍汉霖，邵广昭，赖春福等, 2012.
分布（Distribution）：南海.

**（3420）半带裸颊鲷 *Lethrinus semicinctus* Valenciennes, 1830**

*Lethrinus semicinctus* Valenciennes, 1830: 1-559.
*Lethrinus sordidus* Valenciennes, 1830.
*Lethrinus moensii* Bleeker, 1855.
文献（Reference）：Valenciennes, 1830: 596; Kyushin, Amaoka, Nakaya *et al.*, 1982; Shao, Shen, Chiu *et al.*, 1992; Shao, Chen, Kao *et al.*, 1993; Myers, 1994; Randall and Lim (eds.), 2000; Huang, 2001; 伍汉霖，邵广昭，赖春福等, 2012.
别名或俗名（Used or common name）：龙尖.
分布（Distribution）：东海，南海.

**（3421）杂色裸颊鲷 *Lethrinus variegatus* Valenciennes, 1830**

*Lethrinus variegatus* Valenciennes, 1830: 1-559.
*Lethrinella variegatus* (Valenciennes, 1830).
*Lethrinus variegates* Valenciennes, 1830.
*Lethrinus latifrons* Rüppell, 1838.
文献（Reference）：Valenciennes, 1830: 596; 沈世杰, 1993; Myers, 1994; Chen, Shao and Lin, 1995; Ni and Kwok, 1999; Randall and Lim (eds.), 2000; Huang, 2001; 伍汉霖，邵广昭，赖春福等, 2012.
别名或俗名（Used or common name）：龙尖.
分布（Distribution）：东海，南海.

**（3422）黄唇裸颊鲷 *Lethrinus xanthochilus* Klunzinger, 1870**

*Lethrinus xanthochilus* Klunzinger, 1870: 669-734.
*Lethrinella xanthocheilus* (Klunzinger, 1870).
*Lethrinus xanthocheilus* Klunzinger, 1870.
*Lethrinus xantochilus* Klunzinger, 1870.
文献（Reference）：Klunzinger, 1870: 669-749; Masuda, Amaoka, Araga *et al.*, 1984; Randall and Lim (eds.), 2000; Huang, 2001; 伍汉霖，邵广昭，赖春福等, 2012.
别名或俗名（Used or common name）：龙尖.
分布（Distribution）：东海，南海.

### 1062. 单列齿鲷属 *Monotaxis* [Bennett], 1830

**（3423）单列齿鲷 *Monotaxis grandoculis* (Forsskål, 1775)**

*Sciaena grandoculis* Forsskål, 1775: 1-164.
*Monotaxis grandocculis* (Forsskål, 1775).
*Lethrinus latidens* Valenciennes, 1830.
*Monotaxis indica* Anonymous [Bennett], 1830.
文献（Reference）：Kyushin, Amaoka, Nakaya *et al.*, 1982; Chang, Jan and Shao, 1983; Shao, Chen, Kao *et al.*, 1993; 沈世杰, 1993; Chen, Shao and Lin, 1995; Chen, Jan and Shao, 1997; Randall and Lim (eds.), 2000; Huang, 2001; 伍汉霖，邵广昭，赖春福等, 2012.
别名或俗名（Used or common name）：大眼黑鲷.
分布（Distribution）：东海，南海.

### 1063. 脊颌鲷属 *Wattsia* Chan *et* Chilvers, 1974

**（3424）莫桑比克脊颌鲷 *Wattsia mossambica* (Smith, 1957)**

*Gnathodentex mossambicus* Smith, 1957c: 121-124.
*Wattsia mossambicus* (Smith, 1957).
文献（Reference）：Smith, 1957c: 121-124; Masuda, Amaoka, Araga *et al.*, 1984; 沈世杰, 1993; Randall and Lim (eds.), 2000; 伍汉霖，邵广昭，赖春福等, 2012.
别名或俗名（Used or common name）：鲷仔.
分布（Distribution）：东海，南海.

## （二四四）鲷科 Sparidae

### 1064. 棘鲷属 *Acanthopagrus* Peters, 1855

**（3425）灰鳍棘鲷 *Acanthopagrus berda* (Forsskål, 1775)**

*Sparus berda* Forsskål, 1775: 1-164.
*Chrysophrys berda* (Forsskål, 1775).
*Mylio berda* (Forsskål, 1775).
*Sparus hasta* Bloch *et* Schneider, 1801.

*Sparus calamara* Cuvier (*in* Cuvier *et* Valenciennes), 1829.
**文献（Reference）**：Richardson, 1846; 朱元鼎等, 1985; Hwang, Chen and Yueh, 1988; Shao and Lim, 1991; 沈世杰, 1993; Leung, 1994; Chen, 1997; Kuo and Shao, 1999; Kuo, Lin and Shao, 1999; Randall and Lim (eds.), 2000; Liao, Su and Chang, 2001; Huang, 2001; 伍汉霖, 邵广昭, 赖春福等, 2012.
**别名或俗名（Used or common name）**：黄鳍鲷, 赤翅仔, 黄鳍棘鲷.
**分布（Distribution）**：东海, 南海.

### （3426）太平洋棘鲷 *Acanthopagrus pacificus* Iwatsuki, Kume *et* Yoshino, 2010

*Acanthopagrus pacificus* Iwatsuki, Kume *et* Yoshino, 2010: 115-130.
**文献（Reference）**：Wong, 1982; Shao, Kao and Lee, 1990; Shao and Lim, 1991; Nakabo, 1993; Shao, Chen, Kao *et al.*, 1993; Ni and Kwok, 1999; Kuo and Shao, 1999; Sadovy and Cornish, 2000; Randall and Lim (eds.), 2000; Liao, Su and Chang, 2001; Huang, 2001; Iwatsuki, 2013; 伍汉霖, 邵广昭, 赖春福等, 2012.
**分布（Distribution）**：东海, 南海.

### （3427）黑棘鲷 *Acanthopagrus schlegelii* (Bleeker, 1854)

*Chrysophrys schlegelii* Bleeker, 1854: 395-426.
*Acanthopagrus schlegeli* (Bleeker, 1854).
*Mylio macrocephalus* (Basilewsky, 1855).
*Acanthopagrus schlegelii czerskii* (Berg, 1914).
**文献（Reference）**：Zhang, Lu, Zhao *et al.*, 1985; 朱元鼎等, 1985; Shao, Kao and Lee, 1990; Shao, Chen, Kao *et al.*, 1993; 沈世杰, 1993; Ni and Kwok, 1999; Kuo and Shao, 1999; Kuo, Lin and Shao, 1999; Sadovy and Cornish, 2000; Randall and Lim (eds.), 2000; Liao, Su and Chang, 2001; 伍汉霖, 邵广昭, 赖春福等, 2012.
**别名或俗名（Used or common name）**：黑鲷, 乌格, 黑格, 沙格.
**分布（Distribution）**：渤海, 黄海, 东海, 南海.

### （3428）橘鳍棘鲷 *Acanthopagrus sivicolus* Akazaki, 1962

*Acanthopagrus sivicolus* Akazaki, 1962: 1-368.
**文献（Reference）**：Masuda, Amaoka, Araga *et al.*, 1984; Okiyama, 1993; Liao, Su and Chang, 2001; Iwatsuki, 2013; 伍汉霖, 邵广昭, 赖春福等, 2012.
**别名或俗名（Used or common name）**：橘鳍鲷, 乌格, 黑格, 厚唇.
**分布（Distribution）**：东海.

### （3429）台湾棘鲷 *Acanthopagrus taiwanensis* Iwatsuki *et* Carpenter, 2006

*Acanthopagrus taiwanensis* Iwatsuki *et* Carpenter, 2006: 1-19.
**文献（Reference）**：Iwatsuki and Carpenter, 2006: 1-19; Iwatsuki, 2013; 伍汉霖, 邵广昭, 赖春福等, 2012.
**别名或俗名（Used or common name）**：台湾黑鲷, 乌格, 黑格.
**分布（Distribution）**：东海.

## 1065. 四长棘鲷属 *Argyrops* Swainson, 1839

### （3430）四长棘鲷 *Argyrops bleekeri* Oshima, 1927

*Argyrops bleekeri* Oshima, 1927a: 127-155.
**文献（Reference）**：Oshima, 1927a: 127-155; Kyushin, Amaoka, Nakaya *et al.*, 1982; 朱元鼎等, 1985; 沈世杰, 1993; Ni and Kwok, 1999; Huang, 2001; 伍汉霖, 邵广昭, 赖春福等, 2012.
**别名或俗名（Used or common name）**：小长棘鲷, 盘仔.
**分布（Distribution）**：东海, 南海.

### （3431）高体四长棘鲷 *Argyrops spinifer* (Forsskål, 1775)

*Sparus spinifer* Forsskål, 1775: 1-164.
*Calamus ciliaris* (von Bonde, 1923).
*Pagrus ciliaris* von Bonde, 1923.
**文献（Reference）**：沈世杰, 1993; Ni and Kwok, 1999; Huang, 2001; 伍汉霖, 邵广昭, 赖春福等, 2012.
**别名或俗名（Used or common name）**：盘仔.
**分布（Distribution）**：东海.

## 1066. 冬鲷属 *Cheimerius* Smith, 1938

### （3432）松原冬鲷 *Cheimerius matsubarai* Akazaki, 1962

*Cheimerius matsubarai* Akazaki, 1962: 1-368.
**文献（Reference）**：Masuda, Amaoka, Araga *et al.*, 1984; Shao, 1997; 伍汉霖, 邵广昭, 赖春福等, 2012.
**分布（Distribution）**：南海.

## 1067. 金鲷属 *Chrysophrys* Quoy *et* Gaimard, 1824

### （3433）金鲷 *Chrysophrys auratus* (Forster, 1801)

*Labrus auratus* Forster, 1801: 1-584.
**文献（Reference）**：Cassie, 1956; Paul, 1967; Paul, 1968; Colman, 1972; Tong, 1978; Paul and Tarring, 1980; Kingett and Choat, 1981.
**分布（Distribution）**：东海, 南海.

### 1068. 牙鲷属 *Dentex* Cuvier, 1814

**（3434）阿部氏牙鲷 *Dentex abei* Iwatsuki, Akazaki *et* Taniguchi, 2007**

*Dentex abei* Iwatsuki, Akazaki *et* Taniguchi, 2007: 29-49.

**文献（Reference）：**Iwatsuki, Akazaki and Taniguchi, 2007: 29-49; Fowler, 1933; Masuda, Amaoka, Araga *et al.*, 1984; 伍汉霖, 邵广昭, 赖春福等, 2012.

**别名或俗名（Used or common name）：**赤鲸, 阿部赤鲸.

**分布（Distribution）：**东海, 南海.

**（3435）黄背牙鲷 *Dentex hypselosomus* Bleeker, 1854**

*Dentex hypselosomus* Bleeker, 1854: 395-426.

*Synagris hypselosoma* (Bleeker, 1854).

**文献（Reference）：**Bleeker, 1854: 395-426; Masuda, Amaoka, Araga *et al.*, 1984; Sadovy and Cornish, 2000; Shinohara, Endo, Matsuura *et al.*, 2001; Youn, 2002; Iwatsuki, Akazaki and Taniguchi, 2007; 伍汉霖, 邵广昭, 赖春福等, 2012.

**别名或俗名（Used or common name）：**赤鲸, 赤章.

**分布（Distribution）：**南海.

### 1069. 犁齿鲷属 *Evynnis* Jordan *et* Thompson, 1912

**（3436）二长棘犁齿鲷 *Evynnis cardinalis* (Lacépède, 1802)**

*Sparus cardinalis* Lacépède, 1802: 1-728.

**文献（Reference）：**Lee, 1975; Lin, Yen and Hu, 1984; Shao, Chen, Kao *et al.*, 1993; Leung, 1994; Yamada, Shirai, Irie *et al.*, 1995; Ni and Kwok, 1999; Randall and Lim (eds.), 2000; Huang, 2001; Iwatsuki, Akazaki and Taniguchi, 2007; 伍汉霖, 邵广昭, 赖春福等, 2012.

**别名或俗名（Used or common name）：**盘仔, 魬鲷, 血鲷.

**分布（Distribution）：**黄海, 东海, 南海.

**（3437）单长棘犁齿鲷 *Evynnis mononematos* Guan, Tang *et* Wu, 2012**

*Evynnis mononematos* Guan, Tang *et* Wu (管哲成, 唐文乔和伍汉霖), 2012: 217-221.

**文献（Reference）：**Guan, Tang and Wu (管哲成, 唐文乔和伍汉霖), 2012: 217-221.

**分布（Distribution）：**东海.

**（3438）黄犁齿鲷（黄鲷）*Evynnis tumifrons* (Temminck *et* Schlegel, 1843)**

*Chrysophrys tumifrons* Temminck *et* Schlegel, 1843: 21-72.

**文献（Reference）：**沈世杰, 1993; Iwatsuki, Akazaki and Taniguchi, 2007; 伍汉霖, 邵广昭, 赖春福等, 2012.

**别名或俗名（Used or common name）：**赤章, 赤鲸.

**分布（Distribution）：**东海, 南海.

### 1070. 赤鲷属 *Pagrus* Plumier, 1802

**（3439）真赤鲷 *Pagrus major* (Temminck *et* Schlegel, 1843)**

*Chrysophrys major* Temminck *et* Schlegel, 1843: 21-72.

*Pagrosomus major* (Temminck *et* Schlegel, 1843).

*Pagus major* (Temminck *et* Schlegel, 1843).

*Sparus major* (Temminck *et* Schlegel, 1843).

**文献（Reference）：**Mukarami and Okado, 1967; Saishu, 1974; Shao, Chen, Kao *et al.*, 1993; 沈世杰, 1993; Yamada, Shirai, Irie *et al.*, 1995; 陈康青, 1996; Wang, Shih, Ku *et al.*, 2003; Ohshimo, 2004; 伍汉霖, 邵广昭, 赖春福等, 2012; 刘静, 吴仁协, 康斌等, 2016.

**别名或俗名（Used or common name）：**真鲷, 嘉鱲鱼, 正鲷, 加腊, 加蚋, 加魶, 加几鱼, 铜盆鱼, 日本棘鬣鱼.

**分布（Distribution）：**渤海, 黄海, 东海, 南海.

### 1071. 平鲷属 *Rhabdosargus* Fowler, 1933

**（3440）平鲷 *Rhabdosargus sarba* (Forsskål, 1775)**

*Sparus sarba* Forsskål, 1775: 1-164.

*Austrosparus sarba* (Forsskål, 1775).

*Sparus psittacus* Lacépède, 1802.

*Chrysophrys chrysargyra* Valenciennes, 1830.

**文献（Reference）：**Wong, 1982; Shao and Lim, 1991; 沈世杰, 1993; Leung, 1994; Ni and Kwok, 1999; Kuo and Shao, 1999; Randall and Lim (eds.), 2000; Liao, Su and Chang, 2001; Huang, 2001; 伍汉霖, 邵广昭, 赖春福等, 2012; 刘静, 吴仁协, 康斌等, 2016.

**别名或俗名（Used or common name）：**黄锡鲷, 枋头.

**分布（Distribution）：**黄海, 东海, 南海.

### 1072. 鲷属 *Sparus* Linnaeus, 1758

**（3441）金头鲷 *Sparus aurata* Linnaeus, 1758**

*Sparus auratus* Linnaeus, 1758: 1-824.

*Aurata aurata* (Linnaeus, 1758).

*Sparus auratus* Linnaeus, 1758.

*Chrysophrys crassirostris* Valenciennes, 1830.

**文献（Reference）：**Palomares, 1987; Ganaden and Lavapie-Gonzales, 1999; 伍汉霖, 邵广昭, 赖春福等, 2012.

**分布（Distribution）：**东海, 南海.

## （二四五）马鲅科 Polynemidae

### 1073. 四指马鲅属 *Eleutheronema* Bleeker, 1862

**（3442）多鳞四指马鲅 *Eleutheronema rhadinum* (Jordan *et* Evermann, 1902)**

*Polydactylus rhadinus* Jordan *et* Evermann, 1902: 315-368.

**文献（Reference）**：Jordan and Evermann, 1902: 315-368; Shen, 1984; 朱元鼎等, 1985; 沈世杰, 1993; Motomura, Iwatsuki, Kimura *et al.*, 2002; Motomura, 2003; Motomura, Ito, Takayama *et al.*, 2007; 伍汉霖, 邵广昭, 赖春福等, 2012.
**别名或俗名（Used or common name）**：四丝马鲅, 四指马鲅, 竹午, 大午, 午仔.
**分布（Distribution）**：东海, 南海.

#### （3443）四指马鲅 *Eleutheronema tetradactylum* (Shaw, 1804)

*Polynemus tetradactylus* Shaw, 1804: 1-25.
*Eleuthronema tetradactylum* (Shaw, 1804).
*Polynemus teria* Hamilton, 1822.
*Polynemus coecus* Macleay, 1878.
**文献（Reference）**：Shao, Chen, Kao *et al.*, 1993; Leung, 1994; Yamada, Shirai, Irie *et al.*, 1995; Ni and Kwok, 1999; Kuo and Shao, 1999; Kuo, Lin and Shao, 1999; Tang and Jin, 1999; Randall and Lim (eds.), 2000; Liao, Su and Chang, 2001; Huang, 2001; Motomura, Iwatsuki, Kimura *et al.*, 2002; 伍汉霖, 邵广昭, 赖春福等, 2012; 刘静, 吴仁协, 康斌等, 2016.
**别名或俗名（Used or common name）**：四丝马鲅, 竹午, 大午, 午仔.
**分布（Distribution）**：渤海, 黄海, 东海, 南海.

### 1074. 丝指马鲅属 *Filimanus* Myers, 1936

#### （3444）西氏丝指马鲅 *Filimanus sealei* (Jordan *et* Richardson, 1910)

*Polydactylus sealei* Jordan *et* Richardson, 1910: 1-78.
**文献（Reference）**：Randall and Lim (eds.), 2000.
**别名或俗名（Used or common name）**：午仔.
**分布（Distribution）**：南海.

### 1075. 多指马鲅属 *Polydactylus* Lacépède, 1803

#### （3445）小口多指马鲅 *Polydactylus microstomus* (Bleeker, 1851)

*Polynemus microstoma* Bleeker, 1851: 209-224.
*Polyactylus microstomus* (Bleeker, 1851).
*Polydactylus zophomus* Jordan *et* McGregor, 1907.
**文献（Reference）**：沈世杰, 1993; Ni and Kwok, 1999; Motomura, Iwatsuki, Yoshino *et al.*, 1999; Randall and Lim (eds.), 2000; Huang, 2001; 伍汉霖, 邵广昭, 赖春福等, 2012.
**别名或俗名（Used or common name）**：午仔.
**分布（Distribution）**：东海, 南海.

#### （3446）五指多指马鲅 *Polydactylus plebeius* (Broussonet, 1782)

*Polynemus plebeius* Broussonet, 1782: 49 unnumbered pages.
*Polyactylus plebeius* (Broussonet, 1782).
*Polynemus emoi* Lacépède, 1803.
*Polynemus lineatus* Lacépède, 1803.
**文献（Reference）**：Shao, Chen, Kao *et al.*, 1993; 沈世杰, 1993; Ni and Kwok, 1999; Randall and Lim (eds.), 2000; Liao, Su and Chang, 2001; Huang, 2001; 伍汉霖, 邵广昭, 赖春福等, 2012.
**别名或俗名（Used or common name）**：五丝马鲅, 午仔.
**分布（Distribution）**：东海, 南海.

#### （3447）六丝多指马鲅 *Polydactylus sexfilis* (Valenciennes, 1831)

*Polynemus sexfilis* Valenciennes (*in* Cuvier *et* Valenciennes), 1831: 1-531.
*Polyactylus sexfilis* [Valenciennes (*in* Cuvier *et* Valenciennes), 1831].
*Polydactylus kuru* (Bleeker, 1853).
*Polynemus kuru* Bleeker, 1853.
**文献（Reference）**：Shao, Chen, Kao *et al.*, 1993; Randall and Lim (eds.), 2000; Motomura, Burhanuddin and Iwatsuki, 2000; Motomura, Okamoto and Iwatsuki, 2001; Motomura, Iwatsuki and Kimura, 2001; Motomura and Senou, 2002; 伍汉霖, 邵广昭, 赖春福等, 2012; 刘静, 吴仁协, 康斌等, 2016.
**别名或俗名（Used or common name）**：六丝马鲅, 午仔.
**分布（Distribution）**：东海, 南海.

#### （3448）六指多指马鲅 *Polydactylus sextarius* (Bloch *et* Schneider, 1801)

*Polynemus sextarius* Bloch *et* Schneider, 1801: 1-584.
*Trichidion sextarius* (Bloch *et* Schneider, 1801).
**文献（Reference）**：Kyushin, Amaoka, Nakaya *et al.*, 1982; Leung, 1994; Yamada, Shirai, Irie *et al.*, 1995; Ni and Kwok, 1999; Kuo and Shao, 1999; Motomura, Iwatsuki, Yoshino *et al.*, 1999; Randall and Lim (eds.), 2000; Motomura, Okamoto and Iwatsuki, 2001; Huang, 2001; 伍汉霖, 邵广昭, 赖春福等, 2012; 刘静, 吴仁协, 康斌等, 2016.
**别名或俗名（Used or common name）**：六指马鲅, 午仔.
**分布（Distribution）**：东海, 南海.

## （二四六）石首鱼科 Sciaenidae

### 1076. 白姑鱼属 *Argyrosomus* De la Pylaie, 1835

#### （3449）厦门白姑鱼 *Argyrosomus amoyensis* (Bleeker, 1863)

*Pseudosciaena amoyensis* Bleeker, 1863: 135-150.
*Argyrosomus bleekeri* (Day, 1876).
*Pseudosciaena indica* Tang, 1937.

*Nibea miichthioides* Chu, Lo *et* Wu, 1963.
**文献（Reference）：** Randall and Lim (eds.), 2000; Huang, 2001; 伍汉霖, 邵广昭, 赖春福等, 2012.
**分布（Distribution）：** 东海, 南海.

**（3450）日本白姑鱼 *Argyrosomus japonicus* (Temminck *et* Schlegel, 1843)**
*Sciaena japonica* Temminck *et* Schlegel, 1843: 21-72.
*Nibea japonicus* (Temminck *et* Schlegel, 1843).
*Argyrosomus antarctica* (Castelnau, 1872).
*Sciaena margaritifera* Haly, 1875.
**文献（Reference）：** Masuda, Amaoka, Araga *et al.*, 1984; 朱元鼎等, 1985; Shao, Chen, Kao *et al.*, 1993; 沈世杰, 1993; Ni and Kwok, 1999; Kuo and Shao, 1999; Randall and Lim (eds.), 2000; Liao, Su and Chang, 2001; Huang, 2001.
**别名或俗名（Used or common name）：** 巨鲵, 黄姑鱼.
**分布（Distribution）：** 黄海, 东海, 南海.

## 1077. 黑姑鱼属 *Atrobucca* Chu, Lo *et* Wu, 1963

**（3451）黑姑鱼 *Atrobucca nibe* (Jordan *et* Thompson, 1911)**
*Sciaena nibe* Jordan *et* Thompson, 1911: 241-261.
*Argyrosomus nibe* (Jordan *et* Thompson, 1911).
*Nibea nibe* (Jordan *et* Thompson, 1911).
*Nibea pingi* Wang, 1935.
**文献（Reference）：** Matsui and Takai, 1951; Lin, 1956; Sato, 1963; Saishu, 1968; 朱元鼎等, 1985; Shao, Chen, Kao *et al.*, 1993; 沈世杰, 1993; Yamada, Shirai, Irie *et al.*, 1995; Randall and Lim (eds.), 2000; Huang, 2001; 伍汉霖, 邵广昭, 赖春福等, 2012.
**别名或俗名（Used or common name）：** 黑口, 乌喉.
**分布（Distribution）：** 黄海, 东海, 南海.

## 1078. 黄唇鱼属 *Bahaba* Herre, 1935

**（3452）黄唇鱼 *Bahaba taipingensis* (Herre, 1932)**
*Nibea taipingensis* Herre, 1932a: 423-443.
*Bahaba flavolabiata* (Lin, 1935).
*Nibea flavolabiata* Lin, 1935.
*Otolithes lini* Herre, 1935.
**文献（Reference）：** Trewavas, 1977; Ni and Kwok, 1999; Randall and Lim (eds.), 2000; Huang, 2001; 伍汉霖, 邵广昭, 赖春福等, 2012.
**分布（Distribution）：** 东海, 南海.

## 1079. 黄鳍牙鰔属 *Chrysochir* Trewavas *et* Yazdani, 1966

**（3453）尖头黄鳍牙鰔 *Chrysochir aureus* (Richardson, 1846)**
*Otolithus aureus* Richardson, 1846: 187-320.
*Johnius ophiceps* (Alcock, 1889).
*Nibea acuta* (Tang, 1937).
*Pseudosciaena acuta* Tang, 1937.
**文献（Reference）：** 朱元鼎等, 1985; Shao, Chen, Kao *et al.*, 1993; 沈世杰, 1993; Ni and Kwok, 1999; Randall and Lim (eds.), 2000; Huang, 2001; 伍汉霖, 邵广昭, 赖春福等, 2012.
**别名或俗名（Used or common name）：** 鲵仔鱼.
**分布（Distribution）：** 南海.

## 1080. 梅童鱼属 *Collichthys* Günther, 1860

**（3454）棘头梅童鱼 *Collichthys lucidus* (Richardson, 1844)**
*Sciaena lucida* Richardson, 1844: 51-70.
*Collichthys lucida* (Richardson, 1844).
*Collichthys fragilis* Jordan *et* Seale, 1905.
**文献（Reference）：** 朱元鼎等, 1985; 沈世杰, 1993; Yamada, Shirai, Irie *et al.*, 1995; Shao, 1997; Ni and Kwok, 1999; Chang and Kim, 1999; Randall and Lim (eds.), 2000; Hong, Yeon, Im *et al.*, 2000; Huang, 2001; 伍汉霖, 邵广昭, 赖春福等, 2012.
**别名或俗名（Used or common name）：** 黄皮.
**分布（Distribution）：** 渤海, 黄海, 东海, 南海.

**（3455）黑鳃梅童鱼 *Collichthys niveatus* Jordan *et* Starks, 1906**
*Collichthys niveatus* Jordan *et* Starks, 1906, 31 (1493): 515-526.
**文献（Reference）：** Masuda, Amaoka, Araga *et al.*, 1984; Yamada, Shirai, Irie *et al.*, 1995; Huang, 2001; Zhang, Tang, Jin *et al.*, 2005; 伍汉霖, 邵广昭, 赖春福等, 2012.
**分布（Distribution）：** 渤海, 黄海, 东海, 南海.

## 1081. 枝鳔石首鱼属 *Dendrophysa* Trewavas, 1964

**（3456）勒氏枝鳔石首鱼 *Dendrophysa russelii* (Cuvier, 1829)**
*Umbrina russelii* Cuvier (*in* Cuvier *et* Valenciennes), 1829: 1-406.
*Dendrophysa russelli* [Cuvier (*in* Cuvier *et* Valenciennes), 1829].
*Sciaena russelli* [Cuvier (*in* Cuvier *et* Valenciennes), 1829].
*Umbrina russelii* Cuvier (*in* Cuvier *et* Valenciennes), 1829.
**文献（Reference）：** Ni and Kwok, 1999; Randall and Lim (eds.), 2000; Huang, 2001.
**分布（Distribution）：** 东海, 南海.

## 1082. 叫姑鱼属 *Johnius* Bloch, 1793

**（3457）团头叫姑鱼 *Johnius amblycephalus* (Bleeker, 1855)**
*Umbrina amblycephalus* Bleeker, 1855g: 392-434.

*Johnius amblycephala* (Bleeker, 1855).
*Umbrina amblycephala* Bleeker, 1855.
*Umbrina muelleri* Klunzinger, 1879.
**文献（Reference）**：Trewavas, 1977; 朱元鼎等, 1985; 沈世杰, 1993; Ni and Kwok, 1999; Randall and Lim (eds.), 2000; Huang, 2001; Broad, 2003; 伍汉霖, 邵广昭, 赖春福等, 2012.
**别名或俗名（Used or common name）**：黑加网.
**分布（Distribution）**：东海, 南海.

### （3458）皮氏叫姑鱼 *Johnius belangerii* (Cuvier, 1830)

*Corvina belengerii* Cuvier (*in* Cuvier *et* Valenciennes), 1830: 1-499.
*Corvina kuhlii* Cuvier (*in* Cuvier *et* Valenciennes), 1830.
*Corvina lobata* Cuvier (*in* Cuvier *et* Valenciennes), 1830.
*Johnius belengerii* [Cuvier (*in* Cuvier *et* Valenciennes), 1830].
**文献（Reference）**：Cuvier (*in* Cuvier and Valenciennes), 1830: i-xxviii + 1-499; 朱元鼎等, 1985; Dou, 1992; 沈世杰, 1993; Leung, 1994; Sadovy, 1998; Ni and Kwok, 1999; Kuo and Shao, 1999; Randall and Lim (eds.), 2000; Hong, Yeon, Im *et al.*, 2000; Huang, 2001; 伍汉霖, 邵广昭, 赖春福等, 2012.
**别名或俗名（Used or common name）**：黑鲵, 加网.
**分布（Distribution）**：渤海, 黄海, 东海, 南海.

### （3459）鳞鳍叫姑鱼 *Johnius distinctus* (Tanaka, 1916)

*Sciaena distincta* Tanaka, 1916: 26-28.
*Johnius tingi* (Tang, 1937).
*Pseudosciaena tingi* Tang, 1937.
*Waku tingi* (Tang, 1937).
**文献（Reference）**：朱元鼎等, 1985; Sasaki and Amaoka, 1989; Shao, Chen, Kao *et al.*, 1993; 沈世杰, 1993; Ni and Kwok, 1999; Sasaki, 1999; Randall and Lim (eds.), 2000; 伍汉霖, 邵广昭, 赖春福等, 2012.
**别名或俗名（Used or common name）**：春子.
**分布（Distribution）**：东海, 南海.

### （3460）杜氏叫姑鱼 *Johnius dussumieri* (Cuvier, 1830)

*Corvina dussumieri* Cuvier (*in* Cuvier *et* Valenciennes), 1830: 1-499.
*Johnieops dussumieri* [Cuvier (*in* Cuvier *et* Valenciennes), 1830].
*Johnieops sina* [Cuvier (*in* Cuvier *et* Valenciennes), 1830].
*Johnius sina* [Cuvier (*in* Cuvier *et* Valenciennes), 1830].
**文献（Reference）**：沈世杰, 1993; Shao, 1997; Ni and Kwok, 1999; Sasaki, 1999; Kuo and Shao, 1999; Huang, 2001; 伍汉霖, 邵广昭, 赖春福等, 2012.
**别名或俗名（Used or common name）**：春子.
**分布（Distribution）**：东海, 南海.

### （3461）条纹叫姑鱼 *Johnius fasciatus* Chu, Lo *et* Wu, 1963

*Johnius fasciatus* Chu, Lo *et* Wu, 1963: 1-100.
**文献（Reference）**：Huang, 2001; 伍汉霖, 邵广昭, 赖春福等, 2012.
**分布（Distribution）**：东海, 南海.

### （3462）叫姑鱼 *Johnius grypotus* (Richardson, 1846)

*Corvina grypota* Richardson, 1846: 187-320.
**文献（Reference）**：Richardson, 1846: 187-320; Trewavas, 1977; Sasaki, 1990; Randall and Lim (eds.), 2000; 伍汉霖, 邵广昭, 赖春福等, 2012.
**别名或俗名（Used or common name）**：加网.
**分布（Distribution）**：东海, 南海.

### （3463）大吻叫姑鱼 *Johnius macrorhynus* (Mohan, 1976)

*Johnieops macrorhynus* Mohan, 1976: 19-25.
**文献（Reference）**：朱元鼎等, 1985; 沈世杰, 1993; Randall and Lim (eds.), 2000; Huang, 2001; 伍汉霖, 邵广昭, 赖春福等, 2012.
**别名或俗名（Used or common name）**：春子.
**分布（Distribution）**：东海, 南海.

### （3464）屈氏叫姑鱼 *Johnius trewavasae* Sasaki, 1992

*Johnius trewavasae* Sasaki, 1992: 191-199.
**文献（Reference）**：Sasaki, 1992: 191-199; Fowler, 1933; Randall and Lim (eds.), 2000; 伍汉霖, 邵广昭, 赖春福等, 2012.
**分布（Distribution）**：东海, 南海.

## 1083. 黄鱼属 *Larimichthys* Jordan *et* Starks, 1905

### （3465）大黄鱼 *Larimichthys crocea* (Richardson, 1846)

*Sciaena crocea* Richardson, 1846: 187-320.
*Collichthys croceus* (Richardson, 1846).
*Larimichthys croceus* (Richardson, 1846).
*Pseudosciaena crocea* (Richardson, 1846).
*Pseudosciaena amblyceps* Bleeker, 1863.
**文献（Reference）**：朱元鼎等, 1985; Shao, Chen, Kao *et al.*, 1993; 沈世杰, 1993; Yamada, Shirai, Irie *et al.*, 1995; Sadovy, 1998; Ni and Kwok, 1999; Randall and Lim (eds.), 2000; Liao, Su and Chang, 2001; Huang, 2001; 伍汉霖, 邵广昭, 赖春福等, 2012.
**别名或俗名（Used or common name）**：黄鱼, 黄瓜, 黄花鱼.
**分布（Distribution）**：黄海, 东海, 南海.

**（3466）小黄鱼 *Larimichthys polyactis* (Bleeker, 1877)**

*Pseudosciaena polyactis* Bleeker, 1877b: 2-3.
*Argyrosomus polyactis* (Bleeker, 1877).
*Collichthys polyactis* (Bleeker, 1877).
*Pseudosciaena manchurica* (Jordan *et* Thompson, 1911).
**文献（Reference）：**朱元鼎等, 1985; Shao, Chen, Kao *et al.*, 1993; 沈世杰, 1993; Ni and Kwok, 1999; Chen and Shen, 1999; Huang, 2001; Lin, Cheng, Ren *et al.*, 2004; Xue, Jin, Zhang *et al.*, 2004; Zhang, Tang, Jin *et al.*, 2005; 伍汉霖, 邵广昭, 赖春福等, 2012; 刘静, 吴仁协, 康斌等, 2016.
**别名或俗名（Used or common name）：**黄鱼, 小黄瓜, 厚鳞仔.
**分布（Distribution）：**渤海, 黄海, 东海.

## 1084. 毛鲿鱼属 *Megalonibea* Chu, Lo *et* Wu, 1963

**（3467）褐毛鲿 *Megalonibea fusca* Chu, Lo *et* Wu, 1963**

*Megalonibea fusca* Chu, Lo *et* Wu, 1963: 1-100.
**文献（Reference）：**Trewavas, 1977; Masuda, Amaoka, Araga *et al.*, 1984; Huang, 2001; Chinese Academy of Fishery Science (CAFS), 2007; 伍汉霖, 邵广昭, 赖春福等, 2012.
**分布（Distribution）：**黄海, 东海.

## 1085. 鮸属 *Miichthys* Lin, 1938

**（3468）鮸 *Miichthys miiuy* (Basilewsky, 1855)**

*Sciaena miiuy* Basilewsky, 1855: 215-263.
*Argyrosomus miiuy* (Basilewsky, 1855).
**文献（Reference）：**Hanabuchi, 1967; 朱元鼎等, 1985; Shao, Chen, Kao *et al.*, 1993; 沈世杰, 1993; Yamada, Shirai, Irie *et al.*, 1995; Huang, 2001; Zhang, Tang, Jin *et al.*, 2005; 伍汉霖, 邵广昭, 赖春福等, 2012; 刘静, 吴仁协, 康斌等, 2016.
**别名或俗名（Used or common name）：**鮸仔, 敏鱼.
**分布（Distribution）：**渤海, 黄海, 东海, 南海.

## 1086. 黄姑鱼属 *Nibea* Jordan *et* Thompson, 1911

**（3469）黄姑鱼 *Nibea albiflora* (Richardson, 1846)**

*Corvina albiflora* Richardson, 1846: 187-320.
*Corvina fauvelii* Sauvage, 1881.
**文献（Reference）：**朱元鼎等, 1985; Dou, 1992; Shao, Chen, Kao *et al.*, 1993; 沈世杰, 1993; Leung, 1994; Yamada, Shirai, Irie *et al.*, 1995; Kuo and Shao, 1999; Randall and Lim (eds.), 2000; Huang, 2001; Islam, Hibino and Tanaka, 2006; 伍汉霖, 邵广昭, 赖春福等, 2012.
**别名或俗名（Used or common name）：**春子, 假黄鱼, 黄婆.
**分布（Distribution）：**渤海, 黄海, 东海, 南海.

**（3470）元鼎黄姑鱼 *Nibea chui* Trewavas, 1971**

*Nibea chui* Trewavas, 1971: 453-461.
*Otolithes chui* (Trewavas, 1971).
**文献（Reference）：**Randall and Lim (eds.), 2000; Huang, 2001; 伍汉霖, 邵广昭, 赖春福等, 2012.
**分布（Distribution）：**南海.

**（3471）半斑黄姑鱼 *Nibea semifasciata* Chu, Lo *et* Wu, 1963**

*Nibea semifasciata* Chu, Lo *et* Wu, 1963: 1-100.
**文献（Reference）：**Kyushin, Amaoka, Nakaya *et al.*, 1982; 朱元鼎等, 1985; Shao, Chen, Kao *et al.*, 1993; 沈世杰, 1993; Ni and Kwok, 1999; Kuo and Shao, 1999; Randall and Lim (eds.), 2000; Huang, 2001; 伍汉霖, 邵广昭, 赖春福等, 2012.
**别名或俗名（Used or common name）：**假黄鱼.
**分布（Distribution）：**东海, 南海.

## 1087. 牙鲺属 *Otolithes* Oken, 1817

**（3472）红牙鲺 *Otolithes ruber* (Bloch *et* Schneider, 1801)**

*Johnius ruber* Bloch *et* Schneider, 1801: 1-584.
*Otolithus ruber* (Bloch *et* Schneider, 1801).
*Otolithus argenteus* Cuvier (*in* Cuvier *et* Valenciennes), 1830.
**文献（Reference）：**Trewavas, 1977; 朱元鼎等, 1985; Shao, Chen, Kao *et al.*, 1993; 沈世杰, 1993; Leung, 1994; Ni and Kwok, 1999; Kuo and Shao, 1999; Randall and Lim (eds.), 2000; Huang, 2001; 伍汉霖, 邵广昭, 赖春福等, 2012; 刘静, 吴仁协, 康斌等, 2016.
**别名或俗名（Used or common name）：**三牙, 红牙.
**分布（Distribution）：**南海.

## 1088. 银姑鱼属 *Pennahia* Fowler, 1926

**（3473）截尾银姑鱼 *Pennahia anea* (Bloch, 1793)**

*Johnius aneus* Bloch, 1793: 1-144.
*Argyrosomus aneus* (Bloch, 1793).
*Johnieops aneus* (Bloch, 1793).
*Pseudosciaena anea* (Bloch, 1793).
**文献（Reference）：**Trewavas, 1977; Ziegler, 1979; 朱元鼎等, 1985; 沈世杰, 1993; Leung, 1994; Sadovy, 1998; Ni and Kwok, 1999; Randall and Lim (eds.), 2000; Huang, 2001; 伍汉霖, 邵广昭, 赖春福等, 2012; 刘静, 吴仁协, 康斌等, 2016.
**别名或俗名（Used or common name）：**帕头.
**分布（Distribution）：**东海, 南海.

**（3474）银姑鱼 *Pennahia argentata* (Houttuyn, 1782)**

*Sparus argentatus* Houttuyn, 1782: 311-350.
*Argyrosomus argentatus* (Houttuyn, 1782).
*Johnius argentatus* (Houttuyn, 1782).
*Nibea argentata* (Houttuyn, 1782).
**文献（Reference）**：朱元鼎等, 1985; Shao, Chen, Kao *et al.*, 1993; 沈世杰, 1993; Sadovy, 1998; Ni and Kwok, 1999; Kuo and Shao, 1999; Randall and Lim (eds.), 2000; Huang, 2001; Baeck and Huh, 2003; 伍汉霖, 邵广昭, 赖春福等, 2012; 刘静, 吴仁协, 康斌等, 2016.
**别名或俗名（Used or common name）**：白口, 帕头, 黄顺.
**分布（Distribution）**：黄海, 东海, 南海.

**（3475）大头银姑鱼 *Pennahia macrocephalus* (Tang, 1937)**

*Pseudosciaena macrocephalus* Tang, 1937: 47-88.
*Argyrosomus macrocephalus* (Tang, 1937).
*Pennahia macrocephala* (Tang, 1937).
**文献（Reference）**：Masuda, Amaoka, Araga *et al.*, 1984; 朱元鼎等, 1985; Shao, Chen, Kao *et al.*, 1993; 沈世杰, 1993; Ni and Kwok, 1999; Randall and Lim (eds.), 2000; Huang, 2001; 伍汉霖, 邵广昭, 赖春福等, 2012; 刘静, 吴仁协, 康斌等, 2016.
**别名或俗名（Used or common name）**：帕头.
**分布（Distribution）**：东海, 南海.

**（3476）斑鳍银姑鱼 *Pennahia pawak* (Lin, 1940)**

*Argyrosomus pawak* Lin, 1940: 243-254.
*Pennahia pawah* (Lin, 1940).
**文献（Reference）**：朱元鼎等, 1985; Shao, Chen, Kao *et al.*, 1993; 沈世杰, 1993; Ni and Kwok, 1999; Randall and Lim (eds.), 2000; Huang, 2001; 伍汉霖, 邵广昭, 赖春福等, 2012; 刘静, 吴仁协, 康斌等, 2016.
**别名或俗名（Used or common name）**：春子, 帕头.
**分布（Distribution）**：东海, 南海.

### 1089. 原黄姑鱼属 *Protonibea* Trewavas, 1971

**（3477）双棘原黄姑鱼 *Protonibea diacanthus* (Lacépède, 1802)**

*Lutjanus diacanthus* Lacépède, 1802: 1-728.
*Johnius diacanthus* (Lacépède, 1802).
*Nibea diacanthus* (Lacépède, 1802).
*Protonibea diacantha* (Lacépède, 1802).
**文献（Reference）**：朱元鼎等, 1985; Shao, Chen, Kao *et al.*, 1993; 沈世杰, 1993; Yamada, Shirai, Irie *et al.*, 1995; Ni and Kwok, 1999; Randall and Lim (eds.), 2000; Liao, Su and Chang, 2001; Huang, 2001; 伍汉霖, 邵广昭, 赖春福等, 2012; 刘静, 吴仁协, 康斌等, 2016.
**别名或俗名（Used or common name）**：鮸仔鱼.
**分布（Distribution）**：黄海, 东海, 南海.

## （二四七）羊鱼科 Mullidae

### 1090. 拟羊鱼属 *Mulloidichthys* Whitley, 1929

**（3478）黄带拟羊鱼 *Mulloidichthys flavolineatus* (Lacépède, 1801)**

*Mullus flavolineatus* Lacépède, 1801: 1-558.
*Mulloides flavolineatus* (Lacépède, 1801).
*Mulloidichtys flavolineatus* (Lacépède, 1801).
*Parupeneus flavolineatus* (Lacépède, 1801).
**文献（Reference）**：Chang, Jan and Shao, 1983; Francis, 1993; 沈世杰, 1993; Chen, Shao and Lin, 1995; Chen, Jan and Shao, 1997; Randall and Lim (eds.), 2000; Huang, 2001; Adrim, Chen, Chen *et al.*, 2004; Uiblein, 2011; 伍汉霖, 邵广昭, 赖春福等, 2012.
**别名或俗名（Used or common name）**：秋姑, 须哥.
**分布（Distribution）**：东海, 南海.

**（3479）红背拟羊鱼 *Mulloidichthys pfluegeri* (Steindachner, 1900)**

*Mulloides pfluegeri* Steindachner, 1900: 174-178.
*Mulloidichthys pflugeri* (Steindachner, 1900).
**文献（Reference）**：Masuda, Amaoka, Araga *et al.*, 1984; 沈世杰, 1993; Randall and Lim (eds.), 2000; Huang, 2001; Uiblein, 2011; 伍汉霖, 邵广昭, 赖春福等, 2012.
**别名或俗名（Used or common name）**：秋姑, 须哥.
**分布（Distribution）**：南海.

**（3480）无斑拟羊鱼 *Mulloidichthys vanicolensis* (Valenciennes, 1831)**

*Upeneus vanicolensis* Valenciennes (*in* Cuvier *et* Valenciennes), 1831: 1-531.
*Mullodichthys vanicolensis* [Valenciennes (*in* Cuvier *et* Valenciennes), 1831].
*Mulloides vanicolensis* [Valenciennes (*in* Cuvier *et* Valenciennes), 1831].
*Mulloidichtys vanicolensis* [Valenciennes (*in* Cuvier *et* Valenciennes), 1831].
**文献（Reference）**：朱元鼎等, 1985; Francis, 1993; 沈世杰, 1993; Stepien, Randall and Rosenblatt, 1994; Chen, Shao and Lin, 1995; Ni and Kwok, 1999; Randall and Lim (eds.), 2000; Huang, 2001; Uiblein, 2011; 伍汉霖, 邵广昭, 赖春福等, 2012.
**别名或俗名（Used or common name）**：秋姑, 须哥.
**分布（Distribution）**：东海, 南海.

## 1091. 副绯鲤属 *Parupeneus* Bleeker, 1863

### （3481）似条斑副绯鲤 *Parupeneus barberinoides* (Bleeker, 1852)

*Upeneus barberinoides* Bleeker, 1852: 229-309.
*Pseudopeneus barberinoides* (Bleeker, 1852).
**文献（Reference）：**沈世杰, 1993; Chen, Shao and Lin, 1995; Ni and Kwok, 1999; Randall and Lim (eds.), 2000; Huang, 2001; 伍汉霖, 邵广昭, 赖春福等, 2012.
**别名或俗名（Used or common name）：**秋姑, 须哥.
**分布（Distribution）：**南海.

### （3482）条斑副绯鲤 *Parupeneus barberinus* (Lacépède, 1801)

*Mullus barberinus* Lacépède, 1801: 1-558.
*Parupenaeus barberinus* (Lacépède, 1801).
*Parupeneus berberinus* (Lacépède, 1801).
*Pseudopeneus barberinus* (Lacépède, 1801).
**文献（Reference）：**Shao, Chen, Kao *et al.*, 1993; 沈世杰, 1993; Chen, Shao and Lin, 1995; Chen, Jan and Shao, 1997; Ni and Kwok, 1999; Randall and Lim (eds.), 2000; Huang, 2001; Nakamura, Horinouchi, Nakai *et al.*, 2003; 伍汉霖, 邵广昭, 赖春福等, 2012.
**别名或俗名（Used or common name）：**秋姑, 须哥.
**分布（Distribution）：**东海, 南海.

### （3483）双带副绯鲤 *Parupeneus biaculeatus* (Richardson, 1846)

*Upeneus biaculeatus* Richardson, 1846: 187-320.
*Parupeneus taniatus* (Kner, 1865).
*Pseudupeneus taniatus* (Kner, 1865).
*Upeneus taeniatus* Kner, 1865.
**文献（Reference）：**Sadovy and Cornish, 2000; Randall and Lim (eds.), 2000; 伍汉霖, 邵广昭, 赖春福等, 2012.
**别名或俗名（Used or common name）：**秋姑, 须哥.
**分布（Distribution）：**南海.

### （3484）黄带副绯鲤 *Parupeneus chrysopleuron* (Temminck *et* Schlegel, 1843)

*Mullus chrysopleuron* Temminck *et* Schlegel, 1843: 21-72.
*Pseudupeneus chrysopleuron* (Temminck *et* Schlegel, 1843).
**文献（Reference）：**朱元鼎等, 1985; Shao, Chen, Kao *et al.*, 1993; 沈世杰, 1993; Ni and Kwok, 1999; Randall and Lim (eds.), 2000; Huang, 2001; Broad, 2003; 伍汉霖, 邵广昭, 赖春福等, 2012.
**别名或俗名（Used or common name）：**秋姑, 须哥.
**分布（Distribution）：**东海, 南海.

### （3485）短须副绯鲤 *Parupeneus ciliatus* (Lacépède, 1802)

*Sciaena ciliata* Lacépède, 1802: 1-728.
*Parupeneus fraterculus* [Valenciennes (*in* Cuvier *et* Valenciennes), 1831].
*Pseudupeneus fraterculus* [Valenciennes (*in* Cuvier *et* Valenciennes), 1831].
*Upeneus cyprinoides* Valenciennes (*in* Cuvier *et* Valenciennes), 1831.
**文献（Reference）：**Lacépède, 1802: i-xliv + 1-728; Chang, Jan and Shao, 1983; Shao, Chen, Kao *et al.*, 1993; 沈世杰, 1993; Leung, 1994; Chen, Shao and Lin, 1995; Chen, Jan and Shao, 1997; Ni and Kwok, 1999; Randall and Lim (eds.), 2000; Huang, 2001; Nakamura, Horinouchi, Nakai *et al.*, 2003; 伍汉霖, 邵广昭, 赖春福等, 2012.
**别名或俗名（Used or common name）：**秋姑, 须哥, 蓬莱海鲱鲤.
**分布（Distribution）：**东海, 南海.

### （3486）粗唇副绯鲤 *Parupeneus crassilabris* (Valenciennes, 1831)

*Upeneus crassilabris* Valenciennes (*in* Cuvier *et* Valenciennes), 1831: 1-531.
*Upeneus semifasciatus* Macleay, 1883.
**文献（Reference）：**Conlu, 1980; Kyushin, Amaoka, Nakaya *et al.*, 1982; Chang, Jan and Shao, 1983; Shao, Shen, Chiu *et al.*, 1992; Ni and Kwok, 1999; Shao, Hsieh, Wu *et al.*, 2001; Huang, 2001; 伍汉霖, 邵广昭, 赖春福等, 2012.
**别名或俗名（Used or common name）：**秋姑, 须哥, 蓬莱海鲱鲤.
**分布（Distribution）：**东海, 南海.

### （3487）圆口副绯鲤 *Parupeneus cyclostomus* (Lacépède, 1801)

*Mullus cyclostomus* Lacépède, 1801: 1-558.
*Parupenaeus cyclostomus* (Lacépède, 1801).
*Psedupeneus cyclostomus* (Lacépède, 1801).
*Pseudupeneus chryseredros* (Lacépède, 1801).
**文献（Reference）：**Chang, Jan and Shao, 1983; 沈世杰, 1993; Chen, Shao and Lin, 1995; Chen, Jan and Shao, 1997; Randall and Lim (eds.), 2000; Huang, 2001; 伍汉霖, 邵广昭, 赖春福等, 2012.
**别名或俗名（Used or common name）：**秋姑, 须哥.
**分布（Distribution）：**东海, 南海.

### （3488）福氏副绯鲤 *Parupeneus forsskali* (Fourmanoir *et* Guézé, 1976)

*Pseudupeneus forsskali* Fourmanoir *et* Guézé, 1976: 45-48.
*Mulloidichthys auriflamma* (Forsskål, 1775).
**文献（Reference）：**Herre, 1953b; Chinese Academy of Fishery Science (CAFS), 2007; 伍汉霖, 邵广昭, 赖春福等, 2012.
**分布（Distribution）：**东海, 南海.

### (3489) 七棘副绯鲤 *Parupeneus heptacanthus* (Lacépède, 1802)

*Sciaena heptacantha* Lacépède, 1802: 1-728.
*Upeneus heptacanthus* (Lacépède, 1802).
*Parupenaeus cinnabarinus* [Cuvier (*in* Cuvier *et* Valenciennes), 1829].
*Parupeneus pleurospilos* (Bleeker, 1853).
**文献（Reference）：**Lacépède, 1802: i-xliv + 1-728; Kyushin, Amaoka, Nakaya *et al.*, 1982; Francis, 1993; Chen, Jan and Shao, 1997; Randall and Lim (eds.), 2000; 伍汉霖, 邵广昭, 赖春福等, 2012.
**别名或俗名（Used or common name）：**秋姑, 须哥.
**分布（Distribution）：**东海, 南海.

### (3490) 印度副绯鲤 *Parupeneus indicus* (Shaw, 1803)

*Mullus indicus* Shaw, 1803: 187-632.
*Parupenaeus indicus* (Shaw, 1803).
*Pseudupeneus indicus* (Shaw, 1803).
*Mullus russelii* Cuvier (*in* Cuvier *et* Valenciennes), 1829.
**文献（Reference）：**Chang, Jan and Shao, 1983; Shao and Chen, 1992; Shao, Chen, Kao *et al.*, 1993; 沈世杰, 1993; Leung, 1994; Chen, Shao and Lin, 1995; Ni and Kwok, 1999; Randall and Lim (eds.), 2000; Huang, 2001; 伍汉霖, 邵广昭, 赖春福等, 2012.
**别名或俗名（Used or common name）：**秋姑, 须哥.
**分布（Distribution）：**东海, 南海.

### (3491) 詹氏副绯鲤 *Parupeneus jansenii* (Bleeker, 1856)

*Upeneus jansenii* Bleeker, 1856: 1-80.
*Parupeneus janseni* (Bleeker, 1856).
**文献（Reference）：**Silvestre, Garces and Luna, 1995; Randall and Lim (eds.), 2000; 伍汉霖, 邵广昭, 赖春福等, 2012.
**分布（Distribution）：**南海.

### (3492) 多带副绯鲤 *Parupeneus multifasciatus* (Quoy *et* Gaimard, 1825)

*Mullus multifasciatus* Quoy *et* Gaimard, 1825: 192-401.
*Parupeneus multifaciatus* (Quoy *et* Gaimard, 1825).
*Upeneus atrocingulatus* Kner, 1870.
*Upeneus velifer* Smith *et* Swain, 1882.
**文献（Reference）：**Francis, 1993; Francis and Randall, 1993; Shao, Chen, Kao *et al.*, 1993; 沈世杰, 1993; Chen, Shao and Lin, 1995; Chen, Jan and Shao, 1997; Kuo and Shao, 1999; Randall and Lim (eds.), 2000; Huang, 2001; Nakamura, Horinouchi, Nakai *et al.*, 2003; 伍汉霖, 邵广昭, 赖春福等, 2012.
**别名或俗名（Used or common name）：**老爷, 秋姑, 须哥.
**分布（Distribution）：**东海, 南海.

### (3493) 黑斑副绯鲤 *Parupeneus pleurostigma* (Bennett, 1831)

*Upeneus pleurostigma* Bennett, 1831b: 59-60.
*Parupenaeus pleurostigma* (Bennett, 1831).
*Parupeneus pelurostigma* (Bennett, 1831).
*Parupeneus brandesii* (Bleeker, 1851).
**文献（Reference）：**Kyushin, Amaoka, Nakaya *et al.*, 1982; Francis, 1993; Francis and Randall, 1993; 沈世杰, 1993; Chen, Shao and Lin, 1995; Chen, Jan and Shao, 1997; Randall and Lim (eds.), 2000; Huang, 2001; 伍汉霖, 邵广昭, 赖春福等, 2012.
**别名或俗名（Used or common name）：**秋姑, 须哥.
**分布（Distribution）：**东海, 南海.

### (3494) 点纹副绯鲤 *Parupeneus spilurus* (Bleeker, 1854)

*Upeneus spilurus* Bleeker, 1854: 395-426.
*Papupeneus spilurus* (Bleeker, 1854).
*Parupeneus signatus* (Günther, 1867).
*Upeneus signatus* Günther, 1867.
**文献（Reference）：**Arai and Koike, 1979; White, 1987; Francis, 1991; Francis, 1993; 沈世杰, 1993; Ni and Kwok, 1999; Huang, 2001; 伍汉霖, 邵广昭, 赖春福等, 2012.
**别名或俗名（Used or common name）：**秋姑, 须哥.
**分布（Distribution）：**南海.

### (3495) 三带副绯鲤 *Parupeneus trifasciatus* (Lacépède, 1801)

*Mullus trifasciatus* Lacépède, 1801: 1-558.
*Parupenaeus bifasciatus* (Lacépède, 1801).
*Parupeneus bifaciatus* (Lacépède, 1801).
*Parupeneus bifasciatus* (Lacépède, 1801).
**文献（Reference）：**Chang, Jan and Shao, 1983; Shao and Chen, 1992; Masuda and Kobayashi, 1994; Chen, Shao and Lin, 1995; Chen, Jan and Shao, 1997; Randall and Lim (eds.), 2000; 伍汉霖, 邵广昭, 赖春福等, 2012.
**分布（Distribution）：**东海, 南海.

## 1092. 绯鲤属 *Upeneus* Cuvier, 1829

### (3496) 日本绯鲤 *Upeneus japonicus* (Houttuyn, 1782)

*Mullus japonicus* Houttuyn, 1782: 311-350.
*Mullus bensasi* Temminck *et* Schlegel, 1843.
*Upeneoides bensasi* (Temminck *et* Schlegel, 1843).
**文献（Reference）：**Ivankov and Samylov, 1979; Kyushin, Amaoka, Nakaya *et al.*, 1982; Shao, Chen, Kao *et al.*, 1993; Randall, Bauchot and Guézé, 1993; Leung, 1994; Yamada, Shirai, Irie *et al.*, 1995; Ni and Kwok, 1999; Huang, 2001; Zhang, Tang, Jin *et al.*, 2005; 伍汉霖, 邵广昭, 赖春福等,

2012.
别名或俗名（**Used or common name**）：红秋姑，须哥，红鱼，条纹绯鲤.
分布（**Distribution**）：东海，南海.

### (3497)吕宋绯鲤 *Upeneus luzonius* Jordan *et* Seale, 1907

*Upeneus luzonius* Jordan *et* Seale, 1907: 1-48.
文献(**Reference**)：Jordan and Seale, 1907: 1-48; Herre, 1953b; Ganaden and Lavapie-Gonzales, 1999; Randall and Lim (eds.), 2000; Huang, 2001; 伍汉霖，邵广昭，赖春福等, 2012.
别名或俗名（**Used or common name**）：秋姑，须哥.
分布（**Distribution**）：东海，南海.

### (3498)马六甲绯鲤 *Upeneus moluccensis* (Bleeker, 1855)

*Upeneoides moluccensis* Bleeker, 1855g: 392-434.
*Upeneus molluccensis* (Bleeker, 1855).
*Upeneoides fasciolatus* Day, 1868.
文献（**Reference**）：Lee, 1973; Lee, 1974; Shao, Chen, Kao *et al.*, 1993; 沈世杰, 1993; Sadovy, 1998; Ni and Kwok, 1999; Randall and Lim (eds.), 2000; Huang, 2001; 伍汉霖，邵广昭，赖春福等, 2012.
别名或俗名（**Used or common name**）：秋姑，须哥，秋高.
分布（**Distribution**）：东海，南海.

### (3499)四带绯鲤 *Upeneus quadrilineatus* Cheng *et* Wang, 1963

*Upeneus quadrilineatus* Cheng *et* Wang, 1963: 1-642.
文献（**Reference**）：Cheng and Wang, 1963: 420-421; Shao, Chen, Kao *et al.*, 1993; 沈世杰, 1993; Shao, 1997; Ni and Kwok, 1999; Randall and Lim (eds.), 2000; Huang, 2001; 伍汉霖，邵广昭，赖春福等, 2012.
别名或俗名（**Used or common name**）：秋姑，须哥.
分布（**Distribution**）：东海，南海.

### (3500)纵带绯鲤 *Upeneus subvittatus* (Temminck *et* Schlegel, 1843)

*Mullus subvittatus* Temminck *et* Schlegel, 1843: 21-72.
*Upeneus subvitatus* (Temminck *et* Schlegel, 1843).
文献（**Reference**）：Masuda, Amaoka, Araga *et al.*, 1984; Ni and Kwok, 1999; Randall and Lim (eds.), 2000; Huang, 2001; Uiblein and McGrouther, 2012; 伍汉霖，邵广昭，赖春福等, 2012.
别名或俗名（**Used or common name**）：秋姑，须哥.
分布（**Distribution**）：东海，南海.

### (3501)黄带绯鲤 *Upeneus sulphureus* Cuvier, 1829

*Upeneus suophureus* Cuvier (*in* Cuvier *et* Valenciennes), 1829b: 1-500.
文献(**Reference**)：Cuvier (*in* Cuvier and Valenciennes), 1829: 1-500; Federizon, 1993; Ni and Kwok, 1999; Kuo and Shao, 1999; Randall and Lim (eds.), 2000; Huang, 2001; 伍汉霖，邵广昭，赖春福等, 2012.
别名或俗名（**Used or common name**）：秋姑，须哥.
分布（**Distribution**）：东海，南海.

### (3502)黑斑绯鲤 *Upeneus tragula* Richardson, 1846

*Upeneus tragua* Richardson, 1846: 187-320.
*Upeneoides tragula* (Richardson, 1846).
文献(**Reference**)：Richardson, 1846: 187-320; Shao and Chen, 1992; Shao, Chen, Kao *et al.*, 1993; 沈世杰, 1993; Leung, 1994; Ni and Kwok, 1999; Kuo and Shao, 1999; Randall and Lim (eds.), 2000; Huang, 2001; 伍汉霖，邵广昭，赖春福等, 2012.
别名或俗名（**Used or common name**）：秋姑，须哥.
分布（**Distribution**）：东海，南海.

### (3503)多带绯鲤 *Upeneus vittatus* (Forsskål, 1775)

*Mullus vittatus* Forsskål, 1775: 1-164.
*Upeneus vitatus* (Forsskål, 1775).
文献（**Reference**）：Ziegler, 1979; Kyushin, Amaoka, Nakaya *et al.*, 1982; Shao, Chen, Kao *et al.*, 1993; 沈世杰, 1993; Ni and Kwok, 1999; Kuo and Shao, 1999; Randall and Lim (eds.), 2000; Huang, 2001; 伍汉霖，邵广昭，赖春福等, 2012.
别名或俗名（**Used or common name**）：秋姑，须哥.
分布（**Distribution**）：东海，南海.

# （二四八）单鳍鱼科 Pempheridae

## 1093. 副单鳍鱼属 *Parapriacanthus* Steindachner, 1870

### (3504)红海副单鳍鱼 *Parapriacanthus ransonneti* Steindachner, 1870

*Parapriacanthus ransonnari* Steindachner, 1870: 623-642.
*Parapriacanthus guentheri* (Klunzinger, 1871).
*Parapriacanthus gunetheri* (Klunzinger, 1871).
*Pempherichthys guentheri* Klunzinger, 1871.
文献（**Reference**）：Masuda, Amaoka, Araga *et al.*, 1984; Francis, 1993; 沈世杰, 1993; Randall and Lim (eds.), 2000; Werner and Allen, 2000; Huang, 2001; 伍汉霖，邵广昭，赖春福等, 2012.
别名或俗名（**Used or common name**）：大面侧仔.
分布（**Distribution**）：东海，南海.

## 1094. 单鳍鱼属 *Pempheris* Cuvier, 1829

### (3505)日本单鳍鱼 *Pempheris japonica* Döderlein, 1883

*Pempheris japonicus* Döderlein, 1883: 123-125.

*Catalufa umbra* Snyder, 1911.
**文献（Reference）**：Döderlein, 1883: 123-125; Shao, Chen, Kao *et al.*, 1993; 沈世杰, 1993; Huang, 2001; 伍汉霖, 邵广昭, 赖春福等, 2012.
**别名或俗名（Used or common name）**：三角仔, 刀片, 水果刀, 解饵刀, 皮刀.
**分布（Distribution）**：东海, 南海.

**（3506）白边单鳍鱼 *Pempheris nyctereutes* Jordan *et* Evermann, 1902**
*Pempheris nyctereutes* Jordan *et* Evermann, 1902: 315-368.
*Liopempheris sasakii* Jordan *et* Hubbs, 1925.
*Pempheris sasakii* (Jordan *et* Hubbs, 1925).
**文献（Reference）**：Jordan and Evermann, 1902: 315-368; Masuda, Amaoka, Araga *et al.*, 1984; 沈世杰, 1993; Randall and Lim (eds.), 2000; Huang, 2001; 伍汉霖, 邵广昭, 赖春福等, 2012.
**别名或俗名（Used or common name）**：三角仔, 刀片, 水果刀, 解饵刀, 皮刀.
**分布（Distribution）**：东海, 南海.

**（3507）黑稍单鳍鱼 *Pempheris oualensis* Cuvier, 1831**
*Pemphperis oualensis* Cuvier, 1831: 1-531.
**文献（Reference）**：Chang, Jan and Shao, 1983; Shao, Chen, Kao *et al.*, 1993; 沈世杰, 1993; Chen, Shao and Lin, 1995; Mok, Yeh and Kuo, 1997; Kuo and Shao, 1999; Randall and Lim (eds.), 2000; Huang, 2001; 伍汉霖, 邵广昭, 赖春福等, 2012.
**别名或俗名（Used or common name）**：三角仔, 刀片, 水果刀, 解饵刀, 皮刀.
**分布（Distribution）**：东海, 南海.

**（3508）银腹单鳍鱼 *Pempheris schwenkii* Bleeker, 1855**
*Pempheris schwenki* Bleeker, 1855f: 305-328.
*Pempheris swenkii* Bleeker, 1855.
**文献（Reference）**：Bleeker, 1855f: 306-328; Randall and Lim (eds.), 2000; Kim, Choi, Lee *et al.*, 2005; 伍汉霖, 邵广昭, 赖春福等, 2012.
**别名或俗名（Used or common name）**：三角仔, 刀片, 水果刀, 解饵刀, 皮刀.
**分布（Distribution）**：东海, 南海.

**（3509）黑缘单鳍鱼 *Pempheris vanicolensis* Cuvier, 1831**
*Pempheris vanicolensis* Cuvier, 1831: 1-531.
**文献（Reference）**：Cuvier, 1831: i-xxix + 1-531; Chang, Jan and Shao, 1983; Francis, 1993; Shao, Chen, Kao *et al.*, 1993; 沈世杰, 1993; Ni and Kwok, 1999; Randall and Lim (eds.), 2000; 伍汉霖, 邵广昭, 赖春福等, 2012.
**别名或俗名（Used or common name）**：三角仔, 刀片, 水果刀, 解饵刀, 皮刀.
**分布（Distribution）**：南海.

**（3510）黄鳍单鳍鱼 *Pempheris xanthoptera* Tominaga, 1963**
*Pempheris xanthopterus* Tominaga, 1963: 269-290.
**文献（Reference）**：Arai and Koike, 1979; Masuda, Amaoka, Araga *et al.*, 1984; Okiyama, 1993; Huang, 2001; 伍汉霖, 邵广昭, 赖春福等, 2012.
**分布（Distribution）**：南海.

## （二四九）叶鲷科 Glaucosomatidae

### 1095. 叶鲷属 *Glaucosoma* Temminck *et* Schlegel, 1843

**（3511）叶鲷 *Glaucosoma buergeri* Richardson, 1845**
*Glaucosoma burgeri* Richardson, 1845: 17-52.
*Glaucosoma fauveli* Sauvage, 1881.
*Glaucosoma fauvelii* Sauvage, 1881.
*Glaucosoma taeniatus* Fowler, 1934.
**文献（Reference）**：Masuda, Amaoka, Araga *et al.*, 1984; 沈世杰, 1993; Randall and Lim (eds.), 2000; Broad, 2003; 伍汉霖, 邵广昭, 赖春福等, 2012.
**别名或俗名（Used or common name）**：大目仔.
**分布（Distribution）**：东海, 南海.

## （二五〇）深海鲱鲈科 Bathyclupeidae

### 1096. 深海鲱鲈属 *Bathyclupea* Alcock, 1891

**（3512）银深海鲱鲈 *Bathyclupea argentea* Goode *et* Bean, 1896**
*Bathyclupea argentea* Goode *et* Bean, 1896: 1-553.
**文献（Reference）**：Randall and Lim (eds.), 2000; Nakabo, 2002; 伍汉霖, 邵广昭, 赖春福等, 2012.
**别名或俗名（Used or common name）**：深海鲱.
**分布（Distribution）**：南海.

## （二五一）大眼鲳科 Monodactylidae

### 1097. 大眼鲳属 *Monodactylus* Lacépède, 1801

**（3513）银大眼鲳 *Monodactylus argenteus* (Linnaeus, 1758)**
*Chaetodon argenteus* Linnaeus, 1758: 1-824.
*Monodachtylus argenteus* (Linnaeus, 1758).

*Monodactylus argentues* (Linnaeus, 1758).
*Psettus rhombeus* (Forsskål, 1775).
**文献（Reference）**：朱元鼎等, 1985; Shao and Lim, 1991; Francis, 1993; Shao, Chen, Kao *et al.*, 1993; 沈世杰, 1993; Kuo and Shao, 1999; Randall and Lim (eds.), 2000; Huang, 2001; BFAR, 2006; 伍汉霖, 邵广昭, 赖春福等, 2012; 刘静, 吴仁协, 康斌等, 2016.
**别名或俗名（Used or common name）**：金鲳, 银鲳.
**分布（Distribution）**：东海, 南海.

## （二五二）鮀科 Kyphosidae

### 1098. 鮠属 *Girella* Gray, 1835

#### （3514）小鳞黑鮠 *Girella leonina* (Richardson, 1846)

*Crenidens leoninus* Richardson, 1846: 187-320.
**文献（Reference）**：Richardson, 1846: 187-320; Masuda, Amaoka, Araga *et al.*, 1984; 沈世杰, 1993; Randall and Stender, 2001; 伍汉霖, 邵广昭, 赖春福等, 2012.
**别名或俗名（Used or common name）**：黑毛, 红皮仔, 红皮拢, 尾长黑毛, 黑瓜子鱲.
**分布（Distribution）**：南海.

#### （3515）绿带鮠 *Girella mezina* Jordan *et* Starks, 1907

*Girella mezina* Jordan *et* Starks, 1907: 491-504.
**文献（Reference）**：Jordan and Starks, 1907: 491-504; Masuda, Amaoka, Araga *et al.*, 1984; 沈世杰, 1993; Ni and Kwok, 1999; Randall and Lim (eds.), 2000; Huang, 2001; 伍汉霖, 邵广昭, 赖春福等, 2012.
**别名或俗名（Used or common name）**：黑毛, 厚唇仔.
**分布（Distribution）**：南海.

#### （3516）斑鮠 *Girella punctata* Gray, 1835

*Girella punctata* Gray, 1835: 84-99.
*Crenidens melanichthys* Richardson, 1846.
*Girella melanichthys* (Richardson, 1846).
**文献（Reference）**：Gray, 1795; Lee and Chang, 1981; Lee and Huang (李信彻和黄朝盛), 1981; 朱元鼎等, 1985; Shao, Chen, Kao *et al.*, 1993; 沈世杰, 1993; Yamada, Shirai, Irie *et al.*, 1995; Endo and Iwatsuki, 1998; Ni and Kwok, 1999; Randall and Lim (eds.), 2000; Huang, 2001; 伍汉霖, 邵广昭, 赖春福等, 2012.
**别名或俗名（Used or common name）**：黑毛, 菜毛, 粗鳞黑毛, 黑闷, 粗鳞仔, 口太黑毛.
**分布（Distribution）**：黄海, 东海, 南海.

### 1099. 鮀属 *Kyphosus* Lacépède, 1801

#### （3517）双峰鮀 *Kyphosus bigibbus* Lacépède, 1801

*Kyphosus biggibus* Lacépède, 1801: 1-558.
*Dorsuarius nigrescens* Lacépède, 1803.
*Kyphosus fuscus* (Lacépède, 1803).
*Pimelepterus fallax* Klunzinger, 1884.
**文献（Reference）**：Lacépède, 1801: i-lxvi + 1-558; Zama, 1976; Francis, 1993; 沈世杰, 1993; Chen, Shao and Lin, 1995; Kuo and Shao, 1999; Randall and Lim (eds.), 2000; Huang, 2001; 伍汉霖, 邵广昭, 赖春福等, 2012.
**别名或俗名（Used or common name）**：白毛, 白闷.
**分布（Distribution）**：南海.

#### （3518）长鳍鮀 *Kyphosus cinerascens* (Forsskål, 1775)

*Sciaena cinerascens* Forsskål, 1775: 1-164.
*Khyphosus cinerascens* (Forsskål, 1775).
*Pimelepterus altipinnis* Cuvier, 1831.
*Pimelepterus dussumieri* Cuvier, 1831.
*Pimelepterus indicus* Cuvier, 1831.
**文献（Reference）**：Francis, 1991; Francis, 1993; Shao, Chen, Kao *et al.*, 1993; 沈世杰, 1993; Chen, Shao and Lin, 1995; Chen, Jan and Shao, 1997; Kuo and Shao, 1999; Randall and Lim (eds.), 2000; Huang, 2001; 伍汉霖, 邵广昭, 赖春福等, 2012.
**别名或俗名（Used or common name）**：白毛, 开旗.
**分布（Distribution）**：南海.

#### （3519）低鳍鮀 *Kyphosus vaigiensis* (Quoy *et* Gaimard, 1825)

*Pimelepterus vaigiensis* Quoy *et* Gaimard, 1825: 192-401.
*Kyphosus vaigensis* (Quoy *et* Gaimard, 1825).
*Pimelepterus waigiensis* Quoy *et* Gaimard, 1825.
*Kyphosus lembus* (Cuvier, 1831).
*Kyphosus bleekeri* Fowler, 1933.
**文献（Reference）**：Chang, Jan and Shao, 1983; 朱元鼎等, 1985; Francis, 1993; 沈世杰, 1993; Chen, Shao and Lin, 1995; Sakai and Nakabo, 1995; Ni and Kwok, 1999; Randall and Lim (eds.), 2000; Huang, 2001; Markevich, 2005; 伍汉霖, 邵广昭, 赖春福等, 2012; 刘静, 吴仁协, 康斌等, 2016.
**别名或俗名（Used or common name）**：白毛, 白闷.
**分布（Distribution）**：南海.

### 1100. 细刺鱼属 *Microcanthus* Swainson, 1839

#### （3520）细刺鱼 *Microcanthus strigatus* (Cuvier, 1831)

*Chaetodon strigatus* Cuvier, 1831: 1-531.
**文献（Reference）**：朱元鼎等, 1985; Shao and Chen, 1992; Francis, 1993; Shao, Chen, Kao *et al.*, 1993; 沈世杰, 1993; Leung, 1994; Ni and Kwok, 1999; Kuo and Shao, 1999; Randall and Lim (eds.), 2000; Huang, 2001; 伍汉霖, 邵广昭,

赖春福等, 2012; 刘静, 吴仁协, 康斌等, 2016.
别名或俗名（**Used or common name**）：斑马, 条纹蝶.
分布（**Distribution**）：渤海, 黄海, 东海, 南海.

## （二五三）鸡笼鲳科 Drepaneidae

### 1101. 鸡笼鲳属 *Drepane* Cuvier, 1831

#### （3521）条纹鸡笼鲳 *Drepane longimana* (Bloch *et* Schneider, 1801)

*Chaetodon longimanus* Bloch *et* Schneider, 1801: 1-584.
*Drepane longimanus* (Bloch *et* Schneider, 1801).
文献（**Reference**）：Kyushin, Amaoka, Nakaya *et al.*, 1982; 朱元鼎等, 1985; Shao and Lim, 1991; Shao, Chen, Kao *et al.*, 1993; 沈世杰, 1993; Yamada, Shirai, Irie *et al.*, 1995; Ni and Kwok, 1999; Kuo and Shao, 1999; Randall and Lim (eds.), 2000; Huang, 2001; 伍汉霖, 邵广昭, 赖春福等, 2012.
别名或俗名（**Used or common name**）：铜盘仔, 金龙, 鸡仓, 加破埔.
分布（**Distribution**）：东海, 南海.

#### （3522）斑点鸡笼鲳 *Drepane punctata* (Linnaeus, 1758)

*Chaetodon punctatus* Linnaeus, 1758: 1-824.
*Drepane punctatus* (Linnaeus, 1758).
*Drepanichthys punctatus* (Linnaeus, 1758).
*Harpochirus punctatus* (Linnaeus, 1758).
文献（**Reference**）：朱元鼎等, 1985; Shao, Chen, Kao *et al.*, 1993; 沈世杰, 1993; Leung, 1994; Ni and Kwok, 1999; Kuo and Shao, 1999; Randall and Lim (eds.), 2000; Huang, 2001; 伍汉霖, 邵广昭, 赖春福等, 2012.
别名或俗名（**Used or common name**）：铜盘仔, 镜鲳, 金镜, 加破埔.
分布（**Distribution**）：东海, 南海.

## （二五四）蝴蝶鱼科 Chaetodontidae

### 1102. 蝴蝶鱼属 *Chaetodon* Linnaeus, 1758

#### （3523）项斑蝴蝶鱼 *Chaetodon adiergastos* Seale, 1910

*Chaetodon adiergastos* Seale, 1910a: 115-119.
文献（**Reference**）：Seale, 1910a: 115-119; Randall and Fridman, 1981; 沈世杰, 1993; Randall and Lim (eds.), 2000; Werner and Allen, 2000; Huang, 2001; Broad, 2003; 左晓燕和唐文乔, 2011: 1000-1005; 伍汉霖, 邵广昭, 赖春福等, 2012.
别名或俗名（**Used or common name**）：黑面蝶.
分布（**Distribution**）：东海, 南海.

#### （3524）银身蝴蝶鱼 *Chaetodon argentatus* Smith *et* Radcliffe, 1911

*Chaetodon argentatus* Smith *et* Radcliffe, 1911: 319-326.
*Anisochaetodon argentatus* (Smith *et* Radcliffe, 1911).
文献（**Reference**）：Smith and Radcliffe, 1911: 319-326; Chang, Jan and Shao, 1983; Sano, 1989; 沈世杰, 1993; Randall and Lim (eds.), 2000; Huang, 2001; 左晓燕和唐文乔, 2011: 1000-1005; 伍汉霖, 邵广昭, 赖春福等, 2012.
别名或俗名（**Used or common name**）：黑镜蝶.
分布（**Distribution**）：东海, 南海.

#### （3525）丝蝴蝶鱼 *Chaetodon auriga* Forsskål, 1775

*Chaetodon auriga* Forsskål, 1775: 1-164.
*Anisochaetodon auriga* (Forsskål, 1775).
*Linophora auriga* (Forsskål, 1775).
*Chaetodon auriga setifier* (Bloch, 1795).
文献（**Reference**）：Forsskål, 1775: 1-20 + i-xxxiv + 1-164; Chang, Jan and Shao, 1983; Shao, Chen, Kao *et al.*, 1993; 沈世杰, 1993; Chen, Shao and Lin, 1995; Chen, Jan and Shao, 1997; Ni and Kwok, 1999; Kuo and Shao, 1999; Randall and Lim (eds.), 2000; Huang, 2001; 左晓燕和唐文乔, 2011: 1000-1005; 伍汉霖, 邵广昭, 赖春福等, 2012; 刘静, 吴仁协, 康斌等, 2016.
别名或俗名（**Used or common name**）：人字蝶, 白刺蝶.
分布（**Distribution**）：东海, 南海.

#### （3526）叉纹蝴蝶鱼 *Chaetodon auripes* Jordan *et* Snyder, 1901

*Chaetodon auripes* Jordan *et* Snyder, 1901b: 31-159.
*Chaetodon fallax* Ahl, 1923.
文献（**Reference**）：Jordan and Snyder, 1901b: 31-159; Jordan and Fowler, 1902; Fowler and Bean, 1929; Shao and Chen, 1992; Shao, Chen, Kao *et al.*, 1993; 沈世杰, 1993; Chen, Shao and Lin, 1995; Randall and Lim (eds.), 2000; Huang, 2001; Kobayashi, Suzuki and Hioki, 2007; 左晓燕和唐文乔, 2011: 1000-1005; 伍汉霖, 邵广昭, 赖春福等, 2012.
别名或俗名（**Used or common name**）：黑头蝶, 金色蝶, 条纹蝶.
分布（**Distribution**）：东海, 南海.

#### （3527）曲纹蝴蝶鱼 *Chaetodon baronessa* Cuvier, 1829

*Chaetodon barronessa* Cuvier (*in* Cuvier *et* Valenciennes), 1829: 1-406.
文献（**Reference**）：沈世杰, 1993; Chen, Shao and Lin, 1995; Chen, Jan and Shao, 1997; Randall and Lim (eds.), 2000; Huang, 2001; 左晓燕和唐文乔, 2011: 1000-1005; 伍汉霖, 邵广昭, 赖春福等, 2012; 刘静, 吴仁协, 康斌等, 2016.

别名或俗名（**Used or common name**）：天王蝶，天皇蝶，三角纹蝶.

分布（**Distribution**）：东海，南海.

### （3528）双丝蝴蝶鱼 *Chaetodon bennetti* Cuvier, 1831

*Chaetodon bennetti* Cuvier, 1831: 1-531.

*Chaetodon vinctus* Lay *et* Bennett, 1839.

文献（**Reference**）：Cuvier, 1831: i-xxix + 1-531; Chang, Jan and Shao, 1983; Francis, 1993; 沈世杰, 1993; Randall and Lim (eds.), 2000; Huang, 2001; 左晓燕和唐文乔, 2011: 1000-1005; 伍汉霖, 邵广昭, 赖春福等, 2012.

别名或俗名（**Used or common name**）：本氏蝶.

分布（**Distribution**）：东海，南海.

### （3529）密点蝴蝶鱼 *Chaetodon citrinellus* Cuvier, 1831

*Chaetodon citrinellus* Cuvier, 1831: 1-531.

*Chaetodon nigripes* de Vis, 1884.

*Chaetodon citrinellus semipunctatus* Ahl, 1923.

文献（**Reference**）：Cuvier, 1831: i-xxix + 1-531; Chang, Jan and Shao, 1983; Francis, 1993; 沈世杰, 1993; Chen, Shao and Lin, 1995; Chen, Jan and Shao, 1997; Randall and Lim (eds.), 2000; Huang, 2001; 左晓燕和唐文乔, 2011: 1000-1005; 伍汉霖, 邵广昭, 赖春福等, 2012.

别名或俗名（**Used or common name**）：胡麻蝶.

分布（**Distribution**）：东海，南海.

### （3530）领蝴蝶鱼 *Chaetodon collare* Bloch, 1787

*Chaetodon collaris* Bloch, 1787: 1-146.

*Chaetodon viridis* Bleeker, 1845.

*Chaetodon praetextatus* Cantor, 1849.

*Chaetodon parallelus* Gronow, 1854.

文献（**Reference**）：Herre, 1953b; Arai and Inoue, 1975; Ni and Kwok, 1999; Ganaden and Lavapie-Gonzales, 1999; Huang, 2001; 伍汉霖, 邵广昭, 赖春福等, 2012.

分布（**Distribution**）：南海.

### （3531）鞭蝴蝶鱼 *Chaetodon ephippium* Cuvier, 1831

*Chaetodon ephippium* Cuvier, 1831: 1-531.

*Chaetodon principalis* Cuvier (*in* Cuvier *et* Valenciennes), 1829.

*Chaetodon garnoti* Lesson, 1831.

文献（**Reference**）：Cuvier, 1831: i-xxix + 1-531; Chang, Jan and Shao, 1983; Shao, Chen, Kao *et al.*, 1993; 沈世杰, 1993; Chen, Shao and Lin, 1995; Kuo and Shao, 1999; Randall and Lim (eds.), 2000; Huang, 2001; 左晓燕和唐文乔, 2011: 1000-1005; 伍汉霖, 邵广昭, 赖春福等, 2012.

别名或俗名（**Used or common name**）：月光蝶.

分布（**Distribution**）：东海，南海.

### （3532）纹带蝴蝶鱼 *Chaetodon falcula* Bloch, 1795

*Chaetodon falcula* Bloch, 1795: 1-192.

*Anisochaetodon falcula* (Bloch, 1795).

*Chaetodon dizoster* Valenciennes (*in* Cuvier *et* Valenciennes), 1831.

*Tetragonoptrus dizoster* [Valenciennes (*in* Cuvier *et* Valenciennes), 1831].

文献（**Reference**）：Herre, 1953b; Ganaden and Lavapie-Gonzales, 1999; Huang, 2001; 伍汉霖, 邵广昭, 赖春福等, 2012.

分布（**Distribution**）：南海.

### （3533）贡氏蝴蝶鱼 *Chaetodon guentheri* Ahl, 1923

*Chaetodon guentheri* Ahl, 1923: 1-205.

*Chaetodon punctulatus* Ahl, 1923.

文献（**Reference**）：Masuda, Amaoka, Araga *et al.*, 1984; Shao, Lin, Ho *et al.*, 1990; Francis, 1993; 沈世杰, 1993; Randall and Lim (eds.), 2000; 左晓燕和唐文乔, 2011: 1000-1005; 伍汉霖, 邵广昭, 赖春福等, 2012.

别名或俗名（**Used or common name**）：芝麻蝶，贡氏蝴蝶鱼.

分布（**Distribution**）：南海.

### （3534）珠蝴蝶鱼 *Chaetodon kleinii* Bloch, 1790

*Choetodon kleinii* Bloch, 1790: 1-128.

*Anisochaetodon kleinii* (Bloch, 1790).

*Tetragonoptrus kleini* (Bloch, 1790).

*Chaetodon bellulus* Thiollière, 1857.

文献（**Reference**）：Chang, Jan and Shao, 1983; Shao and Chen, 1992; Shao, Chen, Kao *et al.*, 1993; 沈世杰, 1993; Chen, Shao and Lin, 1995; Chen, Jan and Shao, 1997; Randall and Lim (eds.), 2000; Huang, 2001; 左晓燕和唐文乔, 2011: 1000-1005; 伍汉霖, 邵广昭, 赖春福等, 2012.

别名或俗名（**Used or common name**）：菠萝蝶，蓝头蝶.

分布（**Distribution**）：东海，南海.

### （3535）细纹蝴蝶鱼 *Chaetodon lineolatus* Cuvier, 1831

*Chaetodon lieneolatus* Cuvier, 1831: 1-531.

*Anisochaetodon lineolatus* (Cuvier, 1831).

*Chaetodon lunatus* Cuvier, 1831.

*Tetragonoptrus lineolatus* (Cuvier, 1831).

文献（**Reference**）：Cuvier, 1831: i-xxix + 1-531; Francis, 1991; Francis, 1993; 沈世杰, 1993; Chen, Shao and Lin, 1995; Randall and Lim (eds.), 2000; Huang, 2001; 左晓燕和唐文乔, 2011: 1000-1005; 伍汉霖, 邵广昭, 赖春福等, 2012.

别名或俗名（**Used or common name**）：黑影蝶，新月蝶.

分布（**Distribution**）：东海，南海.

**(3536) 新月蝴蝶鱼 *Chaetodon lunula* (Lacépède, 1802)**

*Pomacentrus lunula* Lacépède, 1802: 1-728.
*Chaetodon iunula* (Lacépède, 1802).
*Tetragonoptrus lunula* (Lacépède, 1802).
*Chaetodon biocellatus* Cuvier, 1831.

**文献 (Reference)**: Chang, Jan and Shao, 1983; Francis, 1993; Shao, Chen, Kao *et al.*, 1993; 沈世杰, 1993; Chen, Shao and Lin, 1995; Chen, Jan and Shao, 1997; Randall and Lim (eds.), 2000; 左晓燕和唐文乔, 2011: 1000-1005; 伍汉霖, 邵广昭, 赖春福等, 2012.

**别名或俗名 (Used or common name)**: 月眉蝶, 月鲷.

**分布 (Distribution)**: 东海, 南海.

**(3537) 弓月蝴蝶鱼 *Chaetodon lunulatus* Quoy *et* Gaimard, 1825**

*Chaetodon lunulatus* Quoy *et* Gaimard, 1825: 329-616.
*Chaetodon trifasciatus*: 左晓燕和唐文乔, 2011.

**文献 (Reference)**: 沈世杰, 1993; Ganaden and Lavapie-Gonzales, 1999; Randall and Lim (eds.), 2000; Werner and Allen, 2000; 左晓燕和唐文乔, 2011: 1000-1005; 伍汉霖, 邵广昭, 赖春福等, 2012.

**别名或俗名 (Used or common name)**: 冬瓜蝶, 三带蝴蝶鱼.

**分布 (Distribution)**: 东海, 南海.

**(3538) 黑背蝴蝶鱼 *Chaetodon melannotus* Bloch *et* Schneider, 1801**

*Chaetodon melanotus* Bloch *et* Schneider, 1801: 1-584.
*Tetragonoptrus melanotus* (Bloch *et* Schneider, 1801).
*Chaetodon dorsalis* Rüppell, 1829.
*Chaetodon abhortani* Cuvier, 1831.

**文献 (Reference)**: Chang, Jan and Shao, 1983; 沈世杰, 1993; Chen, Shao and Lin, 1995; Chen, Jan and Shao, 1997; Ni and Kwok, 1999; Randall and Lim (eds.), 2000; Huang, 2001; 左晓燕和唐文乔, 2011: 1000-1005; 伍汉霖, 邵广昭, 赖春福等, 2012.

**别名或俗名 (Used or common name)**: 太阳蝶, 曙色蝶.

**分布 (Distribution)**: 东海, 南海.

**(3539) 麦氏蝴蝶鱼 *Chaetodon meyeri* Bloch *et* Schneider, 1801**

*Chaetodon meyeri* Bloch *et* Schneider, 1801: 1-728.
*Holacanthus flavoniger* Lacépède, 1802.

**文献 (Reference)**: 沈世杰, 1993; Randall and Lim (eds.), 2000; Huang, 2001; 左晓燕和唐文乔, 2011: 1000-1005; 伍汉霖, 邵广昭, 赖春福等, 2012.

**别名或俗名 (Used or common name)**: 黑斜纹蝶.

**分布 (Distribution)**: 南海.

**(3540) 朴蝴蝶鱼 *Chaetodon modestus* Temminck *et* Schlegel, 1844**

*Chaetodon modestus* Temminck *et* Schlegel, 1844: 73-112.
*Coradion modestus* (Temminck *et* Schlegel, 1844).
*Paracanthochaetodon modestus* (Temminck *et* Schlegel, 1844).
*Roa modesta* (Temminck *et* Schlegel, 1844).

**文献 (Reference)**: Shao, Chen, Kao *et al.*, 1993; 沈世杰, 1993; Yamada, Shirai, Irie *et al.*, 1995; Ni and Kwok, 1999; Randall and Lim (eds.), 2000; Huang, 2001; 左晓燕和唐文乔, 2011: 1000-1005; 伍汉霖, 邵广昭, 赖春福等, 2012.

**别名或俗名 (Used or common name)**: 尖嘴罗蝶鱼, 尖嘴蝶, 尖嘴蝴蝶鱼.

**分布 (Distribution)**: 渤海, 黄海, 东海, 南海.

**(3541) 日本蝴蝶鱼 *Chaetodon nippon* Steindachner *et* Döderlein, 1883**

*Chaetodon nippon* Steindachner *et* Döderlein, 1883a: 123-125.
*Chaetodon carens* Seale, 1910.
*Chaetodon decipiens* Ahl, 1923.

**文献 (Reference)**: Steindachner and Döderlein, 1883a: 123-125; Seale, 1910; Suzuki, Tanaka and Hioki, 1980; Sano, 1989; 沈世杰, 1993; Randall and Lim (eds.), 2000; Huang, 2001; 左晓燕和唐文乔, 2011: 1000-1005; 伍汉霖, 邵广昭, 赖春福等, 2012.

**别名或俗名 (Used or common name)**: 暗带蝶.

**分布 (Distribution)**: 南海.

**(3542) 八带蝴蝶鱼 *Chaetodon octofasciatus* Bloch, 1787**

*Chaetodon octofasciatus* Bloch, 1787: 1-146.
*Chaetodon octolineatus* Gronow, 1854.

**文献 (Reference)**: Shao and Chen, 1992; Shao, Chen, Kao *et al.*, 1993; 沈世杰, 1993; Leung, 1994; Ni and Kwok, 1999; Randall and Lim (eds.), 2000; Huang, 2001; 左晓燕和唐文乔, 2011: 1000-1005; 伍汉霖, 邵广昭, 赖春福等, 2012.

**别名或俗名 (Used or common name)**: 八线蝶.

**分布 (Distribution)**: 东海, 南海.

**(3543) 华丽蝴蝶鱼 *Chaetodon ornatissimus* Cuvier, 1831**

*Chaetodon ornatissimus* Cuvier, 1831: 1-531.
*Chaetodon ornatus* Gray, 1831.
*Chaetodon ornatissimus kaupi* Ahl, 1923.
*Chaetodon lydiae* Curtiss, 1938.

**文献 (Reference)**: Cuvier, 1831: i-xxix + 1-531; Francis, 1993; 沈世杰, 1993; Chen, Shao and Lin, 1995; Chen, Jan and Shao, 1997; Ni and Kwok, 1999; Randall and Lim (eds.), 2000; Huang, 2001; 左晓燕和唐文乔, 2011: 1000-1005; 伍汉霖, 邵广昭, 赖春福等, 2012.

别名或俗名（Used or common name）：斜纹蝶.

分布（Distribution）：东海，南海.

**（3544）四棘蝴蝶鱼 *Chaetodon plebeius* Cuvier, 1831**

*Chaetodon plebelus* Cuvier, 1831: 1-531.

*Megaprotodon plebeius* (Cuvier, 1831).

*Chaetodon cordiformis* Thiollière, 1857.

*Megaprotodon maculiceps* Ogilby, 1910.

文献（Reference）：Cuvier, 1831: i-xxix + 1-531; Watanabe and Hart, 1946; Arai and Inoue, 1975; Chang, Jan and Shao, 1983; Francis, 1993; 沈世杰, 1993; Chen, Shao and Lin, 1995; Randall and Lim (eds.), 2000; Huang, 2001; 左晓燕和唐文乔, 2011: 1000-1005; 伍汉霖，邵广昭，赖春福等, 2012.

别名或俗名（Used or common name）：蓝腰蝶，云蝶.

分布（Distribution）：东海，南海.

**（3545）斑带蝴蝶鱼 *Chaetodon punctatofasciatus* Cuvier, 1831**

*Chaetodon punctofasciatus* Cuvier, 1831: 1-531.

*Chaetodon punctatolineatus* Gronow, 1854.

文献（Reference）：Cuvier, 1831: i-xxix + 1-531; Chang, Jan and Shao, 1983; Shao, Chen, Kao *et al.*, 1993; 沈世杰, 1993; Chen, Shao and Lin, 1995; Chen, Jan and Shao, 1997; Randall and Lim (eds.), 2000; Huang, 2001; 左晓燕和唐文乔, 2011: 1000-1005; 伍汉霖，邵广昭，赖春福等, 2012.

别名或俗名（Used or common name）：虎皮蝶，繁纹蝶.

分布（Distribution）：东海，南海.

**（3546）四点蝴蝶鱼 *Chaetodon quadrimaculatus* Gray, 1831**

*Chaetodon quadromaculatus* Gray, 1831d: 33.

文献（Reference）：Gray, 1831d: 33; Masuda, Amaoka, Araga *et al.*, 1984; 沈世杰, 1993; Randall and Lim (eds.), 2000; Huang, 2001; Craig, Randall and Stein, 2008; 左晓燕和唐文乔, 2011: 1000-1005; 伍汉霖，邵广昭，赖春福等, 2012.

别名或俗名（Used or common name）：四点蝶.

分布（Distribution）：南海.

**（3547）格纹蝴蝶鱼 *Chaetodon rafflesii* Anonymous [Bennett], 1830**

*Chaetodon rafflesi* Anonymous [Bennett], 1830: 686-694.

*Anisochaetodon rafflesi* (Anonymous [Bennett], 1830).

*Chaetodon princeps* Cuvier, 1831.

*Chaetodon sebae* Cuvier, 1831.

文献（Reference）：Anonymous [Bennett], 1830: 686-694; Sano, 1989; 沈世杰, 1993; Chen, Shao and Lin, 1995; Chen, Jan and Shao, 1997; Randall and Lim (eds.), 2000; Huang, 2001; 左晓燕和唐文乔, 2011: 1000-1005; 伍汉霖，邵广昭，赖春福等, 2012.

别名或俗名（Used or common name）：网蝶.

分布（Distribution）：东海，南海.

**（3548）网纹蝴蝶鱼 *Chaetodon reticulatus* Cuvier, 1831**

*Chaetodon recticulatus* Cuvier, 1831: 1-531.

*Chaetodon superbus* Broussonet, 1831.

*Chaetodon superbus* Lesson, 1831.

文献（Reference）：Cuvier, 1831: i-xxix + 1-531; 沈世杰, 1993; Randall and Lim (eds.), 2000; Huang, 2001; 左晓燕和唐文乔, 2011: 1000-1005; 伍汉霖，邵广昭，赖春福等, 2012.

别名或俗名（Used or common name）：网纹蝶.

分布（Distribution）：东海，南海.

**（3549）弯月蝴蝶鱼 *Chaetodon selene* Bleeker, 1853**

*Chaetodon selene* Bleeker, 1853: 67-96.

文献（Reference）：Bleeker, 1853: 67-96; Yasuda, Masuda and Takama, 1975; Murdy, Ferraris, Hoese *et al.*, 1981; 沈世杰, 1993; Randall and Lim (eds.), 2000; Huang, 2001; 左晓燕和唐文乔, 2011: 1000-1005; 伍汉霖，邵广昭，赖春福等, 2012.

别名或俗名（Used or common name）：弯月蝶.

分布（Distribution）：东海，南海.

**（3550）细点蝴蝶鱼 *Chaetodon semeion* Bleeker, 1855**

*Chaetodon semeion* Bleeker, 1855a: 445-460.

*Chaetodon decoratus* Ahl, 1923.

文献（Reference）：Bleeker, 1855a: 445-460; 沈世杰, 1993; Randall and Lim (eds.), 2000; Huang, 2001; 左晓燕和唐文乔, 2011: 1000-1005; 伍汉霖，邵广昭，赖春福等, 2012.

别名或俗名（Used or common name）：细点蝶.

分布（Distribution）：东海，南海.

**（3551）镜斑蝴蝶鱼 *Chaetodon speculum* Cuvier, 1831**

*Chaetodon speculum* Cuvier, 1831: 1-531.

*Chaetodon spilopleura* Cuvier, 1831.

*Chaetodon ocellifer* Franz, 1910.

文献（Reference）：Cuvier, 1831: i-xxix + 1-531; Chang, Jan and Shao, 1983; Francis, 1993; Shao, Chen, Kao *et al.*, 1993; 沈世杰, 1993; Chen, Shao and Lin, 1995; Ni and Kwok, 1999; Randall and Lim (eds.), 2000; Huang, 2001; 左晓燕和唐文乔, 2011: 1000-1005; 伍汉霖，邵广昭，赖春福等, 2012.

别名或俗名（Used or common name）：黄镜斑，黄一点.

分布（Distribution）：东海，南海.

**（3552）三纹蝴蝶鱼 *Chaetodon trifascialis* Quoy *et* Gaimard, 1825**

*Chaetodon trifascialis* Quoy *et* Gaimard, 1825: 329-616.
*Megapotodon trifascialis* (Quoy *et* Gaimard, 1825).
*Chaetodon bifascialis* Cuvier (*in* Cuvier *et* Valenciennes), 1829.
*Chaetodon triangularis* Rüppell, 1829.
**文献（Reference）：**Arai and Inoue, 1975; Chang, Jan and Shao, 1983; Francis, 1993; 沈世杰, 1993; Chen, Shao and Lin, 1995; Chen, Jan and Shao, 1997; Randall and Lim (eds.), 2000; Huang, 2001; 左晓燕和唐文乔, 2011: 1000-1005; 伍汉霖, 邵广昭, 赖春福等, 2012.
**别名或俗名（Used or common name）：**箭蝶, 排骨蝶.
**分布（Distribution）：**东海, 南海.

**（3553）乌利蝴蝶鱼 *Chaetodon ulietensis* Cuvier, 1831**

*Chaetodon ulientensis* Cuvier, 1831: 1-531.
*Chaetodon aurora* de Vis, 1884.
*Chaetodon ulietensis confluens* Ahl, 1923.
**文献（Reference）：**Cuvier, 1831: i-xxix + 1-531; Francis, 1993; 沈世杰, 1993; Chen, Shao and Lin, 1995; Randall and Lim (eds.), 2000; Huang, 2001; 左晓燕和唐文乔, 2011: 1000-1005; 伍汉霖, 邵广昭, 赖春福等, 2012.
**别名或俗名（Used or common name）：**鞍斑蝶.
**分布（Distribution）：**南海.

**（3554）单斑蝴蝶鱼 *Chaetodon unimaculatus* Bloch, 1787**

*Chaetodon unimaculatus* Bloch, 1787: 1-146.
*Chaetodon sphenospilus* Jenkins, 1901.
**文献（Reference）：**Chang, Jan and Shao, 1983; Sano, 1989; Francis, 1993; 沈世杰, 1993; Chen, Shao and Lin, 1995; Chen, Jan and Shao, 1997; Randall and Lim (eds.), 2000; Huang, 2001; 伍汉霖, 邵广昭, 赖春福等, 2012.
**别名或俗名（Used or common name）：**一点蝶, 一点清.
**分布（Distribution）：**东海, 南海.

**（3555）斜纹蝴蝶鱼 *Chaetodon vagabundus* Linnaeus, 1758**

*Chaetodon vugabundus* Linnaeus, 1758: 1-824.
*Anisochaetodon vagabundus* (Linnaeus, 1758).
*Chaetodon mesogallicus* Cuvier (*in* Cuvier *et* Valenciennes), 1829.
**文献（Reference）：**Arai and Inoue, 1975; Chang, Jan and Shao, 1983; Shao, Chen, Kao *et al.*, 1993; 沈世杰, 1993; Chen, Shao and Lin, 1995; Chen, Jan and Shao, 1997; Kuo and Shao, 1999; Randall and Lim (eds.), 2000; Huang, 2001; 左晓燕和唐文乔, 2011: 1000-1005; 伍汉霖, 邵广昭, 赖春福等, 2012.
**别名或俗名（Used or common name）：**假人字蝶.
**分布（Distribution）：**东海, 南海.

**（3556）丽蝴蝶鱼 *Chaetodon wiebeli* Kaup, 1863**

*Chaetodon weibeli* Kaup, 1863: 125-129.
*Chaetodon bellamaris* Seale, 1914.
*Chaetodon collare knerii* Ahl, 1923.
**文献（Reference）：**沈世杰, 1993; Leung, 1994; Chen, Shao and Lin, 1995; Ni and Kwok, 1999; Randall and Lim (eds.), 2000; Huang, 2001; 左晓燕和唐文乔, 2011: 1000-1005; 伍汉霖, 邵广昭, 赖春福等, 2012.
**别名或俗名（Used or common name）：**黑尾蝶, 魏氏蝶.
**分布（Distribution）：**东海, 南海.

**（3557）黄蝴蝶鱼 *Chaetodon xanthurus* Bleeker, 1857**

*Chaetodon xanthurus* Bleeker, 1857: 1-102.
**文献（Reference）：**沈世杰, 1993; Chen, Shao and Lin, 1995; Ni and Kwok, 1999; Randall and Lim (eds.), 2000; 左晓燕和唐文乔, 2011: 1000-1005; 伍汉霖, 邵广昭, 赖春福等, 2012.
**别名或俗名（Used or common name）：**黄网蝶.
**分布（Distribution）：**东海, 南海.

## 1103. 钻嘴鱼属 *Chelmon* Cloquet, 1817

**（3558）钻嘴鱼 *Chelmon rostratus* (Linnaeus, 1758)**

*Chaetodon rostratus* Linnaeus, 1758: 1-824.
*Chaelmo rostratus* (Linnaeus, 1758).
*Chelmo rostratus* (Linnaeus, 1758).
*Chaetodon enceladus* Shaw, 1791.
**文献（Reference）：**Shen and Lam, 1977; 沈世杰, 1993; Ni and Kwok, 1999; Randall and Lim (eds.), 2000; Huang, 2001; 左晓燕和唐文乔, 2011: 1000-1005; 伍汉霖, 邵广昭, 赖春福等, 2012.
**别名或俗名（Used or common name）：**短火箭.
**分布（Distribution）：**东海, 南海.

## 1104. 少女鱼属 *Coradion* Kaup, 1860

**（3559）褐带少女鱼 *Coradion altivelis* McCulloch, 1916**

*Coradion altivelus* McCulloch, 1916: 169-199.
*Coradion fulvocinctus* Tanaka, 1918.
*Coradion chrysozonus* (not of Cuvier): Zheng, 1962: 589; Wang, 1979: 238; Jin, 1985: 243; Wang, 1987: 350; Zuo *et* Tang (左晓燕和唐文乔), 2011: 1000-1005.
**文献（Reference）：**McCulloch, 1916: 169-200; Kyushin, Amaoka, Nakaya *et al.*, 1982; Shao and Chen, 1992; 沈世杰, 1993; Chen, Jan and Shao, 1997; Randall and Lim (eds.), 2000; 左晓燕和唐文乔, 2011: 1000-1005; 伍汉霖, 邵广昭, 赖春福等, 2012.

别名或俗名（Used or common name）：大斑马.
分布（Distribution）：东海，南海.

**（3560）少女鱼 *Coradion chrysozonus* (Cuvier, 1831)**

*Chaetodon chrysozonus* Cuvier, 1831: 1-531.
*Chaetodon labiatus* Cuvier, 1831.
**文献（Reference）**：Yasuda and Zama, 1975; Kyushin, Amaoka, Nakaya *et al.*, 1982; 沈世杰, 1993; Ni and Kwok, 1999; Randall and Lim (eds.), 2000; Huang, 2001; 左晓燕和唐文乔, 2011: 1000-1005; 伍汉霖, 邵广昭, 赖春福等, 2012.
**别名或俗名（Used or common name）**：大斑马.
**分布（Distribution）**：东海，南海.

## 1105. 镊口鱼属 *Forcipiger* Jordan *et* McGregor, 1898

**（3561）黄镊口鱼 *Forcipiger flavissimus* Jordan *et* McGregor, 1898**

*Foreipiger flavissimus* Jordan *et* McGregor, 1898: 1241-2183.
**文献（Reference）**：Shen and Lam, 1977; Chang, Jan and Shao, 1983; Sano, 1989; Francis, 1993; 沈世杰, 1993; Chen, Jan and Shao, 1997; Randall and Lim (eds.), 2000; Huang, 2001; 左晓燕和唐文乔, 2011: 1000-1005.
**别名或俗名（Used or common name）**：火箭蝶.
**分布（Distribution）**：东海，南海.

**（3562）长吻镊口鱼 *Forcipiger longirostris* (Broussonet, 1782)**

*Chaetodon longirostris* Broussonet, 1782.
*Chelmo longirostris* (Broussonet, 1782).
*Prognathodes longirostris* (Broussonet, 1782).
*Forcipiger cyrano* Randall, 1961.
**文献（Reference）**：Shen and Lam, 1977; 沈世杰, 1993; Randall and Lim (eds.), 2000; Huang, 2001; 左晓燕和唐文乔, 2011: 1000-1005; 伍汉霖, 邵广昭, 赖春福等, 2012.
**别名或俗名（Used or common name）**：火箭蝶.
**分布（Distribution）**：东海，南海.

## 1106. 霞蝶鱼属 *Hemitaurichthys* Bleeker, 1876

**（3563）多鳞霞蝶鱼 *Hemitaurichthys polylepis* (Bleeker, 1857)**

*Chaetodon polylepis* Bleeker, 1857: 1-102.
**文献（Reference）**：Sano, 1989; 沈世杰, 1993; Chen, Jan and Shao, 1997; Randall and Lim (eds.), 2000; Huang, 2001; 左晓燕和唐文乔, 2011: 1000-1005; 伍汉霖, 邵广昭, 赖春福等, 2012.
**别名或俗名（Used or common name）**：霞蝶.
**分布（Distribution）**：南海.

**（3564）霞蝶鱼 *Hemitaurichthys zoster* (Bennett, 1831)**

*Chaetodon zoster* Bennett, 1831: 61.
*Hemitaurichtys zoster* (Bennett, 1831).
*Tetragonoptrus zoster* (Bennett, 1831).
**文献（Reference）**：Herre, 1953b; Ganaden and Lavapie-Gonzales, 1999; Huang, 2001; 左晓燕和唐文乔, 2011: 1000-1005; 伍汉霖, 邵广昭, 赖春福等, 2012.
**分布（Distribution）**：南海.

## 1107. 马夫鱼属 *Heniochus* Cuvier, 1816

**（3565）马夫鱼 *Heniochus acuminatus* (Linnaeus, 1758)**

*Chaetodon acuminatus* Linnaeus, 1758: 1-824.
*Chaetodon macrolepidotus* Linnaeus, 1758.
*Heniochus accuminatus* (Linnaeus, 1758).
*Heniochus macrolepidotus* (Linnaeus, 1758).
**文献（Reference）**：Arai and Yamamoto, 1981; Shao and Chen, 1992; Francis, 1993; Shao, Chen, Kao *et al.*, 1993; 沈世杰, 1993; Chen, Jan and Shao, 1997; Kuo and Shao, 1999; Randall and Lim (eds.), 2000; Huang, 2001; 左晓燕和唐文乔, 2011: 1000-1005; 伍汉霖, 邵广昭, 赖春福等, 2012.
**别名或俗名（Used or common name）**：白关刀.
**分布（Distribution）**：东海，南海.

**（3566）金口马夫鱼 *Heniochus chrysostomus* Cuvier, 1831**

*Heniochus chrysostomas* Cuvier, 1831: 1-531.
*Heniochus permutatus* Cuvier, 1831.
*Heniochus melanistion* Bleeker, 1854.
*Heniochus drepanoides* Thiollière, 1857.
**文献（Reference）**：Cuvier, 1831: i-xxix + 1-531; Chang, Jan and Shao, 1983; Sano, 1989; 沈世杰, 1993; Chen, Shao and Lin, 1995; Chen, Jan and Shao, 1997; Randall and Lim (eds.), 2000; Huang, 2001; 左晓燕和唐文乔, 2011: 1000-1005; 伍汉霖, 邵广昭, 赖春福等, 2012.
**别名或俗名（Used or common name）**：南洋关刀.
**分布（Distribution）**：东海，南海.

**（3567）多棘马夫鱼 *Heniochus diphreutes* Jordan, 1903**

*Heniochus diphreustes* Jordan, 1903: 693-696.
**文献（Reference）**：Allen and Kuiter, 1978; Masuda, Amaoka, Araga *et al.*, 1984; Francis, 1993; Werner and Allen, 2000; Broad, 2003; 左晓燕和唐文乔, 2011: 1000-1005; 伍汉霖, 邵广昭, 赖春福等, 2012.
**分布（Distribution）**：东海，南海.

**(3568)单角马夫鱼 *Heniochus monoceros* Cuvier, 1831**

*Heniochus monoceras* Cuvier, 1831: 1-531.
*Taurichthys monoceros* (Cuvier, 1831).
**文献(Reference):** Cuvier, 1831: i-xxix + 1-531; Francis, 1991; Francis, 1993; 沈世杰, 1993; Chen, Shao and Lin, 1995; Chen, Jan and Shao, 1997; Randall and Lim (eds.), 2000; Huang, 2001; 左晓燕和唐文乔, 2011: 1000-1005; 伍汉霖, 邵广昭, 赖春福等, 2012.
**别名或俗名(Used or common name):** 黑面关刀.
**分布(Distribution):** 东海, 南海.

**(3569)四带马夫鱼 *Heniochus singularius* Smith *et* Radcliffe, 1911**

*Heniochus singularius* Smith *et* Radcliffe, 1911: 319-326.
*Heniochus singularis* Smith *et* Radcliffe, 1911.
**文献(Reference):** Smith and Radcliffe, 1911: 319-326; 沈世杰, 1993; Chen, Shao and Lin, 1995; Randall and Lim (eds.), 2000; Huang, 2001; 左晓燕和唐文乔, 2011: 1000-1005; 伍汉霖, 邵广昭, 赖春福等, 2012.
**别名或俗名(Used or common name):** 花关刀.
**分布(Distribution):** 东海, 南海.

**(3570)白带马夫鱼 *Heniochus varius* (Cuvier, 1829)**

*Taurichthys varius* Cuvier (*in* Cuvier *et* Valenciennes), 1829: 1-406.
*Taurichthys bleekeri* Castelnau, 1875.
**文献(Reference):** Sano, 1989; 沈世杰, 1993; Chen, Shao and Lin, 1995; Chen, Jan and Shao, 1997; Randall and Lim (eds.), 2000; Huang, 2001; 左晓燕和唐文乔, 2011: 1000-1005; 伍汉霖, 邵广昭, 赖春福等, 2012.
**别名或俗名(Used or common name):** 黑关刀.
**分布(Distribution):** 东海, 南海.

### 1108. 副蝴蝶鱼属 *Parachaetodon* Bleeker, 1874

**(3571)眼点副蝴蝶鱼 *Parachaetodon ocellatus* (Cuvier, 1831)**

*Platax ocellatus* Cuvier, 1831: 1-531.
*Parachaetodon osceillatus* (Cuvier, 1831).
*Chaetodon oligacanthus* Bleeker, 1850.
*Chaetodon townleyi* de Vis, 1884.
**文献(Reference):** Kyushin, Amaoka, Nakaya *et al.*, 1982; Randall and Lim (eds.), 2000; Broad, 2003; Chinese Academy of Fishery Science (CAFS), 2007; 左晓燕和唐文乔, 2011: 1000-1005; 伍汉霖, 邵广昭, 赖春福等, 2012.
**分布(Distribution):** 东海, 南海.

## (二五五)刺盖鱼科 Pomacanthidae

### 1109. 阿波鱼属 *Apolemichthys* Burton, 1934

**(3572)三点阿波鱼(三斑刺蝶鱼)*Apolemichthys trimaculatus* (Cuvier, 1831)**

*Holacanthus trimaculatus* Cuvier, 1831: 1-531.
**文献(Reference):** Chang, Jan and Shao, 1983; 沈世杰, 1993; Chen, Jan and Shao, 1997; Randall and Lim (eds.), 2000; Huang, 2001; 伍汉霖, 邵广昭, 赖春福等, 2012.
**别名或俗名(Used or common name):** 三点神仙.
**分布(Distribution):** 东海, 南海.

### 1110. 刺尻鱼属 *Centropyge* Kaup, 1860

**(3573)二色刺尻鱼 *Centropyge bicolor* (Bloch, 1787)**

*Chaetodon bicolor* Bloch, 1787: 1-146.
*Centropyge bicolour* (Bloch, 1787).
**文献(Reference):** 沈世杰, 1993; Randall and Lim (eds.), 2000; Werner and Allen, 2000; Huang, 2001; 伍汉霖, 邵广昭, 赖春福等, 2012.
**别名或俗名(Used or common name):** 双色神仙, 黄鹂神仙.
**分布(Distribution):** 东海, 南海.

**(3574)双棘刺尻鱼 *Centropyge bispinosa* (Günther, 1860)**

*Holacanthus bispinosus* Günther, 1860: 1-548.
*Centropyge bispinosus* (Günther, 1860).
*Centropyge hispinosus* (Günther, 1860).
**文献(Reference):** Francis, 1993; Francis and Randall, 1993; 沈世杰, 1993; Chen, Shao and Lin, 1995; Chen, Jan and Shao, 1997; Randall and Lim (eds.), 2000; Huang, 2001.
**别名或俗名(Used or common name):** 蓝闪电, 琉璃神仙鱼, 珊瑚美人.
**分布(Distribution):** 东海, 南海.

**(3575)锈红刺尻鱼 *Centropyge ferrugata* Randall *et* Burgess, 1972**

*Centropyge ferrugatus* Randall *et* Burgess, 1972: 1-280.
**文献(Reference):** Randall and Burgess, 1972: 1-280; 沈世杰, 1993; Randall and Lim (eds.), 2000; Huang, 2001; 伍汉霖, 邵广昭, 赖春福等, 2012.
**别名或俗名(Used or common name):** 点斑新娘.
**分布(Distribution):** 东海, 南海.

**（3576）条尾刺尻鱼 *Centropyge fisheri* (Snyder, 1904)**

*Holacanthus fisheri* Snyder, 1904: 513-538.
*Centropyge flavicauda* Fraser-Brunner, 1933.
*Centropyge caudoxanthorus* Shen, 1973.

**文献（Reference）**：Tominaga and Yasuda, 1973; Masuda, Amaoka, Araga *et al.*, 1984; 沈世杰, 1993; Chen, Shao and Lin, 1995; Randall and Lim (eds.), 2000; Huang, 2001; 伍汉霖, 邵广昭, 赖春福等, 2012.

**别名或俗名（Used or common name）**：白尾新娘.

**分布（Distribution）**：南海.

**（3577）海氏刺尻鱼 *Centropyge heraldi* Woods *et* Schultz, 1953**

*Centropyge heraldi* Woods *et* Schultz, 1953: 1-685.
*Pomacanthus heraldi* (Woods *et* Schultz, 1953).
*Centropyge woodheadi* Kuiter, 1998.

**文献（Reference）**：Woods and Schultz, 1953: 504-520; Chang, Jan and Shao, 1983; Shen, 1984; 沈世杰, 1993; Chen, Jan and Shao, 1997; Randall and Lim (eds.), 2000; Huang, 2001; 伍汉霖, 邵广昭, 赖春福等, 2012.

**别名或俗名（Used or common name）**：黄新娘.

**分布（Distribution）**：东海，南海.

**（3578）断线刺尻鱼 *Centropyge interruptus* (Tanaka, 1918)**

*Angelichthys interruptus* Tanaka, 1918: 223-227.

**文献（Reference）**：Tominaga and Yasuda, 1973; Moyer and Nakazono, 1978; Ralston, 1981; Hioki and Suzuki, 1987.

**别名或俗名（Used or common name）**：蓝新娘.

**分布（Distribution）**：东海，南海.

**（3579）黑刺尻鱼 *Centropyge nox* (Bleeker, 1853)**

*Holacanthus nox* Bleeker, 1853: 317-352.

**文献（Reference）**：Herre, 1953b; Masuda, Amaoka, Araga *et al.*, 1984; 沈世杰, 1993; Ni and Kwok, 1999; Randall and Lim (eds.), 2000; Werner and Allen, 2000; Huang, 2001; 伍汉霖, 邵广昭, 赖春福等, 2012.

**别名或俗名（Used or common name）**：黑新娘.

**分布（Distribution）**：南海.

**（3580）施氏刺尻鱼 *Centropyge shepardi* Randall *et* Yasuda, 1979**

*Centropyge shepardi* Randall *et* Yasuda, 1979: 55-61.

**文献（Reference）**：Masuda, Amaoka, Araga *et al.*, 1984; Silvestre, Garces and Luna, 1995; Chen, Jan and Shao, 1997; Randall and Lim (eds.), 2000; 伍汉霖, 邵广昭, 赖春福等, 2012.

**分布（Distribution）**：东海，南海.

**（3581）白斑刺尻鱼 *Centropyge tibicen* (Cuvier, 1831)**

*Holacanthus tibicen* Cuvier, 1831: 1-531.
*Centropyge tibicens* (Cuvier, 1831).
*Xiphipops tibicen* (Cuvier, 1831).

**文献（Reference）**：Moyer, 1986; Francis, 1993; 沈世杰, 1993; Chen, Shao and Lin, 1995; Randall and Lim (eds.), 2000; Huang, 2001; 伍汉霖, 邵广昭, 赖春福等, 2012.

**别名或俗名（Used or common name）**：白点新娘.

**分布（Distribution）**：东海，南海.

**（3582）仙女刺尻鱼 *Centropyge venusta* (Yasuda *et* Tominaga, 1969)**

*Holacanthus venustus* Yasuda *et* Tominaga, 1969: 143-151.
*Centropyge venustus* (Yasuda *et* Tominaga, 1969).
*Paracentropyge venusta* (Yasuda *et* Tominaga, 1969).
*Sumireyakko venustus* (Yasuda *et* Tominaga, 1969).

**文献（Reference）**：Yasuda and Tominaga, 1969: 143-151; Masuda, Amaoka, Araga *et al.*, 1984; 沈世杰, 1993; Randall and Lim (eds.), 2000; Huang, 2001; 伍汉霖, 邵广昭, 赖春福等, 2012.

**别名或俗名（Used or common name）**：仙女.

**分布（Distribution）**：东海，南海.

**（3583）福氏刺尻鱼 *Centropyge vrolikii* (Bleeker, 1853)**

*Holacanthus vrolikii* Bleeker, 1853: 317-352.
*Centropyge vrolicki* (Bleeker, 1853).
*Centropyge vroliki* (Bleeker, 1853).

**文献（Reference）**：Arai and Inoue, 1975; Chang, Jan and Shao, 1983; Francis, 1993; 沈世杰, 1993; Chen, Shao and Lin, 1995; Chen, Jan and Shao, 1997; Randall and Lim (eds.), 2000; Huang, 2001; 伍汉霖, 邵广昭, 赖春福等, 2012.

**别名或俗名（Used or common name）**：黑尾新娘.

**分布（Distribution）**：东海，南海.

## 1111. 荷包鱼属 *Chaetodontoplus* Bleeker, 1876

**（3584）网纹头荷包鱼 *Chaetodontoplus cephalareticulatus* Shen *et* Lim, 1975**

*Chaetodontoplus cephalareticulatus* Shen *et* Lim, 1975: 79-105.

**文献（Reference）**：Shen and Lim, 1975: 79-105; 沈世杰, 1993; Ho and Shao, 2011.

**别名或俗名（Used or common name）**：神仙.

**分布（Distribution）**：东海，南海.

**（3585）黄头荷包鱼 *Chaetodontoplus chrysocephalus* (Bleeker, 1854)**

*Holacanthus chrysocephalus* Bleeker, 1854.

文献（Reference）：Bleeker, 1854: 415-448; Masuda, Amaoka, Araga *et al.*, 1984; 沈世杰, 1993; Randall and Lim (eds.), 2000; Huang, 2001; 伍汉霖, 邵广昭, 赖春福等, 2012.
别名或俗名（Used or common name）：黄面神仙.
分布（Distribution）：南海.

### （3586）眼带荷包鱼 *Chaetodontoplus duboulayi* (Günther, 1867)

*Holacanthus duboulayi* Günther, 1867a: 45-68.
文献（Reference）：沈世杰, 1993; Ganaden and Lavapie-Gonzales, 1999; Randall and Lim (eds.), 2000; Huang, 2001; 伍汉霖, 邵广昭, 赖春福等, 2012.
别名或俗名（Used or common name）：眼带神仙.
分布（Distribution）：东海, 南海.

### （3587）黑身荷包鱼 *Chaetodontoplus melanosoma* (Bleeker, 1853)

*Holacanthus melanosoma* Bleeker, 1853: 67-96.
文献（Reference）：Herre, 1953b; Masuda, Amaoka, Araga *et al.*, 1984; 沈世杰, 1993; Randall and Lim (eds.), 2000; Huang, 2001; 伍汉霖, 邵广昭, 赖春福等, 2012.
别名或俗名（Used or common name）：黑身神仙.
分布（Distribution）：南海.

### （3588）中白荷包鱼 *Chaetodontoplus mesoleucus* (Bloch, 1787)

*Chaetodon mesoleucus* Bloch, 1787: 1-146.
*Chaetodontoplus mesoleucos* (Bloch, 1787).
文献（Reference）：Shao, 1997; Randall and Lim (eds.), 2000; Werner and Allen, 2000; Broad, 2003; 伍汉霖, 邵广昭, 赖春福等, 2012.
分布（Distribution）：南海.

### （3589）罩面荷包鱼 *Chaetodontoplus personifer* (McCulloch, 1914)

*Holacanthus personifer* McCulloch, 1914: 211-227.
文献（Reference）：Randall and Lim (eds.), 2000; Huang, 2001; 伍汉霖, 邵广昭, 赖春福等, 2012.
别名或俗名（Used or common name）：黑面神仙.
分布（Distribution）：东海, 南海.

### （3590）蓝带荷包鱼 *Chaetodontoplus septentrionalis* (Temminck *et* Schlegel, 1844)

*Holacanthus septentrionalis* Temminck *et* Schlegel, 1844: 73-112.
文献（Reference）：Chang, Jan and Shao, 1983; Shao and Chen, 1992; Shao, Chen, Kao *et al.*, 1993; Randall and Lim (eds.), 2000; Huang, 2001; 陈冠宇, 2005; 伍汉霖, 邵广昭, 赖春福等, 2012.
别名或俗名（Used or common name）：金蝴蝶, 蓝带神仙.
分布（Distribution）：东海, 南海.

## 1112. 月蝶鱼属 *Genicanthus* Swainson, 1839

### （3591）月蝶鱼 *Genicanthus lamarck* (Lacépède, 1802)

*Holacanthus lamarck* Lacépède, 1802: 1-728.
*Genicanthus lamarcki* (Lacépède, 1802).
*Genicanthus lamark* (Lacépède, 1802).
文献（Reference）：Suzuki, Hioki, Tanaka *et al.*, 1979; Murdy, Ferraris, Hoese *et al.*, 1981; Moyer, 1984; Randall and Lim (eds.), 2000; Huang, 2001; Broad, 2003; 伍汉霖, 邵广昭, 赖春福等, 2012.
别名或俗名（Used or common name）：拉马克神仙.
分布（Distribution）：南海.

### （3592）黑斑月蝶鱼 *Genicanthus melanospilos* (Bleeker, 1857)

*Holacanthus melanospilos* Bleeker, 1857: 1-102.
文献（Reference）：Hioki, Suzuki and Tantka, 1982; Masuda, Amaoka, Araga *et al.*, 1984; Chen, Jan and Shao, 1997; Randall and Lim (eds.), 2000; Huang, 2001; 伍汉霖, 邵广昭, 赖春福等, 2012.
别名或俗名（Used or common name）：黑斑神仙.
分布（Distribution）：东海, 南海.

### （3593）半纹月蝶鱼 *Genicanthus semifasciatus* (Kamohara, 1934)

*Holacanthus semifasciatus* Kamohara, 1934b: 457-463.
文献（Reference）：Masuda, Amaoka, Araga *et al.*, 1984; Randall and Lim (eds.), 2000; Huang, 2001; 伍汉霖, 邵广昭, 赖春福等, 2012.
别名或俗名（Used or common name）：半纹神仙.
分布（Distribution）：东海, 南海.

### （3594）渡边月蝶鱼 *Genicanthus watanabei* (Yasuda *et* Tominaga, 1970)

*Holacanthus watanabei* Yasuda *et* Tominaga, 1970: 141-151.
文献（Reference）：Masuda, Amaoka, Araga *et al.*, 1984; Randall and Lim (eds.), 2000; Huang, 2001; 伍汉霖, 邵广昭, 赖春福等, 2012.
别名或俗名（Used or common name）：渡边氏神仙.
分布（Distribution）：南海.

## 1113. 副锯刺盖鱼属 *Paracentropyge*

### （3595）多带副锯刺盖鱼 *Paracentropyge multifasciata* (Smith *et* Radcliffe, 1911)

*Holacanthus multifasciatus* Smith *et* Radcliffe, 1911: 319-326.
*Centropyge multifasciata* (Smith *et* Radcliffe, 1911).
*Paracentropyge multifasciatus* (Smith *et* Radcliffe, 1911).
文献（Reference）：Smith and Radcliffe, 1911: 319-326; Chen, Jan and Shao, 1997; Randall and Lim (eds.), 2000; 伍汉霖,

邵广昭, 赖春福等, 2012.
**别名或俗名（Used or common name）**：多带刺尻鱼, 多带神仙.
**分布（Distribution）**：东海, 南海.

### 1114. 刺盖鱼属 *Pomacanthus* Lacépède, 1802

**(3596) 环纹刺盖鱼 *Pomacanthus annularis* (Bloch, 1787)**
*Chaetodon annularis* Bloch, 1787: 1-146.
*Pomacanthodes annularis* (Bloch, 1787).
**文献（Reference）**：Kyushin, Amaoka, Nakaya *et al.*, 1982; Masuda, Amaoka, Araga *et al.*, 1984; Ni and Kwok, 1999; Randall and Lim (eds.), 2000; Huang, 2001; Broad, 2003; 伍汉霖, 邵广昭, 赖春福等, 2012.
**别名或俗名（Used or common name）**：蓝环神仙.
**分布（Distribution）**：东海, 南海.

**(3597) 主刺盖鱼 *Pomacanthus imperator* (Bloch, 1787)**
*Chaetodon imperator* Bloch, 1787: 1-146.
*Acanthochaetodon imperator* (Bloch, 1787).
*Pomacanthodes imperator* (Bloch, 1787).
*Acanthochaetodon nicobariensis* (Bloch *et* Schneider, 1801).
**文献（Reference）**：Chang, Jan and Shao, 1983; Chen, Shao and Lin, 1995; Chen, Jan and Shao, 1997; Randall and Lim (eds.), 2000; Huang, 2001; 伍汉霖, 邵广昭, 赖春福等, 2012.
**别名或俗名（Used or common name）**：皇后神仙 (成鱼), 大花脸 (幼鱼).
**分布（Distribution）**：东海, 南海.

**(3598) 马鞍刺盖鱼 *Pomacanthus navarchus* (Cuvier, 1831)**
*Holacanthus navarchus* Cuvier, 1831: 1-531.
*Euxiphipops navarchus* (Cuvier, 1831).
*Pomacanthodes navarchus* (Cuvier, 1831).
**文献（Reference）**：Herre and Umali, 1948; Herre, 1953b; McManus and Chua (eds.), 1990; Randall and Lim (eds.), 2000; 伍汉霖, 邵广昭, 赖春福等, 2012.
**分布（Distribution）**：南海.

**(3599) 半环刺盖鱼 *Pomacanthus semicirculatus* (Cuvier, 1831)**
*Holacanthus semicirculatus* Cuvier, 1831: 1-531.
*Holacanthus alternans* Cuvier, 1831.
*Pomacanthops semicirculatus* (Cuvier, 1831).
*Holacanthus lepidolepis* Bleeker, 1853.
**文献（Reference）**：Chang, Jan and Shao, 1983; Shao and Chen, 1992; Chen, Shao and Lin, 1995; Chen, Jan and Shao, 1997; Kuo and Shao, 1999; Randall and Lim (eds.), 2000; Huang, 2001; 王律棚, 2009; 伍汉霖, 邵广昭, 赖春福等, 2012.
**别名或俗名（Used or common name）**：蓝纹神仙.
**分布（Distribution）**：东海, 南海.

**(3600) 六带刺盖鱼 *Pomacanthus sexstriatus* (Cuvier, 1831)**
*Holacanthus sexstriatus* Cuvier, 1831: 1-531.
*Euxiphipops sexstriatus* (Cuvier, 1831).
*Pomacanthus sextriatus* (Cuvier, 1831).
**文献（Reference）**：沈世杰, 1993; Chen, Shao and Lin, 1995; Kuo and Shao, 1999; Randall and Lim (eds.), 2000; Huang, 2001; 伍汉霖, 邵广昭, 赖春福等, 2012.
**别名或俗名（Used or common name）**：六带神仙.
**分布（Distribution）**：东海, 南海.

**(3601) 黄颅刺盖鱼 *Pomacanthus xanthometopon* (Bleeker, 1853)**
*Holacanthus xanthometopon* Bleeker, 1853: 243-302.
*Euxiphipops xanthometopon* (Bleeker, 1853).
**文献（Reference）**：Shao, 1997; Randall and Lim (eds.), 2000; Werner and Allen, 2000; Broad, 2003; 伍汉霖, 邵广昭, 赖春福等, 2012.
**别名或俗名（Used or common name）**：神仙.
**分布（Distribution）**：东海, 南海.

### 1115. 甲尻鱼属 *Pygoplites* Fraser-Brunner, 1933

**(3602) 双棘甲尻鱼 *Pygoplites diacanthus* (Boddaert, 1772)**
*Chaetodon diacanthus* Boddaert, 1772: 1-43.
*Holacanthus diacanthus* (Boddaert, 1772).
**文献（Reference）**：Chang, Jan and Shao, 1983; 沈世杰, 1993; Chen, Shao and Lin, 1995; Chen, Jan and Shao, 1997; Randall and Lim (eds.), 2000; Huang, 2001; 伍汉霖, 邵广昭, 赖春福等, 2012.
**别名或俗名（Used or common name）**：皇帝, 帝王神仙鱼, 锦纹盖刺鱼.
**分布（Distribution）**：东海, 南海.

## （二五六）五棘鲷科 Pentacerotidae

### 1116. 尖吻棘鲷属 *Evistias* Jordan, 1907

**(3603) 尖吻棘鲷 *Evistias acutirostris* (Temminck *et* Schlegel, 1844)**
*Histiopterus acutirostris* Temminck *et* Schlegel, 1844: 73-112.

*Evistius acutirostris* (Temminck *et* Schlegel, 1844).
**文献（Reference）**：Masuda, Amaoka, Araga *et al.*, 1984; Francis, 1991; Francis, 1993; Okiyama, 1993; Kim, Choi, Lee *et al.*, 2005; 伍汉霖, 邵广昭, 赖春福等, 2012.
**别名或俗名（Used or common name）**：五棘鲷, 旗鲷, 天狗旗鲷.
**分布（Distribution）**：东海, 南海.

### 1117. 帆鳍鱼属 *Histiopterus* Temminck *et* Schlegel, 1844

**（3604）帆鳍鱼 *Histiopterus typus* Temminck *et* Schlegel, 1844**
*Histiopterus types* Temminck *et* Schlegel, 1844: 73-112.
*Histiopterus spinifer* Gilchrist, 1904.
**文献（Reference）**：Shao, Chen, Kao *et al.*, 1993; 沈世杰, 1993; Yamada, Shirai, Irie *et al.*, 1995; Randall and Lim (eds.), 2000; Huang, 2001; 伍汉霖, 邵广昭, 赖春福等, 2012.
**别名或俗名（Used or common name）**：五棘鲷, 旗鲷.
**分布（Distribution）**：东海, 南海.

### 1118. 五棘鲷属 *Pentaceros* Cuvier, 1829

**（3605）日本五棘鲷 *Pentaceros japonicus* Steindachner, 1883**
*Pentaceros japonicus* Steindachner (*in* Steindachner *et* Döderlein), 1883: 123-125.
**文献（Reference）**：Steindachner (*in* Steindachner and Döderlein), 1883: 123-125; Zama, Asai and Yasude, 1977; Masuda, Amaoka, Araga *et al.*, 1984; Okiyama, 1993; Huang, 2001; Chinese Academy of Fishery Science (CAFS), 2007.
**别名或俗名（Used or common name）**：五棘鲷, 旗鲷.
**分布（Distribution）**：东海.

## （二五七）变色鲈科 Badidae

### 1119. 黛鲈属 *Dario* Kullander *et* Britz, 2002

*Dario* Kullander *et* Britz, 2002: 354.

**（3606）大盈江黛鲈 *Dario dayingensis* Kullander *et* Britz, 2002**
*Dario dayingensis* Kullander *et* Britz, 2002: 295-372.
*Badis dario*: 周伟 (见褚新洛和陈银瑞等), 1990: 247.
*Dario dayingensis* Kullander *et* Britz, 2002: 364; Jiang, Chen *et* Yang (蒋万胜, 陈小勇和杨君兴), 2010; 陈小勇, 2013, 34 (4): 323.
**别名或俗名（Used or common name）**：无线棕鲈.
**分布（Distribution）**：龙川江, 大盈江, 属伊洛瓦底江水系.

## （二五八）鯻科 Terapontidae

### 1120. 叉牙鯻属 *Helotes*

**（3607）六带叉牙鯻 *Helotes sexlineatus* (Quoy *et* Gaimard, 1825)**
*Terapon sexlineatus* Quoy *et* Gaimard, 1825: 329-616.
*Pelates sexlineatus* (Quoy *et* Gaimard, 1825).
*Pelates quinquelineatus* Cuvier (*in* Cuvier *et* Valenciennes), 1829.
**文献（Reference）**：Ni and Kwok, 1999; Ganaden and Lavapie-Gonzales, 1999; Randall and Lim (eds.), 2000; Huang, 2001; 伍汉霖, 邵广昭, 赖春福等, 2012.
**别名或俗名（Used or common name）**：六带牙鯻, 鸡仔鱼.
**分布（Distribution）**：东海, 南海.

### 1121. 中锯鯻属 *Mesopristes* Fowler, 1918

**（3608）银身中锯鯻 *Mesopristes argenteus* (Cuvier, 1829)**
*Datnia argentea* Cuvier (*in* Cuvier *et* Valenciennes), 1829b: 1-500.
*Therapon argenteus* [Cuvier (*in* Cuvier *et* Valenciennes), 1829].
*Mesopristes macracanthus* Bleeker, 1873.
*Therapon chalybeus* Macleay, 1883.
**文献（Reference）**：Cuvier and Valenciennes, 1829; Masuda, Amaoka, Araga *et al.*, 1984; 陈义雄和方力行, 1999; Randall and Lim (eds.), 2000; 伍汉霖, 邵广昭, 赖春福等, 2012; 刘静, 吴仁协, 康斌等, 2016.
**别名或俗名（Used or common name）**：银鸡鱼, 鸡仔鱼.
**分布（Distribution）**：南海.

**（3609）格纹中锯鯻 *Mesopristes cancellatus* (Cuvier, 1829)**
*Datnia cancellata* Cuvier (*in* Cuvier *et* Valenciennes), 1829: 1-500.
*Therapon cancellatus* [Cuvier (*in* Cuvier *et* Valenciennes), 1829].
**文献（Reference）**：Cuvier and Valenciennes, 1829: 1-500; 沈世杰, 1993; Randall and Lim (eds.), 2000; 伍汉霖, 邵广昭, 赖春福等, 2012.
**别名或俗名（Used or common name）**：斑吾, 鸡仔鱼.
**分布（Distribution）**：东海, 南海.

### 1122. 牙鯻属 *Pelates* Cuvier, 1829

**（3610）四带牙鯻 *Pelates quadrilineatus* (Bloch, 1790)**
*Holocentrus quadrilineatus* Bloch, 1790: 1-128.
*Pelatus quadrilineatus* (Bloch, 1790).
*Therapon quadrilineatus* (Bloch, 1790).

*Pristipoma sexlineatum* Quoy *et* Gaimard, 1824.
**文献（Reference）：**朱元鼎等, 1985; Shao, Chen, Kao *et al.*, 1993; 沈世杰, 1993; Leung, 1994; Lin, Shao, Kuo *et al.*, 1999; Ni and Kwok, 1999; Kuo and Shao, 1999; Kuo, Lin and Shao, 1999; Randall and Lim (eds.), 2000; Huang, 2001; Lopez, 2002; 伍汉霖, 邵广昭, 赖春福等, 2012.
**别名或俗名（Used or common name）：**四抓仔, 四线鸡鱼.
**分布（Distribution）：**东海, 南海.

### 1123. 突吻䱨属 *Rhynchopelates* Fowler, 1931

**（3611）尖突吻䱨 *Rhynchopelates oxyrhynchus* (Temminck *et* Schlegel, 1843)**
*Therapon oxyrhynchus* Temminck *et* Schlegel, 1843: 1-20.
*Pelates oxyrhynchus* (Temminck *et* Schlegel, 1842).
*Rhyncopelates oxyrhynchus* (Temminck *et* Schlegel, 1842).
**文献（Reference）：**Ni and Kwok, 1999; Randall and Lim (eds.), 2000; Huang, 2001; Kanou, Sano and Kohno, 2004; Chinese Academy of Fishery Science (CAFS), 2007; 伍汉霖, 邵广昭, 赖春福等, 2012.
**分布（Distribution）：**南海.

### 1124. 䱨属 *Terapon* Cuvier, 1816

**（3612）细鳞䱨 *Terapon jarbua* (Forsskål, 1775)**
*Sciaena jarbua* Forsskål, 1775: 1-164.
*Holocentrus jarbua* (Forsskål, 1775).
*Grammistes servus* (Bloch, 1790).
*Terapon timorensis* Quoy *et* Gaimard, 1824.
**文献（Reference）：**朱元鼎等, 1985; Shao, Chen, Kao *et al.*, 1993; 沈世杰, 1993; Chen, Shao and Lin, 1995; Vidthayanon, 1998; Kuo and Shao, 1999; Kuo, Lin and Shao, 1999; Randall and Lim (eds.), 2000; Liao, Su and Chang, 2001; Huang, 2001; 伍汉霖, 邵广昭, 赖春福等, 2012; 刘静, 吴仁协, 康斌等, 2016.
**别名或俗名（Used or common name）：**花身仔, 斑吾, 鸡仔鱼, 三抓仔.
**分布（Distribution）：**东海, 南海.

**（3613）䱨 *Terapon theraps* Cuvier, 1829**
*Therapon theraps* Cuvier (*in* Cuvier *et* Valenciennes), 1829b: 1-500.
*Perca argentea* Linnaeus, 1758.
*Eutherapon theraps* [Cuvier (*in* Cuvier *et* Valenciennes), 1829b].
*Therapon rubricatus* Richardson, 1842.
**文献（Reference）：**Kyushin, Amaoka, Nakaya *et al.*, 1982; 朱元鼎等, 1985; Shao, Kao and Lee, 1990; Shao, Chen, Kao *et al.*, 1993; Ni and Kwok, 1999; Randall and Lim (eds.), 2000; Adrim, Chen, Chen *et al.*, 2004; 伍汉霖, 邵广昭, 赖春福等, 2012; 刘静, 吴仁协, 康斌等, 2016.
**别名或俗名（Used or common name）：**花身仔, 斑吾, 鸡仔鱼, 三抓仔.
**分布（Distribution）：**东海, 南海.

## （二五九）汤鲤科 Kuhliidae

### 1125. 汤鲤属 *Kuhlia* Gill, 1861

**（3614）黑边汤鲤 *Kuhlia marginata* (Cuvier, 1829)**
*Dules marginatus* Cuvier (*in* Cuvier *et* Valenciennes), 1829: 1-500.
*Kuhlia marginate* [Cuvier (*in* Cuvier *et* Valenciennes), 1829b].
*Dules maculatus* Valenciennes (*in* Cuvier *et* Valenciennes), 1831.
**文献（Reference）：**Cuvier and Valenciennes, 1829b: 1-500; 沈世杰, 1993; Randall and Lim (eds.), 2000; Huang, 2001; 伍汉霖, 邵广昭, 赖春福等, 2012.
**别名或俗名（Used or common name）：**乌尾冬仔.
**分布（Distribution）：**南海.

**（3615）鲻形汤鲤 *Kuhlia mugil* (Forster, 1801)**
*Sciaena mugil* Forster, 1801: 1-584.
*Kuhila mugil* (Forster, 1801).
*Dules taeniurus* Cuvier (*in* Cuvier *et* Valenciennes), 1829.
*Dules bennetti* Bleeker, 1853.
**文献（Reference）：**Arai and Yamamoto, 1981; Shao and Lim, 1991; Francis, 1993; 沈世杰, 1993; Kuo and Shao, 1999; Randall and Lim (eds.), 2000; Cornish, 2000; Huang, 2001; Senou, Kobayashi and Kobayashi, 2007; 伍汉霖, 邵广昭, 赖春福等, 2012.
**别名或俗名（Used or common name）：**国旗仔, 美人鱼, 花尾, 乌尾冬仔, 银汤鲤.
**分布（Distribution）：**东海, 南海.

**（3616）大口汤鲤 *Kuhlia rupestris* (Lacépède, 1802)**
*Centropomus rupestris* Lacépède, 1802: 1-728.
*Doules rupestris* (Lacépède, 1802).
*Dules rupestris* (Lacépède, 1802).
*Moronopsis rupestris* (Lacépède, 1802).
**文献（Reference）：**沈世杰, 1993; Randall and Lim (eds.), 2000; Huang, 2001; 伍汉霖, 邵广昭, 赖春福等, 2012.
**别名或俗名（Used or common name）：**大嘴乌尾冬仔.
**分布（Distribution）：**东海, 南海.

## （二六〇）石鲷科 Oplegnathidae

### 1126. 石鲷属 *Oplegnathus* Richardson, 1840

**（3617）条石鲷 *Oplegnathus fasciatus* (Temminck *et* Schlegel, 1844)**

*Scaradon fasciatus* Temminck *et* Schlegel, 1844: 73-112.

**文献（Reference）：** Nishikawa and Karasawa, 1972; 朱元鼎等, 1985; Ivankov and Samuylov, 1987; Safran and Omori, 1990; 沈世杰, 1993; Randall and Lim (eds.), 2000; Huang, 2001; 伍汉霖, 邵广昭, 赖春福等, 2012.

**别名或俗名（Used or common name）：** 海胆鲷, 黑嘴, 硬壳仔.

**分布（Distribution）：** 渤海, 黄海, 东海, 南海.

**（3618）斑石鲷 *Oplegnathus punctatus* (Temminck *et* Schlegel, 1844)**

*Scaradon punctatus* Temminck *et* Schlegel, 1844: 73-112.

*Opleganthus punctatus* (Temminck *et* Schlegel, 1844).

**文献（Reference）：** 朱元鼎等, 1985; Safran and Omori, 1990; Shao and Chen, 1992; 沈世杰, 1993; Randall and Lim (eds.), 2000; Liao, Su and Chang, 2001; Huang, 2001; Kharin and Milovankin, 2005; 伍汉霖, 邵广昭, 赖春福等, 2012.

**别名或俗名（Used or common name）：** 斑鲷, 黑嘴, 硬壳仔.

**分布（Distribution）：** 渤海, 黄海, 东海, 南海.

## （二六一）鎓科 Cirrhitidae

### 1127. 钝鎓属 *Amblycirrhitus* Gill, 1862

**（3619）双斑钝鎓 *Amblycirrhitus bimacula* (Jenkins, 1903)**

*Cirrhitoidea bimacula* Jenkins, 1903: 417-511.

*Amblycirrhites bimacula* (Jenkins, 1903).

*Paracirrhites bimaculatus* (Jenkins, 1903).

**文献（Reference）：** 沈世杰, 1993; Chen, Jan and Shao, 1997; Randall and Lim (eds.), 2000; Huang, 2001; 伍汉霖, 邵广昭, 赖春福等, 2012.

**别名或俗名（Used or common name）：** 双斑格, 格仔.

**分布（Distribution）：** 东海, 南海.

**（3620）单斑钝鎓 *Amblycirrhitus unimacula* (Kamohara, 1957)**

*Cirrhitoidea unimacula* Kamohara, 1957: 1-65.

**文献（Reference）：** Masuda, Amaoka, Araga *et al.*, 1984; Huang, 2001; 伍汉霖, 邵广昭, 赖春福等, 2012.

**别名或俗名（Used or common name）：** 单斑格, 格仔.

**分布（Distribution）：** 东海, 南海.

### 1128. 金鎓属 *Cirrhitichthys* Bleeker, 1857

**（3621）斑金鎓 *Cirrhitichthys aprinus* (Cuvier, 1829)**

*Cirrhites aprinus* Cuvier (*in* Cuvier *et* Valenciennes), 1829b: 1-500.

*Cirrhitychthys aprinus* [Cuvier (*in* Cuvier *et* Valenciennes), 1829b].

**文献（Reference）：** 朱元鼎等, 1985; 沈世杰, 1993; Chen, Jan and Shao, 1997; Ni and Kwok, 1999; Randall and Lim (eds.), 2000; Huang, 2001; 伍汉霖, 邵广昭, 赖春福等, 2012.

**别名或俗名（Used or common name）：** 短嘴格, 格仔.

**分布（Distribution）：** 东海, 南海.

**（3622）金鎓 *Cirrhitichthys aureus* (Temminck *et* Schlegel, 1843)**

*Cirrhites aureus* Temminck *et* Schlegel, 1843: 1-20.

**文献（Reference）：** Masuda, Amaoka, Araga *et al.*, 1984; 朱元鼎等, 1985; Tanaka and Suzuki, 1991; Shao, Chen, Kao *et al.*, 1993; 沈世杰, 1993; Ni and Kwok, 1999; Randall and Lim (eds.), 2000; Huang, 2001; 伍汉霖, 邵广昭, 赖春福等, 2012; 刘静, 吴仁协, 康斌等, 2016.

**别名或俗名（Used or common name）：** 深水格, 格仔.

**分布（Distribution）：** 东海, 南海.

**（3623）鹰金鎓 *Cirrhitichthys falco* Randall, 1963**

*Cirrhitichtys falco* Randall, 1963: 389-451.

*Cirrhitichthys serratus* Randall, 1963.

**文献（Reference）：** Chang, Lee and Shao, 1978; Chang, Jan and Shao, 1983; Donaldson, 1986; Shao, Chen, Kao *et al.*, 1993; 沈世杰, 1993; Chen, Jan and Shao, 1997; Randall and Lim (eds.), 2000; Huang, 2001; 伍汉霖, 邵广昭, 赖春福等, 2012.

**别名或俗名（Used or common name）：** 短嘴格, 格仔.

**分布（Distribution）：** 东海, 南海.

**（3624）尖头金鎓 *Cirrhitichthys oxycephalus* (Bleeker, 1855)**

*Cirrhites oxycephalus* Bleeker, 1855g: 392-434.

*Cirrhitychthys oxycephalus* (Bleeker, 1855).

*Cirrhites grandimaculatus* Liénard, 1891.

*Cirrhites murrayi* Regan, 1909.

**文献（Reference）：** 沈世杰, 1993; Chen, Shao and Lin, 1995; Chen, Jan and Shao, 1997; Randall and Lim (eds.), 2000; Huang, 2001; 伍汉霖, 邵广昭, 赖春福等, 2012.

**别名或俗名（Used or common name）：** 长嘴格, 斑点格, 格仔.

**分布（Distribution）：** 东海, 南海.

### 1129. 鎓属 *Cirrhitus* Lacépède, 1803

**（3625）翼鎓 *Cirrhitus pinnulatus* (Forster, 1801)**

*Labrus pinnulatus* Forster, 1801: 1-584.

*Cirrhites pinnulatus* (Forster, 1801).
*Labrus marmoratus* Lacépède, 1801.
*Cirrhitus maculatus* Lacépède, 1803.
**文献（Reference）**：Chang, Jan and Shao, 1983; Francis, 1993; Chen, Shao and Lin, 1995; Chen, Jan and Shao, 1997; Randall and Lim (eds.), 2000; Huang, 2001; 伍汉霖, 邵广昭, 赖春福等, 2012.
**别名或俗名（Used or common name）**：短嘴格, 格仔.
**分布（Distribution）**：东海, 南海.

### 1130. 鲤鳊属 *Cyprinocirrhites* Tanaka, 1917

**（3626）多棘鲤鳊 *Cyprinocirrhites polyactis* (Bleeker, 1874)**
*Cirrhitichthys polyactis* Bleeker, 1874: 1-20.
*Ctprinocirrhites polyactis* (Bleeker, 1874).
*Cyprinocirrhites ui* Tanaka, 1917.
*Cyprinocirrhites stigma* Fowler, 1943.
**文献（Reference）**：Chang, Lee and Shao, 1978; Masuda, Amaoka, Araga *et al.*, 1984; Okiyama, 1993; 沈世杰, 1993; Randall and Lim (eds.), 2000; Huang, 2001; 伍汉霖, 邵广昭, 赖春福等, 2012.
**别名或俗名（Used or common name）**：红燕子, 格仔.
**分布（Distribution）**：东海, 南海.

### 1131. 尖吻鳊属 *Oxycirrhites* Bleeker, 1857

**（3627）尖吻鳊 *Oxycirrhites typus* Bleeker, 1857**
*Oxycirrhitus typus* Bleeker, 1857: 1-102.
**文献（Reference）**：Akira and Masuda, 1974; Masuda, Amaoka, Araga *et al.*, 1984; 沈世杰, 1993; Randall and Lim (eds.), 2000; 伍汉霖, 邵广昭, 赖春福等, 2012.
**别名或俗名（Used or common name）**：尖嘴格, 格仔.
**分布（Distribution）**：南海.

### 1132. 副鳊属 *Paracirrhites* Steindachner, 1883

**（3628）副鳊 *Paracirrhites arcatus* (Cuvier, 1829)**
*Cirrhites arcatus* Cuvier (*in* Cuvier *et* Valenciennes), 1829b: 1-500.
*Amblycirrhitus arcatus* [Cuvier (*in* Cuvier *et* Valenciennes), 1829].
*Gymnocirrhites arcatus* [Cuvier (*in* Cuvier *et* Valenciennes), 1829].
*Paracirrhites arcuatus* [Cuvier (*in* Cuvier *et* Valenciennes), 1829].
**文献（Reference）**：Chang, Lee and Shao, 1978; Chang, Jan and Shao, 1983; 沈世杰, 1993; Chen, Shao and Lin, 1995; Chen, Jan and Shao, 1997; Randall and Lim (eds.), 2000; Huang, 2001; 伍汉霖, 邵广昭, 赖春福等, 2012.
**别名或俗名（Used or common name）**：白线格, 格仔.
**分布（Distribution）**：东海, 南海.

**（3629）福氏副鳊 *Paracirrhites forsteri* (Schneider, 1801)**
*Grammistes forsteri* Schneider (in Bloch *et* Schneider), 1801: 1-584.
*Paracirrhites typee* Randall, 1963.
**文献（Reference）**：Chang, Jan and Shao, 1983; Francis, 1993; 沈世杰, 1993; Chen, Shao and Lin, 1995; Chen, Jan and Shao, 1997; Randall and Lim (eds.), 2000; Huang, 2001; 伍汉霖, 邵广昭, 赖春福等, 2012.
**别名或俗名（Used or common name）**：海豹格, 副鳊, 格仔.
**分布（Distribution）**：东海, 南海.

## （二六二）唇指鳊科 Cheilodactylidae

### 1133. 唇指鳊属 *Cheilodactylus* Lacépède, 1803

**（3630）四角唇指鳊 *Cheilodactylus quadricornis* (Günther, 1860)**
*Chilodactylus quadricornis* Günther, 1860: 1-548.
*Goniistius quadricornis* (Günther, 1860).
**文献（Reference）**：Shao and Chen, 1992; Shao, Chen, Kao *et al.*, 1993; 沈世杰, 1993; Yamada, Shirai, Irie *et al.*, 1995; Shao, 1997; Randall and Lim (eds.), 2000; 伍汉霖, 邵广昭, 赖春福等, 2012.
**别名或俗名（Used or common name）**：咬破布, 三康, 金花, 万年瘦, 背带鹰鳊.
**分布（Distribution）**：东海, 南海.

**（3631）斑马唇指鳊 *Cheilodactylus zebra* Döderlein, 1883**
*Chilodactylus zebra* Döderlein, 1883: 1-40.
*Goniistius zebra* (Döderlein, 1883).
**文献（Reference）**：Sano and Moyer, 1985; 沈世杰, 1993; Randall and Lim (eds.), 2000; Shao, Hsieh, Wu *et al.*, 2001; Huang, 2001; Hiroshi, Senou, Shoichi *et al.*, 2002; 伍汉霖, 邵广昭, 赖春福等, 2012.
**别名或俗名（Used or common name）**：咬破布, 三康, 金花, 万年瘦.
**分布（Distribution）**：东海, 南海.

**（3632）花尾唇指鳊 *Cheilodactylus zonatus* Cuvier, 1830**
*Cheilodactylus zonatus* Cuvier (*in* Cuvier *et* Valenciennes), 1830: 1-499.
*Goniistius zonatus* [Cuvier (*in* Cuvier *et* Valenciennes), 1830].

文献(Reference): Cuvier (*in* Cuvier and Valenciennes), 1830: i-xxviii + 1-499 + 4 pp; Sano and Moyer, 1985; 朱元鼎等, 1985; Shao and Chen, 1992; Ni and Kwok, 1999; Horinouchi and Sano, 2000; Randall and Lim (eds.), 2000; Shao, Hsieh, Wu *et al.*, 2001; Huang, 2001; 伍汉霖, 邵广昭, 赖春福等, 2012.

别名或俗名(Used or common name): 咬破布, 三康, 金花, 万年瘦.

分布(Distribution): 东海, 南海.

## (二六三)赤刀鱼科 Cepolidae

### 1134. 棘赤刀鱼属 *Acanthocepola* Bleeker, 1874

**(3633)印度棘赤刀鱼 *Acanthocepola indica* (Day, 1888)**

*Cepola indica* Day, 1888: 779-816.

文献(Reference): Masuda, Amaoka, Araga *et al.*, 1984; Randall and Lim (eds.), 2000; Huang, 2001; 伍汉霖, 邵广昭, 赖春福等, 2012; 刘静, 吴仁协, 康斌等, 2016.

别名或俗名(Used or common name): 红帘鱼.

分布(Distribution): 东海, 南海.

**(3634)克氏棘赤刀鱼 *Acanthocepola krusensternii* (Temminck *et* Schlegel, 1845)**

*Cepola krusensternii* Temminck *et* Schlegel, 1845: 113-172.

*Acanthocepola krusensterni* (Temminck *et* Schlegel, 1845).

文献(Reference): 朱元鼎等, 1985; 沈世杰, 1993; Yamada, Shirai, Irie *et al.*, 1995; Ni and Kwok, 1999; Randall and Lim (eds.), 2000; Huang, 2001; 伍汉霖, 邵广昭, 赖春福等, 2012; 刘静, 吴仁协, 康斌等, 2016.

别名或俗名(Used or common name): 红帘鱼.

分布(Distribution): 东海, 南海.

**(3635)背点棘赤刀鱼 *Acanthocepola limbata* (Valenciennes, 1835)**

*Cepola limbata* Valenciennes, 1835: 1-482.

文献(Reference): Shao, Chen, Kao *et al.*, 1993; 沈世杰, 1993; Yamada, Shirai, Irie *et al.*, 1995; Ni and Kwok, 1999; Randall and Lim (eds.), 2000; Huang, 2001; 伍汉霖, 邵广昭, 赖春福等, 2012.

别名或俗名(Used or common name): 红帘鱼.

分布(Distribution): 东海, 南海.

### 1135. 赤刀鱼属 *Cepola* Linnaeus, 1764

**(3636)史氏赤刀鱼 *Cepola schlegelii* Bleeker, 1854**

*Cepola schlegeli* Bleeker, 1854: 395-426.

文献(Reference): Bleeker, 1854: 395-426; Masuda, Amaoka, Araga *et al.*, 1984; 沈世杰, 1993; Horie and Tanaka, 2000; Huang, 2001; 伍汉霖, 邵广昭, 赖春福等, 2012.

别名或俗名(Used or common name): 红帘鱼.

分布(Distribution): 东海, 南海.

### 1136. 欧氏螣属 *Owstonia* Tanaka, 1908

**(3637)欧氏螣 *Owstonia totomiensis* Tanaka, 1908**

*Owstonia totomiensis* Tanaka, 1908b: 1-54.

文献(Reference): Tanaka, 1908b: 1-54; Masuda, Amaoka, Araga *et al.*, 1984; Huang, 2001; 伍汉霖, 邵广昭, 赖春福等, 2012.

别名或俗名(Used or common name): 甘鲷.

分布(Distribution): 东海, 南海.

### 1137. 拟赤刀鱼属 *Pseudocepola* Kamohara, 1935

**(3638)带状拟赤刀鱼 *Pseudocepola taeniosoma* Kamohara, 1935**

*Pseudocepola taeniosoma* Kamohara, 1935b: 130-138.

*Owstonia taeniosoma* (Kamohara, 1935).

文献(Reference): Kamohara, 1935b: 130-138; Masuda, Amaoka, Araga *et al.*, 1984; 沈世杰, 1993; Shao, 1997; Huang, 2001; 伍汉霖, 邵广昭, 赖春福等, 2012.

别名或俗名(Used or common name): 甘鲷.

分布(Distribution): 东海, 南海.

### 1138. 楔花鲐螣属 *Sphenanthias* Weber, 1913

**(3639)土佐湾楔花鲐螣 *Sphenanthias tosaensis* (Kamohara, 1934)**

*Owstonia tosaensis* Kamohara, 1934a: 299-303.

文献(Reference): Masuda, Amaoka, Araga *et al.*, 1984; 沈世杰, 1993; Shao, 1997; Randall and Lim (eds.), 2000; Huang, 2001; Liao, Reyes Jr. and Shao, 2009; 伍汉霖, 邵广昭, 赖春福等, 2012.

别名或俗名(Used or common name): 甘鲷.

分布(Distribution): 东海, 南海.

## (二六四)雀鲷科 Pomacentridae

### 1139. 豆娘鱼属 *Abudefduf* Forsskål, 1775

**(3640)孟加拉国豆娘鱼 *Abudefduf bengalensis* (Bloch, 1787)**

*Chaetodon bengalensis* Bloch, 1787: 1-146.

*Labrus macrogaster* Lacépède, 1801.

*Glyphidodon affinis* Günther, 1862.

*Glyphisodon palmeri* Ogilby, 1918.
**文献（Reference）**：Francis, 1993; Shao, Chen, Kao *et al.*, 1993; 沈世杰, 1993; Leung, 1994; Ni and Kwok, 1999; Kuo and Shao, 1999; Randall and Lim (eds.), 2000; Huang, 2001; 伍汉霖, 邵广昭, 赖春福等, 2012; 刘静, 吴仁协, 康斌等, 2016.
**别名或俗名（Used or common name）**：厚壳仔，孟加拉国雀鲷.
**分布（Distribution）**：东海，南海.

### （3641）劳伦氏豆娘鱼 *Abudefduf lorenzi* Hensley *et* Allen, 1977

*Abudefduf lorentzi* Hensley *et* Allen, 1977: 107-118.
**文献（Reference）**：Hensley and Allen, 1977: 107-118; Shao, Chang and Chang, 1985; Shao, Chen, Kao *et al.*, 1993; 沈世杰, 1993; Randall and Lim (eds.), 2000; Huang, 2001; 伍汉霖, 邵广昭, 赖春福等, 2012.
**别名或俗名（Used or common name）**：厚壳仔，劳伦氏雀鲷，劳氏豆娘鱼.
**分布（Distribution）**：东海，南海.

### （3642）黄尾豆娘鱼 *Abudefduf notatus* (Day, 1870)

*Glyphidodon notatus* Day, 1870: 511-527.
*Abudefduf clarki* Snyder, 1911.
*Indoglyphidodon abbotti* Fowler, 1944.
**文献（Reference）**：Arai and Inoue, 1976; Chang, Jan and Shao, 1983; 沈世杰, 1993; Chen, Shao and Lin, 1995; Randall and Lim (eds.), 2000; Huang, 2001; 伍汉霖, 邵广昭, 赖春福等, 2012.
**别名或俗名（Used or common name）**：厚壳仔，暗色雀鲷，黄尾雀鲷，斑鳍豆娘鱼.
**分布（Distribution）**：东海，南海.

### （3643）七带豆娘鱼 *Abudefduf septemfasciatus* (Cuvier, 1830)

*Glyphisodon septemfasciatus* Cuvier (*in* Cuvier *et* Valenciennes), 1830: 1-499.
*Abudefduf multifasciatus* Seale, 1906.
**文献（Reference）**：Shao and Chen, 1992; Shao, Chen, Kao *et al.*, 1993; 沈世杰, 1993; Ni and Kwok, 1999; Randall and Lim (eds.), 2000; Werner and Allen, 2000; Huang, 2001.
**别名或俗名（Used or common name）**：立身仔，厚壳仔，七带雀鲷.
**分布（Distribution）**：东海，南海.

### （3644）六带豆娘鱼 *Abudefduf sexfasciatus* (Lacépède, 1801)

*Labrus sexfasciatus* Lacépède, 1801: 1-558.
*Abudefduf coelestinus* [Cuvier (*in* Cuvier *et* Valenciennes), 1830].
*Glyphisodon coelestinus* Cuvier (*in* Cuvier *et* Valenciennes), 1830.
**文献（Reference）**：Allen, Bauchot and Desoutter, 1978; Shao, Chen, Kao *et al.*, 1993; 沈世杰, 1993; Chen, Shao and Lin, 1995; Ni and Kwok, 1999; Kuo and Shao, 1999; Randall and Lim (eds.), 2000; Huang, 2001; 伍汉霖, 邵广昭, 赖春福等, 2012.
**别名或俗名（Used or common name）**：厚壳仔，六线雀鲷，蓝豆娘鱼.
**分布（Distribution）**：东海，南海.

### （3645）豆娘鱼 *Abudefduf sordidus* (Forsskål, 1775)

*Chaetodon sordidus* Forsskål, 1775: 1-164.
*Glyphisodon geant* Liénard, 1829.
**文献（Reference）**：Shao, Chen, Kao *et al.*, 1993; 沈世杰, 1993; Chen, Shao and Lin, 1995; Chen, Jan and Shao, 1997; Kuo and Shao, 1999; Randall and Lim (eds.), 2000; Chiu and Hsieh, 2001; Huang, 2001; 伍汉霖, 邵广昭, 赖春福等, 2012.
**别名或俗名（Used or common name）**：厚壳仔，梭地雀鲷.
**分布（Distribution）**：东海，南海.

### （3646）五带豆娘鱼 *Abudefduf vaigiensis* (Quoy *et* Gaimard, 1825)

*Glyphisodon vaigiensis* Quoy *et* Gaimard, 1825: 329-616.
*Abudefduf vaigensis* (Quoy *et* Gaimard, 1825).
*Chaetodon tyrwhitti* Bennett, 1830.
*Abudefduf caudobimaculatus* Okada *et* Ikeda, 1939.
**文献（Reference）**：Shao, Chen, Kao *et al.*, 1993; 沈世杰, 1993; Leung, 1994; Chen, Shao and Lin, 1995; Chen, Jan and Shao, 1997; Ni and Kwok, 1999; Kuo and Shao, 1999; Randall and Lim (eds.), 2000; Huang, 2001; 伍汉霖, 邵广昭, 赖春福等, 2012.
**别名或俗名（Used or common name）**：厚壳仔，五线雀鲷，岩雀鲷.
**分布（Distribution）**：东海，南海.

## 1140. 凹牙豆娘鱼属 *Amblyglyphidodon* Bleeker, 1877

### （3647）金凹牙豆娘鱼 *Amblyglyphidodon aureus* (Cuvier, 1830)

*Glyphisodon aureus* Cuvier (*in* Cuvier *et* Valenciennes), 1830: 1-499.
*Abudefduf aureus* [Cuvier (*in* Cuvier *et* Valenciennes), 1830].
*Amblygliphidodon aureus* [Cuvier (*in* Cuvier *et* Valenciennes), 1830].
**文献（Reference）**：Chang, Lee and Shao, 1978; 沈世杰, 1993; Chen, Jan and Shao, 1997; Randall and Lim (eds.), 2000; Huang, 2001; 伍汉霖, 邵广昭, 赖春福等, 2012; 刘静, 吴仁协, 康斌等, 2016.
**别名或俗名（Used or common name）**：厚壳仔，黑吻雀鲷.

分布（Distribution）：东海，南海.

**（3648）库拉索凹牙豆娘鱼 *Amblyglyphidodon curacao* (Bloch, 1787)**

*Chaetodon curacao* Bloch, 1787: 1-146.
*Abudefduf curacao* (Bloch, 1787).
*Amblygliphidodon curacao* (Bloch, 1787).
**文献（Reference）**：田中洋一和森彻, 1989; 沈世杰, 1993; Chen, Shao and Lin, 1995; Randall and Lim (eds.), 2000; Huang, 2001; 伍汉霖, 邵广昭, 赖春福等, 2012.
**别名或俗名（Used or common name）**：厚壳仔，黄背雀鲷.
**分布（Distribution）**：东海，南海.

**（3649）白腹凹牙豆娘鱼 *Amblyglyphidodon leucogaster* (Bleeker, 1847)**

*Glyphisodon leucogaster* Bleeker, 1847: 1-33.
*Abudefduf leucogaster* (Bleeker, 1847).
*Amblygliphidodon leucogaster* (Bleeker, 1847).
**文献（Reference）**：沈世杰, 1993; Chen, Jan and Shao, 1997; Randall and Lim (eds.), 2000; Huang, 2001; 伍汉霖, 邵广昭, 赖春福等, 2012.
**别名或俗名（Used or common name）**：厚壳仔.
**分布（Distribution）**：东海，南海.

**（3650）平颌凹牙豆娘鱼 *Amblyglyphidodon ternatensis* (Bleeker, 1853)**

*Glyphisodon ternatensis* Bleeker, 1853: 131-140.
*Amblygliphidodon ternatensis* (Bleeker, 1853).
*Glyphisodon schlegelii* Bleeker, 1853.
*Abudefduf philippinus* Fowler, 1918.
**文献（Reference）**：Masuda, Amaoka, Araga *et al.*, 1984; 沈世杰, 1993; Chen, Shao and Lin, 1995; Shao, 1997; Randall and Lim (eds.), 2000; Werner and Allen, 2000; 伍汉霖, 邵广昭, 赖春福等, 2012.
**别名或俗名（Used or common name）**：厚壳仔.
**分布（Distribution）**：东海，南海.

## 1141. 钝雀鲷属 *Amblypomacentrus* Bleeker, 1877

**（3651）短头钝雀鲷 *Amblypomacentrus breviceps* (Schlegel *et* Müller, 1839)**

*Glyphisodon breviceps* Schlegel *et* Müller, 1839: 17-26.
*Pomacentrus trifasciatus* (Bleeker, 1848).
*Pomacentrus nematopterus* Bleeker, 1852.
*Pomacentrus beauforti* Fowler *et* Bean, 1928.
**文献（Reference）**：Herre, 1953b; Randall and Lim (eds.), 2000; Werner and Allen, 2000; 伍汉霖, 邵广昭, 赖春福等, 2012.
**别名或俗名（Used or common name）**：厚壳仔.
**分布（Distribution）**：东海，南海.

## 1142. 双锯鱼属 *Amphiprion* Bloch *et* Schneider, 1801

**（3652）背纹双锯鱼 *Amphiprion akallopisos* Bleeker, 1853**

*Amphiprion akallopisos* Bleeker, 1853: 243-302.
*Phalerebus akallopisos* (Bleeker, 1853).
**文献（Reference）**：Herre, 1953b; Dantis and Aliño (comps.), 2002.
**分布（Distribution）**：南海.

**（3653）二带双锯鱼 *Amphiprion bicinctus* Rüppell, 1830**

*Amphiprion bicinctus* Rüppell, 1830: 95-141.
**文献（Reference）**：Herre, 1953b; Ni and Kwok, 1999; Huang, 2001; 伍汉霖, 邵广昭, 赖春福等, 2012.
**分布（Distribution）**：南海.

**（3654）克氏双锯鱼 *Amphiprion clarkii* (Bennett, 1830)**

*Anthias clarkii* Bennett, 1830: 30 unnumbered pages.
*Amphiprion clarki* (Bennett, 1830).
*Amphiprion xanthurus* Cuvier (*in* Cuvier *et* Valenciennes), 1830.
*Amphiprion melanostolus* Richardson, 1842.
**文献（Reference）**：Bennett, 1834; Arai and Inoue, 1976; Chang, Jan and Shao, 1983; Ochi, 1985; Moyer, 1986; 沈世杰, 1993; Chen, Shao and Lin, 1995; Chen, Jan and Shao, 1997; Randall and Lim (eds.), 2000; Huang, 2001; 伍汉霖, 邵广昭, 赖春福等, 2012.
**别名或俗名（Used or common name）**：小丑鱼.
**分布（Distribution）**：东海，南海.

**（3655）白条双锯鱼 *Amphiprion frenatus* Brevoort, 1856**

*Amphiprion frenatus* Brevoort, 1856: 253-288.
*Amphiprion polylepis* (Bleeker, 1877).
*Prochilus polylepis* Bleeker, 1877.
**文献（Reference）**：Chang, Jan and Shao, 1983; 沈世杰, 1993; Chen, Shao and Lin, 1995; Chen, Jan and Shao, 1997; Randall and Lim (eds.), 2000; Huang, 2001; 伍汉霖, 邵广昭, 赖春福等, 2012.
**别名或俗名（Used or common name）**：红小丑.
**分布（Distribution）**：东海，南海.

**（3656）眼斑双锯鱼 *Amphiprion ocellaris* Cuvier, 1830**

*Amphiprion ocellaris* Cuvier (*in* Cuvier *et* Valenciennes), 1830: 1-499.
*Amphiprion melanurus* Cuvier (*in* Cuvier *et* Valenciennes),

1830.
*Amphiprion bicolor* Castelnau, 1873.
文献（Reference）：Cuvier (*in* Cuvier and Valenciennes), 1830: i-xxviii + 1-499 + 4 pp; Chang, Jan and Shao, 1983; 沈世杰, 1993; Chen, Jan and Shao, 1997; Randall and Lim (eds.), 2000; Huang, 2001; Nakamura, Horinouchi, Nakai *et al.*, 2003; 伍汉霖, 邵广昭, 赖春福等, 2012.
别名或俗名（Used or common name）：公子小丑.
分布（Distribution）：东海，南海.

**（3657）海葵双锯鱼 *Amphiprion percula* (Lacépède, 1802)**

*Lutjanus percula* Lacépède, 1802: 1-728.
*Actinicola percula* (Lacépède, 1802).
*Amphiprion tunicatus* Cuvier (*in* Cuvier *et* Valenciennes), 1830.
文献（Reference）：Herre, 1935; Herre, 1953b; Ni and Kwok, 1999; Huang, 2001; 伍汉霖, 邵广昭, 赖春福等, 2012.
分布（Distribution）：南海.

**（3658）项环双锯鱼 *Amphiprion perideraion* Bleeker, 1855**

*Amphiprion perideraeus* Bleeker, 1855d: 431-438.
*Amphiprion peridaeraion* (Bleeker, 1855).
*Amphiprion rosenbergii* Bleeker, 1859.
*Amphiprion amamiensis* Mori, 1966.
文献（Reference）：Bleeker, 1855d: 431-438; 沈世杰, 1993; Chen, Shao and Lin, 1995; Chen, Jan and Shao, 1997; Randall and Lim (eds.), 2000; Huang, 2001; 伍汉霖, 邵广昭, 赖春福等, 2012.
别名或俗名（Used or common name）：粉红小丑，咖啡小丑.
分布（Distribution）：东海，南海.

**（3659）鞍斑双锯鱼 *Amphiprion polymnus* (Linnaeus, 1758)**

*Perca polymna* Linnaeus, 1758: 1-824.
*Amphiprion polynemus* (Linnaeus, 1758).
*Amphiprion bifasciatus* (Bloch, 1792).
*Paramphiprion hainanensis* Wang, 1941.
文献（Reference）：Moyer and Nakazono, 1978; 沈世杰, 1993; Ni and Kwok, 1999; Randall and Lim (eds.), 2000; Werner and Allen, 2000; Huang, 2001; 伍汉霖, 邵广昭, 赖春福等, 2012.
别名或俗名（Used or common name）：鞍背小丑.
分布（Distribution）：东海，南海.

**（3660）白背双锯鱼 *Amphiprion sandaracinos* Allen, 1972**

*Amphiprion sandracinos* Allen, 1972: 1-288.
文献（Reference）：Moyer and Nakazono, 1978; Chen, Jan and Shao, 1997; Randall and Lim (eds.), 2000; Werner and Allen, 2000; 伍汉霖, 邵广昭, 赖春福等, 2012.
别名或俗名（Used or common name）：小丑鱼.
分布（Distribution）：东海，南海.

## 1143. 锯唇鱼属 *Cheiloprion* Weber, 1913

**（3661）锯唇鱼 *Cheiloprion labiatus* (Day, 1877)**

*Pomacentrus labiatus* Day, 1877: 369-552.
文献（Reference）：Shao, Kuo and Lee, 1986; 沈世杰, 1993; Chen, Shao and Lin, 1995; Randall and Lim (eds.), 2000; Huang, 2001; 伍汉霖, 邵广昭, 赖春福等, 2012.
别名或俗名（Used or common name）：厚壳仔.
分布（Distribution）：东海，南海.

## 1144. 光鳃鱼属 *Chromis* Plumier, 1801

**（3662）侏儒光鳃鱼 *Chromis acares* Randall *et* Swerdloff, 1973**

*Chromis acares* Randall *et* Swerdloff, 1973: 327-349.
文献（Reference）：Randall and Swerdloff, 1973: 327-349; Moyer, 1977; 沈世杰, 1993; Kim and Kim, 1997; Randall and Lim (eds.), 2000; 伍汉霖, 邵广昭, 赖春福等, 2012.
别名或俗名（Used or common name）：厚壳仔.
分布（Distribution）：南海.

**（3663）白斑光鳃鱼 *Chromis albomaculata* Kamohara, 1960**

*Chromis albomaculatus* Kamohara, 1960: 1-10.
文献（Reference）：Kamohara, 1960: 1-10; Moyer, 1977; Lin, Shao and Chen (林沛立, 邵广昭和陈正平), 1994; Kim and Kim, 1997; Randall and Lim (eds.), 2000; Senou and Kudo, 2007; 伍汉霖, 邵广昭, 赖春福等, 2012.
别名或俗名（Used or common name）：厚壳仔.
分布（Distribution）：南海.

**（3664）艾伦光鳃鱼 *Chromis alleni* Randall, Ida *et* Moyer, 1981**

*Chromis alleni* Randall, Ida *et* Moyer, 1981: 203-242.
文献（Reference）：Randall, Ida and Moyer, 1981: 203-242; Moyer, 1977; 沈世杰, 1993; Kim and Kim, 1997; Randall and Lim (eds.), 2000; Huang, 2001; 伍汉霖, 邵广昭, 赖春福等, 2012.
别名或俗名（Used or common name）：厚壳仔.
分布（Distribution）：东海，南海.

**（3665）银白光鳃鱼 *Chromis alpha* Randall, 1988**

*Chromis alpha* Randall, 1988: 73-81.
文献（Reference）：Chen, Jan and Shao, 1997; Randall and

Lim (eds.), 2000; Werner and Allen, 2000; 伍汉霖, 邵广昭, 赖春福等, 2012.
**分布（Distribution）**：南海.

### （3666）长臂光鳃鱼 *Chromis analis* (Cuvier, 1830)

*Heliases analis* Cuvier (*in* Cuvier *et* Valenciennes), 1830: 1-499.
*Heliases macrochir* Bleeker, 1853.
**文献（Reference）**：Moyer, 1977; 沈世杰, 1993; Kim and Kim, 1997; Randall and Lim (eds.), 2000; Huang, 2001; 伍汉霖, 邵广昭, 赖春福等, 2012.
**别名或俗名（Used or common name）**：黄雀仔, 厚壳仔.
**分布（Distribution）**：东海, 南海.

### （3667）绿光鳃鱼 *Chromis atripectoralis* Welander *et* Schultz, 1951

*Chromis atripectoralis* Welander *et* Schultz, 1951: 107-110.
**文献（Reference）**：Welander and Schultz, 1951: 107-110; Moyer, 1977; Francis, 1993; 沈世杰, 1993; Chen, Shao and Lin, 1995; Kim and Kim, 1997; Randall and Lim (eds.), 2000; Huang, 2001; 伍汉霖, 邵广昭, 赖春福等, 2012.
**别名或俗名（Used or common name）**：厚壳仔.
**分布（Distribution）**：南海.

### （3668）腋斑光鳃鱼 *Chromis atripes* Fowler *et* Bean, 1928

*Chromis atripes* Fowler *et* Bean, 1928: 1-525.
**文献（Reference）**：Fowler and Bean, 1928: i-viii + 1-525; Randall, Ida and Moyer, 1981; Shao, Chang and Chang, 1985; 沈世杰, 1993; Chen, Shao and Lin, 1995; Chen, Jan and Shao, 1997; Kim and Kim, 1997; Randall and Lim (eds.), 2000; Huang, 2001; 伍汉霖, 邵广昭, 赖春福等, 2012.
**别名或俗名（Used or common name）**：厚壳仔.
**分布（Distribution）**：南海.

### （3669）长棘光鳃鱼 *Chromis chrysura* (Bliss, 1883)

*Heliastes chrysurus* Bliss, 1883: 45-63.
*Chromis chrysurus* (Bliss, 1883).
*Chromis isharae* (Schmidt, 1931).
*Lepicephalochromis westalli* Whitley, 1964.
**文献（Reference）**：Bliss, 1883: 45-63; Moyer, 1977; 沈世杰, 1993; Chen, Shao and Lin, 1995; Chen, Jan and Shao, 1997; Kim and Kim, 1997; Randall and Lim (eds.), 2000; Huang, 2001; 伍汉霖, 邵广昭, 赖春福等, 2012.
**别名或俗名（Used or common name）**：厚壳仔.
**分布（Distribution）**：东海, 南海.

### （3670）灰光鳃鱼 *Chromis cinerascens* (Cuvier, 1830)

*Heliases cinerascens* Cuvier (*in* Cuvier *et* Valenciennes), 1830: 1-499.
*Glyphisodon angulatus* Bleeker, 1845.
*Chromis insulindicus* Bleeker, 1877.
*Glyphisodon javanicus* van Hasselt, 1877.
**文献（Reference）**：Moyer, 1977; Shao and Chen, 1992; 沈世杰, 1993; Kim and Kim, 1997; Randall and Lim (eds.), 2000; Huang, 2001; 伍汉霖, 邵广昭, 赖春福等, 2012.
**别名或俗名（Used or common name）**：厚壳仔.
**分布（Distribution）**：南海.

### （3671）三角光鳃鱼 *Chromis delta* Randall, 1988

*Chromis delta* Randall, 1988: 73-81.
**文献（Reference）**：Randall, 1988: 73-81; Moyer, 1977; Kim and Kim, 1997; 伍汉霖, 邵广昭, 赖春福等, 2012.
**别名或俗名（Used or common name）**：厚壳仔.
**分布（Distribution）**：南海.

### （3672）双色光鳃鱼 *Chromis dimidiata* (Klunzinger, 1871)

*Heliastes dimidiatus* Klunzinger, 1871: 441-688.
*Chromis dimidata* (Klunzinger, 1871).
*Chromis dimidiatus* (Klunzinger, 1871).
**文献（Reference）**：Herre, 1953b; Ganaden and Lavapie-Gonzales, 1999; Huang, 2001.
**分布（Distribution）**：南海.

### （3673）黑肛光鳃鱼 *Chromis elerae* Fowler *et* Bean, 1928

*Chromis elerae* Fowler *et* Bean, 1928: 1-525.
**文献（Reference）**：Fowler and Bean, 1928: i-viii + 1-525; Moyer, 1977; Randall, Ida and Moyer, 1981; Kim and Kim, 1997; Huang, 2001; 伍汉霖, 邵广昭, 赖春福等, 2012.
**别名或俗名（Used or common name）**：厚壳仔.
**分布（Distribution）**：东海, 南海.

### （3674）黄斑光鳃鱼 *Chromis flavomaculata* Kamohara, 1960

*Chromis flavomaculatus* Kamohara, 1960: 1-10.
*Chromis kennensis* Whitley, 1964.
**文献（Reference）**：Kamohara, 1960: 1-10; Moyer, 1977; Chang, Jan and Shao, 1983; Francis, 1991; Francis, 1993; 沈世杰, 1993; Kim and Kim, 1997; Randall and Lim (eds.), 2000; Huang, 2001; 伍汉霖, 邵广昭, 赖春福等, 2012.
**别名或俗名（Used or common name）**：厚壳仔.
**分布（Distribution）**：南海.

### （3675）烟色光鳃鱼 *Chromis fumea* (Tanaka, 1917)

*Pomacentrus fumeus* Tanaka, 1917a: 7-12.
*Chromis fumeus* (Tanaka, 1917).
*Chromis caudofasciata* Shen *et* Chen, 1978.
**文献（Reference）**：Tanaka, 1917a: 7-12; Moyer, 1977; Francis, 1991; Shao and Chen, 1992; Francis, 1993; Shao, Chen, Kao

et al., 1993; 沈世杰, 1993; Kim and Kim, 1997; Randall and Lim (eds.), 2000; Huang, 2001; 伍汉霖, 邵广昭, 赖春福等, 2012.

别名或俗名（Used or common name）：厚壳仔.

分布（Distribution）：东海，南海.

### （3676）细鳞光鳃鱼 *Chromis lepidolepis* Bleeker, 1877

*Chromis lepidolepis* Bleeker, 1877: 384-391.
*Dascyllus pomacentroides* Kendall *et* Goldsborough, 1911.
*Dascyllus caudofasciatus* Montalban, 1928.
*Lepidochromis brunneus* Smith, 1960.

文献（Reference）：Moyer, 1977; Chang, Jan and Shao, 1983; 沈世杰, 1993; Chen, Jan and Shao, 1997; Kim and Kim, 1997; Ni and Kwok, 1999; Randall and Lim (eds.), 2000; Huang, 2001; 伍汉霖, 邵广昭, 赖春福等, 2012.

别名或俗名（Used or common name）：厚壳仔.

分布（Distribution）：东海，南海.

### （3677）亮光鳃鱼 *Chromis leucura* Gilbert, 1905

*Chromis leucurus* Gilbert, 1905: 577-713.

文献（Reference）：Moyer, 1977; Masuda, Amaoka, Araga *et al.*, 1984; Kim and Kim, 1997; 伍汉霖, 邵广昭, 赖春福等, 2012.

别名或俗名（Used or common name）：厚壳仔.

分布（Distribution）：东海，南海.

### （3678）双斑光鳃鱼 *Chromis margaritifer* Fowler, 1946

*Chromis dimidiatus margaritifer* Fowler, 1946: 123-218.

文献（Reference）：Moyer, 1977; Chang, Jan and Shao, 1983; Francis, 1993; 沈世杰, 1993; Chen, Shao and Lin, 1995; Chen, Jan and Shao, 1997; Kim and Kim, 1997; Randall and Lim (eds.), 2000; Huang, 2001; 伍汉霖, 邵广昭, 赖春福等, 2012.

别名或俗名（Used or common name）：厚壳仔.

分布（Distribution）：东海，南海.

### （3679）东海光鳃鱼 *Chromis mirationis* Tanaka, 1917

*Chromis mirationis* Tanaka, 1917a: 7-12.
*Chromis fraenatus* Araga *et* Yoshino, 1975.
*Chromis megalopsis* Allen, 1976.

文献（Reference）：Tanaka, 1917a: 7-12; Moyer, 1977; Yamakawa and Randall, 1989; Shao, 1997; Kim and Kim, 1997; Huang, 2001; 伍汉霖, 邵广昭, 赖春福等, 2012.

别名或俗名（Used or common name）：厚壳仔.

分布（Distribution）：东海，南海.

### （3680）尾斑光鳃鱼 *Chromis notata* (Temminck *et* Schlegel, 1843)

*Heliases notatus* Temminck *et* Schlegel, 1843: 21-72.
*Chromis notatus* (Temminck *et* Schlegel, 1843).
*Chromis villadolidi* Jordan *et* Tanaka, 1927.
*Chromis miyakeensis* Moyer *et* Ida, 1976.

文献（Reference）：Moyer, 1977; Nakazono, Takeya and Tsukahara, 1979; Shao and Chen, 1992; 沈世杰, 1993; Leung, 1994; Yamada, Shirai, Irie *et al.*, 1995; Chen, Jan and Shao, 1997; Kim and Kim, 1997; Ni and Kwok, 1999; Randall and Lim (eds.), 2000; 伍汉霖, 邵广昭, 赖春福等, 2012; 刘静, 吴仁协, 康斌等, 2016.

别名或俗名（Used or common name）：厚壳仔，蓝雀.

分布（Distribution）：东海，南海.

### （3681）冈村氏光鳃鱼 *Chromis okamurai* Yamakawa *et* Randall, 1989

*Chromis okamurai* Yamakawa *et* Randall, 1989: 299-302.

文献（Reference）：Yamakawa and Randall, 1989: 299-302; Moyer, 1977; Kim and Kim, 1997; 伍汉霖, 邵广昭, 赖春福等, 2012.

别名或俗名（Used or common name）：厚壳仔.

分布（Distribution）：?

### （3682）大沼氏光鳃鱼 *Chromis onumai* Senou *et* Kudo, 2007

*Chromis onumai* Senou *et* Kudo, 2007: 51-57.

文献（Reference）：Senou and Kudo, 2007: 51-57; Moyer, 1977; Kim and Kim, 1997

别名或俗名（Used or common name）：厚壳仔.

分布（Distribution）：南海.

### （3683）卵形光鳃鱼 *Chromis ovatiformes* Fowler, 1946

*Chromis ovatiformis* Fowler, 1946: 123-218.

文献（Reference）：Fowler, 1946: 123-218; Moyer, 1977; Hilomen and Aragones, 1990; Shao and Chen, 1992; 沈世杰, 1993; Chen, Jan and Shao, 1997; Kim and Kim, 1997; Randall and Lim (eds.), 2000; Huang, 2001; 伍汉霖, 邵广昭, 赖春福等, 2012.

别名或俗名（Used or common name）：厚壳仔.

分布（Distribution）：东海，南海.

### （3684）黑带光鳃鱼 *Chromis retrofasciata* Weber, 1913

*Chromis retrofasciatas* Weber, 1913: 1-710.

文献（Reference）：Moyer, 1977; Shao, Chang and Chang, 1985; 沈世杰, 1993; Kim and Kim, 1997; Randall and Lim (eds.), 2000; Huang, 2001; 伍汉霖, 邵广昭, 赖春福等, 2012.

别名或俗名（Used or common name）：黑线雀，厚壳仔.

分布（Distribution）：南海.

**（3685）条尾光鳃鱼 *Chromis ternatensis* (Bleeker, 1856)**

*Heliases ternatensis* Bleeker, 1856b: 357-386.
*Heliases caeruleus* Cuvier (*in* Cuvier *et* Valenciennes), 1830.
*Chromis ternatense* (Bleeker, 1856).
*Chromis philippinus* Fowler, 1918.
**文献（Reference）**：Chang, Jan and Shao, 1983; Randall, 1987; 沈世杰, 1993; Chen, Shao and Lin, 1995; Kim and Kim, 1997; Randall and Lim (eds.), 2000; Huang, 2001; 伍汉霖, 邵广昭, 赖春福等, 2012; 刘静, 吴仁协, 康斌等, 2016.
**别名或俗名（Used or common name）**：厚壳仔.
**分布（Distribution）**：东海, 南海.

**（3686）凡氏光鳃鱼 *Chromis vanderbilti* (Fowler, 1941)**

*Pycnochromis vanderbilti* Fowler, 1941, v. 93: 247-279.
**文献（Reference）**：Moyer, 1977; Chang, Jan and Shao, 1983; Francis, 1993; 沈世杰, 1993; Chen, Jan and Shao, 1997; Kim and Kim, 1997; Huang, 2001; 伍汉霖, 邵广昭, 赖春福等, 2012.
**别名或俗名（Used or common name）**：厚壳仔.
**分布（Distribution）**：南海.

**（3687）蓝绿光鳃鱼 *Chromis viridis* (Cuvier, 1830)**

*Pomacentrus viridis* Cuvier (*in* Cuvier *et* Valenciennes), 1830: 1-499.
*Heliases frenatus* Cuvier (*in* Cuvier *et* Valenciennes), 1830.
*Heliases lepisurus* Cuvier (*in* Cuvier *et* Valenciennes), 1830.
**文献（Reference）**：Shao, Kuo and Lee, 1986; Randall, 1987; 沈世杰, 1993; Chen, Shao and Lin, 1995; Chen, Jan and Shao, 1997; Kim and Kim, 1997; Randall and Lim (eds.), 2000; Huang, 2001; 伍汉霖, 邵广昭, 赖春福等, 2012.
**别名或俗名（Used or common name）**：水银灯, 厚壳仔.
**分布（Distribution）**：东海, 南海.

**（3688）韦氏光鳃鱼 *Chromis weberi* Fowler *et* Bean, 1928**

*Chromis weberi* Fowler *et* Bean, 1928: 1-525.
*Chromis simulanis* Smith, 1960.
**文献（Reference）**：Moyer, 1977; Chang, Jan and Shao, 1983; 沈世杰, 1993; Chen, Jan and Shao, 1997; Kim and Kim, 1997; Randall and Lim (eds.), 2000; Huang, 2001; 伍汉霖, 邵广昭, 赖春福等, 2012.
**别名或俗名（Used or common name）**：厚壳仔.
**分布（Distribution）**：东海, 南海.

**（3689）黄腋光鳃鱼 *Chromis xanthochira* (Bleeker, 1851)**

*Heliases xanthochirus* Bleeker, 1851: 225-261.
*Chromis xanthochir* (Bleeker, 1851).
*Chromis reticulatus* Fowler *et* Bean, 1928.
**文献（Reference）**：Moyer, 1977; Chang, Jan and Shao, 1983; 沈世杰, 1993; Kim and Kim, 1997; Ni and Kwok, 1999; Randall and Lim (eds.), 2000; Huang, 2001; 伍汉霖, 邵广昭, 赖春福等, 2012.
**别名或俗名（Used or common name）**：厚壳仔.
**分布（Distribution）**：东海, 南海.

**（3690）黄尾光鳃鱼 *Chromis xanthura* (Bleeker, 1854)**

*Heliases xanthurus* Bleeker, 1854: 89-114.
*Chromis xanthurus* (Bleeker, 1854).
**文献（Reference）**：Bleeker, 1854: 89-114; Moyer, 1977; 沈世杰, 1993; Chen, Jan and Shao, 1997; Kim and Kim, 1997; Randall and Lim (eds.), 2000; Huang, 2001.
**别名或俗名（Used or common name）**：厚壳仔.
**分布（Distribution）**：东海, 南海.

## 1145. 金翅雀鲷属 *Chrysiptera* Swainson, 1839

**（3691）双斑金翅雀鲷 *Chrysiptera biocellata* (Quoy *et* Gaimard, 1825)**

*Glyphisodon biocellatus* Quoy *et* Gaimard, 1825: 329-616.
*Abudefduf biocellatus* (Quoy *et* Gaimard, 1825).
*Abudefduf zonatus* [Cuvier (*in* Cuvier *et* Valenciennes), 1830].
*Glyphisodon antjerius* Cuvier (*in* Cuvier *et* Valenciennes), 1830.
*Heliastes cinctus* Playfair, 1868.
**文献（Reference）**：Chang, Jan and Shao, 1983; Shao, Shen, Chiu *et al.*, 1992; 沈世杰, 1993; Chen, Jan and Shao, 1997; Randall and Lim (eds.), 2000; Huang, 2001; 伍汉霖, 邵广昭, 赖春福等, 2012.
**别名或俗名（Used or common name）**：厚壳仔.
**分布（Distribution）**：东海, 南海.

**（3692）勃氏金翅雀鲷 *Chrysiptera brownriggii* (Bennett, 1828)**

*Chaetodon brownriggii* Bennett, 1828: 30 unnumbered pages.
*Chrysiptera brownriggi* (Bennett, 1828).
*Chrysiptera leucopoma* [Cuvier (*in* Cuvier *et* Valenciennes), 1830].
*Chrysiptera caudofasciata* Okada *et* Ikeda, 1939.
**文献（Reference）**：Bennett, 1834; Chang, Jan and Shao, 1983; 沈世杰, 1993; Chen, Jan and Shao, 1997; Randall and Lim (eds.), 2000; Huang, 2001; 伍汉霖, 邵广昭, 赖春福等, 2012.
**别名或俗名（Used or common name）**：厚壳仔.
**分布（Distribution）**：南海.

### （3693）金头金翅雀鲷 *Chrysiptera chrysocephala* Manica, Pilcher *et* Oakley, 2002

*Chrysiptera chrysocephala* Manica, Pilcher *et* Oakley, 2002: 311-314.

**文献（Reference）**：Manica, Pilcher and Oakley, 2002: 311-314.

**分布（Distribution）**：南海.

### （3694）圆尾金翅雀鲷 *Chrysiptera cyanea* (Quoy *et* Gaimard, 1825)

*Glyphisodon cyaneus* Quoy *et* Gaimard, 1825: 329-616.
*Abudefduf cyaneus* (Quoy *et* Gaimard, 1825).
*Glyphisodon hedleyi* Whitley, 1927.
*Chrysiptera punctatoperculare* Fowler, 1946.

**文献（Reference）**：沈世杰, 1993; Chen, Jan and Shao, 1997; Randall and Lim (eds.), 2000; Huang, 2001; 伍汉霖, 邵广昭, 赖春福等, 2012.

**别名或俗名（Used or common name）**：蓝魔鬼, 厚壳仔.

**分布（Distribution）**：东海, 南海.

### （3695）青金翅雀鲷 *Chrysiptera glauca* (Cuvier, 1830)

*Glyphisodon glaucus* Cuvier (*in* Cuvier *et* Valenciennes), 1830: 1-499.
*Chrysoptera glauca* [Cuvier (*in* Cuvier *et* Valenciennes), 1830].
*Glyphisodon modestus* Schlegel *et* Müller, 1839.
*Chrysiptera hollisi* Fowler, 1946.

**文献（Reference）**：Cuvier (*in* Cuvier and Valenciennes), 1830: i-xxviii + 1-499 + 4 pp; Chang, Jan and Shao, 1983; Francis, 1993; 沈世杰, 1993; Chen, Jan and Shao, 1997; Randall and Lim (eds.), 2000; Huang, 2001; 伍汉霖, 邵广昭, 赖春福等, 2012.

**别名或俗名（Used or common name）**：厚壳仔.

**分布（Distribution）**：东海, 南海.

### （3696）橙黄金翅雀鲷 *Chrysiptera rex* (Snyder, 1909)

*Abudefduf rex* Snyder, 1909: 597-610.
*Glyphididontops rex* (Snyder, 1909).

**文献（Reference）**：Chang, Jan and Shao, 1983; 沈世杰, 1993; Chen, Jan and Shao, 1997; Randall and Lim (eds.), 2000; Huang, 2001; 伍汉霖, 邵广昭, 赖春福等, 2012.

**别名或俗名（Used or common name）**：蓝头雀, 柠檬雀鲷, 国王雀鲷, 厚壳仔.

**分布（Distribution）**：东海, 南海.

### （3697）史氏金翅雀鲷 *Chrysiptera starcki* (Allen, 1973)

*Abudefduf starcki* Allen, 1973b: 31-42.
*Chrysiptera starki* (Allen, 1973).
*Glyphidodontops starcki* (Allen, 1973).

**文献（Reference）**：Masuda, Amaoka, Araga *et al.*, 1984; 沈世杰, 1993; Randall and Lim (eds.), 2000; Huang, 2001; 伍汉霖, 邵广昭, 赖春福等, 2012.

**别名或俗名（Used or common name）**：黄背雀, 斯达克雀鲷, 厚壳仔.

**分布（Distribution）**：南海.

### （3698）三带金翅雀鲷 *Chrysiptera tricincta* (Allen *et* Randall, 1974)

*Glyphidodontops tricinctus* Allen *et* Randall, 1974: 36-46.

**文献（Reference）**：Allen and Randall, 1974: 36-46, 48-49; Masuda, Amaoka, Araga *et al.*, 1984; Shao, 1997; Dantis and Aliño (comps.), 2002; 伍汉霖, 邵广昭, 赖春福等, 2012.

**别名或俗名（Used or common name）**：厚壳仔.

**分布（Distribution）**：东海.

### （3699）无斑金翅雀鲷 *Chrysiptera unimaculata* (Cuvier, 1830)

*Glyphisodon unimaculatus* Cuvier (*in* Cuvier *et* Valenciennes), 1830: 1-499.
*Glyphidodontops unimaculatus* [Cuvier (*in* Cuvier *et* Valenciennes), 1830].
*Glyphidodon dispar* Günther, 1862.
*Glyphidodon hemimelas* Kner, 1868.

**文献（Reference）**：Cuvier (*in* Cuvier and Valenciennes), 1830: i-xxviii + 1-499 + 4 pp; 沈世杰, 1993; Chen, Shao and Lin, 1995; Chen, Jan and Shao, 1997; Randall and Lim (eds.), 2000; Werner and Allen, 2000; 伍汉霖, 邵广昭, 赖春福等, 2012.

**别名或俗名（Used or common name）**：厚壳仔.

**分布（Distribution）**：东海, 南海.

## 1146. 宅泥鱼属 *Dascyllus* Cuvier, 1829

### （3700）宅泥鱼 *Dascyllus aruanus* (Linnaeus, 1758)

*Chaetodon aruanus* Linnaeus, 1758: 1-824.
*Dascyllus arnanus* (Linnaeus, 1758).
*Pomacentrus emamo* Lesson, 1831.
*Abudefduf caroli* Curtiss, 1938.

**文献（Reference）**：Francis, 1993; 沈世杰, 1993; Chen, Shao and Lin, 1995; Chen, Jan and Shao, 1997; Randall and Lim (eds.), 2000; Huang, 2001; Broad, 2003; 伍汉霖, 邵广昭, 赖春福等, 2012.

**别名或俗名（Used or common name）**：三间雀, 厚壳仔.

**分布（Distribution）**：东海, 南海.

### （3701）灰边宅泥鱼 *Dascyllus marginatus* (Rüppell, 1829)

*Pomacentrus marginatus* Rüppell, 1829: 27-94.

*Dascyllus marginatus marginatus* (Rüppell, 1829).
**文献（Reference）**：Herre, 1953b; Huang, 2001; 伍汉霖, 邵广昭, 赖春福等, 2012.
**分布（Distribution）**：南海.

### （3702）黑尾宅泥鱼 *Dascyllus melanurus* Bleeker, 1854

*Dascyllus melanurus* Bleeker, 1854: 89-114.
*Pomacentrus onyx* de Vis, 1884.
**文献（Reference）**：Bleeker, 1854: 89-114; Ida, Sano, Kawashima *et al.*, 1977; Yasuda, Kawashima, Sano *et al.*, 1977; Shao, Kuo and Lee, 1986; 沈世杰, 1993; Randall and Lim (eds.), 2000; 伍汉霖, 邵广昭, 赖春福等, 2012.
**别名或俗名（Used or common name）**：厚壳仔.
**分布（Distribution）**：东海, 南海.

### （3703）网纹宅泥鱼 *Dascyllus reticulatus* (Richardson, 1846)

*Heliastes reticulatus* Richardson, 1846: 187-320.
*Dascyllus marginatus reticulatus* (Richardson, 1846).
*Dascyllus xanthosoma* Bleeker, 1851.
**文献（Reference）**：Chang, Jan and Shao, 1983; Smith and Schwarz, 1990; Francis, 1993; 沈世杰, 1993; Chen, Shao and Lin, 1995; Chen, Jan and Shao, 1997; Randall and Lim (eds.), 2000; 萧清毅, 2000; Huang, 2001; 伍汉霖, 邵广昭, 赖春福等, 2012.
**别名或俗名（Used or common name）**：二间雀, 厚壳仔.
**分布（Distribution）**：东海, 南海.

### （3704）三斑宅泥鱼 *Dascyllus trimaculatus* (Rüppell, 1829)

*Pomacentrus trimaculatus* Rüppell, 1829: 27-94.
*Dascyllus trimaculatum* (Rüppell, 1829).
*Dascyllus niger* Bleeker, 1847.
*Dascyllus axillaris* Smith, 1935.
**文献（Reference）**：Arai and Inoue, 1976; 沈世杰, 1993; Chen, Shao and Lin, 1995; Chen, Jan and Shao, 1997; Randall and Lim (eds.), 2000; Huang, 2001; Nakamura, Horinouchi, Nakai *et al.*, 2003; Chen, Ablan, McManus *et al.*, 2004; 伍汉霖, 邵广昭, 赖春福等, 2012.
**别名或俗名（Used or common name）**：三点白, 厚壳仔.
**分布（Distribution）**：东海, 南海.

## 1147. 盘雀鲷属 *Dischistodus* Gill, 1863

### （3705）条纹盘雀鲷 *Dischistodus fasciatus* (Cuvier, 1830)

*Pomacentrus fasciatus* Cuvier (*in* Cuvier *et* Valenciennes), 1830: 1-499.
*Dascyllus fasciatus* Macleay, 1878.
**文献（Reference）**：Sin, Teo and Ng, 1995; Randall and Lim (eds.), 2000; Werner and Allen, 2000; Broad, 2003; 伍汉霖, 邵广昭, 赖春福等, 2012.
**别名或俗名（Used or common name）**：厚壳仔.
**分布（Distribution）**：南海.

### （3706）黑斑盘雀鲷 *Dischistodus melanotus* (Bleeker, 1858)

*Pomacentrus melanotus* Bleeker, 1858: 1-16.
*Pomacentrus notophthalmus* Bleeker, 1853.
*Pomacentrus suluensis* Seale, 1910.
**文献（Reference）**：Chen, Jan and Shao, 1997; Randall and Lim (eds.), 2000; Werner and Allen, 2000; Huang, 2001; Roldan and Muñoz, 2004; 伍汉霖, 邵广昭, 赖春福等, 2012.
**别名或俗名（Used or common name）**：厚壳仔.
**分布（Distribution）**：东海, 南海.

### （3707）显盘雀鲷 *Dischistodus perspicillatus* (Cuvier, 1830)

*Pomacentrus perspicillatus* Cuvier (*in* Cuvier *et* Valenciennes), 1830: 1-499.
*Pomacentrus bifasciatus* Bleeker, 1854.
*Pomacentrus frenatus* de Vis, 1885.
*Chromis humbug* Whitley, 1954.
**文献（Reference）**：Randall and Lim (eds.), 2000; Werner and Allen, 2000; Huang, 2001; Broad, 2003; 伍汉霖, 邵广昭, 赖春福等, 2012.
**分布（Distribution）**：南海.

### （3708）黑背盘雀鲷 *Dischistodus prosopotaenia* (Bleeker, 1852)

*Pomacentrus prosopotaenia* Bleeker, 1852: 51-84.
*Pomacentrus interorbitalis* Günther, 1862.
*Dischistodus cartieri* Bleeker, 1877.
**文献（Reference）**：Shao, Chang and Chang, 1985; 沈世杰, 1993; Chen, Shao and Lin, 1995; Randall and Lim (eds.), 2000; Huang, 2001; Nakamura, Horinouchi, Nakai *et al.*, 2003; 伍汉霖, 邵广昭, 赖春福等, 2012.
**别名或俗名（Used or common name）**：厚壳仔.
**分布（Distribution）**：东海, 南海.

## 1148. 密鳃鱼属 *Hemiglyphidodon* Bleeker, 1877

### （3709）密鳃鱼 *Hemiglyphidodon plagiometopon* (Bleeker, 1852)

*Glyphisodon plagiometopon* Bleeker, 1852: 51-86.
*Hemiglyphidodon plagiometapon* (Bleeker, 1852).
*Glyphisodon batjanensis* Bleeker, 1855.

*Abudefduf melanopselion* Fowler, 1918.
**文献（Reference）**：Lassuy, 1980; Chen, Shao and Lin, 1995; Chen, Jan and Shao, 1997; Randall and Lim (eds.), 2000; Werner and Allen, 2000; Huang, 2001; 伍汉霖, 邵广昭, 赖春福等, 2012.
**别名或俗名（Used or common name）**：厚壳仔.
**分布（Distribution）**：东海，南海.

## 1149. 新箭齿雀鲷属 *Neoglyphidodon* Allen, 1991

### （3710）黑新箭齿雀鲷 *Neoglyphidodon melas* (Cuvier, 1830)

*Glyphisodon melas* Cuvier (*in* Cuvier *et* Valenciennes), 1830: 1-499.
*Abudefduf melas* [Cuvier (*in* Cuvier *et* Valenciennes), 1830].
*Glyphisodon ater* Cuvier (*in* Cuvier *et* Valenciennes), 1830.
*Abudefduf rhomaleus* Snyder, 1911.
**文献（Reference）**：Chang, Jan and Shao, 1983; 沈世杰, 1993; Chen, Jan and Shao, 1997; Randall and Lim (eds.), 2000; Huang, 2001; 伍汉霖, 邵广昭, 赖春福等, 2012.
**别名或俗名（Used or common name）**：厚壳仔.
**分布（Distribution）**：东海，南海.

### （3711）黑褐新箭齿雀鲷 *Neoglyphidodon nigroris* (Cuvier, 1830)

*Glyphisodon nigroris* Cuvier (*in* Cuvier *et* Valenciennes), 1830: 1-499.
*Paraglyphidodon nigroris* [Cuvier (*in* Cuvier *et* Valenciennes), 1830].
*Abudefduf behnii* (Bleeker, 1847).
*Glyphisodon xanthurus* Bleeker, 1853.
**文献（Reference）**：沈世杰, 1993; Chen, Shao and Lin, 1995; Chen, Jan and Shao, 1997; Randall and Lim (eds.), 2000; Huang, 2001; 伍汉霖, 邵广昭, 赖春福等, 2012.
**别名或俗名（Used or common name）**：厚壳仔.
**分布（Distribution）**：南海.

### （3712）尖齿新箭齿雀鲷 *Neoglyphidodon oxyodon* (Bleeker, 1858)

*Glyphisodon oxyodon* Bleeker, 1858: 1-16.
*Paraglyphidodon oxyodon* (Bleeker, 1858).
**文献（Reference）**：Randall and Lim (eds.), 2000; Werner and Allen, 2000; Dantis and Aliño (comps.), 2002.
**分布（Distribution）**：南海.

## 1150. 新雀鲷属 *Neopomacentrus* Allen, 1975

### （3713）似攀鲈新雀鲷 *Neopomacentrus anabatoides* (Bleeker, 1847)

*Glyphisodon anabatoides* Bleeker, 1847: 1-33.
*Abudefduf anabantoides* (Bleeker, 1847).
*Pomacentrus anabatoids* (Bleeker, 1847).
**文献（Reference）**：Randall and Lim (eds.), 2000; Werner and Allen, 2000; 伍汉霖, 邵广昭, 赖春福等, 2012.
**分布（Distribution）**：南海.

### （3714）黄尾新雀鲷 *Neopomacentrus azysron* (Bleeker, 1877)

*Pomacentrus azysron* Bleeker, 1877a: 1-166.
*Abudefduf melanocarpus* Fowler *et* Bean, 1928.
**文献（Reference）**：Shao, Chen, Kao *et al.*, 1993; 沈世杰, 1993; Ni and Kwok, 1999; Randall and Lim (eds.), 2000; Huang, 2001; 伍汉霖, 邵广昭, 赖春福等, 2012.
**别名或俗名（Used or common name）**：黄尾雀.
**分布（Distribution）**：南海.

### （3715）斑氏新雀鲷 *Neopomacentrus bankieri* (Richardson, 1846)

*Glyphisodon bankieri* Richardson, 1846: 187-320.
*Abudefduf bankieri* (Richardson, 1846).
**文献（Reference）**：Ni and Kwok, 1999; Randall and Lim (eds.), 2000; Werner and Allen, 2000; Dantis and Aliño (comps.), 2002; 伍汉霖, 邵广昭, 赖春福等, 2012.
**分布（Distribution）**：南海.

### （3716）蓝黑新雀鲷 *Neopomacentrus cyanomos* (Bleeker, 1856)

*Pomacentrus cyanomos* Bleeker, 1856d: 81-92.
*Neopomacentrus cyanomus* (Bleeker, 1856).
*Pomacentrus leucosphyrus* Fowler, 1904.
*Pomacentrus prateri* Fowler, 1928.
**文献（Reference）**：Masuda, Amaoka, Araga *et al.*, 1984; Shao, Lin, Ho *et al.*, 1990; Shao, Chen, Kao *et al.*, 1993; Randall and Lim (eds.), 2000; 伍汉霖, 邵广昭, 赖春福等, 2012.
**别名或俗名（Used or common name）**：帝王雀.
**分布（Distribution）**：东海，南海.

### （3717）条尾新雀鲷 *Neopomacentrus taeniurus* (Bleeker, 1856)

*Pomacentrus taeniurus* Bleeker, 1856: 51.
*Glyphisodon amboinensis* Bleeker, 1857.
*Glyphidodon cochinensis* Day, 1865.
*Pomacentrus inhacae* Smith, 1955.
**文献（Reference）**：Shao and Chen, 1992; Shao, Chen, Kao *et al.*, 1993; 沈世杰, 1993; Leung, 1994; Ni and Kwok, 1999; Randall and Lim (eds.), 2000; Huang, 2001; 伍汉霖, 邵广昭, 赖春福等, 2012.
**别名或俗名（Used or common name）**：蓝带雀鲷，青绀仔，厚壳仔.
**分布（Distribution）**：东海，南海.

## 1151. 椒雀鲷属 *Plectroglyphidodon* Fowler *et* Ball, 1924

**（3718）狄氏椒雀鲷 *Plectroglyphidodon dickii* (Liénard, 1839)**

*Glyphisodon dickii* Liénard, 1839: 31-47.
*Abudefduf dicki* (Liénard, 1839).
*Plectrogliphidodon dickii* (Liénard, 1839).
*Glyphidodon unifasciatus* Kner *et* Steindachner, 1867.

**文献（Reference）：** Chang, Jan and Shao, 1983; Francis, 1993; Francis and Randall, 1993; 沈世杰, 1993; Chen, Shao and Lin, 1995; Chen, Jan and Shao, 1997; Randall and Lim (eds.), 2000; Huang, 2001; 伍汉霖, 邵广昭, 赖春福等, 2012.

**别名或俗名（Used or common name）：** 厚壳仔.

**分布（Distribution）：** 东海, 南海.

**（3719）羽状椒雀鲷 *Plectroglyphidodon imparipennis* (Vaillant *et* Sauvage, 1875)**

*Glyphisodon imparipennis* Vaillant *et* Sauvage, 1875: 278-287.
*Abudefduf imparipennis* (Vaillant *et* Sauvage, 1875).
*Abudefduf iwasakii* Okada *et* Ikeda, 1939.
*Chrysiptera prughi* Fowler, 1946.

**文献(Reference)：** Chang, Jan and Shao, 1983; 沈世杰, 1993; Chen, Jan and Shao, 1997; Randall and Lim (eds.), 2000; Huang, 2001; 伍汉霖, 邵广昭, 赖春福等, 2012.

**别名或俗名（Used or common name）：** 厚壳仔.

**分布（Distribution）：** 南海.

**（3720）尾斑椒雀鲷 *Plectroglyphidodon johnstonianus* Fowler *et* Ball, 1924**

*Plectroglyphidodon johnstonianus* Fowler *et* Ball, 1924: 269-274.
*Plectroglyphidodon nitidus* Smith, 1956.

**文献（Reference）：** Fowler and Ball, 1924: 269-274; Chang, Jan and Shao, 1983; Francis, 1991; Francis, 1993; 沈世杰, 1993; Randall and Lim (eds.), 2000; Huang, 2001; 伍汉霖, 邵广昭, 赖春福等, 2012.

**别名或俗名（Used or common name）：** 厚壳仔.

**分布（Distribution）：** 南海.

**（3721）眼斑椒雀鲷 *Plectroglyphidodon lacrymatus* (Quoy *et* Gaimard, 1825)**

*Glyphisodon lacrymatus* Quoy *et* Gaimard, 1825: 329-616.
*Abudefduf lacrymatus* (Quoy *et* Gaimard, 1825).
*Abudefduf florulentus* (Günther, 1862).
*Glyphidodon florulentus* Günther, 1862.

**文献(Reference)：** Chang, Jan and Shao, 1983; Francis, 1993; 沈世杰, 1993; Chen, Shao and Lin, 1995; Chen, Jan and Shao, 1997; Randall and Lim (eds.), 2000; Huang, 2001; 伍汉霖, 邵广昭, 赖春福等, 2012.

**别名或俗名（Used or common name）：** 厚壳仔.

**分布（Distribution）：** 东海, 南海.

**（3722）白带椒雀鲷 *Plectroglyphidodon leucozonus* (Bleeker, 1859)**

*Glyphisodon leucozona* Bleeker, 1859: 329-352.
*Abudefduf leucozonus* (Bleeker, 1859).
*Abudefduf yamashinai* Okada *et* Ikeda, 1937.
*Abudefduf melanozonatus* Aoyagi, 1941.

**文献（Reference）：** Bleeker, 1859: 330-352; Arai and Inoue, 1976; Chang, Jan and Shao, 1983; Francis, 1993; Shao, Chen, Kao *et al.*, 1993; 沈世杰, 1993; Chen, Shao and Lin, 1995; Chen, Jan and Shao, 1997; Randall and Lim (eds.), 2000; Huang, 2001; 伍汉霖, 邵广昭, 赖春福等, 2012.

**别名或俗名（Used or common name）：** 厚壳仔.

**分布（Distribution）：** 东海, 南海.

**（3723）凤凰椒雀鲷 *Plectroglyphidodon phoenixensis* (Schultz, 1943)**

*Abudefduf phoenixensis* Schultz, 1943, 180: 1-316.
*Plectroglyphidodon phoenixen* (Schultz, 1943).

**文献(Reference)：** Masuda, Amaoka, Araga *et al.*, 1984; Shao, Kuo and Lee, 1986; 沈世杰, 1993; Huang, 2001; 伍汉霖, 邵广昭, 赖春福等, 2012.

**别名或俗名（Used or common name）：** 厚壳仔.

**分布（Distribution）：** 东海, 南海.

## 1152. 雀鲷属 *Pomacentrus* Lacépède, 1802

**（3724）白斑雀鲷 *Pomacentrus albimaculus* Allen, 1975**

*Pomacentrus albimaculatus* Allen, 1975: 87-99.

**文献（Reference）：** Allen, 1975: 87-99; 伍汉霖, 邵广昭, 赖春福等, 2012.

**别名或俗名（Used or common name）：** 厚壳仔.

**分布（Distribution）：** 东海, 南海.

**（3725）胸斑雀鲷 *Pomacentrus alexanderae* Evermann *et* Seale, 1907**

*Pomacentrus alexanderae* Evermann *et* Seale, 1907a: 49-110.

**文献（Reference）：** Evermann and Seale, 1907a: 49-110; Randall and Lim (eds.), 2000; Werner and Allen, 2000; Roldan and Muñoz, 2004; 伍汉霖, 邵广昭, 赖春福等, 2012.

**分布（Distribution）：** 南海.

**（3726）安汶雀鲷 *Pomacentrus amboinensis* Bleeker, 1868**

*Pomacentrus amboiensis* Bleeker, 1868a: 331-335.

*Pomacentrus dimidiatus* Bleeker, 1877.

**文献（Reference）**：Bleeker, 1868a: 331-335; 沈世杰, 1993; Chen, Shao and Lin, 1995; Chen, Jan and Shao, 1997; Randall and Lim (eds.), 2000; Huang, 2001; 伍汉霖, 邵广昭, 赖春福等, 2012.

**别名或俗名（Used or common name）**：厚壳仔，金紺仔.

**分布（Distribution）**：东海，南海.

### （3727）班卡雀鲷 *Pomacentrus bankanensis* Bleeker, 1854

*Pomacentrus bankanensis* Bleeker, 1854: 495-534.

*Pomacentrus dorsalis* Gill, 1859.

*Pomacentrus delurus* Jordan *et* Seale, 1905.

**文献（Reference）**：Chang, Jan and Shao, 1983; 沈世杰, 1993; Chen, Shao and Lin, 1995; Chen, Jan and Shao, 1997; Randall and Lim (eds.), 2000; Huang, 2001; 伍汉霖, 邵广昭, 赖春福等, 2012.

**别名或俗名（Used or common name）**：厚壳仔.

**分布（Distribution）**：东海，南海.

### （3728）臂雀鲷 *Pomacentrus brachialis* Cuvier, 1830

*Pomacentrus brachialis* Cuvier (*in* Cuvier *et* Valenciennes), 1830: 1-499.

*Pomacentrus melanopterus* Bleeker, 1852.

*Pseudopomacentrus rainfordi* Whitley, 1935.

**文献（Reference）**：Cuvier (*in* Cuvier and Valenciennes), 1830: i-xxviii + 1-499 + 4 pp; Werner and Allen, 2000; Huang, 2001; Roldan and Muñoz, 2004; 伍汉霖, 邵广昭, 赖春福等, 2012.

**别名或俗名（Used or common name）**：厚壳仔.

**分布（Distribution）**：东海，南海.

### （3729）金尾雀鲷 *Pomacentrus chrysurus* Cuvier, 1830

*Pomacentrus chrysurus* Cuvier (*in* Cuvier *et* Valenciennes), 1830: 1-499.

*Pomacentrus rhodonotatus* Bleeker, 1853.

*Glyphidodon luteocaudatus* Saville-Kent, 1893.

*Pomacentrus flavicauda* Whitley, 1928.

**文献（Reference）**：Cuvier (*in* Cuvier and Valenciennes), 1830: i-xxviii + 1-499 + 4 pp; Chang, Lee and Shao, 1978; Chang, Jan and Shao, 1983; 沈世杰, 1993; Chen, Jan and Shao, 1997; Randall and Lim (eds.), 2000; Huang, 2001; Nakamura, Horinouchi, Nakai *et al.*, 2003; 伍汉霖, 邵广昭, 赖春福等, 2012.

**别名或俗名（Used or common name）**：厚壳仔.

**分布（Distribution）**：东海，南海.

### （3730）霓虹雀鲷 *Pomacentrus coelestis* Jordan *et* Starks, 1901

*Pomacentrus coelistis* Jordan *et* Starks, 1901a: 381-386.

**文献（Reference）**：Jordan and Starks, 1901a: 381-386; Shao and Chen, 1992; Francis, 1993; Shao, Chen, Kao *et al.*, 1993; 沈世杰, 1993; Chen, Shao and Lin, 1995; Chen, Jan and Shao, 1997; Randall and Lim (eds.), 2000; Huang, 2001; 伍汉霖, 邵广昭, 赖春福等, 2012.

**别名或俗名（Used or common name）**：变色雀鲷，蓝雀鲷，青鱼仔，青紺仔，厚壳仔.

**分布（Distribution）**：东海，南海.

### （3731）蓝点雀鲷 *Pomacentrus grammorhynchus* Fowler, 1918

*Pomacentrus grammorhynchus* Fowler, 1918a: 2-71.

*Pomachromis grammorhynchus* (Fowler, 1918).

**文献（Reference）**：Fowler, 1918a: 2-71; 沈世杰, 1993; Randall and Lim (eds.), 2000; Werner and Allen, 2000; Huang, 2001; 伍汉霖, 邵广昭, 赖春福等, 2012.

**别名或俗名（Used or common name）**：厚壳仔.

**分布（Distribution）**：南海.

### （3732）颊鳞雀鲷 *Pomacentrus lepidogenys* Fowler *et* Bean, 1928

*Pomacentrus lepidogenys* Fowler *et* Bean, 1928: 1-525.

**文献（Reference）**：Chang, Jan and Shao, 1983; 沈世杰, 1993; Chen, Shao and Lin, 1995; Chen, Jan and Shao, 1997; Randall and Lim (eds.), 2000; Huang, 2001; 伍汉霖, 邵广昭, 赖春福等, 2012.

**别名或俗名（Used or common name）**：厚壳仔.

**分布（Distribution）**：东海，南海.

### （3733）摩鹿加雀鲷 *Pomacentrus moluccensis* Bleeker, 1853

*Pomacentrus molluccensis* Bleeker, 1853: 91-130.

*Pomacentrus popei* Evermann *et* Seale, 1907.

*Pomacentrus sufflavus* Whitley, 1927.

**文献（Reference）**：Bleeker, 1853: 91-130; Evermann and Seale, 1907; Francis, 1993; 沈世杰, 1993; Chen, Shao and Lin, 1995; Chen, Jan and Shao, 1997; Randall and Lim (eds.), 2000; Huang, 2001; 伍汉霖, 邵广昭, 赖春福等, 2012.

**别名或俗名（Used or common name）**：厚壳仔.

**分布（Distribution）**：东海，南海.

### （3734）长崎雀鲷 *Pomacentrus nagasakiensis* Tanaka, 1917

*Pomacentrus nagasakiensis* Tanaka, 1917a: 7-12.

*Pomacentrus arenarius* Allen, 1987.

**文献（Reference）**：Tanaka, 1917a: 7-12; Moyer, 1975; Moyer and Ida, 1975; Shao, Kuo and Lee, 1986; 沈世杰, 1993; Chen, Jan and Shao, 1997; Randall and Lim (eds.), 2000; Huang, 2001; 伍汉霖, 邵广昭, 赖春福等, 2012.

**别名或俗名（Used or common name）**：厚壳仔.

分布（Distribution）：东海，南海.

**（3735）黑缘雀鲷 *Pomacentrus nigromarginatus* Allen, 1973**

*Pomacentrus nigromarginatus* Allen, 1973b: 31-42.

文献（Reference）：Allen, 1973b: 31-42; Shao, Chang and Chang, 1985; 沈世杰, 1993; Chen, Jan and Shao, 1997; Randall and Lim (eds.), 2000; Huang, 2001; 伍汉霖, 邵广昭, 赖春福等, 2012.

别名或俗名（Used or common name）：厚壳仔.

分布（Distribution）：东海，南海.

**（3736）孔雀雀鲷 *Pomacentrus pavo* (Bloch, 1787)**

*Chaetodon pavo* Bloch, 1787: 1-146.

*Holocentrus diacanthus* Lacépède, 1802.

*Pomacentrus pavoninus* Bleeker, 1853.

*Pomacentrus hainanensis* Wang, 1941.

文献（Reference）：Francis, 1993; Francis and Randall, 1993; 沈世杰, 1993; Randall and Lim (eds.), 2000; Huang, 2001; 伍汉霖, 邵广昭, 赖春福等, 2012.

别名或俗名（Used or common name）：厚壳仔.

分布（Distribution）：东海，南海.

**（3737）菲律宾雀鲷 *Pomacentrus philippinus* Evermann *et* Seale, 1907**

*Pomacentrus philippinus* Evermann *et* Seale, 1907a: 49-110.

文献（Reference）：Evermann and Seale, 1907a: 49-110; Chang, Lee and Shao, 1978; Chang, Jan and Shao, 1983; 沈世杰, 1993; Chen, Shao and Lin, 1995; Chen, Jan and Shao, 1997; Ni and Kwok, 1999; Randall and Lim (eds.), 2000; Huang, 2001; 伍汉霖, 邵广昭, 赖春福等, 2012.

别名或俗名（Used or common name）：厚壳仔.

分布（Distribution）：东海，南海.

**（3738）斑点雀鲷 *Pomacentrus stigma* Fowler *et* Bean, 1928**

*Pomacentrus stigma* Fowler *et* Bean, 1928: 1-525.

*Pomacentrus tablasensis* Montalban, 1928.

文献（Reference）：Shao, Chang and Chang, 1985; 沈世杰, 1993; Randall and Lim (eds.), 2000; Huang, 2001; 伍汉霖, 邵广昭, 赖春福等, 2012.

别名或俗名（Used or common name）：厚壳仔.

分布（Distribution）：南海.

**（3739）弓纹雀鲷 *Pomacentrus taeniometopon* Bleeker, 1852**

*Pomacentrus taeniometopon* Bleeker, 1852: 229-309.

文献（Reference）：Bleeker, 1852: 229-309; Silvestre, Garces and Luna, 1995; Randall and Lim (eds.), 2000; 伍汉霖, 邵广昭, 赖春福等, 2012.

别名或俗名（Used or common name）：厚壳仔.

分布（Distribution）：南海.

**（3740）三斑雀鲷 *Pomacentrus tripunctatus* Cuvier, 1830**

*Pomacentrus tripunctatus* Cuvier (*in* Cuvier *et* Valenciennes), 1830: 1-499.

*Pomacentrus vanicolensis* Cuvier (*in* Cuvier *et* Valenciennes), 1830.

*Pristotis fuscus* Bleeker, 1849.

*Pomacentrus macleayi* Whitley, 1928.

文献（Reference）：Cuvier (*in* Cuvier and Valenciennes), 1830: i-xxviii + 1-499 + 4 pp; Shao, Kuo and Lee, 1986; Shao, Chen, Kao *et al.*, 1993; 沈世杰, 1993; Randall and Lim (eds.), 2000; Huang, 2001; 伍汉霖, 邵广昭, 赖春福等, 2012.

别名或俗名（Used or common name）：厚壳仔.

分布（Distribution）：东海，南海.

**（3741）王子雀鲷 *Pomacentrus vaiuli* Jordan *et* Seale, 1906**

*Pomacentrus vaiuli* Jordan *et* Seale, 1906b: 173-455.

文献（Reference）：Jordan and Seale, 1906: 173-455; Kawashima and Moyer, 1982; Chang, Jan and Shao, 1983; 沈世杰, 1993; Chen, Jan and Shao, 1997; Randall and Lim (eds.), 2000; Huang, 2001; 伍汉霖, 邵广昭, 赖春福等, 2012.

别名或俗名（Used or common name）：厚壳仔.

分布（Distribution）：东海，南海.

## 1153. 波光鳃鱼属 *Pomachromis* Allen *et* Randall, 1974

**（3742）李氏波光鳃鱼 *Pomachromis richardsoni* (Snyder, 1909)**

*Abudefduf richardsoni* Snyder, 1909: 597-610.

*Pomacentrus richardsoni* (Snyder, 1909).

*Pomachromus richardsoni* (Snyder, 1909).

文献（Reference）：Chang, Jan and Shao, 1983; 沈世杰, 1993; Chen, Jan and Shao, 1997; Randall and Lim (eds.), 2000; Huang, 2001; 伍汉霖, 邵广昭, 赖春福等, 2012.

别名或俗名（Used or common name）：厚壳仔.

分布（Distribution）：东海，南海.

## 1154. 锯雀鲷属 *Pristotis* Rüppell, 1838

**（3743）钝吻锯雀鲷 *Pristotis obtusirostris* (Günther, 1862)**

*Pomacentrus obtusirostris* Günther, 1862: 1-534.

*Pomacentrus jerdoni* Day, 1873.

*Chromis virescens* Ogilby, 1922.
*Pristotis judithae* Tyler, 1966.
**文献（Reference）**：Kawashima and Moyer, 1982; Shao, Chen, Kao *et al.*, 1993; Randall and Lim (eds.), 2000; Huang, 2001; 伍汉霖, 邵广昭, 赖春福等, 2012.
**别名或俗名（Used or common name）**：厚壳仔, 青绀仔.
**分布（Distribution）**：南海.

## 1155. 眶锯雀鲷属 *Stegastes* Jenyns, 1840

### （3744）白带眶锯雀鲷 *Stegastes albifasciatus* (Schlegel *et* Müller, 1839)

*Pomacentrus albifasciatus* Schlegel *et* Müller, 1839: 17-26.
*Eupomacentrus albifasciatus* (Schlegel *et* Müller, 1839).
*Pomacentrus leucopleura* Bleeker, 1854.
*Pomacentrus eclipticus* Jordan *et* Seale, 1906.
**文献（Reference）**：Chang, Jan and Shao, 1983; Donaldson, 1984; Shao, Kuo and Lee, 1986; 沈世杰, 1993; Randall and Lim (eds.), 2000; Huang, 2001; 伍汉霖, 邵广昭, 赖春福等, 2012.
**别名或俗名（Used or common name）**：厚壳仔.
**分布（Distribution）**：东海, 南海.

### （3745）背斑眶锯雀鲷 *Stegastes altus* (Okada *et* Ikeda, 1937)

*Pomacentrus altus* Okada *et* Ikeda, 1937: 67-95.
**文献（Reference）**：Shao, Shen, Chiu *et al.*, 1992; 沈世杰, 1993; Shao, 1997; Randall and Lim (eds.), 2000; Huang, 2001; 伍汉霖, 邵广昭, 赖春福等, 2012.
**别名或俗名（Used or common name）**：厚壳仔.
**分布（Distribution）**：南海.

### （3746）尖斑眶锯雀鲷 *Stegastes apicalis* (de Vis, 1885)

*Pomacentrus apicalis* de Vis, 1885: 869-887.
**文献（Reference）**：Masuda, Amaoka, Araga *et al.*, 1984; Shao and Chen, 1992; 沈世杰, 1993; Shao, 1997; Huang, 2001; 伍汉霖, 邵广昭, 赖春福等, 2012.
**别名或俗名（Used or common name）**：厚壳仔, 黑厚壳仔, 黑咬者婆.
**分布（Distribution）**：南海.

### （3747）金色眶锯雀鲷 *Stegastes aureus* (Fowler, 1927)

*Pomacentrus aureus* Fowler, 1927a: 1-32.
*Parapomacentrus aureus* (Fowler, 1927).
**文献（Reference）**：沈世杰, 1993; Shao, 1997; Huang, 2001; 伍汉霖, 邵广昭, 赖春福等, 2012.
**别名或俗名（Used or common name）**：厚壳仔.
**分布（Distribution）**：东海, 南海.

### （3748）胸斑眶锯雀鲷 *Stegastes fasciolatus* (Ogilby, 1889)

*Pomacentrus fasciolatus* Ogilby, 1889: 49-74.
*Eupomacentrus fasciolatus* (Ogilby, 1889).
*Eupomacentrus marginatus* Jenkins, 1901.
*Pomacentrus jenkinsi* Jordan *et* Evermann, 1903.
*Pomacentrus craticulus* Smith, 1965.
**文献（Reference）**：Chang, Lee and Shao, 1978; Shao and Chen, 1992; Francis, 1993; 沈世杰, 1993; Chen, Jan and Shao, 1997; Ni and Kwok, 1999; Kuo and Shao, 1999; Randall and Lim (eds.), 2000; Huang, 2001; 伍汉霖, 邵广昭, 赖春福等, 2012.
**别名或俗名（Used or common name）**：太平洋真雀鲷, 厚壳仔.
**分布（Distribution）**：东海, 南海.

### （3749）岛屿眶锯雀鲷 *Stegastes insularis* Allen *et* Emery, 1985

*Stegastes insularis* Allen *et* Emery, 1985: 1-31.
**文献（Reference）**：Allen and Emery, 1985: 1-31; Shao, Kuo and Lee, 1986; 沈世杰, 1993; Shao, 1997; Kuo and Shao, 1999; Randall and Lim (eds.), 2000; Huang, 2001; 伍汉霖, 邵广昭, 赖春福等, 2012.
**别名或俗名（Used or common name）**：厚壳仔.
**分布（Distribution）**：南海.

### （3750）长吻眶锯雀鲷 *Stegastes lividus* (Forster, 1801)

*Chaetodon lividus* Forster, 1801: 1-584.
*Pomacentrus virianus* Sauvage, 1879.
*Stegastes robertsoni* Randall, 2001.
**文献（Reference）**：Huang, 2001; Randall, 2004; 伍汉霖, 邵广昭, 赖春福等, 2012.
**别名或俗名（Used or common name）**：厚壳仔.
**分布（Distribution）**：东海, 南海.

### （3751）黑眶锯雀鲷 *Stegastes nigricans* (Lacépède, 1802)

*Holocentrus nigricans* Lacépède, 1802: 1-728.
*Eupomacentrus nigricans* (Lacépède, 1802).
*Pomacentrus taeniops* Cuvier (*in* Cuvier *et* Valenciennes), 1830.
*Abudefduf tsamaii* Aoyagi, 1941.
**文献（Reference）**：Chang, Jan and Shao, 1983; 沈世杰, 1993; Chen, Shao and Lin, 1995; Chen, Jan and Shao, 1997; Randall and Lim (eds.), 2000; 伍汉霖, 邵广昭, 赖春福等, 2012.
**别名或俗名（Used or common name）**：厚壳仔.

分布（Distribution）：东海，南海.

### （3752）斑棘眶锯雀鲷 *Stegastes obreptus* (Whitley, 1948)

*Pomacentrus obreptus* Whitley, 1948: 259-276.

文献（Reference）：Shao, Shen, Chiu *et al.*, 1992; Randall and Lim (eds.), 2000; Werner and Allen, 2000; 伍汉霖，邵广昭，赖春福等, 2012.

别名或俗名（Used or common name）：厚壳仔.

分布（Distribution）：南海.

### 1156. 蜥雀鲷属 *Teixeirichthys* Smith, 1953

### （3753）乔氏蜥雀鲷 *Teixeirichthys jordani* (Rutter, 1897)

*Pomacentrus jordani* Rutter, 1897: 56-90.

*Pristotis jordani* (Rutter, 1897).

*Pomacentrus formosanus* Fowler *et* Bean, 1922.

*Teixeirichthys formosanus* (Fowler *et* Bean, 1922).

文献（Reference）：Masuda, Amaoka, Araga *et al.*, 1984; Shao, Chen, Kao *et al.*, 1993; 沈世杰, 1993; Ni and Kwok, 1999; Randall and Lim (eds.), 2000; Huang, 2001; 伍汉霖，邵广昭，赖春福等, 2012.

别名或俗名（Used or common name）：厚壳仔.

分布（Distribution）：东海，南海.

## （二六五）隆头鱼科 Labridae

### 1157. 阿南鱼属 *Anampses* Quoy *et* Gaimard, 1824

### （3754）荧斑阿南鱼 *Anampses caeruleopunctatus* Rüppell, 1829

*Anampses caeruleopunclatus* Rüppell, 1829: 27-92.

*Anampses diadematus* Rüppell, 1835.

*Anampses chlorostigma* Valenciennes, 1840.

*Anampses tinkhami* Fowler, 1946.

文献（Reference）：Chang, Jan and Shao, 1983; Francis, 1993; Shao, Chen, Kao *et al.*, 1993; 沈世杰, 1993; Chen, Shao and Lin, 1995; Chen, Jan and Shao, 1997; Randall and Lim (eds.), 2000; Huang, 2001; Carpenter and Niem, 2001; 伍汉霖，邵广昭，赖春福等, 2012.

别名或俗名（Used or common name）：青斑龙，青点鹦鲷，青衣，青威，娘仔鱼.

分布（Distribution）：东海，南海.

### （3755）蠕纹阿南鱼 *Anampses geographicus* Valenciennes, 1840

*Anampses geographicus* Valenciennes, 1840: 1-464.

*Anampses pterophthalmus* Bleeker, 1857.

*Anampses lienardi* Bleeker, 1875.

文献（Reference）：Cuvier and Valenciennes, 1839; Chang, Jan and Shao, 1983; Francis, 1993; 沈世杰, 1993; Chen, Shao and Lin, 1995; Chen, Jan and Shao, 1997; Leem, Sakamoto, Tsuruda *et al.*, 1998; Randall and Lim (eds.), 2000; Huang, 2001; Carpenter and Niem, 2001; 伍汉霖，邵广昭，赖春福等, 2012.

别名或俗名（Used or common name）：花斑龙，地图龙，烈仔，虫纹鹦鲷，娘仔鱼.

分布（Distribution）：东海，南海.

### （3756）乌尾阿南鱼 *Anampses melanurus* Bleeker, 1857

*Anampses melanurus* Bleeker, 1857: 1-102.

文献（Reference）：沈世杰, 1993; Chen, Shao and Lin, 1995; Chen, Jan and Shao, 1997; Myers, 1999; Randall and Lim (eds.), 2000; Huang, 2001; 伍汉霖，邵广昭，赖春福等, 2012.

别名或俗名（Used or common name）：尾斑真珠龙，黑尾真珠龙，乌尾鹦鲷，娘仔鱼.

分布（Distribution）：东海，南海.

### （3757）黄尾阿南鱼 *Anampses meleagrides* Valenciennes, 1840

*Anampses meleagrides* Valenciennes, 1840: 1-464.

*Anampses amboinensis* Bleeker, 1857.

*Anampses lunatus* Sauvage, 1891.

*Anampses ikedai* Tanaka, 1908.

文献（Reference）：Cuvier and Valenciennes, 1839; Randall, 1972; Chang, Jan and Shao, 1983; Shao, Chen, Kao *et al.*, 1993; 沈世杰, 1993; Chen, Shao and Lin, 1995; Chen, Jan and Shao, 1997; Randall and Lim (eds.), 2000; Huang, 2001; 伍汉霖，邵广昭，赖春福等, 2012.

别名或俗名（Used or common name）：珍珠龙，真珠龙，黄尾龙，北斗鹦鲷，娘仔鱼.

分布（Distribution）：东海，南海.

### （3758）新几内亚阿南鱼 *Anampses neoguinaicus* Bleeker, 1877

*Anampses neoguinaicus* Bleeker, 1877b: 2-3.

*Anampses fidjensis* Sauvage, 1880.

文献（Reference）：Bleeker, 1878a: 35-66; Shao, Shen, Chiu *et al.*, 1992; Francis, 1993; 沈世杰, 1993; Randall and Lim (eds.), 2000; Huang, 2001; Carpenter and Niem, 2001; 伍汉霖，邵广昭，赖春福等, 2012.

别名或俗名（Used or common name）：白肚龙，新几内亚鹦鲷，娘仔鱼.

分布（Distribution）：南海.

**（3759）星阿南鱼 *Anampses twistii* Bleeker, 1856**

*Anampses twistii* Bleeker, 1856: 1-72.

**文献（Reference）**：Bleeker, 1855; Chang, Jan and Shao, 1983; Shao, Chen, Kao *et al.*, 1993; 沈世杰, 1993; Chen, Shao and Lin, 1995; Chen, Jan and Shao, 1997; Randall and Lim (eds.), 2000; Huang, 2001; Carpenter and Niem, 2001; 伍汉霖, 邵广昭, 赖春福等, 2012.

**别名或俗名（Used or common name）**：黄肚龙，双斑鹦鲷，娘仔鱼.

**分布（Distribution）**：东海，南海.

## 1158. 普提鱼属 *Bodianus* Bloch, 1790

**（3760）似花普提鱼 *Bodianus anthioides* (Bennett, 1832)**

*Crenilabrus anthioides* Bennett, 1832: 165-169.

*Bodianus anthoides* (Bennett, 1832).

*Cossyphus zosterophorus* Bleeker, 1857.

*Cossyphus bicolor* Liénard, 1891.

**文献（Reference）**：沈世杰, 1993; Chen, Jan and Shao, 1997; Myers, 1999; Randall and Lim (eds.), 2000; Huang, 2001; 伍汉霖, 邵广昭, 赖春福等, 2012.

**别名或俗名（Used or common name）**：三齿仔，红娘仔，日本婆仔，燕尾龙，燕尾鹦哥，燕尾寒鲷.

**分布（Distribution）**：东海，南海.

**（3761）腋斑普提鱼 *Bodianus axillaris* (Bennett, 1832)**

*Labrus axillaris* Bennett, 1832: 165-169.

*Lepidaplois axillaris* (Bennett, 1832).

*Cossyphus octomaculatus* Liénard, 1891.

*Lepidaplois albomaculatus* Smith, 1957.

**文献（Reference）**：Chang, Jan and Shao, 1983; Shao and Chen, 1992; Francis, 1993; 沈世杰, 1993; Chen, Jan and Shao, 1997; Ni and Kwok, 1999; Randall and Lim (eds.), 2000; Huang, 2001; Carpenter and Niem, 2001; 伍汉霖, 邵广昭, 赖春福等, 2012.

**别名或俗名（Used or common name）**：三齿仔，红娘仔，日本婆仔，腋斑寒鲷.

**分布（Distribution）**：东海，南海.

**（3762）双带普提鱼 *Bodianus bilunulatus* (Lacépède, 1801)**

*Labrus bilunulatus* Lacépède, 1801: 1-558.

*Lepidaplois bilunulatus* (Lacépède, 1801).

**文献（Reference）**：Conlu, 1982; 沈世杰, 1993; Chen, Shao and Lin, 1995; Chen, Jan and Shao, 1997; Ni and Kwok, 1999; Randall and Lim (eds.), 2000; Huang, 2001; Carpenter and Niem, 2001; 伍汉霖, 邵广昭, 赖春福等, 2012.

**别名或俗名（Used or common name）**：三齿仔，红娘仔，黄莺鱼，日本婆仔，双带寒鲷.

**分布（Distribution）**：东海，南海.

**（3763）双斑普提鱼 *Bodianus bimaculatus* Allen, 1973**

*Bodianus bimaculatus* Allen, 1973a: 385-389.

**文献（Reference）**：Allen, 1973a: 385-389; Masuda, Amaoka, Araga *et al.*, 1984; Chen, Chen and Shao, 1999; Myers, 1999; Randall and Lim (eds.), 2000; 伍汉霖, 邵广昭, 赖春福等, 2012.

**别名或俗名（Used or common name）**：三齿仔，红娘仔，日本婆仔，双斑寒鲷.

**分布（Distribution）**：南海.

**（3764）圆身普提鱼 *Bodianus cylindriatus* (Tanaka, 1930)**

*Verreo cylindriatus* Tanaka, 1930: 925-944.

**文献（Reference）**：Masuda, Amaoka, Araga *et al.*, 1984; Randall and Chen, 1985; Shao, 1997; Huang, 2001; 伍汉霖, 邵广昭, 赖春福等, 2012.

**别名或俗名（Used or common name）**：三齿仔，红娘仔，日本婆仔，圆身寒鲷.

**分布（Distribution）**：?

**（3765）鳍斑普提鱼 *Bodianus diana* (Lacépède, 1801)**

*Labrus diana* Lacépède, 1801: 1-558.

*Bodiana diana* (Lacépède, 1801).

*Lepidaplois aldabrensis* Smith, 1956.

**文献（Reference）**：沈世杰, 1993; Carpenter and Niem, 2001; Kim, Choi, Lee *et al.*, 2005; Bos, 2012; 伍汉霖, 邵广昭, 赖春福等, 2012.

**别名或俗名（Used or common name）**：三齿仔，红娘仔，日本婆仔，黄点龙，斑纹狐鲷，对斑寒鲷.

**分布（Distribution）**：东海，南海.

**（3766）伊津普提鱼 *Bodianus izuensis* Araga *et* Yoshino, 1975**

*Bodianus izuensis* Araga *et* Yoshino, 1975: 1-379.

**文献（Reference）**：Masuda, Amaoka, Araga *et al.*, 1984; Shao, 1986; 沈世杰, 1993; Shao, 1997; Huang, 2001; 伍汉霖, 邵广昭, 赖春福等, 2012.

**别名或俗名（Used or common name）**：三齿仔，红娘仔，日本婆仔，伊津寒鲷.

**分布（Distribution）**：东海，南海.

**（3767）点带普提鱼 *Bodianus leucosticticus* (Bennett, 1832)**

*Labrus leucosticticus* Bennett, 1832: 165-169.

*Bodianus leucostictus* (Bennett, 1832).

*Lepidaplois bourboni* Fourmanoir *et* Guézé, 1961.

**文献（Reference）：**Smith and Heemstra, 1986; 沈世杰, 1993; Randall and Lim (eds.), 2000; Huang, 2001; Gomon, 2006; 伍汉霖, 邵广昭, 赖春福等, 2012.

**别名或俗名（Used or common name）：**三齿仔, 红娘仔, 日本婆仔, 黄斑狐鲷, 点带寒鲷.

**分布（Distribution）：**南海.

## （3768）斜带普提鱼 *Bodianus loxozonus* (Snyder, 1908)

*Lepidaplois loxozonus* Snyder, 1908, 35: 93-111.

*Bodianus loxozonus loxozonus* (Snyder, 1908).

*Lepidaplois trotteri* Fowler *et* Bean, 1923.

**文献（Reference）：**Kyushin, Amaoka, Nakaya *et al.*, 1982; 沈世杰, 1993; Chen, Jan and Shao, 1997; Randall and Lim (eds.), 2000; Huang, 2001; Carpenter and Niem, 2001; 伍汉霖, 邵广昭, 赖春福等, 2012.

**别名或俗名（Used or common name）：**三齿仔, 红娘仔, 日本婆仔, 斜带寒鲷.

**分布（Distribution）：**东海, 南海.

## （3769）黑带普提鱼 *Bodianus macrourus* (Lacépède, 1801)

*Labrus macrourus* Lacépède, 1801: 1-558.

*Bodianus hirsutus* (Lacépède, 1801).

*Labrus rubrolineatus* Lacépède, 1801.

*Crenilabrus croceus* Lesson, 1828.

**文献（Reference）：**Shao, Chen, Kao *et al.*, 1993; Ni and Kwok, 1999; Huang, 2001; 伍汉霖, 邵广昭, 赖春福等, 2012.

**分布（Distribution）：**南海.

## （3770）益田普提鱼 *Bodianus masudai* Araga *et* Yoshino, 1975

*Bodianus masudai* Araga *et* Yoshino, 1975: 1-379.

**文献（Reference）：**Masuda, Amaoka, Araga *et al.*, 1984; Shao, 1986; 沈世杰, 1993; Shao, 1997; Huang, 2001; 伍汉霖, 邵广昭, 赖春福等, 2012.

**别名或俗名（Used or common name）：**三齿仔, 红娘仔, 日本婆仔, 益田氏寒鲷.

**分布（Distribution）：**南海.

## （3771）中胸普提鱼 *Bodianus mesothorax* (Bloch *et* Schneider, 1801)

*Labrus mesothorax* Bloch *et* Schneider, 1801: 1-584.

*Bodianus meosthorax* (Bloch *et* Schneider, 1801).

*Lepidaplois mesothorax* (Bloch *et* Schneider, 1801).

**文献（Reference）：**Chang, Jan and Shao, 1983; 沈世杰, 1993; Chen, Shao and Lin, 1995; Chen, Jan and Shao, 1997; Ni and Kwok, 1999; Myers, 1999; Randall and Lim (eds.), 2000; Huang, 2001; 伍汉霖, 邵广昭, 赖春福等, 2012.

**别名或俗名（Used or common name）：**三齿仔, 红娘仔, 日本婆仔, 粗鳞沙, 三色龙, 中胸寒鲷.

**分布（Distribution）：**东海, 南海.

## （3772）尖头普提鱼 *Bodianus oxycephalus* (Bleeker, 1862)

*Cossyphus oxycephalus* Bleeker, 1862: 123-141.

**文献（Reference）：**Masuda, Amaoka, Araga *et al.*, 1984; Shao, Chen, Kao *et al.*, 1993; 沈世杰, 1993; Ni and Kwok, 1999; Huang, 2001; 伍汉霖, 邵广昭, 赖春福等, 2012.

**别名或俗名（Used or common name）：**三齿仔, 红娘仔, 日本婆仔, 黑点龙, 尖头寒鲷.

**分布（Distribution）：**东海, 南海.

## （3773）大黄斑普提鱼 *Bodianus perditio* (Quoy *et* Gaimard, 1834)

*Labrus perditio* Quoy *et* Gaimard, 1834: 645-720.

*Lepidaplois perditio* (Quoy *et* Gaimard, 1834).

*Cossyphus atrolumbus* Valenciennes, 1839.

*Trochocopus sanguinolentus* de Vis, 1883.

**文献（Reference）：**Masuda, Amaoka, Araga *et al.*, 1984; Francis, 1991; Francis, 1993; 沈世杰, 1993; Huang, 2001; 伍汉霖, 邵广昭, 赖春福等, 2012.

**别名或俗名（Used or common name）：**三齿仔, 红娘仔, 日本婆仔, 泷暹罗, 汕散仔, 红狐鲷, 红寒鲷.

**分布（Distribution）：**南海.

## （3774）红赭普提鱼 *Bodianus rubrisos* Gomon, 2006

*Bodianus rubrisos* Gomon, 2006: 1-133.

**文献（Reference）：**Gomon, 2006: 1-133; Smith and Heemstra, 1986; 沈世杰, 1993; 伍汉霖, 邵广昭, 赖春福等, 2012.

**别名或俗名（Used or common name）：**三齿仔, 红娘仔, 日本婆仔.

**分布（Distribution）：**南海.

## （3775）无纹普提鱼 *Bodianus tanyokidus* Gomon *et* Madden, 1981

*Bodianus tanyokidus* Gomon *et* Madden, 1981: 121-126.

**文献（Reference）：**Gomon and Madden, 1981: 116-119; Masuda, Amaoka, Araga *et al.*, 1984; 伍汉霖, 邵广昭, 赖春福等, 2012.

**别名或俗名（Used or common name）：**三齿仔, 红娘仔, 日本婆仔, 无纹寒鲷.

**分布（Distribution）：**南海.

## （3776）丝鳍普提鱼 *Bodianus thoracotaeniatus* Yamamoto, 1982

*Bodianus thoracotaeniatus* Yamamoto, 1982: 1-435.

**文献（Reference）：**伍汉霖, 邵广昭, 赖春福等, 2012.

别名或俗名（Used or common name）：三齿仔，红娘仔，日本婆仔，丝鳍寒鲷.
分布（Distribution）：东海，南海.

## 1159. 唇鱼属 *Cheilinus* Lacépède, 1801

### （3777）绿尾唇鱼 *Cheilinus chlorourus* (Bloch, 1791)

*Sparus chlorourus* Bloch, 1791: 1-152.
*Cheilinus chlorouros* (Bloch, 1791).
*Cheilinus punctatus* Bennett, 1832.
*Crenilabrus blochii* Swainson, 1839.
**文献（Reference）**：沈世杰, 1993; Chen, Shao and Lin, 1995; Chen, Jan and Shao, 1997; Ni and Kwok, 1999; Kuo and Shao, 1999; Randall and Lim (eds.), 2000; Huang, 2001; Carpenter and Niem, 2001; Nakamura, Horinouchi, Nakai *et al.*, 2003; 伍汉霖, 邵广昭, 赖春福等, 2012.
**别名或俗名（Used or common name）**：绿色龙，三齿仔，汕散仔，红斑绿鹦鲷.
**分布（Distribution）**：东海，南海.

### （3778）横带唇鱼 *Cheilinus fasciatus* (Bloch, 1791)

*Sparus fasciatus* Bloch, 1791: 1-152.
*Cheilenus fasciatus* (Bloch, 1791).
*Sparus bandatus* Perry, 1810.
*Cheilinus quinquecinctus* Rüppell, 1835.
**文献（Reference）**：沈世杰, 1993; Chen, Shao and Lin, 1995; Chen, Jan and Shao, 1997; Randall and Lim (eds.), 2000; Huang, 2001; Carpenter and Niem, 2001; 伍汉霖, 邵广昭, 赖春福等, 2012.
**别名或俗名（Used or common name）**：横带龙，三齿仔，汕散仔，横带鹦鲷.
**分布（Distribution）**：东海，南海.

### （3779）尖头唇鱼 *Cheilinus oxycephalus* Bleeker, 1853

*Cheilinus oxycephalus* Bleeker, 1853: 317-352.
*Cheilinus ketlitzii* Valenciennes, 1840.
*Cheilinus sanguineus* Valenciennes, 1840.
*Cheilinus calophthalmus* Günther, 1867.
**文献（Reference）**：沈世杰, 1993; Chen, Shao and Lin, 1995; Chen, Jan and Shao, 1997; Randall and Lim (eds.), 2000; Huang, 2001; 伍汉霖, 邵广昭, 赖春福等, 2012.
**别名或俗名（Used or common name）**：尖头龙，石蚱仔，尖吻鹦鲷.
**分布（Distribution）**：东海，南海.

### （3780）三叶唇鱼 *Cheilinus trilobatus* Lacépède, 1801

*Chelinus trilobatus* Lacépède, 1801: 1-558.
*Cheilinus maculosus* Valenciennes, 1840.
*Cheilinus nebulosus* Richardson, 1846.
**文献（Reference）**：Kyushin, Amaoka, Nakaya *et al.*, 1982; 沈世杰, 1993; Chen, Shao and Lin, 1995; Chen, Jan and Shao, 1997; Randall and Lim (eds.), 2000; Huang, 2001; Carpenter and Niem, 2001; 伍汉霖, 邵广昭, 赖春福等, 2012.
**别名或俗名（Used or common name）**：三叶龙，石蚱仔，汕散仔，三叶鹦鲷.
**分布（Distribution）**：东海，南海.

### （3781）波纹唇鱼 *Cheilinus undulatus* Rüppell, 1835

*Cheilenus undulatus* Rüppell, 1835: 1-148.
*Cheilinus mertensii* Valenciennes, 1840.
*Chilinus godeffroyi* Günther, 1872.
*Cheilinus rostratus* Cartier, 1874.
**文献（Reference）**：Shao, Chen, Kao *et al.*, 1993; 沈世杰, 1993; Chen, Shao and Lin, 1995; Chen, Jan and Shao, 1997; Lee and Sadovy, 1998; Ni and Kwok, 1999; Randall and Lim (eds.), 2000; Huang, 2001; Carpenter and Niem, 2001; 伍汉霖, 邵广昭, 赖春福等, 2012.
**别名或俗名（Used or common name）**：苏眉鱼，拿破仑，龙王鲷，海哥龙王，大片仔，石蚱仔，汕散仔，阔嘴郎，波纹鹦鲷.
**分布（Distribution）**：东海，南海.

## 1160. 管唇鱼属 *Cheilio* Lacépède, 1802

### （3782）管唇鱼 *Cheilio inermis* (Forsskål, 1775)

*Labrus inermis* Forsskål, 1775: 1-164.
*Cheilo inermis* (Forsskål, 1775).
*Cheilio bicolor* Bianconi, 1857.
*Cheilio udanad* Montrouzier, 1857.
**文献（Reference）**：Francis, 1993; 沈世杰, 1993; Chen, Shao and Lin, 1995; Chen, Jan and Shao, 1997; Randall and Lim (eds.), 2000; Huang, 2001; Nakamura, Horinouchi, Nakai *et al.*, 2003; 伍汉霖, 邵广昭, 赖春福等, 2012.
**别名或俗名（Used or common name）**：金梭烈仔，金梭鲷，金梭鹦鲷，青山龙，林投梭，鲕遍罗，海龙.
**分布（Distribution）**：东海，南海.

## 1161. 猪齿鱼属 *Choerodon* Bleeker, 1847

### （3783）鞍斑猪齿鱼 *Choerodon anchorago* (Bloch, 1791)

*Sparus anchorago* Bloch, 1791: 1-152.
*Chaerodon anchorago* (Bloch, 1791).
*Cossyphus macrodon* Bleeker, 1849.
*Choerodon weberi* Ogilby, 1911.
**文献（Reference）**：Shao, Chen, Kao *et al.*, 1993; 沈世杰, 1993; Chen, Shao and Lin, 1995; Lee and Sadovy, 1998;

Randall and Lim (eds.), 2000; Huang, 2001; Carpenter and Niem, 2001; Nakamura, Horinouchi, Nakai *et al.*, 2003; Campos, del Norte, Nañola Jr. *et al.*, 2005; 伍汉霖, 邵广昭, 赖春福等, 2012.

**别名或俗名（Used or common name）**：石老, 四齿仔, 西齿, 黑帘仔, 楔斑寒鲷.

**分布（Distribution）**：东海, 南海.

### （3784）蓝猪齿鱼 *Choerodon azurio* (Jordan *et* Snyder, 1901)

*Choerops azurio* Jordan *et* Snyder, 1901c: 739-769.

*Choerodon azuris* (Jordan *et* Snyder, 1901).

*Crenilabrus stejnegeri* Ishikawa, 1904.

**文献（Reference）**：Shao and Chen, 1992; Shao, Chen, Kao *et al.*, 1993; 沈世杰, 1993; Yamada, Shirai, Irie *et al.*, 1995; Chen, Jan and Shao, 1997; Lee and Sadovy, 1998; Ni and Kwok, 1999; Randall and Lim (eds.), 2000; Huang, 2001; 伍汉霖, 邵广昭, 赖春福等, 2012.

**别名或俗名（Used or common name）**：石老, 四齿仔, 西齿, 帘仔, 寒鲷.

**分布（Distribution）**：东海, 南海.

### （3785）七带猪齿鱼 *Choerodon fasciatus* (Günther, 1867)

*Xiphochilus fasciatus* Günther, 1867b: 99-104.

*Lienardella fasciata* (Günther, 1867).

*Lepidaplois mirabilis* Snyder, 1908.

*Choerodon balerensis* Herre, 1950.

**文献（Reference）**：Chang, Jan and Shao, 1983; Francis, 1993; 沈世杰, 1993; Randall and Lim (eds.), 2000; 伍汉霖, 邵广昭, 赖春福等, 2012.

**别名或俗名（Used or common name）**：石老, 四齿仔, 西齿, 七带寒鲷.

**分布（Distribution）**：南海.

### （3786）紫纹猪齿鱼 *Choerodon gymnogenys* (Günther, 1867)

*Xiphochilus gymnogenys* Günther, 1867: 1-153.

*Peaolopesia gymnogenys* (Günther, 1867).

**文献（Reference）**：Masuda, Amaoka, Araga *et al.*, 1984; 沈世杰, 1993; Randall and Lim (eds.), 2000; Huang, 2001; 伍汉霖, 邵广昭, 赖春福等, 2012.

**别名或俗名（Used or common name）**：石老, 四齿仔, 西齿, 日本裸颊寒鲷.

**分布（Distribution）**：南海.

### （3787）乔氏猪齿鱼 *Choerodon jordani* (Snyder, 1908)

*Choerops jordani* Snyder, 1908, 35: 93-111.

**文献（Reference）**：Shao, Chen, Kao *et al.*, 1993; 沈世杰, 1993; Chen, Jan and Shao, 1997; Randall and Lim (eds.), 2000; Huang, 2001; 伍汉霖, 邵广昭, 赖春福等, 2012.

**别名或俗名（Used or common name）**：石老, 四齿仔, 西齿, 帘仔, 乔氏寒鲷.

**分布（Distribution）**：东海, 南海.

### （3788）大斑猪齿鱼 *Choerodon melanostigma* Fowler *et* Bean, 1928

*Choerodon melanostigma* Fowler *et* Bean, 1928: 1-525.

**文献（Reference）**：Herre, 1953b; Huang, 2001; Carpenter and Niem, 2001; 伍汉霖, 邵广昭, 赖春福等, 2012.

**别名或俗名（Used or common name）**：石老, 四齿仔, 西齿, 帘仔, 黑斑寒鲷.

**分布（Distribution）**：东海, 南海.

### （3789）粗猪齿鱼 *Choerodon robustus* (Günther, 1862)

*Xiphochilus robustus* Günther, 1862: 1-534.

*Cossyphus maxillosus* Guichenot, 1863.

*Choerops dodecacanthus* Bleeker, 1868.

*Choerodon pescadoresis* Yu, 1968.

**文献（Reference）**：Kyushin, Amaoka, Nakaya *et al.*, 1982; Masuda, Amaoka, Araga *et al.*, 1984; 沈世杰, 1993; Randall and Lim (eds.), 2000; Huang, 2001; 伍汉霖, 邵广昭, 赖春福等, 2012.

**别名或俗名（Used or common name）**：石老, 四齿仔, 西齿, 番帘仔, 粗寒鲷.

**分布（Distribution）**：东海, 南海.

### （3790）邵氏猪齿鱼 *Choerodon schoenleinii* (Valenciennes, 1839)

*Cossyphus schoenleinii* Valenciennes, 1839: 1-505.

*Chaerodon schoenleini* (Valenciennes, 1839).

*Choerodon cyanostolus* (Richardson, 1846).

*Choerodon rubidus* Scott, 1959.

*Choerodon quadrifasciatus* Yu, 1968.

**文献（Reference）**：Kyushin, Amaoka, Nakaya *et al.*, 1982; Shao, Chen, Kao *et al.*, 1993; 沈世杰, 1993; Ni and Kwok, 1999; Randall and Lim (eds.), 2000; Liao, Su and Chang, 2001; Huang, 2001; 伍汉霖, 邵广昭, 赖春福等, 2012.

**别名或俗名（Used or common name）**：石老, 四齿仔, 西齿, 石老, 青威, 邵氏寒鲷, 青衣寒鲷.

**分布（Distribution）**：东海, 南海.

### （3791）扎汶猪齿鱼 *Choerodon zamboangae* (Seale *et* Bean, 1907)

*Choerops zamboangae* Seale *et* Bean, 1907: 229-248.

*Chaerodon zamboangae* (Seale *et* Bean, 1907).

**文献（Reference）**：Herre, 1953b; Sainsbury, Kailola and Leyland, 1985; Randall and Lim (eds.), 2000; Huang, 2001; Broad, 2003; 伍汉霖, 邵广昭, 赖春福等, 2012.

别名或俗名（**Used or common name**）：石老，四齿仔，西齿，扎邦寒鲷.

分布（**Distribution**）：南海.

## 1162. 丝隆头鱼属 *Cirrhilabrus* Temminck *et* Schlegel, 1845

**（3792）蓝身丝隆头鱼 *Cirrhilabrus cyanopleura* (Bleeker, 1851)**

*Cheilinoides cyanopleura* Bleeker, 1851: 71-72.

*Cirrhilabrus cyanopleurus* (Bleeker, 1851).

*Cirrhilabrus heterodon* Bleeker, 1871.

*Cirrhilabrus ryukyuensis* Ishikawa, 1904.

文献（**Reference**）：Randall and Shen, 1978; Chang, Jan and Shao, 1983; Randall, 1992; 沈世杰, 1993; Chen, Jan and Shao, 1997; Senou and Hirata, 2000; Randall and Lim (eds.), 2000; Huang, 2001; 伍汉霖, 邵广昭, 赖春福等, 2012.

别名或俗名（**Used or common name**）：红娘仔，柳冷仔，蓝身鹦哥.

分布（**Distribution**）：东海，南海.

**（3793）艳丽丝隆头鱼 *Cirrhilabrus exquisitus* Smith, 1957**

*Cirrhilabrus exquistius* Smith, 1957: 99-114.

文献（**Reference**）：Randall and Shen, 1978; Randall, 1992; 沈世杰, 1993; Chen, Jan and Shao, 1997; Randall and Lim (eds.), 2000; Huang, 2001; Bos, 2012; 伍汉霖, 邵广昭, 赖春福等, 2012.

别名或俗名（**Used or common name**）：红娘仔，柳冷仔.

分布（**Distribution**）：南海.

**（3794）新月丝隆头鱼 *Cirrhilabrus lunatus* Randall *et* Masuda, 1991**

*Cirrhilabrus lunatus* Randall *et* Masuda, 1991: 53-60.

文献（**Reference**）：Randall and Masuda, 1991: 53-60; Randall, 1992; 沈世杰, 1993; Wang, Chen and Shao, 1994; Senou and Hirata, 2000; 伍汉霖, 邵广昭, 赖春福等, 2012.

别名或俗名（**Used or common name**）：红娘仔，柳冷仔.

分布（**Distribution**）：南海.

**（3795）黑缘丝隆头鱼 *Cirrhilabrus melanomarginatus* Randall *et* Shen, 1978**

*Cirrhilabrus melanomarginatus* Randall *et* Shen, 1978: 13-24.

文献（**Reference**）：Randall and Shen, 1978: 13-24; Randall, 1992; 沈世杰, 1993; Chen, Jan and Shao, 1997; Randall and Lim (eds.), 2000; Huang, 2001; 伍汉霖, 邵广昭, 赖春福等, 2012.

别名或俗名（**Used or common name**）：红娘仔，柳冷仔，乌边鹦哥.

分布（**Distribution**）：东海，南海.

**（3796）红缘丝隆头鱼 *Cirrhilabrus rubrimarginatus* Randall, 1992**

*Cirrhilabrus rubrimarginatus* Randall, 1992: 99-121.

文献（**Reference**）：Randall, 1992: 99-121; 沈世杰, 1993; Chen, Jan and Shao, 1997; Senou and Hirata, 2000; Randall and Lim (eds.), 2000; Huang, 2001; 伍汉霖, 邵广昭, 赖春福等, 2012.

别名或俗名（**Used or common name**）：红娘仔，柳冷仔.

分布（**Distribution**）：南海.

**（3797）绿丝隆头鱼 *Cirrhilabrus solorensis* Bleeker, 1853**

*Cirrhilabrus solorensis* Bleeker, 1853: 67-96.

文献（**Reference**）：Herre, 1953b; Huang, 2001; 伍汉霖, 邵广昭, 赖春福等, 2012.

分布（**Distribution**）：南海.

**（3798）丁氏丝隆头鱼 *Cirrhilabrus temminckii* Bleeker, 1853**

*Cirrhilabrus temminckii* Bleeker, 1853: 1-56.

文献（**Reference**）：Moyer and Shepard, 1975; Randall and Shen, 1978; Ojima and Kashiwagi, 1979; Bell, 1983; Kobayashi and Suzuki, 1990; Randall, 1992; 沈世杰, 1993; Senou and Hirata, 2000; Randall and Lim (eds.), 2000; 伍汉霖, 邵广昭, 赖春福等, 2012.

别名或俗名（**Used or common name**）：红娘仔，柳冷仔.

分布（**Distribution**）：南海.

## 1163. 盔鱼属 *Coris* Lacépède, 1801

**（3799）鳃斑盔鱼 *Coris aygula* Lacépède, 1801**

*Coris aygula* Lacépède, 1801: 1-558.

*Coris angulata* Lacépède, 1801.

*Hemicoris cingulum* (Lacépède, 1801).

*Labrus aureomaculatus* Bennett, 1830.

*Coris imbris* Tanaka, 1918.

文献（**Reference**）：Lacépède, 1801: i-lxvi + 1-558; Chang, Jan and Shao, 1983; Francis, 1993; 沈世杰, 1993; Chen, Jan and Shao, 1997; Randall, 1999; Randall and Lim (eds.), 2000; Huang, 2001; 伍汉霖, 邵广昭, 赖春福等, 2012.

别名或俗名（**Used or common name**）：红喉鹦鲷，柳冷仔，白龙，花龙.

分布（**Distribution**）：东海，南海.

**（3800）巴都盔鱼 *Coris batuensis* (Bleeker, 1856)**

*Julis batuensis* Bleeker, 1856h: 229-242.

*Hemicoris batuensis* (Bleeker, 1856).

*Coris schroederi* (Bleeker, 1858).

*Coris pallida* Macleay, 1881.

文献（**Reference**）：Bleeker, 1856; Chen, Jan and Shao, 1997; Randall, 1999; Randall and Lim (eds.), 2000; Werner and

Allen, 2000; Broad, 2003; 伍汉霖, 邵广昭, 赖春福等, 2012.
别名或俗名（Used or common name）：巴都鹦鲷，柳冷仔.
分布（Distribution）：东海，南海.

### （3801）尾斑盔鱼 *Coris caudimacula* (Quoy *et* Gaimard, 1834)

*Julis caudimacula* Quoy *et* Gaimard, 1834: 645-720.
*Coris multicolor* (Rüppell, 1835).
*Halichoeres multicolor* Rüppell, 1835.
文献（Reference）：Herre, 1953b; Ganaden and Lavapie-Gonzales, 1999; Randall, 1999; 伍汉霖, 邵广昭, 赖春福等, 2012.
别名或俗名（Used or common name）：尾斑鹦鲷，柳冷仔.
分布（Distribution）：东海，南海.

### （3802）背斑盔鱼 *Coris dorsomacula* Fowler, 1908

*Coris dorsumacula* Fowler, 1908: 419-444.
文献（Reference）：Fowler, 1907; 沈世杰, 1993; Chen, Jan and Shao, 1997; Randall, 1999; Randall and Lim (eds.), 2000; Huang, 2001; 伍汉霖, 邵广昭, 赖春福等, 2012.
别名或俗名（Used or common name）：背斑鹦鲷，柳冷仔，白线龙.
分布（Distribution）：南海.

### （3803）露珠盔鱼 *Coris gaimard* (Quoy *et* Gaimard, 1824)

*Julis gaimard* Quoy *et* Gaimard, 1824: 192-401.
*Coris gaimardi* (Quoy *et* Gaimard, 1824).
*Coris greenovii* (Bennett, 1828).
*Coris gaimard speciosa* (Fowler, 1946).
文献（Reference）：Chang, Jan and Shao, 1983; Shao, Chen, Kao *et al.*, 1993; 沈世杰, 1993; Chen, Shao and Lin, 1995; Chen, Jan and Shao, 1997; Randall, 1999; Randall and Lim (eds.), 2000; Huang, 2001; 伍汉霖, 邵广昭, 赖春福等, 2012.
别名或俗名（Used or common name）：盖马氏鹦鲷，柳冷仔，红龙.
分布（Distribution）：东海，南海.

### （3804）黑带盔鱼 *Coris musume* (Jordan *et* Snyder, 1904)

*Julis musume* Jordan *et* Snyder, 1904: 230-240.
文献（Reference）：Randall and Araga, 1978; Masuda, Amaoka, Araga *et al.*, 1984; 沈世杰, 1993; Randall and Lim (eds.), 2000; Parenti and Randall, 2000; Huang, 2001; 伍汉霖, 邵广昭, 赖春福等, 2012.
别名或俗名（Used or common name）：黑带鹦鲷，柳冷仔，黑带龙.
分布（Distribution）：东海，南海.

### （3805）橘鳍盔鱼 *Coris pictoides* Randall *et* Kuiter, 1982

*Coris pictoides* Randall *et* Kuiter, 1982: 159-173.
文献（Reference）：Fowler and Bean, 1928; Randall and Lim (eds.), 2000; Werner and Allen, 2000; Huang, 2001; 伍汉霖, 邵广昭, 赖春福等, 2012.
分布（Distribution）：南海.

## 1164. 钝头鱼属 *Cymolutes* Günther, 1861

### （3806）环状钝头鱼 *Cymolutes torquatus* (Valenciennes, 1840)

*Xyrichthys torquatus* Valenciennes, 1840: 1-464.
文献（Reference）：Cuvier and Valenciennes, 1839; Masuda, Amaoka, Araga *et al.*, 1984; Francis, 1993; 沈世杰, 1993; Chen, Shao and Lin, 1995; Randall and Lim (eds.), 2000; Huang, 2001; 伍汉霖, 邵广昭, 赖春福等, 2012.
别名或俗名（Used or common name）：钝头鹦鲷，假红新娘仔.
分布（Distribution）：东海，南海.

## 1165. 裸齿隆头鱼属 *Decodon* Günther, 1861

### （3807）太平洋裸齿隆头鱼 *Decodon pacificus* (Kamohara, 1952)

*Verreo pacificus* Kamohara, 1952: 1-122.
*Bodianus pacificus* (Kamohara, 1952).
文献（Reference）：Masuda, Amaoka, Araga *et al.*, 1984; 沈世杰, 1993; Gomon, 1997; Randall and Lim (eds.), 2000; Huang, 2001; 伍汉霖, 邵广昭, 赖春福等, 2012.
别名或俗名（Used or common name）：三齿仔，红娘仔，日本婆仔.
分布（Distribution）：南海.

## 1166. 伸口鱼属 *Epibulus* Cuvier, 1815

### （3808）伸口鱼 *Epibulus insidiator* (Pallas, 1770)

*Sparus insidiator* Pallas, 1770: 1-56.
*Epibulis insidiator* (Pallas, 1770).
*Epibulus insidiator fusca* Bleeker, 1849.
*Epibulus striatus* Day, 1871.
文献（Reference）：Pallas, 1769; Shao, Chen, Kao *et al.*, 1993; 沈世杰, 1993; Chen, Shao and Lin, 1995; Chen, Jan and Shao, 1997; Randall and Lim (eds.), 2000; Huang, 2001; Carlson, Randall and Dawson, 2008; 伍汉霖, 邵广昭, 赖春福等, 2012.
别名或俗名（Used or common name）：阔嘴郎.
分布（Distribution）：东海，南海.

## 1167. 尖嘴鱼属 *Gomphosus* Lacépède, 1801

### （3809）杂色尖嘴鱼 *Gomphosus varius* Lacépède, 1801

*Gomphorus varius* Lacépède, 1801: 1-558.
*Gomphosus tricolor* Quoy *et* Gaimard, 1824.
**文献（Reference）**：Chang, Jan and Shao, 1983; Francis, 1993; Shao, Chen, Kao *et al.*, 1993; 沈世杰, 1993; Chen, Shao and Lin, 1995; Chen, Jan and Shao, 1997; Randall and Lim (eds.), 2000; Huang, 2001; Randall and Allen, 2004; 伍汉霖, 邵广昭, 赖春福等, 2012.
**别名或俗名（Used or common name）**：突吻鹦鲷, 鸟鹦鲷, 鸟仔鱼, 出角鸟, 尖嘴龙.
**分布（Distribution）**：东海, 南海.

## 1168. 海猪鱼属 *Halichoeres* Rüppell, 1835

### （3810）珠光海猪鱼 *Halichoeres argus* (Bloch *et* Schneider, 1801)

*Labrus argus* Bloch *et* Schneider, 1801: 1-584.
*Labrus guttulatus* Lacépède, 1801.
*Halichoeres leparensis* (Bleeker, 1853).
*Halichoeres fijiensis* Herre, 1935.
**文献（Reference）**：Randall, 1980; Shao, Chen, Kao *et al.*, 1993; 沈世杰, 1993; Kuo and Shao, 1999; Randall and Lim (eds.), 2000; Huang, 2001; 伍汉霖, 邵广昭, 赖春福等, 2012.
**别名或俗名（Used or common name）**：孔雀龙, 柳冷仔, 大眼儒艮鲷.
**分布（Distribution）**：东海, 南海.

### （3811）双色海猪鱼 *Halichoeres bicolor* (Bloch *et* Schneider, 1801)

*Labrus bicolor* Bloch *et* Schneider, 1801: 1-584.
*Halichoeres bicolour* (Bloch *et* Schneider, 1801).
*Halichoeres hyrtli* (Bleeker, 1856).
**文献（Reference）**：Ni and Kwok, 1999; Randall and Lim (eds.), 2000; Werner and Allen, 2000
**分布（Distribution）**：南海.

### （3812）双眼斑海猪鱼 *Halichoeres biocellatus* Schultz, 1960

*Halichoeres biocellatus* Schultz, 1960: 1-438.
**文献（Reference）**：Randall, 1980; Shao, Chen, Kao *et al.*, 1993; 沈世杰, 1993; Chen, Shao and Lin, 1995; Chen, Jan and Shao, 1997; Randall and Lim (eds.), 2000; 伍汉霖, 邵广昭, 赖春福等, 2012.
**别名或俗名（Used or common name）**：双线龙, 柳冷仔, 双斑儒艮鲷.
**分布（Distribution）**：南海.

### （3813）布氏海猪鱼 *Halichoeres bleekeri* (Steindachner *et* Döderlein, 1887)

*Platyglossus bleekeri* Steindachner *et* Döderlein, 1887: 257-296.
*Halichoeres tremebundus* Jordan *et* Snyder, 1902.
**文献（Reference）**：Masuda, Amaoka, Araga *et al.*, 1984; Randall, 1999; 伍汉霖, 邵广昭, 赖春福等, 2012.
**别名或俗名（Used or common name）**：柳冷仔, 布氏儒艮鲷.
**分布（Distribution）**：?

### （3814）金色海猪鱼 *Halichoeres chrysus* Randall, 1981

*Halichoeres chrysus* Randall, 1981: 415-432.
**文献（Reference）**：Burgess and Axelrod, 1974; Randall, 1980; Shao, 1986; 沈世杰, 1993; Chen, Jan and Shao, 1997; Randall and Lim (eds.), 2000; Huang, 2001; 伍汉霖, 邵广昭, 赖春福等, 2012.
**别名或俗名（Used or common name）**：黄龙, 黄尾海猪鱼, 柳冷仔, 金色儒艮鲷.
**分布（Distribution）**：东海, 南海.

### （3815）哈氏海猪鱼 *Halichoeres hartzfeldii* (Bleeker, 1852)

*Julis hartzfeldii* Bleeker, 1852: 545-568.
*Halichoeres hardzfeldii* (Bleeker, 1852).
**文献（Reference）**：Shao, 1986; Shao, 1997; Chen, Jan and Shao, 1997; Myers, 1999; Randall and Lim (eds.), 2000; Huang, 2001; 伍汉霖, 邵广昭, 赖春福等, 2012.
**别名或俗名（Used or common name）**：黄线龙, 柳冷仔, 赫式儒艮鲷, 纵带儒艮鲷.
**分布（Distribution）**：东海, 南海.

### （3816）格纹海猪鱼 *Halichoeres hortulanus* (Lacépède, 1801)

*Labrus hortulanus* Lacépède, 1801: 1-558.
*Halichoeres hortulans* (Lacépède, 1801).
*Hemitautoga centiquadrus* (Lacépède, 1801).
*Labrus centiquadrus* Lacépède, 1801.
**文献（Reference）**：Chang, Jan and Shao, 1983; Shao, Chen, Kao *et al.*, 1993; 沈世杰, 1993; Chen, Shao and Lin, 1995; Chen, Jan and Shao, 1997; Randall and Lim (eds.), 2000; Huang, 2001; 伍汉霖, 邵广昭, 赖春福等, 2012.
**别名或俗名（Used or common name）**：黄花龙, 四齿仔, 花面龙, 鹦仔, 雷仔, 鹦哥, 柳冷仔, 四点儒艮鲷, 方斑儒艮鲷.
**分布（Distribution）**：东海, 南海.

### （3817）斑点海猪鱼 *Halichoeres margaritaceus* (Valenciennes, 1839)

*Julis margaritaceus* Valenciennes, 1839: 1-505.

*Halichoeres margaritaceous* (Valenciennes, 1839).
*Julis harloffii* Bleeker, 1847.
*Halichoeres nafae* Tanaka, 1908.
**文献（Reference）**：Kuiter and Randall, 1981; Chang, Jan and Shao, 1983; Francis, 1993; Chen, Shao and Lin, 1995; Chen, Jan and Shao, 1997; Randall and Lim (eds.), 2000; Huang, 2001; 伍汉霖, 邵广昭, 赖春福等, 2012.
**别名或俗名（Used or common name）**：柳冷仔, 虹彩儒艮鲷.
**分布（Distribution）**：东海, 南海.

### （3818）缘鳍海猪鱼 *Halichoeres marginatus* Rüppell, 1835

*Halichoeres marginatus* Rüppell, 1835: 1-28.
*Halichoeres lamarii* (Valenciennes, 1839).
*Halichoeres notopsis* (Valenciennes, 1839).
*Halichoeres virescens* Fourmanoir *et* Guézé, 1961.
**文献（Reference）**：Chang, Jan and Shao, 1983; 沈世杰, 1993; Chen, Shao and Lin, 1995; Chen, Jan and Shao, 1997; Randall and Lim (eds.), 2000; Huang, 2001; 伍汉霖, 邵广昭, 赖春福等, 2012.
**别名或俗名（Used or common name）**：黑青汕冷, 绿鳍儒艮鲷, 白雪儒艮鲷.
**分布（Distribution）**：东海, 南海.

### （3819）胸斑海猪鱼 *Halichoeres melanochir* Fowler *et* Bean, 1928

*Halichoeres melanochir* Fowler *et* Bean, 1928: 1-525.
**文献（Reference）**：Arai and Koike, 1980; Masuda, Amaoka, Araga *et al.*, 1984; Shao and Chen, 1992; Shao, Chen, Kao *et al.*, 1993; 沈世杰, 1993; Randall and Lim (eds.), 2000; Huang, 2001; 伍汉霖, 邵广昭, 赖春福等, 2012.
**别名或俗名（Used or common name）**：黑猫仔, 小娘子, 黑烈仔, 砾仔, 汕虎仔, 黑臂儒艮鲷.
**分布（Distribution）**：东海, 南海.

### （3820）黑尾海猪鱼 *Halichoeres melanurus* (Bleeker, 1851)

*Julis* (*Halichoeres*) *melanurus* Bleeker, 1851: 225-261.
*Platyglossus melanurus* (Bleeker, 1851).
*Halichoeres chrysotaenia* (Bleeker, 1853).
*Julis chrysotaenia* Bleeker, 1853.
**文献（Reference）**：Chang, Jan and Shao, 1983; Shao, 1986; 沈世杰, 1993; Randall and Lim (eds.), 2000; Huang, 2001; 伍汉霖, 邵广昭, 赖春福等, 2012.
**别名或俗名（Used or common name）**：柳冷仔, 黑尾儒艮鲷.
**分布（Distribution）**：东海, 南海.

### （3821）臀点海猪鱼 *Halichoeres miniatus* (Valenciennes, 1839)

*Julis miniatus* Valenciennes, 1839: 1-505.
*Pseudojulis murrayensis* de Vis, 1885.
*Halichoeres annulatus* Fowler, 1904.
**文献（Reference）**：沈世杰, 1993; Randall and Lim (eds.), 2000; Werner and Allen, 2000; Huang, 2001; 伍汉霖, 邵广昭, 赖春福等, 2012.
**别名或俗名（Used or common name）**：柳冷仔, 小儒艮鲷.
**分布（Distribution）**：东海, 南海.

### （3822）星云海猪鱼 *Halichoeres nebulosus* (Valenciennes, 1839)

*Julis nebulosus* Valenciennes, 1839: 1-505.
*Halichoeres nebulosa* (Valenciennes, 1839).
*Julis pseudominiatus* Bleeker, 1856.
*Halichoeres reichei* (Bleeker, 1857).
**文献（Reference）**：Kuiter and Randall, 1981; Chang, Jan and Shao, 1983; Francis, 1993; Chen, Jan and Shao, 1997; Randall and Lim (eds.), 2000; Huang, 2001; 伍汉霖, 邵广昭, 赖春福等, 2012.
**别名或俗名（Used or common name）**：七彩龙, 柳冷仔, 云纹儒艮鲷.
**分布（Distribution）**：东海, 南海.

### （3823）云斑海猪鱼 *Halichoeres nigrescens* (Bloch *et* Schneider, 1801)

*Labrus nigrescens* Bloch *et* Schneider, 1801: 1-584.
*Halichoeres nigriscens* (Bloch *et* Schneider, 1801).
*Labrus baccatus* Marion de Procé, 1822.
*Halichoeres dianthus* Smith, 1947.
**文献（Reference）**：沈世杰, 1993; Sadovy, 1998; Ni and Kwok, 1999; Kuo and Shao, 1999; Randall and Lim (eds.), 2000; Parenti and Randall, 2000; Huang, 2001; 伍汉霖, 邵广昭, 赖春福等, 2012.
**别名或俗名（Used or common name）**：柳冷仔, 黑带儒艮鲷.
**分布（Distribution）**：东海, 南海.

### （3824）东方海猪鱼 *Halichoeres orientalis* Randall, 1999

*Halichoeres orientalis* Randall, 1999b: 295-300.
**文献（Reference）**：Randall, 1999b: 295-300; Kamohara, 1958; Masuda, Amaoka, Araga *et al.*, 1984; Masuda and Kobayashi, 1994; Randall and Lim (eds.), 2000; 伍汉霖, 邵广昭, 赖春福等, 2012.
**别名或俗名（Used or common name）**：柳冷仔, 东方儒艮鲷.
**分布（Distribution）**：南海.

### （3825）饰妆海猪鱼 *Halichoeres ornatissimus* (Garrett, 1863)

*Julis ornatissimus* Garrett, 1863: 63-67.

文献（Reference）：Shao, Chen, Kao *et al.*, 1993; 沈世杰, 1993; Chen, Shao and Lin, 1995; Chen, Jan and Shao, 1997; Randall and Lim (eds.), 2000; Huang, 2001; 伍汉霖, 邵广昭, 赖春福等, 2012.

别名或俗名（Used or common name）：柳冷仔，饰妆儒艮鲷.

分布（Distribution）：南海.

### （3826）派氏海猪鱼 *Halichoeres pelicieri* Randall *et* Smith, 1982

*Halichoeres pelicieri* Randall *et* Smith, 1982: 1-26.

文献（Reference）：Randall and Smith, 1982: 1-26; 沈世杰, 1993; Huang, 2001; 伍汉霖, 邵广昭, 赖春福等, 2012.

别名或俗名（Used or common name）：柳冷仔，派氏儒艮鲷.

分布（Distribution）：南海.

### （3827）黑额海猪鱼 *Halichoeres prosopeion* (Bleeker, 1853)

*Julis* (*Halichoeres*) *prosopeion* Bleeker, 1853: 317-352.

*Halichoeris prosopeion* (Bleeker, 1853).

文献（Reference）：Arai and Koike, 1980; Shao, 1986; 沈世杰, 1993; Chen, Jan and Shao, 1997; Randall and Lim (eds.), 2000; Huang, 2001; 伍汉霖, 邵广昭, 赖春福等, 2012.

别名或俗名（Used or common name）：黑头龙，柳冷仔，黑额儒艮鲷.

分布（Distribution）：东海，南海.

### （3828）侧带海猪鱼 *Halichoeres scapularis* (Bennett, 1832)

*Julis scapularis* Bennett, 1832: 165-169.

*Halichoeres scalpularis* (Bennett, 1832).

文献（Reference）：Chang, Jan and Shao, 1983; 沈世杰, 1993; Chen, Shao and Lin, 1995; Chen, Jan and Shao, 1997; Leem, Sakamoto, Tsuruda *et al.*, 1998; Randall and Lim (eds.), 2000; Huang, 2001; 伍汉霖, 邵广昭, 赖春福等, 2012.

别名或俗名（Used or common name）：颈带龙，柳冷仔，颈带儒艮鲷.

分布（Distribution）：东海，南海.

### （3829）细棘海猪鱼 *Halichoeres tenuispinis* (Günther, 1862)

*Platyglossus tenuispinis* Günther, 1862: 1-534.

*Artisia festiva* de Beaufort, 1939.

文献（Reference）：Arai and Koike, 1980; Shao and Chen, 1992; Leung, 1994; Ni and Kwok, 1999; Randall, 1999; Randall and Lim (eds.), 2000; 伍汉霖, 邵广昭, 赖春福等, 2012.

别名或俗名（Used or common name）：柳冷仔，细棘儒艮鲷.

分布（Distribution）：东海，南海.

### （3830）帝汶海猪鱼 *Halichoeres timorensis* (Bleeker, 1852)

*Julis timorensis* Bleeker, 1852: 159-174.

*Halichoeres kawarin* (Bleeker, 1852).

文献（Reference）：Herre, 1953b; Randall, 1980; 沈世杰, 1993; Chen, Jan and Shao, 1997; Randall and Lim (eds.), 2000; Huang, 2001; 伍汉霖, 邵广昭, 赖春福等, 2012.

别名或俗名（Used or common name）：柳冷仔，帝汶儒艮鲷.

分布（Distribution）：东海，南海.

### （3831）三斑海猪鱼 *Halichoeres trimaculatus* (Quoy *et* Gaimard, 1834)

*Julis trimaculata* Quoy *et* Gaimard, 1834: 645-720.

文献（Reference）：Chang, Jan and Shao, 1983; Francis, 1991; Francis, 1993; 沈世杰, 1993; Chen, Shao and Lin, 1995; Chen, Jan and Shao, 1997; Ni and Kwok, 1999; Randall and Lim (eds.), 2000; Huang, 2001; Nakamura, Horinouchi, Nakai *et al.*, 2003; 伍汉霖, 邵广昭, 赖春福等, 2012.

别名或俗名（Used or common name）：蚝鱼，三重斑点濑鱼，青汕冷，三斑儒艮鲷，三点儒艮鲷.

分布（Distribution）：东海，南海.

### （3832）大鳞海猪鱼 *Halichoeres zeylonicus* (Bennett, 1833)

*Julis zeylonicus* Bennett, 1833b: 182-184.

*Halichoeres zeylanicus* (Bennett, 1833).

*Halichoeres bimaculatus* Rüppell, 1835.

*Julis girardi* Bleeker, 1858.

文献（Reference）：Randall, Allen and Steene, 1990; 伍汉霖, 邵广昭, 赖春福等, 2012.

别名或俗名（Used or common name）：柳冷仔，金线儒艮鲷.

分布（Distribution）：东海，南海.

## 1169. 厚唇鱼属 *Hemigymnus* Günther, 1861

### （3833）横带厚唇鱼 *Hemigymnus fasciatus* (Bloch, 1792)

*Labrus fasciatus* Bloch, 1792: 1-126.

*Halichoeres fasciatus* (Bloch, 1792).

*Labrus fuliginosus* Lacépède, 1801.

*Labrus malapteronotus* Lacépède, 1801.

*Tautoga leucomos* Bleeker, 1858.

文献（Reference）：Chang, Jan and Shao, 1983; Francis, 1993; Shao, Chen, Kao *et al.*, 1993; 沈世杰, 1993; Chen, Shao and Lin, 1995; Chen, Jan and Shao, 1997; Randall and Lim (eds.), 2000; Huang, 2001; 伍汉霖, 邵广昭, 赖春福等, 2012.

别名或俗名（Used or common name）：斑节龙，大口倍良，阔嘴郎，黑带鹦鲷，大口鹦鲷，条纹半裸鱼.

分布（Distribution）：东海，南海.

### （3834）黑鳍厚唇鱼 *Hemigymnus melapterus* (Bloch, 1791)

*Labrus melapterus* Bloch, 1791: 1-152.
*Halichoeres melapterus* (Bloch, 1791).
*Sparus niger* Lacépède, 1802.
*Julis boryii* Lesson, 1831.

文献（Reference）：Chang, Jan and Shao, 1983; Francis, 1993; Shao, Chen, Kao *et al.*, 1993; 沈世杰, 1993; Chen, Shao and Lin, 1995; Chen, Jan and Shao, 1997; Ni and Kwok, 1999; Randall and Lim (eds.), 2000; Huang, 2001; 伍汉霖, 邵广昭, 赖春福等, 2012.

别名或俗名（Used or common name）：黑白龙，垂口倍良，阔嘴郎，黑鳍鹦鲷，垂口鹦鲷.

分布（Distribution）：东海，南海.

## 1170. 细鳞盔鱼属 *Hologymnosus* Lacépède, 1801

### （3835）环纹细鳞盔鱼 *Hologymnosus annulatus* (Lacépède, 1801)

*Labrus annulatus* Lacépède, 1801: 1-558.
*Hemigumnosus semidiscus* (Lacépède, 1801).
*Hologymnos annulatus* (Lacépède, 1801).

文献（Reference）：Chang, Jan and Shao, 1983; 沈世杰, 1993; Chen, Jan and Shao, 1997; Leem, Sakamoto, Tsuruda *et al.*, 1998; Randall and Lim (eds.), 2000; Huang, 2001; 伍汉霖, 邵广昭, 赖春福等, 2012.

别名或俗名（Used or common name）：铅笔龙，软钻仔，环纹鹦鲷，环纹细鳞鹦鲷.

分布（Distribution）：东海，南海.

### （3836）狭带细鳞盔鱼 *Hologymnosus doliatus* (Lacépède, 1801)

*Labrus doliatus* Lacépède, 1801: 1-558.
*Hologymnos doliatus* (Lacépède, 1801).

文献（Reference）：Francis, 1993; 沈世杰, 1993; Chen, Shao and Lin, 1995; Chen, Jan and Shao, 1997; Randall and Lim (eds.), 2000; Huang, 2001; 伍汉霖, 邵广昭, 赖春福等, 2012.

别名或俗名（Used or common name）：铅笔龙，软钻仔，清尾鹦鲷，长面细鳞鹦鲷.

分布（Distribution）：东海，南海.

### （3837）玫瑰细鳞盔鱼 *Hologymnosus rhodonotus* Randall *et* Yamakawa, 1988

*Hologymnosus rhodonotus* Randall *et* Yamakawa, 1988: 25-30.

文献（Reference）：Randall and Yamakawa, 1988: 25-30; Chen, Chen and Shao, 1999; 伍汉霖, 邵广昭, 赖春福等, 2012.

别名或俗名（Used or common name）：红铅笔龙，红软钻仔，玫瑰鹦鲷，红背细鳞鹦鲷.

分布（Distribution）：东海，南海.

## 1171. 项鳍鱼属 *Iniistius* Gill, 1862

### （3838）短项鳍鱼 *Iniistius aneitensis* (Günther, 1862)

*Novacula aneitensis* Günther, 1862: 1-534.
*Xyrichthys anaitensis* (Günther, 1862).
*Xyrichthys niveilatus* Jordan *et* Evermann, 1903.

文献（Reference）：Shao, 1986; Francis, 1993; 沈世杰, 1993; Chen, Jan and Shao, 1997; Randall and Lim (eds.), 2000; Broad, 2003; 伍汉霖, 邵广昭, 赖春福等, 2012.

别名或俗名（Used or common name）：红姑娘仔，红新娘，竖停仔，胭脂冷，角龙，平倍良，楔鲷，离鳍鲷，虹彩鲷.

分布（Distribution）：东海，南海.

### （3839）鲍氏项鳍鱼 *Iniistius baldwini* (Jordan *et* Evermann, 1903)

*Hemipteronotus baldwini* Jordan *et* Evermann, 1903: 161-208.
*Xyrichtys baldwini* (Jordan *et* Evermann, 1903).
*Hemipteronotus jenkinsi* Snyder, 1904.

文献（Reference）：Parenti and Randall, 2000; Randall and Jonnson, 2008; 伍汉霖, 邵广昭, 赖春福等, 2012.

别名或俗名（Used or common name）：红姑娘仔，红新娘，竖停仔，胭脂冷，角龙，平倍良，丽楔鲷，星离鳍鲷，丽虹彩鲷.

分布（Distribution）：东海，南海.

### （3840）洛神项鳍鱼 *Iniistius dea* (Temminck *et* Schlegel, 1845)

*Xyrichtys dea* Temminck *et* Schlegel, 1845: 113-172.
*Hemipteronotus dea* (Temminck *et* Schlegel, 1845).
*Xyrichthys margaritatus* Fourmanoir, 1967.
*Xyrichtys margaritatus* Fourmanoir, 1967.

文献（Reference）：Masuda, Amaoka, Araga *et al.*, 1984; 沈世杰, 1993; Chen, Shao and Lin, 1995; Shao, 1997; Leem, Sakamoto, Tsuruda *et al.*, 1998; Ni and Kwok, 1999; Randall and Lim (eds.), 2000; 伍汉霖, 邵广昭, 赖春福等, 2012.

别名或俗名（Used or common name）：红连鳍唇鱼，扁砾仔，红姑娘仔，红新娘，竖停仔，胭脂冷，红角龙，红平倍良，红楔鲷，红离鳍鲷.

分布（Distribution）：东海，南海.

### （3841）黑背项鳍鱼 *Iniistius geisha* (Araga *et* Yoshino, 1986)

*Xyrichtys geisha* Araga *et* Yoshino, 1986: 75-79.

文献（Reference）：Myers, 1999; 伍汉霖, 邵广昭, 赖春福

等, 2012.

**别名或俗名（Used or common name）**：黑背连鳍唇鱼, 扁砾仔, 红姑娘仔, 红新娘, 竖停仔, 胭脂冷, 角龙, 平倍良, 黑背楔鲷, 黑背离鳍鲷, 艺伎虹彩鲷.

**分布（Distribution）**：?

### （3842）黑斑项鳍鱼 *Iniistius melanopus* (Bleeker, 1857)

*Novacula melanopus* Bleeker, 1857: 1-102.

*Hemipteronotus melanopus* (Bleeker, 1857).

*Xyrichtys melanopus* (Bleeker, 1857).

**文献（Reference）**：Masuda, Amaoka, Araga *et al.*, 1984; 沈世杰, 1993; Shao, 1997; Randall and Lim (eds.), 2000; Chinese Academy of Fishery Science (CAFS), 2007.

**别名或俗名（Used or common name）**：红姑娘仔, 红新娘, 竖停仔, 胭脂冷, 角龙, 平倍良, 黑斑楔鲷, 黑斑离鳍鲷, 黑斑虹彩鲷.

**分布（Distribution）**：东海, 南海.

### （3843）孔雀项鳍鱼 *Iniistius pavo* (Valenciennes, 1840)

*Xyrichthys pavo* Valenciennes, 1840: 1-464.

*Hemipteronotus pavo* (Valenciennes, 1840).

*Hemipteronotus pavoninus* (Valenciennes, 1840).

*Novacula immaculata* Valenciennes, 1840.

*Xyrichthys panamensis* Fowler, 1944.

**文献（Reference）**：Cuvier and Valenciennes, 1839; Francis, 1993; 沈世杰, 1993; Chen, Shao and Lin, 1995; Chen, Jan and Shao, 1997; Ni and Kwok, 1999; Randall and Lim (eds.), 2000; Huang, 2001; 伍汉霖, 邵广昭, 赖春福等, 2012.

**别名或俗名（Used or common name）**：扁砾仔, 红姑娘仔, 红新娘, 竖停仔, 胭脂冷, 角龙, 平倍良, 孔雀楔鲷, 孔雀离鳍鲷, 巴父虹彩鲷.

**分布（Distribution）**：东海, 南海.

### （3844）五指项鳍鱼 *Iniistius pentadactylus* (Linnaeus, 1758)

*Coryphaena pentadactyla* Linnaeus, 1758: 1-824.

*Hemipteronotus pentadactylus* (Linnaeus, 1758).

*Xirichthys cyanirostris* Guérin-Méneville, 1829.

*Xyrichtys virens* Valenciennes, 1840.

**文献（Reference）**：Herre, 1953b; Ishihara and Zama, 1978; Masuda, Amaoka, Araga *et al.*, 1984; 沈世杰, 1993; Ni and Kwok, 1999; Randall and Lim (eds.), 2000; 伍汉霖, 邵广昭, 赖春福等, 2012.

**别名或俗名（Used or common name）**：五指连鳍唇鱼, 扁砾仔, 红姑娘仔, 红新娘, 竖停仔, 胭脂冷, 角龙, 平倍良, 五指楔鲷, 五指离鳍鲷.

**分布（Distribution）**：东海, 南海.

### （3845）三带项鳍鱼 *Iniistius trivittatus* (Randall *et* Cornish, 2000)

*Xyrichtys trivittatus* Randall *et* Cornish, 2000: 18-22.

**文献（Reference）**：伍汉霖, 邵广昭, 赖春福等, 2012.

**别名或俗名（Used or common name）**：红姑娘仔, 红新娘, 竖停仔, 胭脂冷, 角龙, 平倍良, 三带楔鲷, 三带离鳍鲷, 三带虹彩鲷.

**分布（Distribution）**：东海, 南海.

### （3846）彩虹项鳍鱼 *Iniistius twistii* (Bleeker, 1856)

*Novacula twistii* Bleeker, 1856b: 357-386.

*Xyrichtys twistii* (Bleeker, 1856).

*Novacula stockumii* Reuvens, 1895.

*Hemipteronotus nigromaculatus* Herre, 1933.

**文献（Reference）**：Masuda, Amaoka, Araga *et al.*, 1984; 沈世杰, 1993; Shao, 1997; Randall and Lim (eds.), 2000; Huang, 2001; Broad, 2003; 伍汉霖, 邵广昭, 赖春福等, 2012.

**别名或俗名（Used or common name）**：彩虹连鳍唇鱼, 扁砾仔, 红姑娘仔, 红新娘, 竖停仔, 胭脂冷, 角龙, 平倍良, 黄胸楔鲷, 黄胸离鳍鲷.

**分布（Distribution）**：南海.

### （3847）蔷薇项鳍鱼 *Iniistius verrens* (Jordan *et* Evermann, 1902)

*Hemipteronotus verrens* Jordan *et* Evermann, 1902: 315-368.

*Xyrichtys verrens* (Jordan *et* Evermann, 1902).

*Hemipteronotus caeruleopunctatus* Yu, 1968.

**文献（Reference）**：Burgess and Axelrod, 1974; Masuda, Amaoka, Araga *et al.*, 1984; 沈世杰, 1993; Ni and Kwok, 1999; Randall and Lim (eds.), 2000; 伍汉霖, 邵广昭, 赖春福等, 2012.

**别名或俗名（Used or common name）**：蔷薇连鳍唇鱼, 扁砾仔, 红姑娘仔, 红新娘, 竖停仔, 胭脂冷, 角龙, 平倍良, 蔷薇楔鲷, 蔷薇离鳍鲷, 蔷薇虹彩鲷.

**分布（Distribution）**：东海, 南海.

## 1172. 突唇鱼属 *Labrichthys* Bleeker, 1854

### （3848）单线突唇鱼 *Labrichthys unilineatus* (Guichenot, 1847)

*Cossyphus unilineatus* Guichenot, 1847: 282-284.

*Labrichthys unilineata* (Guichenot, 1847).

*Labrichthys cyanotaenia* Bleeker, 1854.

*Chaerojulis castaneus* Kner *et* Steindachner, 1867.

**文献（Reference）**：Francis, 1993; 沈世杰, 1993; Chen, Shao and Lin, 1995; Randall and Lim (eds.), 2000; Huang, 2001; 伍汉霖, 邵广昭, 赖春福等, 2012.

**别名或俗名（Used or common name）**：黑倍良, 假漂漂, 柳冷仔, 单线鹦鲷.

分布（Distribution）：东海，南海.

## 1173. 裂唇鱼属 *Labroides* Bleeker, 1851

### （3849）双色裂唇鱼 *Labroides bicolor* Fowler *et* Bean, 1928

*Labroides bicolor* Fowler *et* Bean, 1928: 1-525.
*Fowlerella bicolor* (Fowler *et* Bean, 1928).
*Labroides bicolour* Fowler *et* Bean, 1928.
文献（Reference）：Chang, Jan and Shao, 1983; Francis, 1993; 沈世杰, 1993; Chen, Shao and Lin, 1995; Chen, Jan and Shao, 1997; Randall and Lim (eds.), 2000; Huang, 2001; 伍汉霖，邵广昭，赖春福等, 2012.
别名或俗名（Used or common name）：鱼医生，两色倍良，假漂漂，柳冷仔，两色拟隆鲷，两色鹦鲷.
分布（Distribution）：东海，南海.

### （3850）裂唇鱼 *Labroides dimidiatus* (Valenciennes, 1839)

*Cossyphus dimidiatus* Valenciennes, 1839: 1-505.
*Labroides dimidatus* (Valenciennes, 1839).
文献（Reference）：Shao, Chen, Kao *et al.*, 1993; 沈世杰, 1993; Chen, Shao and Lin, 1995; Chen, Jan and Shao, 1997; Randall and Lim (eds.), 2000; Huang, 2001; 伍汉霖，邵广昭，赖春福等, 2012.
别名或俗名（Used or common name）：鱼医生，蓝倍良，漂漂，柳冷仔，半带拟隆鲷，蓝带裂唇鲷.
分布（Distribution）：东海，南海.

### （3851）胸斑裂唇鱼 *Labroides pectoralis* Randall *et* Springer, 1975

*Labroides pectoralis* Randall *et* Springer, 1975: 4-11.
文献（Reference）：Randall and Springer, 1975: 4-11; Masuda, Amaoka, Araga *et al.*, 1984; Chen, Jan and Shao, 1997; Myers, 1999; Randall and Lim (eds.), 2000; 伍汉霖，邵广昭，赖春福等, 2012.
别名或俗名（Used or common name）：鱼医生，倍良，柳冷仔，胸斑拟隆鲷.
分布（Distribution）：东海，南海.

## 1174. 褶唇鱼属 *Labropsis* Schmidt, 1931

### （3852）曼氏褶唇鱼 *Labropsis manabei* Schmidt, 1931

*Labropsis manabei* Schmidt, 1931: 19-156.
文献（Reference）：Randall, 1981; 沈世杰, 1993; Chen, Jan and Shao, 1997; Randall and Lim (eds.), 2000; Huang, 2001; 伍汉霖，邵广昭，赖春福等, 2012.
别名或俗名（Used or common name）：倍良，柳冷仔，曼氏拟隆鲷.
分布（Distribution）：东海，南海.

### （3853）多纹褶唇鱼 *Labropsis xanthonota* Randall, 1981

*Labropsis xanthonota* Randall, 1981b: 125-155.
*Labrichthys xanthonota* (Randall, 1981).
文献（Reference）：Randall, 1981b: 125-155; Shepard and Meyer, 1978; 沈世杰, 1993; Chen, Jan and Shao, 1997; Randall and Lim (eds.), 2000; 伍汉霖，邵广昭，赖春福等, 2012.
别名或俗名（Used or common name）：倍良，柳冷仔，多纹拟隆鲷.
分布（Distribution）：东海，南海.

## 1175. 蓝胸鱼属 *Leptojulis* Bleeker, 1862

### （3854）阿曼蓝胸鱼 *Leptojulis cyanopleura* (Bleeker, 1853)

*Julis* (*Halichoeres*) *cyanopleura* Bleeker, 1853: 452-516.
*Halichoeres cyanopleura* (Bleeker, 1853).
*Julis pyrrhogrammatoides* Bleeker, 1853.
文献（Reference）：Randall and Lim (eds.), 2000; Werner and Allen, 2000; Huang, 2001; Chinese Academy of Fishery Science (CAFS), 2007; 伍汉霖，邵广昭，赖春福等, 2012.
分布（Distribution）：南海.

### （3855）项斑蓝胸鱼 *Leptojulis lambdastigma* Randall *et* Ferraris, 1981

*Leptojulis lambdastigma* Randall *et* Ferraris, 1981: 89-96.
文献（Reference）：Randall and Ferraris, 1981: 89-96; Shao, 1986; 沈世杰, 1993; Randall, 1996; Randall and Lim (eds.), 2000; Huang, 2001; 伍汉霖，邵广昭，赖春福等, 2012.
别名或俗名（Used or common name）：柳冷仔，颈斑鹦鲷.
分布（Distribution）：东海，南海.

### （3856）尾斑蓝胸鱼 *Leptojulis urostigma* Randall, 1996

*Leptojulis urostigma* Randall, 1996a: 1-20.
文献（Reference）：Randall, 1996a: 1-20; Randall and Lim (eds.), 2000; 伍汉霖，邵广昭，赖春福等, 2012.
别名或俗名（Used or common name）：柳冷仔，尾斑鹦鲷.
分布（Distribution）：南海.

## 1176. 大咽齿鱼属 *Macropharyngodon* Bleeker, 1862

### （3857）珠斑大咽齿鱼 *Macropharyngodon meleagris* (Valenciennes, 1839)

*Julis meleagris* Valenciennes, 1839: 1-505.

*Macropharyngodon meliagris* (Valenciennes, 1839).
*Leptojulis pardalis* Kner, 1867.
*Halichoeres nigropunctatus* Seale, 1901.
**文献（Reference）**：Chang, Jan and Shao, 1983; Masuda, Amaoka, Araga *et al.*, 1984; Francis, 1993; 沈世杰, 1993; Chen, Shao and Lin, 1995; Chen, Jan and Shao, 1997; Randall and Lim (eds.), 2000; Huang, 2001; 伍汉霖, 邵广昭, 赖春福等, 2012.
**别名或俗名（Used or common name）**：石斑龙, 娘仔鱼, 朱斑大咽鹦鲷, 网纹曲齿鹦鲷, 珠鹦鲷.
**分布（Distribution）**：东海, 南海.

#### （3858）莫氏大咽齿鱼 *Macropharyngodon moyeri* Shepard *et* Meyer, 1978

*Macropharyngodon moyeri* Shepard *et* Meyer, 1978: 159-164.
**文献（Reference）**：Shepard and Meyer, 1978: 159-164; 沈世杰, 1993; Wang, Chen and Shao, 1994; Shao, 1997; Endo, Yamakawa, Hirata *et al.*, 2001; 伍汉霖, 邵广昭, 赖春福等, 2012.
**别名或俗名（Used or common name）**：石斑龙, 娘仔鱼, 莫氏大咽鹦鲷, 莫氏曲齿鹦鲷, 莫氏鹦鲷.
**分布（Distribution）**：南海.

#### （3859）胸斑大咽齿鱼 *Macropharyngodon negrosensis* Herre, 1932

*Macropharyngodon negrosensis* Herre, 1932b: 139-142.
**文献（Reference）**：Herre, 1932b: 139-142; Masuda, Amaoka, Araga *et al.*, 1984; 沈世杰, 1993; Chen, Jan and Shao, 1997; Randall and Lim (eds.), 2000; Huang, 2001; 伍汉霖, 邵广昭, 赖春福等, 2012.
**别名或俗名（Used or common name）**：石斑龙, 娘仔鱼, 黑大咽鹦鲷, 黑曲齿鹦鲷, 黑鹦鲷.
**分布（Distribution）**：东海, 南海.

### 1177. 美鳍鱼属 *Novaculichthys* Bleeker, 1862

#### （3860）带尾美鳍鱼 *Novaculichthys taeniourus* (Lacépède, 1801)

*Labrus taeniourus* Lacépède, 1801: 1-558.
*Hemipteronotus taeniourus* (Lacépède, 1801).
*Julis bifer* Lay *et* Bennett, 1839.
*Novaculichthys bifer* (Lay *et* Bennett, 1839).
**文献（Reference）**：Chang, Jan and Shao, 1983; Francis, 1993; Shao, Chen, Kao *et al.*, 1993; 沈世杰, 1993; Chen, Shao and Lin, 1995; Chen, Jan and Shao, 1997; Randall and Lim (eds.), 2000; Huang, 2001; Randall and Earle, 2004; 伍汉霖, 邵广昭, 赖春福等, 2012.
**别名或俗名（Used or common name）**：角龙, 娘仔鱼, 带尾鹦鲷.
**分布（Distribution）**：东海, 南海.

### 1178. 似美鳍鱼属 *Novaculoides* Randall *et* Earle, 2004

#### （3861）大鳞似美鳍鱼 *Novaculoides macrolepidotus* (Bloch, 1791)

*Labrus macrolepidotus* Bloch, 1791: 1-152.
*Novaculichthys macrolepidotus* (Bloch, 1791).
*Julis taenianotus* Quoy *et* Gaimard, 1824.
*Novacula julioides* Bleeker, 1851.
**文献（Reference）**：Francis, 1993; 沈世杰, 1993; Myers, 1999; Randall and Lim (eds.), 2000; Huang, 2001; Nakamura, Horinouchi, Nakai *et al.*, 2003; Randall and Earle, 2004; 伍汉霖, 邵广昭, 赖春福等, 2012.
**别名或俗名（Used or common name）**：角龙, 娘仔鱼, 大鳞鹦鲷.
**分布（Distribution）**：南海.

### 1179. 软棘唇鱼属 *Novaculops*

#### （3862）伍氏软棘唇鱼 *Novaculops woodi* (Jenkins, 1901)

*Novaculichthys entargyreus* Jenkins, 1901: 45-65.
*Novaculichthys tattoo* Seale, 1901.
*Novaculichthys woodi* Jenkins, 1901.
**文献（Reference）**：Masuda, Amaoka, Araga *et al.*, 1984; 沈世杰, 1993; Shao, 1997; Randall and Lim (eds.), 2000; Huang, 2001; Randall, Earle and Rocha, 2008.
**别名或俗名（Used or common name）**：伍氏连鳍唇鱼, 扁砾仔, 红姑娘仔, 红新娘, 竖停仔, 胭脂冷, 角龙, 平倍良, 伍氏楔鲷, 伍氏离鳍鲷.
**分布（Distribution）**：南海.

### 1180. 尖唇鱼属 *Oxycheilinus* Gill, 1862

#### （3863）斑点尖唇鱼 *Oxycheilinus arenatus* (Valenciennes, 1840)

*Cheilinus arenatus* Valenciennes, 1840: 1-464.
*Oxycheilinus notophthalmus* (Bleeker, 1853).
**文献（Reference）**：Cuvier and Valenciennes, 1839; Herre, 1953b; Ganaden and Lavapie-Gonzales, 1999; Carpenter and Niem, 2001; 伍汉霖, 邵广昭, 赖春福等, 2012.
**别名或俗名（Used or common name）**：斑点龙, 汕散仔, 阔嘴郎, 斑点鹦鲷.
**分布（Distribution）**：东海, 南海.

#### （3864）双斑尖唇鱼 *Oxycheilinus bimaculatus* (Valenciennes, 1840)

*Cheilinus bimaculatus* Valenciennes, 1840: 1-464.

文献（Reference）：Cuvier and Valenciennes, 1839; Francis, 1993; 沈世杰, 1993; Chen, Shao and Lin, 1995; Chen, Jan and Shao, 1997; Randall and Lim (eds.), 2000; Huang, 2001; Carpenter and Niem, 2001; Nakamura, Horinouchi, Nakai *et al.*, 2003; 伍汉霖, 邵广昭, 赖春福等, 2012.
别名或俗名（Used or common name）：双点龙, 丝仔鱼, 双斑鹦鲷.
分布（Distribution）：东海, 南海.

**（3865）西里伯斯尖唇鱼 *Oxycheilinus celebicus* (Bleeker, 1853)**
*Cheilinus celebicus* Bleeker, 1853: 153-174.
*Cheilinus oxyrhynchus* Bleeker, 1862.
文献（Reference）：Chen, Shao and Lin, 1995; Myers, 1999; Randall and Lim (eds.), 2000; Huang, 2001; Bos, 2012; 伍汉霖, 邵广昭, 赖春福等, 2012.
别名或俗名（Used or common name）：西里伯斯龙, 汕散仔, 阔嘴郎, 西里伯斯鹦鲷.
分布（Distribution）：南海.

**（3866）双线尖唇鱼 *Oxycheilinus digramma* (Lacépède, 1801)**
*Labrus digramma* Lacépède, 1801: 1-558.
*Cheilinus diagramma* (Lacépède, 1801).
*Sparus radiatus* Bloch *et* Schneider, 1801.
*Cheilinus roseus* Valenciennes, 1840.
文献（Reference）：沈世杰, 1993; Chen, Shao and Lin, 1995; Chen, Jan and Shao, 1997; Randall and Lim (eds.), 2000; Huang, 2001.
别名或俗名（Used or common name）：双线龙, 汕散仔, 阔嘴郎, 双线鹦鲷.
分布（Distribution）：东海, 南海.

**（3867）大颏尖唇鱼 *Oxycheilinus mentalis* (Rüppell, 1828)**
*Cheilinus mentalis* Rüppell, 1828: 1-141.
文献（Reference）：Herre, 1953b; Huang, 2001; 伍汉霖, 邵广昭, 赖春福等, 2012.
分布（Distribution）：东海, 南海.

**（3868）东方尖唇鱼 *Oxycheilinus orientalis* (Günther, 1862)**
*Cheilinus orientalis* Günther, 1862: 1-534.
*Cheilinus rhodochrous* Günther, 1867.
*Oxycheilinus rhodochrous* (Günther, 1867).
文献（Reference）：Chang, Jan and Shao, 1983; Shao, 1986; Shao, Shen, Chiu *et al.*, 1992; Chen, Jan and Shao, 1997; Randall and Lim (eds.), 2000; Huang, 2001; Carpenter and Niem, 2001; Randall and Khalaf, 2003; Bos, 2012; 伍汉霖, 邵广昭, 赖春福等, 2012.
别名或俗名（Used or common name）：东方龙, 汕散仔, 阔嘴郎, 东方鹦鲷.
分布（Distribution）：南海.

**（3869）单带尖唇鱼 *Oxycheilinus unifasciatus* (Streets, 1877)**
*Cheilinus unifasciatus* Streets, 1877: 43-102.
文献（Reference）：Shao, Chen, Kao *et al.*, 1993; 沈世杰, 1993; Chen, Shao and Lin, 1995; Chen, Jan and Shao, 1997; Ni and Kwok, 1999; Randall and Lim (eds.), 2000; Huang, 2001; Carpenter and Niem, 2001; 伍汉霖, 邵广昭, 赖春福等, 2012.
别名或俗名（Used or common name）：单带龙, 汕散仔, 阔嘴郎, 单带鹦鲷, 玫瑰鹦鲷.
分布（Distribution）：东海, 南海.

## 1181. 副唇鱼属 *Paracheilinus* Fourmanoir, 1955

**（3870）卡氏副唇鱼 *Paracheilinus carpenteri* Randall *et* Lubbock, 1981**
*Paracheilinus carpenteri* Randall *et* Lubbock, 1981: 19-30.
文献（Reference）：Randall and Lubbock, 1981: 19-30; 沈世杰, 1993; Wang, Chen and Shao, 1994; Randall and Lim (eds.), 2000; Huang, 2001; 伍汉霖, 邵广昭, 赖春福等, 2012.
别名或俗名（Used or common name）：卡氏副鹦鲷.
分布（Distribution）：南海.

## 1182. 副海猪鱼属 *Parajulis* Bleeker, 1865

**（3871）花鳍副海猪鱼 *Parajulis poecilepterus* (Temminck *et* Schlegel, 1845)**
*Julis poecilepterus* Temminck *et* Schlegel, 1845: 113-172.
*Halichoeres poecilopterus* (Temminck *et* Schlegel, 1845).
*Parajulis poecilopterus* (Temminck *et* Schlegel, 1845).
*Julis thirsites* Richardson, 1846.
文献（Reference）：Chang, Jan and Shao, 1983; Kimura, Nakayama and Mori, 1992; Shao and Chen, 1992; Shao, Chen, Kao *et al.*, 1993; 沈世杰, 1993; Yamada, Shirai, Irie *et al.*, 1995; Ni and Kwok, 1999; Horinouchi and Sano, 2000; Randall and Lim (eds.), 2000; Parenti and Randall, 2000; Huang, 2001; 伍汉霖, 邵广昭, 赖春福等, 2012.
别名或俗名（Used or common name）：红点龙, 红倍良（母）, 青倍良（公）, 花翅儒艮鲷, 花鳍儒艮鲷.
分布（Distribution）：东海, 南海.

## 1183. 拟唇鱼属 *Pseudocheilinus* Bleeker, 1862

**（3872）姬拟唇鱼 *Pseudocheilinus evanidus* Jordan *et* Evermann, 1903**
*Pseudocheilinus evanidus* Jordan *et* Evermann, 1903: 161-208.

文献（Reference）：Shepard and Okamoto, 1977; Shao, 1986; 沈世杰, 1993; Chen, Shao and Lin, 1995; Chen, Jan and Shao, 1997; Randall, 1999; Randall and Lim (eds.), 2000; 伍汉霖, 邵广昭, 赖春福等, 2012.

别名或俗名（Used or common name）：姬拟鹦鲷, 姬龙, 汕冷仔.

分布（Distribution）：东海, 南海.

### （3873）六带拟唇鱼 *Pseudocheilinus hexataenia* (Bleeker, 1857)

*Cheilinus hexataenia* Bleeker, 1857: 1-102.

*Pseudolabrus hexataenia* (Bleeker, 1857).

*Pseudocheilinus psittaculus* Kner *et* Steindachner, 1867.

文献（Reference）：Chang, Jan and Shao, 1983; Francis, 1993; 沈世杰, 1993; Chen, Shao and Lin, 1995; Chen, Jan and Shao, 1997; Randall, 1999; Randall and Lim (eds.), 2000; Huang, 2001; 伍汉霖, 邵广昭, 赖春福等, 2012.

别名或俗名（Used or common name）：六带拟鹦鲷, 六线龙, 汕冷仔.

分布（Distribution）：东海, 南海.

### （3874）眼斑拟唇鱼 *Pseudocheilinus ocellatus* Randall, 1999

*Pseudocheilinus ocellatus* Randall, 1999c: 1-34.

文献（Reference）：Randall, 1999c: 1-34; Masuda and Kobayashi, 1994; 伍汉霖, 邵广昭, 赖春福等, 2012.

别名或俗名（Used or common name）：眼斑拟鹦鲷, 眼斑龙, 汕冷仔.

分布（Distribution）：东海, 南海.

### （3875）八带拟唇鱼 *Pseudocheilinus octotaenia* Jenkins, 1901

*Pseudocheilinus octotaenia* Jenkins, 1901: 45-65.

*Pseudocheilinus margaretae* Smith, 1956.

文献（Reference）：Shao, 1986; 沈世杰, 1993; Chen, Jan and Shao, 1997; Randall, 1999; Randall and Lim (eds.), 2000; Huang, 2001; 伍汉霖, 邵广昭, 赖春福等, 2012.

别名或俗名（Used or common name）：条纹拟鹦鲷, 八带龙, 汕冷仔.

分布（Distribution）：东海, 南海.

## 1184. 拟盔鱼属 *Pseudocoris* Bleeker, 1862

### （3876）橘纹拟盔鱼 *Pseudocoris aurantiofasciata* Fourmanoir, 1971

*Pseudocoris aurantiofasciatus* Fourmanoir, 1971: 127-135.

文献（Reference）：Fourmanoir, 1971: 127-135; 伍汉霖, 邵广昭, 赖春福等, 2012.

别名或俗名（Used or common name）：橘纹拟鹦鲷, 橘色龙, 汕冷仔.

分布（Distribution）：南海.

### （3877）布氏拟盔鱼 *Pseudocoris bleekeri* (Hubrecht, 1876)

*Coris bleekeri* Hubrecht, 1876: 214-215.

*Coris philippina* Fowler *et* Bean, 1928.

*Pseudocoris philippina* (Fowler *et* Bean, 1928).

*Julis albolumbata* Schmidt, 1931.

文献（Reference）：Herre, 1953b; Masuda, Amaoka, Araga *et al.*, 1984; Parenti and Randall, 2000; 伍汉霖, 邵广昭, 赖春福等, 2012.

别名或俗名（Used or common name）：布氏拟鹦鲷, 黄点龙, 汕冷仔.

分布（Distribution）：?

### （3878）异鳍拟盔鱼 *Pseudocoris heteroptera* (Bleeker, 1857)

*Julis* (*Halichoeres*) *heteropterus* Bleeker, 1857: 1-102.

*Pseudocoris heteropterus* (Bleeker, 1857).

文献（Reference）：Herre, 1953b; Masuda, Amaoka, Araga *et al.*, 1984; Shao, 1997; Ganaden and Lavapie-Gonzales, 1999; Randall and Lim (eds.), 2000; 伍汉霖, 邵广昭, 赖春福等, 2012.

分布（Distribution）：南海.

### （3879）眼斑拟盔鱼 *Pseudocoris ocellata* Chen *et* Shao, 1995

*Pseudocoris ocellatus* Chen *et* Shao, 1995b: 689-693.

文献（Reference）：Chen and Shao, 1995b: 689-693; Randall and Lim (eds.), 2000; 伍汉霖, 邵广昭, 赖春福等, 2012.

别名或俗名（Used or common name）：侧斑拟鹦鲷, 黄彩龙, 汕冷仔.

分布（Distribution）：南海.

### （3880）山下氏拟盔鱼 *Pseudocoris yamashiroi* (Schmidt, 1931)

*Julis yamashiroi* Schmidt, 1931: 19-156.

*Julis awayae* Schmidt, 1931.

文献（Reference）：Shao, 1986; Shao and Chen, 1992; Francis, 1993; 沈世杰, 1993; Chen, Jan and Shao, 1997; Randall and Lim (eds.), 2000; Huang, 2001; 伍汉霖, 邵广昭, 赖春福等, 2012.

别名或俗名（Used or common name）：山下氏拟鹦鲷, 粉红龙.

分布（Distribution）：东海, 南海.

## 1185. 拟凿牙鱼属 *Pseudodax* Bleeker, 1861

### （3881）摩鹿加拟凿牙鱼 *Pseudodax moluccanus* (Valenciennes, 1840)

*Odax moluccanus* Valenciennes, 1840: 1-464.

*Pseudodax moluccans* (Valenciennes, 1840).

**文献（Reference）**：Cuvier and Valenciennes, 1839; Chen, Jan and Shao, 1997; Randall and Lim (eds.), 2000; Huang, 2001; Carpenter and Niem, 2001; 伍汉霖, 邵广昭, 赖春福等, 2012.

**别名或俗名（Used or common name）**：拟岩鳕, 凿子齿鲷.

**分布（Distribution）**：东海, 南海.

### 1186. 似虹锦鱼属 *Pseudojuloides* Fowler, 1949

**（3882）细尾似虹锦鱼 *Pseudojuloides cerasinus* (Snyder, 1904)**

*Pseudojulis cerasina* Snyder, 1904: 513-538.

*Pseudojudoides cerasinus* (Snyder, 1904).

**文献（Reference）**：Randall and Randall, 1981; Masuda, Amaoka, Araga *et al.*, 1984; Francis, 1993; Ho, Shao, Chen *et al.* (何林泰, 邵广昭, 陈正平等), 1993; 沈世杰, 1993; Randall and Lim (eds.), 2000; 伍汉霖, 邵广昭, 赖春福等, 2012.

**别名或俗名（Used or common name）**：红铅笔, 小红软钻仔, 小汕冷仔.

**分布（Distribution）**：南海.

### 1187. 拟隆头鱼属 *Pseudolabrus* Bleeker, 1862

**（3883）红项拟隆头鱼 *Pseudolabrus eoethinus* (Richardson, 1846)**

*Labrus eoethinus* Richardson, 1846: 187-320.

*Pseudolabrus eothinus* (Richardson, 1846).

**文献（Reference）**：沈世杰, 1993; Sadovy and Cornish, 2000; Randall and Lim (eds.), 2000; Parenti and Randall, 2000; Kim, Choi, Lee *et al.*, 2005; 伍汉霖, 邵广昭, 赖春福等, 2012.

**别名或俗名（Used or common name）**：红砾仔, 竹叶鹦鲷, 赤猫, 粗鳞沙.

**分布（Distribution）**：南海.

**（3884）日本拟隆头鱼 *Pseudolabrus japonicus* (Houttuyn, 1782)**

*Labrus japonicus* Houttuyn, 1782: 311-350.

*Labrichthys coccineus rubiginosus* (Temminck *et* Schlegel, 1845).

*Labrichthys rubiginosa* (Temminck *et* Schlegel, 1845).

**文献（Reference）**：Arai and Koike, 1980; Masuda, Amaoka, Araga *et al.*, 1984; Shao and Chen, 1992; Ni and Kwok, 1999; Chiu and Hsieh, 2001; Huang, 2001; 伍汉霖, 邵广昭, 赖春福等, 2012.

**分布（Distribution）**：南海.

**（3885）西氏拟隆头鱼 *Pseudolabrus sieboldi* Mabuchi *et* Nakabo, 1997**

*Pseudolabrus sieboldi* Mabuchi *et* Nakabo, 1997: 321-334.

**文献（Reference）**：沈世杰, 1993; Kim, Choi, Lee *et al.*, 2005; 伍汉霖, 邵广昭, 赖春福等, 2012.

**别名或俗名（Used or common name）**：红砾仔, 竹叶鹦鲷, 赤猫, 粗鳞沙.

**分布（Distribution）**：东海, 南海.

### 1188. 高体盔鱼属 *Pteragogus* Peters, 1855

**（3886）长鳍高体盔鱼 *Pteragogus aurigarius* (Richardson, 1845)**

*Ctenolabrus aurigarius* Richardson, 1845: 71-98.

*Ctenolabrus rubellio* Richardson, 1845.

*Crenilabrus spilogaster* Bleeker, 1854.

*Duymaeria japonica* Bleeker, 1856.

**文献（Reference）**：沈世杰, 1993; Chen, Chen and Shao, 1999; Randall and Lim (eds.), 2000; 伍汉霖, 邵广昭, 赖春福等, 2012.

**别名或俗名（Used or common name）**：荔枝鱼, 瘦牙, 砂遍罗, 黄莺鱼, 丝仔鱼, 猫仔鱼婆, 丝鳍鹦鲷, 曳丝鹦鲷.

**分布（Distribution）**：东海, 南海.

**（3887）隐秘高体盔鱼 *Pteragogus cryptus* Randall, 1981**

*Pterogogus cryptus* Randall, 1981c: 79-109.

**文献（Reference）**：沈世杰, 1993; Wang, Chen and Shao, 1994; Chen, Chen and Shao, 1999; Randall and Lim (eds.), 2000; 伍汉霖, 邵广昭, 赖春福等, 2012.

**别名或俗名（Used or common name）**：荔枝鱼, 瘦牙, 砂遍罗, 黄莺鱼, 丝仔鱼, 猫仔鱼婆, 丝鳍鹦鲷, 曳丝鹦鲷.

**分布（Distribution）**：南海.

**（3888）九棘高体盔鱼 *Pteragogus enneacanthus* (Bleeker, 1853)**

*Crenilabrus enneacanthus* Bleeker, 1853: 91-130.

*Pterogogus enneacanthus* (Bleeker, 1853).

*Duymaeria amboinensis* Bleeker, 1856.

**文献（Reference）**：Chen, Chen and Shao, 1999; Werner and Allen, 2000; 伍汉霖, 邵广昭, 赖春福等, 2012.

**别名或俗名（Used or common name）**：荔枝鱼, 瘦牙, 砂遍罗, 黄莺鱼, 丝仔鱼, 猫仔鱼婆, 丝鳍鹦鲷, 曳丝鹦鲷.

**分布（Distribution）**：南海.

### 1189. 紫胸鱼属 *Stethojulis* Günther, 1861

**（3889）圈紫胸鱼 *Stethojulis balteata* (Quoy *et* Gaimard, 1824)**

*Julis balteatus* Quoy *et* Gaimard, 1824: 192-401.

*Hinalea axillaris* (Quoy *et* Gaimard, 1824).
*Hinalea balteata* (Quoy *et* Gaimard, 1824).
*Stethojulis axillaris* (Quoy *et* Gaimard, 1824).
**文献（Reference）：** Herre, 1953b; Shao, Lin, Ho *et al.*, 1990; Ni and Kwok, 1999; Huang, 2001; 伍汉霖, 邵广昭, 赖春福等, 2012.
**分布（Distribution）：** 南海.

### （3890）黑星紫胸鱼 *Stethojulis bandanensis* (Bleeker, 1851)

*Julis* (*Halichoeres*) *bandanensis* Bleeker, 1851: 225-261.
*Stethojulis bananensis* (Bleeker, 1851).
*Stethojulis casturi* Günther, 1881.
*Stethojulis rubromacula* Scott, 1959.
*Stethojulis linearis* Schultz, 1960.
**文献（Reference）：** Chang, Jan and Shao, 1983; Francis, 1991; Shao and Chen, 1992; Francis, 1993; Shao, Chen, Kao *et al.*, 1993; Chen, Shao and Lin, 1995; Chen, Jan and Shao, 1997; Randall and Lim (eds.), 2000; Huang, 2001; 伍汉霖, 邵广昭, 赖春福等, 2012.
**别名或俗名（Used or common name）：** 红肩龙, 柳冷仔, 汕冷仔, 纵线鹦鲷, 斑达鹦鲷.
**分布（Distribution）：** 东海, 南海.

### （3891）断带紫胸鱼 *Stethojulis interrupta* (Bleeker, 1851)

*Julis* (*Halichoeres*) *interruptus* Bleeker, 1851: 225-261.
*Stetholulis interrupta* (Bleeker, 1851).
*Julis kallasoma* Bleeker, 1852.
*Stethojulis zatima* Jordan *et* Seale, 1905.
**文献（Reference）：** Arai and Koike, 1980; Chang, Jan and Shao, 1983; White, 1987; Shao and Chen, 1992; Francis, 1993; Shao, Chen, Kao *et al.*, 1993; Leung, 1994; Chen, Shao and Lin, 1995; Ni and Kwok, 1999; Horinouchi and Sano, 2000; Randall and Lim (eds.), 2000; Huang, 2001; 伍汉霖, 邵广昭, 赖春福等, 2012.
**分布（Distribution）：** 南海.

### （3892）虹纹紫胸鱼 *Stethojulis strigiventer* (Bennett, 1833)

*Julis strigiventer* Bennett, 1833c: 184.
*Stethojulis stringiventer* (Bennett, 1833).
*Julis renardi* Bleeker, 1851.
*Stethojulis psacas* Jordan *et* Snyder, 1902.
**文献（Reference）：** Shao, Chen, Kao *et al.*, 1993; 沈世杰, 1993; Chen, Shao and Lin, 1995; Randall and Lim (eds.), 2000; Randall, 2000; Huang, 2001; Nakamura, Horinouchi, Nakai *et al.*, 2003; 伍汉霖, 邵广昭, 赖春福等, 2012.
**别名或俗名（Used or common name）：** 虹纹龙, 柳冷仔, 汕冷仔, 虹纹鹦鲷.
**分布（Distribution）：** 东海, 南海.

### （3893）断纹紫胸鱼 *Stethojulis terina* Jordan *et* Snyder, 1902

*Stethojulis terina* Jordan *et* Snyder, 1902.
*Stethojulis interrupta terina* Jordan *et* Snyder, 1902: 595-662.
*Stethojulis trossula* Jordan *et* Snyder, 1902.
**文献（Reference）：** Shao, Shen, Chiu *et al.*, 1992; 沈世杰, 1993; Ni and Kwok, 1999; Randall, 2000; 伍汉霖, 邵广昭, 赖春福等, 2012.
**别名或俗名（Used or common name）：** 断纹龙, 柳冷仔, 汕冷仔, 断纹鹦鲷.
**分布（Distribution）：** 南海.

### （3894）三线紫胸鱼 *Stethojulis trilineata* (Bloch *et* Schneider, 1801)

*Labrus trilineatus* Bloch *et* Schneider, 1801: 1-584.
*Halichoeres trilineata* (Bloch *et* Schneider, 1801).
*Julis phekadopleura* Bleeker, 1849.
*Halichoeres sebae* Kner, 1860.
**文献（Reference）：** Chang, Jan and Shao, 1983; Shao and Chen, 1992; Shao, Chen, Kao *et al.*, 1993; 沈世杰, 1993; Chen, Shao and Lin, 1995; Chen, Jan and Shao, 1997; Leem, Sakamoto, Tsuruda *et al.*, 1998; Randall and Lim (eds.), 2000; Huang, 2001; 伍汉霖, 邵广昭, 赖春福等, 2012.
**别名或俗名（Used or common name）：** 三线龙, 柳冷仔, 汕冷仔, 三线鹦鲷.
**分布（Distribution）：** 东海, 南海.

## 1190. 苏彝士隆头鱼属 *Suezichthys* Smith, 1958

### （3895）细长苏彝士隆头鱼 *Suezichthys gracilis* (Steindachner *et* Döderlein, 1887)

*Labrichthys gracilis* Steindachner *et* Döderlein, 1887: 257-296.
*Pseudolabrus gracilis* (Steindachner *et* Döderlein, 1887).
**文献（Reference）：** Russell, 1985; Shao and Chen, 1992; Shao, Chen, Kao *et al.*, 1993; 沈世杰, 1993; Leung, 1994; Ni and Kwok, 1999; Randall and Lim (eds.), 2000; Huang, 2001; 伍汉霖, 邵广昭, 赖春福等, 2012.
**别名或俗名（Used or common name）：** 红柳冷仔, 细鳞拟鹦鲷.
**分布（Distribution）：** 东海, 南海.

## 1191. 锦鱼属 *Thalassoma* Swainson, 1839

### （3896）钝头锦鱼 *Thalassoma amblycephalum* (Bleeker, 1856)

*Julis* (*Julis*) *amblycephalus* Bleeker, 1856d: 81-92.
*Thalassoma amblycephala* (Bleeker, 1856).
*Thalassoma melanochir* (Bleeker, 1857).

*Pseudojuloides trifasciatus* (Weber, 1913).

**文献（Reference）**：Bleeker, 1856d: 81-92; Chang, Jan and Shao, 1983; Francis, 1993; 沈世杰, 1993; Chen, Shao and Lin, 1995; Chen, Jan and Shao, 1997; Ni and Kwok, 1999; Randall and Lim (eds.), 2000; Huang, 2001; 伍汉霖, 邵广昭, 赖春福等, 2012.

**别名或俗名（Used or common name）**：四齿，砾仔，碇仔，青开叉，钝头叶鲷，钝吻叶鲷.

**分布（Distribution）**：东海，南海.

## （3897）环带锦鱼 *Thalassoma cupido* (Temminck *et* Schlegel, 1845)

*Julis cupido* Temminck *et* Schlegel, 1845: 113-172.

**文献（Reference）**：Meyer, 1977; Arai and Koike, 1980; Chang, Jan and Shao, 1983; 沈世杰, 1993; Randall and Lim (eds.), 2000; Huang, 2001; 伍汉霖, 邵广昭, 赖春福等, 2012.

**别名或俗名（Used or common name）**：四齿，砾仔，柳冷仔，花面素鲷，绿叶鲷.

**分布（Distribution）**：东海，南海.

## （3898）鞍斑锦鱼 *Thalassoma hardwicke* (Bennett, 1830)

*Sparus hardwicke* Bennett, 1830: 30 unnumbered pages.

*Thalassoma hardwichei* (Bennett, 1830).

*Julis schwanenfeldii* Bleeker, 1853.

*Thalassoma schwanenfeldii* (Bleeker, 1853).

**文献（Reference）**：Bennett, 1834; Chang, Jan and Shao, 1983; Francis, 1993; Shao, Chen, Kao *et al.*, 1993; 沈世杰, 1993; Chen, Shao and Lin, 1995; Chen, Jan and Shao, 1997; Ni and Kwok, 1999; Randall and Lim (eds.), 2000; Huang, 2001; 伍汉霖, 邵广昭, 赖春福等, 2012.

**别名或俗名（Used or common name）**：四齿，砾仔，六带龙，柳冷仔，青汕冷，青铜管，哈氏叶鲷.

**分布（Distribution）**：东海，南海.

## （3899）詹氏锦鱼 *Thalassoma jansenii* (Bleeker, 1856)

*Julis* (*Julis*) *jansenii* Bleeker, 1856: 1-80.

*Thalassoma janseni* (Bleeker, 1856).

**文献（Reference）**：Chang, Jan and Shao, 1983; Francis, 1991; Francis, 1993; 沈世杰, 1993; Chen, Shao and Lin, 1995; Randall and Lim (eds.), 2000; Huang, 2001; Randall, 2003; Walsh and Randall, 2004; 伍汉霖, 邵广昭, 赖春福等, 2012.

**别名或俗名（Used or common name）**：四齿，砾仔，青贡冷，青开叉，青汕冷，詹氏叶鲷.

**分布（Distribution）**：东海，南海.

## （3900）新月锦鱼 *Thalassoma lunare* (Linnaeus, 1758)

*Labrus lunaris* Linnaeus, 1758: 1-824.

*Thalassoma lunaris* (Linnaeus, 1758).

**文献（Reference）**：Shao and Chen, 1992; Francis, 1993; Shao, Chen, Kao *et al.*, 1993; 沈世杰, 1993; Leung, 1994; Chen, Shao and Lin, 1995; Chen, Jan and Shao, 1997; Ni and Kwok, 1999; Randall and Lim (eds.), 2000; Huang, 2001; Randall and Allen, 2004; 伍汉霖, 邵广昭, 赖春福等, 2012.

**别名或俗名（Used or common name）**：四齿，砾仔，绿花龙，青衣，红衣，花衣，青猫公，青开叉，青汕冷，月斑叶鲷.

**分布（Distribution）**：东海，南海.

## （3901）胸斑锦鱼 *Thalassoma lutescens* (Lay *et* Bennett, 1839)

*Julis lutescens* Lay *et* Bennett, 1839: 41-75.

**文献（Reference）**：Arai and Koike, 1980; Chang, Jan and Shao, 1983; Francis, 1993; Shao, Chen, Kao *et al.*, 1993; 沈世杰, 1993; Chen, Shao and Lin, 1995; Chen, Jan and Shao, 1997; Randall and Lim (eds.), 2000; Huang, 2001; 伍汉霖, 邵广昭, 赖春福等, 2012.

**别名或俗名（Used or common name）**：四齿，砾仔，青花龙，黄衣，紫衣，猫仔鱼，青汕冷，黄衣叶鲷.

**分布（Distribution）**：东海，南海.

## （3902）紫锦鱼 *Thalassoma purpureum* (Forsskål, 1775)

*Scarus purpureus* Forsskål, 1775: 1-164.

*Thalassoma purpurea* (Forsskål, 1775).

*Thalassoma semicaeruleus* (Rüppell, 1835).

*Thalassoma umbrostygma* (Rüppell, 1835).

**文献（Reference）**：Forsskål, 1775: 1-20 + i-xxxiv + 1-164; Chang, Jan and Shao, 1983; Francis, 1993; Shao, Chen, Kao *et al.*, 1993; 沈世杰, 1993; Chen, Shao and Lin, 1995; Chen, Jan and Shao, 1997; Leem, Sakamoto, Tsuruda *et al.*, 1998; Randall and Lim (eds.), 2000; Huang, 2001; 伍汉霖, 邵广昭, 赖春福等, 2012.

**别名或俗名（Used or common name）**：四齿，砾仔，紫衣，猫仔鱼，汕冷仔，紫叶鲷.

**分布（Distribution）**：东海，南海.

## （3903）纵纹锦鱼 *Thalassoma quinquevittatum* (Lay *et* Bennett, 1839)

*Scarus quinquevittatus* Lay *et* Bennett, 1839: 41-75.

*Thalassoma qunquevittatum* (Lay *et* Bennett, 1839).

**文献（Reference）**：Chang, Jan and Shao, 1983; Francis, 1993; Shao, Chen, Kao *et al.*, 1993; 沈世杰, 1993; Chen, Shao and Lin, 1995; Chen, Jan and Shao, 1997; Leem, Sakamoto, Tsuruda *et al.*, 1998; Randall and Lim (eds.), 2000; Huang, 2001; 伍汉霖, 邵广昭, 赖春福等, 2012.

别名或俗名（Used or common name）：四齿，砾仔，红线龙，猫仔鱼，青贡冷，青猫公，青打结，五带叶鲷.
分布（Distribution）：东海，南海.

**（3904）三叶锦鱼 *Thalassoma trilobatum* (Lacépède, 1801)**

*Labrus trilobatus* Lacépède, 1801: 1-558.
*Labrus fuscus* Lacépède, 1801.
*Thalassoma fuscus* (Lacépède, 1801).
文献（Reference）：Lacépède, 1801: i-lxvi + 1-558; Chang, Jan and Shao, 1983; Francis, 1993; 沈世杰, 1993; Randall and Lim (eds.), 2000; Huang, 2001; 伍汉霖，邵广昭，赖春福等, 2012.
别名或俗名（Used or common name）：四齿，砾仔，猫仔鱼，青贡冷，三叶叶鲷，绿斑叶鲷.
分布（Distribution）：东海，南海.

### 1192. 湿鹦鲷属 *Wetmorella* Fowler *et* Bean, 1928

**（3905）黑鳍湿鹦鲷 *Wetmorella nigropinnata* (Seale, 1901)**

*Cheilinus nigropinnatus* Seale, 1901: 61-128.
*Wetmorella philippina* Fowler *et* Bean, 1928.
*Wetmorella ocellata* Schultz *et* Marshall, 1954.
*Wetmorella triocellata* Schultz *et* Marshall, 1954.
文献（Reference）：Fowler and Bean, 1928; Masuda, Amaoka, Araga *et al.*, 1984; 沈世杰, 1993; Randall and Lim (eds.), 2000; Huang, 2001; 伍汉霖，邵广昭，赖春福等, 2012.
别名或俗名（Used or common name）：尖柳冷仔.
分布（Distribution）：南海.

### 1193. 剑唇鱼属 *Xiphocheilus* Bleeker, 1857

**（3906）剑唇鱼 *Xiphocheilus typus* Bleeker, 1857**

*Xiphocheilos typus* Bleeker, 1856g: 211-228.
*Xiphocheilus quadrimaculatus* Günther, 1880.
文献（Reference）：Kyushin, Amaoka, Nakaya *et al.*, 1982; Randall and Lim (eds.), 2000; Huang, 2001; Broad, 2003; Chinese Academy of Fishery Science (CAFS), 2007; 伍汉霖，邵广昭，赖春福等, 2012.
分布（Distribution）：南海.

## （二六六）鹦嘴鱼科 Scaridae

### 1194. 大鹦嘴鱼属 *Bolbometopon* Smith, 1956

**（3907）驼峰大鹦嘴鱼 *Bolbometopon muricatum* (Valenciennes, 1840)**

*Scarus muricatus* Valenciennes, 1840: 1-464.
*Bolbomatopon muricatum* (Valenciennes, 1840).
*Callyodon muricatus* (Valenciennes, 1840).
文献（Reference）：Cuvier and Valenciennes, 1839; Shao and Chen, 1989; 沈世杰, 1993; Randall and Lim (eds.), 2000; Huang, 2001; Liao, Chen and Shao, 2004; 伍汉霖，邵广昭，赖春福等, 2012.
别名或俗名（Used or common name）：鹦哥.
分布（Distribution）：东海，南海.

### 1195. 绚鹦嘴鱼属 *Calotomus* Gilbert, 1890

**（3908）星眼绚鹦嘴鱼 *Calotomus carolinus* (Valenciennes, 1840)**

*Callyodon carolinus* Valenciennes, 1840: 1-464.
*Callyodon genistriatus* Valenciennes, 1840.
*Callyodon sandwicensis* Valenciennes, 1840.
*Callyodon brachysoma* Bleeker, 1861.
文献（Reference）：Cuvier and Valenciennes, 1839; Fowler and Bean, 1928; Bruce and Randall, 1985; Shao and Chen, 1989; Randall and Lim (eds.), 2000; Huang, 2001; Liao, Chen and Shao, 2004; 伍汉霖，邵广昭，赖春福等, 2012.
别名或俗名（Used or common name）：鹦哥，蚝鱼，菜仔鱼 (雌).
分布（Distribution）：南海.

**（3909）日本绚鹦嘴鱼 *Calotomus japonicus* (Valenciennes, 1840)**

*Callyodon japonicus* Valenciennes, 1840: 1-464.
*Leptoscarus japonicus* (Valenciennes, 1840).
*Calotomus cyclurus* Jenkins, 1903.
文献（Reference）：Chyung, 1961; Arai and Koike, 1980; Bruce and Randall, 1985; 沈世杰, 1993; Chen, Shao and Lin, 1995; Huang, 2001; Liao, Chen and Shao, 2004.
别名或俗名（Used or common name）：鹦哥，蚝鱼，菜仔鱼 (雌).
分布（Distribution）：南海.

**（3910）凹尾绚鹦嘴鱼 *Calotomus spinidens* (Quoy *et* Gaimard, 1824)**

*Scarus spinidens* Quoy *et* Gaimard, 1824: 192-401.
*Callyodon spinidens* (Quoy *et* Gaimard, 1824).
*Callyodon hypselosoma* Bleeker, 1855.
*Callyodon moluccensis* Bleeker, 1861.
文献（Reference）：Fowler and Bean, 1928; Bruce and Randall, 1985; Shao and Chen, 1989; 沈世杰, 1993; Ni and Kwok, 1999; Randall and Lim (eds.), 2000; Huang, 2001; Nakamura, Horinouchi, Nakai *et al.*, 2003; Liao, Chen and Shao, 2004; 伍汉霖，邵广昭，赖春福等, 2012.
别名或俗名（Used or common name）：鹦哥，蚝鱼，菜仔鱼 (雌).

分布（Distribution）：东海，南海.

## 1196. 鲸鹦嘴鱼属 *Cetoscarus* Smith, 1956

### （3911）双色鲸鹦嘴鱼 *Cetoscarus bicolor* (Rüppell, 1829)

*Scarus bicolor* Rüppell, 1829: 1-141.
*Bolbometopon bicolor* (Rüppell, 1829).
*Callyodon pulchellus* (Rüppell, 1835).
*Pseudoscarus nigripinnis* Günther, 1867.
**文献（Reference）**：Chang, Jan and Shao, 1983; Shao and Chen, 1989; Shao, Chen, Kao *et al.*, 1993; 沈世杰, 1993; Chen, Shao and Lin, 1995; Chen, Jan and Shao, 1997; Randall and Lim (eds.), 2000; Huang, 2001; Liao, Chen and Shao, 2004; 伍汉霖, 邵广昭, 赖春福等, 2012.
**别名或俗名（Used or common name）**：青衣, 青鹦哥鱼, 鹦哥鱼, 蚝鱼, 菜仔鱼 (雌).
**分布（Distribution）**：东海，南海.

## 1197. 绿鹦嘴鱼属 *Chlorurus* Swainson, 1839

### （3912）鲍氏绿鹦嘴鱼 *Chlorurus bowersi* (Snyder, 1909)

*Callyodon bowersi* Snyder, 1909: 597-610.
*Scarus bowersi* (Snyder, 1909).
**文献（Reference）**：Chang, Jan and Shao, 1983; Shao and Chen, 1989; 沈世杰, 1993; Chen, Shao and Lin, 1995; Chen, Jan and Shao, 1997; Randall and Lim (eds.), 2000; Huang, 2001; Liao, Chen and Shao, 2004; 伍汉霖, 邵广昭, 赖春福等, 2012.
**别名或俗名（Used or common name）**：鹦哥, 青衫 (雄), 蚝鱼 (雌).
**分布（Distribution）**：东海，南海.

### （3913）高额绿鹦嘴鱼 *Chlorurus frontalis* (Valenciennes, 1840)

*Scarus frontalis* Valenciennes, 1840: 1-464.
**文献（Reference）**：Cuvier and Valenciennes, 1839; Masuda, Amaoka, Araga *et al.*, 1984; 沈世杰, 1993; Liao, Chen and Shao, 2004; 伍汉霖, 邵广昭, 赖春福等, 2012.
**别名或俗名（Used or common name）**：鹦哥.
**分布（Distribution）**：东海，南海.

### （3914）驼背绿鹦嘴鱼 *Chlorurus gibbus* (Rüppell, 1829)

*Scarus gibbus* Rüppell, 1829: 1-141.
*Chlorurus gibbosus* (Rüppell, 1829).
**文献（Reference）**：Chen, Shao and Lin, 1995; Chen, Jan and Shao, 1997; Huang, 2001; 伍汉霖, 邵广昭, 赖春福等, 2012.
**分布（Distribution）**：南海.

### （3915）日本绿鹦嘴鱼 *Chlorurus japanensis* (Bloch, 1789)

*Scarus japanensis* Bloch, 1789: 242-248.
*Callyodon japanensis* (Bloch, 1789).
*Scarus blochii* Valenciennes, 1840.
*Scarus pyrrhurus* (Jordan *et* Seale, 1906).
**文献（Reference）**：Shao and Chen, 1989; 沈世杰, 1993; Chen, Jan and Shao, 1997; Randall and Lim (eds.), 2000; Huang, 2001; Liao, Chen and Shao, 2004; 伍汉霖, 邵广昭, 赖春福等, 2012.
**别名或俗名（Used or common name）**：鹦哥, 青衫 (雄), 菜仔鱼 (雌).
**分布（Distribution）**：南海.

### （3916）小鼻绿鹦嘴鱼 *Chlorurus microrhinos* (Bleeker, 1854)

*Scarus microrhinos* Bleeker, 1854: 191-202.
*Callyodon microrhinus* (Bleeker, 1854).
*Callyodon ultramarinus* Jordan *et* Seale, 1906.
**文献（Reference）**：Chang, Jan and Shao, 1983; Shao and Chen, 1989; Francis, 1993; 沈世杰, 1993; Shao, 1997; Ni and Kwok, 1999; Randall and Lim (eds.), 2000; Liao, Chen and Shao, 2004; 伍汉霖, 邵广昭, 赖春福等, 2012.
**别名或俗名（Used or common name）**：鹦哥.
**分布（Distribution）**：南海.

### （3917）瘤绿鹦嘴鱼 *Chlorurus oedema* (Snyder, 1909)

*Callyodon oedema* Snyder, 1909: 597-610.
*Chlorurus oedemus* (Snyder, 1909).
*Scarus oedema* (Snyder, 1909).
**文献（Reference）**：Herre, 1953b; Masuda, Amaoka, Araga *et al.*, 1984; Shao and Chen, 1989; 沈世杰, 1993; Randall and Lim (eds.), 2000; Huang, 2001; Liao, Chen and Shao, 2004; 伍汉霖, 邵广昭, 赖春福等, 2012.
**别名或俗名（Used or common name）**：叩头鹦哥, 鹦哥, 青衣.
**分布（Distribution）**：东海，南海.

### （3918）蓝头绿鹦嘴鱼 *Chlorurus sordidus* (Forsskål, 1775)

*Scarus sordidus* Forsskål, 1775: 1-164.
*Callyodon sordidus* (Forsskål, 1775).
*Callyodon erythrodon* (Valenciennes, 1840).
*Xanothon bipallidus* (Smith, 1956).
**文献（Reference）**：Shao and Chen, 1989; Francis, 1993; 沈世杰, 1993; Chen, Shao and Lin, 1995; Chen, Jan and Shao, 1997; Ni and Kwok, 1999; Randall and Lim (eds.), 2000; Huang, 2001; Chen, 2002; Liao, Chen and Shao, 2004; 伍汉霖, 邵广昭, 赖春福等, 2012.

别名或俗名（Used or common name）：青尾鹦哥，蓝鹦哥，青衫 (雄)，蚝鱼 (雌).
分布（Distribution）：东海，南海.

## 1198. 马鹦嘴鱼属 *Hipposcarus* Smith, 1956

### （3919）长头马鹦嘴鱼 *Hipposcarus longiceps* (Valenciennes, 1840)

*Scarus longiceps* Valenciennes, 1840: 1-464.
文献（Reference）：Cuvier and Valenciennes, 1839; Shao and Chen, 1989; 沈世杰, 1993; Chen, Shao and Lin, 1995; Chen, Jan and Shao, 1997; Randall and Lim (eds.), 2000; Huang, 2001; Liao, Chen and Shao, 2004; 伍汉霖，邵广昭，赖春福等, 2012.
别名或俗名（Used or common name）：鹦哥.
分布（Distribution）：东海，南海.

## 1199. 纤鹦嘴鱼属 *Leptoscarus* Swainson, 1839

### （3920）纤鹦嘴鱼 *Leptoscarus vaigiensis* (Quoy *et* Gaimard, 1824)

*Scarus vaigiensis* Quoy *et* Gaimard, 1824: 192-401.
*Leptoscarus vaigeinsis* (Quoy *et* Gaimard, 1824).
*Leptoscarus coeruleopunctatus* (Rüppell, 1835).
*Scarichthys auritus* (Valenciennes, 1840).
文献（Reference）：Fowler and Bean, 1928; Chang, Jan and Shao, 1983; 沈世杰, 1993; Chen, Shao and Lin, 1995; Ni and Kwok, 1999; Kuo and Shao, 1999; Randall and Lim (eds.), 2000; Huang, 2001; Nakamura, Horinouchi, Nakai *et al.*, 2003; Liao, Chen and Shao, 2004; 伍汉霖，邵广昭，赖春福等, 2012.
别名或俗名（Used or common name）：鹦哥，蚝鱼，臊鱼.
分布（Distribution）：东海，南海.

## 1200. 鹦嘴鱼属 *Scarus* Gronow, 1763

### （3921）蓝臀鹦嘴鱼 *Scarus chameleon* Choat *et* Randall, 1986

*Scarus chameleon* Choat *et* Randall, 1986: 175-228.
文献（Reference）：Choat and Randall, 1986: 175-228; Francis, 1993; 沈世杰, 1993; Randall and Lim (eds.), 2000; Liao, Chen and Shao, 2004; 伍汉霖，邵广昭，赖春福等, 2012.
别名或俗名（Used or common name）：鹦哥，青衫 (雄)，蚝鱼 (雌).
分布（Distribution）：东海，南海.

### （3922）弧带鹦嘴鱼 *Scarus dimidiatus* Bleeker, 1859

*Scarus dimidiatus* Bleeker, 1859: 1-24.
*Pseudoscarus dimidiatus* (Bleeker, 1859).
*Callyodon fumifrons* Jordan *et* Seale, 1906.
*Callyodon zonularis* Jordan *et* Seale, 1906.
文献（Reference）：Shao and Chen, 1989; 沈世杰, 1993; Chen, Shao and Lin, 1995; Randall and Lim (eds.), 2000; Huang, 2001; Broad, 2003; Liao, Chen and Shao, 2004; 伍汉霖，邵广昭，赖春福等, 2012.
别名或俗名（Used or common name）：鹦哥.
分布（Distribution）：东海，南海.

### （3923）锈色鹦嘴鱼 *Scarus ferrugineus* Forsskål, 1775

*Scarus ferrugineus* Forsskål, 1775: 1-164.
*Scarus aeruginosus* Valenciennes, 1840.
*Scarus caerulescens* Valenciennes, 1840.
*Scarus marshalli* Schultz, 1958.
文献（Reference）：Ni and Kwok, 1999; Huang, 2001; 伍汉霖，邵广昭，赖春福等, 2012.
分布（Distribution）：南海.

### （3924）杂色鹦嘴鱼 *Scarus festivus* Valenciennes, 1840

*Scarus festivus* Valenciennes, 1840: 1-464.
*Scarus lunula* (Snyder, 1908).
*Callyodon verweyi* de Beaufort, 1940.
*Margaritodon verweyi* (de Beaufort, 1940).
文献（Reference）：Cuvier and Valenciennes, 1839; Shao and Chen, 1989; 沈世杰, 1993; Chen, Jan and Shao, 1997; Randall and Lim (eds.), 2000; Huang, 2001; Liao, Chen and Shao, 2004; 伍汉霖，邵广昭，赖春福等, 2012.
别名或俗名（Used or common name）：鹦哥.
分布（Distribution）：东海，南海.

### （3925）绿唇鹦嘴鱼 *Scarus forsteni* (Bleeker, 1861)

*Pseudoscarus forsteni* Bleeker, 1861: 228-244.
*Callyodon forsteni* (Bleeker, 1861).
*Callyodon laxtoni* Whitley, 1948.
文献（Reference）：Shao and Chen, 1989; 沈世杰, 1993; Chen, Shao and Lin, 1995; Lee and Sadovy, 1998; Randall and Lim (eds.), 2000; Liao, Chen and Shao, 2004; 伍汉霖，邵广昭，赖春福等, 2012.
别名或俗名（Used or common name）：红鹦哥，青鹦哥仔，青衣，青衫 (雄)，蚝鱼 (雌)，红海逮，红咬齿.
分布（Distribution）：东海，南海.

### （3926）网纹鹦嘴鱼 *Scarus frenatus* Lacépède, 1802

*Scarus frenatus* Lacépède, 1802: 1-728.
*Callyodon frenatus* (Lacépède, 1802).
*Callyodon sexvittatus* (Rüppell, 1835).

*Scarus randalli* Schultz, 1958.
**文献(Reference)**: Lacépède, 1802: i-xliv + 1-728; Chang, Jan and Shao, 1983; Shao and Chen, 1989; Francis, 1993; Chen, Shao and Lin, 1995; Chen, Jan and Shao, 1997; Ni and Kwok, 1999; Randall and Lim (eds.), 2000; Huang, 2001; Liao, Chen and Shao, 2004; 伍汉霖, 邵广昭, 赖春福等, 2012.
**别名或俗名(Used or common name)**: 鹦哥, 青衫 (雄), 蚝鱼 (雌).
**分布(Distribution)**: 东海, 南海.

### (3927) 灰尾鹦嘴鱼 *Scarus fuscocaudalis* Randall *et* Myers, 2000

*Scarus fuscocaudalis* Randall *et* Myers, 2000: 221-228.
**文献(Reference)**: Randall and Myers, 2000: 221-228; Masuda and Kobayashi, 1994; 伍汉霖, 邵广昭, 赖春福等, 2012.
**别名或俗名(Used or common name)**: 鹦哥.
**分布(Distribution)**: 东海, 南海.

### (3928) 青点鹦嘴鱼 *Scarus ghobban* Forsskål, 1775

*Scarus ghoban* Forsskål, 1775: 1-164.
*Callyodon ghobban* (Forsskål, 1775).
*Callyodon guttatus* (Bloch *et* Schneider, 1801).
*Scarus lacerta* Valenciennes, 1840.
*Scarus fehlmanni* Schultz, 1969.
**文献(Reference)**: Forsskål, 1775: 1-20 + i-xxxiv + 1-164; Shao and Chen, 1992; 沈世杰, 1993; Randall and Lim (eds.), 2000; 邵奕达, 2003; Liao, Chen and Shao, 2004; 黄瑞彦, 2005; Campos, del Norte, Nañola Jr. *et al.*, 2005; 伍汉霖, 邵广昭, 赖春福等, 2012.
**别名或俗名(Used or common name)**: 鹦哥, 青衫 (雄), 红蚝鱼 (雌), 红衫.
**分布(Distribution)**: 东海, 南海.

### (3929) 黑斑鹦嘴鱼 *Scarus globiceps* Valenciennes, 1840

*Scarus globiceps* Valenciennes, 1840: 1-464.
*Callyodon globiceps* (Valenciennes, 1840).
*Scarus lepidus* Jenyns, 1842.
*Scarus pronus* Fowler, 1900.
**文献(Reference)**: Cuvier and Valenciennes, 1839; Shao and Chen, 1989; Francis, 1993; 沈世杰, 1993; Chen, Shao and Lin, 1995; Chen, Jan and Shao, 1997; Randall and Lim (eds.), 2000; Huang, 2001; Liao, Chen and Shao, 2004; 伍汉霖, 邵广昭, 赖春福等, 2012.
**别名或俗名(Used or common name)**: 鹦哥, 青衫 (雄), 蚝鱼 (雌), 臭腥仔.
**分布(Distribution)**: 东海, 南海.

### (3930) 高鳍鹦嘴鱼 *Scarus hypselopterus* Bleeker, 1853

*Scarus hypselopterus* Bleeker, 1853: 451-516.
*Callyodon javanicus* (Bleeker, 1854).
*Scarus moensi* Bleeker, 1860.
*Callyodon ogos* Seale, 1910.
**文献(Reference)**: Bleeker, 1853: 452-516; 沈世杰, 1993; Chen, Shao and Lin, 1995; Randall and Lim (eds.), 2000; Werner and Allen, 2000; Liao, Chen and Shao, 2004; 伍汉霖, 邵广昭, 赖春福等, 2012.
**别名或俗名(Used or common name)**: 鹦哥.
**分布(Distribution)**: 东海, 南海.

### (3931) 黑鹦嘴鱼 *Scarus niger* Forsskål, 1775

*Scarus nigar* Forsskål, 1775: 1-164.
*Callyodon niger* (Forsskål, 1775).
*Pseudoscarus flavomarginatus* Kner, 1865.
*Callyodon lineolabiatus* Fowler *et* Bean, 1928.
**文献(Reference)**: Forsskål, 1775: 1-20 + i-xxxiv + 1-164; Shao and Chen, 1989; Francis, 1993; 沈世杰, 1993; Chen, Shao and Lin, 1995; Chen, Jan and Shao, 1997; Ni and Kwok, 1999; Randall and Lim (eds.), 2000; Huang, 2001; Liao, Chen and Shao, 2004; 伍汉霖, 邵广昭, 赖春福等, 2012.
**别名或俗名(Used or common name)**: 鹦哥, 青衫 (雄), 蚝鱼 (雌), 青蚝鱼, 颈斑鹦哥鱼.
**分布(Distribution)**: 东海, 南海.

### (3932) 黄鞍鹦嘴鱼 *Scarus oviceps* Valenciennes, 1840

*Scarus oviceps* Valenciennes, 1840: 1-464.
**文献(Reference)**: Cuvier and Valenciennes, 1839; Shao and Chen, 1989; 沈世杰, 1993; Chen, Shao and Lin, 1995; Chen, Jan and Shao, 1997; Randall and Lim (eds.), 2000; Huang, 2001; Liao, Chen and Shao, 2004; 伍汉霖, 邵广昭, 赖春福等, 2012.
**别名或俗名(Used or common name)**: 鹦哥, 青衫 (雄), 蚝鱼 (雌).
**分布(Distribution)**: 东海, 南海.

### (3933) 突额鹦嘴鱼 *Scarus ovifrons* Temminck *et* Schlegel, 1846

*Scarus ovifrons* Temminck *et* Schlegel, 1846: 173-269.
**文献(Reference)**: Hattori, 1984; Shao and Chen, 1989; 沈世杰, 1993; Shao, 1997; Huang, 2001; Liao, Chen and Shao, 2004; 伍汉霖, 邵广昭, 赖春福等, 2012.
**别名或俗名(Used or common name)**: 鹦哥, 突头鹦哥.
**分布(Distribution)**: 东海, 南海.

### (3934) 绿颌鹦嘴鱼 *Scarus prasiognathos* Valenciennes, 1840

*Scarus prasiognathos* Valenciennes, 1840: 1-464.
*Scarus chlorodon* Jenyns, 1842.

*Callyodon singaporensis* (Bleeker, 1852).
*Callyodon janthocir* (Bleeker, 1853).
**文献（Reference）**：Cuvier and Valenciennes, 1839; Shao and Chen, 1989; 沈世杰, 1993; Randall and Lim (eds.), 2000; Huang, 2001; Liao, Chen and Shao, 2004; 伍汉霖, 邵广昭, 赖春福等, 2012.
**别名或俗名（Used or common name）**：鹦哥, 青衫 (雄), 蚝鱼 (雌).
**分布（Distribution）**：南海.

### （3935）棕吻鹦嘴鱼 *Scarus psittacus* Forsskål, 1775

*Scarus psittacus* Forsskål, 1775: 1-164.
*Callyodon forsteri* (Valenciennes, 1840).
*Scarus venosus* Valenciennes, 1840.
*Callyodon bataviensis* (Bleeker, 1857).
*Xanothon parvidens* Smith, 1956.
**文献（Reference）**：Forsskål, 1775: 1-20 + i-xxxiv + 1-164; Randall and Ormond, 1978; Shao and Chen, 1989; Francis, 1993; 沈世杰, 1993; Chen, Shao and Lin, 1995; Chen, Jan and Shao, 1997; Randall and Lim (eds.), 2000; Huang, 2001; Liao, Chen and Shao, 2004; 伍汉霖, 邵广昭, 赖春福等, 2012.
**别名或俗名（Used or common name）**：鹦哥, 青衫 (雄), 蚝鱼 (雌).
**分布（Distribution）**：东海, 南海.

### （3936）瓜氏鹦嘴鱼 *Scarus quoyi* Valenciennes, 1840

*Scarus quoyi* Valenciennes, 1840: 1-464.
**文献（Reference）**：Cuvier and Valenciennes, 1839; Randall and Lim (eds.), 2000; Broad, 2003; Liao, Chen and Shao, 2004; 伍汉霖, 邵广昭, 赖春福等, 2012.
**别名或俗名（Used or common name）**：鹦哥.
**分布（Distribution）**：南海.

### （3937）截尾鹦嘴鱼 *Scarus rivulatus* Valenciennes, 1840

*Scarus rivulatus* Valenciennes, 1840: 1-464.
*Pseudoscarus rivulatus* (Valenciennes, 1840).
*Scarus arcuatus* Valenciennes, 1840.
*Scarus fasciatus* Valenciennes, 1840.
**文献（Reference）**：Cuvier and Valenciennes, 1839; Schroeder, 1980; Shao and Chen, 1989; Francis, 1993; 沈世杰, 1993; Chen, Shao and Lin, 1995; Randall and Lim (eds.), 2000; Huang, 2001; 邵奕达, 2003; Liao, Chen and Shao, 2004; 伍汉霖, 邵广昭, 赖春福等, 2012.
**别名或俗名（Used or common name）**：鹦哥, 青衣, 青衫 (雄), 蚝鱼 (雌).
**分布（Distribution）**：南海.

### （3938）钝头鹦嘴鱼 *Scarus rubroviolaceus* Bleeker, 1847

*Scarus rubroviolaceus* Bleeker, 1847: 155-169.
*Callyodon rubrovidaceus* (Bleeker, 1847).
*Scarus jordani* (Jenkins, 1901).
*Margaritodon africanus* (Smith, 1955).
**文献（Reference）**：Chang, Jan and Shao, 1983; Shao and Chen, 1989; Shao and Chen, 1992; Shao, Chen, Kao *et al.*, 1993; 沈世杰, 1993; Chen, Shao and Lin, 1995; Chen, Jan and Shao, 1997; Ni and Kwok, 1999; Randall and Lim (eds.), 2000; Liao, Chen and Shao, 2004; 伍汉霖, 邵广昭, 赖春福等, 2012.
**别名或俗名（Used or common name）**：红鹦哥, 红衣, 青衫 (雄), 红海蜇 (雌), 红黑落 (雌).
**分布（Distribution）**：东海, 南海.

### （3939）横带鹦嘴鱼 *Scarus scaber* Valenciennes, 1840

*Scarus scaber* Valenciennes, 1840: 1-464.
*Callyodon scaber* (Valenciennes, 1840).
*Scarus pectoralis* Valenciennes, 1840.
**文献（Reference）**：Herre, 1953b; Murdy, Ferraris, Hoese *et al.*, 1981; Chang, Jan and Shao, 1983; Shao, Lin, Ho *et al.*, 1990; Randall and Lim (eds.), 2000; Huang, 2001; 伍汉霖, 邵广昭, 赖春福等, 2012.
**分布（Distribution）**：东海, 南海.

### （3940）许氏鹦嘴鱼 *Scarus schlegeli* (Bleeker, 1861)

*Pseudoscarus schlegeli* Bleeker, 1861: 228-244.
**文献（Reference）**：Shao and Chen, 1989; Francis, 1993; 沈世杰, 1993; Chen, Shao and Lin, 1995; Chen, Jan and Shao, 1997; Randall and Lim (eds.), 2000; Chen, 2002; Liao, Chen and Shao, 2004; 伍汉霖, 邵广昭, 赖春福等, 2012.
**别名或俗名（Used or common name）**：鹦哥, 青衫 (雄), 蚝鱼 (雌).
**分布（Distribution）**：东海, 南海.

### （3941）刺鹦嘴鱼 *Scarus spinus* (Kner, 1868)

*Pseudoscarus spinus* Kner, 1868: 26-31.
*Callyodon kelloggi* Jordan *et* Seale, 1906.
**文献（Reference）**：沈世杰, 1993; Randall and Lim (eds.), 2000; Werner and Allen, 2000; Liao, Chen and Shao, 2004; 伍汉霖, 邵广昭, 赖春福等, 2012.
**别名或俗名（Used or common name）**：鹦哥, 青衫 (雄), 蚝鱼 (雌).
**分布（Distribution）**：东海, 南海.

### （3942）黄肋鹦嘴鱼 *Scarus xanthopleura* Bleeker, 1853

*Scarus xanthopleura* Bleeker, 1853: 452-516.

*Callyodon xanthopleura* (Bleeker, 1853).
*Scarus atropectoralis* Schultz, 1958.
**文献（Reference）**：Bleeker, 1853: 452-516; Shao and Chen, 1989; 沈世杰, 1993; Randall, 1997; Randall and Lim (eds.), 2000; Huang, 2001; Liao, Chen and Shao, 2004; 伍汉霖, 邵广昭, 赖春福等, 2012.
**别名或俗名（Used or common name）**：鹦哥, 青衫 (雄), 蚝鱼 (雌).
**分布（Distribution）**：东海, 南海.

## （二六七）绵鳚科 Zoarcidae

### 1201. 长孔绵鳚属 *Bothrocara* Bean, 1890

**（3943）褐长孔绵鳚 *Bothrocara brunneum* (Bean, 1890)**
*Maynea brunnea* Bean, 1890: 37-45.
*Bothrocaropsis rictolata* Garman, 1899.
**文献（Reference）**：Bean, 1890: 37-45; 伍汉霖, 邵广昭, 赖春福等, 2012.
**别名或俗名（Used or common name）**：绵鳚.
**分布（Distribution）**：东海, 南海.

**（3944）宽头长孔绵鳚 *Bothrocara molle* Bean, 1890**
*Bothrocara mollis* Bean, 1890: 37-45.
*Bothrocara alalongum* (Garman, 1899).
*Bothrocara remigera* Gilbert, 1915.
**文献（Reference）**：Bean, 1890: 37-45; Masuda, Amaoka, Araga *et al.*, 1984; 伍汉霖, 邵广昭, 赖春福等, 2012.
**别名或俗名（Used or common name）**：绵鳚.
**分布（Distribution）**：?

### 1202. 绵鳚属 *Zoarces* Cuvier, 1829

**（3945）长绵鳚 *Zoarces elongatus* Kner, 1868**
*Zoarces elongatus* Kner, 1868: 26-31.
**文献（Reference）**：Masuda, Amaoka, Araga *et al.*, 1984; 伍汉霖, 邵广昭, 赖春福等, 2012.
**分布（Distribution）**：渤海, 黄海, 东海.

## （二六八）线鳚科 Stichaeidae

### 1203. 鸡冠鳚属 *Alectrias* Jordan *et* Evermann, 1898

**（3946）绿鸡冠鳚 *Alectrias benjamini* Jordan *et* Snyder, 1902**
*Alectrias benjamini* Jordan *et* Snyder, 1902: 441-504.
**文献（Reference）**：Masuda, Amaoka, Araga *et al.*, 1984; Shiogaki, 1985; Huang, 2001; Sheiko, 2012; 伍汉霖, 邵广昭, 赖春福等, 2012.
**分布（Distribution）**：渤海, 黄海, 东海, 南海.

### 1204. 笠鳚属 *Chirolophis* Swainson, 1839

**（3947）日本笠鳚 *Chirolophis japonicus* Herzenstein, 1890**
*Chirolophis japonicus* Herzenstein, 1890: 113-125.
*Azuma emmnion* Jordan *et* Snyder, 1902.
*Bryostemma otohime* Jordan *et* Snyder, 1902.
**文献（Reference）**：Masuda, Amaoka, Araga *et al.*, 1984; Kim, Choi, Lee *et al.*, 2005; Chinese Academy of Fishery Science (CAFS), 2007; 伍汉霖, 邵广昭, 赖春福等, 2012.
**分布（Distribution）**：渤海, 黄海, 南海.

**（3948）网纹笠鳚 *Chirolophis saitone* (Jordan *et* Snyder, 1902)**
*Bryostemma saitone* Jordan *et* Snyder, 1902: 441-504.
**文献（Reference）**：Masuda, Amaoka, Araga *et al.*, 1984; 伍汉霖, 邵广昭, 赖春福等, 2012.
**分布（Distribution）**：渤海, 黄海.

### 1205. 网鳚属 *Dictyosoma* Temminck *et* Schlegel, 1845

**（3949）伯氏网鳚 *Dictyosoma burgeri* van der Hoeven, 1855**
*Dictyosoma burgeri* van der Hoeven, 1855: 1-1068.
*Dictyosoma temminckii* Bleeker, 1853.
*Dictiosoma burgeri* van der Hoeven, 1855.
**文献（Reference）**：盐垣优和道津喜卫, 1972; Arai and Shiotsuki, 1974; Nishikawa and Sakamoto, 1978; Yatsu, Yasuda and Taki, 1978; Huang, 2001; An and Huh, 2002; Ji and Kim, 2012; 伍汉霖, 邵广昭, 赖春福等, 2012.
**别名或俗名（Used or common name）**：线鳚.
**分布（Distribution）**：渤海, 黄海, 东海.

### 1206. 六线鳚属 *Ernogrammus* Jordan *et* Evermann, 1898

**（3950）六线鳚 *Ernogrammus hexagrammus* (Schlegel, 1845)**
*Stichaeus hexagrammus* Schlegel, 1845: 113-172.
*Stichaeus enneagrammus* Kner, 1868.
**文献（Reference）**：Masuda, Amaoka, Araga *et al.*, 1984; Huang, 2001; An and Huh, 2002; Kim, Choi, Lee *et al.*, 2005; 伍汉霖, 邵广昭, 赖春福等, 2012.
**分布（Distribution）**：渤海, 黄海, 东海.

### 1207. 小绵鳚属 *Zoarchias* Jordan *et* Snyder, 1902

**（3951）壮体小绵鳚 *Zoarchias major* Tomiyama, 1972**

*Zoarchias major* Tomiyama, 1972: 1-21.

**文献（Reference）：** Masuda, Amaoka, Araga *et al.*, 1984; Kimura and Sato, 2007; 伍汉霖, 邵广昭, 赖春福等, 2012.

**分布（Distribution）：** 东海.

**（3952）内田小绵鳚 *Zoarchias uchidai* Matsubara, 1932**

*Zoarchias uchidai* Matsubara, 1932: 67-69.

**文献（Reference）：** Kimura and Jiang, 1995; Kim, Choi, Lee *et al.*, 2005; Chinese Academy of Fishery Science (CAFS), 2007; 伍汉霖, 邵广昭, 赖春福等, 2012.

**分布（Distribution）：** 渤海, 黄海, 东海.

## （二六九）锦鳚科 Pholidae

### 1208. 锦鳚属 *Pholis* Scopoli, 1777

**（3953）方氏锦鳚 *Pholis fangi* (Wang *et* Wang, 1935)**

*Enedrias fangi* Wang *et* Wang, 1935: 165-237.

**文献（Reference）：** Huang, 2001; An and Huh, 2002; Kim, Choi, Lee *et al.*, 2005; 伍汉霖, 邵广昭, 赖春福等, 2012.

**分布（Distribution）：** 渤海, 黄海, 东海.

**（3954）云纹锦鳚 *Pholis nebulosa* (Temminck *et* Schlegel, 1845)**

*Gunnellus nebulosus* Temminck *et* Schlegel, 1845: 113-172.
*Enedrias nebulosus* (Temminck *et* Schlegel, 1845).
*Centronotus subfrenatus* Gill, 1859.

**文献（Reference）：** Kimura, Okazawa and Mori, 1987; Safran and Omori, 1990; Huang, 2001; An and Huh, 2002; Kanou, Sano and Kohno, 2004; 伍汉霖, 邵广昭, 赖春福等, 2012.

**分布（Distribution）：** 渤海, 黄海, 东海.

## （二七〇）叉齿龙螣科 Chiasmodontidae

### 1209. 叉齿龙螣属 *Chiasmodon* Johnson, 1864

**（3955）黑叉齿龙螣 *Chiasmodon niger* Johnson, 1864**

*Chiasmodon niger* Johnson, 1864: 403-410.
*Chiasmodus niger* (Johnson, 1863).
*Chiasmodon bolangeri* Osório, 1909.

**文献（Reference）：** Johnson, 1864: 403-410; Masuda, Amaoka, Araga *et al.*, 1984; 沈世杰, 1993; Huang, 2001; 伍汉霖, 邵广昭, 赖春福等, 2012.

**别名或俗名（Used or common name）：** 黑狗母.

**分布（Distribution）：** 东海, 南海.

### 1210. 线棘细齿螣属 *Dysalotus* MacGilchrist, 1905

**（3956）阿氏线棘细齿螣 *Dysalotus alcocki* MacGilchrist, 1905**

*Dysalotus alcocki* MacGilchrist, 1905: 268-270.

**文献（Reference）：** MacGilchrist, 1905: 268-270; Smith and Heemstra, 1986; Randall and Lim (eds.), 2000; 伍汉霖, 邵广昭, 赖春福等, 2012.

**别名或俗名（Used or common name）：** 黑狗母.

**分布（Distribution）：** 南海.

### 1211. 黑线岩鲈属 *Pseudoscopelus* Lütken, 1892

**（3957）黑线岩鲈 *Pseudoscopelus sagamianus* Tanaka, 1908**

*Pseudoscopelus sagamianus* Tanaka, 1908: 1-24.
*Pseudoscopelus scriptus sagamianus* Tanaka, 1908.

**文献（Reference）：** Masuda, Amaoka, Araga *et al.*, 1984; 伍汉霖, 邵广昭, 赖春福等, 2012.

**分布（Distribution）：** 东海.

## （二七一）鳄齿鱼科 Champsodontidae

### 1212. 鳄齿鱼属 *Champsodon* Günther, 1867

**（3958）弓背鳄齿鱼 *Champsodon atridorsalis* Ochiai *et* Nakamura, 1964**

*Champsodon atridorsalis* Ochiai *et* Nakamura, 1964: 1-20.

**文献（Reference）：** Huang, 2001; Chinese Academy of Fishery Science (CAFS), 2007; 伍汉霖, 邵广昭, 赖春福等, 2012.

**分布（Distribution）：** 东海, 南海.

**（3959）贡氏鳄齿鱼 *Champsodon guentheri* Regan, 1908**

*Champsodon guentheri* Regan, 1908g: 217-255.

**文献（Reference）：** Regan, 1908g: 217-255; Masuda, Amaoka, Araga *et al.*, 1984; 沈世杰, 1993; Randall and Lim (eds.), 2000; Huang, 2001; 伍汉霖, 邵广昭, 赖春福等, 2012.

**分布（Distribution）**：东海，南海.

**（3960）短鳄齿鱼 *Champsodon snyderi* Franz, 1910**

*Champsodon snyderi* Franz, 1910: 1-135.

**文献（Reference）**：Franz, 1910: 1-135; Yamada, Shirai, Irie *et al.*, 1995; Kim, Kang, Kim *et al.*, 1995; Shao, 1997; Randall and Lim (eds.), 2000; Horie and Tanaka, 2000; Huang, 2001; Hsieh and Chiu, 2002; Ohshimo, 2004; 伍汉霖，邵广昭，赖春福等, 2012.

**别名或俗名（Used or common name）**：黑狗母.

**分布（Distribution）**：黄海，东海，南海.

## （二七二）毛齿鱼科 Trichodontidae

### 1213. 叉牙鱼属 *Arctoscopus* Jordan *et* Evermann, 1896

**（3961）日本叉牙鱼 *Arctoscopus japonicus* (Steindachner, 1881)**

*Trichodon japonicus* Steindachner, 1881: 179-219.

*Arctoscopus japonicus hachirogatensis* Hatai, 1955.

**文献（Reference）**：Choi, Chun, Son *et al.*, 1983; Masuda, Amaoka, Araga *et al.*, 1984; Okiyama, 1993; Kim, Choi, Lee *et al.*, 2005; 伍汉霖，邵广昭，赖春福等, 2012.

**分布（Distribution）**：黄海，东海.

## （二七三）肥足䲢科 Pinguipedidae

### 1214. 高知鲈属 *Kochichthys* Kamohara, 1961

**（3962）黄带高知鲈 *Kochichthys flavofasciatus* (Kamohara, 1936)**

*Neopercis flavofasciata* Kamohara, 1936b: 306-311.

*Kochichthys flavofasciata* (Kamohara, 1936).

**文献（Reference）**：Kamohara, 1936b: 306-311; Masuda, Amaoka, Araga *et al.*, 1984; 沈世杰, 1993; Huang, 2001; 伍汉霖，邵广昭，赖春福等, 2012.

**别名或俗名（Used or common name）**：海狗甘仔，举目鱼，雨伞闩，花狗母海，沙鲈.

**分布（Distribution）**：东海.

### 1215. 拟鲈属 *Parapercis* Steindachner, 1884

**（3963）蓝吻拟鲈 *Parapercis alboguttata* (Günther, 1872)**

*Percis alboguttata* Günther, 1872: 418-426.

*Parapercis smithii* (Regan, 1905).

*Parapercis elongata* Fourmanoir, 1965.

*Parapercis cephalus* Kotthaus, 1977.

**文献（Reference）**：Kyushin, Amaoka, Nakaya *et al.*, 1982; Randall and Lim (eds.), 2000; Huang, 2001; 伍汉霖，邵广昭，赖春福等, 2012.

**分布（Distribution）**：南海.

**（3964）黄拟鲈 *Parapercis aurantiaca* Döderlein, 1884**

*Parapercis aurantica* Döderlein, 1884: 171-212.

**文献（Reference）**：Steindachner *et al.*, 1885; Shao, Chen, Kao *et al.*, 1993; 沈世杰, 1993; Yamada, Shirai, Irie *et al.*, 1995; Huang, 2001; 伍汉霖，邵广昭，赖春福等, 2012.

**别名或俗名（Used or common name）**：海狗甘仔，举目鱼，雨伞闩，花狗母海，沙鲈.

**分布（Distribution）**：东海，南海.

**（3965）四斑拟鲈 *Parapercis clathrata* Ogilby, 1910**

*Parapercis clathrata* Ogilby, 1910: 1-55.

*Parapercis quadrispinosa* (Weber, 1913).

*Percis quadrispinosa* Weber, 1913.

**文献（Reference）**：Chang, Jan and Shao, 1983; Shao and Chen, 1992; 沈世杰, 1993; Chen, Jan and Shao, 1997; Randall and Lim (eds.), 2000; Huang, 2001; 伍汉霖，邵广昭，赖春福等, 2012.

**别名或俗名（Used or common name）**：海狗甘仔，举目鱼，雨伞闩，花狗母海，沙鲈.

**分布（Distribution）**：南海.

**（3966）圆拟鲈 *Parapercis cylindrica* (Bloch, 1792)**

*Sciaena cylindrica* Bloch, 1792: 1-126.

*Parapercis cylindrical* (Bloch, 1792).

*Chilias synaphodesmus* Fowler, 1946.

**文献（Reference）**：Francis, 1993; Chen, Shao and Lin, 1995; Chen, Jan and Shao, 1997; Ni and Kwok, 1999; Randall and Lim (eds.), 2000; Huang, 2001; Nakamura, Horinouchi, Nakai *et al.*, 2003; Randall, 2003; 伍汉霖，邵广昭，赖春福等, 2012.

**别名或俗名（Used or common name）**：海狗甘仔，举目鱼，雨伞闩，花狗母海，沙鲈.

**分布（Distribution）**：东海，南海.

**（3967）十横斑拟鲈 *Parapercis decemfasciata* (Franz, 1910)**

*Neopercis decemfasciata* Franz, 1910: 1-135.

**文献（Reference）**：Shao, Chen, Kao *et al.*, 1993; 沈世杰, 1993; Yamada, Shirai, Irie *et al.*, 1995; Shao, 1997; Huang, 2001; 伍汉霖，邵广昭，赖春福等, 2012.

**别名或俗名（Used or common name）**：海狗甘仔，举目鱼，雨伞闩，花狗母海，沙鲈.

**分布（Distribution）**：?

**（3968）长鳍拟鲈 *Parapercis filamentosa* (Steindachner, 1878)**

*Percis filamentosa* Steindachner, 1878: 377-400.

*Parapercis hainanensis* Lin, 1933.

*Parapercis longifilis* Herre, 1944.

**文献（Reference）**：Kyushin, Amaoka, Nakaya *et al.*, 1982; Randall and Lim (eds.), 2000; 伍汉霖, 邵广昭, 赖春福等, 2012.

**分布（Distribution）**：南海.

**（3969）六睛拟鲈 *Parapercis hexophtalma* (Cuvier, 1829)**

*Percis hexophthalma* Cuvier (*in* Cuvier *et* Valenciennes), 1829: 1-500.

*Parapercis hexophthalama* [Cuvier (*in* Cuvier *et* Valenciennes), 1829].

*Parapercis polyopthalma* [Cuvier (*in* Cuvier *et* Valenciennes), 1829].

*Percis caudimaculata* Rüppell, 1838.

**文献（Reference）**：Chang, Jan and Shao, 1983; Francis, 1993; Chen, Shao and Lin, 1995; Chen, Jan and Shao, 1997; Randall and Lim (eds.), 2000; Huang, 2001; Broad, 2003.

**分布（Distribution）**：南海.

**（3970）蒲原氏拟鲈 *Parapercis kamoharai* Schultz, 1966**

*Parapercis kamoharai* Schultz, 1966: 1-4.

**文献（Reference）**：Schultz, 1966: 1-4; Masuda, Amaoka, Araga *et al.*, 1984; Arai, 1984; 沈世杰, 1993; Shao, 1997; Randall and Lim (eds.), 2000; Huang, 2001; 伍汉霖, 邵广昭, 赖春福等, 2012.

**别名或俗名（Used or common name）**：海狗甘仔, 举目鱼, 雨伞闩, 花狗母海, 沙鲈.

**分布（Distribution）**：南海.

**（3971）垦丁拟鲈 *Parapercis kentingensis* Ho, Chang *et* Shao, 2012**

*Parapercis kentingensis* Ho, Chang *et* Shao, 2012: 163-172.

**文献（Reference）**：Ho, Chang and Shao, 2012: 163-172; Masuda, Amaoka, Araga *et al.*, 1984

**别名或俗名（Used or common name）**：海狗甘仔, 举目鱼, 雨伞闩, 花狗母海, 沙鲈.

**分布（Distribution）**：南海.

**（3972）黄斑拟鲈 *Parapercis lutevittata* Liao, Cheng *et* Shao, 2011**

*Parapercis lutevittata* Liao, Cheng *et* Shao, 2011: 32-42.

**文献（Reference）**：Liao, Cheng and Shao, 2011: 32-42; 伍汉霖, 邵广昭, 赖春福等, 2012; Ho, 2014; Chen, Tsai and Hsu, 2014.

**别名或俗名（Used or common name）**：海狗甘仔, 举目鱼, 雨伞闩, 花狗母海, 沙鲈.

**分布（Distribution）**：东海, 南海.

**（3973）大眼拟鲈 *Parapercis macrophthalma* (Pietschmann, 1911)**

*Neopercis macrophthalma* Pietschmann, 1911: 431-435.

**文献（Reference）**：伍汉霖, 邵广昭, 赖春福等, 2012.

**分布（Distribution）**：南海.

**（3974）中斑拟鲈 *Parapercis maculata* (Bloch *et* Schneider, 1801)**

*Percis maculata* Bloch *et* Schneider, 1801: 1-584.

**文献（Reference）**：沈世杰, 1993; Randall and Lim (eds.), 2000; 伍汉霖, 邵广昭, 赖春福等, 2012.

**别名或俗名（Used or common name）**：海狗甘仔, 举目鱼, 雨伞闩, 花狗母海, 沙鲈.

**分布（Distribution）**：东海, 南海.

**（3975）雪点拟鲈 *Parapercis millepunctata* (Günther, 1860)**

*Percis millepunctata* Günther, 1860: 1-548.

*Parapercis millipunctata* (Günther, 1860).

*Percis cephalopunctatus* Seale, 1901.

*Parapercis montillai* Martin *et* Montalban, 1935.

**文献（Reference）**：Chang, Jan and Shao, 1983; 沈世杰, 1993; Chen, Shao and Lin, 1995; Chen, Jan and Shao, 1997; Randall and Lim (eds.), 2000; Huang, 2001; Ho and Shao, 2010; 伍汉霖, 邵广昭, 赖春福等, 2012.

**别名或俗名（Used or common name）**：海狗甘仔, 举目鱼, 雨伞闩, 花狗母海, 沙鲈.

**分布（Distribution）**：东海, 南海.

**（3976）多带拟鲈 *Parapercis multifasciata* Döderlein, 1884**

*Parapercis multifasciatus* Döderlein, 1884: 171-212.

**文献（Reference）**：Steindachner and Döderlein, 1885; Shao, Chen, Kao *et al.*, 1993; 沈世杰, 1993; Yamada, Shirai, Irie *et al.*, 1995; Randall and Lim (eds.), 2000; Huang, 2001; 伍汉霖, 邵广昭, 赖春福等, 2012.

**别名或俗名（Used or common name）**：海狗甘仔, 举目鱼, 雨伞闩, 花狗母海, 沙鲈.

**分布（Distribution）**：东海, 南海.

**（3977）织纹拟鲈 *Parapercis multiplicata* Randall, 1984**

*Parapercis multiplicata* Randall, 1984: 47-54.

**文献（Reference）**：Randall, 1984: 41-49; Ho, Shao, Chen *et al.* (何林泰, 邵广昭, 陈正平等), 1993; 沈世杰, 1993; Randall and Lim (eds.), 2000; Huang, 2001; 伍汉霖, 邵广昭, 赖春

福等, 2012.
别名或俗名（Used or common name）：海狗甘仔, 举目鱼, 雨伞闩, 花狗母海, 沙鲈.
分布（Distribution）：南海.

### （3978）鞍带拟鲈 *Parapercis muronis* (Tanaka, 1918)

*Neopercis muronis* Tanaka, 1918: 223-227.
文献（Reference）: Masuda, Amaoka, Araga *et al.*, 1984; Shao, Chen, Kao *et al.*, 1993; 沈世杰, 1993; Randall and Lim (eds.), 2000; Huang, 2001; 伍汉霖, 邵广昭, 赖春福等, 2012.
别名或俗名（Used or common name）：海狗甘仔, 举目鱼, 雨伞闩, 花狗母海, 沙鲈.
分布（Distribution）：东海, 南海.

### （3979）眼斑拟鲈 *Parapercis ommatura* Jordan *et* Snyder, 1902

*Parapercis ommatura* Jordan *et* Snyder, 1902: 461-497.
*Cilias ommatura* (Jordan *et* Snyder, 1902).
文献（Reference）: Jordan and Snyder, 1902: 461-497; Masuda, Amaoka, Araga *et al.*, 1984; Shao, Chen, Kao *et al.*, 1993; 沈世杰, 1993; Shao, 1997; Ni and Kwok, 1999; Huang, 2001; 伍汉霖, 邵广昭, 赖春福等, 2012.
别名或俗名（Used or common name）：海狗甘仔, 举目鱼, 雨伞闩, 花狗母海, 沙鲈.
分布（Distribution）：东海, 南海.

### （3980）太平洋拟鲈 *Parapercis pacifica* Imamura *et* Yoshino, 2007

*Parapercis pacifica* Imamura *et* Yoshino, 2007: 81-100.
文献（Reference）：沈世杰, 1993; 伍汉霖, 邵广昭, 赖春福等, 2012.
别名或俗名（Used or common name）：海狗甘仔, 举目鱼, 雨伞闩, 花狗母海, 沙鲈.
分布（Distribution）：东海, 南海.

### （3981）美拟鲈 *Parapercis pulchella* (Temminck *et* Schlegel, 1843)

*Percis pulchella* Temminck *et* Schlegel, 1843: 21-72.
文献（Reference）：Masuda, Amaoka, Araga *et al.*, 1984; 沈世杰, 1993; Leung, 1994; Ni and Kwok, 1999; Chiu and Hsieh, 2001; Huang, 2001; 伍汉霖, 邵广昭, 赖春福等, 2012.
别名或俗名（Used or common name）：海狗甘仔, 举目鱼, 雨伞闩, 花狗母海, 沙鲈.
分布（Distribution）：东海, 南海.

### （3982）兰道氏拟鲈 *Parapercis randalli* Ho *et* Shao, 2010

*Parapercis randalli* Ho *et* Shao, 2010a: 59-67.
文献（Reference）：Ho and Shao, 2010a: 59-67; 伍汉霖, 邵广昭, 赖春福等, 2012.
别名或俗名（Used or common name）：海狗甘仔, 沙鲈.
分布（Distribution）：南海.

### （3983）红点拟鲈 *Parapercis rubromaculata* Ho, Chang *et* Shao, 2012

*Parapercis rubromaculata* Ho, Chang *et* Shao, 2012: 163-172.
文献（Reference）：Ho, Chang and Shao, 2012: 163-172.
别名或俗名（Used or common name）：海狗甘仔, 举目鱼, 雨伞闩, 花狗母海, 沙鲈.
分布（Distribution）：南海.

### （3984）玫瑰拟鲈 *Parapercis schauinslandii* (Steindachner, 1900)

*Percis schauinslandii* Steindachner, 1900: 174-178.
*Parapercis schauinslandi* (Steindachner, 1900).
文献（Reference）：Herre, 1953b; Masuda, Amaoka, Araga *et al.*, 1984; 沈世杰, 1993; Chen, Chen and Shao, 1999; Randall and Lim (eds.), 2000; 伍汉霖, 邵广昭, 赖春福等, 2012.
别名或俗名（Used or common name）：海狗甘仔, 举目鱼, 雨伞闩, 花狗母海, 沙鲈.
分布（Distribution）：南海.

### （3985）六带拟鲈 *Parapercis sexfasciata* (Temminck *et* Schlegel, 1843)

*Percis sexfasciata* Temminck *et* Schlegel, 1843: 21-72.
*Neopercis sexfasciata* (Temminck *et* Schlegel, 1843).
文献（Reference）：Shao, Chen, Kao *et al.*, 1993; 沈世杰, 1993; Leung, 1994; Yamada, Shirai, Irie *et al.*, 1995; Ni and Kwok, 1999; Huang, 2001; Kai, Sato, Nakae *et al.*, 2004; 伍汉霖, 邵广昭, 赖春福等, 2012.
别名或俗名（Used or common name）：海狗甘仔, 举目鱼, 雨伞闩, 花狗母海, 沙鲈.
分布（Distribution）：黄海, 东海, 南海.

### （3986）邵氏拟鲈 *Parapercis shaoi* Randall, 2008

*Parapercis shaoi* Randall, 2008: 159-178.
文献（Reference）: Randall, 2008: 159-178; 伍汉霖, 邵广昭, 赖春福等, 2012.
别名或俗名（Used or common name）：海狗甘仔, 举目鱼, 雨伞闩, 花狗母海, 沙鲈.
分布（Distribution）：南海.

### （3987）史氏拟鲈 *Parapercis snyderi* Jordan *et* Starks, 1905

*Parapercis snyderi* Jordan *et* Starks, 1905: 193-212.
文献（Reference）：Jordan and Starks, 1905: 193-212; 沈世杰, 1993; Leung, 1994; Chen, Shao and Lin, 1995; Ni and Kwok, 1999; Randall and Lim (eds.), 2000; Huang, 2001; 伍

汉霖, 邵广昭, 赖春福等, 2012.
**别名或俗名（Used or common name）**：海狗甘仔, 举目鱼, 雨伞闩, 花狗母海, 沙鲈.
**分布（Distribution）**：东海, 南海.

**（3988）索马里拟鲈 *Parapercis somaliensis* Schultz, 1968**
*Parapercis somaliensis* Schultz, 1968: 1-16.
**文献（Reference）**：Masuda, Amaoka, Araga *et al.*, 1984; Huang, 2001; Ho, Chang and Shao, 2012; 伍汉霖, 邵广昭, 赖春福等, 2012.
**分布（Distribution）**：南海.

**（3989）斑棘拟鲈 *Parapercis striolata* (Weber, 1913)**
*Neopercis striolata* Weber, 1913: 1-710.
*Neopercis mimaseana* Kamohara, 1937.
*Parapercis mimaseana* (Kamohara, 1937).
**文献（Reference）**：Masuda, Amaoka, Araga *et al.*, 1984; 沈世杰, 1993; Huang, 2001; Chinese Academy of Fishery Science (CAFS), 2007; 伍汉霖, 邵广昭, 赖春福等, 2012.
**别名或俗名（Used or common name）**：海狗甘仔, 举目鱼, 雨伞闩, 花狗母海, 沙鲈.
**分布（Distribution）**：南海.

**（3990）斑纹拟鲈 *Parapercis tetracantha* (Lacépède, 1801)**
*Labrus tetracanthus* Lacépède, 1801: 1-558.
*Parapercis cancellata* (Cuvier, 1816).
*Percis cancellata* Cuvier, 1816.
**文献（Reference）**：Lacépède, 1801: i-lxvi + 1-558; Murdy, Ferraris, Hoese *et al.*, 1981; Shao, Chen, Kao *et al.*, 1993; 沈世杰, 1993; Randall and Lim (eds.), 2000; Huang, 2001; 伍汉霖, 邵广昭, 赖春福等, 2012.
**别名或俗名（Used or common name）**：海狗甘仔, 举目鱼, 雨伞闩, 花狗母海, 沙鲈.
**分布（Distribution）**：东海, 南海.

**（3991）黄纹拟鲈 *Parapercis xanthozona* (Bleeker, 1849)**
*Percis xanthozona* Bleeker, 1849b: 1-10.
*Neopercis xanthozona* (Bleeker, 1849).
*Parapercis xanthosoma* (Bleeker, 1849).
**文献（Reference）**：Shao and Chen, 1992; 沈世杰, 1993; Randall and Lim (eds.), 2000; Huang, 2001; 伍汉霖, 邵广昭, 赖春福等, 2012.
**别名或俗名（Used or common name）**：海狗甘仔, 举目鱼, 雨伞闩, 花狗母海, 沙鲈, 红带拟鲈.
**分布（Distribution）**：东海, 南海.

## （二七四）毛背鱼科 Trichonotidae

### 1216. 毛背鱼属 *Trichonotus* Rafinesque, 1815

**（3992）美丽毛背鱼 *Trichonotus elegans* Shimada *et* Yoshino, 1984**
*Trichonotus elegans* Shimada *et* Yoshino, 1984: 15-19.
**文献（Reference）**：Shimada and Yoshino, 1984: 437; 伍汉霖, 邵广昭, 赖春福等, 2012.
**别名或俗名（Used or common name）**：沙鳅.
**分布（Distribution）**：南海.

**（3993）丝鳍毛背鱼 *Trichonotus filamentosus* (Steindachner, 1867)**
*Taeniolabrus filamentosus* Steindachner, 1867: 119-120.
**文献（Reference）**：Masuda, Amaoka, Araga *et al.*, 1984; Huang, 2001; 伍汉霖, 邵广昭, 赖春福等, 2012.
**分布（Distribution）**：南海.

**（3994）毛背鱼 *Trichonotus setiger* Bloch *et* Schneider, 1801**
*Trichonotus setiger* Bloch *et* Schneider, 1801: 1-584.
*Trichonotus setigerus* (Bloch *et* Schneider, 1801).
**文献（Reference）**：Masuda, Amaoka, Araga *et al.*, 1984; Shao, Chen, Kao *et al.*, 1993; 沈世杰, 1993; Shao, 1997; Randall and Lim (eds.), 2000; Werner and Allen, 2000; 伍汉霖, 邵广昭, 赖春福等, 2012.
**别名或俗名（Used or common name）**：沙鳅.
**分布（Distribution）**：东海, 南海.

## （二七五）无棘鳚科 Creediidae

### 1217. 沼泽鱼属 *Limnichthys* Waite, 1904

**（3995）条纹沼泽鱼 *Limnichthys fasciatus* Waite, 1904**
*Limnichthys fasciatus* Waite, 1904: 135-186.
*Limnichthys fasciatus major* Whitley, 1945.
**文献（Reference）**：Masuda, Amaoka, Araga *et al.*, 1984; Francis, 1993; 沈世杰, 1993; Yoshino, Kon and Okabe, 1999; Randall and Lim (eds.), 2000; Chiu and Hsieh, 2001; Huang, 2001; Hsieh and Chiu, 2002; 伍汉霖, 邵广昭, 赖春福等, 2012.
**别名或俗名（Used or common name）**：沙鳅.
**分布（Distribution）**：南海.

**（3996）沙栖沼泽鱼（沙鳕）*Limnichthys nitidus* Smith, 1958**
*Limnichthys nitidus* Smith, 1958c: 247-249.

文献（Reference）：Smith, 1958c: 247-249; Murdy, Ferraris, Hoese *et al.*, 1981; Yoshino, Kon and Okabe, 1999; 伍汉霖, 邵广昭, 赖春福等, 2012.
别名或俗名（Used or common name）：沙鳅.
分布（Distribution）：东海, 南海.

**（3997）东方沼泽鱼 *Limnichthys orientalis* Yoshino, Kon *et* Okabe, 1999**
*Limnichthys orientalis* Yoshino, Kon *et* Okabe, 1999: 73-83.
文献（Reference）：Yoshino, Kon and Okabe, 1999: 73-83; Randall and Lim (eds.), 2000; 伍汉霖, 邵广昭, 赖春福等, 2012.
分布（Distribution）：东海, 南海.

## （二七六）鲈䲢科 Percophidae

### 1218. 棘吻鱼属 *Acanthaphritis* Günther, 1880

**（3998）须棘吻鱼 *Acanthaphritis barbata* (Okamura *et* Kishida, 1963)**
*Spinapsaron barbatus* Okamura *et* Kishida, 1963: 43-48.
*Acanthaphritis barbatus* (Okamura *et* Kishida, 1963).
文献（Reference）：Okamura and Kishida, 1963: 43-48; 沈世杰, 1993; Yamada, Shirai, Irie *et al.*, 1995; Randall and Lim (eds.), 2000; Huang, 2001; Iwamoto, 2014; 伍汉霖, 邵广昭, 赖春福等, 2012.
别名或俗名（Used or common name）：鸭嘴䲢, 须棘吻鱼.
分布（Distribution）：东海, 南海.

**（3999）大鳞棘吻鱼 *Acanthaphritis grandisquamis* Günther, 1880**
*Acanthaphritis grandisquamis* Günther, 1880: 1-82.
文献（Reference）：Randall and Lim (eds.), 2000; Huang, 2001; 伍汉霖, 邵广昭, 赖春福等, 2012.
分布（Distribution）：南海.

**（4000）昂氏棘吻鱼 *Acanthaphritis unoorum* Suzuki *et* Nakabo, 1996**
*Acanthaphritis unoorum* Suzuki *et* Nakabo, 1996: 441-454.
文献（Reference）：Suzuki and Nakabo, 1996: 441-454; Randall and Lim (eds.), 2000; 伍汉霖, 邵广昭, 赖春福等, 2012.
别名或俗名（Used or common name）：鸭嘴䲢.
分布（Distribution）：南海.

### 1219. 鲬状鱼属 *Bembrops* Steindachner, 1876

**（4001）尾斑鲬状鱼 *Bembrops caudimacula* Steindachner, 1876**
*Bembrops caudimacula* Steindachner, 1876: 49-240.
*Bembrops adenensis* Norman, 1939.
文献（Reference）：Kuroda, 1950; Masuda, Amaoka, Araga *et al.*, 1984; 沈世杰, 1993; Kuo and Shao, 1999; Randall and Lim (eds.), 2000; Huang, 2001; 伍汉霖, 邵广昭, 赖春福等, 2012.
别名或俗名（Used or common name）：鸭嘴䲢, 尾斑挂帆䲢.
分布（Distribution）：东海, 南海.

**（4002）曲线鲬状鱼 *Bembrops curvatura* Okada *et* Suzuki, 1952**
*Bembrops curvatura* Okada *et* Suzuki, 1952: 67-74.
文献（Reference）：Masuda, Amaoka, Araga *et al.*, 1984; Yamada, Shirai, Irie *et al.*, 1995; Randall and Lim (eds.), 2000; Huang, 2001; Kim, Choi, Lee *et al.*, 2005; 伍汉霖, 邵广昭, 赖春福等, 2012.
别名或俗名（Used or common name）：鸭嘴䲢, 曲线挂帆䲢.
分布（Distribution）：东海, 南海.

**（4003）丝棘鲬状鱼 *Bembrops filiferus* Gilbert, 1905**
*Bembrops filiferus* Gilbert, 1905: 577-713.
*Bembrops filodorsalia* Okada *et* Suzuki, 1952.
*Bembrops indica* McKay, 1971.
文献（Reference）：de la Paz and Interior, 1979; Masuda, Amaoka, Araga *et al.*, 1984; Shao, 1997; Randall and Lim (eds.), 2000; 伍汉霖, 邵广昭, 赖春福等, 2012.
分布（Distribution）：南海.

**（4004）扁吻鲬状鱼 *Bembrops platyrhynchus* (Alcock, 1894)**
*Bathypercis platyrhynchus* Alcock, 1894: 169-184.
*Bembrops filamentosa* Norman, 1939.
*Bembrops philippinus* Fowler, 1939.
*Bembrops aethalea* McKay, 1971.
文献（Reference）：Alcock, 1893; Fowler, 1938; Randall and Lim (eds.), 2000; 伍汉霖, 邵广昭, 赖春福等, 2012.
别名或俗名（Used or common name）：鸭嘴䲢, 扁吻挂帆䲢.
分布（Distribution）：黄海, 东海, 南海.

### 1220. 低线鱼属 *Chrionema* Gilbert, 1905

**（4005）绿尾低线鱼 *Chrionema chlorotaenia* McKay, 1971**
*Chrionema chlorotaenia* McKay, 1971: 40-46.
文献（Reference）：McKay, 1971: 40-46; Masuda, Amaoka, Araga *et al.*, 1984; Shao, Chen, Kao *et al.*, 1993; 沈世杰, 1993; Randall and Lim (eds.), 2000; Huang, 2001.
别名或俗名（Used or common name）：鸭嘴䲢.

分布（**Distribution**）：南海.

**（4006）黄斑低线鱼 *Chrionema chryseres* Gilbert, 1905**

*Chrionema chryseres* Gilbert, 1905: 577-713.

文献（**Reference**）：Gilbert, 1905: 577-713; Masuda, Amaoka, Araga *et al.*, 1984; 沈世杰, 1993; Shao, 1997; Randall and Lim (eds.), 2000; Huang, 2001.

别名或俗名（**Used or common name**）：鸭嘴鳍.

分布（**Distribution**）：东海，南海.

**（4007）少鳞低线鱼 *Chrionema furunoi* Okamura *et* Yamachi, 1982**

*Chrionema furunoi* Okamura *et* Yamachi, 1982: 1-435.

别名或俗名（**Used or common name**）：鸭嘴鳍.

分布（**Distribution**）：东海，南海.

### 1221. 小骨螣属 *Osopsaron* Jordan *et* Starks, 1904

**（4008）台湾小骨螣 *Osopsaron formosensis* Kao *et* Shen, 1985**

*Osopsaron formosensis* Kao *et* Shen, 1985: 175-178.

*Acanthaphritis formosensis* (Kao *et* Shen, 1985).

*Pteropsaron formosensis* (Kao *et* Shen, 1985).

文献（**Reference**）：Kao and Shen, 1985: 175-178; 沈世杰, 1993; 伍汉霖，邵广昭，赖春福等, 2012.

别名或俗名（**Used or common name**）：鸭嘴鳍，台湾姬鲈，台湾棘鲈螣，台湾棘鲈鲬.

分布（**Distribution**）：东海.

### 1222. 帆鳍鲈螣属 *Pteropsaron* Jordan *et* Snyder, 1902

**（4009）帆鳍鲈螣 *Pteropsaron evolans* Jordan *et* Snyder, 1902**

*Pteropsaron evolans* Jordan *et* Snyder, 1902: 461-497.

文献（**Reference**）：Jordan and Snyder, 1902: 461-497; Masuda, Amaoka, Araga *et al.*, 1984; 沈世杰, 1993; Shao, 1997; Huang, 2001; 伍汉霖，邵广昭，赖春福等, 2012.

别名或俗名（**Used or common name**）：鸭嘴鳍.

分布（**Distribution**）：东海.

## （二七七）玉筋鱼科 Ammodytidae

### 1223. 玉筋鱼属 *Ammodytes* Linnaeus, 1758

**（4010）太平洋玉筋鱼 *Ammodytes personatus* Girard, 1856**

*Ammodytes personatus* Girard, 1856: 131-137.

文献（**Reference**）：Yamashita, Kitagawa and Aoyama, 1985; Yamada, Shirai, Irie *et al.*, 1995; Jeong, Choi, Han *et al.*, 1997; Kim, Kang and Ryu, 1999; Tang and Jin, 1999; Hong, Yeon, Im *et al.*, 2000; Huang, 2001; Islam, Hibino and Tanaka, 2006; 伍汉霖，邵广昭，赖春福等, 2012.

分布（**Distribution**）：渤海，黄海，东海，南海.

### 1224. 布氏筋鱼属 *Bleekeria* Günther, 1862

**（4011）箕作布氏筋鱼 *Bleekeria mitsukurii* Jordan *et* Evermann, 1902**

*Bleekeria mitsukurii* Jordan *et* Evermann, 1902: 315-368.

*Embolichthys mitsukurii* (Jordan *et* Evermann, 1902).

文献（**Reference**）：Jordan and Evermann, 1902: 315-368; Masuda, Amaoka, Araga *et al.*, 1984; Shao, Chen, Kao *et al.*, 1993; 沈世杰, 1993; Randall and Lim (eds.), 2000; Huang, 2001; Hsieh and Chiu, 2002; 伍汉霖，邵广昭，赖春福等, 2012.

别名或俗名（**Used or common name**）：台湾枪标鱼，沙鳅.

分布（**Distribution**）：东海，南海.

**（4012）绿鳗布氏筋鱼 *Bleekeria viridianguilla* (Fowler, 1931)**

*Herklotsina viridianguilla* Fowler, 1931a: 287-317.

文献（**Reference**）：Ni and Kwok, 1999; Randall and Lim (eds.), 2000; 伍汉霖，邵广昭，赖春福等, 2012.

别名或俗名（**Used or common name**）：鳗形布氏筋鱼，沙鳅.

分布（**Distribution**）：东海，南海.

### 1225. 原玉筋鱼属 *Protammodytes* Ida, Sirimontaporn *et* Monkolprasit, 1994

**（4013）短身原玉筋鱼 *Protammodytes brachistos* Ida, Sirimontaporn *et* Monkolprasit, 1994**

*Protammodytes brachistos* Ida, Sirimontaporn *et* Monkolprasit, 1994: 251-277.

文献（**Reference**）：Ida, Sirimontaporn and Monkolprasit, 1994: 251-277; 伍汉霖，邵广昭，赖春福等, 2012.

分布（**Distribution**）：东海，南海.

## （二七八）螣科 Uranoscopidae

### 1226. 披肩螣属 *Ichthyscopus* Swainson, 1839

**（4014）披肩螣 *Ichthyscopus lebeck* (Bloch *et* Schneider, 1801)**

*Uranoscopus lebeck* Bloch *et* Schneider, 1801: 1-584.

*Ichthyoscopus lebeck* (Bloch *et* Schneider, 1801).

*Uranoscopus inermis* Cuvier (*in* Cuvier *et* Valenciennes),

1829.
文献（Reference）：Shao, Chen, Kao *et al.*, 1993; 沈世杰, 1993; Huang, 2001; Chinese Academy of Fishery Science (CAFS), 2007; 伍汉霖, 邵广昭, 赖春福等, 2012.
别名或俗名（Used or common name）：大头丁, 眼镜鱼, 含笑, 向天虎, 披肩瞻星鱼, 尿壶鱼.
分布（Distribution）：黄海, 东海, 南海.

### 1227. 螣属 *Uranoscopus* Linnaeus, 1758

**（4015）双斑螣 *Uranoscopus bicinctus* Temminck *et* Schlegel, 1843**
*Uranoscopus bicinctus* Temminck *et* Schlegel, 1843: 21-72.
文献（Reference）：de la Paz and Interior, 1979; Shao, Chen, Kao *et al.*, 1993; 沈世杰, 1993; Yamada, Shirai, Irie *et al.*, 1995; Randall and Lim (eds.), 2000; Huang, 2001; 伍汉霖, 邵广昭, 赖春福等, 2012.
别名或俗名（Used or common name）：大头丁, 眼镜鱼, 含笑, 向天虎, 双斑瞻星鱼.
分布（Distribution）：东海, 南海.

**（4016）中华螣 *Uranoscopus chinensis* Guichenot, 1882**
*Uranoscopus chinensis* Guichenot, 1882: 168-176.
*Uranoscopus flavipinnis* Kishimoto, 1987.
文献（Reference）：Sauvage, 1882; Kishimoto, 1987; Kishimoto, 1989; 沈世杰, 1993; Yamada, Shirai, Irie *et al.*, 1995; Randall and Lim (eds.), 2000; Huang, 2001; 伍汉霖, 邵广昭, 赖春福等, 2012.
别名或俗名（Used or common name）：大头丁, 眼镜鱼, 含笑, 向天虎, 中华瞻星鱼.
分布（Distribution）：南海.

**（4017）日本螣 *Uranoscopus japonicus* Houttuyn, 1782**
*Uranoscopus japonicus* Houttuyn, 1782: 311-350.
文献（Reference）：Kyushin, Amaoka, Nakaya *et al.*, 1982; Kishimoto, 1987; Shao, Chen, Kao *et al.*, 1993; 沈世杰, 1993; Yamada, Shirai, Irie *et al.*, 1995; Ni and Kwok, 1999; Randall and Lim (eds.), 2000; Huang, 2001; 伍汉霖, 邵广昭, 赖春福等, 2012.
别名或俗名（Used or common name）：大头丁, 眼镜鱼, 含笑, 向天虎, 日本瞻星鱼.
分布（Distribution）：渤海, 黄海, 东海, 南海.

**（4018）少鳞螣 *Uranoscopus oligolepis* Bleeker, 1878**
*Uranoscopus oligolepis* Bleeker, 1878b: 47-59.
文献（Reference）：Bleeker, 1878b: 47-59; Shao, Chen, Kao *et al.*, 1993; 沈世杰, 1993; Ni and Kwok, 1999; Huang, 2001; 伍汉霖, 邵广昭, 赖春福等, 2012.
别名或俗名（Used or common name）：大头丁, 眼镜鱼, 含笑, 向天虎, 寡鳞瞻星鱼.
分布（Distribution）：黄海, 东海, 南海.

**（4019）土佐螣 *Uranoscopus tosae* (Jordan *et* Hubbs, 1925)**
*Zalescopus tosae* Jordan *et* Hubbs, 1925: 93-346.
文献（Reference）：Masuda, Amaoka, Araga *et al.*, 1984; 沈世杰, 1993; Yamada, Shirai, Irie *et al.*, 1995; Ni and Kwok, 1999; Huang, 2001; 伍汉霖, 邵广昭, 赖春福等, 2012.
别名或俗名（Used or common name）：大头丁, 眼镜鱼, 含笑, 向天虎, 土佐瞻星鱼.
分布（Distribution）：黄海, 东海, 南海.

### 1228. 奇头螣属 *Xenocephalus* Kaup, 1858

**（4020）青奇头螣 *Xenocephalus elongatus* (Temminck *et* Schlegel, 1843)**
*Uranoscopus elongatus* Temminck *et* Schlegel, 1843: 21-72.
*Gnathagnus elongatus* (Temminck *et* Schlegel, 1843).
*Xenocephalus elongatus elongatus* (Temminck *et* Schlegel, 1843).
*Ariscopus iburius* Jordan *et* Snyder, 1902.
文献（Reference）：Jordan and Snyder, 1902; de la Paz and Interior, 1979; 沈世杰, 1993; Yamada, Shirai, Irie *et al.*, 1995; Ni and Kwok, 1999; Randall and Lim (eds.), 2000; Huang, 2001; 伍汉霖, 邵广昭, 赖春福等, 2012.
别名或俗名（Used or common name）：大头丁, 眼镜鱼, 含笑, 向天虎, 瞻星鱼.
分布（Distribution）：渤海, 黄海, 东海, 南海.

## （二七九）三鳍鳚科 Tripterygiidae

### 1229. 额角三鳍鳚属 *Ceratobregma* Holleman, 1987

**（4021）海伦额角三鳍鳚 *Ceratobregma helenae* Holleman, 1987**
*Ceratobragma helenae* Holleman, 1987: 173-181.
*Ceratobregma striata* Fricke, 1991.
文献（Reference）：Fricke, 1994; Randall and Lim (eds.), 2000; 伍汉霖, 邵广昭, 赖春福等, 2012.
别名或俗名（Used or common name）：狗鲦, 三鳍鳚.
分布（Distribution）：南海.

### 1230. 双线鳚属 *Enneapterygius* Rüppell, 1835

**（4022）马来双线鳚 *Enneapterygius bahasa* Fricke, 1997**
*Enneapterygius bahasa* Fricke, 1997: 1-607.

文献（Reference）：Fricke, 1997: 29; Randall and Lim (eds.), 2000; Chiang and Chen, 2008; 伍汉霖, 邵广昭, 赖春福等, 2012.
别名或俗名（Used or common name）：狗鲦, 三鳍鳚.
分布（Distribution）：南海.

**（4023）陈氏双线鳚 *Enneapterygius cheni* Wang, Shao *et* Shen, 1996**

*Enneapterygius cheni* Wang, Shao *et* Shen, 1996: 79-83.
文献（Reference）：Wang, Shao and Shen, 1996: 79-83; Chiang and Chen, 2008; 伍汉霖, 邵广昭, 赖春福等, 2012.
别名或俗名（Used or common name）：狗鲦, 三鳍鳚.
分布（Distribution）：?

**（4024）美丽双线鳚 *Enneapterygius elegans* (Peters, 1876)**

*Tripterygium elegans* Peters, 1876: 435-447.
文献（Reference）：Randall and Lim (eds.), 2000; Chiang and Chen, 2008; 伍汉霖, 邵广昭, 赖春福等, 2012.
分布（Distribution）：南海.

**（4025）筛口双线鳚 *Enneapterygius etheostomus* (Jordan *et* Snyder, 1902)**

*Tripterygium etheostoma* Jordan *et* Snyder, 1902: 441-504.
*Enneapterygius etheostoma* (Jordan *et* Snyder, 1902).
*Rosenblatella etheostoma* (Jordan *et* Snyder, 1902).
文献（Reference）：Jordan and Snyder, 1902: 441-504; 沈世杰, 1993; Fricke, 1997; Randall and Lim (eds.), 2000; Chiang and Chen, 2008; 伍汉霖, 邵广昭, 赖春福等, 2012.
别名或俗名（Used or common name）：狗鲦, 三鳍鳚.
分布（Distribution）：东海, 南海.

**（4026）条纹双线鳚 *Enneapterygius fasciatus* (Weber, 1909)**

*Tripterygium fasciatum* Weber, 1909: 143-169.
*Tripterygion fasciatum* (Weber, 1909).
文献（Reference）：Randall and Lim (eds.), 2000; 伍汉霖, 邵广昭, 赖春福等, 2012.
别名或俗名（Used or common name）：狗鲦, 三鳍鳚.
分布（Distribution）：南海.

**（4027）黄项双线鳚 *Enneapterygius flavoccipitis* Shen, 1994**

*Enneapterygius flavoccipitis* Shen, 1994: 1-32.
*Enneapterygius bichrous* Fricke, 1994.
文献（Reference）：Shen, 1994: 1-32; 沈世杰, 1993; Fricke, 1997; Randall and Lim (eds.), 2000; 伍汉霖, 邵广昭, 赖春福等, 2012.
别名或俗名（Used or common name）：狗鲦, 三鳍鳚.
分布（Distribution）：南海.

**（4028）黑腹双线鳚 *Enneapterygius fuscoventer* Fricke, 1997**

*Enneapterygius fuscoventer* Fricke, 1997: 1-607.
文献（Reference）：Fricke, 1997: 29; Randall and Lim (eds.), 2000; 伍汉霖, 邵广昭, 赖春福等, 2012.
别名或俗名（Used or common name）：狗鲦, 三鳍鳚.
分布（Distribution）：南海.

**（4029）孝真双线鳚 *Enneapterygius hsiojenae* Shen, 1994**

*Enneapterygius hsiojenae* Shen, 1994: 1-32.
文献（Reference）：Shen, 1994: 1-32; Chiang and Chen, 2008; Endo, Katayama, Miyake *et al.*, 2010; 伍汉霖, 邵广昭, 赖春福等, 2012.
别名或俗名（Used or common name）：狗鲦, 三鳍鳚.
分布（Distribution）：?

**（4030）白点双线鳚 *Enneapterygius leucopunctatus* Shen, 1994**

*Enneapterygius leucopunctatus* Shen, 1994: 1-32.
文献（Reference）：Shen, 1994: 1-32; Randall and Lim (eds.), 2000; Chiang and Chen, 2008; Motomura and Matsuura, 2010; Endo, Katayama, Miyake *et al.*, 2010; 伍汉霖, 邵广昭, 赖春福等, 2012.
别名或俗名（Used or common name）：狗鲦, 三鳍鳚.
分布（Distribution）：南海.

**（4031）小双线鳚 *Enneapterygius minutus* (Günther, 1877)**

*Tripterygion minutus* Günther, 1877: 169-216.
*Enneapterygius tusitalae* Jordan *et* Seale, 1906.
*Tripterygion callionymi* (Weber, 1909).
文献（Reference）：沈世杰, 1993; Fricke, 1997; Randall and Lim (eds.), 2000; Huang, 2001; Nakamura, Horinouchi, Nakai *et al.*, 2003; 伍汉霖, 邵广昭, 赖春福等, 2012.
别名或俗名（Used or common name）：狗鲦, 三鳍鳚.
分布（Distribution）：东海, 南海.

**（4032）矮双线鳚 *Enneapterygius nanus* (Schultz, 1960)**

*Tripterygion nanus* Schultz, 1960: 1-438.
文献（Reference）：沈世杰, 1993; Fricke, 1997; Randall and Lim (eds.), 2000; Huang, 2001; 伍汉霖, 邵广昭, 赖春福等, 2012.
别名或俗名（Used or common name）：狗鲦, 三鳍鳚.
分布（Distribution）：南海.

**（4033）黑尾双线鳚 *Enneapterygius nigricauda* Fricke, 1997**

*Enneapterygius nigricauda* Fricke, 1997: 1-607.

**文献（Reference）：** Fricke, 1997: 29; Randall and Lim (eds.), 2000; 伍汉霖, 邵广昭, 赖春福等, 2012.

**别名或俗名（Used or common name）：** 狗鲦, 三鳍鳚.

**分布（Distribution）：** 南海.

**（4034）淡白斑双线鳚 *Enneapterygius pallidoserialis* Fricke, 1997**

*Enneapterygius pallidoserialis* Fricke, 1997: 1-607.

**文献（Reference）：** Fricke, 1997: 29; Randall and Lim (eds.), 2000; 伍汉霖, 邵广昭, 赖春福等, 2012.

**别名或俗名（Used or common name）：** 狗鲦, 三鳍鳚.

**分布（Distribution）：** 南海.

**（4035）菲律宾双线鳚 *Enneapterygius philippinus* (Peters, 1868)**

*Tripterygium philippinum* Peters, 1868: 254-281.

**文献（Reference）：** Herre, 1953b; Randall and Lim (eds.), 2000; 伍汉霖, 邵广昭, 赖春福等, 2012.

**别名或俗名（Used or common name）：** 狗鲦, 三鳍鳚.

**分布（Distribution）：** 南海.

**（4036）棒状双线鳚 *Enneapterygius rhabdotus* Fricke, 1994**

*Enneapterygius rhabdotus* Fricke, 1994: 1-585.

**文献（Reference）：** Fricke, 1994: 24; Randall and Lim (eds.), 2000; 伍汉霖, 邵广昭, 赖春福等, 2012.

**别名或俗名（Used or common name）：** 狗鲦, 三鳍鳚.

**分布（Distribution）：** 南海.

**（4037）红尾双线鳚 *Enneapterygius rubicauda* Shen, 1994**

*Enneapterygius rubicauda* Shen, 1994: 1-32.

*Enneapterygius erythrosomus* Shen, 1994.

**文献（Reference）：** Shen, 1994: 1-32; 沈世杰, 1993; Randall and Lim (eds.), 2000; Chiang and Chen, 2008; 伍汉霖, 邵广昭, 赖春福等, 2012.

**别名或俗名（Used or common name）：** 狗鲦, 三鳍鳚.

**分布（Distribution）：** 东海, 南海.

**（4038）邵氏双线鳚 *Enneapterygius shaoi* Chiang *et* Chen, 2008**

*Enneapterygius shaoi* Chiang *et* Chen, 2008: 183-201.

**文献（Reference）：** Chiang and Chen, 2008: 183-201; 伍汉霖, 邵广昭, 赖春福等, 2012.

**别名或俗名（Used or common name）：** 狗鲦, 三鳍鳚.

**分布（Distribution）：** 东海, 南海.

**（4039）沈氏双线鳚 *Enneapterygius sheni* Chiang *et* Chen, 2008**

*Enneapterygius sheni* Chiang *et* Chen, 2008: 183-201.

**文献（Reference）：** Chiang and Chen, 2008: 183-201; 伍汉霖, 邵广昭, 赖春福等, 2012.

**别名或俗名（Used or common name）：** 狗鲦, 三鳍鳚.

**分布（Distribution）：** 东海, 南海.

**（4040）隆背双线鳚 *Enneapterygius tutuilae* Jordan *et* Seale, 1906**

*Enneapterygius tutuilae* Jordan *et* Seale, 1906b: 173-455.

*Enneapterygius altipinnis* Clark, 1980.

**文献（Reference）：** Jordan and Seale, 1906b: 173-455; Randall and Lim (eds.), 2000; 伍汉霖, 邵广昭, 赖春福等, 2012.

**别名或俗名（Used or common name）：** 狗鲦, 三鳍鳚.

**分布（Distribution）：** 南海.

**（4041）单斑双线鳚 *Enneapterygius unimaculatus* Fricke, 1994**

*Enneapterygius unimaculatus* Fricke, 1994: 1-13.

**文献（Reference）：** Randall and Lim (eds.), 2000; Nakabo, 2002; 伍汉霖, 邵广昭, 赖春福等, 2012.

**别名或俗名（Used or common name）：** 狗鲦, 三鳍鳚.

**分布（Distribution）：** 南海.

**（4042）黑鞍斑双线鳚 *Enneapterygius vexillarius* Fowler, 1946**

*Enneapterygius vexillarius* Fowler, 1946: 123-218.

*Tripterygion vexillarius* (Fowler, 1946).

**文献（Reference）：** Fowler, 1946: 123-218; 沈世杰, 1993; Fricke, 1997; Randall and Lim (eds.), 2000; Chiang and Chen, 2008; Endo, Katayama, Miyake *et al.*, 2010; 伍汉霖, 邵广昭, 赖春福等, 2012.

**别名或俗名（Used or common name）：** 狗鲦, 三鳍鳚.

**分布（Distribution）：** 南海.

## 1231. 弯线鳚属 *Helcogramma* McCulloch *et* Waite, 1918

**（4043）奇卡弯线鳚 *Helcogramma chica* Rosenblatt, 1960**

*Helcogramma chica* Rosenblatt, 1960: 1-438.

**文献（Reference）：** Randall and Lim (eds.), 2000; 伍汉霖, 邵广昭, 赖春福等, 2012.

**别名或俗名（Used or common name）：** 狗鲦, 三鳍鳚.

**分布（Distribution）：** 南海.

**（4044）四纹弯线鳚 *Helcogramma fuscipectoris* (Fowler, 1946)**

*Enneapterygius fuscipectoris* Fowler, 1946: 123-218.

*Helcogramma fuscipectoris* (Fowler, 1946).
**文献（Reference）**：Fricke, 1997; Randall and Lim (eds.), 2000; Chiang and Chen, 2012; 伍汉霖, 邵广昭, 赖春福等, 2012.
**别名或俗名（Used or common name）**：狗鲦，三鳍鳚.
**分布（Distribution）**：东海，南海.

### （4045）黑鳍弯线鳚 *Helcogramma fuscopinna* Holleman, 1982

*Helcogramma fuscopinna* Holleman, 1982: 109-137.
**文献（Reference）**：Werner and Allen, 2000; Chiang and Chen, 2012; 伍汉霖, 邵广昭, 赖春福等, 2012.
**别名或俗名（Used or common name）**：狗鲦，三鳍鳚.
**分布（Distribution）**：南海.

### （4046）赫氏弯线鳚 *Helcogramma hudsoni* (Jordan *et* Seale, 1906)

*Enneapterygius hudsoni* Jordan *et* Seale, 1906b: 173-455.
**文献（Reference）**：Masuda, Amaoka, Araga *et al.*, 1984; 伍汉霖, 邵广昭, 赖春福等, 2012.
**分布（Distribution）**：南海.

### （4047）三角弯线鳚 *Helcogramma inclinata* (Fowler, 1946)

*Enneapterygius inclinatus* Fowler, 1946: 123-218.
*Helcogramma inclinatum* (Fowler, 1946).
*Tripterygion inclinatum* (Fowler, 1946).
*Helcogramma habena* Williams *et* McCormick, 1990.
**文献（Reference）**：Fowler, 1946: 123-218; Fricke, 1997; Randall and Lim (eds.), 2000; Huang, 2001; Chiang and Chen, 2012; 伍汉霖, 邵广昭, 赖春福等, 2012.
**别名或俗名（Used or common name）**：狗鲦，三鳍鳚.
**分布（Distribution）**：南海.

### （4048）钝吻弯线鳚 *Helcogramma obtusirostris* (Klunzinger, 1871)

*Tripterygion obtusirostre* Klunzinger, 1871: 441-688.
*Enneapterygius obtusirostre* (Klunzinger, 1871).
*Helcogramma obtusirostre* (Klunzinger, 1871).
**文献（Reference）**：沈世杰, 1993; Randall and Lim (eds.), 2000; Huang, 2001; Chiang and Chen, 2012.
**别名或俗名（Used or common name）**：狗鲦，三鳍鳚.
**分布（Distribution）**：东海，南海.

### （4049）纵带弯线鳚 *Helcogramma striata* Hansen, 1986

*Helcogramma striata* Hansen (*in* Hansen *et* Hadley), 1986.
*Helicogramma striata* [Hansen (*in* Hansen *et* Hadley), 1986].
**文献（Reference）**：Hansen and Hadley, 1986: 313-354; 沈世杰, 1993; Chen, Shao and Lin, 1995; Chen, Jan and Shao, 1997; Randall and Lim (eds.), 2000; Huang, 2001; Chiang and Chen, 2012; 伍汉霖, 邵广昭, 赖春福等, 2012.
**别名或俗名（Used or common name）**：狗鲦，三鳍鳚.
**分布（Distribution）**：南海.

## 1232. 诺福克鳚属 *Norfolkia* Fowler, 1953

### （4050）短鳞诺福克鳚 *Norfolkia brachylepis* (Schultz, 1960)

*Tripterygion brachylepis* Schultz, 1960: 1-438.
*Enneapterygius brachylepis* (Schultz, 1960).
*Norfolkia springeri* Clark, 1980.
**文献（Reference）**：Fricke, 1991; Fricke, 1994; Randall and Lim (eds.), 2000; 伍汉霖, 邵广昭, 赖春福等, 2012.
**别名或俗名（Used or common name）**：狗鲦，三鳍鳚.
**分布（Distribution）**：南海.

### （4051）托氏诺福克鳚 *Norfolkia thomasi* Whitley, 1964

*Norfolkia thomasi* Whitley, 1964: 145-195.
**文献（Reference）**：Whitley, 1964: 145-195; Fricke, 1994; 伍汉霖, 邵广昭, 赖春福等, 2012.
**别名或俗名（Used or common name）**：狗鲦，三鳍鳚.
**分布（Distribution）**：南海.

## 1233. 史氏三鳍鳚属 *Springerichthys* Shen, 1994

### （4052）黑尾史氏三鳍鳚 *Springerichthys bapturus* (Jordan *et* Snyder, 1902)

*Tripterygion bapturum* Jordan *et* Snyder, 1902: 441-504.
*Enneapterygius bapturus* (Jordan *et* Snyder, 1902).
*Gracilopterygion bapturum* (Jordan *et* Snyder, 1902).
**文献（Reference）**：Jordan and Snyder, 1902: 441-504; Masuda, Amaoka, Araga *et al.*, 1984; Randall and Lim (eds.), 2000; Kim, Endo and Lee, 2005; 伍汉霖, 邵广昭, 赖春福等, 2012.
**别名或俗名（Used or common name）**：狗鲦，三鳍鳚.
**分布（Distribution）**：南海.

# （二八〇）鳚科 Blenniidae

## 1234. 跳弹鳚属 *Alticus* Valenciennes, 1836

### （4053）跳弹鳚 *Alticus saliens* (Lacépède, 1800)

*Blennius saliens* Lacépède, 1800: 1-632.
**文献（Reference）**：Masuda, Amaoka, Araga *et al.*, 1984; 沈世杰, 1993; Myers, 1999; Huang, 2001; 伍汉霖, 邵广昭, 赖春福等, 2012.
**别名或俗名（Used or common name）**：狗鲦.
**分布（Distribution）**：东海，南海.

## 1235. 唇盘鳚属 *Andamia* Blyth, 1858

### (4054) 雷氏唇盘鳚 *Andamia reyi* (Sauvage, 1880)

*Salarias reyi* Sauvage, 1880: 215-220.
*Andamia raoi* Hora, 1938.
**文献 (Reference)**: Herre, 1953b; 沈世杰, 1993; Kishimoto, 1997; Randall and Lim (eds.), 2000; Huang, 2001; 伍汉霖, 邵广昭, 赖春福等, 2012.
**别名或俗名 (Used or common name)**: 狗鲦.
**分布 (Distribution)**: 南海.

### (4055) 四指唇盘鳚 *Andamia tetradactylus* (Bleeker, 1858)

*Salarias tetradactylus* Bleeker, 1858: 219-240.
**文献 (Reference)**: Lee, 1979; Masuda, Amaoka, Araga *et al.*, 1984; 沈世杰, 1993; Shao, 1997; Randall and Lim (eds.), 2000; Werner and Allen, 2000; Huang, 2001.
**别名或俗名 (Used or common name)**: 狗鲦.
**分布 (Distribution)**: 南海.

## 1236. 盾齿鳚属 *Aspidontus* Cuvier, 1834

### (4056) 杜氏盾齿鳚 *Aspidontus dussumieri* (Valenciennes, 1836)

*Blennechis dussumieri* Valenciennes (*in* Cuvier *et* Valenciennes), 1836: 1-506.
*Aspidontus dussumeiri* [Valenciennes (*in* Cuvier *et* Valenciennes), 1836].
*Aspidontus fluctuans* (Weber, 1909).
*Aspidontus gorrorensis* (Herre, 1936).
**文献 (Reference)**: Masuda, Amaoka, Araga *et al.*, 1984; Shao, 1997; Myers, 1999; Randall and Lim (eds.), 2000; 伍汉霖, 邵广昭, 赖春福等, 2012.
**别名或俗名 (Used or common name)**: 狗鲦.
**分布 (Distribution)**: 南海.

### (4057) 纵带盾齿鳚 *Aspidontus taeniatus* Quoy *et* Gaimard, 1834

*Aspidontus taeniatus* Quoy *et* Gaimard, 1834: 645-720.
*Petrocirtes taeniatus* (Quoy *et* Gaimard, 1834).
**文献 (Reference)**: Smith-Vaniz and Randall, 1973; George and Losey, 1974; Shao, Chen, Kao *et al.*, 1993; 沈世杰, 1993; Myers, 1999; Randall and Lim (eds.), 2000; Huang, 2001; 伍汉霖, 邵广昭, 赖春福等, 2012.
**别名或俗名 (Used or common name)**: 狗鲦, 三带钝齿鳚.
**分布 (Distribution)**: 东海, 南海.

## 1237. 乌鳚属 *Atrosalarias* Whitley, 1933

### (4058) 全黑乌鳚 *Atrosalarias holomelas* (Günther, 1872)

*Salarias holomelas* Günther, 1872: 397-399.
*Atrosalarias fuscus homomelas* (Günther, 1872).
**文献 (Reference)**: Chen, Shao and Lin, 1995; Myers, 1999; Werner and Allen, 2000; 伍汉霖, 邵广昭, 赖春福等, 2012.
**别名或俗名 (Used or common name)**: 狗鲦.
**分布 (Distribution)**: 南海.

## 1238. 真动齿鳚属 *Blenniella* Reid, 1943

### (4059) 对斑真动齿鳚 *Blenniella bilitonensis* (Bleeker, 1858)

*Salarias bilitonensis* Bleeker, 1858: 219-240.
*Istiblennius bilitonensis* (Bleeker, 1858).
*Salarias hendriksii* Bleeker, 1858.
*Salarias deani* Jordan *et* Seale, 1905.
**文献 (Reference)**: Jordan and Seale, 1905; Herre, 1934; 沈世杰, 1993; Springer and Williams, 1994; Nagatomo and Machida, 1999; Randall and Lim (eds.), 2000; Huang, 2001; 伍汉霖, 邵广昭, 赖春福等, 2012.
**别名或俗名 (Used or common name)**: 狗鲦.
**分布 (Distribution)**: 东海, 南海.

### (4060) 尾纹真动齿鳚 *Blenniella caudolineata* (Günther, 1877)

*Salarias caudolineatus* Günther, 1877: 169-216.
*Salarias beani* Fowler, 1928.
**文献 (Reference)**: Masuda, Amaoka, Araga *et al.*, 1984; 沈世杰, 1993; Springer and Williams, 1994; Randall and Lim (eds.), 2000; 伍汉霖, 邵广昭, 赖春福等, 2012.
**别名或俗名 (Used or common name)**: 狗鲦.
**分布 (Distribution)**: 南海.

### (4061) 红点真动齿鳚 *Blenniella chrysospilos* (Bleeker, 1857)

*Salarias chrysospilos* Bleeker, 1857: 1-102.
*Istiblennius chrysospilos* (Bleeker, 1857).
*Istiblennius coronatus* (Günther, 1872).
*Istiblennius insulinus* Smith, 1959.
**文献 (Reference)**: Masuda, Amaoka, Araga *et al.*, 1984; 沈世杰, 1993; Springer and Williams, 1994; Randall and Lim (eds.), 2000; Werner and Allen, 2000; Huang, 2001; 伍汉霖, 邵广昭, 赖春福等, 2012.
**别名或俗名 (Used or common name)**: 狗鲦.
**分布 (Distribution)**: 南海.

### (4062) 断纹真动齿鳚 *Blenniella interrupta* (Bleeker, 1857)

*Salarias interruptus* Bleeker, 1857a: 55-82.
*Istiblennius interruptus* (Bleeker, 1857).
**文献 (Reference)**: Bleeker, 1857a: 55-82; Herre, 1953b; 沈世杰, 1993; Springer and Williams, 1994; Randall and Lim (eds.), 2000; Huang, 2001; 伍汉霖, 邵广昭, 赖春福等,

2012.
别名或俗名（**Used or common name**）：狗鲦.
分布（**Distribution**）：南海.

### （4063）围眼真动齿鳚 *Blenniella periophthalmus* (Valenciennes, 1836)

*Salarias periophthalmus* Valenciennes (*in* Cuvier *et* Valenciennes), 1836: 1-506.
*Alticops periophthalmus* [Valenciennes (*in* Cuvier *et* Valenciennes), 1836].
*Istiblennius biseriatus* [Valenciennes (*in* Cuvier *et* Valenciennes), 1836].
*Salarias schultzei* Bleeker, 1859.
文献（**Reference**）：Chang, Jan and Shao, 1983; 沈世杰, 1993; Springer and Williams, 1994; Chen, Jan and Shao, 1997; Randall and Lim (eds.), 2000; Huang, 2001.
别名或俗名（**Used or common name**）：狗鲦.
分布（**Distribution**）：东海，南海.

## 1239. 穗肩鳚属 *Cirripectes* Swainson, 1839

### （4064）颊纹穗肩鳚 *Cirripectes castaneus* (Valenciennes, 1836)

*Salarias castaneus* Valenciennes, 1836: 1-506.
*Cirrhipectes castaneus* (Valenciennes, 1836).
*Cirripectes reticulatus* Fowler, 1946.
*Cirripectes gibbifrons* Smith, 1947.
文献（**Reference**）：Williams, 1988; Francis, 1993; 沈世杰, 1993; Chen, Jan and Shao, 1997; Nagatomo and Machida, 1999; Randall and Lim (eds.), 2000; Huang, 2001; 伍汉霖, 邵广昭, 赖春福等, 2012.
别名或俗名（**Used or common name**）：狗鲦，火红颈须鳚，颊纹项须鳚.
分布（**Distribution**）：东海，南海.

### （4065）丝背穗肩鳚 *Cirripectes filamentosus* (Alleyne *et* Macleay, 1877)

*Salarias filamentosus* Alleyne *et* Macleay, 1877: 321-359.
*Salarias cruentipinnis* Day, 1888.
*Cirripectes indrambaryae* Smith, 1934.
文献（**Reference**）：沈世杰, 1993; Randall and Lim (eds.), 2000; Werner and Allen, 2000; Huang, 2001; 伍汉霖, 邵广昭, 赖春福等, 2012.
别名或俗名（**Used or common name**）：狗鲦.
分布（**Distribution**）：南海.

### （4066）微斑穗肩鳚 *Cirripectes fuscoguttatus* Strasburg *et* Schultz, 1953

*Cirripectus fuscoguttatus* Strasburg *et* Schultz, 1953: 128-135.
文献（**Reference**）：Lee, 1979; Williams, 1988; Randall and Lim (eds.), 2000; Huang, 2001; 伍汉霖, 邵广昭, 赖春福等, 2012.
别名或俗名（**Used or common name**）：狗鲦.
分布（**Distribution**）：南海.

### （4067）紫黑穗肩鳚 *Cirripectes imitator* Williams, 1985

*Cirripectes imitator* Williams, 1985: 533-538.
文献（**Reference**）：Williams, 1985: 533-538; Williams, 1988; 沈世杰, 1993; Nagatomo and Machida, 1999; Randall and Lim (eds.), 2000; Huang, 2001; 伍汉霖, 邵广昭, 赖春福等, 2012.
别名或俗名（**Used or common name**）：狗鲦.
分布（**Distribution**）：南海.

### （4068）袋穗肩鳚 *Cirripectes perustus* Smith, 1959

*Cirripectus perustus* Smith, 1959b: 229-252.
文献（**Reference**）：Williams, 1988; 沈世杰, 1993; Randall and Lim (eds.), 2000; Huang, 2001; 伍汉霖, 邵广昭, 赖春福等, 2012.
别名或俗名（**Used or common name**）：狗鲦.
分布（**Distribution**）：南海.

### （4069）多斑穗肩鳚 *Cirripectes polyzona* (Bleeker, 1868)

*Salarias polyzona* Bleeker, 1868b: 278-280.
*Cirrhipectes polyzona* (Bleeker, 1868).
*Cirripectes polzona* (Bleeker, 1868).
*Blennius canescens* Garman, 1903.
文献（**Reference**）：Fukao, 1984; Williams, 1988; 沈世杰, 1993; Chen, Jan and Shao, 1997; Randall and Lim (eds.), 2000; Huang, 2001; 伍汉霖, 邵广昭, 赖春福等, 2012.
别名或俗名（**Used or common name**）：狗鲦.
分布（**Distribution**）：东海，南海.

### （4070）斑穗肩鳚 *Cirripectes quagga* (Fowler *et* Ball, 1924)

*Rupiscartes quagga* Fowler *et* Ball, 1924: 269-274.
*Cirripectes guagga* (Fowler *et* Ball, 1924).
*Cirripectus lineopunctatus* Strasburg, 1956.
文献（**Reference**）：Williams, 1988; 沈世杰, 1993; Randall and Lim (eds.), 2000; Huang, 2001; 伍汉霖, 邵广昭, 赖春福等, 2012.
别名或俗名（**Used or common name**）：狗鲦.
分布（**Distribution**）：南海.

### （4071）暗褐穗肩鳚 *Cirripectes variolosus* (Valenciennes, 1836)

*Salarias variolosus* Valenciennes, 1836: 1-506.
*Cirripectus variolosus* (Valenciennes, 1836).
*Salarias sebae* Valenciennes, 1836.
*Salarias nigripes* Seale, 1901.

文献（**Reference**）：Chang, Jan and Shao, 1983; Williams, 1988; Huang, 2001; 伍汉霖, 邵广昭, 赖春福等, 2012.
别名或俗名（**Used or common name**）：狗鲦.
分布（**Distribution**）：东海, 南海.

## 1240. 异齿鳚属 *Ecsenius* McCulloch, 1923

### （4072）巴氏异齿鳚 *Ecsenius bathi* Springer, 1988

*Ecsenius bathi* Springer, 1988: 1-134.
文献(**Reference**)：Springer, 1988: 1-134; Chen, Jan and Shao, 1997; 伍汉霖, 邵广昭, 赖春福等, 2012.
别名或俗名（**Used or common name**）：狗鲦.
分布（**Distribution**）：东海, 南海.

### （4073）二色异齿鳚 *Ecsenius bicolor* (Day, 1888)

*Salarias bicolor* Day, 1888: 779-816.
*Ecsenius bicolour* (Day, 1888).
*Salarias melanosoma* Regan, 1909.
*Salarias burmanicus* Hora *et* Mukerji, 1936.
文献（**Reference**）：Losey, 1972; Springer, 1988; 沈世杰, 1993; Chen, Shao and Lin, 1995; Chen, Jan and Shao, 1997; Randall and Lim (eds.), 2000; Huang, 2001; 伍汉霖, 邵广昭, 赖春福等, 2012.
别名或俗名（**Used or common name**）：狗鲦.
分布（**Distribution**）：东海, 南海.

### （4074）额异齿鳚 *Ecsenius frontalis* (Valenciennes, 1836)

*Salarias frontalis* Valenciennes, 1836: 1-506.
*Salarias nigrovittatus* Rüppell, 1838.
*Ecsenius albicaudatus* Lotan, 1970.
文献(**Reference**)：Huang, 2001; Chinese Academy of Fishery Science (CAFS), 2007; 伍汉霖, 邵广昭, 赖春福等, 2012.
分布（**Distribution**）：南海.

### （4075）线纹异齿鳚 *Ecsenius lineatus* Klausewitz, 1962

*Ecsenius lineatus* Klausewitz, 1962: 145-147.
文献(**Reference**)：Shen, 1984; Springer, 1988; Shao, Lin, Ho *et al.*, 1990; 沈世杰, 1993; Chen, Shao and Lin, 1995; Randall and Lim (eds.), 2000; Huang, 2001; 伍汉霖, 邵广昭, 赖春福等, 2012.
别名或俗名（**Used or common name**）：狗鲦.
分布（**Distribution**）：东海, 南海.

### （4076）黑色异齿鳚 *Ecsenius melarchus* McKinney *et* Springer, 1976

*Ecsenius melarchus* McKinney *et* Springer, 1976: 1-27.
文献（**Reference**）：McKinney and Springer, 1976: 1-27; Springer, 1988; Chen, Jan and Shao, 1997; Randall and Lim (eds.), 2000; Springer and Allen, 2001; 伍汉霖, 邵广昭, 赖春福等, 2012.
别名或俗名（**Used or common name**）：狗鲦.
分布（**Distribution**）：东海, 南海.

### （4077）纳氏异齿鳚 *Ecsenius namiyei* (Jordan *et* Evermann, 1902)

*Salarias namiyei* Jordan *et* Evermann, 1902: 315-368.
文献(**Reference**)：Chang, Jan and Shao, 1983; Springer, 1988; 沈世杰, 1993; Chen, Shao and Lin, 1995; Randall and Lim (eds.), 2000; 伍汉霖, 邵广昭, 赖春福等, 2012.
别名或俗名（**Used or common name**）：狗鲦.
分布（**Distribution**）：东海, 南海.

### （4078）眼斑异齿鳚 *Ecsenius oculus* Springer, 1971

*Ecsenius oculus* Springer, 1971: 1-74.
文献(**Reference**)：Springer, 1971: 1-74; Chang, Lee and Shao, 1978; Chang, Jan and Shao, 1983; Masuda, Amaoka, Araga *et al.*, 1984; Springer, 1988; 沈世杰, 1993; Randall and Lim (eds.), 2000; Huang, 2001; 伍汉霖, 邵广昭, 赖春福等, 2012.
别名或俗名（**Used or common name**）：狗鲦.
分布（**Distribution**）：南海.

### （4079）八重山岛异齿鳚 *Ecsenius yaeyamaensis* (Aoyagi, 1954)

*Salarias yaeyamaensis* Aoyagi, 1954: 213-217.
*Ecsenius yaeyamensis* (Aoyagi, 1954).
文献（**Reference**）：Chang, Lee and Shao, 1978; Chang, Jan and Shao, 1983; Springer, 1988; 沈世杰, 1993; Randall and Lim (eds.), 2000; Huang, 2001; 伍汉霖, 邵广昭, 赖春福等, 2012.
别名或俗名（**Used or common name**）：狗鲦, 江岛无须鳚.
分布（**Distribution**）：南海.

## 1241. 连鳍鳚属 *Enchelyurus* Peters, 1869

### （4080）克氏连鳍鳚 *Enchelyurus kraussii* (Klunzinger, 1871)

*Petroscirtes kraussii* Klunzinger, 1871: 441-688.
*Enchelyurus kraussi* (Klunzinger, 1871).
文献（**Reference**）：Masuda, Amaoka, Araga *et al.*, 1984; 沈世杰, 1993; Randall and Lim (eds.), 2000; 伍汉霖, 邵广昭, 赖春福等, 2012.
别名或俗名（**Used or common name**）：狗鲦, 黑蛙鳚.
分布（**Distribution**）：东海, 南海.

## 1242. 犁齿鳚属 *Entomacrodus* Gill, 1859

### （4081）尾带犁齿鳚 *Entomacrodus caudofasciatus* (Regan, 1909)

*Salarias caudofasciatus* Regan, 1909a: 403-406.

文献（Reference）：Chang, Jan and Shao, 1983; Francis, 1993; 沈世杰, 1993; Nagatomo and Machida, 1999; Myers, 1999; Randall and Lim (eds.), 2000; Huang, 2001; 伍汉霖, 邵广昭, 赖春福等, 2012.
别名或俗名（Used or common name）：狗鲦.
分布（Distribution）：东海，南海.

### （4082）斑纹犁齿鳚 *Entomacrodus decussatus* (Bleeker, 1858)

*Salarias decussatus* Bleeker, 1858: 219-240.
*Entomacrodus aneitensis* (Günther, 1877).
*Salarias aneitensis* Günther, 1877.
文献（Reference）：Chang, Jan and Shao, 1983; 沈世杰, 1993; Myers, 1999; Randall and Lim (eds.), 2000; Werner and Allen, 2000; Huang, 2001; 伍汉霖, 邵广昭, 赖春福等, 2012.
别名或俗名（Used or common name）：狗鲦.
分布（Distribution）：南海.

### （4083）触角犁齿鳚 *Entomacrodus epalzeocheilos* (Bleeker, 1859)

*Salarias epalzeocheilos* Bleeker, 1859: 330-352.
*Entomacrodus epalzeocheilus* (Bleeker, 1859).
文献（Reference）：Murdy, Ferraris, Hoese *et al.*, 1981; Smith and Heemstra, 1986; 沈世杰, 1993; Randall and Lim (eds.), 2000; Huang, 2001; 伍汉霖, 邵广昭, 赖春福等, 2012.
别名或俗名（Used or common name）：狗鲦.
分布（Distribution）：南海.

### （4084）赖氏犁齿鳚 *Entomacrodus lighti* (Herre, 1938)

*Salarias lighti* Herre, 1938: 65-66.
*Entomacrodus stellifer lighti* (Herre, 1938).
文献（Reference）：沈世杰, 1993; Myers, 1999; Huang, 2001; 伍汉霖, 邵广昭, 赖春福等, 2012.
别名或俗名（Used or common name）：狗鲦.
分布（Distribution）：东海，南海.

### （4085）云纹犁齿鳚 *Entomacrodus niuafoouensis* (Fowler, 1932)

*Salarias niuafoouensis* Fowler, 1932b: 1-9.
*Entomacrodus niuafooensis* (Fowler, 1932).
文献（Reference）：Masuda, Amaoka, Araga *et al.*, 1984; Francis, 1993; Francis and Randall, 1993; 沈世杰, 1993; Randall and Lim (eds.), 2000; 伍汉霖, 邵广昭, 赖春福等, 2012.
别名或俗名（Used or common name）：狗鲦.
分布（Distribution）：南海.

### （4086）星斑犁齿鳚 *Entomacrodus stellifer* (Jordan *et* Snyder, 1902)

*Scartichthys stellifer* Jordan *et* Snyder, 1902: 441-504.
*Entomacrodus stellifer stellifer* (Jordan *et* Snyder, 1902).
文献（Reference）：Masuda, Amaoka, Araga *et al.*, 1984; Nagatomo and Machida, 1999; Randall and Lim (eds.), 2000; 伍汉霖, 邵广昭, 赖春福等, 2012.
分布（Distribution）：东海，南海.

### （4087）点斑犁齿鳚 *Entomacrodus striatus* (Valenciennes, 1836)

*Salarias striatus* Valenciennes, 1836: 1-506.
*Entomacrodus plurifilis marshallensis* Schultz *et* Chapman, 1960.
文献（Reference）：Chang, Jan and Shao, 1983; Francis, 1993; 沈世杰, 1993; Nagatomo and Machida, 1999; Myers, 1999; Randall and Lim (eds.), 2000.
别名或俗名（Used or common name）：狗鲦.
分布（Distribution）：东海，南海.

### （4088）海犁齿鳚 *Entomacrodus thalassinus* (Jordan *et* Seale, 1906)

*Alticus thalassinus* Jordan *et* Seale, 1906b: 173-455.
*Entomacrodus thalassinus thalassinus* (Jordan *et* Seale, 1906).
文献（Reference）：Shao, Shen, Chiu *et al.*, 1992; Shao, Chen, Kao *et al.*, 1993; 沈世杰, 1993; Nagatomo and Machida, 1999; Myers, 1999; Randall and Lim (eds.), 2000; Huang, 2001; 伍汉霖, 邵广昭, 赖春福等, 2012.
别名或俗名（Used or common name）：狗鲦.
分布（Distribution）：南海.

## 1243. 豹鳚属 *Exallias* Jordan *et* Evermann, 1905

### （4089）短豹鳚 *Exallias brevis* (Kner, 1868)

*Salarias brevis* Kner, 1868: 26-31.
*Exalias brevis* (Kner, 1868).
*Cirripectes leopardus* (Day, 1870).
*Salarias leopardus* Day, 1870.
文献（Reference）：Lee, 1979; Chang, Jan and Shao, 1983; Shao, Shen, Chiu *et al.*, 1992; 沈世杰, 1993; Chen, Shao and Lin, 1995; Myers, 1999; Randall and Lim (eds.), 2000; Huang, 2001; 伍汉霖, 邵广昭, 赖春福等, 2012.
别名或俗名（Used or common name）：狗鲦.
分布（Distribution）：东海，南海.

## 1244. 动齿鳚属 *Istiblennius* Whitley, 1943

### （4090）杜氏动齿鳚 *Istiblennius dussumieri* (Valenciennes, 1836)

*Salarias dussumieri* Valenciennes, 1836: 1-506.
*Halmablennius dussumieri* (Valenciennes, 1836).
*Salarias forsteri* Valenciennes, 1836.

*Salarias siamensis* Smith, 1934.
**文献（Reference）**：Evermann and Seale, 1907; Francis, 1993; Francis and Randall, 1993; 沈世杰, 1993; Springer and Williams, 1994; Randall and Lim (eds.), 2000; Huang, 2001; 伍汉霖, 邵广昭, 赖春福等, 2012.
**别名或俗名（Used or common name）**：狗鲦.
**分布（Distribution）**：东海, 南海.

### （4091）暗纹动齿鳚 *Istiblennius edentulus* (Forster *et* Schneider, 1801)

*Alticops edentulus* Forster *et* Schneider, 1801: 1-584.
*Istiblennius edentululus* (Forster *et* Schneider, 1801).
*Salarias quadricornis* Valenciennes, 1836.
*Salarias melanocephalus* Bleeker, 1849.
**文献（Reference）**：Arai and Shiotsuki, 1973; Shao, Shen, Chiu *et al.*, 1992; Francis, 1993; 沈世杰, 1993; Springer and Williams, 1994; Nagatomo and Machida, 1999; Randall and Lim (eds.), 2000; Huang, 2001; Nagatomo, Machida and Endo, 2001; 伍汉霖, 邵广昭, 赖春福等, 2012.
**别名或俗名（Used or common name）**：狗鲦.
**分布（Distribution）**：南海.

### （4092）条纹动齿鳚 *Istiblennius lineatus* (Valenciennes, 1836)

*Salarias lineatus* Valenciennes, 1836: 1-506.
*Halmablennius lineatus* (Valenciennes, 1836).
*Salarias hasseltii* Bleeker, 1851.
*Salarias lividus* Thiollière, 1857.
**文献（Reference）**：Arai and Shiotsuki, 1974; Francis, 1993; 沈世杰, 1993; Springer and Williams, 1994; Nagatomo and Machida, 1999; Randall and Lim (eds.), 2000; Huang, 2001; 伍汉霖, 邵广昭, 赖春福等, 2012.
**别名或俗名（Used or common name）**：狗鲦.
**分布（Distribution）**：东海, 南海.

### （4093）穆氏动齿鳚 *Istiblennius muelleri* (Klunzinger, 1879)

*Salarias muelleri* Klunzinger, 1879: 254-261.
**文献（Reference）**：沈世杰, 1993; Springer and Williams, 1994; Randall and Lim (eds.), 2000; Huang, 2001; 伍汉霖, 邵广昭, 赖春福等, 2012.
**别名或俗名（Used or common name）**：狗鲦.
**分布（Distribution）**：南海.

## 1245. 宽颌鳚属 *Laiphognathus* Smith, 1955

### （4094）多斑宽颌鳚 *Laiphognathus multimaculatus* Smith, 1955

*Laiphognathus multimaculatus* Smith, 1955a: 3-27.
**文献（Reference）**：Smith, 1955: 1-3; Smith and Heemstra, 1986; Hiramatsu and Machida, 1990; Shao, Chen, Kao *et al.*, 1993; Lin, Shao and Chen (林沛立, 邵广昭和陈正平), 1994; Randall and Lim (eds.), 2000; 伍汉霖, 邵广昭, 赖春福等, 2012.
**别名或俗名（Used or common name）**：狗鲦.
**分布（Distribution）**：南海.

## 1246. 稀棘鳚属 *Meiacanthus* Norman, 1944

### （4095）金鳍稀棘鳚 *Meiacanthus atrodorsalis* (Günther, 1877)

*Petroscirtes atrodorsalis* Günther, 1877: 169-216.
*Meiacanthus atrodorsalis atrodorsalis* (Günther, 1877).
*Petroscirtes herlihyi* Fowler, 1946.
**文献（Reference）**：Losey, 1972; Losey, 1975; 沈世杰, 1993; Chen, Jan and Shao, 1997; Myers, 1999; Randall and Lim (eds.), 2000; 伍汉霖, 邵广昭, 赖春福等, 2012.
**别名或俗名（Used or common name）**：狗鲦.
**分布（Distribution）**：东海, 南海.

### （4096）黑带稀棘鳚 *Meiacanthus grammistes* (Valenciennes, 1836)

*Blennechis grammistes* Valenciennes, 1836: 1-506.
**文献（Reference）**：Chang, Jan and Shao, 1983; 沈世杰, 1993; Chen, Shao and Lin, 1995; Chen, Jan and Shao, 1997; Myers, 1999; Randall and Lim (eds.), 2000; Huang, 2001; 伍汉霖, 邵广昭, 赖春福等, 2012.
**别名或俗名（Used or common name）**：狗鲦.
**分布（Distribution）**：东海, 南海.

### （4097）浅带稀棘鳚 *Meiacanthus kamoharai* Tomiyama, 1956

*Meiacanthus kamoharai* Tomiyama, 1956: 1077-1090.
**文献（Reference）**：Chang, Jan and Shao, 1983; Masuda, Amaoka, Araga *et al.*, 1984; 伍汉霖, 邵广昭, 赖春福等, 2012.
**别名或俗名（Used or common name）**：狗鲦.
**分布（Distribution）**：东海, 南海.

## 1247. 仿鳚属 *Mimoblennius* Smith-Vaniz *et* Springer, 1971

### （4098）黑点仿鳚 *Mimoblennius atrocinctus* (Regan, 1909)

*Blennius atrocinctus* Regan, 1909a: 403-406.
**文献（Reference）**：Masuda, Amaoka, Araga *et al.*, 1984; 沈世杰, 1993; Randall and Lim (eds.), 2000; Huang, 2001; 伍汉霖, 邵广昭, 赖春福等, 2012.
**别名或俗名（Used or common name）**：狗鲦.
**分布（Distribution）**：南海.

## 1248. 肩鳃鳚属 *Omobranchus* Valenciennes, 1836

**（4099）美肩鳃鳚 *Omobranchus elegans* (Steindachner, 1876)**

*Petroscirtes elegans* Steindachner, 1876: 49-240.
*Omobranchus elegan* (Steindachner, 1876).
**文献（Reference）：** Arai and Shiotsuki, 1974; Masuda, Amaoka, Araga *et al.*, 1984; Huang, 2001; Hsieh and Chiu, 2002; Kim, Choi, Lee *et al.*, 2005; 伍汉霖, 邵广昭, 赖春福等, 2012.
**别名或俗名（Used or common name）：** 狗鲦.
**分布（Distribution）：** 渤海, 黄海, 东海, 南海.

**（4100）长肩鳃鳚 *Omobranchus elongatus* (Peters, 1855)**

*Petroscirtes elongatus* Peters, 1855: 428-466.
*Omobranchus elongates* (Peters, 1855).
*Omobranchus kallosoma* (Bleeker, 1858).
*Petrocirtes dispar* Fowler, 1937.
**文献（Reference）：** Randall and Lim (eds.), 2000; Huang, 2001; 伍汉霖, 邵广昭, 赖春福等, 2012.
**别名或俗名（Used or common name）：** 狗鲦.
**分布（Distribution）：** 东海, 南海.

**（4101）斑头肩鳃鳚 *Omobranchus fasciolatoceps* (Richardson, 1846)**

*Blennius fasciolatoceps* Richardson, 1846: 187-320.
**文献（Reference）：** Masuda, Amaoka, Araga *et al.*, 1984; 沈世杰, 1993; Shao, 1997; Kuo and Shao, 1999; Randall and Lim (eds.), 2000; Huang, 2001; 伍汉霖, 邵广昭, 赖春福等, 2012.
**别名或俗名（Used or common name）：** 狗鲦.
**分布（Distribution）：** 南海.

**（4102）猛肩鳃鳚 *Omobranchus ferox* (Herre, 1927)**

*Petroscirtes ferox* Herre, 1927: 273-279.
*Omobranchus kranjiensis* (Herre, 1940).
*Petroscirtes waterousi* Herre, 1942.
*Cruantus dealmeida* (Smith, 1949).
**文献（Reference）：** Smith and Heemstra, 1986; Randall and Lim (eds.), 2000; 伍汉霖, 邵广昭, 赖春福等, 2012.
**别名或俗名（Used or common name）：** 狗鲦.
**分布（Distribution）：** 东海, 南海.

**（4103）吉氏肩鳃鳚 *Omobranchus germaini* (Sauvage, 1883)**

*Petroscirtes germaini* Sauvage, 1883: 156-161.
**文献（Reference）：** 沈世杰, 1993; Sadovy and Cornish, 2000; Randall and Lim (eds.), 2000; Huang, 2001; 伍汉霖, 邵广昭, 赖春福等, 2012.
**别名或俗名（Used or common name）：** 狗鲦.
**分布（Distribution）：** 南海.

**（4104）斑点肩鳃鳚 *Omobranchus punctatus* (Valenciennes, 1836)**

*Blennechis punctatus* Valenciennes, 1836: 1-506.
*Petroscirtes lineolatus* Kner, 1868.
*Omobranchus japonicus* (Bleeker, 1869).
*Petrocirtes kochi* Weber, 1907.
**文献（Reference）：** Bath, 1980; Masuda, Amaoka, Araga *et al.*, 1984; Arai, 1984; 沈世杰, 1993; Randall and Lim (eds.), 2000; Huang, 2001; 伍汉霖, 邵广昭, 赖春福等, 2012.
**别名或俗名（Used or common name）：** 狗鲦.
**分布（Distribution）：** 南海.

## 1249. 副鳚属 *Parablennius* Miranda Ribeiro, 1915

**（4105）八部副鳚 *Parablennius yatabei* (Jordan *et* Snyder, 1900)**

*Blennius yatabei* Jordan *et* Snyder, 1900: 335-380.
*Pictiblennius yatabei* (Jordan *et* Snyder, 1900).
**文献（Reference）：** Arai and Shiotsuki, 1974; Masuda, Amaoka, Araga *et al.*, 1984; 沈世杰, 1993; Huang, 2001; 伍汉霖, 邵广昭, 赖春福等, 2012.
**别名或俗名（Used or common name）：** 狗鲦.
**分布（Distribution）：** 黄海, 东海.

## 1250. 龟鳚属 *Parenchelyurus* Springer, 1972

**（4106）赫氏龟鳚 *Parenchelyurus hepburni* (Snyder, 1908)**

*Enchelyurus hepburni* Snyder, 1908, 35: 93-111.
*Parenchelyurus hepbueni* (Snyder, 1908).
**文献（Reference）：** Masuda, Amaoka, Araga *et al.*, 1984; 沈世杰, 1993; Myers, 1999; Randall and Lim (eds.), 2000; Huang, 2001; 伍汉霖, 邵广昭, 赖春福等, 2012.
**别名或俗名（Used or common name）：** 狗鲦.
**分布（Distribution）：** 东海, 南海.

## 1251. 跳岩鳚属 *Petroscirtes* Rüppell, 1830

**（4107）短头跳岩鳚 *Petroscirtes breviceps* (Valenciennes, 1836)**

*Blennechis breviceps* Valenciennes, 1836: 1-506.
*Dasson trossulus* (Jordan *et* Snyder, 1902).
*Petroscirtes annamensis* Chabanaud, 1924.
*Petroscirtes f. annamensis* Chabanaud, 1924.
**文献（Reference）：** Shao and Chen, 1992; Shao, Chen, Kao *et al.*, 1993; 沈世杰, 1993; Ni and Kwok, 1999; Myers, 1999;

Randall and Lim (eds.), 2000; An and Huh, 2002; 伍汉霖, 邵广昭, 赖春福等, 2012.
别名或俗名（**Used or common name**）：狗鲦.
分布（**Distribution**）：南海.

### （4108）高鳍跳岩鳚 *Petroscirtes mitratus* Rüppell, 1830

*Petrocirtes mitratus* Rüppell, 1830: 1-141.
*Petroscirtes barbatus* Peters, 1855.
*Petroskirtes marmoratus* Bleeker, 1875.
*Petroscirtes springeri* Smith-Vaniz, 1976.
别名或俗名（**Used or common name**）：狗鲦, 史氏跳岩鳚.
文献（**Reference**）：Smith-Vaniz, 1976: 1-196; Yatsu, Iwata and Sato, 1983; Masuda, Amaoka, Araga *et al.*, 1984; 沈世杰, 1993; Myers, 1999; 伍汉霖, 邵广昭, 赖春福等, 2012.
别名或俗名（**Used or common name**）：狗鲦.
分布（**Distribution**）：东海, 南海.

### （4109）变色跳岩鳚 *Petroscirtes variabilis* Cantor, 1849

*Petrocirtes variabilis* Cantor, 1849: 983-1443.
*Dasson variabilis* (Cantor, 1849).
*Petroscrites variabilis* Cantor, 1849.
文献（**Reference**）：Morton, 1979; Yatsu, Iwata and Sato, 1983; 沈世杰, 1993; Ni and Kwok, 1999; Myers, 1999; Randall and Lim (eds.), 2000; Huang, 2001; Nakamura, Horinouchi, Nakai *et al.*, 2003; 伍汉霖, 邵广昭, 赖春福等, 2012.
别名或俗名（**Used or common name**）：狗鲦.
分布（**Distribution**）：南海.

## 1252. 短带鳚属 *Plagiotremus* Gill, 1865

### （4110）云雀短带鳚 *Plagiotremus laudandus* (Whitley, 1961)

*Pescadorichthys laudandus* Whitley, 1961: 60-65.
*Plagiotremus laudandus laudandus* (Whitley, 1961).
文献（**Reference**）：Francis, 1993; 沈世杰, 1993; Chen, Jan and Shao, 1997; Myers, 1999; Randall and Lim (eds.), 2000; 伍汉霖, 邵广昭, 赖春福等, 2012.
别名或俗名（**Used or common name**）：狗鲦.
分布（**Distribution**）：东海, 南海.

### （4111）粗吻短带鳚 *Plagiotremus rhinorhynchos* (Bleeker, 1852)

*Petroscirtes rhinorhynchos* Bleeker, 1852: 229-309.
*Plagiotremus rhinorhynchus* (Bleeker, 1852).
*Petroscirtes amblyrhynchos* Bleeker, 1857.
*Runula amblyrhynchus* (Bleeker, 1857).
文献（**Reference**）：Chang, Lee and Shao, 1978; Chang, Jan and Shao, 1983; Francis, 1993; 沈世杰, 1993; Chen, Jan and Shao, 1997; Randall and Lim (eds.), 2000; Huang, 2001; 伍汉霖, 邵广昭, 赖春福等, 2012.
别名或俗名（**Used or common name**）：狗鲦.
分布（**Distribution**）：东海, 南海.

### （4112）叉短带鳚 *Plagiotremus spilistius* Gill, 1865

*Plagiostremus spilisteus* Gill, 1865: 138-141.
文献（**Reference**）：Randall and Lim (eds.), 2000; Huang, 2001; Chinese Academy of Fishery Science (CAFS), 2007; 伍汉霖, 邵广昭, 赖春福等, 2012.
分布（**Distribution**）：南海.

### （4113）窄体短带鳚 *Plagiotremus tapeinosoma* (Bleeker, 1857)

*Petroscirtes tapeinosoma* Bleeker, 1857: 1-102.
*Aspidontus tapeinosoma* (Bleeker, 1857).
*Plagiotremus tapeinosomus* (Bleeker, 1857).
文献（**Reference**）：Chang, Lee and Shao, 1978; Francis, 1993; Shao, Chen, Kao *et al.*, 1993; 沈世杰, 1993; Chen, Shao and Lin, 1995; Chen, Jan and Shao, 1997; Kuo and Shao, 1999; Randall and Lim (eds.), 2000; Huang, 2001; 伍汉霖, 邵广昭, 赖春福等, 2012.
别名或俗名（**Used or common name**）：狗鲦.
分布（**Distribution**）：东海, 南海.

## 1253. 矮冠鳚属 *Praealticus* Schultz *et* Chapman, 1960

### （4114）双线矮冠鳚 *Praealticus bilineatus* (Peters, 1868)

*Salarias bilineatus* Peters, 1868: 254-281.
文献（**Reference**）：Nagatomo and Machida, 1999; Randall and Lim (eds.), 2000; 伍汉霖, 邵广昭, 赖春福等, 2012.
分布（**Distribution**）：南海.

### （4115）犬牙矮冠鳚 *Praealticus margaritarius* (Snyder, 1908)

*Alticus margaritarius* Snyder, 1908, 35: 93-111.
文献（**Reference**）：Masuda, Amaoka, Araga *et al.*, 1984; 沈世杰, 1993; 伍汉霖, 邵广昭, 赖春福等, 2012.
别名或俗名（**Used or common name**）：狗鲦, 麻卡勒矮冠鳚.
分布（**Distribution**）：东海.

### （4116）吻纹矮冠鳚 *Praealticus striatus* Bath, 1992

*Praealticus striolatus* Bath, 1992: 237-316.
文献（**Reference**）：Bath, 1992: 237-316; 沈世杰, 1993; Randall and Lim (eds.), 2000; Huang, 2001; 伍汉霖, 邵广昭, 赖春福等, 2012.
别名或俗名（**Used or common name**）：狗鲦.
分布（**Distribution**）：东海, 南海.

**（4117）种子岛矮冠鳚 *Praealticus tanegasimae* (Jordan *et* Starks, 1906)**

*Salarias tanegasimae* Jordan *et* Starks, 1906, 30 (1462): 695-706.

**文献（Reference）：** Masuda, Amaoka, Araga *et al.*, 1984; 沈世杰, 1993; Nagatomo and Machida, 1999; Huang, 2001.

**别名或俗名（Used or common name）：** 狗鲦，矮冠鳚.

**分布（Distribution）：** 东海，南海.

## 1254. 棒鳚属 *Rhabdoblennius* Whitley, 1930

**（4118）灿烂棒鳚 *Rhabdoblennius nitidus* (Günther, 1861)**

*Salarias nitidus* Günther, 1861a: 1-586.

*Blennius nitidus* (Günther, 1861).

*Blennius ellipes* Jordan *et* Starks, 1906.

*Rhabdoblennius ellipes* (Jordan *et* Starks, 1906).

**文献（Reference）：** Masuda, Amaoka, Araga *et al.*, 1984; 沈世杰, 1993; Randall and Lim (eds.), 2000; Huang, 2001; 伍汉霖，邵广昭，赖春福等, 2012.

**别名或俗名（Used or common name）：** 狗鲦，笠鳚.

**分布（Distribution）：** 南海.

## 1255. 凤鳚属 *Salarias* Cuvier, 1816

**（4119）细纹凤鳚 *Salarias fasciatus* (Bloch, 1786)**

*Blennius fasciatus* Bloch, 1786: 1-160.

*Salarias fascitus* (Bloch, 1786).

*Salarias quadripennis* Cuvier, 1816.

**文献（Reference）：** Arai and Shiotsuki, 1973; 沈世杰, 1993; Chen, Shao and Lin, 1995; Chen, Jan and Shao, 1997; Randall and Lim (eds.), 2000; Huang, 2001; 伍汉霖，邵广昭，赖春福等, 2012.

**别名或俗名（Used or common name）：** 狗鲦，花鲦仔，跳海仔.

**分布（Distribution）：** 东海，南海.

**（4120）雨斑凤鳚 *Salarias guttatus* Valenciennes, 1836**

*Salarias guttatus* Valenciennes (*in* Cucier *et* Valenciennes), 1836: 1-506.

**文献（Reference）：** Valenciennes (*in* Cuvier and Valenciennes), 1836: i-xx + 1-506 + 2 pp; Herre, 1953b; Chen, Shao and Lin, 1995; Randall and Lim (eds.), 2000; Huang, 2001; 伍汉霖，邵广昭，赖春福等, 2012.

**别名或俗名（Used or common name）：** 狗鲦.

**分布（Distribution）：** 东海，南海.

## 1256. 敏鳚属 *Scartella* Jordan, 1886

**（4121）缘敏鳚 *Scartella emarginata* (Günther, 1861)**

*Blennius emarginatus* Günther, 1861a: 1-586.

*Blennius steindachneri* Day, 1873.

**文献（Reference）：** Smith and Heemstra, 1986; Shao, Chen, Kao *et al.*, 1993; 沈世杰, 1993; 伍汉霖，邵广昭，赖春福等, 2012.

**别名或俗名（Used or common name）：** 狗鲦.

**分布（Distribution）：** 东海，南海.

## 1257. 呆鳚属 *Stanulus* Smith, 1959

**（4122）塞舌尔呆鳚 *Stanulus seychellensis* Smith, 1959**

*Stanulus seychellensis* Smith, 1959b: 229-252.

*Fallacirripectes minutus* Schultz *et* Chapman, 1960.

**文献（Reference）：** Smith, 1959b: 229-252; 沈世杰, 1993; Myers, 1999; Randall and Lim (eds.), 2000; Huang, 2001; 伍汉霖，邵广昭，赖春福等, 2012.

**别名或俗名（Used or common name）：** 狗鲦.

**分布（Distribution）：** 南海.

## 1258. 带鳚属 *Xiphasia* Swainson, 1839

**（4123）带鳚 *Xiphasia setifer* Swainson, 1839**

*Xiphasia setifer* Swainson, 1839: 1-448.

**文献（Reference）：** Herre, 1953b; Masuda, Amaoka, Araga *et al.*, 1984; Francis, 1993; 沈世杰, 1993; Randall and Lim (eds.), 2000; Huang, 2001; 伍汉霖，邵广昭，赖春福等, 2012.

**别名或俗名（Used or common name）：** 长鳚.

**分布（Distribution）：** 东海，南海.

# （二八一）胎鳚科 Clinidae

## 1259. 跳矶鳚属 *Springeratus* Shen, 1971

**（4124）黄身跳矶鳚 *Springeratus xanthosoma* (Bleeker, 1857)**

*Clinus xanthosoma* Bleeker, 1857b: 323-368.

**文献（Reference）：** Shen, 1971; Masuda, Amaoka, Araga *et al.*, 1984; 沈世杰, 1993; Shao, 1997; Randall and Lim (eds.), 2000; 伍汉霖，邵广昭，赖春福等, 2012.

**别名或俗名（Used or common name）：** 胎鳚，狗鲦，黄鳚.

**分布（Distribution）：** 南海.

# （二八二）烟管鳚科 Chaenopsidae

## 1260. 新热鳚属 *Neoclinus* Girard, 1858

**（4125）裸新热鳚 *Neoclinus nudus* Stephens *et* Springer, 1971**

*Neoclinus nudus* Stephens *et* Springer, 1971: 65-72.

文献(Reference): Stephens and Springer, 1971: 65-72; Fukao and Okazaki, 1990; Shao, 1997; 伍汉霖, 邵广昭, 赖春福等, 2012.
别名或俗名 (Used or common name): 旗鳚, 狗鲦.
分布 (Distribution): ?

## (二八三) 喉盘鱼科 Gobiesocidae

### 1261. 姥鱼属 *Aspasma* Jordan *et* Fowler, 1902

**(4126) 日本小姥鱼 *Aspasma minima* (Döderlein, 1887)**

*Lepadogaster minimus* Döderlein (*in* Steindachner *et* Döderlein), 1887.
文献(Reference): Steindachner and Döderlein, 1887: 257-296; Masuda, Amaoka, Araga *et al.*, 1984; 沈世杰, 1993; Shao, 1997; Randall and Lim (eds.), 2000; Huang, 2001; 伍汉霖, 邵广昭, 赖春福等, 2012.
别名或俗名 (Used or common name): 跳海仔.
分布 (Distribution): 南海.

### 1262. 鹤姥鱼属 *Aspasmichthys* Briggs, 1955

**(4127) 台湾鹤姥鱼 *Aspasmichthys ciconiae* (Jordan *et* Fowler, 1902)**

*Aspasma ciconiae* Jordan *et* Fowler, 1902: 413-416.
*Aspasmichthys ciconae* (Jordan *et* Fowler, 1902).
文献 (Reference): Masuda, Amaoka, Araga *et al.*, 1984; Randall and Lim (eds.), 2000; Kim, Choi, Lee *et al.*, 2005; 伍汉霖, 邵广昭, 赖春福等, 2012.
别名或俗名 (Used or common name): 跳海仔.
分布 (Distribution): 南海.

### 1263. 锥齿喉盘鱼属 *Conidens* Briggs, 1955

**(4128) 黑纹锥齿喉盘鱼 *Conidens laticephalus* (Tanaka, 1909)**

*Aspasma laticephala* Tanaka, 1909: 1-27.
*Conidens lacticephalus* (Tanaka, 1909).
文献 (Reference): Tanaka, 1909: 1-27; 盐垣优和道津喜卫, 1971; Arai and Nagaiwa, 1977; Masuda, Amaoka, Araga *et al.*, 1984; 沈世杰, 1993; Randall and Lim (eds.), 2000; Huang, 2001; 伍汉霖, 邵广昭, 赖春福等, 2012.
别名或俗名 (Used or common name): 跳海仔.
分布 (Distribution): 南海.

### 1264. 环盘鱼属 *Diademichthys* Pfaff, 1942

**(4129) 线纹环盘鱼 *Diademichthys lineatus* (Sauvage, 1883)**

*Crepidogaster lineatum* Sauvage, 1883: 156-161.
*Coronichthys ornata* Herre, 1942.
*Diademichthys deversor* Pfaff, 1942.
文献 (Reference): Arai and Nagaiwa, 1977; Murdy, Ferraris, Hoese *et al.*, 1981; Shao, 1997; Randall and Lim (eds.), 2000; Werner and Allen, 2000; Adrim, Chen, Chen *et al.*, 2004; 伍汉霖, 邵广昭, 赖春福等, 2012.
别名或俗名 (Used or common name): 跳海仔, 海胆姥姥鱼.
分布 (Distribution): 南海.

### 1265. 盘孔喉盘鱼属 *Discotrema* Briggs, 1976

**(4130) 琉球盘孔喉盘鱼 *Discotrema crinophilum* Briggs, 1976**

*Discotrema crinophila* Briggs, 1976: 339-341.
*Discotrema echinocephala* Briggs, 1976.
*Discotrema echinopila* Briggs, 1976.
文献 (Reference): Briggs, 1976: 339-341; Masuda, Amaoka, Araga *et al.*, 1984; Winterbottom, 1993; 沈世杰, 1993; Chen, Jan and Shao, 1997; Randall and Lim (eds.), 2000; 伍汉霖, 邵广昭, 赖春福等, 2012.
别名或俗名 (Used or common name): 跳海仔.
分布 (Distribution): 南海.

### 1266. 连鳍喉盘鱼属 *Lepadichthys* Waite, 1904

**(4131) 连鳍喉盘鱼 *Lepadichthys frenatus* Waite, 1904**

*Lepidichthys frenatus* Waite, 1904: 135-186.
*Aspasma misakia* Tanaka, 1908.
文献 (Reference): Arai and Nagaiwa, 1977; Chang, Jan and Shao, 1983; Francis, 1993; 沈世杰, 1993; Shao, 1997; Randall and Lim (eds.), 2000; Huang, 2001; 伍汉霖, 邵广昭, 赖春福等, 2012.
别名或俗名 (Used or common name): 跳海仔.
分布 (Distribution): 南海.

### 1267. 细喉盘鱼属 *Pherallodus* Briggs, 1955

**(4132) 印度细喉盘鱼 *Pherallodus indicus* (Weber, 1913)**

*Crepidogaster indicus* Weber, 1913: 1-710.
*Lepadichthys indicus* (Weber, 1913).
文献 (Reference): Masuda, Amaoka, Araga *et al.*, 1984; 沈世杰, 1993; Shao, 1997; Huang, 2001; 伍汉霖, 邵广昭, 赖春福等, 2012.

别名或俗名（**Used or common name**）：跳海仔.
分布（**Distribution**）：东海，南海.

## （二八四）䲗科 Callionymidae

### 1268. 深水䲗属 *Bathycallionymus* Nakabo, 1982

**（4133）台湾深水䲗 *Bathycallionymus formosanus* (Fricke, 1981)**
*Callionymus formosanus* Fricke, 1981b: 349-377.
文献（**Reference**）：Fricke, 1981b: 349-377; 沈世杰, 1993.
别名或俗名（**Used or common name**）：老鼠，狗圻.
分布（**Distribution**）：?

**（4134）基岛深水䲗 *Bathycallionymus kaianus* (Günther, 1880)**
*Callionymus kaianus* Günther, 1880: 53-54.
文献（**Reference**）：沈世杰, 1993; Yamada, Shirai, Irie *et al*., 1995; Shao, 1997; Ni and Kwok, 1999; Huang, 2001; 伍汉霖，邵广昭，赖春福等, 2012.
别名或俗名（**Used or common name**）：老鼠，狗圻.
分布（**Distribution**）：东海，南海.

**（4135）纹鳍深水䲗 *Bathycallionymus sokonumeri* (Kamohara, 1936)**
*Callionymus sokonumeri* Kamohara, 1936d: 446-448.
文献（**Reference**）：Kamohara, 1936d: 446-448; 伍汉霖，邵广昭，赖春福等, 2012.
别名或俗名（**Used or common name**）：老鼠，狗圻.
分布（**Distribution**）：?

### 1269. 䲗属 *Callionymus* Linnaeus, 1758

**（4136）贝氏䲗 *Callionymus belcheri* Richardson, 1844**
*Callionymus belcheri* Richardson, 1844: 51-70.
*Calliurichthys belcheri* (Richardson, 1844).
*Callionymus recurvispinis* (Li, 1966).
*Callionymus recurvispinnis* (Li, 1966).
文献（**Reference**）：Randall and Lim (eds.), 2000; 伍汉霖，邵广昭，赖春福等, 2012.
分布（**Distribution**）：东海，南海.

**（4137）本氏䲗 *Callionymus beniteguri* Jordan *et* Snyder, 1900**
*Callionymus beniteguri* Jordan *et* Snyder, 1900: 335-380.
*Repomucenus beniteguri* (Jordan *et* Snyder, 1900).
*Callionymus kanekonis* Tanaka, 1917.
文献（**Reference**）：Jordan and Snyder, 1900: 335-380; Fricke and Brownell, 1993; 沈世杰, 1993; Randall and Lim (eds.), 2000; Huang, 2001; Hsieh and Chiu, 2002; 伍汉霖，邵广昭，赖春福等, 2012.
别名或俗名（**Used or common name**）：老鼠，狗圻.
分布（**Distribution**）：渤海，黄海，东海，南海.

**（4138）弯角䲗 *Callionymus curvicornis* Valenciennes, 1837**
*Callionymus curvicornis* Valenciennes (*in* Cuvier *et* Valenciennes), 1837: 1-507.
*Callionymus punctatus* Richardson, 1837.
*Repomucenus curvicornis* [Valenciennes (*in* Cuvier *et* Valenciennes), 1837].
*Callionymus richardsoni* Bleeker, 1854.
*Callionymus richardsonii* Bleeker, 1854.
文献（**Reference**）：Valenciennes (*in* Cuvier and Valenciennes), 1837: i-xxiv + 1-507 + 1p.; Shao, Chen, Kao *et al*., 1993; 沈世杰, 1993; Yamada, Shirai, Irie *et al*., 1995; Shao, 1997; Ni and Kwok, 1999; Randall and Lim (eds.), 2000; Huang, 2001; An and Huh, 2002; 伍汉霖，邵广昭，赖春福等, 2012.
别名或俗名（**Used or common name**）：老鼠，狗圻.
分布（**Distribution**）：东海，南海.

**（4139）丝背䲗 *Callionymus doryssus* (Jordan *et* Fowler, 1903)**
*Calliurichthys doryssus* Jordan *et* Fowler, 1903a: 939-959.
文献（**Reference**）：沈世杰, 1993; Randall and Lim (eds.), 2000.
别名或俗名（**Used or common name**）：老鼠，狗圻.
分布（**Distribution**）：南海.

**（4140）龙䲗 *Callionymus draconis* Nakabo, 1977**
*Callionymus draconis* Nakabo, 1977: 98-100.
*Spinicapitichthys draconis* (Nakabo, 1977).
*Callionymus csiro* Fricke, 1983.
文献（**Reference**）：Masuda, Amaoka, Araga *et al*., 1984; Huang, 2001; 伍汉霖，邵广昭，赖春福等, 2012.
分布（**Distribution**）：南海.

**（4141）斑鳍䲗 *Callionymus enneactis* Bleeker, 1879**
*Callionymus enneatics* Bleeker, 1879: 79-107.
*Paradiplogrammus enneactis* (Bleeker, 1879).
*Paradiplogrammus enneactis calliste* (Jordan *et* Fowler, 1903).
*Callionymus wilburi* Herre, 1935.
文献（**Reference**）：Bleeker, 1879: 79-107; Takita, Iwamoto, Kai *et al*., 1983; 沈世杰, 1993; Shao, 1997; Horinouchi and Sano, 2000; Randall and Lim (eds.), 2000; Huang, 2001; 伍汉霖，邵广昭，赖春福等, 2012.
别名或俗名（**Used or common name**）：老鼠，狗圻.
分布（**Distribution**）：东海，南海.

**（4142）单丝鲻 *Callionymus filamentosus* Valenciennes, 1837**

*Callionymus filamentosus* Valenciennes (*in* Cuvier *et* Valenciennes), 1837: 1-507.

*Calliurichthys filamentosus* [Valenciennes (*in* Cuvier *et* Valenciennes), 1837].

*Callionymus haifae* Fowler *et* Steinitz, 1956.

*Callionymus stigmapteron* Smith, 1963.

**文献（Reference）**：Valenciennes (*in* Cuvier and Valenciennes), 1837: i-xxiv + 1-507 + 1p.; 沈世杰, 1993; Randall and Lim (eds.), 2000; Chinese Academy of Fishery Science (CAFS), 2007; 伍汉霖, 邵广昭, 赖春福等, 2012.

**别名或俗名（Used or common name）**：老鼠, 狗圻.

**分布（Distribution）**：东海, 南海.

**（4143）海南鲻 *Callionymus hainanensis* Li, 1966**

*Callionymus hainanensis* Li (李思忠), 1966: 167-176.

**文献（Reference）**：李思忠, 1966: 167-176; 沈世杰, 1993; Randall and Lim (eds.), 2000; Huang, 2001; 伍汉霖, 邵广昭, 赖春福等, 2012.

**别名或俗名（Used or common name）**：老鼠, 狗圻.

**分布（Distribution）**：东海, 南海.

**（4144）海氏鲻 *Callionymus hindsii* Richardson, 1844**

*Callionymus hindsi* Richardson, 1844: 51-70.

*Calliurichthys hindsii* (Richardson, 1844).

**文献（Reference）**：沈世杰, 1993; Ni and Kwok, 1999; Randall and Lim (eds.), 2000; Huang, 2001; 伍汉霖, 邵广昭, 赖春福等, 2012.

**别名或俗名（Used or common name）**：老鼠, 狗圻.

**分布（Distribution）**：南海.

**（4145）长崎鲻 *Callionymus huguenini* Bleeker, 1858-59**

*Callionymus huguenini* Bleeker, 1858: 1-12.

**文献（Reference）**：Bleeker, 1858; 伍汉霖, 邵广昭, 赖春福等, 2012.

**别名或俗名（Used or common name）**：老鼠, 狗圻.

**分布（Distribution）**：东海, 南海.

**（4146）日本鲻 *Callionymus japonicus* Houttuyn, 1782**

*Callionymus japonicus* Houttuyn, 1782: 311-350.

*Calliurichthys japonicus* (Houttuyn, 1782).

**文献（Reference）**：Masuda, Amaoka, Araga *et al.*, 1984; Shao, Chen, Kao *et al.*, 1993; Yamada, Shirai, Irie *et al.*, 1995; Gonzales, Taniguchi, Okamura *et al.*, 1996; Ni and Kwok, 1999; Randall and Lim (eds.), 2000; Huang, 2001.

**分布（Distribution）**：东海, 南海.

**（4147）朝鲜鲻 *Callionymus koreanus* (Nakabo, Jeon *et* Li, 1987)**

*Repomucenus koreanus* Nakabo, Jeon *et* Li, 1987: 286-290.

**文献（Reference）**：Huang, 2001; Kim, Choi, Lee *et al.*, 2005; 伍汉霖, 邵广昭, 赖春福等, 2012.

**分布（Distribution）**：东海, 南海.

**（4148）中沙鲻 *Callionymus macclesfieldensis* Fricke, 1983**

*Callionymus macclesfieldensis* Fricke, 1983: 1-774.

**文献（Reference）**：Randall and Lim (eds.), 2000; 伍汉霖, 邵广昭, 赖春福等, 2012.

**分布（Distribution）**：南海.

**（4149）黑缘鲻 *Callionymus martinae* Fricke, 1981**

*Callionymus martinae* Fricke, 1981a: 143-170.

*Calliurichthys martinae* (Fricke, 1981).

**文献（Reference）**：Fricke, 1981a: 143-170; 沈世杰, 1993; Randall and Lim (eds.), 2000; 伍汉霖, 邵广昭, 赖春福等, 2012.

**别名或俗名（Used or common name）**：老鼠, 狗圻.

**分布（Distribution）**：南海.

**（4150）南方鲻 *Callionymus meridionalis* Suwardji, 1965**

*Callionymus valenciennei meridionalis* Suwardji, 1965: 303-323.

**文献（Reference）**：沈世杰, 1993; Randall and Lim (eds.), 2000; Huang, 2001; 伍汉霖, 邵广昭, 赖春福等, 2012.

**别名或俗名（Used or common name）**：老鼠, 狗圻.

**分布（Distribution）**：东海, 南海.

**（4151）斑臀鲻 *Callionymus octostigmatus* Fricke, 1981**

*Callionymus octostigmatus* Fricke, 1981a: 143-170.

*Repomucenus octostigmatus* (Fricke, 1981).

**文献（Reference）**：Fricke, 1981a: 143-170; 沈世杰, 1993; Randall and Lim (eds.), 2000; Huang, 2001; 伍汉霖, 邵广昭, 赖春福等, 2012.

**别名或俗名（Used or common name）**：老鼠, 狗圻.

**分布（Distribution）**：东海, 南海.

**（4152）扁身鲻 *Callionymus planus* Ochiai, 1955**

*Callionymus planus* Ochiai, 1955: 95-132.

*Repomucenus planus* (Ochiai, 1955).

**文献（Reference）**：Ochiai, 1955: 95-132; Masuda, Amaoka, Araga *et al.*, 1984; 沈世杰, 1993; Shao, 1997; Kuo and Shao, 1999; Huang, 2001; 伍汉霖, 邵广昭, 赖春福等, 2012.

**别名或俗名（Used or common name）**：老鼠, 狗圻.

**分布（Distribution）**：东海, 南海.

**（4153）白臀鲔 *Callionymus pleurostictus* Fricke, 1982**

*Callionymus* (*Calliurichthys*) *pleurostictus* Fricke, 1982: 127-146.

*Pseudocalliurichthys pleurostictus* (Fricke, 1982).

**文献（Reference）**：Fricke, 1982: 127-146; Nakabo and Hayashi, 1991; Randall and Lim (eds.), 2000; 伍汉霖, 邵广昭, 赖春福等, 2012.

**别名或俗名（Used or common name）**：老鼠, 狗圻.

**分布（Distribution）**：南海.

**（4154）粗首鲔 *Callionymus scabriceps* Fowler, 1941**

*Callionymus scabriceps* Fowler, 1941, 90 (3106): 1-31.

*Calliurichthys scabriceps* (Fowler, 1941b).

**文献（Reference）**：Fowler, 1941b, 90 (3106): 1-31; Shao, Lin, Ho *et al.*, 1990; Shao, Chen, Kao *et al.*, 1993; Randall and Lim (eds.), 2000; 伍汉霖, 邵广昭, 赖春福等, 2012.

**别名或俗名（Used or common name）**：老鼠, 狗圻.

**分布（Distribution）**：南海.

**（4155）沙氏鲔 *Callionymus schaapii* Bleeker, 1852**

*Callionymus schaapii* Bleeker, 1852: 443-460.

*Repomucenus schaapii* (Bleeker, 1852).

**文献（Reference）**：沈世杰, 1993; Randall and Lim (eds.), 2000; Huang, 2001; 伍汉霖, 邵广昭, 赖春福等, 2012.

**别名或俗名（Used or common name）**：老鼠, 狗圻.

**分布（Distribution）**：东海, 南海.

**（4156）瓦氏鲔 *Callionymus valenciennei* Temminck *et* Schlegel, 1845**

*Callionymus valenciennei* Temminck *et* Schlegel, 1845: 113-172.

*Repomucenus valenciennei* (Temminck *et* Schlegel, 1845).

*Callionymus flagris* Jordan *et* Fowler, 1903.

**文献（Reference）**：沈世杰, 1993; Shao, 1997; Ikejima and Shimizu, 1998; Randall and Lim (eds.), 2000; Huang, 2001; Baeck and Huh, 2003; 伍汉霖, 邵广昭, 赖春福等, 2012.

**别名或俗名（Used or common name）**：老鼠, 狗圻.

**分布（Distribution）**：东海, 南海.

**（4157）曳丝鲔 *Callionymus variegatus* Temminck *et* Schlegel, 1845**

*Callionymus variegatus* Temminck *et* Schlegel, 1845: 113-172.

**文献（Reference）**：沈世杰, 1993; 伍汉霖, 邵广昭, 赖春福等, 2012.

**别名或俗名（Used or common name）**：老鼠, 狗圻.

**分布（Distribution）**：东海, 南海.

## 1270. 美尾鲔属 *Calliurichthys* Jordan *et* Fowler, 1903

**（4158）伊津美尾鲔 *Calliurichthys izuensis* (Fricke *et* Zaiser, 1993)**

*Callionymus persicus izuensis* Fricke *et* Zaiser, 1993: 1-10.

**文献（Reference）**：Fricke and Zaiser, 1993: 1-10; 伍汉霖, 邵广昭, 赖春福等, 2012.

**别名或俗名（Used or common name）**：老鼠, 狗圻.

**分布（Distribution）**：东海, 南海.

**（4159）日本美尾鲔 *Calliurichthys japonicus* (Houttuyn, 1782)**

*Callionymus japonicus* Houttuyn, 1782: 311-350.

**文献（Reference）**：Houttuyn, 1782: 311-350; Allen and Erdmann, 2012; Fricke, 1983; Fricke, 2002; Lee and Kim, 1993.

**别名或俗名（Used or common name）**：老鼠, 狗圻.

**分布（Distribution）**：东海, 南海.

## 1271. 指脚鲔属 *Dactylopus* Gill, 1859

**（4160）指脚鲔 *Dactylopus dactylopus* (Valenciennes, 1837)**

*Callionymus dactylopus* Valenciennes (*in* Cuvier *et* Valenciennes), 1837: 1-507.

**文献（Reference）**：Masuda, Amaoka, Araga *et al.*, 1984; 沈世杰, 1993; Randall and Lim (eds.), 2000; Huang, 2001; 伍汉霖, 邵广昭, 赖春福等, 2012.

**别名或俗名（Used or common name）**：老鼠, 狗圻.

**分布（Distribution）**：东海, 南海.

## 1272. 双线鲔属 *Diplogrammus* Gill, 1865

**（4161）葛罗姆双线鲔 *Diplogrammus goramensis* (Bleeker, 1858)**

*Callionymus goramensis* Bleeker, 1858: 197-218.

*Diplogrammus gorameмsis* (Bleeker, 1858).

**文献（Reference）**：Nakabo, Iwata and Ikeda, 1992; Francis, 1993; Randall and Lim (eds.), 2000; Huang, 2001; 伍汉霖, 邵广昭, 赖春福等, 2012.

**分布（Distribution）**：南海.

**（4162）暗带双线鲔 *Diplogrammus xenicus* (Jordan *et* Thompson, 1914)**

*Calymmichthys xenicus* Jordan *et* Thompson, 1914: 205-313.

*Dactylopus xenicus* (Jordan *et* Thompson, 1914).

**文献（Reference）**：Fricke and Zaiser, 1982; Masuda, Amaoka, Araga *et al.*, 1984; 沈世杰, 1993; Shao, 1997; Huang, 2001; 伍汉霖, 邵广昭, 赖春福等, 2012.

**别名或俗名（Used or common name）**：老鼠, 狗圻.

分布（Distribution）：东海，南海.

## 1273. 喉褶鲔属 *Eleutherochir* Bleeker, 1879

### （4163）单鳍喉褶鲔 *Eleutherochir mirabilis* (Snyder, 1911)

*Draculo mirabilis* Snyder, 1911: 525-549.

文献（Reference）：Snyder, 1911: 525-549; Cheng and Zhou (eds), 1997; Wang, Wang, Li *et al.*, 2001; Lee and Kim, 1993; 伍汉霖，邵广昭，赖春福等, 2012.

分布（Distribution）：渤海，黄海，南海.

### （4164）双鳍喉褶鲔 *Eleutherochir opercularis* (Valenciennes, 1837)

*Callionymus opercularis* Valenciennes (*in* Cuvier *et* Valenciennes), 1837: 1-507.

*Pogonymus goslinei* Rao, 1976.

文献（Reference）：Masuda, Amaoka, Araga *et al.*, 1984; Randall and Lim (eds.), 2000; 伍汉霖，邵广昭，赖春福等, 2012.

别名或俗名（Used or common name）：老鼠，狗圻.

分布（Distribution）：南海.

## 1274. 棘红鲔属 *Foetorepus* Whitley, 1931

### （4165）益田氏棘红鲔 *Foetorepus masudai* Nakabo, 1987

*Foeturepus masudai* Nakabo, 1987: 335-341.

*Synchiropus masudai* (Nakabo, 1987).

文献（Reference）：Ho, Shao, Chen *et al.* (何林泰，邵广昭，陈正平等), 1993; 沈世杰, 1993; Huang, 2001; 伍汉霖，邵广昭，赖春福等, 2012.

别名或俗名（Used or common name）：益田氏连鳍鲔，老鼠，狗圻.

分布（Distribution）：南海.

## 1275. 斜棘鲔属 *Repomucenus* Whitley, 1931

### （4166）弯角斜棘鲔 *Repomucenus curvicornis* (Valenciennes, 1837)

*Callionymus curvicornis* Valenciennes (*in* Cuvier *et* Valenciennes), 1837: 1-507.

文献（Reference）：Valenciennes (*in* Cuvier and Valenciennes), 1837: 344-368; Pan, Zhong, Zheng *et al.*, 1991; Randall and Lim (eds.), 2000; Sadovy and Cornish, 2000; Fricke, 2002; Motomura, Kuriiwa, Katayama *et al.*, 2010.

分布（Distribution）：东海，南海.

### （4167）月斑斜棘鲔 *Repomucenus lunatus* (Temminck *et* Schlegel, 1845)

*Callionymus lunatus* Temminck *et* Schlegel, 1845: 113-172.

文献（Reference）：沈世杰, 1993; 伍汉霖，邵广昭，赖春福等, 2012.

别名或俗名（Used or common name）：老鼠，狗圻.

分布（Distribution）：黄海，东海.

### （4168）香斜棘鲔 *Repomucenus olidus* (Günther, 1873)

*Callionymus olidus* Günther, 1873: 239-250.

文献（Reference）：Nakabo and Jeon, 1985; 沈世杰, 1993; Kim, 1997; Huang, 2001; 伍汉霖，邵广昭，赖春福等, 2012.

别名或俗名（Used or common name）：老鼠，狗圻.

分布（Distribution）：渤海，黄海，东海.

### （4169）饰鳍斜棘鲔 *Repomucenus ornatipinnis* (Regan, 1905)

*Callionymus ornatipinnis* Regan, 1905d: 17-26.

文献（Reference）：Masuda, Amaoka, Araga *et al.*, 1984; Nakabo and Jeon, 1986; 沈世杰, 1993; Shao, 1997; Huang, 2001; 伍汉霖，邵广昭，赖春福等, 2012.

别名或俗名（Used or common name）：老鼠，狗圻.

分布（Distribution）：黄海，东海.

### （4170）丝鳍斜棘鲔 *Repomucenus virgis* (Jordan *et* Fowler, 1903)

*Callionymus virgis* Jordan *et* Fowler, 1903a: 939-959.

文献（Reference）：沈世杰, 1993; Yamada, Shirai, Irie *et al.*, 1995; Shao, 1997; Kuo and Shao, 1999; Huang, 2001; 伍汉霖，邵广昭，赖春福等, 2012.

别名或俗名（Used or common name）：老鼠，狗圻.

分布（Distribution）：黄海，东海，南海.

## 1276. 连鳍鲔属 *Synchiropus* Gill, 1859

### （4171）红连鳍鲔 *Synchiropus altivelis* (Temminck *et* Schlegel, 1845)

*Callionymus altivelis* Temminck *et* Schlegel, 1845: 113-172.

*Foetorepus altivelis* (Temminck *et* Schlegel, 1845).

*Synchiropus altevelis* (Temminck *et* Schlegel, 1845).

文献（Reference）：Schultz, 1948; 沈世杰, 1993; Yamada, Shirai, Irie *et al.*, 1995; Shao, 1997; Randall and Lim (eds.), 2000; Huang, 2001; 伍汉霖，邵广昭，赖春福等, 2012.

别名或俗名（Used or common name）：老鼠，狗圻.

分布（Distribution）：东海，南海.

### （4172）珊瑚连鳍鲔 *Synchiropus corallinus* (Gilbert, 1905)

*Callionymus corallinus* Gilbert, 1905: 577-713.

*Paradiplogrammus corallinus* (Gilbert, 1905).

文献（Reference）：Nakabo, 1991; Fricke and Brownell, 1993; 伍汉霖，邵广昭，赖春福等, 2012.

别名或俗名（Used or common name）：老鼠，狗圻，珊瑚拟双线鲔.

分布（**Distribution**）：南海.

**（4173）戴氏连鳍䲗 *Synchiropus delandi* Fowler, 1943**

*Synchiropus delandi* Fowler, 1943: 53-91.
*Foetorepus delandi* (Fowler, 1943).
**文献（Reference）**：Fowler, 1943: 53-91; 沈世杰, 1993; Randall and Lim (eds.), 2000; Huang, 2001; 伍汉霖, 邵广昭, 赖春福等, 2012.
**别名或俗名（Used or common name）**：老鼠, 狗圻.
**分布（Distribution）**：南海.

**（4174）格氏连鳍䲗 *Synchiropus grinnelli* Fowler, 1941**

*Synchiropus grinnelli* Fowler, 1941, 90 (3106): 1-31.
*Foetorepus grinnelli* (Fowler, 1941).
**文献（Reference）**：Fowler, 1941, 90 (3106): 1-31; 沈世杰, 1993; Huang, 2001; 伍汉霖, 邵广昭, 赖春福等, 2012.
**别名或俗名（Used or common name）**：老鼠, 狗圻.
**分布（Distribution）**：南海.

**（4175）饭岛氏连鳍䲗 *Synchiropus ijimae* Jordan *et* Thompson, 1914**

*Synchiropus ijimae* Jordan *et* Thompson, 1914: 205-313.
**文献（Reference）**：Jordan *et* Thompson, 1914: 24-42; Fricke, 2002; Nakabo (ed.), 2002; 伍汉霖, 邵广昭, 赖春福等, 2012.
**分布（Distribution）**：南海.

**（4176）莱氏连鳍䲗 *Synchiropus laddi* Schultz, 1960**

*Synchiropus laddi* Schultz, 1960: 1-438.
*Minysynchiropus laddi* (Schultz, 1960).
**文献（Reference）**：Randall and Lim (eds.), 2000; 伍汉霖, 邵广昭, 赖春福等, 2012.
**别名或俗名（Used or common name）**：老鼠, 狗圻.
**分布（Distribution）**：南海.

**（4177）侧斑连鳍䲗 *Synchiropus lateralis* (Richardson, 1844)**

*Callionymus lateralis* Richardson, 1844: 51-70.
**文献（Reference）**：沈世杰, 1993; Randall and Lim (eds.), 2000; Huang, 2001; 伍汉霖, 邵广昭, 赖春福等, 2012.
**别名或俗名（Used or common name）**：老鼠, 狗圻.
**分布（Distribution）**：东海, 南海.

**（4178）莫氏连鳍䲗 *Synchiropus morrisoni* Schultz, 1960**

*Synchiropus morrisoni* Schultz, 1960: 1-438.
*Neosynchiropus morrisoni* (Schultz, 1960).
**文献（Reference）**：Masuda, Amaoka, Araga *et al.*, 1984; Nakabo, 2002; 伍汉霖, 邵广昭, 赖春福等, 2012.
**分布（Distribution）**：南海.

**（4179）眼斑连鳍䲗 *Synchiropus ocellatus* (Pallas, 1770)**

*Callionymus ocellatus* Pallas, 1770: 1-56.
**文献（Reference）**：Pallas, 1769; 沈世杰, 1993; 伍汉霖, 邵广昭, 赖春福等, 2012.
**别名或俗名（Used or common name）**：老鼠, 狗圻.
**分布（Distribution）**：东海, 南海.

**（4180）绣鳍连鳍䲗 *Synchiropus picturatus* (Peters, 1877)**

*Callionymus picturatus* Peters, 1877: 831-854.
*Pterosynchiropus picturatus* (Peters, 1877).
**文献（Reference）**：沈世杰, 1993; Shao, 1997; Randall and Lim (eds.), 2000; Huang, 2001; 伍汉霖, 邵广昭, 赖春福等, 2012.
**别名或俗名（Used or common name）**：老鼠, 狗圻.
**分布（Distribution）**：南海.

**（4181）花斑连鳍䲗 *Synchiropus splendidus* (Herre, 1927)**

*Callionymus splendidus* Herre, 1927: 413-419.
*Neosynchiropus splendidus* (Herre, 1927).
*Pterosynchiropus splendidus* (Herre, 1927).
**文献（Reference）**：Herre, 1953b; Masuda, Amaoka, Araga *et al.*, 1984; 沈世杰, 1993; Randall and Lim (eds.), 2000; Huang, 2001; 伍汉霖, 邵广昭, 赖春福等, 2012.
**别名或俗名（Used or common name）**：老鼠, 狗圻, 青蛙.
**分布（Distribution）**：南海.

## （二八五）蜥䲗科 Draconettidae

### 1277. 粗棘蜥䲗属 *Centrodraco* Regan, 1913

**（4182）短鳍粗棘蜥䲗 *Centrodraco acanthopoma* (Regan, 1904)**

*Draconetta acanthopoma* Regan, 1904a: 130-131.
**文献（Reference）**：伍汉霖, 邵广昭, 赖春福等, 2012.
**别名或俗名（Used or common name）**：老鼠, 狗圻, 青蛙.
**分布（Distribution）**：南海.

**（4183）珠点粗棘蜥䲗 *Centrodraco pseudoxenicus* (Kamohara, 1952)**

*Draconetta pseudoxenica* Kamohara, 1952: 1-122.
**文献（Reference）**：Masuda, Amaoka, Araga *et al.*, 1984; Randall and Lim (eds.), 2000; 伍汉霖, 邵广昭, 赖春福等, 2012.
**分布（Distribution）**：南海.

### 1278. 蜥䲗属 *Draconetta* Jordan *et* Fowler, 1903

**（4184）蜥䲗 *Draconetta xenica* Jordan *et* Fowler, 1903**

*Draconetta xenica* Jordan *et* Fowler, 1903a: 939-959.

*Draconetta hawaiiensis* Gilbert, 1905.

*Draconetta africana* Smith, 1963.

**文献（Reference）**：Masuda, Amaoka, Araga *et al.*, 1984; Randall and Lim (eds.), 2000; Huang, 2001; Chinese Academy of Fishery Science (CAFS), 2007; 伍汉霖, 邵广昭, 赖春福等, 2012.

**分布（Distribution）**：南海.

## （二八六）溪鳢科 Rhyacichthyidae

### 1279. 溪鳢属 *Rhyacichthys* Boulenger, 1901

*Rhyacichthys* Boulenger, 1901b: 267.

**（4185）溪鳢 *Rhyacichthys aspro* (Valenciennes, 1837)**

*Platyptera aspro* Valenciennes (*in* Cuvier *et* Valenciennes), 1837: 1-507.

*Rhyacichthys aspro*: Liang, 1984: 212.

**文献（Reference）**：Herre, 1927; Watanabe, 1972; Liang, 1984; 沈世杰, 1984: 125; Ungson and Hermes, 1985; 陈兼善和于名振, 1985: 727; 曾晴贤, 1986: 118; 成庆泰和郑葆珊, 1987: 426; Liao and Lia, 1989; 邵广昭和林沛立, 1991: 159; 沈世杰, 1993: 523; 朱松泉, 1995: 173; Yu, 1996: 75; 方力行, 陈义雄和韩侨权, 1996: 158; 陈义雄和方力行, 1999: 180; Kong, 2000; 刘明玉, 解玉浩和季达明, 2000: 362; 陈义雄和方力行, 2001: 126; 伍汉霖和钟俊生, 2008: 138; 伍汉霖, 邵广昭, 赖春福等, 2012: 299.

**别名或俗名（Used or common name）**：粗皮溪鳢, 溪塘鳢, 石贴仔.

**分布（Distribution）**：台湾. 国外分布于菲律宾至太平洋中部所罗门群岛, 北至琉球群岛, 南至印度尼西亚, 巴布亚新几内亚.

**保护等级（Protection class）**：《台湾淡水鱼类红皮书》(近危).

## （二八七）沙塘鳢科 Odontobutidae

### 1280. 小黄黝鱼属 *Micropercops* Fowler *et* Bean, 1920

*Micropercops* Fowler *et* Bean, 1920: 318.

**（4186）小黄黝鱼 *Micropercops swinhonis* (Günther, 1873)**

*Eleotris swinhonis* Günther, 1873: 239-250; Tchang, 1928: 39; Tchang, 1929: 406; Shaw, 1930a: 196; Wang, 1933: 3.

*Perccottus swinhonis*: Chu, 1931: 159; Tchang, 1939: 215.

*Hypseleotris swinhonis*: 朱元鼎, 1932: 53; 尼科尔斯基, 1956: 381; 王以康, 1958: 462; 郑葆珊, 1960: 54; 刘成汉, 1964: 117; 李思忠, 1965: 220; 朱元鼎和伍汉霖, 1965: 130; 湖北省水生生物研究所鱼类研究室, 1976: 201; 湖南省水产科学研究所, 1977: 220; 李思忠, 1981a: 232; 任慕莲, 1981: 162; 李仲辉 (见新乡师范学院生物系鱼类志编写组), 1984: 176; 郑米良和伍汉霖, 1985: 327; 伍汉霖 (见《福建鱼类志》编写组), 1985: 332; 成庆泰和郑葆珊, 1987: 430; 潘炯华, 1987: 19; 秦克静 (见刘蝉馨, 秦克静等), 1987: 317; 王香亭 (见陕西省动物研究所等), 1987: 207; 杨干荣, 1987: 191; 周伟 (见褚新洛和陈银瑞等), 1990: 251; 伍律, 1989: 268; 陈马康, 童合一, 俞泰济等, 1990: 202; 李明德, 张銮光, 刘修业等, 1990: 87; 倪勇, 1990: 303; 毛节荣和徐寿山, 1991: 199; 李明德, 1992: 140; 周道琼 (见丁瑞华), 1994: 517; 王鸿媛, 1994: 160; 杨君兴和陈银瑞, 1995: 111; 张觉民, 1995: 225; 朱松泉, 1995: 176; 成庆泰和周才武, 1997: 364; Wang, Wang, Li *et al.*, 2001: 281.

*Hypseleotris cinctus*: 王以康, 1958: 462; 朱元鼎和伍汉霖, 1965: 130; 李思忠, 1981a: 232; 成庆泰和郑葆珊, 1987: 430.

*Micropercops swinhonis*: 杨君兴和陈银瑞, 1995: 111; 刘明玉, 解玉浩和季达明, 2000: 364; 倪勇和伍汉霖, 2006: 640; 伍汉霖和钟俊生, 2008: 142; 伍汉霖, 邵广昭, 赖春福等, 2012: 299.

**别名或俗名（Used or common name）**：斑黄黝鱼, 达氏黄黝鱼, 史氏黄黝鱼, 黄黝鱼.

**分布（Distribution）**：广泛分布于我国东中部, 东南部, 西南部各河流, 水库, 湖泊等.

### 1281. 新沙塘鳢属 *Neodontobutis* Chen, Kottelat *et* Wu, 2002

*Neodontobutis* Chen, Kottelat *et* Wu (陈义雄, Kottelat 和伍汉霖), 2002: 230.

**（4187）海南新沙塘鳢 *Neodontobutis hainanensis* (Chen, 1985)**

*Hypseleotris hainanensis* Chen (陈炜, 见陈炜和郑慈英), 1985: 73-80; Pan, Zhong, Zheng *et al.*, 1991: 440; 朱松泉, 1995: 175; 刘明玉, 解玉浩和季达明, 2000: 364.

*Philypnus macrolepis*: Wu *et* Ni (伍汉霖和倪勇, 见中国水产科学院珠江水产研究所等), 1986: 263; Pan, Zhong, Zheng *et al.*, 1991: 427; 朱松泉, 1995: 176; 刘明玉, 解玉浩和季达

明, 2000: 366; 陈旻和张春光 (见周解和张春光), 2006: 470.
*Neodontobutis hainanensis*: Chen, Kottelat *et* Wu (陈义雄, Kottelat 和伍汉霖), 2002: 230; 伍汉霖和钟俊生, 2008: 146; 伍汉霖, 邵广昭, 赖春福等, 2012: 299.
**别名或俗名（Used or common name）**：海南黄黝鱼.
**分布（Distribution）**：广东珠江水系, 海南各水系.

## 1282. 沙塘鳢属 *Odontobutis* Bleeker, 1874

*Odontobutis* Bleeker, 1874: 305.

### (4188)海丰沙塘鳢 *Odontobutis haifengensis* Chen, 1985

*Odontobutis haifengensis* Chen (陈炜, 见陈炜和郑慈英), 1985: 73-80; Pan, Zhong, Zheng *et al.*, 1991: 437; 伍汉霖, 吴小清和解玉浩, 1993: 53; 朱松泉, 1995: 175; 刘明玉, 解玉浩和季达明, 2000: 365; 伍汉霖和钟俊生, 2008: 148; 伍汉霖, 邵广昭, 赖春福等, 2012: 299.
**分布（Distribution）**：广东南部的河溪中.

### (4189) 河川沙塘鳢 *Odontobutis potamophila* (Günther, 1861)

*Eleotris potamophila* Günther, 1861a: 1-586; Tchang, 1928: 38; Chu, 1931: 158; Fu *et* Tchang, 1933: 27; Wang, 1933: 2.
*Odontobutis obscurus*: Chu (non Temminck *et* Schlegel), 1931d: 158; 湖北省水生生物研究所鱼类研究室, 1976: 201; 伍献文等, 1979: 137; 陈炜和郑慈英, 1985: 73; 郑米良和伍汉霖, 1985: 327; 伍汉霖 (见朱元鼎), 1985: 329; 成庆泰和郑葆珊, 1987: 429; 袁传宓, 1987: 249; 连珍水, 1988: 47; 陈马康, 童合一, 俞泰济等, 1990: 201; 倪勇, 1990: 302; 毛节荣和徐寿山, 1991: 198.
*Eleotris obscura*: Chu, 1932: 54.
*Odontobutis wui*: Chen, 1934: 36.
*Gobiomorphus pellegrini*: Fang, 1942a: 81.
*Perccottus potamophila*: 王以康, 1958: 459; 朱元鼎和伍汉霖, 1965: 124; 李思忠, 1981a: 232.
*Odontobutis potamophila*: 伍汉霖, 吴小清和解玉浩, 1993: 53; 刘明玉, 解玉浩和季达明, 2000: 365; Wu *et al.*, 2002: 9; 倪勇和伍汉霖, 2006: 642; 伍汉霖和钟俊生, 2008: 150; 伍汉霖, 邵广昭, 赖春福等, 2012: 299.
**别名或俗名（Used or common name）**：河川鲈塘鳢.
**分布（Distribution）**：长江中下游 (湖北荆州至上海江段) 及沿江各支流, 钱塘江水系, 闽江水系, 偶见于黄河水系. 目前, 海河流域有分布, 疑为随南水北调进入.

### (4190)中华沙塘鳢 *Odontobutis sinensis* Wu, Chen *et* Chong, 2002

*Odontobutis sinensis* Wu, Chen *et* Chong (伍汉霖, 陈义雄和庄棣华), 2002: 6-13; 陈旻和张春光 (见周解和张春光), 2006: 459; 伍汉霖和钟俊生, 2008: 153; 伍汉霖, 邵广昭, 赖春福等, 2012: 299.
*Eleotris potamophila* Chu (non Günther), 1931: 158.
*Odontobutis obscura* Chu (non Temminck *et* Schlegel), 1931: 159; 郝天和, 1960: 145; 朱元鼎和伍汉霖, 1965: 124; 湖北省水生生物研究所鱼类研究室, 1976: 201; 湖南省水产科学研究所, 1977: 219; 伍献文等, 1979: 137; 李思忠, 1981a: 244; 郑葆珊, 1981: 215; 成庆泰和郑葆珊, 1987: 429; 杨干荣, 1987: 190; 伍律, 1989: 67; 陈炜 (见郑慈英等), 1989: 333; 张觉民, 1990: 322; 朱松泉, 1995: 175; 伍汉霖, 吴小清和解玉浩, 1993: 56; 刘明玉, 解玉浩和季达明, 2000: 365.
**别名或俗名（Used or common name）**：沙鳢, 暗色沙鳢.
**分布（Distribution）**：长江中上游的江西, 湖北, 湖南; 珠江水系的广东, 广西及海南等地.

### (4191)鸭绿沙塘鳢 *Odontobutis yaluensis* Wu, Wu *et* Xie, 1993

*Odontobutis yaluensis* Wu, Wu *et* Xie (伍汉霖, 吴小青和解玉浩), 1993: 52-61; 刘明玉, 解玉浩和季达明, 2000: 365; Wu *et al.*, 2002: 9; 伍汉霖和钟俊生, 2008: 158; 伍汉霖, 邵广昭, 赖春福等, 2012: 299.
*Odontobutis potamophila* Chu (non Günther), 1931: 158.
*Odontobutis obscura* 解玉浩 (non Temminck *et* Schlegel), 1986: 95; 秦克静 (见刘蝉馨, 秦克静等), 1987: 316.
**分布（Distribution）**：辽河水系及鸭绿江水系.

## 1283. 鲈塘鳢属 *Perccottus* Dybowski, 1877

*Perccottus* Dybowski, 1877: 28.
*Percottus* Chen, Kottelat *et* Wu (陈义雄, Kottelat 和伍汉霖), 2002: 232.

### (4192) 葛氏鲈塘鳢 *Perccottus glenii* Dybowski, 1877

*Perccottus glenii* Dybowski, 1877: 1-29; Chu, 1931: 159; 尼科尔斯基, 1956: 377; 王以康, 1958: 459; 朱元鼎和伍汉霖, 1965: 124; 郑葆珊等, 1980: 77; 李思忠, 1981a: 232; 任慕莲, 1981: 161; 秦克静 (见刘蝉馨, 秦克静等), 1987: 314; 成庆泰和郑葆珊, 1987: 428; 张觉民, 1990: 322; 张觉民, 1995: 223; 朱松泉, 1995: 175; 刘明玉, 解玉浩和季达明, 2000: 366; 伍汉霖和钟俊生, 2008: 160; 伍汉霖, 邵广昭, 赖春福等, 2012: 299.
**别名或俗名（Used or common name）**：鲈塘鳢.
**分布（Distribution）**：辽河, 黑龙江, 松花江, 兴凯湖等水系. 国外分布于俄罗斯 (远东地区), 朝鲜半岛北部.
**保护等级（Protection class）**：省级 (黑龙江).

## 1284. 华黝鱼属 *Sineleotris* Herre, 1940

*Sineleotris* Herre, 1940: 293.

**（4193）萨氏华黝鱼 *Sineleotris saccharae* Herre, 1940**

*Sineleotris saccharae* Herre, 1940: 293-299; Chen *et* Kottelat, 2004: 43; 伍汉霖和钟俊生, 2008: 162; 伍汉霖, 邵广昭, 赖春福等, 2012: 299.

*Philypnus compressocephalus*: 陈炜和郑慈英, 1985: 77; 陈炜 (见郑慈英等), 1989: 342.

*Hypseleotris compressocephalus*: 潘炯华等, 1991: 442; 朱松泉, 1995: 176; 刘明玉, 解玉浩和季达明, 2000: 364.

*Micropercops compressocephalus* 陈旻和张春光 (见周解和张春光), 2006: 462.

**别名或俗名（Used or common name）**：侧扁细齿塘鳢, 侧扁黄黝鱼.

**分布（Distribution）**：广东韩江, 龙津河, 东江, 漠阳江水系.

## （二八八）塘鳢科 Eleotridae

### 1285. 乌塘鳢属 *Bostrychus* Lacépède, 1801

*Bostrychus* Lacépède, 1801: 140.

**（4194）乌塘鳢 *Bostrychus sinensis* Lacépède, 1801**

*Bostrychus sinensis* Lacépède, 1801: 1-558; 伍汉霖和倪勇 (见倪勇和伍汉霖), 2006: 636; 陈旻和张春光 (见周解和张春光), 2006: 464; 伍汉霖和钟俊生, 2008: 165; 伍汉霖, 邵广昭, 赖春福等, 2012: 300.

*Bostrichthys sinensis*: Kuang *et al.*, 1986: 260; 成庆泰和郑葆珊, 1987: 428; 陈炜 (见郑慈英等), 1989: 339; Pan, Zhong, Zheng *et al.*, 1991: 423; 朱松泉, 1995: 176; 刘明玉, 解玉浩和季达明, 2000: 363.

**别名或俗名（Used or common name）**：中华乌塘鳢.

**分布（Distribution）**：上海, 江苏, 浙江, 福建, 广东, 广西, 海南及台湾, 江苏赣榆区为分布的北限. 国外分布于印度洋北部沿岸至太平洋中部波利尼西亚, 北至日本, 南至澳大利亚.

### 1286. 塘鳢属 *Eleotris* Bloch *et* Schneider, 1801

*Eleotris* Bloch *et* Schneider, 1801: 65.

**（4195）刺盖塘鳢 *Eleotris acanthopoma* Bleeker, 1853**

*Eleotris acanthopomus* Bleeker, 1853: 243-302; 沈世杰, 1993: 525.

*Eleotris acanthopoma hainanensis*: 朱松泉, 1995: 174; 刘明玉, 解玉浩和季达明, 2000: 363.

*Eleotris acanthopoma*: 伍汉霖和钟俊生, 2008: 176; 伍汉霖, 邵广昭, 赖春福等, 2012: 300.

**别名或俗名（Used or common name）**：海南刺盖塘鳢.

**分布（Distribution）**：海南 (文教河, 万泉河, 龙首河水系), 台湾. 国外分布于日本, 印度尼西亚.

**（4196）褐塘鳢 *Eleotris fusca* (Forster, 1801)**

*Poecilia fusca* Forster, 1801: 1-584.

*Eleotris fusca*: Chu, 1931: 158; 朱元鼎和伍汉霖, 1965: 124; 成庆泰和郑葆珊, 1987: 429; 陈炜 (见郑慈英等), 1989: 334; Pan, Zhong, Zheng *et al.*, 1991: 434; 朱松泉, 1995: 174; 刘明玉, 解玉浩和季达明, 2000: 363; 伍汉霖和钟俊生, 2008: 178; 伍汉霖, 邵广昭, 赖春福等, 2012: 300.

**别名或俗名（Used or common name）**：暗塘鳢, 棕塘鳢.

**分布（Distribution）**：珠江水系, 台湾, 香港. 国外分布于日本, 菲律宾, 太平洋中部各岛屿.

**（4197）黑体塘鳢 *Eleotris melanosoma* Bleeker, 1853**

*Eleotris melanosoma* Bleeker, 1853, 3 (5): 689-714.

*Eleotris hainanensis*: Chen, 1933: 370.

**文献（Reference）**：Chu, 1931: 158; 朱元鼎和伍汉霖, 1965: 124; 郑葆珊, 1981: 213; 沈世杰, 1984: 396; 陈炜和郑慈英, 1985: 73; 陈兼善和于名振, 1986: 732; 成庆泰和郑葆珊, 1987: 429; 陈炜 (见郑慈英等), 1989: 337; 沈世杰, 1993: 525; 朱松泉, 1995: 174; 刘明玉, 解玉浩和季达明, 2000: 363; Tan *et* Lim, 2004: 110; 陈旻和张春光 (见周解和张春光), 2006: 467; 伍汉霖和钟俊生, 2008: 180; 伍汉霖, 邵广昭, 赖春福等, 2012: 300.

**别名或俗名（Used or common name）**：黑塘鳢, 壮体塘鳢, 条纹塘鳢.

**分布（Distribution）**：珠江水系, 海南, 台湾, 香港. 国外分布于日本和菲律宾.

**（4198）尖头塘鳢 *Eleotris oxycephala* Temminck *et* Schlegel, 1845**

*Eleotris oxycephala* Temminck *et* Schlegel, 1845: 113-172.

*Eleotris hainanensis*: Chen, 1933: 370.

**文献（Reference）**：Chu, 1931: 158; Tchang, 1937: 105; 朱元鼎和伍汉霖, 1965: 124; 郑葆珊, 1981: 212; 沈世杰, 1984: 396; 陈炜和郑慈英, 1985: 73; 郑米良和伍汉霖, 1985: 327; 伍汉霖 (见朱元鼎), 1985: 328; Kuang *et al.*, 1986: 265; 陈兼善和于名振, 1986: 732; 伍汉霖和倪勇 (见中国水产科学研究院珠江水产研究所等), 1986: 265; 成庆泰和郑葆珊, 1987: 429; 陈炜 (见郑慈英等), 1989: 335; 倪勇, 1990: 298; Pan, Zhong, Zheng *et al.*, 1991: 429; 朱松泉, 1995: 174; 刘明玉, 解玉浩和季达明, 2000: 364; 倪勇和伍汉霖, 2006: 638; 陈旻和张春光 (见周解和张春光), 2006: 466; 伍汉霖

和钟俊生, 2008: 182; Ho and Shao, 2011: 55; 伍汉霖, 邵广昭, 赖春福等, 2012: 300.

**别名或俗名（Used or common name）**：锐头塘鳢.

**分布（Distribution）**：长江, 钱塘江, 瓯江, 灵江, 交溪, 闽江, 木兰溪, 晋江, 九龙江, 汀江, 珠江等水系, 海南, 台湾, 香港. 国外分布于日本.

### 1287. 黄黝鱼属 *Hypseleotris* Gill, 1863

*Hypseleotris* Gill, 1863b: 270.

**（4199）似鲤黄黝鱼 *Hypseleotris cyprinoides* (Valenciennes, 1837)**

*Eleotris cyprinoides* Valenciennes (*in* Cuvier *et* Valenciennes), 1837: 1-507.

*Hypseleotris guentheri*: 沈世杰, 1984: 397; 沈世杰等, 1984: 122; Yu, 1996: 74.

*Hypseleotris bipartita*: 陈兼善和于名振, 1986: 733; 曾晴贤, 1986: 120; 成庆泰和郑葆珊, 1987: 430; 沈世杰, 1993: 525; 朱松泉, 1995: 175; Yu, 1996: 73.

*Hypseleotris cyprinoides*: Yu, 1996: 73; 刘明玉, 解玉浩和季达明, 2000: 364; 陈义雄和方力行, 2001: 140; 伍汉霖和钟俊生, 2008: 185; 伍汉霖, 邵广昭, 赖春福等, 2012: 300.

**别名或俗名（Used or common name）**：短塘鳢, 短黄黝鱼, 尾斑短塘鳢, 纵带短塘鳢, 似鲤短塘鳢.

**分布（Distribution）**：台湾. 国外分布于日本 (冲绳), 菲律宾, 西南太平洋各通海河溪中.

### 1288. 蛇塘鳢属 *Ophieleotris* Aurich, 1938

*Ophieleotris* Aurich, 1938: 132.

**（4200）无孔蛇塘鳢 *Ophieleotris aporos* (Bleeker, 1854)**

*Eleotris aporos* Bleeker, 1854: 49-62.

*Ophieleotris aporos*: 沈世杰, 1984: 398; 陈兼善和于名振, 1986: 733; 沈世杰, 1993: 525; Yu, 1996: 74; 伍汉霖和钟俊生, 2008: 188.

*Ophiocara aporos*: 成庆泰和郑葆珊, 1987: 430; 刘明玉, 解玉浩和季达明, 2000: 365.

*Giuris margaritacea*: 伍汉霖, 邵广昭, 赖春福等, 2012: 300.

**别名或俗名（Used or common name）**：无孔塘鳢.

**分布（Distribution）**：台湾. 国外分布于日本南部及西南太平洋沿岸各国的河溪中.

### 1289. 细齿塘鳢属 *Philypnus* Valenciennes, 1837

*Philypnus* Valenciennes (*in* Cuvier *et* Valenciennes), 1837: 255.

*Gobiomorus* Chen, Kottelat *et* Wu (陈义雄, Kottelat 和伍汉霖), 2002: 232.

**（4201）海南细齿塘鳢 *Philypnus chalmersi* Nichols *et* Pope, 1927**

*Philypnus chalmersi* Nichols *et* Pope, 1927: 321-394; Chu, 1931: 159; 陈炜和郑慈英, 1985: 74; Kuang *et al.*, 1986: 262; 伍汉霖和倪勇 (见中国水产科学研究院珠江水产研究所等), 1986: 262; 成庆泰和郑葆珊, 1987: 428; 陈炜 (见郑慈英等), 1989: 341; Pan, Zhong, Zheng *et al.*, 1991: 425; 朱松泉, 1995: 176; 刘明玉, 解玉浩和季达明, 2000: 366; 陈旻和张春光 (见周解和张春光), 2006: 469; 伍汉霖和钟俊生, 2008: 195.

*Perccottus chalmersi*: 王以康, 1958: 459; 朱元鼎和伍汉霖, 1965: 134; 李思忠, 1981a: 234; 郑葆珊, 1981: 214.

*Sineleotris chalmersi*: Chen, Kottelat *et* Wu (陈义雄, Kottelat 和伍汉霖), 2002: 233; Chen *et* Kottelat, 2004: 43; 伍汉霖, 邵广昭, 赖春福等, 2012: 299.

**别名或俗名（Used or common name）**：海南鲈塘鳢, 客氏鲈塘鳢, 海南华黝鱼.

**分布（Distribution）**：海南昌化江水系. 国外分布于越南.

## （二八九）峡塘鳢科 Xenisthmidae

### 1290. 峡塘鳢属 *Xenisthmus* Snyder, 1908

**（4202）多纹峡塘鳢 *Xenisthmus polyzonatus* (Klunzinger, 1871)**

*Eleotris polyzonatus* Klunzinger, 1871: 441-688.

*Luzoneleotris nasugbua* Herre, 1938.

**文献（Reference）**：Masuda, Amaoka, Araga *et al.*, 1984; 沈世杰, 1993; Chen, Shao and Lin, 1995; Chen, Jan and Shao, 1997; Randall and Lim (eds.), 2000; 伍汉霖, 钟俊生, 2008; 伍汉霖, 邵广昭, 赖春福等, 2012.

**别名或俗名（Used or common name）**：甘仔鱼, 狗甘仔.

**分布（Distribution）**：东海, 南海.

## （二九〇）柯氏鱼科 Kraemeriidae

### 1291. 柯氏鱼属 *Kraemeria* Steindachner, 1906

**（4203）穴沙鳢（穴柯氏鱼）*Kraemeria cunicularia* Rofen, 1958**

*Kraemeria cunicularia* Rofen, 1958: 149-218.

**文献（Reference）**：Masuda, Amaoka, Araga *et al.*, 1984; 伍汉霖, 邵广昭, 赖春福等, 2012.

**分布（Distribution）**：南海.

## （二九一）虾虎鱼科 Gobiidae

### 1292. 刺虾虎鱼属 *Acanthogobius* Gill, 1859

**（4204）长体刺虾虎鱼 *Acanthogobius elongata* (Fang, 1942)**

*Aboma elongata* Fang, 1942a: 79-85.

**文献（Reference）**：Ni and Wu, 1985: 383-388; Lee, 2001; 伍汉霖，邵广昭，赖春福等, 2012.

**分布（Distribution）**：渤海，黄海，东海，南海.

**（4205）黄鳍刺虾虎鱼 *Acanthogobius flavimanus* (Temminck *et* Schlegel, 1845)**

*Gobius flavimanus* Temminck *et* Schlegel, 1845: 113-172.

*Gobius stigmothonus* Richardson, 1845.

*Aboma snyderi* Jordan *et* Fowler, 1902.

**文献（Reference）**：Ni and Kwok, 1999; Horinouchi and Sano, 2000; Randall and Lim (eds.), 2000; Hong, Yeon, Im *et al.*, 2000; Huang, 2001; An and Huh, 2002; Kanou, Sano and Kohno, 2005; Islam, Hibino and Tanaka, 2006; 伍汉霖，邵广昭，赖春福等, 2012.

**分布（Distribution）**：渤海，黄海，东海，南海.

**（4206）乳色刺虾虎鱼 *Acanthogobius lactipes* (Hilgendorf, 1879)**

*Gobius lactipes* Hilgendorf, 1879: 105-111.

*Aboma lactipes* (Hilgendorf, 1879).

**文献（Reference）**：Arai and Kobayasi, 1973; Arai and Sawada, 1974; Kim, 1997; Ni and Kwok, 1999; Randall and Lim (eds.), 2000; Huang, 2001; Kanou, Sano and Kohno, 2004; 伍汉霖，邵广昭，赖春福等, 2012.

**分布（Distribution）**：渤海，黄海，南海.

**（4207）棕刺虾虎鱼 *Acanthogobius luridus* Ni *et* Wu, 1985**

*Acanthogobius luridus* Ni *et* Wu, 1985: 383-388.

**文献（Reference）**：Kim, 1997; Kim, Choi, Lee *et al.*, 2005; 伍汉霖，邵广昭，赖春福等, 2012.

**分布（Distribution）**：渤海，黄海，东海，南海.

**（4208）斑尾刺虾虎鱼 *Acanthogobius ommaturus* (Richardson, 1845)**

*Gobius ommaturus* Richardson, 1845: 99-150.

**文献（Reference）**：沈世杰, 1993; 陈义雄和方力行, 1999; 伍汉霖，钟俊生, 2008; 周铭泰和高瑞卿, 2011; 伍汉霖，邵广昭，赖春福等, 2012.

**别名或俗名（Used or common name）**：甘仔鱼，狗甘仔，尾斑长身鲨.

**分布（Distribution）**：渤海，黄海，东海，南海.

### 1293. 细棘虾虎鱼属 *Acentrogobius* Bleeker, 1874

**（4209）弯纹细棘虾虎鱼 *Acentrogobius audax* Smith, 1959**

*Acentrogobius audax* Smith, 1959a: 185-225.

**文献（Reference）**：Masuda, Amaoka, Araga *et al.*, 1984; 伍汉霖，钟俊生, 2008; 周铭泰和高瑞卿, 2011; 伍汉霖，邵广昭，赖春福等, 2012.

**别名或俗名（Used or common name）**：甘仔鱼，狗甘仔.

**（4210）圆头细棘虾虎鱼 *Acentrogobius ocyurus* (Jordan *et* Seale, 1907)**

*Rhinogobius ocyurus* Jordan *et* Seale, 1907: 1-48.

*Acentrogobius ocyurus*: 伍汉霖和钟俊生, 2008: 217.

**文献（Reference）**：Jordan and Seale, 1907: 1-48; Chen, 1964; 伍汉霖，邵广昭，赖春福等, 2012.

**别名或俗名（Used or common name）**：甘仔鱼，狗甘仔.

**分布（Distribution）**：南海.

**（4211）头纹细棘虾虎鱼 *Acentrogobius viganensis* (Steindachner, 1893)**

*Gobius viganensis* Steindachner, 1893: 150-152.

*Aboma viganensis* (Steindachner, 1893).

*Amoya viganensis* (Steindachner, 1893).

**文献（Reference）**：Shao, Chen, Kao *et al.*, 1993; 沈世杰, 1993; Kuo and Shao, 1999; Kuo, Lin and Shao, 1999; 陈义雄和方力行, 1999; Randall and Lim (eds.), 2000; Huang, 2001; 伍汉霖，钟俊生, 2008; 周铭泰和高瑞卿, 2011; 伍汉霖，邵广昭，赖春福等, 2012.

**别名或俗名（Used or common name）**：甘仔鱼，狗甘仔，雀细棘虾虎鱼.

**分布（Distribution）**：南海.

**（4212）青斑细棘虾虎鱼 *Acentrogobius viridipunctatus* (Valenciennes, 1837)**

*Gobius viridipunctatus* Valenciennes (*in* Cuvier *et* Valenciennes), 1837: 1-507.

*Acentrogobius sealei* (Smith, 1831).

*Ctenogobius viridipunctatus* [Valenciennes (*in* Cuvier *et* Valenciennes), 1837].

*Gobius chlorostigma* Bleeker, 1849.

**文献（Reference）**：Hwang, Chen and Yueh, 1988; 沈世杰, 1993; Ni and Kwok, 1999; Kuo and Shao, 1999; Kuo, Lin and Shao, 1999; 陈义雄和方力行, 1999; Randall and Lim (eds.), 2000; Huang, 2001; 伍汉霖，钟俊生, 2008; 周铭泰和高瑞卿, 2011; 伍汉霖，邵广昭，赖春福等, 2012.

**别名或俗名（Used or common name）**：甘仔鱼，狗甘仔，珠虾虎鱼，青班衔鲨.

分布（Distribution）：东海，南海.

## 1294. 钝尾虾虎鱼属 *Amblychaeturichthys* Bleeker, 1874

**（4213）六丝钝尾虾虎鱼 *Amblychaeturichthys hexanema* (Bleeker, 1853)**

*Chaeturichthys hexanema* Bleeker, 1853: 1-56.

文献（Reference）：沈世杰, 1993; Yamada, Shirai, Irie *et al.*, 1995; Ni and Kwok, 1999; Randall and Lim (eds.), 2000; Huang, 2001; Hsieh and Chiu, 2002; Baeck and Huh, 2003; Zhang, Tang, Jin *et al.*, 2005; 伍汉霖, 邵广昭, 赖春福等, 2012.

别名或俗名（Used or common name）：甘仔鱼，狗甘仔.

分布（Distribution）：渤海，黄海，东海，南海.

## 1295. 钝塘鳢属 *Amblyeleotris* Bleeker, 1874

**（4214）布氏钝塘鳢 *Amblyeleotris bleekeri* Chen, Shao *et* Chen, 2006**

*Amblyeleotris bleekeri* Chen, Shao *et* Chen, 2006: 2555-2567.

文献（Reference）：Chen, Shao and Chen, 2006: 2555-2567; 伍汉霖, 邵广昭, 赖春福等, 2012.

别名或俗名（Used or common name）：甘仔鱼，狗甘仔.

分布（Distribution）：?

**（4215）头带钝塘鳢 *Amblyeleotris cephalotaenius* (Ni, 1989)**

*Cryptocentrus cephalotaenius* Ni, 1989: 239-243.

文献（Reference）：伍汉霖, 邵广昭, 赖春福等, 2012.

分布（Distribution）：南海.

**（4216）斜带钝塘鳢 *Amblyeleotris diagonalis* Polunin *et* Lubbock, 1979**

*Amblyeleotris diagonalis* Polunin *et* Lubbock, 1979: 239-249.

文献（Reference）：Randall and Lim (eds.), 2000; Werner and Allen, 2000; 陈正平, 邵广昭, 詹荣桂等, 2010; 伍汉霖, 邵广昭, 赖春福等, 2012.

别名或俗名（Used or common name）：甘仔鱼，狗甘仔，斜带钝鲨.

分布（Distribution）：南海.

**（4217）福氏钝塘鳢 *Amblyeleotris fontanesii* (Bleeker, 1853)**

*Gobius fontanesii* Bleeker, 1853: 739-782.

*Amblyeleotris fontanesi* (Bleeker, 1853).

*Cryptocentrus fontanesi* (Bleeker, 1853).

文献（Reference）：Bleekerh, 1852: 740-782; 沈世杰, 1993; Iwata, Suzuki, Senou *et al.*, 1996; Chen, Chen and Shao, 1998; Randall and Lim (eds.), 2000; Broad, 2003; 陈正平, 邵广昭, 詹荣桂等, 2010; 伍汉霖, 邵广昭, 赖春福等, 2012.

别名或俗名（Used or common name）：甘仔鱼，狗甘仔，三带钝鲨.

分布（Distribution）：南海.

**（4218）点纹钝塘鳢 *Amblyeleotris guttata* (Fowler, 1938)**

*Pteroculiops guttatus* Fowler, 1938: 31-135.

文献（Reference）：Fowler, 1938: 31-135; Shao, Chen and Jzeng (邵广昭, 陈正平和郑明修), 1987; 沈世杰, 1993; Chen, Jan and Shao, 1997; Randall and Lim (eds.), 2000; Huang, 2001; 陈正平, 邵广昭, 詹荣桂等, 2010; 伍汉霖, 邵广昭, 赖春福等, 2012.

别名或俗名（Used or common name）：甘仔鱼，狗甘仔，斑点钝鲨.

分布（Distribution）：东海，南海.

**（4219）裸头钝塘鳢 *Amblyeleotris gymnocephala* (Bleeker, 1853)**

*Gobius gymnocephalus* Bleeker, 1853: 452-516.

*Cryptocentrus gymnocephalus* (Bleeker, 1853).

文献（Reference）：Ni and Kwok, 1999; Randall and Lim (eds.), 2000; Werner and Allen, 2000; Huang, 2001; 伍汉霖, 邵广昭, 赖春福等, 2012.

分布（Distribution）：南海.

**（4220）日本钝塘鳢 *Amblyeleotris japonica* Takagi, 1957**

*Amblyeleotris japonicus* Takagi, 1957: 97-126.

文献（Reference）：Takagi, 1957: 97-126; Masuda, Amaoka, Araga *et al.*, 1984; 沈世杰, 1993; Chen, Chen and Shao, 1998; 伍汉霖, 邵广昭, 赖春福等, 2012.

别名或俗名（Used or common name）：甘仔鱼，狗甘仔，日本钝鲨.

分布（Distribution）：东海，南海.

**（4221）黑头钝塘鳢 *Amblyeleotris melanocephala* Aonuma, Iwata *et* Yoshino, 2000**

*Amblyeleotris melanocephala* Aonuma, Iwata *et* Yoshino, 2000: 113-117.

文献（Reference）：Aonuma, Iwata and Yoshino, 2000: 113-117; 陈正平, 邵广昭, 詹荣桂等, 2010; 伍汉霖, 邵广昭, 赖春福等, 2012.

别名或俗名（Used or common name）：甘仔鱼，狗甘仔，黑头钝鲨.

分布（Distribution）：东海，南海.

**（4222）小笠原钝塘鳢 *Amblyeleotris ogasawarensis* Yanagisawa, 1978**

*Amblyeleotris ogasawarensis* Yanagisawa, 1978: 269-325.

文献（Reference）：Yanagisawa, 1978: 269-325; Masuda,

Amaoka, Araga *et al.*, 1984; 沈世杰, 1993; Randall and Lim (eds.), 2000; 陈正平, 邵广昭, 詹荣桂等, 2010; 伍汉霖, 邵广昭, 赖春福等, 2012.

**别名或俗名（Used or common name）：**甘仔鱼, 狗甘仔, 小笠原钝鲨.

**分布（Distribution）：**南海.

### （4223）圆眶钝塘鳢 *Amblyeleotris periophthalma* (Bleeker, 1853)

*Eleotris periophthalmus* Bleeker, 1853: 452-516.

*Amblyeleotris periophthalmus* (Bleeker, 1853).

*Cryptocentrops exilis* Smith, 1958.

*Amblyeleotris maculata* Yanagisawa, 1976.

**文献（Reference）：**Bleeker, 1853: 452-516; Masuda, Amaoka, Araga *et al.*, 1984; 沈世杰, 1993; Shao, 1997; Randall and Lim (eds.), 2000; 陈正平, 邵广昭, 詹荣桂等, 2010; 伍汉霖, 邵广昭, 赖春福等, 2012.

**别名或俗名（Used or common name）：**甘仔鱼, 狗甘仔, 黑斑钝鲨.

**分布（Distribution）：**南海.

### （4224）兰道氏钝塘鳢 *Amblyeleotris randalli* Hoese *et* Steene, 1978

*Amblyeleotris randalli* Hoese *et* Steene, 1978: 379-389.

**文献（Reference）：**Herre and Umali, 1948; 沈世杰, 1993; Chen, Jan and Shao, 1997; Randall and Lim (eds.), 2000; 陈正平, 邵广昭, 詹荣桂等, 2010; 伍汉霖, 邵广昭, 赖春福等, 2012.

**别名或俗名（Used or common name）：**甘仔鱼, 狗甘仔, 伦氏钝鲨.

**分布（Distribution）：**东海, 南海.

### （4225）史氏钝塘鳢 *Amblyeleotris steinitzi* (Klausewitz, 1974)

*Cryptocentrus steinitzi* Klausewitz, 1974: 69-76.

**文献（Reference）：**沈世杰, 1993; Chen, Jan and Shao, 1997; Randall and Lim (eds.), 2000; 陈正平, 邵广昭, 詹荣桂等, 2010; 伍汉霖, 邵广昭, 赖春福等, 2012.

**别名或俗名（Used or common name）：**甘仔鱼, 狗甘仔, 史氏钝鲨.

**分布（Distribution）：**东海, 南海.

### （4226）眼带钝塘鳢 *Amblyeleotris stenotaeniata* Randall, 2004

*Amblyeleotris stenotaeniata* Randall, 2004: 61-78.

**文献（Reference）：**Randall, 2004: 61-78; 陈正平, 邵广昭, 詹荣桂等, 2010; 伍汉霖, 邵广昭, 赖春福等, 2012.

**别名或俗名（Used or common name）：**甘仔鱼, 狗甘仔, 狭带钝鲨.

**分布（Distribution）：**?

### （4227）太平岛钝塘鳢 *Amblyeleotris taipinensis* Chen, Shao *et* Chen, 2006

*Amblyeleotris taipinensis* Chen, Shao *et* Chen, 2006: 2555-2567.

**文献（Reference）：**Chen, Shao and Chen, 2006: 2555-2567; 伍汉霖, 邵广昭, 赖春福等, 2012.

**别名或俗名（Used or common name）：**甘仔鱼, 狗甘仔.

**分布（Distribution）：**南海.

### （4228）威氏钝塘鳢 *Amblyeleotris wheeleri* (Polunin *et* Lubbock, 1977)

*Cryptocentrus wheeleri* Polunin *et* Lubbock, 1977: 63-101.

**文献（Reference）：**沈世杰, 1993; Shao, 1997; Chen, Jan and Shao, 1997; Randall and Lim (eds.), 2000; Randall and Jaafar, 2009; 陈正平, 邵广昭, 詹荣桂等, 2010; 伍汉霖, 邵广昭, 赖春福等, 2012.

**别名或俗名（Used or common name）：**甘仔鱼, 狗甘仔, 惠氏钝鲨, 红纹钝鲨.

**分布（Distribution）：**东海, 南海.

### （4229）亚诺钝塘鳢 *Amblyeleotris yanoi* Aonuma *et* Yoshino, 1996

*Amblyeleotris yanoi* Aonuma *et* Yoshino, 1996: 161-168.

**文献（Reference）：**Aonuma and Yoshino, 1996: 161-168; Masuda and Kobayashi, 1994; Chen, Chen and Shao, 1998; Randall and Lim (eds.), 2000; 陈正平, 邵广昭, 詹荣桂等, 2010; 伍汉霖, 邵广昭, 赖春福等, 2012.

**别名或俗名（Used or common name）：**甘仔鱼, 狗甘仔, 亚诺钝鲨.

**分布（Distribution）：**南海.

## 1296. 钝虾虎鱼属 *Amblygobius* Bleeker, 1874

### （4230）白条钝虾虎鱼 *Amblygobius albimaculatus* (Rüppell, 1830)

*Gobius albimaculatus* Rüppell, 1830: 1-141.

*Gobius albomaculatus* (Rüppell, 1830).

*Gobius papilio* Valenciennes (*in* Cuvier *et* Valenciennes), 1837.

*Gobius vonbondei* Smith, 1936.

**文献（Reference）：**Arai, Katsuyama and Sawada, 1974; Shao, Lin, Ho *et al.*, 1990; Ni and Kwok, 1999; Huang, 2001; 伍汉霖, 邵广昭, 赖春福等, 2012.

**分布（Distribution）：**南海.

### （4231）百瑙钝虾虎鱼 *Amblygobius bynoensis* (Richardson, 1844)

*Gobius bynoensis* Richardson, 1844: 1-139.

*Apocryptes lineatus* Alleyne *et* Macleay, 1877.

*Apocryptes bivittatus* Macleay, 1878.

**文献（Reference）：** Herre, 1953a; Randall and Lim (eds.), 2000; Huang, 2001; 伍汉霖, 邵广昭, 赖春福等, 2012.

**分布（Distribution）：** 南海.

### （4232）华丽钝虾虎鱼 *Amblygobius decussatus* (Bleeker, 1855)

*Gobius decussatus* Bleeker, 1855: 435-444.

*Amblygobius decussates* (Bleeker, 1855).

**文献（Reference）：** Herre, 1953a; Masuda, Amaoka, Araga *et al.*, 1984; Randall and Lim (eds.), 2000; Werner and Allen, 2000; 伍汉霖, 邵广昭, 赖春福等, 2012.

**分布（Distribution）：** 南海.

### （4233）短唇钝虾虎鱼 *Amblygobius nocturnus* (Herre, 1945)

*Yabotichthys nocturnus* Herre, 1945a: 1-6.

*Amblygobius nocturnes* (Herre, 1945).

*Amblygobius klausewitzi* (Goren, 1978).

*Ctenogobiops klausewitzi* Goren, 1978.

**文献（Reference）：** Francis, 1993; Shao, Chen, Kao *et al.*, 1993; 沈世杰, 1993; Chen, Chen and Shao, 1997; Randall and Lim (eds.), 2000; 陈正平, 邵广昭, 詹荣桂等, 2010; 伍汉霖, 邵广昭, 赖春福等, 2012.

**别名或俗名（Used or common name）：** 甘仔鱼, 狗甘仔, 短唇钝鲨.

**分布（Distribution）：** 东海, 南海.

### （4234）尾斑钝虾虎鱼 *Amblygobius phalaena* (Valenciennes, 1837)

*Gobius phalaena* Valenciennes (*in* Cuvier *et* Valenciennes), 1837: 1-507.

*Amblygobius phaelena* [Valenciennes (*in* Cuvier *et* Valenciennes), 1837].

*Gobius annulatus* de Vis, 1884.

**文献（Reference）：** Francis, 1993; 沈世杰, 1993; Chen, Shao and Lin, 1995; Shao, 1997; Chen, Jan and Shao, 1997; Ni and Kwok, 1999; Randall and Lim (eds.), 2000; Nakamura, Horinouchi, Nakai *et al.*, 2003; 陈正平, 邵广昭, 詹荣桂等, 2010; 伍汉霖, 邵广昭, 赖春福等, 2012.

**别名或俗名（Used or common name）：** 甘仔鱼, 狗甘仔, 尾斑钝鲨.

**分布（Distribution）：** 东海, 南海.

### （4235）红海钝虾虎鱼 *Amblygobius sphynx* (Valenciennes, 1837)

*Gobius sphynx* Valenciennes (*in* Cuvier *et* Valenciennes), 1837: 1-507.

*Ambligobius sphynx* [Valenciennes (*in* Cuvier *et* Valenciennes), 1837].

*Gobius deilus* Sauvage, 1880.

*Gobius stagon* Smith, 1947.

**文献（Reference）：** Herre, 1953a; Rau and Rau, 1980; Randall and Lim (eds.), 2000; Werner and Allen, 2000; 伍汉霖, 邵广昭, 赖春福等, 2012.

**分布（Distribution）：** 南海.

## 1297. 钝孔虾虎鱼属 *Amblyotrypauchen* Hora, 1924

### （4236）窄头钝孔虾虎鱼 *Amblyotrypauchen arctocephalus* (Alcock, 1890)

*Amblyopus arctocephalus* Alcock, 1890b: 425-443.

*Amblyotrypauchen artcocephalus* (Alcock, 1890).

*Amblyotrypauchen fraseri* Hora, 1924.

**文献（Reference）：** Randall and Lim (eds.), 2000; Huang, 2001; Chinese Academy of Fishery Science (CAFS), 2007; 伍汉霖, 邵广昭, 赖春福等, 2012.

**分布（Distribution）：** 南海.

## 1298. 缰虾虎鱼属 *Amoya* Herre, 1927

### （4237）短吻缰虾虎鱼 *Amoya brevirostris* (Günther, 1861)

*Gobius brevirostris* Günther, 1861a: 1-586.

**文献（Reference）：** Günther, 1861a: i-xxv + 1-586 + i-x; Kuang *et al.*, 1986; 伍汉霖, 邵广昭, 赖春福等, 2012; Kottelat, 2013.

**分布（Distribution）：** 东海, 南海.

### （4238）犬牙缰虾虎鱼 *Amoya caninus* (Valenciennes, 1837)

*Gobius caninus* Valenciennes (*in* Cuvier *et* Valenciennes), 1837: 1-507.

**文献（Reference）：** Valenciennes (*in* Cuvier and Valenciennes), 1837: i-xxiv + 1-507 + 1 p.; 沈世杰, 1993; 伍汉霖, 邵广昭, 赖春福等, 2012.

**别名或俗名（Used or common name）：** 甘仔鱼, 狗甘仔, 虎齿细棘虾虎鱼, 虎齿杨氏虾虎鱼.

**分布（Distribution）：** 东海, 南海.

### （4239）绿斑缰虾虎鱼 *Amoya chlorostigmatoides* (Bleeker, 1849)

*Gobius chlorostigmatoides* Bleeker, 1849c: 1-40.

**文献（Reference）：** Bleeker, 1849b: 1-10; 沈世杰, 1993; 伍汉霖, 邵广昭, 赖春福等, 2012.

**别名或俗名（Used or common name）：** 甘仔鱼, 狗甘仔, 绿斑闽虾虎鱼, 绿斑细棘虾虎鱼.

**分布（Distribution）：** 东海, 南海.

**（4240）舟山缰虾虎鱼 *Amoya chusanensis* (Herre, 1940)**

*Ctenogobius chusanensis* Herre, 1940: 293-299.

**文献（Reference）：** Herre, 1940: 293-299, pl. 1; 伍汉霖, 邵广昭, 赖春福等, 2012.

**分布（Distribution）：** 东海.

**（4241）紫鳍缰虾虎鱼 *Amoya janthinopterus* (Bleeker, 1853)**

*Gobius janthinopterus* Bleeker, 1853, 3 (5): 689-714.

**文献（Reference）：** Bleeker, 1853: 689-714; 沈世杰, 1993; 伍汉霖, 邵广昭, 赖春福等, 2012.

**别名或俗名（Used or common name）：** 甘仔鱼, 狗甘仔, 紫鳍细棘虾虎鱼.

**分布（Distribution）：** 东海, 南海.

**（4242）马达拉斯缰虾虎鱼 *Amoya madraspatensis* (Day, 1868)**

*Gobius madraspatensis* Day, 1868: 149-156.

*Acentrogobius madraspatensis* (Day, 1868).

**文献（Reference）：** Randall and Lim (eds.), 2000; 伍汉霖, 邵广昭, 赖春福等, 2012.

**分布（Distribution）：** 南海.

**（4243）小眼缰虾虎鱼 *Amoya microps* (Chu *et* Wu, 1963)**

*Acentrogobius microps* Chu *et* Wu (朱元鼎和伍汉霖, 见朱元鼎, 张春霖和成庆泰), 1963: 1-642.

**文献（Reference）：** Chu and Wu (朱元鼎和伍汉霖, 见朱元鼎, 张春霖和成庆泰), 1963: i-xxviii + 1-642; 伍汉霖, 邵广昭, 赖春福等, 2012.

**分布（Distribution）：** 东海.

**（4244）黑带缰虾虎鱼 *Amoya moloanus* (Herre, 1927)**

*Aparrius moloanus* Herre, 1927: 1-352.

**文献（Reference）：** Herre, 1927: 1-30; Kottelat, 2013; Randall and Lim (eds.), 2000; Sakai, Sato and Nakamura, 2001; Nakabo (ed.), 2002; Larson, Jaafar and Lim, 2008; 伍汉霖, 邵广昭, 赖春福等, 2012.

**别名或俗名（Used or common name）：** 甘仔鱼, 狗甘仔, 黑带细棘虾虎鱼, 细鳞虾虎鱼.

**分布（Distribution）：** 南海.

**（4245）普氏缰虾虎鱼 *Amoya pflaumi* (Bleeker, 1853)**

*Gobius pflaumii* Bleeker, 1853: 1-56.

**文献（Reference）：** Bleeker, 1853: 1; 沈世杰, 1993; 伍汉霖, 邵广昭, 赖春福等, 2012.

**别名或俗名（Used or common name）：** 甘仔鱼, 狗甘仔, 普氏细棘虾虎鱼, 普氏闽虾虎鱼.

**分布（Distribution）：** 黄海, 东海, 南海.

## 1299. 叉牙虾虎鱼属 *Apocryptodon* Bleeker, 1874

**（4246）马都拉叉牙虾虎鱼 *Apocryptodon madurensis* (Bleeker, 1849)**

*Apocryptes madurensis* Bleeker, 1849b: 1-10.

*Apocryptes glyphisodon* Bleeker, 1849.

*Apocryptodon glyphisodon* (Bleeker, 1849).

*Apocryptes bleekeri* Day, 1876.

**文献（Reference）：** Murdy, 1989; Shao and Lim, 1991; 沈世杰, 1993; Ni and Kwok, 1999; Randall and Lim (eds.), 2000; 伍汉霖, 邵广昭, 赖春福等, 2012.

**别名或俗名（Used or common name）：** 甘仔鱼, 狗甘仔, 花跳, 卧齿鲨.

**分布（Distribution）：** 南海.

**（4247）短斑叉牙虾虎鱼 *Apocryptodon punctatus* Tomiyama, 1934**

*Apocryptodon punctatus* Tomiyama, 1934: 325-334.

**文献（Reference）：** Tomiyama, 1934: 325-334; 沈世杰, 1993; Kim, Choi, Lee *et al.*, 2005; 伍汉霖, 邵广昭, 赖春福等, 2012.

**别名或俗名（Used or common name）：** 甘仔鱼, 狗甘仔, 花跳, 短斑卧齿鲨.

**分布（Distribution）：** 东海, 南海.

## 1300. 星塘鳢属 *Asterropteryx* Rüppell, 1830

**（4248）半斑星塘鳢 *Asterropteryx semipunctata* Rüppell, 1830**

*Asterropterix semipunctata* Rüppell, 1830: 1-141.

*Priolepis auriga* Ehrenberg, 1871.

*Eleotris miniatus* Seale, 1901.

*Asterropterix semipunctatus quisqualis* Whitley, 1932.

**文献（Reference）：** Liaw (廖文光), 1960; Francis, 1993; Shao, Chen, Kao *et al.*, 1993; 沈世杰, 1993; Chen, Shao and Lin, 1995; Randall and Lim (eds.), 2000; Huang, 2001; Nakamura, Horinouchi, Nakai *et al.*, 2003; 陈正平, 邵广昭, 詹荣桂等, 2010; 伍汉霖, 邵广昭, 赖春福等, 2012.

**别名或俗名（Used or common name）：** 狗万仔, 星塘鳢.

**分布（Distribution）：** 东海, 南海.

**（4249）棘星塘鳢 *Asterropteryx spinosa* (Goren, 1981)**

*Oplopomus spinosus* Goren, 1981: 93-101.

*Asterropteryx spinosus* (Goren, 1981).

**文献（Reference）：** Goren, 1981: 93-101; Herre and Umali, 1948; 沈世杰, 1993; Chen, Chen and Shao, 1997; 伍汉霖, 邵广昭, 赖春福等, 2012.

**分布（Distribution）：** 南海.

## 1301. 软塘鳢属 *Austrolethops* Whitley, 1935

### （4250）沃氏软塘鳢 *Austrolethops wardi* Whitley, 1935

*Austrolethops wardi* Whitley, 1935: 215-250.

**文献（Reference）：**Whitley, 1935: 215-250; Herre and Umali, 1948; 沈世杰, 1993; Randall and Lim (eds.), 2000; Huang, 2001; 陈正平, 邵广昭, 詹荣桂等, 2010; 伍汉霖, 邵广昭, 赖春福等, 2012.

**别名或俗名（Used or common name）：**甘仔鱼, 狗甘仔, 华氏软塘鳢.

**分布（Distribution）：**南海.

## 1302. 阿胡虾虎鱼属 *Awaous* Valenciennes, 1837

*Awaous* Valenciennes (*in* Cuvier *et* Valenciennes), 1837: 97.

### （4251）黑头阿胡虾虎鱼 *Awaous melanocephalus* (Bleeker, 1849)

*Gobius melanocephalus* Bleeker, 1849c: 1-40.

*Chonophorus melanocephalus* (Bleeker, 1849).

*Glossogobitus grammepomus*: Chu, 1931: 161.

*Gobius hoepplii*: Wu, 1931: 38.

*Chonophorus melanocephalus*: Tchang, 1937: 105.

*Awaous ocellaris*: 朱元鼎和伍汉霖, 1965: 130; 伍汉霖和倪勇 (见中国水产科学研究院珠江水产研究所等), 1986: 278.

*Acentrogobius hoepplii*: 伍汉霖 (见《福建鱼类志》编写组), 1985: 354.

*Awaous melanocephalus*: 曾晴贤, 1986: 132; 成庆泰和郑葆珊, 1987: 438; Pan, Zhong, Zheng *et al.*, 1991: 469; 朱松泉, 1995: 180; Yu, 1996: 77; 方力行, 陈义雄和韩侨权, 1996: 165; 陈义雄和方力行, 1999: 187; 刘明玉, 解玉浩和季达明, 2000: 373; 陈义雄和方力行, 2001: 128; 伍汉霖和钟俊生, 2008: 273; 伍汉霖, 邵广昭, 赖春福等, 2012: 303.

**别名或俗名（Used or common name）：**甘仔鱼, 狗甘仔, 曙首厚唇鲨, 黑头厚唇鲨.

**分布（Distribution）：**海南岛各淡水河溪及各河口区处, 也见于台湾. 国外分布于印度洋北部至太平洋中部各岛屿, 北至日本, 菲律宾, 南至印度尼西亚.

### （4252）眼斑阿胡虾虎鱼 *Awaous ocellaris* (Broussonet, 1782)

*Gobius ocellaris* Broussonet, 1782: 49 unnumbered pages.

*Gobius awao* Lacépède, 1800.

*Gobius awaou* Lacépède, 1800.

*Gobius punctatus* Solander, 1837 (ambiguous synonym).

*Awaous ocellaris gobiusinnis*: Wang *et* Wang, 1935.

*Awaous ocellaris*: Liang, 1951: 31; 沈世杰, 1984: 408; Kuang *et al.*, 1986: 278; 陈兼善和于名振, 1986: 749; 曾晴贤, 1986: 133; 成庆泰和郑葆珊, 1987: 438; Yu, 1996: 77; 陈义雄和方力行, 1999: 188; 陈义雄和方力行, 2001: 129; 伍汉霖和钟俊生, 2008: 275; 伍汉霖, 邵广昭, 赖春福等, 2012: 303.

**别名或俗名（Used or common name）：**甘仔鱼, 狗甘仔, 厚唇鲨, 眼斑厚唇鲨, 睛斑阿胡虾虎鱼.

**分布（Distribution）：**台湾. 国外分布于日本南部各河川, 菲律宾, 印度, 西南太平洋沿岸各淡水水域.

## 1303. 髯毛虾虎鱼属 *Barbuligobius* Lachner *et* McKinney, 1974

### （4253）髯毛虾虎鱼 *Barbuligobius boehlkei* Lachner *et* McKinney, 1974

*Barbuligobius boehlkei* Lachner *et* McKinney, 1974: 869-879.

*Bathygobius boehlkei* (Lachner *et* McKinney, 1974).

**文献（Reference）：**Lachner and McKinney, 1974: 869-879; Yoshino and Hiromi, 1980; Masuda, Amaoka, Araga *et al.*, 1984; 沈世杰, 1993; Chen, Chen and Shao, 1997; Randall and Lim (eds.), 2000; 陈正平, 邵广昭, 詹荣桂等, 2010; 伍汉霖, 邵广昭, 赖春福等, 2012.

**别名或俗名（Used or common name）：**甘仔鱼, 狗甘仔, 须虾虎鱼.

**分布（Distribution）：**南海.

## 1304. 深虾虎鱼属 *Bathygobius* Bleeker, 1878

### （4254）蓝点深虾虎鱼 *Bathygobius coalitus* (Bennett, 1832)

*Gobius coalitus* Bennett, 1832: 165-169.

*Bathygobius coalitue* (Bennett, 1832).

*Bathygobius albopunctatus* [Valenciennes (*in* Cuvier *et* Valenciennes), 1837].

*Bathygobius padangensis* (Bleeker, 1851).

**文献（Reference）：**Masuda, Amaoka, Araga *et al.*, 1984; 沈世杰, 1993; 陈正平, 邵广昭, 詹荣桂等, 2010; 伍汉霖, 邵广昭, 赖春福等, 2012.

**别名或俗名（Used or common name）：**甘仔鱼, 狗甘仔, 狗万仔, 狗鲦, 黑深虾虎鱼.

**分布（Distribution）：**南海.

### （4255）椰子深虾虎鱼 *Bathygobius cocosensis* (Bleeker, 1854)

*Gobius cocosensis* Bleeker, 1854: 37-48.

*Gobius homocyanus* Vaillant *et* Sauvage, 1875.

*Gobius sandvicensis* Günther, 1880.

*Rhinogobius corallinus* Jordan *et* Seale, 1906.

*Rhinogobius ophthalmicus* Weber, 1909.

**文献（Reference）：**Akihito and Meguro, 1980; 沈世杰, 1993;

Randall and Lim (eds.), 2000; Huang, 2001; 陈正平, 邵广昭, 詹荣桂等, 2010; 伍汉霖, 邵广昭, 赖春福等, 2012.

**别名或俗名（Used or common name）**：深虾虎鱼，甘仔鱼，狗甘仔.

**分布（Distribution）**：南海.

**（4256）阔头深虾虎鱼 *Bathygobius cotticeps* (Steindachner, 1879)**

*Gobius cotticeps* Steindachner, 1879: 119-191.

*Chlamydes laticeps* Jenkins, 1903.

*Chlamydes leytensis* Herre, 1927.

**文献（Reference）**：Akihito and Meguro, 1980; 沈世杰, 1993; Randall and Lim (eds.), 2000; Huang, 2001; Hsieh and Chiu, 2002; 陈正平, 邵广昭, 詹荣桂等, 2010; 伍汉霖, 邵广昭, 赖春福等, 2012.

**别名或俗名（Used or common name）**：甘仔鱼，狗甘仔，狗万仔，狗鲦.

**分布（Distribution）**：南海.

**（4257）圆鳍深虾虎鱼 *Bathygobius cyclopterus* (Valenciennes, 1837)**

*Gobius cyclopterus* Valenciennes (*in* Cuvier *et* Valenciennes), 1837: 1-507.

*Gobius nox* Bleeker, 1851.

*Gobius variabilis* Steindachner, 1901.

*Gobius varius* Steindachner, 1901.

*Bathygobius laoe* Roxas *et* Ablan, 1940.

**文献（Reference）**：Akihito and Meguro, 1980; 沈世杰, 1993; Ni and Kwok, 1999; Kuo and Shao, 1999; Kuo, Lin and Shao, 1999; Randall and Lim (eds.), 2000; Huang, 2001; 陈正平, 邵广昭, 詹荣桂等, 2010; 伍汉霖, 邵广昭, 赖春福等, 2012.

**别名或俗名（Used or common name）**：甘仔鱼，狗甘仔，狗万仔，狗鲦，肩斑黑虾虎鱼.

**分布（Distribution）**：东海，南海.

**（4258）褐深虾虎鱼 *Bathygobius fuscus* (Rüppell, 1830)**

*Gobius fuscus* Rüppell, 1830: 95-141.

*Gobius punctillatus* Rüppell, 1830.

*Gobius nebulopunctatus* Valenciennes (*in* Cuvier *et* Valenciennes), 1837.

*Gobius obscurus* Peters, 1855.

*Gobius darnleyensis* Alleyne *et* Macleay, 1877.

**文献（Reference）**：Arai and Kobayasi, 1973; Arai and Sawada, 1975; Chang, Jan and Shao, 1983; 沈世杰, 1993; Ni and Kwok, 1999; Randall and Lim (eds.), 2000; Huang, 2001; 陈正平, 邵广昭, 詹荣桂等, 2010; 伍汉霖, 邵广昭, 赖春福等, 2012.

**别名或俗名（Used or common name）**：甘仔鱼，狗甘仔，狗母公，狗万仔，狗鲦，深虾虎鱼，黑虾虎鱼.

**分布（Distribution）**：东海，南海.

**（4259）莱氏深虾虎鱼 *Bathygobius laddi* (Fowler, 1931)**

*Rhinogobius laddi* Fowler, 1931b: 313-381.

**文献（Reference）**：沈世杰, 1993; 伍汉霖, 邵广昭, 赖春福等, 2012.

**别名或俗名（Used or common name）**：甘仔鱼，狗甘仔，莱氏黑虾虎鱼.

**分布（Distribution）**：南海.

**（4260）梅氏深虾虎鱼 *Bathygobius meggitti* (Hora *et* Mukerji, 1936)**

*Ctenogobius meggitti* Hora *et* Mukerji, 1936: 15-39.

*Bathygobius blancoi* Roxas *et* Ablan, 1940.

**文献（Reference）**：Herre, 1953a; Randall and Lim (eds.), 2000.

**别名或俗名（Used or common name）**：甘仔鱼，狗甘仔，香港黑虾虎鱼.

**分布（Distribution）**：南海.

**（4261）扁头深虾虎鱼 *Bathygobius petrophilus* (Bleeker, 1853)**

*Gobius petrophilus* Bleeker, 1853: 452-516.

**文献（Reference）**：Masuda, Amaoka, Araga *et al.*, 1984; 沈世杰, 1993; 伍汉霖, 邵广昭, 赖春福等, 2012.

**别名或俗名（Used or common name）**：甘仔鱼，狗甘仔.

**分布（Distribution）**：东海，南海.

### 1305. 大弹涂鱼属 *Boleophthalmus* Valenciennes, 1837

**（4262）大弹涂鱼 *Boleophthalmus pectinirostris* (Linnaeus, 1758)**

*Gobius pectinirostris* Linnaeus, 1758: 1-824.

*Boleophthalmus pectinirostri* (Linnaeus, 1758).

**文献（Reference）**：Nishikawa, Amaoka and Nakanishi, 1974; 沈世杰, 1993; Kim, 1997; Sadovy, 1998; Ni and Kwok, 1999; Kuo and Shao, 1999; Kuo, Lin and Shao, 1999; Randall and Lim (eds.), 2000; Huang, 2001; Jeong, Han, Kim *et al.*, 2004; 伍汉霖, 邵广昭, 赖春福等, 2012.

**别名或俗名（Used or common name）**：花跳，花条.

**分布（Distribution）**：黄海，东海，南海.

### 1306. 珊瑚虾虎鱼属 *Bryaninops* Smith, 1959

**（4263）罗氏珊瑚虾虎鱼 *Bryaninops loki* Larson, 1985**

*Bryaninops loki* Larson, 1985: 57-93.

文献（Reference）：Larson, 1985: 57-93; 沈世杰, 1993; Randall and Lim (eds.), 2000; Werner and Allen, 2000; 陈正平, 邵广昭, 詹荣桂等, 2010; 伍汉霖, 邵广昭, 赖春福等, 2012.
别名或俗名（Used or common name）：甘仔鱼, 狗甘仔, 宽鳃珊瑚虾虎鱼, 鲁氏苔鲨.
分布（Distribution）：南海.

**（4264）漂游珊瑚虾虎鱼 *Bryaninops natans* Larson, 1985**

*Bryaninops natans* Larson, 1985: 57-93.
文献（Reference）：Larson, 1985: 57-93; 沈世杰, 1993; Randall and Lim (eds.), 2000; Werner and Allen, 2000; 陈正平, 邵广昭, 詹荣桂等, 2010; 伍汉霖, 邵广昭, 赖春福等, 2012.
别名或俗名（Used or common name）：甘仔鱼, 狗甘仔, 红眼珊瑚虾虎鱼.
分布（Distribution）：南海.

**（4265）勇氏珊瑚虾虎鱼 *Bryaninops yongei* (Davis *et* Cohen, 1969)**

*Cottogobius yongei* Davis *et* Cohen, 1969: 749-761.
*Bryaninops youngei* (Davis *et* Cohen, 1969).
*Tenacigobius yongei* (Davis *et* Cohen, 1969).
文献（Reference）：Masuda, Amaoka, Araga *et al.*, 1984; Okiyama and Tsukamoto, 1989; 沈世杰, 1993; Chen, Jan and Shao, 1997; Randall and Lim (eds.), 2000; 陈正平, 邵广昭, 詹荣桂等, 2010; 伍汉霖, 邵广昭, 赖春福等, 2012.
别名或俗名（Used or common name）：甘仔鱼, 狗甘仔, 颏突珊瑚虾虎鱼, 海鞭虾虎鱼, 透体苔鲨.
分布（Distribution）：东海, 南海.

## 1307. 美虾虎鱼属 *Callogobius* Bleeker, 1874

**（4266）鞍美虾虎鱼 *Callogobius clitellus* McKinney *et* Lachner, 1978**

*Callogobius clittelus* McKinney *et* Lachner, 1978: 203-215.
文献（Reference）：McKinney and Lachner, 1978: 203-215; Delventhal and Mooi, 2013; Allen and Erdmann, 2012; 伍汉霖, 邵广昭, 赖春福等, 2012.
分布（Distribution）：东海.

**（4267）黄棕美虾虎鱼 *Callogobius flavobrunneus* (Smith, 1958)**

*Mucogobius flavobrunneus* Smith, 1958b: 137-163.
文献（Reference）：Lachner and McKinney, 1974; 沈世杰, 1993; 伍汉霖, 邵广昭, 赖春福等, 2012.
别名或俗名（Used or common name）：甘仔鱼, 狗甘仔.
分布（Distribution）：南海.

**（4268）长鳍美虾虎鱼 *Callogobius hasseltii* (Bleeker, 1851)**

*Eleotris hasseltii* Bleeker, 1851: 236-258.
*Callogobius hasselti* (Bleeker, 1851).
*Macgregorella moroana* Seale, 1910.
文献（Reference）：Herre, 1953a; Lachner and McKinney, 1974; Masuda, Amaoka, Araga *et al.*, 1984; Shao, 1997; Randall and Lim (eds.), 2000; 伍汉霖, 邵广昭, 赖春福等, 2012.
别名或俗名（Used or common name）：甘仔鱼, 狗甘仔, 赫氏鲨.
分布（Distribution）：东海, 南海.

**（4269）圆鳞美虾虎鱼 *Callogobius liolepis* Koumans, 1931**

*Callogobius liolepis* Koumans, 1931: 1-147.
文献（Reference）：Koumans, 1931: 1-147; 陈兼善 (于名振增订), 1986; Huang, 2001; 陈正平, 邵广昭, 詹荣桂等, 2010; 伍汉霖, 邵广昭, 赖春福等, 2012.
别名或俗名（Used or common name）：甘仔鱼, 狗甘仔.
分布（Distribution）：南海.

**（4270）斑鳍美虾虎鱼 *Callogobius maculipinnis* (Fowler, 1918)**

*Drombus maculipinnis* Fowler, 1918a: 2-71.
*Intonsagobius kuderi* Herre, 1943.
*Intonsagobius vanclevei* Herre, 1950.
*Callogobius irrasus* (Smith, 1959).
文献（Reference）：Herre, 1953a; Lachner and McKinney, 1974; 沈世杰, 1993; Randall and Lim (eds.), 2000; 伍汉霖, 邵广昭, 赖春福等, 2012.
别名或俗名（Used or common name）：甘仔鱼, 狗甘仔.
分布（Distribution）：南海.

**（4271）黑鳍缘美虾虎鱼 *Callogobius nigromarginatus* Chen *et* Shao, 2000**

*Callogobius nigromarginatus* Chen *et* Shao, 2000: 457-466.
文献（Reference）：Chen and Shao, 2000: 457-466; Lachner and McKinney, 1974; 沈世杰, 1993; 伍汉霖, 邵广昭, 赖春福等, 2012.
别名或俗名（Used or common name）：甘仔鱼, 狗甘仔.
分布（Distribution）：？

**（4272）冲绳美虾虎鱼 *Callogobius okinawae* (Snyder, 1908)**

*Doryptena okinawae* Snyder, 1908, 35: 93-111.
*Macgregorella intonsa* Herre, 1927.

文献（Reference）：Lachner and McKinney, 1974; Akihito and Meguro, 1975; Shao and Chen, 1993; 沈世杰, 1993; Randall and Lim (eds.), 2000; 陈正平, 邵广昭, 詹荣桂等, 2010; 伍汉霖, 邵广昭, 赖春福等, 2012.

别名或俗名（Used or common name）：甘仔鱼, 狗甘仔, 琉球硬皮虾虎鱼, 琉球棱头鲨.

分布（Distribution）：东海, 南海.

#### （4273）美虾虎鱼 *Callogobius sclateri* (Steindachner, 1879)

*Eleotris sclateri* Steindachner, 1879: 119-191.
*Callogobius scaleri* (Steindachner, 1879).
*Metagobius sclateri* (Steindachner, 1879).

文献（Reference）：Lachner and McKinney, 1974; 沈世杰, 1993; Chen, Jan and Shao, 1997; Randall and Lim (eds.), 2000; Huang, 2001; 陈正平, 邵广昭, 詹荣桂等, 2010; 伍汉霖, 邵广昭, 赖春福等, 2012.

别名或俗名（Used or common name）：甘仔鱼, 狗甘仔, 棱头鲨, 太平洋棱头鲨.

分布（Distribution）：东海, 南海.

#### （4274）沈氏美虾虎鱼 *Callogobius sheni* Chen, Chen *et* Fang, 2006

*Callogobius sheni* Chen, Chen *et* Fang, 2006: 228-232.

文献（Reference）：Chen, Chen and Fang, 2006: 228-232; 伍汉霖, 邵广昭, 赖春福等, 2012.

别名或俗名（Used or common name）：甘仔鱼, 狗甘仔.

分布（Distribution）：南海.

#### （4275）史氏美虾虎鱼 *Callogobius snelliusi* Koumans, 1953

*Callogobius snelliuri* Koumans, 1953: 177-275.

文献（Reference）：Koumans, 1953: 177-275; Chang and Lee, 1971; Lachner and McKinney, 1974; 沈世杰, 1993; Shao, 1997; Randall and Lim (eds.), 2000; Huang, 2001; 陈正平, 邵广昭, 詹荣桂等, 2010; 伍汉霖, 邵广昭, 赖春福等, 2012.

别名或俗名（Used or common name）：甘仔鱼, 狗甘仔, 史奈利鲨.

分布（Distribution）：南海.

#### （4276）种子岛美虾虎鱼 *Callogobius tanegasimae* (Snyder, 1908)

*Doryptena tanegasimae* Snyder, 1908, 35: 93-111.

文献（Reference）：Lachner and McKinney, 1974; Masuda, Amaoka, Araga *et al.*, 1984; 伍汉霖, 邵广昭, 赖春福等, 2012.

别名或俗名（Used or common name）：甘仔鱼, 狗甘仔, 神子岛硬皮虾虎鱼.

分布（Distribution）：?

### 1308. 头虾虎鱼属 *Caragobius* Smith *et* Seale, 1906

#### （4277）尾鳞头虾虎鱼 *Caragobius urolepis* (Bleeker, 1852)

*Amblyopus urolepis* Bleeker, 1852: 570-608.
*Brachyamblyopus urolepis* (Bleeker, 1852).
*Caragobius typhlops* Smith *et* Seale, 1906.
*Brachyamblyopus anotus* (Franz, 1910).
*Nudagobioides monserrati* Roxas *et* Ablan, 1940.

文献（Reference）：Herre, 1927; 沈世杰, 1993; Shao, 1997; Ni and Kwok, 1999; Kuo and Shao, 1999; Randall and Lim (eds.), 2000; Huang, 2001; 伍汉霖, 邵广昭, 赖春福等, 2012.

别名或俗名（Used or common name）：甘仔鱼, 狗甘仔, 钓钢仔, 无鳞鳗虾虎鱼.

分布（Distribution）：东海, 南海.

### 1309. 裸头虾虎鱼属 *Chaenogobius* Gill, 1859

#### （4278）尾纹裸头虾虎鱼 *Chaenogobius annularis* Gill, 1859

*Chaenogobius annularis* Gill, 1859: 12-16.
*Chaenogobius dolichognathus* (Hilgendorf, 1879).
*Chasmichthys dolichognathus* (Hilgendorf, 1879).
*Gobius dolichognathus* Hilgendorf, 1879.

文献（Reference）：Arai and Kobayasi, 1973; Arai, Katsuyama and Sawada, 1974; Arai and Sawada, 1975; Masuda, Amaoka, Araga *et al.*, 1984; Okiyama, 1993; Kim, Cho, Park *et al.*, 1997; 伍汉霖, 邵广昭, 赖春福等, 2012.

分布（Distribution）：东海, 南海.

#### （4279）大口裸头虾虎鱼 *Chaenogobius gulosus* (Sauvage, 1882)

*Saccostoma gulosus* Sauvage, 1882: 168-176.
*Chasmichthys dolichognathus gulosus* (Sauvage, 1882).
*Chasmichthys gulosus* (Sauvage, 1882).
*Chasmias misakius* Jordan *et* Snyder, 1901.

文献（Reference）：Nishikawa, Amaoka and Nakanishi, 1974; Arai and Sawada, 1975; Masuda, Amaoka, Araga *et al.*, 1984; Horinouchi and Sano, 2000; Chinese Academy of Fishery Science (CAFS), 2007; 伍汉霖, 邵广昭, 赖春福等, 2012.

分布（Distribution）：渤海, 黄海, 东海.

### 1310. 矛尾虾虎鱼属 *Chaeturichthys* Richardson, 1844

#### （4280）矛尾虾虎鱼 *Chaeturichthys stigmatias* Richardson, 1844

*Chaeturichthys stigmatias* Richardson, 1844: 51-70.

文献(Reference): Dou, 1992; Yamada, Shirai, Irie *et al.*, 1995; Ni and Kwok, 1999; Randall and Lim (eds.), 2000; Hong, Yeon, Im *et al.*, 2000; Huang, 2001; 伍汉霖, 邵广昭, 赖春福等, 2012.

**别名或俗名（Used or common name）**: 甘仔鱼, 狗甘仔, 尖尾虾虎鱼.

**分布（Distribution）**: 渤海, 黄海, 东海, 南海.

## 1311. 翼棘虾虎鱼属 *Clariger* Jordan *et* Snyder, 1901

### （4281）台湾翼棘虾虎鱼 *Clariger taiwanensis* Jang-Liaw, Gong *et* Chen, 2012

*Clariger taiwanensis* Jang-Liaw, Gong *et* Chen, 2012: 13-21.

**文献（Reference）**: Jang-Liaw, Gong and Chen, 2012: 13-21.

**别名或俗名（Used or common name）**: 甘仔鱼, 狗甘仔.

**分布（Distribution）**: ?

## 1312. 项冠虾虎鱼属 *Cristatogobius* Herre, 1927

### （4282）浅色项冠虾虎鱼 *Cristatogobius nonatoae* (Ablan, 1940)

*Lophogobius nonatoae* Ablan, 1940: 373-377.

*Cristatogobius nanotoae* (Ablan, 1940).

**文献（Reference）**: Herre, 1953a; Masuda, Amaoka, Araga *et al.*, 1984; 沈世杰, 1993; Randall and Lim (eds.), 2000; 伍汉霖, 邵广昭, 赖春福等, 2012.

**别名或俗名（Used or common name）**: 甘仔鱼, 狗甘仔, 那氏脊鲨, 白颈脊鲨.

**分布（Distribution）**: 东海, 南海.

## 1313. 拟丝虾虎鱼属 *Cryptocentroides* Popta, 1922

### （4283）拟丝虾虎鱼 *Cryptocentroides insignis* (Seale, 1910)

*Amblygobius insignis* Seale, 1910a: 115-119.

*Cryptocentroides dentatus* Popta, 1922.

**文献（Reference）**: Herre and Umali, 1948; Herre, 1953a; Masuda, Amaoka, Araga *et al.*, 1984; Randall and Lim (eds.), 2000; 伍汉霖, 邵广昭, 赖春福等, 2012.

**分布（Distribution）**: 南海.

## 1314. 丝虾虎鱼属 *Cryptocentrus* Valenciennes, 1837

### （4284）白背带丝虾虎鱼 *Cryptocentrus albidorsus* (Yanagisawa, 1978)

*Mars albidorsus* Yanagisawa, 1978: 269-325.

**文献(Reference)**: Masuda, Amaoka, Araga *et al.*, 1984; Shao, Chen and Jzeng (邵广昭, 陈正平和郑明修), 1987; 沈世杰, 1993; Shao, 1997; Randall and Lim (eds.), 2000; Huang, 2001; 伍汉霖, 邵广昭, 赖春福等, 2012.

**别名或俗名（Used or common name）**: 甘仔鱼, 狗甘仔, 白背带猴鲨.

**分布（Distribution）**: 东海, 南海.

### （4285）棕斑丝虾虎鱼 *Cryptocentrus caeruleomaculatus* (Herre, 1933)

*Mars caeruleomaculatus* Herre, 1933: 17-25.

*Ctenogobius culionensis* Herre, 1934.

**文献（Reference）**: Herre, 1953a; 沈世杰, 1993; Randall and Lim (eds.), 2000; Nakamura, Horinouchi, Nakai *et al.*, 2003; 伍汉霖, 邵广昭, 赖春福等, 2012.

**别名或俗名（Used or common name）**: 甘仔鱼, 狗甘仔, 正猴鲨.

**分布（Distribution）**: 南海.

### （4286）蓝带丝虾虎鱼 *Cryptocentrus cyanotaenia* (Bleeker, 1853)

*Gobius cyanotaenia* Bleeker, 1853: 452-516.

**文献（Reference）**: Randall and Lim (eds.), 2000.

**分布（Distribution）**: 南海.

### （4287）眼斑丝虾虎鱼 *Cryptocentrus nigrocellatus* (Yanagisawa, 1978)

*Mars nigrocellatus* Yanagisawa, 1978: 269-325.

**文献(Reference)**: Masuda, Amaoka, Araga *et al.*, 1984; Shao, Chen and Jzeng (邵广昭, 陈正平和郑明修), 1987; 沈世杰, 1993; Shao, 1997; Randall and Lim (eds.), 2000; Huang, 2001; 伍汉霖, 邵广昭, 赖春福等, 2012.

**别名或俗名（Used or common name）**: 甘仔鱼, 狗甘仔, 眼斑猴鲨.

**分布（Distribution）**: 南海.

### （4288）孔雀丝虾虎鱼 *Cryptocentrus pavoninoides* (Bleeker, 1849)

*Gobius pavoninoides* Bleeker, 1849c: 1-40.

**文献(Reference)**: Randall and Lim (eds.), 2000; Huang, 2001; 伍汉霖, 邵广昭, 赖春福等, 2012.

**分布（Distribution）**: 南海.

### （4289）银丝虾虎鱼 *Cryptocentrus pretiosus* (Rendahl, 1924)

*Gobius pretiosus* Rendahl, 1924: 1-37.

**文献（Reference）**: Hoese and Larson, 2004; Larson and Murdy, 2001; 伍汉霖, 邵广昭, 赖春福等, 2012.

**分布（Distribution）**: 南海.

**（4290）红丝虾虎鱼 *Cryptocentrus russus* (Cantor, 1849)**

*Gobius russus* Cantor, 1849: 983-1443.
*Tomiyamichthys russus* (Cantor, 1849).
**文献（Reference）**：Chen, 1960; Randall and Lim (eds.), 2000; Huang, 2001; 伍汉霖, 邵广昭, 赖春福等, 2012.
**别名或俗名（Used or common name）**：甘仔鱼, 狗甘仔, 红猴鲨.
**分布（Distribution）**：东海, 南海.

**（4291）纹斑丝虾虎鱼 *Cryptocentrus strigilliceps* (Jordan *et* Seale, 1906)**

*Mars strigilliceps* Jordan *et* Seale, 1906b: 173-455.
*Cryptocentrus koumansi* (Whitley, 1933).
*Obtortiophagus koumansi* Whitley, 1933.
**文献（Reference）**：Shao, Chen and Jzeng (邵广昭, 陈正平和郑明修), 1987; 沈世杰, 1993; Randall and Lim (eds.), 2000; Huang, 2001; 伍汉霖, 邵广昭, 赖春福等, 2012.
**别名或俗名（Used or common name）**：甘仔鱼, 狗甘仔, 纹斑猴鲨.
**分布（Distribution）**：南海.

**（4292）谷津氏丝虾虎鱼 *Cryptocentrus yatsui* Tomiyama, 1936**

*Cryptocentrus yatsui* Tomiyama, 1936: 37-112.
**文献（Reference）**：Tomiyama, 1936: 37-112; 沈世杰, 1993; Kuo and Shao, 1999; Randall and Lim (eds.), 2000; Huang, 2001; 伍汉霖, 邵广昭, 赖春福等, 2012.
**别名或俗名（Used or common name）**：狗甘仔, 狗监仔, 谷津氏猴鲨, 亚氏猴鲨, 台湾丝虾虎鱼.
**分布（Distribution）**：南海.

## 1315. 栉眼虾虎鱼属 *Ctenogobiops* Smith, 1959

**（4293）斜带栉眼虾虎鱼 *Ctenogobiops aurocingulus* (Herre, 1935)**

*Aparrius aurocingulus* Herre, 1935d, 18 (12): 383-438.
**文献（Reference）**：Masuda, Amaoka, Araga *et al.*, 1984; Shao, Chen and Jzeng (邵广昭, 陈正平和郑明修), 1987; 沈世杰, 1993; Randall and Lim (eds.), 2000; 伍汉霖, 邵广昭, 赖春福等, 2012.
**别名或俗名（Used or common name）**：甘仔鱼, 狗甘仔, 黄斑栉虾虎鱼, 细带栉虾虎鱼.
**分布（Distribution）**：南海.

**（4294）丝棘栉眼虾虎鱼 *Ctenogobiops feroculus* Lubbock *et* Polunin, 1977**

*Ctenogobiops feroculus* Lubbock *et* Polunin, 1977: 505-514.
*Ctenogobius feroculus* (Lubbock *et* Polunin, 1977).
**文献（Reference）**：Lubbock and Polunin, 1977: 505-514; Masuda, Amaoka, Araga *et al.*, 1984; 沈世杰, 1993; Chen, Shao and Lin, 1995; Shao, 1997; Chen, Jan and Shao, 1997; 陈正平, 詹荣桂, 黄建华等, 2011; 伍汉霖, 邵广昭, 赖春福等, 2012.
**别名或俗名（Used or common name）**：甘仔鱼, 狗甘仔.
**分布（Distribution）**：东海, 南海.

**（4295）台湾栉眼虾虎鱼 *Ctenogobiops formosa* Randall, Shao *et* Chen, 2003**

*Ctenogobiops formosa* Randall, Shao *et* Chen, 2003: 506-515.
**文献（Reference）**：Randall, Shao and Chen, 2003: 506-515; 沈世杰, 1993; 伍汉霖, 邵广昭, 赖春福等, 2012.
**别名或俗名（Used or common name）**：甘仔鱼, 狗甘仔.
**分布（Distribution）**：东海, 南海.

**（4296）颊纹栉眼虾虎鱼 *Ctenogobiops maculosus* (Fourmanoir, 1955)**

*Cryptocentroides maculosus* Fourmanoir, 1955: 195-203.
**文献（Reference）**：沈世杰, 1993; 伍汉霖, 邵广昭, 赖春福等, 2012.
**别名或俗名（Used or common name）**：甘仔鱼, 狗甘仔, 细点栉虾虎鱼, 斑栉眼虾虎鱼.
**分布（Distribution）**：?

**（4297）丝背栉眼虾虎鱼 *Ctenogobiops mitodes* Randall, Shao *et* Chen, 2007**

*Ctenogobiops mitodes* Randall, Shao *et* Chen, 2007: 26-34.
**文献（Reference）**：Randall, Shao and Chen, 2007: 26-34; 伍汉霖, 邵广昭, 赖春福等, 2012.
**别名或俗名（Used or common name）**：甘仔鱼, 狗甘仔.
**分布（Distribution）**：南海.

**（4298）点斑栉眼虾虎鱼 *Ctenogobiops pomastictus* Lubbock *et* Polunin, 1977**

*Ctenogobopis pomastictus* Lubbock *et* Polunin, 1977: 505-514.
**文献（Reference）**：Masuda, Amaoka, Araga *et al.*, 1984; 沈世杰, 1993; Randall and Lim (eds.), 2000; Nakamura, Horinouchi, Nakai *et al.*, 2003; 伍汉霖, 邵广昭, 赖春福等, 2012.
**别名或俗名（Used or common name）**：甘仔鱼, 狗甘仔.
**分布（Distribution）**：南海.

**（4299）长棘栉眼虾虎鱼 *Ctenogobiops tangaroai* Lubbock *et* Polunin, 1977**

*Ctenogobiops tangaroae* Lubbock *et* Polunin, 1977: 505-514.
**文献（Reference）**：Lubbock and Polunin, 1977: 505-514; Masuda, Amaoka, Araga *et al.*, 1984; 沈世杰, 1993; Chen,

Jan and Shao, 1997; Randall and Lim (eds.), 2000; 伍汉霖, 邵广昭, 赖春福等, 2012.
别名或俗名（Used or common name）：甘仔鱼, 狗甘仔.
分布（Distribution）：东海, 南海.

## 1316. 栉孔虾虎鱼属 *Ctenotrypauchen* Steindachner, 1867

### （4300）中华栉孔虾虎鱼 *Ctenotrypauchen chinensis* Steindachner, 1867

*Ctenotrypauchen chinensis* Steindachner, 1867: 63-64.
*Trypauchen taenia* Koumans, 1953.
文献（Reference）：Koumans, 1953; Randall and Lim (eds.), 2000; Huang, 2001; Murdy, 2008; 伍汉霖, 邵广昭, 赖春福等, 2012.
分布（Distribution）：南海.

## 1317. 捷虾虎鱼属 *Drombus* Jordan *et* Seale, 1905

### （4301）三角捷虾虎鱼 *Drombus triangularis* (Weber, 1909)

*Gobius triangularis* Weber, 1909: 143-169.
*Acentrogobius triangularis* (Weber, 1909).
*Ctenogobius triangularis* (Weber, 1909).
*Acentrogobius elberti* Popta, 1921.
文献（Reference）：Herre, 1953a; Randall and Lim (eds.), 2000; Huang, 2001; 伍汉霖, 邵广昭, 赖春福等, 2012.
分布（Distribution）：南海.

## 1318. 伊氏虾虎鱼属 *Egglestonichthys* Miller *et* Wongrat, 1979

### （4302）南海伊氏虾虎鱼 *Egglestonichthys patriciae* Miller *et* Wongrat, 1979

*Egglestonichthys patriciae* Miller *et* Wongrat, 1979: 239-257.
文献（Reference）：Randall and Lim (eds.), 2000; 伍汉霖, 邵广昭, 赖春福等, 2012.
别名或俗名（Used or common name）：甘仔鱼, 狗甘仔.
分布（Distribution）：东海, 南海.

## 1319. 带虾虎鱼属 *Eutaeniichthys* Jordan *et* Snyder, 1901

### （4303）带虾虎鱼 *Eutaeniichthys gilli* Jordan *et* Snyder, 1901

*Eutaeniichthys gilli* Jordan *et* Snyder, 1901: 33-132.
文献（Reference）：Jordan and Snyder, 1901: 33-132; Masuda, Amaoka, Araga *et al.*, 1984; Huang, 2001; Islam, Hibino and Tanaka, 2006; 伍汉霖, 邵广昭, 赖春福等, 2012.
分布（Distribution）：渤海, 黄海, 东海.

## 1320. 矶塘鳢属 *Eviota* Jenkins, 1903

### （4304）矶塘鳢 *Eviota abax* (Jordan *et* Snyder, 1901)

*Asterropteryx abax* Jordan *et* Snyder, 1901: 33-132.
文献（Reference）：Jordan and Snyder, 1901; Dotsu, Arima and Mito (道津喜卫, 有马功和水户敏), 1965; Sunobe and Nakazono, 1987; 沈世杰, 1993; Shao, 1997; Randall and Lim (eds.), 2000; Huang, 2001; 伍汉霖, 邵广昭, 赖春福等, 2012.
别名或俗名（Used or common name）：甘仔鱼, 狗甘仔, 狗万仔.
分布（Distribution）：东海, 南海.

### （4305）条纹矶塘鳢 *Eviota afelei* Jordan *et* Seale, 1906

*Eviota afelei* Jordan *et* Seale, 1906b: 173-455.
文献（Reference）：Jordan and Seale, 1906b: 173-455; Masuda, Amaoka, Araga *et al.*, 1984; Sunobe and Nakazono, 1987; 沈世杰, 1993; Chen, Shao and Lin, 1995; Randall and Lim (eds.), 2000; 伍汉霖, 邵广昭, 赖春福等, 2012.
别名或俗名（Used or common name）：甘仔鱼, 狗甘仔.
分布（Distribution）：南海.

### （4306）细点矶塘鳢 *Eviota albolineata* Jewett *et* Lachner, 1983

*Eviota albolineata* Jewett *et* Lachner, 1983: 780-806.
文献（Reference）：Jewett and Lachner, 1983: 780-806; Sunobe and Nakazono, 1987; Sunobe and Shimada, 1989; Francis, 1993; Myers, 1999; Randall and Lim (eds.), 2000; 伍汉霖, 邵广昭, 赖春福等, 2012.
分布（Distribution）：东海, 南海.

### （4307）对斑矶塘鳢 *Eviota cometa* Jewett *et* Lachner, 1983

*Eviota cometa* Jewett *et* Lachner, 1983: 780-806.
文献（Reference）：Jewett and Lachner, 1983: 780-806; Sunobe and Nakazono, 1987; 沈世杰, 1993; Chen, Jan and Shao, 1997; Randall and Lim (eds.), 2000; 伍汉霖, 邵广昭, 赖春福等, 2012.
分布（Distribution）：东海, 南海.

### （4308）细身矶塘鳢 *Eviota distigma* Jordan *et* Seale, 1906

*Eviota distigma* Jordan *et* Seale, 1906b: 173-455.
*Eviota stigmapteron* Smith, 1958.
文献（Reference）：Jordan and Seale, 1906b: 173-455; Herre, 1953a; Sunobe and Nakazono, 1987; 沈世杰, 1993; 伍汉霖,

邵广昭, 赖春福等, 2012.
分布（Distribution）：东海.

**（4309）项纹矶塘鳢 *Eviota epiphanes* Jenkins, 1903**
*Eviota epiphanes* Jenkins, 1903: 417-511.
文献（Reference）：Jenkins, 1903: 417-511; Karnella and Lachner, 1981; Sunobe and Nakazono, 1987; 沈世杰, 1993; Shao, 1997; 伍汉霖, 邵广昭, 赖春福等, 2012.
分布（Distribution）：东海, 南海.

**（4310）细斑矶塘鳢 *Eviota guttata* Lachner *et* Karnella, 1978**
*Eviota guttata* Lachner *et* Karnella, 1978: 1-23.
文献（Reference）：Sunobe and Shimada, 1989; Werner and Allen, 2000; Hayashi and Shiratori, 2003; Senou, Suzuki, Shibukawa *et al.*, 2004; 伍汉霖, 邵广昭, 赖春福等, 2012.
分布（Distribution）：东海, 南海.

**（4311）泣矶塘鳢 *Eviota lacrimae* Sunobe, 1988**
*Eviota lacrimae* Sunobe, 1988: 278-282.
文献（Reference）：Sunobe, 1988: 278-281; 伍汉霖, 邵广昭, 赖春福等, 2012.
分布（Distribution）：南海.

**（4312）侧带矶塘鳢 *Eviota latifasciata* Jewett *et* Lachner, 1983**
*Eviota latifasciatus* Jewett *et* Lachner, 1983: 780-806.
文献（Reference）：Jewett and Lachner, 1983: 780-806; Sunobe and Nakazono, 1987; 沈世杰, 1993; Chen, Shao and Lin, 1995; Randall and Lim (eds.), 2000; 伍汉霖, 邵广昭, 赖春福等, 2012.
分布（Distribution）：东海, 南海.

**（4313）黑体矶塘鳢 *Eviota melasma* Lachner *et* Karnella, 1980**
*Eviota melasma* Lachner *et* Karnella, 1980: 1-127.
文献（Reference）：Lachner and Karnella, 1980: 1-127; Sunobe and Nakazono, 1987; 沈世杰, 1993; Randall and Lim (eds.), 2000; Werner and Allen, 2000; 伍汉霖, 邵广昭, 赖春福等, 2012.
分布（Distribution）：南海.

**（4314）黑腹矶塘鳢 *Eviota nigriventris* Giltay, 1933**
*Eviota nigriventris* Giltay, 1933: 1-129.
文献（Reference）：Masuda, Amaoka, Araga *et al.*, 1984; Sunobe and Nakazono, 1987; 沈世杰, 1993; Werner and Allen, 2000; 伍汉霖, 邵广昭, 赖春福等, 2012.
分布（Distribution）：南海.

**（4315）透体矶塘鳢 *Eviota pellucida* Larson, 1976**
*Eviota pellucidus* Larson, 1976: 498-502.
文献（Reference）：Larson, 1976: 498-502; Sunobe and Nakazono, 1987; 沈世杰, 1993; Chen, Jan and Shao, 1997; Randall and Lim (eds.), 2000; 伍汉霖, 邵广昭, 赖春福等, 2012.
分布（Distribution）：东海, 南海.

**（4316）葱绿矶塘鳢 *Eviota prasina* (Klunzinger, 1871)**
*Eleotris prasinus* Klunzinger, 1871: 441-688.
*Eviota prasinia* (Klunzinger, 1871).
*Allogobius viridis* Waite, 1904.
*Eviota verna* Smith, 1958.
文献（Reference）：Sunobe and Nakazono, 1987; Francis, 1993; 沈世杰, 1993; Randall and Lim (eds.), 2000; Werner and Allen, 2000; Huang, 2001; 伍汉霖, 邵广昭, 赖春福等, 2012.
分布（Distribution）：东海, 南海.

**（4317）胸斑矶塘鳢 *Eviota prasites* Jordan *et* Seale, 1906**
*Eviota parasites* Jordan *et* Seale, 1906b: 173-455.
文献（Reference）：Jordan and Seale, 1906b: 173-455; Sunobe and Nakazono, 1987; 沈世杰, 1993; Chen, Shao and Lin, 1995; Chen, Jan and Shao, 1997; Randall and Lim (eds.), 2000; 伍汉霖, 邵广昭, 赖春福等, 2012.
分布（Distribution）：东海, 南海.

**（4318）昆士兰矶塘鳢 *Eviota queenslandica* Whitley, 1932**
*Eviota gueenslandica* Whitley, 1932: 267-316.
*Eviota viridis queenslandica* Whitley, 1932.
文献（Reference）：Masuda, Amaoka, Araga *et al.*, 1984; Sunobe and Nakazono, 1987; 沈世杰, 1993; Chen, Shao and Lin, 1995; Randall and Lim (eds.), 2000; 伍汉霖, 邵广昭, 赖春福等, 2012.
分布（Distribution）：东海, 南海.

**（4319）塞班矶塘鳢 *Eviota saipanensis* Fowler, 1945**
*Eviota saipanensis* Fowler, 1945: 59-74.
文献（Reference）：Fowler, 1945: 57-74; Sunobe and Nakazono, 1987; 沈世杰, 1993; Chen, Chen and Shao, 1997; Randall and Lim (eds.), 2000; 伍汉霖, 邵广昭, 赖春福等, 2012.
分布（Distribution）：南海.

**（4320）希氏矶塘鳢 *Eviota sebreei* Jordan *et* Seale, 1906**
*Eviota sebreei* Jordan *et* Seale, 1906b: 173-455.
文献（Reference）：Jordan and Seale, 1906b: 173-455; Sunobe

and Nakazono, 1987; 沈世杰, 1993; Chen, Shao and Lin, 1995; Chen, Chen and Shao, 1997; Randall and Lim (eds.), 2000; 伍汉霖, 邵广昭, 赖春福等, 2012.
**分布（Distribution）**：东海，南海.

**（4321）大印矶塘鳢 *Eviota sigillata* Jewett *et* Lachner, 1983**
*Eviota sigillata* Jewett *et* Lachner, 1983: 780-806.
**文献（Reference）**：Chen, Shao and Lin, 1995; Randall and Lim (eds.), 2000; 伍汉霖, 邵广昭, 赖春福等, 2012.
**分布（Distribution）**：南海.

**（4322）蜘蛛矶塘鳢 *Eviota smaragdus* Jordan *et* Seale, 1906**
*Eviota smaragdus* Jordan *et* Seale, 1906b: 173-455.
**文献（Reference）**：Jordan and Seale, 1906b: 173-455; Masuda, Amaoka, Araga *et al.*, 1984; Sunobe and Nakazono, 1987; Francis, 1993; 沈世杰, 1993; Shao, 1997; Randall and Lim (eds.), 2000; 伍汉霖, 邵广昭, 赖春福等, 2012.
**分布（Distribution）**：南海.

**（4323）斑点矶塘鳢 *Eviota spilota* Lachner *et* Karnella, 1980**
*Eviota spilota* Lachner *et* Karnella, 1980: 1-127.
**文献（Reference）**：Herre and Umali, 1948; Randall and Lim (eds.), 2000; 伍汉霖, 邵广昭, 赖春福等, 2012.
**分布（Distribution）**：南海.

**（4324）颞斑矶塘鳢 *Eviota storthynx* (Rofen, 1959)**
*Eviotops storthynx* Rofen, 1959: 237-240.
**文献（Reference）**：Masuda, Amaoka, Araga *et al.*, 1984; Okiyama, 1993; Randall and Lim (eds.), 2000; 伍汉霖, 邵广昭, 赖春福等, 2012.
**分布（Distribution）**：南海.

**（4325）条尾矶塘鳢 *Eviota zebrina* Lachner *et* Karnella, 1978**
*Eviota zebrina* Lachner *et* Karnella, 1978: 1-23.
**文献（Reference）**：Lachner and Karnella, 1978: 1-23; Greenfield and Suzuki, 2011; 伍汉霖, 邵广昭, 赖春福等, 2012; Larson, Williams and Hammer, 2013.
**分布（Distribution）**：南海.

## 1321. 鹦虾虎鱼属 *Exyrias* Jordan *et* Seale, 1906

**（4326）黑点鹦虾虎鱼 *Exyrias belissimus* (Smith, 1959)**
*Acentrogobius belissimus* Smith, 1959a: 185-225.
*Exyrius belissimus* (Smith, 1959).
**文献（Reference）**：沈世杰, 1993; Randall and Lim (eds.), 2000; Werner and Allen, 2000; 伍汉霖, 邵广昭, 赖春福等, 2012.
**分布（Distribution）**：南海.

**（4327）纵带鹦虾虎鱼 *Exyrias puntang* (Bleeker, 1851)**
*Gobius puntang* Bleeker, 1851f: 469-497.
*Acentrogobius puntang* (Bleeker, 1851).
*Eryxias puntang* (Bleeker, 1851).
*Exyrias puntangoides* (Bleeker, 1854).
**文献（Reference）**：Snyder, 1909; The Philippine Bureau of Science, Monographic Publications on Fishes, 1910; Shao and Lim, 1991; 沈世杰, 1993; Kuo and Shao, 1999; Randall and Lim (eds.), 2000; 伍汉霖, 邵广昭, 赖春福等, 2012.
**分布（Distribution）**：东海，南海.

## 1322. 蜂巢虾虎鱼属 *Favonigobius* Whitley, 1930

**（4328）裸项蜂巢虾虎鱼 *Favonigobius gymnauchen* (Bleeker, 1860)**
*Gobius gymnauchen* Bleeker, 1860: 2-102.
**文献（Reference）**：Masuda, Amaoka, Araga *et al.*, 1984; Kim, 1997; Ni and Kwok, 1999; Kuo and Shao, 1999; Randall and Lim (eds.), 2000; Kanou, Sano and Kohno, 2004; 伍汉霖, 邵广昭, 赖春福等, 2012.
**分布（Distribution）**：黄海，东海，南海.

**（4329）雷氏蜂巢虾虎鱼 *Favonigobius reichei* (Bleeker, 1854)**
*Gobius reichei* Bleeker, 1854: 495-534.
*Acentrogobius reichei* (Bleeker, 1854).
*Papillogobius reichei* (Bleeker, 1854).
*Favonigobius neilli* (Day, 1868).
**文献（Reference）**：Masuda, Amaoka, Araga *et al.*, 1984; Kuo and Shao, 1999; Randall and Lim (eds.), 2000
**别名或俗名（Used or common name）**：雷氏点颊虾虎鱼，雷氏鲨.
**分布（Distribution）**：南海.

## 1323. 纺锤虾虎鱼属 *Fusigobius* Whitley, 1930

**（4330）裸项纺锤虾虎鱼 *Fusigobius duospilus* Hoese *et* Reader, 1985**
*Fusigobius duospilos* Hoese *et* Reader, 1985: 1-9.
*Coryphopterus duospilos* (Hoese *et* Reader, 1985).
**文献（Reference）**：Hoese and Reader, 1985: 1-9; 沈世杰, 1993; Chen, Shao and Lin, 1995; Chen, Chen and Shao, 1997;

Chen, Jan and Shao, 1997; Randall and Lim (eds.), 2000; 伍汉霖, 邵广昭, 赖春福等, 2012.
**分布（Distribution）**：东海，南海.

**（4331）臂斑纺锤虾虎鱼 *Fusigobius humeralis* (Randall, 2001)**

*Coryphopterus humeralis* Randall, 2001a: 206-225.
**文献（Reference）**：Nakabo, 2002; 伍汉霖, 邵广昭, 赖春福等, 2012.
**分布（Distribution）**：东海，南海.

**（4332）下斑纺锤虾虎鱼 *Fusigobius inframaculatus* (Randall, 1994)**

*Coryphopterus inframaculatus* Randall, 1994: 317-340.
**文献（Reference）**：沈世杰, 1993; 伍汉霖, 邵广昭, 赖春福等, 2012.
**分布（Distribution）**：南海.

**（4333）长棘纺锤虾虎鱼 *Fusigobius longispinus* Goren, 1978**

*Fusigobius longipinnis* Goren, 1978: 191-203.
*Coryphopterus longispinus* (Goren, 1978).
**文献（Reference）**：Goren, 1978: 191-203; Masuda, Amaoka, Araga *et al.*, 1984; Shao and Chen, 1993; 沈世杰, 1993; Chen, Jan and Shao, 1997; Randall and Lim (eds.), 2000; 伍汉霖, 邵广昭, 赖春福等, 2012.
**分布（Distribution）**：东海，南海.

**（4334）巨纺锤虾虎鱼 *Fusigobius maximus* (Randall, 2001)**

*Coryphopterus maximus* Randall, 2001a: 206-225.
**文献（Reference）**：Nakabo, 2002; 伍汉霖, 邵广昭, 赖春福等, 2012.
**分布（Distribution）**：南海.

**（4335）桔斑纺锤虾虎鱼 *Fusigobius melacron* (Randall, 2001)**

*Coryphopterus melacron* Randall, 2001a: 206-225.
**文献（Reference）**：Nakabo, 2002; 陈正平, 邵广昭, 詹荣桂等, 2010; 伍汉霖, 邵广昭, 赖春福等, 2012.
**分布（Distribution）**：南海.

**（4336）短棘纺锤虾虎鱼 *Fusigobius neophytus* (Günther, 1877)**

*Gobius neophytus* Günther, 1877: 169-216.
*Coryphopterus neophytus* (Günther, 1877).
*Eviota woolacottae* Whitley, 1958.
*Fusigobius africanus* Smith, 1959.
**文献（Reference）**：Francis, 1993; 沈世杰, 1993; Chen, Shao and Lin, 1995; Chen, Jan and Shao, 1997; Randall and Lim (eds.), 2000; Nakamura, Horinouchi, Nakai *et al.*, 2003; 伍汉霖, 邵广昭, 赖春福等, 2012.
**分布（Distribution）**：东海，南海.

**（4337）斑鳍纺锤虾虎鱼 *Fusigobius signipinnis* Hoese *et* Obika, 1988**

*Fusigobius signipirris* Hoese *et* Obika, 1988: 282-288.
*Coryphopterus signipinnis* (Hoese *et* Obika, 1988).
**文献（Reference）**：Hoese and Obika, 1988: 282-288; Herre and Umali, 1948; 沈世杰, 1993; Chen, Jan and Shao, 1997; Randall and Lim (eds.), 2000; Werner and Allen, 2000.
**分布（Distribution）**：南海.

## 1324. 盖棘虾虎鱼属 *Gladiogobius* Herre, 1933

**（4338）剑形盖棘虾虎鱼 *Gladiogobius ensifer* Herre, 1933**

*Gladigobius ensifer* Herre, 1933: 17-25.
**文献（Reference）**：Herre, 1953a; Masuda, Amaoka, Araga *et al.*, 1984; 伍汉霖, 邵广昭, 赖春福等, 2012.
**分布（Distribution）**：南海.

## 1325. 舌虾虎鱼属 *Glossogobius* Gill, 1859

**（4339）金黄舌虾虎鱼 *Glossogobius aureus* Akihito *et* Meguro, 1975**

*Glossogobius aureus* Akihito *et* Meguro, 1975e: 127-142.
**文献（Reference）**：Akihito and Meguro, 1975e: 127-142; Shao and Lim, 1991; 沈世杰, 1993; Kuo and Shao, 1999; Kuo, Lin and Shao, 1999; Randall and Lim (eds.), 2000; 伍汉霖, 邵广昭, 赖春福等, 2012.
**分布（Distribution）**：东海，南海.

**（4340）双须舌虾虎鱼 *Glossogobius bicirrhosus* (Weber, 1894)**

*Gobius bicirrhosus* Weber, 1894: 405-476.
*Illana bicirrhosus* (Weber, 1894).
*Illana cacabet* Smith *et* Seale, 1906.
**文献（Reference）**：Akihito, Prince and Meguro, 1975; Shao and Lim, 1991; 沈世杰, 1993; Kuo and Shao, 1999; Randall and Lim (eds.), 2000; 伍汉霖, 邵广昭, 赖春福等, 2012.
**分布（Distribution）**：东海，南海.

**（4341）拟背斑舌虾虎鱼 *Glossogobius brunnoides* (Nichols, 1951)**

*Gobius brunnoides* Nichols, 1951: 1-8.
*Glossogobius asaro* Whitley, 1959.
**文献（Reference）**：Akihito, Prince and Meguro, 1975; 沈世杰, 1993; Shao, 1997; Huang, 2001; 伍汉霖, 邵广昭, 赖春

福等, 2012.
**分布（Distribution）**：南海.

### （4342）盘鳍舌虾虎鱼 *Glossogobius celebius* (Valenciennes, 1837)

*Gobius celebius* Valenciennes (*in* Cuvier *et* Valenciennes), 1837: 1-507.
*Glossogobius celebensis* [Valenciennes (*in* Cuvier *et* Valenciennes), 1837].
**文献（Reference）**：Herre, 1927; Akihito, Prince and Meguro, 1975; Akihito and Meguro, 1975; Ungson and Hermes, 1985; 沈世杰, 1993; Kuo and Shao, 1999; Randall and Lim (eds.), 2000; 伍汉霖, 邵广昭, 赖春福等, 2012.
**分布（Distribution）**：东海, 南海.

### （4343）钝吻舌虾虎鱼 *Glossogobius circumspectus* (Macleay, 1883)

*Gobius circumspectus* Macleay, 1883: 252-280.
**文献（Reference）**：Akihito, Prince and Meguro, 1975; 沈世杰, 1993; Shao, 1997; Randall and Lim (eds.), 2000; Huang, 2001; Broad, 2003; 伍汉霖, 邵广昭, 赖春福等, 2012.
**分布（Distribution）**：南海.

### （4344）舌虾虎鱼 *Glossogobius giuris* (Hamilton, 1822)

*Gobius giuris* Hamilton, 1822: 1-405.
*Acentrogobius giuris* (Hamilton, 1822).
*Gobius russelii* Cuvier (*in* Cuvier *et* Valenciennes), 1829.
**文献（Reference）**：Herre, 1927; Akihito, Prince and Meguro, 1975; Man and Hodgkiss, 1981; Hwang, Chen and Yueh, 1988; 沈世杰, 1993; Ni and Kwok, 1999; Kuo and Shao, 1999; Randall and Lim (eds.), 2000; Liao, Su and Chang, 2001; Huang, 2001; 伍汉霖, 邵广昭, 赖春福等, 2012.
**分布（Distribution）**：黄海, 东海, 南海.

### （4345）暗鳍舌虾虎鱼 *Glossogobius obscuripinnis* (Peters, 1868)

*Gobius obscuripinnis* Peters, 1868: 254-281.
*Glossogobius giurus obscuripinnis* (Peters, 1868).
**文献（Reference）**：Herre, 1953a; Akihito, Prince and Meguro, 1975; 沈世杰, 1993; Randall and Lim (eds.), 2000; Huang, 2001; 伍汉霖, 邵广昭, 赖春福等, 2012.
**分布（Distribution）**：南海.

### （4346）斑纹舌虾虎鱼 *Glossogobius olivaceus* (Temminck *et* Schlegel, 1845)

*Gobius olivaceus* Temminck *et* Schlegel, 1845: 113-172.
**文献（Reference）**：Akihito, Prince and Meguro, 1975; Hwang, Chen and Yueh, 1988; 沈世杰, 1993; Ni and Kwok, 1999; Kuo and Shao, 1999; Kuo, Lin and Shao, 1999; Randall and Lim (eds.), 2000; Huang, 2001; 伍汉霖, 邵广昭, 赖春福等, 2012.
**分布（Distribution）**：黄海, 东海, 南海.

## 1326. 颌鳞虾虎鱼属 *Gnatholepis* Bleeker, 1874

### （4347）颌鳞虾虎鱼 *Gnatholepis anjerensis* (Bleeker, 1851)

*Gobius anjerensis* Bleeker, 1851: 236-258.
*Gobius capistratus* Peters, 1855.
*Gnatholepis deltoides* (Seale, 1901).
**文献（Reference）**：Seale, 1908; Herre, 1953a; Masuda, Amaoka, Araga *et al.*, 1984; 沈世杰, 1993; Shao, 1997; Randall and Lim (eds.), 2000; Huang, 2001; 伍汉霖, 邵广昭, 赖春福等, 2012.
**分布（Distribution）**：东海, 南海.

### （4348）高伦颌鳞虾虎鱼 *Gnatholepis cauerensis* (Bleeker, 1853)

*Gobius cauerensis* Bleeker, 1853: 243-302.
*Acentrogobius cauerensis* (Bleeker, 1853).
*Fusigobius scapulostigma* (Herre, 1953a).
*Gnatholepis inconsequens* Whitley, 1958.
*Gnatholepis australis* Randall *et* Greenfield, 2001.
**文献（Reference）**：Shao and Chen, 1993; 沈世杰, 1993; Chen, Shao and Lin, 1995; Chen, Jan and Shao, 1997; Randall and Lim (eds.), 2000; Huang, 2001; 伍汉霖, 邵广昭, 赖春福等, 2012.
**分布（Distribution）**：南海.

### （4349）德瓦颌鳞虾虎鱼 *Gnatholepis davaoensis* Seale, 1910

*Gnatholepis davaoensis* Seale, 1910b: pls. 1-13.
**文献（Reference）**：Larson and Buckle, 2012; Randall and Lim (eds.), 2000; Randall and Greenfield, 2001; Allen and Erdmann, 2012; 伍汉霖, 邵广昭, 赖春福等, 2012.
**分布（Distribution）**：东海, 南海.

## 1327. 叶虾虎鱼属 *Gobiodon* Bleeker, 1856

### （4350）橙色叶虾虎鱼 *Gobiodon citrinus* (Rüppell, 1838)

*Gobius citrinus* Rüppell, 1838: 1-148.
*Gobiodon hypselopterus* Bleeker, 1875.
**文献（Reference）**：Arai and Sawada, 1974; 沈世杰, 1993; Chen, Shao and Lin, 1995; Chen, Jan and Shao, 1997; Randall and Lim (eds.), 2000; Huang, 2001; 伍汉霖, 邵广昭, 赖春福等, 2012.
**分布（Distribution）**：黄海, 东海, 南海.

### (4351)黄褐叶虾虎鱼 *Gobiodon fulvus* Herre, 1927

*Gobiodon fulvus* Herre, 1927: 1-352.

文献(Reference): 沈世杰, 1993; Chen, Chen and Shao, 1997; Randall and Lim (eds.), 2000; 伍汉霖, 邵广昭, 赖春福等, 2012.

分布(Distribution): 南海.

### (4352)宽纹叶虾虎鱼 *Gobiodon histrio* (Valenciennes, 1837)

*Gobius histrio* Valenciennes (*in* Cuvier *et* Valenciennes), 1837: 1-507.

*Gobiodon verticalis* Alleyne *et* Macleay, 1877.

文献(Reference): Herre and Umali, 1948; Randall and Lim (eds.), 2000; 伍汉霖, 邵广昭, 赖春福等, 2012.

分布(Distribution): 南海.

### (4353)多线叶虾虎鱼 *Gobiodon multilineatus* Wu, 1979

*Gobiodon multilineatus* Wu (伍汉霖), 1979: 157-160.

文献(Reference): Masuda, Amaoka, Araga *et al.*, 1984; 沈世杰, 1993; Chen, Shao and Lin, 1995; Shao, 1997; Randall and Lim (eds.), 2000; Huang, 2001; 伍汉霖, 邵广昭, 赖春福等, 2012.

分布(Distribution): 东海, 南海.

### (4354)眼带叶虾虎鱼 *Gobiodon oculolineatus* Wu, 1979

*Gobiodon oculolineatus* Wu (伍汉霖), 1979: 157-160.

文献(Reference): Masuda, Amaoka, Araga *et al.*, 1984; 沈世杰, 1993; Chen, Shao and Lin, 1995; Shao, 1997; Randall and Lim (eds.), 2000; Huang, 2001; 伍汉霖, 邵广昭, 赖春福等, 2012.

分布(Distribution): 东海, 南海.

### (4355)黄体叶虾虎鱼 *Gobiodon okinawae* Sawada, Arai *et* Abe, 1972

*Gobiodon okinawae* Sawada, Arai *et* Abe, 1972: 57-62.

文献(Reference): Sawada, Arai and Abe, 1972: 57-62; 沈世杰, 1993; Chen, Shao and Lin, 1995; Randall and Lim (eds.), 2000; Werner and Allen, 2000; Huang, 2001; 伍汉霖, 邵广昭, 赖春福等, 2012.

分布(Distribution): 东海, 南海.

### (4356)五带叶虾虎鱼 *Gobiodon quinquestrigatus* (Valenciennes, 1837)

*Gobius quinquestrigatus* Valenciennes (*in* Cuvier *et* Valenciennes), 1837: 1-507.

文献(Reference): Arai and Fujiki, 1979; 沈世杰, 1993; Shao, 1997; Randall and Lim (eds.), 2000; Huang, 2001; 伍汉霖, 邵广昭, 赖春福等, 2012.

分布(Distribution): 东海, 南海.

### (4357)沟叶虾虎鱼 *Gobiodon rivulatus* (Rüppell, 1830)

*Gobius rivulatus* Rüppell, 1830: 95-141.

*Gobiodon riculatus* (Rüppell, 1830).

*Gobius coryphaenula* Valenciennes (*in* Cuvier *et* Valenciennes), 1837.

文献(Reference): Herre, 1953a; Arai and Fujiki, 1979; Masuda, Amaoka, Araga *et al.*, 1984; Randall and Lim (eds.), 2000; Huang, 2001; 伍汉霖, 邵广昭, 赖春福等, 2012.

分布(Distribution): 黄海, 东海, 南海.

### (4358)灰叶虾虎鱼 *Gobiodon unicolor* (Castelnau, 1873)

*Ellerya unicolor* Castelnau, 1873: 37-158.

文献(Reference): 沈世杰, 1993; Chen, Chen and Shao, 1997; Randall and Lim (eds.), 2000; 伍汉霖, 邵广昭, 赖春福等, 2012.

分布(Distribution): 东海, 南海.

## 1328. 髯虾虎鱼属 *Gobiopsis* Steindachner, 1861

### (4359)砂髯虾虎鱼 *Gobiopsis arenaria* (Snyder, 1908)

*Hetereleotris arenarius* Snyder, 1908, 35: 93-111.

文献(Reference): Snyder, 1908, 35: 93-111; Masuda, Amaoka, Araga *et al.*, 1984; 沈世杰, 1993; Randall and Lim (eds.), 2000

分布(Distribution): 南海.

### (4360)大口髯虾虎鱼 *Gobiopsis macrostoma* Steindachner, 1861

*Gobiopsis macrostomus* Steindachner, 1861: 283-292.

*Gobius macrostoma* (Steindachner, 1861).

*Gobiopsis planifrons* (Day, 1873).

*Barbatogobius asanai* Koumans, 1941.

文献(Reference): Randall and Lim (eds.), 2000; 伍汉霖, 邵广昭, 赖春福等, 2012.

分布(Distribution): 南海.

### (4361)五带髯虾虎鱼 *Gobiopsis quinquecincta* (Smith, 1931)

*Pipidonia quinquecincta* Smith, 1931: 1-48.

文献(Reference): Masuda, Amaoka, Araga *et al.*, 1984; Randall and Lim (eds.), 2000; 伍汉霖, 邵广昭, 赖春福等, 2012.

分布(Distribution): 南海.

## 1329. 鳍虾虎鱼属 *Gobiopterus* Bleeker, 1874

*Gobiopterus* Bleeker, 1874: 311.

### （4362）大鳞鳍虾虎鱼 *Gobiopterus macrolepis* Cheng, 1965

*Gobiopterus macrolepis* Cheng (郑慈英), 1965: 173-177; 成庆泰和郑葆珊, 1987: 452; 罗云林 (见郑慈英等), 1989: 356; Pan, Zhong, Zheng *et al.*, 1991: 496; 朱松泉, 1995: 184; 刘明玉, 解玉浩和季达明, 2000: 386; 伍汉霖和钟俊生, 2008: 439; 伍汉霖, 邵广昭, 赖春福等, 2012: 308.

**分布（Distribution）**：东海，南海，包括珠江三角洲地区.

## 1330. 裸身虾虎鱼属 *Gymnogobius* Gill, 1863

*Gymnogobius* Gill, 1863b: 269.

### （4363）栗色裸身虾虎鱼 *Gymnogobius castaneus* (O'Shaughnessy, 1875)

*Gobius castaneus* O'Shaughnessy, 1875: 144-148.
*Chaenogobius castaneus* (O'Shaughnessy, 1875).
*Chloea nakamurae* Jordan *et* Richardson, 1907.
*Chloea senbae* Tanaka, 1916.

**文献（Reference）**：Nishikawa, Amaoka and Nakanishi, 1974; Masuda, Amaoka, Araga *et al.*, 1984; Okiyama, 1993; Kim, 1997; Inoue, Suda and Sano, 2005; 伍汉霖, 邵广昭, 赖春福等, 2012.

**分布（Distribution）**：黄海，东海.

### （4364）七棘裸身虾虎鱼 *Gymnogobius heptacanthus* (Hilgendorf, 1879)

*Gobius heptacanthus* Hilgendorf, 1879: 105-111.
*Chaenogobius heptacanthus* (Hilgendorf, 1879).
*Chloea nigripinnis* Wang *et* Wang, 1935.
*Gymnogobius nigripinnis* (Wang *et* Wang, 1935).

**文献（Reference）**：Masuda, Amaoka, Araga *et al.*, 1984; Okiyama, 1993; Kanou, Sano and Kohno, 2004; Kim, Choi, Lee *et al.*, 2005; 伍汉霖, 邵广昭, 赖春福等, 2012.

**分布（Distribution）**：渤海，黄海.

### （4365）大颌裸身虾虎鱼 *Gymnogobius macrognathos* (Bleeker, 1860)

*Gobius macrognathos* Bleeker, 1860: 1-104.
*Chaenogobius macrognathos* (Bleeker, 1860).
*Chaenogobius raninus* (Taranetz, 1934).
*Gymnogobius raninus* Taranetz, 1934.

**文献（Reference）**：Masuda, Amaoka, Araga *et al.*, 1984; Kim, 1997; Kanou, Sano and Kohno, 2004; Islam, Hibino and Tanaka, 2006; 伍汉霖, 邵广昭, 赖春福等, 2012.

**分布（Distribution）**：渤海，黄海.

### （4366）网纹裸身虾虎鱼 *Gymnogobius mororanus* (Jordan *et* Snyder, 1901)

*Chloea mororana* Jordan *et* Snyder, 1901: 33-132.
*Chaenogobius mororanus* (Jordan *et* Snyder, 1901).
*Chaenogobius bungei* (Schmidt, 1931).

**文献（Reference）**：Jordan and Snyder, 1901: 33-132; Masuda, Amaoka, Araga *et al.*, 1984; Huang, 2001; Kim, Choi, Lee *et al.*, 2005; 伍汉霖, 邵广昭, 赖春福等, 2012.

**分布（Distribution）**：渤海，黄海.

### （4367）塔氏裸身虾虎鱼 *Gymnogobius taranetzi* (Pinchuk, 1978)

*Chaenogobius taranetzi* Pinchuk, 1978: 3-18.
*Gymnogobius taranetzi*: Zhao, Wu *et* Zhong (赵盛龙, 伍汉霖和钟俊生), 2007: 454; 伍汉霖和钟俊生, 2008: 451; 伍汉霖, 邵广昭, 赖春福等, 2012: 309.

**别名或俗名（Used or common name）**：黄带长颌虾虎鱼，黄带克丽虾虎鱼.

**分布（Distribution）**：黑龙江水系，图们江珲春河水系，辽河，滦河水系，东海. 国外分布于日本，朝鲜半岛，俄罗斯滨海边疆区海域.

### （4368）横带裸身虾虎鱼 *Gymnogobius transversefasciatus* (Wu *et* Zhou, 1990)

*Chaenogobius transversefasciatus* Wu *et* Zhou (伍汉霖和周志明), 1990: 144; 刘明玉, 解玉浩和季达明, 2000: 373.
*Chloea laevis* Wang *et* Wang, 1935: 144-148.
*Gymnogobius transversefasciatus*: Zhao, Wu *et* Zhong (赵盛龙, 伍汉霖和钟俊生), 2007: 454; 伍汉霖和钟俊生, 2008: 452; 伍汉霖, 邵广昭, 赖春福等, 2012: 309.

**别名或俗名（Used or common name）**：横带裸头虾虎鱼.

**分布（Distribution）**：浙江南部瓯江及鳌江水系的河溪中，东海. 国外分布于朝鲜半岛，日本.

### （4369）条尾裸身虾虎鱼 *Gymnogobius urotaenia* (Hilgendorf, 1879)

*Gobius urotaenia* Hilgendorf, 1879: 105-111.
*Chaenogobius urotaenia* (Hilgendorf, 1879).
*Chloea laevis* (Steindachner, 1879).
*Gobius laevis* Steindachner, 1879.
*Gymnogobius laevis* (Steindachner, 1879).
*Chaenogobius annularis*: 郑葆珊等, 1980: 80; 周才武, 1997: 374.
*Chaenogobius urotaenia*: 成庆泰和郑葆珊, 1987: 437; 刘明玉, 解玉浩和季达明, 2000: 374.
*Gymnogobius urotaenia*: Zhao, Wu *et* Zhong (赵盛龙, 伍汉霖和钟俊生), 2007: 454; 伍汉霖和钟俊生, 2008: 454; 伍汉

霖, 邵广昭, 赖春福等, 2012: 309.
**别名或俗名（Used or common name）**：尾纹长颌虾虎鱼, 条尾裸头虾虎鱼, 尾纹裸头虾虎鱼.
**分布（Distribution）**：图们江, 鸭绿江, 东海. 国外分布于朝鲜半岛, 日本和俄罗斯滨海边疆区.

### （4370）舟山裸身虾虎鱼 *Gymnogobius zhoushanensis* Zhao, Wu *et* Zhong, 2007

*Gymnogobius zhoushanensis* Zhao, Wu *et* Zhong (赵盛龙, 伍汉霖和钟俊生), 2007: 452-455; 伍汉霖, 邵广昭, 赖春福等, 2012: 309.
**分布（Distribution）**：浙江舟山市, 东海.

## 1331. 粗棘虾虎鱼属 *Hazeus* Jordan *et* Snyder, 1901

### （4371）大泷氏粗棘虾虎鱼 *Hazeus otakii* Jordan *et* Snyder, 1901

*Hazeus otakii* Jordan *et* Snyder, 1901: 33-132.
**文献（Reference）**：Jordan and Snyder, 1901: 33-132; Jordan and Snyder, 1901; Masuda, Amaoka, Araga *et al.*, 1984; 沈世杰, 1993; Shao, 1997; Kuo and Shao, 1999; Randall and Lim (eds.), 2000; 伍汉霖, 邵广昭, 赖春福等, 2012.
**分布（Distribution）**：南海.

## 1332. 半虾虎鱼属 *Hemigobius* Bleeker, 1874

### （4372）斜纹半虾虎鱼 *Hemigobius hoevenii* (Bleeker, 1851)

*Gobius hoevenii* Bleeker, 1851e: 415-442.
*Microgobius hoevenii* (Bleeker, 1851).
*Pseudogobius hoevenii* (Bleeker, 1851).
*Vaimosa crassa* Herre, 1945.
*Mugilogobius obliquifasciatus* Wu *et* Ni (伍汉霖和倪勇, 见倪勇和伍汉霖), 1985.
**文献（Reference）**：Hwang, Chen and Yueh, 1988; 沈世杰, 1993; Ni and Kwok, 1999; Randall and Lim (eds.), 2000; Huang, 2001; 伍汉霖, 邵广昭, 赖春福等, 2012.
**分布（Distribution）**：东海, 南海.

## 1333. 异塘鳢属 *Heterelcotris* Bleeker, 1874

### （4373）杂色异塘鳢 *Heterelcotris poecila* (Fowler, 1946)

*Riukiuia poecila* Fowler, 1946: 123-218.
**文献（Reference）**：Masuda, Amaoka, Araga *et al.*, 1984; 沈世杰, 1993; Shao, 1997; Randall and Lim (eds.), 2000; 伍汉霖, 邵广昭, 赖春福等, 2012.
**分布（Distribution）**：南海.

## 1334. 衔虾虎鱼属 *Istigobius* Whitley, 1932

### （4374）康培氏衔虾虎鱼 *Istigobius campbelli* (Jordan *et* Snyder, 1901)

*Ctenogobius campbelli* Jordan *et* Snyder, 1901: 33-132.
*Acentrogobius campbelli* (Jordan *et* Snyder, 1901).
*Rhinogobius hongkongensis* Seale, 1914.
**文献（Reference）**：Jordan and Snyder, 1901; Seale, 1914; Shao, Chen, Kao *et al.*, 1993; 沈世杰, 1993; Ni and Kwok, 1999; Kuo and Shao, 1999; Randall and Lim (eds.), 2000; Huang, 2001; 伍汉霖, 邵广昭, 赖春福等, 2012.
**分布（Distribution）**：东海, 南海.

### （4375）华丽衔虾虎鱼 *Istigobius decoratus* (Herre, 1927)

*Rhinogobius decoratus* Herre, 1927: 1-352.
*Acentrogobius decoratus* (Herre, 1927).
*Ctenogobius decoratus* (Herre, 1927).
**文献（Reference）**：Herre, 1934; Shao and Chen, 1992; Francis, 1993; Shao, Chen, Kao *et al.*, 1993; 沈世杰, 1993; Randall and Lim (eds.), 2000; 伍汉霖, 邵广昭, 赖春福等, 2012.
**分布（Distribution）**：东海, 南海.

### （4376）戈氏衔虾虎鱼 *Istigobius goldmanni* (Bleeker, 1852)

*Gobius goldmanni* Bleeker, 1852: 159-174.
*Acentrogobius goldmanni* (Bleeker, 1852).
**文献（Reference）**：沈世杰, 1993; Randall and Lim (eds.), 2000; Werner and Allen, 2000; 伍汉霖, 邵广昭, 赖春福等, 2012.
**分布（Distribution）**：东海, 南海.

### （4377）和歌衔虾虎鱼 *Istigobius hoshinonis* (Tanaka, 1917)

*Rhinogobius hoshinonis* Tanaka, 1917c: 225-226.
*Acentrogobius hoshinonis* (Tanaka, 1917).
*Gobius ornatus hoshinonis* (Tanaka, 1917).
**文献（Reference）**：Tomiyama, 1936; Shiobara and Suzuki, 1983; Shao, Chen, Kao *et al.*, 1993; 沈世杰, 1993; Randall and Lim (eds.), 2000; Huang, 2001; 伍汉霖, 邵广昭, 赖春福等, 2012.
**分布（Distribution）**：东海, 南海.

### （4378）黑点衔虾虎鱼 *Istigobius nigroocellatus* (Günther, 1873)

*Gobius nigroocellatus* Günther, 1873: 97-103.
*Innoculus nigroocellatus* (Günther, 1873).
**文献（Reference）**：Herre and Umali, 1948; Masuda, Amaoka, Araga *et al.*, 1984; Randall and Lim (eds.), 2000; 伍汉霖, 邵广昭, 赖春福等, 2012.

分布（**Distribution**）：南海.

### （4379）饰妆衔虾虎鱼 *Istigobius ornatus* (Rüppell, 1830)

*Gobius ornatus* Rüppell, 1830: 95-141.
*Acentrogobius ornatus* (Rüppell, 1830).
*Gobius elegans* Valenciennes (*in* Cuvier *et* Valenciennes), 1837.
*Gobius ventralis* Valenciennes (*in* Cuvier *et* Valenciennes), 1837.
*Sicyopterus maritimus* Fourmanoir, 1955.

文献（**Reference**）：Evermann and Seale, 1907; The Philippine Bureau of Science, Monographic Publications on Fishes, 1910; Herre, 1934; Murdy, 1985; McKay, 1993; 沈世杰, 1993; Chen, Shao and Lin, 1995; Ni and Kwok, 1999; Randall and Lim (eds.), 2000; Huang, 2001; 伍汉霖, 邵广昭, 赖春福等, 2012.

分布（**Distribution**）：东海，南海.

### （4380）线斑衔虾虎鱼 *Istigobius rigilius* (Herre, 1953)

*Pallidogobius rigilius* Herre, 1953a: 181-188.
*Bikinigobius welanderi* Herre, 1953a.
*Istigobius rigillius* (Herre, 1953a).

文献（**Reference**）：沈世杰, 1993; Chen, Shao and Lin, 1995; Chen, Jan and Shao, 1997; Randall and Lim (eds.), 2000; Werner and Allen, 2000; 伍汉霖, 邵广昭, 赖春福等, 2012.

分布（**Distribution**）：东海，南海.

## 1335. 黏虾虎鱼属 *Kelloggella* Jordan *et* Seale, 1905

### （4381）萨摩亚黏虾虎鱼 *Kelloggella cardinalis* Jordan *et* Seale, 1906

*Kellogella cardinalis* Jordan *et* Seale, 1906b: 173-455.
*Itbaya nuda* Herre, 1927.

文献（**Reference**）：Herre, 1953a; Masuda, Amaoka, Araga *et al.*, 1984; Randall and Lim (eds.), 2000; 陈正平, 邵广昭, 詹荣桂等, 2010; 伍汉霖, 邵广昭, 赖春福等, 2012.

分布（**Distribution**）：南海.

## 1336. 库曼虾虎鱼属 *Koumansetta* Whitley, 1940

### （4382）海氏库曼虾虎鱼 *Koumansetta hectori* (Smith, 1957)

*Seychellea hectori* Smith, 1957a: 721-729.
*Amblygobius hectori* (Smith, 1957).

文献（**Reference**）：Masuda, Amaoka, Araga *et al.*, 1984; 沈世杰, 1993; Shao, 1997; Randall and Lim (eds.), 2000; 陈正平, 邵广昭, 詹荣桂等, 2010; 伍汉霖, 邵广昭, 赖春福等, 2012.

别名或俗名（**Used or common name**）：海氏钝鲨.

分布（**Distribution**）：南海.

### （4383）雷氏库曼虾虎鱼 *Koumansetta rainfordi* (Whitley, 1940)

*Koumansetta rainfordi* Whitley, 1940: 397-428.
*Amblygobius rainfordi* (Whitley, 1940).

文献（**Reference**）：Herre and Umali, 1948; 沈世杰, 1993; Chen, Jan and Shao, 1997; Randall and Lim (eds.), 2000; 陈正平, 邵广昭, 詹荣桂等, 2010; 伍汉霖, 邵广昭, 赖春福等, 2012.

别名或俗名（**Used or common name**）：雷氏钝鲨.

分布（**Distribution**）：南海.

## 1337. 韧虾虎鱼属 *Lentipes* Günther, 1861

### （4384）韧虾虎鱼 *Lentipes armatus* Sakai *et* Nakamura, 1979

*Lentipes armatus* Sakai *et* Nakamura, 1979: 43-54.

文献（**Reference**）：Masuda, Amaoka, Araga *et al.*, 1984; Chen, Suzuki, Cheng *et al.*, 2007; 伍汉霖, 邵广昭, 赖春福等, 2012.

别名或俗名（**Used or common name**）：甘仔鱼，狗甘仔，裂唇鲨，蓝腹裂唇鲨，棘鳞裂唇鲨.

分布（**Distribution**）：东海，南海.

## 1338. 蝌蚪虾虎鱼属 *Lophiogobius* Günther, 1873

### （4385）眼尾蝌蚪虾虎鱼 *Lophiogobius ocellicauda* Günther, 1873

*Lophiogobius ocellicauda* Günther, 1873: 239-250.

文献（**Reference**）：Kim, Choi, Lee *et al.*, 2005; 伍汉霖, 邵广昭, 赖春福等, 2012.

分布（**Distribution**）：黄海，东海.

## 1339. 白头虾虎鱼属 *Lotilia* Klausewitz, 1960

### （4386）白头虾虎鱼 *Lotilia graciliosa* Klausewitz, 1960

*Lotilia graciliosa* Klausewitz, 1960: 149-162.

文献（**Reference**）：Klausewitz, 1960: 149-162; Masuda, Amaoka, Araga *et al.*, 1984; Shao, Chen and Jzeng (邵广昭, 陈正平和郑明修), 1987; 沈世杰, 1993; Chen, Jan and Shao, 1997; Randall and Lim (eds.), 2000; Shibukawa, Suzuki and Senou, 2012; 伍汉霖, 邵广昭, 赖春福等, 2012.

分布（Distribution）：南海.

## 1340. 裸叶虾虎鱼属 *Lubricogobius* Tanaka, 1915

**（4387）短身裸叶虾虎鱼 *Lubricogobius exiguus* Tanaka, 1915**

*Lubricogobius exigus* Tanaka, 1915: 565-568.
*Gobiodon gnathus* Tomiyama, 1934.
*Gobiodonella macrops* Lindberg, 1934.
文献（Reference）：Masuda, Amaoka, Araga *et al.*, 1984; Okiyama, 1993; 沈世杰, 1993; Chen, Shao and Lin, 1995; 伍汉霖, 邵广昭, 赖春福等, 2012.
分布（Distribution）：东海，南海.

## 1341. 竿虾虎鱼属 *Luciogobius* Gill, 1859

**（4388）斑点竿虾虎鱼 *Luciogobius guttatus* Gill, 1859**

*Luciogobius guttatus* Gill, 1859: 144-150.
*Luciogobius martellii* Caporiacco, 1948.
文献(Reference)：Gill, 1859: 144-150; 道津喜卫, 1950; Arai and Kobayasi, 1973; Shao and Lim, 1991; 沈世杰, 1993; Kim, 1997; Ni and Kwok, 1999; Okiyama, 2001; Huang, 2001; Chen, Suzuki and Senou, 2008; 伍汉霖, 邵广昭, 赖春福等, 2012.
分布（Distribution）：渤海，黄海，东海，南海.

**（4389）扁头竿虾虎鱼 *Luciogobius platycephalus* Shiogaki *et* Dotsu, 1976**

*Luciogobius platycephalus* Shiogaki *et* Dotsu, 1976: 125-129.
文献(Reference)：Masuda, Amaoka, Araga *et al.*, 1984; Chen, Suzuki and Senou, 2008; 伍汉霖, 邵广昭, 赖春福等, 2012.
分布（Distribution）：南海.

**（4390）西海竿虾虎鱼 *Luciogobius saikaiensis* Dôtu, 1957**

*Luciogobius saikaiensis* Dôtu, 1957: 69-76.
文献（Reference）：Dôtu, 1957: 69-76; 道津喜卫和水户敏, 1957; Dôtu, Yosie, Mito *et al.*, 1958; 沈世杰, 1993; Shao, 1997; Kuo and Shao, 1999; Randall and Lim (eds.), 2000; Huang, 2001; Chen, Suzuki and Senou, 2008; 伍汉霖, 邵广昭, 赖春福等, 2012.
分布（Distribution）：东海，南海.

## 1342. 狼牙双盘虾虎鱼属 *Luposicya* Smith, 1959

**（4391）狼牙双盘虾虎鱼 *Luposicya lupus* Smith, 1959**

*Luposicya lupus* Smith, 1959a: 185-225.
文献（Reference）：Smith, 1959a: 185-225; Masuda, Amaoka, Araga *et al.*, 1984; 沈世杰, 1993; 伍汉霖, 邵广昭, 赖春福等, 2012.
分布（Distribution）：东海，南海.

## 1343. 壮牙虾虎鱼属 *Macrodontogobius* Herre, 1936

**（4392）威氏壮牙虾虎鱼 *Macrodontogobius wilburi* Herre, 1936**

*Macrodontogobius wilburi* Herre, 1936: 275-287.
*Acentrogobius hendersoni* (Herre, 1936).
*Gnatholepis hendersoni* Herre, 1936.
*Gnatholepis hololepis* Schultz, 1943.
文献（Reference）：Masuda, Amaoka, Araga *et al.*, 1984; Francis, 1993; Randall and Lim (eds.), 2000; Werner and Allen, 2000; 陈正平, 邵广昭, 詹荣桂等, 2010; 伍汉霖, 邵广昭, 赖春福等, 2012.
分布（Distribution）：南海.

## 1344. 巨颌虾虎鱼属 *Mahidolia* Smith, 1932

**（4393）大口巨颔虾虎鱼 *Mahidolia mystacina* (Valenciennes, 1837)**

*Gobius mystacina* Valenciennes, 1837: 1-507.
*Mahidoria mystacina* [Valenciennes (*in* Cuvier *et* Valenciennes), 1837].
*Waitea mystacina* [Valenciennes (*in* Cuvier *et* Valenciennes), 1837].
*Mahidiolia normani* Smith *et* Koumans, 1932.
文献（Reference）：Shao, Chen, Kao *et al.*, 1993; 沈世杰, 1993; Shao, 1997; Chen, Chen and Shao, 1997; Randall and Lim (eds.), 2000; 伍汉霖, 邵广昭, 赖春福等, 2012.
分布（Distribution）：南海.

## 1345. 芒虾虎鱼属 *Mangarinus* Herre, 1943

**（4394）华氏芒虾虎鱼 *Mangarinus waterousi* Herre, 1943**

*Mangarinus waterousi* Herre, 1943: 91-95.
文献（Reference）：Herre, 1953a; Masuda, Amaoka, Araga *et al.*, 1984; Randall and Lim (eds.), 2000; 伍汉霖, 邵广昭, 赖春福等, 2012.
分布（Distribution）：南海.

## 1346. 鲻虾虎鱼属 *Mugilogobius* Smitt, 1900

*Mugilogobius* Smitt, 1900: 552.

**（4395）阿部氏鲻虾虎鱼 *Mugilogobius abei* (Jordan *et* Snyder, 1901)**

*Ctenogobius abei* Jordan *et* Snyder, 1901: 33-132.

*Gobius abei* (Jordan *et* Snyder, 1901).
*Mugiolgobius abei* (Jordan *et* Snyder, 1901).
*Tamanka bivittata* Herre, 1927.
**文献（Reference）**：Arai and Kobayasi, 1973; Kim and Lee, 1986; Shao and Lim, 1991; 沈世杰, 1993; Shao, 1997; Kim, 1997; Ni and Kwok, 1999; Kuo and Shao, 1999; Randall and Lim (eds.), 2000; Huang, 2001; 伍汉霖, 邵广昭, 赖春福等, 2012.
**分布（Distribution）**：黄海, 东海, 南海.

### （4396）清尾鲻虾虎鱼 *Mugilogobius cavifrons* (Weber, 1909)

*Gobius cavifrons* Weber, 1909: 143-169.
*Glossogobius parvus* Oshima, 1919.
*Tamanka philippina* Herre, 1945.
*Tamanka talavera* Herre, 1945.
**文献（Reference）**：Herre, 1953a; Masuda, Amaoka, Araga *et al.*, 1984; 沈世杰, 1993; Kuo and Shao, 1999; Randall and Lim (eds.), 2000; Ho and Shao, 2011; 伍汉霖, 邵广昭, 赖春福等, 2012.
**分布（Distribution）**：东海, 南海.

### （4397）诸氏鲻虾虎鱼 *Mugilogobius chulae* (Smith, 1932)

*Vaimosa chulae* Smith, 1932: 255-262.
**文献（Reference）**：Herre and Umali, 1948; Masuda, Amaoka, Araga *et al.*, 1984; Randall and Lim (eds.), 2000; 伍汉霖, 邵广昭, 赖春福等, 2012.
**分布（Distribution）**：东海, 南海.

### （4398）泉鲻虾虎鱼 *Mugilogobius fontinalis* (Jordan *et* Seale, 1906)

*Vaimosa fontinalis* Jordan *et* Seale, 1906b: 173-455.
**文献（Reference）**：Jordan and Seale, 1906b: 173-455; 伍汉霖, 邵广昭, 赖春福等, 2012.
**分布（Distribution）**：?

### （4399）粘皮鲻虾虎鱼 *Mugilogobius myxodermus* (Herre, 1935)

*Ctenogobius myxodermus* Herre, 1935b, 14 (3): 395-397; 朱元鼎和伍汉霖, 1965: 130; 湖南省水产科学研究所, 1977: 222; 成庆泰和郑葆珊, 1987: 445.
*Gobius myxodermus* (Herre, 1935).
*Rhinogobius myxodermus*: Herre, 1935; 湖北省水生生物研究所鱼类研究室, 1976: 209.
*Mugilogobius myxodermus*: 郑葆珊, 1981: 219; 王幼槐和倪勇, 1984: 156; 伍汉霖 (见朱元鼎), 1985: 340; 郑米良和伍汉霖, 1985: 327; 罗云林 (见郑慈英等), 1989: 343; 倪勇, 1990: 313; Pan, Zhong, Zheng *et al.*, 1991: 457; 丁瑞华, 1994: 519; 朱松泉, 1995: 179; 刘明玉, 解玉浩和季达明, 2000: 378; 陈义雄, 吴瑞贤和方力行, 2002: 124; 伍汉霖和倪勇 (见倪勇和伍汉霖), 2006: 673; 陈旻和张春光 (见周解和张春光), 2006: 472; 伍汉霖和钟俊生, 2008: 499; 伍汉霖, 邵广昭, 赖春福等, 2012: 311.
**别名或俗名（Used or common name）**：鲻虾虎鱼, 甘仔鱼, 狗甘仔, 黏皮虾虎, 黏皮栉虾虎.
**分布（Distribution）**：长江, 瓯江, 九龙江和珠江等水系.
**保护等级（Protection class）**：《台湾淡水鱼类红皮书》(近危).

## 1347. 犁突虾虎鱼属 *Myersina* Herre, 1934

### （4400）长丝犁突虾虎鱼 *Myersina filifer* (Valenciennes, 1837)

*Gobius filifer* Valenciennes (*in* Cuvier *et* Valenciennes), 1837: 1-507.
*Cryptocentrus filifer* [Valenciennes (*in* Cuvier *et* Valenciennes), 1837].
**文献（Reference）**：Shao, Chen, Kao *et al.*, 1993; 沈世杰, 1993; Leung, 1994; Shao, 1997; Ni and Kwok, 1999; Kuo and Shao, 1999; Randall and Lim (eds.), 2000; Huang, 2001; 伍汉霖, 邵广昭, 赖春福等, 2012.
**分布（Distribution）**：黄海, 东海, 南海.

### （4401）大口犁突虾虎鱼 *Myersina macrostoma* Herre, 1934

*Myersina macrostoma* Herre, 1934b: 1-106.
**文献（Reference）**：Herre, 1934b: 1-106; Herre, 1953a; Akihito and Meguro, 1978; Masuda, Amaoka, Araga *et al.*, 1984; 沈世杰, 1993; Randall and Lim (eds.), 2000; 伍汉霖, 邵广昭, 赖春福等, 2012.
**分布（Distribution）**：东海, 南海.

### （4402）巴布亚犁突虾虎鱼 *Myersina papuanus* (Peters, 1877)

*Gobius papuanus* Peters, 1877: 831-854.
*Cryptocentrus papuanus* (Peters, 1877).
*Myersina papuensis* (Peters, 1877).
**文献（Reference）**：Randall and Lim (eds.), 2000; 伍汉霖, 邵广昭, 赖春福等, 2012.
**分布（Distribution）**：南海.

### （4403）杨氏犁突虾虎鱼 *Myersina yangii* (Chen, 1960)

*Cryptocentrus yangii* Chen, 1960b: 1-16.
**文献（Reference）**：沈世杰, 1993; 伍汉霖, 邵广昭, 赖春福等, 2012.

分布（Distribution）：东海，南海.

## 1348. 狼牙虾虎鱼属 *Odontamblyopus* Bleeker, 1874

### （4404）拉氏狼牙虾虎鱼 *Odontamblyopus lacepedii* (Temminck *et* Schlegel, 1845)

*Amblyopus lacepedii* Temminck *et* Schlegel, 1845: 113-172.
*Amblyopus sieboldi* Steindachner, 1867.
*Sericagobioides lighti* Herre, 1927.
*Nudagobioides nankaii* Shaw, 1929.
*Taenioides limboonkengi* Wu, 1931.
**文献（Reference）**：Herre, 1927; Masuda, Amaoka, Araga *et al.*, 1984; 沈世杰, 1993; Ni and Kwok, 1999; 伍汉霖，邵广昭，赖春福等, 2012.
**分布（Distribution）**：渤海，黄海，东海，南海.

## 1349. 寡鳞虾虎鱼属 *Oligolepis* Bleeker, 1874

### （4405）尖鳍寡鳞虾虎鱼 *Oligolepis acutipennis* (Valenciennes, 1837)

*Gobius acutipennis* Valenciennes (*in* Cuvier *et* Valenciennes), 1837: 1-507.
*Gobius setosus* Valenciennes (*in* Cuvier *et* Valenciennes), 1837.
*Oligolepis acutipinnis* [Valenciennes (*in* Cuvier *et* Valenciennes), 1837].
*Gobius melanostigma* Bleeker, 1849.
**文献（Reference）**：Shao and Lim, 1991; Shao, Chen, Kao *et al.*, 1993; 沈世杰, 1993; Kuo and Shao, 1999; Randall and Lim (eds.), 2000; Huang, 2001; 伍汉霖，邵广昭，赖春福等, 2012.
**分布（Distribution）**：东海，南海.

### （4406）大口寡鳞虾虎鱼 *Oligolepis stomias* (Smith, 1941)

*Waitea stomias* Smith, 1941: 409-415.
*Oligolepis stomia* Smith, 1941.
**文献（Reference）**：Kuo and Shao, 1999; Randall and Lim (eds.), 2000; 伍汉霖，邵广昭，赖春福等, 2012.
**分布（Distribution）**：东海，南海.

## 1350. 刺盖虾虎鱼属 *Oplopomus* Valenciennes, 1837

### （4407）拟犬牙刺盖虾虎鱼 *Oplopomus caninoides* (Bleeker, 1852)

*Gobius caninoides* Bleeker, 1852: 229-309.
**文献（Reference）**：Herre, 1953a; Randall and Lim (eds.), 2000; Huang, 2001; Chinese Academy of Fishery Science (CAFS), 2007; 伍汉霖，邵广昭，赖春福等, 2012.
**分布（Distribution）**：南海.

### （4408）刺盖虾虎鱼 *Oplopomus oplopomus* (Valenciennes, 1837)

*Gobius oplopomus* Valenciennes (*in* Cuvier *et* Valenciennes), 1837: 1-507.
**文献（Reference）**：Herre, 1953a; Masuda, Amaoka, Araga *et al.*, 1984; 沈世杰, 1993; Shao, 1997; Randall and Lim (eds.), 2000; 伍汉霖，邵广昭，赖春福等, 2012.
**分布（Distribution）**：东海，南海.

## 1351. 背眼虾虎鱼属 *Oxuderces* Eydoux *et* Souleyet, 1850

### （4409）犬齿背眼虾虎鱼 *Oxuderces dentatus* Eydoux *et* Souleyet, 1850

*Oxuderces dentatus* Eydoux *et* Souleyet, 1850: 1-334.
*Apocryptichthys sericus* Herre, 1927.
*Cryptocentrus sericus* (Herre, 1927).
*Apocryptichthys livingstoni* Fowler, 1935.
**文献（Reference）**：Randall and Lim (eds.), 2000; Huang, 2001; 伍汉霖，邵广昭，赖春福等, 2012.
**分布（Distribution）**：东海，南海.

## 1352. 沟虾虎鱼属 *Oxyurichthys* Bleeker, 1857

### （4410）长背沟虾虎鱼 *Oxyurichthys amabalis* Seale, 1914

*Oxyurichthus amabalis* Seale, 1914: 59-81.
**文献（Reference）**：伍汉霖，邵广昭，赖春福等, 2012.
**分布（Distribution）**：南海.

### （4411）角质沟虾虎鱼 *Oxyurichthys cornutus* McCulloch *et* Waite, 1918

*Oxyurichthys cornutus* McCulloch *et* Waite, 1918: 79-82.
**文献（Reference）**：McCulloch and Waite, 1918: 79-82, pl. 8; Koumans, 1940; Shao, Ho, Lin *et al.*, 2008; Motomura, Kuriiwa, Katayama *et al.*, 2010; 伍汉霖，邵广昭，赖春福等, 2012.
**分布（Distribution）**：东海，南海.

### （4412）台湾沟虾虎鱼 *Oxyurichthys formosanus* Nichols, 1958

*Oxyurichthys formosanus* Nichols, 1958: 1-7.
*Oxyurichthys nijsseni* Menon *et* Govindan, 1977.
**文献（Reference）**：Nichols, 1958: 1-7; 沈世杰, 1993; Chinese Academy of Fishery Science (CAFS), 2007.

分布（Distribution）：东海，南海.

**（4413）矛状沟虾虎鱼 *Oxyurichthys lonchotus* (Jenkins, 1903)**

*Gobionellus lonchotus* Jenkins, 1903: 417-511.

**文献（Reference）**：伍汉霖，邵广昭，赖春福等, 2012.

**分布（Distribution）**：东海.

**（4414）大鳞沟虾虎鱼 *Oxyurichthys macrolepis* Chu *et* Wu, 1963**

*Oxyurichthys macrolepis* Chu *et* Wu (朱元鼎和伍汉霖，见朱无鼎，张春霖和成庆泰), 1963: 1-642.

**文献（Reference）**：Chu and Wu, 1963: i-xxviii + 1-642; 伍汉霖，邵广昭，赖春福等, 2012.

**分布（Distribution）**：黄海，东海.

**（4415）小鳞沟虾虎鱼 *Oxyurichthys microlepis* (Bleeker, 1849)**

*Gobius microlepis* Bleeker, 1849b: 1-10.

*Oxyurichthyes microlepis* (Bleeker, 1849).

*Euctenogobius cristatus* Day, 1873.

*Gobius nuchalis* Barnard, 1927.

**文献（Reference）**：Ni and Kwok, 1999; Randall and Lim (eds.), 2000; Huang, 2001; 伍汉霖，邵广昭，赖春福等, 2012.

**分布（Distribution）**：东海，南海.

**（4416）眼瓣沟虾虎鱼 *Oxyurichthys ophthalmonema* (Bleeker, 1856)**

*Gobius ophthalmonema* Bleeker, 1856f: 191-210.

*Oxyurichthys ophthalmonemus* (Bleeker, 1856).

**文献（Reference）**：Bleeker, 1856; Shao and Lim, 1991; Shao, Chen, Kao *et al.*, 1993; 沈世杰, 1993; Ni and Kwok, 1999; Kuo and Shao, 1999; Kuo, Lin and Shao, 1999; Randall and Lim (eds.), 2000; Huang, 2001; Debelius, 2002; 伍汉霖，邵广昭，赖春福等, 2012.

**别名或俗名（Used or common name）**：眼丝鸽鲨.

**分布（Distribution）**：东海，南海.

**（4417）巴布亚沟虾虎鱼 *Oxyurichthys papuensis* (Valenciennes, 1837)**

*Gobius papuensis* Valenciennes (*in* Cuvier *et* Valenciennes), 1837: 1-507.

*Gobius belosso* Bleeker, 1854.

*Apocryptes petersii* Klunzinger, 1871.

*Oxyurichthys petersii* (Klunzinger, 1871).

**文献（Reference）**：Ben-Tuvia, 1983; 沈世杰, 1993; Ni and Kwok, 1999; Kuo and Shao, 1999; Randall and Lim (eds.), 2000; Huang, 2001; 伍汉霖，邵广昭，赖春福等, 2012.

**别名或俗名（Used or common name）**：眼角鸽鲨.

**分布（Distribution）**：东海，南海.

**（4418）触角沟虾虎鱼 *Oxyurichthys tentacularis* (Valenciennes, 1837)**

*Gobius tentacularis* Valenciennes (*in* Cuvier *et* Valenciennes), 1837: 1-507.

**文献（Reference）**：Ni and Kwok, 1999; Randall and Lim (eds.), 2000; Huang, 2001; Chinese Academy of Fishery Science (CAFS), 2007; 伍汉霖，邵广昭，赖春福等, 2012.

**分布（Distribution）**：东海，南海.

**（4419）南方沟虾虎鱼 *Oxyurichthys visayanus* Herre, 1927**

*Oxyurichthys visayanus* Herre, 1927: 1-352.

**文献（Reference）**：Herre and Umali, 1948; Herre, 1953a; Masuda, Amaoka, Araga *et al.*, 1984; 沈世杰, 1993; Randall and Lim (eds.), 2000

**别名或俗名（Used or common name）**：南方鸽鲨.

**分布（Distribution）**：南海.

## 1353. 矮虾虎鱼属 *Pandaka* Herre, 1927

**（4420）双斑矮虾虎鱼 *Pandaka bipunctata* Chen, Wu, Zhong *et* Shao, 2008**

*Pandaka bipunctata* Chen, Wu, Zhong *et* Shao, 2008: 528-529.

**文献（Reference）**：Chen, Wu, Zhong *et al.*, 2008: 528-529; Kottelat, 2013; 伍汉霖，邵广昭，赖春福等, 2012.

**分布（Distribution）**：南海.

**（4421）莱氏矮虾虎鱼 *Pandaka lidwilli* (McCulloch, 1917)**

*Gobius lidwilli* McCulloch, 1917: 163-188.

**文献（Reference）**：Masuda, Amaoka, Araga *et al.*, 1984; Okiyama, 1993; Randall and Lim (eds.), 2000; Nakabo, 2002.

**分布（Distribution）**：南海.

## 1354. 拟矛尾虾虎鱼属 *Parachaeturichthys* Bleeker, 1874

**（4422）多须拟矛尾虾虎鱼 *Parachaeturichthys polynema* (Bleeker, 1853)**

*Chaeturichthys polynema* Bleeker, 1853: 1-56.

*Gobius polynema* (Bleeker, 1853).

*Prachaeturichthys palynema* (Bleeker, 1853).

**文献（Reference）**：Shao, Chen, Kao *et al.*, 1993; 沈世杰, 1993; Shao, 1997; Ni and Kwok, 1999; Kuo and Shao, 1999; Randall and Lim (eds.), 2000; Lin, Hwang, Shao *et al.*, 2000; Huang, 2001; Hsieh and Chiu, 2002; Islam, Hibino and Tanaka, 2006; 伍汉霖，邵广昭，赖春福等, 2012.

**分布（Distribution）**：渤海，黄海，东海，南海.

## 1355. 副叶虾虎鱼属 *Paragobiodon* Bleeker, 1873

**（4423）棘头副叶虾虎鱼 *Paragobiodon echinocephalus* (Rüppell, 1830)**

*Gobius echinocephalus* Rüppell, 1830: 95-141.

*Gobius amiciensis* Valenciennes (*in* Cuvier *et* Valenciennes), 1837.

**文献（Reference）**：Herre, 1953a; Masuda, Amaoka, Araga *et al.*, 1984; Randall and Lim (eds.), 2000; Werner and Allen, 2000; Huang, 2001; 伍汉霖, 邵广昭, 赖春福等, 2012.

**分布（Distribution）**：南海.

**（4424）黑鳍副叶虾虎鱼 *Paragobiodon lacunicolus* (Kendall *et* Goldsborough, 1911)**

*Ruppellia lacunicola* Kendall *et* Goldsborough, 1911: 239-344.

*Paragobiodon lacunicola* (Kendall *et* Goldsborough, 1911).

**文献（Reference）**：Masuda, Amaoka, Araga *et al.*, 1984; Francis, 1993; Okiyama, 1993; 沈世杰, 1993; Shao, 1997; Randall and Lim (eds.), 2000; 伍汉霖, 邵广昭, 赖春福等, 2012.

**分布（Distribution）**：东海, 南海.

**（4425）黑副叶虾虎鱼 *Paragobiodon melanosomus* (Bleeker, 1853)**

*Gobius melanosoma* Bleeker, 1853, 3 (5): 689-714.

*Paragobiodon melaosomus* (Bleeker, 1853).

**文献（Reference）**：Herre, 1953a; Masuda, Amaoka, Araga *et al.*, 1984; Randall and Lim (eds.), 2000; Huang, 2001; 伍汉霖, 邵广昭, 赖春福等, 2012.

**分布（Distribution）**：南海.

**（4426）疣副叶虾虎鱼 *Paragobiodon modestus* (Regan, 1908)**

*Gobiopterus modestus* Regan, 1908g: 217-255.

**文献（Reference）**：Masuda, Amaoka, Araga *et al.*, 1984; Francis, 1993; Shao and Chen, 1993; 沈世杰, 1993; Chen, Shao and Lin, 1995; Randall and Lim (eds.), 2000; 伍汉霖, 邵广昭, 赖春福等, 2012.

**分布（Distribution）**：东海, 南海.

**（4427）黄身副叶虾虎鱼 *Paragobiodon xanthosoma* (Bleeker, 1853)**

*Gobius xanthosoma* Bleeker, 1853, 3 (5): 689-714.

*Paragobiodon xanthosomus* (Bleeker, 1853).

**文献（Reference）**：Herre, 1953a; Murdy, Ferraris, Hoese *et al.*, 1981; Masuda, Amaoka, Araga *et al.*, 1984; Francis, 1993; Shao and Chen, 1993; Randall and Lim (eds.), 2000; Huang, 2001; 伍汉霖, 邵广昭, 赖春福等, 2012.

**分布（Distribution）**：东海, 南海.

## 1356. 副平牙虾虎鱼属 *Parapocryptes* Bleeker, 1874

**（4428）蜥形副平牙虾虎鱼 *Parapocryptes serperaster* (Richardson, 1846)**

*Apocryptes serperaster* Richardson, 1846: 187-320.

*Apocryptes henlei* Bleeker, 1849.

*Apocryptes macrolepis* Bleeker, 1851.

*Parapocryptes cantonensis* Herre, 1932.

**文献（Reference）**：Herre, 1953a; Randall and Lim (eds.), 2000; Huang, 2001; 伍汉霖, 邵广昭, 赖春福等, 2012.

**分布（Distribution）**：东海, 南海.

## 1357. 副孔虾虎鱼属 *Paratrypauchen* Murdy, 2008

**（4429）小头副孔虾虎鱼 *Paratrypauchen microcephalus* (Bleeker, 1860)**

*Trypauchen microcephalus* Bleeker, 1860: 1-64.

*Ctenotrypauchen microcephalus* (Bleeker, 1860).

*Taeniodes microcephalus* (Bleeker, 1860).

*Ctenotrypauchen barnardi* Hora, 1926.

**文献（Reference）**：道津喜卫, 1951; Dotu and Yosie, 1958; Shao and Lim, 1991; Shao, Chen, Kao *et al.*, 1993; Yamada, Shirai, Irie *et al.*, 1995; Ni and Kwok, 1999; Kuo and Shao, 1999; Randall and Lim (eds.), 2000; Huang, 2001; 伍汉霖, 邵广昭, 赖春福等, 2012.

**别名或俗名（Used or common name）**：栉赤鲨.

**分布（Distribution）**：黄海, 东海, 南海.

## 1358. 弹涂鱼属 *Periophthalmus* Bloch *et* Schneider, 1801

**（4430）银线弹涂鱼 *Periophthalmus argentilineatus* Valenciennes, 1837**

*Periopthalmus argentilineatus* Valenciennes (*in* Cuvier *et* Valenciennes), 1837: 1-507.

*Periophthalmus dipus* Bleeker, 1854.

*Euchoristopus kalolo regius* Whitley, 1931.

*Periophthalmus sobrinus* Eggert, 1935.

*Periophthalmus vulgaris* Eggert, 1935.

**文献（Reference）**：Masuda, Amaoka, Araga *et al.*, 1984; Randall and Lim (eds.), 2000; 伍汉霖, 邵广昭, 赖春福等, 2012.

**分布（Distribution）**：东海, 南海.

**（4431）大鳍弹涂鱼 *Periophthalmus magnuspinnatus* Lee, Choi *et* Ryu, 1995**

*Periophthalmus magnuspinnatus* Lee, Choi *et* Ryu, 1995:

120-127.
文献（Reference）：Kim, 1997; Kim, Choi, Lee *et al.*, 2005; 伍汉霖, 邵广昭, 赖春福等, 2012.
分布（Distribution）：黄海，东海，南海.

**（4432）弹涂鱼 *Periophthalmus modestus* Cantor, 1842**
*Periophthalmus modestus* Cantor, 1842: 481-493.
文献（Reference）：Arai and Kobayasi, 1973; Nishikawa, Amaoka and Nakanishi, 1974; Hwang, Yueh and Yu, 1982; Shao and Lim, 1991; Kim, 1997; Sadovy, 1998; Ni and Kwok, 1999; Kuo and Shao, 1999; Kuo, Lin and Shao, 1999; Randall and Lim (eds.), 2000; 伍汉霖, 邵广昭, 赖春福等, 2012.
分布（Distribution）：渤海，黄海，东海，南海.

## 1359. 腹瓢虾虎鱼属 *Pleurosicya* Weber, 1913

**（4433）双叶腹瓢虾虎鱼 *Pleurosicya bilobata* (Koumans, 1941)**
*Cottogobius bilobatus* Koumans, 1941: 205-329.
*Pleurosicya bilobatus* (Koumans, 1941).
文献（Reference）：Masuda, Amaoka, Araga *et al.*, 1984; Chen, Shao and Lin, 1995; Shao, 1997; Randall and Lim (eds.), 2000; Nakamura, Horinouchi, Nakai *et al.*, 2003; 伍汉霖, 邵广昭, 赖春福等, 2012.
分布（Distribution）：南海.

**（4434）鲍氏腹瓢虾虎鱼 *Pleurosicya boldinghi* Weber, 1913**
*Pleurosicya boldinghi* Weber, 1913: 1-710.
文献（Reference）：陈正平, 邵广昭, 詹荣桂等, 2010; 伍汉霖, 邵广昭, 赖春福等, 2012.
分布（Distribution）：东海.

**（4435）厚唇腹瓢虾虎鱼 *Pleurosicya coerulea* Larson, 1990**
*Pleurosicya coerulea* Larson, 1990: 1-53.
文献（Reference）：Larson, 1990: 1-53; 陈正平, 邵广昭, 詹荣桂等, 2010; 伍汉霖, 邵广昭, 赖春福等, 2012.
分布（Distribution）：东海.

**（4436）米氏腹瓢虾虎鱼 *Pleurosicya micheli* Fourmanoir, 1971**
*Pleurosycia micheli* Fourmanoir, 1971: 491-500.
文献（Reference）：沈世杰, 1993; Shao, 1997; Randall and Lim (eds.), 2000.
分布（Distribution）：南海.

**（4437）莫桑比克腹瓢虾虎鱼 *Pleurosicya mossambica* Smith, 1959**
*Pleurosicya mossambica* Smith, 1959a: 185-225.
文献（Reference）：Smith, 1959a: 185-225; Francis, 1993; Shao and Chen, 1993; 沈世杰, 1993; Shao, 1997; Randall and Lim (eds.), 2000; 伍汉霖, 邵广昭, 赖春福等, 2012.
分布（Distribution）：东海，南海.

## 1360. 多椎虾虎鱼属 *Polyspondylogobius* Kimura *et* Wu, 1994

**（4438）中华多椎虾虎鱼 *Polyspondylogobius sinensis* Kimura *et* Wu, 1994**
*Polyspondylogobius sinensis* Kimura *et* Wu, 1994: 421-425.
文献（Reference）：Kimura and Wu, 1994: 421-425; Randall and Lim (eds.), 2000; 伍汉霖, 邵广昭, 赖春福等, 2012.
分布（Distribution）：南海.

## 1361. 锯鳞虾虎鱼属 *Priolepis* Valenciennes, 1837

**（4439）广裸锯鳞虾虎鱼 *Priolepis boreus* (Snyder, 1909)**
*Zonogobius boreus* Snyder, 1909: 597-610.
文献（Reference）：Masuda, Amaoka, Araga *et al.*, 1984; Okiyama, 1993; 沈世杰, 1993; Randall and Lim (eds.), 2000; 伍汉霖, 邵广昭, 赖春福等, 2012.
分布（Distribution）：南海.

**（4440）横带锯鳞虾虎鱼 *Priolepis cincta* (Regan, 1908)**
*Gobiomorphus cinctus* Regan, 1908g: 217-255.
*Priolepis cinctus* (Regan, 1908).
*Zonogobius naraharae* (Snyder, 1908).
*Cingulogobius boulengeri* (Seale, 1910).
文献（Reference）：Regan, 1908g: 217-255; Herre, 1953a; Masuda, Amaoka, Araga *et al.*, 1984; 沈世杰, 1993; Chen, Shao and Lin, 1995; Randall and Lim (eds.), 2000; 伍汉霖, 邵广昭, 赖春福等, 2012.
分布（Distribution）：南海.

**（4441）拟横带锯鳞虾虎鱼 *Priolepis fallacincta* Winterbottom *et* Burridge, 1992**
*Priolepis fallacincta* Winterbottom *et* Burridge, 1992: 1934-1946.
文献（Reference）：Herre and Umali, 1948; Randall and Lim (eds.), 2000; 伍汉霖, 邵广昭, 赖春福等, 2012.
分布（Distribution）：南海.

**（4442）裸颊锯鳞虾虎鱼 *Priolepis inhaca* (Smith, 1949)**
*Gobius inhaca* Smith, 1949: 97-111.
*Priolepis inhace* (Smith, 1949).
*Quisquilius inhaca* (Smith, 1949).

**文献（Reference）**：Masuda, Amaoka, Araga *et al.*, 1984; 沈世杰, 1993; Chen, Shao and Lin, 1995; Shao, 1997; Randall and Lim (eds.), 2000; 伍汉霖, 邵广昭, 赖春福等, 2012.
**分布（Distribution）**：东海，南海.

### （4443）卡氏锯鳞虾虎鱼 *Priolepis kappa* Winterbottom *et* Burridge, 1993

*Priolepis kappa* Winterbottom *et* Burridge, 1993: 494-514.
**文献（Reference）**：Winterbottom and Burridge, 1993: 494-514; Randall and Lim (eds.), 2000; 伍汉霖, 邵广昭, 赖春福等, 2012.
**分布（Distribution）**：南海.

### （4444）侧带锯鳞虾虎鱼 *Priolepis latifascima* Winterbottom *et* Burridge, 1993

*Priolepis latifascima* Winterbottom *et* Burridge, 1993: 494-514.
**文献（Reference）**：Winterbottom and Burridge, 1993: 494-514; 沈世杰, 1993; Randall and Lim (eds.), 2000; 伍汉霖, 邵广昭, 赖春福等, 2012.
**分布（Distribution）**：东海，南海.

### （4445）半纹锯鳞虾虎鱼 *Priolepis semidoliata* (Valenciennes, 1837)

*Gobius semidoliatus* Valenciennes (*in* Cuvier *et* Valenciennes), 1837: 1-507.
*Priolepis semidoliatus* [Valenciennes (*in* Cuvier *et* Valenciennes), 1837].
*Zonogobius semidokiatus* [Valenciennes (*in* Cuvier *et* Valenciennes), 1837].
**文献（Reference）**：Valenciennes (*in* Cuvier and Valenciennes), 1837: i-xxiv + 1-507 + 1p.; Masuda, Amaoka, Araga *et al.*, 1984; Francis, 1993; 沈世杰, 1993; Ni and Kwok, 1999; Randall and Lim (eds.), 2000; Huang, 2001.
**分布（Distribution）**：南海.

## 1362. 砂虾虎鱼属 *Psammogobius* Smith, 1935

### （4446）双眼斑砂虾虎鱼 *Psammogobius biocellatus* (Valenciennes, 1837)

*Gobius biocellatus* Valenciennes (*in* Cuvier *et* Valenciennes), 1837: 1-507.
*Glossogobius biocellatus* [Valenciennes (*in* Cuvier *et* Valenciennes), 1837].
*Gobius sumatranus* Bleeker, 1854.
**文献（Reference）**：Shao and Lim, 1991; Shao, Chen, Kao *et al.*, 1993; 沈世杰, 1993; Ni and Kwok, 1999; Kuo and Shao, 1999; Randall and Lim (eds.), 2000; Huang, 2001; 伍汉霖, 邵广昭, 赖春福等, 2012.
**别名或俗名（Used or common name）**：双斑叉舌虾虎鱼.
**分布（Distribution）**：东海，南海.

## 1363. 拟平牙虾虎鱼属 *Pseudapocryptes* Bleeker, 1874

### （4447）长身拟平牙虾虎鱼 *Pseudapocryptes elongatus* (Cuvier, 1816)

*Gobius elongatus* Cuvier, 1816: 1-532.
*Pseudopocryptes elongatus* (Cuvier, 1816).
*Apocryptes changua* (Hamilton, 1822).
*Apocryptes dentatus* Valenciennes (*in* Cuvier *et* Valenciennes), 1837.
**文献（Reference）**：沈世杰, 1993; Randall and Lim (eds.), 2000; Huang, 2001; 伍汉霖, 邵广昭, 赖春福等, 2012.
**别名或俗名（Used or common name）**：尖尾鲨.
**分布（Distribution）**：东海，南海.

## 1364. 拟髯虾虎鱼属 *Pseudogobiopsis* Koumans, 1935

*Pseudogobiopsis* Koumans, 1935: 131.

### （4448）伍氏拟髯虾虎鱼 *Pseudogobiopsis wuhanlini* Zhong *et* Chen, 1997

*Pseudogobiopsis wuhanlini* Zhong *et* Chen (钟俊生和陈义雄), 1997: 77-84; 伍汉霖和钟俊生, 2008: 556; 伍汉霖, 邵广昭, 赖春福等, 2012: 314.
**分布（Distribution）**：闽江水系的闽侯县 (福建)，珠江水系的新会区 (广东) 等河川.

## 1365. 拟虾虎鱼属 *Pseudogobius* Popta, 1922

### （4449）爪哇拟虾虎鱼 *Pseudogobius javanicus* (Bleeker, 1856)

*Gobius javanicus* Bleeker, 1856d: 81-92.
*Stigmatogobius javanicus* (Bleeker, 1856).
*Mugilogobius piapensis* (Herre, 1927).
*Vaimosa piapensis* Herre, 1927.
**文献（Reference）**：Herre, 1927; Akihito and Meguro, 1975; Chen and Shao, 1993; 沈世杰, 1993; Randall and Lim (eds.), 2000; Huang, 2001; 伍汉霖, 邵广昭, 赖春福等, 2012.
**分布（Distribution）**：黄海，东海，南海.

### （4450）小口拟虾虎鱼 *Pseudogobius masago* (Tomiyama, 1936)

*Gobius ornatus masago* Tomiyama, 1936: 37-112.
**文献（Reference）**：Masuda, Amaoka, Araga *et al.*, 1984; Okiyama, 1993; Chen, Shao and Fang, 1996; Kim, 1997; 陈正平, 邵广昭, 詹荣桂等, 2010; 伍汉霖, 邵广昭, 赖春福

等, 2012.
分布（Distribution）：东海，南海.

## 1366. 高鳍虾虎鱼属 *Pterogobius* Gill, 1863

### （4451）蛇首高鳍虾虎鱼 *Pterogobius elapoides* (Günther, 1872)

*Gobius elapoides* Günther, 1872: 652-675.
文献（Reference）：Arai and Kobayasi, 1973; Arai and Sawada, 1975; Masuda, Amaoka, Araga *et al.*, 1984; Ni and Kwok, 1999; Horinouchi and Sano, 2000; An and Huh, 2002; 伍汉霖, 邵广昭, 赖春福等, 2012.
分布（Distribution）：渤海，黄海，东海，南海.

### （4452）五带高鳍虾虎鱼 *Pterogobius zacalles* Jordan *et* Snyder, 1901

*Pterogobius zacalles* Jordan *et* Snyder, 1901: 33-132.
文献（Reference）：Masuda, Amaoka, Araga *et al.*, 1984; Kim, Choi, Lee *et al.*, 2005; Chinese Academy of Fishery Science (CAFS), 2007; 伍汉霖, 邵广昭, 赖春福等, 2012.
分布（Distribution）：渤海，黄海.

## 1367. 雷虾虎鱼属 *Redigobius* Herre, 1927

### （4453）拜库雷虾虎鱼 *Redigobius bikolanus* (Herre, 1927)

*Vaimosa bikolana* Herre, 1927: 1-352.
*Pseudogobius bikolanus* (Herre, 1927).
*Parvigobius immeritus* Whitley, 1930.
*Vaimosa osgoodi* Herre, 1935.
*Vaimosa montalbani* Herre, 1936.
文献（Reference）：Herre, 1936; Herre, 1959; Akihito and Meguro, 1975; 沈世杰, 1993; Shao, 1997; Randall and Lim (eds.), 2000.
分布（Distribution）：南海.

## 1368. 吻虾虎鱼属 *Rhinogobius* Gill, 1859

*Rhinogobius* Gill, 1859: 145.
*Sinogobius* Liu, 1940: 215.
*Ctenogobius* Pan, Zhong, Zheng *et al.*, 1991: 480.
*Pseudorhinogobius* Zhong *et* Wu (钟俊生和伍汉霖), 1998: 149.

### （4454）无孔吻虾虎鱼 *Rhinogobius aporus* (Zhong *et* Wu, 1998)

*Pseudorhinogobius aporus* Zhong *et* Wu (钟俊生和伍汉霖), 1998: 148-153.
*Rhinogobius aporus*: 伍汉霖和钟俊生, 2008: 572; 伍汉霖, 邵广昭, 赖春福等, 2012: 314.
分布（Distribution）：浙江瓯江上游的仙都小溪中.

### （4455）褐吻虾虎鱼 *Rhinogobius brunneus* (Temminck *et* Schlegel, 1845)

*Gobius brunneus* Temminck *et* Schlegel, 1845: 113-172.
*Ctenogobius brunneus*: 成庆泰和郑葆珊, 1987: 445; 罗云林 (见郑慈英等), 1989: 347; Pan, Zhong, Zheng *et al.*, 1991: 483; 邓其祥 (见丁瑞华), 1994: 525; 朱松泉, 1995: 182; 成庆泰和周才武, 1997: 380.
*Rhinogobius brunneus*: 周伟 (见褚新洛和陈银瑞等), 1990: 255; Chen *et* Miller, 1998: 219; Chen, Yang *et* Chen (陈义雄, 杨君兴和陈银瑞), 1999: 45; 刘明玉, 解玉浩和季达明, 2000: 382; 伍汉霖, 邵广昭, 赖春福等, 2012: 314.
别名或俗名（Used or common name）：褐栉虾虎鱼.
分布（Distribution）：黑龙江至珠江，元江等水系，台湾和海南岛. 国外分布于日本，韩国，菲律宾，越南，俄罗斯和美国.

### （4456）明潭吻虾虎鱼 *Rhinogobius candidianus* (Regan, 1908)

*Ctenogobius candidianus* Regan, 1908b: 149-153.
*Rhinogobius brunneus*: 曾晴贤, 1986: 138; 邵广昭和林沛立, 1991: 182; 沈世杰, 1993: 541; Yu, 1996: 78.
*Rhinogobius candidianus*: Chen *et* Shao (陈义雄和邵广昭), 1996: 206; Yu, 1996: 78; 陈义雄和方力行, 1999: 232; 陈义雄和方力行, 2001: 152; 伍汉霖和钟俊生, 2008: 574; Ho *et* Shao, 2011: 56; 伍汉霖, 邵广昭, 赖春福等, 2012: 314.
别名或俗名（Used or common name）：明潭吻鲨.
分布（Distribution）：台湾东北部，北部及中部的溪流上游水域.

### （4457）昌江吻虾虎鱼 *Rhinogobius changjiangensis* Chen, Miller, Wu *et* Fang, 2002

*Rhinogobius changjiangensis* Chen, Miller, Wu *et* Fang (陈义雄, Miller, 伍汉霖和方力行), 2002: 259-273; 伍汉霖和钟俊生, 2008: 576; Li *et* Zhong (李帆和钟俊生), 2009: 332; 伍汉霖, 邵广昭, 赖春福等, 2012: 314.
分布（Distribution）：海南西部昌化江水系.

### （4458）长汀吻虾虎鱼 *Rhinogobius changtinensis* Huang *et* Chen, 2007

*Rhinogobius changtinensis* Huang *et* Chen, 2007: 101-110; Chen, Cheng *et* Shao, 2008: 342; Chen *et* Miller, 2008: 231; Li *et* Zhong (李帆和钟俊生), 2009: 332; 伍汉霖, 邵广昭, 赖春福等, 2012: 314.
分布（Distribution）：福建韩江水系.

### （4459）波氏吻虾虎鱼 *Rhinogobius cliffordpopei* (Nichols, 1925)

*Gobius cliffordpopei* Nichols, 1925: 1-7; Chu, 1931: 160.
*Ctenogobius cliffordpopei*: 朱元鼎和伍汉霖, 1965: 130; 湖

南省水产科学研究所, 1977: 223; 李思忠, 1981a: 234; 郑米良和伍汉霖, 1985: 328; 成庆泰和郑葆珊, 1987: 446; 秦克静 (见刘蝉馨, 秦克静等), 1987: 331; 王香亭 (见陕西省动物研究所等), 1987: 210; 杨干荣, 1987: 194; 罗云林 (见郑慈英等), 1989: 353; 陈景星等 (见郑慈英等), 1989: 127; 谢家骅 (见伍律), 1989: 270; 倪勇, 1990: 310; 张觉民, 1990: 322; 毛节荣和徐寿山, 1991: 207; 李明德, 1992: 141; 邓其祥 (见丁瑞华), 1994: 528; 杨君兴和陈银瑞, 1995: 115; 张觉民, 1995: 228; 成庆泰和周才武, 1997: 382.

*Rhinogobius cliffordpopei*: 湖北省水生生物研究所鱼类研究室, 1976: 208; 李仲辉 (见新乡师范学院生物系鱼类志编写组), 1984: 177; 罗云林 (见郑慈英等), 1989: 353; Chen *et* Kottelat, 2000: 81; 刘明玉, 解玉浩和季达明, 2000: 382; 15; 倪勇和伍汉霖, 2006: 678; 伍汉霖和钟俊生, 2008: 578; 伍汉霖, 邵广昭, 赖春福等, 2012: 314.

**别名或俗名（Used or common name）**：波氏栉虾虎鱼, 克氏虾虎, 洞庭栉虾虎鱼, 裸背栉虾虎鱼, 泼氏吻虾虎鱼.

**分布（Distribution）**：黑龙江, 辽河, 黄河, 长江, 钱塘江, 珠江等水系.

### （4460）戴氏吻虾虎鱼 *Rhinogobius davidi* (Sauvage *et* Dabry, 1874)

*Gobius davidi* Sauvage *et* Dabry, 1874: 1-18.

*Rhinogobius davidi*: Chu, 1931: 162; Chen *et* Miller, 1998: 214; Zhong *et* Tzeng (钟俊生和曾晴贤), 1998: 239; Chen, Wu *et* Shao, 1999: 177; 刘明玉, 解玉浩和季达明, 2000: 382; Chen *et* Fang, 2006: 252; Li *et* Zhong (李帆和钟俊生), 2007: 542; Chen, Cheng *et* Shao, 2008: 340; Yang, Wu *et* Chen (杨金权, 伍汉霖和陈义雄), 2008: 384; 伍汉霖和钟俊生, 2008: 580; 伍汉霖, 邵广昭, 赖春福等, 2012: 314.

*Ctenogobius davidi*: 朱元鼎和伍汉霖, 1965: 130; 李思忠, 1981a: 234; 郑米良和伍汉霖, 1985: 326; Kuang *et al.*, 1986: 293; 成庆泰和郑葆珊, 1987: 447; 毛节荣和徐寿山, 1991: 205; 朱松泉, 1995: 183.

**别名或俗名（Used or common name）**：达氏栉虾虎鱼, 戴氏栉虾虎鱼.

**分布（Distribution）**：浙江, 福建各水系.

### （4461）细斑吻虾虎鱼 *Rhinogobius delicatus* Chen *et* Shao, 1996

*Rhinogobius delicatus* Chen *et* Shao (陈义雄和邵广昭), 1996: 200-214; Chen, Millet *et* Fang, 1998: 255; 陈义雄和方力行, 1999: 233; 陈义雄和方力行, 2001: 153; 伍汉霖和钟俊生, 2008: 582; Ho *et* Shao, 2011: 57; 伍汉霖, 邵广昭, 赖春福等, 2012: 314.

**分布（Distribution）**：台湾花莲县, 台东县的溪流中.

**保护等级（Protection class）**：《台湾淡水鱼类红皮书》(濒危).

### （4462）溪吻虾虎鱼 *Rhinogobius duospilus* (Herre, 1935)

*Ctenogobius duospilus* Herre, 1935a, 6 (3-4): 285-293; Lin, 1949: 78; Pan, Zhong, Zheng *et al.*, 1991: 482; 朱松泉, 1995: 182.

*Ctenogobius wui*: Liu, 1940: 215; 李思忠, 1981a: 234; 郑葆珊, 1981: 217; 伍汉霖 (见朱元鼎), 1985: 357; 伍汉霖和倪勇 (见中国水产科学研究院珠江水产研究所等), 1986: 290; 农业部水产局等, 1988; 罗云林 (见郑慈英等), 1989: 351.

*Ctenogobius davidi*: 伍汉霖 (见朱元鼎), 1985: 357; 伍汉霖和倪勇 (见中国水产科学研究院珠江水产研究所等), 1986: 293.

*Rhinogobius duospilus*: 刘明玉, 解玉浩和季达明, 2000: 382; Chen *et* Kottelat, 2005: 1407; 陈旻和张春光 (见周解和张春光), 2006: 479; Huang *et* Chen, 2007: 102; Chen, Cheng *et* Shao, 2008: 342; 伍汉霖和钟俊生, 2008: 584; Li *et* Zhong (李帆和钟俊生), 2009: 330; 伍汉霖, 邵广昭, 赖春福等, 2012: 314.

**别名或俗名（Used or common name）**：伍氏栉虾虎鱼, 溪栉虾虎鱼.

**分布（Distribution）**：珠江, 闽江水系及海南各河溪.

### （4463）丝鳍吻虾虎鱼 *Rhinogobius filamentosus* (Wu, 1939)

*Ctenogobius filamentosus* Wu, 1939: 92-142; 罗云林 (见郑慈英等), 1989: 350.

*Rhinogobius filamentosus*: 陈旻和张春光 (见周解和张春光), 2006: 480; Chen, Cheng *et* Shao, 2008: 341; 伍汉霖和钟俊生, 2008: 586; 伍汉霖, 邵广昭, 赖春福等, 2012: 314.

**别名或俗名（Used or common name）**：丝鳍栉虾虎鱼.

**分布（Distribution）**：珠江流域西江及北江的支流.

### （4464）台湾吻虾虎鱼 *Rhinogobius formosanus* Oshima, 1919

*Rhinogobius formosanus* Oshima, 1919, 12 (2-4): 169-328; 伍汉霖和钟俊生, 2008: 587; Ho *et* Shao, 2011: 57.

*Rhinogobius nagoyae formosanus*: Chen *et* Shao (陈义雄和邵广昭), 1996: 212; Yu, 1996: 78.

**别名或俗名（Used or common name）**：宝岛吻鲨.

**分布（Distribution）**：台湾北部的溪流中.

**保护等级（Protection class）**：《台湾淡水鱼类红皮书》(近危).

### （4465）福岛吻虾虎鱼 *Rhinogobius fukushimai* Mori, 1934

*Rhinogobius fukushimai* Mori, 1934: 1-61; 伍汉霖和钟俊生, 2008: 589; 伍汉霖, 邵广昭, 赖春福等, 2012: 314.

*Ctenogobius aestivaregia*: 朱元鼎和伍汉霖, 1965: 130; 李

思忠, 1981a: 234; 成庆泰和郑葆珊, 1987: 447; 朱松泉, 1995: 183.

*Ctenogobius fukushimai*: 成庆泰和郑葆珊, 1987: 447; 朱松泉, 1995: 183.

*Ctenogobius cliffordpopei*: 秦克静 (见刘蝉馨, 秦克静等), 1987: 331.

**别名或俗名（Used or common name）**: 夏宫栉虾虎鱼, 福岛栉虾虎鱼, 波氏栉虾虎鱼.

**分布（Distribution）**: 辽宁 (大凌河水系), 河北 (滦河水系), 上海 (长江水系).

## （4466）颊纹吻虾虎鱼 *Rhinogobius genanematus* Zhong *et* Tzeng, 1998

*Rhinogobius genanematus* Zhong *et* Tzeng (钟俊生和曾晴贤), 1998: 237-241; Chen *et* Fang, 2006: 252; Li *et* Zhong (李帆和钟俊生), 2007: 542; Chen, Cheng *et* Shao, 2008: 341; 伍汉霖和钟俊生, 2008: 590; 伍汉霖, 邵广昭, 赖春福等, 2012: 314.

**分布（Distribution）**: 浙江.

## （4467）大吻虾虎鱼 *Rhinogobius gigas* Aonuma *et* Chen, 1996

*Rhinogobius gigas* Aonuma *et* Chen, 1996: 7-13; Chen *et* Shao (陈义雄和邵广昭), 1996: 209; 陈义雄和方力行, 1999: 227; 陈义雄和方力行, 2001: 154; 伍汉霖和钟俊生, 2008: 592; 伍汉霖, 邵广昭, 赖春福等, 2012: 314.

**分布（Distribution）**: 台湾宜兰县南部, 花莲县, 台东县各地区的溪流中.

## （4468）子陵吻虾虎鱼 *Rhinogobius giurinus* (Rutter, 1897)

*Gobius giurinus* Rutter, 1897: 86; 原田五十吉, 1943: 56-90.

*Gobius* (*Rhinogobius*) *hadropterus*: Wu, 1931: 40.

*Rhinogobius giurinus*: 朱元鼎, 1932: 51; 李思忠, 1965: 220; 湖北省水生生物研究所鱼类研究室, 1976: 207; 李仲辉 (见新乡师范学院生物系鱼类志编写组), 1984: 178; 陈兼善和于名振, 1986: 748; 曾晴贤, 1986: 137; 江苏省淡水水产研究所和南京大学生物系, 1987: 258; 潘炯华, 1987: 19; 沈世杰, 1993: 541; 汪静明, 1993: 136; Chen *et* Shao (陈义雄和邵广昭), 1996: 201; Yu, 1996: 78; 方力行, 陈义雄和韩侨权, 1996: 180; 陈义雄和方力行, 1999: 235; 陈义雄和方力行, 2001: 155; 陈义雄, 吴瑞贤和方力行, 2002: 130; Chen *et* Kottelat, 2005: 1407; 倪勇和伍汉霖, 2006: 679; 陈旻和张春光 (见周解和张春光), 2006: 478; 伍汉霖和钟俊生, 2008: 594; 伍汉霖, 邵广昭, 赖春福等, 2012: 314.

*Glossogobius giurinus*: Fu *et* Tchang, 1933: 28.

*Ctenogobius giurinus*: Wu, 1939: 137; 朱元鼎和伍汉霖, 1965: 130; 湖南省水产科学研究所, 1977: 225; 伍献文等, 1979: 139; 李思忠, 1981a: 234; 郑葆珊, 1981: 216; 农业部水产局等, 1982; Wang, 1984: 93; 伍汉霖 (见朱元鼎), 1985: 355; 郑米良和伍汉霖, 1985: 328; Kuang *et al.*, 1986: 288; 伍汉霖和倪勇 (见中国水产科学研究院珠江水产研究所等), 1986: 288; 成庆泰和郑葆珊, 1987: 445; 秦克静 (见刘蝉馨, 秦克静等), 1987: 327; 王香亭 (见陕西省动物研究所等), 1987: 208; 杨干荣, 1987: 194; 罗云林 (见郑慈英等), 1989: 348; 周伟 (见褚新洛和陈银瑞等), 1990: 253; 谢家骅 (见伍律), 1989: 271; 陈马康, 童合一, 俞泰济等, 1990: 206; 李明德, 张銮光, 刘修业等, 1990: 87; 倪勇, 1990: 308; Pan, Zhong, Zheng *et al.*, 1991: 480; 毛节荣和徐寿山, 1991: 204; 李明德, 1992: 142; 邓其祥 (见丁瑞华), 1994: 522; 王鸿媛, 1994: 162; 杨君兴和陈银瑞, 1995: 113; 朱松泉, 1995: 181; 成庆泰和周才武, 1997: 378; 刘明玉, 解玉浩和季达明, 2000: 383, 15.

*Glossogobius giuris*: 刘成汉, 1964: 117.

**别名或俗名（Used or common name）**: 栉虾虎鱼, 吻虾虎鱼, 普栉虾虎鱼, 极乐吻虾虎鱼, 子陵栉虾虎鱼.

**分布（Distribution）**: 除青藏高原和西北地区以外的各大江河水系, 海南及台湾均有分布. 国外分布于日本, 朝鲜半岛.

**保护等级（Protection class）**: 省级 (江西).

## （4469）恒春吻虾虎鱼 *Rhinogobius henchuenensis* Chen *et* Shao, 1996

*Rhinogobius henchuenensis* Chen *et* Shao (陈义雄和邵广昭), 1996: 200-214; Chen, Millet *et* Fang, 1998: 255; 陈义雄和方力行, 1999: 236; 伍汉霖和钟俊生, 2008: 599; Ho *et* Shao, 2011: 58; 伍汉霖, 邵广昭, 赖春福等, 2012: 314.

**分布（Distribution）**: 台湾南部的枫港溪及四重溪.

**保护等级（Protection class）**:《台湾淡水鱼类红皮书》(近危).

## （4470）红河吻虾虎鱼 *Rhinogobius honghensis* Chen, Yang *et* Chen, 1999

*Rhinogobius honghensis* Chen, Yang *et* Chen (陈义雄, 杨君兴和陈银瑞), 1999: 45-52; Chen *et* Kottelat, 2005: 1427; Chen, Cheng *et* Shao, 2008: 341; 伍汉霖和钟俊生, 2008: 600; 伍汉霖, 邵广昭, 赖春福等, 2012: 314.

**分布（Distribution）**: 云南的元江水系. 国外分布于越南北部.

## （4471）兰屿吻虾虎鱼 *Rhinogobius lanyuensis* Chen, Miller *et* Fang, 1998

*Rhinogobius lanyuensis* Chen, Miller *et* Fang (陈义雄, Miller 和方力行), 1998: 255-261; 陈义雄和方力行, 2001: 156; 伍汉霖和钟俊生, 2008: 602; Ho *et* Shao, 2011: 58; 伍汉霖, 邵广昭, 赖春福等, 2012: 314.

**分布（Distribution）**: 台湾兰屿岛.

**保护等级（Protection class）**：《台湾淡水鱼类红皮书》(近危).

## （4472）李氏吻虾虎鱼 *Rhinogobius leavelli* (Herre, 1935)

*Ctenogobius leavelli* Herre, 1935b, 14 (3): 395-397; 朱元鼎和伍汉霖, 1965: 130; 李思忠, 1981a: 234.

*Ctenogobius brunneus*: 郑葆珊, 1981: 218; 成庆泰和郑葆珊, 1987: 445; 农业部水产局等, 1988; 罗云林 (见郑慈英等), 1989: 349; 谢家骅 (见伍律), 1989: 272; 张觉民, 1990: 323; Pan, Zhong, Zheng *et al.*, 1991: 483; 毛节荣和徐寿山, 1991: 206; 潘炯华等, 1991: 483; 朱松泉, 1995: 182.

*Ctenogobius cervicosquamus*: 伍汉霖和倪勇 (见中国水产科学研究院珠江水产研究所等), 1986: 291; 张觉民, 1990: 323; 潘炯华等, 1991: 485; 朱松泉, 1995: 182.

*Rhinogobius cervicosquamus*: 刘明玉, 解玉浩和季达明, 2000: 382.

*Rhinogobius leavelli*: Chen, Miller, Wu *et al.*, 2002a: 269; Chen *et* Kottelat, 2005: 1427; 陈旻和张春光 (见周解和张春光), 2006: 482; Huang *et* Chen, 2007: 102; Chen *et* Miller, 2008: 231; 伍汉霖和钟俊生, 2008: 604; Li *et* Zhong (李帆和钟俊生), 2009: 330; 伍汉霖, 邵广昭, 赖春福等, 2012: 314.

**别名或俗名（Used or common name）**：褐栉虾虎鱼.

**分布（Distribution）**：钱塘江以南各水系及海南各河溪.

## （4473）雀斑吻虾虎鱼 *Rhinogobius lentiginis* (Wu *et* Zheng, 1985)

*Ctenogobius lentiginis* Wu *et* Zheng (伍汉霖和郑米良, 见郑米良和伍汉霖), 1985: 326-333; 陈马康, 童合一, 俞泰济等, 1990: 209; 毛节荣和徐寿山, 1991: 208; 朱松泉, 1995: 183.

*Rhinogobius lentiginis*: Chen *et* Miller, 1998: 217; Chen, Wu *et* Shao, 1999: 176; 刘明玉, 解玉浩和季达明, 2000: 383; Li *et* Zhong (李帆和钟俊生), 2007: 542; Chen, Cheng *et* Shao, 2008: 340; Yang, Wu *et* Chen (杨金权, 伍汉霖和陈义雄), 2008: 384; 伍汉霖和钟俊生, 2008: 606; 伍汉霖, 邵广昭, 赖春福等, 2012: 314.

**别名或俗名（Used or common name）**：雀斑栉虾虎鱼.

**分布（Distribution）**：浙江灵江, 飞云江及鳌江各水系.

## （4474）林氏吻虾虎鱼 *Rhinogobius lindbergi* Berg, 1933

*Rhinogobius similis lindbergi* Berg, 1933: 544-903; 尼科尔斯基, 1956: 383.

*Rhinogobius similis*: 任慕莲, 1981: 164.

*Rhinogobius lindbergi*: Chen, Cheng *et* Shao, 2008: 341; 伍汉霖和钟俊生, 2008: 608; 伍汉霖, 邵广昭, 赖春福等, 2012: 314.

**别名或俗名（Used or common name）**：真吻虾虎鱼.

**分布（Distribution）**：松花江, 绥芬河, 黑龙江等水系的支流和湖泊.

## （4475）陵水吻虾虎鱼 *Rhinogobius linshuiensis* Chen, Miller, Wu *et* Fang, 2002

*Rhinogobius linshuiensis* Chen, Miller, Wu *et* Fang (陈义雄, Miller, 伍汉霖和方力行), 2002: 259-273; Chen, Cheng *et* Shao, 2008: 341; 伍汉霖和钟俊生, 2008: 610; Li *et* Zhong (李帆和钟俊生), 2009: 332; 伍汉霖, 邵广昭, 赖春福等, 2012: 314.

**分布（Distribution）**：海南.

## （4476）刘氏吻虾虎鱼 *Rhinogobius liui* Chen *et* Wu, 2008

*Rhinogobius liui* Chen *et* Wu (陈义雄和伍汉霖), 2008: 612-614.

*Gobius* (*Sinogobius*) *szechuanensis* Liu (刘建康), 1940: 213.

*Ctenogobius szechuanensis*: 成庆泰和郑葆珊, 1987: 446; 张觉民, 1990: 323; 邓其祥 (见丁瑞华), 1994: 527; 朱松泉, 1995: 182.

*Rhinogobius szechuanensis*: 刘明玉, 解玉浩和季达明, 2000: 384.

*Rhinogobius liui*: Chen *et* Wu (陈义雄和伍汉霖), 2008: 612; 伍汉霖, 邵广昭, 赖春福等, 2012: 314.

**别名或俗名（Used or common name）**：四川吻虾虎鱼, 四川虾虎鱼, 四川栉虾虎鱼.

**分布（Distribution）**：四川, 湖北等长江中上游干支流.

## （4477）龙岩吻虾虎鱼 *Rhinogobius longyanensis* Chen, Cheng *et* Shao, 2008

*Rhinogobius longyanensis* Chen, Cheng *et* Shao, 2008: 335-343; Chen *et* Miller, 2008: 231; Li *et* Zhong (李帆和钟俊生), 2009: 332; 伍汉霖, 邵广昭, 赖春福等, 2012: 314.

**分布（Distribution）**：福建九龙江水系.

## （4478）龙吴吻虾虎鱼 *Rhinogobius lungwoensis* Huang *et* Chen, 2007

*Rhinogobius lungwoensis* Huang *et* Chen, 2007: 101-110; Chen, Cheng *et* Shao, 2008: 342; Li *et* Zhong (李帆和钟俊生), 2009: 332; 伍汉霖, 邵广昭, 赖春福等, 2012: 314.

**别名或俗名（Used or common name）**：龙窝吻虾虎.

**分布（Distribution）**：广东韩江水系.

## （4479）斑带吻虾虎鱼 *Rhinogobius maculafasciatus* Chen *et* Shao, 1996

*Rhinogobius maculafasciatus* Chen *et* Shao (陈义雄和邵广昭), 1996: 200-214; 方力行, 陈义雄和韩侨权, 1996: 182; 韩侨权和方力行, 1997: 119; Chen, Millet *et* Fang, 1998: 255; 陈义雄和方力行, 1999: 238; 伍汉霖和钟俊生, 2008: 614; Ho *et* Shao, 2011: 58; 伍汉霖, 邵广昭, 赖春福等, 2012: 314.

**分布（Distribution）**：台湾的曾文溪及高屏溪水系.

**（4480）点颊吻虾虎鱼 *Rhinogobius maculagenys* Wu, Deng, Wang *et* Liu, 2018**

*Rhinogobius maculagenys* Wu, Deng, Wang *et* Liu, 2018, 4476 (1): 118-129.

**分布（Distribution）**：湖南蓝山县，属湘江上游水系.

**（4481）条纹吻虾虎鱼 *Rhinogobius maxillivirgatus* Xia, Wu *et* Li, 2018**

*Rhinogobius maxillivirgatus* Xia, Wu *et* Li (*In*: Xia, Wu, Li *et al.*), 2018, 4407 (4): 553-562.

**分布（Distribution）**：安徽黄山市，属长江水系.

**（4482）密点吻虾虎鱼 *Rhinogobius multimaculatus* (Wu *et* Zheng, 1985)**

*Ctenogobius multimaculatus* Wu *et* Zheng (伍汉霖和郑米良，见郑米良和伍汉霖), 1985: 326-333; 毛节荣和徐寿山, 1991: 209; 朱松泉, 1995: 182.

*Rhinogobius multimaculatus*: Chen *et* Miller, 1998: 220; Chen, Wu *et* Shao, 1999: 177; 刘明玉，解玉浩和季达明, 2000: 383; Chen *et* Fang, 2006: 252; Li *et* Zhong (李帆和钟俊生), 2007: 542; Chen, Cheng *et* Shao, 2008: 340; Yang, Wu *et* Chen (杨金权，伍汉霖和陈义雄), 2008: 384; 伍汉霖和钟俊生, 2008: 616; 伍汉霖，邵广昭，赖春福等, 2012: 314.

**别名或俗名（Used or common name）**：密点栉虾虎鱼.

**分布（Distribution）**：浙江.

**（4483）名古屋吻虾虎鱼 *Rhinogobius nagoyae* Jordan *et* Seale, 1906**

*Rhinogobius nagoyae* Jordan *et* Seale, 1906a: 143-148; 伍汉霖和钟俊生, 2008: 617.

*Ctenogobius brunneus*: 秦克静 (见刘蝉馨，秦克静等), 1987: 329; 张觉民, 1995: 227.

*Rhinogobius nagoyae nagoyae*: 伍汉霖，邵广昭，赖春福等, 2012: 314.

**分布（Distribution）**：东北地区的图们江，辽河，鸭绿江，黑龙江等水系. 国外分布于朝鲜，日本.

**（4484）南渡江吻虾虎鱼 *Rhinogobius nandujiangensis* Chen, Miller, Wu *et* Fang, 2002**

*Rhinogobius nandujiangensis* Chen, Miller, Wu *et* Fang (陈义雄，Miller，伍汉霖和方力行), 2002: 259-273; 伍汉霖和钟俊生, 2008: 619; Li *et* Zhong (李帆和钟俊生), 2009: 332; 伍汉霖，邵广昭，赖春福等, 2012: 314.

**分布（Distribution）**：海南南渡江水系.

**（4485）南台吻虾虎鱼 *Rhinogobius nantaiensis* Aonuma *et* Chen, 1996**

*Rhinogobius nantaiensis* Aonuma *et* Chen, 1996: 7-13; Chen *et* Shao (陈义雄和邵广昭), 1996: 213; 韩侨权和方力行, 1997: 120; Chen, Millet *et* Fang, 1998: 255; 陈义雄和方力行, 1999: 240; 伍汉霖和钟俊生, 2008: 621; Ho *et* Shao, 2011: 58; 伍汉霖，邵广昭，赖春福等, 2012: 314.

**分布（Distribution）**：台湾的曾文溪，高屏溪等水系.

**保护等级（Protection class）**：《台湾淡水鱼类红皮书》(近危).

**（4486）小吻虾虎鱼 *Rhinogobius parvus* (Luo, 1989)**

*Ctenogobius parvus* Luo (罗云林，见郑慈英等), 1989: 1-438; 朱松泉, 1995: 183.

*Rhinogobius parvus*: 刘明玉，解玉浩和季达明, 2000: 383; 陈旻和张春光 (见周解和张春光), 2006: 485; Chen, Cheng *et* Shao, 2008: 341; 伍汉霖和钟俊生, 2008: 623; 伍汉霖，邵广昭，赖春福等, 2012: 314.

**别名或俗名（Used or common name）**：小栉虾虎鱼.

**分布（Distribution）**：广西.

**（4487）朋口吻虾虎鱼 *Rhinogobius ponkouensis* Huang *et* Chen, 2007**

*Rhinogobius ponkouensis* Huang *et* Chen, 2007: 101-110; Chen, Cheng *et* Shao, 2008: 342; Li *et* Zhong (李帆和钟俊生), 2009: 332; 伍汉霖，邵广昭，赖春福等, 2012: 314.

**分布（Distribution）**：福建韩江水系.

**（4488）网纹吻虾虎鱼 *Rhinogobius reticulatus* Li, Zhong *et* Wu, 2007**

*Rhinogobius reticulatus* Li, Zhong *et* Wu (李帆，钟俊生和伍汉霖), 2007: 981-985; Chen *et* Miller, 2008: 231; Li *et* Zhong (李帆和钟俊生), 2009: 332; 伍汉霖，邵广昭，赖春福等, 2012: 314.

**分布（Distribution）**：福建福州市北峰山溪流中.

**（4489）红条吻虾虎鱼 *Rhinogobius rubrolineatus* Chen *et* Miller, 2008**

*Rhinogobius rubrolineatus* Chen *et* Miller, 2008: 225-232; Li *et* Zhong (李帆和钟俊生), 2009: 332; 伍汉霖，邵广昭，赖春福等, 2012: 314.

**别名或俗名（Used or common name）**：红线吻虾虎鱼.

**分布（Distribution）**：福建闽江水系.

**（4490）短吻红斑吻虾虎鱼 *Rhinogobius rubromaculatus* Lee *et* Chang, 1996**

*Rhinogobius rubromaculatus* Lee *et* Chang (李信彻和张绒悌), 1996: 30-35; Chen *et* Shao (陈义雄和邵广昭), 1996: 206; 方力行，陈义雄和韩侨权, 1996: 181; Chen *et* Miller, 1998: 219; Chen, Millet *et* Fang, 1998: 255; Chen, Wu *et* Shao, 1999: 176; 陈义雄和方力行, 1999: 241; Chen *et* Fang, 2006: 252; Chen, Cheng *et* Shao, 2008: 340; 伍汉霖和钟俊生, 2008: 624; Ho *et* Shao, 2011: 58; 伍汉霖，邵广昭，赖春福等, 2012: 314.

**分布（Distribution）**：台湾北部，中部，南部的溪流中上游区域，亦见于中央山脉以西的浊水溪及以北的溪流水系中.

**（4491）剑形吻虾虎鱼 *Rhinogobius sagittus* Chen *et* Miller, 2008**

*Rhinogobius sagittus* Chen *et* Miller, 2008: 225-232; Li *et* Zhong (李帆和钟俊生), 2009: 332; 伍汉霖, 邵广昭, 赖春福等, 2012: 314.

**别名或俗名（Used or common name）**：箭吻虾虎.

**分布（Distribution）**：福建闽江水系.

**（4492）神农吻虾虎鱼 *Rhinogobius shennongensis* (Yang *et* Xie, 1983)**

*Ctenogobius shennongensis* Yang *et* Xie (杨干荣和谢从新), 1983: 71-74; 郑米良和伍汉霖, 1985: 328; 成庆泰和郑葆珊, 1987: 446; 王香亭 (见陕西省动物研究所等), 1987: 209; 杨干荣, 1989: 193; 张觉民, 1990: 322; 毛节荣和徐寿山, 1991: 206; 朱松泉, 1995: 182.

*Ctenogobius brunneus*: 邓其祥 (见丁瑞华), 1994: 525.

*Rhinogobius shennongensis*: 刘明玉, 解玉浩和季达明, 2000: 384; 伍汉霖和钟俊生, 2008: 626; 伍汉霖, 邵广昭, 赖春福等, 2012: 314.

**别名或俗名（Used or common name）**：神农栉虾虎鱼, 神农架吻虾虎.

**分布（Distribution）**：中部及东南部河溪中.

**（4493）四川吻虾虎鱼 *Rhinogobius szechuanensis* (Tchang, 1939)**

*Glossogobius szechuanensis* Tchang, 1939a: 67-70.

*Gobius chengtuensis*: Chang, 1944: 59; 刘成汉, 1964: 117; 叶妙荣和傅天佑, 1987: 39.

*Ctenogobius chengtuensis*: 成庆泰和郑葆珊, 1987: 447; 张觉民, 1990: 323; 邓其祥 (见丁瑞华), 1994: 529; 朱松泉, 1995: 183.

*Rhinogobius chengtuensis*: 刘明玉, 解玉浩和季达明, 2000: 382.

*Rhinogobius szechuanensis*: 伍汉霖和钟俊生, 2008: 628; 伍汉霖, 邵广昭, 赖春福等, 2012: 314.

**别名或俗名（Used or common name）**：成都虾虎鱼, 成都栉虾虎鱼, 成都吻虾虎鱼.

**分布（Distribution）**：四川岷江水系.

**保护等级（Protection class）**：省 (直辖市) 级 (重庆).

**（4494）万泉河吻虾虎鱼 *Rhinogobius wangchuangensis* Chen, Miller, Wu *et* Fang, 2002**

*Rhinogobius wangchuangensis* Chen, Miller, Wu *et* Fang (陈义雄, Miller, 伍汉霖和方力行), 2002: 259-273; Chen, Cheng *et* Shao, 2008: 341; 伍汉霖和钟俊生, 2008: 630; Li *et* Zhong (李帆和钟俊生), 2009: 332; 伍汉霖, 邵广昭, 赖春福等, 2012: 315.

**分布（Distribution）**：海南万泉河水系.

**（4495）汪氏吻虾虎鱼 *Rhinogobius wangi* Chen *et* Fang, 2006**

*Rhinogobius wangi* Chen *et* Fang, 2006: 247-253; Huang *et* Chen, 2007: 102; Chen, Cheng *et* Shao, 2008: 341; Li *et* Zhong (李帆和钟俊生), 2009: 332; 伍汉霖, 邵广昭, 赖春福等, 2012: 315.

**别名或俗名（Used or common name）**：韩江吻虾虎.

**分布（Distribution）**：广东韩江水系.

**（4496）乌岩岭吻虾虎鱼 *Rhinogobius wuyanlingensis* Yang, Wu *et* Chen, 2008**

*Rhinogobius wuyanlingensis* Yang, Wu *et* Chen (杨金权, 伍汉霖和陈义雄), 2008: 379-385; 伍汉霖, 邵广昭, 赖春福等, 2012: 315.

**分布（Distribution）**：浙江飞云江水系.

**（4497）武义吻虾虎鱼 *Rhinogobius wuyiensis* Li *et* Zhong, 2007**

*Rhinogobius wuyiensis* Li *et* Zhong (李帆和钟俊生), 2007: 539-544; 伍汉霖, 邵广昭, 赖春福等, 2012: 315.

**分布（Distribution）**：浙江武义河.

**（4498）仙水吻虾虎鱼 *Rhinogobius xianshuiensis* Chen, Wu *et* Shao, 1999**

*Rhinogobius xianshuiensis* Chen, Wu *et* Shao (陈义雄, 伍汉霖和邵广昭), 1999: 171-178; Chen *et* Fang, 2006: 252; Chen, Cheng *et* Shao, 2008: 341; Chen *et* Miller, 2008: 231; 伍汉霖和钟俊生, 2008: 631; Li *et* Zhong (李帆和钟俊生), 2009: 332; 伍汉霖, 邵广昭, 赖春福等, 2012: 315.

**分布（Distribution）**：福建木兰溪水系.

**（4499）瑶山吻虾虎鱼 *Rhinogobius yaoshanensis* (Luo, 1989)**

*Ctenogobius yaoshanensis* Luo (罗云林, 见郑慈英等), 1989: 1-438; 朱松泉, 1995: 182.

*Rhinogobius yaoshanensis*: 刘明玉, 解玉浩和季达明, 2000: 384; 陈旻和张春光 (见周解和张春光), 2006: 483; Chen, Cheng *et* Shao, 2008: 341; 伍汉霖和钟俊生, 2008: 633; 伍汉霖, 邵广昭, 赖春福等, 2012: 315.

**别名或俗名（Used or common name）**：瑶山栉虾虎鱼.

**分布（Distribution）**：广西金秀大瑶山河溪中.

**（4500）周氏吻虾虎鱼 *Rhinogobius zhoui* Li *et* Zhong, 2009**

*Rhinogobius zhoui* Li *et* Zhong (李帆和钟俊生), 2009: 327-333; 伍汉霖, 邵广昭, 赖春福等, 2012: 315.

**分布（Distribution）**：广东莲花山溪流中.

## 1369. 青弹涂鱼属 *Scartelaos* Swainson, 1839

**（4501）大青弹涂鱼 *Scartelaos gigas* Chu *et* Wu, 1963**

*Scartelaos gigas* Chu *et* Wu (朱元鼎和伍汉霖，见朱无鼎，张春霖和成庆泰), 1963: 1-642.

**文献（Reference）**：Shao, Chen, Kao *et al.*, 1993; Lin, Shao and Chen (林沛立，邵广昭和陈正平), 1994; Kuo and Shao, 1999; Randall and Lim (eds.), 2000; Huang, 2001; 伍汉霖，邵广昭，赖春福等, 2012.

**别名或俗名（Used or common name）**：花跳.

**分布（Distribution）**：东海，南海.

**（4502）青弹涂鱼 *Scartelaos histophorus* (Valenciennes, 1837)**

*Boleophthalmus histophorus* Valenciennes (*in* Cuvier *et* Valenciennes), 1837: 1-507.

*Boleophthalmus chinensis* Valenciennes (*in* Cuvier *et* Valenciennes), 1837.

*Boleophthalmus sinicus* Valenciennes (*in* Cuvier *et* Valenciennes), 1837.

*Boleophthalmus aucupatorius* Richardson, 1845.

**文献（Reference）**：Herre, 1953a; Man and Hodgkiss, 1981; Masuda, Amaoka, Araga *et al.*, 1984; 沈世杰, 1993; Ni and Kwok, 1999; Kuo and Shao, 1999; Randall and Lim (eds.), 2000; Huang, 2001; 伍汉霖，邵广昭，赖春福等, 2012.

**别名或俗名（Used or common name）**：花跳.

**分布（Distribution）**：黄海，东海，南海.

## 1370. 裂身虾虎鱼属 *Schismatogobius* de Beaufort, 1912

*Schismatogobius* de Beaufort, 1912: 139.

**（4503）宽带裂身虾虎鱼 *Schismatogobius ampluvinculus* Chen, Shao *et* Fang, 1995**

*Schismatogobius ampluvinculus* Chen, Shao *et* Fang (陈义雄，邵广昭和方力行), 1995: 202-205; 陈义雄和方力行, 1999: 244; Chen, Séret, Pöllabauer *et al.*, 2001: 141; 陈义雄和方力行, 2001: 157; 伍汉霖和钟俊生, 2008: 636; Ho *et* Shao, 2011: 58; 伍汉霖，邵广昭，赖春福等, 2012: 315.

**分布（Distribution）**：台湾. 国外分布于日本.

**保护等级（Protection class）**：《台湾淡水鱼类红皮书》(近危).

**（4504）罗氏裂身虾虎鱼 *Schismatogobius roxasi* Herre, 1936**

*Schismatogobius roxasi* Herre, 1936: 357-373; Chen, Han *et* Fang, 1995: 135; Yu, 1996: 78; 陈义雄和方力行, 1999: 245; Chen, Séret, Pöllabauer *et al.*, 2001: 141; 陈义雄和方力行, 2001: 158; 伍汉霖和钟俊生, 2008: 637; 伍汉霖，邵广昭，赖春福等, 2012: 315.

**别名或俗名（Used or common name）**：罗氏裸鲨.

**分布（Distribution）**：台湾. 国外分布于日本，菲律宾等.

**保护等级（Protection class）**：《台湾淡水鱼类红皮书》(近危).

## 1371. 瓢鳍虾虎鱼属 *Sicyopterus* Gill, 1860

*Sicyopterus* Gill, 1860: 101.

**（4505）日本瓢鳍虾虎鱼 *Sicyopterus japonica* (Tanaka, 1909)**

*Sicydium japonicum* Tanaka, 1909: 1-27.

*Sicyopterus japonica* Tanaka, 1909; 朱元鼎和伍汉霖, 1965: 130; 李思忠, 1981a: 234; 沈世杰, 1984: 411; 成庆泰和郑葆珊, 1987: 452; 沈世杰, 1993; Kim, 1997; 刘明玉，解玉浩和季达明, 2000: 386; 伍汉霖和钟俊生, 2008: 720; 伍汉霖，邵广昭，赖春福等, 2012: 315.

*Sicyopterus micrurus*: 沈世杰, 1993: 534; Yu, 1996: 77.

**别名或俗名（Used or common name）**：日本秃头鲨，日本弹涂鱼，小头秃头鲨.

**分布（Distribution）**：洄游性鱼类，台湾尚未受到严重污染的河川中，尤以东部溪流中较普遍，仍可见大量的溯河鱼群. 国外分布于日本.

**（4506）兔头瓢鳍虾虎鱼 *Sicyopterus lagocephalus* (Pallas, 1770)**

*Gobius lagocephalus* Pallas, 1770: 1-56.

*Sicydium lagocephalum* (Pallas, 1770).

*Gobius caeruleus* Lacépède, 1800.

*Sicydium gymnauchen* Bleeker, 1858.

*Awavus lienardi* (Bleeker, 1875).

**文献（Reference）**：Pallas, 1769; Herre, 1927; Herre, 1953a; Bruton, 1994.

**分布（Distribution）**：东海，南海.

**（4507）宽颊瓢鳍虾虎鱼 *Sicyopterus macrostetholepis* (Bleeker, 1853)**

*Sicydium macrostetholepis* Bleeker, 1853: 243-302.

*Sicyopterus halei* (Day, 1888).

*Sicyopus halei* (Day, 1888).

**文献（Reference）**：Masuda, Amaoka, Araga *et al.*, 1984; 沈世杰, 1993.

**分布（Distribution）**：台湾.

## 1372. 瓢眼虾虎鱼属 *Sicyopus* Gill, 1863

*Sicyopus* Gill, 1863a: 262.

**（4508）环带瓢眼虾虎鱼 *Sicyopus zosterophorum* (Bleeker, 1856)**

*Sicydium balinense* Bleeker, 1856.

*Sicydium zosterophorum* Bleeker, 1856i: 291-302.
*Sicyopus zosterophorum*: 邵广昭和林沛立, 1991: 186; Chen *et* Shao, 1993: 77; 陈义雄和方力行, 1999: 246; 陈义雄和方力行, 2001: 159; 伍汉霖和钟俊生, 2008: 724; Nip, 2010; 伍汉霖, 邵广昭, 赖春福等, 2012: 315.
**别名或俗名（Used or common name）**: 横带瓢鳍虾虎, 环带黄瓜虾虎.
**分布（Distribution）**: 台湾. 国外分布于日本, 菲律宾和印度尼西亚.
**保护等级（Protection class）**:《台湾淡水鱼类红皮书》(近危).

## 1373. 微笑虾虎鱼属 *Smilosicyopus*

### （4509）尾鳞微笑虾虎鱼 *Smilosicyopus leprurus* (Sakai *et* Nakamura, 1979)

*Sicyopus leprurus* Sakai *et* Nakamura, 1979: 43-54.
**文献（Reference）**: Masuda, Amaoka, Araga *et al.*, 1984.
**别名或俗名（Used or common name）**: 糙体瓢眼虾虎鱼, 甘仔鱼, 狗甘仔.
**分布（Distribution）**: 东海, 南海.

## 1374. 狭虾虎鱼属 *Stenogobius* Bleeker, 1874

*Stenogobius* Bleeker, 1874: 317.

### （4510）条纹狭虾虎鱼 *Stenogobius genivittatus* (Valenciennes, 1837)

*Gobius genivittatus* Valenciennes (*in* Cuvier *et* Valenciennes), 1837: 1-507.
*Awaous genivittatus* [Valenciennes (*in* Cuvier *et* Valenciennes), 1837].
*Chonophorus genivittatus* [Valenciennes (*in* Cuvier *et* Valenciennes), 1837].
*Gobius genivittatus* Valenciennes (*in* Cuvier *et* Valenciennes), 1837: 64.
*Stenogobius genivittatus*: 沈世杰, 1984: 409; Kuang *et al.*, 1986: 284; 成庆泰和郑葆珊, 1987: 441; 邵广昭和林沛立, 1991: 187; 沈世杰, 1993: 535; Yu, 1996: 78; 伍汉霖和钟俊生, 2008: 639; 伍汉霖, 邵广昭, 赖春福等, 2012: 316.
**别名或俗名（Used or common name）**: 种子细虾虎鱼, 种子鲨, 颊斑细虾虎, 细虾虎.
**分布（Distribution）**: 台湾的淡水河溪中. 国外分布于日本南西诸岛淡水域.

### （4511）眼带狭虾虎鱼 *Stenogobius ophthalmoporus* (Bleeker, 1853)

*Gobius ophthalmoporus* Bleeker, 1853: 317-352.
*Ctenogobius lacrymosus* (Peters, 1868).
*Stenogobius genivittatus*: 原田五十吉, 1943: 84; 伍汉霖和倪勇 (见中国水产科学研究院珠江水产研究所等), 1986: 284; 农业部水产局等, 1988.
*Stenogobius lachrymosus*: 曾晴贤, 1986: 130; 潘炯华等, 1991: 473; 沈世杰, 1993: 535; Yu, 1996: 78; 刘明玉, 解玉浩和季达明, 2000: 384.
*Stenogobius ophthalmoporus*: 伍汉霖和钟俊生, 2008: 641; 伍汉霖, 邵广昭, 赖春福等, 2012: 316.
**别名或俗名（Used or common name）**: 颊斑细虾虎鱼, 高身种子鲨, 泪斑鲨.
**分布（Distribution）**: 海南, 台湾. 国外分布于日本, 印度洋非洲东岸至太平洋中部各岛屿的淡水河溪中.

## 1375. 枝牙虾虎鱼属 *Stiphodon* Weber, 1895

*Stiphodon* Weber, 1895: 269.

### （4512）紫身枝牙虾虎鱼 *Stiphodon atropurpureus* (Herre, 1927)

*Microsicydium atropurpureum* Herre, 1927: 1-352.
*Microsicydium formosum* Herre, 1927.
*Stiphodon formosum* (Herre, 1927).
*Stiphodon atropurpureus*: Watson *et* Chen, 1998: 59; 陈义雄和方力行, 1999: 250; 陈义雄和方力行, 2001: 163; 伍汉霖和钟俊生, 2008: 727; 伍汉霖, 邵广昭, 赖春福等, 2012: 316.
**别名或俗名（Used or common name）**: 黑紫枝牙虾虎.
**分布（Distribution）**: 台湾东部部分溪流中. 国外分布于日本, 菲律宾及太平洋中部各岛屿.
**保护等级（Protection class）**:《台湾淡水鱼类红皮书》(近危).

### （4513）美丽枝牙虾虎鱼 *Stiphodon elegans* (Steindachner, 1879)

*Sicydium elegans* Steindachner, 1879: 119-191.
*Stiphodon stevensi* (Jordan *et* Seale, 1906).
*Vailima stevensoni* Jordan *et* Seale, 1906.
**文献（Reference）**: Herre, 1953a; Masuda, Amaoka, Araga *et al.*, 1984.
**分布（Distribution）**: 南海.

### （4514）多鳞枝牙虾虎鱼 *Stiphodon multisquamus* Wu *et* Ni, 1986

*Stiphodon elegans multisquamus* Wu *et* Ni (伍汉霖和倪勇, 见中国水产科学研究院珠江水产研究所等), 1986: 259-314.
*Stiphodon multisquamus*: 潘炯华等, 1991: 495; 朱松泉, 1995: 184; 刘明玉, 解玉浩和季达明, 2000: 386; 伍汉霖和钟俊生, 2008: 729; 伍汉霖, 邵广昭, 赖春福等, 2012: 316.
**分布（Distribution）**: 海南.

### （4515）黑鳍枝牙虾虎鱼 *Stiphodon percnopterygionus* Watson *et* Chen, 1998

*Stiphodon percnopterygionus* Watson *et* Chen, 1998: 55-68;

陈义雄和方力行, 1999: 251; 陈义雄和方力行, 2001: 164; 伍汉霖和钟俊生, 2008: 730; Ho *et* Shao, 2011: 58; 伍汉霖, 邵广昭, 赖春福等, 2012: 316; Maeda *et* Tan, 2013: 749.

*Stiphodon elegans*: 沈世杰, 1984: 400; 陈兼善和于名振, 1986: 753; 曾晴贤, 1986: 84; 邵广昭和林沛立, 1991: 188; Yu, 1996: 77.

**别名或俗名（Used or common name）**：双带虾虎鱼, 双带秃头鲨.

**分布（Distribution）**：台湾南部的恒春镇及东部的兰屿岛等的河川上中游. 国外分布于太平洋中部各岛屿, 北至日本, 南至印度尼西亚.

**保护等级（Protection class）**：《台湾淡水鱼类红皮书》(近危).

## 1376. 鳗虾虎鱼属 *Taenioides* Lacépède, 1800

### （4516）鳗虾虎鱼 *Taenioides anguillaris* (Linnaeus, 1758)

*Gobius anguillaris* Linnaeus, 1758: 1-824.

*Taenioides angullaris* (Linnaeus, 1758).

*Cepola coecula* Bloch *et* Schneider, 1801.

*Cepola hermanniana* Shaw, 1803.

**文献（Reference）**：Herre, 1953a; 沈世杰, 1993; Shao, 1997; Ni and Kwok, 1999; Randall and Lim (eds.), 2000; Huang, 2001; 伍汉霖, 邵广昭, 赖春福等, 2012.

**分布（Distribution）**：黄海, 东海, 南海.

### （4517）须鳗虾虎鱼 *Taenioides cirratus* (Blyth, 1860)

*Amblyopus cirratus* Blyth, 1860: 138-174.

*Gobioides cirratus* (Blyth, 1860).

*Taenioides brachygaster* (Günther, 1861).

*Taenioides snyderi* Jordan *et* Hubbs, 1925.

**文献（Reference）**：Shao and Lim, 1991; Shao, Chen, Kao *et al.*, 1993; 沈世杰, 1993; Shao, 1997; Ni and Kwok, 1999; Kuo and Shao, 1999; Kuo, Lin and Shao, 1999; Randall and Lim (eds.), 2000; Huang, 2001; 伍汉霖, 邵广昭, 赖春福等, 2012.

**分布（Distribution）**：黄海, 东海, 南海.

### （4518）等颌鳗虾虎鱼 *Taenioides limicola* Smith, 1964

*Taenioides limicola* Smith, 1964: 145-150.

**文献（Reference）**：Smith, 1964: 145-150; Masuda, Amaoka, Araga *et al.*, 1984; 沈世杰, 1993; 伍汉霖, 邵广昭, 赖春福等, 2012.

**分布（Distribution）**：东海, 南海.

## 1377. 富山虾虎鱼属 *Tomiyamichthys* Smith, 1956

### （4519）艾伦氏富山虾虎鱼 *Tomiyamichthys alleni* Iwata, Ohnishi *et* Hirata, 2000

*Tomiyamichthys alleni* Iwata, Ohnishi *et* Hirata, 2000: 145-150.

**文献（Reference）**：Iwata, Ohnishi and Hirata, 2000: 771-776; 陈正平, 邵广昭, 詹荣桂等, 2010; 伍汉霖, 邵广昭, 赖春福等, 2012.

**分布（Distribution）**：东海, 南海.

### （4520）梭形富山虾虎鱼 *Tomiyamichthys lanceolatus* (Yanagisawa, 1978)

*Vanderhorstia lanceolata* Yanagisawa, 1978: 269-325.

**文献（Reference）**：Yanagisawa, 1978: 269-325; Masuda, Amaoka, Araga *et al.*, 1984; 沈世杰, 1993; Randall and Lim (eds.), 2000; Werner and Allen, 2000; 伍汉霖, 邵广昭, 赖春福等, 2012.

**别名或俗名（Used or common name）**：尖体梵虾虎鱼.

**分布（Distribution）**：南海.

### （4521）奥奈氏富山虾虎鱼 *Tomiyamichthys oni* (Tomiyama, 1936)

*Cryptocentrus oni* Tomiyama, 1936: 37-112.

**文献（Reference）**：Masuda, Amaoka, Araga *et al.*, 1984; 沈世杰, 1993; Iwata, Ohnishi and Hirata, 2000; Werner and Allen, 2000; 伍汉霖, 邵广昭, 赖春福等, 2012.

**分布（Distribution）**：东海, 南海.

### （4522）史氏富山虾虎鱼 *Tomiyamichthys smithi* (Chen *et* Fang, 2003)

*Flabelligobius smithi* Chen *et* Fang, 2003: 333-338.

**文献（Reference）**：沈世杰, 1993; Chen and Fang, 2003; 伍汉霖, 邵广昭, 赖春福等, 2012.

**别名或俗名（Used or common name）**：史氏角吻虾虎鱼.

**分布（Distribution）**：南海.

## 1378. 缟虾虎鱼属 *Tridentiger* Gill, 1859

### （4523）髭缟虾虎鱼 *Tridentiger barbatus* (Günther, 1861)

*Triaenophorichthys barbatus* Günther, 1861a: 1-586.

*Triaenopogon barbatus* (Günther, 1861).

**文献（Reference）**：Shao, Chen, Kao *et al.*, 1993; 沈世杰, 1993; Lin, Shao and Chen (林沛立, 邵广昭和陈正平), 1994; Ni and Kwok, 1999; Randall and Lim (eds.), 2000; Hong, Yeon, Im *et al.*, 2000; Huang, 2001; 伍汉霖, 邵广昭, 赖春福等, 2012.

分布（Distribution）：渤海，黄海，东海，南海.

**（4524）双带缟虾虎鱼 *Tridentiger bifasciatus* Steindachner, 1881**

*Tridentiger bifasciatus* Steindachner, 1881: 179-219.

文献（Reference）：Steindachner, 1881: 46; 沈世杰, 1993; Kim, 1997; Islam, Hibino and Tanaka, 2006; 伍汉霖，邵广昭，赖春福等, 2012.

分布（Distribution）：东海，南海.

**（4525）短棘缟虾虎鱼 *Tridentiger brevispinis* Katsuyama, Arai *et* Nakamura, 1972**

*Tridentiger kuroiwae brevispinis* Katsuyama, Arai *et* Nakamura, 1972: 593-606.

文献（Reference）：Arai and Kobayasi, 1973; Masuda, Amaoka, Araga *et al.*, 1984; Kim, 1997; Kim, Choi, Lee *et al.*, 2005; 伍汉霖，邵广昭，赖春福等, 2012.

分布（Distribution）：渤海，黄海，东海，南海.

**（4526）裸项缟虾虎鱼 *Tridentiger nudicervicus* Tomiyama, 1934**

*Tridentiger obscurus nudicervicus* Tomiyama, 1934: 325-334.

文献（Reference）：Masuda, Amaoka, Araga *et al.*, 1984; Chen, Shao and Fang, 1996; Kim, 1997; Kuo and Shao, 1999; 陈正平，邵广昭，詹荣桂等, 2010; 伍汉霖，邵广昭，赖春福等, 2012.

分布（Distribution）：黄海，东海，南海.

**（4527）暗缟虾虎鱼 *Tridentiger obscurus* (Temminck *et* Schlegel, 1845)**

*Sicydium obscurum* Temminck *et* Schlegel, 1845: 113-172.

*Tridentiger obscurum* (Temminck *et* Schlegel, 1845).

*Tridentiger obscurus obscurus* (Temminck *et* Schlegel, 1845).

文献（Reference）：Arai and Kobayasi, 1973; Nishikawa, Amaoka and Nakanishi, 1974; Arai, Katsuyama and Sawada, 1974; 沈世杰, 1993; Kim, 1997; Ni and Kwok, 1999; Randall and Lim (eds.), 2000; Huang, 2001; Kanou, Sano and Kohno, 2004; 伍汉霖，邵广昭，赖春福等, 2012.

分布（Distribution）：渤海，黄海，东海，南海.

**（4528）纹缟虾虎鱼 *Tridentiger trigonocephalus* (Gill, 1859)**

*Triaenophorus trigonocephalus* Gill, 1859: 16-19.

文献（Reference）：道津喜卫, 1933; Dotu and Yosie, 1958; Arai and Kobayasi, 1973; Nishikawa, Amaoka and Nakanishi, 1974; Arai, Katsuyama and Sawada, 1974; 沈世杰, 1993; Ni and Kwok, 1999; Randall and Lim (eds.), 2000; Huang, 2001; An and Huh, 2002; 伍汉霖，邵广昭，赖春福等, 2012.

分布（Distribution）：渤海，黄海，东海，南海.

## 1379. 磨塘鳢属 *Trimma* Jordan *et* Seale, 1906

**（4529）透明磨塘鳢 *Trimma anaima* Winterbottom, 2000**

*Trimma amaima* Winterbottom, 2000: 57-66.

文献（Reference）：陈正平，邵广昭，詹荣桂等, 2010; 伍汉霖，邵广昭，赖春福等, 2012.

分布（Distribution）：东海，南海.

**（4530）橘点磨塘鳢 *Trimma annosum* Winterbottom, 2003**

*Trimma annosum* Winterbottom, 2003: 1-24.

文献（Reference）：Winterbottom, 2003: 1-24; Motomura, Kuriiwa, Katayama *et al.*, 2010; 伍汉霖，邵广昭，赖春福等, 2012.

分布（Distribution）：南海.

**（4531）红磨塘鳢 *Trimma caesiura* Jordan *et* Seale, 1906**

*Trimma caesuira* Jordan *et* Seale, 1906b: 173-455.

文献（Reference）：Jordan and Seale, 1906b: 173-455; Masuda, Amaoka, Araga *et al.*, 1984; 沈世杰, 1993; Shao, 1997; Randall and Lim (eds.), 2000; Werner and Allen, 2000; 伍汉霖，邵广昭，赖春福等, 2012.

分布（Distribution）：南海.

**（4532）埃氏磨塘鳢 *Trimma emeryi* Winterbottom, 1985**

*Trimma emeryi* Winterbottom, 1985: 748-754.

文献（Reference）：Winterbottom, 1985: 748-754; 沈世杰, 1993; Chen, Jan and Shao, 1997; Randall and Lim (eds.), 2000; 伍汉霖，邵广昭，赖春福等, 2012.

分布（Distribution）：东海，南海.

**（4533）方氏磨塘鳢 *Trimma fangi* Winterbottom *et* Chen, 2004**

*Trimma fangi* Winterbottom *et* Chen, 2004: 103-106.

文献（Reference）：Winterbottom and Chen, 2004: 103-106; 伍汉霖，邵广昭，赖春福等, 2012.

分布（Distribution）：南海.

**（4534）纵带磨塘鳢 *Trimma grammistes* (Tomiyama, 1936)**

*Eviota grammistes* Tomiyama, 1936: 37-112.

文献（Reference）：Masuda, Amaoka, Araga *et al.*, 1984; 沈世杰, 1993; Tomoki, 1995; Shao, 1997; Chen, Chen and Shao, 1997; 伍汉霖，邵广昭，赖春福等, 2012.

分布（Distribution）：东海.

**（4535）红小斑磨塘鳢 *Trimma halonevum* Winterbottom, 2000**

*Trimma halonevum* Winterbottom, 2000: 57-65.

**文献（Reference）：**陈正平, 邵广昭, 詹荣桂等, 2010; 伍汉霖, 邵广昭, 赖春福等, 2012.

**分布（Distribution）：**东海, 南海.

**（4536）大眼磨塘鳢 *Trimma macrophthalmum* (Tomiyama, 1936)**

*Eviota macrophthalma* Tomiyama, 1936.

**文献（Reference）：**Tomiyama, 1936: 37-112; Murdy, Ferraris, Hoese *et al.*, 1981; Shao and Chen, 1993; 沈世杰, 1993; Chen, Shao and Lin, 1995; Shao, 1997; Randall and Lim (eds.), 2000; 伍汉霖, 邵广昭, 赖春福等, 2012.

**分布（Distribution）：**东海, 南海.

**（4537）丝背磨塘鳢 *Trimma naudei* Smith, 1957**

*Trimma naudei* Smith, 1957.

**文献（Reference）：**Smith, 1957b: 817-829; Masuda, Amaoka, Araga *et al.*, 1988; 沈世杰, 1993; Shao, 1997; Werner and Allen, 2000; 伍汉霖, 邵广昭, 赖春福等, 2012.

**分布（Distribution）：**南海.

**（4538）冲绳磨塘鳢 *Trimma okinawae* (Aoyagi, 1949)**

*Eviota caesiura okinawae* Aoyagi, 1949: 171-173.

**文献（Reference）：**沈世杰, 1993; Tomoki, 1995; Shao, 1997; Chen, Chen and Shao, 1997; Chen, Jan and Shao, 1997; Randall and Lim (eds.), 2000; 伍汉霖, 邵广昭, 赖春福等, 2012.

**分布（Distribution）：**东海, 南海.

**（4539）底斑磨塘鳢 *Trimma tevegae* Cohen *et* Davis, 1969**

*Trimma tevegae* Cohen *et* Davis, 1969: 317-324.

*Trimma caudomaculata* Yoshino *et* Araga, 1975.

**文献（Reference）：**Cohen and Davis, 1969: 317-324; Masuda, Amaoka, Araga *et al.*, 1984; 沈世杰, 1993; Shao, 1997; Randall and Lim (eds.), 2000; Werner and Allen, 2000; 伍汉霖, 邵广昭, 赖春福等, 2012.

**分布（Distribution）：**南海.

## 1380. 微虾虎鱼属 *Trimmatom* Winterbottom *et* Emery, 1981

**（4540）大足微虾虎鱼 *Trimmatom macropodus* Winterbottom, 1989**

*Trimmatom macropodus* Winterbottom, 1989: 2403-2410.

**文献（Reference）：**Winterbottom, 1989: 2403-2410; 沈世杰, 1993; Randall and Lim (eds.), 2000; 伍汉霖, 邵广昭, 赖春福等, 2012.

**分布（Distribution）：**南海.

## 1381. 孔虾虎鱼属 *Trypauchen* Valenciennes, 1837

**（4541）孔虾虎鱼 *Trypauchen vagina* (Bloch *et* Schneider, 1801)**

*Gobius vagina* Bloch *et* Schneider, 1801: 1-584.

*Gobioides ruber* Hamilton, 1822.

*Trypauchen wakae* Jordan *et* Snyder, 1901.

**文献（Reference）：**Shao, Chen, Kao *et al.*, 1993; 沈世杰, 1993; Ni and Kwok, 1999; Kuo and Shao, 1999; Kuo, Lin and Shao, 1999; Randall and Lim (eds.), 2000; Huang, 2001; 伍汉霖, 邵广昭, 赖春福等, 2012.

**分布（Distribution）：**黄海, 东海, 南海.

## 1382. 精美虾虎鱼属 *Tryssogobius* Larson *et* Hoese, 2001

**（4542）大孔精美虾虎鱼 *Tryssogobius porosus* Larson *et* Chen, 2007**

*Tryssogobius porosus* Larson *et* Chen, 2007: 155-161.

**文献（Reference）：**伍汉霖, 邵广昭, 赖春福等, 2012.

**分布（Distribution）：**东海, 南海.

## 1383. 凡塘鳢属 *Valenciennea* Bleeker, 1856

**（4543）双带凡塘鳢 *Valenciennea helsdingenii* (Bleeker, 1858)**

*Eleotriodes helsdingenii* Bleeker, 1858: 197-218.

*Calleleotris helsdingenii* (Bleeker, 1858).

*Valenciennesia helsdingenii* (Bleeker, 1858).

**文献（Reference）：**Bleeker, 1857; Tomiyama, 1936; Chang, Lee and Shao, 1978; 沈世杰, 1993; Randall and Lim (eds.), 2000; Huang, 2001; 伍汉霖, 邵广昭, 赖春福等, 2012.

**分布（Distribution）：**南海.

**（4544）无斑凡塘鳢 *Valenciennea immaculata* (Ni, 1981)**

*Eleotriodes immaculatus* Ni, 1981: 362-364.

*Valencienna immaculata* (Ni, 1981).

**文献（Reference）：**Ni, 1981: 362-364; 沈世杰, 1993; Randall and Lim (eds.), 2000; Werner and Allen, 2000; Huang, 2001.

**分布（Distribution）：**南海.

**（4545）长鳍凡塘鳢 *Valenciennea longipinnis* (Lay *et* Bennett, 1839)**

*Eleotris longipinnis* Lay *et* Bennett, 1839: 15-23.

*Calleleotris longipinnis* (Lay *et* Bennett, 1839).

*Eleotris ikeineur* Montrouzier, 1857.
*Eleotris lineatooculatus* Kner, 1867.
**文献（Reference）：** Herre, 1927; 沈世杰, 1993; Chen, Jan and Shao, 1997; Randall and Lim (eds.), 2000; Huang, 2001; 伍汉霖, 邵广昭, 赖春福等, 2012.
**分布（Distribution）：** 东海, 南海.

### （4546）石壁凡塘鳢 *Valenciennea muralis* (Valenciennes, 1837)

*Eleotris muralis* Valenciennes (*in* Cuvier *et* Valenciennes), 1837: 344-368.
*Eleotroides muralis* [Valenciennes (*in* Cuvier *et* Valenciennes), 1837].
*Valencienna muralis* [Valenciennes (*in* Cuvier *et* Valenciennes), 1837].
*Eleotris trabeatus* Richardson, 1843.
**文献（Reference）：** 沈世杰, 1993; Shao, 1997; Chen, Chen and Shao, 1997; Ni and Kwok, 1999; Randall and Lim (eds.), 2000; 伍汉霖, 邵广昭, 赖春福等, 2012.
**分布（Distribution）：** 东海, 南海.

### （4547）大鳞凡塘鳢 *Valenciennea puellaris* (Tomiyama, 1956)

*Eleotriodes puellaris* Tomiyama, 1956: 1115-1140.
*Valencienea puellaris* (Tomiyama, 1956).
**文献（Reference）：** 沈世杰, 1993; Shao, 1997; Chen, Chen and Shao, 1997; Chen, Jan and Shao, 1997; Randall and Lim (eds.), 2000; Broad, 2003; 伍汉霖, 邵广昭, 赖春福等, 2012.
**分布（Distribution）：** 东海, 南海.

### （4548）六斑凡塘鳢 *Valenciennea sexguttata* (Valenciennes, 1837)

*Eleotris sexguttata* Valenciennes (*in* Cuvier *et* Valenciennes), 1837: 1-507.
*Eleotriodes sexguttatus* [Valenciennes (*in* Cuvier *et* Valenciennes), 1837].
*Eleotris lantzii* Thominot, 1878.
*Salarigobius stuhlmannii* Pfeffer, 1893.
**文献（Reference）：** 沈世杰, 1993; Chen, Jan and Shao, 1997; Randall and Lim (eds.), 2000; Huang, 2001; 伍汉霖, 邵广昭, 赖春福等, 2012.
**分布（Distribution）：** 南海.

### （4549）丝条凡塘鳢 *Valenciennea strigata* (Broussonet, 1782)

*Gobius strigatus* Broussonet, 1782: 49 unnumbered pages.
*Eleotriodes strigatus* (Broussonet, 1782).
*Valencienna strigata* (Broussonet, 1782).
**文献（Reference）：** Arai and Sawada, 1974; Chang, Jan and Shao, 1983; Francis, 1993; 沈世杰, 1993; Chen, Jan and Shao, 1997; Reavis and Barlow, 1998; Randall and Lim (eds.), 2000; Huang, 2001; 伍汉霖, 邵广昭, 赖春福等, 2012.
**分布（Distribution）：** 东海, 南海.

### （4550）鞍带凡塘鳢 *Valenciennea wardii* (Playfair, 1867)

*Eleotris wardii* Playfair, 1867: 1-153.
*Calleleotris wardi* (Playfair, 1867).
*Eleotroides wardi* (Playfair, 1867).
*Eleotris elliotі* Day, 1888.
*Valenciennea phaeochalina* Tanaka, 1917.
**文献（Reference）：** Tomiyama, 1936; Masuda, Amaoka, Araga *et al.*, 1984; 沈世杰, 1993; Randall and Lim (eds.), 2000; Werner and Allen, 2000; 伍汉霖, 邵广昭, 赖春福等, 2012.
**分布（Distribution）：** 东海, 南海.

## 1384. 梵虾虎鱼属 *Vanderhorstia* Smith, 1949

### （4551）安贝洛罗梵虾虎鱼 *Vanderhorstia ambanoro* (Fourmanoir, 1957)

*Cryptocentrus ambanoro* Fourmanoir, 1957: 1-15.
*Vanderhorstia ambonoro* (Fourmanoir, 1957).
*Cryptocentrus fasciaventris* Smith, 1959.
*Vanderhorstia fasciaventris* (Smith, 1959).
**文献（Reference）：** Masuda, Amaoka, Araga *et al.*, 1984; Shao, 1997; Randall and Lim (eds.), 2000; Shibukawa and Suzuki, 2004; 陈正平, 邵广昭, 詹荣桂等, 2010; 伍汉霖, 邵广昭, 赖春福等, 2012.
**分布（Distribution）：** 东海, 南海.

### （4552）黄点梵虾虎鱼 *Vanderhorstia ornatissima* Smith, 1959

*Vanderhorstia ornatissima* Smith, 1959a: 185-225.
**文献（Reference）：** Smith, 1959a: 185-225; Masuda, Amaoka, Araga *et al.*, 1984; 沈世杰, 1993; Werner and Allen, 2000; Nakamura, Horinouchi, Nakai *et al.*, 2003; 伍汉霖, 邵广昭, 赖春福等, 2012.
**分布（Distribution）：** 南海.

### （4553）斑头梵虾虎鱼 *Vanderhorstia puncticeps* (Deng *et* Xiong, 1980)

*Ctenogobius puncticeps* Deng *et* Xiong (*in* Xu, Deng, Xiong *et al.*), 1980: 179-184.
**文献（Reference）：** Iwata, Shibukawa and Ohnishi, 2007; 伍汉霖, 邵广昭, 赖春福等, 2012.
**分布（Distribution）：** 东海, 南海.

## 1385. 汉霖虾虎鱼属 *Wuhanlinigobius* Huang, Zeehan *et* Chen, 2013

*Wuhanlinigobius* Huang, Zeehan *et* Chen, 2013: 146.

**（4554）多鳞汉霖虾虎鱼 *Wuhanlinigobius polylepis* (Wu *et* Ni, 1985)**

*Mugilogobius polylepis* Wu *et* Ni (伍汉霖和倪勇，见倪勇和伍汉霖), 1985: 93-98.

*Calamiana polylepis* [Wu *et* Ni (伍汉霖和倪勇，见倪勇和伍汉霖), 1985].

*Eugnathogobius polylepis* [Wu *et* Ni (伍汉霖和倪勇，见倪勇和伍汉霖), 1985].

*Calamiana polylepis*: Larson, Jaafar *et* Lim, 2008: 141.

*Eugnathogobius polylepis*: Larson, 2009: 143.

**别名或俗名（Used or common name）**：多鳞鲻虾虎鱼.

**分布（Distribution）**：上海奉贤区和南汇区泥城溪流，福建九龙江，海南岛河川，台湾淡水河下游，南海等.

### 1386. 裸颊虾虎鱼属 *Yongeichthys* Whitley, 1932

**（4555）云斑裸颊虾虎鱼 *Yongeichthys nebulosus* (Forsskål, 1775)**

*Gobius nebulosus* Forsskål, 1775: 1-164.

**文献（Reference）**：Forsskål, 1775: 1-20 + i-xxxiv + 1-164; 沈世杰, 1993; 伍汉霖，邵广昭，赖春福等, 2012.

**别名或俗名（Used or common name）**：云斑虾虎鱼.

**分布（Distribution）**：东海，南海.

## （二九二）蠕鳢科 Microdesmidae

### 1387. 鳚虾虎鱼属 *Gunnellichthys* Bleeker, 1858

**（4556）眼带鳚虾虎鱼 *Gunnellichthys curiosus* Dawson, 1968**

*Gunnellichthys curiosus* Dawson, 1968: 53-67.

**文献（Reference）**：沈世杰, 1993; Werner and Allen, 2000; 伍汉霖，邵广昭，赖春福等, 2012.

**分布（Distribution）**：东海，南海.

## （二九三）鳍塘鳢科 Ptereleotridae

### 1388. 线塘鳢属 *Nemateleotris* Fowler, 1938

**（4557）华丽线塘鳢 *Nemateleotris decora* Randall *et* Allen, 1973**

*Nemateleotris decora* Randall *et* Allen, 1973: 347-367.

**文献（Reference）**：Randall and Allen, 1973: 347-367; Masuda, Amaoka, Araga *et al.*, 1984; 沈世杰, 1993; Randall and Shen, 2002; 伍汉霖，邵广昭，赖春福等, 2012.

**分布（Distribution）**：东海，南海.

**（4558）大口线塘鳢 *Nemateleotris magnifica* Fowler, 1938**

*Nemateleotris magnificus* Fowler, 1938: 31-135.

**文献（Reference）**：Fowler, 1938: 31-135; Chang, Jan and Shao, 1983; 沈世杰, 1993; Chen, Shao and Lin, 1995; Chen, Jan and Shao, 1997; Randall and Lim (eds.), 2000; Huang, 2001; 伍汉霖，邵广昭，赖春福等, 2012.

**分布（Distribution）**：南海.

### 1389. 窄颅塘鳢属 *Oxymetopon* Bleeker, 1860

**（4559）侧扁窄颅塘鳢 *Oxymetopon compressus* Chan, 1966**

*Oxymetopon compressus* Chan, 1966: 1-3.

**文献（Reference）**：Ni and Kwok, 1999; Randall and Lim (eds.), 2000; Huang, 2001; 伍汉霖，邵广昭，赖春福等, 2012.

**分布（Distribution）**：南海.

### 1390. 舌塘鳢属 *Parioglossus* Regan, 1912

**（4560）尾斑舌塘鳢 *Parioglossus dotui* Tomiyama, 1958**

*Parioglossus dotui* Tomiyama, 1958: 1171-1194.

**文献（Reference）**：Tomiyama (*in* Tomiyama and Abe), 1958: pls. 229-231; 沈世杰, 1993; Kim, 1997; Randall and Lim (eds.), 2000; Suzuki, Yonezawa and Sakaue, 2010; 伍汉霖，邵广昭，赖春福等, 2012.

**分布（Distribution）**：东海，南海.

**（4561）华美舌塘鳢 *Parioglossus formosus* (Smith, 1931)**

*Herrea formosa* Smith, 1931: 1-48.

*Herreolus formosus* (Smith, 1931).

*Herrolus formosus* (Smith, 1931).

**文献（Reference）**：Smith, 1931: 1-48; Herre, 1953a; Masuda, Amaoka, Araga *et al.*, 1984; 沈世杰, 1993; Shao, 1997; Chen, Chen and Shao, 1997; Randall and Lim (eds.), 2000; Suzuki, Yonezawa and Sakaue, 2010; 伍汉霖，邵广昭，赖春福等, 2012.

**分布（Distribution）**：东海，南海.

**（4562）中华舌塘鳢 *Parioglossus sinensis* Zhong, 1994**

*Parioglossus sinensis* Zhong, 1994: 127-130.

**文献（Reference）**：Zhong, 1994: 129-130; Suzuki, Yonezawa and Sakaue, 2010; 伍汉霖，邵广昭，赖春福等, 2012.

分布（Distribution）：东海.

**（4563）带状舌塘鳢 *Parioglossus taeniatus* Regan, 1912**

*Parioglossus taeniatus* Regan, 1912: 301-302.

文献（Reference）：Regan, 1912: 301-302; Dotu and Yosie, 1956; 沈世杰, 1993; Shao, 1997; Randall and Lim (eds.), 2000; Huang, 2001; Suzuki, Yonezawa and Sakaue, 2010; 伍汉霖, 邵广昭, 赖春福等, 2012.

分布（Distribution）：南海.

## 1391. 鳍塘鳢属 *Ptereleotris* Gill, 1863

**（4564）黑尾鳍塘鳢 *Ptereleotris evides* (Jordan *et* Hubbs, 1925)**

*Encaeura evides* Jordan *et* Hubbs, 1925: 93-346.

*Pterelossus evides* (Jordan *et* Hubbs, 1925).

*Pteroeleotris evides* (Jordan *et* Hubbs, 1925).

*Ptereleotris dispersus* Herre, 1927.

文献（Reference）：Herre, 1927; Chang, Jan and Shao, 1983; Francis, 1993; 沈世杰, 1993; Chen, Jan and Shao, 1997; Randall and Lim (eds.), 2000; Huang, 2001; 伍汉霖, 邵广昭, 赖春福等, 2012.

分布（Distribution）：东海, 南海.

**（4565）纵带鳍塘鳢 *Ptereleotris grammica* Randall *et* Lubbock, 1982**

*Ptereleotris grammica* Randall *et* Lubbock, 1982: 41-46.

文献（Reference）：Masuda, Amaoka, Araga *et al.*, 1984.

别名或俗名（Used or common name）：甘仔鱼, 狗甘仔.

分布（Distribution）：东海, 南海.

**（4566）丝尾鳍塘鳢 *Ptereleotris hanae* (Jordan *et* Snyder, 1901)**

*Vireosa hanae* Jordan *et* Snyder, 1901: 33-132.

*Ptereleotris hannae* (Jordan *et* Snyder, 1901).

文献（Reference）：Jordan and Snyder, 1901; 沈世杰, 1993; Randall and Lim (eds.), 2000; Werner and Allen, 2000; 伍汉霖, 邵广昭, 赖春福等, 2012.

分布（Distribution）：东海, 南海.

**（4567）尾斑鳍塘鳢 *Ptereleotris heteroptera* (Bleeker, 1855)**

*Eleotris heteropterus* Bleeker, 1855c: 415-430.

*Pteroeleotris heteroptera* (Bleeker, 1855).

文献（Reference）：Bleeker, 1855c: 415-430; 沈世杰, 1993; Chen, Jan and Shao, 1997; Randall and Lim (eds.), 2000; Huang, 2001; 伍汉霖, 邵广昭, 赖春福等, 2012.

分布（Distribution）：东海, 南海.

**（4568）细鳞鳍塘鳢 *Ptereleotris microlepis* (Bleeker, 1856)**

*Eleotris microlepis* Bleeker, 1856e: 93-110.

*Pteroeleotris microlepis* (Bleeker, 1856).

*Eleotris elongata* Alleyne *et* Macleay, 1877.

*Ptereleotris playfairi* Whitley, 1933.

文献（Reference）：Shao, Lin, Ho *et al.*, 1990; 沈世杰, 1993; Randall and Lim (eds.), 2000; Huang, 2001; 伍汉霖, 邵广昭, 赖春福等, 2012.

分布（Distribution）：东海, 南海.

**（4569）单鳍鳍塘鳢 *Ptereleotris monoptera* Randall *et* Hoese, 1985**

*Ptereleotris monoptera* Randall *et* Hoese, 1985: 1-36.

文献（Reference）：Randall and Hoese, 1985: 1-36; Masuda, Amaoka, Araga *et al.*, 1984; Shen, 1984; 沈世杰, 1993; Randall and Lim (eds.), 2000; 伍汉霖, 邵广昭, 赖春福等, 2012.

分布（Distribution）：东海, 南海.

**（4570）斑马鳍塘鳢 *Ptereleotris zebra* (Fowler, 1938)**

*Pogonoculius zebra* Fowler, 1938: 31-135.

文献（Reference）：Chang, Jan and Shao, 1983; Francis, 1993; 沈世杰, 1993; Chen, Jan and Shao, 1997; Randall and Lim (eds.), 2000; Huang, 2001; 伍汉霖, 邵广昭, 赖春福等, 2012.

分布（Distribution）：东海, 南海.

# （二九四）辛氏微体鱼科 Schindleriidae

## 1392. 辛氏微体鱼属（辛氏鳚属）*Schindleria* Giltay, 1934

**（4571）等鳍辛氏微体鱼 *Schindleria pietschmanni* (Schindler, 1931)**

*Hemiramphus pietschmanni* Schindler, 1931: 2-3.

文献（Reference）：Chiu and Hsieh, 2001; Huang, 2001; Leu, Fang and Mok, 2008; 伍汉霖, 邵广昭, 赖春福等, 2012.

分布（Distribution）：东海, 南海.

**（4572）早熟辛氏微体鱼 *Schindleria praematura* (Schindler, 1930)**

*Hemiramphus praematurus* Schindler, 1930: 79-80.

*Schindleria praematurus* (Schindler, 1930).

文献（Reference）：Schindler, 1930: 79-80; Ozawa and Matsui, 1979; 沈世杰, 1993; Randall and Lim (eds.), 2000; Huang,

2001; 伍汉霖, 邵广昭, 赖春福等, 2012.
分布（**Distribution**）：东海, 南海.

## （二九五）白鲳科 Ephippidae

### 1393. 白鲳属 *Ephippus* Cuvier, 1816

**（4573）白鲳 *Ephippus orbis* (Bloch, 1787)**
*Chaetodon orbis* Bloch, 1787: 1-146.
*Ephippeus orbis* (Bloch, 1787).
*Epippus orbis* (Bloch, 1787).
文献（**Reference**）：Herre, 1953a; Kyushin, Amaoka, Nakaya *et al.*, 1982; Masuda, Amaoka, Araga *et al.*, 1984; Shao, Chen, Kao *et al.*, 1993; 沈世杰, 1993; Ni and Kwok, 1999; Randall and Lim (eds.), 2000; Huang, 2001; 伍汉霖, 邵广昭, 赖春福等, 2012; 刘静, 吴仁协, 康斌等, 2016.
别名或俗名（**Used or common name**）：铜盘, 鲳仔.
分布（**Distribution**）：东海, 南海.

### 1394. 燕鱼属 *Platax* Cuvier, 1816

**（4574）印度尼西亚燕鱼 *Platax batavianus* Cuvier, 1831**
*Platax batavianus* Cuvier, 1831: 1-531.
文献（**Reference**）：Kyushin, Amaoka, Nakaya *et al.*, 1982; Ganaden and Lavapie-Gonzales, 1999; Randall and Lim (eds.), 2000; Huang, 2001; 伍汉霖, 邵广昭, 赖春福等, 2012.
分布（**Distribution**）：东海, 南海.

**（4575）圆燕鱼 *Platax orbicularis* (Forsskål, 1775)**
*Chaetodon orbicularis* Forsskål, 1775: 1-164.
*Platax obricularis* (Forsskål, 1775).
*Chaetodon vespertilio* Bloch, 1787.
文献（**Reference**）：Randall and Emery, 1971; 沈世杰, 1993; Ni and Kwok, 1999; Randall and Lim (eds.), 2000; Liao, Su and Chang, 2001; Huang, 2001; 伍汉霖, 邵广昭, 赖春福等, 2012.
别名或俗名（**Used or common name**）：蝙蝠鱼, 鲳仔, 圆海燕, 飞翼, 黑巴鲳, 富贵鱼.
分布（**Distribution**）：东海, 南海.

**（4576）弯鳍燕鱼 *Platax pinnatus* (Linnaeus, 1758)**
*Chaetodon pinnatus* Linnaeus, 1758: 1-824.
文献（**Reference**）：Randall and Emery, 1971; Chang, Jan and Shao, 1983; 沈世杰, 1993; Kuo and Shao, 1999; Randall and Lim (eds.), 2000; Huang, 2001; 伍汉霖, 邵广昭, 赖春福等, 2012.
别名或俗名（**Used or common name**）：蝙蝠鱼, 鲳仔, 圆海燕, 飞翼.
分布（**Distribution**）：南海.

**（4577）燕鱼 *Platax teira* (Forsskål, 1775)**
*Chaetodon teira* Forsskål, 1775: 1-164.
文献（**Reference**）：Francis, 1991; Francis, 1993; 沈世杰, 1993; Ni and Kwok, 1999; Kuo and Shao, 1999; Randall and Lim (eds.), 2000; Huang, 2001; 伍汉霖, 邵广昭, 赖春福等, 2012.
别名或俗名（**Used or common name**）：蝙蝠鱼, 鲳仔, 海燕, 飞翼.
分布（**Distribution**）：东海, 南海.

## （二九六）金钱鱼科 Scatophagidae

### 1395. 金钱鱼属 *Scatophagus* Cuvier, 1831

**（4578）金钱鱼 *Scatophagus argus* (Linnaeus, 1766)**
*Chaetodon argus* Linnaeus, 1766: 1-532.
*Ephippus argus* (Linnaeus, 1766).
*Chaetodon pairatalis* Hamilton, 1822.
*Chaetodon atromaculatus* Bennett, 1830.
文献（**Reference**）：Shao, Shen, Chiu *et al.*, 1992; Shao, Chen, Kao *et al.*, 1993; 沈世杰, 1993; Ni and Kwok, 1999; Kuo and Shao, 1999; Kuo, Lin and Shao, 1999; Randall and Lim (eds.), 2000; Liao, Su and Chang, 2001; Huang, 2001; BFAR, 2006; 伍汉霖, 邵广昭, 赖春福等, 2012; 刘静, 吴仁协, 康斌等, 2016.
别名或俗名（**Used or common name**）：变身苦.
分布（**Distribution**）：黄海, 东海, 南海.

## （二九七）篮子鱼科 Siganidae

### 1396. 篮子鱼属 *Siganus* Forsskål, 1775

**（4579）银色篮子鱼 *Siganus argenteus* (Quoy *et* Gaimard, 1825)**
*Amphacanthus argenteus* Quoy *et* Gaimard, 1825: 192-401.
*Teuthis argentea* (Quoy *et* Gaimard, 1825).
*Amphacanthus rostratus* Valenciennes, 1835.
*Teuthis oligosticta* Kner, 1868.
*Siganus vitianus* (Sauvage, 1882).
文献（**Reference**）：Jordan and Richardson, 1908; 沈世杰, 1993; Chen, Jan and Shao, 1997; Randall and Lim (eds.), 2000; Huang, 2001; Broad, 2003; 伍汉霖, 邵广昭, 赖春福等, 2012.
别名或俗名（**Used or common name**）：臭肚, 象鱼.
分布（**Distribution**）：东海, 南海.

**（4580）长鳍篮子鱼 *Siganus canaliculatus* (Park, 1797)**

*Chaetodon canaliculatus* Park, 1797: 33-38.
*Siganus oramin* (Bloch *et* Schneider, 1801).
*Teuthis oramin* (Bloch *et* Schneider, 1801).
*Amphacanthus dorsalis* Valenciennes, 1835.

**文献（Reference）：**Rutter, 1897; Shao, Chen, Kao *et al.*, 1993; 沈世杰, 1993; Sadovy, 1998; Ni and Kwok, 1999; Liao, Su and Chang, 2001; Huang, 2001; Dantis and Aliño (comps.), 2002; 伍汉霖, 邵广昭, 赖春福等, 2012; 刘静, 吴仁协, 康斌等, 2016.

**别名或俗名（Used or common name）：**臭肚, 象鱼.

**分布（Distribution）：**东海, 南海.

**（4581）凹吻篮子鱼 *Siganus corallinus* (Valenciennes, 1835)**

*Amphacanthus corallinus* Valenciennes, 1835: 1-482.
*Teuthis corallina* (Valenciennes, 1835).
*Amphacanthus tetrazona* Bleeker, 1855.
*Teuthis studeri* Peters, 1877.

**文献（Reference）：**Yamaoka, Kita and Taniguchi, 1994; Randall and Lim (eds.), 2000; Werner and Allen, 2000; Huang, 2001; Broad, 2003; 伍汉霖, 邵广昭, 赖春福等, 2012.

**分布（Distribution）：**南海.

**（4582）褐篮子鱼 *Siganus fuscescens* (Houttuyn, 1782)**

*Centrogaster fuscescens* Houttuyn, 1782: 311-350.
*Amphacanthus fuscescens* (Houttuyn, 1782).
*Amphacanthus maculosus* Quoy *et* Gaimard, 1825.
*Teuthys nebulosa* (Quoy *et* Gaimard, 1825).

**文献（Reference）：**Evermann and Seale, 1907; 沈世杰, 1993; Chen, Shao and Lin, 1995; Ni and Kwok, 1999; Kuo and Shao, 1999; Randall and Lim (eds.), 2000; Liao, Su and Chang, 2001; Shih and Jeng, 2002; Nakamura, Horinouchi, Nakai *et al.*, 2003; 伍汉霖, 邵广昭, 赖春福等, 2012; 刘静, 吴仁协, 康斌等, 2016.

**别名或俗名（Used or common name）：**臭肚, 象鱼, 树鱼, 羊锅, 疏网, 茄冬仔.

**分布（Distribution）：**黄海, 东海, 南海.

**（4583）星斑篮子鱼 *Siganus guttatus* (Bloch, 1787)**

*Chaetodon guttatus* Bloch, 1787: 1-146.
*Amphacanthus guttatus* (Bloch, 1787).
*Siganus concatenatus* (Valenciennes, 1835).
*Teuthis concatenata* (Valenciennes, 1835).

**文献（Reference）：**Evermann and Seale, 1907; Shao, Chen, Kao *et al.*, 1993; 沈世杰, 1993; Kuo and Shao, 1999; Randall and Lim (eds.), 2000; Liao, Su and Chang, 2001; Ogata, Emata, Garibay *et al.*, 2004; 伍汉霖, 邵广昭, 赖春福等, 2012.

**别名或俗名（Used or common name）：**点篮子鱼, 臭肚, 象鱼, 金点臭肚仔, 密点臭肚, 猫尾仔, 娘勒仔.

**分布（Distribution）：**东海, 南海.

**（4584）爪哇篮子鱼 *Siganus javus* (Linnaeus, 1766)**

*Teuthis javus* Linnaeus, 1766: 1-532.
*Amphacanthus* Javanus (Linnaeus, 1766).
*Amphacanthus javus* (Linnaeus, 1766).
*Teuthis brevirostris* Gronow, 1854.

**文献（Reference）：**Chang, Jan and Shao, 1983; de la Paz and Aragones, 1990; 沈世杰, 1993; Shao, 1997; Randall and Lim (eds.), 2000; Huang, 2001; 伍汉霖, 邵广昭, 赖春福等, 2012.

**别名或俗名（Used or common name）：**臭肚, 象鱼.

**分布（Distribution）：**东海, 南海.

**（4585）眼带篮子鱼 *Siganus puellus* (Schlegel, 1852)**

*Amphacanthus puellus* Schlegel, 1852: 38-40.
*Teuthis puella* (Schlegel, 1852).
*Amphacanthus cyanotaenia* Bleeker, 1853.
*Amphacanthus ocularis* Thiollière, 1857.

**文献（Reference）：**沈世杰, 1993; Yamaoka, Kita and Taniguchi, 1994; Chen, Shao and Lin, 1995; Randall and Lim (eds.), 2000; Huang, 2001; 伍汉霖, 邵广昭, 赖春福等, 2012.

**别名或俗名（Used or common name）：**臭肚, 象鱼.

**分布（Distribution）：**东海, 南海.

**（4586）黑身篮子鱼 *Siganus punctatissimus* Fowler *et* Bean, 1929**

*Siganus punctattissimus* Fowler *et* Bean, 1929: 1-352.

**文献（Reference）：**Fowler *et* Bean, 1929: i-xi + 1-352; Herre and Montalban, 1928; Fowler and Bean, 1929; 沈世杰, 1993; Yamaoka, Kita and Taniguchi, 1994; Chen, Shao and Lin, 1995; Randall and Lim (eds.), 2000; 伍汉霖, 邵广昭, 赖春福等, 2012.

**别名或俗名（Used or common name）：**臭肚, 象鱼.

**分布（Distribution）：**东海, 南海.

**（4587）斑篮子鱼 *Siganus punctatus* (Schneider *et* Forster, 1801)**

*Amphacanthus punctatus* Schneider *et* Forster, 1801: 1-584.
*Teuthis punctatus* (Schneider *et* Forster, 1801).
*Siganus fuscus* Griffith *et* Smith, 1834.
*Harpurus inermis* Forster, 1844.

**文献（Reference）：**Herre and Montalban, 1928; Fowler and Bean, 1929; Herre, 1934; Horstmann, 1975; Schroeder, 1980; 沈世杰, 1993; Yamaoka, Kita and Taniguchi, 1994; Randall and Lim (eds.), 2000; Huang, 2001; 伍汉霖, 邵广昭, 赖春

福等, 2012.
分布（Distribution）：东海，南海.

**（4588）刺篮子鱼 *Siganus spinus* (Linnaeus, 1758)**

*Sparus spinus* Linnaeus, 1758: 1-824.
*Sigamus spinus* (Linnaeus, 1758).
*Amphacanthus marmoratus* Quoy *et* Gaimard, 1825.
*Amphacanthus guamensis* Valenciennes, 1835.
*Amphacanthus scaroides* Bleeker, 1853.
文献（Reference）：Chang, Jan and Shao, 1983; 沈世杰, 1993; Yamaoka, Kita and Taniguchi, 1994; Campos, del Norte-Campos and McManus, 1994; Chen, Jan and Shao, 1997; Randall and Lim (eds.), 2000; Huang, 2001; Campos, del Norte, Nañola Jr. *et al.*, 2005; 伍汉霖, 邵广昭, 赖春福等, 2012.
别名或俗名（Used or common name）：臭肚，象鱼，疏网，娘庋仔，西网.
分布（Distribution）：东海，南海.

**（4589）单斑篮子鱼 *Siganus unimaculatus* (Evermann *et* Seale, 1907)**

*Lo unimaculatus* Evermann *et* Seale, 1907a: 49-110.
文献（Reference）：Fowler and Bean, 1929; Herre, 1953a; 沈世杰, 1993; Yamaoka, Kita and Taniguchi, 1994; Randall and Lim (eds.), 2000; 伍汉霖, 邵广昭, 赖春福等, 2012.
别名或俗名（Used or common name）：臭肚，象鱼.
分布（Distribution）：东海，南海.

**（4590）蠕纹篮子鱼 *Siganus vermiculatus* (Valenciennes, 1835)**

*Amphacanthus vermiculatus* Valenciennes, 1835: 1-482.
*Teuthis vermiculata* (Valenciennes, 1835).
*Siganus shortlandensis* Seale, 1906.
文献（Reference）：Seale, 1908; de la Paz and Aragones, 1990; Randall and Lim (eds.), 2000; 伍汉霖, 邵广昭, 赖春福等, 2012.
别名或俗名（Used or common name）：臭肚，象鱼.
分布（Distribution）：东海，南海.

**（4591）蓝带篮子鱼 *Siganus virgatus* (Valenciennes, 1835)**

*Amphacanthus virgatus* Valenciennes, 1835: 1-482.
*Siganus virgata* (Valenciennes, 1835).
*Amphacanthus notostictus* Richardson, 1843.
*Teuthis notosticta* (Richardson, 1843).
文献（Reference）：沈世杰, 1993; Chen, Shao and Lin, 1995; Broad, 2003; 伍汉霖, 邵广昭, 赖春福等, 2012.
别名或俗名（Used or common name）：臭肚，象鱼.
分布（Distribution）：东海，南海.

**（4592）狐篮子鱼 *Siganus vulpinus* (Schlegel *et* Müller, 1845)**

*Amphacanthus vulpinus* Schlegel *et* Müller, 1845: 1-196.
*Lo vulpinus* (Schlegel *et* Müller, 1845).
*Teuthis vulpina* (Schlegel *et* Müller, 1845).
*Teuthis tubulosa* Gronow, 1854.
文献（Reference）：de la Paz and Aragones, 1990; Chen, Jan and Shao, 1997; Randall and Lim (eds.), 2000; Huang, 2001; 伍汉霖, 邵广昭, 赖春福等, 2012.
分布（Distribution）：南海.

## （二九八）镰鱼科 Zanclidae

### 1397. 镰鱼属 *Zanclus* Cuvier, 1831

**（4593）角镰鱼 *Zanclus cornutus* (Linnaeus, 1758)**

*Chaetodon cornutus* Linnaeus, 1758: 1-824.
*Zanclus cornatus* (Linnaeus, 1758).
*Zanclus canescens* (Linnaeus, 1758).
文献（Reference）：Chang, Jan and Shao, 1983; Shao, Chen, Kao *et al.*, 1993; 沈世杰, 1993; Chen, Shao and Lin, 1995; Chen, Jan and Shao, 1997; Ni and Kwok, 1999; Kuo and Shao, 1999; Randall and Lim (eds.), 2000; Huang, 2001; 伍汉霖, 邵广昭, 赖春福等, 2012.
别名或俗名（Used or common name）：角蝶.
分布（Distribution）：东海，南海.

## （二九九）刺尾鱼科 Acanthuridae

### 1398. 刺尾鱼属 *Acanthurus* Forsskål, 1775

**（4594）鳃斑刺尾鱼 *Acanthurus bariene* Lesson, 1831**

*Acanthurus bariene* Lesson, 1831: 66-238.
*Hepatus bariene* (Lesson, 1831).
*Acanthurus kingii* Bennett, 1835.
*Rhombotides nummifer* (Valenciennes, 1835).
文献（Reference）：沈世杰, 1993; Chen, Shao and Lin, 1995; Ni and Kwok, 1999; Randall and Lim (eds.), 2000; Huang, 2001; 伍汉霖, 邵广昭, 赖春福等, 2012.
别名或俗名（Used or common name）：粗皮仔，黑点粗皮鲷，红皮倒吊.
分布（Distribution）：东海，南海.

**（4595）布氏刺尾鱼 *Acanthurus blochii* Valenciennes, 1835**

*Acanthurus blochii* Valenciennes, 1835: 1-482.
文献（Reference）：Valenciennes, 1835: i-xxiv + 1-482 + 2 p; Randall and Lim (eds.), 2000; Werner and Allen, 2000; Huang, 2001; 伍汉霖, 邵广昭, 赖春福等, 2012.

别名或俗名（**Used or common name**）：环尾倒吊，粗皮仔.
分布（**Distribution**）：南海.

### （4596）黑斑刺尾鱼 *Acanthurus chronixis* Randall, 1960

*Acanthurus chronixis* Randall, 1960: 267-279.
文献（**Reference**）：Masuda, Amaoka, Araga *et al.*, 1984; 伍汉霖，邵广昭，赖春福等, 2012.
分布（**Distribution**）：南海.

### （4597）额带刺尾鱼 *Acanthurus dussumieri* Valenciennes, 1835

*Acanthurus dussumiere* Valenciennes, 1835: 1-482.
*Hepatus dussumieri* (Valenciennes, 1835).
*Rhombotides dussumieri* (Valenciennes, 1835).
*Acanthurus lamarrii* Valenciennes, 1835.
文献（**Reference**）：Valenciennes, 1835: i-xxiv + 1-482 + 2 p; Shao, Chen, Kao *et al.*, 1993; 沈世杰, 1993; Chen, Shao and Lin, 1995; Chen, Jan and Shao, 1997; Randall and Lim (eds.), 2000; Huang, 2001; 伍汉霖，邵广昭，赖春福等, 2012.
别名或俗名（**Used or common name**）：眼纹倒吊，粗皮仔.
分布（**Distribution**）：东海，南海.

### （4598）肩斑刺尾鱼 *Acanthurus gahhm* (Forsskål, 1775)

*Chaetodon nigrofuscus gahhm* Forsskål, 1775: 1-164.
*Acanthurus gahm* (Forsskål, 1775).
文献（**Reference**）：Silvestre, Garces and Luna, 1995; Shao, 1997; Huang, 2001; 伍汉霖，邵广昭，赖春福等, 2012.
分布（**Distribution**）：南海.

### （4599）斑点刺尾鱼 *Acanthurus guttatus* Forster, 1801

*Acanthurus guttatus* Forster, 1801: 1-584.
*Harpurus guttatus* (Forster, 1801).
*Rhombotides guttatus* (Forster, 1801).
*Teuthis guttatus* (Forster, 1801).
文献（**Reference**）：Randall, Allen and Steene, 1990; 沈世杰, 1993; Randall and Lim (eds.), 2000; Huang, 2001; 伍汉霖，邵广昭，赖春福等, 2012.
别名或俗名（**Used or common name**）：白点倒吊，粗皮仔，星粗皮鲷.
分布（**Distribution**）：南海.

### （4600）日本刺尾鱼 *Acanthurus japonicus* (Schmidt, 1931)

*Hepatus aliala japonicus* Schmidt, 1931: 19-156.
*Acanthurus japonica* (Schmidt, 1931).
文献（**Reference**）：Chang, Jan and Shao, 1983; Chen, Shao and Lin, 1995; Shao, 1997; Chen, Jan and Shao, 1997; Randall and Lim (eds.), 2000; Huang, 2001; 伍汉霖，邵广昭，赖春福等, 2012.
别名或俗名（**Used or common name**）：花倒吊.
分布（**Distribution**）：东海，南海.

### （4601）白颊刺尾鱼 *Acanthurus leucopareius* (Jenkins, 1903)

*Teuthis leucopareius* Jenkins, 1903: 417-511.
*Hepatus leucopareius* (Jenkins, 1903).
*Hepatus umbra* (Jenkins, 1903).
*Teuthis bishopi* Bryan *et* Herre, 1903.
文献（**Reference**）：Chang, Jan and Shao, 1983; Shao, Shen, Chiu *et al.*, 1992; 沈世杰, 1993; Ni and Kwok, 1999; Randall and Lim (eds.), 2000; Huang, 2001; 伍汉霖，邵广昭，赖春福等, 2012.
别名或俗名（**Used or common name**）：粉蓝倒吊.
分布（**Distribution**）：南海.

### （4602）纵带刺尾鱼 *Acanthurus lineatus* (Linnaeus, 1758)

*Chaetodon lineatus* Linnaeus, 1758: 1-824.
*Ctenodon lineatus* (Linnaeus, 1758).
*Rhombotides lineatus* (Linnaeus, 1758).
*Acanthurus vittatus* Bennett, 1828.
文献（**Reference**）：沈世杰, 1993; Chen, Shao and Lin, 1995; Chen, Jan and Shao, 1997; Randall and Lim (eds.), 2000; Huang, 2001; 伍汉霖，邵广昭，赖春福等, 2012; 刘静，吴仁协，康斌等, 2016.
别名或俗名（**Used or common name**）：纹倒吊，彩虹倒吊.
分布（**Distribution**）：东海，南海.

### （4603）斑头刺尾鱼 *Acanthurus maculiceps* (Ahl, 1923)

*Hepatus maculiceps* Ahl, 1923: 36-37.
文献（**Reference**）：Fowler and Bean, 1929; 沈世杰, 1993; Chen, Shao and Lin, 1995; Randall and Lim (eds.), 2000; Huang, 2001; 伍汉霖，邵广昭，赖春福等, 2012.
别名或俗名（**Used or common name**）：黑带倒吊.
分布（**Distribution**）：东海，南海.

### （4604）暗色刺尾鱼 *Acanthurus mata* (Cuvier, 1829)

*Chaetodon mata* Cuvier (*in* Cuvier *et* Valenciennes), 1829: 1-406.
*Acanthurus bleekeri* Günther, 1861.
*Acanthurus weberi* Ahl, 1923.
*Hepatus weberi* Ahl, 1923.
文献（**Reference**）：沈世杰, 1993; Chen, Jan and Shao, 1997; Kuo and Shao, 1999; Randall and Lim (eds.), 2000; Huang, 2001; 伍汉霖，邵广昭，赖春福等, 2012.

别名或俗名（Used or common name）：倒吊，粗皮仔.
分布（Distribution）：东海，南海.

### （4605）白面刺尾鱼 *Acanthurus nigricans* (Linnaeus, 1758)

*Chaetodon nigricans* Linnaeus, 1758: 1-824.
*Acanthurus glaucoparecius* Cuvier (*in* Cuvier *et* Valenciennes), 1829.
*Acanthurus aliala* Lesson, 1831.
文献（Reference）：Shao, Shen, Chiu *et al.*, 1992; 沈世杰, 1993; Ni and Kwok, 1999; Randall and Lim (eds.), 2000; Huang, 2001; 伍汉霖，邵广昭，赖春福等, 2012.
别名或俗名（Used or common name）：颊面倒吊.
分布（Distribution）：东海，南海.

### （4606）黑尾刺尾鱼 *Acanthurus nigricauda* Duncker *et* Mohr, 1929

*Acanthurus nigricauda* Duncker *et* Mohr, 1929: 57-84.
*Acanthurus gahm nigricauda* Duncker *et* Mohr, 1929.
文献（Reference）：Randall and Lim (eds.), 2000; Werner and Allen, 2000; Huang, 2001; Broad, 2003; 伍汉霖，邵广昭，赖春福等, 2012.
别名或俗名（Used or common name）：倒吊，粗皮仔.
分布（Distribution）：南海.

### （4607）褐斑刺尾鱼 *Acanthurus nigrofuscus* (Forsskål, 1775)

*Chaetodon nigrofuscus* Forsskål, 1775: 1-164.
*Ctenodon rubropunctatus* (Rüppell, 1829).
*Acanthurus matoides* Valenciennes, 1835.
*Teuthis lucillae* (Fowler, 1938).
文献（Reference）：Jordan and Fowler, 1902; Herre, 1927; Chang, Jan and Shao, 1983; Francis, 1993; Chen, Shao and Lin, 1995; Chen, Jan and Shao, 1997; Randall and Lim (eds.), 2000; Huang, 2001; 伍汉霖，邵广昭，赖春福等, 2012.
别名或俗名（Used or common name）：斑面倒吊.
分布（Distribution）：东海，南海.

### （4608）密线刺尾鱼 *Acanthurus nubilus* (Fowler *et* Bean, 1929)

*Hepatus nubilus* Fowler *et* Bean, 1929: 1-352.
*Harpurina nubilus* (Fowler *et* Bean, 1929).
文献（Reference）：Fowler and Bean, 1929; 伍汉霖，邵广昭，赖春福等, 2012.
别名或俗名（Used or common name）：倒吊，粗皮仔.
分布（Distribution）：东海，南海.

### （4609）橙斑刺尾鱼 *Acanthurus olivaceus* Bloch *et* Schneider, 1801

*Acanthurus olicaceous* Bloch *et* Schneider, 1801: 1-584.
*Hepatus olivaceus* (Bloch *et* Schneider, 1801).
*Ctenodon erythromelas* (Swainson, 1839).
*Harpurus paroticus* Forster, 1844.
文献（Reference）：Chang, Jan and Shao, 1983; Francis, 1993; 沈世杰, 1993; Chen, Shao and Lin, 1995; Chen, Jan and Shao, 1997; Ni and Kwok, 1999; Randall and Lim (eds.), 2000; Huang, 2001; 伍汉霖，邵广昭，赖春福等, 2012.
别名或俗名（Used or common name）：红印倒吊，一字倒吊.
分布（Distribution）：东海，南海.

### （4610）黑鳃刺尾鱼 *Acanthurus pyroferus* Kittlitz, 1834

*Acanthurus pyroferus* Kittlitz, 1834: 189-196.
*Hepatus pyriferus* (Kittlitz, 1834).
*Acanthurus armiger* Valenciennes, 1835.
*Acanthurus celebicus* Bleeker, 1853.
文献（Reference）：Herre, 1934; Chang, Jan and Shao, 1983; 沈世杰, 1993; Chen, Jan and Shao, 1997; Randall and Lim (eds.), 2000; Huang, 2001; 伍汉霖，邵广昭，赖春福等, 2012.
别名或俗名（Used or common name）：巧克力倒吊，黄倒吊.
分布（Distribution）：东海，南海.

### （4611）黄尾刺尾鱼 *Acanthurus thompsoni* (Fowler, 1923)

*Hepatus thompsoni* Fowler, 1923: 373-392.
*Teuthis thompsoni* (Fowler, 1923).
*Acanthurus philippinus* Herre, 1927.
*Hepatus philippinus* (Herre, 1927).
文献（Reference）：Herre, 1927; Fowler and Bean, 1929; Shao, Shen, Chiu *et al.*, 1992; Chen, Shao and Lin, 1995; Chen, Jan and Shao, 1997; Chen, Chen and Shao, 1999; Randall and Lim (eds.), 2000; Huang, 2001; 伍汉霖，邵广昭，赖春福等, 2012.
别名或俗名（Used or common name）：倒吊，粗皮仔.
分布（Distribution）：东海，南海.

### （4612）横带刺尾鱼 *Acanthurus triostegus* (Linnaeus, 1758)

*Chaetodon triostegus* Linnaeus, 1758: 1-824.
*Acanthurus triastegus* (Linnaeus, 1758).
*Harpurus fasciatus* Forster, 1801.
*Acanthurus zebra* Lacépède, 1802.
*Teuthis australis* Gray, 1827.
文献（Reference）：Chang, Jan and Shao, 1983; Francis, 1991; Francis, 1993; 沈世杰, 1993; Chen, Shao and Lin, 1995; Chen, Jan and Shao, 1997; Ni and Kwok, 1999; Randall and Lim (eds.), 2000; Huang, 2001; 伍汉霖，邵广昭，赖春福等, 2012.

别名或俗名（Used or common name）：条纹刺尾鱼.
分布（Distribution）：东海，南海.

### （4613）黄鳍刺尾鱼 *Acanthurus xanthopterus* Valenciennes, 1835

*Acanthurus xanthopterus* Valenciennes, 1835: 1-482.
*Hepatus xanthopterus* (Valenciennes, 1835).
*Acanthurus crestonis* (Jordan *et* Starks, 1895).
*Hepatus guntheri* (Jenkins, 1903).
*Acanthurus reticulatus* Shen *et* Lin, 1973.
文献（Reference）：Valenciennes, 1835: i-xxiv + 1-482 + 2 p; Jordan and Fowler, 1902; 沈世杰, 1993; Chen, Shao and Lin, 1995; Chen, Jan and Shao, 1997; Kuo and Shao, 1999; Randall and Lim (eds.), 2000; Huang, 2001; 伍汉霖, 邵广昭, 赖春福等, 2012.
别名或俗名（Used or common name）：倒吊，粗皮仔.
分布（Distribution）：东海，南海.

## 1399. 栉齿刺尾鱼属 *Ctenochaetus* Gill, 1884

### （4614）双斑栉齿刺尾鱼 *Ctenochaetus binotatus* Randall, 1955

*Ctenochaetus binotatus* Randall, 1955: 149-166.
*Ctenochaetus oculocoeruleus* Fourmanoir, 1966.
文献（Reference）：Randall, 1955: 149-166; Schroeder, 1980; Shao, Chen, Kao *et al.*, 1993; 沈世杰, 1993; Masuda and Kobayashi, 1994; Chen, Shao and Lin, 1995; Chen, Jan and Shao, 1997; Ni and Kwok, 1999; Randall and Lim (eds.), 2000; Huang, 2001; Hsieh and Chiu, 2002; 伍汉霖, 邵广昭, 赖春福等, 2012.
别名或俗名（Used or common name）：正吊.
分布（Distribution）：东海，南海.

### （4615）栉齿刺尾鱼 *Ctenochaetus striatus* (Quoy *et* Gaimard, 1825)

*Acanthurus striatus* Quoy *et* Gaimard, 1825: 329-616.
*Acanthurus argenteus* Quoy *et* Gaimard, 1825.
*Acanthurus ctenodon* Valenciennes, 1835.
*Ctenodon cuvierii* Swainson, 1839.
文献（Reference）：Schroeder, 1980; Shen, 1984; 沈世杰, 1993; Masuda and Kobayashi, 1994; Chen, Shao and Lin, 1995; Okamura and Amaoka, 1997; Chen, Jan and Shao, 1997; Randall and Lim (eds.), 2000; Huang, 2001; 伍汉霖, 邵广昭, 赖春福等, 2012.
别名或俗名（Used or common name）：正吊，涟剥.
分布（Distribution）：东海，南海.

## 1400. 鼻鱼属 *Naso* Lacépède, 1801

### （4616）突角鼻鱼 *Naso annulatus* (Quoy *et* Gaimard, 1825)

*Priodon annulatus* Quoy *et* Gaimard, 1825: 329-616.
*Naso annularis* (Quoy *et* Gaimard, 1825).
*Naso herrei* Smith, 1966.
文献（Reference）：Francis, 1991; Francis, 1993; 沈世杰, 1993; Ni and Kwok, 1999; Randall and Lim (eds.), 2000; Huang, 2001; 伍汉霖, 邵广昭, 赖春福等, 2012.
别名或俗名（Used or common name）：剥皮仔.
分布（Distribution）：东海，南海.

### （4617）粗棘鼻鱼 *Naso brachycentron* (Valenciennes, 1835)

*Naseus brachycentron* Valenciennes, 1835: 1-482.
*Naso branchycentron* (Valenciennes, 1835).
*Naso rigoletto* Smith, 1951.
文献（Reference）：Yoshino and Toda, 1984; Shao and Chen, 1988; 沈世杰, 1993; Randall and Lim (eds.), 2000; Huang, 2001; 伍汉霖, 邵广昭, 赖春福等, 2012.
别名或俗名（Used or common name）：剥皮仔，粗棘鼻鱼.
分布（Distribution）：南海.

### （4618）短吻鼻鱼 *Naso brevirostris* (Cuvier, 1829)

*Naseus brevirostris* Cuvier (*in* Cuvier *et* Valenciennes), 1829: 1-406.
*Cyphomycter coryphaenoides* Smith, 1955.
文献（Reference）：Chang, Jan and Shao, 1983; 沈世杰, 1993; Chen, Jan and Shao, 1997; Randall and Lim (eds.), 2000; Huang, 2001; Broad, 2003; 伍汉霖, 邵广昭, 赖春福等, 2012.
别名或俗名（Used or common name）：剥皮仔，打铁婆，独角倒吊.
分布（Distribution）：东海，南海.

### （4619）马面鼻鱼 *Naso fageni* Morrow, 1954

*Naso fageni* Morrow, 1954: 797-820.
*Cyphomycter fageni* (Morrow, 1954).
*Cyphomycter cavallo* Smith, 1955.
*Rhinodactylus baixopindae* Smith, 1957.
文献（Reference）：Morrow, 1954: 797-820; Rau and Rau, 1980; Arai, 1991; Randall and Lim (eds.), 2000; 伍汉霖, 邵广昭, 赖春福等, 2012.
别名或俗名（Used or common name）：剥皮仔，打铁婆.
分布（Distribution）：南海.

### （4620）六棘鼻鱼 *Naso hexacanthus* (Bleeker, 1855)

*Priodon hexacanthus* Bleeker, 1855g: 392-434.
*Naso hexacantus* (Bleeker, 1855).
*Naseus vomer* Klunzinger, 1871.
*Naso vomer* (Klunzinger, 1871).
文献（Reference）：Chang, Jan and Shao, 1983; Francis, 1993; Shao, Chen, Kao *et al.*, 1993; 沈世杰, 1993; Randall and Lim (eds.), 2000; 伍汉霖, 邵广昭, 赖春福等, 2012; 刘静，吴仁

协, 康斌等, 2016.
别名或俗名（Used or common name）：剥皮仔, 打铁婆.
分布（Distribution）：黄海, 东海, 南海.

### （4621）颊吻鼻鱼 *Naso lituratus* (Forster, 1801)

*Acanthurus lituratus* Forster, 1801: 1-584.
*Callicanthus lituratus* (Forster, 1801).
*Aspisurus carolinarum* Quoy *et* Gaimard, 1825.
*Prionurus eoume* Lesson, 1831.
文献（Reference）：Chang, Jan and Shao, 1983; 沈世杰, 1993; Chen, Shao and Lin, 1995; Chen, Jan and Shao, 1997; Randall and Lim (eds.), 2000; 伍汉霖, 邵广昭, 赖春福等, 2012.
别名或俗名（Used or common name）：剥皮仔, 打铁婆.
分布（Distribution）：东海, 南海.

### （4622）洛氏鼻鱼 *Naso lopezi* Herre, 1927

*Naso lopezii* Herre, 1927: 403-478.
文献（Reference）：Herre, 1927: 403-476; Fowler and Bean, 1929; Randall and Struhsaker, 1971; Shao, Shen, Chiu *et al.*, 1992; 沈世杰, 1993; Randall and Lim (eds.), 2000; 伍汉霖, 邵广昭, 赖春福等, 2012.
别名或俗名（Used or common name）：剥皮仔, 打铁婆.
分布（Distribution）：东海, 南海.

### （4623）斑鼻鱼 *Naso maculatus* Randall *et* Struhsaker, 1981

*Naso maculatus* Randall *et* Struhsaker, 1981: 553-558.
文献（Reference）：Randall and Struhsaker, 1981: 553-558; Francis, 1993; 沈世杰, 1993; Shao, 1997; Randall and Lim (eds.), 2000; Broad, 2003; 伍汉霖, 邵广昭, 赖春福等, 2012.
别名或俗名（Used or common name）：剥皮仔, 打铁婆.
分布（Distribution）：南海.

### （4624）方吻鼻鱼 *Naso mcdadei* Johnson, 2002

*Naso mcdadei* Johnson, 2002: 293-311.
文献（Reference）：Randall, 2002; 伍汉霖, 邵广昭, 赖春福等, 2012.
别名或俗名（Used or common name）：剥皮仔, 打铁婆.
分布（Distribution）：南海.

### （4625）小鼻鱼 *Naso minor* (Smith, 1966)

*Axinurus minor* Smith, 1966: 635-682.
文献（Reference）：Bocek, 1982; 沈世杰, 1993; Randall and Lim (eds.), 2000; Werner and Allen, 2000; Broad, 2003; 伍汉霖, 邵广昭, 赖春福等, 2012.
别名或俗名（Used or common name）：剥皮仔, 打铁婆.
分布（Distribution）：南海.

### （4626）网纹鼻鱼 *Naso reticulatus* Randall, 2001

*Naso reticulatus* Randall, 2001b: 170-176.
文献（Reference）：Randall, 2001b: 170-176; 伍汉霖, 邵广昭, 赖春福等, 2012.
别名或俗名（Used or common name）：剥皮仔, 打铁婆.
分布（Distribution）：南海.

### （4627）大眼鼻鱼 *Naso tergus* Ho, Shen *et* Chang, 2011

*Naso tergus* Ho, Shen *et* Chang, 2011: 205-211.
文献（Reference）：Ho, Shen and Chang, 2011: 205-211; 伍汉霖, 邵广昭, 赖春福等, 2012.
别名或俗名（Used or common name）：剥皮仔, 打铁婆, 倒吊, 粗皮仔.
分布（Distribution）：?

### （4628）拟鲔鼻鱼 *Naso thynnoides* (Cuvier, 1829)

*Axinurus thynnoides* Cuvier (*in* Cuvier *et* Valenciennes), 1829: 1-406.
*Naso thynoides* (Cuvier (*in* Cuvier *et* Valenciennes), 1829).
文献（Reference）：Chang, Jan and Shao, 1983; 沈世杰, 1993; Randall and Lim (eds.), 2000; Huang, 2001; 伍汉霖, 邵广昭, 赖春福等, 2012.
别名或俗名（Used or common name）：剥皮仔, 打铁婆.
分布（Distribution）：南海.

### （4629）球吻鼻鱼 *Naso tonganus* (Valenciennes, 1835)

*Naseus tonganus* Valenciennes, 1835: 1-482.
文献（Reference）：Murdy, Ferraris, Hoese *et al.*, 1981; 沈世杰, 1993; 伍汉霖, 邵广昭, 赖春福等, 2012.
别名或俗名（Used or common name）：剥皮仔, 打铁婆.
分布（Distribution）：?

### （4630）单角鼻鱼 *Naso unicornis* (Forsskål, 1775)

*Chaetodon unicornis* Forsskål, 1775: 1-164.
*Acanthurus unicornis* (Forsskål, 1775).
*Naso unicornus* (Forsskål, 1775).
文献（Reference）：Chang, Jan and Shao, 1983; Francis, 1993; Shao, Chen, Kao *et al.*, 1993; 沈世杰, 1993; Chen, Shao and Lin, 1995; Chen, Jan and Shao, 1997; Randall and Lim (eds.), 2000; Huang, 2001; 伍汉霖, 邵广昭, 赖春福等, 2012.
别名或俗名（Used or common name）：剥皮仔, 打铁婆, 独角倒吊.
分布（Distribution）：渤海, 黄海, 东海, 南海.

### （4631）丝尾鼻鱼 *Naso vlamingii* (Valenciennes, 1835)

*Naseus vlamingii* Valenciennes, 1835: 1-482.
*Naso valmingi* (Valenciennes, 1835).
文献（Reference）：沈世杰, 1993; Chen, Jan and Shao, 1997; Randall and Lim (eds.), 2000; Huang, 2001; 伍汉霖, 邵广昭, 赖春福等, 2012.

**别名或俗名（Used or common name）**：剥皮仔，打铁婆.
**分布（Distribution）**：东海，南海.

### 1401. 副刺尾鱼属 *Paracanthurus* Bleeker, 1863

**（4632）黄尾副刺尾鱼 *Paracanthurus hepatus* (Linnaeus, 1766)**
*Teuthis hepatus* Linnaeus, 1766: 1-532.
*Acanthurus hepatus* (Linnaeus, 1766).
*Paracanthurus theuthis* (Lacépède, 1802).
**文献（Reference）**：沈世杰, 1993; Randall and Lim (eds.), 2000; Huang, 2001; Chinese Academy of Fishery Science (CAFS), 2007; 伍汉霖, 邵广昭, 赖春福等, 2012.
**别名或俗名（Used or common name）**：蓝倒吊，剥皮鱼.
**分布（Distribution）**：东海，南海.

### 1402. 多板盾尾鱼属 *Prionurus* Otto, 1821

**（4633）三棘多板盾尾鱼 *Prionurus scalprum* Valenciennes, 1835**
*Prionurus scalprus* Valenciennes, 1835: 1-482.
*Xesurus scalprum* (Valenciennes, 1835).
**文献（Reference）**：Valenciennes, 1835: i-xxiv + 1-482 + 2 p; Shao and Chen, 1992; Shao, Chen, Kao *et al.*, 1993; 沈世杰, 1993; Randall and Lim (eds.), 2000; Huang, 2001; 伍汉霖, 邵广昭, 赖春福等, 2012.
**别名或俗名（Used or common name）**：黑猪哥，黑将军，打铁婆，剥皮仔，三棘天狗鲷.
**分布（Distribution）**：南海.

### 1403. 高鳍刺尾鱼属 *Zebrasoma* Swainson, 1839

**（4634）黄高鳍刺尾鱼 *Zebrasoma flavescens* (Bennett, 1828)**
*Acanthurus flavescens* Bennett, 1828: 31-42.
**文献（Reference）**：Chang, Jan and Shao, 1983; 沈世杰, 1993; Randall and Lim (eds.), 2000; Huang, 2001; 伍汉霖, 邵广昭, 赖春福等, 2012.
**别名或俗名（Used or common name）**：三角倒吊.
**分布（Distribution）**：东海，南海.

**（4635）小高鳍刺尾鱼 *Zebrasoma scopas* (Cuvier, 1829)**
*Acanthurus scopas* Cuvier (*in* Cuvier *et* Valenciennes), 1829: 1-406.
*Zebrasoma scopes* [Cuvier (*in* Cuvier *et* Valenciennes), 1829].
*Acanthurus altivelis* Valenciennes, 1835.
*Acanthurus ruppelii* Bennett, 1836.
**文献（Reference）**：Chang, Jan and Shao, 1983; Francis, 1993; Francis and Randall, 1993; 沈世杰, 1993; Chen, Shao and Lin, 1995; Chen, Jan and Shao, 1997; Randall and Lim (eds.), 2000; Huang, 2001; 伍汉霖, 邵广昭, 赖春福等, 2012.
**别名或俗名（Used or common name）**：三角倒吊.
**分布（Distribution）**：东海，南海.

**（4636）横带高鳍刺尾鱼 *Zebrasoma velifer* (Bloch, 1795)**
*Acanthurus velifer* Bloch, 1795: 1-192.
*Zebrasoma veliferum* (Bloch, 1795).
**文献（Reference）**：White and Calumpong, 1993; 沈世杰, 1993; Silvestre, Garces and Luna, 1995; Chen, Shao and Lin, 1995; Chen, Jan and Shao, 1997; Randall and Lim (eds.), 2000; Huang, 2001; 伍汉霖, 邵广昭, 赖春福等, 2012.
**别名或俗名（Used or common name）**：粗皮鱼，高鳍刺尾鲷.
**分布（Distribution）**：南海.

## （三〇〇）魣科 Sphyraenidae

### 1404. 魣属 *Sphyraena* Bloch *et* Schneider, 1801

**（4637）尖鳍魣 *Sphyraena acutipinnis* Day, 1876**
*Sphyraena acutipinnis* Day, 1876: 169-368.
*Sphyraena africana* Gilchrist *et* Thompson, 1909.
*Sphyraena natalensis* von Bonde, 1923.
**文献（Reference）**：Au, 1979; 马敏钦, 1989; Francis, 1993; Francis and Randall, 1993; 沈世杰, 1993; Randall and Lim (eds.), 2000; Huang, 2001; 伍汉霖, 邵广昭, 赖春福等, 2012.
**别名或俗名（Used or common name）**：针梭，竹梭，巴拉库答.
**分布（Distribution）**：南海.

**（4638）大魣 *Sphyraena barracuda* (Edwards, 1771)**
*Esox barracuda* Edwards, 1771: 1.
*Sphyraena picuda* Bloch *et* Schneider, 1801.
*Sphyraena becuna* Lacépède, 1803.
*Sphyraena commersonii* Cuvier (*in* Cuvier *et* Valenciennes), 1829.
**文献（Reference）**：Springer and McErlean, 1961; Shao, Chen, Kao *et al.*, 1993; 沈世杰, 1993; Ni and Kwok, 1999; Kuo and Shao, 1999; Randall and Lim (eds.), 2000; 伍汉霖, 邵广昭, 赖春福等, 2012.
**别名或俗名（Used or common name）**：金梭，竹梭，巴拉库答.
**分布（Distribution）**：东海，南海.

**（4639）黄尾魣 *Sphyraena flavicauda* Rüppell, 1838**
*Sphyraena flavicauda* Rüppell, 1838: 1-148.

*Sphyraenella flavicauda* (Rüppell, 1838).
*Sphyraena langsar* Bleeker, 1855.
**文献（Reference）**：Shao and Chen, 1992; Shao, Chen, Kao *et al.*, 1993; 沈世杰, 1993; Ni and Kwok, 1999; Randall and Lim (eds.), 2000; Huang, 2001; Bilecenoglu, Taskavak and Kunt, 2002; Nakamura, Horinouchi, Nakai *et al.*, 2003; 伍汉霖, 邵广昭, 赖春福等, 2012; 刘静, 吴仁协, 康斌等, 2016.
**别名或俗名（Used or common name）**：针梭, 竹梭, 巴拉库答.
**分布（Distribution）**：东海, 南海.

### （4640）大眼魣 *Sphyraena forsteri* Cuvier, 1829

*Sphyraena forsteni* Cuvier (*in* Cuvier *et* Valenciennes), 1829: 1-500.
*Callosphyraena toxeuma* (Fowler, 1904).
*Sphyraena toxeuma* Fowler, 1904.
**文献（Reference）**：Cuvier (*in* Cuvier *et* Valenciennes), 1829: 1-500; Klausewitz and Bauchot, 1967; Au, 1979; Kyushin, Amaoka, Nakaya *et al.*, 1982; Shao, Chen, Kao *et al.*, 1993; 沈世杰, 1993; Randall and Lim (eds.), 2000; Huang, 2001; 伍汉霖, 邵广昭, 赖春福等, 2012.
**别名或俗名（Used or common name）**：针梭, 竹梭, 巴拉库答.
**分布（Distribution）**：东海, 南海.

### （4641）黄带魣 *Sphyraena helleri* Jenkins, 1901

*Sphyraena helleri* Jenkins, 1901: 387-404.
**文献（Reference）**：Herre and Umali, 1948; Ni and Kwok, 1999; Randall and Lim (eds.), 2000; Huang, 2001; Chinese Academy of Fishery Science (CAFS), 2007; 伍汉霖, 邵广昭, 赖春福等, 2012.
**分布（Distribution）**：南海.

### （4642）日本魣 *Sphyraena japonica* Bloch *et* Schneider, 1801

*Sphyraena japonica* Bloch *et* Schneider, 1801: 1-584.
**文献（Reference）**：Cuvier and Valenciennes, 1829; 马敏钦, 1989; Shao, Chen, Kao *et al.*, 1993; 沈世杰, 1993; Yamada, Shirai, Irie *et al.*, 1995; Shao, 1997; Ni and Kwok, 1999; Randall and Lim (eds.), 2000; Huang, 2001; 伍汉霖, 邵广昭, 赖春福等, 2012.
**别名或俗名（Used or common name）**：大眼梭子鱼, 倭鲔, 竹操鱼, 针梭, 竹梭, 巴拉库答.
**分布（Distribution）**：黄海, 东海, 南海.

### （4643）斑条魣 *Sphyraena jello* Cuvier, 1829

*Sphyraena jelio* Cuvier (*in* Cuvier *et* Valenciennes), 1829: 1-500.
*Sphyraena permisca* Smith, 1956.
**文献（Reference）**：Cuvier (*in* Cuvier and Valenciennes), 1829: 1-500; Au, 1979; Kyushin, Amaoka, Nakaya *et al.*, 1982; 马敏钦, 1989; Shao, Chen, Kao *et al.*, 1993; 沈世杰, 1993; Ni and Kwok, 1999; Kuo and Shao, 1999; Kuo, Lin and Shao, 1999; Randall and Lim (eds.), 2000; Huang, 2001; 伍汉霖, 邵广昭, 赖春福等, 2012.
**别名或俗名（Used or common name）**：针梭, 竹梭, 巴拉库答, 竹针鱼.
**分布（Distribution）**：东海, 南海.

### （4644）钝魣 *Sphyraena obtusata* Cuvier, 1829

*Sphyraena obtusata* Cuvier (*in* Cuvier *et* Valenciennes), 1829: 1-500.
*Sphyraena chinensis* Lacépède, 1803.
*Sphyraena brachygnathos* Bleeker, 1855.
**文献（Reference）**：Federizon, 1992; Federizon, 1993; Ni and Kwok, 1999; Randall and Lim (eds.), 2000; Huang, 2001; Doiuchi and Nakabo, 2005; 伍汉霖, 邵广昭, 赖春福等, 2012.
**分布（Distribution）**：南海.

### （4645）油魣 *Sphyraena pinguis* Günther, 1874

*Sphyraena pinguis* Günther, 1874a: 154-159.
**文献（Reference）**：Au, 1979; Ivankov and Samuylov, 1987; Dou, 1992; Yamada, Shirai, Irie *et al.*, 1995; Shao, 1997; Ni and Kwok, 1999; Randall and Lim (eds.), 2000; Hong, Yeon, Im *et al.*, 2000; Huang, 2001; Doiuchi and Nakabo, 2005; 伍汉霖, 邵广昭, 赖春福等, 2012.
**分布（Distribution）**：黄海, 东海, 南海.

### （4646）倒牙魣 *Sphyraena putnamae* Jordan *et* Seale, 1905

*Sphyraena putnamae* Jordan *et* Seale, 1905c, 10: 1-17.
*Sphyraena raghava* Chaudhuri, 1917.
*Sphyraena bleekeri* Williams, 1959.
**文献（Reference）**：Jordan and Seale, 1905c, 10: 1-17; Shao, Chen, Kao *et al.*, 1993; 沈世杰, 1993; Kuo and Shao, 1999; Randall and Lim (eds.), 2000; Huang, 2001; 伍汉霖, 邵广昭, 赖春福等, 2012.
**别名或俗名（Used or common name）**：针梭, 竹梭, 巴拉库答.
**分布（Distribution）**：东海, 南海.

### （4647）暗鳍魣 *Sphyraena qenie* Klunzinger, 1870

*Sphyraena genie* Klunzinger, 1870: 669-834.
*Sphyraena tessera* Smith, 1956.
**文献（Reference）**：Klunzinger, 1870: 669-749; Herre and Umali, 1948; 沈世杰, 1993; Randall and Lim (eds.), 2000; 伍汉霖, 邵广昭, 赖春福等, 2012.
**别名或俗名（Used or common name）**：针梭, 竹梭, 巴拉库答.
**分布（Distribution）**：南海.

## （三〇一）蛇鲭科 Gempylidae

### 1405. 双棘蛇鲭属 *Diplospinus* Maul, 1948

**（4648）双棘蛇鲭 *Diplospinus multistriatus* Maul, 1948**

*Diplospinus multistriatus* Maul, 1948: 41-55.

**文献（Reference）**：Masuda, Amaoka, Araga *et al.*, 1984; Okiyama, 1993; 伍汉霖, 邵广昭, 赖春福等, 2012.

**分布（Distribution）**：南海.

### 1406. 短鳍蛇鲭属 *Epinnula* Poey, 1854

**（4649）长腹短鳍蛇鲭 *Epinnula magistralis* Poey, 1854**

*Epinnula magistralis* Poey, 1854: 1-463.

**文献（Reference）**：Masuda, Amaoka, Araga *et al.*, 1984.

**别名或俗名（Used or common name）**：带梭.

**分布（Distribution）**：东海, 南海.

### 1407. 蛇鲭属 *Gempylus* Cuvier, 1829

**（4650）蛇鲭 *Gempylus serpens* Cuvier, 1829**

*Gempylus serpens* Cuvier (*in* Cuvier *et* Valenciennes), 1829: 1-406.

*Muraena compressa* Walbaum, 1792.

*Acinacea notha* Bory de Saint-Vincent, 1804.

*Lemnisoma thyrsitoides* Lesson, 1831.

**文献（Reference）**：Herre, 1953a; Masuda, Amaoka, Araga *et al.*, 1984; Shao, Chen, Kao *et al.*, 1993; 沈世杰, 1993; Randall and Lim (eds.), 2000; Huang, 2001; Parenti, 2002; 伍汉霖, 邵广昭, 赖春福等, 2012.

**别名或俗名（Used or common name）**：刀梭.

**分布（Distribution）**：东海, 南海.

### 1408. 异鳞蛇鲭属 *Lepidocybium* Gill, 1862

**（4651）异鳞蛇鲭 *Lepidocybium flavobrunneum* (Smith, 1843)**

*Cybium flavobrunneum* Smith, 1843: 77 unnumbered pages.

*Xenogramma carinatum* Waite, 1904.

*Nesogrammus thompsoni* Fowler, 1923.

*Diplogonurus maderensis* Noronha, 1926.

**文献（Reference）**：Schultz, 1956; Masuda, Amaoka, Araga *et al.*, 1984; 沈世杰, 1993; Huang, 2001; 伍汉霖, 邵广昭, 赖春福等, 2012.

**别名或俗名（Used or common name）**：油鱼, 细鳞仔, 圆鳕.

**分布（Distribution）**：东海, 南海.

### 1409. 若蛇鲭属 *Nealotus* Johnson, 1865

**（4652）三棘若蛇鲭 *Nealotus tripes* Johnson, 1865**

*Neolatus tripes* Johnson, 1865: 434-437.

*Machaerope latispinis* Ogilby, 1899.

*Machaerope latispinus* Ogilby, 1899.

**文献（Reference）**：Nakamura and Paxton, 1977; Masuda, Amaoka, Araga *et al.*, 1984; Okiyama, 1993; Huang, 2001; Chinese Academy of Fishery Science (CAFS), 2007; 伍汉霖, 邵广昭, 赖春福等, 2012.

**分布（Distribution）**：东海, 南海.

### 1410. 新蛇鲭属 *Neoepinnula* Matsubara *et* Iwai, 1952

**（4653）东方新蛇鲭 *Neoepinnula orientalis* (Gilchrist *et* von Bonde, 1924)**

*Epinnula orientalis* Gilchrist *et* von Bonde, 1924: 1-24.

*Epinnula orientalis pacifica* Grey, 1953.

**文献（Reference）**：Masuda, Amaoka, Araga *et al.*, 1984; Okiyama, 1993; 沈世杰, 1993; Huang, 2001; 伍汉霖, 邵广昭, 赖春福等, 2012.

**别名或俗名（Used or common name）**：带梭.

**分布（Distribution）**：东海, 南海.

### 1411. 无耙蛇鲭属 *Nesiarchus* Johnson, 1862

**（4654）无耙蛇鲭 *Nesiarchus nasutus* Johnson, 1862**

*Nesiarchus nasutus* Johnson, 1862: 167-180.

*Prometheus paradoxus* de Brito Capello, 1867.

*Bipinnula violacea* (Bean, 1887).

*Escolar violaceus* (Bean, 1887).

**文献（Reference）**：Nakamura, 1983; Masuda, Amaoka, Araga *et al.*, 1984; Randall and Lim (eds.), 2000; Huang, 2001; Chinese Academy of Fishery Science (CAFS), 2007; 伍汉霖, 邵广昭, 赖春福等, 2012.

**分布（Distribution）**：南海.

### 1412. 纺锤蛇鲭属 *Promethichthys* Gill, 1893

**（4655）纺锤蛇鲭 *Promethichthys prometheus* (Cuvier, 1832)**

*Gempylus prometheus* Cuvier, 1832: 1-509.

*Promethychthis prometheus* (Cuvier, 1832).

*Prometheus atlanticus* Lowe, 1838.

*Thyrsites ballieui* Sauvage, 1882.

*Promethichthys solandri* Jordan, Evermann *et* Tanaka, 1927.

**文献（Reference）**：Cuvier and Valenciennes, 1831; de la Paz and Interior, 1979; Conlu, 1980; Shao, Shen, Chiu *et al.*, 1992;

Arturo and Alvaro, 1992; 沈世杰, 1993; Roberts and Stewart, 1997; Huang, 2001; 伍汉霖, 邵广昭, 赖春福等, 2012.
**别名或俗名（Used or common name）**：带梭.
**分布（Distribution）**：南海.

### 1413. 短蛇鲭属 *Rexea* Waite, 1911

**（4656）短蛇鲭 *Rexea prometheoides* (Bleeker, 1856)**
*Thyrsites prometheoides* Bleeker, 1856: 1-72.
*Jordanidia prometheoides* (Bleeker, 1856).
*Reyea prometheoides* (Bleeker, 1856).
*Jordanidia raptoria* Snyder, 1911.
**文献（Reference）**：Kyushin, Amaoka, Nakaya *et al.*, 1982; Shao, Chen, Kao *et al.*, 1993; 沈世杰, 1993; Yamada, Shirai, Irie *et al.*, 1995; Roberts and Stewart, 1997; Randall and Lim (eds.), 2000; Huang, 2001; Ohshimo, 2004; 伍汉霖, 邵广昭, 赖春福等, 2012.
**别名或俗名（Used or common name）**：短梭.
**分布（Distribution）**：南海.

**（4657）索氏短蛇鲭 *Rexea solandri* (Cuvier, 1832)**
*Gempylus solandri* Cuvier, 1832: 1-509.
*Thyrsites micropus* McCoy, 1873.
*Rexea furcifera* Waite, 1911.
**文献（Reference）**：de la Paz and Interior, 1979; 伍汉霖, 邵广昭, 赖春福等, 2012.
**分布（Distribution）**：南海.

### 1414. 棘鳞蛇鲭属 *Ruvettus* Cocco, 1833

**（4658）棘鳞蛇鲭 *Ruvettus pretiosus* Cocco, 1833**
*Ruvettus pretiosus* Cocco, 1833: 18.
*Ruvettus preciosus* Cocco, 1833.
*Tetragonurus simplex* Lowe, 1834.
*Thyrsites acanthoderma* Lowe, 1839.
*Thyrsites scholaris* Poey, 1854.
**文献（Reference）**：沈世杰, 1993; Randall and Lim (eds.), 2000; Huang, 2001; 伍汉霖, 邵广昭, 赖春福等, 2012.
**别名或俗名（Used or common name）**：油鱼, 黑皮牛, 粗鳞仔.
**分布（Distribution）**：南海.

### 1415. 黑鳍蛇鲭属 *Thyrsitoides* Fowler, 1929

**（4659）黑鳍蛇鲭 *Thyrsitoides marleyi* Fowler, 1929**
*Thyrisitoides marleyi* Fowler, 1929: 245-264.
*Mimasea taeniosoma* Kamohara, 1936.
*Thyrsitoides jordanus* Ajiad, Jafari *et* Mahasneh, 1987.
**文献（Reference）**：Nakamura, 1980; Masuda, Amaoka, Araga *et al.*, 1984; 沈世杰, 1993; Randall and Lim (eds.), 2000; Huang, 2001; 伍汉霖, 邵广昭, 赖春福等, 2012.
**别名或俗名（Used or common name）**：尖梭.
**分布（Distribution）**：东海, 南海.

## （三〇二）带鱼科 Trichiuridae

### 1416. 剃刀带鱼属 *Assurger* Whitley, 1933

**（4660）长剃刀带鱼 *Assurger anzac* (Alexander, 1917)**
*Evoxymetopon anzac* Alexander, 1917: 104-105.
*Assurger alexanderi* Whitley, 1933.
**文献（Reference）**：Masuda, Amaoka, Araga *et al.*, 1984; Okiyama, 1993; Kim, Choi, Lee *et al.*, 2005; 伍汉霖, 邵广昭, 赖春福等, 2012.
**分布（Distribution）**：南海.

### 1417. 深海带鱼属 *Benthodesmus* Goode *et* Bean, 1882

**（4661）叉尾深海带鱼 *Benthodesmus tenuis* (Günther, 1877)**
*Lepidopus tenuis* Günther, 1877: 433-446.
*Lepidopus aomori* Jordan *et* Snyder, 1901.
*Benthodesmus benjamini* Fowler, 1938.
**文献（Reference）**：Masuda, Amaoka, Araga *et al.*, 1984; Randall and Lim (eds.), 2000; Horie and Tanaka, 2000; 伍汉霖, 邵广昭, 赖春福等, 2012.
**别名或俗名（Used or common name）**：开叉带鱼.
**分布（Distribution）**：东海, 南海.

### 1418. 小带鱼属 *Eupleurogrammus* Gill, 1862

**（4662）小带鱼 *Eupleurogrammus muticus* (Gray, 1831)**
*Trichiurus muticus* Gray, 1831: 9-10.
*Eupleurogramnus muticus* (Gray, 1831).
**文献（Reference）**：Yamada, Shirai, Irie *et al.*, 1995; Ni and Kwok, 1999; Randall and Lim (eds.), 2000; Huang, 2001; Zhang, Tang, Jin *et al.*, 2005; 刘静, 吴仁协, 康斌等, 2016.
**分布（Distribution）**：渤海, 黄海, 东海, 南海.

### 1419. 窄颅带鱼属 *Evoxymetopon* Gill, 1863

**（4663）波氏窄颅带鱼 *Evoxymetopon poeyi* Günther, 1887**
*Euoxymetopon poeyi* Günther, 1887: 1-268.

文献（Reference）：Masuda, Amaoka, Araga *et al.*, 1984; 沈世杰, 1993; Randall and Lim (eds.), 2000; Huang, 2001; Chakraborty, Yoshino and Iwatsuki, 2006; 伍汉霖, 邵广昭, 赖春福等, 2012.

别名或俗名（Used or common name）：叉尾带鱼.

分布（Distribution）：南海.

### （4664）条状窄颅带鱼 *Evoxymetopon taeniatus* Gill, 1863

*Evoxymetropon taeniatus* Gill, 1863c: 224-229.

文献（Reference）：Tucker, 1957; Masuda, Amaoka, Araga *et al.*, 1984; 沈世杰, 1993; Huang, 2001; Chakraborty, Yoshino and Iwatsuki, 2006; 伍汉霖, 邵广昭, 赖春福等, 2012.

别名或俗名（Used or common name）：叉尾带鱼，开叉白带.

分布（Distribution）：?

## 1420. 沙带鱼属 *Lepturacanthus* Fowler, 1905

### （4665）沙带鱼 *Lepturacanthus savala* (Cuvier, 1829)

*Trichiurus savala* Cuvier (*in* Cuvier *et* Valenciennes), 1829: 1-406.

*Trichiurus armatus* Gray, 1831.

文献（Reference）：Herre, 1953a; Yamada, Shirai, Irie *et al.*, 1995; Ni and Kwok, 1999; Randall and Lim (eds.), 2000; Huang, 2001; 伍汉霖, 邵广昭, 赖春福等, 2012; 刘静, 吴仁协, 康斌等, 2016.

别名或俗名（Used or common name）：带鱼.

分布（Distribution）：黄海，东海，南海.

## 1421. 狭颅带鱼属 *Tentoriceps* Whitley, 1948

### （4666）狭颅带鱼 *Tentoriceps cristatus* (Klunzinger, 1884)

*Trichiurus cristatus* Klunzinger, 1884: 1-133.

*Pseudoxymetopon sinensis* Chu *et* Wu, 1962.

文献（Reference）：Senta, 1974; Masuda, Amaoka, Araga *et al.*, 1984; 沈世杰, 1993; Randall and Lim (eds.), 2000; Huang, 2001; 伍汉霖, 邵广昭, 赖春福等, 2012.

别名或俗名（Used or common name）：带鱼，廍头白带.

分布（Distribution）：东海，南海.

## 1422. 带鱼属 *Trichiurus* Linnaeus, 1758

### （4667）短带鱼 *Trichiurus brevis* Wang *et* You, 1992

*Trichiurus brevis* Wang *et* You, 1992: 69-72.

*Trichiurus minor* Li, 1992.

文献（Reference）：Wang and You, 1992: 69-72; Huang, 2001; 伍汉霖, 邵广昭, 赖春福等, 2012; 刘静, 吴仁协, 康斌等, 2016.

别名或俗名（Used or common name）：带鱼.

分布（Distribution）：东海，南海.

### （4668）日本带鱼 *Trichiurus japonicus* Temminck *et* Schlegel, 1844

*Trichiurus japonicus* Temminck *et* Schlegel, 1844: 73-112.

文献（Reference）：Lee, Chang, Wu *et al.* (李信彻, 张昆雄, 巫文隆等), 1977; 伍汉霖, 邵广昭, 赖春福等, 2012.

别名或俗名（Used or common name）：白带，瘦带.

分布（Distribution）：渤海，黄海，东海，南海.

### （4669）高鳍带鱼 *Trichiurus lepturus* Linnaeus, 1758

*Trichiurus lepturus* Linnaeus, 1758: 1-824.

*Trichiurus haumela* (Forsskål, 1775).

*Trichiurus argenteus* Shaw, 1803.

*Trichiurus japanicus* Temminck *et* Schlegel, 1844.

*Trichiurus lajor* Bleeker, 1854.

文献（Reference）：Misu, 1958; Shao, Chang and Lee, 1978; Lin and Zhang, 1981; Yimin and Rosenberg, 1991; 沈世杰, 1993; Ni and Kwok, 1999; Kwok and Ni, 1999; Randall and Lim (eds.), 2000; Chiou, Cheng and Chen, 2004; Zhang, Tang, Jin *et al.*, 2005; Hsu, Shih, Ni *et al.*, 2007; 伍汉霖, 邵广昭, 赖春福等, 2012.

别名或俗名（Used or common name）：白鱼，裙带，肥带，油带，天竺带鱼.

分布（Distribution）：渤海，黄海，东海，南海.

### （4670）珠带鱼 *Trichiurus margarites* Li, 1992

*Trichiurus margarites* Li, 1992: 212-219.

文献（Reference）：Li, 1992: 212-219; 伍汉霖, 邵广昭, 赖春福等, 2012.

分布（Distribution）：南海.

### （4671）南海带鱼 *Trichiurus nanhaiensis* Wang *et* Xu, 1992

*Trichiurus nanhaiensis* Wang *et* Xu, 1992: 69-72.

文献（Reference）：Wang and Xu, 1992: 69-72; Kwok and Ni, 1999; Kwok and Ni, 2000; Huang, 2001.

别名或俗名（Used or common name）：带鱼.

分布（Distribution）：东海，南海.

# （三〇三）鲭科 Scombridae

## 1423. 刺鲅属 *Acanthocybium* Gill, 1862

### （4672）沙氏刺鲅 *Acanthocybium solandri* (Cuvier, 1832)

*Cybium solandri* Cuvier, 1832: 1-509.

*Acanthocybrium solandri* (Cuvier, 1832).
*Acanthocybium sara* (Lay *et* Bennett, 1839).
*Cybium sara* Lay *et* Bennett, 1839.
*Acanthocybium petus* (Poey, 1860).
**文献（Reference）**：Cuvier and Valenciennes, 1831; Conrad, 1938; Shao, Chen, Kao *et al.*, 1993; 沈世杰, 1993; Ni and Kwok, 1999; Randall and Lim (eds.), 2000; Huang, 2001; 伍汉霖, 邵广昭, 赖春福等, 2012.
**别名或俗名（Used or common name）**：石乔, 竹节鲭, 土托舅, 沙啦.
**分布（Distribution）**：东海, 南海.

## 1424. 舵鲣属 *Auxis* Cuvier, 1829

### （4673）圆舵鲣 *Auxis rochei rochei* (Risso, 1810)

*Scomber rochei* Risso, 1810: 1-388.
**文献（Reference）**：沈世杰, 1993.
**别名或俗名（Used or common name）**：双鳍舵鲣, 烟管仔, 竹棍鱼, 枪管烟.
**分布（Distribution）**：东海, 南海.

### （4674）扁舵鲣 *Auxis thazard thazard* (Lacépède, 1800)

*Scomber thazard* Lacépède, 1800: 1-632.
**文献（Reference）**：Lacépède, 1800: i-lxiv + 1-632; 沈世杰, 1993; 刘静, 吴仁协, 康斌等, 2016.
**别名或俗名（Used or common name）**：烟仔鱼, 油烟, 花烟, 平花鲣, 憨烟.
**分布（Distribution）**：黄海, 东海, 南海.

## 1425. 鲔属 *Euthynnus* Lütken, 1883

### （4675）鲔 *Euthynnus affinis* (Cantor, 1849)

*Thynnus affinis* Cantor, 1849: 983-1443.
*Euthynus affinis* (Cantor, 1849).
*Euthunnus yaito* Kishinouye, 1915.
*Euthunnus wallisi* (Whitley, 1937).
**文献（Reference）**：Williamson, 1970; Calud, Cinco and Silvestre, 1991; 沈世杰, 1993; Ni and Kwok, 1999; Randall and Lim (eds.), 2000; Huang, 2001; Lin and Ho, 2002; Chiou, Cheng and Chen, 2004; 伍汉霖, 邵广昭, 赖春福等, 2012; 刘静, 吴仁协, 康斌等, 2016.
**别名或俗名（Used or common name）**：三点仔, 烟仔, 倒串, 鲲, 花烟, 大憨烟.
**分布（Distribution）**：东海, 南海.

## 1426. 双线鲭属 *Grammatorcynus* Gill, 1862

### （4676）大眼双线鲭 *Grammatorcynus bilineatus* (Rüppell, 1836)

*Thynnus bilineatus* Rüppell, 1836: 1-148.
*Grammatocrynus bilineatus* (Rüppell, 1836).
*Nesogrammus piersoni* Evermann *et* Seale, 1907.
**文献（Reference）**：Evermann and Seale, 1907; Collette and Nauen, 1983; Masuda, Amaoka, Araga *et al.*, 1984; Randall and Lim (eds.), 2000; Werner and Allen, 2000; 伍汉霖, 邵广昭, 赖春福等, 2012.
**别名或俗名（Used or common name）**：烟仔鱼.
**分布（Distribution）**：东海, 南海.

## 1427. 裸狐鲣属 *Gymnosarda* Gill, 1862

### （4677）裸狐鲣 *Gymnosarda unicolor* (Rüppell, 1836)

*Thynnus unicolor* Rüppell, 1836: 1-148.
*Gymnosarda nuda* (Günther, 1860).
*Pelamys nuda* Günther, 1860.
**文献（Reference）**：沈世杰, 1993; Chen, Jan and Shao, 1997; Ni and Kwok, 1999; Randall and Lim (eds.), 2000; Huang, 2001; 伍汉霖, 邵广昭, 赖春福等, 2012.
**别名或俗名（Used or common name）**：大梳齿, 长翼, 疏齿.
**分布（Distribution）**：东海, 南海.

## 1428. 鲣属 *Katsuwonus* Kishinouye, 1915

### （4678）鲣 *Katsuwonus pelamis* (Linnaeus, 1758)

*Scomber pelamis* Linnaeus, 1758: 1-824.
*Euthynnus pelamis* (Linnaeus, 1758).
*Thynnus pelamys* (Linnaeus, 1758).
*Scomber pelamides* Lacépède, 1801.
**文献（Reference）**：朱元鼎, 1985; Tandog-Edralin, Cortez-Zaragoza, Dalzell *et al.*, 1990; Francis, 1991; Ida, Oka, Terashima *et al.*, 1993; Shao, Chen, Kao *et al.*, 1993; 沈世杰, 1993; Yamada, Shirai, Irie *et al.*, 1995; Ni and Kwok, 1999; Randall and Lim (eds.), 2000; Huang, 2001; 伍汉霖, 邵广昭, 赖春福等, 2012.
**别名或俗名（Used or common name）**：鲲, 烟仔, 小串, 柴鱼, 烟仔虎, 肥烟.
**分布（Distribution）**：黄海, 东海, 南海.

## 1429. 羽鳃鲐属 *Rastrelliger* Jordan *et* Starks, 1908

### （4679）福氏羽鳃鲐 *Rastrelliger faughni* Matsui, 1967

*Rastrelliger faughni* Matsui, 1967: 71-83.
**文献（Reference）**：Matsui, 1967: 71-83; Chang and Lee, 1970; 沈世杰, 1993; Baker and Collette, 1998; Ni and Kwok, 1999; Randall and Lim (eds.), 2000; Aripin and Showers, 2000;

Huang, 2001; 伍汉霖, 邵广昭, 赖春福等, 2012.
**别名或俗名（Used or common name）**：花飞, 白面仔, 妈鲎, 富干氏鲭.
**分布（Distribution）**：南海.

**（4680）羽鳃鲐 *Rastrelliger kanagurta* (Cuvier, 1816)**

*Scomber kanagurta* Cuvier, 1816: 96-106.
*Rastelliger kanagurta* (Cuvier, 1816).
*Scomber delphinalis* Cuvier, 1832.
*Rastrelliger chrysozonus* (Rüppell, 1836).
*Rastrelliger serventyi* Whitley, 1944.
**文献（Reference）**：Jordan and Snyder, 1902; Shao, Chen, Kao *et al.*, 1993; 沈世杰, 1993; Randall and Lim (eds.), 2000; Huang, 2001; Jawad, Taher and Nadji, 2001; 伍汉霖, 邵广昭, 赖春福等, 2012; 刘静, 吴仁协, 康斌等, 2016.
**别名或俗名（Used or common name）**：铁甲, 妈鲎.
**分布（Distribution）**：东海, 南海.

## 1430. 狐鲣属 *Sarda* Plumier, 1802

**（4681）东方狐鲣 *Sarda orientalis* (Temminck *et* Schlegel, 1844)**

*Pelamys orientalis* Temminck *et* Schlegel, 1844: 73-112.
*Sarda velox* Meek *et* Hildebrand, 1923.
*Sarda orientalis serventyi* Whitley, 1945.
**文献（Reference）**：Sivasubramaniam, 1969; Shao, Chen, Kao *et al.*, 1993; 沈世杰, 1993; Yamada, Shirai, Irie *et al.*, 1995; Chen, Shao and Lin, 1995; Randall and Lim (eds.), 2000; Huang, 2001; Lin and Ho, 2002; 伍汉霖, 邵广昭, 赖春福等, 2012.
**别名或俗名（Used or common name）**：烟仔虎, 西齿, 疏齿, 掠齿烟, 乌鳍串.
**分布（Distribution）**：黄海, 东海, 南海.

## 1431. 鲭属 *Scomber* Linnaeus, 1758

**（4682）澳洲鲭 *Scomber australasicus* Cuvier, 1832**

*Scomber australasicus* Cuvier, 1832: 1-509.
*Pneumatophorus tapeinocephalus* (Bleeker, 1854).
*Scomber tapeinocephalus* Bleeker, 1854.
*Scomber antarcticus* Castelnau, 1872.
**文献（Reference）**：Cuvier and Valenciennes, 1831; Chang and Wu, 1977; Shao, Chen, Kao *et al.*, 1993; 沈世杰, 1993; Baker and Collette, 1998; Randall and Lim (eds.), 2000; Chiu and Hsieh, 2001; Huang, 2001; Ohshimo, 2004; Chiou, Cheng and Chen, 2004; 伍汉霖, 邵广昭, 赖春福等, 2012.
**别名或俗名（Used or common name）**：花飞, 青辉.
**分布（Distribution）**：东海, 南海.

**（4683）鲐 *Scomber japonicus* Houttuyn, 1782**

*Scomber japonicus* Houttuyn, 1782: 311-350.
*Pneumatophorus japonicus* (Houttuyn, 1782).
*Scomber janesaba* Bleeker, 1854.
*Scomber joanesaba* Bleeker, 1854.
*Scomber peruanus* (Jordan *et* Hubbs, 1925).
**文献（Reference）**：沈世杰, 1993; Leung, 1994; Ni and Kwok, 1999; Kuo and Shao, 1999; Tang and Jin, 1999; Randall and Lim (eds.), 2000; Chiu and Hsieh, 2001; Huang, 2001; Ohshimo, 2004; Zhang, Tang, Jin *et al.*, 2005; 伍汉霖, 邵广昭, 赖春福等, 2012; 刘静, 吴仁协, 康斌等, 2016.
**别名或俗名（Used or common name）**：日本鲭, 花飞, 青辉.
**分布（Distribution）**：渤海, 黄海, 东海, 南海.

## 1432. 马鲛属 *Scomberomorus* Lacépède, 1801

**（4684）康氏马鲛 *Scomberomorus commerson* (Lacépède, 1800)**

*Scomber commersonii* Lacépède, 1800: 1-632.
*Cibium commersonii* (Lacépède, 1800).
*Scomber maculosus* Shaw, 1803.
*Cybium konam* Bleeker, 1851.
*Cybium multifasciatum* Kishinouye, 1915.
**文献（Reference）**：Seale, 1908; Shao, Chen, Kao *et al.*, 1993; Chen, Shao and Lin, 1995; Ni and Kwok, 1999; Randall and Lim (eds.), 2000; Huang, 2001; 伍汉霖, 邵广昭, 赖春福等, 2012; 刘静, 吴仁协, 康斌等, 2016.
**别名或俗名（Used or common name）**：土魠, 马加, 马鲛, 梭齿, 头魠, 鰆.
**分布（Distribution）**：渤海, 黄海, 东海, 南海.

**（4685）斑点马鲛 *Scomberomorus guttatus* (Bloch *et* Schneider, 1801)**

*Scomber guttatus* Bloch *et* Schneider, 1801: 1-584.
*Cybium guttatum* (Bloch *et* Schneider, 1801).
*Scomber leopardus* Shaw, 1803.
*Cybium interruptum* Cuvier, 1832.
*Cybium kuhlii* Cuvier, 1832.
**文献（Reference）**：Herre, 1953a; Masuda, Amaoka, Araga *et al.*, 1984; Shao, Chen, Kao *et al.*, 1993; Ni and Kwok, 1999; Randall and Lim (eds.), 2000; Huang, 2001; 伍汉霖, 邵广昭, 赖春福等, 2012.
**别名或俗名（Used or common name）**：白北, 白腹仔.
**分布（Distribution）**：东海, 南海.

**（4686）朝鲜马鲛 *Scomberomorus koreanus* (Kishinouye, 1915)**

*Cybium koreanum* Kishinouye, 1915: 1-24.

*Sawara koreanum* (Kishinouye, 1915).
*Scomberomorus guttatus koreanus* (Kishinouye, 1915).
**文献（Reference）**：Devaraj, 1976; Masuda, Amaoka, Araga *et al.*, 1984; Shao, Chen, Kao *et al.*, 1993; Yamada, Shirai, Irie *et al.*, 1995; Ni and Kwok, 1999; Randall and Lim (eds.), 2000; Huang, 2001; 伍汉霖, 邵广昭, 赖春福等, 2012.
**别名或俗名（Used or common name）**：破北, 阔北, 阔腹仔, 高丽鰆, 破腹.
**分布（Distribution）**：渤海, 黄海, 东海, 南海.

### （4687）蓝点马鲛 *Scomberomorus niphonius* (Cuvier, 1832)

*Cybium niphonium* Cuvier, 1832: 1-509.
*Sawara niphonia* (Cuvier, 1832).
*Cybium gracile* Günther, 1873.
**文献（Reference）**：Kishida, Ueda and Takao, 1985; Dou, 1992; Shao, Chen, Kao *et al.*, 1993; Yamada, Shirai, Irie *et al.*, 1995; Ni and Kwok, 1999; Tang and Jin, 1999; Chen and Shen, 1999; Randall and Lim (eds.), 2000; Huang, 2001; Zhang, Tang, Jin *et al.*, 2005; 伍汉霖, 邵广昭, 赖春福等, 2012.
**别名或俗名（Used or common name）**：正马加, 尖头马加, 马嘉.
**分布（Distribution）**：渤海, 黄海, 东海, 南海.

### （4688）中华马鲛 *Scomberomorus sinensis* (Lacépède, 1800)

*Scomber sinensis* Lacépède, 1800: 1-632.
*Cybium sinensis* (Lacépède, 1800).
*Cybium chinense* Cuvier, 1832.
*Cybium cambodgiense* Durand, 1940.
**文献（Reference）**：Herklots and Lin, 1940; Masuda, Amaoka, Araga *et al.*, 1984; Ni and Kwok, 1999; Randall and Lim (eds.), 2000; Huang, 2001; Kim, Choi, Lee *et al.*, 2005; 伍汉霖, 邵广昭, 赖春福等, 2012.
**别名或俗名（Used or common name）**：马加, 大耳, 西达, 中华鰆.
**分布（Distribution）**：渤海, 黄海, 东海, 南海.

## 1433. 金枪鱼属 *Thunnus* South, 1845

### （4689）长鳍金枪鱼 *Thunnus alalunga* (Bonnaterre, 1788)

*Scomber alalunga* Bonnaterre, 1788: 1-215.
*Albacora alalonga* (Bonnaterre, 1788).
*Scomber albicans* Walbaum, 1792.
*Germo germon* (Lacépède, 1800).
*Thunnus pacificus* (Cuvier, 1832).
**文献（Reference）**：Lee and Yeh, 1992; Randall and Lim (eds.), 2000; Huang, 2001; Sun, Nelson, Porch *et al.*, 2002; 伍汉霖, 邵广昭, 赖春福等, 2012.
**别名或俗名（Used or common name）**：Pon-bo.
**分布（Distribution）**：东海, 南海.

### （4690）黄鳍金枪鱼 *Thunnus albacares* (Bonnaterre, 1788)

*Scomber albacares* Bonnaterre, 1788: 1-215.
*Germo albacares* (Bonnaterre, 1788).
*Thunnus argentivittatus* (Cuvier, 1832).
*Germo macropterus* (Temminck *et* Schlegel, 1844).
*Thunnus catalinae* (Jordan *et* Evermann, 1926).
*Neothunnus brevipinna* Bellón *et* Bàrdan de Bellón, 1949.
**文献（Reference）**：Huang and Yang, 1974; Francis, 1991; Shao, Chen, Kao *et al.*, 1993; Chen, Jan and Shao, 1997; Ni and Kwok, 1999; Randall and Lim (eds.), 2000; Huang, 2001; 苏楠杰, 孙志陆和叶素然, 2003; 伍汉霖, 邵广昭, 赖春福等, 2012.
**别名或俗名（Used or common name）**：串仔, 黄奇串.
**分布（Distribution）**：东海, 南海.

### （4691）大眼金枪鱼 *Thunnus obesus* (Lowe, 1839)

*Thynnus obesus* Lowe, 1839: 76-92.
*Germo obesus* (Lowe, 1839).
*Germo sibi* (Temminck *et* Schlegel, 1844).
*Parathunnus mebachi* (Kishinouye, 1915).
**文献（Reference）**：Kume and Joseph, 1966; Shao, Chen, Kao *et al.*, 1993; Randall and Lim (eds.), 2000; Huang, 2001; Sun, Huang and Yeh, 2001; 伍汉霖, 邵广昭, 赖春福等, 2012.
**别名或俗名（Used or common name）**：大目仔, 大眼鲔.
**分布（Distribution）**：东海, 南海.

### （4692）东方金枪鱼 *Thunnus orientalis* (Temminck *et* Schlegel, 1844)

*Thynnus orientalis* Temminck *et* Schlegel, 1844: 73-112.
*Orcynus schlegelii* Steindachner, 1884.
*Thunnus schlegelii* (Steindachner, 1884).
*Thunnus saliens* Jordan *et* Evermann, 1926.
**文献（Reference）**：Masuda, Amaoka, Araga *et al.*, 1984; Ganaden and Lavapie-Gonzales, 1999; 伍汉霖, 邵广昭, 赖春福等, 2012.
**别名或俗名（Used or common name）**：黑鲔, 黑瓮串, 黑暗串, 东方鲔, 东方蓝鳍鲔.
**分布（Distribution）**：东海, 南海.

### （4693）金枪鱼 *Thunnus thynnus* (Linnaeus, 1758)

*Scomber thynnus* Linnaeus, 1758: 1-824.
*Albacora thynnus* (Linnaeus, 1758).
*Thynnus mediterraneus* Risso, 1827.
*Thynnus secundodorsalis* Storer, 1853.
*Thynnus linnei* Malm, 1877.
**文献（Reference）**：Palomares, 1987; Ishizuka, 1989; Ida, Oka, Terashima *et al.*, 1993; Shao, 1997; Huang, 2001; Lin and Ho, 2002; 伍汉霖, 邵广昭, 赖春福等, 2012.

分布（Distribution）：南海.

### （4694）青干金枪鱼 *Thunnus tonggol* (Bleeker, 1851)

*Thynnus tonggol* Bleeker, 1851: 341-372.
*Kishinoella tonggol* (Bleeker, 1851).
*Kishinoella rara* (Kishinouye, 1915).
*Thunnus nicolsoni* Whitley, 1936.
文献（Reference）：Randall and Lim (eds.), 2000; Huang, 2001; Chinese Academy of Fishery Science (CAFS), 2007; 伍汉霖, 邵广昭, 赖春福等, 2012; 刘静, 吴仁协, 康斌等, 2016.
别名或俗名（Used or common name）：小黄鳍鲔, 黑鳍串, 串仔, 长实, 长翼.
分布（Distribution）：东海, 南海.

## （三〇四）剑鱼科 Xiphiidae

### 1434. 剑鱼属 *Xiphias* Linnaeus, 1758

### （4695）剑鱼 *Xiphias gladius* Linnaeus, 1758

*Xyphias gladius* Linnaeus, 1758: 1-824.
*Tetrapterus imperator* (Bloch *et* Schneider, 1801).
*Xiphias rondeletii* Leach, 1814.
*Phaethonichthys tuberculatus* Nichols, 1923.
*Xiphias thermaicus* Serbetis, 1951.
文献（Reference）：林筱龄, 2003; Wang, Sun and Yeh, 2003; 王胜平, 2004; 伍汉霖, 邵广昭, 赖春福等, 2012.
别名或俗名（Used or common name）：旗鱼舅, 丁挽舅.
分布（Distribution）：东海, 南海.

## （三〇五）旗鱼科 Istiophoridae

### 1435. 印度枪鱼属 *Istiompax* Whitley, 1931

### （4696）印度枪鱼 *Istiompax indica* (Cuvier, 1832)

*Tetrapturus indicus* Cuvier, 1832: 1-509.
*Makaira indicus* (Cuvier, 1832).
*Tetrapterus australis* Macleay, 1854.
*Histiophorus brevirostris* Playfair, 1867.
*Makaira malina* Jordan *et* Hill, 1926.
文献（Reference）：Gregory and Conrad, 1939; Koto, Furukawa and Kodama, 1960; Squire and Nielsen, 1983; Shao, Chen, Kao *et al.*, 1993; Randall and Lim (eds.), 2000; Huang, 2001; Shimose, Yokawa, Saito *et al.*, 2008; 伍汉霖, 邵广昭, 赖春福等, 2012.
别名或俗名（Used or common name）：翘翅仔, 白肉旗鱼.
分布（Distribution）：东海, 南海.

### 1436. 旗鱼属 *Istiophorus* Lacépède, 1801

### （4697）平鳍旗鱼 *Istiophorus platypterus* (Shaw, 1792)

*Xiphias platypterus* Shaw, 1792: 23 vols. unnumbered pages.
*Histiophorus gladius* (Bloch, 1793).
*Xiphias velifer* Bloch *et* Schneider, 1801.
*Histiophorus immaculatus* Rüppell, 1830.
*Histiophorus indicus* Cuvier, 1832.
文献（Reference）：Rüppell, 1835; Laurs and Nishimoto, 1970; Gehringer, 1970; Beardsley, Merrett and Richards, 1975; Shao, Chen, Kao *et al.*, 1993; Randall and Lim (eds.), 2000; Huang, 2001; Chiang, Sun, Yeh *et al.*, 2004; 江伟全, 2004; 伍汉霖, 邵广昭, 赖春福等, 2012.
别名或俗名（Used or common name）：破雨伞, 雨笠仔.
分布（Distribution）：渤海, 黄海, 东海, 南海.

### 1437. 红肉枪鱼属 *Kajikia* Hirasaka *et* Nakamura, 1947

### （4698）红肉枪鱼 *Kajikia audax* (Philippi, 1887)

*Histiophorus audax* Philippi, 1887: 535-574.
*Istiophorus audax* (Philippi, 1887).
*Kajikia mitsukurii* (Jordan *et* Snyder, 1901).
*Makaira grammatica* Jordan *et* Evermann, 1926.
*Kajikia formosana* Hirasaka *et* Nakamura, 1947.
文献（Reference）：Gregory and Conrad, 1939; Kume and Joseph, 1969; Randall and Lim (eds.), 2000; Huang, 2001; Kopf, Davie, Bromhead *et al.*, 2011; 伍汉霖, 邵广昭, 赖春福等, 2012.
别名或俗名（Used or common name）：红肉仔.
分布（Distribution）：东海, 南海.

### 1438. 枪鱼属 *Makaira* Lacépède, 1802

### （4699）蓝枪鱼 *Makaira mazara* (Jordan *et* Snyder, 1901)

*Tetrapturus mazara* Jordan *et* Snyder, 1901: 301-311.
*Istiompax mazara* (Jordan *et* Snyder, 1901).
*Eumakaira nigra* Hirasaka *et* Nakamura, 1947.
*Istiompax howardi* Whitley, 1954.
文献（Reference）：Masuda, Amaoka, Araga *et al.*, 1984; Gillett, 1986; Randall and Lim (eds.), 2000; Huang, 2001; 伍汉霖, 邵广昭, 赖春福等, 2012.
分布（Distribution）：渤海, 黄海, 东海, 南海.

### （4700）大西洋蓝枪鱼 *Makaira nigricans* Lacépède, 1802

*Makaira nigricans* Lacépède, 1802: 1-728.
*Histiophorus herschelii* (Gray, 1838).
*Makaira herschelii* (Gray, 1838).
*Makaira ampla* (Poey, 1860).
文献（Reference）：LaMonte and Conrad, 1937; Shapiro, 1938; Gregory and Conrad, 1939; Morrow, 1959; Barlett and Haedrich, 1968; Bartlett, 1968; Eschmeyer and Bullis, 1968.
别名或俗名（Used or common name）：黑皮仔, 铁皮, 丁

挽，油旗鱼.
分布（**Distribution**）：东海，南海.

### 1439. 四鳍旗鱼属 *Tetrapturus* Rafinesque, 1810

**（4701）小吻四鳍旗鱼 *Tetrapturus angustirostris* Tanaka, 1915**

*Tetrapterus angustirostris* Tanaka, 1915: 319-342.
*Pseudohistiophorus angustirostris* (Tanaka, 1915).
*Pseudohistiophorus illingworthi* (Jordan *et* Evermann, 1926).
*Tetrapturus kraussi* Jordan *et* Evermann, 1926.
文献（**Reference**）：Kume and Joseph, 1969; Masuda, Amaoka, Araga *et al.*, 1984; Okiyama, 1993; Randall and Lim (eds.), 2000; Huang, 2001; 伍汉霖，邵广昭，赖春福等, 2012.
别名或俗名（**Used or common name**）：红肉尿仔，红肉丁挽.
分布（**Distribution**）：东海，南海.

## （三〇六）长鲳科 Centrolophidae

### 1440. 栉鲳属 *Hyperoglyphe* Günther, 1859

**（4702）日本栉鲳 *Hyperoglyphe japonica* (Döderlein, 1884)**

*Centrolophus japonicus* Döderlein, 1884: 171-212.
文献（**Reference**）：Safran and Omori, 1990; Yamada, Shirai, Irie *et al.*, 1995; Chen, Jan and Shao, 1997; Randall and Lim (eds.), 2000; Chiu and Hsieh, 2001; Ohshimo, 2004; 伍汉霖，邵广昭，赖春福等, 2012.
别名或俗名（**Used or common name**）：水母鲳，日本栉鲳.
分布（**Distribution**）：黄海，东海，南海.

### 1441. 刺鲳属 *Psenopsis* Gill, 1862

**（4703）刺鲳 *Psenopsis anomala* (Temminck *et* Schlegel, 1844)**

*Trachinotus anomalus* Temminck *et* Schlegel, 1844: 73-112.
文献（**Reference**）：Kyushin, Amaoka, Nakaya *et al.*, 1982; Shao, Shen, Chiu *et al.*, 1992; 沈世杰, 1993; Yamada, Shirai, Irie *et al.*, 1995; Sadovy, 1998; Ni and Kwok, 1999; Randall and Lim (eds.), 2000; Huang, 2001; Du, Lu, Chen *et al.*, 2010; 伍汉霖，邵广昭，赖春福等, 2012; 刘静，吴仁协，康斌等, 2016.
别名或俗名（**Used or common name**）：肉鱼，肉鲫仔，土肉.
分布（**Distribution**）：渤海，黄海，东海，南海.

## （三〇七）双鳍鲳科 Nomeidae

### 1442. 方头鲳属 *Cubiceps* Lowe, 1843

**（4704）科氏方头鲳 *Cubiceps kotlyari* Agafonova, 1988**

*Cubiceps kotlyari* Agafonova, 1988: 541-555.
文献（**Reference**）：Agafonova, 1988: 541-555; Last, 2001.
别名或俗名（**Used or common name**）：肉鲳.
分布（**Distribution**）：东海，南海.

**（4705）少鳍方头鲳 *Cubiceps pauciradiatus* Günther, 1872**

*Cubiceps pauciradiatus* Günther, 1872: 418-426.
*Cubiceps longimanus* Fowler, 1934.
*Cubiceps nesiotes* Fowler, 1938.
*Cubiceps carinatus* Nichols *et* Murphy, 1944.
*Cubiceps athenae* Haedrich, 1965.
文献（**Reference**）：Günther, 1872: 418-426; Masuda, Amaoka, Araga *et al.*, 1984; Smith and Heemstra, 1986; Okiyama, 1993; Last, 2001; 伍汉霖，邵广昭，赖春福等, 2012.
别名或俗名（**Used or common name**）：肉鲳.
分布（**Distribution**）：南海.

**（4706）拟鳞首方头鲳 *Cubiceps squamicepoides* Deng, Xiong *et* Zhan, 1983**

*Cubiceps squamicepoides* Deng, Xiong *et* Zhan, 1983b: 317-322.
文献（**Reference**）：Deng, Xiong and Zhan, 1983b: 317-322.
分布（**Distribution**）：东海.

**（4707）怀氏方头鲳 *Cubiceps whiteleggii* (Waite, 1894)**

*Psenes whiteleggii* Waite, 1894: 215-227.
*Cubiceps whiteleggi* (Waite, 1894).
*Cubiceps squamiceps* (Lloyd, 1909).
*Cubiceps natalensis* Gilchrist *et* von Bonde, 1923.
*Psenes guttatus* Fowler, 1934.
文献（**Reference**）：Richards, Chong, Mak *et al.*, 1985; 朱元鼎, 1985; 沈世杰, 1993; Yamada, Shirai, Irie *et al.*, 1995; Kuo and Shao, 1999; Randall and Lim (eds.), 2000; Huang, 2001; Ohshimo, 2004; 伍汉霖，邵广昭，赖春福等, 2012; 刘静，吴仁协，康斌等, 2016.
别名或俗名（**Used or common name**）：肉鲳.
分布（**Distribution**）：黄海，东海，南海.

### 1443. 双鳍鲳属 *Nomeus* Cuvier, 1816

**（4708）水母双鳍鲳 *Nomeus gronovii* (Gmelin, 1789)**

*Gobius gronovii* Gmelin, 1789: 1033-1516.
*Nomeus gronovi* (Gmelin, 1789).
*Eleotris mauritii* Bloch *et* Schneider, 1801.
*Nomeus maculosus* Bennett, 1831.
*Nomeus peronii* Valenciennes, 1833.

**文献（Reference）**：Masuda, Amaoka, Araga *et al.*, 1984; Suda, Tachikawa and Baba, 1986; 沈世杰, 1993; Arturo, Alberto and Jaime, 1994; Randall and Lim (eds.), 2000; Huang, 2001; 伍汉霖, 邵广昭, 赖春福等, 2012.

**别名或俗名（Used or common name）**：水母鲳.

**分布（Distribution）**：东海, 南海.

### 1444. 玉鲳属 *Psenes* Valenciennes, 1833

**（4709）水母玉鲳 *Psenes arafurensis* Günther, 1889**

*Psenes arafrensis* Günther, 1889: 1-47.
*Psenes benardi* Rossignol *et* Blache, 1961.

**文献（Reference）**：Masuda, Amaoka, Araga *et al.*, 1984; Okiyama, 1993; Yamada, Shirai, Irie *et al.*, 1995; Randall and Lim (eds.), 2000; Huang, 2001; 伍汉霖, 邵广昭, 赖春福等, 2012.

**分布（Distribution）**：东海, 南海.

**（4710）玻璃玉鲳 *Psenes cyanophrys* Valenciennes, 1833**

*Psenes cyanophrys* Valenciennes, 1833: 1-512.
*Psenes guamensis* Valenciennes, 1833.
*Psenes javanicus* Valenciennes, 1833.
*Psenes leucurus* Valenciennes, 1833.
*Psenes pacificus* Meek *et* Hildebrand, 1925.

**文献（Reference）**：Herre, 1953a; Masuda, Amaoka, Araga *et al.*, 1984; 沈世杰, 1993; Randall and Lim (eds.), 2000; Huang, 2001; 伍汉霖, 邵广昭, 赖春福等, 2012.

**别名或俗名（Used or common name）**：水母鲳, 肉鲳, 灰南鲳.

**分布（Distribution）**：东海, 南海.

**（4711）银斑玉鲳 *Psenes maculatus* Lütken, 1880**

*Psenes maculates* Lütken, 1880: 409-613.

**文献（Reference）**：Masuda, Amaoka, Araga *et al.*, 1984; Okiyama, 1993; Randall and Lim (eds.), 2000; 伍汉霖, 邵广昭, 赖春福等, 2012.

**分布（Distribution）**：南海.

**（4712）花瓣玉鲳 *Psenes pellucidus* Lütken, 1880**

*Psenes pellucidus* Lütken, 1880: 409-613.
*Psenes edwardsii* Eigenmann, 1901.
*Icticus ischanus* Jordan *et* Thompson, 1914.
*Cubiceps niger* Nümann, 1958.

**文献（Reference）**：Masuda, Amaoka, Araga *et al.*, 1984; 朱元鼎, 1985; 沈世杰, 1993; Randall and Lim (eds.), 2000; Huang, 2001; 伍汉霖, 邵广昭, 赖春福等, 2012.

**别名或俗名（Used or common name）**：水母鲳.

**分布（Distribution）**：东海, 南海.

## （三〇八）无齿鲳科 Ariommatidae

### 1445. 无齿鲳属 *Ariomma* Jordan *et* Snyder, 1904

**（4713）短鳍无齿鲳 *Ariomma brevimanum* (Klunzinger, 1884)**

*Cubiceps brevimanus* Klunzinger, 1884: 1-133.
*Ariomma brevimanus* (Klunzinger, 1884).
*Cubiceps evermanni* (Jordan *et* Snyder, 1907).
*Cubiceps thompsoni* Fowler, 1923.

**文献（Reference）**：Kyushin, Amaoka, Nakaya *et al.*, 1982; Masuda, Amaoka, Araga *et al.*, 1984; Randall and Lim (eds.), 2000; Huang, 2001; Bos and Gumanao, 2013; 伍汉霖, 邵广昭, 赖春福等, 2012.

**别名或俗名（Used or common name）**：无齿鲳.

**分布（Distribution）**：东海, 南海.

**（4714）印度无齿鲳 *Ariomma indicum* (Day, 1871)**

*Cubiceps indicus* Day, 1871: 677-705.
*Arioma indica* (Day, 1871).
*Psenes africanus* Gilchrist *et* von Bonde, 1923.
*Ariomma dollfusi* (Chabanaud, 1930).

**文献（Reference）**：Day, 1871: 677-705; Nguyen, 1972; Kyushin, Amaoka, Nakaya *et al.*, 1982; Urano and Mochizuki, 1984; Yamada, Nakabo and Abe, 1984; 朱元鼎, 1985; Shao, Chen, Kao *et al.*, 1993; Yamada, Shirai, Irie *et al.*, 1995; Shao, 1997; Ni and Kwok, 1999; Randall and Lim (eds.), 2000; Huang, 2001; 伍汉霖, 邵广昭, 赖春福等, 2012; 刘静, 吴仁协, 康斌等, 2016.

**别名或俗名（Used or common name）**：无齿鲳.

**分布（Distribution）**：黄海, 东海, 南海.

## （三〇九）鲳科 Stromateidae

### 1446. 鲳属 *Pampus* Bonaparte, 1834

**（4715）银鲳 *Pampus argenteus* (Euphrasen, 1788)**

*Stromateus argenteus* Euphrasen, 1788: 51-55.
*Pampus argentus* (Euphrasen, 1788).
*Stromateus cinereus* Bloch, 1795.
*Stromatioides nozawae* Ishikawa, 1904.

文献（Reference）：朱元鼎, 1985; Lee, Kim and Hong, 1992; Shao, Chen, Kao *et al.*, 1993; 沈世杰, 1993; Sadovy, 1998; Ni and Kwok, 1999; Randall and Lim (eds.), 2000; Huang, 2001; Ho and Lin, 2002; 伍汉霖, 邵广昭, 赖春福等, 2012; 刘静, 吴仁协, 康斌等, 2016.
别名或俗名（Used or common name）：白鲳, 正鲳.
分布（Distribution）：东海, 南海.

**（4716）中国鲳 *Pampus chinensis* (Euphrasen, 1788)**
*Stromateus chinensis* Euphrasen, 1788: 51-55.
文献（Reference）：朱元鼎, 1985; Shao, Chen, Kao *et al.*, 1993; 沈世杰, 1993; Yamada, Shirai, Irie *et al.*, 1995; Ni and Kwok, 1999; Randall and Lim (eds.), 2000; Huang, 2001; 伍汉霖, 邵广昭, 赖春福等, 2012.
别名或俗名（Used or common name）：白鲳.
分布（Distribution）：黄海, 东海, 南海.

**（4717）灰鲳 *Pampus cinereus* (Bloch, 1795)**
*Stromateus cinereus* Bloch, 1795: 1-192.
文献（Reference）：朱元鼎, 1985; 沈世杰, 1993; 伍汉霖, 邵广昭, 赖春福等, 2012; 刘静, 吴仁协, 康斌等, 2016.
别名或俗名（Used or common name）：暗鲳, 黑鳍.
分布（Distribution）：东海, 南海.

**（4718）镰鲳 *Pampus echinogaster* (Basilewsky, 1855)**
*Stromateus echinogaster* Basilewsky, 1855: 215-263.
文献（Reference）：Abe and Kosakei, 1965; Ivankov and Samylov, 1979; Yamada, Shirai, Irie *et al.*, 1995; Shao, 1997; Randall and Lim (eds.), 2000; 伍汉霖, 邵广昭, 赖春福等, 2012.
别名或俗名（Used or common name）：暗鲳, 黑鳍.
分布（Distribution）：渤海, 黄海, 东海, 南海.

**（4719）刘氏鲳 *Pampus liurum* Liu *et* Li, 2013**
文献（Reference）：Liu *et* Li, 2013: 885-890.
分布（Distribution）：东海, 南海.

**（4720）珍鲳 *Pampus minor* Liu *et* Li, 1998**
*Pampus minor* Liu *et* Li, 1998: 280-285.
文献（Reference）：Liu and Li, 1998: 280-285; Liu and Li, 2002; 伍汉霖, 邵广昭, 赖春福等, 2012; Liu and Li, 2013; Liu, Li and Ning, 2013; 刘静, 吴仁协, 康斌等, 2016.
别名或俗名（Used or common name）：镜鲳.
分布（Distribution）：东海, 南海.

**（4721）翎鲳 *Pampus punctatissimus* (Temminck *et* Schlegel, 1845)**
*Stromateus punctatissimus* Temminck *et* Schlegel, 1845: 1-143 + A.
文献（Reference）：Nakabo (ed.), 2002; Liu and Li, 2002; 伍汉霖, 邵广昭, 赖春福等, 2012; Liu and Li, 2013.
别名或俗名（Used or common name）：北鲳.
分布（Distribution）：渤海, 黄海, 东海, 南海.

## （三一〇）攀鲈科 Anabantidae

### 1447. 攀鲈属 *Anabas* Cloquet, 1816

*Anabas* Cloquet, 1816: 35.

**（4722）攀鲈 *Anabas testudineus* (Bloch, 1792)**
*Anthias testudineus* Bloch, 1795: 1-126.
*Anabas testudineus*: Kuang *et al.*, 1986: 322; 成庆泰和郑葆珊, 1987: 456; 周伟 (见褚新洛和陈银瑞等), 1990: 258; Pan, Zhong, Zheng *et al.*, 1991: 507; Ng (黄旭晞) *et* Tan, 1999: 363; 刘明玉, 解玉浩和季达明, 2000: 389; Tan *et* Ng (黄旭晞), 2005: 116; 伍汉霖, 邵广昭, 赖春福等, 2012: 324.
分布（Distribution）：澜沧江, 广西东兴市, 广东, 海南, 台湾和福建等地. 国外分布于非洲, 东南亚等地.

## （三一一）丝足鲈科 Osphronemidae

### 1448. 斗鱼属 *Macropodus* Lacépède, 1801

*Macropodus* Lacépède, 1802: 416.

**（4723）圆尾斗鱼 *Macropodus chinensis* (Bloch, 1790)**
*Chaetodon chinensis* Bloch, 1790: 1-128.
*Macropodus chinensis*: Wang, 1984: 95; 成庆泰和郑葆珊, 1987: 457; 丁瑞华, 1994: 533; 朱松泉, 1995: 186; 成庆泰和周才武, 1997: 401; Wang *et al.*, 1999: 75; 刘明玉, 解玉浩和季达明, 2000: 389; Wang, Wang, Li *et al.*, 2001: 284.
*Macropodus opercularis*: 伍汉霖, 邵广昭, 赖春福等, 2012: 325; 张春光和赵亚辉, 2013: 204.
分布（Distribution）：海河, 黄河, 淮河及长江水系.

**（4724）香港斗鱼 *Macropodus hongkongensis* Freyhof *et* Herder, 2002**
*Macropodus hongkongensis* Freyhof *et* Herder, 2002: 147-167; 伍汉霖, 邵广昭, 赖春福等, 2012: 325.
分布（Distribution）：香港, 福建和广东, 以及南海.

**（4725）叉尾斗鱼 *Macropodus opercularis* (Linnaeus, 1758)**
*Labrus opercularis* Linnaeus, 1758: 1-824.
*Chaetodon chinensis* Bloch, 1790.
*Macropodus chinensis* (Bloch, 1790).
*Macropodus viridiauratus* Lacépède, 1801.
*Macropodus venustus* Cuvier, 1831.

*Macropodus ctenopsoides* Brind, 1915.
*Macropodus filamentosus* Oshima, 1919.
*Macropodus opercularis*: Kuang *et al.*, 1986: 323; 成庆泰和郑葆珊, 1987: 457; 郑慈英等, 1989: 365; 周伟 (见褚新洛和陈银瑞等), 1990: 260; Pan, Zhong, Zheng *et al.*, 1991: 509; 丁瑞华, 1994: 533; Wang *et al.*, 1999: 75; 刘明玉, 解玉浩和季达明, 2000: 389; Ho *et* Shao, 2011: 60; 伍汉霖, 邵广昭, 赖春福等, 2012: 325.
**别名或俗名（Used or common name）**：台湾斗鱼, 三斑菩萨鱼, 盖斑斗鱼.
**分布（Distribution）**：长江以南各水系, 海南和台湾. 国外分布于越南.
**保护等级（Protection class）**：省级 (湖南), 《台湾淡水鱼类红皮书》(近危).

### 1449. 丝足鲈属 *Trichogaster* Bloch *et* Schneider, 1801

*Trichogaster* Bloch *et* Schneider, 1801: 164.
**别名或俗名（Used or common name）**：毛足鲈属.

#### （4726）丝足鲈 *Trichogaster trichopterus* (Pallas, 1770)

*Labrus trichopterus* Pallas, 1770: 1-56.
*Trichogaster trichopterus*: 成庆泰和郑葆珊, 1987: 457; 周伟 (见褚新洛和陈银瑞等), 1990: 262; 刘明玉, 解玉浩和季达明, 2000: 389; Tan *et* Ng (黄旭晞), 2005: 132; 伍汉霖, 邵广昭, 赖春福等, 2012: 325.
*Trichopodus trichopterus*: 张春霖, 1962: 97; Tan *et* Kottelat, 2009: 62.
**别名或俗名（Used or common name）**：毛足鲈, 丝鳍毛足鲈.
**分布（Distribution）**：云南西双版纳, 属澜沧江水系. 国外分布于东南亚的老挝, 泰国, 柬埔寨和越南.
**保护等级（Protection class）**：《中国濒危动物红皮书·鱼类》(易危).

### 1450. 毛足斗鱼属 *Trichopodus*

#### （4727）丝鳍毛足斗鱼 *Trichopodus trichopterus* (Pallas, 1770)

*Labrus trichopterus* Pallas, 1770: 1-56.
*Trichogaster trichopterus* (Pallas, 1770).
*Trichopus trichopterus* (Pallas, 1770).
*Stethochaetus biguttatus* Gronow, 1854.
*Osphromenus siamensis* Günther, 1861.
*Osphromenus insulatus* Seale, 1910.
**文献（Reference）**：Pallas, 1769; Hwang, Chen and Yueh, 1988; 沈世杰, 1993; Aquarium Science Association of the Philippines (ASAP), 1996; Wang (ed.), 1998; Kuo and Shao, 1999; Mamaril, 2001; Ma, Xie, Wang *et al.*, 2003; Liang, Chuang and Chang, 2006.
**别名或俗名（Used or common name）**：丝鳍毛足鲈, 三星仔, 曼龙.
**分布（Distribution）**：?

## （三一二）鳢科 Channidae

### 1451. 鳢属 *Channa* Scopoli, 1777

*Channa* Scopoli, 1777: 459.
*Ophicephalus* Bloch, 1793: 137.

#### （4728）乌鳢 *Channa argus* (Cantor, 1842)

*Ophicephalus argus* Cantor, 1842: 481-493; Wang, 1984: 96; 成庆泰和周才武, 1997: 402; 刘明玉, 解玉浩和季达明, 2000: 390; Wang, Wang, Li *et al.*, 2001: 210.
*Channa argus*: 成庆泰和郑葆珊, 1987: 457; 周伟 (见褚新洛和陈银瑞等), 1990: 264; Pan, Zhong, Zheng *et al.*, 1991: 511; 丁瑞华, 1994: 536; 杨君兴和陈银瑞, 1995: 117.
*Channa argus argus*: 伍汉霖, 邵广昭, 赖春福等, 2012: 325.
**分布（Distribution）**：除青藏高原及西北地区外, 全国各水系均有分布. 国外分布于俄罗斯, 朝鲜半岛等.
**保护等级（Protection class）**：省级 (黑龙江), 《台湾淡水鱼类红皮书》(易危).

#### （4729）月鳢 *Channa asiatica* (Linnaeus, 1758)

*Gymnotus asiaticus* Linnaeus, 1758: 1-824.
*Channa asiatica*: Kuang *et al.*, 1986: 320; 成庆泰和郑葆珊, 1987: 458; 郑慈英等, 1989: 369; 周伟 (见褚新洛和陈银瑞等), 1990: 270; Pan, Zhong, Zheng *et al.*, 1991: 516; 刘明玉, 解玉浩和季达明, 2000: 391; Zhang, Musikasinthorn *et* Watanabe, 2002: 142; Ho *et* Shao, 2011: 60; 伍汉霖, 邵广昭, 赖春福等, 2012: 325.
**别名或俗名（Used or common name）**：七星鳢.
**分布（Distribution）**：长江流域及其以南至珠江和海南岛, 台湾等. 国外分布于越南等地.
**保护等级（Protection class）**：省级 (湖南, 江西), 《台湾淡水鱼类红皮书》(易危).

#### （4730）宽额鳢 *Channa gachua* (Hamilton, 1822)

*Ophicephalus gachua* Hamilton, 1822: 1-405; Kuang *et al.*, 1986: 318; 刘明玉, 解玉浩和季达明, 2000: 390.
*Channa gachua*: 成庆泰和郑葆珊, 1987: 457; 郑慈英等, 1989: 368; 周伟 (见褚新洛和陈银瑞等), 1990: 267; Pan, Zhong, Zheng *et al.*, 1991: 514; Tan *et* Lim, 2004: 111; Tan *et* Ng (黄旭晞), 2005: 133; 伍汉霖, 邵广昭, 赖春福等, 2012: 325.
**别名或俗名（Used or common name）**：缘鳢.
**分布（Distribution）**：云南, 广西, 广东, 海南, 台湾. 国外从斯里兰卡至湄公河流域和印度尼西亚的巴厘岛均有分布.

**（4731）带鳢 *Channa lucius* (Cuvier, 1831)**

*Ophicephalus lucius* Cuvier, 1831: 1-531.

*Channa lucius*: Ng (黄旭晞) *et* Tan, 1999: 364; Tan *et* Lim, 2004: 111; Tan *et* Ng (黄旭晞), 2005: 133; 伍汉霖, 邵广昭, 赖春福等, 2012: 325.

*Channa siamensis*: 周伟 (见褚新洛和陈银瑞等), 1990: 266.

**分布（Distribution）**：澜沧江水系. 国外分布于泰国至印度尼西亚的东南亚地区.

**（4732）斑鳢 *Channa maculata* (Lacépède, 1801)**

*Bostrychus maculatus* Lacépède, 1801: 1-558.

*Ophicephalus maculatus*: Kuang *et al.*, 1986: 317; 刘明玉, 解玉浩和季达明, 2000: 390.

*Channa maculata*: 成庆泰和郑葆珊, 1987: 457; 郑慈英等, 1989: 367; Pan, Zhong, Zheng *et al.*, 1991: 513; 朱松泉, 1995: 187; Ho *et* Shao, 2011: 60; 伍汉霖, 邵广昭, 赖春福等, 2012: 325.

**分布（Distribution）**：长江流域以南及海南岛, 台湾. 国外分布于日本, 越南和菲律宾.

**保护等级（Protection class）**：省级 (江西),《台湾淡水鱼类红皮书》(近危).

**（4733）黑月鳢 *Channa nox* Zhang, Musikasinthorn *et* Watanabe, 2002**

*Channa nox* Zhang (张春光), Musikasinthorn *et* Watanabe, 2002: 140-146; 陈旻和张春光 (见周解和张春光), 2006: 496; 伍汉霖, 邵广昭, 赖春福等, 2012: 325.

**别名或俗名（Used or common name）**：无腹鳍鳢.

**分布（Distribution）**：广西南流江水系.

**（4734）线鳢 *Channa striata* (Bloch, 1793)**

*Ophicephalus striatus* Bloch, 1793: 1-144; 刘明玉, 解玉浩和季达明, 2000: 390.

*Channa striata*: 成庆泰和郑葆珊, 1987: 458; 周伟 (见褚新洛和陈银瑞等), 1990: 268; Sen, 1995: 595; Ng (黄旭晞) *et* Tan, 1999: 364; Tan *et* Ng, 2005: 135; 伍汉霖, 邵广昭, 赖春福等, 2012: 326.

**分布（Distribution）**：澜沧江和怒江水系. 国外分布于巴基斯坦至泰国等地.

## （三一三）羊鲂科 Caproidae

### 1452. 菱鲷属 *Antigonia* Lowe, 1843

**（4735）高菱鲷 *Antigonia capros* Lowe, 1843**

*Antigonia capros* Lowe, 1843: 81-95.

*Caprophonus aurora* Müller *et* Troschel, 1848.

*Antigonia steindachneri* Jordan *et* Evermann, 1902.

*Antigonia browni* Fowler, 1934.

**文献（Reference）**：Lowe, 1843: 390-403; Shao, Chen, Kao *et al.*, 1993; 沈世杰, 1993; Randall and Lim (eds.), 2000; Huang, 2001; 伍汉霖, 邵广昭, 赖春福等, 2012.

**别名或俗名（Used or common name）**：菱鲷, 红皮刀.

**分布（Distribution）**：东海, 南海.

**（4736）红菱鲷 *Antigonia rubescens* (Günther, 1860)**

*Hypsinotus rubescens* Günther, 1860: 1-548.

*Antigonia fowleri* Franz, 1910.

**文献（Reference）**：Herre, 1953a; Masuda, Amaoka, Araga *et al.*, 1984; Okiyama, 1993; 沈世杰, 1993; Randall and Lim (eds.), 2000; Huang, 2001; 伍汉霖, 邵广昭, 赖春福等, 2012; 刘静, 吴仁协, 康斌等, 2016.

**别名或俗名（Used or common name）**：菱鲷, 红皮刀.

**分布（Distribution）**：东海, 南海.

**（4737）绯菱鲷 *Antigonia rubicunda* Ogilby, 1910**

*Antigonia rubicunda* Ogilby, 1910: 85-139.

**文献（Reference）**：Randall and Lim (eds.), 2000; Chinese Academy of Fishery Science (CAFS), 2007; 伍汉霖, 邵广昭, 赖春福等, 2012.

**分布（Distribution）**：东海, 南海.

# 五十、鲽形目 Pleuronectiformes

## （三一四）鳒科 Psettodidae

### 1453. 鳒属 *Psettodes* Bennett, 1831

**（4738）大口鳒 *Psettodes erumei* (Bloch *et* Schneider, 1801)**

*Pleuronectes erumei* Bloch *et* Schneider, 1801: 1-584.

*Hippoglossus erumei* (Bloch *et* Schneider, 1801).

*Psettotes erumei* (Bloch *et* Schneider, 1801).

*Pleuronectes nalaka* Cuvier (*in* Cuvier *et* Valenciennes), 1829.

*Hippoglossus dentex* Richardson, 1845.

*Hippoglossus goniographicus* Richardson, 1846

*Hippoglossus orthorhynchus* Richardson, 1846.

**文献（Reference）**：Shao, Chen, Kao *et al.*, 1993; 沈世杰, 1993; 李思忠和王惠民, 1995; Ni and Kwok, 1999; Randall and Lim (eds.), 2000; Shao, Hsieh, Wu *et al.*, 2001; Huang, 2001; 伍汉霖, 邵广昭, 赖春福等, 2012.

**别名或俗名（Used or common name）**：咬龙狗, 左口, 扁鱼, 皇帝鱼, 比目鱼.

**分布（Distribution）**：黄海, 东海, 南海.

## （三一五）棘鲆科 Citharidae

### 1454. 短鲽属 *Brachypleura* Günther, 1862

**（4739）短鲽 *Brachypleura novaezeelandiae* Günther, 1862**

*Brachypleura novazeelandiae* Günther, 1862: 1-534.

*Brachypleura xanthosticta* Alcock, 1889.
**文献（Reference）**：Herre, 1953a; 李思忠和王惠民, 1995; Cabanban, Capuli, Froese *et al.*, 1996; Ni and Kwok, 1999; Huang, 2001; 伍汉霖, 邵广昭, 赖春福等, 2012.
**分布（Distribution）**：南海.

### 1455. 拟棘鲆属 *Citharoides* Hubbs, 1915

#### （4740）大鳞拟棘鲆 *Citharoides macrolepidotus* Hubbs, 1915

*Citharoides macrolepidotus* Hubbs, 1915: 449-496.
*Brachypleurops axillaris* Fowler, 1934.
*Citharoides axillaris* (Fowler, 1934).
**文献（Reference）**：Hubbs, 1915: 449-496; Fowler, 1934; Yamada, Shirai, Irie *et al.*, 1995; 李思忠和王惠民, 1995; Cabanban, Capuli, Froese *et al.*, 1996; Randall and Lim (eds.), 2000; Huang, 2001; 伍汉霖, 邵广昭, 赖春福等, 2012.
**分布（Distribution）**：东海, 南海.

#### （4741）菲律宾拟棘鲆 *Citharoides macrolepis* (Gilchrist, 1904)

*Arnoglossus macrolepis* Gilchrist, 1904: 1-16.
*Paracitharus macrolepis* (Gilchrist, 1904).
**文献（Reference）**：Cabanban, Capuli, Froese *et al.*, 1996; Chinese Academy of Fishery Science (CAFS), 2007.
**分布（Distribution）**：我国东海和南海可能有分布. 国外分布于印度西太平洋: 非洲东南部, 马达加斯加和澳大利亚.

### 1456. 鳞眼鲆属 *Lepidoblepharon* Weber, 1913

#### （4742）鳞眼鲆 *Lepidoblepharon ophthalmolepis* Weber, 1913

*Lepidoblepharon ophthalmolepis* Weber, 1913: 1-710.
**文献（Reference）**：Masuda, Amaoka, Araga *et al.*, 1984; 沈世杰, 1993; 李思忠和王惠民, 1995; Cabanban, Capuli, Froese *et al.*, 1996; Randall and Lim (eds.), 2000; Huang, 2001; 伍汉霖, 邵广昭, 赖春福等, 2012.
**别名或俗名（Used or common name）**：扁鱼, 皇帝鱼, 半边鱼, 比目鱼.
**分布（Distribution）**：东海, 南海.

## （三一六）牙鲆科 Paralichthyidae

### 1457. 牙鲆属 *Paralichthys* Girard, 1858

#### （4743）细齿牙鲆 *Paralichthys dentatus* (Linnaeus, 1766)

*Pleuronectes dentatus* Linnaeus, 1766: 1-532.
*Pleuronectes melanogaster* Mitchill, 1815
*Platessa ocellaris* DeKay, 1842.
**文献（Reference）**：Chinese Academy of Fishery Science (CAFS), 2007.
**分布（Distribution）**：我国黄海记录存疑. 国外分布于西北大西洋: 美国东部.

#### （4744）牙鲆 *Paralichthys olivaceus* (Temminck *et* Schlegel, 1846)

*Hippoglossus olivaceus* Temminck *et* Schlegel, 1846: 173-269.
*Paralichthys olivaceus* var. *coreanicus* Schmidt, 1904.
*Platessa percocephala* Basilewsky, 1855
*Pseudorhombus swinhonis* Günther, 1873
*Rhombus wolffii* Bleeker, 1854
**文献（Reference）**：Abe, 1972; Xu, 1985; Yamada, Shirai, Irie *et al.*, 1995; 李思忠和王惠民, 1995; Zhao, Ma and Song, 2000; Saitoh, Kobayashi, Hayashizaki *et al.*, 2001; Huang, 2001; Furuita, Yamamoto, Shima *et al.*, 2003; Yamamoto, Makino, Kobayashi *et al.*, 2004; Inoue, Suda and Sano, 2005; 伍汉霖, 邵广昭, 赖春福等, 2012.
**别名或俗名（Used or common name）**：扁鱼, 皇帝鱼, 半边鱼, 比目鱼.
**分布（Distribution）**：渤海, 黄海, 东海, 南海.

### 1458. 斑鲆属 *Pseudorhombus* Bleeker, 1862

#### （4745）大牙斑鲆 *Pseudorhombus arsius* (Hamilton, 1822)

*Pleuronectes arsius* Hamilton, 1822: 1-405.
*Rhombus lentiginosus* Richardson, 1843.
*Pseudorhombus polyspilos* (Bleeker, 1853).
*Neorhombus occellatus* de Vis, 1886.
**文献（Reference）**：Amaoka, 1969; Shao, Chen, Kao *et al.*, 1993; 沈世杰, 1993; Yamada, Shirai, Irie *et al.*, 1995; Cabanban, Capuli, Froese *et al.*, 1996; Ni and Kwok, 1999; Kuo and Shao, 1999; Randall and Lim (eds.), 2000; Huang, 2001; 伍汉霖, 邵广昭, 赖春福等, 2012.
**别名或俗名（Used or common name）**：扁鱼, 皇帝鱼, 半边鱼, 比目鱼.
**分布（Distribution）**：东海, 南海.

#### （4746）桂皮斑鲆 *Pseudorhombus cinnamoneus* (Temminck *et* Schlegel, 1846)

*Rhombus cinnamoneus* Temminck *et* Schlegel, 1846: 173-269.
*Pseudorhombus cinnamomeus* (Temminck *et* Schlegel, 1846).
**文献（Reference）**：Masuda, Amaoka, Araga *et al.*, 1984; Shao, Chen, Kao *et al.*, 1993; 沈世杰, 1993; Yamada, Shirai, Irie *et al.*, 1995; Cabanban, Capuli, Froese *et al.*, 1996; Ni and Kwok, 1999; Kuo and Shao, 1999; Randall and Lim (eds.), 2000; Huang, 2001; 伍汉霖, 邵广昭, 赖春福等, 2012.
**别名或俗名（Used or common name）**：扁鱼, 皇帝鱼, 半边鱼, 比目鱼.

**分布（Distribution）**：渤海，黄海，东海，南海.

### （4747）栉鳞斑鲆 *Pseudorhombus ctenosquamis* (Oshima, 1927)

*Spinirhombus ctenosquamis* Oshima, 1927b: 177-204.

**文献（Reference）**：Huang, 2001; 伍汉霖，邵广昭，赖春福等, 2012.

**别名或俗名（Used or common name）**：扁鱼，皇帝鱼，半边鱼，比目鱼.

**分布（Distribution）**：东海，南海.

### （4748）双瞳斑鲆 *Pseudorhombus dupliciocellatus* Regan, 1905

*Pseudorhombus dupliocellatus* Regan, 1905d: 17-26.

*Platophrys palad* Evermann *et* Seale, 1907.

*Pseudorhombus cartwrighti* Ogilby, 1912.

**文献（Reference）**：Regan, 1905d: 17-26; Evermann and Seale, 1907; Kyushin, Amaoka, Nakaya *et al.*, 1982; Shao, Chen, Kao *et al.*, 1993; 沈世杰, 1993; Lin, Shao, Kuo *et al.*, 1999; Ni and Kwok, 1999; Kuo and Shao, 1999; Randall and Lim (eds.), 2000; Huang, 2001; 伍汉霖，邵广昭，赖春福等, 2012.

**别名或俗名（Used or common name）**：扁鱼，皇帝鱼，半边鱼，比目鱼.

**分布（Distribution）**：东海，南海.

### （4749）高体斑鲆 *Pseudorhombus elevatus* Ogilby, 1912

*Pseudorhombus elevates* Ogilby, 1912: 26-65.

*Pseudorhombus affinis* Weber, 1913.

**文献（Reference）**：沈世杰, 1993; Kuo and Shao, 1999; Randall and Lim (eds.), 2000; Huang, 2001; 伍汉霖，邵广昭，赖春福等, 2012.

**别名或俗名（Used or common name）**：扁鱼，皇帝鱼，半边鱼，比目鱼.

**分布（Distribution）**：东海，南海.

### （4750）爪哇斑鲆 *Pseudorhombus javanicus* (Bleeker, 1853)

*Rhombus javanicus* Bleeker, 1853: 452-516.

*Platophrys javanicus* (Bleeker, 1853).

**文献（Reference）**：Evermann and Seale, 1907; Kyushin, Amaoka, Nakaya *et al.*, 1982; Leung, 1994; Cabanban, Capuli, Froese *et al.*, 1996; Ni and Kwok, 1999; Huang, 2001; 伍汉霖，邵广昭，赖春福等, 2012.

**分布（Distribution）**：东海，南海.

### （4751）圆鳞斑鲆 *Pseudorhombus levisquamis* (Oshima, 1927)

*Spinirhombus levisquamis* Oshima, 1927b: 177-204.

**文献（Reference）**：Masuda, Amaoka, Araga *et al.*, 1984; 沈世杰, 1993; Shao, 1997; Ni and Kwok, 1999; Kuo and Shao, 1999; Randall and Lim (eds.), 2000; Huang, 2001; 伍汉霖，邵广昭，赖春福等, 2012.

**别名或俗名（Used or common name）**：扁鱼，皇帝鱼，半边鱼，比目鱼.

**分布（Distribution）**：东海，南海.

### （4752）马来斑鲆 *Pseudorhombus malayanus* Bleeker, 1865

*Pseudorhombus malayanus* Bleeker, 1865: 43-50.

**文献（Reference）**：Herre, 1953a; Kyushin, Amaoka, Nakaya *et al.*, 1982; Cabanban, Capuli, Froese *et al.*, 1996; Ni and Kwok, 1999; Huang, 2001; 伍汉霖，邵广昭，赖春福等, 2012.

**分布（Distribution）**：南海.

### （4753）南海斑鲆 *Pseudorhombus neglectus* Bleeker, 1865

*Pseudorhombus neglectus* Bleeker, 1865: 43-50.

*Platophrys neglectus* (Bleeker, 1865).

**文献（Reference）**：Bleeker, 1865: 43-50; Evermann and Seale, 1907; Kyushin, Amaoka, Nakaya *et al.*, 1982; 沈世杰, 1993; Cabanban, Capuli, Froese *et al.*, 1996; Randall and Lim (eds.), 2000; Huang, 2001; 伍汉霖，邵广昭，赖春福等, 2012.

**别名或俗名（Used or common name）**：扁鱼，皇帝鱼，半边鱼，比目鱼.

**分布（Distribution）**：东海，南海.

### （4754）少牙斑鲆 *Pseudorhombus oligodon* (Bleeker, 1854)

*Rhombus oligodon* Bleeker, 1854: 395-426.

**文献（Reference）**：Shao, Chen, Kao *et al.*, 1993; 沈世杰, 1993; Cabanban, Capuli, Froese *et al.*, 1996; Ni and Kwok, 1999; Kuo and Shao, 1999; Randall and Lim (eds.), 2000; Huang, 2001; 伍汉霖，邵广昭，赖春福等, 2012.

**别名或俗名（Used or common name）**：扁鱼，皇帝鱼，半边鱼，比目鱼.

**分布（Distribution）**：东海，南海.

### （4755）五眼斑鲆 *Pseudorhombus pentophthalmus* Günther, 1862

*Pseudorhombus pentophthalmus* Günther, 1862: 1-534.

*Pseudorhombus ocellifer* Regan, 1905.

**文献（Reference）**：Shao, Chen, Kao *et al.*, 1993; 沈世杰, 1993; Yamada, Shirai, Irie *et al.*, 1995; Cabanban, Capuli, Froese *et al.*, 1996; Ni and Kwok, 1999; Randall and Lim (eds.), 2000; Huang, 2001; 陈文魁, 2005; 伍汉霖，邵广昭，赖春福等, 2012.

**别名或俗名（Used or common name）**：扁鱼，皇帝鱼，半

边鱼, 比目鱼.

**分布（Distribution）**: 黄海, 东海, 南海.

### （4756）五点斑鲆 *Pseudorhombus quinquocellatus* Weber *et* de Beaufort, 1929

*Pseudorhombus quinquocellatus* Weber *et* de Beaufort, 1929: 1-458.

**文献（Reference）**: Weber and de Beaufort, 1929: 1-458; Shao, Chen, Kao *et al.*, 1993; 沈世杰, 1993; Ni and Kwok, 1999; Randall and Lim (eds.), 2000; Huang, 2001; 伍汉霖, 邵广昭, 赖春福等, 2012.

**别名或俗名（Used or common name）**: 扁鱼, 皇帝鱼, 半边鱼, 比目鱼.

**分布（Distribution）**: 东海, 南海.

### （4757）三眼斑鲆 *Pseudorhombus triocellatus* (Bloch *et* Schneider, 1801)

*Pleuronectes triocellatus* Bloch *et* Schneider, 1801: 1-584.

**文献（Reference）**: Huang, 2001; 伍汉霖, 邵广昭, 赖春福等, 2012.

**分布（Distribution）**: 黄海, 东海, 南海.

## 1459. 大鳞鲆属 *Tarphops* Jordan *et* Thompson, 1914

### （4758）高体大鳞鲆 *Tarphops oligolepis* (Bleeker, 1858)

*Rhombus oligolepis* Bleeker, 1858: 1-12.

*Pseudorhombus oligolepis* (Bleeker, 1858).

**文献（Reference）**: Bleeker, 1858; Masuda, Amaoka, Araga *et al.*, 1984; 沈世杰, 1993; Ni and Kwok, 1999; Randall and Lim (eds.), 2000; Huang, 2001; 伍汉霖, 邵广昭, 赖春福等, 2012.

**别名或俗名（Used or common name）**: 扁鱼, 皇帝鱼, 半边鱼, 比目鱼.

**分布（Distribution）**: 黄海, 东海, 南海.

## 1460. 花鲆属 *Tephrinectes* Günther, 1862

### （4759）华鲆 *Tephrinectes sinensis* (Lacépède, 1802)

*Pleuronectes sinensis* Lacépède, 1802: 1-728.

*Paralichthys sinensis* (Lacépède, 1802).

**文献（Reference）**: Hwang, Chen and Yueh, 1988; 沈世杰, 1993; Hoshino and Amaoka, 1998; Ni and Kwok, 1999; Randall and Lim (eds.), 2000; Huang, 2001; 伍汉霖, 邵广昭, 赖春福等, 2012.

**别名或俗名（Used or common name）**: 扁鱼, 皇帝鱼, 半边鱼, 比目鱼.

**分布（Distribution）**: 东海, 南海.

# （三一七）鲽科 Pleuronectidae

## 1461. 高眼鲽属 *Cleisthenes* Jordan *et* Starks, 1904

### （4760）赫氏高眼鲽 *Cleisthenes herzensteini* (Schmidt, 1904)

*Hippoglossoides herzensteini* Schmidt, 1904: 1-466.

*Cleisthenes pinetorum herzensteini* (Schmidt, 1904).

**文献（Reference）**: Masuda, Amaoka, Araga *et al.*, 1984; Chen, Liu and Dou, 1992; Huang, 2001; Shih and Jeng, 2002; Zhang, Tang, Jin *et al.*, 2005; 伍汉霖, 邵广昭, 赖春福等, 2012.

**分布（Distribution）**: 黄海, 东海.

### （4761）松木高眼鲽 *Cleisthenes pinetorum* Jordan *et* Starks, 1904

*Cleisthenes pinetorum* Jordan *et* Starks, 1904b: 577-630.

*Hippoglossoides pinetorum* (Jordan *et* Starks, 1904).

**文献（Reference）**: Shao, Chen, Kao *et al.*, 1993; Yamada, Shirai, Irie *et al.*, 1995; Kim, Choi, Lee *et al.*, 2005; 伍汉霖, 邵广昭, 赖春福等, 2012.

**分布（Distribution）**: 南海.

## 1462. 粒鲽属 *Clidoderma* Bleeker, 1862

### （4762）粒鲽 *Clidoderma asperrimum* (Temminck *et* Schlegel, 1846)

*Platessa asperrima* Temminck *et* Schlegel, 1846: 173-269.

**文献（Reference）**: Masuda, Amaoka, Araga *et al.*, 1984; Yamada, Shirai, Irie *et al.*, 1995; 伍汉霖, 邵广昭, 赖春福等, 2012.

**分布（Distribution）**: 黄海, 东海.

## 1463. 虫鲽属 *Eopsetta* Jordan *et* Goss, 1885

### （4763）格氏虫鲽 *Eopsetta grigorjewi* (Herzenstein, 1890)

*Hippoglossus grigorjewi* Herzenstein, 1890: 127-141.

*Verasper otakii* Jordan *et* Snyder, 1900.

**文献（Reference）**: Imaoka and Misu, 1969; Chen, Liu and Dou, 1992; 沈世杰, 1993; Yamada, Shirai, Irie *et al.*, 1995; Chang and Kim, 1999; Randall and Lim (eds.), 2000; Huang, 2001; 伍汉霖, 邵广昭, 赖春福等, 2012.

**别名或俗名（Used or common name）**: 扁鱼, 皇帝鱼, 半边鱼, 比目鱼.

**分布（Distribution）**: 渤海, 黄海, 东海, 南海.

## 1464. 拟庸鲽属 *Hippoglossoides* Gottsche, 1835

**（4764）大牙拟庸鲽 *Hippoglossoides dubius* Schmidt, 1904**

*Hippoglossoides dubius* Schmidt, 1904: 1-466.
*Hippoglossoides katakurae* Snyder, 1911.
**文献（Reference）：**Masuda, Amaoka, Araga *et al.*, 1984; Huang, 2001; Kim, Choi, Lee *et al.*, 2005; 伍汉霖, 邵广昭, 赖春福等, 2012.
**分布（Distribution）：**黄海.

## 1465. 石鲽属 *Kareius* Jordan *et* Snyder, 1900

**（4765）石鲽 *Kareius bicoloratus* (Basilewsky, 1855)**

*Platessa bicolorata* Basilewsky, 1855: 215-263.
*Platichthys bicoloratus* (Basilewsky, 1855).
*Pleuronectes scutifer* Steindachner, 1870.
**文献（Reference）：**Chen, Liu and Dou, 1992; Yamada, Shirai, Irie *et al.*, 1995; Zhao, Ma and Song, 2000; Huang, 2001; An and Huh, 2002; Kanou, Sano and Kohno, 2004; 伍汉霖, 邵广昭, 赖春福等, 2012.
**分布（Distribution）：**渤海, 黄海.

## 1466. 油鲽属 *Microstomus* Gottsche, 1835

**（4766）亚洲油鲽 *Microstomus achne* (Jordan *et* Starks, 1904)**

*Veraequa achne* Jordan *et* Starks, 1904b: 577-630.
**文献（Reference）：**Masuda, Amaoka, Araga *et al.*, 1984; Chen, Liu and Dou, 1992; Yamada, Shirai, Irie *et al.*, 1995; Fujita, Kitagawa, Okuyama *et al.*, 1995; Huang, 2001; 伍汉霖, 邵广昭, 赖春福等, 2012.
**分布（Distribution）：**黄海, 东海.

## 1467. 江鲽属 *Platichthys* Girard, 1854

**（4767）星突江鲽 *Platichthys stellatus* (Pallas, 1787)**

*Pleuronectes stellatus* Pallas, 1787: 347-360.
*Platichthys rugosus* Girard, 1854.
**文献（Reference）：**Masuda, Amaoka, Araga *et al.*, 1984; Kim, Choi, Lee *et al.*, 2005; 伍汉霖, 邵广昭, 赖春福等, 2012.
**分布（Distribution）：**东海.

## 1468. 黄盖鲽属 *Pseudopleuronectes* Bleeker, 1862

**（4768）赫氏鲽（尖吻黄盖鲽）*Pseudopleuronectes herzensteini* (Jordan *et* Snyder, 1901)**

*Limanda herzensteini* Jordan *et* Snyder, 1901: 739-769.
**文献（Reference）：**Jordan and Snyder, 1901: 31-38; Li and Wang, 1995; Cheng and Zhou (eds), 1997; Wang, Wang, Li *et al.*, 2001; Ohashi and Motomura, 2011; 伍汉霖, 邵广昭, 赖春福等, 2012.
**分布（Distribution）：**渤海, 黄海, 东海.

**（4769）钝吻黄盖鲽 *Pseudopleuronectes yokohamae* (Günther, 1877)**

*Pseudopleuronectes yokohamae* Günther, 1877: 442.
*Limanda yokohamae* Jordan *et* Starks, 1907.
**文献（Reference）：**Günther, 1877: 442; Jordan and Starks, 1907; Masuda, Amaoka, Araga *et al.*, 1984; Li and Wang, 1995; Vinnikov, Thomson and Munroe, 2018.
**分布（Distribution）：**渤海, 黄海, 东海.

## 1469. 木叶鲽属 *Pleuronichthys* Girard, 1854

**（4770）木叶鲽 *Pleuronichthys cornutus* (Temminck *et* Schlegel, 1846)**

*Platessa cornuta* Temminck *et* Schlegel, 1846: 173-269.
*Pleuronectes cornutus* (Temminck *et* Schlegel, 1846).
*Pleuronichthys lighti* Wu, 1929.
**文献（Reference）：**Watanabe, 1965; Chen, Liu and Dou, 1992; 沈世杰, 1993; Yamada, Shirai, Irie *et al.*, 1995; Kim, 1997; Ni and Kwok, 1999; Randall and Lim (eds.), 2000; Huang, 2001; 伍汉霖, 邵广昭, 赖春福等, 2012.
**别名或俗名（Used or common name）：**扁鱼, 皇帝鱼, 半边鱼, 比目鱼.
**分布（Distribution）：**渤海, 黄海, 东海, 南海.

## 1470. 长鲽属 *Tanakius* Hubbs, 1918

**（4771）长鲽 *Tanakius kitaharae* (Jordan *et* Starks, 1904)**

*Microstomus kitaharae* Jordan *et* Starks, 1904b: 577-630.
*Glyptocephalus kitaharai* (Jordan *et* Starks, 1904).
*Tanakius kitaharai* (Jordan *et* Starks, 1904).
**文献（Reference）：**Masuda, Amaoka, Araga *et al.*, 1984; Chen, Liu and Dou, 1992; Yamada, Shirai, Irie *et al.*, 1995; Fujita, Kitagawa, Okuyama *et al.*, 1995; Chang and Kim, 1999; Horie and Tanaka, 2000; 伍汉霖, 邵广昭, 赖春福等, 2012.
**分布（Distribution）：**黄海, 东海.

## 1471. 星鲽属 *Verasper* Jordan *et* Gilbert, 1898

**（4772）条斑星鲽 *Verasper moseri* Jordan *et* Gilbert, 1898**

*Verasper moser* Jordan *et* Gilbert, 1898: 2183-3136.
**文献（Reference）：**Masuda, Amaoka, Araga *et al.*, 1984; Huang, 2001; Kim, Choi, Lee *et al.*, 2005; 伍汉霖, 邵广昭, 赖春福等, 2012.

**分布（Distribution）**：渤海，黄海，东海.

### （4773）圆斑星鲽 *Verasper variegatus* (Temminck *et* Schlegel, 1846)

*Platessa variegata* Temminck *et* Schlegel, 1846: 173-269.

**文献（Reference）**：Masuda, Amaoka, Araga *et al.*, 1984; Chen, Liu and Dou, 1992; Yamada, Shirai, Irie *et al.*, 1995; Huang, 2001; 伍汉霖，邵广昭，赖春福等, 2012.

**分布（Distribution）**：渤海，黄海，东海.

## （三一八）鲆科 Bothidae

### 1472. 羊舌鲆属 *Arnoglossus* Bleeker, 1862

### （4774）无斑羊舌鲆 *Arnoglossus aspilos* (Bleeker, 1851)

*Rhombus aspilos* Bleeker, 1851c: 401-416.

*Arnoglossus aspilus* (Bleeker, 1851).

*Bothus aspilus* (Bleeker, 1851).

**文献（Reference）**：Herre and Umali, 1948; Cabanban, Capuli, Froese *et al.*, 1996; Randall and Lim (eds.), 2000; Huang, 2001; 伍汉霖，邵广昭，赖春福等, 2012.

**分布（Distribution）**：东海，南海.

### （4775）日本羊舌鲆 *Arnoglossus japonicus* Hubbs, 1915

*Arnoglossus japonicus* Hubbs, 1915: 449-496.

**文献（Reference）**：Hubbs, 1915: 449-496; Amaoka, 1973; Shao, Chen, Kao *et al.*, 1993; 沈世杰, 1993; Ni and Kwok, 1999; Randall and Lim (eds.), 2000; Huang, 2001; 伍汉霖，邵广昭，赖春福等, 2012.

**别名或俗名（Used or common name）**：扁鱼，皇帝鱼，半边鱼，比目鱼，角羊舌鲽.

**分布（Distribution）**：东海，南海.

### （4776）长冠羊舌鲆 *Arnoglossus macrolophus* Alcock, 1889

*Arnoglossus macrolophus* Alcock, 1889: 279-295.

**文献（Reference）**：Amaoka, Okamura and Yoshino, 1992; Cabanban, Capuli, Froese *et al.*, 1996; Arai and Amaoka, 1996; Randall and Lim (eds.), 2000; 伍汉霖，邵广昭，赖春福等, 2012.

**别名或俗名（Used or common name）**：扁鱼，皇帝鱼，半边鱼，比目鱼.

**分布（Distribution）**：南海.

### （4777）多斑羊舌鲆 *Arnoglossus polyspilus* (Günther, 1880)

*Anticitharus polyspilus* Günther, 1880: 53-54.

*Arnoglossus tchangi* (Fowler, 1934).

*Bothus tchangi* Fowler, 1934.

**文献（Reference）**：Fowler, 1934; Herre, 1953a; Masuda, Amaoka, Araga *et al.*, 1984; Randall and Lim (eds.), 2000; Huang, 2001; 伍汉霖，邵广昭，赖春福等, 2012.

**别名或俗名（Used or common name）**：扁鱼，皇帝鱼，半边鱼，比目鱼.

**分布（Distribution）**：东海，南海.

### （4778）大羊舌鲆 *Arnoglossus scapha* (Forster, 1801)

*Pleuronectes scapha* Forster, 1801: 1-584.

**文献（Reference）**：Bloch and Schneider, 1801; Li and Wang, 1995; 伍汉霖，邵广昭，赖春福等, 2012.

**分布（Distribution）**：东海，南海.

### （4779）长鳍羊舌鲆 *Arnoglossus tapeinosoma* (Bleeker, 1865)

*Platophrys tapeinosoma* Bleeker, 1865: 43-50.

*Arnoglossus tapeinosomus* (Bleeker, 1865).

**文献（Reference）**：Ni and Kwok, 1999; Randall and Lim (eds.), 2000; Huang, 2001; 伍汉霖，邵广昭，赖春福等, 2012.

**分布（Distribution）**：东海，南海.

### （4780）细羊舌鲆 *Arnoglossus tenuis* Günther, 1880

*Arnoglossus tenuis* Günther, 1880: 1-82.

**文献（Reference）**：Günther, 1880: 53-54; Amaoka, 1974; Masuda, Amaoka, Araga *et al.*, 1984; Ni and Kwok, 1999; Randall and Lim (eds.), 2000; Huang, 2001; 伍汉霖，邵广昭，赖春福等, 2012.

**别名或俗名（Used or common name）**：扁鱼，皇帝鱼，半边鱼，比目鱼.

**分布（Distribution）**：东海，南海.

### 1473. 角鲆属 *Asterorhombus* Tanaka, 1915

### （4781）可可群岛角鲆 *Asterorhombus cocosensis* (Bleeker, 1855)

*Rhombus cocosensis* Bleeker, 1855: 169-180.

*Engyprosopon cocosensis* (Bleeker, 1855).

*Platophrys cocosensis* (Bleeker, 1855).

*Engyprosopon fijiensis* Norman, 1931.

**文献（Reference）**：Amaoka and Shen, 1993; Amaoka, Senou and Ono, 1994; Lin, Shao and Shen (林沛立，邵广昭和沈世杰), 1995; Cabanban, Capuli, Froese *et al.*, 1996; Chen, Jan and Shao, 1997; Randall and Lim (eds.), 2000; 伍汉霖，邵广昭，赖春福等, 2012.

**别名或俗名（Used or common name）**：斐济角鲆，扁鱼，皇帝鱼，半边鱼，比目鱼.

分布（Distribution）：东海和南海，我国台湾海域有分布记录.

**（4782）中间角鲆 *Asterorhombus intermedius* (Bleeker, 1865)**

*Platophrys intermedius* Bleeker, 1865: 43-50.
*Arnoglossus intermedius* (Bleeker, 1865).
*Engyprosopon intermedius* (Bleeker, 1865).
*Asterorhombus stellifer* Tanaka, 1915.
**文献（Reference）**：Lin, Shao and Shen (林沛立, 邵广昭和沈世杰), 1995; Cabanban, Capuli, Froese *et al.*, 1996; Shirai and Kitazawa, 1998; Ni and Kwok, 1999; Randall and Lim (eds.), 2000; Huang, 2001; Amaoka and Mihara, 2001; 伍汉霖, 邵广昭, 赖春福等, 2012.
**别名或俗名（Used or common name）**：扁鱼, 皇帝鱼, 半边鱼, 比目鱼.
**分布（Distribution）**：东海, 南海.

## 1474. 鲆属 *Bothus* Rafinesque, 1810

**（4783）圆鳞鲆 *Bothus assimilis* (Günther, 1862)**

*Rhomboidichthys assimilis* Günther, 1862: 1-534.
*Bothus assimitis* (Günther, 1862).
**文献（Reference）**：Zhang, 1998; Huang, 2001; 伍汉霖, 邵广昭, 赖春福等, 2012.
**分布（Distribution）**：南海.

**（4784）凹吻鲆 *Bothus mancus* (Broussonet, 1782)**

*Pleuronectes mancus* Broussonet, 1782: 49 unnumbered pages.
*Platophrys mancus* (Broussonet, 1782).
*Crossorhombus macroptera* (Quoy *et* Gaimard, 1824).
*Rhombus macropterus* Quoy *et* Gaimard, 1824.
**文献（Reference）**：Francis, 1991; Francis, 1993; 沈世杰, 1993; Cabanban, Capuli, Froese *et al.*, 1996; Ni and Kwok, 1999; Randall and Lim (eds.), 2000; Huang, 2001; 伍汉霖, 邵广昭, 赖春福等, 2012.
**别名或俗名（Used or common name）**：扁鱼, 皇帝鱼, 半边鱼, 比目鱼.
**分布（Distribution）**：东海, 南海.

**（4785）繁星鲆 *Bothus myriaster* (Temminck *et* Schlegel, 1846)**

*Rhombus myriaster* Temminck *et* Schlegel, 1846: 173-269.
*Bothus bleekeri* Steindachner, 1861.
*Bothus ovalis* (Regan, 1908).
*Platophrys thompsoni* Fowler, 1923.
**文献（Reference）**：Amaoka, 1964; Francis, 1993; Shao, Chen, Kao *et al.*, 1993; 沈世杰, 1993; Ni and Kwok, 1999; Randall and Lim (eds.), 2000; Huang, 2001; 伍汉霖, 邵广昭, 赖春福等, 2012.
**别名或俗名（Used or common name）**：扁鱼, 皇帝鱼, 半边鱼, 比目鱼.
**分布（Distribution）**：东海, 南海.

**（4786）豹纹鲆 *Bothus pantherinus* (Rüppell, 1830)**

*Rhombus pantherinus* Rüppell, 1830: 1-141.
*Bothus pantherhines* (Rüppell, 1830).
*Passer marchionessarum* Valenciennes, 1846.
**文献（Reference）**：Evermann and Seale, 1907; Amaoka, 1974; Ungson and Hermes, 1985; Francis, 1993; 沈世杰, 1993; Chen, Shao and Lin, 1995; Cabanban, Capuli, Froese *et al.*, 1996; Ni and Kwok, 1999; Randall and Lim (eds.), 2000; Huang, 2001; 伍汉霖, 邵广昭, 赖春福等, 2012.
**别名或俗名（Used or common name）**：扁鱼, 皇帝鱼, 半边鱼, 比目鱼.
**分布（Distribution）**：南海.

## 1475. 大口鲆属 *Chascanopsetta* Alcock, 1894

**（4787）大口长颌鲆 *Chascanopsetta lugubris* Alcock, 1894**

*Chascanopsetta lugubris* Alcock, 1894: 115-137.
*Chascanopsetta raptator* (Franz, 1910).
*Chascanopsetta gilchristi* von Bonde, 1922.
*Chascanopsetta lugubris danae* Bruun, 1937.
*Chascanopsetta blumenalia* Shen, 1967.
**文献（Reference）**：Doubler, 1958; Amaoka, 1971; de la Paz and Interior, 1979; 沈世杰, 1993; Cabanban, Capuli, Froese *et al.*, 1996; Ni and Kwok, 1999; Randall and Lim (eds.), 2000; Huang, 2001; 伍汉霖, 邵广昭, 赖春福等, 2012.
**别名或俗名（Used or common name）**：扁鱼, 皇帝鱼, 半边鱼, 比目鱼.
**分布（Distribution）**：东海, 南海.

**（4788）前长颌鲆 *Chascanopsetta prognatha* Norman, 1939**

*Chascanopsetta prognathus* Norman, 1939: 1-116.
*Chascanopsetta normani* Kuronuma, 1940.
**文献（Reference）**：Norman, 1939: 1-116; Masuda, Amaoka, Araga *et al.*, 1984; 伍汉霖, 邵广昭, 赖春福等, 2012.
**别名或俗名（Used or common name）**：扁鱼, 皇帝鱼, 半边鱼, 比目鱼.
**分布（Distribution）**：我国是否有分布存疑.

## 1476. 缨鲆属 *Crossorhombus* Regan, 1920

**（4789）青缨鲆 *Crossorhombus azureus* (Alcock, 1889)**

*Rhomboidichthys azureus* Alcock, 1889: 279-295.

文献（Reference）：Ni and Kwok, 1999; Randall and Lim (eds.), 2000; Huang, 2001; 伍汉霖，邵广昭，赖春福等, 2012.
别名或俗名（Used or common name）：扁鱼，皇帝鱼，半边鱼，比目鱼.
分布（Distribution）：东海，南海.

### (4790)霍文缨鲆 *Crossorhombus howensis* Hensley *et* Randall, 1993

*Crossorhombus howensis* Hensley *et* Randall, 1993: 1119-1126.
文献（Reference）：Hensley and Randall, 1993: 1119-1126; 伍汉霖，邵广昭，赖春福等, 2012.
别名或俗名（Used or common name）：扁鱼，皇帝鱼，半边鱼，比目鱼.
分布（Distribution）：东海.

### (4791) 多齿缨鲆 *Crossorhombus kanekonis* (Tanaka, 1918)

*Scaeops kanekonis* Tanaka, 1918: 223-227.
*Engyprosopon kanekonis* (Tanaka, 1918).
文献（Reference）：Masuda, Amaoka, Araga *et al.*, 1984; Shao, Chen, Kao *et al.*, 1993; 沈世杰, 1993; Randall and Lim (eds.), 2000; Huang, 2001; 伍汉霖，邵广昭，赖春福等, 2012.
别名或俗名（Used or common name）：双带缨鲆，扁鱼，皇帝鱼，半边鱼，比目鱼.
分布（Distribution）：东海，南海.

### (4792)高本缨鲆 *Crossorhombus kobensis* (Jordan *et* Starks, 1906)

*Scaeops kobensis* Jordan *et* Starks, 1906, 31 (1484): 161-246.
*Engyprosopon ui* (Tanaka, 1918).
*Scaeops ui* Tanaka, 1918.
文献（Reference）：Masuda, Amaoka, Araga *et al.*, 1984; 沈世杰, 1993; Yamada, Shirai, Irie *et al.*, 1995; Randall and Lim (eds.), 2000; Huang, 2001; 伍汉霖，邵广昭，赖春福等, 2012.
别名或俗名（Used or common name）：扁鱼，皇帝鱼，半边鱼，比目鱼，长臂缨鲆.
分布（Distribution）：东海，南海.

### (4793) 宽额缨鲆 *Crossorhombus valderostratus* (Alcock, 1890)

*Rhomboidichthys valderostratus* Alcock, 1890b: 425-443.
*Engyprosopon valderostratus* (Alcock, 1890).
*Platophrys dimorphus* Gilchrist, 1904.
文献（Reference）：Herre, 1953a; Cabanban, Capuli, Froese *et al.*, 1996; Ni and Kwok, 1999; Huang, 2001; Ohashi and Motomura, 2012; 伍汉霖，邵广昭，赖春福等, 2012.
分布（Distribution）：东海，南海.

## 1477. 短额鲆属 *Engyprosopon* Günther, 1862

### (4794) 长鳍短额鲆 *Engyprosopon filipennis* Wu *et* Tang, 1935

*Engyprosopon filipennis* Wu *et* Tang, 1935: 391-397.
文献（Reference）：Zhang, 1998; Huang, 2001; 伍汉霖，邵广昭，赖春福等, 2012.
分布（Distribution）：南海.

### (4795) 大鳞短额鲆 *Engyprosopon grandisquama* (Temminck *et* Schlegel, 1846)

*Rhombus grandisquama* Temminck *et* Schlegel, 1846: 173-269.
*Arnoglossus grandisquama* (Temminck *et* Schlegel, 1846).
*Arnoglossus poecilurus* (Bleeker, 1852).
*Arnoglossus spilurus* (Günther, 1880).
*Platophrys grandisquama* (Temminck *et* Schlegel, 1946).
文献（Reference）：Jordan and Seale, 1905; Kyushin, Amaoka, Nakaya *et al.*, 1982; Shao, Chen, Kao *et al.*, 1993; Cabanban, Capuli, Froese *et al.*, 1996; Ni and Kwok, 1999; Randall and Lim (eds.), 2000; Huang, 2001; 伍汉霖，邵广昭，赖春福等, 2012.
别名或俗名（Used or common name）：扁鱼，皇帝鱼，半边鱼，比目鱼.
分布（Distribution）：东海，南海.

### (4796)宽额短额鲆 *Engyprosopon latifrons* (Regan, 1908)

*Scaeops latifrons* Regan, 1908g: 217-255.
文献（Reference）：Herre and Umali, 1948; Ni and Kwok, 1999; Huang, 2001; 伍汉霖，邵广昭，赖春福等, 2012.
分布（Distribution）：南海.

### (4797) 长脚短额鲆 *Engyprosopon longipelvis* Amaoka, 1969

*Engyprosopon longipelvis* Amaoka, 1969: 65-340.
文献（Reference）：Amaoka, 1969: 65-340; Masuda, Amaoka, Araga *et al.*, 1984; Huang, 2001; 伍汉霖，邵广昭，赖春福等, 2012.
别名或俗名（Used or common name）：扁鱼，皇帝鱼，半边鱼，比目鱼，长腹鳍短额鲆.
分布（Distribution）：东海，南海.

### (4798)马尔代夫短额鲆 *Engyprosopon maldivensis* (Regan, 1908)

*Scaeops maldivensis* Regan, 1908g: 217-255.
*Arnoglossus maculipinnis* Fowler, 1934.
*Engyprosopon borneensis* Chabanaud, 1948.

*Engyprosopon macroptera* Amaoka, 1963.
**文献（Reference）**：Fowler, 1934; 沈世杰, 1993; Cabanban, Capuli, Froese *et al.*, 1996; Randall and Lim (eds.), 2000; 伍汉霖, 邵广昭, 赖春福等, 2012.
**别名或俗名（Used or common name）**：扁鱼, 皇帝鱼, 半边鱼, 比目鱼, 马尔地夫短额鲆.
**分布（Distribution）**：南海.

### （4799）黑斑短额鲆 *Engyprosopon mogkii* (Bleeker, 1854)

*Rhombus mogkii* Bleeker, 1854: 225-260.
*Engyprosopon mogki* (Bleeker, 1854).
**文献（Reference）**：Herre and Umali, 1948; Herre, 1953a; Cabanban, Capuli, Froese *et al.*, 1996; Ni and Kwok, 1999; Huang, 2001; 伍汉霖, 邵广昭, 赖春福等, 2012.
**分布（Distribution）**：南海.

### （4800）多鳞短额鲆 *Engyprosopon multisquama* Amaoka, 1963

*Engyprosopon multisquama* Amaoka, 1963: 107-121.
**文献（Reference）**：Amaoka, 1963: 107-121; Shao, Chen, Kao *et al.*, 1993; 沈世杰, 1993; Shao, 1997; Ni and Kwok, 1999; Chiu and Hsieh, 2001; Huang, 2001; Hsieh and Chiu, 2002; 伍汉霖, 邵广昭, 赖春福等, 2012.
**别名或俗名（Used or common name）**：扁鱼, 皇帝鱼, 半边鱼, 比目鱼.
**分布（Distribution）**：东海, 南海.

## 1478. 双线鲆属 *Grammatobothus* Norman, 1926

### （4801）克氏双线鲆 *Grammatobothus krempfi* Chabanaud, 1929

*Laeops sinusarabici* Chabanaud, 1929: 370-382.
**文献（Reference）**：Chabanaud, 1929: 370-382; 沈世杰, 1993; Randall and Lim (eds.), 2000; Huang, 2001; 伍汉霖, 邵广昭, 赖春福等, 2012.
**别名或俗名（Used or common name）**：扁鱼, 皇帝鱼, 半边鱼, 比目鱼.
**分布（Distribution）**：东海, 南海.

### （4802）三斑双线鲆 *Grammatobothus polyophthalmus* (Bleeker, 1865)

*Platophrys* (*Platophrys*) *polyophthalmus* Bleeker, 1865: 43-50.
*Bothus polyophthalmus* (Bleeker, 1865).
*Grammatobothus polyopthalmus* (Bleeker, 1865).
*Rhomboidichthys angustifrons* Günther, 1880.
**文献（Reference）**：Kyushin, Amaoka, Nakaya *et al.*, 1982; Amaoka, Okamura and Yoshino, 1992; Cabanban, Capuli, Froese *et al.*, 1996; Randall and Lim (eds.), 2000; Huang, 2001; 伍汉霖, 邵广昭, 赖春福等, 2012.
**别名或俗名（Used or common name）**：多眼双线鲆.
**分布（Distribution）**：南海.

## 1479. 日本左鲆属 *Japonolaeops* Amaoka, 1969

### （4803）多齿日本左鲆 *Japonolaeops dentatus* Amaoka, 1969

*Japonolaeops dentatus* Amaoka, 1969: 65-340.
**文献（Reference）**：Amaoka, 1969: 65-340; Masuda, Amaoka, Araga *et al.*, 1984; Shao, Chen, Kao *et al.*, 1993; 沈世杰, 1993; Randall and Lim (eds.), 2000; Huang, 2001; 伍汉霖, 邵广昭, 赖春福等, 2012.
**别名或俗名（Used or common name）**：扁鱼, 皇帝鱼, 半边鱼, 比目鱼.
**分布（Distribution）**：南海.

## 1480. 鳄口鲆属 *Kamoharaia* Kuronuma, 1940

### （4804）大嘴鳄口鲆 *Kamoharaia megastoma* (Kamohara, 1936)

*Chascanopsetta megastoma* Kamohara, 1936b: 306-311.
**文献（Reference）**：Masuda, Amaoka, Araga *et al.*, 1984; 沈世杰, 1993; Randall and Lim (eds.), 2000; Huang, 2001; 伍汉霖, 邵广昭, 赖春福等, 2012.
**别名或俗名（Used or common name）**：扁鱼, 皇帝鱼, 半边鱼, 比目鱼.
**分布（Distribution）**：东海, 南海.

## 1481. 左鲆属 *Laeops* Günther, 1880

### （4805）北原氏左鲆 *Laeops kitaharae* (Smith *et* Pope, 1906)

*Lambdopsetta kitaharae* Smith *et* Pope, 1906: 459-499.
*Laeops kitharae* (Smith *et* Pope, 1906).
**文献（Reference）**：Amaoka, 1972; Shao, Chen, Kao *et al.*, 1993; 沈世杰, 1993; Shao, 1997; Ni and Kwok, 1999; Randall and Lim (eds.), 2000; Huang, 2001; Hsieh and Chiu, 2002.
**别名或俗名（Used or common name）**：扁鱼, 皇帝鱼, 半边鱼, 比目鱼.
**分布（Distribution）**：南海.

### （4806）小头左鲆 *Laeops parviceps* Günther, 1880

*Laeops parviceps* Günther, 1880: 1-82.
**文献（Reference）**：Günther, 1880: 53-54; 沈世杰, 1993; Cabanban, Capuli, Froese *et al.*, 1996; Randall and Lim (eds.), 2000; Huang, 2001; 伍汉霖, 邵广昭, 赖春福等, 2012.
**别名或俗名（Used or common name）**：扁鱼, 皇帝鱼, 半边鱼, 比目鱼.

**分布（Distribution）**：东海，南海.

### （4807）东港左鲆 *Laeops tungkongensis* Chen *et* Weng, 1965

*Laeops tungkongensis* Chen *et* Weng, 1965a: 1-103.

**文献（Reference）**：Chen and Weng, 1965a: 1-103; 沈世杰, 1993; Randall and Lim (eds.), 2000; 伍汉霖，邵广昭，赖春福等, 2012.

**别名或俗名（Used or common name）**：扁鱼，皇帝鱼，半边鱼，比目鱼.

**分布（Distribution）**：南海.

## 1482. 新左鲆属 *Neolaeops* Amaoka, 1969

### （4808）小眼新左鲆 *Neolaeops microphthalmus* (von Bonde, 1922)

*Laeops microphthalmus* von Bonde, 1922: 1-29.

*Arnoglossus microphthalmus* (von Bonde, 1922).

**文献（Reference）**：Herre and Umali, 1948; Masuda, Amaoka, Araga *et al.*, 1984; 沈世杰, 1993; Randall and Lim (eds.), 2000; Huang, 2001; 伍汉霖，邵广昭，赖春福等, 2012.

**别名或俗名（Used or common name）**：扁鱼，皇帝鱼，半边鱼，比目鱼.

**分布（Distribution）**：东海，南海.

## 1483. 拟鲆属 *Parabothus* Norman, 1931

### （4809）短腹拟鲆 *Parabothus coarctatus* (Gilbert, 1905)

*Platophrys coarctatus* Gilbert, 1905: 577-713.

*Rhomboidichthys coarctatus* (Gilbert, 1905).

*Arnoglossus violaceus* Franz, 1910.

*Parabothus violaceus* (Franz, 1910).

**文献（Reference）**：Masuda, Amaoka, Araga *et al.*, 1984; Amaoka and Shen, 1993; Huang, 2001; 伍汉霖，邵广昭，赖春福等, 2012.

**别名或俗名（Used or common name）**：扁鱼，皇帝鱼，半边鱼，比目鱼.

**分布（Distribution）**：东海，南海.

### （4810）少鳞拟鲆 *Parabothus kiensis* (Tanaka, 1918)

*Platophrys kiensis* Tanaka, 1918: 223-227.

**文献（Reference）**：Masuda, Amaoka, Araga *et al.*, 1984; 沈世杰, 1993; Kim, Choi, Lee *et al.*, 2005; 伍汉霖，邵广昭，赖春福等, 2012.

**别名或俗名（Used or common name）**：扁鱼，皇帝鱼，半边鱼，比目鱼.

**分布（Distribution）**：?

### （4811）台湾拟鲆 *Parabothus taiwanensis* Amaoka *et* Shen, 1993

*Parabothus taiwanensis* Amaoka *et* Shen, 1993: 1042-1047.

**文献（Reference）**：Amaoka and Shen, 1993: 1042-1047; Shen, 1984; Randall and Lim (eds.), 2000; 伍汉霖，邵广昭，赖春福等, 2012.

**别名或俗名（Used or common name）**：扁鱼，皇帝鱼，半边鱼，比目鱼.

**分布（Distribution）**：黄海，南海.

## 1484. 鳒鲆属 *Psettina* Hubbs, 1915

### （4812）长鳒鲆 *Psettina gigantea* Amaoka, 1963

*Psettina gigantia* Amaoka, 1963: 53-62.

**文献（Reference）**：Amaoka, 1963: 53-62; 沈世杰, 1993; Cabanban, Capuli, Froese *et al.*, 1996; Randall and Lim (eds.), 2000; Huang, 2001; Hsieh and Chiu, 2002; 伍汉霖，邵广昭，赖春福等, 2012.

**别名或俗名（Used or common name）**：扁鱼，皇帝鱼，半边鱼，比目鱼.

**分布（Distribution）**：南海.

### （4813）海南鳒鲆 *Psettina hainanensis* (Wu *et* Tang, 1935)

*Crossolepis hainanensis* Wu *et* Tang, 1935: 391-397.

**文献（Reference）**：Ni and Kwok, 1999; Huang, 2001; 伍汉霖，邵广昭，赖春福等, 2012.

**分布（Distribution）**：南海.

### （4814）饭岛氏鳒鲆 *Psettina iijimae* (Jordan *et* Starks, 1904)

*Engyprosopon iijimae* Jordan *et* Starks, 1904b: 577-630.

**文献（Reference）**：Amaoka, 1976; Shao, Chen, Kao *et al.*, 1993; 沈世杰, 1993; Randall and Lim (eds.), 2000; Huang, 2001; 伍汉霖，邵广昭，赖春福等, 2012.

**别名或俗名（Used or common name）**：扁鱼，皇帝鱼，半边鱼，比目鱼.

**分布（Distribution）**：东海，南海.

### （4815）土佐鳒鲆 *Psettina tosana* Amaoka, 1963

*Psettina tosana* Amaoka, 1963: 53-62.

**文献（Reference）**：Amaoka, 1963: 53-62; Shao, Chen, Kao *et al.*, 1993; 沈世杰, 1993; Yamada, Shirai, Irie *et al.*, 1995; Shao, 1997; Chen, Jan and Shao, 1997; Randall and Lim (eds.), 2000; Huang, 2001; 伍汉霖，邵广昭，赖春福等, 2012.

**别名或俗名（Used or common name）**：扁鱼，皇帝鱼，半边鱼，比目鱼.

**分布（Distribution）**：南海.

### 1485. 线鳍鲆属 *Taeniopsetta* Gilbert, 1905

**(4816) 眼斑线鳍鲆 *Taeniopsetta ocellata* (Günther, 1880)**

*Pseudorhombus ocellatus* Günther, 1880: 1-82.

**文献（Reference）：** Günther, 1880: 53-54; Herre and Umali, 1948; Amaoka, 1970; Masuda, Amaoka, Araga *et al.*, 1984; Ni and Kwok, 1999; 伍汉霖, 邵广昭, 赖春福等, 2012.

**别名或俗名（Used or common name）：** 扁鱼, 皇帝鱼, 半边鱼, 比目鱼.

**分布（Distribution）：** 仅我国台湾海域有记录 (待核实).

## （三一九）瓦鲽科 Poecilopsettidae

### 1486. 瓦鲽属 *Poecilopsetta* Günther, 1880

**(4817) 黑斑瓦鲽 *Poecilopsetta colorata* Günther, 1880**

*Poecilopsetta colorata* Günther, 1880: 1-82.

*Poecilopsetta maculosa* Alcock, 1894.

**文献（Reference）：** Cabanban, Capuli, Froese *et al.*, 1996; Ni and Kwok, 1999; Ganaden and Lavapie-Gonzales, 1999; Huang, 2001; 伍汉霖, 邵广昭, 赖春福等, 2012.

**分布（Distribution）：** 南海.

**(4818) 纳塔尔瓦鲽 *Poecilopsetta natalensis* Norman, 1931**

*Poecilopsetta natalensis* Norman, 1931: 421-426.

**文献（Reference）：** Norman, 1931: 421-426; 沈世杰, 1993; Randall and Lim (eds.), 2000; Huang, 2001; 伍汉霖, 邵广昭, 赖春福等, 2012.

**别名或俗名（Used or common name）：** 南非瓦鲽, 扁鱼, 皇帝鱼, 半边鱼, 比目鱼.

**分布（Distribution）：** 东海, 南海.

**(4819) 双斑瓦鲽 *Poecilopsetta plinthus* (Jordan *et* Starks, 1904)**

*Alaeops plinthus* Jordan *et* Starks, 1904b: 577-630.

*Poecilopsetta megalepis* Fowler, 1934.

**文献（Reference）：** Fowler, 1934; Amaoka, 1964; 沈世杰, 1993; Yamada, Shirai, Irie *et al.*, 1995; Cabanban, Capuli, Froese *et al.*, 1996; Randall and Lim (eds.), 2000; Huang, 2001; 伍汉霖, 邵广昭, 赖春福等, 2012.

**别名或俗名（Used or common name）：** 扁鱼, 皇帝鱼, 半边鱼, 比目鱼.

**分布（Distribution）：** 黄海, 东海, 南海.

**(4820) 普来隆瓦鲽 *Poecilopsetta praelonga* Alcock, 1894**

*Poecilopsetta praelonga* Alcock, 1894: 115-137.

*Boopsetta umbrarum* Alcock, 1896.

**文献（Reference）：** Alcock, 1894: 115-137; 沈世杰, 1993; Cabanban, Capuli, Froese *et al.*, 1996; Randall and Lim (eds.), 2000; Huang, 2001; 伍汉霖, 邵广昭, 赖春福等, 2012.

**别名或俗名（Used or common name）：** 长体瓦鲽, 扁鱼, 皇帝鱼, 半边鱼, 比目鱼.

**分布（Distribution）：** 东海, 南海.

## （三二〇）冠鲽科 Samaridae

### 1487. 斜颌鲽属 *Plagiopsetta* Franz, 1910

**(4821) 舌形斜颌鲽 *Plagiopsetta glossa* Franz, 1910**

*Plagiopsetta glossa* Franz, 1910: 1-135.

*Samariscus glossa* (Franz, 1910).

*Plagiopsetta fasciatus* (Fowler, 1934).

*Samariscus fasciatus* Fowler, 1934.

**文献（Reference）：** Franz, 1910: 1-135; Fowler, 1934; 沈世杰, 1993; Cooper, Graham and Chapleau, 1994; Yamada, Shirai, Irie *et al.*, 1995; Mihara and Amaoka, 1995; Cabanban, Capuli, Froese *et al.*, 1996; Randall and Lim (eds.), 2000; Huang, 2001; 伍汉霖, 邵广昭, 赖春福等, 2012.

**别名或俗名（Used or common name）：** 扁鱼, 皇帝鱼, 半边鱼, 比目鱼.

**分布（Distribution）：** 东海, 南海.

### 1488. 冠鲽属 *Samaris* Gray, 1831

**(4822) 冠鲽 *Samaris cristatus* Gray, 1831**

*Samaris cristatus* Gray, 1831a: 4-5.

*Samariscus cristatus* (Gray, 1831).

*Arnoglossus cacatuae* Ogilby, 1910.

*Samaris ornatus* von Bonde, 1922.

*Samaris delagoensis* von Bonde, 1925.

**文献（Reference）：** Kyushin, Amaoka, Nakaya *et al.*, 1982; Shao, Chen, Kao *et al.*, 1993; 沈世杰, 1993; Cabanban, Capuli, Froese *et al.*, 1996; Ni and Kwok, 1999; Randall and Lim (eds.), 2000; Huang, 2001; 伍汉霖, 邵广昭, 赖春福等, 2012.

**别名或俗名（Used or common name）：** 扁鱼, 皇帝鱼, 半边鱼, 比目鱼.

**分布（Distribution）：** 东海, 南海.

### 1489. 沙鲽属 *Samariscus* Gilbert, 1905

**(4823) 丝鳍沙鲽 *Samariscus filipectoralis* Shen, 1982**

*Samariscus filipectoralis* Shen, 1982: 197-213.

**文献（Reference）：** Shen, 1982: 197-213; Shao, Chen, Kao *et al.*, 1993; 沈世杰, 1993; Randall and Lim (eds.), 2000; Huang, 2001; 伍汉霖, 邵广昭, 赖春福等, 2012.

**别名或俗名（Used or common name）**：扁鱼，皇帝鱼，半边鱼，比目鱼.

**分布（Distribution）**：东海，南海.

### （4824）胡氏沙鲽 *Samariscus huysmani* Weber, 1913

*Samariscus huysmani* Weber, 1913: 1-710.

**文献（Reference）**：Cabanban, Capuli, Froese *et al.*, 1996; Ni and Kwok, 1999; Huang, 2001; 伍汉霖，邵广昭，赖春福等，2012.

**分布（Distribution）**：南海.

### （4825）无斑沙鲽 *Samariscus inornatus* (Lloyd, 1909)

*Samaris inornata* Lloyd, 1909: 139-180.

**文献（Reference）**：Lloyd, 1909: 139-180; Sakamoto, 1984; Li and Wang, 1995; 伍汉霖，邵广昭，赖春福等, 2012.

**分布（Distribution）**：东海.

### （4826）日本沙鲽 *Samariscus japonicus* Kamohara, 1936

*Samariscus japonicus* Kamohara, 1936c: 1006-1008.

**文献（Reference）**：Kamohara, 1936c: 1006-1008; Masuda, Amaoka, Araga *et al.*, 1984; Yamada, Shirai, Irie *et al.*, 1995; 伍汉霖，邵广昭，赖春福等, 2012.

**别名或俗名（Used or common name）**：扁鱼，皇帝鱼，半边鱼，比目鱼.

**分布（Distribution）**：?

### （4827）满月沙鲽 *Samariscus latus* Matsubara *et* Takamuki, 1951

*Samariscus latus* Matsubara *et* Takamuki, 1951: 361-367.

**文献（Reference）**：Matsubara and Takamuki, 1951: 361-367; Masuda, Amaoka, Araga *et al.*, 1984; 沈世杰, 1993; Randall and Lim (eds.), 2000; Huang, 2001; 伍汉霖，邵广昭，赖春福等, 2012.

**别名或俗名（Used or common name）**：扁鱼，皇帝鱼，半边鱼，比目鱼.

**分布（Distribution）**：东海，南海.

### （4828）长臂沙鲽 *Samariscus longimanus* Norman, 1927

*Somariscus longimanus* Norman, 1927: 7-48.

**文献（Reference）**：Chen and Weng (陈兼善和翁廷辰), 1965; Cabanban, Capuli, Froese *et al.*, 1996; Huang, 2001; 伍汉霖，邵广昭，赖春福等, 2012.

**别名或俗名（Used or common name）**：扁鱼，皇帝鱼，半边鱼，比目鱼.

**分布（Distribution）**：东海.

### （4829）三斑沙鲽 *Samariscus triocellatus* Woods, 1960

*Samariscus triocellatus* Woods, 1960: 1-372.

**文献（Reference）**：Shao and Chen, 1988; Cabanban, Capuli, Froese *et al.*, 1996; Randall and Lim (eds.), 2000; 伍汉霖，邵广昭，赖春福等, 2012.

**别名或俗名（Used or common name）**：扁鱼，皇帝鱼，半边鱼，比目鱼.

**分布（Distribution）**：南海.

### （4830）高知沙鲽 *Samariscus xenicus* Ochiai *et* Amaoka, 1962

*Samariscus xenicus* Ochiai *et* Amaoka, 1962: 83-91.

**文献（Reference）**：Ochiai and Amaoka, 1962: 83-91; Masuda, Amaoka, Araga *et al.*, 1984; 伍汉霖，邵广昭，赖春福等, 2012.

**别名或俗名（Used or common name）**：扁鱼，皇帝鱼，半边鱼，比目鱼.

**分布（Distribution）**：东海，南海.

## （三二一）鳎科 Soleidae

### 1490. 角鳎属 *Aesopia* Kaup, 1858

### （4831）角鳎 *Aesopia cornuta* Kaup, 1858

*Aesopia cornuta* Kaup, 1858: 94-104.

*Coryphaesopia cornuta* (Kaup, 1858).

*Synaptura cornuta* (Kaup, 1858).

*Coryphaesopia cornuta barnardi* Chabanaud, 1934.

**文献（Reference）**：Shao, Chen, Kao *et al.*, 1993; 沈世杰, 1993; Yamada, Shirai, Irie *et al.*, 1995; Cabanban, Capuli, Froese *et al.*, 1996; Ni and Kwok, 1999; Randall and Lim (eds.), 2000; Huang, 2001; 伍汉霖，邵广昭，赖春福等, 2012.

**别名或俗名（Used or common name）**：狗舌，角牛舌，比目鱼.

**分布（Distribution）**：东海，南海.

### 1491. 栉鳞鳎属 *Aseraggodes* Kaup, 1858

### （4832）陈氏栉鳞鳎 *Aseraggodes cheni* Randall *et* Senou, 2007

*Aseraggodes cheni* Randall *et* Senou, 2007: 303-310.

**文献（Reference）**：Randall and Senou, 2007: 303-310; 伍汉霖，邵广昭，赖春福等, 2012.

**别名或俗名（Used or common name）**：龙舌，鳎沙，比目鱼.

**分布（Distribution）**：仅我国台湾海域有记录.

**（4833）日本栉鳞鳎 *Aseraggodes kaianus* (Günther, 1880)**

*Solea kaiana* Günther, 1880: 1-82.

*Asseragodes kaianus* (Günther, 1880).

**文献（Reference）**：Günther, 1880: 53-54; Masuda, Amaoka, Araga *et al.*, 1984; Shao, Chen, Kao *et al.*, 1993; 沈世杰, 1993; Yamada, Shirai, Irie *et al.*, 1995; Shao, 1997; Randall and Lim (eds.), 2000; Huang, 2001; 伍汉霖, 邵广昭, 赖春福等, 2012.

**别名或俗名（Used or common name）**：龙舌，鳎沙，比目鱼.

**分布（Distribution）**：仅我国台湾海域有记录 (其他海域如东海，南海似存疑).

**（4834）褐斑栉鳞鳎 *Aseraggodes kobensis* (Steindachner, 1896)**

*Solea kobensis* Steindachner, 1896: 197-230.

**文献（Reference）**：Shao, Chen, Kao *et al.*, 1993; 沈世杰, 1993; Yamada, Shirai, Irie *et al.*, 1995; Shao, 1997; Ni and Kwok, 1999; Randall and Lim (eds.), 2000; Huang, 2001; 伍汉霖, 邵广昭, 赖春福等, 2012.

**别名或俗名（Used or common name）**：龙舌，鳎沙，比目鱼.

**分布（Distribution）**：东海，南海.

**（4835）东方栉鳞鳎 *Aseraggodes orientalis* Randall *et* Senou, 2007**

*Aseraggodes orientalis* Randall *et* Senou, 2007: 303-310.

**文献（Reference）**：Randall and Senou, 2007: 303-310; 伍汉霖, 邵广昭, 赖春福等, 2012.

**别名或俗名（Used or common name）**：龙舌，鳎沙，比目鱼.

**分布（Distribution）**：仅我国台湾海域有记录 (其他海域待核实).

**（4836）外来栉鳞鳎 *Aseraggodes xenicus* (Matsubara *et* Ochiai, 1963)**

*Parachirus xenicus* Matsubara *et* Ochiai, 1963: 83-105.

*Aseraggodes smithi* Woods, 1966.

**文献（Reference）**：Masuda, Amaoka, Araga *et al.*, 1984; Shao and Chen, 1988; 沈世杰, 1993; Randall and Lim (eds.), 2000; 伍汉霖, 邵广昭, 赖春福等, 2012.

**别名或俗名（Used or common name）**：龙舌，鳎沙，比目鱼.

**分布（Distribution）**：仅我国台湾海域有记录 (其他海域如东海，南海待核实).

## 1492. 宽箬鳎属 *Brachirus* Swainson, 1839

**（4837）云斑宽箬鳎 *Brachirus annularis* Fowler, 1934**

*Brachirus annularis* Fowler, 1934: 233-367.

*Synaptura annularis* (Fowler, 1934).

**文献（Reference）**：Fowler, 1934: 233-367; 沈世杰, 1993; Gonzales, Okamura, Nakamura *et al.*, 1994; Randall and Lim (eds.), 2000; Huang, 2001; 伍汉霖, 邵广昭, 赖春福等, 2012.

**别名或俗名（Used or common name）**：龙舌，鳎沙，比目鱼.

**分布（Distribution）**：东海，南海.

**（4838）东方宽箬鳎 *Brachirus orientalis* (Bloch *et* Schneider, 1801)**

*Pleuronectes orientalis* Bloch *et* Schneider, 1801: 1-584.

*Euryglossa orientalis* (Bloch *et* Schneider, 1801).

*Synaptura filamentosa* Sauvage, 1878.

**文献（Reference）**：Masuda, Amaoka, Araga *et al.*, 1984; Shao, Chen, Kao *et al.*, 1993; 沈世杰, 1993; Ni and Kwok, 1999; Randall and Lim (eds.), 2000; Huang, 2001; 伍汉霖, 邵广昭, 赖春福等, 2012.

**别名或俗名（Used or common name）**：龙舌，鳎沙，比目鱼.

**分布（Distribution）**：东海，南海.

**（4839）异鳞宽箬鳎 *Brachirus pan* (Hamilton, 1822)**

*Pleuronectes pan* Hamilton, 1822: 1-405.

*Euryglossa pan* (Hamilton, 1822).

*Synaptura pan* (Hamilton, 1822).

**文献（Reference）**：Randall and Lim (eds.), 2000; Huang, 2001; 伍汉霖, 邵广昭, 赖春福等, 2012.

**别名或俗名（Used or common name）**：恒河箬鳎.

**分布（Distribution）**：南海.

**（4840）纵带宽箬鳎 *Brachirus swinhonis* (Steindachner, 1867)**

*Synaptura swinhonis* Steindachner, 1867: 585-592.

**文献（Reference）**：Randall and Lim (eds.), 2000; Huang, 2001; 伍汉霖, 邵广昭, 赖春福等, 2012.

**别名或俗名（Used or common name）**：斯氏箬鳎.

**分布（Distribution）**：南海.

## 1493. 钩嘴鳎属 *Heteromycteris* Kaup, 1858

**（4841）日本钩嘴鳎 *Heteromycteris japonicus* (Temminck *et* Schlegel, 1846)**

*Achirus japonicus* Temminck *et* Schlegel, 1846: 173-269.

*Heteromycteris japonica* (Temminck *et* Schlegel, 1846).

**文献（Reference）**：Masuda, Amaoka, Araga *et al.*, 1984; Shao, Chen, Kao *et al.*, 1993; Ni and Kwok, 1999; Randall and Lim (eds.), 2000; Huang, 2001; 伍汉霖, 邵广昭, 赖春福等, 2012.

**分布（Distribution）**：东海，南海.

**（4842）人字钩嘴鳎 *Heteromycteris matsubarai* Ochiai, 1963**

*Heteromycteris matsubarai* Ochiai, 1963: 1-114.

**文献（Reference）**：Ochiai, 1963: 1-24; Kyushin, Amaoka, Nakaya *et al.*, 1982; Masuda, Amaoka, Araga *et al.*, 1984; Shao, 1997; 伍汉霖，邵广昭，赖春福等, 2012.

**别名或俗名（Used or common name）**：松原氏钩嘴鳎，龙舌，鳎沙，比目鱼.

**分布（Distribution）**：东海，南海.

## 1494. 圆鳞鳎属 *Liachirus* Günther, 1862

**（4843）黑点圆鳞鳎 *Liachirus melanospilos* (Bleeker, 1854)**

*Achirus melanospilos* Bleeker, 1854: 226-249.

*Aseraggodes melanospilus* (Bleeker, 1854).

*Liachirus melanospilus* (Bleeker, 1854).

**文献（Reference）**：Shao, Chen, Kao *et al.*, 1993; 沈世杰, 1993; Cabanban, Capuli, Froese *et al.*, 1996; Ni and Kwok, 1999; Randall and Lim (eds.), 2000; Huang, 2001; 伍汉霖，邵广昭，赖春福等, 2012.

**别名或俗名（Used or common name）**：龙舌，鳎沙，比目鱼.

**分布（Distribution）**：东海，南海.

## 1495. 单臂鳎属 *Monochirus* Rafinesque, 1814

**（4844）毛鳍单臂鳎 *Monochirus trichodactylus* (Linnaeus, 1758)**

*Pleuronectes trichodactylus* Linnaeus, 1758: 1-824.

**文献（Reference）**：Huang, 2001; Chinese Academy of Fishery Science (CAFS), 2007; 伍汉霖，邵广昭，赖春福等, 2012.

**分布（Distribution）**：仅我国台湾海域有记录 (其他海域待核实).

## 1496. 豹鳎属 *Pardachirus* Günther, 1862

**（4845）眼斑豹鳎 *Pardachirus pavoninus* (Lacépède, 1802)**

*Achirus pavoninus* Lacépède, 1802: 1-728.

*Paradachirus pavonimus* (Lacépède, 1802).

*Aseraggodes persimilis* (Günther, 1909).

*Aseraggodes ocellatus* Weed, 1961.

**文献（Reference）**：Evermann and Seale, 1907; Ochiai and Akira, 1957; Shao, Chen, Kao *et al.*, 1993; 沈世杰, 1993; Cabanban, Capuli, Froese *et al.*, 1996; Randall and Lim (eds.), 2000; Huang, 2001; 伍汉霖，邵广昭，赖春福等, 2012.

**别名或俗名（Used or common name）**：龙舌，鳎沙，比目鱼.

**分布（Distribution）**：东海，南海.

## 1497. 拟鳎属 *Pseudaesopia* Chabanaud, 1934

**（4846）日本拟鳎 *Pseudaesopia japonica* (Bleeker, 1860)**

*Aesopia japonica* Bleeker, 1860: 2-102.

*Zebrias japonica* (Bleeker, 1860).

*Zebrias japonicus* (Bleeker, 1860).

**文献（Reference）**：Masuda, Amaoka, Araga *et al.*, 1984; 沈世杰, 1993; Yamada, Shirai, Irie *et al.*, 1995; Randall and Lim (eds.), 2000; Huang, 2001; Broad, 2003; 伍汉霖，邵广昭，赖春福等, 2012.

**别名或俗名（Used or common name）**：日本条鳎，龙舌，鳎沙，比目鱼.

**分布（Distribution）**：东海，南海.

## 1498. 鳎属 *Solea* Rafinesque, 1810

**（4847）卵鳎 *Solea ovata* Richardson, 1846**

*Solea ovata* Richardson, 1846: 187-320.

*Microbuglossus ovatus* (Richardson, 1846).

*Microbuglossus humilis* (Cantor, 1849).

*Solea humilis* Cantor, 1849.

**文献（Reference）**：Richardson, 1846: 187-320; Warfel and Manacop, 1950; Shao, Chen, Kao *et al.*, 1993; 沈世杰, 1993; Cabanban, Capuli, Froese *et al.*, 1996; Shao, 1997; Ni and Kwok, 1999; Kuo and Shao, 1999; Randall and Lim (eds.), 2000; Huang, 2001.

**别名或俗名（Used or common name）**：龙舌，鳎沙，比目鱼.

**分布（Distribution）**：东海，南海.

## 1499. 长鼻鳎属 *Soleichthys* Bleeker, 1860

**（4848）异吻长鼻鳎 *Soleichthys heterorhinos* (Bleeker, 1856)**

*Solea heterorhinos* Bleeker, 1856: 1-72.

*Aesopia heterorhina* (Bleeker, 1856).

*Aesopia multifasciata* Kaup, 1858.

*Parophrys nigrostriolata* (Steindachner *et* Kner, 1870).

*Solea lineata* Ramsay, 1883.

**文献（Reference）**：Evermann and Seale, 1907; Shao, Chen, Kao *et al.*, 1993; 沈世杰, 1993; Cabanban, Capuli, Froese *et al.*, 1996; Shao, 1997; Randall and Lim (eds.), 2000; Huang, 2001; 伍汉霖，邵广昭，赖春福等, 2012.

**别名或俗名（Used or common name）**：鳎沙，比目鱼.

分布（**Distribution**）：东海，南海.

### 1500. 箬鳎属 *Synaptura* Cantor, 1849

**（4849）暗斑箬鳎 *Synaptura marginata* Boulenger, 1900**

*Synaptura marginata* Boulenger, 1900b: 10-12.
*Dagetichthys marginatus* (Boulenger, 1900).
*Synaptura ciliata* Gilchrist, 1904.
*Synaptura barnardi* Smith, 1931.

**文献（Reference）**：Boulenger, 1900b: 10-12; Masuda, Amaoka, Araga *et al.*, 1984; Cabanban, Capuli, Froese *et al.*, 1996; Shao, 1997; 伍汉霖, 邵广昭, 赖春福等, 2012.

**别名或俗名（Used or common name）**：龙舌，鳎沙，比目鱼.

**分布（Distribution）**：仅我国台湾海域有记录 (其他海域待核实).

### 1501. 条鳎属 *Zebrias* Jordan *et* Snyder, 1900

**（4850）缨鳞条鳎 *Zebrias crossolepis* Zheng *et* Chang, 1965**

*Zebrias crossolepis* Zheng *et* Chang (郑葆珊和张有为), 1965: 267-278.

**文献（Reference）**：Zheng and Chang (郑葆珊和张有为), 1965: 267-278; 沈世杰, 1993; Huang, 2001; 伍汉霖, 邵广昭, 赖春福等, 2012.

**别名或俗名（Used or common name）**：龙舌，鳎沙，比目鱼.

**分布（Distribution）**：东海，南海.

**（4851）峨眉条鳎 *Zebrias quagga* (Kaup, 1858)**

*Aesopia quagga* Kaup, 1858: 94-104.
*Synaptura quagga* (Kaup, 1858).

**文献（Reference）**：Shao, Chen, Kao *et al.*, 1993; 沈世杰, 1993; 李思忠, 王慧民, 1995: 312-313; Shao, 1997; Ni and Kwok, 1999; Randall and Lim (eds.), 2000; Huang, 2001; 伍汉霖, 邵广昭, 赖春福等, 2012.

**别名或俗名（Used or common name）**：龙舌，鳎沙，比目鱼，峨嵋条鳎.

**分布（Distribution）**：东海，南海.

**（4852）带纹条鳎 *Zebrias zebrinus* (Temminck *et* Schlegel, 1846)**

*Solea zebrinus*, Temminck *et* Schlegel, 1846: 185
*Zebrias zebra* Lindberg *et* Fedorov, 1993.

**文献（Reference）**：Temminck and Schlegel, 1846: 185; Lindberg and Fedorov, 1993; Wang, Kong, Huang *et al.*, 2014; Kimura, Imamura, Nguyen *et al.*, 2018.

**别名或俗名（Used or common name）**：鳎沙，比目鱼.

**分布（Distribution）**：渤海，黄海，东海，南海.

## （三二二）舌鳎科 Cynoglossidae

### 1502. 舌鳎属 *Cynoglossus* Hamilton, 1822

**（4853）短吻三线舌鳎 *Cynoglossus abbreviatus* (Gray, 1834)**

*Plagusia abbreviata* Gray, 1834: no page number.
*Areliscus abbreviatus* (Gray, 1834).
*Trulla abbreviata* (Gray, 1834).

**文献（Reference）**：Gray, 1795; 沈世杰, 1993; Yamada, Shirai, Irie *et al.*, 1995; Ni and Kwok, 1999; Randall and Lim (eds.), 2000; Huang, 2001; An and Huh, 2002; Islam, Hibino and Tanaka, 2006; 伍汉霖, 邵广昭, 赖春福等, 2012.

**别名或俗名（Used or common name）**：牛舌，龙舌，扁鱼，皇帝鱼，比目鱼.

**分布（Distribution）**：渤海，黄海，东海，南海.

**（4854）印度舌鳎 *Cynoglossus arel* (Bloch *et* Schneider, 1801)**

*Pleuronectes arel* Bloch *et* Schneider, 1801: 1-584.

**文献（Reference）**：Masuda, Amaoka, Araga *et al.*, 1984; Shao, Chen, Kao *et al.*, 1993; 沈世杰, 1993; Cabanban, Capuli, Froese *et al.*, 1996; Ni and Kwok, 1999; Kuo and Shao, 1999; Randall and Lim (eds.), 2000; Huang, 2001; 伍汉霖, 邵广昭, 赖春福等, 2012.

**别名或俗名（Used or common name）**：牛舌，龙舌，扁鱼，皇帝鱼，比目鱼.

**分布（Distribution）**：东海，南海.

**（4855）双线舌鳎 *Cynoglossus bilineatus* (Lacépède, 1802)**

*Achirus bilineatus* Lacépède, 1802: 1-728.
*Arelia bilineata* (Lacépède, 1802).
*Cynoglossus quinquelineatus* Day, 1877.
*Cynoglossus sindensis* Day, 1877.
*Cynoglossus diplasios* Jordan *et* Evermann, 1902.

**文献（Reference）**：Kyushin, Amaoka, Nakaya *et al.*, 1982; Shao, Chen, Kao *et al.*, 1993; 沈世杰, 1993; Cabanban, Capuli, Froese *et al.*, 1996; Ni and Kwok, 1999; Randall and Lim (eds.), 2000; Huang, 2001; 伍汉霖, 邵广昭, 赖春福等, 2012.

**别名或俗名（Used or common name）**：狗舌，牛舌，龙舌，扁鱼，皇帝鱼，比目鱼.

**分布（Distribution）**：东海，南海.

**（4856）窄体舌鳎 *Cynoglossus gracilis* Günther, 1873**

*Cynoglessus gracilis* Günther, 1873: 239-250.
*Areliscus gracilis* (Günther, 1873).

*Trulla gracilis* (Günther, 1873).
*Cynoglossus microps* Steindachner, 1897.
**文献（Reference）**：Hwang, Yueh and Yu, 1982; Shao, Chen, Kao *et al.*, 1993; Ni and Kwok, 1999; Randall and Lim (eds.), 2000; Huang, 2001; 伍汉霖, 邵广昭, 赖春福等, 2012.
**别名或俗名（Used or common name）**：牛舌, 龙舌, 扁鱼, 皇帝鱼, 比目鱼.
**分布（Distribution）**：渤海, 黄海, 东海, 南海.

### （4857）断线舌鳎 *Cynoglossus interruptus* Günther, 1880

*Cynoglossus interruptus* Günther, 1880: 1-82.
*Areliscus interruptus* (Günther, 1880).
**文献（Reference）**：Günther, 1880: 53-54; Shao, Chen, Kao *et al.*, 1993; 沈世杰, 1993; Yamada, Shirai, Irie *et al.*, 1995; Ni and Kwok, 1999; Randall and Lim (eds.), 2000; Huang, 2001; 伍汉霖, 邵广昭, 赖春福等, 2012.
**别名或俗名（Used or common name）**：牛舌, 龙舌, 扁鱼, 皇帝鱼, 比目鱼.
**分布（Distribution）**：黄海, 东海, 南海.

### （4858）东亚单孔舌鳎 *Cynoglossus itinus* (Snyder, 1909)

*Trulla itina* Snyder, 1909: 597-610.
*Cynoglossus punctatus* Shen, 1969.
**文献（Reference）**：Snyder, 1909: 597-610; Masuda, Amaoka, Araga *et al.*, 1984; 沈世杰, 1993; Ni and Kwok, 1999; Randall and Lim (eds.), 2000; Huang, 2001; 伍汉霖, 邵广昭, 赖春福等, 2012.
**别名或俗名（Used or common name）**：牛舌, 龙舌, 扁鱼, 皇帝鱼, 比目鱼.
**分布（Distribution）**：东海, 南海.

### （4859）短吻红舌鳎 *Cynoglossus joyneri* Günther, 1878

*Cynoglossus joyneri* Günther, 1878a: 485-487.
*Areliscus joyneri* (Günther, 1878).
**文献（Reference）**：Dou, 1992; Shao, Chen, Kao *et al.*, 1993; 沈世杰, 1993; Yamada, Shirai, Irie *et al.*, 1995; Ni and Kwok, 1999; Randall and Lim (eds.), 2000; Chiu and Hsieh, 2001; Huang, 2001; Hsieh and Chiu, 2002; 伍汉霖, 邵广昭, 赖春福等, 2012.
**别名或俗名（Used or common name）**：焦氏舌鳎, 牛舌, 龙舌, 扁鱼, 皇帝鱼, 比目鱼.
**分布（Distribution）**：渤海, 黄海, 东海, 南海.

### （4860）考普斯舌鳎 *Cynoglossus kopsii* (Bleeker, 1851)

*Plagusia kopsii* Bleeker, 1851f: 469-497.
*Arelia kopsii* (Bleeker, 1851).
*Cynoglossus brachycephalus* Bleeker, 1870.
*Cynoglossus versicolor* Alcock, 1890.
*Cynoglossus kopsi diagramma* Chabanaud, 1951.
**文献（Reference）**：沈世杰, 1993; Cabanban, Capuli, Froese *et al.*, 1996; Ni and Kwok, 1999; Randall and Lim (eds.), 2000; Huang, 2001; 伍汉霖, 邵广昭, 赖春福等, 2012.
**别名或俗名（Used or common name）**：格氏舌鳎, 牛舌, 龙舌, 扁鱼, 皇帝鱼, 比目鱼.
**分布（Distribution）**：东海, 南海.

### （4861）南洋舌鳎 *Cynoglossus lida* (Bleeker, 1851)

*Plagusia lida* Bleeker, 1851c: 401-416.
*Arelia lida* (Bleeker, 1851).
*Arelia polytaenia* (Bleeker, 1854).
*Cynoglossus intermedius* Alcock, 1889.
**文献（Reference）**：沈世杰, 1993; Cabanban, Capuli, Froese *et al.*, 1996; Ni and Kwok, 1999; Randall and Lim (eds.), 2000; Huang, 2001; 伍汉霖, 邵广昭, 赖春福等, 2012.
**别名或俗名（Used or common name）**：牛舌, 龙舌, 扁鱼, 皇帝鱼, 比目鱼.
**分布（Distribution）**：东海, 南海.

### （4862）长吻红舌鳎 *Cynoglossus lighti* Norman, 1925

*Cynoglossus lighti* Norman, 1925b: 270.
**文献（Reference）**：Huang, 2001; 伍汉霖, 邵广昭, 赖春福等, 2012.
**分布（Distribution）**：渤海, 黄海, 东海.

### （4863）线纹舌鳎 *Cynoglossus lineolatus* Steindachner, 1867

*Cynoglossus lineolatus* Steindachner, 1867: 585-592.
**文献（Reference）**：Huang, 2001; 伍汉霖, 邵广昭, 赖春福等, 2012.
**分布（Distribution）**：南海.

### （4864）大鳞舌鳎 *Cynoglossus macrolepidotus* (Bleeker, 1851)

*Plagusia macrolepidota* Bleeker, 1851c: 401-416.
**文献（Reference）**：Herre, 1953a; Rau and Rau, 1980; Huang, 2001; 伍汉霖, 邵广昭, 赖春福等, 2012.
**分布（Distribution）**：南海.

### （4865）黑尾舌鳎 *Cynoglossus melampetalus* (Richardson, 1846)

*Plagiusa melampetala* Richardson, 1846: 187-320.
**文献（Reference）**：Ni and Kwok, 1999; Huang, 2001; 伍汉霖, 邵广昭, 赖春福等, 2012.
**分布（Distribution）**：东海, 南海.

### （4866）小鳞舌鳎 *Cynoglossus microlepis* (Bleeker, 1851)

*Plagusia microlepis* Bleeker, 1851c: 401-416.
*Arelia microlepis* (Bleeker, 1851).
*Cynoglossus xiphoides* Günther, 1862.
*Cynoglossus solum* Sauvage, 1878.
**文献（Reference）**：Randall and Lim (eds.), 2000; 伍汉霖, 邵广昭, 赖春福等, 2012.
**分布（Distribution）**：东海，南海.

### （4867）高眼舌鳎 *Cynoglossus monopus* (Bleeker, 1849)

*Plagusia monopus* Bleeker, 1849c: 1-11.
*Arelia melanopterus* (Bleeker, 1851).
*Cynoglossus melanopterus* (Bleeker, 1851).
*Arelia ceratophrys* Kaup, 1858.
**文献（Reference）**：Cabanban, Capuli, Froese *et al.*, 1996; Ni and Kwok, 1999; Randall and Lim (eds.), 2000; Huang, 2001; 伍汉霖, 邵广昭, 赖春福等, 2012.
**分布（Distribution）**：南海.

### （4868）南海舌鳎 *Cynoglossus nanhaiensis* Wang, Munroe *et* Kong, 2016

*Cynoglossus nanhaiensis* Wang, Munroe *et* Kong, 2016: 132
**文献（Reference）**：Shao, Chen, Kao *et al.*, 1993; Voronina, Prokofiev and Prirodina, 2016.
**别名或俗名（Used or common name）**：扁鱼，比目鱼.
**分布（Distribution）**：南海.

### （4869）黑鳍舌鳎 *Cynoglossus nigropinnatus* Ochiai, 1963

*Cynoglossus nigropinnatus* Ochiai, 1963: 1-114.
**文献（Reference）**：Ochiai, 1963: 1-24; Masuda, Amaoka, Araga *et al.*, 1984; Randall and Lim (eds.), 2000; Huang, 2001; 伍汉霖, 邵广昭, 赖春福等, 2012.
**别名或俗名（Used or common name）**：牛舌，龙舌，扁鱼，皇帝鱼，比目鱼.
**分布（Distribution）**：东海，南海.

### （4870）少鳞舌鳎 *Cynoglossus oligolepis* (Bleeker, 1855)

*Plagusia oligolepis* Bleeker, 1855: 415-448.
**文献（Reference）**：Huang, 2001; 伍汉霖, 邵广昭, 赖春福等, 2012.
**分布（Distribution）**：南海.

### （4871）斑头舌鳎 *Cynoglossus puncticeps* (Richardson, 1846)

*Plagusia puncticeps* Richardson, 1846: 187-320.
*Cynoglossus punticeps* (Richardson, 1846).
*Plagiusa aurolimbata* Richardson, 1846.
*Plagiusa nigrolabeculata* Richardson, 1846.
*Cynoglossus puncticeps immaculata* Pellegrin *et* Chevey, 1940.
**文献（Reference）**：Herre, 1959; Ziegler, 1979; 沈世杰, 1993; Cabanban, Capuli, Froese *et al.*, 1996; Ni and Kwok, 1999; Kuo and Shao, 1999; Randall and Lim (eds.), 2000; Huang, 2001; 伍汉霖, 邵广昭, 赖春福等, 2012.
**别名或俗名（Used or common name）**：牛舌，龙舌，扁鱼，皇帝鱼，比目鱼.
**分布（Distribution）**：东海，南海.

### （4872）紫斑舌鳎 *Cynoglossus purpureomaculatus* Regan, 1905

*Cynoglossus purpureomaculatus* Regan, 1905d: 17-26.
*Cynoglossus pellegrini* Wu, 1932.
**文献（Reference）**：Huang, 2001; 伍汉霖, 邵广昭, 赖春福等, 2012.
**分布（Distribution）**：渤海，黄海，东海，南海.

### （4873）宽体舌鳎 *Cynoglossus robustus* Günther, 1873

*Cynoglossus robustus* Günther, 1873: 239-250.
**文献（Reference）**：Günther, 1873: 239-250; Ochiai, 1966; 沈世杰, 1993; Yamada, Shirai, Irie *et al.*, 1995; Shao, 1997; Ni and Kwok, 1999; Randall and Lim (eds.), 2000; Huang, 2001; Kamura and Hashimoto, 2004; Katayama and Yamamoto, 2012; Park, Hashimoto, Jeong *et al.*, 2013; 伍汉霖, 邵广昭, 赖春福等, 2012.
**别名或俗名（Used or common name）**：牛舌，龙舌，扁鱼，皇帝鱼，比目鱼.
**分布（Distribution）**：渤海，黄海，东海，南海.

### （4874）黑鳃舌鳎 *Cynoglossus roulei* Wu, 1932

*Cynoglossus roulei* Wu, 1932: 1-178.
**文献（Reference）**：Huang, 2001; 伍汉霖, 邵广昭, 赖春福等, 2012.
**分布（Distribution）**：东海，南海.

### （4875）半滑舌鳎 *Cynoglossus semilaevis* Günther, 1873

*Cynoglossus semilaevis* Günther, 1873: 377-380.
*Areliscus semilaevis* (Günther, 1873).
*Areliscus rhomaleus* Jordan *et* Starks, 1906.
**文献（Reference）**：Masuda, Amaoka, Araga *et al.*, 1984; Meng and Ren, 1988; Shuozeng, 1993; Kim, 1997; Ni and Kwok, 1999; Randall and Lim (eds.), 2000; Huang, 2001; 伍汉霖, 邵广昭, 赖春福等, 2012.
**分布（Distribution）**：渤海，黄海，东海，南海.

### (4876)西宝舌鳎 *Cynoglossus sibogae* Weber, 1913

*Cynoglossus sibogae* Weber, 1913: 1-710.

**文献(Reference):** Herre, 1953a; Randall and Lim (eds.), 2000; Huang, 2001; 伍汉霖, 邵广昭, 赖春福等, 2012.

**分布(Distribution):** 东海, 南海.

### (4877)中华舌鳎 *Cynoglossus sinicus* Wu, 1932

*Cynoglossus sinicus* Wu, 1932: 1-178.

**文献(Reference):** Huang, 2001; 伍汉霖, 邵广昭, 赖春福等, 2012.

**分布(Distribution):** 黄海, 东海, 南海.

### (4878)书颜舌鳎 *Cynoglossus suyeni* Fowler, 1934

*Cynoglossus suyeni* Fowler, 1934: 233-367.

*Cynoglossus beauforti* Chabanaud, 1951.

**文献(Reference):** Fowler, 1934: 233-367; de la Paz and Interior, 1979; 沈世杰, 1993; Cabanban, Capuli, Froese *et al.*, 1996; Randall and Lim (eds.), 2000; Huang, 2001; 伍汉霖, 邵广昭, 赖春福等, 2012.

**别名或俗名(Used or common name):** 牛舌, 龙舌, 扁鱼, 皇帝鱼, 比目鱼.

**分布(Distribution):** 南海.

### (4879)褐斑三线舌鳎 *Cynoglossus trigrammus* Günther, 1862

*Cynoglossus trigrammus* Günther, 1862: 1-534.

**文献(Reference):** Hwang, Yueh and Yu, 1982; Huang, 2001; 伍汉霖, 邵广昭, 赖春福等, 2012.

**分布(Distribution):** 东海, 南海.

## 1503. 须鳎属 *Paraplagusia* Bleeker, 1865

### (4880)长钩须鳎 *Paraplagusia bilineata* (Bloch, 1787)

*Pleuronectes bilineata* Bloch, 1787: 1-146.

*Paraplagusia bilineatus* (Bloch, 1787).

*Plagusia dypterygia* Rüppell, 1830.

*Plagusia marmorata* Bleeker, 1851.

*Paraplagusia macrocephalus* Bleeker, 1865.

**文献(Reference):** 沈世杰, 1993; Cabanban, Capuli, Froese *et al.*, 1996; Ni and Kwok, 1999; Randall and Lim (eds.), 2000; Huang, 2001; 伍汉霖, 邵广昭, 赖春福等, 2012.

**别名或俗名(Used or common name):** 牛舌, 龙舌, 扁鱼, 皇帝鱼, 比目鱼.

**分布(Distribution):** 东海, 南海.

### (4881)布氏须鳎 *Paraplagusia blochii* (Bleeker, 1851)

*Plagusia blochii* Bleeker, 1851c: 401-416.

*Paraplagusia blochi* (Bleeker, 1851).

*Plagusia blochii* Bleeker, 1851c: 401-416.

**文献(Reference):** Winterbottom, 1993; Shao, Chen, Kao *et al.*, 1993; 沈世杰, 1993; Cabanban, Capuli, Froese *et al.*, 1996; Ni and Kwok, 1999; Randall and Lim (eds.), 2000; Huang, 2001; 伍汉霖, 邵广昭, 赖春福等, 2012.

**别名或俗名(Used or common name):** 牛舌, 龙舌, 扁鱼, 皇帝鱼, 比目鱼.

**分布(Distribution):** 东海, 南海.

### (4882)栉鳞须鳎 *Paraplagusia guttata* (Macleay, 1878)

*Plagusia guttata* Macleay, 1878: 344-367.

*Symphurus vittatus* Weber, 1907.

**文献(Reference):** 沈世杰, 1993; Randall and Lim (eds.), 2000; Huang, 2001; 伍汉霖, 邵广昭, 赖春福等, 2012.

**别名或俗名(Used or common name):** 牛舌, 龙舌, 扁鱼, 皇帝鱼, 比目鱼.

**分布(Distribution):** 黄海, 东海, 南海.

### (4883)日本须鳎 *Paraplagusia japonica* (Temminck *et* Schlegel, 1846)

*Plagusia japonica* Temminck *et* Schlegel, 1846: 173-269.

*Rhinoplagusia japonica* (Temminck *et* Schlegel, 1846).

**文献(Reference):** Shao, Chen, Kao *et al.*, 1993; 沈世杰, 1993; Yamada, Shirai, Irie *et al.*, 1995; Ni and Kwok, 1999; Randall and Lim (eds.), 2000; Huang, 2001; Hsieh and Chiu, 2002; Inoue, Suda and Sano, 2005; 伍汉霖, 邵广昭, 赖春福等, 2012.

**别名或俗名(Used or common name):** 牛舌, 龙舌, 扁鱼, 皇帝鱼, 比目鱼.

**分布(Distribution):** 黄海, 东海, 南海.

## 1504. 无线鳎属 *Symphurus* Rafinesque, 1810

### (4884)深渊无线鳎 *Symphurus bathyspilus* Krabbenhoft *et* Munroe, 2003

*Symphurus bathyspilus* Krabbenhoft *et* Munroe, 2003: 810-817.

**文献(Reference):** Krabbenhoft and Munroe, 2003: 810-817; 伍汉霖, 邵广昭, 赖春福等, 2012.

**分布(Distribution):** 南海.

### (4885)西方细纹无线鳎 *Symphurus hondoensis* Hubbs, 1915

*Symphurus hondoensis* Hubbs, 1915: 449-496.

**文献(Reference):** Munroe and Amaoka, 1998; Lee, Chen and Shao, 2009; 伍汉霖, 邵广昭, 赖春福等, 2012.

**别名或俗名(Used or common name):** 本州岛无线鳎.

**分布(Distribution):** 东海, 南海.

### (4886)巨体无线鳎 *Symphurus megasomus* Lee, Chen *et* Shao, 2009

*Symphurus megasomus* Lee, Chen *et* Shao, 2009: 342-347.

**文献(Reference):** Lee, Chen and Shao, 2009: 342-347; Shen,

1984; Lee, Chen and Shao, 2009; 伍汉霖, 邵广昭, 赖春福等, 2012.
**别名或俗名（Used or common name）**：牛舌, 龙舌, 扁鱼, 皇帝鱼, 比目鱼.
**分布（Distribution）**：东海, 南海.

**（4887）多斑无线鳎 *Symphurus multimaculatus* Lee, Munroe *et* Chen, 2009**
*Symphurus multimaculatus* Lee, Munroe *et* Chen, 2009: 49-58.
**文献（Reference）**：Lee, Munroe and Chen, 2009: 49-58; 伍汉霖, 邵广昭, 赖春福等, 2012.
**别名或俗名（Used or common name）**：牛舌, 龙舌, 扁鱼, 皇帝鱼, 比目鱼.
**分布（Distribution）**：南海.

**（4888）东方无线鳎 *Symphurus orientalis* (Bleeker, 1879)**
*Aphoristia orientalis* Bleeker, 1879: 1-33.
**文献（Reference）**：Shao, Chen, Kao *et al.*, 1993; 沈世杰, 1993; Shao, 1997; Ni and Kwok, 1999; Randall and Lim (eds.), 2000; Huang, 2001; Hsieh and Chiu, 2002; Lee, Chen and Shao, 2009; Lee, Munroe and Shao, 2013; 伍汉霖, 邵广昭, 赖春福等, 2012.
**别名或俗名（Used or common name）**：牛舌, 龙舌, 扁鱼, 皇帝鱼, 比目鱼.
**分布（Distribution）**：黄海, 东海, 南海.

**（4889）多线无线鳎 *Symphurus strictus* Gilbert, 1905**
*Symphurus strictus* Gilbert, 1905: 577-713.
**文献（Reference）**：Gilbert, 1905: 577-713, 717-765; Masuda, Amaoka, Araga *et al.*, 1984; 沈世杰, 1993; Cabanban, Capuli, Froese *et al.*, 1996; Randall and Lim (eds.), 2000; Huang, 2001; Lee, Chen and Shao, 2009; 伍汉霖, 邵广昭, 赖春福等, 2012.
**别名或俗名（Used or common name）**：牛舌, 龙舌, 扁鱼, 皇帝鱼, 比目鱼.
**分布（Distribution）**：东海, 南海.

# 五十一、鲀形目 Tetraodontiformes

## （三二三）拟三棘鲀科 Triacanthodidae

### 1505. 下棘鲀属 *Atrophacanthus* Fraser-Brunner, 1950

**（4890）日本下棘鲀 *Atrophacanthus japonicus* (Kamohara, 1941)**
*Tydemania japonica* Kamohara, 1941: 166-168.
*Atrophacanthus danae* Fraser-Brunner, 1950.
**文献（Reference）**：Masuda, Amaoka, Araga *et al.*, 1984; Randall and Lim (eds.), 2000; Huang, 2001; Chinese Academy of Fishery Science (CAFS), 2007; 伍汉霖, 邵广昭, 赖春福等, 2012.
**分布（Distribution）**：南海.

### 1506. 卫渊鲀属 *Bathyphylax* Myers, 1934

**（4891）长棘卫渊鲀 *Bathyphylax bombifrons* Myers, 1934**
*Bathyphylax bombifrons* Myers, 1934: 1-12.
**文献（Reference）**：Myers, 1934: 1-12; Randall and Lim (eds.), 2000; 苏锦祥和李春生, 2002; Chinese Academy of Fishery Science (CAFS), 2007; 伍汉霖, 邵广昭, 赖春福等, 2012.
**别名或俗名（Used or common name）**：三刺鲀, 三脚钉, 三角狄.
**分布（Distribution）**：东海, 南海.

### 1507. 管吻鲀属 *Halimochirurgus* Alcock, 1899

**（4892）阿氏管吻鲀 *Halimochirurgus alcocki* Weber, 1913**
*Halimochirurgus alcocki* Weber, 1913: 1-710.
*Halimochirurgus macraulos* Fowler, 1934.
*Halimochirurgus triacanthus* Fowler, 1934.
**文献（Reference）**：Weber, 1913: 153-178; de la Paz and Interior, 1979; Masuda, Amaoka, Araga *et al.*, 1984; 沈世杰, 1993; Randall and Lim (eds.), 2000; Huang, 2001; 苏锦祥和李春生, 2002; 伍汉霖, 邵广昭, 赖春福等, 2012.
**别名或俗名（Used or common name）**：尖嘴鲀.
**分布（Distribution）**：东海, 南海.

**（4893）长管吻鲀 *Halimochirurgus centriscoides* Alcock, 1899**
*Halimochirugus centriscoides* Alcock, 1899: 78.
**文献（Reference）**：苏锦祥和李春生, 2002; 伍汉霖, 邵广昭, 赖春福等, 2012.
**别名或俗名（Used or common name）**：三刺鲀, 三脚钉, 三角狄.
**分布（Distribution）**：东海, 南海.

### 1508. 拟管吻鲀属 *Macrorhamphosodes* Fowler, 1934

**（4894）尤氏拟管吻鲀 *Macrorhamphosodes uradoi* (Kamohara, 1933)**
*Halimochirus uradoi* Kamohara, 1933: 389-393.

**文献（Reference）**：Masuda, Amaoka, Araga *et al.*, 1984; Matsuura, 1987; Huang, 2001; 苏锦祥和李春生, 2002; 伍汉霖, 邵广昭, 赖春福等, 2012.
**别名或俗名（Used or common name）**：三刺鲀, 宽口管吻鲀, 三脚钉, 三角狄.
**分布（Distribution）**：东海, 南海.

### 1509. 副三棘鲀属 *Paratriacanthodes* Fowler, 1934

**（4895）倒棘副三棘鲀 *Paratriacanthodes retrospinis* Fowler, 1934**
*Paratriacanthodes retrospinus* Fowler, 1934: 233-367.
**文献（Reference）**：Fowler, 1934: 233-367; Masuda, Amaoka, Araga *et al.*, 1984; Randall and Lim (eds.), 2000; Huang, 2001; 苏锦祥和李春生, 2002; 伍汉霖, 邵广昭, 赖春福等, 2012.
**别名或俗名（Used or common name）**：三刺鲀, 三脚钉, 三角狄.
**分布（Distribution）**：东海, 南海.

### 1510. 拟三刺鲀属 *Triacanthodes* Bleeker, 1857

**（4896）拟三刺鲀 *Triacanthodes anomalus* (Temminck *et* Schlegel, 1850)**
*Triacanthus anomalus* Temminck *et* Schlegel, 1850: 270-324.
**文献（Reference）**：de la Paz and Interior, 1979; 沈世杰, 1993; Yamada, Shirai, Irie *et al.*, 1995; Randall and Lim (eds.), 2000; Huang, 2001; 苏锦祥和李春生, 2002; 伍汉霖, 邵广昭, 赖春福等, 2012.
**别名或俗名（Used or common name）**：三刺鲀, 三脚钉, 三角狄.
**分布（Distribution）**：南海.

**（4897）六带拟三刺鲀 *Triacanthodes ethiops* Alcock, 1894**
*Triacanthoides athiops* Alcock, 1894: 115-137.
*Paratriacanthodes myersi* Fraser-Brunner, 1941.
*Triacanthodes anomalus japonicus* Kamohara, 1943.
**文献（Reference）**：Alcock, 1894: 115-137; Masuda, Amaoka, Araga *et al.*, 1984; Randall and Lim (eds.), 2000; 伍汉霖, 邵广昭, 赖春福等, 2012.
**别名或俗名（Used or common name）**：三刺鲀, 三脚钉, 三角狄.
**分布（Distribution）**：东海, 南海.

### 1511. 倒刺鲀属 *Tydemania* Weber, 1913

**（4898）尖尾倒刺鲀 *Tydemania navigatoris* Weber, 1913**
*Tydemania navigatoris* Weber, 1913: 1-710.
**文献（Reference）**：Masuda, Amaoka, Araga *et al.*, 1984; 沈世杰, 1993; Shao, 1997; Randall and Lim (eds.), 2000; Huang, 2001; 苏锦祥和李春生, 2002; 伍汉霖, 邵广昭, 赖春福等, 2012.
**别名或俗名（Used or common name）**：三刺鲀, 三脚钉, 三角狄.
**分布（Distribution）**：东海, 南海.

## （三二四）三棘鲀科 Triacanthidae

### 1512. 假三刺鲀属 *Pseudotriacanthus* Fraser-Brunner, 1941

**（4899）长吻假三刺鲀 *Pseudotriacanthus strigilifer* (Cantor, 1849)**
*Triacanthus strigilifer* Cantor, 1849: 1257-1443.
**文献（Reference）**：沈世杰, 1993; Randall and Lim (eds.), 2000; Huang, 2001; 苏锦祥和李春生, 2002; 伍汉霖, 邵广昭, 赖春福等, 2012.
**别名或俗名（Used or common name）**：三刺鲀, 三脚钉, 三角狄.
**分布（Distribution）**：东海, 南海.

### 1513. 三足刺鲀属 *Tripodichthys* Tyler, 1968

**（4900）布氏三足刺鲀 *Tripodichthys blochii* (Bleeker, 1852)**
*Triacanthus blochii* Bleeker, 1852: 51-86.
*Tripodichthys blochi* (Bleeker, 1852).
**文献（Reference）**：Suzuki, Hioki and Kitazawa, 1983; 沈世杰, 1993; Randall and Lim (eds.), 2000; Huang, 2001; 苏锦祥和李春生, 2002; 伍汉霖, 邵广昭, 赖春福等, 2012.
**别名或俗名（Used or common name）**：三刺鲀, 三脚钉, 三角狄.
**分布（Distribution）**：渤海, 黄海, 东海, 南海.

### 1514. 三刺鲀属 *Triacanthus* Oken, 1817

**（4901）双棘三刺鲀 *Triacanthus biaculeatus* (Bloch, 1786)**
*Balistes biaculeatus* Bloch, 1786: 1-160.
*Triacanthus biaculaetus* (Bloch, 1786).
*Triacanthus brevirostris* Temminck *et* Schlegel, 1850.
**文献（Reference）**：Suzuki, Hioki and Kitazawa, 1983; 朱元鼎, 1985; Shao, Chen, Kao *et al.*, 1993; 沈世杰, 1993; Yamada, Shirai, Irie *et al.*, 1995; Ni and Kwok, 1999; Kuo and Shao, 1999; Randall and Lim (eds.), 2000; Huang, 2001; 苏锦祥和李春生, 2002; 伍汉霖, 邵广昭, 赖春福等, 2012.
**别名或俗名（Used or common name）**：三刺鲀, 三脚钉, 三角狄.
**分布（Distribution）**：渤海, 黄海, 东海, 南海.

**（4902）牛氏三刺鲀 *Triacanthus nieuhofii* Bleeker, 1852**

*Triacanthus nieuhofi* Bleeker, 1852: 443-460.

**文献（Reference）：** Randall and Lim (eds.), 2000; Huang, 2001; 伍汉霖, 邵广昭, 赖春福等, 2012.

**分布（Distribution）：** 南海.

## （三二五）鳞鲀科 Balistidae

### 1515. 宽尾鳞鲀属 *Abalistes* Jordan *et* Seale, 1906

**（4903）星点宽尾鳞鲀 *Abalistes stellaris* (Bloch *et* Schneider, 1801)**

*Balistes stellaris* Bloch *et* Schneider, 1801: 1-584.
*Abalistes stellairs* (Bloch *et* Schneider, 1801).
*Balistes vachellii* Richardson, 1845.
*Balistes phaleratus* Richardson, 1846.

**文献（Reference）：** Kyushin, Amaoka, Nakaya *et al.*, 1982; 朱元鼎, 1985; Federizon, 1992; 沈世杰, 1993; Chen, Jan and Shao, 1997; Ni and Kwok, 1999; Randall and Lim (eds.), 2000; 苏锦祥和李春生, 2002; 伍汉霖, 邵广昭, 赖春福等, 2012.

**别名或俗名（Used or common name）：** 星点炮弹, 宽尾板机鲀.

**分布（Distribution）：** 南海.

**（4904）宽尾鳞鲀 *Abalistes stellatus* (Anonymous, 1798)**

*Balistes stellatus* Anonymous, 1798: 682.

**文献（Reference）：** Werner and Allen, 2000; Huang, 2001; Chinese Academy of Fishery Science (CAFS), 2007; 伍汉霖, 邵广昭, 赖春福等, 2012.

**分布（Distribution）：** 渤海, 黄海, 东海, 南海.

### 1516. 钩鳞鲀属 *Balistapus* Tilesius, 1820

**（4905）波纹钩鳞鲀 *Balistapus undulatus* (Park, 1797)**

*Balistes undulatus* Park, 1797: 33-38.
*Balistopus undulatus* (Park, 1797).
*Balistes lineatus* Bloch *et* Schneider, 1801.
*Balistes porcatus* Gronow, 1854.

**文献（Reference）：** Matsuura, 1976; Kyushin, Amaoka, Nakaya *et al.*, 1982; Chang, Jan and Shao, 1983; 沈世杰, 1993; Chen, Shao and Lin, 1995; Chen, Jan and Shao, 1997; Randall and Lim (eds.), 2000; Huang, 2001; 苏锦祥和李春生, 2002; 伍汉霖, 邵广昭, 赖春福等, 2012.

**别名或俗名（Used or common name）：** 黄带炮弹, 钩板机鲀.

**分布（Distribution）：** 东海, 南海.

### 1517. 鳞鲀属 *Balistes* Linnaeus, 1758

**（4906）妪鳞鲀（姬鳞鲀）*Balistes vetula* Linnaeus, 1758**

*Balistes vetula* Linnaeus, 1758: 1-824.
*Balistes bellus* Walbaum, 1792.
*Balistes equestris* Gronow, 1854.
*Balistes vetula trinitatis* Nichols *et* Murphy, 1914.

**文献（Reference）：** Ganaden and Lavapie-Gonzales, 1999; Chinese Academy of Fishery Science (CAFS), 2007; 伍汉霖, 邵广昭, 赖春福等, 2012.

**分布（Distribution）：** 南海.

### 1518. 拟鳞鲀属 *Balistoides* Fraser-Brunner, 1935

**（4907）花斑拟鳞鲀 *Balistoides conspicillum* (Bloch *et* Schneider, 1801)**

*Balistes conspicillum* Bloch *et* Schneider, 1801: 1-584.
*Balistoides conspicillium* (Bloch *et* Schneider, 1801).

**文献（Reference）：** Kyushin, Amaoka, Nakaya *et al.*, 1982; Chang, Jan and Shao, 1983; Shao and Chen, 1992; Chen, Shao and Lin, 1995; Chen, Jan and Shao, 1997; Randall and Lim (eds.), 2000; Huang, 2001; 伍汉霖, 邵广昭, 赖春福等, 2012.

**别名或俗名（Used or common name）：** 小丑炮弹, 花斑拟板机鲀.

**分布（Distribution）：** 东海, 南海.

**（4908）褐拟鳞鲀 *Balistoides viridescens* (Bloch *et* Schneider, 1801)**

*Balistes viridescens* Bloch *et* Schneider, 1801: 1-584.
*Balistes brasiliensis* Bloch *et* Schneider, 1801.
*Balistoides veridescens* (Bloch *et* Schneider, 1801).
*Pachynathus nigromarginatus* Tanaka, 1908.

**文献（Reference）：** Kyushin, Amaoka, Nakaya *et al.*, 1982; Shao, Chen, Kao *et al.*, 1993; 沈世杰, 1993; Chen, Shao and Lin, 1995; Chen, Jan and Shao, 1997; Randall and Lim (eds.), 2000; Huang, 2001; 苏锦祥和李春生, 2002; 伍汉霖, 邵广昭, 赖春福等, 2012.

**别名或俗名（Used or common name）：** 黄褐炮弹, 剥皮鱼, 褐拟板机鲀.

**分布（Distribution）：** 东海, 南海.

### 1519. 疣鳞鲀属 *Canthidermis* Swainson, 1839

**（4909）疣鳞鲀 *Canthidermis maculata* (Bloch, 1786)**

*Balistes maculatus* Bloch, 1786: 1-160.

*Canthidermis maculatus* (Bloch, 1786).
*Balistes americanus* Gmelin, 1789.
*Balistes macropterus* Walbaum, 1792.
*Balistes angulosus* Quoy *et* Gaimard, 1824.
**文献（Reference）**：沈世杰, 1993; Yamada, Shirai, Irie *et al.*, 1995; Kuo and Shao, 1999; Randall and Lim (eds.), 2000; Huang, 2001; 苏锦祥和李春生, 2002; 伍汉霖, 邵广昭, 赖春福等, 2012.
**别名或俗名（Used or common name）**：黑炮弹, 斑点炮弹, 剥皮鱼, 疣板机鲀.
**分布（Distribution）**：东海, 南海.

## 1520. 角鳞鲀属 *Melichthys* Swainson, 1839

### （4910）角鳞鲀 *Melichthys niger* (Bloch, 1786)
*Balistes niger* Bloch, 1786: 1-160.
*Melicthys niger* (Bloch, 1786).
*Balistes ringens* Osbeck, 1765.
*Balistes radula* Solander, 1848.
**文献（Reference）**：Randall and Lim (eds.), 2000; Huang, 2001; 伍汉霖, 邵广昭, 赖春福等, 2012.
**分布（Distribution）**：东海, 南海.

### （4911）黑边角鳞鲀 *Melichthys vidua* (Richardson, 1845)
*Balistes vidua* Richardson, 1845: 99-150.
*Melichthys vidula* (Richardson, 1845).
*Melichthys nycteris* (Jordan *et* Evermann, 1903).
*Balistes erythropterus* (Fowler, 1946).
**文献（Reference）**：Randall, 1971; Chang, Jan and Shao, 1983; 沈世杰, 1993; Chen, Shao and Lin, 1995; Chen, Jan and Shao, 1997; Randall and Lim (eds.), 2000; 苏锦祥和李春生, 2002; 伍汉霖, 邵广昭, 赖春福等, 2012.
**别名或俗名（Used or common name）**：粉红尾炮弹, 角板机鲀.
**分布（Distribution）**：东海, 南海.

## 1521. 牙鳞鲀属 *Odonus* Gistel, 1848

### （4912）红牙鳞鲀 *Odonus niger* (Rüppell, 1836)
*Xenodon* (*Balistes*) *niger* Rüppell, 1836: 1-148.
*Xenodon niger* Rüppell, 1836.
*Balistes erythrodon* Günther, 1870.
*Odonus erythrodon* (Günther, 1870).
**文献（Reference）**：Chang, Jan and Shao, 1983; 沈世杰, 1993; Chen, Jan and Shao, 1997; Randall and Lim (eds.), 2000; Huang, 2001; 苏锦祥和李春生, 2002; 伍汉霖, 邵广昭, 赖春福等, 2012.
**别名或俗名（Used or common name）**：魔鬼炮弹, 红牙板机鲀.
**分布（Distribution）**：东海, 南海.

## 1522. 副鳞鲀属 *Pseudobalistes* Bleeker, 1865

### （4913）黄缘副鳞鲀 *Pseudobalistes flavimarginatus* (Rüppell, 1829)
*Balistes flavimarginatus* Rüppell, 1829: 1-141.
*Pseudobalistes flavomarginatus* (Rüppell, 1829).
**文献（Reference）**：Arai and Nakagawa, 1976; Chang, Jan and Shao, 1983; Shao, Chen, Kao *et al.*, 1993; 沈世杰, 1993; Randall and Lim (eds.), 2000; Huang, 2001; 苏锦祥和李春生, 2002; 伍汉霖, 邵广昭, 赖春福等, 2012.
**别名或俗名（Used or common name）**：黄缘炮弹, 板机鲀.
**分布（Distribution）**：东海, 南海.

### （4914）黑副鳞鲀 *Pseudobalistes fuscus* (Bloch *et* Schneider, 1801)
*Balistes fuscus* Bloch *et* Schneider, 1801: 1-584.
*Balistes caerulescens* Rüppell, 1829.
*Balistes rivulatus* Rüppell, 1837.
**文献（Reference）**：Kyushin, Amaoka, Nakaya *et al.*, 1982; 沈世杰, 1993; Randall and Lim (eds.), 2000; Huang, 2001; 苏锦祥和李春生, 2002; 伍汉霖, 邵广昭, 赖春福等, 2012.
**别名或俗名（Used or common name）**：黄点炮弹, 黑副板机鲀.
**分布（Distribution）**：东海, 南海.

## 1523. 锉鳞鲀属 *Rhinecanthus* Swainson, 1839

### （4915）叉斑锉鳞鲀 *Rhinecanthus aculeatus* (Linnaeus, 1758)
*Balistes aculeatus* Linnaeus, 1758: 1-824.
*Balistapus aculeatus* (Linnaeus, 1758).
*Balistes ornatissimus* Lesson, 1831.
*Balistes heteracanthus* Bleeker, 1859.
**文献（Reference）**：Arai and Nakagawa, 1976; Chang, Jan and Shao, 1983; Francis, 1993; 沈世杰, 1993; Chen, Shao and Lin, 1995; Chen, Jan and Shao, 1997; Randall and Lim (eds.), 2000; Huang, 2001; 苏锦祥和李春生, 2002; 伍汉霖, 邵广昭, 赖春福等, 2012.
**别名或俗名（Used or common name）**：黑纹炮弹, 尖板机鲀.
**分布（Distribution）**：东海, 南海.

### （4916）黑带锉鳞鲀 *Rhinecanthus rectangulus* (Bloch *et* Schneider, 1801)
*Balistes rectangulus* Bloch *et* Schneider, 1801: 1-584.

*Balistapus rectangulus* (Bloch *et* Schneider, 1801).
*Rhinecanthus rectangulatus* (Bloch *et* Schneider, 1801).
**文献（Reference）**：Chang, Jan and Shao, 1983; Francis, 1993; 沈世杰, 1993; Chen, Shao and Lin, 1995; Chen, Jan and Shao, 1997; Randall and Lim (eds.), 2000; Huang, 2001; 苏锦祥和李春生, 2002; 伍汉霖, 邵广昭, 赖春福等, 2012.
**别名或俗名（Used or common name）**：斜带板机鲀, 楔尾炮弹.
**分布（Distribution）**：东海, 南海.

### （4917）毒铿鳞鲀 *Rhinecanthus verrucosus* (Linnaeus, 1758)

*Balistes verrucosus* Linnaeus, 1758: 1-824.
*Rhinecanthus verrucasus* (Linnaeus, 1758).
**文献（Reference）**：Arai and Nakagawa, 1976; Chang, Jan and Shao, 1983; 沈世杰, 1993; Chen, Jan and Shao, 1997; Randall and Lim (eds.), 2000; Huang, 2001; 苏锦祥和李春生, 2002; 伍汉霖, 邵广昭, 赖春福等, 2012.
**别名或俗名（Used or common name）**：黑腹炮弹, 毒板机鲀.
**分布（Distribution）**：东海, 南海.

## 1524. 多棘鳞鲀属 *Sufflamen* Jordan, 1916

### （4918）项带多棘鳞鲀 *Sufflamen bursa* (Bloch *et* Schneider, 1801)

*Balistes bursa* Bloch *et* Schneider, 1801: 1-584.
*Hemibalistes bursa* (Bloch *et* Schneider, 1801).
**文献（Reference）**：沈世杰, 1993; Chen, Shao and Lin, 1995; Chen, Jan and Shao, 1997; Randall and Lim (eds.), 2000; Huang, 2001; 苏锦祥和李春生, 2002; 伍汉霖, 邵广昭, 赖春福等, 2012.
**别名或俗名（Used or common name）**：镰刀炮弹, 鼓气板机鲀.
**分布（Distribution）**：东海, 南海.

### （4919）黄鳍多棘鳞鲀 *Sufflamen chrysopterum* (Bloch *et* Schneider, 1801)

*Balistes chrysopterus* Bloch *et* Schneider, 1801: 1-584.
*Hemibalistes chrysoptera* (Bloch *et* Schneider, 1801).
**文献（Reference）**：Arai and Nakagawa, 1976; Chang, Jan and Shao, 1983; Francis, 1993; Shao, Chen, Kao *et al.*, 1993; 沈世杰, 1993; Chen, Shao and Lin, 1995; Chen, Jan and Shao, 1997; Randall and Lim (eds.), 2000; Huang, 2001; 苏锦祥和李春生, 2002; 伍汉霖, 邵广昭, 赖春福等, 2012.
**别名或俗名（Used or common name）**：咖啡炮弹, 金鳍鼓气板机鲀.
**分布（Distribution）**：东海, 南海.

### （4920）缰纹多棘鳞鲀 *Sufflamen fraenatum* (Latreille, 1804)

*Balistes fraenatus* Latreille, 1804: 71-105.
*Balistes capistratus* Shaw, 1804.
*Sufflamen frenatus* (Latreille, 1804).
**文献（Reference）**：Chang, Lee and Shao, 1978; Kyushin, Amaoka, Nakaya *et al.*, 1982; Chang, Jan and Shao, 1983; Francis, 1993; 沈世杰, 1993; Chen, Jan and Shao, 1997; Randall and Lim (eds.), 2000; Huang, 2001; 苏锦祥和李春生, 2002; 伍汉霖, 邵广昭, 赖春福等, 2012.
**别名或俗名（Used or common name）**：假面炮弹, 黄纹板机鲀.
**分布（Distribution）**：东海, 南海.

## 1525. 黄鳞鲀属 *Xanthichthys* Kaup, 1856

### （4921）金边黄鳞鲀 *Xanthichthys auromarginatus* (Bennett, 1832)

*Balistes auromarginatus* Bennett, 1832: 165-169.
**文献（Reference）**：沈世杰, 1993; Chen, Jan and Shao, 1997; Randall and Lim (eds.), 2000; Huang, 2001; 苏锦祥和李春生, 2002; 伍汉霖, 邵广昭, 赖春福等, 2012.
**别名或俗名（Used or common name）**：金边炮弹, 黄板机鲀.
**分布（Distribution）**：东海, 南海.

### （4922）黑带黄鳞鲀 *Xanthichthys caeruleolineatus* Randall, Matsuura *et* Zama, 1978

*Xanthichthys caeuleolineatus* Randall, Matsuura *et* Zama, 1978: 688-706.
*Xenobalistes punctatus* Heemstra *et* Smith, 1983.
**文献（Reference）**：Randall, Matsuura and Zama, 1978: 688-706; Masuda, Amaoka, Araga *et al.*, 1984; Randall and Mundy, 1998; Randall and Lim (eds.), 2000; Carpenter and Niem, 2001; 伍汉霖, 邵广昭, 赖春福等, 2012.
**别名或俗名（Used or common name）**：黑带炮弹, 黑带板机鲀.
**分布（Distribution）**：南海.

### （4923）线斑黄鳞鲀 *Xanthichthys lineopunctatus* (Hollard, 1854)

*Balistes lineopunctatus* Hollard, 1854: 39-72.
**文献（Reference）**：沈世杰, 1993; Randall and Lim (eds.), 2000; Huang, 2001; 苏锦祥和李春生, 2002; 伍汉霖, 邵广昭, 赖春福等, 2012.
**别名或俗名（Used or common name）**：线纹炮弹, 线斑板机鲀.
**分布（Distribution）**：东海, 南海.

## （三二六）单角鲀科 Monacanthidae

### 1526. 鬃尾鲀属 *Acreichthys* Fraser-Brunner, 1941

**（4924）白线鬃尾鲀 *Acreichthys tomentosus* (Linnaeus, 1758)**

*Balistes tomentosus* Linnaeus, 1758: 1-824.
*Monacanthus tomentosus* (Linnaeus, 1758).
*Parvagor tomentosus* (Linnaeus, 1758).
*Stephanolepis tomentosus* (Linnaeus, 1758).

**文献（Reference）**：Shao, 1997; Randall and Lim (eds.), 2000; Werner and Allen, 2000; Huang, 2001; Nakamura, Horinouchi, Nakai *et al.*, 2003; 伍汉霖, 邵广昭, 赖春福等, 2012.

**别名或俗名（Used or common name）**：剥皮鱼.

**分布（Distribution）**：东海, 南海.

### 1527. 革鲀属 *Aluterus* Cloquet, 1816

**（4925）单角革鲀 *Aluterus monoceros* (Linnaeus, 1758)**

*Balistes monoceros* Linnaeus, 1758: 1-824.
*Alutera monoceros* (Linnaeus, 1758).
*Balistes serraticornis* Fréminville, 1813.
*Aluteres berardi* Lesson, 1831.

**文献（Reference）**：Shao, Chen, Kao *et al.*, 1993; 沈世杰, 1993; Yamada, Shirai, Irie *et al.*, 1995; Ni and Kwok, 1999; Kuo and Shao, 1999; Randall and Lim (eds.), 2000; Shao, Hsieh, Wu *et al.*, 2001; Huang, 2001; 苏锦祥和李春生, 2002; 伍汉霖, 邵广昭, 赖春福等, 2012.

**别名或俗名（Used or common name）**：白达仔, 一角剥, 薄叶剥, 光复鱼, 剥皮鱼, 狄仔鱼 (兴达).

**分布（Distribution）**：渤海, 黄海, 东海, 南海.

**（4926）拟态革鲀 *Aluterus scriptus* (Osbeck, 1765)**

*Balistes scriptus* Osbeck, 1765: 1-552.
*Aleuteus scriptus* (Osbeck, 1765).
*Balistes laevis* Bloch, 1795.
*Balistes liturosus* Shaw, 1804.

**文献（Reference）**：Kyushin, Amaoka, Nakaya *et al.*, 1982; Chang, Jan and Shao, 1983; 沈世杰, 1993; Ni and Kwok, 1999; Kuo and Shao, 1999; Randall and Lim (eds.), 2000; Huang, 2001; 苏锦祥和李春生, 2002; 伍汉霖, 邵广昭, 赖春福等, 2012.

**别名或俗名（Used or common name）**：海扫手, 乌达婆, 扫帚鱼, 剥皮鱼, 粗皮狄.

**分布（Distribution）**：东海, 南海.

### 1528. 尾棘鲀属 *Amanses* Gray, 1835

**（4927）美尾棘鲀 *Amanses scopas* (Cuvier, 1829)**

*Balistes scopas* Cuvier (*in* Cuvier *et* Valenciennes), 1829: 1-406.
*Amnases scopas* [Cuvier (*in* Cuvier *et* Valenciennes), 1829].
*Monacanthus scopas* [Cuvier (*in* Cuvier *et* Valenciennes), 1829].
*Thamnaconus penicularius* Fourmanoir, 1955.

**文献（Reference）**：Takada and Uyeno, 1978; Chang, Jan and Shao, 1983; 沈世杰, 1993; Randall and Lim (eds.), 2000; Huang, 2001; 苏锦祥和李春生, 2002; 伍汉霖, 邵广昭, 赖春福等, 2012.

**别名或俗名（Used or common name）**：剥皮鱼.

**分布（Distribution）**：南海.

### 1529. 拟须鲀属 *Anacanthus* Minding, 1832

**（4928）拟须鲀 *Anacanthus barbatus* Gray, 1830**

*Anacanthus barbatus* Gray, 1830: no page number.
*Psilocephalus barbatus* (Gray, 1830).

**文献（Reference）**：Gray, 1795; Kyushin, Amaoka, Nakaya *et al.*, 1982; Randall and Lim (eds.), 2000; Huang, 2001; 苏锦祥和李春生, 2002; 伍汉霖, 邵广昭, 赖春福等, 2012.

**别名或俗名（Used or common name）**：剥皮鱼.

**分布（Distribution）**：东海, 南海.

### 1530. 前孔鲀属 *Cantherhines* Swainson, 1839

**（4929）棘尾前孔鲀 *Cantherhines dumerilii* (Hollard, 1854)**

*Monacanthus dumerilii* Hollard, 1854: 321-366.
*Cantherhines dumerili* (Hollard, 1854).
*Cantherhines howensis* (Ogilby, 1889).
*Cantherines carolae* Jordan *et* McGregor, 1898.
*Cantherhines albopunctatus* (Seale, 1901).

**文献（Reference）**：Francis, 1993; Shao, Chen, Kao *et al.*, 1993; 沈世杰, 1993; Ni and Kwok, 1999; Randall and Lim (eds.), 2000; Huang, 2001; 苏锦祥和李春生, 2002; 伍汉霖, 邵广昭, 赖春福等, 2012.

**别名或俗名（Used or common name）**：剥皮鱼, 粗皮狄, 达仔.

**分布（Distribution）**：东海, 南海.

**（4930）纵带前孔鲀 *Cantherhines fronticinctus* (Günther, 1867)**

*Monacanthus fronticinctus* Günther, 1867: 1-153.
*Amanses fronticinctus* (Günther, 1867).

*Cantharines fronticinctus* (Günther, 1867).
**文献（Reference）**：Matsuura, 1981; Shao and Chen, 1988; Hutchins, 1993; Francis, 1993; 沈世杰, 1993; Ni and Kwok, 1999; Randall and Lim (eds.), 2000; Huang, 2001; 苏锦祥和李春生, 2002; 伍汉霖, 邵广昭, 赖春福等, 2012.
**别名或俗名（Used or common name）**：剥皮鱼.
**分布（Distribution）**：渤海，南海.

#### （4931）多线前孔鲀 *Cantherhines multilineatus* (Tanaka, 1918)

*Pseudomonacanthus multilineatus* Tanaka, 1918: 475-494.
**文献（Reference）**：Masuda, Amaoka, Araga *et al.*, 1984; 伍汉霖, 邵广昭, 赖春福等, 2012.
**别名或俗名（Used or common name）**：剥皮鱼.
**分布（Distribution）**：?

#### （4932）细斑前孔鲀 *Cantherhines pardalis* (Rüppell, 1837)

*Monacanthus pardalis* Rüppell, 1837: 53-80.
*Cantherines pardalis* (Rüppell, 1837).
*Monacanthus melanuropterus* Bleeker, 1853.
*Monacanthus aspersus* Hollard, 1854.
**文献（Reference）**：Chang, Lee and Shao, 1978; Chang, Jan and Shao, 1983; White, 1987; Francis, 1993; 沈世杰, 1993; Chen, Jan and Shao, 1997; Ni and Kwok, 1999; Randall and Lim (eds.), 2000; Huang, 2001; 苏锦祥和李春生, 2002; 伍汉霖, 邵广昭, 赖春福等, 2012.
**别名或俗名（Used or common name）**：剥皮鱼.
**分布（Distribution）**：东海，南海.

### 1531. 棘皮鲀属 *Chaetodermis* Swainson, 1839

#### （4933）单棘棘皮鲀 *Chaetodermis penicilligerus* (Cuvier, 1816)

*Balistes penicilligerus* Cuvier, 1816: 96-106.
*Chaetoderma penicilligera* (Cuvier, 1816).
*Chaetodermis maccullochi* Waite, 1905.
**文献（Reference）**：Kyushin, Amaoka, Nakaya *et al.*, 1982; Hutchins, 1993; 沈世杰, 1993; Kuo and Shao, 1999; Randall and Lim (eds.), 2000; 苏锦祥和李春生, 2002; 伍汉霖, 邵广昭, 赖春福等, 2012.
**别名或俗名（Used or common name）**：剥皮鱼，多刺皮夹克，老公仔鱼.
**分布（Distribution）**：东海，南海.

### 1532. 单角鲀属 *Monacanthus* Oken, 1817

#### （4934）中华单角鲀 *Monacanthus chinensis* (Osbeck, 1765)

*Balistes chinensis* Osbeck, 1765: 1-552.
*Balistes mylii* Bory de Saint-Vincent, 1822.
*Monacanthus mylii* (Bory de Saint-Vincent, 1822).
*Monacanthus cantoris* Bleeker, 1852.
**文献（Reference）**：Hutchins, 1993; Shao, Chen, Kao *et al.*, 1993; 沈世杰, 1993; Leung, 1994; Ni and Kwok, 1999; Kuo and Shao, 1999; Randall and Lim (eds.), 2000; Huang, 2001; 苏锦祥和李春生, 2002; 伍汉霖, 邵广昭, 赖春福等, 2012.
**别名或俗名（Used or common name）**：中华角钝，剥皮鱼.
**分布（Distribution）**：黄海，东海，南海.

### 1533. 尖吻鲀属 *Oxymonacanthus* Bleeker, 1865

#### （4935）尖吻鲀 *Oxymonacanthus longirostris* (Bloch *et* Schneider, 1801)

*Balistes hispidus longirostris* Bloch *et* Schneider, 1801: 1-584.
*Oxymonocanthus longirostris* (Bloch *et* Schneider, 1801).
**文献（Reference）**：Arai and Nakagawa, 1976; Chang, Jan and Shao, 1983; Francis, 1993; 沈世杰, 1993; Randall and Lim (eds.), 2000; Huang, 2001; 苏锦祥和李春生, 2002; 伍汉霖, 邵广昭, 赖春福等, 2012.
**别名或俗名（Used or common name）**：尖嘴炮弹，玉黍炮弹.
**分布（Distribution）**：东海，南海.

### 1534. 副革鲀属 *Paraluteres* Bleeker, 1865

#### （4936）锯尾副革鲀 *Paraluteres prionurus* (Bleeker, 1851)

*Alutarius prionurus* Bleeker, 1851: 225-261.
*Psilocephalus prionurus* (Bleeker, 1851).
**文献（Reference）**：Tyler, 1966; 沈世杰, 1993; Chen, Jan and Shao, 1997; Randall and Lim (eds.), 2000; Huang, 2001; 苏锦祥和李春生, 2002; 伍汉霖, 邵广昭, 赖春福等, 2012.
**别名或俗名（Used or common name）**：假横带扁背鲀，鞍斑单棘鲀.
**分布（Distribution）**：东海，南海.

### 1535. 副单角鲀属 *Paramonacanthus* Steindachner, 1867

#### （4937）日本副单角鲀 *Paramonacanthus japonicus* (Tilesius, 1809)

*Balistes japonicus* Tilesius, 1809: 212-249.
*Paramonacanthus japonicas* (Tilesius, 1809).
*Stephanolepis japonicus* (Tilesius, 1809).
*Monacanthus trachyderma* Bleeker, 1860.
**文献（Reference）**：Hutchins, 1993; Shao, Chen, Kao *et al.*, 1993; Kawase and Nakazono, 1994; Ni and Kwok, 1999;

Randall and Lim (eds.), 2000; Huang, 2001; 苏锦祥和李春生, 2002; 伍汉霖, 邵广昭, 赖春福等, 2012.
**别名或俗名（Used or common name）**：剥皮鱼.
**分布（Distribution）**：渤海, 东海, 南海.

### （4938）布什勒副单角鲀 *Paramonacanthus pusillus* (Rüppell, 1829)

*Monacanthus pusillus* Rüppell, 1829: 27-94.
*Pseudomonacanthus pusillus* (Rüppell, 1829).
*Laputa cingalensis* Fraser-Brunner, 1941.
*Laputa umgazi* Smith, 1949.
**文献（Reference）**：Randall and Lim (eds.), 2000; 苏锦祥和李春生, 2002; Chinese Academy of Fishery Science (CAFS), 2007; 伍汉霖, 邵广昭, 赖春福等, 2012.
**别名或俗名（Used or common name）**：剥皮鱼.
**分布（Distribution）**：东海, 南海.

### （4939）绒纹副单角鲀 *Paramonacanthus sulcatus* (Hollard, 1854)

*Monacanthus sulcatus* Hollard, 1854: 321-366.
*Arotrolepis sulcatus* (Hollard, 1854).
*Monacanthus isogramma* Bleeker, 1857.
**文献（Reference）**：沈世杰, 1993; Randall and Lim (eds.), 2000; 苏锦祥和李春生, 2002; 伍汉霖, 邵广昭, 赖春福等, 2012.
**别名或俗名（Used or common name）**：剥皮鱼.
**分布（Distribution）**：渤海, 东海, 南海.

## 1536. 前角鲀属 *Pervagor* Whitley, 1930

### （4940）粗尾前角鲀 *Pervagor aspricaudus* (Hollard, 1854)

*Monacanthus aspricaudus* Hollard, 1854: 321-366.
*Monacanthus rubricauda* Bliss, 1883.
*Pervagor melanocephalus johnstonensis* Woods, 1966.
**文献（Reference）**：沈世杰, 1993; Randall and Lim (eds.), 2000; Huang, 2001; 苏锦祥和李春生, 2002; 伍汉霖, 邵广昭, 赖春福等, 2012.
**别名或俗名（Used or common name）**：橘尾炮弹, 橘尾皮剥鲀.
**分布（Distribution）**：南海.

### （4941）红尾前角鲀 *Pervagor janthinosoma* (Bleeker, 1854)

*Monacanthus janthinosoma* Bleeker, 1854: 456-508.
*Monacanthus nitens* Hollard, 1854.
*Pervagor janthinasoma* (Bleeker, 1854).
*Pervagor scanleni* Smith, 1957.
**文献（Reference）**：Francis, 1993; Francis and Randall, 1993; 沈世杰, 1993; Chen, Jan and Shao, 1997; Randall and Lim (eds.), 2000; Huang, 2001; 苏锦祥和李春生, 2002; 伍汉霖, 邵广昭, 赖春福等, 2012.
**别名或俗名（Used or common name）**：黑带炮弹, 黑带皮剥鲀.
**分布（Distribution）**：东海, 南海.

### （4942）黑头前角鲀 *Pervagor melanocephalus* (Bleeker, 1853)

*Monacanthus melanocephalus* Bleeker, 1853: 67-96.
*Acreichthys melanocephalus* (Bleeker, 1853).
*Stephanolepis melanocephalus* (Bleeker, 1853).
**文献（Reference）**：Shao, Lin, Ho *et al.*, 1990; Randall and Lim (eds.), 2000; Werner and Allen, 2000; Huang, 2001; 苏锦祥和李春生, 2002; 伍汉霖, 邵广昭, 赖春福等, 2012.
**别名或俗名（Used or common name）**：红尾炮弹, 红尾皮剥鲀.
**分布（Distribution）**：东海, 南海.

## 1537. 假革鲀属 *Pseudalutarius* Bleeker, 1865

### （4943）前棘假革鲀 *Pseudalutarius nasicornis* (Temminck *et* Schlegel, 1850)

*Aluterus nasicornis* Temminck *et* Schlegel, 1850: 270-324.
*Pseudalulerius nasicornis* (Temminck *et* Schlegel, 1850).
**文献（Reference）**：Kyushin, Amaoka, Nakaya *et al.*, 1982; Masuda, Amaoka, Araga *et al.*, 1984; Hutchins, 1993; Randall and Lim (eds.), 2000; Huang, 2001.
**别名或俗名（Used or common name）**：皮剥鲀.
**分布（Distribution）**：南海.

## 1538. 粗皮鲀属 *Rudarius* Jordan *et* Fowler, 1902

### （4944）粗皮鲀 *Rudarius ercodes* Jordan *et* Fowler, 1902

*Rudarius ercodes* Jordan *et* Fowler, 1902: 251-286.
**文献（Reference）**：Arai and Nakagawa, 1976; Ni and Kwok, 1999; Horinouchi and Sano, 2000; Huang, 2001; An and Huh, 2002; 伍汉霖, 邵广昭, 赖春福等, 2012.
**分布（Distribution）**：南海.

## 1539. 细鳞鲀属 *Stephanolepis* Gill, 1861

### （4945）丝背细鳞鲀 *Stephanolepis cirrhifer* (Temminck *et* Schlegel, 1850)

*Monacanthus cirrhifer* Temminck *et* Schlegel, 1850: 270-324.
**文献（Reference）**：Ivankov and Samylov, 1979; Safran and Omori, 1990; Shao, Chen, Kao *et al.*, 1993; 沈世杰, 1993; Ni and Kwok, 1999; Randall and Lim (eds.), 2000; Huang, 2001;

An and Huh, 2002; 苏锦祥和李春生, 2002; Gill and Hutchins, 2002; 伍汉霖, 邵广昭, 赖春福等, 2012.
**别名或俗名（Used or common name）**：鹿角鱼, 沙猛鱼, 曳丝单棘鲀.
**分布（Distribution）**：黄海, 东海, 南海.

### 1540. 马面鲀属 *Thamnaconus* Smith, 1949

#### （4946）黄鳍马面鲀 ***Thamnaconus hypargyreus*** **(Cope, 1871)**

*Monacanthus hypargyreus* Cope, 1871: 445-483.
*Thamnaconus xanthopterus* Xu *et* Zhang, 1988.
**文献（Reference）**：Yamada, Shirai, Irie *et al.*, 1995; Shao, 1997; Ni and Kwok, 1999; Randall and Lim (eds.), 2000; Zhang, Tang, Jin *et al.*, 2005; Yamamoto, 2008; 伍汉霖, 邵广昭, 赖春福等, 2012.
**别名或俗名（Used or common name）**：剥皮鱼.
**分布（Distribution）**：东海, 南海.

#### （4947）拟绿鳍马面鲀 ***Thamnaconus modestoides*** **(Barnard, 1927)**

*Cantherhines modestoides* Barnard, 1927: 66-79.
*Thamnaconus modestoides erythraeensis* Bauchot *et* Maugé, 1978.
**文献（Reference）**：Masuda, Amaoka, Araga *et al.*, 1984; 沈世杰, 1993; Ni and Kwok, 1999; Randall and Lim (eds.), 2000; 苏锦祥和李春生, 2002; 伍汉霖, 邵广昭, 赖春福等, 2012.
**别名或俗名（Used or common name）**：剥皮鱼.
**分布（Distribution）**：渤海, 黄海, 东海, 南海.

#### （4948）马面鲀 ***Thamnaconus modestus*** **(Günther, 1877)**

*Monacanthus modestus* Günther, 1877: 433-446.
*Canthenrines modestus* (Günther, 1877).
*Navodon modestus* (Günther, 1877).
**文献（Reference）**：Shao, Chen, Kao *et al.*, 1993; 沈世杰, 1993; Chen, Shao and Lin, 1995; Shao, 1997; Ni and Kwok, 1999; Chang and Kim, 1999; An and Huh, 2002; 苏锦祥和李春生, 2002; Ohshimo, 2004; 伍汉霖, 邵广昭, 赖春福等, 2012.
**别名或俗名（Used or common name）**：黑达仔, 剥皮鱼, 马面单棘鲀.
**分布（Distribution）**：渤海, 黄海, 东海, 南海.

#### （4949）绿鳍马面鲀 ***Thamnaconus septentrionalis*** **(Günther, 1874)**

*Monacanthus septentrionalis* Günther, 1874a: 154-159.
*Navodon septentrionalis* (Günther, 1874).
**文献（Reference）**：Masuda, Amaoka, Araga *et al.*, 1984; 沈世杰, 1993; Yamada, Shirai, Irie *et al.*, 1995; Shao, 1997; Randall and Lim (eds.), 2000; Huang, 2001; 苏锦祥和李春生, 2002; 伍汉霖, 邵广昭, 赖春福等, 2012.
**别名或俗名（Used or common name）**：剥皮鱼.
**分布（Distribution）**：渤海, 黄海, 东海, 南海.

#### （4950）密斑马面鲀 ***Thamnaconus tessellatus*** **(Günther, 1880)**

*Monacanthus tessellatus* Günther, 1880: 53-54.
*Cantherines tessellatus* (Günther, 1880).
*Navodon tessellatus* (Günther, 1880).
*Thamnaconus nigromaculosus* (Tanaka, 1912).
**文献（Reference）**：Herre, 1953a; Masuda, Amaoka, Araga *et al.*, 1984; Yamada, Shirai, Irie *et al.*, 1995; Ni and Kwok, 1999; Randall and Lim (eds.), 2000; 苏锦祥和李春生, 2002; 伍汉霖, 邵广昭, 赖春福等, 2012.
**别名或俗名（Used or common name）**：剥皮鱼.
**分布（Distribution）**：东海, 南海.

## （三二七）箱鲀科 Ostraciidae

### 1541. 棘箱鲀属 *Kentrocapros* Kaup, 1855

#### （4951）棘箱鲀 ***Kentrocapros aculeatus*** **(Houttuyn, 1782)**

*Ostracion cubicus aculeatus* Houttuyn, 1782: 311-350.
*Ostracion hexagonus* Thunberg, 1787.
**文献（Reference）**：Masuda, Amaoka, Araga *et al.*, 1984; 沈世杰, 1993; Yamada, Shirai, Irie *et al.*, 1995; Shao, 1997; Randall and Lim (eds.), 2000; Huang, 2001; 苏锦祥和李春生, 2002; 伍汉霖, 邵广昭, 赖春福等, 2012.
**别名或俗名（Used or common name）**：箱河鲀, 海牛港.
**分布（Distribution）**：东海, 南海.

#### （4952）黄纹棘箱鲀 ***Kentrocapros flavofasciatus*** **(Kamohara, 1938)**

*Aracana flavofasciata* Kamohara, 1938: 1-86.
**文献（Reference）**：Masuda, Amaoka, Araga *et al.*, 1984; 伍汉霖, 邵广昭, 赖春福等, 2012.
**分布（Distribution）**：东海, 南海.

### 1542. 角箱鲀属 *Lactoria* Jordan *et* Fowler, 1902

#### （4953）角箱鲀 ***Lactoria cornuta*** **(Linnaeus, 1758)**

*Ostracion cornutus* Linnaeus, 1758: 1-824.
*Lactoria cornutus* (Linnaeus, 1758).
**文献（Reference）**：Francis, 1993; Shao, Chen, Kao *et al.*, 1993; 沈世杰, 1993; Ni and Kwok, 1999; Randall and Lim (eds.), 2000; Huang, 2001; An and Huh, 2002; 苏锦祥和李春生,

2002; 伍汉霖, 邵广昭, 赖春福等, 2012; 刘静, 吴仁协, 康斌等, 2016.

**别名或俗名（Used or common name）**: 长牛角, 箱河鲀, 牛角, 牛角狄, 海牛港, 角规.

**分布（Distribution）**: 渤海, 黄海, 东海, 南海.

### （4954）棘背角箱鲀 *Lactoria diaphana* (Bloch *et* Schneider, 1801)

*Ostracion diaphanus* Bloch *et* Schneider, 1801: 1-584.

*Lactoria diaphinus* (Bloch *et* Schneider, 1801).

*Ostracion brevicornis* Temminck *et* Schlegel, 1850.

**文献（Reference）**: Moyer and Sano, 1987; Francis, 1991; Francis, 1993; 沈世杰, 1993; Randall and Lim (eds.), 2000; Huang, 2001; 苏锦祥和李春生, 2002; 伍汉霖, 邵广昭, 赖春福等, 2012.

**别名或俗名（Used or common name）**: 牛角, 箱河鲀, 海牛港.

**分布（Distribution）**: 东海, 南海.

### （4955）福氏角箱鲀 *Lactoria fornasini* (Bianconi, 1846)

*Ostracion fornasini* Bianconi, 1846: 113-115.

*Lactoria galeodon* Jenkins, 1903.

*Lactoria fuscomaculata* von Bonde, 1923.

**文献（Reference）**: Leis and Moyer, 1985; Moyer and Sano, 1987; Francis, 1993; 沈世杰, 1993; Randall and Lim (eds.), 2000; Huang, 2001; 苏锦祥和李春生, 2002; 伍汉霖, 邵广昭, 赖春福等, 2012.

**别名或俗名（Used or common name）**: 花牛角, 箱河鲀, 海牛港.

**分布（Distribution）**: 南海.

## 1543. 箱鲀属 *Ostracion* Linnaeus, 1758

### （4956）粒突箱鲀 *Ostracion cubicus* Linnaeus, 1758

*Ostracion cubicua* Linnaeus, 1758: 1-824.

*Ostracion tuberculatus* Linnaeus, 1758.

*Ostracion argus* Rüppell, 1828.

**文献（Reference）**: Chang, Jan and Shao, 1983; Shao and Chen, 1992; Francis, 1993; 沈世杰, 1993; Chen, Shao and Lin, 1995; Chen, Jan and Shao, 1997; Randall and Lim (eds.), 2000; Huang, 2001; 苏锦祥和李春生, 2002; 伍汉霖, 邵广昭, 赖春福等, 2012.

**别名或俗名（Used or common name）**: 木瓜, 箱河鲀, 海牛港.

**分布（Distribution）**: 黄海, 东海, 南海.

### （4957）无斑箱鲀 *Ostracion immaculatus* Temminck *et* Schlegel, 1850

*Ostracion immaculatus* Temminck *et* Schlegel, 1850: 270-324.

**文献（Reference）**: Shao, Lin, Ho *et al.*, 1990; Yamada, Shirai, Irie *et al.*, 1995; Shao, 1997; Itoh, Imamura and Nakaya, 2002; 伍汉霖, 邵广昭, 赖春福等, 2012.

**别名或俗名（Used or common name）**: 箱河鲀, 海牛港.

**分布（Distribution）**: 渤海, 黄海.

### （4958）白点箱鲀 *Ostracion meleagris* Shaw, 1796

*Ostracion meleagris* Shaw, 1796: 23 vols. unnumbered pages.

*Ostracion lentiginosus* Bloch *et* Schneider, 1801.

*Ostracion punctatus* Bloch *et* Schneider, 1801.

*Ostracion sebae* Bleeker, 1851.

**文献（Reference）**: Chang, Jan and Shao, 1983; Leis and Moyer, 1985; Francis, 1993; Shao, Chen, Kao *et al.*, 1993; 沈世杰, 1993; Chen, Jan and Shao, 1997; Randall and Lim (eds.), 2000; Huang, 2001; 苏锦祥和李春生, 2002; 伍汉霖, 邵广昭, 赖春福等, 2012.

**别名或俗名（Used or common name）**: 花木瓜, 箱河鲀, 海牛港.

**分布（Distribution）**: 南海.

### （4959）突吻箱鲀 *Ostracion rhinorhynchos* Bleeker, 1852

*Ostracion rhinorhynchus* Bleeker, 1852: 1-36.

*Rhynchostracion rhinorhynchos* (Bleeker, 1851).

**文献（Reference）**: Herre, 1953a; Masuda, Amaoka, Araga *et al.*, 1984; 沈世杰, 1993; Randall and Lim (eds.), 2000; Huang, 2001; 苏锦祥和李春生, 2002; 伍汉霖, 邵广昭, 赖春福等, 2012.

**别名或俗名（Used or common name）**: 长鼻木瓜, 箱河鲀, 海牛港.

**分布（Distribution）**: 东海, 南海.

### （4960）蓝带箱鲀 *Ostracion solorensis* Bleeker, 1853

*Ostracion solorensis* Bleeker, 1853: 67-96.

**文献（Reference）**: Silvestre, Garces and Luna, 1995; Werner and Allen, 2000; Huang, 2001; 伍汉霖, 邵广昭, 赖春福等, 2012.

**分布（Distribution）**: 东海.

## 1544. 尖鼻箱鲀属 *Rhynchostracion* Fraser-Brunner, 1935

### （4961）尖鼻箱鲀 *Rhynchostracion nasus* (Bloch, 1785)

*Ostracion nasus* Bloch, 1785: 1-136.

*Phynchostracion nasus* (Bloch, 1785).

*Ryncostracion nasus* (Bloch, 1785).

**文献（Reference）**: Kyushin, Amaoka, Nakaya *et al.*, 1982; Leung, 1994; Ni and Kwok, 1999; Randall and Lim (eds.),

2000; Chinese Academy of Fishery Science (CAFS), 2007; 伍汉霖, 邵广昭, 赖春福等, 2012.
**分布（Distribution）**：南海.

### 1545. 真三棱箱鲀属 *Tetrosomus* Swainson, 1839

**（4962）双峰真三棱箱鲀 *Tetrosomus concatenatus* (Bloch, 1785)**
*Ostracion concatenatus* Bloch, 1785: 1-136.
*Rhinosomus concatenatus* (Bloch, 1785).
*Tetrasomus concatenatus* (Bloch, 1785).
*Tetrosomus tritropis* (Snyder, 1911).
**文献（Reference）**：Kyushin, Amaoka, Nakaya *et al.*, 1982; Masuda, Amaoka, Araga *et al.*, 1984; Francis, 1993; Ni and Kwok, 1999; 伍汉霖, 邵广昭, 赖春福等, 2012.
**分布（Distribution）**：南海.

**（4963）驼背真三棱箱鲀 *Tetrosomus gibbosus* (Linnaeus, 1758)**
*Ostracion gibbosus* Linnaeus, 1758: 1-824.
*Rhinesomus gibbosus* (Linnaeus, 1758).
*Tetrosomus gibosus* (Linnaeus, 1758).
*Ostracion turritus* Forsskål, 1775.
**文献（Reference）**：Kyushin, Amaoka, Nakaya *et al.*, 1982; Goren and Spanier, 1988; Spanier and Goren, 1988; 沈世杰, 1993; Randall and Lim (eds.), 2000; Huang, 2001; 苏锦祥和李春生, 2002; 伍汉霖, 邵广昭, 赖春福等, 2012.
**别名或俗名（Used or common name）**：三角河鲀, 海牛港.
**分布（Distribution）**：东海, 南海.

**（4964）小棘真三棱箱鲀 *Tetrosomus reipublicae* (Whitley, 1930)**
*Triorus reipublicae* Whitley, 1930a: 8-31.
**文献（Reference）**：沈世杰, 1993; Randall and Lim (eds.), 2000; 苏锦祥和李春生, 2002; 伍汉霖, 邵广昭, 赖春福等, 2012.
**别名或俗名（Used or common name）**：三角河鲀, 海牛港.
**分布（Distribution）**：南海.

## （三二八）三齿鲀科 Triodontidae

### 1546. 三齿鲀属 *Triodon* Cuvier, 1829

**（4965）三齿鲀 *Triodon macropterus* Lesson, 1831**
*Triodon macroptrus* Lesson, 1831: 66-238.
*Triodon bursaris* Cuvier (*in* Cuvier *et* Valenciennes), 1829.
*Triodon bursarius* Cuvier (*in* Cuvier *et* Valenciennes), 1829.
**文献（Reference）**：Boeseman, 1962; Tyler, 1967; Kyushin, Amaoka, Nakaya *et al.*, 1982; 沈世杰, 1993; Yamada, Shirai, Irie *et al.*, 1995; Randall and Lim (eds.), 2000; Huang, 2001; 苏锦祥和李春生, 2002; 伍汉霖, 邵广昭, 赖春福等, 2012.
**别名或俗名（Used or common name）**：三齿河鲀, 扇鲀, 规仔鱼.
**分布（Distribution）**：南海.

## （三二九）鲀科 Tetraodontidae

### 1547. 宽吻鲀属 *Amblyrhynchotes* Troschel, 1856

**（4966）白点宽吻鲀 *Amblyrhynchotes honckenii* (Bloch, 1785)**
*Tetrodon honckenii* Bloch, 1785: 1-136.
*Amblyrhinchotus honckenii* (Bloch, 1785).
*Sphoeroides honckeni* (Bloch, 1785).
*Lagocephalus blochi* Bonaparte, 1841.
**文献（Reference）**：Ni and Kwok, 1999; Huang, 2001.
**分布（Distribution）**：南海.

**（4967）棕斑宽吻鲀 *Amblyrhynchotes rufopunctatus* Li, 1962**
*Amblyrhynchotes hypselogenion rufopunctatus* Li (李思忠, 见中国科学院动物研究所等), 1962: 1086.
**文献（Reference）**：Huang, 2001; 伍汉霖, 邵广昭, 赖春福等, 2012.
**分布（Distribution）**：南海.

### 1548. 叉鼻鲀属 *Arothron* Müller, 1841

**（4968）青斑叉鼻鲀 *Arothron caeruleopunctatus* Matsuura, 1994**
*Arothron caeruleopunctatus* Matsuura, 1994: 29-33.
**文献（Reference）**：Matsuura, 1994: 29-33; Werner and Allen, 2000; 伍汉霖, 邵广昭, 赖春福等, 2012.
**别名或俗名（Used or common name）**：气规, 规仔.
**分布（Distribution）**：东海, 南海.

**（4969）瓣叉鼻鲀 *Arothron firmamentum* (Temminck *et* Schlegel, 1850)**
*Tetraodon firmamentum* Temminck *et* Schlegel, 1850: 270-324.
*Boesemanichthys firmamentum* (Temminck *et* Schlegel, 1850).
**文献（Reference）**：Hardy, 1980; Kyushin, Amaoka, Nakaya *et al.*, 1982; Randall and Lim (eds.), 2000; Huang, 2001; 伍汉霖, 邵广昭, 赖春福等, 2012.
**别名或俗名（Used or common name）**：河鲀, 规仔.
**分布（Distribution）**：东海, 南海.

### （4970）纹腹叉鼻鲀 *Arothron hispidus* (Linnaeus, 1758)

*Tetrodon hispidus* Linnaeus, 1758: 1-824.
*Arothon hispidus* (Linnaeus, 1758).
*Tetraodon perspicillaris* Rüppell, 1829.
*Tetraodon semistriatus* Rüppell, 1837.
*Tetrodon laterna* Richardson, 1845.
**文献（Reference）**：Chang, Jan and Shao, 1983; Shao, Chen, Kao *et al.*, 1993; 沈世杰, 1993; Kuo and Shao, 1999; Kuo, Lin and Shao, 1999; Randall and Lim (eds.), 2000; Huang, 2001; 苏锦祥和李春生, 2002; 伍汉霖, 邵广昭, 赖春福等, 2012.
**别名或俗名（Used or common name）**：白点河鲀, 乌规, 花规, 绵规, 规仔.
**分布（Distribution）**：东海, 南海.

### （4971）无斑叉鼻鲀 *Arothron immaculatus* (Bloch *et* Schneider, 1801)

*Tetraodon immaculatus* Bloch *et* Schneider, 1801: 1-584.
*Crayracion immaculatus* (Bloch *et* Schneider, 1801).
*Tetraodon sordidus* Rüppell, 1829.
*Tetraodon parvus* Joannis, 1835.
**文献（Reference）**：Arai and Nakagawa, 1976; Kyushin, Nakaya, Ida *et al.*, 1982; 沈世杰, 1993; Zaki, Rahardjo and Kamal, 1997; Kuo and Shao, 1999; Randall and Lim (eds.), 2000; Huang, 2001; 苏锦祥和李春生, 2002; 伍汉霖, 邵广昭, 赖春福等, 2012.
**别名或俗名（Used or common name）**：铁纹河鲀, 规仔.
**分布（Distribution）**：东海, 南海.

### （4972）菲律宾叉鼻鲀 *Arothron manilensis* (Marion de Procé, 1822)

*Tetrodon manilensis* Marion de Procé, 1822: 129-134.
*Arothron manillensis* (Marion de Procé, 1822).
*Tetrodon virgatus* Richardson, 1846.
*Holacanthus pilosus* Gronow, 1854.
**文献（Reference）**：Randall, 1985; Shao, Chen, Kao *et al.*, 1993; 沈世杰, 1993; Chen, Shao and Lin, 1995; Ni and Kwok, 1999; Kuo and Shao, 1999; Randall and Lim (eds.), 2000; Huang, 2001; 苏锦祥和李春生, 2002; 伍汉霖, 邵广昭, 赖春福等, 2012.
**别名或俗名（Used or common name）**：黑线气规, 条纹河鲀, 规仔.
**分布（Distribution）**：南海.

### （4973）辐纹叉鼻鲀 *Arothron mappa* (Lesson, 1831)

*Tetraodon mappa* Lesson, 1831: 66-238.
**文献（Reference）**：Matsuura and Toda, 1981; Shao, Chen, Kao *et al.*, 1993; 沈世杰, 1993; Randall and Lim (eds.), 2000; Huang, 2001; 苏锦祥和李春生, 2002; 伍汉霖, 邵广昭, 赖春福等, 2012.
**别名或俗名（Used or common name）**：条纹规仔, 规仔.
**分布（Distribution）**：东海, 南海.

### （4974）白点叉鼻鲀 *Arothron meleagris* (Lacépède, 1798)

*Tetrodon* Anonymous Lacépède, 1798: 681-685.
*Tetraodon lacrymatus* Quoy *et* Gaimard, 1824.
*Arothron ophryas* Cope, 1871.
*Tetrodon setosus* Smith, 1886.
**文献（Reference）**：Shao, Shen, Chiu *et al.*, 1992; Francis, 1993; Randall and Lim (eds.), 2000; Huang, 2001; 苏锦祥和李春生, 2002; 伍汉霖, 邵广昭, 赖春福等, 2012.
**别名或俗名（Used or common name）**：白点规仔, 海猪仔, 规仔.
**分布（Distribution）**：东海, 南海.

### （4975）黑斑叉鼻鲀 *Arothron nigropunctatus* (Bloch *et* Schneider, 1801)

*Tetraodon nigropunctatus* Bloch *et* Schneider, 1801: 1-584.
*Arothtron nigropunctatus* (Bloch *et* Schneider, 1801).
*Arothron citrinellus* (Günther, 1870).
**文献（Reference）**：Arai and Nakagawa, 1976; Su and Tyler, 1986; Shao, Chen, Kao *et al.*, 1993; 沈世杰, 1993; Chen, Jan and Shao, 1997; Randall and Lim (eds.), 2000; Huang, 2001; 苏锦祥和李春生, 2002; 伍汉霖, 邵广昭, 赖春福等, 2012.
**别名或俗名（Used or common name）**：狗头, 污点河鲀, 规仔.
**分布（Distribution）**：东海, 南海.

### （4976）网纹叉鼻鲀 *Arothron reticularis* (Bloch *et* Schneider, 1801)

*Tetraodon reticularis* Bloch *et* Schneider, 1801: 1-584.
**文献（Reference）**：Schroeder, 1980; Ni and Kwok, 1999; Randall and Lim (eds.), 2000; Huang, 2001; 伍汉霖, 邵广昭, 赖春福等, 2012.
**别名或俗名（Used or common name）**：刺规.
**分布（Distribution）**：南海.

### （4977）星斑叉鼻鲀 *Arothron stellatus* (Bloch *et* Schneider, 1801)

*Tetrodon lagocephalus stellatus* Bloch *et* Schneider, 1801: 1-584.
*Chelonodon stellaris* (Bloch *et* Schneider, 1801).
*Tetraodon punctatus* Bloch *et* Schneider, 1801.
*Diodon asper* Cuvier, 1818.
*Tetraodon calamara* Rüppell, 1829.
**文献（Reference）**：Kyushin, Nakaya, Ida *et al.*, 1982; Francis, 1993; Shao, Chen, Kao *et al.*, 1993; 沈世杰, 1993; Chen, Jan

and Shao, 1997; Ni and Kwok, 1999; Randall and Lim (eds.), 2000; Huang, 2001; 苏锦祥和李春生, 2002; 伍汉霖, 邵广昭, 赖春福等, 2012.

**别名或俗名（Used or common name）**：模样河鲀，规仔.

**分布（Distribution）**：东海，南海.

## 1549. 扁背鲀属 *Canthigaster* Swainson, 1839

### （4978）安汶扁背鲀 *Canthigaster amboinensis* (Bleeker, 1864)

*Psilonotus amboinensis* Bleeker, 1864: 177-181.
*Tropidichthys oahuensis* Jenkins, 1903.
*Tropidichthys psegma* Jordan *et* Evermann, 1903.
*Canthigaster polyophthalmus* Pietschmann, 1938.

**文献（Reference）**：Chang, Jan and Shao, 1983; 沈世杰, 1993; Randall and Lim (eds.), 2000; Huang, 2001; 苏锦祥和李春生, 2002; 伍汉霖, 邵广昭, 赖春福等, 2012.

**别名或俗名（Used or common name）**：安朋河鲀，尖嘴规，规仔.

**分布（Distribution）**：南海.

### （4979）轴扁背鲀 *Canthigaster axiologus* Whitley, 1931

*Canthigaster axiologus* Whitley, 1931: 310-334.

**文献（Reference）**：Chang, Jan and Shao, 1983; 沈世杰, 1993; Chen, Jan and Shao, 1997; Randall and Lim (eds.), 2000; Huang, 2001; 苏锦祥和李春生, 2002; Randall, Williams and Rocha, 2008; 伍汉霖, 邵广昭, 赖春福等, 2012.

**别名或俗名（Used or common name）**：尖鼻鲀，尖嘴规，规仔.

**分布（Distribution）**：南海.

### （4980）点线扁背鲀 *Canthigaster bennetti* (Bleeker, 1854)

*Tropidichthys bennetti* Bleeker, 1854: 456-508.
*Tetrodon ocellatus* Bennett, 1830.
*Canthigaster benetti* (Bleeker, 1854).
*Canthigaster constellatus* Kendall *et* Goldsborough, 1911.

**文献（Reference）**：Chang, Jan and Shao, 1983; Francis, 1993; 沈世杰, 1993; Chen, Jan and Shao, 1997; Ni and Kwok, 1999; Randall and Lim (eds.), 2000; Huang, 2001; 苏锦祥和李春生, 2002; 伍汉霖, 邵广昭, 赖春福等, 2012.

**别名或俗名（Used or common name）**：本氏河鲀，尖嘴规，规仔.

**分布（Distribution）**：东海，南海.

### （4981）细纹扁背鲀 *Canthigaster compressa* (Marion de Procé, 1822)

*Tetrodon compressus* Marion de Procé, 1822: 129-134.
*Tetraodon striolatus* Quoy *et* Gaimard, 1824.
*Tetrodon insignitus* Richardson, 1848.

**文献（Reference）**：Matsuura and Yoshino, 1984; Shao, Lin, Ho *et al.*, 1990; 沈世杰, 1993; Randall and Lim (eds.), 2000; Werner and Allen, 2000; 苏锦祥和李春生, 2002; 伍汉霖, 邵广昭, 赖春福等, 2012.

**别名或俗名（Used or common name）**：纹扁背鲀，尖嘴规，规仔.

**分布（Distribution）**：南海.

### （4982）亮丽扁背鲀 *Canthigaster epilampra* (Jenkins, 1903)

*Tropidichthys epilamprus* Jenkins, 1903: 417-511.

**文献（Reference）**：Jenkins, 1903: 417-511; 伍汉霖, 邵广昭, 赖春福等, 2012.

**别名或俗名（Used or common name）**：尖嘴规，规仔.

**分布（Distribution）**：南海.

### （4983）圆点扁背鲀 *Canthigaster jactator* (Jenkins, 1901)

*Tropidichthys jactator* Jenkins, 1901: 387-404.

**文献（Reference）**：Huang, 2001; 伍汉霖, 邵广昭, 赖春福等, 2012.

**分布（Distribution）**：南海.

### （4984）圆斑扁背鲀 *Canthigaster janthinoptera* (Bleeker, 1855)

*Tropidichthys janthinopterus* Bleeker, 1855g: 392-434.
*Canthigaster janhinopterus* (Bleeker, 1855).

**文献（Reference）**：Bleeker, 1855g: 392-434; Chang, Jan and Shao, 1983; Francis, 1993; 沈世杰, 1993; Chen, Shao and Lin, 1995; Chen, Jan and Shao, 1997; Randall and Lim (eds.), 2000; Huang, 2001; 苏锦祥和李春生, 2002; 伍汉霖, 邵广昭, 赖春福等, 2012.

**别名或俗名（Used or common name）**：白纹河鲀，尖嘴规，规仔.

**分布（Distribution）**：东海，南海.

### （4985）水纹扁背鲀 *Canthigaster rivulata* (Temminck *et* Schlegel, 1850)

*Tetraodon rivulatus* Temminck *et* Schlegel, 1850: 270-324.
*Canthigaster caudofasciata* (Günther, 1870).
*Eumycterias bitaeniatus* Jenkins, 1901.
*Canthigaster notospilus* Fowler, 1941.

**文献（Reference）**：Arai and Nakagawa, 1976; 荒井宽和藤田矢郎, 1988; 沈世杰, 1993; Randall and Lim (eds.), 2000; 苏锦祥和李春生, 2002; 伍汉霖, 邵广昭, 赖春福等, 2012.

**别名或俗名（Used or common name）**：条纹尖鼻鲀，尖嘴规，规仔.

分布（Distribution）：东海，南海.

### （4986）细斑扁背鲀 *Canthigaster solandri* (Richardson, 1845)

*Tetrodon solandri* Richardson, 1845: 99-150.
*Cathigaster solandri* (Richardson, 1845).
*Canthigaster australis* Stead, 1907.
*Canthigaster glaucospilotus* Fowler, 1944.

文献（Reference）：沈世杰, 1993; Randall and Lim (eds.), 2000; Huang, 2001; 苏锦祥和李春生, 2002; 伍汉霖, 邵广昭, 赖春福等, 2012.

别名或俗名（Used or common name）：眼斑扁背鲀，尖嘴规，规仔.

分布（Distribution）：南海.

### （4987）横带扁背鲀 *Canthigaster valentini* (Bleeker, 1853)

*Tetraodon valentini* Bleeker, 1853: 91-130.
*Tetraodon gronovii* Cuvier (*in* Cuvier *et* Valenciennes), 1829.
*Cathigaster valentini* (Bleeker, 1853).
*Tetrodon taeniatus* Peters, 1855.

文献（Reference）：沈世杰, 1993; Chen, Shao and Lin, 1995; Chen, Jan and Shao, 1997; Randall and Lim (eds.), 2000; Huang, 2001; 苏锦祥和李春生, 2002; 伍汉霖, 邵广昭, 赖春福等, 2012.

别名或俗名（Used or common name）：日本婆河鲀，尖嘴规，规仔，日本婆规.

分布（Distribution）：东海，南海.

## 1550. 凹鼻鲀属 *Chelonodon* Müller, 1841

### （4988）凹鼻鲀 *Chelonodon patoca* (Hamilton, 1822)

*Tetraodon patoca* Hamilton, 1822: 1-405.
*Chelondon patoca* (Hamilton, 1822).
*Tetrodon dissutidens* Cantor, 1849.
*Arothron kappa* (Bleeker, 1850).

文献（Reference）：Arai and Nakagawa, 1976; Shao and Lim, 1991; Shao, Chen, Kao *et al.*, 1993; 沈世杰, 1993; Ni and Kwok, 1999; Kuo and Shao, 1999; Randall and Lim (eds.), 2000; Huang, 2001; 苏锦祥和李春生, 2002; 伍汉霖, 邵广昭, 赖春福等, 2012.

别名或俗名（Used or common name）：冲绳河鲀，气规，规仔，凹鼻鲀.

分布（Distribution）：东海，南海.

## 1551. 兔头鲀属 *Lagocephalus* Swainson, 1839

### （4989）克氏兔头鲀 *Lagocephalus gloveri* Abe *et* Tabeta, 1983

*Lagocephalus gloveri* Abe *et* Tabeta, 1983: 1-8.

文献（Reference）：Abe and Tabeta, 1983: 1-8; Shao, Chen, Kao *et al.*, 1993; 沈世杰, 1993; Ni and Kwok, 1999; Randall and Lim (eds.), 2000; Huang, 2001; 苏锦祥和李春生, 2002; Ohshimo, 2004; 伍汉霖, 邵广昭, 赖春福等, 2012.

别名或俗名（Used or common name）：鲭河鲀，烟仔规，黄鱼规，乌鱼规，青皮鱼规，金纸规，规仔.

分布（Distribution）：黄海，东海，南海.

### （4990）黑鳃兔头鲀 *Lagocephalus inermis* (Temminck *et* Schlegel, 1850)

*Tetraodon inermis* Temminck *et* Schlegel, 1850: 270-324.

文献（Reference）：Shao, Chen, Kao *et al.*, 1993; 沈世杰, 1993; Yamada, Shirai, Irie *et al.*, 1995; Ni and Kwok, 1999; Randall and Lim (eds.), 2000; Huang, 2001; 苏锦祥和李春生, 2002; 伍汉霖, 邵广昭, 赖春福等, 2012.

别名或俗名（Used or common name）：滑背河鲀，规仔.

分布（Distribution）：渤海，黄海，东海，南海.

### （4991）兔头鲀 *Lagocephalus lagocephalus* Jordan *et* Evermann, 1903

*Lagocephalus lagocephalus* Jordan *et* Evermann, 1903.
*Tetraodon lagocephalus* Linnaeus, 1758: 1-824.
*Tetrodon stellatus* Donovan, 1804.
*Tetrodon pennantii* Yarrell, 1836.
*Tetraodon janthinus* Vaillant *et* Sauvage, 1875.

文献（Reference）：Linnaeus, 1758; Wu, Liu and Ning, 2011.

分布（Distribution）：东海，南海.

### （4992）月尾兔头鲀 *Lagocephalus lunaris* (Bloch *et* Schneider, 1801)

*Tetrodon lunaris* Bloch *et* Schneider, 1801: 1-584.
*Spheroides lunaris* (Bloch *et* Schneider, 1801).
*Sphoerodon lunaris* (Bloch *et* Schneider, 1801).

文献（Reference）：Tabeta, 1983; Hwang, Chung, Lin *et al.*, 1989; Shao, Chen, Kao *et al.*, 1993; 沈世杰, 1993; Ni and Kwok, 1999; Randall and Lim (eds.), 2000; 苏锦祥和李春生, 2002.

别名或俗名（Used or common name）：栗色河鲀，规仔.

分布（Distribution）：东海，南海.

### （4993）圆斑兔头鲀 *Lagocephalus sceleratus* (Gmelin, 1789)

*Tetraodon sceleratus* Gmelin, 1789: 1033-1516.
*Fugu sceleratus* (Gmelin, 1789).
*Tetraodon bicolor* Brevoort, 1856.
*Tetraodon blochii* Castelnau, 1861.

文献（Reference）：Kyushin, Amaoka, Nakaya *et al.*, 1982; Shao, Chen, Kao *et al.*, 1993; 沈世杰, 1993; Ni and Kwok, 1999; Randall and Lim (eds.), 2000; Huang, 2001; 苏锦祥和李春生, 2002; 伍汉霖, 邵广昭, 赖春福等, 2012.

别名或俗名（Used or common name）：圆斑扁尾鲀，仙人河鲀，气规，规仔，沙规仔，凶兔头鲀.
分布（Distribution）：黄海，东海，南海.

### （4994）棕斑兔头鲀 *Lagocephalus spadiceus* (Richardson, 1845)

*Tetrodon spadiceus* Richardson, 1845: 99-150.
*Gastrophysus spadiceus* (Richardson, 1845).
*Sphaeroides spadiceus* (Richardson, 1845).
文献（Reference）：Ni and Kwok, 1999; Randall and Lim (eds.), 2000; Huang, 2001; Chinese Academy of Fishery Science (CAFS), 2007; 伍汉霖，邵广昭，赖春福等, 2012.
分布（Distribution）：渤海，黄海，东海，南海.

### （4995）怀氏兔头鲀 *Lagocephalus wheeleri* Abe, Tabeta *et* Kitahama, 1984

*Lagocephalus wheeleri* Abe, Tabeta *et* Kitahama, 1984: 1-10.
*Gastrophysus wheeleri* (Abe, Tabeta *et* Kitahama, 1984).
文献（Reference）：Abe, Tabeta and Kitahama, 1984: 1-10; Shao, Chen, Kao *et al.*, 1993; 沈世杰, 1993; Yamada, Shirai, Irie *et al.*, 1995; Ni and Kwok, 1999; Randall and Lim (eds.), 2000; Huang, 2001; 苏锦祥和李春生, 2002; Ohshimo, 2004; 伍汉霖，邵广昭，赖春福等, 2012.
别名或俗名（Used or common name）：白鲭河鲀，烟仔规，规仔，金规.
分布（Distribution）：黄海，东海，南海.

## 1552. 单孔鲀属 *Pao* Kottelat, 2013

*Pao* Kottelat, 2013: 483.

### （4996）斑腰单孔鲀 *Pao leiurus* (Bleeker, 1850)

*Tetraödon leiurus* Bleeker, 1850: 96-97.
*Monotreta leiurus*: 周伟 (见褚新洛和陈银瑞等), 1990: 274.
分布（Distribution）：南腊河，属澜沧江水系. 国外分布于湄公河等.

## 1553. 圆鲀属 *Sphoeroides* Lacépède, 1798

### （4997）密沟圆鲀 *Sphoeroides pachygaster* (Müller *et* Troschel, 1848)

*Tetraodon pachygaster* Müller *et* Troschel, 1848: 1-722.
*Liosaccus pachygaster* (Müller *et* Troschel, 1848).
*Sphaeroides cutaneus* (Günther, 1870).
*Spheroides dubius* von Bonde, 1923.
文献（Reference）：Masuda, Amaoka, Araga *et al.*, 1984; Shao, Chen, Kao *et al.*, 1993; 沈世杰, 1993; Randall and Lim (eds.), 2000; Huang, 2001; 苏锦祥和李春生, 2002; 伍汉霖，邵广昭，赖春福等, 2012.
别名或俗名（Used or common name）：纵褶河鲀，气规，规仔.
分布（Distribution）：南海.

## 1554. 东方鲀属 *Takifugu* Abe, 1949

别名或俗名（Used or common name）：多纪鲀属.

### （4998）铅点东方鲀 *Takifugu alboplumbeus* (Richardson, 1845)

*Tetrodon alboplumbeus* Richardson, 1845: 99-150.
*Fugu alboplumbeus* (Richardson, 1845).
文献（Reference）：Leung, 1994; Huang, 2001; Kim, Choi, Lee *et al.*, 2005; 伍汉霖，邵广昭，赖春福等, 2012; 刘静，吴仁协，康斌等, 2016.
分布（Distribution）：渤海，黄海，东海，南海.

### （4999）双斑东方鲀 *Takifugu bimaculatus* (Richardson, 1845)

*Tetrodon bimaculatus* Richardson, 1845: 99-150.
文献（Reference）：苏锦祥和李春生, 2002; Kim, Choi, Lee *et al.*, 2005; 伍汉霖，邵广昭，赖春福等, 2012.
别名或俗名（Used or common name）：气规，规仔.
分布（Distribution）：黄海，东海，南海.

### （5000）晕环东方鲀 *Takifugu coronoidus* Ni *et* Li, 1992

*Takifugu coronoidus* Ni *et* Li, 1992: 527-532.
文献（Reference）：Ni and Li, 1992: 527-532; 伍汉霖，邵广昭，赖春福等, 2012.
分布（Distribution）：黄海，东海.

### （5001）暗纹东方鲀 *Takifugu fasciatus* (McClelland, 1843)

*Tetrodon fasciatus* McClelland, 1843: 390-413.
*Spheroids ocellatus* Fowler *et* Bean (non Osbeck), 1920: 317.
*Spheroids ocellatus obscures* Abe, 1949: 90.
*Takifugu obscures* Matsuura, 1984: 362.
文献（Reference）：李思忠 (见张春霖等), 1955; 朱元鼎和许成玉 (见朱无鼎、张春霖、成庆泰主编), 1963; 成庆泰，王存信，田明诚等, 1975; 许成玉, 1990; 苏锦祥和李春生, 2002; 伍汉霖，邵广昭，赖春福等, 2012.
分布（Distribution）：渤海，黄海，东海.

### （5002）菊黄东方鲀 *Takifugu flavidus* (Li, Wang *et* Wang, 1975)

*Fugu flavidus* Li, Wang *et* Wang (见成庆泰，王存信，田明诚等), 1975: 359-378.
文献（Reference）：Masuda, Amaoka, Araga *et al.*, 1984; Yamada, Shirai, Irie *et al.*, 1995; Huang, 2001; Kim, Choi, Lee *et al.*, 2005; 伍汉霖，邵广昭，赖春福等, 2012.
分布（Distribution）：渤海，黄海，东海.

**(5003）黑点东方鲀 *Takifugu niphobles* (Jordan *et* Snyder, 1901)**

*Sphaeroides niphobles* Jordan *et* Snyder, 1901: 229-264.
*Fugu niphobles* (Jordan *et* Snyder, 1901).
*Takyfugu niphobles* (Jordan *et* Snyder, 1901).

**文献（Reference）：**Shao and Lim, 1991; Shao, Chen, Kao *et al.*, 1993; 沈世杰, 1993; Chang and Kim, 1999; Randall and Lim (eds.), 2000; Huang, 2001; An and Huh, 2002; 苏锦祥和李春生, 2002; Inoue, Suda and Sano, 2005; 伍汉霖, 邵广昭, 赖春福等, 2012.

**别名或俗名（Used or common name）：**日本河鲀, 气规, 规仔, 金规, 沙规仔.

**分布（Distribution）：**渤海, 黄海, 东海, 南海.

**(5004）横纹东方鲀 *Takifugu oblongus* (Bloch, 1786)**

*Tetrodon oblongus* Bloch, 1786: 1-160.
*Fugu oblongus* (Bloch, 1786).
*Takyfugu oblongus* (Bloch, 1786).

**文献（Reference）：**Herre, 1953a; Masuda, Amaoka, Araga *et al.*, 1984; Shao, Chen, Kao *et al.*, 1993; 沈世杰, 1993; Ni and Kwok, 1999; Randall and Lim (eds.), 2000; Huang, 2001; 苏锦祥和李春生, 2002; 伍汉霖, 邵广昭, 赖春福等, 2012.

**别名或俗名（Used or common name）：**横纹河鲀, 气规, 规仔, 红目规, 面规.

**分布（Distribution）：**东海, 南海.

**(5005）弓斑东方鲀 *Takifugu ocellatus* (Linnaeus, 1758)**

*Tetraodon ocellatus* Linnaeus, 1758: 1-824.
*Fugu ocellatus* (Linnaeus, 1758).
*Spheroides ocellatus* (Linnaeus, 1758).

**文献（Reference）：**Nichols, 1943; Shen (沈世杰), 1984; Hwang, Chen and Yueh, 1988; Ni and Kwok, 1999; Huang, 2001; 苏锦祥和李春生, 2002; 伍汉霖, 邵广昭, 赖春福等, 2012.

**别名或俗名（Used or common name）：**眼斑河鲀, 气规, 规仔.

**分布（Distribution）：**黄海, 东海, 南海.

**(5006)圆斑东方鲀 *Takifugu orbimaculatus* Kuang, Li *et* Liang, 1984**

*Takifugu orbimaculatus* Kuang, Li *et* Liang (匡庸德, 李春生和梁森汉), 1984: 58-61.
*Fugu orbimaculatus* [Kuang, Li *et* Liang (匡庸德, 李春生和梁森汉), 1984].

**文献（Reference）：**Zhu, 1995; 伍汉霖, 邵广昭, 赖春福等, 2012.

**分布（Distribution）：**南海.

**(5007）豹纹东方鲀 *Takifugu pardalis* (Temminck *et* Schlegel, 1850)**

*Tetraodon pardalis* Temminck *et* Schlegel, 1850: 270-324.
*Fugu pardalis* (Temminck *et* Schlegel, 1850).

**文献（Reference）：**Yamada, Shirai, Irie *et al.*, 1995; Horinouchi, Sano, Taniuchi *et al.*, 1996; Chang and Kim, 1999; Horinouchi and Sano, 2000; Huang, 2001; An and Huh, 2002; 伍汉霖, 邵广昭, 赖春福等, 2012.

**分布（Distribution）：**渤海, 黄海.

**(5008）斜斑东方鲀 *Takifugu plagiocellatus* Li, 2002**

*Takifugu plagiocellatus* Li (见苏锦祥和李春生), 2002: 1-495.

**文献（Reference）：**Li (见苏锦祥和李春生), 2002: i-xii+1-495; 伍汉霖, 邵广昭, 赖春福等, 2012.

**分布（Distribution）：**南海.

**(5009）斑点东方鲀 *Takifugu poecilonotus* (Temminck *et* Schlegel, 1850)**

*Tetraodon poecilonotus* Temminck *et* Schlegel, 1850: 270-324.
*Fugu poecilonotum* (Temminck *et* Schlegel, 1850).

**文献（Reference）：**沈世杰, 1993; Yamada, Shirai, Irie *et al.*, 1995; Shao, 1997; Kim, 1997; Ni and Kwok, 1999; Kuo and Shao, 1999; 苏锦祥和李春生, 2002; Inoue, Suda and Sano, 2005; 伍汉霖, 邵广昭, 赖春福等, 2012.

**别名或俗名（Used or common name）：**斑点河鲀, 气规, 规仔, 红目规.

**分布（Distribution）：**?

**(5010）紫色东方鲀 *Takifugu porphyreus* (Temminck *et* Schlegel, 1850)**

*Tetraodon porphyreus* Temminck *et* Schlegel, 1850: 270-328.
*Fugu vermiculare porphyreum* (Temminck *et* schlegel, 1850).
*Spheroides borealis* Jordan *et* Snyder, 1901.

**文献（Reference）：**Masuda, Amaoka, Araga *et al.*, 1984; Yamada, Shirai, Irie *et al.*, 1995; Ni and Kwok, 1999; 苏锦祥和李春生, 2002; 伍汉霖, 邵广昭, 赖春福等, 2012.

**别名或俗名（Used or common name）：**正河鲀, 气规, 规仔.

**分布（Distribution）：**渤海, 黄海, 东海.

**(5011）假睛东方鲀 *Takifugu pseudommus* (Chu, 1935)**

*Lagocephalus pseudommus* Chu, 1935: 87.
*Takifugu pseudomus* (Chu, 1935).

**文献（Reference）：**Masuda, Amaoka, Araga *et al.*, 1984; Kim, Choi, Lee *et al.*, 2005; 伍汉霖, 邵广昭, 赖春福等, 2012.

**分布（Distribution）：**渤海, 黄海, 东海.

**(5012）辐斑东方鲀 *Takifugu radiatus* (Abe, 1947)**

*Sphoeroides vermicularis radiatus* Abe, 1947: 159-161.

文献（Reference）：Masuda, Amaoka, Araga *et al.*, 1984; 苏锦祥和李春生, 2002.
别名或俗名（Used or common name）：中华河鲀，气规，规仔.
分布（Distribution）：黄海，东海.

**（5013）网纹东方鲀 *Takifugu reticularis* (Tian, Cheng *et* Wang, 1975)**

*Fugu reticularis* Tian, Cheng *et* Wang (见成庆泰，王存信，田明诚等), 1975: 359-378.
文献（Reference）：Huang, 2001; Inoue, Suda and Sano, 2005; Kim, Choi, Lee *et al.*, 2005; 伍汉霖，邵广昭，赖春福等, 2012.
分布（Distribution）：渤海，黄海.

**（5014）红鳍东方鲀 *Takifugu rubripes* (Temminck *et* Schlegel, 1850)**

*Tetraodon rubripes* Temminck *et* Schlegel, 1850: 270-324.
*Fugu rubripes* (Temminck *et* Schlegel, 1850).
*Sphaeroides rubripes* (Temminck *et* Schlegel, 1850).
文献（Reference）：Yamada, Shirai, Irie *et al.*, 1995; Shao, 1997; Kim, 1997; Liao, Su and Chang, 2001; 苏锦祥和李春生, 2002; Furukawa, Takeshima, Otaka *et al.*, 2004; Bird, Zou, Kono *et al.*, 2005; 伍汉霖，邵广昭，赖春福等, 2012.
别名或俗名（Used or common name）：虎河鲀，气规，规仔.
分布（Distribution）：渤海，黄海，东海.

**（5015）密点东方鲀 *Takifugu stictonotus* (Temminck *et* Schlegel, 1850)**

*Tetraodon stictonotus* Temminck *et* Schlegel, 1850: 270-324.
*Takifugu strictonotus* (Temminck *et* Schlegel, 1850).
文献（Reference）：Masuda, Amaoka, Araga *et al.*, 1984; Kim, Choi, Lee *et al.*, 2005; 伍汉霖，邵广昭，赖春福等, 2012.
分布（Distribution）：黄海，东海.

**（5016）花斑东方鲀 *Takifugu variomaculatus* Li *et* Kuang, 2002**

*Takifugu variomaculatus* Li *et* Kuang (见苏锦祥和李春生), 2002: 1-495.
文献（Reference）：Li *et* Kuang (见苏锦祥和李春生), 2002: i-xii +1-495; 伍汉霖，邵广昭，赖春福等, 2012.
分布（Distribution）：东海，南海.

**（5017）虫纹东方鲀 *Takifugu vermicularis* (Temminck *et* Schlegel, 1850)**

*Tetraodon vermicularis* Temminck *et* Schlegel, 1850: 270-324.
*Fugu vermicularis* (Temminck *et* Schlegel, 1850).
*Spheroides abbotti* Jordan *et* Snyder, 1901.
文献（Reference）：Masuda, Amaoka, Araga *et al.*, 1984; 沈世杰, 1993; Yamada, Shirai, Irie *et al.*, 1995; Kim, 1997; Huang, 2001; 苏锦祥和李春生, 2002; 伍汉霖，邵广昭，赖春福等, 2012.
别名或俗名（Used or common name）：虫纹河鲀，气规，规仔.
分布（Distribution）：渤海，黄海，东海.

**（5018）黄鳍东方鲀 *Takifugu xanthopterus* (Temminck *et* Schlegel, 1850)**

*Tetraodon xanthopterus* Temminck *et* Schlegel, 1850: 270-324.
*Fugu xanthopterus* (Temminck *et* Schlegel, 1850).
文献（Reference）：Hwang, Yueh and Yu, 1982; Masuda, Shinohara, Takahashi *et al.*, 1991; Shao, Chen, Kao *et al.*, 1993; 沈世杰, 1993; Yamada, Shirai, Irie *et al.*, 1995; Ni and Kwok, 1999; Randall and Lim (eds.), 2000; Huang, 2001; 苏锦祥和李春生, 2002; Islam, Hibino and Tanaka, 2006; 伍汉霖，邵广昭，赖春福等, 2012.
别名或俗名（Used or common name）：黄鳍河鲀，气规，规仔.
分布（Distribution）：渤海，黄海，东海，南海.

### 1555. 窄额鲀属（丽纹鲀属）*Torquigener* Whitley, 1930

**（5019）黄带窄额鲀 *Torquigener brevipinnis* (Regan, 1903)**

*Tetrodon brevipinnis* Regan, 1903: 284-303.
*Torguigener brevipinnis* (Regan, 1903).
文献（Reference）：Hardy, 1984; 伍汉霖，邵广昭，赖春福等, 2012.
别名或俗名（Used or common name）：气规，规仔.
分布（Distribution）：东海，南海.

**（5020）头纹窄额鲀 *Torquigener hypselogeneion* (Bleeker, 1852)**

*Tetraodon hypselogeneion* Bleeker, 1852: 21-26.
*Amblyrhinchotes hypselogeneion* (Bleeker, 1852).
*Sphoeroides hypseiogeneion* (Bleeker, 1852).
*Uranostoma guttata* Bleeker, 1865.
文献（Reference）：Hardy, 1983; Shao, Chen, Kao *et al.*, 1993; 沈世杰, 1993; Shao, 1997; Ni and Kwok, 1999; Randall and Lim (eds.), 2000; Huang, 2001; 苏锦祥和李春生, 2002; 伍汉霖，邵广昭，赖春福等, 2012.
别名或俗名（Used or common name）：花纹河鲀，宽纹鲀，气规，规仔.
分布（Distribution）：东海，南海.

**（5021）棕斑窄额鲀 *Torquigener rufopunctatus* (Li, 1962)**

*Amblyrhychotes hypselogenion rufopunctatus* Li (李思忠，见

中国科学院动物研究所等), 1962: 1086.
*Torquigener gloerfelti* Hardy, 1984: 127.
*Amblyrhychotes rufopunctatus* Li (李春生, 见成庆泰和郑葆珊), 1987: 529.
**文献（Reference）**：苏锦祥和李春生, 2002; 伍汉霖, 邵广昭, 赖春福等, 2012.
**别名或俗名（Used or common name）**：南海窄额鲀.
**分布（Distribution）**：南海.

## 1556. 泰氏鲀属 *Tylerius* Hardy, 1984

### （5022）长刺泰氏鲀 *Tylerius spinosissimus* (Regan, 1908)

*Spheroides spinosissimus* Regan, 1908g: 217-255.
*Amblyrhinchotes spinosissimus* (Regan, 1908).
*Spheroides unifasciatus* von Bonde, 1923.
**文献（Reference）**：Kyushin, Amaoka, Nakaya *et al.*, 1982; Richards, Chong, Mak *et al.*, 1985; Randall and Lim (eds.), 2000; Huang, 2001; 苏锦祥和李春生, 2002; 伍汉霖, 邵广昭, 赖春福等, 2012.
**别名或俗名（Used or common name）**：气规, 规仔.
**分布（Distribution）**：东海, 南海.

# （三三〇）刺鲀科 Diodontidae

## 1557. 短刺鲀属 *Chilomycterus* Brisout de Barneville, 1846

### （5023）网纹短刺鲀 *Chilomycterus reticulatus* (Linnaeus, 1758)

*Diodon reticulatus* Linnaeus, 1758: 1-824.
*Chilomycteris reticulatus* (Linnaeus, 1758).
*Chilomycterus atinga* (Linnaeus, 1758).
*Diodon tigrinus* Cuvier, 1818.
**文献（Reference）**：Masuda, Amaoka, Araga *et al.*, 1984; 沈世杰, 1993; Randall and Lim (eds.), 2000; Huang, 2001; 苏锦祥和李春生, 2002; Ohshimo, 2004; 伍汉霖, 邵广昭, 赖春福等, 2012.
**别名或俗名（Used or common name）**：刺规, 气瓜仔.
**分布（Distribution）**：东海, 南海.

## 1558. 圆刺鲀属 *Cyclichthys* Kaup, 1855

### （5024）圆点圆刺鲀 *Cyclichthys orbicularis* (Bloch, 1785)

*Diodon orbicularis* Bloch, 1785: 1-136.
*Chilomycterus orbicularis* (Bloch, 1785).
*Diodon caeruleus* Quoy *et* Gaimard, 1824.
*Chilomycterus parcomaculatus* von Bonde, 1923.
**文献（Reference）**：Kyushin, Amaoka, Nakaya *et al.*, 1982; Francis, 1993; Matsuura and Sakai, 1993; 沈世杰, 1993; Ni and Kwok, 1999; Randall and Lim (eds.), 2000; Huang, 2001; 苏锦祥和李春生, 2002; 伍汉霖, 邵广昭, 赖春福等, 2012.
**别名或俗名（Used or common name）**：刺规, 气瓜仔.
**分布（Distribution）**：东海, 南海.

### （5025）黄斑圆刺鲀 *Cyclichthys spilostylus* (Leis *et* Randall, 1982)

*Chilomycterus spilostylus* Leis *et* Randall, 1982: 363-371.
*Cyclicthys spilostylos* (Leis *et* Randall, 1982).
**文献（Reference）**：Matsuura, Sakai and Yoshino, 1993; Ganaden and Lavapie-Gonzales, 1999; Randall and Lim (eds.), 2000; 伍汉霖, 邵广昭, 赖春福等, 2012.
**分布（Distribution）**：南海.

## 1559. 刺鲀属 *Diodon* Linnaeus, 1758

### （5026）艾氏刺鲀 *Diodon eydouxii* Brisout de Barneville, 1846

*Diodon eydouxii* Brisout de Barneville, 1846: 136-143.
*Diodon melanopsis* Kaup, 1855.
*Diodon bertolettii* de Lema, de Lucena, Saenger *et* De Oliveira, 1979.
**文献（Reference）**：Brisout de Barneville, 1846: 136-143; Masuda, Amaoka, Araga *et al.*, 1984; Matsuura and Yoshino, 1984; Hayashi and Hasegawa, 1988; 沈世杰, 1993; Randall and Lim (eds.), 2000; Huang, 2001; 苏锦祥和李春生, 2002; 伍汉霖, 邵广昭, 赖春福等, 2012.
**别名或俗名（Used or common name）**：刺规, 气瓜仔.
**分布（Distribution）**：南海.

### （5027）六斑刺鲀 *Diodon holocanthus* Linnaeus, 1758

*Diodon holacanthus* Linnaeus, 1758: 1-824.
*Trichodiodon pilosus* (Mitchill, 1815).
*Diodon multimaculatus* Cuvier, 1818.
*Diodon novemmaculatus* Cuvier, 1818.
**文献（Reference）**：Chang, Jan and Shao, 1983; Ivankov and Samuylov, 1987; Shao and Chen, 1992; Francis, 1993; Shao, Chen, Kao *et al.*, 1993; Yamada, Shirai, Irie *et al.*, 1995; Chen, Jan and Shao, 1997; Randall and Lim (eds.), 2000; Huang, 2001; 伍汉霖, 邵广昭, 赖春福等, 2012; 刘静, 吴仁协, 康斌等, 2016.
**别名或俗名（Used or common name）**：刺规, 气瓜仔, 气球鱼.
**分布（Distribution）**：渤海, 黄海, 东海, 南海.

### （5028）密斑刺鲀 *Diodon hystrix* Linnaeus, 1758

*Diodon hystrix* Linnaeus, 1758: 1-824.

*Paradiodon hystrix* (Linnaeus, 1758).
*Diodon brachiatus* Bloch *et* Schneider, 1801.
*Diodon punctatus* Cuvier, 1818.
**文献（Reference）**：Francis, 1991; Francis, 1993; 沈世杰, 1993; Chen, Shao and Lin, 1995; Ni and Kwok, 1999; Randall and Lim (eds.), 2000; Huang, 2001; 苏锦祥和李春生, 2002; 伍汉霖, 邵广昭, 赖春福等, 2012.
**别名或俗名（Used or common name）**：刺规，气瓜仔.
**分布（Distribution）**：黄海，东海，南海.

**（5029）大斑刺鲀 *Diodon liturosus* Shaw, 1804**

*Diodon lituratus* Shaw, 1804: 251-463.
*Diodon maculatus* Duméril, 1855.
*Diodon bleekeri* Günther, 1910.
**文献（Reference）**：Chang, Lee and Shao, 1978; Sakamoto and Suzuki, 1978; Chang, Jan and Shao, 1983; Shao, Chen, Kao *et al.*, 1993; 沈世杰, 1993; Chen, Shao and Lin, 1995; Kuo and Shao, 1999; Randall and Lim (eds.), 2000; Huang, 2001; 苏锦祥和李春生, 2002; 伍汉霖, 邵广昭, 赖春福等, 2012.
**别名或俗名（Used or common name）**：刺规，气瓜仔.
**分布（Distribution）**：东海，南海.

## （三三一）翻车鲀科 Molidae

### 1560. 矛尾翻车鲀属 *Masturus* Gill, 1884

**（5030）矛尾翻车鲀 *Masturus lanceolatus* (Liénard, 1840)**

*Orthagoriscus lanceolatus* Liénard, 1840: 291-292.
*Masturus lanceolata* (Liénard, 1840).
*Masturus oxyuropterus* (Bleeker, 1873).
*Pseudomola lassarati* Cadenat, 1959.
**文献（Reference）**：Gudger, 1935a, 1935b; Gudger, 1937; Raven and Pflueger, 1939; Kuronuma, 1940; Yabe, 1960; Kan, 1986; Shao, 1997; Randall and Lim (eds.), 2000; Huang, 2001; 伍汉霖, 邵广昭, 赖春福等, 2012.
**别名或俗名（Used or common name）**：翻车鱼，蜇魴，蜇鱼，海虫，曼波.
**分布（Distribution）**：东海，南海.

### 1561. 翻车鲀属 *Mola* Linck, 1790

**（5031）翻车鲀 *Mola mola* (Linnaeus, 1758)**

*Tetraodon mola* Linnaeus, 1758: 1-824.
*Diodon mola* Pallas, 1770.
*Diodon nummularis* Walbaum, 1792.
*Mola rotunda* Cuvier, 1797.
*Mola hispida* Nardo, 1827.
**文献（Reference）**：Wales (*in* Myers and Wales), 1930; Raven, 1934; Kuronuma, 1940; 沈世杰, 1993; Randall and Lim (eds.), 2000; Huang, 2001; Nakatsubo, Kawachi, Mano *et al.*, 2007; 伍汉霖, 邵广昭, 赖春福等, 2012.
**别名或俗名（Used or common name）**：翻车鱼，蜇魴，蜇鱼，海虫，曼波.
**分布（Distribution）**：渤海，黄海，东海，南海.

### 1562. 长翻车鲀属 *Ranzania* Nardo, 1840

**（5032）斑点长翻车鲀 *Ranzania laevis* (Pennant, 1776)**

*Ostracion laevis* Pennant, 1776: 1-425.
*Orthragoriscus truncatus* (Retzius, 1785).
*Ranzania truncata* (Retzius, 1785).
*Tetraodon truncatus* Retzius, 1785.
**文献（Reference）**：Herre, 1953a; Fitch, 1969; Robison, 1975; Leis, 1977; Masuda, Amaoka, Araga *et al.*, 1984; Shao, 1997; 伍汉霖, 邵广昭, 赖春福等, 2012.
**别名或俗名（Used or common name）**：翻车鱼，蜇魴，蜇鱼，海虫，曼波.
**分布（Distribution）**：东海，南海.

# 引　入　种

## 一、鲟形目 Acipenseriformes

### （一）鲟科 Acipenseridae

#### 1. 鲟属 *Acipenser* Linnaeus, 1758

**（1）裸腹鲟 *Acipenser nudiventris* Lovetsky, 1828**

*Acipenser nudiventris* Lovetsky, 1828: 78; 中国科学院动物研究所等, 1979: 7; 成庆泰和郑葆珊, 1987: 52; 朱松泉, 1995: 6; 刘明玉, 解玉浩和季达明, 2000: 35; 张世义, 2001: 37; 任慕莲, 郭焱, 张人铭等, 2002: 55; 伍汉霖, 邵广昭, 赖春福等, 2012: 17.

**别名或俗名（Used or common name）**：鲟鳇鱼.

**保护等级（Protection class）**：省（自治区）I 级（新疆).

**分布（Distribution）**：据《新疆鱼类志》（中国科学院动物研究所等, 1979）原产黑海, 里海及咸海等流域, 1933—1934 年移植至巴尔喀什湖流域, 在我国见于新疆伊犁河.

### （二）长（匙）吻鲟科 Polyodontidae

#### 2. 匙吻（长吻）鲟属 *Polyodon* Lacépède, 1797

**（2）匙吻（长吻）鲟 *Polyodon spathula* (Walbaum, 1792)**

*Squalus spathula* Walbaum, 1792: 522.

**分布（Distribution）**：我国南方一些天然水体. 原产于北美密西西比河水系.

## 二、鲤形目 Cypriniformes

### （三）鲤科 Cyprinidae

#### 一）鲌亚科 Cultrinae

#### 3. 欧鳊属 *Abramis* Cuvier, 1817

*Abramis* Cuvier, 1817: 111.

**（3）东方欧鳊 *Abramis brama orientalis* Berg, 1949**

*Abramis brama orientalis* Berg, 1949a: 774; 李思忠, 戴定远, 张世义等, 1966: 45; 中国科学院动物研究所等, 1979: 29; 陈宜瑜等, 1998: 95-96.

**别名或俗名（Used or common name）**：欧鳊, 东方真鳊.

**分布（Distribution）**：新疆伊犁河及额尔齐斯河. 原产于里海和咸海各水系.

#### 二）野鲮亚科 Labeoninae

#### 4. 野鲮属 *Labeo* Cuvier, 1816

**（4）蓝黑野鲮 *Labeo calbasu* (Hamilton, 1822)**

*Cyprinus calbasu* Hamilton, 1822: 29.

**分布（Distribution）**：在我国西南一些水体有分布. 原产于巴基斯坦, 印度, 柬埔寨, 缅甸和泰国.

**（5）露斯塔野鲮 *Labeo rohita* (Hamilton, 1822)**

*Cyprinus rohita* Hamilton, 1822: 301.

*Labeo rohita*: 朱松泉, 1995: 204.

**分布（Distribution）**：我国南方如珠江及其以南一些水体形成天然种群. 原产于巴基斯坦, 印度, 孟加拉国, 尼泊尔, 缅甸, 柬埔寨等.

#### 三）鲤亚科 Cyprininae

#### 5. 鲫属 *Carassius* Jarocki, 1822

**（6）白鲫 *Carassius auratus cuvieri* Temminck *et* Schlegel, 1846**

*Carassius cuvieri* Temminck *et* Schlegel, 1846: 194.

**分布（Distribution）**：台湾. 原产于日本.

## 三、脂鲤目 Characiformes

### （四）脂鲤科 Characidae

#### 6. 肥脂鲤属 *Piaractus* Eigenmann, 1903

**（7）短盖肥脂鲤 *Piaractus brachypomus* (Cuvier, 1818)**

*Myletes brachypomus* Cuvier, 1818: 452.

*Colossoma brachypomum*: 朱松泉, 1995: 204.
*Piaractus brachypomus*: 朱松泉, 1995: 204; 陈小勇, 2013, 34 (4): 316.
**别名或俗名（Used or common name）**：淡水白鲳.
**分布（Distribution）**：在我国台湾，广东，广西，海南，云南等一些天然水体形成自然种群. 原产于南美洲亚马孙河和奥里诺科河流域.

## （五）鲮脂鲤科 Prochilodontidae

### 7. 鲮脂鲤属 *Prochilodus* Agassiz, 1829

**（8）细鲮脂鲤 *Prochilodus lineatus* (Valenciennes, 1837)**
*Paca lineatus* Valenciennes (*in* Cuvier *et* Valenciennes), 1837: 8.
*Prochilodus lineatus*: Chaloupkova *et al.*, 2010: 1; Endruweit, 2013: 51; 陈小勇, 2013, 34 (4): 316.
**别名或俗名（Used or common name）**：条纹鲮脂鲤.
**分布（Distribution）**：已在我国南方如广东，广西，海南，云南等一些天然水体形成自然种群. 原产于南美洲巴拉圭河及巴拉那河流域.

# 四、鲇形目 Siluriformes

## （六）胡子鲇科 Clariidae

### 8. 胡子鲇属 *Clarias* Scopoli, 1777

**（9）革胡子鲇 *Clarias gariepinus* (Burchell, 1822)**
*Silurus (Heterobranchus) gariepinus* Burchell, 1822: 425.
*Clarias lazera*: 朱松泉, 1995: 204.
*Clarias gariepinus*: 陈小勇, 2013, 34 (4): 316.
**别名或俗名（Used or common name）**：尖齿胡子鲇.
**分布（Distribution）**：在长江及其以南一些自然水体已形成自然种群. 原产于非洲，亚洲西部及西南部，土耳其南部.

## （七）鮰科 Ictaluridae

### 9. 鮰属 *Ictalurus* Rafinesque, 1820

**（10）云斑鮰 *Ictalurus nebulosus* (Lesueur, 1819)**
*Pimelodus nebulosus* Lesueur, 1819: 149.
*Ameiurus nebulosus*: Page *et* Burr, 1991; Chen (in Yang, Xiong *et* Tang), 2010; 陈小勇, 2013, 34 (4): 318.
**别名或俗名（Used or common name）**：褐首鲇.
**分布（Distribution）**：长江及其以南一些水体已形成自然种群，如在金沙江流域，云南等. 原产于北美洲.

**（11）斑点叉尾鮰 *Ictalurus punctatus* (Rafinesque, 1818)**
*Silurus punctatus* Rafinesque, 1818: 355.
*Ictalurus punctatus*: Page *et* Burr, 1991; Chen (in Yang, Xiong *et* Tang), 2010; 陈小勇, 2013, 34 (4): 318.
**分布（Distribution）**：在长江及其以南一些水体已形成自然种群，如在金沙江流域，云南等. 原产于北美洲.

## （八）甲鲇科 Loricariidae

### 10. 下口鲇属 *Hypostomus* Lacépède, 1803

**（12）下口鲇 *Hypostomus plecostomus* (Linnaeus, 1758)**
*Acipenser plecostomus* Linnaeus, 1758: 238.
*Hypostomus plecostomus*: Isbrücker, 1980; Wang *et al.*, 2011; 陈小勇, 2013, 34 (4): 316.
**分布（Distribution）**：在我国南方如台湾，海南，广西，以及云南的抚仙湖，南盘江，西双版纳等地已形成自然种群. 原产于南美洲亚马孙河流域.

### 11. 甲鲇属 *Pterygoplichthys* Gill, 1858

**（13）野翼甲鲇 *Pterygoplichthys disjunctivus* (Weber, 1991)**
*Liposarcus isjunctivus* Weber, 1991: 638.
**分布（Distribution）**：台湾. 原产于南美洲马德拉河流域.

**（14）多辐翼甲鲇 *Pterygoplichthys multiradiatus* (Hancock, 1828)**
*Hypostomus multiradiatus* Hancock, 1828: 246.
**分布（Distribution）**：台湾. 原产于南美洲奥里诺科河流域.

# 五、鲑形目 Salmoniformes

## （九）鲑科 Salmonidae

### 12. 大麻哈鱼属 *Oncorhynchus* Suckley, 1861

*Oncorhynchus* Suckley, 1861: 313.

**（15）虹鳟 *Oncorhynchus mykiss* (Walbaum, 1792)**
*Salmo mykiss* Walbaum, 1792: 59.
*Salmo gairdnerii*: Richardson, 1836: 221.
*Oncorhynchus mykiss*: Stearley *et* Smith, 1993; 陈小勇, 2013, 34 (4): 322.

**分布（Distribution）**：原为人工养殖引入，逃逸到自然水体，在我国北方，西南等一些天然江河，湖泊，水库等常有捕获. 原产于北美洲西部.

### 13. 鲑属 *Salmo* Linnaeus, 1758

*Salmo* Linnaeus, 1758: 308.

**（16）河鳟 *Salmo trutta fario* Linnaeus, 1758**

*Salmo fario* Linnaeus, 1758: 309.

*Salmo trutta fario*: 武云飞和吴翠珍, 1992: 128; 张春光，蔡斌和许涛清, 1995: 43; 陈小勇, 2013, 34 (4): 322.

**别名或俗名（Used or common name）**：亚东鲑.

**分布（Distribution）**：西藏南部亚东县卓姆河形成天然种群，并已成为当地重要珍稀，经济鱼类；也已被引入云南. 原产于欧洲北半球寒冷地带.

# 六、鳉形目 Cyprinodontiformes

## （十）胎鳉科 **Poeciliidae**

### 14. 食蚊鳉属 *Gambusia* Poey, 1854

*Gambusia* Poey, 1854: 382.

**别名或俗名（Used or common name）**：食蚊鱼属.

**（17）食蚊鳉 *Gambusia affinis* (Baird *et* Girard, 1853)**

*Heterandria affinis* Baird *et* Girard, 1853: 390.

*Heterandria patruelis*: Baird *et* Girard, 1853: 390.

*Gambusia patruelis*: Girard, 1859: 39; Herre, 1953: 146; 陈兼善, 1969: 189.

*Gambusia affinis*: Günther, 1866: 336; Jordan *et* Evermann, 1896: 680; Berg, 1949: 990; 王以康, 1958: 248; 李思忠, 1981a: 32; 郑葆珊, 1981: 198; 曾晴贤, 1986: 96; 成庆泰和郑葆珊, 1987: 223; 张世义 (见郑慈英等), 1989: 294; 陈银瑞 (见褚新洛和陈银瑞等), 1990: 229; Pan, Zhong, Zheng *et al.*, 1991: 326; 沈世杰, 1993: 203; 伍汉霖等, 1994: 425; 李思忠和张世义, 2011: 139.

**别名或俗名（Used or common name）**：食蚊鱼.

**分布（Distribution）**：广泛分布于我国东部长江中下游及其以南，西南部地区等. 原分布于美国伊利诺伊州以南到墨西哥东侧大西洋水系.

# 七、鲈形目 Perciformes

## （十一）鲈科 **Percidae**

### 15. 梭鲈属 *Lucioperca* Schinz, 1822

*Lucioperca* Schinz, 1822: 475.

**（18）梭鲈 *Lucioperca lucioperca* (Linnaeus, 1758)**

*Perca lucioperca* Linnaeus, 1758: 289.

*Lucioperca lucioperca*: 中国科学院动物研究所等, 1979: 56; 任慕莲，郭焱，张人铭等, 2002: 188; 解玉浩, 2007: 374.

*Sander lucioperca*: 伍汉霖，邵广昭，赖春福等, 2012: 224.

**保护等级（Protection class）**：省级 (黑龙江).

**分布（Distribution）**：新疆伊犁河和额尔齐斯河水系，以及黑龙江和乌苏里江 (系由苏联渔业工作者移入黑龙江的). 原产于黑海，里海，亚速海，波罗的海等沿海河流，在欧洲被广泛移植.

## （十二）石首鱼科 **Sciaenidae**

### 16. 拟石首鱼属 *Sciaenops* Gill, 1863

**（19）眼斑拟石首鱼 *Sciaenops ocellatus* (Linnaeus, 1766)**

*Perca ocellata* Linnaeus, 1766: 1-532.

*Sciaenops ocellata* (Linnaeus, 1766).

*Lutjanus triangulum* Lacépède, 1802.

**文献（Reference）**：Ho, 1966; Wakeman and Wohlschlag, 1983; Liao and Lia, 1989; Fuiman and Ottey, 1993; Schwartz, 1994; Hoff and Fuiman, 1995; Randall and Lim (eds.), 2000; Liao, Su and Chang, 2001; Weng, Wang, He *et al.*, 2002; 伍汉霖，邵广昭，赖春福等, 2012; 刘静，吴仁协，康斌等, 2016.

**别名或俗名（Used or common name）**：美国红鱼 (red fish)，红拟石首鱼，黑斑石首鱼，黑斑红鲈，斑尾鲈 (spot-tail bass)，红鼓鱼，海峡鲈 (channel bass) 等.

**分布（Distribution）**：原产于美国东南海岸，我国台湾和青岛分别于1987年和1991年引进，目前在我国南方及北方部分地区大面积养殖，是池塘和网箱养殖的优良种类；东海，南海也有分布 (刘静，吴仁协，康斌等, 2016).

## （十三）棘臀鱼科（太阳鱼科）**Centrarchidae**

### 17. 黑鲈属 *Micropterus* Lacépède, 1802

**（20）大口黑鲈 *Micropterus salmoides* (Lacépède, 1802)**

*Labrus salmoides* Lacépède, 1802: 716.

*Aplites salmoides* (Lacépède, 1802).

*Grystes nigricans* (Cuvier, 1828).

*Huro nigricans* Cuvier, 1828.

*Micropterus salmoides*: Gao *et al.*, 2013; 陈小勇, 2013, 34 (4): 324.

文献（**Reference**）：Seale, 1910; Liao and Lia, 1989; Shao and Lim, 1991; Liao, Su and Chang, 2001; Xie, Lin, Gregg *et al.*, 2001; Mamaril, 2001; Jang, Kim, Park *et al.*, 2002; Iguchi, Matsuura, McNyset *et al.*, 2004.

别名或俗名（**Used or common name**）：加州鲈.

分布（**Distribution**）：原产于北美洲. 我国内陆水域多流域可见（如长江流域最上可见于金沙江巧家以下江段）; 另有报道, 东海, 南海等也可能有分布.

## （十四）丽鱼科 Cichlidae

### 18. 口孵非鲫属（罗非鱼属）*Oreochromis* Günther, 1889

**（21）奥利亚口孵非鲫 *Oreochromis aureus* (Steindachner, 1864)**

*Chromis aureus* Steindachner, 1864: 229.

*Tilapia aureus*: Lee *et al*., 1980; 陈小勇, 2013, 34 (4): 323.

别名或俗名（**Used or common name**）：奥利奥罗非鱼.

分布（**Distribution**）：珠江流域以南一些水体. 原产于非洲和欧亚大陆的乔丹谷, 尼罗河下游, 乍得盆地, 尼日利亚的贝努埃和尼日尔上部和中部, 以及塞内加尔河.

**（22）莫桑比克口孵非鲫 *Oreochromis mossambicus* (Peters, 1852)**

*Chromis mossambicus* Peters, 1852: 681.

*Tilapia mossambica*: Lee *et al*., 1980; 周伟（见褚新洛和陈银瑞等）, 1990.

*Oreochromis mossambicus*: 朱松泉, 1995: 205; 陈小勇, 2013, 34 (4): 324.

别名或俗名（**Used or common name**）：莫桑比克罗非鱼.

分布（**Distribution**）：珠江水系以南一些自然水体. 原产于非洲东南部.

**（23）尼罗口孵非鲫 *Oreochromis niloticus* (Linnaeus, 1758)**

*Perca nilotica* Linnaeus, 1758: 290.

*Tilapia nilotica*: Uyeno *et* Fujii (in Masuda, Amaoka, Araga *et al.*), 1984; Chen (in Yang, Xiong *et* Tang), 2010.

*Oreochromis niloticus*: 朱松泉, 1995: 206; 陈小勇, 2013, 34 (4): 324.

别名或俗名（**Used or common name**）：尼罗罗非鱼.

分布（**Distribution**）：珠江水系以南. 原产于非洲北部和东部.

## （十五）丝足鲈科 Osphronemidae

### 19. 丝足鲈属 *Trichogaster* Bloch *et* Schneider, 1801

**（24）细鳞丝足鲈 *Trichogaster microlepis* (Günther, 1861)**

*Osphromenus microlepis* Günther, 1861: 385.

分布（**Distribution**）：原产于柬埔寨和越南的湄公河与湄南河流域.

# 八、鲽形目 Pleuronectiformes

## （十六）菱鲆科 Scophthalmidae

### 20. 菱鲆属 *Scophthalmus* Rafinesque, 1810

**（25）大菱鲆 *Scophthalmus maximus* (Linnaeus, 1758)**

*Pleuronectes maximus* Linnaeus, 1758: 1-824.

*Psetta maxima* (Linnaeus, 1758).

*Pleuronectes turbot* Lacépède, 1802.

*Pleuronectes tuberculatus* Shaw, 1803.

*Pleuronectes cyclops* Donovan, 1806.

*Rhombus aculeatus* Gottsche, 1835.

文献（**Reference**）：Chinese Academy of Fishery Science (CAFS), 2007.

别名或俗名（**Used or common name**）：多宝鱼, 比目鱼.

分布（**Distribution**）：主要分布于大西洋东岸, 后经人工引进, 主要在渤海, 黄海和东海人工养殖.

## （十七）牙鲆科 Paralichthyidae

### 21. 牙鲆属 *Paralichthys* Girard, 1858

**（26）漠斑牙鲆 *Paralichthys lethostigma* Jordan *et* Gilbert, 1884**

*Paralichthys letostigma* Jordan *et* Gilbert, 1884: 235-237.

文献（**Reference**）：Chinese Academy of Fishery Science (CAFS), 2007.

分布（**Distribution**）：主要分布在西大西洋: 美国的大西洋和墨西哥湾沿岸, 后经人工引进中国沿海进行养殖.